Westphal, Physik, 25./26. neubearbeitete Auflage

PHYSIK

Ein Lehrbuch
von
Wilhelm H. Westphal

Unter Mitarbeit von

Walter Westphal

25./26. neubearbeitete Auflage

Mit 656 Abbildungen

Springer-Verlag Berlin · Heidelberg · New York 1970

Wilhelm H. Westphal
Em. Professor der Physik an der Technischen Universität
Berlin

Walter Westphal
Physics Department, University of British Columbia,
Vancouver, Canada

ISBN-13: 978-3-642-87837-4   e-ISBN-13: 978-3-642-87836-7
DOI: 10.1007/978-3-642-87836-7

Vorwort zur 25./26. Auflage

Da ich bei meinem hohen Alter nicht damit rechnen kann, noch weitere Auflagen dieses Buches zu betreuen, habe ich diese Auflage noch einmal besonders gründlich bearbeitet. Das gilt ganz besonders für die §§ 2 bis 20, 63, 64, 98, 99, 102 bis 110, 132, 135, 164, 170, 172, 175, 181, 199, 200, 212, 238, 300, 331, 334, 354, 363, 390 und 391 bis 398. — In § 200 glaube ich — aufgrund von Anregungen meines Freundes Professor Dr.-Ing. Johannes Fischer, Karlsruhe — das berüchtigte sog. „Maßsystemproblem" bei den CGS-Systemen der Elektrodynamik, das in Wahrheit ein Größenproblem ist, überzeugend aus der Welt geschafft zu haben.

Den einander geradezu atemberaubend schnell folgenden neuen Erkenntnissen der astrophysikalischen Forschung auch nur einigermaßen erschöpfend zu folgen, ist im Rahmen dieses Buches nunmehr leider unmöglich geworden. Immerhin sind einige der interessantesten neuen Erkenntnisse (nach dem Stande vom März 1969) wenigstens kurz erwähnt.

Der sich immer mehr einbürgernden Übung folgend, habe ich für Vektoren nunmehr nicht mehr Frakturtypen, sondern halbfette kursive Antiquatypen verwendet.

Die künftige Betreuung dieses Buches wird in Übereinstimmung mit dem Springer-Verlag mein Sohn, Dr. Walter Westphal, übernehmen, der mir schon seit langer Zeit beratend zur Seite gestanden hat.

Berlin 37, im Dezember 1969
Berlepschstraße 72a

Wilhelm H. Westphal

Aus dem Vorwort zur 18. und 19. Auflage

Eine besonders schöne Bestätigung, daß ich auf dem rechten Wege bin, gibt mir ein Brief von ALBERT EINSTEIN aus dem Jahre 1953. Er schreibt: ,,Nachdem ich mir Ihre ‚Physik‘ genauer angesehen habe, kann ich Ihnen mit gutem Gewissen gratulieren zu diesem Lebenswerk. Es ist eine Einführung in den Erfahrungsgehalt, die begrifflichen Hilfsmittel und die Methoden unserer Wissenschaft, die, ohne oberflächlich zu sein, einen wirklichen Einblick gewährt in die Mannigfaltigkeit des Gegenstandes. Insbesondere haben Sie es auch verstanden, das prinzipiell Wesentliche so zu betonen, daß die junge Generation nicht in die Gefahr kommt, durch die Menge der Einzelheiten abgestoßen oder entmutigt zu werden.‘‘ (Zitiert mit Erlaubnis des Schreibers.)

Berlin-Zehlendorf, im August 1955
Berlepschstr. 72a

WILHELM H. WESTPHAL

Inhaltsverzeichnis

                                                                         Seite
Einleitung   1
    Die Physik S. 1. — Physikalische Größen und Einheiten S. 1. — Größen-
    und Einheitensysteme S. 3. — Naturgesetze. Definitionen. Physikalische Glei-
    chungen S. 4. — Vektoren S. 5. — Produkte von Vektoren S. 7.

Erstes Kapitel. **Mechanik der Massenpunkte und der starren Körper**   9
    I. Geometrie und Bewegungslehre (Kinematik)   9
        Geometrie S. 9. — Kinematik (Bewegungslehre). Geradlinige Be-
        wegung S. 11. — Krummlinige Bewegung S. 12.
    II. Dynamik   15
        Masse und Kraft S. 15. — Größensystem und Einheitensysteme der
        Dynamik S. 17. — Schwerkraft. Das Technische Einheitensystem S. 17.
        Addition von Kräften S. 19. — Zwangskräfte S. 22. — Raum und Zeit
        in der heutigen Physik S. 23. — Inertialsysteme S. 24. — Beschleunigte
        Bezugssysteme. Trägheitskräfte S. 25. — Impulssatz. Bewegungsgröße
        S. 28. — Der Schwerpunkt oder Massenmittelpunkt S. 29. — Der
        Schwerpunktsatz S. 32. — Arbeit S. 33. — Leistung S. 37. — Energie.
        Der Erhaltungssatz der Energie S. 38. — Gleichgewichtszustände von
        Körpern S. 41. — Stoßvorgänge S. 44. — Reibung S. 48. — Kraftfelder
        S. 50. — Das Schwerkraftfeld an der Erdoberfläche S. 53. — Statisches
        Moment einer Kraft. Kräftepaare S. 55. — Feste Drehachse. Hebel
        S. 59. — Maschinen S. 60. — Die einfachen Maschinen S. 62. — Waagen
        S. 64. — Zentripetalkraft und Zentrifugalkraft S. 66. — Drehimpuls.
        Momentensatz. Flächensatz S. 71. — Rotationsenergie. Trägheitsmo-
        ment S. 72. — Kreisbewegung eines Massenpunktes um eine feste Achse
        S. 75. — Rotation eines Körpers um eine feste Achse S. 78. — Rotation
        um freie Achsen. Kräftefreier Kreisel S. 81. — Kreisel unter der Wirkung
        eines äußeren Drehmomentes S. 84. — Wirkung der Erddrehung. Corio-
        liskräfte S. 87. — Richtkraft. Richtmoment. Schwingungsgleichung
        S. 92. — Das Pendel S. 96.

Zweites Kapitel. **Die allgemeine Gravitation**   98
        Das Newtonsche Gravitationsgesetz S. 98. — Die Bewegung des
        Mondes und der Planeten. Keplersche Gesetze S. 100. — Die Gezeiten
        S. 101. — Gravitationsfelder S. 104. — Das Gravitationsfeld der Erde
        S. 105.

Drittes Kapitel. **Mechanik der Stoffe** 106
    I. Die Materie 106
        Allgemeines S. 106. — Erscheinungsformen der Materie S. 107. —
        Grundtatsachen des Kristallbaus S. 108. — Kristallsysteme. Kristall-
        klassen. Raumgruppen S. 112.
    II. Mechanik der festen Stoffe und der ruhenden Flüssigkeiten 116
        Dichte. Spezifisches Volumen. Wichte S. 116. — Begriff der Elastizi-
        tät und allgemeine Tatsachen S. 117. — Allseitige Kompression. Deh-
        nung und Stauchung. Biegung S. 118. — Scherung. Torsion S. 119. —
        Überelastische Beanspruchungen S. 120. — Hydrostatischer Druck
        S. 121. — Freie Flüssigkeitsoberflächen S. 124. — Auftrieb S. 125. —
        Schwimmen S. 127. — Oberflächenspannung. Kapillarität S. 128.
    III. Molekularmechanik 132
        Molekularmechanik S. 132. — Stoffmenge. Mol S. 133. — Grund-
        lagen der Gastheorie S. 136. — Das Maxwellsche Verteilungsgesetz
        S. 140. — Diffusion S. 141. — Der Druck der Gase S. 142. — Isotherme

Seite

Zustandsänderungen von Gasen S. 145. — Freie Weglänge. Stoßquerschnitt. Stoßzahl S. 146. — Gase unter der Wirkung der Schwerkraft S. 148. — Der Luftdruck S. 151. — Vakuumtechnik S. 154.

IV. Mechanik bewegter Flüssigkeiten und Gase 156
Allgemeines über strömende Flüssigkeiten und Gase S. 156. — Die Bernoullische Gleichung S. 157. — Trennungsflächen. Wirbel S. 161. — Tragflächen S. 161. — Zähe Flüssigkeiten. Innere Reibung S. 162. — Flüssigkeits- und Gasstrahlen S. 165.

Viertes Kapitel. **Schwingungen und Wellen. Schall** 166
Schwingungen von Massenpunkten S. 166. — Fortpflanzung von Störungen. Wellen S. 167. — Strahlen S. 169. — Oberflächenwellen S. 169. — Räumliche periodische Wellen S. 172. — Longitudinale elastische Wellen S. 173. — Transversale Wellen. Polarisation S. 175. — Doppler-Effekt S. 177. — Reflexion von Wellen S. 178. — Interferenz. Stehende Wellen S. 181. — Schwebungen. Kombinationstöne S. 185. — Brechung S. 186. — Das Fermatsche Prinzip S. 188. — Das Huygenssche Prinzip. Beugung S. 188. — Schwingungen von Saiten, Stäben, Platten und Luftsäulen S. 191. — Erzwungene Schwingungen. Resonanz S. 195. — Ultraschall S. 197. — Geräusche. Klänge. Töne S. 198. — Das Weber-Fechnersche Gesetz. Empfindungsmaße. Lautstärke S. 200. Konsonanz und Dissonanz. Die Tonleiter S. 201. — Musikinstrumente S. 204. — Gehör und Sprache S. 205.

Fünftes Kapitel. **Wärmelehre** 206
I. Mechanische Wärmetheorie. Temperatur. Zustandsgleichungen 206
Mechanische Wärmetheorie S. 206. — Freiheitsgrade S. 208. — Temperatur. Gleichverteilungssatz S. 208. — Die Zustandsgleichung der idealen Gase S. 209. — Temperaturskalen S. 211. — Die Zustandsgleichung von VAN DER WAALS S. 212. — Die Brownsche Bewegung. Der Versuch von STERN S. 213. — Ausdehnung fester und flüssiger Körper durch die Wärme S. 216. — Temperaturmessung S. 217. — Wärmemenge. Wärmekapazität S. 218. — Die spezifische Wärmekapazität der Gase S. 219. — Adiabatische Zustandsänderungen von Gasen S. 221.
II. Änderungen des Aggregatzustandes. Lösungen 223
Änderungen des Aggregatzustandes S. 223. — Umwandlungspunkte. Umwandlungswärmen S. 225. — Schmelzen S. 226. — Verdampfen. Dampfdichte. Dampfdruck S. 228. — Sieden S. 231. — Sublimation S. 232. — Verflüssigung der Gase S. 232. — Tiefste und höchste Temperaturen S. 237. — Die Erdatmosphäre. Die Witterungserscheinungen S. 238. — Lösungen S. 241. — Raoultsches Gesetz. Siedepunkt und Gefrierpunkt von Lösungen. Eutektikum S. 242. — Osmose S. 244. — Absorption und Adsorption S. 245.
III. Die drei Hauptsätze der Wärmelehre. Wärme und Arbeit . . 246
Der erste Hauptsatz der Wärmelehre S. 246. — Umkehrbare und nicht umkehrbare Vorgänge. Der zweite Hauptsatz der Wärmelehre S. 248. — Temperaturausgleich S. 253. — Der dritte Hauptsatz der Wärmelehre S. 255. — Kreisprozesse S. 255. — Wärmekraftmaschinen S. 258. — Wärmequellen. Thermochemie S. 258.

Sechstes Kapitel. **Elektrostatik** 260
I. Die elektrostatischen Erscheinungen im Vakuum 260
Grundversuche S. 260. — Positive und negative Elektrizität. Elektrizitätsmenge. Ladung S. 260. — Das 1. Coulombsche Gesetz S. 261. — Die Elementarladung S. 262. — Schwerpunkt elektrischer Ladungen. Elektrischer Dipol S. 263. — Leiter und Dielektrika S. 263. — Einige Versuche mit dem Elektroskop S. 264. — Das elektrische Feld. Feldstärke S. 265. — Elektrische Spannung. Elektrisches Potential S. 266. — Feldstärke, Potential und Ladungsverteilung in Leitern S. 269. — Erzeugung sehr hoher Spannungen auf elektrostatischem Wege S. 271. —

Seite

Influenz S. 272. — Dipole im elektrischen Felde S. 273. — Elektrische
Verschiebungsdichte. Elektrischer Fluß S. 275. — Kapazität S. 275. —
Der Plattenkondensator S. 277. — Das Elektrometer als Spannungs-
messer S. 278. — Die Energie eines geladenen Kondensators. Die An-
ziehung der Kondensatorplatten. Elektrische Energiedichte S. 279.
II. Die elektrischen Eigenschaften der Stoffe 280
Dielektrika S. 280. — Dielektrizitätskonstante. Die elektrische Po-
larisation S. 282. — Elektrostriktion. Piezoelektrizität. Ferroelektrika
S. 283.

Siebentes Kapitel. **Elektrische Ströme** 285
I. Elektrische Ströme in festen Leitern 285
Stromquellen S. 285. — Elektrischer Strom S. 285. — Elektrische
Stromstärke S. 287. — Elektrizitätsleitung in Metallen S. 288. —
Elektrischer Widerstand. Das Ohmsche Gesetz S. 289. — Die Kirchhoffschen Sätze S. 291. — Reihen- und Parallelschaltung von Leitern. Span-
nungsteilung S. 292. — Messung von Widerständen und Kapazitäten in
der Brückenschaltung S. 293. — Temperaturkoeffizient des Wider-
standes S. 295. — Halbleiter S. 296. — Supraleitung S. 297. — Kennlinie von Leitern S. 299. — Innerer Widerstand, Reihen- und Parallelschaltung von Stromquellen S. 300. — Stromarbeit. Stromleistung.
Stromwärme S. 300. — Berührungsspannung. Reibungselektrizität.
Lenard-Effekt S. 303. — Thermoelektrische Erscheinungen S. 304.
II. Elektrische Ströme in flüssigen Leitern 305
Leitfähigkeit von Flüssigkeiten. Elektrolyse S. 305. — Elektrolytische Dissoziation S. 307. — Der Mechanismus der Elektrizitätsleitung
in Elektrolyten S. 308. — Die Faradayschen Gesetze S. 309. — Elektrokinetische Erscheinungen S. 309. — Chemische Reaktionen an den
Elektroden S. 311. — Elektrolytische Polarisation S. 312. — Widerstand elektrolytischer Leiter S. 314. — Galvanische Elemente. Akkumulatoren S. 314. — Die Elektrolyse in der Technik S. 317.
III. Elektrische Ströme in Gasen 318
Allgemeines über Elektrizitätsleitung in Gasen S. 318. — Unselbständige Entladung S. 319. — Glühelektronen. Thermionen. Exoelektronen S. 320. — Plasma S. 321. — Widerstand und Kennlinie eines
leitenden Gases. Raumladungen S. 321. — Elektronenröhren S. 323. —
Formen der selbständigen Entladung bei höherem Druck S. 325. —
Glimmentladung. Kathodenstrahlen. Kanalstrahlen S. 328. — Atmosphärische Elektrizität. Die Ionosphäre S. 332.

Achtes Kapitel. **Magnetismus und Elektrodynamik** 333
I. Magnetische Felder im Vakuum 333
Magnete. Magnetische Dipole S. 333. — Das 2. Coulombsche Gesetz
S. 334. — Das magnetische Feld S. 335. — Magnetischer Fluß. Magneti-
sche Flußdichte S. 336. — Erdmagnetismus S. 338.
II. Elektrodynamik 339
Magnetische Felder von Strömen S. 339. — Das elektrodynamische
Elementargesetz S. 343. — Die verschiedenen Lesarten des elektro-
dynamischen Elementargesetzes S. 344. — Die Feldkonstanten und die
Lichtgeschwindigkeit S. 345. — Das Größensystem der Elektrodynamik.
Einheitensysteme S. 346. — Die sogenannten CGS-Systeme S. 349. —
Das magnetische Feld von Strömen S. 351. — Magnetische Spannung
S. 353. — Das magnetische Feld von Spulen S. 354. — Das 2. Coulomb-
sche Gesetz bei einem Spulenpol S. 356. — Kraftwirkungen magneti-
scher Felder auf bewegte Ladungsträger S. 356. — Messung der spezifischen Ladung von Ladungsträgern S. 358. — Elektronenoptik S. 359.
Kraftwirkung magnetischer Felder auf Ströme S. 363. — Das magnetische Moment von Stromkreisen und Spulen S. 365. — Kraftwirkungen
zwischen Strömen S. 366. — Galvanomagnetische und thermomagnetische Erscheinungen S. 368. — Strommesser S. 368. — Schwingung und
Dämpfung von Galvanometern S. 370. — Dreheisenmeßgeräte S. 371. —
Allgemeines über Strom- und Spannungsmesser S. 372. — Wechselstrommesser mit Drehspulen. Leistungsmesser S. 373. — Telephonie
S. 373.

Seite

III. Die magnetischen Eigenschaften der Stoffe 374
Grundtatsachen des Magnetismus der Stoffe S. 374. — Die Deutung
des Para- und des Diamagnetismus S. 375. — Magnetisierung. Permeabilität. Suszeptilität S. 377. — Ferromagnetismus S. 379. — Das
Wesen des Ferromagnetismus. Die Neukurve. Barkhausen-Effekt
S. 381. — Hysterese. Remanenz. Koerzitivfeldstärke S. 383. — Rotationsmagnetische Effekte S. 384. — Feldlinien und Flußdichtelinien
S. 385. — Die Brechung der B- und H-Linien S. 386. — Feldverzerrungen durch magnetisierbare Körper S. 388. — Entmagnetisierung S. 390.
Magnetischer Widerstand S. 391. — Eisenkerne in Spulen. Elektromagnete S. 392.

IV. Elektromagnetische Induktion 394
Grundtatsachen der Induktion S. 394. — Das Lenzsche Gesetz
S. 396. — Ableitung der Induktionsgesetze aus dem elektrodynamischen
Elementargesetz S. 397. — Das 1. (Faradaysche) Induktionsgesetz
S. 399. — Induktivität S. 403. — Die Energie des magnetischen Feldes.
Die Stromkraft in Spulen S. 406. — Wirbelströme. Hautwirkung.
Magnetohydrodynamik S. 408. — Messung magnetischer Feldstärken
S. 410. — Induktor S. 410. — Theorie des Dia- und Paramagnetismus
S. 411. — Das 2. Induktionsgesetz. Verschiebungsströme S. 414. — Ein
Vergleich zwischen den Feldern von Leitungsströmen und von elektri-
schen und magnetischen Verschiebungsströmen S. 416. — Die Maxwell-
schen Gleichungen S. 417. — Die Ausbreitung elektromagnetischer
Störungen S. 419.

V. Wechselstrom. Elektrische Maschinen. Elektrische Schwin-
gungen und Wellen 420
Wechselstrom S. 420. — Wechselstromwiderstand S. 421. — Wech-
selstromleistung. Effektivwerte von Strom und Spannung S. 424. —
Messung von Induktivitäten und Kapazitäten in der Brückenschaltung
S. 425. — Drehstrom S. 426. — Transformatoren S. 426. — Elektrische
Maschinen S. 429. — Schwingungen von elektrischen Schwingkreisen
S. 431. — Tesla-Schwingungen S. 433. — Elektrische Wellen S. 434. —
Offene und geschlossene Schwingkreise. Sendung und Empfang elektri-
scher Wellen S. 437. — Die Entdeckung der elektrischen Wellen S. 438.
Stehende elektromagnetische Wellen an Drähten S. 440. — Die Ausbrei-
tung elektrischer Wellen auf der Erde S. 441. — Anfänge der drahtlosen
Telegraphie S. 441. — Drahtlose Telephonie S. 442. — Schwingungs-
erzeugung mit der Elektronenröhre S. 445.

Neuntes Kapitel. **Optik und allgemeine Strahlungslehre** 446

I. Allgemeines 446
Inhalt der Strahlungslehre. Lichtquellen S. 446. — Lichttheorien
S. 446. — Die Ausbreitung des Lichtes. Lichtstrahlen S. 448. — Die
Geschwindigkeit des Lichts S. 450.

II. Geometrische oder Strahlenoptik 452
Grundtatsachen der geometrischen Optik S. 452. — Allgemeines
über optische Bilder S. 453. — Reflexion des Lichts S. 454. — Bilder
an ebenen Spiegeln S. 454. — Sphärische Spiegel S. 455. — Brechung des
Lichts. Optische Weglänge S. 459. — Totalreflexion S. 462. — Prismen
S. 464. — Sphärische Linsen S. 465. — Abbildung durch dünne Linsen
S. 467. — Dicke Linsen. Hauptebenen S. 471. — Linsenfehler S. 472. —
Das Auge S. 473. — Lichtmessung S. 478. — Schärfentiefe S. 481. —
Bildwerfer S. 482. — Allgemeines über Vergrößerung bei Lupe, Mikro-
skop und Fernrohr S. 483. — Die Lupe S. 484. — Linsensysteme S. 484.
Das Mikroskop S. 490. — Das Fernrohr S. 492. — Strahlenbegrenzung
in optischen Geräten S. 495. — Dispersion S. 498

III. Wellenoptik 501
Interferenz des Lichts S. 501. — Fresnels Interferenzversuche
S. 502. — Fraunhofersche Interferenzen in einer planparallelen Platte
S. 504. — Fresnelsche Interferenzen an planparallelen Platten und
Interferenzen an keilförmigen Schichten S. 508. — Interferometer
S. 510. — Beugung des Lichts S. 512. — Beugung am Gitter S. 515. —
Beugung und Streuung an kleinen Teilchen S. 517. — Stehende Licht-
wellen S. 297. — Wellentheorie der optischen Abbildung S. 518. —

Seite

Optische Abbildung und Beugung. Das Auflösungsvermögen des Mikroskops S. 521. — Der optische Doppler-Effekt S. 523. — Polarisation durch Reflexion S. 523. — Natürliches und polarisiertes Licht S. 525. — Doppelbrechung S. 526. — Das Nicolsche Prisma S. 529. — Flüssige Kristalle. Elektrische Doppelbrechung S. 530. — Drehung der Polarisationsebene S. 530. — Das Licht als elektromagnetische Welle S. 532. Zeeman-Effekt. Stark-Effekt S. 533.

IV. Das elektromagnetische Spektrum 535
Übersicht über das gesamte Spektrum S. 535. — Dispersion, Absorption und Reflexion im gesamten Spektrum S. 536. — Strahlungsmeßgeräte S. 537. — Das ultrarote Spektralgebiet S. 538. — Das ultraviolette Spektralgebiet S. 540. — Röntgenstrahlen. Gammastrahlen S. 541. — Spektrometrie der Röntgenstrahlen. Strukturanalyse S. 544. Emissions- und Absorptionsspektren. Spektralanalyse S. 546. — Reine Spektralfarben und Mischfarben. Dreifarbentheorie des Sehens S. 548. — Körperfarben S. 549.

V. Strahlungsgesetze 350
Temperaturstrahlung S. 350. — Kirchhoffsches Gesetz. Schwarzer Körper S. 550. — Das Plancksche Strahlungsgesetz des schwarzen Körpers S. 552. — Das Wiensche Verschiebungsgesetz. Das Stefan-Boltzmannsche Gesetz S. 554. — Die Lichtausbeute von Lichtquellen S. 556.

Zehntes Kapitel. **Relativitätstheorie** 557
Die Galilei-Transformation S. 557. — Der Michelson-Versuch S. 557. Die spezielle Relativitätstheorie S. 559. — Die Lorentz-Transformation S. 560. — Die Relativität der Zeitmessung S. 561. — Die Relativität der Längenmessung. Lorentz-Kontraktion S. 563. — Das Additionstheorem der Geschwindigkeiten S. 564. — Masse und Energie. Die Masse bewegter Körper S. 564. — Die Raum-Zeit-Welt S. 566. — Relativistische Elektrodynamik S. 569. — Die allgemeine Relativitätstheorie S. 570. Die Bestätigungen der allgemeinen Relativitätstheorie S. 572.

Elftes Kapitel. **Quantentheorie. Atome und Moleküle** 574
I. Quantentheorie des Lichtes 574
Der lichtelektrische Effekt S. 574. — Lichtquanten S. 575. — Masse und Bewegungsgröße der Lichtquanten S. 577. — Der Compton-Effekt S. 578. — Wellenoptik und Quantenoptik. Modellvorstellungen S. 579.
II. Quantentheorie der Atome und Moleküle. Quantenmechanik 580
Die Elementarladung. Das Elektron und das Proton S. 580. — Das Atommodell von RUTHERFORD S. 581. — Das Atommodell von BOHR S. 582. — Das Wasserstoffatom S. 584. — Das Periodische System der Elemente S. 588. — Das Aufbauprinzip S. 590. — Molekülbildung. Kristallbildung S. 593. — Allgemeines über Linienspektren S. 595. — Anregung und Ionisierung von Atomen S. 597. — Röntgenspektren S. 600. — Rotationsschwingungsspektren S. 603. — Bandenspektren S. 604. — Fluoreszenz S. 606. — Laser. Maser S. 607. — Phosphoreszenz und andere Lumineszenzerscheinungen S. 609. — Der Smekal-Raman-Effekt S. 610. — Chemische Wirkungen des Lichts (Photochemie) S. 611. — Elementare magnetische Momente S. 612. — Die Quantentheorie der spezifischen Wärmekapazität S. 613. — Die Wellentheorie der Materie S. 615. — Grundlagen der Quantenmechanik S. 618. Tunneleffekt. Feldemission S. 622.

Zwölftes Kapitel. **Physik der Atomkerne** 623
Das Neutron und das Positron S. 623. — Der Bau der Atomkerne. Kernsymbole S. 625. — Isotopie S. 626. — Isotopentrennung S. 629. — Massendefekte. Die Bindungsenergie der Kerne S. 630. — Kernkräfte. Kernmodelle S. 631. — Die natürliche Radioaktivität S. 633. — Ionisationskammer. Zählrohr. Nebelkammer S. 634. — Die Zerfallsreihen S. 637. — Kernreaktionsformeln. Die Verschiebungssätze S. 639. — Die Zerfallsgeschwindigkeit radioaktiver Stoffe. Das Geiger-Nutallsche Gesetz S. 640. — Künstliche Kernumwandlungen S. 641. — Teilchen-

Seite

beschleuniger S. 644. — Künstliche Radioaktivität S. 647. — Systematik der stabilen Atomkerne S. 649. — Theorie der α-Strahlung S. 653. — Theorie der β-Strahlung. Das Neutrino S. 654. — Angeregte Kerne S. 655. — Kernresonanzabsorption. Mößbauer-Effekt S. 657. — Theorie der künstlichen Kernreaktionen S. 659. — Transurane S. 660. — Kernspaltung S. 661. — Kettenreaktionen S. 662. — Kernwaffen S. 663. — Kernenergie für friedliche Zwecke S. 664. — Elementarteilchen S. 665. Die Struktur des Protons und des Neutrons S. 668.

Dreizehntes Kapitel. **Astrophysik und Physik des Weltalls** 669
Die Erde S. 669. — Das Alter von Gesteinen und der Erde S. 670. — Die Expansion der Erde S. 670. — Die Sonne S. 671. — Das Sonnensystem S. 673. — Helligkeit und Leuchtkraft der Sterne S. 675. — Entfernungen und Zustandsgrößen der Sterne S. 676. — Das Innere der Sterne S. 678. — Veränderliche Sterne S. 679. — Novae und Supernovae S. 679. — Interstellare Materie S. 680. — Kosmische Teilchenstrahlung S. 681. — Kosmische Radiostrahlung S. 684. — Der Energiehaushalt der Sterne. Die Bildung der Elemente S. 684. — Die Lebensgeschichte der Sterne. Das Hertzsprung-Russell-Diagramm S. 686. — Das Milchstraßensystem S. 689. — Außergalaktische Nebel S. 689. — Die Expansion des Weltalls S. 691. — Das Alter des Weltalls S. 693.

Schlußwort 695

Anhang. Wer soll Physik studieren 695

Namenverzeichnis 699

Sachverzeichnis 703

I. Konstanten

1. Allgemeine physikalische Konstanten

Gravitationskonstante . . . . $G = 6{,}670 \cdot 10^{-8}\ \mathrm{cm^3\,g^{-1}\,s^{-2}}$
Normfallbeschleunigung . . . . $g_n = 980{,}665\ \mathrm{cm\,s^{-2}}$
Spezifische Molekülzahl im Normzustand . . . $N_{s,n} = 2{,}687 \cdot 10^{19}\ \mathrm{cm^{-3}}$
Avogadro-Konstante . . . . $N_A = 6{,}02295 \cdot 10^{23}\ \mathrm{mol^{-1}}$
Molares Normvolumen idealer Gase . . . . . $V_{m,n} = 22420{,}7\ \mathrm{cm^3\,mol^{-1}}$
Universelle Gaskonstante . . . . $R = 8{,}31432 \cdot 10^7\ \mathrm{erg\,K^{-1}\,mol^{-1}}$
Vakuumlichtgeschwindigkeit . . . . $c_0 = 2{,}99790 \cdot 10^{10}\ \mathrm{cm\,s^{-1}}$
Magnetische Feldkonstante . . . . $\mu_0 = 4\pi \cdot 10^{-7}\ \mathrm{Vs\,A^{-1}\,m^{-1}}$
Elektrische Feldkonstante . . . . $\varepsilon_0 = 1/(\mu_0 c_0^2)$
$\qquad = 8{,}8543 \cdot 10^{-12}\ \mathrm{As\,V^{-1}\,m^{-1}}$
Faraday-Konstante . . . . $F = 9{,}649\,12 \cdot 10^4\ \mathrm{C\,val^{-1}}$

2. Atomare Konstanten

Atomare Masseneinheit . . . . $1\,\mathrm{u} = 1{,}660\,32 \cdot 10^{-24}\ \mathrm{g}$
Massen: Elektron . . . . $m_e = 0{,}910\,83 \cdot 10^{-27}\ \mathrm{g}$
$\qquad = 5{,}48589 \cdot 10^{-4}\ \mathrm{u}$
Proton . . . . $m_p = 1{,}672\,39 \cdot 10^{-24}\ \mathrm{g}$
$\qquad = 1{,}007\,273\ \mathrm{u}$
Neutron . . . . $m_n = 1{,}674\,70 \cdot 10^{-24}\ \mathrm{g}$
$\qquad = 1{,}008\,661\ \mathrm{u}$
$\qquad m_p/m_e = 1836{,}12$
Energieäquivalente: Masseneinheit u . . . . . $0{,}9311 \cdot 10^3\ \mathrm{MeV}$
$\qquad$ Elektron . . . . $m_e c_0^2 = 0{,}5109\ \mathrm{MeV}$
$\qquad$ Neutron . . . . $m_n c_0^2 = 0{,}939 \cdot 10^3\ \mathrm{MeV}$
$\qquad$ Proton . . . . $m_p c_0^2 = 0{,}938 \cdot 10^3\ \mathrm{MeV}$
Spezifische Ladung: Elektron . . . . $e/m_e = 1{,}7591 \cdot 10^8\ \mathrm{C\,g^{-1}}$
$\qquad$ Proton . . . . $e/m_p = 9{,}5797 \cdot 10^4\ \mathrm{C\,g^{-1}}$
Elementarlänge . . . . $l \approx 1{,}3 \cdot 10^{-13}\ \mathrm{cm}$
Elementarzeit . . . . $\tau \approx 4{,}4 \cdot 10^{-24}\ \mathrm{s}$
Elementarladung . . . . $e = 1{,}60206 \cdot 10^{-19}\ \mathrm{C}$
PLANCKsches Wirkungsquantum . . . . . . $h = 6{,}62517 \cdot 10^{-27}\ \mathrm{erg\,s}$
PLANCK-BOLTZMANN-Konstante . . . . . . $k = 1{,}38044 \cdot 10^{-16}\ \mathrm{erg\,K^{-1}}$
BOHRsches Magneton . . . . $M_B = 1{,}165 \cdot 10^{-29}\ \mathrm{Vs\,m}$
Kernmagneton . . . . $M_K = 6{,}346 \cdot 10^{-33}\ \mathrm{Vs\,m}$
COMPTON-Wellenlänge des Elektrons . . . . . $\lambda_C = 2{,}426 \cdot 10^{-10}\ \mathrm{cm}$
RYDBERG-Konstante . . . . $R = 1{,}0973731 \cdot 10^5\ \mathrm{cm^{-1}}$
Feinstrukturkonstante . . . . $1/\alpha = 137{,}0359$
Konstante des Wienschen Verschiebungsgesetzes $b = 0{,}2898\ \mathrm{cm\,K}$
STEFAN-BOLTZMANN-Konstante . . . . $\sigma = 5{,}669 \cdot 10^{-5}\ \mathrm{erg\,cm^{-2}K^{-4}s^{-1}}$

3. Konstanten der Erde

Äquatorradius . . . . $6{,}378 \cdot 10^3\ \mathrm{km}$
Polarer Radius . . . . $6{,}356 \cdot 10^3\ \mathrm{km}$
Erdvolumen . . . . $1{,}083 \cdot 10^{27}\ \mathrm{cm^3}$
Erdmasse . . . . $5{,}977 \cdot 10^{27}\ \mathrm{g}$
Mittlere Dichte . . . . $5{,}517\ \mathrm{g\,cm^{-3}}$
Dichte der Erdkruste . . . . $2{,}60\ \mathrm{g\,cm^{-3}}$
Mittlerer Sonnenabstand . . . . $149{,}5 \cdot 10^6\ \mathrm{km}$
Mittlere Bahngeschwindigkeit . . . . $29{,}8\ \mathrm{km\,s^{-1}}$
Winkelgeschwindigkeit der Erddrehung . . . . $7{,}29 \cdot 10^{-5}\ \mathrm{s^{-1}}$

4. Kosmische Konstanten

Sonnenradius . . . . $6{,}96 \cdot 10^{10}\ \mathrm{cm}$
Sonnenmasse . . . . $1{,}993 \cdot 10^{33}\ \mathrm{g}$
Mittlere Sonnendichte . . . . $1{,}41\ \mathrm{g\,cm^{-3}}$
Gesamtstrahlungsleistung der Sonne . . . . . $3{,}72 \cdot 10^{33}\ \mathrm{erg\,s^{-1}} = 3{,}72 \cdot 10^{27}\ \mathrm{W}$
Effektive Temperatur der Sonnenoberfläche . . $5714\ \mathrm{^\circ K}$
Solarkonstante . . . . $1{,}40 \cdot 10^6\ \mathrm{erg\,cm^{-2}\,s^{-1}} =$
$\qquad 1{,}40 \cdot 10^3\ \mathrm{W\,m^{-2}} = 2{,}0\ \mathrm{cal\,cm^{-2} \cdot min^{-1}}$
Mondabstand von der Erde . . . . $3{,}844 \cdot 10^{10}\ \mathrm{cm} = 60{,}27\ \mathrm{Erdradien}$

Mondradius . . . . $1{,}738 \cdot 10^8$ cm $= 0{,}272$ Erdradien
Mondmasse . . . . $7{,}35 \cdot 10^{25}$ g $= 0{,}0123$ Erdmassen
Siderische Mondumlaufszeit . . . . $27{,}321\,661$ Tage
Durchmesser der Milchstraßenebene . . . . . $\approx 30\,000$ pc
Durchmesser senkrecht zu ihr . . . . ≈ 5000 pc
Masse der Milchstraße . . . . $\approx 5 \cdot 10^{44}$ g
Abstand der Sonne vom Zentrum . . . . . . $\approx 10\,000$ pc
— — — von der Milchstraßenebene . . . . . ≈ 15 pc nördlich
Hubble-Konstante . . . . $\approx 0{,}25 \cdot 10^{-17}$ s^{-1}
Weltalter . . . . $\approx 4 \cdot 10^{17}$ s $\approx 13 \cdot 10^9$ Jahre

II. Vorsätze für dezimale Vielfache und Bruchteile von Einheiten

Zehnerpotenz	Vorsatz	Abkürzung	Zehnerpotenz	Vorsatz	Abkürzung
$+1$	Deka	D	-1	Dezi	d
$+2$	Hekto	h	-2	Zenti	c
$+3$	Kilo	k	-3	Milli	m
$+6$	Mega	M	-6	Mikro	μ
$+9$	Giga	G	-9	Nano	n
$+12$	Tera	T	-12	Pico	p
$+15$	Femta	F	-15	Femto	f
$+18$	Atta	A	-18	Atto	a

III. Häufig benutzte Längeneinheiten

1 m $= 1{,}650\,763\,73\ \lambda_{Kr}$ 1 Å (Ångström) $= 10^{-10}$ m
1 km $= 10^3$ m   1 A. U. (Astronom. Einheit) $= 1{,}495 \cdot 10^{11}$ m
1 cm $= 10^{-2}$ m   1 lj (Lichtjahr) $= 9{,}4605 \cdot 10^{18}$ m
1 mm $= 10^{-3}$ m   1 pc (Parsec) $= 30{,}87 \cdot 10^{18}$ m
1 μm $= 10^{-6}$ m
1 nm $= 10^{-9}$ m

Das μm wird heute oft noch Mikron (μ) genannt. Die Astronomische Einheit ist gleich der großen Halbachse der Erdbahn um die Sonne. Das Lichtjahr ist gleich der Strecke, die das Licht in einem Jahr im Vakuum zurücklegt, das Parsec die Entfernung, aus der die große Halbachse der Erdbahn bei senkrechter Sicht auf die Bahnebene unter dem Winkel 1″ erscheint.

IV. Die mechanischen Einheitensysteme

	MKS-System	CGS-System	Technisches System
Masse	kg	g	kp s^2 m^{-1}
Länge	m	cm	m
Zeit	s	s	s
Geschwindigkeit	m s^{-1}	cm s^{-1}	m s^{-1}
Beschleunigung	m s^{-2}	cm s^{-2}	m s^{-2}
Kraft	kg m s$^{-2} =$ N	g cm s$^{-2} =$ dyn	kp
Druck	kg m^{-1} s$^{-2} =$ N m^{-2}	g cm^{-1} s$^{-2} =$ dyn cm^{-2}	kp m^{-2}
Impuls	kg m s^{-1}	g cm s^{-1}	kp s
Arbeit, Energie	kg m^2 s$^{-2} =$ J $=$ Ws	g cm^2 s$^{-2} =$ erg	kp m
Leistung	kg m^2 s$^{-3} =$ W	g cm^2 s$^{-3} =$ erg s^{-1}	kp m s^{-1}
Wirkung	kg m^2 s$^{-1} =$ J s	g cm^2 s$^{-1} =$ erg s	kp m s
Winkelgeschwindigkeit	s^{-1}	s^{-1}	s^{-1}
Winkelbeschleunigung	s^{-2}	s^{-2}	s^{-2}
Frequenz	s$^{-1} =$ Hz	s$^{-1} =$ Hz	s$^{-1} =$ Hz
Trägheitsmoment	kg m^2	g cm^2	kp m s^2
Drehmoment	kg m^2 s$^{-2} =$ N m	g cm^2 s$^{-2} =$ dyn cm	kp m
Drehimpuls	kg m^2 s^{-1}	g cm^2 s^{-1}	kp m s
Richtkraft	kg s$^{-2} =$ N m^{-1}	g s$^{-2} =$ dyn cm^{-1}	kp m^{-1}
Richtmoment	kg m^2 s$^{-2} =$ N m	g cm^2 s$^{-2} =$ dyn cm	kp m

Umrechnungsbeziehungen: 1 kg $= 10^3$ g, 1 m $= 10^2$ cm; 1 Newton (N) $= 10^5$ dyn; 1 kp $= 9{,}80665$ N $= 9{,}80665 \cdot 10^5$ dyn; 1 Joule (J) $= 10^7$ erg; 1 kpm $= 9{,}80665$ J $= 9{,}80665 \cdot 10^7$ erg.

V. Druckeinheiten

$1\ \mathrm{N\ m^{-2}}$

$1\ \mathrm{dyn\ cm^{-2}} = 10^{-1}\ \mathrm{N\ m^{-2}}$

$1\ \text{Millibar (mb)} = 10^3\ \mathrm{dyn\ cm^{-2}}$

$1\ \mathrm{kp\ m^{-2}} = 9{,}806\,65\ \mathrm{N\ m^{-2}}$

$1\ \mathrm{at} = \mathrm{kp\ cm^{-2}}$

$1\ \mathrm{Torr} = 1{,}333\ \mathrm{mb}$

$1\ \mathrm{atm} = 760\ \mathrm{Torr} = 1013\ \mathrm{mb}$

at = technische Atmosphäre, atm = physikalische Atmosphäre, der jährliche Mittelwert des Luftdrucks im Meeresniveau unter 45° Breite, Torr = Druck einer 1 mm hohen Quecksilbersäule bei 0 °C am Ort der Normalfallbeschleunigung (§ 12).

VI. Das elektrische VAMS-System

Stromstärke . . . . $1\ \mathrm{A}$

Spannung . . . . $1\ \mathrm{V}$

Ladung, elektrischer Fluß . . . . $1\ \mathrm{C} = 1\ \mathrm{A\ s}$

Elektrisches Moment . . . . $1\ \mathrm{A\ m\ s}$

Elektrische Feldstärke . . . . $1\ \mathrm{V\ m^{-1}}$

Dielektrische Verschiebungsdichte, Polarisation $1\ \mathrm{A\ m^{-2}\ s}$

Widerstand . . . . $1\ \Omega = 1\ \mathrm{V\ A^{-1}}$

Kapazität . . . . $1\ \mathrm{F} = 1\ \mathrm{A\ V^{-1}\ s}$

Induktivität . . . . $1\ \mathrm{H} = 1\ \mathrm{V\ A^{-1}\ s}$

Masse . . . . $1\ \mathrm{V\ A\ m^{-2}\ s^3} \equiv 1\ \mathrm{kg}$

Arbeit, Energie . . . . $1\ \mathrm{V\ A\ s} \equiv 1\ \mathrm{J} = 1\ \mathrm{N\ m}$

Leistung . . . . $1\ \mathrm{V\ A} = 1\ \mathrm{W}$

Kraft . . . . $1\ \mathrm{V\ A\ m^{-1}\ s} \equiv 1\ \mathrm{N}$

Polstärke, magnetischer Fluß . . . . $1\ \mathrm{V\ s} = 1\ \mathrm{Wb}$

Magnetisches Moment . . . . $1\ \mathrm{V\ s\ m}$

Magnetische Feldstärke . . . . $1\ \mathrm{A\ m^{-1}}$

Magnetische Flußdichte, magnetische

   Polarisation . . . . $1\ \mathrm{V\ s\ m^{-2}} = 1\ \mathrm{T}$

Magnetische Umfangspannung . . . . $1\ \mathrm{A}$

Magnetischer Widerstand . . . . $1\ \mathrm{A\ V^{-1}\ s^{-1}}$

Elektrische Feldkonstante . . . . $(4\pi \cdot 9 \cdot 10^9)^{-1}\ \mathrm{A\ s\ V^{-1}\ m^{-1}}$

Magnetische Feldkonstante . . . . $4\pi \cdot 10^{-7}\ \mathrm{V\ s\ A^{-1}\ m^{-1}}$

Weitere noch benutzte magnetische Einheiten sind:

Magnetische Flußdichte . . . . $1\ \mathrm{G} = 10^{-4}\ \mathrm{V\ s\ m^{-2}}$

Magnetischer Fluß . . . . $1\ \mathrm{M} = 10^{-8}\ \mathrm{V\ s\ (Wb)}$

C Coulomb, A Ampere, V Volt, Ω Ohm, F Farad, H Henry, J Joule, W Watt, Wb Weber, T Tesla, G Gauß, M Maxwell. Wegen der Einheiten Gauß und Maxwell vgl. § 200.

VII. Energie-Umrechnungstabelle

	erg	J	kWh	kpm	cal	eV	$g(\hat{=})$
1 erg =	1	10^{-7}	$2{,}778 \cdot 10^{-14}$	$1{,}0197 \cdot 10^{-8}$	$2{,}3892 \cdot 10^{-8}$	$6{,}242 \cdot 10^{11}$	$1{,}1111 \cdot 10^{-21}$
1 Joule =	10^7	1	$2{,}778 \cdot 10^{-7}$	$1{,}0197 \cdot 10^{-1}$	$2{,}3892 \cdot 10^{-1}$	$6{,}242 \cdot 10^{18}$	$1{,}1111 \cdot 10^{-14}$
1 kWh =	$3{,}600 \cdot 10^{13}$	$3{,}600 \cdot 10^6$	1	$3{,}6710 \cdot 10^5$	$8{,}601 \cdot 10^5$	$2{,}247 \cdot 10^{25}$	$4{,}000 \cdot 10^{-8}$
1 kpm =	$9{,}807 \cdot 10^7$	$9{,}807$	$2{,}7230 \cdot 10^{-6}$	1	$2{,}3431$	$6{,}122 \cdot 10^{19}$	$1{,}090 \cdot 10^{-13}$
1 cal =	$4{,}1855 \cdot 10^7$	$4{,}1855$	$1{,}1626 \cdot 10^{-6}$	$4{,}268 \cdot 10^{-1}$	1	$2{,}613 \cdot 10^{19}$	$4{,}650 \cdot 10^{-14}$
1 eV =	$1{,}602 \cdot 10^{-12}$	$1{,}602 \cdot 10^{-19}$	$4{,}450 \cdot 10^{-26}$	$1{,}633 \cdot 10^{-20}$	$3{,}827 \cdot 10^{-20}$	1	$1{,}780 \cdot 10^{-33}$
$1\ g \hat{=}$	$9{,}00 \cdot 10^{20}$	$9{,}000 \cdot 10^{13}$	$2{,}500 \cdot 10^7$	$9{,}179 \cdot 10^{12}$	$2{,}150 \cdot 10^{13}$	$5{,}617 \cdot 10^{32}$	1

Von den Einheiten, die wir neben den internationalen und ihren dezimalen Bruchteilen und Vielfachen in diesem Buch noch verwenden, sollen gemäß internationaler Vereinbarung allmählich die folgenden verschwinden: Pond, Kilopond, physikalische und technische Atmosphäre, Torr, Erg, Dyn, Kalorie, Gauß, Maxwell.

Es bedeuten: $\equiv$ identisch gleich, $\hat{=}$ entspricht, $\sim$ proportional, $\{G\}$ den Zahlenwert, $[G]$ die Einheit einer Größe G, log den allgemeinen, lg den dekadischen, ln den natürlichen Logarithmus.

> Die Wissenschaft hilft uns vor allem, daß
> sie das Staunen, wozu wir von Natur be-
> rufen sind, einigermaßen erleichtert; sodann
> aber, daß sie dem immer gesteigerten Leben
> neue Fertigkeiten erwecke, zu Abwehrung
> des Schädlichen und zur Erreichung des
> Nutzbaren.
>
> Goethe: Zur Morphologie.

> Das ewig Unbegreifliche an der Natur ist
> ihre Begreiflichkeit.
>
> Albert Einstein.

Einleitung

1. Die Physik. Es darf vorausgesetzt werden, daß der Benutzer dieses Buches keiner Belehrung darüber bedarf, was unter Physik überhaupt zu verstehen ist. Das lernt ein jeder in der Schule. Zusammen mit der Chemie ist sie die Wissenschaft von der *unbelebten Natur*, im Gegensatz zur Biologie (einschließlich der Physiologie) als der Wissenschaft von der belebten Natur. Zwischen Physik und Chemie gibt es keine scharfe Grenze. Die Unterscheidung gründet sich wesentlich nur auf den Unterschied der Fragestellungen und der Methoden, obgleich auch in der Chemie physikalische Methoden in großem Umfange angewandt werden. Aber physikalische Erkenntnisse und Methoden spielen auch eine ständig wachsende Rolle in der Biologie (einschließlich der Medizin, soweit sie Biologie des Menschen ist). Bindeglieder zwischen Physik und Chemie einerseits, der Biologie andrerseits sind die Biophysik und die Biochemie.

Der Begründer der Physik als einer exakten, das heißt messenden und rechnenden Wissenschaft war GALILEO GALILEI[1]. Er war der erste, der durch planmäßiges *Experimentieren* allgemeine naturgesetzliche Beziehungen ermittelte und diese in Gestalt von allgemeingültigen *Gleichungen* darstellte, mit denen man nach den Gesetzen der Algebra operieren kann. Die Sammlung experimenteller Erfahrungen ist Aufgabe der *Experimentalphysik*, ihre technische Verwertung Aufgabe der *Angewandten* oder *Technischen Physik*. Die *Theoretische Physik* arbeitet mit den Methoden der Mathematik. Sie ordnet das experimentelle Erfahrungsgut in Gestalt umfassender, mathematisch formulierter Theorien, auf Grund derer sie der Experimentalphysik wiederum Hinweise auf Möglichkeiten zur Gewinnung neuer Erfahrungen liefert. So stehen Experimentelle und Theoretische Physik in ständiger fruchtbarer Wechselwirkung. Über das Studium der Physik s. den Anhang.

2. Physikalische Größen und Einheiten[2]. Die Physik beschäftigt sich mit den *naturgesetzlichen Verknüpfungen meßbarer Eigenschaften und Merkmale* von Dingen, Zuständen und Vorgängen in Raum und Zeit. Zur Beschreibung solcher Eigenschaften und Merkmale dient der Begriff der *physikalischen Größe*. Ein Beispiel ist die Länge eines Stabes. Wir können sie mit der Länge eines anderen Stabes vergleichen und nicht nur feststellen, ob sie größer oder kleiner als diese ist, sondern auch, welcher Bruchteil oder welches Vielfache derselben sie ist. Wenn wir also die Länge irgendeines Stabes als *Bezugslänge*, als *Längeneinheit* wählen, so können wir alle denkbaren Längen in eine stetige Folge nach größer oder kleiner ordnen. Das gleiche gilt für alle physikalischen Größen.

---

[1] GALILEO GALILEI, 1564—1642.

[2] Zu §§ 2 bis 4 vgl. W. H. WESTPHAL, Die Grundlagen des physikalischen Begriffssystems. Braunschweig 1965.

Physikalische Größen sind entweder *Skalare* oder *Vektoren*. *Skalare* sind Größen, bei denen es nicht auf ihre *Orientierung im Raume*, sondern nur auf ihr *Ausmaß* ankommt, z.B. eine Länge, eine Zeit, eine Masse, eine elektrische Ladung. *Vektoren* unterscheiden sich außer durch ihr Ausmaß durch ihre unterschiedliche *Orientierung im Raum*, also ihre *Richtung*, z.B. Geschwindigkeiten, Kräfte. Unter dem *Betrag eines Vektors* versteht man sein skalares Ausmaß ohne Berücksichtigung seiner Orientierung.

Das Verhältnis eines Skalars oder des skalaren Betrages eines Vektors zur verwendeten Einheit nennt man den *Zahlenwert* (besser als Maßzahl) der Größe:

$$\text{Zahlenwert} = \frac{\text{Größe}}{\text{Einheit}} \qquad (2.1)$$

und demnach auch:

$$\text{Größe} = \text{Zahlenwert} \times \text{Einheit}. \qquad (2.2)$$

(2.1) ist die Definition des Begriffs Zahlenwert, nicht etwa (2.2) die Definition des Begriffs Größe, da ja Einheiten auch Größen sind. Eine gemäß (2.2) auf Grund einer Messung oder Berechnung dargestellte Größe nennen wir eine *spezielle Größe*.

Unter einer *Größenart* verstehen wir die unendliche Mannigfaltigkeit aller Größen, die ein *gleiches Merkmal* beschreiben, z.B. die unendliche Mannigfaltigkeit aller denkbaren Längen oder Zeiten oder Kräfte. Der Begriff der Größenart ist also nur *qualitativ*. Bei skalaren Größen ist der Begriff der Größenart identisch mit dem Begriff der *Dimension*; bei Vektoren hingegen bezieht er sich nur auf deren skalaren Betrag. Es gibt Fälle, in denen zwei verschiedenartige Größen die gleiche Dimension haben, z.B. die Arbeit, ein Skalar, und das Drehmoment, ein Vektor.

Zur allgemeinen Darstellung gleichartiger Größen, ohne Rücksicht auf deren jeweilige spezielle Werte, verwendet man bei Skalaren Buchstabensymbole *(Formelzeichen)* in mageren kursiven (schrägen) Antiqua- (lateinischen) Lettern, z.B. l oder s für Längen, t für Zeiten, I für elektrische Stromstärken usw. Für Vektoren verwendet man heute mehr und mehr halbfette kursive Antiquatypen, für ihre skalaren Beträge die gleiche magere Type, z.B. v für Geschwindigkeiten (Betrag v), E für elektrische Feldstärken (Betrag E)[1]. Eine so nur ihrer Art nach gekennzeichnete Größe nennen wir eine *allgemeine Größe*. Bei der Auswertung von Größengleichungen werden sie durch spezielle Größen ersetzt (§ 4).

Bei der Darstellung spezieller Größen als Produkte von Zahlenwert und Einheit verwendet man für die Einheiten Kurzzeichen *(Einheitenzeichen)*, z.B. m für das Meter, s für die Sekunde, A für das Ampere. Sie werden mit steilen lateinischen Typen gesetzt. (Einzige Ausnahme: Ω für die Widerstandseinheit Ohm.) Großbuchstaben werden nur bei Einheiten verwendet, deren Namen von Eigennamen abgeleitet sind. Über Vorsätze für dezimale Bruchteile und Vielfache von Einheiten s. Tabelle II, S. XIV.

Einheiten müssen durch *Meßvorschriften* definiert werden, die angeben, wie die Einheit experimentell verwirklicht werden soll. Im Interesse der weltweiten Verständlichkeit bestehen internationale Empfehlungen über die ausschließliche Verwendung einiger weniger Einheiten für jede Größenart. Alle Einheiten sind Skalare. Die Angabe der Einheit eines Vektors bezieht sich, wie schon gesagt, nur auf dessen skalaren Betrag.

Zur allgemeinen Kennzeichnung einer Größe G als Produkt aus Zahlenwert und Einheit, wobei die Wahl der Einheit noch offen bleiben soll, ist es oft zweckmäßig, für die Einheit das Zeichen $[G]$, für den (von der Wahl der Einheit ab-

---

[1] Hierzu und zu den Einheitenzeichen vgl. das Normblatt DIN 1338, Buchstaben, Ziffern und Zeichen im Formelsatz.

hängigen) Zahlenwert das Zeichen $\{G\}$ zu verwenden. Gemäß (2.2) ist dann

$$G = \{G\}[G]. \tag{2.3}$$

Nun ist jede *spezielle Größe*, z.B. die Länge eines *bestimmten* Stabes, natürlich unabhängig von der Wahl der bei ihrer Messung verwendeten Einheit; sie ist *invariant gegen einen Wechsel der Einheit*. Geht man in (2.3) zu einer anderen Einheit $[G]'$ über, so ändert sich der Zahlenwert in $\{G\}'$, aber die Größe ändert sich dadurch nicht. Es ist also

$$G = \{G\}[G] = \{G\}'[G]'. \tag{2.4}$$

Daraus folgt: $\{G\}'/\{G\} = [G]/[G]'$, also die allgemein bekannte Tatsache: Je größer/kleiner die Einheit, um so kleiner/größer ist der Zahlenwert einer Größe.

3. Größen- und Einheitensysteme. Die ganz überwiegende Mehrzahl aller physikalischen Größen kann ihrer Art nach als ein *Potenzprodukt* aus höchstens 6 *Grundgrößen (Basisgrößen) definiert* werden *(abgeleitete Größen)*. (Natürlich sind Grundgrößen keine speziellen, sondern allgemeine Größen, § 2.) Da die Grundgrößen den Ausgangspunkt alles Definierens bilden, können *Grundgrößen nicht definiert*, sondern nur *als solche eingeführt*, zu solchen erklärt werden. Außer in der Physik der Stoffe wird in den einzelnen Teilgebieten der Physik jeweils nur ein Teil der Grundgrößen benötigt. Ein Größensystem mit g Grundgrößen nennen wir ein *Größensystem g-ten Grades*.

Die die abgeleiteten Größen definierenden Potenzprodukte werden stets *ohne Zahlenfaktor* geschrieben. Ist G eine über die Grundgrößen $G_1, G_2, \ldots$ abgeleitete Größe, so hat ihre Definition die Form $G = G_1^a G_2^b, \ldots$, wobei die Exponenten stets positive oder negative ganze Zahlen sind.

Man kann das Größensystem der Gesamtphysik in einer natürlichen Folge mit wachsender Anzahl der Grundgrößen aufbauen. Eine neue Grundgröße wird immer erforderlich, wenn neuartige Begriffe in das Blickfeld treten, die nicht mehr sinnvoll über die bereits vorhandenen Grundgrößen definierbar sind. Bei schrittweisem Vorgehen genügt dann immer die Einführung *einer einzigen neuen Grundgröße*. Die Gesichtspunkte, nach denen man diese auswählt, sind von Fall zu Fall verschieden. Fast immer ist die Wahl einer bestimmten Größe ohne weiteres einleuchtend. Einzig in der Geometrie gilt die Länge, welche die Grundlage allen weiteren Definierens ist, a priori als Grundgröße gegeben.

Das folgende Schema zeigt das Hinzutreten von jeweils einer neuen Grundgröße beim schrittweisen Aufbau des Größensystems der Physik. Nach der Dynamik gabelt es sich in zwei Zweige, die sich in der Physik der Stoffe, zu der auch die Chemie gehört und in der sämtliche Grundgrößen auftreten, wieder vereinigen. Die Ziffern kennzeichnen den Grad des betreffenden Teilsystems.

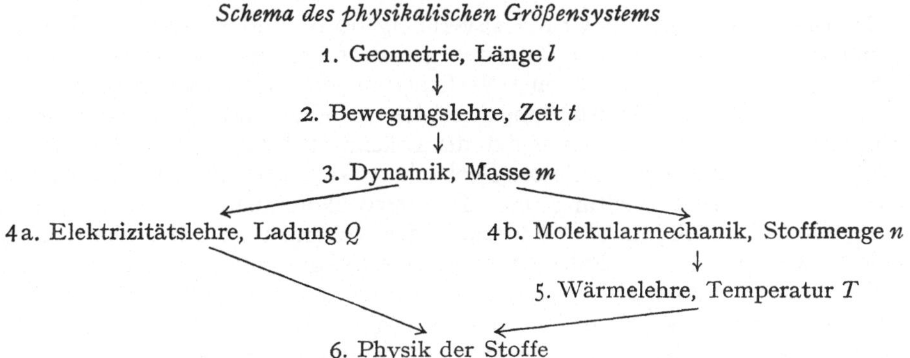

Dem Größensystem jedes Teilgebietes der Physik entsprechen *Einheitensysteme* gleichen Grades, den Grundgrößen *Grundeinheiten (Basiseinheiten)*, den abgeleiteten Größen *abgeleitete Einheiten*. Die Grundeinheiten müssen durch Meßvorschriften definiert werden, die bestimmen, wie die Einheit meßtechnisch verwirklicht werden soll. (Nur die Masseneinheit Kilogramm ist heute noch durch einen körperlichen Prototyp verwirklicht.) Da es für jede Größenart verschiedene Einheiten geben kann, so kann es auch zum gleichen Größensystem verschiedene Einheitensysteme geben, von denen aber auf Grund internationaler Empfehlungen über die Verwendung nur einiger weniger Einheiten für die einzelnen Größenarten (§ 2) nur einige wenige verwendet werden. Die abgeleiteten Einheiten werden analog zu den Definitionen der entsprechenden Größen als Potenzprodukte von Grundeinheiten definiert, wobei ein Zahlenfaktor hinzukommen *kann*. Definiert man aber alle abgeleiteten Einheiten eines Systems *ohne Zahlenfaktor*, so heißt das Einheitensystem *kohärent*. An die Stelle von Grundeinheiten können dabei der einfacheren Schreibweise wegen auch abgeleitete Einheiten treten. Die Definitionen der Energieeinheit Joule als $1\,\mathrm{J} = 1\,\mathrm{kg\,m^2/s^2}$ und $1\,\mathrm{J} = 1\,\mathrm{Nm}$ sind identisch, da die Krafteinheit Newton $(\mathrm{N}) = 1\,\mathrm{kg\,m/s^2}$ ist.

4. Naturgesetze. Definitionen. Physikalische Gleichungen. *Naturgesetze* sind Ergebnisse der *experimentellen Erfahrung (Erfahrungssätze)*, die nicht a priori vorausgesagt, aber jederzeit experimentell bestätigt werden können. Es gibt einige sehr allgemeine Naturgesetze, die wegen ihrer Allgemeinheit nur in Form von Aussagen mitgeteilt werden können (wie z.B. das Energieprinzip, § 23, und das Pauli-Prinzip, § 346). Die allermeisten Naturgesetze beschreiben aber Erfahrungen an speziellen Phänomenen und können durch Gleichungen zwischen allgemeinen Größen dargestellt werden. Solche Gesetze werden primär fast immer als *Proportionalitäten* zwischen meist verschiedenartigen Größen gewonnen. Rechnen kann man aber nur mit *Gleichungen*. Deshalb verwandelt man solche Proportionalitäten — ohne damit an ihrem Aussagegehalt irgend etwas zu ändern — durch Anbringung eines *konstanten Faktors* in eine *Gleichung*. Dieser muß die unterschiedlichen Größenarten der beiden Seiten der Proportionalität ausgleichen *(Ausgleichsfaktor)*, ist also nie eine Zahl, sondern immer eine *physikalische Größe*. (Vgl. das Gravitationsgesetz, § 44 und die beiden Coulombschen Gesetze, §§ 136, 191.) Wir wissen heute, daß die auf der Erde ermittelten Naturgesetze im gesamten Weltall gültig sind.

Aus einem solchen primären Gesetz kann man — meist unter Hinzunahme von Definitionen — weitere Naturgesetze auf mathematischem Wege ableiten. Jede Bestätigung eines solchen abgeleiteten Gesetzes durch die Erfahrung bestätigt auch das Gesetz, von dem es abgeleitet wurde. Eine Erscheinung *erklären* heißt in der Physik immer nur, sie *auf ein Gesetz zurückführen*.

Ein Gesetz, welches auf Grund zuverlässig beobachteter physikalischer Erscheinungen aufgestellt worden ist, kann grundsätzlich nie umgestoßen werden. Es kann aber geschehen, daß eine Verfeinerung der Beobachtungsmittel oder eine Ausdehnung des Beobachtungsbereiches in eine andere Größenordnung der in Frage stehenden Erscheinung zu der Erkenntnis führt, daß das betreffende Gesetz nur eine für den früheren Beobachtungsbereich mit sehr großer Annäherung ausreichende Geltung hat. Das vervollkommnete Gesetz aber muß immer das frühere Gesetz als Sonderfall oder Näherung in sich enthalten. Es handelt sich also in solchen Fällen stets um eine Erweiterung eines schon bekannten Gesetzes bzw. um eine Einschränkung seines Gültigkeitsbereiches.

Die allgemeine Aussage, daß es keine Wirkung ohne Ursache gibt, heißt das *Kausalitätsgesetz*. In der Physik der groben Körper bis hinab in den Bereich nur noch im Mikroskop sichtbarer Körper gilt aber eine schärfere Formulierung: *Sind in einem bestimmten Augenblick sämtliche Größen quantitativ bekannt, die den momentanen Zustand aller an einem Naturvorgang beteiligten Gegebenheiten beschreiben, so ist es wenigstens gedanklich möglich, sowohl seinen vorhergehenden als auch seinen weiteren Verlauf in allen Einzelheiten auf Grund der Naturgesetze zu berechnen.* Man sagt: *diese Naturvorgänge sind streng determiniert.* In der Quantenmechanik der atomaren Teilchen gilt das indessen nicht mehr (§ 361).

Auch *Definitionen* sind Gleichungen, aber, wenn auch zweckmäßige, so doch willkürliche Setzungen und *deshalb grundsätzlich nicht experimentell beweisbar.* Deshalb muß *zwischen Naturgesetzen und Definitionen streng unterschieden* werden. Andernfalls besteht die Gefahr begrifflicher Fehlschlüsse.

Gleichungen, die Naturgesetze oder Definitionen von Größen ausdrücken, sollen *allgemeingültig,* also von der zufälligen Wahl der Einheiten unabhängig sein, die man bei ihrer Auswertung verwenden will. Das ist nur dann der Fall, wenn sie *Größengleichungen* sind, in denen *alle* Formelzeichen allgemeine Größen bedeuten und keine Größe mit ihrem Zahlenwert eingesetzt ist. Damit überträgt sich die *Invarianz* der Größen, die Unabhängigkeit von der Einheitenwahl (§ 2), auf die Größengleichungen.

Gegeben sei eine Größengleichung $G = Z G_1^a G_2^b, \ldots$, in der Z ein Zahlenfaktor ist. Unter Benutzung der in (2.3) eingeführten Schreibweise können wir schreiben:

$$\{G\}[G] = Z\{G_1\}^a[G_1]^a\{G_2\}^b[G_2]^b\ldots \tag{4.1}$$

Unter Voraussetzung eines *kohärenten Einheitensystems* (Definitionen ohne Zahlenfaktor, § 3) lautet die entsprechende *Einheitengleichung*

$$[G] = [G_1]^a[G_2]^b\ldots \tag{4.2}$$

Durch Division von (4.1) durch (4.2) erhalten wir die *Zahlenwertgleichung*

$$\{G\} = Z\{G_1\}^a\{G_2\}^b\ldots \tag{4.3}$$

Unter der gemachten Voraussetzung, aber *nur dann*, ist sie bei Weglassung der $\{\}$ *formal* mit der Größengleichung identisch. Nur dann darf man also bei der numerischen Auswertung einer Größengleichung die Zahlenwerte der eingehenden speziellen Größen ohne weiteres an Stelle der Formelzeichen der Größen setzen.

5. Vektoren. Einen Skalar kann man graphisch durch eine beliebig gerichtete Strecke darstellen, deren Länge proportional dem Zahlenwert des Skalars ist. Das Symbol eines Vektors hingegen ist ein *Pfeil,* der in die dem Vektor eigentümliche Richtung weist und dessen Länge dem Zahlenwert des Vektors proportional ist.

Die Summe zweier Skalare a und b ist ihre algebraische Summe $a+b$. Wir wollen jetzt untersuchen, welche Bedeutung wir der Summe *(Vektorsumme, Resultierende, Resultante)* zweier Vektoren zuzuschreiben haben. Wir wählen als Beispiel zwei beliebig gerichtete Geschwindigkeiten v_1 und v_2. Man wird von der Summe zweier Geschwindigkeiten dann sprechen, wenn sie dem gleichen Körper gleichzeitig zukommen. Das ist so zu verstehen, daß sich einer Bewegung des Körpers mit der Geschwindigkeit v_1 eine zweite Bewegung mit der Geschwindigkeit v_2 überlagert, so daß eine aus diesen beiden Teilbewegungen zusammengesetzte Bewegung entsteht. Die Geschwindigkeit v, mit der diese Bewegung erfolgt, werden wir sinngemäß als die Summe $v = v_1 + v_2$ der beiden Teilgeschwindigkeiten v_1 und v_2 bezeichnen. Als Beispiel betrachten wir einen Körper, der sich auf einem mit der Geschwindigkeit v_1 gegenüber dem Wasser bewegten Schiff befindet und der sich gleichzeitig relativ zum Schiff mit der Geschwindigkeit v_2 bewegt. Der Körper befinde sich in einem bestimmten Augenblick im Punkt A (Abb. 1a). Dann befindet er sich infolge seiner Geschwindigkeit $v = v_1 + v_2$ nach Ablauf von 1 s im Punkte B. Den gleichen Ort hätte er auch erreicht, wenn er sich zunächst während 1 s mit der Geschwindigkeit v_1 von A nach C, dann während 1 s mit der Geschwindigkeit v_2 von C nach B bewegt hätte. Die Verschiebung von A nach B kann als Summe der Verschiebungen von A nach C und von C nach B angesehen werden. Man kann demnach den Vektor $v = v_1 + v_2$ so konstruieren, daß man an die Spitze des Vektorpfeils v_1 den Schwanz des Vektorpfeils v_2 anlegt — unter Beachtung der Richtungen der Vektoren — und Anfang und Ende des so entstandenen Linienzuges durch einen von A nach B weisenden Pfeil, den Vektor $v = v_1 + v_2$, verbindet. Auf die Reihenfolge

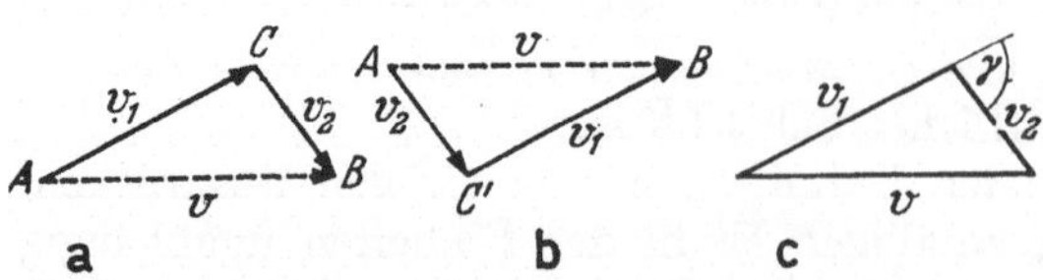

Abb. 1. Addition zweier Vektoren. a) $v = v_1 + v_2$; b) $v = v_2 + v_1$; c) $v = \sqrt{v_1^2 + v_2^2 + 2v_1 v_2 \cos \gamma}$

der beiden Vektoren kommt es dabei nicht an (Abb. 1a und b). Es ist $v_1 + v_2 = v_2 + v_1$. Bilden die Richtungen der Vektoren v_1, v_2 (Beträge v_1, v_2) miteinander den Winkel γ (Abb. 1c), so folgt aus dem Kosinussatz daß, wenn

$$v = v_1 + v_2, \quad \text{so} \quad v = \sqrt{v_1^2 + v_2^2 + 2v_1 v_2 \cos \gamma}. \tag{5.1}$$

Die Konstruktion der Abb. 1 kann bei mehr als zwei zu addierenden Vektoren beliebig fortgesetzt werden (Abb. 2), indem man die Vektorpfeile a, b, c usw. in beliebiger Reihenfolge aneinanderfügt und Anfang und Ende des entstandenen Linienzuges durch einen Vektorpfeil $s = a + b + c + \cdots$ verbindet. Die Konstruk-

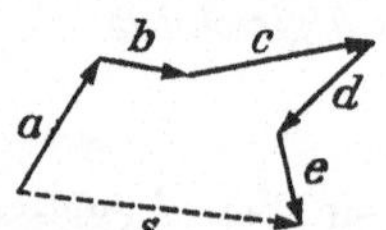

Abb. 2. Addition von mehr als zwei Vektoren, $s = a + b + c + \cdots$.

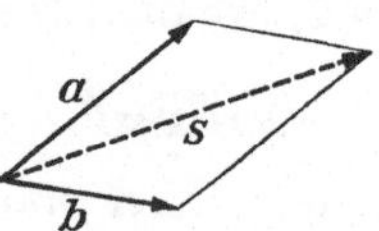

Abb. 3. Parallelogrammkonstruktion

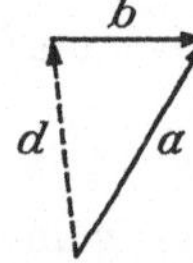

Abb. 4. Differenz zweier Vektoren, $d = a - b$

tion gilt auch dann, wenn die einzelnen Vektorpfeile nicht in der gleichen Ebene liegen. (Man denke sich Abb. 2 in irgendeiner Weise als eine räumliche, perspektivisch gezeichnete Figur.)

Bei zwei Vektoren kann man, wie leicht ersichtlich, auch so verfahren, daß man die Vektorpfeile mit ihren Schwänzen aneinanderfügt und die Figur zu einem Parallelogramm ergänzt (Abb. 3). Die von den Schwänzen ausgehende Diagonale des Parallelogramms ist die Vektorsumme $s = a + b$ der Vektoren a und b.

In Abb. 4 ist der Vektor a die Summe der Vektoren b und d, also $a = b + d$. Statt dessen können wir schreiben $d = a - b$. Der Vektor d ist also die Differenz der Vektoren a und b. Hieraus ergibt sich ohne weiteres die Konstruktion der Differenz zweier Vektoren.

Der Vektor $-a$ hat den gleichen Betrag, aber die entgegengesetzte Richtung wie der Vektor a; daher ist $a + (-a) = a - a = 0$. Das heißt, die beiden Vektoren heben einander auf, was offensichtlich dann der Fall ist, wenn sie gleichen Betrag und entgegengesetzte Richtung haben.

Man kann jeden Vektor als die Summe von beliebig gerichteten Vektoren auffassen, aus denen er zwar nicht durch Addition entstanden ist, wohl aber entstanden sein könnte. Wir wollen die Vektoren, aus denen wir uns einen Vektor auf diese Weise zusammengesetzt denken können, als *Komponenten* des Vektors bezeichnen. (In diesem Punkt herrscht keine einheitliche Übung. Oft bezeichnet man auch die skalaren Beträge dieser Vektoren als die Komponenten des gegebenen Vektors.) Wir bezeichnen daher die Vektorkomponenten mit halbfetten, ihre Beträge mit mageren Buchstaben. Abb. 5 zeigt das Verfahren zur Zerlegung eines Vektors a in zwei Komponenten a_1, a_2 nach zwei vorgegebenen Richtungen. Man zieht durch den Schwanz von a zwei Gerade in diesen Richtungen und ergänzt die Figur zu einem Parallelogramm mit der Diagonale a. Die vom Schwanz von a ausgehenden Parallelogrammseiten a_1, a_2 sind die gesuchten Komponenten, denn nach Abb. 5 ist $a = a_1 + a_2$. Ihre Beträge hängen von der Wahl der Richtungen ab (Abb. 5a und b).

Besonders wichtig ist die Zerlegung eines Vektors a in drei zueinander senkrechte Komponenten a_x, a_y, a_z nach den drei Achsenrichtungen eines rechtwinkligen Koordinatensystems $(x\,y\,z)$[1] (Abb. 6). Man findet diese drei Kom-

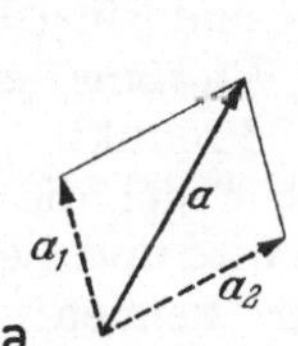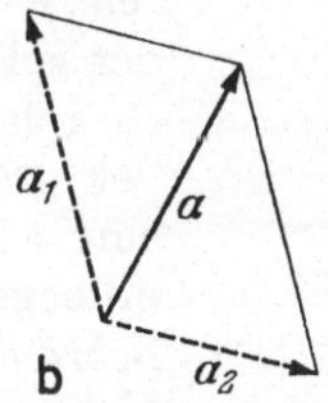

Abb. 5. Zerlegung eines Vektors in zwei Komponenten, $a = a_1 + a_2$

Abb. 6. Zerlegung eines Vektors nach den Achsenrichtungen eines rechtwinkligen Koordinatensystems $a = a_x + a_y + a$

ponenten, indem man von der Spitze des Pfeils a die Lote auf die drei durch den Pfeilschwanz gehenden, zu den Koordinatenachsen parallelen Geraden fällt. Dann gelten für die Komponenten a_x, a_y, a_z des Vektors a und ihre Beträge a_x, a_y, a_z die Gleichungen

$$a = a_x + a_y + a_z \quad \text{und} \quad a = \sqrt{a_x^2 + a_y^2 + a_z^2}. \tag{5.2}$$

Bei ebenen Problemen genügt ein zweidimensionales Koordinatensystem.

Gleichungen zwischen Vektoren haben eine weitergehende Bedeutung als solche zwischen Skalaren. Die Gleichung $a = b$ sagt ja nicht nur aus, daß die Vektoren a und b gleiche Beträge haben, sondern auch, daß sie gleiche Richtung haben. Dann aber haben auch die je drei Komponenten von a und b in drei zueinander senkrechten Richtungen untereinander die gleichen Beträge. Die eine Vektorgleichung $a = b$ ist also den drei algebraischen Gleichungen $a_x = b_x$, $a_y = b_y$, $a_z = b_z$ gleichwertig. Bei Zahlenrechnungen muß im allgemeinen jede Vektorgleichung derart in algebraische Gleichungen zerlegt werden.

Das Produkt $a b = c$ eines Skalars a mit einem Vektor b ist ein Vektor c, vom Betrage ab, der die gleiche Richtung hat wie der Vektor b. Über Produkte von Vektoren siehe § 6. Der Quotient a/a aus einem Vektor a und seinem skalaren Betrage a ist ein dem Vektor a gleichgerichteter Vektor vom Betrage $a/a = 1$. Er beschreibt also *lediglich eine Richtung*, und man nennt ihn einen *Einsvektor*. Zweckmäßig schreibt man ihn in der Form $a/a = a°$. Man kann also einen Vektor a in der Form $a = a\,a°$ schreiben.

6. Produkte von Vektoren. Unter dem *skalaren Produkt* zweier Vektoren a, b (Beträge a, b), deren Richtungen den Winkel γ einschließen, versteht man die

---

[1] Colin MacLaurin, 1707—1783.

skalare Größe

$$\boldsymbol{a}\boldsymbol{b} = ab \cos\gamma. \tag{6.1}$$

Sind $\boldsymbol{a}$ und $\boldsymbol{b}$ zueinander senkrecht ($\cos\gamma = 0$), so ist $\boldsymbol{a}\boldsymbol{b} = 0$, sind sie gleich gerichtet ($\cos\gamma = 1$), so ist $\boldsymbol{a}\boldsymbol{b} = ab$. Insbesondere ist

$$\boldsymbol{a}\boldsymbol{a} = \boldsymbol{a}^2 = a^2. \tag{6.2}$$

Als *vektorielles Produkt* zweier Vektoren $\boldsymbol{a}$, $\boldsymbol{b}$, deren Richtungen den Winkel γ miteinander bilden, geschrieben $[\boldsymbol{a}\boldsymbol{b}]$ (oder auch $\boldsymbol{a} \times \boldsymbol{b}$), bezeichnet man einen Vektor vom *Betrage*

$$|[\boldsymbol{a}\boldsymbol{b}]| = ab \sin\gamma, \tag{6.3}$$

der auf der durch die Vektoren $\boldsymbol{a}$, $\boldsymbol{b}$ definierten Ebene senkrecht steht. Er verschwindet also, wenn die Vektoren gleich oder entgegengesetzt gerichtet sind ($\sin\gamma = 0$), und hat den größten Betrag, wenn sie zueinander senkrecht sind ($\sin\gamma = 1$).

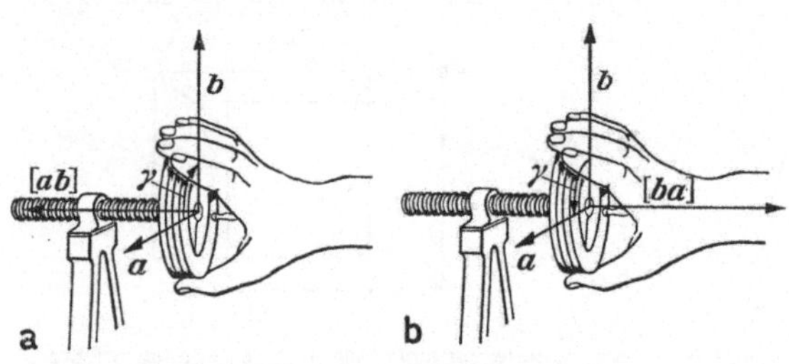

Abb. 7. Die Vektorprodukte $[\boldsymbol{a}\,\boldsymbol{b}]$ und $[\boldsymbol{b}\,\boldsymbol{a}]$

Für die *Richtung* eines vektoriellen Produkts gilt eine wichtige Regel, die uns oft begegnen wird und die wir *Schraubenregel* nennen: *Der Vektor* $[\boldsymbol{a}, \boldsymbol{b}]$ *weist in diejenige Richtung, in der eine rechtsgängige Schraube fortschreitet, wenn man den Vektor* $\boldsymbol{a}$ *auf dem kürzesten Wege in die Richtung des Vektors* $\boldsymbol{b}$ *dreht* (Abb. 7a). (Die meisten Schrauben, Korkzieher usw. sind rechtsgängig.) Man sagt, die Vektoren $\boldsymbol{a}$, $\boldsymbol{b}$ seien einander — *in dieser Reihenfolge! — rechtswendig zugeordnet.* Vertauscht man die Reihenfolge, bildet also den Vektor $[\boldsymbol{b}, \boldsymbol{a}]$, so kehrt sich die Richtung des vektoriellen Produkts um,

$$[\boldsymbol{b}\boldsymbol{a}] = -[\boldsymbol{a}\boldsymbol{b}] \tag{6.4}$$

(Abb. 7b). Da das Verhalten rechtsgängiger Schrauben jedermann geläufig ist, so findet man die Richtung eines vektoriellen Produkts sehr leicht durch eine in Gedanken oder auch wirklich ausgeführte Handbewegung.

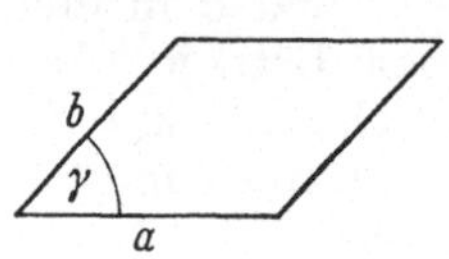

Abb. 8. Das Parallelogramm $|[\boldsymbol{a}\,\boldsymbol{b}]| = ab \sin\gamma$

Nach (6.3) entspricht der Zahlenwert von $[\boldsymbol{a}, \boldsymbol{b}]$ dem Zahlenwert der Fläche eines von den Vektoren $\boldsymbol{a}$, $\boldsymbol{b}$ aufgespannten Parallelogramms (Abb. 8).

Produkte von Vektoren werden ebenso differenziert wie algebraische Produkte, z.B.

$$\frac{d}{dt}[\boldsymbol{a}\,\boldsymbol{b}] = \left[\frac{d\boldsymbol{a}}{dt}\,\boldsymbol{b}\right] + \left[\boldsymbol{a}\,\frac{d\boldsymbol{b}}{dt}\right]. \tag{6.5}$$

Dabei darf die Reihenfolge der Faktoren nicht vertauscht werden. Der Differentialquotient eines vektoriellen Produkts ist also die Summe von zwei — im allgemeinen verschieden gerichteten — Vektoren. Denn die Änderungen $d\boldsymbol{a}$ und $d\boldsymbol{b}$ von $\boldsymbol{a}$ und $\boldsymbol{b}$ werden im allgemeinen eine andere Richtung haben als die Vektoren $\boldsymbol{a}$ und $\boldsymbol{b}$ selbst.

Das Vorstehende gilt auch für zwei Einsvektoren (§ 6). Da ihre Zahlenwerte gleich 1 sind, so ist nach (6.3) der Zahlenwert des Produkts $[\boldsymbol{a}^0 \boldsymbol{b}^0]$ gleich $\sin\gamma$, wenn die Richtungen von $\boldsymbol{a}^0$ und $\boldsymbol{b}^0$ den Winkel γ miteinander bilden.

Erstes Kapitel

Mechanik der Massenpunkte und der starren Körper

Vorbemerkung zur Mechanik. Die Mechanik ist der Schlüssel zu allen weiteren Gebieten der Physik; denn die in ihr entwickelten Begriffe und Größen sind auf allen Gebieten unentbehrlich. An ihrem Anfang stehen — lediglich definierend und vorbereitend — die *Geometrie* und die *Kinematik (Bewegungslehre).* Die Geometrie liefert die Hilfsmittel zur Beschreibung der momentanen Ordnung der Dinge im *Raum*, die Kinematik diejenigen zur Beschreibung der Änderungen dieser Ordnung in der *Zeit*. Mit der *Dynamik* beginnt die eigentliche Physik; erst hier treten *physikalische Gesetze* auf.

Bei der Behandlung der Mechanik gehen wir von der Betrachtung von *Massenpunkten* aus. Das sind idealisierte materielle Körper von so kleinen Abmessungen, daß wir sie als punktförmig ansehen oder, genauer gesagt, ihre Abmessungen als beliebig klein gegenüber denen des ganzen in Betracht gezogenen Raumes betrachten dürfen. Räumlich ausgedehnte Körper idealisieren wir als *starre Körper.* Das bedeutet die Annahme, daß ihre Abmessungen und ihre Gestalt von Ort, Zeit, Bewegung und äußeren Einwirkungen unabhängig, also unveränderlich sind. Starre Körper kann man sich immer als aus Massenpunkten (Massenelementen) zusammengesetzt denken. Es wird ferner vorausgesetzt, daß es *starre Maßstäbe zur Längenmessung* gibt, deren Skalenmaß von Ort, Zeit, Bewegung und äußeren Einwirkungen unabhängig ist. *Zeiten* denken wir uns in üblicher Weise mit *Uhren* gemessen.

I. Geometrie und Bewegungslehre (Kinematik)

7. Geometrie. Alle geometrischen Größen können ihrer Art nach über die *Länge als einzige Grundgröße* definiert werden. Diese ist unserer Anschauung unmittelbar — a priori — gegeben und bildet den Ausgangspunkt aller weiteren Größendefinition. Das *Größensystem der Geometrie* ist also ein solches *ersten Grades* (§ 3). Abgesehen von der allgemeinen Relativitätstheorie wird stets die Geltung der Euklidischen Geometrie vorausgesetzt.

Orte von Massenpunkten können in bekannter Weise durch ihre *Koordinaten* in einem — meist rechtwinkligen — Koordinatensystem *(Bezugssystem)* beschrieben werden. Vor allem bei ebenen Problemen werden wir sie aber oft zweckmäßiger durch einen *Ortsvektor* **r** beschreiben, der von einem festen *Bezugspunkt* 0 nach dem Ort *P* des Massenpunktes weist und ihn durch seinen Betrag und seine Richtung definiert (Abb. 9).

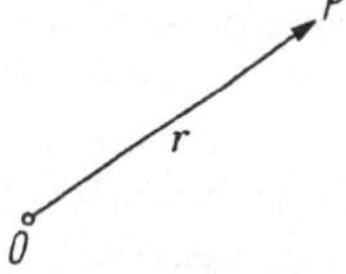
Abb. 9. Ortsvektor

Sofern bei einer Strecke nur ihr Ausmaß, aber nicht ihre Orientierung im Raum interessiert, ist ihre *Länge* ein *Skalar*. Anders bei einem Ortsvektor, bei dem außer seinem Betrage auch seine Richtung wesentlich ist. Wenn ein Massenpunkt sich bewegt, so bedeutet das eine Änderung seines Ortsvektors. Deshalb sind auch die differentiellen Bahnelemente $d\mathbf{r}$ von Massenpunkten Vektoren, also *Strecken mit Richtungssinn*. Auch bei ebenen Flächen bzw. Flächenelementen ist oft ihre räumliche Orientierung wesentlich. Über ihre Beschreibung durch Flächenvektoren s. § 147.

Alle skalaren geometrischen Größen einschließlich der Beträge von Vektoren können *ihrer Art (Dimension) nach als Potenzen der Länge l* definiert werden. Die im Einzelfall auftretenden Zahlenfaktoren (z.B. $1/2$, π, $4\pi/3$ usw.) haben darauf keinen Einfluß. Flächeninhalte sind von der Art l^2, Rauminhalte von der Art l^3. Der ebene Winkel ist definiert als der Quotient $\varphi = s/r$ aus der Länge s

des Bogens, den er aus einem um seinen Scheitel beschriebenen Kreis ausschneidet, und dem Radius r (Abb. 10). Er ist also von der Art $l/l = l^0$. Der räumliche Winkel ist definiert als der Quotient $\Omega = A/r^2$ aus dem Inhalt A der Fläche, die er aus einer mit dem Radius r um seinen Scheitel beschriebenen Kugelfläche ausschneidet (unabhängig von der Gestalt der Fläche A), und dem Quadrat des Radius. Er ist also von der Art $l^2/l^2 = (l^2)^0$. Es ist nun nichts im Wege, daß man $l^0 = 1$ und $(l^2)^0 = 1$ setzt. Dennoch sind ebener und räumlicher Winkel *keine Zahlen schlechthin*, sondern *echte Größen*, die über Größen definiert sind, und zwar die beiden Winkelarten verschieden. Sie sind *Größenverhältnisse* (deshalb auch *Verhältnisgrößen* genannt), die man aber bei Wahl der gleichen Einheit für Zähler und Nenner durch das entsprechende *Zahlenverhältnis* und nach dessen Auswertung durch eine *Zahl* ersetzen kann, wie das allgemein üblich ist. In diesem Sinne kann man sagen, daß ebener und räumlicher Winkel *Zahlengrößen* sind, die aber *verschieden definiert* sind. Es gibt zahlreiche weitere, verschieden definierte Verhältnisgrößen.

Die *internationale Einheit der Länge* ist das *Meter* (m). Es ist seit 1960 definiert als

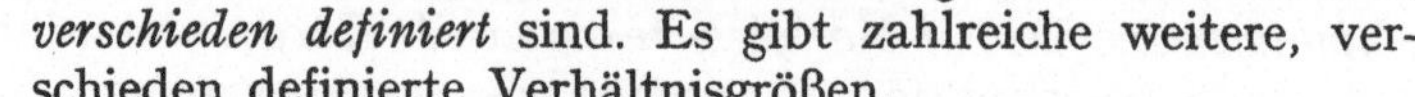

$$1\,\mathrm{m} = 1\,650\,768\,73\ \lambda_{\mathrm{Kr}}.$$

Abb. 10. Zur Definition des ebenen Winkels

λ_{Kr} ist die Wellenlänge einer orangegelben Spektrallinie des Isotops ^{86}Kr des Edelgases Krypton[1]. Wegen der außerordentlichen Verschiedenheit der in der Spanne zwischen den bei Atomen und den im Weltall vorkommenden Längen werden in der Physik und der Astronomie verschiedene dezimale Vielfache und Bruchteile des Meters sowie einige weitere Längeneinheiten verwendet (Tabelle III, S. XIV).

Die geometrischen Größen haben allgemein Einheiten $[l]^n$ ($n = 0, 1, 2, 3$), je nach der Definition ihrer Größenart[2]. Da man spezielle ebene Winkel als Zahlengrößen durch Angabe einer Zahl beschreiben kann, so ist ihre natürliche Einheit die Zahl 1. Sie wird verwirklicht durch den Winkel, für den $s/r = 1$ ist (Bogenmaß). Dann ist der ganze Winkel gleich $2\pi r/r = 2\pi$. Als Einheit des räumlichen Winkels dient ebenfalls die Zahl 1. Sie wird verwirklicht durch jeden räumlichen Winkel, für den $A/r^2 = 1$ ist. Der ganze räumliche Winkel ist also gleich $4\pi r^2/r^2 = 4\pi$. Wenn es nötig ist, kenntlich zu machen, ob es sich bei einer Angabe um einen ebenen oder einen räumlichen Winkel (oder gar nur um eine Zahl schlechthin) handelt, *kann* man bei einem ebenen Winkel zum Zahlenwert das Zeichen rad (sprich Radiant), bei einem räumlichen Winkel das Zeichen sr (sprich Steradiant) hinzusetzen. Das sieht wie Einheitenzeichen aus und wird auch oft so aufgefaßt (dann $\mathrm{rad} \equiv 1$ und $\mathrm{sr} \equiv 1$), sollte aber nur als Hinweis auf die Art des Winkels betrachtet werden. In der Meßtechnik wird bekanntlich bei ebenen Winkeln das Gradmaß verwendet mit der Zahl $2\pi/360 = 1°$ als Einheit, so daß die Zahlenwerte um den Faktor $360/2\pi$ größer sind als im Bogenmaß und der ganze Winkel $360°$ beträgt. Nur in der Ballistik und der niederen Geodäsie dient als Einheit der Neugrad, auch Gon genannt, die Zahl $2\pi/400 = 1^{\mathrm{gon}}$, so daß der ganze Winkel 400^{gon}, der rechte Winkel 100^{gon} (mit dezimaler Unterteilung) beträgt. Man beachte, daß es sich hier nicht um verschiedene Definitionen des ebenen Winkels handelt, sondern nur um Definitionen verschiedener Einheiten der gleichen Größen.

---

[1] Vgl. die Geschichte des metrischen Systems in W. H. Westphal, Die Grundlagen der physikalischen Begriffsbildung. Braunschweig 1965.

[2] Die frühere Definition des *Liter* als das Volumen einer Wassermenge von der Masse 1 kg bei 4 °C (1 l = 1000,028 cm³) ist 1964 durch die Definition 1 l = 1000 cm³ = 1 dm (genau) ersetzt worden.

8. Kinematik (Bewegungslehre). Geradlinige Bewegung. Die Geometrie beschreibt die räumliche Ordnung von Massenpunkten. Diese aber kann sich *zeitlich* ändern, und diese Änderungen verlaufen *verschieden schnell*. Damit treten *zwei neuartige Größen* in das Blickfeld, die *Zeit* und die *Geschwindigkeit*. Über die bisher einzig vorgegebene Grundgröße, die Länge, können sie nicht einzeln definiert werden. Die Zeit hat keine (räumliche) Richtung, ist also ein Skalar t. Hingegen ist bei einer Geschwindigkeit nicht nur ihr Betrag, sondern auch ihre Richtung wesentlich. Sie ist also ein Vektor v (Betrag v). Wir wollen zur Einführung zunächst nur *geradlinige Bewegungen* betrachten, wobei wir uns, da die Richtung festliegt, mit einer skalaren Darstellung begnügen können. Den Ort eines Massenpunktes auf seiner geraden Bahn beschreiben wir durch seinen Abstand s von einem beliebig wählbaren Nullpunkt. Den Betrag v der Geschwindigkeit eines Massenpunktes bezeichnen wir als um so größer, je größer der Weg Δs ist, den er in einer gegebenen (endlichen) Zeit Δt zurücklegt, $v \sim \Delta s$, oder je kürzer die Zeit Δt ist, die er für einen gegebenen Weg Δs benötigt, $v \sim 1/\Delta t$ ($\sim$ heißt proportional). Diesen Bedingungen genügt am einfachsten die Gleichung $v = \Delta s/\Delta t$. Wenn sich aber v längs Δs ändert, so liefert diese Gleichung nur einen Durchschnittswert von v während der Zeit Δt. Die momentane Geschwindigkeit *an einem bestimmten Ort* seiner Bahn erhalten wir erst, wenn wir Δt und damit Δs unbeschränkt abnehmen lassen, $\Delta t \to 0$, $\Delta s \to 0$, so daß Anfang und Ende des Weges beliebig nahe zusammenfallen, wenn wir also von den endlichen Differenzen Δt und Δs zu den Differentialen dt und ds übergehen,

$$v = \lim_{\Delta t \to 0} \frac{\Delta s}{\Delta t} = \frac{ds}{dt}. \tag{8.1}$$

Ist der Betrag v der Geschwindigkeit zeitlich konstant, so bezeichnet man die Bewegung als *gleichförmig*. Ist aber v zeitlich veränderlich, also eine Funktion der Zeit, $v = v(t)$, so heißt die Bewegung *beschleunigt*, und zwar auch dann, wenn die Geschwindigkeit nicht zu-, sondern abnimmt. Ändert sich der Betrag der Geschwindigkeit in gleichen Zeitspannen Δt stets um gleiche Beträge Δv, so ist die Bewegung *gleichförmig beschleunigt*. Je größer die Änderung Δv in der Zeitspanne Δt ist, um so größer ist die Beschleunigung, die daher durch $\Delta v/\Delta t$ gemessen wird. Ist aber die Beschleunigung nicht konstant, die Bewegung also *ungleichförmig beschleunigt*, so hängt $\Delta v/\Delta t$ von der Länge der gewählten Zeitspanne Δt ab. Man erhält dann, genau wie bei der Geschwindigkeit, einen Grenzwert für einen bestimmten Zeitpunkt t, wenn man von den endlichen Differenzen Δv und Δt zu den Differentialen dv und dt übergeht. Demnach wird allgemein der Betrag a der Beschleunigung eines geradlinig bewegten Massenpunktes definiert als der Grenzwert

$$a = \lim_{\Delta t \to 0} \frac{\Delta v}{\Delta t} = \frac{dv}{dt} = \frac{d^2 s}{dt^2}. \tag{8.2}$$

Zur Zeit $t = 0$ befinde sich ein Massenpunkt am Ort s_0, der Betrag seiner Geschwindigkeit sei v_0, und der Betrag a seiner Beschleunigung sei konstant, die Bewegung also *gleichförmig beschleunigt*. Dann ergibt eine zweimalige Integration von (8.2)

$$v = \frac{ds}{dt} = v_0 + at \quad (8.3), \qquad\qquad s = s_0 + v_0 t + \frac{1}{2} at^2. \tag{8.4}$$

(8.1) ist die *Ausgangsgleichung der Kinematik* und definiert in der Form $v\,dt = ds$ das Produkt der beiden neuartigen Größen v und t als eine Größe von der Art einer Länge. Gemäß § 3 müssen wir eine von beiden als *neue Grundgröße* einführen und wählen natürlich die *Zeit* als die unserem Denken unmittelbar gegebene Größe.

Damit werden die Geschwindigkeit und die Beschleunigung durch (8.1) und (8.2) als abgeleitete Größen definiert. Das *Größensystem der Kinematik* ist also ein solches *zweiten Grades* mit den *Grundgrößen Länge und Zeit*.

Die internationale *Einheit der Zeit* ist die *Sekunde* (s). Ihre alte Definition als 1/86400 des mittleren Sonnentages, des Jahresmittels über die Zeitspanne zwischen zwei Kulminationen der Sonne, genügt heute nicht mehr, da die Rotation der Erde um ihre Achse kleine Schwankungen zeigt. Überdies nimmt sie, wenn auch überaus langsam, wegen der an der Rotationsenergie zehrenden Gezeitenreibung, ab. Seit Oktober 1967 ist deshalb die Sekunde über die Schwingungsdauer T_{Cs} einer äußerst scharfen Spektrallinie eines Caesiumisotops definiert (*Atomuhr*):

$$1 \text{ s} = 9\,192\,631\,770\; T_{\mathrm{Cs}}.$$

(Man beachte die außerordentliche Genauigkeit dieser Angabe.)

Die allgemeine Einheit der Geschwindigkeit ist definitionsgemäß $[v] = [l]/[t]$. Als Längeneinheit werden dabei in der Physik das Meter oder seine dezimalen Vielfache oder Bruchteile verwendet, als Zeiteinheit die Sekunde, in der Technik für letztere auch die Minute oder die Stunde. Entsprechendes gilt für die Beschleunigung, deren allgemeine Einheit $[a] = [l]/[t]^2$ ist. Die Beschleunigungseinheit cm s^{-2} heißt in der Geophysik *Galilei* (Gal).

9. Krummlinige Bewegung. Wir gehen jetzt zur vektoriellen Beschreibung von Bewegungen über, von denen die geradlinige Bewegung ja nur ein Grenzfall ist. Dabei können wir uns im Rahmen dieses Buches auf *ebene Bewegungen* beschränken. Den Ort eines Massenpunktes beschreiben wir jetzt durch einen von einem Bezugspunkt 0 ausgehenden *Ortsvektor r* (Abb. 11). Bewegt der Massenpunkt sich in der endlichen Zeit Δt längs einer beliebigen Bahn Δs von A nach B, so nennt man den von A nach B weisenden Vektor Δr die *Verschiebung* des Massenpunktes. Dabei hat sich der Ortsvektor von r in $r + \Delta r$ verwandelt. Wenn wir gemäß unserem Verfahren in § 8 B beliebig nahe an A heranrücken

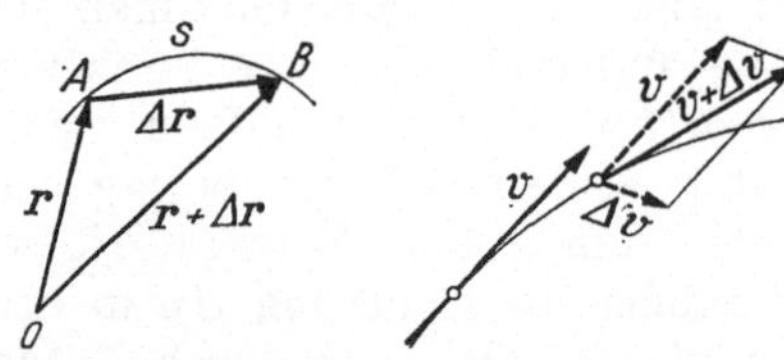

Abb. 11. Ortsvektor und Verschiebung eines Massenpunktes

Abb. 12. Verschiebung eines Massenpunktes

lassen, also von den Differenzen Δr und Δt zu den Differentialen dr und dt übergehen, so erhalten wir für den Geschwindigkeitsvektor v und den Beschleunigungsvektor a die zu (8.3) und (8.4) analogen Gleichungen

$$v = \frac{dr}{dt} \qquad (9.1), \qquad\qquad a = \frac{dv}{dt} = \frac{d^2 r}{dt^2}. \qquad (9.2)$$

dr ist ein der örtlichen Geschwindigkeit des Massenpunktes gleich gerichtetes Element der Bahn des Massenpunktes. Die Gleichungen sind *von der Wahl des Bezugspunktes unabhängig*; denn in sie geht nicht der Ortsvektor r selbst ein, sondern nur das Bahnelement dr, das nur von der Art der Bewegung abhängt. Der Bezugspunkt kann also beliebig gewählt werden.

Die (skalare) *Länge der Bahn s* zwischen zwei Punkten A und B ist die *algebraische Summe der Beträge* der Bahnelemente dr. Hingegen ergibt die *Vektorsumme* der Bahnelemente dr, das Integral

$$\int_{t}^{t+\Delta t} v\,dt = \int_{r}^{r+\Delta r} dr = (r + \Delta r) - r = \Delta r, \qquad (9.3)$$

die endliche *Verschiebung* $A \to B = \varDelta r$ des Massenpunktes in der endlichen Zeit $\varDelta t$, ohne Rücksicht auf die Gestalt der Bahn, welche der Massenpunkt zwischen A und B zurücklegt. Sie ist die Vektorsumme unendlich vieler beliebig kleiner Verschiebungen dr ganz ebenso, wie der Vektor s in Abb. 2 die Summe einer endlichen Anzahl von endlichen Vektoren.

Abb. 12 zeigt, daß bei gekrümmter Bahn die Geschwindigkeitsänderung dv, also auch die Beschleunigung $a = dv/dt$ stets anders gerichtet ist als die momentane Geschwindigkeit v; eben das bewirkt die Bahnkrümmung. *Eine krummlinige Bewegung ist also immer eine beschleunigte Bewegung*, auch bei konstantem Betrage der Bahngeschwindigkeit. Letzteres ist dann der Fall, wenn die Beschleunigung stets senkrecht zur momentanen Geschwindigkeit erfolgt (Abb. 13).

Ein besonders einfacher und wichtiger Fall ist die *Kreisbewegung* eines *Massenpunktes*. Wenn wir den Kreismittelpunkt als Bezugspunkt wählen, so ist der

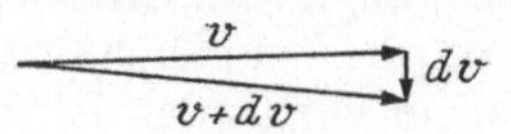

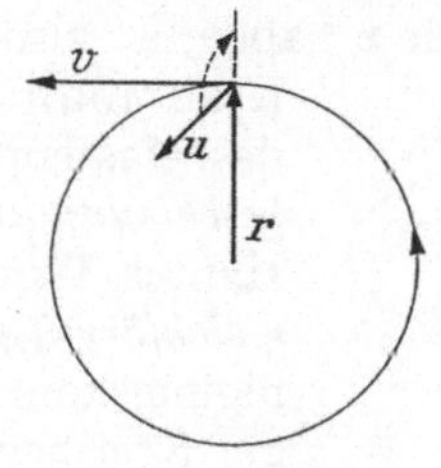

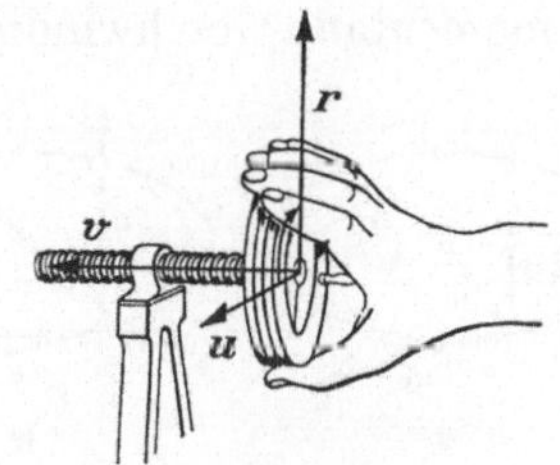

Abb. 13. Krummlinige Bewegung bei konstantem Betrage der Bahngeschwindigkeit   Abb. 14. Zur Kreisbewegung eines Massenpunktes   Abb. 15. Schraubenregel zur Kreisbewegung

Betrag des Ortsvektors r des Massenpunktes identisch mit dem Radius r des Kreises. Zur Einführung beginnen wir mit einer skalaren Darstellung. Bewegt der Massenpunkt sich in der endlichen Zeit $\varDelta t$ längs eines Kreisbogens $\varDelta s$ von einem Ort A nach einem Ort B, so ist der Durchschnittswert des Betrages seiner Geschwindigkeit $v = \varDelta s/\varDelta t$. Der auf den Massenpunkt hinweisende Radius überstreicht dabei den Winkel $\varDelta \varphi = \varDelta s/r$ (Abb. 10). Durch Übergang von den Differenzen zu den Differentialen erhalten wir den Betrag der Bahngeschwindigkeit des Massenpunktes am Ort A,

$$v = \frac{ds}{dt} = r \frac{d\varphi}{dt} = ur \qquad (9.4) \qquad \text{mit} \qquad u = \frac{d\varphi}{dt} . \qquad (9.5)$$

Die Größe u beschreibt die zeitliche Änderung des Winkels φ und ist der Betrag der *Winkelgeschwindigkeit* des Massenpunktes.

Wenn wir nun zur vektoriellen Darstellung übergehen wollen, können wir nicht einfach die Skalare v und r durch die entsprechenden Vektoren v und r ersetzen und $v = ur$ schreiben, da die beiden Vektoren einander nicht gleichgerichtet, sondern zueinander senkrecht sind. Einen mit v gleichgerichteten Vektor erhalten wir aber, wenn wir die Winkelgeschwindigkeit als einen Vektor u vom Betrage u definieren und ur in (9.4) durch das vektorielle Produkt $[ur]$ (in dieser Reihenfolge!) ersetzen (§ 6), wie die Anwendung der *Schraubenregel* zeigt (Abb. 14 und 15). Der *Winkelgeschwindigkeitsvektor* ist demnach der Achse der Kreisbewegung parallel, also zur Bahnebene senkrecht; seine Richtung hängt davon ab, in welchem Sinne der Massenpunkt die Kreisbahn durchläuft. Die Definition eines solchen Vektors ist sinnvoll; denn die Richtung der Achse und der Umlaufssinn sind wesentliche Merkmale der Bewegung des Massenpunktes. Statt (9.4) schreiben wir also jetzt

$$v = [ur] . \qquad (9.6)$$

Durch Differenzieren nach der Zeit erhalten wir nach (6.5) die *Beschleunigung* des Massenpunktes,

$$a = \frac{dv}{dt} = \frac{d}{dt}\,[ur] = \left[\frac{du}{dt}\,r\right] + \left[u\,\frac{dr}{dt}\right] = a_s + a_r, \tag{9.7}$$

$$a_s = \left[\frac{du}{dt}\,r\right], \qquad a_r = \left[u\,\frac{dr}{dt}\right] = [uv]. \tag{9.8a, b}$$

Da bei einer Kreisbewegung u stets senkrecht zur Bahnebene ist, so gilt das auch für die *Winkelbeschleunigung du/dt*, die also der momentanen Winkelgeschwindigkeit nur gleich- oder entgegengerichtet sein kann (Zu- oder Abnahme der Winkelgeschwindigkeit). Demnach kann nach (9.8a) und (9.6) die Beschleunigungskomponente a_s nur die gleiche oder die entgegengesetzte Richtung wie die momentane Geschwindigkeit v haben, ist also stets tangential zur Kreisbahn (Abb. 16a). Sie ist also die Beschleunigung des Massenpunktes in seiner Bahn *(Bahnbeschleunigung)* und verschwindet bei konstanter Winkelgeschwindigkeit ($du/dt = 0$, *gleichförmige Kreisbewegung*). Die Beschleunigungskomponente a_r, die bei gleichförmiger Kreisbewegung allein vorhanden ist, ist nach (9.8b) senkrecht zu u und v und weist nach Abb. 16b *radial auf den Bahnmittelpunkt hin.* Es ist die zur Aufrechterhaltung

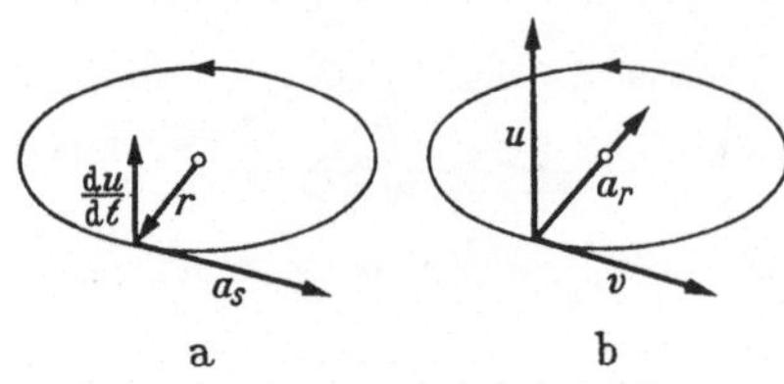

Abb. 16. Zur vektoriellen Darstellung der Kreisbewegung: a $a_s = \left[\dfrac{du}{dt}\,r\right]$, b $a_r = [uv]$

der Kreisbewegung nötige *Radial-* oder *Zentripetalbeschleunigung.* Der Betrag von a_r ist $a_r = uv$ oder nach (9.4) $a_r = u^2 r$. Da nun a_r die entgegengesetzte Richtung hat wie r, können wir schreiben

$$a_r = -u^2 r, \qquad \text{Betrag} \quad a_r = u^2 r = \frac{v^2}{r}. \tag{9.9}$$

Wir brauchen hier u nicht durch u zu ersetzen, denn nach (6.2) ist $u^2 = u^2$ (skalares Produkt).

Bei beliebig gekrümmter Bahn ist die Radialbeschleunigung, auch Normalbeschleunigung genannt, auf den Mittelpunkt des momentanen Krümmungskreises hingerichtet.

Ein mit konstanter Winkelgeschwindigkeit u kreisender Massenpunkt legt in der Zeit t den Weg $s = r\varphi = vt = urt$ zurück. Also ist $t = \varphi/u$. Für einen vollen Umlauf ($\varphi = 2\pi$) benötigt er die *Umlaufzeit*

$$T = \frac{2\pi}{u}. \tag{9.10}$$

Er vollführt also in der Zeiteinheit

$$n = \frac{1}{T} = \frac{u}{2\pi} \tag{9.11}$$

volle Umläufe. n heißt die *Frequenz* (nicht gut Drehzahl, da Kehrwert einer Zeit) des Massenpunktes.

Gemäß (9.5) ist die Einheit der Winkelgeschwindigkeit $1\ \text{s}^{-1}$ und die Einheit der Frequenz gemäß (9.11) ebenfalls $1\ \text{s}^{-1}$.

Die von uns in §§ 8 und 9 behandelten Bewegungen von Massenpunkten nennt man *Translationen*, ebenso auch Bewegungen ausgedehnter Körper, bei denen sie ihre räumliche Orientierung nicht ändern. Bewegungen, bei denen solche Körper nur ihre Orientierung ändern, heißen *Rotationen*. Bei Massenpunkten kann man nicht von Rotationen sprechen, da man ihnen keine Orientierung zuschreiben kann. Im allgemeinen Fall setzen sich die Bewegungen von Körpern aus einer Translation und einer Rotation zusammen. Beispiele sind die Bewegungen der Räder eines fahrenden Wagens und die Bewegung der Erde, die zusätzlich zu ihrer Translation um die Sonne eine Rotation um ihre Achse ausführt. Bei einer reinen Translation haben alle Massenelemente eines Körpers die gleiche momentane Geschwindigkeit, bei einer reinen Rotation die gleiche momentane Winkelgeschwindigkeit.

II. Dynamik

In der Kinematik haben wir nur einige Größen definiert, deren Anwendung sich in der Folge als zweckmäßig erweist; aber von *Naturgesetzen* haben wir noch nicht gesprochen. Dazu gelangen wir erst in der *Dynamik*. Ihre Anfänge gehen auf KEPLER[1] und GALILEI[2] zurück. Ihren weiteren Ausbau verdankt sie HUYGENS[3] und NEWTON[4], und dieser hat sie als erster in seinem grundlegenden Werk „Philosophiae Naturalis Principia Mathematica" gemäß dem zu seiner Zeit erreichten Stand zusammenfassend dargestellt.

10. Masse und Kraft. Es ist eine uralte Erfahrung, daß Menschen und Tiere mit dem, was man Muskelkraft nennt, Körper in Bewegung setzen oder ihre Bewegung hemmen, also ihren Bewegungszustand ändern, sie — positiv oder negativ — *beschleunigen* können. Es ist uns heute kaum noch bewußt, welch genialer Gedanke GALILEIs es war, daß er den Begriff der Muskelkraft dahin verallgemeinerte, daß er als *Ursache jeder Beschleunigung* den allgemeinen Begriff der *Kraft* in die Physik einführte.

NEWTON hat die Dynamik auf *drei Axiome* aufgebaut. Ein Axiom ist ein Postulat, das a priori, ohne Beweis, als sei es mehr oder weniger selbstverständlich, aufgestellt wird. Es kann also auch gar nicht bewiesen werden, sondern muß nur seine Nützlichkeit oder Zweckmäßigkeit nachträglich erweisen.

GALILEIs Verallgemeinerung des Kraftbegriffs ist in NEWTONs *1. Axiom* ausgesprochen: Jeder Körper verharrt in geradliniger, gleichförmiger Bewegung — Sonderfall: in Ruhe —, ist also unbeschleunigt, sofern er nicht durch eine Kraft gezwungen wird, seinen Bewegungszustand zu ändern. Diese Eigenschaft der Körper, ihren Bewegungszustand nur unter dem Zwang einer Kraft zu ändern, nennt man *Trägheit* und das 1. Axiom deshalb den *Trägheitssatz*. Es ist nur eine ganz allgemeine Aussage und natürlich kein Naturgesetz (§ 15).

Nunmehr handelt es sich darum, *die Kraft und die Trägheit als physikalische Größen* einzuführen. Wir wollen das nicht wie NEWTON axiomatisch tun, sondern auf Grund einer zwar nicht naturnotwendigen, aber einleuchtenden Überlegung. Erstens: Zweifellos ist es sinnvoll, wenn wir die Kraft als einen Vektor $\boldsymbol{F}$, Betrag F, einführen, der der von ihr bewirkten Beschleunigung $\boldsymbol{a}$, Betrag a, gleichgerichtet ist und dessen Betrag dem Betrage der von ihr einem gegebenen Körper erteilten Beschleunigung proportional ist, $F \sim a$. Zweitens: Durch eine gegebene Kraft erfahren die verschiedenen Körper verschieden große Beschleunigungen, sie haben eine verschiedene Trägheit. Diese Eigenschaft der Körper beschreiben wir durch eine weitere neue Größe, ihre *Masse m*, einen Skalar.

Da die Beschleunigung eines Körpers bei gegebener Kraft um so kleiner ist, je größer seine Trägheit, also seine Masse ist, so ist es sinnvoll und am einfachsten, zu postulieren, daß bei gegebener Kraft der Kehrwert der Beschleunigung der Masse proportional ist: $1/a \neq \sim m$. Allen diesen Bedingungen genügt am einfachsten

---

[1] JOHANNES KEPLER, 1571—1630.   [2] GALILEO GALILEI, 1564—1642.
[3] CHRISTIAN HUYGENS, 1629—1695.   [4] ISAAC NEWTON, 1643—1737.

die Gleichung

$$F = ma. \tag{10.1}$$

Das ist, mathematisch ausgedrückt, auch die Aussage von NEWTONs *2. Axiom*.

Da wir für die Aufstellung von (10.1) kein Naturgesetz, sondern nur einleuchtende Überlegungen herangezogen haben, ist es auch selbst kein Naturgesetz und deshalb *nicht experimentell beweisbar*, obgleich das noch vielfach behauptet wird[1]. Deshalb ist auch seine sehr gebräuchliche Bezeichnung als Grundgesetz der Dynamik nicht zutreffend. Das gleiche gilt natürlich auch, wenn man (10.1) als Axiom betrachtet.

Zu einem experimentell beweisbaren Naturgesetz gelangen wir erst auf Grund einer weiteren plausiblen Überlegung. Alle Beschleunigungen erfolgen nur auf Grund von *Wechselwirkungen* zwischen Körpern oder zwischen solchen und teilchenartigen Gebilden, z.B. auf Grund der allgemeinen Massenanziehung (Gravitation) oder der elektrischen Ladung von Körpern. Demnach treten Kräfte stets paarweise, als *Wechselwirkungskräfte* auf, und sie erteilen, wie die Erfahrung zeigt, zwei wechselwirkenden Körpern entgegengesetztgerichtete Beschleunigungen längs der durch die Verbindungslinie der beiden als Massenpunkte idealisierten Körper definierten Gerade. *Es gibt also keine Einzelkräfte*, obgleich man oft lax von solchen spricht, wenn uns nur eine der beiden Kräfte interessiert. Da Kraft und Beschleunigung einander gleichgerichtet sein sollen, so wirken auch die beiden Wechselwirkungskräfte längs der gleichen Geraden, die man ihre *Wirkungslinie* nennt. Da die den Körpern erteilten Beschleunigungen einander entgegengerichtet sind, so gilt das nach (10.1) auch für die beiden Kräfte. Es ist nun sinnvoll, aber keineswegs beweisbar — so sehr es so scheinen könnte — zu postulieren, daß die beiden entgegengesetzt gerichteten Kräfte gleiche Beträge haben. Das führt zu der Gleichung

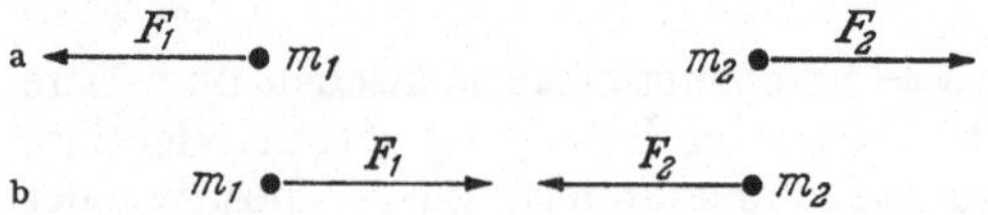

$$F_1 = -F_2. \tag{10.2}$$

Abb. 17. Kraft und Gegenkraft. a Abstoßung, b Anziehung bei zwei Massenpunkten

Das ist auch die Aussage von NEWTONs *3. Axiom*, ist aber wieder von uns nicht axiomatisch, sondern auf Grund einer plausiblen Überlegung abgeleitet. In der Abb. 17 ist (10.2) für den Fall der Abstoßung und den der Anziehung dargestellt.

Aus (10.1) und (10.2) folgt für die Wechselwirkung zweier Körper

$$m_1 a_1 = -m_2 a_2. \tag{10.3}$$

Das ist das *erste experimentell beweisbare Naturgesetz*, dem wir begegnen. Wir nennen es das *Wechselwirkungsgesetz*.

Der experimentelle Beweis kann etwa auf folgende Weise geführt gedacht werden. Man nehme zwei beliebige Körper, die miteinander wechselwirken, z.B. über eine zwischen ihnen gespannte Feder, messe ihre Beschleunigungen a_1, a_2 und berechne $m_2/m_1 = a_1/a_2$. Dann verschaffe man sich einen weiteren Körper, den man durch entsprechende Versuche mit stets gleichgespannter Feder, so abgleicht, daß sich bei der Wechselwirkung mit dem Körper von der Masse m_1 wieder das gleiche Verhältnis a_1/a_2 ergibt. Dann hat er ebenfalls die Masse m_2. Nunmehr füge man die beiden Körper von der Masse m_2 zusammen und wiederhole den Versuch. Wie man ohne weiteres sieht, sollte dann das Beschleunigungs-

---

[1] Vgl. W. H. WESTPHAL, Phys. Bl. 23 (1967), S. 558.

verhältnis verdoppelt sein. Das ist in der Tat der Fall. Wir kommen auf das Wechselwirkungsgesetz in § 18 noch zurück.

Wir wollen hier noch eine wichtige, von der Kraft abgeleitete Größe definieren. Wirken senkrecht zu einer Fläche außerordentlich viele gleich große, parallele, homogen über die Fläche verteilte Kräfte, so nennt man die Summe dieser Kräfte eine *Druckkraft*. Der Quotient aus dem *Betrag F* der Druckkraft und der Größe A der Fläche,

$$p = \frac{F}{A}, \tag{10.4}$$

heißt der *Druck* auf oder in der Fläche. Anders als in der Alltagssprache muß man also zwischen Druckkraft und Druck genau unterscheiden. Einen negativen Druck nennt man auch *Zug*.

11. Größensystem und Einheitensysteme der Dynamik. *Messung von Massen und von Kräften. Masse* und *Kraft* sind *neuartige,* der Kinematik fremde *Größen.* Gemäß § 3 müssen wir eine von ihnen als *neue Grundgröße* einführen. Die Physik entscheidet sich für die *Masse.* Die Dynamik verwendet also als *Grundgrößen* die *Länge,* die *Zeit* und die *Masse.* Es ist ein System vom Grade $g = 3$. Damit wird die *Kraft* eine *abgeleitete Größe,* die durch (10.1) definiert ist; in der bekannten Ausdrucksweise: *Kraft = Masse × Beschleunigung.*

Wie für jede Grundgröße muß für die *Masse* eine *Meßvorschrift* definiert werden. Sie folgt aus (10.3). Es sei die Masse m_1 eines Körpers als Masseneinheit gewählt. Dann ergibt sich die Masse m_2 eines beliebigen Körpers auf Grund einer Messung von a_1 und a_2 bei einer Messung gemäß (10.3) als $m_2 = m_1 a_1/a_2$. Die *Meßvorschrift für Kräfte* folgt aus der Kraftdefinition (10.1). Statt dieser *dynamischen* Meßvorschriften, die umständlich sind, verwendet man aber in der Praxis *statische* Meßvorschriften. Die statische Massenmessung durch *Wägung* setzt die Proportionalität von träger und schwerer Masse voraus (§ 12), die Kraftmessung mit einem sog. Dynamometer, z.B. einer Federwaage (die auch zur Massenmessung dienen kann) die Gl. (10.2). Hingegen können die Massen atomarer, also unwägbarer Körper nur dynamisch auf Grund ihrer Ablenkungen in elektrischen und magnetischen Feldern gemessen werden (Massenspektrometer, § 365). Ein rohes dynamisches Verfahren ist es auch, wenn man das sog. Gewicht, richtig die Masse, eines Briefes durch eine ruckartige Hebung abschätzt.

Die *Internationale Masseneinheit* ist definiert als die Masse des bei Paris aufbewahrten Internationalen Kilogrammprototyps und heißt *Kilogramm* (kg). Das international empfohlene *Meter-Kilogramm-Sekunde-System (MKS-System)* verwendet die *Grundeinheiten Meter, Sekunde* und *Kilogramm*. Die Physik verwendet aber heute oft noch das *Zentimeter-Gramm-Sekunde-System (CGS-System)* mit den Grundeinheiten *Zentimeter, Sekunde* und *Gramm* (g), $1\,\mathrm{g} = 10^{-3}\,\mathrm{kg}$, das oft bequemere Zahlenwerte liefert. Die *Krafteinheit* des MKS-Systems heißt *Newton* (N) und ist gemäß (10.1) definiert als $1\,\mathrm{N} = 1\,\mathrm{kg\,m\,s^{-2}}$, die des CGS-Systems heißt *Dyn* (dyn) und ist entsprechend als $1\,\mathrm{dyn} = 1\,\mathrm{g\,cm\,s^{-2}} = 10^{-5}\,\mathrm{N}$ definiert. Die MKS-Einheit des Drucks ist gemäß (10.4) definiert als $1\,\mathrm{N\,m^{-2}}$, die des CGS-Systems als $1\,\mathrm{dyn\,cm^{-2}}$. Wegen weiterer Druckeinheiten s. S. XV, Tabelle V.

12. Schwerkraft. Das Technische Einheitensystem. Unter den Kräften nimmt die *Schwerkraft* insofern eine Sonderstellung ein, als alle irdischen Körper ihr dauernd unterworfen sind und sie auf keine Weise von ihnen abgeschirmt werden kann. Sie ist ein spezieller Fall der *allgemeinen Massenanziehung* oder *Gravitation,* die Anziehung aller irdischen Körper durch die Erde (§§ 44 ff.). Da keine andre Kraft so bequem und zuverlässig verfügbar ist wie sie, pflegt ein großer Teil der im folgenden zu behandelnden Versuche mit ihrer Hilfe ausgeführt zu werden. Deshalb muß schon hier einiges über sie gesagt werden.

Die Schwerkraft F_s ist die Ursache der Beschleunigung fallender Körper und der Druck- und Zugkräfte, die sie bei Verhinderung des Fallens auf ihre Unterlage oder ihre Aufhängung ausüben. Ihr Betrag F_s heißt *Gewicht* [1].

Die Eigenschaft der Körper, schwer zu sein, ein Gewicht zu haben, ist uns bisher noch nicht begegnet. Wir beschreiben sie zunächst durch eine neue, dem Gewicht der Körper proportionale Größe, die *schwere Masse* $m_s \sim F_s$, die wir ihrer Art nach von der in § 10 eingeführten *trägen Masse* m unterscheiden. Wir können also schreiben $F_s = m_s g$, wobei g ein der Kraft F_s gleichgerichteter Vektor vom konstanten Betrage g ist. (Das gilt allerdings genau nur am gegebenen Ort, da g an der Erdoberfläche, wenn auch nur sehr wenig, ortsabhängig ist, s. u.) Gemäß § 28 ist g als der Betrag der Schwerkraft-Feldstärke anzusehen. Nun ist nach (10.1) auch $F_s = F = m a$, also

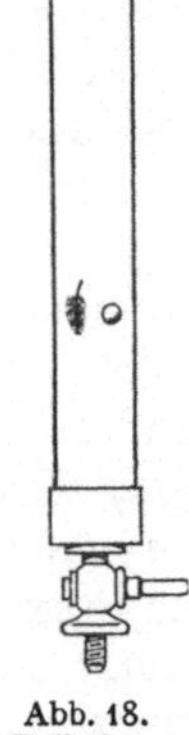

Abb. 18.
Fall einer
Bleikugel und
einer Feder
im Vakuum

$$F_s = m_s g = m a. \tag{12.1}$$

Nun zeigt die Erfahrung: Am gegebenen Orte erfahren alle frei (insbesondere reibungsfrei) fallenden Körper *die gleiche Fallbeschleunigung a*, in etwas laxer Ausdrucksweise: *alle frei fallenden Körper fallen gleich schnell* (Abb. 18). Das hat zuerst GALILEI durch Fallversuche auf der schiefen Ebene (§ 14) erkannt, bei denen er zur Erleichterung der Beobachtung nur eine berechenbare Komponente der Schwerkraft wirken ließ [2].

Da a und g Konstante sind, so folgt aus (12.1) $m_s \sim m$. *Schwere und träge Masse der Körper sind einander genau proportional.* (Den genauesten Beweis liefern Messungen mit dem Pendel, § 43.) Deshalb unterscheidet die Alltagssprache auch nicht zwischen Trägheit und Schwere, sondern spricht auch dann von Schwere, wenn es sich — bei Beschleunigungen — um die Trägheit handelt. Nun hat man zwar in der Physik seit jeher von Größen gesprochen, aber früher nur in Zahlenwerten gedacht. Man ist deshalb auch gar nicht darauf gekommen, die beiden „Massen" zu unterscheiden, sondern man hat sie — im Sinne von Größen — *identifiziert, $m_s = m$*, und nur von der Masse schlechthin gesprochen, so daß sie die gleichen Zahlenwerte erhielten. (Die sog. Gleichheit von träger und schwerer Masse.) Nach (12.1) wird dann auch $g = a$. Tatsächlich verfährt man auch heute noch so. Das hat aber eine Rechtfertigung erst durch die allgemeine Relativitätstheorie gefunden (§ 334). Das Formelzeichen g hat man aber für die Fallbeschleunigung beibehalten.

Ergänzend müssen wir bemerken, daß zu der von der Schwerkraft herrührenden Beschleunigung noch die von der Erdrotation herrührende Zentrifugalbeschleunigung hinzukommt und jene um einen kleinen Bruchteil vermindert (§ 41).

Die Fallbeschleunigung nimmt (wegen der Abplattung der Erde) von den Polen in Richtung auf den Äquator hin ein wenig und mit der Höhe proportional

---

[1] Wenn im täglichen Leben und in der Wirtschaft von Gewicht gesprochen wird, so ist damit fast immer die Masse als Maß einer Stoffmenge gemeint. Das läßt sich nicht mehr ausrotten. Indessen muß dann dieses „Gewicht" in der physikalischen Masseneinheit Kilogramm, nicht etwa in der technischen Krafteinheit Kilopond (s. u.) angegeben werden, die den gleichen Zahlenwert ergibt. In der Physik muß zwischen Masse und Gewicht streng unterschieden werden.

[2] GALILEIs Fallversuche am Schiefen Turm zu Pisa waren dafür noch zu ungenau. Hinreichend genau wurden solche Messungen erst 1642/45 von RICCIOLI und GRIMALDI ausgeführt.

dem Kehrwert des Quadrats des Abstandes vom Erdmittelpunkt ab. In mittleren Breiten und in nicht allzu großem Abstande vom Meeresspiegel ist mit meist genügender Genauigkeit $g = 9{,}81 \text{ ms}^{-2} = 981 \text{ cms}^{-2}$.

Anschließend wollen wir das in einigen Zweigen der Technik noch verwendete *Technische Einheitensystem* erwähnen. Neben dem *Meter* und der *Sekunde* verwendet es als dritte Grundeinheit die mit dem MKS-System nicht kohärente *Krafteinheit Kilopond* (kp) (außerhalb des deutschen Sprachraums *kilogramme force*, kgf, genannt)[1]. Es ist definiert als das Gewicht des Internationalen Kilogrammprototyps (§ 11) am Ort der *Normfallbeschleunigung*, die als $g_n = 9{,}80665$ m s^{-2} definiert und praktisch genau gleich der Fallbeschleunigung im Meeresniveau unter 45° Breite ist. 10^{-3} kp heißt *Pond* (p). Gemäß (12.1) ist $1 \text{ kp} = 1 \text{ kg} \cdot g_n = 9{,}80665 \text{ kg ms}^{-2} = 9{,}80665 \text{ N}$. Für die *technische Masseneinheit* folgt aus (11.1) $[m]_T = 1 \text{ kp}/(\text{ms}^{-2}) = 9{,}80665 \text{ kg}$.

In der Physik wird das Technische Einheitensystem nicht verwendet, außer in der Meßtechnik bei Kraftmessungen, bei denen es bequem ist, Kräfte mit den Gewichten von in kg oder g geeichten Wägestücken zu vergleichen. Man beachte, daß in jedem Einheitensystem der Zahlenwert des Gewichtes eines Körpers um einen Faktor gleich dem Zahlenwert der Fallbeschleunigung größer ist als der Zahlenwert seiner Masse.

13. Addition von Kräften. In seiner lex quarta hat NEWTON die Erfahrung ausgesprochen, daß zwei oder mehrere an einem Körper angreifende Kräfte einander nicht beeinflussen *(Unabhängigkeitsprinzip)*. Man kann deshalb zwei *im gleichen Punkt* eines Körpers angreifende Kräfte durch ihre gemäß Abb. 1, § 5) konstruierte Resultierende ersetzen, ohne an ihrer vereinigten Wirkung etwas zu ändern *(Parallelogramm der Kräfte)*. Greifen sie nicht im gleichen Punkt an, so ist es nur unter der Voraussetzung möglich, daß ihre Wirkungslinien einander schneiden. Dazu verhilft dann die folgende Überlegung.

Wir wollen uns vorstellen, daß wir einen frei beweglichen Körper, z. B. einen Klotz, mittels einen an seiner Oberfläche angreifenden Kraft, etwa mit einer Schnur, ziehen. Wir erzielen aber die gleiche Wirkung, wenn wir den Körper

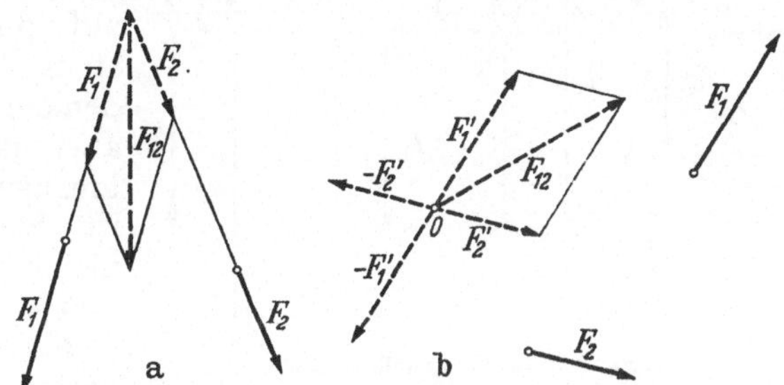

Abb. 19. a Resultierende F_{12} zweier Kräfte F_1, F_2, die nicht im gleichen Punkte angreifen. b Zwei Kräfte, deren Wirkungslinien einander nicht schneiden, ergeben eine Einzelkraft und ein Kräftepaar

mit einer in der Wirkungslinie der Kraft liegenden Bohrung versehen und die Schnur irgendwo in dieser befestigen. Für die Wirkung einer Kraft kommt es einzig auf ihren Betrag und ihre Wirkungslinie an. Man darf also *den Angriffspunkt einer Kraft* bzw. den sie darstellenden Vektorpfeil *längs dieser Wirkungslinie beliebig verschieben*, ohne an der Wirkung der Kraft etwas zu ändern.

Unter Ausnutzung dieser Verschiebungsmöglichkeit können zwei an einem Körper angreifende Kräfte F_1 und F_2 immer dann zu einer Resultierenden $F_1 + F_2 = F_{12}$ vereinigt werden, wenn ihre Wirkungslinien einander schneiden, also in der gleichen Ebene liegen und nicht parallel sind. Die Ausführung der Konstruktion gemäß Abb. 4 (§ 5) zeigt Abb. 19a. Wirken an einem Körper mehr als zwei Kräfte, so kann man die Konstruktion schrittweise bis zu Ende, d. h. bis zur

---

[1] Die gelegentlich vertretene Meinung, es handele sich um ein System 4. Grades mit der Masseneinheit Kilogramm als vierte Grundeinheit ist natürlich ein Irrtum.

2*

Auffindung der Resultierenden aller angreifenden Kräfte durchführen, wenn stets die Wirkungslinie der Resultierenden aller bereits vereinigten Kräfte sich mit derjenigen einer der noch übrigen Kräfte schneidet. Im allgemeinen ist das nicht der Fall, und es bleiben zwei oder mehr resultierende Kräfte übrig, die nicht auf die geschilderte Weise vereinigt werden können.

Es seien F_1, F_2 (Abb. 19b) zwei Kräfte, deren Wirkungslinien einander nicht schneiden. (Abb. 19b ist räumlich zu denken. Die Vektoren F_1 und F_2 sollen nicht in der gleichen Ebene liegen.) Wir denken uns jetzt in einem beliebigen Punkte 0 an einem Körper angreifende je zwei einander aufhebende Kräfte $F_1' = F_1$, $-F_1' = -F_1$ und $F_2' = F_2$, $-F_2' = -F_2$ angreifend, die den Kräften F_1 und F_2 den Beträgen nach gleich und ihnen gleich- bzw. entgegengerichtet sind. Hierdurch wird an den Kraftverhältnissen nichts geändert. Nunmehr vereinigen wir die in O angreifenden Kräfte F_1' und F_2' zur Resultierenden $F_{12} = F_1' + F_2' = F_1 + F_2$. Es bleiben dann einerseits die beiden gleich großen, entgegengesetzt gerichteten (antiparallelen) Kräfte F_1 und $-F_1' = -F_1$, andererseits die entsprechenden Kräfte F_2 und $-F_2' = -F_2$ übrig, zwei *Kräftepaare*. In § 29 wird bewiesen, daß man beliebig viele Kräftepaare immer zu einem einzigen resultierenden Kräftepaar vereinigen kann. Es folgt: *Beliebig viele an einem Körper angreifende Kräfte können immer auf eine einzige resultierende Kraft und ein einziges resultierendes Kräftepaar zurückgeführt gedacht werden.*

Die Konstruktion der Abb. 19a versagt zunächst, wenn es sich um zwei parallele oder antiparallele Kräfte handelt, da ihre Wirkungslinien zwar in einer Ebene liegen, einander aber nicht schneiden. Zur Vereinfachung denken wir uns die beiden Kraftvektoren F_1 und F_2 so verschoben, daß die Verbindungslinie ihrer Angriffspunkte P_1 und P_2 auf ihren Wirkungslinien senkrecht steht (Abb. 20a u. 21a). Nunmehr denken wir uns die beiden beliebigen, aber gleich großen Kräfte F und $-F$ hinzugefügt, deren Wirkungslinie $P_1 P_2$ ist. Sie ändern an den Kräfteverhältnissen nichts. Wir vereinigen jetzt F_1 und F zur Resultierenden F_1', F_2 und $-F$ zur Resultierenden F_2'. Für diese beiden Resultierenden aber ist die

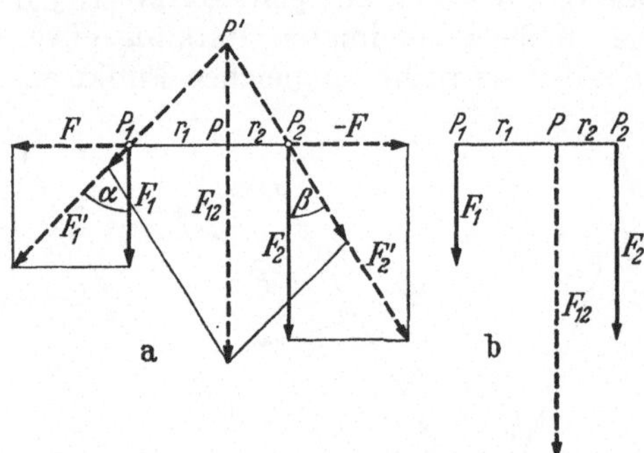

Abb. 20. Resultierende paralleler Kräfte

Konstruktion der Abb. 19a ohne weiteres durchzuführen, und wir erhalten so die Resultierende $F_1 + F_2 = F_{12}$ der Kräfte F_2 und F_1. Ihre Wirkungslinie ist denjenigen der Kräfte F_1 und F_2 parallel. Bei parallelen Kräften weist sie in die gleiche Richtung wie diese (Abb. 20a), bei antiparallelen Kräften in Richtung der größeren Kraft (Abb. 21a). Es seien F_1 und F_2 die Beträge der Kräfte F_1 und F_2. Dann ist der Betrag der Resultierenden bei parallelen Kräften

$$F_{12} = F_1 + F_2, \tag{13.1}$$

bei antiparallelen Kräften

$$F_{12} = F_1 - F_2 \quad \text{bzw.} \quad F_2 - F_1, \tag{13.2}$$

je nachdem, welche der beiden Kräfte die größere ist. Das läßt sich ohne weiteres einsehen, wenn man die im gemeinsamen Angriffspunkt P' angreifend gedachten Kräfte F_1' und F_2' wieder in ihre ursprünglichen Komponenten zerlegt denkt. Die Komponenten F und $-F$ heben einander auf, und es bleiben nur die Komponenten F_1 und F_2 übrig, deren Summe der Vektor F_{12} ist.

Es seien r_1 und r_2 die Abstände des Schnittpunktes P der Wirkungslinie der Resultierenden F_{12} mit der Verbindungslinie der Angriffspunkte P_1 und P_2 von F_1 und F_2 von diesen Angriffspunkten. P heißt der *Mittelpunkt* der Kräfte F_1 und F_2 und teilt die Strecke P_1P_2 im Falle paralleler Kräfte innen, im Falle antiparalleler Kräfte außen im Verhältnis $r_1 : r_2$. Man entnimmt aus Abb. 20a u. 21 a in gleicher Weise: $\tan \alpha = F/F_1$, $\tan \beta = F/F_2$, $\tan \alpha / \operatorname{tg} \beta = r_1/r_2 = F_2/F_1$ oder

$$r_1 F_1 = r_2 F_2 \quad \text{bzw.} \quad r_1 : r_2 = F_2 : F_1. \tag{13.3}$$

Abb. 20b u. 21 b zeigen das Ergebnis noch einmal in übersichtlicher Darstellung.

Bei parallelen Kräften führt diese Konstruktion stets zum Ziel, bei antiparallelen Kräften nur dann *nicht*, wenn sie gleiche Beträge haben, also ein *Kräftepaar* bilden. Denn in diesem Fall rückt der Mittelpunkt P ins Unendliche, und der Betrag der Resultierenden ist nach (13.2) gleich Null. In der

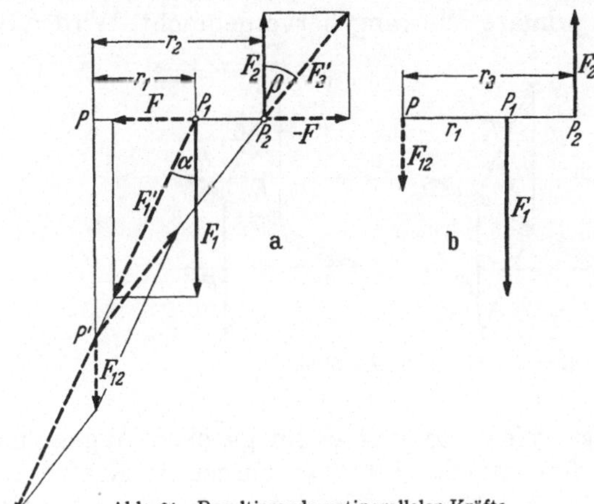

Abb. 21. Resultierende antiparalleler Kräfte

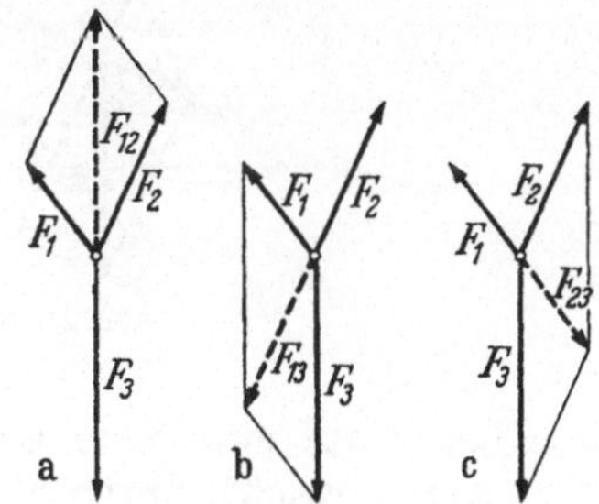

Abb. 22. Drei Kräfte bei Gleichgewicht

Tat ist ein Kräftepaar ein Kräftesystem, das eine durchaus andere Bedeutung hat als irgendein anderes (§ 29).

Man sagt, ein Körper befinde sich *im Gleichgewicht*, wenn die Resultierende aller an ihm angreifenden Kräfte verschwindet,

$$F_1 + F_2 + F_3 + \cdots = \sum F_i = 0, \tag{13.4}$$

und wenn bei ihrer Addition auch kein Kräftepaar übrigbleibt. Abb. 22 zeigt dies für den Fall dreier Kräfte. Man kann hier jeweils eine beliebige von ihnen als diejenige betrachten, die die Resultierende der beiden anderen aufhebt und das Gleichgewicht herstellt; entsprechend bei beliebig vielen Kräften, die im gleichen Punkt angreifen oder angreifend gedacht werden können.

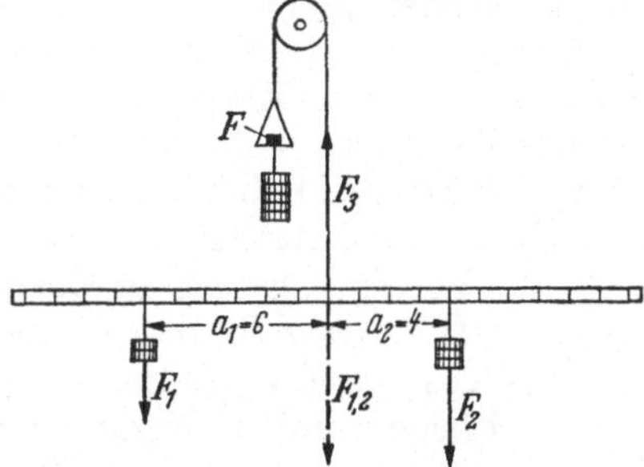

Abb. 23. Gleichgewicht paralleler Kräfte

Es ist üblich, in etwas laxer Ausdrucksweise einen Körper auch dann als *kräftefrei* zu bezeichnen, wenn alle an ihm angreifenden Kräfte einander aufheben, obgleich er das im genauen Wortsinn gar nicht ist, sondern sich nur so verhält, als sei er kräftefrei.

In Abb. 23 ist eine leichte Stange dargestellt, die in ihrer Mitte mit einer Schnur über eine Rolle aufgehängt und deren Gewicht durch ein Gegengewicht F aufgehoben ist. An der Stange sowie am freien Schnurende hängen Körper, die durch ihr Gewicht Kräfte F_1, F_2, F_3 auf die Stange ausüben, F_1 und F_2 senkrecht nach unten, F_3 senkrecht nach oben. Damit Gleichgewicht herrscht, muß die Resultierende F_{12} der Kräfte F_1 und F_2 gleichen Betrag und entgegengesetzte Richtung haben wie die Kraft F_3, also $F_1 + F_2 = F_{12} = -F_3$. Der Angriffspunkt der Kraft F_3 muß der Mittelpunkt der Kräfte F_1 und F_2 sein. Daher gilt für die Abstände r_1 und r_2 der Angriffspunkt von F_1 und F_2 von diesem Punkt die Gl. (13.3). (In Abb. 23 ist $2 \cdot 6 = 3 \cdot 4$ und $2 + 3 = 5$.)

14. Zwangskräfte. Nach (11.4) sind bei der Wechselwirkung zweier Körper die auf sie wirkenden Kräfte gleich groß und entgegengesetzt gerichtet. In manchen Fällen, z.B. bei der Gravitation, der elektrischen und magnetischen Anziehung und Abstoßung, stehen Wirkung und Gegenwirkung ganz gleichberechtigt nebeneinander, und ihre Unterscheidung ist willkürlich. In anderen Fällen wird aber die Gegenwirkung erst durch eine primäre Wirkung hervorgebracht. Wird z.B.

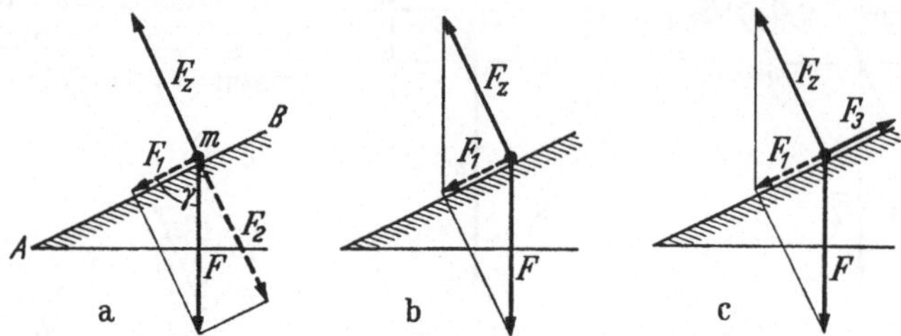

Abb. 24. Kräfte am Körper auf einer schiefen Ebene

ein Körper auf eine feste Unterlage gelegt, so ruft er im gleichen Augenblick durch sein Gewicht, durch die von ihm auf die Unterlage ausgeübte Kraft, elastische Gestaltsänderungen (Zusammendrückungen, Verbiegungen) an ihr hervor, die eine Gegenkraft gegen das Gewicht des Körpers erzeugen. Durch das Gewicht eines angehängten Körpers wird ein Faden oder Draht ein wenig gedehnt, und die dadurch hervorgerufenen inneren Spannungen erzeugen eine den Körper nach oben ziehende Kraft, die sein Gewicht genau aufhebt. Kräfte dieser Art, die sekundär als Gegenwirkung einer primären Kraft auftreten, heißen *Zwangskräfte*. Wir bezeichnen sie mit F_z (Betrag F_z).

Erzeugt eine an einem Körper angreifende Kraft F an einem zweiten Körper eine auf den ersten Körper zurückwirkende Zwangskraft F_z, so bildet die Resultierende $F + F_z$ der beiden Kräfte die auf den ersten Körper wirkende Gesamtkraft. Als Beispiel betrachten wir einen Körper (Massenpunkt) von der Masse m, der auf einer ideal glatten *schiefen Ebene* liegt, d.h. auf einer unter einem Winkel γ gegen die Vertikale geneigten Ebene AB (Abb. 24a). Auf den Körper wirkt die Schwerkraft $F = mg$ (Betrag $F = mg$). Wir zerlegen sie in ihre Komponenten F_1 (Betrag $F \cos\gamma$) und F_2 (Betrag $F \sin\gamma$) parallel und senkrecht zur schiefen Ebene. Die zur Ebene parallele Komponente F_1 hat auf diese keine Wirkung. Die zur Ebene senkrechte Komponente F_2 erzeugt eine kleine elastische Gestaltsänderung der Ebene, durch die eine auf den Körper zurückwirkende, zur Ebene senkrechte Zwangskraft F_z hervorgerufen wird, welche die Kraft F_2 genau aufhebt, $F_z = -F_2$. Auf den Körper wirken also die beiden Kräfte F und F_z, und die natürliche Betrachtungsweise ist, daß man die Kraft F_1 als die Resultierende dieser beiden Kräfte ansieht, $F_1 = F + F_z$ (Abb. 24b). Die stets zur Ebene senkrechte Zwangskraft F_z ist so groß, daß diese Resultierende zur Ebene parallel ist. Solange nämlich anfänglich die Zwangskraft F_z noch kleiner ist als die zur Ebene senkrechte Kraftkomponente F_2, bewirkt der Überschuß von F_2 über F_z eine weitere kleine

Verschiebung des Körpers senkrecht zur Ebene und damit eine weitere Steigerung der elastischen Verformungen in ihr und infolgedessen auch der Zwangskraft. Die Verschiebung hört erst auf, wenn die obige Bedingung erfüllt ist.

Ganz entsprechende Verhältnisse bestehen auch dann, wenn es sich nicht um die Schwerkraft handelt, sondern um eine beliebige Kraft vom Betrag F, die an einem auf einer festen Fläche befindlichen Körper angreift und deren Richtung mit der Fläche einen Winkel γ bildet. Die Zwangskraft beträgt dann stets, wie in Abb. 24,

$$F_z = F \sin \gamma. \tag{14.1}$$

Soll der Körper auf der schiefen Ebene ins Gleichgewicht gebracht werden, so muß an ihm eine weitere Kraft $\boldsymbol{F_3} = -\boldsymbol{F_1}$ angreifen, die der Kraft $\boldsymbol{F_1}$ an Betrag gleich und ihr entgegengerichtet ist (Abb. 24c). Der Betrag dieser Kraft ist also $F_3 = F \cos \gamma$.

15. Raum und Zeit in der heutigen Physik. Gemäß dem Denken seiner Zeit setzte NEWTON voraus, daß es einen objektiv existierenden *absoluten Raum* und eine objektiv existierende *absolute Zeit* gebe. „Der absolute Raum bleibt vermöge seiner Natur ohne Beziehung auf einen äußeren Gegenstand stets gleich und unbeweglich." „Die absolute, wahre und mathematische Zeit fließt an sich und vermöge ihrer Natur und ohne Beziehung auf irgendeinen Gegenstand." NEWTON nahm an, daß ein in der Sonne verankertes und gegenüber dem Fixsternhimmel drehungsfreies Bezugssystem im absoluten Raum ruhe und daß die Erddrehung gegenüber dem Fixsternhimmel eine absolute Zeitskala liefere.

Heute wissen wir, daß es einen absoluten Raum und eine für jeden Beobachter in gleicher Weise ablaufende Zeit nicht gibt (§§ 328, 329). Doch geben wir zunächst zwei Definitionen. Einen Massenpunkt, der von allen anderen Massenpunkten so weit entfernt ist, daß er mit ihnen in keiner meßbaren Wechselwirkung steht, nennen wir einen *freien Massenpunkt*, ein System von Massenpunkten, die nur untereinander in Wechselwirkung stehen, ein *freies System*.

Wir definieren ferner (LUDWIG LANGE[1]):

Ein *Bezugssystem*, relativ zu dem jeder freie Massenpunkt eine *gerade Bahn* beschreibt, wenn er in beliebiger Richtung in Bewegung gesetzt und dann sich selbst überlassen wird, heißt ein *Inertialsystem*. Wir werden in § 16 zeigen, daß es unendlich viele Inertialsysteme gibt.

Eine *Zeitskala*, bei deren Anwendung jeder freie Massenpunkt sich *relativ zu einem Inertialsystem gleichförmig, also unbeschleunigt bewegt*, heißt eine *Inertialzeitskala*. Die Erfahrung zeigt, daß jedes als Ganzes unveränderliche körperliche System, das unter gleichbleibenden äußeren Bedingungen Veränderungen seines inneren Zustandes erfährt, die ihn in gleicher Reihenfolge immer wieder durch identische Zustände führt, eine *Uhr* ist, die eine Inertialzeitskala liefert, wenn man die Zeitspannen, in denen identische Zustände einander folgen, als gleich groß *definiert*. Ideal verwirklicht wird eine Inertialzeitskala durch die an ganz ungestörten Atomen oder Molekülen ablaufenden Schwingungsvorgänge (*Atomuhr*, vgl. die Definition der Sekunde, § 8), mit sehr weitgehender Genauigkeit durch *Quarzuhren* (§ 154), recht genau auch durch die besten Pendeluhren, aber mit erheblicher Näherung sogar durch ganz gewöhnliche Uhren. Die Erfahrung zeigt, daß beliebige (eventuell korrigiert gedachte) Uhren stets die gleiche Inertialzeit liefern (Nullpunkt und Zeiteinheit sind natürlich belanglos). Es gibt also *nur eine Inertialzeit*. Deshalb wird auch fast nie auf deren Verwendung hingewiesen, und wir werden das künftig auch nicht tun.

---

[1] LUDWIG LANGE, 1863—1936.

Das Merkmal eines *Inertialsystems* ist also lediglich die *geradlinige* Bewegung freier Massenpunkte relativ zu ihm, das Merkmal der *Inertialzeitskala* lediglich die *gleichförmige* Bewegung freier Massenpunkte relativ zu einem beliebigen Inertialsystem. Damit vergleiche man NEWTONs 1. Axiom: „Jeder Körper (oder Massenpunkt) bewegt sich *geradlinig* und *gleichförmig,* sofern nicht eine Kraft auf ihn wirkt, die seinen Bewegungszustand ändert." Diese Aussage gilt also nur bei Verwendung eines Inertialsystems (geradlinig) und der Inertialzeitskala (gleichförmig). In heutiger Sicht ist das Axiom nur eine Art von Umkehrung der Definitionen der Inertialsysteme und der Inertialzeitskala.

Die astronomische Erfahrung beweist, daß NEWTONs in der Sonne verankertes Bezugssystem tatsächlich mit äußerst großer Näherung ein Inertialsystem ist, aber sehr weitgehend auch ein in der Erde verankertes Bezugssystem, sofern Wirkungen der Erddrehung vernachlässigt werden können. Darum braucht bei Laboratoriumsversuchen auch die Verwendung eines Inertialsystems in der Regel nicht erwähnt zu werden.

16. Inertialsysteme. In § 15 haben wir den Begriff der Inertialsysteme eingeführt und gesagt, es gebe deren unendlich viele. Das wollen wir jetzt beweisen. Natürlich ist es physikalisch belanglos, wie man bei einem Bezugssystem den Nullpunkt, die Orientierung und das Skalenmaß der Koordinatenachsen wählt; es bleibt immer dasselbe Bezugssystem. In diesem Sinne sind alle Bezugssysteme, die relativ zueinander ruhen, physikalisch identisch, und wir brauchen uns nur mit solchen zu beschäftigen, die sich relativ zueinander bewegen. Dabei setzen wir voraus, daß in allen Bezugssystemen Längen mit gleichen Maßstäben, Zeiten mit gleichen Uhren und Massen durch Vergleich mit dem gleichen Prototyp gemessen werden.

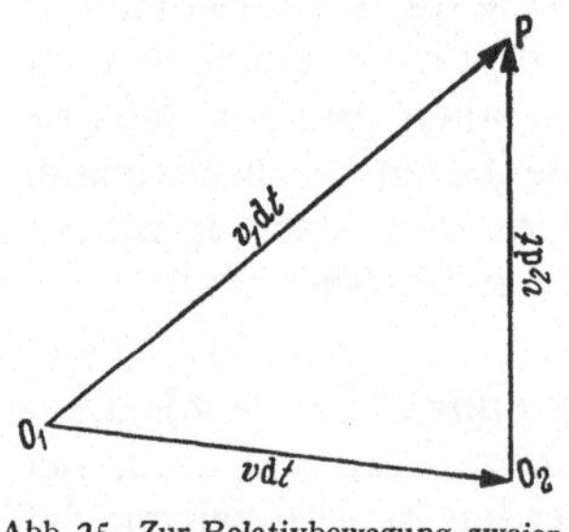

Abb. 25. Zur Relativbewegung zweier Bezugssysteme

Es seien S_1, S_2 zwei *ganz beliebige Bezugssysteme,* und S_2 bewege sich relativ zu S_1 mit der momentanen Geschwindigkeit v. Zur Zeit $t=0$ sollen die Nullpunkte O_1, O_2 der beiden Systeme zusammenfallen. In dem folgenden Zeitelement dt bewege sich ein Massenpunkt von dort nach P mit der momentanen Geschwindigkeit v_1 relativ zu S_1, so daß er relativ zu S_1 den Weg $O_1 P = v_1 dt$ zurücklegt (Abb. 25). In der gleichen Zeit legt O_2 relativ zu S_1 den Weg $O_1 O_2 = v dt$ zurück. Aus der Abb. 25 liest man ab, daß dann der Massenpunkt relativ zu S_2 den Weg $O_2 P = v_2 dt$ zurückgelegt hat, wobei v_2 seine Geschwindigkeit relativ zu S_2 ist. Demnach ist $v_1 dt = v dt + v_2 dt$ oder $v_2 = v_1 - v$. Durch Differenzieren nach der Zeit ergibt sich für die Beschleunigung des Massenpunktes relativ zu S_2

$$\frac{dv_2}{dt} = \frac{dv_1}{dt} - \frac{dv}{dt}. \tag{16.1}$$

Wir nehmen jetzt an, S_1 sei ein Inertialsystem und es handele sich um einen freien Massenpunkt, was nach § 15 lediglich eine Frage seiner materiellen Umgebung ist. Relativ zu S_1 ist er dann unbeschleunigt, so daß $dv_1/dt = 0$ ist. Ist nun auch S_2 ein Inertialsystem, so muß der Massenpunkt auch relativ zu ihm unbeschleunigt sein, also $dv_2/dt = 0$. Das ist aber nach (16.1) nur dann der Fall, wenn auch $dv/dt = 0$, also $v = $ const ist. Daraus folgt: *Jedes Bezugssystem, das sich relativ zu einem beliebigen Inertialsystem unbeschleunigt bewegt, ist ebenfalls ein Inertialsystem. Es gibt also unendlich viele Inertialsysteme.*

Ein relativ zu einem Inertialsystem *rotierendes Bezugssystem* ist auch dann *ein Inertialsystem,* wenn die Nullpunkte der beiden Systeme relativ zueinander ruhen; denn ein freier Massenpunkt, der relativ zu dem Inertialsystem eine gerade Bahn beschreibt, bewegt sich relativ zu dem rotierenden System auf gekrümmter Bahn, erfährt also relativ zu ihm Beschleunigungen.

Selbstverständlich fällt die Beschreibung spezieller Bewegungsvorgänge je nach der Wahl des Inertialsystems verschieden aus. Ein in einem unbeschleunigten Eisenbahnzuge losgelassener Körper fällt relativ zu einem im Zuge verankerten Bezugssystem lotrecht herab; relativ zu einem in der Erde verankerten Bezugssystem fällt er schräg zur Erde, weil er relativ zu diesem Bezugssystem die Zuggeschwindigkeit relativ zur Erde als Anfangsgeschwindigkeit mitbekommt. Bei einem auf der Erde frei fallenden Körper verhält es sich umgekehrt. Da aber die beiden Inertialsysteme relativ zueinander unbeschleunigt sind, $dv/dt = 0$, so folgt aus (16.1) $dv_2/dt = dv_1/dt$; die Beschleunigung des Massenpunktes ist relativ zu beiden Systemen gleich groß.

Da nun unabhängig von der Wahl des speziellen Inertialsystems jeder Beobachter die gleichen Beschleunigungen mißt, so leitet ein jeder aus seinen Messungen auch die identischen Bewegungsgesetze ab. Es gibt also keine mechanische Erscheinung, die dazu berechtigt, irgendein Inertialsystem — etwa auf Grund besonderer Einfachheit der bei seiner Benutzung ermittelten Gesetze — vor allen anderen Inertialsystemen zu bevorzugen. *Für die Beschreibung mechanischer Vorgänge sind alle Inertialsysteme vollkommen gleichberechtigt.* Man nennt das das *Relativitätsprinzip der Mechanik.* Später hat EINSTEIN es als allgemein und für alle physikalischen Erscheinungen gültig erkannt und zum *allgemeinen Relativitätsprinzip* erhoben (§ 326).

Demnach hat der Begriff einer „absoluten Geschwindigkeit im Raum" keinen physikalischen Sinn, da es keine denkbare Erfahrung gibt, auf Grund derer man sie messen könnte. Definierbar und meßbar sind nur die relativen Geschwindigkeiten von Körpern und von Bezugssystemen. *Die Geschwindigkeit ist eine relative Größe* und je nach der Wahl des Inertialsystems verschieden groß und verschieden gerichtet.

Ganz anders verhält es sich dagegen mit den Beschleunigungen, die in allen Inertialsystemen gleich groß sind. *Die Beschleunigung ist eine von der Wahl des Inertialsystems unabhängige Größe.*

Oft bezeichnet man das jeweils benutzte Inertialsystem — in dem der Beobachter sich selbst mit seinen Meßgeräten ruhend denkt — als *Ruhsystem.* Das darf natürlich nicht dahin mißverstanden werden, als betrachte man es als im Raume absolut ruhend.

17. Beschleunigte Bezugssysteme. Trägheitskräfte. Nunmehr sei S_1 wieder ein Inertialsystem, aber S_2 bewege sich relativ zu ihm (und daher auch zu allen übrigen Inertialsystemen) mit der Beschleunigung $dv/dt \neq 0$. Dann folgt für einen freien Massenpunkt mit $dv_1/dt = 0$ aus (17.1)

$$\frac{dv_2}{dt} = -\frac{dv}{dt}. \tag{17.1}$$

Demnach erfährt der freie Massenpunkt relativ zu S_2 eine Beschleunigung, die gleichen Betrag, aber entgegengesetzte Richtung hat wie die Beschleunigung von S_2. Das ist eine ganz triviale Tatsache. Relativ zu einem anfahrenden, also beschleunigten Zuge bewegen sich alle relativ zur Erde ruhenden Gegenstände beschleunigt entgegen der Richtung der Beschleunigung des Zuges.

Ein Körper von der Masse m liege völlig frei beweglich auf einer ideal glatten Fläche, die zunächst relativ zu einem Inertialsystem ruhe und dann eine Beschleunigung a erfahre (Abb. 26a). Da von der Fläche her keine Kraft auf den

Körper wirken kann, bleibt er auch weiterhin relativ zu dem Inertialsystem in Ruhe, aber relativ zu einem in der Fläche verankerten, also beschleunigten Bezugssystem erfährt er eine Beschleunigung $-a$ (Abb. 26b). Für einen mit der Fläche beschleunigten Beobachter erweckt das den Eindruck, als wirke gemäß (10.1) auf den Körper eine Kraft

$$F_t = -m a, \qquad (17.2)$$

und dies um so mehr, als er eine Kraft $F = m a$ aufwenden muß, um die Beschleunigung relativ zur Fläche zu verhindern (Abb. 26c). F_t ist aber keine echte Kraft im Sinne von § 10, da sie nicht auf einer Wechselwirkung beruht, sondern nur eine Folge der Trägheit des Körpers ist. Deshalb nennt man diese — wenn man so will fiktiven — Kräfte *Trägheitskräfte* (D'ALEMBERT[1]). Indessen kann man mit ihnen bei der Beschreibung von Bewegungsvorgängen in beschleunigten Bezugssystemen genau so operieren wie mit Wechselwirkungskräften und sie auch mit solchen gemäß § 13 vereinigen.

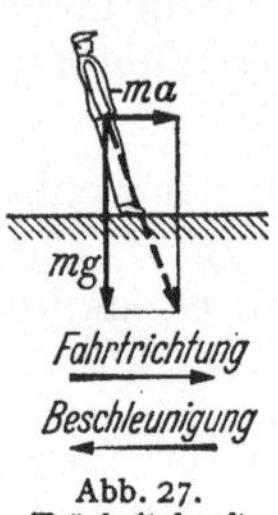

Abb. 26. Zur Trägheitskraft

Wir sind also von der Beschreibung von Bewegungsvorgängen in Inertialsystemen ohne Hinzunahme neuer Erfahrungen zu ihrer Beschreibung in beschleunigten Bezugssystemen übergegangen und haben diese Beschreibung durch Einführung des Begriffs der Trägheitskräfte derjenigen in Inertialsystemen *formal* angeglichen. Das erweist sich oft als zweckmäßig, besonders wenn man selbst einem beschleunigten System angehört und beschreiben will, was man selbst unmittelbar beobachtet und was die mitgeführten Meßgeräte anzeigen. Man beachte aber, daß man von Trägheitskräften nur unter dieser Voraussetzung sprechen darf. Das wird gelegentlich übersehen. Sofern wir künftig nichts anderes sagen, werden wir immer stillschweigend voraussetzen, daß wir Bewegungsvorgänge in einem Inertialsystem beschreiben.

Da die Trägheitskraft der Beschleunigung proportional ist, so ist sie besonders groß bei Fahrzeugen, die beim Anfahren oder Bremsen große Beschleunigungen erfahren. Befinden wir uns in einem fahrenden Eisenbahnzug, so sind wir in der Lage eines mit ihm bewegten und beschleunigten Beobachters. Schon am eigenen Körper beobachten wir die Trägheitskräfte beim Anfahren und beim Bremsen. Beim Bremsen strebt unser Körper, seine Geschwindigkeit beizubehalten, dem langsamer werdenden Zuge vorauszueilen. Wir können sowohl die Schwerkraft $m g$, wie die Trägheitskraft $-m a$ im Körperschwerpunkt angreifend denken (§ 19). Damit wir nicht umfallen, müssen wir uns so stellen, daß die Resultierende von Schwerkraft und Trägheitskraft in Richtung unserer Körperachse fällt (Abb. 27), uns also *gegen* die Fahrtrichtung neigen. Entsprechend müssen wir uns beim Anfahren *in* die Fahrtrichtung neigen. Äußerst groß sind die Trägheitskräfte und ihre Wirkungen bei so plötzlichen Geschwindigkeitsänderungen, wie sie bei Verkehrsunfällen vorkommen können. Der Tod durch Verkehrsunfall ist in der Mehrzahl der Fälle ein Tod durch Trägheitskräfte.

Wenn das Pferd eines Wagens anruckt und der schlafende Kutscher rücklings vom Bock fällt, so rührt das daher, daß sein Sitzfleisch der Beschleunigung des Kutschbocks folgen muß, während sein Oberkörper infolge seiner Trägheit zurückbleibt. In einem mitbeschleunigten Bezugssystem kann man das als Wirkung

---

[1] JEAN LE ROND D'ALEMBERT, 1717—1783.

einer Trägheitskraft beschreiben. Eine solche tritt zwar am ganzen Körper des Kutschers auf; doch wird sie am unteren Teil des Leibes durch die vom Kutschbock auf ihn ausgeübte beschleunigende Kraft aufgehoben, aber nicht an seinem oberen Teil. (Vgl. WESTPHAL, Deine tägliche Physik. Ullstein-Buch.)

Das Auftreten von Trägheitskräften, die ja daran zu erkennen sind, daß sie keine Wechselwirkungskräfte sind, ist das Merkmal, das die beschleunigten Bezugssysteme eindeutig von den Inertialsystemen zu unterscheiden erlaubt. Mit ihrer Hilfe kann auch die Beschleunigung eines Bezugssystems gemessen werden. Auf diesem Prinzip beruhen alle Beschleunigungsmesser. Ein einfaches Beispiel ist das folgende.

Stellt man sich in einem Personenaufzug auf eine Federwaage, so zeigt diese bei der Fahrt mit konstanter Geschwindigkeit das wahre Körpergewicht an, beim Anfahren oder Bremsen an der unteren Station aber ein erhöhtes, beim Anfahren oder Bremsen an der oberen Station ein vermindertes Gewicht. Im ersteren Fall erfährt der Aufzug eine Beschleunigung a nach oben, entgegen der Schwerkraft, und dem entspricht eine der Schwerkraft mg (§ 12) gleichgerichtete Trägheitskraft ma. Im zweiten Fall ist die Beschleunigung des Aufzuges abwärts, also die Trägheitskraft der Schwerkraft entgegengerichtet. (Leser: Warum ist für diesen Versuch eine Hebelwaage nicht verwendbar?)

Wenn wir einen Körper mit unserer Hand in beschleunigte Bewegung versetzen, so spüren wir deutlich den Widerstand des Körpers gegen die beschleunigende Kraft. Er ist um so größer, je größer die Beschleunigung und je größer die Masse des Körpers ist. Dieser Widerstand ist die Trägheitskraft. Wir spüren sie in unserer Hand, die ja bei diesem Vorgang selbst eine beschleunigte Bewegung ausführt und die das beschleunigte System ist, von dem aus wir das Verhalten des beschleunigten Körpers beurteilen.

Wir wollen uns einen mit einem gleichförmig beschleunigten System bewegten Beobachter denken, der von der Außenwelt völlig abgeschlossen ist, so daß er von der Beschleunigung seines Systems durch deren unmittelbare Beobachtung keine Kenntnis erlangen kann. Er wird das Walten einer besonderen Kraft feststellen, die an allen Körpern seines Systems angreift, den Massen der Körper proportional und überall gleichgerichtet ist. Diese Kraft hat also für ihn einen ganz analogen Charakter wie für uns die irdische Schwerkraft und ist wie diese den Massen der Körper proportional (§ 12). Das ist der Grundgedanke, auf dem EINSTEINs allgemeine Relativitätstheorie beruht (§ 334).

Ein geschlossener Kasten falle frei, lediglich unter der Wirkung der Schwerkraft mit der Beschleunigung g in Richtung auf die Erde oder irgendeinen anderen Himmelskörper. Dann erfährt er nebst seinem gesamten Inhalt eine der Schwerkraft mg entgegengerichtete Trägheitskraft $-mg$, die die Schwerkraft genau aufhebt. Beurteilt in einem mitbeschleunigten Bezugssystem ist also der Kasten und sein Inhalt im Sinne von § 13 *kräftefrei*. Das gilt überhaupt bei jeder Bewegung, die einzig unter der Wirkung der Schwerkraft und der Trägheit erfolgt (ballistische Bahnen), also auch bei jeder elliptischen (speziell kreisförmigen) Bahn um einen Himmelskörper und bei einer Fahrt zum Mond, sofern die Triebwerke des Raumfahrzeugs nicht arbeiten. Darauf beruht das einst viel diskutierte Problem der *Schwere-* oder *Gewichtslosigkeit* in einem Raumfahrzeug. Daß Menschen sie ertragen können, ist ja erwiesen; aber Raumfahrer müssen bei all den vielen Hantierungen, bei denen unter irdischen Bedingungen die Schwerkraft im Spiel ist, vollkommen umlernen. In einem Raumfahrzeug gibt es kein durch die Richtung der Schwerkraft definiertes Oben und Unten. Ein frei losgelassener Körper fällt nicht „zu Boden", sondern bleibt an seinem Ort „schweben", usw.

Auch rotierende Bezugssysteme sind beschleunigte Systeme, auch wenn sie als Ganzes relativ zu einem Inertialsystem unbeschleunigt sind, und auch in ihnen treten Trägheitskräfte (Zentrifugalkräfte, § 34) auf. Als erster hat ERNST MACH[1] die Frage aufgeworfen, relativ zu was denn die Inertialsysteme *unbeschleunigt* sind und bestimmte Bezugssysteme *nicht rotieren*. Damit hat er die Frage nach einem *naturgegebenen Bezugssystem* gestellt, auf das alle Bewegungszustände *einheitlich* bezogen werden können. NEWTONs Antwort, das sei ein in der Sonne bzw. im Fixsternhimmel verankertes Bezugssystem, können wir heute nicht mehr geben. MACHs Antwort lautet, das sei ein im „Durchschnitt" der gesamten Materie des Weltalls verankertes Bezugssystem[2]. Das erklärt, weshalb alle Beschleunigungen relativ zu Inertialsystemen gleich groß sind. Es sind Beschleunigungen relativ zu jenem Bezugssystem, und damit verlieren sie ihren absoluten Charakter. Wenn dem so ist, so können die Trägheitskräfte nur von der Anwesenheit der Materie des Weltalls herrühren und sind Wechselwirkungskräfte der Körper mit ihr *(Machsches Prinzip)*. Diese Deutung ist sehr überzeugend, aber noch nicht unbestritten, und es mangelt noch an einer anerkannten Theorie. Wir können darauf hier nicht weiter eingehen.

18. Impulssatz. Bewegungsgröße. Wir haben in § 10 als erstes Naturgesetz das *Wechselwirkungsgesetz*

$$m_1 \boldsymbol{a}_1 = -m_2 \boldsymbol{a}_2 \qquad \text{bzw.} \qquad m_1 \boldsymbol{a}_1 + m_2 \boldsymbol{a}_2 = 0 \qquad (18.1)$$

abgeleitet. Integration mit $\boldsymbol{a} = d\boldsymbol{v}/dt$ ergibt

$$m_1 \boldsymbol{v}_1 + m_2 \boldsymbol{v}_2 = \text{const.} \qquad (18.2)$$

Das ist nur eine andere Form des Wechselwirkungsgesetzes, da es nur durch eine mathematische Operation aus ihm folgt. Der Vektor

$$m\boldsymbol{v} = \boldsymbol{p} \qquad (18.3)$$

heißt *Bewegungsgröße* oder *Impuls*, daher (18.2) der *Satz von der Erhaltung der Bewegungsgröße* oder meist kurz der *Impulssatz*. Er sagt aus:

Die vektorielle Summe der Bewegungsgrößen zweier nur miteinander wechselwirkender Massenpunkte ist zeitlich konstant.

Nach (10.1) und (18.3) können wir schreiben

$$\boldsymbol{F} = m\,\frac{d\boldsymbol{v}}{dt} = \frac{d(m\boldsymbol{v})}{dt} = \frac{d\boldsymbol{p}}{dt}. \qquad (18.4)$$

Aus (18.4) folgt durch Integration

$$\boldsymbol{p} - \boldsymbol{p}_0 = \int\limits_0^t \boldsymbol{F}\,dt. \qquad (18.5)$$

($\boldsymbol{p} = \boldsymbol{p}_0$ zur Zeit $t = 0$.)

Das Integral heißt *Kraftstoß* oder auch *Impuls*, obgleich dieses zweideutig ist. Demnach ist *die Änderung der Bewegungsgröße eines Körpers in der Zeit t gleich dem ihm in dieser Zeit erteilten Kraftstoß.*

Gegeben sei ein System von n Massenpunkten, die wir durch Indizes 1, 2, … $p, q, \ldots, n$ unterscheiden und zwischen denen Wechselwirkungskräfte, also *innere Kräfte* des Systems, wirken. Für jedes Paar von Massenpunkten (p, q) gilt nach

---

[1] ERNST MACH, 1838—1916.

[2] Es könnte naheliegen, statt das vage Wort „Durchschnitt" zu wählen, vom Mittelpunkt oder vom Schwerpunkt des Weltalls zu sprechen. Aber wir wissen heute, daß man dem Weltall weder das eine noch das andere zuschreiben kann.

(11.4) $F_{pq} = -F_{qp}$ oder $F_{pq} + F_{qp} = 0$. Daher ist auch

$$\sum_{p=1}^{n} \sum_{q=1}^{n} (F_{pq} + F_{qp}) = 0 \quad (p \neq q). \tag{18.6}$$

Die Vektorsumme der inneren Kräfte eines Systems von Massenpunkten ist gleich Null.

Wenn nun auf die einzelnen Massenpunkte des Systems auch *äußere Kräfte* F_p wirken, so ist wegen des Verschwindens der vektoriellen Summe der inneren Kräfte die vektorielle Summe aller auf die einzelnen Massenpunkte wirkenden Kräfte gleich der vektoriellen Summe der äußeren Kräfte allein,

$$F = \sum_{1}^{n} F_p = \sum_{1}^{n} \frac{dp_p}{dt} = \frac{d\sum_{1}^{n}p_p}{dt} = \frac{dp}{dt} \quad \text{mit} \quad p = \sum_{1}^{n} p_p. \tag{18.7}$$

Das ist völlig analog zu der für einen einzelnen Massenpunkt gültigen Gl. (18.4). *Der zeitliche Differentialquotient der Bewegungsgröße eines Systems von Massenpunkten ist gleich der an dem System angreifenden äußeren Gesamtkraft.* Er ist unabhängig von den inneren Kräften des Systems. Das gilt natürlich auch für einen Körper, den wir uns als aus Massenpunkten bestehend denken können.

Handelt es sich um ein freies, also keinen äußeren Kräften unterworfenes System, so ist $F = dp/dt = 0$, also $p = $ const. *Die Bewegungsgröße eines freien Systems oder eines kräftefreien Körpers ist zeitlich konstant und kann durch seine inneren Kräfte nicht geändert werden.*

Die Hereinnahme der Masse m in den Differentialquotienten in (18.2) hat erheblich mehr als nur formale Bedeutung. Es gibt Fälle, in denen die Masse unter der Wirkung einer beschleunigenden Kraft nicht konstant bleibt. Vor allem gilt dies für sehr große (mit der Lichtgeschwindigkeit vergleichbare) Geschwindigkeiten, bei denen die Masse eine Funktion der Geschwindigkeit ist (§ 331), aber auch bei den Raketen, deren Masse durch den Verbrauch ihres Treibstoffes laufend kleiner wird ($dm < 0$).

Auf die Materie des Weltalls als Ganzes wirken keine äußeren Kräfte. Es gibt nur innere Kräfte zwischen deren Bestandteilen. Daraus folgt: *Die Vektorsumme aller Bewegungsgrößen im Weltall ist konstant.* Da es kein denkbares Bezugssystem außerhalb des Weltalls gibt, auf das man die Geschwindigkeiten beziehen könnte, mag man die Vektorsumme gleich Null setzen. Hier begegnet uns der erste der sog. *Erhaltungssätze*, die zu den fundamentalen Naturgesetzen gehören.

19. Der Schwerpunkt oder Massenmittelpunkt. Die auf einen Körper wirkende Schwerkraft ist die Summe der Schwerkräfte, die an seinen einzelnen Massenelementen (Massenpunkten) m_i angreifen, also die Resultierende einer sehr großen Anzahl von parallelen Kräften $F_i = m_i g$.

Wir greifen zwei Massenelemente m_1, m_2 des Körpers heraus, zeichnen z. B. durch m_1 die horizontale Gerade und verschieben den Angriffspunkt der Kraft $m_2 g$ bis in diese (Abb. 28). Dann können wir gemäß § 13, Abb. 20, die Resultierende $(m_1 + m_2) g$ der beiden Kräfte und ihren Mittelpunkt P konstruieren. Es ändert aber nichts, wenn wir nun den Angriffspunkt der Resultierenden bis zum Schnittpunkt S_{12} mit der Geraden $m_1 m_2$ verschoben denken. Demnach können wir uns die beiden Massenelemente bezüglich der Wirkungen der Schwerkraft in einen Massenpunkt von der Masse $m_1 + m_2$ in S_{12} vereinigt denken. S_{12} heißt der *Schwerpunkt* oder *Massenmittelpunkt* der beiden Massenelemente.

Die Abstände von P von den Wirkungslinien der beiden einzelnen Kräfte seien r_1', r_2'. Dann ist nach (13.3) $r_1' : r_2' = m_2 g : m_1 g = m_2 : m_1$. Bildet die Horizontale mit der Geraden $m_1 m_2$ den Winkel φ und sind r_1, r_2 die Abstände der beiden Massenelemente von S_{12}, so ist $r_1' = r_1 \cos \varphi$, $r_2' = r_2 \cos \varphi$. Damit folgt aus der obigen Gleichung

$$r_1 : r_2 = m_2 : m_1. \tag{19.1}$$

Der Schwerpunkt zweier Massenelemente teilt deren Verbindungslinie im umgekehrten Verhältnis ihrer Massen.

Die beiden Massenelemente sollen in der xy-Ebene eines rechtwinkligen Koordinatensystems liegen (Abb. 29). Ihre Koordinaten seien x_1, y_1 und x_2, y_2, die ihres Schwerpunktes x_s, y_s. Dann liest man aus Abb. 29 ab:

$$(x_s - x_1) : (x_2 - x_s)$$
$$= (y_s - y_1) : (y_2 - y_s) \tag{19.2}$$
$$= r_1 : r_2 = m_2 : m_1.$$

Bei beliebiger Orientierung im Raume kommt noch eine dritte Gleichung für die z-Koordinaten hinzu,

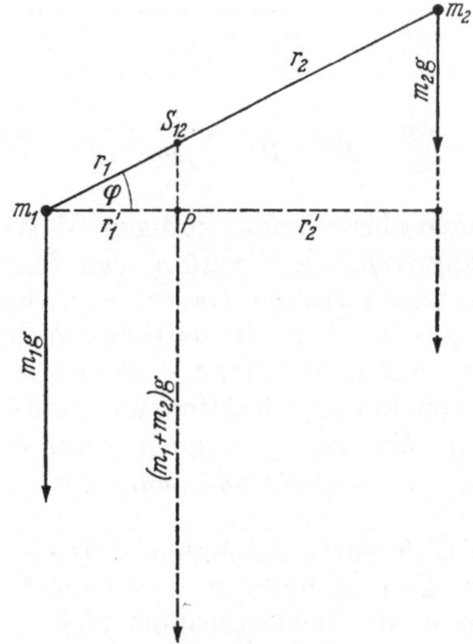

Abb. 28. Konstruktion des Schwerpunkts zweier Massenelemente

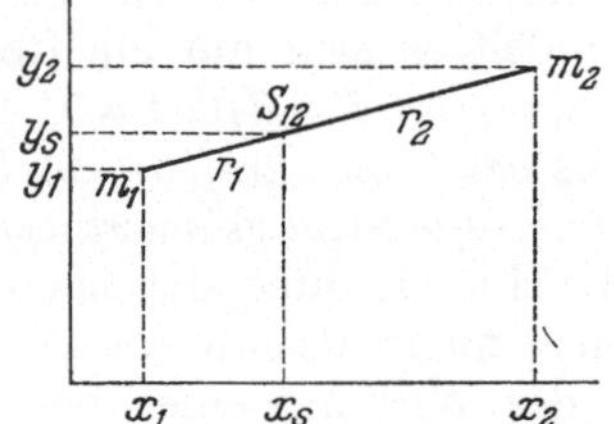

Abb. 29. Zur Berechnung des Schwerpunktes

$(z_s - z_1) : (z_2 - z_s) = r_1 : r_2 = m_2 : m_1$. Aus diesen Gleichungen folgt

$$x_s = \frac{m_1 x_1 + m_2 x_2}{m_1 + m_2}, \qquad y_s = \frac{m_1 y_1 + m_2 y_2}{m_1 + m_2}, \qquad z_s = \frac{m_1 z_1 + m_2 z_2}{m_1 + m_2}. \tag{19.3}$$

Nunmehr denken wir uns die Massenelemente m_1, m_2 durch einen Massenpunkt von der Masse $m_1 + m_2$ am Ort ihres Schwerpunktes S_{12} ersetzt. Nehmen wir ein drittes Massenelement m_3 hinzu, so ergibt die Wiederholung des obigen Verfahrens für den Schwerpunkt der drei Massen

$$x_s = \frac{m_1 x_1 + m_2 x_2 + m_3 x_3}{m_1 + m_2 + m_3}, \qquad y_s = \frac{m_1 y_1 + m_2 y_2 + m_3 y_3}{m_1 + m_2 + m_3}, \qquad z_s = \frac{m_1 z_1 + m_2 z_2 + m_3 z_3}{m_1 + m_2 + m_3}. \tag{19.4}$$

Allgemein ergibt sich für eine beliebige Zahl von Massenelementen m_i, also für einen aus ihnen zusammengesetzten Körper, die Lage des Schwerpunktes durch die Gleichungen

$$x_s = \frac{\sum (m_i x_i)}{m}, \qquad y_s = \frac{\sum (m_i y_i)}{m}, \qquad z_s = \frac{\sum (m_i z_i)}{m}. \tag{19.5}$$

Hierbei ist $m = \sum m_i$ die Gesamtmasse des Körpers oder des Körpersystems.

Wenn möglich, wird man natürlich (19.5) in Gestalt von Integralen schreiben, die über alle Massenelemente dm des Körpers zu erstrecken sind. Sind x, y, z die Koordinaten der einzelnen Massenelemente dm, so lauten die Gleichungen dann

$$x_s = \frac{1}{m} \int x \, dm, \qquad y_s = \frac{1}{m} \int y \, dm, \qquad z_s = \frac{1}{m} \int z \, dm. \tag{19.6}$$

Die Koordinaten x, y, z können auch als die Beträge der Komponenten des Ortsvektors $\boldsymbol{r}$ angesehen werden, der vom Koordinatenursprung aus auf das betreffende Massenelement hinweist. Ist $\boldsymbol{r}_s$ der Ortsvektor des Schwerpunkts, so können wir die drei Gln. (19.6) auch durch die eine Vektorgleichung

$$\boldsymbol{r}_s = \frac{1}{m} \int \boldsymbol{r}\, dm \qquad (19.7)$$

ausdrücken. Denn diese eine Gleichung zerfällt nach (5.2) in die drei Gln. (19.6) für die Beträge der Komponenten von $\boldsymbol{r}_s$.

Häufig ist es zweckmäßig, den Nullpunkt des Koordinatensystems in den Schwerpunkt des Körpers oder Körpersystems zu verlegen, $x_s = y_s = z_s = 0$. Dann folgt aus (19.5), (19.6) und (19.7)

$$\sum (m_i\, x_i) = 0, \qquad \sum (m_i\, y_i) = 0, \qquad \sum (m_i\, z_i) = 0, \qquad (19.8)$$

$$\text{bzw.} \qquad \int x\, dm = 0, \qquad \int y\, dm = 0, \qquad \int z\, dm = 0, \qquad (19.9)$$

$$\text{bzw.} \qquad \int \boldsymbol{r}\, dm = 0. \qquad (19.10)$$

Die abgeleiteten Gleichungen gelten nicht nur dann, wenn es sich um einen zusammenhängenden Körper handelt, sondern auch für irgendein System von beliebig vielen Körpern. Im letzteren Falle spricht man von dem *gemeinsamen Schwerpunkt* der Körper des Systems, z.B. dem gemeinsamen Schwerpunkt von Erde und Mond oder des Sonnensystems. Es sei r der Abstand der Schwerpunkte zweier Körper mit den Massen m_1, m_2, und es seien r_1, r_2 die Abstände dieser beiden Schwerpunkte vom gemeinsamen Schwerpunkt. Dann ist $r = r_1 + r_2$, und es folgt mit Hilfe von (19.1)

$$r_1 = r\, \frac{m_2}{m_1 + m_2}, \qquad r_2 = r\, \frac{m_1}{m_1 + m_2}. \qquad (19.11)$$

Bei einfach geformten Körpern mit einfacher Dichteverteilung, insbesondere bei homogenen Körpern, also solchen, die überall die gleiche Dichte haben, läßt sich die Lage des Schwerpunktes nach (19.6) berechnen. Bei einer homogenen Voll- oder Hohlkugel ist es ihr Mittelpunkt, bei einem homogenen Ellipsoid der Schnittpunkt der Achsen, bei einem homogenen Parallelepiped der Schnittpunkt der Raumdiagonalen. Bei unregelmäßig geformten Körpern kann man ihn experimentell ermitteln als den Punkt, in dem die Verlängerungen des Aufhängefadens einander schneiden, wenn man den Körper an einem solchen in verschiedenen räumlichen Orientierungen frei herabhängen läßt. Denn der Schwerpunkt liegt in diesem Fall stets senkrecht unter dem Aufhängepunkt (§ 24).

Wird ein Körper drehungsfrei beschleunigt, so daß seine sämtlichen Massenelemente gleich große und gleich gerichtete Beschleunigungen $\boldsymbol{a}$ erfahren, so sind die an den einzelnen Massenelementen dm in einem mitbeschleunigten Bezugssystem auftretenden Trägheitskräfte (§ 17) $d\boldsymbol{F}_t = -\boldsymbol{a}\, dm$, genau wie die Einzelschwerkräfte, unter sich parallel und den trägen Massen dm proportional. Wir können daher die vorstehenden Überlegungen ohne weiteres auf die an einem Körper auftretenden Trägheitskräfte übertragen, indem wir an die Stelle der Schwerkraft $m\boldsymbol{g}$ die Trägheitskraft $-m\boldsymbol{a}$ setzen. (Wir müssen uns den Körper dann in Abb. 28 nach oben beschleunigt denken.) Ebenso wie $\boldsymbol{g}$ geht auch $\boldsymbol{a}$ nicht in die Endgleichungen ein. Daher ist der Schwerpunkt nicht nur der Angriffspunkt der Resultierenden der an einem Körper angreifenden Schwerkräfte, sondern auch der Resultierenden der bei drehungsfreier Beschleunigung an ihm auftretenden Trägheitskräfte. In diesem Sinne wird er auch *Trägheitsmittelpunkt* genannt.

Voraussetzung einer drehungsfreien Beschleunigung ist, daß die Resultierende aller äußeren Kräfte durch den Schwerpunkt geht. Nur dann kann sie eine reine Beschleunigung der Translation bewirken. Dann folgt die Bewegung des Schwerpunkts genau den für einzelne Massenpunkte gültigen Gesetzen. (Ist die Voraussetzung nicht erfüllt, so tritt auch ein resultierendes Kräftepaar auf, das eine Beschleunigung der Rotation des Körpers um eine durch dessen Schwerpunkt gehende Achse bewirkt, § 29.)

20. Der Schwerpunktsatz. Wir betrachten wieder ein System von n Massenpunkten, deren momentane (auf den Nullpunkt eines Inertialsystems bezogene) Ortsvektoren r_p seien und die sich unter der Wirkung innerer und äußerer Kräfte bewegen. Nach (19.7) ist der momentane Ortsvektor des Schwerpunkts (Massenmittelpunkts) des Systems — hier in Summenform geschrieben, da die Massenpunkte keinen zusammenhängenden Körper zu bilden brauchen, über den man integrieren kann —

$$r_s = \frac{\sum_{1}^{n} m_p \, r_p}{m}, \tag{20.1}$$

wobei $m = \sum_{1}^{n} m_p$ die Gesamtmasse des Systems ist. Dann folgt durch Differenzieren nach der Zeit t die Geschwindigkeit des Schwerpunktes

$$v_s = \frac{\sum_{1}^{n} m_p \, v_p}{m} = \frac{\sum_{1}^{n} p_p}{m} = \frac{p}{m} \tag{20.2}$$

und nach (18.7) $m \, dv_s/dt = dp/dt = F$, ganz analog zu (18.4), wobei nach (20.2) p der Gesamtimpuls des Systems ist. *Der Schwerpunkt eines Systems bewegt sich unter der Wirkung der an dessen einzelnen Massenpunkten angreifenden Einzelkräfte genau so, als sei die ganze Masse des Systems in ihm vereinigt und als greife die Vektorsumme der äußeren Kräfte an ihm an.* Das ist der *Schwerpunktsatz.* Ist das System von äußeren Kräften frei, $F = 0$, $dv_s/dt = 0$, $v_s = $ const, so ist der Schwerpunkt genau wie ein freier Massenpunkt unbeschleunigt. Das System kann dann nur um eine durch seinen Schwerpunkt gehende Achse rotieren.

Demnach verhält sich ein System von Massenpunkten unter der Wirkung von an ihm angreifenden Kräften bezüglich der Bewegung seines Schwerpunktes genau wie ein einzelner Massenpunkt, in dem die Gesamtmasse des Systems und die vektorielle Summe der an seinen Massenpunkten angreifenden Kräfte vereinigt ist. Demnach gilt auch für die Wechselwirkung zweier beliebiger Systeme der *Impulssatz* (§ 18), und jeder Beweis des Schwerpunktsatzes ist auch ein Beweis für den Impulssatz.

Wir betrachten einige Beispiele. Münchhausen lügt, wenn er vorgibt, er habe sich an seinen eigenen Haaren aus dem Sumpf gezogen; denn bei solchem Bemühen sind nur innere Kräfte seines Körpers wirksam, die seine Bewegungsgröße ($p = 0$) nicht ändern bzw. seinen Schwerpunkt nicht verschieben können. Diese Erfahrung machen schon kleine Kinder, wenn sie sich vergeblich bemühen, sich an den eigenen Haaren emporzuheben. Sie irren, wenn sie meinen das liege nur an ihren allzu schwachen Kräften.

Bewegt ein Mensch sich in einem leichten Boot nach hinten, so bewegt das Boot sich vorwärts (Abb. 30a). Man könnte das so zu erklären suchen, daß das Boot Bewegungsgröße nach vorn gewinnen muß, wenn der Mensch solche nach hinten gewinnt, so daß die Summe dieser Bewegungsgrößen Null bleibt, oder so, daß der

Schwerpunkt des Systems Boot—Mensch nur dann in Ruhe bleibt, wenn Boot und Mensch sich in entgegengesetzten Richtungen bewegen. Tatsächlich ist der Vorgang aber verwickelter. Denn mit der Bewegung des Bootes und der Verlagerung des Schwerpunktes in ihm ist auch eine Wasserbewegung verbunden, so daß das System Boot—Mensch—Wasser betrachtet werden muß. Auch spielt die Reibung des Bootes am Wasser eine Rolle. Wäre diese nicht vorhanden, so müßte das Boot sogleich wieder zum Stillstand kommen, sobald die Bewegung des Insassen aufhört. Tatsächlich aber bewegt es sich noch eine Zeitlang weiter, denn durch seine Bewegung ist eine Wasserströmung eingeleitet worden, wie sie Abb. 30b schematisch zeigt. Infolge der Reibung an der Boots-wand wird das Boot von der Strömung noch eine Weile mitgenommen, bis die Strömung durch innere Reibung im

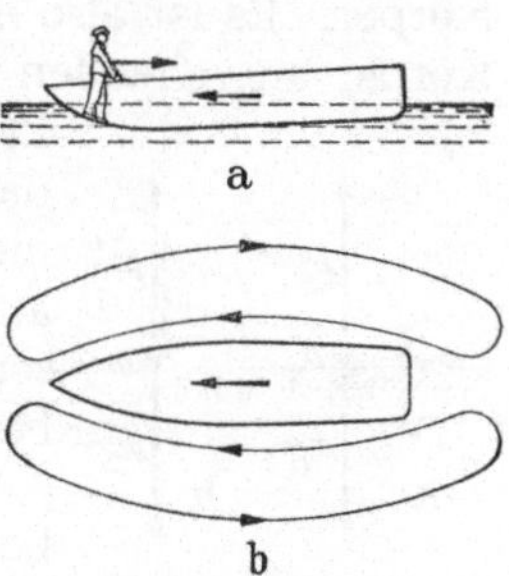

Abb. 30. Zum Impuls- und Schwerpunktsatz

Wasser abgebremst ist. Bei der Bewegung des Bootes durch das Wasser findet, wenn der Insasse sich nicht bewegt, keine Verschiebung des Schwerpunktes des Systems Boot—Wasser statt, wie eine genauere Betrachtung zeigt. In der geschilderten Fortdauer der Bewegung liegt also kein Widerspruch gegen den Schwerpunktsatz.

Sehr große und plötzliche Änderungen der Bewegungsgröße finden beim Ab-schuß und der Detonation von Geschossen statt. Daher liefert die Ballistik beson-ders eindrucksvolle Beispiele für die hier behandelten Sätze. Ein Geschoß, das keine Luftreibung erfahren würde, beschriebe eine parabolische Bahn (§ 28). Wenn es im Fluge platzt (Schrapnell), so geschieht es durch innere Kräfte, die Druckkräfte der Explosionsgase. Daher erfolgt die weitere Bewegung des Schwerpunktes der auseinanderfliegenden Sprengstücke so, als wirke an ihm, genau wie beim unversehrten Geschoß, die Summe der Schwerkräfte sämtlicher Sprengstücke. Er beschreibt also seine alte Bahn weiter, als sei nichts geschehen. Wäre das Geschoß in Ruhe geplatzt, so wären seine Sprengstücke im Durch-schnitt gleichmäßig nach allen Richtungen geflogen. Dem überlagert sich beim Platzen des bewegten Geschosses die Geschwindigkeit des seine parabolische Bahn ungestört fortsetzenden Schwerpunktes. Die Sprengstücke werden daher in der Hauptsache in Gestalt einer die Schwerpunktsbahn einhüllenden Garbe fort-geschleudert. Infolge der Luftreibung liegen die Verhältnisse in Wirklichkeit ein wenig anders. Die Summe der an den Sprengstücken angreifenden Luftreibungs-kräfte ist größer als die Reibung am unversehrten Geschoß. Es treten also nach dem Platzen neue äußere Kräfte hinzu. Daher bildet die Bahn des Schwerpunktes nach dem Platzen nicht die analytische Fortsetzung der ursprünglichen Geschoß-bahn, sondern ist stärker nach unten gekrümmt, und die durchschnittliche Schuß-weite der Sprengstücke ist geringer als es die des unversehrten Geschosses ge-wesen wäre.

Das Abfeuern eines Geschosses erfolgt durch innere Kräfte im System Ge-schütz-Geschoß, die Druckkräfte der Explosionsgase. Erhält das Geschoß einen Impuls $m_1 v_1$, so erhält das Geschütz einen entgegengesetzt gerichteten Impuls $m_2 v_2 = - m_1 v_1$ von gleichem Betrage, den jedem Gewehrschützen und jedem Artilleristen wohlbekannten *Rückstoß*.

Die Raketen erhalten ihren Antrieb durch den Rückstoß der an ihrer Rück-seite austretenden Verbrennungsgase, die zwar keine sehr große Masse, aber in-folge ihrer hohen Ausströmungsgeschwindigkeit einen beträchtlichen Impuls haben.

21. Arbeit. Wenn ein Körper *mit konstanter Geschwindigkeit verschoben* werden soll, muß die Resultierende aller etwa an ihm angreifenden Kräfte verschwinden.

Dann genügt ein beliebig kleiner Anstoß, um ihn in unbeschleunigte Bewegung zu versetzen; er verhält sich wie ein kräftefreier, dem Trägheitssatz folgender Körper. Es ist also nötig, vor Einleitung der Verschiebung alle bereits an dem Körper angreifenden Kräfte, z.B. die Schwerkraft, durch ebenso große Gegenkräfte aufzuheben. Ist unter den Kräften auch eine während der Verschiebung *dauernd* wirkende Zwangskraft, so hebt sie die zu ihr antiparallelen Komponenten aller weiteren Kräfte auf (§14), und nur die zu ihr senkrechten Komponenten müssen noch durch besondere Maßnahmen aufgehoben werden. Wir betrachten zunächst zwei einfache Grenzfälle.

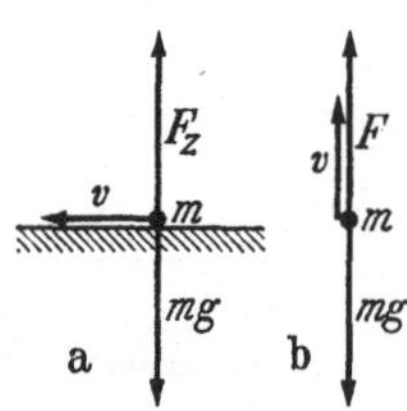

Abb. 31. Verschiebung eines Körpers, a senkrecht, b parallel zur Wirkungslinie zweier an ihm angreifender, einander aufhebender Kräfte

Wir denken uns einen Körper auf einer horizontalen Ebene befindlich, auf der er sich reibungslos verschieben läßt (Abb. 31a). Die an ihm angreifende Schwerkraft mg wird durch die Zwangskraft $F_z = -mg$ in der Ebene aufgehoben, so daß die Summe der an ihm angreifenden Kräfte verschwindet. Wir können ihn in irgendeiner Richtung längs der Ebene verschieben, wenn wir ihm einen Anstoß in dieser Richtung geben, der beliebig schwach sein kann, da es uns hier nicht auf die Geschwindigkeit der Verschiebung ankommt, die wir uns also als beliebig langsam erfolgend denken können. In dieser Richtung bewegt sich der Körper nunmehr ohne jedes Zutun geradlinig und gleichförmig weiter. Wenn die gewünschte Verschiebung eingetreten ist, können wir ihn durch einen entsprechenden Gegenstoß wieder zur Ruhe bringen. Hier handelt es sich also um eine Verschiebung *senkrecht zur Wirkungslinie der an dem Körper angreifenden Kräfte* (Schwerkraft und Zwangskraft).

Nunmehr wollen wir einen Körper gegen die Richtung der Schwerkraft senkrecht heben. Zu diesem Zweck müssen wir zunächst eine nach oben gerichtete Kraft $F = -mg$ angreifen lassen, die die Schwerkraft aufhebt (Abb. 31b). Erteilen wir dem Körper dann, z.B. durch eine winzige momentane Vergrößerung der Kraft F, einen Anstoß nach oben, der wieder beliebig schwach sein kann, so bewegt er sich geradlinig und gleichförmig aufwärts. Er erfährt eine Verschiebung gegen die Schwerkraft, *also in Richtung der Wirkungslinie der an ihm angreifenden Kräfte*, die wir wieder am gewünschten Ort unterbrechen können.

Der Unterschied zwischen den beiden gedachten Vorgängen wird sofort deutlich, wenn wir uns vorstellen, daß wir die zur Aufhebung der Schwerkraft nötige Gegenkraft mit unseren Armen selbst liefern. Den ersten Fall ändern wir so ab, daß der Körper an einem sehr langen Faden hängen soll, so daß er sich bei der gedachten Horizontalverschiebung nicht merklich hebt, wenn unsere Hand, die den Faden hält, bei der Verschiebung an ihrem Ort bleibt. Die Zwangskraft liefern dann die elastischen Spannungen im Faden. Es bedarf dann nur des kleinen Anstoßes, und im übrigen läuft der Vorgang ganz von selbst ab, ohne daß wir uns weiter daran zu beteiligen brauchten. Ob wir den Faden selbst halten oder ob wir ihn irgendwo befestigen, spielt keine Rolle. Ganz anders im zweiten Fall. Bei der Hebung gegen die Schwerkraft, überhaupt bei der Verschiebung eines Körpers gegen die Richtung jeder an ihm angreifenden Kraft, müssen wir während der ganzen Dauer der Verschiebung aktiv eingreifen, wir müssen *Arbeit verrichten*. Das war im ersten Fall nicht nötig. Zu einer Verschiebung senkrecht zur Wirkungslinie der angreifenden Kräfte ist ebensowenig eine Arbeit erforderlich wie zur beschleunigungsfreien Verschiebung eines im genauen Wortsinn kräftefreien Körpers. Wird ein Körper unter Verrichtung von Arbeit verschoben, so sagt man, daß die Arbeit *von* derjenigen Kraft verrichtet wird, in deren Richtung die Verschiebung erfolgt, und daß die Arbeit *gegen* die andere Kraft erfolgt.

Zur senkrechten Hebung eines Körpers von der Masse $2m$ gegen die Schwerkraft $2mg$ um die Höhe s ist die doppelte Arbeit erforderlich wie zur Hebung der Masse m gegen die Schwerkraft mg um die gleiche Höhe. Denn wir können uns die Masse $2m$ in zwei Massen m geteilt denken, die wir einzeln um die Höhe s heben, und das erfordert offenbar die doppelte Arbeit wie die Hebung der Masse m um die Höhe s. Die gleiche Verschiebung s erfordert also, wenn sie *gegen* die doppelte Kraft, also auch *von* der doppelten Kraft geleistet wird, die doppelte Arbeit. *Die Arbeit ist also der Kraft proportional*, von der bzw. gegen die sie verrichtet wird.

Die senkrechte Hebung eines Körpers von der Masse m um die Höhe $2s$ erfordert die doppelte Arbeit wie die Hebung eines Körpers von der gleichen Masse um die Höhe s, denn sie setzt sich aus zwei Hebungen um je die Höhe s zusammen. *Die Arbeit ist also auch der Länge des Verschiebungsweges proportional.*

Man *definiert* deshalb die Arbeit W als das Produkt aus dem Betrag F der aufzuwendenden Kraft und dem Weg s, längs dessen die Kraft den Körper verschiebt:

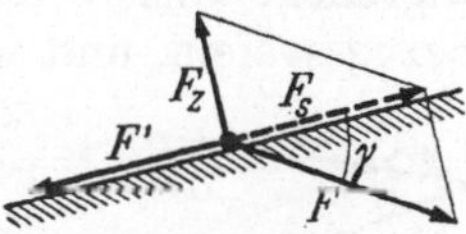

Abb. 32. Verschiebung bei gleichzeitiger Wirkung einer Zwangskraft

$$\text{Arbeit} = \text{Kraft} \cdot \text{Weg}. \tag{21.1}$$

Sofern auf einen Körper außer anderen Kräften auch eine Zwangskraft wirkt, ist diese natürlich bei der Berechnung der verrichteten Arbeit mit zu berücksichtigen, wie schon im Fall der Abb. 31a. Zwangskräfte treten immer auf, wenn die Bewegungsmöglichkeiten des Körpers durch irgendwelche äußeren Bedingungen eingeschränkt sind, z.B. wenn er sich nur längs einer bestimmten festen Fläche bewegen kann. An einem Körper, der nur längs einer Ebene verschiebbar ist (Abb. 32), greife eine unter dem Winkel γ gegen die Ebene gerichtete Kraft $\boldsymbol{F}$ (Betrag F) an. Nach (14.1) ruft sie in der Ebene eine zu dieser senkrechte Zwangskraft $\boldsymbol{F}_z$ vom Betrage $F_z = F \sin \gamma$ hervor, die stets so beschaffen ist, daß die Resultierende $\boldsymbol{F}_s$ von $\boldsymbol{F}$ und $\boldsymbol{F}_z$ zur Ebene parallel ist und den Betrag $F_s = F \cos \gamma$ hat. Diese kann den Körper längs der Ebene gegen eine gleich große, entgegengesetzt gerichtete Kraft $\boldsymbol{F}' = -\boldsymbol{F}_s$ verschieben (Abb. 32) und verrichtet dann längs eines Verschiebungsweges s die Arbeit $W = F_s s = F s \cos \gamma$.

Ist die Richtung des Verschiebungsvektors oder die Kraft eine Funktion des Ortes, so muß statt dessen differentiell geschrieben werden $dW = F \, dr \cos \gamma$. Gemäß (6.1) ist das das skalare Produkt aus dem Kraftvektor $\boldsymbol{F}$ und dem vektoriellen Bahnelement $d\boldsymbol{r}$ (Betrag ds), also

$$dW = F \, ds \cos \gamma = \boldsymbol{F} \, d\boldsymbol{r}. \tag{21.2}$$

Genauer als in (21.1) muß es also heißen

Arbeit dW = Kraftkomponente $F \cos \gamma$ in der Wegrichtung $\times$ Weg ds

oder, nur anders ausgedrückt,

Arbeit dW = Kraft F $\times$ Wegkomponente $ds \cos \gamma$ in der Kraftrichtung.

Das wesentliche Merkmal einer Arbeit ist, daß sie von einer Kraft verrichtet wird, die an einem Körper angreift, der sich während der Dauer dieser Einwirkung *bewegt*. Bisher haben wir den Fall der reinen *Verschiebungsarbeit* behandelt, bei der diese Bewegung unter gleichzeitiger Wirkung einer der verschiebenden Kraft an Betrag gleichen, aber ihr entgegengerichteten Kraft erfolgt. Von der Seite der arbeitenden Kraft her betrachtet besteht aber kein Unterschied, wenn sie an einem Körper angreift, auf den keine solche Gegenkraft wirkt. Der Körper wird

3*

dann eine *beschleunigte* Bewegung ausführen, und wenn er einen bestimmten Weg zurückgelegt hat, so hat die Kraft — wie bei der reinen Verschiebung — längs dieses Weges an ihm gewirkt. Sie hat also genau das gleiche getan wie bei einer Verschiebung gegen eine Gegenkraft. Nur ist hier ihre Wirkung auf Grund anderer Bedingungen eine andere. Man wird daher auch in diesem Falle sagen müssen, daß die Kraft an dem Körper Arbeit verrichtet hat, und zwar, ihrer Wirkung entsprechend, *Beschleunigungsarbeit*. In der Tat bedarf es ja genau so gut einer Anstrengung, d.h. einer Arbeit, wenn wir einen Körper, auf den keine entgegengerichtete Kraft wirkt, in beschleunigte Bewegung versetzen, wie wenn wir ihn gegen eine Kraft unbeschleunigt verschieben. Wenn wir einen Stein horizontal schleudern, so muß unsere Muskelkraft längs eines bestimmten Weges an ihm angreifen. Unsere den Stein beschleunigende Hand ist ein mitbeschleunigtes Bezugssystem, und in diesem tritt an dem beschleunigten Körper eine der Beschleunigung, also auch der beschleunigenden Kraft entgegengerichtete Trägheitskraft auf (§ 17). In diesem Sinne ist eine Beschleunigungsarbeit eine Verschiebungsarbeit gegen die Trägheitskraft.

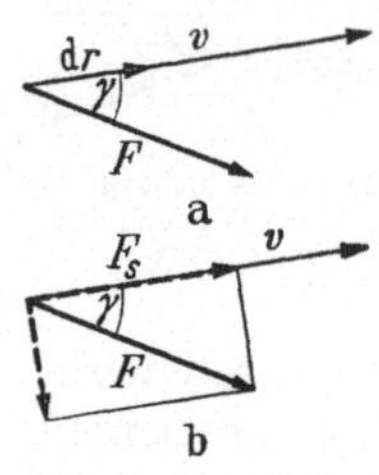

Abb. 33. Zur Wirkung einer Kraft auf einen frei beweglichen Körper

Bei einem frei beweglichen Körper hat im allgemeinen die Kraft F nicht die gleiche Richtung wie die Verschiebung dr (Abb. 33a), d.h. wie die momentane Geschwindigkeit v. Bewegt sich der Körper in der Zeit dt um das Bahnelement dr, so ist nur die in der Richtung von v liegende Komponente F_s der Kraft F an der Arbeit beteiligt (Abb. 33b). Das gleiche gilt, wenn ein Körper, der sich nur längs einer festen Fläche bewegen kann, durch eine schräg zur Fläche gerichtete Kraft beschleunigt wird (Abb. 32). (21.2) gilt also auch im Falle der reinen Beschleunigungsarbeit.

Bewegt sich ein Körper so, daß Kraft und Geschwindigkeit einen stumpfen Winkel miteinander bilden [cos γ negativ, (21.2)], so ist auch die Arbeit negativ. Die Kraft verrichtet dann an dem Körper negative Beschleunigungsarbeit, d.h. sie verlangsamt seine Bewegung. Das ist z.B. der Fall, wenn ein geworfener Körper entgegen der Schwerkraft senkrecht nach oben steigt (cos $\gamma = -1$). Dann verrichtet die Schwerkraft an dem steigenden Körper negative Beschleunigungsarbeit. Man kann aber auch die der Schwerkraft entgegen, also nach oben gerichtete Trägheitskraft des Körpers als die Kraft auffassen, die an dem Körper positive Verschiebungs-(Hebungs-) Arbeit gegen die Schwerkraft verrichtet. Denn daß sich ein sonst kräftefreier, bewegter Körper entgegen der Schwerkraft zu heben vermag, ist ausschließlich eine Folge seiner Trägheit.

Auch die Reibung bewegter Körper an ihrer Umgebung hat einen Einfluß auf die an ihnen verrichtete Arbeit. Sie liefert stets eine der Bewegung entgegengerichtete Kraft, gegen die Arbeit verrichtet werden muß, wenn die Bewegung des Körpers andauern soll. In einer sehr großen Zahl von praktisch besonders wichtigen Fällen besteht die verrichtete Arbeit sogar überwiegend in Verschiebungsarbeit gegen die Reibung. Sämtliche Transportmittel bedürften auf ebener Bahn eines Aufwandes an Arbeit nur beim Anfahren, also zu ihrer Beschleunigung, wenn sie keiner Reibung unterlägen. Beim Bremsen verrichtet die Reibung an den Bremsbacken negative Beschleunigungsarbeit gegen die Trägheitskraft.

Man beachte, daß der physikalische Begriff der Arbeit enger gefaßt ist als im täglichen Sprachgebrauch. Im physikalischen Sinne wird eine Arbeit nur dann verrichtet, wenn ein Körper verschoben wird. Das unbewegte Tragen eines Körpers, das wir im täglichen Leben auch als eine Arbeit bezeichnen (und durchaus als eine solche empfinden), ist mit einer mechanischen Arbeit nicht verbunden. Daß wir es doch als eine Arbeit empfinden, beruht darauf, daß schon bei der dauernden Muskelanspannung, die das Tragen erfordert, im Körper physiologisch-chemische Vorgänge ablaufen, die mit einem Aufwand an chemischer Energie (§ 133) verbunden und von gleicher Art sind wie diejenigen, die bei mechanischer Arbeit der Muskeln ablaufen.

Nach (21.2) ist die *Einheit der Arbeit* im CGS-System 1 dyn cm = 1 *erg*, im MKS-System 1 N m = 1 *Joule*[1] (J) = 10^7 erg, im Technischen Einheitensystem 1 kpm = 1 *Kilopondmeter* (die Bezeichnung Meterkilogramm ist falsch) = 9,81 J. 1 Joule wird auch als *Wattsekunde* (Ws) bezeichnet (§ 22). Die Elektrotechnik benutzt auch die Einheiten 1 *Kilowattstunde* (kWh) = 1000 · 60 · 60 J = 3,6 · 10^6 J und 10^3 kWh = 1 MWh. Weitere Arbeitseinheiten werden wir in der Wärmelehre und in der Atom- und Kernphysik kennenlernen.

Wir haben bisher nur von der Arbeit gesprochen, die verrichtet wird, wenn ein Körper drehungsfrei beschleunigt oder gegen eine Kraft verschoben wird. Natürlich wird auch bei einer beschleunigten Drehbewegung eines Körpers Arbeit verrichtet, die sich als die Summe der an den einzelnen Massenelementen des Körpers verrichteten Arbeiten ergibt, indem man (21.2) auf jedes Massenelement einzeln anwendet und über den ganzen Körper summiert. Ferner wird Arbeit auch dann verrichtet, wenn das Volumen eines Körpers, bei festen Körpern auch dann, wenn ihre Gestalt durch eine Kraft geändert wird. In diesen Fällen erfolgt die Arbeitsverrichtung gegen die elastischen oder plastischen Kräfte des Körpers. Stets sind mit einer solchen Arbeit Verschiebungen der Massenelemente des Körpers gegeneinander verbunden, und man kann die Arbeit aus diesen Verschiebungen und der dafür erforderlichen Kraft berechnen.

22. Leistung. Wird an einem Körper von einer Kraft in gleichen Zeiten ständig die gleiche Arbeit verrichtet, also in der endlichen Zeit Δt die endliche Arbeit ΔW, so heißt der Quotient $P = \Delta W / \Delta t$ die *Leistung* der Kraft. Ist die in gleichen Zeiten verrichtete Arbeit nicht konstant, so wird die *Momentanleistung* in einem bestimmten Zeitpunkt durch den Grenzwert (Differentialquotienten)

$$P = \lim_{\Delta t \to 0} \frac{\Delta W}{\Delta t} = \frac{dW}{dt} \tag{22.1}$$

definiert, den man erhält, wenn man die Zeitspanne Δt beliebig klein werden läßt. In der endlichen Zeitspanne t wird also die Arbeit

$$W = \int_0^t P \, dt \tag{22.2}$$

verrichtet. Die *mittlere* oder *durchschnittliche Leistung* während der Zeit t beträgt dann

$$\overline{P} = \frac{1}{t} \int_0^t P \, dt = \frac{W}{t}. \tag{22.3}$$

Wird ein Körper durch eine konstante Kraft $\boldsymbol{F}$ mit der konstanten Geschwindigkeit $\boldsymbol{v} = d\boldsymbol{r}/dt$ gegen eine ebenso große Gegenkraft verschoben, so beträgt die Leistung nach (21.2) und (22.1)

$$P = \frac{d}{dt} \int \boldsymbol{F} \, d\boldsymbol{r} = \frac{d}{dt} \int \boldsymbol{F} \frac{d\boldsymbol{r}}{dt} \, dt = \frac{d}{dt} \int \boldsymbol{F} \boldsymbol{v} \, dt = \boldsymbol{F} \boldsymbol{v} = F \, v \cos \gamma, \tag{22.4}$$

wenn die Richtungen von $\boldsymbol{F}$ und $\boldsymbol{v}$ den Winkel γ einschließen. Sind $\boldsymbol{F}$ und $\boldsymbol{v}$ gleich gerichtet, so ist $P = \boldsymbol{F} \boldsymbol{v} = F v$.

---

[1] JAMES PRESCOTT JOULE, 1818—1889.

Die *Einheit der Leistung* ist im CGS-System 1 erg s⁻¹, im MKS-System 1 J s⁻¹ = 1 *Watt*[1] (W), im Technischen Einheitensystem 1 kp ms⁻¹ = 9,81 W. Die Elektrotechnik benutzt die Einheit 1 Kilowatt (kW) = 10^3 W oder 1 Megawatt (MW) = 10^6 W, die übrige Maschinentechnik ziemlich allgemein noch die Einheit 1 *Pferdestärke*, 1 PS = 75 kp ms⁻¹ = 0,7355 kW.

23. Energie. Der Erhaltungssatz der Energie. Ein Körper, an dem Arbeit verrichtet wird, erfährt durch diesen Vorgang eine Zustandsänderung, die ihn befähigt, seinerseits einen bestimmten Betrag an Arbeit zu verrichten, d.h. unter Rückgängigmachung der Zustandsänderung eine Arbeitsleistung an anderen Körpern zu verursachen. Ist z.B. an einem Körper durch Hebung von einem tieferen auf ein höheres Niveau Verschiebungsarbeit gegen die Schwerkraft verrichtet worden, so kann er, während er selbst wieder herabsinkt, an einem anderen, in geeigneter Weise mit ihm verbundenen Körper Hebungsarbeit gegen die Schwerkraft verrichten. Oder er kann, indem er frei herabfällt, durch Stoß gegen einen anderen Körper an diesem Verschiebungs- oder Beschleunigungsarbeit oder irgendeine andere Art von Arbeit (Gestaltsänderung, Zertrümmerung usw.) verrichten. Das durch die atmosphärischen Vorgänge in die Gebirgshöhen gehobene Wasser kann beim Herabfallen Arbeit verrichten, indem es Wasserräder, Turbinen usw. treibt. Ebenso hat ein Körper, an dem Beschleunigungsarbeit verrichtet wurde, infolge der erlangten Geschwindigkeit die Fähigkeit, Arbeit zu verrichten, z.B. durch Stoß gegen einen anderen Körper oder wie der Wind an den Windrädern. In allen Fällen ist mit einer solchen Arbeit ein Verlust an der vorher durch Verschiebung oder Beschleunigung gewonnenen Arbeitsfähigkeit verbunden.

In einem Körper, an dem Verschiebungs- oder Beschleunigungsarbeit verrichtet wurde, ist also ein vom Betrage dieser Arbeit abhängiger Vorrat an Arbeit aufgespeichert. Man nennt ihn die *Energie* des Körpers, und diese ist — als gespeicherte Arbeit — mit dieser gleichartig. Je nachdem die Energie eines Körpers auf seiner Lage oder seiner Geschwindigkeit beruht, bezeichnet man sie als *Energie der Lage oder potentielle Energie* oder als *Energie der Bewegung oder kinetische Energie*.

Wir beschränken uns im folgenden auf rein mechanische Vorgänge, bei denen nur wechselseitige Umwandlungen von potentieller und kinetischer Energie vorkommen. Dann liefert die *Erfahrung* das folgende fundamentale Gesetz: *Ist durch Verrichtung von Arbeit an einem Körper in diesem potentielle oder kinetische Energie aufgespeichert, so kann die Arbeit bei Umkehrung des Vorganges restlos wiedergewonnen werden.* Es geht also bei einer Speicherung von mechanischer Arbeit nichts von ihr verloren; aber sie wird auch nicht vermehrt. Mechanische Arbeit oder Energie kann nur ihre Form und ihren Träger wechseln. Es kann potentielle oder kinetische Energie von Teilen eines Körpersystems auf andere Teile übergehen; aber die Gesamtenergie des Systems ändert sich dabei nicht. Man nennt dieses — zunächst auf rein mechanische Vorgänge beschränkte — Gesetz oft kurz den *Energiesatz*[2].

Die Tatsache, daß bei rein mechanischen Vorgängen Energie weder verlorengehen noch entstehen kann, ist im Rahmen unserer Betrachtungen eine *ganz neue Erfahrung.* Neben das *Erhaltungsgesetz der Bewegungsgröße* (§ 18) tritt also als ein

---

[1] JAMES WATT (1736—1819).

[2] Der Energiesatz wurde bereits von GALILEO GALILEI (1564—1642) bei seinen Versuchen über den Fall mehr oder weniger intuitiv erkannt. Seine Erstreckung auf den ganzen Bereich der Mechanik verdankt er vor allem CHRISTIAN HUYGENS (1629—1695), GOTTFRIED WILHELM VON LEIBNIZ (1646—1716), JOHANN BERNOULLI (1667—1748) und LEONHARD EULER (1707—1783). Der Begriff „Arbeit" stammt von JEAN VICTOR PONCELET (1788—1867), der Begriff „Energie" von THOMAS YOUNG (1773—1829).

weiteres Grundgesetz der Dynamik das Erhaltungsgesetz der Energie. Weitere *unabhängige* Erfahrungen werden uns in der Dynamik nicht mehr begegnen. *Demnach gründet sich der gesamte Bau der Dynamik auf zwei Grundgesetze, das Wechselwirkungsgesetz bzw. den Erhaltungssatz der Bewegungsgröße und den Erhaltungssatz der mechanischen Energie.* (Vgl. WESTPHAL, Deine tägliche Physik, S. 22. Ullstein-Buch Nr. 4000.)

Systeme, innerhalb derer keine anderen Energieumwandlungen stattfinden als Umwandlungen von kinetischer in potentieller Energie und umgekehrt, nennt man *konservative Systeme,* solche in denen auch Umwandlungen in andere Energieformen vorkommen, *dissipative Systeme.*

Da Energie Arbeitsfähigkeit, also latente, aufgespeicherte Arbeit ist, so messen wir sie in den gleichen Einheiten wie die Arbeit (§ 21). Man muß indessen zwischen Energie und Arbeit begrifflich unterscheiden. Energie beschreibt einen Zustand, Arbeit ist ein zeitlich ablaufender Vorgang.

Man berechnet demnach die Energie eines Körpers in einem bestimmten Zustand aus der Arbeit, die notwendig ist, um ihn in diesen Zustand zu versetzen. Die kinetische Energie eines relativ zu einem Inertialsystem (§§ 15, 16) ruhenden Körpers ist $E_k = m v^2/2 = 0$; für die potentielle Energie hingegen gibt es keinen solchen natürlichen Nullpunkt. Wir können ihn — wie z.B. den Nullpunkt der Ortskoordinaten eines Körpers — nach Belieben wählen und werden das jeweils nach Gründen der Zweckmäßigkeit tun. Kommt — wie sehr oft — die Schwerkraft als Ursache der potentiellen Energie in Frage, so kann man z.B. den Nullpunkt der potentiellen Energie in die Erdoberfläche oder das Meeresniveau verlegen. Oft ist es zweckmäßig, die potentielle Energie des Körpers im Ursprung des gewählten Koordinatensystems gleich Null zu setzen. Demnach kann die potentielle Energie eines Körpers sowohl positiv als auch negativ sein, denn er kann ja z.B. unter dem Meeresniveau liegen. Die Wahl des Nullniveaus der potentiellen Energie ist physikalisch belanglos, da in die Gleichungen, die die Naturvorgänge beschreiben, stets nur Änderungen der potentiellen Energie, also ihre Differenzen bei verschiedenen Zuständen eingehen.

Die *potentielle Energie E_p* eines Körpers ist hiernach durch (21.2) definiert. Schreiben wir ihm, bevor an ihm die Verschiebungsarbeit $W = \int \boldsymbol{F}\, d\boldsymbol{r}$ verrichtet wurde, die potentielle Energie E_{p0} zu, so hat er, nachdem diese Arbeit an ihm verrichtet wurde, die potentielle Energie

$$E_p = E_{p0} + W = E_{p0} + \int \boldsymbol{F}\, d\boldsymbol{r}. \tag{23.1}$$

Wird z.B. ein Körper von der Masse m um die Höhe h gegen die Schwerkraft gehoben, so ist der Betrag der dazu nötigen Kraft gleich seinem Gewicht mg, und seine potentielle Energie in der Höhe h beträgt $E_p = E_{p0} + mgh$, oder wenn wir seine Anfangsenergie $E_{p0} = 0$ setzen, $E_p = mgh$.

Wir berechnen nunmehr die *kinetische Energie E_k* eines Körpers aus der Arbeit, die nötig ist, um ihm aus der Ruhe eine Geschwindigkeit $v = d\boldsymbol{r}/dt$ zu erteilen. Zur Zeit $t = 0$ ruhe der Körper ($v = 0$). Nunmehr greife eine Kraft $\boldsymbol{F}$ an ihm an und erteile ihm eine Beschleunigung $\boldsymbol{a}$, so daß $\boldsymbol{F} = m\boldsymbol{a} = m\, d\boldsymbol{v}/dt$. Wir beachten ferner, daß das Wegelement $d\boldsymbol{r} = \boldsymbol{v}\, dt$ ist. Dann ergibt sich für die kinetische Energie des Körpers bei der Geschwindigkeit v (Betrag v)

$$E_k = W = \int \boldsymbol{F}\, d\boldsymbol{r} = m \int \frac{d\boldsymbol{v}}{dt}\, d\boldsymbol{r} = m \int \boldsymbol{v}\, d\boldsymbol{v} = \frac{1}{2}\, m v^2 = \frac{1}{2}\, m v^2. \tag{23.2}$$

Ebenso wie v ist die kinetische Energie von der Wahl des Inertialsystems abhängig (§ 16).

Im Jahre 1840 begann eine *neue Epoche der Physik*, als der Arzt ROBERT MAYER[1] auf Grund physiologischer Beobachtungen zu der Erkenntnis kam, daß auch *die Wärme eine Energieform* und in den Energiesatz einzubeziehen sei, während sie bis dahin meist als ein unwägbarer Stoff (Phlogiston) angesehen wurde. Dann erkannten 1843 JOULE (von Beruf Bierbrauer) und 1846 HELMHOLTZ[2] (ursprünglich ebenfalls Arzt) unabhängig von MAYER und voneinander, daß man *auf allen Gebieten der Physik Größen von der Art der Energie definieren* kann, z. B. elektrische und chemische Energie. Alle diese Energieformen können weder aus nichts entstehen noch ohne Ausgleich verschwinden. Sie können nur aus einer Form in eine andere übergehen; aber die Gesamtenergie eines abgeschlossenen, von allen Wechselwirkungen mit seiner Umgebung freien Systems kann sich — unbeschadet aller Wechselwirkungen zwischen seinen Teilen — nicht ändern. Das kann nur durch Energiezufuhr von außen oder Energieabgabe nach außen geschehen. Dieser die gesamte Physik beherrschende allgemeine *Erhaltungssatz der Energie* heißt das *Energieprinzip*. Da das Weltall nicht unendlich ausgedehnt, also ein abgeschlossenes System ist, so folgt: *Der Energievorrat des Weltalls ist unveränderlich.*

Durch die im Energieprinzip niedergelegte und immer wieder bestätigte Erkenntnis ist ein uralter Traum der Menschheit gegenstandslos geworden, nämlich der Wunsch, ein *„perpetuum mobile"* zu ersinnen. Darunter versteht man nicht, wie der Name eigentlich besagt, eine Vorrichtung, die ohne äußeren Antrieb in ständiger Bewegung bleibt. Das ist bei völliger Ausschaltung der Reibung durchaus möglich und kein Widerspruch gegen das Energieprinzip. Ein Beispiel ist die ständige Bewegung der Planeten um die Sonne. Man versteht unter einem perpetuum mobile vielmehr eine Vorrichtung, die ohne Energiezufuhr von außen, also ohne daß an ihr Arbeit verrichtet wird und ohne eine andere als höchstens eine periodische Zustandsänderung zu erfahren, dauernd Arbeit verrichtet, also Energie aus nichts erzeugt, eine unerschöpfliche Energiequelle bildet. Das ist nach dem Energieprinzip nicht möglich, und die oft überaus kunstvollen Vorrichtungen, die zu diesem Zweck ersonnen wurden und von unbelehrbaren Erfindern auch heute noch ersonnen werden, sind völlig wertlos. (Vgl. WESTPHAL, Deine tägliche Physik, Ullstein-Buch Nr. 4000).

Wir wollen noch zwei mechanische Beispiele für den Energiesatz geben. Auf einer schiefen Ebene (Abb. 34) befinde sich ein Körper von der Masse m, der durch eine Schnur über eine Rolle mit einem zweiten Körper von der Masse m' verbunden ist, die vom oberen Ende der schiefen Ebene über eine Rolle frei herabhängt. Die Massen sind so bemessen, daß Gleichgewicht besteht. Das Gewicht $m'g$ des Körpers von der Masse m' ist also gleich der zur schiefen Ebene parallelen Komponente $m g \cos \gamma$ des Gewichtes des Körpers von der Masse m, und daher $m' = m \cos \gamma$. Nunmehr erhalte der hängende Körper einen kleinen Anstoß nach unten und sinke um die Strecke Δs. Dann verschiebt sich der andere Körper um die Strecke Δs längs der Ebene schräg nach oben. Die potentiellen Energien der Körper seien vor der Verschiebung E_{p0} und E'_{p0}. Infolge der Verschiebung wird die potentielle Energie des hängenden Körpers um den Betrag $m'g\Delta s$ vermindert, beträgt also nur noch $E'_p = E'_{p0} - m'g\Delta s$. An dem anderen Körper hat längs der Ebene die Kraft $m'g$ parallel zur Ebene gewirkt und ihn um die Strecke $\Delta s \cos \gamma$ nach oben verschoben, also an ihm die Arbeit $m g \Delta s \cos \gamma = m'g\Delta s$ verrichtet. Dem-

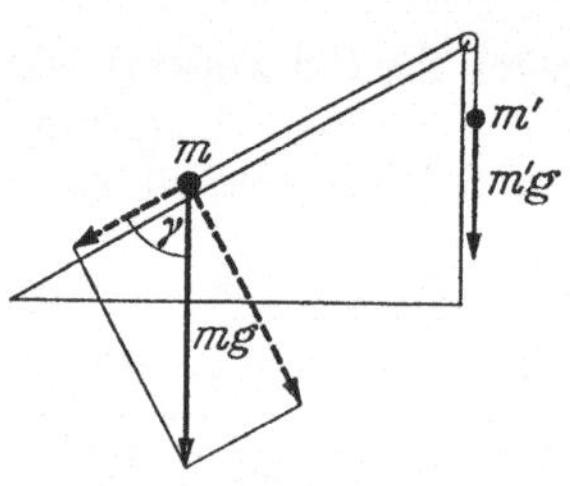

Abb. 34. Zum Energiesatz

---

[1] JULIUS ROBERT VON MAYER (1814—1878),
[2] HERMANN VON HELMHOLTZ (1821—1894).

nach ist seine potentielle Energie gewachsen und beträgt nach der Verschiebung $E_p = E_{p0} + m'\,g\,\Delta s$. Der Zuwachs einer potentiellen Energie ist also gleich der Abnahme derjenigen des anderen Körpers, und es ist $E_p + E_p' = E_{p0} + E_{p0}'$. Die Summe der potentiellen Energien der beiden Körper ist demnach konstant geblieben.

Wir betrachten zweitens einen Körper, der aus der Höhe $x = h$ frei herabfällt. In der Höhe $x = 0$ wollen wir ihm die potentielle Energie $E_p = 0$ zuschreiben. In der Höhe x beträgt sie dann $E_p = m\,g\,x$. Zur Zeit $t = 0$ werde der Körper aus der Ruhe (Anfangsgeschwindigkeit $v = 0$) frei fallen gelassen, so daß er von der Schwerkraft die Beschleunigung $dv/dt = d^2x/dt^2 = -g$ erfährt. (g muß negatives Vorzeichen haben, da die Beschleunigung in Richtung abnehmender x-Werte gerichtet ist.) Dann ergibt sich durch Integration der Betrag der Geschwindigkeit $v = dx/dt = -g\,t$ zur Zeit t und durch nochmalige Integration die Höhe $x = h - g t^2/2 = h - v^2/2g$ zur Zeit t. Wir multiplizieren mit $m g$ und erhalten

$$m g x = m g h - \tfrac{1}{2} m v^2 \qquad \text{oder} \qquad m g h = m g x + \tfrac{1}{2} m v^2.$$

$m g h$ ist die potentielle Energie des Körpers in der Höhe h. Seine kinetische Energie ist dort gleich Null. $m g x$ ist die potentielle, $m v^2/2$ die kinetische Energie des Körpers in der Höhe x. Demnach ist beim Fallen die Gesamtenergie des Körpers unverändert geblieben. Er hat nur auf Kosten seiner potentiellen Energie kinetische Energie gewonnen, es ist potentielle Energie in kinetische Energie von gleichem Betrage verwandelt worden.

Wenn wir einen Körper mit einer Anfangsgeschwindigkeit vom Betrage v_0 aus dem Niveau $x = 0$ senkrecht nach oben werfen, so ergibt eine entsprechende Wiederholung der obigen Rechnung

$$\tfrac{1}{2} m v_0^2 = m g x + \tfrac{1}{2} m v^2.$$

In diesem Falle verwandelt sich beim Aufstieg des Körpers die anfängliche kinetische Energie $m v_0^2/2$ mehr und mehr in potentielle Energie $m g x$. In der Höhe $x = v_0^2/2g$ ist die kinetische Energie vollständig verschwunden ($v = 0$). Die Bewegung kehrt sich um und verläuft weiter so, wie oben beim freien Fall beschrieben. Die Summe der kinetischen und potentiellen Energie bleibt auch in diesem Fall konstant.

24. Gleichgewichtszustände von Körpern. Ein Körper kann nie im strengen Sinne kräftefrei sein, denn jeder Körper ist Kräften unterworfen, die von den ihn umgebenden anderen Körpern ausgehen. Irdische Körper sind unter allen Umständen der Schwerkraft ausgesetzt. Daher kann sich ein Körper nur dann in Ruhe befinden, wenn die Resultierende aller an ihm angreifenden Kräfte verschwindet. Ein solcher Zustand heißt ein *Gleichgewichtszustand* (§ 13).

Im allgemeinen sind die an einem Körper angreifenden Kräfte Funktionen seiner Lage und ändern sich bei einer Lagenänderung des Körpers nach Betrag und Richtung. Daher wird ein bestehender Gleichgewichtszustand im allgemeinen gestört, wenn der Körper eine Verschiebung aus seiner Gleichgewichtslage erfährt. Die Resultierende der an ihm angreifenden Kräfte hat nunmehr einen endlichen Betrag, und sie sucht den Körper in einer bestimmten Richtung zu beschleunigen. Sehr oft tritt unter Beteiligung einer Zwangskraft ein Kräftepaar auf, das den Körper in einer bestimmten Richtung zu drehen sucht. Damit dies eintritt, genügt im allgemeinen schon eine beliebig kleine Verschiebung aus der Gleichgewichtslage. Ist die an einem ein wenig aus der Gleichgewichtslage verschobenen Körper auftretende resultierende Kraft so beschaffen, daß sie ihn wieder in die Gleichgewichtslage zurückzutreiben sucht, so heißt das Gleichgewicht *stabil*. Ist sie aber so beschaffen, daß sie ihn noch weiter von der Gleichgewichtslage zu entfernen sucht, so heißt das Gleichgewicht *labil*. In Sonderfällen kann es vorkommen, daß ein Körper sich auch bei einer Verschiebung aus der Gleichgewichtslage weiter im Gleichgewicht befindet, indem die Verschiebung keine Änderung der Kräfteverhältnisse hervorruft. Dann heißt das Gleichgewicht *indifferent*. Nur stabile Gleichgewichtslagen können Dauerzustände eines Körpers sein. Befindet sich ein Körper in einer labilen Gleichgewichtslage, so genügt die kleinste Störung, um eine ihn aus dieser forttreibende Kraft zu erzeugen, die ihn dann vollends aus ihr entfernt und in Richtung auf eine stabile Gleichgewichtslage treibt. Auch eine indifferente Gleichgewichtslage kann im strengen Sinne kein Dauerzustand eines Körpers sein. Denn jeder noch so kleine, momentane Anstoß setzt ihn in Bewegung. Bei einem in stabilem Gleichgewicht befindlichen

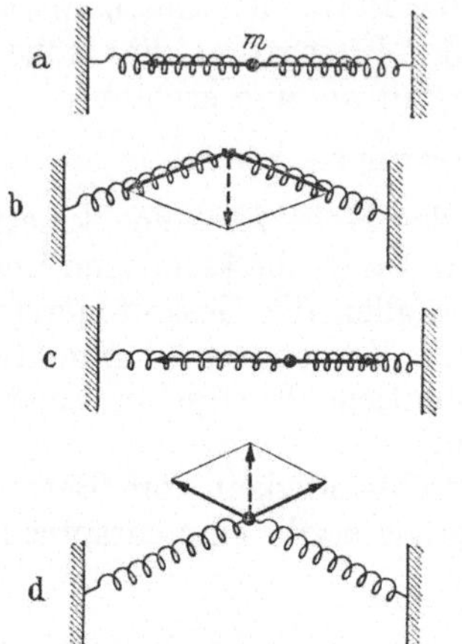

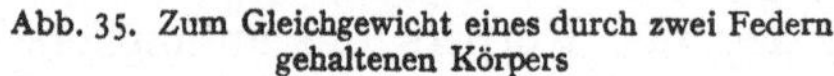

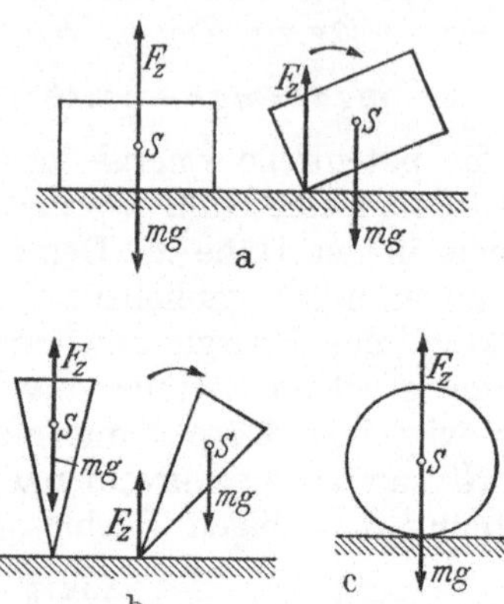

Abb. 35. Zum Gleichgewicht eines durch zwei Federn gehaltenen Körpers

Abb. 36. a stabiles, b labiles, c indifferentes Gleichgewicht

Körper aber ruft jede durch eine kleine Störung verursachte Verschiebung eine Kraft hervor, die der Störung entgegenwirkt und den ursprünglichen Zustand wieder herzustellen sucht. Wir wollen einige Beispiele betrachten.

In Abb. 35a befinde sich ein Körper m unter der Wirkung zweier gedehnter Federn in einer Gleichgewichtslage. (Von der Schwerkraft ist abgesehen.) Das Gleichgewicht ist stabil. Denkt man sich den Körper nun ein wenig nach oben verschoben (Abb. 35b), so wird dadurch die Richtung der beiden an ihm angreifenden Kräfte so geändert, daß sie nicht mehr in der gleichen Wirkungslinie liegen und eine endliche, nach unten gerichtete Resultierende haben, die den Körper wieder in seine ursprüngliche Lage zurückzutreiben sucht. Verschieben wir den Körper seitlich (Abb. 35c), so wird die Spannung der einen Feder und damit die von ihr ausgeübte Kraft vergrößert, die der anderen verkleinert, und es resultiert eine Kraft, die den Körper wiederum in seine ursprüngliche Lage zurückzutreiben sucht. Denken wir uns aber die Federn in Abb. 35a nicht gedehnt, sondern zusammengedrückt, so ist das Gleichgewicht des Körpers labil. Verschiebt man ihn auch nur ein wenig nach oben (Abb. 35d), so ändert sich die Richtung der an ihm angreifenden Kräfte so, daß ihre Resultierende nach oben weist und den Körper noch weiter aus seiner ursprünglichen Lage zu entfernen sucht.

Während in diesem Beispiel bei den gedachten Verschiebungen stets eine resultierende Einzelkraft auftritt, wird in anderen Fällen bei einer Lagenänderung eines im Gleichgewicht befindlichen Körpers ein Kräftepaar wirksam, das den Körper zu drehen sucht (§ 29), bei einer stabilen Gleichgewichtslage in diese zurück, bei einer labilen Gleichgewichtslage noch weiter aus ihr weg. Das ist

oft dann der Fall, wenn zu den an dem Körper angreifenden und das Gleichgewicht bedingenden Kräften auch Zwangskräfte gehören und wenn die Bewegungsmöglichkeiten des Körpers in Drehungen (Kippungen) bestehen. Ein
rechteckiger Klotz befindet sich auf einer horizontalen Fläche unter der Wirkung
der Schwerkraft $m\,g$ und der ihr entgegengerichteten, durch seinen Druck auf
die Fläche hervorgerufenen Zwangskraft $F_z = -\,m\,g$ im stabilen Gleichgewicht
(Abb. 36a). Drehen wir den Klotz ein wenig um eine seiner Kanten oder Ecken,
so greift die Zwangskraft nunmehr an dieser Kante oder Ecke an und bildet mit
der im Schwerpunkt S angreifenden Schwerkraft ein Kräftepaar, das den Körper
in seine ursprüngliche Lage zurückzutreiben sucht. Hingegen ist ein auf seiner
Spitze stehender Kegel im labilen Gleichgewicht (Abb. 36b). Denn bei jeder
Drehung um seine Spitze bilden die Schwerkraft und die in der Spitze angreifende
Zwangskraft ein Kräftepaar, das den Kegel noch weiter aus der Gleichgewichtslage zu entfernen sucht. Eine auf einer ebenen horizontalen Fläche ruhende
homogene Kugel ist in indifferentem Gleichgewicht (Abb. 36c). Ein Körper, der
in einem senkrecht über seinem Schwerpunkt S liegenden Punkt A drehbar aufgehängt ist, ist im stabilen Gleichgewicht (Abb. 37). Denn wenn er ein wenig um
den Punkt A gedreht wird, sucht ihn das aus der Schwerkraft und der im Aufhängepunkt auftretenden Zwangskraft bestehende Kräftepaar wieder in seine
alte Lage zurückzudrehen.

Da bei jeder Verschiebung eines Körpers aus einer stabilen Gleichgewichtslage eine zurücktreibende Kraft auftritt, so ist eine Verschiebungsarbeit gegen
diese Kraft erforderlich, um eine solche Verschiebung zu bewirken. Wird aber
an einem Körper Verschiebungsarbeit gegen eine Kraft verrichtet, so wächst
seine potentielle Energie um den Betrag dieser Arbeit. Eine *stabile Gleichgewichtslage* ist also vor allen ihr unmittelbar benachbarten Lagen dadurch ausgezeichnet,
daß der Körper in ihr ein — zumindest relatives — *Minimum der potentiellen
Energie* besitzt. Ist ein Körper aus einer labilen Gleichgewichtslage ein wenig
verschoben, so unterliegt er der Wirkung einer von ihr fort gerichteten Kraft.
Es ist also Verschiebungsarbeit gegen diese Kraft erforderlich, um ihn wieder
in die ursprüngliche Lage zurückzubringen. Dabei wächst die potentielle Energie
des Körpers, d.h. sie ist um so größer, je näher er der labilen Gleichgewichtslage ist. Eine *labile Gleichgewichtslage* ist also vor allen ihr unmittelbar benachbarten Lagen dadurch ausgezeichnet, daß der Körper in ihr ein — zumindest
relatives — *Maximum der potentiellen Energie* besitzt. Bei einer *indifferenten
Gleichgewichtslage*, z.B. bei einer homogenen Kugel auf einer horizontalen Ebene,
ändern sich die Kräfteverhältnisse auch bei einer endlichen
Verschiebung nicht. Zu einer solchen Verschiebung bedarf
es keiner Arbeit; die potentielle Energie ist in jeder Lage
die gleiche.

Diese Gleichgewichtsbedingungen sind aus den Abb. 36a, b
und c ohne weiteres abzulesen. Die stabile Gleichgewichtslage
des Klotzes (Abb. 36a) ist dadurch ausgezeichnet, daß in ihr
der Schwerpunkt eine tiefere Lage hat als in jeder benachbarten Lage, in die der Klotz durch eine Drehung um eine
Kante oder Ecke übergehen kann. Mit jeder möglichen Lagenänderung ist eine Hebung des Schwerpunktes, also eine Vermehrung der potentiellen Energie verbunden. Ebenso im Fall
der Abb. 37. Im Fall des labilen Gleichgewichts der Abb. 36b

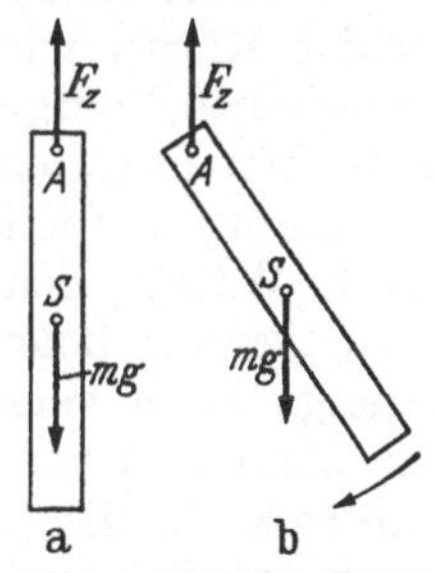

Abb. 37. Stabiles Gleichgewicht eines hängenden
Körpers

aber ist mit jeder Drehung des Kegels um seine Spitze eine Senkung des Schwerpunktes, also eine Verminderung der potentiellen Energie verbunden. Bei der Kugel
der Abb. 36c schließlich ändert der Schwerpunkt seine Höhenlage bei einer Roll-

bewegung nicht. Sofern es sich also um einen Körper handelt, der entgegen der Schwerkraft durch eine Zwangskraft ins Gleichgewicht gebracht ist, kann die Art des Gleichgewichts aus der Änderung der Höhenlage des Schwerpunkts ermittelt werden, die bei einer mit den vorgegebenen Bedingungen verträglichen Lagenänderung des Körpers eintritt. Das allgemeine, für *alle* Fälle gültige Gleichgewichtskennzeichen aber ist die Änderung der potentiellen Energie E_p bei einer gedachten beliebig kleinen Lagenänderung. Da sie bei Gleichgewicht ein Extremum — ein Minimum oder ein Maximum — ist, so gilt, wenn ds eine beliebig kleine, mit den gegebenen Bedingungen verträgliche Verschiebung aus der Gleichgewichtslage und E_p eine stetige Funktion des Ortes ist, die Bedingung für einen Extremwert $dE_p/ds = 0$, und es ist $d^2E_p/ds \gtrless 0$, je nachdem es sich um ein stabiles ($>$), ein indifferentes ($=$) oder ein labiles ($<$) Gleichgewicht handelt.

In vielen Fällen hat ein Körper unter gegebenen Bedingungen mehrere stabile und labile Gleichgewichtslagen. Ein auf einer horizontalen Fläche befindlicher rechteckiger Klotz hat 6 stabile Gleichgewichtslagen, entsprechend der Zahl seiner Flächen, und $8 + 12 = 20$ labile Gleichgewichtslagen, entsprechend der Zahl seiner Ecken und Kanten. Ein Fadenpendel hat nur eine einzige stabile, keine labile Gleichgewichtslage, der in A aufgehängte Körper der Abb. 37 außer seiner einen stabilen noch eine labile Gleichgewichtslage, bei der sein Schwerpunkt senkrecht über A liegt. Ein Übergang von einer stabilen Gleichgewichtslage in eine andere führt immer über eine labile Gleichgewichtslage.

Ist bei einem in einer stabilen Gleichgewichtslage befindlichen Körper nur eine sehr kleine Arbeit nötig, um ihn in eine nahe benachbarte labile Gleichgewichtslage zu überführen, so ist jene Lage einer labilen Lage ähnlich. Denn es genügt eine sehr kleine, aber endliche Störung, um den Körper in die wirklich labile Lage und über diese hinaus in eine andere, stabilere Gleichgewichtslage zu überführen. Ein Beispiel ist ein hochkant auf eine schmale Seite gestelltes Brett. Eine solche Gleichgewichtslage von geringer Stabilität nennt man *metastabil*. Die *Standfestigkeit* eines Körpers in einer stabilen Gleichgewichtslage ist um so größer, je mehr Arbeit aufgewendet werden muß, um ihn in die nächstbenachbarte labile Gleichgewichtslage zu überführen.

25. Stoßvorgänge. Ein besonders lehrreiches Beispiel für die Anwendung des Impulssatzes und des Energieprinzips bildet der Zusammenstoß zweier bewegter Körper. Wirken auf diese keine äußeren Kräfte, so ist nach dem Impulssatz die vektorielle Summe ihrer Bewegungsgrößen vor und nach dem Stoß die gleiche. Denn während des Stoßvorganges selbst sind nur innere Kräfte im System der beiden Körper wirksam. Das Energieprinzip schreibt vor, daß die Summe der kinetischen Energien der beiden Körper vor dem Stoß gleich der Summe der kinetischen Energien nach dem Stoß zuzüglich der beim Stoß in andere Energiearten umgewandelten Energie ist. Eine solche Umwandlung eines Teils der Energie in Wärme, Schall, Formänderungsarbeit usw. findet bei jedem Stoß in mehr oder weniger hohem Grade statt. Ist im idealen Grenzfall der umgewandelte Energiebetrag verschwindend klein, so heißt der Stoß *vollkommen elastisch*. Findet ein Maximum von Energieumwandlung statt, so heißt der Stoß *vollkommen unelastisch*. In diesem Fall bleiben die stoßenden Körper, wie wir sehen werden, nach dem Stoß beieinander und setzen ihren Weg gemeinsam fort.

Es ist zweckmäßig, zunächst den Sonderfall zu betrachten, daß der gemeinsame Schwerpunkt der beiden Körper ruht, bzw. die Bewegung der Körper in einem mit dem Schwerpunkt bewegten Bezugssystem zu beschreiben. In einem solchen müssen, damit überhaupt ein Zusammenstoß erfolgt, die Schwerpunkte der beiden Körper, die wir uns als Kugeln denken wollen, einander auf parallelen

Geraden entgegenlaufen, deren Abstand kleiner als die Summe der beiden Kugelradien ist. Fallen die beiden Geraden zusammen *(zentraler Stoß)*, so kehren die beiden Körper beim Stoß ihre Bewegungsrichtungen um, laufen also auf der gleichen Geraden zurück. Haben die beiden Geraden einen endlichen Abstand *(exzentrischer Stoß)*, so entfernen sie sich nach dem Stoß ebenfalls auf parallelen Geraden voneinander, die aber mit den ersteren Geraden einen — vom Grade der Exzentrizität des Stoßes abhängigen — Winkel bilden. In den folgenden Abbildungen aber denken wir uns der Einfachheit halber die stoßenden Körper zu Massenpunkten verkleinert, so daß die parallelen Geraden stets zusammenfallen. (Bei exzentrischem Stoß kann zwar jeder der beiden Körper auch einen Drehimpuls [§ 35] erhalten, und es wäre auch noch der Satz von der Erhaltung des Drehimpulses zu berücksichtigen. Doch wollen wir davon hier absehen.) Die Massenpunkte stoßen dann in ihrem gemeinsamen Schwerpunkt zusammen und bewegen sich schließlich von ihm aus wieder auf einer Geraden, die nicht mit der ersten zusammenzufallen braucht, in entgegengesetzten Richtungen von ihm weg. Es seien m_1, m_2 die Massen der beiden Körper, v_1, v_2 ihre Geschwindigkeiten vor dem Stoß, v_1', v_2' nach dem Stoß, ε die beim Stoß in andere Energiearten umgewandelte Energie (Abb. 38). Der Im

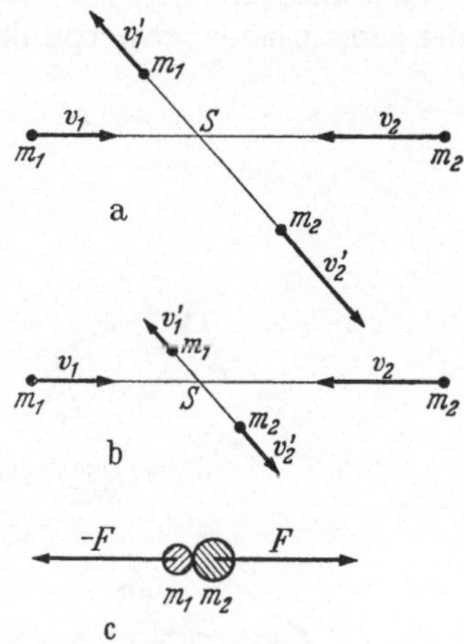

Abb. 38. Stoß bei ruhendem Schwerpunkt

pulssatz (§ 18) liefert dann, da bei ruhendem Schwerpunkt die Summe der Bewegungsgrößen verschwindet, die beiden Gleichungen

$$m_1 v_1 + m_2 v_2 = 0, \qquad m_1 v_1' + m_2 v_2' = 0. \tag{25.1}$$

Der Energiesatz (§ 23) liefert die Gleichung

$$\tfrac{1}{2} m_1 v_1^2 + \tfrac{1}{2} m_2 v_2^2 = \tfrac{1}{2} m_1 v_1'^2 + \tfrac{1}{2} m_2 v_2'^2 + \varepsilon. \tag{25.2}$$

Aus diesen Gleichungen folgt mit $v^2 = v^2$ (§ 6)

$$v_1'^2 = v_1^2\left(1 - \frac{2\,\varepsilon}{m_1 v_1^2 + m_2 v_2^2}\right), \qquad v_2'^2 = v_2^2\left(1 - \frac{2\,\varepsilon}{m_1 v_1^2 + m_2 v_2^2}\right). \tag{25.3}$$

Bezeichnen wir die Anfangsenergie $m_1 v_1^2/2 + m_2 v_2^2/2$ mit E_k, so können wir statt dessen auch schreiben

$$v_1'^2 = v_1^2\left(1 - \frac{\varepsilon}{E_k}\right), \qquad v_2'^2 = v_2^2\left(1 - \frac{\varepsilon}{E_k}\right). \tag{25.4}$$

(25.3) bzw. (25.4) liefern nur die Beträge v_1' und v_2' der Geschwindigkeiten nach dem Stoß,

$$v_1' = v_1\sqrt{1 - \frac{\varepsilon}{E_k}}, \qquad v_2' = v_2\sqrt{1 - \frac{\varepsilon}{E_k}}. \tag{25.5}$$

Über die Richtungen erfahren wir nichts. Wir wissen nur, daß v_1' und v_2' entgegengesetzt gerichtet sein müssen, da nach (25.1) $v_2' = -v_1' m_1/m_2$ ist. Die Unkenntnis der Richtungen ist auch durchaus verständlich. Denn die Richtungen nach dem Stoß hängen von den Einzelheiten des Stoßvorganges (dem Grade der Exzentrizität) ab, über die wir hier nichts vorausgesetzt haben.

Nach (25.5) behalten die Geschwindigkeiten relativ zum Schwerpunktssystem beim vollkommen elastischen Stoß ($\varepsilon = 0$) ihre alten Beträge, ändern nur im allgemeinen ihre Richtungen (Abb. 38a). Ist der Stoß nicht vollkommen elastisch, so nehmen die Geschwindigkeiten relativ zum Schwerpunkt um die gleichen Bruchteile ihrer ursprünglichen Beträge ab (Abb. 38b), z. B. bei $\varepsilon/E_k = {}^3/_4$ um die Hälfte. Ist der Stoß vollkommen unelastisch, so ist bei ruhendem Schwerpunkt $\varepsilon = E_k$; die gesamte kinetische Energie wird in andere Energiearten umgewandelt (Abb. 38c). Es ist $v_1' = v_2' = 0$, und die Körper verharren nach dem Stoß in ihrem gemeinsamen Schwerpunkt in Ruhe.

Nunmehr können wir leicht zur Betrachtung von Stößen übergehen, bei denen der gemeinsame Schwerpunkt der beiden Körper nicht ruht und die Geschwindig-

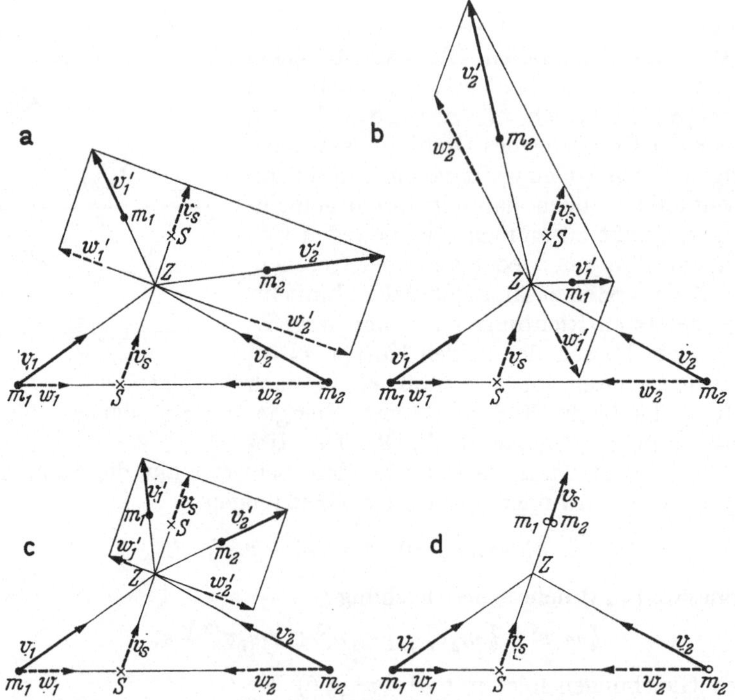

Abb. 39. a und b vollkommen elastischer, c unvollkommen elastischer, d vollkommen unelastischer Stoß bei bewegtem Schwerpunkt

keiten einen beliebigen Winkel miteinander bilden. Da wir voraussetzen, daß auf die Körper keine äußeren Kräfte wirken, so bewegt sich der Schwerpunkt nach dem Schwerpunktsatz, unbeeinflußt durch den Stoß, bei dem nur innere Kräfte wirksam sind, nach dem Stoß geradlinig und gleichförmig mit der gleichen Geschwindigkeit v_s weiter, die er vor dem Stoß hatte. Wir brauchen also den beiden Körpern der Abb. 38 nur die gleiche zusätzliche Geschwindigkeit v_s zu erteilen, und zwar vor und nach dem Stoß, um zum Fall des bewegten Schwerpunktes überzugehen. Die Geschwindigkeit der Körper ist dann die vektorielle Summe v_1, v_2 bzw. v_1', v_2' ihrer Relativgeschwindigkeit w_1, w_2 bzw. w_1', w_2' gegenüber dem Schwerpunktsystem und der Schwerpunktgeschwindigkeit v_s (Abb. 39). Wir verfahren dann so, daß wir, wie im Fall des ruhenden Schwerpunkts, im Stoßpunkt Z die neuen Relativgeschwindigkeiten w_1', w_2' gegenüber dem Schwerpunktssystem nach Richtung und Betrag antragen und die Resultierenden v_1', v_2' dieser Geschwindigkeiten und der unverändert gebliebenen Schwerpunktsgeschwindigkeit v_s bilden. Die neuen Geschwindigkeiten hängen jetzt davon ab, welchen Winkel die neuen Relativgeschwindigkeiten mit der Schwerpunktsgeschwindigkeit bilden. Abb. 39a u. b zeigt zwei verschiedene Fälle bei vollkommen elastischem Stoß zweier Körper

m_1 und m_2 bei gleichen Anfangsbedingungen, bei denen aber der Stoß mit verschiedenen Exzentrizitäten erfolgt. Abb. 39c zeigt einen unvollkommen elastischen Stoß unter sonst gleichen Bedingungen wie in Abb. 39a. Es ist angenommen, daß die Relativgeschwindigkeiten w_1', w_2' gegenüber dem Schwerpunktssystem infolge des Stoßes auf $^3/_8$ der Beträge von w_1 und w_2 gesunken sind. Im Fall des vollkommen unelastischen Stoßes verschwinden nach dem Stoß die Relativgeschwindigkeiten gegenüber dem Schwerpunktssystem, und die beiden Körper bewegen sich mit der Schwerpunktsgeschwindigkeit v_s gemeinsam weiter (Abb. 39d).

Wir wollen noch den besonderen Fall betrachten, daß sich zwei Körper längs der gleichen Geraden bewegen und auch nach dem Stoß auf ihr verbleiben, daß aber ihr Schwerpunkt nicht ruht, so daß auch die Summe ihrer Bewegungsgrößen zwar konstant ist, aber nicht, wie in (25.1), verschwindet. An die Stelle der beiden Gl. (25.1) tritt die Ungleichung

$$m_1 v_1 + m_2 v_2 = m_1 v_1' + m_2 v_2' \neq 0, \tag{25.6}$$

während (25.2) bestehen bleibt. Dann lautet die Lösung von (25.2) und (25.6)

$$v_1' = \frac{m_1 v_1 + m_2 v_2}{m_1 + m_2} - \frac{m_2 (v_1 - v_2)}{m_1 + m_2} \sqrt{1 - \frac{2\varepsilon (m_1 + m_2)}{m_1 m_2 (v_1 - v_2)^2}}, \tag{25.7a}$$

$$v_2' = \frac{m_1 v_1 + m_2 v_2}{m_1 + m_2} - \frac{m_1 (v_2 - v_1)}{m_1 + m_2} \sqrt{1 - \frac{2\varepsilon (m_1 + m_2)}{m_1 m_2 (v_1 - v_2)^2}}. \tag{25.7b}$$

Das den beiden Gleichungen gemeinsame erste Glied ist nach (20.2) die Schwerpunktsgeschwindigkeit v_s. Die zweiten Glieder sind die Relativgeschwindigkeiten gegenüber dem Schwerpunkt. Beim *vollkommen elastischen Stoß* ($\varepsilon = 0$) ergibt sich

$$v_1' = \frac{(m_1 - m_2) v_1 + 2 m_2 v_2}{m_1 + m_2}, \qquad v_2' = \frac{(m_2 - m_1) v_2 + 2 m_1 v_1}{m_1 + m_2}. \tag{25.8}$$

Handelt es sich um zwei gleiche Körper, $m_1 = m_2$, so wird $v_1' = v_2$ und $v_2' = v_1$. Die Körper tauschen beim Stoß ihre Geschwindigkeiten aus. Ruhte der eine vor dem Stoß, so ruht nach dem Stoß der andere. Beim *vollkommen unelastischen Stoß* hat der Energieverlust ε seinen größten möglichen Betrag. Das ist dann der Fall, wenn die in (25.7) auftretende Wurzel verschwindet, wenn also

$$\varepsilon = \frac{m_1 m_2}{2 (m_1 + m_2)} (v_1 - v_2)^2. \tag{25.9a}$$

Die Geschwindigkeiten der beiden Körper sind dann nach dem Stoß gleich groß und, wie schon bewiesen, gleich der Schwerpunktsgeschwindigkeit,

$$v_1' = v_2' = v_s = \frac{m_1 v_1 + m_2 v_2}{m_1 + m_2}. \tag{25.10}$$

Die in (25.9a) und auch in anderen Fällen häufig auftretende Größe $m_1 m_2 / (m_1 + m_2) = \mu$ nennt man die *reduzierte Masse* der Körper mit den Massen m_1, m_2. Man kann daher (25.9a) auch schreiben

$$\varepsilon = \tfrac{1}{2} \mu (v_1 - v_2)^2 = \tfrac{1}{2} \mu v_r^2. \tag{25.9b}$$

Beim vollkommen unelastischen Stoß ist also der Energieverlust gleich der kinetischen Energie der mit der ursprünglichen Relativgeschwindigkeit $v_r = v_1 - v_2$ der beiden Körper bewegten reduzierten Masse derselben.

Wir haben im Vorstehenden den Stoßvorgang selbst überhaupt nicht in Betracht gezogen, sondern nur auf Grund der beiden Erhaltungssätze die Bilanz des Stoßvorganges gezogen. Wir wollen jetzt auch den Stoß betrachten. In dem

Augenblick, in dem die erste Berührung der Körper erfolgt, beginnt an ihren Berührungsstellen eine ständig zunehmende Formänderung (Zusammendrückung). Dabei wird auf Kosten kinetischer Energie Formänderungsarbeit gegen die inneren Kräfte der Körper verrichtet, und es wird in ihnen elastische Energie aufgespeichert. Das dauert bei zentralem Stoß so lange, bis sich die Geschwindigkeiten der beiden Körper ausgeglichen haben und sie sich momentan beide mit der Geschwindigkeit v_s ihres Schwerpunktes bewegen. Nunmehr beginnen die durch die elastische Formänderung wachgerufenen Gegenkräfte, die die Gestalt der Körper wieder herzustellen suchen, die Körper wieder voneinander wegzutreiben (Abb. 38c). Sofern die aufgespeicherte Energie nicht inzwischen in andere Energieformen, Verformungsarbeit, Wärme usw., verwandelt worden ist, wird sie in der zweiten Phase des Stoßvorganges wieder in kinetische Energie der Körper umgewandelt, und es liegt ein vollkommen elastischer Stoß vor. Ist die Energie aber schon restlos umgewandelt, wenn die Körper gleiche Geschwindigkeiten erlangt haben, so fällt die zweite Phase fort. Das ist der Fall beim vollkommen unelastischen Stoß.

Zur Untersuchung von Stoßvorgängen kann das in Abb. 40 dargestellte Gerät dienen, an dem einige gute Stahlkugeln an Doppelschnüren (bifilar) aufgehängt sind. Hübsch ist unter anderem der folgende Versuch. Man bringt eine Anzahl von gleichen Kugeln genau miteinander in Berührung, hebt auf der einen Seite eine oder mehrere Kugeln ab und läßt sie gegen die übrigen stoßen. Dann fliegen am anderen Ende ebenso viele Kugeln fort, und zwar mit der gleichen Geschwindigkeit, die vorher die stoßenden Kugeln hatten, während diese zur Ruhe kommen. Dies folgt aus dem Energiesatz und dem Impulssatz. Es sei n die Zahl, v die Geschwindigkeit der stoßenden Kugeln, n' die Zahl, v' die Geschwindigkeit der fortfliegenden Kugeln, m die Masse einer Kugel. Dann muß sein

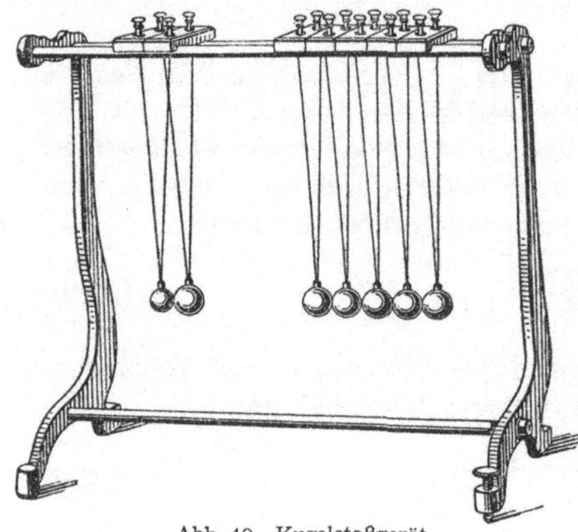

Abb. 40. Kugelstoßgerät

$$n\tfrac{1}{2}mv^2 = n'\tfrac{1}{2}mv'^2 \quad \text{und} \quad nmv = n'mv'.$$

Hieraus folgt $n' = n$ und $v' = v$. Der vollkommen unelastische Stoß wird gut mit zwei Bleikugeln verwirklicht. Lehrreiche Beispiele für die Stoßgesetze liefert auch das Billardspiel.

26. Reibung. Wir haben bisher — mit Ausnahme des unelastischen Stoßes — nur solche Vorgänge betrachtet, bei denen sich kinetische Energie in potentielle Energie oder umgekehrt verwandelt und bei denen der Energiesatz ganz offensichtlich gilt. Im Bereich unserer alltäglichen Erfahrung begegnen uns aber ständig Vorgänge, bei denen kinetische Energie verschwindet, ohne daß dafür ein entsprechender Betrag an mechanischer, potentieller Energie auftritt, ja, das ist sogar bei allen irdischen Bewegungen der Fall, die ohne ständigen Antrieb stattfinden. Jeder bewegte Körper unserer irdischen Erfahrung kommt ohne eine ihn ständig antreibende, also arbeitende Kraft mehr oder weniger schnell zur Ruhe. Die Ursache dieser Erscheinung ist die *Reibung*. Sie ist eine durch Wechselwirkung des bewegten Körpers mit seiner Umgebung erzeugte und seiner Bewegung entgegengerichtete Kraft, die ihn zu verlangsamen sucht. Soll er in gleichförmiger Bewegung bleiben, so muß der Reibungskraft eine gleich große, entgegengesetzt gerichtete Antriebskraft entgegenwirken. Infolge der Reibung verwandelt sich die kinetische Energie eines bewegten Körpers ganz überwiegend in *Wärme*, also in eine andere Energieform (§ 102), und die von der Antriebskraft verrichtete Arbeit dient dazu, diese neue Energieform zu erzeugen.

Wir wollen hier nur die Reibung zwischen *festen Flächen* betrachten. Für diese gilt in meist genügender Näherung das *Coulombsche*[1] *Reibungsgesetz: Die hemmende Kraft F_r der Reibung ist proportional der Kraft F, mit der die beiden Flächen gegeneinander gedrückt sind,*

$$F_r = -\mu F. \tag{26.1}$$

Die *Gleitreibungszahl* μ hängt vom Material und der Oberflächenbeschaffenheit ab, bemerkenswerterweise aber höchstens sehr wenig von der relativen Geschwindigkeit der beiden Körper und der Größe der reibenden Flächen. Streng gültige Gesetze lassen sich aber für die von allen möglichen Zufälligkeiten abhängige Reibung nicht aufstellen. Die Reibung kann durch Schmiermittel, welche eine unmittelbare Berührung der festen Flächen verhindern und an die Stelle ihrer Reibung die sehr viel kleinere innere Reibung im Schmiermittel (§ 78) setzen, sehr stark vermindert werden. Viel kleiner als die Gleitreibung ist die Rollreibung, welche auftritt, wenn ein kugelförmiger oder zylindrischer Körper auf einer Fläche abrollt. Darauf beruht zum Teil der Nutzen der Räder. Gleitreibung in Achsen vermeidet man durch Anwendung gut geschmierter Kugel- oder Wälzlager.

Bemerkenswerterweise tritt eine der Reibung verwandte Kraft — die *Haftreibung* — auch schon zwischen relativ zueinander ruhenden Flächen auf. Sie äußert sich darin, daß die beiden Flächen sich erst dann relativ zueinander in Bewegung setzen, wenn der Betrag der treibenden Kraft eine bestimmte Grenze überschreitet. Solange sie kleiner ist, tritt in der Grenzfläche eine ihr entgegengerichtete, gleichgroße Zwangskraft auf, welche die treibende Kraft aufhebt. Für den Grenzfall, bei dem eben eine Bewegung eintritt, gilt ein der Gl. (26.1) ganz analoges Gesetz,

$$F_h = -\mu_h F. \tag{26.2}$$

Dabei ist F wieder die Kraft, mit der die beiden Flächen gegeneinander drücken; μ_h ist die *Haftreibungszahl*, die wiederum vom Material und der Oberflächenbeschaffenheit abhängt. Sie ist besonders groß, wenn beide Flächen aus dem gleichen Stoff bestehen. Dann tritt die Erscheinung des *Einfressens* auf. Das liegt daran, daß die Atome des gleichen festen Stoffes stärkere Kräfte aufeinander ausüben als die Atome verschiedener Stoffe.

Ein Körper liege auf einer unter dem Winkel φ geneigten schiefen Ebene (Abb. 41). Dann wirkt wegen seines Gewichtes mg parallel zur Ebene auf ihn die Kraft $mg \sin \varphi$, und senkrecht zur Ebene, die Berührungsflächen zusammendrückend, die Kraft $mg \cos \varphi$. Die Haftreibung beträgt also im

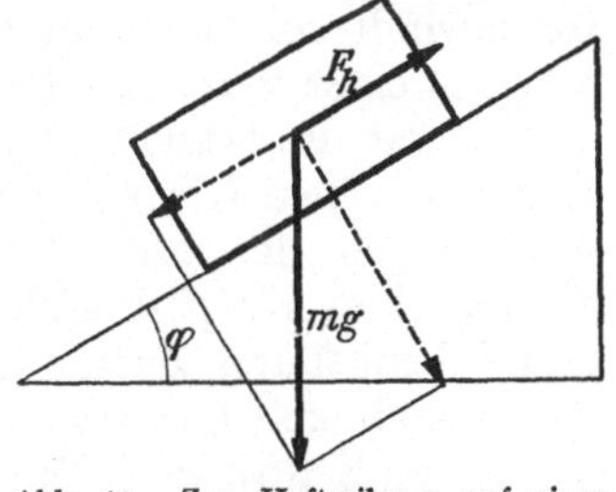

Abb. 41. Zur Haftreibung auf einer schiefen Ebene

Grenzfall $F_h = \mu_h mg \cos \varphi$ und ist der Kraftkomponente $mg \sin \varphi$ entgegengerichtet. Der Körper kann sich nur dann in Bewegung setzen, wenn $mg \sin \varphi \geq \mu_h mg \cos \varphi$ ist, wenn also $\tan \varphi \geq \mu_h$ ist. Der Winkel, bei dem $\tan \varphi = \mu_h$, bei dem also Gleiten eintritt, heißt *Reibungswinkel*.

Die Gleitreibung ist im allgemeinen eine höchst unerwünschte Erscheinung, weil sie mechanische Arbeit nutzlos in Wärme — auch in Verschleiß der reibenden

---

[1] Charles Auguste de Coulomb, 1736—1806.

Flächen — umsetzt. Wäre sie völlig zu vermeiden, so bedürften z.B. unsere Verkehrsmittel auf horizontaler Bahn keines ständigen Antriebes. Eine Nutzanwendung findet die Reibung dagegen vor allem bei den Bremsen. Die Haftreibung aber hat sogar einen sehr großen praktischen Nutzen. In einem gehenden Menschen, in einem Fahrrad, einem Kraftfahrzeug, einer Lokomotive wirken nur innere Kräfte (§ 18), die nicht imstande wären, den Menschen, das Fahrzeug vorwärts zu treiben. Die Haftreibung an der Geh- oder Fahrbahn ist aber eine äußere Kraft. Sie ist der nach rückwärts gerichteten Druckkraft der Fußsohle, des Rades entgegen, also nach vorwärts gerichtet und daher imstande, die zur Fortbewegung nötige Antriebskraft zu liefern. (Vgl. WESTPHAL, Deine tägliche Physik, Ullstein-Taschenbuch Nr. 4000.)

27. Kraftfelder. Wenn mein Ohr einen Schall empfindet, so weiß ich, daß die Schallquelle nicht unvermittelt und momentan aus der Ferne auf mein Trommelfell wirkt, sondern daß die Schallschwingungen durch die Luft übertragen werden, daß nur die Schwingungen der meinem Trommelfell unmittelbar anliegenden Luftteilchen auf dieses wirken und daß sich der Schall mit einer endlichen Geschwindigkeit durch die Luft fortpflanzt. In der Schallwelle wandern kinetische Energie und Impuls von Luftteilchen von der Schallquelle zum Trommelfell. Man sagt, daß die Schallquelle in ihrer Umgebung ein Schallfeld aufbaut, das aber nur entstehen kann, wenn sich dort ein materielles Medium befindet, das unter der Einwirkung der Schallquelle Zustandsänderungen erfahren kann.

Wir kennen aber schon in der Schwerkraft (Gravitation) einen Fall, in dem es zur Übertragung von Kräften zwischen zwei Körpern keines materiellen Mediums bedarf. Die Kräfte zwischen der Sonne und den Planeten wirken durch den so gut wie leeren Weltraum, die Erdanziehung auch im Vakuum (Abb. 18). Das gleiche gilt für die zwischen elektrischen Ladungen, zwischen Magnetpolen und zwischen elektrischen Strömen wirkenden Kräfte. Bis um die Mitte des 19. Jahrhunderts hat man angenommen, daß es sich in solchen Fällen um eine unmittelbare *Fernwirkung* handele, die momentan erfolge, d.h. daß jede Orts- oder Zustandsänderung eines der beiden in Wechselwirkung stehenden Körper sich im gleichen Augenblick in einer Änderung der Wechselwirkungskraft zwischen ihnen äußere. Man kann das auch so beschreiben, daß solche Fernkräfte sich mit unendlicher Geschwindigkeit ausbreiten, wobei man aber dem Begriff der Ausbreitung mangels eines verbindenden Mediums keinen anschaulichen Sinn beilegen kann.

Es war FARADAY[1], der als erster diese Anschauung ablehnte. Er sagte: Wenn auf einen Körper eine Kraft wirkt, so kann das nur die Wirkung eines Zustandes sein, der am Ort des Körpers selbst herrscht. Wenn also in der Umgebung eines Körpers andere Körper Kräfte erfahren, so muß jener Körper in seiner Umgebung Zustandsänderungen hervorrufen, welche sich mit endlicher Geschwindigkeit ausbreiten und die unmittelbare Ursache der auf andre Körper wirkenden Kräfte sind. Man sagt, daß jener Körper in seiner Umgebung ein *Kraftfeld* aufbaut, ein Gravitationsfeld oder ein elektrisches oder ein magnetisches Feld, und nennt das die *Feldtheorie* (auch *Nahewirkungstheorie*).

Nun stand man aber bis zum Beginn des 20. Jahrhunderts durchaus auf dem Boden der mechanischen Naturauffassung. Das heißt: man bezweifelte nicht, daß alle Naturerscheinungen anschaulich-mechanisch verständlich sein und auf Grund der wohlbekannten Gesetze der Mechanik beschreibbar sein müßten. Das erforderte aber für das Verständnis der Kraftfelder die Annahme eines zumindest quasimateriellen Mediums, das den ganzen Raum erfüllt und fähig ist, jene

---

[1] MICHAEL FARADAY, 1791—1867.

Zustände anzunehmen, die die Kraftfelder kennzeichnen. Dabei konnte es sich nur um elastische Zustandsänderungen (Spannungen) dieses Mediums handeln. Nun hatte man sich bereits früher gezwungen gesehen, ein solches Medium, den *Äther*, als Träger der Lichtwellen anzunehmen, die sich ja auch im leeren Raum ausbreiten, und in ihm sah FARADAY nun auch das zum mechanischen Verständnis der Kraftfelder im leeren Raum nötige Medium. Man mußte ihm allerdings sehr merkwürdige Eigenschaften zuschreiben. Er mußte masselos sein und durfte den Bewegungen der Himmelskörper nicht den geringsten Reibungswiderstand entgegensetzen, von anderen widerspruchsvollen Eigenschaften abgesehen. Doch das nahm man in Kauf.

Da nun die Zustandsänderungen des Äthers sich in ihm stetig von Ort zu Ort ausbreiten, so sollte das mit einer endlichen, wenn auch sicher sehr großen Geschwindigkeit geschehen, und FARADAY vermutete bereits, daß es mit der gleichen Geschwindigkeit geschehe, mit der sich das Licht ausbreitet.

FARADAY war ein genialer Denker und Experimentator, aber kein mathematisch geschulter Theoretiker. Die mathematische Theorie der Kraftfelder — insbesondere der elektrischen und magnetischen Felder — hat MAXWELL[1] begründet und HEINRICH HERTZ[2] vollendet (§ 243). Dieser lieferte auch den ersten Nachweis für die Richtigkeit der elektromagnetischen Feldtheorie und die Ausbreitung elektrischer und magnetischer Kräfte mit Lichtgeschwindigkeit in den berühmten Versuchen, die zur Entdeckung der elektrischen Wellen führten (§ 256). Daß auch die Gravitationskräfte sich mit Lichtgeschwindigkeit ausbreiten, hat zwar noch nicht schlüssig nachgewiesen werden können, ist aber auf Grund der Relativitätstheorie nicht zu bezweifeln. In allen anderen Fällen kann man die Ausbreitungsgeschwindigkeit einer Wirkung messen, indem man zunächst ihre Quelle abschirmt, sie dann freigibt und die Zeit bis zur Ankunft der Wirkung in einer bestimmten Entfernung mißt. Einzig die Gravitation kann man nicht abschirmen. Man vermutet heute, daß die Gravitationswirkungen durch Elementarteilchen (Gravitonen) übertragen werden. Diese bewegen sich stets mit Lichtgeschwindigkeit und stehen nur in praktisch verschwindender Wechselwirkung mit der Materie, können also nicht abgeschirmt werden.

Auch wenn zwei Körper, die einander — makroskopisch betrachtet — unmittelbar berühren, aufeinander Druck- oder Zugkräfte ausüben, so handelt es sich in Wirklichkeit um die Wirkung von atomaren Kraftfeldern, welche die einzelnen Bausteine der Materie um sich herum aufbauen. Das gleiche gilt für die Kräfte, die zwischen den eigenen Bausteinen der Körper wirken.

Auf Grund der Relativitätstheorie wissen wir seit 1905, daß die Vorstellung eines, wenn auch nur quasimateriellen, Äthers unhaltbar ist (§ 326). Nach der von EINSTEIN begründeten Auffassung ist *der leere Raum selbst der Träger der Kraftfelder*. Indem ihm damit aber die Fähigkeit zugeschrieben wird, bestimmte Zustände anzunehmen, durch die sich die einzelnen Raumteile voneinander unterscheiden können, und vermittels dieser Zustände Kräfte — genauer gesagt: Energie und Impuls — zu übertragen, gewinnt er eine Bedeutung, die über seine rein geometrische Bedeutung weit hinausgeht. Er wird zu einem Gegenstand der physikalischen Forschung, der es obliegt, seine physikalischen Eigenschaften zu erforschen. Denn diese kann man nicht, wie es z. B. in der Geometrie des euklidischen Raumes geschieht, durch gewisse Axiome a priori einführen, sondern man kann sie nur auf Grund der experimentellen Erfahrung ermitteln. Der Raum tritt daher in die Reihe der physikalischen „Medien" neben die materiellen Stoffe oder Medien.

---

[1] JAMES CLERC MAXWELL, 1831—1879. [2] HEINRICH HERTZ, 1857—1894.

Ein Kraftfeld ist charakterisiert durch Betrag und Richtung der Kraft, die ein Körper in den einzelnen Raumpunkten des Feldes erfährt. Damit an einem Körper eine solche Kraft überhaupt auftritt, muß er Träger einer bestimmten, für die Art des betreffenden Kraftfeldes charakteristischen Eigenschaft sein, und zwar der gleichen, die den das Feld erzeugenden Körper hierzu befähigt. Denn auch der betroffene Körper baut ein Kraftfeld auf, das seinerseits auf den anderen Körper wirkt. Kräfte sind ja immer Wechselwirkungskräfte. Diese Eigenschaft besteht z.B. in einem Schwerkraftfeld (Gravitationsfeld) in der Masse, in einem elektrischen Feld in der elektrischen Ladung des Körpers usw. Wir wollen den Betrag, in dem ein Körper eine solche Eigenschaft besitzt, hier allgemein mit w bezeichnen. Je größer dieser Betrag ist, um so größer ist die im Kraftfelde auf den Körper wirkende Kraft,

$$F = w\,P. \tag{27.1}$$

Die Größe P heißt die *Feldstärke* in dem betreffenden Raumpunkt. Sie ist ein der örtlichen Kraft F gleichgerichteter Vektor und ihrem Zahlenwert nach gleich der Kraft, die ein Körper im betrachteten Raumpunkt erfährt, wenn er die Einheit der Eigenschaft w trägt. Daher ist die Feldstärke in einem Schwerkraftfelde ihrem Zahlenwert nach gleich der auf die Masseneinheit wirkenden Schwerkraft, in einem elektrischen Felde gleich der Kraft, die ein mit der elektrischen Ladungseinheit behafteter Körper erfährt usw. Ein Kraftfeld kann also durch Angabe des Betrages und der Richtung der Feldstärke in seinen einzelnen Raumpunkten beschrieben werden. Es ist vollständig bekannt, wenn die Feldstärke nach Betrag und Richtung als Funktion der Ortskoordinaten bekannt ist.

Wird ein Körper in einem Kraftfeld durch eine der Kraft $F = w\,P$ entgegengerichtete gleich große Kraft $-w\,P$ von einem Punkt A nach einem Punkt B verschoben und ist r der Ortsvektor des Körpers, so ändert sich dabei seine potentielle Energie nach (23.1) um den Betrag

$$E_p = -\,w \int_A^B P\,dr = w\,U \tag{27.2}$$

mit

$$U = -\int_A^B P\,dr. \tag{27.3}$$

$P\,dr$ ist ein skalares Produkt (§ 6), also auch U ein Skalar. Er heißt die *Potentialdifferenz* (in manchen Fällen auch die *Spannung*) von B gegen A. Sein Zahlenwert ist gleich dem Zahlenwert der Arbeit, die nötig ist, um einen Körper, der die Einheit der Eigenschaft w trägt, von A nach B zu verschieben. Nach § 23 ist die Wahl des Nullpunktes der potentiellen Energie willkürlich, und wir können ihr in irgendeinem Punkt des Kraftfeldes, z.B. in A, den Zahlenwert Null zuschreiben. Die Potentialdifferenz eines Raumpunktes gegen den gewählten Bezugspunkt heißt das *Potential* in jenem Raumpunkt.

Die durch (27.3) definierten Potentialdifferenzen und entsprechend auch die Potentiale sind nicht in allen Arten von Kraftfeldern eindeutig, d.h. vom Wege unabhängig, auf dem man sich die Verschiebung von A nach B vorgenommen denkt. Sie sind nur dann eindeutig, wenn die Summe der Arbeiten, die geleistet werden, wenn man einen Körper auf geschlossener Bahn zum Ausgangspunkt zurückführt ($B = A$), unabhängig vom Wege gleich Null ist. Solche Felder heißen *wirbelfrei*. Ist das aber nicht der Fall, so sind die Potentialdifferenzen bzw. die Potentiale nicht eindeutig, und es liegt ein *Wirbelfeld* vor. Ein wirbelfreies Feld kann also auch durch Angabe des auf einen beliebigen Punkt bezogenen Potentials in seinen einzelnen Raumpunkten beschrieben werden. Es ist vollständig bekannt, wenn das Potential als Funktion der Ortskoordinaten bekannt ist.

Im allgemeinen wechselt in einem Kraftfeld die Feldstärke von Ort zu Ort ihre Richtung und ihren Betrag. Ein *homogenes Feld* ist ein solches, in dem die Feldstärke überall gleiche Richtung und gleichen Betrag hat. Ein Feld, in dem die Feldstärke überall zeitlich konstant ist, heißt ein *stationäres Feld*, ein solches, in dem sich die Feldstärke zeitlich periodisch ändert, ein *Wechselfeld*.

Wird ein Körper in einem Kraftfeld senkrecht zur Feldrichtung, also auch zur Kraftrichtung, verschoben, so ist dazu nach § 21 keine Arbeit erforderlich. Die potentielle Energie des Körpers ändert sich bei einer solchen Verschiebung nicht. In jeder zur Richtung der Feldstärke senkrechten Fläche (*Äquipotentialfläche, Niveaufläche*) besteht also überall das gleiche Potential. Die Äquipotentialflächen sind stets geschlossene Flächen. Sie existieren aber nur in wirbelfreien Feldern. Die senkrecht zu den Äquipotentialflächen verlaufenden Kurven heißen *Feldlinien* oder *Kraftlinien*, denn sie (bzw. ihre Tangenten in den einzelnen Raumpunkten) geben überall die örtliche Richtung der Feldstärke, also auch der Kraft, an.

Von dem hier definierten *Potential in einem Kraftfelde* streng zu unterscheiden ist der Begriff des *Potentials einer Kraft*. Von einem solchen spricht man in der Mechanik dann, wenn die potentielle Energie eines Körpers *von seiner Masse unabhängig* und eine *eindeutige* Funktion seiner Lage ist. Sie ist dann nur ein anderer Ausdruck für die *potentielle Energie selbst*, die für jeden beliebigen Körper unter gleichen Umständen gleich groß ist. Ein Beispiel ist das Potential einer Federkraft. Es ist für jeden beliebigen an einer Feder befestigten Körper bei gleicher Dehnung der Feder gleich groß.

Die Feldstärke ist ein Vektor, die Potentialdifferenz (Spannung) — als skalares Produkt zweier Vektoren [(27.3)] — ein Skalar. Daher bezeichnet man ein Feld als Inbegriff der in seinen Raumpunkten herrschenden Feldstärken als ein *Vektorfeld*, als Inbegriff der Potentiale als ein *skalares Feld*. Die Beschreibung eines Feldes durch das Potential ist im allgemeinen einfacher, da das Potential zu seiner Beschreibung nur der Angabe des Zahlenwertes und der Einheit bedarf. Bei der Feldstärke kommen noch zwei Angaben für ihre Richtung hinzu, bzw. es müssen die Beträge ihrer drei Komponenten angegeben werden.

Wir beschränken uns hier auf diese allgemeinen Definitionen und gehen auf Einzelheiten erst bei der Besprechung der einzelnen Kraftfelder ein.

28. Das Schwerkraftfeld an der Erdoberfläche. Ein Beispiel eines Kraftfeldes ist das Schwerkraftfeld an der Erdoberfläche, von dem in § 12 bereits kurz die Rede war. Es ist kein homogenes Feld, da seine Kraftlinien radial auf den Erdmittelpunkt hin gerichtet sind und weil die Schwerkraft mit der Höhe abnimmt. In ausreichend kleinen Bereichen können wir es aber wie ein homogenes Feld behandeln.

Die für das Schwerkraftfeld charakteristische Körpereigenschaft, die wir in § 27 allgemein mit w bezeichnet haben, ist die *Masse m*. Wie wir in § 12 ausgeführt haben, ist die Feldstärke im Schwerkraftfeld mit der örtlichen Fallbeschleunigung g identisch.

Wird ein Körper von der Masse m gegen sein Gewicht mg um die Höhe h senkrecht gehoben, so beträgt die dabei aufzuwendende Arbeit $W = Fh = mgh$ (§ 23). Um den gleichen Betrag $\Delta E_p = W$ hat seine potentielle Energie zugenommen. Demnach beträgt das Potential des Kraftfeldes in der Höhe h, der Quotient aus potentieller Energie und Masse, wenn wir es in der Höhe $h = 0$ gleich Null setzen, nach (27.2)

$$\frac{E_p}{m} = U = gh. \tag{28.1}$$

Die Äquipotentialflächen des Schwerkraftfeldes sind angenähert Kugelflächen, können aber in genügend kleinen Bereichen als eben behandelt werden.

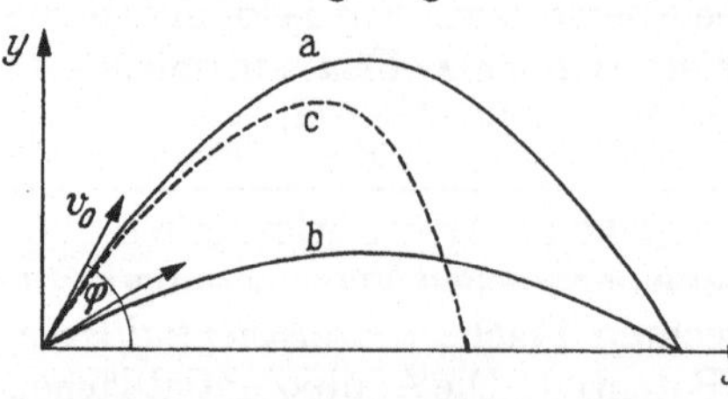

Abb. 42. Schräger Wurf. a $\varphi=60°$; b $\varphi=30°$; c ballistische Kurve

Erteilt man einem Körper eine Geschwindigkeit v_0 (Betrag v_0) in einer unter dem Winkel φ gegen die Horizontale geneigten Richtung (Abb. 42), so wird seine weitere Bewegung durch die Schwerkraft beeinflußt, und er beschreibt eine nach unten gekrümmte Bahn. Wir zerlegen seine Geschwindigkeit in ihre horizontale und ihre vertikale Komponente, deren Beträge v_x und v_y im Augenblick des Starts $v_x^0=v_0 \cos\varphi$ und $v_y^0=v_0 \sin\varphi$ sind, und behandeln die Bewegung als die Überlagerung zweier aufeinander senkrechter, geradliniger Bewegungen. In der horizontalen x-Richtung wirkt auf den Körper keine Kraft, und er bewegt sich in dieser Richtung mit konstanter Geschwindigkeit

$$v_x = \frac{dx}{dt} = v_0 \cos\varphi. \tag{28.2}$$

Beim Start seien $x=0$, $y=0$ und $t=0$. Dann folgt durch Integration von (28.2)

$$x = v_0 t \cos\varphi. \tag{28.3}$$

In vertikaler Richtung erfährt der Körper durch die Schwerkraft eine nach unten, also gegen die positive y-Richtung gerichtete Beschleunigung vom Betrag g, so daß

$$\frac{d^2 y}{dt^2} = -g. \tag{28.4}$$

Durch zweimalige Integration erhalten wir, unter Berücksichtigung der Anfangsbedingungen,

$$\frac{dy}{dt} = v_y = v_0 \sin\varphi - gt \quad \text{und} \quad y = v_0 t \sin\varphi - \frac{1}{2} gt^2. \tag{28.5 a, b}$$

Indem wir aus (28.3) und (28.5b) die Zeit t eliminieren, erhalten wir die Gleichung der Bahnkurve des Körpers,

$$y = x \tan\varphi - \frac{g x^2}{2 v_0^2/\cos^2\varphi}. \tag{28.6}$$

Das ist die Gleichung einer Parabel, deren Scheitel im höchsten Punkt der Bahn liegt. In diesem Punkt ist $v_y=0$, und wir erhalten aus (28.5 a, b) die Steigzeit t_h und die Steighöhe $y=h$,

$$t_h = \frac{v_0 \sin\varphi}{g}, \qquad h = \frac{v_0^2 \sin^2\varphi}{2g}. \tag{28.7 a, b}$$

Nach (28.6) wird das Ausgangsniveau $y=0$ bei einer Wurfweite

$$x_m = \frac{v_0^2}{g} 2 \sin\varphi \cos\varphi = \frac{v_0^2}{g} \sin 2\varphi \tag{28.8}$$

wieder erreicht. Nun ist $\sin 2\varphi = \sin(180° - 2\varphi) = \sin 2(90° - \varphi)$. Man erreicht also bei einem Anstellwinkel $90° - \varphi$ die gleiche Wurfweite wie beim Anstellwinkel φ (Abb. 42a u. b). Der eine dieser Winkel ist also größer, der andere um ebenso viel kleiner als 45°. Die beiden Fälle werden identisch bei $\varphi=45°$. In diesem Fall wird die größte Wurfweite erreicht, die bei gegebener Anfangsgeschwindigkeit möglich ist, nämlich $x_m=v_0^2/g$. Die Steighöhe beträgt in diesem Fall $h=v_0^2/(4g)$, also ein Viertel der Wurfweite. Die Möglichkeit, bei gleicher Anfangsgeschwindigkeit die gleiche Wurfweite bei flachem und bei steilem Abschuß zu erzielen und damit auch einen flacheren oder steileren Einfall zu bewirken, spielt eine wichtige Rolle in der Ballistik. Die Artillerie unterscheidet einen Flachschuß und einen Steilschuß. Die größte Wurfhöhe wird bei senkrechtem Wurf erzielt und beträgt $h=v_0^2/(2g)$.

Bei großen Geschwindigkeiten, wie sie bei den Geschossen der Infanterie und der Artillerie vorkommen, beeinflußt die Luftreibung die Bewegung und die Bahnform beträchtlich. Die Wurfweite wird stark verringert. Der absteigende Ast der Bahn zeigt eine stärkere Krümmung nach unten als der aufsteigende Ast (*ballistische Kurve*, Abb. 42c).

Die Gesetze des senkrechten Wurfs nach oben ergeben sich als Sonderfall, wenn man in den obigen Gleichungen $\varphi=90°$ setzt. Wird ein Körper zur Zeit $t=0$ in der Höhe h mit der Anfangsgeschwindigkeit $v=0$ frei fallen gelassen, so ergibt die Integration von (28.4)

$$v=\frac{dy}{dt}=-gt, \quad y=h-\frac{1}{2}gt^2 \quad \text{oder} \quad h-y=\frac{1}{2}gt^2. \tag{28.9}$$

Die Fallgeschwindigkeit ist also der Zeit proportional, und die Fallstrecke $h-y$ wächst mit dem Quadrat der Fallzeit. Die nach Durchfallen der Höhe h erreichte Geschwindigkeit beträgt

$$v=\sqrt{2gh}. \tag{28.10}$$

Daß beim freien (reibungsfreien) Wurf und Fall der Energiesatz erfüllt ist, haben wir in § 23 nachgewiesen.

Beim freien Fall treten schon nach kurzer Zeit bzw. auf kurzen Strecken beträchtliche Geschwindigkeiten auf. Nach 1 s sind fast 5 m, nach 2 s schon fast 20 m durchfallen. Daher können die Gesetze des freien Falles mit einfachen Mitteln nur dann einigermaßen genau nachgewiesen werden, wenn beträchtliche Fallhöhen zur Verfügung stehen. GALILEI, der die Fallgesetze 1590 entdeckte und 1604 genauer formulierte, benutzte für seine Fallversuche eine schiefe Ebene *(Fallrinne)*, bei der nur die zur Ebene parallele Schwerkraftkomponente wirksam ist (Abb. 24), die Fallbewegung also langsamer erfolgt. Eine entsprechende Verlangsamung erzielt man mit der *Fallmaschine* von ATWOOD. Zwei gleich schwere Körper (Masse m) sind durch eine Schnur verbunden, die über ein Rad mit horizontaler Achse läuft. Wird der eine Körper durch ein sehr kleines Übergewicht Δm beschwert, so erfahren die beiden Körper die Beschleunigung $\Delta m\,g/2m$, wobei wir Δm gegen $2m$ sowie die Winkelbeschleunigung des sehr leichten Rades vernachlässigt haben.

29. Statisches Moment einer Kraft. Kräftepaare. Es sei F eine an einem Körper in A angreifende Kraft, P ein beliebiger Punkt im Raum, r der von P nach dem Angriffspunkt A weisende Ortsvektor (Abb. 43). Dann heißt das vektorielle Produkt (§ 6)

$$N=[r\,F] \tag{29.1}$$

das *statische Moment* der Kraft F bezüglich des Punktes P. Sein Betrag ist nach (6.3),

$$N=r\,F\sin\gamma=r_0\,F, \tag{29.2}$$

wenn die Richtungen von r und F den Winkel γ einschließen und wenn r_0 (Betrag $r_0 = r \sin \gamma$) der von P senkrecht auf die Wirkungslinie von F weisende Ortsvektor ist. Da wir den Angriffspunkt der Kraft F längs ihrer Wirkungslinie so verschoben denken können, daß r in r_0 übergeht, ohne daß das an ihrer Wirkung, also an ihrem statischen Moment, etwas ändert, so ist

$$N = [rF] = [r_0 F]. \tag{29.3}$$

Der Vektor r_0 heißt der *Arm* der Kraft F bezüglich des Punktes P.

Gemäß der *Schraubenregel* (§ 6) ist das statische Moment ein Vektor, der auf der durch die Vektoren r und F gelegten Ebene senkrecht steht und in diejenige Richtung weist, in der sich eine rechtsgängige Schraube bewegt, wenn man sie in dem Sinne dreht, der einer Drehung des Vektors r in diejenige des Vektors F entspricht (Abb. 44). Im Fall der Abb. 43 würde diese Drehung im Uhrzeigersinne

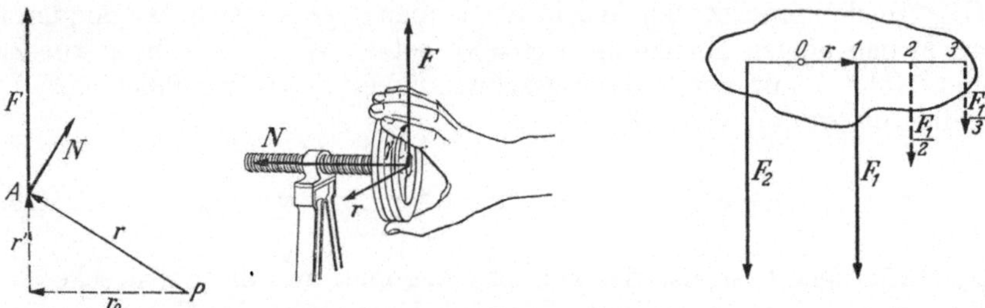

Abb. 43. Zum statischen Moment einer Kraft   Abb. 44. Schraubenregel zum statischen Moment einer Kraft   Abb. 45. Zur Bedeutung des statischen Moments einer Kraft

erfolgen, so daß der Vektor N senkrecht zur Zeichnungsebene nach hinten weist. Diese Festsetzung hat folgende anschauliche Bedeutung: Die Kraft F sucht ihren Angriffspunkt A in ihrer Richtung zu verschieben, und bei einer solchen Verschiebung dreht sich der vom festen Punkt P nach A weisende Fahrstrahl r um eine durch P gehende Achse, die senkrecht zu der durch die Vektoren r und F gelegten Ebene ist. Je nach der Richtung von F erfolgt die Drehung im einen oder anderen Sinne. Liegt P auf der Wirkungslinie von F, so findet bei einer Verschiebung des Angriffspunktes keine Drehung von r statt, und das statische Moment ist — in Übereinstimmung mit (29.2) ($\sin \gamma = 0$, $r_0 = 0$) — gleich Null.

Abb. 45 zeigt einen um eine durch O gehende feste Achse drehbaren Körper, an dem im Abstande r von O die beiden gleich großen Kräfte F_1, F_2 angreifen. Er ist im Gleichgewicht, weil deren Resultierende nach § 13 in O angreift, wo sie durch eine Zwangskraft in der Achse aufgehoben wird. Das Gleichgewicht bleibt aber auch dann noch bestehen, wenn wir die Kraft F_1 durch die im Abstande $2r$ von O angreifende Kraft $F_1/2$ oder allgemein durch die im Abstande nr angreifende Kraft F_1/n ersetzen. In allen diesen Fällen ist das statische Moment der Kraft bezüglich des Punktes O gleich groß.

Nunmehr betrachten wir ein *Kräftepaar* F, $-F$, also zwei gleich große, antiparallele Kräfte, deren Wirkungslinien nicht zusammenfallen (§ 13). Wie schon früher erwähnt, gibt es für ein solches keine resultierende Einzelkraft, und seine Wirkung ist von derjenigen einer Einzelkraft durchaus verschieden. Während eine Einzelkraft eine beschleunigte fortschreitende Bewegung (Translation) eines Körpers als Ganzes erzeugt, ruft ein an einem Körper angreifendes Kräftepaar eine *beschleunigte Drehbewegung* (Rotation) hervor. Es übt an ihm ein *Drehmoment* aus. Das Drehmoment eines Kräftepaares ist definiert als die Summe der statischen Momente der beiden Einzelkräfte des Kräftepaares. Es spielt bei der beschleunigten Rotation eine analoge Rolle wie eine Einzelkraft bei der beschleunigten Translation.

Es sei F, $-F$ (Abb. 46a) ein Kräftepaar, P ein beliebiger Punkt im Raum, der nicht in der Zeichnungsebene zu liegen braucht. r_1, r_2 seien die von P nach den Angriffspunkten von F, $-F$ weisenden Ortsvektoren, r der vom Angriffspunkt von $-F$ nach dem Angriffspunkt von F weisende Ortsvektor. Es ist $r_1 = r_2 + r$, also $r = r_1 - r_2$. Die statischen Momente der beiden Kräfte bezüglich P sind $N_1 = [r_1 F]$ und $N_2 = [r_2(-F)] = -[r_2 F]$. Demnach beträgt ihre vektorielle Summe, das Drehmoment des Kräftepaares,

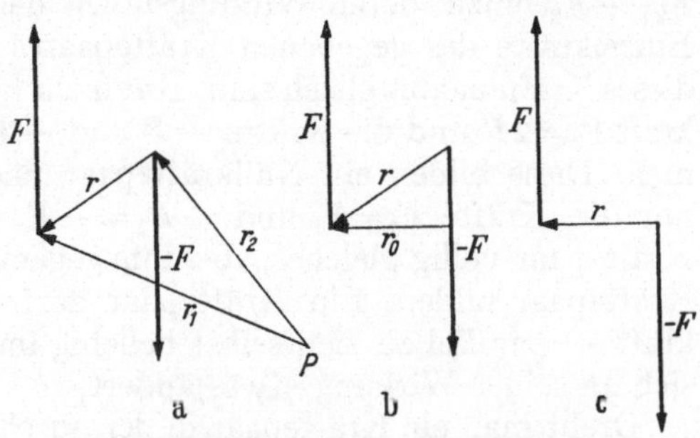

$$N = [r_1 F] - [r_2 F]$$
$$= [(r_1 - r_2) F] = [r F]. \qquad (29.4\,a)$$

Abb. 46. Zum Drehmoment eines Kräftepaares

Das Drehmoment des Kräftepaares ist also gleich dem statischen Moment der Kraft F, bezogen auf den Angriffspunkt der Kraft $-F$, und unabhängig von der Lage des Bezugspunktes P. Ist r_0 der senkrechte Abstand der Wirkungslinien der beiden Kräfte (Abb. 46b), so ist entsprechend (29.3)

$$N = [r F] = [r_0 F]. \qquad (29.4\,b)$$

r_0 heißt der *Arm des Kräftepaares*. Da wir die Angriffspunkte der beiden Einzelkräfte des Kräftepaares längs ihrer Wirkungslinien beliebig verschoben denken können, so können wir sie stets so zeichnen, daß r senkrecht zu den Wirkungslinien steht, also r mit r_0 identisch wird (Abb. 46c). Überhaupt können wir mit einem Kräftepaar jede Umformung vornehmen, die in einer Verschiebung des Angriffspunktes einer der beiden Kräfte oder beider Kräfte längs ihrer Wirkungslinien besteht (Abb. 47a u. b).

Die Einheit des statischen Moments und des Drehmoments ist im Physikalischen Einheitensystem 1 dyn cm bzw. 1 Nm. (Aber nicht etwa 1 erg bzw. 1 J, denn dies sind Arbeitseinhei-

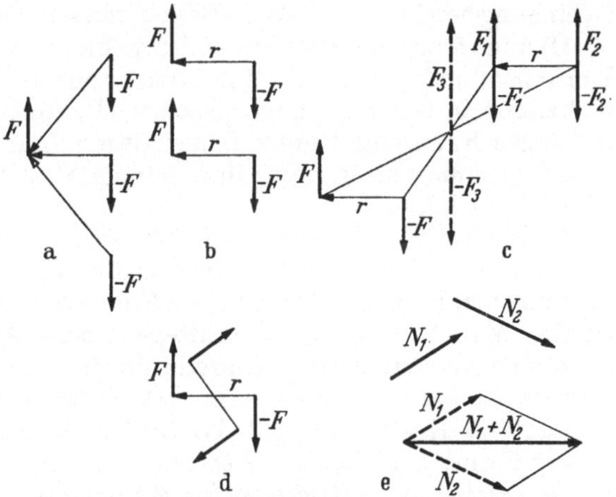

Abb. 47. Umformung, Drehung, Verschiebung und Addition von Kräftepaaren

ten. Die Arbeit ist das skalare, das statische und das Drehmoment aber das vektorielle Produkt einer gerichteten Strecke und einer Kraft. Sie sind also ganz verschiedenartige Größen.)

Das Drehmoment ist wie das statische Moment ein Vektor, für den die Schraubenregel gilt. Es weist also in Abb. 46 senkrecht nach hinten, entsprechend der Drehung im Uhrzeigersinn, die das Kräftepaar zu erzeugen sucht.

Im folgenden benutzen wir den Kunstgriff, daß wir zu einem Kräftepaar zwei oder mehr Kräfte hinzugefügt denken, deren Wirkungen einander aufheben, so daß sie am gesamten Kräfteverhältnis nichts ändern (§ 13). Zwei gleich große, antiparallele Kräfte, die die gleiche Wirkungslinie haben, deren Drehmoment also $N = 0$ ist, wollen wir ein *Nullkräftepaar* nennen.

Zu einem Kräftepaar F, $-F$ (Abb. 47c) fügen wir an einer beliebigen Stelle im Raum (die Zeichnung ist räumlich zu denken) zwei Nullkräftepaare F_1, $-F_1$ und F_2, $-F_2$ hinzu, deren Wirkungslinien den gleichen Abstand haben wie die der Einzelkräfte des gegebenen Kräftepaares und deren Beträge denen der Kräfte dieses Kräftepaares gleich sind. Nunmehr fassen wir die Kräfte F und F_2 zur Einzelkraft $F_3 = 2F$ und die Kräfte $-F$ und $-F_1$ zur Einzelkraft $-F_3 = -2F$ zusammen. Diese bilden ein Nullkräftepaar und heben einander auf. Es bleiben also nur die Kräfte $F_1 = F$ und $-F_2 = -F$ wirksam, die ein dem ursprünglichen Kräftepaar völlig gleiches, aber ihm gegenüber parallel zu sich selbst verschobenes Kräftepaar bilden. Ein Kräftepaar darf also — im Gegensatz zu einer Einzelkraft — parallel zu sich selbst beliebig im Raum verschoben werden, ohne daß sich an seiner Wirkung etwas ändert.

Dreht man ein Kräftepaar in der durch die Wirkungslinien seiner Einzelkräfte gelegten Ebene um den Mittelpunkt seines Armes (Abb. 47d), so hat das offensichtlich auf Richtung und Betrag seines Drehmoments keinerlei Einfluß. Es ergibt sich also, daß man einem Kräftepaar jede beliebige Verschiebung und Drehung erteilen darf, bei der die durch die Wirkungslinien seiner Einzelkräfte gelegte Ebene ihre Richtung im Raum beibehält. Das heißt, für die Wirkung eines Kräftepaares kommt es einzig und allein auf den Betrag und die Richtung seines zu jener Ebene senkrechten Drehmomentvektors N an. Wir dürfen diesen also unter Innehaltung seiner Richtung nicht nur, wie einen Kraftvektor, vorwärts und rückwärts verschoben denken, sondern auch parallel zu sich selbst. Die Freizügigkeit eines Drehmomentvektors ist also nur durch die Bedingung beschränkt, daß sein Betrag und seine Richtung erhalten bleiben müssen.

Hieraus folgt, daß man zwei oder mehrere Kräftepaare stets zu einem einzigen Kräftepaar addieren kann. Man braucht nur die ihre Drehmomente darstellenden und zuerst in beliebiger Lage gedachten Vektorpfeile N_1, N_2 (Abb. 47e) in einem beliebigen Raumpunkt unter Beibehaltung ihrer Richtungen mit ihren Schwanzenden zusammenzufügen und ihre Summe $N_1 + N_2$ nach den Gesetzen der Vektoraddition zu bilden.

Da es für die Wirkung eines Kräftepaares nur auf sein Drehmoment ankommt, so ist ein Kräftepaar mit den Einzelkräften F, $-F$ und dem Arm r einem Kräftepaar mit den Einzelkräften nF, $-nF$ und dem Arm r/n in jeder Hinsicht gleichwertig. Man kann also ein Kräftepaar ohne Änderung seiner Wirkung derart umformen, daß man seine Einzelkräfte im gleichen Verhältnis vergrößert oder verkleinert, wie man seinen Arm verkleinert oder vergrößert.

Auch für Kräftepaare gilt das *Wechselwirkungsgesetz* (§ 10), und zwar in folgender Form: *Die von zwei Körpern aufeinander ausgeübten Drehmomente haben gleiche Beträge und entgegengesetzte Richtungen.*

Nach (21.1), ist die von einer Kraft vom Betrage F längs eines in ihre Richtung weisenden Weges ds verrichtete Arbeit gleich $dW = F \, ds$. Handelt es sich um eine Kreisbewegung mit dem Radius r, so ist $ds = r \, d\varphi$ und $dW = rF \, d\varphi$. Da r und ds, also auch r und F aufeinander senkrecht stehen, so ist $rF = N$ der Betrag eines Drehmoments N, und wir erhalten als Arbeit eines Drehmoments bei einer Drehung um den Winkel $d\varphi$

$$dW = N \, d\varphi = N u \, dt, \qquad (29.5)$$

wenn $u = d\varphi/dt$ der Betrag der Winkelgeschwindigkeit u ist. Sind N und u nicht gleichgerichtet, so gilt allgemein $dW = N u \, dt$.

30. Feste Drehachse. Hebel. Ein Körper sei um eine in ihm und im Raum feste, senkrecht zur Zeichnungsebene durch A gehende Achse drehbar (Abb. 48), also um eine Achse, die eine feste Lage im Körper hat und deren Lage im Raum durch feste Achsenlager bestimmt wird. An dem Körper greife eine Kraft F an, deren Wirkungslinie in der Zeichnungsebene liegt und nicht durch A geht. Wir können den Angriffspunkt der Kraft immer so längs ihrer Wirkungslinie verschoben denken, daß F und r zueinander senkrecht sind. Sie sucht den Körper in ihrer Richtung zu beschleunigen. Die einzige Bewegungsart aber, welche die feste Achse zuläßt, ist eine Drehung, die jedoch nur durch

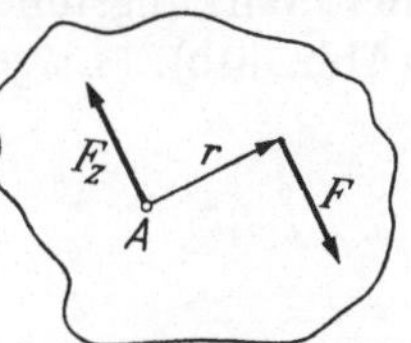

Abb. 48. Drehmoment bei fester Achse

ein Kräftepaar hervorgerufen werden kann. Ein solches ist nun in der Tat vorhanden; denn indem die Kraft den Körper zunächst in ihrer Richtung zu verschieben sucht, ruft sie in der Achse eine Zwangskraft $F_z = -F$ hervor, die der Kraft F entgegen gerichtet und von gleichem Betrag wie diese ist und deren Wirkungslinie durch A geht. Die Kräfte F und F_z bilden also ein Kräftepaar. Ist r der Arm der Kraft F bezüglich A, so ist das von dem Kräftepaar erzeugte Drehmoment

$$N = [r F] . \tag{30.1}$$

Abb. 48 ist ein Beispiel eines *Hebels*. Ein solcher ist jeder Körper, der um eine Achse oder einen Punkt drehbar ist, deren Lage durch äußere Bedingungen bestimmt ist. Es ist nicht nötig, daß sie im Hebel dauernd die gleiche ist. Sie kann sich auch bei einer Drehung des Hebels ändern. Man unterscheidet daher Hebel mit ortsfester und im Körper fester Achse und Hebel mit veränderlicher Achse. Ein Beispiel für das letztere ist das Brecheisen (Abb. 51), dessen Achse jeweils durch den Punkt geht, in dem Brecheisen und Unterlage einander berühren, und sich bei jeder Drehung verschiebt.

Wirkt an einem Hebel mit ortsfester Achse eine Kraft, deren Wirkungslinie nicht in einer zur Achse senkrechten Ebene liegt, so wird ihre zur Achse parallele Komponente durch Zwangskräfte in den Achsenlagern aufgehoben. Es kommt also nur ihre Komponente zur Wirkung, die in einer zur Hebelachse senkrechten Ebene liegt.

Ein Hebel ist unter der Wirkung mehrerer an ihm angreifender Kräfte F_i nur dann im Gleichgewicht, wenn die Summe der Drehmomente $[r_i F_i]$, die sie zusammen mit den Zwangskräften an ihm erzeugen, verschwindet:

$$\sum N_i = \sum [r_i F_i] = 0 . \tag{30.2}$$

Die Größen $[r_i F_i]$ sind die statischen Momente der angreifenden Kräfte bezüglich der Achse. Man kann daher die Gleichgewichtsbedingung auch so aussprechen: *Ein Hebel ist im Gleichgewicht, wenn die Summe der auf seine Achse bezogenen statischen Momente der an ihm angreifenden Kräfte verschwindet.*

Handelt es sich um zwei Kräfte F_1, F_2, deren Wirkungslinien in einer zur Achse senkrechten Ebene liegen, so besteht kein Gleichgewicht, wenn die Wirkungslinie ihrer Resultierenden F nicht durch die Achse geht, sondern mit der Zwangskraft $F_z = -F$ ein Kräftepaar bildet (Abb. 49a). Nur wenn sie durch die Achse geht, wird sie durch die Zwangskraft aufgehoben (Abb. 49b). Andernfalls besteht ein Drehmoment, das den Hebel zu drehen sucht. Im Falle des Gleichgewichts ist entsprechend (30.1)

$$N_1 = [r_1 F_1] = -N_2 = -[r_2 F_2] . \tag{30.3}$$

Dieses Gesetz ist uns schon für den Sonderfall paralleler Kräfte aus § 13 (Abb. 20) bekannt.

Liegen bei einem Hebel, an dem (außer der Zwangskraft in der Achse) zwei äußere Kräfte angreifen, die beiden Angriffspunkte auf verschiedenen Seiten der Wirkungslinie der Zwangskraft F_z, so nennt man den Hebel *zweiarmig* (Abb. 49b). Liegen sie auf der gleichen Seite, so heißt er *einarmig* (Abb. 49c).

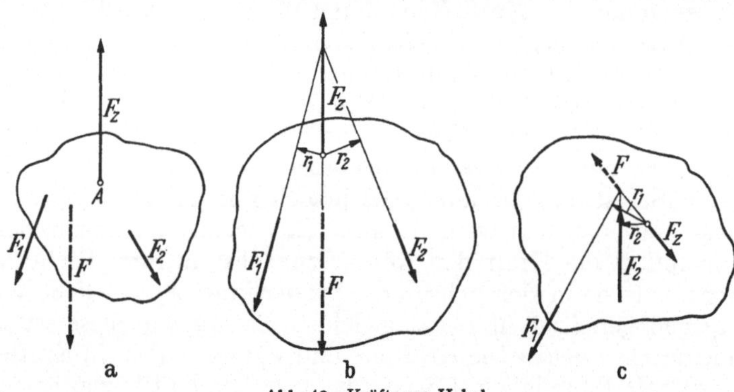

Abb. 49. Kräfte am Hebel

31. Maschinen. Die Technik unterscheidet Kraftmaschinen und Arbeitsmaschinen. Die *Kraftmaschinen* wandeln die primär zur Verfügung stehende Energie in diejenige Energieform um, die für den jeweiligen Zweck benötigt wird. Hierhin gehören die Wärmekraftmaschinen und alle sonstigen Motoren, die Generatoren für elektrische Energie usw. Die *Arbeitsmaschinen* setzen die ihnen von einer Kraftmaschine gelieferte Energie in die gewünschte Arbeit um, wie z.B. die Werkzeugmaschinen, Hebezeuge, Fahrräder, Nähmaschinen usw. Die der Kraftmaschine zugeführte primäre Energie kann potentielle Energie irgendwelcher Körper sein, insbesondere von Wasser, das innerhalb der Maschine von höherem zu tieferem Niveau sinkt und dabei potentielle Energie verliert. Sie kann auch kinetische Energie sein, z.B. von Wasser oder Luft (Wind). Bei den Wärmekraftmaschinen ist die primäre Energie Wärmeenergie, die zunächst aus chemischer Energie von Brennstoffen gewonnen wird, bei den Elektromotoren elektrische Energie. Treibt ein Mensch oder ein Tier eine Maschine, so liefern die in seinem Körper ablaufenden chemischen Vorgänge die nötige Energie. Ein Mensch, der mit der Schreibmaschine schreibt oder auf dem Fahrrad fährt, wirkt als mit der chemischen Energie seines Stoffwechsels betriebene Kraftmaschine, die die Schreibmaschine oder das Fahrrad als Arbeitsmaschine betreibt.

Wir befassen uns hier nur mit den rein mechanischen Maschinen, also solchen, bei denen sowohl die zugeführte, wie die umgewandelte Energie bzw. die verrichtete Arbeit, soweit sie nicht durch Reibung in Wärme verwandelt wird, rein mechanischer Natur ist. Ein Merkmal solcher Maschinen ist, daß sie bewegte (hin- und hergehende oder rotierende) Teile haben. Viele mechanische Maschinen dienen entweder der Änderung der potentiellen Energie (Hebung) oder der kinetischen Energie (Beschleunigung) von Körpern oder beidem zugleich. Andere dienen zur Überwindung aller möglichen Arten von Widerständen (z.B. Metall- und Holzbearbeitungsmaschinen). Jede Maschine muß gleichzeitig die nie vermeidbaren Reibungskräfte zwischen ihren bewegten Teilen und die Reibung am Außenmedium (Luft, Wasser) überwinden. Viele Maschinen dienen fast ausschließlich diesem Zweck, so die Maschinen der Fahrzeuge bei der Fahrt mit konstanter Geschwindigkeit auf horizontaler Bahn. Beim Anfahren verrichten sie außerdem Beschleunigungsarbeit, auf ansteigender Bahn Hebungsarbeit.

Bei den mechanischen Maschinen tritt mechanische Energie an einer Stelle ein und an einer anderen Stelle in verwandelter Gestalt wieder aus. Am Eingang leistet eine äußere Kraft *an der Maschine* Arbeit, am Ausgang wird *von der Maschine* eine Kraft ausgeübt, die an einem anderen Körper Arbeit verrichtet. So ist die Zuführung von Energie zur Maschine wie der Austritt von Energie aus ihr mit der Wirkung einer Kraft verknüpft. Die am Eingang auf die Maschine wirkende Kraft F_1 verschiebt einen Maschinenteil um den Weg Δr_1, und gleichzeitig verschiebt am Ausgang ein anderer Maschinenteil einen Körper mit einer Kraft F_2 um einen Weg Δr_2. Sofern innerhalb der Maschine keine mechanische Energie durch Reibung in Wärme verwandelt werden würde, müßte nach dem Energiesatz die am Eingang *an* der Maschine verrichtete Arbeit $F_1 \Delta r_1$ gleich der am Ausgang *von* der Maschine verrichteten Arbeit $F_2 \Delta r_2$ sein. Da aber Reibungsverluste unvermeidlich sind, so gilt

$$F_2 \Delta r_2 \leqq F_1 \Delta r_1. \tag{31.1}$$

(Goldene Regel der Mechanik.) Wird durch die Maschine die primäre Kraft vergrößert, $F_2 > F_1$, so kann das nur durch einen entsprechenden Verlust an Verschiebungsweg, $\Delta r_2 < \Delta r_1$, erkauft werden. Wird z. B. eine Last mit einem Kran gehoben, an dem eine Kraft wirkt, die hundertmal kleiner ist als das Gewicht der Last, so muß — bei Ausschluß von Reibung — der Angriffspunkt der Kraft bei einer Hebung der Last um 1 m einen Weg von 100 m zurücklegen. Wegen der Reibungsverluste muß bei diesem Verhältnis der Wege die Kraft tatsächlich größer sein.

Die meisten Maschinen bezwecken eine *Änderung der Kraft*. Jedoch gehören zu den Maschinen auch Vorrichtungen, die eine *Änderung des Weges* bezwecken, z. B. die Uhrwerke, bei denen kleine Verschiebungen der treibenden Gewichte bzw. des Uhrfederendes in viel größere Wege des Uhrzeigerendes umgesetzt werden. Die beim Aufziehen aufgespeicherte und beim Ablaufen verschwindende mechanische Energie dient nur zur Überwindung von Reibungswiderständen.

Wegen der unvermeidlichen inneren Reibungsverluste ist das Verhältnis der von einer Maschine verrichteten Arbeit zu der für ihren Betrieb aufgewendeten Energie, ihr *Wirkungsgrad* η, stets kleiner als 1 (100%). Je größer der Wirkungsgrad ist, um so wirtschaftlicher arbeitet die Maschine. Ist P_1 die der Maschine zugeführte Leistung, P_2 ihre Nutzleistung, so ist $\eta = P_2/P_1$. Auf die Messung der Primärleistung, die je nach der Art der primären Energie auf sehr verschiedene Weisen ausgeführt wird, gehen wir hier nicht ein. Dagegen wollen wir zeigen, wie die mechanische Nutzleistung eines Motors mit dem *Pronyschen Zaum* gemessen wird. Auf die Achse des Motors werden zwei Bremsbacken gesetzt, die durch Schrauben mehr oder weniger fest angezogen werden können (Abb. 50). Mit den Backen ist eine Stange verbunden, an deren Ende man eine Kraft F, z. B. ein Gewicht, wirken lassen kann, die ein Drehmoment $N = [rF]$ vom Betrag $N = rF$ um die Achse erzeugt. Der Motor wird in Drehung versetzt, und die Schrauben werden so angezogen, daß die Backen durch die Reibung an der Achse gerade nicht mitgenommen werden und der Zaum durch die Kraft F gegen die Reibungskraft genau ins Gleichgewicht gebracht ist. Wir vereinfachen uns die Berechnung der Leistung, wenn wir uns die Achse als ruhend und dafür den Zaum durch die Kraft F in entgegengesetztem Sinne gedreht denken. Der Betrag N des Drehmoments bleibt natürlich der gleiche, und die Leistung beträgt nach (29.5) $P = dW/dt =$

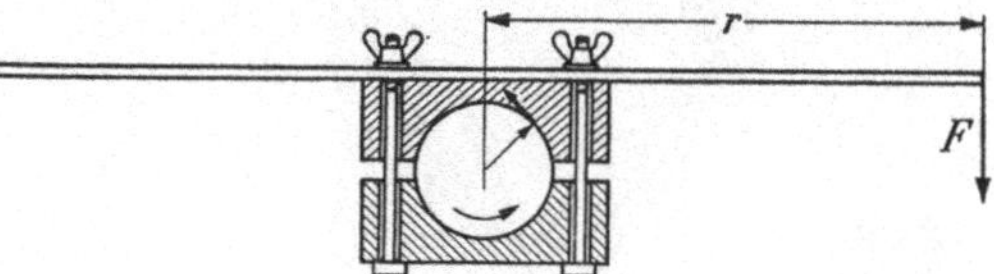

Abb. 50. Leistungsmessung mit dem Pronyschen Zaum

$N u = N\, d\varphi/dt$. Erfolgen je s n Umdrehungen, ist also der vom Fahrstrahl r in 1 s überstrichene Winkel gleich $2\pi n$, so ist $u = d\varphi/dt = 2\pi n$, und wir erhalten

$P = 2\pi\, n N = 2\pi\, n F r$. Sie ist die gleiche, wenn der Motor bei gleicher Drehzahl und gleicher Primärleistung nicht, wie bei der Messung, Arbeit nur gegen Reibungskräfte verrichtet, sondern gegen die im praktischen Betriebe tatsächlich zu überwindenden Kräfte.

Bei Maschinen mit großen hin- und hergehenden, also ständig beschleunigten Teilen treten an diesen große Trägheitskräfte auf, die die Fundamente stark beanspruchen, sofern dies nicht durch einen Kunstgriff, den *Massenausgleich*, verhindert wird. Man baut die Maschine derart, daß die Beschleunigungen ihrer einzelnen Teile einander entgegengerichtet und so bemessen sind, daß die einzelnen Trägheitskräfte einander aufheben. (Vgl. a. § 38, letzter Absatz.)

32. Die einfachen Maschinen. Man kann die einzelnen Elemente, aus denen eine Maschine besteht, auf gewisse Grundtypen, die *einfachen Maschinen*, zurückführen, und zwar solche vom Typus des *Hebels* und solche vom Typus der *schiefen Ebene*.

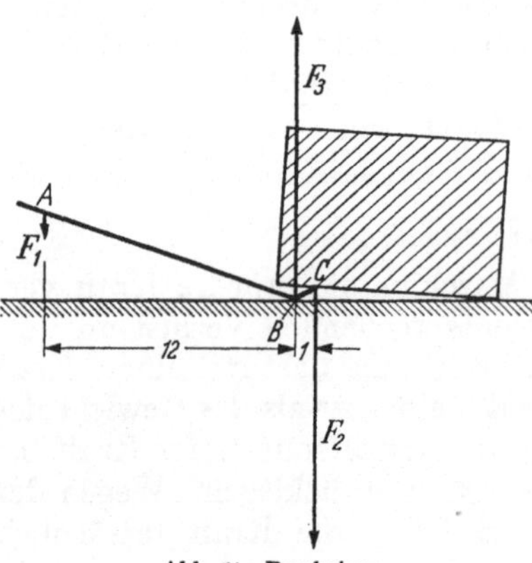

Abb. 51. Brecheisen

Hebel finden wir in den mannigfachsten Anwendungsarten und Gestalten, sei es zur Hebung von Lasten oder zur Überwindung anderer Widerstände. Meistens dienen sie dazu, eine verfügbare Kraft, z.B. die menschliche Muskelkraft, zu vergrößern. In diesem Sinne finden wir sie verwendet bei den Pumpenschwengeln, den Steuerrudern der Schiffe, dem Lenkrad der Kraftfahrzeuge, den Pedalen und Bremsen der Fahrräder, den Klaviaturen der Klaviere usw. Ein sehr einfacher Hebel ist das Brecheisen, dessen Wirkung aus Abb. 51 ohne weiteres ersichtlich ist. Die drei Kräfte verhalten sich wie $F_1 : F_2 : F_3 = 1 : 12 : 13$. Sehr viele Werkzeuge des Handwerks sind ein- oder zweiarmige Hebel, so die Zangen und Scheren. Die Schubkarre ist ein einarmiger Hebel, dessen Drehachse die Radachse ist. Oft haben Hebel die Gestalt von Rädern, z.B. als Handräder zur Betätigung von Ventilen. Ein Hebel dieses Typus ist auch das Wellrad, wie man es z.B. an Brunnen findet. Hebel sind ferner die Glieder der menschlichen und tierischen Körper (Abb. 52).

Zu den Hebeln gehören auch die *Rollen*, die als feste und bewegliche Rollen vorkommen. Eine feste Rolle besteht aus einem um eine feste Achse drehbaren Rad, über dessen Kranz ein Seil, ein Riemen oder eine Kette läuft (Abb. 53). Sie ist im Gleichgewicht, wenn an den beiden Enden des Seiles gleich große Kräfte F_1 und F_2 angreifen. Ihnen wird durch die in der Achse der Rolle auftre-

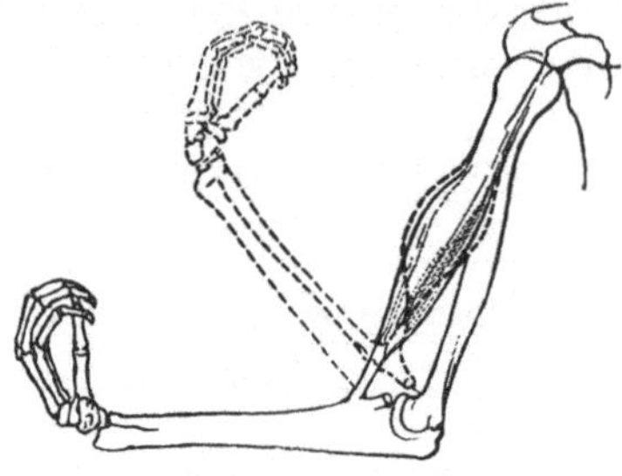

Abb. 52. Der menschliche Arm als Hebel

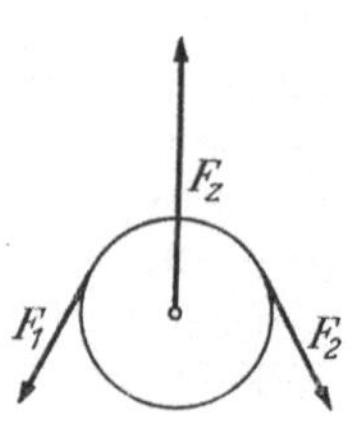

Abb. 53. Feste Rolle

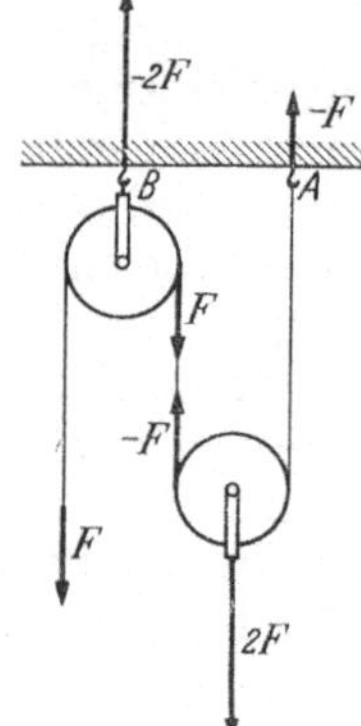

Abb. 54. Einfacher Flaschenzug

tende Zwangskraft F, das Gleichgewicht gehalten. Feste Rollen dienen meist dazu, die Richtung einer Kraft (der Zugkraft im Seil) zu ändern oder drehende Bewegungen von einer Achse auf eine andere zu übertragen (Transmissionen). Eine Änderung des Betrages der Kraft bewirken sie nicht. Bewegliche Rollen bilden einen Bestandteil der Flaschenzüge. Abb. 54 zeigt einen einfachen Flaschenzug, der aus einer festen und einer beweglichen Rolle besteht. Bei Gleichgewicht ist das Seil in seiner ganzen Länge gleich stark gespannt, und es herrscht in ihm überall die gleiche Zugkraft. Wenn daher am freien Seilende eine Kraft F wirkt, so wird die bewegliche Rolle mit der Kraft $-2F$ nach oben gezogen, und diese Kraft kann einer an der beweglichen Rolle nach unten wirkenden Kraft $2F$ das Gleichgewicht halten. (Das Gewicht der Rolle ist in die Kraft $2F$ einbegriffen; vom Gewicht des Seiles ist abgesehen.) Das Gleichgewicht des ganzen Flaschenzuges wird durch die im Aufhängepunkt der festen Rolle erzeugte Zwangskraft $-2F$ und durch die Zwangs-

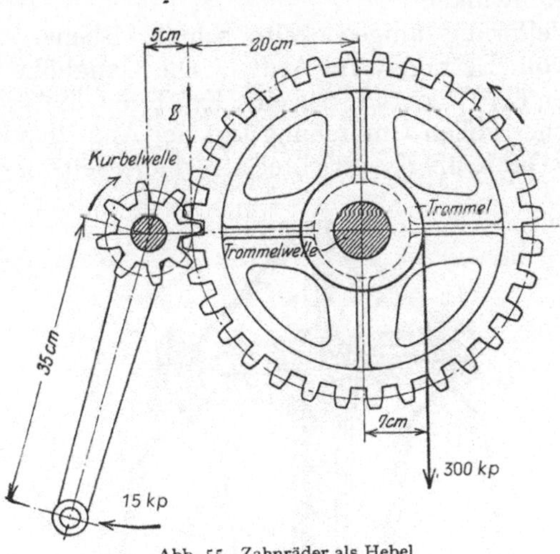

Abb. 55. Zahnräder als Hebel

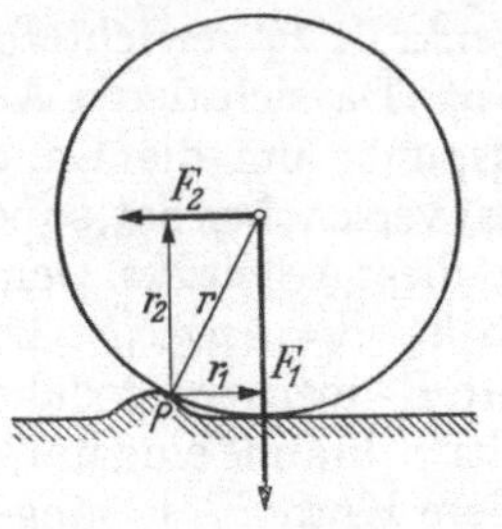

Abb. 56. Wirkung der Wagenräder

kraft $-F$ am befestigten Seilende bewirkt, die zusammen die Kräfte F und $2F$ aufheben. (Die Seilspannungen sind nur innere Kräfte des Systems.) Mit Hilfe des einfachen Flaschenzuges vermag eine Kraft F gegen die Kraft $2F$ Arbeit zu verrichten, also z.B. eine Last vom Gewicht $2F$ zu heben. Wie man leicht sieht, beträgt die Hebung der Last nur die Hälfte der Senkung des Angriffspunktes von F.

Auch die Zahnräder gehören zum Hebeltypus. Das in Abb. 55 dargestellte Zahnradsystem ist unter den verzeichneten Kräfte- und Radienverhältnissen im Gleichgewicht. Die an der Kurbel am Arm 35 cm angreifende Kraft 15 kp erzeugt am kleinen Zahnrad am Arm 5 cm eine Kraft von 105 kp ($35 \cdot 15 = 5 \cdot 105$). Die auf das große Zahnrad am Arm 20 cm bei Z angreifende Kraft 105 kp hält der an der Welle am Arm 7 cm angreifenden Kraft 300 kp das Gleichgewicht ($20 \cdot 105 = 7 \cdot 300$). Man berechnet leicht, daß wenn der Angriffspunkt der Kraft 15 kp durch Drehen der Kurbel in Richtung der Kraft um die Strecke s verschoben wird, der Angriffspunkt der 20mal größeren Kraft 300 kp um die Strecke $s/20$ gehoben wird. Es ist also, dem Energiesatz entsprechend, die *an* der Maschine verrichtete Arbeit gleich der *von* ihr verrichteten Arbeit. (Dabei haben wir von Reibungswiderständen abgesehen.)

Ein Wagen überwindet die Unebenheit eines Weges um so leichter, je größere Räder er hat. Damit sich in Abb. 56 der Wagen nach links bewegt, muß sich das Rad um den Punkt P drehen. Damit das möglich ist, muß die Zugkraft F_2 ein mindestens ebenso großes Drehmoment $N_2 = [r_2 F_2]$ (Betrag $r_2 F_2$) um den Punkt P

erzeugen wie das entgegengesetzt gerichtete Drehmoment $N_1 = [r_1 F_1]$ (Betrag $r_1 F_1$) der vom Wagengewicht herrührenden Kraft F_1. Es muß also mindestens $F_2 = r_1 F_1/r_2$ sein. Ist h die Höhe des Hindernisses, so ergibt eine einfache Rechnung $F_2 = F_1 \sqrt{h(2r-h)}/(r-h) \approx F_1 \sqrt{2h/r}$ für $h \ll r$. Die Zugkraft kann also um so kleiner sein, je größer der Radius r des Rades ist. Deshalb ist ein Motorroller nur auf guten Straßen brauchbar.

Einfache Maschinen vom Typus der schiefen Ebene (im allgemeinen Sinne, § 14) sind der Keil und die Schraube. Beim Keil (Abb. 57) hält die treibende Kraft F_1 den am Hindernis hervorgerufenen Zwangskräften F_2, F_3 das Gleichgewicht. Man berechnet leicht, daß $F_2 = F_3 = \frac{1}{2} F_1/\sin(\varphi/2)$ ist. Bei kleinem Keilwinkel φ können also mit einer gegebenen Kraft F_1 größere Gegenkräfte überwunden werden als bei größerem Keilwinkel.

Eine Schraube ist eine wendelförmig aufgewickelte schiefe Ebene. Am Schraubenkopf wirke eine Kraft vom Betrag F_1 am Arm r. Die Ganghöhe der Schraube sei s, und sie arbeite gegen ein Hindernis, das eine Kraft vom Betrag F_2 gegen die Schraube ausübt. Bei einer vollen Umdrehung legt der Angriffspunkt der Kraft F_1 den Weg $2\pi r$ zurück. Die Kraft F_1 verrichtet also die Arbeit $2\pi r F_1$. Nach dem Energiesatz ist sie gleich der gegen die Gegenkraft F_2 verrichteten Arbeit. Da sich deren Angriffspunkt um die Ganghöhe s verschoben hat, so beträgt diese Arbeit $F_2 s$. Demnach ist $F_2 = 2\pi r F_1/s$. Die Kraft F_1 überwindet daher an der Schraube eine um so größere Kraft F_2, je länger der Arm r ist, an dem sie angreift, und je kleiner die Ganghöhe s der Schraube ist.

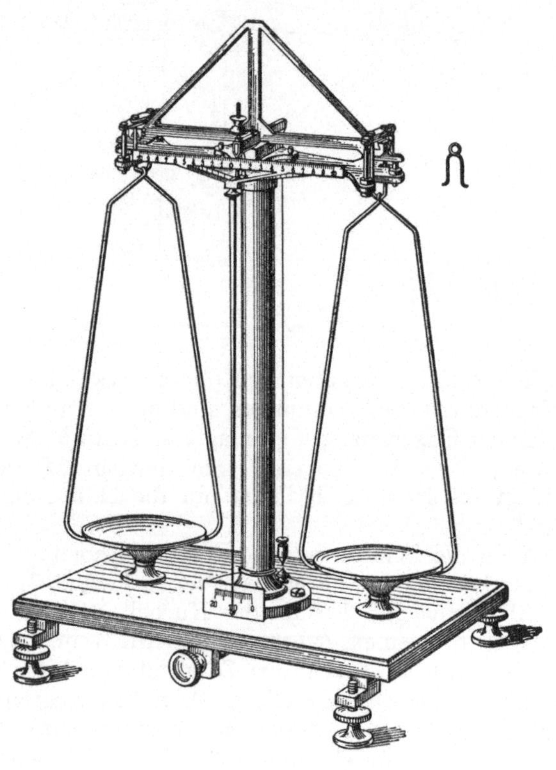

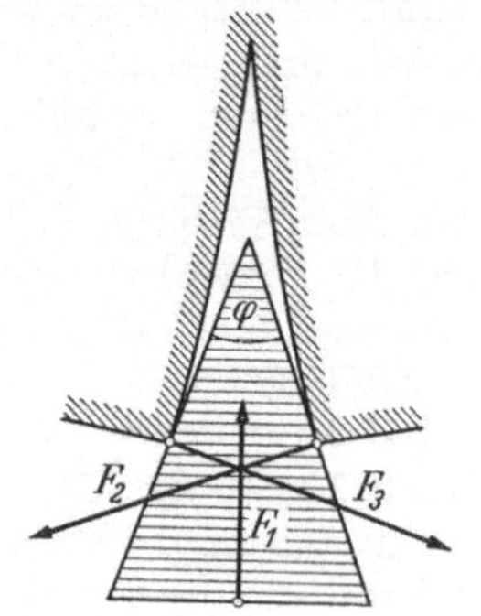

Abb. 57. Schema der Keilwirkung

Abb. 58. Analysenwaage

33. Waagen. Die Waagen dienen zur Messung, d.h. zum Vergleich von Massen. Die meisten, insbesondere die guten Waagen für wissenschaftliche Zwecke, beruhen auf dem Hebelprinzip. Wir wollen hier nur die in Physik und Chemie meist gebrauchte Form, die chemische oder Analysenwaage, näher betrachten. Ihr Hauptteil ist der Waagebalken (Abb. 58). Er hat in seiner Mitte eine fein geschliffene Schneide aus Achat, mit der er bei Gebrauch auf einer horizontalen

Platte aus Achat oder Stahl aufliegt und die seine Drehachse bildet. Nach Gebrauch wird der Waagebalken zur Schonung der Schneide mit einer Arretiervorrichtung von der Platte abgehoben. In möglichst gleichen Abständen von der Schneide hängen an den beiden Enden des Waagebalkens — ebenfalls auf Schneiden — die beiden Waagschalen. Zur Ablesung der Stellung des Waagebalkens dient ein auf einer Skala spielender Zeiger.

Es darf wohl vorausgesetzt werden, daß die meisten Leser schon mit einer solchen Waage gearbeitet haben und wenigstens grundsätzlich wissen, wie man bei einer Wägung verfährt. Deshalb geben wir hier nur die (vereinfachte) Theorie der Waage.

Die Waage ist ein *dreiarmiger Hebel,* denn außer der Zwangskraft in der Schneide greifen am Waagebalken drei Kräfte an und erzeugen drei Drehmomente, nämlich die beiden einander ganz oder nahezu gleichen, entgegengesetzt gerichteten Drehmomente, die die Gewichte der Waagschalen und der auf ihnen liegenden Körper erzeugen, und das vom Gewicht des Waagebalkens herrührende Drehmoment. Das Gewicht des Waagebalkens (nebst Zeiger) können wir uns in seinem Schwerpunkt angreifend denken. Dieser muß unterhalb der Schneide liegen, damit ein stabiles Gleichgewicht möglich ist. Das vom Gewicht des Waagebalkens herrührende Drehmoment verschwindet nur in der Nullstellung, d.h. wenn der Balkenschwerpunkt senkrecht unterhalb der Schneide liegt. Dann besteht (genaue Gleicharmigkeit der Waage vorausgesetzt) Gleichgewicht, wenn der Balken auf beiden Seiten gleich stark belastet ist.

Es sei l der Abstand der Seitenschneiden von der Mittelschneide, S der Schwerpunkt des Waagebalkens, s dessen Abstand von der Mittelschneide (Abb. 59). Das im Schwerpunkt S angreifende Balkengewicht betrage F_0. Am linken Hebelarm wirke die eine belastete Waagschale mit einer Kraft vom Betrag F_1, am rechten Hebelarm die andere Schale mit der etwas größeren Kraft $F_2 = F_1 + \Delta F$. Die Waage steht dann unter einem Winkel φ gegen diejenige Lage ein, bei der $F_1 = F_2$, die Waage also auf beiden Seiten gleich belastet ist. Die Arme der Kräfte F_1 und F_2 betragen dann $a = l \cos\varphi$. Der Arm der Kraft F_0 beträgt $\alpha = s \sin\varphi$. Nach dem Hebelgesetz besteht Gleichgewicht, wenn

$$F_1 a + F_0 \alpha = F_2 a$$

oder

$$F_1 l \cos\varphi + F_0 s \sin\varphi = F_2 l \cos\varphi.$$

Hieraus folgt mit $\Delta F = F_2 - F_1 = \Delta m\, g$ und $F_0 = m_0 g$

$$\tan\varphi = \frac{F_2 - F_1}{F_0}\, \frac{l}{s} = \frac{\Delta m}{m_0}\, \frac{l}{s}.$$

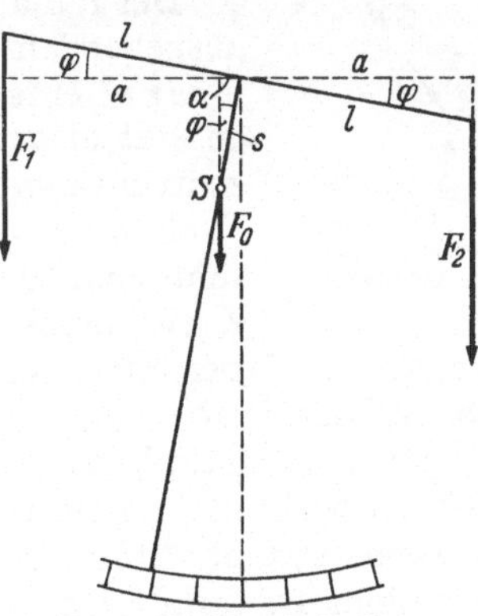

Abb. 59. Zur Theorie der Waage

Bei gegebener Differenz Δm der Massen m_1 und m_2 ist der Ausschlag φ um so größer, je größer die Balkenlänge l und je kleiner der Schwerpunktsabstand s und die Masse m_0 des Balkens sind, und um so größer ist dann die *Empfindlichkeit* der Waage. Denn je größer der Ausschlag ist, den eine bestimmte Massendifferenz erzeugt, um so kleinere Massendifferenzen werden von der Waage noch beobachtbar angezeigt.

Einer beliebigen Steigerung der Empfindlichkeit durch Vergrößerung von l und Verkleinerung von s, die hiernach möglich schiene, sind jedoch Grenzen gesetzt. Denn jede Änderung an der Waage, die ihre Empfindlichkeit steigert, vergrößert zwangsläufig ihre Schwingungsdauer und verringert ihre Stabilität. Dadurch wird nicht nur das Arbeiten mit der Waage schließlich allzu zeitraubend, sondern die Waage wird vor allem zu empfindlich gegen unvermeidliche Störungen (Erschütterungen usw.), die die Genauigkeit der Wägung beeinträchtigen. Neuere Waagen haben meist ziemlich kurze Balken. In Wirklichkeit liegt die Mittelschneide (bei horizontaler Balkenlage) aus bestimmten Gründen immer ganz wenig höher als die Seitenschneiden, was die Empfindlichkeit ein wenig abhängig von der Belastung macht. Hierüber und wegen der Einzelheiten, die bei einer möglichst genauen Wägung zu berücksichtigen sind, vgl. WESTPHAL: Physikalisches Praktikum, 7. u. 8. Aufg.

34. Zentripetalkraft und Zentrifugalkraft. Ein auf einer Kreisbahn laufender Massenpunkt erfährt nach (9.9) eine dauernde *Zentripetalbeschleunigung* $a_r = [uv] = -ru^2$ in Richtung auf den Kreismittelpunkt. Um diese Beschleunigung zu bewirken, also die Kreisbewegung aufrechtzuerhalten, muß eine ebenfalls dauernd auf den Kreismittelpunkt hin gerichtete Kraft, eine *Zentripetalkraft*,

$$F = ma_r = m[uv] = -mru^2 \tag{34.1}$$

an dem Massenpunkt angreifen, deren Betrag

$$F = ma_r = mru^2 = \frac{mv^2}{r} \tag{34.2}$$

ist. Das kann die Zugkraft in einem Faden oder einer sonstigen festen Verbindung des Massenpunktes mit dem Kreismittelpunkt sein oder die Massenanziehung, wie bei der kreisenden Bewegung der Planeten um die Sonne, eine elektrische Anziehung usw.

Die Zentripetalkraft steht bei der Kreisbewegung, wie die Zentripetalbeschleunigung, senkrecht zur Richtung der Geschwindigkeit, also zu den einzelnen Bahnelementen dr. Demnach leistet die Zentripetalkraft an dem kreisenden Massenpunkt keine Arbeit (§ 21). Sie bewirkt keine Änderung seiner kinetischen Energie, sondern nur eine ständige Änderung der Richtung seiner Geschwindigkeit.

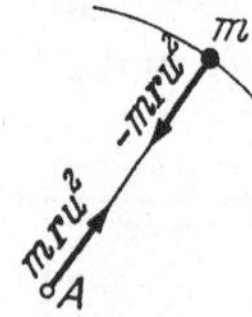

Der radial nach dem Drehungszentrum hin gerichteten, von ihm ausgehenden und am Massenpunkt angreifenden Zentripetalkraft $-mru^2$ entspricht nach dem Wechselwirkungssatz eine entgegengesetzt, also radial nach außen gerichtete, gleich große, am Drehungszentrum angreifende Gegenkraft $F' = -F = -ma' = +mru^2$, die das Drehungszentrum radial nach außen zu ziehen sucht. Diese Kraft fühlt man deutlich, wenn man einen Körper an einer Schnur im Kreise herumschleudert. Sie erweckt den Eindruck, als strebe der kreisende Körper infolge einer an ihm angreifenden Kraft radial nach außen. Tatsächlich ist sie aber eine von der Spannung in der Schnur herrührende Zwangskraft, die am anderen Ende in entgegengesetzter Richtung ebenso stark auf den kreisenden Körper wirkt und die für seine Kreisbewegung nötige Zentripetalkraft $F = -F' = -mru^2$ erzeugt (Abb. 60). Läßt man die Schnur los, die einen kreisenden Körper mit dem Drehungszentrum verbindet, so bewegt sich der Körper nicht etwa radial nach außen, sondern er fliegt auf Grund seiner Trägheit tangential zu seiner bisherigen Bahn in derjenigen Richtung und mit der Geschwindigkeit weiter, die er im Augenblick des Verschwindens der Zentripetalkraft hatte.

Bewegt sich ein Massenpunkt auf einer Bahn, deren Krümmungsradius sich stetig ändert, so ist für eine solche Bewegung die Wirkung einer der Zentripetalkraft analogen Kraft nötig, die man *Normalkraft* nennt und für die ebenfalls (34.1) gilt, wobei r den Abstand des Massenpunktes von dem momentanen Krümmungsmittelpunkt der Bahn (der sich im allgemeinen stetig verschiebt) und u die momentane Winkelgeschwindigkeit des Massenpunktes ist.

Abb. 60. Zur Kreisbewegung eines Massenpunktes

Wird ein Körper in der Luft an einem Faden im Kreise herumgeschleudert, so muß zur Aufrechterhaltung der Bewegung Arbeit gegen die Luftreibung verrichtet werden. Es muß also, außer der Zentripetalkraft, noch eine in der momentanen Richtung der Geschwindigkeit am Körper angreifende, zur Kreisbahn tangentiale Kraftkomponente F_s vorhanden sein. Dies wird durch die jedermann geläufige kreisende Handbewegung erreicht (Abb. 61). Der Faden liegt tangential zu dem von der Hand beschriebenen Kreise und überträgt auf den kreisenden Körper eine Kraft F, deren radiale Komponente die Zentripetalkraft $-m\,r\,u^2$ liefert, und deren tangentiale Komponente F_s Verschiebungsarbeit gegen die Reibung verrichtet.

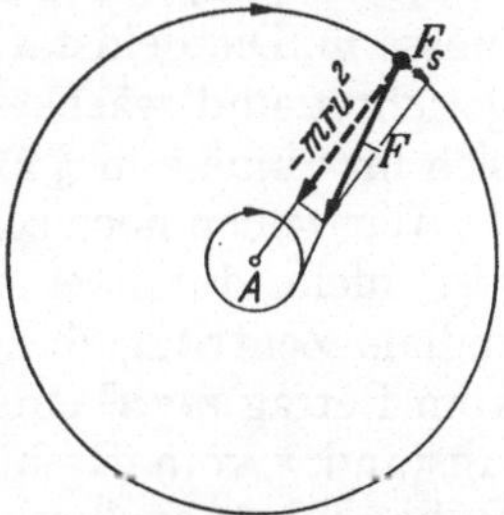

Abb. 61. Kreisbewegung im reibenden Medium

Bisher haben wir die Kreisbewegung eines Massenpunktes stillschweigend in einem Inertialsystem beschrieben (§§ 15, 16). Wir gehen jetzt zu einer Beschreibung in einem Bezugssystem über, das mit der gleichen Winkelgeschwindigkeit und um die gleiche Achse wie der Massenpunkt rotiert, relativ zu dem also der Massenpunkt ruht. Ein solches *rotierendes Bezugssystem* ist kein Inertialsystem, da seine einzelnen Punkte ständige Beschleunigungen auf das Drehungszentrum hin erfahren. Es ist also ein in besonderer Weise *beschleunigtes Bezugssystem*. Die neue Beschreibung wird sich daher von der vorher gegebenen durch das Auftreten von *Trägheitskräften* unterscheiden (§ 17).

Unser Bezugssystem denken wir uns in einer mit der Winkelgeschwindigkeit u in ihrer Ebene rotierenden Scheibe verankert, und wir betrachten einen relativ zu ihr im Abstande r von der Drehachse ruhenden Massenpunkt. Ein mit dem System rotierender Beobachter wird feststellen, daß der Massenpunkt nur dann in Ruhe verharrt, wenn auf ihn eine Kraft wirkt, die auf die Drehachse hin gerichtet und dem Abstande r und der Masse m des Massenpunktes proportional ist, nämlich die uns bereits aus unsrer ersten Betrachtungsweise bekannte Zentripetalkraft $F' = -m\,r\,u^2$. Doch hat u^2 bei dieser Beschreibungsweise den Charakter einer dem Bezugssystem eigentümlichen Konstanten. Bei formaler Anwendung des Wechselwirkungsgesetzes wird der mit rotierende Beobachter die Tatsache, daß der Massenpunkt relativ zu seinem Bezugssystem ruht, obgleich die Zentripetalkraft an ihm angreift, so deuten, daß der Zentripetalkraft eine gleich große, radial *nach außen gerichtete* Gegenkraft

$$F = +\,m\,r\,u^2 \qquad (34.3)$$

entgegenwirkt, eine *Zentrifugalkraft* oder *Fliehkraft*. Doch ist das eine *Trägheitskraft* (§ 17), da sie nicht von irgend einem anderen Körper ausgeht, also keine Wechselwirkungskraft ist und nur von der Trägheit des Massenpunkts herrührt. Während bei der Beschreibung in einem Inertialsystem die Zentripetalkraft nötig ist, um dem kreisenden Massenpunkt die erforderlichen Zentripetalbeschleunigungen zu erteilen, ist sie bei der Beschreibung im

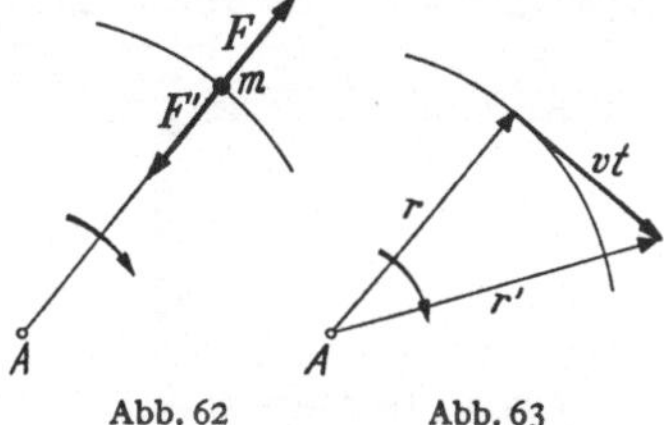

Abb. 62   Abb. 63

Abb. 62. Zentripetalkraft und Zentrifugalkraft im mitrotierenden System

Abb. 63. Zur Zentrifugalbeschleunigung im mitrotierenden System

mitrotierenden Bezugssystem dazu nötig, der Zentrifugalkraft das Gleichgewicht zu halten (Abb. 62). Bei der Beschreibung in einem Inertialsystem existiert die Zentrifugalkraft gar nicht, und deshalb darf man von einer solchen nur sprechen, wenn man ein rotierendes Bezugssystem verwendet. Letzteres ist aber durchaus zulässig und in vielen Fällen sogar besonders bequem.

Handelt es sich nicht um Massenpunkte, sondern um räumlich ausgedehnte Körper, so können die an ihren Massenelementen „angreifenden" Zentrifugalkräfte unter sich und mit echten Kräften nach den Gesetzen der Vektoraddition zusammengefaßt werden. Im allgemeinen Fall ergibt sich dann eine resultierende Einzelkraft und ein Kräftepaar.

Für den mitrotierenden Beobachter herrscht also in seinem Bezugsystem ein *Kraftfeld* (§ 27), und die für dieses charakteristische Körpereigenschaft w ist die Masse m. Die Feldstärke beträgt nach (27.1) $F/m = r u^2$, ist also radial nach außen gerichtet und wächst mit dem Quadrat der Winkelgeschwindigkeit. Es handelt sich im Sinne von § 27 um ein *Trägheitskraftfeld*.

Wir wollen noch zeigen, daß *relativ zum rotierenden System* ein frei beweglicher, also nicht durch eine Zentripetalkraft festgehaltener Körper tatsächlich eine radiale Zentrifugalbeschleunigung vom Betrag $a_n = r u^2$, einer Zentrifugalkraft vom Betrag $m r u^2$ entsprechend, erfährt. Ein Körper befinde sich anfänglich im Abstand r vom Drehungszentrum relativ zum mitrotierenden Bezugssystem in Ruhe, indem er durch eine Zentripetalkraft festgehalten wird (Abb. 63), die zur Zeit $t = 0$ verschwinde. Da der Körper jetzt frei beweglich ist, also vom rotierenden System aus keine Kräfte auf ihn übertragen werden, so bewegt er sich nunmehr, von einem Inertialsystem aus beurteilt, in seiner momentanen Richtung mit der Geschwindigkeit $v = r u$ tangential zu seiner bisherigen Kreisbahn geradlinig und gleichförmig weiter. Dabei wächst sein Abstand r' vom Drehungszentrum. Nach der Zeit t hat er die Strecke $v t$ zurückgelegt, und sein Abstand vom Drehungszentrum A beträgt jetzt $r' = \sqrt{r^2 + (v t)^2}$. Seine radiale Geschwindigkeit dr'/dt und Beschleunigung $d^2 r'/dt^2$ im mitrotierenden System betragen also

$$\frac{dr'}{dt} = \frac{v^2 t}{(r^2 + v^2 t^2)^{\frac{1}{2}}}, \qquad \frac{d^2 r'}{dt^2} = \frac{r^2 v^2}{(r^2 + v^2 t^2)^{\frac{3}{2}}} = \frac{r^2 v^2}{r'^3}. \tag{34.4}$$

Für den Augenblick des Starts, $t = 0$, $r' = r$, folgt hieraus $d^2 r'/dt^2 = v^2/r = r u^2$, also die dem Abstande r vom Zentrum entsprechende Zentrifugalbeschleunigung.

Im folgenden stellen wir uns immer auf den Standpunkt eines mitrotierenden Beobachters, behandeln also die Zentrifugalkräfte so, als seien sie echte, an den rotie-

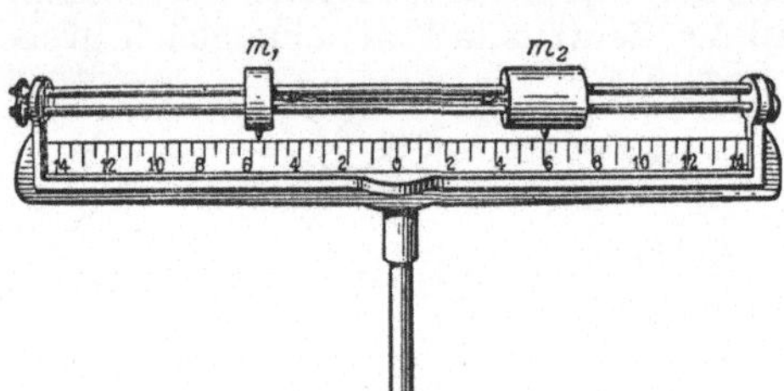

Abb. 64. Gleichgewicht zweier Zentrifugalkräfte

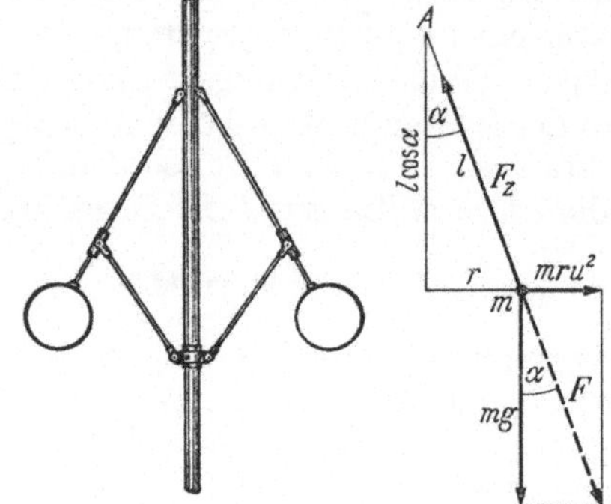

Abb. 65.
Zentrifugalregulator

Abb. 66.
Zur Theorie des Zentrifugalregulators

renden Körpern angreifende Kräfte. Bei der in Abb. 64 dargestellten Vorrichtung, die durch einen Motor in schnelle Drehung versetzt werden kann, liefert die an dem Körper m_1 „angreifende" Zentrifugalkraft die Zentripetalkraft für den mit ihm durch eine Schnur verbundenen Körper m_2 und umgekehrt. Sind ihre Abstände von der Drehachse r_1 und r_2 und ist ihre Winkelgeschwindigkeit u, so halten die Zentrifugalkräfte einander das Gleichgewicht, wenn $m_1 r_1 u^2 = m_2 r_2 u^2$, also $r_1 : r_2 = m_2 : m_1$. Andernfalls werden die Körper nach der einen oder anderen Seite geschleudert.

Ein wichtiger Bestandteil der Dampfmaschinen ist der Zentrifugalregulator (Abb. 65). Je schneller er rotiert, um so höher heben sich die beiden Kugeln, die an den Enden zweier in einer vertikalen Ebene drehbarer Stangen befestigt sind. Befinden sich die Kugeln (Masse m) im Abstand l vom Drehpunkt A der Stange (Abb. 66), so wirkt für den Beobachter auf sie außer der Schwerkraft mg die Zentrifugalkraft mru^2. Die Kugeln sind im Gleichgewicht, wenn die statischen Momente dieser Kräfte bezüglich des Punktes A einander aufheben. Diese statischen Momente betragen $N_1 = mgr$ und $N_2 = mru^2l\cos\alpha$, wenn α der Winkel ist, den die Stange mit der Drehachse bildet. Aus $N_1 = N_2$ folgt $\cos\alpha = g/(lu^2)$. Die Resultierende F der beiden Kräfte liegt in Richtung der Stange und wird durch die in ihr hervorgerufene Zwangskraft F_z aufgehoben, deren statisches Moment bezüglich A gleich Null ist. Der $\cos\alpha$ ist um so kleiner, α also um so größer, je größer die Winkelgeschwindigkeit u ist. Eine Hebung der Kugeln beginnt erst wenn $u^2 > g/l$ ($\cos\alpha < 1$). Der Zentrifugalregulator dient zur Regelung des Ganges von Dampfmaschinen (JAMES WATT 1784). Er drosselt durch ein mit ihm verbundenes Gestänge die Dampfzufuhr, wenn seine Winkelgeschwindigkeit infolge zu schnellen Ganges der Maschinen einen bestimmten Betrag überschreitet.

Die Kunst des Radfahrens beruht wesentlich auf einer geschickten Ausnutzung der Zentrifugalkraft. Bekanntlich genügt zum Fahren einer Kurve das Einschlagen des Vorderrades allein nicht. Es muß die für jede Kreisbewegung nötige Zentripetalkraft hinzukommen. Diese wird von der Schwerkraft geliefert und durch eine geeignete Neigung des Fahrrades hervorgerufen. Der Einfachheit halber denken wir uns das Fahrrad nebst Fahrer als einen Massenpunkt m im Schwerpunkt S des Systems Fahrrad—Fahrer (Abb. 67), das wir durch die unter dem Winkel α gegen die Vertikale geneigte Gerade AB schematisieren. Wir betrachten die Verhältnisse vom Standpunkt des Fahrers, also eines mitbewegten Beobachters. In S greift erstens die Schwerkraft F_1 vom Betrag $F_1 = mg$ an, zweitens die Zentrifugalkraft F_2 vom Betrag $F_2 = mv^2/r$ (r Kurvenradius). Jede der beiden Kräfte erzeugt ein Drehmoment um den Fußpunkt A des Fahrrades, und je nachdem das der Schwerkraft oder der Zentrifugalkraft überwiegt, fällt das Fahrrad nach innen, oder der Schwerpunkt wird nach außen abgetrieben. Das Fahren der Kurve ist nur möglich, wenn das Drehmoment der Resultierenden F von F_1 und F_2 verschwindet, ihre Wirkungslinie also durch den Fußpunkt A geht. Der Neigungswinkel des Fahrrades ergibt sich dann aus der Bedingung $\tan\alpha = F_2/F_1 = v^2/(rg)$.

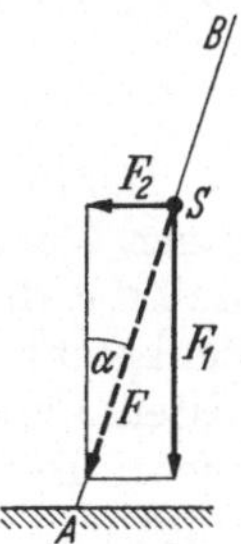

Abb. 67. Zur Theorie des Radfahrens

Demnach ist es zum Fahren einer Kurve nötig, die dem Bahnradius r und der Geschwindigkeit v entsprechende Neigung α herzustellen. Der Kurvenradius wird durch die Orientierung des Vorderrades zum Hinterrade bestimmt, indem die in der Fahrbahn an die beiden Räder gelegten Tangenten gleichzeitig Tangenten der Bahnkurve sind. Die richtige Neigung α wird durch Ausnutzung der Zentrifugalkraft erzeugt. Will man aus gerader Bahn z. B. in eine Kurve nach *rechts* einbiegen, so wird die dazu nötige Neigung nach rechts dadurch hervorgerufen, daß man zunächst dem Vorderrad einen kurzen Ruck nach *links* erteilt, also eine kleine Linkskurve fährt. Die dabei auftretende, nach rechts gerichtete Zentrifugalkraft treibt den Schwerpunkt nach rechts, erzeugt also eine Neigung dorthin. Wenn diese den richtigen Betrag erreicht hat, wird das Vorderrad in die Stellung umgeworfen, die dem Radius der zu fahrenden Kurve entspricht. Will man aus der Kurve wieder in die Gerade übergehen, so verfährt man umgekehrt. Man fährt momentan noch ein wenig stärker in die Kurve nach rechts, so daß die Zentrifugalkraft das Fahrrad aufrichtet, und stellt dann das Vorderrad auf gerade Fahrt. Entsprechend werden auch alle kleinen zufälligen

Neigungen während der Fahrt durch Fahren kleiner Kurven beseitigt. Der Leser überlege das Problem des Radfahrens auf dem Monde.

Da die Zentrifugalkraft um so größer ist, je schneller man fährt, so genügen bei großer Geschwindigkeit viel kleinere Lenkstangendrehungen, um Gleichgewicht zu halten, als bei kleiner Geschwindigkeit. Deshalb ist es für den Anfänger viel leichter, schnell zu fahren, als langsam. Die Vordergabel ist so gebaut, daß sich das Vorderrad bei kleinen Körperbewegungen des Fahrers ein wenig dreht. Bei nicht zu kleiner Geschwindigkeit genügen diese Bewegungen, um kleine zufällige Neigungen zu beseitigen. Darauf beruht das freihändige Fahren. Kreiselkräfte (§ 40) von merklicher Stärke treten beim Fahrrad wegen der geringen Masse der Räder nur bei beträchtlicher Geschwindigkeit mit einiger Stärke auf und spielen bei der Kunst des Radfahrens höchstens eine untergeordnete Rolle. (Vgl. WESTPHAL, Deine tägliche Physik, S. 58, Ullstein-Taschenbuch Nr. 4000.)

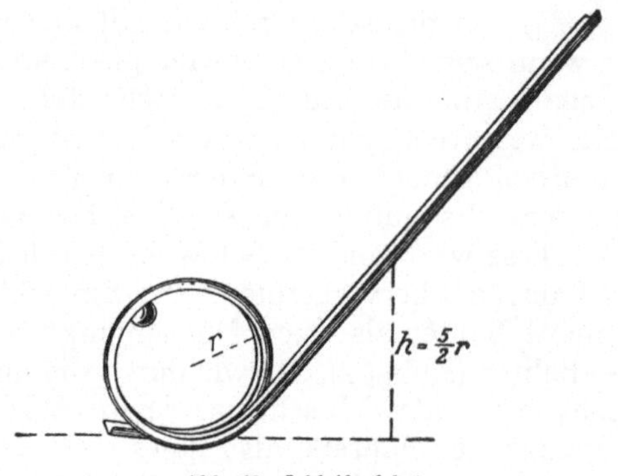

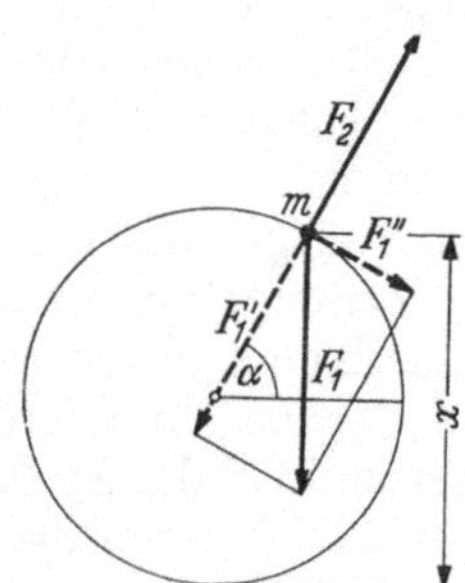

Abb. 68. Schleifenfahrt   Abb. 69. Zur Theorie der Schleifenfahrt

Damit ein schnell fahrendes Fahrzeug nicht infolge der Zentrifugalkraft in einer Kurve seitlich abgleitet oder sich seitlich überschlägt, ist es erforderlich, daß die Resultierende von Schwerkraft und Zentrifugalkraft wenigstens ungefähr senkrecht zur Fahrbahn steht. Aus diesem Grunde werden die Kurven von Eisenbahnen, Rad- und Kraftfahrbahnen überhöht, d.h. so schräg gelegt, daß dieser Bedingung bei der durchschnittlich vorkommenden Geschwindigkeit genügt ist.

Auf der Zentrifugalkraft beruht ein bekanntes Zirkuskunststück, die Schleifenfahrt, bei der ein Radfahrer oder ein kleiner bemannter Wagen, aus größerer Höhe kommend, eine vertikale Schleife durchfährt. Man kann den Versuch im Kleinen mit einer Kugel machen (Abb. 68). Es kommt natürlich darauf an, daß die Zentrifugalkraft mv^2/r im höchsten Punkt der Kreisbahn mindestens ebenso groß ist wie die Schwerkraft mg. Ist der (als ein reibungslos gleitender Massenpunkt gedachte) Körper aus der Höhe h über dem Fußpunkt der Kreisbahn gestartet, so hat er in der Höhe $2r$ die kinetische Energie $mv^2/2 = mg(h-2r)$, wenn r der Radius der Bahn ist, und die Zentrifugalkraft beträgt $mv^2/r = 2mg(h-2r)/r$. Daraus folgt die Bedingung $h \geq 5r/2$. Wegen der unvermeidlichen Reibung muß h tatsächlich noch größer sein. Wir haben aber noch einiges andere vernachlässigt. Handelt es sich um eine rollende Kugel vom Radius r', so muß berücksichtigt werden, daß diese außer kinetischer Energie der Translation beim Herabfallen auch Rotationsenergie gewinnt, und zwar auf Kosten der ersteren. Zweitens beträgt der Radius der von ihrem Schwerpunkt durchlaufenen Bahn nicht r, sondern $r-r'$. Auf Grund von § 36 und Abb. 69 möge der Leser die korrigierte Gleichung selbst berechnen.

Die Zentrifugalkraft ist (wie überhaupt jede Trägheitskraft) der Masse proportional, genau wie die Schwerkraft, und hat daher auch ganz analoge Wirkungen. In einer Flüssigkeit schwebende Teilchen setzen sich je nach ihrer Dichte im Schwerefeld verschieden schnell ab *(Sedimentation)*. Das gleiche geschieht in einem rotierenden Gefäß an dessen Seitenwänden. Die technische Bedeutung solcher *Zentrifugen* ist bekannt. Eine große wissenschaftliche Bedeutung hat die *Ultrazentrifuge* (SVEDBERG[1]). Sie kann auf so hohe Winkelgeschwindigkeit gebracht werden, daß die Zentrifugalkraft bis zum 10^6-fachen der Schwerkraft beträgt. Sie dient unter anderem zur Trennung verschieden schwerer, sehr großer Moleküle (Makromoleküle) und zur Bestimmung ihrer relativen Molekülmasse (ihres Molekulargewichts) aus ihrer Sedimentationsgeschwindigkeit.

Die Schwerelosigkeit in einem sich selbst überlassenen, die Erde umkreisenden Raumfahrzeug kann als eine Aufhebung der irdischen Schwerkraft (des Gewichtes) durch die ebenso große, entgegengesetzt gerichtete Zentrifugalkraft beschrieben werden (§ 17).

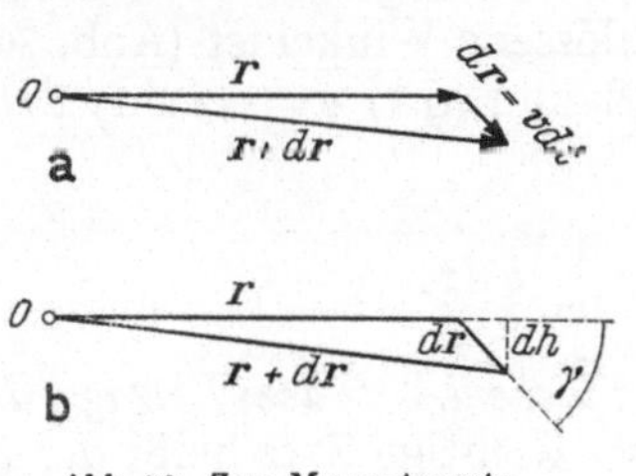

Abb. 70. Zum Momentensatz

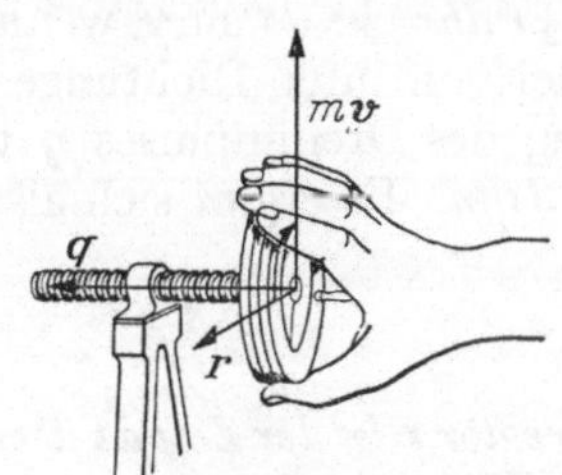

Abb. 71. Zur Definition des Drehimpulses

35. Drehimpuls. Momentensatz. Flächensatz. Ein Massenpunkt bewege sich in einem beliebigen Kraftfelde und unterliege an jedem Ort einer Kraft F, die im allgemeinen von Ort zu Ort ihren Betrag und ihre Richtung ändert, also eine Funktion der Ortskoordinaten ist. Es sei O ein beliebiger Punkt im Raum (Abb. 70a), r sei der von O nach dem jeweiligen Ort des Massenpunktes weisende Ortsvektor, $v = dr/dt$ die Geschwindigkeit des Massenpunktes (§ 9), also dv/dt seine Beschleunigung. Dann ist $F = m\,dv/dt$ die auf ihn wirkende Kraft, und das statische Moment dieser Kraft (§ 29) bezüglich des Punktes O ist

$$N = [rF] = m\left[r\,\frac{dv}{dt}\right]. \tag{35.1}$$

Als *Drehimpuls, Drall* oder *Impulsmoment* q des Massenpunktes bezüglich des Punktes O definieren wir — ganz analog zum statischen Moment einer Kraft — das Vektorprodukt aus dem Ortsvektor r und dem Impuls $mv = m\,dr/dt$ des Massenpunktes (§ 18),

$$q = [r \cdot mv] = m\,[rv] = m\left[r\,\frac{dr}{dt}\right]. \tag{35.2}$$

Die Richtung des Vektors q ergibt sich aus der Schraubenregel (§ 6). Er steht in Abb. 70a auf der Zeichnungsebene senkrecht und weist nach hinten, also senkrecht zu der durch r und mv bzw. dr definierten Ebene (Abb. 71). Der Drehimpuls verschwindet gemäß (6.3), wenn r und dr gleich oder entgegengesetzt gerichtet sind ($\sin \gamma = 0$), und hat seinen größten Betrag, $q = mrv$, wenn r und dr aufeinander senkrecht stehen ($\sin \gamma = \pm 1$).

Wir differenzieren q nach der Zeit und beachten, daß das vektorielle Produkt $[dr/dt \cdot v] = [vv] = 0$ ist $[(6.5)]$. Wir erhalten dann, unter Berücksichtigung

---

[1] THE SVEDBERG, geb. 1884, Nobelpreis 1926.

von (35.1),

$$\frac{d\boldsymbol{q}}{dt} = m\left[\frac{d\boldsymbol{r}}{dt}\,\boldsymbol{v}\right] + m\left[\boldsymbol{r}\,\frac{d\boldsymbol{v}}{dt}\right] = m\left[\boldsymbol{r}\,\frac{d\boldsymbol{v}}{dt}\right] = \boldsymbol{N}. \tag{35.3}$$

Diese Gleichung spricht den *Momentensatz* aus: *Der zeitliche Differentialquotient des Drehimpulses eines Massenpunktes bezüglich eines beliebigen Punktes ist gleich dem statischen Moment der auf ihn wirkenden Kraft bezüglich des gleichen Punktes.* Drehimpuls und statisches Moment stehen also in einer analogen Beziehung zueinander wie Impuls und Kraft [(18.4)]. Der Momentensatz spielt unter anderem eine wichtige Rolle beim *Turnen*, vor allem bei den Schwungübungen.

In Abb. 70 ist die Änderung des Vektors $\boldsymbol{r}$ in der Zeit dt dargestellt. Er erfährt in dieser Zeit einen Zuwachs $d\boldsymbol{r} = \boldsymbol{v}\,dt$, indem sich der Massenpunkt um die Strecke $d\boldsymbol{r}$ bewegt, und er hat sich nach Ablauf der Zeit dt in den Vektor $\boldsymbol{r} + d\boldsymbol{r}$ verwandelt. Dabei hat der Ortsvektor eine Fläche dA überstrichen, die durch die drei Vektoren $\boldsymbol{r}$, $d\boldsymbol{r}$ und $\boldsymbol{r} + d\boldsymbol{r}$ begrenzt wird. Die Fläche ist ein Dreieck vom Inhalt $dA = \frac{1}{2}r\,dh = \frac{1}{2}r\,dr\,\sin\gamma$, wenn r und dr die Beträge der Vektoren $\boldsymbol{r}$ und $d\boldsymbol{r}$ sind und γ der von ihren Richtungen eingeschlossene Winkel ist (Abb. 70). Nun ist der Betrag des Drehimpulses $\boldsymbol{q}$ nach (35.2) und (6.3) $q = mr\,\sin\gamma\,dr/dt$, also $r\,dr\,\sin\gamma = q\,dt/m$. Es ergibt sich also

$$dA = \frac{1}{2}\,r\,dr\,\sin\gamma = \frac{1}{2m}\,q\,dt. \tag{35.4}$$

Die vom Ortsvektor $\boldsymbol{r}$ in der Zeit dt überstrichene Fläche dA ist dem Betrag q des Drehimpulses des Massenpunktes proportional. Dieser wichtige Satz heißt der *Flächensatz*.

Im allgemeinen wird sich der Drehimpuls unter der Wirkung der am Massenpunkt angreifenden Kraft im Laufe der Zeit ändern, und so wird sich im allgemeinen auch die Änderungsgeschwindigkeit dA/dt der überstrichenen Fläche ändern. Der Drehimpuls ist nur dann konstant, $d\boldsymbol{q}/dt = 0$, $\boldsymbol{q}$ (und q) $= const$, wenn das statische Moment der Kraft $\boldsymbol{N} = 0$ ist [(35.3)]. Es verschwindet nur dann in jedem Augenblick, wenn die Kraft in jedem Raumpunkt stets auf den gleichen Punkt hin oder von ihm weg gerichtet ist und wenn wir diesen Punkt als Bezugspunkt O wählen. Denn in diesem Fall ist $\boldsymbol{N} = [\boldsymbol{r}\boldsymbol{F}] = 0$, weil $\boldsymbol{r}$ und $\boldsymbol{F}$ dann gleich oder entgegengesetzt gerichtet sind. Eine solche Kraft nennt man eine *Zentralkraft*, weil sie überall auf das gleiche Zentrum hin oder von ihm weg weist. In einem solchen *Zentralfeld* ist die in einer endlichen Zeit t vom Ortsvektor überstrichene endliche Fläche nach (35.4) $A = qt/2m$, also der Zeit t proportional. In diesem Sonderfall lautet der Flächensatz: *Bewegt sich ein Massenpunkt unter der Wirkung einer Zentralkraft, so ist sein auf das Kraftzentrum bezogener Drehimpuls zeitlich konstant, und der vom Kraftzentrum auf den Massenpunkt hinweisende Ortsvektor überstreicht in gleichen Zeiten gleiche Flächen.* Ein Beispiel hierfür ist das 2. Keplersche Gesetz (§ 45).

Die *Einheit des Drehimpulses* ist im CGS-System 1 g cm² s⁻¹, im MKS-System 1 kg m² s⁻¹.

36. Rotationsenergie. Trägheitsmoment. Unter der *Rotation eines ausgedehnten starren Körpers* verstehen wir eine Bewegung, bei der sich alle Massenelemente des Körpers mit gleicher Winkelgeschwindigkeit auf verschieden großen Kreisen um die *gleiche Achse* drehen. Dabei dreht sich also der Körper bei jedem Umlauf auch einmal um sich selbst. Hiervon wohl zu unterscheiden ist eine Bewegung, bei der sich alle Massenelemente eines Körpers auf gleich großen Kreisen um verschiedene Achsen drehen, etwa wie eine Exzenterscheibe oder unsere Hand bei kreisendem Fensterputzen oder Schmirgeln, bei der also der Körper seine

Orientierung im Raum beibehält. Dabei handelt es sich um eine reine Translation.

Ein Körper rotiere mit der Winkelgeschwindigkeit $\boldsymbol{u}$ (Betrag u) um eine innerhalb oder außerhalb von ihm liegende Achse. Die Geschwindigkeit $\boldsymbol{v}$, mit der sich ein im senkrechten Abstand r von der Achse befindliches Massenelement dm des Körpers bewegt, hat dann den Betrag $v = ur$, und seine kinetische Energie beträgt $dE_k = dm \cdot v^2/2 = dm \cdot u^2 r^2/2$. Die Winkelgeschwindigkeit ist für alle Massenelemente eines rotierenden Körpers die gleiche. Demnach ergibt sich die kinetische Energie des ganzen Körpers — seine *Rotationsenergie* —, indem man die Summe (das Integral) über seine Massenelemente bildet,

$$E_k = \frac{u^2}{2} \int r^2 \, dm = \frac{1}{2} I u^2 \, . \tag{36.1}$$

Die hier eingeführte Größe

$$I = \int r^2 \, dm \tag{36.2}$$

heißt das *Trägheitsmoment* des Körpers bezüglich der betrachteten Achse. Es hängt von der Lage der Drehachse relativ zum Körper ab. Das Trägheitsmoment eines einzelnen Massenpunktes m im senkrechten Abstand r von der Drehachse beträgt $I = mr^2$. Die *Einheit des Trägheitsmomentes* im CGS-System ist 1 g cm², im MKS-System 1 kg m².

Definieren wir bei einem um eine Achse drehbaren Körper von der Masse m einen senkrechten Abstand r_t von dieser Achse durch die Gleichung

$$r_t^2 = \frac{1}{m} \int r^2 \, dm = \frac{I}{m} \, , \quad \text{so daß} \quad I = m r_t^2 \, , \tag{36.3}$$

so können wir uns den Körper bezüglich seines Trägheitsmomentes durch einen um den *Trägheitsradius r_t* von der Achse entfernten Massenpunkt von der Masse m ersetzt denken. Er ist der Angriffspunkt der Resultierenden der an dem rotierenden Körper auftretenden — nicht parallelen — Trägheitskräfte, sein *Trägheitsmittelpunkt*, und, anders als bei reiner Translation, mit dem Schwerpunkt nicht identisch.

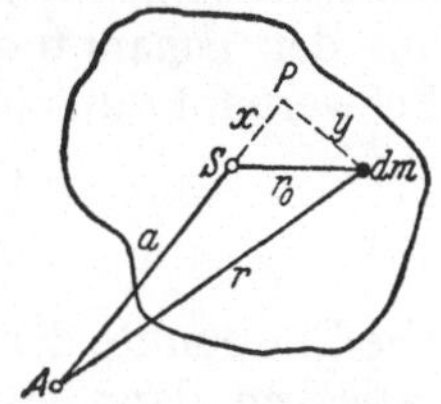

Abb. 72.
Zum Steinerschen Satz

In Abb. 72 sei A der Durchstoßpunkt einer zur Zeichnungsebene senkrechten Achse, S der Durchstoßpunkt einer zu ihr parallelen, durch den Schwerpunkt eines Körpers gehenden Achse *(Schwerpunktsachse)* und a der Abstand dieser beiden Achsen. Es sei ferner r der senkrechte Abstand eines Massenelements dm des Körpers von der ersten Achse, r_0 sein Abstand von der Schwerpunktsachse. Das von dm auf die Gerade AS gefällte Lot schneide die Gerade in P im Abstand $SP = x$ von S und habe die Länge y. Dann ist $r^2 = (a+x)^2 + y^2$, $r_0^2 = x^2 + y^2$. Das Trägheitsmoment des Körpers bezüglich der durch A gehenden Achse beträgt dann

$$I = \int r^2 \, dm = \int [(a+x)^2 + y^2] \, dm = a^2 \int dm + \int r_0^2 \, dm + 2a \int x \, dm \, .$$

Nun ist $\int dm = m$ die Masse des Körpers, $\int r_0^2 \, dm = I_s$ das Trägheitsmoment des Körpers bezüglich der zur vorgegebenen Achse parallelen Schwerpunktsachse und $\int x \, dm = 0$ nach (19.9). Demnach ist

$$I = I_s + m a^2 \tag{36.4}$$

(sog. *Steinerscher Satz*, stammt aber schon von HUYGENS). Das Trägheitsmoment des Körpers bezüglich einer beliebigen Achse ist gleich der Summe aus dem Trägheitsmoment des Körpers bezüglich der zur vorgegebenen Achse parallelen Schwerpunktsachse und dem Trägheitsmoment ma^2 eines dem Körper an Masse gleichen, im Körperschwerpunkt befindlichen Massenpunktes bezüglich der vorgegebenen Achse. Hiernach kann das Trägheitsmoment eines Körpers bezüglich jeder beliebigen Achse berechnet werden, wenn man seine Trägheitsmomente bezüglich aller Schwerpunktsachsen kennt. (Vgl. WESTPHAL: Physikalisches Praktikum, 5. Aufg.)

Bei einfach geformten und homogenen Körpern läßt sich das Trägheitsmoment nach (36.2) leicht berechnen. Zum Beispiel beträgt es für eine homogene Vollkugel mit dem Radius r für jede durch den Mittelpunkt gehende Achse $2mr^2/5$, für einen homogenen Hohlzylinder mit den Radien r_1 und r_2 bezüglich seiner Körperachse $m(r_1^2 + r_2^2)/2$, für einen homogenen Würfel von der Kantenlänge a bezüglich jeder durch seinen Mittelpunkt gehenden Achse $ma^2/6$.

Den verschiedenen Schwerpunktsachsen eines beliebig gestalteten Körpers entsprechen verschieden große Werte der auf sie bezogenen Trägheitsmomente. Jedoch lassen sich diese in einen einfachen Zusammenhang bringen, den wir ohne Beweis mitteilen wollen. Im allgemeinen hat ein Körper eine bestimmte Schwerpunktsachse, bezüglich derer sein Trägheitsmoment ein Maximum ist, und eine zu ihr senkrechte Schwerpunktsachse, bezüglich derer es ein Minimum ist. Diese beiden Schwerpunktsachsen größten und kleinsten Trägheitsmoments und die zu ihnen senkrechte dritte Schwerpunktsachse, der ein mittleres Trägheitsmoment entspricht, heißen die drei *Hauptträgheitsachsen* des Körpers, die zugehörigen Trägheitsmomente, die wir mit I_a, I_b, I_c bezeichnen wollen, seine *Hauptträgheitsmomente*. Es sei I das Trägheitsmoment des Körpers bezüglich einer beliebigen Schwerpunktsachse. Wir stellen jetzt die Kehrwerte der Wurzeln aus den genannten Trägheitsmomenten durch Strecken dar, die wir uns vom Schwerpunkt aus in Richtung der zugehörigen Achsen abgetragen denken,

$$\frac{1}{\sqrt{I}} = R, \qquad \frac{1}{\sqrt{I_a}} = a, \qquad \frac{1}{\sqrt{I_b}} = b, \qquad \frac{1}{\sqrt{I_c}} = c. \tag{36.5}$$

Die Endpunkte der zu allen möglichen Schwerpunktsachsen gehörigen Strecken R bedecken dann eine geschlossene, den Schwerpunkt einhüllende Fläche. Der Schwerpunkt liege im Ursprung eines rechtwinkligen Koordinatensystems (xyz), dessen Achsen mit den drei Hauptträgheitsachsen zusammenfallen, so daß x, y, z die Koordinaten der Endpunkte der Strecken R sind und $R^2 = x^2 + y^2 + z^2$ ist. Dann läßt sich folgende Gleichung beweisen:

$$\frac{x^2}{a^2} + \frac{y^2}{b^2} + \frac{z^2}{c^2} = 1. \tag{36.6}$$

Die Fläche ist also ein Ellipsoid, das *Trägheitsellipsoid* des Körpers. Es hat die drei Halbachsen a, b, c und ist demnach bekannt, wenn die drei Hauptträgheitsmomente bekannt sind. Man findet R und damit das Trägheitsmoment I für eine bestimmte Schwerpunktsachse, indem man vom Schwerpunkt aus eine Gerade in der Richtung der Achse bis zur Fläche des Trägheitsellipsoids zieht. Demnach sind durch die drei Hauptträgheitsmomente auch die Trägheitsmomente für sämtliche Schwerpunktsachsen und damit auch für jede andere Achse des Körpers bestimmt.

Bei homogenen, rotationssymmetrischen Körpern — wie sie auf der Drehbank entstehen — ist das Trägheitsellipsoid ein Rotationsellipsoid. In diesem Fall ist die geometrische Achse (Figurenachse) des Körpers stets eine Hauptträgheitsachse, und zwar die Achse größten oder kleinsten Trägheitsmoments, ersteres, wenn der Körper abgeplattet, letzteres wenn er länglich ist. Allen zur Figurenachse senkrechten Schwerpunktsachsen entspricht dann das gleiche Trägheitsmoment, und zwar bei einem abgeplatteten Körper das kleinste, bei einem länglichen Körper das größte. So ist bei einem abgeplatteten Kreiszylinder (Kreisscheibe) die Figurenachse die Achse größten Trägheitsmoments, jede dazu senkrechte Schwerpunktsachse eine Achse kleinsten Trägheitsmoments. Bei einem länglichen Kreiszylinder ist es umgekehrt. Die beiden Fälle gehen ineinander über bei einem Zylinder, für dessen Höhe h und Radius r die Gleichung $h^2 = 3 r^2$ gilt. In diesem Fall sind die drei Hauptträgheitsmomente einander gleich, das Trägheitsellipsoid ist eine Kugelfläche, und es sind überhaupt die Trägheitsmomente bezüglich aller Schwerpunktsachsen gleich groß. Körper dieser Art heißen daher *Kugelkreisel*. Zu ihnen gehören unter anderem auch die homogene Kugel, der homogene Würfel und überhaupt alle homogenen gleichseitigen Polyeder.

Man kann die Rotation eines Körpers um eine beliebige Schwerpunktsachse stets in drei gleichzeitige, unabhängige Rotationen um die drei Hauptträgheitsachsen zerlegen, analog der Zerlegung einer beliebigen Bewegung in drei gleichzeitige, unabhängige Bewegungen in drei zueinander senkrechten Richtungen. (Bezüglich irgendwelcher anderer zueinander senkrechter Achsen besteht diese Möglichkeit nicht.) Es seien u_a, u_b, u_c die Beträge der Winkelgeschwindigkeiten dieser drei Rotationskomponenten. Dann kann man statt (36.1) auch schreiben

$$E_k = \tfrac{1}{2} I u^2 = \tfrac{1}{2} (I_a u_a^2 + I_b u_b^2 + I_c u_c^2). \tag{36.7}$$

Ein auf einer Ebene rollender Körper vom Radius r führt gleichzeitig eine fortschreitende Bewegung mit der Geschwindigkeit v und eine Rotation mit der Winkelgeschwindigkeit $u = v/r$ aus. Daher beträgt seine kinetische Energie $E_k = m v^2/2 + I u^2/2 = (m + I/r^2) v^2/2$. Bei einer Kugel ist $I = 2 m r^2/5$. Ihre kinetische Energie beträgt daher beim Rollen $E_k = 7 m v^2/10$, ist also um den Faktor $\tfrac{7}{5}$ größer als bei reiner Translation. Läßt man zwei äußerlich ganz gleich geformte Zylinder, von denen der eine ein Vollzylinder, der andere ein ihm an Masse gleicher Hohlzylinder aus schwererem Stoff ist, auf einer schiefen Ebene gleichzeitig abrollen, so läuft der Vollzylinder schneller. Beide gewinnen zwar beim Durchfallen gleicher Strecken die gleiche Energie. Von dieser aber entfällt beim Hohlzylinder, weil er das größere Trägheitsmoment hat, ein kleinerer Bruchteil auf die reine fortschreitende Bewegung als beim Vollzylinder.

37. Kreisbewegung eines Massenpunktes um eine feste Achse.

Ein Massenpunkt m kreise mit der Winkelgeschwindigkeit u um eine feste Achse AA' (Abb. 73). Sein senkrechter Abstand von der Achse sei r_0, seine Geschwindigkeit v. Sie weist in Abb. 73a momentan senkrecht nach hinten. Als Bezugspunkt seines Drehimpulses (§ 35) wählen wir

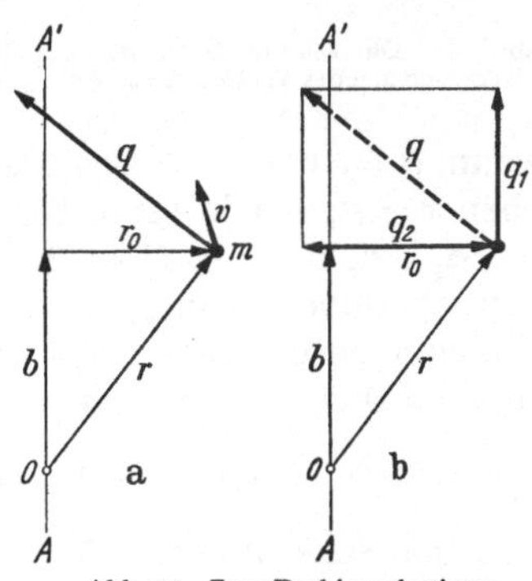

Abb. 73. Zum Drehimpuls eines kreisenden Massenpunktes

einen beliebigen auf der Achse AA' liegenden Punkt O. Der von O nach dem Massenpunkt weisende Ortsvektor sei r. Dann ist nach (35.2) sein Drehimpuls bezüglich O

$$\boldsymbol{q} = m\,[\boldsymbol{r}\boldsymbol{v}]. \tag{37.1}$$

Der Vektor $\boldsymbol{q}$ steht nach § 6 senkrecht auf der durch r und v gelegten Ebene, liegt also momentan in der Zeichnungsebene, weist gemäß der Schraubenregel schräg nach oben gegen die Achse und rotiert mit dem Massenpunkt um diese.

Wir zerlegen $\boldsymbol{q}$ in seine zur Achse parallele Komponente $\boldsymbol{q}_1$ und seine zur Achse senkrechte Komponente $\boldsymbol{q}_2$ (Abb. 73b). Der von O nach dem Fußpunkt von r_0 — dem Zentrum der Kreisbahn des Massenpunktes — weisende Ortsvektor sei b, so daß $r = r_0 + b$ die Vektorsumme von r_0 und b ist. Dann folgt aus (37.1)

$$q = m[(r_0 + b)v] = m[r_0 v] + m[bv] = q_1 + q_2, \qquad (37.2)$$

denn nach der Schraubenregel weist das Vektorprodukt $[r_0 v]$ wie q_1 in Richtung der Achse, das Vektorprodukt $[bv]$ wie q_2 in der Zeichnungsebene senkrecht auf sie hin. q_1 ist von der Lage des Bezugspunktes O auf der Achse unabhängig, q_2 hingegen nicht. q_1 ist der Drehimpuls des Massenpunktes um die feste Achse. q_2 verschwindet, wenn man den Mittelpunkt des Bahnkreises des Massenpunktes als Bezugspunkt wählt, wenn also $b = 0$, $r = r_0$ ist.

Da r_0 und v aufeinander senkrecht stehen, so ist der Betrag von q_1 gleich $q_1 = mr_0 v$ oder, wegen $v = ur_0$, $q_1 = mr_0^2 u = Iu$, da $I = mr_0^2$ das Trägheitsmoment des Massenpunktes bezüglich der Achse AA' ist. Da die Vektoren q_1 und u die gleiche Richtung, nämlich die der Achse haben, so gilt demnach auch die Vektorgleichung

$$q_1 = Iu. \qquad (37.3)$$

Der Vektor $q_2 = m[bv]$ steht senkrecht zur Achse und liegt im Fall der Abb. 73 momentan in der Zeichnungsebene. Während aber die Komponente q_1 eine feste Richtung im Raum hat, rotiert die Richtung von q_2 mit dem Massenpunkt um die Achse. Demnach ist q_2 als ein Vektor, der ständig seine Richtung ändert, auch bei konstanter Winkelgeschwindigkeit u zeitlich nicht konstant. Nur sein Betrag $q_2 = mbv = mbr_0 u$ ist bei konstantem u zeitlich konstant. Entsprechend ist auch der Vektor $q = q_1 + q_2$ zeitlich nicht konstant, also $dq/dt \neq 0$.

Dann aber folgt aus (35.3), daß auf den Massenpunkt eine Kraft wirken muß, deren statisches Moment bezüglich des Punktes O gleich $N = dq/dt$ ist. Nach (35.3) ist

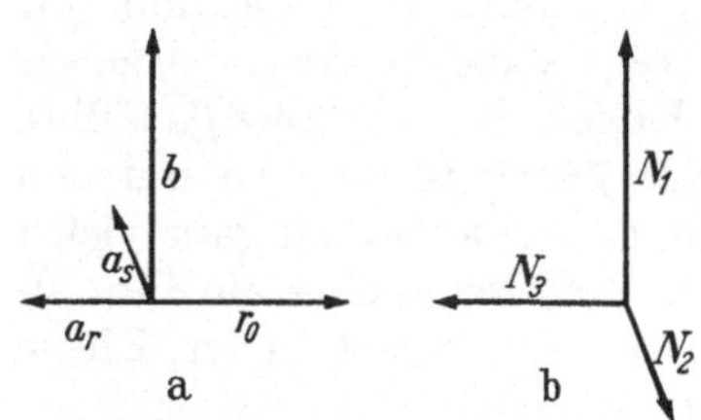

Abb. 74. a Die Vektoren b, r_0, a_s, a_r, b die Komponenten des Vektors N (zu Abb. 73)

$$N = \frac{dq}{dt} = m\left[r\,\frac{dv}{dt}\right] = m[ra], \qquad (37.4)$$

wenn $a = dv/dt$ die Beschleunigung des Massenpunktes ist. Wir zerlegen wie oben $r = r_0 + b$ in seine beiden Komponenten und die Beschleunigung $dv/dt = a = a_s + a_r$ nach (9.7) in die tangentiale Bahnbeschleunigung a_s und die radiale Zentripetalbeschleunigung a_r (Abb. 74a). Wir beachten ferner, daß r_0 und a_r einander entgegengerichtet sind, so daß nach (6.3) (sin $\gamma = 0$) das Vektorprodukt $[r_0 a_r] = 0$ ist. Dann folgt aus (37.4)

$$N = m[(r_0 + b)(a_s + a_r)] = m[r_0 a_s] + m[ba_r] + m[ba_s] = N_1 + N_2 + N_3. \qquad (37.5)$$

Das statische Moment N setzt sich also aus drei Komponenten zusammen, die aufeinander senkrecht stehen (Abb. 74b). Aus der Schraubenregel folgt, daß N_1 in Richtung der Achse weist, in Abb. 73 also senkrecht nach oben, und der Winkelgeschwindigkeit u gleich (oder entgegen) gerichtet ist. Der Vektor N_2 weist in Abb. 73 momentan senkrecht nach vorn, der Vektor N_3 liegt momentan in der Zeichnungsebene und weist momentan nach links. Die Richtung von N_1 ist zeitlich konstant, die Richtungen von N_2 und N_3 rotieren mit dem Massenpunkt um die Achse. Durch Vergleich mit (37.2) erkennt man, daß N_1 mit der axialen Komponente q_1 des Drehimpulses, N_2 und N_3 mit seiner radialen Komponente q_2 zusammenhängen,

$$N_1 = \frac{dq_1}{dt} = m[r_0 a_s], \qquad N_2 + N_3 = \frac{dq_2}{dt} = m[ba_r] + m[ba_s]. \qquad (37.6)$$

Daher ergibt sich aus (37.3) für N_1 und seinen Betrag N_1

$$N_1 = \frac{d\boldsymbol{q}_1}{dt} = I\,\frac{d\boldsymbol{u}}{dt}, \qquad N_1 = I\,\frac{du}{dt} = I\,\frac{d^2\varphi}{dt^2}. \tag{37.7}$$

wenn $d\varphi/dt = u$ der Betrag der Winkelgeschwindigkeit des Massenpunktes ist. Ist $N_1 = 0$, so sind der Drehimpuls $\boldsymbol{q}_1$ um die Achse und die Winkelgeschwindigkeit $\boldsymbol{u}$ konstant. Wirkt an dem Massenpunkt eine zur Achse und zum jeweiligen Ortsvektor $\boldsymbol{r}_0$ senkrechte, also seiner Geschwindigkeit $\boldsymbol{v}$ gleich- oder entgegengerichtete Kraft, die bezüglich der Achse das statische Moment N_1 hat, so erfährt der Massenpunkt eine Winkelbeschleunigung $d^2\varphi/dt^2 = N_1/I$, die je nach der Richtung von N_1 — ob der Winkelgeschwindigkeit gleich- oder ihr entgegengerichtet — seine Winkelgeschwindigkeit vergrößert oder verkleinert.

Damit der Massenpunkt eine Kreisbahn beschreibt, also die dazu nötige Zentripetalbeschleunigung $\boldsymbol{a}_r$ erfährt, muß nach (34.1) eine Zentripetalkraft $m\boldsymbol{a}_r$ entgegen der Richtung des Fahrstrahls $\boldsymbol{r}_0$ (Abb. 73) an ihm angreifen. Das statische Moment dieser Zentripetalkraft bezüglich des Bezugspunktes O ist nach § 29 $[\boldsymbol{b}\,m\boldsymbol{a}_r] = m\,[\boldsymbol{b}\,\boldsymbol{a}_r]$, also gleich dem statischen Moment N_2 [(37.6)]. Dieses dient also zur Erzeugung der zur Aufrechterhaltung der Kreisbewegung erforderlichen Zentripetalkraft, die (bei der Beschreibung in einem mitrotierenden Bezugssystem) der Zentrifugalkraft $-m\boldsymbol{a}_r$ entgegenwirkt (Abb. 75). Dieses statische Moment verschwindet, wenn man den Bezugspunkt O in den Mittelpunkt des Bahnkreises des Massenpunktes verlegt. Die Zentripetalkraft ist die Resultierende von Zwangskräften $\boldsymbol{F}_1, \boldsymbol{F}_2$, die in den Achsenlagern durch die von dem Massenpunkt ausgehende Zentrifugalkraft wachgerufen werden.

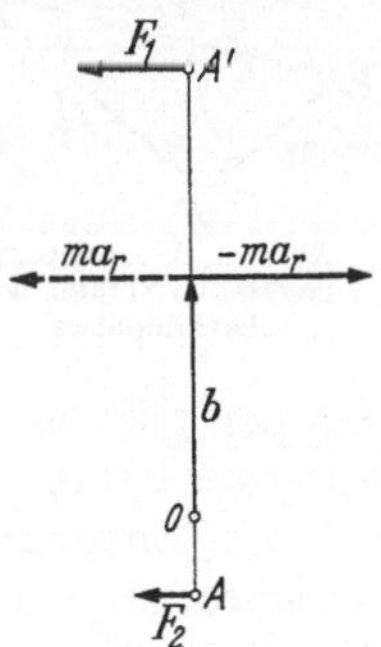

Abb. 75. Statisches Moment der Zentripetalkraft

Das statische Moment N_3 tritt nach (37.5) nur dann auf, wenn der Massenpunkt eine Bahnbeschleunigung $\boldsymbol{a}_s$, also eine Änderung seiner Winkelgeschwindigkeit erfährt, und fehlt bei konstanter Winkelgeschwindigkeit. Es beruht auf zusätzlichen Zwangskräften, die in den Achsenlagern unter der Wirkung einer Kraft auftreten, die eine Winkelbeschleunigung des Massenpunktes bewirkt und die mit der Resultierenden dieser Zwangskräfte ein Kräftepaar bildet.

Die Wahl des Bezugspunktes O hat, wie wir gesehen haben, keinen Einfluß auf die axiale Drehimpulskomponente $\boldsymbol{q}_1$ und die axiale Komponente N_1 des statischen Moments. Die radiale Drehimpulskomponente $\boldsymbol{q}_2$ und die statischen Momente N_2 und N_3 hingegen hängen von der ja beliebigen Wahl des Bezugspunktes ab und verschwinden, wenn man ihn in den Mittelpunkt des Bahnkreises verlegt. Die in den Achsenlagern auftretenden Zwangskräfte, auf die es neben den anderen am Massenpunkt angreifenden äußeren Kräften für die Bewegung des Massenpunktes allein ankommt, sind natürlich von der Wahl des Bezugspunktes unabhängig. Demnach ist es physikalisch belanglos, welchen Punkt auf der Achse man als Bezugspunkt wählt. Im Falle eines kreisenden Massenpunktes ist es am einfachsten, wenn man den Mittelpunkt des Bahnkreises wählt.

Wir wollen dies jetzt tun, so daß $N_2 = N_3 = 0$. Eine äußere Kraft, die an dem Massenpunkt angreift, habe bezüglich des Bahnmittelpunktes das statische Moment $N_1 = N$, erzeuge also an dem Massenpunkt ein Drehmoment vom Betrage $N = I\,du/dt$ [(37.7)]. Da $d\varphi = u\,dt$, und wenn anfänglich $u = 0$ ist, so ist das Integral

$$\int N\,d\varphi = I\int \frac{du}{dt}\,d\varphi = I\int \frac{du}{dt}\,u\,dt = I\int u\,du = \tfrac{1}{2}\,I\,u^2 = E_k \tag{37.8}$$

gleich der kinetischen Energie E_k des Massenpunktes [(36.1)], also auch gleich der Arbeit, die erforderlich ist, um ihm diese zu erteilen. Bei einer Kreisbewegung besteht also, analog zur Beziehung Arbeit = Kraft × Weg, die Beziehung *Arbeit = Drehmoment × Drehwinkel*. Auch besteht zwischen der kinetischen Energie $mv^2/2$ und der Rotationsenergie $Iu^2/2$ ausgedehnter Körper eine formale Analogie, indem I und m sowie u und v einander entsprechen. Überhaupt bestehen Analogien zwischen den Gesetzen der Translation und denen der Rotation. Sie werden deutlich, wenn man Geschwindigkeiten durch Winkelgeschwindigkeiten, Beschleunigungen durch Winkelbeschleunigungen, Massen durch Trägheitsmomente und Kräfte durch Drehmomente ersetzt. So entspricht auch der axiale Drehimpuls $q_1 = Iu$ dem Impuls $p = mv$, die Gleichung $N = dq/dt$ der Gl. (18.4), $F = dp/dt$.

38. Rotation eines Körpers um eine feste Achse.

Rotiert ein räumlich ausgedehnter starrer Körper um eine feste Achse, so ist sein Drehimpuls q, — den wir wieder auf einen auf der Drehachse gelegenen Punkt beziehen — gleich der Vektorsumme der Einzeldrehimpulse q_i seiner Massenelemente m_i. Indem wir diese gemäß § 37 in ihre zur Achse parallelen und senkrechten Komponenten q_1^i und q_2^i zerlegen, erhalten wir

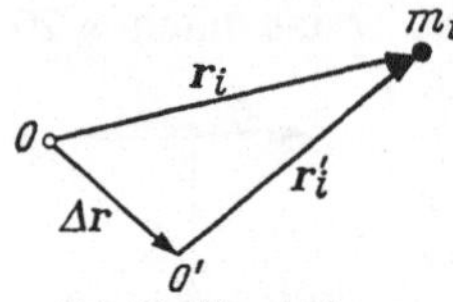

Abb. 76. Verschiebung des Bezugspunktes des Drehimpulses

$$q = \sum q_i = \sum q_1^i + \sum q_2^i = q_1 + q_2, \qquad (38.1)$$

wobei q_1 und q_2 die entsprechenden Komponenten des gesamten Drehimpulses sind. Bei einem ausgedehnten Körper gibt es nicht, wie beim einzelnen Massenpunkt, einen von vornherein ausgezeichneten Bezugspunkt wie dessen Bahnmittelpunkt.

Die Einzeldrehimpulse q_1^i sind alle der Achse parallel, unter sich gleichgerichtet und nach (37.3) gleich $I_i u$. Demnach ist die axiale Komponente des Drehimpulses

$$q_1 = u \sum I_i = I u, \qquad (38.2)$$

also analog zu (37.3), da das Trägheitsmoment I des Körpers gleich der Summe der Einzelträgheitsmomente seiner Massenelemente m_i bezüglich der Drehachse ist. Der Drehimpuls senkrecht zur Achse ist nach (37.2)

$$q_2 = \sum q_2^i = \sum m_i [b_i v_i]. \qquad (38.3)$$

Da die Einzeldrehimpulse q_2^i verschiedene Richtungen haben, können wir dies hier nicht weiter vereinfachen.

Zwischen der axialen Drehimpulskomponente q_1 und einem axialen Drehmoment N_1 besteht nach (35.3) und (38.2) die Beziehung

$$N_1 = \frac{dq_1}{dt} = I \frac{du}{dt}. \qquad (38.4)$$

Demnach gilt (37.8) auch für einen um eine Achse drehbaren Körper.

Wir wollen den Drehimpuls eines rotierenden Körpers einmal auf einen Punkt O beziehen, dann auf einen Punkt O', der ihm gegenüber um die Strecke $\varDelta r$ verschoben ist. Die von O bzw. O' nach den einzelnen Massenelementen m_i des Körpers weisenden Ortsvektoren seien r_i bzw. $r_i' = r_i - \varDelta r$ (Abb. 76). Die entsprechenden Drehimpulse sind dann nach (35.2)

$$q = \sum m_i [r_i v_i]$$

und

$$q' = \sum m_i [r_i' v_i] = \sum m_i [r_i v_i] - \sum m_i [\varDelta r v_i] = q - \sum m_i [\varDelta r v_i].$$

Da die Verschiebung Δr bezüglich aller Massenelemente m_i die gleiche ist, so können wir für das letzte Glied auch schreiben $-[\Delta r \sum m_i v_i]$. Nun ist aber $\sum m_i v_i = m v_s$, wenn $m = \sum m_i$ die Gesamtmasse des Körpers und v_s die Geschwindigkeit seines Schwerpunktes ist. Demnach ist

$$q' = q - m[\Delta r v_s]. \tag{38.5}$$

Ruht der Schwerpunkt, ist also $v_s = 0$, so ist $q' = q$. Das ist bei einem rotierenden Körper nur dann der Fall, wenn der Schwerpunkt auf der Drehachse liegt, diese also eine Schwerpunktachse ist. In diesem Fall ist also der Drehimpuls des Körpers von der Wahl des Bezugspunktes unabhängig, und sowohl seine axiale Komponente q_1, als auch seine radiale Komponente q_2 haben in jedem Augenblick einen ganz bestimmten Betrag und eine ganz bestimmte Richtung.

Die bei der Verwendung eines mitrotierenden Bezugsystems an den Massenelementen m_i eines gleichförmig rotierenden Körpers auftretenden Zentrifugalkräfte F_i, die alle zur Achse senkrecht stehen, aber verschieden gerichtet sind und in verschiedenen parallelen Ebenen liegen, lassen sich stets zu einer resultierenden Einzelkraft $F = \sum F_i$ und einem resultierenden Kräftepaar vereinigen. Die Einzelkraft ist die Vektorsumme der Zentrifugalkräfte $-m_i a_r = -m_i dv_i/dt$. Wenn wir beachten, daß, wie oben, $\sum m_i v_i = m v_s$, also $\sum m_i dv_i/dt = m dv_s/dt$ ist, so ergibt sich

$$F = -\sum m_i \frac{dv_i}{dt} = -m \frac{dv_s}{dt}. \tag{38.6}$$

Ist die Drehachse eine Schwerpunktsachse, so ruht der Schwerpunkt des rotierenden Körpers, so daß $v_s = 0$ und demnach auch $dv_s/dt = 0$ und $F = 0$. In diesem Fall ergeben die Zentrifugalkräfte also keine resultierende Einzelkraft. Ist die Achse aber keine Schwerpunktsachse, so besteht, wie beim rotierenden Massenpunkt, eine solche Einzelkraft, analog zur Kraft $-m a_r$ in Abb. 75, deren Richtung mit dem Körper um die Achse rotiert, die in der festen Achse entsprechende Zwangskräfte als Zentripetalkräfte hervorruft und die Achse einseitig beansprucht.

Wenn aber auch — bei der Rotation um eine Schwerpunktsachse — die resultierende Einzelkraft verschwindet, so bedeutet das noch kein Verschwinden des resultierenden Kräftepaares. (Die Vektorsumme der Einzelkräfte eines solchen ist ja stets gleich Null.) Im allgemeinen ergeben also bei der Rotation eines Körpers um eine Schwerpunktsachse die Zentrifugalkräfte ein Kräftepaar, das ein Drehmoment *(Zentrifugalmoment)* um eine zur Ebene des Kräftepaares senkrechte Achse ausübt. Dieses Drehmoment wird bei fester Achsenlagerung durch ein entgegengesetztes Drehmoment $N_2 = dq_2/dt$ aufgehoben, das durch Zwangskräfte in der Achse erzeugt wird *(Lagerreaktion)*. Das Drehmoment der Zentrifugalkräfte verschwindet nur dann, wenn die Drehachse nicht nur eine Schwerpunktsachse, sondern auch eine der Hauptträgheitsachsen ist. Wir wollen das an einfachen Beispielen verständlich machen.

Ein länglicher, homogener Kreiszylinder (Abb. 77a) bzw. eine Kreisscheibe (Abb. 77d) rotiere um eine beliebige feste Schwerpunktsachse AA'. Die gleich großen, entgegengesetzt gerichteten Resultierenden der Zentrifugalkraft F, $-F$ an den beiden Körperhälften haben im allgemeinen nicht die gleiche Wirkungslinie, bilden also ein Kräftepaar, das den Körper um eine zur Achse AA' senkrechte Achse zu drehen, ihn also in die Lage der Abb. 77c bzw. 77e zu bringen sucht. Die Kräfte haben nur dann die gleiche Wirkungslinie, heben sich also auf und üben kein Drehmoment aus, wenn die Drehachse entweder mit der Figurenachse zusammenfällt (Abb. 77b bzw. 77e) oder wenn sie eine der dazu senkrechten Schwerpunktsachsen ist (Abb. 77c bzw. 77f). Dies aber sind nach § 36 Hauptträgheitsachsen der Körper. Ist die Drehachse keine Hauptträgheitsachse

(Abb. 77a bzw. 77d), so sucht das Drehmoment der Zentrifugalkräfte den Körper in diejenige Lage zu überführen, in der er um die Achse größten Trägheitsmoments rotiert (Abb. 77c bzw. 77e). Rotiert der Körper bereits um diese Achse und erleidet er eine kleine Störung, so tritt sofort ein Drehmoment auf, das den alten Zustand wieder herzustellen sucht. Rotiert aber der Körper um eine Achse kleinsten Trägheitsmomentes (Abb. 77b bzw. 77f), so genügt die kleinste Störung, um ein Drehmoment wachzurufen, das den Zustand noch mehr zu ändern sucht. In Analogie zum stabilen und labilen Gleichgewicht kann man daher die Rotation eines symmetrischen Kreisels um eine Achse größten Trägheitsmomentes als einen stabilen, eine Rotation um eine Achse kleinsten Trägheitsmoments als einen labilen Rotationszustand bezeichnen. Die Rotation eines Kugelkreisels (§ 36) um irgendeine Schwerpunktsachse ist dem indifferenten Gleichgewicht analog, denn bei ihm sind alle Schwerpunktsachsen gleichwertig.

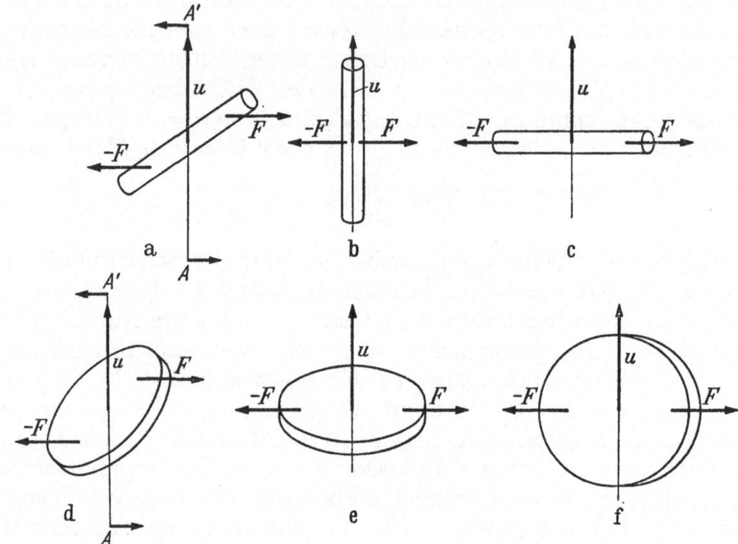

Abb. 77. Zentrifugalkräfte an rotierenden Körpern. a—c länglicher Kreiszylinder, d—f Kreisscheibe

Ein Körper, der um eine beliebige feste Schwerpunktsachse rotiert, unterliegt also — außer wenn diese eine Hauptträgheitsachse ist — einem Drehmoment N_2 der Zwangskräfte in der Achse, die von den Zentrifugalkräften erzeugt werden (Abb. 77a bzw. 77d). Er hat demnach im allgemeinen auch einen radialen Drehimpuls q_2, der mit dem Körper um die Achse rotiert. Rotiert er aber mit konstanter Winkelgeschwindigkeit um eine Hauptträgheitsachse, so ist $N_2 = dq_2/dt = 0$ und $q_2 = const$. Da nun q_2, wenn überhaupt vorhanden, wegen seiner ständigen Richtungsänderungen bei endlichem Betrage nicht konstant sein kann, so folgt $q_2 = 0$. Ein um eine Hauptträgheitsachse rotierender Körper hat demnach nur Drehimpuls um die Drehachse, und es ist $q = q_1$. Ist I_a das zur betreffenden Hauptträgheitsachse gehörige Hauptträgheitsmoment, so können wir in diesem Fall nach (38.2) und (38.4) auch schreiben

$$q = I_a u \quad \text{und} \quad N = I_a \frac{du}{dt}. \tag{38.7}$$

Ein Körper rotiere um eine beliebige Schwerpunktsachse. Seine Hauptträgheitsmomente seien I_a, I_b, I_c, die Komponenten seiner Winkelgeschwindigkeit u in Richtung der drei Hauptträgheitsachsen seien u_a, u_b, u_c, die Komponenten seines Drehimpulses q in diesen Richtungen q_a, q_b, q_c. Dann kann man, wie in § 36 erwähnt, die Rotation in drei *unabhängige* Rotationen um diese drei Achsen zerlegt denken, und es ist

$$q_a = I_a u_a, \qquad q_b = I_b u_b, \qquad q_c = I_c u_c \tag{38.8}$$

und

$$q = q_a + q_b + q_c = I_a u_a + I_b u_b + I_c u_c. \tag{38.9}$$

Ist ein rotierender Körper keinem äußeren Drehmoment N, auch keinen Zwangskräften in einer Achse unterworfen, ist also $N = dq/dt = 0$, so ist $q = const$, d.h. sein Drehimpuls hat konstanten Betrag und konstante Richtung. Erzeugt ein Körper durch von ihm ausgehende Kräfte an einem zweiten Körper ein Drehmoment $N = dq''/dt$, so erzeugt dieser an ihm nach dem Wechselwirkungsgesetz ein gleich großes, entgegengesetzt gerichtetes Drehmoment $-N = dq'/dt$. (q', q'' Drehimpulse des ersten und des zweiten Körpers.) Es folgt

$$\frac{dq'}{dt} + \frac{dq''}{dt} = 0 \qquad \text{und} \qquad q' + q'' = const. \tag{38.10}$$

Die Vektorsumme der Drehimpulse der beiden Körper bleibt also bei allen zwischen ihnen auftretenden Wechselwirkungen konstant. Das entsprechende gilt bei Wechselwirkungen zwischen beliebig vielen Körpern. Die zwischen ihnen wirkenden inneren Kräfte vermögen die Vektorsumme ihrer Drehimpulse weder nach Betrag noch nach Richtung zu ändern. *Der Drehimpuls eines nur inneren Kräften unterworfenen Körpersystems ist unveränderlich.* Dieser *Erhaltungssatz des Drehimpulses* ist ganz analog zum Erhaltungssatz der Bewegungsgröße (§ 18) und folgt aus ihm. Ändert sich der Drehimpuls eines Körpers, so kann das nur so geschehen, daß gleichzeitig andere Körper insgesamt eine gleich große, aber entgegengesetzt gerichtete Änderung ihres Drehimpulses erfahren.

Man beachte, daß die Bewegungsgröße und die kinetische Energie von der Wahl des Inertialsystems abhängen, auf das man sie bezieht, da die Geschwindigkeit von dieser Wahl abhängt (§ 16). Für den Drehimpuls und die Rotationsenergie gilt das dagegen nicht, da die Winkelgeschwindigkeit durch die Zentripetalbeschleunigung bestimmt wird, Beschleunigungen aber von der Wahl des Inertialsystems unabhängig sind.

Rotierende Körper bezeichnet man allgemein als *Kreisel*. Die vorstehenden Ausführungen enthalten die Grundlagen der *Kreiseltheorie*. Sie haben unter anderem auch große technische Bedeutung für alle schweren, schnell rotierenden Maschinenteile. Diese dürfen ihre Achsen und Achsenlager nicht durch mit ihnen umlaufende Zentrifugalkräfte und Zentrifugalmomente beanspruchen. Sie müssen also sehr genau um die Hauptträgheitsachse größten Trägheitsmoments rotieren *(Auswuchtung)*. Denn schon kleine Abweichungen können bei Maschinenteilen mit großem Trägheitsmoment oder bei schneller Rotation sehr beträchtliche und auf die Dauer gefährliche Beanspruchungen der Maschine und des Gebäudes zur Folge haben, vor allem beim Auftreten von Resonanzen.

39. Rotation um freie Achsen. Kräftefreier Kreisel. Wir gehen jetzt zur Betrachtung von Rotationen um freie Achsen über, d.h. um solche Achsen, deren Lage im Raum und im rotierenden Körper nicht durch irgendwelche Bedingungen festgelegt ist, die also ihre Lage im Raum und im Körper ändern können. Der wesentliche Unterschied gegenüber der Rotation um eine feste Achse besteht darin, daß die Zentrifugalmomente nicht durch Zwangskräfte in der Achse aufgehoben werden. Ihre Wirkung führt im allgemeinen zu komplizierten Bewegungen, und daher ist die allgemeine Kreiseltheorie sehr verwickelt und schwierig. Wir beschränken uns hier auf einfachere Fälle, die auch praktisch die wichtigsten sind, nämlich auf *symmetrische Kreisel*. Unter einem solchen versteht man einen homogenen, rotationssymmetrischen Körper — Kugeln, Kreiszylinder, Rotationsellipsoide, Kegel von kreisförmigem Querschnitt, Ringe usw. Ihre geometrische *Figurenachse* ist stets eine Hauptträgheitsachse, beim *abgeplatteten Kreisel*, z.B. einer Kreisscheibe, diejenige größten Trägheitsmoments, beim *verlängerten Kreisel*, z.B. einem länglichen Kreiszylinder, diejenige kleinsten Trägheitsmoments (Abb. 77). Die zur Figurenachse senkrechten Schwerpunktsachsen sind sämtlich gleichberechtigt und beim abgeplatteten Kreisel Achsen kleinsten, beim verlängerten Kreisel Achsen größten Trägheitsmoments. Demnach ist beim abgeplatteten Kreisel auch das Trägheitsellipsoid ein abgeplattetes, beim verlängerten Kreisel ein verlängertes Rotationsellipsoid.

Ist ein Kreisel keinen äußeren Kräften unterworfen *(kräftefreier Kreisel)*, so ist nach § 20 sein Schwerpunkt unbeschleunigt, er nimmt an der Rotation nicht teil. Das ist nur möglich, wenn er auf der Drehachse liegt. *Es kann daher nur eine Schwerpunktsachse Drehachse eines kräftefreien Kreisels — eine freie Drehachse — sein.* Ist sie obendrein eine Hauptträgheitsachse, so verläuft die Kreiselbewegung besonders einfach, weil in diesem Fall nach § 38 die Zentrifugalmomente am Kreisel fehlen.

Da ein kräftefreier Kreisel keine äußeren Einwirkungen erfährt, so sind seine Rotationsenergie und sein Drehimpuls konstant, letzterer als ein Vektor sowohl bezüglich seines Betrages wie seiner Richtung im Raume. Bei einem kräftefreien Kreisel hat also die *Drehimpulsachse*,

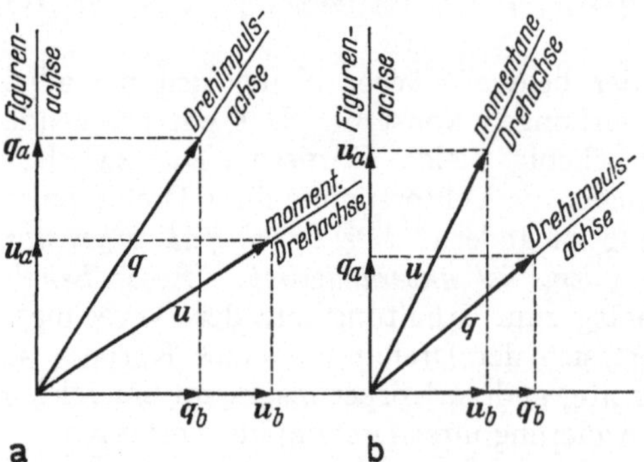

Abb. 78. Figurenachse, Drehimpulsachse und Drehachse, a beim abgeplatteten, b beim verlängerten Kreisel

d. h. die durch den Kreiselschwerpunkt in Richtung des Drehimpulsvektors weisende Gerade, bei noch so komplizierten Kreiselbewegungen eine *unveränderliche Richtung*. Im allgemeinen fällt weder die *Figurenachse* noch die *momentane Drehachse*, die Richtung des Winkelgeschwindigkeitsvektors u, mit der Drehimpulsachse zusammen. Diese beiden Achsen führen also bei der Kreiselbewegung eine Rotation um die raumfeste Drehimpulsachse aus.

Es sei u der momentane Winkelgeschwindigkeitsvektor eines symmetrischen Kreisels (Abb. 78 a u. b). In der gleichen Richtung liegt dann auch die momentane Drehachse. Wir zerlegen die Winkelgeschwindigkeit in ihre beiden zueinander senkrechten Komponenten u_a in Richtung der Figurenachse und u_b in der dazu senkrechten Richtung. Das entspricht der Zerlegung der Rotation in zwei unabhängige Rotationen um die entsprechenden Hauptträgheitsachsen. Das Trägheitsmoment bezüglich der Figurenachse sei I_a, dasjenige bezüglich aller zu ihr senkrechten gleichberechtigten Schwerpunktsachsen sei I_b. Nach (38.8) hat der Kreisel bezüglich der Figurenachse den Drehimpuls $q_a = I_a u_a$, bezüglich der dazu senkrechten Achse den Drehimpuls $q_b = I_b u_b$. (Die dritte Komponente entfällt, da u momentan keine Komponente senkrecht zur Zeichnungsebene hat.) Der gesamte Drehimpuls ist also der Vektor $q = I_a u_a + I_b u_b$ [(38.9)]. Aus Abb. 78 ist ersichtlich, daß die Drehimpulsachse — die Richtung des Vektors q — im allgemeinen nicht mit der Richtung der momentanen Drehachse — der Richtung des Vektors u — zusammenfällt. Ist $I_a < I_b$ (abgeplatteter Kreisel, Abb. 78a), so liegt die Drehimpulsachse zwischen Figurenachse und Drehachse. Ist $I_a < I_b$ (verlängerter Kreisel, Abb. 78b), so liegt die Drehachse zwischen Figurenachse und Drehimpulsachse. Jedoch liegen die drei Achsen beim symmetrischen Kreisel stets in der gleichen Ebene. Da sich der Kreisel in Abb. 78 *momentan* um die gezeichnete *u*-Achse dreht, also auch die Figurenachse momentan eine entsprechende Drehung um diese Achse ausführt, da die drei Achsen ferner stets in der gleichen Ebene liegen und die Winkel zwischen den drei Achsen durch I_a, I_b und q_b, q_a fest gegeben sind und da schließlich die Drehimpulsachse ihre Richtung im Raum nicht ändert, so folgt, daß die Figurenachse und die Drehachse eine kreisende

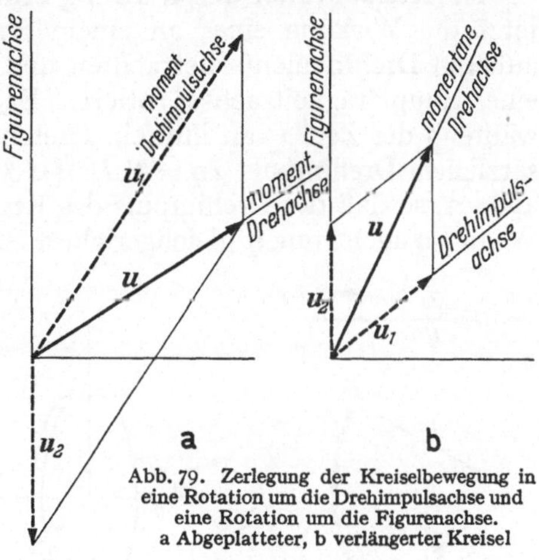

Abb. 79. Zerlegung der Kreiselbewegung in eine Rotation um die Drehimpulsachse und eine Rotation um die Figurenachse. a Abgeplatteter, b verlängerter Kreisel

Bewegung auf Kegelmänteln um die raumfeste Drehimpulsachse ausführen müssen. Dabei führt die Drehachse ihrerseits eine Drehung innerhalb des Kreisels um die Figurenachse aus. Die Bewegung der Figurenachse um die Drehimpulsachse heißt die *Präzession* des Kreisels. Sie kann als Wirkung der am Kreisel auftretenden Zentrifugalmomente angesehen werden.

Die Drehachse und die Drehimpulsachse fallen nur dann zusammen, wenn u_b oder $u_a = 0$ ist, wenn also die Drehachse auch mit der Figurenachse oder einer zu ihr senkrechten Schwerpunktsachse zusammenfällt (Abb. 77; b, c, e, f), wenn sie also eine Hauptträgheitsachse ist. (Das gilt auch beim nicht symmetrischen Kreisel.) In diesen Fällen haben demnach auch die Figuren- und die Drehachse eine raumfeste Richtung. Die Drehachse fällt auch dann mit der Drehimpulsachse zusammen, wenn $I_a = I_b$ ist. Das ist bei den Kugelkreiseln der Fall, deren Trägheitsellipsoid eine Kugel ist (§ 36). In allen diesen Fällen gibt es also keine Präzession, und zwar deshalb, weil keine Zentrifugalmomente auftreten.

Wir können die Kreiselbewegung noch auf eine andere Weise verständlich machen. Wir zerlegen die Winkelgeschwindigkeit u in zwei Komponenten, deren eine, u_1, in Richtung der Drehimpulsachse und deren andere, u_2, in Richtung der Figurenachse liegt. Das entspricht der Zerlegung der Kreiselbewegung in eine Rotation um die raumfeste Drehimpulsachse und eine Rotation um die nicht raumfeste Figurenachse. (Daß diese Rotationen nicht voneinander unabhängig sind, ist hier ohne Belang.) Es ergibt sich, daß ein abgeplatteter Kreisel (Abb. 79a) außer seiner Rotation um die Figurenachse (u_2) eine im wesentlichen

Abb. 80. Kleinscher Kreisel. (Nach MÜLLER-POUILLET: Lehrbuch der Physik)

gegenläufige Präzession um die Drehimpulsachse (u_1) ausführt. Hingegen erfolgen beim verlängerten Kreisel (Abb. 79b) die beiden Rotationen im wesentlichen gleichsinnig.

Zur Demonstration der Kreiselgesetze kann man einen Kreisel kräftefrei machen, indem man ihn in einer kardanischen Aufhängung (Abb. 84) so lagert, daß sein Schwerpunkt im Mittelpunkt der Aufhängung liegt, oder indem man ihn wie beim Kleinschen Kreisel (Abb. 80) unmittelbar in seinem Schwerpunkt unterstützt.

Bei der Bewegung eines symmetrischen Kreisels ist die jeweilige Lage und Bewegung der Figurenachse ohne weiteres sichtbar. Auch die Lage der raumfesten

Drehimpulsachse ist als die Gerade, um die die ganze Bewegung erfolgt, deutlich kenntlich, aber nicht die Lage der momentanen Drehachse und ihre Bewegung im Raum und innerhalb des Körpers. Man kann aber nach POHL[1] auch diese sichtbar machen, wenn man eine zur Figurenachse senkrechte Ebene am Kreisel mit bedrucktem Papier beklebt. Dieses erscheint wegen der schnellen Drehung überall gleichmäßig grau. Nur im jeweiligen Durchstoßpunkt der Drehachse ist eine Struktur zu erkennen, deren Wanderung auf der Fläche die Wanderung der Drehachse im Körper anzeigt.

40. Kreisel unter der Wirkung eines äußeren Drehmomentes. Wir wollen jetzt die Wirkung eines an einem Kreisel mit freier Drehachse angreifenden äußeren Drehmoments betrachten und dabei voraussetzen, daß der Kreisel um eine Hauptträgheitsachse rotiert. Er habe den Drehimpuls q. Wirkt jetzt während der Zeit dt an ihm ein Drehmoment N, so erzeugt es an ihm einen zusätzlichen Drehimpuls $dq = N\,dt$ [(35.3)], der sich vektoriell zum Drehimpuls q addiert, so daß der Drehimpuls des Kreisels nunmehr $q' = q + dq$ ist (Abb. 81a). Wenn dq nicht mit q gleichgerichtet ist, so weicht die Richtung von q' von derjenigen von q ein wenig ab. Der Betrag des Drehimpulses ändert sich nur dann nicht, wenn dq senkrecht zu q gerichtet ist. Dann ändert sich nur die Richtung von q. In Abb. 81b ist dies für eine endliche Richtungsänderung angedeutet. Die aneinandergereihten Pfeilchen bedeuten die aufeinanderfolgenden, zur jeweiligen q-Richtung senkrechten Drehimpulsänderungen dq.

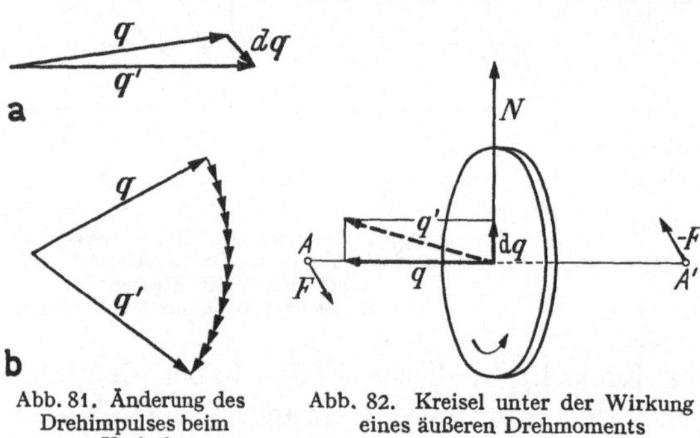

Abb. 81. Änderung des Drehimpulses beim Kreisel

Abb. 82. Kreisel unter der Wirkung eines äußeren Drehmoments

Abb. 82 stellt als Beispiel eines Kreisels eine um ihre Figurenachse rotierende Kreisscheibe dar, deren Achse AA' frei drehbar ist, aber eine feste Lage im Kreisel hat. Der Drehimpulsvektor q weist in Richtung der Achse horizontal von rechts nach links (Schraubenregel). Nunmehr lassen wir während einer Zeit dt an der Achse ein Kräftepaar wirken, dessen Einzelkräfte F, $-F$ zur Zeichnungsebene senkrecht stehen und das nach der Schraubenregel ein Drehmoment N erzeugt, das senkrecht zur Achse in der Zeichnungsebene liegt, den Kreisel also um eine in der Zeichnungsebene liegende vertikale Achse zu drehen sucht. Die dadurch hervorgerufene Drehimpulsänderung $dq = N\,dt$ ist mit N gleichgerichtet, weist also senkrecht nach oben. Der Drehimpuls q verwandelt sich demnach in einen Drehimpuls $q' = q + dq$, der wieder in der Zeichnungsebene liegt, aber ein wenig gegen die Horizontale geneigt ist. Da der Kreisel nur um die in seiner Figurenachse festgelegte Achse rotieren kann, die Richtung seiner Figuren- und Drehachse also stets mit seiner Drehimpulsachse übereinstimmt, so folgt, daß sich der Kreisel ebenso gedreht hat wie der Drehimpulsvektor q. Man kann den Versuch leicht so verwirklichen, daß man einen Kreisel von der in Abb. 81 dargestellten Art an den beiden Enden seiner Achsen anfaßt und ihm einen kurzen drehenden Ruck im Sinne des gedachten Kräftepaares erteilt. Das Ergebnis des Versuches ist immer wieder überraschend. Es gelingt nicht, den Kreisel im Sinne des angewandten Drehmoments zu drehen. *Ein Kreisel reagiert auf den Versuch, ihn um irgendeine zu seiner Drehachse senkrechte Achse zu drehen, mit einer Drehung*

---

[1] ROBERT WICHARD POHL, geb. 1884.

um die zu dieser Achse und zur Drehachse senkrechte Achse. Natürlich handelt es sich hier um die Wirkung von Trägheitskräften. Bei schneller Rotation und großem Trägheitsmoment sind diese *Kreiselkräfte,* mit denen sich ein Kreisel jeder Richtungsänderung seiner Drehachse in einem bestimmten Sinne widersetzt, sehr beträchtlich. Natürlich ist es möglich, jede gewünschte Richtungsänderung der Kreiselachse zu bewirken. Dann aber muß das Drehmoment, entgegen jeglicher Erfahrung an nicht rotierenden Körpern, genau senkrecht zu derjenigen Achse gerichtet sein, um die man den Kreisel zu drehen wünscht. Obgleich Kräfte an den Achsenenden gewirkt und diese sich verschoben haben, hat sich die Rotationsenergie des Kreisels nicht geändert; es ist also an ihm keine Arbeit geleistet worden. Das liegt daran, daß die Bewegung der Achsenenden senkrecht zu den Kräften erfolgt (§ 21). Zu Versuchen ist das abmontierte Rad eines Fahrrades geeignet, dessen Bereifung durch einen Bleikranz ersetzt und dessen Achse durch Handgriffe verlängert ist. Man versetzt es durch Abziehen einer auf die verlängerte Achse gewickelten Schnur in schnelle Rotation.

Die Achsendrehung eines Kreisels, die durch ein äußeres Drehmoment hervorgerufen wird, bezeichnet man ebenso wie die vom Drehmoment der Zentrifugalkräfte hervorgerufene Drehbewegung (§ 39) als *Präzession.*

Ein Kinderkreisel, der mit genau lotrechter Figuren- und Drehachse läuft, verhält sich wie ein kräftefreier Kreisel. Kleine Kippungen sind aber unvermeidlich. Sobald eine solche eintritt, tritt am Kreisel ein Kräftepaar auf, das einerseits aus der in seinem Schwerpunkt S angreifenden Schwerkraft F, andererseits aus der entgegengesetzt gerichteten gleich großen Zwangskraft $F_z = -F$ an seiner Spitze besteht. Es sucht den Kreisel im Fall der Abb. 83 noch weiter nach rechts zu kippen, ihn also um

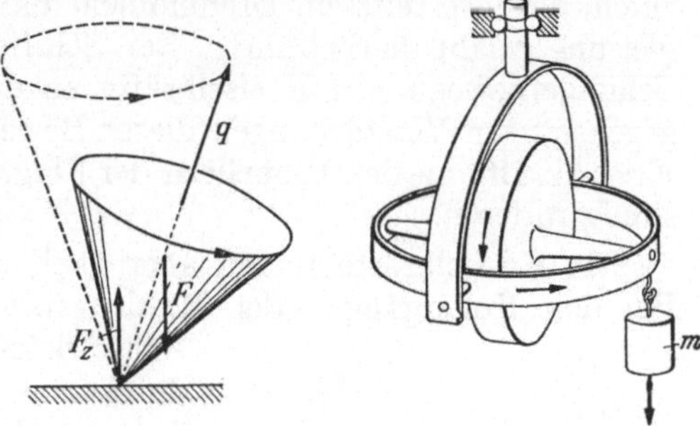

Abb. 83. Kinderkreisel

Abb. 84. Zur Präzession unter der Wirkung eines äußeren
Drehmoments. (Nach MÜLLER-POUILLET:
Lehrbuch der Physik)

eine durch seine Spitze gehende, zur Zeichnungsebene senkrechte, horizontale Achse zu drehen. Der Kreisel aber reagiert darauf mit einer Drehung seiner Achse um die dazu senkrechte, in der Zeichnungsebene liegende, vertikale Achse. Seine Achse dreht sich bei dem in Abb. 83 angenommenen Umlaufsinn des Kreisels momentan nach hinten — also im gleichen Sinne wie die Kreiselrotation — und setzt diese Bewegung, da das Drehmoment andauert und seine Richtung die Präzessionsbewegung mitmacht, entsprechend fort. Die Kreiselachse rotiert also in der bekannten Weise auf einem Kegelmantel um die Vertikale, gleichsinnig mit der Rotation des Kreisels. Die Winkelgeschwindigkeit und der Drehimpuls des Kreisels ändern dabei, sofern der Kreisel reibungsfrei läuft, nur ständig ihre Richtungen, aber nicht ihre Beträge. Infolge des Energie- und Drehimpulsverlustes durch Reibung werden aber bei einem wirklichen Kreisel die Kreiselkräfte allmählich schwächer. Die Öffnung des Präzessionskegels wird ständig größer, so daß der Kreisel schließlich umfällt.

Abb. 84 stellt einen Kreisel dar, der mit horizontaler Achse in einer kardanischen Aufhängung gelagert ist, so daß seine Achse allseitig drehbar ist. Durch das Gewicht eines am Ende seiner Achse angebrachten Körpers kann ein äußeres Drehmoment erzeugt werden, das ihn um die zu seiner Drehachse senkrechte horizontale Achse zu drehen sucht. Er antwortet darauf mit einer Präzessionsbewegung um die vertikale Achse. Hängt man den Körper an das andere Ende der Achse, so kehrt sich die Präzessionsbewegung um.

In der Technik müssen Kreiselkräfte überall in Betracht gezogen werden, wo die Richtung der Drehachsen schnell rotierender Maschinenteile sich schnell ändert, also insbesondere bei Fahrzeugen. Denn die Kreiselkräfte, die Trägheitswiderstände der rotierenden Teile gegen eine Änderung der Richtung ihrer Drehimpulse, beanspruchen die Achsenlager stark und üben erhebliche Drehmomente auf das Fahrzeug aus. So bewirken die Kreiselkräfte an den Rädern beim Fahren einer Kurve eine Vermehrung des Raddruckes an der Außenseite der Kurve, eine Verminderung an der Innenseite, erzeugen also eine zusätzliche, gleichsinnige Wirkung zur Zentrifugalkraft, die ebenfalls das Fahrzeug nach außen zu kippen sucht (§ 34). Eine einseitige Eindellung der Schienen kann bei Eisenbahnwagen eine plötzliche Kippung und damit eine Drehung

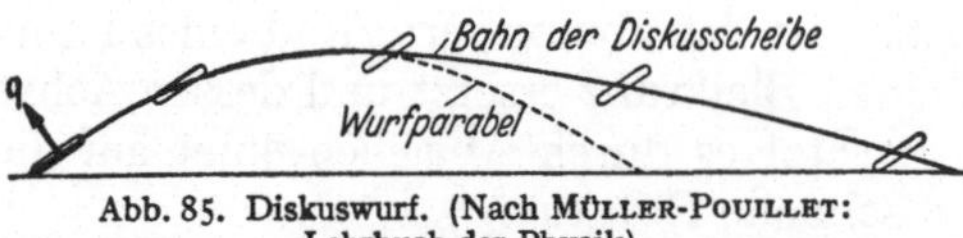

Abb. 85. Diskuswurf. (Nach Müller-Pouillet: Lehrbuch der Physik)

der Radachsen um eine in der Fahrtrichtung liegende horizontale Achse hervorrufen, die ihrerseits ein Drehmoment um eine vertikale Achse erzeugt und Entgleisungsgefahr herbeiführt. Bei Schiffen erzeugen die Stampf-, Gier- und Schlingerbewegungen Kreiselkräfte an den rotierenden Maschinenteilen, die zu gegenseitigen Verstärkungen dieser Bewegungen führen. Zur Kompensation der Kreiselkräfte an den Propellern der Flugzeuge läßt man jeweils deren zwei gegensinnig rotieren.

Die Kreiselkräfte finden aber auch unmittelbare technische Anwendungen. Bei den Kollergängen der Mühlen rotieren die an der gleichen horizontalen Achse befestigten Mahlsteine gemeinsam um eine durch die Mitte dieser Achse gehende vertikale Achse und rollen dabei über das Mahlgut hinweg. Infolge der ständigen Richtungsänderung der ersten Achse treten an den Mahlsteinen Kreiselkräfte auf, durch die sie, wie die Räder an der Außenseite von Kurven, nach unten gedrückt werden. Der Mahldruck wird dadurch beträchtlich erhöht.

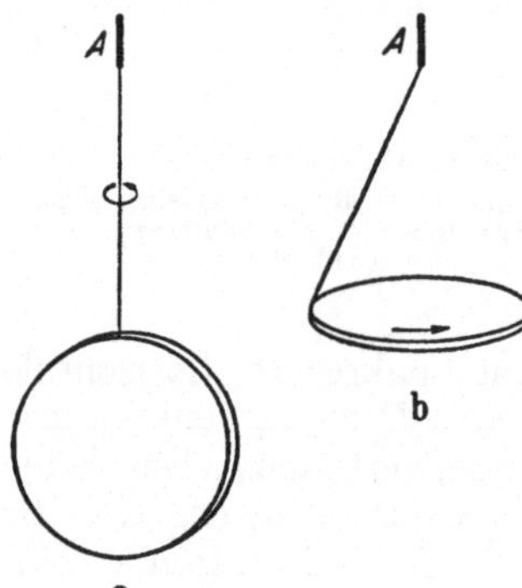

Abb. 86. Übergang der Rotation einer Scheibe von der Achse kleinsten Trägheitsmoments zur Achse größten Trägheitsmoments

In der Ballistik werden die Kreiselkräfte, d.h. das Bestreben eines Kreisels, seine Achsenrichtung beizubehalten, ausgenutzt, um ein Überschlagen der Geschosse im Fluge zu verhindern. Sie erhalten durch die in den Rohrlauf eingeschnittenen schraubenförmigen „Züge" einen beträchtlichen Drehimpuls *(Geschoßdrall)*, durch den die Treffsicherheit außerordentlich erhöht wird. Beim Diskuswerfen erteilt man dem Diskus eine schnelle Rotation um seine Achse größten Trägheitsmoments. Infolgedessen stellt er sich im zweiten Teil seiner Bahn, wie ein Kinderdrachen, schräg gegen den Luftwiderstand an und erreicht eine erheblich größere Wurfweite, als wenn dies nicht der Fall wäre (Abb. 85).

Bei einem kräftefreien Kreisel sind die Winkel zwischen Figuren-, Drehimpuls- und Drehachse unveränderlich (§ 39), denn sie sind durch die unveränderliche Rotationsenergie und den nach Betrag und Richtung unveränderlichen Drehimpuls eindeutig bestimmt. Ist aber ein Kreisel äußeren Drehmomenten unterworfen, die seine Energie und seinen Drehimpuls ändern können, so können sich auch diese Winkel ändern. Das zeigt z.B. der folgende Versuch. An der vertikalen Achse A eines Elektromotors hängt eine Kreisscheibe an einem an ihrem Rande befestigten Faden (Abb. 86a). Wird die Scheibe in Drehung versetzt, so rotiert sie anfänglich um ihren Durchmesser, also um eine Achse kleinsten Trägheitsmoments. Jede unvermeidbare momentane Abweichung von dieser Achsenrichtung ruft aber, wie in § 38 besprochen, Zentrifugalmomente wach, die die Scheibe so zu drehen suchen, daß sie um ihre Achse größten Trägheitsmoments, also um ihre Figurenachse rotiert. Beim kräftefreien Kreisel kann das nicht eintreten, weil damit eine Energie- und Drehimpulsänderung verbunden sein müßte. Der Scheibe aber, die durch den Motor auf konstanter Winkelgeschwindigkeit gehalten wird, kann der Motor Energie und Drehimpuls zuführen, so daß sie dem Zentrifugalmoment nachzugeben vermag. Sie beginnt in schräger Lage zu wirbeln und stellt sich schließlich horizontal (Abb. 86b). Die allgemeine Theorie des Kreisels ist insbesondere von KLEIN[1] und SOMMERFELD[2] entwickelt worden.

41. Wirkung der Erddrehung. Corioliskräfte. Jeder mit der Erde bewegte und auf ihr ruhende Körper beschreibt eine Kreisbahn mit der Winkelgeschwindigkeit der Erddrehung. Diese beträgt, da die Drehung auf den Fixsternhimmel, nicht auf die Sonne, bezogen werden muß, $360° = 2\pi$ in einem Sterntag von 86164 s. Demnach beträgt die Winkelgeschwindigkeit der Erde $u = 2\pi/86164 = 0{,}7292 \cdot 10^{-4}\,\mathrm{s}^{-1}$. Die für die Kreisbewegung der irdischen Körper nötige Zentripetalkraft liefert die Schwerkraft F_1, die alle Körper genau in Richtung auf den Erdmittelpunkt ziehen würde, wenn die Erde eine genaue Kugel wäre. Wenn wir dies, da es nahezu zutrifft, zunächst als richtig voraussetzen, so ist der

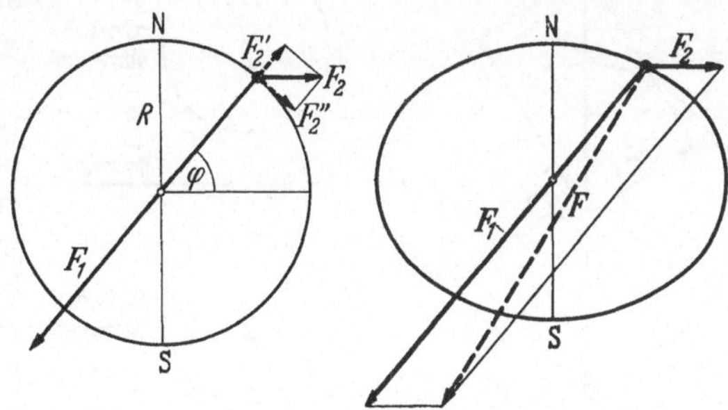

Abb. 87. Zentrifugalkraft auf der Erde.　Abb. 88 Abplattung der Erde

Radius der Kreisbahn eines in der geographischen Breite φ auf der Erdoberfläche ruhenden Körpers $r = R\cos\varphi$, wenn R der Erdradius ist (Abb. 87). Demnach wirkt, von der Erde aus beurteilt, auf jeden auf der Erde ruhenden Körper eine Zentrifugalkraft F_2 vom Betrage $F_2 = mRu^2\cos\varphi$ senkrecht zur Erdachse. Ihre zur Erdoberfläche senkrechte Komponente ist der Schwerkraft entgegengerichtet und beträgt $F_2' = F_2\cos\varphi = mRu^2\cos^2\varphi$. Sie steht also zur Schwerkraft mg im Verhältnis $Ru^2\cos^2\varphi/g = 0{,}00341\cos^2\varphi$ $(R = 6{,}370 \cdot 10^8\,\mathrm{cm})$. Sie nimmt vom Äquator nach den Polen hin ab, beträgt am Äquator rund $^1/_{300}$ der Schwerkraft und verschwindet an den Polen. Die Vertikalkomponente der Zentrifugalkraft bewirkt also eine scheinbare Verminderung der irdischen Schwerkraft, deren Betrag von der geographischen Breite φ abhängt, jedoch wegen der Abplattung der Erde in etwas anderer Weise als bei der oben vorausgesetzten Kugelgestalt.

Die zur Kugelfläche tangentiale Komponente der Zentrifugalkraft F_2 weist in Richtung der Längengrade auf den Äquator hin und hat den Betrag $F_2'' = F_2\sin\varphi = mRu^2\sin\varphi\cos\varphi$. Sie verschwindet am Äquator und an den Polen und hat ihren größten Betrag $mRu^2/2$ in der Breite $\varphi = 45°$. Sie sucht alle auf der Erde befindlichen Körper in Richtung auf den Äquator hin zu treiben. Dies ist die Ursache für die *Abplattung der Erde*. Das Erdinnere ist zähflüssig, also plastisch. Die auf ihm schwimmende Erdkruste bildet nur eine relativ dünne, biegsame Schicht. Die Gleichgewichtsfigur eines nicht rotierenden, flüssigen Himmelskörpers wäre die Kugel, da dann die allein vorhandene Schwerkraft überall senk-

---

[1] FELIX KLEIN, 1849—1925.　　[2] ARNOLD SOMMERFELD, 1868—1951.

recht zur Oberfläche stehen würde und keine Kraft vorhanden wäre, die die
Massen parallel zur Oberfläche zu verschieben sucht. Entsprechend muß ein
rotierender Himmelskörper so gestaltet sein, daß die Resultierende der Schwerkraft und der Zentrifugalkraft überall senkrecht zur Oberfläche steht. Die dieser
Bedingung entsprechende Gleichgewichtsfigur ist nahezu ein abgeplattetes
Rotationsellipsoid und heißt *Geoid*. Ein solches ist sehr angenähert die Erde
(Abb. 88). Die Zentrifugalkraft ist in Abb. 88 der Deutlichkeit halber sehr
übertrieben groß gezeichnet, und daher ist die Abplattung tatsächlich viel geringer, als dort gezeichnet. Der relative Unterschied des polaren und des äquatorialen Durchmessers der Erde beträgt nur rund $1/_{300}$. Die reine Gestalt des Geoides
zeigt — von Gezeitenwirkungen abgesehen — die Oberfläche des Weltmeeres.

Die Zentrifugalkraft hat für einen irdischen Beobachter, d.h. in einem mit
der Erde rotierenden Bezugssystem, den Charakter einer an allen irdischen
Körpern angreifenden Kraft (§ 34). Wir betrachten nunmehr ein rotierendes
System, relativ zu dem sich ein Körper *bewegt*. Dieser Fall liegt bei allen Körpern
vor, die sich auf der Erde bewegen und die wir von der Erde aus beobachten.

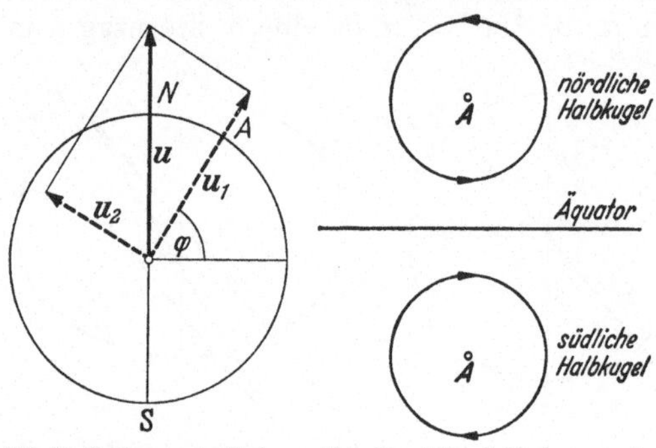

Abb. 89. Zerlegung der Erdrotation *u* in eine Azimutalkomponente *u*₁ und eine
Vertikalkomponente *u*₂

Abb. 90. Azimutaldrehung auf
der nördlichen und der südlichen
Halbkugel

Wir wollen daher als Beispiele für
solche Erscheinungen Bewegungsvorgänge auf der rotierenden Erde
wählen. An solchen relativ zu einem
rotierenden System bewegten Körpern treten, von ihm aus beurteilt,
zusätzliche Trägheitskräfte auf, die
man *Corioliskräfte* nennt[1]. Denn die
bewegten Körper erfahren relativ
zum rotierenden System Beschleunigungen, die sie relativ zu einem
Inertialsystem (§ 16) nicht erfahren
und denen im rotierenden System
Trägheitskräfte entsprechen. Wir
wollen hier ohne Beweis anführen,
daß die Corioliskraft, die in einem mit der Winkelgeschwindigkeit *u* rotierenden
System auf einen mit der Geschwindigkeit *v* relativ zum System bewegten Körper
wirkt, gleich $2m\,[v\,u]$ ist.

Es ist bei der Betrachtung der Corioliskräfte zweckmäßig, die Winkelgeschwindigkeit *u* der Erde (Betrag *u*) in zwei Komponenten zu zerlegen (Abb. 89). Die
eine, die Azimutalkomponente *u*₁, ist zur Erdoberfläche senkrecht gerichtet und
hat in der Breite φ den Betrag $u_1 = u \sin\varphi$. Die zweite, die Vertikalkomponente
*u*₂, steht zu *u*₁ senkrecht und hat den Betrag $u_2 = u \cos\varphi$. Dementsprechend
teilen wir die Corioliskräfte ein in solche, die von der Azimutalkomponente
herrühren, und solche, die von der Vertikalkomponente der Erddrehung herrühren.
Erstere sind am größten an den Polen $(\sin\varphi = 1)$ und verschwinden am Äquator
$(\sin\varphi = 0)$. Bei letzteren ist es umgekehrt.

Die Azimutalkomponente entspricht einer Rotation einer bei A in der Breite φ
gelegenen horizontalen Fläche mit der Winkelgeschwindigkeit $u_1 = u \sin\varphi$ um
eine zur Fläche senkrechte Achse. Die Fläche dreht sich also in der Zeit dt
um den Winkel $u \sin\varphi \, dt$ um diese Achse. Die Rotation erfolgt, wie man an
Hand der Abb. 89 leicht feststellt (Schraubenregel), auf der nördlichen Halbkugel — von oben gesehen — gegen den Uhrzeigersinn, auf der südlichen im
Uhrzeigersinn (Abb. 90).

---

[1] Gaspard Gustave Coriolis, 1792—1843.

Auf der Azimutaldrehung beruht die zuerst 1661 von VIVIANI[1] beobachtete, 1850 von FOUCAULT[2] neu entdeckte Drehung der Schwingungsebene eines ebenen Pendels (*Foucaultscher Pendelversuch*). Wird einem senkrecht über dem Punkt A (Abb. 91) hängenden Pendel ein Anstoß in irgendeiner Richtung gegeben, so behält seine Schwingungsebene infolge der Trägheit ihre Richtung im Raume bei, nimmt also an der Azimutaldrehung der Umgebung nicht teil. Von dieser aus betrachtet dreht sich also die Schwingungsebene mit der Winkelgeschwindigkeit $u_1 = u \sin\varphi$, auf der nördlichen Halbkugel im Uhrzeigersinn, auf der südlichen ihm entgegen, in Berlin um rund 12° in einer Stunde. An den Polen beträgt die Drehung 360° in einem Sterntag, am Äquator findet keine Drehung statt. Wird, wie das bei der praktischen Ausführung meist der Fall ist, das Pendel nicht in seiner Ruhelage A angestoßen, sondern in B (Abb. 91) losgelassen, so bringt es, von A

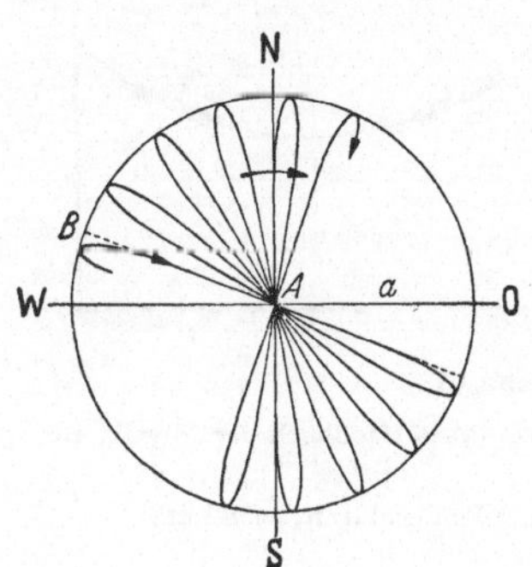

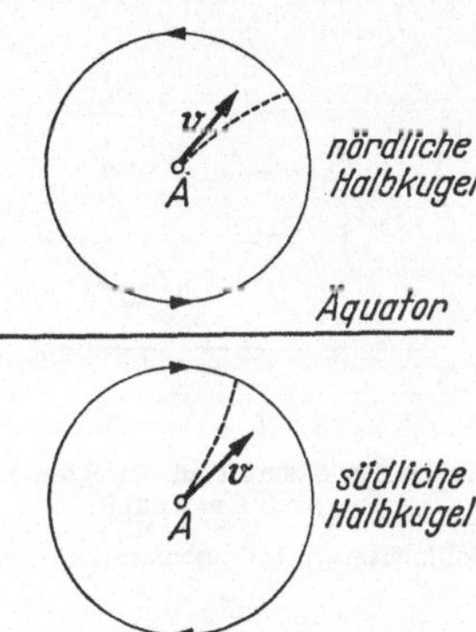

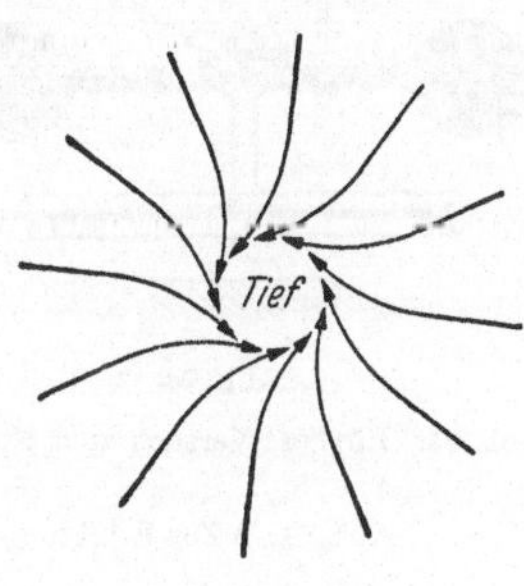

Abb. 91. Schema des Foucaultschen Pendelversuchs auf der nördlichen Halbkugel, wenn das Pendel in A angestoßen wird

Abb. 92. Rechtsabweichung auf der nördlichen und Linksabweichung auf der südlichen Halbkugel

Abb. 93. Zyklone auf der nördlichen Halbkugel

aus beurteilt, die dem Punkt B entsprechende Azimutaldrehung mit, und die Bewegung verläuft ein wenig anders. Die relative Winkelgeschwindigkeit ist dann, wie hier nicht bewiesen werden soll, um den Faktor $1 - a^2/(3\,l^2)$ kleiner, wenn a die Schwingungsweite und l die Länge des Pendels ist. Die Bahnkurve hat dann eine etwas andere Gestalt.

Hat ein Körper im Punkte A (Abb. 92) relativ zur Erde die Geschwindigkeit v in horizontaler Richtung, so dreht sich die Erdoberfläche unter dem bewegten Körper mit der Winkelgeschwindigkeit $u \sin\varphi$. Der Körper beschreibt daher, von der rotierenden Erde aus beurteilt, auf der nördlichen Halbkugel eine nach rechts, auf der südlichen Halbkugel eine nach links gekrümmte Bahn. Es wirkt auf ihn eine ihn nach der betreffenden Seite treibende Corioliskraft. Sie bewirkt auf der nördlichen Halbkugel eine *Rechtsabweichung*, auf der südlichen Halbkugel eine *Linksabweichung der Geschosse*. Flüsse werden durch die Corioliskraft auf der nördlichen Halbkugel gegen ihr rechtes, auf der südlichen Halbkugel gegen ihr linkes Ufer gedrückt, und dieses Ufer zeigt eine stärkere Erosion als das andere (*von Baersches Gesetz*). Die Neigung von Flüssen, ein von Gebirgen umrandetes Becken auf der nördlichen Halbkugel in einem nach rechts, auf der südlichen in einem nach links ausladenden Bogen zu durchfließen, kann man auf der Landkarte an manchen Beispielen, z.B. bei der Donau, bestätigt finden.

Die in ein Gebiet niedrigen Luftdrucks von allen Seiten einströmenden Luftmassen erfahren eine entsprechende Ablenkung durch die Corioliskraft, die zur Folge hat, daß die Winde im Tief eine *Zyklone* bilden, die das Tief auf der

---

[1] VINCENZO VIVIANI, 1622—1703.　　[2] LÉON FOUCAULT, 1819—1868.

nördlichen Halbkugel *gegen* den Sinn des Uhrzeigers umläuft (Abb. 93), auf der südlichen Halbkugel aber *im* Uhrzeigersinn (*Gesetz von* BUYS-BALLOT[1]).

Die Vertikaldrehung erfolgt um eine zur örtlichen geographischen Süd-Nord-Richtung parallele Achse (Abb. 89). Sie bewirkt ein Sinken des Horizonts im Osten und ein Steigen im Westen mit der Winkelgeschwindigkeit $u_2 = u \cos\varphi$. Die von der Vertikaldrehung herrührende Geschwindigkeit eines im Abstande R vom Erdmittelpunkt befindlichen Körpers beträgt $R u \cos\varphi$, die eines im Abstande $R + h$ befindlichen Körpers $(R + h)\, u \cos\varphi$. Ein in der Höhe h über dem Erdboden befindlicher Körper hat also eine um den Betrag $h u \cos\varphi$ größere West-Ost-Geschwindigkeit als die Erdoberfläche. Läßt man ihn aus der Höhe h frei herabfallen, so eilt er der Erdoberfläche mit dieser Geschwindigkeit voraus, fällt also nicht lotrecht herab, sondern ein wenig schräg in östlicher Richtung.

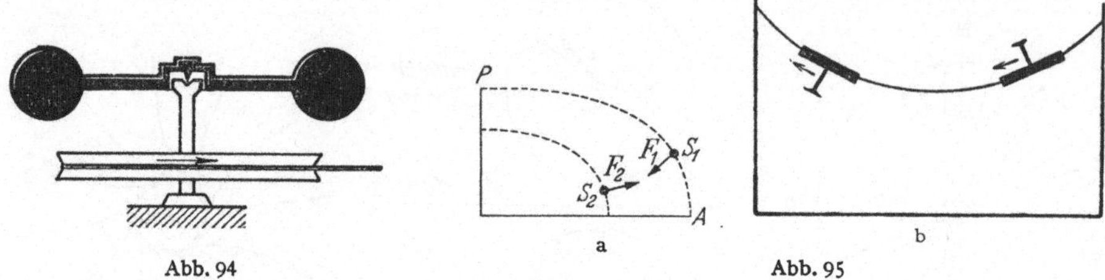

Abb. 94   a   Abb. 95   b

Abb. 94. EÖTVÖS' Versuch zum Nachweis der Corioliskraft an bewegten Körpern. (Aus Handbuch der Physik, Bd. 5, nach GRAMMEL)

Abb. 95. a Zur Erklärung der Polfluchtkraft, b Demonstrationsversuch zur Polfluchtkraft, nach LELY

Bewegt sich ein Körper mit der Geschwindigkeit v relativ zur Erde auf einem Breitengrad ostwärts, also gleichsinnig mit der Erddrehung, so hat er eine zusätzliche Winkelgeschwindigkeit $\Delta u = v/(R \cos\varphi)$ (R Erdradius, φ geographische Breite), und daher ist die der Schwerkraft entgegengerichtete Komponente seiner Zentrifugalkraft etwas größer als bei einem auf der Erde ruhenden Körper. Ein ostwärts bewegter Körper hat also scheinbar ein etwas kleineres, ein westwärts bewegter Körper ein etwas größeres Gewicht als ein ruhender Körper von gleicher Masse. So gering dieser Unterschied ist, so konnte er doch durch einen von EÖTVÖS[2] — neben vielen anderen schönen Versuchen zu diesem Thema — ausgeführten Versuch nachgewiesen werden. Abb. 94 stellt eine Art von Waage dar, die in schnelle Umdrehung versetzt werden kann. Von den beiden gleichen Kugeln ist stets die westwärts laufende scheinbar schwerer als die ostwärts laufende. Daher hat die Waage das Bestreben, nach der Seite jener Masse auszuschlagen, sich also mit ihrem jeweils nach Westen laufenden Arm zu neigen, mit ihrem nach Osten laufenden Arm zu heben. Das läßt sich in der Tat nachweisen, wenn man die Waage zur Verstärkung der Wirkung mit der Frequenz ihrer Eigenschwingung rotieren läßt. Wegen dieses Effektes startet man Erdsatelliten vorzugsweise ostwärts.

Nach A. WEGENER[3] bewirken die Abplattung der Erde und die Zentrifugalkraft eine fundamentale geologische Erscheinung, die *Polflucht der Kontinente*. Es ist zwar heute nicht mehr sicher, daß diese Hypothese aufrecht erhalten werden kann; doch ist sie so lehrreich, daß wir sie nicht verschweigen wollen. Bei der Betrachtung eines Globus fällt auf, daß die Kontinente wesentlich um die äquatorialen und mittleren Breiten versammelt, an den Polen spärlich sind. Die Kontinente bilden Schollen, die auf dem zähflüssigen Magma des Erdinnern

---

[1] CHRISTOPH HEINRICH BUYS-BALLOT, 1817—1890.
[2] BARON ROLAND VON EÖTVÖS, 1848—1919.   [3] ALFRED WEGENER, 1890—1930.

schwimmen und unter der Wirkung von ausreichend lange andauernden Kräften auf ihm verschiebbar sind. Ihr Schwerpunkt S_1 liegt höher als der Schwerpunkt S_2 des von ihnen verdrängten Magmas (Abb. 95a). In ihrem Schwerpunkt greift die Resultierende F_1 von Schwerkraft und Zentrifugalkraft der Scholle an, während der Auftrieb F_2 der Scholle im Schwerpunkt des verdrängten Magmas angreift. Die Beträge der beiden Kräfte sind gleich groß, aber sie sind einander wegen der Abplattung der Erde nicht genau entgegengerichtet. Sie haben daher eine Resultierende, die in Richtung auf den Äquator hinweist. (In Abb. 95a sind die den beiden Schwerpunktslagen entsprechenden Niveauflächen gezeichnet, d.h. die Flächen, auf denen die Resultierende von Schwerkraft und Zentrifugalkraft senkrecht steht. Die Verhältnisse sind der Deutlichkeit halber sehr stark übertrieben.) Die Resultierende ist die Polfluchtkraft, die die Kontinentalschollen in Richtung auf den Äquator treibt. Läge der Schwerpunkt der Schollen tiefer als der Schwerpunkt des verdrängten Magmas, so wäre die Kraft umgekehrt gerichtet. Eine hübsche Analogie hierzu bildet der folgende Versuch (Abb. 95b). Ein zylindrisches Gefäß mit Wasser wird in Rotation versetzt und ein Kork mit einem Nagel hineingebracht. Steht der Nagel nach unten, so wird der Kork nach außen (vom Pol fort) getrieben, steht er nach oben, so bewegt er sich nach innen. Die Analogie des ersten Falles mit der Polflucht wird deutlich, wenn man den Luftraum über dem Wasser mit der rotierenden Erde identifiziert. Der linke Kork entspricht den Kontinentalschollen.

Die Erde ist ein Kreisel mit freier Drehachse, aber sie ist nicht kräftefrei. Infolge ihrer Abplattung und der Schiefe der Ekliptik erzeugt ihre Anziehung durch Sonne und Mond zusammen mit der von der Drehung der Erde um die Sonne herrührenden Zentrifugalkraft an ihr ein Drehmoment. Wir denken uns die Erde, das Geoid, als eine Kugel mit einem darauf liegenden Wulst, der am Äquator am dicksten ist (in Abb. 96 sehr stark übertrieben) und betrachten zuerst die Wirkung der Sonne allein. Im Erdmittelpunkt, ihrem Schwerpunkt, ist die Anziehung durch die Sonne der vom Erdumlauf um die Sonne herrührenden Zentrifugalkraft

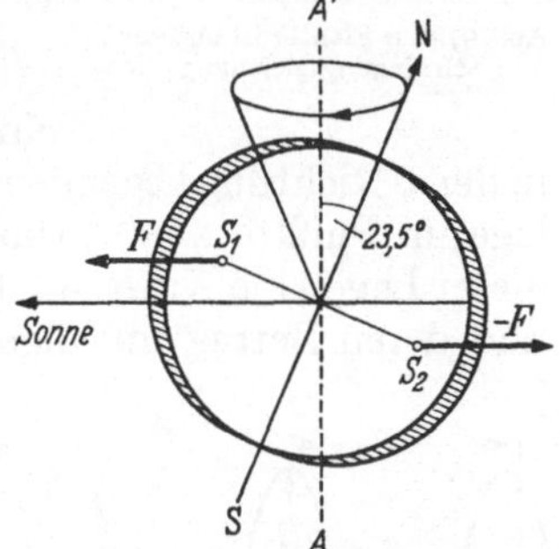

Abb. 96. Zur Präzession der Erdachse

gleich und ihr entgegengerichtet. Den Wulst teilen wir in eine der Sonne zu- und von ihr abgewandte Hälfte. Auf der der Sonne zugewandten Hälfte ist die Sonnenanziehung, des kleineren Abstandes wegen, größer als im Erdmittelpunkt, die Zentrifugalkraft aber aus dem gleichen Grunde kleiner, und im Schwerpunkt S_1 der Wulsthälfte resultiert eine auf die Sonne hin gerichtete Kraft F. Auf der von der Sonne abgewandten Seite ist es umgekehrt, und es resultiert hier im Wulstschwerpunkt S_2 eine von der Sonne weg gerichtete Kraft $-F$, die wegen der Schiefe der Ekliptik mit der ersteren ein Kräftepaar bildet, das die Erdachse um die zum Erdbahnradius senkrechte, in der Ebene der Erdbahn liegende (also in Abb. 96 zur Zeichnungsebene senkrechte) Achse zu drehen sucht. Wie in Abb. 82 antwortet der Erdkreisel auf dieses Drehmoment mit einer Präzession seiner Dreh- und Figurenachse um die zur Erdbahn senkrechte Achse. Im gleichen Sinne wirkt der Mond, und zwar noch stärker als die Sonne, weil die Kleinheit seiner Masse durch die Kleinheit seines Abstandes mehr als ausgeglichen wird. Die Erdachse läuft in rund 26000 Jahren einmal auf einem Kegelmantel um, dessen Öffnungswinkel gleich der doppelten Schiefe der Ekliptik ist, also 47° beträgt; sie verändert daher im Laufe der Jahrtausende ständig ihre Richtung. Der Polarstern, auf den sie heute ungefähr hinweist, wird im Laufe der Zeit das Recht, diesen Namen zu führen, an andere Sterne abtreten müssen. Mit der Präzession der Erdachse ist für jeden Ort der Erdoberfläche eine langsame Änderung im Bilde des gestirnten Himmels verbunden. Teile des Fixsternhimmels, die vorher nie über dem Horizont erschienen, werden sichtbar, andere verschwinden. Sterne, die vorher wegen ihres zu kleinen Abstandes vom Himmelspol nie unter den Horizont traten, tun dies nunmehr. Dies ist z. B. für Griechenland seit der Zeit HOMERs mit dem zum Großen Bär gehörenden Stern η ursae majoris eingetreten[1].

Ein Kreisel mit freier Achse, z. B. in kardanischer Aufhängung, der auf der Erde rotiert, hat nach dem Drehimpulssatz das Bestreben, die Richtung seiner Drehimpulsachse im Raum unverändert beizubehalten. Daher rotiert diese *relativ zur rotierenden Erde* um eine zur Erdachse parallele Achse. Die Richtung der Drehimpulsachse ändert sich nur dann relativ zur Erde nicht, wenn sie zur Erdachse parallel ist, also nach dem Himmelspol weist. Hierauf beruht der *Kreiselkompaß*. Der Kreiselkompaß ist also von der Mißweisung des magnetischen Kompasses frei. Eine Fehlweisung besteht bei ihm nur insofern, als er bei der Fahrt des Schiffes eine zusätzliche Winkelgeschwindigkeit hat, die sich vektoriell zur Winkelgeschwindigkeit der Erde addiert. Der resultierende Winkelgeschwindigkeitsvektor bildet im allgemeinen einen kleinen Winkel mit der Richtung der Erdachse, und die Kreiselachse zeigt eine entsprechende kleine Abweichung von der Süd-Nord-Richtung. Diese Fehlweisung kann bei Kenntnis der Fahrtrichtung korrigiert werden.

Abb. 97. Zur Richtkraft und zur Schwingungsgleichung

42. Richtkraft. Richtmoment. Schwingungsgleichung.

Ein Massenpunkt von der Masse m, der längs einer in der x-Richtung liegenden Geraden beweglich ist, habe eine stabile Gleichgewichtslage im Punkte $x=0$ (Abb. 97). Nach § 24 tritt dann bei einer Verschiebung aus dieser Lage eine Kraft auf, die ihn in die Gleichgewichtslage zurückzutreiben sucht und deren Betrag im allgemeinen eine Funktion des Betrages der Verschiebung ist, $F=F(x)$. Bei nicht zu großen Verschiebungen ist diese Kraft sehr häufig der Verschiebung proportional. Dann gilt die Gleichung

$$F = m\,\frac{d^2 x}{d t^2} = -\,k\,x. \qquad (42.1)$$

(d^2x/dt^2 ist negativ, wenn x positiv ist, und umgekehrt.) Die Konstante k heißt die *Richtkraft* (Rückstellkraft, Direktionskraft) des Systems. Ihre *Einheit* ist im CGS-System 1 dyn cm^{-1}, im MKS-System 1 N m^{-1}. Die Lösung von (42.1) lautet

$$x = x_0 \sin(\omega t + \alpha), \qquad (42.2)$$

wobei

$$\omega = \sqrt{\frac{k}{m}}. \qquad (42.3)$$

x_0 und α sind Integrationskonstanten, die von den besonderen Bedingungen (Anfangsbedingungen) des Vorganges abhängen. Nach (42.2) führt der Massen-

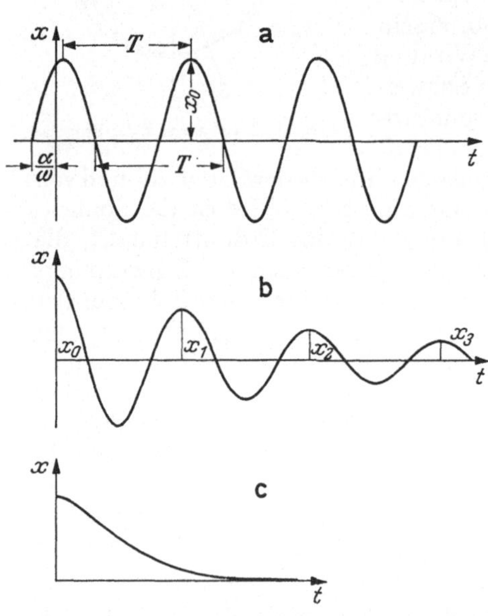

Abb. 98.　a Ungedämpfte, b gedämpfte harmonische Schwingung, c aperiodische Bewegung (Kriechbewegung)

---

[1] Vgl. Odysee, 5. Gesang, 274—276, und Ilias, 18. Gesang, 487—489: Οἴη δ'ἄμμορος ἐστὶ λοετρῶν 'Ωκεανοῖο. Er allein ist des Bades im Ozean nicht teilhaftig.

punkt eine periodische Bewegung, eine *harmonische Schwingung*, längs der x-Achse um den Punkt $x = 0$ zwischen den Grenzen $+ x_0$ und $- x_0$ aus (Abb. 98a).

x_0 ist die *Schwingungsweite* oder der *Scheitelwert* (auch *Amplitude*) der Schwingung, nämlich der größte Abstand von der Gleichgewichtslage $x = 0$, den der Massenpunkt im Laufe seiner Schwingungen — rechts und links — erreicht. Die Auslenkung x zur Zeit t heißt der *Momentanwert* der Schwingung. Der Betrag, um den das Argument $\omega t + \alpha$ das nächst kleinere ganzzahlige Vielfache von 2π überschreitet, heißt die *Phase* der Schwingung. Bei einem Zuwachs des Arguments um 2π wird jeweils wieder die gleiche Phase und damit der gleiche Betrag von x erreicht. α heißt die *Phasenkonstante*. Sie hängt vom Nullpunkt der gewählten Zeitskala ab. Wählt man sie so, daß zur Zeit $t = 0$ der Massenpunkt seine Gleichgewichtslage $x = 0$ in der positiven x-Richtung durchläuft, so ist $\alpha = 0$, also $x = x_0 \sin \omega t$. Wählt man hingegen den Nullpunkt so, daß der Massenpunkt sich zur Zeit $t = 0$ in seinem Umkehrpunkt $x = + x_0$ befindet, so ist $\alpha = \pi/2$ und $x = x_0 \sin (\omega t + \pi/2) = x_0 \cos \omega t$. Diese Formen der Lösung, sowie weitere, die bei anderer Wahl des Nullpunktes der Zeitskala auftreten, sind also physikalisch vollkommen gleichwertig.

Die durch (42.3) definierte Größe ω heißt die *Kreisfrequenz* der Schwingung. Wir können (42.2) auch in folgenden Formen schreiben (mit $\alpha = 0$):

$$x = x_0 \sin \omega t = x_0 \sin 2\pi v t = x_0 \sin 2\pi \frac{t}{T}, \tag{42.4}$$

mit

$$\omega = 2\pi v = \frac{2\pi}{T}, \qquad T = \frac{1}{v}. \tag{42.5}$$

T ist die Zeit, nach der x wieder in die gleiche Phase zurückkehrt. Denn es ist

$$\sin 2\pi \frac{t + T}{T} = \sin \left(2\pi \frac{t}{T} + 2\pi\right) = \sin 2\pi \frac{t}{T}.$$

Demnach ist T die Dauer einer vollen Hin- und Herschwingung, die *Schwingungszeit* oder *Schwingungsdauer*, $v = 1/T$ die *Frequenz* des Massenpunktes. Aus (42.3) und (42.5) folgt

$$T = 2\pi \sqrt{\frac{m}{k}}. \tag{42.6}$$

Diese Gleichung spricht die wichtige Tatsache aus, daß die Schwingungsdauer einer harmonischen Schwingung nur von der Masse und der Richtkraft, aber nicht von der Schwingungsweite abhängt.

Gemäß (42.5) ist die (übliche) Einheit sowohl der Frequenz als auch der Kreisfrequenz 1 s^{-1}. Um bei Angaben spezieller Werte erkennen zu können, um welche von beiden es sich handelt, wird bei der *Frequenz* der Einheitenname *Hertz* (Hz) verwendet. Es ist also $1 \text{ Hz} = 1 \text{ s}^{-1}$.

Die momentane Geschwindigkeit des Massenpunktes beträgt (mit $\alpha = 0$)

$$v = \frac{dx}{dt} = x_0 \, \omega \cos \omega t, \tag{42.7}$$

und demnach seine kinetische Energie

$$E_k = \frac{1}{2} m v^2 = \frac{m}{2} x_0^2 \omega^2 \cos^2 \omega t = \frac{k x_0^2}{2} \cos^2 \omega t. \tag{42.8}$$

An jedem Ort hat er gegenüber der Gleichgewichtslage $x = 0$ auch eine bestimmte potentielle Energie. Diese ist gleich der Arbeit, die aufzuwenden ist, um ihn gegen die Kraft $-kx$, also durch eine Kraft $+kx$, bis in den Abstand x zu verschieben. Sie beträgt also

$$E_p = \int\limits_0^x k\,x\,dx = \frac{k\,x^2}{2} = \frac{k\,x_0^2}{2}\sin^2\omega t. \qquad (42.9)$$

Demnach beträgt also die Gesamtenergie des schwingenden Massenpunktes

$$E = E_k + E_p = \frac{k\,x_0^2}{2}. \qquad (42.10)$$

Sie ist also — in Übereinstimmung mit dem Energiesatz — zeitlich konstant, da das System keinen äußeren Kräften unterliegt, und dem Quadrat der Schwingungsweite proportional. Die Energie E ändert periodisch ihre Form. Im Punkte $x=0$ hat der Massenpunkt nur kinetische, in den Umkehrpunkten $+x_0$ und $-x_0$ nur potentielle Energie. Zwischen diesen Punkten findet ein periodischer Übergang der einen Energieform in die andere statt. Die über die Schwingungsdauer

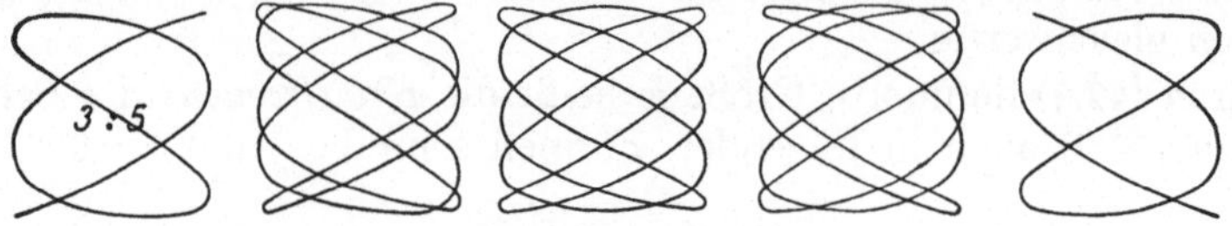

Abb. 99. Lissajous-Figuren. $\omega:\omega' = 3:5$

T genommenen zeitlichen Mittelwerte von $\sin^2\omega t$ und $\cos^2\omega t$ sind einander gleich und betragen $^1/_2$. Demnach sind die zeitlichen Mittelwerte der kinetischen und der potentiellen Energie einander gleich und betragen je $k\,x_0^2/4$, sind also dem Quadrat der Schwingungsweite proportional.

Die Frequenz, die Schwingungsdauer und die Kreisfrequenz einer linearen Schwingung sind ganz analog zur Frequenz, der Umlaufzeit und der Winkelgeschwindigkeit einer gleichförmigen Kreisbewegung, vgl. (9.10) und (9.11). Tatsächlich kann eine solche aufgefaßt werden als eine Überlagerung zweier linearer Schwingungen von gleicher Frequenz $v=n$ und der Phasendifferenz $\pi/2$, $x = r\sin(2\pi vt)$, $y = r\cos(2\pi vt)$. Eine mit gleichförmiger Winkelgeschwindigkeit erfolgende Bewegung auf elliptischer Bahn kann entsprechend beschrieben werden, jedoch mit verschiedenen Schwingungsweiten der beiden Teilschwingungen.

Wenn die Richtkräfte k, k' und daher auch die Frequenzen v, v' bzw. Kreisfrequenzen ω, ω' zweier zu einander senkrechter Teilschwingungen verschieden sind, so überlagern diese sich zu einer im allgemeinen sehr verwickelten Bewegung, und die Bahn bildet eine *Lissajous-Figur*[1], deren Gestalt bei gegebenem ω und ω' von der Differenz $\alpha - \alpha'$ der Phasenkonstanten und von den Schwingungsweiten x_0, y_0 abhängt. Sie ist nur dann eine geschlossene, sich ständig wiederholende Kurve, wenn ω und ω' in einem rationalen Verhältnis zueinander stehen. Abb. 99 zeigt einige Beispiele für den Fall $\omega:\omega' = 3:5$ bei gleichen Schwingungsweiten und verschiedenen Werten von $\alpha - \alpha'$. Auch in der rechten und der linken Figur laufen die Kurven rückläufig in sich selbst zurück, sind also in diesem Sinne auch geschlossen. Ist $k=k'$, also auch $\omega=\omega'$, so ist die Bahn eine Ellipse, die bei der Phasendifferenz 0 in eine Gerade, bei gleichen Schwingungsweiten und der Phasendifferenz $\pm\pi/2$ in einen Kreis ausartet.

Ein Körper sei um eine im Raum feste Achse drehbar, bezüglich derer er das Trägheitsmoment I hat, und habe bezüglich Drehungen um diese Achse eine stabile Gleichgewichtslage. Daher tritt an ihm, wenn er um einen Winkel φ aus

---

[1] Jules Antoine Lissajous, 1822—1880.

dieser Gleichgewichtslage herausgedreht wird, ein ihn in diese zurücktreibendes Drehmoment auf. Bei nicht zu großen Drehungen ist meist der Betrag dieses Drehmoments dem Drehwinkel proportional, $N = -D\varphi$. Das ist z.B. dann der Fall, wenn ein Körper an einem elastischen Draht aufgehängt ist, dessen Richtung die Drehachse bildet, oder wenn er an einer festen Achse befestigt ist, an der eine Spiralfeder angreift, wie bei der Unruhe einer Taschenuhr. Vgl. auch das Pendel, §43. Nach (38.4) gilt dann

$$N = I \frac{du}{dt} = I \frac{d^2\varphi}{dt^2} = -D\varphi. \tag{42.11}$$

Diese Gleichung entspricht der Gl. (42.1) mathematisch vollkommen. Nur ist an die Stelle der Masse m das Trägheitsmoment I, an die Stelle der Beschleunigung d^2x/dt^2 die Winkelbeschleunigung $d^2\varphi/dt^2$ getreten (vgl. den Schluß von § 37). Die an die Stelle der Richtkraft k getretene Größe D heißt das *Richtmoment* (Direktionsmoment) des Körpers. Seine *Einheit* ist im CGS-System 1 dyn cm, im MKS-System 1 N m. Die der Gl. (42.2) analoge Lösung von (42.11) lautet

$$\varphi = \varphi_0 \sin(\omega t + \alpha), \quad \text{wobei} \quad \omega = \sqrt{\frac{D}{I}}. \tag{42.12}$$

Der Körper führt also eine *harmonische Drehschwingung* um seine Gleichgewichtslage mit der Schwingungsweite φ_0 aus. Ihre *Schwingungsdauer* beträgt

$$T = \frac{2\pi}{\omega} = 2\pi \sqrt{\frac{I}{D}}. \tag{42.13}$$

Sie hängt auch hier nicht von der Schwingungsweite φ_0 ab. (Vgl. WESTPHAL: Physikalisches Praktikum, 5., 6., 8., 9. und 10. Aufgabe sowie Anhang I.)

Wir haben bisher angenommen, daß der Körper keinen äußeren Einwirkungen, z.B. der Reibung, unterliegt, durch die seine Schwingungsenergie allmählich aufgezehrt wird. Ist ein solcher Einfluß vorhanden, so führt der Körper eine *gedämpfte Bewegung* aus. Im allgemeinen darf man annehmen, daß die dämpfende Kraft der Geschwindigkeit dx/dt (bzw. der Winkelgeschwindigkeit $d\varphi/dt$) proportional ist. Da sie ihr stets entgegengerichtet ist, so setzen wir sie gleich $-\varrho\, dx/dt$, wobei ϱ eine von den äußeren Bedingungen abhängige Konstante ist. Auf den Körper von der Masse m wirken also jetzt zwei Kräfte: die ihn in die Gleichgewichtslage zurücktreibende Kraft $-kx$ und die bewegungshemmende Reibungskraft $-\varrho\, dx/dt$. Wir erhalten demnach an Stelle von (42.1)

$$F = m \frac{d^2x}{dt^2} = -kx - \varrho \frac{dx}{dt}. \tag{42.14}$$

Wir führen zur Abkürzung $k/m = \omega_0^2$ und $\varrho/m = 2\beta$ ein und können dann nach Division durch m schreiben

$$\frac{d^2x}{dt^2} + 2\beta \frac{dx}{dt} + \omega_0^2 x = 0. \tag{42.15}$$

Die Lösung dieser Gleichung hat eine verschiedene Gestalt, je nachdem $\omega_0^2 - \beta^2 \gtrless 0$ ist. Im Falle $\omega_0^2 - \beta^2 > 0$, also bei geringer Dämpfung $\beta^2 < \omega_0^2$, erhalten wir eine *gedämpfte harmonische Schwingung*, im Falle $\beta^2 > \omega_0^2$ eine *aperiodische Kriechbewegung*. Wir betrachten zuerst den ersten Fall und wählen unsere Zeitskala diesmal so, daß sich der Massenpunkt zur Zeit $t = 0$ gerade in dem Umkehrpunkt $x = +x_0$ befindet, so daß dann auch seine Geschwindigkeit $dx/dt = 0$ ist. Dann lautet die Lösung von (42.15)

$$x = x_0 e^{-\beta t} \left(\cos \omega t + \frac{\beta}{\omega} \sin \omega t \right), \quad \text{wobei} \quad \omega = \sqrt{\omega_0^2 - \beta^2}. \tag{42.16}$$

Die Bewegung des Massenpunktes ist also periodisch. Jedoch ist seine Kreisfrequenz ω kleiner, daher seine Schwingungsdauer T größer als bei fehlender Dämpfung ($\beta = 0$, $\omega = \omega_0$). Der wesentliche Unterschied gegenüber der ungedämpften Schwingung liegt aber in dem Faktor $e^{-\beta t}$, der bewirkt, daß die Schwingungsweite, als die wir $x_0 e^{-\beta t}$ ansehen können, ständig abnimmt und asymptotisch gegen Null geht (Abb. 98b). β heißt die *Abklingkonstante*. Ist x_n der n-te Umkehrpunkt auf der positiven Seite, den also der Massenpunkt zur Zeit nT erreicht, so ist $x_n = x_0 e^{-n\beta T} = x_0 e^{-n\Lambda}$. $\Lambda = \beta T$, eine Zahl, heißt das *logarithmische Dekrement* der Schwingung. Es ist gleich dem natürlichen Logarithmus des Verhältnisses zweier aufeinanderfolgender Schwingungsweiten auf der gleichen Seite, $\ln(x_n/x_{n+1})$ $= \Lambda$, das demnach konstant ist. Ersetzt man in (42.16) die Verschiebung x durch den Drehwinkel φ, so gilt sie im gleichen Sinne für die gedämpfte Drehschwingung.

Ist $\omega_0^2 - \beta^2 < 0$, so ist, wie wir hier nicht im einzelnen ausführen wollen, die Bewegung nicht periodisch, sondern der Körper kriecht von einem anfänglich vorhandenen Ausschlage x_0 aus in seine Gleichgewichtslage zurück, ohne sie je zu überschreiten (Abb. 98c). Als Beispiele für eine gedämpfte Schwingung und für eine aperiodische Kriechbewegung denke man sich ein Pendel, das sich einmal in Luft, ein anderes Mal in einer zähen Flüssigkeit bewegt. Im Grenzfall $\beta^2 = \omega_0^2$ *(aperiodischer Grenzfall)* lautet die Lösung von (42.15)

$$x = x_0 e^{-\beta t}(1 + \beta t), \qquad (42.17)$$

und entsprechend, mit φ statt x, für Drehbewegungen. (Vgl. WESTPHAL: Physikalisches Praktikum, Anhang I.)

43. Das Pendel. Ein Pendel ist jeder Körper, der in einem festen Punkt oder in einer festen Achse drehbar aufgehängt ist und unter der Wirkung eines von der Schwerkraft an ihm erzeugten Richtmoments Schwingungen um eine stabile Gleichgewichtslage auszuführen vermag. Das ist die Lage, in der seine potentielle Energie ihr Minimum, also sein Schwerpunkt die tiefste mögliche Lage hat (§ 24). Wird er aus ihr entfernt und wieder losgelassen, so treibt ihn die Schwerkraft wieder auf ihn hin. Da er aber auf diesem Wege durch die Schwerkraft beschleunigt wird, so führt ihn die gewonnene Geschwindigkeit über die Gleichgewichtslage hinaus, so daß er auf der anderen

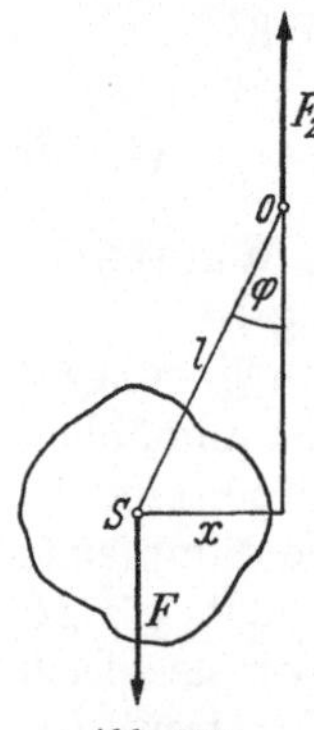

Abb. 100.
Zur Ableitung des
Pendelgesetzes

Seite wieder gehoben wird, bis seine kinetische Energie restlos in potentielle Energie verwandelt ist. Dann wiederholt sich das Spiel in umgekehrter Richtung. Das Pendel führt also eine periodische Schwingung um die Gleichgewichtslage aus.

Wir wollen hier nur den Fall betrachten, daß das Pendel in einer vertikalen Ebene schwingt (ebenes Pendel) und ungedämpft ist. Es sei m die Masse des Pendels, I sein Trägheitsmoment bezüglich der Achse, um die es schwingt und die in Abb. 100 senkrecht zur Zeichnungsebene durch O geht. Der Pendelschwerpunkt befinde sich in S im Abstande l von der Achse, und das Pendel sei momentan um den Winkel φ aus seiner Gleichgewichtslage gedreht. Die in S angreifende Schwerkraft $F = mg$ vom Betrage mg ruft in O eine ihr entgegengerichtete, gleich große Zwangskraft $F_z = -F$ hervor, mit der zusammen sie ein Kräftepaar bildet. Dieses erzeugt am Pendel ein Drehmoment vom Betrage $mgx = mgl \sin\varphi$ (Abb. 100), wenn x der momentane Arm der Kraft F bezüglich des Punktes O ist. Wir wollen nur so kleine Pendelausschläge betrachten, daß wir ohne merklichen Fehler $\sin\varphi \approx \varphi$ setzen können. Dann folgt aus (38.4) und (42.11)

$$I \frac{d^2\varphi}{dt^2} = -mgl\varphi = -D\varphi. \qquad (43.1)$$

Es ist also $D=mgl$ das Richtmoment des Pendels, und aus (42.13) folgt für seine Schwingungsdauer

$$T=2\pi\sqrt{\frac{I}{D}}=2\pi\sqrt{\frac{I}{mgl}}. \qquad (43.2)$$

Es sei I_s das Trägheitsmoment des Pendels bezüglich der zu seiner Schwingungsebene senkrechten Schwerpunktsachse (§ 36). Dann ist nach (36.4) sein Trägheitsmoment bezüglich seiner durch I gehenden Drehachse $I=I_s+ml^2$. Liegt I weit außerhalb des Körpers, so daß l groß gegen die Abmessungen des Körpers ist, so ist I_s klein gegen ml^2, und man kann in guter Näherung $I=ml^2$ setzen. Dann ist nach (43.2) die Schwingungsdauer

$$T=2\pi\sqrt{\frac{l}{g}} \qquad (43.3)$$

(Galilei 1596). Dies würde streng gelten für einen Massenpunkt an einem masselosen Faden. Ein solches idealisiertes Pendel heißt im Gegensatz zum wirklichen *physikalischen* Pendel ein *mathematisches Pendel*. Es kann durch eine nicht zu große Kugel an einem ausreichend langen Faden sehr weitgehend angenähert werden. Ist z. B. der Kugelradius $r=1$ cm, der Abstand des Kugelschwerpunktes vom Aufhängepunkt $l=100$ cm, so ist $I_s=2mr^2/5$ (§ 36) und $I=1,00004\,ml^2$ (von dem sehr kleinen Einfluß des Fadens abgesehen), also fast genau gleich ml^2. Ein solches Pendel kann also, wenn es nicht auf sehr große Genauigkeit ankommt, wie ein mathematisches Pendel behandelt werden, dessen Pendelkörper ein im Kugelmittelpunkt befindlicher Massenpunkt ist. (Vgl. Westphal: Physikalisches Praktikum, 9. Aufgabe.)

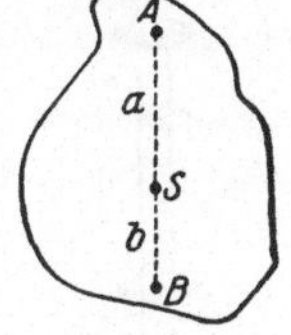

Abb. 101.
Zur Theorie des Reversionspendels

Die Schwingungsdauer eines mathematischen Pendels hängt — außer von der Fallbeschleunigung g — nur von der Pendellänge l ab und ist von der Masse des Pendels unabhängig. Mit $g=981$ cm s^{-2} findet man nach (43.3) $T=2$ s für ein mathematisches Pendel von der Länge $l=99,7$ cm ≈ 1 m (*Sekundenpendel*).

Die Größe

$$\lambda=\frac{I}{ml} \qquad (43.4)$$

heißt die *reduzierte Pendellänge* eines physikalischen Pendels. Aus (43.2) folgt für seine Schwingungsdauer

$$T=2\pi\sqrt{\frac{\lambda}{g}}. \qquad (43.5)$$

Sie ist also gleich der Schwingungsdauer eines mathematischen Pendels von der Länge λ. Da stets $I>ml^2$, so ist stets $\lambda>l$, d. h. der *Schwingungsmittelpunkt* oder *Trägheitsmittelpunkt* des Pendels, der Punkt, in dem man sich einen Massenpunkt an Stelle des ausgedehnten Pendelkörpers denken kann, ist stets weiter vom Aufhängepunkt entfernt als der Pendelschwerpunkt.

Nach (43.5) kann man aus der Schwingungsdauer T eines Pendels von bekannter reduzierter Pendellänge λ die Fallbeschleunigung g berechnen. Die genauesten Ergebnisse liefert das *Reversionspendel*. Ein Körper sei um eine im Abstande a von seinem Schwerpunkt S befindliche, durch A gehende horizontale Achse drehbar (Abb. 101). Sein Trägheitsmoment bezüglich dieser Achse ist dann $I=I_s+ma^2$ [(36.4)], seine reduzierte Pendellänge $\lambda=(I_s+ma^2)/ma$ [(43.4)]. Es gibt nun stets auf der Geraden AS jenseits von S im Abstande b einen Punkt B, der so gelegen ist, daß der Körper, wenn er um eine durch B gehende horizontale Achse schwingt, die gleiche Schwingungsdauer und daher die gleiche reduzierte Pendellänge hat, wie bei der Schwingung um die durch A gehende Achse *(korrespondierende Achsen)*. Es muß demnach sein

$$\lambda = \frac{I_s + m\,a^2}{m\,a} = \frac{I_s + m\,b^2}{m\,b}. \tag{43.6}$$

Außer der trivialen Lösung $a = b$ (B fällt mit A zusammen) hat diese Gleichung die Lösung $b = I_s/(m\,a)$. Dann ist der Abstand $A\,B = a + b = a + I_s/(m\,a) = b + I_s/(m\,b)$, also gleich der reduzierten Pendellänge λ sowohl des um A, wie des um B schwingenden Pendels (HUYGENS).

Abb. 102 zeigt eine Ausführungsform des Reversionspendels. Eine Stange ist mit zwei einander zugekehrten Stahlschneiden A, B versehen, die auf eine horizontale Stahlplatte gesetzt werden können, so daß das Pendel um die eine oder um die andere als Achse schwingen kann. Sofern das Pendel um beide Achsen gleich schnell schwingt, ist der Schneidenabstand $A\,B$ seine reduzierte Pendellänge λ. Dies wird durch Verschieben zweier Körper bewirkt, von denen die eine zwischen den Schneiden, die andere außerhalb sitzt.

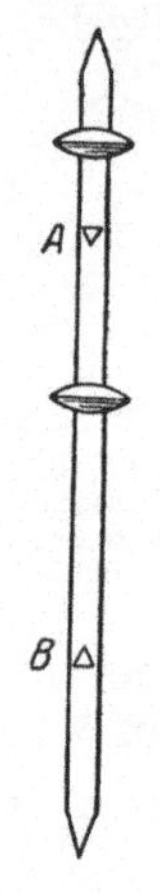

Abb. 102. Einfaches Reversionspendel

Die durch Versuche von äußerster Präzision immer wieder bestätigte Gültigkeit von (43.3) bei Verwendung von Pendeln aus verschiedenen Stoffen liefert weit genauer als der gleich schnelle freie Fall den Beweis für die *exakte Proportionalität von schwerer und träger Masse* (§ 12), unabhängig von der Stoffart. Wie der Leser selbst bestätigen möge, würde bei Beibehaltung der schweren Masse m_s neben der trägen Masse m der Faktor m/m_s unter die Wurzel von (43.3) treten. Wäre er von der Stoffart abhängig, würden sich für ganz gleich gebaute Pendel aus verschiedenen Stoffen verschiedene Schwingungsdauern ergeben. Das ist nicht der Fall.

Unter der hier gemachten Voraussetzung sehr kleiner Schwingungsweiten hängt die Schwingungsdauer eines Pendels nicht von seiner Schwingungsweite ab. Hierauf beruht bekanntlich die Steuerung des Ganges der *Pendeluhren* (HUYGENS 1658). Bei den Taschenuhren wird das gleiche durch die Drehschwingungen eines Rädchens, der *Unruhe*, bewirkt, dessen Schwingungsdauer durch sein Trägheitsmoment und durch das Richtmoment bestimmt ist, das eine an seiner Achse angreifende Spiralfeder liefert (vgl. § 109).

Von der Schwingungsweite vollkommen unabhängig ist die Schwingungsdauer des *Zykloidenpendels*, dessen Pendelkörper sich nicht auf einem Kreise bewegt, sondern auf einer Zykloide. Das kann durch zykloidisch geformte Backen bewirkt werden, an die sich die Aufhängung bei den Schwingungen anlegt.

Zweites Kapitel

Die allgemeine Gravitation

44. Das Newtonsche Gravitationsgesetz. Der Gedanke, daß alle Körper einander anziehen, findet sich in sehr allgemeiner, qualitativer Form schon bei KOPERNIKUS (1543). KEPLER (1609) meint, der Mond werde von der Erde „mitgeschleppt" und ziehe seinerseits die Flutwelle nach sich, wie die Erde die irdischen Körper anzieht. Das ist der Grundgedanke der *allgemeinen Massenanziehung* oder *Gravitation*. Die Ermittlung des hier obwaltenden Gesetzes aber war die Großtat Isaac Newtons. Er bewieses durch richtige Berechnung der Umlaufzeit des Mondes um die Erde und durch den Nachweis, daß sich aus ihm die Keplerschen Gesetze ableiten lassen (§ 45). Es seien m, m' die Massen zweier Massenpunkte, $\mathbf{r}$ (Betrag r) der von dem einen Massenpunkt nach dem anderen hin weisende Ortsvektor. Die Erfahrung liefert für den Betrag der Anziehungskraft die Proportionalität $F \sim m m'/r^2$. Indem wir daraus unter Hinzufügung eines konstanten Faktors G eine Gleichung machen (§ 4) und den Vektorcharakter der Kraft und des Ortsvektors berücksichtigen, ergibt sich das *Newtonsche Gravitationsgesetz*:

$$\mathbf{F} = G\frac{m\,m'}{r^2}\,\mathbf{r}^0, \qquad \text{Betrag} \quad F = G\frac{m\,m'}{r^2}. \qquad (44.1\,\text{a, b})$$

$\mathbf{r}^0$ ist der Einsvektor in Richtung von $\mathbf{r}$ (§ 5). Er weist von m' nach m, wenn es sich um die Anziehung von m' durch m handelt, andernfalls in die entgegengesetzte Richtung. $G = 6{,}670 \cdot 10^{-8}$ dyn cm² g⁻² ist die universelle, von der stofflichen Beschaffenheit der Massenpunkte unabhängige *Gravitationskonstante*. Zwei Massenpunkte von je 1 g ziehen einander im Abstande von 1 cm mit der sehr kleinen Kraft von $6{,}670\ 10^{-8}$ dyn an.

Die Gravitation zwischen gewöhnlichen irdischen Körpern ist also äußerst klein. Dennoch kann sie sogar im Vorlesungsversuch mit einer empfindlichen Drehwaage nachgewiesen werden (Mitchell[1], Cavendish[2]). Diese besteht aus zwei leichten Kügelchen (m, m, Abb. 103) an einer an einem Faden drehbar aufgehängten leichten Stange, die von zwei großen Bleikugeln angezogen werden. Die bisher genauesten Messungen der Gravitationskonstanten haben Richarz und Krigar-Menzel ausgeführt, indem sie die Gewichte von Körpern maßen, wenn sie sich einmal oberhalb, dann unterhalb sehr großer Bleimengen befanden.

Bei ausgedehnten Körpern muß (44.1) über die zwischen ihren sämtlichen Massenelementen wirkenden Kräfte integriert werden. Bei sehr großem Abstande der Körper, d. h. wenn ihre Abmessungen klein gegen ihren Abstand sind, kann man aber ohne wesentlichen Fehler ihre Massen in ihrem Schwerpunkt vereinigt denken.

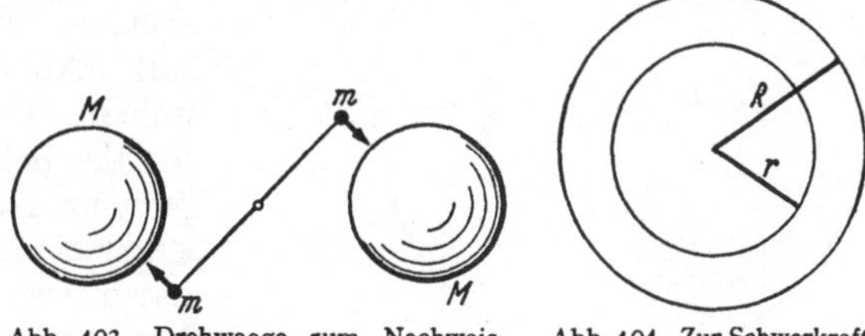

Abb. 103. Drehwaage zum Nachweis der Massenanziehung

Abb. 104. Zur Schwerkraft im Erdinnern

Bei homogenen Kugelschalen und aus solchen zusammengesetzten Kugeln ist das sogar bei beliebigem Abstande streng richtig. Daher ist (44.1) auf die nahezu kugelförmigen Himmelskörper sowie auf die Erdanziehung fast immer ohne weiteres anwendbar. Befindet sich aber ein Körper *innerhalb* eines anderen Körpers, so ist das durchaus nicht der Fall. Wenn sich z. B. ein Massenpunkt innerhalb einer homogenen Kugelschale von beliebiger Dicke befindet, so heben, wie man aus (44.1) ableiten kann, die Anziehungskräfte der einzelnen Massenelemente der Kugelschale auf den Massenpunkt einander genau auf. Der Massenpunkt ist im Innern der Hohlkugel kräftefrei. Für einen Massenpunkt m', der sich im Erdinnern, im Abstande r vom Erdmittelpunkt befindet, ist die Hohlkugel mit den Radien R (Erdradius) und r unwirksam (Abb. 104). Er unterliegt nur der Anziehung der Kugel vom Radius r. Ist deren Dichte ϱ, also ihre Masse $m = 4\pi r^3 \varrho/3$, so wird der Massenpunkt m' mit der Kraft

$$F = G\frac{m\,m'}{r^2} = G\frac{4\pi}{3}\varrho m' r \qquad (44.2)$$

---

[1] John Mitchell, 1724—1793. [2] Henry Cavendish, 1731—1810.

in Richtung auf den Erdmittelpunkt gezogen. Die Gravitationskraft im Erdinnern wäre also — konstante Dichte ϱ vorausgesetzt — dem Abstande r vom Erdmittelpunkt proportional, während sie außerhalb der Erdoberfläche $1/r^2$ proportional ist. Die Anziehung durch die Erde nimmt also bei Annäherung an die Erde wie $1/r^2$ zu, um unter der vorstehenden Voraussetzung nach dem Durchgang durch die Erdoberfläche wie r wieder abzunehmen und im Erdmittelpunkt zu verschwinden.

Das Gewicht eines Körpers von der Masse m' an der Erdoberfläche ergibt sich aus (44.1), wenn wir für r den Erdradius $R = 6370$ km $= 6{,}370 \cdot 10^8$ cm und für m die Masse M der Erde einsetzen. Andererseits beträgt es nach (§ 12) $F = m'g$ ($g = 981$ cm s^{-2}). Demnach ist

$$G \frac{Mm'}{R^2} = m'g \quad \text{oder} \quad g = G \frac{M}{R^2}. \tag{44.3}$$

Hieraus berechnet sich die *Masse der Erde* zu rund $6 \cdot 10^{27}$ g $= 6 \cdot 10^{21}$ Tonnen, ihre *mittlere Dichte* zu rund $5{,}5$ g cm^{-3}, während die Dichte der Erdkruste nur 2 bis $2{,}5$ g cm^{-3} beträgt. Daher muß der Erdkern aus relativ schweren Stoffen bestehen, nach der heute meist vertretenen Annahme wahrscheinlich hauptsächlich aus Nickel und Eisen.

45. Die Bewegung des Mondes und der Planeten. Keplersche Gesetze. Einen ersten Beweis für das Gravitationsgesetz lieferte NEWTON, wie schon gesagt, durch Berechnung der *Umlaufzeit des Mondes* um die Erde aus (44.1). Die Bahn des Mondes um die Erde ist nahezu kreisförmig. Ihr Mittelpunkt ist der gemeinsame Schwerpunkt Sp von Erde und Mond (Abb. 105). Auch die Erde vollführt um diesen in der gleichen Zeit wie der Mond einen vollen Umlauf. (Abb. 105 ist nur schematisch zu verstehen. M und m sind als Massenpunkte am Ort der Schwerpunkte von Erde und Mond gedacht. Auch liegt Sp dem Erdmittelpunkt sehr viel näher, s. u.) Erde und Mond kreisen also mit gleicher Winkelgeschwindigkeit um ihren gemeinsamen Schwerpunkt, da dieser ja stets auf der Verbindungslinie von Erde und Mond liegt.

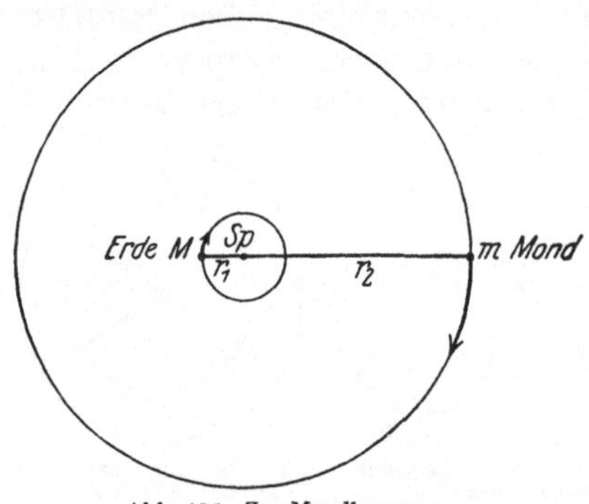

Abb. 105. Zur Mondbewegung

Es sei r der Abstand Erde—Mond, r_1 und r_2 seien die Abstände der Erde M und des Mondes m vom Schwerpunkt Sp, so daß $r = r_1 + r_2$. R sei der Erdradius. Es ist $r_2 \approx 81\,r_1$ und $r \approx 60R$. Dann ist nach (19.1) $Mr_1 = mr_2$ oder $M/m = r_2/r_1 \approx 81$. Nach (19.11) ist $r_1 = rm/(M+m)$. Es folgt $r_1 \approx 60R/82$ oder rund $3R/4$. Der Schwerpunkt Sp des Systems Erde—Mond liegt also im Erdinnern, rund $^3/_4$ des Erdradius vom Erdmittelpunkt entfernt. Weiter ist $r_2 = rM/(M+m)$.

Sowohl für die Erde wie für den Mond liefert die gegenseitige Anziehung die zum Umlauf auf ihren Kreisbahnen nötige Zentripetalkraft. Es ist demnach nach (34.2) und (44.1)

$$M r_1 u^2 = m r_2 u^2 = G \frac{Mm}{r^2}. \tag{45.1}$$

Hieraus und aus (44.3) folgt

$$u^2 = (M+m) \frac{G}{r^3} = \left(1 + \frac{m}{M}\right) g \frac{R^2}{r^3}. \tag{45.2}$$

Dann ergibt sich die siderische (d. h. auf den Fixsternhimmel bezogene) Umlaufzeit $T = 2\pi/u$ [(10.9)] mit $m/M = 1/81$, $R = 6{,}370 \cdot 10^8$ cm, $r/R = 60{,}267$ und

$g = 981\ \text{cm s}^{-2}$ richtig zu $27^{1}/_{3}$ Tagen. Die Zeitspanne zwischen zwei Neumonden, die synodische Umlaufzeit, ist wegen der Bewegung der Erde um die Sonne größer und beträgt etwa 29,5 Tage.

Auch die *Bewegungen der Planeten* lassen sich, wie NEWTON zeigen konnte, aus dem Gravitationsgesetz in Übereinstimmung mit den Gesetzen berechnen, die bereits KEPLER[1] (1609 und 1618) empirisch aus den astronomischen Beobachtungen von TYCHO DE BRAHE[2] abgeleitet hatte. Die *Keplerschen Gesetze* lauten:

1. Die Planeten bewegen sich auf Ellipsen, in deren einem Brennpunkt die Sonne steht.

2. Der von der Sonne nach einem Planeten weisende Ortsvektor überstreicht in gleichen Zeiten gleiche Flächen.

3. Die Quadrate der Umlaufzeiten der Planeten verhalten sich wie die 3. Potenzen der großen Halbachsen ihrer Bahnellipsen.

Die Exzentrizität der meisten Planetenbahnen ist gering. Sie ist am größten beim Merkur mit 0,20561, am kleinsten bei der Venus mit 0,00682 und beträgt bei der Erde 0,01675. Nach dem Schwerpunktsatz müßte das 1. Keplersche Gesetz streng so formuliert werden, daß der Schwerpunkt des ganzen Sonnensystems im Brennpunkt liegt. Die Sonnenmasse überwiegt aber die Planetenmassen so sehr, daß der Schwerpunkt des Sonnensystems fast genau in den Sonnenmittelpunkt fällt. (Die Sonnenmasse ist 960mal größer als die Masse aller Planeten zusammen.) Kleine, aber für die praktische Astro-nomie wichtige Abweichungen von den Keplerschen Gesetzen, die *Stö-rungen* der Planetenbahnen, beruhen auf der gegenseitigen Gravitation der Planeten. Die Keplerschen Gesetze gelten grundsätzlich auch für die zum Sonnensystem gehörigen, periodisch wiederkehrenden Kometen. Ihre Bah-nen haben aber eine große Exzentri-zität, und sie unterliegen beträcht-lichen Störungen durch die Planeten, in deren Nähe sie gelangen.

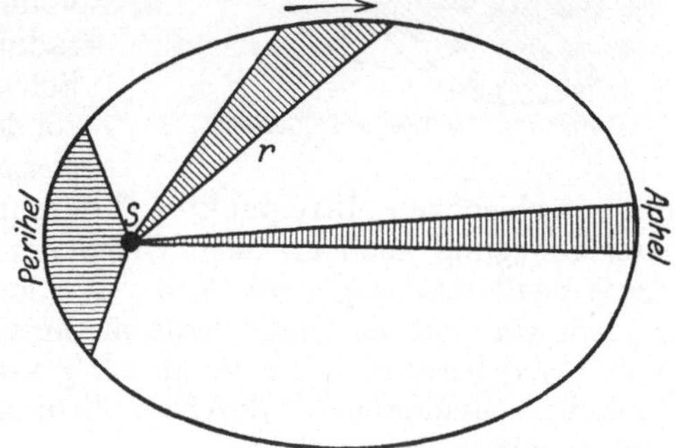

Abb. 106. Zum 2. Keplerschen Gesetz

Das 2. Keplersche Gesetz ist der *Flächensatz* für den Fall einer Zentralkraft (§ 35), wie sie ja bei der Gravitation vorliegt. Abb. 106 veranschaulicht das Ge-setz für eine stark exzentrische Planetenbahn. Die Planetengeschwindigkeit ist im sonnennächsten Punkt der Bahn (Perihel) am größten, im sonnenfernsten Punkt (Aphel) am kleinsten. Das entspricht auch dem Energieprinzip. Die Gesamtenergie des kreisenden Planeten ist konstant. Im Perihel hat er die kleinste, im Aphel die größte potentielle Energie gegenüber der Sonne. Er muß also im Perihel die größte, im Aphel die kleinste kinetische Energie haben.

Das 3. Keplersche Gesetz ist für den Sonderfall einer Kreisbahn schon in (45.2) enthalten. Denn da $u^2 \sim 1/r^3$ und $T = 2\pi/u$, so ist das Quadrat der Umlauf-zeit $T^2 \sim r^3$. Der Leser berechne selbst, daß die Umlaufzeit eines einen homogenen kugelförmigen Himmelskörper sehr nahe an dessen Oberfläche umkreisenden Satelliten, dessen Masse sehr klein gegen die des Himmelskörpers ist, nur von dessen Dichte, nicht von seinem Radius abhängt. (Bei der Erde etwa 90 min.)

46. Die Gezeiten. Die Gezeiten, der regelmäßige Wechsel von Hochwasser und Niedrigwasser, beruhen, wie auch bereits NEWTON erkannte, auf der vereinig-

---

[1] JOHANNES KEPLER, 1571—1630.   [2] TYCHO DE BRAHE, 1546—1601.

ten Wirkung der Anziehung des Meerwassers durch Mond und Sonne und der Zentrifugalkraft, die auf das Meerwasser infolge der Rotation des Erdkörpers um den gemeinsamen Schwerpunkt von Erde und Mond wirkt (§ 45). Die Wirkung des Mondes ist etwa doppelt so groß wie die der Sonne. Wir wollen nur jene hier genauer betrachten. Doch sind die Gleichungen für beide — in erster Näherung — die gleichen.

Wir wollen das Problem dadurch vereinfachen, daß wir zunächst von der Rotation der Erde absehen. Ferner wollen wir die Annahmen machen, daß die Erde streng kugelförmig und die Mondbahn eine genaue Kreisbahn ist, deren Ebene in der Äquatorialebene der Erde liegt. Diese Annahmen treffen zwar nicht streng, aber für unsere Zwecke genügend genau zu.

Wenn wir von der Rotation der Erde absehen, so bedeutet das, daß jede bezüglich der Erde feste Richtung auch ihre Richtung im Raum ständig beibehält. (Wäre das wirklich der Fall, so wären die Orte aller Fixsterne für jeden irdischen Beobachter unveränderlich; die Sonne würde in einem Jahr nur einmal auf- und untergehen.) Diese Annahme bedeutet, daß die Erde *als Ganzes* eine reine Translation ausführt, und hat die wichtige Folge, daß nicht nur der Erdmittelpunkt A auf einem Kreise vom Radius r_1 (der etwa gleich $^3/_4$ des Erdradius R ist, § 45) um den gemeinsamen Schwerpunkt S von Erde und Mond umläuft, sondern daß auch *sämtliche Punkte P der Erde gleich große Kreise mit gleicher Phase*, aber

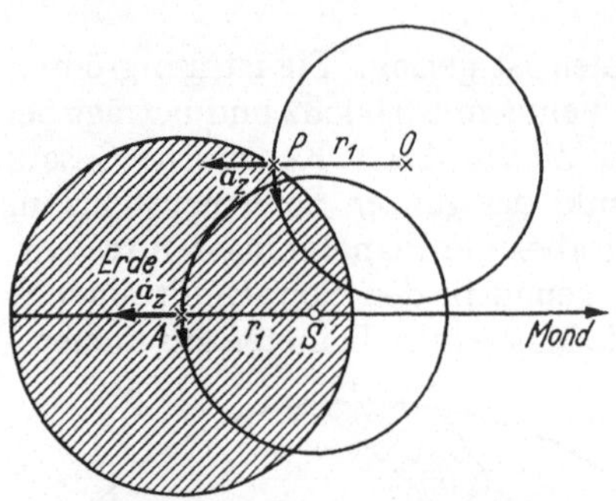

Abb. 107. Zur Theorie der Gezeiten

mit verschiedenen Mittelpunkten O durchlaufen (Abb. 107). Daher erzeugt diese Kreisbewegung auch an allen Orten der Erde *gleich große und gleichgerichtete Zentrifugalbeschleunigungen* (§ 34). Wir können diese für den Erdmittelpunkt — in dem wir uns die ganze Erde als Massenpunkt vereinigt denken können — nach (45.1) berechnen, die die an der gesamten Erde auftretende Zentrifugalkraft darstellt. Dividieren wir durch die Erdmasse M, so erhalten wir die Zentrifugalbeschleunigung $a_z = r_1 u^2$ oder

$$a_z = G \frac{m}{r^2}. \tag{46.1}$$

wobei wieder m die Mondmasse und r der Abstand der Schwerpunkte von Erde und Mond ist. Diese Zentrifugalbeschleunigung ist vom Monde weg, also der Mondanziehung entgegengerichtet.

Ebenso groß und gleichgerichtet sind die Zentrifugalbeschleunigungen an allen Orten der Erde. Aber außerhalb des Erdmittelpunktes sind die Beträge der Mondanziehung und der Zentrifugalkraft wegen des verschiedenen Abstandes vom Mond im allgemeinen nicht gleich groß, und sie liegen im allgemeinen auch nicht in der gleichen Wirkungslinie, sondern ihre Wirkungslinien sind um einen kleinen Winkel gegeneinander geneigt. Auf der mondnahen Halbkugel der Erde ist die Mondanziehung größer als die überall gleich große Zentrifugalkraft. Die Resultierende beider, die *Gezeitenkraft*, bildet einen spitzen Winkel mit der Richtung Erde—Mond. Auf der mondfernen Halbkugel dagegen ist die Zentrifugalkraft größer als die Mondanziehung, und die Gezeitenkraft bildet einen stumpfen Winkel mit der Richtung Erde—Mond. Abb. 108 zeigt dies für einen Erdquerschnitt, in dessen Ebene auch der Schwerpunkt des Mondes liegt.

Wir wollen die Gezeitenkräfte nicht berechnen, sondern die Verhältnisse nur an Hand der Abb. 108 betrachten. Denken wir uns die Gezeitenkräfte in eine zur

Erdoberfläche parallele und eine zur Erdoberfläche senkrechte Komponente zerlegt, so sehen wir, daß für die Entstehung der Gezeiten die erstere verantwortlich ist, weil sie das Meerwasser parallel zur Erdoberfläche verschiebt, während die zweite nur eine — äußerst kleine — scheinbare Änderung der örtlichen Schwerkraft hervorruft. Wie man aus Abb. 108 erkennt, ist die erstere Komponente am mondfernsten Punkt A und mondnächsten Punkt B gleich Null, ebenso aber auch an den beiden um 90° von diesen Punkten entfernten Punkten C und D. Mitten zwischen je zwei solchen Minima hat sie ein Maximum. Die Gezeitenkräfte und die durch sie hervorgerufenen Beschleunigungen sind, wie die Rechnung ergibt, in homologen Punkten der beiden Halbkugeln in erster Näherung gleich groß. Der Zustand auf der mondfernen Halbkugel ist also ein Spiegelbild des Zustandes auf der mondnahen Halbkugel.

Diese Verteilung der Gezeitenkräfte hat zur Folge, daß das Meerwasser auf der mondnahen Halbkugel dem Monde zu, auf der mondfernen Halbkugel vom Monde weg auf die Punkte A und B hin getrieben wird und dort Hochwasser erzeugt. Von den Punkten C und D wird es fortgetrieben, und dort herrscht Niedrigwasser. Denken wir uns Abb. 108 als einen die Erdachse (CD) enthaltenden Schnitt, so erkennen wir, daß an den Polen ständig Niedrigwasser herrscht. Denken wir uns dagegen Abb. 108 als einen äquatorialen Schnitt durch die Erde, so sehen wir, daß am Äquator — und entsprechend längs jedes Breitengrades —

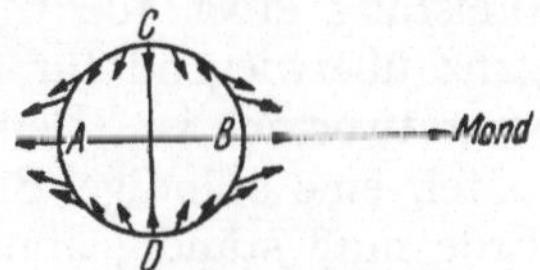

Abb. 108.
Verteilung der Gezeitenkräfte

die Maxima und Minima der Gezeiten einander in Winkelabständen von je 90° folgen. Wenn die Erde — wie bisher angenommen — eine feste Orientierung im Raume hätte, so würden diese Maxima und Minima während der Dauer eines Mondumlaufes, also in $27^1/_3$ Tagen $=656$ Std. die Erde einmal umlaufen, d.h. es würde alle 328 Std. Hoch- bzw. Niedrigwasser sein. In Wirklichkeit dreht sich jedoch die Erde in fast genau 24 Stunden einmal um ihre Nord-Süd-Achse, und dies für sich allein erzeugt einen Umlauf der Maxima und Minima um die Erde in der gleichen Zeit. Da Erddrehung und Mondumlauf gleichsinnig erfolgen, so erfolgt der Umlauf der Maxima und Minima um die Erde ein wenig langsamer als einmal in 24 Std, nämlich in rund $24^3/_4$ Std, wie man leicht berechnen kann.

Für die zur Erdoberfläche parallele Beschleunigung a_g, die die Gezeitenkraft am Meerwasser erzeugt, ergibt die Theorie den Betrag

$$a_g = \frac{3}{2}\, a_z \frac{R}{r} \sin 2\varphi = \frac{3}{2}\, G\, m\, \frac{R}{r^3} \sin 2\varphi \tag{46.2}$$

(46.1), wenn φ das Azimut bezüglich der Verbindungslinie des Erd- und Mondschwerpunktes ist, mit den Maxima des Betrages der Beschleunigung unter den Azimuten $\varphi = 45°$, $135°$, $225°$ und $315°$, wie wir es oben aus Abb. 108 abgelesen hatten. Diese Beschleunigung ist außerordentlich klein gegenüber der Fallbeschleunigung g [(44.3)]. Ihr maximaler Betrag ist, mit $\sin 2\varphi = \pm 1$,

$$a_g = \frac{3}{2}\, \frac{m}{M} \left(\frac{R}{r}\right)^3 g. \tag{46.3}$$

Mit $m/M \approx 1/81$ und $R/r \approx 1/60$ (§ 45) ergibt sich $a_g/g = 8{,}5 \cdot 10^{-8}$. Obgleich also die Gezeitenkräfte äußerst klein sind, vermögen sie doch — wegen der leichten Beweglichkeit des Wassers — die gewaltigen Wirkungen zu zeitigen, die wir in den Gezeiten beobachten.

Den vom Monde herrührenden Gezeiten überlagern sich — mit einer etwas anderen Umlaufzeit — die von der Sonne herrührenden Gezeiten, die etwa von halber Stärke sind $(a_g/g = 3{,}8 \cdot 10^{-8})$. Je nach der gegenseitigen Lage von Mond und Sonne relativ zur Erde verstärken oder schwächen die Mond- und Sonnengezeiten einander (Spring-Tide und Nipp-Tide).

Die hier dargestellten Verhältnisse nehmen keine Rücksicht auf das Vorhandensein der Kontinente, durch die die durch die Gezeiten hervorgerufenen Strömungen in hohem Grade beeinflußt werden.

Die obigen Darlegungen sind natürlich nicht so zu verstehen, als bewegten sich zwei körperliche Wasserberge in rund 24 Std je einmal rund um die Erde. Das gilt nur für die Maxima und Minima des Wasserstandes. Das Wasser bewegt sich nur periodisch auf die Maxima hin und wieder von ihnen fort. Die Gezeiten sind also ungeheure, den ganzen Erdball umfassende erzwungene *Schwingungen des Weltmeeres*, die bei strenger Rechnung in mehrere verschieden starke Komponenten von verschiedener Frequenz (*Tiden*) zerfällt. Mit dieser Schwingung des Weltmeeres ist eine periodische Verschiebung sehr großer Wassermengen verbunden, die zu sehr großen Reibungswirkungen und zur Erzeugung von Wärme führt (Leistung etwa 10^{12} W). Das geht aber auf Kosten der Erdrotation, die ja ganz überwiegend für die Geschwindigkeit, mit der die Verschiebung erfolgt, verantwortlich ist. Demnach ist zu erwarten, daß die Erddrehung durch die Gezeiten eine ständige Bremsung erfahren muß. Die Winkelgeschwindigkeit der Erde muß ständig abnehmen, also die Tageslänge zunehmen. Tatsächlich ergeben Messungen mit Atomuhren, daß die Dauer eines Tages im Laufe eines Jahrhunderts um etwa 0,00164 s zunimmt. Aber die Erde hat auch eine Rückwirkung auf den Mondumlauf. Infolge der Gezeitenreibung bleibt die Verbindungslinie der beiden Orte höchsten Wasserstandes immer etwas hinter der Verbindungslinie der Schwerpunkte von Erde und Mond zurück. Das bewirkt das Auftreten gegenseitiger Drehmomente zwischen Erde und Mond, und diese rufen beim Mond eine stetige Vergrößerung seines Abstandes von der Erde und ein stetiges Wachsen seiner Umlaufzeit hervor. Man hat berechnet, daß sie ursprünglich wahrscheinlich nur 3 bis 5 heutige Tage betragen hat und daß sie im Endzustand, wenn die Drehung der Erde relativ zum Mond völlig abgebremst sein wird, etwa 55 Tage betragen wird. So lang wird dann auch der irdische Sonnentag sein. Dann wird die Erde dem Monde stets die gleiche Seite zukehren, und die Orte höchsten Wasserstandes werden sich auf der Erde nicht mehr verschieben. Beim Mond ist dieser Zustand bereits erreicht, und man muß annehmen, daß seine Umdrehung relativ zur Erde bereits in einer sehr frühen Phase seiner Entwicklung durch Gezeitenreibung in seiner zähflüssigen Substanz vollständig abgebremst worden ist.

Auch auf der Erde wirken die Gezeitenkräfte nicht nur auf das Meerwasser, sondern auch auf das zähflüssige Magma des Erdinnern. Das hat sehr schwache, aber mit empfindlichen Meßgeräten doch deutlich nachweisbare, periodische Hebungen und Senkungen der Erdoberfläche zur Folge. Auch das muß mit Reibungsvorgängen einhergehen und zur Bremsung der Erddrehung beitragen.

47. Gravitationsfelder. Die Anwesenheit eines Massenpunktes im Raume hat nach dem Gravitationsgesetz zur Folge, daß auf jeden anderen Massenpunkt in seiner Umgebung eine von ihm ausgehende anziehende Kraft wirkt. Der Massenpunkt erzeugt also in dem ihn umgebenden Raume ein Kraftfeld, ein *Gravitationsfeld*. Ebenso wie im Sonderfall des irdischen Schwerefeldes ist die für das Gravitationsfeld charakteristische Körpereigenschaft, die wir in § 27 allgemein mit w bezeichnet haben, die Masse.

Wir erhalten also nach (27.1) die *Gravitationsfeldstärke g* in einem Raumpunkt im Felde eines Massenpunktes von der Masse m, indem wir (44.1 a) durch m' dividieren:

$$g = - G \frac{m}{r^2} r^0. \tag{47.1}$$

r^0 ist der vom Massenpunkt nach den einzelnen Raumpunkten hinweisende Einsvektor. Deshalb das negative Vorzeichen; denn die Kraft, also auch die Feldstärke, weist von jedem Raumpunkt radial auf den Massenpunkt hin. Das Feld ist ein *Zentralfeld.* Wie im Sonderfall des irdischen Schwerefeldes (§ 12) ist in jedem Gravitationsfeld die Feldstärke g (Betrag g) gleich der Beschleunigung, die *jeder* Massenpunkt am gleichen Ort erfährt — die Verallgemeinerung des gleich schnellen freien Falles aller Körper im irdischen Schwerefeld. Darum haben wir hier auch das gleiche Formelzeichen gewählt wie in § 12.

Bei Zentralfeldern ist es sinnvoll, den Nullpunkt des Potentials (§ 27) in die Entfernung $r = \infty$ vom Kraftzentrum zu legen, d.h. einem Körper, der sich unendlich fern von diesem befindet, relativ zu ihm die potentielle Energie Null zuzuschreiben. Es sei dr ein Element eines von dem felderzeugenden Massenpunkt weg (also in der Richtung r^0) weisenden Ortsvektors. Dann ist, da g auf den Massenpunkt hin weist, nach (6.1) cos $(g, dr) = -1$ und daher das skalare Produkt $g\,dr = -g\,dr$. Setzen wir in (27.3) $P = g$, ist ferner B ein im endlichen Abstande r von dem Massenpunkt liegender Punkt, A ein unendlich entfernter Punkt, $r = \infty$, und ist nach (47.1) $g = Gm/r^2$, so folgt

$$U = \int_{\infty}^{r} g\,dr = Gm \int_{\infty}^{r} \frac{dr}{r^2} = - G\frac{m}{r}. \tag{47.2}$$

Das Potential im Gravitationsfelde eines Körpers ist also überall negativ. Fällt ein anderer Körper frei in einem solchen Felde aus unendlicher Ferne, so nimmt seine potentielle Energie ab, aber er gewinnt kinetische Energie in gleichem Betrage, wie es das Energieprinzip fordert.

Nach (47.2) herrscht in allen Punkten, die gleichen Abstand r von einem einzelnen Massenpunkt m haben, das gleiche Gravitationspotential. Die *Flächen gleichen Potentials (Äquipotentialflächen, Niveauflächen)* im Gravitationsfelde eines einzelnen Massenpunktes sind also Kugelflächen um den Massenpunkt.

Wie wir bereits erwähnt haben, können homogene Kugelschalen und aus solchen zusammengesetzte Kugeln bezüglich ihrer Gravitationswirkungen durch einen in ihrem Schwerpunkt befindlichen Massenpunkt ersetzt gedacht werden. Das Gravitationsfeld einer solchen Kugel ist dann das gleiche wie dasjenige dieses Massenpunktes. Doch gilt dies nur für den Raum außerhalb der Kugel. Im Innenraum liegen die Verhältnisse anders (§ 44).

48. Das Gravitationsfeld der Erde. Wäre die Erde — das Geoid (§ 41) — aus in sich ganz homogenen Schalen zusammengesetzt, so wäre ihr Gravitationsfeld, einschließlich der kleinen zusätzlichen Wirkung der Zentrifugalkraft, überall senkrecht zur Oberfläche des idealen Geoids gerichtet und innerhalb genügend kleiner Bereiche mit sehr großer Näherung homogen, also überall gleich stark und gleich gerichtet. Nun ist aber die Bedingung einer homogenen Zusammensetzung in der Erdkruste keineswegs erfüllt. Ganz abgesehen von den großen Dichteunterschieden zwischen den Gesteinen der Kontinente und dem Wasser der Meere wechselt auch die Dichte des Materials der Kontinente von Ort zu Ort, besonders schnell bei Anwesenheit von Einbettungen von stark abweichender Dichte, in der Umgebung von Gebirgen usw. Das führt zu Verzerrungen des Gravitationsfeldes, also zu örtlichen Verschiedenheiten der Stärke und der Richtung des Feldes auch schon in kleinen Bereichen. Die Untersuchung solcher *Schwerestörungen* ist ein wichtiges Hilfsmittel der Geologie und dient vor allem zur Aufsuchung der

Lagerstätten wichtiger Rohstoffe (Erze, Salze, Erdöl, Kohle). Man bedient sich dazu der *Drehwaage* von Eötvös. Sie besteht im Prinzip aus einem an einem dünnen Metallfaden allseitig drehbar aufgehängten horizontalen Balken, an dem in verschiedenen Höhen zwei gleich schwere Körper (m, m, Abb. 109) befestigt sind und dessen Stellung mit Hilfe eines Drehspiegels S beobachtet werden kann. In einem homogenen Gravitationsfelde erfährt der Balken kein Drehmoment. Doch treten Drehmomente um die vertikale und die horizontale Achse auf, wenn das Gravitationsfeld nicht homogen, also an den Orten der beiden Körper verschieden stark oder verschieden gerichtet ist.

Die Bahn eines auf der Erde geworfenen Körpers ist bei nicht allzu großer Geschwindigkeit ein Stück einer Ellipse, in deren einem Brennpunkt nach dem 1. Keplerschen Gesetz der Erdmittelpunkt steht, die aber in der Regel durch ein Stück einer Parabel in der Nähe ihres Scheitels genügend angenähert werden kann (§ 28). Der Körper kehrt dann stets wieder zur Erdoberfläche zurück. Bei genügend großer Geschwindigkeit dagegen entweicht der Körper auf einer hyperbolischen (im Grenzfall parabolischen) Bahn endgültig in den Weltraum. Für einen senkrecht nach oben geworfenen Körper lautet die Bewegungsgleichung

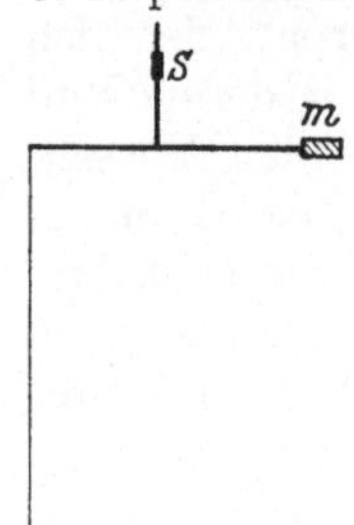

Abb. 109. Prinzip der Drehwaage von Eötvös

$$m\frac{dv}{dt} = -G\frac{mM}{r^2} = -mg\frac{R^2}{r^2} \tag{48.1}$$

(M Erdmasse, R Erdradius, r Abstand vom Erdmittelpunkt, g Fallbeschleunigung *an der Erdoberfläche*). Die Integration ergibt $v^2 = v_0^2 - 2gR(1 - R/r)$. Für $r = \infty$ folgt $v_\infty^2 = v_0^2 - 2gR$. Demnach beträgt die *Fluchtgeschwindigkeit*, d. h. die Mindestanfangsgeschwindigkeit, die eine senkrecht aufsteigende *Rakete* nach Brennschluß haben muß, um in den Weltraum zu entweichen, $v_0 = \sqrt{2gR} = 11{,}2$ km s^{-1}.

Drittes Kapitel

Mechanik der Stoffe

I. Die Materie

49. Allgemeines[1]. Man kennt heute weit mehr als eine Million chemisch verschiedene Stoffe, und die Möglichkeit ihrer Vermehrung, insbesondere der Herstellung neuer organischer Verbindungen, ist wohl unbegrenzt. Wenn man einen chemisch einheitlichen Stoff weiter und weiter zerlegt, so findet man bekanntlich, daß er aus einzelnen, unter sich gleichen, winzigen Individuen besteht, die man *Moleküle nennt*. Den Bau der Moleküle aus Atomen und den der Atome aus noch leichteren Teilchen behandeln wir erst im 11. und 12. Kapitel. Wir wissen heute, daß die Materie im ganzen Weltall aus den gleichen Teilchen besteht, wie wir sie auf der Erde kennen, und daß ihr Verhalten durch die gleichen Gesetze

---

[1] THALES VON MILET (6. Jahrh. v. Chr.) hielt das Wasser für den Ursprung aller Dinge. ANAXAGORAS (geb. um 500 v. Chr.) nimmt unendlich viele Grundstoffe an, EMPEDOKLES (geb. um 510 v. Chr.) die vier Elemente Erde, Wasser, Luft, Feuer. LEUKIPPOS und DEMOKRITES lehren den Gegensatz des Vollen, der Atome, und des Leeren; alle Eigenschaften der Materie werden durch die Lagen und Bewegungen der Atome bedingt, welche selbst nur geometrische Eigenschaften haben. PLATON (427— 347 v. Chr.) verknüpfte die Elemente des EMPEDOKLES mit den regulären Polyedern. In der Neuzeit trat die Atomistik zum erstenmal bei JOACHIM JUNGIUS (1587—1657) und PIERRE GASSENDI (1592—1655) in den physikalischen Gedankenkreis.

bestimmt wird. Da die Massen der Atome und Moleküle außerordentlich klein sind (Größenordnung 10^{-24} bis 10^{-21} g, nur bei vielen organischen Makromolekülen erheblich größer), so ist ihre Anzahl in wägbaren Substanzmengen ungeheuer groß. So befinden sich in 1 cm³ Luft unter gewöhnlichen Bedingungen rund $2{,}7 \cdot 10^{19}$, in 1 cm³ Wasser sogar mehr als $3 \cdot 10^{22}$ Moleküle.

Natürlich beruhen die Eigenschaften der Stoffe auf denen ihrer Moleküle und auf der Art ihrer molekularen Struktur. Indessen kann man ihre „makroskopischen" Eigenschaften untersuchen und beschreiben, ohne auf ihre „mikroskopische" Struktur Bezug zu nehmen. In diesem Bereich betrachtet man die Stoffe so, als seien sie *strukturlose Kontinua*. Verstehen und begründen kann man die Eigenschaften der Stoffe aber nur, wenn man ihren *Aufbau aus diskreten Teilchen* in Betracht zieht und *Molekularphysik* treibt (§ 63).

Die erst aus dem Anfang des 19. Jahrhunderts stammende Erfahrung, daß Stoffe sich zwar umwandeln, aber nie aus nichts entstehen oder verschwinden können, hat man früher als das *Gesetz der Erhaltung der Materie* bezeichnet. Heute wissen wir, daß es nur ein Sonderfall des Energieprinzips ist und daß es Fälle gibt, in denen es nicht gilt (§ 367).

50. Erscheinungsformen der Materie. Nach dem Widerstand, den die Körper einer Änderung ihrer Gestalt und ihres Volumens entgegensetzen, kann man drei Erscheinungsformen *(Aggregatzustände)* der Stoffe unterscheiden: den *festen*, den *flüssigen* und den *gasförmigen* Zustand. Das verschiedene Verhalten fester, flüssiger und gasförmiger Körper gegenüber Kräften, die ihre Gestalt oder ihr Volumen zu ändern suchen, beruht auf der sehr verschiedenen Größe der Kräfte, durch die ihre elementaren Bausteine an Gleichgewichtslagen im Körper gebunden sind. Nach ihrem allgemeinen Verhalten gegenüber äußeren Kräften kann man sie nach den folgenden Gesichtspunkten unterscheiden:

Feste Körper setzen sowohl einer Änderung ihrer Gestalt wie einer Änderung ihres Volumens einen großen Widerstand entgegen. Aus diesem Grunde ist es in vielen Fällen möglich, die an ihnen wirklich eintretenden Änderungen zu vernachlässigen und sie als starre Körper zu idealisieren.

Flüssigkeiten setzen einer Änderung ihres Volumen einen Widerstand entgegen, der zwar im allgemeinen kleiner als bei den festen Körpern, aber doch noch sehr beträchtlich ist. Hingegen ist ihre Gestalt leicht zu verändern. Deshalb passen sie sich auch der Gestalt der sie begrenzenden Flächen je nach ihrer Zähigkeit mehr oder weniger schnell an.

Gase sind sehr viel leichter zusammendrückbar als Flüssigkeiten. Einer Volumvergrößerung und einer Gestaltsänderung setzen sie überhaupt keinen Widerstand entgegen, sondern sie füllen (abgesehen von Wirkungen der Schwerkraft, § 71) von selbst jeden ihnen dargebotenen Raum in gleicher Dichte aus.

Während die Grenze zwischen den Gasen und den Flüssigkeiten unter gewöhnlichen Umständen sehr scharf ist, so daß kein Zweifel besteht, ob man einen bestimmten Stoff als Gas oder als Flüssigkeit zu bezeichnen hat, ist das bei den Flüssigkeiten und den festen Stoffen nicht immer der Fall. Nur die *kristallinen* Stoffe gehen unter sprunghafter Änderung ihrer Eigenschaften bei einer bestimmten Temperatur in den flüssigen Zustand über, wie z.B. Eis, die reinen Metalle usw. Die *amorphen* festen Stoffe zeigen bei Erwärmung einen stetigen Übergang vom festen zum flüssigen Zustand, z.B. Wachs, Siegellack, Paraffin usw. Wenn sie vom flüssigen Zustande ausgehend abgekühlt werden, so nimmt ihre Zähigkeit mehr und mehr zu und wird schließlich so groß, daß sie sich wie ein fester Stoff verhalten, sofern nicht sehr lange andauernde Kräfte auf sie wirken. Unterliegen sie aber genügend lange Zeit gestaltsändernden

Kräften, so zeigt sich ihr Unterschied gegenüber den kristallinen Stoffen deutlich in ihrer größeren *Plastizität*. Eine Münze drückt sich im Laufe einige Zeit in kaltem Siegellack ab. Eine, wenn auch sehr geringe, Plastizität zeigen aber auch die kristallinen Stoffe.

Der Unterschied der verschiedenen Erscheinungsformen der Stoffe beruht auf einer Verschiedenheit ihrer molekularen Struktur. Die einfachsten Verhältnisse herrschen bei den *Gasen*. Ihre Moleküle haben sehr große Abstände voneinander und bewegen sich mit großen, mit der Temperatur wachsenden Geschwindigkeiten (§ 102). Ihre Stöße gegen die sie einschließenden Wandungen verursachen den Druck des Gases (§ 68); auch erleiden sie ständig Zusammenstöße untereinander. Die Moleküle der mehratomigen Gase sind frei drehbar, und ihre Rotation liefert einen wesentlichen Beitrag zur inneren Energie des Gases (§ 112).

Bei den *kristallinen festen Stoffen* sind die Molekülabstände größenordnungsmäßig 10mal kleiner als in den Gasen unter gewöhnlichen Bedingungen. Ihre elementaren Bausteine sind in sehr regelmäßiger Anordnung an Gleichgewichtslagen gebunden (§ 52), um welche sie Schwingungen ausführen können. Ein *Platzwechsel* findet nur selten statt. Eine freie Drehbarkeit haben die Moleküle (bzw. Atome) nicht, also auch keine Rotationsenergie.

Die *Flüssigkeiten* nehmen eine Mittelstellung ein. Die Dichtigkeit der Packung ihrer Moleküle entspricht etwa derjenigen bei den kristallinen festen Stoffen. In kleinen Bereichen ähnelt ihre Struktur in der Nähe ihres Schmelzpunktes weitgehend der eines Kristalls von verwaschener Struktur. Doch sind die Moleküle nur lose an ihre Gleichgewichtslagen gebunden, und es findet ein häufiger Platzwechsel statt, der auch die geringe Formfestigkeit der Flüssigkeiten erklärt. Die Flüssigkeiten haben also in der Nähe ihres Schmelzpunktes eine *quasikristalline Struktur*. Doch verwischt sich diese mit steigender Temperatur mehr und mehr, indem die Häufigkeit der Platzwechsel zunimmt. Unter gewissen Umständen kann der flüssige Zustand stetig in den gasförmigen Zustand übergehen (§ 120). Eine freie Drehbarkeit haben die Moleküle einer Flüssigkeit nicht.

Die *amorphen festen Stoffe* (Wachs, Siegellack, Pech usw.) entsprechen in ihrer Struktur den Flüssigkeiten. Sie können als Flüssigkeiten angesehen werden, deren quasikristalline Struktur sich bei abnehmender Temperatur nicht sprunghaft in eine echte Kristallstruktur verwandelt. Vielmehr verfestigt sie sich nur mit abnehmender Temperatur (der Stoff wird stetig zäher), indem die Platzwechselvorgänge immer seltener werden. Die quasikristalline, flüssigkeitartige Struktur friert auf diese Weise sozusagen ein. Doch kommt es vor, daß ein amorpher Stoff sich spontan in seine kristalline Modifikation verwandelt. Die oft als amorph bezeichneten *Gläser* nehmen eine Mittelstellung zwischen den amorphen und den kristallinen Stoffen ein.

Ein Stoff, der überall von gleicher Beschaffenheit ist, heißt *homogen*, andernfalls *inhomogen*. Ein Stoff, der sich in allen Richtungen gleich verhält, heißt *isotrop*. Er heißt *anisotrop*, wenn seine Eigenschaften und sein Verhalten von der Richtung in ihm abhängen. Gase und Flüssigkeiten sind in ihrem natürlichen Zustande stets isotrop, ebenso die amorphen Stoffe. Dagegen sind alle Kristalle anisotrop.

51. Grundtatsachen des Kristallbaus. Wir haben bereits erwähnt, daß die eigentlichen festen Körper, die Kristalle, sich von den amorphen festen Körpern durch die regelmäßige Anordnung ihrer elementaren Bausteine, ihre *Raumgitterstruktur*, unterscheiden. Diese kann durch die *Strukturanalyse mit Röntgenstrahlen* (VON LAUE[1] 1912) ermittelt werden (§ 315). Der regelmäßige Bau der

---

[1] MAX VON LAUE, 1879—1960, Nobelpreis 1914. Der Text der §§ 51 und 52 stammt im wesentlichen von ihm.

Elementarbereiche eines Kristalls, der sich bei einem idealen Kristall in jedem Elementarbereich in genau gleicher Weise wiederholt, bewirkt, daß gut ausgebildete Kristalle auch in ihrem äußeren Bau die bekannte Regelmäßigkeit zeigen *(Kristalltracht)*. Sie sind konvexe Polyeder, die von ebenen Flächen begrenzt sind und daher auch stets gerade Kanten haben.

Die *Kristallsystematik* ordnete die Vielfalt der Kristalle ursprünglich nach der Gestalt gut ausgebildeter Exemplare (BRAVAIS[1] 1848, SOHNCKE[2] 1879, FEDOROW[3], SCHOENFLIESS[4] 1891). Sie beruht auf einigen grundlegenden Gesetzen und gewissen Symmetrieeigenschaften der Kristalle. Die auf dieser Grundlage entwickelte Systematik ist mit derjenigen identisch, die sich später auch aus der Raumgittertheorie ergeben hat. Wir erwähnen hier nur die allerwichtigsten, zum allgemeinen Verständnis der Systematik nötigen Tatsachen.

1. Das Gesetz der konstanten Neigungswinkel (STÉNO[5] 1669, ROMÉ DE L'ISLE[6] 1772): Zwei gleiche Kanten der Kristalle des gleichen Stoffs bilden — sofern die Kristalle unter gleichen Bedingungen gewachsen sind — miteinander stets gleiche Winkel. Beim Wachsen eines Kristalls verschieben sich seine Flächen parallel zu sich selbst, so daß diese Winkel erhalten bleiben. Das ist auf Grund der Raumgittertheorie leicht verständlich.

2. Das Gesetz der einfachen rationalen Indizes (NEUMANN[7] 1823). Man wählt einen Punkt im Innern eines Kristalls als Ursprung eines Koordinatensystems, dessen Achsen (a, b, c) parallel zu drei in einer Ecke zusammenstoßenden Kanten des Kristalls sind. Es ist also sehr oft schiefwinklig. Die Wahl eines bestimmten Koordinatensystems unter den verschiedenen möglichen ist nur eine Frage der Zweckmäßigkeit. Ferner wählt man unter den Flächen des Kristalls — wieder aus Gründen der Zweckmäßigkeit — eine bestimmte Fläche aus. Sie schneidet die drei Achsen in drei Punkten, die die Abstände a, b, c vom Koordinatensprung haben (Abb. 110). Dabei kommt es nur auf das Verhältnis $a:b:c$ an, das sich nicht ändert, wenn die Fläche beim Wachsen des Kristalls parallel zu sich selbst verschoben wird. Wesentlich ist also nur die Richtung der Flächennormalen. Diese Fläche nebst dem genannten Verhältnis

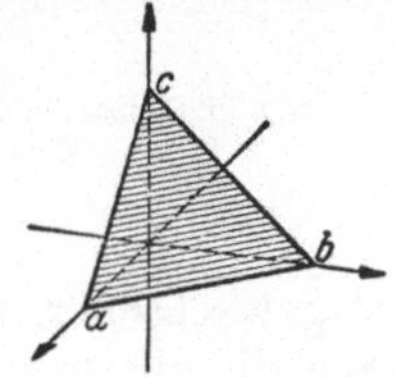

Abb. 110. Zum Gesetz der einfachen rationalen Indizes

bildet die *Grundform* des Kristalls. Entsprechend schneidet jede andere Fläche des Kristalls die drei Achsen in drei Punkten (von denen einer oder zwei auch im Unendlichen liegen können), deren Abstände vom Ursprung wir allgemein mit a_i, b_i, c_i bezeichnen wollen. Dann kann die Lage dieser Fläche — genauer gesagt die Richtung ihrer Flächennormalen — wieder durch das Verhältnis $a_i:b_i:c_i$ beschrieben werden. Diese Abstände können auch negative Werte annehmen, wenn der betreffende Schnittpunkt auf der negativen Seite der Achse liegt. Man bezieht nun das vorstehende Verhältnis auf die Grundform, indem man setzt

$$a_i:b_i:c_i = \frac{a}{h} : \frac{b}{k} : \frac{c}{l} . \tag{51.1}$$

Die Zahlen h, k, l heißen die *Indizes* der betreffende Fläche. Durch ihre Angabe ist die Lage der Fläche vollkommen bestimmt.

Das Gesetz der einfachen, rationalen Indizes sagt aus, daß die Indizes h, k, l sich stets durch einfache, rationale Zahlen darstellen lassen, von denen eine oder

---

[1] AUGUSTE BRAVAIS, 1811—1863.   [2] LEONHARD SOHNKE, 1842—1897.
[3] JEVGRAPH STEPANOWITSCH VON FEDOROW, 1853—1919.
[4] ARTUR SCHOENFLIESS, 1853—1928.
[5] NIELS STENSEN (NICOLAUS STÉNO), 1631—1686 (oder 1638—1687).
[6] JEAN BAPTISTE ROMÉ DE L'ISLE, 1736—1790.
[7] FRANZ ERNST NEUMANN, 1798—1895.

zwei auch gleich Null sein können. Ist z. B. $h = 0$, so ist nach (51.1) $a_i = \infty$, d. h. die Fläche schneidet die a-Achse überhaupt nicht, ist also zu ihr parallel (Abb. 111 a). Ist $h = k = 0$, so ist $a_i = \infty$ und $b_i = \infty$, die Fläche also parallel zur $(a\,b)$-Ebene (Abb. 111 b). Besonders häufig kommen Flächen mit ganz einfachen Indizes $(h\,k\,l)$ wie (001), (010), (100), (110), (101), (011), (211), (121) usw. vor.

3. Kristallsymmetrien. Ist die Raumgitterstruktur eines Kristalls in mehreren Richtungen die gleiche *(gleichwertige Richtungen)*, so müssen auch die in solchen Richtungen gewachsenen Flächen als *gleichwertige Flächen* angesehen werden. Unter *Symmetrie* versteht man an einem Kristall alle Regelmäßigkeiten, die ihre Ursache darin haben, daß er gleichwertige Flächen, also auch gleichwertige Richtungen hat. Man erkennt die Symmetrien durch gedachte Vornahme gewisser *Deckoperationen.* Darunter versteht man solche Operationen, durch die ein nor-

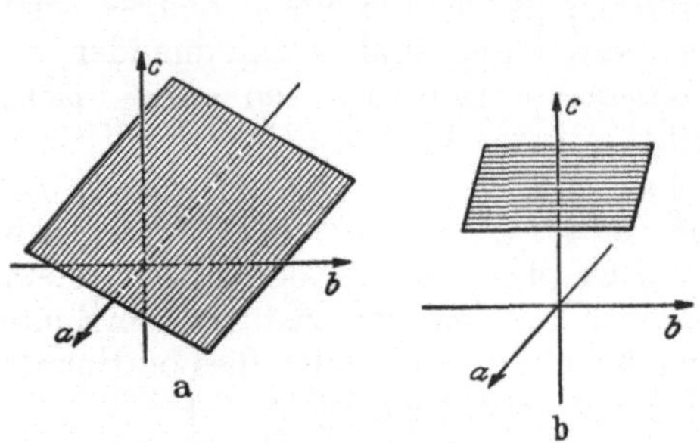
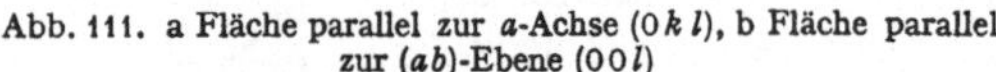
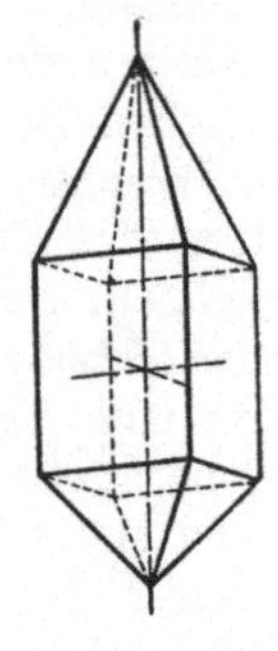
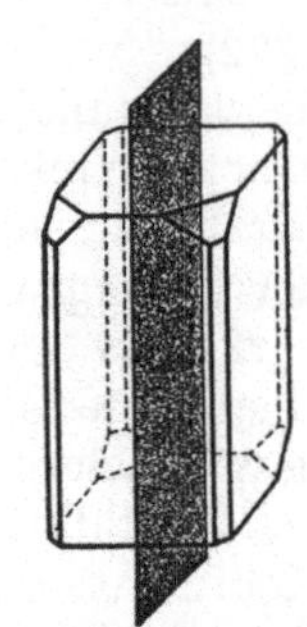

Abb. 111. a Fläche parallel zur a-Achse $(0\,k\,l)$, b Fläche parallel zur $(a\,b)$-Ebene $(0\,0\,l)$

Abb. 112. Kristall mit vierzähliger Drehachse. (Nach Niggli)

Abb. 113. Kristall mit Spiegelebene. (Nach Niggli)

mal gewachsener, einheitlicher Kristall in sich selbst übergeht, genauer gesagt, durch die alle gleichwertigen Richtungen des Kristalls in sich selbst übergehen, so daß sich die Indizes aller am Kristall vorhandenen Flächen paarweise in diejenigen einer anderen gleichwertigen Fläche des Kristalls verwandeln.

Das kann erstens durch eine Drehung des Kristalls um eine *Drehachse* erfolgen. Abb. 112 zeigt einen Kristall, der durch eine Drehung um 90° um die c-Achse in sich selbst übergeht. Man kann diese Deckoperation viermal im gleichen Sinne wiederholen, bis der Kristall wieder identisch in seine Anfangslage zurückkehrt. Deshalb wird die Drehachse in diesem Fall als vierzählig bezeichnet. Allgemein heißt eine Achse *n-zählig*, wenn die kleinste für eine Deckoperation nötige Drehung $360°/n$ beträgt. Aus dem Gesetz der einfachen, rationalen Indizes läßt sich ebenso wie aus der Raumgittertheorie *beweisen*, daß es nur *zweizählige (diagonale)*, *drei-zählige* (trigonale), *vierzählige* (tetragonale) und *sechszählige* (hexagonale) *Dreh-achsen* geben kann. Dem entspricht, daß die Drehwinkel nur 180°, 120°, 90° oder 60° betragen können. Auf Grund der Raumgittertheorie hängt dies damit zusammen, daß eine Zerlegung einer Ebene in lauter gleiche gleichseitige, regelmäßige Polygone nur mit Drei-, Vier- und Sechsecken möglich ist.

Zweitens kann eine Deckoperation durch Spiegelung an einer im Kristall gedachten Ebene *(Spiegelebene)* erfolgen. Bei dem in Abb. 113 dargestellten Kristall geht durch Spiegelung an der gezeichneten Ebene die rechte Kristallhälfte in die linke, die linke in die rechte über.

Drittens gibt es Deckoperationen durch *gleichzeitige* Vornahme einer Drehung *und* einer Spiegelung. Bei einer solchen *Drehspiegelung* wird also der Kristall um eine bestimmte Achse *(Drehspiegelachse)* gedreht und an einer zu dieser Achse senkrechten Ebene *(Drehspiegelebene)* gespiegelt. Ebenso wie die Drehachsen

können auch die Drehspiegelachsen nur zwei-, drei-, vier- oder sechszählig sein.
Abb. 114 zeigt das Schema einer zweizähligen Drehspiegelachse. Durch Drehung
um 180° um die Achse und gleichzeitige Spiegelung an der zur Achse senkrechten
Ebene geht Punkt 1 in Punkt 2 über und Punkt 2 in Punkt 1. In diesem Fall
kommt es aber auf die räumliche Lage der Ebene nur insofern an, als sie durch
den Punkt *Z* gehen muß, der die Strecke 1—2 halbiert. Jede der unendlich vielen
Ebenen, die dieser Bedingung genügen, nebst der zu ihr senkrechten Achse, erfüllt den gleichen Zweck. Daher ist die Existenz eines *Symmetriezentrums Z*
bereits eine ausreichende Bedingung für diese Art von Symmetrie. Man spricht
daher meist nicht von zweizähligen Drehspiegelachsen, sondern von Symmetrie-
zentren. Eine dreizählige Drehspiegelachse entspricht einer dreizähligen wirklichen Drehachse nebst einer wirklichen Spiegelebene (Abb. 115). Sie wird deshalb nicht als besondere Deckoperation gewertet.

Es bleiben also nur die *vier-* und die *sechszähligen Drehspiegelachsen* übrig. Aus
den Abb. 116 und 117 erkennt man, daß eine vierzählige Drehspiegelachse stets
auch eine zweizählige Drehachse, eine sechszählige Drehspiegelachse auch eine
dreizählige Drehachse ist.
Abb. 118 zeigt Beispiele von
Kristallen mit sechs- und
vierzähliger Drehspiegel-
achse, sowie mit Symmetriezentrum.

Beim Raumgitter kom-
men aber noch weitere Symmetrieelemente hinzu, da bei
ihm noch weitere Deckope-
rationen möglich sind. Eine
solche ist erstens die *Translation*, die Verschiebung des
Raumgitters derart, daß homologe Gitterbausteine miteinander zur Deckung kom-
men. Es sind immer drei
Translationen nach drei Richtungen möglich, die nicht in
der gleichen Ebene liegen.
Zweitens kann eine Deck-
operation darin bestehen,
daß das Raumgitter um eine
bestimmte Richtung als
Achse gedreht und gleich-
zeitig in dieser Richtung
verschoben wird *(Schrau-
bung)*. Drittens kann sie bestehen in einer Spiegelung an
einer Ebene mit gleichzeitiger
Verschiebung längs dieser
Ebene *(Gleitspiegelebene)*.
Wie die Drehachsen, so können auch die *Schraubungs-
achsen* nur zwei-, drei-, vier- oder sechszählig sein. Zwei gleichzählige und gleichgerichtete Schraubungsachsen können sich noch durch ihren Drehsinn unter-

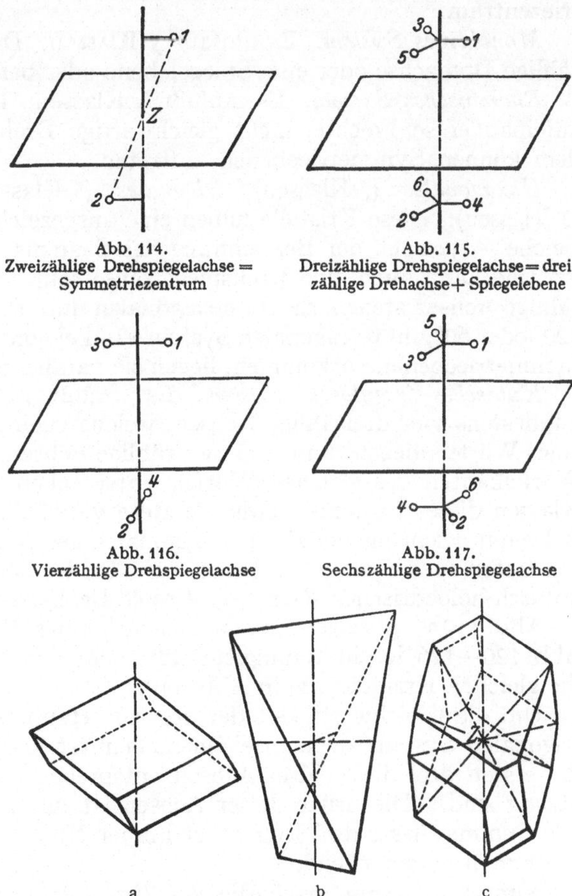

Abb. 114.
Zweizählige Drehspiegelachse =
Symmetriezentrum

Abb. 115.
Dreizählige Drehspiegelachse = dreizählige Drehachse + Spiegelebene

Abb. 116.
Vierzählige Drehspiegelachse

Abb. 117.
Sechszählige Drehspiegelachse

Abb. 118. Kristall. a mit sechszähliger,
b mit vierzähliger Drehspiegelachse, c mit Symmetriezentrum

scheiden (vgl. Rechts- und Linksschrauben). Man bezeichnet daher eine Schraubungsachse als rechts- oder links-n-zählig.

52. Kristallsysteme. Kristallklassen. Raumgruppen. Man ordnet die Kristalle nach ihren Symmetrieelementen. Nicht alle in § 51 genannten Symmetrieelemente können an einem Kristall gleichzeitig auftreten, da manche von ihnen nicht miteinander vereinbar sind. Andere wiederum bedingen einander wechselseitig. Mit Hilfe der mathematischen Gruppentheorie läßt sich berechnen, welche und wie viele Symmetrieelemente gleichzeitig an einem Kristall auftreten können. Ohne Berücksichtigung derjenigen Symmetrieelemente, die nur der Raumgitterstruktur eigentümlich sind, ergeben sich dann 32 verschiedene Möglichkeiten, nach denen man die Kristalle in 32 *Kristallklassen* einteilt (HESSEL[1] 1830). Nach dem Grade der Symmetrie — der Art und Anzahl der Symmetrieelemente — ordnet man die 32 Kristallklassen in 7 *Kristallsysteme*, die wir hier in der Reihenfolge zunehmender Symmetrie anführen.

Triklines System. Es hat von allen Systemen die geringste Symmetrie und umfaßt 2 Klassen, eine ohne Symmetrieelemente und eine mit nur einem Symmetriezentrum.

Monoklines System. Es umfaßt 3 Klassen. Diese Kristalle haben eine zweizählige Drehachse oder eine Spiegelebene oder beides zugleich.

Rhombisches System. Es umfaßt 3 Klassen. Diese Kristalle sind durch drei aufeinander senkrechte, nicht gleichwertige Drehachsen ausgezeichnet. Außerdem können Symmetrieebenen auftreten.

Hexagonales (7 Klassen), *trigonales* (5 Klassen) und *tetragonales System* (7 Klassen). Diese Kristalle haben eine ausgezeichnete Drehachse *(Hauptachse)*, welche — je nach der Bezeichnung des Systems — sechs-, drei- oder vierzählig ist. Sie kann auch eine Drehspiegelachse sein. Senkrecht zu ihr können zweizählige Achsen stehen, die im hexagonalen und im trigonalen System Winkel von 120° oder 60°, im tetragonalen System Winkel von 90° miteinander bilden. Sofern Symmetrieebenen vorkommen, liegen sie parallel oder senkrecht zur Hauptachse.

Kubisches (reguläres) System. Es umfaßt 5 Klassen. Diese Kristalle haben mindestens vier dreizählige Achsen, welche zueinander wie die Raumdiagonalen eines Würfels liegen, und drei zweizählige Achsen, deren Richtungen denen der Würfelkanten des gleichen Würfels entsprechen. In den höher symmetrischen Klassen dieses Systems werden letztere vierzählig, und es kommen zweizählige Achsen in Richtung der Flächendiagonalen des Würfels hinzu. In manchen Klassen treten auch Symmetrieebenen auf. In der höchstsymmetrischen Klasse, der kubisch-holoedrischen Klasse, gibt es 48 Deckoperationen.

Abb. 119a—g zeigen je ein Beispiel eines Kristalls, die stereoskopischen[2] Abb. 120—126 je ein Raumgitter für jedes der 7 Kristallsysteme, davon 5 für die gleichen Kristalle wie in Abb. 119.

Um die Gleichwertigkeit der drei zur Hauptachse senkrechten Achsen beim trigonalen System zu kennzeichnen, benutzt man hier vier Indizes, von denen die ersten drei diesen drei Achsen entsprechen, aber nicht voneinander unabhängig sind. (Die dritte dieser Achsen ist durch die beiden anderen gegeben.) Die Summe dieser drei Indizes ist immer Null. Beim hexagonalen System verfährt man entsprechend.

Nimmt man nun noch die der Gitterstruktur eigentümlichen Symmetrieelemente hinzu, so ergibt sich eine weitere Einteilung innerhalb der einzelnen

---

[1] FRIEDRICH CHRISTIAN HESSEL, 1796—1872.

[2] Einen richtigen Eindruck von den Raumgittern erhält man nur bei stereoskopischer Betrachtung. Diese gelingt bei einiger Übung auch schon mit bloßen Augen. Kurzsichtige tun gut, die Brille abzusetzen!

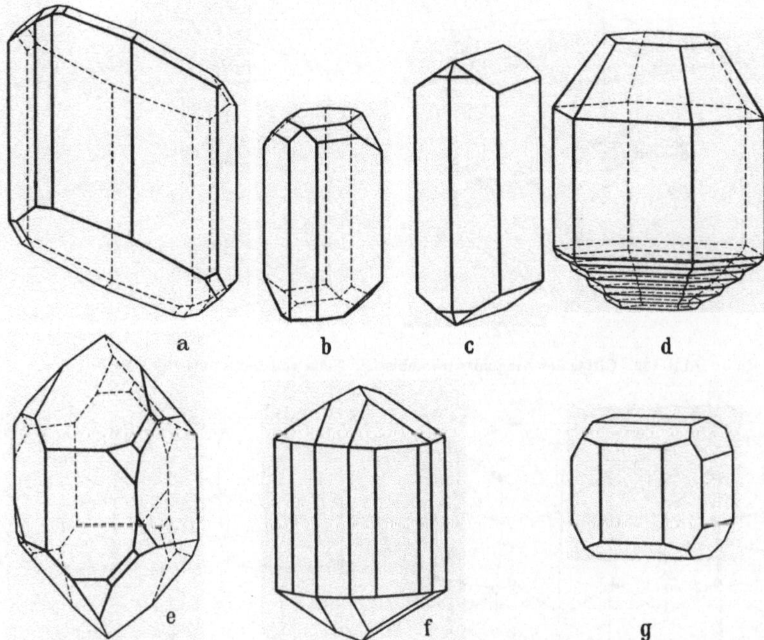

Abb. 119. a Kupfersulfat $CuSO_4$ (triklin), b Schwefel (monoklin), c Aragonit $CaCO_3$ (rhombisch), d Zinksulfid ZnS (Wurtzit, hexagonal), e Quarz SiO_2 (trigonal), f Titandioxyd TiO_2 (Rutil, tetragonal), g Eisenkies FeS_2 (Pyrit, kubisch). (Nach GROTH)

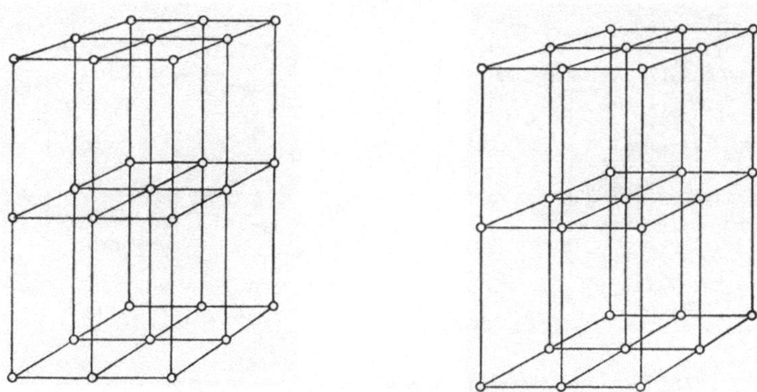

Abb. 120. Einfaches triklines Gitter. Nach VON LAUE und VON MISES

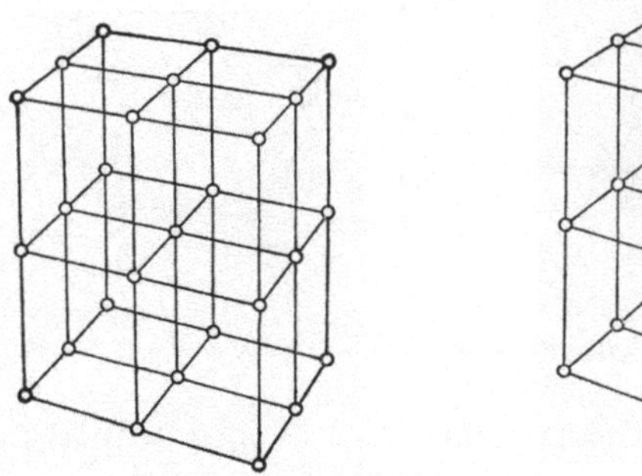

Abb. 121. Einfaches monoklines Gitter. Nach VON LAUE und VON MISES

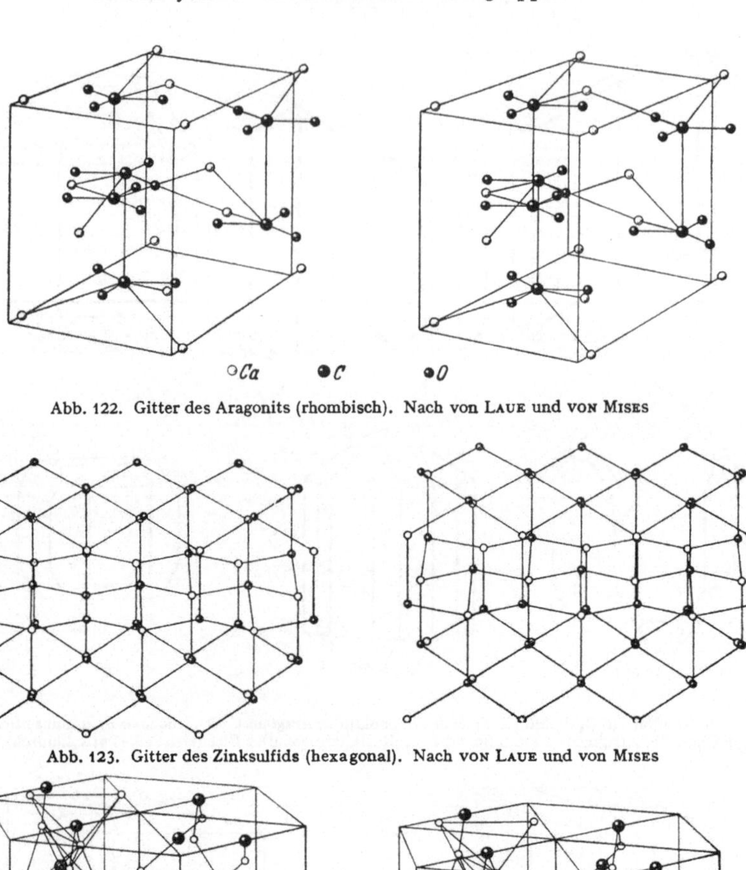

Abb. 122. Gitter des Aragonits (rhombisch). Nach von LAUE und VON MISES

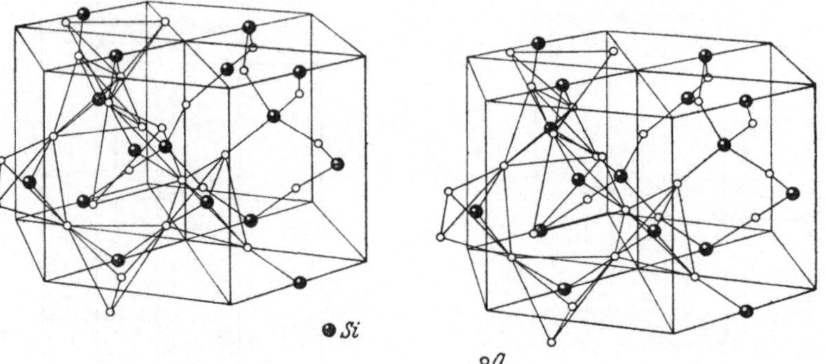

Abb. 123. Gitter des Zinksulfids (hexagonal). Nach VON LAUE und von MISES

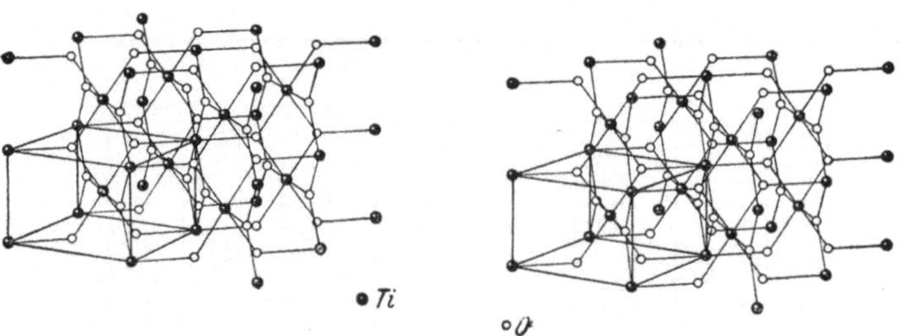

Abb. 124. Gitter des Quarzes (trigonal). Nach VON LAUE und VON MISES

Abb. 125. Gitter des Rutils (tetragonal). Nach VON LAUE und VON MISES

Kristallklassen. Die Gruppentheorie lehrt, daß es insgesamt 230 Möglichkeiten der Kombination von Symmetrieelementen gibt (FEDOROW, SCHÖNFLIESS). Hiernach teilt man die Kristalle in 230 *Raumgruppen* ein, die sich in unregelmäßiger

Weise auf die Kristallklassen verteilen. Mit wenigen Ausnahmen gibt es für sämtliche Raumgruppen natürliche oder künstliche Beispiele. Eine Raumgruppe mit einer n-zähligen Schraubenachse kann nur einer Klasse mit n-zähliger Drehachse angehören. Jedoch kommt die Existenz von Schraubenachsen in den Symmetrieelementen einer Klasse dann nicht zum Vorschein, wenn gleich viele parallele, gleichzählige Schraubenachsen von entgegengesetztem Drehsinn vorhanden sind. Eine Gleitspiegelebene hat das Auftreten einer Spiegelebene unter den Symmetrieelementen der Klasse zur Folge.

Ein normal gewachsener, ideal ausgebildeter Kristall ist zwar *homogen*, aber *anisotrop*. Denkt man sich durch das Innere eines Kristalls eine beliebige Gerade gelegt, so hängt die Anordnung der Bausteine des Kristalls auf ihr, insbesondere ihr Abstand, von der Richtung der Geraden relativ zu den Vorzugsrichtungen

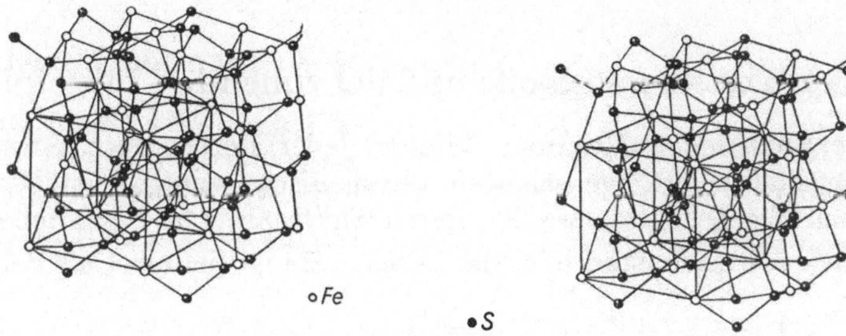

Abb. 126. Gitter des Pyrits (kubisch). Nach von Laue und von Mises

des Kristalls (des Raumgitters) ab. Sein Verhalten gegenüber äußeren Einwirkungen hängt daher im allgemeinen von der Richtung dieser Einwirkungen ab. So spiegeln sich die Symmetrien eines Kristalls in vielen seiner physikalischen Eigenschaften wider, wenn auch nicht in allen. So kann man z.B. auf optischem Wege zwischen einem Kristall mit und ohne Symmetriezentrum nicht unterscheiden. Das gleiche gilt für die elektrische und die Wärmeleitung. In bezug auf diese und auf die optischen Erscheinungen verhalten sich alle kubischen Kristalle wie isotrope Körper. Sie zeigen z.B. keine optische Doppelbrechung. Jedoch kommt die physikalische Verschiedenheit der Richtungen in ihnen z.B. in ihrem elastischen Verhalten zum Ausdruck. Während dieses bei den isotropen Stoffen durch zwei Konstanten, den Elastizitätsmodul und den Schubmodul, bestimmt wird, haben die kubischen Kristalle drei Konstanten. Kristalle, die eine Hauptachse haben, sind notwendig optisch einachsig (§ 303). Doch kann Einachsigkeit auch bei anderen Systemen vorkommen. Kristalle mit einer Spiegelebene oder einem Symmetriezentrum können keine Drehung der Polarisationsebene (§ 306) bewirken, weil sich andernfalls bei Ausführung der betreffenden Deckoperation der Drehsinn umkehren würde.

Tatsächlich sind Kristalle, welche überall den regelmäßigen Bau besäßen, wie wir ihn hier vorausgesetzt haben, *Idealkristalle*, die es in der Natur in solcher Vollkommenheit nicht gibt. Die wirklichen Kristalle *(Realkristalle)* enthalten stets hier und da Fehlordnungen, Lücken im Gitter und Einschaltungen von fremden Bausteinen, die die ideale Anordnung stören. Diese stets vorhandenen Störungen des idealen Gefüges haben einen wesentlichen und oft technisch sehr wichtigen Einfluß auf die Eigenschaften der wirklichen Kristalle.

Läßt man die Schmelze eines kristallisierenden Stoffes erstarren, so bilden sich häufig keine großen, mit dem Auge deutlich sichtbaren Kristalle, sondern es entsteht ein *mikrokristallines Gefüge*. Der Stoff erstarrt zu einer sehr großen Zahl winziger Kriställchen in dichter Packung, deren kristallographische Achsen statistisch über alle Richtungen verteilt sind. Während die einzelnen Mikrokristalle anisotrop sind, verhält sich der Stoff als ganzes wie ein isotroper Stoff, weil sich die Anisotropien der Mikrokristalle im Durchschnitt ausgleichen. In diesem Zustande befinden sich z.B. die Metalle (die zum größten Teil kubisch oder hexagonal kristallisieren), wenn sie in der technisch üblichen Weise aus ihrer Schmelze gewonnen werden. Es gibt jedoch Verfahren zur „Züchtung" großer einheitlicher Kristalle *(Einkristalle)* aus der Schmelze von Stoffen, die für gewöhnlich mikrokristallin erstarren. Die Einkristalle der reinen Metalle sind fast immer so weich und verletzbar, daß man sie nur mit Vorsicht handhaben darf, so daß sie technisch unbrauchbar sind. Nur durch Zerstörung ihrer Regelmäßigkeit — durch mechanischen Zwang oder durch chemische Verunreinigung (Legierungsbildung) — gelangt man zu technisch brauchbaren metallischen Werkstoffen.

II. Mechanik der festen Stoffe und der ruhenden Flüssigkeiten

53. Dichte. Spezifisches Volumen. Wichte. Jeder Stoff ist durch Angabe seiner gesamten physikalischen Eigenschaften physikalisch vollkommen beschrieben. Seine einzelnen Eigenschaften werden durch *Stoffkonstanten* beschrieben.

Eine wichtige Stoffkonstante ist die *Dichte*. Sie ist definiert als der *Quotient*

$$\varrho = \frac{m}{V} \tag{53.1}$$

aus der *Masse m* und dem Volumen V eines homogenen Körpers aus dem betreffenden Stoff.

Das *spezifische Volumen eines Stoffes* ist *der Kehrwert seiner Dichte*, also nach (53.1)

$$V_s = \frac{V}{m} = \frac{1}{\varrho}. \tag{53.2}$$

Die *Wichte* (weniger gut: das *spezifische Gewicht*) *eines Stoffes* ist *der Quotient aus Gewicht und Volumen* eines Körpers aus dem Stoff. Hat ein Körper das Volumen V und das Gewicht $F = mg$, so beträgt die Wichte seines Stoffes

$$\gamma = \frac{F}{V} = \frac{mg}{V} = \varrho g. \tag{53.3}$$

Die Einheiten der drei Größen in den verschiedenen Systemen ergeben sich aus ihren Definitionen. In Tabellen ist es üblich, die Dichte in der CGS-Einheit $g\,cm^{-3}$, die Wichte in der technischen Einheit $p\,cm^{-3}$ anzugeben. Das ergibt für die beiden verschiedenartigen Größen die *gleichen Zahlenwerte* und führt leicht zu ihrer Verwechselung. Es wird empfohlen, in der Physik den Begriff der Wichte gar nicht zu verwenden und statt γ gemäß (53.3) immer ϱg zu schreiben. Auch wir werden das tun.

Gemäß (53.1) kann man die Dichte eines Stoffes unmittelbar durch eine Wägung und eine Volummessung ermitteln, welch letztere aber nur bei einfach geformten Körpern möglich ist, wie sie in der Praxis meist nicht vorliegen. Hingegen kann man die Dichte von Flüssigkeiten und Gasen bestimmen, indem man sie in einem Gefäß *(Pyknometer)* wägt, dessen Volumen durch Auswägen mit Wasser oder einer anderen Flüssigkeit von bekannter Dichte (z.B. Quecksilber) bekannt ist. Ein auch für unregelmäßig geformte feste Körper anwendbares Verfahren s. § 60.

Die Dichten der meisten festen Stoffe und der flüssigen Metalle liegen in der Größenordnung zwischen 1 und 20 $g\,cm^{-3}$, die der nichtmetallischen Flüssigkeiten in der Größenordnung zwischen 0,7 und höchstens etwa 3 $g\,cm^{-3}$; die des Wassers beträgt bei 4 °C praktisch genau 1 $g\,cm^{-3}$, die der Gase im Normzustand

(0 °C, 760 Torr) liegt in der Größenordnung 10^{-3} bis $6 \cdot 10^{-3}$ g cm^{-3}. Nur Wasserstoff und Helium sind größenordnungsmäßig noch etwa zehnmal weniger dicht.

Wenn man sagt, ein *Stoff* sei leichter oder schwerer als ein anderer, so ist das eine zwar laxe, aber unmißverständliche Ausdrucksweise dafür, daß seine Dichte geringer oder größer als die des anderen Stoffes ist.

54. Begriff der Elastizität und allgemeine Tatsachen[1]**.** Ein Körper heißt elastisch, wenn er auf irgendeine durch äußere Kräfte hervorgerufene Änderung seines Volumens oder seiner Gestalt mit inneren Zwangskräften antwortet, welche die Änderung rückgängig zu machen suchen. Befindet sich ein fester Körper in seinem natürlichen, ungestörten Zustande, so haben seine elementaren Bausteine bestimmte Gleichgewichtslagen, welche durch die Kräfte bedingt sind, mit denen benachbarte Bausteine aufeinander wirken. Diese Kräfte hängen von der gegenseitigen Lage der Bausteine ab. Wird diese durch äußere Einwirkungen verändert, so wird dadurch das Gleichgewicht gestört. Da es ein stabiles Gleichgewicht war, so su-

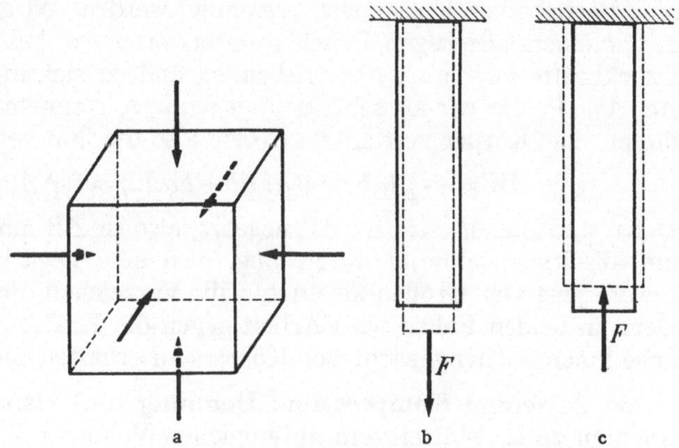

Abb. 127. a Allseitige Kompression, b einseitige Dehnung. c einseitige Zusammendrückung

chen die bei einer Störung desselben auftretenden Zwangskräfte es wieder herzustellen. Diese Zwangskräfte, die im Körpergefüge erzeugten *inneren Spannungen*, sind die Ursache der Elastizität der festen Stoffe. Ein Stoff heißt hochelastisch, wenn diese Zwangskräfte groß sind, wie z.B. beim Stahl.

Man kann die elastischen Verformungen auf drei Grundtypen zurückführen. Die einfachste Art ist die *allseitige Zusammendrückung oder Kompression* (Abb. 127a) durch einen von allen Seiten gleich stark wirkenden Druck oder eine entsprechende *allseitige Dehnung durch Zug*. Ein zweiter, praktisch besonders wichtiger Fall besteht in der linearen Beanspruchung des Körpers, einer *Dehnung oder Zusammendrückung in einer bestimmten Richtung* (Abb. 127b,c). Mit einer solchen ist stets eine *Änderung der Querdimensionen* des Körpers verbunden, mit einer Dehnung eine Zusammenziehung, mit einer Zusammendrückung eine Aufblähung in der Querrichtung. Eine dritte Art der Deformation ist die *Scherung* (§ 56).

Bei genügend kleinen Einwirkungen sind die an den Körpern auftretenden Deformationen den einwirkenden Kräften proportional (allgemeines *Hookesches Gesetz*). Die elastischen Eigenschaften der isotropen Stoffe werden in diesem Fall durch vier Stoffkonstanten bestimmt, zwischen denen aber, wie wir in (55.4) und (56.2) sehen werden, Beziehungen bestehen, die sie auf zwei unabhängige Konstanten reduzieren. Wir beschränken uns im folgenden zunächst auf solche kleinen Einwirkungen.

In einem gewissen Zusammenhang mit der Elastizität steht die *Härte*, die eine große technische Bedeutung hat, aber nicht exakt zu definieren ist. Man nennt einen Stoff härter als einen anderen, wenn man diesen mit jenem ritzen kann. Hierauf beruht die Mohssche Härteskala der Mineralogen. Technisch

---

[1] Der Begriff Elastizität stammt von ROBERT HOOKE, 1635—1703.

mißt man die Härte durch Druck- oder Schlagproben. Die Härte von Metallen kann durch mechanische Bearbeitung beträchtlich geändert werden. Auch geringe Zusätze gewisser Fremdstoffe, z. B. von Beryllium, erhöhen die Härte mancher Metalle außerordentlich. Hierauf beruht die Möglichkeit, in vielen Fällen Eisen durch Leichtmetalle zu ersetzen. Die größte Härte hat unter allen bekannten Stoffen der Diamant, nächst ihm der Korund.

Zur elastischen Verformung eines Körpers ist Verschiebungsarbeit an seinen Bausteinen zu verrichten. Der Körper gewinnt dadurch also potentielle Energie, die sich bei der Rückbildung der Verformung in mechanische Arbeit umwandeln kann. Aus diesem Grunde können z. B. gespannte Federn als Energiespeicher dienen und zum Betriebe von Uhren usw. verwendet werden. Wird ein Quader mit den Seiten a, b, c einem allseitigen Druck p unterworfen, so daß auf seine Seitenflächen die Druckkräfte pab, pac, pbc wirken, so ändern sich die Seitenlängen um Beträge Δa, Δb, Δc, die wir als sehr klein gegen a, b, c annehmen wollen. Dann beträgt die an dem Körper verrichtete Arbeit, also die ihm verliehene potentielle Energie,

$$\Delta W = -p(ab\Delta c + ac\Delta b + bc\Delta a) = -p\Delta(abc) = -p\Delta V. \tag{54.1}$$

Dabei sind Δa, Δb, Δc und ΔV negativ, also ist ΔW positiv. Handelt es sich aber um allseitige Dehnung durch Zug, also eine negative Druckkraft, so ändern sowohl jene vier Größen als auch p ihr Vorzeichen, und W ist wiederum positiv. Denn in beiden Fällen wird Arbeit gegen die Kräfte geleistet, welche das natürliche innere Gleichgewicht des Körpers zu erhalten suchen.

55. Allseitige Kompression. Dehnung und Stauchung. Biegung. Wir betrachten einen Würfel vom anfänglichen Volumen V aus festem oder flüssigem Stoff, auf dessen Flächen A, über diese gleichmäßig verteilt, Druckkräfte F, also der Druck $p = F/A$, wirken (Abb. 127a). Dadurch verändert sich das Volumen V um einen (negativen) Betrag ΔV in $V + \Delta V$. Die relative Volumänderung, $-\Delta V/V$, ist, falls $\Delta V \ll V$, dem Druck proportional, also

$$-\frac{\Delta V}{V} = \frac{p}{M} = \frac{F}{AM}. \tag{55.1}$$

Die Stoffkonstante M heißt *Kompressionsmodul*, ihr Kehrwert $\varkappa = 1/M$ *Kompressibilität*. Wirkt auf den Körper statt des allseitigen Druckes ein allseitiger Zug, so sind p und F negativ zu rechnen, und die Volumänderung ΔV ist nach (55.1) positiv.

Bei der Messung von Kompressionsmoduln von Flüssigkeiten muß Sorge getragen werden, daß der auf die Flüssigkeit wirkende Druck nicht auch das Volumen des Gefäßes vergrößert. Bei dem Oerstedschen[1] Piezometer (Abb. 128) wirkt auf das die Flüssigkeit enthaltende Gefäß A von außen und innen der gleiche Druck. Es befindet sich in Wasser und ist unten durch Quecksilber abgeschlossen. Wird die ganze Vorrichtung unter erhöhten Druck gebracht, so kann die Volumänderung der in A befindlichen Flüssigkeit am Stande des Quecksilbers im Steigrohr abgelesen werden. Die Flüssigkeiten sind der Größenordnung nach rund hundertmal so stark zusammendrückbar wie die festen Stoffe.

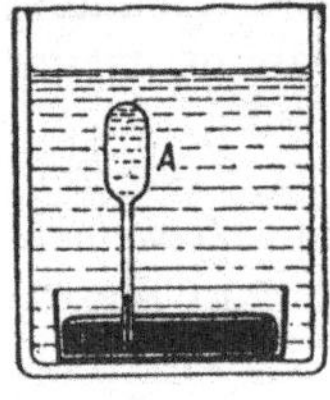

Abb. 128. Piezometer zur Messung des Kompressionsmoduls von Flüssigkeiten

Wir betrachten einen am einen Ende festgehaltenen zylindrischen festen Körper von der Länge l und vom Querschnitt A, der durch eine Kraft F gedehnt wird (Abb. 127b), so daß auf jeden Querschnitt von ihm der gleiche Zug (der gleiche negative Druck) $p = F/A$ entfällt. Dann ist, falls $\Delta l \ll l$, die relative Längenänderung $\Delta l/l$ zu p proportional,

---

[1] Hans Christian Oersted, 1777—1851.

also

$$\frac{\Delta l}{l} = \frac{p}{E} = \frac{F}{AE}.\qquad(55.2)$$

Die Stoffkonstante E heißt *Elastizitätsmodul*. Wirkt auf den Körper statt des Zuges ein Druck, so sind p und F negativ zu rechnen; die Längenänderung Δl wird negativ, der Körper erfährt eine Zusammendrückung (Abb. 127c). (55.2) ist das (spezielle) *Hookesche Gesetz*. (Vgl. WESTPHAL: Physikalisches Praktikum, 2. Aufgabe.)

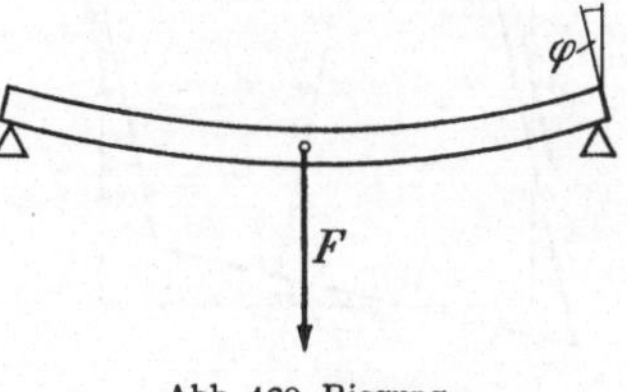

Abb. 129. Biegung

Bei einer solchen linearen Dehnung bzw. Kompression leistet der Körper einen gewissen Widerstand gegen eine Verkleinerung bzw. Vergrößerung seines Volumens. Deshalb ist mit einer Dehnung eine Verkleinerung, mit einer Kompression eine Vergrößerung der Querabmessungen verbunden *(Querkontraktion* bzw. *Querdilatation)*, die aber nur zu einem Bruchteil zur Erhaltung des Volumens führt. Das Verhältnis

$$\mu = \frac{\text{relative Änderung der Querdimensionen}}{\text{relative Längenänderung}}\qquad(55.3)$$

heißt die *Poissonsche Zahl* des Stoffes. Zwischen M, E und μ besteht die Beziehung

$$E = 3\,M\,(1-2\mu).\qquad(55.4)$$

Die Biegung ist nur scheinbar ein besonderer Typ einer elastischen Deformation. Tatsächlich bleibt die Mittelebene einer gebogenen Platte in ihrer Länge unverändert, hingegen findet auf der konkaven Seite eine reine Zusammendrückung, auf der konvexen Seite eine reine Dehnung statt (Abb. 129). Wird ein Stab von der Höhe a und der Breite b auf zwei Schneiden aufgelegt, deren Abstand l ist, und in der Mitte durch eine Kraft F belastet, so senkt sich die Mitte um den Betrag

$$h = \frac{1}{4}\,\frac{l^3}{a^3 b}\,\frac{F}{E}.\qquad(55.5)$$

Man kann also den Elastizitätsmodul E auch durch Biegungsversuche bestimmen. (Vgl. W. WESTPHAL: Physikalisches Praktikum, 2. Aufgabe.)

Nach (55.1) und (55.2) sind der Kompressions- und der Elastizitätsmodul von der Größenart Kraft/Fläche. Ihre Einheit im CGS-System ist also 1 dyn cm^{-2}, im MKS-System 1 N m^{-2}. Als praktische Einheit dient meist 1 kp mm^{-2}. Für die technisch wichtigen Metalle liegt E etwa zwischen 7300 (Al) und 22000 kp mm^{-2} (Fe) und M etwa zwischen 7600 (Al) und 16600 kp mm^{-2} (Fe), μ zwischen 0,2 und 0,4. Flüssigkeiten haben natürlich nur einen Kompressionsmodul, und dieser ist etwa 100mal kleiner als der der Metalle.

56. Scherung. Torsion. Längs zweier Paare von einander gegenüberliegenden Flächen A eines Quaders wirken je die Kräfte F, $-F$ (Abb. 130a), welche zwei Kräftepaare mit entgegengesetzt gerichteten, gleich großen Drehmomenten vom Betrage $N = F h$ bilden. Der Quotient F/A aus Kraft und Fläche heißt *Schubspannung*. Der Körper erfährt in diesem Falle keine Volumänderung, sondern nur eine Gestaltsänderung, eine *Scherung* (auch *Schub* genannt). Die rechten Winkel verwandeln sich in die Winkel $90° \pm \alpha$. Dann gilt bei genügend kleiner Deformation

$$\alpha = \frac{F}{AG} = \frac{Fh}{AhG} = \frac{N}{VG},\qquad(56.1)$$

wobei $V = A\,h$ das Volumen des Körpers ist. Die Materialkonstante G ist der *Scherungs-(Schub-)Modul*, auch *Drillungs-* oder *Torsionsmodul* (s. unten). Er ist von gleicher Größenart wie E und M und wird demnach in den gleichen Einheiten angegeben. Zwischen G, E, M und μ besteht die Beziehung

$$G = \frac{E}{2(1+\mu)} = \frac{3M(1-2\mu)}{2(1+\mu)} \,. \qquad (56.2)$$

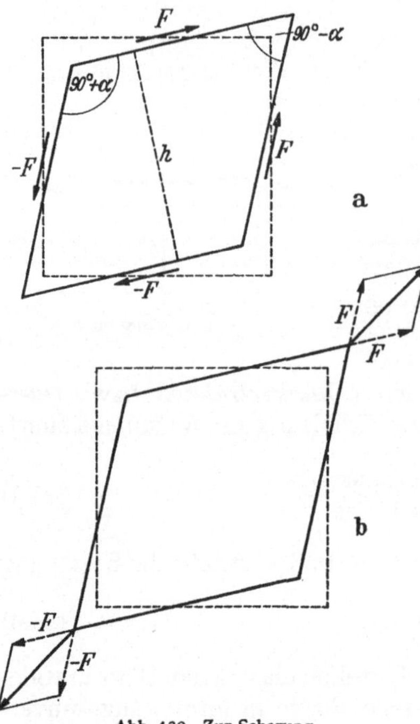

Abb. 130. Zur Scherung

Bei den technisch wichtigen Metallen liegen seine Werte etwa zwischen 2700 (Al) und 8100 kp mm⁻² (Fe).

Daß man in (56.1) nach (56.2) G durch einen aus E und μ zusammengesetzten Ausdruck ersetzen kann, ist leicht verständlich. Man kann eine Scherung auch durch zwei entgegengesetzte, in Richtung der Diagonalen wirkende Zugkräfte erzeugen (Abb. 130b). Dann erscheint sie als eine Dehnung mit Querkontraktion, analog zu Abb. 127b. Zerlegt man die Zugkräfte in ihre Komponenten in Richtung der Seiten, so erhält man zwei Kräftepaare gemäß Abb. 130a.

Wird ein zylindrischer Stab oder ein Draht am einen Ende festgehalten, am anderen Ende durch ein dort angreifendes Drehmoment N um den Winkel φ um seine Achse gedreht (gedrillt, tordiert), so erfährt jedes zur Drillungsachse parallele Volumelement eine reine Scherung. Ist r der Radius, l die Länge des gedrillten Körpers, so ist

$$\varphi = N\,\frac{2l}{\pi r^4 G} \,. \qquad (56.3)$$

Hiernach kann der Scherungsmodul G aus der Drehschwingungsdauer eines an einem Draht hängenden Körpers von bekanntem Trägheitsmoment bestimmt werden. (Vgl. W. WESTPHAL: Physikalisches Praktikum, 6. Aufgabe.)

Ein zu einer zylindrischen Wendel als Feder aufgewickelter Draht verhält sich bei Längenänderungen der Wendel als Ganzes wie ein dem Hookeschen Gesetz (55.2) gehorchender elastischer Stab. Tatsächlich erfährt der Draht selbst bei Dehnungen oder Zusammendrückungen der Feder eine Torsion und eine Biegung.

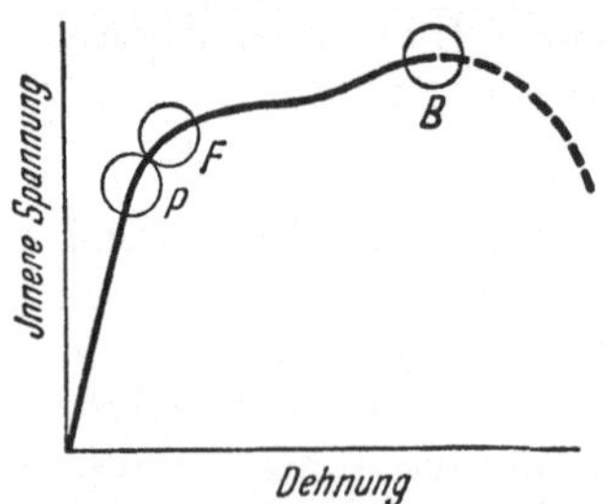

Abb. 131. Abhängigkeit der inneren Spannung σ von der Dehnung δ

Ein zu einer Spirale aufgewickeltes Metallband, z.B. die Antriebsfeder oder die Unruhefeder einer Uhr, verhält sich als Ganzes gegenüber Torsionen wie eine elastische Scheibe. Die wirkliche Zustandsänderung des Metallbandes besteht aber in einer reinen Biegung.

57. Überelastische Beanspruchungen. Die — nur unscharf definierte — Grenze, bis zu der die elastischen Deformationen noch als proportional zu den einwirkenden Kräften betrachtet werden können, nennt man die *Proportionalitätsgrenze*. Wir bezeichnen die relative Längenänderung $\Delta l/l$ eines Körpers, seine relative *Dehnung*, mit δ. Es sei ferner F_z der Betrag der in einem solchen Körper vom Querschnitt A durch eine äußere Kraft F wachgerufene Zwangskraft. Bei Gleichgewicht ist $F_z = -F$. Die Größe $\sigma = F_z/A$ heißt die *innere Spannung* und ist bei Gleichgewicht gleich F/A. Der Zusammenhang zwischen der relativen Dehnung δ und der durch sie wachgerufenen inneren Spannung σ ist in Abb. 131 dargestellt. Bei kleinen Dehnungen wächst die innere Spannung gemäß dem Hookeschen Gesetz linear mit der Dehnung an. Nach Überschreiten der Proportionalitätsgrenze P wird die Zunahme der inneren Spannung geringer; das Material beginnt, der Beanspruchung einen geringeren Widerstand zu leisten. Doch stellt sich zunächst bei Aufhören der Beanspruchung der ursprüngliche Zustand bald wieder her. Nach Überschreiten der Proportionalitätsgrenze P wird aber sehr bald die *Elastizitätsgrenze* erreicht, nach deren Überschreiten eine solche Rückbildung, wenn überhaupt, erst nach mehr oder weniger langer Zeit erfolgt. Es tritt eine *elastische Nachwirkung* ein. Bei weiterem Anwachsen der Beanspruchung wird der Stoff schließlich plastisch und überschreitet seine *Fließ-* oder *Streckgrenze F*. Nunmehr bleiben an dem Körper dauernde starke Deformationen zurück. Dies ist von großer technischer Wichtigkeit, weil hierauf die Möglichkeit beruht, Metalle durch Ziehen, Hämmern, Walzen usw. kalt zu verformen (vgl. § 78). Auch diese Grenzen sind nur unscharf definiert. Bei noch stärkerer Beanspruchung bilden sich am Körper Einschnürungen, und an einer solchen geht er dann schließlich zu Bruch *(Bruchgrenze B)*.

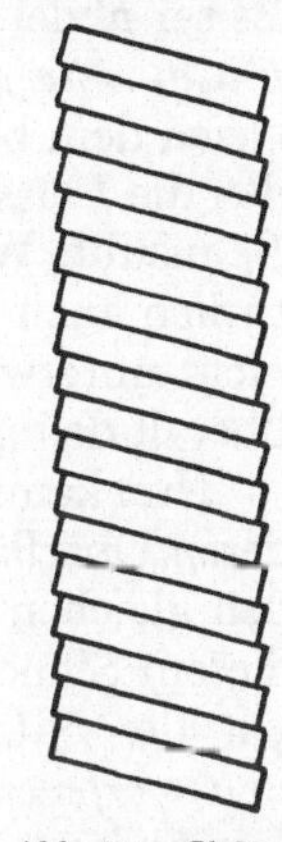

Abb. 132. Gleiten längs der Kristallgitterebenen bei der Dehnung eines Einkristalldrahtes

Gleichgewicht kann bei wachsender äußerer Kraft nur solange bestehen, wie die inneren Spannungen mit der erzwungenen Verformung wachsen. Bei manchen Stoffen nehmen sie schließlich wieder ab (Abb. 131), so bei Gußstahl. Überschreitet man diesen Punkt, so tritt bei gleichbleibender Belastung zunächst eine beträchtliche Dehnung bzw. Zusammendrückung des Körpers auf, bis er schließlich zu Bruch geht.

Besonders interessante Eigenschaften haben metallische Einkristalle (§ 52), die also nicht — wie die metallischen Werkstoffe — ein mikrokristallines Gefüge haben, sondern einen einzigen, einheitlichen Kristall bilden. Sie haben eine außerordentliche Dehnbarkeit, und Einkristalldrähte können oft schon mit der Hand plastisch auf das Doppelte und mehr gedehnt werden. Dabei nimmt die Oberfläche ein schuppiges Aussehen an. Das beruht darauf, daß sich die einzelnen Bereiche des Kristalls längs der Kristallgitterebenen gegeneinander verschieben, aufeinander gleiten, um sich schließlich in neuen Lagen wieder zu *verfestigen* (Abb. 132).

58. Hydrostatischer Druck. Eine Flüssigkeit, die wir uns vorläufig der Schwerkraft nicht unterworfen und nicht zusammendrückbar denken, befinde sich in einem beliebig geformten Gefäß mit zwei verschiebbaren Stempeln S_1, S_2 mit den Querschnitten q_1, q_2 (Abb. 133). Vom Stempel S_1 her wirke auf die Flüssigkeit eine Kraft F_1 (Betrag F_1), so daß die Flüssigkeit einen Druck $p = F_1/q_1$ erfährt. Ebensogroß ist der Druck, den die Flüssigkeit gegen S_1 ausübt.

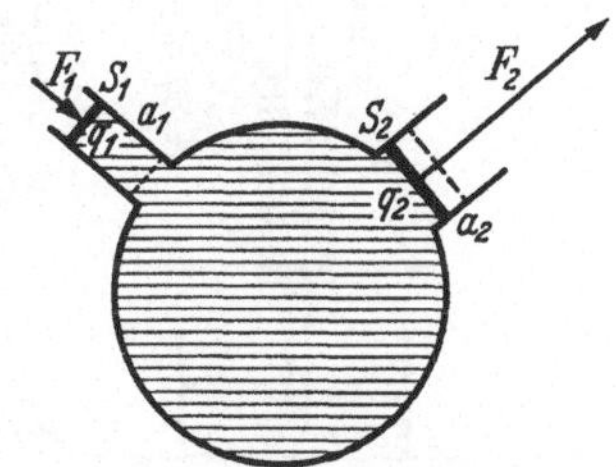

Abb. 133. Druck in einer der Schwerkraft nicht unterworfenen Flüssigkeit

Der Stempel S_1 werde durch die Kraft F_1 um die Strecke a_1 verschoben. Die dabei verrichtete Arbeit beträgt $F_1 a_1 = p q_1 a_1 = p \Delta V$, wenn $q_1 a_1 = \Delta V$ das bei der Verschiebung verdrängte Flüssigkeitsvolumen bedeutet. Infolge der Verschiebung des Stempels S_1 nach innen muß sich der Stempel S_2 um eine Strecke a_2 nach außen verschieben, und zwar unter der Wirkung einer von der Flüssigkeit auf den Querschnitt q_2 ausgeübten Druckkraft $\boldsymbol{F}_2$ (Betrag F_2). Die dabei verrichtete Verschiebungsarbeit beträgt $F_2 a_2$ und muß gleich der vom Stempel S_1 gegen die Flüssigkeit verrichteten Arbeit sein. (Wir setzen dabei voraus, daß die Verschiebung der Flüssigkeit reibungslos, d. h. ohne Energieverlust stattfindet.) Also ist $F_2 a_2 = F_1 a_1$. Es sei p' der Druck, den die Flüssigkeit gegen S_2 ausübt, also $F_2 = p' q_2$. Dann ist $p' a_2 q_2 = p a_1 q_1$. Nun ist aber das bei S_2 neu auftretende Flüssigkeitsvolumen $a_2 q_2$ gleich dem bei S_1 verdrängten Volumen $a_1 q_1 = \Delta V$. Es folgt $p' = p$, d. h. der Druck, den die Flüssigkeit gegen S_2 ausübt, ist ebenso groß wie der Druck, den sie gegen S_1 ausübt. Was für die beiden beweglichen Teile der Gefäßwand gilt, das gilt natürlich auch für jeden anderen Teil derselben. Demnach übt eine der Schwerkraft nicht unterworfene Flüssigkeit auf die Wandung eines sie einschließenden Gefäßes überall den gleichen Druck aus.

Nun kann man sich innerhalb der Flüssigkeit beliebig Körper befindlich denken, deren Oberflächen auch Grenzflächen der Flüssigkeit wären. Auch diese würden den gleichen Druck erfahren wie die äußeren Begrenzungen der Flüssigkeit. In diesem Sinne spricht man von dem *Druck im Innern einer Flüssigkeit*. Demnach gilt der Satz: *Im Inneren und an den Grenzflächen einer der Schwerkraft nicht unterworfenen ruhenden Flüssigkeit herrscht überall der gleiche hydrostatische Druck. Die hydrostatische Druckkraft einer Flüssigkeit ist stets senkrecht zu den Begrenzungen der Flüssigkeit gerichtet*[1]. Man beachte, daß zwar eine Druckkraft ein Vektor, der *Druck* im Innern einer Flüssigkeit aber allseitig und nicht gerichtet, also ein *Skalar* ist.

Aus den obigen Ausführungen folgt

$$p = \frac{F_1}{q_1} = \frac{F_2}{q_2} \quad \text{oder} \quad F_1 : F_2 = q_1 : q_2. \tag{58.1}$$

Die von einer Flüssigkeit auf ein Stück der Gefäßwandung ausgeübte Druckkraft ist der Größe der Fläche proportional. Das findet Anwendung bei der hydraulischen Presse (Abb. 134), bei der mittels einer an einem Stempel S_1 von kleinem Querschnitt wirkenden Kraft $\boldsymbol{F}_1$ eine viel größere Kraft $\boldsymbol{F}_2$ an einem zweiten Stempel S_2 von entsprechend größerem Querschnitt ausgeübt wird. Die hydraulische Presse unterscheidet sich von der Abb. 133 dadurch, daß S_1 als Pumpe ausgebildet ist, so daß der Arbeitsvorgang zur Erzielung größerer Wirkung oft wiederholt und der Stempel S_2 um größere Strecken verschoben werden kann.

Ist eine Flüssigkeit der Schwerkraft unterworfen, so rührt der Druck in ihrem Innern nicht nur von den Druckkräften her, die von ihren Wandungen ausgehen oder vom Luftdruck auf sie ausgeübt werden, sondern auch vom Gewicht der höheren

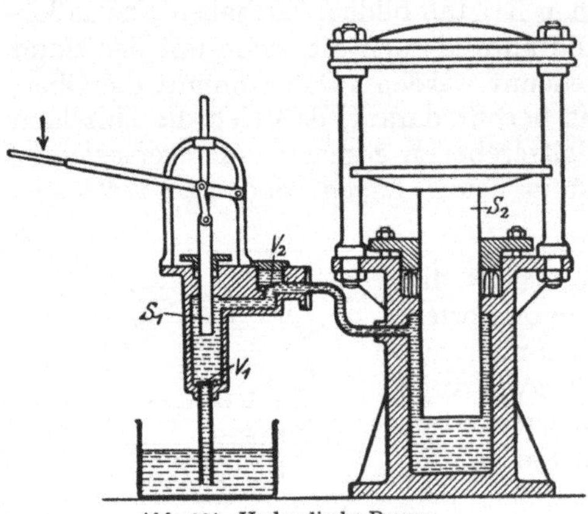

Abb. 134. Hydraulische Presse

Flüssigkeitsschichten. Es sei $A B$ (Abb. 135) ein horizontaler Querschnitt in der Tiefe x durch eine Flüssigkeit von der Dichte ϱ. Auf jedes Flächenelement dieses Querschnittes wirkt als Druckkraft das Gewicht $\varrho g q x$ der darüber befindlichen

---

[1] BLAISE PASCAL, 1623—1662.

Flüssigkeit und liefert einen Druck

$$p = \varrho g x, \qquad (58.2\text{a}) \qquad \text{so daß} \qquad \frac{dp}{dx} = \varrho g. \qquad (58.2\text{b})$$

Dabei setzen wir wieder voraus, daß die Flüssigkeit praktisch nicht zusammendrückbar (inkompressibel), ihre Dichte also nicht vom Druck abhängig ist. Das gilt sogar nahezu für das Meerwasser in den größten Tiefen der Ozeane. Demnach nimmt der hydrostatische Druck infolge der Schwerkraft proportional der Tiefe x zu. Zu dem vom Gewicht der Flüssigkeit selbst herrührenden Druck kommt noch der etwa von außen auf die Flüssigkeit wirkende Druck p_0, z.B. der Luftdruck, hinzu, so daß der Gesamtdruck in der Tiefe x gleich $p_0 + \varrho g x$ ist. Ist h die gesamte Höhe der Flüssigkeit, so beträgt der *Bodendruck* $p_0 + \varrho g h$.

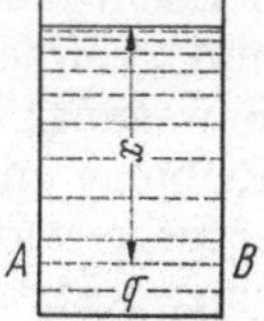

Abb. 135.
Druckzunahme
mit der Tiefe

Der Bodendruck in einem mit Flüssigkeit gefüllten Gefäß ist von der Gestalt des Gefäßes unabhängig, die Druckkraft gegen einen horizontalen Boden also nur von der Flüssigkeitshöhe und der Größe der Bodenfläche abhängig. Abb. 136 zeigt ein Gerät, bei dem der gleiche Boden mit stets gleicher Kraft gegen verschieden geformte Gefäße gedrückt werden kann. Diese können sämtlich bis zur gleichen Höhe mit Wasser gefüllt werden, ohne daß es unten ausfließt (hydrostatisches Paradoxon, STEVIN). Diese Tatsache, die besonders bei dem sich nach oben verjüngenden Gefäß zunächst überrascht, erklärt sich auf folgende Weise. Man denke sich in das sich nach oben erweiternde gefüllte Gefäß einen Zylinder mit unendlich dünnen Wänden lose eingesetzt (Abb. 137a). Dadurch wird an den Druckverhältnissen in der Flüssigkeit, also auch am Bodendruck, nichts geändert. Es wird aber auch dann nichts geändert, wenn wir uns jetzt das zylindrische Gefäß mit dem Boden wasserdicht verbunden denken, so daß alle Druckwirkungen der außerhalb befindlichen Flüssigkeit auf den Boden ausgeschaltet werden. Der Druck auf den Boden des zylindrischen Gefäßes ist also ebenso groß wie vorher der Druck auf den Boden des sich nach oben erweiternden Gefäßes. Wir denken uns zweitens in das gefüllte zylindrische Gefäß ein sich nach oben verjüngendes Gefäß mit unendlich dünnen Wänden zunächst lose eingesetzt, dann mit dem Boden wasserdicht verbunden (Abb. 137). Eine Wiederholung der obigen Überlegungen ergibt, daß auch dies ohne Einfluß auf den Bodendruck bleiben muß. Dieser ist also in dem sich nach oben verjüngenden Gefäß ebenso groß wie im zylindrischen Gefäß.

Demnach hat überhaupt die Gestalt der Flüssigkeit keinen Einfluß auf ihren Druck, der nur von der Tiefe, von dem senkrechten Abstand von der Oberfläche, abhängt. Hängen zwei mit der gleichen Flüssigkeit gefüllte Räume zusammen (kommunizierende Röhren, Abb. 138), so ist bei Gleichgewicht der Druck, den jedes der beiden Flüssigkeitsvolumina in irgendeinem horizontalen Quer-

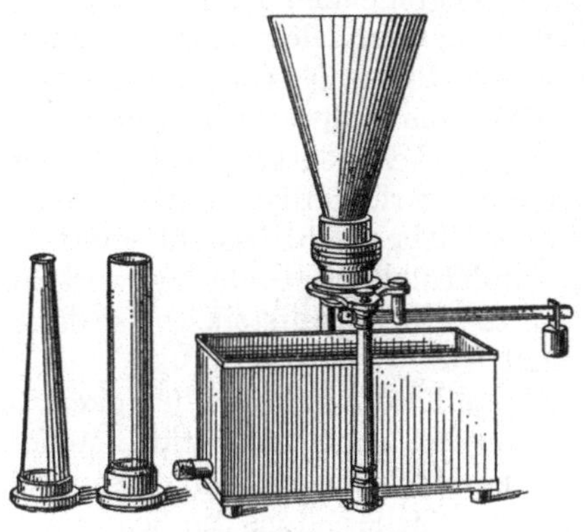

Abb. 136. Bodendruckapparat

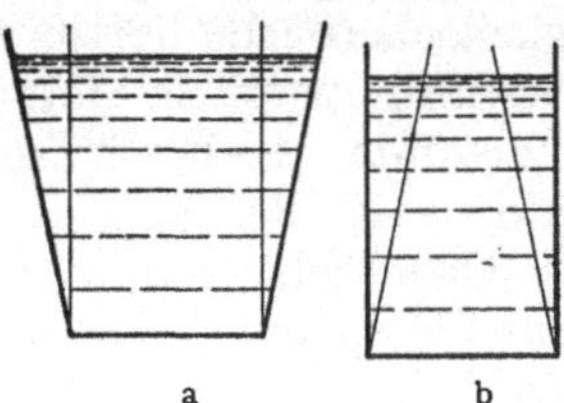

a   b

Abb. 137. Zum hydrostatischen Paradoxon

schnitt ihrer Verbindung erzeugt, der gleiche. Demnach muß auch die Flüssigkeit in beiden Räumen gleich hoch stehen. Das gleiche gilt für beliebig viele zusammenhängende Räume. Das ist von großer Bedeutung bei den Wasserleitungsnetzen und in der Natur beim Grundwasser.

In der Abb. 139 ist ein *Flüssigkeitsheber* dargestellt. Da seine Wirkungsweise lehrreich ist, aber oft nicht richtig dargestellt wird, beschreiben wir sie genauer. Der schon mit Flüssigkeit gefüllte Heber sei zunächst bei A verschlossen. Dann herrscht dort der gleiche hydrostatische Druck wie im ganzen Niveau AB. Wird nun geöffnet, so setzt der Überdruck über den Luftdruck die Flüssigkeit in Bewegung; sie erfährt durch die Druckkraft eine Beschleunigung. Infolge der Reibung im Rohr tritt dann eine ihre Bewegung hemmende, der Druckkraft entgegengerichtete und mit der Geschwindigkeit wachsende Kraft auf, die bei einer bestimmten Geschwindigkeit so groß wird, daß sie die Druckkraft aufhebt.

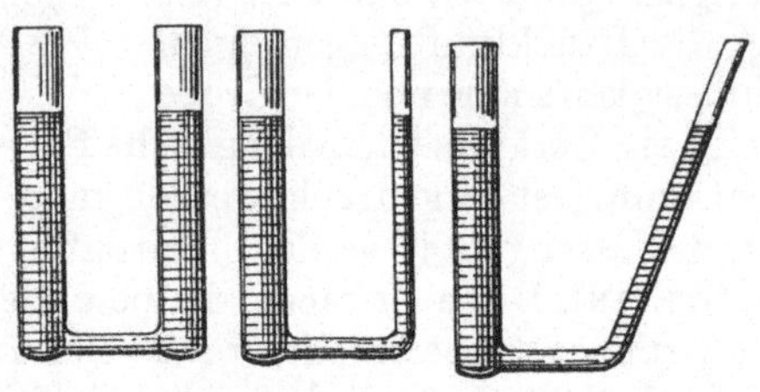
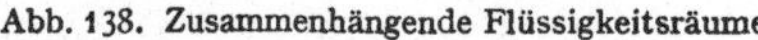
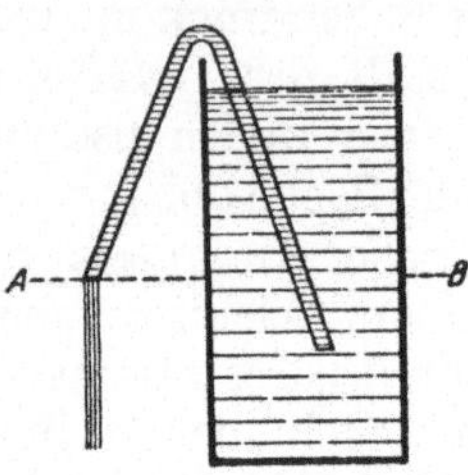

Abb. 138. Zusammenhängende Flüssigkeitsräume   Abb. 139. Flüssigkeitsheber

Von nun an strömt die kräftefrei gewordene Flüssigkeit gemäß dem Trägheitssatz mit gleichbleibender Geschwindigkeit aus (abgesehen davon, daß die Geschwindigkeit mit sinkendem Flüssigkeitsspiegel langsam abnimmt). Das ist ganz analog zu einem mit gleichbleibender Geschwindigkeit fahrenden Fahrzeug, bei dem Antriebskraft und Reibungskraft einander aufheben. Während der anfänglichen Beschleunigungsphase hat sich der ursprüngliche unstetige Drucksprung bei A in ein stetiges Druckgefälle von B nach A derart ausgeglättet, daß im stationären Zustand der Druck bei A gleich dem äußeren Luftdruck geworden ist. Wie hoch dieser ist, ist belanglos, da er bei A praktisch genauso groß ist wie an der Oberfläche der Flüssigkeit im Gefäß, also zur Druck*differenz* im Heber nichts beiträgt. Der Heber arbeitet im Vakuum genauso schnell wie in Luft.

59. Freie Flüssigkeitsoberflächen. Die Massenteilchen einer Flüssigkeit setzen einer verschiebenden Kraft keinen dauernden Widerstand entgegen, verschieben sich also unter der Wirkung einer an ihnen angreifenden Kraft. Daher müssen die Kräfte an den einzelnen Massenelementen einer im Gleichgewicht befindlichen Flüssigkeit einander aufheben. Auf ein an der freien Oberfläche einer ruhenden Flüssigkeit befindliches Masseteilchen wirkt die Schwerkraft senkrecht nach unten und ruft in der Flüssigkeit eine auf das Teilchen gerichtete Zwangskraft hervor, die zur Flüssigkeitsoberfläche senkrecht gerichtet ist. Damit diese beiden Kräfte entgegengesetzt gerichtet sind, also Gleichgewicht besteht, muß die freie Flüssigkeitsoberfläche horizontal liegen. Andernfalls hätte die Schwerkraft eine zur Oberfläche parallele Komponente, die die Flüssigkeitsteilchen so lange verschieben würde, bis dieser Zustand erreicht ist.

Wirken außer der Schwerkraft noch weitere Kräfte auf die Flüssigkeit, so muß die freie Oberfläche senkrecht zur Resultierenden sämtlicher Kräfte stehen. Rotiert eine Flüssigkeit in einem vertikalen zylindrischen Gefäß um dessen Achse, so wirkt auf jedes Flüssigkeitsteilchen an der Oberfläche erstens die Schwerkraft $m\,g$ in vertikaler Richtung, zweitens in radialer Richtung die Zentrifugalkraft $m\,r\,u^2$

(Abb. 140). Ihre Resultierende R muß zur Oberfläche senkrecht stehen. Daher gilt für den Neigungswinkel φ der Oberfläche gegen die Horizontale $\tan \varphi = m r u^2/(mg) = r u^2/g$. Es läßt sich leicht zeigen, daß die Flüssigkeitsoberfläche ein Rotationsparaboloid ist, dessen Scheitel um den Betrag $u^2 r_0^2/(4g)$ unterhalb des Niveaus der nicht rotierenden Flüssigkeit liegt, wenn r_0 der Radius des Gefäßes ist. Hierauf beruht ein Gerät zur Messung von Winkelgeschwindigkeiten.

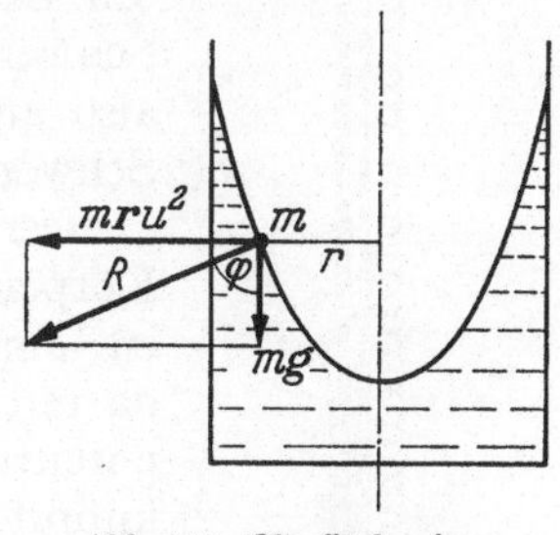

Abb. 140. Oberfläche einer rotierenden Flüssigkeit

60. Auftrieb. Wir denken uns innerhalb einer der Schwerkraft unterworfenen, im Gleichgewicht befindlichen Flüssigkeit ein beliebiges Volumen derselben abgegrenzt (Abb. 141 a). Das Gleichgewicht wird nicht gestört, wenn wir uns dieses Flüssigkeitsvolumen unter Erhaltung seiner Dichte erstarrt, also als einen festen Körper denken. Die Kräfte, die das Gleichgewicht bedingen, sind einmal die an dem Körper angreifende Schwerkraft F, sein Gewicht, ferner die überall senkrecht zu seiner Oberfläche gerichteten Druckkräfte der umgebenden Flüssigkeit. Ist ϱ_f die Dichte der Flüssigkeit, also auch ihres erstarrt gedachten Teils, V das abgegrenzte Volumen, g die Fallbeschleunigung, so beträgt das Gewicht des Körpers $F = \varrho_f V g$ (§ 53). Die Druckkräfte zerlegen wir in ihre horizontalen und ihre vertikalen Komponenten. Da Gleichgewicht besteht, so müssen die horizontalen Druckkraftkomponenten einander aufheben, und zweitens muß die Schwerkraft F durch die Summe der vertikalen Druckkraftkomponenten aufgehoben werden. Letztere ist also senkrecht nach oben gerichtet, $\boldsymbol{F}_a = -\boldsymbol{F}$, und hat den Betrag

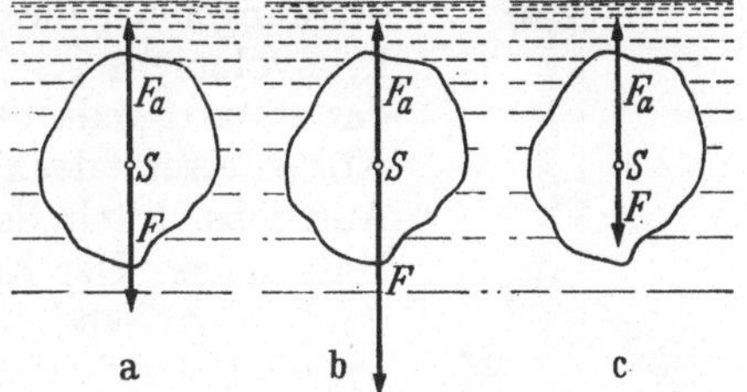

Abb. 141. Zum Auftrieb. a $\varrho = \varrho_f$, b $\varrho > \varrho_f$, c $\varrho < \varrho_f$

$$F_a = \varrho_f V g . \tag{60.1}$$

Die Vertikalkomponente $\boldsymbol{F}_a$ der hydrostatischen Druckkraft heißt *Auftrieb*.

Nun ersetzen wir die als erstarrt gedachte Flüssigkeitsmenge durch einen beliebig beschaffenen festen, in die Flüssigkeit getauchten Körper. An den Druckkräften der Flüssigkeit wird dadurch nichts geändert, also bleibt auch der Auftrieb der gleiche. Daher befindet sich ein solcher Körper im allgemeinen in der Flüssigkeit nicht im Gleichgewicht. Ist seine Dichte ϱ größer als die der Flüssigkeit, so überwiegt sein Gewicht $F = \varrho g V$ den Auftrieb $F_a = \varrho_f g V$, und er sinkt zu Boden (Abb. 141 b). Ist aber seine Dichte kleiner als die der Flüssigkeit, so überwiegt der Auftrieb sein Gewicht, und er steigt in der Flüssigkeit empor (Abb. 141 c). Die gesamte auf den Körper wirkende Kraft beträgt

$$F' = F - F_a = (\varrho - \varrho_f) g V . \tag{60.2}$$

Der Körper erleidet also in einer Flüssigkeit einen *scheinbaren Gewichtsverlust* um den Betrag des Auftriebes F_a. Dieser hängt nur vom Volumen des eingetauchten Körpers und der Dichte der Flüssigkeit ab, nicht von der besonderen Gestalt und Beschaffenheit des Körpers. Er ist gleich dem Gewicht einer dem Körper an Volumen gleichen Flüssigkeitsmenge (der sog. verdrängten Flüssigkeitsmenge, *Archimedisches Prinzip*, nach dem angeblichen Entdecker[1] benannt).

---

[1] ARCHIMEDES, 287—221 v. Chr., lebte in Syrakus.

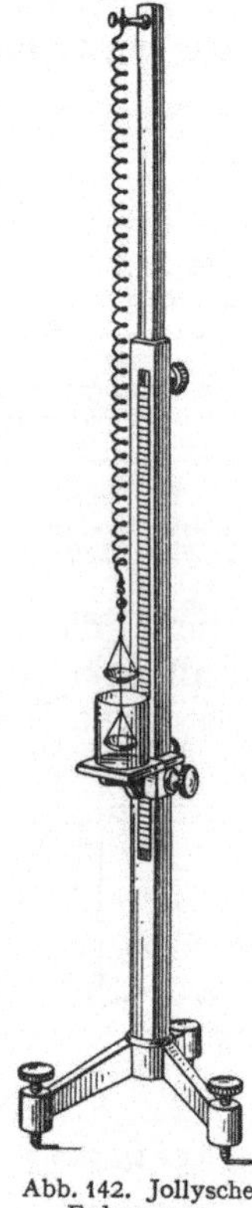

Der Auftrieb beruht auf der Zunahme des Drucks mit der Tiefe in einer der Schwere unterworfenen Flüssigkeit. Denn sie bewirkt, daß die Druckkraft an der Unterseite eines eingetauchten Körpers größer ist als an seiner Oberseite. In einer der Schwerkraft entzogenen Flüssigkeit gibt es keinen Auftrieb, also auch nicht in einem Weltraumfahrzeug im Zustand der Schwerelosigkeit.

Der Leser überlege selbst, daß das Sinken (Steigen) eines Körpers, dessen Dichte größer (kleiner) als die der Flüssigkeit ist, einem Übergang in ein stabiles Gleichgewicht entspricht, da mit dem Sinken (Steigen) in jedem Fall eine Abnahme der potentiellen Energie des Systems Flüssigkeit + Körper verknüpft ist (§ 24). Ein in einer Flüssigkeit schwebender Körper befindet sich im indifferenten Gleichgewicht.

Da der Auftrieb die Schwerkraft an dem oben als erstarrt gedachten Flüssigkeitsvolumen aufhebt und mit ihr kein Kräftepaar bildet, da ja Gleichgewicht besteht, so liegen an diesem Volumen Auftrieb und Schwerkraft in der gleichen Wirkungslinie, die also durch den Schwerpunkt des Flüssigkeitsvolumens geht. Am Auftrieb ändert sich nichts, wenn wir das erstarrt gedachte Flüssigkeitsvolumen durch einen anderen Körper ersetzt denken. In allen Fällen geht die Wirkungslinie des Auftriebs durch den Schwerpunkt der verdrängten Flüssigkeitsmenge. Der Auftrieb kann also stets in diesem Schwerpunkt angreifend gedacht werden. Ist der eingetauchte Körper, wie die Flüssigkeit, homogen, so fällt sein Schwerpunkt mit dem der verdrängten Flüssigkeit zusammen (Abb. 141 b u. c). Ist er aber nicht homogen, so ist das bei beliebiger Orientierung nicht der Fall. Dann erzeugen Auftrieb und Schwerkraft,

Abb. 142. Jollysche
Federwaage

außer einer resultierenden Einzelkraft, ein Kräftepaar, das den Körper beim Steigen oder Sinken dreht.

Der Auftrieb bietet nach (60.1) ein bequemes Mittel zur Bestimmung des Volumens $V = F_a/(\varrho_f g)$ bei unregelmäßig geformten Körpern, bei denen eine geometrische Volumbestimmung nicht möglich ist. Der Auftrieb kann als die Differenz $F - F'$ des wirklichen Gewichts F und des scheinbaren Gewichts F' in der Flüssigkeit gemessen werden. Die Dichte des Körpers ist dann

$$\varrho = \varrho_f \frac{F}{F - F'} . \qquad (60.3)$$

(Vgl. WESTPHAL: Physikalisches Praktikum, 1. Aufgabe.)

Abb. 142 zeigt ein einfaches Gerät zur Messung der Dichte fester Körper (Jollysche[1] Federwaage). Der Körper befindet sich einmal auf der oberen Schale in Luft, dann auf der unteren Schale in Wasser. Die entsprechenden Verlängerungen λ_1 und λ_2 der Feder sind seinem wahren Gewicht F bzw.

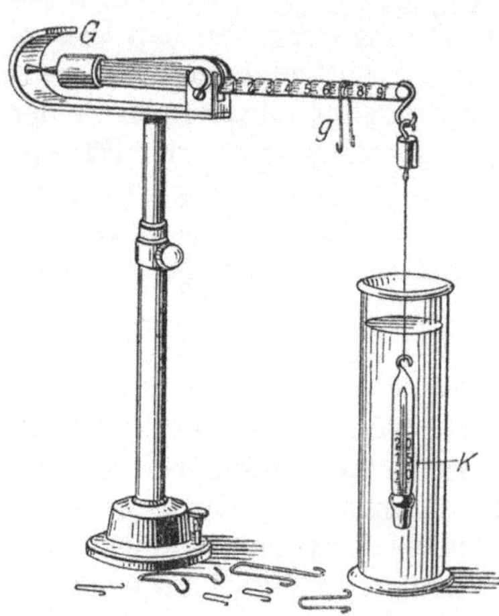

Abb. 143. Mohrsche Waage

---

[1] PHILIPP VON JOLLY, 1809—1884.

seinem scheinbaren Gewicht F' in Wasser proportional, so daß nach (60.3) $\varrho = \varrho_f \lambda_1/(\lambda_1 - \lambda_2)$.

Die Auftriebe des gleichen Körpers in zwei verschiedenen Flüssigkeiten verhalten sich nach (60.1) wie deren Dichten. Bei der Mohrschen Waage (Abb. 143) ist der Schwimmkörper K, wenn er sich in Luft befindet, durch ein Gegengewicht G genau ins Gleichgewicht gebracht. Sein Auftrieb in einer Flüssigkeit wird gemessen, indem man ihn durch Aufsetzen von Reitergewichten g auf den Waagebalken kompensiert, deren Einheit so bemessen ist, daß sie den Auftrieb des Schwimmkörpers in Wasser von 4 °C kompensiert.

61. Schwimmen. Ein Körper *schwimmt* an der Oberfläche einer Flüssigkeit, wenn sein Auftrieb bei vollem Eintauchen größer ist als sein Gewicht (Abb. 141 c). Beim Schwimmen ragt ein Teil des Körpers aus der Flüssigkeit, so daß das für die Größe des Auftriebs maßgebliche verdrängte Flüssigkeitsvolumen V' kleiner ist als das Volumen V des Körpers. Bei Gleichgewicht ist der Auftrieb $V' \varrho_f g$ gleich dem Gewicht $V \varrho g$ des Körpers, also $V'/V = \varrho/\varrho_f$. Hiernach kann ein homogener Körper nur dann schwimmen, wenn seine Dichte kleiner ist als die der Flüssigkeit. Bei geeigneter Formgebung können aber auch Körper schwimmen, deren Material eine höhere Dichte hat als die Flüssigkeit, z.B. eiserne Schiffe in Wasser. Das Schiff als Ganzes besteht ja zum größten Teil aus Luft.

Unter allen denkbaren Lagen, die der Bedingung $V'/V = \varrho/\varrho_f$ entsprechen, sind aber nur einige, oft nur eine einzige, *stabile Schwimmlagen*, denen eine oder mehrere labile Schwimmlagen gegenüberstehen. Das Gleichgewicht wird ja nicht nur durch gleichen Betrag und entgegengesetzte Richtung von Schwerkraft und Auftrieb bedingt. Es kommt hinzu, daß diese beiden Kräfte auch kein Drehmoment erzeugen, also kein Kräftepaar bilden dürfen, ihre Wirkungslinien also zusammenfallen müssen. Auch für die stabilen und labilen Schwimmlagen eines Körpers gelten die Gleichgewichtsbedingungen des § 24. Eine stabile Schwimmlage ist also dadurch gekennzeichnet, daß der Körper, wenn er ein wenig aus ihr entfernt ist, durch ein an ihm auftretendes Drehmoment wieder in sie zurückgetrieben wird, während er bei einer Entfernung aus einer labilen Schwimmlage noch weiter von ihr fortgetrieben wird. Ein schwimmender Körper, der aus einer stabilen in eine labile Schwimmlage übergeführt wird, kann über diese hinaus in eine andere stabile Schwimmlage übergehen. Er kann *kentern*. Allgemein sind stabile Schwimmlagen dadurch ausgezeichnet, daß das System Flüssigkeit + Körper ein Minimum der potentiellen Energie hat, sein Schwerpunkt also tiefer liegt als bei jeder unmittelbar benachbarten Schwimmlage. Bei labilen Schwimmlagen ist es umgekehrt. Es gibt auch indifferente Schwimmlagen, aber nur bei gewissen Körpern von besonders einfacher Gestalt. Eine homogene Kugel schwimmt in jeder Lage.

Der in Abb. 144a dargestellte rechteckige, homogene Klotz befindet sich in einer stabilen Schwimmlage. Bei einer kleinen Verdrehung (Abb. 144b) verlagert sich der Schwerpunkt S_2 der verdrängten Flüssigkeit, also der Angriffspunkt des Auftriebes, bei einer Rechtsdrehung nach rechts, bei einer Linksdrehung nach links, liegt also nicht mehr auf der Mittelachse des Körpers. Gewicht F und Auftrieb $F_a = -F$ bilden ein Kräftepaar, das den Körper in seine stabile Schwimmlage zurückzudrehen sucht. Den Schnittpunkt M der Wirkungslinie des Auftriebes mit der in der betrachteten Gleichgewichtslage vertikalen Mittelachse des Körpers nennt man bei Schiffen das *Metazentrum*. Eine Schwimmlage ist stabil, wenn das Metazentrum oberhalb des Schwerpunkts S_1 des schwimmenden Körpers liegt, andernfalls labil. Abb. 144c zeigt eine labile Schwimmlage des Klotzes. Wird er aus dieser ein wenig verdreht, so verschiebt sich der Schwerpunkt S_2 der

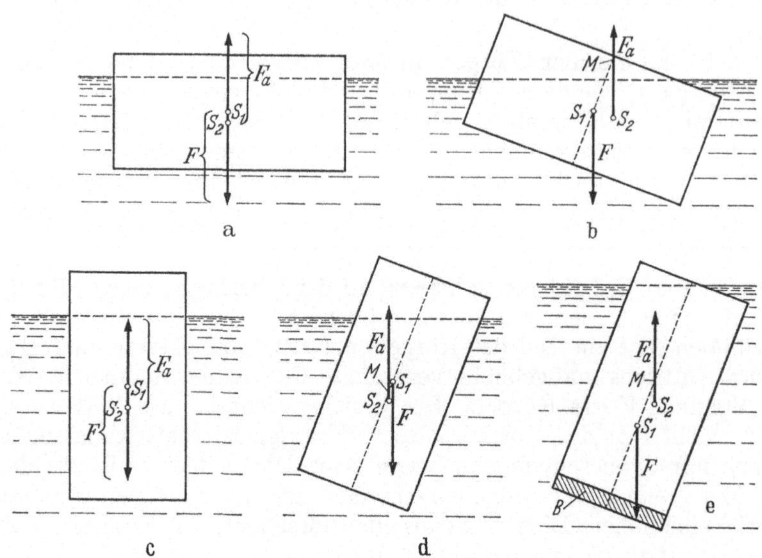

Abb. 144. Schwimmlagen eines rechteckigen Klotzes

verdrängten Flüssigkeit derart, daß Gewicht und Auftrieb ein Drehmoment erzeugen, das den Körper noch weiter von der labilen Schwimmlage zu entfernen sucht (Abb. 144d). Das Metazentrum M liegt jetzt unterhalb des Körperschwerpunkts S_1. Die Zahl der stabilen und labilen Schwimmlagen hängt bei einem homogenen rechteckigen Klotz vom Verhältnis seiner drei Seiten ab; allgemein hängt sie von der Gestalt des Körpers und der Massenverteilung in ihm ab.

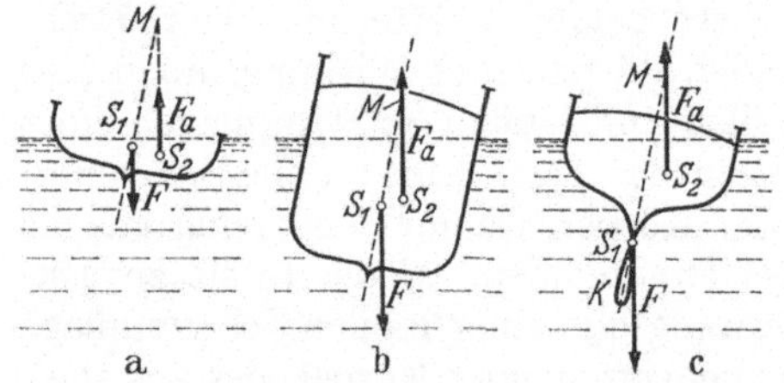

Abb. 145. Verschiedene Schiffstypen. a Flache Jolle, b Seeschiff, c Rennjacht

Die Stabilität der Schwimmlage eines Körpers ist um so größer, je tiefer sein Schwerpunkt liegt. Je höher er liegt, je kopflastiger ein Schiff ist, um so leichter kann es zum Kentern gebracht werden. Die Lage des Metazentrums hängt von der Neigung gegen die Gleichgewichtslage ab. Je größer die Neigung ist, um so näher rückt es dem Körperschwerpunkt. Je tiefer also der Schiffsschwerpunkt liegt, eine um so größere Neigung verträgt das Schiff, ohne zu kentern. Die labile Schwimmlage des Klotzes in Abb. 144c kann in eine stabile verwandelt werden, wenn man z.B. durch Anbringen eines Stückes Blei B den Körperschwerpunkt S_1 so tief legt, daß das Metazentrum nunmehr über ihm liegt (Abb. 144e). Je nach Gestalt und Schwerpunktslage ist die Stabilität eines Schiffes mehr durch jene oder diese bestimmt. Bei einer flachen Jolle (Abb. 145a) rührt sie im wesentlichen von ihrer Gestalt her, da sich schon bei einer kleinen Drehung aus der stabilen Schwimmlage der Angriffspunkt des Auftriebes sehr stark verschiebt, so daß ein großes Drehmoment auftritt. Die Stabilität von Seeschiffen (Abb. 145b) hingegen beruht in der Hauptsache auf der durch die in ihren unteren Teilen befindlichen Maschinen und ihre Ladung bedingten tiefen Lage des Schwerpunktes. In höchstem Grade ist dies bei Rennjachten mit bleibeschwertem Kiel (Abb. 145c) der Fall. Ihr Schwerpunkt liegt so tief, daß das Metazentrum überhaupt nicht unter ihn rücken kann. Ein solches Schiff hat nur eine einzige stabile Schwimmlage. Erst bei einer Drehung um 180° würde die Schwimmlage labil. Es kann daher überhaupt nicht kentern. Das gleiche gilt für den Klotz in Abb. 144a.

Die Eintauchtiefe eines schwimmenden Körpers ist um so größer, je kleiner die Dichte der Flüssigkeit ist. Dies wird bei der Senkspindel (Aräometer, Abb. 146) benutzt, um die Dichte von Flüssigkeiten zu messen. Schiffe tauchen in das Meerwasser etwas weniger tief ein als in das weniger dichte Süßwasser.

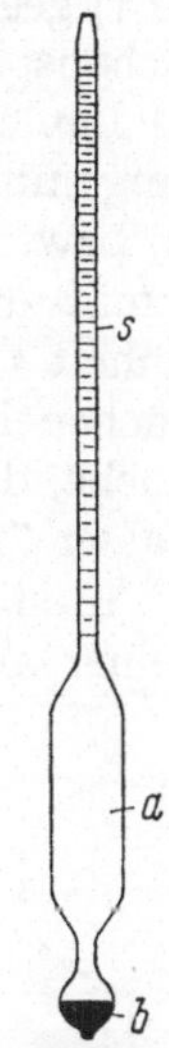

62. Oberflächenspannung. Kapillarität. Eine freie Flüssigkeitsoberfläche erweckt den Eindruck einer dünnen, gespannten Haut. Diese *Oberflächenspannung* beruht darauf, daß zwischen den Molekülen einer Flüssigkeit anziehende sog. *van der Waalssche Kräfte* wirken. Das Vorhandensein solcher Kräfte wird schon dadurch bewiesen, daß das Volumen einer Flüssigkeit, also der Abstand ihrer Moleküle, auch durch beträchtliche Kräfte nur äußerst wenig vergrößert werden kann. Die Kräfte, die auf ein im Innern einer Flüssigkeit befindliches Molekül von den es rings umgebenden Nachbarmolekülen ausgeübt werden, heben einander im Durchschnitt auf. Ein an der Oberfläche befindliches Molekül aber ist nur auf der einen Seite von Molekülen umgeben, und die von diesen ausgehenden Anziehungskräfte haben eine senkrecht in das Innere der Flüssigkeit weisende Resultierende F (Abb. 147). Um Moleküle an die Oberfläche einer Flüssigkeit zu schaffen, ist demnach Arbeit gegen diese Kraft zu leisten, analog zur Hebungsarbeit gegen die Schwerkraft. Daher hat ein an der Oberfläche befindliches Molekül eine größere potentielle Energie als die Moleküle im Innern der Flüssigkeit. Bei stabilem Gleichgewicht der ganzen Flüssigkeit ist ihre potentielle Energie, zu der auch die Oberflächenenergie hinzuzurechnen ist, ein Minimum (§ 24). Ziehen wir diese allein in Betracht, so ist das dann der Fall, wenn sich möglichst wenige Moleküle an der Oberfläche befinden, wenn diese also möglichst klein ist (Minimalfläche). Aus diesem Grunde sind frei schwebende Tropfen kugelförmig, denn dann haben sie bei gegebenem Volumen die kleinste Oberfläche. Ist die Minimalbedingung nicht erfüllt, so wandern so lange Moleküle von der Oberfläche in das Innere, bis dieser Zustand erreicht ist.

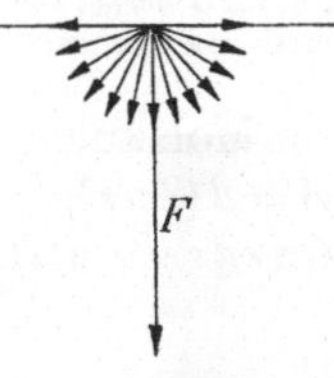

Abb. 146. Senkspindel (Aräometer)

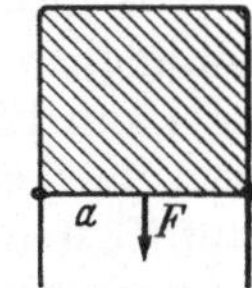

Abb. 147. Zur Erklärung der Oberflächenspannung

In einem rechteckigen Drahtrahmen, dessen eine Seite (*a*) beweglich ist, sei eine Flüssigkeitslamelle gespannt (Abb. 148). Sie zieht sich zusammen und nimmt die Seite *a* mit, wenn dies nicht durch eine an dieser Seite angreifende Kraft vom Betrage F verhindert wird. Wir denken uns nun die Seite *a* durch diese Kraft um die Strecke dx verschoben. Da dabei *beide* Oberflächen der Lamelle wachsen, so erfährt ihre Oberfläche einen Zuwachs $dA = 2a\,dx$. Die potentielle Energie eines einzelnen Oberflächenmoleküls betrage ε. Wenn sich N Moleküle auf jeder Flächeneinheit befinden, so entfällt auf diese die potentielle Energie $N\varepsilon = \gamma$. Mit einem Zuwachs der Oberfläche ist also eine Vermehrung ihrer potentiellen Energie

$$dE_p = \gamma\, dA = \gamma\, 2a\, dx$$

Abb. 148. Zur Theorie der Oberflächenspannung

verbunden. Die hierzu, also zur Beförderung der Moleküle aus dem Innern an die Oberfläche nötige Arbeit $dW = dE_p$ wird von der Kraft F längs des Weges dx geleistet. Es ist demnach auch $dE_p = F\,dx$ und

$$F = 2a\gamma. \tag{62.1}$$

Von dieser Kraft entfällt auf die Längeneinheit der an die Seite a angrenzenden Flüssigkeit (wieder beide Seiten der Lamelle) der Betrag $F/(2a) = \gamma$. Die durch (62.1) gegebene Kraft ist diejenige, die die Lamelle gegen die Wirkung der Oberflächenspannung im Gleichgewicht hält, demnach auch die Kraft, mit der sich die Lamelle zusammenzuziehen sucht. Sie ist nach (62.1) von deren jeweiliger Länge unabhängig. Die Lamelle greift also mit der Kraft $F = 2a\gamma$ an der Seite a an, bzw. je Längeneinheit der Berandung ihrer Oberflächen mit der Kraft γ. Gemäß (62.1) ist es üblich, die *Konstante der Oberflächenspannung* $\vartheta = n\varepsilon$ in der Einheit 1 dyn cm^{-1} anzugeben. Ihrer eigentlichen Bedeutung nach als Energie/ Flächeneinheit wäre sie in der Einheit 1 erg cm^{-2} auszudrücken. Das ist aber das gleiche, da 1 erg = 1 dyn $\cdot$ 1 cm, und ergibt den gleichen Zahlenwert. γ beträgt bei Wasser 72,8, bei Äthyläther 17,0, bei Quecksilber 500 dyn cm^{-1}.

An stark nach außen gekrümmten Oberflächen ist die Oberflächenspannung kleiner als an ebenen Flächen, weil dann die Anzahl der Moleküle, welche ein Oberflächenmolekül nach innen ziehen, kleiner und daher eine geringere Arbeit nötig ist, um neue Oberflächenmoleküle zu schaffen. Das gilt insbesondere für sehr kleine Tröpfchen.

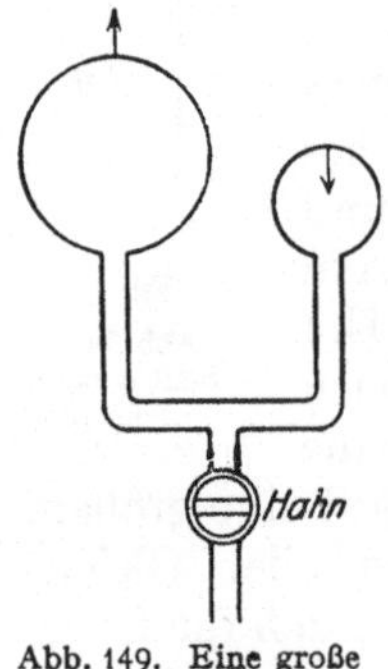

Abb. 149. Eine große Seifenblase wächst auf Kosten einer kleineren

Eine Seifenblase ist im Gleichgewicht, wenn ihr innerer Überdruck Δp (die Differenz zwischen innerem und äußerem Druck) der zusammenziehenden Kraft der Oberflächenspannung das Gleichgewicht hält. Die gesamte innere und äußere Oberfläche einer (gegen ihren Radius r stets sehr dünnen) Seifenblase beträgt $A = 8\pi r^2$, die vom Überdruck Δp herrührende, auf die Innenfläche $4\pi r^2$ wirkende Druckkraft $4\pi r^2 \Delta p$. Wenn diese Druckkraft den Blasenradius um dr vergrößert, so verrichtet sie die Arbeit $4\pi r^2 \Delta p \, dr$, und es stellt sich wieder ein Gleichgewicht ein. Die Arbeit ist gleich derjenigen, die aufgewendet werden muß, um die bei der Aufblähung nötige Anzahl von Molekülen an die Oberflächen zu schaffen. Der Oberflächenzuwachs beträgt $dA = d(8\pi r^2) = 16\pi r \, dr$, die dazu nötige Energie $16\pi r \, dr \gamma$. Es ist also $16\pi r \, dr \gamma = 4\pi r^2 \Delta p \, dr$ oder

$$r \Delta p = 4\gamma. \tag{62.2}$$

Es folgt also das zunächst überraschende Ergebnis, daß der Überdruck Δp in einer Seifenblase um so kleiner ist, je größer der Radius der Blase ist. Wenn man eine Seifenblase aufbläst, so vergrößert man tatsächlich ihren inneren Druck nicht, sondern er wird kleiner. Man sorgt nur für die nötige Luftzufuhr, und der innere Druck sinkt. Dies wird besonders deutlich, wenn man bedenkt, daß für $r = \infty$, also für eine ebene Lamelle, der Überdruck verschwinden muß. Sind zwei anfänglich verschieden große Seifenblasen durch ein Rohr verbunden (Abb. 149), so kann kein Gleichgewicht bestehen, weil den verschieden großen Radien ein verschieden großer innerer Druck entspricht. Die größere Seifenblase wächst auf Kosten der kleineren, bis diese nur noch eine Kuppe bildet, deren Krümmungsradius gleich demjenigen der großen Blase ist. (Wären beide Blasen gleich groß, so würde ein labiles Gleichgewicht vorliegen.)

Grenzt eine Flüssigkeit an einen anderen Stoff, so bestehen auch zwischen ihren Molekülen und denen des Stoffes anziehende Kräfte, deren Beträge von der Art der beiden Stoffe abhängen. Hierauf beruhen die *Kapillarerscheinungen* an der Grenze fester und flüssiger oder zweier flüssiger Körper. Auf die in der Grenzfläche befindlichen Flüssigkeitsmoleküle wirkt erstens die Anziehung F_1 der Moleküle im Innern der Flüssigkeit, zweitens die Anziehung F_2 der Moleküle der festen Wand (Abb. 150). Von der Schwerkraft, die stets klein gegen diese

Kräfte ist, können wir hier absehen. Wir betrachten insbesondere die Stelle, wo die freie Flüssigkeitsoberfläche in die Grenzfläche übergeht. Je nach dem Verhältnis jener Kräfte weist ihre Resultierende F in Richtung auf die Wand (Abb. 150a) oder in das Innere der Flüssigkeit (Abb. 150b). Da sie bei Gleichgewicht auf der freien Oberfläche senkrecht stehen

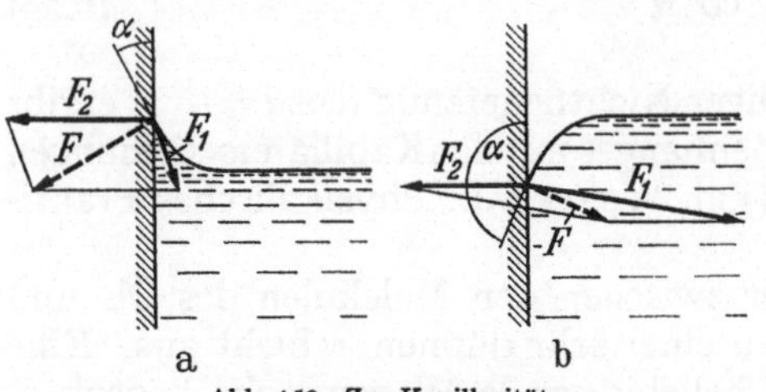

Abb. 150. Zur Kapillarität

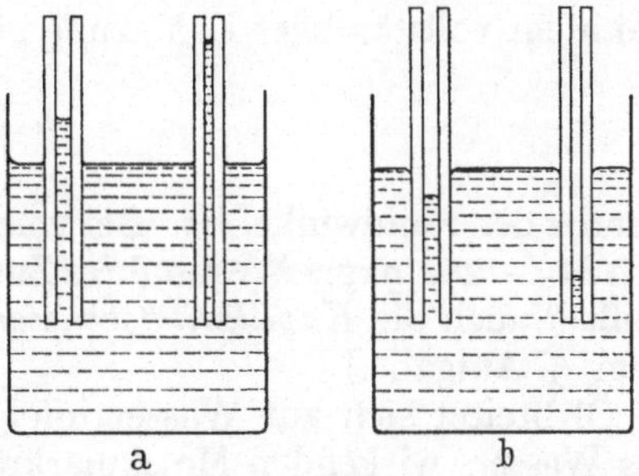

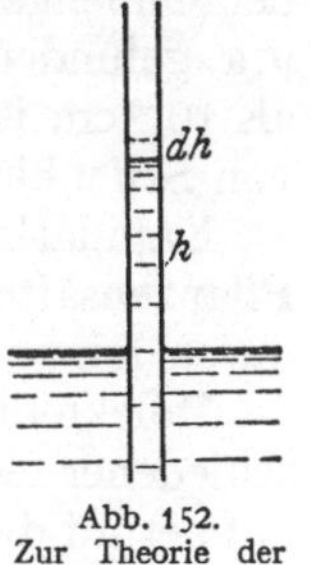

Abb. 151. a Kapillaraszension, b Kapillardepression

muß (§ 59), so bildet diese mit der Wand einen vom Kräfteverhältnis abhängigen *Randwinkel* α. Dieser ist gleich 0°, wenn F_1 gegenüber F_2 verschwindet, und gleich 180°, wenn F_2 gegenüber F_1 verschwindet. Im ersteren Fall, z.B. bei Wasser und fettfreiem Glas, breitet sich die Flüssigkeit unter der Wirkung der Kraft F_2 auf einer horizontalen festen Fläche als dünne, fest haftende Haut aus, es tritt *vollständige Benetzung* ein. Im zweiten Fall, z.B. bei Quecksilber und Glas, bildet die Flüssigkeit auf der festen Fläche Tropfen, die nicht an ihr haften. Bei vollständiger Benetzung sucht also die Flüssigkeit eine möglichst große, bei vollständiger Nichtbenetzung eine möglichst kleine Berührungsfläche mit der festen Fläche zu bilden. Aus diesem Grunde steigt Wasser in einer eingetauchten engen Glasröhre (Kapillare), deren Wandung vorher gut benetzt wurde, über den äußeren Wasserspiegel empor (Kapillaraszension, Abb. 151a; LEONARDO DA VINCI[1] 1500). Quecksilber dagegen wird in einer solchen Röhre herabgedrückt (Kapillardepression, Abb. 151b). Die freie Flüssigkeitsoberfläche bildet in der Kapillare einen *Meniskus*, der im ersten Fall nach unten, im zweiten nach oben gekrümmt ist.

Abb. 152.
Zur Theorie der Kapillarität

Wird eine Kapillare vom Radius r in eine Flüssigkeit getaucht, mit der ihre innere Wandung bereits vollkommen benetzt ist, so wird die Flüssigkeit im ersten Augenblick innen und außen gleich hoch stehen und alsdann zu steigen beginnen. Die Dichte der Flüssigkeit sei ϱ. Steht sie momentan in der Höhe h über dem äußeren Spiegel (Abb. 152), so ist die Arbeit bei ihrem weiteren Anstieg um eine Höhe dh gleich derjenigen, die bei der Hebung eines Flüssigkeitsvolumens $\pi r^2 dh$ von der Masse $dm = \varrho \pi r^2 dh$ um die Höhe h geleistet werden würde. Sie beträgt also $dm\,g\,h = \varrho \pi r^2\,dh\,g\,h$. Andererseits verschwindet ein Stück der benetzenden Flüssigkeitshaut mit der freien Oberfläche $2\pi r\,dh$, es wird also die Oberflächenenergie $\gamma \cdot 2\pi r\,dh$ frei. Anfänglich ist diese frei werdende Energie viel größer als die entsprechende Hebungsarbeit. Der Überschuß wird zur Überwindung der inneren Reibung (§ 78) beim Aufstieg der Flüssigkeit verbraucht. Mit wachsender Steighöhe h wird aber die Hebungsarbeit immer größer. Bei einer bestimmten Steighöhe genügt die freiwerdende Oberflächenenergie gerade noch, um die Hebungsarbeit zu leisten, bei größerer Steighöhe aber nicht mehr. Höher kann also die Flüssigkeit nicht steigen. Demnach ist die maximale Steighöhe durch die

---

[1] LEONARDO DA VINCI, 1452—1519, der berühmte Maler, aber auch ein genialer Ingenieur.

9*

Bedingung $\varrho \pi r^2 g h dh = 2\pi r \gamma dh$ gegeben und beträgt

$$h = \frac{2\gamma}{\varrho r g}. \tag{62.3}$$

Bei nicht vollständiger Benetzung gilt allgemein

$$h = \frac{2\gamma}{\varrho r g} \cos\alpha, \tag{62.4}$$

wenn α der Randwinkel ist. Bei vollständiger Nichtbenetzung ($\cos\alpha = -1$) ergibt sich $h = -2\gamma/(\varrho r g)$. Wegen ihres Zusammenhanges mit den Kapillarerscheinungen heißt ϑ auch die *Kapillaritätskonstante*. (Vgl. WESTPHAL: Physikalisches Praktikum, 3. Aufgabe.)

Öl breitet sich auf Wasser infolge der zwischen den Molekülen des Öls und des Wassers wirkenden Molekularkräfte zu einer sehr dünnen Schicht aus. Eine gegebene Ölmenge kann aber nicht eine beliebig große Wasserfläche bedecken. Die Ausbreitungsfähigkeit des Öls hat eine Grenze. Es liegt nahe, anzunehmen, daß diese dann erreicht ist, wenn die Ölschicht nur noch aus einer einzigen Lage von Molekülen besteht, so daß die Schichtdicke von der Größenordnung der Moleküldurchmesser ist. Die Schichtdicke kann aus der Größe des Ölflecks und der Ölmenge berechnet werden. Auf diese Weise haben RAYLEIGH[1], PERRIN[2] u. a. gefunden, daß die Größenordnung der Moleküldurchmesser jedenfalls kleiner als 10^{-6} cm ist. Ähnliche Schlüsse kann man aus der Dicke des schwarzen Flecks von Seifenblasen ziehen (§ 291).

Kapillarkräfte sind, neben osmotischen Kräften (§ 125), beim Aufsteigen der Pflanzensäfte wirksam. Auf ihnen beruht auch die Aufsaugung von Flüssigkeiten durch feinporige und schwammige Körper.

Molekularkräfte ähnlicher Art können auch zwischen den Molekülen verschiedener fester Stoffe und denen von festen Stoffen und Gasen auftreten. Hierauf beruht die *Adhäsion*, z. B. das Haften von Staub an festen Flächen, von Kreide an einer Tafel, ferner die *Adsorption* von Gasen an festen Flächen (§ 126).

III. Molekularmechanik

63. Molekularmechanik. Von der molekularen Struktur von Stoffen haben wir bisher ausführlich nur bei den Kristallen gesprochen (§ 51). In anderen Fällen haben wir sie nur kurz erwähnt. Tatsächlich bestehen makroskopische (wägbare) Stoffmengen aus einer ungeheuer großen Anzahl von Molekülen, und das gleiche gilt für die Meßgeräte, mit denen wir sie untersuchen. Deshalb macht sich bei den Wechselwirkungen zwischen den Stoffen und den Meßgeräten deren diskreter Aufbau kaum jemals bemerkbar. Die Soffe wirken auf diese in beliebig hoher Näherung so, als seien sie *strukturlose, nicht unterteilbare Kontinua*. Soweit die Physik sich auf die Ermittlung makroskopischer Stoffeigenschaften beschränkt, spricht man von *Kontinuumsphysik*. Aber diese Eigenschaften beruhen letztlich auf den Eigenschaften und dem Verhalten der einzelnen Moleküle der Stoffe, und es ist Aufgabe der Physik, sie auf dieser Grundlage zu deuten. Das kann geschehen, indem man die *Gesetze der Mechanik* auf die *einzelnen Moleküle* anwendet und untersucht, wie sich die Eigenschaften und das Verhalten wägbarer Stoffmengen, die wir mit unseren Meßgeräten ermitteln, auf dieser Grundlage quantitativ erklären lassen. Deshalb nennt man dieses Gebiet *Molekularmechanik*. Es handelt sich also um die theoretische Deutung von Stoffeigen-

---

[1] JOHN WILLIAM STRUTT, später Lord RAYLEIGH, 1842—1919, Nobelpreis 1904.
[2] JEAN PERRIN, 1870—1942, Nobelpreis 1926.

schaften, die mit Verfahren der Kontinuumsphysik ermittelt werden, aufgrund unseres Wissens vom *molekularen Aufbau* der Stoffe und der Anwendung der bei wägbaren Körpern bewährten *Gesetze der Mechanik* auf einzelne Moleküle.

Da es sich bei unseren Messungen immer um Wechselwirkungen zwischen ungeheuer vielen Molekülen — der Stoffe und der Meßgeräte — handelt, so können die Geräte nur *Mittelwerte* derjenigen Größen anzeigen, die die Zustände und das Verhalten der einzelnen Moleküle beschreiben. Es handelt sich also in der Molekularmechanik darum, solche Mittelwerte für außerordentlich große Molekülanzahlen theoretisch zu berechnen und festzustellen, ob die Ergebnisse mit den makroskopischen Eigenschaften der Stoffe übereinstimmen. Nun streuen aber die Einzelwerte der Größen, die die momentanen Zustände der Moleküle beschreiben und über die — räumliche und zeitliche — Mittelwerte zu bilden sind, über außerordentlich breite Bereiche. Um Mittelwerte zu bilden, muß man also etwas darüber wissen, wie die Einzelwerte über einen solchen Bereich verteilt sind (§ 66). Das ist Aufgabe der auf den Gesetzen der *Wahrscheinlichkeitsrechnung* beruhenden *Statistik* (§ 65). Deshalb nennt man die Molekularmechanik auch *statistische Mechanik*. Ihre erste Anwendung hat sie in der Theorie der Gase gefunden, bei denen die einfachsten molekularen Verhältnisse vorliegen.

64. Stoffmenge. Mol. Um aus mechanischen Größen, die die Zustände und das Verhalten *einzelner Moleküle* beschreiben, Größen bilden zu können, die an *makroskopischen* (wägbaren) *Stoffmengen* (z.B. einer Kupfer-, Wasser- oder Stickstoffmenge) meßbar sind, muß man etwas über die *Anzahl der jeweils beteiligten Moleküle* wissen. Es kann sich aber auch um Atome handeln. Deshalb sprechen wir ganz allgemein von *Teilchen*. Ionen sind je nachdem wie Moleküle oder Atome zu behandeln. Nun ist aber die Anzahl der Teilchen makroskopischer Stoffmengen so außerordentlich groß, daß ihre *Abzählung durchaus unmöglich* ist. Hier hilft die Einführung einer neuartigen Größe als *Ersatzgröße (Maß) für Teilchenanzahlen*, an die folgende Anforderungen zu stellen sind: Erstens muß sie *den Teilchenanzahlen proportional* sein; zweitens muß sie *von der Art des Stoffes unabhängig* sein; drittens muß sie *mit Verfahren der Kontinuumsphysik meßbar* sein.

Diese Größe wird heute *Stoffmenge*[1] genannt, Formelzeichen n. Der ersten Forderung entspricht die Proportionalität $n \sim N$, wenn N die Teilchenanzahl ist. Ihrer Art nach ist die Stoffmenge dadurch nicht definiert, und sie läßt sich auch nicht über die uns bisher bekannten Größenarten definieren. Deshalb müssen wir *die Stoffmenge als eine neue Grundgröße* einführen. Ohne an der Aussage der Proportionalität etwas zu ändern, können wir statt ihrer in Gleichungsform schreiben

$$n = \frac{N}{N_A}. \tag{64.1}$$

Darin muß N_A, um unserer zweiten Forderung zu genügen, eine von der Stoffart unabhängige Konstante sein. N_A heißt *Avogadro-Konstante*[2]. (Im deutschen Sprachraum früher meist Loschmidt-Konstante, vgl. § 65.)

---

[1] In früheren Auflagen dieses Buches haben wir diese Größe *Teilchenmenge* genannt und würden das auch heute noch vorziehen. Erstens weist es viel prägnanter darauf hin, daß es sich um Teilchenanzahlen handelt. Zweitens versteht man seit je unter einer Stoffmenge keine Größe, sondern etwas Materielles. Um Mißverständnisse zu vermeiden, dürfen wir also das Wort Stoffmenge in diesem Sinne nicht verwenden. Wir werden statt dessen von *materiellen Mengen* sprechen, wenn wir uns allgemein, *ohne Bezug auf einen bestimmten Stoff,* ausdrücken wollen.

[2] AMADEO AVOGADRO CONTE DIE QUAREGNO, 1776—1856.

Das *Größensystem der Molekularmechanik* ist also eines vierten Grades mit den *Grundgrößen Länge, Zeit, Masse und Stoffmenge.*

Sofern eine Unterscheidung nötig ist, spricht man von einer *Molekülanzahl* N_{mo}, einer *Atomanzahl* N_{at} oder einer *Ionenanzahl* N_{io} und von einer *Molekülmenge* n_{mo}, einer *Atommenge* n_{at} oder einer *Ionenmenge* n_{io}.

Ebenso wie die Teilchenanzahl N ist auch die Stoffmenge n nur diskreter Werte fähig. Bei der außerordentlich großen Anzahl der Teilchen makroskopischer Stoffmengen liegen aber diese Werte so außerordentlich nahe beieinander, daß sie bei Messungen wie ein *Wertekontinuum* erscheinen, auf das gemäß unserer dritten Forderung Meßverfahren der Kontinuumsphysik angewendet werden können. Hier besteht eine genaue Analogie zu Wägungen, bei denen auch die diskontinuierliche Natur der Materie völlig verwischt ist.

Die Einführung der Stoffmenge als neue Grundgröße erfordert die Definition einer *Einheit der Stoffmenge* als *neue Grundeinheit.* Damit Stoffmengen gemäß unserer dritten Forderung nach Verfahren der Kontinuumsphysik meßbar sind, muß das über eine makroskopische materielle Menge als *Prototyp* geschehen, der die Einheit verkörpert, und durch die Festsetzung, daß jede andere materielle Menge beliebiger Art, welche die gleiche Anzahl von Teilchen hat wie der Prototyp, ebenfalls die Einheit verwirklicht. Die Einheit der Stoffmenge heißt *Mol*[1] (Einheitenzeichen mol). Seit 1960 lautet ihre Definition: *Das Mol ist gleich der Stoffmenge (Atommenge, s. o.) einer Kohlenstoffmenge aus dem reinen Nuklid n $^{12}_{6}$C* (§ 365) *von der genauen Masse 12 g.* (Bis dahin war das Mol über 16 g des natürlichen Isotopengemisches des Sauerstoffs definiert. Die neue Definition, die an den Zahlenwerten, wenn überhaupt, nur äußerst wenig ändert, hat u. a. meßtechnische Gründe.) Gemäß internationaler Vereinbarung soll der Name Mol unabhängig von der Art der Teilchen (Moleküle, Atome, Ionen) gelten. Es wird anheimgestellt, die Namen Grammatom und Grammolekül noch für materielle Mengen zu verwenden, die die Stoffmenge 1 mol haben.

Kennt man das Verhältnis einer Stoffmenge zu der als Einheit definierten Stoffmenge n_p des Prototyps, so kennt man nach (64.1) auch das Verhältnis $N/N_p = n/n_p$ der Teilchenanzahl N der betreffenden materiellen Menge zur Teilchenanzahl N_p des Prototyps. Tatsächlich kommt es in der Physik und der Chemie wägbarer materieller Mengen auch nur auf das *Verhältnis von Teilchenanzahlen* an. Deshalb haben wir oben auch nur gesagt, daß wir über die Teilchenanzahlen *etwas wissen*, nicht daß wir sie kennen müssen. Die Chemie hat den Molbegriff viele Jahrzehnte lang mit größtem Erfolg verwendet, ohne die Teilchenanzahlen auch nur der Größenordnung nach zu kennen.

Eine materielle Menge von der Stoffmenge $n = \{n\}$ mol enthält $\{n\}$ dingliche Mole, wenn $\{n\}$ der Zahlenwert der Stoffmenge ist. Deshalb heißt dieser Zahlenwert (aber dann immer mit n bezeichnet) in der Chemie *Molzahl.*

Die Messung von Stoffmengen, also ihr direkter oder indirekter Vergleich mit der Stoffmenge 1 mol des Prototyps, erfolgt durch Wägung, also ein Verfahren der Kontinuumsphysik gemäß unserer dritten Forderung, und setzt die Kenntnis der relativen Molekül- bzw. Atommasse (s. u.) des betreffenden Stoffes voraus.

Bei mehratomigen Stoffen sind Molekülmenge und Atommenge verschieden. Eine Sauerstoffmenge von der Masse 16 g hat die Atommenge 1 mol, als Sauer-

---

[1] Der Name Mol stammt von OSTWALD, bezeichnete aber ursprünglich nicht eine Einheit, sondern materielle Mengen, die — im heutigen Sinne — die Einheit Mol verwirklichen. Doch bezeichnet man auch heute noch diese Mengen ebenfalls als Mole. Man muß also genau zwischen der Einheit Mol und ihren gleichbenannten dinglichen Verkörperungen unterscheiden.

stoffgas O_2 die Molekülmenge $1/2$ mol, als Ozon O_3 die Molekülmenge $1/3$ mol, da in letzteren 2 bzw. 3 Atome zu einem Molekül vereinigt sind.

Molare Größen sind auf Stoffmengen bezogene Größen, nämlich Quotienten aus einer an einer materiellen Menge gemessenen Größe und deren Stoffmenge. Ist m die Masse einer einheitlichen materiellen Menge, so ist — je nachdem, ob es sich um Moleküle oder Atome handelt —

$$M_m = \frac{m}{n_{mo}} \qquad \text{bzw.} \qquad A_m = \frac{m}{n_{at}} \tag{64.2}$$

die *molare Masse* des Stoffes. (Übliche Einheit $1 \text{ g mol}^{-1} = 1 \text{ kg kmol}^{-1}$.) Ist μ die Masse, N die Anzahl der Teilchen einer Stoffmenge, so ist $m = N\mu$. Damit folgt auch (64.1) und (64.2)

$$\mu = \frac{M_m}{N_A} \qquad \text{bzw.} \qquad \mu = \frac{A_m}{N_A}. \tag{64.3}$$

Für zwei verschiedene Stoffe gilt also $\mu/\mu' = M_m/M_m'$ bzw. A_m/A_m'. Die Einheit der molaren Masse würde verwirklicht durch einen — nicht existierenden — Stoff mit genau M_m' bzw. $A_m' = 1 \text{ g mol}^{-1}$, also dem Zahlenwert $\{M_m'\}$ bzw. $\{A_m'\} = 1$. Für einen wirklichen Stoff seien die Zahlenwerte $\{M_m\}$ bzw. $\{A_m\}$. Dann folgt $\mu/\mu' = \{M_m\}$ bzw. $\{A_m\}$. Demnach sind die *Zahlenwerte der molaren Massen* die *relativen Molekül-* bzw. *Atommassen* der betreffenden Stoffe, bezogen auf die des fiktiven Stoffes. Sie werden heute gemäß internationaler Empfehlung mit M_r bzw. A_r bezeichnet, sind reine Verhältniszahlen und identisch mit den bisher als *Molekulargewicht* M bzw. *Atomgewicht* A bezeichneten Zahlen (die gar keine Gewichte sind).

Damit folgt $M_m = M_r \text{ g mol}^{-1}$ bzw. $A_m = A_r \text{ g mol}^{-1}$ und für eine materielle Menge, die die Einheit *verwirklicht* (allgemein auch Mol genannt), aus (64.2) mit $n = 1$ mol $m_{\text{Mol}} = M_r$ g bzw. A_r g. Demnach lautet die Definition der *körperlichen Mole* in den Lehrbüchern der Chemie etwa so: Ein Mol ist diejenige Menge eines Stoffes, die soviel Gramm wiegt, wie sein Molekular- bzw. Atomgewicht angibt.

Ist V das Volumen einer Stoffmenge, so ist

$$V_m = \frac{V}{n} \tag{64.4}$$

das *molare Volumen* des Stoffes. (Einheit $\text{cm}^3 \text{ mol}^{-1} = \text{dm}^3 \text{ kmol}$.) Bei den Gasen ist es stark druck- und temperaturabhängig (§ 105).

Die *Avogadro-Konstante* $N_A = N/n$ ist die *molare Teilchenanzahl*. Sie kann auf verschiedene Weisen, aber natürlich nicht nach Verfahren der Kontinuumsphysik, in sehr guter Übereinstimmung ermittelt werden. Ihr derzeit zuverlässigster Wert ist $N_A = 6{,}022\,52 \cdot 10^{23} \text{ mol}^{-1}$. Ihr Zahlenwert heißt *Avogadro-Zahl*. Setzt man in (64.1) $n = 1$ mol, so folgt, daß sie gleich der *Anzahl der Teilchen in jeder materiellen Menge* ist, die *die Einheit 1 mol* verwirklicht.

Ist für einen Stoff M_m bzw. A_m bekannt, so kann man nach (64.3) die Masse μ seiner Teilchen berechnen. So ergibt sich für das Wasserstoffnuklid ^1_1H ($A_m = 1{,}008 \text{ g mol}^{-1}$) $\mu = 1{,}673\,10^{-24} \text{ g mol}^{-1}$, für das Urannuklid $^{238}_{92}$ ($A_m = 238 \text{ g mol}^{-1}$) $\mu = 396 \cdot 10^{-24}$ g.

Analog zu Teilchen können auch die positiven oder negativen *Elementarladungen von Ionen* (§ 137) behandelt werden, deren Anzahl z je Ion mit ihrer *Wertigkeit* identisch ist. Ist z.B. N_{io} die Anzahl der in einer bestimmten Zeit bei einer Elektrolyse an einer Elektrode abgeschiedenen Ionen, so befördern sie $N_E = z N_{io}$ Elementarladungen an die Elektrode. Die zu N_E proportionale, analog zur Stoffmenge definierte Größe

$$n_E = \frac{N_E}{N_A} = \frac{z\,N_{io}}{N_A} = z\,n_{io} \tag{64.5}$$

heißt *Ladungsmenge* oder *Äquivalentenmenge*. Da z eine Zahl ist, wird auch sie in der *Einheit Mol* gemessen[1].

Den molaren Größen entsprechen *valare*, das heißt: auf *Äquivalentenmengen bezogene Größen*, also Quotienten aus einer an einer Ionenmenge gemessenen Größe und deren Äquivalentenmenge. Ist m die Masse einer Ionenmenge, z die Wertigkeit der Ionen, so ist

$$M_E = \frac{m}{n_E} = \frac{m}{z\,n_{i0}} = \frac{M_m}{z} \quad \text{bzw.} \quad A_E = \frac{A_m}{z} \tag{64.6}$$

die *valare Masse* der Ionenart. Ihr Zahlenwert $\{M_E\}$ bzw. $\{A_E\} = E_r$ ist die *relative Äquivalentenmasse*, in der Chemie *Äquivalentgewicht* genannt. (64.6) entspricht also der in der Chemie üblichen Ausdrucksweise: Äquivalentgewicht = Molekulargewicht bzw. Atomgewicht/Wertigkeit. — Eine valare Größe, die *valare Ladung*, ist auch die *Faraday-Konstante* (§ 174).

Molare und valare Massen können nach verschiedenen physikalischen und chemischen Verfahren ermittelt werden: aufgrund der chemischen Verbindungsgewichte, der Zustandsgleichung der idealen Gase (§ 105), der spezifischen Wärmekapazität (§§ 111, 112), der Gefrierpunktserniedrigung und der Siedepunktserhöhung von Lösungen (§ 124), der elektrochemischen Äquivalente (§ 174). Vgl. die Lehrbücher der Chemie.

Der Begriff des Mol hat eine lange, wechselvolle Geschichte. (Vgl. W. H. Westphal, Die Grundlagen des physikalischen Begriffssystems, Braunschweig 1965.) Der Name Mol stammt von W. Ostwald[2], der darunter, wie schon gesagt, die *dinglichen Mole* verstand (s. o.), deren Massen M_r g bzw. A_r g betragen. Später hat man dann in der Physik und der Physikalischen Chemie diese *Massen als Einheiten* verstanden und als Mole bezeichnet. Damit gab es also so viele verschiedene Mole (individuelle Masseneinheiten) wie Stoffe mit verschiedenen relativen Molekül- bzw. Atommassen. Das widerspricht allen Grundsätzen physikalischer Einheitendefinition und ist durch die neue Definition der Einheit Mol beseitigt.

65. Grundlagen der Gastheorie. Schon vor mehr als zwei Jahrhunderten wurde, insbesondere von Daniel Bernoulli[3], erkannt, daß man die wichtigsten Eigenschaften der Gase verstehen kann, wenn man annimmt, daß diese aus Molekülen bestehen und daß diese sich in ständiger Bewegung befinden. Dabei erleiden die Moleküle ständig Zusammenstöße untereinander und mit den das Gas begrenzenden festen Wänden. Die Zusammenstöße der Moleküle erfolgen nach den Gesetzen des elastischen Stoßes (§ 25), d.h. es bleibt die Summe ihrer Energien und ihrer Impulse erhalten, aber die Geschwindigkeiten der einzelnen Moleküle ändern sich durch den Austausch von Energie und Impuls bei jedem Stoß nach Betrag und Richtung. Ein einzelnes Molekül bewegt sich also unter ständigen, sprung-

---

[1] In der Anwendung auf Äquivalentenmengen wird das Mol auch *Äquivalent* oder kurz *Val* (Zeichen val) genannt, so auch in früheren Auflagen dieses Buches. Doch wird das Zeichen val international nicht empfohlen. Da val = mol ist, so ist die gelegentlich vorkommende „Gleichung" 1 mol = z val gar keine Gleichung im physikalischen Sinne, sondern nur so zu verstehen, daß eine z-wertige Ionenmenge von der Teilchenmenge 1 mol die Äquivalentenmenge z val hat, die man aber nicht gleichsetzen kann.

[2] Wilhelm Ostwald, 1853—1922, Nobelpreis 1909.

[3] Daniel Bernoulli, 1700—1782.

haften Änderungen seiner Geschwindigkeit auf einer Zickzackbahn. Bei den Zusammenstößen mit einer Wand, die die gleiche Temperatur hat wie das Gas, wird sich im allgemeinen Energie und Impuls des einzelnen Moleküls ändern. Aber durchschnittlich wird von der Wand an die Moleküle ebensoviel Energie abgegeben, wie sie von den Molekülen aufnimmt, so daß infolge dieser Zusammenstöße keine Änderung der gesamten Molekularenergie des Gases eintritt.

Der Zustand eines Gases ändert sich also ständig „mikroskopisch", d.h. wenn wir die jeweiligen Zustände seiner einzelnen Moleküle, beschrieben durch ihre Orte und ihre Geschwindigkeiten, betrachten. Betrachten wir aber eine größere Gasmenge „makroskopisch", d.h. bezüglich ihrer unmittelbar beobachtbaren Wechselwirkungen mit ihrer Umgebung, so bemerken wir von diesen ständigen molekularen Zustandsänderungen nichts. Das liegt daran, daß die makroskopischen *Zustandsgrößen* eines Gases, sein Volumen, sein Druck und seine Temperatur, lediglich durch die *Mittelwerte* der mikroskopischen Zustandsgrößen der Moleküle, insbesondere ihrer räumlichen Dichte und ihrer kinetischen Energie, bestimmt werden (§ 63). Sind diese Mittelwerte zeitlich konstant, befindet sich das Gas im *stationären Zustand*, so bleibt sein makroskopischer Zustand unverändert. Er ändert sich nur, wenn sich diese Mittelwerte ändern. Denn bei einer makroskopisch beobachtbaren Gasmenge handelt es sich stets um eine ungeheuer große Anzahl von Molekülen. Wäre es möglich, die molekularen Zustandsänderungen in einem in stationärem Zustand befindlichen Gase in allen Einzelheiten zu beobachten, so würde man feststellen, daß jeder Zustandsänderung, die in irgendeinem Augenblick an einem der Moleküle vor sich geht, praktisch im gleichen Volumelement und im gleichen Augenblick eine entgegengesetzte Zustandsänderung an einem anderen Molekül entspricht, die die Wirkung jener Zustandsänderung auf den makroskopischen Zustand praktisch genau aufhebt. Oder noch richtiger: Es besteht bei der ungeheuer großen Anzahl der Moleküle eine an Gewißheit grenzende *Wahrscheinlichkeit* dafür, daß dies stets der Fall ist. Wir wollen diese wichtige Tatsache als *Ersatzprinzip* bezeichnen.

Die damit zwischen den Zustandsänderungen der einzelnen Moleküle hergestellte Beziehung ist nun von ganz anderer Art als die, welche wir bisher bei physikalischen Gebilden betrachtet haben. Bisher handelte es sich immer um *kausale Beziehungen*, also um solche, bei denen ein ursächlicher Zusammenhang zwischen den Erscheinungen besteht. Davon ist hier keine Rede. Die Zustandsänderung eines Moleküls durch einen Zusammenstoß und die entgegengesetzte Zustandsänderung eines zweiten durch einen beliebigen anderen Zusammenstoß stehen in keinem ursächlichen Zusammenhang, sind zwei gänzlich unabhängige Ereignisse. Daß wir sie zueinander in Beziehung setzen, ist lediglich durch die an Gewißheit grenzende *Wahrscheinlichkeit* gerechtfertigt, daß bei der ungeheuer großen Anzahl von Molekülen und der großen Häufigkeit ihrer Zusammenstöße sich unter ihnen stets je zwei finden lassen, deren Zustandsänderungen in der gedachten Weise miteinander korrespondieren.

Ein in stationärem Zustand befindliches Gas läßt sich mit einer Bevölkerung vergleichen, die unter völlig gleichbleibenden Bedingungen lebt. Die „mikroskopische" Betrachtung einer solchen zeigt uns das bunte, ständig wechselnde Schicksal der einzelnen Menschen, Geburt und Tod, Krankheit, Ortswechsel usw. Betrachten wir aber die Bevölkerung „makroskopisch", also nach der Methode der *Statistik*, so zeigen die Tabellen Jahr für Jahr das gleiche Bild, *sofern sich die äußeren Umstände nicht ändern*. Jahr für Jahr erkrankt durchschnittlich der gleiche Bruchteil der Bevölkerung an Masern, Tuberkulose usw. Welche Einzelpersonen gerade von solchem Schicksal, von solcher Zustandsänderung, betroffen werden, ist für den Statistiker ganz belanglos. Die Einzelperson geht ihn nur ganz anonym und insofern an, als sie zu irgendeiner Tabelle eine Einheit hinzufügt.

Eine solche statistische Betrachtungsweise ist aber nur dann sinnvoll, wenn es sich um eine *sehr* große Anzahl von Individuen handelt. Auf die Bevölkerung eines Einfamilienhauses wäre sie nicht sinnvoll anzuwenden, weil hier die Zufälligkeiten der Einzelschicksale weniger Personen allzu große *Schwankungen* hervorrufen würden. Solche Schwankungen weist auch die Tabelle des Statistikers natürlich stets auf. Sie sind aber relativ, d.h. verglichen mit den Gesamtzahlen, um so kleiner, je größer die Anzahl der beteiligten Personen ist. Denn eine um so größere Wahrscheinlichkeit besteht dafür, daß sie einander ausgleichen.

Da es sich bei makroskopisch beobachtbaren Gasmengen stets um eine ungeheuer große Zahl von Molekülen handelt — z.B. bei 1 cm³ der atmosphärischen Luft um rund das 10^{10}-fache der Bevölkerungszahl der Erde — zudem bei einem einheitlichen Gase um lauter völlig gleiche Individuen, so ist die Vorbedingung für die Anwendung der statistischen Betrachtungsweise hier in idealer Weise gegeben (MAXWELL, BOLTZMANN[1]). In der Tat führen die auf die Wahrscheinlichkeitsrechnung und auf Mittelwertbildungen gegründeten Methoden der Statistik, angewandt auf die Gase, zu Aussagen über ihr makroskopisches Verhalten, die ihrem wirklichen Verhalten vollkommen entsprechen, also den Charakter *streng gültiger Gesetze* haben und sich in ihrer Gültigkeit in nichts von kausal begründeten Gesetzen unterscheiden. Der *strenge Determinismus* einerseits (§ 4), das Walten einer *absoluten Zufälligkeit*, der Zustand *idealer Unordnung* andererseits bilden die beiden Grenzfälle, bei denen die Aufstellung streng gültiger makroskopischer Gesetze allein möglich ist.

Die statistische Betrachtungsweise *(statistische Mechanik)* ist also insbesondere dadurch gekennzeichnet, daß sie sich nur mit *Mittelwerten der mikroskopischen Zustandsgrößen* der Moleküle beschäftigt (§ 63). Dabei handelt es sich entweder um den Mittelwert für ein bestimmtes Molekül, genommen über eine längere Zeit *(zeitliches Mittel)*, oder um den Mittelwert der gleichzeitigen Zustände aller vorhandenen Moleküle *(räumliches Mittel)*.

Die Gesetze, die man auf diese Weise ableiten kann, haben eine besonders einfache Gestalt, wenn man die Moleküle als Massenpunkte betrachtet und die Tatsache vernachlässigt, daß zwischen ihnen anziehende Kräfte, die *van der Waalsschen Kräfte* (§ 62), wirksam sind. Bei vielen Gasen in ihrem gewöhnlichen Zustand, z.B. den Edelgasen, der Luft, den elementaren Gasen Wasserstoff, Sauerstoff, Stickstoff usw., ist das tatsächlich sehr weitgehend zulässig. Ein Gas, bei dem diese Voraussetzungen streng erfüllt wären, nennt man ein *ideales Gas*. Für ein solches liefert die *kinetische Gastheorie* die folgenden grundlegenden Gesetze:

1. Der räumliche und der zeitliche Mittelwert der kinetischen Energie $\mu\overline{v^2}/2$ der Moleküle eines Gases von einheitlicher Temperatur sind gleich groß, d.h. sämtliche Moleküle haben in jedem Augenblick durchschnittlich die gleiche kinetische Energie, wie sie ein einzelnes Molekül im Durchschnitt während einer längeren Zeit hat. Dieser Mittelwert ist für alle idealen Gase bei gleicher Temperatur der gleiche und vom Druck unabhängig. Die Schreibweise $\overline{v^2}$ bedeutet, daß es sich um das *mittlere Geschwindigkeitsquadrat*, den Mittelwert der Einzelbeträge v^2, handelt. Unter μ verstehen wir künftig stets die Masse einzelner molekularer oder atomarer Gebilde, im Gegensatz zur Masse m eines wägbaren Körpers. Haben die Moleküle zweier verschiedener Gase die Massen μ_1 und μ_2, so ist demnach $\overline{v_1^2}:\overline{v_2^2}=\mu_2:\mu_1$. Je kleiner die Masse der Moleküle eines Gases ist, um so größer

---

[1] LUDWIG EDUARD BOLTZMANN, 1844—1906.

ist bei gegebener Temperatur ihr mittleres Geschwindigkeitsquadrat und damit ihre mittlere Geschwindigkeit.

2. Die Geschwindigkeiten der Moleküle sind bei stationärem Zustand in einem als Ganzes ruhenden Gase über alle räumlichen Richtungen gleichmäßig verteilt; es ist keine Richtung vor der anderen bevorzugt.

3. Infolge ihrer völlig zufälligen Bewegungen füllen die Gasmoleküle, sofern sie keinen äußeren Einwirkungen, etwa der Schwerkraft, unterliegen, den ihnen dargebotenen Raum im Durchschnitt gleichmäßig aus, so daß sich in gleichen Raumteilen gleich viele Moleküle befinden. Man vergleiche hiermit die allmähliche Verteilung einer größeren Menschenmenge, die sich anfänglich in einer Ecke eines großen Raumes befindet, über den ganzen Raum, sobald sie beginnt, sich ganz zwanglos in ihm zu bewegen, und sofern kein Grund vorliegt, eine bestimmte Gegend im Raum zu bevorzugen.

4. Die durchschnittliche kinetische Energie der Moleküle hängt nur von der Temperatur, nicht vom Druck ab (§ 104).

5. Es sei N die Anzahl der Moleküle, V das Volumen einer Gasmenge. Dann heißt $N_s = N/V$ die *spezifische Molekülanzahl* oder die *Moleküldichte* der Gasmenge. Ihr Zahlenwert ist gleich der Anzahl der Moleküle in der Volumeinheit, ihre übliche Einheit 1 cm^{-3}. Nach dem *Gesetz von* Avogadro (1811) *ist die spezifische Molekülzahl aller idealen Gase bei gleichem Druck und gleicher Temperatur gleich groß* (Beweis § 68). Im *Normzustand* beträgt sie $N_{s,n} = 2{,}687 \cdot 10^{19}$ cm^{-3} (heute *Loschmidt[1]-Konstante* genannt). Unter dem *Normzustand* versteht man eine Temperatur von 0 °C und einen Druck von 760 Torr. Es ist üblich, die Konstanten der Gase in Tabellen auf den Normzustand zu beziehen.

Ist μ die Masse eines Moleküls, so ist die Dichte des Gases

$$\varrho = N_s \mu. \tag{65.1}$$

Demnach gilt für *verschiedene* ideale Gase unter *gleichen* Bedingungen (gleiches N_s)

$$\frac{\varrho}{\mu} = N_s = const, \tag{65.2}$$

d.h. die Dichten der idealen Gase verhalten sich bei gleichem Druck und gleicher Temperatur wie die Massen ihrer Moleküle.

Nach (53.1) ist die Masse eines Gases von der Dichte ϱ und dem Volumen V gleich $m = \varrho V$. Dividieren wir sie durch die Stoffmenge n des Gases, so ist nach (63.2) und (64.3) $m/n = M_m = \varrho V/n = \varrho V_m$, wo M_m die molare Masse, V_m das molare Volumen der Gasart ist. Mit (65.1) folgt $M_m = N_s \mu V_m$ und schließlich mit (64.4) $V_m = N_A/N_s$. Da die Avogadro-Konstante N_A eine universelle Konstante und N_s für alle idealen Gase bei gleichem Druck und gleicher Temperatur gleich groß ist, so gilt auch: *Das molare Volumen aller idealen Gase ist bei gleichem Druck und gleichem Volumen gleich groß.* Im Normzustand beträgt es $V_{m,n} = 22\,414$ cm^3 mol^{-1} *(molares Normvolumen)*.

Wir werden gemäß § 63 mehrfach in die Lage kommen, räumliche und zeitliche Mittelwerte zu bilden. In einem Volumen seien N Moleküle enthalten, von denen N_1 eine Eigenschaft ψ im Betrage ψ_1, N_2 im Betrage ψ_2, allgemein N_i im Betrage ψ_i haben. Dann ist der räumliche Mittelwert $\overline{\psi}$ von ψ derjenige Betrag dieser Eigenschaft, der sämtlichen N Molekülen gleichmäßig zukommen müßte, damit sie insgesamt in dem Volumen in dem gleichen Betrage vorhanden wäre, wie sie es tatsächlich ist. Es muß daher $N\overline{\psi} = \sum N_i \psi_i$ sein oder

$$\overline{\psi} = \frac{1}{N} \sum N_i \psi_i. \tag{65.3}$$

---

[1] Josef Loschmidt, 1821—1895.

Handelt es sich um eine sehr große Anzahl von Molekülen, über die die einzelnen Beträge von ψ praktisch stetig verteilt sind, so teilen wir die möglichen Beträge von ψ in beliebig kleine Bereiche $d\psi$ ein. Ist dN die Anzahl der Moleküle, die die Eigenschaft ψ in einem zwischen ψ und $\psi+d\psi$ liegenden Betrage haben, so ergibt sich, indem wir die Summe in (65.3) durch ein Integral ersetzen, der räumliche Mittelwert von ψ zu

$$\bar{\psi} = \frac{1}{N} \int\limits_0^N \psi \, dN . \tag{65.4}$$

Hat ein einzelnes Molekül eine Eigenschaft ψ während einer Zeit t_1 im Betrage ψ_1, während einer Zeit t_2 im Betrage ψ_2, allgemein während einer Zeit t_i im Betrage ψ_i, so ist der zeitliche Mittelwert $\bar{\psi}$ von ψ derjenige Betrag, den man der Eigenschaft ψ während der ganzen Zeit $t = \sum t_i$ zuschreiben müßte, damit das Produkt $t\bar{\psi}$ gleich der Summe der Produkte $t_i\psi_i$ ist. Es ist also

$$\bar{\psi} = \frac{1}{t} \sum t_i \psi_i . \tag{65.5}$$

Ändert sich aber die Eigenschaft ψ nicht sprunghaft, sondern stetig, so müssen wir zur Grenze $t_i \to 0$ übergehen, also die Summe durch ein Integral über die Zeit t ersetzen, und erhalten dann statt (65.5)

$$\bar{\psi} = \frac{1}{t} \int\limits_0^t \psi \, dt \tag{65.6}$$

als zeitlichen Mittelwert der Größe ψ.

Nicht nur für die kinetische Energie, sondern für alle molekularen Zustandsgrößen gilt, daß ihr räumlicher Mittelwert gleich ihrem zeitlichen Mittelwert ist. Das entspricht der einleuchtenden Tatsache, daß sich in den gleichzeitigen Zuständen aller in einem Raum vorhandenen Moleküle stets mit äußerst großer Genauigkeit sämtliche Zustände vorfinden, die ein einzelnes Molekül im Laufe einer längeren Zeit durchläuft, und zwar mit einer ihrer Dauer proportionalen Häufigkeit. So ist ja auch eine große Anzahl von Menschen aller Altersklassen ein im Durchschnitt getreues Abbild der Entwicklungsphasen, die ein einzelner Mensch im Laufe seines Lebens durchläuft.

66. Das Maxwellsche Verteilungsgesetz. In einem auf konstanter Temperatur gehaltenen Gase ist, wie schon gesagt, sowohl der räumliche als auch der zeitliche Mittelwert der kinetischen Molekularenergie $\mu \overline{v^2}/2$ konstant. Zwar wechselt der Bewegungszustand jedes einzelnen Moleküls bei jedem Zusammenstoß in völlig zufälliger Weise. Die Gesamtenergie des Gases aber ändert sich nicht. Haben in einem bestimmten Augenblick von den Molekülen des Gases N_1 die Geschwindigkeit v_1, N_2 die Geschwindigkeit v_2, allgemein N_i die Geschwindigkeit v_i, und ist $N = \sum N_i$ die gesamte Molekülanzahl, so ist die mittlere kinetische Energie der Moleküle durch die Gleichung $N\mu \overline{v^2}/2 = \sum (N_i \mu v_i^2/2)$ gegeben (§ 65). Der Mittelwert $\overline{v^2}$, das *mittlere Geschwindigkeitsquadrat*, spielt in der Gastheorie eine sehr wichtige Rolle. Betrachten wir nun das Gas in einem späteren Augenblick, so werden zwar die einzelnen Moleküle ihren Bewegungszustand sämtlich geändert haben. Es werden aber jeweils wieder gleich viele Moleküle N_i die Geschwindigkeit v_i haben, da ja der Zustand des Gases als Ganzes, d.h. ohne Rücksicht auf die Individualität der einzelnen Moleküle, sich nicht geändert hat. Da die möglichen Geschwindigkeiten der Moleküle eine stetige Folge bilden, so teilen wir sie in beliebig kleine Geschwindigkeitsbereiche dv ein und fragen nach der Anzahl dN_v der Moleküle, deren Geschwindigkeit zwischen den Beträgen v und $v+dv$ liegt. Sie ist um so größer, je häufiger sich infolge eines Zusammenstoßes gerade eine solche Geschwindigkeit ergibt, je *wahrscheinlicher* also eine solche Geschwindigkeit ist. Diese Wahrscheinlichkeit ist von MAXWELL berechnet worden. Man kann schon von vornherein sagen, daß sehr große und sehr kleine, also vom Mittelwert sehr stark abweichende Geschwindigkeiten sehr selten vorkommen werden und daß die Verteilung ein Maximum in der Gegend dieses Mittelwertes haben muß. Wir wollen die diesem Maximum entsprechende, also die *wahrscheinlichste Geschwindigkeit* mit v_0 bezeichnen. Dann lautet das *Maxwellsche Verteilungsgesetz*

$$\frac{dN_v}{N} = \frac{4}{\sqrt{\pi}} \frac{v^2}{v_0^2} e^{-v^2/v_0^2} d\left(\frac{v}{v_0}\right). \qquad (66.1)$$

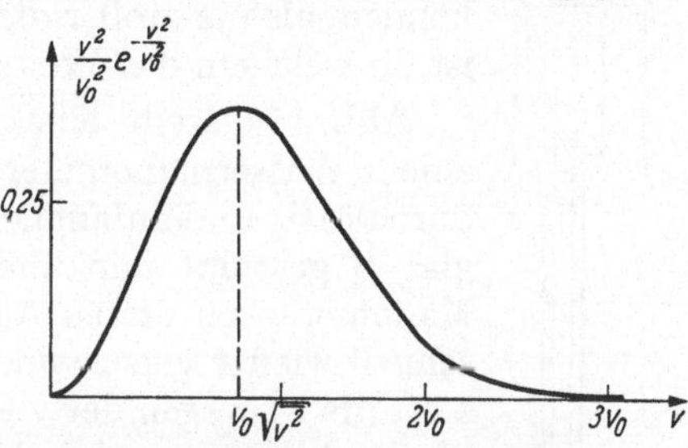

Abb. 153. **Maxwellsches Verteilungsgesetz**

Das Gesetz enthält die Masse μ der Moleküle nicht, ist also von der Art des Gases unabhängig und demnach für alle idealen Gase in gleicher Form gültig. In Abb. 153 ist die Abhängigkeit der zu dN_v/N, also zur relativen Häufigkeit der Geschwindigkeiten v proportionalen Funktion $v^2/v_0^2 \cdot e^{-v^2/v_0^2}$ von v dargestellt. Die Kurve ist nicht symmetrisch zum Maximum. Die Anzahl der Moleküle, die eine größere Geschwindigkeit als v_0 haben, ist größer als die der Moleküle mit kleinerer Geschwindigkeit. Demnach ist der Mittelwert der Geschwindigkeitsbeträge v, die *mittlere Geschwindigkeit* $\bar{v}$, nicht identisch mit der wahrscheinlichsten Geschwindigkeit. Sie kann nach (65.4) aus (66.1) berechnet werden. Es ergibt sich

$$\bar{v} = \frac{1}{N} \int\limits_{v=0}^{v=\infty} v\, dN_v = \frac{2}{\sqrt{\pi}} v_0 = 1{,}128\, v_0. \qquad (66.2)$$

Entsprechend ergibt sich das *mittlere Geschwindigkeitsquadrat* zu

$$\overline{v^2} = \frac{1}{N} \int\limits_{v=0}^{v=\infty} v^2\, dN_v = \frac{3}{2} v_0^2 \qquad (66.3)$$

und daraus die *Wurzel aus dem mittleren Geschwindigkeitsquadrat* zu $\sqrt{\overline{v^2}} = 1{,}224\, v_0$. Es ist also

$$\overline{v^2} = \frac{3\,\pi}{8} \bar{v}^2 = \frac{3}{2} v_0^2. \qquad (66.4)$$

Es sei noch einmal betont, daß zwischen der mittleren und der wahrscheinlichsten Geschwindigkeit und der Wurzel aus dem mittleren Geschwindigkeitsquadrat streng unterschieden werden muß. In vielen Fällen ist es zulässig, so zu rechnen, als komme allen Molekülen die gleiche Geschwindigkeit zu. In diesen Fällen handelt es sich fast stets um die Wurzel aus dem mittleren Geschwindigkeitsquadrat.

67. Diffusion. Eine unmittelbare Folge der Molekularbewegung ist die Diffusion, der Ausgleich von Dichteunterschieden infolge des ganz zufälligen Charakters dieser Bewegung. Man pflegt die freie Diffusion und die Diffusion durch poröse Wände zu unterscheiden. Doch besteht zwischen ihnen kein grundsätzlicher Unterschied. Die Diffusion ist nichts weiter als eine Folge des Bestrebens der Moleküle, sich über den ganzen verfügbaren Raum gleichmäßig zu verteilen.

Ist dieser Raum in zwei Bereiche durch eine Wand geteilt, durch die die Moleküle hindurchtreten können, so erfolgt eine Diffusion auch durch sie hindurch.

Befindet sich innerhalb eines Gases, z.B. in der Luft, an irgendeiner Stelle ein fremdes Gas, so breitet es sich allmählich im Raume aus, indem es ihn gleichmäßig zu erfüllen, sich also mit jenem Gas gleichmäßig zu vermischen strebt. Besonders deutlich ist diese Diffusion bei stark riechenden Stoffen, wie Tabaksqualm, und vor allem bei vielen Duftstoffen, von denen schon eine äußerst geringe Menge genügt, um ihre Anwesenheit bemerkbar zu machen. Die Diffusion erfolgt natürlich um so schneller, je größer die Molekulargeschwindigkeit des diffundierenden Gases ist und je ungestörter sich die Moleküle bewegen können, also je größer die mittlere freie Weglänge (§ 70) in dem Gase ist, in welchem das Fremdgas diffundiert.

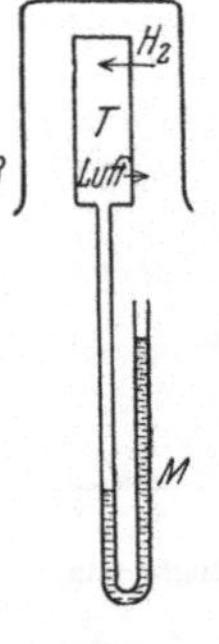

Abb. 154.
Diffusion
eines Gases

Abb. 154 stellt einen unglasierten Tonzylinder T dar, der mit einem Wassermanometer verbunden ist. Der Zylinder ist für Gase durchlässig und anfänglich mit Luft gefüllt. Wird über ihn ein Becherglas B gestülpt und unter dieses Wasserstoff geleitet, so zeigt das Manometer im ersten Augenblick einen starken Überdruck an, der schnell wieder verschwindet. Die Molekulargeschwindigkeit des Wasserstoffs ist wegen der viel kleineren Masse seiner Moleküle viel größer als die der Luft, und deshalb diffundiert der Wasserstoff viel schneller in den Zylinder hinein als die Luft aus ihm heraus. Erst allmählich folgt die Luft, und es stellt sich dann ein Zustand ein, bei dem Luft und Wasserstoff innen und außen in gleichem Verhältnis gemischt sind und innen und außen der gleiche Druck herrscht. Entfernt man das Becherglas wieder, so zeigt das Manometer im ersten Augenblick einen starken Unterdruck im Zylinder an, weil der Wasserstoff viel schneller aus ihm heraus diffundiert, als die Luft in ihn hinein. Nach kurzer Zeit stellt sich die Druckgleichheit wieder her.

Auch in Flüssigkeiten finden Diffusionsvorgänge überall statt, wo Konzentrationsunterschiede vorhanden sind. Bringt man zwei mischbare Flüssigkeiten, z.B. Wasser und Alkohol, zunächst ungemischt in ein Gefäß, so bildet sich allmählich durch freie Diffusion eine homogene Mischung — von gewissen durch die verschiedene Dichte der Flüssigkeiten bedingten Einflüssen abgesehen. Natürlich erfolgt die Diffusion sehr viel langsamer als in einem Gase, weil die freie Weglänge in der Flüssigkeit viel kleiner ist. Die Moleküle (bzw. Ionen) gelöster Stoffe und kleine schwebende Teilchen diffundieren in einer Flüssigkeit wie ein Gas in einem andern, äußerst dichten Gase und suchen den ganzen verfügbaren Raum, in diesem Falle das ganze Volumen der Flüssigkeit, gleichmäßig zu erfüllen. Überschichtet man eine Kupfersulfatlösung vorsichtig mit reinem Wasser, so erhält man anfänglich eine ganz scharfe Trennungsfläche. Im Laufe der Zeit wird diese allmählich verwaschen, das Kupfersulfat breitet sich durch Diffusion nach oben hin aus. Nach Ablauf einiger Monate ist das Gefäß mit gleichmäßig blau gefärbter Flüssigkeit erfüllt.

68. Der Druck der Gase. Die Druckkraft, die ein Gas auf eine begrenzende Wand ausübt, beruht auf den Stößen der Gasmoleküle gegen sie, ist also nur makroskopisch eine statische, in Wirklichkeit eine dynamische Größe. Man kann sie mit der Druckkraft vergleichen, die auftritt, wenn viele Menschen mit ihren Fäusten sehr schnell gegen eine Wand trommeln, oder mit der Druckkraft, die fallende Regentropfen ausüben. Die Moleküle werden an der Wand reflektiert. Dieser Vorgang hat im allgemeinen nicht den Charakter eines elastischen Zusammenstoßes eines sehr kleinen Körpers mit einer ebenen Wand von sehr viel größerer

Masse. Denn erstens ist eine im makroskopischen Sinne ebene Wand im molekularen Sinne stets uneben. Zweitens erfährt im Einzelfall ein Molekül bei der Reflexion in der Regel eine Änderung des Betrages seiner Geschwindigkeit, es gewinnt oder verliert kinetische Energie. Hier erlaubt nun das Ersatzprinzip (§ 65) eine sehr vereinfachte Betrachtungsweise. Bei der großen Anzahl der Moleküle wird es zu einem Molekül, das mit einer bestimmten Geschwindigkeit und in einer bestimmten Richtung gegen die Wand stößt, stets einen Partner geben, der die Wand im gleichen Augenblick verläßt und dessen Geschwindigkeit nach dem Stoß von gleichem Betrage ist wie diejenige des ersten Moleküls vor dem Stoß und mit dem an der Stoßstelle errichteten Lot (Einfallslot) den gleichen Winkel α bildet wie die Geschwindigkeit des ersten Moleküls vor dem Stoß. Indem wir das Ersatzprinzip paarweise auf die einzelnen Moleküle anwenden, können wir so rechnen, als ob jedes einzelne Molekül ohne Energieverlust an der Wand reflektiert würde, und zwar unter dem gleichen Winkel gegen das Einfallslot, unter dem es auf die Wand traf (reguläre Reflexion, Abb. 155).

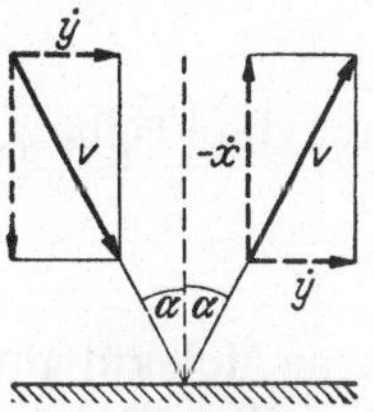

Die Geschwindigkeit eines Moleküls betrage v. Die Wand liege senkrecht zur x-Richtung, so daß die zur Wand senkrechte Ge

Abb. 155. Reguläre Reflexion eines Gasmoleküls

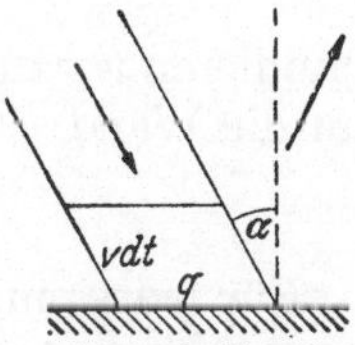

Abb. 156. Zur Ableitung des Gasdrucks

schwindigkeitskomponente des Moleküls $v_x = \dot{x} = v\cos\alpha$ beträgt, wenn α der Einfallswinkel des Moleküls ist. Die zur Wand senkrechte Impulskomponente des Moleküls beträgt dann vor dem Stoß $\mu\dot{x}$, nach dem Stoß $-\mu\dot{x}$. Sie erfährt also infolge des Stoßes eine Änderung um den Betrag $2\mu\dot{x}$. Die zur Wand parallele Impulskomponente hingegen bleibt unverändert.

Wir betrachten ein ebenes Wandstück von der Fläche q (Abb. 156). Auf dieses treffen Moleküle aus allen möglichen Richtungen und mit allen möglichen Geschwindigkeiten. Wir greifen von diesen diejenigen heraus, die eine bestimmte Geschwindigkeit v haben und unter einen bestimmten Einfallswinkel α auf die Wand fallen. Diese Moleküle bewegen sich also innerhalb eines schrägen Zylinders auf die Wand hin. Wir fragen nach der Impulsänderung, die sich an diesen Molekülen innerhalb einer Zeit dt an der Wand vollzieht. Da die Moleküle in der Zeit dt die Strecke $v\,dt$ zurücklegen, so gelangen in dieser Zeit so viele Moleküle an die Wand, wie sich in dem Raum vom Querschnitt q und der Höhe $v\,dt\cos\alpha = \dot{x}\,dt$ befinden. Das Volumen dieses Raumes beträgt also $\dot{x}\,q\,dt$. Dabei ist zu beachten, daß das gleiche $\dot{x} = v\cos\alpha$ auf die verschiedenste Weise durch Wertepaare v, α verwirklicht werden kann. Die spezifische Molekülanzahl (§ 65) des Gasanteils, dessen Moleküle die Geschwindigkeitskomponente $\dot{x}$ haben, sei $N_{\dot{x}}$. Dann wird die Wand in der Zeit dt von $N_{\dot{x}}\,\dot{x}\,q\,dt$ solchen Molekülen erreicht, und da jedes Molekül eine Impulsänderung $2\mu\dot{x}$ erfährt, so beträgt die gesamte Impulsänderung in der Zeit dt, die wir hier — zur Vermeidung einer Verwechslung mit dem Druck p — mit dG_x bezeichnen wollen, $dG_x = N_{\dot{x}}\,\dot{x}\,q\,dt\,2\mu\dot{x} = 2N_{\dot{x}}\,\mu\dot{x}^2\,q\,dt$. Die Ursache dieser Impulsänderung ist eine von der Wand auf die Moleküle ausgeübte Zwangskraft. Wegen der sehr großen Molekülanzahl können wir die Impulsänderungen wie einen stetig verlaufenden Vorgang betrachten und daher die von der Wand ausgehende Kraft — um deren zeitlichen Mittelwert es sich, molekular betrachtet, handelt — als zeitlich konstant ansehen. Nach (11.4) ist die von den Molekülen auf die Wand ausgeübte Druckkraft von gleichem Betrage, wie die Kraft, die die Wand auf die Moleküle ausübt. Nach (18.1) beträgt diese Kraft $F_{\dot{x}} = dG_x/dt$, und wir erhalten daher

$$F_{\dot{x}} = 2N_{\dot{x}}\,\mu\,\dot{x}^2\,q\,.$$

Die gesamte auf die Wand ausgeübte Druckkraft F erhalten wir, indem wir über alle in Betracht kommenden Moleküle summieren,

$$F = 2\mu q \sum N_{\dot{x}} \dot{x}^2. \tag{68.1}$$

Wegen der gleichmäßigen Verteilung der Geschwindigkeiten der Moleküle über alle Richtungen bewegt sich nur die Hälfte aller Moleküle auf die betrachtete Wand hin. Ist also N_s die spezifische Molekülanzahl des Gases als Ganzes, so dürfen wir in unserm Fall nur mit der Hälfte, also mit $N_s/2$ rechnen. Ist $\overline{\dot{x}^2}$ der über sämtliche Moleküle genommene Mittelwert von $\dot{x}^2$, so ist nach (65.3) $\dfrac{N_s}{2}\overline{\dot{x}^2} = \sum N_{\dot{x}}\dot{x}^2$. Mithin folgt aus (68.1)

$$F = N_s \mu \overline{\dot{x}^2} q. \tag{68.2}$$

Dividieren wir durch die Fläche q, so erhalten wir für den Druck $p = F/q$ des Gases auf die Wand

$$p = N_s \mu \overline{\dot{x}^2}. \tag{68.3}$$

Für jedes einzelne Molekül gilt $v^2 = \dot{x}^2 + \dot{y}^2 + \dot{z}^2$. Demnach ist auch der Mittelwert von v^2, das mittlere Geschwindigkeitsquadrat, gleich $\overline{v^2} = \overline{\dot{x}^2} + \overline{\dot{y}^2} + \overline{\dot{z}^2}$. Da nun alle Richtungen gleichberechtigt sind, so ist $\overline{\dot{x}^2} = \overline{\dot{y}^2} = \overline{\dot{z}^2} = \overline{v^2}/3$, und wir erhalten schließlich

$$p = \tfrac{1}{3} N_s \mu \overline{v^2}. \tag{68.4}$$

Diese wichtige Gleichung wurde bereits schon von JOHANN BERNOULLI abgeleitet. Nach (65.1) ist $N_s\mu = \varrho$ die Dichte des Gases. Daher können wir auch schreiben

$$p = \tfrac{1}{3} \varrho \overline{v^2}. \tag{68.5}$$

Hieraus ergibt sich die bemerkenswerte Möglichkeit, die molekulare Größe $\overline{v^2}$ aus den makroskopischen Größen p und ϱ zu berechnen. Zum Beispiel ist für Luft im Normzustand $p = 1{,}0133 \cdot 10^6$ dyn cm^{-2} und $\varrho = 1{,}293 \cdot 10^{-3}$ g cm^{-3}. Es folgt $\sqrt{\overline{v^2}} = 4{,}84 \cdot 10^4$ cm s$^{-1} = 484$ m s^{-1}. Für Wasserstoff ergibt sich 1837 m s^{-1}. Aus $\overline{v^2}$ kann dann nach (66.4) auch die mittlere Geschwindigkeit $\bar{v}$ und die wahrscheinlichste Geschwindigkeit v_0 berechnet werden. Unsere vorstehenden Ausführungen sind ein typisches Beispiel für das Verfahren der Molekularmechanik (§ 63), nämlich für die Deutung makroskopischer Größen (hier des Drucks) aufgrund molekularphysikalischer Überlegungen.

Besteht ein Gas aus einer Mischung mehrerer idealer Gase, so übt jedes von ihnen für sich den gleichen Druck aus, den es ausüben würde, wenn es allein anwesend wäre. Der Gesamtdruck ist also gleich der Summe der *Partialdrucke* der einzelnen Bestandteile,

$$p = p_1 + p_2 + \cdots \tag{68.6}$$

(*Daltonsches Gesetz*[1]).

Da die mittlere kinetische Energie der einzelnen Moleküle gleich $\mu\overline{v^2}/2$ ist, so enthält ein Gasvolumen V, in dem sich N Moleküle befinden, die kinetische Energie $N\mu\overline{v^2}/2$. Dividieren wir durch V und beachten wir, daß nach (65.5) $N/V = N_s$ ist, so ist $N_s\mu\overline{v^2}/2 = u$ die *kinetische Energiedichte* des Gases. Aus (68.4) folgt dann

$$p = \tfrac{2}{3} u. \tag{68.7}$$

---

[1] JOHN DALTON, 1766—1844, Begründer der chemischen Atomistik.

Der Druck im Innern eines Gases ist also ein Maß für dessen kinetische Energiedichte.

Wir denken uns innerhalb eines Gases einen Querschnitt $A\,B$ (Abb. 157). Durch diesen treten ständig Moleküle von beiden Seiten hindurch. Nach dem Ersatzprinzip gibt es nun zu jedem Molekül, das von der einen Seite her durch den Querschnitt tritt, einen Partner, der gleichzeitig von der anderen Seite her durch ihn hindurchtritt, und zwar so, als werde das erste Molekül an der Fläche $A\,B$ reflektiert. Lassen wir demgemäß je zwei Moleküle an der Fläche $A\,B$ ihre Rollen tauschen und denken uns, daß die Moleküle wirklich so reflektiert werden, so würde auf beide Seiten der Fläche ein Druck gemäß (68.5) wirken. Diesen Druck bezeichnet man als den *Druck im Innern des Gases* (vgl. § 58). Bei einem idealen Gase ist er gleich dem Druck, den eine an den Ort des gedachten Querschnitts gebrachte feste Fläche erfahren würde. Bei den wirklichen Gasen aber ist der molekulare Zustand des Gases in der nächsten Nähe einer Begrenzung ein wenig anders als im freien Gasraum, und daher ist auch der wie vorstehend definierte Druck im Innern des Gases ein wenig verschieden von dem unmittelbar meßbaren Druck p an der Begrenzung. Man muß daher zwischen ihnen grundsätzlich unterscheiden. Bei den wirklichen Gasen gelten (68.4) und (68.7) streng nur für den Druck im Innern (§ 107).

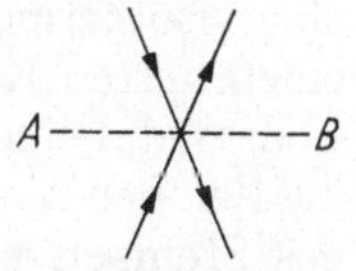

Abb. 157. Zum Druck im Innern eines Gases

Da die mittlere kinetische Energie $\mu\overline{v^2}/2$ der Gasmoleküle durch die Temperatur des Gases bestimmt wird (§ 65), so kann (68.4) auch in folgender Form ausgesprochen werden. *Bei gegebener Temperatur ist der Druck aller idealen Gase, die in der Volumeinheit gleich viele Moleküle enthalten, gleich groß.* Das ist aber nur eine andere Fassung des *Avogadroschen Gesetzes* (§ 65), das also hiermit bewiesen ist und dessen eigentliche Bedeutung erst durch diese Fassung klar wird.

69. Isotherme Zustandsänderungen von Gasen. Führt man in (68.5) das spezifische Volumen $V_s = 1/\varrho$ ein, so ergibt sich

$$p\,V_s = \tfrac{1}{3}\overline{v^2}. \tag{69.1}$$

Wird bei Zustandsänderungen des Gases seine Temperatur, also auch $\overline{v^2}$, konstant gehalten, handelt es sich also um *isotherme Zustandsänderungen*, so folgt

$$p\,V_s = const. \tag{69.2}$$

Ist m die Masse einer Gasmenge vom Volumen V, also $V = m\,V_s$, so folgt aus (69.1) und (69.2) das allgemeinere Gesetz $p\,V = m\,\overline{v^2}/3$ oder

$$p\,V = const. \tag{69.3}$$

(69.2) und (69.3) sind verschiedene Formen der *isothermen Zustandsgleichung* der idealen Gase. Sie wird meist Boyle[1] (1660) und Mariotte[2] (1676) zugeschrieben, wurde aber schon früher von Townley[3] empirisch erkannt.

Ein ideales Gas sei in ein zylindrisches Gefäß vom Querschnitt q eingeschlossen, dessen eine Endfläche durch einen beweglichen, dicht schließenden Stempel gebildet wird. Auf den Stempel wirke eine Kraft vom Betrage F, die im Gase einen Druck $p = F/q$ aufrechterhält. Wir wollen mit diesem Gase eine isotherme Kompression vornehmen. Zu diesem Zweck lassen wir auf den Stempel eine zusätzliche, der Kraft F gleichgerichtete Kraft dF wirken, so daß $dp = dF/q$ ist,

---

[1] Robert Boyle, 1627—1691.   [2] Edmé Mariotte, 1620—1684.
[3] Richard Townley, 2. Hälfte des 17. Jahrhunderts.

und sorgen für Konstanthaltung der Temperatur. Es stellt sich dann bei verändertem Druck und Volumen ein neues Gleichgewicht ein. Nach (69.3) ist $p\,dV + V\,dp = 0$, also $dp = -p\,dV/V$. Es folgt

$$-\frac{dV}{V} = \frac{dp}{p} = \frac{dF}{qp}. \tag{69.4}$$

Die linke Seite dieser Gleichung bedeutet die bei der Druckänderung dp eingetretene relative Volumänderung, genau wie in (55.1). Auf der rechten Seite steht aber dF an Stelle von F und p an Stelle des Kompressionsmoduls M. Die zusätzliche Kraft dF entspricht aber auch wirklich der dortigen Druckkraft F, während wir hier mit F die Kraft bezeichnet haben, die überhaupt erst einmal den Zusammenhalt des Gases sichert, was bei einem festen Körper die inneren molekularen Kräfte von selbst besorgen. Auch in unserem Fall handelt es sich um eine *allseitige* Kompression, da ja der Druck des Gases, also auch der Druck der Wandung auf das Gas, immer überall gleich groß ist. Demnach spielt bei einer isothermen Volumänderung eines Gases der Druck p die Rolle, die bei einem festen Körper der *Kompressionsmodul M* spielt. Der isotherme Kompressionsmodul eines Gases ist identisch mit seinem Druck (vgl. hierzu § 113).

Bei der Volumänderung dV leistet die Kraft F infolge der Verschiebung des Stempels um die Strecke dx *äußere Arbeit an* dem Gase im Betrage $dW = F\,dx = pq\,dx$ oder, da $q\,dx = dV$,

$$dW = p\,dV. \tag{69.5}$$

Die gleiche Arbeit wird *vom* Gase geleistet, wenn das Volumen des Gases um dV *gegen* eine Kraft F vergrößert wird. (69.5) gilt allgemein, auch für nicht isotherme Volumänderungen und nicht ideale Gase und überhaupt für jeden beliebigen Körper, da es unmittelbar aus der Definition der Arbeit folgt.

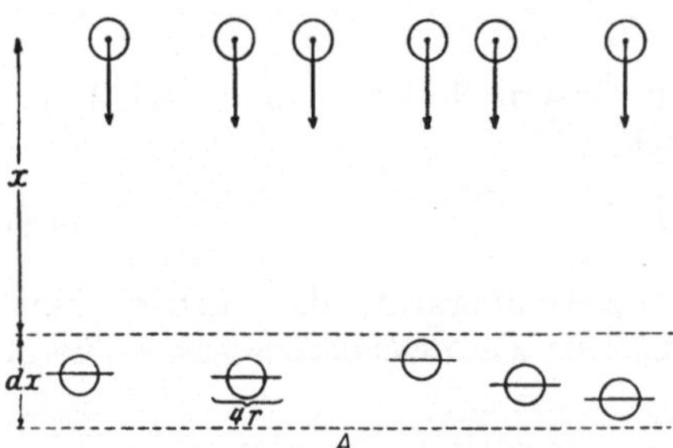

Abb. 158. Zur Berechnung der freien Weglänge

70. Freie Weglänge. Stoßquerschnitt. Stoßzahl. Die Moleküle der nicht idealen Gase, also aller wirklichen Gase, haben ein endliches Volumen und erleiden Zusammenstöße untereinander. Wir wollen sie als Kugeln vom Radius r annehmen. Wir betrachten eine Schar von sehr vielen Gasmolekülen, die sich in der gleichen Richtung bewegen (Abb. 158). Zur Zeit $t = 0$ sei ihr Ort auf der in ihrer Bewegungsrichtung liegenden Koordinate $x = 0$, ihre Anzahl z_0. In jeder von der Schar durchlaufenen Gasschicht wird eine Anzahl dz der Moleküle einen Zusammenstoß erleiden und dadurch aus der Schar ausscheiden. Die Anzahl der Moleküle in der Schar nimmt ständig ab. Sie betrage in der Entfernung x vom Ursprung noch z. Der Querschnitt der Schar sei A, also $A\,dx$ das Volumen einer von ihr durchlaufenen Gasschicht von der Dicke dx. Ist N_s die spezifische Molekülanzahl (§ 65) des Gases, so enthält die Schicht $N_s A\,dx$ Moleküle. Diese wollen wir uns zunächst als ruhend denken. An der Anzahl der Zusammenstöße in der Schicht ändert es aber nichts, wenn wir uns die Moleküle der Schar punktförmig und die Moleküle der Schicht durch Kreisscheiben vom Radius $2r$ ersetzt denken, die zur Bewegungsrichtung der Schar senkrecht stehen. Die Schicht sei so dünn, daß diese Scheiben einander nicht überdecken. Sie stellen dann der Schar eine auffangende Fläche von der Größe $4\pi r^2 N_s A\,dx$ entgegen, so daß von den in die Schicht gelangenden Molekülen der Bruchteil $4\pi r^2 N_s A\,dx/A =$

$4\pi r^2 N_s\,dx$ in ihr abgefangen wird. Die relative Änderung der Molekülzahl der Schar in der Schicht beträgt also

$$\frac{dz}{z} = -4\pi N_s\, r^2\, dx\,.$$

Die Lösung dieser Gleichung lautet

$$\ln\frac{z}{z_0} = -4\pi N_s r^2 x \quad\text{oder}\quad z = z_0\, e^{-4\pi N_s r^2 x} = z_0\, e^{-x/\lambda}\,. \tag{70.1}$$

Dabei haben wir $4\pi N_s r^2 = 1/\lambda$ gesetzt. Nach (65.5) erhalten wir als Mittelwert der von den einzelnen Molekülen frei zurückgelegten Wege x

$$\bar{x} = \frac{1}{z_0}\int_0^{z_0} x\,dz\,.$$

Indem wir in diese Gleichung den aus (70.1) berechneten Wert von $x\,dz$ einsetzen und $x/\lambda = y$ setzen, ergibt sich durch Integration

$$\bar{x} = \lambda\int_0^{\infty} y\, e^{-y}\,dy = \lambda\,. \tag{70.2}$$

Man bezeichnet daher λ als die *mittlere freie Weglänge* oder kurz als *freie Weglänge* der Gasmoleküle. Wenn die Moleküle in den durchlaufenen Schichten nicht, wie angenommen, ruhen, sondern die gleiche (mittlere) Geschwindigkeit haben wie die stoßenden Moleküle, so ergibt sich für die freie Weglänge ein um den Faktor $^3/_4$ kleinerer Wert.

Wir haben die freie Weglänge als Mittelwert über eine größere Zahl von Molekülen, also als räumliches Mittel berechnet. Das zeitliche Mittel für ein einzelnes Molekül ist ebenso groß, und λ ist daher auch der Mittelwert der Wege, die ein einzelnes Molekül zwischen zwei Zusammenstößen frei zurücklegt.

Die mittlere freie Weglänge ist der spezifischen Molekülanzahl, also nach (65.1) der Dichte des Gases und bei kugelförmigen Molekülen ihrem Querschnitt πr^2 umgekehrt proportional. Bei anders gestalteten Molekülen tritt an die Stelle von πr^2 eine Größe, die man als den *Stoßquerschnitt* der Moleküle bezeichnet.

Die freie Weglänge kann z.B aus der inneren Reibung der Gase berechnet werden (§ 78). Sie ist bei den einzelnen Gasen verschieden groß. Bei einem Druck von 760 Torr ist sie von der Größenordnung 10^{-5} cm, bei 0,1 Torr etwa 0,1 mm, was man sich leicht merken kann. Der Stoßquerschnitt der Moleküle berechnet sich daraus in der Größenordnung 10^{-16} cm^2, ihr Radius in der Größenordnung 10^{-8} cm. Die Summe der Stoßquerschnitte der Moleküle in 1 cm^3 ist bei einem Druck von 760 Torr von der Größenordnung 1 bis 3 m^2.

Aus der freien Weglänge und der mittleren Molekulargeschwindigkeit $\bar{v}$ kann die durchschnittliche Zeit zwischen zwei Zusammenstößen, $\bar{t} = \lambda/\bar{v}$, berechnet werden. Ihr Kehrwert $1/\bar{t} = \bar{v}/\lambda$ ist die *Stoßzahl*, bezogen auf die Zeiteinheit. Sie ist im Normzustand von der Größenordnung 10^9 bis 10^{10} s^{-1}, also außerordentlich groß.

Man beachte folgende wichtige Tatsache. Wenn ein Molekül bereits eine gewisse Strecke frei durchlaufen hat, so ist die Wahrscheinlichkeit, daß es nunmehr auf einem bestimmten Stück seines weiteren Weges einen Zusammenstoß erleiden wird, um nichts größer, sondern genau so groß wie in jedem andern Punkt seines Weges. Die Tatsache, daß es bereits einen mehr oder weniger langen Weg frei durchlaufen hat, ist ohne jeden Einfluß auf sein weiteres Schicksal. Denn es handelt sich hier nicht um kausale Zusammenhänge, sondern um stati-

stische Beziehungen. Wir haben uns ja auch bei der obigen Ableitung gar nicht
darum gekümmert, ob die Moleküle unserer Schar, die wir am Orte $x=0$ zu betrachten begannen, dort bereits mehr oder weniger große Wege zurückgelegt
hatten. Man vergleiche hiermit folgendes. Wenn man gewohnt ist, einen bestimmten Menschen *rein zufällig* durchschnittlich etwa in bestimmten Zeitabständen zu
treffen, so berechtigt die Tatsache, daß man ihn *zufällig* einmal ungewöhnlich
lange nicht getroffen hat, in keiner Weise zu der Erwartung, daß man ihn *deswegen* nun unbedingt bald treffen müsse. Diese allgemeine Tatsache wird oft
übersehen. Auf ihrer Verkennung beruhen viele Versuche, bei Glücksspielen
Gewinnsysteme zu ersinnen, indem von der Annahme ausgegangen wird, daß die
vorhergegangenen Spielausfälle die kommenden irgendwie beeinflussen, daß also
eine *Wahrscheinlichkeitsnachwirkung* besteht. Bei einem echten, also dem unbeding-
ten Zufall unterworfenen Glücksspiel ist das nicht der Fall. Selbst wenn ich bereits
100mal mit einem einwandfreien Würfel keine 6 geworfen habe, ist die Wahrscheinlichkeit, daß ich beim nächsten Wurf eine 6 werfe, noch immer genau ebenso groß wie zu Beginn des Spiels, nämlich 1/6. Die sehr geringe
Wahrscheinlichkeit für 100 aufeinanderfolgende Würfe ohne 6
ändert daran nichts.

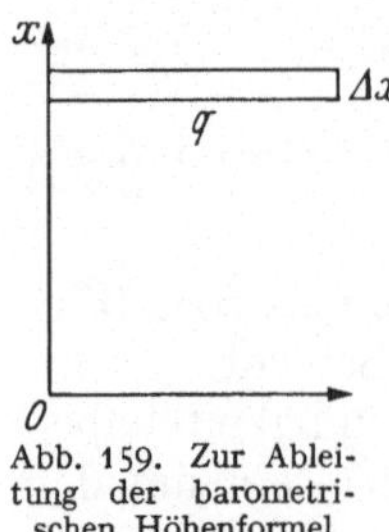

Abb. 159. Zur Ablei-
tung der barometri-
schen Höhenformel

71. Gase unter der Wirkung der Schwerkraft. Jedes auf der
Erde befindliche Gas unterliegt zwei Einflüssen von entgegengesetzter Tendenz. Unter der Wirkung der *Molekularbewegung*
sucht das Gas sich durch Diffusion homogen über den ganzen
verfügbaren Raum zu verteilen. Dem wirkt die *Schwerkraft*
entgegen, die die Moleküle nach unten zieht, also das Gas in
der tiefsten möglichen Lage zu verdichten sucht. Unter der
Wirkung dieser beiden Ursachen stellt sich bei Abwesenheit störender Einflüsse
ein stationärer Zustand ein, bei dem der Gasdruck und die Gasdichte nach
oben hin abnehmen. Nach § 65 ist die mittlere Geschwindigkeit der Moleküle
um so größer, je kleiner ihre Masse ist. Bei einem Gase mit leichteren Molekülen
ist also die zerstreuende Wirkung der Diffusion stärker als bei einem Gase mit
schwereren Molekülen. Die Schwerkraft hingegen erteilt jedem Molekül, unabhängig von seiner Masse, die gleiche Beschleunigung g nach unten. Die Moleküle eines Gases verteilen sich also, entgegen der Schwerkraft, um so gleichmäßiger in alle Höhen, je kleiner ihre relative Molekülmasse (ihr Molekulargewicht, § 64) ist; um so langsamer nimmt also auch die Dichte des Gases nach
oben hin ab. Aus einem entsprechenden Grunde ist auch die zerstreuende Wirkung
der Molekularbewegung um so größer, je höher die Temperatur des Gases, also
die Geschwindigkeit der Moleküle ist.

Wir greifen aus einem Gase eine horizontale Schicht von der sehr geringen
Dicke Δx und dem Querschnitt q heraus (Abb. 159). Bezüglich dieser Schicht
stellen wir die gleiche Überlegung an wie in § 68 bei der Definition des Drucks im
Innern eines Gases. Wir lassen an den Grenzen der Schicht jeweils zwei Moleküle
ihre Rollen tauschen und verfahren so, als ob alle gegen diese Grenzen anlaufenden
Moleküle an ihr reflektiert werden. Es ändert dann nichts, wenn wir uns die
Schicht mit festen, masselosen Wänden umgeben denken, so daß sie sich wie ein
in das Gas eingebetteter fester Körper verhält, der in dem Gase schwebt, also im
Gleichgewicht ist. Die Summe der an der Schicht angreifenden Kräfte muß
also verschwinden. Die Schicht befinde sich in der Höhe x über einem Niveau
$x=0$. Beträgt der Druck an der unteren Fläche p, so beträgt er nach dem Taylor-
schen Satz an der oberen Fläche $p+\Delta x\,dp/dx$. Ist ϱ die Dichte des Gases in der
Schicht, so ist ihr Gewicht $\varrho g q \Delta x$. Die auf die untere Fläche wirkende Druck-

kraft muß gleich der Summe aus diesem Gewicht und der auf die obere Fläche wirkenden Druckkraft sein, also $pq=(p+\Delta x\, dp/dx)\, q+\varrho g q \Delta x$ oder

$$\frac{dp}{dx} = -\varrho g. \tag{71.1}$$

Nun ist nach (68.5) p/ϱ in einem Gase von überall gleicher Temperatur konstant. Ist p_0 der Druck, ϱ_0 die Dichte im Niveau $x=0$, so ist demnach $p/\varrho=p_0/\varrho_0$ oder $\varrho=\varrho_0 p/p_0$. Dann folgt

$$\frac{dp}{p} = -\frac{\varrho_0 g}{p_0}\, dx.$$

Die Lösung dieser Gleichung lautet

$$x = \frac{p_0}{\varrho_0 g} \ln \frac{p_0}{p} \quad \text{bzw.} \quad p = p_0\, e^{-\frac{\varrho_0 g x}{p_0}} \tag{71.2a, b}$$

(barometrische Höhenformel). Da nach (65.2) und (68.5) $p/p_0=\varrho/\varrho_0=N_s/N_{s,0}$, so gilt ferner auch

$$\varrho = \varrho_0\, e^{-\frac{\varrho_0 g x}{p_0}} \quad \text{und} \quad N_s = N_{s,0}\, e^{-\frac{\varrho_0 g x}{p_0}}. \tag{71.2c, d}$$

Ersetzen wir in dem Exponenten die Dichte ϱ_0 und den Druck p_0 durch die in (65.1) und (68.4) gegebenen Ausdrücke, so erhält der Exponent den Wert $-3g\, x/\overline{v^2}$. Druck, Dichte und spezifische Molekülanzahl nehmen also mit der Höhe um so schneller ab, je kleiner $\overline{v^2}$ ist, also nach § 65 je größer die Masse der Moleküle und je niedriger die Temperatur ist. Das entspricht der oben angestellten allgemeinen Überlegung.

Nach (71.1) wächst der Druck, wenn die Höhe um dx abnimmt, um $\varrho g dx$, also den Betrag des Gewichtes einer Gasmenge von der Höhe dx und einem Querschnitt gleich der Flächeneinheit. In einem nach oben hin unbegrenzten Gase, wie der Erdatmosphäre, ist daher der Druck in einem Niveau dem Gewicht einer über diesem Niveau befindlichen Gassäule mit der Flächeneinheit als Querschnitt zahlenwertgleich.

Handelt es sich um so kleine Höhenunterschiede h, daß man in ihrem Bereich die Dichte ϱ als konstant ansehen kann, so folgt aus (71.1)

$$p=p_0-\varrho g h \quad \text{oder} \quad p_0-p=\varrho g h. \tag{71.3}$$

Die Gleichung ist dann mit derjenigen für den hydrostatischen Druck einer Flüssigkeit identisch (§ 58).

Füllt man ein geschlossenes Gefäß mit einem Gase, so wiegt es um so viel mehr als das gasleere Gefäß, wie das Gewicht des eingeschlossenen Gases beträgt. Diese Tatsache ist nicht so trivial, wie sie zunächst zu sein scheint. Denn man bedenke, daß in jedem Augenblick nur der winzige Bruchteil aller Moleküle eine Wirkung auf die Waage ausübt, der sich gerade in einem Zusammenstoß mit einer Gefäßwand befindet, aber nicht die übrigen Moleküle, die sich frei im Raum bewegen. Die Waage zeigt in Wirklichkeit die Differenz der nach oben und der nach unten gerichteten Druckkräfte an. Wie eine einfache Rechnung nach (71.3), die der Leser selbst ausführen möge, zeigt, ist diese von der Abnahme des Druckes mit wachsender Höhe herrührende Differenz in der Tat streng gleich dem Gewicht des eingeschlossenen Gases.

Kleine Teilchen, die in einem Gase schweben, auch solche, die bereits mit dem bloßen Auge sichtbar sind, verhalten sich grundsätzlich wie Gasmoleküle. Auch sie führen eine ständige Bewegung, die 1827 entdeckte sog. *Brownsche*[1] *Bewegung* (§ 108), aus, und ihre mittlere kinetische Energie $m\overline{v^2}/2$ ist gleich derjenigen der Moleküle des umgebenden Gases. Infolge ihrer großen Masse ist aber bei ihnen $\overline{v^2}$ sehr viel kleiner als bei den Gasmolekülen, und ihre Anzahl nimmt mit der Höhe sehr viel schneller ab. Abb. 160 zeigt dies für verschiedene Teilchenmassen. Abb. 161 zeigt mikrophotographische Aufnahmen von in Luft schwebenden Teilchen aus Mastix von 1 μm Durchmesser, die gewonnen wurden, indem das Mikroskop auf verschiedene horizontale Niveaus eingestellt wurde, deren Abstand je 12 μm

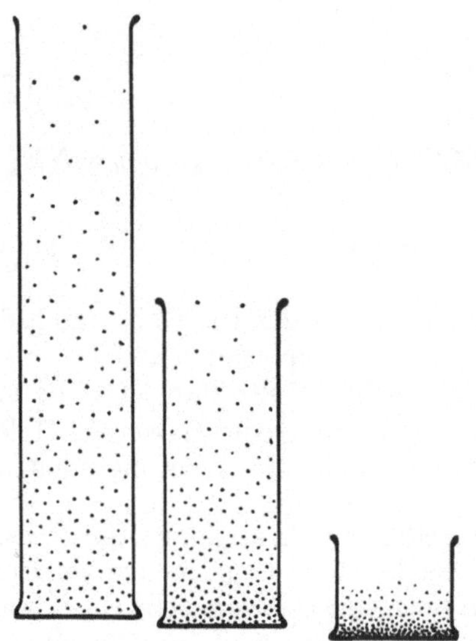

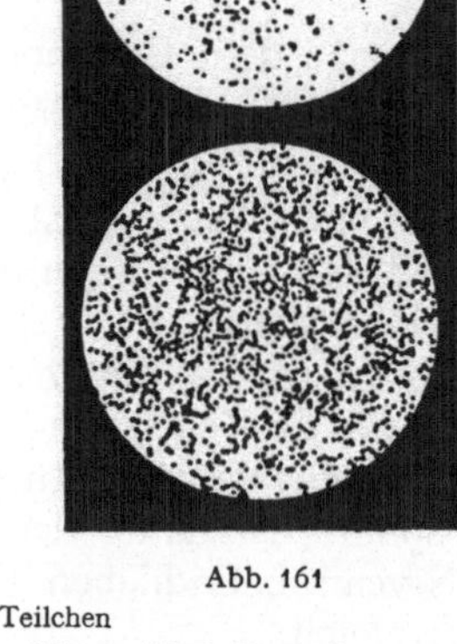

Abb. 160 Abb. 161

Abb. 160. In einem Gase schwebende Teilchen

Abb. 161. Dichte schwebender Teilchen in verschiedenen Höhen. (Nach PERRIN).
(Es handelt sich um drei *horizontale* Schichten, die in je 12 μm Abstand *über*einander liegen)

betrug. Durch Auszählung der Teilchen kann die Größe $\varrho_0 g/p_0 = 3\,g/\overline{v^2}$ bestimmt und die Gültigkeit von (71.2d) für die Teilchen nachgewiesen werden. Ähnlich verhalten sich schwebende Teilchen in einer Flüssigkeit.

Jeder in einem Gase befindliche Körper erfährt in ihm wie in einer Flüssigkeit einen *Auftrieb* gemäß dem Archimedischen Prinzip. Der Auftrieb ist also gleich dem Gewicht der von dem Körper verdrängten Gasmenge. Die Ursache dieses Auftriebes ist leicht zu verstehen. Er beruht auf der Abnahme der spezifischen Molekülanzahl und damit des Druckes mit der Höhe. Infolgedessen erfährt der Körper von oben her eine geringere Druckkraft als von unten her, und die Differenz dieser Druckkräfte ist, analog zu dem oben behandelten Fall der Wägung eines Gases, streng gleich dem Gewicht der Gasmenge, die durch den Körper verdrängt wurde.

Natürlich ist der Auftrieb in den Gasen sehr viel geringer als in den Flüssigkeiten. Er wurde zuerst von OTTO VON GUERICKE nachgewiesen. Er brachte an den Balkenenden einer kleinen Waage eine hohle Glaskugel und eine Messingkugel an. Wenn die Waage sich in Luft befindet, so steht sie ein. Da aber das

---

[1] ROBERT BROWN, 1773—1858, Botaniker.

Volumen der Glaskugel viel größer ist als das der Messingkugel, so erfährt sie einen größeren Auftrieb als diese, ist also tatsächlich schwerer als sie. Bringt man die Waage in ein Vakuum, so entfällt der Auftrieb, und die Waage senkt sich nach der Seite der Glaskugel. Luftballone[1] steigen bis in diejenige Höhe, in der (wegen der Abnahme der Luftdichte mit der Höhe) ihr Auftrieb gleich ihrem Gewicht ist. Befindet sich irgendwo in einem Gase eine Gasmenge von abweichender Dichte — sei es infolge abweichender Temperatur oder ein fremdes Gas —, so ist das Druckgleichgewicht dort gestört. Eine dichtere Gasmenge sinkt zu Boden, eine weniger dichte steigt empor (Konvektion, § 129). Daher rührt auch das Aufsteigen der erhitzten Luft über einem Feuer, das bei Großbränden zu einem Feuersturm führen kann. Über die Bedeutung solcher Vorgänge in der Erdatmosphäre vgl. § 122. (Ferner: WESTPHAL, Deine tägliche Physik, Ullstein-Buch Nr. 4000.)

72. Der Luftdruck. Die atmosphärische Luft ist der einzige Fall, in dem wir die Änderungen von Druck und Dichte über einen sehr großen Höhenbereich verfolgen können. Bei $t = 0\,°C$ und $p_0 = 760$ Torr ist für die Luft $\varrho_0 g/p_0 = 1{,}25 \cdot 10^{-6}$ cm^{-1}. Messen wir die Höhe x in m, so beträgt der Exponent

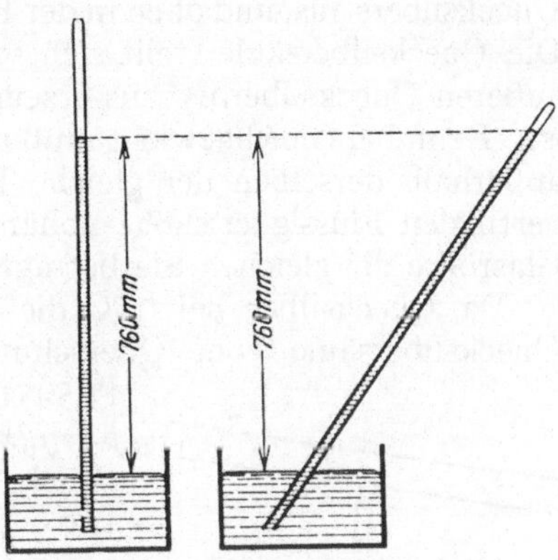

Abb. 162. Messung des Luftdrucks nach TORRICELLI

in (71.2b) $-1{,}25 \cdot 10^{-4}$ m$^{-1} \cdot x = -x/8000$ m. Bei der Temperatur t ist noch durch $1 + \alpha t$ zu dividieren. Die Konstante α ist gleich $1/273$ grd^{-1} (§ 105). Für die Luft ergibt sich demnach

$$p = p_0\, e^{-\dfrac{x}{8000\,\text{m}\,(1+\alpha t)}} . \tag{72.1}$$

Die folgende Tabelle gibt einige Zahlenbeispiele für die Abnahme des Luftdrucks mit der Höhe über dem Meeresspiegel. Bei Benutzung Briggsscher Logarithmen ergibt sich

$$x = 18400\,\text{m} \cdot (1 + \alpha t)\, \lg \frac{p_0}{p} . \tag{72.2}$$

Hiernach kann also unter der Voraussetzung überall gleicher Temperatur (bzw. nach entsprechender Korrektion) die Höhe über dem Meeresniveau aus dem Luftdruck berechnet werden.

Der Zusammenhang des Luftdrucks mit dem Gewicht der Luft ist zuerst 1643 von VIVIANI[2], etwa um die gleiche Zeit auch von OTTO VON GUERICKE, erkannt worden. Jener erklärte dadurch die Tatsache, daß eine Saugpumpe Wasser nicht höher als etwa 10 m heben kann. Denn eine Wassersäule von dieser Höhe erzeugt einen dem Luftdruck gleichen Bodendruck. Daher kann der Luftdruck dem Gewicht einer höheren Wassersäule nicht das Gleichgewicht halten. Indem TORRICELLI[3] eine entsprechende Überlegung für Quecksilber anstellte, kam er im gleichen Jahre zur ersten genauen Messung des Luftdrucks. Im

Luftdruck in verschiedenen Höhen bei 0 °C

Höhe in m	Druck in Torr
0 (Meeresniveau)	760
500	714
1000	671
2000	592
4000	461

---

[1] Erster Heißluftballon: Brüder JOSEF MICHEL und JACQUES ÉTIENNE MONTGOLFIER 1783; erster Wasserstoffballon: ALEXANDRE CÉSAR CHARLES 1783.

[2] VINCENZO VIVIANI, 1622—1703.

[3] EVANGELISTA TORRICELLI, 1608—1647, der Begründer der Hydrodynamik.

Jahre 1648 wies PERIES auf Veranlassung von PASCAL die Abnahme des Luftdrucks mit der Höhe nach. Auch die mit der Wetterlage zusammenhängenden Luftdruckschwankungen wurden bereits damals erkannt.

TORRICELLI benutzte eine Vorrichtung, die im Prinzip ein Quecksilberbarometer ist (Abb. 162). Eine zunächst vollständig mit Quecksilber gefüllte, unten mit dem Finger verschlossene Glasröhre von 80 bis 100 cm Länge wird in eine mit Quecksilber gefüllte Wanne gestellt und geöffnet. Dann strömt ein Teil des Quecksilbers aus, und oben in der Röhre entsteht ein luftleerer Raum, ein *Vakuum*. Die Quecksilbersäule stellt sich so ein, daß der Druck, den sie in der Höhe des äußeren Quecksilberniveaus erzeugt, gleich dem auf diesem lastenden Luftdruck ist. Denn bei Gleichgewicht muß im Quecksilber in dieser Höhe in der Röhre und außerhalb derselben der gleiche Druck herrschen. Da der Druck nur von der vertikalen Flüssigkeitshöhe abhängt, so bleibt diese auch bei einer Neigung der Glasröhre die gleiche. Sie beträgt im Meeresniveau im Durchschnitt 76 cm.

Da Quecksilber bei 0 °C die Dichte $\varrho = 13{,}5951$ g cm^{-3} hat, so wiegt eine Quecksilbersäule vom Querschnitt 1 cm² und der Höhe $x = 76$ cm bei 0 °C $13{,}5951 \cdot 76 = 1033{,}23$ g, erzeugt also den Druck $p = \varrho g x = 1{,}01325 \cdot 10^6$ dyn cm$^{-2} = 1013{,}25$ mb. Dieser Druck heißt 1 *physikalische Atmosphäre* (atm), vgl. Tab. V, S. XV.

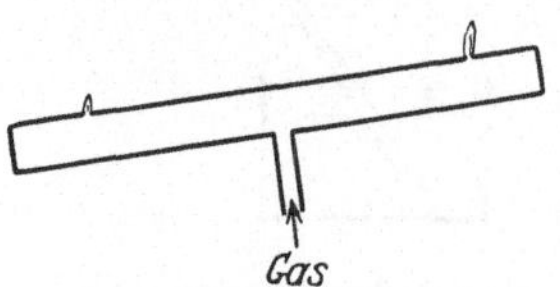

Abb. 163. Behnsche Röhre

In einem Gemisch mehrerer Gase gelten die Gl. (71.2) für jedes Gas einzeln. Unter p und p_0 sind dann die Partialdrucke (§68) der einzelnen Bestandteile zu verstehen. Demnach muß sich in einem Gasgemisch bei Gleichgewicht das Mischungsverhältnis der Bestandteile mit der Höhe zugunsten der Bestandteile von kleinerem Molekulargewicht ändern. Die Erdatmosphäre ist ein Gasgemisch. Sie besteht (in Volumprozenten) aus rund 78% Stickstoff, 21% Sauerstoff und 1% Argon, nebst Spuren anderer Gase. Sie ist aber nicht im Gleichgewicht. Infolge der vertikalen Luftströmungen findet in ihr eine ständige Durchmischung ihrer Bestandteile statt, so daß sich ihr Mischungsverhältnis bis in erhebliche Höhe nur sehr wenig ändert.

Bereits OTTO VON GUERICKE hat in der Mitte des 17. Jahrhunderts, anknüpfend an seine Erfindung der Luftpumpe, eine Reihe von schönen Versuchen über den Luftdruck angestellt und auch die Masse der irdischen Lufthülle berechnet. Besonders bekannt sind die *Magdeburger Halbkugeln*, die er 1654 auf dem Reichstag in Regensburg vorführte, zwei große Halbkugeln aus Kupfer, die dicht aufeinander schließen und mit einer Luftpumpe luftleer gemacht werden können. Sie wurden dann durch den äußeren Luftdruck so fest aufeinander gedrückt, daß sie durch je 8 Pferde, die auf beiden Seiten an ihnen angespannt waren, nicht auseinandergerissen werden konnten.

Die Dichte des Leuchtgases ist sehr viel kleiner als die der Luft. Daher nimmt der Druck in einer Gasleitung mit der Höhe viel langsamer ab als in der Luft. Aus diesem Grunde ist der Überdruck des Leuchtgases über den Luftdruck in höheren Stockwerken, im Gegensatz zu dem Druck in Wasserleitungen, größer als in den tiefer gelegenen.

Einen äußerst empfindlichen Nachweis für die Druckänderung mit der Höhe liefert die Behnsche Röhre (Abb. 163). Man läßt in sie Leuchtgas einströmen, das man so stark abdrosselt, daß es an den beiden oberen Öffnungen der Röhre nur einen ganz geringen Überdruck über den Luftdruck hat, wenn die Röhre horizontal steht. Zündet man das Gas dort an, so brennt es an beiden Öffnungen gleich hoch. Es genügt aber eine ganz geringe Neigung der Röhre, um den Überdruck an der höher liegenden Öffnung merklich zu verstärken, an der tiefer liegenden zu schwächen, so daß die beiden Flammen sehr verschieden hoch brennen. (Vorsicht vor Explosionen! Erst anzünden, wenn es merklich nach Gas riecht, Flammen vor dem Schließen des Hahnes löschen.)

Der Zug im Kamin eines Ofens entsteht dadurch, daß sich der Druck der in ihm befindlichen erhitzten Luft mit der Höhe langsamer ändert, als in der kälteren, also dichteren Außenluft. An der weiten oberen Kaminöffnung ist der Druck gleich dem äußeren Luftdruck, und daher herrscht im Ofen an der engen unteren Ofenöffnung ein geringerer Druck als der dortige Luftdruck. Infolgedessen besteht an dieser Öffnung ein starkes Druckgefälle von außen nach innen, durch das dem Brennstoff ständig Frischluft zugeführt wird. Die Luftzufuhr wird durch die verstellbare Ofentür so geregelt, daß gerade diejenige Luftmenge zuströmt, die zur Aufrechterhaltung der gewünschten Stärke des Feuers nötig ist. Ein

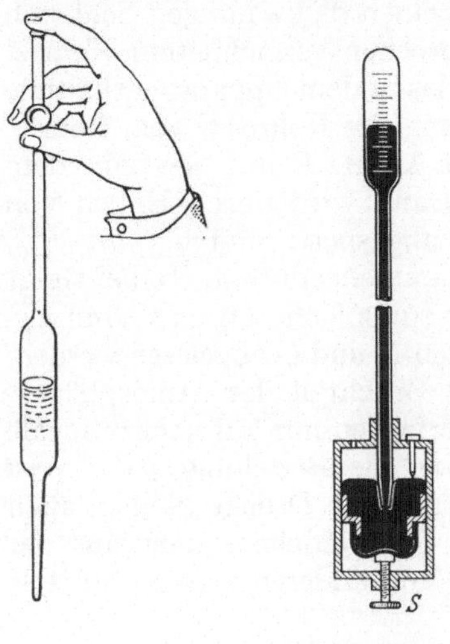

Abb. 164. Pipette   Abb. 165. Quecksilberbarometer

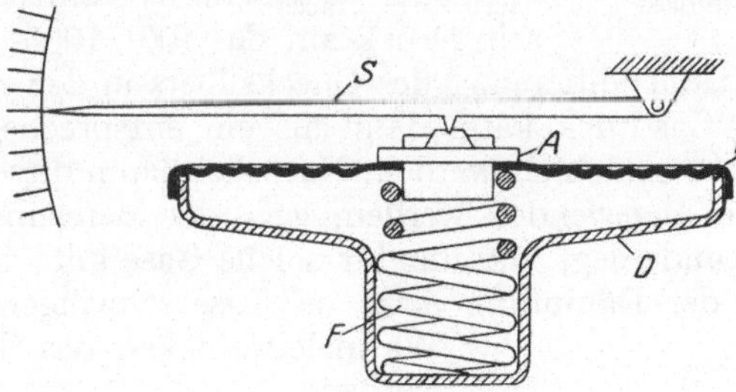

Abb. 166. Aneroidbarometer. D Metalldose, F Feder, M Membran,
A Lager, S Zeiger

zwischen Ofen und Kamin angebrachter regelbarer Absperrschieber sorgt dafür, daß die Luft den Ofen nicht zu schnell durchströmt. So wird erreicht, daß nicht mehr Warmluft in den Kamin entweicht, als zur Aufrechterhaltung der Verbrennung und des Zuges erforderlich ist. (Vgl. WESTPHAL, Deine tägliche Physik, S. 101. Ullstein-Taschenbuch Nr. 4000.)

Auf einer Wirkung des Luftdrucks beruht die Pipette (Abb. 164). Taucht man sie in eine Flüssigkeit und verschließt sie oben mit dem Finger, so strömt beim Herausheben zunächst ein wenig von der Flüssigkeit aus. Dadurch dehnt sich die Luft in der Pipette aus, und ihr Druck sinkt so weit, daß sie zusammen mit dem Druck der Flüssigkeit in der Pipette an der unteren Öffnung einen dem äußeren Luftdruck gleichen Druck erzeugt. Die Flüssigkeit wird dann vom äußeren Luftdruck getragen und strömt erst aus, wenn man die Pipette oben öffnet. Der Versuch gelingt aber nur, wenn die Flüssigkeit die Pipettenwandung benetzt; andernfalls dringt längs der Wandung Luft ein, und die Flüssigkeit strömt aus. Der Versuch von TORRICELLI könnte ohne Wanne angestellt werden, wenn Quecksilber Glas benetzte.

Geräte zur Messung des Luftdrucks heißen *Barometer*. Für genaue Messungen dient das Quecksilberbarometer, das im Prinzip der einfachen Vorrichtung von TORRICELLI entspricht und von dem Abb. 165 eine Ausführungsform zeigt. Für weniger genaue Messungen dient das Aneroidbarometer (Abb. 166). Es besteht im wesentlichen aus einer luftleer gemachten Metalldose, deren biegsame Membran M sich je nach dem äußeren Luftdruck mehr oder weniger wölbt und deren Bewegungen auf einen Zeiger übertragen werden. Auch aus der Siedetemperatur des Wassers kann der Luftdruck berechnet werden (§ 118).

73. Vakuumtechnik. Für die Messung von Gasdrucken unterhalb von 760 bis herab zu höchstens 1 Torr benutzt man Quecksilberbarometer, die an den mit dem Gase gefüllten Raum angeschlossen sind. Abb. 167 zeigt ein abgekürztes Barometer für kleine Drucke, das am einen Ende (rechts) mit dem Gasraum in Verbindung steht und links anfänglich ganz mit Quecksilber gefüllt ist. Für Drucke bis etwa 10^{-4} Torr benutzt man das Manometer von MacLeod (Abb. 168). Es ist durch das Rohr C mit dem Raum verbunden, in dem der Gasdruck gemessen werden soll. Zunächst wird das Vorratsgefäß B, das durch einen dickwandigen Schlauch mit dem etwa 80 cm langen (unterbrochen gezeichneten) Rohr A verbunden ist, soweit gesenkt, daß das in dem Apparat enthaltene Quecksilber unterhalb der Abzweigung des Rohres C vom Rohr A steht, so daß das Gefäß D und der Ansatz E mit Gas von dem zu messenden Druck gefüllt sind. Dann wird durch Heben von B das in D und E enthaltene Gas abgesperrt und bis auf $^{1}/_{100}$, $^{1}/_{1000}$ oder $^{1}/_{10\,000}$ seines Volumens zusammengedrückt. Dabei steigt sein Druck auf das 100-, 1000- oder 10000fache an und kann aus der Höhendifferenz b des Quecksilbers in den Röhren E und C abgelesen werden. Der Gasdruck kann dann als ein entsprechender Bruchteil des Atmosphärendrucks berechnet werden. Natürlich kann dieses Verfahren nur auf nahezu ideale Gase angewendet werden, weil der Berechnung ja die Beziehung $pV = const$ zugrunde liegt, die nur für solche Gase gilt. Sehr niedrige Drucke können auch aus der Dämpfung eines im Gase schwingenden Quarzfädchens oder aus der Wärmeleitfähigkeit des Gases und anderen Daten ermittelt werden.

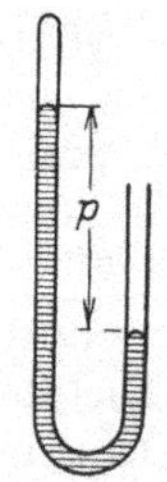

Abb. 167. Abgekürztes Quecksilberbarometer zur Messung kleinerer Gasdrucke

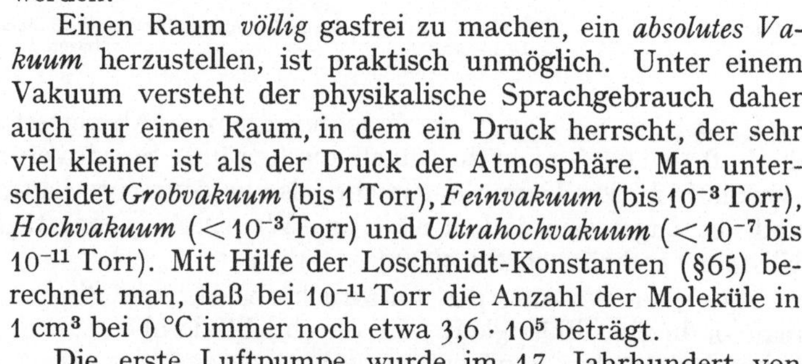

Einen Raum *völlig* gasfrei zu machen, ein *absolutes Vakuum* herzustellen, ist praktisch unmöglich. Unter einem Vakuum versteht der physikalische Sprachgebrauch daher auch nur einen Raum, in dem ein Druck herrscht, der sehr viel kleiner ist als der Druck der Atmosphäre. Man unterscheidet *Grobvakuum* (bis 1 Torr), *Feinvakuum* (bis 10^{-3} Torr), *Hochvakuum* ($< 10^{-3}$ Torr) und *Ultrahochvakuum* ($< 10^{-7}$ bis 10^{-11} Torr). Mit Hilfe der Loschmidt-Konstanten (§65) berechnet man, daß bei 10^{-11} Torr die Anzahl der Moleküle in 1 cm³ bei 0 °C immer noch etwa $3{,}6 \cdot 10^{5}$ beträgt.

Die erste Luftpumpe wurde im 17. Jahrhundert von Otto von Guericke erfunden. Sie war eine sog. Stiefelpumpe. In der heutigen Physik und Technik spielt die *Vakuumtechnik* eine höchst wichtige Rolle. Ihrer Entwicklung, die sich insbesondere an die Namen Gaede[1] und Langmuir[2] knüpft, ist der außerordentliche Fortschritt der Physik im 20. Jahrhundert zum großen Teil mit zu ver-

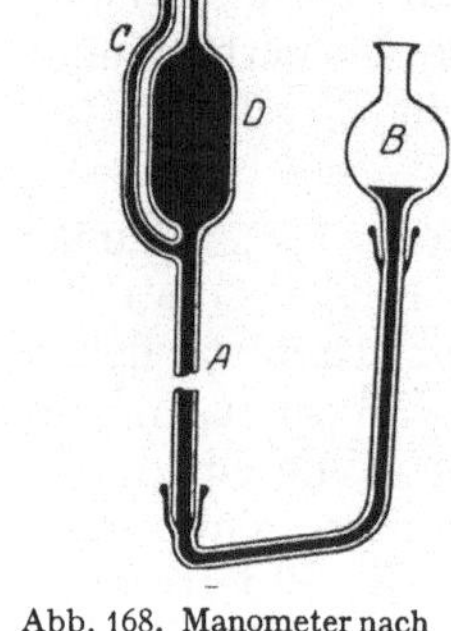

Abb. 168. Manometer nach MacLeod

danken. Pumpen für höhere Vakua können nicht gegen den äußeren Luftdruck arbeiten, sondern erfordern ein Vorvakuum, das durch eine Vorpumpe hergestellt wird. Das Gas wird aus dem zu evakuierenden Raum zunächst in das Vorvakuum befördert und aus diesem durch die Vorpumpe entfernt.

Von den zahllosen verschiedenen Pumpenkonstruktionen können wir hier nur einige besonders einfache erwähnen. Eine sehr einfache Vorpumpe ist die Wasserstrahlpumpe von Bunsen[3] (Abb. 169). Aus der Wasserleitung strömt Wasser

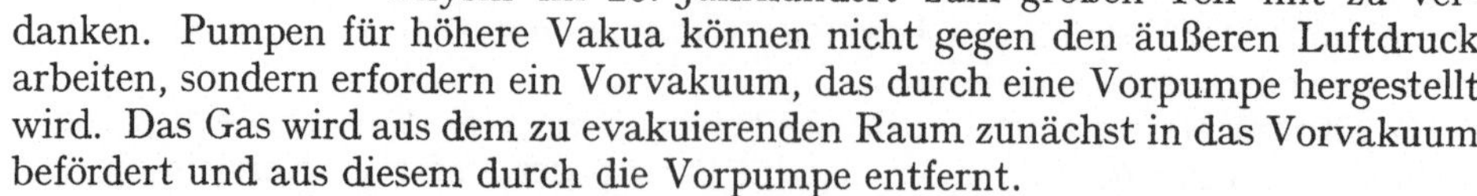

---

[1] Wolfgang Gaede, 1878—1945.

[2] Irving Langmuir, 1881—1957, Nobelpreis 1932.

[3] Robert Wilhelm Bunsen, 1811—1899.

unter Druck in ein sich konisch verengendes Rohr, aus dessen Düse es in kurzem Strahl in ein zweites Rohr übergeht, an dessen unterem Ende es austritt. Infolge der Querschnittsverengung in der Düse und auch infolge der Einschnürung im freien Strahl hat das Wasser im Strahl eine große Geschwindigkeit und daher einen niedrigen Druck (§75). Daher reißt es das umgebende Gas an sich und befördert es ins Freie. Der zu evakuierende Raum ist an die Pumpe angeschlossen. Da der Raum in der Pumpe stets gesättigten Wasserdampf enthält, so kann mit der Wasserstrahlpumpe ein geringerer Druck als der Sättigungsdruck des Wassers (bei Zimmertemperatur 10 bis 20 Torr) nicht erreicht werden.

Einen Druck bis etwa 0,002 Torr erreicht man mit der Kapselpumpe von GAEDE (Abb. 170). Sie arbeitet nach dem gleichen allgemeinen Prinzip wie die

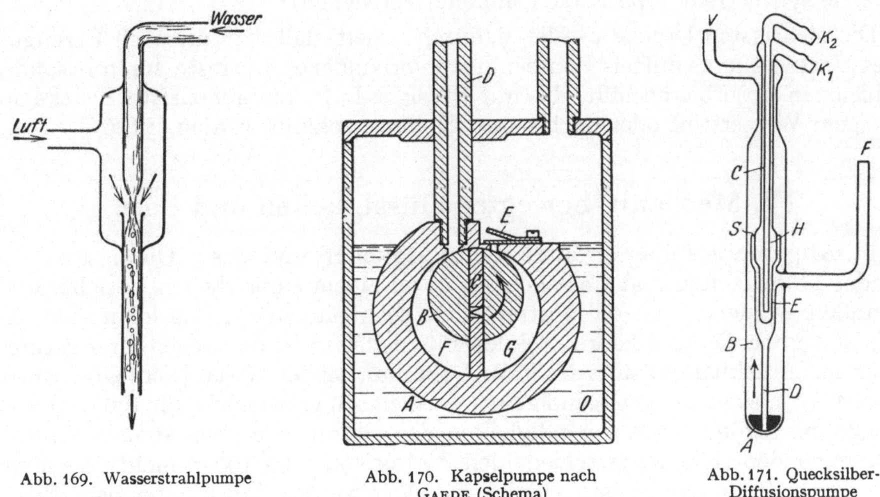

Abb. 169. Wasserstrahlpumpe　　　　Abb. 170. Kapselpumpe nach　　　　Abb. 171. Quecksilber-
　　　　　　　　　　　　　　　　　　　　GAEDE (Schema)　　　　　　　　　Diffusionspumpe

alte Stiefelpumpe und besteht aus einem zur Dichtung in Öl gebetteten Metallzylinder A, innerhalb dessen sich exzentrisch ein drehbarer Zylinder B befindet. Dieser hat zwei Schieber, die durch Federn gasdicht gegen die Wandung von A gepreßt werden, so daß der freie Innenraum in zwei Abteile F und G getrennt ist. E ist ein nach außen führendes Ventil. Der zu evakuierende Raum ist bei D angeschlossen. Rotiert der innere Zylinder im Sinne des Pfeils, so vergrößert sich der in Verbindung mit D stehende Raum F zunächst und wird schließlich mit dem in ihn geströmten Gase durch den Schieber C von D abgetrennt. Dann tauscht er mit dem Raum G die Rolle und verkleinert sich wieder. Dabei wird das in ihm befindliche Gas durch das Ventil E nach außen gedrückt. Auf diese Weise entsteht in dem an D angeschlossenen Raum ziemlich schnell ein niedriger Druck.

Recht niedrige Drucke erzielt man schon mit der Quecksilberdampfstrahlpumpe, die nach dem gleichen Prinzip arbeitet wie die Wasserstrahlpumpe. An die Stelle des Wassers tritt hier ein Strahl von Quecksilberdampf, der von siedendem Quecksilber ausgeht. Der Dampf wird, nachdem er das Gas aus dem zu evakuierenden Raume in das Vorvakuum mitgerissen hat, durch Kühlwasser wieder kondensiert und fließt in das Siedegefäß zurück. Als Vorpumpe kann eine der vorstehend beschriebenen Pumpen dienen.

Zur Herstellung von Hochvakua werden unter anderem Quecksilberdiffusionspumpen benutzt (Abb. 171). Sie beruhen darauf, daß das Gas aus dem zu evakuierenden Raum in strömenden Quecksilberdampf hineindiffundiert und von ihm in das Vorvakuum mitgenommen wird. Eine Kühlvorrichtung sorgt dafür, daß kein Quecksilberdampf in das Vakuum gelangt und das Quecksilber im Vorvakuum wieder kondensiert wird, worauf es in das Siedegefäß zurückfließt. Bei dem hier dargestellten Modell ist das zu evakuierende Gefäß bei F angeschlossen. Das Rohr V führt zu einem größeren Gefäß, in dem ein Vorvakuum aufrechterhalten wird. Der Quecksilberdampf steigt in Richtung des Pfeiles empor und nimmt bei dem Diaphragma S das aus dem Rohr F kommende Gas mit. Am Kühler C wird der Dampf kondensiert, ebenso der etwa in das Diaphragma eintretende Dampf bei H. Das flüssige Quecksilber fließt an der Wand des mit fließendem Wasser gekühlten Kühlers herab und gelangt durch das Rohr D wieder in das Siedegefäß. Anstatt des Quecksilbers werden heute meist hochsiedende synthetische Spezialöle (Silikone) verwendet.

Die niedrigsten Drucke werden dadurch erzielt, daß man die nach Erzeugung eines Hochvakuums mittels Pumpen noch vorhandenen Gasreste durch besondere Kohlearten absorbieren läßt, die mit flüssiger Luft, für allertiefste Drucke mit flüssigem Wasserstoff oder noch besser Helium, gekühlt werden (§ 126).

IV. Mechanik bewegter Flüssigkeiten und Gase

74. Allgemeines über strömende Flüssigkeiten und Gase. Die Gesetze strömender Flüssigkeiten und Gase können unter einem einheitlichen Gesichtspunkt behandelt werden, wenn die auftretenden Dichteänderungen so klein sind, daß man sie vernachlässigen kann. Bei den Flüssigkeiten ist das wegen ihrer geringen Zusammendrückbarkeit stets der Fall. Läßt man bei den Gasen Dichteänderungen bis zu 1 % zu, so gelten genügend genau die gleichen Gesetze wie für Flüssigkeiten, solange die Strömungsgeschwindigkeiten den Betrag von etwa 50 m s^{-1} und die vorkommenden Höhenunterschiede den Betrag von etwa 100 m nicht überschreiten. Das trifft in den meisten Fällen zu. Wir werden daher unter dem Begriff „Flüssigkeit" auch die Gase mit verstehen. Wir wollen uns im folgenden auf *stationäre Flüssigkeitsströmungen* beschränken, bei denen die Richtung und die Geschwindigkeit an jedem festen Ort innerhalb der Strömung zeitlich konstant sind.

Zwischen aneinander grenzenden, verschieden schnell bewegten Flüssigkeits- oder Gasschichten wirkt stets eine der Reibung zwischen festen Flächen rein äußerlich ähnliche, geschwindigkeitausgleichende Kraft, die *innere Reibung*, bedingt durch eine als *Viskosität* oder *Zähigkeit* bezeichnete Stoffeigenschaft (§ 78). Doch kann ihr Einfluß in vielen Fällen vernachlässigt werden. Man spricht dann von einer *Strömung*, und diese Erscheinungen bilden den Inhalt der *Strömungslehre* oder *Hydrodynamik* (bei Gasen auch *Aerodynamik*). Wird dagegen die Bewegung durch innere Reibung sehr stark beeinflußt, so spricht man von *Fließen*. Diese Erscheinungen bilden den Inhalt der *Fließkunde* oder *Rheologie*, welche auch die Verformung fester Körper mit umfaßt.

Unter den *Stromlinien* in einer Flüssigkeit verstehen wir Linien, die überall in Richtung der örtlichen Strömung verlaufen. Eine Stromlinie ist also bei stationärer Strömung das Bild der Bahn eines Flüssigkeitsteilchens. Die durch alle Punkte einer kleinen geschlossenen Kurve verlaufenden Stromlinien bilden eine *Stromröhre*. Die innerhalb der Stromröhre bewegte Flüssigkeit nennt man einen *Stromfaden*. Da nirgends aus einer Stromröhre seitlich Flüssigkeit austritt und nirgends ständig Flüssigkeit sich anhäuft oder verschwindet, so fließt in der Zeiteinheit durch jeden Querschnitt einer Stromröhre die gleiche Flüssigkeitsmenge *(Kontinuitätsbedingung)*.

Demnach kann eine Stromröhre nirgends innerhalb eines von einer stationären Strömung erfüllten Raumes Anfang oder Ende haben. Entweder beginnt sie an der Begrenzung der Flüssigkeit und verläuft nach einer anderen Stelle der Begrenzung, oder sie ist in sich geschlossen, sie bildet einen *Wirbel.*

Die in der Zeiteinheit durch jeden Querschnitt q strömende, als inkompressibel gedachte Flüssigkeitsmenge ist dem Querschnitt und der Geschwindigkeit v in diesem proportional. Also ist nach der Kontinuitätsbedingung innerhalb einer Stromröhre

$$qv = const. \tag{74.1}$$

Dem entspricht die einfache Tatsache, daß in einem Rohr die Flüssigkeit an den engsten Stellen am schnellsten strömt.

75. Die Bernoullische Gleichung. Wir betrachten ein Element einer Stromröhre von der sehr kleinen Länge $\varDelta s$. Ihr senkrechter Querschnitt an der Eintrittsstelle sei q, an der Austrittsstelle q' und von q nur sehr wenig verschieden (Abb. 172). Die Koordinate längs der Stromlinien sei s, und die Röhre sei um den Winkel α gegen die Vertikale geneigt. h sei die Höhe, gemessen von einer beliebigen Horizontalebene; der Höhenunterschied zwischen q und q' betrage $\varDelta h$. In q herrsche der hydrostatische Druck p, in q' der von p nur wenig verschiedene Druck p'. Die Dichte der Flüssigkeit sei ϱ und daher die in dem Element enthaltene Masse $\varDelta m = \varrho\, q\, \varDelta s$. Auf das Element wirkt in der Richtung von s infolge des auf ihre Enden wirkenden Druckes die Kraft $pq - p'q'$, ferner die Komponente $-\varDelta m\, g \cos \alpha$ der Schwerkraft oder wegen $\cos \alpha = \varDelta h/\varDelta s = dh/ds$ die Kraft $-\varDelta m\, g\, dh/ds$. Da sich $p'q'$ von pq nur wenig unterscheidet, so können wir nach dem Taylorschen Satz schreiben $p'q' = pq + \varDelta s\, d(pq)/ds$. Die gesamte auf ein Flüssigkeitselement von der Masse $\varDelta m$ wirkende Kraft ist $\varDelta m\, dv/dt$ ($v =$ Strömungsgeschwindigkeit), so daß wir schließlich erhalten

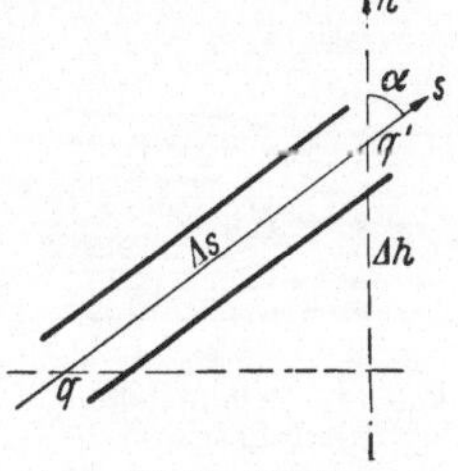

Abb. 172. Zur Ableitung der Bernoullischen Gleichung

$$\varDelta m\, \frac{dv}{dt} = -\varDelta s\, \frac{d(pq)}{ds} - \varDelta m\, g\, \frac{dh}{ds}\,.$$

Setzen wir noch $dv/dt = dv/ds \cdot ds/dt = v\, dv/ds$ und multiplizieren mit ds, so folgt

$$\varDelta m \cdot v\, dv + \varDelta s \cdot d(pq) + \varDelta m \cdot g\, dh = 0.$$

Die Integration dieser Gleichung ergibt

$$\tfrac{1}{2} \varDelta m\, v^2 + \varDelta s\, p\, q + \varDelta m\, g\, h = const,$$

oder nach Division durch $\varDelta s \cdot q = \varDelta m/\varrho$

$$\tfrac{1}{2} \varrho\, v^2 + p + \varrho\, g\, h = const. \tag{75.1}$$

Dies ist die *Bernoullische Gleichung*[1]. Sie gibt die gegenseitige Abhängigkeit der Geschwindigkeit, des Drucks und der Höhe *innerhalb einer Stromröhre* an.

Dividieren wir (75.1) noch durch ϱg, so folgt

$$\frac{v^2}{2g} + \frac{p}{\varrho g} + h = const. \tag{75.2}$$

---

[1] JOHANN BERNOULLI, 1667—1748.

Die drei Glieder dieser Gleichung sind von der Größenart einer Länge (Höhe). Man nennt $v^2/2g$ die *Geschwindigkeitshöhe*. Sie ist gleich der Höhe, aus der die Flüssigkeit frei herabgefallen sein müßte, um die Geschwindigkeit v zu erlangen [(28.10)]. $p/(\varrho g)$ heißt die *Druckhöhe*, denn sie ist gleich der Höhe einer ruhenden Flüssigkeitssäule, die den hydrostatischen Druck p hervorruft [(58.2a)]. h heißt die *Ortshöhe*. Demnach ist die Summe dieser drei Höhen innerhalb einer strömenden Flüssigkeit *längs eines Stromfadens* konstant. Für $v = 0$ sind (75.1) und (75.2) mit dem Gesetz des hydrostatischen Drucks identisch.

Die Bernoullische Gleichung spielt unter anderem eine wichtige Rolle in allen Fällen, wo sich im Wege einer Strömung, sei es eines Gases oder einer Flüssigkeit, ein festes Hindernis befindet, das die Strömung in irgendeiner Weise beeinflußt. Dabei kommt es lediglich darauf an, daß sich Gas oder Flüssigkeit und Hindernis relativ zueinander bewegen, und es ist für die auftretenden Druckkräfte ganz gleichgültig, ob das Hindernis in einer Strömung ruht oder ob es sich durch ein ruhendes Medium hindurchbewegt. Die Modellversuche des Luftfahrzeugbaus werden mit ruhenden Modellen in strömender Luft in Windkanälen angestellt, die des Schiffsbaus in Kanälen, in denen die Modelle durch ruhendes Wasser geschleppt werden.

Befindet sich in einer strömenden Flüssigkeit ein Hindernis, so wird es von ihr umströmt, und die Flüssigkeit staut sich an der Front des Hindernis-

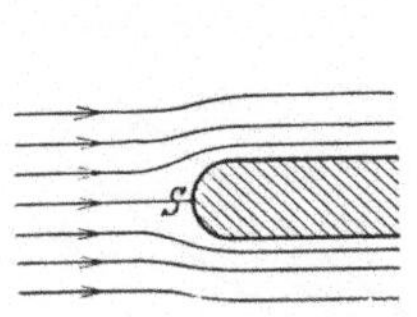

Abb. 173. Zum Staudruck.
(Nach Prandtl)

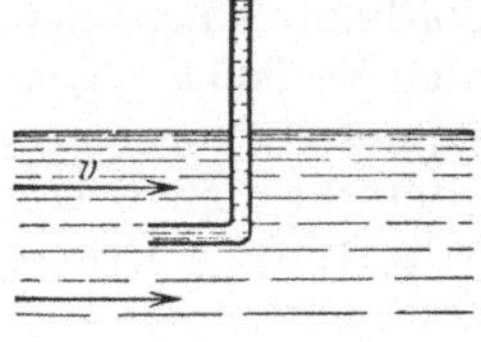

Abb. 174. Pitot-Rohr

ses. Wo die Strömung sich nach den Seiten teilt, im *Staupunkt S*, ist die Strömungsgeschwindigkeit $v = 0$ (Abb. 173). Die Strömungsgeschwindigkeit und der Druck in der strömenden Flüssigkeit im Niveau des Staupunktes (gleiche Ortshöhe h) in größerer Entfernung vom Hindernis seien v_0 und p_0, der Druck im Staupunkt sei p. Dann folgt aus (75.1)

$$p_0 + \tfrac{1}{2}\varrho v_0^2 = p \qquad \text{oder} \qquad p - p_0 = \tfrac{1}{2}\varrho v_0^2. \tag{75.3}$$

Die Größe $p - p_0$ heißt der *Staudruck* oder der *hydrodynamische Druck* der Flüssigkeit. Der *Gesamtdruck* p der Flüssigkeit im Staupunkt ist also die Summe aus dem hydrostatischen Druck p_0 und dem hydrodynamischen Druck $\varrho v_0^2/2$. (75.3) bildet ein wichtiges Mittel, um die Strömungsgeschwindigkeit in beliebigen Punkten einer Strömung, z.B. in Flüssen, aus den Werten von p_0 und p zu bestimmen. Der Staudruck kann mit dem Pitot-Rohr (Abb. 174) gemessen werden. Es besteht im einfachsten Fall aus einem gebogenen Rohr, das der Strömung entgegengerichtet wird und als Hindernis dient. Das Wasser steigt im Rohr so hoch, daß der von der Wassersäule in der Höhe des äußeren Niveaus erzeugte Druck gleich dem Staudruck an der unteren Rohröffnung ist. Prandtl[1] hat ein kombiniertes Gerät angegeben, das p_0 und p gleichzeitig zu messen gestattet.

Wir wollen die Anwendung der Bernoullischen Gleichung noch an einigen weiteren Beispielen betrachten. Ein mit einer Flüssigkeit von der Dichte ϱ gefüllter Behälter habe unterhalb der Flüssigkeitsoberfläche eine Öffnung, aus der die Flüssigkeit ausströmt (Abb. 175a). Im Flüssigkeitsspiegel und an der Öffnung herrscht der äußere Luftdruck $p = p_b$. Die Ortshöhe der Öffnung sei $x = 0$, diejenige des oberen Flüssigkeitsspiegels $x = h$. Der Behälter sei so weit, daß die Flüssigkeit in ihm beim Ausströmen nur sehr langsam absinkt, so daß wir im

---

[1] Ludwig Prandtl, 1875—1953, der bedeutendste Forscher auf dem Gebiet der neuzeitlichen Strömungslehre.

Flüssigkeitsspiegel $v=0$ setzen dürfen. Dann folgt aus (75.2)

$$\frac{p_b}{\varrho g} + h = \frac{p_b}{\varrho g} + \frac{v^2}{2g} \quad \text{oder} \quad v = \sqrt{2g\,h}. \tag{75.4}$$

Dies ist das *Theorem* von TORRICELLI (1646, aber bereits HERON von Alexandrien[1] bekannt). Die Ausflußgeschwindigkeit ist so groß, als habe die strömende Flüssigkeit die ganze Höhe h frei durchfallen. Die Geschwindigkeitshöhe beim Ausfluß ist gleich der Ortshöhe im oberen Niveau. Wird das Ausflußrohr senkrecht nach oben geführt,

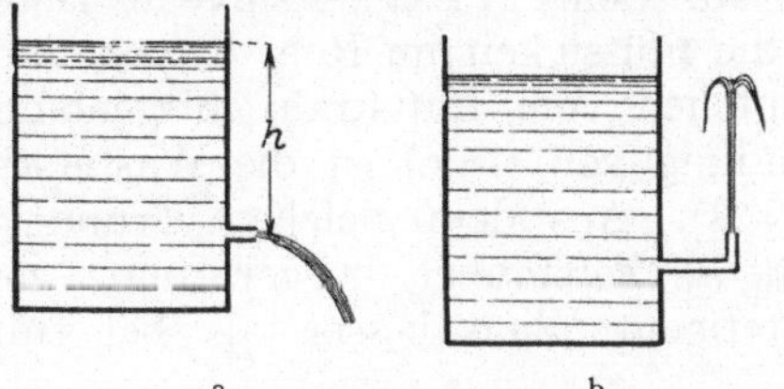

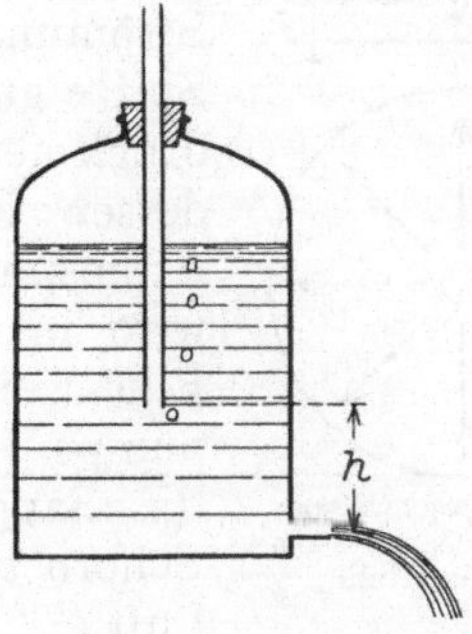

Abb. 175. Zum Theorem von TORRICELLI
Abb. 176. Mariottesche Flasche

so würde die Flüssigkeit wieder bis in die Höhe h steigen (Abb. 175b), wenn nicht die Reibung und die zurückfallenden Tropfen die Steighöhe verminderten. Mit sinkendem Flüssigkeitsspiegel sinkt auch die Ausflußgeschwindigkeit. Konstante Ausflußgeschwindigkeit erhält man mit der *Mariotteschen Flasche* (Abb. 176). In die verschlossene Flasche ragt ein offenes Rohr, dessen untere Öffnung sich in der Höhe h über der Ausflußöffnung befindet. Infolgedessen herrscht in diesem Niveau stets Atmosphärendruck. (Der Luftdruck oberhalb der Flüssigkeit ist um den Druck der h überragenden Flüssigkeitsschicht geringer als der Atmosphärendruck, und beim Ausströmen perlt Luft durch das Rohr.) Die Anwendung von (75.2) auf das Niveau des unteren Röhrenendes und auf die Ausflußöffnung ergibt wieder (75.4) mit der veränderten Bedeutung von h. Wegen der Konstanz von h ist jetzt auch v konstant.

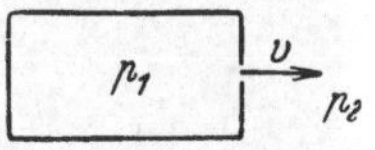

Abb. 177. Zum Bunsenschen Ausströmungsgesetz

In einem Behälter, der eine enge Öffnung hat, befinde sich ein Gas unter dem Druck p_1. Im Außenraum herrsche der kleinere Druck p_2. Im Innern ruht das Gas, an der Öffnung ströme es mit der Geschwindigkeit v aus (Abb. 177). Die beiden Drucke und ihre Differenz seien so groß, daß wir von etwaigen Unterschieden der Ortshöhe h absehen können (bei nicht horizontaler Ausströmung). Dann folgt aus (75.1)

$$p_1 = p_2 + \frac{1}{2}\varrho v^2 \quad \text{und} \quad v = \sqrt{\frac{2(p_1 - p_2)}{\varrho}}. \tag{75.5}$$

Bei gleicher Druckdifferenz $p_1 - p_2$ ist also die Ausströmungsgeschwindigkeit verschiedener Gase den Wurzeln aus ihren Dichten umgekehrt proportional (*Ausströmungsgesetz von* BUNSEN). Hierauf beruht eine Methode zur Bestimmung der Dichte von Gasen.

Sind die Ortshöhenunterschiede in einer Strömung so klein, daß wir sie vernachlässigen dürfen, so nimmt (75.1) die einfachere Form an

$$\tfrac{1}{2}\varrho v^2 + p = const. \tag{75.6}$$

Aus dieser Gleichung folgt, daß dann der Druck in einer strömenden Flüssigkeit um so kleiner ist, je größer die Geschwindigkeit ist. In einem horizontalen Rohr

---

[1] HERON von Alexandrien, vermutlich 1. Jahrhundert n. Chr

ist also der Druck an den engeren Stellen kleiner als an den weiteren. Das gleiche gilt auch für die Stromfäden in einer ausgedehnten Strömung. Hierauf beruht z.B. der Flüssigkeitszerstäuber. Im Wege eines aus einer engen Öffnung austretenden Luftstrahls steht senkrecht zum Strahl ein in die zu zerstäubende

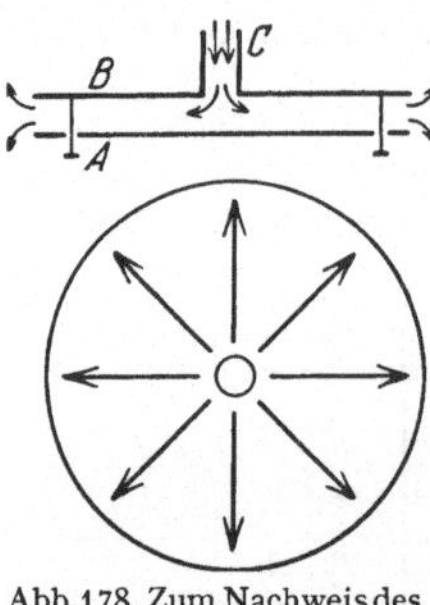

Flüssigkeit tauchendes Rohr, das oben auch eine feine Öffnung hat. Infolge des Umströmens der Rohrspitze ist die Strömungsgeschwindigkeit der Luft in der Umgebung der Spitze größer als in größerer Entfernung, wo Atmosphärendruck herrscht, der Druck also geringer als dieser. Infolgedessen drückt der auf dem Flüssigkeitsniveau lastende Atmosphärendruck die Flüssigkeit im Rohr empor, und sie wird in feinen Tröpfchen vom Luftstrahl mitgenommen. Eine weitere Anwendung von (75.6) ist die Wasserstrahlpumpe (Abb. 169, §73). Aus dem gleichen Grunde, der die Saugwirkung beim Zerstäuber hervorbringt, ziehen Schornsteine bei stetigem Wind besser als bei ruhiger Luft.

Abb.178. Zum Nachweis des hydrodynamischen Drucks in einem Gasstrahl

Einer mit einem Rohr C versehenen Platte B (Abb. 178) steht in kleinem Abstande eine zweite, bewegliche Platte A gegenüber. Bläst man durch C einen Luftstrom, so wird A nicht etwa abgestoßen, sondern angezogen (aerodynamisches Paradoxon). An den Außenflächen und am Rande der Platten herrscht Atmosphärendruck. Da der Querschnitt des Luftstroms in der Mitte der Platten kleiner ist als am Rande, die Geschwindigkeit also von der Mitte zum Rande

abnimmt, so ist der Druck zwischen den Platten kleiner als der äußere Druck, und dieser drückt die Platte A gegen B. Im Augenblick der Berührung wird der Luftstrom gedrosselt, die Platte fällt ab, und das Spiel wiederholt sich. Die Platte A tanzt auf und ab. Auf solchen Bewegungen des Gaumensegels beruht auch das Schnarchen. Damit der Versuch gelingt, darf der Plattenabstand eine gewisse Größe nicht überschreiten, da sonst der Druckunterschied zu gering wird.

Man forme eine Papiertüte mit verschlossener Spitze so, daß sie genau in einen Glastrichter hineinpaßt, und lege sie lose in ihn hinein. Bläst man durch das Rohr des Trichters, so wird die Tüte gegen den Luftstrom an die Trichterwand gedrückt. Die Erklärung ist die gleiche wie bei Abb. 178.

Auf der Bernoullischen Gleichung beruht auch der *Magnus-Effekt*[1] (1850). Seine strenge Theorie, die eine Berücksichtigung der Reibung erfordert, können wir hier nicht wiedergeben. Wir beschränken uns deshalb auf das Grundsätzliche. Der Magnus-Effekt besteht darin, daß ein in einer strömenden Flüssigkeit rotierender Zylinder, dessen Achse zur Flüssigkeitsströmung senkrecht steht, eine zur Strömungsrichtung und zu seiner Achse senkrechte Kraft erfährt. Abb. 179 zeigt die Aufnahme eines Modellversuchs in strömendem Wasser. Unter der Wirkung der Rotation des Zylinders sind die Stromlinien der Flüssigkeit rechts zusammengedrängt, so daß die Flüssigkeit

Abb. 179. Strömung um einen rotierenden Zylinder.(Nach PRANDTL.)Die Flüssigkeit fließt von unten nach oben.

____

[1] HEINRICH GUSTAV MAGNUS, 1802—1870; gründete als Professor an der Universität Berlin aus eigenen Mitteln das erste deutsche Physikalische Institut im heutigen Sinn.

rechts schneller strömt als links. Infolgedessen ist der Druck der Flüssigkeit rechts kleiner als links [(75.6)], und der Zylinder wird nach rechts gedrückt. Das ist — allerdings ohne wirtschaftlichem Erfolg — beim Flettner-Rotor zum Schiffsantrieb benutzt worden, wobei ein rotierender Zylinder im Winde dem Magnus-Effekt unterliegt und wie ein Segel wirkt.

Der Magnus-Effekt spielt eine Rolle in der Ballistik, indem die Geschosse infolge ihres Rechtsdralls bei ihrer Bewegung durch die Luft eine seitliche Ablenkung erleiden, da die Geschoßachse durch Kreiselkräfte stabilisiert ist und sich infolgedessen mehr und mehr gegen die Bahntangente anstellt (vgl. den Diskus, Abb. 85). Geschnittene, also stark rotierende Tennisbälle beschreiben in der Luft gekrümmte Bahnen.

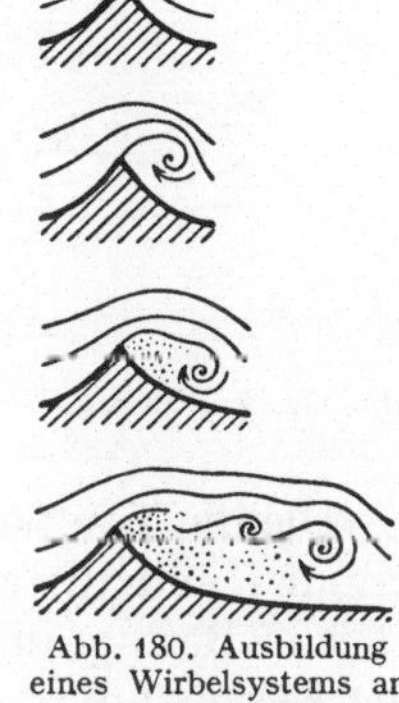

Abb. 180. Ausbildung eines Wirbelsystems an einer scharfen Kante. (Nach PRANDTL)

76. Trennungsflächen. Wirbel. Stehen zwei Strömungen von verschiedener Geschwindigkeit miteinander in Berührung, so daß sie parallel zueinander verlaufen, so herrscht zwar auf beiden Seiten der Trennungsfläche der gleiche Druck, aber es besteht eine Unstetigkeit in der Geschwindigkeit. Dieser Zustand ist mit (75.1) nicht vereinbar und deshalb auch nicht beständig. Vielmehr bilden sich längs der Trennungsfläche *Wirbel*, die von der Strömung mitgenommen werden, und die beiden Strömungen gleiten wie auf Rollen aneinander entlang, indem die Wirbel in dem Sinne rotieren, daß ihre Rotation auf der Seite der größeren Geschwindigkeit *in* Richtung der Strömung, auf der anderen Seite *gegen* diese Richtung erfolgt. (Man kann das etwa mit der Wirkung eines Wälzlagers vergleichen.)

Überhaupt besteht die Neigung zur Wirbelbildung an allen Unstetigkeitsstellen der Strömung oder ihrer Begrenzung. Abb. 180 zeigt die allmähliche Ausbildung eines Wirbelsystems an einer scharfen Kante. In der Bucht hinter der Kante bildet sich ein Totwasser, das gegen die Strömung durch eine Schicht von Wirbeln, eine Wirbelstraße, abgegrenzt ist.

Strömt eine Flüssigkeit oder ein Gas schnell durch eine scharfkantige Öffnung, so bildet sich an dieser ein ringförmig geschlossener Wirbel (Abb. 181). Das läßt sich mit einem Kasten mit elastischer Rückwand, der vorn eine Öffnung hat, zeigen, wenn man der Luft im Kasten ein wenig Rauch beimischt. Schlägt man kurz gegen die Rückwand, so bildet sich ein Wirbel und fliegt mit erheblicher Geschwindigkeit mehrere Meter fort, ehe er sich durch Reibung auflöst. Infolge des beigemischten Rauches ist er sichtbar. (Vgl. auch die mit dem Munde erzeugten Tabakrauchringe.) Die Heftigkeit der Luftzirkulation im Wirbel zeigt die Tat-

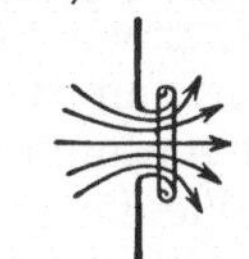

Abb. 181. Wirbelbildung an einer Ausströmungsöffnung. (Nach PRANDTL)

sache, daß eine brennende Kerze, die von dem Wirbel getroffen wird, mit heftigem Zucken erlischt. Solche Ringe sind sehr beständig. Sie werden nur durch Reibung zerstört, und in einer idealen homogenen Flüssigkeit wäre ein einmal gebildeter Wirbel überhaupt unzerstörbar. Allerdings gäbe es dann auch kein Mittel, um einen Wirbel zu erzeugen.

77. Tragflächen. Von der technisch höchst wichtigen Theorie der Tragflächen können wir hier nur das Grundsätzliche anführen. Bewegt sich die Tragfläche eines Flugzeuges durch die Luft oder strömt die Luft an der ruhenden Tragfläche vorbei, wie das bei Modellversuchen geschieht, so bildet sich um die Tragfläche eine Strömung aus, die man als die Überlagerung einer sog. *reinen Potentialströmung* (Abb. 182a) und einer *Zirkulation* (Abb. 182b) ansehen kann, so daß die in Abb. 182c dargestellte Strömung entsteht. In dieser sind die Stromlinien oberhalb der Tragfläche zusammengedrängt, unterhalb der Fläche viel weniger dicht, und daher ist der Luftdruck über der Fläche nach (75.2) geringer als unter ihr. Diese erfährt also eine nach oben gerichtete Kraft, die man als hydrodynamischen Auftrieb bezeichnet und die das Flugzeug trägt. Die treibende Wirkung von Schiffs- und Luftschrauben und die Drehung von Windrädern, die Wirkung der Schiffssegel, der Steuerruder von Luft- und Wasserfahrzeugen und die Tragwirkung der Vogelschwingen beim Segelflug beruhen auf der gleichen Ursache.

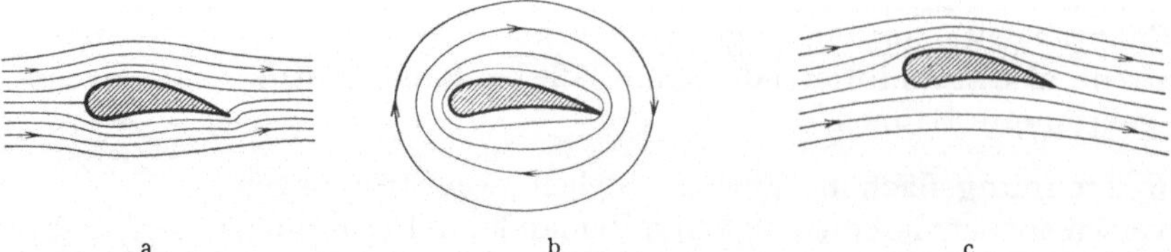

a   b   c

Abb. 182. Zur Theorie der Tragflächen. (Nach PRANDTL.) a Potentialströmung, b Zirkulation, c kombinierte Strömung

Die die Tragfläche ringförmig umströmende Luft (Abb. 182b) hat einen Drehimpuls, und dieser kann nach §36 nicht entstehen, ohne daß gleichzeitig der gleiche Betrag an Drehimpuls von entgegengesetztem Drehsinn auftritt, so daß die Vektorsumme der beiden Drehimpulse verschwindet. Tatsächlich bildet sich beim Anfahren eines Flugzeuges an der Hinterkante des Tragflügels ein *Anfahrwirbel* aus, dessen Drehsinn demjenigen der Zirkulation entgegengerichtet ist

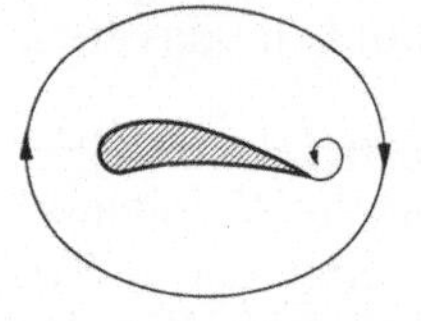

(Abb. 183). Er löst sich dann von der Tragfläche ab; es entstehen ständig neue Wirbel und bilden hinter der Tragfläche eine *Wirbelstraße*.

Abb. 183. Anfahrwirbel

78. Zähe Flüssigkeiten. Innere Reibung. Wir gehen nunmehr zur Betrachtung von Flüssigkeiten (und Gasen) über, bei denen die *innere Reibung* berücksichtigt werden muß. Tatsächlich tritt eine solche überall auf, wo benachbarte Flüssigkeitsschichten sich verschieden schnell bewegen, wo also *senkrecht zur Bewegung ein Geschwindigkeitsgefälle* besteht. In einer von Wänden begrenzten strömenden Flüssigkeit entsteht ein solches stets schon dadurch, daß die der Wand unmittelbar anliegende Flüssigkeitsschicht (oder Gasschicht, außer bei sehr hochverdünnten Gasen) *an der Wand haftet*, also relativ zu ihr ruht (Abb. 185).

Wie die äußere Reibung (§26) — mit der sie im übrigen nichts gemein hat — so sucht auch die innere Reibung die Geschwindigkeiten von aneinander grenzenden Schichten auszugleichen, also das Geschwindigkeitsgefälle zu beseitigen. Sie ist also eine Kraft F, welche die schnellere Schicht zu verlangsamen, die langsamere zu beschleunigen sucht. Es sei v die örtliche Geschwindigkeit, A die Berührungsfläche zweier Schichten, y die zur Geschwindigkeit v senkrechte Koordinate, also die Richtung des Geschwindigkeitsgefälles, der *Gleitgeschwindigkeit*, diese selbst demnach dv/dy. Dann gilt bei allen nicht sehr zähen Flüssigkeiten (und bei den Gasen) das *Newtonsche Reibungsgesetz*:

$$F = \eta A \frac{dv}{dy}. \tag{78.1}$$

Die Reibungskraft ist der Berührungsfläche und der Gleitgeschwindigkeit proportional. η ist eine Stoffkonstante, die *dynamische Zähigkeit* oder *Viskosität*, auch der *Reibungskoeffizient*. Flüssigkeiten, welche diesem Gesetz gehorchen, heißen *reinviskose* oder *Newtonsche Flüssigkeiten*. Bei sehr zähen Flüssigkeiten sind aber die Verhältnisse wesentlich verwickelter, und η hängt von den Versuchsbedingungen (Zeitdauer der Einwirkung usw.) ab. Nach (78.1) ist die CGS-Einheit der Zähigkeit 1 dyn cm^{-2} s = 1 g cm^{-1} s^{-1} = 1 *Poise* (P). Der Kehrwert der Zähigkeit heißt *Fluidität*. Der sehr oft auftretende Quotient $v = \eta/\varrho$ aus Zähigkeit und Dichte heißt *kinematische Zähigkeit* und wird in der Einheit 1 *Stokes* (St) = 1 cm^2 s^{-1} gemessen.

Die Zähigkeit der Flüssigkeiten nimmt mit wachsender Temperatur außerordentlich steil ab. Sie ist beim Wasser bei 0 °C rund sechsmal größer als bei 100 °C. Das Sommeröl der Kraftfahrzeuge wird im Winter zu zäh und muß durch das unter gleichen Verhältnissen weniger zähe Winteröl ersetzt werden. Ein jeder weiß, daß es nur einer geringen Erwärmung bedarf, um zäh gewordenen Honig dünnflüssig zu machen.

Die *innere Reibung der Flüssigkeiten* beruht darauf, daß sie scherenden Kräften (§ 56), wie sie ja bei Vorhandensein einer Gleitgeschwindigkeit auftreten, einen allerdings nicht dauernden, sondern mehr oder weniger schnell erlahmenden Widerstand entgegensetzen. Wesentlich maßgebend für dieses Verhalten ist ihre *Relaxationszeit* τ, die Zeit, innerhalb derer der Widerstand gegen eine aufgezwungene Deformation auf den Bruchteil $1/e$ seines Anfangswertes abklingt. Es ist $\eta = G\tau$ (G Schubmodul). Bei den reinviskosen Flüssigkeiten ist τ also auch q außerordentlich klein. Bei den plastischen Stoffen sind sie sehr groß.

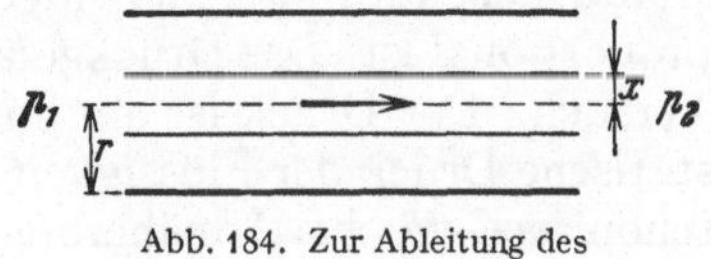

Abb. 184. Zur Ableitung des Hagen-Poiseuilleschen Gesetzes

Zähigkeit und Relaxationszeit bestimmen nicht nur das Verhalten bewegter Flüssigkeiten, sondern es besteht ein stetiger Übergang zum Verhalten fester Stoffe bei allen mit dauernden Verformungen verbundenen Beanspruchungen (§ 57). Das, was wir als Wirkung überelastischer Beanspruchung beschrieben haben, beruht tatsächlich auf *Fließvorgängen*. Dabei bezeichnen wir als *Fließen* zum Unterschied vom *Strömen* alle Vorgänge, bei denen die Zähigkeit und die Relaxationszeit einen merklichen Einfluß ausüben. Die *Fließkunde* oder *Rheologie* erfaßt daher nicht nur die zähen Flüssigkeiten, sondern auch die verformbaren festen Stoffe. Auf dem Zusammenspiel der Zähigkeit und der Relaxationszeit mit anderen Stoffkonstanten (Kompressibilität, Scherungsmodul, Oberflächenspannung usw.) beruhen die Eigenschaften der *Härte*, der *Sprödigkeit*, der *Schlüpfrigkeit (Lubrizität)*, der *Schmierfähigkeit*, der *Klebrigkeit* usw.

Ein in Natur und Technik wichtiger Vorgang, bei dem die Zähigkeit von Flüssigkeiten eine Rolle spielt, ist die *Flüssigkeitsströmung in einer Kapillaren*. Wir betrachten eine kreiszylindrische Röhre vom Radius r und in dieser einen axialen zylindrischen Stromfaden einer reinviskosen Flüssigkeit (s. o.) vom Radius x (Abb. 184). Am Anfang der Röhre herrsche der Druck p_1, an ihrem Ende der Druck $p_2 < p_1$. Auf den Stromfaden wirkt infolgedessen in der Strömungsrichtung die Kraft $(p_1 - p_2)\,\pi\,x^2$. Zweitens wirkt nach (78.1) in der Mantelfläche $2\pi\,x\,l$ der Stromröhre die Kraft $\eta \cdot 2\pi\,x\,l\,dv/dx$. Da bei einer stationären Strömung bei konstantem Rohrquerschnitt keine Beschleunigung der Flüssigkeit erfolgt, so verschwindet die Summe dieser Kräfte, so daß

$$(p_1 - p_2)\,\pi\,x^2 + \eta \cdot 2\pi\,x\,l\,\frac{dv}{dx} = 0 \quad\text{oder}\quad \frac{dv}{dx} = -\frac{p_1 - p_2}{2\eta\,l}\,x.$$

Bei der Integration dieser Gleichung ist zu beachten, daß die der Rohrwandung anliegende Flüssigkeit *stets an der Wand haftet*, also die Geschwindigkeit $v = 0$ hat. Dann folgt

$$v = \frac{p_1 - p_2}{4\eta\,l}\,(r^2 - x^2). \tag{78.2}$$

Durch eine weitere Integration findet man das in der Zeit dt durch jeden Rohrquerschnitt fließende Flüssigkeitsvolumen,

$$dV = \frac{\pi r^4}{8 \eta l} (p_1 - p_2)\, dt. \tag{78.3}$$

Dies Gesetz wurde 1839 von HAGEN[1], bald danach unabhängig von POISEUILLE[2] gefunden und wird daher als das *Hagen-Poiseuillesche Gesetz* bezeichnet. (Vgl.

a   b

Abb. 185. Strömung. (a) einer reinviskosen, (b) einer sehr zähen Flüssigkeit durch ein enges Rohr. Die Pfeile bedeuten die Strömungsgeschwindigkeiten

WESTPHAL: Physikalisches Praktikum, 4. Aufgabe.)

Die Verteilung der Geschwindigkeiten in einer engen Röhre ist in Abb. 185a dargestellt. Die Geschwindigkeit nimmt vom Rande nach der Mitte zu. Doch gelten die vorstehenden Gleichungen nur in engen Röhren und bei nicht zu schneller Strömung. Aus (78.3) folgt, daß die in der Zeiteinheit durch die Röhre fließende Flüssigkeitsmenge der längs der Röhre herrschenden Druckdifferenz proportional ist. Das Druckgefälle in einer Röhre zeigt der in Abb. 186 dargestellte Versuch. Der Druck ist am linken Ende der Röhre bereits kleiner als der hydrostatische Druck der Flüssigkeit im Gefäß, weil sich der Querschnitt der Strömung schon *im Gefäß* bei Annäherung an dieses Ende verkleinert, so daß die Strömungsgeschwindigkeit v zunimmt und daher der Druck p nach (75.1) (mit $h \approx const$) abnimmt.

Bei nicht reinviskosen Flüssigkeiten — bei denen η von den Versuchsbedingungen abhängig ist — gilt das Hagen-Poiseuillesche Gesetz nicht. Die Geschwindigkeitsverteilung nimmt dann die in der Abb. 185b dargestellte Form an. Die Flüssigkeit gleitet nahezu als Ganzes auf der an der Wand haftenden Schicht.

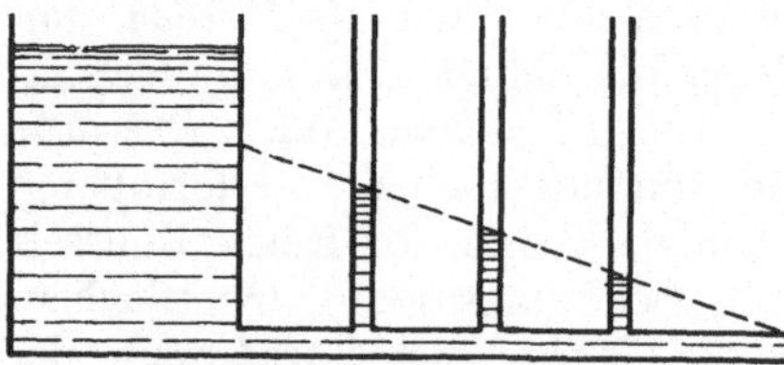

Abb. 186. Druckgefälle in einer Röhre

Wenn ein Körper sich durch eine Flüssigkeit bewegt, so erzeugt er eine mit innerer Reibung verbundene Flüssigkeitsbewegung und erfährt dadurch eine hemmende Kraft. Bei einer Kugel vom Radius r und der Geschwindigkeit v beträgt diese

$$F = 6 \pi \eta r v \tag{78.4}$$

(Stokessches[3] Reibungsgesetz). (Vgl. WESTPHAL: Physikalisches Praktikum, 4. Aufgabe.) Läßt man einen Körper in einer Flüssigkeit herabfallen, so wächst die Kraft mit wachsender Geschwindigkeit so lange, bis sie gleich seinem um den Auftrieb verminderten Gewicht geworden ist. Dann bewegt sich der Körper mit konstanter Geschwindigkeit weiter. Gewicht und Auftrieb sind seinem Volumen, also der 3. Potenz seiner Abmessungen, die Reibungskraft aber einer kleineren Potenz derselben proportional. Darum fallen kleine Körper langsamer als gleichgeformte größere Körper aus gleichem Stoff. Das Schweben sehr kleiner Körper — Staub, Rauchteilchen, Wassertröpfchen usw. — in der Luft und ähnlicher Teilchen, auch des Planktons im Wasser, ist ein äußerst langsames Fallen.

Die *innere Reibung der Gase* ist sehr viel kleiner als die der Flüssigkeiten und hat eine ganz andere Ursache. Sie ist ein *Diffusionseffekt*, der auf dem Austausch von Molekülen zwischen benachbarten, verschieden schnellen Gasschichten beruht. Dabei wird die schnellere Schicht durch Aufnahme von Molekülen aus der lang-

---

[1] GOTTHILF HAGEN, 1797—1884.   [2] LÉON POISEUILLE, 1799—1869.
[3] GEORGE GABRIEL STOKES, 1819—1903.

sameren Schicht verlangsamt, die langsamere durch Aufnahme von Molekülen aus der schnelleren Schicht beschleunigt. Die beiden Schichten erfahren also entgegengesetzt gerichtete, dem Betrage nach gleich große Impulsänderungen, und das entspricht dem Wirken einer Kraft. Der Mittelwert der Entfernungen, aus denen die in eine Schicht eintretenden Moleküle kommen, ist die mittlere freie Weglänge λ (§70). Je größer diese ist, um so größer ist auch die Geschwindigkeitsdifferenz und damit der ausgetauschte Impuls, also auch die innere Reibung, für die im übrigen (78.1) gilt. Theoretisch ergibt sich

$$\eta = \frac{1}{3} \varrho \, \bar{v} \, \lambda, \qquad (78.5)$$

wobei ϱ die Dichte und $\bar{v}$ die mittlere thermische Geschwindigkeit der Gasmoleküle ist. Da letztere mit der Temperatur zunimmt, so wächst — im Gegensatz zu den Flüssigkeiten — die Viskosität der Gase mit der Temperatur. Nach §70 ist $\lambda \sim 1/\varrho$, also $\varrho\lambda = const.$ Demnach hängt η nur von $\bar{v}$, also von der Temperatur, hingegen nicht von der Dichte bzw. dem Druck ab.

Bisher haben wir stillschweigend vorausgesetzt, daß die einzelnen Stromfäden in einer Flüssigkeit im Verlaufe der Strömung individuell erhalten bleiben und sich nicht miteinander vermischen und auflösen. Eine solche Strömung heißt eine *laminare Strömung*. Bei höherer Geschwindigkeit schlägt sie spontan in eine *turbulente Strömung* um, die nicht stationär ist und für die das eben Gesagte nicht gilt. Der Strömungswiderstand nimmt stark zu. Die Geschwindigkeit, bei der Turbulenz eintritt, kann aus der *Reynolds-Zahl*[1] $Re = vl/v$ berechnet werden, wobei l eine für den Strömungsvorgang charakteristische Länge, v die kinematische Zähigkeit der Flüssigkeit ist. Die Reynolds-Zahl und eine Reihe weiterer Quotienten von der Art einer Verhältnisgröße spielen u. a. eine wichtige Rolle bei *Modellversuchen* im Schiff- und Flugzeugbau, bei denen diese sog. Kennzahlen ebenso groß sein müssen wie bei der Anwendung des Originals (sog. *Ähnlichkeitsgesetze*).

79. Flüssigkeits- und Gasstrahlen. Eine turbulente Strömung liegt auch vor, wenn eine Flüssigkeit oder ein Gas mit einer genügenden Geschwindigkeit aus einer engen Öffnung in einen weiteren, mit dem gleichen Stoff erfüllten Raum eintritt. Es bildet sich dann ein von der Öffnung ausgehender *Strahl*. Dabei werden die angrenzenden Schichten von dem Strahl mitgerissen und in den Strahl mit einbezogen

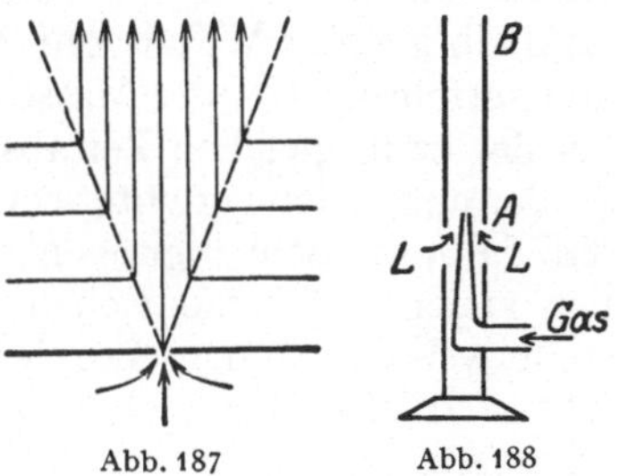

Abb. 187   Abb. 188

Abb. 187. Stromlinien in einem Flüssigkeits- oder Gasstrahl. (Nach PRANDTL)

Abb. 188. Bunsenbrenner

(Abb. 187). Der Strahl verbreitert sich also, und zwar nimmt sein Querschnitt proportional der Entfernung von der Öffnung zu. Dadurch wächst die Masse m des im Strahl bewegten Stoffes, und da nach dem Impulssatz (§18) die Bewegungsgröße mv des Strahls erhalten bleibt, so nimmt gleichzeitig die Strahlgeschwindigkeit v um so mehr ab, je weiter der Strahl sich von der Öffnung entfernt, und wird in großer Entfernung gleich Null. Der umgebende Stoff wird von den Seiten in den Strahl hineingerissen, strömt also von allen Seiten her auf ihn zu. Darauf beruht das Schweben leichter Körper, z.B. eines Zelluloidballes, in einem Luftstrahl. Der Ball wird durch den Druck des Strahles getragen und durch die allseits zuströmende Luft am seitlichen Entweichen gehindert. (Das Tanzen eines Balles auf einer Fontäne erklärt sich ganz anders.)

---

[1] OSBORNE REYNOLDS, 1842—1912.

Auf der geschilderten Art der Strahlbildung beruht auch der Bunsenbrenner (Abb. 188). Das aus der Düse A ausströmende Gas reißt von den Seiten her Luft mit sich und mischt sich mit ihr im Rohr B.

Viertes Kapitel

Schwingungen und Wellen. Schall

80. Schwingungen von Massenpunkten. Wir haben die Schwingungen von Massenpunkten schon in §42 behandelt, müssen aber hier noch einmal darauf zurückkommen. Da wir im folgenden mit x, y, z die Ortskoordinaten der Gleichgewichtslage eines schwingenden Massenpunktes bezeichnen wollen, so bezeichnen wir künftig den Momentanwert der geradlinigen Schwingung eines Massenpunktes, also seine momentane Entfernung von dieser Gleichgewichtslage, mit ξ, seine Schwingungsweite mit ξ_0. Wir schreiben also nunmehr die Gl. (42.2) einer ungedämpften, linearen harmonischen Schwingung in der Gestalt

$$\xi = \xi_0 \sin(\omega t + \alpha) = \xi_0 \sin(2\pi \nu t + \alpha) = \xi_0 \sin\left(2\pi \frac{t}{T} + \alpha\right). \tag{80.1}$$

Dabei bedeutet wieder ω die Kreisfrequenz, $\nu = \omega/2\pi$ die *Frequenz*, $T = 1/\nu$ die *Schwingungsdauer* und α die von der Wahl des Nullpunktes der Zeitskala abhängige *Phasenkonstante*.

Die Schwingung eines Massenpunktes erfolgt aber nur dann nach der einfachen Gl. (80.1), wenn er unter der Wirkung einer konstanten Richtkraft steht (§42), wenn also die den Massenpunkt in seine Gleichgewichtslage zurücktreibende Kraft seinem Abstande ξ von ihr proportional ist. Es gibt Fälle, in denen diese Kraft in anderer Weise vom Abstande ξ abhängt. Auch dann kann eine Schwingung erfolgen, d.h. der Massenpunkt kann eine periodische Bewegung ausführen, bei der er in gleichen Zeitabständen immer wieder die gleichen Orte mit gleich großer und gleich gerichteter Geschwindigkeit durchläuft. FOURIER[1] hat bewiesen, daß dann die Schwingungen als eine Summe aus — im allgemeinen Fall unendlich vielen — harmonischen *Teilschwingungen* oder *Partialschwingungen* dargestellt werden kann, deren jede für sich (80.1) gehorcht. Der Momentanwert ξ läßt sich also dann als eine, im allgemeinen unendliche, Fouriersche Reihe schreiben,

$$\begin{aligned}
\xi = \xi_1 + \xi_2 + \xi_3 + \cdots &= \xi_1^0 \sin(\omega t + \alpha_1) + \xi_2^0 \sin(2\omega t + \alpha_2) + \\
+ \xi_3^0 \sin(3\omega t + \alpha_3) + \cdots &= \sum_{n=1}^{\infty} \xi_n^0 \sin(n\omega t + \alpha_n).
\end{aligned} \tag{80.2}$$

Dabei bedeuten die laufenden *Ordnungszahlen* n die Reihe der positiven ganzen Zahlen. Die 1. Teilschwingung ($n = 1$) mit der Kreisfrequenz ω, also der Schwingungszahl $\nu_1 = \omega/2\pi$, heißt die *Grundschwingung*, die weiteren Teilschwingungen mit den Kreisfrequenzen 2ω, 3ω, ... sind die *Oberschwingungen*. Die n-te Teilschwingung ist die $(n-1)$-te Oberschwingung. Die Frequenzen $\nu_n = n\nu_1 = n\omega/2\pi$ sind ganzzahlige Vielfache der Grundfrequenz ν_1. Im übrigen unterscheiden sich die einzelnen Teilschwingungen erstens durch ihre Phasenkonstanten α_n, zweitens durch ihre Schwingungsweiten ξ_n^0. In den meisten praktischen Fällen nehmen diese mit wachsendem n schnell ab, so daß man die Reihe (80.2) meist nach wenigen Gliedern abbrechen kann, ohne einen ins Gewicht fallenden Fehler zu

---

[1] JOSEPH FOURIER, 1768—1830.

begehen. Abb. 189 stellt eine Schwingung dar, die aus einer Grundschwingung und den beiden ersten Oberschwingungen besteht. Es ist angenommen $\xi_1^0 : \xi_2^0 : \xi_3^0 = 4 : 2 : 1$. Die beiden dargestellten Fälle unterscheiden sich durch die Phasenkonstanten. In Abb. 189a ist $\alpha_1 = \alpha_2 = \alpha_3 = 0$, in Abb. 189b ist $\alpha_1 = 0$, $\alpha_2 = + \pi/2$, $\alpha_3 = - \pi/2$.

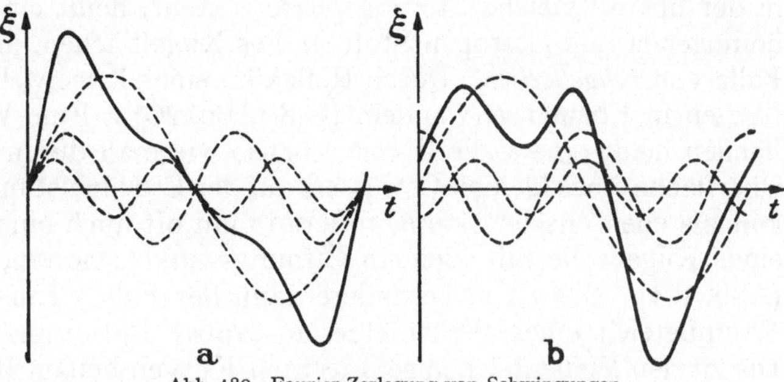

Abb. 189. Fourier-Zerlegung von Schwingungen

81. Fortpflanzung von Störungen. Wellen.

Wird ein Massenelement eines elastischen festen, eines flüssigen oder eines gasförmigen Stoffes momentan ein wenig aus seiner Gleichgewichtslage entfernt, so wird an jener Stelle das innere Gleichgewicht des Stoffes gestört. Indem die zwischen den einzelnen Massenelementen bestehenden Kräfte das Gleichgewicht wieder herzustellen suchen, überträgt sich die Störung auf die dem verschobenen Massenelement unmittelbar benachbarten Massenelemente, die sich ebenfalls aus ihren Gleichgewichtslagen entfernen. Indem diese ihrerseits die ihnen benachbarten Massenelemente beeinflussen, pflanzt sich die Störung vom Störungszentrum aus durch den Stoff fort. Handelt es sich um eine einmalige, momentane Störung, so stellt sich das innere Gleichgewicht des Stoffes auf diese Weise zuerst im Störungszentrum, dann von Ort zu Ort wieder her. Dauert die Störung im Zentrum an, indem die dort befindlichen Massenelemente in dauernder Bewegung um ihre Gleichgewichtslage gehalten werden, so ergreift sie allmählich den ganzen Stoff. Sie durchläuft den Stoff mit einer von seiner Beschaffenheit abhängigen Geschwindigkeit. Eine solche Störung, die sich in einem Stoff ausbreitet, heißt eine *Welle*, der von einer Welle betroffene Bereich ein *Wellenfeld*.

Innerhalb eines homogenen und isotropen Stoffes breitet sich eine Welle nach allen Richtungen vom Störungszentrum mit gleicher *Fortpflanzungsgeschwindigkeit c* aus. Eine vom Zentrum ausgehende Störung erreicht also nach der Zeit t die Oberfläche einer Kugel vom Radius $r = ct$ (Abb. 190). Der zeitliche Verlauf der Störung im Störungszentrum werde durch die Gleichung $\xi = f(t)$ als Funktion der Zeit t dargestellt. Dann treten die einzelnen Zustände, die jeweils durch die einzelnen Phasen der primären Störung im Zentrum bedingt werden, in den Punkten einer solchen Kugelfläche um die Zeit r/c später ein als im Zentrum. Es entspricht also der jeweilige Zustand in den Punkten der Kugelfläche vom Radius r im Zeitpunkt t dem Zustand im Störungszentrum O im Zeitpunkt $t - r/c$. Demnach wird der Zustand im Abstande r vom Zentrum durch die Gleichung

$$\xi = \gamma(r) \cdot f\left(t - \frac{r}{c}\right) \tag{81.1}$$

dargestellt. Der Faktor $\gamma(r)$ trägt dem Umstande Rechnung, daß die Schwingungsweite der Störung bei einer Kugelwelle mit dem Abstande vom Zentrum abnimmt.

Demnach sind die Zustände in den einzelnen Punkten eines Wellenfeldes zeitlich verschobene (und verkleinerte) Abbilder der Zustände im Störungszentrum. Greifen wir im Wellenfelde eine Gesamtheit von Punkten heraus, deren momentane Zustandsphasen durch die gleiche — einem bestimmten Zeitpunkt

angehörige — Phase der Störung im Zentrum bedingt werden, so sind diese
Punkte unter sich alle in gleicher Störungsphase. In einem homogenen Stoff
liegen sie auf einer geschlossenen Fläche um das Zentrum. Eine solche Fläche,
in der überall gleiche Störungsphase besteht, heißt eine *Wellenfläche*. In einem
homogenen und isotropen Stoff sind es Kugelflächen, und man spricht in diesem
Falle von *Kugelwellen*. Durch Reflexion einer Kugelwelle kann man ihre Wellenflächen in Ebenen verwandeln (§ 88, Abb. 204). Eine Welle mit ebenen Wellenflächen heißt eine *ebene Welle*. Ebenso wie man die in Wirklichkeit gekrümmte
Oberfläche eines kleinen Gewässers auf der Erde meist mit ausreichender Genauigkeit als eben ansehen kann, so kann man oft auch einen kleinen Ausschnitt aus
einer Kugelwelle mit kleinem Öffnungswinkel wie eine ebene Welle betrachten
(Abb. 191). Das ist insbesondere dann der Fall, wenn es sich um einen kleinen
Raumbereich eines Wellenfeldes in großer Entfernung vom Zentrum handelt.
Die zu den Wellenflächen senkrechten Kurven heißen *Wellennormalen*. Bei einer
Kugelwelle sind sie Radien der Kugel, bei ebenen Wellen paral-
lele Gerade.

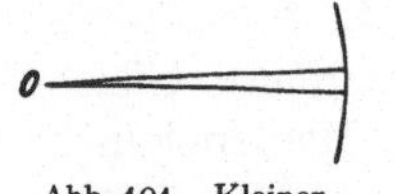

Abb. 191. Kleiner
Ausschnitt aus einer
Kugelwelle als ebene
Welle

Zur Verursachung der Störung im Zentrum müssen die dort
befindlichen Massenelemente durch eine an ihnen angreifende
Kraft gegen die ihr Gleichgewicht bedingenden Kräfte aus ihrer
Ruhelage entfernt werden. Es muß also an ihnen gegen diese
Rückstellkräfte Verschiebungsarbeit geleistet werden, durch
die die potentielle Energie der Massenelemente erhöht wird. Diese Energie geht mit
dem Fortschreiten der Störung auf die benachbarten Massenelemente über und
überträgt sich so von Ort zu Ort durch den Stoff. Mit der Ausbreitung der Störung
ist also ein Wandern von Energie durch den Stoff verbunden. In jedem Wellenfelde besteht ein vom Störungszentrum ausgehender *Energiestrom*. So kann die
vom Störungszentrum ausgehende Energie an entfernten Orten wirksam werden.
Eine von einem schwingenden Körper ausgehende Schallwelle kann unser Trommelfell in Bewegung versetzen. Bei ausreichender Stärke können Störungswellen
sogar sehr starke Wirkungen bis in große Entfernungen ausüben (Explosions-
wellen, Erdbebenwellen).

Geht innerhalb der Zeit dt und innerhalb eines räumlichen Winkels Ω vom
Zentrum die Energie $dE = \Phi\Omega\,dt/4\pi$ aus, so ist $\Phi\Omega/4\pi$ die je Zeiteinheit inner-
halb dieses Winkels ausgesandte Energie und heißt der *Energiestrom* im Winkel Ω.
Der Winkel Ω begrenzt auf einer mit dem Radius r um das Zentrum beschriebenen
Kugelfläche eine Fläche $A = r^2\Omega$ (§ 7). Die Größe

$$j = \frac{\Phi\Omega}{4\pi A} = \frac{\Phi}{4\pi r^2} \tag{81.2}$$

heißt die *Energiestromdichte* in der Fläche A. Sie ist dem Kehrwert des Quadrats
des Abstandes vom Zentrum proportional *(Entfernungsgesetz)*. Ist Φ von der
Richtung unabhängig, sendet also das Zentrum Energie nach allen Richtungen
in gleicher Stärke aus, so ist $\Phi = 4\pi r^2 j$ die je Zeiteinheit vom Zentrum ausgesandte Energie, also die Leistung der Quelle.

Wir haben bisher angenommen, daß die Störungsenergie auf ihrem Wege
durch den Stoff konstant bleibt. Meist findet aber eine allmähliche Umwandlung
der Energie in andere Energieformen längs ihres Weges statt, insbesondere in
Wärme. Dieser Vorgang heißt *Absorption*. Er bewirkt eine Abnahme des Energiestroms mit der Entfernung vom Zentrum. In vielen Fällen, besonders bei rein
harmonischen Wellen in homogenen Stoffen, gehorcht die Absorption einem einfachen Gesetz: Die Abnahme $d\Phi$ des Energiestroms Φ längs eines Weges dx ist
bei einer ebenen Welle dem örtlichen Betrage von Φ und der Weglänge dx pro-

portional,

$$d\Phi = -\beta\,\Phi\,dx. \tag{81.3}$$

Ist im Punkte $x=0$ $\Phi=\Phi_0$, so lautet die Lösung dieser Gleichung

$$\Phi = \Phi_0\,e^{-\beta x}. \tag{81.4}$$

β heißt der *Absorptionskoeffizient* des Stoffes für die betreffende Störungsart.

82. Strahlen. Wir greifen aus einer Kugelwelle einen Kegel von sehr kleinem Öffnungswinkel heraus (Abb. 191). Lassen wir diesen unbeschränkt kleiner werden, so schrumpft der Kegel mehr und mehr in eine Gerade zusammen, die der Wellennormalen in jenem Bereich entspricht. Ein solches gedachtes Wellengebilde von unendlich kleinem Öffnungswinkel heißt ein *Strahl*. Eine Welle von endlichem Öffnungswinkel kann aus unendlich vielen Strahlen zusammengesetzt gedacht werden. Die Gesamtheit der einen Kegel von endlichem Öffnungswinkel erfüllenden Strahlen heißt ein *Strahlenbüschel*, eine Gesamtheit von parallelen Strahlen ein *Strahlenbündel*. Eine ebene Welle kann als aus Strahlenbündeln zusammengesetzt gedacht werden.

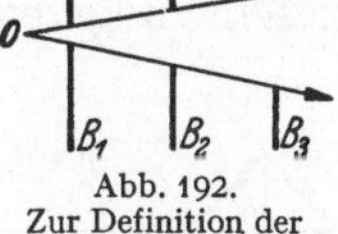

Abb. 192.
Zur Definition der Bahnen der Energie in einer Welle

Obgleich man die einzelnen Energieanteile, die sich von einem Zentrum aus innerhalb eines Mediums ausbreiten, nicht identifizieren, also nicht nach einiger Zeit individuell wiedererkennen kann, wie es bei materiellen Körpern der Fall wäre, so kann man doch der Aussage, daß sich die Energie längs bestimmter Wege ausbreitet, einen Sinn beilegen. Blendet man aus einer Welle durch eine Blende B_1 (Abb. 192) einen Kegel aus, so kann man die Begrenzung des Wellenfeldes im weiteren Verlauf durch Anbringung weiterer Blenden B_2, B_3 usw., die die Ausbreitung der Welle eben nicht mehr stören, ermitteln. In homogenen Medien ergibt sich dann, daß eine Ausbreitung nur innerhalb des durch das Zentrum und die erste Blende definierten Kegels stattfindet. (Von Beugungserscheinungen sehen wir hier ab.) Indem wir die erste Blende beliebig verkleinert denken, schrumpft der Kegel zum Strahl zusammen. Wir dürfen daher so verfahren, als breite sich die Energie auch innerhalb einer Welle von endlichem Öffnungswinkel längs der Strahlen aus, aus denen wir die Welle zusammengesetzt denken können.

Hiernach findet in homogenen Medien eine *geradlinige Fortpflanzung* der Energie in einer Welle statt, und zwar in Richtung der mit den Wellennormalen identischen Strahlen. In inhomogenen Medien, deren Beschaffenheit sich von Ort zu Ort ändert, sind die Strahlen infolge von Brechung im allgemeinen gekrümmt. Bei sprunghafter Änderung der Beschaffenheit, an der Grenze zweier verschiedener Medien, findet auch eine sprunghafte Richtungsänderung der Strahlen statt (Reflexion, Brechung). In anisotropen Stoffen fallen die als Bahnen der Energie definierten Strahlen im allgemeinen nicht mit den Wellennormalen zusammen.

Der Begriff des Strahles findet seine wichtigste Anwendung bei den Lichtwellen, die mit den hier betrachteten mechanischen Wellen nur in einem formalen Zusammenhang stehen. Aber auch bei den mechanischen Wellen ist seine Anwendung oft nützlich. So findet bei den Schallwellen der Begriff des *Schallstrahls* im obigen Sinne häufig Verwendung.

83. Oberflächenwellen. Unter den verschiedenen Wellenarten beanspruchen die *periodischen Wellen* ein besonderes Interesse. Das sind Wellen, die durch eine periodische, d.h. in gleichen Zeitabständen sich ständig wiederholende Störung verursacht werden.

Der allgemeine Begriff der Welle ist von den *Wasserwellen* bzw. den *Oberflächenwellen* von Flüssigkeiten überhaupt abgeleitet. Da an ihnen gewisse grundlegende Begriffe besonders anschaulich verständlich werden, so wollen wir mit ihrer Behandlung beginnen. Die Wasserbewegung in einer Wasserwelle besteht in einer kreisenden Bewegung der Wasserteilchen in der Nähe der Wasseroberfläche. Betrachten wir den Zustand in einer Welle in einem bestimmten Augenblick, so sind die in Richtung der Wellenfortpflanzung aufeinanderfolgenden Teilchen in ihrer Kreisbewegung um so weiter fortgeschritten, je näher sie dem Ursprung der Welle sind. Denn um so eher werden sie ja von jeder Störungsphase erfaßt (Abb. 193). Auf den Wellenbergen bewegen sich die Wasserteilchen in Richtung der *Wellengeschwindigkeit c*, in den Wellentälern ihr entgegen. Der Abstand zweier aufeinanderfolgender Wellenberge oder Wellentäler, überhaupt zweier aufeinanderfolgender Punkte, in denen sich die Wasserteilchen im gleichen Schwingungszustand befinden, also ihre Phasen sich um 2π unterscheiden, heißt die *Wellenlänge λ*. Man beachte, daß die Oberflächenwellen keinen sinusförmigen Querschnitt haben, wie es manchmal dargestellt wird (Abb. 193), sondern in den Wellenbergen viel steiler, in den Wellentälern viel flacher sind. Die Winkelgeschwindigkeit der Wasserteilchen betrage u, also nach (10.10) ihre Umlaufzeit

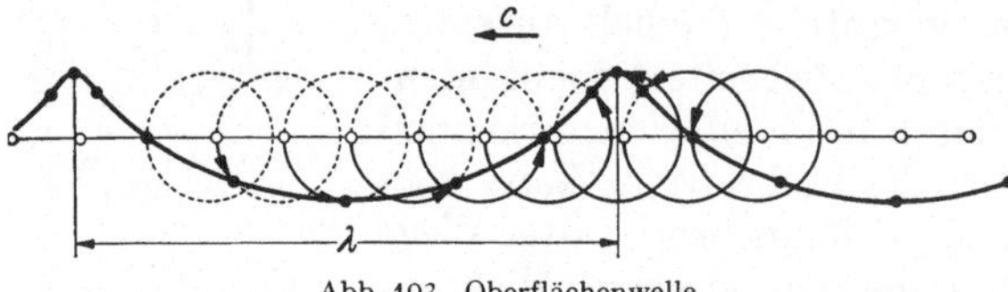

Abb. 193. Oberflächenwelle

auf dem Kreise $T = 2\pi/u$. Diese ist gleich der Zeit, in der sich ein Wellenberg um eine Wellenlänge fortbewegt. Es ist also $T = \lambda/c$ und demnach

$$\lambda = \frac{2\pi c}{u}. \tag{83.1}$$

Es ist zweckmäßig, den Zustand in der Welle in einem Koordinatensystem zu betrachten, das sich mit der Fortpflanzungsgeschwindigkeit c der Welle in der Wellenrichtung bewegt. In diesem System ruhen die Wellenberge und Wellentäler an ihren Orten, und die — in einem ruhenden Koordinatensystem als Ganzes ruhende — Flüssigkeit strömt in ihm als Ganzes mit der Geschwindigkeit $-c$. In einem relativ zur Flüssigkeit ruhenden System ist die Bahngeschwindigkeit eines rotierenden Flüssigkeitsteilchens ru, wenn r sein Bahnradius ist, oder nach (83.1) gleich $2\pi r c/\lambda$. Im bewegten System beträgt sie daher

$$\left.\begin{aligned}
\text{auf den Wellenbergen} \quad v_1 &= -c + \frac{2\pi r c}{\lambda}, \\
\text{in den Wellentälern} \quad v_2 &= -c - \frac{2\pi r c}{\lambda}.
\end{aligned}\right\} \tag{83.2}$$

Da die Flüssigkeit im bewegten System ihre Gestalt an allen Orten unverändert beibehält, besteht in ihm eine stationäre Flüssigkeitsströmung, deren Stromfäden von den kreisenden Flüssigkeitsteilchen gebildet werden und auf die wir die Bernoullische Gleichung (75.1) anwenden können. Der Druck p ist auf der ganzen Oberfläche der Luftdruck. Die Höhe h wollen wir von der durch die Mittelpunkte der Kreisbewegungen bestimmten Ebene ab rechnen. Sie beträgt dann im Wellental $-r$, auf dem Wellenberg $+r$. Dann ergibt die auf diese Stellen angewandte Bernoullische Gleichung

$$\tfrac{1}{2}\varrho\, v_1^2 + p + \varrho\, g\, r = \tfrac{1}{2}\varrho\, v_2^2 + p - \varrho\, g\, r$$

oder mit Rücksicht auf (83.2)

$$v_2^2 - v_1^2 = 4 g r = \frac{8\pi r c^2}{\lambda}.$$

Hieraus und aus (83.1) folgt

$$c = \sqrt{\frac{g\lambda}{2\pi}} = \frac{g}{u} \qquad \text{oder} \qquad \lambda = \frac{2\pi c^2}{g} = \frac{2\pi g}{u^2}. \tag{83.3}$$

Es hängt von der Art der Erregung der Welle ab, ob wir die Geschwindigkeit c oder die Kreisfrequenz u als primär gegeben anzusehen haben. Die gewöhnlichen Wasserwellen werden durch hinüberstreichenden Wind erregt, und ihre Geschwindigkeit ist durch die Windgeschwindigkeit bestimmt. In diesem Fall sind also λ und u Funktionen von c gemäß (83.3). Wird hingegen die Welle durch eine der Oberfläche an irgendeiner Stelle aufgezwungene Schwingung von der Frequenz ν, also der Kreisfrequenz $2\pi\nu$ erregt (§42), so ist $u = 2\pi\nu$ primär gegeben, und c und λ ergeben sich aus (83.3) als Funktionen von u bzw. ν. Wird eine Welle durch einen in die Flüssigkeit geworfenen Körper erregt, so ist ebenfalls die Frequenz primär gegeben. Sie ist gleich der Frequenz, mit der die Oberfläche wieder in ihre Gleichgewichtslage einschwingt, und im wesentlichen durch die Abmessungen des Körpers bestimmt. An den Gl. (83.3) ist bemerkenswert, daß sie weder von der Art der Flüssigkeit (z. B. von ihrer Dichte) noch von der Wellenhöhe abhängen. (Bei sehr großer Wellenhöhe trifft allerdings die vorstehende einfache Theorie nicht zu; die Geschwindigkeit wird dann auch von der Höhe abhängig, und es treten Brecher auf.)

Wellen der vorstehenden Art, für deren Zustandekommen die Schwerkraft maßgebend ist, heißen *Schwerewellen*. Der Einfluß der Schwerkraft besteht darin, daß sie die gestörte Flüssigkeitsoberfläche wieder horizontal zu stellen sucht, also die Richtkraft für die Schwingung der Flüssigkeitsteilchen liefert. Im gleichen Sinne wirkt aber auch die Oberflächenspannung (§62). Wird auch sie berücksichtigt, so tritt an die Stelle von (83.3) die Gleichung

$$c = \sqrt{\frac{g\lambda}{2\pi} + \vartheta\,\frac{2\pi}{\varrho\lambda}}\,, \tag{83.4}$$

wobei ϑ die Kapillaritätskonstante der Flüssigkeit ist. Bei langen Wellen überwiegt das der Gl. (83.3) entsprechende erste Glied weitaus, bei kurzen Wellen aber das zweite. Für diese *Kräusel-* oder *Kapillarwellen* oder *Riffeln* geht daher (83.4) in die Gleichung

$$c = \sqrt{\frac{2\pi\vartheta}{\varrho\lambda}} \tag{83.5}$$

über. Das sind die kleinen Wellen, die man auf Wasserflächen bei ganz schwachen Windstößen (Huschern) oder beim leichten Anstoßen eines wassergefüllten Glases beobachtet. Nach (83.4) hat die Wellengeschwindigkeit ein Minimum bei der Wellenlänge $\lambda = 2\pi\sqrt{\vartheta/(\varrho g)}$, nämlich $c = \sqrt[4]{4\vartheta\,g/\varrho}$. Diese *kritische Geschwindigkeit* beträgt z. B. beim Wasser rund 23 cm s^{-1}, die entsprechende Wellenlänge 1,7 cm. Wenn die Geschwindigkeit von Wellen von der Wellenlänge abhängig ist, wie im vorliegenden Fall, so sagt man, daß *Dispersion* vorliegt.

Die Wellenbewegung erstreckt sich in merklicher Stärke bis in eine von der Wellenhöhe abhängige Tiefe. In flachem Wasser kann sie bis auf den Grund reichen, und die Wasserteilchen erfahren in den Wellentälern eine Hemmung; das Fortschreiten der Welle wird an ihrer Basis verzögert, während die Wellenberge noch ungestört fortschreiten. Sie beginnen daher, die Wellentäler zu überholen, und überschlagen sich. Hierauf beruht die *Brandung* im flachen Wasser. In sehr flacher Flüssigkeit zeigen bis auf den Grund reichende Wellen keine Dispersion. Ihre Geschwindigkeit ist dann — unabhängig von der Wellenlänge —

$$c = \sqrt{g\,h} \tag{83.6}$$

und lediglich von der Tiefe h des Wassers abhängig.

Schwerewellen treten auch an der Grenze zweier Luftschichten von verschiedener Temperatur und Dichte auf, wenn sie übereinander hinweggleiten *(Helm-*

holtzsche Luftwogen). Sie sind oft an den gerippten Wolkengebilden kenntlich, von denen sie begleitet sind.

84. Räumliche periodische Wellen.

Bei der Betrachtung räumlicher Wellen beschränken wir uns zunächst auf ebene Wellen. Die Übertragung auf Wellen mit gekrümmten Wellenflächen kann immer leicht vollzogen werden. Wir greifen einen Punkt im Felde einer in der positiven x-Richtung fortschreitenden ebenen, harmonischen Welle heraus und bezeichnen seine Koordinate mit $x=0$. Unsere Zeitskala wählen wir so, daß hier die Phasenkonstante α verschwindet und die Schwingung durch die Gleichung $\xi=\xi_0 \sin \omega t=\xi_0 \sin 2\pi \nu t$ dargestellt wird.

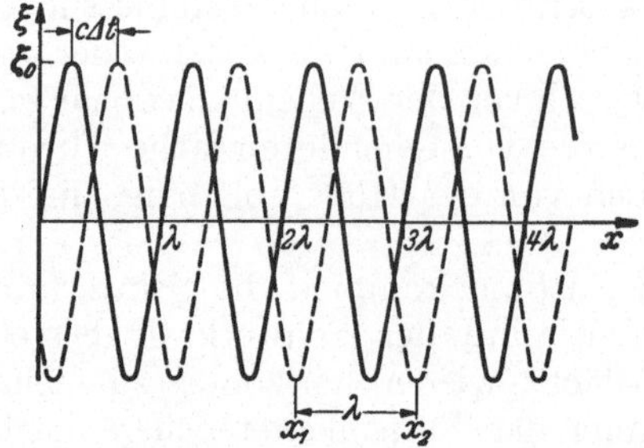

Abb. 194. Momentanwerte der Schwingungen in einer Welle als Funktion des Ortes in einem bestimmten Zeitpunkt t und zur Zeit $t+\Delta t$

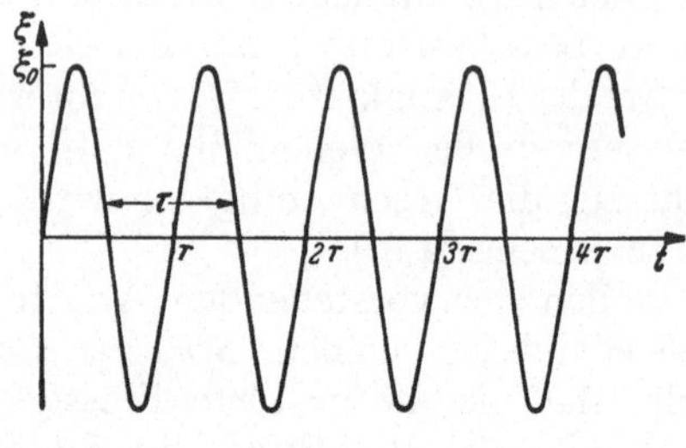

Abb. 195. Momentanwerte der Schwingungen in einer Welle als Funktion der Zeit t an einem bestimmten Ort

Nach einem um die Strecke x von diesem Punkt entfernten zweiten Punkt gelangt die Welle erst um die Zeitspanne x/c später. Daher wird die Schwingung nach (81.1) dort durch die Gleichung

$$\xi = \xi_0 \sin \omega \left(t - \frac{x}{c}\right) = \xi_0 \sin 2\pi \nu \left(t - \frac{x}{c}\right) \tag{84.1}$$

dargestellt. (Wir nehmen an, daß keine Absorption der Welle stattfindet und daß daher die Schwingungsweite ξ_0 vom Orte x unabhängig ist.) Zwei Punkte mit den Koordinaten x_1 und x_2 (Abb. 194) befinden sich dann *zu jeder Zeit* t im gleichen Schwingungszustand, wenn ihre Phasendifferenz ein ganzzahliges Vielfaches von 2π, also gleich $2n\pi$ ist (n positive oder negative ganze Zahl), d.h. wenn $2\pi \nu (t - x_1/c) - 2\pi \nu (t - x_2/c) = 2n\pi$ oder $x_2 - x_1 = nc/\nu$ ist. Demnach haben zwei aufeinanderfolgende Punkte von gleichem Schwingungszustand, z.B. zwei benachbarte Maxima $+\xi_0$ oder Minima $-\xi_0$, den Abstand $x_2 - x_1 = c/\nu$. Dieser Abstand

$$\lambda = \frac{c}{\nu} = 2\pi \frac{c}{\omega} = cT \tag{84.2}$$

heißt die *Wellenlänge* der Welle, wie der Abstand zweier Wellenberge bei einer Oberflächenwelle. Sie ist bei gegebener Wellengeschwindigkeit c um so kleiner, je größer die Frequenz ν ist. Längs einer Wellenlänge kommen alle möglichen Schwingungszustände einmal vor. (Alle einzelnen Beträge des Momentanwertes kommen zweimal vor. Diese Punkte werden aber momentan jeweils in entgegengesetzter Richtung durchlaufen.)

Abb. 194 gibt eine graphische Darstellung der Momentanwerte ξ in einer Welle als Funktion des Ortes x in einem Zeitpunkt t (ausgezogen) und in einem um die Zeit Δt späteren Zeitpunkt $t+\Delta t$ (gestrichelt). Während der Zeit Δt hat sich die Welle um die Strecke $c\Delta t$ in der x-Richtung verschoben. Abb. 195 zeigt die Welle als Funktion der Zeit t in einem bestimmten Punkte x. (Sie ist mit Abb. 98a identisch, da auch sie eine ungedämpfte Schwingung eines Massenpunktes dar stellt.) Die beiden Kurven gleichen einander vollkommen. Dies ist ein Beispiel für den häufig vorkommenden Fall, daß ein gleichzeitiges räumliches Nebeneinander ein getreues Abbild des zeitlichen Nacheinander ist. In Abb. 194 ist der Abstand zweier benachbarter homologer Punkte die Wellenlänge λ, in Abb. 195 die Schwingungsdauer T.

Eine Welle, für die (84.1) gilt, heißt eine *harmonische Welle*. Allgemein versteht man unter einer Welle jede sich ausbreitende Störung, die einen beliebigen zeitlichen Verlauf haben kann. Indessen kann man eine ungedämpfte Welle stets nach (80.2) in harmonische Teilwellen zerlegen.

85. Longitudinale elastische Wellen. Man hat zwei verschiedene Grenzfälle von Wellen zu unterscheiden, je nach der Richtung, in der die Massenteilchen gegenüber der Fortpflanzungsrichtung der Welle schwingen. Bei den *longitudinalen Wellen* führen die Massenteilchen Hin- und Herschwingungen *in Richtung* der Wellenfortpflanzung aus, bei den *transversalen Wellen senkrecht* zu ihr. Bei den longitudinalen Wellen liegen also die Verschiebungen ξ in den Wellennormalen. In Abb. 196a sind die momentanen Verschiebungen ξ äquidistanter Massenteilchen aus ihrer Gleichgewichtslage in einer longitudinalen harmonischen Welle dargestellt. Man sieht, daß der Stoff, in dem die Welle verläuft, in gewissen Bereichen, deren Breite gleich einer halben Wellenlänge ist, zusammengedrückt und

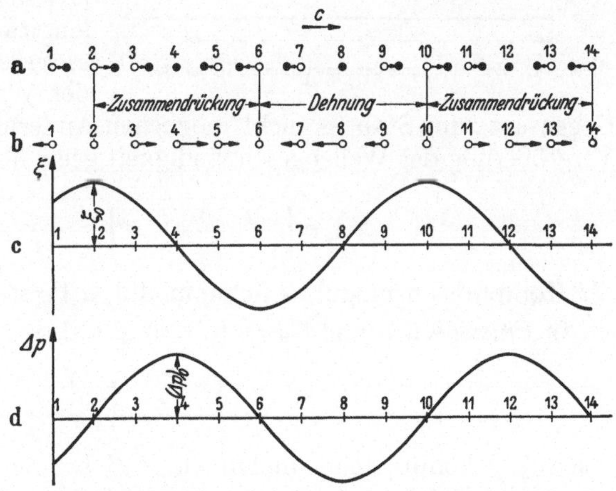

Abb. 196. a Momentane Verschiebung, b momentane Geschwindigkeit der Massenteilchen in einer longitudinalen Welle, c graphische Darstellung der momentanen Verschiebung, d der momentanen Druckänderung

in gleich breiten Bereichen gedehnt ist. In Abb. 196b sind die momentanen Geschwindigkeiten $v = d\xi/dt = \xi_0\,\omega\,\cos\omega\,(t - x/c)$ durch Pfeile angedeutet. Die örtlichen Druckänderungen Δp sind gegenüber den Verschiebungen ξ um $\pi/2$ in Phase verschoben, wie ein Vergleich der Abb. 196c und d zeigt.

Zur Berechnung der Geschwindigkeit c, mit der sich eine longitudinale Welle in einem *seitlich begrenzten Körper*, z.B. einem Stab, vom Elastizitätsmodul E und der Dichte ϱ ausbreitet, betrachten wir in Abb. 197 einen nach rechts beliebig ausgedehnten Stab vom Querschnitt q. Zur Zeit $t = 0$ beginne an seiner linken Endfläche eine konstante Kraft $\boldsymbol{F}$ (Betrag F) zu wirken. Nach der Zeit t hat sich die Endfläche um eine Strecke $\Delta l = vt$ nach rechts verschoben, wenn v die Geschwindigkeit ihrer Verschiebung ist. Gleichzeitig hat sich im Stab eine Verdichtungswelle fortgepflanzt, deren Kopf sich zur Zeit t in der Entfernung $l = ct$ vom linken Ende befindet. Das ganze Stabstück von der Länge l ist jetzt von der Zusammendrückung erfaßt und bewegt sich mit der Geschwindigkeit v nach rechts, während der Rest des Stabes von der Zusammendrückung und Bewegung noch nicht erfaßt ist. Dabei setzen wir voraus, daß $v \ll c$ ist. Durch die Kraft F ist das Stabstück von der Länge l um Δl verkürzt worden. Nach dem Hookeschen Gesetz (55.2) gilt daher

$$F = qE\,\frac{\Delta l}{l} = qE\,\frac{v}{c}. \tag{85.1}$$

In der auf den Zeitpunkt t folgenden Zeit Δt wandert der Wellenkopf um die Strecke $\lambda = c\,\Delta t$ weiter, und es wird zusätzlicher Stoff von der Masse $m = \varrho\,q\,\lambda = \varrho\,q\,c\,\Delta t$ auf die Geschwindigkeit v beschleunigt. Die Beschleunigung beträgt also $a = v/\Delta t$. Die bereits vorher bewegten Teile des Stabes erfahren keine weitere Beschleunigung. Daher ist ferner

$$F = m\,a = \varrho\,q\,c\,\Delta t\,\frac{v}{\Delta t} = \varrho\,q\,c\,v. \tag{85.2}$$

Durch Gleichsetzen von (85.1) und (85.2) ergibt sich $E/c = \varrho c$ oder

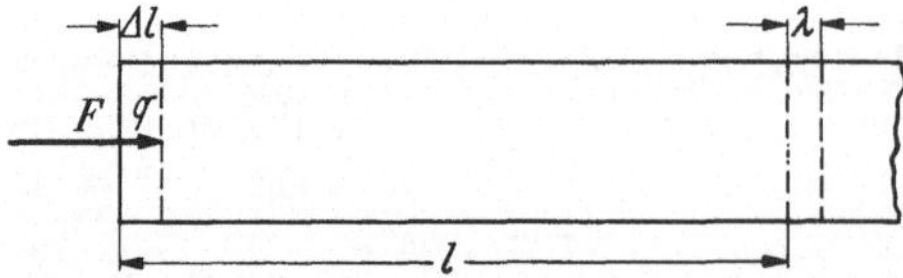

Abb. 197. Zur Ableitung der Newtonschen Gleichung

$$c = \sqrt{\frac{E}{\varrho}} \tag{85.3}$$

(Newtonsche Gleichung). Breitet sich eine longitudinale Welle in einem *allseitig ausgedehnten festen Stoff* aus, so bewirkt der Widerstand gegen die hier — im Gegensatz zum Stab — nicht möglichen Änderungen der Querdimensionen eine Vergrößerung der Wellengeschwindigkeit gegenüber dem obigen Fall. Sie beträgt

$$c = \sqrt{\frac{M + 4G/3}{\varrho}} = \sqrt{\frac{E}{\varrho}\,\frac{1 - \mu}{(1 + \mu)\,(1 - 2\mu)}} \tag{85.4}$$

(M Kompressionsmodul, G Schubmodul, μ Poissonsche Zahl, § 56).

In *Flüssigkeiten* und *Gasen* ($G = 0$) gilt also

$$c = \sqrt{\frac{M}{\varrho}}\,. \tag{85.5}$$

Nach § 69 könnte man annehmen, daß bei den *Gasen* für M der Druck p zu setzen ist. Tatsächlich ist, wie wir in § 113 begründen werden, $M = p\varkappa$ zu setzen (LAPLACE[1], 1816), mit $\varkappa = c_p/c_v$, das für einatomige ideale Gase 5/3, für zweiatomige 7/5 und für drei- und mehratomige 4/3 beträgt. Bei den idealen Gasen ist also

$$c = \sqrt{\frac{p\varkappa}{\varrho}}\,, \tag{85.6}$$

Statt p/ϱ können wir bei einem idealen Gase nach § 105 auch schreiben $p/\varrho = pV_s = RT/M_m$ [V_s spezifisches Volumen, T absolute Temperatur, M_m molare Masse (§ 64), R universelle Gaskonstante]. Dann folgt

$$c = \sqrt{\frac{RT}{M_m}\,\varkappa}\,. \tag{85.7}$$

Die Wellengeschwindigkeit hängt also in einem gegebenen idealen Gase nur von der Temperatur, nicht vom Druck ab. Führen wir statt T die Celsiustemperatur t ein (§ 106) und ist c_0 die Geschwindigkeit bei 0 °C, so ist

$$c = c_0\sqrt{1 + \frac{t}{273{,}15\,°\mathrm{C}}}\,. \tag{85.8}$$

Nach den vorstehenden Gleichungen ist die Geschwindigkeit elastischer Wellen von der Wellenlänge unabhängig; es besteht — anders als bei den Oberflächenwellen (§ 83) — *keine Dispersion*. Da auch der Schall ein Wellenvorgang ist, dessen Geschwindigkeit durch die obigen Gleichungen gegeben ist, so bezeichnet

---

[1] PIERRE SIMON MARQUIS DE LAPLACE, 1749—1827.

man die longitudinale Wellengeschwindigkeit c oft auch als die *Schallgeschwindigkeit*. Wenn es bei Schallwellen eine Dispersion gäbe, so würden schon bei einem einfachen Klang der Grundton und dessen Obertöne unser Ohr nicht gleichzeitig erreichen, geschweige denn die zahlreichen Töne, die z.B. in der Musik eines Orchesters enthalten sind. Bei $t=0$ °C beträgt die Schallgeschwindigkeit in Luft $331{,}70$ m s^{-1}, bei 20 °C rund 340 m s^{-1}. (Vgl. WESTPHAL: Physikalisches Praktikum, 17. Aufgabe.)

Longitudinale Wellen können in allen elastischen Stoffen auftreten. Man kann sie in der Luft und andern Gasen mit der *Schlierenmethode* (TÖPLER[1], CRANZ[2]) sichtbar machen. Diese beruht darauf, daß die Verdichtungen und Ver-

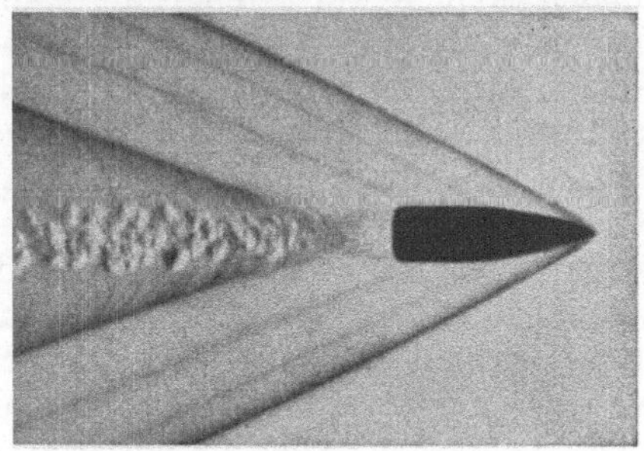

Abb. 198. Kopfknallwelle eines Geschosses, $v/c>1$. (Nach CRANZ)

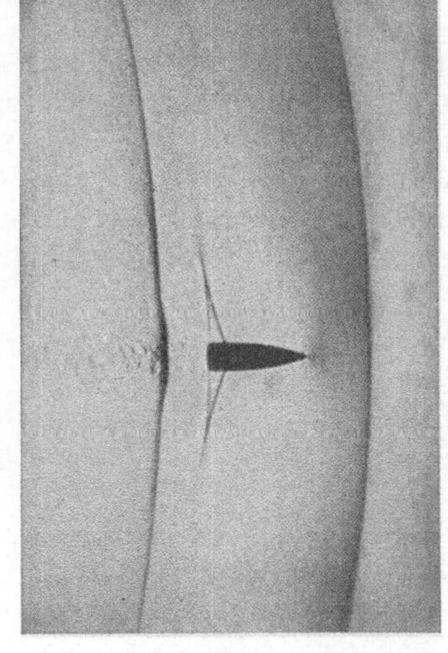

Abb. 199. Ablösung der Knallwelle vom Geschoß, $v/c<1$. (Nach CRANZ)

dünnungen in der Welle Inhomogenitäten des Gases und damit örtliche Änderungen der optischen Brechzahl hervorrufen. Abb. 198 zeigt eine nach diesem Verfahren hergestellte Aufnahme der vom Geschoßkopf eines Infanteriegeschosses ausgehenden Druckwelle und der vom Geschoßende ausgehenden Verdünnungswelle. Das Geschoß bewegt sich mit *Überschallgeschwindigkeit* $v>c$. Das Verhältnis v/c heißt *Mach-Zahl*[3]. c/v ist der sin des Winkels, den die Wellenfront mit der Geschoßachse bildet (*Machscher Winkel*, vgl. auch Abb. 206). Wenn die Geschoßgeschwindigkeit durch Luftreibung kleiner als die Schallgeschwindigkeit geworden ist, lösen sich beide Wellen vom Geschoß ab (Abb. 199). Bei sehr großer Knallstärke treten Abweichungen von (85.5) ein *(Stoßwellen)*.

86. Transversale Wellen. Polarisation. Wellen, bei denen die Massenteilchen senkrecht zur Wellenfortpflanzung schwingen, heißen *transversale Wellen* oder *Scherungswellen*. Im einfachsten Falle bewegen sich dabei die Teilchen innerhalb eines Strahls auf parallelen, zur Fortpflanzungsrichtung senkrechten *Geraden*, also in der gleichen Ebene. Eine solche Welle heißt *linear polarisiert* (Abb. 200b). Erfolgt die Bewegung der einzelnen Teilchen aber in einer zur Fortpflanzungsrichtung senkrechten *Ebene*, so kann man die Welle in zwei senkrecht zueinander linear polarisierte Wellen zerlegen, die sich in isotropen Stoffen mit gleicher, in anisotropen Stoffen mit verschiedener Geschwindigkeit fortpflanzen. Im allgemeinsten Falle wird bei einer einfach harmonischen transversalen Welle der jeweilige Ort eines Massenteilchens durch einen von seiner Gleichgewichtslage ausgehenden Ortsvektor $\boldsymbol{r}$ dargestellt, der in der zur Fortpflanzungsrichtung der

---

[1] AUGUST TÖPLER, 1839—1912. [2] KARL CRANZ, 1857—1945.
[3] ERNST MACH, 1838—1916.

Welle senkrechten Ebene umläuft und dabei periodisch seine Länge ändert, so daß sein Endpunkt, der Ort des Teilchens, eine Ellipse beschreibt (Abb. 200a). Eine solche Welle heißt *elliptisch polarisiert*. Die Momentanwerte der Schwingungskomponenten in Richtung der beiden Halbachsen der Ellipse haben die Phasendifferenz $\pi/2$ und werden daher (bei entsprechender Wahl der Zeitskala) durch die Gleichungen

$$\eta = \eta_0 \sin \omega t \quad \text{und} \quad \zeta = \zeta_0 \cos \omega t \tag{86.1}$$

dargestellt. η_0 und ζ_0 sind die Halbachsen der Teilchenbahn, und es ist $\eta^2/\eta_0^2 + \zeta^2/\zeta_0^2 = 1$. Wird die eine Halbachse, z. B. ζ_0, gleich 0, so ist die Welle *linear polarisiert* (Abb. 200b). Ist $\eta_0 = \zeta_0$, so ist die Bahn ein Kreis, die Welle ist *zirkular polarisiert* (Abb. 200c).

Durch die Polarisationserscheinungen unterscheiden sich die transversalen Wellen grundsätzlich von den longitudinalen Wellen. Im Zweifelsfalle kann die

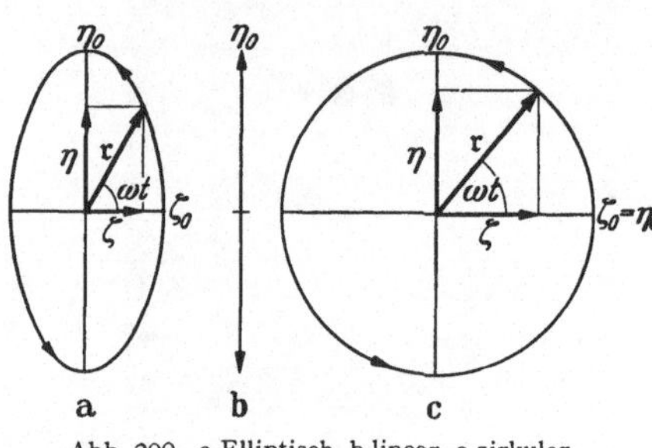

Abb. 200. a Elliptisch, b linear, c zirkular polarisierte Schwingung

Möglichkeit, eine Welle linear zu polarisieren, zur Entscheidung über ihren longitudinalen oder transversalen Charakter führen, wie das beim Licht der Fall gewesen ist. Längs eines gespannten elastischen Seiles können sowohl longitudinale als auch transversale Wellen verlaufen. Führt man das Seil durch einen Schlitz, so können longitudinale Seilwellen durch den Schlitz bei jeder Orientierung desselben stets ungestört hindurchtreten. Von einer transversalen Seilwelle kann aber nur die in der Schlitzrichtung gelegene linear polarisierte Komponente hindurchtreten. Ist die Welle schon linear polarisiert, so geht sie nur dann ungestört durch den Schlitz hindurch, wenn die durch die Schwingungsrichtung des Seils und die Fortpflanzungsrichtung der Welle bestimmte Ebene, die *Polarisationsebene*, in der Schlitzrichtung liegt. Liegt sie senkrecht dazu, so kann die Welle durch den Schlitz überhaupt nicht hindurchtreten. *Es ist ein Kennzeichen transversaler Wellen, daß sie polarisiert, insbesondere linear polarisiert, sein können und daß geeignete, in ihren Weg gestellte Gebilde sie dann bei einer Drehung um die Fortpflanzungsrichtung als Achse je nach ihrer Orientierung ungestört hindurchlassen oder zum Teil oder ganz aufhalten.*

In Abb. 201a sind die momentanen Verschiebungen äquidistanter Teilchen in einer linear polarisierten, harmonischen transversalen Welle dargestellt. Die durch die Phasenunterschiede der Schwingungen hervorgerufenen gegenseitigen Verschiebungen der einzelnen Teilchen sind mit Scherungen des Mediums verknüpft (Abb. 201b). Die Richtkräfte, die die Gleichgewichtslagen der Teilchen gegen die durch die Welle übertragenen Kräfte wieder herzustellen suchen, sind scherende Kräfte. Solche gibt es aber nur in festen Stoffen, und daher sind *transversale Wellen nur in festen Stoffen möglich.* Die Fortpflanzungsgeschwindigkeit ist kleiner als die der longitudinalen Wellen und beträgt in isotropen festen Stoffen (G Schubmodul)

$$c = \sqrt{\frac{G}{\varrho}}. \tag{86.2}$$

Demnach zeigen auch die transversalen elastischen Wellen *keine Dispersion*.

Man erkennt aus Abb. 201b, daß die Scherungen dort, wo die Teilchen ihre Gleichgewichtslage durchlaufen, am stärksten sind. Die Scherungsmaxima sind also — wie die Druckmaxima in einer longitudinalen Welle — gegen die Verschiebungsmaxima um $\pi/2$ in Phase verschoben, und das gleiche gilt für die entsprechenden Minima.

Von den Erdbebenherden gehen im Erdkörper longitudinale und transversale Wellen und drittens Oberflächenwellen aus, die von dem senkrecht über dem Herd liegenden Punkt der Erdoberfläche, dem Epizentrum, entspringen. Die drei Wellen haben verschiedene Geschwindigkeiten und daher verschieden lange

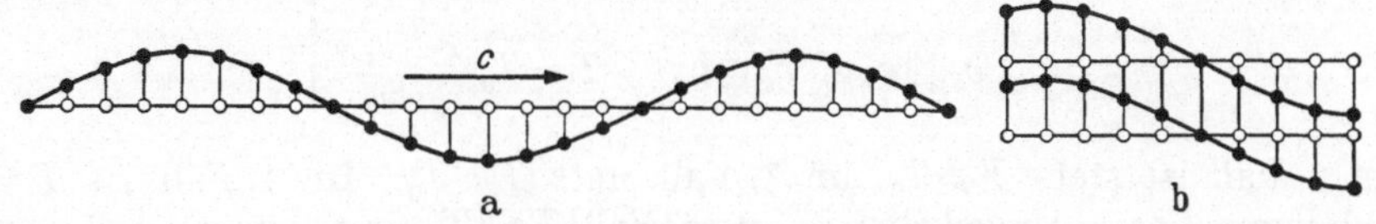

Abb. 201. a Momentane Verschiebungen in einer transversalen Welle, b Momentane Verformung des Mediums

Laufzeiten nach entfernteren Orten. Aus den Differenzen dieser Laufzeiten kann auf Grund der Aufzeichnungen der Seismographen der Erdbebenwarten die ungefähre Lage des Erdbebenherdes berechnet werden.

87. Doppler-Effekt. Eine allgemein bekannte Erscheinung ist der *Doppler*[1]-*Effekt* (1842), z.B. das plötzliche Sinken der Tonhöhe eines Lokomotivpfiffs im Augenblick des Vorbeifahrens. Das gleiche beobachtet man auch, wenn man in einem Zuge an einem in Betrieb befindlichen Läutewerk vorbeifährt, sowie überhaupt immer dann, wenn sich ein Beobachter und eine Schallquelle *relativ zueinander bewegen*. Der Doppler-Effekt beruht darauf, daß durch eine Relativbewegung von Schallquelle und Beobachter die Frequenz des empfangenen Schalles verändert wird.

Wir wollen nur die Fälle betrachten, in denen sich Beobachter und Schallquelle längs der gleichen Geraden bewegen (Abb. 202). Die Geschwindigkeit der Schallquelle relativ zur Luft sei v_s (Betrag v_s), die des Beobachters v_b (Betrag v_b), die Schallgeschwindigkeit c (Betrag c). Die Frequenz der Schallquelle sei ν_0, also ihre Schwingungszeit $T_0 = 1/\nu_0$. Zur Zeit $t = 0$ sende sie einen Scheitelwert ihrer Schwingung aus, also zur Zeit T_0 den nächstfolgenden Scheitelwert. Wir fragen nach der Zeit T, die zwischen dem Eintreffen des ersten und des zweiten Scheitelwertes beim Beobachter verstreicht, und nach der Frequenz $\nu = 1/T$ des von ihm empfangenen Tones. In der Zeit T_0, also während der Dauer einer Vollschwingung, legt die Schallquelle den Weg $v_s T_0$ zurück. Der Beobachter aber legt während des Empfanges der gleichen Vollschwingung den Weg $v_b T$ zurück (Abb. 202). Die Laufzeit des ersten Scheitelwertes bis zum Beobachter sei t_1, die des zweiten t_2. Dann ist $t_1 + T = T_0 + t_2$, also $t_2 - t_1 = T - T_0$. Der erste Scheitelwert legt den Weg $c t_1$, der zweite den Weg $c t_2$ zurück. Aus der Abb. 202 liest man ab:

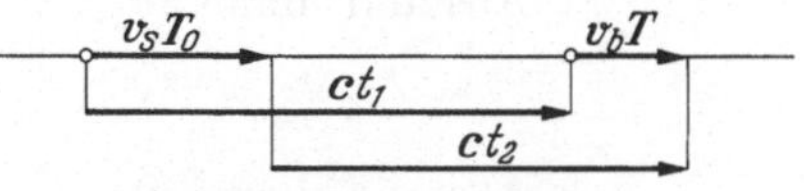

Abb. 202. Zum Doppler-Effekt

$$v_s T_0 + c t_2 = v_b T + c t_1$$

oder

$$T(c - v_b) = T_0(c - v_s). \tag{87.1}$$

Wir haben nunmehr 4 Fälle zu unterscheiden, von denen in Abb. 202 nur einer gezeichnet ist, die aber alle der Gl. (87.1) gehorchen. Es kann nämlich sowohl v_s als auch v_b die gleiche oder die entgegengesetzte Richtung haben wie c. Dabei wollen wir die Richtung von c, also von der Schallquelle zum Beobachter, stets

---

[1] CHRISTIAN DOPPLER, 1803—1853.

positiv rechnen. Aus (87.1) ergibt sich dann das folgende Schema:

$$
\begin{aligned}
&1.\ \ \boldsymbol{v}_b \uparrow\uparrow \boldsymbol{c}, \quad \boldsymbol{v}_s \uparrow\uparrow \boldsymbol{c}; \quad T = T_0 \frac{c - v_s}{c - v_b} \\[2mm]
&2.\ \ \boldsymbol{v}_b \uparrow\uparrow \boldsymbol{c}, \quad \boldsymbol{v}_s \downarrow\uparrow \boldsymbol{c}; \quad T = T_0 \frac{c + v_s}{c - v_b} \\[2mm]
&3.\ \ \boldsymbol{v}_b \downarrow\uparrow \boldsymbol{c}, \quad \boldsymbol{v}_s \uparrow\uparrow \boldsymbol{c}; \quad T = T_0 \frac{c - v_s}{c + v_b} \\[2mm]
&4.\ \ \boldsymbol{v}_b \downarrow\uparrow \boldsymbol{c}, \quad \boldsymbol{v}_s \downarrow\uparrow \boldsymbol{c}; \quad T = T_0 \frac{c + v_s}{c + v_b}.
\end{aligned}
\tag{87.2}
$$

Im 2. Fall ist stets $T > T_0$, im 3. Fall stets $T < T_0$. Im 1. Fall ist $T \lessgtr T_0$, je nachdem $v_s \gtrless v_b$. Umgekehrt ist im 4. Fall $T \lessgtr T_0$, je nachdem $v_s \lessgtr v_b$. Allgemein ist $T > T_0$, wenn sich der Abstand zwischen Beobachter und Schallquelle vergrößert, andernfalls $T < T_0$. Demnach ist bei wachsendem Abstand $\nu < \nu_0$, d.h. der Beobachter empfängt einen Ton, dessen Frequenz ν kleiner ist als derjenige der Schallquelle. Bei abnehmendem Abstand dagegen ist die empfangene Frequenz ν größer.

Wir können nunmehr leicht die einfachen Fälle behandeln, in denen entweder der Beobachter ruht ($v_b = 0$) oder die Schallquelle ruht ($v_s = 0$), und die in diesen Fällen vom Beobachter empfangene Frequenz $\nu = 1/T$ berechnen. Bei ruhendem Beobachter werden der 1. und der 3. Fall sowie der 2. und der 4. Fall, bei ruhender Schallquelle der 1. und der 2. Fall sowie der 3. und der 4. Fall identisch. Es ergibt sich dann das folgende Schema:

	Ruhender Beobachter $v_b = 0$	Ruhende Schallquelle $v_s = 0$
Abstand nimmt ab ...	$\nu = \dfrac{\nu_0}{1 - \dfrac{v_s}{c}}$	$\nu = \nu_0 \left(1 + \dfrac{v_b}{c} \right)$
Abstand nimmt zu ...	$\nu = \dfrac{\nu_0}{1 + \dfrac{v_s}{c}}$	$\nu = \nu_0 \left(1 - \dfrac{v_b}{c} \right)$

Beim Durchgang der Schallquelle bzw. des Beobachters durch den Ort des ruhenden Beobachters bzw. der ruhenden Schallquelle springt jeweils der obere Fall in den unteren um. Bei einer pfeifenden Lokomotive, die mit einer Geschwindigkeit von 30 m s^{-1} (108 km in der Stunde) vorbeifährt, ist, mit $c = 340$ m s^{-1}, das Verhältnis der Frequenzen beim Nähern und Entfernen etwa $6:5$. Der Ton springt also etwa um eine kleine Terz. Wenn zwischen Beobachter und Schallquelle auch im Augenblick ihrer größten Näherung noch ein Abstand besteht, so erfolgt die Änderung der Tonhöhe nicht sprunghaft, sondern — je nach dem Abstand mehr oder weniger schnell — stetig. (Vgl. WESTPHAL, Deine tägliche Physik. Ullstein-Taschenbuch Nr. 4000.)

Im allgemeinen ist $v_s/c \ll 1$, so daß $\nu_0/(1 \pm v_s/c) \approx \nu_0(1 \mp v_s/c)$. Es macht also praktisch meist nur einen sehr kleinen Unterschied, ob sich der Abstand durch Bewegung der Schallquelle oder des Beobachters ändert. Es kommt fast nur auf die relative Geschwindigkeit beider an.

88. Reflexion von Wellen. Trifft eine Welle auf die Grenze zweier verschieden beschaffener Medien, so wird sie in verschiedener Hinsicht beeinflußt. Ein Teil der Wellenenergie — unter Umständen sogar die ganze Wellenenergie — wird *reflektiert*, d.h. in das erste Medium zurückgeworfen. Der andere Teil tritt in das zweite Medium ein und erfährt dabei eine Richtungsänderung *(Brechung)*. Das Verhältnis der beiden Anteile kann je nach den Umständen sehr verschieden sein, es kann der eine den andern sehr stark überwiegen, eines von beiden sogar ganz fehlen.

Am einfachsten liegen die Verhältnisse bei einer glatten Grenzfläche. Eine solche ist als glatt zu bezeichnen, wenn sie keine Unregelmäßigkeiten hat, deren Abmessungen in die Größenordnung der Wellenlänge fallen. An einer solchen Grenzfläche tritt *reguläre Reflexion (Spiegelung)* ein, bei der die Wellenflächen auf breiter Front ihren Charakter als zusammenhängende Flächen behalten. Ist aber die Grenzfläche im obigen Sinne rauh, so zerfallen die Wellenflächen an den verschieden orientierten Elementarflächen der Grenzfläche. Die Welle spaltet in eine sehr große Zahl von Elementarwellen (Strahlen) auf, die sich von der Grenzfläche aus nach allen möglichen Richtungen ausbreiten *(diffuse Reflexion)*.

Bei der regulären Reflexion an einer ebenen Fläche liegen die Wellenflächen nach der Reflexion in jedem Augenblick spiegelbildlich zu der Lage, die sie ohne das Vorhandensein der Grenzfläche gehabt hätten (Abb. 203). Ein Stück $A_1 B_1$ einer ebenen Wellenfläche, das sich ohne Anwesenheit der Grenzfläche nach einer gewissen Zeit nach $A_2' B_2$ verschoben hätte, ist infolge der Reflexion in C geknickt. Der Teil $A_2 C$ läuft bereits in das erste Medium zurück, während der Teil CB_2 sich noch auf die Grenzfläche hin bewegt. Nach einiger Zeit ist der betrachtete Teil der Wellenfläche vollständig reflektiert $(A_4 B_4)$. Die Ebenen $A_2 C$ und $A_2' C$ liegen symmetrisch zur Grenzfläche, bilden also mit ihr den gleichen Winkel α. Im allgemeinen bezieht man sich beim *Reflexionsgesetz* nicht auf die Wellenflächen, sondern auf die Wellennormalen $(DC$ bzw. $CD')$, also auf die mit diesen zusammenfallenden Strahlen. Errichten wir in C Lote auf der einfallenden und der schon reflektierten

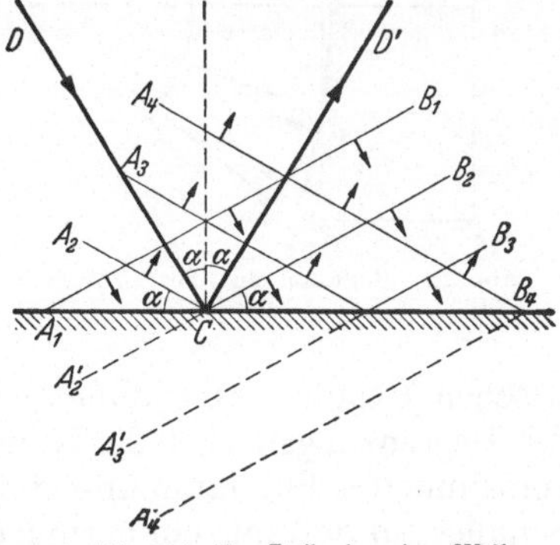

Abb. 203. Zur Reflexion einer Welle

Wellenfläche, so sind sie identisch mit dem in C einfallenden und dort wieder reflektierten Strahl. Aus Abb. 203 folgt, daß der einfallende und der reflektierte Strahl mit dem in C auf der Grenzfläche errichteten Lot *(Einfallslot)* gleiche Winkel — den *Einfallswinkel* α — bilden und daß sie mit dem Einfallslot in der gleichen Ebene liegen. Das gilt auch dann, wenn die einfallende Welle nicht eben ist, sondern ihre Wellenflächen gekrümmt sind.

Die Reflexion einer Welle an einer gekrümmten Fläche erfolgt so, als werde jeder ihrer Strahlen an der in seinem Auftreffpunkt an die Fläche gelegten Tangentialebene reflektiert. Die Gestalt der Wellenflächen erfährt bei der Reflexion an einer gekrümmten Fläche eine Änderung. Abb. 204 zeigt die Reflexion einer ebenen Welle an einer konkaven Kugelfläche. Die von rechts her eingefallene ebene Wellenfläche, die ohne Vorhandensein der reflektierenden Fläche bis $E'F'$ fortgeschritten wäre, bildet infolge der Reflexion die Wellenfläche EF. Sie ist in ihrem mittleren Teil näherungsweise eine Kugelfläche, deren Mittelpunkt Z um den halben Radius der reflektierenden Fläche von dieser entfernt liegt *(Brennpunkt*, vgl. § 270). Die Wellenfläche, die ohne Reflexion bis $A'B'$ gelangt wäre, ist erst mit den Teilen AC und BD reflektiert. Bei Umkehrung der Pfeilrichtungen ergibt sich die Reflexion einer von Z kommenden Kugelwelle als ebene Welle. Bei der Reflexion an einer Ebene bleibt die Gestalt der Wellenflächen unverändert. Kugelwellen werden als Kugelwellen reflektiert (Abb. 205).

Der Mittelpunkt Z' der reflektierten Wellenflächen liegt symmetrisch zum Mittelpunkt (Ausgangspunkt) Z der einfallenden Wellenflächen. Die reflektierte Welle scheint also von Z', dem Spiegelbild von Z, herzukommen (vgl. § 270).

Die reguläre Reflexion von Wasserwellen kann man oft an steilen Ufermauern in nicht zu flachem Wasser beobachten. Allerdings wird die Erscheinung durch Interferenz der einfallenden und der reflektierten Welle kompliziert (§ 89, vgl. auch Abb. 225). Diffuse Reflexion von Wasserwellen kann man an zerklüfteten Steilküsten beobachten.

Besonders sinnfällig sind die Reflexionserscheinungen bei den Schallwellen. Sie werden an glatten Wänden regulär, an Waldrändern u. dgl. mehr oder weniger diffus reflektiert. Darauf beruhen die Erscheinungen des *Echos* und des *Nachhalls*. Die *Hörsamkeit von Räumen (Raumakustik)* hängt außer von der geome-

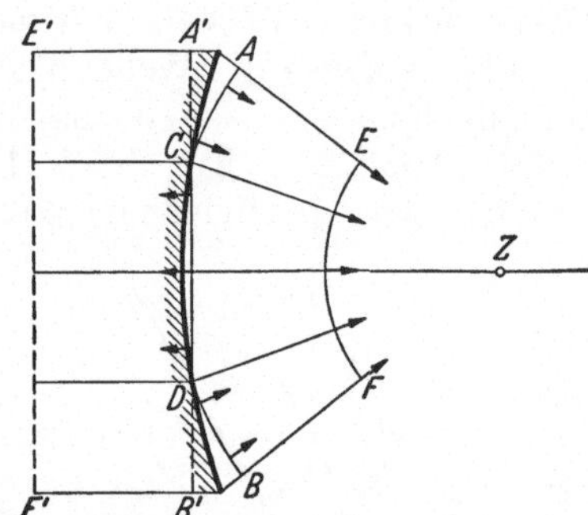

Abb. 204. Reflexion einer ebenen Welle an einer Kugelfläche

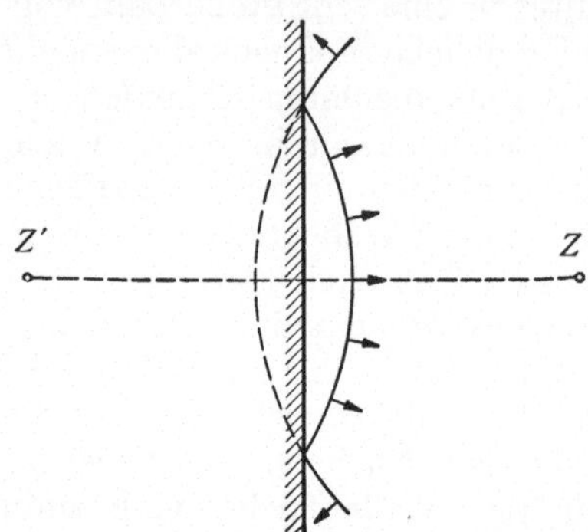

Abb. 205. Reflexion einer Kugelwelle an einer Ebene

trischen Gestalt des Raumes entscheidend von den Reflexionsverhältnissen an den Begrenzungsflächen des Raumes ab. Teppiche, Vorhänge, Wandbekleidungen, versammeltes Publikum absorbieren (dämpfen) den größten Teil des auffallenden Schalles, so daß nur ein geringer Bruchteil reflektiert wird. Sie vermindern also den von ein- oder mehrmaligen Reflexionen herrührenden Nachhall. Dieser ist in größeren Räumen deshalb so störend, weil in ihnen die Laufzeiten des Schalles beträchtlich sind. Schon eine Laufzeitdifferenz von 0,1 s (Wegdifferenz von rund 30 m) zwischen dem direkten und dem reflektierten Schall genügt, damit sie sich in sehr störender Weise überlagern und Gesprochenes mehr oder weniger unverständlich, der Eindruck musikalischer Darbietungen beeinträchtigt wird. Besonders störend ist der lange andauernde Nachhall infolge mehrfacher Schallreflexion an den nackten Wänden von Kirchen und anderen großen „Hallen". Er ist zwar ein nicht unwesentliches Moment für den feierlichen Eindruck, den solche Räume erwecken, stellt aber an die Kunst des Redners große Anforderungen. Auch Interferenzen zwischen dem direkten und dem reflektierten Schall können sich unangenehm bemerkbar machen. Die Raumakustik ist ein wichtiges und schwieriges architektonisch-physikalisches Problem, das man in wichtigen Fällen (Konzertsäle, Theater) durch Modellversuche mit Ultraschallwellen zu lösen versucht. Bestimmte Raumformen erzeugen eigentümliche Reflexionsverhältnisse. Geht Schall von dem einen Brennpunkt einer Ellipse aus, so läuft er auf Grund der geometrischen Eigenschaften der Ellipse im zweiten Brennpunkt wieder zusammen. Darauf beruhen die früher beliebten Flüstergewölbe.

Beim *Echolot* dient die Reflexion des Schalles am Meeresboden zur Messung der Meerestiefe aus der Laufzeit des Schalles vom Schiff über den Meeresboden zum Schiff zurück. Die Schallgeschwindigkeit beträgt im Wasser rund 1450 m s^{-1}.

Zur Messung einer Wassertiefe von 9000 m bedarf es also nur einer Zeit von etwa 12 s.

Abb. 206 ist ein nach einer Schlierenmethode (§85) aufgenommenes Bild der Reflexion der Knallwellen eines Geschosses und zeigt die Wellenflächen der am Geschoßkopf gebildeten Verdichtungswelle und einer vom Geschoßende ausgehenden Verdünnungswelle. Man erkennt, daß die einfallenden und die an den Wänden reflektierten Wellenflächen mit der reflektierenden Fläche gleiche Winkel bilden. (Man beachte den Machschen Winkel, §85.)

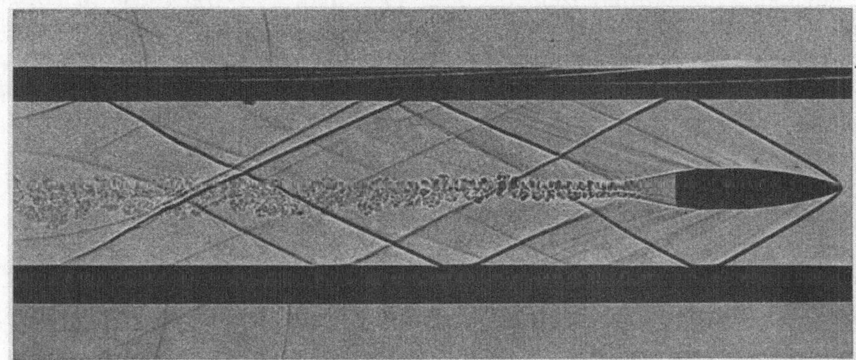

Abb. 206.   Reflexion von Geschoßknallwellen eines Infanteriegeschosses, Kaliber 8,3 mm, Länge 35 mm, $v = 860$ m s
Schattenschlierenmethode nach Dvořák. Freundlichst zur Verfügung gestellt von Professor Dr.-Ing H. Schardin

89. Interferenz. Stehende Wellen. Eine Welle von der Kreisfrequenz ω erzeuge an einem Orte eine Schwingung nach der Gleichung $\xi_1 = \xi_0 \sin \omega t$. Ihr überlagere sich eine zweite, gleichgerichtete Welle von gleicher Schwingungsweite

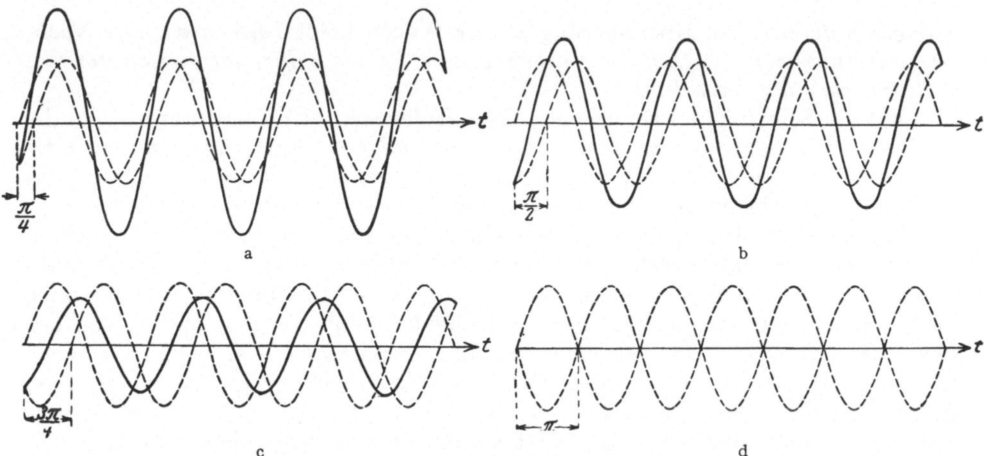

Abb. 207. Interferenz zweier Wellen bei verschiedenen Phasendifferenzen

und gleicher Kreisfrequenz, die für sich allein am gleichen Orte eine Schwingung nach der Gleichung $\xi_2 = \xi_0 \sin (\omega t + \alpha)$ erzeugen würde. Die beiden Schwingungen ξ_1 und ξ_2 überlagern sich zu einer Schwingung nach der Gleichung

$$\xi = \xi_1 + \xi_2 = \xi_0 \sin \omega t + \xi_0 \sin (\omega t + \alpha) = 2\xi_0 \cos \frac{\alpha}{2} \sin \left(\omega t + \frac{\alpha}{2}\right). \tag{89.1}$$

Da α zeitlich konstant ist, so ist $2\xi_0 \cos \alpha/2$ die Schwingungsweite der Gesamt-schwingung am betrachteten Ort. Ist die Phasendifferenz α der beiden Teil-schwingungen ein ganzzahliges Vielfaches (n-faches) von 2π, $\alpha = 2n\pi$, also $\cos \alpha/2 = \pm 1$, so hat die Schwingungsweite ihren größten möglichen Betrag $2\xi_0$. Die Schwingungen sind „in Phase" und *verstärken* einander maximal. Ist aber $\alpha = (2n+1)\pi$, also $\cos \alpha/2 = 0$, so findet zu jeder Zeit vollständige gegenseitige *Auslöschung* der beiden Schwingungen statt. Zwischen diesen beiden Grenzfällen liegen alle möglichen Übergänge. Abb. 207 zeigt diese Erscheinung für zwei Wellen mit den Phasendifferenzen $\pi/4$, $\pi/2$, $3\pi/4$ und π. *Wirken also in einem Raumpunkt zwei Wellen von gleicher Kreisfrequenz (also auch gleicher Frequenz) und gleicher Schwingungsweite gleichzeitig, so hängt es von ihrer Phasendifferenz in jenem Punkte ab, ob sie einander dort in ihrer Wirkung verstärken oder schwächen*

a   b

Abb. 208. Interferenz von Wasserwellen nach Grimsehl. b Teilvergrößerung von a

oder gar aufheben. Die Überlagerung zweier Wellen heißt *Interferenz. Der Nachweis der Interferenzfähigkeit ist ein zwingender Beweis dafür, daß es sich um eine Wellenerscheinung handelt.*

Sind die Schwingungsweiten der beiden Teilwellen nicht gleich groß, also die Wellen verschieden stark, so kann keine vollständige Auslöschung eintreten. Sind die Schwingungen ξ_1 und ξ_2 nicht gleichgerichtet, so muß man sie in gleich-gerichtete Komponenten zerlegen und deren Interferenz einzeln untersuchen.

Man kann Wellenzüge, die in verschiedenen Richtungen von der gleichen Quelle ausgehen, zur Interferenz bringen, indem man sie durch geeignete Maß-nahmen, z. B. Reflexionen, wieder am gleichen Ort zusammenführt. Haben sie bis zu diesem Ort im gleichen Stoff verschieden lange Wege s_1 und s_2 von der Quelle zurückgelegt, so haben sie einen *Gangunterschied* $s_1 - s_2$. Die eine Welle wird nach (81.1) am betrachteten Ort durch die Gleichung $\xi_1 = \xi_0 \sin \omega (t - s_1/c)$ dargestellt, die andere durch die Gleichung $\xi_2 = \xi_0 \sin \omega (t - s_2/c)$. Ihre Phasen-differenz beträgt also $\omega (s_1 - s_2)/c$. Ist sie ein ganzzahliges Vielfaches $2n\pi$ von 2π, so findet maximale Verstärkung statt. In diesem Fall ist $s_1 - s_2 = 2n\,\pi\,c/\omega = n\lambda$ [(84.2)]. Maximale Verstärkung der beiden Wellenzüge findet also statt, wenn ihr Gangunterschied ein ganzzahliges Vielfaches der Wellenlänge λ ist. Ist aber der Gangunterschied ein ungeradzahliges Vielfaches der halben Wellenlänge, $s_1 - s_2 = (2n+1)\lambda/2$, so ist die Phasendifferenz gleich $(2n+1)\pi$, und es findet vollständige gegenseitige Auslöschung statt.

Abb. 208 zeigt die Interferenz zweier Systeme von Wasserwellen, die durch zwei gleichzeitig periodisch im Wasser auf und ab bewegte Körper erregt werden.

Die Kurven gleichen Gangunterschiedes der beiden Wellen sind Hyperbeläste mit den beiden Wellenursprüngen als Brennpunkten. (Vgl. den Beweis beim optischen Analogon, §290).

Auf Interferenzen beruhen viele Verfahren, um die Wellenlänge von Schallwellen zu messen. In das Quinckesche[1] Interferenzrohr (Abb. 209) tritt bei A eine Schallwelle ein und wird bei B abgehört. Sie verläuft in den beiden Zweigen C und D des Rohres, deren einer (C) posaunenartig ausziehbar ist, so daß die beiden Teilwellen einen Gangunterschied erhalten können. Der Auszug wird nacheinander auf zwei aufeinanderfolgende Tonminima eingestellt. Das entspricht einer Verlängerung des Weges durch C um eine ganze Wellenlänge, die auf diese Weise gemessen werden kann.

Wir wollen jetzt den Sonderfall betrachten, daß zwei ebene Wellen von gleicher Schwingungsweite und Kreisfrequenz *in entgegengesetzter Richtung* längs der x-Achse eines Koordinatensystems verlaufen. Ihre Phasendifferenz ändert sich dann stetig von Punkt zu Punkt. Im Punkte $x = 0$ sollen sie die Phasendifferenz 0 haben, und die von jeder von ihnen allein dort erzeugte Schwingung soll durch die Gleichung $\xi_1 = \xi_2 = \xi_0 \sin \omega t$ dargestellt werden. Wir betrachten jetzt den Schwingungszustand in einem Punkte in der

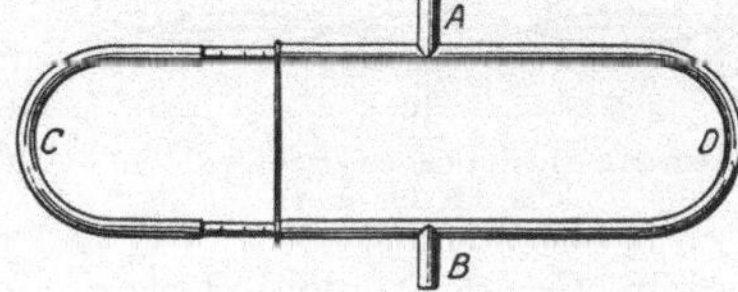

Abb. 209. Quinckesches Interferenzrohr

Entfernung x von jenem Punkt. Hier wird die von der in der positiven x-Richtung verlaufenden Welle erregte Schwingung nach (84.1) durch die Gleichung $\xi_1 = \xi_0 \sin \omega (t - x/c)$ dargestellt, die von der in der negativen x-Richtung laufenden Welle erregte Schwingung durch die Gleichung $\xi_2 = \xi_0 \sin \omega (t + x/c)$. Die beiden Wellen interferieren, und ihre Überlagerung ergibt als Momentanwert der Gesamtschwingung im Punkte x

$$\xi = \xi_1 + \xi_2 = \xi_0 \sin \omega \left(t - \frac{x}{c}\right) + \xi_0 \sin \omega \left(t + \frac{x}{c}\right) = 2\xi_0 \cos \left(\omega \frac{x}{c}\right) \sin \omega t. \qquad (89.2)$$

Die Schwingungsweite im Punkte x beträgt also $2\xi_0 \cos (\omega x/c)$ und ist vom Ort abhängig. Ist $x = n \pi c/\omega$ (n ganze Zahl), also $\cos (\omega x/c) = \pm 1$, so hat sie ein Maximum $2\xi_0$, in x ist ein *Schwingungsbauch*. Ist aber $x = (2n+1) \pi c/2\omega$, also $\cos (\omega x/c) = 0$, so löschen die beiden Wellen einander im Punkte x zu jeder Zeit vollkommen aus, in x ist ein *Schwingungsknoten*. Für zwei aufeinanderfolgende Bäuche oder Knoten ist $\omega x_1/c - \omega x_2/c = \pi$ oder $x_1 - x_2 = \pi c/\omega = \lambda/2$ [(84.2)], wenn λ die Wellen-

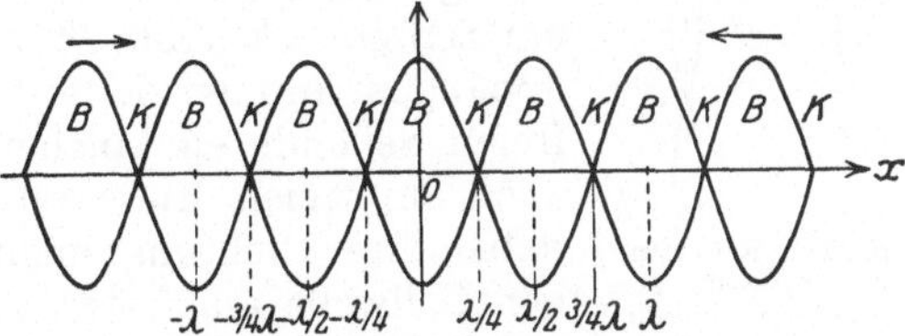

Abb. 210. Stehende Welle. Die beiden Sinuskurven bezeichnen die Grenzen, zwischen denen die Momentanwerte der Schwingung in den einzelnen Punkten x der Welle hin und her schwanken

länge ist. Der Abstand je zweier aufeinanderfolgender Knoten (K) oder Bäuche (B) beträgt also eine *halbe Wellenlänge* (Abb. 210). Die Knoten liegen in der Mitte zwischen den Bäuchen. Diese Erscheinung heißt eine *stehende Welle*.

Handelt es sich um eine longitudinale stehende Welle, z.B. um eine Schallwelle in Luft, so haben die Momentanwerte der Druckschwankungen nach §85 gegenüber denen der Schwingung eine Phasendifferenz $\pi/2$. Bei Durchführung einer der obigen entsprechenden Rechnung für die Druckschwankungen tritt daher überall an die Stelle des sin der cos und umgekehrt. Das hat zur Folge, daß an den Orten der Schwingungsbäuche *Druckknoten* (Orte konstanten Drucks)

---

[1] Georg Hermann Quincke, 1834—1924.

und an den Orten der Schwingungsknoten *Druckbäuche* (Orte maximaler Druck-schwankung) auftreten. Das ist auch daraus verständlich, daß in der unmittel-baren Umgebung der Schwingungsbäuche die Massenteilchen gleichsinnig schwin-gen, also keine Abstandsänderungen erfahren. Zu beiden Seiten eines Schwingungs-knotens jedoch schwingen sie gegensinnig, erzeugen also im Knoten periodische Zusammendrückungen und Dehnungen. Entsprechend verhält es sich mit den Bäuchen und Knoten der Schwingungen in einer stehenden transversalen Welle.

Eine stehende Welle läßt sich am besten durch Reflexion einer ebenen Welle an einer festen Wand erzeugen, indem sich dann die einfallende und die reflektierte

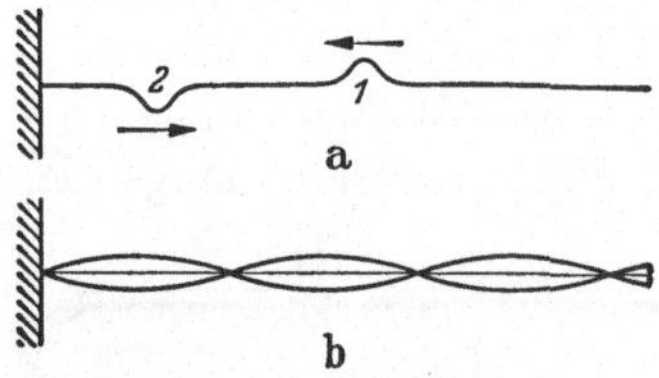

Abb. 211. Reflexion einer Seilwelle an einem festen Ende

Welle im Raume vor der Wand überlagern und miteinander interferieren. In diesem Fall muß not-wendig an der reflektierenden Wand ein Schwin-gungsknoten liegen, da die Anwesenheit der Wand Schwingungen der ihr anliegenden Massenteilchen unmöglich macht. Der Knoten entsteht durch Interferenz der einfallenden und der reflektierten Welle. Daraus folgt, daß die einfallende Welle an der Wand einen *Phasensprung* vom Betrage π,

einem Gangunterschied von einer halben Wellenlänge entsprechend, erleidet. Die weiteren Schwingungsknoten haben also von der Wand die Abstände $n\lambda/2$ (n ganze Zahl). Dem Schwingungsknoten an der Wand entspricht ein Druck-bauch an der gleichen Stelle. Das ist leicht verständlich, da die Massenteilchen

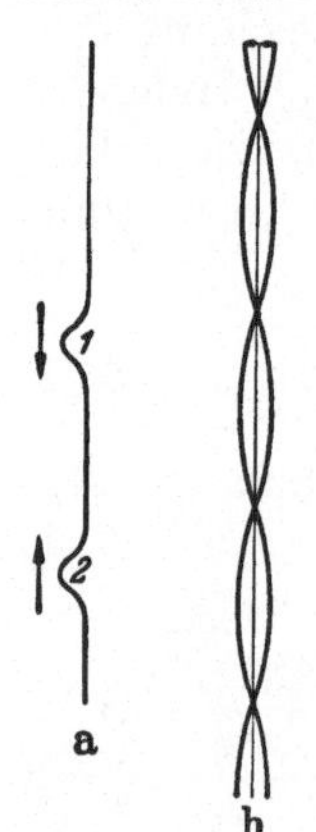

Abb. 212. Reflexion einer Seilwelle an einem freien Ende

in der Nähe der Wand hin und her schwingen, an der Wand selbst aber ruhen, so daß dort Maxima und Minima des Drucks auftreten müssen.

Daß eine Welle bei der Reflexion an einem festen Hindernis einen Phasensprung π, also eine sprunghafte Umkehr ihres Momentanwertes erleidet, kann man auch bei Wellen erkennen, die längs eines gespannten Seils verlaufen. Erzeugt man an ihm durch einen kurzen Schlag eine Ausbiegung, so läuft diese am Seil entlang (Abb. 211a, 1). Bei der Reflexion am festen Ende schlägt sie nach der entgegengesetzten Seite um und läuft so am Seil zurück (Abb. 211a, 2). Läßt man aber ein Seil frei her-abhängen und wiederholt den gleichen Versuch, so findet am freien Seilende ein solcher Sprung nicht statt. Die Welle wird auch am freien Ende reflektiert, aber die Ausbiegung ändert dabei ihre Richtung nicht (Abb. 212a). Daß bei einer stehen-den Seilwelle am festen Seilende stets ein Schwingungsknoten, an einem freien Seilende stets ein Schwingungsbauch ist, er-

kennt man, wenn man durch periodisches Hin- und Herbewegen des anderen Seilendes in ihm eine solche erzeugt (Abb. 211b und 212b, vgl. §94).

Durch Messung der Abstände der Knoten oder Bäuche in einer stehenden Welle kann man die Wellenlänge λ und daraus bei bekannter Frequenz ν die Wellengeschwindigkeit (Schallgeschwindigkeit) $c = \lambda\nu$ [(84.2)] in dem betref-fenden Stoff ermitteln. Bei Gasen kann man nach KUNDT[1] so verfahren, daß man den von einem eingespannten, geriebenen und dadurch zu longitudinalen Schwingungen angeregten Metallstab ausgehenden Schall auf das Innere einer mit dem Gase gefüllten, einseitig geschlossenen Röhre überträgt (Abb. 213). Ist der Stab in $1/4$ und $3/4$ seiner Länge eingespannt, so gerät er in longitudinale Schwingungen, deren Wellenlänge λ' im Stab gleich der Stablänge ist (§94).

[1] AUGUST KUNDT, 1839—1894.

In der Röhre befindet sich feines, trocknes Korkpulver. Dieses wird, wenn sich in der Röhre eine stehende Welle ausbildet, von den Schwingungsbäuchen fort-getrieben und sammelt sich in den Schwingungsknoten *(Kundtsche Staubfiguren)*.

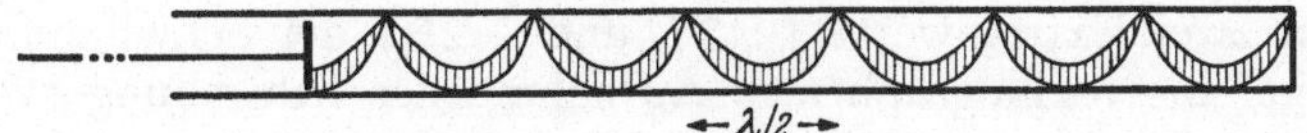

Abb. 213. Kundtsche Staubfiguren

So kann deren Abstand und damit die Wellenlänge im Gase gemessen werden. Die Frequenz ist im Gas und im Metallstab die gleiche. Daher verhalten sich nach (84.2) die Schallgeschwindigkeiten im Gas und im Metall wie die ent-sprechenden Wellenlängen. Für den Metallstab kann sie nach (85.3) berechnet werden. Das Verfahren kann z.B. dazu dienen, um bei Gasen die Größe $c_p/c_v = \varkappa$ aus der Schallgeschwindig-keit zu berechnen [(85.6, 7)]. (Vgl. WESTPHAL: Physikalisches Prakti-kum, 18. Aufgabe.)

90. Schwebungen. Kombina-tionstöne. Steht ein Punkt im Raum unter der gleichzeitigen Wirkung zweier Wellen mit den Frequenzen ν_1

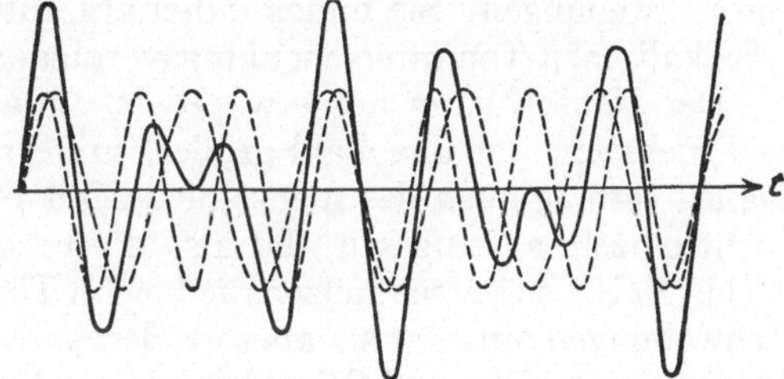

Abb. 214. Schwebung. $\nu_1 : \nu_2 = 7 : 5$

und ν_2 und gleicher Schwingungsweite ξ_0, so überlagern sich die dort von den beiden Wellen erregten Schwingungen zu einer Schwingung nach der Gleichung

$$\xi = \xi_1 + \xi_2 = \xi_0 \sin 2\pi \nu_1 t + \xi_0 \sin 2\pi \nu_2 t = 2\xi_0 \cos 2\pi \frac{\nu_1 - \nu_2}{2} t \sin 2\pi \frac{\nu_1 + \nu_2}{2} t. \quad (90.1)$$

(Allgemein wären noch Phasenkonstanten hinzuzufügen. Da solche zwar die momentane Schwingungsform beeinflussen, aber auf unsere weiteren Über-legungen keinen Einfluß haben, so lassen wir sie der Einfachheit halber fort.) Sind ν_1 und ν_2 voneinander nur wenig verschieden, so ist $(\nu_1 - \nu_2)/2$ klein gegen $(\nu_1 + \nu_2)/2$, und daher ändert sich dann der Faktor $\cos 2\pi (\nu_1 - \nu_2) t/2$ sehr viel

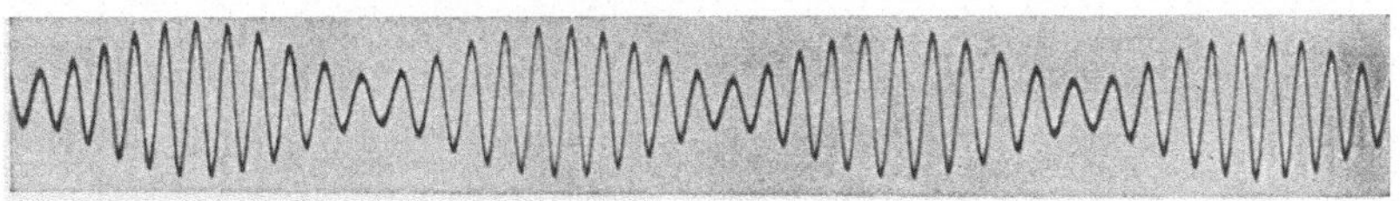

Abb. 215. Oszillographische Schwebungsaufnahme nach WAETZMANN. Aus MÜLLER-POUILLET: Lehrbuch der Physik Bd. 1, 3. Teil

langsamer als der Faktor $\sin 2\pi (\nu_1 + \nu_2) t/2$. Letzterer entspricht einer Schwingung mit der Frequenz $(\nu_1 + \nu_2)/2$, die von den Frequenzen ν_1 und ν_2 nur wenig ver-schieden ist, wenn diese sich von einander nur wenig unterscheiden. Wir können deshalb (90.1) so deuten, daß es sich um eine Schwingung von der Frequenz $(\nu_1 + \nu_2)/2$ handelt, deren Schwingungsweite $2\xi_0 \cos 2\pi (\nu_1 - \nu_2) t/2$, also periodisch langsam veränderlich ist. Die Überlagerung der beiden Wellen erzeugt also im betrachteten Raumpunkt eine Schwingung mit der Frequenz $(\nu_1 + \nu_2)/2$, deren Stärke periodisch zu- und abnimmt. Ein solcher Vorgang heißt eine *Schwebung*.

Die Schwingungsweite schwankt zwischen den absoluten Beträgen $2\xi_0$ und 0. Als *Schwebungsdauer* T_s bezeichnen wir die Zeit, in der der $\cos 2\pi (\nu_1 - \nu_2) t/2$ seine sämtlichen Phasen einmal durchläuft, also $T_s = 2/(\nu_1 - \nu_2)$. Während dieser Zeit treten aber zwei Extremwerte von ξ auf, zwischen denen also die Zeit $T_s/2$ verstreicht. Die Frequenz der Intensität (die proportional ξ^2 ist) ist also $2/T_s = \nu_1 - \nu_2$.

Abb. 214 zeigt die Schwebung zweier Wellen, deren Frequenzen sich wie $7:5$ verhalten. Während der Dauer von 7 bzw. 5 Schwingungen der beiden Komponenten treten zwei Extremwerte ($+2\xi_0$ und $-2\xi_0$) der Schwingungsweite auf. Abb. 215 zeigt eine oszillographische Aufnahme der Schwebung zweier Wellen vom Frequenzverhältnis $\nu_1 : \nu_2 = 11:10$.

Schwebungen können sehr gut bei Schallwellen beobachtet werden. Ertönen gleichzeitig zwei nur wenig voneinander verschiedene Töne, z. B. von zwei gleichen Stimmgabeln, deren eine durch ein angeklebtes Wachsstückchen verstimmt ist, so hört man deutlich ein regelmäßiges An- und Abschwellen der Tonstärke, ebenso beim Einstimmen zweier gleicher Seiten eines Klaviers oder einer Mandoline. Je besser die Übereinstimmung der beiden Töne ist, um so langsamer sind die Schwebungen. Sie bilden daher ein Mittel zur Gleichstimmung, das dem rein musikalischen Tonunterscheidungsvermögen der meisten Menschen überlegen ist.

Der Mensch kann nur etwa 16 bis 20 gleiche Einzelvorgänge in 1 s getrennt wahrnehmen. Ist ihre Zahl größer, so vermag sein Gehirn sie nicht zu trennen. Daher vermag auch das menschliche Ohr mehr als 16 bis 20 Schwebungen in 1 s nicht einzeln aufzufassen. Ist also die Frequenzdifferenz zweier Töne kleiner als 16 bis 20 Hz, so verschmelzen die beiden Töne zu *einem* Ton, und es treten hörbare Schwebungen auf. Ist sie aber größer, so werden sie einzeln gehört, als ein Zweiklang empfunden, und Schwebungen sind nicht mehr hörbar. Statt dessen kann man aber bei aufmerksamer Beobachtung einen schwachen *Differenzton* von der Frequenz $\nu_1 - \nu_2$ hören. Eine Schwingung von dieser Frequenz ist aber in der Schallwelle objektiv nicht enthalten, denn ihre Fourier-Zerlegung ergibt nur die beiden Summenglieder in (90.1) mit den Frequenzen ν_1 und ν_2. Der Differenzton entsteht erst im Trommelfell des Ohres. Es setzt Ein- und Ausbiegungen nicht den gleichen elastischen Widerstand entgegen, und daher entsprechen seine Schwingungen nicht genau der Gl. (90.1). Aus diesem Grunde erregt eine Welle mit den Frequenzen ν_1 und ν_2 in ihm nicht nur eine Schwingung mit diesen Frequenzen, sondern auch Schwingungen mit den Frequenzen $m\nu_1 \pm n\nu_2$ (m, n ganze Zahlen). Die dadurch erzeugten Töne heißen allgemein *Kombinationstöne*, im besonderen Summations- und Differenztöne (SORGE[1] 1744, fälschlich auch Tartinische Töne genannt). Am stärksten tritt der 1. Differenzton $\nu_1 - \nu_2$ auf. Am Klavier hört man bei gleichzeitigem Anschlagen der Töne c² ($\nu = 517{,}3$ Hz in temperierter Stimmung) und g² ($\nu = 775{,}0$ Hz) fast genau die zu c² nächsttiefere Oktave c¹ ($\nu = 775{,}0 - 517{,}3 = 257{,}7$ Hz statt $258{,}7$ Hz), beim Anschlagen der Töne c² und fis² ($\nu = 731{,}4$ Hz) den Ton 214,1 Hz, der dem Ton a⁰ ($\nu = 220{,}0$ Hz) nahe liegt.

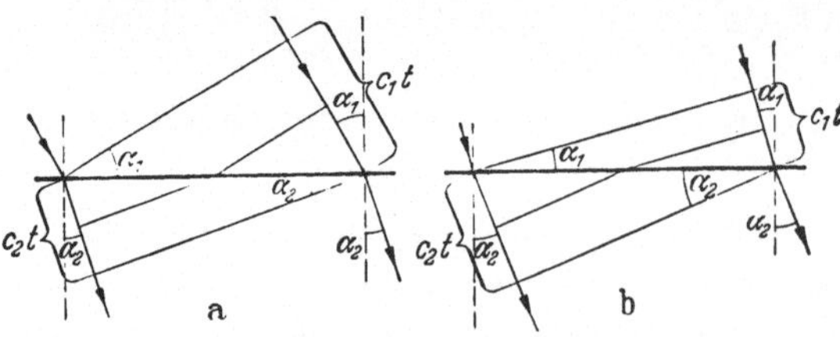

Abb. 216. Zum Brechungsgesetz. a) $c_1 > c_2$, b) $c_1 < c_2$

91. Brechung. Trifft eine Welle auf die Grenze zweier Medien, in denen ihre Fortpflanzungsgeschwindigkeit verschieden groß ist, so erleidet sie beim Eintritt in das zweite Medium eine sprunghafte Richtungsänderung. Wie diese zustande kommt, zeigt Abb. 216 für die beiden Fälle $c_1 > c_2$ und $c_1 < c_2$ (c_1, c_2 Geschwindigkeit im ersten und im zweiten Medium). Sobald eine Wellenfläche bei ihrem Fortschreiten aus dem ersten in das zweite Medium übertritt, erfolgt eine Ver-

---

[1] GEORG ANDREAS SORGE, 1703—1778.

kleinerung (Abb. 216a) bzw. Vergrößerung (Abb. 216b) ihrer Geschwindigkeit im Verhältnis c_2/c_1. Während die Wellenfläche im ersten Medium in der Zeit t die Strecke $c_1 t$ zurücklegt, legt sie im zweiten die Strecke $c_2 t$ zurück. Das hat eine Änderung ihres Neigungswinkels gegen die Grenzfläche der beiden Medien zur Folge. Daher erfahren die Wellennormalen, also die Strahlen, beim Eintritt in das zweite Medium die gleiche Richtungsänderung, die man als *Brechung* oder *Refraktion* bezeichnet (Abb. 217).

Es seien α_1 und α_2 die Neigungswinkel der Wellenflächen gegen die Grenzfläche, also auch die Winkel, die der einfallende bzw. der gebrochene Strahl mit dem auf der Grenzfläche errichteten Einfallslot bilden. Aus Abb. 216 folgt $\sin \alpha_1 : \sin \alpha_2 = c_1 t : c_2 t$. Daraus ergibt sich das *Brechungsgesetz*,

$$\frac{\sin \alpha_1}{\sin \alpha_2} = \frac{c_1}{c_2} = n_{21} = 1/n_{12}. \qquad (91.1)$$

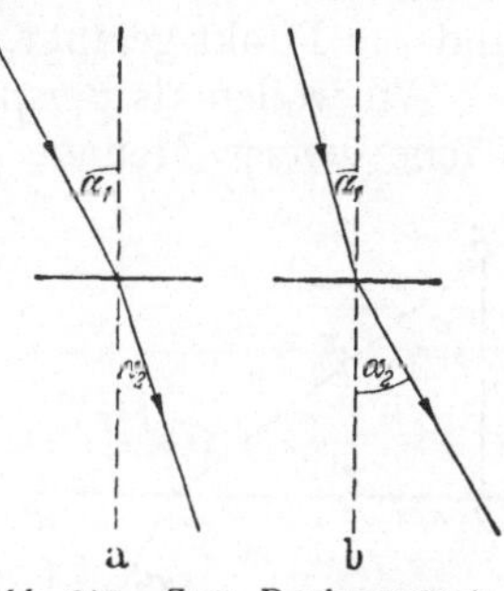

Abb. 217. Zum Brechungsgesetz.
a) $c_1 > c_2$, b) $c_1 < c_2$

Das Verhältnis des sin des Einfallswinkels α_1 zum sin des Brechungswinkels α_2 ist also konstant. Die Größe $n_{21} = c_1/c_2$ heißt die *relative Brechzahl* des zweiten Mediums gegen das erste, die Größe $n_{12} = c_2/c_1$ die des ersten gegen das zweite. Der einfallende und der gebrochene Strahl liegen mit dem Einfallslot in der gleichen Ebene. Ist $c_1 > c_2$, so wird der Strahl zum Einfallslot hin gebrochen, ist $c_1 < c_2$, so wird er vom Einfallslot weg gebrochen. Die Brechzahl kann von der Wellenlänge abhängen, und zwar dann, wenn die Geschwindigkeit in einem der Medien oder in beiden von der Wellenlänge abhängt (*Dispersion*, § 83). In diesem Falle wird eine Welle, die aus Teilwellen von verschiedener Wellenlänge besteht, bei der Brechung in Teilwellen aufgespalten, die sich im zweiten Medium nach verschiedenen Richtungen fortpflanzen. Das Brechungsgesetz gilt aber in der obigen einfachen Form ohne weiteres nur in isotropen Medien, in denen sich eine Welle gegebener Frequenz in allen Richtungen mit gleicher Geschwindigkeit fortpflanzt (§ 303).

Die Brechung bei einer Änderung der Wellengeschwindigkeit läßt sich leicht bei Wasserwellen beobachten. Bei der Annäherung an ein Ufer suchen sich die Wellenfronten dem Ufer parallel zu stellen. Man kann das als eine Brechung ansehen, die darauf beruht, daß nach (83.6) die Wellengeschwindigkeit bei der Annäherung an das Ufer wegen der abnehmenden Wassertiefe abnimmt, so daß die Wellennormalen eine Krümmung auf das Einfallslot hin erfahren (Abb. 218, vgl. § 271).

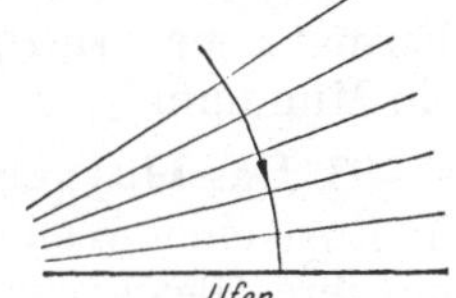

Abb. 218. Stetige Brechung von Wasserwellen

Die Brechung von Schallstrahlen läßt sich — besonders gut mit Ultraschall (§ 96) — mit Linsen und Prismen aus schalldurchlässigen Stoffen in der gleichen Weise nachweisen wie die Brechung von Lichtstrahlen (§ 273 und 274). Ändert sich die Beschaffenheit eines Stoffes und daher auch die Wellengeschwindigkeit in ihm stetig, so findet in ihm von Schicht zu Schicht eine stetige Brechung statt, analog zum obigen Beispiel der Wasserwellen.

Ein sehr starker Knall (z. B. Geschützdonner) kann unmittelbar noch bis in eine Entfernung von höchstens etwa 50 km gehört werden, dann aber häufig wieder in einer Entfernung von 100 bis 150 km. Dazwischen erstreckt sich die „*Zone des Schweigens*". Die Hörbarkeit in weiter Ferne beruht darauf, daß der schräg aufwärts verlaufende Schall in einer Höhe von 50 bis 60 km in einen Bereich gerät, in dem die Temperatur der Atmosphäre nach oben hin stark zunimmt (§122) und daher ihre Brechzahl abnimmt. Infolgedessen werden die Schallstrahlen nach unten gekrümmt und gelangen schließlich wieder an die Erdoberfläche.

92. Das Fermatsche Prinzip. Wir betrachten einen Strahl, der auf seinem Wege beliebige Richtungsänderungen durch Reflexionen und Brechungen erfährt, und greifen zwei beliebige Punkte dieses Weges heraus. Das Fermatsche[1] Prinzip besagt, daß der Strahlenweg zwischen zwei solchen Punkten stets so beschaffen ist, daß zu seiner Zurücklegung ein Minimum oder ein Maximum an Zeit erforderlich ist. Das heißt, unter allen denkbaren, die Punkte verbindenden Strahlenwegen ist der tatsächlich befolgte derjenige, auf dem die Welle, der der Strahl angehört, in der kürzesten oder in der längsten möglichen Zeit von dem einen nach dem anderen Punkt gelangt. Im allgemeinen ist das erstere der Fall[2].

Wir wollen als Beispiel die Brechung betrachten. Es sei AB ein an der Grenzfläche zweier Medien gebrochener Strahl (Abb. 219). Unter allen möglichen Wegen, die von A nach B führen, greifen wir einen beliebigen Weg $AC+CB$ heraus. Durch die Wahl der Punkte A und B sind die von ihnen auf die Grenzfläche gefällten Lote $AD=a$ und $BE=b$, sowie der Abstand $DE=d$ der Fußpunkte vorgegeben. Offen bleibt zunächst nur das Verhältnis der Strecken z und $d-z$, in die C die Strecke DE teilt, bzw. der Einfallswinkel α_1 und damit der Brechungswinkel α_2. Es sei $AC=x$, $CB=y$. Die Wellengeschwindigkeiten im ersten und zweiten Medium seien c_1 und c_2. Dann benötigt die Welle für den Weg von A über C nach B die Zeit

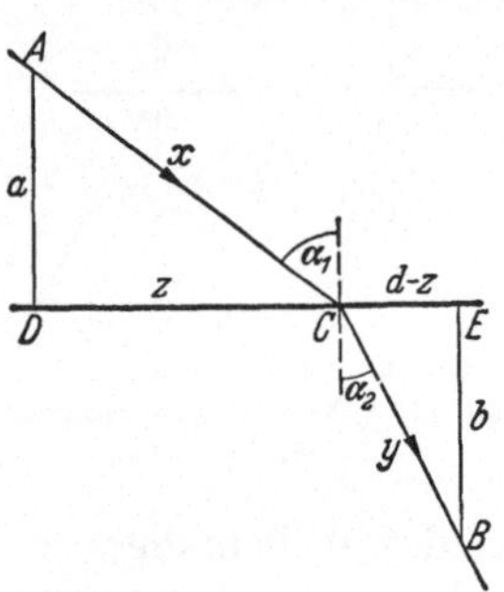

Abb. 219. Ableitung des Brechungsgesetzes aus dem Fermatschen Prinzip

$$t = \frac{x}{c_1} + \frac{y}{c_2} = \frac{\sqrt{z^2+a^2}}{c_1} + \frac{\sqrt{(d-z)^2+b^2}}{c_2}.$$

Nach dem Fermatschen Prinzip muß t ein Extremwert sein, es muß also $dt/dz=0$ sein. Wir erhalten dann

$$\frac{dt}{dz} = \frac{z}{c_1\sqrt{z^2+a^2}} - \frac{d-z}{c_2\sqrt{(d-z)^2+b^2}} = \frac{z}{c_1 x} - \frac{d-z}{c_2 y} = \frac{\sin\alpha_1}{c_1} - \frac{\sin\alpha_2}{c_2} = 0,$$

in Übereinstimmung mit dem Brechungsgesetz (91.1), das damit auch aus dem Fermatschen Prinzip abgeleitet ist. Es handelt sich, wie in fast allen Fällen, um ein Minimum.

93. Das Huygenssche Prinzip. Beugung. Wie wir gesehen haben, führen die im Zuge einer Welle liegenden Massenteilchen unter ihrer Wirkung Schwingungen um ihre Gleichgewichtslagen aus. Auch die primäre Ursache für das Auftreten einer Welle ist die durch irgendeine äußere Ursache erregte Schwingung der am Ursprungsort der Welle befindlichen Massenteilchen. Es besteht demnach zwischen den hier primär erregten Massenteilchen und denen, die sekundär durch die Welle zu Schwingungen erregt werden, kein grundsätzlicher Unterschied. Diese werden, genau wie jene, durch an ihnen angreifende Kräfte in Schwingungen versetzt. Aus diesem Grunde sind auch die Wirkungen, die die Schwingungen der im Zuge der Welle sekundär erregten Teilchen in ihrer Umgebung hervorrufen, grundsätzlich die gleichen wie die der schwingenden Teilchen im Ursprung der Welle. Wir müssen also jedes im Zuge einer Welle liegende und von ihr ergriffene

---

[1] PIERRE FERMAT, 1601—1665.

[2] Die noch bis in das 19. Jahrhundert bestehende Neigung zu einer teleologischen Auffassung der physikalischen Gesetze sah im Fermatschen Prinzip ein besonders eindrucksvolles Beispiel für das Walten einer zielstrebigen Vernunft in der Natur.

Massenteilchen als Ursprung einer neuen, von ihm ausgehenden Welle *(Elementarwelle)* ansehen. Jedes Massenteilchen entzieht der über es hinwegstreichenden Welle Energie und gibt gleichzeitig Energie in Gestalt einer Elementarwelle ab, so daß seine Schwingungsenergie konstant bleibt, sofern die Intensität der erregenden Welle konstant ist. Dies ist der Inhalt des *Huygensschen*[1] *Prinzips* (1690).

So einleuchtend aber auch diese Überlegung ist, so scheint ihr Ergebnis doch zunächst der Erfahrung, insbesondere der geradlinigen Ausbreitung der Energie in homogenen Medien, zu widersprechen. Denn es könnte scheinen, als müsse hiernach die Wellenenergie von jedem Punkt in der Welle nach allen Richtungen zerstreut werden. Das wäre auch richtig, wenn die Schwingungen der einzelnen Massenteilchen voneinander unabhängig wären, wenn zwischen ihnen keine *Phasenbeziehungen* bestünden. Solche sind aber tatsächlich vorhanden. Greifen wir z.B. im Wirkungsbereich einer von O ausgehenden Kugelwelle irgendwelche zwei Punkte P_1, P_2 heraus (Abb. 220), so besteht zwischen den dort hervorgerufenen Schwingungen nach (81.1) eine durch die Größe $-r/c$ gegebene Phasenbeziehung. Sind r_1 und r_2 die Abstände der

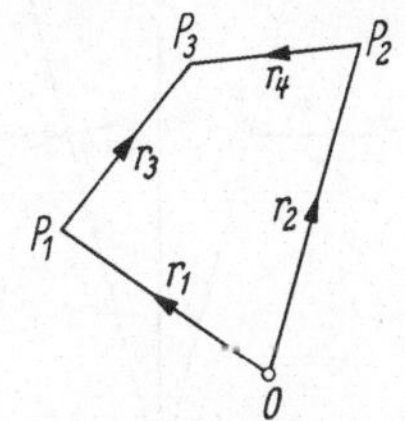

Abb. 220. Zum Huygensschen Prinzip

beiden Punkte von O, so besteht zwischen den Schwingungen in ihnen eine Phasendifferenz $\omega (r_1 - r_2)/c$. Betrachten wir nun einen dritten Punkt P_3, der von den Elementarwellen getroffen wird, die von P_1 und P_2 ausgehen, so hängt ihre Wirkung in diesem Punkt erstens von ihren Intensitäten und zweitens von der Art ab, wie sie in P_3 interferieren, also von ihrer Phasendifferenz in P_3. Diese ist aber erstens abhängig von der Phasendifferenz zwischen P_1 und P_2, zweitens von den Abständen r_3 und r_4 von P_1 und P_2, wieder gemäß (81.1). Um demnach die Gesamtwirkung in irgendeinem Raumpunkt zu ermitteln, müssen wir die Summe der Wirkungen bilden, die die gesamten Elementarwellen dort hervorrufen, die von einer beliebigen, den Wellenursprung umschließenden Wellenfläche ausgehen. Die Gesamtwirkung hängt davon ab, in welchem Grade die Elementarwellen einander dort durch Interferenz verstärken oder schwächen.

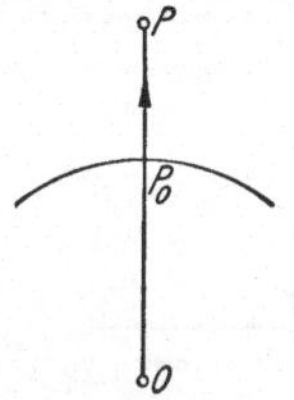

Abb. 221. Zur geradlinigen Fortpflanzung nach dem Huygensschen Prinzip

Die Durchführung dieser Rechnung (FRESNEL[2] 1819) geht über den Rahmen dieses Buches hinaus. Wir müssen uns mit den folgenden Darlegungen begnügen. Berechnet man die Wirkung, die in einem Punkt P in jedem Augenblick durch die Gesamtheit der Elementarwellen hervorgerufen wird, die ihren Ursprung in den einzelnen Punkten einer um das Zentrum O der primären Welle beschriebenen Wellenfläche haben (Abb. 221), so ergibt sich, daß diese Elementarwellen in P einander in sämtlichen Richtungen durch Interferenz auslöschen, außer in der Richtung OP, die der geradlinigen Ausbreitung von O her über P_0 entspricht. Die geradlinige Fortpflanzung ist also mit dem Huygensschen Prinzip in Einklang.

Ist AB (Abb. 222) ein Ausschnitt aus einer Wellenfläche einer Kugelwelle, so gehen von ihren sämtlichen Punkten Elementarwellen aus, die sich mit der Geschwindigkeit c ausbreiten. Die Lage der Wellenfläche nach der Zeit t findet man, indem man um jeden Punkt der Wellenfläche AB eine Kugelfläche mit dem Radius ct beschreibt. Die nunmehrige

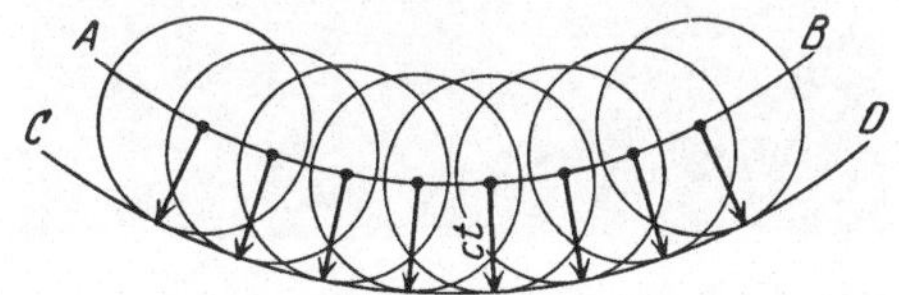

Abb. 222. Zum Huygensschen Prinzip

---

[1] CHRISTIAN HUYGENS, 1629—1695.   [2] AUGUSTIN JEAN FRESNEL, 1788—1827.

Wellenfläche CD ist die äußere Einhüllende dieser Gesamtheit von Kugelflächen, also selbst wieder eine Kugelfläche, deren Radius um den Betrag ct größer ist als derjenige der Wellenfläche AB.

Bei der Durchführung der Rechnung ergibt sich nun, daß die Wellenwirkung im Punkte P (Abb. 221) fast ausschließlich von einer sehr eng begrenzten Zone in der Umgebung des auf der Geraden OP liegenden Punktes P_0 herrührt. Nur die von hier ausgehenden Elementarwellen liefern, indem sie einander verstärken, einen merklichen Beitrag zu der in P auftretenden und sich dort in der Rich-

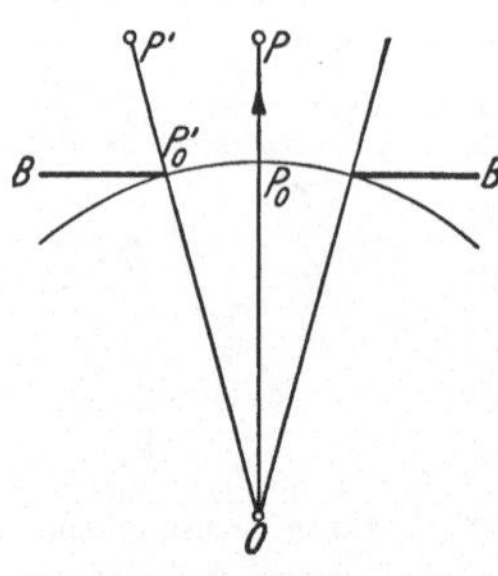

Abb. 223. Ausblendung eines Teils einer Kugelwelle

tung OP geradlinig fortpflanzenden Energie. Die Elementarwellen, die von Bereichen außerhalb dieser Zone herrühren, liefern dazu infolge gegenseitiger Schwächung durch Interferenz nur äußerst geringe Beiträge, die um so kleiner sind, je weiter die Bereiche von P_0 entfernt sind. Es macht daher für die Wirkung in P sehr wenig oder nichts aus, wenn man aus der Welle durch eine bei P_0 angebrachte Blende BB einen Kegel ausblendet, vorausgesetzt, daß die Blendenöffnung so groß ist, daß die Elementarwellen jener inneren Zone in P ungestört zur Wirkung kommen können (Abb. 223). Die linearen Abmessungen der Blendenöffnung müssen also größer sein als die Größenordnung der Wellenlänge. In diesem Fall wird die geradlinige Fortpflanzung von O nach P nicht merklich gestört.

Hingegen ist die geradlinige Fortpflanzung in den Randbezirken des ausgeblendeten Kegels, z. B. in der Richtung OP', gestört. Denn durch den Blenden-

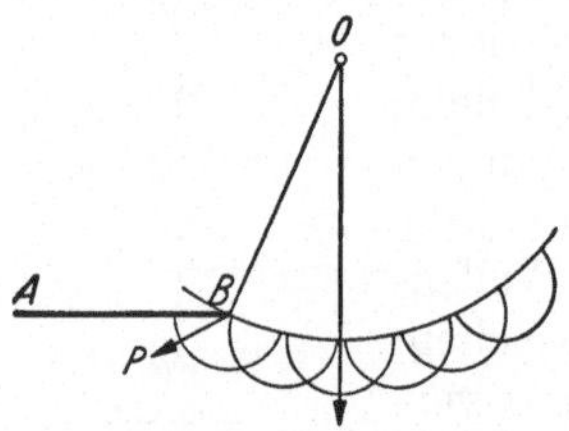

Abb. 224. Beugung an einer Kante

rand wird ein Teil der Elementarwellen abgeblendet, die von der Zone um P_0' ausgehen und deren Wirkung für eine ungestörte Wellenwirkung in P' erforderlich ist. Derartige Störungen der geradlinigen Fortpflanzung, die durch irgendwelche in den Weg einer Welle gebrachte Hindernisse hervorgerufen werden, heißen *Beugung* oder *Diffraktion*. Abb. 224 zeigt das Zustandekommen der Beugung an der scharfen Kante B eines Schirmes AB. Die Elementarwelle, die sich unter der Wirkung einer von O kommenden Welle von B aus hinter dem Schirm ausbreitet, kann dort nur mit den Elementarwellen desjenigen Teils der um B liegenden Zone interferieren, der nicht durch den Schirm abgeblendet ist. Die Rechnung ergibt, daß sich die Welle dann auch in verschiedenen Richtungen BP hinter dem Schirm ausbreitet, die nicht der geradlinigen Fortpflanzung in der Richtung OB entsprechen. Besonders deutlich sind die Beugungserscheinungen

Abb. 225. Beugung von Wasserwellen an einem Loch. (Nach GRIMSEHL)

beim Durchgang einer Welle durch eine enge Öffnung, deren Abmessungen von der Größenordnung der Wellenlänge oder kleiner sind. Wir werden diese Verhältnisse eingehender bei der Beugung des Lichtes besprechen (§ 294).

Wird in den Weg einer Welle ein Hindernis gebracht, das einen Teil der Welle *abblendet*, so ist die Beugungserscheinung hinter diesem Hindernis unter bestimmten Bedingungen identisch mit derjenigen hinter der Öffnung in einem Schirm, die einen gleichen Teil aus einer Welle *ausblendet (Babinetsches[1] Theorem)*.

[1] JAQUES BABINET, 1794—1872.

Für Oberflächenwellen gilt entsprechendes wie für die räumlichen Wellen. Abb. 225 zeigt die Beugung von Wasserwellen an einem engen Loch. Dieses ist klein gegenüber der Wellenlänge. Es wirkt daher nahezu wie ein einzelner Punkt, von dem aus sich gemäß dem Huygensschen Prinzip eine kreisförmige Elementarwelle hinter dem Schirm ausbreitet. (Man beachte auch die stehende Welle, die sich rechts von dem Schirm infolge von Interferenz der einfallenden und der reflektierten Welle bildet.)

Sobald Beugungserscheinungen in Frage kommen, ist bei der Anwendung des Strahlbegriffs mit Vorsicht zu verfahren. Insbesondere ist zu beachten, daß dort, wo Beugung auftritt, jeder Strahl in viele Strahlen aufspaltet, die sich in verschiedenen Richtungen fortpflanzen.

94. Schwingungen von Saiten, Stäben, Platten und Luftsäulen. Findet in einem Punkt eines elastischen Körpers eine periodische Störung statt, so pflanzt sie sich in ihm als Welle fort. Wird diese an den Begrenzungen des Körpers reflektiert, so kann sich unter geeigneten Bedingungen durch die Interferenz der hin- und rücklaufenden Welle eine stehende Welle zwischen den Begrenzungen des Körpers ausbilden (§ 89). Sofern hierbei der Welle keine Energie entzogen wird, entsteht eine stationäre ungedämpfte *Schwingung* des Körpers, d. h. seiner einzelnen Teile gegeneinander. Die hier definierte *Schwingung eines Körpers* ist wohl zu unterscheiden von der *Schwingung eines Körpers als Ganzes*. Bei letzterer bewegen sich alle Massenelemente des Körpers gleichphasig periodisch hin und her. Bei der hier definierten Schwingung eines Körpers aber führen die einzelnen Massenelemente des Körpers ungleichphasige Schwingungen um ihre Gleichgewichtslagen aus, und der Schwerpunkt

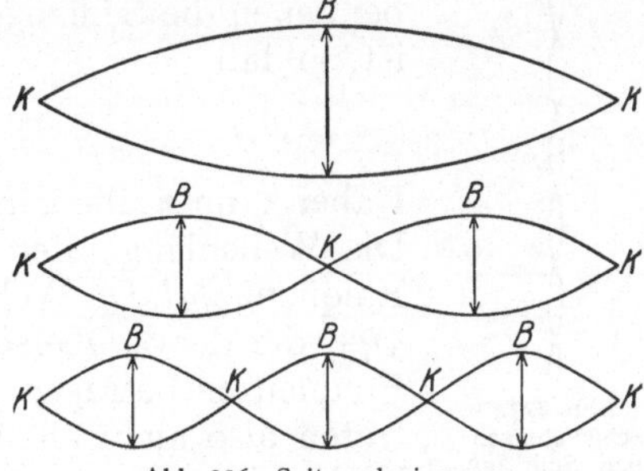

Abb. 226. Saitenschwingungen

des Körpers verharrt in Ruhe. Eine solche Schwingung besteht also aus der Gesamtheit der Schwingungen der Massenelemente des Körpers, zwischen denen, je nach ihrem Ort im Körper, bestimmte Intensitäts- und Phasenbeziehungen nach den Gesetzen der stehenden Wellen bestehen.

Die einfachsten Verhältnisse liegen bei solchen Körpern vor, die man als annähernd lineare Gebilde ansehen kann, deren Abmessungen also in einer bestimmten Richtung erheblich größer sind als in den dazu senkrechten Richtungen. Ein einfaches Beispiel sind die Transversalschwingungen eines an seinen beiden Enden eingespannten elastischen Seils oder einer gespannten Saite. Einer stehenden Welle sind in diesem Fall durch die feste Einspannung an den Enden Bedingungen auferlegt. Sie muß in diesen Punkten, in denen das Seil oder die Saite am Schwingen verhindert ist, Schwingungsknoten haben. Daher sind nur solche stehende Wellen möglich, bei denen die Saitenlänge l ein ganzzahliges Vielfaches (n-faches) der halben Wellenlänge ist, $l = n\,\lambda_n/2$ (Abb. 226). In der Saite treten also nur solche stationäre Schwingungen auf, deren Wellenlänge

$$\lambda_n = \frac{2l}{n} \qquad\qquad (94.1)$$

ist. Mit $n = 1$, also $\lambda_1 = 2l$, erhält man die *Grundschwingung* der Saite, bei der sie nur einen Schwingungsbauch in ihrer Mitte hat. Die weiteren nach (94.1) möglichen Schwingungen heißen *Oberschwingungen*. Grund- und Oberschwingungen heißen allgemein *Teil-* oder *Partialschwingungen*. Bei der 1. Oberschwingung

($n=2$) treten drei Knoten und zwei Bäuche auf, bei der p-ten Oberschwingung $p+2$ Knoten und $p+1$ Bäuche. Im allgemeinen besteht die Schwingung einer Saite in einer Überlagerung ihrer Grundschwingung mit ihren Oberschwingungen[1].

Wird eine Saite oder ein elastisches Seil vom Querschnitt q und der Dichte ϱ, deren Biegungssteifigkeit man vernachlässigen kann, mit der Kraft F gespannt, so beträgt die Wellengeschwindigkeit in der Saite bzw. dem Seil[2]

$$c = \sqrt{\frac{F}{q\varrho}}. \qquad (94.2)$$

Die Frequenzen der Teilschwingungen betragen nach (84.2) $v_n = c/\lambda_n$, also

$$v_n = \frac{n}{2l}\sqrt{\frac{F}{q\varrho}} = n\,v_1. \qquad (94.3)$$

Die Oberschwingungen sind also zur Grundschwingung *harmonisch*, d.h. ihre Frequenzen v_n sind ganzzahlige Vielfache derjenigen der Grundschwingung v_1.

Wird ein von einem Punkt frei herabhängendes Seil in Schwingungen versetzt (Abb. 227), so hat es an seinem freien Ende einen Schwingungsbauch. Es sind in ihm also alle Schwingungen möglich, bei denen die Seillänge l ein $(n+\frac{1}{2})$-faches der halben Wellenlänge λ ist, so daß

$$\lambda_n = \frac{4l}{2n+1}. \qquad (94.4)$$

Abb. 227. Schwingungen eines Seils mit einem festen und einem freien Ende

Dabei kann n alle ganzzahligen Werte, von 0 aufwärts, annehmen. Die Wellenlänge der Grundschwingung ($n=0$) beträgt $4l$, ihre Frequenz $c/4l$. Die Wellenlänge der 1. Oberschwingung ($n=1$) beträgt $4l/3$, die der 2. Oberschwingung ($n=2$) $4l/5$, und die betreffenden Frequenzen betragen $3c/4l$ bzw. $5c/4l$. Bei dem einseitig freien Seil treten also nicht alle harmonischen Oberschwingungen auf wie bei beiderseitiger Einspannung, sondern nur ungerade harmonische Oberschwingungen, deren Frequenzen das 3-, 5-, 7fache usw. der Frequenz der Grundschwingung betragen.

Bei Saiten und Seilen handelt es sich um Transversalschwingungen. In analoger Weise kann man die Longitudinalschwingungen behandeln, in die ein Stab z.B. durch Reiben mit einem feuchten Tuch versetzt werden kann. Ist der Stab an beiden Enden fest eingespannt, so muß er hier Schwingungsknoten haben. In seiner Grundschwingung hat er nur diese Knoten und in seiner Mitte einen Schwingungsbauch. Die Wellenlänge seiner Grundschwingung ist also gleich der doppelten Stablänge $2l$, ihre Frequenz $v_1 = c/2l$. Wie bei der gespannten Saite können alle harmonischen Oberschwingungen vorkommen. Ihre Wellenlängen betragen $2l/n$, ihre Frequenzen $v_n = nc/2l = nv_1$. Die Fortpflanzungsgeschwindigkeit c kann nach (85.3) berechnet werden. Wird ein Stab in $^1/_4$ und $^3/_4$ seiner Länge eingespannt, so hat er an diesen Stellen Schwingungsknoten und an seinen freien Enden und in seiner Mitte Schwingungsbäuche. In diesem Fall ist die Wellenlänge seiner Grundschwingung also gleich der Stablänge. Auch hier kommen alle harmonischen Oberschwingungen vor. Ein einseitig eingespannter Stab verhält sich wie ein Seil mit einem freien Ende. Die Wellenlänge seiner Grundschwingung ist gleich der vierfachen Stablänge, und es treten nur ungeradzahlige harmonische Oberschwingungen auf.

---

[1] Das auch heute noch zur Demonstration dieser Verhältnisse benutzte Monochord war schon im 6. Jahrh. v. Chr. den Pythagoräern bekannt und ist wohl das einzige *reine* Experimentiergerät, dessen man sich bis zum Beginn der Neuzeit bedient hat.

[2] MARIN MERSENNE, 1588—1648.

Sehr viel verwickelter sind die Schwingungen anderer Körper, z. B. von ebenen oder gebogenen Platten, Glocken usw. Ihre Oberschwingungen sind nicht harmonisch. An Stelle von Knotenpunkten treten bei ihnen *Knotenlinien* auf. Abb. 228 zeigt die Knotenlinien einer in ihrer Mitte befestigten quadratischen Platte bei verschiedenen Schwingungsformen *(Chladnische[1] Klangfiguren)*. Sie sind durch aufgestreuten Sand sichtbar gemacht, der bei der Schwingung von den Bäuchen weggetrieben wird und sich in den ruhenden Knotenlinien sammelt. Die verschiedenen Schwingungsformen treten auf, indem man die Platte in einem Punkt oder mehreren Punkten A mit dem Finger berührt, dadurch dort das Auf-

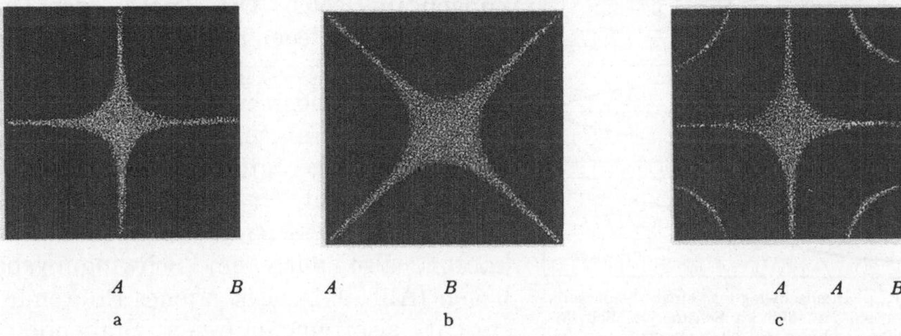

Abb. 228. Knotenlinien von quadratischen Platten. (Nach MÜLLER-POUILLET: Lehrbuch der Physik, Bd. 1, 3. Teil

treten von Knoten erzwingt und in verschiedenen Punkten B mit einem Geigenbogen anstreicht, so daß dort ein Schwingungsbauch entsteht. An homologen Stellen bilden sich dann von selbst weitere Knoten und Bäuche.

Eine Stimmgabel (Abb. 229) kann als ein gebogener Stab betrachtet werden, der eine transversale Schwingung ausführt. Dabei bilden sich beiderseits ihres unteren Endes Schwingungsknoten, an den freien Enden und in der Mitte Schwingungsbäuche (Abb. 230). Das untere Ende der Stimmgabel bewegt sich also ein wenig auf und ab und überträgt die Schwingung auf andere Körper, z. B. auf einen unter ihr angebrachten Resonanzkasten.

Die verschiedenen Frequenzen, die an einem schwingungsfähigen Gebilde auftreten können, nennt man seine *Eigenfrequenzen*.

Die — stets longitudinalen — Schwingungen von Luftsäulen können wir analog zu den longitudinalen Stabschwingungen behandeln. Wir beschränken uns dabei auf Luftsäulen, die sich in länglichen Röhren von überall gleichem Querschnitt befinden. Ist die Röhre beiderseitig geschlossen, so kön-

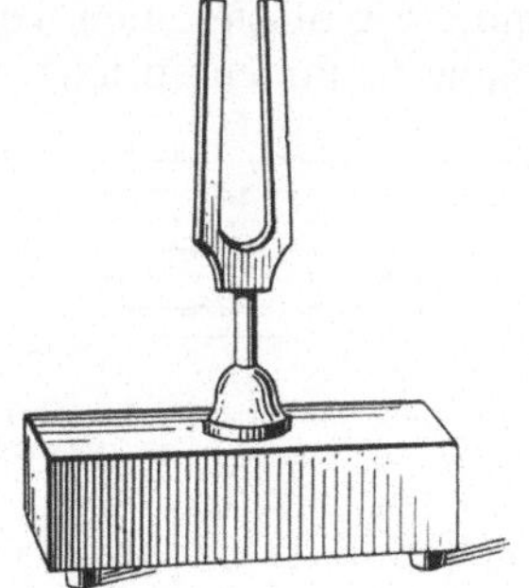

Abb. 229. Stimmgabel

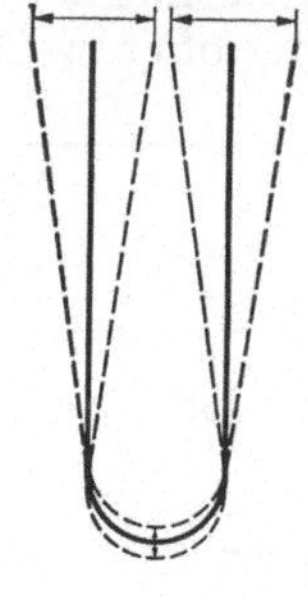

Abb. 230. Schema der Stimmgabelschwingung

nen in ihr nur solche stehenden Wellen auftreten, die an den Röhrenenden Schwingungsknoten haben, da dies ja durch die feste Wand bedingt wird (§ 89). Die Schwingungen der in der Röhre enthaltenen Luft — es kann auch ein anderes Gas sein — entsprechen also denen eines an seinen beiden Enden eingeklemmten Stabes. Die Wellenlänge der Grundschwingung ist gleich der doppelten Rohrlänge, $\lambda_1 = 2l$. Ihre Frequenz beträgt $\nu_1 = c/2l$. Die Fortpflanzungsgeschwindigkeit c kann nach

---

[1] ERNST FRIEDRICH FLORENS CHLADNI, 1756—1827, der Begründer der experimentellen Akustik.

(85.6) oder (85.7) berechnet werden. Es können sämtliche harmonischen Oberschwingungen auftreten, und die möglichen Frequenzen betragen demnach

$$v_n = n\,\frac{c}{2l} = \frac{n}{2l}\sqrt{\frac{p\varkappa}{\varrho}} = \frac{n}{2l}\sqrt{\frac{RT}{M_m}\varkappa}. \tag{94.5}$$

Abb. 231a zeigt für die Grundschwingung ($n=1$) die örtlichen Schwingungsweiten der Luftteilchen in den einzelnen Teilen der Röhre unmittelbar, Abb. 231b in graphischer Darstellung. Abb. 231c zeigt graphisch die maximalen örtlichen Druckschwankungen im Rohr. Die Knoten der Druckschwankungen liegen nach §89 in den Bäuchen der Luftschwingung und umgekehrt.

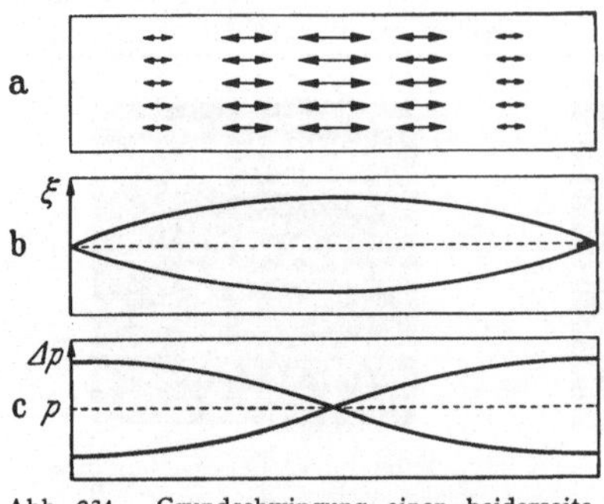

Bei einer beiderseits offenen Röhre liegen die Verhältnisse umgekehrt. An einem offenen Ende (genauer gesagt, in seiner nächsten Umgebung) herrscht der konstante äußere Luftdruck. Infolgedessen muß hier stets ein Druckknoten, also auch ein Schwingungsbauch liegen (Abb. 232). Ein offenes Rohrende entspricht also einem freien Stabende. Die Wellenlängen und Frequenzen einer beiderseits offenen Luftsäule sind also die gleichen

Abb. 231. Grundschwingung einer beiderseits geschlossenen Luftsäule. a Schema der Schwingungsweiten, b graphische Darstellung der Schwingungsweiten, c graphische Darstellung der maximalen Druckschwankungen

wie die einer gleich langen beiderseits geschlossenen Luftsäule [(94.5)]. Eine einseitig offene Luftsäule entspricht einem einseitig eingeklemmten Stab (Abb. 232). Die Wellenlänge ihrer Grundschwingung beträgt das Vierfache der Rohrlänge l, und es treten nur ungeradzahlige Oberschwingungen auf,

$$v_n = \frac{(2n+1)c}{4l} = (2n+1)\,v_1. \tag{94.6}$$

Verschließt man das eine Ende einer beiderseits offenen Röhre durch einen Schlag mit der Hand, so gibt sie einen Ton, der der Grundschwingung der einseitig offenen Luftsäule in ihr entspricht. Hebt man aber die Hand momentan

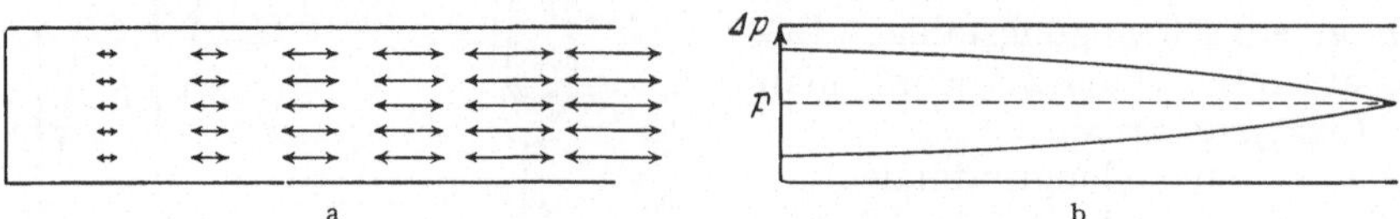

Abb. 232. Schwingungen einer einseitig geschlossenen Luftsäule. a Schwingungsweiten der Luftteilchen. b Druckschwankungen

wieder ab — so schnell, daß das Rohrende wieder frei ist, wenn die Welle einmal im Rohr hin und her gelaufen ist —, so schwingt sie mit zwei offenen Enden und gibt einen um 1 Oktave höheren Ton. Durch geschicktes Anblasen einer Röhre kann man ihre Grundschwingung, unter Umständen auch ihre Oberschwingungen erregen (Pfeifen auf einem Schlüssel).

Auf der Schwingung von Luftsäulen beruhen die *Orgelpfeifen*. Die *Lippenpfeifen* (Abb. 233a) werden durch ihren Fuß h mit einem Luftstrom angeblasen. Dieser tritt durch die Luftkammer K und wird durch einen schmalen Spalt SS als Luftband gegen eine an der seitlichen Öffnung (Mund oder Maul) der Pfeife angebrachte Schneide gelenkt. An dieser beginnt das Luftband beim Anblasen hin und her zu pendeln. Dadurch erzeugt es in der Luftsäule innerhalb der Pfeife Druckschwankungen, durch die die Luftsäule zu ihren Eigenschwingungen, ins besondere zu ihrer Grundschwingung erregt wird. Die Periodizität dieser Schwingungen überträgt sich wiederum auf die Bewegungen des Luftbandes. So schaukelt sich die Pfeife zu einer kräftigen stationären Schwingung auf. Die durch Schallabstrahlung verlorene Energie wird ständig aus der Strömungsenergie des Luftbandes ersetzt. Der Pfeifenmund bildet ein offenes Ende, da hier maximale Schwingungsweiten der Luftteilchen bestehen. Ist also die Pfeife oben offen, so schwingt sie mit zwei offenen Enden. Ihre Grundfrequenz (Grundton) ist $v_1 = c/2l$, und es können sämtliche harmonischen Oberschwingungen (Obertöne) auftreten. Ist die Pfeife aber oben geschlossen (gedackt), so schwingt die Pfeife mit einem offenen und einem geschlossenen Ende. Ihre Grundschwingung ist $v_1 = c/4l$, und ihr Grundton liegt um eine Oktave tiefer als bei einer gleich langen offenen Pfeife. Es kommen nur ungeradzahlige harmonische Oberschwingungen vor. Daher rührt wenigstens teilweise die verschiedene Klangfarbe der beiden Pfeifentypen, im übrigen aber auch von ihrer Gestalt und ihrem Material.

Eine Lippenpfeife gibt bei nicht zu starkem Anblasen am stärksten ihren Grundton, daneben viel schwächer und mit der Ordnungszahl n schnell an Stärke abnehmend die Obertöne. Durch geschicktes, insbesondere durch starkes Anblasen *(Überblasen)* können aber bestimmte Oberschwingungen maximal erregt werden.

Die *Zungenpfeifen* beruhen auf den Eigenschwingungen eines Metallblattes, der Zunge Z (Abb. 233 b). Sie liegt auf einem Schlitz in einem Rohr r, den sie nahezu verschließt. Die Schwingungen der Zunge werden durch einen Luftstrom erregt, der durch den Fuß h in die Luftkammer K tritt und dem die schwingende Zunge den Durchgang durch den Schlitz mit der Frequenz der Eigenschwingung der Zunge periodisch öffnet und verschließt. Der aufgesetzte Trichter dient dazu, eine bestimmte Partialschwingung der Zunge, auf die er abgestimmt ist, durch Resonanz (§ 95) besonders zu verstärken und abzustrahlen.

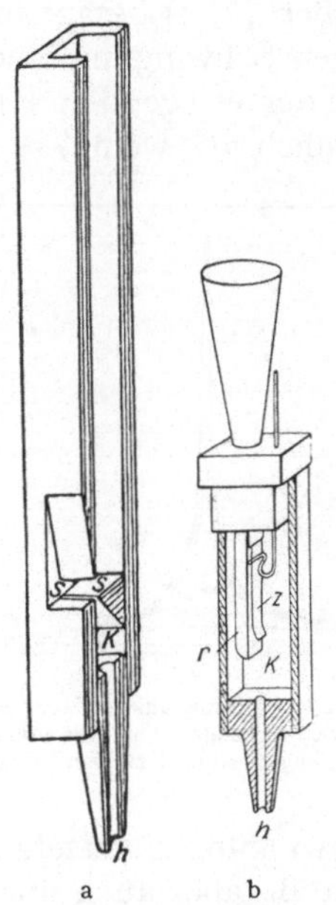

Abb. 233. Querschnitt durch a Lippenpfeife, b Zungenpfeife

95. Erzwungene Schwingungen. Resonanz.

Wirkt auf einen schwingungsfähigen Körper von der Eigenfrequenz v_0, z. B. einen starren Körper an einer Feder, eine periodische Kraft von der Frequenz v, so gerät er — nach Durchlaufen eines *Einschwingvorganges*, bei dem auch seine Eigenfrequenz auftritt — in eine *erzwungene Schwingung* mit der Frequenz v. Voraussetzung für das Auftreten einer *stationären* erzwungenen Schwingung ist, daß der Körper eine — wenn auch geringe — Dämpfung hat (§ 42), die seine Eigenschwingung zum Abklingen bringt. Andernfalls dauert der nichtstationäre Einschwingvorgang unendlich lange. Wie wir hier ohne Beweis mitteilen wollen, beträgt der Momentanwert der stationären Schwingung bei nicht sehr großer Dämpfung

$$\xi = \frac{a}{\sqrt{(\omega_0^2 - \omega^2)^2 + 4\beta^2\omega^2}} \sin(\omega t - \varphi) = \xi_0 \sin(\omega t - \varphi) \quad \text{mit} \ \tan\varphi = \frac{2\beta\omega}{\omega_0^2 - \omega^2}, \quad (95.1)$$

wo a eine Konstante, die von der Stärke der Erregung abhängt, $\omega_0 = 2\pi v_0$ und $\omega = 2\pi v$ ist. β ist ein Maß für die Dämpfung und bei einer Schwingung nach (42.16) stets $< \omega$, φ ist die Phasendifferenz der erzwungenen Schwingung gegenüber der erregenden Kraft. Aus (95.1) erkennt man folgende Tatsachen. Die Schwingungsweite ξ_0 der erzwungenen Schwingung — der Faktor von $\sin(\omega t - \varphi)$ —

ist am größten für eine bestimmte erregende Frequenz ν, die bei kleiner Dämpfung β fast genau mit der Eigenfrequenz ν_0 übereinstimmt ($\omega \approx \omega_0$). Diesen Fall maximaler Mitschwingungsweite bezeichnet man als *Resonanz*. Die Schwingungsweite hängt außerdem von der Dämpfung ab. Bei kleiner Dämpfung ist sie zwar im Resonanzfalle groß, fällt aber schon bei geringer Abweichung von der Resonanz schnell ab. Ein einigermaßen kräftiges Mitschwingen erfolgt also nur in einem schmalen Bereich von Frequenzen ν, die von ν_0 nur wenig verschieden sind (Abb. 234). Die *Resonanzbreite* oder *Halbwertsbreite*, die als die Breite der Resonanzkurve in ihrer halben Höhe definiert ist, ist in diesem Fall gering. Bei größerer Dämpfung ist die Schwingungsweite bei Resonanz geringer, aber die relative Resonanzbreite ist größer. (95.1) besagt ferner, daß zwischen der erregenden Kraft und der erzwungenen Schwingung eine Phasendifferenz φ besteht. Die erzwungene Schwingung eilt der erregenden Kraft in Phase nach. Die Phasendifferenz ist am größten, nämlich $\pi/2$, wenn $\nu \approx \nu_0$, also in der Nähe des Resonanzfrequenz. (Eine Schaukel

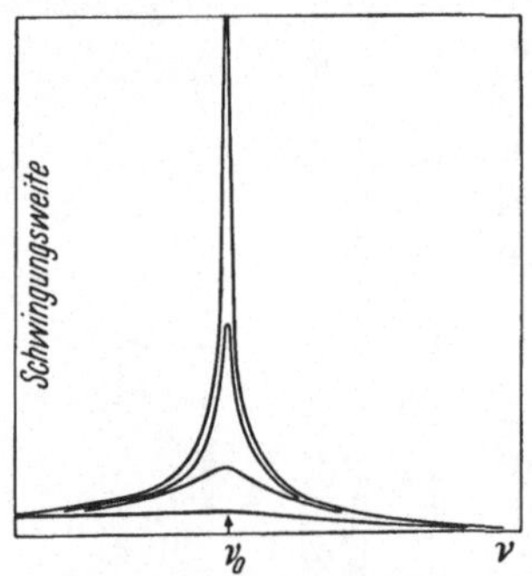

Abb. 234. Schwingungsweite erzwungener Schwingungen bei verschiedener Dämpfung und gleich starker Erregung

muß man in ihrem Umkehrpunkt anstoßen!) Der Leser überlege selbst auf Grund von (95.1) (tan φ), daß bei $\omega \ll \omega_0$ (also auch $\nu \ll \nu_0$) Schwingung und Erregung nahezu in gleicher Phase sind ($\varphi \approx 0$), bei $\omega \gg \omega_0$ aber nahezu gegensinnig verlaufen ($\varphi \approx \pi$).

Bei einem in sich schwingungsfähigen Körper kann nicht nur die Grundschwingung, sondern können auch alle Oberschwingungen zum Mitschwingen und zur Resonanz erregt werden. Für jede dieser Schwingungen besteht eine der Abb. 234 entsprechende Resonanzkurve.

Die Abhängigkeit der Resonanzbreite von der Dämpfung kann man sich an einem Pendel veranschaulichen. Schwingt es in Luft, ist also seine Dämpfung gering, so kann man es leicht in starke Schwingungen versetzen, wenn man es mit der Frequenz seiner Eigenschwingung anstößt, aber auch nur dann (Kinderschaukel). Befindet sich aber das Pendel in einem stark dämpfenden Stoff, z. B. in Wasser, so kann man es etwa gleich gut mit jeder beliebigen Frequenz hin und her bewegen. Aber seine Schwingungsweite ist bei gleicher wirkender Kraft viel kleiner als in Luft in der Nähe der Resonanz. Die größere Dämpfung bewirkt, daß nunmehr das für die schwach gedämpfte Schwingung fast allein maßgebende Richtmoment in den Hintergrund tritt und seine frequenzbestimmende Wirkung kaum noch auszuüben vermag.

Singt man in ein geöffnetes Klavier bei abgehobenem Pedal einen Ton, so klingt er infolge von Resonanz der betreffenden Saite wieder aus ihm heraus. Schwingungsfähige Gegenstände klirren, wenn der ihrer Eigenfrequenz entsprechende Ton erklingt. Mitschwingungserscheinungen werden dazu benutzt, um bei schwingenden Gebilden, die für sich allein keiner starken Schallabstrahlung fähig sind, eine solche zu bewirken. Stimmgabeln werden auf Resonanzkästen gesetzt (Abb. 229), deren Luftraum auf die Eigenfrequenz der Stimmgabel abgestimmt ist. Der mitschwingende Luftraum entzieht der Stimmgabel Schallenergie und gibt sie viel besser an die umgebende Luft ab, als es die Stimmgabel allein tun würde. Entsprechendes erreicht man durch Aufsetzen der Stimmgabel auf eine Tischplatte oder den Körper eines Streichinstruments. Dabei beruht aber die starke Abstrahlung nicht auf Resonanz, sondern auf der großen Oberfläche des mitschwingenden Körpers. Das gleiche gilt für die Körper der Streichinstrumente, bei denen die Saitenschwingungen über den Steg auf den Körper übertragen werden. Hier und ebenso bei den fälschlich so genannten Resonanzböden des Klaviers muß aber Resonanz, also bevorzugtes Mitschwingen bei bestimmten Tönen, gerade vermieden werden. Die Eigenschwingungen müssen viel tiefer liegen als der abzustrahlende Frequenzbereich, damit nicht gewisse Töne bevorzugt abgestrahlt werden. Ähnliches gilt für Lautsprechermembrane. Die Schallabstrahlung durch ein mit der Schallquelle „gekoppeltes" Gebilde ist analog der Abstrahlung elektrischer Wellen von einem Schwingkreis durch eine mit ihm gekoppelte Antenne.

Ändert man in der in Abb. 235 dargestellten Vorrichtung die Länge der in der einen Röhre enthaltenen Luftsäule durch Heben oder Senken des Wasserspiegels, während sich eine schwingende Stimmgabel über der Röhre befindet, so hört man deren Ton infolge Resonanz am lautesten, wenn die Länge der Luftsäule gleich $^1/_4$, $^3/_4$, $^5/_4$ usw. der Wellenlänge des ausgesandten Schalles ist (einseitig offenes Rohr, §94). Auf diese Weise kann die Wellenlänge gemessen werden. Bei geeigneter Mundstellung beobachtet man eine Resonanz der Mundhöhle mit einer vor den Mund gehaltenen Stimmgabel von der Schwingungszahl 400 bis 500 Hz. HELMHOLTZ benutzte die Resonanz von Luftkörpern zur *Klanganalyse*, d.h. zur Ermittlung der in einem Klange enthaltenen reinen Teiltöne (§97). Er bediente sich eines Satzes von abgestimmten *Resonatoren* (Abb. 236), unter denen er diejenigen ermittelte, die beim Ertönen des Klanges in Resonanz geraten. Zimmer, die keine stark schalldämpfenden Stoffe enthalten (z.B. Badezimmer), zeigen oft sehr scharfe Resonanzen. (Vgl. WESTPHAL, Deine tägliche Physik, Ullsteinbuch Nr. 4000.)

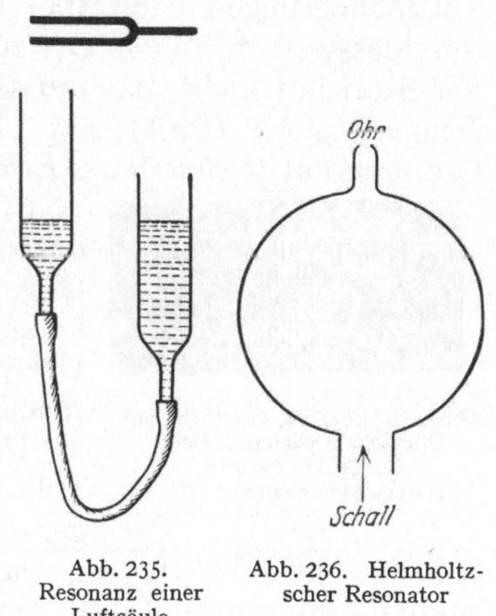

Abb. 235.
Resonanz einer
Luftsäule

Abb. 236. Helmholtz-
scher Resonator

96. Ultraschall. Im Jahre 1918 ist es zuerst LANGEVIN[1] gelungen, den Bereich der experimentell zugänglichen Schallwellen über den Hörbereich hinaus in Richtung auf die kürzeren Wellen außerordentlich — um etwa 15 Oktaven — zu erweitern. Ein Mittel liefert der durch elektrische Schwingungen zu einer seiner Eigenschwingungen erregte *Schwingquarz* (§154). Erfolgt die Erregung mit einer Frequenz v, der eine elektrische Wellenlänge $\lambda_e = c_0/v$ entspricht ($c_0 = 3 \cdot 10^{10}$ cm s^{-1}, Lichtgeschwindigkeit), so hat der erzeugte Schall die gleiche Frequenz v und die Wellenlänge $\lambda = c/v$ (c Schallgeschwindigkeit, in Luft $c \approx 3 \cdot 10^4$ cm s^{-1}). Es ist also $\lambda = \lambda_e c/c_0$, in Luft $\lambda \approx \lambda_e \cdot 10^{-6}$. Erfolgt z.B. die elektrische Erregung mit Kurzwellen mit $\lambda_e = 10$ m $= 10^3$ cm, so erhält man in Luft einen Schall von der Wellenlänge $\lambda \approx 10^{-3}$ cm. Es ist bereits gelungen, Schallwellen bis zu einer Wellenlänge in Luft $\lambda < 10^{-6}$ cm zu erzeugen, was einer Frequenz von $v > 3 \cdot 10^{10}$ Hz entspricht. Bei Festkörpern ist man damit schon bis zu den kleinsten möglichen Schallwellenlängen vorgedrungen, die dann bereits von der Größenordnung der Atomabstände sind. Sie sind sehr viel kürzer als die des sichtbaren Lichtes ($\lambda \approx 0,6 \cdot 10^{-4}$ cm). Man bezeichnet hochfrequenten, kurzwelligen Schall bis $v \approx 10^{10}$ Hz als *Ultraschall*, darüber hinaus als *Hyperschall*.

Ein Schwingquarz vermag sehr große Schalleistungen — bis zu 10 W cm^{-2} — abzustrahlen; das ist das 10000fache der Schallstärke eines Kanonenschusses. Man kann infolgedessen mit Ultraschall sehr starke mechanische Wirkungen auf sehr kleinem Raum in den durchstrahlten Stoffen erzielen. Mit Ultraschall kann man sehr fein verteilte Emulsionen herstellen, auch aus nicht mischbaren Stoffen, wie

---

[1] PAUL LANGEVIN, 1872—1946.

Wasser und Quecksilber. Man kann ferner sehr feinkörnige photographische Emulsionen erzeugen. In anderen Fällen findet im Gegenteil eine schnelle Zusammenballung (Koagulation) sehr kleiner Teilchen zu größeren statt. Nebel wird als Regen niedergeschlagen. Hochpolymere Stoffe können zerlegt werden, z.B. Stärke in Dextrin. Flüssigkeiten und Metallschmelzen können entgast und Werkstücke auf innere Fehler untersucht werden. Organismen, z.B. Bakterien, auch kleinere höhere Tiere, werden durch Ultraschall vernichtet oder geschädigt; rote Blutkörper können zerstört werden. Andererseits findet der Ultraschall aber auch therapeutische Anwendungen.

In einem von Ultraschall durchstrahlten Stoff bestehen sehr starke Verdichtungen und Verdünnungen, die in Abständen von einer halben Wellenlänge aufeinanderfolgen (Abb. 196) und in denen sich die optische Brechzahl lichtdurchlässiger Stoffe von Ort zu Ort periodisch ändert. In diesem Zustand wirkt der Stoff auf Licht, das ihn senkrecht zur Schallwelle durchsetzt, als optisches Beugungsgitter (§ 295); am Licht treten Beugungserscheinungen bis zu hoher Ordnung auf (*Debye-Sears-Effekt*, Abb. 237). Aus diesen kann man die „Gitterkonstante" — den Abstand je zweier Verdichtungs- oder Verdünnungsmaxima — und daraus die Wellenlänge des Schalles berechnen. Auf eine ähnliche Weise kann man auch die Brechung des Ultraschalls beim Übergang von einem Stoff in einen andern sichtbar machen und untersuchen.

Abb. 237. Beugung von Licht an Ultraschallwellen in Xylol. (Nach Bergmann: Naturwissenschaften 1937)

Untersuchungen dieser Art haben bereits viele wertvolle Aufschlüsse physikalischer und chemischer Art gegeben. So kann man z.B. aus der ermittelten Schallgeschwindigkeit die elastischen Konstanten von festen und flüssigen Stoffen ermitteln und ihre spezifische Wärmekapazität bei konstantem Volumen berechnen, während kalorimetrische Messungen die spezifische Wärmekapazität bei konstantem Druck ergeben (§ 111).

Bei der Planung von Konzertsälen, Theatern, Kirchen usw. stellt man ein verkleinertes Modell her, dessen akustische Verhältnisse man mit Ultraschall untersucht, dessen Wellenlänge gegenüber den später praktisch vorkommenden Wellenlängen im gleichen Verhältnis verkleinert sind wie die Dimensionen des Modells gegenüber denen des geplanten Raums. Die akustischen Verhältnisse — Lautstärken an verschiedenen Plätzen, Dämpfung, Nachhall usw. — können so gemessen werden.

Wegen der kleinen Wellenlänge des Ultraschalls kann man mit ihm mittels ziemlich kleiner Hohlspiegel recht scharf gerichtete *Schallstrahlen* erzeugen. Sie finden unter anderem bei der Echolotung usw. wichtige Anwendungen und dienen z.B. in der Hochseefischerei zum Aufsuchen von Fischschwärmen. Man hat auch festgestellt, daß u.a. die Fledermäuse Ultraschall mit einer Frequenz von 50000 bis 80000 Hz erzeugen, dessen Reflexion auch an sehr kleinen Objekten (Drähten, Beutetieren usw.) sie im Dunkeln leitet.

97. Geräusche. Klänge. Töne. Der Schall, die Ursache unserer Gehörempfindungen, beruht auf Wellen, die durch die Luft in unser Ohr gelangen. Ist die Schallwelle rein harmonisch, ist also in ihr nur eine einzige Frequenz enthalten, so vernehmen wir einen *reinen (einfachen) Ton*. Ein *Klang* ist ein Gemisch reiner Töne, das aus einem Ton von (meistens) überwiegender Stärke *(Grundton)* und einer mehr oder weniger großen Anzahl von schwächeren *Obertönen* von höherer Frequenz besteht. Bei der Schwingung von schwingungsfähigen Körpern entsteht fast ausnahmslos kein reiner Ton, sondern ein Klang, da sie meist nicht nur mit ihrer Grundfrequenz schwingen, sondern — wenn auch meist schwächer — auch mit ihren höheren Frequenzen (Oberschwingungen). Sie haben ein *Frequenzspektrum*, in dem neben ihrer Grundschwingung die einzelnen Oberschwingungen in verschiedener Stärke vertreten sind. Abb. 238 zeigt das Schema des Frequenzspektrums der leeren Saiten einer Geige. Das Intensitätsverhältnis der einzelnen Obertöne relativ zum Grundton bestimmt die *Klangfarbe*, während der Eindruck der *Tonhöhe* eines Klanges allein durch den Grundton bestimmt ist[1]. Die charakteristische Verschiedenheit des Klanges der Musikinstrumente beruht zu einem wesentlichen Teil auf solchen Intensitätsunterschieden ihrer Obertöne. Aber die unterschiedliche Klangfarbe der verschiedenen Musikinstrumente wird auch sehr wesentlich mitbestimmt durch die Frequenzen der zu Beginn der Erregung ablaufenden *Einschwingvorgänge*. Ein reiner Ton klingt leer und langweilig. Erst die Beimischung von Obertönen gibt ihm Klangreiz. (Im musikalischen Sprachgebrauch, wo es sich immer nur um Klänge handelt, versteht man unter einem Ton das, was physikalisch als Klang definiert ist). Das gleichzeitige Erklingen mehrerer etwa gleich starker Töne oder Klänge heißt ein *Akkord*, wenn ihre Schwingungszahlen in einfachen rationalen Zahlenverhältnissen zueinander stehen. Der musikalische Eindruck der *Tonhöhe* eines Akkords wird durch die Tonhöhe des *höchsten* in ihm enthaltenen Klanges bestimmt. Ein *Geräusch* ist ein Tongemisch, dem entweder ein mehr oder weniger

kontinuierliches Schallspektrum entspricht *(Rauschen)* oder das sich aus sehr vielen Einzeltönen zusammensetzt, deren Frequenzen und Schwingungsweiten sich auch zeitlich ändern können.

Nur eine reine Sinusschwingung erzeugt die Empfindung eines reinen Tones. Jede komplizierter zusammengesetzte Schwingung wird im Ohr in sinusförmige Komponenten zerlegt und ruft die Empfindung eines Klanges hervor. Zwei Klänge, die die gleichen Grundtöne

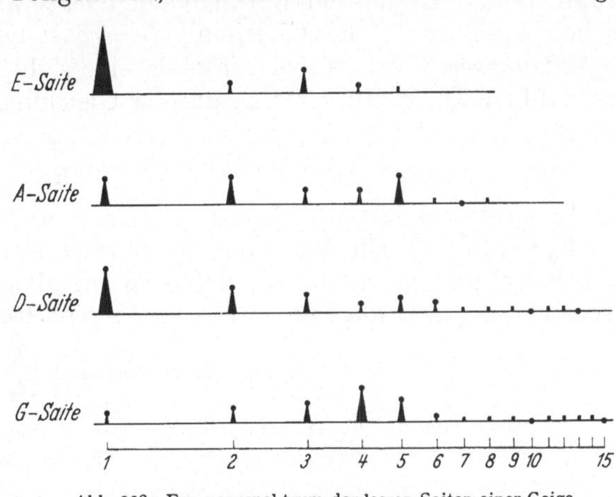

Abb. 238. Frequenzspektrum der leeren Saiten einer Geige nach MILLER. (Aus Handbuch der Physik, Bd. 8.)

und die gleichen Obertöne in gleicher Stärke enthalten, können sich physikalisch noch durch die Phasenbeziehungen ihrer Teiltöne unterscheiden, so daß die graphische Darstellung der Schallschwingung noch sehr verschiedene Gestalten haben kann (vgl. Abb. 189). Das Ohr empfindet zwischen ihnen aber keinerlei Unterschied. Für den akustischen Eindruck eines Klanges kommt es also nur auf die Frequenzen und die relativen Intensitäten seiner Teiltöne an, nicht auf ihre Phasenbeziehungen *(akustisches Ohmsches[2] Gesetz)*.

Zur Messung von Schallfrequenzen kann unter anderem die *Sirene* dienen (Abb. 239). Sie besteht aus einer Scheibe mit kreisförmigen Lochreihen, die in Drehung versetzt werden kann. Wird eine Lochreihe durch eine Düse mit einem Luftstrahl angeblasen, so entstehen an der Lochreihe periodische Druckschwankungen, die eine Schallwelle erzeugen. Ihre Grundfrequenz entspricht der Anzahl

---

[1] Der Zusammenhang zwischen Tonhöhe und Frequenz wurde zuerst von GALILEI, später auch von MARIN MERSENNE, 1588—1648, klar erkannt.

[2] GEORG SIMON OHM, 1789—1854.

der Löcher, die je Sekunde an der Düse vorbeilaufen, und kann aus der Winkelgeschwindigkeit der Scheibe berechnet werden.

98. Das Weber-Fechnersche Gesetz. Empfindungsmaße. Lautstärke. *Empfindungen* entstehen durch *physikalische Reize* auf unsere zu ihrer Wahrnehmung eingerichteten Sinnesorgane. Die Haut reagiert auf mechanische und Wärmereize, das Ohr auf Schallreize, das Auge auf Lichtreize, die Nase, die Zunge auf chemische Reize. Zu einem quantitativen Vergleich zweier gleichartiger Reize sind sie aber an sich durchaus nicht fähig. Wohl aber sind sie außerordentlich empfindlich für die Beurteilung der *gleichen Stärke* zweier solcher Reize, also für die Feststellung auch sehr kleiner Unterschiede ihrer Stärken. Nun zeigt die Erfahrung, daß eine sehr kleine Änderung dR eines Reizes um so deutlicher empfunden wird, je geringer die Stärke R des Reizes ist, je größer also die *relative Reizänderung* dR/R ist *(Weber-Fechnersches Gesetz* [1], *psychophysisches Grundgesetz)*. Wir wollen die *subjektiv empfundene* Stärke einer Empfindung mit e bezeichnen. Dann können wir also schreiben $de \sim dR/R$ oder $de = const\, dR/R$. Doch bedarf das zunächst eines Vorbehaltes. dR/R ist eine *Größe* von der Art einer Zahl (eine Verhältniszahl), aber de eine Änderung einer Empfindung, also ein *psychologisch-physiologisches Phänomen* und durchaus keine physikalische Größe und kann deshalb nicht durch eine Größengleichung mit einer physikalischen Größe verknüpft werden. Deshalb nimmt man eine *Umdeutung des Symbols e* in das Formelzeichen eines durch die Gleichung $de = const\, dR/R$ definiertes *physikalisches Empfindungsmaß* vor, wobei *const* als eine Zahl definiert wird, so daß auch e eine Zahl ist. Durch Integration unserer Gleichung erhalten wir

$$e = const\, \log \frac{R}{R_0}\,. \tag{98.1}$$

Die Integrationskonstante R_0 ist die *Reizschwelle* des Sinnesorgans; denn für $R = R_0$ wird $e = 0$. Die Wahl der Basis des Logarithmus und des Zahlenfaktors ist beliebig und geschieht so, daß sich im allgemeinen bequeme Zahlenwerte ergeben. Aus (98.1) folgt für zwei verschiedene Reize R_1, R_2

$$e_1 - e_2 = const\, \log \frac{R_1}{R_2}\,. \tag{98.2}$$

Die *Differenz* zweier physikalisch bewertete Empfindungen ist dem *Logarithmus des Verhältnisses der entsprechenden Reizstärken proportional.*

(98.2) ermöglicht die *Verwendung von Sinnesempfindungen zum Vergleich von Reizstärken.* Es sei $R_1 > R_2$, und R_2 sei bekannt. Nun vergrößert man R_2 *meßbar*, bis $z R_2 = R_1$, also die Differenz $e_1 - e_2 = 0$ ist. Die Gleichheit der beiden Reize kann man, wie gesagt, äußerst genau feststellen.

Das Weber-Fechnersche Gesetz kann heute physiologisch gedeutet werden. Durch Messung von Gehirnströmen (Elektroencephalogramm) hat man festgestellt, daß ein Reiz in dem für ihn eigentümlichen Sinnesorgan elektrische Impulse erzeugt, deren Frequenz recht genau dem Logarithmus des Zahlenwertes seiner Stärke entspricht und die dem entsprechenden Gehirnbereich (Hörzentrum, Sehzentrum usw.) zugeleitet werden. Die Stärke der dort erzeugten Empfindung ist dieser Frequenz und demnach auch jenem Logarithmus proportional.

Wir wollen jetzt das Gesetz auf den *Schall* anwenden. Der Reiz ist in diesem Fall die *Schallstärke*, definiert als der auf unser Trommelfell wirkende *Schalldruck p*. Dieser beruht darauf, daß die an einer Wand schwingenden Luftmoleküle bei ihrer Reflexion Impulsänderungen erfahren, denen eine auf die Wand wirkende Kraft entspricht (vgl. § 68). Das *Empfindungsmaß* heißt *Lautstärke Λ*.

---

[1] ERNST HEINRICH WEBER, 1795—1878. GUSTAV THEODOR FECHNER, 1801—1887.

Die Reizschwelle p_0 ist auch bei gesunden Ohren ein wenig verschieden und deshalb für praktische Zwecke als $p_0 = 2 \cdot 10^{-4}$ dyn cm^{-2} definiert. Es wird der Briggsche Logarithmus lg verwendet und const $= 20$ gesetzt. Damit lautet (98.1)

$$\Lambda = 20 \lg \frac{p}{p_0} \, . \tag{98.3}$$

Zur Messung von Lautstärken dient eine Normschallquelle, mit der man meßbare Vielfache von p_0 herstellen und Gleichheit der Lautstärke mit der zu messenden herstellen, also Λ messen kann.

Wie alle Empfindungsmaße sind Lautstärken Zahlen, ihre Einheit ist also die Zahl 1. Um erforderlichenfalls zu kennzeichnen, daß eine Lautstärke gemäß der Definition durch (98.3) gemessen ist (der Faktor 20, der Briggsche Logarithmus), *kann* man zu ihrer Angabe das Zeichen *phon* hinzusetzen, das aber nicht als Einheitenzeichen (andernfalls phon $= 1$), sondern nur als Hinweis auf die spezielle Definition verstanden werden sollte. Bei $p = p_0$, $10\,p_0$, $100\,p_0$ usw. ist $\Lambda =$ 0, 20, 40 usw. (phon). Bei $p = 10^6\,p_0$, also $\Lambda = 120$ (phon) ist die Schmerzschwelle des Ohres erreicht.

99. Konsonanz und Dissonanz. Die Tonleiter. Erfahrungsgemäß ergibt sich bei gleichzeitigem Erklingen zweier Töne — jedenfalls für das an europäischer Musik geschulte Ohr — ein um so höherer Grad von Wohlklang *(Konsonanz)*, je einfacher das Zahlenverhältnis ist, in dem ihre Frequenzen stehen. Dieses Zahlenverhältnis heißt das *Intervall* der beiden Töne. Das einfachste Intervall ist $^2/_1$, die Oktave. Zwei reine Töne, die dieses Intervall haben, $\nu_2 : \nu_1 =$

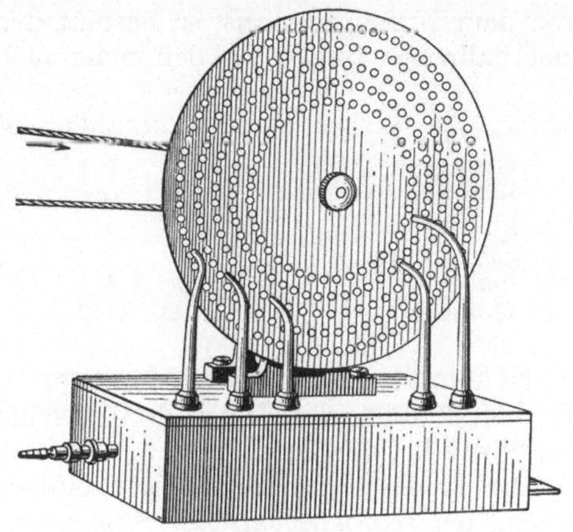

Abb. 239. Lochsirene

$2 : 1$, unterscheiden sich für das Ohr lediglich durch ihre *Tonhöhe*. Im übrigen werden sie als gleichwertig empfunden. Man bezeichnet einen Ton als um so höher, je höher seine Frequenz ist. Nächst der Oktave ist das einfachste Intervall die Quint $^3/_2$. Wenn wir zunächst im Bereich einer Oktave bleiben, so folgen die Quart $^4/_3$, die große Sexte $^5/_3$, die große Terz $^5/_4$ und die kleine Terz $^6/_5$. Die nun folgenden Intervalle, in denen die Zahl 7 auftritt, werden durchaus als *Dissonanzen* empfunden und in der praktischen Musik nicht verwendet. Das gleiche gilt für die Zahlen 11, 13, 14. Als gute Konsonanz wird noch die kleine Sexte $^8/_5$ empfunden. Bilden wir mit Hilfe der Zahlen 1 bis 16 alle zwischen 1 und 2, also innerhalb einer Oktave liegenden Intervalle, unter Auslassung der obigen vier Zahlen, so kommen zu den schon genannten Intervallen noch die folgenden hinzu: die kleine Septime $^9/_5$, der große Ganzton (Sekunde) $^9/_8$, der kleine Ganzton $^{10}/_9$, die große Septime $^{15}/_8$ und der kleine Halbton $^{16}/_{15}$. Die fünf letzten Invervalle werden beim Zusammenklang bereits als mehr oder weniger starke Dissonanzen empfunden, spielen aber in der Musik eine wichtige Rolle. Je nach dem Grade der Konsonanz, d.h. der Einfachheit des durch das Intervall ausgedrückten Frequenzverhältnisses, spricht man von einer mehr oder weniger nahen *Tonverwandtschaft*.

Die Ursache für den unterschiedlichen Grad der Konsonanz zweier Klänge liegt nach HELMHOLTZ in der Anzahl der harmonischen Obertöne, in denen sie übereinstimmen. Vor allem kommen die tiefsten Obertöne in Frage, da die höheren meist viel schwächer sind. In je mehr Obertönen ihres Grundtones zwei Klänge übereinstimmen, um so besser ist ihre Konsonanz. Doch stößt diese Deutung neuerdings auf Zweifel.

Die Gesamtheit der auf die obige Weise auf einen gegebenen Ton aufgebauten Intervalle, einschließlich der gleichen Intervalle in den höheren und tieferen Oktaven, heißt die zu dem betreffenden Ton gehörige *Tonleiter*. Dieser Ton heißt der *Grundton* der Tonleiter. Jedoch hat man in der neuzeitlichen europäischen Musik für jeden Grundton zwei *Tonarten* zu unterscheiden, die *Durtonart* und die *Molltonart*, bei denen jeweils nur ein Teil der obigen Intervalle Verwendung findet. Zur Durtonart gehören außer dem Grundton selbst der große Ganzton, die große Terz, die Quart, die Quint, die große Sexte, die große Septime und die Oktave. In der Molltonart treten an die Stelle der großen Terz, Sexte und Septime die kleine Terz, Sexte und Septime. Die Folgen der diesen Intervallen entsprechenden Töne heißen die *natürlich-harmonische Dur-* bzw. *Molltonleiter*. Gehen wir z.B. von dem Grundton c aus, so besteht demnach die c-dur- bzw. c-moll-Tonleiter innerhalb einer Oktave aus den in der nachfolgenden Tabelle verzeichneten Tönen.

Töne der c-dur- und moll-Tonleiter

Grundton	c	$1:1$	kl. Sexte (moll)	as	$8:5$
Sekunde	d	$9:8$	gr. Sexte (dur)	a	$5:3$
kl. Terz (moll)	es	$6:5$	kl. Septime (moll)	b	$9:5$
gr. Terz (dur)	e	$5:4$	gr. Septime (dur)	h	$15:8$
Quart	f	$4:3$	Oktave	c^1	$2:1$
Quint	g	$3:2$			

Es kommen also in der Durtonleiter — ebenso in der Molltonleiter — zwischen aufeinanderfolgenden Tönen drei verschiedene Tonschritte vor, der große Ganztonschritt $^9/_8$, der kleine Ganztonschritt $^{10}/_9$ und der Halbtonschritt $^{16}/_{15}$.

Die Tonleiter mit den obigen einfachen Intervallen entspricht der absolut reinen, der *rein-harmonischen Stimmung*, wie sie ein musikalisches Ohr an sich verlangt. Sie kann bei den Streichinstrumenten, bei denen nur die leeren Saiten fest gestimmt sind, und beim Gesang weitgehend verwirklicht werden, aber nicht bei den Instrumenten, deren Töne sämtlich eine feste Stimmung haben, wie bei dem Klavier und der Orgel. Zwar ist es möglich, sie für eine bestimmte Tonart rein zu stimmen, z.B. so, daß die c-dur- und die c-moll-Tonleiter auf ihnen rein gespielt werden können. Aber die praktische Musik erfordert die Möglichkeit der *Modulation*, des Übergangs von einer Tonart in eine andere. Deshalb müssen auch die zu weiteren, auf andere Grundtöne aufgebauten Tonleitern gehörigen Töne erzeugt werden können. Betrachten wir z.B. die auf die Quint g $(^3/_2)$ von c aufgebaute g-dur-Tonleiter, so stellt man leicht fest, daß deren Sekunde a, große Terz h, Quart c^1 und Sexte e^1 in der reinen c-dur-Tonleiter (die dann über c^1 hinaus zu verlängern ist, indem man die entsprechenden Intervalle zur Oktave c^1 bildet) rein enthalten sind. Es fehlt aber erstens die große Septime fis^1 $(^3/_2 \cdot {}^{45}/_8 = {}^{15}/_{16} = 2 \cdot {}^{45}/_{32})$ zu g, die zwischen f^1 und g^1 liegt. Zweitens liegt zwar die Sekunde a zu g $(^3/_2 \cdot {}^9/_8 = {}^{27}/_{16})$ sehr nahe am a $(^5/_3)$ der c-dur-Tonleiter, ist aber um das Intervall $^{81}/_{80}$, das *Pythagoräische Komma*, höher als dieses. Je geringer die Tonverwandtschaft zweier Töne ist, um so größer ist die Zahl dieser Tonunterschiede in den auf ihnen aufgebauten Tonleitern.

Ein fest gestimmtes Instrument, das alle hiernach nötigen Töne in reiner Stimmung enthielte, ist schon wegen seiner Kompliziertheit für die praktische Musik nicht brauchbar. Überdies würde bei jeder Modulation eine sprunghafte Änderung gewisser Töne um ein Pythagoräisches Komma nötig sein, was aus ästhetischen Gründen unmöglich ist. Die Musik der Neuzeit erfordert, daß man bei fest gestimmten Instrumenten mit verhältnismäßig wenigen Tönen im Bereich einer Oktave auskommt und daß mit diesen die Dur- und Molltonleiter zu jedem vorhandenen Ton als Grundton gespielt werden kann. Das ist nur durch ein Kompromiß auf Kosten der rein harmonischen Stimmung möglich. In der heute allgemein üblichen *12stufig-gleichteilig temperierten Stimmung* (STIFEL 1544, WERCKMEISTER 1700) wird es dadurch geschaffen, daß der Bereich einer Oktave — da diese aus 5 (großen und kleinen) Ganztonschritten und 2 Halbtonschritten besteht — in 12 gleiche Intervalle geteilt wird, die an die Stelle der reinen Halbtonschritte treten. Bezeichnen wir dieses Intervall mit δ, so muß man durch 12 Tonschritte δ vom Grundton (1) zur Oktave (2) kommen. Es muß also $\delta^{12}=2$ oder $\delta=\sqrt[12]{2}=1{,}059$ sein, während der Pythagoräische Halbtonschritt 1,067 ist. Der Unterschied zwischen dem großen und dem kleinen Ganzton verschwindet. Sie werden durch einen doppelten Halbtonschritt ersetzt, der $1{,}059^2=1{,}121$ beträgt und zwischen dem großen Ganzton ($^9/_8=1{,}125$) und dem kleinen Ganzton ($^{10}/_9=1{,}111$) liegt. Sämtliche Intervalle, außer den Oktaven, sind gegenüber den reinen Intervallen ein wenig verstimmt, aber so wenig, daß es, auch infolge von Gewöhnung, im allgemeinen nicht empfunden wird. Auf diese Weise unterscheidet sich keine der möglichen Tonleitern vor den anderen in der Reinheit ihrer Stimmung. Die Folge der Halbtonschritte in der temperierten Stimmung heißt die *chromatische* Tonleiter. JOHANN SEBASTIAN BACH erkannte als einer der ersten die großen neuen Möglichkeiten, die diese Stimmung gab, und verwendete sie etwa seit 1720 in seinem Schaffen (Chromatische Phantasie und Fuge, Das wohltemperierte Klavier usw.). Die neue *atonale Musik* verwendet unterschiedslos sämtliche 12 Töne der chromatischen Tonleiter.

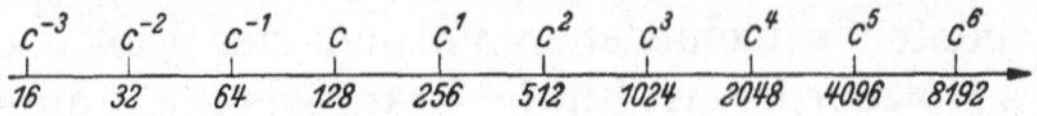

Abb. 240. Der musikalisch verwendete Tonbereich in logarithmischer Darstellung

Die internationale Grundlage der musikalischen Stimmung ist seit 1939 der Ton a^1 mit der Frequenz 440 Hz *(Normstimmton* oder *Kammerton)*.

Zur genaueren Angabe von Tonhöhen und Intervallen bedient man sich des *Cent-Maßes*, bei dem der gleichteilig temperierte Halbton in 100 gleiche Intervalle eingeteilt wird. Es ist also 1 cent $=\sqrt[1200]{2}$. Demnach entspricht in der temperierten chromatischen Tonleiter jeder Halbtonschritt einer Zunahme des Intervalls gegen den Grundton um 100 cent (z.B. Quint 700 cent, Oktave 1200 cent).

Jedem Schritt um eine Oktave entspricht eine Verdoppelung der Frequenz, also einem Schritt um n Oktaven (n ganze Zahl) eine Vergrößerung der Frequenz um den Faktor 2^n. Während die Frequenz geometrisch wächst, wächst die Tonhöhe arithmetisch, oder: während die Frequenz arithmetisch wächst, wächst die Tonhöhe logarithmisch. Das läßt sich aufgrund des *Weber-Fechnerschen Gesetzes* (§ 98) beschreiben. Der *Reiz* ist die *Frequenz*, die *Empfindung* ist die *Tonhöhe*, die wir auf die Frequenz ν_0 eines Grundtones beziehen und durch das *Intervall* ν/ν_0 kennzeichnen können. Diesem *physikalischen Intervall* entspricht ein *Empfindungsmaß (Intervallmaß)* i für die empfundene Tonhöhe. Die einfachste Darstellung gemäß (98.2) erhalten wir, wenn wir die *Oktave als Einheit des Intervallmaßes* wählen *(Oktavmaß)*, ferner den Zweierlogarithmus lb, und wenn wir $const=1$ setzen, also

$$i=lb\,\frac{\nu}{\nu_0}. \tag{99.1}$$

Setzen wir $\nu/\nu_0=2^0$ (Grundton), 2^1, 2^2, ..., so erhalten wir $i=0, 1, 2, ...$, also eine Folge von Oktavschritten.

Wegen (99.1) ist es anschaulich, wenn man die Tonskala logarithmisch darstellt wie in der Abb. 240, in der als Grundton das c mit $\nu_0=128$ Hz angesehen werden kann, und aus der man auch die Fortsetzung der Skala zu tieferen Tönen $(v/v_0 < 1)$ ablesen kann. Jeder Oktave entspricht ein gleich großes Stück der Abszisse, genau wie auf den Manualen der Tasteninstrumente.

Die einzelnen Töne einer Oktave der chromatischen temperierten Skala erhält man, indem man in (99.1) $v/v_0 = 2^{k/12}$ einsetzt, so daß $i = k/12$ mit $k = 0$, 1, 2, ..., 12, und entsprechend weiter für die höheren Oktaven. Da i eine Zahl ist, so ist seine Einheit, die Oktave, die Zahl 1. Man *kann* zur Angabe eines Intervalls das Zeichen oct hinzusetzen, das aber nicht als ein Einheitenzeichen (dann oct $\equiv 1$) verstanden werden sollte, sondern nur als ein Hinweis auf die Anwendung des Oktavmaßes. Zur feineren Unterteilung der Skala verwendet man als Einheit 1/100 Halbton, als 1/1200 Oktave *(Centmaß)*. In diesem Fall *kann* man der Angabe das Hinweiszeichen cent hinzufügen.

100. Musikinstrumente. Über die Musikinstrumente kann hier nur einiges Grundsätzliche gesagt werden. In der Mehrzahl gehören sie zwei Gruppen an. Die Saiteninstrumente beruhen auf den Klängen gespannter Saiten, die Blasinstrumente und die Orgel auf den Klängen schwingender Luftsäulen. Anders Instrumente beruhen auf den Klängen tönender Stäbe, Platten oder Membrane (Xylophon, Glocke, Gong, Becken, Triangel, Trommel, Pauke).

Die *Saiteninstrumente* haben Saiten aus Darm, drahtumwickeltem Darm oder Stahldraht, die durch Streichen mit einem Bogen, durch Anschlagen oder Zupfen erregt werden. Zu den Streichinstrumenten gehören die Geige, die Bratsche, das Violoncello und der Kontrabaß, ferner die nur noch in der Barockmusik verwendeten verschiedenen Formen der Violen oder Gamben. Die Beschaffenheit des Holzkörpers ist für die Klangschönheit dieser Instrumente von größter Bedeutung. Denn er soll in allen vorkommenden Tonhöhen möglichst gleich stark mitschwingen. Seine traditionelle Form genügt dieser Bedingung in einer bisher nicht übertroffenen und in ihrer Ursache noch keineswegs klar erkannten Weise. Der Spürsinn der großen italienischen Geigenbauer, die sie rein empirisch entwickelten, verdient höchste Bewunderung. Zu den Saiteninstrumenten gehören ferner der mit befilzten Hämmern angeschlagene Flügel sowie sehr zahlreiche durch Zupfen der Saiten angeregte Instrumente (Klavichord, Cembalo, Harfe, Laute, Gitarre, Mandoline, Zither usw.).

Auf die zahlreichen heutigen *elektrischen* bzw. *elektronischen Musikinstrumente* können wir nicht näher eingehen. Bei einigen von ihnen dienen die Schwingungen von Saiten zur Steuerung der Gitterspannung einer Verstärkerröhre, und deren Schwankungen werden wie in einem Rundfunkgerät verstärkt und auf einen Lautsprecher übertragen. Andere Geräte erzeugen die gewünschten Frequenzen unmittelbar mit Schwingkreisen, wie z.B. das Trautonium. Manche dieser Instrumente geben die Möglichkeit zu völlig neuen Klangwirkungen und finden im Theater, im Tonfilm und in der sog. elektronischen Musik usw. vielfache Verwendung.

Bei den *Blasinstrumenten* werden die Schwingungen von Luftsäulen durch Blasen mit dem Munde erregt. Man teilt sie nach ihrem Material in Holz- und Blechblasinstrumente ein. Zu den Holzblasinstrumenten gehören Flöte und Blockflöte, Oboe, Fagott, Klarinette und Schalmei, zu den Blechblasinstrumenten u.a. Trompete, Horn, Posaune, Saxophon und Tuba. Die einzelnen Blasinstrumente unterscheiden sich im übrigen vor allem durch die Art der Tonerregung und der Erzeugung verschiedener Tonhöhen.

Die *Orgel* hat eine sehr große Anzahl von Lippen- und Zungenpfeifen. Bei sehr großen Orgeln reicht der Tonumfang vom Subkontra-c (c^{-3}, 16,165 Hz) bis zum c^5 (4138,440 Hz), also über acht Oktaven. Jeder Ton (im musikalischen

Sinne) ist durch mehrere, verschieden geformte, offene und gedackte Pfeifen von verschiedener Klangfarbe vertreten. Schon hierdurch und durch die verschiedene Klangfarbe der offenen und der gedackten Pfeifen und der Zungenpfeifen kann die Orgel Musik in sehr verschiedenen Klangfarben wiedergeben. Diese Möglichkeit wird durch die *Register* noch außerordentlich erweitert, mittels derer es möglich ist, zu den einzelnen Tönen weitere Töne, die gewissen Obertönen derselben entsprechen, leise mitklingen zu lassen und dadurch Klänge von den verschiedensten Klangfarben zu erzeugen. Durch die Mannigfaltigkeit dieser Möglichkeiten und durch die Schönheit und Größe ihres Klanges erhält die Orgel ihre einzigartige Stellung unter den Musikinstrumenten. Das Harmonium ist eine kleine Orgel, die nur Zungenpfeifen hat. Auch die Hand- und die Mundharmonika haben Zungenpfeifen.

101. Gehör und Sprache. Das Ohr besteht aus drei Teilen, dem äußeren Ohr, dem Mittelohr und dem inneren Ohr oder Labyrinth (Abb. 241). Das *äußere Ohr* wird durch die zum besseren Auffangen des Schalles dienende Ohrmuschel und den im Felsenbein F liegenden Gehörgang G gebildet und ist hinten durch das Trommelfell T, eine häutige Membran, abgeschlossen. Das *Mittelohr* beginnt hinter dem Trommelfell und ist, zum Ausgleich des Luftdrucks, durch die Eustachische Röhre E mit dem Nasen-Rachenraum verbunden. Es enthält ein System von Knöcheln, Hammer H, Amboß A und Steigbügel St. Diese bilden ein Hebelwerk, durch das die Schwingungen des Trommelfells auf das ovale Fenster des inneren Ohres übertragen werden. Dabei werden die Schwingungen des Trommelfells, die zwar eine verhältnismäßig große Schwingungsweite haben, aber wenig kräftig sind, in kräftigere Schwingungen des ovalen Fensters von kleinerer Schwingungsweite verwandelt. Das ist deshalb nötig, weil das innere Ohr mit einer Flüssigkeit, dem Labyrinthwasser, gefüllt ist, die weit weniger zusammendrückbar ist als die Luft. Das *innere Ohr* oder *Labyrinth* bildet einen Hohlraum im Felsenbein. Es besteht aus dem Vorhof V, den drei Bogengängen B, den Ampullen und der Schnecke S. Die Bogengänge haben wahrscheinlich (abgesehen von einer Mitwirkung beim Erkennen der Richtung, aus der ein Schall kommt) mit dem Gehör nichts zu tun, sondern bilden das menschliche Gleichgewichtsorgan. Dieses ist auch bei vielen Tieren mit dem Gehörorgan verbunden.

Die Ampullen sind wahrscheinlich das Organ für die Wahrnehmung von Geräuschen, während die Schnecke das ton- und klangempfindliche Organ ist. Sie besteht aus $2^1/_2$ Windungen und wird durch ein knöchernes Spiralblatt in zwei Hälften geteilt. Sie endet in einem zweiten, dem runden Fenster, das sie gegen das Mittelohr abschließt. Längs der Schneckenwindungen erstreckt sich die Basilarmembran mit dem *Cortischen Organ*. Dieses besteht aus einer sehr großen Zahl von Fasern, die auf die Töne des menschlichen Hörbereichs abgestimmt sind und daher in Mitschwingen geraten, wenn das Ohr von ihrem Eigenton getroffen wird

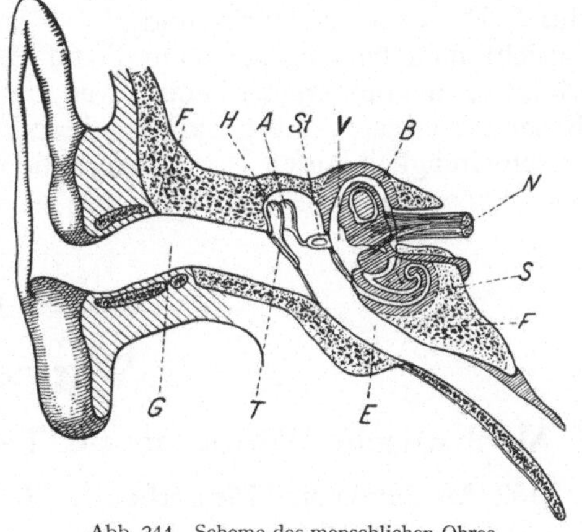

Abb. 241. Schema des menschlichen Ohres

(*Resonanztheorie des Hörens*, HELMHOLTZ 1867). Jeder Faser steht ein Nervenende gegenüber, das mechanisch gereizt wird, wenn die Faser schwingt. Diese

Reize werden durch die Nerven N auf das Hörzentrum im Gehirn übertragen, wo die Tonempfindung entsteht. Die Fasern der Basilarmembran sind sehr stark gedämpft, so daß ein Ton einen ziemlich breiten Bereich von Fasern zum Mitschwingen erregt (§95, Abb. 234). Das sieht zunächst wie ein Nachteil aus. Tatsächlich ist aber eine starke Dämpfung deshalb nötig, weil sonst die einmal erregte Schwingung einer Faser merklich über die Zeitdauer der Erregung hinaus andauern würde und die aufeinanderfolgenden Töne ineinander verschwimmen würden. Die *Empfindlichkeit* des Ohres ist sehr groß. Seine Reizschwelle liegt bei einer aufgenommenen Leistung von etwa 10^{-16} W.

Wirkungen, die einander in einem Abstand von mehr als etwa $1/20$ s folgen, vermag ein Sinnesorgan noch einzeln wahrzunehmen, so auch bei den Schallschwingungen. Die *untere Hörgrenze* für Töne entspricht also einer Frequenz von etwa 20 Hz. Bei kleineren Frequenzen vernimmt man keinen Ton mehr, sondern ein Brummen. Bei höheren Frequenzen erst entsteht eine Tonempfindung. Die *obere Hörgrenze*, jenseits derer auf Grund der Eigenschaften des Ohres kein Ton mehr wahrgenommen wird, liegt bei jungen Menschen bei etwa 20000 Hz, sinkt aber mit dem Alter stetig. Da die durch die Obertöne bedingte Klangfarbe ein wesentliches musikalisches Element ist, war die Entdeckung der Möglichkeit, auf Schallplatten Obertöne bis etwa 15000 Hz aufzuzeichnen, ein sehr großer Fortschritt.

Das *Richtunghören* beruht in der Hauptsache darauf, daß der Schall am Ort der beiden Ohren, die etwa 15 cm Abstand voneinander haben, eine von der Schallrichtung abhängige Phasendifferenz hat. Durch künstliche Vergrößerung des Ohrenabstandes kann die Richtungsempfindlichkeit vergrößert werden. Das kann so geschehen, daß man zwei in größerem Abstande voneinander befindliche Schalltrichter benutzt, die durch Schläuche mit den beiden Ohren verbunden sind (Horchgeräte).

Die *Vokale* erhalten ihren Klangcharakter dadurch, daß in ihnen Teiltöne *(Formanten)* enthalten sind, die — unabhängig von der Höhe der Stimmlage — ziemlich genau definierte, für die einzelnen Vokale charakteristische Frequenzen haben (WILLIS, WHEATSTONE[1], HELMHOLTZ). Die Erzeugung eines Vokals geschieht durch eine bestimmte Einstellung der Mundhöhle und des Nasen-Rachenraums, und die Formanten sind Eigenfrequenzen des auf diese Weise abgegrenzten Luftkörpers. Sie haben eine erheblich größere Tonhöhe als der Stimmton, mit dem der Vokal gesprochen wird, und sind in ihm als höhere nicht harmonische Obertöne enthalten. Durch die jeweilige Mundstellung werden diese Obertöne durch Resonanz verstärkt und geben dem Vokal sein eigentümliches Gepräge. Spricht man bei abgehobenem Pedal einen Vokal in ein geöffnetes Klavier, so klingt er aus ihm wieder heraus, weil die Formanten die betreffenden Saiten zur Resonanz erregen. Läßt man eine besprochene Schallplatte mit merklich falscher Geschwindigkeit laufen, so verändern die Vokale wegen der Änderung der Frequenz der Formanten ihren Charakter.

Fünftes Kapitel

Wärmelehre

I. Mechanische Wärmetheorie. Temperatur. Zustandsgleichungen

102. Mechanische Wärmetheorie. Bis in das 19. Jahrhundert hinein hielt man die *Wärme* fast allgemein für einen unwägbaren Stoff (Phlogiston). Indessen findet sich schon bei BACON[2] die Vermutung, sie beruhe auf einer *Bewegung der*

---

[1] CHARLES WHEATSTONE, 1792—1875.
[2] FRANCIS BACON VON VERULAM, 1561—1626.

Moleküle und ein Körper sei um so wärmer, je heftiger diese Bewegung ist. Fester begründet wurde diese Vorstellung von DAVY[1] und RUMFORD[2] (1812), und unabhängig davon erkannte JULIUS ROBERT MAYER[3] *die Wärme als eine Energieform* (§ 23). Auf diesen Grundlagen schufen vor allem KRÖNIG[4] (1856), CLAUSIUS[5] (1857), MAXWELL[6] (1860) und BOLTZMANN (1860—1877) die *mechanische Wärmetheorie*. Danach ist *die Wärme kinetische Molekularenergie*, und zwar *Energie der ungeordneten Anteile der Bewegung der Moleküle*. Ein zusätzlicher gleichsinniger Bewegungsanteil infolge von Bewegungen von Körpern als Ganzes trägt zur Wärme nichts bei.

Die Wärme ist eine physikalische Erscheinung, bei der man zwei verschiedene Eigenschaften unterscheiden und durch zwei verschiedenartige Größen beschreiben muß, ihre Quantität und ihre Intensität. Die *Quantität der Wärme* ist die in einem Körper enthaltene *kinetische Molekularenergie* und heißt (ein Erbteil aus der Zeit des Wärmestoffs) *Wärmemenge*. Die *Intensität der Wärme* — das was die unterschiedlichen Wärmeempfindungen hervorruft — hängt davon ab, auf wieviele Moleküle eine gegebene Wärmemenge verteilt ist. Sie wird durch die Größe *Temperatur* beschrieben[7]. Diese ist also um so größer (höher), auf je weniger Moleküle eine gegebene Wärmemenge verteilt ist. (Die übliche Bezeichnung von Temperaturen als hoch oder tief stammt von ihrer Anzeige durch Flüssigkeitsthermometer.)

Nun kann sich eine gegebene Wärmemenge grundsätzlich auf unendlich viele verschiedene Weisen auf die Moleküle eines gegebenen Körpers (genauer: auf deren Freiheitsgrade, § 103) verteilen. Infolge der Wechselwirkungen der Moleküle stellt sich aber bei beliebigem Anfangszustand bzw. nach einer Störung äußerst schnell ein *stationärer Zustand*, ein *thermodynamisches Gleichgewicht*, her, wie wir es in § 63 beschrieben haben und das sich bezüglich der Geschwindigkeitsverteilung und damit auch der Energieverteilung auf die Moleküle berechnen läßt (§ 66). Ungeachtet der zahllosen Wechselwirkungen der Moleküle und ihrer individuellen Zustandsänderungen ändert sich dann der *makroskopische Zustand* des Körpers nicht mehr. *Nur für thermodynamische Gleichgewichtszustände ist der Begriff der Temperatur sinnvoll.*

Diese Gleichgewichte können wir aufgrund der Gesetze der Mechanik und der Statistik berechnen, und zwar in Gestalt von *Mittelwerten* über das Verhalten der einzelnen Moleküle. Zu Größen, die wir mit unseren üblichen Geräten an wägbaren Stoffmengen nach *Verfahren der Kontinuumsphysik* messen können, gelangen wir dann durch Multiplikation mit der Anzahl der beteiligten Moleküle bzw. mit der entsprechenden Stoffmenge (§ 64). Damit befinden wir uns wieder auf dem Boden der *Molekularmechanik* (§ 63).

Im allgemeinen betrachtet man die Temperatur als eine Körpereigenschaft, indem man sagt, ein Körper sei mehr oder weniger warm. Man kann sie aber ebensogut als eine Eigenschaft der Wärme betrachten, wie wir es hier ja auch getan haben, wenn wir sie als deren Intensität eingeführt haben. Deshalb ist es ganz korrekt, wenn man sagt, daß Wärme — gekennzeichnet durch eine entsprechende Wärmemenge — eine verschiedene Temperatur haben und z.B. von höherer zu tieferer Temperatur übergehen kann, wenn sich nämlich die Wärmemenge auf eine größere Anzahl von Molekülen verteilt. Die Aussage erscheint

---

[1] HUMPHREY DAVY, 1778—1829.
[2] BENJAMIN THOMPSON, später GRAF RUMFORD, 1754—1844.
[3] ROBERT JULIUS MAYER, 1814—1879.   [4] AUGUST KARL KRÖNIG, 1822—1879.
[5] RUDOLF JULIUS EMANUEL CLAUSIUS, 1822—1888.
[6] JAMES CLERC MAXWELL, 1831—1879.
[7] Klar unterschieden zwischen Wärme und Temperatur hat zuerst JOSEPH BLACK, 1728—1799.

nur dem Laien wunderlich, der gewohnt ist, auch die Temperatur als Wärme zu bezeichnen.

103. Freiheitsgrade. Ehe wir fortfahren, müssen wir einiges über den schon erwähnten Begriff der *Freiheitsgrade der Moleküle* sagen. Moleküle können kinetische Energie auf drei Weisen besitzen. Erstens können sie eine reine *Translation* mit der Energie $\mu v^2/2$ (§ 23), zweitens eine *Rotation* mit der Energie $I u^2/2$ (§ 36) ausführen, und drittens können die Atome innerhalb der mehratomigen Moleküle *Schwingungen* um ihre Gleichgewichtslagen ausführen. Der Betrag der auf jede dieser Energiearten bei gegebener Temperatur entfallenden Energie hängt von der Anzahl der Freiheitsgrade ab, die das Molekül bezüglich der betreffenden Bewegungsart hat. Ein Körper, der sich in allen Richtungen des dreidimensionalen Raumes frei zu bewegen vermag, hat drei Freiheitsgrade der Translation. Ist seine Bewegung auf eine bestimmte Fläche beschränkt, so hat er deren zwei. Kann er sich nur längs einer bestimmten Kurve bewegen, so hat er nur einen Freiheitsgrad der Translation. Beispiele für diese drei Fälle sind der im Raum bewegliche Freiballon, das an die Meeresoberfläche gebundene Schiff und der an das Gleis gebundene Eisenbahnzug. Die Moleküle haben demnach drei Freiheitsgrade der Translation. Das gilt für alle Aggregatzustände und bezieht sich bei den festen Stoffen auf die Schwingungen ihrer Bausteine um ihre Gleichgewichtslagen.

Die Moleküle der festen und flüssigen Stoffe haben *keine freie Drehbarkeit*, also keine Freiheitsgrade der Rotation. Anders verhält es sich bei den Molekülen der *Gase*. Wir wir in § 38 erwähnt haben, kann man jede Rotation eines Körpers in drei unabhängige Rotationen um seine drei Hauptträgheitsachsen zerlegen. Aus Gründen, die durch die Quantentheorie geklärt werden (§ 395), kommen aber bei Molekülen Rotationen um solche Hauptträgheitsachsen nicht vor, bezüglich derer das Trägheitsmoment des Moleküls sehr klein ist. Da die Masse der Atome fast ganz in ihren Kernen konzentriert ist (§ 342) und die Abmessungen der Kerne winzig klein sind (10^{-12} bis 10^{-13} cm), so ist auch das Trägheitsmoment einatomiger Moleküle äußerst klein. Rotationen treten also bei ihnen nicht auf; sie haben keine Freiheitsgrade der Rotation. Bei den zweiatomigen Molekülen gilt das gleiche bezüglich derjenigen Hauptträgheitsachse, die die beiden Atome des Moleküls verbindet. Hingegen kann ein zweiatomiges Molekül um jede zu jener Hauptträgheitsachse senkrechte Schwerpunktsachse rotieren. Die zweiatomigen Moleküle haben also zwei Freiheitsgrade der Rotation. Bei den drei- und mehratomigen Molekülen gibt es in der Regel keine Achse mit extrem kleinem Trägheitsmoment. Sie haben also drei Freiheitsgrade der Rotation.

Aus Gründen, die ebenfalls durch die Quantentheorie geklärt werden (§ 359), kommen Freiheitsgrade der inneren Molekülschwingungen bei den folgenden Überlegungen im allgemeinen nicht in Betracht. Da die Moleküle der Gase stets drei Freiheitsgrade der Translation haben, so beträgt die Zahl ihrer wirksamen Freiheitsgrade insgesamt

bei einatomigen Gasen $3 + 0 = 3$ Freiheitsgrade,
bei zweiatomigen Gasen $3 + 2 = 5$ Freiheitsgrade,
bei den übrigen Gasen $3 + 3 = 6$ Freiheitsgrade.

Eine Sonderstellung nehmen unter den drei- und mehratomigen Molekülen diejenigen ein, bei denen die Atome auf einer Geraden angeordnet sind (Fadenmoleküle). Ein Beispiel hierfür ist das Molekül des Kohlendioxids CO_2 (O=C=O). Diese Moleküle verhalten sich bezüglich der Rotationen wie zweiatomige Moleküle.

104. Temperatur. Gleichverteilungssatz. Da die Temperatur ein statistisches, also der Mechanik der Massenpunkte fremdes Element enthält und deshalb nicht über die Grundgrößen der Dynamik definiert werden kann, muß sie als eine der Wärmelehre eigentümliche *neue Grundgröße* eingeführt werden. Um sie mit den Grundgrößen der Dynamik zu verknüpfen, brauchen wir eine Gleichung, die ein Potenzprodukt aus der Temperatur T und einer weiteren neuartigen Größe als eine bereits in der Dynamik vorkommende Größe definiert. Dazu gelangen wir auf folgende Weise. Bei den Wechselwirkungen der Moleküle wird nicht nur Translationsenergie oder Rotationsenergie als solche ausgetauscht, sondern auch Translationsenergie gegen Rotationsenergie und umgekehrt. Bei thermodynamischem Gleichgewicht (§ 103) gilt dann der Boltzmannsche *Gleichverteilungssatz (Äquipartitionsprinzip): Auf jeden Freiheitsgrad eines Moleküls entfällt im zeitlichen und räumlichen Durchschnitt* die gleiche Energie $\overline{E_{\mathrm{kin}}}$. Es ist nun einleuchtend, wenn man die Intensität der Wärme, also die *Temperatur T*, dieser *mittleren kinetischen Energie proportional* setzt: $T \sim \overline{E_{\mathrm{kin}}}$. Das *Größensystem der Wärmelehre* ist also 5. Grades mit den *Grundgrößen Länge, Zeit, Masse, Stoffmenge* (§ 64) und *Temperatur*.

Die obige Proportionalität verwandeln wir — ohne damit an ihrer Aussage etwas zu ändern — durch Anbringung eines konstanten Faktors in eine Gleichung, und zwar üblicherweise in der Form

$$\overline{E_{\mathrm{kin}}} = \tfrac{1}{2} k T. \tag{104.1}$$

Diese *Boltzmannsche Gleichung* ist kein *Naturgesetz*, da wir sie nicht aus einer experimentellen Erfahrung abgeleitet haben, sondern definiert die *Planck-Boltzmann-Konstante k*.

Da die Moleküle drei Freiheitsgrade der Translation haben, auf deren jeden nach (104.1) die Energie $kT/2$ entfällt, so beträgt ihre mittlere *Translationsenergie*

$$\tfrac{1}{2}\mu \overline{v^2} = \tfrac{3}{2} k T, \tag{104.2}$$

wobei $\overline{v^2}$ ihr mittleres Geschwindigkeitsquadrat ist (§ 66).

Bei Molekülen mit z Freiheitsgraden der Rotation ($z = 0, 2, 3$, § 103) beträgt die mittlere *Rotationsenergie* nach (37.8) und (104.1)

$$\frac{1}{2} I \overline{u^2} = \frac{z}{2} k T, \tag{104.3}$$

wenn I ihr Trägheitsmoment und $\overline{u^2}$ ihr mittleres Winkelgeschwindigkeitsquadrat ist.

Da die kinetische Energie nur positiver Werte fähig ist, so folgt aus (104.1), daß die Temperatur einen *natürlichen Nullpunkt* — meist *absoluter Nullpunkt* genannt — hat[1].

105. Die Zustandsgleichung der idealen Gase. Aufgrund von § 63 und von (104.1) können wir nunmehr eine Beziehung zwischen den *makroskopischen Zustandsgrößen idealer Gase* ableiten. Das sind zunächst der *Druck p*, das *Volumen V* und die *Temperatur T*. Dazu kommt noch die *Stoffmenge n*; denn von der molekularen Größe $\overline{E_{\mathrm{kin}}} = kT/2$ kommen wir zu einer makroskopisch meßbaren Größe nur unter Berücksichtigung der Molekülanzahl, deren Maß die Stoffmenge (Molekülmenge) ist (§ 64). Bei einer gegebenen Gasmenge ist sie konstant. Von den drei anderen Zustandsgrößen p, V, T können dann nur zwei unabhängig voneinander verändert werden, während die dritte dann gegeben ist. Demnach gilt zwischen ihnen eine Beziehung $f(p, V, T) = const$ unter der Bedingung $n = const$. Diese Beziehung kann bei idealen Gasen berechnet werden. Nach

---

[1] Als erster hat GUILLAUME AMONTONS, 1663—1705, die Existenz eines absoluten Nullpunkts vermutet.

(68.4) ist $p = N_s \mu \overline{v^2}/3$, und nach (104.2) beträgt die mittlere Translationsenergie der Gasmoleküle $\mu \overline{v^2}/2 = 3\,kT/2$. Es ist also

$$p = N_s\, kT\,. \tag{105.1}$$

Demnach ist $N_s = p/(kT)$; die spezifische Molekülanzahl N_s ist für alle idealen Gase bei gleichem Druck p und gleicher Temperatur T gleich groß. Damit ist wiederum das Avogadrosche Gesetz bewiesen (§65).

Nach (65.1) ist weiter $N_s = \varrho/\mu$ (ϱ Dichte des Gases, μ Masse seiner Moleküle). Ferner ist nach (54.2) $\varrho = 1/V_s$ (V_s spezifisches Volumen des Gases). Damit folgt aus (105.1) $pV_s = kT/\mu$. Wir erweitern die rechte Seite mit der Avogadro-Konstanten N_A (§64) und setzen $N_A k = R$. Ferner ist nach (64.3) $N_A \mu = M_m$, also gleich der molaren Masse des Gases. Damit folgt

$$pV_s = \frac{RT}{M_m}\,. \tag{105.2}$$

Wir multiplizieren diese Gleichung mit der Masse m des Gases. Da nach (53.2) $V_s m = V$ das Volumen des Gases ist, so folgt

$$pV = m\,\frac{RT}{M_m}\,. \tag{105.3}$$

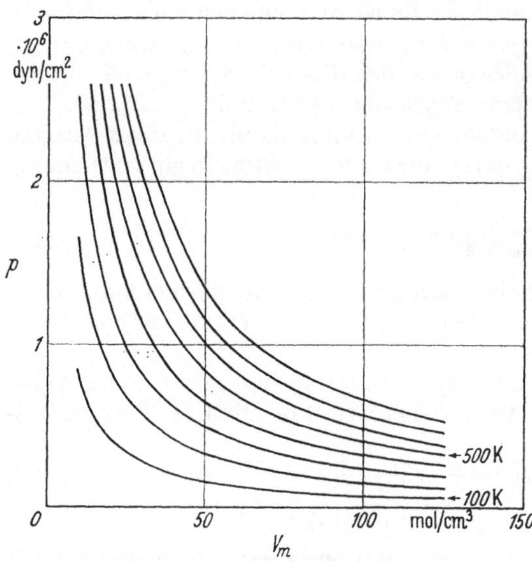

Abb. 242. Isothermen der idealen Gase.

Nun ist nach (64.2) $m/M_m = n$ die Stoffmenge des Gases, so daß auch

$$pV = nRT\,. \tag{105.4}$$

Dividieren wir durch n und beachten, daß nach (64.3) $V/n = V_m$ das molare Volumen des Gases ist, so erhalten wir schließlich

$$pV_m = RT\,. \tag{105.5}$$

(105.2) bis (105.5) sind nur verschiedene Formen der *allgemeinen thermischen Zustandsgleichung der idealen Gase* (Boyle-Mariotte-Gay-Lussacsches Gesetz). (105.4) wurde 1802 von GAY-LUSSAC[1] aufgestellt und erweitert das Boyle-Mariottesche Gesetz auf den Fall veränderlicher Temperaturen. (Vgl. WESTPHAL, Physikalisches Praktikum, 14. und 15. Aufgabe.) R ist die (universelle) *Gaskonstante*. Die Größe R/M_m wird in der Technik als die individuelle Gaskonstante des betreffenden Stoffes bezeichnet.

Man beachte, daß die Zustandsgleichung in ihren verschiedenen Formen lediglich eine Umformung von (104.1) ist. Wie diese Gleichung, ist sie *kein Gesetz*, sondern eine *Definition* und demnach *nicht beweisbar*. Angebliche experimentelle Beweise beruhen auf einem Zirkelschluß; denn sie erfordern Temperaturmessungen. Diese setzen aber — wenn auch praktisch nur indirekt — die Gültigkeit der Zustandsgleichung voraus, da die Temperaturskala über diese definiert ist (§ 106). Man kann (105.4) als die *praktische Ausgangsgleichung der Wärmelehre* und die Definition von RT auffassen.

---

[1] JOSEPH LOUIS GAY-LUSSAC, 1778—1850.

Für eine gegebene Gasmenge, also mit $nR = const$, kann man statt (105.4) schreiben

$$pV = const\, T \qquad \text{oder} \qquad \frac{pV}{T} = const. \tag{105.6}$$

Daraus folgt für

$$T = const \text{ die } \textit{isotherme Zustandsgleichung} \quad pV = const, \tag{105.7a}$$
$$V = const \text{ die } \textit{isopykne Zustandsgleichung} \quad p \;\; = const\, T, \tag{105.7b}$$
$$p = const \text{ die } \textit{isobare Zustandsgleichung} \quad V \;\; = const\, T. \tag{105.7c}$$

(105.7a) ist uns bereits als (69.3) bekannt.

In der Abb. 242 sind die (p, V)-Kurven *(Isothermen)* der idealen Gase für einige Temperaturen nach (105.5) dargestellt. (Angenommen ist $n = 1$ mol, also $\{V\} = \{V_m\}$. Die Kurven sind Hyperbeläste.

106. Temperaturskalen. In (105.4) ist die *Meßvorschrift für Temperaturen* enthalten, praktisch meist in der Form (105.7b), und zwar mit Hilfe des *Gasthermometers* (§ 110). Die *internationale Temperaturskala* ist die *Kelvin-Skala*[1]. Ihre Einheit heißt *Kelvin* (K) und ist heute dadurch definiert, daß ihr *Nullpunkt* 0 K der absolute Nullpunkt ist und dem *Tripelpunkt des Wassers* (§ 114) die Temperatur $T_{tr} = 273{,}16$ K zugeschrieben wird[2]. Es ist also 1 K $= T_{tr}/273{,}16$.

Es seien p, p_{tr} die den Temperaturen T, T_{tr} entsprechenden Drucke bei $V = const$. Dann folgt aus (105.7b)

$$T = T_{tr}\,\frac{p}{p_{tr}} = 273{,}16 \text{ K }\frac{p}{p_{tr}}. \tag{106.1}$$

Demnach können Temperaturen aus dem Verhältnis gemessener Werte von p und p_{tr} berechnet werden.

In der Kelvin-Skala beträgt die *Gaskonstante* $R = 0{,}831\,44 \cdot 10^8$ erg K^{-1} mol^{-1}. Daraus folgt nach § 104 mit dem in § 64 mitgeteilten Wert der Avogadro-Konstanten N_A für die *Planck-Boltzmann-Konstante* $k = R/N_A\ 1{,}380\,44 \times 10^{-16}$ erg K^{-1}.

Die Kelvin-Skala entspricht dem Wesen der Temperatur als einer stets positiven Größe, weil es in ihr keine negativen Temperaturen gibt. Für praktische Meßzwecke wird sie aber nicht verwendet, weil sie in den meisten Fällen unbequem hohe Zahlenwerte liefert. Das vermeidet man bei der *Celsius-Skala*[3]. Wir übergehen ihre lange Vorgeschichte und teilen nur den heutigen Stand mit. Ihre Einheit ist ebenfalls das Kelvin, das aber zum Hinweis auf die Celsius-Skala als *Grad Celsius* (°C) bezeichnet wird. Zum gleichen Zweck werden in dieser Skala gemessene Temperaturen nicht mit T, sondern mit t bezeichnet. In dieser Skala hat der Tripelpunkt des Wassers die Temperatur $+0{,}01$ °C. Der Eispunkt, der Gefrierpunkt des Wassers bei dem Druck 760 Torr (der heute nicht mehr definiert, sondern empirisch zu ermitteln ist) liegt innerhalb der derzeitigen Meßgenauigkeit bei $t = 0{,}00$ °C, der Dampfpunkt, der Siedepunkt des Wassers im Normzustand (§ 65), bei $+100{,}00$ °C, der absolute Nullpunkt bei $-273{,}15$ °C.

In der Celsius-Skala angegebene Temperaturen sind — zumal sie auch negativ sein können — gar keine Temperaturen im physikalischen Sinne, sondern Temperaturdifferenzen gegen den Eispunkt.

Temperaturdifferenzen sind wegen der gleichen Einheit in beiden Skalen gleich groß, $T_2 - T_1 = t_2 - t_1$, also auch $dT = dt$. Um Angaben von Temperatur

---

[1] WILLIAM THOMSON, später LORD KELVIN OF LARGS, 1824—1907.

[2] Die Temperatureinheit hieß bisher *Grad Kelvin* (Zeichen °K). Die Änderung in *Kelvin* (Zeichen K) ist 1967 international beschlossen worden.

[3] ANDERS CELSIUS, 1701—1744.

differenzen von Angaben von Temperaturen zu unterscheiden, ist es sehr zweckmäßig, bei der Angabe von Temperaturdifferenzen statt der Zeichen K oder °C das Zeichen grd (spr. Grad) zu verwenden, wird aber international nicht empfohlen.

Für die Verwendung der Celsius-Skala müssen wir (105.6) umrechnen. Dabei wird *const* auf den Eispunkt bezogen. Es sei $(pV)_e$ das Produkt pV beim Eispunkt T_e. [Wir schreiben $(pV)_e$, weil das gleiche Produkt durch beliebige Wertepaare p, V verwirklicht werden kann.] Dann ist nach (105.6) $pV = (pV)_e\, T/T_e$. Nun sind die *Zahlenwerte* aller in der Kelvin-Skala gemessenen Temperaturen um 273,15 höher als die in der Celsius-Skala gemessenen. Dem genügt, wie der Leser leicht feststellt, die Beziehung $T = T_e(1 + \alpha t)$ mit $T_e = 273,15$ K und $\alpha = 1/273,15$ °C. Dann folgt

$$pV = (pV)_e(1 + \alpha t), \tag{106.2}$$

sowie die Sonderfälle

$$V = \text{const}: \qquad p = p_e(1 + \alpha t), \tag{106.3 a}$$

$$p = \text{const}: \qquad V = V_e(1 + \alpha t). \tag{106.3 b}$$

α heißt je nachdem der *Ausdehnungskoeffizient* oder der *Druckkoeffizient* der idealen Gase.

Die im englischen Sprachraum auch noch übliche *Rankine-Skala*[1] unterscheidet sich von der Kelvin-Skala dadurch, daß ihre Einheit, das *Rankine* (R), gleich 4/9 K ist. In der Technik und im täglichen Leben wird meist noch die *Fahrenheit-Skala*[2] mit der gleichen Einheit, die dann aber als *Grad Fahrenheit* (°F) bezeichnet wird, verwendet. Der Eispunkt liegt bei ihr bei $+32$ °F.

107. Die Zustandsgleichung von van der Waals. In der Ableitung von (105.5) haben wir den *idealen Gaszustand* vorausgesetzt, bei dessen Definition zwei Eigenschaften der wirklichen Gase vernachlässigt werden: die anziehenden *van der Waalsschen Kräfte* zwischen den Molekülen und deren *endliches Eigenvolumen*. Aus diesem Grunde weichen die an wirklichen Gasen gemessenen α-Werte — wenn auch unter gewöhnlichen Umständen bei manchen Gasen nur sehr wenig — von dem in § 106 angegebenen Wert ab, nähern sich ihm aber um so mehr, je besser die Bedingungen erfüllt sind, die wir unten nennen werden (Tabelle).

Druckkoeffizienten einiger Gase bei 0 °C

Ideales Gas 1/273,15	$= 0,003661$ °C^{-1}
Wasserstoff	3663
Helium	3660
Stickstoff	3675
Sauerstoff	3674
Kohlenoxyd	3667
Kohlendioxyd . . .	3726
Ammoniak	3802

VAN DER WAALS[3] ist es 1873 gelungen, eine Zustandsgleichung aufzustellen, die diese Umstände berücksichtigt und die Verhältnisse bei den wirklichen Gasen sehr weitgehend richtig darstellt. Darüber hinaus gilt sie aber auch für den flüssigen Zustand. Unter p ist im Folgenden der unmittelbar meßbare Druck zu verstehen, den das Gas auf seine Begrenzung ausübt. Wir haben den Druck p in § 106 auf die Weise in die Zustandsgleichung eingeführt, daß wir $p = N_s\, \mu\, \overline{v^2}/3$ setzten. Bei den wirklichen Gasen gilt aber diese Gleichung nicht streng, denn die Geschwindigkeit der Gasmoleküle ist in der Nähe einer Begrenzung kleiner als im freien Gasraum. Das hat einen ganz analogen Grund wie die Oberflächenspannung (§ 62, Abb. 147). Moleküle, die sich der Grenze des Gases nähern, werden durch die von den weiter entfernten Gasmolekülen ausgehenden van der Waalsschen Kräfte verlangsamt und haben an der Wand eine etwas kleinere kinetische Energie

---

[1] WILLIAM JOHN MACQUORNE RANKINE, 1820—1872.

[2] GABRIEL DANIEL FAHRENHEIT, 1686—1736, stellte die ersten brauchbaren Flüssigkeitsthermometer her.

[3] JOHANNES DIDERICK VAN DER WAALS, 1837—1923, Nobelpreis 1910.

als im freien Gasraum. Der Druck p gegen die Wand wird dadurch verkleinert, und die kinetische Energie im freien Gasraum ist $\mu\,\overline{v^2}/2 > 3\,p/2\,N_s$. Um sie richtig zu erhalten, muß zu p ein additives Glied hinzugefügt werden. Die Theorie ergibt, daß in (105.5) an Stelle von p zu setzen ist $p + a/V_m^2$, wobei a eine von der Größe der van der Waalsschen Kräfte des Gases abhängige, je nach der Stoffart verschiedene Konstante, V_m das molare Volumen des Gases ist. Das endliche Volumen der Moleküle wirkt wie eine Verkleinerung des Raumes, der jedem Molekül zur Verfügung steht. Darum ist in (105.5) an Stelle von V_m zu setzen $V_m - b$. Die ebenfalls stoffabhängige Konstante b ist unter der Annahme kugelförmiger, starrer Moleküle gleich dem vierfachen Kovolumen des Gases. Das ist das molare Volumen, das ein Mol des Gases haben würde, wenn seine Moleküle in der dichtesten möglichen Packung beieinander lägen. Demnach lautet die an die Stelle von (105.5) tretende *van der Waalssche Gleichung*

$$\left(p + \frac{a}{V_m^2}\right) \cdot (V_m - b) = RT. \tag{107.1}$$

Hiernach ist ein wirkliches Gas dem idealen Gaszustand um so näher, und (107.1) nähert sich (105.5) um so mehr, je besser die folgenden Bedingungen erfüllt sind: $V_m^2 \gg a/p$ und $V_m \gg b$. Das molare Volumen ist um so größer, je kleiner die Dichte des Gases ist. Aus beiden Bedingungen folgt daher, daß sich ein Gas bei gegebener Temperatur mit abnehmender Dichte dem idealen Gaszustand mehr und mehr annähert. Bei gegebener Dichte ist ferner der Druck p um so größer, je höher die Temperatur des Gases ist. Daher ist die erste Bedingung bei gegebener Dichte um so besser erfüllt, je höher die Temperatur des Gases ist. *Ein Gas ist also dem idealen Gaszustand um so näher, je geringer seine Dichte und je höher seine Temperatur ist.* Wir werden die van der Waalssche Gleichung in § 120 noch einmal eingehend besprechen und dort auch eine Darstellung in Kurvenform geben.

108. Die Brownsche Bewegung. Der Versuch von Stern. Beobachtet man eine verdünnte Lösung von chinesischer Tusche oder eine kolloidale Goldlösung bei starker Vergrößerung unter dem Mikroskop, so sieht man in der Tusche die Kohleteilchen, in der Goldlösung die Goldteilchen in einer heftigen, vollkommen ungeordneten Zickzackbewegung (Abb. 243). Das gleiche sieht man an den festen Teilchen des Tabakrauchs, wenn man ihn in einer Kammer unter ein Mikroskop bringt. Diese Erscheinung ist bereits 1827 von BROWN[1] an schwebenden Teilchen in Pflanzensäften beobachtet worden und heißt deshalb *Brownsche Bewegung*, ist aber erst viel später richtig gedeutet und gebührend beachtet worden.

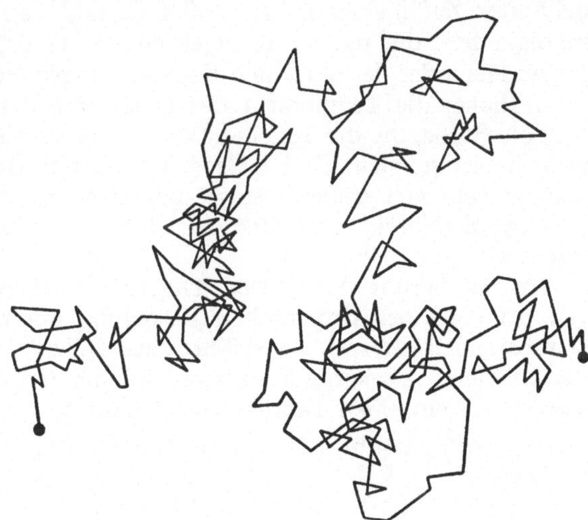
Abb. 243. Brownsche Bewegung

Man denke sich einen großen, frei beweglichen Körper, an den rings herum eine große Anzahl von Menschen in ganz zufälliger Weise fortwährend stößt.

---

[1] ROBERT BROWN, 1773—1858, Botaniker.

Der Körper wird sich dabei nur sehr wenig hin und her bewegen, weil sich bei der großen Häufigkeit der Stöße die Unregelmäßigkeiten, mit denen die einzelnen Stöße erfolgen, ausgleichen. Jetzt denke man sich den Körper wesentlich kleiner, die Dichte der Menschen, die gegen ihn stoßen, aber ebensogroß, so daß jetzt die Anzahl der Stöße, wegen seiner kleineren Oberfläche, weit kleiner wird. Dann werden sich die Unregelmäßigkeiten nicht mehr in dem Maße ausgleichen wie vorher. Der Körper wird deutlich bald hierhin, bald dorthin getrieben werden, er wird eine Zickzackbewegung ausführen, und zwar um so lebhafter, je kleiner und leichter er ist. (Man vergleiche etwa die Bewegungen eines Fußballs während einer längeren Zeit und stelle sich auch das Verhalten eines Fußballs vor, der bei gleicher mittlerer Dichte ein zehnmal größeres Volumen hätte als üblich.)

Die Teilchen, die wir bei der Brownschen Bewegung im Mikroskop beobachten, entsprechen einem solchen Körper, die Moleküle des Stoffes, in dem das Teilchen schwebt, den stoßenden Menschen. Die Teilchen sind so klein, daß die Anzahl und die Richtung der Stöße, die sie erleiden, schon merklichen Schwankungen unterliegen. Diese Unregelmäßigkeit der von den Molekülen herrührenden Stöße ist es, die die Zickzackbewegung der Teilchen hervorruft. Daß die Heftigkeit der Bewegung mit abnehmender Teilchengröße zunehmen muß, hat weiter seinen Grund darin, daß bei gleicher Gestalt die Masse des Teilchens mit der 3. Potenz, seine Oberfläche und damit die Zahl der ihn treffenden Stöße aber nur mit der 2. Potenz seiner Abmessungen (z.B. bei einer Kugel ihres Radius) abnimmt.

Abb. 243 zeigt eine im Mikroskop beobachtete Brownsche Bewegung eines Teilchens. (Die Knickpunkte sind die Orte, an denen sich das Teilchen in gleichen Zeitabständen befand; die wirkliche Bewegung ist noch viel unregelmäßiger.) Diese Bewegung ist natürlich rein zufällig und sieht in jedem einzelnen Falle wieder anders aus. Aber, wie in §65 auseinandergesetzt, liefert die Beobachtung gehäufter Zufälligkeiten bei großer Anzahl von Beobachtungen wieder Gesetzmäßigkeiten, die um so strenger gelten, je größer die Anzahl der beteiligten Individuen oder der einzelnen Beobachtungen ist.

Je höher die Temperatur des Gases und der Flüssigkeit ist, um so heftiger sind die Stöße, die die Teilchen von den Molekülen erhalten, und um so schneller verschieben sie sich. Es ist also zu erwarten, daß sie sich genau wie Moleküle, nur von sehr viel größerer Masse und demnach viel kleineren durchschnittlichen Geschwindigkeiten, verhalten, so daß auch für sie der Gleichverteilungssatz gelten sollte (§ 104).

Hierauf beruht EINSTEINs[1] Theorie der Brownschen Bewegung. Stellt man den Ort eines der Brownschen Bewegung unterliegenden Teilchens in gleichen Zeitabständen Δt fest, so erfährt das Teilchen in jedem Zeitintervall Δt eine Verschiebung Δx von ständig wechselnder Größe und Richtung. Für den Mittelwert der einzelnen Beträge der Quadrate $(\Delta x)^2$, das *mittlere Verschiebungsquadrat* $\overline{(\Delta x)^2}$, ergibt die von EINSTEIN aufgestellte Theorie für kugelförmige Teilchen

$$\overline{(\Delta x)^2} = \frac{kT\,\Delta t}{3\,\pi\,\eta\,r}, \tag{108.1}$$

wobei k die Planck-Boltzmann-Konstante, T die Kelvin-Temperatur, η der Koeffizient der inneren Reibung des Gases oder der Flüssigkeit, r der Radius der Teilchen ist. Der Mittelwert $\overline{(\Delta x)^2}$ kann aus einer genügend großen Zahl von Messungen sehr genau ermittelt werden. Auch der Radius von nicht zu kleinen Teilchen kann bestimmt werden. Demnach kann aus (108.1) die *Planck-Boltzmann-Konstante* k berechnet werden, aber mit dem bekannten Wert der Gas-

---

[1] ALBERT EINSTEIN, 1879—1955, Nobelpreis 1921.

konstanten R auch die *Avogadro-Konstante* $N_A = R/k$ (§ 105). Da die weiteren in (108.1) eingehenden Größen sehr genau gemessen werden können, so gilt das auch für die Berechnung von N_A. Sie stimmt mit anderweitigen, ganz unabhängigen Berechnungen (z. B. über die Faraday-Konstante, § 174) sehr gut überein.

Die Brownsche Bewegung ist ein typisches Beispiel einer *Schwankungs-erscheinung*. Man versteht darunter Abweichungen vom statistischen Mittelwert, die dann eintreten, wenn die Anzahl der beteiligten Individuen klein ist. (Man vergleiche hierzu wieder die Statistik der Bevölkerung eines einzelnen Hauses und einer großen Stadt.) Je kleiner die Oberfläche eines Teilchens ist, um so kleiner ist auch die Anzahl der Moleküle, die in einer bestimmten Zeit, z. B. in 1 s, gegen das Teilchen stoßen. Um so größer werden dann die relativen Schwankungen ihrer Anzahl und des Betrages und der Richtung ihrer Geschwindigkeiten sein.

In sehr kleinen Volumelementen eines Gases oder einer Flüssigkeit unterliegt auch die Anzahl der in ihnen enthaltenen Moleküle solchen Schwankungen. Daher führt auch die Dichte sehr kleiner Volumelemente unregelmäßige Schwankungen aus. Auf solchen Dichteschwankungen beruht wenigstens zum Teil die Opaleszenz mancher Flüssigkeiten, sowie die blaue Farbe des Himmelslichts (Dichteschwankungen der Luft). Die Theorie der Schwankungen ist zuerst von SMOLUCHOWSKI[1] entwickelt worden.

Bei leichten und leicht drehbar aufgehängten Gebilden besteht die Brownsche Bewegung in unregelmäßig schwankenden Drehbewegungen. Bei sehr empfindlichen Spiegelgalvanometern setzen sie der Meßmöglichkeit dort eine Grenze, wo die Ausschläge durch den zu messenden Strom sich denen durch die zufälligen Drehschwankungen der Drehspule nähern. Evakuieren hilft nicht. Denn auch die Anzahl der durch jeden Querschnitt des Spulendrahtes hindurchtretenden Elektronen schwankt statistisch und *relativ* um so stärker, je geringer die Stromstärke ist. Ein Gesetz der Statistik besagt aber, daß (bei gleicher Temperatur der Luft und der Spule) die beiden Schwankungen sich derart überlagern, daß sie zusammen ebenso wirken wie jede von ihnen einzeln.

STERN[2] hat die Geschwindigkeit von Molekülen auf folgende Weise gemessen. In Abb. 244 ist A ein zur Zeichnungsebene senkrecht ausgespannter, elektrisch geglühter Silberdraht. Ihn umgeben zwei Kupferzylinder, deren innerer einen schmalen, dem Draht parallelen Spalt B hat. Der ganze Raum wird auf einen niedrigen Druck evakuiert, so daß die Strecke AC erheblich kleiner ist als die freie Weglänge im Gase. Die beiden miteinander fest verbundenen Zylinder können in schnelle Rotation versetzt werden. Von dem glühenden Draht gehen einatomige Silbermoleküle aus, deren mittlere kinetische Energie durch (104.2) gegeben ist, wenn die Temperatur T des Drahtes bekannt ist. Wenn die Zylinder nicht rotieren, so treten die Silbermoleküle durch den Spalt B und schlagen sich bei C als schmaler Silberstreifen nieder. Wenn aber die Zylinder rotieren, so legt der äußere Zylinder den Weg CD zurück, während sich die Moleküle durch den Zwischenraum bewegen. (Die gestrichelte Linie stellt die Bahn der Moleküle relativ zu den rotierenden Zylindern

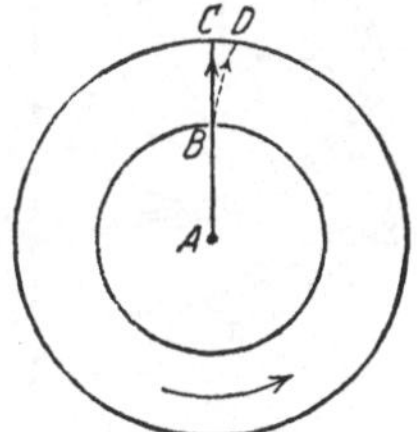
Abb. 244. Messung der Molekulargeschwindig-keit nach STERN

dar.) Der Niederschlag erfolgt also jetzt an einer anderen Stelle D. Er ist verwaschener als der Niederschlag bei C, weil die Moleküle ja nach dem Maxwellschen Gesetz (§66) verschiedene Geschwindigkeiten haben. Sein Maximum liegt, wie die Rechnung ergibt, bei der Geschwindigkeit $v_0\sqrt{4/3}$.

[1] MARYAN VON SMOLUCHOWSKI, 1872—1915.
[2] OTTO STERN, geb. 1888, Nobelpreis 1943.

Die wahrscheinlichste Geschwindigkeit v_0 kann aus der durch die Rotation des Gerätes bewirkten Verschiebung CD des Maximums, der Umfangsgeschwindigkeit des Gerätes und dem Abstand BC berechnet werden. Nun läßt sich aus (104.2) und auf Grund von (64.5) und (66.4) und mit $R = N_A k$ leicht die Gleichung

$$\tfrac{1}{2} \mathrm{M}_m v_0^2 = R T \tag{108.2}$$

ableiten, wobei M_m die molare Masse des Silbers und T die Temperatur des Drahtes ist. Der hiernach berechnete Wert der Gaskonstanten R ergab sich in so guter Übereinstimmung mit dem in § 105 mitgeteilten Wert, wie man es angesichts der nur relativ wenig genauen Messung der Verschiebung CD erwarten kann.

109. Ausdehnung fester und flüssiger Körper durch die Wärme. Bei Erwärmung dehnen sich die festen und flüssigen Körper aus, ihre Abmessungen nehmen mit der Temperatur zu. Das ist verständlich, da durch die thermische Bewegung der Moleküle der innere Zusammenhalt eines Körpers um so mehr gelockert wird, je heftiger sie ist. Ist l die Länge eines festen Körpers bei der Temperatur t, $l + \Delta l$ bei der Temperatur $t + \Delta t$, so ist

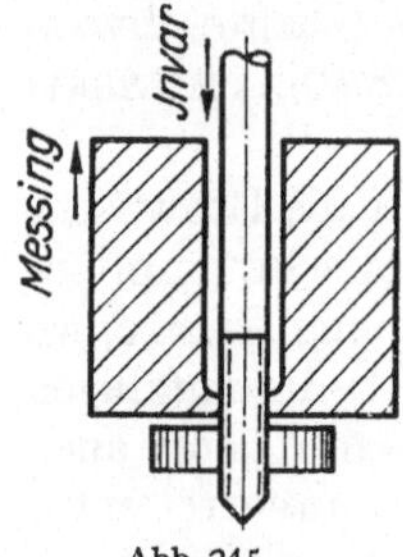

Abb. 245.
Kompensationspendel

$$l + \Delta l = l(1 + \beta \, \Delta t) \quad \text{oder} \quad \frac{\Delta l}{l} = \beta \, \Delta t. \tag{109.1}$$

Die Größe β ist der *lineare Ausdehnungskoeffizient* des Stoffes, aus dem der Körper besteht. Innerhalb nicht zu großer Temperaturbereiche ist er meist nahezu konstant, die relative Längenänderung $\Delta l/l$ also der Temperaturänderung Δt proportional. β ist bei festen Stoffen von der Größenordnung 10^{-5} grd^{-1}, bei manchen Stoffen, z. B. Diamant und Quarzglas, erheblich kleiner. Man kann glühendes Quarzglas in Wasser tauchen, ohne daß es wie Glas springt; denn seine plötzliche Zusammenziehung ist viel kleiner als die des Glases, dessen Gefüge einer solchen Beanspruchung nicht gewachsen

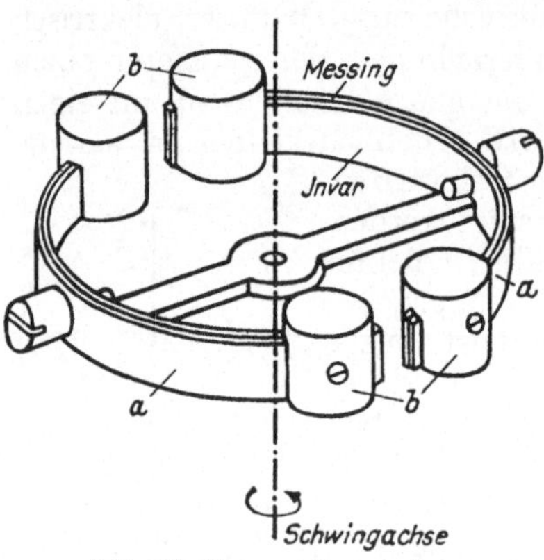

Abb. 246. Kompensationsunruhe

ist. Nur bei isotropen Stoffen ist β für alle Richtungen gleich groß, bei den anisotropen Stoffen nicht.

Das Volumen eines isotropen Quaders, das bei der Temperatur t gleich $V = abc$ sei, beträgt bei der Temperatur $t + \Delta t$

$$V + \Delta V = abc(1 + \beta \Delta t)^3$$
$$\approx V(1 + 3\beta \Delta t) = V(1 + \gamma \Delta t), \tag{109.2}$$

da $\beta \Delta t \ll 1$. Demnach ist die relative Volumänderung $\Delta V/V = 3\beta \Delta t = \gamma \Delta t$. Der *kubische Ausdehnungskoeffizient* beträgt also $\gamma = 3\beta$.

Eisenträger in Gebäuden müssen eine gewisse Bewegungsfreiheit haben, damit sie bei einem Brande nicht infolge ihrer Ausdehnung das Mauerwerk sprengen. Brückenträger legt man wegen der wechselnden Temperaturen auf Walzen. Eisenreifen von Rädern und Eisenringe auf Achsen werden in heißem Zustande aufgezogen, damit sie sich nach Abkühlung fest andrücken. Die Pendel guter Pendeluhren hängen an einem Invarstab von sehr kleinem Ausdehnungskoeffizienten (Abb. 245), dessen sehr kleine Längenänderungen bei Temperaturänderungen und ihr Einfluß auf die Schwingungsdauer durch die sehr viel größeren Längenänderungen des unten an ihm angebrachten kurzen Messingkörpers kompensiert werden. Seine reduzierte Pendellänge (§ 43) ist äußerst temperaturunabhängig. Lötet man zwei Metallstreifen von verschiedenem Ausdehnungskoeffizienten ihrer Länge nachzusammen, so krümmt sich der Streifen bei einer Temperaturänderung. Das wird bei einfachen Temperaturmeßgeräten und Temperaturreglern benutzt. Auch die Unruhen guter Uhren (Abb. 246) bestehen aus solchen Bimetallstreifen. Bei einer Temperaturerhöhung dehnt sich zwar die Unruhe als Ganzes aus, aber ihre freien Enden bei b biegen sich nach innen. Die Verhältnisse sind so bemessen, daß sich dann das Trägheitsmoment der Unruhe nicht ändert, ihre Schwingungsdauer also nicht von der Temperatur abhängt.

Flüssigkeiten haben nur einen kubischen Ausdehnungskoeffizienten. Er ist von der Größenordnung 10^{-3} bis 10^{-4} grd^{-1}, also erheblich größer als bei den festen Stoffen.

Einer der wenigen Stoffe, die sich in einem kleinen Temperaturbereich bei Erwärmung nicht ausdehnen, sondern zusammenziehen, ist das *Wasser (Anomalie des Wassers)*. Bei Erwärmung von 0 bis 4 °C zieht es sich zusammen, seine Dichte nimmt also in diesem Bereich mit der Temperatur zu (Tabelle). Das hängt damit zusammen, daß die in den kleinen Volumelementen des Wassers bei dieser Temperatur noch vorhandene verwaschene Kristallstruktur (§ 50) sich zwischen 4 und 0 °C zu ordnen beginnt, um bei 0 °C sprunghaft in die wohlgeordnete Kristallstruktur des Eises überzugehen. Die Wahl von Wasser von 4 °C zur ursprünglichen Definition des Kilogramm geschah deshalb, weil sich die Dichte des Wassers in der Nähe des bei 4 °C liegenden Dichtemaximums mit der Temperatur sehr viel weniger ändert als bei irgendeiner anderen Temperatur, so daß Wasser von dieser Dichte mit besonders großer Genauigkeit herzustellen ist. Die Anomalie des Wassers ist in der Natur sehr wichtig, weil sie das Ausfrieren der Gewässer bis zum Grunde sehr erschwert. Wenn ein Gewässer erst einmal durch und durch bis auf 4 °C abgekühlt ist, sinkt das weiter abgekühlte Oberflächenwasser nicht mehr zu Boden, weil es infolge seiner Ausdehnung beim Abkühlen leichter wird. Die tieferen Schichten können sich dann nicht mehr, wie vorher, durch Konvektion, sondern nur noch durch die sehr viel langsamer wirkende Wärmeleitung weiter abkühlen (§ 129). Ein ähnliches Verhalten wie Wasser zeigen auch Wismut und Gallium.

Dichte des Wassers	
0 °C	0,99984 g cm^{-3}
2	0,99994
4	0,99997
6	0,99994
8	0,99985
10	0,99970

110. Temperaturmessung. Zur Verwirklichung der Temperaturskala, meist gemäß (106.1), dienen Gasthermometer mit einem Gase, das dem idealen Zustand — für den allein (106.1) streng gilt — möglichst nahe ist, am besten Helium, aber auch Wasserstoff oder Stickstoff. Mit Hilfe der Konstanten a und b der van der Waalsschen Gleichung (107.1) können die Messungen auf den idealen Gaszustand umgerechnet werden. In Abb. 247 ist ein einfaches Gasthermometer für konstantes Volumen dargestellt. Das Gas befindet sich im Gefäß G, das der zu messenden Temperatur ausgesetzt wird, und in der anschließenden Kapillare K. Der Raum ist durch Quecksilber abgeschlossen. Durch Regelung des Quecksilberstandes wird dafür gesorgt, daß das Quecksilber genau eine feine Spitze S berührt, so daß das Volumen stets das gleiche ist. Der Druck des Gases ist gleich der Summe aus dem äußeren Luftdruck und dem der Höhendifferenz h entsprechenden Quecksilberdruck.

Für praktische Meßzwecke sind Gasthermometer viel zu unhandlich. Sie werden nur für amtliche Eichungen anderer Thermometer oder zu Demonstra-

tionszwecken verwendet. Die Quecksilberthermometer, bei denen die Wärme-
ausdehnung des Quecksilbers zur Messung der Temperatur benutzt wird, dürfen
als bekannt vorausgesetzt werden. Der Meßbereich eines
gewöhnlichen Quecksilberthermometers ist nach unten
durch die Temperatur begrenzt, bei der das Quecksilber
erstarrt, −38,87 °C. Die obere Grenze seiner Verwend-
barkeit liegt bei etwa 150 °C, weil oberhalb dieser Temperatur bereits eine merkliche Verdampfung des Quecksilbers in den gasleeren Raum der Kapillare eintritt. Diese
wird weitgehend eingeschränkt, wenn man die Kapillare
mit einem Gase, meist Stickstoff, füllt. Mit Hilfe einer
Stickstofffüllung von hohem Druck (30 bis 50 atm) kann
man auch das Sieden des Quecksilbers bei höheren Temperaturen verhindern (§ 114). Derartige Thermometer aus
besonderem Glase sind bis etwa 660 °C, solche aus Quarz
bis etwa 750 °C benutzbar (Stickstoffthermometer). Für
tiefe Temperaturen benutzt man statt des Quecksilbers
Flüssigkeiten, die einen niedrigen Gefrierpunkt haben,
z. B. Alkohol (Weingeistthermometer), Pentan oder Pe-
troläther.

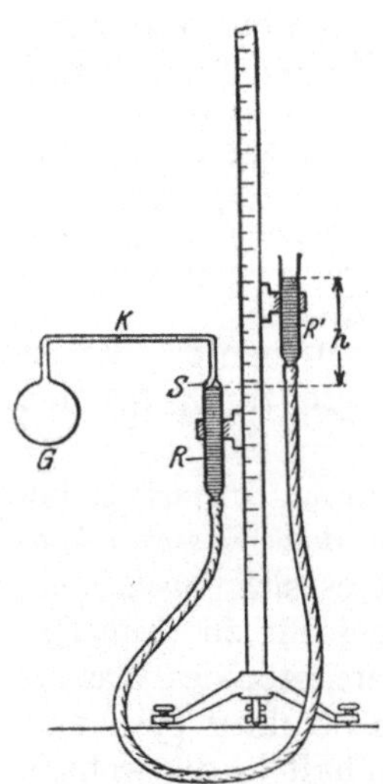

Abb. 247. Einfaches Gas-
thermometer für V=const.

Außer den hier beschriebenen, auf der thermischen
Volumänderung beruhenden Verfahren gibt es noch andere Arten der Temperaturmessung, welche auf dem
thermoelektrischen Effekt (Thermoelemente, §170), dem Einfluß der Temperatur
auf den elektrischen Widerstand (Widerstandsthermometer, §163) oder auf der
Strahlung der Körper (Strahlungspyrometer, §321, spektroskopische Methoden,
§322) beruhen, letztere insbesondere für sehr hohe Temperaturen.

111. Wärmemenge. Wärmekapazität. Wie wir in § 102 mitgeteilt haben,
wird die in einem Körper enthaltene ungeordnete Wärmeenergie als *Wärmemenge*
(Formelzeichen Q) bezeichnet. Als ihre praktische Einheit dient heute meist noch
die *Kalorie* (cal). Sie war ursprünglich definiert als die Wärmemenge, die man
einem Gramm Wasser zuführen muß, um es um 1 grd, und zwar von 14,5 auf 15,5 °C
zu erwärmen. Heute ist sie — damit praktisch übereinstimmend — international als
1 cal = 4,1869 J über die Energieeinheit Joule des MKS-Systems definiert. Nach
einer Übergangszeit soll die Kalorie verschwinden, und Wärmemengen sollen dann
nur in Joule gemessen werden.

Unter der *Wärmekapazität C eines Körpers* versteht man *den Quotienten aus
einer ihm zugeführten Wärmemenge ΔQ und der dadurch hervorgerufenen Änderung
$\Delta t = \Delta T$ seiner Temperatur*, also $C = \Delta Q / \Delta t = \Delta Q / \Delta T$ oder differentiell

$$C = \frac{dQ}{dt} = \frac{dQ}{dT}.$$ (111.1)

($dt = dT$, da Differenz, § 106.) Übliche Einheiten sind 1 cal grd⁻¹ bzw. 1 J grd⁻¹.

Die *spezifische Wärmekapazität* (meist unkorrekt spezifische Wärme genannt)
eines einheitlichen Stoffes ist *der Quotient aus der Wärmekapazität C eines aus ihm
bestehenden Körpers und dessen Masse m*, also

$$c = \frac{C}{m} = \frac{1}{m}\frac{dQ}{dt} = \frac{1}{m}\frac{dQ}{dT}.$$ (111.2)

Ihre Einheit ist also z. B. 1 cal g⁻¹ grd⁻¹ bzw. 1 J kg⁻¹ grd⁻¹. Die spezifischen
Wärmekapazitäten der festen Stoffe liegen meist zwischen 0,03 und 0,4 cal g⁻¹ grd⁻¹,

die der meisten Flüssigkeiten zwischen 0,2 und 0,5 cal g^{-1} grd^{-1}. Besonders groß ist die des Wassers mit 1,00 cal g^{-1} grd^{-1} (gemäß der ursprünglichen Definition der Kalorie). Über die Gase s. §112.

Für eine Temperaturänderung eines Körpers von der Masse m von t_1 auf t_2 ist daher die Wärmemenge $Q = cm\,(t_2 - t_1)$, für eine solche von t auf $t + dt$ die Wärmemenge $dQ = cm\,dt = cm\,dT$ erforderlich.

Die große spezifische Wärmekapazität des Wassers spielt im Wärmehaushalt der Natur eine sehr wichtige Rolle. Wasser muß eine große Wärmemenge aufnehmen oder abgeben, um seine Temperatur merklich zu ändern. Daher bleibt das Meerwasser im Frühjahr verhältnismäßig lange kühl, aber auch im Herbst verhältnismäßig lange warm. Es bewirkt daher in den Küstengegenden einen gewissen Ausgleich der jährlichen Temperaturschwankungen. Hierin liegt ein wesentlicher Grund für den typischen Unterschied zwischen dem Küstenklima und dem Kontinentalklima.

Die *molare Wärmekapazität* (meist nicht so gut Molwärme, bei einatomigen Stoffen auch Atomwärme genannt) eines Stoffes ist der Quotient aus der Wärmekapazität C eines Körpers aus dem Stoff und seiner Stoffmenge n (§64), also $C_m = C/n = mc/n$. Da nach (64.2) $m/n = M_m$ die molare Masse des Stoffes ist, so folgt $C_m = cM_m$. Die molaren Wärmekapazitäten der meisten Metalle liegen in der Nähe von 6 cal grd^{-1} mol^{-1} (*Regel von* DULONG-PETIT[1]). Die Erklärung ist folgende. Die Metalle bestehen aus raumgitterartig angeordneten Atomen (§51), die keine freie Drehbarkeit, also nur drei Freiheitsgrade der Translation (Schwingung) haben und deren mittlere kinetische Energie daher $3kT/2$ beträgt. Nach §42 haben sie dann aber auch eine mittlere potentielle Energie von gleicher Größe, also insgesamt die Energie $Q = 3kT$, so daß ein metallischer Körper, der aus N Atomen besteht, die Energie $3NkT$ beherbergt. Seine Wärmekapazität beträgt demnach $C = dQ/dT = 3Nk$ und seine molare Wärmekapazität $C_m = 3Nk/n$ oder, da nach (64.1) $N/n = N_A$ ist, $C_m = 3N_A k = 3R = 5{,}96$ cal grd^{-1} mol^{-1}.

Geräte zur Messung von Wärmemengen heißen *Kalorimeter*. Die einfachste Form eines solchen ist das Wasserkalorimeter. Es besteht aus einem mit Wasser von bekannter Temperatur gefüllten, gut gegen Wärmeverluste geschützten Metallgefäß. Zur Messung der Wärmekapazität eines Körpers erwärmt man ihn auf eine bekannte, höhere Temperatur und bringt ihn dann in das Wasser. Aus der Temperaturerhöhung des Wassers, der Anfangstemperatur des Körpers und der Wärmekapazität des Wassers und des Kalorimeters (sog. Wasserwert) kann die Wärmekapazität des Körpers und aus ihr und der Masse des Körpers die spezifische Wärmekapazität seines Stoffes berechnet werden. Über das Eiskalorimeter s. §116. (Vgl. WESTPHAL, Physikalisches Praktikum, 11. Aufgabe.)

NERNST[2] hat mehrere Kalorimeter angegeben, welche besonders zur Messung spezifischer Wärmekapazitäten bei sehr tiefen Temperaturen dienen und bei denen dem zu untersuchenden Körper eine bekannte Wärmemenge durch elektrische Heizung zugeführt und dann seine Temperaturänderung gemessen wird.

112. Die spezifische Wärmekapazität der Gase. Wird die Temperatur eines Gases erhöht, so hängt die hierbei zugeführte Wärmemenge noch von den gleichzeitigen Änderungen des Druckes p und des Volumens V ab. Von besonderer Wichtigkeit sind die beiden Fälle, bei denen entweder das Volumen oder der Druck konstant gehalten wird. Wir denken uns zunächst ein ideales Gas in ein Gefäß von unveränderlichem Volumen eingeschlossen. Seine Kelvin-Temperatur sei T. Haben seine Moleküle z Freiheitsgrade und ist N die Anzahl seiner Moleküle,

---

[1] PIERRE LOUIS DULONG, 1785—1838. ALEXIS THÉRÈSE PETIT, 1791—1820.
[2] WALTER NERNST, 1864—1941, Nobelpreis 1920.

so beträgt die in dem Gase enthaltene Wärmemenge nach (104.1) $Q=NzkT/2$ und seine Wärmekapazität bei konstantem Volumen $C_v=dQ/dT=Nzk/2$. Ist m die Masse des Gases, so ist die Masse seiner einzelnen Moleküle $\mu=m/N$. Andrerseits ist nach (64.2) $\mu=M_m/N_A$ (M_m molare Masse des Gases, N_A Avogadro-Konstante), so daß $N=N_A\,m/M_m$ und $C_v=z/2\cdot N_A\,k/M_m\cdot m=z/2\cdot R/M_m\cdot m$ ist, mit $R=N_A\,k$ (§106). Demnach ist *die spezifische Wärmekapazität bei konstantem Volumen*

$$c_v=\frac{C_v}{m}=\frac{z}{2}\,\frac{R}{M_m}\,. \tag{112.1}$$

Die *molare Wärmekapazität bei konstantem Volumen* eines Gases ist der Quotient $C_{m,v}=C_v/n$ aus der Wärmekapazität C_v einer Gasmenge und ihrer Teilchenmenge n (§64). Dann folgt aus (64.2) $C_{m,v}=C_v M_m/m$ (m Masse der Gasmenge) und damit nach (112.1)

$$C_{m,v}=c_v M_m=\frac{z}{2}\,R\,. \tag{112.2}$$

Nunmehr betrachten wir ein ideales Gas von der Masse m, das in ein Gefäß mit einem dicht schließenden, verschiebbaren Stempel eingeschlossen ist. Sein Volumen sei V. Auf den Stempel wirke eine konstante Kraft, die im Gase einen konstanten Druck p aufrechterhält. Wird das Gas um ΔT erwärmt, so ändert sich sein Volumen nach (106.3), um den Betrag $\Delta V=mR\,\Delta T/(M_m\,p)$, und das Gas leistet dabei nach [69.5] die Arbeit $\Delta W=p\,\Delta V=mR\,\Delta T/M_m$ gegen den Stempel. Diese Arbeit muß also dem Gase zusätzlich als Wärme zugeführt werden, trägt aber zu seiner Erwärmung nichts bei. Insgesamt muß also dem Gase bei einer Temperaturerhöhung ΔT bei konstantem Druck die Wärmemenge $\Delta Q=C_v\Delta T+mR\,\Delta T/M_m$ zugeführt werden, und seine Wärmekapazität bei konstantem Druck beträgt $\Delta Q/\Delta T=C_p=C_v+mR/M_m$, also seine *spezifische Wärmekapazität bei konstantem Druck*

$$c_p=\frac{C_p}{m}=c_v+\frac{R}{M_m}=\left(\frac{z}{2}+1\right)\frac{R}{M_m}\,. \tag{112.3}$$

Demnach beträgt, analog zu (112.2), seine *molare Wärmekapazität bei konstantem Druck*

$$C_{m,p}=c_p M_m=C_{m,v}+R=\left(\frac{z}{2}+1\right)R\,. \tag{112.4}$$

Ferner folgen aus (112.2) und (112.4) die Beziehungen

$$C_{m,p}-C_{m,v}=R \quad (112.5) \quad \text{und} \quad \frac{C_{m,p}}{C_{m,v}}=\frac{c_p}{c_v}=\varkappa=\frac{z+2}{z}\,. \tag{112.6}$$

Die folgende Tabelle gibt die Werte von $C_{m,p}$, $C_{m,v}$ und $\varkappa$ in Abhängigkeit von der Anzahl z der Freiheitsgrade bei idealen Gasen (§103).

Gasart	z	$C_{m,p}$	$C_{m,v}$	$C_{m,p}-C_{m,v}$	$\varkappa$
einatomig .	3	$5R/2$	$3R/2$	R	$5/3=1{,}67$
zweiatomig .	5	$7R/2$	$5R/2$	R	$7/5=1{,}40$
sonstige . .	6	$4R$	$3R$	R	$4/3=1{,}33$

In der zweiten Tabelle sind einige Werte dieser Größen bei wirklichen Gasen zusammengestellt. Natürlich ist eine gute Übereinstimmung mit der Theorie nur bei solchen Gasen zu erwarten, die sich nahezu im idealen Gaszustand befinden. (Vgl. WESTPHAL: Physikalisches Praktikum, 13. Aufgabe.)

Molare Wärmekapazitäten einiger Gase in cal grd^{-1} mol^{-1}

	$C_{m,p}$	$C_{m,v}$	$C_{m,p}-C_{m,v}$	$\varkappa$		$C_{m,p}$	$C_{m,v}$	$C_{m,p}-C_{m,v}$	$\varkappa$
He	5,00	3,02	1,98	1,66	O_2	6,97	4,99	1,98	1,40
Ar	4,99	3,01	1,98	1,66	Cl_2	8,50	6,25	2,25	1,36
H_2	6,83	4,85	1,98	1,41	CO_2	8,89	6,84	2,05	1,30
N_2	6,98	4,99	1,99	1,40	CH_4	8,64	6,60	2,04	1,31

Die Annäherung an den idealen Gaszustand ist besonders gut bei den Edelgasen (He, Ar). Auch bei H_2, N_2, O_2 (daher auch bei Luft) ist die Übereinstimmung noch recht gut, bei den anderen angeführten Gasen erheblich schlechter. Die ungefähre Übereinstimmung von $\varkappa$ beim Kohlendioxyd mit dem theoretischen Wert 1,33 ist ein Zufall. Das CO_2 ist unter gewöhnlichen Bedingungen vom idealen Gaszustand weit entfernt. Seine Atome sind auf einer Geraden angeordnet, so daß es sich wie ein zweiatomiges Gas ($\varkappa=1,40$) verhalten sollte, wenn es ein ideales Gas wäre.

Die Bestimmung von $\varkappa$ bildet bei nahezu idealen Gasen ein Mittel, um festzustellen, ob ein Gas ein, zwei- oder mehratomig ist. (Vgl. die Methode der Kundtschen Staubfiguren, §89, die zu diesem Zweck ersonnen wurde.)

113. Adiabatische Zustandsänderungen von Gasen. Wird einem Gase von der Masse m, das in ein Gefäß mit einem verschiebbaren Stempel eingeschlossen ist, die Wärmemenge dQ zugeführt, so ändert sich im allgemeinen seine Temperatur, also auch sein molekularer Energieinhalt U, sein Druck p und sein Volumen V. Beträgt die Volumänderung dV, so verrichtet das Gas an dem Stempel äußere Arbeit $p\,dV$, die ihm in Gestalt von Wärme zugeführt werden muß. Demnach ist

$$dQ=dU+p\,dV. \tag{113.1}$$

Die zugeführte Wärme verteilt sich auf den Zuwachs dU der inneren Energie und die äußere Arbeit $p\,dV$. Nach (111.2) ist $dU=mc_v\,dT$.

Eine *adiabatische Zustandsänderung* ist eine solche, bei der *keine Energie in Form von Wärme* mit der Umgebung ausgetauscht wird, also

$$dQ=mc_v\,dT+p\,dV=0 \tag{113.2}$$

ist. Da nach (106.3), $p=mRT/(M_m V)$ ist, so folgt

$$mc_v\,dT+m\frac{RT}{M_m}\frac{dV}{V}=0 \quad \text{bzw.} \quad c_v\frac{dT}{T}+\frac{R}{M_m}\frac{dV}{V}=0. \tag{113.3}$$

Die Integration dieser Gleichung liefert

$$c_v\ln T+\frac{R}{M_m}\ln V=const \quad \text{oder} \quad \ln T+(\varkappa-1)\ln V=const,$$

wenn wir nach (112.4) und (112.5) $R/M_m=c_p-c_v$ und nach (112.6) $c_p/c_v=\varkappa$ setzen. Statt dessen kann man schreiben

$$T\cdot V^{\varkappa-1}=const. \tag{113.4}$$

Indem wir noch $T=pV M_m/(mR)$ setzen und den konstanten Faktor $M_m/(Rm)$ in *const* einbeziehen, erhalten wir das *Poissonsche*[1] *Gesetz*

$$pV^\varkappa=const. \tag{113.5}$$

---

[1] SIMÉON DENIS POISSON, 1787—1840.

Diese Gleichung tritt also bei adiabatischen Zustandsänderungen an die Stelle des für isotherme Änderungen gültigen Gesetzes von BOYLE-MARIOTTE (69.3).

Aus (113.4) liest man ab, daß bei einer unter Aufwand von Arbeit erfolgenden adiabatischen Volumverminderung bzw. Druckerhöhung eines abgeschlossenen Gasvolumens die Temperatur des Gases steigt, im umgekehrten Falle sinkt. Man kann also Gase durch adiabatisches Zusammendrücken erwärmen, durch adiabatische Volumvergrößerung abkühlen. Die adiabatische Erwärmung der Luft kann man z.B. beim Aufpumpen von Fahrradreifen beobachten, denn sie vor allem bewirkt die oft beträchtliche Erwärmung der Pumpe.

Von der Ursache der Temperaturänderung bei einer unter Aufwand von (positiver oder negativer) Arbeit erfolgenden adiabatischen Volumänderung eines Gases kann man sich eine ganz anschauliche Vorstellung machen. Bei einer solchen Volumänderung muß immer ein Teil der Wandung des Gefäßes, in dem sich das Gas befindet, *bewegt* werden. Wenn Moleküle des Gases gegen diese bewegte Wand stoßen, so werden sie nicht, wie von einer ruhenden Wand, mit unveränderter Geschwindigkeit zurückgeworfen. Dies wird an dem Beispiel eines gegen eine bewegte Wand geworfenen Balles klar. Bewegt sich die Wand gegen die Richtung, in der der Ball geworfen wird, so fliegt dieser mit einer größeren Geschwindigkeit wieder zurück, als er vorher hatte (Zurückschlagen eines Balles mit einem Tennisschläger). Weicht aber die Wand vor dem Ball zurück, so verliert er bei der Reflexion an Geschwindigkeit. Im ersten Falle ist er von der bewegten Wand beschleunigt worden, im zweiten hat er auf Kosten seiner Bewegungsenergie die Wand beschleunigt. Ebenso werden die Gasmoleküle von einer in das Gas hinein bewegten Wand, also bei Volumverkleinerung, beschleunigt. Die durchschnittliche Molekularenergie im Gase nimmt zu, seine Temperatur steigt. Im umgekehrten Falle werden die gegen die zurückweichende Wand stoßenden Moleküle verlangsamt, so daß die Temperatur des Gases sinkt.

Eine isotherme Volumvergrößerung, die durch Verschieben eines Stempels nach außen erfolgt, ist daher nicht ohne Wärmeaustausch mit der Umgebung möglich. Zur Konstanthaltung der Temperatur muß Wärme von außen zugeführt werden, um dem Gase die durch Arbeit gegen den Stempel entzogene Energie zu ersetzen. Bei einer isothermen Volumverkleinerung hingegen muß dem Gase die Energie durch Wärmeabgabe wieder entzogen werden, die ihm durch Arbeit des Stempels am Gase zugeführt wurde.

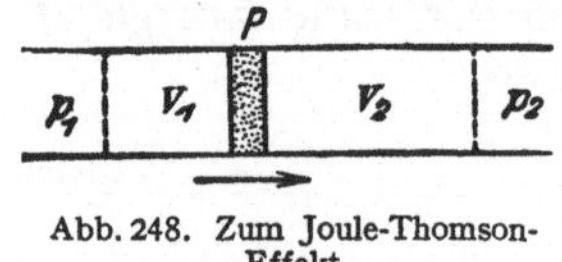

Abb. 248. Zum Joule-Thomson-Effekt

Findet jedoch die Volumänderung nicht unter Bewegung einer begrenzenden Wand statt, sondern dadurch, daß dem Gase etwa durch Öffnen eines Hahns Zutritt zu einem bisher leeren Raum gestattet wird, so geschieht diese Volumänderung bei einem idealen Gase ohne Arbeit, die Moleküle strömen (diffundieren) mit gleichbleibender Geschwindigkeit in den bisher leeren Raum, es findet also keine Temperaturänderung statt (GAY-LUSSAC).

Bei den wirklichen Gasen, für die die Zustandsgleichung (107.1) von VAN DER WAALS gilt, ist dies jedoch in mehr oder weniger hohem Maße der Fall, denn es muß auf Kosten der kinetischen Molekularenergie Arbeit gegen die zwischen den Molekülen wirksamen van der Waalsschen Kräfte verrichtet werden, wenn sich die Moleküle weiter voneinander entfernen. Dies ist von JOULE und THOMSON (Lord KELVIN) nachgewiesen worden. Sie trieben ein Gas durch einen schwer durchlässigen Pfropf P in einem gegen Wärmeaustausch mit der Umgebung gut geschützten Rohr (Abb. 248), in dem auf der einen Seite des Pfropfs der Druck p_1 und auf der anderen der niedrigere Druck p_2 aufrechterhalten wurde. Es zeigt sich dann eine Abkühlung der durch den Pfropf getriebenen Luft. Wäre die

Luft ein ideales Gas, so würde eine solche nicht eintreten, und es wäre $p_1 V_1 = p_2 V_2$. Nun bewirken aber die van der Waalsschen Kräfte, daß die Luft stärker zusammendrückbar ist als ein ideales Gas. Denn je dichter die Moleküle einander durch eine Verkleinerung des Volumens kommen, um so stärker treten die anziehenden Kräfte in Erscheinung und unterstützen die Wirkung der volumenvermindernden äußeren Kraft. Entsprechend dehnt sich aber auch die Luft bei einer Druckverkleinerung stärker aus als ein ideales Gas. Daher ist im Falle des Joule-Thomsonschen Versuchs das Volumen V_2 größer, als es bei einem idealen Gase wäre, und daher $p_2 V_2 > p_1 V_1$. Nun ist aber (da das Volumen V_1 verschwindet und das Volumen V_2 neu entsteht) nach §69 $p_1 V_1$ die zum Durchdrücken des Gases durch den Pfropf aufzuwendende äußere Arbeit, $p_2 V_2$ die auf der anderen Seite neu gewonnene äußere Arbeit. Es wird also äußere Arbeit bei diesem Prozeß gewonnen. Dies kann nur auf Kosten der inneren Energie des Gases, also seiner Molekulargeschwindigkeit, geschehen. Das Gas kühlt sich durch äußere Arbeit ab. Es kühlt sich aber auch durch innere Arbeit ab, weil die Gasmoleküle sich bei der Expansion weiter voneinander entfernen, ihre gegenseitige potentielle Energie also vermehrt wird, was wieder nur auf Kosten ihrer kinetischen Energie geschehen kann.

Dieser Abkühlungseffekt tritt bei einem Gase aber erst unterhalb seiner *Inversionstemperatur* T_i ein, die mit den Konstanten a und b der van der Waalsschen Gleichung und der Gaskonstanten R in der Beziehung $T_i = 2a/(Rb)$ steht. Diese Temperatur ist bei manchen Gasen ziemlich niedrig, bei den Edelgasen deshalb, weil bei ihnen die van der Waalsschen Kräfte sehr klein sind und deshalb a sehr klein ist. Beim Wasserstoff dagegen ist das Kovolumen, also auch b, besonders groß. Daher ist auch seine Inversionstemperatur niedrig; sie liegt bei $-80\ °C$.

Aus (113.5) folgt bei einer adiabatischen Volumänderung durch Differenzieren $\varkappa p V^{\varkappa-1} dV + V^\varkappa dp = 0$ oder

$$-\frac{dV}{V} = \frac{dp}{\varkappa p}. \tag{113.6}$$

Man erkennt durch Vergleich mit (69.4), daß bei einer adiabatischen Volumänderung das Produkt $\varkappa p$ die gleiche Rolle spielt wie der Druck p bei einer isothermen Volumänderung. Demnach ist $\varkappa p$ der *adiabatische Kompressionsmodul* des idealen Gases. Er ist größer als der isotherme Kompressionsmodul. Denn da sich das Gas bei einer adiabatischen Zusammendrückung erwärmt, so ist sein Widerstand gegen eine solche Volumänderung größer als bei einer isothermen Volumänderung.

Die Tatsache, daß in (85.6) bei der Schallgeschwindigkeit in Gasen als Kompressionsmodul nicht der Druck p, sondern die Größe $\varkappa p$ auftritt, erklärt sich daraus, daß die Druckänderungen und die damit verbundenen Temperaturänderungen in einer Schallwelle so schnell verlaufen, daß ein Ausgleich der Temperaturen durch Wärmeleitung zwischen den momentan erwärmten und den momentan abgekühlten Bereichen nicht stattfinden kann, die Änderungen also adiabatisch sind, so daß nicht das Boyle-Mariottesche, sondern das Poissonsche Gesetz (113.5) gilt.

II. Änderungen des Aggregatzustandes. Lösungen

114. Änderungen des Aggregatzustandes. Erwärmt man einen kristallinen festen Stoff, so geht er bei einer bestimmten Temperatur in den flüssigen Zustand über. Der Stoff schmilzt. Kühlen wir ihn jetzt von höherer Temperatur wieder ab, so wird er bei der gleichen Temperatur wieder fest. Diese Temperatur heißt die *Schmelztemperatur* oder der *Schmelzpunkt* des Stoffes. Da der Stoff bei Abkühlung bei der gleichen Temperatur fest wird, erstarrt, so nennt man sie auch *Erstarrungstemperatur*, beim Wasser und bei wäßrigen Lösungen meist *Gefrierpunkt*. Weiteres s. § 116.

Freistehende Flüssigkeiten gehen bei jeder Temperatur allmählich in den gasförmigen Zustand über, sie *verdampfen*, und zwar um so schneller, je höher die Temperatur ist. Steigert man die Temperatur, so tritt schließlich ein Verdampfungsvorgang besonderer Art ein, indem die Flüssigkeit unter heftiger Blasenbildung in ihrem Inneren schnell vollkommen in den gasförmigen Zustand übergeht. Die Flüssigkeit *siedet*. Diese Temperatur heißt *Siedetemperatur* oder *Siedepunkt*. Der dem Verdampfen entgegengesetzte Vorgang heißt *Kondensation*. Es gibt auch einen der Verdampfung entsprechenden Übergang vom festen unmittelbar in den gasförmigen Zustand. Dieser Vorgang heißt *Sublimation*, seine Umkehrung ebenfalls *Kondensation*. Weiteres s. §§ 117—119.

Der Verlauf der Temperatur t eines Stoffes beim Schmelzen oder Sieden bei gleichmäßiger Zufuhr von Wärme Q ist in Abb. 249 schematisch dargestellt. Unterhalb des Schmelz- bzw. Siedepunktes t_1 steigt die Temperatur des Stoffes stetig an. In dem Augenblick, wo diese Temperatur erreicht ist (A), hört der Anstieg auf, und die Temperatur bleibt, trotz dauernder Zufuhr von Wärme,

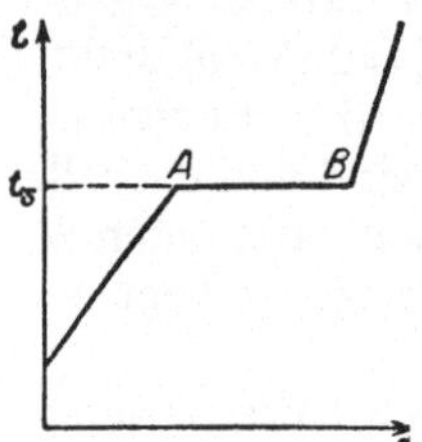

Abb. 249. Temperaturverlauf beim Schmelzen und beim Sieden. t Temperatur, Q zugeführte Wärmemenge, t_s Schmelz- bzw. Siedetemperatur. Stellt auch allgemein den Temperaturverlauf beim Durchschreiten einer Umwandlungstemperatur dar

so lange konstant, bis der Schmelz- bzw. Siedevorgang vollständig beendet ist (B). Alsdann steigt sie wieder an. Beim Erstarren bzw. Kondensieren verläuft der Vorgang in der gleichen Weise rückwärts. Die zur Umwandlung ($A — B$) nötige Wärmemenge wurde früher *latente Wärme* genannt.

Einen scharfen Schmelzpunkt haben aber nur die kristallinen, nicht die amorphen Stoffe. Diese erweichen vielmehr bei steigender Temperatur allmählich, werden zunächst zähflüssig und schließlich dünnflüssig (Wachs, Siegellack, Pech, auch Glas). Bei ihnen gibt es also keine scharfe Grenze zwischen fest und flüssig. Die Ursache dieses Verhaltens ist in §50 behandelt worden.

Die drei Formen, in denen ein Stoff entsprechend den drei Aggregatzuständen auftreten kann, nennt man seine *Phasen* und spricht demnach von der festen, flüssigen und gasförmigen Phase eines Stoffes. Ein Stoff kann bei gegebenem äußeren Druck nur bei Schmelztemperatur dauernd gleichzeitig in festem und flüssigem Zustande anwesend sein. Oberhalb des (vom Druck abhängigen, §116) Schmelzpunktes ist er stets flüssig, unterhalb desselben fest. Oberhalb des (ebenfalls vom Druck abhängigen, §118) Siedepunktes ist ein Stoff nur gasförmig, aber unterhalb des Siedepunktes, nicht nur beim Siedepunkt, kann er im flüssigen und gasförmigen Zustand gleichzeitig anwesend sein, ist dies sogar im Gleichgewichtszustand immer (§117). Auch unterhalb des Schmelzpunktes sind die feste und die gasförmige Phase eines Stoffes nebeneinander beständig. In allen drei Phasen kann ein Stoff nur bei einem ganz bestimmten Druck und einer ganz bestimmten Temperatur, seinem *Tripelpunkt*, dauernd gleichzeitig anwesend sein. Beim Wasser entspricht dieser Punkt einem Druck $p = 4,58$ Torr und einer Temperatur $t = + 0,01\,°C$ (§106). Es gilt also folgendes Schema: Unterhalb des Schmelzpunktes fest und gasförmig; im Tripelpunkt fest, flüssig und gasförmig; zwischen Schmelzpunkt und Siedepunkt flüssig und gasförmig; oberhalb des Siedepunktes gasförmig. Einzig das Helium hat keinen Tripelpunkt.

Die Abb. 250 zeigt das *Zustandsdiagramm* des Wassers. Die Kurven, welche die drei mit fest, flüssig und Dampf bezeichneten Flächen begrenzen, stellen die

Wertepaare von Temperatur und Druck dar, bei denen je zwei Phasen miteinander im Gleichgewicht sind. Die drei Äste treffen sich im Tripelpunkt. Beim Überschreiten der Grenzkurven nach rechts erfolgt je nachdem vollständige Sublimation bzw. Verflüssigung bzw. Sieden und umgekehrt beim Übergang nach links vollständiges Erstarren aus dem gasförmigen oder flüssigen Zustand bzw. Verflüssigung aus dem gasförmigen Zustand. Über den kritischen Punkt s. § 120.

Die Schmelzpunkte und die Siedepunkte der Stoffe streuen über einen Bereich von rund 5000 grd. Als Beispiele extrem hoher und niedriger Werte nennen wir die Schmelzpunkte von C, 3813 °K, und H_2, 14,0 °K, und die Siedepunkte (bei 760 Torr) von Mo, 4970 °K, und He, 4,22 °K.

Bei sehr vorsichtiger Behandlung einer Flüssigkeit läßt sie sich um einige Grad unter ihren Schmelzpunkt abkühlen, ohne zu erstarren *(Unterkühlung)*. Schüttelt man sie dann oder wirft ein Körnchen der festen Phase hinein, so erstarrt sie sofort mehr oder weniger vollständig und erwärmt sich dabei bis auf ihren Schmelzpunkt. Wasser gefriert bei 0 °C

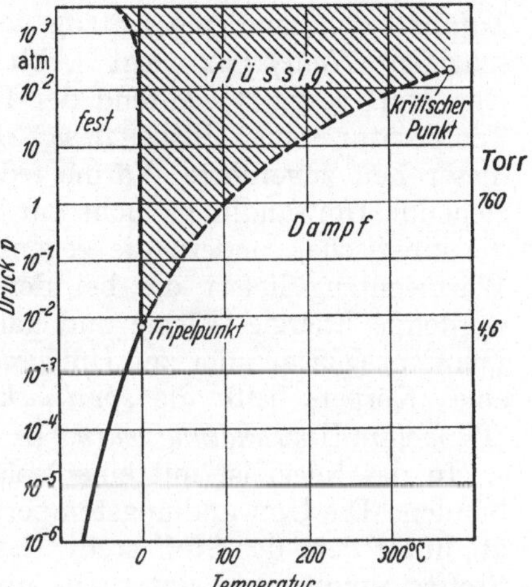

Abb. 250. Zustandsdiagramm des Wassers

nur bei Anwesenheit von Fremdkörperchen — die allerdings nur sehr schwer zu beseitigen sind — oder vorgebildeten Kriställchen als *Keimen*. Völlig keimfreies Wasser gefriert nach REGENER[1] erst bei — 72 °C. Ebenso kann man eine luftfreie Flüssigkeit durch ganz langsames Erwärmen einige Grade über ihren Siedepunkt erhitzen, ohne daß sie siedet. Sie wallt dann plötzlich heftig auf und kühlt sich bis auf ihren Siedepunkt ab *(Siedeverzug)*. Bei der Unterkühlung und beim Siedeverzug befindet sich die Flüssigkeit in einem metastabilen inneren Gleichgewicht, aus dem sie durch eine kleine Störung herausgeworfen wird, um dann in ihren stabilen Zustand überzugehen. Die amorphen Stoffe können als sehr stark unterkühlbare Flüssigkeiten betrachtet werden, deren Zähigkeit bei Unterkühlung so groß wird, daß ihre Moleküle sich nicht mehr in die regelmäßige Raumgitterordnung der Kristalle umzulagern vermögen, sondern in dem quasikristallinen Zustand verharren, der den Flüssigkeiten eigentümlich ist (§ 50).

Die thermische Bewegung in den festen (kristallinen) Stoffen besteht in Schwingungen ihrer atomaren Bestandteile um feste Ruhelagen. Je höher die Temperatur ist, desto heftiger werden diese Schwingungen. Bei der Schmelztemperatur haben sie einen solchen Grad erreicht, daß der Zusammenhang des Stoffes gelockert wird. Die regelmäßige Ordnung des festen Stoffes geht in den weniger geordneten Zustand der Flüssigkeit über. Zur Lockerung des Gefüges und der etwa noch damit verbundenen Änderungen an den atomaren Bestandteilen des Stoffes muß Arbeit verrichtet, also thermische Energie zugeführt werden.

115. Umwandlungspunkte. Umwandlungswärmen. Die Änderungen des Aggregatzustandes sind besonders augenfällige Beispiele von inneren *Umwandlungen* eines Stoffes. Es gibt dafür noch zahlreiche andere Beispiele, bei denen sich oft keine äußerlich sichtbare Änderung der Erscheinungsform vollzieht, sondern eine Änderung irgendeiner inneren Eigenschaft des Stoffes (spezifische Wärmekapazität, magnetische Permeabilität, Übergang in eine andere Modifika-

---

[1] ERICH REGENER, 1881—1955.

tion usw.). Derartige Umwandlungen sind — je nach der Richtung, in der sie verlaufen — mit einer Aufnahme oder einer Abgabe von Energie in Form von Wärme verbunden, durch die aber während des Ablaufs der inneren Umwandlung keine Änderung der Temperatur des Stoffes eintritt. Ein solcher *Umwandlungspunkt* ist dadurch gekennzeichnet, daß die Temperatur des Stoffes bei ständiger Zufuhr bzw. ständigem Entzug von Wärme einen (allerdings nicht immer ganz scharfen) *Haltepunkt* zeigt (Abb. 249), wie beim Schmelzen bzw. Erstarren. Der Stoff verharrt während der Dauer der Umwandlung auf einer konstanten Temperatur, seiner *Umwandlungstemperatur*. Bei Wärmezufuhr dient die während dieser Zeit zugeführte Wärme lediglich zur Energielieferung für die sich vollziehende Umwandlung, nicht zur Erhöhung der Temperatur. Sie erhöht nicht die kinetische, sondern die gegenseitige potentielle Energie der Moleküle. Bei Wärmeentzug liefert die bei der Rückbildung der Umwandlung wieder frei werdende Energie Wärme und hält den Stoff auf konstanter Temperatur. Der Quotient Q/m aus der zur Umwandlung nötigen Wärmenge Q und der Masse m eines Körpers heißt die *spezifische Umwandlungswärme* seines Stoffes, analog Q/n *molare Umwandlungswärme* (n Stoffmenge, §64).

In der Regel ist mit einer solchen Umwandlung eine Volumänderung verbunden. Die Umwandlungstemperatur T hängt in diesem Fall von dem Druck p ab, unter dem der Stoff steht. Es seien V_m' und V_m'' die molaren Volumina des Stoffes unmittelbar unterhalb und unmittelbar oberhalb der Umwandlungstemperatur T, Q_m seine molare Umwandlungswärme. Dann bewirkt eine Änderung des Druckes um Δp eine Änderung der Umwandlungstemperatur um

$$\Delta T = \frac{(V_m'' - V_m')\, T}{Q_m}\, \Delta p \tag{115.1}$$

(*Gleichung von* CLAUSIUS *und* CLAPEYRON[1]). Je nachdem $V_m'' \gtrless V_m'$, steigt oder sinkt die Umwandlungstemperatur mit steigendem Druck. Für die Umwandlung Wasser → Wasserdampf liest man das aus der Abb. 250 unmittelbar ab ($V_m'' > V_m'$, $\Delta T > 0$). Bei der Umwandlung Eis → Wasser verhält es sich ausnahmsweise umgekehrt ($V_m'' < V_m'$, $\Delta T < 0$, §116).

116. Schmelzen. Die *spezifische Schmelzwärme* eines Stoffes ist der Quotient $\lambda = Q/m$ aus der zum Schmelzen eines Körpers von der Masse m nötigen Wärmenge Q und dieser Masse. Entsprechend ist $\lambda_m = Q/n$ die *molare Schmelzwärme* eines Stoffes, wenn n die Stoffmenge des Körpers ist (§64). Beim Erstarren eines Körpers wird die gleiche Wärmemenge frei, die er beim Schmelzen aufgenommen hat.

Die spezifischen Schmelzwärmen liegen meist in der Größenordnung zwischen etwa 10 und 100 cal g⁻¹. Die des Eises beträgt 79,5 cal g⁻¹. Sie kann leicht mit einem Wasserkalorimeter (§111) gemessen werden. Man bringt eine bekannte Menge trockenen Eises von 0 °C in das Wasser des Kalorimeters und mißt die nach vollständigem Schmelzen des Eises eingetretene Temperaturerniedrigung. (Vgl. WESTPHAL: Physikalisches Praktikum, 12. Aufgabe.)

Auf der Schmelzwärme des Eises beruht das Eiskalorimeter von LAVOISIER[2], bei dem die Messung von Wärmemengen durch Bestimmung derjenigen Eismenge (bzw. der aus ihr gebildeten Wassermenge) erfolgt, die bei Zufuhr der zu messenden Wärmemenge geschmolzen wird. Beim Eiskalorimeter von BUNSEN (Abb. 251) wird die gebildete Wassermenge aus der Volumabnahme beim Schmelzen ermittelt. Es besteht aus einem doppelwandigen Glasgefäß, welches zwischen den Wänden mit

---

[1] Bénoit Paul Émile Clapeyron, 1799—1864.
[2] Antoine Laurent Lavoisier, 1743—1794.

Wasser gefüllt ist. Der Zwischenraum setzt sich in eine mit Quecksilber gefüllte Kapillare fort. Zunächst umgibt man das innere Gefäß mit einem Eismantel b, indem man es durch schnelle Verdampfung von Äther oder mittels einer Kältemischung (§124) unter 0 °C abkühlt. Jetzt bringt man den auf eine höhere Temperatur t erwärmten Körper, dessen Masse m sei, in das nunmehr auf 0 °C befindliche innere Gefäß. Er gibt dort Wärme an das Eis ab und kühlt sich auf 0 °C ab. Dabei schmilzt eine gewisse Eismenge m', und nach dem Energieprinzip muß sein

$$cm \cdot t = m' \lambda \quad (\lambda = 79{,}5 \text{ cal g}^{-1}).$$

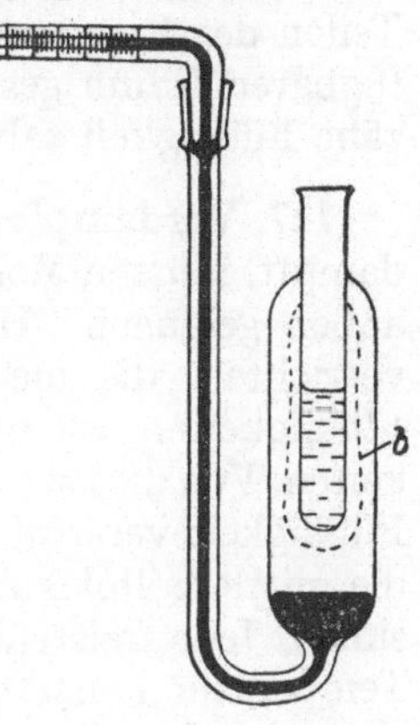

Die Menge m' des geschmolzenen Eises wird aus der Volumabnahme (s. u.) berechnet, welche aus der Verschiebung des Quecksilberfadens bestimmt werden kann, wenn man den Querschnitt der Kapillaren kennt. Auf diese Weise kann die spezifische Wärmekapazität c des hineingebrachten Körpers bestimmt werden. Da außer diesem keiner der beteiligten Körper seine Temperatur bei einer solchen Messung ändert, so geht die Wärmekapazität des Gefäßes nicht in die Rechnung ein.

Abb. 251. Eiskalorimeter

Da beim Schmelzen das molekulare Gefüge eines Stoffes gelockert wird, so ist es natürlich die Regel, daß die Körper beim Schmelzen eine Volumvergrößerung, also eine Dichteabnahme erfahren. Eine der seltenen Ausnahmen bildet das Wasser (Eis), dessen Dichte beim Schmelzen um etwa 9%, von 0,9112 auf 0,99984 g cm^{-3} zunimmt. Die Ursache ist die gleiche wie bei der Dichtezunahme, die das Wasser noch bis 4 °C zeigt (§110). Während also in der Regel die feste Phase in ihrer Schmelze zu Boden sinkt, schwimmt Eis auf Wasser, und zwar so, daß es zu etwa $^9/_{10}$ eintaucht. Das spielt im Zusammenhang mit der Dichteanomalie des Wassers eine sehr wichtige Rolle in der Natur. Die winterlichen Eisdecken der Gewässer sind also einem von der Regel gänzlich abweichenden Verhalten des Wassers zu verdanken.

Die Tatsache, daß Wasser sich beim Gefrieren ausdehnt, spielt in der Natur auch sonst eine wichtige Rolle. Wasser, welches in Gesteinsritzen eingedrungen ist, kann das Gestein beim Gefrieren durch seine plötzliche Ausdehnung sprengen, so daß es beim Wiederauftauen im Frühjahr zerfällt (daher die erhöhte Gefahr von Steinschlag im Gebirge im Frühling). Das ist eine der wichtigsten gebirgszerstörenden Ursachen. Mauerwerk muß gegen Eindringen von Wasser geschützt werden, damit es nicht den gleichen zerstörenden Wirkungen unterliegt.

Läßt man in einem Reagenzglas Paraffin erstarren, so kann man die Zusammenziehung, die bei diesem Stoff eintritt, deutlich erkennen. Das feste Paraffin ist in der Mitte ausgehöhlt, da es an der Wand zuerst erstarrt.

Dehnt sich ein Stoff beim Schmelzen aus, so steigt sein Schmelzpunkt, wenn der äußere Druck erhöht wird; zieht er sich zusammen, so sinkt der Schmelzpunkt (*Le Chatelier-Braunsches Prinzip*). Das ist eine unmittelbare Folge aus (115.1), wo dann Q_m die molare Schmelzwärme ist. Daher sinkt der Schmelzpunkt des Eises bei Druckerhöhung. Denn in diesem Ausnahmefall ist $V_m' > V_m''$. Bringt man ein Stück Eis von etwa 0 °C unter erhöhten Druck, so tritt im ersten Augenblick ein Schmelzvorgang ein. Die hierzu nötige Schmelzwärme entzieht aber das Eis sich selbst, und es kühlt sich auf eine etwas niedrigere Temperatur ab, so daß ein Fortschreiten des Schmelzvorganges unterbunden wird, solange dem Eis nicht Wärme von außen zugeführt wird. Auf dieser Tatsache beruht die *Regelation* des Eises. Das Zusammenpressen des Schnees, der ja aus Eiskristallen besteht, im Schneeball bewirkt infolge der Druckzunahme, daß der Schnee an einzelnen

15*

Stellen schmilzt. Beim Nachlassen des Drucks gefriert das Wasser wieder, und die Schneekristalle backen zusammen. Die Glätte von Eis rührt wesentlich davon her, daß es an einer Druckstelle schmilzt, so daß sich zwischen einem gleitenden Körper und dem Eise stets eine dünne Wasserschicht befindet, die als Schmiermittel wirkt. Auf der Regelation beruht auch zum Teil die Plastizität des Gletschereises. Erhöht sich der Druck im Eise, weil der Eisstrom an einer engen Stelle zusammengedrückt wird, so tritt ein örtliches Schmelzen ein, welches den einzelnen Teilen des Eises eine Bewegung gegeneinander und eine Anpassung an den verfügbaren Raum gestattet. So kommt es, daß das Gletschereis wie eine äußerst zähe Flüssigkeit talwärts fließt.

117. Verdampfen. Dampfdichte. Dampfdruck. Damit eine Flüssigkeit verdampft, müssen Moleküle aus dem Inneren durch die Flüssigkeitsoberfläche nach außen gelangen. Hierzu ist Arbeit gegen die gleichen molekularen Kräfte zu verrichten, die die Oberflächenspannung hervorrufen (§ 62). Es gibt in den Flüssigkeiten, wie in den Gasen (§ 66), Moleküle mit allen möglichen Geschwindigkeiten. Von diesen durchstoßen die schnelleren die Oberfläche am leichtesten. Die Flüssigkeit verarmt also durch die Verdampfung an ihren schnelleren Molekülen, die mittlere Molekulargeschwindigkeit und damit die Temperatur der Flüssigkeit sinkt. Jede freistehende Flüssigkeit kühlt sich durch Verdampfung ab. Soll ihre Temperatur konstant gehalten werden, so muß man ihr Wärme zuführen. Das Vorstehende gilt auch für den an eine konstante Temperatur gebundenen Siedevorgang, der ja nur eine besondere Form der Verdampfung ist.

Die *spezifische Verdampfungswärme* eines Stoffes ist der Quotient $r = Q/m$ aus der zur Verdampfung eines Körpers von der Masse m erforderlichen Wärmemenge Q und dieser Masse. Entsprechend ist $r_m = Q/n$ die *molare Verdampfungswärme* des Stoffes, wenn n die Stoffmenge des Körpers ist (§ 64).

Je größer die mittlere Molekulargeschwindigkeit in der Flüssigkeit ist, um so mehr Moleküle sind imstande, die Oberfläche zu durchstoßen. Die Verdampfungsgeschwindigkeit wächst daher mit der Temperatur.

Frei stehendes Wasser ist stets ein wenig kälter als seine Umgebung. Der menschliche Körper wird stark abgekühlt, wenn er naß ist, weil das Wasser auf ihm schnell verdampft (Erkältungsgefahr nach Schwitzen). Äther kann man durch Beschleunigung seiner Verdampfung (Hindurchblasen von Luft, wodurch die Oberfläche vergrößert und der gebildete Dampf immer wieder fortgeschafft wird) leicht erheblich unter 0 °C abkühlen. Heiße Speisen kühlt man durch Blasen ab. Indem man den aus ihrer Oberfläche entweichenden, gesättigten Dampf fortschafft, verdampft ihr Wasser schneller und entzieht der Speise mehr Verdampfungswärme. Fette Suppen kühlen sich deshalb so schwer ab, weil die auf ihnen schwimmende

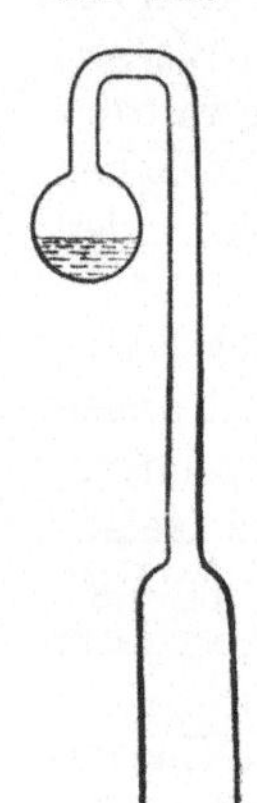

Abb. 252.
Kryophor

Fettschicht die Verdampfung behindert. (Vgl. WESTPHAL, Deine tägliche Physik, Ullstein-Taschenbuch Nr. 4000.)

Sehr eindrucksvoll wird die Abkühlung einer Flüssigkeit durch Verdampfung durch den *Kryophor* (Abb. 252) bewiesen. Er besteht aus zwei durch eine Röhre miteinander verbundenen und gut luftleer gemachten Glasgefäßen, in denen sich etwas Wasser befindet. Der übrige Raum des Gefäßes ist dann mit gesättigtem Wasserdampf gefüllt (s. u.). Man bringt das Wasser in die obere Kugel und umgibt das andere, leere Gefäß mit einer Kältemischung. In ihm kondensiert sich jetzt der vorher bei Zimmertemperatur gesättigte Wasserdampf zu Eis. Da aber in der oberen Kugel eine höhere Temperatur herrscht, so verdampft dort weiteres Wasser. Dadurch kühlt sich das Wasser ab und kommt schließlich zum Gefrieren.

Die spezifischen Verdampfungswärmen der meisten Flüssigkeiten liegen in der Größenordnung zwischen 50 und 200 cal g^{-1} und sind temperaturabhängig. Die des Wassers ist mit 539,2 cal g^{-1} (bei 100 °C) extrem hoch. Man kann sie bestimmen, indem man die Temperaturänderung einer in einem Kalorimetergefäß befindlichen Wassermenge mißt, wenn man eine bekannte Dampfmenge, etwa durch Einleiten mittels eines Rohres aus einem Kessel mit siedendem Wasser, in ihm kondensieren läßt. (Vgl. WESTPHAL: Physikalisches Praktikum, 12. Aufgabe.)

Man bezeichnet ein Gas, welches in Gleichgewicht mit seiner flüssigen Phase steht, als *Dampf*. (Nur gasförmiges Wasser wird nach alter Gewohnheit auch sonst als Wasserdampf bezeichnet.) Unrichtig ist die Bezeichnung von Wolken schwebender Tröpfchen als Dampf (z.B. eine „dampfende" Lokomotive). Solche Wolken sind richtig als *Nebel* zu bezeichnen. Wasserdampf ist unsichtbar.

Ein dicht geschlossenes Gefäß sei zum Teil mit einer Flüssigkeit gefüllt. Diese wird in den von ihr nicht angefüllten Raumteil hinein verdampfen. Nach Erreichen einer bestimmten Dichte hört die weitere Verdampfung auf. Es stellt sich ein stationärer Zustand — ein Gleichgewicht zwischen Flüssigkeit und Dampf — her, derart, daß gleichzeitig ebensoviele Moleküle die Flüssigkeit verlassen (verdampfen) wie aus dem Dampf wieder in die Flüssigkeit eintreten (sich kondensieren). Da der Druck des Dampfes von seiner Dichte abhängt, so stellt sich im Laufe der Zeit ein bestimmter Druck des Dampfes über der Flüssigkeit her, der *Dampfdruck* oder *Sättigungsdruck* der Flüssigkeit. Der Dampfdruck ist von der Temperatur abhängig und steigt mit ihr.

Dampfdruck des Wassers (Eises)

− 60 °C	0,007 Torr	+ 40 °C	55,3 Torr
− 40	0,093	+ 60	149,4
− 20	0,77	+ 80	355,1
0	4,58	+ 100	760,0
+ 20	17,5	+ 200	11665,0

Die Tabelle zeigt diese Abhängigkeit für Wasser bzw. Eis. Die in der Abb. 250 dargestellte Grenzkurve Dampf gegen flüssig ist die graphische Darstellung der Tabelle für das Wasser. Ein Dampf, der mit seiner Flüssigkeit im Gleichgewicht ist, heißt *gesättigt*. An der Grenzkurve kann für das Wasser — und entsprechend für jede andere Flüssigkeit — der zu jeder Temperatur gehörige Dampfdruck abgelesen werden. Der Druck (Partialdruck, §68) des gesättigten Dampfes über einer Flüssigkeit ist unabhängig davon, ob sich über der Flüssigkeit noch fremde Gase, z.B. Luft, befinden.

Zur Bestimmung des Dampfdruckes einer Flüssigkeit bei Zimmertemperatur kann man die Vorrichtung von TORRICELLI verwenden (Abb. 253). Man stellt zunächst in der Röhre, wie in §72 angegeben, ein Vakuum über dem Quecksilber her (Steighöhe b). Dann läßt man in der Röhre von unten her etwas von der Flüssigkeit aufsteigen. Sofort sinkt die Quecksilbersäule, weil jetzt über ihr der Dampfdruck der Flüssigkeit herrscht. Dieser ist aus der Differenz p der beiden Einstellungen der Quecksilbersäule zu entnehmen. Dabei muß, damit bestimmt Sättigung herrscht, stets noch etwas Flüssigkeit im Rohr vorhanden bleiben. Wir können jetzt auch schließen, daß bei dem Torricellischen Versuch oben im Rohr tatsächlich kein vollkommenes Vakuum herrscht,

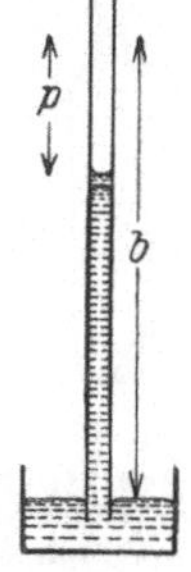

Abb. 253.
Messung des
Dampfdrucks

sondern der Dampfdruck des Quecksilbers, der bei Zimmertemperatur etwa 10^{-3} Torr beträgt. Bei Einführung von Wasser sinkt das Quecksilber bei 15 °C um 12,8 mm, entsprechend einem Dampfdruck des Wassers von 12,8 Torr, erheblich mehr bei Einführung von Alkohol oder Äther. Verkleinert oder vergrößert man den dem Dampf zur Verfügung stehenden Raum durch Heben oder Senken des Rohres, so bleibt, solange noch Flüssigkeit vorhanden ist, der Dampfdruck der gleiche, und von dem Dampf wird ein Teil kondensiert, bzw. es bildet sich die entsprechende weitere Menge Dampf aus der Flüssigkeit.

Die der Verdampfung entgegenwirkenden molekularen Kräfte hängen, wie bereits erwähnt, eng mit der Oberflächenspannung zusammen, also mit den einseitig gerichteten Kräften, die die an der Oberfläche einer Flüssigkeit befindlichen Moleküle in das Innere zu ziehen suchen. Die Kondensation einer Flüssigkeit wird daher erleichtert, wenn zu den normalen molekularen Kräften noch andere anziehende Kräfte hinzukommen. So wirken die in der Luft fast stets vorhandenen elektrisch geladenen Staubteilchen usw. infolge der von ihnen ausgehenden elektrischen Kräfte kondensationsfördernd auf Wasserdampf, sie bilden *Kondensationskerne*. Eine Kondensation des Wasserdampfes der Luft tritt aber an ausgedehnten abgekühlten Flächen leichter ein als an kleinen Wassertröpfchen. Das hängt damit zusammen, daß die Oberflächenspannung an kleinen Tröpfchen kleiner ist als an einer ebenen Flüssigkeitsfläche (§62). Daher verdampfen kleine Tröpfchen leichter als Flüssigkeiten mit ebener Oberfläche, und umgekehrt findet an ihnen schwerer eine Kondensation statt. Die Temperatur, bei der eine Kondensation von Wasser aus der Atmosphäre (Taubildung) an ausgedehnten Flächen eintritt, heißt *Taupunkt*. Er ist vom Partialdruck des Wasserdampfes, d. h. dem Sättigungsgrade der Luft, abhängig und kann daher dazu dienen, den *Feuchtigkeitsgehalt der Luft* zu bestimmen (§122). (Vgl. WESTPHAL: Physikalisches Praktikum, 16. Aufgabe.)

Da nach dem Gesetz von AVOGADRO die Anzahl der Moleküle in gleichen Volumina bei allen idealen Gasen bei gleichem Druck und gleicher Temperatur gleich groß ist, so verhalten sich die Dichten solcher Gase wie die Massen ihrer einzelnen Moleküle, also auch wie ihre molaren Massen (§64). Diese lassen sich also bei idealen Gasen aus Druck, Temperatur und Volumen berechnen.

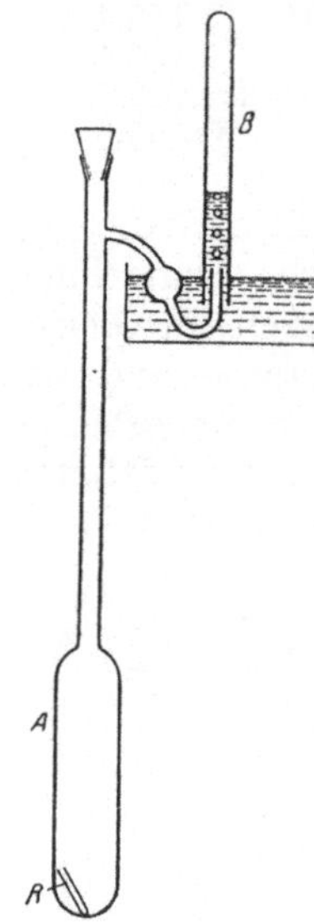

Abb. 254. Messung der Dampfdichte nach VICTOR MEYER

Dieses Verfahren läßt sich auch bei verdampfbaren festen und flüssigen Stoffen anwenden. Bei ihnen nennt man die Dichte des in den idealen Gaszustand versetzten Stoffes im Normzustand *Dampfdichte*. Zwar läßt sich dieser Zustand bei den für gewöhnlich festen oder flüssigen Stoffen nicht verwirklichen. Hat man jedoch die Dichte eines Stoffes bei einer Temperatur und einem Druck bestimmt, bei denen er dem idealen Gaszustand ausreichend nahe ist, so kann man aus den Gesetzen der idealen Gase berechnen, wie groß seine Dichte wäre, wenn er unter den obigen Bedingungen im idealen Gaszustand wäre. Unter den verschiedenen Verfahren zur Bestimmung von Dampfdichten sei das von VICTOR MEYER erwähnt. Man füllt eine kleine, abgewogene Menge des zu untersuchenden Stoffes in ein Glasröhrchen *R* (Abb. 254), das entweder offen oder mit einem Stöpsel verschlossen ist, der sich bei Überdruck von innen leicht öffnet. Das Röhrchen wird in einen Glaskolben *A* geworfen, der bereits vorher auf eine so hohe Temperatur erhitzt wurde, daß der Stoff nicht nur verdampft, sondern auch dem idealen Gaszustand ausreichend nahe ist. Es ist nicht nötig, diese Temperatur genau zu kennen. Nach dem Einbringen in den Kolben, der alsdann sofort wieder mit einem Stopfen verschlossen wird, verdampft der Stoff und verdrängt die zu unterst im Kolben befindliche Luft. Das hat zur Folge, daß Luft aus dem oben am Kolben befindlichen Entbindungsrohr ausgetrieben wird. Sie wird in einem kalibrierten Meßzylinder *B* unter Wasser aufgefangen. Da sich der verdampfte Stoff im Kolben nahezu wie ein ideales Gas verhält und für die Luft das gleiche gilt, so würden sich beide Stoffe — vorausgesetzt, daß der verdampfte Stoff dabei seinen idealen Charakter behielte — bei allen Druck- und Temperaturänderungen gleichartig verhalten. Wäre also statt der Luft der verdampfte Stoff aus dem Kolben ausgetrieben und im Meßzylinder aufgefangen worden, so würde er unter der vorstehenden Voraussetzung mit einer für den Zweck der Messung genügenden Genauigkeit das gleiche Volumen einnehmen wie die tatsächlich ausgetriebene Luft. Man kann also das abgelesene Luftvolumen gleich demjenigen Volumen setzen, das der Stoff einnehmen würde, wenn er sich als ideales Gas unter den gleichen Druck- und Temperaturverhältnissen befinden würde wie die ausgetriebene Luft. Indem man die Masse des Stoffes durch dieses Volumen dividiert, erhält man die Dichte des Dampfes. Aus dieser kann seine molare Masse berechnet werden.

118. Sieden. Das Sieden einer Flüssigkeit ist eine Verdampfung, welche nicht nur an der Oberfläche, sondern auch im Innern der Flüssigkeit, insbesondere am erhitzten Boden, vor sich geht. Dort bilden sich Dampfblasen, die an die Oberfläche steigen. In ihnen herrscht der Dampfdruck, welcher der Temperatur der Flüssigkeit entspricht. Das ist nur dann möglich, wenn der Dampfdruck nicht kleiner ist als der Druck, unter dem die Flüssigkeit steht. Denn sonst würden die etwa spontan entstehenden Blasen durch den äußeren Druck zusammengedrückt und wieder zu Flüssigkeit kondensiert. Eine Flüssigkeit siedet daher bei derjenigen Temperatur, bei der der Druck ihres gesättigten Dampfes gleich dem äußeren Druck, bei freiem Sieden an der Luft also gleich dem Luftdruck ist (PAPIN[1] 1674). Eine Flüssigkeit „kocht über", d.h. sie siedet in ihrem ganzen Volumen, wenn sie schwebende Teilchen (Fettkügelchen in der Milch, Kakao usw.) enthält, an denen sich Dampfblasen leichter bilden als in der freien Flüssigkeit. Die Umkehrung des Siedens ist die Bildung von Flüssigkeitströpfchen bei der Abkühlung eines gesättigten Dampfes.

Die Siedetemperatur einer Flüssigkeit hängt also vom Druck ab. Auch hier gilt (115.1), wo nunmehr V_m'' das molare Volumen der Flüssigkeit, V_m'' das des Dampfes bedeutet und als Umwandlungswärme Q_m die molare Verdampfungswärme zu setzen ist. Da stets $V_m'' \gg V_m'$, so ist bei der Verdampfung ΔT stets positiv, die Siedetemperatur wächst stets mit dem Druck. Die Tabelle zeigt diese Abhängigkeit für Wasser in der Umgebung des normalen Atmosphärendrucks. Für einen größeren Druckbereich ergibt sie sich aus der Tabelle in §117. Bringt man Wasser von 90 bis 95 °C in einen evakuierbaren Raum, so siedet das Wasser auf, wenn der Druck ausreichend gesunken ist. Bei ausreichend niedrigem Druck kann man sogar Wasser von Zimmertemperatur zum Sieden bringen. Der Versuch gelingt besonders gut, wenn man in dem Gefäß, in dem man den Druck erniedrigt, Schwefelsäure aufstellt, welche den entstehenden Wasserdampf absorbiert. Sonst kann man den Druck nicht unter dessen Sättigungsdruck erniedrigen. Da die Verdampfungswärme in diesem Falle nicht schnell genug von außen zugeführt wird, muß sie auf Kosten der Wärme des Wassers selbst gehen. Das Wasser kann sich dabei bis auf 0 °C abkühlen und unter gleichzeitigem Sieden gefrieren. Die sich bildende Eisdecke wird von den Dampfblasen durchbrochen.

Abhängigkeit des Siedepunktes des Wassers vom Druck

Druck Torr	Siedepunkt °C
720	98,49
730	98,89
740	99,26
750	99,63
760	100,00
770	100,38
780	100,83
790	101,09
800	101,44

---

[1] DENIS PAPIN, 1647—1714, konstruierte auch den ersten mit Dampf betriebenen Wagen.

Da der Luftdruck mit der Höhe abnimmt, so tut dies auch die Siedetemperatur des Wassers. Sie beträgt z.B. auf dem Montblanc (4800 m, Luftdruck rund 420 Torr) nur etwa 84 °C. Man benutzte das früher, um auf Expeditionen in hohen Gebirgen auf bequeme Weise Höhen zu messen *(Siedebarometer)*. Zur Beförderung des Garwerdens von Speisen benutzt man den *Papinschen Topf*, einen Kochtopf, der mit einem Deckel fest verschlossen ist. Dieser hat ein Ventil, das sich erst bei einem gewissen Überdruck des Wasserdampfes öffnet. Das Wasser siedet dann unter dem erhöhten Druck seines eigenen Dampfes und daher bei einer höheren Temperatur, als dem äußeren Luftdruck entspricht. (Vgl. WESTPHAL, Deine tägliche Physik. Ullstein-Taschenbuch Nr. 4000.)

Unter *Destillation* versteht man das Verdampfen einer Flüssigkeit und ihr erneutes Kondensieren aus ihrem Dampf bei Abkühlung. Im besonderen bezeichnet man als Destillation ein auf dieser Grundlage beruhendes Verfahren zur Gewinnung reiner Flüssigkeiten (Wasser, Alkohol usw.). Das Verfahren besteht darin, daß man die noch mit anderen Stoffen vermischte Flüssigkeit zum Sieden bringt und den Dampf in einem anderen Gefäß kondensiert. Handelt es sich z.B. um die wäßrige Lösung eines Salzes, so verdampft beim Sieden nur das Wasser. Leitet man den Dampf durch eine Kühlschlange, so kondensiert er sich dort zu reinem Wasser (destilliertes Wasser). Beim Sieden eines Gemisches mehrerer Flüssigkeiten ist der Dampf erheblich reicher an denjenigen Bestandteilen, welche einen niedrigeren Siedepunkt haben als die anderen. Kondensiert man den Dampf, so sind also im Destillat die ersteren angereichert. Diese Anreicherung kann man durch Wiederholung des Verfahrens weiter treiben (fraktionierte Destillation, z.B. Gewinnung starker Alkoholika aus schwächeren).

119. Sublimation. Der Dampfdruck der meisten festen Stoffe ist äußerst klein, und in der Tat zeigen sie fast durchweg keine meßbare zeitliche Abnahme ihrer Menge durch Verdampfung, hier *Sublimation* genannt. Nur ziemlich wenige feste Stoffe zeigen eine deutlich beobachtbare Sublimation und haben infolgedessen auch einen merklichen, mit der Temperatur ansteigenden Dampfdruck, z.B. Jod, Sublimat ($HgCl_2$), Kampher, feste Duftstoffe. Wegen des Dampfdruckes über Eis siehe die Tabelle in §117. Die spezifische Verdampfungswärme fester Stoffe heißt spezifische *Sublimationswärme*. Die Verhältnisse sind denen bei der Verdampfung der Flüssigkeiten ganz analog. Die Umkehrung der Sublimation besteht in der unmittelbaren *Kondensation* der gasförmigen in die feste Phase.

Auch bei scharfem Frost und trockener Luft beobachtet man ein allmähliches Schwinden des Schnees, der sich durch Sublimation unmittelbar in Wasserdampf verwandelt. Der umgekehrte Vorgang ist die unmittelbare Bildung von Reif aus dem Wasserdampf der Luft sowie die Bildung der Schneekristalle in den kalten oberen Luftschichten. Bringt man in ein luftleer gemachtes Glasgefäß einige Jodkristalle und kühlt eine Stelle der Gefäßwand ab, so schlägt sich dort aus dem im Gefäß gebildeten Joddampf festes Jod nieder. Frei an der Luft liegende Jodkristalle, Kampher usw. verschwinden durch Sublimation. Von kristallinen Stoffen stellt man Schichten, die nur aus wenigen Atomlagen bestehen, durch Bedampfen von Oberflächen im Vakuum her, wobei der Stoff unmittelbar aus der Dampfphase in die kristalline Phase kondensiert.

120. Verflüssigung der Gase. Das Problem der Verflüssigung von Gasen besteht, vom molekularen Standpunkt aus gesehen, darin, die Moleküle in den Stand zu setzen, sich unter der Wirkung der van der Waalsschen Kräfte (§62) zu dem für den flüssigen Zustand charakteristischen engeren Verbande zusammenzufinden. Daß diese Kräfte nicht bei jeder Temperatur zur Überführung des Gases in den flüssigen Zustand führen, liegt daran, daß bei höherer Temperatur die thermische Bewegung der Moleküle dem Zustandekommen eines engeren molekularen Verbandes zu stark entgegenwirkt.

Bei manchen Gasen ist es möglich, schon bei gewöhnlichen Temperaturen diese Wirkung der thermischen Bewegung dadurch aufzuheben, daß man die Moleküle durch Verkleinerung des Gasvolumens, d.h. Erhöhung des Drucks, auf so kleine Abstände bringt, daß die molekularen Anziehungskräfte ausreichen, um die Moleküle gegen die Wirkung der Molekularbewegung in den engeren Verband des flüssigen Zustandes zu bringen. Solche Gase, z.B. Chlor, Kohlendioxyd, Ammoniak, Schwefeldioxyd, können also bei gewöhnlicher Temperatur durch Druck verflüssigt werden. Bei anderen Gasen genügt dies allein nicht. Bei ihnen ist es vielmehr erforderlich, zunächst ihre thermische Molekularenergie herabzusetzen, d.h. sie abzukühlen. Für jedes Gas gibt es eine ganz bestimmte Temperatur, oberhalb derer es unmöglich ist, es unter Anwendung noch so hoher Drucke zu verflüssigen. Diese Temperatur heißt die *kritische Temperatur* T_k des Gases (ANDREWS[1] 1869). Ist das Gas auf diese Temperatur abgekühlt, so kann es durch einen genügend hohen Druck verflüssigt werden. Bei der kritischen Temperatur T_k ist dazu ein Druck p_k erforderlich, der der *kritische Druck* genannt wird. Das molare Volumen des Gases in diesem *kritischen Zustand* heißt *kritisches molares Volumen* V_k, seine Dichte heißt *kritische Dichte* ϱ_k. Gase (Dämpfe), welche schon bei gewöhnlicher Temperatur durch Druck verflüssigt werden können, sind also solche, deren kritische Temperatur höher ist als die gewöhnliche Temperatur. Insbesondere gilt das für die gasförmige Phase aller Stoffe, welche schon unter gewöhnlichen Bedingungen als Flüssigkeit existieren.

Über die hier obwaltenden Verhältnisse gibt uns die van der Waalssche Gleichung

$$\left(p + \frac{a}{V_m^2}\right)(V_m - b) = RT \tag{120.1}$$

(§ 107) Auskunft, und zwar sowohl für die gasförmige als auch für die flüssige Phase eines Stoffes. Wir wollen sie zunächst auf eine allgemeinere und zugleich einfachere Form bringen. Unter V_k verstehen wir im folgenden das *kritische molare Volumen*. Die Theorie ergibt, daß zwischen den Konstanten a und b und den kritischen Größen p_k, V_k und T_k eines Stoffes die folgenden Beziehungen bestehen:

$$a = 3\,p_k V_k^2, \qquad b = \frac{V_k}{3}, \qquad p_k V_k = \frac{3}{8}\,RT_k.$$

Wir wollen nun in (120.1) an Stelle von p, V_m und T die entsprechenden durch die kritischen Größen dividierten relativen Größen (also Zahlenwerte, bezogen auf die kritischen Größen als Einheiten)

$$\mathfrak{p} = \frac{p}{p_k}, \qquad \mathfrak{v} = \frac{V_m}{V_k}, \qquad \mathfrak{T} = \frac{T}{T_k}$$

setzen. Dann ergibt eine einfache Rechnung die van der Waalssche Gleichung in der Form

$$\left(\mathfrak{p} + \frac{3}{\mathfrak{v}^2}\right)\left(\mathfrak{v} - \frac{1}{3}\right) = \frac{8}{3}\,\mathfrak{T}. \tag{120.2}$$

In dieser sog. *reduzierten Zustandsgleichung* treten keine individuellen Konstanten der Stoffe mehr auf. Sie gilt also für alle Stoffe.

In Abb. 255 ist eine Reihe von Isothermen (Kurven für $\mathfrak{T} = const$) nach (120.2) dargestellt. Sie liefern ein (p, V_m)-*Zustandsdiagramm* jedes beliebigen Stoffes, wenn man mit Hilfe der Werte von p_k, V_k und T_k die Koordinaten $\mathfrak{p}$ und $\mathfrak{v}$ durch p und

---

[1] THOMAS ANDREWS, 1813—1885.

V_m und die Parameter $\mathfrak{T}$ der Isothermen durch T ersetzt. Die Isotherme mit dem Parameter $\mathfrak{T}=T/T_k=1$ ist die *kritische Isotherme*, da $\mathfrak{T}=1$ der kritischen Temperatur entspricht. Sie hat im *kritischen Punkt K* eine horizontale Wendetangente. Die unter ihr liegenden Kurven haben ein Maximum und ein Minimum, die über ihr liegenden dagegen nicht.

Die oberhalb der kritischen Isothermen liegenden Kurven nähern sich mit wachsender Temperatur immer mehr der Hyperbelgestalt der Isothermen idealer Gase. Je höher sich die Temperatur eines Gases über die kritische Temperatur erhebt, um so mehr nähert sich sein Verhalten dem eines idealen Gases.

Die Kurven unterhalb der kritischen Isothermen stellen jedoch die isothermen Zustandsänderungen eines Stoffes nicht längs ihres gesamten Verlaufes dar. Wenn wir ein auf einer unterhalb seiner kritischen Temperatur liegenden Temperatur befindliches Gas isotherm zusammendrücken, so bewegen wir uns auf der zugehörigen Isothermen von rechts nach links. In Abb. 256 ist die Isotherme für $\mathfrak{T}=0{,}932$ noch einmal mit vergrößertem Abszissenmaßstab dargestellt. Zunächst steigt der Druck mit abnehmendem Volumen stetig an. Ist aber im Punkt A ein bestimmtes molares Volumen und ein

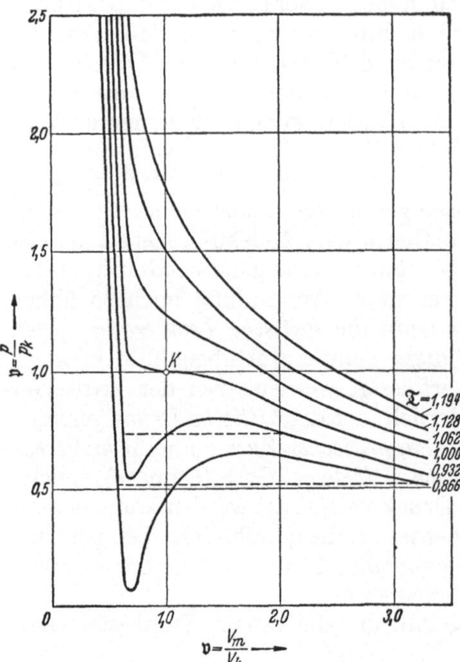

Abb. 255. Isothermen nach VAN DER WAALS. Die Isothermen entsprechen (von unten nach oben) beim Kohlendioxyd den Temperaturen -10, $+10$, 31 (t_k), 50, 70 und 90 °C, beim Wasser den Temperaturen 290, 332, 374 (t_k), 458, 600 °C. Beim Kohlendioxyd ist $p_k=73$ atm, beim Wasser 218 atm

bestimmter Druck erreicht, so folgt die Zustandsänderung der Kurve zunächst nicht mehr, sondern der Druck bleibt bei weiterer Verkleinerung des Volumens konstant. Erst nach einer Volumverkleinerung, die um so beträchtlicher ist, je tiefer die Temperatur ist, beginnt plötzlich wieder ein sehr steiler Druckanstieg. Das geschieht im Punkte B auf der ursprünglichen Kurve, und von hier ab verläuft die Zustandsänderung wieder längs derselben. Es verhält sich also so, als sei die Zustandsänderung zwischen A und B — statt über das Maximum und Minimum, was zu labilen Zuständen führen würde und daher nicht möglich ist — längs der horizontalen Geraden AB verlaufen.

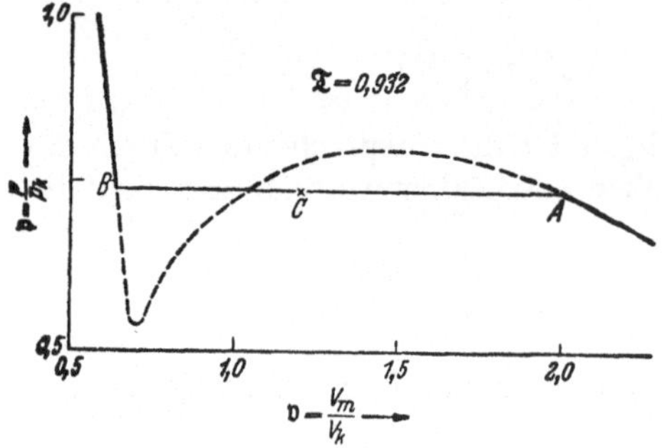

Abb. 256. Zur Verflüssigung der Gase

Bei diesem Vorgang hat sich folgendes abgespielt. Sobald das molare Volumen das Gases den dem Punkt A entsprechenden Wert unterschreitet, bilden sich Tröpfchen, und es beginnt die *Verflüssigung* des anfänglich gasförmigen Stoffes; sie schreitet bei weiterer Volumverminderung immer weiter fort und ist in B restlos vollzogen. Dabei behält der jeweils noch vorhandene Gasrest — dessen Temperatur und Druck sich ja nicht ändern — ständig das dem Punkte A entsprechende molare Volumen. Die gebildete Flüssigkeit hat aber sofort und ständig das dem Punkt B

entsprechende molare Volumen. Erst links von B nimmt es mit steigendem Druck stetig ab. Je mehr Flüssigkeit gebildet ist, um so kleiner ist das *mittlere molare Volumen* des gesamten vorhandenen Stoffes. Es ist also dieses durchschnittliche molare Volumen, welches während des Verflüssigungsvorganges bei konstantem Druck stetig kleiner wird. Die Zustandsänderung verläuft also tatsächlich längs der Geraden AB, wenn wir ihren einzelnen Punkten das betreffende mittlere molare Volumen zuordnen. Entspricht es einem bestimmten Punkt C auf AB (Abb. 256), so ist das Massenverhältnis $m_\text{flüssig} : m_\text{gasförmig} = AC : BC$. Rechts von A ist der Stoff also nur gasförmig, links von B nur flüssig, zwischen A und B aber existieren beide Phasen im Gleichgewicht nebeneinander. Dieser geraden Strecke im Diagramm entspricht ein bestimmter *Punkt* (ein bestimmtes Wertepaar p, T) der Grenzkurve flüssig-Dampf des (p, T)-Diagramms der Abb. 250.

Die Lage der Geraden AB — der jeweilige Verflüssigungsdruck — ist, wie die Theorie zeigt, dadurch gegeben, daß die beiden Flächen, die sie mit der nach der van der Waalsschen Gleichung gezeichneten Kurve bildet, gleich groß sind. Solche Geraden gibt es aber nur bei den Kurven unterhalb der kritischen Isothermen, und daher ist Verflüssigung oberhalb der kritischen Temperatur nicht möglich. Auf der kritischen Isothermen fallen die Punkte A und B in den *kritischen Punkt K* zusammen. Der Druck p, bei dem sich ein Gas bei einer bestimmten Temperatur verflüssigt, ist der *Dampfdruck* der Flüssigkeit bei dieser Temperatur, nämlich der Druck, bei dem die beiden Phasen des Stoffes bei dieser Temperatur miteinander im Gleichgewicht sind.

Entsprechend der sehr verschiedenen Zusammendrückbarkeit der Flüssigkeiten und der Gase sind die Isothermen im Flüssigkeitsbereich sehr viel steiler als im Gasbereich.

Das Zustandsdiagramm zerfällt demnach in drei Bereiche (Abb. 257). Im Bereich *I* existiert der Stoff nur als Gas. Er wird begrenzt durch den linken Ast der kritischen Isothermen bis zum kritischen Punkt K und durch die Kurve, welche alle Punkte A der einzelnen Isothermen nebst dem kritischen Punkt K verbindet. Im Bereich *II* existieren beide Phasen, je nach Druck und Temperatur, in allen möglichen Mengenverhältnissen nebeneinander im Gleichgewicht. Er wird von den beiden Kurven begrenzt, welche sämtliche Punkte A und sämtliche Punkte B (nebst K) verbinden. Im Bereich *III* existiert der Stoff nur als Flüssigkeit.

Wenn wir den oben beschriebenen isothermen Verflüssigungsvorgang umkehren, also auf einer Isothermen im

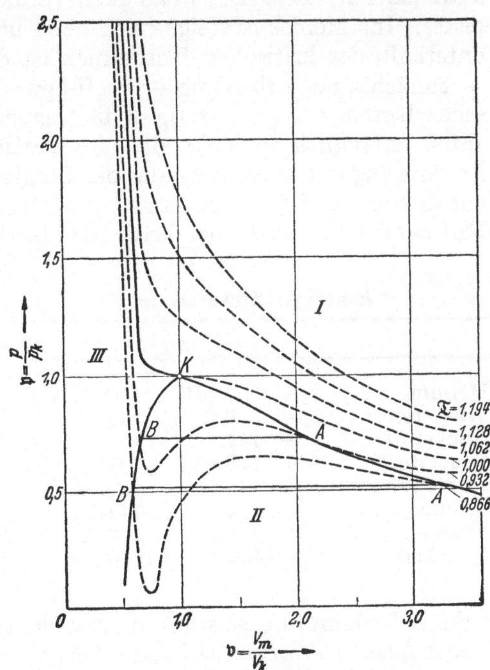

Abb. 257. Die drei Bereiche des Zustandsdiagramms. *I* nur Gas, *II* Gas und Flüssigkeit im Gleichgewicht, *III* nur Flüssigkeit

reinen Flüssigkeitsbereich *III* beginnen, so ergibt sich folgendes Bild. Bei zunehmendem Volumen nimmt der Druck der Flüssigkeit zunächst stetig ab, bis der Punkt B erreicht ist (Abb. 257). Von hier ab bleibt der Druck bei weiter zunehmendem Volumen zunächst konstant, bis der Punkt A erreicht ist, und es bildet sich um so mehr Gas, je größer das Volumen ist. In diesem Fall siedet die Flüssigkeit zwischen B und A, während beim umgekehrten Vorgang eine der Umkehrung des Siedens entsprechende Kondensation des Gases zu Tröpfchen stattfindet. In A ist die Flüssigkeit restlos verdampft.

Die *isotherme* Verflüssigung und Vergasung sind nur Sonderfälle. Wir können ja einen Stoff im Zustandsdiagramm auf jedem beliebigen Wege von einem Punkt des Bereichs I nach einem Punkte des Bereichs III überführen und umgekehrt und brauchen dabei nicht auf einer Isothermen zu bleiben. Wenn wir die Zustandsänderung so leiten, daß sie quer über den linken Ast der kritischen Isothermen führt, so findet ein stetiger Übergang von einer Phase in die andere statt. Sehr eindrucksvolle Versuche kann man mit einer dickwandigen Glasröhre *(Natterersche Röhre)* anstellen, die unter hohem Druck zum Teil mit flüssigem, zum Teil mit gasförmigem Kohlendioxyd gefüllt ist. (*Vorsicht*, Explosionen sind sehr gefährlich!) Taucht man die Röhre in Wasser von etwas über 31 °C (kritische Temperatur des Kohlendioxyds), so kann man die Vergasung und bei erneuter Abkühlung die Verflüssigung beobachten. Da das Volumen des Stoffes, also auch sein mittleres molares Volumen, konstant bleibt, so bewegen wir uns bei diesen Zustandsänderungen auf einer Vertikalen im Zustandsdiagramm auf- oder abwärts. Dabei sind zwei Fälle zu unterscheiden. Ist anfänglich der Flüssigkeitsanteil gegenüber dem Gasanteil so groß, daß diese Vertikale links von K liegt, so geraten wir bei Erwärmung aus dem Bereich II zunächst in den reinen Flüssigkeitsbereich III. Die Flüssigkeit vermehrt sich zunächst auf Kosten des Gasrestes. Ihr Meniskus steigt nach oben und wird immer unscheinbarer. Bereits unterhalb der kritischen Isothermen ist der ganze Röhreninhalt ein homogener — zunächst noch flüssiger — Stoff geworden, der beim Überschreiten der kritischen Isothermen ganz stetig in die Gasphase übergeht. Ist aber der Flüssigkeitsanteil anfänglich so klein, daß die Vertikale rechts von K liegt, so findet bei Erwärmung eine Verdampfung der flüssigen Phase statt; das Gas vermehrt sich auf Kosten der Flüssigkeit, und der Meniskus sinkt. Die Verdampfung ist in diesem Fall bereits unterhalb der kritischen Isothermen, vor dem Übertritt in den Bereich I, restlos vollzogen. Bei Abkühlung wiederholen sich diese Vorgänge in umgekehrter Reihenfolge.

In der Tabelle sind die kritischen Temperaturen und Drucke einiger Gase angegeben. Am schwersten von allen Gasen läßt sich Helium verflüssigen. Seine Verflüssigung ist zuerst KAMERLINGH ONNES[1] geglückt.

Einige kritische Daten

	t_k	p_k
Helium . . .	− 267,9 °C	2,26 atm
Wasserstoff .	− 239,9	12,8
Stickstoff . .	− 147,1	34
Sauerstoff . .	− 118,8	48
Kohlendioxyd	+ 31,0	75
Ammoniak .	+ 132	111,5
Wasser . . .	+ 374,2	218
Quecksilber .	+1460	1040

Läßt man flüssiges Kohlendioxyd aus einer Bombe in einen Stoffbeutel ausströmen, so kühlt es sich durch heftige Verdampfung so stark ab, daß ein Teil von ihr sich unmittelbar zu „*Kohlensäureschnee*" (*Trockeneis*) kondensiert, der an der Luft schnell wieder sublimiert. Er hat bei 760 Torr eine Temperatur von − 78,5 °C.

Ganz überraschende Eigenschaften zeigt flüssiges Helium, wenn es unter 2,184 K abgekühlt wird, aber nur sein weitaus häufigstes Isotop $^4_2$He, nicht das $^3_2$He (§ 365). Flüssiges $^4_2$He von höherer Temperatur nennt man *Helium I*, unterhalb von 2,184 K *Helium II*. Von seinen ungewöhnlichen Eigenschaften nennen wir nur folgende: Es hat *keinen Tripelpunkt*. Mit der Annäherung an den ab-

---

[1] HEIKE KAMERLINGH ONNES, 1853—1926, Nobelpreis 1913; Begründer der Tieftemperaturforschung, gründete in Leyden das erste Kältelaboratorium.

soluten Nullpunkt verschwindet seine Viskosität asymptotisch (*Supraflüssigkeit*, KAPITZA[1] 1938). Aus einem Gefäß kriecht es als sog. *Rollin-Film* kapillar über dessen Rand hinweg *(Onnes-Effekt)*. Seine Wärmeleitfähigkeit ist außerordentlich viel größer als die der besten metallischen Leiter *(Suprawärmeleitfähigkeit)*, eine Analogie zur elektrischen Supraleitfähigkeit (§ 165).

Das technische Problem bei der Verflüssigung zahlreicher Gase besteht also in der Abkühlung auf ihre niedrige kritische Temperatur. Heute werden *flüssige Luft* und andere verflüssigte Gase für alle möglichen Verwendungszwecke technisch hergestellt, in Deutschland meist nach dem Lindeschen Verfahren, das auf dem *Joule-Thomson-Effekt* beruht (§ 113).

Die Verflüssigung des Wasserstoffs gelingt auf diese Weise erst unterhalb seiner Inversionstemperatur von 193 K (§ 113). Man kühlt deshalb den Wasserstoff zunächst mittels flüssiger Luft auf etwa 63 K ab. Diese tiefe Temperatur wird dadurch erreicht, daß man flüssige Luft in einem gegen Wärmezufuhr von außen gut geschützten Gefäß unter niedrigem Druck — so daß ihr Siedepunkt sehr tief liegt — sieden läßt, wobei sie sich infolge der Abgabe von Verdampfungswärme stark unter ihren normalen Siedepunkt von etwa 83 K abkühlt. Erst mit dem so vorgekühlten Wasserstoff, dessen normaler Siedepunkt bei 20,4 K liegt, wird das bei der Verflüssigung der Luft angewendete Verfahren vorgenommen, durch das sich der Wasserstoff bei seiner kritischen Temperatur von 33,3 K und seinem kritischen Druck von 12,8 atm verflüssigt. Um Helium zu verflüssigen verfährt man mit ihm ebenso, unter Verwendung von flüssigem Wasserstoff zur Vorkühlung.

Verflüssigte Gase können wegen ihrer heftigen Verdampfung bei gewöhnlicher Temperatur nur in offenen Gefäßen aufbewahrt werden. Sie nehmen dann ihre Siedetemperatur bei Atmosphärendruck an und sieden so lange, bis sie ganz verdampft sind. Da der Siedepunkt des Stickstoffs (77,4 K) tiefer liegt als der des Sauerstoffs (90,2 K), so siedet jener aus flüssiger Luft schneller weg als dieser. Flüssige Luft wird daher mit der Zeit immer sauerstoffreicher.

121. Tiefste und höchste Temperaturen. Die Erzeugung möglichst tiefer Temperaturen, eine möglichst große *Annäherung an den absoluten Nullpunkt*, ist ein sehr wichtiges Problem der heutigen Physik. Denn die Stoffe zeigen in der Nähe des absoluten Nullpunktes in vielen Hinsichten ein vom gewöhnlichen durchaus abweichendes Verhalten, z. B. bezüglich ihrer elektrischen Leitfähigkeit (§ 165) und ihrer spezifischen Wärmekapazität (§ 359), und die Erforschung dieser Erscheinungen ist für unser Wissen von der Materie von sehr großer Bedeutung. Das ist verständlich, da bei höheren Temperaturen die Wirkungen vieler Stoffeigenschaften durch die thermische Bewegung überdeckt oder verwischt werden.

Sehr tiefe Temperaturen können, wie gesagt, nur schrittweise erreicht werden, indem man auf dem Wege über die Verflüssigung von Luft und Wasserstoff zu flüssigem Helium gelangt. Der normale Siedepunkt des Heliums liegt bei rund 4,3 K, und seine Temperatur kann durch Sieden bei vermindertem Druck noch etwa bis 0,7 K erniedrigt werden (KAMERLINGH ONNES). Sein Dampfdruck beträgt dann nur noch 0,004 Torr.

Man kann aber dem absoluten Nullpunkt noch erheblich näher kommen, indem man die Tatsache ausnutzt, daß die magnetische Suszeptibilität (§ 220) einiger paramagnetischer Stoffe mit der Temperatur zunimmt (DEBYE[2], GIAUQUE[3], SIMON[4]). Ein solcher Stoff wird zunächst in magnetisiertem Zustande mit flüssigem Helium möglichst tief abgekühlt und dann adiabatisch entmagnetisiert. Dabei

---

[1] PIOTR KAPITZA, geb. 1895. [2] PETER DEBYE, geb. 1884, Nobelpreis 1936.
[3] WILLIAM FRANCIS GIAUQUE, geb. 1895, Nobelpreis 1949.
[4] FRANZ SIMON, 1893—1956.

kühlt er sich weiter ab. Die *bisher tiefste Temperatur* von etwa 10^{-6} K haben auf diese Weise Mitarbeiter von SIMON zuerst erreicht.

Die *höchsten im Weltall vorkommenden Temperaturen* herrschen in den Kernen der Fixsterne (§403). Sie betragen im allgemeinen etwa 10 bis $20 \cdot 10^6$ °K, teilweise noch sehr viel mehr. Die höchste bisher im Laboratorium — aber nur für die Dauer von 10^{-3} s — erreichte Temperatur beträgt etwa $60 \cdot 10^6$ K. Die Erreichung von Temperaturen von $300 \cdot 10^6$ bis $400 \cdot 10^6$ K ist das fundamentale Problem für die Verwirklichung der friedlichen Gewinnung von Kernenergie aus der Bildung von Helium durch Fusion (§387).

122. Die Erdatmosphäre. Die Witterungserscheinungen. Die Zustände an der Erdoberfläche werden durch die Vorgänge in der Erdatmosphäre entscheidend beeinflußt. Auf ihnen beruht das Wetter und das für die Menschheit so bedeutsame Klima. Wegen der mit Tag und Nacht und mit der jahreszeitlich wechselnden Stellung der Erde zur Sonne ständig schwankenden Stärke der Sonnenstrahlung kann sich in den unteren Schichten der Atmosphäre nie ein thermisches Gleichgewicht ausbilden. Sie ist deshalb der Sitz von unaufhörlichen Ausgleichsvorgängen, die in den Orkanen und Gewittern ihren Höhepunkt erreichen.

Die vertikalen und horizontalen Luftbewegungen, die *Winde*, werden durch Gleichgewichtsstörungen der Troposphäre hervorgerufen, deren Ursache in der ungleichmäßigen Temperaturverteilung über Tag und Nacht, über die Festländer und die Meere, über hohe und niedere Breiten liegt. Indem die Luft in horizontaler Richtung von den Gebieten höheren Drucks in die Gebiete tieferen Drucks strömt, indem die bei Tage über dem festen Lande erwärmte Luft aufsteigt, an anderer Stelle kalte Luft zu Boden sinkt, befindet sich die Luft in dauernder Bewegung. In den mittleren und hohen Breiten haben diese Bewegungen einen weitgehend unregelmäßigen und durch viele Zufälligkeiten bedingten Charakter. Anders in den äquatorialen Gegenden. Hier besteht ein ständig in die Höhe gerichteter Strom von erwärmter Luft, die durch von Norden und Süden nachströmende kältere Luft ersetzt wird. Die emporgestiegene warme Luft strömt in den höheren Luftschichten nach Norden und Süden und sinkt nach Abkühlung dort wieder zu Boden. Es findet hier also eine Kreisströmung der Luft von gewaltigem Ausmaß statt. Infolge der Corioliskräfte (§41), die auf die dem Äquator zuströmenden Winde wirken, werden sie nach Westen abgelenkt und bilden so auf der Nordhalbkugel den Nordost-Passat, auf der Südhalbkugel den Südost-Passat (Abb. 258). In den höheren Breiten dagegen herrschen westliche Winde vor.

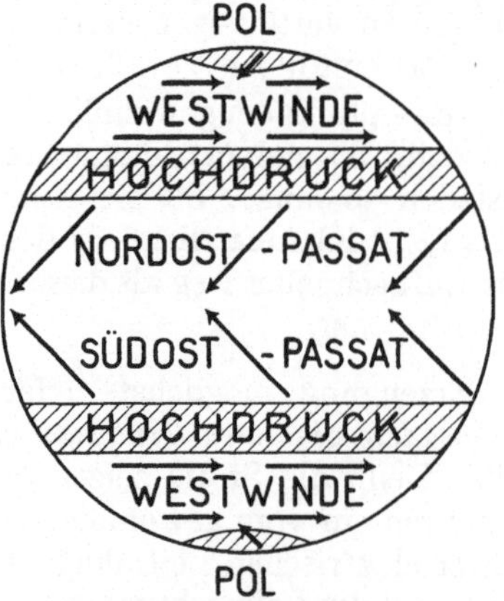

Abb. 258. Schema des allgemeinen Luftkreislaufs an der Erdoberfläche

Die Erscheinungen in der Atmosphäre werden infolge der Anwesenheit von *Wasserdampf* noch weiter verwickelt. In der Luft spielen sich infolge der Auf- und Abstiegsbewegungen der Luftkörper ständig adiabatische Erwärmungs- und Abkühlungsvorgänge ab, und letztere führen, wenn die Abkühlung ausreichend groß ist, zur Sättigung des Wasserdampfes, zur Bildung von schwebenden Tröpfchen oder Eiskristallen, also von Wolken und Nebel, und schließlich zu Niederschlägen. An der Oberfläche der Meere hingegen findet, sobald die über ihnen befindliche Luft nicht mit Wasserdampf gesättigt ist, eine ständige Verdampfung von Wasser statt. Die hohe Verdampfungswärme des Wassers bewirkt bei

Verdampfung eine starke Abkühlung. Bei der Kondensation des Wasserdampfes dagegen wird ein erheblicher Betrag an Wärme frei und erwärmt die Luft. So werden die Temperaturverhältnisse der Atmosphäre auch durch ihren Gehalt an Wasserdampf stark beeinflußt.

Die Kondensation des Wassers erfolgt hauptsächlich an schwebenden Staubteilchen, über den Meeren auch an Salzteilchen. Kondensiert es sich an festen Flächen, so entsteht Tau oder Reif. Die *Luftfeuchte* ist sehr wichtig für die Wetterkunde. Man unterscheidet die *absolute* und die *relative Feuchte*. Unter der absoluten Feuchte versteht man die in der Einheit 1 g m^{-3} gemessene Dichte des Wasserdampfes. Viel wichtiger ist die relative Feuchte, das Verhältnis des wirklich herrschenden Wasserdampfdrucks zu dem Druck, der bei vollständiger Sättigung der Luft mit Wasserdampf herrschen würde. Beträgt z.B. die Lufttemperatur 20 °C und der Partialdruck des Wasserdampfs 13,2 Torr, so beträgt die relative Feuchte 75%, da der Sättigungsdruck des Wassers bei 20 °C 17,5 Torr ist. Die Differenz von 4,3 Torr heißt Sättigungsdefizit. Der herrschende Partialdruck kann aus dem Taupunkt (§117) ermittelt werden. Man kühlt eine blanke Fläche so weit ab, bis sich an ihr Wasser niederschlägt. Dann ist ihre Temperatur gleich derjenigen, bei der der herrschende Dampfdruck gleich dem Druck gesättigten Dampfes ist. Im obigen Falle wäre das eine Temperatur von 15,5 °C. Es gibt noch verschiedene andere Meßverfahren, die meist auf der Verdampfungsgeschwindigkeit von Wasser beruhen, die um so größer ist, je weniger die Luft mit Feuchtigkeit gesättigt ist. Geräte zur Messung der Luftfeuchte heißen *Hygrometer*. (Vgl. WESTPHAL: Physikalisches Praktikum, 16. Aufgabe.)

Eine sehr lehrreiche Erscheinung ist der *Föhn*. In einer Ballade von Bürger heißt es: „Der Tauwind kam vom Mittagsmeer und schnob durch Welschland (Italien) trüb und feucht." Wenn solche, über dem Mittelmeer mit Wasserdampf weitgehend gesättigte Luft die Alpen erreicht und, an ihnen emporsteigend, in Bereiche geringeren Drucks gerät, kühlt sie sich adiabatisch ab (§113), und der größte Teil ihres Wasserdampfes kondensiert sich zu Regen. Dabei wird Kondensationswärme frei und vermindert die Abkühlung der Luft. Wenn die Luft den Alpenkamm überschritten hat und in das nördliche Voralpenland hinabsteigt, so erwärmt sie sich adiabatisch wieder, und zwar um mehr, als sie sich beim Aufstieg abgekühlt hatte, da das Gegenstück zur Kondensation in der sehr wasserarm gewordenen Luft nunmehr fehlt, und die Luft gelangt als trockener Föhn, der erheblich wärmer ist als der ursprüngliche „Tauwind", in das Voralpenland.

Die atmosphärische Feuchtigkeit ist die Ursache der verschiedenen Arten von *Niederschlägen*. *Sprühregen (Nieseln)* entsteht durch Zusammenfließen schwebender Tröpfchen zu Tropfen mit einem Durchmesser von höchstens 0,05 cm. Der gewöhnliche *Regen* mit Tropfen bis zu 0,7 cm Durchmesser bildet sich — wenigstens in unseren Breiten — durch Anlagerung unterkühlter Tröpfchen an schwebende Eiskristalle. Bei genügend tiefer Temperatur können statt dessen *Graupeln* verschiedener Art und Größe entstehen. *Hagelkörner* sind Eiskugeln, die in einer Gewitterwolke herabgefallen sind, durch Aufwinde mehrfach wieder emporgetragen wurden und wegen der mehrfach nacheinander erfolgten Anlagerung von Eisschichten eine teils glasige, teils milchige Schalenstruktur haben. *Schneeflocken* bilden sich durch Vereinigung sehr zahlreicher schwebender Eiskristalle. *Tau* (an horizontalen Flächen) und *Beschlag* (an vertikalen Flächen) entstehen aus mit Wasserdampf gesättigter Luft. Bei genügend tiefer Temperatur entsteht in entsprechender Weise *Reif*. Dagegen ist *Rauhreif* eine Eisbildung aus unterkühlten Nebeltröpfchen. *Rauhfrost* sind größere, körnige, schneeartige Gebilde, die aus nässendem Nebel entstehen. *Glatteis* bildet sich durch Regen oder Sprühregen auf unter 0 °C abgekühlten Flächen. — Über die Gewitter s. §189.

Die *Wettervorhersage* beruht auf Schlüssen, die an Hand einer langjährigen Erfahrung aus der allgemeinen, weltweiten Verteilung des Luftdrucks, der Lufttemperatur, der Luftfeuchte, der Windrichtung und Windstärke am Erdboden und bis in beträchtliche Höhe gezogen werden. Tägliches Studium der *Wetterkarte* ist sehr lehrreich und jedem Physiker zu empfehlen.

Alle genannten Wettererscheinungen sind, bis auf die Winde, auf eine in mittleren Breiten etwa 11 km hohe Schicht der Atmosphäre, die *Troposphäre*,

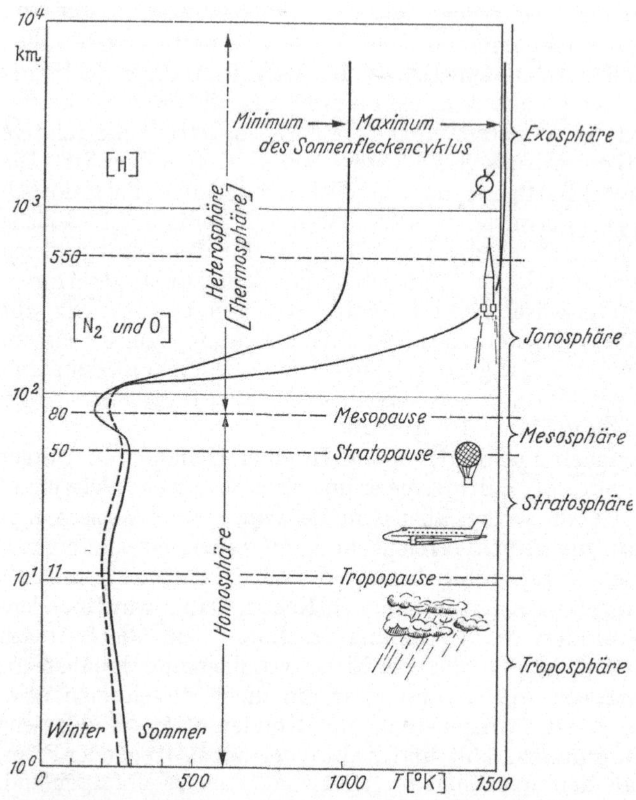

Abb. 259. Die Temperaturschichtung der Atmosphäre. Temperaturen in K und in logarithmischer Darstellung. Nach R. Lüst, Naturwissenschaften *50* (1963).

beschränkt. Ihre Temperatur beträgt an der Erdoberfläche im rohen weltweiten Durchschnitt etwa 15 °C, also rund 290 K, und sinkt bis zur *Tropopause* in etwa 11 km Höhe stetig bis etwa 200 K (Abb. 259). Es folgt die *Stratosphäre*, in der eine ziemlich konstante Zirkulation in Gestalt von außerordentlich starken Winden (Strahlströmen) herrscht, deren geschickte Ausnutzung für den weltweiten Flugverkehr wichtig ist. Bis zu etwa 50 km Höhe *(Stratopause)* steigt die Temperatur wieder bis auf etwa 300 K an, verursacht durch die Absorption der Sonnenstrahlung am Stickstoff und Sauerstoff unter Bildung von Ozon und Stickoxyden (Ozonschicht). In der nun folgenden, bis etwa 80 km

(Mesopause) reichenden *Mesosphäre* und weiter in der *Ionosphäre* (§189) bis in eine Höhe von 80 bis 90 km sinkt die Temperatur wieder bis auf etwa 200 K, um dann aber schnell wieder zu wachsen und bei etwa 300 km und darüber hinaus in der *Exosphäre* konstant zu werden. Von dem Minimum an ist aber der Verlauf stark von der Sonnenfleckentätigkeit abhängig (§393). Zur Zeit eines Sonnenfleckenmaximums beträgt die Temperatur der Exosphäre etwa 1500 K, zur Zeit eines Minimums etwa 1000 K.

Die *atmosphärische Luft* besteht in Erdnähe aus 78,08% N_2, 20,95% O_2, 0,93% Ar nebst Spuren von einigen anderen Gasen sowie einem örtlich stark schwankenden, weil durch Lebensvorgänge und zivilisatorische Einflüsse beeinflußten Gehalt an CO_2 (Durchschnitt 0,03%, alles Volumprozente nach Abzug des Wasserdampfgehalts). Dazu kommt der sehr stark schwankende Gehalt an Wasserdampf. Wegen der unterschiedlichen Massen der elementaren Bestandteile der Atmosphäre könnte man vermuten, daß deren relative Konzentrationen sich mit der Höhe zugunsten der leichteren Elemente ändern (§71, Abb. 160 und 161).

Indessen wird das in der Troposphäre durch die ständigen vertikalen Durchmischungsvorgänge verhindert. In der Ionosphäre ist ganz überwiegend molekularer Stickstoff und atomarer Sauerstoff vorhanden, in noch größerer Höhe aber fast ausschließlich atomarer Wasserstoff. Dieser ist aber solaren Ursprungs und wird durch den sogenannten Sonnenwind (§393) ständig zur Erde transportiert, während die gleiche Menge wieder in den Weltraum entweicht. Die Exosphäre gehört also gar nicht mehr zur Erdatmosphäre im eigentlichen Sinne, sondern zur Sonnenatmosphäre. So erklärt es sich auch, daß die Dichte der Exosphäre etwa 1000mal größer ist, als sie sein sollte, wenn man die barometrische Höhenformel bis in die Exosphäre extrapoliert. Die Grenzen der einzelnen Atmosphärenschichten sind ziemlich scharf, aber in ihrer Höhe jahreszeitlich ein wenig schwankend. In der Abb. 259 ist gezeigt, bis in welche Höhen Wolken, Flugzeuge und Raketen noch gelangen. Darüber hinaus gelangen nur noch künstliche Satelliten.

123. Lösungen. Lösungen sind Flüssigkeiten oder Mischkristalle, die aus zwei oder mehr verschiedenen Komponenten bestehen, deren Mengenverhältnis *stetig veränderlich* ist. Dieses ist bei einem Teil der Lösungen an keine Grenze gebunden, z.B. bei der Lösung Wasser—Alkohol. Bei anderen Lösungen, z.B. bei denen von Salzen in Wasser, gibt es eine von der Temperatur abhängige obere Grenze der Löslichkeit des einen Bestandteiles in dem anderen. Bei Lösungen dieser Art bezeichnet man den in seiner Menge unbeschränkten Anteil als das Lösungsmittel, den in seiner Menge beschränkten Teil als den gelösten Stoff. Eine Lösung, die im Gleichgewicht mit einem ungelösten Überschuß des gelösten Stoffes steht, heißt *gesättigt*. Die Menge des gelösten Stoffes ist sehr häufig, aber nicht immer, klein gegenüber der Menge des Lösungsmittels, auch im gesättigten Zustande. Seine Konzentration in einer gesättigten Lösung nimmt bei positiver Lösungswärme (s. unten) mit der Temperatur ab, bei negativer Lösungswärme zu.

Als *Konzentrationsmaße* von Lösungen dienen vor allem die *Molarität*, der Quotient aus der Stoffmenge des gelösten Stoffes und dem Volumen der Lösung, meist gemessen in mol dm^{-3}, oder die *Molalität*, der Quotient aus der Stoffmenge des gelösten Stoffes und der Masse des reinen Lösungsmittels, meist gemessen in mol kg^{-1}.

Ein Beispiel einer festen Lösung ist das Messing (Lösung Kupfer—Zink). Eisen kann bis zu 4,5 % Kohlenstoff lösen. Stahl ist eine feste Lösung mit einem Kohlenstoffgehalt von 0,6 bis 1,5 %. Unter den flüssigen Lösungen haben die Lösungen fester, flüssiger und gasförmiger Stoffe in Wasser (wäßrige Lösungen) die größte Bedeutung, und nur mit ihnen werden wir uns im folgenden beschäftigen. Wasser löst die überwiegende Mehrzahl aller Stoffe, wenn auch zum Teil nur in sehr geringen Mengen.

Ein gelöster Stoff verhält sich wegen seiner meist sehr geringen Dichte in flüssigen Lösungsmitteln in vielen Beziehungen wie ein Gas (§123). Löst sich ein fester Stoff in einer Flüssigkeit oder eine Flüssigkeit in einer anderen, so ist dies mit einer Sublimation bzw. Verdampfung des gelösten Stoffes in den vom Lösungsmittel eingenommenen Raum zu vergleichen, wobei sich zwischen Bodenkörper und gelöstem Stoff ein thermodynamischer Gleichgewichtszustand bildet, der dem Gleichgewicht zwischen einer Flüssigkeit und ihrem gesättigten Dampf durchaus entspricht. Daher kommt es, daß wenigstens in vielen Fällen — wie bei jeder Verdampfung — bei der Lösung Wärme verbraucht wird; es tritt Abkühlung ein. Doch ist dies nicht immer der Fall, sondern es kann auch Erwärmung eintreten, und zwar dann, wenn bei der Lösung eine exotherme chemische Reaktion (§133) stattfindet. Die *Lösungswärme* kann also positiv oder negativ sein.

Zum Beispiel ist die Lösungswärme von Kochsalz negativ, es tritt bei Lösung Abkühlung ein.

In den gewöhnlichen Lösungen ist der gelöste Stoff immer in molekularer Verteilung enthalten oder sogar noch weiter unterteilt (Dissoziation, §172). In den *kolloidalen Lösungen* dagegen ist der gelöste Stoff in Gestalt größerer schwebender Teilchen enthalten, die allerdings noch weit unterhalb der gewöhnlichen Sichtbarkeitsgrenze liegen. Als kolloidal werden Lösungen bezeichnet, bei denen die Teilchen Abmessungen von $5 \cdot 10^{-5}$ bis 10^{-7} cm haben, Lösungen mit größeren Teilchen als *Suspensionen*. Die Lösungen erscheinen klar, z.B. eine kolloidale Goldlösung. Doch können die Teilchen oft noch mit dem Ultramikroskop (§299) sichtbar gemacht werden. Kolloidale Lösungen unterscheiden sich von Suspensionen unter anderem dadurch, daß der gelöste Stoff durch Filtrierpapier und auch durch noch feinere Filter fast nie vom Lösungsmittel getrennt werden kann.

Die Kolloide zerfallen in zwei Gruppen, die sich in ihren Eigenschaften sehr stark unterscheiden. In den *lyophoben* oder *Dispersoidkolloiden* ist ein flüssiger oder fester Stoff in mehr oder weniger großen Teilchen im Lösungsmittel verteilt. Sie sind nur dann existenzfähig, wenn die Teilchen an ihren Oberflächen gleichnamige elektrische Ladungen tragen, welche infolge ihrer Abstoßung eine Zusammenballung der Teilchen zu größeren Komplexen verhindern. Damit solche Ladungen auftreten können, ist die Anwesenheit eines Schutzkolloids oder Peptisators in der Lösung erforderlich. Durch genügend feine Verteilung kann man jeden Stoff in die kolloidale Form bringen. Ein Beispiel bilden die Rubingläser, in denen Gold in kolloidaler Form gelöst ist. Die zweite Gruppe, die *lyophilen* Kolloide, zerfällt in zwei Untergruppen. Bei den *Molekülkolloiden* sind die einzelnen Teilchen sehr große, *einzelne* Moleküle *(Makromoleküle)*. Hierher gehören viele sehr wichtige Stoffe der organischen Chemie (Eiweißstoffe, Polysaccharide, Kautschuk, Leim und viele synthetische und natürliche Stoffe von großer technischer und biologischer Bedeutung). Bei den *Mizellkolloiden* bestehen die einzelnen Teilchen aus Zusammenballungen einer sehr großen Zahl von Molekülen kleineren Molekulargewichtes, die durch van der Waalssche Kräfte (§62) aneinander gebunden sind.

124. Raoultsches Gesetz. Siedepunkt und Gefrierpunkt von Lösungen. Eutektikum. Der Dampfdruck einer Flüssigkeit sinkt, wenn in ihr ein Stoff gelöst wird. Er ist über der Lösung kleiner als über dem reinen Lösungsmittel. Es sei p der Dampfdruck des reinen Lösungsmittels, p' sein Dampfdruck über der Lösung, n die Stoffmenge des Lösungsmittels, n' die des gelösten Stoffes (§64). Das Verhältnis $n'/n = \mu$ bezeichnet man als den *Molenbruch* der Lösung. Dann gilt das *Raoultsche*[1] *Gesetz*.

$$\frac{p - p'}{p} = \frac{n'}{n} = \mu. \tag{124.1}$$

Die Dampfdruckerniedrigung ist also bei gegebener Menge des Lösungsmittels der Stoffmenge des gelösten Stoffs proportional. Da der Dampfdruck über der Lösung niedriger ist als über dem reinen Lösungsmittel, so bedarf jene zum Sieden einer höheren Temperatur als dieses (§118). Durch die Lösung eines Stoffes tritt also eine *Siedepunktserhöhung* Δt_s ein, welche der Dampfdruckerniedrigung proportional ist,

$$\Delta t_s = const \, \frac{n'}{n} = const \, \mu.$$

---

[1] François Marie Raoult, 1830—1901.

Beträgt die Masse des Lösungsmittels bzw. des gelösten Stoffes m bzw. m' und ist M_m die molare Masse des Lösungsmittels, die des gelösten Stoffes M_m', so ist nach (50.2) $n = m/M_m$ und $n' = m'/M_m'$ und demnach der Molenbruch $\mu = m' M_m/(m M_m')$. Wir können also schreiben

$$\Delta t_s = A_s \frac{m'}{m} \cdot \frac{1}{M_m'}. \tag{124.2}$$

Dabei haben wir die molare Masse M_m des Lösungsmittels mit in die Konstante A_s einbezogen. Diese ist nur von der Art des Lösungsmittels, nicht von der des gelösten Stoffes abhängig. Als molare Siedepunktserhöhung bezeichnen die Physikalischen Chemiker diejenige, die eintritt, wenn 1 Mol des gelösten Stoffes in 1000 g des Lösungsmittels enthalten ist.

Durch etwas verwickeltere Überlegungen — es geht sowohl der Dampfdruck über der flüssigen Lösung als auch über ihrer festen Phase ein —, kann man zeigen, daß der Gefrierpunkt einer Lösung niedriger liegt als der des reinen Lösungsmittels. Es tritt eine *Gefrierpunktserniedrigung* Δt_g ein, für die ein der Gl. (124.2) analoges Gesetz, aber mit negativem Vorzeichen, gilt,

$$\Delta t_g = - A_g \frac{m'}{m} \cdot \frac{1}{M_m'}. \tag{124.3}$$

Auch die Konstante A_g ist nur vom Lösungsmittel, nicht vom gelösten Stoff abhängig. Die molare Gefrierpunktserniedrigung ist analog wie die molare Siedepunktserhöhung definiert. Für Wasser ist $A_s = 511\ \mathrm{grd\ g\ mol^{-1}}$, $A_g = 1860\ \mathrm{grd\ g\ mol^{-1}}$. Die Siedepunktserhöhung und die Gefrierpunktserniedrigung liefern Verfahren zur *Bestimmung der molaren Massen* (*Molekulargewichte*, §64) gelöster Stoffe (*Ebullioskopie* bzw. *Kryoskopie*).

Scheinbare Abweichungen von (124.2) und (124.3) erklären sich dadurch, daß viele Stoffe bei der Lösung dissoziieren (§173). Es wirkt dann jedes Bruchstück wie ein Molekül, und die Stoffmenge n' [(124.1)] wächst, der Dampfdruck wird noch weiter erniedrigt.

Kühlt man eine nicht gesättigte Lösung unter ihren Gefrierpunkt ab, so scheidet sich zunächst nur das Lösungsmittel in fester Form ab, also bei wäßrigen Lösungen reines Eis. Bei Fortsetzung der Abkühlung gelangt man schließlich an einen Punkt, bei dem die Lösung gesättigt ist. Entzieht man der Lösung noch mehr Wärme, so bleibt die Temperatur konstant, und aus der Lösung scheiden sich nunmehr gelöster Stoff und Lösungsmittel in fester Form in bestimmtem Mengenverhältnis, bei wäßrigen Lösungen als *Kryohydrat*, aus. Die hierbei abgegebene Wärme entstammt der Schmelzwärme des Lösungsmittels und bei negativer Lösungswärme (§123) auch dieser, geht also auf Kosten von Umwandlungswärmen. Die Zusammensetzung der Lösung ändert sich dann nicht mehr.

Mischt man Eis von 0 °C mit Kochsalz, so tritt ein Lösungsvorgang ein, indem sich konzentrierte, flüssige Kochsalzlösung bildet. Hierbei wird einmal Schmelzwärme zum Schmelzen des Eises verbraucht, andererseits ist auch zum Lösen des Salzes Wärme erforderlich, da Kochsalz eine negative Lösungswärme hat. Diese Wärme wird der Eis-Salz-Mischung entzogen, die sich infolgedessen abkühlt, und zwar bis zu derjenigen Temperatur, bei der das Kryohydrat auszufallen beginnt. Bei Eis und Kochsalz ist das günstige Mengenverhältnis etwa 3:1. Hierbei wird eine Temperatur von etwa -22 °C erreicht. Solche Mischungen heißen *Kältemischungen*.

Eine Mischung zweier fester Stoffe A und B, auch eine *Legierung* zweier reiner Metalle, welche selbst scharfe Schmelzpunkte t_A und t_B haben, hat nur dann einen scharfen Schmelzpunkt t_E, wenn die beiden Komponenten in der Mischung oder Legierung in einem ganz bestimmten, von der Art der Komponenten abhängigen Mengenverhältnis, dem *eutektischen Verhältnis*, vorhanden sind. Eine solche Mischung heißt ein *Eutektikum*, ihre scharfe Schmelztemperatur die *eutektische Temperatur*. Sie ist *stets niedriger* als die Schmelztemperaturen t_A und t_B der Komponenten. Bildet die Mischung kein Eutektikum, so *beginnt* sie zwar ebenfalls bei der für die Art und das Mengenverhältnis der Komponenten charakteristischen Temperatur t_E zu schmelzen. Aber — anders als beim Eutektikum, bei dem das Mischungsverhältnis in Bodenkörper und Schmelze beim Schmelzen erhalten bleibt — es ändert sich das Mengenverhältnis, indem die beiden Komponenten zunächst stets im eutektischen Verhältnis in die Schmelze eingehen. Dadurch reichert sich der ungeschmolzene Rest, mit der Schmelze einen Brei bildend (also ohne daß Entmischung eintritt), an der Komponente an, die — verglichen mit dem Eutektikum — im Überschuß vorhanden ist, bis am Schluß die letztere allein übrigbleibt und erst bei weiterer Erhöhung der Temperatur schmilzt. Umgekehrt erstarrt beim Abkühlen einer Schmelze zunächst nur der im Überschuß vorhandene Anteil bei einer oberhalb t_E gelegenen Temperatur, bis die Schmelze im eutektischen Verhältnis vorliegt und dann bei tieferer Temperatur vollends erstarrt. Das oben erwähnte *Kryohydrat* ist das Eutektikum des Eises und des mit ihm gemischten Salzes, die tiefste mit einer Kältemischung erreichbare Temperatur die eutektische Temperatur der Mischung.

Die eutektische Temperatur liegt oft sehr viel tiefer als die Schmelztemperaturen der Mischungs- oder Legierungskomponenten. Die Rosesche Legierung (2 Bi+1 Pb+1 Sn) schmilzt bei 95 °C, die Woodsche Legierung (Schnellot, 4 Bi+2 Pb+1 Cd+1 Sn) bei etwa 66 °C. Das Eutektikum von Kalium und Natrium ist bei Zimmertemperatur flüssig.

125. Osmose. Es gibt Stoffe, durch welche aus einer Lösung zwar das Lösungsmittel diffundiert, z.B. das Wasser, aber nicht der gelöste Stoff. Es sei H (Abb. 260) eine solche halbdurchlässige (semipermeable) Wand. Auf der rechten Seite befinde sich z.B. eine wäßrige Lösung L von Kupfersulfat, auf der linken reines Wasser R, und zwar seien anfänglich beide Schenkel des Gefäßes gleich hoch gefüllt. Nach einiger Zeit ist das reine Wasser gesunken, die Kupfersulfatlösung gestiegen, und zwar ist der Unterschied h der Höhen um so größer, je konzentrierter die Lösung ist. Bei einer 6%igen Zuckerlösung beträgt der Überdruck rund 4 atm. Dieser Vorgang heißt *Osmose*, der Überdruck auf der Seite der Lösung *osmotischer Druck*. VAN'T HOFF[1] hat gezeigt, daß dieser Druck ebenso groß ist, wie wenn der gelöste Stoff den Raum, den er in der Lösung einnimmt, als ideales Gas erfüllte. In der Physiologie spielt die Osmose durch die Zellwände der Organismen eine äußerst wichtige Rolle.

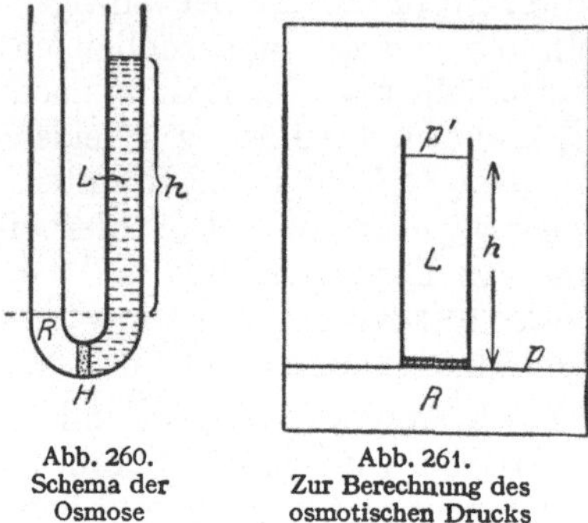

Abb. 260.
Schema der
Osmose

Abb. 261.
Zur Berechnung des
osmotischen Drucks

(124.1) ermöglicht im Anschluß an VAN'T HOFF und ARRHENIUS[2] eine Berechnung des osmotischen Drucks. Am Boden eines abgeschlossenen Gefäßes (Abb. 261) befinde sich reines Lösungsmittel (R), darüber, von ihm durch eine halbdurchlässige Wand getrennt und mit ihm im Gleichgewicht, die Lösung (L) eines Stoffes in dem gleichen Lösungsmittel. Der Raum über den Flüssigkeiten sei nur mit

---

[1] JACOBUS HENDRIKUS VAN'T HOFF, 1852—1911, Nobelpreis 1901.
[2] SVANTE ARRHENIUS, 1859—1927, Nobelpreis 1903.

dem gesättigten Dampf des Lösungsmittels erfüllt, der bei gewöhnlichen Temperaturen dem idealen Gaszustand einigermaßen nahe ist. Seine Dichte sei ϱ_1, die Dichte der Lösung, die derjenigen des reinen Lösungsmittels fast genau gleich ist, sei ϱ_2. Der Druck des Dampfes über dem reinen Lösungsmittel sei p, über der Lösung p', der osmotische Druck in der Lösung Π. Wir betrachten das obere Niveau der Lösung. In dieser Höhe muß im ganzen Dampf der Druck p' herrschen, während im Niveau des reinen Lösungsmittels der Druck p herrscht. Nach (71.3) ist $p = p' + \varrho_1 g h$. Von unten her wirkt auf das obere Niveau, durch die Lösung wie durch einen Stempel übertragen, der Druck p, abzüglich des hydrostatischen Drucks $\varrho_2 g h$ der Lösung, zuzüglich des osmotischen Druckes Π, insgesamt also der Druck $p + \Pi - \varrho_2 g h$, der bei Gleichgewicht dem Druck p' gleich sein muß. Setzt man auf Grund der ersten Gleichung $g h = (p - p')/\varrho_1$, so folgt $\Pi = (p - p')(\varrho_2 - \varrho_1)/\varrho_1$ oder, da $\varrho_1 \ll \varrho_2$, wegen (124.1)

$$\Pi = \frac{p - p'}{p} \cdot \frac{p}{\varrho_1} \cdot \varrho_2 = \frac{n'}{n} \cdot \frac{p}{\varrho_1} \varrho_2 . \tag{125.1}$$

Nun können wir nach (106.2) und (106.5) setzen $p/\varrho_1 = p V_s = p V_m/M_m$, wobei V_m das molare Volumen des Lösungsmittels im Gaszustand und M_m seine molare Masse bedeuten. Wir erhalten dann

$$\Pi = \frac{n'}{n} \cdot \frac{p V_m}{M_m} \varrho_2 . \tag{125.2}$$

Nun ist aber $n M_m$ die Masse des in der Lösung enthaltenen Lösungsmittels, daher $V = n M_m/\varrho_2$ das Volumen des Lösungsmittels, also auch der Lösung. Folglich ist $n M_m/(\varrho_2 n') = V/n' = V'_m$ das molare Volumen des gelösten Stoffes in der Lösung. Es ergibt sich dann

$$\Pi V'_m = p V_m = R T . \tag{125.3}$$

Der osmotische Druck folgt also dem Gesetz der idealen Gase.

126. Absorption und Adsorption. Unter *Absorption* versteht man allgemein die Aufsaugung von Gasen durch feste und flüssige Körper. Flüssigkeiten absorbieren Gase unter Umständen in sehr großen Mengen. Es handelt sich dabei um eine Lösung des Gases in der Flüssigkeit, bei der es, wie bei anderen Lösungen, eine Sättigung gibt. Die Gasmenge aber, die maximal gelöst werden kann, hängt nicht nur von der Temperatur, sondern auch von dem Partialdruck des Gases über der Flüssigkeit ab. Die Löslichkeit nimmt in der Regel mit zunehmender Temperatur ab. Daher entweicht Kohlendioxyd aus Mineralwasser oder Bier beim Erwärmen. Die bei Sättigung gelöste Menge ist dem Partialdruck des Gases über der Flüssigkeit proportional (*Henry-Daltonsches*[1] *Gesetz*, 1803). Deshalb entweicht Kohlendioxyd aus Getränken, wenn man durch Öffnen der Flasche den Gasdruck in ihr erniedrigt. Sie werden schal, wenn sie einige Zeit an der Luft stehen, deren Kohlendioxydgehalt äußerst klein ist. Da bei idealen Gasen das Volumen dem Druck umgekehrt proportional ist, so lösen sich von einem Gas, das dem idealen Gaszustand ausreichend nahe ist, unabhängig vom Druck bei gleicher Temperatur stets gleiche Volumina des über der Flüssigkeit befindlichen Gases. In manchen Fällen ist die gelöste Gasmenge außerordentlich groß. So löst 1 dm³ Wasser bei 0 °C mehr als 1 m³ Ammoniakgas. Die Lösung ist der Salmiakgeist. Sauerstoff wird von Wasser stärker gelöst als Stickstoff. Das ist wichtig für die im Wasser lebenden Organismen, die ihren Sauerstoffbedarf aus der im Wasser gelösten Luft decken.

---

[1] Joseph Henry, 1797—1878; John Dalton, 1766—1844.

Ätherdampf wird von einer Seifenblase absorbiert, wie der folgende Versuch zeigt (Abb. 262). Eine Seifenblase an einem zur Spitze ausgezogenen Rohr wird in ein zugedecktes Gefäß gebracht, an dessen Boden sich Äther befindet. Nach einiger Zeit kann man an der Spitze eine Flamme von Ätherdampf entzünden. Im Gefäß entwickelt sich Ätherdampf, der von der Seifenblase absorbiert wird. Da im Inneren der Blase anfänglich der Partialdruck des Ätherdampfes Null ist, so gibt sie solchen nach innen ab. Gleichgewicht würde erst eintreten, wenn der Partialdruck des Ätherdampfes innen und außen gleich groß würde. Da aus der Spitze ständig Ätherdampf ausströmt, so findet auch eine ständige Wanderung desselben durch die Seifenblase statt. Der Vorgang erscheint wie eine Diffusion, ist aber von einer solchen durchaus verschieden.

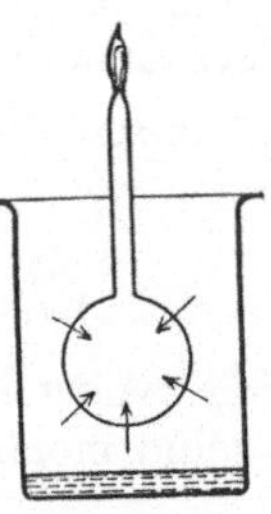

Abb. 262. Scheinbare Diffusion von Ätherdampf durch eine Seifenblase

Eine zweite wichtige Erscheinung ist die *Adsorption* von Gasen an festen Flächen. Sie besteht in der Anlagerung von Gasmolekülen an diese und beruht auf van der Waalsschen Kräften zwischen den Molekülen des Gases und des festen Körpers bzw. auf unabgesättigten Restvalenzen der Oberflächenmoleküle des letzteren. Die adsorbierte Schicht ist nur von molekularer Dicke, die Gasdichte in ihr kann aber beträchtlich sein. Ein besonders großes Adsorptionsvermögen zeigen natürlich solche festen Stoffe, die eine große Oberfläche haben, also feinkörnige und pulverförmige Stoffe. Poröse Stoffe, bei denen auch die Wände der Poren im Inneren zu adsorbieren vermögen, können Gas in ihrem ganzen Volumen aufsaugen, so daß der Vorgang wie eine Absorption erscheint und auch meist fälschlich als solche bezeichnet wird. Die auf diese Weise adsorbierte Gasmenge ist bei Kohle um so größer, je niedriger die Temperatur ist. Die Adsorption von Gasen durch Kokosnuß- oder Buchsbaumkohle bei der Temperatur der flüssigen Luft ist ein wichtiges Mittel zur Erzielung höchster Vakua.

In vielen Fällen wird die Geschwindigkeit, mit der zwei Stoffe chemisch miteinander reagieren, durch ihre Adsorption an der Oberfläche eines geeigneten Stoffes *(Katalysator)* ganz außerordentlich erhöht. Der Katalysator wirkt nur durch seine Anwesenheit, geht aber in die ablaufende Reaktion selbst nicht ein. Viele Verfahren der chemischen Technik sind erst durch die Durchbildung dieser *Katalyse* in den letzten Jahrzehnten möglich geworden. Katalytische Vorgänge spielen auch im organischen Leben eine wichtige Rolle, z.B. bei der Wirkung der Fermente.

III. Die drei Hauptsätze der Wärmelehre. Wärme und Arbeit

127. Der erste Hauptsatz der Wärmelehre. Da die Wärme Molekularenergie ist, so gilt für sie das *Energieprinzip*. Das bedeutet, daß Wärmeenergie nicht verlorengehen oder aus nichts entstehen, sondern sich nur in andere Energieformen verwandeln oder aus Energie anderer Art entstehen kann. Von dieser Erkenntnis haben wir bereits mehrfach Gebrauch gemacht. Das auf Wärmemengen angewandte Energieprinzip bezeichnet man als den *ersten Hauptsatz der Wärmelehre*. Er wurde zuerst von dem deutschen Arzt JULIUS ROBERT MAYER[1] (1840) ausgesprochen. Der geniale Gedanke MAYERs, der sich auf physiologische Beobachtungen gründete, ist für die weitere Entwicklung von Physik, Chemie und Technik von ausschlaggebender Bedeutung gewesen. Man beachte, daß zu jener Zeit die mechanische Natur der Wärme noch nicht erkannt war. Vielmehr konnte diese Erkenntnis erst auf dem Boden des Energieprinzips wachsen.

---

[1] JULIUS ROBERT MAYER, 1814—1878.

Der erste Hauptsatz findet seine mathematische Formulierung in der Gleichung

$$Q = \Delta U + W. \tag{127.1}$$

Sie besagt, daß sich die einem Körper zugeführte Wärmemenge Q restlos wiederfindet in der Änderung ΔU seiner inneren Energie U und der von ihm geleisteten Arbeit W. Einen Sonderfall von (127.1) bildet (113.1), bei der dU die Änderung der molekularen kinetischen Energie und $p\,dV$ die bei der Volumänderung dV geleistete äußere Arbeit ist. Die Bedeutung von (127.1) geht aber über diesen Sonderfall weit hinaus. Unter ΔU ist jede Art von Änderung der inneren Energie zu verstehen. Darunter fällt nicht nur die Änderung der molekularen Bewegungsenergie, sondern auch jede andere Art von Energieänderungen der Moleküle, z.B. die verschiedenen Arten von Umwandlungswärmen (Schmelzwärme, Verdampfungswärme usw.), sowie die mit chemischen Veränderungen der Moleküle verbundenen Wärmetönungen (§133).

Zwischen der kalorischen Energieeinheit 1 cal und den Energieeinheiten 1 erg bzw. $1\ \mathrm{J} = 10^7$ erg besteht natürlich ein festes Umrechnungsverhältnis. Es ist zuerst von JOULE experimentell ermittelt, dann von MAYER berechnet worden. JOULE benutzte ein mit Wasser gefülltes Kalorimetergefäß, in dem sich ein drehbares Flügelrad a und feste Scheidewände b befinden (Abb. 263). Bei einer Drehung des Rades wird das Wasser durch die engen Spalten zwischen a und b hindurchgedrückt und erleidet dabei eine starke Reibung. Das Rad wird durch zwei fallende Körper in Bewegung gesetzt. Infolge der Bremsung durch das Flügelrad ist ihre Fallgeschwindigkeit so gering, daß sie keine nennenswerte kinetische Energie gewinnen. Ihre potentielle Energie wird also durch die Reibung im Wasser nahezu vollständig in Wärmeenergie des Wassers und des Gefäßes verwandelt. Ist m die Gesamtmasse der Körper, so beträgt nach Durchfallen der Höhe h ihr Verlust an

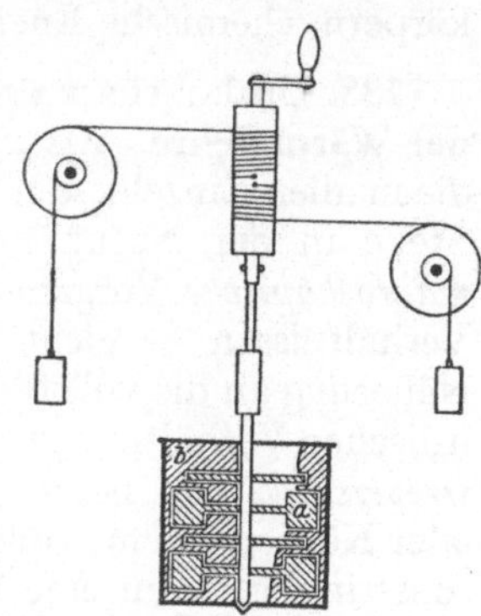

Abb. 263. Messung des Wärmeäquivalents nach JOULE

potentieller Energie mgh. Ist ferner C die Wärmekapazität des Wassers und des Gefäßes, Δt ihre Temperaturerhöhung, so beträgt ihr Zuwachs an Wärmeenergie $mgh = C\,\Delta t$. Wir wollen die Zahlenwerte der beiden Seiten dieser Gleichung durch $\{\ \}$ kennzeichnen. Messen wir die Größen der linken Seite in CGS- oder MKS-Einheiten, die der rechten Seite in kalorischen Einheiten, so ändert das nach §2 nichts an der Gleichheit der beiderseits stehenden Größen, aber sie haben verschiedene Zahlenwerte. Wir erhalten dann die linke Seite in der Einheit 1 erg oder 1 J, die rechte in der Einheit 1 cal, also $\{mgh\}$ erg bzw. $\mathrm{J} = \{C\,\Delta t\}$ cal, je nach der benutzten Energieeinheit mit verschiedenem $\{\ \}$. Das Umrechnungsverhältnis der Einheiten beträgt also 1 cal/1 erg bzw. 1 cal/1 $\mathrm{J} = \{mgh\}/\{C\,\Delta t\}$ und kann auf Grund des Jouleschen Versuchs berechnet werden.

MAYERs Berechnung beruht auf folgendem Gedankengang. Nach (105.5) ist bei einem idealen Gase $pV_m = RT$. pV_m ist eine mechanische Größe und wird z.B. in der Einheit erg mol^{-1} gemessen. RT kann mit $R = 1{,}98$ cal K^{-1} mol^{-1} in der thermischen Einheit cal mol^{-1} gemessen werden. Mit den Zahlenwerten $\{\ \}$ der vorkommenden Größe ergibt sich $\{p\}\{V_m\}$ erg mol$^{-1} = \{R\}\{T\}$ cal mol^{-1} oder 1 cal $= \{p\}\{V_m\}/(\{R\}\{T\})$ erg. Der Zahlenfaktor der rechten Seite ist der Umrechnungsfaktor von der cal zum erg. Man kann ihn z.B. aus den Werten von p, V_m und T im Normzustand ($p = 760$ Torr $= 1{,}0133 \cdot 10^6$ dyn cm^{-2}, $V_m = 22414$ cm^3 mol^{-1}, $T = 273{,}15$ K) berechnen. Es ergibt sich 1 cal $= 4{,}1869 \cdot 10^7$ erg $= 4{,}1869$ J, entsprechend der heutigen Definition der Kalorie (§111). Die rechts stehende mechanische Größe wird oft als *Wärmeäquivalent* bezeichnet. (Vgl. WESTPHAL, Physikalisches Praktikum, 33. Aufgabe.)

Die früher übliche Unterscheidung eines mechanischen und eines elektrischen Wärmeäquivalents beruhte darauf, daß die elektrische Energieeinheit 1 VAs (§ 168) auf Grund der früheren Definition nicht ganz genau mit der Einheit 1 J = 1 kg m² s⁻² des MKS-Systems übereinstimmte, so daß ein kleiner Unterschied bestand, je nachdem man die Arbeit mechanisch oder elektrisch verrichtete und maß. Dieser Unterschied ist heute hinfällig (§ 199).

Nach der bevorstehenden Abschaffung der Kalorie und ihrem Ersatz durch das Joule (§ 111) wird die Zahl 4,1869 dennoch eine große praktische Bedeutung behalten, nämlich als Zahlenwert der wichtigen spezifischen Wärmekapazität des Wassers, die (bei 15 °C) 4,1869 J grd⁻¹ g⁻¹ (= 1 cal grd⁻¹ g⁻¹) beträgt.

Die Verwandlung von mechanischer Arbeit oder Energie in Wärme ist nicht nur immer restlos möglich. Es ist vielmehr sogar das unvermeidliche Schicksal *jeder* Energieform, daß sie mehr oder weniger schnell in Wärme übergeht, z. B. Bewegungsenergie durch Reibung, elektrische Energie in Glühlampen und Heizkörpern, chemische Energie bei Verbrennungen usw.

128. Umkehrbare und nicht umkehrbare Vorgänge. Der zweite Hauptsatz der Wärmelehre. Als *umkehrbar* oder *reversibel* bezeichnet man Naturvorgänge, die in allen Einzelheiten rückgängig gemacht werden können, ohne daß an anderer Stelle in der Natur Veränderungen übrigbleiben. Tatsächlich kommen aber *makroskopische* Vorgänge dieser Art in der Natur — wenigstens unter irdischen Verhältnissen — nicht vor, wenngleich auch in vielen Fällen eine sehr große Näherung an die vollständige Umkehrbarkeit besteht. In Wirklichkeit sind unter irdischen Verhältnissen alle makroskopischen Naturvorgänge *nicht umkehrbar* oder *irreversibel*. Das heißt, es ist unmöglich, irgendeine Veränderung eines Körpers oder Körpersystems vollständig wieder rückgängig zu machen, ohne daß irgendwo sonst in der Natur eine Veränderung zurückbleibt.

Gibt man irgendwelchen Körpern von beliebiger Beschaffenheit Gelegenheit, miteinander in Wechselwirkung zu treten, so ändern sich die Zustandsgrößen aller Körper dieses Systems in einem ganz bestimmten Sinne in Richtung auf einen Endzustand, ein *thermisches Gleichgewicht*. Der Ablauf des durch die Wechselwirkungen der Körper bewirkten Ausgleichsvorganges erfolgt also von selbst in einem ganz bestimmten Sinne und niemals von selbst im umgekehrten Sinne. So nehmen zwei anfänglich verschieden warme Körper, die miteinander in Wechselwirkung treten, schließlich bei thermischem Gleichgewicht die gleiche Temperatur an, indem Wärme von dem wärmeren auf den kälteren Köper übergeht. Niemals tritt das Umgekehrte von selbst ein. Soll der ursprüngliche Zustand wieder hergestellt werden, so ist das nicht möglich, ohne daß anderweitig in der Natur Veränderungen zurückbleiben. Zieht man demnach den Gesamtbereich der Natur in Betracht, so ergibt sich, daß die Natur als Ganzes ständig in einer einseitig gerichteten Veränderung begriffen ist und daß ein Zustand der Welt, der der Vergangenheit angehört, sich nie wieder einstellen kann.

CLAUSIUS definierte aus den Zustandsgrößen eines Körpers oder Körpersystems eine Größe, die *Entropie S*, die in unmittelbarer Beziehung zu dieser einseitigen Richtung des Ablaufs der Naturvorgänge steht. Sie ist für ein abgeschlossenes System thermodynamisch durch die Gleichung

$$dS = \frac{dU + p\,dV}{T} \tag{128.1}$$

definiert, wobei U die innere Energie des Systems bedeutet. Sie ist also von der Größenart Energie/Temperatur und wird meist noch in der Einheit 1 cal K⁻¹ =

1 *Clausius* (Cl) gemessen. Der *zweite Hauptsatz der Wärmelehre* sagt aus: *Die Entropie eines abgeschlossenen Systems von Körpern, die miteinander in Wechselwirkung stehen kann nur zunehmen, niemals abnehmen.* Der Endzustand, dem das Körpersystem zustrebt, ist derjenige, bei dem seine Entropie den größten möglichen Wert hat (CLAUSIUS 1850, Lord KELVIN 1851). — Die Größe $U + pV$ heißt *Enthalpie.*

Nach PLANCK[1] kann man den zweiten Hauptsatz auch so aussprechen, daß es *unmöglich ist, eine periodisch wirkende, arbeitleistende Kältemaschine (perpetuum mobile zweiter Art) zu bauen.* Darunter ist eine Vorrichtung zu verstehen, die nichts weiter täte, als einem Körper, z.B. dem Meerwasser, ständig Wärme zu entziehen und diese *restlos* in mechanische Arbeit zu verwandeln, was durch den ersten Hauptsatz nicht ausgeschlossen wird.

Wir können hier auf die thermodynamische Betrachtungsweise der Entropie auf Grund von (128.1) um so eher verzichten, als BOLTZMANN eine anschauliche molekulare Deutung ihres Wesens gegeben hat. Wir betrachten als besonders einfachen Fall ein in ein Gefäß eingeschlossenes Gas. Seine innere, molekulare Energie sei U, aber die Verteilung dieser Energie auf die einzelnen Moleküle, die Richtung der Geschwindigkeit der einzelnen Moleküle und ihre Verteilung im Raum seien zunächst noch ganz beliebig. Es sei z.B. noch möglich, daß die Energie U sich auf ganz wenige Moleküle oder auf alle gleichmäßig verteilt oder daß die Anzahl der Moleküle in gleich großen Raumteilen merklich verschieden ist. Bei gegebener Energie U, gegebenem Volumen V und gegebener Anzahl von Molekülen sind noch unendlich viele Arten möglich, wie sich die Energie auf die Moleküle verteilen kann, wie sich die Geschwindigkeiten der Moleküle auf die verschiedenen Richtungen im Raume verteilen und wie die Moleküle selbst im Volumen V verteilt sein können. Man denke zum Vergleich an die Einwohner eines Landes und stelle sich vor, daß es eine ungeheure Anzahl von Möglichkeiten gibt, wie etwa das Gesamtvermögen des Volkes auf die einzelnen Einwohner verteilt sein kann, und unendlich viele Möglichkeiten, wie diese im Gebiet des Landes verteilt sein können.

Wir denken uns jetzt den augenblicklichen Zustand eines Gases dadurch gekennzeichnet, daß wir angeben, daß das erste Molekül die Energie E_1, das zweite die Energie E_2 usw. hat, wobei die Summe aller dieser Energien gleich der vorgegebenen Gesamtenergie U sein muß, daß wir ferner bei jedem Molekül die Richtung seiner Geschwindigkeit angeben und den Ort, an dem es sich im Volumen V befindet. Dadurch ist der augenblickliche Zustand des Gases vollständig gegeben. Man nennt eine solche Zuordnung bestimmter Energiebeträge, Richtungen und Orte im Raum zu jedem Molekül eine *Komplexion.* Wir bekommen aber offenbar einen vollkommen identischen *makroskopischen*, also wirklich beobachtbaren Zustand, wenn wir zwei oder mehrere der Moleküle miteinander in jeder Beziehung vertauschen, sie also ihre Energie, ihre Bewegungsrichtung und ihren Ort tauschen lassen. Ein bestimmter makroskopischer Zustand kann also durch mehrere, meist außerordentlich viele Komplexionen, die durch Vertauschung auseinander hervorgehen, verwirklicht werden.

Infolge der Wechselwirkungen der Moleküle, insbesondere ihrer Zusammenstöße, ändert sich nun der Zustand eines Gases, wenn wir seine einzelnen Moleküle individuell betrachten, fortwährend; in jedem Augenblick finden wir eine andere Verteilung der Energie auf die Moleküle, die einzelnen Moleküle ändern fortgesetzt ihre Bewegungsrichtung, ihre Geschwindigkeit und ihren Ort. Wir haben also in jedem Augenblick eine andere Komplexion vor uns. Es läßt sich nun beweisen, daß *jede* Komplexion, die mit den gegebenen Bedingungen (Anzahl der Moleküle,

---

[1] MAX PLANCK, 1858—1947, Nobelpreis 1918.

Gesamtenergie, Volumen) verträglich ist, genau gleich wahrscheinlich ist, daß also jede von ihnen im Laufe einer ausreichend langen Zeit im Durchschnitt gleich oft vorkommt. Nun haben wir eben gesehen, daß der *gleiche makroskopische Zustand* durch *mehrere, meist außerordentlich viele Komplexionen* verwirklicht werden kann. Die einzelnen mit den gegebenen Bedingungen verträglichen *Zustände* sind also nicht gleich wahrscheinlich, sondern es werden im Laufe einer längeren Zeit diejenigen Zustände am häufigsten auftreten, welche durch die größte Anzahl von Komplexionen verwirklicht werden. Wenn wir wieder unser grobes Beispiel heranziehen, so sehen wir z.B., daß eine Verteilung des Volksvermögens auf eine Bevölkerung von 100 Millionen Menschen, derart daß ein Mensch das ganze Vermögen und alle anderen nichts besitzen, durch 100 Millionen Komplexionen verwirklicht werden kann, eine Verteilung aber, bei der zwei Menschen die Hälfte des Volksvermögens besitzen, durch $\frac{1}{2} \cdot (100 \text{ Millionen})^2 = 5000$ Billionen Komplexionen, und andere Verteilungen lassen sich noch auf viel mehr Weisen verwirklichen. Dagegen wird ein Zustand, bei dem ein jeder das gleiche Vermögen besitzt, nur durch eine einzige Komplexion verwirklicht. Wechselt also die Vermögensverteilung fortgesetzt in ganz zufälliger Weise, so wird unter allen möglichen Zuständen derjenige der häufigste sein, der durch die größte Anzahl von Komplexionen verwirklicht wird. Die Wahrscheinlichkeitsrechnung lehrt nun weiter, daß, wenn es sich um eine sehr große Anzahl von Individuen handelt, in unserem Falle die Moleküle eines Gases, die Anzahl der Komplexionen für einen ganz engen Bereich von Zuständen — praktisch für einen ganz bestimmten makroskopischen Zustand — ungeheuer viel größer ist, als für irgendwelche Zustände außerhalb dieses Bereiches. Dieser Zustand kommt also praktisch allein vor. Ein nur ganz wenig von ihm abweichender Zustand tritt nur mit verschwindender Häufigkeit als eine momentane, winzige Zustandsschwankung auf. Dies ist also der Zustand, der sich infolge der Wechselwirkungen zwischen den Molekülen nach kürzester Zeit herstellt, wie auch der Anfangszustand sein mag. Aus solchen Überlegungen läßt sich auch das Maxwellsche Gesetz über die Molekulargeschwindigkeiten (§ 66) ableiten. Die durch das Gesetz gegebene Geschwindigkeitsverteilung ist diejenige, welche der größten Anzahl von Komplexionen entspricht.

Die Anzahl der Komplexionen, durch die ein bestimmter Zustand verwirklicht wird, nennt man die *thermodynamische Wahrscheinlichkeit W* des Zustandes. Sie ist bei großer Individuenanzahl auch eine sehr große Zahl. BOLTZMANN (1877) zeigte, daß die Entropie S eines Körpers oder eines Systems von Körpern mit dieser thermodynamischen Wahrscheinlichkeit durch die Gleichung

$$S = k \ln W \tag{128.2}$$

zusammenhängt. Hierbei ist $k = 1{,}380 \cdot 10^{-16}$ erg K^{-1} und mit der bereits in § 104 eingeführten Planck-Boltzmann-Konstanten identisch. Die Entropie eines Körpers oder eines Systems von Körpern ist also um so größer, je größer die thermodynamische Wahrscheinlichkeit W ihres Zustandes ist, und der zweite Hauptsatz besagt, daß bei allen sich selbst überlassenen Systemen, die noch nicht im thermodynamischen Gleichgewicht sind, die thermodynamische Wahrscheinlichkeit ihres Zustandes, also auch ihre Entropie, zunimmt und im *thermodynamischen Gleichgewicht* ein *Maximum* ist.

Der Zustand eines Systems, in dem eine mehr oder weniger große molekulare Ordnung herrscht, ist also in diesem Sinne sehr *unwahrscheinlich*. Denn für die Verwirklichung geordneter Zustände gibt es immer sehr viel weniger Möglichkeiten als für diejenigen ganz ungeordneter. Daher muß in der Natur die allgemeine Tendenz herrschen, daß *geordnete Zustände von selbst in ungeordnete Zustände übergehen*. Andererseits kennen wir aber aus der Mechanik die allgemeine Tendenz von Körpersystemen, in den Zustand stabilsten Gleichgewichts, also kleinster potentieller Energie überzugehen (§ 24), der sehr oft ein besonders wohlgeordneter Zustand ist. Es geschieht aber sehr oft, daß diese beiden Tendenzen einander widerstreiten. Dann hängt es von den Umständen ab, welche von beiden die Oberhand gewinnt. Bei der sehr geringen Stärke der Wechselwirkungen zwischen den Molekülen eines Gases fehlt es bei einem solchen an einer ordnenden Tendenz, und der Zustand der *idealen Unordnung*, des *molekularen Chaos*, kann sich ungestört einstellen. Bei den Kristallen dagegen sind die zwischen seinen Bausteinen wirkenden starken Wechselwirkungen und die Tendenz zur Herstellung des stabilsten Gleichgewichts so stark, daß die Tendenz zur Herstellung des Zustandes der idealen Unordnung gegen sie nicht aufkommt und die Bausteine sich in der in höchstem Maße geordneten Raumgitterstruktur anordnen. Erst beim Schmelzpunkt wird die desorganisierende Wirkung der thermischen Molekularbewegung genügend groß, um diese Ordnung wenigstens teilweise zu stören und sie mit wachsender Temperatur schließlich vollends zu vernichten (§ 50).

Wichtige Beispiele für den 2. Hauptsatz sind alle Arten von *Ausgleichsvorgängen* (Diffusion, Wärmeleitung usw.), bei denen sich der Endzustand vom Anfangszustand stets durch eine größere thermodynamische Wahrscheinlichkeit unterscheidet. Ein besonders einleuchtendes Beispiel ist die Erzeugung von Wärme durch Reibung. Wenn z.B. ein Körper auf einem anderen gleitet, so ist der ungeordneten Bewegung seiner Moleküle ein auf das Höchste geordneter Bewegungsanteil überlagert, nämlich in Gestalt einer für alle Moleküle gleichen und gleichgerichteten Geschwindigkeitskomponente. Diesen geordneten Anteil verwandelt die Reibung in zusätzliche ungeordnete Bewegung, also in Wärme.

Wir wollen das Wesen der Entropie noch an einem einfachen Beispiel erläutern. Ein Gefäß bestehe aus zwei Abteilungen, welche durch eine Öffnung mit einem Hahn verbunden sind. Zunächst sei der Hahn geschlossen. Die eine Abteilung sei vollkommen leer, in der anderen befinden sich 1000 Moleküle. Wir öffnen jetzt den Hahn, und die Moleküle verteilen sich infolge ihrer thermischen Bewegung auf beide Abteilungen. Im weiteren Verlauf wird sich jedes einzelne Molekül gelegentlich durch die Öffnung hindurchbewegen und sich bald in der einen, bald in der anderen Abteilung befinden. Da sich die Moleküle ganz unabhängig voneinander bewegen, so ist es zwar denkbar, daß im Laufe der Zeit einmal wieder zufällig alle Moleküle gleichzeitig in der einen Abteilung sind. Das ist aber ein außerordentlich unwahrscheinliches Ereignis. Es ist schon sehr unwahrscheinlich, daß je wieder ein Zustand eintritt, bei dem die Moleküle nicht mit einigermaßen gleicher Dichte auf beide Abteilungen verteilt sind. In noch viel höherem Maße gilt dies, wenn wir die ungeheuer großen Anzahlen der Moleküle in Betracht ziehen, um die es sich in praktischen Fällen immer handelt. Je größer diese Anzahl ist, um so geringer wird die Wahrscheinlichkeit, daß das Molekülsystem je einmal einen Zustand einnimmt, bei dem die Molekülverteilung in den beiden Gefäßabteilungen von der wahrscheinlichsten Verteilung irgendwie merklich abweicht, die dann vorhanden ist, wenn die Moleküle in den Abteilungen im Durchschnitt gleich dicht verteilt sind. Dieses Beispiel zeigt uns an einem einfachen Fall, wie ein Zustand kleinerer Wahrscheinlichkeit von selbst in einen solchen größerer Wahrscheinlichkeit übergeht.

Diese Tatsachen haben ja ihr grobes Gegenstück im täglichen Leben. Auch an den uns umgebenden Gegenständen erkennen wir die unter der Wirkung der mit ihnen vorgenommenen *zufälligen* Hantierungen bestehende Neigung, aus geordneten Zuständen in ungeordnete überzugehen. Der Zustand, in dem sich z.B. die Gegenstände auf einem Schreibtisch nach längerer Arbeit an ihm zu befinden pflegen, ist nicht nur eine äußere Analogie zu den beschriebenen mole-

kularen Vorgängen, sondern ist in ähnlicher Weise wie sie durch Wahrscheinlich-
keitsgesetze beherrscht. (Vgl. WESTPHAL, Deine tägliche Physik, Ullstein-Taschenbuch Nr. 4000.)

Der Unterschied zwischen umkehrbaren und nicht umkehrbaren Zustandsänderungen ist nunmehr deutlich. Da sich bei einem System von Körpern,
z.B. den Molekülen eines Gases, stets von selbst der wahrscheinlichste Zustand
herstellt, der mit den gegebenen Bedingungen verträglich ist, so ist das Ergebnis
jeder Wechselwirkung zwischen den Körpern eines abgeschlossenen Systems stets
der Übergang eines weniger wahrscheinlichen Anfangszustandes in einen wahrscheinlicheren Endzustand, und dieser Vorgang kann *nicht von selbst* im umgekehrten Sinne verlaufen. Er kann nur durch einen *äußeren Eingriff* wieder rückgängig gemacht werden; das Körpersystem muß mit weiteren Körpern in Wechselwirkung gebracht werden, und es kann natürlich durch geeignete Maßnahmen
bewirkt werden, daß es dadurch wieder in seinen alten Zustand versetzt wird.
Jetzt aber handelt es sich gar nicht mehr um dieses System allein, sondern um
das durch weitere Körper vergrößerte System, das nunmehr als Ganzes aus einem
weniger wahrscheinlichen in einen wahrscheinlicheren Zustand übergeht. Dabei
müssen also notwendig Veränderungen mit den Körpern vor sich gehen, die
wir zwecks Umkehrung des ersten Vorganges neu in das System einbezogen haben.
Es bleiben also bei der Umkehrung des Vorganges an dem zuerst allein betrachteten System Änderungen an anderen Körpern zurück. Der zuerst betrachtete Vorgang ist im Sinne der obigen Definition nicht umkehrbar. Umkehrbar wäre nur
ein Vorgang, bei dem sich die Wahrscheinlichkeit des Zustandes des *gesamten* an
dem Vorgang beteiligten Systems nicht ändert. Bei von selbst ablaufenden makroskopischen Zustandsänderungen, die ja gerade der Tendenz zum Übergang in den
wahrscheinlichsten Zustand entspringen, kann das nie der Fall sein.

Betrachten wir das Weltall als ein einziges System von Körpern, die miteinander in ständiger Wechselwirkung stehen, so muß nach dem heutigen Stande
unseres Wissens der zweite Hauptsatz auch hierfür gelten. Das Weltall strebt
also infolge der Wechselwirkungen der in ihm enthaltenen Körper einem wahrscheinlichsten Endzustand zu, von dem es allerdings noch höchst weit entfernt
ist. Sofern aber der zweite Hauptsatz in Raum und Zeit allgemeine Geltung hat,
muß doch schließlich eine immer größere Annäherung an diesen wahrscheinlichsten
Zustand erfolgen. Er ist durch ein Schwinden aller makroskopischen Differenzierungen und durch einen Ausgleich aller Temperaturen im Weltraum gekennzeichnet. Diesen Zustand bezeichnet man als den *Wärmetod* der Welt. Denn
mit dem Schwinden aller makroskopischen Differenzierungen hören auch alle
makroskopischen Vorgänge an unterscheidbaren und beobachtbaren Körpern auf.
Ein Mensch, dem es gelänge, sich dem allgemeinen Schicksal zu entziehen, würde
nichts mehr erleben als ein unendliches Einerlei, unter dessen Oberfläche, für ihn
unbeobachtbar, die Bewegung der Moleküle in einem mit Strahlung gleichmäßig
erfüllten Raume allein ein ewiges Leben führt.

Während der 1. Hauptsatz nur ein Sonderfall des allgemeinen Energieprinzips
ist, ist der 2. Hauptsatz der Ausdruck des prinzipiell Neuen, das die Thermodynamik von der reinen Mechanik unterscheidet, nämlich ihres statistischen
Elementes.

Es ist interessant, zu bemerken, daß die Entropie (außer vielleicht der Expansion
des Weltalls, § 407) das *einzige objektive Merkmal für die Richtung des Ablaufs der Zeit*
liefert (EDDINGTON[1]), von der wir in unserer sonstigen Erfahrung — eng verbunden mit dem Begriff der „Entwicklung" — nur ein rein subjektives Bewußtsein

---

[1] Sir ARTHUR STANLEY EDDINGTON, 1882—1944.

haben. Die einzelnen Phasen der reversiblen Vorgänge enthalten keinerlei Merkmale, die sie als „früher" oder „später" kennzeichnen. Wenn wir dagegen zwei Zustände eines abgeschlossenen Körpersystems betrachten, in dem ein irreversibler Vorgang — z.B. ein Temperaturausgleich — abläuft, so ist derjenige der spätere, dem die größere Entropie entspricht.

129. Temperaturausgleich. Eine Folge aus dem zweiten Hauptsatz ist der Temperaturausgleich, der innerhalb eines Körpers eintritt, dessen einzelne Teile sich anfänglich auf verschiedenen Temperaturen befinden. Im Laufe der Zeit stellt sich durch molekulare Wechselwirkungen immer derjenige Zustand her, bei dem in allen Teilen des Körpers die mittlere Molekularenergie, also auch die Temperatur, die gleiche ist. Bei diesem Temperaturausgleich, den man als *Wärmeleitung* bezeichnet, strömt also Wärmeenergie innerhalb des Körpers von einem Ort zum andern. Denken wir uns innerhalb des Körpers irgendeinen Querschnitt, der zwei Bereiche von verschiedener Temperatur trennt, so geben die auf der einen Seite des Querschnittes befindlichen Moleküle Energie an die auf der anderen Seite befindlichen Moleküle ab, bis die Temperatur auf beiden Seiten die gleiche geworden ist.

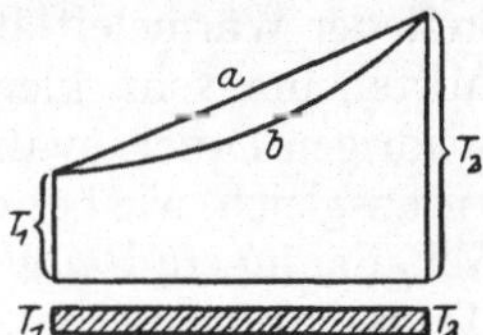

Abb. 264. Zur Wärmeleitung in einem Stabe

Je höher die Temperaturdifferenzen innerhalb eines Körpers sind, um so stärker ist der Wärmeaustausch. Wir wollen den einfachen Fall eines homogenen und isotropen Stabes von der Länge l und dem konstanten Querschnitt q betrachten, zwischen dessen Enden eine konstante Temperaturdifferenz $T_2 - T_1$ aufrechterhalten wird (Abb. 264). Dann nimmt die Temperatur im Stab in Richtung vom kälteren zum kälteren Ende stetig und linear ab (Abb. 264a), und der *Temperaturgradient* beträgt $(T_1 - T_2)/l = - dT/dx$, wenn x die Koordinate in entgegengesetzter Richtung ist (also in der Abb. 264 von links nach rechts). Infolgedessen besteht in jedem Querschnitt des Stabes ein konstanter Fluß von Wärmeenergie Q, ein *Wärmestrom* $\Phi = dQ/dt$, entgegen der Richtung des Temperaturgradienten, der diesem und dem Querschnitt q proportional ist, also

$$\Phi = \frac{dQ}{dt} = - \lambda q \frac{dT}{dx}. \tag{129.1}$$

Das negative Vorzeichen bedeutet, daß die Wärmeströmung in Richtung abnehmender Werte der Temperatur T erfolgt. λ ist eine Materialkonstante, die *Wärmeleitfähigkeit* des Stoffes. Ihre in der Physik heute noch übliche Einheit ist $1 \, \text{cal grd}^{-1} \text{cm}^{-1} \text{s}^{-1}$. Die besten Wärmeleiter sind die Metalle (vgl. §159), deren Wärmeleitfähigkeiten meist in der Größenordnung zwischen etwa 0,1 und $1 \, \text{cal grd}^{-1} \text{cm}^{-1} \text{s}^{-1}$ liegen. Die schlechtesten Wärmeleiter sind die Gase mit Wärmeleitfähigkeiten von der Größenordnung 0,00002 bis 0,0004 $\text{cal grd}^{-1} \text{cm}^{-1} \text{s}^{-1}$.

(129.1) hat eine formale Ähnlichkeit mit dem *Ohmschen Gesetz* für elektrische Ströme (§159). Man kann nämlich folgende Größen miteinander in formale Parallele setzen: Die Wärmemenge Q mit einer Elektrizitätsmenge, also den Wärmestrom Φ mit einem elektrischen Strom, das negative Temperaturgefälle mit einem elektrischen Potentialgefälle (Spannung) und die Wärmeleitfähigkeit λ mit der elektrischen Leitfähigkeit (§159). Dann entspricht der Faktor $\lambda q/l$ formal dem Kehrwert $\sigma q/l$ des elektrischen Widerstandes R eines Leiters von der Länge l und dem Querschnitt q. Aus diesem Grunde bezeichnet man $l/(\lambda q)$ als *Wärmewiderstand* und seine Einheit als 1 *Wärmeohm*.

Bei der Ableitung von (129.1) ist vorausgesetzt, daß der Stab gegen Wärmeabgabe nach den Seiten geschützt ist. Ist das nicht der Fall, so sinkt die Temperatur erst schneller, dann langsamer als im ersten Fall (Abb. 264, b). Man kann diesen Temperaturverlauf etwa vergleichen mit dem Druckverlauf in einem seitlich undichten, wasserdurchströmten Rohr.

Die Theorie ergibt, daß die Wärmeleitfähigkeiten λ der idealen Gase ihren Zähigkeiten η proportional sind,

$$\lambda = const \cdot \eta \qquad (129.2)$$

(§ 78). Ebenso wie η ist λ bei gegebener Temperatur von der Dichte des Gases unabhängig. Der Faktor hängt von der Art des Gases ab. Die Proportionalität von λ und η ist leicht verständlich. Es handelt sich bei der Wärmeleitung wie bei der inneren Reibung in Gasen um einen Diffusionsvorgang, bei dem die Moleküle Impuls übertragen. Die Unabhängigkeit von der Dichte besteht aber nur dann, wenn die Abmessungen des dem Gase zur Verfügung stehenden Raumes beträchtlich größer als die mittlere freie Weglänge sind. Ist das nicht der Fall, so nimmt die Wärmeleitfähigkeit mit der Dichte ab. Es ist klar, daß sie mit der Annäherung an ein ideales Vakuum überhaupt verschwinden muß. Die Abhängigkeit der Wärmeleitfähigkeit von der Dichte bei sehr geringer Dichte bildet ein Mittel, um sehr kleine Gasdrucke zu messen. Zwischenräume, die auf einen niedrigen Druck evakuiert sind, liefern einen guten Schutz gegen einen Temperaturausgleich, wie bei den Weinholdschen oder Dewar-Gefäßen (Thermosflaschen). Wie die innere Reibung, so nimmt auch die Wärmeleitfähigkeit der Gase mit der Temperatur zu.

In den Kristallen — außer denen des kubischen Systems — ist die Wärmeleitfähigkeit von der Richtung des Wärmestroms abhängig. Holz leitet besser in der Faserrichtung als senkrecht dazu. Sehr schlechte Wärmeleiter sind poröse Stoffe. Sie enthalten viel Luft, und diese ist, wie alle Gase, ein äußerst schlechter Wärmeleiter. Unter den Gasen ist der Wasserstoff wegen der großen Geschwindigkeit seiner Moleküle der beste Wärmeleiter.

Auf dem geringen Wärmeleitvermögen des Wasserdampfs beruht das *Leidenfrost-Phänomen*. Ein auf eine über 100 °C erwärmte Metallplatte gebrachter Wassertropfen schwebt längere Zeit dicht über ihr, ohne spontan zu verdampfen. Denn er wird zunächst durch ein sich sofort bildendes Polster von Wasserdampf gegen Wärmezufuhr von der Platte her weitgehend geschützt. Er erwärmt sich nur langsam auf 100 °C und zerspratzt erst in dem Augenblick, wo dies erreicht ist.

Bei den Flüssigkeiten und Gasen gibt es noch eine zweite Art des Temperaturausgleichs, die von der Wärmeleitung durchaus verschieden und sehr viel wirksamer ist, den *Temperaturausgleich durch Strömung (Konvektion)*. Er beruht darauf, daß in einer Flüssigkeit oder einem Gase, in dem Temperaturunterschiede bestehen, auch Dichteunterschiede auftreten, die das Gleichgewicht stören. Infolgedessen setzen sich große Bereiche der Flüssigkeit oder des Gases in Bewegung. Das großartigste irdische Beispiel für Konvektionen bilden die *Winde*, bei denen sich infolge von Druckunterschieden, die durch Temperatureinflüsse hervorgerufen werden, gewaltige Luftkörper in Bewegung setzen. Auch in den Ozeanen finden solche Konvektionen in großem Ausmaß statt. Ein Beispiel hierfür ist der Golfstrom. In den Zentralheizungen steigt das im Kessel erhitzte Wasser empor, kühlt sich in den Heizkörpern ab und sinkt dann wieder in den Kessel zurück. Konvektionsströme von gigantischem Ausmaß finden innerhalb der Sonne und der Fixsterne statt.

Die wärmende Wirkung der Kleidung beruht darauf, daß sie eine Konvektion der den Körper umgebenden Luft weitgehend verhindert. Die schlechte Wärmeleitfähigkeit des Materials von Stoffen und Pelzen spielt dabei nur eine sehr geringe Rolle.

Eine dritte Art des Temperaturausgleichs ist diejenige durch *Strahlung*. Diese werden wir in §319 behandeln.

130. Der dritte Hauptsatz der Wärmelehre. Zu den beiden ersten Hauptsätzen ist 1906 der von NERNST aufgestellte *dritte Hauptsatz*, das *Nernstsche Wärmetheorem*, getreten. Es sagt in einer Fassung von PLANCK aus, daß sich die Entropie aller Körper bei Annäherung an den absoluten Nullpunkt dem Wert Null beliebig nähert. Die Folgerungen aus diesem Satz, der seine Begründung durch die Quantentheorie findet, sind unter anderem für die Theorie der chemischen Reaktionen wichtig. Wir erwähnen als eine weitere Folgerung nur, daß die spezifische Wärmekapazität der Stoffe bei Annäherung an den absoluten Nullpunkt sinkt und gegen Null geht. Aus diesem Grunde kann der absolute Nullpunkt nur asymptotisch erreicht werden. Denn da ein Körper, der sich genau auf dieser Temperatur befände, die spezifische Wärmekapazität Null hätte, so genügte die Zufuhr einer beliebig kleinen Wärmemenge, um seine Temperatur um einen endlichen Betrag zu erhöhen. Da nun der Körper notwendig mit wärmeren Körpern in Wechselwirkung sein muß, so läßt sich eine solche Wärmezufuhr nie verhindern, und es ist deshalb auch unmöglich, dem Körper den letzten Rest von Wärme vollständig zu entziehen. (Vgl. aber auch §359.)

131. Kreisprozesse. Die *Verwandlung von Wärmeenergie in mechanische Arbeit* ist eine der wichtigsten Grundlagen der heutigen Zivilisation. Sie *kann* restlos erfolgen. Wenn man etwa ein Gas unter Verrichtung äußerer Arbeit adiabatisch expandieren läßt, so kühlt es sich ab, und sein Verlust an Wärmeenergie wird restlos als mechanische Arbeit gewonnen. Indessen erleidet die benutzte Vorrichtung dabei eine Veränderung, die einzig dadurch rückgängig gemacht werden kann, daß man das Gas durch an ihm verrichtete mechanische Arbeit von gleichem Betrage, wie es sie vorher selbst verrichtet hat, wieder komprimiert und auf seine alte Temperatur erwärmt. Damit ist also im Endeffekt gar nichts gewonnen. Für eine Verwandlung von Wärme in mechanische Arbeit im *Dauerbetrieb* sind nur Vorrichtungen brauchbar, die unter ständiger Zufuhr von Wärme und gleichzeitiger Verrichtung von äußerer mechanischer Arbeit immer wieder die gleichen Zustände durchlaufen, also *periodisch arbeiten*, in der also sog. *Kreisprozesse*

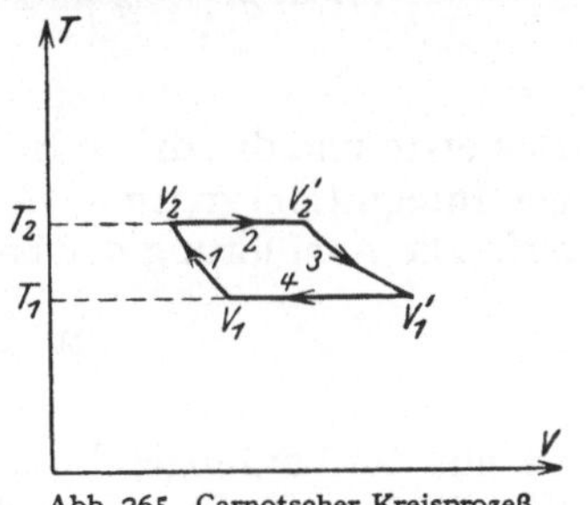

Abb. 265. Carnotscher Kreisprozeß

ablaufen. Wie zuerst CARNOT[1] bewiesen hat, kann dann stets nur ein Teil der zugeführten Wärme in mechanische Arbeit verwandelt werden. Der Rest geht von höherer zu tieferer Temperatur. Ein Beispiel ist der *Carnotsche Kreisprozeß* (1824). In einen Behälter von veränderlichem Volumen sei ein ideales Gas eingeschlossen, welches die Masse m und zunächst die Temperatur T_1 und das Volumen V_1 habe. Mit diesem Gase denken wir uns nacheinander folgende Veränderungen vorgenommen (Abb. 265):

1. Das Gas wird adiabatisch (§113) komprimiert, bis es die höhere Temperatur T_2 angenommen hat. Sein Volumen sei jetzt $V_2 < V_1$.

2. Das Gas wird mit einem sehr großen Wärmespeicher von der gleichen Temperatur T_2 in Verbindung gebracht und nunmehr bei konstanter Temperatur (isotherm) auf das Volumen $V_2' > V_2$ ausgedehnt. Da es dabei äußere Arbeit leistet, so muß ihm zur Konstanthaltung seiner Temperatur eine Wärmemenge Q_2 aus dem Speicher von der Temperatur T_2 zugeführt werden.

---

[1] SADI CARNOT, 1796—1832.

3. Das Gas wird von dem Wärmespeicher getrennt und nunmehr adiabatisch ausgedehnt, bis es durch Abkühlung wieder seine alte Temperatur T_1 erhalten hat. Sein Volumen sei jetzt V_1'. (V_1' ist größer als V_1.)

4. Nunmehr wird das Gas mit einem zweiten sehr großen Wärmespeicher von der Temperatur T_1, seiner Ausgangstemperatur, verbunden und isotherm auf sein ursprüngliches Volumen V_1 komprimiert. Dabei gibt es eine Wärmemenge Q_1 an den kälteren Wärmespeicher von der Temperatur T_1 ab.

Nach Vollendung dieses Kreisprozesses ist das Gas wieder vollkommen in seinem Anfangszustand. Dagegen hat der eine Wärmespeicher die Wärmemenge Q_2 abgegeben, der andere die Wärmemenge Q_1 aufgenommen. Ferner ist bei jedem der vier Teilvorgänge Arbeit verrichtet worden.

Bei jedem einzelnen Teilvorgang verrichtet das Gas eine Arbeit $\int p\, dV$, welche bei 2 und 3 positiv, bei 1 und 4 negativ ist. Die einzelnen Phasen des Kreisprozesses sind in Abb. 265 dargestellt.

Bezeichnen wir mit W die insgesamt vom Gase verrichtete Arbeit, so ergibt sich diese, da sie für jeden Teilvorgang durch das Integral $\int p\, dV$ dargestellt ist, zu

$$W = \int\limits_{V_1 T_1}^{V_2 T_2} p\, dV + \int\limits_{V_2 T_2}^{V_2' T_2} p\, dV + \int\limits_{V_2' T_2}^{V_1' T_1} p\, dV + \int\limits_{V_1' T_1}^{V_1 T_1} p\, dV. \tag{131.1}$$

Dabei verläuft also der erste und dritte Vorgang adiabatisch ($dQ=0$), der zweite und vierte isotherm. Für erstere beide gilt daher $p\, dV = -m\, c_v\, dT$ [(113.2)]. Bei den beiden anderen können wir nach (106.3) $p = m\, RT/(M_m V)$ setzen, so daß wir erhalten

$$W = m\left(-c_v \int\limits_{T_1}^{T_2} dT + \frac{R}{M_m} \int\limits_{V_2}^{V_2'} T_2 \frac{dV}{V} - c_v \int\limits_{T_2}^{T} dT + \frac{R}{M_m} \int\limits_{V_1'}^{V_1} T_1 \frac{dV}{V} \right).$$

Das erste und das dritte Integral unterscheiden sich lediglich durch Vertauschung der Integrationsgrenzen, sie sind also entgegengesetzt gleich und heben einander auf. Die Ausführung der beiden anderen Integrale ergibt

$$W = m\, \frac{R}{M_m}\left(T_2 \ln \frac{V_2'}{V_2} + T_1 \ln \frac{V_1}{V_1'} \right). \tag{131.2}$$

Da nun die Vorgänge, durch die der Zustand $(V_2,\, T_2)$ aus $(V_1,\, T_1)$ und der Zustand $(V_1',\, T_1)$ aus $(V_2',\, T_2)$ entstanden ist, adiabatisch verliefen, so bestehen nach (113.4) die Beziehungen

$$T_2 V_2^{\varkappa-1} = T_1 V_1^{\varkappa-1} \quad \text{und} \quad T_2 V_2'^{\varkappa-1} = T_1 V_1'^{\varkappa-1},$$

($\varkappa = c_p/c_v$), aus denen $V_2'/V_2 = V_1'/V_1$ folgt, so daß

$$W = m\, \frac{R}{M_m} \ln \frac{V_1'}{V_1} \cdot (T_2 - T_1). \tag{131.3}$$

Da $T_2 > T_1$ und $V_1' > V_1$, so ist dieser Ausdruck positiv, das Gas hat äußere Arbeit verrichtet, und zwar auf Kosten der von dem wärmeren Speicher an das Gas abgegebenen Wärmemenge Q_2. Diese ist aber nicht vollständig in Arbeit verwandelt worden, sondern nur der Anteil $Q_2 - Q_1$, denn das Gas hat ja im vierten Teilvorgang die Wärmemenge Q_1 an den kälteren Speicher abgegeben.

Die Einzelbeträge Q_1 und Q_2 lassen sich leicht berechnen. Da beim zweiten Teilvorgang keine Erwärmung des Gases stattgefunden hat, so findet sich die zugeführte Wärmemenge restlos in der verrichteten äußeren Arbeit $\int\limits_{V_2 T_2}^{V_2' T_2} p\, dV$

wieder, und diese beträgt, wie oben bereits bewiesen, $m \dfrac{R}{M_m} T_2 \ln \dfrac{V_2'}{V_2}$, so daß

$Q_2 = m \dfrac{R}{M_m} T_2 \ln \dfrac{V_2'}{V_2} = m \dfrac{R}{M_m} T_2 \ln \dfrac{V_1'}{V_1}$. Entsprechend ist die an den zweiten Spei-

cher abgegebene Wärmemenge, $Q_1 = m \dfrac{R}{M_m} \cdot T_1 \ln \dfrac{V_1'}{V_1}$. Aus diesen Beziehungen

ergibt sich wieder die Gleichung $W = Q_2 - Q_1$, welche nichts anderes bedeutet als die Gültigkeit des Energieprinzips. Denn die vom Gase verrichtete mechanische Arbeit W muß sich, da sonst Energie weder zu- noch abgeführt wurde, darstellen als der Überschuß der vom Gase aufgenommenen Wärmemenge über die von ihm wieder abgegebene Wärmemenge.

Wir sehen also, daß, um durch einen solchen Kreisprozeß die mechanische Arbeit W zu gewinnen, die Wärmemenge $Q_2 > W$ aufgewendet werden muß und daß mit der Gewinnung mechanischer Arbeit der Übergang eines Teils Q_1 dieser Wärmemenge von einem Wärmespeicher der höheren Temperatur T_2 auf einen anderen von der tieferen Temperatur T_1 verbunden ist. Der *mechanische Wirkungsgrad* des Prozesses ist also *kleiner als* 1, nämlich

$$\eta = \frac{W}{Q_2} = \frac{Q_2 - Q_1}{Q_2} = \frac{T_2 - T_1}{T_2} = 1 - \frac{T_1}{T_2}. \tag{131.4}$$

Er hängt also lediglich von den Temperaturen der beiden Wärmespeicher ab. Das Ergebnis gilt zunächst für ideale Gase. Der Wirkungsgrad kann auf keine Weise verbessert, nur durch mangelhafte Versuchsbedingungen — Reibung, Wärmeabgabe an andere Körper der Umgebung usw. — verschlechtert werden.

Bisher liegt den Überlegungen, außer den Gesetzen der idealen Gase, nur der erste Hauptsatz zugrunde. Unter Heranziehung des zweiten Hauptsatzes kann man aber nachweisen, daß die durch (131.4) ausgesprochene Gesetzmäßigkeit auch dann gilt, wenn der „arbeitende" Stoff kein ideales Gas, sondern ein wirklicher Stoff ist. Wird bei einem Kreisprozeß mechanische Arbeit auf Kosten der Wärmeenergie eines Wärmespeichers *gewonnen*, so geht notwendig ein Übergang einer bestimmten Wärmemenge von dem wärmeren Speicher auf einen kälteren daneben her. Nach (131.4) ist der Wirkungsgrad eines solchen Vorganges um so größer, je kleiner das Verhältnis T_1/T_2 der Temperaturen der beiden Wärmespeicher, je höher also die Temperatur des wärmeren und je niedriger die des kälteren Speichers ist. Nur im idealen Grenzfall $T_1 = 0$ K wird $\eta = 1$ oder 100%. Dieser Fall kann aber nicht auch nur annähernd technisch verwirklicht werden.

Der Carnotsche Kreisprozeß ist nur ein Sonderfall unter unendlich vielen, die mittels zweier Wärmespeicher von verschiedener Temperatur vorgenommen werden können. Eine besondere Bedeutung hat noch der *Clapeyronsche Kreisprozeß*, bei dem an die Stelle der beiden adiabatischen Teilvorgänge solche bei konstantem Volumen treten und der den gleichen theoretischen Wirkungsgrad hat wie jener. — Als *Exergie* bezeichnet man bei Kreisprozessen denjenigen Teil der inneren Energie des Arbeitsmediums, der in nutzbare Arbeit umgesetzt werden kann, als *Anergie* den restlichen Anteil, der als Wärme abgeführt werden muß.

Läßt man einen Kreisprozeß in umgekehrter Richtung wie oben ablaufen, so ist Arbeit W aufzuwenden; der kältere Wärmespeicher gibt die Wärmemenge Q_1 ab, und der wärmere nimmt die Wärmemenge $Q_2 = W + Q_1$ auf. In diesem Fall arbeitet die Vorrichtung als *Kältemaschine* bzw. als *Wärmepumpe*, je nachdem es auf die Abkühlung des einen Wärmespeichers (Kühlschränke usw.) oder die Erwärmung des anderen abgesehen ist.

Setzen wir in (131.4) $T_1 = T_{tr}$, wobei $T_{tr} = 273{,}16$ K die Temperatur des Wassertripelpunktes bedeutet (§114), so kann die Temperatur $T_2 = T$ aus dem

Wirkungsgrad η eines zwischen diesen Temperaturen verlaufenden Carnot-Prozesses berechnet und auch auf diese Weise die Kelvin-Skala verwirklicht werden (§106). Das hat gegenüber der gasthermometrischen Verwirklichung den Vorzug völliger Unabhängigkeit von Stoffeigenschaften, ist aber experimentell schwieriger genau auszuführen.

132. Wärmekraftmaschinen. Auf die zur technischen Gewinnung mechanischer Arbeit dienenden *Wärmekraftmaschinen* können wir nur ganz kurz eingehen. Für den theoretischen — in Wirklichkeit durch Reibungs- und Wärmeleitungsverluste verschlechterten — Wirkungsgrad der mit Wasserdampf arbeitenden Wärmekraftmaschinen würde (131.4) gelten, wenn bei ihnen nicht Kondensationsvorgänge in den Kreisprozeß eingeschaltet wären, welche beim Carnotschen Kreisprozeß nicht auftreten, der eine unverändert gasförmig bleibende arbeitende Substanz voraussetzt. Der richtige Vergleichsprozeß ist vielmehr der Clausius-Rankine-Prozeß, auf den wir aber nicht näher eingehen können. Immerhin bleibt die Tatsache bestehen, daß der theoretische Wirkungsgrad um so größer ist, je höher die Temperatur des wärmeren Wärmespeichers — des Dampfes im Kessel — und je niedriger diejenige des kälteren Wärmespeichers — des Kühlwassers — ist. Da man bezüglich der Temperatur des Kühlwassers aus praktischen Gründen an die gewöhnlichen Temperaturen unserer Umgebung gebunden ist, so muß angestrebt werden, die Dampftemperatur möglichst hoch zu machen. Deshalb läßt man das Kesselwasser unter sehr stark erhöhtem Druck sieden (§118). Der höchste Druck, bei dem bisher gearbeitet wurde, beträgt etwa 300 atm. Der theoretische Wirkungsgrad beträgt dann rund 50%. Das praktisch erreichbare Optimum wird auf 43% geschätzt. Wegen aller Einzelheiten der technischen Verwandlung von Wärme in mechanische Arbeit in den *Dampfmaschinen* und *Explosionsmotoren* aller Art muß auf die einschlägige Literatur verwiesen werden.

133. Wärmequellen. Thermochemie. Die wichtigste Quelle thermischer Energie ist für uns die Sonne. Sie strahlt etwa $10^{26}\,\mathrm{cal\,s^{-1}} \approx 0{,}4 \cdot 10^{24}\,\mathrm{kW}$ aus. Hätte die Erde keine Atmosphäre, so würden bei senkrechtem Einfall der Sonnenstrahlung auf die Erdoberfläche etwa $2{,}00\,\mathrm{cal\,cm^{-2}\,min^{-1}} = 0{,}14\,\mathrm{W\,cm^{-2}}$ fallen *(Solarkonstante)*. Wegen der Absorption der Sonnenstrahlung in der Atmosphäre ist der an die Erdoberfläche gelangende Betrag jedoch erheblich geringer.

Weitaus am wichtigsten ist heute noch die unmittelbare oder mittelbare Gewinnung von Wärme aus den natürlichen Brennstoffen: Kohle, Erdöl, Erdgas, deren Erschöpfung aber vermutlich in einigen 100 Jahren bevorsteht. Diese Wärmequellen gehen auf die Energie der Sonnenstrahlung zurück, die in vielen Jahrmillionen von den Pflanzen, aus denen die Kohle entstanden ist, aufgespeichert wurde und die auch auf die pflanzenfressenden Organismen übergegangen ist, denen wir wenigstens zum Teil das Erdöl und das Erdgas verdanken. (Ob eine großtechnische Energiegewinnung aus der unmittelbaren Sonnenstrahlung in Sonnenkraftwerken verwirklicht werden kann, steht noch dahin. Hingegen ist sie eine sehr wirksame Energiequelle der künstlichen Satelliten. Die Zukunft gehört aber zweifellos der Kernenergie.)

Die Wärmeerzeugung durch Verbrennung ist nur ein Beispiel für viele andere chemische Vorgänge, bei denen Wärme frei wird. Man unterscheidet *endotherme* und *exotherme chemische Vorgänge*. Ein endothermer Vorgang ist ein solcher, der nur vor sich geht, wenn den beteiligten Stoffen von außen Wärme zugeführt wird. Bei den exothermen Vorgängen dagegen wird Wärme frei. Das Freiwerden von Wärme bei exothermen chemischen Vorgängen rührt daher, daß die potentielle Energie der beteiligten Atome in den Endprodukten kleiner ist als in den anfänglich vorhandenen Stoffen. Die Differenz der potentiellen Energie im Anfangs- und im Endzustand — bei der Bildung von Molekülen aus ihren freien Atomen als *Bindungsenergie* bezeichnet — wird als Wärme frei.

Man kann den Wärmeumsatz bei einem chemischen Vorgang in symbolischer Gleichungsform darstellen. So bedeutet die Reaktionsformel

$$S + O_2 \rightarrow SO_2 + 70940 \text{ cal mol}^{-1},$$

daß bei der Verbindung von 1 Mol atomaren Schwefels mit 1 Mol Sauerstoffgas je Mol Schwefeldioxyd 70940 cal frei werden. Diese Wärmemenge heißt *Wärmetönung* und ist bei exothermen Vorgängen positiv, bei endothermen negativ und unabhängig von dem Wege, auf dem eine chemische Verbindung aus ihren Bestandteilen zustande kommt. So ist z.B. $C + O \rightarrow CO + 29000 \text{ cal mol}^{-1}$, $CO + O \rightarrow CO_2 + 68000 \text{ cal mol}^{-1}$ und $C + 2O \rightarrow CO_2 + 97000 \text{ cal mol}^{-1}$. Es ist also, wie es auch das Energieprinzip (1. Hauptsatz) verlangt, energetisch belanglos, ob zunächst aus Kohlenstoff und Sauerstoff Kohlenoxyd und dann aus diesem und Sauerstoff Kohlendioxyd entsteht oder gleich aus Kohlenstoff und Sauerstoff Kohlendioxyd.

Der menschliche und der tierische Organismus bezieht die für sein Leben nötige Energie aus der Wärmetönung der an seiner Nahrung ablaufenden chemischen Prozesse, nämlich aus der Oxydation (Verbrennung) von organischen Verbindungen (Kohlehydrate, Fett, Eiweiß) zu Kohlendioxyd und Wasser. Als Energiespender dienen in der Hauptsache die Kohlehydrate und das Fett, während das Eiweiß vor allem Aufbaustoff ist und zur ständigen Erneuerung der Körpersubstanz dient. Es wird nur bei Nahrungsmangel als Energiespender ausgenutzt. Der Nährwert einer Nahrung bemißt sich also sehr weitgehend nach der Wärmemenge, die bei ihrer Verbrennung zu Kohlendioxyd und Wasser frei wird, und wird üblicherweise in Kilokalorien angegeben (fälschlich meist als Kalorien bezeichnet). Der ganz untätige erwachsene Mensch braucht — hauptsächlich zur Aufrechterhaltung seiner Körpertemperatur — in normaler Umgebung je Kilogramm der Masse seines Körpers 1400 bis 1800 kcal täglich *(Grundumsatz)*, bei körperlicher Arbeit mindestens 3 bis 4000 kcal. Eiweiß und Kohlehydrate liefern je Gramm etwa 4,1 kcal, Fett 9,3 kcal. Die lebenden Organismen sind *offene Systeme*, die sich unter ständigem Stoff- und Energieaustausch mit ihrer Umgebung in einem *Fließgleichgewicht* (VON BERTALANFFY) befinden, dem nicht, wie beim thermodynamischen Gleichgewicht (§ 128), ein Maximum der Entropie entspricht.

Alle ohne Wechselwirkung mit der Umgebung ablaufenden chemischen Umwandlungen sind nicht umkehrbar, denn sie verlaufen stets in dem Sinne, daß die Entropie des Stoffsystems zunimmt. Die drei Hauptsätze der Wärmetheorie bilden die wichtigsten Grundlagen der theoretischen Chemie.

Sechstes Kapitel

Elektrostatik

I. Die elektrostatischen Erscheinungen im Vakuum

Die *Elektrostatik* ist die Lehre von den zwischen ruhenden elektrischen Ladungen wirkenden Kräften und von den durch diese Kräfte bedingten Gleichgewichtszuständen. Wir setzen in diesem Abschnitt voraus, daß sich die elektrischen Erscheinungen im Vakuum abspielen. Die elektrischen Wirkungen im

Vakuum sind aber von denen in Luft so wenig verschieden, daß die beschriebenen Versuche praktisch genau so gut in Luft ausgeführt werden können.

Zur Elektrizitätserregung bedienen wir uns bei den in diesem Kapitel zu besprechenden Versuchen meist mit Vorteil des bekannten Reibungsverfahrens, von dem in §169 genauer die Rede sein wird.

134. Grundversuche. Den allgemeinen Begriff der *Elektrizität* (der Name stammt von GILBERT[1]) dürfen wir als bekannt voraussetzen. Wir beginnen mit einigen elementaren Versuchen. An einem gut trockenen Seidenfaden sei ein leichter Körper (Papierzylinder, Holundermarkkugel oder dgl.) aufgehängt (Abb. 266). Eine Stange aus Hartgummi oder Schwefel werde mit einem weichen Fell gerieben und dem aufgehängten Körper genähert. Man beobachtet alsdann folgendes:

1. Der Körper wird von der Hartgummistange angezogen.

2. Nachdem der Körper die Hartgummistange berührt hat, vor allem aber, wenn man den Körper mit der Stange bestrichen hat, verwandelt sich die Anziehung in eine Abstoßung.

Man überstreiche nunmehr den Körper mit der Hand (Entladung) und wiederhole den Versuch mit einer Glasstange, die vorher mit einem Seidenlappen oder einem amalgamierten Lederlappen gerieben wurde. Man beobachtet die gleichen Erscheinungen wie mit der geriebenen Hartgummistange.

3. Der mit der geriebenen Glasstange bestrichene Körper wird von der Glasstange abgestoßen, von der geriebenen Hartgummistange aber angezogen. Wird aber der Körper mit der geriebenen Hartgummistange bestrichen, so ist das Umgekehrte der Fall.

Die ersten genaueren Versuche über die elektrische Anziehung und Abstoßung hat OTTO VON GUERICKE angestellt, der auch die erste Reibungselektrisiermaschine baute.

Stellt man die gleichen Versuche mit anderen geriebenen Stoffen an, so zeigt sich, sofern überhaupt eine Wirkung erzielt wird, daß die Elektrizität sich entweder wie die des geriebenen Glases oder wie die des geriebenen Hartgummis verhält (DU FAY[2] 1734).

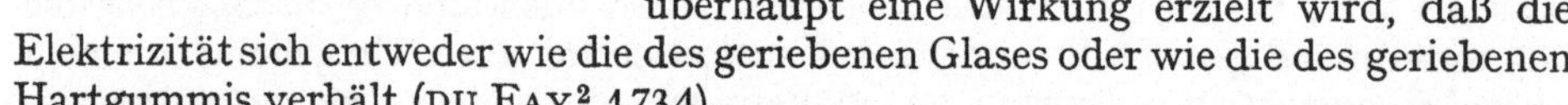

Abb. 266. Elektrostatischer Grundversuch

Man bestreiche den aufgehängten Körper erst mit der geriebenen Hartgummistange, dann, ohne ihn vorher wieder zu berühren, mit der geriebenen Glasstange oder umgekehrt. Man beobachtet,

4. daß die Glas- und die Hartgummielektrizität einander entgegenwirken. Durch das Hinzutreten der einen Art von Elektrizität wird die Wirkung der anderen herabgesetzt, aufgehoben oder in ihr Gegenteil verwandelt, je nach dem Mengenverhältnis, in dem die beiden Elektrizitäten auf den Körper übertragen wurden.

135. Positive und negative Elektrizität. Elektrizitätsmenge. Ladung. Auf unsere 1. Beobachtung kommen wir in §145 zurück. Aus den drei weiteren Beobachtungen ziehen wir folgenden Schluß: *Es gibt zwei polar entgegengesetzte Arten von Elektrizität.* Die am geriebenen Glas auftretende Art nennt man seit LICHTENBERG[3] (willkürlich) *positive Elektrizität*, die am geriebenen Hartgummi auftretende *negative Elektrizität*.

---

[1] WILLIAM GILBERT, 1540—1603.
[2] FRANÇOIS DE CISTERNAY DU FAY, 1698—1793.
[3] GEORG CHRISTOPH LICHTENBERG, 1744—1799, Physiker und Satiriker.

Ebenso wie die Wärme (§ 102) hat man die Elektrizität einst als einen unwägbaren Stoff angesehen, der aber in zwei polar entgegengesetzten Modifikationen existierte. Deshalb hat man sie bezüglich ihrer Quantität (analog zur Wärmemenge) durch den Begriff *Elektrizitätsmenge* gekennzeichnet und hat das auch beibehalten, nachdem man wußte, daß die Elektrizität kein Stoff, sondern ein Zustand elementarer Teilchen ist. Sind in einem Körper gleichgroße positive und negative Elektrizitätsmengen in homogener Verteilung enthalten, deren Wirkungen nach außen einander aufheben, so nennt man den Körper *ungeladen* oder *elektrisch neutral*. Ist eine der beiden Arten im Überschuß vorhanden, so nennt man diesen Überschuß die *Ladung* des Körpers und den Körper einen *Ladungsträger*, ebenso wenn er — wie die Elementarteilchen (§ 388) — nur Ladung *eines* Vorzeichens trägt. Wenn die Abmessungen eines Ladungsträgers sehr klein sind — insbesondere gegenüber seinen Abständen von anderen Ladungsträgern —, so kann man seine Ladung (analog zu einem Massenpunkt) als *Punktladung* idealisieren. Man kann aber auch eine räumlich ausgedehnte Ladung als eine Gesamtheit von Punktladungen (infinitesimalen Ladungselementen) beschreiben.

Man wird zwei Elektrizitätsmengen als gleich bezeichnen, wenn sie, am gleichen Orte befindlich, sowohl nach Betrag wie nach Richtung unter gleichen Verhältnissen genau gleiche Wirkungen auf eine bestimmte andere Ladung hervorbringen. Als entgegengesetzt gleich wird man sie bezeichnen, wenn ihre Wirkungen auf eine bestimmte andere Ladung unter gleichen Verhältnissen dem Betrage nach gleich, aber entgegengesetzt gerichtet sind. Man wird ferner eine Ladung Q als k-mal so groß wie eine andere Ladung Q' bezeichnen, $Q = kQ'$, wenn sie unter gleichen Bedingungen auf eine beliebige andere Ladung eine k-mal so große Kraft ausübt oder von ihr erfährt wie die Ladung Q'. Wählen wir irgend eine Ladung als Ladungseinheit, so können wir jede andere Ladung durch Vergleich dieser Kräfte in dieser Einheit messen.

Die Ergebnisse unserer 2. und 3. Beobachtung können wir jetzt so aussprechen:

Gleichnamige Ladungen stoßen einander ab, ungleichnamige Ladungen ziehen einander an.

136. Das 1. Coulombsche Gesetz. Das für die Wechselwirkungen zwischen Ladungen geltende Kraftgesetz stammt von Coulomb[1] (Vorläufer Daniel Bernoulli, Cavendish, Priestley[2]). Zur Messung der Kräfte benutzte er die schon von Cavendish angegebene *Drehwaage* (Abb. 267, vgl. § 44). An einem horizontalen, an einem dünnen elastischen Faden isoliert aufgehängten Balken befindet sich eine Kugel aus Holundermark oder Aluminium, in gleicher Höhe mit ihr und in veränderlichem Abstande von ihr eine zweite Kugel. Beiden Kugeln können elektrische Ladungen erteilt werden, die ihrer Kleinheit wegen als Punktladungen gelten können. Die anziehenden oder abstoßenden Kräfte werden aus der Drehung des Balkens ermittelt.

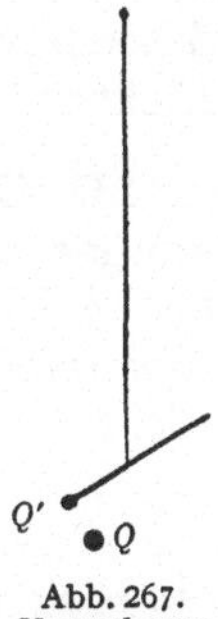

Abb. 267.
Versuch von
Coulomb.
Drehwaage

Die Messungen ergeben, daß der Betrag F der zwischen zwei Punktladungen Q, Q' wirkenden Kraft $\mathbf{F}$ dem Produkt QQ' der beiden Ladungen und dem Quadrat des Kehrwertes ihres Abstandes r proportional ist, $F \sim QQ'/r^2$, und daß die Wirkungslinie der Kraft in der Verbindungslinie der beiden Ladungen liegt. Verwandeln wir die Proportion durch Anbringung eines konstanten Faktors $1/4\pi\varepsilon_0$ in eine Gleichung und berücksichtigen wir den Vektorcharakter der Kraft, so

---

[1] Charles Augustin de Coulomb, 1736—1806.
[2] Joseph Priestley, 1733—1804.

ergibt sich

$$\boldsymbol{F} = \frac{1}{\varepsilon_0} \frac{QQ'}{4\pi r^2}\, \boldsymbol{r}^0, \qquad \text{Betrag } F = \frac{1}{\varepsilon_0} \frac{QQ'}{4\pi r^2}. \qquad (136.1)$$

ε_0 ist die *elektrische Feldkonstante* (auch *Influenzkonstante*). $\boldsymbol{r}_0$ ist der Einsvektor (§5) zu dem von Q nach Q' weisenden Ortsvektor $\boldsymbol{r}$ von Q', wenn es sich um die von Q auf Q' wirkende Kraft handelt, andernfalls umgekehrt. Sind Q und Q' gleichnamig (QQ' positiv), so ist $\boldsymbol{F}$ mit $\boldsymbol{r}$ gleichgerichtet (Abstoßung); sind sie ungleichnamig (QQ' negativ), so hat $\boldsymbol{F}$ die entgegengesetzte Richtung wie $\boldsymbol{r}$ (Anziehung), Abb. 268.

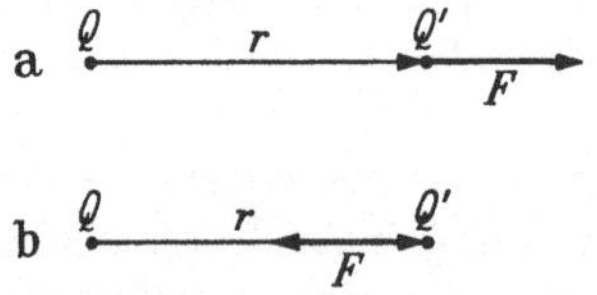

Abb. 268. Zum 1. Coulombschen Gesetz

Der Faktor 4π im Nenner trägt der Kugelsymmetrie des elektrischen Kaftfeldes einer Punktladung (§141) Rechnung und entspricht der sog. *rationalen Gleichungsschreibung*. Diese hat den Vorteil, daß die Zahl π in den Gleichungen der Elektrizitätslehre nur dort auftritt, wo es durch eine Kugel- oder Zylindersymmetrie geometrisch begründet ist.

Die Ladung kann ihrer Art nach offensichtlich nicht über die Größen der Dynamik definiert werden; sie ist eine ganz neuartige Größe. Wir brauchen aber darauf hier noch nicht einzugehen und werden erst in §199 *die Ladung als neue Grundgröße* einführen. Auch die Feldkonstante ε_0 ist eine neuartige Größe, da der Faktor $1/4\pi\varepsilon_0$ dazu dient, die unterschiedlichen Größenarten der beiden Seiten der empirischen Proportionalität auszugleichen. Auch auf die Definitionen der abgeleiteten elektrischen Einheiten werden wir erst in §199 eingehen. Wir schicken hier nur voraus, daß wir neben den Einheiten Meter und Sekunde als Einheit der Elektrizitätsmenge (Ladung) das *Coulomb* (C) verwenden werden, ferner das *Volt* (V) als Einheit der elektrischen Spannung (§142), das *Ampere* (A) als Einheit der Stromstärke (§157) (VAMS-System, §199). Statt des m wird auch das cm verwendet (VACS-System). Die Masse kommt in den Gleichungen der Elektrizitätslehre fast nie vor.

137. Die Elementarladung. Heute wissen wir, daß die Elektrizität keine unwägbare Substanz ist, sondern eine Grundeigenschaft der Materie, genauer: der meisten in der Natur vorkommenden Elementarteilchen (§388). *Ladungen sind immer an materielle Träger gebunden.* Eine Ortsänderung, ein *Fließen* von Elektrizität, besteht also immer in einer Bewegung von Ladungsträgern.

Es ist nun eine fundamental wichtige Tatsache, daß *alle elektrischen Ladungen aus gleichen kleinsten positiven oder negativen Elementarladungen bestehen,* daß also die Elektrizität einen *atomistischen Charakter* hat. *Jede elektrische Ladung besteht aus einem ganzzahligen positiven oder negativen Vielfachen der Elementarladung,* die wir zum Unterschied von makroskopischen Ladungen mit dem Formelzeichen e bezeichnen. Es ist $e = 1{,}602 \cdot 10^{-19}$ C. (Über die Messung s. §341.) Von den Bausteinen der Atome trägt das *Proton* eine positive, das *Elektron*[1] eine negative Elementarladung, während die dritte, das Neutron, elektrisch neutral ist. Wir werden es im folgenden zunächst nur mit dem Elektron zu tun haben und brauchen von ihm weiter nur zu erwähnen, daß seine Masse nur $^1/_{1836}$ der Masse des Protons (des Kerns des Wasserstoffatoms) beträgt, nämlich $m_e = 0{,}911 \cdot 10^{-30}$ kg.

Es ist uns zwar geläufig, von der *Erzeugung von Elektrizität*, z.B. durch Reibung, zu sprechen. Tatsächlich aber handelt es sich in allen solchen Fällen nur darum, daß die in jedem Körper in ungeheuer großer Anzahl enthaltenen elementaren Ladungsträger entgegengesetzten Vorzeichens zu einem (stets äußerst geringen) Teil so voneinander getrennt werden, daß ihre Wirkungen einander nicht

---

[1] Der Name stammt von JOHNSTONE STONEY, 1826—1911.

mehr nach außen hin aufheben. Man kann also auch niemals eine Ladung eines Vorzeichens allein „aus nichts erzeugen", sondern immer nur gleich große Ladungen entgegengesetzten Vorzeichens voneinander *trennen*. Es gilt also für die Elektrizität ein *Erhaltungssatz* in dem Sinne, daß die Summe der im Weltall enthaltenen positiven und negativen Ladungen unveränderlich (wohl sicher Null) ist.

138. Schwerpunkt elektrischer Ladungen. Elektrischer Dipol. Elektrische Ladungen sind im allgemeinen auf Körpern räumlich verteilt. Genau wie man bei räumlich verteilten Massen (ausgedehnten Körpern, Systemen mehrerer Körper) einen Schwerpunkt definieren kann, in dem man sich in vielen Fällen die Einzelmassen vereinigt denken kann, so kann man auch einen *elektrischen Schwerpunkt* einer räumlich verteilten elektrischen Ladung definieren, sofern es sich um Ladung *eines* Vorzeichens handelt. Sind positive und negative Ladungen gleichzeitig vorhanden, so ist für jede der Schwerpunkt besonders zu bestimmen. Man gewinnt so den gleichen Vorteil wie im Fall von Massen, indem man sich, in Analogie zur Vorstellung des Massenpunktes, eine räumlich verteilte elektrische Ladung einheitlichen Vorzeichens oft durch eine gleich große, im Schwerpunkt der Ladung befindliche *Punktladung* ersetzt denken kann. Für die Bestimmung des Schwerpunktes einer elektrischen Ladung gelten die gleichen Definitionen wie für den Schwerpunkt einer räumlich verteilten Masse (§ 19). Der Schwerpunkt einer gleichmäßig über eine Kugelfläche verteilten Ladung liegt im Mittelpunkt der Kugel.

Ein Gebilde, das aus einer Punktladung $+ Q$ und einer gleich großen Punktladung $- Q$ besteht (Abb. 269), die den Abstand l haben, oder ein Gebilde, das durch zwei solche Punktladungen, deren Schwerpunkte nicht zusammenfallen, ersetzt gedacht werden kann, nennt man einen *elektrischen Dipol*, die Größe

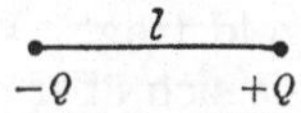

$$Ql = \boldsymbol{M}, \qquad \text{Betrag } Ql = M \qquad\qquad (137.1)$$

Abb. 269. Elektrischer Dipol

das *elektrische Moment* des Dipols oder *Dipolmoment*. l ist ein Vektor vom Betrage l, die *elektrische Achse* des Dipols, und weist von $- Q$ nach $+ Q$; also ist $\boldsymbol{M}$ ein ihr gleichgerichteter Vektor vom Betrage M.

139. Leiter und Dielektrika. Es ist zuerst von OTTO VON GUERICKE, dann noch klarer von GRAY[1] (1729) erkannt worden, daß die verschiedenen Stoffe sich in elektrischer Beziehung äußerst verschieden verhalten. In den einen vermag sich die Elektrizität verhältnismäßig leicht zu bewegen; sie *fließt* in ihnen, wenn eine Kraft an den elementaren Ladungsträgern angreift. In anderen Stoffen aber läßt sich ein Fließen der Elektrizität praktisch kaum hervorrufen. Stoffe der ersten Art heißen *Leiter*, weil sie die Elektrizität zu leiten vermögen, Stoffe der zweiten Art *Nichtleiter* oder *Dielektrika*. Es gibt aber zwischen diesen beiden Grenzfällen alle möglichen Zwischenstufen, die *Halbleiter* (§ 164). Die besten Leiter sind die Metalle, unter diesen Silber und Kupfer. Zu den besten Dielektrika gehören Quarz und Glimmer, auch Bernstein, Hartgummi, Seide, ferner die Gase. Ganz reine Flüssigkeiten (ausgenommen die flüssigen Metalle) sind sehr schlechte Leiter. Der einzige wirklich vollkommene Nichtleiter ist das absolute Vakuum.

Da ein Fließen von Elektrizität gleichbedeutend ist mit einer Verschiebung von Ladungsträgern, so kann ein Stoff nur dann ein Leiter sein, wenn er frei bewegliche, also nicht fest an einen Ort gebundene Ladungsträger enthält. Je mehr solche Ladungsträger er enthält und je leichter sie beweglich sind, ein um so besserer Leiter ist er. Hieraus folgt, daß beim Fließen elektrischer Ladungen in den Metallen keine Bewegung positiver Elektrizität stattfindet. Mit einem

---

[1] STEPHEN GRAY, 1670—1736.

Fließen positiver Elektrizität ist notwendig eine Wanderung der sie tragenden Atome verbunden. Diese sind aber in den Metallen fest gebunden. Wären sie frei beweglich, so würde sich das bei den Drähten in allen elektrischen Leitungen bemerkbar machen. So müßte allmählich das Lötzinn aus den Lötstellen der Drähte an andere Stellen wandern und durch zugewandertes Kupfer ersetzt werden. Die Wolfram-Drähte der Glühlampen würden sich im Laufe der Zeit verändern usw. Von solchen Wirkungen ist nichts zu bemerken. Das Fließen elektrischer Ladungen in festen metallischen Leitern besteht also, wenigstens unter gewöhnlichen Verhältnissen, immer nur in einer *Bewegung von Elektronen*, also negativen Ladungen.

Nur Elektronen sind in den Metallen frei beweglich. Jede noch so kleine Kraft setzt sie in Bewegung.

Demnach ist die positive bzw. negative Aufladung eines metallischen Leiters so zu verstehen, daß ihm Elektronen entzogen oder zusätzlich zugeführt werden, so daß die in ihm enthaltenen positiven und negativen Elektrizitätsmengen einander nicht mehr, wie im elektrisch neutralen Zustande, in ihrer Wirkung nach außen aufheben.

140. Einige Versuche mit dem Elektroskop. Zum Nachweis von Ladungen kann das *Elektroskop* oder das *Elektrometer* dienen. Die einfachste Bauart ist das Blättchenelektroskop (Abb. 270). In ein geerdetes Metallgehäuse ist isoliert eine Metallstange eingeführt, welche oben einen metallenen Knopf oder eine Platte und unten, in der Mitte des Gehäuses, zwei im ungeladenen Zustand unmittelbar aneinander herabhängende Blättchen aus Aluminiumfolie oder Blattgold trägt. Wird eine elektrische Ladung auf den Knopf übertragen, so verteilt sie sich über die Stange und die Blättchen. Diese haben also gleichnamige Ladungen und stoßen einander ab (eine genauere Beschreibung s. §145, letzter Absatz, und §150). Sie spreizen sich auseinander, und zwar um so stärker, je größer ihre Ladung ist.

Wir können mit dem Elektroskop unter anderen die folgenden lehrreichen Versuche anstellen.

1. Man nähere dem Knopf bzw. der Platte des Elektroskops eine geriebene Hartgummi- oder Glasstange, ohne zu berühren. Das Elektroskop zeigt einen Ausschlag, der beim Entfernen der Stange wieder verschwindet.

2. Man berühre den Knopf des Elektroskops mit einer geriebenen Hartgummistange. Gibt dies einen zu großen Ausschlag, so übertrage man durch Bestreichen erst etwas von der Ladung der Stange auf eine an einem Hartgummi- oder Glasgriff isoliert befestigte Metallkugel von 1 bis 2 cm Durchmesser und übertrage deren Ladung durch Berühren des Knopfes auf das Elektroskop. Dieses zeigt einen Ausschlag, der auch nach Entfernen der Stange bzw. der Kugel bestehen bleibt. Das Elektroskop ist negativ geladen. Ebenso kann man mittels eines geriebenen Glasstabes das Elektroskop positiv laden.

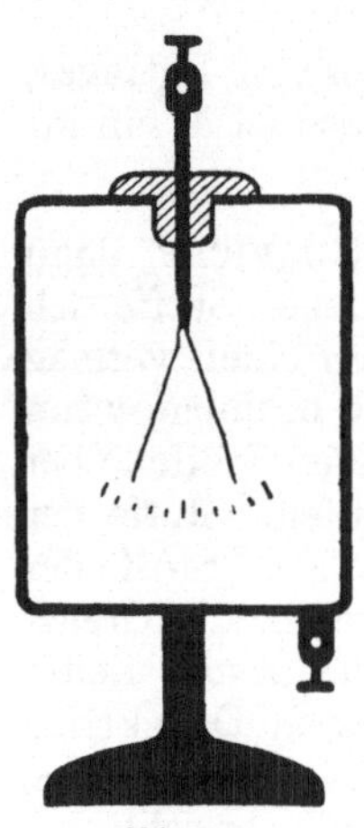

Abb. 270.
Blättchenelektroskop

3. Man füge zu einer bereits vorhandenen positiven (negativen) Ladung negative (positive) hinzu. Der Ausschlag des Elektroskopes wird kleiner oder verschwindet, oder es stellt sich nach Durchgang durch die Nullage wieder ein Ausschlag ein.

4. Man nähere dem positiv geladenen Elektroskop die geriebene Glasstange, *ohne zu berühren*. Der Ausschlag wird größer, solange der Glasstab in der Nähe

ist, und geht bei Entfernen wieder auf seinen alten Wert zurück. Nähert man die geriebene Hartgummistange, so wird der Ausschlag kleiner, solange die Stange in der Nähe ist. Nähert man das Fell, mit dem die Hartgummistange gerieben wurde, so wird der Ausschlag größer. Das Fell ist also positiv geladen, denn es wirkt wie der geriebene Glasstab. Dagegen erweist sich der Seidenlappen, mit dem der Glasstab gerieben wurde, als negativ geladen.

5. Man schlage den Knopf des Elektroskops leicht mit einem trockenen Seidenlappen. Das Elektroskop zeigt einen Ausschlag, der sich bei Prüfung durch Annäherung einer geriebenen Glasstange als negativ erweist.

Die Deutung von Versuch 1 und 4 kann erst später (§145) erfolgen; jedoch beweist der zweite Teil von 4, daß das Reibzeug die entgegengesetzte Ladung erhält wie der geriebene Stab, denn es hat auf das Elektroskop die entgegengesetzte Wirkung wie dieser. Die Versuche 2 und 3 sind nach dem bereits früher Gesagten ohne weiteres verständlich. Versuch 5 beweist, daß auch das Metall des Elektroskopknopfes durch Reiben geladen wird. Das kann hier beobachtet werden, weil das geriebene Metall isoliert ist, die erzeugte Ladung also nicht abfließen kann, wie sie es sofort tun würde, wenn man den Metallstab in der Hand hielte. Man kann auf diese oder ähnliche Weise den Nachweis führen, daß alle Stoffe durch Reiben elektrische Ladungen annehmen (vgl. §169).

141. Das elektrische Feld. Feldstärke. Nach dem Coulombschen Gesetz (§136) erfährt jede elektrische Ladung in der Umgebung einer anderen Ladung eine Kraft, die von ihrem Ort in dem diese Ladung umgebenden Raume abhängt. Entsprechend verhält es sich, wenn eine Ladung unter der Wirkung mehrerer räumlich getrennter Ladungen steht. Die auf sie wirkende Kraft ist die Vektorsumme der Einzelkräfte und im allgemeinen von Ort zu Ort verschieden. In der Umgebung von elektrischen Ladungen besteht also ein Kraftfeld, ein *elektrisches Feld* (FARADAY[1]). Wir haben die allgemeinen Gesetze der Kraftfelder bereits in §27 besprochen. Die für ein elektrisches Feld charakteristische Körpereigenschaft, die wir dort allgemein mit w bezeichnet haben, ist die Ladung Q des in einem elektrischen Felde befindlichen und seinen Kraftwirkungen unterworfenen Körpers. Als *elektrische Feldstärke* in einem Raumpunkt definieren wir demnach einen Vektor E, der der Gleichung

$$F = QE, \qquad \text{Betrag } F = QE, \tag{141.1a}$$

genügt [(27.1)]. Dabei ist F die Kraft, die die Ladung Q an dem betrachteten Ort erfährt. Die Feldstärke E ist also ein Vektor, dessen Richtung in jedem Raumpunkt mit derjenigen der Kraft übereinstimmt, die eine *positive* Ladung Q dort erfährt, und dessen Zahlenwert gleich dem der Kraft ist, die die Ladungseinheit dort erfährt. Die auf eine *negative* Ladung wirkende Kraft ist der Feldstärke entgegengerichtet. Nach (141.1a) ist

$$E = \frac{F}{Q}, \qquad \text{Betrag } E = \frac{F}{Q}, \tag{141.1b}$$

also *Feldstärke = Kraft/Ladung*. Demnach ist die *Einheit der elektrischen Feldstärke* im VAMS-System $1\,\mathrm{N}\,\mathrm{C}^{-1} = 1\,\mathrm{V}\,\mathrm{m}^{-1}$ (im VACS-System $1\,\mathrm{V}\,\mathrm{cm}^{-1}$) (§142).

Zur anschaulichen Darstellung elektrischer Felder kann man sich nach FARADAY (1852) der elektrischen *Feldlinien* oder *Kraftlinien* bedienen. Das sind *gedachte* Kurven, für die folgende Festsetzungen gelten:

1. Die Richtung der Feldlinien oder genauer: die Richtung der in den einzelnen Raumpunkten an sie gelegten Tangenten zeigt die Richtung der Feldstärke in dem betreffenden Punkt an.

---

[1] MICHAEL FARADAY, 1791—1867.

2. Die relative Dichte der Feldlinien in einer zur Feldrichtung senkrechten Fläche ist dem Betrage der Feldstärke in dieser Fläche proportional. (Es wird oft gesagt, die *Anzahl* der die Fläche durchsetzenden Feldlinien sei der Feldstärke proportional. Doch kann man dem Begriff einer Anzahl der Feldlinien — da sie nur etwas Gedachtes sind und überdies eine unendliche Mannigfaltigkeit bilden — keinen Sinn beilegen.)

Man kann die allgemeine Richtung der Feldlinien sichtbar machen, indem man in das Feld eine Glasplatte bringt und sie mit kleinen Gipskristallen bestreut. Bei ausreichend hoher Feldstärke ordnen diese sich (wie die Eisenfeilspäne im magnetischen Felde) in Ketten, die in der Feldrichtung verlaufen. Ein Beispiel

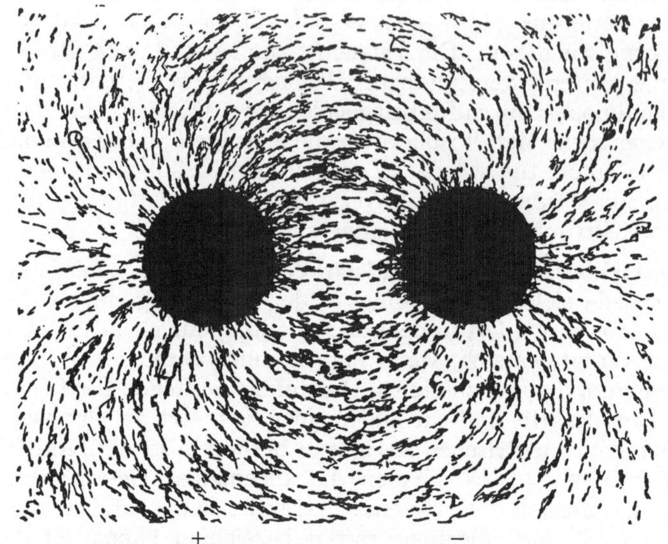

Abb 271. Feldlinienbild im Felde zweier gleich großer, ungleichnamiger elektrischer Ladungen.
(Aus POHL: Elektrizitätslehre)

zeigt Abb. 271. Es handelt sich um das Feld zweier Kreisplatten mit gleich großen, ungleichnamigen Ladungen. Alle Feldlinien verlaufen von der einen zur anderen Ladung, haben also Anfang und Ende nur in diesen Ladungen.

Wir finden *die elektrische Feldstärke in der Umgebung einer einzelnen Punktladung Q*, indem wir (136.1) durch die Ladung Q' dividieren, also

$$E = \frac{1}{\varepsilon_0}\, \frac{Q}{4\pi r^2}\, r^0, \qquad \text{Betrag } E = \frac{1}{\varepsilon_0}\, \frac{Q}{4\pi r^2}. \tag{141.2}$$

Dabei ist r^0 der von der Ladung Q nach dem betrachteten Raumpunkt hinweisende Einsvektor.

142. Elektrische Spannung. Elektrisches Potential. Durch die Angabe von Betrag und Richtung der Feldstärke in den einzelnen Punkten eines elektrischen Feldes ist dieses vollständig beschrieben. Es gibt aber eine zweite Art der Beschreibung. In (27.3) haben wir allgemein den Begriff der Spannung oder Potentialdifferenz U zwischen zwei Punkten A und B eines Feldes definiert. Die dort mit w bezeichnete, für die im Felde auftretenden Kräfte maßgebende Körpereigenschaft ist im elektrischen Felde die Ladung Q, der dort mit P bezeichnete Feldvektor die elektrische Feldstärke E. Wird die Ladung Q von A nach B bewegt (Abb. 272), so wird an ihr nach (27.2) die (je nachdem positive oder negative) Arbeit

$$W = -Q \int_A^B \boldsymbol{E} \, d\boldsymbol{r} = QU \tag{141.2}$$

geleistet, und die *Spannung* von B gegen A beträgt gemäß (27.3)

$$U = -\int_A^B \boldsymbol{E} \, d\boldsymbol{r}. \tag{142.2}$$

$\boldsymbol{E} d\boldsymbol{r}$ ist ein skalares Produkt, also auch W ein Skalar. Nach (142.1) ist

$$U = \frac{W}{Q}, \tag{142.3}$$

also *Spannung=Arbeit/Ladung.*

Gemäß § 27 definiert man das *Potential* in den einzelnen Punkten eines elektrischen Feldes als deren Spannung gegen einen willkürlich wählbaren Punkt, dem man das Potential Null zuschreibt. Spannung und Potential sind also gleichartige Größen. Oft ist die Beschreibung eines elektrischen Feldes als Potentialfeld bequemer als die mit Hilfe der Feldstärke als Vektorfeld.

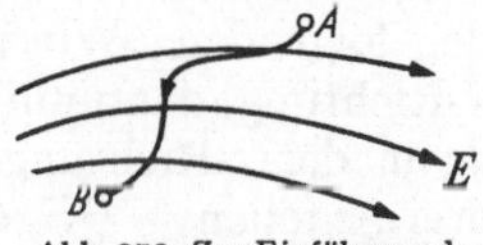

Abb. 272. Zur Einführung des Begriffs der Spannung

In den Feldern, die von ruhenden Ladungen herrühren, gibt es keine in sich zurücklaufenden, geschlossenen Feldlinien. Solche Felder sind *wirbelfrei*. In ihnen hängt der Betrag des Integrals in (142.2) nicht von dem Wege ab, auf dem wir uns die Einheitsladung von A nach B verschoben denken. Die Spannung zwischen zwei Punkten eines wirbelfreien Feldes ist also eindeutig bestimmt. In nicht wirbelfreien Feldern ist das nicht der Fall. Führen wir in einem wirbelfreien Felde eine Punktladung von einem Punkte A auf beliebigem Wege, etwa über die Punkte B, C, D, E, F (Abb. 273) wieder nach A zurück, so ist ihre potentielle Energie wieder die gleiche wie zu Beginn. Die Summe der an ihr geleisteten Arbeiten ist gleich Null. Daher muß auch die Summe $\overset{\circ}{U}$ der Teilspannungen längs des in sich geschlossenen Weges Null sein, $U_{AB} + U_{BC} + \cdots = 0$. Also gilt nach (142.2) in einem wirbelfreien Felde

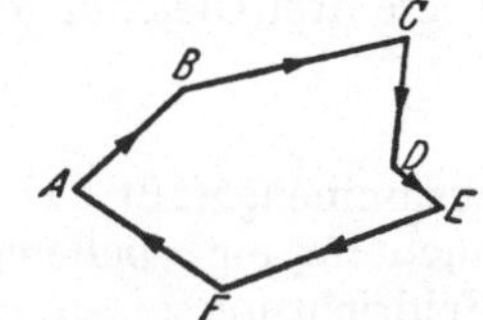

Abb. 273. Die Summe der Teilspannungen längs eines geschlossenen Weges ist im wirbelfreien Felde Null

$$\overset{\circ}{U} = \oint \boldsymbol{E} \, d\boldsymbol{r} = 0, \tag{142.4}$$

wobei die Integration längs einer beliebigen geschlossenen Kurve bis zum Ausgangspunkt zurück auszuführen ist. Das Integral $\overset{\circ}{U}$ heißt die *elektrische Umfangs- oder Randspannung* der von dem Integrationsweg umschlossenen Fläche. In nicht wirbelfreien Feldern verschwindet es nicht. Doch behandeln wir solche Felder vorerst nicht.

Alle Punkte in einem Felde, in denen das gleiche Potential herrscht, zwischen denen also die Spannung Null besteht, liegen auf geschlossenen Flächen, welche die das Feld erzeugenden Ladungen einhüllen, den *Flächen gleichen Potentials* oder *Äquipotential-* oder *Niveauflächen.* Da sich die potentielle Energie eines Ladungsträgers bei einer Verschiebung längs einer solchen Fläche nicht ändert, so ist hierzu keine Arbeit erforderlich. Da für jede beliebig kleine Verschiebung $d\boldsymbol{r}$ längs einer Äquipotentialfläche $dU = 0$ ist, so ist dann auch das skalare Produkt $\boldsymbol{E} \, d\boldsymbol{r} = 0$. Nach (21.2) bedeutet das, daß die Feldstärke $\boldsymbol{E}$ und die Verschiebung $d\boldsymbol{r}$, also auch die Äquipotentialfläche, aufeinander senkrecht stehen. *Die Äquipotentialflächen sind also überall zur Feldrichtung senkrecht*, sie werden von den Feldlinien senkrecht durchsetzt.

Will man die Spannung zwischen zwei beliebigen Punkten A und B berechnen, so kann man demnach, und da es auf die Wahl des Verschiebungsweges nicht ankommt, folgendermaßen verfahren. Man denkt sich die Einheitsladung zunächst von A aus längs der durch A gehenden Feldlinie, also in der Feldrichtung bzw. ihr entgegen, bis zu derjenigen Äquipotentialfläche verschoben, auf der B liegt, alsdann längs dieser Fläche nach B. Da der zweite Verschiebungsanteil ohne Arbeit erfolgt, so liefert der erste Anteil bereits die gesuchte Spannung. Allgemein folgt ja aus der Definition der Äquipotentialflächen, daß die Spannung zwischen A und B gleich der Spannung zwischen beliebigen Punkten der zu ihnen gehörigen Äquipotentialflächen ist.

Wir betrachten zwei beliebig nahe benachbarte Punkte in einem Felde. Die Beträge der Komponenten der Feldstärke E in den drei Richtungen eines rechtwinkligen Koordinatensystems seien E_x, E_y, E_z. Zur Berechnung der Spannung dU zwischen den beiden Punkten können wir eine Ladung Q auf einem beliebigen Wege von dem einen nach dem anderen Punkte verschoben denken und wählen den folgenden. Wir verschieben die Ladung zunächst um die Strecke dx in der x-Richtung, dann um die Strecke dy in der y-Richtung, schließlich um die Strecke dz in der z-Richtung. Die dabei geleistete Arbeit dW setzt sich dann aus den drei Anteilen $-QE_x\,dx$, $-QE_y\,dy$ und $-QE_z\,dz$ zusammen. Dabei ändert sich die potentielle Energie der Ladung um die Summe dieser Arbeiten, und aus (142.1) folgt

$$dU = -(E_x\,dx + E_y\,dy + E_z\,dz).\tag{142.5}$$

Durch partielle Differentiation folgt hieraus

$$E_x = -\frac{\partial U}{\partial x}, \qquad E_y = -\frac{\partial U}{\partial y}, \qquad E_z = -\frac{\partial U}{\partial z}.\tag{142.6a}$$

Diese drei Gleichungen werden in vektorieller Schreibweise in die eine Gleichung

$$E = -\operatorname{grad} U\tag{142.6b}$$

zusammengefaßt. Da die Wahl der Koordinatenrichtungen willkürlich ist, gilt auch für eine beliebige Richtung $E_s = -\partial U/\partial s$. Fällt diese Richtung mit der Feldrichtung zusammen, so ist

$$dU = -E\,ds \quad \text{und} \quad E = -\frac{dU}{ds}.\tag{142.7}$$

(Hieraus wird verständlich, weshalb man Feldstärken nicht in N/C sondern in V/m angibt.) Handelt es sich um ein homogenes Feld, also ein solches, in dem die Feldstärke E überall die gleiche Richtung und gleichen Betrag hat, so ist nach (142.7) die Spannung zwischen den Enden einer in der Feldrichtung liegenden Strecke s

$$U = -E\,s.\tag{142.8}$$

Als ein einfaches, aber wichtiges Beispiel eines elektrischen Feldes wollen wir das einer positiven Punktladung Q betrachten. Die Feldstärke im Abstande r von der Ladung ist durch (141.2) gegeben. Bei einer Punktladung ist es zweckmäßig, den Nullpunkt des Potentials in die Entfernung $r = \infty$ zu legen. Nach (142.7) ändert sich das Potential bei einer Verschiebung dr in radialer Richtung um den Betrag $dU = -E\,dr$ oder nach (141.2) um $dU = -Q\,dr/(4\pi\,\varepsilon_0\,r^2)$. Demnach ergibt sich das Potential im Abstande r von der Ladung Q durch Integration von $r = \infty$ bis r, also

$$U = -\frac{Q}{4\pi\varepsilon_0} \int_{\infty}^{r} \frac{dr}{r^2} = \frac{1}{\varepsilon_0}\,\frac{Q}{4\pi r}.\tag{142.9}$$

Das Potential im Felde einer positiven Ladung ist also überall positiv, im Felde einer negativen Ladung negativ. Abb. 274 zeigt eine Schar von Äquipotentialflächen im Felde einer Punktladung, zwischen denen je die gleiche Spannung besteht. Es ist selbstverständlich, folgt auch aus (142.9), daß diese Flächen hier Kugelflächen sind ($U = const$, $r = const$). Man erkennt an diesem Beispiel die allgemein gültige Tatsache, daß die Äquipotentialflächen bei gleicher Spannung zwischen je zwei aufeinanderfolgenden Flächen um so dichter liegen, je größer die Feldstärke ist.

Auf Grund der Definitionen der elektrischen Einheiten im VAMS-System ist dessen Arbeitseinheit identisch mit der Einheit 1 J des MKS-Systems (§ 199). Demnach ist die internationale *Spannungseinheit* nach (142.1) 1 J C^{-1}, genannt 1 *Volt* (V), und nach (142.2) die *Feldstärkeneinheit* im VAMS-System 1 V m^{-1} (bzw. 1 V cm^{-1} im VACS-System).

Ein in einem elektrischen Felde frei beweglicher Ladungsträger erfährt eine Beschleunigung, eine positive Ladung *in* Richtung der Feldstärke, also in Richtung abnehmender Spannung, eine negative Ladung in entgegengesetzter Rich

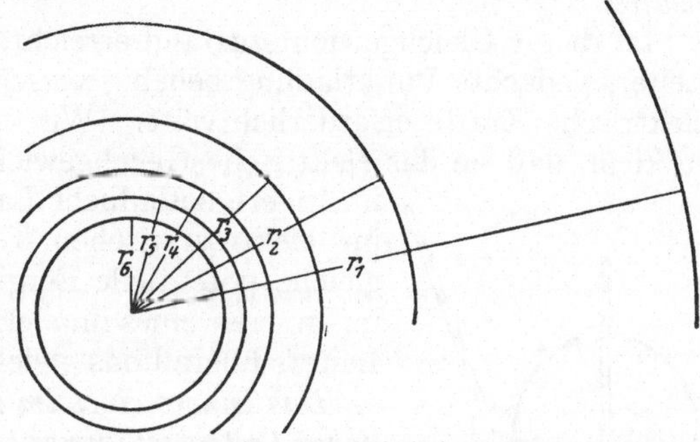

Abb. 274. Äquipotentialflächen im Felde einer Punktladung

tung. Der Zuwachs der kinetischen Energie erfolgt auf Kosten der potentiellen Energie der Ladung. Hat ein Ladungsträger die Spannung U frei durchlaufen, also die potentielle Energie QU verloren, so hat seine kinetische Energie um den gleichen Betrag zugenommen. Betrug sie anfänglich $mv_0^2/2$, so beträgt sie nach freiem Durchlaufen der Spannung U

$$\tfrac{1}{2}mv^2 = \tfrac{1}{2}mv_0^2 + QU.\tag{142.10}$$

143. Feldstärke, Potential und Ladungsverteilung in Leitern. Da frei bewegliche Ladungsträger jeder noch so kleinen elektrischen Kraft folgen, so kann in und auf einem Leiter elektrisches Gleichgewicht, d.h. Ruhe der elektrischen Ladungen, nur bestehen, wenn in ihm kein elektrisches Feld herrscht. Es befinde sich eine (aus sehr vielen gleichnamigen, beweglichen Elementarladungen e bestehende) Überschußladung an der in der Abb. 275 bezeichneten Stelle eines Leiters. Diese Ladungsträger üben aufeinander abstoßende Kräfte aus; es besteht also im Innern des Leiters ein elektrisches Feld, dem die Ladungsträger folgen. Sie werden durch dieses Feld auseinander, also an die Oberfläche des Körpers getrieben. Hier findet ihre

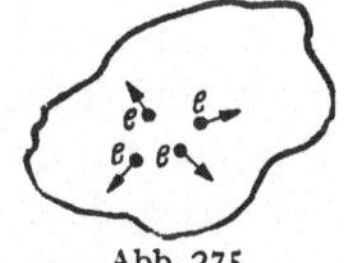

Abb. 275.
Zum Potential in
einem Leiter

Beweglichkeit insofern eine Grenze, als sie im allgemeinen nicht aus der Oberfläche austreten können. Wohl aber können sie sich noch längs der Oberfläche bewegen, solange die dort herrschende Feldstärke eine Komponente parallel zur Oberfläche hat, also nicht senkrecht auf ihr steht. Die Bewegung der Ladungsträger hört daher erst dann auf, wenn

1. die Feldstärke im Innern des Leiters überall verschwunden ist und wenn

2. die Feldstärke an der Oberfläche senkrecht auf dieser steht.

Dieser Zustand stellt sich in Leitern, die nicht mit einer Stromquelle, z.B. den Klemmen eines Akkumulators, in Verbindung stehen, durch Verschiebung von Ladungsträgern stets von selbst her, indem diese sich so verteilen, daß durch die Überlagerung der Felder der einzelnen Ladungsträger erstens in jedem Punkte im Inneren des Leiters die Feldstärke Null entsteht, zweitens die Richtung des äußeren elektrischen Feldes überall senkrecht zur Leiteroberfläche ist. Besteht irgendwo in einem Metall ein Defizit an Elektronen, sind also dort positive Ladungen im Überschuß vorhanden, so üben diese Ladungen Kräfte auf die im Metall befindlichen Elektronen aus (allerdings auch auf die positiven Ladungen, die sich aber in den Metallen nicht bewegen können). Das führt zu einer Änderung der Ladungsverteilung, die sich dann wieder so einstellt, daß die vorstehenden Bedingungen erfüllt sind. Bei einem negativen Ladungsüberschuß verhält es sich entsprechend. Also:

Das Innere eines im elektrostatischen Gleichgewicht befindlichen Leiters ist stets feldfrei.

Ist dieser Gleichgewichtszustand erreicht, so könnte man eine im Innern des Leiters gedachte Punktladung beliebig verschieben, ohne daß dazu Arbeit gegen elektrische Kräfte erforderlich wäre. (Wir denken uns hierbei die Punktladung so klein, daß sie das elektrische Gleichgewicht nicht merklich beeinflußt.) Eine im Innern befindliche Ladung hat also, wenn sich der Leiter im elektrostatischen Gleichgewicht befindet, überall die gleiche potentielle Eergie. Das bedeutet, daß das Potential im Innern eines im elektrischen Gleichgewicht befindlichen Leiters überall das gleiche ist.

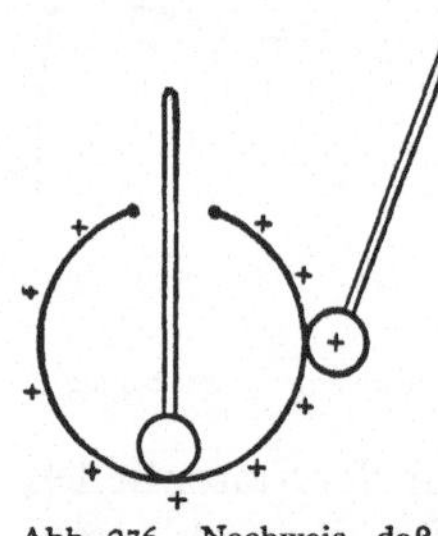

Abb. 276. Nachweis, daß die Ladung eines Leiters nur auf der Außenseite sitzt

Das Innere eines im elektrostatischen Gleichgewicht befindlichen Leiters ist immer ein Bereich konstanten Potentials. Alle Punkte eines solchen Leiters sind auf gleicher Spannung.

Infolgedessen gilt auch:

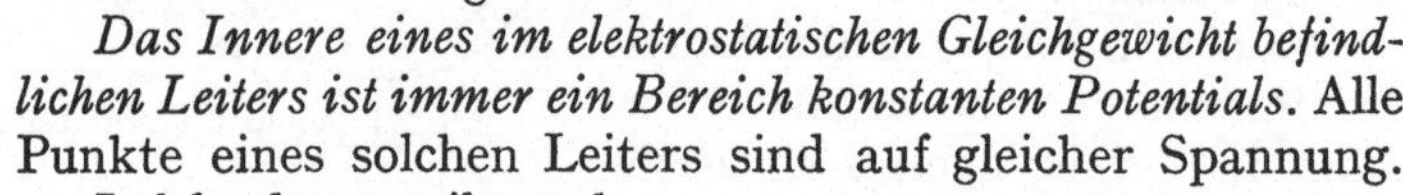

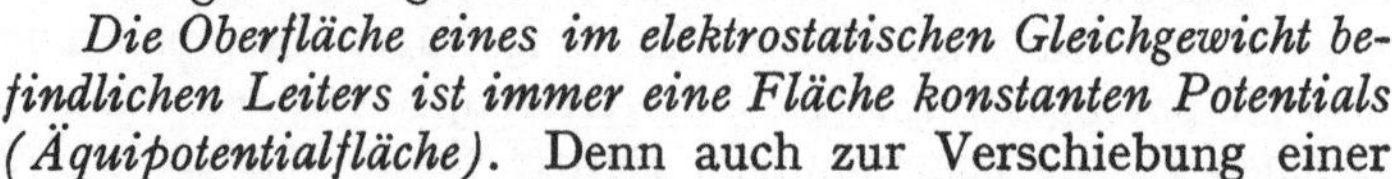

Die Oberfläche eines im elektrostatischen Gleichgewicht befindlichen Leiters ist immer eine Fläche konstanten Potentials (Äquipotentialfläche). Denn auch zur Verschiebung einer Ladung längs der Oberfläche, also senkrecht zur dort herrschenden Kraft, ist Arbeit nicht erforderlich.

Da im Innern eines geladenen Leiters kein Feld herrscht, so verlaufen sämtliche von ihm ausgehenden Feldlinien im Außenraum, und da die Oberfläche eine Äquipotentialfläche ist, so stehen sie senkrecht auf der Oberfläche. Daran ändert sich nichts, wenn der Leiter ein geschlossener metallischer Hohlkörper ist. Auch in dessen Innerem herrscht kein Feld; es ist ein Raum konstanten Potentials. Man kann deshalb z. B. elektrische Meßgeräte vor äußeren elektrischen Störfeldern schützen, indem man sie mit einem rings geschlossenen oder höchstens mit kleinen Beobachtungs- und Zuführungsöffnungen versehenen geerdeten Metallkasten (Faraday-Käfig) umgibt, so daß sein Potential gleich dem der Erde, also konstant ist (elektrostatischer Schutz). Oft genügt es, wenn man das Gerät mit einem nicht zu weitmaschigen Käfig aus Drahtnetz umgibt.

Wenn im Inneren eines geladenen Leiters im Gleichgewichtszustand keine Feldlinien verlaufen, sondern solche erst von der Oberfläche nach außen hin ausgehen, so bedeutet dies, daß seine *Ladung* (der Überschuß von Ladung eines Vorzeichens über solche entgegengesetzten Vorzeichens) *sich lediglich an der Oberfläche befindet* (CAVENDISH). Denn befänden sich Ladungen eines Vorzeichens an einer Stelle im Inneren im Überschuß, so müßten auch Feldlinien von ihnen ausgehen und im Innern verlaufen.

Zum Nachweis dieser Tatsache bedient man sich z. B. eines metallischen Gefäßes mit einer engen Öffnung (Abb. 276). Das Gefäß wird isoliert aufgestellt und geladen. Berührt man das Gefäß von außen mit einer isolierten Metallkugel und bringt diese dann in Berührung mit einem Elektroskop, so erweist sie sich als geladen. Führt man jedoch die Probekugel ins Innere und berührt die Innenwand des Gefäßes, so ist die Kugel nach dem Herausziehen ungeladen. Ist umgekehrt anfänglich die Probekugel geladen, der hohle Metallkörper aber nicht, so kann man durch Berühren der Außenseite des letzteren mit der geladenen Kugel deren Ladung nicht vollständig auf ihn überführen, da die Kugel bei der Berührung einen Teil seiner äußeren Oberfläche bildet, also ein Teil der Ladung auf ihr sitzen bleibt. Um die Kugel an dem hohlen Metallkörper völlig zu entladen, muß man sie in das Innere desselben bringen.

Man stelle ein Blättchenelektroskop in das Innere eines isoliert aufgestellten Drahtkäfigs und verbinde die Blättchen durch einen Draht mit dem Käfig. Bei noch so großer Ladung des Käfigs zeigen die Blättchen keinen Ausschlag. Ebensowenig zeigt ein isoliert aufgestelltes, mit einem Metallgehäuse versehenes geladenes Elektroskop einen Ausschlag, wenn man die Blättchen mit dem Metallgehäuse leitend verbindet.

In ihrem Bestreben, sich möglichst weit voneinander zu entfernen, sammeln sich die Elektronen eines negativ geladenen Leiters besonders stark an möglichst weit voneinander entfernten Stellen, also an nach außen gewölbten Stellen der Oberfläche und vor allem an scharfen Spitzen und Kanten. Bei positiver Ladung entsteht durch Abzug von Elektronen eine entsprechende Verteilung mit positivem Vorzeichen. Deshalb ist die äußere Feldstärke an solchen Stellen besonders groß und kann so groß werden, daß eine Entladung des Körpers durch die umgebende Luft eintritt (Korona, Spitzenwirkung, § 187). Abb. 277 zeigt die Äquipotentialflächen in der Umgebung einer Spitze, die aus einer ebenen Fläche herausragt. Der Verdichtung der Flächen in der Nähe der Spitze entspricht die dort herrschende erhöhte Feldstärke.

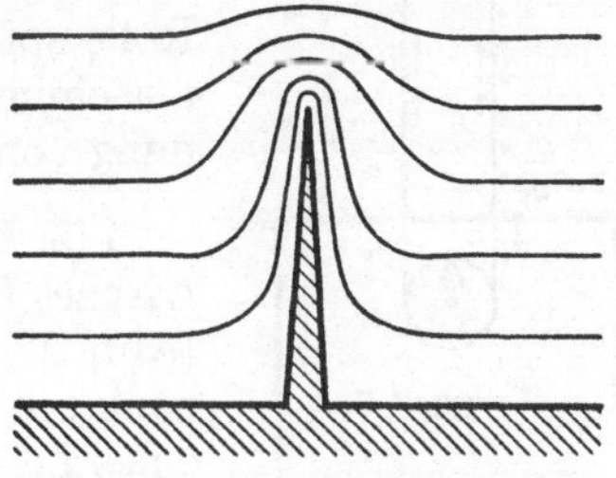

Abb. 277. Flächen gleichen Potentials an einer Spitze

Denkt man sich an den Ort einer Äquipotentialfläche einer Punktladung (Abb. 274) eine metallische Kugelfläche gebracht und die Punktladung gleichmäßig über sie verteilt, so ändert sich an dem Felde außerhalb der Kugelfläche nichts. Eine geladene Kugel erzeugt in ihrem Außenraum das gleiche elektrische Feld wie eine entsprechende Punktladung in ihrem Mittelpunkt (dem Schwerpunkt der Ladung). (Vgl. WESTPHAL, Physikalisches Praktikum, 38. Aufgabe.)

144. Erzeugung sehr hoher Spannungen auf elektrostatischem Wege. Die Erzeugung sehr hoher Spannungen — weit über 10^6 V — ist für die Experimentalphysik, insbesondere für die Erforschung der Atomkerne, sehr wichtig. Ein Gerät für einige 10^6 V ist der *Hochspannungsgenerator (Bandgenerator)* von VAN DE GRAAF. In seinem Grundgedanken beruht er auf dem in Abb. 276 dargestellten Versuch. Grundsätzlich ist es möglich, die metallische Hohlkugel durch ständig wiederholte Zuführung von Ladungen in ihr Inneres auf eine beliebig hohe Spannung aufzuladen, da sie — unabhängig von der Ladung, die sie bereits hat — jede weitere ihr zugeführte Ladung aufnimmt. Der Spannung der Hohlkugel gegen ihre Umgebung ist nur durch ihre Isolation eine Grenze gesetzt. Je besser diese ist, je weiter vor allem die Kugel von den umgebenden Wänden entfernt ist, so daß erst bei sehr hoher Spannung ein Funkenüberschlag stattfinden kann, um so höher ist die erreichbare Spannung.

Abb. 278 zeigt ein vereinfachtes Schema des Hochspannungsgenerators. K ist der Konduktor, eine große, auf einer hohen, isolierenden Säule angebrachte metallische Hohlkugel oder ein an den Enden abgerundeter metallischer Hohlzylinder mit zwei Schlitzen. Durch diese Schlitze läuft über zwei Rollen R_1, R_2

ein breites, von einem Motor getriebenes endloses Band B aus einem isolierenden Stoff (Seide, Zellstoff u. dgl.). Die Rolle R_1 ist geerdet, die Rolle R_2 innen in K befestigt. Unten, dicht neben dem Band, befindet sich ein Spitzenkamm S_1 und ihm gegenüber auf der anderen Seite des Bandes eine zylindrische Stange, zwischen denen eine konstante Spannung von etwa 10 000 V liegt. Infolgedessen geht von den Spitzen des Kammes S_1 eine Spitzenentladung aus. Ist der Kamm auf positiver bzw. negativer Spannung, so wird das Band mit einer Ladung von gleichem Vorzeichen besprüht, die es bei seinem Weg aufwärts mit in das Innere des Konduktors nimmt. Hier ist ein weiterer, mit der Innenwand des Konduktors verbundener Spitzenkamm S_2 angebracht, über den die Ladung des Bandes durch Spitzenentladung an die Oberfläche des Konduktors befördert wird. Dieser kann sich so lange aufladen, bis ein Funkenüberschlag zur Umgebung übergeht. Legt man ein Entladungsrohr zwischen Konduktor und Erde, so kann man in ihm einen hochgespannten Strom aufrechterhalten. Nach einem verwandten Prinzip, bei dem aber auch die Erscheinung der Influenz eine Rolle spielt, arbeiten auch die früher viel benutzten Influenzmaschinen, mit denen man Spannungen bis zur Größenordnung von einigen 10 000 V erzeugen kann.

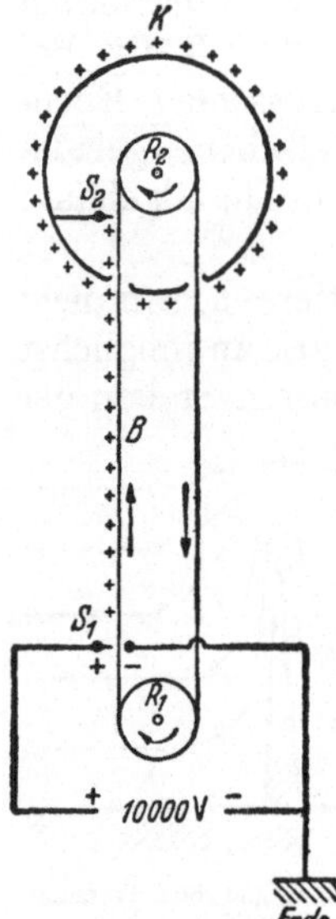

Abb. 278. Schema des Hochspannungsgenerators von VAN DE GRAAF

145. Influenz. Wird ein ungeladener Leiter in ein elektrisches Feld gebracht, etwa durch Annähern an eine Ladung Q (Abb. 279), so gilt wegen der Beweglichkeit der Ladungsträger nach wie vor die Gleichgewichtsbedingung des § 143. Das Innere eines Leiters ist bei elektrischem Gleichgewicht auch jetzt ein Bereich gleichen Potentials. Es tritt zwar im Innern momentan ein elektrisches Feld auf, da die einzelnen Teile des Leiters sich in Gebieten verschiedenen Potentials befinden. Infolgedessen erfahren die in ihm enthaltenen Ladungsträger Verschiebungen, die das elektrostatische Gleichgewicht, welches durch das Feld gestört wurde, sofort wieder herstellen. Die Ladungsverteilung im Innern des Leiters stellt sich derart ein, daß ihr Feld das äußere Feld in jedem Punkt im Innern des Leiters, indem es sich ihm überlagert, aufhebt und die Feldlinien des Feldes überall auf der Leiteroberfläche senkrecht stehen, wie in § 143 bewiesen. Die Summe der Ladungen ist auf dem anfänglich ungeladenen Leiter auch nach Herstellung der neuen Ladungsverteilung noch Null, aber die positiven und negativen Ladungen sind jetzt anders verteilt als ohne

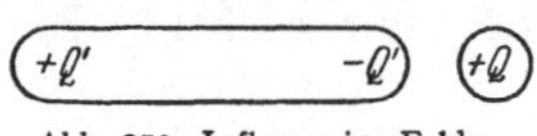

Abb. 279. Influenz im Felde einer Ladung

das äußere Feld. In einem Teil des Körpers befindet sich positive, im anderen negative Ladung vom Betrage Q' im Überschuß. Das Verhältnis Q'/Q hängt davon ab, welcher Bruchteil der von Q ausgehenden Feldlinien auf dem Leiter endet. Diese von WILCKE[1] (1758) und etwa gleichzeitig von AEPINUS[2] entdeckte Erscheinung heißt *Influenz*. Der Leiter wird durch Influenz zu einem *elektrischen Dipol* (§ 138); er wird *polarisiert*.

Wird das linke Ende des Leiters (Abb. 279), in dem Influenz stattfindet, leitend mit der Erde verbunden, so fließt die an diesem Ende angesammelte Ladung zur Erde ab (bzw. es strömen Elektronen von der Erde her in den Leiter und neutralisieren die Ladung $+ Q'$), während die Ladung $- Q'$ am anderen Ende durch die Ladung $+ Q$ gebunden bleibt, und der Leiter hat nach Trennung der

---

[1] JOHANN CARL WILCKE, 1732—1796.
[2] FRANZ ULRICH THEODOR AEPINUS, 1724—1802.

Verbindung mit der Erde einen, im Falle der Abb. 279 negativen, Ladungsüberschuß. Das ist ein wichtiges Verfahren, um elektrische Ladungen zu trennen (in etwas laxer Ausdrucksweise: zu erzeugen, §137). Man trennt die Ladungen in einem Leiter durch Influenz und läßt die Ladung eines Vorzeichens durch eine vorübergehend hergestellte leitende Verbindung zur Erde oder auf irgendeinen anderen Leiter abfließen, so daß die Ladung des anderen Vorzeichens allein auf dem Leiter zurückbleibt.

Eine isolierte metallische Kugel A werde etwa positiv geladen (Abb. 280). Dann nähere man ihr einen gleichfalls isolierten Metallzylinder B. In diesem wird sich dann die in Abb. 279 dargestellte Ladungsverteilung herstellen. Bringt man nun eine isolierte Metallkugel C an das der geladenen Kugel A zugekehrte Ende des Zylinders B, so bildet C mit B zusammen einen zusammenhängenden Leiter, und die negative Ladung fließt in die Kugel C. Man kann mittels eines Elektroskops nachweisen, daß sie, wenn A positiv ist, negativ geladen ist.

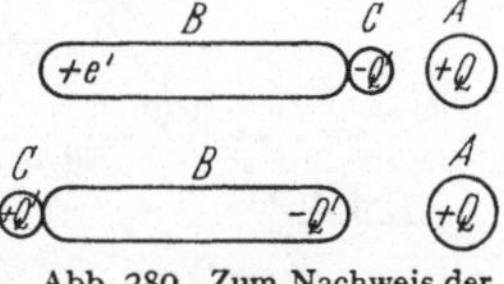

Abb. 280. Zum Nachweis der Influenz

Ebenso kann man zeigen, daß B positiv geladen ist. Wiederholt man den Versuch, aber so, daß man das von A abgewandte Ende von B mit der Kugel C berührt, so hat C eine positive und B eine negative Ladung.

Nähert man einen geladenen Körper, z.B. eine geriebene Glasstange, einem ungeladenen Elektroskop, ohne zu berühren, so zeigen die Blättchen einen Ausschlag, der bei Entfernung des geladenen Körpers wieder verschwindet. Dies ist eine Wirkung der Influenz auf die Stange mit den Blättchen (Abb. 281). Hiermit ist die Erklärung der Versuche 1 und 4 in §140 gegeben.

Während im Innern eines in ein elektrisches Feld gebrachten Leiters das Feld durch das Feld der Influenzladungen aufgehoben wird, überlagern sich im Außenraum das influenzierende Feld und das Feld der Influenzladungen so, daß eine Verzerrung des Feldes in der Umgebung des Leiters eintritt, die daher rührt, daß Feldlinien an der Oberfläche des Leiters beginnen bzw. enden und durch den Leiter unterbrochen sind. Abb. 282a zeigt, wie im Inneren eines Leiters im Felde E ein feldfreier Raum besteht und im Außenraum die Feldlinien des Feldes der Influenzladungen an den Enden des Leiters mit denen des äußeren Feldes gleichsinnig

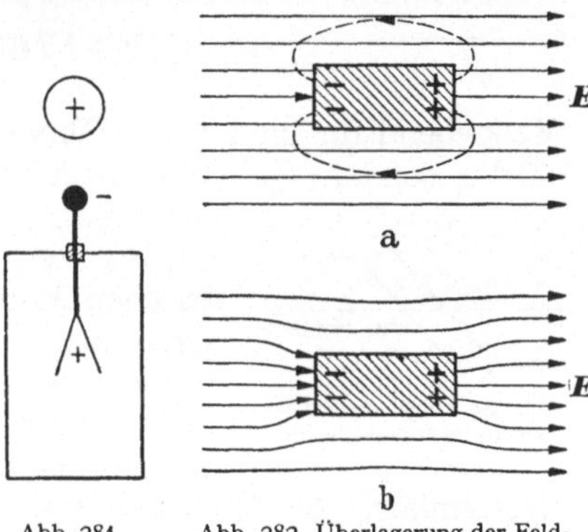

Abb. 281. Influenz im Elektroskop

Abb. 282. Überlagerung der Feldlinien in der Umgebung eines Leiters im homogenen Felde

verlaufen und das Feld dort verstärken, während sie ihnen an den Seiten des Leiters entgegenlaufen und das Feld schwächen. Abb. 282b zeigt den durch die Überlagerung der beiden Felder tatsächlich entstehenden Feldverlauf.

Wir können jetzt die Wirkungsweise des Elektroskops etwas strenger als früher fassen. Bringt man auf den inneren, isolierten Teil des Elektroskops eine Ladung, so erzeugt sie durch Influenz eine Ladung entgegengesetzten Vorzeichens auf der Innenwand des geerdeten Gehäuses. Es verlaufen also alle von den Blättchen ausgehenden Feldlinien auf das Gehäuse hin, und in diesem besteht ein elektrisches Feld. Es treibt die geladenen Blättchen in der Richtung auf das Gehäuse, also auseinander.

146. Dipole im elektrischen Felde. Befindet sich ein elektrischer Dipol (§138) in einem *homogenen* elektrischen Felde und bildet seine Achse mit der

Feldrichtung den Winkel φ (Abb. 283 a), so wirkt an ihm ein Kräftepaar und erzeugt an ihm ein Drehmoment vom Betrage $N = -QlE \sin \varphi$, mit negativem Vorzeichen, da es den Winkel φ zu verkleinern sucht. Statt dessen können wir unter Anwendung der Schraubenregel (6.3) und nach (138.1) vektoriell schreiben

$$N = [ME], \qquad \text{Betrag } N = -ME \sin \varphi. \tag{146.1}$$

Ein homogenes Feld hat also auf einen Dipol nur eine *richtende* Wirkung.

In einem *inhomogenen* Felde hingegen ist die Feldstärke am Ort der beiden „Pole" im allgemeinen verschieden groß und verschieden gerichtet. Die Summe

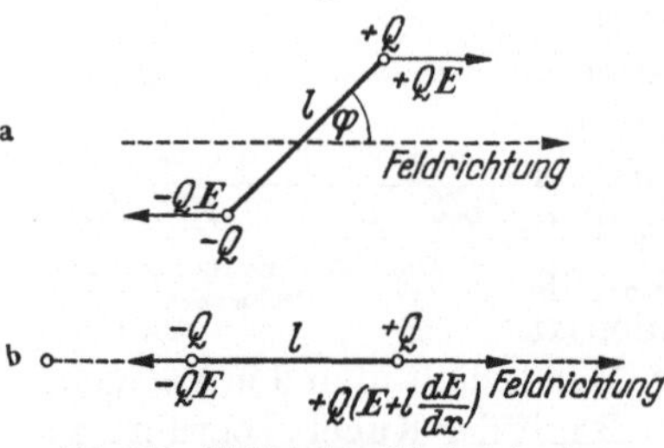

Abb. 283. Elektrischer Dipol a im homogenen, b im inhomogenen Felde

der beiden auf den Dipol wirkenden Kräfte ergibt dann ein Drehmoment und eine Einzelkraft (§ 13). Ein inhomogenes Feld hat also sowohl eine *richtende* als auch eine *beschleunigende* Wirkung.

Wir betrachten den einfachen Fall, daß der Dipol bereits in der Richtung eines inhomogenen Feldes steht, so daß das Drehmoment verschwindet und nur die beschleunigende Einzelkraft übrig bleibt (Abb. 283 b). Das Feld weise am Ort des Dipols in Richtung der x-Achse eines Koordinatensystems. Die Feldstärke am Ort des negativen Pols sei E, also nach dem Taylorschen Satz am Ort des positiven Pols $E + l\,dE/dx$. Dann beträgt die auf $-Q$ wirkende Kraft $-QE$, die auf $+Q$ wirkende Kraft $Q(E + l\,dE/dx)$, also die insgesamt auf den Dipol wirkende Kraft

$$F = Q(E + l\,dE/dx) - QE = Ql\,\frac{dE}{dx} = M\,\frac{dE}{dx}. \tag{146.2}$$

Maßgebend für die auf den Dipol wirkende Kraft ist also erstens nicht die Feldstärke, sondern ihr Differentialquotient, ihr örtliches Gefälle. Die Kraft ist um so größer, je inhomogener das Feld ist. Zweitens hängt sie, ebenso wie nach (146.1) das Drehmoment, nur vom elektrischen Moment des Dipols ab. Demnach wird sowohl das Drehmoment als auch die im inhomogenen Felde resultierende Einzelkraft durch das elektrische Moment bestimmt,

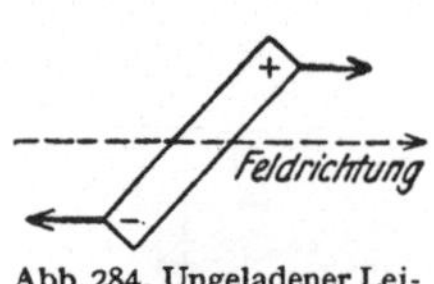

Abb. 284. Ungeladener Leiter im homogenen Felde

nicht durch die Ladungen allein. Nach (146.2) wird der Dipol stets in Richtung des Gefälles der Feldstärke getrieben. Bei Umkehr der Richtung von dE kehrt sich auch die Richtung von F um. Man sagt, der Dipol wird „in das Feld hineingezogen".

Ein ungeladener Leiter wird nach § 145 im elektrischen Felde zu einem Dipol und erfährt deshalb ganz entsprechende Wirkungen. Es wirkt an ihm ein Drehmoment, das einen länglichen Leiter in die Feldrichtung zu stellen sucht (Abb. 284); im inhomogenen Felde wird er überdies in das Feld hineingezogen. Ein solches herrscht in der Nähe von geladenen Körpern, und seine Stärke nimmt mit abnehmendem Abstande von ihm zu. Ein durch Influenz zu einem Dipol gewordener Leiter wird also auf den geladenen Körper hin getrieben. Aber nach § 153 werden auch Nichtleiter (Dielektrika) — die überdies nie absolute Nichtleiter sind — im elektrischen Felde zu Dipolen. Damit haben wir nun auch die Erklärung für die Beobachtung 1 in § 134 gefunden: *Ein geladener Körper zieht ungeladene Körper an, aber auch umgekehrt*, da es sich um Wechselwirkungskräfte handelt.

Darum wird auch ein geladener Körper z.B. von einer ungeladenen Metallplatte angezogen, und zwar bei einer ebenen Platte so, als befinde sich eine Ladung entgegengesetzten Vorzeichens hinter der Platte am Ort des optischen Bildes, das die Platte als Spiegel von dem Körper entwerfen würde. Man spricht deshalb von dem *elektrischen Bilde* der Ladung und von der Kraft als *Bildkraft*. Will man einwandfreie elektrostatische Versuche anstellen, so muß man das Auftreten solcher Kräfte tunlichst vermeiden oder sie rechnerisch berücksichtigen.

147. Elektrische Verschiebungsdichte. Elektrischer Fluß. Wir definieren eine neue Größe

$$D = \varepsilon_0 E, \qquad \text{Betrag} \quad D = \varepsilon_0 E. \tag{147.1}$$

(Wegen ε_0 siehe § 136.) Der der Feldstärke E (im Vakuum) gleichgerichtet und ihr proportionale Vektor D heißt *elektrische Verschiebungsdichte*. Ein elektrisches Feld kann durch ihn (die *D-Linien*) ebenso gut beschrieben werden wie durch die Feldstärke (die *E-Linien*).

Ferner definieren wir den Begriff des *Flächenvektors*. Ein Flächenelement ist nicht allein durch seinen skalaren Flächeninhalt dA gekennzeichnet, sondern auch durch seine Orientierung im Raum, also durch die Richtung seiner Flächennormalen. Wir ordnen deshalb einem Flächenelement einen Vektor $d\boldsymbol{A}$ zu, der in Richtung der Flächennormalen weist und dessen Betrag der Flächeninhalt dA ist. An welcher Seite des Flächenelements die Flächennormale zu errichten ist, ist — sofern kein besonderer Grund es nahelegt — jeweils vorzuschreiben. Durch seinen Flächenvektor ist ein Flächenelement nach Flächeninhalt und Orientierung vollständig beschrieben.

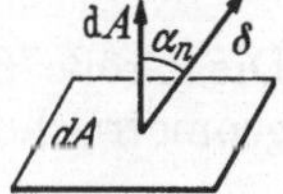

Abb. 285. Zur Definition des elektrischen Flusses

Ein Flächenelement dA befinde sich in einem elektrischen Felde, und sein Flächenvektor $d\boldsymbol{A}$ bilde mit der Richtung der örtlichen elektrischen Verschiebungsdichte D den spitzen Winkel α_n (Abb. 285). Nach (6.1) ist das Vektorprodukt

$$d\Psi = \boldsymbol{D} \cdot d\boldsymbol{A} = D \cdot dA \cos \alpha_n \tag{147.2}$$

eine skalare Größe. Sie heißt der *elektrische Fluß* im Flächenelement dA. Wir wollen (147.2) auf (141.2), das Feld einer Punktladung, anwenden, und zwar auf irgendeine die Ladung einhüllende Kugelfläche $A = 4\pi r^2$. Da das Feld überall zu dieser senkrecht ($\cos \alpha_n = 1$) und überall gleich stark ist, so können wir (147.2) über die ganze Kugelfläche summieren. Nach (141.2) ist $D = Q/4\pi r^2$. Damit erhalten wir

$$\Psi = DA = Q. \tag{147.3}$$

Das gleiche ergibt sich für jede beliebige eine Ladung einhüllende Fläche durch Integration. Es ist allgemein $\Psi = Q$. Demnach gilt: *Ein von ruhenden Ladungen erzeugter elektrischer Fluß beginnt stets in einer positiven Ladung und endet in einer ebenso großen negativen Ladung.* (Wir werden später sehen, daß es in zeitabhängigen Feldern auch in sich geschlossene D-Linien gibt.)

Der Name „elektrischer Fluß" beruht auf einer hydrodynamischen Analogie, indem die D-Linien mit Stromlinien verglichen werden, die von einer positiven Ladung als „*Quelle*" ausgehen und in einer negativen Ladung als „*Senke*" enden. Deshalb werden Ladungen oft als Quellen und Senken des elektrischen Flusses bezeichnet. (Selbstverständlich ist ein elektrischer Fluß etwas durchaus anderes als ein elektrischer Strom!)

Nach (147.3) ist die Verschiebungsdichte von der Größenart Ladung/Fläche, also von gleicher Größenart wie eine *Flächenladungsdichte*. Dies und ihr Name wird in § 149 deutlich werden.

148. Kapazität. Es seien A und B zwei Leiter, die sich, von anderen Leitern weit entfernt, in einem festen Abstande voneinander befinden. Auf A befinde sich eine positive Ladung $+Q$, auf B eine ebenso große negative Ladung $-Q$. Alle von A ausgehenden elektrischen Feldlinien enden dann auf B, und es besteht zwischen A und B ein elektrisches Feld. Zwischen A und B herrscht also eine Spannung. Denn wir erhalten, wenn wir nach (142.2) das Integral $U=-\int\limits_{A}^{B} \boldsymbol{E}\,d\boldsymbol{r}$ für irgendeinen die Leiter verbindenden Weg ausführen, stets den gleichen, vom Wege unabhängigen Wert der Spannung U, weil die Oberflächen von A und B Äquipotentialflächen sind; und zwar hat der positiv geladene Leiter A gegenüber B eine positive Spannung. Nun ist die Feldstärke in jedem Punkt des die Leiter umgebenden Raumes dem Absolutbetrag Q der auf ihnen befindlichen Ladungen proportional, so daß wir setzen können $\boldsymbol{E}=-\,Q\cdot\boldsymbol{s}$, wobei der Vektor $\boldsymbol{s}$ lediglich vom Ort und in jedem Raumpunkt nur von den geometrischen Verhältnissen des Systems — von der Gestalt und der gegenseitigen Lage der beiden Leiter — sowie von der Feldkonstanten ε_0 abhängt. Es ist daher

$$U=Q\int\limits_{A}^{B} \boldsymbol{s}\,d\boldsymbol{r}=\frac{Q}{C}, \qquad \text{wobei} \qquad \frac{1}{C}=\int\limits_{A}^{B} \boldsymbol{s}\,d\boldsymbol{r}.$$

Die Größe C, die *Kapazität* des Leitersystems AB, ist also ebenfalls durch die geometrischen Verhältnisse des Leitersystems gegeben. Es ist also

$$\text{die Spannung zwischen } A \text{ und } B:\quad U=Q/C, \qquad (148.1)$$

$$\text{der Betrag der Ladungen auf } A \text{ und } B:\quad Q=CU. \qquad (148.2)$$

Es besteht demnach zwischen zwei Leitern, welche gleich große, entgegengesetzte Ladungen tragen, eine dem Betrage dieser Ladungen proportionale Spannung [(148.1)]. Durch Umkehrung der vorstehenden Überlegungen folgt aber auch, daß auf zwei einzelnen Leitern, zwischen denen eine Spannung herrscht, gleich große Ladungen entgegengesetzten Vorzeichens sitzen müssen, deren Betrag der Spannung proportional ist [(148.2)], sofern Feldlinien nur zwischen den beiden Leitern verlaufen, aber nicht auch von ihnen nach anderen Körpern in der Umgebung.

Nach (148.1) ist $C=Q/U$, also Kapazität = Ladung/Spannung. Die *Einheit der Kapazität* ist also $1\,\mathrm{CV^{-1}}=1\,\mathrm{A\,s\,V^{-1}}=1$ *Farad* (F). Die Kapazität 1 Farad ist so groß, daß sie experimentell nur durch umfangreiche Kondensatoranordnungen verwirklicht werden kann. In der Meßtechnik benutzt man daher fast ausschließlich die Einheiten Mikrofarad, $1\,\mu\mathrm{F}=10^{-6}\,\mathrm{F}$, und Picofarad, $1\,\mathrm{pF}=10^{-12}\,\mathrm{F}$. Die noch gelegentlich verwendete Kapazitätseinheit 1 cm gehört dem elektrostatischen Einheitensystem (§200) an und hat mit einer Länge nichts zu tun. Sie entspricht $\frac{10}{9}\,\mathrm{pF}$.

Wir wollen die Kapazität in einem Sonderfall berechnen, und zwar für eine Kugel vom Radius R, die von einer konzentrischen Kugelfläche vom Radius R' umgeben ist *(Kugelkondensator)*. Die innere Kugel trage eine Ladung $+Q$, die äußere eine Ladung $-Q$. Alle von $+Q$ ausgehenden Feldlinien enden auf $-Q$. Die radial gerichtete Feldstärke beträgt nach (141.2) im Abstande r vom Kugelzentrum $E=Q/(4\pi\,\varepsilon_0\,r^2)$, und wir erhalten für die zwischen den Kugelflächen herrschende Spannung

$$U=\frac{Q}{C}=-\frac{Q}{4\pi\,\varepsilon_0}\int\limits_{R'}^{R}\frac{dr}{r^2}=\frac{Q}{4\pi\,\varepsilon_0}\left(\frac{1}{R}-\frac{1}{R'}\right);\quad C=4\pi\,\varepsilon_0\,\frac{R'R}{R'-R}.$$

Ist $R'\gg R$, so ergibt sich

$$U=\frac{Q}{4\pi\,\varepsilon_0\,R}=\frac{Q}{C};\quad C=4\pi\,\varepsilon_0\,R, \qquad (148.3)$$

wie man durch Vergleich mit (148.1) erkennt.

Der Radius der Erde beträgt 6370 km. Demnach hat die Erde gegenüber der Gesamtheit der anderen Himmelskörper nur eine Kapazität von rund 700 μF.

149. Der Plattenkondensator. Geräte, die wegen ihrer Kapazität benutzt werden, bezeichnet man als *Kondensatoren*. In einfachen Fällen kann man die Kapazität eines Kondensators leicht berechnen. Eine praktisch besonders wichtige Kondensatorform ist der Plattenkondensator (SMEATON[1]). Er besteht aus zwei im Abstande d voneinander befindlichen, meist gleich großen Metallplatten, deren Fläche A sei (Abb. 286). Legt man an die beiden Platten eine Spannung U

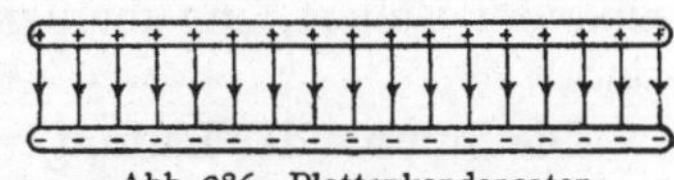

Abb. 286. Plattenkondensator

und ist C die Kapazität des Kondensators, so befindet sich auf der einen Platte die Ladung $Q = + CU$, auf der anderen eine gleich große negative Ladung. Ist der Plattenabstand d klein gegen die Abmessungen der Platten, so verlaufen die Feldlinien zwischen diesen beiden Ladungen praktisch sämtlich senkrecht von einer Platte zur anderen. Auf der Flächeneinheit der Platten befinden sich die Ladungen $+ Q/A$ bzw. $- Q/A$.

Nach § 147 beträgt der elektrische Fluß in jedem Querschnitt des Kondensators, da in ihm ein homogenes Feld herrscht, $\Psi = DA = \varepsilon_0 EA = Q$. Ist ferner d der Plattenabstand, so herrscht nach (142.8) zwischen den Platten die Spannung $U = Ed$. (Auf das Vorzeichen kommt es hier nicht an.) Daraus folgt

$$Q = \varepsilon_0 \frac{A}{d} U = CU. \qquad (149.1)$$

Demnach beträgt die Kapazität eines Plattenkondensators

$$C = \varepsilon_0 \frac{A}{d}. \qquad (149.2)$$

Dies gilt aber streng nur für einen sehr kleinen Plattenabstand, da sich die Feldlinien tatsächlich am Rande ein wenig ausbiegen, das Feld dort also nicht genau homogen ist. Je kleiner A/d ist, um so größer ist die anzubringende Randkorrektion.

In einem Plattenkondensator beginnen die D-Linien (§ 147) sämtlich an der positiven Platte und enden an der negativen Platte. Demnach ist der elektrische Fluß in jedem Querschnitt des Feldes zwischen den Platten nach (147.2) mit $\cos \alpha_n = 1$ und (147.3) mit $4\pi r^2 = A$ gleich $\Psi = DA = Q$, also $D = Q/A$ und gleich der *elektrischen Flächendichte* der beim Anlegen der Spannung U in den Kondensator „verschobenen" Ladungen ist. Daher der Name *Verschiebungsdichte*. Multiplikation mit dem Plattenabstand d ergibt nach § 138 das elektrische Moment

Abb. 287. Drehkondensator.
(Aus POHL: Elektrizitätslehre)

$Qd = DAd = M$ des von den beiden Platten gebildeten Dipols. Mit dem Volumen $V = Ad$ des felderfüllten Raumes folgt $D = M/V$. Demnach ist D auch der Betrag der *Raumdichte des elektrischen Dipolmoments*. Indessen weist der Vektor $\boldsymbol{D}$ in die entgegengesetzte Richtung wie der Vektor $\boldsymbol{M}/V$, wie der Leser leicht feststellt.

Der Leser berechne auch selbst, daß ein System von parallel geschalteten Kondensatoren die Kapazität $C = C_1 + C_2 + \cdots$ hat, für ein solches mit hintereinander geschalteten Kondensatoren aber $1/C = 1/C_1 + 1/C_2 \ldots$ gilt.

Kondensatoren von größerer Kapazität kann man so herstellen, daß man zwei voneinander isolierte Systeme von unter sich verbundenen parallelen Platten

---

[1] JOHN SMEATON, 1724—1792.

ineinandergreifen läßt. Macht man das eine Plattensystem drehbar, so daß es sich mehr oder weniger weit zwischen die Platten des anderen Systems hineinschieben läßt, so erhält man einen Drehkondensator (Abb. 287) von stetig veränderlicher Kapazität. Solche finden zu Meßzwecken und insbesondere auch in der elektrischen Schwingungstechnik Verwendung. Technische Kondensatoren bestehen meist aus metallisierten Folien, die, durch nichtleitende Folien voneinander isoliert, eng ineinander gewickelt und in einem Metallgehäuse verlötet sind.

Die Summe der Ladungen, die sich auf den beiden Platten eines Kondensators befinden, ist wegen der gleichen Größe der positiven und negativen Ladung Null. Man sagt aber unmißverständlich, daß ein Kondensator die Ladung Q trägt, wenn sich auf seinen Platten die Ladungen $+Q$ und $-Q$ befinden.

150. Das Elektrometer als Spannungsmesser. Wir sind nunmehr in der Lage, die Wirkungsweise der Elektrometer genauer zu verstehen. Dabei sei vorweg bemerkt, daß man zwar mit ihnen, wie in §140 besprochen, Ladungen nachweisen und unter Umständen auch messen kann, daß aber ihr wichtigster Verwendungszweck die *Messung von Spannungen* ist.

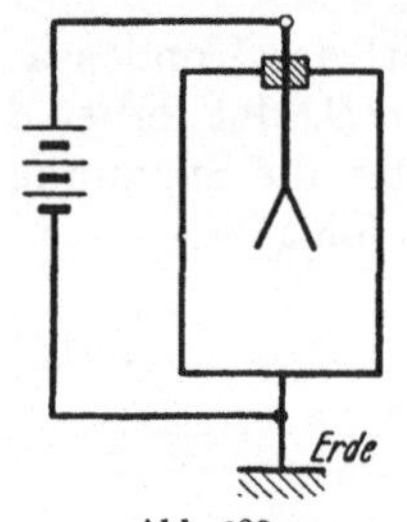

Abb. 288.
Schema der Spannungsmessung mit dem Elektrometer

Wenn man mit dem Elektrometer eine Spannung messen will, so legt man diese zwischen das isolierte bewegliche System (z. B. die Blättchen) und das Gehäuse des Elektrometers (Abb. 288). Dieses wird stets geerdet, um das Innere des Elektrometers vor äußeren elektrischen Störungen zu schützen (§143). Das Elektrometer mit seinen beiden voneinander isolierten Teilen (Blättchen einerseits, Gehäuse andererseits) bildet ein Leitersystem von der in §148 betrachteten Art und hat eine Kapazität C, die durch seine geometrischen Verhältnisse bedingt ist. Demnach befindet sich auf dem isolierten Teil nach Anlegen einer Spannung U gegen das Gehäuse eine Ladung $Q = CU$ und auf dem Gehäuse eine Ladung $-CU$. Ein Teil der Ladung des isolierten Teiles sitzt auf den beweglichen Blättchen, und da wegen der Spannung zwischen Blättchen und Gehäuse in dessen Innern ein elektrisches Feld besteht, so werden die geladenen Blättchen von diesem in Richtung auf das Gehäuse getrieben. (Es liegt hier ein ganz analoger Fall zu der in §151 zu besprechenden Anziehung der Platten eines Kondensators vor.) Nun wächst das elektrische Feld im Innern mit der angelegten Spannung U, und das gleiche gilt für die Ladung der Blättchen. Die auf die Blättchen wirkende Kraft ist dem Produkt aus Feldstärke und Ladung proportional, der Ausschlag wächst mit der Spannung.

Ist das Elektrometer einmal mit Hilfe bekannter Spannungen geeicht, so kann es zur *Messung von Spannungen* dienen, und zwar bleibt die einmal vorgenommene Spannungseichung auch dann noch gültig, wenn die Kapazität der außen an das Elektrometer angeschlossenen Gebilde (Zuleitungen usw.) sich ändert. Es geht zwar dann beim Anlegen einer Spannung eine andere Ladung auf die Meßvorrichtung als Ganzes über, aber an den Verhältnissen innerhalb des Gehäuses ändert sich bei gleichbleibender Spannung nichts.

Natürlich kann man ein Elektrometer auch auf Ladungen eichen. Diese Eichung gilt aber nur, solange sich die Kapazität der mit den Blättchen leitend verbundenen Gebilde nicht ändert. Ist einmal eine bestimmte Ladung auf das Elektrometer gebracht, so verteilt sie sich dort auf den Blättchenträger und die Zuleitungen im Verhältnis der betreffenden Kapazitäten. Ändert man dieses Verhältnis, so ändert sich auch die Verteilung und infolgedessen auch der

Ausschlag, der nur von dem Ladungsanteil abhängt, der auf die Blättchen entfällt.

Man verbinde die eine Platte eines Plattenkondensators, dessen Plattenabstand man verändern kann, oder das eine Plattensystem eines Drehkondensators mit den Blättchen eines Elektroskops, die andere Platte, bzw. das andere Plattensystem, mit dessen Gehäuse (Abb. 289), so daß die Kapazitäten des Kondensators und des Elektroskops parallel geschaltet sind, sich also addieren, und bringe auf den Kondensator nebst den Blättchen eine Ladung, die durch einen Ausschlag des Elektroskops angezeigt wird. Ändert man die Kapazität des Kondensators durch Änderung des Plattenabstandes bzw. Drehen des einen Plattensystems, so ändert sich auch der Ausschlag. Je kleiner die Kapazität des Kondensators ist, um so größer ist der Ausschlag. Denn die Ladung auf dem ganzen, aus Kondensator und Elektroskop bestehenden System, dessen Kapazität C sei, ist konstant, daher auch nach (148.2) das Produkt UC.

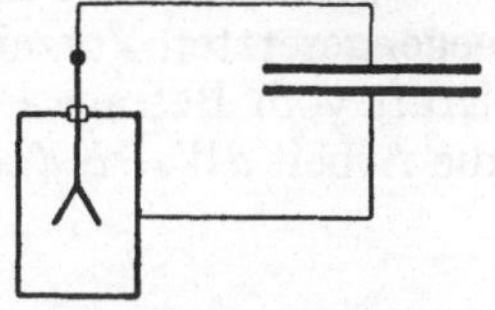

Abb. 289. Nachweis der Veränderlichkeit einer Kapazität

Die vom Elektroskop angezeigte Spannung U ist also bei gegebener Ladung Q der Kapazität C des Systems umgekehrt proportional.

Ein einfaches Gerät ist das *Braunsche Elektrometer* (Abb. 290), bei dem die Stange und der drehbare Zeiger die gleiche Rolle spielen wie die beiden Blättchen in den Abb. 270 und 288 und die Ausschläge an einer Skala abgelesen werden. Bei den *Saiten- oder Fadenelektrometern* besteht der bewegliche Teil aus einem oder zwei feinen Platindrähten. Abb. 291 zeigt das Schema eines Zweifaden-Elektrometers. Den beiden Fäden K, welche zwecks Regelung der Empfindlichkeit unten an einem verstellbaren Quarzbügel Q befestigt sind, stehen zwei mit dem Gehäuse verbundene Drahtbügel A gegenüber. Legt man zwischen Gehäuse und Fäden eine Spannung, so spreizen sich die Fäden um so weiter auseinander, je höher diese Spannung ist. Ihr Abstand wird mit einem Mikroskop mit Okularmikrometer abgelesen. (Vgl. WESTPHAL, Physikalisches Praktikum, 47. Aufgabe.)

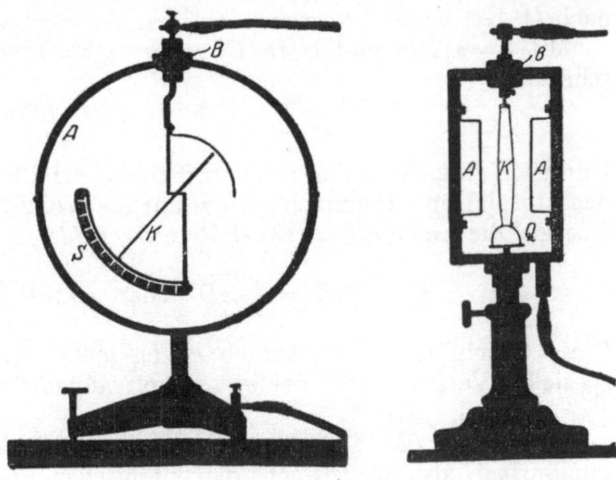

Abb. 290   Abb. 291

Abb. 290. Braunsches Elektrometer. (Aus POHL: Elektrizitätslehre)

Abb. 291. Schema eines Zweifaden-Elektrometers.
(Aus POHL: Elektrizitätslehre)

151. Die Energie eines geladenen Kondensators. Die Anziehung der Kondensatorplatten. Elektrische Energiedichte. In einem geladenen Kondensator ist potentielle *elektrische Energie* gespeichert. Wir berechnen sie als die Arbeit, die man aufwenden muß, um den Kondensator aufzuladen, und zwar auf Grund des folgenden Gedankenexperiments. Es liege am Kondensator bereits die Spannung U, seine Ladung sei also $Q = CU$. Wir wollen jetzt seine Ladung um den sehr kleinen Betrag dQ vergrößern, indem wir der negativen Platte eine positive Ladung $+dQ$ entziehen und sie gegen die Richtung des im Kondensator bereits herrschenden Feldes $E = U/d$ auf die positive Platte bringen. Dazu ist nach (142.1) die Arbeit

$dW = U\,dQ$ aufzuwenden. Wir erhalten demnach die Arbeit, die nötig ist, um den anfangs ungeladenen Kondensator bis zur Ladung Q aufzuladen, durch Integration,

$$W = \int_0^Q U\,dQ = \frac{1}{C}\int_0^Q Q\,dQ = \frac{1}{2}\frac{Q^2}{C} = \frac{1}{2}CU^2 = \frac{1}{2}QU. \qquad (151.1)$$

W ist also die in dem geladenen Kondensator gespeicherte Energie. Sie wird bei der Entladung wieder frei.

Zwischen den Platten des geladenen Kondensators besteht wegen des entgegengesetzten Vorzeichens der Ladungen seiner beiden Platten eine anziehende Kraft vom Betrage F. Vergrößern wir den Abstand x der Platten um dx, so ist die Arbeit $dW = F\,dx$ zu leisten, so daß $F = dW/dx$ oder nach (151.1)

$$F = \frac{d}{dx}\left(\frac{1}{2}\frac{Q^2}{C}\right) = \frac{d}{dx}\left(\frac{1}{2}U^2 C\right). \qquad (151.2)$$

Führen wir aus (149.2) (unter Ersetzung von d durch x) den Ausdruck für die Kapazität $C = \varepsilon_0 A/x$ ein, so ist $W = Q^2 x/(2\varepsilon_0 A)$ und

$$F = \frac{Q^2}{2\varepsilon_0 A} = \frac{C^2}{2\varepsilon_0 A}\cdot U^2 = \frac{\varepsilon_0 A}{2x^2}\cdot U^2 = \frac{\varepsilon_0 A}{2}E^2, \qquad (151.3)$$

da $U/x = E$ die Feldstärke im Kondensator ist. Die Anziehung der Platten eines Kondensators kann mit einer Waage (Potentialwaage, absolutes Elektrometer von W. Thomson) gemessen und zur Berechnung der Spannung am Kondensator nach (151.3) benutzt werden; doch hat das nur noch historische Bedeutung.

Mit $C = \varepsilon_0 A/d$ und $U/d = E$, sowie $\varepsilon_0 E = D$ können wir statt (151.1) auch schreiben

$$W = \frac{1}{2}\frac{\varepsilon_0 A}{d}\cdot U^2 = \frac{1}{2}\varepsilon_0 A d\cdot E^2 = \frac{1}{2}A d\cdot ED. \qquad (151.4)$$

Nun ist $A d$ das Volumen des vom Felde E erfüllten Raumes zwischen den Kondensatorplatten. Demnach ist die auf die Volumeinheit des Feldes entfallende Energie, die *Energiedichte des elektrischen Feldes*,

$$\varrho_e = \frac{\varepsilon_0}{2}E^2 = \frac{1}{2}ED \quad \text{oder vektoriell} \quad \varrho_e = \frac{1}{2}\boldsymbol{E}\boldsymbol{D}. \qquad (151.5)$$

Diese Gleichung enthält keinen Bezug mehr auf einen Kondensator und den speziellen Verlauf seines Feldes und gilt allgemein für jedes elektrische Feld im *Vakuum* (vgl. §153).

Wir haben die Energie über die an der Plattenladung geleistete Verschiebungsarbeit, also als Zuwachs der potentiellen Energie der *Ladungen* berechnet. Dann aber haben wir eine Umdeutung vorgenommen, indem wir von der Energiedichte des *Feldes* sprachen. Ersteres ist die Ausdrucksweise der alten *Fernwirkungstheorie*, in der jene potentielle Energie als unvermittelte Fernwirkung zwischen den Ladungen der beiden Platten erscheint, letzteres die der Faradayschen *Nahewirkungs-* oder *Feldtheorie*. Diese faßt den Vorgang so auf, daß die Verschiebungsarbeit in das dabei entstehende Feld übergeht.

II. Die elektrischen Eigenschaften der Stoffe

152. Dielektrika. Wenn man die in Abb. 289 dargestellte Vorrichtung, wie dort beschrieben, auflädt und zwischen die Platten des Kondensators eine Platte aus einem nicht leitenden Stoff (Dielektrikum) einschiebt oder den geladenen Kondensator in eine nicht leitende Flüssigkeit taucht, so sinkt der Ausschlag des

Elektrometers, also die Spannung am Kondensator. Das zeigt, daß die Kapazität des Kondensators durch die Einführung des Dielektrikums vergrößert wird. Denn die Ladung des Systems bleibt unverändert, wie man erkennt, wenn man das Dielektrikum wieder entfernt. Also muß die Kapazität $C = Q/U$ größer geworden sein.

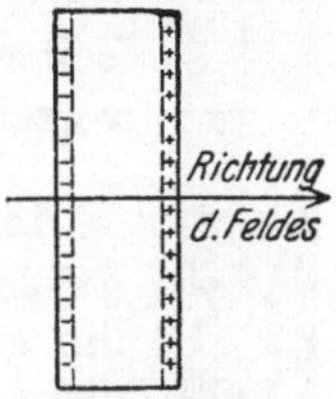

Diese Erscheinung erklärt sich durch die *dielektrische Polarisation* (FARADAY 1837). Die Dielektrika sind, wie alle Stoffe, aus atomaren Ladungsträgern aufgebaut. Diese sind in ihnen aber, im Gegensatz zu den Leitern, nicht frei beweglich. Man muß hier verschiedene Fälle unterscheiden. Unter den kristallinen Dielektrika gibt es viele, die aus positiven und negativen Ionen aufgebaut sind (z.B. die Steinsalzkristalle, §315). Diese Ionen haben Gleichgewichtslagen, aus denen sie ein elektrisches Feld zwar ein wenig verschieben, aber nicht völlig entfernen kann. Daher

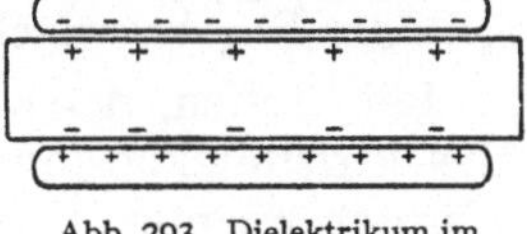

Abb. 292. Schema der dielektrischen Polarisation

werden die positiven Ionen ein wenig *in* der Feldrichtung, die negativen ihr *entgegen* verschoben, und zwar um so mehr, je größer die Feldstärke ist. Infolgedessen tritt an derjenigen Endfläche des Körpers, aus der die Feldlinien austreten, eine positive Oberflächenladung auf, an der anderen Endfläche eine negative Oberflächenladung, wie Abb. 292 schematisch zeigt.

Unter den übrigen Dielektrika gibt es solche, deren Moleküle *von Natur* elektrische Dipole sind. Da aber alle Atome und Moleküle aus elektrisch geladenen Bausteinen bestehen, so werden auch die Moleküle anderer Dielektrika im elektrischen Felde zu Dipolen. Denn ihre positiven und negativen Ladungen werden durch das Feld nach entgegengesetzten Richtungen gezogen, und es tritt am Molekül ein elektrisches Moment auf. Die natürlichen molekularen Dipole suchen sich in die Feldrichtung einzustellen, die Dipole der zweiten Art sind schon an sich dem Felde mehr oder weniger gleichgerichtet. Die Wirkung dieser Ausrichtung ist die gleiche, wie sie in Abb. 292 dargestellt ist, da die eine Endfläche mit positiven, die andere mit negativen Dipolenden besetzt ist.

Befindet sich ein Dielektrikum zwischen den Platten eines geladenen Kondensators, so wird es durch das Feld im Kondensator *polarisiert*. Auf der Endfläche, die der positiven Platte zugekehrt ist, entsteht eine negative Oberflächenladung $-Q'$, auf der anderen Endfläche eine positive Oberflächenladung $+Q'$ (Abb. 293). Der Kondensator werde auf konstanter Spannung U gehalten, so daß sich auf seinen Platten Ladungen vom Betrage $Q_0 = UC_0$ befinden, wenn er kein Dielektrikum enthält und C_0 seine Kapazität in diesem Zustande ist. Wird ein ihn ganz erfüllendes Dielektrikum eingeführt, so erzeugen die an ihm auftretenden Polarisationsladungen Q' an den Platten ebenso große, *zusätzliche* Influenzladungen entgegengesetzten Vorzeichens, die also die Ladungen der Platten verstärken. Diese betragen nunmehr $Q = Q_0 + Q'$. Während von den

Abb. 293. Dielektrikum im Kondensator

Platten vorher ein elektrischer Fluß $\Psi = Q_0$ ausging (§147), beträgt er jetzt $\Psi + \Psi' = Q_0 + Q'$. Sofern die Spannung am Kondensator konstant gehalten wird, bleibt auch die Feldstärke im Kondensator und damit der elektrische Fluß unverändert. Der zusätzliche Fluß Ψ' endet sofort wieder an den Polarisationsladungen. Da aber die Ladung der Platten zunimmt, so bewirkt die Einführung des Dielektrikums eine Erhöhung der Kapazität $C = Q/U$ des Kondensators [(153.3)]. Schon die älteste Kondensatorform, die *Leidener Flasche* (erfunden 1745 von VON KLEIST[1], Abb. 294), ist ein Kondensator mit Glas als Dielektrikum. Große technische Kon-

---

[1] EWALD JÜRGEN VON KLEIST, Domherr in Cammin (Pommern), 1700—1748.

densatoren erhalten eine Ölfüllung. Die Anwesenheit eines Dielektrikums hat auch den Vorteil, daß ein Funkenüberschlag zwischen den Platten erst bei höherer Spannung eintreten kann. Da jeder Stoff zum mindesten eine schwache Spur von Leitfähigkeit besitzt und da ferner in den meisten Stoffen gewisse Nachwirkungen einer vorhergegangenen Polarisation kürzere oder längere Zeit zurückbleiben, so sind die einzelnen Dielektrika für Kondensatoren verschieden gut geeignet.

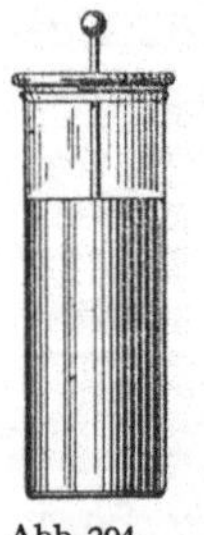

Abb. 294.
Leidener
Flasche

153. Dielektrizitätskonstante. Dielektrische Polarisation. Nach § 152 ändert sich die Feldstärke E im Kondensator bei Einführung eines ihn ganz erfüllenden Dielektrikums bei konstant gehaltener Spannung nicht, weil die *Summe* der Ladungen an jeder der beiden *Grenzflächen* unverändert bleibt. Hingegen wachsen die Flächendichten der Ladungen *in den Kondensatorplatten* und damit die Verschiebungsdichte, und diese ist nunmehr $D = \varepsilon_0 E + P$. Der Vektor P (Betrag P) heißt *dielektrische Polarisation* oder *Elektrisierung* des Dielektrikums und ist erfahrungsgemäß bei den meisten Stoffen der Feldstärke E proportional und ihr in isotropen Dielektrika gleichgerichtet. Wir setzen deshalb $P = \xi \varepsilon_0 E$. Es folgt

$$D = \varepsilon_0 E + P = (1 + \xi)\, \varepsilon_0 E = \varepsilon_r \varepsilon_0 E = \varepsilon E . \tag{153.1}$$

Die Stoffkonstante $\varepsilon = \varepsilon_r \varepsilon_0$ ist die *Dielektrizitätskonstante* oder *Permittivität*, $\varepsilon_r = \varepsilon/\varepsilon_0 = 1 + \xi$ die *Dielektrizitätszahl* oder *relative Dielektrizitätskonstante*, ξ die *elektrische Suszeptibilität* des Dielektrikums. Es ist stets $\xi > 0$, also $\varepsilon_r > 1$, nur im Vakuum $\xi = 0$, $\varepsilon_r = 1$. (153.1) enthält keinerlei Bezug auf den speziellen Fall eines Kondensators und definiert die Beziehung zwischen der Verschiebungsdichte D und der elektrischen Feldstärke E in jedem beliebigen elektrischen Felde. In nicht isotropen Stoffen ist ε_r von der Richtung abhängig, und es muß mit 3 *Hauptdielektrizitätskonstanten* in Richtung der kristallographischen Achsen gerechnet werden. Dann sind E und D, außer in diesen Richtungen, nicht gleich gerichtet.

Bei den festen Stoffen liegt ε_r meist in der Größenordnung unterhalb 10, bei den Flüssigkeiten vielfach erheblich höher, besonders hoch bei Wasser mit $\varepsilon_r = 81$. Bei manchen Halbleitern (z. B. Ferriten) ist $\varepsilon_r > 100$. Bei den Gasen ist ε_r von 1 nur sehr wenig verschieden und $\xi = \varepsilon_r - 1$ liegt bei ihnen nur in der Größenordnung 10^{-3} bis 10^{-4}. Daher besteht zwischen den elektrostatischen Erscheinungen in der Luft und im Vakuum nur ein so kleiner Unterschied, daß er in der Regel vernachlässigt werden kann.

Bei Stoffen, deren Moleküle von Natur elektrische Dipole sind, nimmt die Dielektrizitätskonstante mit steigender Temperatur ab. Denn je heftiger die Wärmebewegung ist, um so mehr stört sie die Ordnung, welche die richtende Wirkung des elektrischen Feldes herzustellen sucht.

Die Größe $P/E = \varepsilon_0 (\varepsilon_r - 1) = \varepsilon_0 \xi = \varepsilon - \varepsilon_0$ heißt die *Polarisierbarkeit* des Stoffes. Dividiert man sie durch die Anzahl der Moleküle in der Volumeinheit, so erhält man den Anteil eines einzelnen Moleküls zur Polarisierbarkeit, die *Molekülpolarisierbarkeit* des Stoffes.

Da die Einführung eines Dielektrikums in einen Kondensator die Verschiebungsdichte, also auch die Ladung der Platten nach (153.1) bei unveränderter Spannung um den Faktor ε_r vergrößert, so gilt das auch für seine Kapazität. Sie wächst gegenüber dem Wert C_0 im Vakuum auf den Wert

$$C = \varepsilon_r C_0 . \tag{153.2}$$

Die Kapazität eines Plattenkondensators mit Dielektrikum beträgt also allgemein

$$C = \varepsilon_r \varepsilon_0 \frac{A}{d} = \varepsilon \frac{A}{d}. \tag{153.3}$$

Wie bei einem Kondensator, so tritt ganz allgemein bei Anwesenheit eines raumfüllenden Stoffes die Größe $\varepsilon_r \varepsilon_0 = \varepsilon$ an die Stelle von ε_0. Das gilt auch schon für das *Coulombsche Gesetz*. Befinden sich zwei Ladungen Q und Q' innerhalb eines homogenen Stoffes von der relativen Dielektrizitätskonstanten ε_r, so haben wir statt (136.1) allgemein zu schreiben

$$\boldsymbol{F} = \frac{1}{\varepsilon_r \varepsilon_0} \frac{Q Q'}{4 \pi r^2} \boldsymbol{r}^0. \tag{153.4}$$

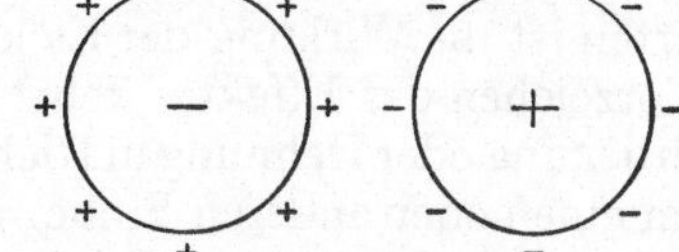

Abb 295. Zum allgemeinen Coulombschen Gesetz

Denn der die Ladungen einhüllende Stoff wird an seiner Grenzfläche gegen die geladenen Körper polarisiert (Abb. 295), und diese Polarisation schwächt die Wirkung der einen Ladung auf die andere im Verhältnis $1/\varepsilon_r$. Die die andere Ladung einhüllenden Polarisationsladungen aber üben auf diese selbst keine Kraft aus, da die von ihnen ausgehenden Einzelkräfte einander aufheben.

Entsprechendes gilt auch für die *Energiedichte* eines elektrischen Feldes in einem Dielektrikum. Wie man durch erneute Durchführung der Rechnung in § 151 unter Berücksichtigung von (153.3) feststellt, tritt auch hier $\varepsilon_r \varepsilon_0 = \varepsilon$ an die Stelle von ε_0, und es ist

$$\varrho_e = \frac{\varepsilon_r \varepsilon_0}{2} E^2 = \frac{\varepsilon}{2} E^2 = \frac{1}{2} \boldsymbol{E} \boldsymbol{D}. \tag{153.5}$$

Die Beziehung $\varrho_e = E D / 2$ gilt also allgemein.

Wir wollen die Verhältnisse in einer in ein elektrisches Feld eingebetteten, seitlich unendlich ausgedehnt gedachten dielektrischen Platte betrachten. In der Abb. 296a ist das elektrische Feld $\boldsymbol{E}_0$ dargestellt, wie es ohne Anwesenheit der Platte herrschen würde. Diesem Felde überlagert sich, es schwächend, in entgegengesetzter Richtung das Feld $\boldsymbol{E}_p$ der Polarisationsladungen (Abb. 296b), und es entsteht dadurch in der Platte das Feld $\boldsymbol{E} = \boldsymbol{E}_0 + \boldsymbol{E}_p = \boldsymbol{E}_0/\varepsilon_r$ (Abb. 296c; angenommen ist $\varepsilon_r = 2$).

Befindet sich ein dielektrischer Körper in einem elektrischen Felde, so wird er durch seine Polarisation zu einem elektrischen Dipol. Infolgedessen erfährt er, wenn er sich im Vakuum befindet, Kräfte, die qualitativ denjenigen entsprechen, die wir in § 146 erörtert haben. Ist er aber in eine stoffliche Umgebung eingebettet, welche eine andere Dielektrizitätskonstante hat als er selbst, so hängt sein Verhalten im elektrischen Felde davon ab, ob diese größer oder kleiner ist als seine eigene. Ist sie — wie die des Vakuums — kleiner, so wird der Körper, wie im Vakuum, im *inhomogenen* Felde in Richtung wachsender Feldstärken getrieben. Ist sie aber größer, so wird er im inhomogenen Felde in Richtung abnehmender Feldstärke getrieben.

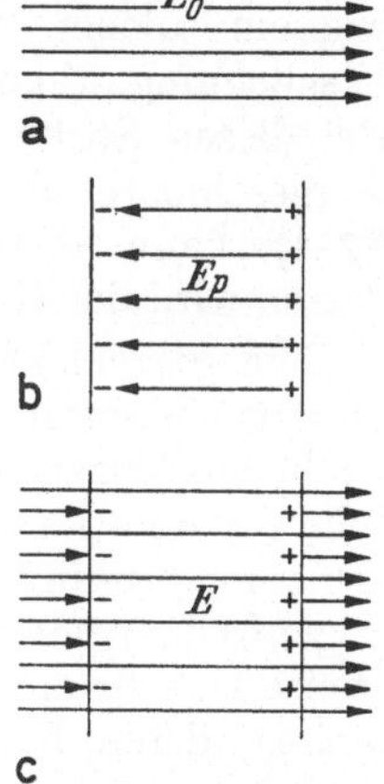

Abb. 296. Dielektrische Platte im elektrischen Felde

154. Elektrostriktion. Piezoelektrizität. Ferroelektrika. Die Dielektrizitätszahl ε_r der Stoffe ist von deren Dichte, also von dem Druck, unter dem sie stehen, abhängig. Die Stoffe, bei denen sie mit dem Druck zunimmt $(d\varepsilon_r/dp > 0)$, ziehen sich beim Anlegen eines elektrischen Feldes zusammen; im andern Fall $(d\varepsilon_r/dp < 0)$

dehnen sie sich aus. Diese Erscheinung heißt *Elektrostriktion*. Im allgemeinen ist die Wirkung dem Quadrat der Feldstärke proportional, also unabhängig von der Feldrichtung.

Nichtreguläre Einkristalle mit einer polaren Achse — insbesondere Quarz und Turmalin — haben schon von Natur ein elektrisches Moment; sie sind natürliche *Elektrete* (analog zu einem Magneten) und an ihrem einen Ende positiv, am an deren negativ geladen. Man kann Elektrete auch künstlich herstellen, indem man ein geschmolzenes Dielektrikum im elektrischen Felde polarisiert und es im Felde erstarren läßt. Es behält dann ein elektrisches Moment. Bei den genannten Kristallarten ist die Wirkung der Elektrostriktion der Feldstärke selbst proportional. Das Vorzeichen des Effektes kehrt sich also mit der Feldrichtung um. Bei Zusammendrückung oder Dehnung in Richtung ihrer Achse ändert sich die Ladung ihrer Enden im einen oder anderen Sinne. Diese Erscheinung heißt *Piezoelektrizität* (P. CURIE[1], 1881). Das gleiche kann bei Temperaturänderungen eintreten (AEPINUS 1736). Man bezeichnet das als *Pyroelektrizität*; doch ist diese nur durch die mit der Temperaturänderung einhergehende Dichteänderung bedingt und lediglich ein Spezialfall der Piezoelektrizität.

Eine sehr interessante Erscheinung zeigen manche Kristalle, die in Richtung ihrer Achse eine besonders hohe Polarisierbarkeit haben, insbesondere das *Seignettesalz (Rochellesalz* $KOOC \cdot CHOH \cdot CHOH \cdot COONa \cdot 4H_2O$). Bei ihnen tritt bereits bei einer Feldstärke von einigen $V\,cm^{-1}$ *dielektrische Sättigung* ein, ihre Polarisation wächst nicht über einen bestimmten Betrag hinaus. Ferner bleibt bei ihnen nach Abschalten des Feldes eine permanente Polarisation zurück *(dielektrische Remanenz)*. Sie verhalten sich also analog zu einem ferromagnetischen Stoff und zeigen bei einer zyklischen Elektrisierung eine Hystereseschleife, wie ein solcher bei zyklischer Magnetisierung (§ 223). Man bezeichnet diese Erscheinung deshalb als *Ferroelektrizität*, obgleich sie mit Eisen nichts zu tun hat. Bei diesen Stoffen ist ε keine Konstante, sondern hängt von der elektrischen Vorgeschichte ab (analog zur Permeabilität μ der ferromagnetischen Stoffe, § 221), kann also nicht als Dielektrizitätskonstante bezeichnet werden. Statt dessen wird der Name *Permittivität* vorgeschlagen.

Die Piezoelektrizität hat eine sehr große technische Bedeutung. Legt man an einen Kristall — man benutzt dazu meist geeignet geschnittene Platten oder Stäbe aus Quarz oder Bariumtitanat — eine Wechselspannung, so erfährt er elastische Deformationen mit der Frequenz dieser Spannung. Stimmt diese Frequenz mit seiner longitudinalen elastischen Grundfrequenz oder einer seiner ungeraden höheren Eigenfrequenzen überein, so tritt Resonanz ein (§ 95). Der Kristall kann auf diese Weise zu sehr energiereichen elastischen Schwingungen erregt werden *(Schwingquarz)*, deren Frequenz infolge der ausgezeichneten elastischen Eigenschaften des Quarzes äußerst genau definiert ist, sofern die Temperatur des Kristalles genügend genau konstant gehalten wird. Bei Anwendung hochfrequenter elektrischer Schwingungen zur Erregung kann man Schwingquarze zu sehr hohen Oberschwingungen erregen. So verfügt man über *Frequenznormale* von sehr großer und sehr konstanter Frequenz. Diese Frequenznormale können verschiedenen wichtigen Zwecken dienen, so zu sehr genauen *Zeitmessungen* und *Zeitvergleichungen*. Die gewöhnlichen Uhren werden ja auch durch Frequenznormale gesteuert, die Pendel oder die Unruhen. Ihre Konstanz ist aber trotz des hohen Standes der Uhrentechnik unbefriedigend, und es scheint, daß die heutigen Pendeluhren kaum noch verbesserungsfähig sind. Der Schwingquarz liefert ein außerordentlich viel genaueres Frequenznormal. Die Verstärkertechnik erlaubt es, mit Hilfe eines

---

[1] PIERRE CURIE, 1859—1906, Nobelpreis 1903.

Schwingquarzes Uhren zu steuern *(Quarzuhr)*. SCHEIBE[1] und ADELSBERGER benutzten z.B. einen 9,1 cm langen Quarzstab in seiner 1. longitudinalen Oberschwingung von 60000 Hz und konnten durch Vergleich von vier Quarzuhren von zum Teil verschiedener Bauart zeigen, daß diese Uhren innerhalb vieler Monate nur Gangdifferenzen von etwa $\pm 0,0001$ s aufwiesen. Quarzuhren spielen unter anderem im öffentlichen Zeitdienst eine wichtige Rolle; es konnte ferner mit ihnen nachgewiesen werden, daß die Länge des Sterntages kleinen periodischen Schwankungen von der Größenordnung $\pm 0,004$ s unterworfen ist. Eine weitere wichtige Rolle spielt der Schwingquarz bei der Konstanthaltung der Frequenz der Rundfunksender, sowie bei der Erzeugung von Ultraschall (§96).

Siebentes Kapitel

Elektrische Ströme

I. Elektrische Ströme in festen Leitern

155. Stromquellen. Wir setzen hier zunächst als bekannt voraus, daß es *Stromquellen* gibt, mittels derer man in einem in sich geschlossenen System von Leitern eine dauernde Elektrizitätsbewegung, einen *elektrischen Strom*, aufrechterhalten kann (Elemente, Akkumulatoren und Generatoren). Eine Stromquelle hat zwei Pole (Klemmen), zwischen denen eine dauernde *Spannung* besteht. Das beruht darauf, daß die Stromquelle an ihrem positiven Pol Elektronen einzusaugen, an ihrem negativen Pol Elektronen aus sich herauszudrücken sucht. Wir können eine Stromquelle etwa mit einer Zirkulationspumpe vergleichen, die an einer Stelle Wasser ansaugt und es an einer anderen Stelle aus sich herausdrückt, so daß es in einer an die Pumpe angeschlossenen Rohrleitung zirkulieren kann. Diese Zirkulation kommt bei der Pumpe dadurch zustande, daß diese zwischen den Enden der Rohrleitung eine Druckdifferenz, also in der Rohrleitung ein Druckgefälle aufrechterhält, welches das Wasser in Bewegung hält. Entsprechend hält die Stromquelle zwischen den Enden eines angeschlossenen Leiters eine Spannung und im Leiter ein Spannungsgefälle, also ein elektrisches Feld, aufrecht, das die Ladungsträger im Leiter in Bewegung hält. Wir setzen ferner vorläufig als bekannt voraus, daß es *Strom-* und *Spannungsmesser* gibt. Als letztere können schon die uns bereits bekannten Elektrometer dienen. Doch verwendet man fast immer Spannungsmesser, die nach dem gleichen Prinzip gebaut sind wie die Strommesser (§ 212).

156. Elektrischer Strom. Ein geladener Kondensator C von großer Kapazität sei durch Kupferdrähte mit den Enden a, b eines trockenen Holzstabes (schlechter Leiter) von 1 bis 2 m Länge verbunden (Abb. 297). Das Ende a sei durch einen Kupferdraht mit dem Gehäuse eines Elektrometers E verbunden. Ein weiterer Draht ist mit dem Blättchensystem des Elektrometers verbunden und kann an dem Holzstab entlang geführt werden. Auf diese Weise kann mit dem Elektrometer die Spannung zwischen a und den anderen Punkten des Stabes gemessen werden. Beginnt man bei a und schreitet mit dem Draht in Richtung auf b fort, so nimmt der Ausschlag des Elektrometers, also die Spannung gegen a, stetig zu. Es besteht also längs des Stabes ein Spannungsgefälle, im Stabe ein elektrisches Feld. Da sich aber die Ladungen am Kondensator mit der Zeit durch den Stab hindurch aus-

---

[1] ADOLF SCHEIBE, 1895—1958.

gleichen, so sinkt allmählich seine Spannung auf Null, und entsprechend sinken auch die Spannungen längs des Stabes. Dieser Versuch bietet uns nichts grundsätzlich Neues. Er liefert nur ein Beispiel dafür, daß sich Spannungen, die anfänglich in einem zusammenhängenden Leitersystem bestehen, ausgleichen, indem sich Ladungsträger entsprechend verschieben. Uns interessiert hier aber gerade diese Verschiebung. Wir haben einen schlechten Leiter gewählt, damit sie langsam erfolgt, also über eine längere Zeit beobachtbar ist. War etwa anfänglich der Kondensator in Abb. 297 unten positiv, oben negativ geladen, so kann der Ladungsausgleich grundsätzlich entweder durch eine Wanderung positiver Ladungsträger in Richtung von a nach b oder durch eine Wanderung negativer

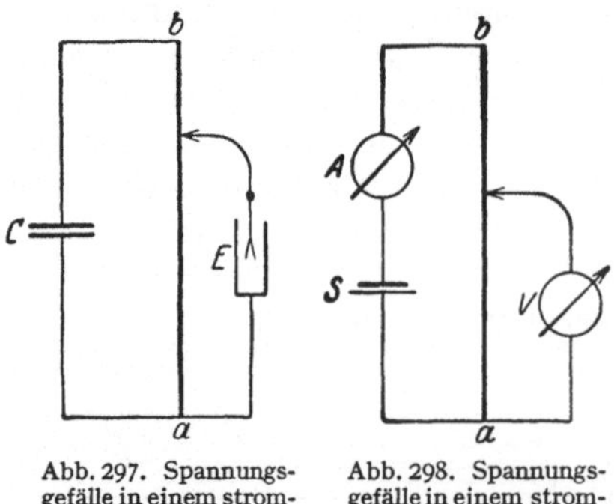

Abb. 297. Spannungsgefälle in einem stromdurchflossenen Holzstab

Abb. 298. Spannungsgefälle in einem stromdurchflossenen Metalldraht

Ladungsträger in entgegengesetzter Richtung oder durch beides zugleich bewirkt worden sein. Die Wirkung wäre die gleiche. Auf jeden Fall ist eine Wanderung von Ladungsträgern durch den Holzstab erfolgt. Dieser Vorgang heißt ein *elektrischer Strom*.

Wir wiederholen den Versuch, aber indem wir den geladenen Kondensator durch eine Stromquelle S, den Holzstab durch einen etwa 2 m langen dünnen Eisendraht, das Elektrometer durch einen Spannungsmesser V ersetzen (Abb 298). Außerdem schalten wir einen Strommesser A in die Zuleitung zum Eisendraht. Dann zeigt der Spannungsmesser, wenn wir mit dem Laufdraht von a in Richtung auf b fortschreiten, stetig wachsende Spannungsbeträge an. Der Versuch unterscheidet sich grundsätzlich nicht von dem obigen, denn die Stromquelle hat auf das angeschlossene Leitersystem die gleiche Wirkung wie der geladene Kondensator. Sie erzeugt an den Enden des Systems eine Spannung. Nur bleibt die Spannung jetzt konstant. Auch in diesem Fall fließt also durch den Draht ein elektrischer Strom; gleichzeitig besteht längs des stromführenden Drahtes ein Spannungsgefälle. Da es sich hier um einen metallischen Leiter handelt, in dem es nur Elektronen als frei bewegliche Ladungsträger gibt, so besteht der Strom in diesem Fall aus Elektronen, die sich in Richtung von der negativen zur positiven Klemme der Stromquelle durch den Draht bewegen.

Ein Strom negativer Ladungsträger ist in seinen äußeren Wirkungen von einem gleich starken Strom positiver Ladungsträger, die sich in entgegengesetzter Richtung bewegen, nicht zu unterscheiden. Es ist üblich, als *Richtung eines elektrischen Stromes* stets diejenige zu bezeichnen, in der sich positive Ladungsträger bewegen würden, also die Stromrichtung von der positiven zur negativen Klemme der Stromquelle. In den Metallen ist demnach die Bewegung der (negativen) Elektronen der so definierten Stromrichtung gerade entgegengerichtet. Daß die Leitfähigkeit der Metalle darauf beruht, daß sie frei bewegliche Elektronen enthalten, hat zuerst PAUL DRUDE[1] erkannt.

In einem stromführenden Leiter besteht also ein Spannungsgefälle, ein elektrisches Feld. Dieses Feld ist es, das die Ladungsträger im Leiter in Bewegung hält und dadurch bei unserem ersten Versuch schließlich den Spannungsausgleich herbeiführt. Besteht in einem Leiterelement von der Länge dl die Feldstärke E, so herrscht zwischen seinen Enden nach (142.7) die Spannung

$$dU = E\,dl. \tag{156.1}$$

---

[1] PAUL KARL DRUDE, 1863–1906.

(Auf das Vorzeichen kommt es uns hier nicht an.) Ist U die Spannung zwischen den Enden eines überall gleich beschaffenen Drahtstücks von der Länge l und konstantem Querschnitt, so ist

$$U = El. \tag{156.2}$$

Es ist nützlich, sich das Zustandekommen der Spannungsverteilung und des elektrischen Feldes in einem stromführenden Leiter genauer klar zu machen. Zunächst denken wir uns an die beiden Klemmen einer Stromquelle (Abb. 299a) gerade Drähte angeschlossen. Diese nehmen die Spannungen der Klemmen an, und der eine erhält eine positive, der andere eine negative Ladung. Nunmehr denken wir uns die Drahtenden einander auf einen kleinen Abstand genähert (Abb. 299b). An der Spannung zwischen den Drähten ändert sich dadurch nichts. Zwischen den Drahtenden herrscht die volle Spannung der Stromquelle, und im

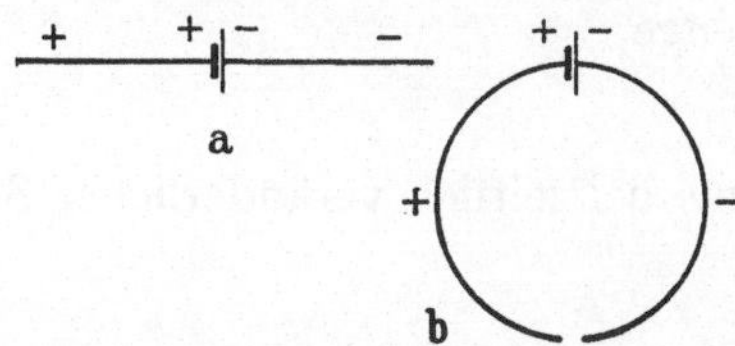

Abb. 299. Zur Entstehung der Spannungsverteilung in einem stromdurchflossenen Leitersystem

Raum zwischen ihnen besteht ein elektrisches Feld, das dieser Spannung entspricht. In den Drähten hingegen besteht kein Feld. Denken wir uns die beiden Drahtenden mit den Klemmen eines geöffneten Schalters verbunden, so ist Abb. 299b das Schema eines offenen Stromkreises, den wir durch Betätigen des Schalters schließen können, indem wir die Drähte in Kontakt bringen. Dann aber kann eine Spannung zwischen den Enden nicht mehr bestehen, und auch das Feld zwischen ihnen bricht zusammen. Statt dessen verteilt sich das Spannungsgefälle, das vorher nur im Raum zwischen den Drahtenden bestand, stetig über den ganzen Leiterkreis von der einen Klemme der Stromquelle zur anderen. Gemäß (156.1) tritt im ganzen Kreise ein elektrisches Feld auf. Dieses wird durch die Spannung der Stromquelle dauernd aufrechterhalten und hält seinerseits die Wanderung der Ladungsträger, den elektrischen Strom, aufrecht.

Je nachdem die für das Fließen eines Stromes verantwortlichen Ladungsträger Elektronen oder Ionen (geladene Atome oder Moleküle) sind, unterscheidet man *Elektronenleiter* und *Ionenleiter*. In §139 haben wir bereits gesagt, daß die Metalle Elektronenleiter sind. Ionenleiter sind die Elektrolyte (§171) und manche feste Halbleiter (§164).

Man beachte, daß ein metallischer Leiter nicht etwa elektrisch geladen wird, wenn man ihn mit Strom beschickt. Denn durch die Wanderung der Ladungsträger wird die Anzahl der in jedem Volumelement enthaltenen Ladungsträger nicht geändert. Für die Elektronen, die in einem Zeitelement dt aus dem Leiter in die positive Klemme der Stromquelle eintreten, treten im Durchschnitt in der gleichen Zeit ebenso viele Elektronen aus der negativen Klemme in den Leiter ein. Die Dichte der Elektronen wird also durch ihre Bewegung nicht geändert. Allerdings können Ladungsüberschüsse an Stromleitern dort auftreten, wo Teile des Leitersystems, die sich auf verschiedener Spannung befinden, einander nahe sind, z. B. bei parallel geführten Hin- und Rückleitungen. Dann wirken diese Leiterteile wie die Platten eines geladenen Kondensators. Diese Kapazitätswirkungen sind aber rein elektrostatisch und berühren die vorstehenden Ausführungen nicht.

157. Elektrische Stromstärke. Die *elektrische Stromstärke I* ist definiert als der *Quotient Ladung/Zeit*, also

$$I = \frac{Q}{t} \qquad \text{bzw.} \qquad I = \frac{dQ}{dt}, \tag{157.1 a, b}$$

wenn Q bzw. dQ die in der Zeit t bzw. dt durch jeden Querschnitt des Leiters tretende Elektrizitätsmenge ist. (Dabei rechnen negative Elektrizitätsmengen wie in entgegengesetzter Richtung bewegte positive.) Diese ist im stationären Zustand in allen Querschnitten des Leiters dieselbe, auch wenn der Querschnitt an verschiedenen Stellen verschieden groß ist; denn es findet nirgends in einem stromführenden Leiter eine dauernde Ansammlung elektrischer Ladungen, keine ständig wachsende Aufladung des Leiters statt (Kontinuitätsbedingung, vgl. §74). Demnach tritt in der Zeit t durch jeden Leiterquerschnitt die Elektrizitätsmenge

$$Q = I t \qquad (157.2)$$

bzw. bei zeitlich veränderlicher Stromstärke die Elektrizitätsmenge

$$Q = \int_0 I \, dt. \qquad (157.3)$$

Der Quotient

$$j = \frac{I}{q} \qquad (157.4)$$

aus der Stromstärke in einem Querschnitt q und diesem Querschnitt heißt *Stromdichte*. — Als Stromstärkeneinheit verwenden wir im folgenden das Ampere (A, §199).

158. Elektrizitätsleitung in Metallen. Zahlreiche Gesetzmäßigkeiten der Elektrizitätsleitung in den Metallen können auf Grund einer einfachen Vorstellung beschrieben werden, die wir uns hier zunutze machen wollen, obgleich sie durch die Quantentheorie weitgehend verfeinert worden ist. (Die Elektronentheorie der Metalle ist zuerst von RIECKE[1] und von DRUDE[2] entwickelt worden.) Nach dieser Vorstellung bewegen sich die freien Elektronen durch das Gefüge eines Metalles unter der Wirkung eines elektrischen Feldes wie in einem reibenden Stoff, also etwa so wie kleine Körper beim Fall durch die Luft. Wir haben im § 78 gesehen, daß solche Körper schnell eine Geschwindigkeit v annehmen, bei der die ihr proportionale Reibungskraft der treibenden Kraft gleich und ihr entgegengerichtet ist, so daß diese beiden Kräfte einander im zeitlichen Durchschnitt aufheben und der Körper mit konstanter durchschnittlicher Vertikalgeschwindigkeit fällt. Wir übertragen diese Verhältnisse auf die Elektronen in einem Metall, indem wir als treibende Kraft die vom elektrischen Felde auf ihre Ladung e (Elementarladung) ausgeübte Kraft eE setzen. Wir erhalten demnach die Beziehung

$$v = \beta e E. \qquad (158.1)$$

β ist eine Stoffkonstante. (Tatsächlich beschreibt ein Elektron keine geradlinige Bahn im Metall, sondern infolge fortgesetzter Zusammenstöße mit den Metallatomen eine Zickzackbahn. Wenn kein Strom fließt, so bewegen sich die Elektronen thermisch im zeitlichen Durchschnitt mit gleicher Häufigkeit in jeder Richtung. Unter der Wirkung des Feldes wird jedoch ein Elektron, dessen Geschwindigkeit einen spitzen Winkel mit der Feldrichtung bildet, ein wenig beschleunigt, ein solches, bei dem sie einen stumpfen Winkel bildet, ein wenig verlangsamt. Der ungeordneten thermischen Bewegung der Elektronen überlagert sich eine langsame *Driftgeschwindigkeit v* entgegen der Feldrichtung. βe nennt man die *Beweglichkeit* der Elektronen. Je größer sie ist, um so größer ist bei gegebener Feldstärke die Geschwindigkeit.

---

[1] EDUARD RIECKE, 1845—1915.   [2] PAUL DRUDE, 1863—1906.

Wir betrachten ein Stück eines stromdurchflossenen Leiters (Abb. 300) von der Länge l und dem Querschnitt q und nehmen an, daß in der Volumeinheit dieses Leiters n Elektronen für den Strom verfügbar sind. Die Bewegung der Elektronen erfolge von rechts nach links. Durch den linken Querschnitt q treten in der Zeit dt so viele Elektronen nach links aus, wie sich rechts von ihm in einem Stück von der Länge $v\,dt$ be-

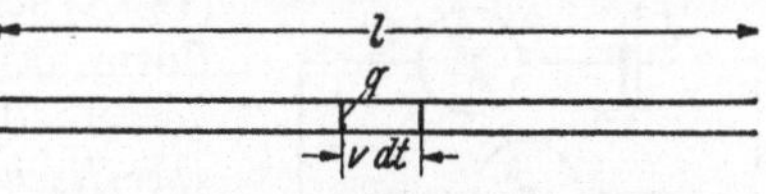

Abb. 300. Zum Mechanismus des elektrischen Stromes

finden, also $n\,q\,v\,dt$. Denn $v\,dt$ ist der von den Elektronen in der Zeit dt zurückgelegte Weg. Demnach tritt durch den Querschnitt q in der Zeit dt die Elektrizitätsmenge $dQ = n\,e\,q\,v\,dt$. Dann folgt aus (157.1 b)

$$I = n\,e\,q\,v. \tag{158.2}$$

Zwischen den Enden des ganzen Leiterstücks von der Länge l herrsche die Spannung U. Dann beträgt die Feldstärke im Leiter

$$E = \frac{U}{l}. \tag{158.3}$$

Aus (158.1), (158.2), (158.3) und (157.4) erhält man

$$I = \beta\,n\,e^2 \cdot \frac{q}{l} \cdot U \tag{158.4}$$

$$j = \beta\,n\,e^2\,\frac{U}{l} = \beta\,n\,e^2\,E. \tag{158.5}$$

Wird an einen Leiter eine Spannung angelegt, so breitet sich längs des Leiters das die Elektronen antreibende elektrische Feld etwa mit Lichtgeschwindigkeit (§ 244) aus. Der Strom in einem Leiter setzt also praktisch sofort beim Einschalten in allen Teilen des Leiters ein. Die Geschwindigkeit der Elektronen im Leiter dagegen ist — entgegen einem weit verbreiteten Irrtum — sehr klein. (Ebenso pflanzt sich in einem mit Flüssigkeit gefüllten Rohr der *Kopf* der eine Strömung einleitenden *Druckwelle* mit der Geschwindigkeit des Schalls fort, während die *Strömungsgeschwindigkeit* durch ganz andere Ursachen bedingt und viel kleiner ist.) Einen Begriff von der Größenordnung dieser Geschwindigkeit erhält man durch folgende Überschlagsrechnung. In einem Kupferdraht von 0,1 mm² Querschnitt fließe ein Strom von 1 A = 1 C s⁻¹. Man weiß, daß 1 cm³ Kupfer $8{,}52 \cdot 10^{22}$ Atome enthält und daß auf jedes Atom etwa ein „Leitungselektron" entfällt. Demnach ist die Dichte derselben im Kupfer etwa $8{,}52 \cdot 10^{22}$ cm⁻³. Dann ergibt sich, unter Einsetzung von $e = 1{,}602 \cdot 10^{-19}$ C in (158.2) $v = 0{,}0733$ cm s⁻¹ $\approx$ 1 mm s⁻¹.

159. Elektrischer Widerstand. Das Ohmsche Gesetz. Wir setzen in (158.4) $\beta\,n\,e^2 = \sigma = 1/\varrho$ und

$$\frac{1}{\sigma}\,\frac{l}{q} = \varrho\,\frac{l}{q} = R, \tag{159.1}$$

so daß wir (158.4) in den Formen

$$I = \frac{U}{R} \quad \text{bzw.} \quad U = IR \quad \text{bzw.} \quad R = \frac{U}{I} \tag{159.2}$$

schreiben können. R heißt der *elektrische Widerstand* des Leiters, weil bei gegebener Spannung U die Stromstärke I um so kleiner ist, je größer R ist. Die Einheit des Widerstandes ist nach (159.2) 1 V A⁻¹ = 1 *Ohm* (Ω). Sie liegt dann vor, wenn in einem Leiter bei einer Spannung von 1 V ein Strom von 1 A fließt. Der Kehrwert $1/R$ heißt *Leitwert*; Einheit $1\,\Omega^{-1}=1$ *Siemens* (S). Nach (158.4) und

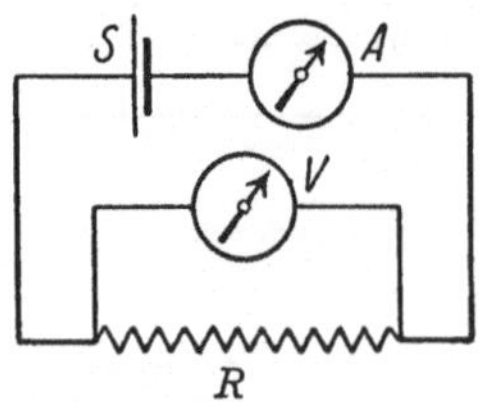

Abb. 301. Prüfung des Ohmschen Gesetzes bzw. Widerstandsmessung. *S* Stromquelle, *A* Strommesser, *V* Spannungsmesser, *R* Widerstand

(159.1) setzt sich der Widerstand R aus dem geometrischen Formfaktor l/q und einem für die einzelnen Stoffe sehr verschieden großen Stoffaktor $\varrho=1/\sigma=1/(\beta\,n\,e^2)$, dem *spezifischen Widerstand* des Stoffes zusammen. Die Einheit des spezifischen Widerstandes ist $1\,\Omega$ cm bzw. Ω m. Sein Kehrwert $\sigma=1/\varrho$ heißt *Leitfähigkeit (Leitvermögen)*.

(159.2) enthält die *Definition des Widerstandes* und ist als solche allgemeingültig. Man nennt diese Gleichung oft schlechthin das *Ohmsche Gesetz*[1]. Eine Definition ist aber kein Gesetz. Zu einem Gesetz wird (159.2) erst durch die zusätzliche Bedingung $R=U/I=const.$ Für einen Leiter gilt also das Ohmsche Gesetz dann, wenn *Stromstärke und Spannung einander proportional sind*. Der Widerstand hängt (außer vom Formfaktor) von der Leitfähigkeit $\sigma=\beta\,n\,e^2$ ab, also von der Anzahl der Ladungsträger und ihrer Beweglichkeit. Erstere ist bei den Metallen (und den Elektrolyten) unabhängig von Strom und Spannung, letztere aber eine Funktion der äußeren Bedingungen, insbesondere der Temperatur, und diese steigt mit der Stromstärke, sofern man nicht für Temperaturkonstanz sorgt. Der Widerstand ist anderenfalls eine Funktion der Stromstärke, also nicht konstant. Man kann also das Ohmsche Gesetz in folgender Form aussprechen: *Das Ohmsche Gesetz gilt für ein Leitermaterial dann, wenn seine Leitfähigkeit (bzw. sein spezifischer Widerstand) unter konstanten äußeren Bedingungen, insbesondere bei konstanter Temperatur, von Stromstärke und Spannung unabhängig ist.* Dieses Gesetz ist bei den Metallen erfüllt.

Die spezifischen Widerstände der meisten reinen Metalle liegen in der Größenordnung zwischen 10^{-6} und $10^{-5}\,\Omega$ cm (bester Leiter das Silber mit $1,6\cdot10^{-6}\,\Omega$ cm, Platin $1,1\cdot10^{-5}\,\Omega$ cm, Wismut $1,17\cdot10^{-4}\,\Omega$ cm), diejenigen der besten festen Dielektrika (die nie ideale Nichtleiter sind) bis hinauf zur Größenordnung $10^{18}\,\Omega$ cm.

Zur Prüfung des Ohmschen Gesetzes bzw. zur Messung von Widerständen kann man sich der in Abb. 301 dargestellten Schaltung[2] bedienen. Aus der am Spannungsmesser V abgelesenen Spannung U zwischen den Enden des Leiters und der am Strommesser A abgelesenen Stromstärke I in ihm findet man den Widerstand $R=U/I$ des Leiters. Sorgt man für konstante Temperatur des Leiters, insbesondere dafür, daß er nicht durch den Strom selbst erwärmt wird, so findet man bei den Metallen (und den Elektrolyten) bei Anwendung verschieden hoher Spannungen U für R stets den gleichen Wert. Es gilt also das Ohmsche Gesetz. Läßt man aber eine Erwärmung durch den Strom zu, so bemerkt man eine Abhängigkeit des Widerstandes von der Stromstärke (§ 163). (Vgl. WESTPHAL: Physikalisches Praktikum, 30. und 34. Aufg.; wegen Messung sehr großer und sehr kleiner Widerstände vgl. die 43. und 47. Aufg.)

Bei den Metallen beruht nicht nur die elektrische Leitfähigkeit σ, sondern auch die Wärmeleitfähigkeit λ auf der Beweglichkeit und der Anzahl der Elek-

---

[1] GEORG SIMON OHM, 1787—1854.

[2] In den Schaltungsskizzen bedienen wir uns folgender Bildzeichen:

  ⊘ Strom- oder Spannungsmesser. || Akkumulator oder sonstige konstante Stromquelle.

  ⌇ Leiter mit merklichem Widerstand.   —— Leiter mit so kleinem Widerstand, daß er vernachlässigt werden kann (Drahtverbindungen).

tronen in der Volumeinheit. Theoretisch sollte sein

$$\frac{\lambda}{\sigma} = const\, T. \qquad (159.3)$$

T ist die Kelvin-Temperatur, und *const* sollte theoretisch für alle Metalle $2{,}44_3 \cdot 10^{-8}$ V² K⁻² sein *(Wiedemann[1]-Franz[2]-Lorenzsches[3] Gesetz)*. Das ist zwar nicht streng, aber doch der Größenordnung nach erfüllt. Bei den nichtmetallischen Stoffen besteht zwischen der elektrischen und der Wärmeleitfähigkeit keine einfache Beziehung. Doch sinkt im allgemeinen die elektrische Leitfähigkeit mit der Wärmeleitfähigkeit. Gute Isolatoren sind schlechte Wärmeleiter.

160. Die Kirchhoffschen Sätze. Für die Berechnung der Strom- und Spannungsverhältnisse in einem zusammenhängenden Leitersystem sind manchmal die beiden Kirchhoffschen[4] Sätze nützlich:

1. Kirchhoffscher Satz. *In jedem Verzweigungspunkt eines Leitersystems ist die Summe der ankommenden Ströme gleich der Summe der abfließenden Ströme.* Ein Beispiel ist in Abb. 302 dargestellt. In diesem Falle ist $I = I_1 + I_2 + I_3 + I_4$. Gibt man den auf einen Verzweigungspunkt hinfließenden positiven Strömen positives, den von ihm fortfließenden positiven Strömen negatives Vorzeichen, so kann man den 1. Kirchhoffschen Satz auch in der Form

$$\sum I_n = 0 \qquad (160.1)$$

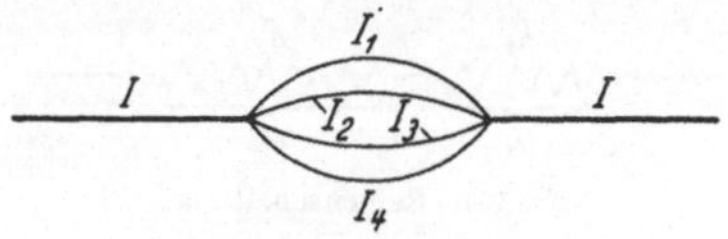

schreiben, wo die I_n die in den einzelnen Leiterzweigen fließenden Ströme bedeuten. Der 1. Kirchhoffsche Satz folgt unmittelbar aus der Tatsache, daß nirgends in einem stromdurchflossenen Leitersystem eine dauernde Ansammlung elektrischer Ladungen stattfindet (Kontinuitätsbedingung). Demnach muß von jedem Punkt des Leitersystems die gleiche Elektrizitätsmenge abfließen, wie ihm in der gleichen Zeit zufließt.

Abb. 302. Stromverzweigung

2. Kirchhoffscher Satz. Es seien R_n die Widerstände der verschiedenen Teile eines Leitersystems, I_n die Stromstärken in diesen, U_m die Leerlaufspannungen der im System enthaltenen Stromquellen (§ 167) *Dann ist für jeden beliebig herausgegriffenen, in sich geschlossenen Teil des Leitersystems sowie auch für das System als Ganzes die Summe aller Teilspannungen $U_n = I_n R_n$ gleich der Summe der in diesem Teil des Systems enthaltenen Spannungen U_m,*

$$\sum U_m = \sum I_n R_n. \qquad (160.2)$$

Bei der Bildung der Summe über die Teilspannungen ist an einem beliebigen Punkt des Leitersystems zu beginnen, und dieses ist auf einer geschlossenen Bahn bis zum Ausgangspunkt zu durchlaufen. Bei Stromverzweigungen kann jeder beliebige Weg gewählt werden, es darf auch das gleiche Teilstück mehrmals durchlaufen werden. Die Produkte $I_n R_n$, die auch für das Innere der Stromquellen zu bilden sind, sind mit positivem Vorzeichen zu versehen, wenn das Leiterstück bzw. die Stromquelle im Sinne der positiven Stromrichtung durchlaufen wird, die Spannungen U_m dann, wenn die Stromquelle in Richtung von der negativen zur positiven Klemme durchlaufen wird, andernfalls mit negativem Vorzeichen. Der 2. Kirchhoffsche Satz ist nichts als eine Erweiterung von (159.2) auf die einzelnen Teile eines aus beliebig vielen Stromquellen und Widerständen bestehenden, in sich geschlossenen Leitersystems. Ein Beispiel für seine Anwendung zeigt Abb. 303. Wir betrachten das zwischen den Punkten 1 und 2 eingeschlossene, aus

---

[1] GUSTAV WIEDEMANN, 1826—1899.   [2] RUDOLF FRANZ, 1827—1902.
[3] LUDWIG LORENZ, 1829—1891.   [4] GUSTAV ROBERT KIRCHHOFF, 1824—1887.

19*

den Widerständen R_1 und R_2 bestehende, in sich geschlossene Leitersystem. Wegen des Vorhandenseins der Stromquelle fließen in R_1 und R_2 Ströme, das Leitersystem

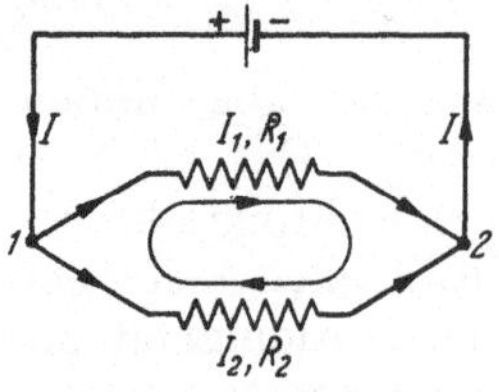

Abb. 303. Zum 2. Kirch-
hoffschen Satz

selbst enthält aber keine Stromquelle. Umlaufen wir das Leiterstück, bei 1 beginnend, im Sinne des Uhrzeigers und bedenken wir, daß wir dabei R_1 *in* Richtung von I_1, R_2 *gegen* die Richtung von I_2 durchlaufen, so folgt $I_1 R_1 - I_2 R_2 = 0$ oder $I_1 R_1 = I_2 R_2$, eine Tatsache, die wir in § 161 noch einmal ableiten werden. Das gleiche Ergebnis erhalten wir, wenn wir den 2. Kirchhoffschen Satz auf das ganze in Abb. 303 dargestellte Leitersystem anwenden. Die Leerlaufspannung der Stromquelle sei U_0, ihr innerer Widerstand R_i. Da es uns freisteht, ob wir von 1 nach 2 über den Widerstand R_1 oder über den Widerstand R_2 gehen wollen, so erhalten wir nach (160.2) $U_0 = I_1 R_1 + I R_i = I_2 R_2 + I R_i$, also wieder $I_1 R_1 = I_2 R_2$, wenn wir, etwa bei 1 beginnend, einen geschlossenen Umlauf in der Stromrichtung um das ganze Leitersystem ausführen, der über die Stromquelle und über R_1 oder R_2 führt.

161. Reihen- und Parallelschaltung von Leitern. Spannungsteilung. Zwei Leiter mit den Widerständen R_1 und R_2 seien hintereinander (in Reihe) geschaltet

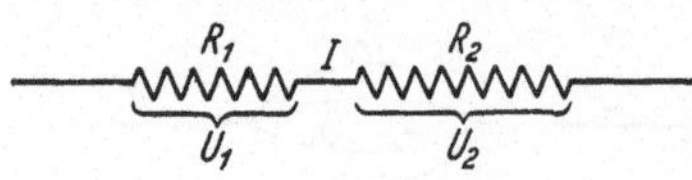

Abb. 304. Reihenschaltung

(Abb. 304). Liegt an ihren Enden eine Spannung U, so fließt in ihnen ein Strom, der nach dem 1. Kirchhoffschen Satz in beiden Leitern die gleiche Stärke I hat. Der Widerstand der Leiterfolge sei R, die an den Enden von R_1 und R_2 herrschenden Teilspannungen seien U_1 und U_2. Dann gilt nach (159.2) für die ganze Leiterfolge bzw. für jedes Teilstück $U = IR$, $U_1 = IR_1$, $U_2 = IR_2$. Ferner ist $U = U_1 + U_2$. Es folgt

$$R = R_1 + R_2 \quad (161.1) \quad \text{und} \quad U_1 : U_2 = R_1 : R_2 \quad (161.2)$$

sowie
$$U_1 = U \frac{R_1}{R_1 + R_2} = U \frac{R_1}{R} \quad \text{und} \quad U_2 = U \frac{R_2}{R_1 + R_2} = U \frac{R_2}{R}. \quad (161.3)$$

Demnach ist der Widerstand zweier in Reihe geschalteter Leiter gleich der Summe ihrer Widerstände. Die Teilspannungen an den Enden der Teilwiderstände

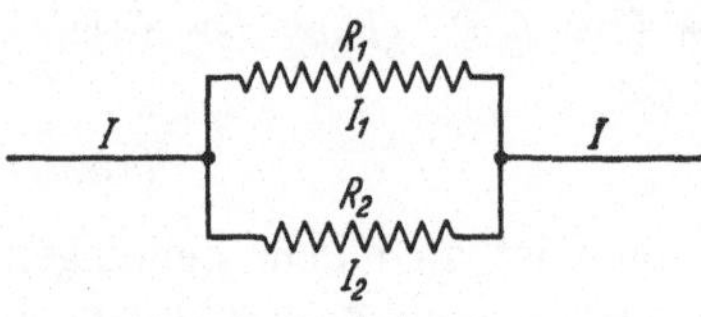

Abb. 305. Parallelschaltung

verhalten sich wie diese Widerstände und zur Gesamtspannung U wie die Teilwiderstände zum Gesamtwiderstand R. Das gilt entsprechend bei der Reihenschaltung von mehr als zwei Widerständen R_n, also

$$R = \sum R_n, \quad U_n = U \frac{R_n}{R}. \quad (161.4\,\text{a, b})$$

Wir betrachten jetzt eine aus zwei Leitern mit den Widerständen R_1 und R_2 bestehende Stromverzweigung (Abb. 305). An ihren Enden liege die Spannung U, und in den Zuleitungen zu den Verzweigungspunkten herrsche die Stromstärke I, in den Zweigen die Stromstärken I_1 und I_2. Dann ist nach dem 1. Kirchhoffschen Satz

$$I = I_1 + I_2.$$

Der Widerstand der Leitung zwischen den Verzweigungspunkten sei R. Wenden wir jetzt (159.2) einmal auf die ganze Leitung, dann auf jeden Leiterzweig einzeln an, so folgt $U = IR = (I_1 + I_2) R$, $U = I_1 R_1 = I_2 R_2$ und

$$\frac{1}{R} = \frac{1}{R_1} + \frac{1}{R_2} \quad \text{bzw.} \quad R = \frac{R_1 R_2}{R_1 + R} \quad \text{und} \quad I_1 : I_2 = R_2 : R_1. \quad (161.5\,\text{a, b, c})$$

Der Leitwert $1/R$ zweier parallel geschalteter Leiter ist also gleich der Summe der Leitwerte ihrer Einzelwiderstände. Die Überlegung läßt sich leicht auf mehr als zwei parallel geschaltete Leiter R_k übertragen, und es ergibt sich dann

$$\frac{1}{R} = \sum \frac{1}{R_k}. \tag{161.6}$$

(161.5 c) besagt, daß sich die Stromstärken in den beiden Zweigen einer aus zwei Leitern bestehenden Stromverzweigung umgekehrt wie die betreffenden Widerstände verhalten.

(161.3) führt zu einer wichtigen praktischen Anwendung, der *Spannungsteilung (Potentiometerschaltung)*. Es kommt sehr oft vor, daß man eine Spannung

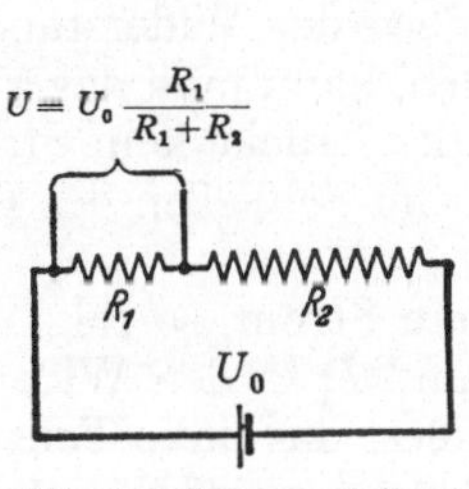
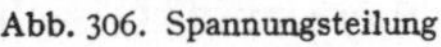

Abb. 306. Spannungsteilung

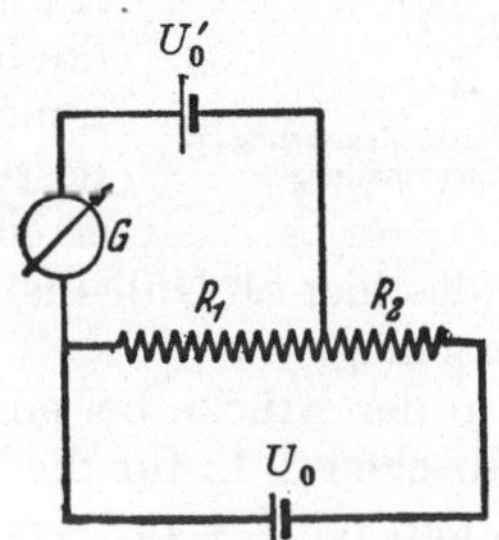

Abb. 307. Kompensationsverfahren

benötigt, die kleiner ist als die unmittelbar verfügbare. Es gibt z.B. keine Batterien von zuverlässig konstanter Spannung unterhalb der Größenordnung von etwa 1 V. In diesem Fall verwendet man die in Abb. 306 dargestellte Schaltung und bemißt die Widerstände R_1 und R_2 so, daß die an den Enden des Widerstandes R_1 herrschende Teilspannung die gewünschte Größe hat. Diese Spannung wird dann an den Enden von R_1 abgegriffen, welche den Klemmen einer Stromquelle von der gewünschten Spannung entsprechen.

Legt man an die Enden von R_1 eine zweite Stromquelle mit der Spannung U_0' derart, daß diese der zwischen den Enden von R_1 herrschenden Spannung entgegengerichtet ist, so fließt in ihrem Schließungskreis nur dann kein Strom, wenn $U_0' = U = U_0 R_1/(R_1 + R_2)$ ist. Man kann das durch geeignete Wahl des Verhältnisses R_1/R_2 stets erreichen, wenn $U_0' < U_0$. Die Stromlosigkeit stellt man mittels eines empfindlichen Strommessers G fest (Abb. 307, *Kompensationsverfahren* nach POGGENDORFF[1]). Auf diese Weise kann man die Spannungen U_0 und U_0' miteinander vergleichen bzw. die eine von ihnen messen, wenn die andere bekannt ist. Für genaue Messungen dieser Art benutzt man besondere *Kompensationsapparate*. Man kann nach diesem Verfahren auf dem Wege über einen Spannungsvergleich auch Widerstände und Stromstärken messen. (Vgl. WESTPHAL: Physikalisches Praktikum, 35. Aufgabe.)

162. Messung von Widerständen und Kapazitäten in der Brückenschaltung. Ein Verfahren zur Messung des Widerstandes eines Leiters besteht in der unmittelbaren Anwendung von (159.2), indem man mit einem Strommesser den durch den Leiter fließenden Strom und mit einem Spannungsmesser die zwischen seinen Enden bestehende Spannung mißt und $R = U/I$ berechnet. Das ist die in Abb. 301 dargestellte Schaltung.

Die gebräuchlichste Art der Widerstandsmessung ist die Messung in der *Brückenschaltung* (WHEATSTONE). Es seien R_1, R_2, R_3 und R_4 vier in der aus Abb. 308

---

[1] JOHANN CHRISTIAN POGGENDORFF, 1796—1877.

ersichtlichen Weise miteinander verbundene Widerstände. Mindestens einer dieser Widerstände muß meßbar veränderlich sein. Zwei gegenüberliegende Ecken (II, III) der Schaltung sind über einen empfindlichen Strommesser G (Galvanometer) verbunden. Zwischen den beiden anderen Ecken (I, IV) liegt ein Akkumulator oder Element A. In der das Galvanometer enthaltenden Leitung, der „Brücke", ist ein Taster T angebracht, ein federnder Schalter, mit dem man diese Leitung für ganz kurze Zeit schließen kann.

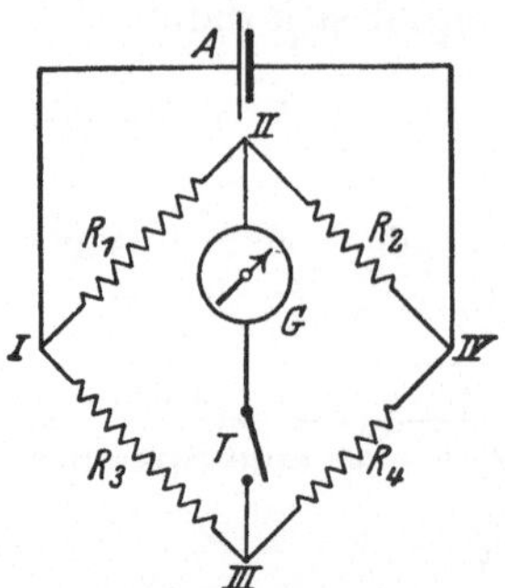

Abb. 308. Widerstandsmessung in der Brückenschaltung

Ist die Brücke geschlossen, so wird im allgemeinen auch in ihr ein Strom fließen und sich durch einen Ausschlag des Meßgerätes bemerkbar machen, wenn die beiden Punkte II und III nicht auf gleicher Spannung sind. Durch Verändern der Widerstände, mindestens des einen von ihnen, kann man das aber stets erreichen. Dann fließt in der Brücke kein Strom; das Meßgerät (das hier als Null-Instrument dient) zeigt beim Schließen des Tasters T keinen Ausschlag.

Fließt in der Brücke bei geschlossenem Taster kein Strom, so folgt aus dem 1. Kirchhoffschen Satz für die Teilströme I_1, I_2, I_3 und I_4 in den Widerständen R_1, R_2, R_3 und R_4 $I_1 = I_2$, $I_3 = I_4$. Durchlaufen wir jetzt das linke Teilstück der Verzweigung, von I beginnend über II und III nach I zurück, so ergibt der 2. Kirchhoffsche Satz $I_1 R_1 - I_3 R_3 = 0$. Ebenso folgt für das rechte Teilstück $I_2 R_2 - I_4 R_4 = I_1 R_2 - I_3 R_4 = 0$. Oder

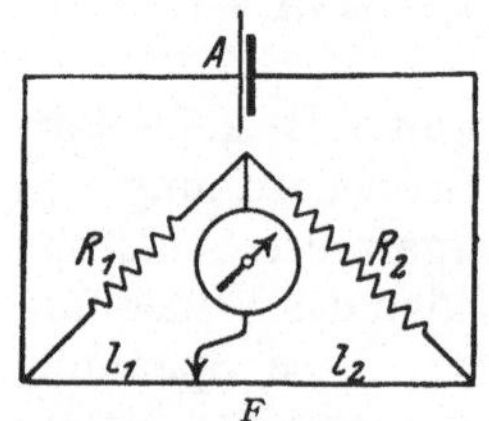

Abb. 309. Widerstandsmessung mit Meßdraht

$$I_1 R_1 = I_3 R_3, \qquad I_1 R_2 = I_3 R_4.$$

Dividiert man diese beiden Gleichungen durch einander, so ergibt sich

$$R_1 : R_2 = R_3 : R_4 \quad \text{bzw.} \quad R_1 : R_3 = R_2 : R_4. \qquad (162.1)$$

Sind also drei dieser Widerstände bekannt, so kann man den vierten berechnen. Es genügt sogar, um z. B. R_1 zu berechnen, wenn nur einer der an R_1 angrenzenden Widerstände, etwa R_2, bekannt ist und ferner das Verhältnis R_3/R_4 der beiden anderen Widerstände.

Als Vergleichsnormale benutzt man meist *Stöpselwiderstände* (Präzisionswiderstandsätze). Sie bestehen aus einer größeren Anzahl von Spulen aus Manganindraht, die meist an der Unterseite des aus Hartgummi bestehenden Deckels eines Kastens angebracht sind (Abb. 310). Diese sind meist so abgestuft wie die Wägestücke in einem Gewichtssatz. Die Enden jedes dieser Widerstände führen an Messingklötze auf dem Kastendeckel, die durch Messingstöpsel kurzgeschlossen werden können. Wirksam sind nur die Widerstände, deren Stöpsel herausgezogen sind.

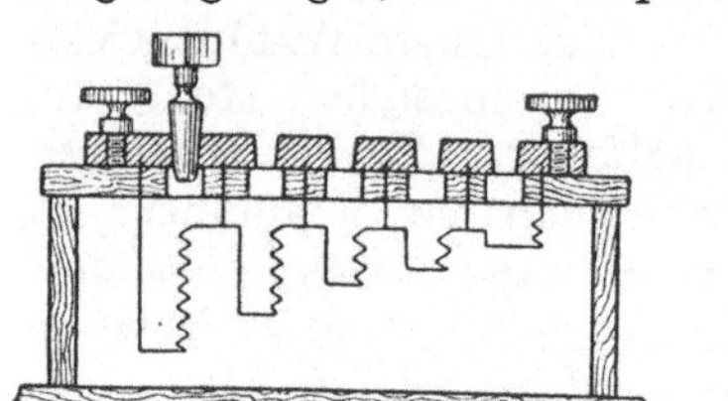

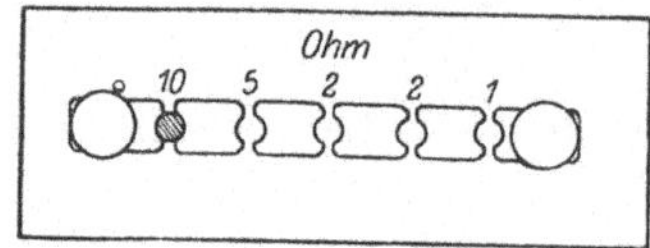

Abb. 310. Stöpselwiderstand

Für Messungen, bei denen es nur auf geringere Genauigkeit ankommt, bedient man sich oft an Stelle von R_3 und R_4 eines auf einer Millimeterteilung ausgespannten Manganindrahtes, auf dem eine Metallschneide verschoben werden kann, von der aus ein Draht zum Meßgerät in der Brücke führt (Abb. 309).

Die hierdurch abgegrenzten Teile des Drahtes von den Längen l_1 und l_2 bilden die Widerstände R_3 und R_4. Den Widerstand R_2 bildet ein Stöpselwiderstand, R_1 ist der zu messende Widerstand. Nach erfolgter Abgleichung (durch Verschieben der Schneide) ist $R_1 = R_2 \cdot R_3/R_4$. Das Verhältnis R_3/R_4 aber ist gleich dem Verhältnis, in dem die Metallschneide den Meßdraht teilt, denn die Widerstände der beiden Teile des Drahtes verhalten sich, vorausgesetzt, daß er überall gleich dick und gleich beschaffen ist, wie die Längen dieser Teile, so daß einfach $R_1 = R_2 \cdot l_1/l_2$. (Vgl. WESTPHAL: Physikalisches Praktikum, 31. Aufgabe.)

Der große Vorzug der Brückenschaltung beruht darauf, daß man keine geeichten Strom- oder Spannungsmesser braucht, daß die Spannung der Stromquelle nicht konstant zu sein braucht, da sie in (162.1) nicht eingeht, und daß man bei Verwendung eines Meßdrahtes mit einem einzigen bekannten Vergleichswiderstand auskommt.

Die Brückenschaltung kann auch zur Messung von Kapazitäten verwendet werden. Neben anderen Verfahren (§ 248) ist hier das von MAXWELL zu erwähnen. In der Brückenschaltung wird einer der vier Widerstände durch einen pendelnden Kontakt K und die zu messende Kapazität C in Parallelschaltung ersetzt (Abb. 311). Der Kontakt bewege sich n-mal in 1 s zwischen den beiden Anschlägen hin und her, und in dem betreffenden Zweige der Schaltung herrsche die Spannung U. Dann lädt sich der Kondensator n-mal in 1 s auf die Spannung U auf, nimmt also n-mal die Ladung $Q = CU$ auf, und wird nach jeder Aufladung durch Kurzschluß wieder entladen. Insgesamt nimmt er also in der Zeit t die Elektrizitätsmenge $nQt = nCUt$ auf, die ihm durch die Zuleitungen zufließen muß. Diese entspricht einer durchschnittlichen Stromstärke $I = nQ = nCU$. Wenn man formal $1/(nC) = R$ setzt, so entspricht diese Beziehung zwischen I und U der Gleichung $I = U/R$. Der Kondensator von der

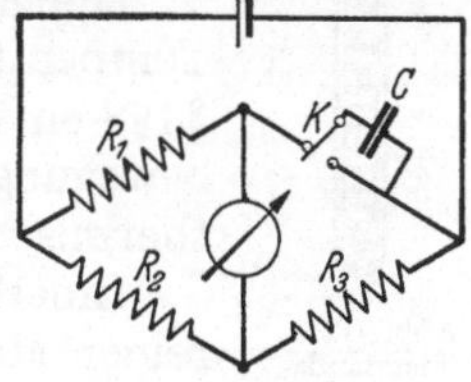

Abb. 311. Kapazitätsmessung nach MAXWELL

Kapazität C entspricht in seiner Wirkung bei n-maliger Auf- und Entladung in 1 s einem Widerstand von der Größe $1/(nC)$. Man kann daher, wenn man n kennt, die Kapazität C aus den anderen Widerständen berechnen, $C = R_2/(nR_1R_3)$.

163. Temperaturkoeffizient des Widerstandes. Hat man in einer Brückenschaltung den Widerstand z. B. eines Eisendrahtes gemessen und erwärmt diesen dann mit einer Flamme, so bemerkt man, daß sein Widerstand sich ändert (LENZ[1] 1835). Der Widerstand der metallischen Leiter wächst mit der Temperatur. Für reines Kupfer ist z. B. der Widerstand bei 100 °C 1,43mal so groß wie bei 0 °C, bei −190 °C nur noch rund 1/7 des Widerstandes bei 0 °C.

Sehr deutlich erkennt man die Änderung des Widerstandes mit der Temperatur, wenn man einen Stromkreis aus einigen Akkumulatoren, einer Metallfadenlampe für 220 V und einem Strommesser von geeigneter Empfindlichkeit bildet. Beim Einschalten ist der Ausschlag wegen des kleineren Anfangswiderstandes momentan groß und geht dann beträchtlich zurück, weil die Temperatur des Lampenfadens sich durch den Strom erhöht (§ 168) und daher sein Widerstand beim Stromdurchgang größer ist als ohne Strom. Bei Kohlefadenlampen ist das Gegenteil der Fall. Der Widerstand des Kohlefadens sinkt bei steigender Temperatur. Daher leuchten Metallfadenlampen beim Einschalten sofort hell auf, während Kohlefadenlampen ihre volle Lichtstärke erst kurze Zeit (etwa 1 s) nach dem Einschalten zeigen. Bei gleichzeitigem Einschalten einer Metallfadenlampe und einer gleich hellen, parallelgeschalteten Kohlefadenlampe ist dies gut zu beobachten. Schaltet man aber eine Metall- und eine Kohlefadenlampe an 220 V

---

[1] HEINRICH FRIEDRICH EMIL LENZ, 1804−1865.

hintereinander, so leuchtet zuerst die Kohlefadenlampe hell auf, um dann wieder dunkler zu werden. Der Leser möge die Erklärung selbst finden (§161!).

Im Bereiche gewöhnlicher Temperaturen t ändert sich der Widerstand der reinen Metalle sehr angenähert nach der Gleichung

$$R = R_0(1 + at), \tag{163.1}$$

wobei R_0 der Widerstand bei 0 °C ist. a ist in einem nicht allzu großen Temperaturbereich nahezu konstant. Es liegt im gewöhnlichen Temperaturbereich für einigermaßen reine Metalle in der Größenordnung $4 \cdot 10^{-3}$ °C^{-1} = 1/250 °C^{-1},

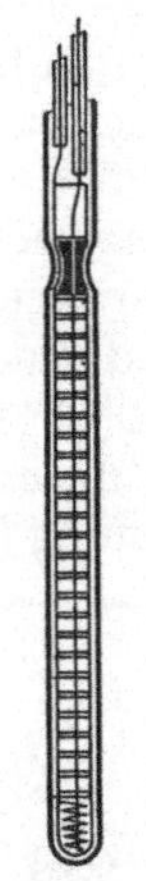

ist also ungefähr ebenso groß wie der Ausdehnungskoeffizient der idealen Gase 1/273 °C^{-1} (§106), und nähert sich diesem Wert um so mehr, je reiner das Metall ist. Der Widerstand der Metalle ist also bei gewöhnlicher Temperatur der absoluten Temperatur ungefähr proportional. Besonders gut gilt dies u.a. für die Platinmetalle, am wenigsten für die ferromagnetischen Metalle. a heißt der *Temperaturkoeffizient des Widerstandes*. Es gibt auch Stoffe mit negativem Temperaturkoeffizienten, bei denen also der Widerstand mit steigender Temperatur abnimmt, z.B. die Kohle der Kohlefadenlampen. (Vgl. WESTPHAL: Physikalisches Praktikum, 30. und 34. Aufgabe.)

Die Zunahme des Widerstandes reiner Metalle mit wachsender Temperatur findet wenigstens qualitativ ihre Erklärung in den im §158 entwickelten Vorstellungen. Es ist verständlich, daß die Driftbewegung der Elektronen um so mehr gestört wird, je heftiger die thermische Bewegung in dem Metall ist.

Innerhalb größerer Temperaturbereiche genügt bei nicht sehr reinen Metallen (163.1) nicht mehr, und man muß höhere Potenzen von t mit heranziehen.

Abb. 312.
Widerstandsthermometer
aus
Platindraht

$$R = R_0(1 + at + bt^2 + \cdots). \tag{163.2}$$

In manchen Fällen, vor allem bei manchen Legierungen, ist b negativ. Dann kann $dR/dt = R_0(a + 2bt + \cdots)$ bei einer bestimmten Temperatur verschwinden und bei weiter wachsender Temperatur negativ werden. R hat dann bei jener Temperatur ein Maximum und ändert sich beiderseits derselben nur verhältnismäßig wenig mit der Temperatur. Es gibt Legierungen, die bei Zimmertemperatur einen fast temperaturunabhängigen Widerstand haben (Manganin, Konstantan, Novokonstant, Isabellin u.a.). Sie haben eine große Bedeutung zur Herstellung von Präzisionswiderständen, bei denen es auf möglichste Temperaturunabhängigkeit ankommt.

Ein *Widerstandsthermometer* (Abb. 312) besteht aus einer dünnen Platindrahtwendel in einer Quarzröhre. Ist der Temperaturkoeffizient des Widerstandes des Platindrahtes bekannt, so kann man, indem man seinen Widerstand in der Brückenschaltung mißt, die Temperatur berechnen, auf der er sich befindet.

164. Halbleiter. Die spezifischen Widerstände der Metalle (§159) liegen zwischen etwa 10^{-4} bis 10^{-7} Ω cm. Als Dielektrika oder Isolatoren bezeichnet man Stoffe mit einem spezifischen Widerstand über 10^{10} Ω cm. Die große dazwischen liegende Spanne ist der Bereich der *Halbleiter*. Sie sind kristallin und zerfallen in zwei Hauptgruppen: *Ionenleiter* und *Elektronenleiter*. Gemeinsam ist ihnen, daß sie keine Idealkristalle sind, wie wir sie in §§51 und 52 behandelt haben, sondern daß ihre Raumgitter Störungen aufweisen, entweder durch *Fehlordnungen der Gitterbausteine* oder durch *Einbau von Fremdatomen*.

Die Leitfähigkeit der *Ionenleiter* beruht auf Wanderungen (Platzwechsel) von Ionen im Raumgitter (Gitterleitfähigkeit). Da das durch Erhöhung der Tem-

peratur begünstigt wird, so haben die Ionenleiter einen negativen Temperaturkoeffizienten des Widerstandes; ihr Widerstand nimmt mit steigender Temperatur
ab (§163). Hierher gehören z.B. NaCl, AgCl, AgJ. Diese Stoffe leiten auch als
Schmelzen. Ein Ionenleiter ist auch der Nernststift, der eine Zeit lang in der
Beleuchtungstechnik eine Rolle spielte und aus 85 % ZrO_2 und 15 % Y_2O_2 besteht.

Auch das Glas ist ein Ionenleiter. Zwar ist es bei Zimmertemperatur noch ein
sehr guter Isolator; aber schon bei Erwärmung auf einige 100 °C ist seine Leitfähigkeit sehr erheblich. Man schalte eine kurze Glasröhre in die Zuleitung einer
an 220 V liegenden Glühlampe und erwärme sie mit einer Bunsenflamme. Nach
kurzer Zeit beginnt die Glühlampe zu leuchten. Überbrückt man sie dann, so
erhitzt sich das Rohr durch Stromwärme bis zum Schmelzen. Man kann auch
Natriumionen aus einer Kochsalzschmelze unter der Wirkung einer Spannung
durch heißes Glas wandern lassen, ohne daß dieses sich chemisch verändert, da
es ja Natrium enthält. Man benutzt dies zur Herstellung sehr reiner Natrium-
niederschläge als Kathoden lichtelektrischer Zellen (§336).

Die übrigen Halbleiter sind *Elektronenleiter* und zerfallen in zwei Gruppen.
Die eine Gruppe sind Verbindungen wie Cu_2O, TiO_2, ZnO, Fe_2O_3, PbS, wenn
sie einen stöchiometrischen Überschuß der einen oder anderen ihrer Komponenten
haben. Je nachdem das Metall oder das Metalloid im Überschuß vorhanden ist,
spricht man von Überschußhalbleitung oder Mangelhalbleitung. Der Temperaturkoeffizient ihres Widerstandes ist negativ und kann je nach der Beschaffenheit
des Stoffes um viele Zehnerpotenzen schwanken. Die zweite Gruppe besteht aus
metallähnlichen Elementen wie Si, As, Sn, Te, Gn. Als Einkristalle verhalten
sie sich im wesentlichen wie Metalle von sehr geringer Leitfähigkeit und haben
einen positiven Temperaturkoeffizienten, in mikrokristallinem Zustande hingegen
wie die Stoffe der vorhergehenden Gruppe und haben einen negativen Temperaturkoeffizienten. Das beruht jedenfalls teilweise auf Übergangswiderständen in den
mikrokristallinen Grenzflächen. Die Leitfähigkeit dieser Halbleiter ist außerordentlich empfindlich gegen ganz geringe Spuren von
Fremdatomen. So wird die des Germaniums durch
Gallium- oder Arsenatome in einer Konzentration von
10^{-9} auf etwa das 10^3-fache erhöht. Diese Stoffe, insbesondere das Germanium (Gn) und das Selen (Sn),
haben heute eine außerordentliche technische Bedeutung gewonnen, z.B. als Bauelemente der Transistoren
(§260) und der Halbleiterphotoelemente (§336). Die
Halbleiterphysik bildet heute einen Schwerpunkt der
physikalischen Forschung.

165. Supraleitung. Der Widerstand *sehr reiner* Metalle, deren Temperaturkoeffizient nach §163 1/273 °C^{-1}
ist, sollte nach (163.1) linear bis zum absoluten Nullpunkt sinken und dort verschwinden. Indessen wird
der Widerstand von Metallen von nicht sehr hohem
Reinheitsgrad schließlich ziemlich konstant und nä-

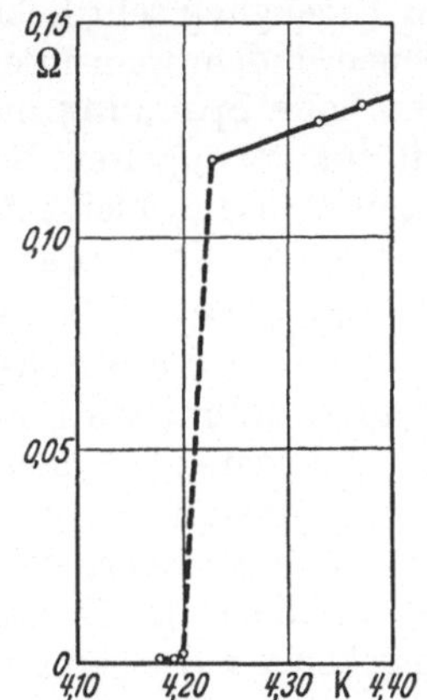

Abb. 313. Supraleitung bei Quecksilber. Nach KAMERLINGH ONNES

hert sich einem endlichen Wert. Im Jahre 1911 entdeckte indessen KAMERLINGH
ONNES, daß der Widerstand sehr reinen Quecksilbers dem zwar bis herab zu
4,2 K ausgezeichnet genügt, dann aber *sprunghaft vollkommen verschwindet*
(Abb. 313). Das gleiche ist bisher bei etwa 30 sehr reinen Metallen und etwa
1000 Metallegierungen und intermetallischen Verbindungen bei Temperaturen
bis etwa 25 K festgestellt worden. Es kann nicht ausgeschlossen werden, daß
alle Metalle sich als supraleitend erweisen werden, sofern es gelingt, sie äußerst

rein herzustellen und Temperaturen zu erzeugen, die 0 K noch näher kommen als es bisher möglich gewesen ist. Man bezeichnet diese Erscheinung als *Supraleitung*, die Temperatur, bei der sie eintritt, als *Sprungtemperatur* oder *Sprungpunkt*.

Die Supraleitfähigkeit ist keine unmittelbare Atomeigenschaft, sondern hängt von der Struktur, der Art der Bindung der Atome im festen Stoff, ab. Weißes Zinn wird bei 3,69 K supraleitend, während graues Zinn noch bei 1,8 K normal leitet. Einige Halbleiter (§164) erfahren unter sehr hohem Druck eine Änderung ihrer Raumgitterstruktur in diejenige eines Metalls. Dadurch gewinnen sie nicht nur metallische Leitfähigkeit, sondern einige von ihnen werden bei genügend tiefer Temperatur auch supraleitend. Die bisher bekannten metallischen Supraleiter sind sämtlich Stoffe mit kleinem Atomvolumen. Der Suprastrom fließt immer nur in einer Schichtdicke von rund 10^{-5} bis 10^{-6} cm an der Oberfläche des Supraleiters.

Ein dicht oberhalb seiner Sprungtemperatur befindlicher, also noch normal leitender Ring befinde sich zwischen den Polen eines Elektromagneten. Wird dieser erregt, so wird im Ringe ein Ringstrom induziert, der aber alsbald wieder verschwindet, weil die Bewegungsenergie der Elektronen wegen des noch vorhandenen Widerstandes sofort in Wärme umgesetzt wird (§168). Dann wird der Ring bei weiter bestehendem magnetischen Felde unter seine Sprungtemperatur abgekühlt und das magnetische Feld zum Verschwinden gebracht. Dadurch wird wiederum in dem Ring ein Strom induziert, der aber nunmehr, da kein Widerstand mehr vorhanden ist, ungeschwächt andauert, solange der Ring supraleitend bleibt *(Dauerstromversuch,* JUSTI[1]*)*, und den man durch sein magnetisches Feld nachweisen kann. Ein solcher supraleitender Ring kann als *Speicher elektrischer Energie* dienen, die wieder frei wird, wenn der Ring über seine Sprungtemperatur hinaus erwärmt wird. Man benutzt das bei elektronischen Rechenmaschinen zum Speichern von Informationen, also als „Gedächtnis". Auch zur Erzeugung sehr hoher stationärer magnetischer Felder kann die Supraleitung dienen, indem man in einer noch eben über ihrem Sprungpunkt liegenden Spule eine hohe Spannung induziert, z.B. durch eine Kondensatorentladung in einer mit ihr gekoppelten Spule, und sie dann momentan unter den Sprungpunkt abkühlt. Dann bleibt der Suprastrom nebst seinem magnetischen Feld erhalten. Sehr starke, in supraleitenden Spulen erzeugte Dauerströme finden heute eine wichtige Verwendung zur Erzeugung sehr hoher magnetischer Felder.

Während die Stromstärke in einem Normalleiter durch Spannung und Widerstand bestimmt wird, ist die Stromstärke in einem Supraleiter durch die Stärke des induzierenden magnetischen Feldes (bzw. den durch dieses induzierten Spannungsstoß, §234) und die Induktivität (§235) des Supraleiters gegeben. Das kann zu überraschenden Erscheinungen führen. So kann es vorkommen, daß in einem der Zweige einer Stromverzweigung der Strom rückläufig, also in umgekehrter Richtung wie bei Normalleitung, fließt.

Bringt man einen Supraleiter in ein statisches magnetisches Feld, so ist der dadurch induzierte Strom immer so gerichtet und verteilt, daß der durch ihn erzeugte magnetische Fluß den magnetischen Fluß des äußeren Feldes innerhalb der vom induzierten Strom umrandeten Fläche genau aufhebt (MEISSNER[2]-Effekt).

Ein magnetisches Feld verschiebt den Eintritt der Supraleitfähigkeit zu tieferen Temperaturen. Zinn, das im feldfreien Raum bei 3,69 K supraleitend wird, wird dies in einem Felde von 200 Gs erst bei 1,85 K. Auch durch das

---

[1] EDUARD JUSTI, geb. 1904.   [2] WALTHER MEISSNER, geb. 1882.

eigene magnetische Feld des Suprastromes wird der Sprungpunkt um so mehr erniedrigt, je stärker der Strom ist.

Ein Supraleiter ist für genügend schnelle elektrische Schwingungen nicht supraleitend, sondern normalleitend. Daher verhalten sich Supraleiter auch gegenüber den Lichtschwingungen durchaus als Normalleiter. Wenn es in einem Supraleiter nur supraleitende Strombahnen gäbe, so müßte er durchsichtig sein, was er nicht ist. Daraus schließt man, daß tatsächlich nur ein sehr kleiner Bruchteil der Leitungselektronen an der Supraleitfähigkeit beteiligt ist und widerstandslose Strombahnen bildet, welche im stationären Zustande die stets außerdem vorhandenen normalleitenden Strombahnen kurzschließen. Daher verhält sich auch eine dünne supraleitende Schicht an der Oberfläche eines nicht supraleitenden Metalls so, als befinde sie sich auf einem Isolator.

Um eine Theorie der Supraleitung auf thermodynamischer Grundlage hat sich vor allem VON LAUE bemüht. Nach einer von HEISENBERG[1] und KOPPE entwickelten Theorie geht beim Sprungpunkt ein kleiner Bruchteil der Leitungselektronen unter der ordnenden Wirkung ihrer Wechselwirkungskräfte in einen Zustand über, der der Gitterstruktur der Kristalle verwandt ist, und bildet in diesem Zustande widerstandslose Strombahnen. Eine erschöpfende Theorie, welche die Gesamtheit der Erscheinungen auch quantitativ richtig wiedergibt, steht noch aus.

166. Kennlinie von Leitern. Es sei U die an einem Leiter liegende Spannung, I die Stärke des in ihm fließenden Stromes. Trägt man U als Funktion von I oder auch I als Funktion von U auf, so erhält man eine Kurve, die man die *Charakteristik* oder *Kennlinie des Leiters* nennt. Wenn $R = U/I$ konstant ist (Gültigkeit des Ohmschen Gesetzes), ist die Kennlinie eine Gerade. In Wirklichkeit ist dies schon deshalb nie genau der Fall, weil der Strom jeden Leiter erwärmt und der Widerstand so wenigstens mittelbar eine Funktion der Stromstärke I ist, $R = R(I)$. In manchen Fällen ist aber der Widerstand auch bei konstanter Temperatur schon eine Funktion von I, z.B. wenn die Anzahl der Ladungsträger im Leiter von der Stromstärke abhängt. Wir werden einen solchen Fall bei den ionisierten Gasen kennenlernen (§185). An die Stelle von (159.2) tritt dann die Gleichung

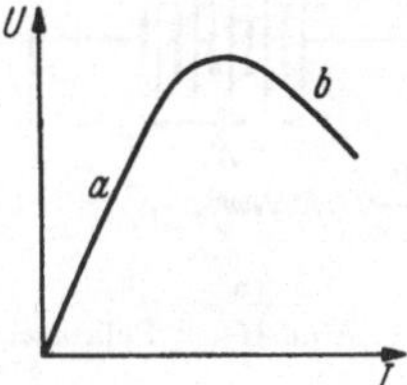

Abb. 314. Kennlinie eines Leiters ,der bei geringer Belastung (a eine steigende, bei höherer Belastung (b) eine fallende Kennlinie hat

$$U = IR(I). \tag{166.1}$$

(Vgl. WESTPHAL: Physikalisches Praktikum, 30. Aufgabe.)

Man spricht von einer steigenden oder fallenden Kennlinie, je nachdem der *„differentielle Widerstand"* dU/dI positiv oder negativ ist; vgl. (163.2) mit $b < 0$. Nach (166.1) ist

$$\frac{dU}{dI} = R(I) + I\,\frac{dR(I)}{dI}. \tag{166.2}$$

Es gibt Fälle, in denen die Funktion $R(I)$ eine derartige Gestalt hat, daß dU/dI bei genügend hoher Stromstärke I negativ wird (Abb. 314). Im Maximum der Kennlinie tritt dann im Leiter ein labiler Zustand ein. Jede zufällige kleine Erhöhung der Stromstärke bewirkt ein Sinken des Widerstandes und damit eine weitere Steigerung der Stromstärke, mit der ein erneutes Sinken des Widerstandes verbunden ist, so daß die Stromstärke, soweit die sonst im Stromkreise enthaltenen Widerstände es zulassen, weiter und weiter ansteigt, obgleich die am Leiter liegende Spannung sinkt.

---

[1] WERNER KARL HEISENBERG, geb. 1901, Nobelpreis 1932.

167. Innerer Widerstand, Reihen- und Parallelschaltung von Stromquellen.
In einem geschlossenen, eine Stromquelle (Akkumulator, Element usw.) enthaltenden Stromkreise durchfließt der Strom nicht nur die an die Stromquelle
angeschlossenen Leiter, sondern auch die Stromquelle selbst. Er fließt innerhalb
der Stromquelle von der negativen zur positiven, außerhalb von der positiven
zur negativen Klemme der Stromquelle (Richtung des positiven Stromes! §156).
Deshalb kommen für die Berechnung der Stromstärke im Kreise nicht nur der
Widerstand R_a des äußeren Leiterkreises, sondern auch der innere Widerstand R_i
der Stromquelle und für die Anwendung des 2. Kirchhoffschen Satzes (160.2) die
Teilspannungen $U_a = IR_a$ und $U_i = IR_i$ in Betracht. Dann ist

$$I(R_a + R_i) = U_a + U_i = U_0, \quad \text{bzw.} \quad I = \frac{U_0}{R_a + R_i}. \tag{167.1}$$

U_0, die *Quellenspannung* oder *Leerlaufspannung* der Stromquelle, ist also gleich
der Summe der inneren und der äußeren Spannung. Aus (167.1) folgt

$$U_a = U_0 \frac{R_a}{R_a + R_i} \quad \text{und} \quad U_i = U_0 \frac{R_i}{R_a + R_i}. \tag{167.2}$$

Die an dem äußeren Widerstand R_a liegende Spannung U_a, die *Klemmenspannung*,
ist also kleiner als die Quellenspannung der Stromquelle, nähert sich ihr aber um
so mehr, je kleiner R_i gegenüber R_a ist. Ist $R_i \ll R_a$, so wird $U_a \approx U_0$ und ist bei
sehr großem äußeren Widerstand praktisch gleich der Quellenspannung. Deshalb
kann man diese an der sonst unbelasteten Stromquelle mittels eines Spannungsmessers von großem Widerstand messen. Sonst ist die Klemmenspannung kleiner als
die Quellenspannung. Bei Strombelastung liegt ein Teil des Spannungsabfalls,
nämlich U_i, im Innern der Strom-
quelle. Es ist also im allgemeinen
vorteilhaft, wenn eine Stromquelle
einen möglichst kleinen inneren
Widerstand R_i hat. Hierin liegt,
neben anderem, der große Vorzug
der Akkumulatoren gegenüber den
galvanischen Elementen.

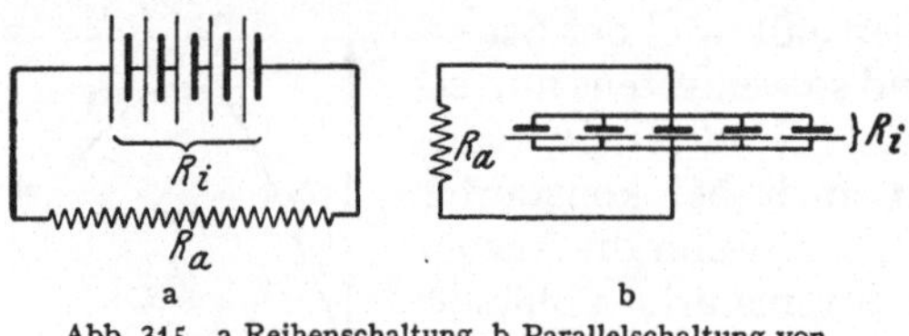

a   b

Abb. 315. a Reihenschaltung, b Parallelschaltung von
Stromquellen

Verbindet man die Klemmen einer Stromquelle durch einen sehr kleinen
Widerstand $(R_a \ll R_i)$, so tritt *Kurzschluß* der Stromquelle ein. Aus (167.1) folgt,
daß die Stärke des dann fließenden Stromes $I \approx U_0/R_i$ beträgt. Ein stärkerer
Strom kann der Stromquelle nicht entnommen werden. In der Regel dürfen ihr
aber nur weit schwächere Belastungen zugemutet werden, wenn sie nicht Schaden
leiden soll. Ein Akkumulator, der bis zu 3 A belastet werden darf, hat einen
inneren Widerstand R_i von etwa 0,02 Ω. Er liefert also bei einer Quellenspannung U_0 von etwa 2 V einen Kurzschlußstrom von etwa 100 A. (Vgl. WESTPHAL:
Physikalisches Praktikum, 33. Aufgabe.)

Wenn mehrere gleiche Stromquellen zur Verfügung stehen und es auf die
Erzeugung eines möglichst starken Stromes ankommt, so ist von Fall zu Fall
zu erwägen, ob man sie besser in Reihe oder parallel schaltet (Abb. 315). Das
ist eine Frage des äußeren Widerstandes. Der Leser berechne auf Grund von
(167.1) und (167.2) selbst, welche Schaltung bei großem und bei kleinem Widerstand günstiger ist.

168. Stromarbeit. Stromleistung. Stromwärme. Wenn ein Ladungsträger von
der Ladung Q und der Masse m eine Spannung U *frei* durchlaufen hat, so hat er
die kinetische Energie $mv^2/2 = QU$ gewonnen [(142.10)]. Trifft er dann auf ein

Hindernis, an dem er seine Geschwindigkeit vollständig wieder verliert, so verwandelt sich diese Energie dort in Wärme. Das gleiche gilt für einen Strom von Ladungsträgern. Ein Beispiel ist die Erhitzung der Anoden von Röntgenröhren durch die von der Kathode herkommenden, durch die Röhrenspannung beschleunigten Elektronen, die das Hochvakuum der Röhre praktisch frei durchlaufen. Die Strombahn habe den Querschnitt q, die Geschwindigkeit, die die Ladungsträger nach Durchlaufen der Spannung U gewonnen haben, sei v, und es seien in der Strombahn n gleiche Ladungsträger je Volumeinheit enthalten. Dann legen die Ladungsträger in der Zeit dt die Strecke $v\,dt$ zurück, und es erreichen so viele von ihnen in dieser Zeit das Hindernis, wie sich in dem Volumen $qv\,dt$ befinden, also $n\,qv\,dt$ Ladungsträger. Jeder von ihnen führt die kinetische Energie QU mit sich, ihre Gesamtheit also die kinetische Energie $n\,Q\,qv\,U\,dt$. Nun ist aber $n\,Q\,qv = I$ die Stromstärke in der Strombahn [(158.2) mit Q statt e]. Die kinetische Energie, welche die Ladungsträger in der Zeit dt an das Hindernis heranführen, beträgt also $U\,I\,dt$. Diese Energie wird am Hindernis bei der Bremsung der Ladungsträger frei. Man bezeichnet sie als *Stromarbeit*

$$dW = U\,I\,dt. \tag{168.1}$$

Sind Strom und Spannung zeitlich konstant, so ergibt sich daraus für die Stromarbeit in der endlichen Zeit t

$$W = U\,I\,t. \tag{168.2}$$

Die *Stromleistung* ist der Quotient aus Stromarbeit und Zeit (§22),

$$P = \frac{dW}{dt} = U\,I, \tag{168.3}$$

wobei U und I die momentane Spannung und die momentane Stromstärke sind. Sind Spannung und Strom zeitlich veränderlich, so ergibt sich die Stromarbeit in der endlichen Zeit t nach (168.1) zu

$$W = \int_0^t U\,I\,dt. \tag{168.4}$$

An diesen Überlegungen ändert sich nichts, wenn die Ladungsträger die Spannung U nicht frei durchlaufen, sondern sich in einem Stoff bewegen, in dem sie hemmenden Kräften unterliegen, wie die Ladungsträger in einem Leiter. Auch hier erfahren sie Beschleunigungen, aber nur auf sehr kurzen Strecken, und bei jeder Wechselwirkung mit den atomaren Bausteinen des Leiters geben sie im Durchschnitt die auf diesen Strecken gewonnene Energie an jene wieder ab. So erhöhen sie die kinetische Schwingungsenergie dieser Bausteine; der Leiter wird erwärmt, es tritt *Stromwärme (Joulesche Wärme)* auf, wie beim Auftreffen auf ein Hindernis nach freiem Durchlaufen einer größeren Strecke. Der einzige — allerdings praktisch sehr wesentliche — Unterschied besteht darin, daß jetzt die Stromwärme nicht erst am Ende einer langen freien Strombahn auf einmal erzeugt wird, sondern in einer sehr großen Zahl von Elementarakten längs der gesamten, an das Innere des Leiters gebundenen Strombahn. Wird dabei insgesamt eine Spannung U durchlaufen, so hat dabei jeder Ladungsträger auch die Energie QU aufgenommen und in äußerst kleinen Portionen immer sofort wieder an seine Umgebung, den Leiter, abgegeben. Daher gelten die obigen Gleichungen sämtlich uneingeschränkt auch für die Stromwärme in einem Leiter, in dem die Stromstärke I und an dessen Enden die Spannung U herrscht.

In diesem Fall können wir die obigen Gleichungen mit Hilfe der Beziehung $U = IR$ auch auf die folgenden, gleichwertigen Formen bringen:

$$dW = UI\,dt = \frac{U^2}{R}\,dt = I^2 R\,dt, \quad (168.5) \quad \text{bzw.} \quad W = UIt = \frac{U^2}{R}\,t = I^2 Rt, \quad (168.6)$$

$$P = UI = \frac{U^2}{R} = I^2 R, \quad (168.7) \qquad W = \int_0^t UI\,dt = \int_0^t \frac{U^2}{R}\,dt = \int_0^t I^2 R\,dt. \quad (168.8)$$

(168.1) bis (168.4), aber nicht die den Widerstand R enthaltenden (168.5) bis (168.8), gelten auch dann, wenn sich die kinetische Energie der Ladungsträger nicht nur in Stromwärme, sondern auch in andere Energieformen verwandelt, z.B. in die Energie des vom Strom erzeugten magnetischen Feldes. In diesem Fall beruhen die hemmenden Kräfte auch auf der Rückwirkung des entstehenden Feldes auf die Ladungsträger. Stromarbeit dieser Art mit anschließender Umwandlung der Feldenergie in mechanische Arbeit wird z.B. in den Elektromotoren verrichtet.

Nach § 21 und § 199 ist die Einheit der elektrischen Arbeit, gemessen in Einheiten des Internationalen Einheitensystems, $1\ \mathrm{V\,A\,s} = 1\ \mathrm{J} = 10^7$ erg, die der elektrischen Leistung gemäß (168.7) $1\ \mathrm{V\,A} = 1\ \mathrm{J\,s^{-1}} = 1$ Watt (W). Die Elektrotechnik benutzt meist die Leistungseinheiten $1\ \mathrm{kW} = 10^3$ W bzw. $1\ \mathrm{MW} = 10^6$ W und die Arbeitseinheit $1\ \mathrm{kW} \cdot \mathrm{Stunde} = 1$ Kilowattstunde (kWh) $= 3{,}6 \cdot 10^6$ J. Da die Stromarbeit sehr oft als Wärme in Erscheinung tritt, so ist die Umrechnungsbeziehung $1\ \mathrm{J} = 0{,}239$ cal wichtig (§ 127). (Vgl. WESTPHAL: Physikalisches Praktikum, 33. Aufgabe.)

In der elektrischen Glühlampe (GÖBEL[1] 1854, EDISON[2] 1879) wird eine dünne Drahtwendel aus Wolfram durch den Strom zur Weißglut erhitzt. Sie befindet sich in einem möglichst weitgehend luftleer gemachten Glasgefäß oder in einem solchen, das mit reinem Stickstoff (Druck rund $^1/_2$ atm) gefüllt ist, wodurch die Lichtausbeute etwa verdoppelt wird, da man solche Lampen stärker belasten kann als gasleere Lampen (vgl. § 323). (Der Stickstoff wirkt der sonst bei hoher Temperatur eintretenden Verdampfung des Wolframfadens entgegen.) Die *Lichtausbeute* einer normalen Metallfadenlampe beträgt 1 bis 2 Candela je Watt (§ 279). Bei den vor allem in der elektrischen Schwingungstechnik benützten Elektronenröhren (§ 260) wird die Kathode durch einen elektrischen Strom zum Glühen gebracht. Auch

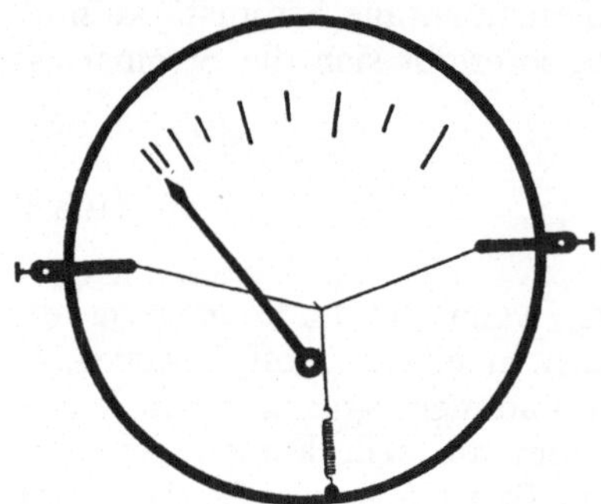

Abb. 316. Hitzdrahtstrommesser. Schema

für Heizzwecke wird die Stromwärme ausgenutzt. Die Schmelzsicherungen in den elektrischen Anlagen bestehen aus einem dünnen Metalldraht, der bei Überschreitung der zulässigen Stromstärke schmilzt und die Leitung gefahrlos unterbricht. In allen Fällen, in denen es nicht gerade auf die Wärmewirkung des Stromes abgesehen ist, bedeutet das Auftreten von Stromwärme einen unerwünschten und oft sehr lästigen Energieverlust.

Bei den Hitzdrahtstrommessern wird die Längenänderung, die ein Draht infolge seiner Erwärmung durch den Strom erfährt, in die Bewegung eines Zeigers auf einer Skala übersetzt, an der man die Stromstärke abliest (Abb. 316). Die Erwärmung des Drahtes ist nach (168.6) proportional I^2. Die Längenänderung

---

[1] HEINRICH GÖBEL, 1818—1893. [2] THOMAS ALVA EDISON, 1847—1931.

des Drahtes hängt also nicht von der Stromrichtung, von dem Vorzeichen von I, ab. Daher zeigt ein Hitzdrahtstrommesser nicht nur Gleichstrom, sondern auch Wechselstrom (§ 245) an. Der Ausschlag eines Hitzdrahtstrommessers wächst etwa mit dem Quadrat der Stromstärke. Allgemein gilt, daß Strommesser, deren Ausschlag proportional I^2 ist, sowohl für Gleichstrom als auch für Wechselstrom verwendet werden können, während mit solchen, deren Ausschlag proportional I ist, unmittelbar nur Gleichstrom gemessen werden kann.

169. Berührungsspannung. Reibungselektrizität. Lenard-Effekt. Die Grenzfläche zweier verschiedener, einander berührender Metalle bildet kein Hindernis für den Übertritt ihrer freien Elektronen infolge derer thermischen Bewegung; aber der Übertritt erfolgt in der einen Richtung leichter als in der anderen, und es gehen zunächst mehr Elektronen in jener über als in dieser. Dadurch lädt sich das eine Metall positiv, das andere negativ auf, und zwar soweit, bis zwischen ihnen eine Spannung herrscht, welche — indem sie die in der einen Richtung übertretenden Elektronen hemmt, die in der anderen Richtung übertretenden beschleunigt — den Unterschied in der Anzahl der übertretenden Elektronen beseitigt. Legt man zwei an isolierenden Handgriffen befestigte, sehr gut ebene Platten aus Kupfer und Zink aufeinander (Abb. 317) und reißt sie schnell (ohne zu kippen) auseinander, so kann man mit einem Elektrometer nachweisen, daß sie entgegengesetzte Ladung haben. Diese *Berührungs-* oder *Volta-Spannung* wurde 1793 von VOLTA[1] entdeckt.

Man kann die Metalle in eine *Spannungsreihe* derart ordnen, daß jedes Metall negativ elektrisch wird, wenn es mit einem weiter links stehenden, positiv elektrisch, wenn es mit einem weiter rechts stehenden Metall in Berührung ist, z. B.

$(+)$ Bi—Rb—K—Na—Al—Zn—Pb—Sn—Sb—Bi—Fe—Cu—Ag—Au—Pt—Sb $(-)$.

Befinden sich in einem überall auf gleicher Temperatur befindlichen, in sich geschlossenen Leiter mehrere verschiedene Metalle, so ist die Summe der Volta-Spannungen U gleich Null, und es fließt kein Strom, z. B.
U (Cu—Al) $+ U$ (Al—Cu) $= 0$ oder U (Al—Sn) $+ U$ (Sn—Cu) $+ U$ (Cu—Al) $= 0$.

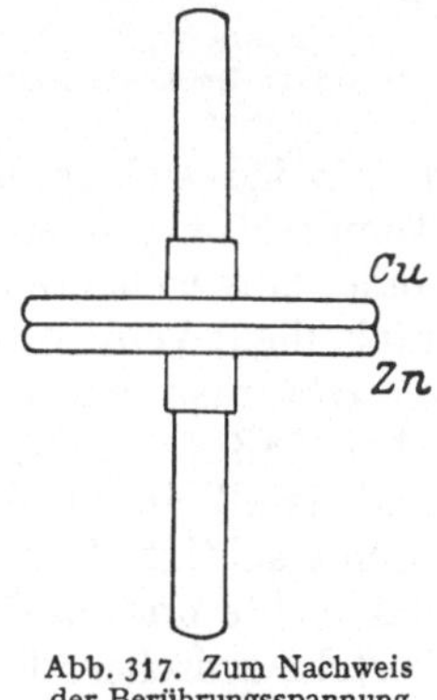

Abb. 317. Zum Nachweis der Berührungsspannung von Metallen

Eine der Berührungsspannung entsprechende Neigung zum Übertritt von Elektronen von einem Stoff in einen ihn berührenden anderen Stoff besteht aber nicht nur bei den Metallen, sondern bei allen Stoffen, auch bei den Dielektrika. Jedoch genügt bei diesen die bloße Berührung nicht, um einen Übertritt der in ihnen sehr fest gebundenen Elektronen zu bewirken. Dazu ist ein wesentlich engerer Kontakt nötig, der am wirksamsten durch Reiben der Stoffe aneinander erzeugt werden kann. Das ist die Ursache der *Reibungselektrizität*, von der wir im 6. Kapitel schon häufig Gebrauch gemacht haben, und erklärt den 5. Versuch in § 140.

Die Reibungselektrizität ist die älteste (THALES) und war bis in das 17. Jahrhundert die allein beachtete elektrische Erscheinung. Schon im Altertum war bekannt, daß geriebener Bernstein ($\ddot{\varepsilon}\lambda\varepsilon\varkappa\tau\varrho o\nu$) leichte Körper anzieht. Erst GILBERT entdeckte um 1600, daß die gleiche Eigenschaft auch anderen Stoffen zukommt. Er war es auch, der der Erscheinung den Namen Elektrizität gab. Die erste brauchbare Elektrisiermaschine baute im 17. Jahrhundert OTTO VON GUERICKE. Quantitativ ist über die Reibungselektrizität kaum mehr bekannt,

---

[1] ALESSANDRO GRAF VOLTA, 1745—1827.

als daß ein Stoff mit höherer Dielektrizitätszahl sich gegenüber einem solchen mit kleinerer Dielektrizitätszahl positiv auflädt.

Eine äußerliche Ähnlichkeit mit der Berührungsspannung hat folgende Erscheinung. In der Umgebung von Wasserfällen zeigt die Luft eine negative Ladung *(Wasserfallelektrizität, Balloelektrizität, Lenard-Effekt)*. Nach LENARD[1] rührt dies davon her, daß Wassertropfen infolge von molekularen Kräften zwischen dem Wasser und der umgebenden Luft stets polarisiert sind, indem ihre Oberfläche eine negative, ihr Inneres eine positive Ladung trägt. Wird beim Aufprall die Oberfläche abgerissen, so entstehen in der Luft schwebende, negativ geladene Tröpfchen, während das abfließende Wasser einen positiven Ladungsüberschuß besitzt. Gelöste Stoffe vermindern die Wirkung und können sogar das Vorzeichen umkehren. Es ist sicher, daß ein durch starke Turbulenz der Luft an Regentropfen erzeugter Lenard-Effekt entscheidend an der Entstehung der elektrischen Ladungen in den Gewittern beteiligt ist. Der Effekt tritt auch an anderen Flüssigkeiten auf.

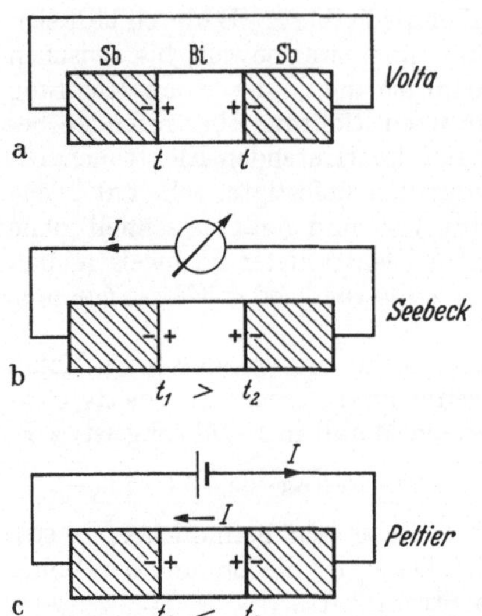

Abb. 318. Zu den thermoelektrischen Erscheinungen

170. Thermoelektrische Erscheinungen. Der in § 169 behandelte *Volta-Effekt* beruht auf dem Übertritt von Elektronen von einem Metall in ein anderes, und zwar in der Spannungsreihe von links nach rechts. Das geschieht um so leichter, je höher die thermische Energie der Elektronen, also die Temperatur der Grenzschicht zwischen den Metallen ist. Um so höher ist dann auch die Berührungsspannung zwischen ihnen. In der Abb. 318 a ist eine Kombination aus Antimon (Sb) und Wismut (Bi) dargestellt, die an den beiden Enden der Spannungsreihe stehen, also die größte Berührungsspannung zeigen. Das Bi lädt sich gegen das Sb positiv auf. Sind die beiden Grenzflächen auf gleicher Temperatur *t*, so sind die Berührungsspannungen beiderseits gleich groß und einander entgegengerichtet und heben einander auf. In einem äußeren Schließungskreis fließt kein Strom.

Hält man jedoch die linke Grenzschicht auf höherer Temperatur als die rechte (Abb. 318 b), $t_1 > t_2$, so wird der Übertritt von Elektronen in Richtung Bi → Sp und damit die an der Grenzschicht liegende Spannung links begünstigt, rechts beeinträchtigt. Das linke Sb hat jetzt einen größeren Elektronenüberschuß als das rechte und ist deshalb diesem gegenüber auf negativer Spannung. Demnach besteht zwischen den beiden Enden der Kombination eine Spannung *(Thermospannung)*, die mit einem Spannungsmesser gemessen werden kann und die in einem äußeren Schließungskreis einen von rechts nach links gerichteten Strom erzeugt *(Thermo-* oder *Seebeck-Effekt*[2], 1821).

Eine solche Kombination kann nach erfolgter Eichung als *Thermoelement* zur Messung der Temperatur der einen Grenzschicht dienen, wenn man die andere auf bekannter Temperatur, etwa 0 °C, hält. Die Abb. 319 zeigt das Schema einer praktischen Ausführungsform, die aus zwei verlöteten Drähten aus verschiedenen Metallen besteht. Wegen der großen Genauigkeit, mit der elektrische Messungen

---

[1] PHILIPP LENARD, 1862—1947, Nobelpreis 1905.
[2] THOMAS JOHANN SEEBECK, 1770—1830.

ausgeführt werden können, sind solche Temperaturmessungen viel genauer als solche mit den sonst üblichen Thermometern. Außerdem besteht der große Vorteil, daß man Thermoelemente aus dünnen Drähten in enge Öffnungen einführen kann. Solche Thermoelemente haben auch eine viel kleinere Wärmekapazität als z. B. Quecksilberthermometer. Sie wirken also weit weniger störend als diese auf die Temperatur des zu untersuchenden Körpers.

Der *Peltier-Effekt*[1] (1834) ist die *Umkehrung des Seebeck-Effekts*. Schickt man einen Strom in der dem Thermostrom in der Abb. 318b entgegengesetzten Richtung durch das Thermoelement (Abb. 318c) und sind die beiden Grenzschichten anfänglich auf gleicher Temperatur, so wird die in der Abb. 318b künstlich gekühlte rechte Grenzschicht erwärmt, die künstlich erwärmte linke Grenzschicht abgekühlt, $t_2 > t_1$. Das beruht darauf, daß durch die angelegte Spannung die Elektronen in der rechten Grenzschicht in Richtung Bi → Sp beschleunigt werden und dadurch in der Schicht Wär-

me erzeugt wird. In der linken Grenzschicht werden die Elektronen verlangsamt, und der Schicht wird Wärme entzogen.

Die Abb. 320 zeigt ein doppeltes Luftthermometer. In jedem der beiden Gefäße befindet sich die eine Hälfte eines Thermoelements. (Die Drahtverbindung ändert an unseren Überlegungen nichts.) Beschickt man es, wie in

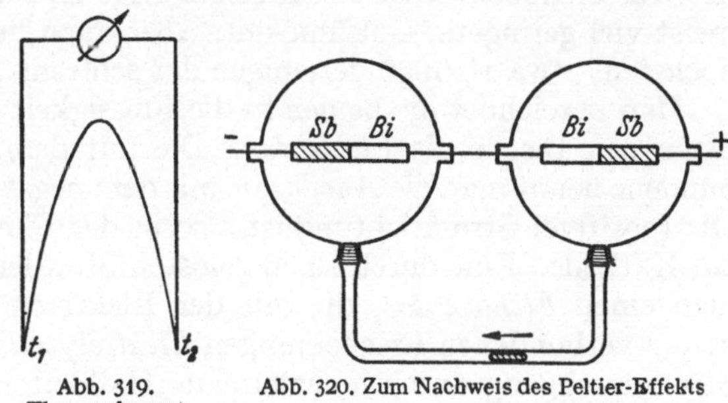

Abb. 319.
Thermoelement

Abb. 320. Zum Nachweis des Peltier-Effekts

der Abb. 318c mit einem in ihm von rechts nach links gerichteten Strom, so verschiebt sich der das Verbindungsrohr sperrende Quecksilbertropfen von rechts nach links, was beweist, daß die Luft im rechten Gefäß wärmer ist als die Luft im linken Gefäß.

Ein mit Strom beschicktes Thermoelement wirkt also als *Wärmepumpe*, die Wärme von tieferer Temperatur auf höhere Temperatur „pumpt". Ist das linke Gefäß der Abb. 320 ein gegen Wärmeaustausch mit der Umgebung möglichst gut geschützter Behälter, die rechte Hälfte des Thermoelements aber mittels Kühlrippen in möglichst gutem Wärmeaustausch mit ihrer Umgebung, so pumpt das Thermoelement die dem Behälter unvermeidlich noch zufließenden Wärmemengen ständig in die Umgebung der rechten Hälfte, und der Behälter wird unter der Temperatur seiner Umgebung gehalten *(Kühlschränke)*. Stehen aber beide Hälften in gutem Wärmeaustausch mit ihrer Umgebung, so wird die Umgebung der rechten Hälfte (die Luft) auf Kosten der Umgebung der linken Hälfte erwärmt *(Heizung)*.

II. Elektrische Ströme in flüssigen Leitern

171. Leitfähigkeit von Flüssigkeiten. Elektrolyse. Abgesehen von flüssigen Metallen und manchen geschmolzenen Salzen, sind die meisten Flüssigkeiten, vorausgesetzt, daß sie chemisch sehr rein sind, sehr schlechte Leiter, zum großen Teil sogar ganz vorzügliche Isolatoren. So ist auch chemisch reines Wasser ein außerordentlich schlechter Leiter. Auf Grund der bereits früher entwickelten Vorstellungen hängt die Leitfähigkeit einer Flüssigkeit davon ab, ob sich in ihr frei bewegliche Ladungsträger befinden.

---

[1] JEAN CHARLES ALEXANDER PELTIER, 1785—1845.

Man verbinde zwei Platinbleche A und K, welche sich in einem mit destilliertem Wasser gefüllten, vorher gut gereinigten Glasgefäß befinden, unter Einschaltung eines Strommessers mit den beiden Klemmen einer Akkumulatorenbatterie (4 bis 10 V, Abb. 321). Das Meßgerät zeigt einen schwachen Strom an, ein Beweis, daß das Wasser (das keineswegs chemisch rein und überdies nach §172 selbst ganz schwach dissoziiert ist) eine schwache Leitfähigkeit hat. Bringt man jetzt in das Wasser einen Tropfen einer Säure oder ein wenig von der Lösung irgendeines Salzes, so steigt die Stromstärke sofort an und erreicht bei größerer Konzentration beträchtliche Werte. Die Leitfähigkeit des Wassers rührt also fast ausschließlich von in ihm gelösten Stoffen her. Aber nicht alle gelösten Stoffe haben diese Eigenschaft, sondern nur die Salze, Basen und Säuren; so erhöht z.B. gelöster Zucker die Leitfähigkeit des Wassers nicht. Auch Lösungen in anderen Flüssigkeiten zeigen eine, allerdings meist viel geringere, Leitfähigkeit. Aber auch bei wäßrigen Lösungen beträgt sie höchstens etwa 1/10000 derjenigen der schlechtest leitenden Metalle.

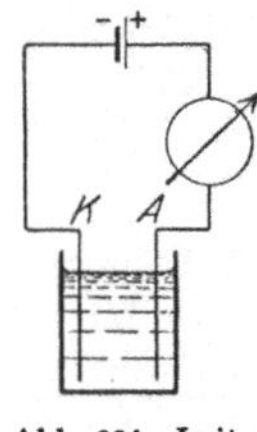

Abb. 321. Leitfähigkeit von Wasser

Man bezeichnet die beiden in die Flüssigkeit getauchten, zur Stromzuführung dienenden Bleche als *Elektroden*. Die mit dem positiven Pol der Batterie verbundene nennt man die *Anode*, die mit dem negativen Pol verbundene die *Kathode*. Die (positive) Stromrichtung ist also in der Flüssigkeit diejenige von der Anode zur Kathode. Eine durch einen gelösten Stoff leitend gemachte Flüssigkeit nennt man einen *Elektrolyten*, die mit der Elektrizitätsleistung durch solche Flüssigkeiten verbundenen Erscheinungen *Elektrolyse*. Doch rechnet man auch die beim Stromdurchgang durch ionenleitende Halbleiterschmelzen auftretenden Erscheinungen zu den elektrolytischen (§164).

Elektrolytische Erscheinungen sind zuerst von ALEXANDER VON HUMBOLDT[1] beschrieben worden. Die ersten grundlegenden Untersuchungen sind insbesondere RITTER[2] und DAVY[3] zu verdanken.

Läßt man mittels Platinelektroden einen Strom durch eine wäßrige Lösung einer Säure, z.B. von Schwefelsäure, gehen, so bemerkt man an den Elektroden

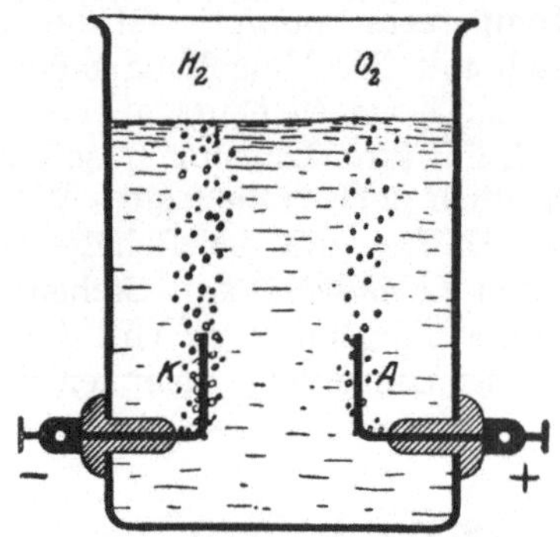

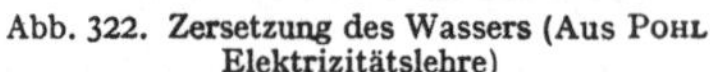

Abb. 322. **Zersetzung des Wassers** (Aus POHL: Elektrizitätslehre)

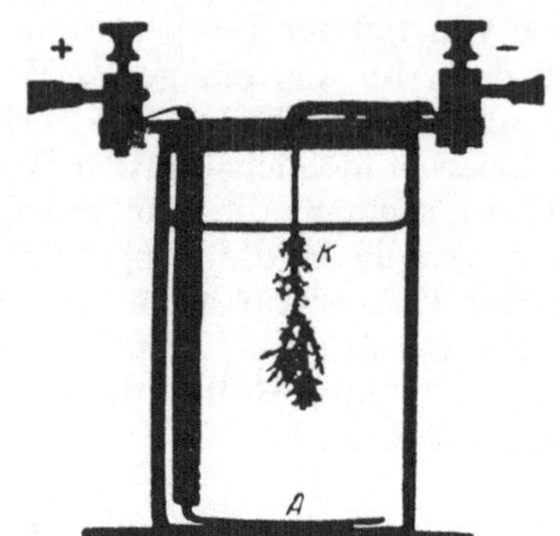

Abb. 323. Bleibaum (Aus POHL: Elektrizitätslehre)

eine lebhafte Gasentwicklung (Abb. 322). Zur Untersuchung dieser Erscheinung bedient man sich eines *Voltameters* (nicht mit einem Voltmeter zu verwechseln!), auch *Coulometer* genannt, bei dem sich die an den Elektroden gebildeten Gase in getrennten Röhren sammeln. Es zeigt sich, daß an der Kathode doppelt soviel Gas erscheint wie an der Anode. Die Untersuchung dieser Gase ergibt, daß

---

[1] ALEXANDER VON HUMBOLDT, 1769—1859.
[2] JOHANN WILHELM RITTER, 1776—1810.   [3] HUMPHREY DAVY, 1778—1829.

sich an der Anode Sauerstoff (bringt glimmenden Span zum hellen Glühen oder zum Brennen), an der Kathode Wasserstoff (verbrennt mit bläulicher Flamme) gebildet hat. (Wenn nicht genau doppelt soviel Wasserstoff wie Sauerstoff, sondern weniger Sauerstoff erscheint, so liegt das daran, daß von dem Sauerstoff zunächst ein nicht unbeträchtlicher Teil im Wasser gelöst wird.) Sammelt man jedoch die ganze gebildete Gasmenge ungetrennt, so erhält man eine Mischung von 1 Volumteil Sauerstoff und 2 Volumteilen Wasserstoff, also Knallgas. Dies kann man durch die unter lebhaftem Knall erfolgende Verbrennung feststellen, wenn man das Gas unter Wasser in einem Reagenzglas auffängt oder es durch Seifenlösung perlen läßt und die Blasen anzündet (Vorsicht!).

Eine hübsche Erscheinung zeigt sich, wenn man einen Strom durch eine wäßrige Bleiazetatlösung leitet und als Kathode einen Bleidraht, als Anode eine Bleiplatte benutzt. Es scheidet sich dann an der Kathode Blei in kristalliner Form als baumartiges Gebilde ab (Bleibaum, Abb. 323).

172. Elektrolytische Dissoziation. Leitfähig sind, wie schon gesagt, nur *Lösungen von Salzen, Basen und Säuren.* Die weitaus größten Leitfähigkeiten haben die wäßrigen Lösungen, die auch die wichtigsten sind, so daß wir uns auf sie beschränken. Sie verdanken ihre Leitfähigkeit der Tatsache, daß die genannten Stoffe in wäßriger Umgebung *in positive und negative Ionen zerfallen.* Dieser Vorgang heißt *elektrolytische Dissoziation* (Arrhenius) und kann auf verschiedene Weisen erfolgen.

Die *Kristalle von Metallsalzen* bilden Raumgitter aus positiven und negativen Ionen, die durch elektrostatische Kräfte nach dem 1. Coulombschen Gesetz sehr fest aneinander gebunden sind. Das Wasser hat eine extrem hohe Dielektrizitätszahl, $\varepsilon_r = 81$. Deshalb sind diese Kräfte an der Oberfläche eines Kristalls gemäß (153.4) auf 1/81 ihres Wertes im Inneren des Kristalls vermindert, so daß die Ionen sich infolge ihrer thermischen Bewegung aus dem Kristallverband lösen und in das Wasser diffundieren. Der Kristall wird Schicht um Schicht abgebaut. Beispiele sind

$$NaCl \rightarrow Na^+ + Cl^-, \qquad CuSO_4 \rightarrow Cu^{++} + SO_4^{--}, \qquad NaOH \rightarrow Na^+ + OH^-.$$

Diese Formeln dürfen aber nicht dahin mißverstanden werden, daß zunächst Moleküle in Lösung gehen, die ja im Kristall gar nicht existieren, und dann dissoziieren, sondern es dossoziiert der Kristall als Ganzes.

Jedes Ion trägt eine oder einige wenige positive oder negative Elementarladungen (§137), deren Vorzeichen und Anzahl durch die oberen Indizes gekennzeichnet ist. Die Anzahl *(Ladungszahl)* ist gleich der chemischen *Wertigkeit* des Ions. Stoffe, die Molekülgitter bilden, wie die Zucker, dissoziieren nicht, ebensowenig gelöste Flüssigkeiten (z.B. Alkohol in Wasser) und Gase; sie erzeugen also keine Leitfähigkeit.

Die Dissoziation der *Säuren* hingegen beruht auf einer *Reaktion mit dem Wasser (Prototropie).* Ihre Moleküle geben ihre H^+-Ionen an Wassermoleküle ab, die dadurch zu H_3O^+-Ionen werden, sie selbst zu negativen Ionen, z.B.

$$HCl + H_2O \rightarrow H_3O^+ + Cl^-, \quad H_2SO_4 + 2\,H_2O \rightarrow 2\,H_3O^+ + SO_4^{--}.$$

Die Moleküle der *Basen* aber nehmen je ein H^+-Ion eines Wassermoleküls auf, das dadurch zu einem OH^--Ion wird, sie selbst zu positiven Ionen. Ein Beispiel ist die Ammoniaklösung,

$$NH_3 + H_2O \rightarrow NH_4^+ + OH^-.$$

Es dissoziieren also nicht die Ammoniakmoleküle, sondern Wassermoleküle.

Die Wassermoleküle sind elektrische Dipole $(HH)^{++}-O^{--}$ mit einem ungewöhnlich großen elektrischen Moment (§ 138), das auch die Ursache ihrer extremen Polarisierbarkeit und damit der hohen Dielektrizitätszahl des Wassers (§ 153) und letztlich auch der hohen Leitfähigkeit wäßriger Lösungen ist. In den sehr inhomogenen elektrischen Feldern der Ionen werden die Dipole stark angezogen (§ 146). An jedes positive Ion lagern sich stets einige Wassermoleküle mit ihrem O^{--}-Pol an, an jedes negative Ion mit ihrem $(HH)^{++}$-Pol (*Hydratation*, Abb. 324).

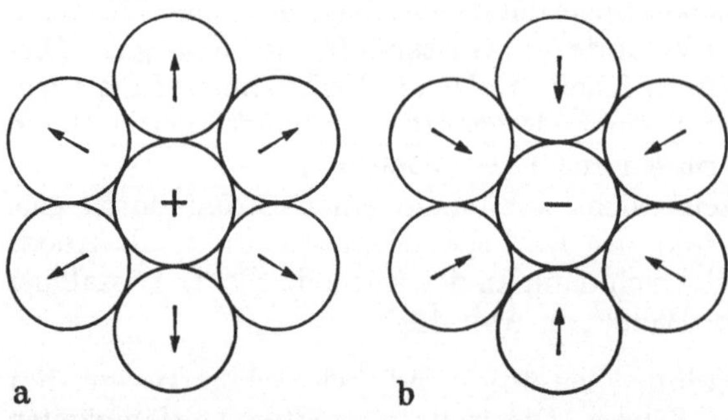

a   b

Abb. 324. Hydratation, → Richtungen der elektrischen Momente

Die Ionen der Hauptgruppen der linken Hälfte des Periodischen Systems (§ 345) und die Ionen der Nebengruppen, also insbesondere die des Wasserstoffs und der Metalle, tragen positive Ladungen; die Ionen der Hauptgruppen der rechten Hälfte des Periodischen Systems und die Radikale tragen fast immer negative Ladungen.

Auch die Moleküle des Wassers selbst sind zu einem ganz kleinen Bruchteil nach $H_2O \to H^+ + OH^-$ (nebst $H^+ + H_2O \to H_3O^+$, s. o.) dissoziiert (*Hydrolyse* im speziellen Sinne). Als Maß der *Konzentration c* der in einer Lösung vorhandenen Teilchen (Ionen, neutrale Teilchen des Lösungsmittels) dient meist der Kehrwert ihres molaren Volumens *(Molarität)* in der Einheit mol/dm^3. Bei Konzentrationsgleichgewicht gilt das Massenwirkungsgesetz, also für (ganz reines) Wasser $c_{H^+} \cdot c_{OH^-}/c_{H_2O} = const$, wobei *const* von der Temperatur abhängt. Da c_{H_2O} wegen der äußerst schwachen Dissoziation praktisch konstant ist, schreibt man statt dessen $c_{H^+} \cdot c_{OH^-} = K$ und nennt dies das *Ionenprodukt* des Wassers. Bei 20 °C ist $K \approx 10^{-14}$ $(mol/dm^3)^2$. Lösung von Säure vermehrt c_{H^+} und vermindert gemäß dem Lösungsprodukt c_{OH^-}, wodurch der saure Charakter, die *Azidität* der Lösung, verstärkt wird. Lösung einer Base bewirkt das Gegenteil. Als Maß der Azidität gilt üblicherweise der *Wasserstoffexponent* oder p_H-*Wert*, $p_H = -\lg c_{H^+}$, wobei c_{H^+} der Zahlenwert der Konzentration der Wasserstoffionen in mol/dm^3 ist.

173. Der Mechanismus der Elektrizitätsleitung in Elektrolyten. Legt man an zwei in einem Elektrolyten befindliche Elektroden eine Spannung, so entsteht im Elektrolyten genau wie in einem metallischen Leiter ein elektrisches Feld, welches die in ihm vorhandenen Ladungsträger in Bewegung setzt, und zwar die positiven Ionen *(Kationen) in* Richtung des Feldes, also auf die Kathode hin, die negativen *(Anionen) gegen* die Richtung des Feldes, auf die Anode hin (Abb. 325).

Der Strom in einem einen Elektrolyten enthaltenden Stromkreis wird sozusagen durch Umsteigen der Elektronen an den Elektroden aufrechterhalten. Gelangt ein negatives Ion an die Anode, so neutralisiert es sich dort durch Abgabe eines oder mehrerer Elektronen, je nach seiner Wertigkeit (§ 172). Anderseits bewegen sich Elektronen von der Stromquelle her zur Kathode, wo sie auf

Abb. 325. Schema der Ionenwanderung in einer HCl-Lösung

ein positives Ion übergehen und es neutralisieren (Abb. 325). Ob die entstehenden neutralen Teilchen abgeschieden werden oder in die Lösung zurückdiffundieren und in sekundäre chemische Reaktionen eingehen (§ 175), hängt von den Umständen ab.

Für die Bewegung der Ionen kann man genau die gleichen Überlegungen anstellen, wie es in §158 für die Elektronen in den Metallen geschehen ist, sogar mit noch größerem Recht, denn sie entsprechen in diesem Falle der Wirklichkeit noch besser. Es gilt also auch für Elektrolyte bei konstanter Temperatur das Ohmsche Gesetz.

Die auf die verschiedenen (hydratisierten) Ionenarten wirkenden bewegungshemmenden Kräfte sind verschieden groß, z.B. für das Cl^--Ion fünfmal so groß wie für das H^+-Ion (bzw. das H_3O^+-Ion, §172). Infolgedessen sind die Wanderungsgeschwinigkeiten der Ionen verschieden. Der Quotient $u = v/E$ aus Ionengeschwindigkeit und Feldstärke heißt *Beweglichkeit* (vgl. §158). Sind u_+ und u_- die Beweglichkeiten der positiven und der negativen Ionen, so bezeichnet man die Verhältnisse $u_+/(u_+ + u_-)$ bzw. $u_-/(u_+ + u_-)$ als ihre *Überführungszahlen*.

Geladene kolloidale Teilchen (§123) verhalten sich wie sehr große Ionen und wandern — bei hinreichender Größe sichtbar — je nach ihrem Ladungsvorzeichen zur Kathode oder zur Anode.

174. Die Faradayschen Gesetze. Alle Ionen der gleichen Art haben die gleiche Masse μ und die gleiche positive oder negative Ladung ze. Dabei ist e die Elementarladung und z die Ladungszahl, eine stets kleine ganze Zahl und identisch mit der chemischen Wertigkeit der Ionenart. Demnach ist $k = \mu/(ze)$ eine für die Ionenart charakteristische Konstante, ihr *elektrochemisches Äquivalent*. Werden bei der Elektrolyse N Ionen abgeschieden, so ist $m = N\mu$ die von ihnen transportierte Masse und $Q = Nze$ die von ihnen an der Elektrode abgegebene Ladung. Es ist also $m/Q = \mu/(ze) = k$. Ist I die Stärke des im Elektrolyten fließenden Stromes, t die Zeitdauer des Stromdurchganges, so ist $Q = It$. Damit ergibt sich das *1. Faradaysche*[1] *Gesetz:*

$$m = kQ = kIt. \tag{174.1}$$

Nach (64.4) ist $\mu = M_m/N_A$, wobei M_m die molare Masse der Ionenart, N_A die Avogadro-Konstante ist. Es ist also $k = M_m/(N_A ze)$. Ferner ist nach (64.6) $M_m/z = M_E$ die valare Masse der Ionenart. Damit folgt das *2. Faradaysche Gesetz:*

$$k = \frac{M_E}{N_A e} = \frac{M_E}{F} \quad \text{mit} \quad F = N_A e. \tag{174.2}$$

F ist als Produkt zweier universeller Konstanten auch eine solche und heißt *Faraday-Konstante*. Ihr derzeitiger Bestwert ist $F = 0{,}964857 \cdot 10^5$ C mol^{-1}. Sie kann zur Berechnung von N_A oder e dienen, wenn eine dieser Größen bekannt ist. Die Ladung von 1 mol einwertiger Ionen ($z = 1$, $M_E = M_m$) beträgt also $0{,}964857 \cdot 10^5$ C und wird oft *Faraday-Ladung* genannt. Das 2. Faradaysche Gesetz besagt, daß die elektrochemischen Äquivalente der Ionenarten deren valaren Massen und demnach auch deren Zahlenwerten, ihren relativen Äquivalentenmassen, proportional sind.

Diese beiden Gesetze wurden 1833 von FARADAY empirisch entdeckt. Sehr viel später hat HELMHOLTZ als erster aus ihnen den Schluß auf eine atomistische Struktur der Elektrizität, d.h. auf die Existenz einer elektrischen Elementarladung, gezogen. (Vgl. WESTPHAL: Physikalisches Praktikum, 37. Aufgabe.)

175. Elektrokinetische Erscheinungen. Eine Berührungsspannung (§169) besteht auch zwischen einem festen Dielektrikum und einer Flüssigkeit, insbesondere Wasser. Befindet sich ein poröser, nichtleitender Körper in Wasser, das auch seine Kapillaren füllt, so bilden sich an deren Wänden elektrische Doppel-

---

[1] MICHAEL FARADAY, 1791—1867.

schichten, indem die Wassermoleküle Elektronen an das Dielektrikum abgeben und dadurch zu positiven Molekülionen werden (Abb. 326a). In der Abb. 326b ist ein U-Rohr mit Wasser dargestellt, zwischen dessen Schenkeln sich ein den ganzen Querschnitt füllender poröser Stopfen befindet. Das Wasser steht links höher als rechts und wird deshalb durch den Stopfen nach rechts gedrückt. Die positiven Ionen werden aus den Kapillaren nach rechts mitgerissen und an der rechten Elektrode durch von der linken Elektrode über das Galvanometer kommende Elektronen neutralisiert, wo sie neutralen Wassermolekülen entzogen werden, die dann als positive Ionen die nach rechts weggeführten Ionen laufend ersetzen. Den vom Galvanometer angezeigten Strom nennt man einen *Strömungsstrom*.

Das Gegenstück dieses Phänomens nennt man *Elektroendosmose*. (Sie hat aber mit der in §125 beschriebenen, auf Konzentrationsunterschieden beruhenden Osmose gar nichts zu tun.) In der Abb. 326c ist das gleiche U-Rohr dargestellt wie in der Abb. 326b; nur ist das Galvanometer durch eine Stromquelle ersetzt, die so gepolt ist, daß die Ionen in den Kapillaren wiederum nach rechts getrieben werden, wo sie an der Elektrode durch aus dieser austretende Elektronen neutralisiert werden. Diese Elektronen kommen über die Stromquelle von der linken Elektrode, wo sie, genau wie oben, Wassermolekülen entzogen werden und so für den Nachschub von positiven Ionen sorgen. Überhaupt verläuft der ganze Vorgang genau so wie oben, auch wird Wasser aus dem linken in den rechten Schenkel befördert. Aber man kann den Vorgang insofern als eine Umkehrung des Strömungsstroms bezeichnen, als im ersten Fall eine Flüssigkeitsströmung einen elektrischen Strom erzeugt, im zweiten Fall aber ein elektrischer Strom eine Flüssigkeitsströmung. Diese wird im zweiten Fall noch dadurch sehr gefördert, daß die Ionen stets weitere durch Hydratation angelagerte Wassermoleküle mit sich führen (§172).

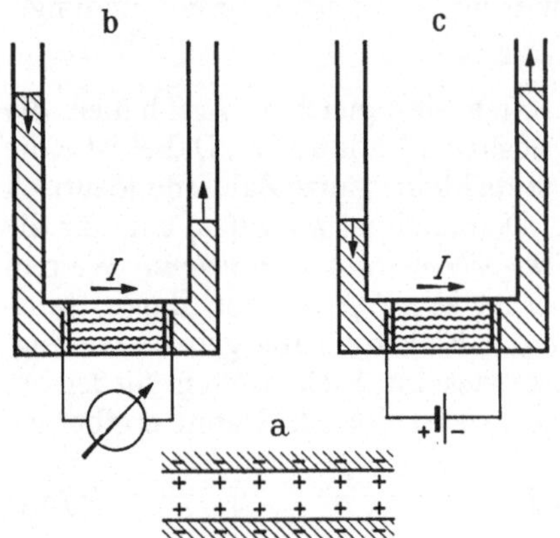

Abb. 326. a Doppelschichtbildungen in einer Kapillare, b Strömungsstrom, c Elektroosmose

Auch an der Grenzfläche zwischen Wasser und in ihm schwebenden kolloidalen Teilchen (§123) bildet sich eine elektrische Doppelschicht aus, indem die Teilchen — je nach ihrer Beschaffenheit — Elektronen entweder an das Wasser abgeben oder aus ihm aufnehmen, so daß sie eine positive oder eine negative Ladung tragen. Liegt am Wasser eine Spannung, so wandern sie, je nach ihrem Ladungsvorzeichen, zur Kathode oder zur Anode *(Elektrophorese)*.

Die hier geschilderten Vorgänge nennt man zusammenfassend *elektrokinetische Erscheinungen*. Sie und die thermoelektrischen Erscheinungen (§170) sind Beispiele von sog. *Transportphänomenen*, und ein Vergleich zwischen ihnen ist lehrreich. Der einen Strömungsstrom erzeugenden Druckdifferenz entspricht die einen Thermostrom erzeugende Temperaturdifferenz der beiden Grenzflächen eines Thermoelements beim Seebeck-Effekt. Unsere Vorrichtung (Abb. 326b) ist ein *hydrostatischer*, ein Thermoelement, ein *thermischer Generator*. Hingegen ist die Elektroendosmose das Analogon zum Peltier-Effekt. Unsere Vorrichtung (Abb. 326c) wirkt als *hydroelektrische Wasserpumpe*, während der Peltier-Effekt, wie wir gezeigt haben, zum Betriebe einer *thermoelektrischen Wärmepumpe* dienen kann.

176. Chemische Reaktionen an den Elektroden. In sehr zahlreichen Fällen werden aus einer wäßrigen Lösung nicht die Bestandteile des gelösten Stoffes an den Elektroden abgeschieden, z.B. aus verdünnter Schwefelsäure nicht Wasserstoff und der Säurerest SO_4, sondern die Bestandteile des Wassers, Sauerstoff und Wasserstoff (§171, Abb. 322). Solche Erscheinungen treten ein, wenn an einer Elektrode eine chemische Reaktion vor sich geht (DANIELL[1] 1839). Wir betrachten den Fall der verdünnten Schwefelsäure, H_2SO_4, in der auf je zwei H^+-Ionen ein SO_4^{--}-Ion kommt. (Wir bezeichnen die H_3O^+-Ionen, §172, hier, wie üblich, kurz als H^+-Ionen, da solche an der Kathode frei werden.) Die H^+-Ionen wandern an die Kathode, nach welcher von der anderen Seite, von der Stromquelle her, Elektronen e^- durch die Zuleitung fließen. An der Kathodenoberfläche vereinigt sich jedes H^+-Ion mit einem Elektron und verwandelt sich so in ein elektrisch neutrales H-Atom. Je zwei H-Atome verbinden sich zu einem H_2-Molekül. So entstehen an der Kathode Blasen von Wasserstoffgas, die aufsteigen und abgeschieden werden. Hier wird also der eine Bestandteil des gelösten Stoffes unmittelbar ausgeschieden. Anders an der Anode. Hier gibt jedes SO_4^{--}-Ion zwei Elektronen e^- an die Elektrode ab und wird dadurch elektrisch neutral, $SO_4^{--} \rightarrow SO_4 + 2e^-$. In diesem Zustande reagiert es mit dem Wasser (vorausgesetzt, daß es nicht mit dem Metall der Elektrode reagiert, s. unten). Über den Grund dafür, daß ein Ion erst nach Neutralisation seiner Ladung chemisch reagiert, siehe §347. Die Reaktion geht nach folgender Formel vor sich:

$$2SO_4 + 2H_2O \rightarrow 2H_2SO_4 + 2O, \quad O + O \rightarrow O_2.$$

Es werden also Sauerstoffatome frei, die sich zu Molekülen vereinigen und, wie an der Kathode der Wasserstoff, an der Anode ausgeschieden werden. Die gebildete Schwefelsäure geht in Lösung und dissoziiert von neuem. Da auf ein SO_4^{--}-Ion zwei Wasserstoffionen H^+ entfallen, so entspricht der Ausscheidung von einem O_2-Molekül diejenige von zwei H_2-Molekülen. Es werden also tatsächlich die Bestandteile des Wassers im richtigen Verhältnis abgeschieden, und der Vorgang erscheint als eine Wasserzersetzung.

Besteht die Anode aus Kupfer oder einem anderen unedlen Metall, so reagiert das SO_4^{--}-Ion nach seiner Neutralisation an der Anode nicht mit dem Wasser, sondern mit diesem Metall. Es bildet sich z.B.

$$SO_4 + Cu \rightarrow CuSO_4,$$

also Kupfersulfat, welches in Lösung geht und in Cu^{++} und SO_4^{--} dissoziiert, und es findet keine Gasabscheidung an der Anode statt. An der Kathode wird nach wie vor Wasserstoff abgeschieden. Ersatz für diesen Verlust an H^+-Ionen erhält die Lösung aber aus der Anode in Gestalt von je einem Cu^{++}-Ion auf je zwei ausgeschiedene H^+-Ionen. Dabei wird die Anode allmählich aufgelöst. An die Stelle der H_2SO_4-Lösung tritt allmählich eine $CuSO_4$-Lösung, aus der dann auch Cu an der Kathode abgeschieden wird.

War von Anfang an der Elektrolyt eine $CuSO_4$-Lösung, so ändert sich an den Betrachtungen nichts; nur wird jetzt an der Kathode sofort Cu aus der Lösung abgeschieden und der Lösung an der Anode aus dem Cu der Elektrode wieder ersetzt, so daß die Lösung unverändert bleibt. Es wandert also das Kupfer der Anode durch die Lösung an die Kathode.

Bei vielen Abscheidungsvorgängen liegen sehr verwickelte physikalisch-chemische Verhältnisse vor, die nur auf Grund energetischer Überlegungen verstanden werden können. Wie das im einzelnen geschieht, gehört in den Bereich der Physikalischen Chemie und kann hier nicht erörtert werden.

---

[1] JOHN FREDERIC DANIELL, 1790—1845.

177. Elektrolytische Polarisation. Leitet man einen Strom mittels zweier gleich beschaffener Elektroden durch einen Elektrolyten, so zeigen die beiden Elektroden nach dem Abschalten der Stromquelle eine Spannung gegeneinander, die man *Polarisationsspannung* nennt. Dabei wird die Elektrode, die vorher Anode bzw. Kathode des durch die Zelle fließenden Stromes war, zur positiven bzw. negativen Elektrode der polarisierten Zelle. Verbindet man die Elektroden durch einen äußeren Stromkreis, so fließt in ihm ein Strom von der positiven zur negativen Elektrode, innerhalb der Zelle, im Elektrolyten, von der negativen zur positiven Elektrode. Die Zelle ist also durch den vorhergehenden Stromdurchgang zum Sitz einer *Spannung*, zu einer *Stromquelle*, geworden[1]. Sind die Elektroden außen leitend verbunden, so verschwindet die Spannung nach einiger Zeit. Zum Nachweis der Polarisationsspannung verbinde man zwei in einem Elektrolyten stehende Platinelektroden zunächst mit einer Stromquelle S (Abb. 327), lasse den Strom eine Zeitlang fließen und schalte die Zelle dann mittels einer Wippe W auf einen Spannungsmesser V um.

Die elektrolytische Polarisation wurde von VOLTA (1792) im Anschluß an den bekannten Froschschenkelversuch von GALVANI[2] (s.u.) entdeckt. Sie zeigt sich immer dann, wenn die *Grenzflächen zwischen Elektrode und Flüssigkeit* an den beiden Elektroden eine *verschiedene Beschaffenheit* haben. Bei dem oben

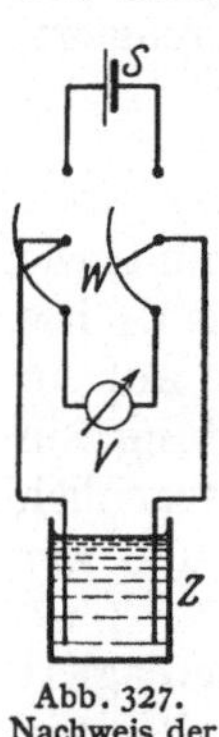

Abb. 327.
Nachweis der
Polarisations-
spannung

beschriebenen Versuch wird eine solche Verschiedenheit dadurch erzeugt, daß bei Stromdurchgang an den beiden Elektroden verschiedene Stoffe abgeschieden werden. Ist der Elektrolyt z.B. Schwefelsäurelösung, so belädt sich die eine Elektrode mit Sauerstoff, die andere mit Wasserstoff. Man kann aber die gleiche Polarisationsspannung ohne vorhergehenden Stromdurchgang dadurch erzeugen, daß man eine Elektrode mit Sauerstoffgas, die andere mit Wasserstoffgas bespült. Eine Polarisationsspannung tritt ohne vorherigen Stromdurchgang auch dann auf, wenn die beiden Elektroden aus verschiedenen Metallen bestehen, die in die gleiche Flüssigkeit tauchen, oder wenn sie aus dem gleichen Metall bestehen, aber die Flüssigkeit an den Orten der beiden Elektroden verschieden beschaffen ist, indem sie einen gelösten Stoff in verschiedener Konzentration oder verschiedene gelöste Stoffe enthält. (Das kann man z.B. dadurch verwirklichen, daß man die Zelle durch einen porösen Tonzylinder in zwei getrennte Bereiche teilt, so daß sich die beiden verschiedenen Flüssigkeiten nur sehr langsam mischen können. Einen Stromdurchgang verhindert der Tonzylinder nicht.)

Die Entstehung der Polarisationsspannung ist nach NERNST auf folgende Weise zu verstehen. Befindet sich ein Metall in Wasser, so tritt an ihm ein Lösungsvorgang ein, der einer Verdampfung von positiven Ionen entspricht. Wie aus der Oberfläche einer Flüssigkeit so lange Flüssigkeitsmoleküle austreten, bis ihre gasförmige Phase über der Flüssigkeit eine bestimmte Dichte (Dampfdichte) erreicht hat — gesättigt ist —, so gehen aus dem Metall so lange positive Metallionen in das Wasser, bis ein bestimmter Sättigungszustand eingetreten ist. Die *Austrittsarbeit* der Metallionen aus ihrem kristallinen Gefüge wird ähnlich wie bei den Salzen (§172) durch ihre wäßrige Umgebung sehr stark vermindert. Man bezeichnet das als eine *Affinität* zwischen den Metallionen und der Flüssigkeit.

---

[1] Man vermeide die vielfach übliche Bezeichnung der positiven und der negativen Elektrode von *Stromquellen* als Anode und Kathode, da ihnen bezüglich des die Stromquelle bei Entladung durchfließenden Stromes gerade die umgekehrten Bezeichnungen zukommen.   [2] LUIGI GALVANI, 1737—1798.

Wir wollen zunächst annehmen, daß keine positiven Metallionen, sondern *ungeladene* Metallatome in Lösung gingen. Das würde so lange andauern, bis diejenige Dichte der Metallatome in der Lösung erreicht wäre, bei der die Anzahl der in der Zeiteinheit durch Diffusion wieder an das Metall gelangenden und in das Metall eintretenden Atome ebenso groß wäre wie die Anzahl der verdampfenden Atome, genau wie bei einer verdampfenden Flüssigkeit (§117). Der dann erreichten Dichte würde ein bestimmter osmotischer Druck (§125) der gelösten Metallatome entsprechen, den man als ihren *Lösungsdruck* bezeichnet. Nun handelt es sich aber tatsächlich um Metall*ionen*. Infolgedessen lädt sich das Metall mit wachsender Ionenabgabe negativ, die Flüssigkeit also positiv auf; in der Grenzschicht zwischen Metall und Flüssigkeit entsteht eine positive Raumladung (§185). Das entstehende Feld sucht die positiven Ionen auf das Metall zurückzutreiben und ist um so stärker, je höher bereits die Ionendichte in der Flüssigkeit ist. Es verstärkt also die Wirkung der Rückdiffusion der Ionen an das Metall und bewirkt, daß ein stationärer Zustand bereits bei geringerer Ionendichte in der Flüssigkeit eintritt, als wenn es sich um ungeladene Metallatome handelte. Der stationäre Endzustand ist also dann erreicht, wenn die Anzahl der in der Zeiteinheit in Lösung gehenden Metallionen gleich der Anzahl der Metallionen ist, die unter der Wirkung der Rückdiffusion und der Raumladung in der Grenzschicht wieder in das Metall eintreten. Dieser Zustand ist erreicht, wenn die Spannung zwischen Flüssigkeit und Metall, die eine Folge ihrer Aufladung ist, einen bestimmten Wert erreicht hat. Er hängt von der Temperatur ab. In der Grenzschicht zwischen Metall und Flüssigkeit findet also ein *Potentialsprung* statt. Solche Potentialsprünge sind die Ursache der elektrolytischen Polarisation.

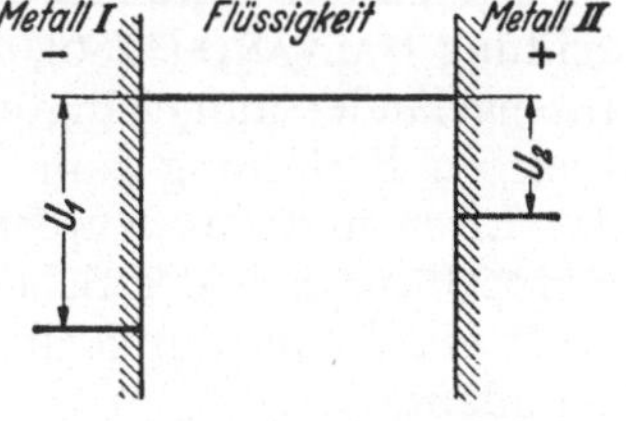

Abb. 328. Zur elektrolytischen Polarisation

Befinden sich nun in einer Flüssigkeit zwei Metallelektroden mit verschieden beschaffenen Grenzflächen — sei es daß das Material der Elektroden oder die Art der Flüssigkeit oder beides verschieden ist — so sind diese Potentialsprünge verschieden groß. Beträgt der eine U_1, der zweite $U_2 < U_1$ (Abb. 328), so ist die zweite Elektrode gegenüber der ersten auf positiver Spannung gegen den Elektrolyten. Sie wird zur positiven, die erste Elektrode zur negativen Elektrode der Zelle. Diese hat demnach die Quellenspannung $U = U_1 - U_2$ (§167). Diese ist also die Differenz zweier Potentialsprünge.

Stellt man eine äußere leitende Verbindung zwischen den Elektroden her, so fließt in ihr ein Strom von der positiven zur negativen Elektrode, im Elektrolyten aber von der negativen zur positiven Elektrode. Dieser Strom befördert positive Metallionen in der gleichen Richtung, die an der positiven Elektrode abgeschieden werden. Zum Ausgleich geht weiteres Material der negativen Elektrode in Lösung. Eine solche Zelle bildet also eine *Stromquelle*. Der Strom fließt so lange, bis entweder die negative Elektrode vollständig in Lösung gegangen ist oder bis sich die positive Elektrode vollständig mit dem Material der negativen bedeckt hat, so daß die Verschiedenheit der Elektroden beseitigt ist.

Je mehr sich in einer *offenen Zelle* die Ladungen der Elektroden nach deren Einbringen aufbauen, um so mehr entwickelt sich in ihr ein von der positiven zur negativen Elektrode weisendes elektrisches Feld, das entgegen der Wirkung des Lösungsdrucks positive Ladungsträger zur negativen und negative Ladungsträger zur positiven Elektrode zurückzutreiben sucht, bis schließlich keine weiteren Ladungen mehr befördert werden können und Gleichgewicht eingetreten ist. Man kann das beschreiben als die Wirkung einer Spannung, die ebenso groß ist wie die vom Lösungsdruck herrührende Quellenspannung, aber ihr innerhalb der Zelle entgegengerichtet ist. Für sie wird heute der Name *Zellenspannung* empfohlen (bisher nicht gut *elektromotorische Kraft*, abgekürzt EMK).

Ganz ähnlich wie Metalle können sich auch Gasbeladungen der Elektroden verhalten, sofern sie sich merklich im Elektrodenmetall lösen und auch mit merklicher Geschwindigkeit Ionen in Lösung senden. Das ist z.B. bei Wasserstoff an einer Platinelektrode der Fall, der sich wie ein Metall verhält. Die *Wasserstoffelektrode* spielt in der Elektrochemie als *Normal-* oder *Bezugselektrode* eine höchst wichtige Rolle.

Die Polarisation einer elektrolytischen Zelle mit anfänglich gleich beschaffenen Grenzflächen beider Elektroden bei Stromdurchgang ist nun verständlich. Die Abscheidungen an ihren Elektroden rufen eine Verschiedenheit ihrer Grenzflächen hervor. Ebenso ist es verständlich, daß die Polarisationsspannung allmählich wieder verschwindet, wenn man die polarisierte Zelle als Stromquelle verwendet. Der von ihr gelieferte Strom ist immer so gerichtet, daß er die Verschiedenheit der Grenzflächen beseitigt. Bei einer elektrolytischen Zelle mit Platinelektroden, die z.B. in verdünnte Schwefelsäure tauchen, beruht die Polarisation auf den bei Stromdurchgang auf den Elektroden gebildeten Häuten aus Wasserstoff- und Sauerstoffgas. Man kann die Polarisationsspannung zum Verschwinden bringen, wenn man diese Häute mechanisch entfernt.

Der bereits erwähnte *Froschschenkelversuch* bestand in der zufälligen Beobachtung GALVANIS (1786), daß ein enthäuteter, mit einem Kupferhaken an einem Eisengeländer aufgehängter Froschschenkel jedesmal zuckte, wenn er mit dem Eisen in Berührung kam. Wie später VOLTA erkannte, beruht das darauf, daß das Eisen und das Kupfer die Elektroden einer elektrolytischen Zelle mit der Körperflüssigkeit des Schenkels als Elektrolyt bilden. Bei Kurzschluß der Zelle fließt ein Strom durch die motorischen Nerven des Schenkels, der sein Zucken veranlaßt.

178. Widerstand elektrolytischer Leiter. Für elektrolytische Leiter gilt bei konstanter Temperatur das Ohmsche Gesetz. Das hängt, wie bereits erwähnt, damit zusammen, daß die Wanderungsgeschwindigkeit der Ionen der Feldstärke proportional ist und die Anzahl der Ladungsträger nicht von der Stromstärke abhängt. Der spezifische Widerstand hängt von der Beweglichkeit der Ionen (§173), von ihrer Konzentration und Ladungszahl (Wertigkeit) ab, außerdem natürlich von den geometrischen Verhältnissen des vom Strome durchflossenen Flüssigkeitsvolumens und schließlich von der Temperatur, und zwar haben die Elektrolyte, im Gegensatz zu den Metallen, einen negativen Temperaturkoeffizienten. Ihr Widerstand *sinkt* bei Erwärmung.

Wegen der *Polarisation* der Elektroden kann man den Widerstand eines Elektrolyten nicht mit Gleichstrom messen. Die Polarisationsspannung täuscht, indem sie der angelegten Spannung entgegenwirkt, einen höheren Widerstand vor, als tatsächlich vorhanden ist. Die Polarisation braucht aber zu ihrer Ausbildung eine gewisse Zeit. Deshalb benutzt man zur Widerstandsmessung Wechselstrom, dessen Richtung so schnell wechselt, daß die Polarisationsspannung keine Zeit hat, sich in merklicher Stärke auszubilden. Im übrigen verfährt man ebenso wie bei anderen Widerstandsmessungen (Brückenschaltung). An Stelle des Galvanometers in der Brücke kann man ein Telephon benutzen, das den Wechselstrom durch einen summenden Ton anzeigt und zum Schweigen kommt, wenn die Widerstände gemäß §162 abgeglichen sind. (Vgl. WESTPHAL: Physikalisches Praktikum, 36. Aufgabe.)

179. Galvanische Elemente. Akkumulatoren. Stromquellen, bei denen die elektrolytische Polarisation zur Erzeugung von Spannungen benutzt wird, heißen *(galvanische) Elemente.* Ein einfaches Element wird z.B. durch eine Zink- und eine Kupferplatte gebildet, die in verdünnte Schwefelsäure tauchen. Elemente dieser einfachen Art haben den Nachteil, daß ihre Leerlaufspannung bei Stromdurchgang sinkt, weil der Strom eine zusätzliche Polarisation hervorruft, die der ursprünglichen Polarisation entgegengerichtet ist. Eine praktische Bedeutung haben heute noch die sog. *Trockenelemente*, eine Abart der alten Leclanché-Elemente. Ihre positive Elektrode besteht aus Kohle und ist mit Braunstein umgeben, welcher durch Oxydation des gebildeten Wasserstoffs eine Polarisation verhindert. Die negative Elektrode ist aus Zink; der Elektrolyt ist konzentrierte Salmiak- oder Magnesiumchloridlösung. Zwecks bequemerer Handhabung ist der Raum zwischen den Elektroden mit einer Füllmasse, meist Mehl, gefüllt, die mit dem Elektrolyten getränkt ist. Auch die *Carbone-Elemente*, die in großen Einheiten z.B. für Eisenbahnsicherungszwecke verwendet werden, sind vom Leclanché-Typ. Zu gleichen Zwecken verwendet man auch *Kupfer-Zink-Elemente* mit Natronlauge (NaOH) als Elektrolyt und Kupferoxydul (Cu_2O) als Depolarisator. Ihre Spannung sinkt im Betrieb von 0,8 auf 0,6 V. Die Kupferelektroden können nach Reduktion des an ihnen gebildeten Kupferoxyduls durch gelindes Erwärmen regeneriert werden.

Für die physikalische Meßtechnik wichtig sind die *Normalelemente*, deren Zusammensetzung so gewählt ist, daß sie eine sehr konstante Quellenspannung haben, die auch nur sehr wenig von der Temperatur abhängt. Beim Weston-Element besteht die eine Elektrode aus Quecksilber, daran schließt sich eine Paste aus Merkurosulfat, Hg_2SO_4. Der Elektrolyt ist Kadmiumsulfatlösung und die andere Elektrode Kadmium oder Kadmiumamalgam. Im Elektrolyten befinden sich Kadmiumsulfatkristalle im Überschuß, so daß die Lösung stets konzentriert ist (Abb. 329). Die Spannung des Weston-Elements beträgt bei 20 °C 1,01865 V. Mit diesem international anerkannten Wert dient das Weston-Element als *Spannungsnormal.* Normalelemente dürfen nie mit Strom belastet, sondern nur im stromlosen Zweig von Kompensationsschaltungen (§ 161) verwendet werden, da sonst ihre Klemmenspannung sinkt (§ 167).

Während die gewöhnlichen Elemente den Nachteil haben, daß sie bei längerer Strombelastung durch Veränderung oder Zerstörung ihrer Elektroden schließlich unbrauchbar werden, kann man bei den *Akkumulatoren (Sammlern)* auf einfache Weise den ursprünglichen Zustand nach Strombelastung wieder herstellen, also den in ihnen abgelaufenen chemischen Vorgang umkehren. Das Wesen eines Akkumulators zeigt der folgende Versuch: In verdünnter Schwefelsäurelösung H_2SO_4 befinden sich zwei Bleielektroden, die sich in der Lösung mit einer Schicht von Bleisulfat $PbSO_4$ überziehen. Legt man an eine solche elektrolytische Zelle eine Spannung, etwa 6 V, so findet eine Polarisation der Elektroden statt. Aus der Lösung wandern SO_4^{--} Ionen an die Anode, H^+-Ionen an die Kathode. Dort treten folgende Reaktionen ein:

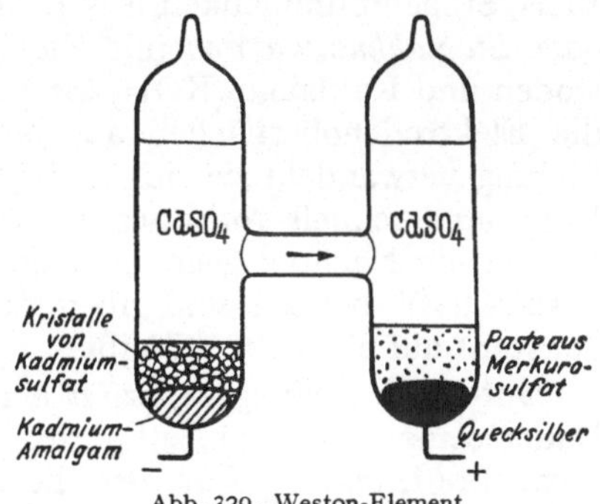

Abb. 329. Weston-Element

Ladung: Positive Elektrode $PbSO_4 + SO_4^{--} + 2H_2O \rightarrow PbO_2 + 2H_2SO_4 + 2e^-$,

negative Elektrode $PbSO_4 + 2H^+ + 2e^- \rightarrow Pb + H_2SO_4.$

Es bildet sich also an der Anode des Stromes Bleidioxyd (PbO_2), an der Kathode metallisches Blei. Gleichzeitig verschwindet aus der Lösung Wasser, und es bildet sich Schwefelsäure. Der Elektrolyt wird konzentrierter. Unterbricht man nach einiger Zeit den Strom, so liefern die jetzt chemisch verschieden gewordenen Elektroden eine Quellenspannung von etwas über 2 V. Die Zelle ist „geladen".

Bei der Entladung, bei der der Strom in entgegengesetzter Richtung fließt wie bei der Ladung, wandern aus der Lösung SO_4^{--}-Ionen an die Bleielektrode, H^+-Ionen an die PbO_2-Elektrode. Dabei spielen sich folgende chemische Reaktionen ab:

Entladung:
$$\text{Positive Elektrode: } PbO_2 + 2H^+ + 2e^- + H_2SO_4 \rightarrow PbSO_4 + 2H_2O$$
$$\text{negative Elektrode: } Pb \quad + SO_4^{--} \rightarrow PbSO_4 + 2e^-.$$

Die Elektroden nehmen also ihren ursprünglichen Zustand wieder an. Die bei der Ladung gebildete Schwefelsäure verschwindet wieder, das verschwundene Wasser wird wieder neu gebildet. Die bei der Ladung aufgetretenen Veränderungen werden also, wenn man den Entladestrom hinreichend lange fließen läßt, bei der Entladung wieder rückgängig gemacht.

Die bei dem geschilderten Vorgang benutzte Einrichtung ist ein einfacher *Bleiakkumulator.* Für praktische Zwecke wird er in mannigfacher Weise verändert. Die Elektrizitätsmenge, die er als Strom umzusetzen vermag, ist offenbar um so größer, je größer der chemische Umsatz bei der Ladung ist. Die positiven Elektroden sind deshalb entweder gegossene Bleiplatten, deren Oberfläche durch feine Rippen stark vergrößert und elektrolytisch mit einer dünnen Schicht wirksamer Masse bedeckt ist, oder sie sind gitterförmige Platten, in die eine Paste aus Bleioxyd und Schwefelsäure eingetragen und elektrochemisch in Bleidioxyd umgewandelt ist. Die negativen Platten sind stets auf die zweite Art gebaut. Läßt man bei der Ladung den Strom noch länger fließen, als zur Beendigung der chemischen Reaktionen nötig ist, so findet an der Kathode Wasserstoffabscheidung statt. Diese kündigt also die Beendigung der Ladung an.

Bleiakkumulatoren haben verschiedene Nachteile (Kosten und Gewicht des Bleis, Stoßempfindlichkeit usw.). Man verwendet daher heute auch die *alkalischen* oder *Stahlakkumulatoren* mit Nickel und Eisen (oder auch Cadmium) als Elektroden und Kalilauge (KOH) als Elektrolyt. Im ungeladenen Zustande bestehen die Elektrodenoberflächen aus $Ni(OH)_2$ und $Fe(OH)_2$ bzw. $Cd(OH)_2$; bei der Ladung verwandeln sie sich in Ni_3O_3 und Fe bzw. Cd. Die Spannung sinkt bei Entladung schnell von etwa 1,4 V auf 1,3 bis 1,2 V und dann steil weiter ab. Das ist ein Nachteil gegenüber dem Bleiakkumulator, dessen Anfangsspannung etwa 2,05 V beträgt und über den größten Teil seiner Entladezeit ziemlich konstant auf etwa 1,9 V bleibt.

Unter der *Ladungskapazität* eines Akkumulators versteht man das über die Dauer seiner restlosen Entladung — nach vorheriger vollständiger Ladung — erstreckte Integral $\int I \, dt$, also die gesamte bei der Entladung durch jeden Querschnitt der Strombahn transportierte Elektrizitätsmenge, und mißt sie meist in der Einheit 1 Amperestunde (Ah). Der *Stromwirkungsgrad*, das Verhältnis der bei Entladung und Ladung durch den Akkumulator gehenden Elektrizitätsmengen, beträgt bei Bleiakkumulatoren etwa 90%, bei alkalischen Akkumulatoren nur etwa 70%. Wichtiger ist der *Energiewirkungsgrad*, der bei Bleiakkumulatoren rund 74%, bei den alkalischen Akkumulatoren nur 50 bzw. 56% beträgt, weil zur Ladung eine höhere Spannung nötig ist, als die Klemmenspannung bei Entladung beträgt.

Das Auftreten elektrischer Energie an Elementen oder Akkumulatoren wird, wie wir gesehen haben, durch chemische Vorgänge verursacht, welche die Elektroden verändern. Nach dem Energieprinzip kann die auftretende Energie nicht aus nichts entstanden sein. Ihre Quelle haben wir in den sich abspielenden chemischen Vorgängen zu suchen. Tatsächlich sind dies auch stets exotherme Vorgänge (§ 133), d. h. solche, bei denen Energie frei wird (z. B. Erwärmung bei der Verbindung von Zink mit Schwefelsäure). Man könnte zunächst vermuten, daß diese chemische Energie bei den Elementen und Akkumulatoren ganz in elektrische Energie übergeht. Das ist auch unter Umständen der Fall. In den meisten Fällen geht aber ein Teil der chemischen Energie in Wärme über, das Element erhitzt sich bei Strombelastung. In anderen Fällen kommt es aber vor, daß die elektrische Energie größer ist als die chemische. Dann kühlt sich das Element bei Strombelastung gegen seine Umgebung ab und ein Teil der elektrischen Energie wird von der Wärme geliefert, die aus der Umgebung dauernd in das abgekühlte Element strömt.

Sehr reine Metalle, z. B. reines Zink oder Eisen, reagieren nur sehr schwer mit Säuren, während chemisch unreine Metalle weit leichter reagieren. Befinden sich nämlich in dem Metall kleine Einschlüsse eines anderen Metalls oder auch Kohleteilchen u. dgl., so besteht zwischen den verschiedenartigen Bestandteilen eine Polarisationsspannung; sie bilden miteinander und mit der Säure winzig kleine, kurzgeschlossene Elemente. Sind z. B. in Zink Kupfereinschlüsse enthalten, so fließen in verdünnter Schwefelsäure zwischen dem Zink und dem Kupfer sog. *Lokalströme*, welche fortgesetzt SO_4^{--}-Ionen an das Zink schaffen, so daß die Reaktion $Zn^{++} + SO_4^{--} \rightarrow ZnSO_4$ sehr lebhaft erfolgen kann, während ohne derartige Lokalströme die Zufuhr von SO_4^{--}-Ionen an das Zink lediglich durch die weit langsamer wirkende Diffusion erfolgen würde. Auch das *Rosten* von Eisen beruht wesentlich auf solchen Vorgängen.

180. Die Elektrolyse in der Technik. Die elektrolytische Abscheidung von Stoffen findet sehr zahlreiche und wirtschaftlich wichtige Anwendungen. Im großen wird sie in der *Elektrometallurgie* zur Herstellung sehr reiner Metalle benutzt. Dabei ist es wichtig, daß die Polarisationsspannungen für die Ionen verschiedener Metalle verschieden groß sind. Durch geeignete Wahl der an eine elektrolytische Zelle gelegten Spannung kann man bewirken, daß sich nur das gewünschte Metall aus der Lösung ausscheidet, aber nicht diejenigen Bestandteile, deren Polarisationsspannung höher als die Zellenspannung ist. Hierauf beruht auch ein chemisch-analytisches Verfahren, die *Elektroanalyse*. Von größter technischer Bedeutung ist die Gewinnung von *Elektrolytkupfer*, die mehr als die Hälfte der Welterzeugung an reinem Kupfer liefert. Als Anode dient das unreine Rohkupfer, als Elektrolyt eine schwefelsaure Kupfersulfatlösung. Das Elektrolytkupfer ist rein bis auf einen Gehalt von 0,1 bis 0,2% an Beimengungen. Äußerst wichtig ist die Gewinnung von *Elektrolyteisen*, das einen ähnlichen Reinheitsgrad hat. Es hat eine große magnetische Permeabilität und eine geringe Remanenz (§§ 221 und 223) und ist aus diesem Grunde ein wichtiger Werkstoff der Elektrotechnik. *Aluminium* wird im großen durch elektrolytische Abscheidung aus einer Schmelze von reiner Tonerde mit einem Zusatz von Natriumfluorid bei etwa 950 °C gewonnen. Auf entsprechende Weise gewinnt man auch andere Leichtmetalle im großen. Die *Gewinnung von Wasserstoff*, der in der chemischen Industrie, bei autogenen Schweißverfahren, zum Schneiden von metallischen Werkstücken mit dem Knallgasgebläse und zu vielen anderen Zwecken in großen Mengen benötigt wird, geschieht überwiegend durch elektrolytische Zersetzung von Wasser. Benutzt wird eine Lösung von Natronlauge oder Kaliumkarbonat, als Elektrodenmaterial dient Eisen.

Die Herstellung von dünnen Metallüberzügen auf anderen Metallen (Verkupferung, Vernickelung usw.) geschieht in der Technik vielfach auf elektrolytischem Wege *(Galvanostegie)*. Ähnlich werden in der *Galvanoplastik* Abdrucke von Formen hergestellt, indem man Metalle in dicker Schicht elektrolytisch auf der als Kathode dienenden, nötigenfalls durch Kohlepulver u. dgl. leitend gemachten Form niederschlägt.

III. Elektrische Ströme in Gasen

181. Allgemeines über Elektrizitätsleitung in Gasen. Bei Abwesenheit aller äußeren Einwirkungen besteht ein Gas aus elektrisch neutralen Molekülen und enthält an sich keine freien beweglichen Ladungsträger. Eine Leitfähigkeit erhält ein Gas erst, wenn in ihm freie bewegliche Ladungsträger erzeugt oder solche von außen in das Gas hineingebracht werden. Auf die zweite Art kann auch ein so gut wie möglich gasfrei gemachter Raum, ein Vakuum, Leitfähigkeit erlangen. Legt man an zwei Elektroden in einem leitfähig gemachten Gase eine Spannung, so bewegen sich die positiven Ladungsträger an die negative Elektrode, die Kathode, die negativen an die positive Elektrode, die Anode, und es fließt ein Strom, den man als eine *Gasentladung* bezeichnet.

Bei der Elektrizitätsleitung durch Gase unterscheidet man die unselbständige und die selbständige Entladung. Bei der *unselbständigen Entladung* befinden sich aus irgendeiner vom Stromdurchgang selbst unabhängigen Ursache Ladungsträger im Gase, und diese werden durch ein im Gase herrschendes elektrisches Feld an die Anode bzw. Kathode befördert, bilden also einen elektrischen Strom. Bei der *selbständigen Entladung* dagegen werden die den Stromdurchgang vermittelnden Ladungsträger in ihrer überwiegenden Mehrzahl durch den Mechanismus der Entladung selbst erzeugt. In Entladungen bei höheren Drucken und Stromstärken (Lichtbogen, Funken) heizen die Elektronen das Gas auf, durch das sie fließen; dieser Vorgang ist analog zum Strom, der die Wendel einer Glühlampe auf hohe Temperatur bringt. Die hohe Temperatur bewirkt im Gas, daß einige Elektronen von ihren Atomen oder Molekülen abgespalten werden (thermische Ionisation). Bei tieferem Druck und geringerer Stromstärke überwiegt hingegen die *Stoßionisation*. Diese besteht darin, daß schon vorhandene Elektronen durch das elektrische Feld so stark beschleunigt werden, daß sie imstande sind, bei einem Zusammenstoß mit einem Molekül ein weiteres Elektron von diesem abzuspalten. Das Molekül wird dadurch zu einem positiven Ion, und die Anzahl der freien Elektronen wird um eines vermehrt. Das Gas wird *ionisiert*. Die auf diese Weise erzeugten neuen Ladungsträger können durch das Feld so beschleunigt werden, daß auch sie wieder Ladungsträger erzeugen usw. Damit eine selbständige Entladung überhaupt einsetzen kann, müssen also schon von Anfang an einige Ladungsträger im Gase vorhanden sein. Das ist stets der Fall und läßt sich überhaupt nie ganz vermeiden, schon deshalb nicht, weil sich überall stets Spuren von radioaktiven Stoffen befinden, deren Strahlung ionisierend wirkt. Die Entladung beginnt stets mit einer schwachen unselbständigen Entladung, dem *Townsend-Strom*[1] oder *dunklen Vorstrom*, und schlägt in eine selbständige Entladung um, nachdem durch Stoßionisation eine genügende Anzahl von Ionen und Elektronen geschaffen wurde.

Hierzu reichen die durch Stoß der primären Elektronen im Gase gebildeten Elektronen in der Regel nicht aus. Vielmehr ist es zur Zündung einer selbständigen Entladung nötig, daß die letzteren ihrerseits durch Stoß weitere Elektronen schaffen. Die Fähigkeit dazu erlangen sie dadurch, daß sie durch das im Gase herrschende elektrische Feld in Richtung auf die Elektroden beschleunigt werden. Es ist aber nötig, daß sie die zur Stoßionisation erforderliche Energie in

---

[1] JOHN SEALY EDWARD TOWNSEND, geb. 1868.

der Zeit zwischen zwei Zusammenstößen mit einem Gasmolekül erlangen. Daher muß die Feldstärke im Gase von solcher Größenordnung sein, daß die Elektronen längs einer in der Feldrichtung zurückgelegten freien Weglänge eine Mindestspannung ΔU durchlaufen, die dadurch gegeben ist, daß $Q \Delta U$ die zur Stoßionisation nötige Energie ist (Q Ladung des Elektrons). Je größer die freie Weglänge, je geringer also die Dichte des Gases ist, bei um so kleinerer angelegter Spannung zündet eine selbständige Entladung. Daher setzt solche bei gegebenem Elektrodenabstand bei einer um so niedrigeren Spannung ein, je geringer der Gasdruck ist. Am Augenblick der Zündung der selbständigen Entladung steigt die Stromstärke steil an (Abb. 330).

Je nach der Spannung, dem Gasdruck und der Art des Gases und der Gestalt der Elektroden und des Entladungsraumes, gibt es sehr mannigfache Erscheinungsformen der selbständigen Entladung. Bei Veränderung der Bedingungen gehen diese verschiedenen Entladungsformen im allgemeinen stetig ineinander über, so daß eine scharfe Grenzziehung nicht möglich ist. Man unterscheidet aber folgende Hauptarten: bei höherem Druck die Korona- und Spitzenentladung, die Funkenentladung und den Lichtbogen, bei niedrigem Druck die Glimmentladung.

182. Unselbständige Entladung. Die für eine unselbständige Entladung erforderliche Ionisation kann in einem Gase auf verschiedene Arten entstehen. Bei der *Volumionisation* werden die Ladungsträger *im Gase selbst* durch eine auf seine Moleküle wirkende Ursache erzeugt; bei der *Oberflächenionisation* werden sie *von außen her*, aus der Oberfläche der einen Elektrode, in das Gas hineingebracht.

Eine Volumionisation entsteht dadurch, daß durch eine äußere Einwirkung Elektronen von den Molekülen des Gases abgetrennt werden, z.B. durch Bestrahlung des Gases mit ultraviolettem Licht, Röntgenstrahlen oder Strahlen radioaktiver Stoffe, ferner durch eine ausreichend hohe Temperatur des Gases (§ 184). Die betroffenen Moleküle werden dadurch zu positiven Ionen; die dabei frei werdenden Elektronen lagern sich in vielen Fällen an neutrale Moleküle und verwandeln sie in negative Ionen. Wird ein elektrisches Feld im Gas erzeugt, dann wandern die positiven Ionen zur Kathode, die Elektronen und negativen Ionen zur Anode.

Eine Ionisation des Materials einer Elektrode (Oberflächenionisation) kann dadurch zustande kommen, daß sie mit kurzwelligem Licht bestrahlt (lichtelektrischer Effekt, § 336) oder auf hohe Temperatur gebracht wird (Glühemission, § 183). Es treten dann Elektronen aus der Oberfläche aus, die, wenn die Elektrode als Kathode geschaltet ist, durch das Gas zur Anode wandern können. Sofern nicht durch Sekundäreffekte Ionen entstehen, fließt im Gas ein reiner Elektronenstrom. Elektronen können aus der Kathode weiterhin durch Ionen und angeregte Atome (§ 349) befreit werden, die aus dem Gase auf die Kathode fallen.

Besteht in einem Gase, an dem keine Spannung liegt, eine Volumionisation, so stellt sich ein Gleichgewicht ein zwischen der durch äußere Einwirkung erzeugten Ionisation und der *Wiedervereinigung (Rekombination)* der Ladungsträger, so daß in der Zeiteinheit ebenso viele Ladungsträger neu erzeugt werden, wie durch vorübergehende Vereinigung positiver und negativer Ionen und Austausch eines Elektrons wieder neutralisiert werden. Auch bei niedriger Spannung spielt die Wiedervereinigung noch eine wesentliche Rolle. Die Geschwindigkeit der Ladungsträger ist dann so klein, daß ein großer Teil von ihnen auf dem Wege zur Elektrode durch Wiedervereinigung neutralisiert wird und deshalb zum Strom nicht voll beiträgt. Je höher die Spannung ist, um so kleiner ist die Anzahl der auf diese Weise verschwindenden Ladungsträger. Daher steigt die Stromstärke I in einem ionisierten Gase mit wachsender Spannung U zunächst an (Abb. 330).

Bei genügend hoher Spannung werden aber die Ionen so schnell an die Elektroden befördert, daß die Wiedervereinigung praktisch aufhört; sämtliche erzeugten Ladungsträger erreichen tatsächlich die Elektroden. Damit ist ein Grenzwert der Stromstärke erreicht, die *Sättigung*, und über diesen Wert kann die Stromstärke ohne das Hinzukommen einer neuen ionisierenden Ursache nicht ansteigen. Das ist erst dann der Fall, wenn die Spannung so weit gesteigert wird, daß Stoßionisation eintritt. Es kann aber vorkommen, daß das bereits erfolgt, ehe Sättigung eingetreten ist. Dann fehlt das horizontale Kurvenstück in Abb. 330. Der steile Anstieg des Stromes entspricht dem Eintritt einer selbständigen Entladung.

Ein ähnliches Verhalten zeigt sich auch bei Oberflächenionisation. Natürlich gibt es hier keine Wiedervereinigung, weil ja nur Ladungsträger eines Vorzeichens (Elektronen) vorhanden sind. In diesem Falle bewirkt die thermische Bewegung der Elektronen und vor allem die sich vor der Kathode bildende Raumladung (§185) eine *Rückdiffusion* an die Kathode und damit einen Verlust an Elektronen. Je höher die Spannung ist, um so geringer ist dieser Verlust, um so größer also die Stromstärke. Sättigung tritt ein, wenn alle Elektronen die Anode erreichen. Auch hier tritt, außer im Hochvakuum, schließlich Stoßionisation ein.

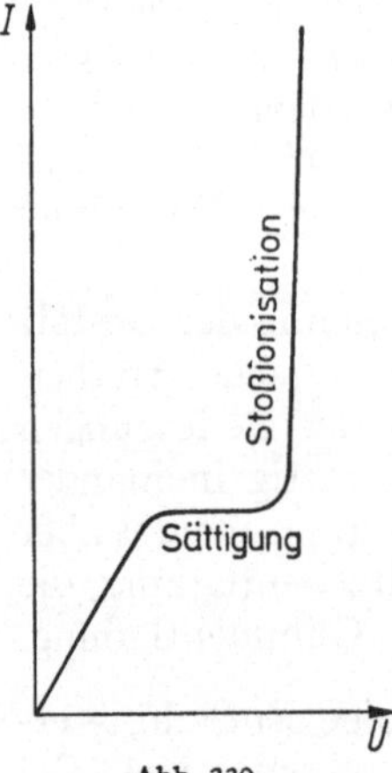

Abb. 330.
Abhängigkeit der Stromstärke in einem Gase von der Spannung

Abb. 331 zeigt eine einfache Anordnung zur Untersuchung von Strömen durch Gase. Das Gas befindet sich in dem Metallkasten K, der mit der Erde leitend verbunden ist und gleichzeitig als elektrischer Schutzkäfig dient. Im Gasraum befinden sich zwei isoliert eingeführte Elektroden P und P', an die eine Spannung gelegt wird. Mit einem Strommesser G (Galvanometer) kann man die Abhängigkeit der Stromstärke von der Spannung untersuchen, wenn das Gas ionisiert wird.

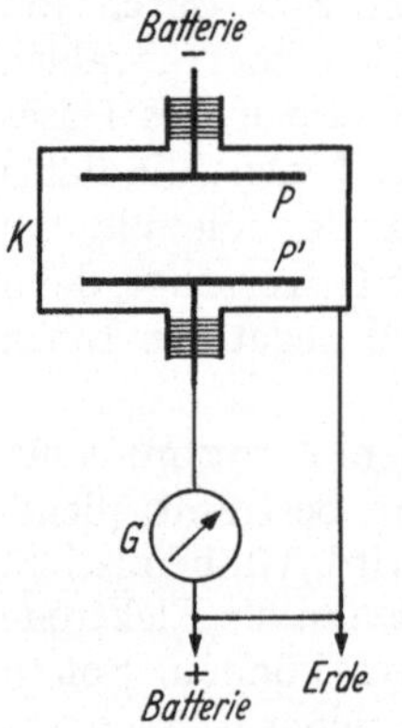

Abb. 331. Anordnung zur Untersuchung der Entladung durch ein Gas

183. Glühelektronen. Thermionen. Exoelektronen. Nähert man einem geladenen Elektroskop ein glühendes Metallstück, so verliert jenes seine Ladung ziemlich schnell, ein Beweis dafür, daß durch die Anwesenheit des glühenden Metalls die umgebende Luft leitend geworden ist, daß also Ladungsträger in der Luft aufgetreten sind. Die Wirkung ist um so stärker, je stärker das Metall glüht. Die Ladungsträger stammen aus dem glühenden Metall und sind überwiegend Elektronen *(Glühelektronen)*. So kommt es, daß stark glühende Metalle als *Anode* den Durchgang eines Stromes durch ein nicht ionisiertes Gas nicht merklich ermöglichen, weil die austretenden Elektronen durch das elektrische Feld wieder an die Anode zurückgetrieben werden, also nicht durch das Gas wandern, während sie, wenn das glühende Metall Kathode *(Glühkathode)* ist, von dieser fort zur Anode wandern. Es liegt hier also der Fall vor, daß ein Strom in der einen Richtung weit besser geleitet wird als in der anderen, in der ein Stromdurchgang praktisch kaum auftritt (unipolare Leitung). Eine Entladungsröhre mit Glühkathode wirkt also als *elektrisches Ventil*. Eine besonders starke Elektronenemission zeigen Glühkathoden, die mit gewissen Oxyden bedeckt sind, weil das Oxyd die Austrittsarbeit der Elektronen aus dem Metall vermindert *(Wehnelt[1]-Kathode)*.

---

[1] ARTHUR WEHNELT, 1871—1944.

Für die Stromdichte j des Elektronenstromes, den eine glühende Oberfläche bei der absoluten Temperatur T aussendet, gilt das Richardsonsche[1] Gesetz

$$j = A T^2 \exp\left(\frac{e\,\varphi}{kT}\right).$$

A ist eine universelle Konstante, bei reinen Metalloberflächen 120,4 A cm^{-2} K^{-2}, e die Elementarladung, $e\varphi$ die *Austrittsarbeit* der Elektronen aus dem Metall, k die Planck-Boltzmann-Konstante.

Den Austritt von Elektronen aus Metallen kann man etwa mit der Verdampfung von Wasser aus einem erhitzten Schwamm vergleichen. Aus einem kalten Metall können die in ihm wie ein *Elektronengas* eingeschlossenen freien Leitungselektronen nicht austreten, weil dies durch rücktreibende Kräfte verhindert wird, die in der Metalloberfläche auf sie wirken wie die Oberflächenspannung auf die Moleküle einer Flüssigkeit. Mit steigender Temperatur wächst aber die thermische Geschwindigkeit der Elektronen. Schließlich wird ihre kinetische Energie so groß, daß sie in einer mit der Temperatur wachsenden Anzahl die Austrittsarbeit leisten und aus dem Metall austreten können. (Vgl. hierzu §362.) Aus nicht sehr reinen Metallen treten bei höherer Temperatur auch Ionen aus *(Thermionen)*. Besonders wirksam sind Spuren von Alkalimetallen in Eisenoxyd, die positive Alkaliionen liefern (Kunsman-Anode).

Aus mechanisch bearbeiteten (z.B. geschmirgelten oder polierten) Metalloberflächen treten nach der Bearbeitung eine Zeit lang Elektronen aus, die man *Exoelektronen* nennt.

184. Plasma. Ein *Plasma* ist ein ionisiertes Gas, in dem positive und negative Ladungsträger in beträchtlicher Anzahl vorhanden sind, und zwar derart, daß deren Ladungen einander in jedem Volumelement kompensieren, so daß in ihm keine Raumladungen vorhanden sind und *das Gas als Ganzes elektrisch neutral* ist. Ein Plasma kann durch elektrische Entladungen entstehen. Ein Beispiel ist die positive Säule der Glimmentladung (§188), die ein Gemisch aus positiven Ionen, Elektronen und neutralen Molekülen und Atomen bildet. Ferner kann ein Plasma durch hinreichend hohe Temperatur des Gases entstehen, indem dessen Moleküle oder Atome einander durch ihre Zusammenstöße ionisieren. Flammen haben eine merkliche Leitfähigkeit, die um so höher ist, je mehr die Anzahl der Ladungsträger auf Kosten der neutralen Moleküle und Atome wächst. Je höher die Temperatur ist, um so mehr Moleküle sind zu Atomen dissoziiert und um so mehr Atome sind durch Abspaltung eines oder mehrerer Elektronen ionisiert.

Ein ideales Plasma besteht nur aus positiven Atomionen und Elektronen. In einem solchen Zustand ist *die Materie der Sonne und der übrigen Sterne* und damit der weitaus überwiegende Teil aller Materie im Weltall. Alle Atome sind durch Verlust zahlreicher Elektronen hoch ionisiert, und im Inneren der Sonne und der Sterne sind nur noch die nackten Kerne vorhanden (§379). Ein solches Plasma hat eine hohe Leitfähigkeit.

Auch ein merklicher Teil des interstellaren Gases ist ionisiert (§400). Denn wegen der geringen Dichte der Gase ist bei einer Ionisation eines Moleküls oder Atoms dessen Wahrscheinlichkeit sehr gering, in kurzer Zeit ein freies Elektron anzutreffen, um sich mit diesem zu einem neutralen Molekül oder Atom zu vereinigen.

185. Widerstand und Kennlinie eines leitenden Gases. Raumladungen. Bei einer leitenden Gasstrecke kann man zwar für jedes Wertpaar U, I einen Widerstand $R = U/I$ definieren. Während aber bei den festen und flüssigen Leitern bei konstanter Temperatur das Ohmsche Gesetz $R = const$ gilt und der

---

[1] Owen William Richardson, 1879—1959, Nobelpreis 1928.

Widerstand von Stromstärke und Spannung unabhängig ist, ist dies bei den Gasen keineswegs immer der Fall. Wie man aus der Abb. 330 abliest, ist U/I zwar im ersten, geradlinig ansteigenden Teil konstant, steigt aber im Bereich der Sättigung an und fällt im Bereich der Stoßionisation wieder ab. Demnach gilt das Ohmsche Gesetz für ein ionisiertes Gas nur bei kleiner Spannung, aber aus einem anderen Grunde als bei den festen und flüssigen Leitern. Bei diesen ist die Anzahl der in der Volumeinheit für die Stromleitung verfügbaren Ladungsträger konstant. Das lineare Anwachsen der Stromstärke mit steigender Spannung beruht darauf, daß bei ihnen die durchschnittliche Geschwindigkeit der Ladungsträger der Spannung proportional ist (§ 158). Bei einem ionisierten Gase hingegen wird in jeder Sekunde in der Volumeinheit die gleiche Zahl von Ladungsträgern *neu erzeugt*, bzw. es wird bei Oberflächenionisation in jeder Sekunde die gleiche Anzahl neu in das Gas gebracht, und die Stromstärke müßte im stationären Zustande, unabhängig von der angelegten Spannung, der Summe der in 1 s neu erzeugten Ionenladungen entsprechen — da ja die erzeugte Ladung wieder aus dem Gase entfernt werden muß —, wenn letzteres nicht auch durch die Vorgänge der Wiedervereinigung, der Rückdiffusion an die Elektroden usw. mit besorgt würde. Bei kleiner Spannung überwiegt die Wirkung dieser Vorgänge. Je schneller aber bei wachsender Spannung die Ladungsträger an die Elektroden geschafft werden, um so mehr von ihnen entgehen der Wiedervereinigung und der Rückdiffusion, um so mehr Ladungsträger sind für den Strom verfügbar.

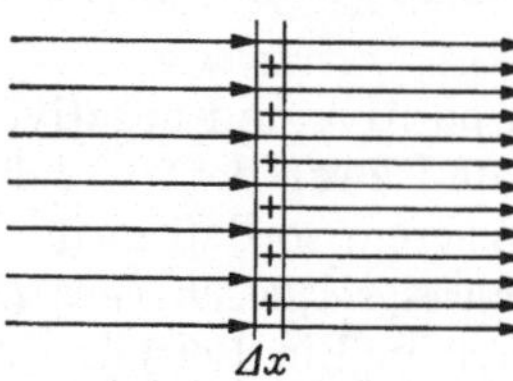

Abb. 332. Zur Ableitung der Poissonschen Gleichung

In einem ionisierten Gase steigt also die Stromstärke zunächst deshalb der Spannung proportional an, weil die Anzahl der für den Strom verfügbaren Ladungsträger der Spannung proportional ist. Ist jedoch Sättigung erreicht, so kann diese Anzahl nicht weiter wachsen, eine Steigerung der Spannung kann die Stromstärke nicht mehr anwachsen lassen. Erst wenn bei Eintritt der Stoßionisation weitere Ladungsträger gebildet werden, ist dies möglich. Einzig wichtig ist bei einer Gasentladung meistens der *differentielle Widerstand dU/dI*, der Kehrwert der örtlichen Steilheit dI/dU der Kennlinie (§ 166). Er ist, außer im ersten, linearen Teil der Kennlinie, von $R = U/I$ gänzlich verschieden, im Bereich der Stoßionisation sehr viel kleiner, dagegen im Bereich der Sättigung ∞, da $dI/dU = 0$ ist (Abb. 330).

Besonders verwickelt werden die Verhältnisse, wenn es sich um verdünnte Gase handelt, in denen die Elektronen große freie Weglängen haben und zwischen zwei Zusammenstößen mit Gasmolekülen im elektrischen Felde erhebliche Geschwindigkeiten erlangen. Sie werden noch verwickelter durch die beim Einsetzen der Stoßionisation erzeugten weiteren Elektronen und Ionen. Bei genügend hoher Feldstärke können auch diese Elektronen wieder eine ausreichende Geschwindigkeit erlangen, die sie zur Stoßionisation befähigt usw. Auf diese Weise kann die Anzahl der für den Strom verfügbaren Ladungsträger lawinenartig anwachsen. Das Gas bekommt eine fallende Kennlinie (§ 166), und es tritt, wenn es nicht durch ausreichenden Vorwiderstand verhindert wird, Kurzschluß durch das Gas ein.

Wenn in einem *Metall* ein Strom fließt, so ist es wegen der überall gleichen Dichte der positiven Ladungen der Atomrümpfe und der negativen Ladung der Elektronen überall elektrisch neutral. (Bei den Elektrolyten gilt das auch, mit Ausnahme der Grenzschichten an den beiden Elektroden, § 177.) Hingegen treten in *ionisierten Gasen* im allgemeinen *Raumladungen* auf; die positiven und die negativen Ladungsdichten sind örtlich nicht gleich groß. Infolgedessen ist auch die Feldstärke im Gase örtlich verschieden groß. Eine Raumladung ist z.B. vorhanden, wenn eine reine Oberflächenionisation durch Glühemission vorliegt und die freie Weglänge der Elektronen groß ist. Dann fliegen zwar durch jeden Querschnitt der Entladung vor der Kathode in gleichen Zeitabschnitten gleich viele Elektronen, aber deren Geschwindigkeit nimmt mit dem Abstand von der Kathode zu. Daraus folgt, daß die räumliche Elektronendichte um so größer ist, je näher an der Kathode man sie mißt; vor der Kathode befindet sich eine negative Raumladung. Bei reiner Volumionisation entsteht sie allein schon dadurch, daß die im ganzen Raum erzeugten positiven und negativen Ladungsträger zur Kathode bzw. zur Anode wandern und infolgedessen in dem einen Teil der Entladung die positiven, im anderen die negativen Ladungen überwiegen. Im Fall einer stationären Entladung bleiben auch die Raumladungen konstant, weil dann in jedes Volumelement des Gases je Zeiteinheit ebenso viele Ladungsträger eintreten, wie aus ihm austreten.

In Abb. 332 ist eine zu einem elektrischen Felde senkrechte Schicht vom Querschnitt A und der Dicke Δx dargestellt, die eine homogene positive Raumladung von der Dichte (Ladung/Volumen) ϱ enthalte. Die Ladung der Schicht beträgt also $\Delta Q = \varrho A\, \Delta x$. Nach §147 geht von ihr ein zusätzlicher elektrischer Fluß $\Delta \Psi = \Delta Q$ aus, und zwar aus Symmetriegründen je zur Hälfte nach rechts und nach links, so daß er den schon an sich vorhandenen Fluß links um den Betrag $\Delta \Psi/2$ schwächt, rechts um $\Delta \Psi/2$ verstärkt. Beträgt dieser links Ψ, so beträgt er nach dem Taylorschen Satz rechts $\Psi + \Delta \Psi = \Psi + \Delta x \cdot d\Psi/dx$. Demnach ist $\Delta \Psi = \Delta Q = \Delta x\, \varrho A = \Delta x\, d\Psi/dx$, also $d\Psi/dx = \varrho A$. Nun ist nach §147 $\Psi = DA = \varepsilon_0 EA$. Damit ergibt sich (§142)

$$\frac{dE}{dx} = -\frac{d^2 U}{dx^2} = \frac{\varrho}{\varepsilon_0} \quad \text{oder} \quad \frac{dD}{dx} = \varrho \qquad (185.1)$$

(*Poissonsche*[1] *Gleichung*). Das Potential U (§142) ändert sich also innerhalb einer Raumladung nicht linear mit der Koordinate in der Feldrichtung. Die Feldstärke nimmt von links nach rechts zu oder ab, je nachdem die Raumladung positiv oder negativ ist, und kann sogar innerhalb einer Raumladung ihr Vorzeichen umkehren. Das ist die Ursache für die rücktreibende Wirkung der negativen Raumladungswolke vor einer Glühkathode (§§ 183, 186). Je größer die Feldstärke ist, um so schneller werden die Elektronen aus der Strombahn entfernt, und um so geringer ist die Raumladungsdichte und ihre rücktreibende Wirkung auf die Elektronen. In allgemeiner, vektorieller Form ist statt (185.1) zu schreiben

$$\frac{\partial \boldsymbol{D}}{\partial x} + \frac{\partial \boldsymbol{D}}{\partial y} + \frac{\partial \boldsymbol{D}}{\partial z} = \operatorname{div} \boldsymbol{D} = \varrho. \qquad (185.2)$$

186. Elektronenröhren. Die als Bestandteil von Rundfunkgeräten bekannten, hochevakuierten Elektronenröhren haben außer einer Glühkathode und einer Anode zwischen diesen im einfachsten Fall *(Triode)* ein Gitter, für viele Zwecke auch zwei oder mehr Gitter *(Mehrgitterröhre)*. Wir behandeln hier nur die Triode. Die

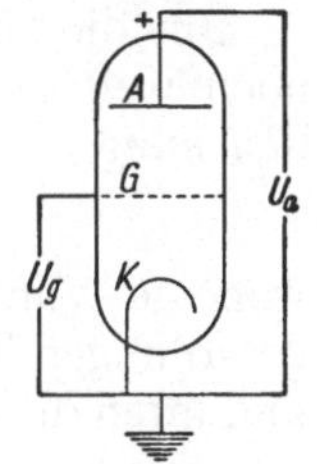

Abb. 333a.
Schema einer Triode. K Glühkathode, G Gitter, A Anode

Kathode ist ein dünner Metallzylinder, der durch einen in ihm ausgespannten Glühdraht erhitzt wird. Sie ist von dem durch eine Drahtwendel gebildeten Gitter umgeben, dieses wieder von einem Metallzylinder als Anode. Die Abb. 333a ist also ein bloßes Schema zur übersichtlichen Darstellung. An der Anode liegt eine positive Spannung U_a von der Größenordnung 50 bis 1000 V gegen die Kathode, am Gitter die Gitterspannung U_g. Bei genügend hoher negativer Gitterspannung treibt diese

---

[1] Siméon Denis Poisson, 1781–1840.

alle von der Glühkathode ausgehenden Elektronen wieder an diese zurück; es fließt kein Strom zur Anode. Aber bereits bei einer geringen, von der Anodenspannung abhängigen negativen Gitterspannung beginnt ein Anodenstrom zu fließen *(Anlaufstrom)*, der mit abnehmender negativer und dann zunehmender positiver Gitterspannung schließlich annähernd linear wächst *(Gitterkennlinie,* Abb. 333 b). (Bis zur Erreichung der Sättigung des Anodenstroms darf man Elektronenröhren nicht belasten.) Mit wachsender Anodenspannung verschiebt sich die Kennlinie nach links.

Dieses Verhalten erklärt sich auf folgende Weise. Die von der Glühkathode ausgehenden Elektronen würden — zunächst vom Vorhandensein des Gitters abgesehen — immer sämtlich die Anode erreichen, wenn sie nicht vor der Kathode, wo ihre Geschwindigkeit noch gering ist, eine *negative Raumladungswolke* aufbauen würden (§ 185), die sie zur Kathode zurückzutreiben sucht. Nur diejenigen Elektronen, deren Geschwindigkeitskomponente senkrecht zur Kathode genügend groß ist, vermögen die Raumladung zu durchstoßen und zur Anode zu gelangen. Die Raumladung bildet sich um so kräftiger aus, je langsamer die Elektronen aus

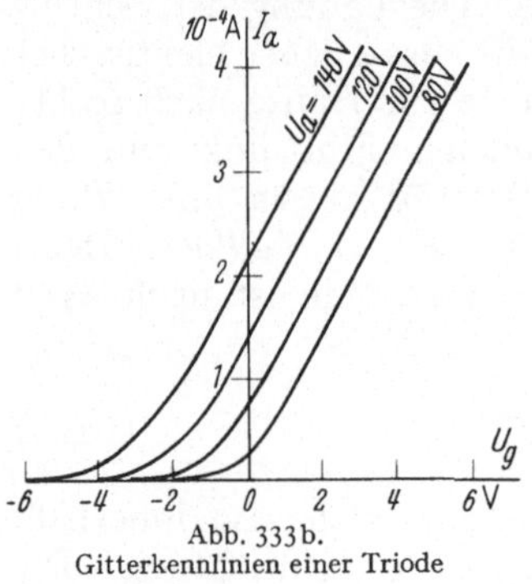

Abb. 333 b.
Gitterkennlinien einer Triode

dem kathodennahen Bereich herausgeschafft werden, je kleiner also die Feldstärke hier ist. Diese Feldstärke wird durch die Gitterspannung U_g und in geringerem Maße auch durch die Anodenspannung *gesteuert.* Das Verhältnis der Wirkung der Anodenspannung U_a zu der der Gitterspannung auf die Feldstärke zwischen Kathode und Gitter heißt *Durchgriff D* der Röhre. $U_g + D U_a$ heißt *Steuerspannung.* Je höher diese ist, um so größer ist die Feldstärke, um so geringer die Raumladungsdichte, um so stärker der durch das Gitter hindurchtretende Anodenstrom I_a. Die den Anlaufstrom bildenden Elektronen sind die, welche mit den höchsten Geschwindigkeiten aus der Kathode austreten und deshalb fähig sind, die Raumladung zu durchstoßen und auch gegen eine negative Gitterspannung zur Anode zu gelangen.

Für die Gitterkennlinien in dem in der Abb. 333 b dargestellten Bereich (also noch weit entfernt von der Sättigung) gilt ziemlich genau die *Langmuirsche*[1] *Gleichung,*

$$I_a = C(U_g + D U_a)^{\frac{3}{2}}, \tag{186.1}$$

wobei C von der Art der Röhre abhängt. Ihre Eigenschaften im angenähert geradlinigen Teil der Kennlinie werden durch ihre *Steilheit S,* ihren *Durchgriff D* und ihren differentiellen *inneren Widerstand R* gekennzeichnet, definiert als

$$S = \frac{\partial I_a}{\partial U_g}, \qquad D = -\frac{\partial U_g}{\partial U_a}, \qquad R = \frac{\partial U_a}{\partial I_a}. \tag{186.2a, b, c}$$

Für diese Größen gilt also die Beziehung $SDR = -1$ *(Barkhausen-Gleichung).* $-\dfrac{1}{D} = \mu = SR$ heißt *Verstärkungsfaktor.* (Vgl. WESTPHAL: Physikalisches Praktikum, 46. Aufgabe.)

Auf die Verwendung der Elektronenröhren in der Hochfrequenztechnik werden wir in § 261 zu sprechen kommen. Aber auch sonst hat die Möglichkeit, mittels der Gitterspannung einer Elektronenröhre die Stärke des Anodenstroms zu steuern, eine unübersehbare Fülle wichtigster Anwendungen gefunden, auf die

---

[1] IRVING LANGMUIR, geb. 1881, Nobelpreis 1932.

wir hier nicht eingehen können. Erwähnt sei nur die Verwendung als *Röhrenvoltmeter*, genauer gesagt als *Verstärker* schwacher Spannungen zu Meßzwecken. Legt man einen großen Widerstand R_a in den anodischen Stromkreis, so hängt die an ihm liegende Spannung $U = I_a R_a$ von der Stärke I_a des Anodenstromes und damit von der Gitterspannung U_g ab. Eine kleine Änderung der Gitterspannung kann unter geeignet gewählten Bedingungen eine große Änderung von U hervorrufen und auf diese Weise bequem meßbar gemacht werden. Die größte Bedeutung haben die Elektronenröhren in mannigfachen elektronischen Geräten, z. B. bei Rechenmaschinen und in der Regeltechnik gehabt, die in Gestalt der *Automation* ein ganz neues technisches Zeitalter herbeizufeühren beginnt. Indessen werden sie heute mehr und mehr durch die wesentlich einfacheren und kleineren Transistoren ersetzt (§ 260).

187. Formen der selbständigen Entladung bei höherem Druck. Wir haben in §143 gesehen, daß in der Nähe von geladenen Leitern eine besonders große elektrische Feldstarke dort besteht, wo ihre Oberfläche einen kleinen Krümmungsradius hat, ganz besonders an Spitzen, Kanten und dünnen Drähten. Diese hohe Feldstärke kann dazu führen, daß in dem umgebenden Gase Stoßionisation eintritt und eine Entladung des Leiters erfolgt. Diese zeigt in Luft ein rötlichviolettes Licht. Ihre Gestalt ist büschelförmig und bei positiver und negativer Ladung ein wenig verschieden. Diese Entladungsform tritt bei Gasdrucken von der Größenordnung des Atmosphärendrucks auf und heißt *Korona* oder *Spitzenentladung*.

Koronaerscheinungen kann man oft an Hochspannungsleitungen beobachten *(Sprühen)*, an denen ja sehr hohe Spannungen gegen Erde bestehen. Diese Entladung bedeutet einen sehr unerwünschten Energieverlust. Da sie um so leichter eintritt, je kleiner der Durchmesser der Leitung ist, benutzt man keine Drähte, sondern Hohlseile von größerem Durchmesser. An scharfen Spitzen tritt eine Spitzenentladung schon bei Spannungen von 1000 bis 1500 V auf. (Auf den Abstand der zweiten Elektrode kommt es dabei verhältnismäßig wenig an, da der überwiegende Teil des Spannungsabfalls immer in nächster Nähe der Spitze liegt.) Die Spannung eines geladenen Elektroskops sinkt ziemlich schnell auf 1000 bis 1500 V, wenn sein Blättchenträger mit einer scharfen Spitze versehen ist. Auch das *Elmsfeuer*, das vor Gewittern, also wenn in der Atmosphäre besonders hohe Feldstärken bestehen, an metallischen Spitzen und Schiffsmasten beobachtet wird, ist eine Spitzenentladung.

Während es sich bei der Spitzenentladung immer nur um die Entladung kleiner Elektrizitätsmengen, also um schwache Ströme handelt, besteht die *Funkenentladung* (zuerst 1627 von OTTO VON GUERICKE beschrieben) in einem schlagartigen Übergang größerer Elektrizitätsmengen zwischen Leitern bei hoher Spannung. Auch sie tritt im allgemeinen nur bei Gasdrucken von der Größenordnung des Atmosphärendrucks und darüber auf. Ihre großartigste Erscheinungsform ist der Blitz als eine unter der Wirkung von Spannungen von Millionen von Volt zwischen zwei Wolken oder einer Wolke und der Erde übergehende Funkenentladung. Jeder Funke ist von einem heftigen Knall begleitet, der davon herrührt, daß die Stromwärme des momentan sehr starken Funkenstroms eine außerordentliche Erwärmung des Gases in der Strombahn hervorruft. Der dadurch entstehende sehr hohe Druck gleicht sich als Knall, also als Druckwelle im Gase aus. Auf diese Weise entsteht auch der Donner. Mittels Hochspannungstransformatoren kann man Funken von mehreren Metern Länge erzeugen. Die Farbe der Funken ist in Luft rötlichviolett. Mit metallischen Elektroden können Emissionsspektren des Anodenmaterials erzeugt werden. Die Spannung, bei der ein Funke einsetzt, hängt von der Form und dem Abstand der Elektroden, außerdem von Gasdruck und Gasart ab. Die Spannungen, die zum Überschlag des Funkens zwischen zwei Elektroden, z. B. zwei Kugeln oder einer Platte und einer Spitze, unter gegebenen geometrischen Verhältnissen erforderlich sind, sind bekannt. Man kann daher auch umgekehrt die Schlagweite von Funken zwischen zwei Elektroden dazu benutzen, um die an den Elektroden liegende Spannung zu messen *(Meßfunkenstrecke)*. Auch kann man mit Hilfe einer Funkenstrecke verhindern, daß die Spannung zwischen zwei Punkten eines Leitersystems einen bestimmten Wert überschreitet. Man legt die Funkenstrecke an die beiden Punkte und bemißt ihre Länge so, daß ihre Durchschlagsspannung gleich der gewünschten Höchstspannung ist. Sobald die Spannung diesen Betrag erreicht, tritt Entladung über die Funkenstrecke ein, und die Spannung sinkt wieder. Dieses Verfahren kommt natürlich nur für hohe Spannungen in Frage. Abb. 334 zeigt eine Aufnahme eines Funkens auf einer schnell bewegten photographischen Platte. Die zeitliche Folge ist von links nach rechts. Man sieht, wie

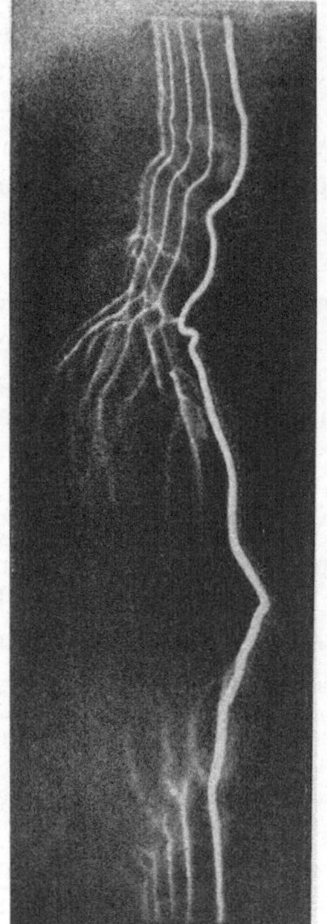

sich der Funke in mehreren Vorentladungen allmählich ausbildet, ehe er durchschlägt. Entsprechende Erscheinungen kann man auch bei Blitzen beobachten.

Liegt in der Bahn eines Funkens ein festes oder flüssiges Dielektrikum, so kann es bei ausreichender Spannung vom Funken *durchschlagen* werden. In festen Körpern entsteht dabei ein feines Loch. Andernfalls verläuft der Funke als *Gleitfunke* längs der Oberfläche des Dielektrikums.

Sowohl bei der Spitzen- wie bei der Funkenentladung treten in der Luft chemische Wirkungen auf. Es bilden sich aus dem Luftsauerstoff (O_2) Ozon (O_3) und aus Sauerstoff und Stickstoff Stickoxyde. Ersterer erzeugt den bekannten Ozongeruch in der Nähe von elektrischen Maschinen mit hohen Spannungen.

Die Blitzableiter (FRANKLIN[1]) wirken nicht, wie vielfach angenommen wird, blitzschlagverhindernd, indem sie die hohen atmosphärischen Spannungen auf dem Wege einer harmlosen Spitzenentladung ausgleichen. Dazu sind die in Frage kommenden Ladungen viel zu groß. Vielmehr sorgen sie dafür, daß einem Blitz ein für das Gebäude ungefährlicher Weg dargeboten wird. Denn das an der Spitze des Blitzableiters herrschende starke Feld begünstigt den Einschlag gerade dort, und das wird noch durch eine an der Spitze einsetzende Spitzenentladung befördert.

Abb. 334. Aufnahme eines Funkens auf schnell bewegter Platte nach B. WALTER

Trifft eine Funken- oder Spitzenentladung auf ein festes, nichtleitendes Hindernis, z. B. eine Glasplatte, so breitet sie sich auf ihm in eigentümlicher Weise aus. Man kann diese Bahnen z. B. durch nachträgliche Bestäubung mit Schwefelblume sichtbar machen, welches in diesen Bahnen besser haftet als an anderen Stellen, oder durch ihre Wirkung auf eine photographische Platte. Diese Erscheinung nennt man *elektrische* oder *Lichtenbergsche Figuren*. Die Bahnen haben ein verschiedenes Aussehen, je nachdem die erzeugende Elektrode positiv oder negativ ist (Abb. 335).

---

[1] BENJAMIN FRANKLIN, 1706—1790.

Legt man an zwei Kohlenstäbe eine Spannung von mindestens 60 V, bringt sie (unter Vorschaltung eines Widerstandes zur Vermeidung von Kurzschluß) zur Berührung und zieht sie wieder auseinander, so entsteht zwischen ihnen in Luft und auch in anderen Gasen, wenn ihr Druck nicht erheblich kleiner ist als 1 atm, ein *Lichtbogen*. Während der Berührung, während derer an der stets kleinen Berührungsstelle ein großer Übergangswiderstand besteht, geraten

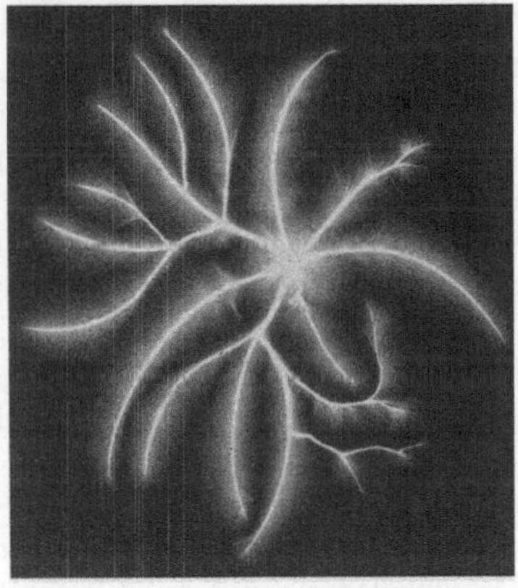

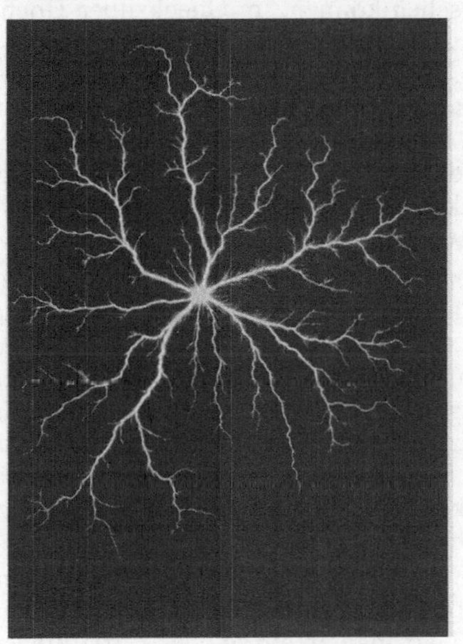

a   b

Abb. 335. Positive und negative Lichtenbergsche Figur. (Nach CHRISTOPH MEYER, aus Umschau 1955, S. 177)

die Kohlen dort ins Glühen, so daß die negative Kohle Elektronen aussendet (wie ein glühendes Metall, § 183). Hierdurch wird die Aufrechterhaltung einer selbständigen Entladung nach der Trennung der Kohlen möglich. Die Elektronen erzeugen im Gase weitere Elektronen und positive Ionen, welch letztere auf die Kathode

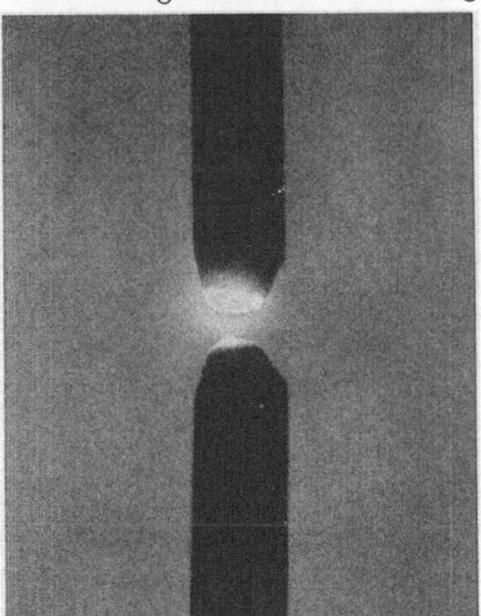

Abb. 336. Lichtbogen

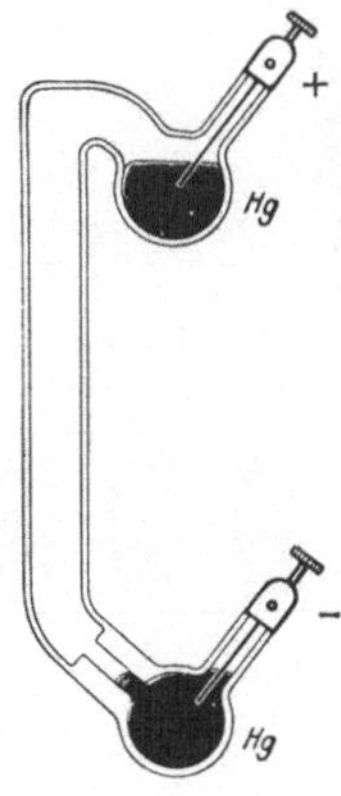

Abb. 337. Quecksilberlampe aus Glas
(Aus POHL: Elektrizitätslehre)

prallen und durch ihren Aufprall deren hohe Temperatur aufrechterhalten. Es bildet sich an ihr eine Aushöhlung, ein Krater, der die Quelle eines intensiven weißen Lichtes ist (Abb. 336). Auch die Gasstrecke zwischen den Kohlen leuchtet weißlich. Im gewöhnlichen Kohle-Lichtbogen erreichen die Elektroden eine Temperatur bis zu 4700 K, während im Bogen selbst Temperaturen bis zu 7000 K herrschen können, im Quecksilber-Hochdrucklichtbogen sogar bis zu 8500 K. Die höchsten bisher erzielten Temperaturen treten im Hochstrom-Lichtbogen auf. Bei sehr hohen Stromdichten reichen sie bis etwa 50000 K, also bis zu Temperaturen, die sonst nur an den Oberflächen von Sternen beobachtet werden, die viel heißer sind als die Sonne. Der Lichtbogen fand früher in der Bogenlampe technische Verwendung. Wichtig ist seine Verwendung zum Schweißen von metallischen Werkstücken. In der Spektroskopie dient er dazu, Atome zum Leuchten zu erregen.

Wichtig ist weiter der Lichtbogen zwischen Quecksilberelektroden in Quecksilberdampf (Abb. 337). Die Entladung erhitzt die Quecksilberelektroden stark, so daß in dem Rohr ein verhältnismäßig hoher Quecksilberdampfdruck herrscht und der Lichtbogen, wie in Luft zwischen den Kohlen, übergehen kann. Dieser Lichtbogen ist eine Quelle intensiver ultravioletter Strahlung, die aus dem Rohr austreten kann, wenn es nicht aus gewöhnlichem Glas, sondern aus geschmolzenem Quarz oder aus besonderen, für Ultraviolett durchlässigen Glasorten hergestellt ist. Solche Lampen (Quarzquecksilberlampen) finden unter anderem wegen der starken physiologischen Wirkung der ultravioletten Strahlung Verwendung, z. B. in der Medizin als „künstliche Höhensonne".

Ein Lichtbogen in Quecksilberdampf kann zwischen einer Quecksilberelektrode und einer Eisenelektrode nur brennen, wenn jene Kathode, diese Anode ist. Legt man an ein solches Entladungsrohr eine Wechselspannung, so läßt es den Strom nur in derjenigen Halbperiode hindurch, in der die obige Bedingung erfüllt ist, in der anderen Halbperiode nicht *(Ventilwirkung)*. Diese Möglichkeit zur *Gleichrichtung von Wechselstrom*, die auch bei sehr großen Stromstärken anwendbar ist, findet in der Elektrotechnik bei den *Großgleichrichtern* eine wichtige Anwendung.

Ein Lichtbogen hat eine fallende Kennlinie (§185). Man muß ihm deshalb einen Widerstand vorschalten, um den Strom in den gewünschten Grenzen zu halten und Kurzschluß durch den Bogen zu vermeiden.

188. Glimmentladung. Kathodenstrahlen. Kanalstrahlen. Legt man an die Elektroden in einem Glasrohr, z. B. von der in Abb. 338 dargestellten Form, eine Spannung von mehreren 100 oder 1000 V, so geht durch das darin befindliche Gas bei Atmosphärendruck noch keine Entladung. Verringert man aber durch Auspumpen den Druck des Gases, so setzt, wenn der Elektrodenabstand von der Größenordnung 10 bis 100 cm ist, bei einem Gasdruck von etwa 10 bis 50 Torr eine Entladung ein, die der Funkenentladung ähnlich ist und andauert. Zwischen Kathode und Anode erstreckt sich ein geschlängelter Lichtfaden. Wird der Gasdruck weiter verringert, so verbreitert sich der Lichtfaden, bis er den Rohrquerschnitt vollkommen erfüllt. Dabei teilt sich die Leuchterscheinung in verschiedene helle und dunkle Teile auf (Abb. 338, 339). Die Kathode (rechts), welche eine Platte oder ein Stift sein kann, ist mit einer dünnen, in Luft rötlich-

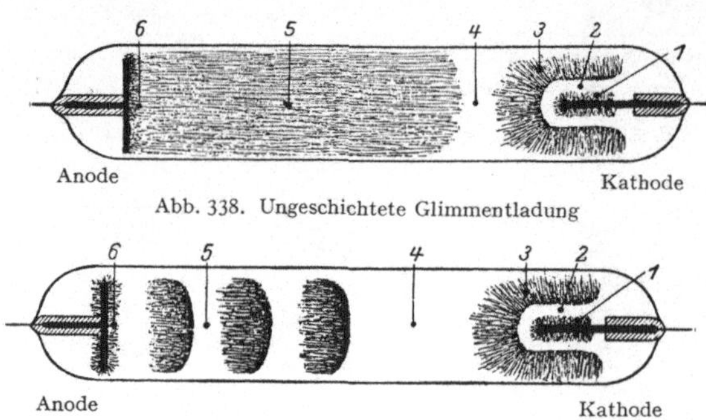

Abb. 338. Ungeschichtete Glimmentladung

Abb. 339. Geschichtete Glimmentladung

gelben Lichthaut bedeckt, der ersten Kathodenschicht (1), auf die ein lichtloser Raum, der Crookessche[1] oder Hittorfsche[2] Dunkelraum (2) folgt. Dieser wird durch das negative Glimmlicht (3) scharf begrenzt, das in Luft bläulich ist. An seine diffuse Grenze schließt sich ein zweiter lichtloser Raum an, der Faradaysche Dunkelraum (4). Den ganzen übrigen Teil des Rohres füllt die in Luft rötlich-violette positive Säule (5) aus, die entweder eine zusammenhängende leuchtende Säule (Abb. 338) oder in leuchtende Schichten mit nichtleuchtenden Zwischenräumen aufgelöst ist (Abb. 339). Die Oberfläche der Anode (links) ist oft mit der in Luft rötlich leuchtenden Anodenglimmhaut (6) bedeckt. Die Farbe der Lichterscheinungen im Gase ist von der Art der Gasfüllung abhängig. Ihr Spektrum ist für das betreffende Gas charakteristisch.

Diese Entladungsform *(Glimmentladung)* stellt sich bei einem Gasdruck von der Größenordnung 1 Torr ein. Wird der Druck weiter erniedrigt, so wachsen zunächst die kathodischen Entladungsteile (2 und 3) und der Faradaysche Dunkelraum (4) proportional zum Kehrwert des Druckes. Die positive Säule verkürzt sich mehr und mehr, zieht sich auf die Anode hin zusammen und verschwindet schließlich ganz. Das geschieht auch dann, wenn bei konstantem Druck in einem Rohr mit beweglicher Anode oder Kathode der Abstand zwischen Anode und Kathode mehr und mehr verkleinert wird. Die kathodischen Entladungsteile bleiben dabei unverändert. Wird der Druck so niedrig oder der Abstand zwischen Anode und Kathode so klein, daß die Anode in das negative Glimmlicht (3) eintaucht, so erlischt die Entladung, falls man nicht die Spannung an den Elektroden erhöht. Man erkennt hieraus, daß die für die Entladung in erster Linie wesentlichen Teile der Crookessche Dunkelraum und das negative Glimmlicht sind.

Hält man die Spannung am Rohr so hoch, daß die Entladung auch bei weiter abnehmendem Druck nicht erlischt, so verschwinden die bei ihrer Ausbreitung immer lichtschwächer werdenden Lichterscheinungen bei einem Druck von 10^{-3} bis 10^{-4} Torr ganz. Aber an den der Kathode gegenüber liegenden Glaswandungen tritt ein grünes oder blaues Fluoreszenzlicht auf.

Zum Verständnis der Glimmentladung wollen wir uns denken, daß an ein Entladungsrohr von der Art von Abb. 338, das ein Gas von einem Druck von einigen Torr enthält, eine stetig wachsende Spannung gelegt wird. Wir haben bereits in § 181 gesehen, daß infolge der stets in Spuren vorhandenen Volumionisation auch schon bei sehr niedriger Spannung ein sehr schwacher dunkler Vorstrom durch das Gas fließt. Der Stromanstieg nach erfolgter Sättigung beruht auf Stoßionisation, also auf der Fähigkeit schnell bewegter Elektronen, neutrale Gasmoleküle bei einem Zusammenstoß in ein positives Ion und ein Elektron zu spalten. Mit wachsender Spannung wächst die Zahl dieser Ladungsträger, und es wandern immer mehr positive Ionen zur Kathode und Elektronen zur Anode. Wenn die schnell bewegten positiven Ionen auf die Kathode treffen, so können sie aus ihr Elektronen freimachen. Diese bewegen sich ihrerseits in Richtung auf die Anode und erzeugen auf ihrem Wege durch Stoß neue Ladungsträger, so daß der Strom zuerst lawinenartig anwächst. Bei ausreichend hoher Spannung stellt sich aber sehr schnell ein stationärer Zustand ein, der dadurch gekennzeichnet ist, daß die Anzahl der in der Zeiteinheit von den positiven Ionen an der Kathode freigemachten Elektronen genau ausreicht, damit diese ihrerseits in der Zeiteinheit die hierzu nötige Anzahl von positiven Ionen neu erzeugen. Damit ist der Stromdurchgang von jeder äußeren ionisierenden Ursache — die nur zur Zündung nötig ist — unabhängig geworden. Es liegt eine *selbständige*

---

[1] Sir WILIAM CROOKES, 1832—1909.   [2] JOHANN WILHELM HITTORF, 1824—1914.

Entladung vor, zu deren Aufrechterhaltung die angelegte Spannung genügt. Die zur Zündung der Entladung nötige Mindestspannung heißt *Zündspannung*.

Die Entladung hat nunmehr eine der in Abb. 338 und 339 dargestellten Formen angenommen. Wir betrachten jetzt den Potentialverlauf in dieser Entladung. Er kann gemessen werden, indem man einen feinen Draht, eine *Sonde*, in die verschiedenen Entladungsteile führt und seine Spannung U gegen die Kathode mit einem Elektrometer mißt. In Abb. 340 ist der Potentialverlauf in einer ungeschichteten Entladung dargestellt. Unmittelbar an der Kathode, bis an den Glimmsaum reichend, besteht ein steiler Potentialanstieg. Die Spannung zwischen Kathode und Glimmsaum heißt *Kathodenfall*. Einem ziemlich flachen Potentialanstieg im negativen Glimmlicht folgt ein etwas steilerer Anstieg in der positiven Säule, der bei einer geschichteten positiven Säule treppenförmig ist. An der Anode findet noch einmal ein steilerer, aber kurzer Potentialanstieg statt, der *Anodenfall*.

Wir haben bereits gesehen, daß die kathodischen Entladungsteile offenbar die für die Aufrechterhaltung der Glimmentladung wesentlichen Teile sind. Das wird jetzt verständlich. Die auf die Kathode treffenden positiven Ionen verdanken den größten Teil ihrer Energie dem Kathodenfall, und das gleiche gilt für die von der Kathode wegfliegenden Elektronen. Es ist daher auch der Kathodenfall, der für die Aufrechterhaltung der stationären Entladung maßgebend ist. In der positiven Säule wandern mit nicht sehr hoher Geschwindigkeit positive Ionen in der einen und Elektronen in der anderen Richtung. Dabei spielen sich allerlei Wiedervereinigungs- und Anregungsvorgänge ab (§§182 und 349). In jedes Raumelement treten in der gleichen Zeit ebenso viele Ladungsträger eines Vorzeichens ein, wie aus ihm wieder heraustreten, und die Feldstärke — der Potentialgradient — braucht hier nicht größer zu sein, als nötig ist, um diese Wanderung aufrechtzuerhalten. An der Anode aber würde durch die ständige Abwanderung von positiven Ionen eine Verarmung an solchen eintreten, wenn nicht durch eine genügend hohe Feldstärke im Anodenfall dafür gesorgt wäre, daß hier noch einmal eine kräftigere Stoßionisation erfolgt. Das ionisierte, aus Ionen, Elektronen und neutralen Molekülen und Atomen bestehende Gas in einer Glimmentladung ist ein *Plasma* (§184), dessen Temperatur jedoch nicht hoch ist.

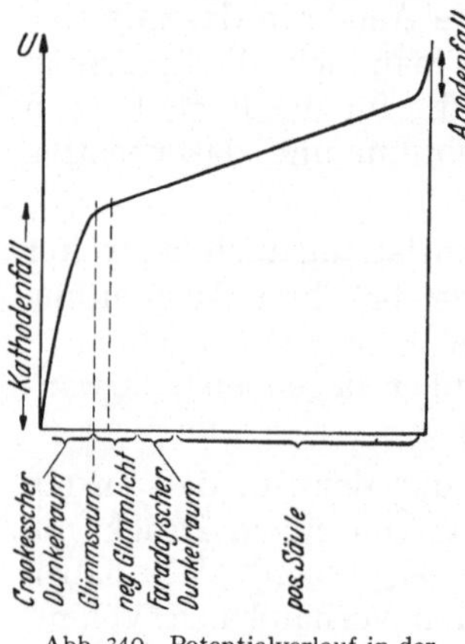

Abb. 340. Potentialverlauf in der Glimmentladung

Das negative Glimmlicht bedeckt bei kleiner Stromstärke nur einen kleinen Teil der Kathode; bei zunehmender Stromstärke wächst sein Querschnitt proportional der Stromstärke, so daß die Stromdichte konstant bleibt. Der Kathodenfall ändert sich hierbei nicht *(normaler Kathodenfall)*. Er hängt von der Art der Gasfüllung und dem Kathodenmaterial ab und liegt im allgemeinen etwa zwischen 200 und 450 V. Steigt aber nach völliger Bedeckung der Kathode die Stromstärke infolge einer Erhöhung der Spannung weiter an, so wächst auch der Kathodenfall *(anomaler Kathodenfall)*. Der nichtlineare Verlauf der Spannung wird durch Raumladungen verursacht. Der Kathodenfall kann aber sehr weit herabgesetzt werden, wenn man eine Glühkathode verwendet (§184). Das ist begreiflich; denn da eine solche schon von selbst Elektronen liefert, genügt eine kleinere kinetische Energie der positiven Ionen, um eine stationäre Entladung aufrechtzuerhalten.

In den heute sehr wichtigen *Gasentladungslichtquellen* wird das Leuchten der positiven Säule in Neon (rot), Helium (gelb), Quecksilber (blau), Kohlendioxyd (weiß, Tageslichtlampe) usw. ausgenutzt. Die *Leuchtstoffröhren* haben einen Innenbelag von Leuchtstoffen (§ 353), der den ultravioletten Anteil des Lichtes in sichtbares Licht verwandelt und so die Lichtausbeute erhöht.

Beim Aufprall der positiven Ionen auf die Kathode können aus ihr Metallatome herausgeschlagen werden, die sich dann auf den Wänden des Rohres niederschlagen *(Kathodenzerstäubung)*. Das benutzt man für die Herstellung sehr fein verteilter und dünner metallischer Schichten (teildurchlässige Spiegel usw.).

Wir können nunmehr auch die bei sehr niedrigem Gasdruck auftretenden Erscheinungen verstehen. Nach wie vor — wenn auch in viel geringerer Anzahl — treffen positive Ionen auf die Kathode und machen dort Elektronen frei. Von diesen gelangt aber nur ein mit dem Druck ständig abnehmender Bruchteil zur Stoßionisation im Gase, sobald die freie Weglänge der Elektronen mit der Länge des Rohres vergleichbar geworden ist. Die meisten Elektronen durchlaufen das ganze Rohr frei und treffen mit ihrer vollen Energie auf die gegenüberliegende Wand, an der sie Fluoreszenz erregen. Diese senkrecht von der Kathode fort-

fliegenden Elektronen nennt man nach GOLDSTEIN[1] *Kathodenstrahlen*. Sie wurden von PLÜCKER[2] (1858) entdeckt und von HITTORF zuerst näher untersucht. Ihre negative Ladung entdeckte VARLEY[3] (1871). Nicht nur die Glaswand, sondern auch sehr viele andere Stoffe, insbesondere Mineralien und Salze, werden durch Kathodenstrahlen zur Fluoreszenz erregt.

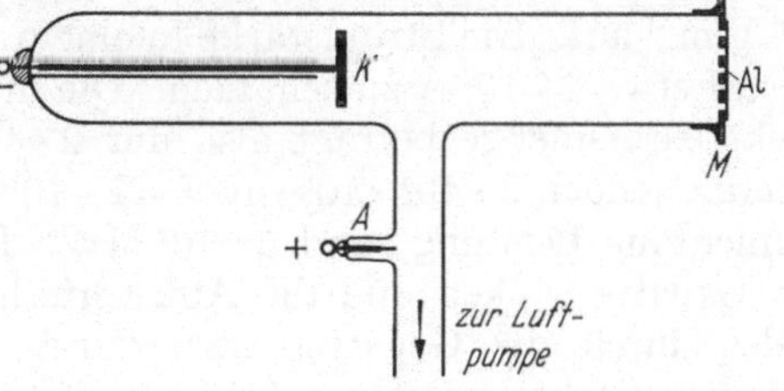

Abb. 341. Lenard-Rohr. (Aus POHL: Elektrizitätslehre)

Kathodenstrahlen bewirken auch chemische Umsetzungen. Sie wirken z. B. auf die photographische Platte. Wo diese von Kathodenstrahlen getroffen wird, zeigt sie nach Entwicklung eine Schwärzung (§ 357).

Kathodenstrahlen können in Gasen von sehr niedrigem Druck Strecken von mehreren Metern durchlaufen. Feste und flüssige Stoffe durchdringen sie in dünnen Schichten (H. HERTZ[4]). LENARD hat dies benutzt, um Kathodenstrahlen aus dem Entladungsrohr heraustreten zu lassen (Abb. 341). Er brachte dort, wo die von der Kathode K herkommenden Kathodenstrahlen die Rohrwand treffen, ein Metallsieb M an, welches er mit einer doppelten dünnen, luftdicht aufliegenden Aluminiumfolie Al bedeckte. Durch diese können die Kathodenstrahlen nach außen dringen. Man nennt solche aus dem Entladungsrohr befreiten Kathodenstrahlen *Lenard-Strahlen*. Über die elektrische und magnetische Ablenkung der Kathodenstrahlen s. § 205 und 206.

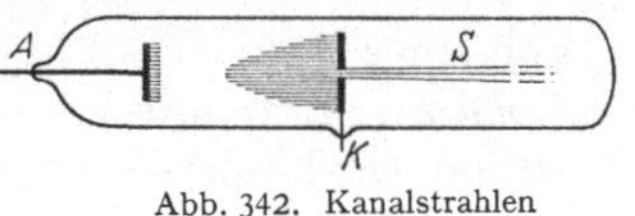

Abb. 342. Kanalstrahlen

Bringt man in der Kathode einer Glimmentladung eine feine Bohrung (Kanal) an, so tritt aus ihr nach hinten ein feiner, leuchtender Pinsel (S) aus, die von GOLDSTEIN (1886) entdeckten *Kanalstrahlen* (Abb. 342). Sie bestehen primär aus positiven Ionen der Gasfüllung, erfahren aber auf ihrem Wege häufige Umladungen und sonstige Veränderungen, so daß sie ein Gemisch von positiven, negativen und neutralen Atomen und Molekülen bilden. Ihre elektrische und magnetische Ablenkbarkeit wurde von W. WIEN[5] entdeckt und gemessen (1897/98).

---

[1] EUGEN GOLDSTEIN, 1850—1931.   [2] JULIUS PLÜCKER, 1801—1868.
[3] CROMWELL FLEETWOOD VARLEY, 1828—1883.
[4] HEINRICH HERTZ, 1857—1894.   [5] WILHELM WIEN, 1864—1928, Nobelpreis 1911.

189. Atmosphärische Elektrizität. Die Ionosphäre. In der Erdatmosphäre besteht ein auf die Erde hin gerichtetes elektrisches Feld, dessen Stärke in der Nähe des Erdbodens etwa 130 V m^{-1} beträgt und nach oben hin abnimmt. Nun befinden sich in der Erdatmosphäre aus verschiedenen Ursachen (radioaktive Strahlungen, kosmische Strahlung, ultraviolettes Sonnenlicht) ständig Ionen beiderlei Vorzeichens in nicht unbeträchtlicher Anzahl. Diese werden durch das elektrische Erdfeld in Bewegung gesetzt, und die positiven Ionen wandern hinab, die negativen empor, bilden also einen elektrischen Strom, dessen Stärke, auf die ganze Erdoberfläche bezogen, rund 2000 A beträgt. Durch diesen Strom müßte das Erdfeld in wenigen Minuten beseitigt werden, wenn es nicht durch die Gewitter ständig aufrechterhalten würde. Diese befördern ständig negative Ladungen wieder nach unten. Wenngleich die Gewitter meist örtlich eng begrenzt sind, so sind sie doch weit zahlreicher, als man gemeinhin glaubt, und die in ihnen umgesetzten Energien sind ungeheuer groß. Man schätzt die Anzahl der jährlichen Gewitter auf 16 Millionen, die Durchschnittsanzahl der Blitze auf etwa 100 in jeder Sekunde. Die Größenordnung der Spannungen, zwischen denen sich die Blitze entladen, beträgt 10^9 V, und es treten dabei Feldstärken von rund 10^6 V m^{-1} auf. Die Stromstärke in einem Blitz, dessen Dauer etwa 10^{-3} s beträgt, ist auf etwa $2 \cdot 10^4$ A zu schätzen. Die in einem Blitz durchschnittlich entladene Elektrizitätsmenge beträgt also nur $2 \cdot 10^4 \cdot 10^{-3} = 20$ C, die in ihm umgesetzte Energie jedoch $2 \cdot 10^4 \cdot 10^9 \cdot 10^{-3} = 2 \cdot 10^{10}$ J oder rund $5 \cdot 10^3$ kWh $= 5$ MWh, die momentane Leistung rund $2 \cdot 10^7$ MW. Die Entstehung der hohen Spannungen der Gewitterwolken und die Aufrechterhaltung des normalen elektrischen Erdfeldes durch die Gewitter wird durch die „Dynamotheorie" von SCHUSTER[1] gedeutet. Dabei spielt der Lenard-Effekt (§169) an durch turbulente Aufwinde emporgerissenen Wassertröpfchen eine wesentliche Rolle.

Für die sehr seltenen *Kugel-* und *Perschnurblitze* gibt es noch keine befriedigende Erklärung. Meist treten sie als Endstadium eines Linienblitzes auf. Kugelblitze haben einen Durchmesser von durchschnittlich 25 cm und bestehen wahrscheinlich aus einem ionisierten Plasma (§184).

Das Erdfeld und seine Richtung kann man nachweisen, indem man einen mit Spiritus getränkten Wattebausch an einem mit einem Elektrometer verbundenen Draht befestigt, den man nach Entzündung des Spiritus etwa 2 m weit aus einem Fenster hinausstreckt. Das Elektrometer zeigt dann eine positive Spannung gegen die Erde an. (Die Äquipotentialflächen des Erdfeldes werden durch das Gebäude verzerrt, da dieses das Potential der Erde hat. Sie verlaufen deshalb in der nächsten Nähe der Hauswand etwa parallel zu dieser).

Von einer Höhe von 80 km an bis etwa 550 km erstreckt sich die hochionisierte *Ionosphäre* (§122) mit einer den Metallen nahekommenden Leitfähigkeit. Ihre Ionisation wird überwiegend durch die Einwirkung des ultravioletten Sonnenlichtes auf Sauerstoffatome hervorgerufen. Die Ionosphäre gliedert sich in verschiedene mehr oder weniger scharf getrennte Schichten. Eine besonders starke Ionisation zeigt die *E*-Schicht in einer Höhe von 100 bis 130 km und die (zeitweilig in zwei verschieden hohe Schichten aufspaltende) *F*-Schicht zwischen 200 und 400 km. Wegen der hohen Leitfähigkeit der Ionosphärenschichten werden elektrische Wellen innerhalb bestimmter Wellenlängenbereiche an ihnen vollständig reflektiert. Das erlaubt den Empfang der elektrischen Mittelwellen weit über den optischen Sichtbereich hinaus und liefert die Möglichkeit die — tages- und jahreszeitlich wechselnde — Höhe dieser Schichten sowie ihren Ionisationsgrad zu messen und daraus eine Reihe wichtiger Schlüsse über den Zustand

---

[1] ARTHUR SCHUSTER, $1851-1934$.

jener Atmosphärenschichten und über die Sonnentätigkeit zu ziehen. Daher und auch aus verschiedenen anderen Gründen hat die Ionosphärenforschung eine große wissenschaftliche und praktische Bedeutung.

Achtes Kapitel

Magnetismus und Elektrodynamik

I. Magnetische Felder im Vakuum

Vorbemerkung. Ähnlich wie die elektrostatischen Wirkungen sind auch die magnetischen Wirkungen im Vakuum von denen in Luft nur äußerst wenig verschieden. Wir setzen in diesem Abschnitt voraus, daß sich die betrachteten Erscheinungen im Vakuum abspielen. Den im allgemeinen sehr geringen — aber *grundsätzlich* sehr wichtigen — Einfluß raumerfüllender Stoffe betrachten wir im III. Abschnitt.

190. Magnete. Magnetische Dipole. Ein *Magnet* ist bekanntlich ein Stück Eisen mit zwei auffallenden Eigenschaften. Er zieht Eisen an, und er sucht sich in eine bestimmte Richtung im Raume einzustellen. Die anziehende Wirkung auf Eisen geht insbesondere von zwei Stellen aus, die man seine *Pole* nennt. Bei einem länglichen Magneten sitzen sie etwa an seinen beiden Enden, und ein solcher Magnet stellt sich, wenn er frei drehbar ist, ungefähr in die Nord-Süd-Richtung ein. Darauf beruht die Benutzung der Magnete als *Kompaß*. Der *Magnetismus* wurde schon im Altertum (Thales) an gewissen Eisenerzen beobachtet, und solche natürliche Magnete wurden schon sehr früh — in Europa etwa seit 1200 n. Chr. — in der Schiffahrt benutzt.

Der nach Norden weisende Pol eines Magneten stößt den entsprechenden Pol eines zweiten Magneten ab, den nach Süden weisenden Pol zieht er an, und umgekehrt. Einen nach Norden weisenden Pol bezeichnet man als *positiven Pol* (oder Nordpol), den nach Süden weisenden als *negativen Pol* (oder Südpol). Unmagnetisches Eisen ziehen sie beide an.

Ein Magnet ist also ein *magnetischer Dipol*, ähnlich einem elektrischen Dipol (§ 138). Es handelt sich dabei aber nur um eine ganz äußerliche Ähnlichkeit. Die beiden Arten von Dipolen zeigen nämlich in einem ganz wesentlichen Punkt ein vollkommen verschiedenes Verhalten. Zerlegt man einen elektrischen Dipol derart, daß der eine Teil den positiven, der andere den negativen elektrischen Pol enthält, so ist der Dipol zerstört, und man erhält *zwei freie elektrische Ladungen* $+ Q$ und $- Q$. Man kann den entsprechenden Versuch mit einer durch Ausglühen und Abschrecken gehärteten und dann durch Bestreichen mit einem Magneten magnetisierten Stricknadel machen, indem man sie in der Mitte durchbricht, um zu versuchen, ihre Pole voneinander zu trennen. Das Ergebnis ist ein vollkommen anderes (Pierre de Maricourt[1], 1269). Statt zweier freier Magnetpole erhält man wiederum *zwei magnetische Dipole*. Am bisher polfreien Ende der Hälfte, die den positiven Pol enthält, entsteht ein neuer negativer Pol von gleicher Stärke und am entsprechenden Ende der den negativen Pol enthaltenden Hälfte ein neuer positiver Pol. Wie weit wir auch die Stricknadel zerlegen mögen, es entstehen immer wieder nur magnetische Dipole, niemals freie Magnetpole. (Vgl. hierzu § 227, Abb. 406.) Es ist unmöglich, positiven und negativen Magnetismus

---

[1] Pierre de Maricourt (Petrus Peregrinus), 13. Jahrh., schrieb das Buch „De magnete".

voneinander zu trennen. Positive und negative Magnetpole kommen in der Natur immer nur als *Paar* vor. *Es gibt keinen freien Magnetismus, keine den elektrischen Ladungen entsprechenden wahren, voneinander trennbaren magnetischen Ladungen, sondern nur magnetische Dipole.* Darin liegt ein grundlegender Unterschied zwischen dem Magnetismus und der Elektrizität.

Die Polstärke bezeichnen wir vorbehaltlich ihrer Definition mit p. Die Polstärken des positiven $(+p)$ und des negativen Pols $(-p)$ eines Dipols sind dem Betrage nach immer gleich groß. Analog zum elektrischen Dipol (§138) definiert man als das *magnetische Moment* eines magnetischen Dipols den Vektor

$$\boldsymbol{M}=p\boldsymbol{l}, \qquad \text{Betrag } M=pl. \tag{190.1}$$

Dabei ist $\boldsymbol{l}$, Betrag l, der vektorielle Abstand der beiden Pole, gerechnet vom negativen zum positiven Pol. Die gleiche Richtung wie $\boldsymbol{l}$ hat auch der Vektor $\boldsymbol{M}$. Der Polabstand ist bei einem Stabmagneten von endlicher Dicke nicht streng definiert, aber immer ein wenig kleiner als seine Länge.

Es gibt also in Wirklichkeit keine einzelnen Magnetpole, sondern nur magnetische Dipole. Dennoch ist die Fiktion einzelner Magnetpole oft sehr nützlich. Man kann sie mit großer Näherung dadurch verwirklichen, daß man sehr lange und dünne Magnete verwendet, so daß in der Nähe des einen Pols dessen Wirkung diejenige des anderen Pols weitaus überwiegt. Bei theoretischen Überlegungen kann man zum Grenzfall eines unendlich langen Magneten übergehen, bei dem die Wirkung des zweiten Pols ganz verschwindet. In diesem Sinne ist es künftig zu verstehen, wenn wir von einzelnen magnetischen Polen sprechen. Sehr nützlich ist es oft, magnetische Pole — analog zu Massenpunkten und Punktladungen — als *Punktpole* zu idealisieren.

191. Das 2. Coulombsche Gesetz. Wenn man den soeben erwähnten Kunstgriff sehr langer und dünner Magnete anwendet, kann man die Kräfte messen, die zwischen zwei Magnetpolen wirken. Man kann etwa einen Magneten an einer Waage aufhängen und ihm von unten einen zweiten Magneten nähern, derart, daß zwei gleichnamige Pole einander gegenüberstehen, und ihre Abstoßung durch Auflegen von Gewichten kompensieren. Man kann dann so vorgehen, daß man zunächst einen beliebigen Pol als vorläufigen Einheitspol wählt und die Kraft mißt, die dieser in einem bestimmten Abstand von einem beliebigen zweiten Pol erfährt. Jedem anderen Pol ist dann eine Polstärke p zuzuschreiben, die der Kraft proportional ist, die er im gleichen Abstande von diesem zweiten Pol erfährt. Nachdem man auf diese Weise mindestens zwei Pole in der vorläufigen Einheit geeicht hat, kann man die zwischen ihnen wirkende Kraft als Funktion ihres Abstandes messen.

Das zugrunde liegende Gesetz wurde 1786 zuerst von COULOMB ausgesprochen (Vorläufer MITCHELL, MAYER[1], LAMBERT[2]). Messungen ergeben für den Betrag der Kraft zwischen zwei Punktpolen die Proportionalität $F \sim pp'/r^2$. In vektorieller Schreibweise und unter Hinzufügung eines die Größenarten der beiden Seiten der Proportionalität ausgleichenden Faktors $1/4\pi\mu_0$ (Näheres in §199) lautet das dem 1. Coulombschen Gesetz formal ganz analoge *2. Coulombsche Gesetz* im Vakuum

$$\boldsymbol{F} = \frac{1}{\mu_0}\,\frac{pp'}{4\pi r^2}\,\boldsymbol{r}^0, \qquad \text{Betrag } F = \frac{1}{\mu_0}\,\frac{pp'}{4\pi r^2}. \tag{191.1}$$

$\boldsymbol{r}^0$ ist der von p nach p' weisende Einsvektor, wenn es sich um die von p auf p' wirkende Kraft handelt, andernfalls umgekehrt. r ist der Abstand der beiden Punktpole; μ_0 ist eine der elektrischen Feldkonstanten ε_0 analoge universelle

---

[1] TOBIAS MAYER d. Ä., 1723–1762.　　[2] JOHANN HEINRICH LAMBERT, 1728–1777.

Konstante, die *magnetische Feldkonstante* oder *Induktionskonstante.* Wir haben wieder, wie in (136.1), die rationale Gleichungsschreibung verwendet (4π im Nenner). (191.1) sagt also aus: *Die zwischen zwei Punktpolen wirkende Kraft ist dem Produkt der beiden Polstärken und dem Kehrwert des Quadrats ihres Abstandes*

proportional und wirkt in Richtung der Verbindungslinie der beiden Punktpole. Bei gleichnamigen Polen erfolgt Abstoßung, bei ungleichnamigen Polen Anziehung. Die Frage der Größenarten von p und μ_0 werden wir in §199 behandeln.

192. Das magnetische Feld.

Da in der Umgebung eines Magnetpoles jeder andere Magnetpol eine Kraft erfährt, so sagt man, daß in diesem Raum ein *magnetisches Feld* besteht. Die in

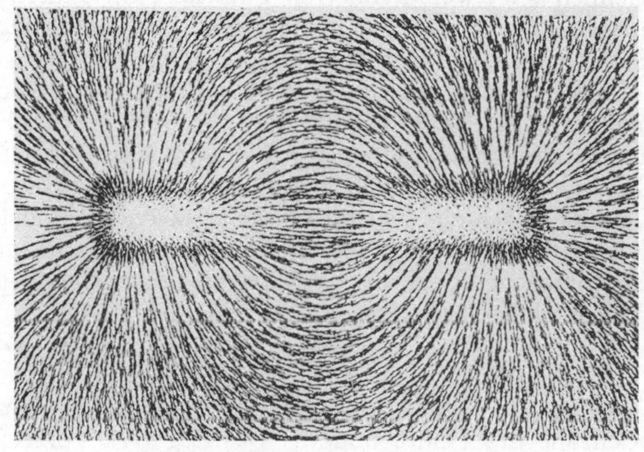

Abb. 343. Feldlinienbild eines Stabmagneten

diesem Felde maßgebende Körpereigenschaft (§27) ist die Polstärke p. Wir setzen deshalb die an einem Ort eines magnetischen Feldes auf einen Pol p wirkende Kraft gleich

$$\boldsymbol{F} = p\,\boldsymbol{H}, \qquad \text{Betrag } F = pH. \tag{192.1}$$

Der Vektor $\boldsymbol{H}$ (Betrag H) ist die *magnetische Feldstärke* im betrachteten Raumpunkt. Ihr Zahlenwert ist gleich dem der Kraft, die ein Einheitspol dort erfährt.

Die Kraft ist bei einem positiven Pol der Feldrichtung gleich-, bei einem negativen Pol ihr entgegengerichtet.

Wenn wir in (191.1) durch p' dividieren, so folgt aus (191.1) und (192.1) für die magnetische Feldstärke in der Umgebung eines Punktpols p

$$\left.\begin{aligned} \boldsymbol{H} &= \frac{1}{\mu_0}\,\frac{p}{4\pi r^2}\,\boldsymbol{r}^0, \\[1ex] \text{Betrag } H &= \frac{1}{\mu_0}\,\frac{p}{4\pi r^2}. \end{aligned}\right\} \tag{192.2}$$

Der Vektor $\boldsymbol{H}$ ist radial vom Pol weg gerichtet, wenn p ein positiver Pol ist, auf p hin, wenn es ein negativer Pol ist.

Wie wir im elektrischen Felde elektrische Feldlinien definiert haben, so können wir im magnetischen

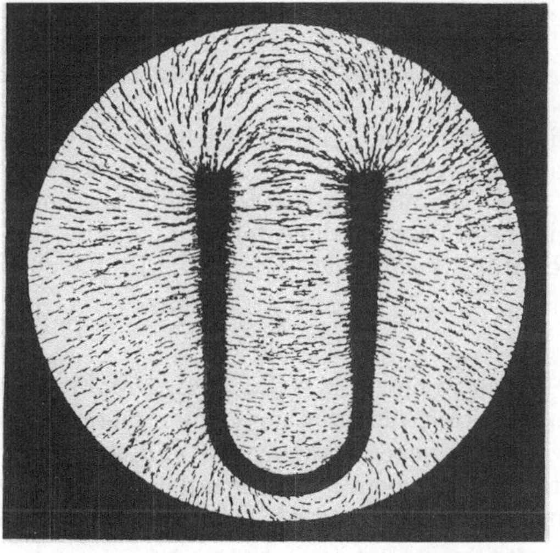

Abb. 344. Feldlinienbild eines Hufeisenmagneten.
(Aus Pohl: Elektrizitätslehre)

Felde *magnetische Feldlinien* (H-Linien) definieren, welche durch ihre Richtung die Feldrichtung, durch ihre Dichte die Feldstärke veranschaulichen. Den allgemeinen Verlauf der magnetischen Feldlinien kann man mit Eisenfeilicht sichtbar machen. Legt man auf einen Magneten einen mit Papier bespannten und mit Eisenfeilicht bestreuten Rahmen, so ordnen sich die Späne bei leichtem Klopfen kettenförmig in der allgemeinen Richtung der Feldlinien an. Die Abb. 343 und 344 zeigen dies am Beispiel eines Stabmagneten und eines Hufeisenmagneten. Man sieht, wie die Feldlinien von dem einen Pol nach dem anderen verlaufen und daß die Pole tatsächlich keine wohldefinierten Punkte sind, sondern daß die Feldlinien aus einem ausgedehnteren Bereich entspringen. Die Erklärung für die Kettenbildung der Späne geben wir in § 222.

Da in bezug auf die Wechselwirkungen mit einem magnetischen Felde ein magnetischer Dipol formal einem elektrischen Dipol im elektrischen Felde durchaus entspricht, so können wir die bei diesem gemachten Ausführungen (§ 146) auf die magnetischen Dipole übertragen. Wir brauchen in den Gleichungen nur die Ladung durch die Polstärke, die elektrische Feldstärke durch die magnetische Feldstärke, das elektrische Moment durch das magnetische Moment zu ersetzen. Im homogenen Feld wirkt auf einen magnetischen Dipol ein ihn in die Feldrichtung drehendes Drehmoment

$$N = [MH], \quad \text{Betrag } N = -MH \sin \varphi, \tag{192.3}$$

wobei φ der Winkel ist, den das magnetische Moment M des Dipols mit der Richtung des Feldes bildet. (Das negative Vorzeichen des Betrages entspricht der Tatsache, daß das Drehmoment den Winkel φ zu verkleinern sucht.) (192.3) definiert den Begriff des magnetischen Moments M ganz allgemein, also auch für die Fälle, in denen der Dipol nicht aus zwei Punktpolen besteht. Handelt es sich um einen so kleinen Winkel φ, daß $\sin \varphi \approx \varphi$, so ist

$$N = -MH\varphi = -D\varphi, \quad \text{mit} \quad D = MH. \tag{192.4}$$

Demnach ist $D = MH$ das *Richtmoment des Dipols* im Felde H (§ 42). Kennt man das magnetische Moment M und das Trägheitsmoment I eines Magneten, so kann man nach (42.13) aus seiner Schwingungsdauer

$$T = 2\pi \sqrt{\frac{I}{D}} = 2\pi \sqrt{\frac{I}{MH}} \tag{192.5}$$

die magnetische Feldstärke berechnen. (Vgl. WESTPHAL: Physikalisches Praktikum, 40. Aufgabe.)

Im inhomogenen Felde erfährt ein mit seiner magnetischen Achse bereits in die Feldrichtung eingestellter magnetischer Dipol analog zu (146.2) eine ihn in Richtung wachsender Feldstärke treibende Kraft

$$F = M \frac{dH}{dx}, \quad \text{Betrag } F = M \frac{dH}{dx}. \tag{192.6}$$

Für das an einem magnetischen Dipol im magnetischen Felde angreifende Drehmoment und die im inhomogenen Felde an ihm angreifende Einzelkraft ist ebenso wie im analogen elektrischen Fall nur das magnetische Moment, nicht die Polstärke maßgebend. In diesem Falle wird es schon daraus verständlich, daß es magnetische Pole in Wirklichkeit gar nicht gibt, sondern nur Dipole.

193. Magnetischer Fluß. Magnetische Flußdichte. Wir wollen jetzt zwei neue magnetische Größen einführen. Durch Erweiterung von (192.2) mit $\mu_0 \cdot 4\pi r^2$ erhalten wir

$$p = 4\pi r^2 \mu_0 H = 4\pi r^2 B = \Phi. \tag{193.1}$$

Dabei haben wir die Polstärke p mit einer Größe Φ identifiziert, die durch die Beziehung $\Phi = 4\pi r^2 \mu_0 H$ auch ohne unmittelbaren Bezug auf einen Pol mit der in der Fläche $4\pi r^2$ herrschenden Feldstärke H verknüpft ist, also auch als eine

Feldgröße betrachtet werden muß. Sie heißt der *magnetische Fluß* in der Fläche $4\pi\,r^2$. Zweitens haben wir die Größe $B=\mu_0 H$ eingeführt. Sie heißt *magnetische Flußdichte* (nicht gut *Induktion*) und ist der Betrag eines der Feldstärke H gleichgerichteten Vektors

$$B=\mu_0\,H.\tag{193.2}$$

Setzen wir in (193.1) die überall zur Feldrichtung senkrechte Fläche $4\pi\,r^2=A$, so liefert die Gleichung

$$\Phi=BA=\mu_0\,HA\tag{193.3}$$

den allgemeinen Zusammenhang zwischen dem magnetischen Fluß in irgendeiner zu einem magnetischen Felde senkrechten Fläche und der in ihr herrschenden Flußdichte bzw. Feldstärke. Bildet aber die Feldrichtung mit der Flächennormalen eines Flächenelements dA den Winkel α_n, so gilt allgemein

$$d\Phi=B\,dA\cos\alpha_n=B\,dA,\qquad \Phi=\int B\,dA\tag{193.4}$$

(dA Flächenvektor). Wir können hier auf die ganz analogen Überlegungen bezüglich des elektrischen Flusses Ψ in § 147 und die dortige Abb. 285 verweisen, in der lediglich D durch B zu ersetzen ist. Analog zu (147.3) ist nach (193.1) der magnetische Fluß in einer einen *gedachten* Einzelpol ganz einhüllenden Fläche gleich der ihn erzeugenden Polstärke.

Ein magnetisches Feld kann durch den Vektor B genau so gut beschrieben werden wie durch den Vektor H. Der Verlauf der *Flußdichtelinien (B-Linien)* ist im Vakuum (und in isotropen Stoffen) der gleiche wie der der *Feldlinien (H-Linien)*, und sie werden durch Eisenfeilichtbilder genau so veranschaulicht. Aber zwischen ihnen besteht doch ein höchst wichtiger Unterschied. Wie wir noch sehen werden, gilt: *Die Flußdichtelinien eines magnetischen Feldes sind immer in sich geschlossen; sie laufen stets in sich selbst zurück. Die magnetischen Feldlinien sind nur dann alle in sich geschlossen, wenn sie überall im gleichen Medium verlaufen, aber nicht, wenn sie Grenzflächen verschiedener Medien durchsetzen* (§ 225).

Alle vom positiven Pol eines allein im Raum befindlichen Magneten ausgehenden B-Linien verlaufen also nicht nur bis zu dessen negativem Pol, um dort zu enden, sondern weiter durch das Innere des Magneten zum positiven Pol zurück. In diesem Sinne tritt der Versuch mit der magnetisierten Stricknadel (§ 190) in ein neues Licht. Wenn wir sie zerbrechen, so werden an der Bruchstelle die vorher unbeobachtbaren, im Inneren verlaufenden Flußdichtelinien freigelegt und verlaufen nunmehr frei zwischen den beiden neuen Enden, die dadurch zu neuen Polen werden. (Vgl. auch § 226, Abb. 406.)

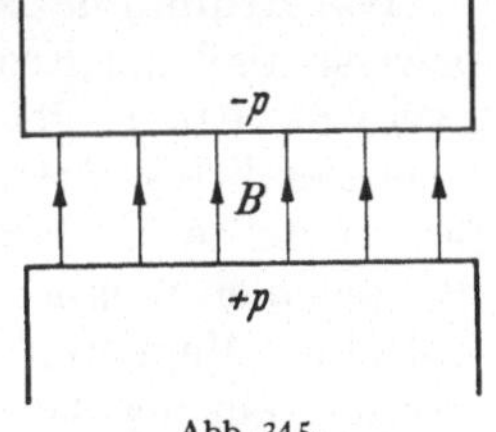

Abb. 345.
Magnetischer „Kondensator"

Die Bezeichnung „magnetischer Fluß" beruht ebenso wie die des elektrischen Flusses (§ 147) auf einer hydrodynamischen Analogie, indem man die Feldlinienbilder mit einem Stromlinienbild vergleicht. Im elektrischen Fall sind die positiven Ladungen den „Quellen", die negativen den „Senken" eines Strömungsfeldes zu vergleichen, da die elektrischen Feldlinien an ihnen beginnen und enden. Bei den Polen eines Magneten könnte man bei der Betrachtung des Feldlinienbildes das Entsprechende vermuten. Aber das trifft, wie wir eben gesehen haben, nicht zu, jedenfalls nicht für die B-Linien, die anders als die von Ladungen ausgehenden Feldlinien stets in sich selbst zurücklaufen. *Das B-Feld ist demnach immer quellenfrei*, und zwar weil es keine wahren, den elektrischen Ladungen analoge magnetische Ladungen, sondern nur magnetische Dipole gibt. Für das H-Feld gilt das nur, sofern es ganz und gar im gleichen Medium verläuft. *Das H-Feld ist im allgemeinen nicht quellenfrei* (§ 225).

Wir wollen uns einen magnetischen „Kondensator" denken, bestehend aus den ebenen und parallelen, einander im kleinen Abstande d gegenüberstehenden Polschuhen von der Fläche A eines zu einem Kreise gebogenen Magneten (Abb. 345). Ihre Polstärke $\pm p$ sei mit der Flächendichte $\pm p/A$ als gedachte magnetische Belegung gleichmäßig über ihre beiden Flächen verteilt. In dem homogenen Felde zwischen den Polen besteht dann ein magnetischer Fluß $\Phi = p$, und die Flußdichte beträgt $B = \Phi/A = p/A$, ist also identisch mit der *magnetischen Flächendichte* der gedachten magnetischen Belegungen. Ferner ist $pd = M$ der Betrag des magnetischen Moments des von den beiden Polen gebildeten Dipols (§ 190), $A\,d = V$ das Volumen des felderfüllten Raumes. Demnach ist $B = pd/(A\,d) = M/V$ auch identisch mit der *Raumdichte des magnetischen Moments*.

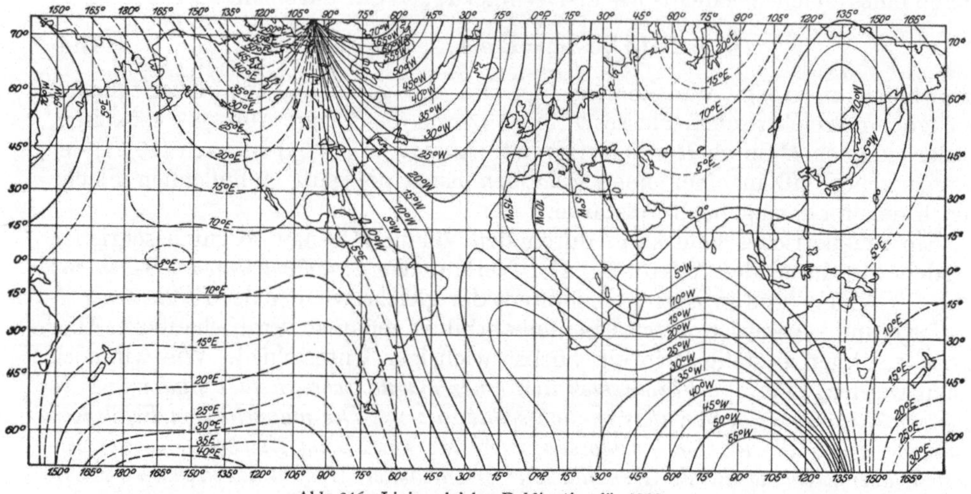
Abb. 346. Linien gleicher Deklination für 1922

194. Erdmagnetismus. Der allgemeine Verlauf des erdmagnetischen Feldes beweist, daß die Erde ein magnetischer Dipol ist (WILLIAM GILBERT, Vorläufer LIVIO SANUTO[1]); genauer gesagt: Man kann das Feld näherungsweise als das eines ziemlich kleinen im Erdinnern befindlichen magnetischen Dipols beschreiben, dessen Achse die Erdoberfläche in den beiden, den geographischen Polen nahegelegenen erdmagnetischen Polen schneidet. Da der sich nach Norden einstellende Pol eines Magneten als positiver Pol definiert ist, so ist der sog. magnetische Nordpol ein negativer, der magnetische Südpol ein positiver Pol. Weil die Pole nicht genau mit den geographischen Polen zusammenfallen, so weist eine Magnetnadel im allgemeinen nicht genau nordsüdlich. Auch sind an einzelnen Stellen der Erdoberfläche sehr große Anomalien des erdmagnetischen Feldes vorhanden, welche die Richtung der Magnetnadel dort vollkommen verändern. Sie sind auf größere Eisenerzmengen zurückzuführen, welche in geringer Tiefe in die Erdkruste eingebettet sind. Die Abweichung der Magnetnadel von der genauen geographischen Nordsüdrichtung nennt man *Deklination*, in der Seemannssprache *Mißweisung*. Abb. 346 zeigt die Linien gleicher Deklination für das Jahr 1922. Die Gradwerte geben die Abweichung von der geographischen Nordsüdrichtung an. Die erdmagnetischen Pole sind in langsamer kreisender Wanderung begriffen. Daher ist auch die Deklination langsam zeitlich veränderlich.

---

[1] LIVIO SANUTO, Ende des 16. Jahrh.

Die Richtung des erdmagnetischen Feldes ist an jedem Punkte der Erde mehr oder weniger gegen die Erdoberfläche geneigt *(Inklination)*. An den erdmagnetischen Polen weist die Magnetnadel senkrecht nach unten, etwa am Äquator steht sie zur Erdoberfläche tangential. Die Magnetnadel der Kompasse baut man stets so, daß die durch die Inklination hervorgerufene Kippneigung durch ein geringes Übergewicht der einen Seite ausgeglichen wird. Dann wirkt auf die Magnetnadel nur die *Horizontalkomponente* (Horizontalintensität) der Feldstärke. Die entsprechende Komponente der Flußdichte des Feldes beträgt in unseren Breiten etwa 0,2 G (§ 200). Die zur Erdoberfläche senkrechte Komponente heißt die *Vertikalkomponente*. (Vgl. WESTPHAL: Physikalisches Praktikum, 40. Aufgabe.)

Das erdmagnetische Feld beruht offenbar auf besonderen, der Erde eigentümlichen Umständen; denn bei Mars, Venus und dem Mond ist ein entsprechendes Feld nicht nachweisbar. Als seine Ursache muß man Strömungen leitfähigen Magmas im Erdinneren annehmen. Mit dem vermuteten Eisen- und Nickelgehalt des Erdkerns hat der Erdmagnetismus nichts zu tun, da diese Metalle bei der hohen Temperatur des Erdinnern nicht mehr ferromagnetisch sind (§ 221).

Das erdmagnetische Feld unterliegt mancherlei Schwankungen. Einmal ist, wie schon erwähnt, die Lage der Pole nicht völlig konstant. Außerdem bestehen tägliche, jährliche und noch langfristigere periodische Schwankungen. Ferner treten Störungen auf, welche, ebenso wie die Polarlichter, durch Ausbrüche geladener Teilchen aus der Sonne verursacht werden *(magnetische Gewitter)*.

Das erdmagnetische Feld magnetisiert die in ihm befindlichen eisernen Körper. Stählerne Gegenstände, insbesondere Werkzeuge, Feilen, Hämmer u. dgl., welche regelmäßig in einer bestimmten Orientierung im Raume — etwa nordsüdlich oder vertikal — benutzt werden und dabei Erschütterungen ausgesetzt sind, sind stets magnetisiert. Hämmer haben auf der nördlichen Halbkugel an dem beim Schlagen nach unten gerichteten Ende einen positiven Pol, Feilen einen solchen an dem Ende, das bei der Benutzung am häufigsten gegen Norden gerichtet ist. Man kann eine Stange aus Eisen von nicht zu geringer Remanenz magnetisieren, indem man sie in die Richtung des erdmagnetischen Feldes — schräg nach unten und nach Norden — hält und einige kräftige Hammerschläge auf ihr eines Ende ausführt. Am unteren Ende entsteht dann ein positiver, am anderen Ende ein negativer Pol. Die mit den betreffenden Gegenständen vorgehenden Erschütterungen fördern durch die dabei vorübergehend eintretende Lockerung der inneren Spannungen im Eisen die Magnetisierung.

II. Elektrodynamik

195. Magnetische Felder von Strömen. Durch einen horizontal, am besten nordsüdlich ausgespannten Draht fließe ein Gleichstrom von einigen Ampere (Abb. 347). Bringt man über oder unter diesen Draht eine Magnetnadel, so erfährt sie eine Ablenkung aus der Nord-Süd-Richtung, oberhalb und unterhalb des Drahtes in entgegengesetzter Richtung, und die Richtungen kehren sich um, wenn man die Richtung des Stromes umkehrt (OERSTED[1] 1820). Dies ist eine der wichtigsten und folgenreichsten Entdeckungen in der ganzen Geschichte der Physik. Auch GOETHE hat sich für sie lebhaft interessiert.

Der Versuch beweist zunächst ganz allgemein, *daß in der Umgebung eines elektrischen Stromes ein magnetisches Feld besteht*. Die genauere Untersuchung zeigt, daß die magnetischen Feldlinien bei einem geraden stromführenden Draht

---

[1] HANS CHRISTIAN OERSTED, 1777—1851.

22*

Kreise sind, deren Zentrum im Drahte liegt. Eine nach allen Seiten frei drehbare Magnetnadel stellt sich überall senkrecht zur senkrechten Verbindungslinie ihrer Mitte mit dem Draht. Führt man sie auf einem Kreise einmal um den Draht herum, so dreht sie sich einmal um sich selbst. (Dabei ist vorausgesetzt, daß das erdmagnetische Feld sehr schwach gegenüber dem vom Strom erzeugten Feld ist.)

Schon sehr bald nach OERSTEDS Entdeckung hat AMPÈRE[1] gesagt, *daß alle magnetischen Kräfte ihren Ursprung in bewegten Ladungen haben* und immer nur

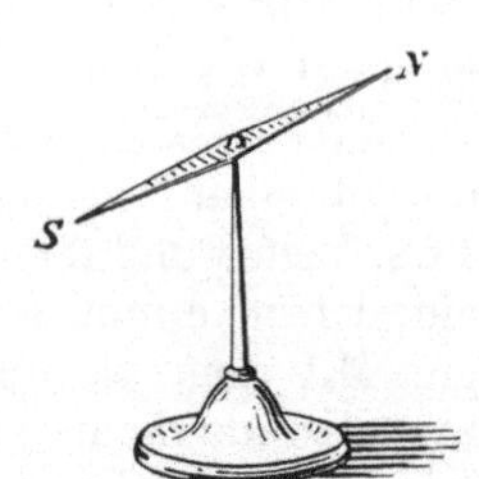

Abb. 347. Zum Oerstedschen Versuch

auf bewegte Ladungen wirken, also ihrem Wesen nach *elektrische Wechselwirkungen* sind (§ 204). Auch die *Eigenschaften der Magnete* hat AMPÈRE auf dieser Grundlage gedeutet (§ 221).

Auch die magnetischen Felder von Strömen kann man mit Eisenfeilspänen sichtbar machen. Sie ordnen sich bei einem geraden Draht auf Kreisen, deren Mittelpunkt im Drahte liegt (Abb. 348; der Stromleiter ist bei der Herstellung des Bildes durch das Loch geführt). Man beachte, daß die magnetischen Feldlinien nirgends in „Polen" beginnen oder enden, sondern in sich selbst zurücklaufen. Es sind in sich *geschlossene Feldlinien* (§ 193), und zwar sind hier und auch in den folgenden Feldlinienbildern nicht nur die *B*-Linien (wie stets), sondern auch die *H*-Linien in sich geschlossen, weil sie nirgends die Grenzfläche zweier verschiedener Stoffe durchsetzen.

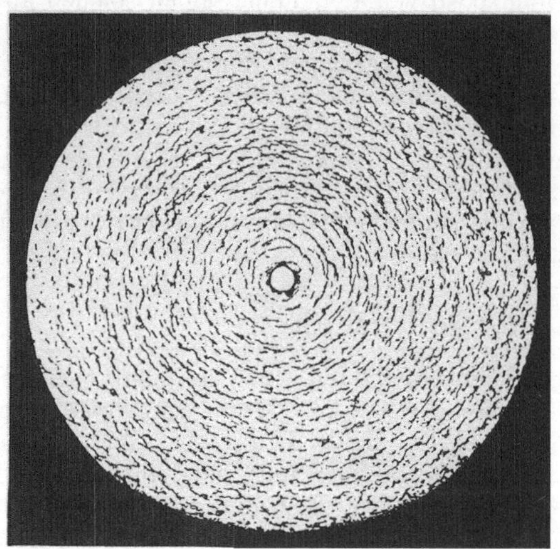

Abb. 348. Magnetisches Feld eines geradlinigen Stromes
(Nach POHL: Elektrizitätslehre)

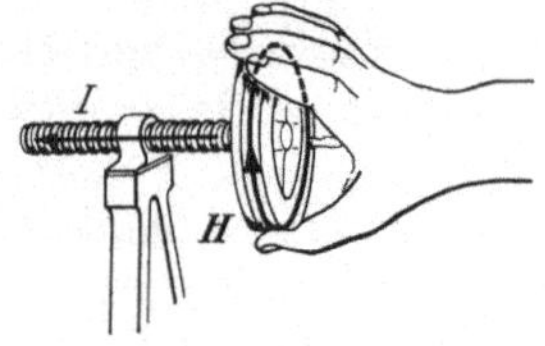

Abb. 349. Zur Schraubenregel des magnetischen Feldes eines Stromes

Die Richtung des magnetischen Feldes kann aus der Einstellung einer Magnetnadel erkannt werden, da ihr positiver Pol in die Feldrichtung weist. Es ergibt

[1] ANDRÉ MARIE AMPÈRE, 1775—1836.

sich: Blickt man in Richtung des (positiven) Stromes, so umschlingen die magnetischen Feldlinien den Stromleiter im Umlaufsinn des Uhrzeigers. Am einfachsten merkt man sich die Richtung des magnetischen Feldes nach der *Schraubenregel: Die magnetischen Feldlinien umschlingen einen Strom in demjenigen Drehsinn, in dem man eine rechtsgängige Schraube drehen muß, damit sie sich in der positiven Stromrichtung verschiebt* (Abb. 349).

Das Bestehen eines einen Stromleiter ringförmig umschlingenden magnetischen Feldes zeigt der folgende, von FARADAY stammende Versuch (Abb. 350). Ein Gefäß ist mit Quecksilber gefüllt, durch das mit Hilfe einer oberen und einer unteren Zuleitung ein Strom geschickt wird. Am Boden des Gefäßes ist, allseitig drehbar, ein Magnet befestigt, dessen positiver Pol oben aus dem Quecksilber herausragt. Der Pol kreist, den ringförmigen magnetischen Feldlinien des Stromes folgend, um den Strom. Kehrt man die Stromrichtung um, so kehrt sich auch der Drehsinn um.

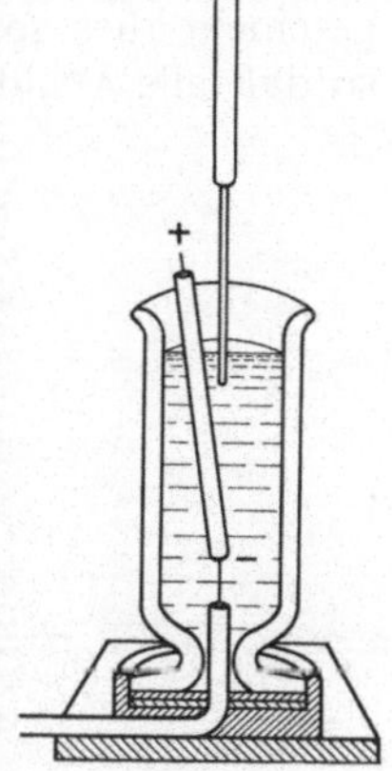

Abb. 350.
Ein Magnetpol kreist um einen Stromleiter

Auch bei stromführenden Drähten beliebiger Gestalt bilden die magnetischen Feldlinien geschlossene Kurven um den Draht, aber keine Kreise. Abb. 351 zeigt die Feldlinien einer kreisförmigen Stromschleife in einer zur Schleifenebene senkrechten Ebene. Die Feldlinien treten auf der einen Seite in die durch die Schleife begrenzte Fläche ein, an ihrer anderen Seite aus und verlaufen, den Draht umschlingend, in sich selbst zurück. Das Feldlinienbild ist also das gleiche wie bei einer sehr dünnen Eisenscheibe, welche auf ihrer einen Fläche, homogen verteilt, einen positiven, auf ihrer anderen Fläche einen negativen Pol hat (Abb. 352). Man nennt das eine *magnetische Doppelschicht.* Eine Stromschleife verhält sich wie eine magnetische Doppelschicht und bildet einen magnetischen Dipol, dessen magnetisches Moment aber nicht mehr eindeutig nach (190.1) als Produkt aus Polstärke und Polabstand definierbar ist. (Es gibt eben gar keine wirklichen Pole, sondern immer nur Dipole.)

Die von einem Stromkreis eingeschlossene Fläche nennt man seine *Windungsfläche.* Wird die gleiche Fläche A vom gleichen Strom in n Windungen umflossen, so ist die Windungsfläche gleich nA.

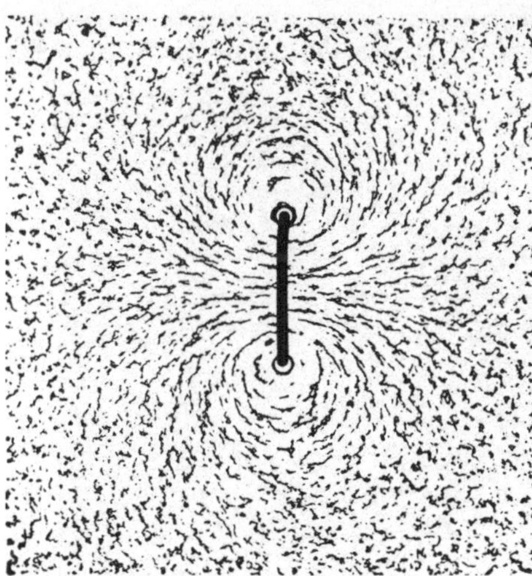

Abb. 351. Magnetisches Feld einer Stromschleife.
(Nach POHL: Elektrizitätslehre)

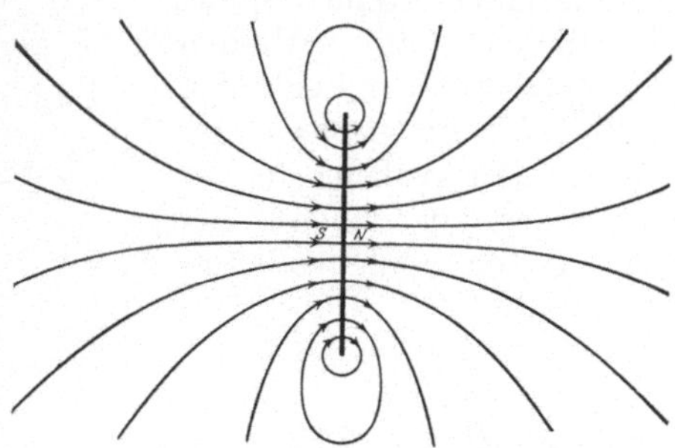

Abb. 352. Magnetisches Feld einer magnetischen Doppelschicht

Einen Stabmagneten können wir uns aus einer großen Anzahl von aufeinandergelegten magnetischen Doppelschichten bestehend denken. Entsprechend können wir auf rein elektrischem Wege ein Gebilde herstellen, das einem Stabmagneten bezüglich seines magnetischen Feldes weitestgehend ähnlich ist, indem wir eine größere Anzahl von Stromschleifen übereinanderlegen. Am einfachsten geschieht dies so, daß man einen Draht zu einer länglichen *Spule* aufwickelt, so daß alle Windungen gleichsinnig vom gleichen Strome durchflossen werden.

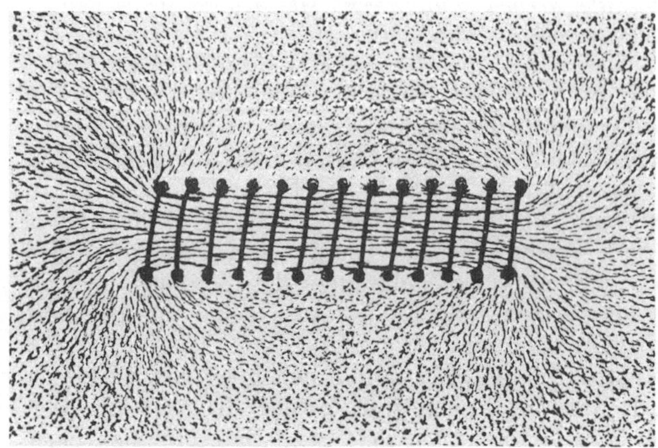

Abb. 353. Magnetisches Feld einer Spule. (Nach Pohl: Elektrizitätslehre)

Die Feldlinien verlaufen im Inneren parallel zur Achse der Spule und auf einem mehr oder weniger langen Wege außen herum in sich selbst zurück (Abb. 353). Das äußere Feld einer gestreckten Spule gleicht also dem eines Stabmagneten (Abb. 343), ihre Enden wirken wie Magnetpole (Ampère). Hier werden auch die im Innern des „Stabmagneten" verlaufenden Flußdichte- bzw. Feldlinien unmittelbar beobachtbar. Die Richtung des magnetischen Feldes ergibt sich auch bei Stromschleifen und bei Spulen aus der *Schraubenregel* (Abb. 349). Mit ihrer Hilfe leitet man die folgende neue Schraubenregel ab: *Die Richtung des magnetischen Feldes in einer Stromschleife oder einer Spule ist diejenige, in der eine rechtsgängige Schraube sich verschiebt, wenn man sie in dem Sinne dreht, in dem der Strom die Stromschleife oder die Spule umfließt* (Abb. 354).

Abb. 355 zeigt das magnetische Feld einer ringförmig geschlossenen Spule. In diesem Fall verlaufen die magnetischen Feldlinien *vollständig* im Innern der Spule. Der Außenraum ist bei einer ausreichend eng gewickelten Spule vollkommen feldfrei.

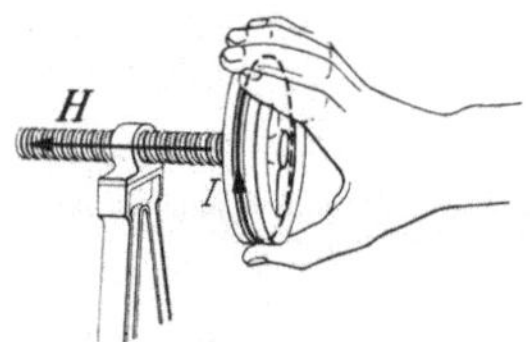

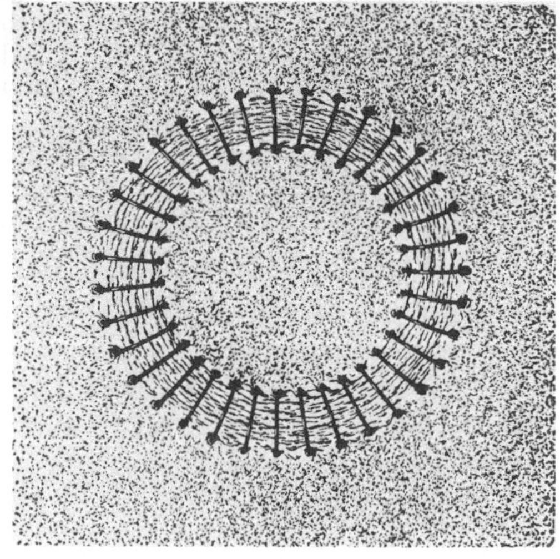

Abb. 354. Zur Schraubenregel des magnetischen Feldes in einer Spule

Abb. 355. Magnetisches Feld einer ringförmigen Spule. (Nach Pohl. Elektrizitätslehre)

196. Das elektrodynamische Elementargesetz. Die Erzeugung magnetischer Felder durch Ströme kann auch so beschrieben werden: Eine relativ zu einem Pol bewegte Ladung bewirkt das Auftreten einer Kraft an dem Pol. Nach dem Wechselwirkungssatz bewirkt dann der Pol das Auftreten einer ebenso großen, entgegengesetzt gerichteten Kraft an der bewegten Ladung. Da es nach dem Relativitätsprinzip (§§16 und 326) einzig auf die *relative* Bewegung der beiden Partner ankommt, so muß umgekehrt auch gelten: Ein relativ zu einer Ladung bewegter Pol bewirkt das Auftreten einer Kraft an der Ladung, eine Ladung das Auftreten einer ebenso großen, entgegengesetzt gerichteten Kraft an dem bewegten Pol. Ganz allgemein: *Jede Relativbewegung einer Ladung und eines Pols bewirkt das Auftreten von Wechselwirkungskräften zwischen ihnen.* Wenn wir, was immer zulässig ist, jeweils den einen der beiden Partner als ruhend betrachten, so kann man dieses Phänomen von vier verschiedenen Standpunkten aus betrachten: ruhender Pol — bewegte Ladung, ruhende Ladung — bewegter Pol, und in beiden Fällen jeweils die beiden Wechselwirkungskräfte. Wir werden das in (196.4a bis d) und in §197 im einzelnen durchführen.

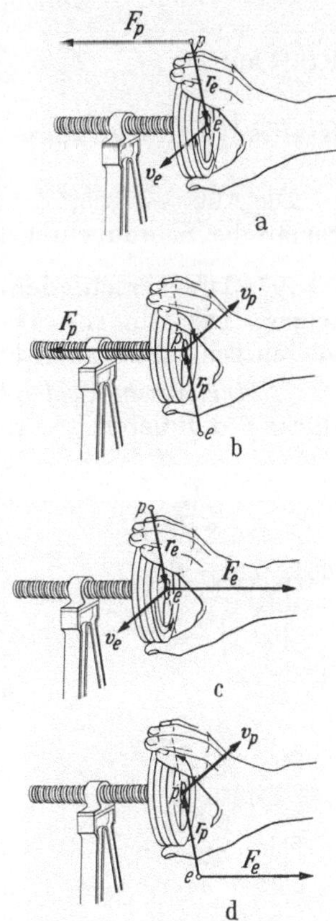

Eine Messung dieser Kräfte zwischen einzelnen bewegten Punktladungen und Punktpolen, um auf diese Weise das obwaltende Gesetz zu ermitteln, ist zwar experimentell nicht möglich. Wohl aber kann auf das Gesetz eindeutig aus makroskopischen und der Messung zugänglichen Erscheinungen geschlossen werden. Wir werden aber den umgekehrten Weg beschreiten, indem wir das Gesetz an den Anfang stellen und nachweisen, daß sich aus ihm *die Gesamtheit der elektrisch-magnetischen Wechselwirkungen, die ganze Elektrodynamik,* ableiten läßt (einschließlich der Maxwellschen Gleichungen, die die Theoretische Physik axiomatisch an den Anfang zu stellen pflegt). Wir nennen es das *elektrodynamische Elementargesetz.* Es lautet in seiner allgemeinsten Form

$$F = \frac{1}{\gamma}\,\frac{Q\,p\,v}{4\pi\,r^2}\,[\boldsymbol{r}^0\,\boldsymbol{v}^0]. \tag{196.1}$$

F ist die auf Q, also $-F$ die auf p wirkende Kraft, $\boldsymbol{r}$ (Betrag r) der von p nach Q weisende Ortsvektor, $\boldsymbol{v}$ (Betrag v) die Geschwindigkeit von Q relativ zu p. $\boldsymbol{r}^0$ und $\boldsymbol{v}^0$ sind die Einsvektoren in den Richtungen von $\boldsymbol{r}$ und $\boldsymbol{v}$ (§5). Wir haben die rationale Gleichungsschreibung verwendet (§136). γ ist eine universelle Konstante, die *elektrodynamische Feldkonstante.* Das Vektorprodukt in (196.1) hat nach §6 den Betrag $\sin(\boldsymbol{r}^0, \boldsymbol{v}^0)$. Es ist also gleich $+1$ oder -1, der Betrag der Kraft also ein Extremum, wenn $\boldsymbol{r}$ und $\boldsymbol{v}$ zueinander senkrecht sind; die Kraft verschwindet, wenn sie parallel oder antiparallel sind.

Abb. 356. Zum elektrodynamischen Elementargesetz. Kraft a auf ruhenden Pol bei bewegter Ladung, b auf bewegten Pol bei ruhender Ladung, c auf bewegte Ladung bei ruhendem Pol, d auf ruhende Ladung bei bewegtem Pol

Unter Vorwegnahme der in §199 zu begründenden Erkenntnis, daß wir γ als eine Zahl definieren müssen, am einfachsten $\gamma = 1$, schreiben wir

$$F = \frac{Q\,p\,v}{4\pi\,r^2}\,[\boldsymbol{r}^0\,\boldsymbol{v}^0]. \tag{196.2}$$

Jede Ladung Q besteht aus einzelnen Elementarladungen e. Für die künftigen Anwendungen empfiehlt es sich, (196.2) auch für den Fall einer einzelnen *positiven* Elementarladung $Q = e$ hinzuschreiben, und zwar explizit für jede der obigen vier Betrachtungsweisen. Dabei betrachten wir also jeweils den einen Partner als ruhend. Die auf die Elementarladung e wirkende Kraft bezeichnen wir mit $\boldsymbol{F}_e$, die auf den Pol wirkende Kraft mit $\boldsymbol{F}_p = -\boldsymbol{F}_e$, den Ortsvektor mit $\boldsymbol{r}_e$ oder $\boldsymbol{r}_p = -\boldsymbol{r}_e$, je nachdem er vom Pol zur Ladung oder umgekehrt weist, die relativen Geschwindigkeiten entsprechend mit $\boldsymbol{v}_e$ und $\boldsymbol{v}_p = -\boldsymbol{v}_e$. Dann gilt für die Einsvektoren

$$[\boldsymbol{r}_p^0 \, \boldsymbol{v}_p^0] = [\boldsymbol{r}_e^0 \, \boldsymbol{v}_e^0]. \tag{196.3}$$

Dann folgen aus (196.2) mit $Q = e$ die folgenden, sämtlich miteinander identischen Gleichungen:

<table>
<tr><td></td><td>bewegte Ladung,
ruhender Pol</td><td>bewegter Pol,
ruhende Ladung</td></tr>
</table>

Kraft auf Pol:
$$\boldsymbol{F}_p = \frac{e\,p\,v}{4\pi r^2}[\boldsymbol{r}_e^0 \boldsymbol{v}_e^0], \qquad \boldsymbol{F}_p = \frac{e\,p\,v}{4\pi r^2}[\boldsymbol{r}_p^0 \boldsymbol{v}_p^0], \tag{196.4a, b}$$

Kraft auf Ladung:
$$\boldsymbol{F}_e = -\frac{e\,p\,v}{4\pi r^2}[\boldsymbol{r}_e^0 \boldsymbol{v}_e^0], \qquad \boldsymbol{F}_e = -\frac{e\,p\,v}{4\pi r^2}[\boldsymbol{r}_p^0 \boldsymbol{v}_p^0]. \tag{196.4c, d}$$

Die Abb. 356 zeigt die hiernach am Pol bzw. der Ladung auftretenden Kräfte gemäß der Schraubenregel für vektorielle Produkte (§ 6).

197. Die verschiedenen Lesarten des elektrodynamischen Elementargesetzes. Die Gln. (196.4a—d) haben, wie schon gesagt, einen außerordentlich vielseitigen Inhalt und können auf verschiedene Weise gelesen werden.

I. Magnetische Felder bewegter Ladungen. Wenn wir (196.4a) durch die Polstärke p dividieren, so erhalten wir die von einer bewegten Ladung e an einem durch den Vektor $\boldsymbol{r}_p = -\boldsymbol{r}_e$ gekennzeichneten Ort erzeugte *magnetische Feldstärke* $\boldsymbol{H} = \boldsymbol{F}_p/p$. Es ist also

$$\boldsymbol{H} = \frac{e\,v}{4\pi r^2}[\boldsymbol{r}_e^0 \boldsymbol{v}_e^0] \tag{197.1}$$

(Abb. 357a). Aus dieser Gleichung werden wir die *magnetischen Felder von Strömen* und das *2. Induktionsgesetz* ableiten. Die Flußdichte am Ort P beträgt

$$\boldsymbol{B} = \mu_0\,\boldsymbol{H} = \mu_0\,\frac{e\,v}{4\pi r^2}[\boldsymbol{r}_e^0 \boldsymbol{v}_e^0]. \tag{197.2}$$

Die Erkenntnis, daß (197.1) und (197.2) ganz allgemein, d.h. für *jede* bewegte Ladung gelten, ganz unabhängig davon, ob sie sich unter der Wirkung eines elektrischen Feldes in einem Leiter oder frei im Raum bewegt oder ob sie, in einem Körper ruhend, mitsamt diesem Körper bewegt wird, hat in der Geschichte der Elektrodynamik eine wichtige Rolle gespielt. Die magnetischen Wirkungen von mitsamt ihrem makroskopischen Träger bewegten Ladungen wurden 1876 von ROWLAND[1] an den rotierenden Platten eines geladenen Kondensators *(Rowland-Strom)*, 1888 von RÖNTGEN[2] an den Polarisationsladungen eines in einem geladenen Kondensator rotierenden Dielektrikums nachgewiesen *(Röntgen-Strom)* und 1903 von A. EICHENWALD in verbesserter Form bestätigt.

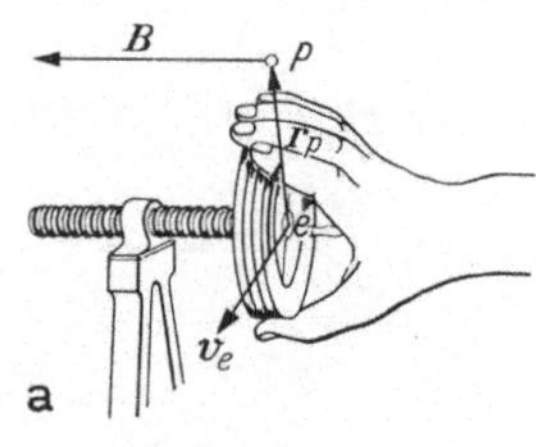

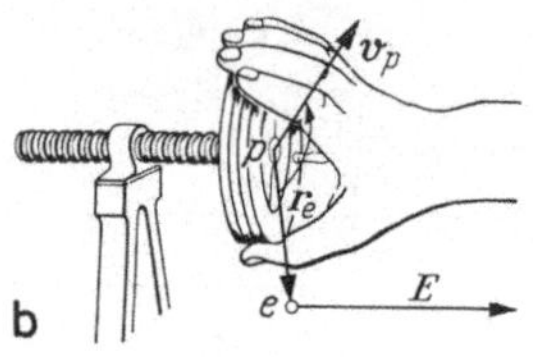

Abb. 357. a Magnetisches Feld einer bewegten Ladung, b elektrisches Feld eines bewegten Pols

---

[1] HENRY ROWLAND, 1848—1901.
[2] WILHELM CONRAD RÖNTGEN, 1845—1923, Nobelpreis 1901.

II. Elektrische Felder bewegter Pole. Wenn wir (196.4d) durch die Ladung e dividieren, so erhalten wir die von einem bewegten Pol p an dem durch den Vektor r_p gekennzeichneten Ort erzeugte *elektrische Feldstärke* $E = F_e/e$, also

$$E = - \frac{p\,v}{4\,\pi\,r^2}\,[r_p^0\,v_p^0] \qquad (197.3)$$

(Abb. 357b). Aus dieser Gleichung werden wir das *1. (Faradaysche) Induktionsgesetz* ableiten.

III. Kräfte auf bewegte Ladungen im magnetischen Felde. Nach (193.1) enthält die rechte Seite von (196.4c) die vom Pol p am Ort der bewegten Ladung e erzeugte, mit μ_0 multiplizierte Feldstärke, also die magnetische Flußdichte $B = \mu_0\,H$. Wir können also schreiben

$$F_e = - e\,[B\,v_e] = e\,[v_e\,B] \qquad (197.4)$$

(Abb. 358a). Da es belanglos ist, auf welche Weise das magnetische Feld am Ort der Ladung zustande kommt, so ergibt uns diese Gleichung ganz allgemein *die Kraft, welche eine bewegte Ladung in einem magnetischen Felde erfährt.* Wir werden aus ihr ferner *die im magnetischen Felde auf Ströme,* sowie *die zwischen Strömen wirkenden Kräfte ableiten.* Die durch (197.4) dargestellte Kraft heißt *Lorentz-Kraft*[1].

IV. Kräfte auf bewegte Pole im elektrischen Felde. Nach (141.2) enthält die rechte Seite von (196.4b) die von der Ladung e am Ort des bewegten Pols p erzeugte, mit ε_0 multiplizierte elektrische Feldstärke E, also die elektrische Verschiebungsdichte D. Wir können also schreiben

$$F_p = \varepsilon_0 p\,[E\,v_p] = - p\,[v_p\,D] \qquad (197.5)$$

(Abb. 358b). Diese Gleichung gibt uns *die in einem elektrischen Felde auf einen bewegten Pol wirkende Kraft.* Diese Erscheinung läßt sich aber nicht rein verwirklichen, da es ja keine einzelnen Pole, sondern nur magnetische Dipole gibt. Überdies sind die auftretenden Kräfte äußerst klein.

198. Die Feldkonstanten und die Lichtgeschwindigkeit.

In der Abb. 359 sind zwei gleich große, gleichnamige Elementarladungen e dargestellt, die sich im Abstande r mit der gleichen, zu r senkrechten Geschwindigkeit v, also parallel zueinander bewegen, so daß $[r^0\,v^0] = 1$ ist. (Wir nehmen r als sehr klein an, damit wir von der endlichen Ausbreitungsgeschwindigkeit der durch die Bewegungen bewirkten Feldänderungen absehen können.) Zwischen den Ladungen wirkt erstens ihre elektrostatische Abstoßung nach dem 1. Coulombschen Gesetz vom Betrage

$$F_1 = \frac{1}{\varepsilon_0}\,\frac{e^2}{4\,\pi\,r^2}\,. \qquad (198.1)$$

Zweitens erzeugt jede Ladung infolge ihrer Bewegung am Ort der anderen nach (197.1) eine magnetische Feldstärke vom Betrage

$$H = \frac{e\,v}{4\,\pi\,r^2} \qquad (198.2)$$

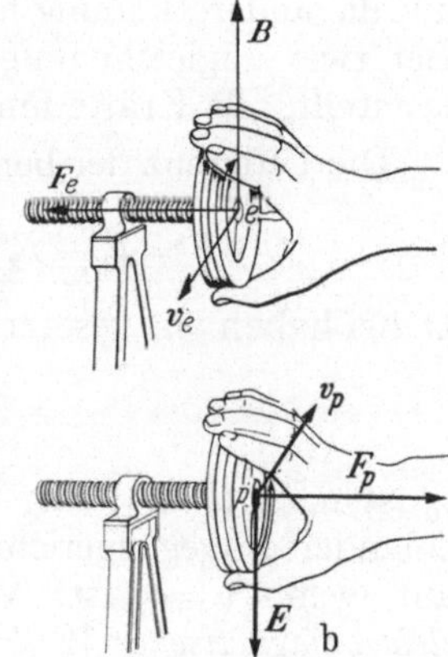

Abb. 358. a Kraft auf bewegte Ladung im magnetischen Felde b Kraft auf bewegten Pol im elektrischen Felde

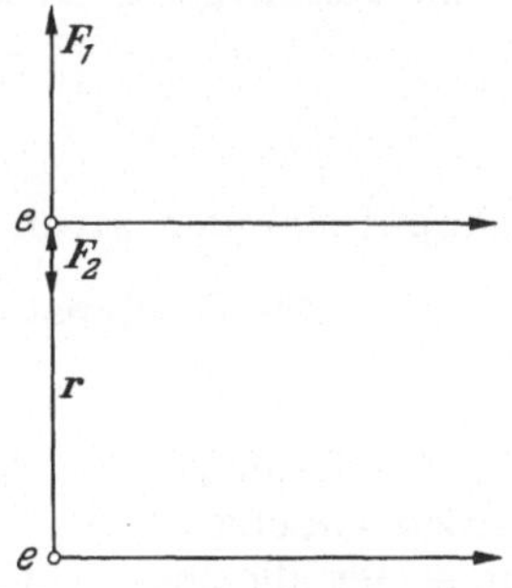

Abb. 359. Zur Lichtgeschwindigkeit als elektromagnetische Größe

---

[1] Hendrik Antoon Lorentz, 1853—1928, Nobelpreis 1902.

(da $v \perp r$ ist). Infolge dessen erfährt jede der beiden Ladungen nach (197.4) eine Kraft vom Betrage

$$F_2 = e\,v\,B = \mu_0 \frac{e^2 v^2}{4\pi r^2}\,. \tag{198.3}$$

Mittels der Schraubenregel (Abb. 357a und 358a) stellt man fest, daß die magnetische Feldstärke am Ort der oberen Ladung in Abb. 359 senkrecht nach vorn, also die Kraft auf die andere Ladung hin gerichtet ist, wenn beide Ladungen positiv sind. Sind sie beide negativ, so ist zwar die Feldstärke umgekehrt gerichtet, aber die Richtung der Kraft ist die gleiche. Am Ort der unteren Ladung sind Feldstärke und Kraft umgekehrt gerichtet. In jedem Fall weist die Kraft jeweils auf die andere Ladung hin und ist der elektrostatischen Kraft entgegengerichtet. Bei zwei ungleichnamigen Ladungen kehren sich, wie der Leser leicht selbst feststellt, alle Kräfte um.

Die Differenz der beiden Kräfte ist also

$$F = F_1 - F_2 = \frac{1}{\varepsilon_0}\frac{e^2}{4\pi r^2}\left(1 - \varepsilon_0\mu_0 v^2\right) = \frac{1}{\varepsilon_0}\frac{e^2}{4\pi r^2}\left(1 - \frac{v^2}{c_0^2}\right)\,. \tag{198.4}$$

Dabei haben wir gesetzt

$$\frac{1}{\sqrt{\varepsilon_0\mu_0}} = c_0\,. \tag{198.5}$$

c_0 ist nach (198.4) von der Größenart einer Geschwindigkeit. Die beiden stets einander entgegengerichteten Kräfte werden also gleich groß und heben einander auf, wenn $v = c_0$ ist. Wir werden in §244 zeigen, daß c_0 die *Geschwindigkeit elektromagnetischer Wellen und mit der Vakuumlichtgeschwindigkeit identisch ist.*

(198.4) kann als Verallgemeinerung des 1. Coulombschen Gesetzes auf den Fall zweier bewegter Ladungen betrachtet werden (§333).

Hätten wir in (196.1) nicht $\gamma = 1$ gesetzt, sondern γ im folgenden beibehalten, so hätten wir, wie der Leser selbst nachprüfen möge, statt (198.4) erhalten

$$\frac{\gamma}{\sqrt{\varepsilon_0\mu_0}} = c_0\,. \tag{198.6}$$

Darauf kommen wir in §199 zurück.

199. Das Größensystem der Elektrodynamik. Einheitensysteme[1].

I. Das Größensystem.

Als Grundgesetze der Elektrodynamik kennen wir jetzt die beiden Coulombschen Gesetze (136.1) und (191.1) und das elektrodynamische Elementargesetz in seiner allgemeinen Form (196.1). Im folgenden kommt es uns nur auf Größenarten an (bei Vektoren auf die ihrer Beträge). Deshalb schreiben wir hier die Gesetze in skalarer Form, setzen in (196.1) den vektoriellen Richtungsfaktor gleich 1 und in den Coulombschen Gesetzen der Einfachheit halber $Q' = Q$ und $p' = p$. Dann lauten die drei Gleichungen

$$F = \frac{1}{\varepsilon_0}\frac{Q^2}{4\pi r^2}\,, \qquad F = \frac{1}{\mu_0}\frac{p^2}{4\pi r^2}\,, \qquad F = \frac{1}{\gamma}\frac{Q\,p\,v}{4\pi r^2}\,. \tag{199.1 a, b, c}$$

Wir erinnern ferner daran, daß ε_0, μ_0 und γ durch (198.6) *naturgesetzlich* miteinander verknüpft sind und wir deshalb nur über zwei von ihnen verfügen können.

---

[1] Wegen einer eingehenderen Darstellung des Inhalts der §§ 199 und 200 s. JOH. FISCHER, „Größen und Einheiten der Elektrizitätslehre", Berlin-Göttingen-Heidelberg 1961; ferner WILHELM H. WESTPHAL, „Die Grundlagen des physikalischen Begriffssystems', Braunschweig 1965.

Das ist auch leicht verständlich. Auf Grund von (199.1 a) und (199.1 b) können wir nach Definition von ε_0 und μ_0 Ladungen und magnetische Polstärken messen, deren Zahlenwerte von den Zahlenwerten von ε_0 und μ_0 abhängen, und mit bekannten Ladungen und Polstärken Messungen auf Grund von (199.1 c) machen und daraus die Konstante γ *berechnen*. Diese muß also von den Definitionen von ε_0 und μ_0 abhängen, ist also nicht frei verfügbar.

(199.1 a) definiert das Potenzprodukt Q^2/ε_0 der beiden neuartigen Größen Q und ε_0 als eine Größe von der Art des mechanischen Produkts $F r^2$. Eine der neuartigen Größen müssen wir als *neue, elektrische Grundgröße* einführen und wählen als solche natürlich die Variable, die *Ladung*. Dann ist ε_0 durch (199.1 a) als eine abgeleitete mechanisch-elektrische oder, wie man immer kurz sagt, als eine *elektrische Größe* definiert.

Es könnte nun naheliegen, eine ganz analoge Überlegung auf Grund von (199.1 b) anzustellen und damit zur Einführung der magnetischen Polstärke (und des mit ihr artgleichen magnetischen Flusses Φ, §193) als weitere, magnetische Grundgrößenart zu gelangen. Indessen hat ja AMPÈRE schon ganz bald nach OERSTEDS Entdeckung klar erkannt (§195), daß *alle magnetischen Erscheinungen* willkürfrei als *Wechselwirkungen zwischen bewegten Ladungen* verstanden werden können, also rein elektrischer Art seien. Es ist auch seitdem in rund 130 Jahren nichts bekannt geworden, was dieser Deutung widerspricht. Einen ganz eindeutigen Beweis liefert auch die spezielle Relativitätstheorie (§333). Die Einführung einer unabhängigen magnetischen Grundgrößenart ist also *nicht naturnotwendig*.

Nach (199.1 a) ist ε_0 notwendig eine elektrische Größe. Da aber auch p, wie gesagt, eine solche sein muß, so gilt das nach (199.1 b) auch für μ_0 und dann nach (198.6) auch für $\mu_0/\gamma^2 = 1/(\varepsilon_0 c_0^2)$. Es gibt nun keinerlei Erfahrungen, auf Grund derer man dieses notwendig in bestimmter Weise in zwei Faktoren μ_0 und $1/\gamma^2$ zerlegen müßte. Nun können wir ja über zwei der drei Feldkonstanten frei verfügen. Wenn wir das z. B. (wie es tatsächlich geschehen ist, s. u.) zunächst bezüglich μ_0 tun, so steht uns noch die Verfügung über ε_0 frei, und wir können definieren $\varepsilon_0 = 1/(\mu_0 c_0^2)$. Dann aber folgt aus (198.6) $\gamma = 1$ und damit (198.5). Damit verschwindet γ aus den Gleichungen der Elektrodynamik. (Es müßte nur dann, und zwar als mechanisch-elektrisch-magnetische Ausgleichs*größe*, beibehalten werden, wenn man — entgegen unseren Ausführungen — die Notwendigkeit einer unabhängigen magnetischen Grundgrößenart behauptet. Denn dann wäre unsere eben gegebene Definition von ε_0 nicht mehr zulässig.)

Mit $\gamma = 1$ folgt aus (199.1 b) und (199.1 c), daß p^2/μ_0 und $Q p v$ beide mit dem Produkt $F r^2$, also auch untereinander gleichartig sind und p gleichartig mit $\mu_0 Q v$ ist. Die Proportionalität von p mit $Q v$ entspricht genau unserer Auffassung vom Wesen der magnetischen Erscheinungen als Wirkungen von Ladungsbewegungen.

Das *Größensystem der Elektrodynamik* ist also ein solches *vierten Grades* mit den *Grundgrößen Länge, Masse, Zeit und Ladung*.

II. Einheitensysteme.

Die Einführung einer neuen Grundgröße erfordert die Definition einer *neuen Grundeinheit* durch eine Meßvorschrift. Man könnte zwar eine Einheit der Grundgröße Ladung nach Definition eines Zahlenwertes von ε_0 und unter Verwendung bestimmter Einheiten für Kraft und Länge auf Grund von (199.1 a) definieren. Das würde aber elektrostatische Messungen an ruhenden Ladungen erfordern, die nur mit recht beschränkter Genauigkeit möglich sind. Überdies arbeitet man weit seltener mit ruhenden Ladungen als mit elektrischen Strömen. Deshalb hat man vorgezogen, *als elektrische Grundeinheit eine Stromstärkeneinheit* zu definieren. Dann ergibt sich wegen $Q = It$ die Ladungseinheit $[Q] = [I][t]$ als abgeleitete Einheit.

Die *internationale Einheit der Stromstärke* ist das *Ampere* (A). Seine Definition lautet seit 1947 in etwas vereinfachter Form:

Das Ampere ist diejenige Stromstärke, die, in zwei unendlich langen, parallelen, beliebig dünnen Drähten vom Abstand 1 Meter herrschend, zwischen den Drähten je Meter ihrer Länge im Vakuum die Kraft $2 \cdot 10^{-7}$ Newton erzeugt.

Demnach ist die internationale Ladungseinheit 1 As = 1 *Coulomb* (C). Als mechanische Einheiten dienen die des MKS-Systems. Das *Internationale Einheitensystem der Elektrodynamik* verwendet also die *Grundeinheiten Meter, Sekunde, Kilogramm und Ampere* (*MKSA- oder SI-System*; SI = systeme international).

Nach (142.3) ist die Spannung als Arbeit/Ladung definiert, $U = W/Q$. Demnach ist die internationale Einheit der Spannung, das *Volt*, 1 V = 1 J/As und 1 VAs = 1 J. Entsprechend ergeben sich alle weiteren elektrischen Einheiten gemäß den Definitionen der Größen[1].

In den Gleichungen der Elektrodynamik tritt nun aber die Masse kaum je auf. Deshalb hat schon 1910 GUSTAV MIE[2] vorgeschlagen, *in der Praxis* statt des Kilogramm *das Volt wie eine Grundeinheit* zu verwenden. (Es ist 1 V = 1 J/As = 1 kg m²/As³.) Das führt zu einer sehr vereinfachten Schreibung der abgeleiteten Einheiten und hat sich sehr schnell allgemein eingebürgert. An den Zahlenwerten der speziellen Größen ändert es nichts. Das führt also zum *Volt-Ampere-Meter-Sekunde-System (VAMS-System)*, das auch wir verwenden werden. Alle mit dem Produkt VA gebildeten Einheiten sind mit den Einheiten des MKS-Systems identische mechanische Einheiten, so 1 VAs = 1 J die Arbeitseinheit, 1 VA = J/s = 1 W die Leistungseinheit, 1 VAs/m = 1 J/m = 1 N die Krafteinheit, 1 VAs³/ m² = 1 J s²/m² = 1 kg die Masseneinheit des MKS-Systems.

Mit den Einheiten des VAMS-Systems ergibt sich aus (199.1a) für ε_0 die Einheit $[\varepsilon_0] = 1$ (As)²/Nm² = 1 As/Vm. Damit folgt für μ_0 nach (198.5) die Einheit $[\mu_0] = 1/([\varepsilon_0][c_0]^2) = 1$ Vs/Am. Aus historischen Gründen, auf die wir hier nicht eingehen können, hat man den Zahlenwert von μ_0 als $4\pi \cdot 10^{-7}$ definiert, so daß

$$\mu_0 = 4\pi \cdot 10^{-7} \frac{\text{Vs}}{\text{Am}}.$$

Auf dieser Definition beruht der Zahlenwert der Kraft in der Definition des Ampere. Weiter folgt aus (198.5)

$$\varepsilon_0 = \frac{1}{\mu_0 c_2^0} = \frac{10^7}{4\pi c_0^2} \frac{\text{Am}}{\text{Vs}} = \frac{10^7}{4\pi \{c_0\}^2} \frac{\text{As}}{\text{Vm}}$$

mit dem empirischen Zahlenwert $\{c_0\} \approx 3 \cdot 10^8$ der Lichtgeschwindigkeit in m/s.

Nunmehr können wir auch die Einheiten magnetischer Größen berechnen. Aus (199.1b) folgt, wie der Leser leicht selbst berechnet, $[p]^2 = 1$ (Vs)², also $[p] = 1$ Vs = 1 Weber (Wb), ebenso für den mit p gleichartigen magnetischen Fluß Φ. Für die magnetische Flußdichte B ergibt sich nach (193.3) die Einheit $[B] = 1$ Vs/m² = 1 Tesla (T) und für die magnetische Feldstärke H nach (193.3) die Einheit $[H] = 1$ A/m. (Wegen der magnetischen Einheiten Maxwell und Gauß s. § 200.)

---

[1] Die früheren Definitionen des Ampere über das Silbervoltameter und des Ohm über eine Quecksilbersäule von bestimmter Beschaffenheit sind also seit 1947 abgeschafft. Das Ohm ist über die Gleichung 1 Ω = 1 V/A definiert (§ 159).

[2] GUSTAV MIE, 1868—1957.

Schon 1910 hat MIE ein Einheitensystem vorgeschlagen, daß sich vom VAMS-System nur dadurch unterscheidet, daß statt des Meter das Zentimeter verwendet wird. Dieses *Miesche Einheitensystem* ist also ein *VACS-System*. In ihm sind aber die statt mit dem Meter mit dem Zentimeter gebildeten abgeleiteten mechanischen Einheiten nicht etwa mit denen des CGS-Systems identisch. So ist z. B. die Krafteinheit, von MIE *Sthen* genannt, $[F] = 1$ VAs/cm $= 1$ J/cm $= 10^7$ erg/cm $= 10^7$ dyn $(= 10^2$ N$)$. Da aber dieses System sehr oft bequemere Zahlenwerte liefert als das VAMS-System, wird es in der Experimentalphysik und in der Elektrotechnik viel verwendet.

200. Die sogenannten CGS-Systeme. Die Theoretische Physik hat das von uns in § 199 dargestellte System vierten Grades bisher kaum verwendet, sondern fast ausschließlich eines der im 19. Jahrhundert entwickelten sogenannten *CGS-Systeme*. Deshalb muß jeder Physiker und Elektrotechniker mit ihnen Bescheid wissen und mit ihnen umgehen können.

Man kann diese Systeme — in Umkehrung des historischen Werdeganges — dadurch entstanden denken, daß in unseren Gleichungen (199.1 a, b, c) zwei der dort zum Ausgleich der Größenarten der beiden Gleichungsseiten angebrachten Faktoren $1/4\pi\varepsilon_0$, $1/4\pi\mu_0$ und $1/4\pi\gamma$ gleich 1 gesetzt werden, also verschwinden. Dabei enthalten wir uns vorerst einer kritischen Beurteilung dieses Verfahrens vom Standpunkt der Größenlehre aus. Der jeweils dritte Faktor ist dann durch (198.5) definiert, da diese Beziehung naturgesetzlich ist und unabhängig von der Definition zweier der Faktoren gelten muß. Es gibt also drei Möglichkeiten, die zu drei verschiedenen Systemen führen:

$$\begin{aligned}
&\textit{elektrostatisches System} &&1/4\pi\varepsilon_0 = 1/4\pi\gamma = 1,\ 1/4\pi\mu_0 = c_0^2, \\
&\textit{elektromagnetisches System} &&1/4\pi\mu_0 = 1/4\pi\gamma = 1,\ 1/4\pi\varepsilon_0 = c_0^2, \\
&\textit{Gaußsches System}^1 &&1/4\pi\varepsilon_0 = 1/4\pi\mu_0 = 1,\ 1/4\pi\gamma = 1/c_0.
\end{aligned}$$

Formelzeichen von Feldkonstanten gibt es also in diesen Systemen nicht, sondern es tritt als einzige Konstante c_0 auf. Das Gaußsche System verwendet den elektrischen Teil des elektrostatischen und den magnetischen Teil des elektromagnetischen Systems und heißt deshalb auch *gemischtes System*. Es wird in der Theoretischen Physik bevorzugt verwendet, und deshalb dürfen wir uns auf seine Behandlung beschränken. An die Stelle von (199.1 a, b, c) treten also in diesem System die Gleichungen

$$F = \frac{Q^2}{r^2}, \qquad F = \frac{p^2}{r^2}, \qquad F = \frac{Qp}{r^2}\frac{v}{c_0}. \qquad (200.1\,\text{a, b, c})$$

4π tritt also in den Nennern nicht auf; es wird die nichtrationale Gleichungsschreibung verwendet. (Daneben gibt es aber auch das nur selten verwendete Lorentzsche gemischte System mit rationaler Schreibung.)

Diese Systeme bereiten bekanntlich vor allem dem Anfänger große Schwierigkeiten; das berüchtigte sogenannte „Maßsystemproblem". Tatsächlich haben aber diese Schwierigkeiten mit „Maßen", d. h. mit Einheiten, überhaupt nichts zu tun. Bei der Anwendung dieser Systeme ist zwar die Verwendung der Einheiten des mechanischen CGS-Systems vorgeschrieben (daher ihr Name); aber die Schwierigkeiten wären genau die gleichen, wenn z. B. die Einheiten des MKS-Systems oder des Technischen Einheitensystems verwendet werden müßten. Auch mit der Verwendung der rationalen oder nicht rationalen Gleichungsschreibung, „mit dem 4π", wie manchmal geglaubt wird, haben sie nichts zu tun. Es handelt sich überhaupt nicht um ein Einheitenproblem, sondern um ein *Größenproblem*, also ein *begriffliches Problem*.

---

[1] CARL FRIEDRICH GAUSS, 1777—1855.

Wir wollen zeigen, daß es in Wahrheit ein *Scheinproblem* ist. Es entsteht nur, wenn man die Formelzeichen in (200.1 a, b, c) als *Größensymbole*, also die Gleichungen als *Größengleichungen* deutet. Dann werden (200.1 a, b) zu *Definitionen* von Q und p, die beide von der gleichen Art wie $F^{\frac{1}{2}}r$ werden, was auch mit (200.1 c) übereinstimmt. Demnach *definieren* die Gleichungen Ladung und Polstärke als *mechanische Größen* und obendrein (im Gaußschen System) als *gleichartige Größen*. Beides ist begrifflich widersinnig. Es gibt in der Erfahrung keinerlei Anhaltspunkte dafür, daß eine rein mechanische Größe — zumal von der seltsamen Art von $F^{\frac{1}{2}}r$ — eine Ladung oder eine Polstärke oder eine Ladung und eine Polstärke einander in ihren Wirkungen je ersetzen könnten. Solche Definitionen sind also *begrifflich* durchaus unzulässig.

Das darf man aber keinesfalls den großen Begründern der Elektrodynamik zur Last legen. Tatsächlich hat man bis in den Anfang des 20. Jahrhunderts die Formelzeichen in den physikalischen Gleichungen gar nicht als *Größensymbole*, sondern als *Zahlenwertsymbole*, die Gleichungen als *Zahlenwertgleichungen* aufgefaßt. Anders als Größengleichungen sind aber Zahlenwertgleichungen von der Einheitenwahl abhängig (§ 4). Einem Einheitenwechsel müssen sie durch Anbringung von Zahlenfaktoren angeglichen werden, die den Umrechnungsverhältnissen der Einheiten Rechnung tragen. Deshalb muß bei der Anwendung dieser Systeme die Verwendung eines bestimmten Einheitensystems — des CGS-Systems — vorgeschrieben werden.

Wenn man diese wirkliche Bedeutung der Gleichungen im Auge behält, so treten begriffliche Schwierigkeiten überhaupt nicht auf. Um die Gleichungen anzuwenden, d. h. auszuwerten, braucht man nur Meßvorschriften, um zu Zahlenwerten zu gelangen, und diese sind (im Gaußschen System) durch (200.1 a, b) gegeben. Daß sich daraus für beide die gleiche mechanische Einheit $\mathrm{dyn}^{\frac{1}{2}}\,\mathrm{cm}$ ergibt, ist eine rein formale Angelegenheit ohne physikalische Bedeutung. Unter der Wurzel aus einer Kraft kann man sich ja auch wirklich nichts Sinnvolles vorstellen. Man hat das auch gar nicht nötig, wenn man im Auge behält, daß die Formelzeichen keine Größen, sondern nur Zahlenwerte bedeuten.

Es gibt aber auch echte Schwierigkeiten. Als Beispiel betrachten wir die Ladung. Im System vierten Grades (§ 199) ist sie eine unabhängige Grundgröße, im elektrostatischen und Gaußschen System hingegen — als Größe betrachtet — von der Art von $F^{\frac{1}{2}}r$, im elektromagnetischen System aber — wie der Leser leicht feststellt, von der Art $F^{\frac{1}{2}}t$. Es handelt sich also um drei verschieden definierte, also verschiedenartige „Größen", die aber trotzdem alle den *gleichen Namen* Ladung haben und überdies mit dem *gleichen Formelzeichen* Q beschrieben werden.

Wie wir eben gesehen haben, sind auch die Einheiten, in denen in den verschiedenen Systemen die Zahlenwerte gemessen werden, ihrer Art nach verschieden. Es ist nun aber oft nötig, Zahlenwerte von einem System in ein anderes umzurechnen, was aber bei verschiedenartigen Einheiten nicht ebenso beschrieben werden kann wie bei gleichartigen Einheiten. Wir wollen das an einem praktisch wichtigen Beispiel erläutern.

Von den Einheiten des Gaußschen (bzw. elektromagnetischen) Systems werden heute noch zwei viel verwendet: die Einheit

$$\begin{aligned}
\text{des magnetischen Flusses} &\qquad 1\ \mathrm{dyn}^{\frac{1}{2}}\,\mathrm{cm} = 1\ \text{Maxwell (Mx)},\\
\text{der magnetischen Flußdichte} &\qquad 1\ \mathrm{dyn}^{\frac{1}{2}}/\mathrm{cm} = 1\ \text{Gauß (Gs)},
\end{aligned}$$

deren Einheiten im Internationalen System 1 Vs und 1 Vs/m² sind (§ 199). Wir fragen nun, welches Vielfache oder welchen Bruchteil von 1 Vs wir als Einheit verwenden müssen, damit wir für spezielle Werte des magnetischen Flusses die *gleichen Zahlenwerte* erhalten wie bei Verwendung der Einheit Maxwell. Man sagt dann, daß die beiden Einheiten, die ja *verschiedenartig* sind, also nicht durch das Zeichen $=$ verknüpft werden dürfen, *einander entsprechen*, und drückt das durch das *Entsprichtzeichen* $\hat{=}$ aus. Ohne Beweis wollen wir mitteilen, daß

$$1 \text{ Mx} \hat{=} 10^{-8} \text{ Vs} \qquad \text{und ferner} \qquad 1 \text{ Gs} \hat{=} 10^{-4} \text{ Vs/m}^2.$$

Das bedeutet, daß jeder in der Einheit Mx angegebene Zahlenwert mit 10^{-8} zu multiplizieren ist, um ihn in der Einheit Vs zu erhalten, bzw. jeder in der Einheit Vs angegebene Zahlenwert mit 10^8, um ihn in der Einheit Mx zu erhalten. Das gleiche gilt mit dem Faktor 10^{-4} bzw. 10^4 bezüglich der Einheiten Gs und Vs/m^2. Allerdings ist man im deutschen Sprachraum heute mehr und mehr dazu übergegangen, die CGS-Einheiten Maxwell und Gauß unter Beibehaltung der Namen in *nichtkohärente* Einheiten des Internationalen Einheitensystems *umzudefinieren*, also das Zeichen $\hat{=}$ durch das Zeichen $=$ zu ersetzen. Es wird empfohlen, das dadurch zu kennzeichnen, daß man statt der Zeichen Mx und Gs die Zeichen M und G verwendet, also $1 \text{ M} = 10^{-8} \text{ Vs}$, $1 \text{ G} = 10^{-4} \text{ Vs/m}^2$. Da es sich mehr und mehr einbürgert, magnetische Felder nicht durch die Feldstärke, sondern durch die Flußdichte (Induktion) zu beschreiben, wird die elektromagnetische Feldstärkeneinheit, das *Oersted* (Oe), kaum noch verwendet, die überdies im Vakuum und demnach praktisch auch in Luft, die gleichen Zahlenwerte liefert wie die Flußdichteneinheit Gauß. Deshalb werden auch — insbesondere im erdmagnetischen Schrifttum — Angaben in Gauß oft als Angaben von Feldstärken angesehen.

Das Auftreten der Lichtgeschwindigkeit c_0 (genauer: ihres Zahlenwertes) in den Gleichungen der CGS-Systeme wurde 1856 von WEBER[1] und KOHLRAUSCH[2] auf Grund sehr sinnreicher Messungen entdeckt. Das bedeutete eine außerordentliche Überraschung und gab einen ersten Hinweis auf den Zusammenhang zwischen den elektrischen und den Lichterscheinungen und den Anstoß zur elektromagnetischen Theorie des Lichtes von FARADAY und MAXWELL (§263). Wir wollen uns hier mit der Darstellung einer einfachen Messung von c_0 auf Grund einer rein elektrischen Beziehung begnügen. Mit $4\pi\varepsilon_0 \hat{=} 1/c_0^2$ beträgt die Kapazität eines Plattenkondensators nach (149.2) elektromagnetisch $C_m = A/(4\pi c_0^2 d)$. A und d können sehr genau gemessen werden und C_m kann z.B. nach der Maxwellschen Methode bestimmt werden (§162, Abb. 311). Da die Vergleichswiderstände in Ohm geeicht sein werden, so muß man sie noch nach der Beziehung $1\,\Omega = 1 \text{ VA}^{-1} \hat{=} 10^9 \text{ cm s}^{-1}$ umrechnen und erhält schließlich c_0 in der Einheit cm s^{-1}. Alle neueren auf diese oder andere Weise angestellten elektrischen Messungen von c_0 haben Werte ergeben, die mit den optisch gewonnenen innerhalb der Versuchsfehler übereinstimmen.

201. Das magnetische Feld von Strömen. Wir knüpfen zunächst an (197.1) an und behandeln die in §195 beschriebenen magnetischen Felder von Strömen, und zwar als Summen (Integrale) der Felder einzelner Ladungsträger. Wenn wir den Anteil berechnen wollen, den ein Längenelement dl eines Stromes I zum magnetischen Felde des ganzen Stromkreises in irgendeinem Raumpunkt beiträgt, so brauchen wir nur in (197.1) die Elementarladung e durch die Gesamtheit der im Leiterelement dl bewegten Ladungen zu ersetzen. In der Volumeinheit sollen sich n Ladungen e mit der Geschwindigkeit v_e bewegen. Der Querschnitt des Leiterelements sei q. Dann beträgt die gesamte im Volumen $q\,dl$ bewegte Ladung $n\,e\,q\,dl$. Also ist nach (197.1) mit $\boldsymbol{r} = -\boldsymbol{r}_e$ (von der Ladung weg gerichtet, §196)

---

[1] WILHELM WEBER, 1804—1894. [2] RUDOLF KOHLRAUSCH, 1801—1858.

und daher mit $[\boldsymbol{r}_e^0\,\boldsymbol{v}_e^0]=[\boldsymbol{v}_e^0\,\boldsymbol{r}^0]$

$$d\,\boldsymbol{H}=\frac{n\,e\,v_e\,q\,dl}{4\,\pi\,r^2}\,[\boldsymbol{v}_e^0\,\boldsymbol{r}^0].\tag{201.1}$$

Nach (158.2) ist $n\,e\,q\,v_e=I$. Wir betrachten hier das Leiterelement als einen der Geschwindigkeit $\boldsymbol{v}_e$ positiver Ladungsträger, also der Stromrichtung gleichgerichteten Vektor $d\,\boldsymbol{l}$ vom Betrage dl. Demnach ist der ja nur eine Richtung angebende Einsvektor $d\,\boldsymbol{l}^0=\boldsymbol{v}_e^0$. Dann folgt aus (201.1)

$$d\,\boldsymbol{H}=\frac{I\,dl}{4\,\pi\,r^2}\,[d\,\boldsymbol{l}^0\,\boldsymbol{r}^0],\qquad\text{Betrag}\quad dH=\frac{I\,dl}{4\,\pi\,r^2}\sin(I,r)\tag{201.2a, b}$$

(*Gesetz von* LAPLACE), wobei (I,r) der Winkel ist, den die Richtungen von I und $\mathfrak{r}$ miteinander bilden. Das magnetische Feld eines geschlossenen Stromkreises in einem Raumpunkt ist die Vektorsumme der Anteile $d\,\boldsymbol{H}$, welche seine einzelnen Elemente dort liefern. Es ergibt sich also durch Summation (Integration) von (201.2a) bzw. (201.2b) über den ganzen Stromkreis. Die Integration läßt sich aber nur in einfachen Fällen in geschlossener Form durchführen.

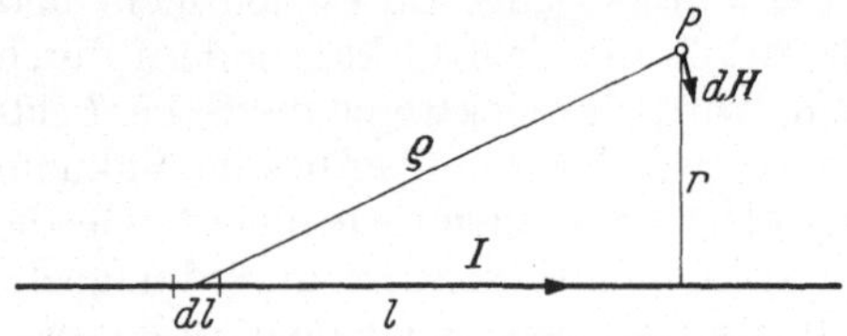

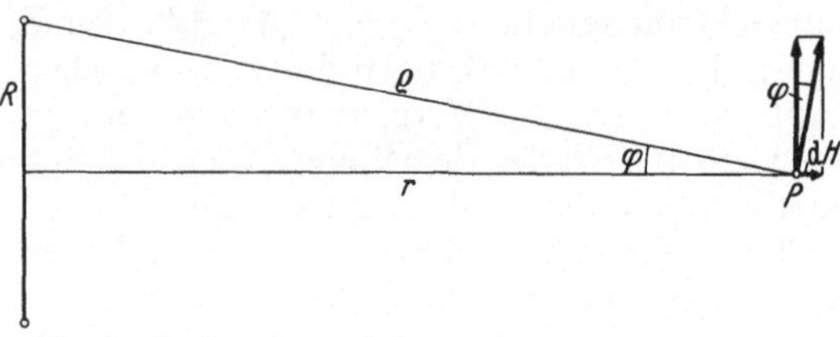

Abb. 360. Zur Berechnung des magnetischen Feldes eines geradlinigen Stromes. $d\,\boldsymbol{H}$ weist senkrecht nach vorn

Die Schraubenregel für das magnetische Feld eines Stromes haben wir bereits in der Abb. 349 gegeben. Sie folgt ohne weiteres aus der Abb. 357a.

Unsere Gleichungen gelten für positive und für negative Ladungsträger. Denn die Richtung des Stromes, also auch von $d\,\boldsymbol{l}^0$, bleibt unverändert, wenn sowohl e, als auch $\boldsymbol{v}_e$ ihr Vorzeichen umkehren. Ein Strom von negativen Ladungsträgern kann daher von einem in entgegengesetzter Richtung fließenden, gleich starken Strom positiver Ladungsträger nicht an seinen magnetischen Wirkungen unterschieden werden.

Als Beispiel behandeln wir zunächst das magnetische Feld eines unendlich langen, geradlinigen Stromes (Abb. 360). Ein Punkt P habe vom Leiter den senkrechten Abstand r, vom Leiterelement dl den Abstand ϱ. Der Abstand des Fußpunktes von r vom Leiterelement dl sei l. Statt r haben wir in (201.2b) ϱ einzusetzen. Es ist $\sin(I,\varrho)=\sin(l,\varrho)=r/\varrho$ und $\varrho^2=r^2+l^2$. Damit folgt aus (201.2b)

$$dH=\frac{I\,dl}{4\,\pi\,\varrho^2}\,\frac{r}{\varrho}=\frac{I\,r\,dl}{4\,\pi\,(r^2+l^2)^{\frac{3}{2}}}.\tag{201.3}$$

Abb. 361. Zur Berechnung des magnetischen Feldes in der Achse einer kreisförmigen Stromschleife

Nach der Schraubenregel stehen die von den einzelnen Leiterelementen dl in P erzeugten Feldanteile $d\,\boldsymbol{H}$ sämtlich senkrecht zu unserer Zeichnungsebene, und zwar weisen sie in unserem Fall nach vorn. Wir dürfen deshalb die einzelnen Beträge dH algebraisch addieren, d.h. auf gewöhnliche Weise integrieren. Durch Integration von (201.3) von $l=-\infty$ bis $l=+\infty$ erhalten wir

$$H=\frac{I}{4\,\pi}\int_{-\infty}^{+\infty}\frac{r\,dl}{(r^2+l^2)^{\frac{3}{2}}}=\frac{I}{2\,\pi\,r}.\tag{201.4}$$

Ein Bild dieses Feldes zeigt die Abb. 348. Abb. 349 gibt die Schraubenregel für diesen Fall.

Als zweites Beispiel berechnen wir die magnetische Feldstärke in einem Punkt P der Achse einer kreisförmigen Stromschleife vom Radius R (Abb. 361). Mit r bezeichnen wir hier den Abstand des Punktes P von der Ebene des Stromkreises, mit ϱ wieder den Abstand des Punktes P von den einzelnen Leiterelementen dl. In (201.2b) tritt also wieder ϱ an die Stelle von r. Die von den einzelnen Leiterelementen gelieferten Feldanteile $d\boldsymbol{H}$ stehen senkrecht zu ϱ. Aus Symmetriegründen heben die zur Achse r senkrechten Feldstärkenkomponenten einander auf, und es bleiben nur die in der Achsenrichtung liegenden Komponenten übrig, die um den Faktor $\sin \varphi = R/\varrho$ kleiner sind als die Feldstärken selbst. Wir bezeichnen deshalb diese Komponenten einfach mit dH. Da $\varrho^2 = r^2 + R^2$, so folgt aus (201.2b)

$$dH = \frac{I\,dl}{4\pi\,\varrho^2}\sin\varphi = \frac{I\,dl\,R}{4\pi\,(r^2 + R^2)^{\frac{3}{2}}}\,.$$

Da diese Feldanteile alle gleich gerichtet sind, können wir über den ganzen Kreisumfang $\sum dl = 2\pi R$ algebraisch addieren und erhalten

$$H = \frac{I\,R^2}{2\,(r^2 + R^2)^{\frac{3}{2}}}\,. \tag{201.5}$$

Für den Mittelpunkt des Stromkreises $(r=0)$ ergibt sich das *Gesetz von* BIOT[1] *und* SAVART[2],

$$H = \frac{I}{2R}\,, \tag{201.6}$$

für $r \gg R$

$$H = \frac{I\,R^2}{2r^3}\,. \tag{201.7}$$

202. Magnetische Spannung. In § 142 haben wir die elektrische Spannung zwischen zwei Punkten A und B als das Integral $U = -\int\limits_A^B \boldsymbol{E}\,d\boldsymbol{r} = \int\limits_B^A \boldsymbol{E}\,d\boldsymbol{r}$ definiert, wobei die $d\boldsymbol{r}$ die einzelnen Elemente eines beliebigen, die Punkte verbindenden Integrationsweges sind. Entsprechend definieren wir das Integral

$$V = \int\limits_B^A \boldsymbol{H}\,d\boldsymbol{r} \tag{202.1}$$

als die *magnetische Spannung* zwischen zwei Punkten A und B. Da die Einheit der Feldstärke 1 $\mathrm{A\,m^{-1}}$ ist (§ 199), so folgt aus (202.1), daß die magnetische Spannung eine Größe von der Art einer Stromstärke ist.

Ferner haben wir in § 142 das über einen in sich geschlossenen Weg genommene Integral $\overset{\circ}{U} = \oint \boldsymbol{E}\,d\boldsymbol{r}$ als elektrische Randspannung definiert und gezeigt, daß diese im elektrostatischen Felde verschwindet. Analog definieren wir das entsprechend gebildete Integral

$$\overset{\circ}{V} = \oint \boldsymbol{H}\,d\boldsymbol{r} \tag{202.2}$$

als die *magnetische Randspannung (Umlaufspannung*, nicht gut: *magnetomotorische Kraft)* längs des gewählten Integrationsweges. Wir wollen sie für einen Weg berechnen, der einen geradlinigen Strom I längs einer kreisförmigen Feldlinie einmal umfaßt, und vollführen diesen Umlauf in der Feldrichtung, so daß $\boldsymbol{H}$ und $d\boldsymbol{r}$ überall gleichgerichtet sind. Nach (201.4) ist $H = I/2\pi r$ und längs des Integrationsweges konstant; ferner ist die Länge des Integrationsweges $2\pi r$. Damit ergibt sich

$$\overset{\circ}{V} = \frac{I}{2\pi r}\,2\pi r = I\,. \tag{202.3}$$

---

[1] JEAN BAPTISTE BIOT, 1774—1862.   [2] FÉLIX SAVART, 1791—1841.

Diese Gleichung gilt auch für jeden beliebigen, den Strom einmal umfassenden Weg, da ein solcher stets als aus Kreisbogenelementen und aus (zum Integral nichts beitragenden) radialen, sowie zum Strom parallelen Elementen zusammengesetzt gedacht werden kann. Die magnetische Randspannung längs *jedes beliebigen* einen Strom *einmal* umfassenden Weges ist also *gleich der Stromstärke*.

Hieraus folgt, daß die durch (202.1) definierte magnetische Spannung — anders als die elektrische Spannung im elektrostatischen Felde — nicht eindeutig ist. Wenn wir nämlich den Integrationsweg von einem Punkt B nach einem anderen Punkt A so führen, daß er einen Strom entweder gar nicht oder einmal oder n-mal umfaßt, so ergeben sich diskrete Werte von V, die sich um ganzzahlige Vielfache der Randspannung $\overset{\circ}{V}=I$ unterscheiden, also $V=V_0\pm nI$. (V_0, wenn kein Strom umfaßt wird, $\pm$ je nach dem Umlaufssinn um den Strom.) Im Gegensatz zur elektrischen Spannung im elektrostatischen Felde ist also *die magnetische Spannung vieldeutig*. In noch höherem Maße gilt dies bei den Feldern von Strömen von endlichem Querschnitt, wo der Integrationsweg durch den Strombereich derart hindurchgeführt werden kann, daß er beliebige Bruchteile des Stromes umfaßt, was z. B. im Falle von Gasentladungen und Elektrolyten praktisch verwirklicht werden kann. (Insbesondere gilt das aber für Verschiebungsströme, § 241.) In diesem Fall wird *die magnetische Spannung zwischen zwei Punkten in noch höherem Grade vieldeutig*, und ihre Messung kann, je nach dem Wege, längs dessen sie erfolgt, jeden beliebigen Wert ergeben. Ein solches Feld bezeichnet man als ein *Wirbelfeld* oder auch *Quirlfeld*, weil hier jeder elementare Stromfaden von einem ringförmigen magnetischen Felde, einem magnetischen Wirbel, umgeben ist. Nur außerhalb des Bereichs von Strömen (und Verschiebungsströmen, § 241) ist das magnetische Feld *wirbelfrei*. Analog zum elektrischen Potential (§ 142) könnte man auch ein *magnetisches Potential* definieren, indem man irgendeinem Punkt willkürlich das Potential 0 zuschreibt und alle Spannungen im Felde hierauf bezieht. Aber das magnetische Potential ist ebenso vieldeutig wie die magnetische Spannung.

203. Das magnetische Feld von Spulen. Von ganz besonderer praktischer und theoretischer Bedeutung sind die magnetischen Felder im Innenraum von stromdurchflossenen Spulen. Wir wollen im folgenden stets voraussetzen, daß *ihre Länge groß gegen ihren Radius* ist oder daß es sich um *Ringspulen* (Abb. 355) handelt, deren Spulenradius klein gegen ihren Ringradius ist. Andernfalls verlieren die von uns abzuleitenden Gleichungen an den Spulenenden ihre Geltung bzw. gelten sie bei einer Ringspule nicht über den ganzen Spulenquerschnitt. Wir wollen zunächst eine solche Ringspule betrachten und uns denken, daß wir einen Einheitspol von einem Punkt in ihrem Innern einmal längs einer Feldlinie zum Ausgangspunkt zurückführen. Der Ringumfang, also die Länge der Spule, sei l, und sie bestehe aus n Windungen. Bei der gedachten Verschiebung des Einheitspols umfaßt der Verschiebungsweg den Spulenstrom in jeder einzelnen Windung einmal, im ganzen also n-mal, und die Umfassung jeder einzelnen Windung liefert nach (202.3) den Anteil I zur Randspannung. Die gesamte Randspannung beträgt also nI. Andererseits ist die Randspannung gleich Feldstärke $H \times$ Verschiebungsweg l, also gleich Hl. Wir erhalten also

$$\overset{\circ}{V}=Hl=nI. \tag{203.1}$$

Als Feldstärke in der Spule erhalten wir daher

$$H= \frac{nI}{l}. \tag{203.2}$$

Gesetzt, es herrsche im Außenraum der Ringspule überhaupt ein von ihr herrührendes magnetisches Feld, so können aus Symmetriegründen seine Feldlinien nur mit dem Ring konzentrische Kreise sein, und das Feld muß auf einem solchen Kreise überall gleich stark sein. Führen wir nun einen dem obigen Umlauf entsprechenden Umlauf längs einer Feldlinie im Außenraum durch, so umfaßt er keinen Strom; die magnetische Randspannung längs dieses Weges ist $V = 0$. Daher muß auch die Feldstärke im Außenraum gleich Null sein. *Der Außenraum einer Ringspule ist feldfrei.* (Das gilt aber nur bei Gleichstrom; § 242.)

Handelt es sich nun um eine sehr lange und enge, *gerade* Spule, so können wir eine ganz entsprechende Überlegung anstellen, indem wir einen Einheitspol einmal von irgendeinem Punkt aus längs der durch diesen Punkt gehenden Feldlinie durch das Spuleninnere und den Außenraum wieder an den Ausgangspunkt zurückführen. Nun ist zwar die magnetische Feldstärke im Außenraum nicht, wie bei der Ringspule, gleich Null (Abb. 353). Aber die Feldlinien streuen bei einer sehr langen, engen Spule außen sehr weit im Raum, sind also äußerst wenig dicht, und die Feldstärke ist im Außenraum äußerst gering, bei einer sehr langen Spule praktisch gleich Null. Bei der Berechnung der Arbeit brauchen wir also nur die Arbeit auf der Wegstrecke im Innern der Spule zu berücksichtigen. Ist l die Länge der Spule, so ergibt sich wieder (203.1). Das Feld im Innern einer sehr langen, geraden Spule ist also auch durch (203.2) gegeben.

Die *magnetische Flußdichte* im Innern der Spule beträgt nach (203.2)

$$B = \mu_0 H = \mu_0 \frac{n\,I}{l}. \tag{203.3}$$

Man beachte, daß die Feldstärke nicht vom Spulenquerschnitt abhängt und über den ganzen Querschnitt konstant ist, sofern die angegebenen geometrischen Bedingungen eingehalten werden. Die Schraubenregel für die Richtung des Feldes in der Spule haben wir bereits in der Abb. 354 dargestellt. (Vgl. WESTPHAL: Physikalisches Praktikum, 40. Aufgabe.)

Es sei A der Querschnitt der Spule. Dann beträgt nach (193.1) der magnetische Fluß in ihrem Innern

$$\Phi = B A = \mu_0 A \frac{n\,I}{l} = p. \tag{203.4}$$

Er tritt am einen Ende der Spule aus, wie aus dem positiven Pol eines Magneten, und am anderen Ende wie in einen negativen Pol wieder ein. Indem man eine gerade Spule mit einem den gleichen Fluß erzeugenden *Stabmagneten* vergleicht, kann man ihr, wie diesem, eine Polstärke p zuschreiben, die nach (193.1) und (193.3) gleich dem magnetischen Fluß in der Spule ist. Das magnetische Moment (§ 190) der Spule beträgt also

$$M = p\,l = \mu_0 A\,n\,I. \tag{203.5}$$

Die schon mehrfach betonte und durch die Abb. 343 und 353 veranschaulichte Analogie zwischen einer geraden Spule und einem Stabmagneten liegt auf der Hand. Die Spule wirkt nach außen hin wie ein Stabmagnet, der an seinen Enden magnetische Belegungen von der *Flächendichte* $\pm p/A = \pm \mu_0\,n\,I/l = \pm B$ trägt. Dividieren wir das magnetische Moment M der Spule durch das Volumen $A\,l$ ihres Inneren, so ergibt sich wiederum $M/(A\,l) = \mu_0\,n\,I/l = B$ als *Raumdichte* des magnetischen Moments in der Spule (§ 193).

Die Größe n/l ist die auf die Einheit der Spulenlänge entfallende Windungszahl, also $n\,I/l = H$ die auf sie entfallende Stromstärke (wenn man alle parallelen Ströme addiert), die *Liniendichte* des Spulenstromes. Die Größe $n\,I$ bezeichnet man als die *Durchflutung* oder den *Strombelag* der Spule (häufig auch als ihre *Amperewindungszahl*, Einheitenzeichen Aw $\equiv$ A). Sie ist so groß wie die Stromstärke, die in einer gleich langen Spule mit nur einer Windung — also einem die Spule ersetzenden zylindrischen Blech — herrschen müßte, um das gleiche magnetische Feld zu erzeugen.

204. Das 2. Coulombsche Gesetz bei einem Spulenpol. Wir betrachten eine aus einem solchen zylindrischen Blech bestehende Spule, die sich nach einer Seite hin unendlich weit erstrecke und die auf ihrer ganzen Länge von einem Strom gleicher Stromdichte umflossen werde (Abb. 362). Dieser Strom erzeuge in ihr eine magnetische Feldstärke H_s. Auf ein Längenelement dz der Spule entfalle die Stromstärke dI. Dann ist nach (203.2), mit $n=1$, $H_s=dI/dz$, also

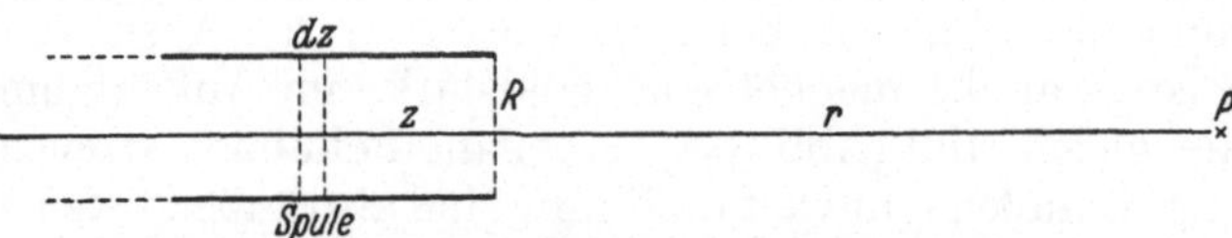

Abb. 362. Zur Ableitung des 2. Coulombschen Gesetzes aus dem elektrodynamischen Elementargesetz

$dI=H_s\,dz$. Das Längenelement habe von dem im Endlichen befindlichen Spulenende den Abstand z. Der Radius der Spule sei R. Wir betrachten einen Punkt P, der sich im Abstande r von dem Spulenende auf der Spulenachse befindet. Nach (201.5) erzeugt der Strom $dI=H_s\,dz$ in P ein in Richtung der Achse weisendes magnetisches Feld

$$dH = \frac{H_s R^2\,dz}{2\,[(r+z)^2+R^2]^{\frac{3}{2}}}\,. \tag{204.1}$$

Wir wollen voraussetzen, daß $r \gg R$ sei, daß also das Spulenende, von P aus betrachtet, wie ein Punktpol wirkt. Dann können wir R^2 gegen $(r+z)^2$ vernachlässigen und schreiben

$$dH = \frac{H_s R^2\,dz}{2\,(r+z)^3}\,. \tag{204.2}$$

Durch Integration von $z=0$ bis $z=\infty$ erhalten wir die gesamte Feldstärke in P,

$$H = \frac{H_s R^2}{2}\int\limits_0^\infty \frac{dz}{(r+z)^3} = \frac{H_s R^2}{4r^2} = \frac{1}{\mu_0}\,\frac{B_s\,\pi R^2}{4\pi r^2} = \frac{1}{\mu_0}\,\frac{p}{4\pi r^2}\,, \tag{204.3}$$

da nach (203.4) $B_s \cdot \pi R^2 = \varPhi = p$ die Polstärke der Spule ist. Das Feld des Spulenpols entspricht also — zunächst in der Spulenachse — völlig dem eines Punktpols nach dem 2. Coulombschen Gesetz (191.1). Für anders gelegene Punkte läßt sich der Beweis für eine beliebig enge und beliebig lange Spule, wenn auch nicht so einfach, ebenfalls führen.

205. Kraftwirkungen magnetischer Felder auf bewegte Ladungsträger. Nunmehr wenden wir uns zur Gl. (197.4), welche die Kraft $\boldsymbol{F}_e=\boldsymbol{F}$ angibt, die ein mit der Geschwindigkeit $\boldsymbol{v}_e=\boldsymbol{v}$ bewegter elementarer Ladungsträger im magnetischen Felde erfährt,

$$\boldsymbol{F}=e\,[\boldsymbol{v}\boldsymbol{B}], \qquad \text{Betrag } F=ev B \sin (\boldsymbol{v},\,\boldsymbol{B}). \tag{205.1}$$

Dabei bedeutet $(\boldsymbol{v},\,\boldsymbol{B})$ den Winkel, den die Vektoren $\boldsymbol{v}$ und $\boldsymbol{B}$ miteinander bilden. Die Kraft steht also senkrecht auf der durch diese Vektoren gebildeten Ebene (Abb. 358a). *Daher leistet ein konstantes magnetisches Feld an einem bewegten Ladungsträger keine Beschleunigungsarbeit.* Seine Geschwindigkeit bleibt konstant; er erfährt nur eine stetige Richtungsänderung. Die Kraft wirkt als Zentripetalkraft (§ 34). Denken wir uns die Geschwindigkeit des Ladungsträgers in eine zum Felde parallele und eine zu ihm senkrechte Komponente zerlegt, so bleibt erstere unverändert; letztere ändert stetig ihre Richtung. Infolgedessen beschreibt der Ladungsträger eine schraubenförmige Bahn um die Feldrichtung als Achse. Ist die Geschwindigkeit senkrecht zum Felde, so beschreibt der Ladungsträger im homogenen Felde eine Kreisbahn (HITTORFF 1869). In diesem Fall ist $\sin(v, B) = 1$, und die Zentripetalkraft beträgt bei einem Ladungsträger mit der Elementarladung e

$$F = \frac{m v^2}{r} = e v B, \quad \text{so daß} \quad r = \frac{m v}{e B}. \tag{205.2}$$

Die Winkelgeschwindigkeit (die doppelte *Larmor-Frequenz*, § 308) beträgt

$$u = \frac{v}{r} = \frac{e}{m} B. \tag{205.3}$$

(Man beachte, daß bei Benutzung des VAMS-Systems als Masseneinheit hier 1 kg zu verwenden ist.) Bei einem Ladungsträger mit z Elementarladungen tritt $z e$ an die Stelle von e.

(205.3) sagt aus, daß die Winkelgeschwindigkeit, also auch die Umlaufzeit eines Ladungsträgers im magnetischen Felde bei gegebener Ladung und Masse nur von der Flußdichte B, nicht von der Geschwindigkeit abhängt. (Vgl. das *Zyklotron*, § 375.) Der Bahnradius ist um so kleiner, die Ablenkung um so stärker, je kleiner bei gegebener Geschwindigkeit die Masse und je größer die Ladung des Ladungsträgers ist. Positive Ladungsträger umkreisen die positive Feldrichtung gegen den Uhrzeigersinn, negative im Uhrzeigersinn. Man kann daher aus der Richtung der Ablenkung das Ladungsvorzeichen erkennen.

Wenn die Geschwindigkeit nur einen sehr kleinen Winkel mit der Feldrichtung bildet, so wickelt sich die Bahn zu einer sehr engen und steilen Schraube auf die Feldlinien als Achse auf und schmiegt sich ihrem Verlauf bei nicht zu starker Krümmung der Feldlinien weitgehend an. Ein solcher Ladungsträger folgt also weitgehend der Richtung der Feldlinien.

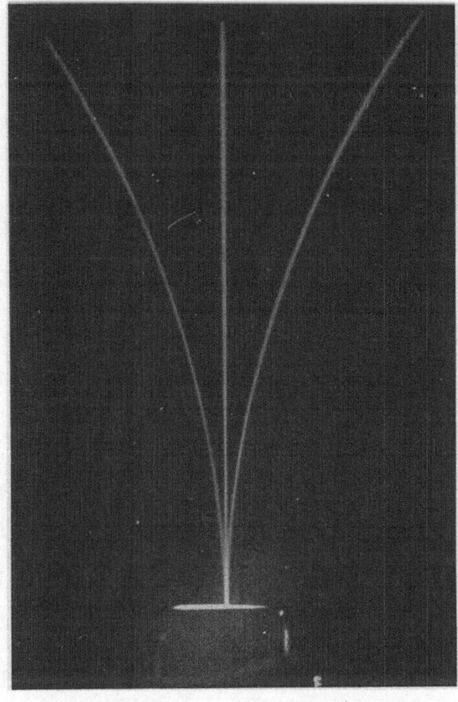

Abb. 363. Magnetische Ablenkung von Kathodenstrahlen

Eine besonders starke Ablenkung im magnetischen Felde erfahren infolge ihrer sehr kleinen Masse die Elektronen. Abb. 363 zeigt einen feinen, von einem Oxydfleck auf einer Glühkathode ausgehenden Kathodenstrahl *(Fadenstrahl)*, in der Mitte unabgelenkt, rechts und links je nach der Feldrichtung nach der einen oder anderen Seite abgelenkt.

Die magnetische und die elektrische (§ 206) Ablenkung feiner Kathodenstrahlbündel finden eine wichtige Anwendung bei der *Braunschen*[1] *Röhre*. Abb. 364a zeigt das Schema einer solchen für elektrische, Abb. 364b für magnetische Ablenkung. Die im Hochvakuum von einer Glühkathode ausgehenden Kathodenstrahlen werden durch eine als elektrische Linse (§ 207) wirkende Lochblende zu

---

[1] FERDINAND BRAUN, 1850—1918, Nobelpreis 1909.

einem feinen Bündel konzentriert, das auf dem Leuchtschirm einen sehr feinen
Lichtfleck erzeugt. Der Strahl wird entweder durch ein elektrisches Feld zwischen

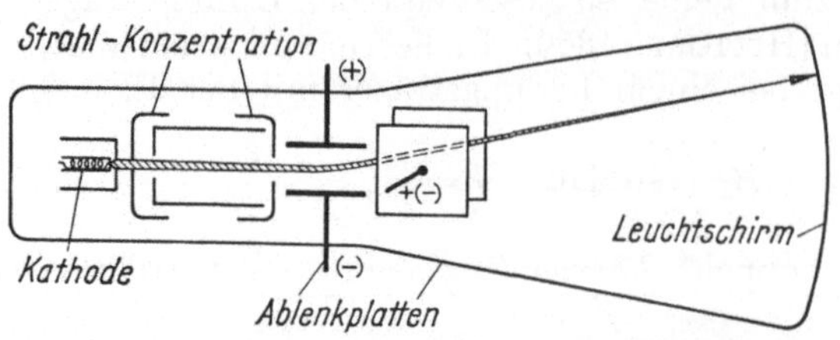

Abb. 364a. Schema einer Braunschen Röhre mit elektrischer Ablenkung.
Aus WESTPHAL: Physikalisches Wörterbuch

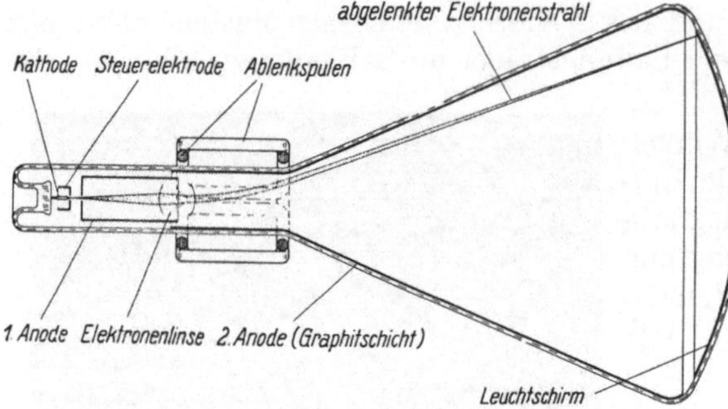

Abb. 364b. Schema einer Braunschen Röhre mit magnetischer Ablenkung.
Aus BRÜCHE und RECKNAGEL: Elektronengeräte

zwei Platten in der Röhre oder
durch ein von Spulen erregtes
magnetisches Feld abgelenkt.
Als *Kathodenstrahloszillograph* kann die Braunsche
Röhre zur *Schwingungs-
analyse*, meist zur Aufzeich-
nung des zeitlichen Verlaufs
elektrischer Spannungen,
dienen, die man an die Platten oder die Spulen legt. Die
Elektronen folgen jeder Feld-
änderung wegen ihrer sehr
geringen Masse praktisch
trägheitslos, also momentan;
der Lichtfleck wird dadurch
zu einer Geraden ausgezogen.
Senkrecht zu ihr erzeugt man
durch eine sog. Kippschal-
tung eine Ablenkung durch
ein weiteres Spulen- oder
Plattenpaar, nämlich durch
eine stetig wachsende, dann
sprunghaft wieder sinkende

und erneut ansteigende Spannung usw. Bei Übereinstimmung der Frequenz der
Kippspannung mit derjenigen der zu untersuchenden Schwingung erscheint auf
dem Leuchtschirm ein stehendes Bild der Schwingung (*Oszillogramm*; ein Beispiel
s. §252, Abb. 443). Auch die *Fernsehröhre (Bildschreibröhre)* ist eine Braunsche
Röhre. In dieser wird der Leuchtfleck durch eine sinnreiche Schaltung mit sehr
großer Geschwindigkeit zeilenweise und nach dem Rasterprinzip über den
Leuchtschirm hin und her geführt, und gleichzeitig wird die Intensität des Ka-
thodenstrahls und damit die Helligkeit des Leuchtflecks entsprechend der Helligkeit der einzelnen Bildpunkte gesteuert. Der Leuchtfleck huscht so schnell über
die Fläche, daß sie für das Auge in ihrer ganzen Ausdehnung ausgeleuchtet zu
sein scheint.

206. Messung der spezifischen Ladung von Ladungsträgern. In (205.2)
und (205.3) treten Masse m und Ladung e (bzw. $z\,e$) des Ladungsträgers als Quotient
e/m auf *(spezifische Ladung)*. Bei atomaren Ladungsträgern (Ionen, Elektronen)
ist das ein wichtiges Bestimmungsstück und kann zu ihrer Identifizierung dienen.
Denn da ihre Ladung nur eine einzige Elementarladung oder höchstens ein
kleines, ganzzahliges Vielfaches von ihr ist, so kann man aus der spezifischen
Ladung die Masse ermitteln und daran die Art des Ladungsträgers erkennen.
Präzisionsbestimmungen atomarer Massen durch elektrische und magnetische
Ablenkung spielen eine große Rolle in der Physik der Atomkerne.

Da in (205.2) e/m in Verbindung mit der meist auch unbekannten Geschwindigkeit v in der Form

$$\frac{m\,v}{e} = r\,B \tag{206.1}$$

auftritt, so kann e/m aus der *magnetischen Ablenkung allein* nicht ermittelt werden.
Zur Trennung von e/m und v ist zweitens die Messung der *Ablenkung im elektrischen*

Felde (entdeckt von GOLDSTEIN 1876) nötig. Man läßt die Ladungsträger im Hochvakuum in einen Kondensator, parallel zu dessen Platten, eintreten (Abb. 365). Herrscht im Kondensator die Feldstärke E, so wirkt auf einen einfach geladenen Ladungsträger die Kraft $F=eE$, die ihm eine Beschleunigung $a=F/m=eE/m$ senkrecht zu den Platten erteilt. Zum Durchlaufen des Kondensators benötigt der Ladungsträger die Zeit $t=l/v$, wenn l die Länge der Platten ist. Während dieser Zeit legt er senkrecht zu seiner ursprünglichen Richtung den Weg $x=at^2/2 =eEl^2/(2mv^2)$ zurück, und er erlangt senkrecht zu den Platten eine

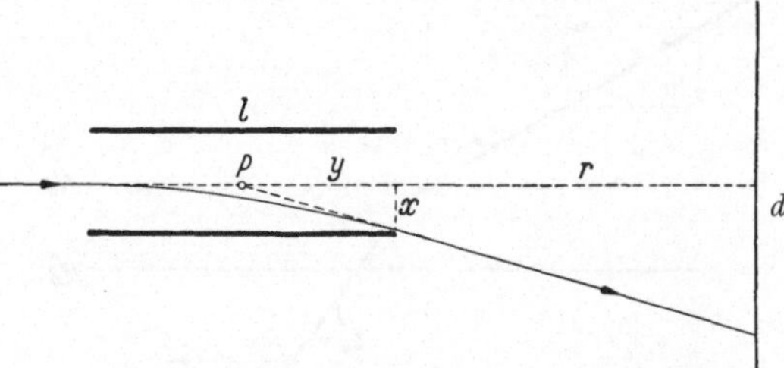

Abb. 365. Elektrische Ablenkung bewegter Ladungsträger

Geschwindigkeit $v'=at=eEl/(mv)$. Nach dem Austritt aus dem Kondensator bewegt er sich geradlinig weiter und trifft im Abstande r vom Kondensator auf einen Leuchtschirm, auf dem man die Ablenkung d beobachten kann, oder auf eine Photoschicht. Er scheint dann von einem Punkt P im Kondensator herzukommen, der um die Strecke y vom Ende desselben entfernt ist. Die mittlere Geschwindigkeit längs x ist $v'/2$. Daher ist $\dfrac{l}{x}=\dfrac{vt}{v't/2}=\dfrac{2v}{v'}$. Ferner ist im Endpunkt von x:

$$\frac{dy}{dx}=\frac{dy/dt}{dx/dt}=\frac{v}{v'}=\frac{y}{x}\,.$$

Daraus folgt $y=l/2$. Die Ladungsträger treten also aus dem Kondensator so aus, als kämen sie aus dessen Mitte. Da nun ferner $x/d=y/(r+y)$, so kann man aus der Ablenkung d und den Dimensionen der Versuchsanordnung die Strecke x bestimmen. Man erhält dann e/m und v in der Verbindung

$$\frac{mv^2}{e}=\frac{El^2}{2x}\,. \tag{206.2}$$

Aus (206.1) und (206.2) können e/m und v einzeln berechnet werden.

An die Stelle der elektrischen Ablenkung kann auch die Spannung U treten, durch die der Ladungsträger seine Geschwindigkeit v erlangt. Seine kinetische Energie beträgt $mv^2/2=eU$ (§ 168), so daß

$$\frac{mv^2}{e}=2U\,. \tag{206.3}$$

Diese Gleichung kann (206.2) ersetzen. Doch stößt die Ermittlung der wirksamen beschleunigenden Spannung U oft auf Schwierigkeiten.

Der heutige Bestwert der spezifischen Ladung des *Elektrons* beträgt

$$\frac{e}{m_e}=1{,}7591\cdot 10^{11}\,\mathrm{C\,kg^{-1}}=1{,}7591\cdot 10^{8}\,\mathrm{C\,g^{-1}},$$

der des *Protons* (positives Wasserstoffion, Wasserstoffkern) beträgt

$$\frac{e}{m_p}=9{,}5797\cdot 10^{7}\,\mathrm{C\,kg^{-1}}=9{,}5797\cdot 10^{4}\,\mathrm{C\,g^{-1}}.$$

207. Elektronenoptik. Ein Elektronenstrahl, dessen Elektronen durch eine Spannung U_1 die Energie $mv_1^2/2=eU_1$ erhalten haben, falle aus einem feldfreien Raum unter dem Winkel α in den Raum zwischen zwei parallelen Drahtnetzen N_1, N_2, zwischen denen eine die Elektronen beschleunigende Spannung U_2 liegt

(Abb. 366). Sie werden dann zum Einfallslot hin gebogen, bilden beim Austritt mit ihm einen Winkel β und haben nunmehr die Energie $m v_2^2/2 = e\,(U_1 + U_2)$. Da sich nur die zum Einfallslot parallele, aber nicht die zu ihm senkrechte Geschwindigkeitskomponente geändert hat, so liest man aus Abb. 366 ab: $v_1 \sin \alpha = v_2 \sin \beta$, also $v_2/v_1 = \sin \alpha/\sin \beta$. Diese Gleichung ist formal identisch mit dem Brechungsgesetz (91.1) bzw. (272.1). Analog zu diesem können wir schreiben

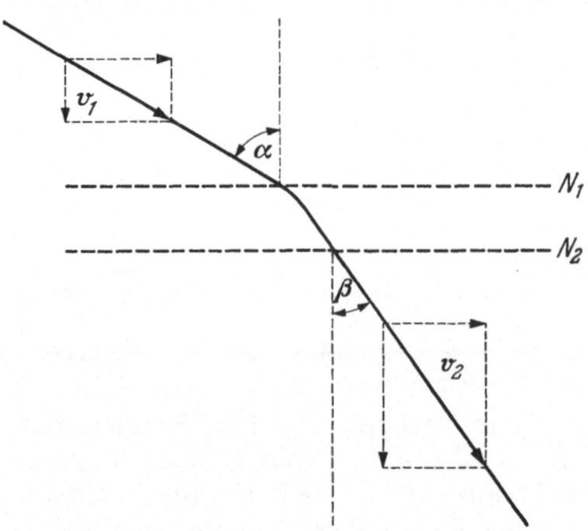

Abb. 366. Brechung eines Elektronenstrahls

$$\frac{v_2}{v_1} = \frac{\sin \alpha}{\sin \beta} = \frac{n_2}{n_1}. \qquad (207.1)$$

Der Raum zwischen den Netzen wirkt also auf den Elektronenstrahl ebenso wie die Grenzfläche zweier Stoffe von verschiedener Brechzahl auf einen Lichtstrahl, nur daß statt des an einer solchen Grenzfläche auftretenden Knicks eine Krümmung auf endlicher Strecke stattfindet. Aus (207.1) und den Gleichungen für die Anfangs- und Endenergie der Elektronen folgt

$$\frac{n_2}{n_1} = \sqrt{1 + \frac{U_2}{U_1}}. \qquad (207.2)$$

Eine solche Brechung liegt auch im Fall der Abb. 365 vor, bei der $\alpha = 90°$ ist.

Eine ähnliche, aber verwickeltere Wirkung auf Elektronenstrahlen haben auch magnetische Felder.

Im Jahre 1926 erkannte HANS BUSCH[1], daß *rotationssymmetrische* magnetische Felder, z.B. das einer Spule, auf nahezu achsenparallele Elektronenstrahlen (andernfalls treten „Linsenfehler" auf, § 277) von einheitlicher Geschwindigkeit die gleiche *fokussierende Wirkung* ausüben wie optische Linsen auf Lichtstrahlen. Sehr bald erkannte man dann, daß rotationssymmetrische elektrische Felder, z.B. zwischen Lochblenden, das gleiche leisten. Erst später wurde entdeckt, daß der schon 1908 benutzte Wehnelt-Zylinder (Abb. 573) bereits eine elektrische Linse ist.

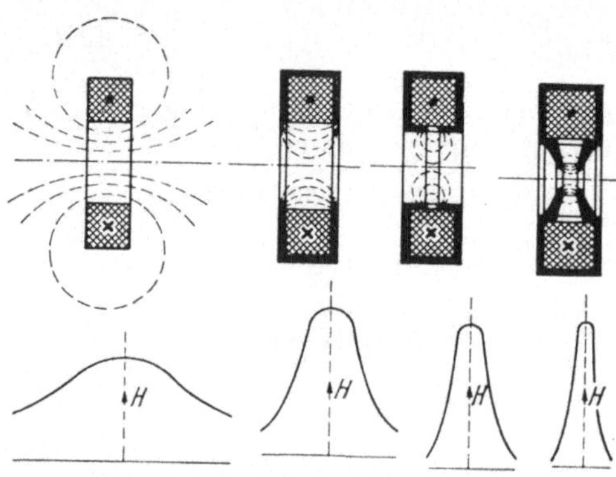

Abb. 367. Magnetische Polschuhlinsen. Aus WESTPHAL: Physikalisches Wörterbuch

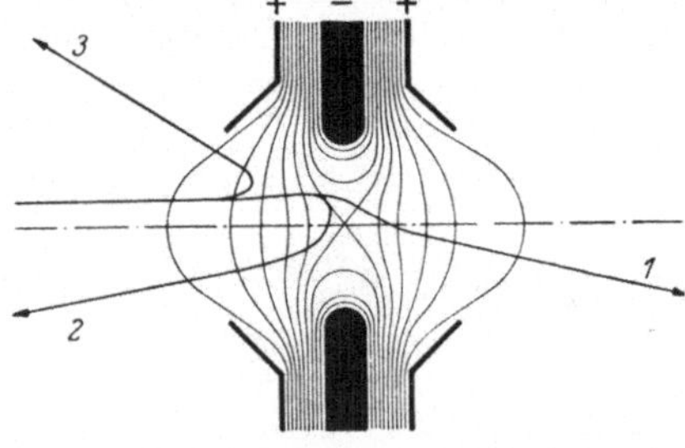

Abb. 368. Elektrische Linse (Äquipotentiallinien). Strahl 1 ist am schnellsten, Strahl 3 am langsamsten. Aus WESTPHAL: Physikalisches Wörterbuch

---

[1] HANS BUSCH, geb. 1884.

Man kann also *magnetische und elektrische Linsen* herstellen, die (abgesehen von Unterschieden, die hier außer Betracht bleiben können) auf Elektronenstrahlen ebenso wirken wie optische Linsen auf Lichtstrahlen. Auch diese Linsenhaben eine *Brennweite*, die aber bei ihnen durch stetige Feldänderungen stetig verändert werden kann, und sie können zur Abbildung mittels Elektronenstrahlen dienen. Dabei gelten die gleichen Beziehungen zwischen Gegenstands- und Bildentfernung und Brennweite wie bei optischen Linsen (§ 275). Die Abb. 367 zeigt magnetische Elektronenlinsen mit eisengekapselten Polschuhen zur Verstärkung und Konzentration des magnetischen Feldes, die Abb. 368 eine elektrische Linse mit Strahlengängen. Man sieht, daß ein solches Feld auch als *Elektronenspiegel* wirken kann (Strahlen 2 und 3).

Auf dieser Grundlage ist, fast ausschließlich in Deutschland (KNOLL[1] und RUSKA[2], VON BORRIES[3], BRÜCHE[4], MAHL[5], BOERSCH[6] u. a.), das neue, der Lichtoptik analoge Gebiet der *Elektronenoptik* entwickelt worden, und es entstanden elektrische und magnetische *Elektronenmikroskope* nach Analogie der Projektions Lichtmikroskope. Ein magnetisches Beispiel zeigt schematisch die Abb. 369. Von einer sehr kleinen Glühkathode ausgehende Elektronen werden durch 50 bis 100 kV beschleunigt und durch eine Kondensorlinse auf das abzubildende Objekt konzentriert. Die durch dessen einzelne Punkte tretenden und dabei je nach der örtlichen Struktur des Objekts durch Streuprozesse mehr oder minder geschwächten Strahlen kommen unter der Wirkung einer Objektivlinse in einer Ebene wieder zur Vereinigung, so daß dort ein reelles Zwischenbild entsteht.

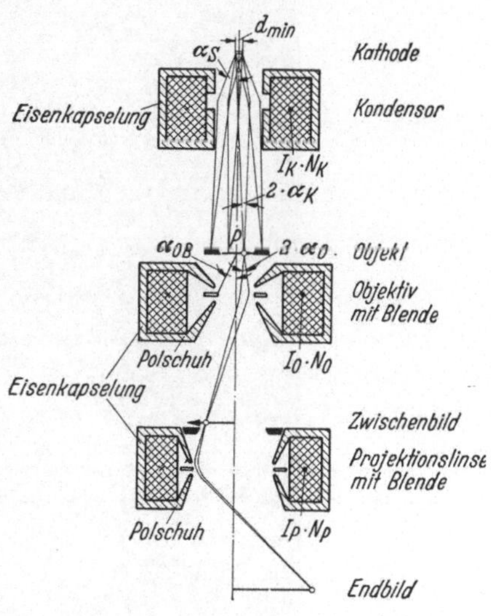

Abb. 369. Schema des Strahlenganges im magnetischen Elektronenmikroskop

Dieses wird durch die an die Stelle eines Okulars tretende Projektionslinse (Projektiv) weitervergrößert auf einem Lichtschirm abgebildet. Die numerische Apertur (§ 285) wird sehr klein gehalten, so daß die Schärfentiefe (§ 280) der Abbildungen sehr groß ist. Natürlich spielt sich alles in gutem Vakuum ab. Das elektrische Elektronenmikroskop arbeitet ganz analog.

Mit dem Lichtmikroskop kommt man nicht über eine förderliche Vergrößerung von höchstens 2000:1 hinaus, weil Strukturen, die kleiner sind als etwa die Wellenlänge des Lichtes, auch bei starker Vergrößerung nicht mehr aufgelöst werden können (§ 299). Mit Elektronenstrahlen kommt man viel weiter, heute etwa bis zu 200000:1, mit lichtoptischer Nachvergrößerung noch beträchtlich weiter. Diese viel höhere Leistungsfähigkeit beruht darauf, daß man zwar, wie wir in § 360 sehen werden, auch den Elektronenstrahlen eine Wellenlänge zuordnen muß, diese aber um mehrere Zehnerpotenzen kleiner ist als die des sichtbaren Lichtes, so daß man ein viel größeres Auflösungsvermögen erreicht. Mit dem Elektronenmikroskop können einzelne sehr große Moleküle (Makromoleküle, auch manche Viren) sichtbar gemacht werden, so daß es uns eine ganz neue Welt bisher unbeobachtbarer Dimensionen erschlossen hat. Die Anzahl seiner Anwendungsmög-

[1] MAX KNOLL, geb. 1897.   [2] ERNST RUSKA, geb. 1906.
[3] BODO VON BORRIES, geb. 1905.   [4] ERNST BRÜCHE, geb. 1900.
[5] HANS MAHL, geb. 1909.   [6] HANS BOERSCH, geb. 1909.

lichkeiten in Physik, Chemie und Technik und vor allem in der Biologie ist in ständigem Wachsen. Die Abb. 370 zeigt die Aufnahme einer Bakterienhaut.

Große Fortschritte in der Sichtbarmachung kleinster Teilchen wurden mit dem von E. Müller[1] (ab 1937) entwickelten Feldelektronenmikroskop (Abb. 371) und dem Feldionenmikroskop (1951) erzielt. Beim Feldelektronenmikroskop liegt zwischen einer äußerst feinen Metallspitze mit etwa 10^{-5} cm Scheitelradius als

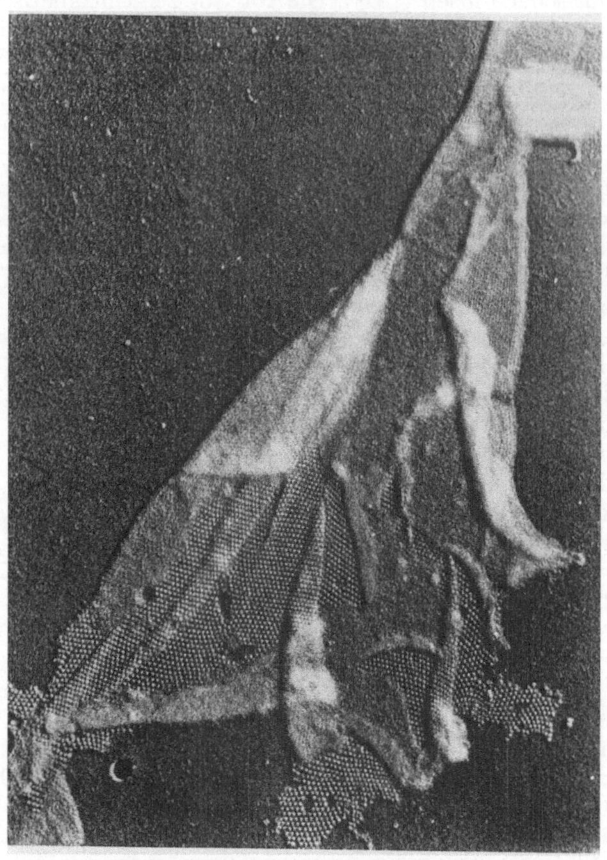

Abb. 370. Abgelöste Haut eines Bacillus (Spitillum). Vergr. etwa 1:100000. [Nach A. L. Houwink aus O. Westphal und O. Lüderitz. Naturwiss. **50**, 144 (1963)]

Kathode und einer ringförmigen Anode in einem hoch evakuiertem Raum eine Spannung von etwa 4000 V. An der Spitze entsteht eine Feldstärke von 10^7 bis 10^8 V cm^{-1}, und dadurch werden Elektronen aus der Spitze herausgezogen (Feldemission, § 362). Die Bahnen dieser Elektronen erfahren in dem angenähert radialen elektrischen Feld eine sehr starke Spreizung und bilden die Oberfläche des Spitzenendes 10^5- bis 10^6-fach vergrößert auf dem Leuchtschirm ab. Das Auflösungsvermögen erreicht die Größenordnung von 20 Å. Das Feldelektronenmikroskop eignet sich besonders für Beobachtungen und Messungen an außergewöhnlich reinen Einkristallspitzen, z.B. Messung der Adsorptions- und Platzwechselenergien einzelner Atome (E. Müller, M. Drechsler).

Ein noch höheres Auflösungsvermögen wird mit dem Feldionenmikroskop erhalten. Dabei ist im Gegensatz zu Abb. 369a die Spitze Anode, und in dem Innen-

---

[1] Erwin Müller, geb. 1911.

raum befindet sich ein Gas geringen Druckes, z. B. H_2 bei 10^{-3} Torr. Gasmoleküle, die die Spitzenkalotte treffen, geben bei einer dort vorhandenen Oberflächenfeldstärke von rund $2 \cdot 10^8\,\mathrm{V\,cm^{-1}}$ Elektronen an das Spitzenmetall ab. Die Protonen ($H_2 \to 2e + 2\,H^+$) sowie teilweise auch H_2^+-Ionen folgen dem radialen Feld und geben auf dem kathodischen Leuchtschirm ein außerordentlich vergrößertes Bild der lokalen Feldstärkeverteilung an der Oberfläche der Spitze (Abb. 372). Das Auflösungsvermögen schwankt je nach Spitzenradius und Ionenart (z. B. H-, Cs-, He-, Hg- oder O_2-Ionen) zwischen 3 und 15 Å.

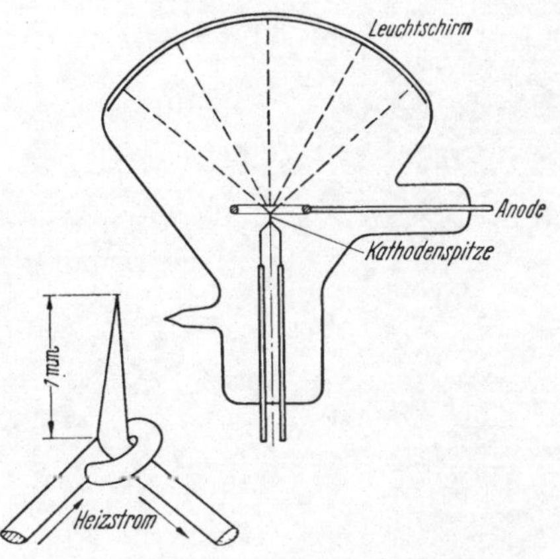

Abb. 371. Schema des Feldelektronenmikroskops

Auf einigen Kristallflächen kann das Atomgitter sichtbar gemacht werden. Abweichungen von der idealen Gitterstruktur lassen sich während eines kontinuierlichen Feld-Temperaturabbaues des Kristalles nachweisen (Abb. 372).

208. Kraftwirkung magnetischer Felder auf Ströme. Die für einzelne Ladungsträger gültige Gl. (197.4), $\boldsymbol{F} = e\,[\boldsymbol{v}_e\,\boldsymbol{B}]$, können wir auf die Gesamtheit der Ladungsträger eines Stromes anwenden. Da die Ladungsträger den Stromleiter nicht verlassen können, so übertragen sie die an ihnen angreifende Kraft auf diesen. Es treten also im magnetischen Felde Kräfte an den Stromleitern auf.

Wir betrachten ein Leiterelement dl vom Querschnitt q, das in der Volumeinheit n positive Ladungsträger mit der Ladung e und der Geschwindigkeit $\boldsymbol{v}_c$ (Betrag v_e) enthält. Er führt dann nach (158.2) einen Strom von der Stärke $I = n e q v_e$. Wie in § 201 ordnen wir wieder dem Leiterelement dl einen der Stromrichtung, also auch der Geschwindigkeit $\boldsymbol{v}_e$ gleichgerichteten Vektor $d\boldsymbol{l}$ zu, so daß wir $\boldsymbol{v}_e\,dl = v_e\,d\boldsymbol{l}$ setzen können. Demnach wirkt auf die Ladungsträger und damit auf den Leiter im magnetischen Felde nach (205.1) die Kraft

$$d\boldsymbol{F} = n e q\, dl\,[\boldsymbol{v}_e \boldsymbol{B}] = n e q v_e\,[d\boldsymbol{l}\,\boldsymbol{B}] = I\,[d\boldsymbol{l}\,\boldsymbol{B}], \quad \text{Betrag } dF = I B\,dl \sin (I, B), \quad (208.1)$$

wobei (I, B) der Winkel ist, den die Richtungen von I und $\boldsymbol{B}$ miteinander bilden. Die Kraft steht senkrecht auf der durch die Strom- und die Feldrichtung gebildeten Ebene und sucht das Leiterelement senkrecht zum Strom und senkrecht zum Felde zu beschleunigen. Sie ist am größten, wenn Strom und Feld zueinander senkrecht sind; sie verschwindet, wenn der Strom in die Feldrichtung oder ihr entgegen gerichtet ist. Für einen geraden Stromleiter, der senkrecht zu einem homogenen magnetischen Felde steht, folgt aus (208.1)

$$F = I l B. \qquad (208.2)$$

Die Abb. 373 zeigt die für diese Kräfte gültige Schraubenregel: *Die Kraft weist in diejenige Richtung, in der sich eine rechtsgängige Schraube bewegt, wenn man sie in dem Sinne dreht, der einer Drehung der (positiven) Stromrichtung in die Feldrichtung entspricht.* Die Schraubenregel ist der häufig benutzten Dreifingerregel vorzuziehen, bei der sich vor allem der Anfänger leicht irrt.

Um die Wirkung auf ein endliches Leiterstück oder auf einen ganzen geschlossenen Stromkreis zu finden, muß man die Vektorsumme (das Integral) über die an den einzelnen Leiterelementen dl wirkenden Kräfte $d\boldsymbol{F}$ bilden. Wie wir in § 195 gesehen haben, bildet jeder Stromkreis einen magnetischen Dipol (vgl. die

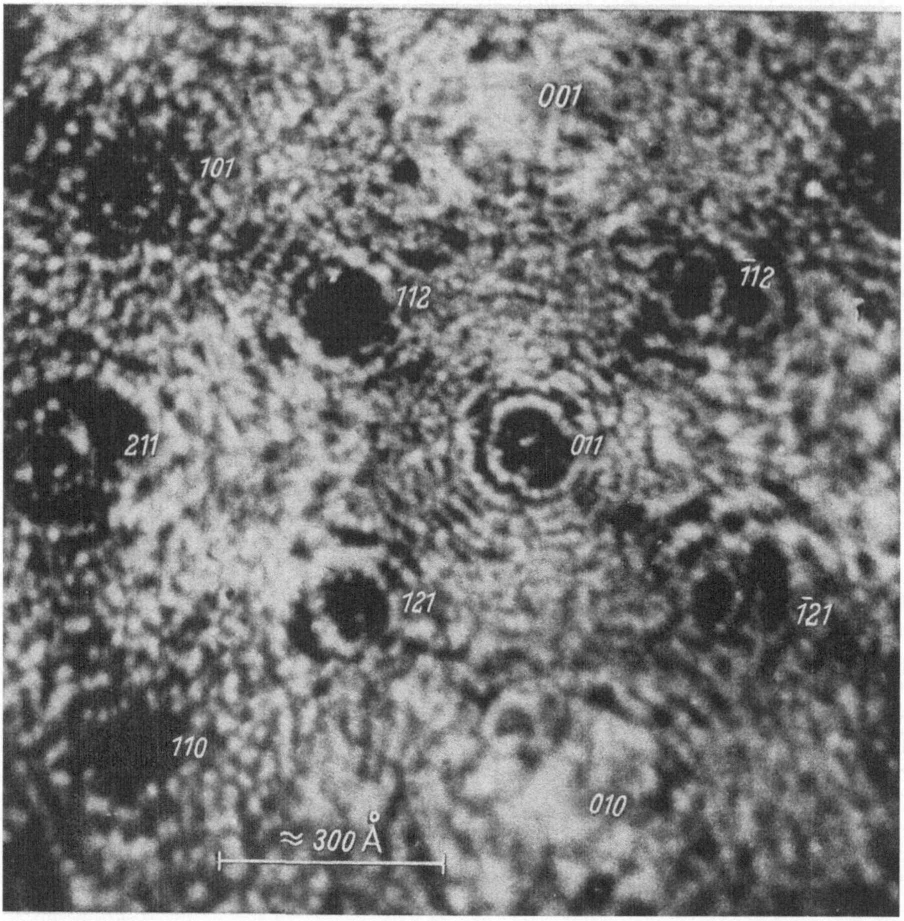

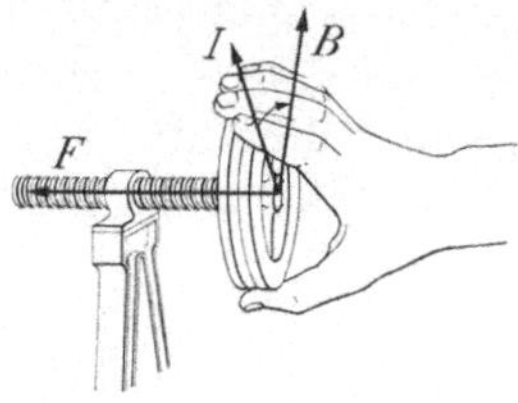

Abb. 372. Oberfläche eines verrundeten Wolfram-Einkristalles. Feldionenmikroskop-Aufnahme, nach M. DRECHSLER. Die hellen Punkte sind Emissionsbilder von Atomen, die an Oberflächenstufen hervorstehen. Das Auflösungsvermögen beträgt ≈ 7 Å. Die Stufen zwischen benachbarten Ringen haben die Höhe einer Elementarzelle (≈ 5 Å). Unregelmäßigkeiten in den Zentren der Ringe sind Zeichen von Schraubenversetzungen, d. h. der Wolfram-Einkristall ist nicht ideal gebaut. (Die Zahlen geben die kristallographischen Richtungen an, z. B. beträgt der Winkel zwischen der 011- und der 112-Fläche 30°)

Abb. 373. Schraubenregel für die im magnetischen Feld auf einen Stromleiter wirkende Kraft

magnetische Doppelschicht, Abb. 352). Daraus folgt, daß die Summe der im *homogenen* magnetischen Felde auf ihn wirkenden Kräfte immer ein *Kräftepaar* sein muß.

Die auf einen stromdurchflossenen Leiter im magnetischen Felde wirkende, zur Strom- und Feldrichtung senkrechte Kraft zeigt in einfachster Form der in der Abb. 374 dargestellte Versuch. Einen weiteren anschaulichen Versuch hat schon FARADAY angegeben (Abb. 375). Aus einem mit Quecksilber gefüllten Gefäß ragt ein Pol eines Magneten heraus, durch den von unten ein Strom in das Quecksilber eintreten kann. Dieser tritt oben durch einen allseitig drehbar aufgehängten Draht wieder aus. Der Draht kreist um den Magneten unter der Wirkung des von diesem erzeugten magnetischen Feldes. Der Drehsinn kehrt sich mit der Stromrichtung um. Dieses ist, wie leicht ersichtlich, die Umkehrung des in Abb. 350 dargestellten Versuches.

209. Das magnetische Moment von Stromkreisen und Spulen. Abb. 376 stellt eine rechteckige Stromschleife dar, deren Seitenlängen l_1 und l_2 seien. Die Seiten l_1 seien zum homogenen magnetischen Felde senkrecht, die Seiten l_2 zu ihm parallel. Dann wirkt eine Kraft nur auf die ersteren, und zwar nach (208.2) auf jede die Kraft F vom Betrage $F=Il_1B$. Die beiden Kräfte sind entgegengesetzt gerichtet, weil

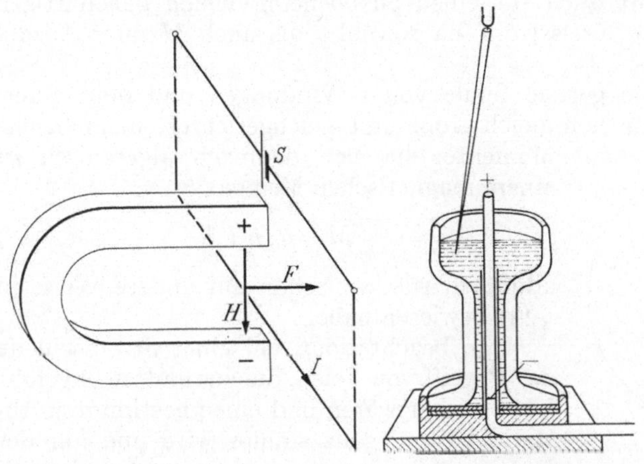

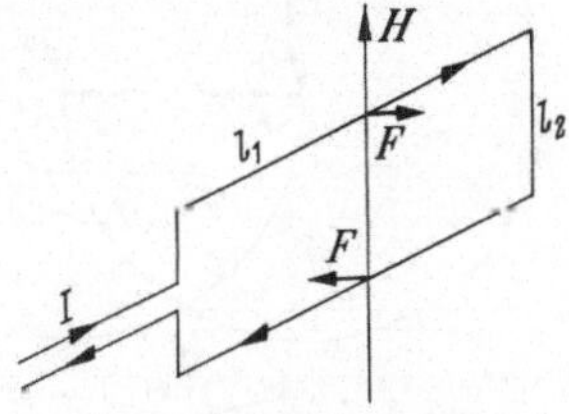

Abb. 374. Kraft auf einen Stromleiter im magnetischen Felde

Abb. 375. Bewegung eines Stromleiters im magnetischen Felde

Abb. 376. Zur Ableitung des magnetischen Moments einer Stromschleife

der Strom die beiden Seiten in entgegengesetztem Sinne durchfließt. Daher wirkt auf den Leiter ein Drehmoment vom Betrage $N=Fl_2=I\,l_1\,l_2\,B$. $l_1\,l_2=A$ ist der Flächeninhalt des Rechtecks und demnach

$$N=I\,A\,B=\mu_0\,I\,A\,H.\tag{209.1}$$

In der Abb. 376 ist der Winkel zwischen der Feldrichtung und der Flächennormalen des Rechtecks 90°. Ist er $\alpha_n<90°$, so vermindert sich das Drehmoment um den Faktor $\sin\alpha_n$. Da das Drehmoment den Winkel zu verkleinern und Flächennormale und Feld parallel zu stellen sucht ($\sin\alpha_n=0$), so schreiben wir allgemein — mit negativem Vorzeichen der rechten Seite —

$$N=-\,\mu_0\,I\,A\,H\,\sin\alpha_n=-\,M\,H\,\sin\alpha_n\tag{209.2}$$

mit

$$M=\mu_0\,I\,A\tag{209.3}$$

(209.2) ist identisch mit (192.3). M ist also der Betrag des *magnetischen Moments* $\mathbf{M}$ des Stromrechtecks, und wir können wie in (192.3) vektoriell schreiben

$$\mathbf{N}=[\mathbf{M}\mathbf{H}].\tag{209.4}$$

Diese Gleichungen gelten auch für jeden beliebig gestalteten ebenen Stromkreis.

Man findet aber auch eine andere Definition, indem man in (209.2) $N=-I\,A\,B\,\sin\alpha_n=-\,M'\,B\,\sin\alpha_n$ mit $M'=I\,A=M/\mu_0$ setzt. Man nennt dann M das *Coulombsche magnetische Moment*, M' *das Ampèresche magnetische Moment*. Wir werden weiterhin nur ersteres verwenden.

Ein einzelnes auf einer Kreisbahn (Radius r) laufendes Elektron (Ladung e) bildet einen Kreisstrom. Ist u seine Winkelgeschwindigkeit, also nach (10.9) $T=2\pi/u$ seine Umlaufzeit, so ist die Stromstärke $I=e/T=eu/2\pi$. Ferner ist $A=\pi r^2$. Demnach ist der Betrag des magnetischen Moments des kreisenden Elektrons nach (209.3)

$$M=\frac{\mu_0}{2}\,e\,u\,r^2.$$

Nach § 35 ist der Drehimpuls des umlaufenden Elektrons (Masse m_e) $q = m_e\, r^2 u$. Demnach besteht zwischen diesem und dem magnetischen Moment M die Beziehung $q/M = 2m_e/(\mu_0\, e)$. Dieses *gyromagnetische Verhältnis* ist also von u und r unabhängig; das gleiche gilt auch für einen aus beliebig vielen gleichartigen Ladungsträgern bestehenden Kreisstrom, da sowohl q als auch M ihrer Anzahl proportional ist (vgl. § 224).

Handelt es sich um eine gerade Spule von n Windungen und dem Querschnitt A, so haben diese sämtlich gleich große und gleichgerichtete magnetische Momente, die sich demnach algebraisch zu einem magnetischen Moment

$$M = \mu_0\, n\, I\, A \qquad (209.5)$$

addieren, wie wir schon auf andere Weise in § 203 bewiesen haben.

Man beachte, daß bei einer Stromschleife der Begriff von Polen, die zumindest ungefähr lokalisierbar wären und einen bestimmten Abstand hätten, ganz sinnlos wird und nur der Begriff des magnetischen Moments sinnvoll bleibt, das aber nicht mehr als ein Produkt aus Polstärke und Polabstand aufgefaßt werden kann (§ 195).

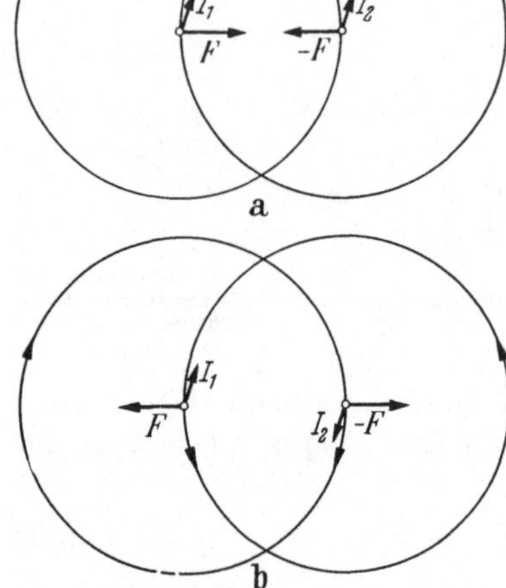
Abb. 377. a Anziehung paralleler, b Abstoßung antiparalleler Ströme

210. Kraftwirkungen zwischen Strömen.

Da elektrische Ströme einerseits Träger magnetischer Felder sind, andererseits aber in magnetischen Feldern Kraftwirkungen erfahren, so müssen auch zwei Ströme auf Grund ihrer magnetischen Felder eine Kraft aufeinander ausüben (AMPÈRE). Es seien I_1 und I_2 zwei parallele und gleichgerichtete, zur Zeichnungsebene senkrecht nach hinten gerichtete Ströme (Abb. 377a). Die Kreise sind die durch die Ströme gehenden Feldlinien jeweils des anderen Stromes. Da die Ströme gleich gerichtet, die Felder

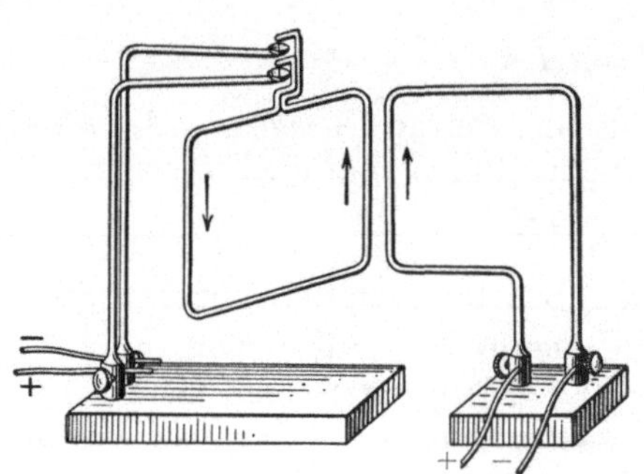
Abb. 378. Anziehung paralleler Ströme

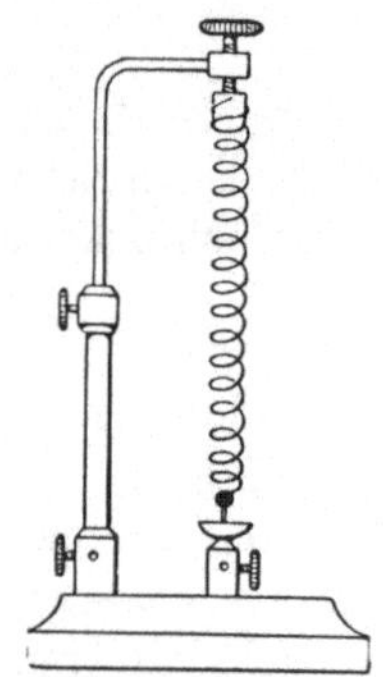
Abb. 379. Zur Anziehung paralleler Ströme

aber in den beiden Punkten entgegengesetzt gerichtet sind, so erfahren die Stromleiter entgegengesetzt gerichtete Kräfte F und $-F$. Mit Hilfe der Schraubenregel (§ 208) stellt man fest, daß die beiden Stromleiter durch diese Kräfte aufeinander hingetrieben werden, einander also anziehen. Ebenso stellt man fest, daß *beide* Kräfte ihre Richtung umkehren, wenn man die Richtung des *einen* Stromes, z.B. von I_2, umkehrt (Abb. 377b). Denn dadurch kehrt sich gleichzeitig am Ort von I_1 die Feldrichtung um. Es gilt also: *Parallele, gleichgerichtete Ströme ziehen einander an, antiparallele Ströme stoßen einander ab.* Zum Nachweis kann die in Abb. 378 dargestellte Vorrichtung (Ampèresches Gestell) dienen. Die in Abb. 379 dargestellte Wendel taucht unten in Quecksilber. Sobald man in ihr einen Strom einschaltet, zieht sie sich infolge der Anziehung der in ihren Windungen fließenden parallelen Ströme zusammen. Dadurch wird der Strom unterbrochen, die Spirale dehnt sich wieder, taucht erneut in das Quecksilber ein, und das Spiel wiederholt sich in regelmäßiger Folge.

In Abb. 380 ist I_1 wieder ein zur Zeichnungsebene senkrecht nach hinten gerichteter Strom, I_2 ein in der Zeichnungsebene verlaufender Strom. Wir greifen in diesem zwei Punkte heraus, die auf der gleichen Feldlinie des vom Strome I_1 erzeugten Feldes liegen. Mit Hilfe der Schraubenregel stellt man fest, daß die in den beiden Punkten auf I_2 wirkenden, gleich großen, zur Zeichnungsebene senkrechten Kräfte F und $-F$ einander entgegengerichtet sind, also ein Kräftepaar bilden. Dieses sucht den Strom I_2 so zu drehen, daß er dem Strom I_1 parallel und gleichgerichtet ist. Ein entsprechendes, aber entgegengesetzt gerichtetes Drehmoment tritt nach dem Wechselwirkungsgesetz auch an I_1 auf.

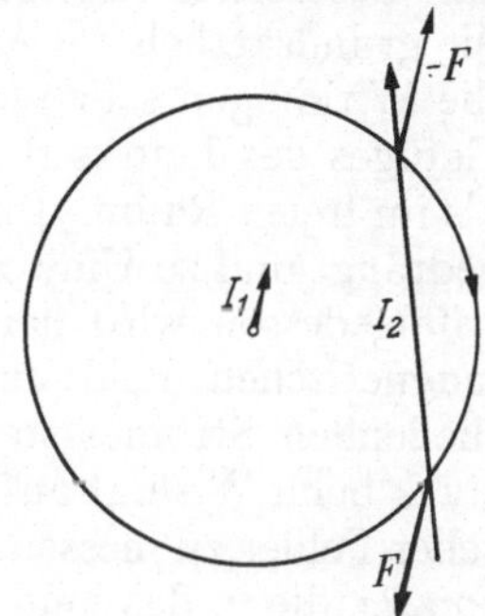

Abb. 380. Zwei Ströme suchen sich parallel zu stellen

Es folgt: *Zwei frei bewegliche Stromleiter suchen sich so zu stellen, daß die in ihnen fließenden Ströme parallel und gleichgerichtet sind.*

Es seien dl_1 und dl_2 zwei beliebig gegen einander orientierte Leiterelemente, in denen die Stromstärken I_1 und I_2 herrschen, dl_1^0 und dl_2^0 die den Richtungen der Ströme entsprechenden Einsvektoren (§ 201), r der Abstand der beiden Leiterelemente, r^0 der von dl_2 nach dl_1 weisende Einsvektor. Dann leitet man aus (201.2a) und (208.1) leicht ab, daß die auf dl_1 von dl_2 her wirkende Kraft

$$dF = \mu_0 \, \frac{I_1 \, dl_1 \, I_2 \, dl_2}{4\pi \, r^2} \left[d\,l_1^0 \left[d\,l_2^0 \, r^0 \right] \right] \tag{210.1}$$

beträgt. Dieses *Ampèresche Gesetz* genügt zwar nicht dem Wechselwirkungsgesetz denn bei Vertauschung von dl_1^0 und dl_2^0 ändern sich im allgemeinen der Betrag und die Richtung des doppelten Vektorprodukts. Aber isolierte Stromelemente gibt es gar nicht, sondern nur geschlossene Stromkreise. Bei der Integration über solche liefert (210.1) richtige, dem Wechselwirkungssatz genügende Ergebnisse.

Aus (210.1) läßt sich berechnen, daß zwischen zwei unendlich langen und dünnen parallelen Drähten, in denen beiden die Stromstärke 1 A herrscht und deren Abstand 1 m ist, eine Kraft von $2 \cdot 10^{-7}$ N je Meter ihrer Länge wirkt. Hierdurch ist heute die Einheit 1 A international definiert (§ 199).

Über die Kräfte, die zwischen den Windungen elektrischer Maschinen auftreten s. § 236.

Die in einer Gasentladung parallel zueinander bewegten Ladungsträger bilden parallele Stromfäden. In einem *Hochstromlichtbogen* besteht ein hoch ionisiertes Plasma (§ 184) aus positiven und negativen Ladungsträgern. Da das Plasma als Ganzes elektrisch neutral ist, so heben die elektrostatischen Kräfte zwischen den Ladungsträgern einander im Durchschnitt auf. Da aber alle Ladungsträger — unbeschadet ihres Vorzeichens — gleichgerichtete Ströme im Sinne der Definition der Richtung eines Stromes bilden (§ 156), so ziehen sie einander an (§ 198). Die Strombahn schnürt sich adiabatisch stark ein *(Pinch-Effekt)*, es entsteht eine sehr hohe Stromdichte und infolgedessen eine sehr hohe Temperatur. Das spielt heute eine sehr wichtige Rolle bei den Versuchen, Kernenergie für friedliche Zwecke aus der Kernfusion zu gewinnen (§387).

211. Galvanomagnetische und thermomagnetische Erscheinungen. Die in §208 betrachteten Erscheinungen betreffen Lorentz-Kräfte (§197/III), welche primär an bewegten Ladungsträgern in Leitern im magnetischen Felde angreifen und von ihnen auf den beweglichen Leiter übertragen werden. Wird der Leiter aber festgehalten, so suchen die bewegten Ladungsträger der auf sie wirkenden Kraft *innerhalb* des Leiters zu folgen. Sie erfahren in ihm eine Ablenkung aus ihrer Richtung, die grundsätzlich der Ablenkung freier Ladungsträger (§205) entspricht. Nur sind die Wirkungen sehr viel geringer, da die bewegten Ladungsträger innerhalb des Gefüges des Leiters den ablenkenden Kräften sehr viel schwerer folgen können als im freien Raum. Immerhin werden die Ladungsträger aus ihrer geraden Bahn gedrängt und zu Umwegen gezwungen; ihr Weg durch den Leiter wird verlängert. Infolgedessen wird der Widerstand des Leiters erhöht, wenn er sich in einem magnetischen Feld befindet, welches senkrecht zur Richtung des im Leiter fließenden Stromes steht *(Thomson-Effekt)*. Diese Erscheinung tritt besonders stark beim Wismut auf und kann nach LENARD dazu dienen, die Stärke magnetischer Felder zu messen. Man benutzt dazu eine flache, bifilar gewickelte *Wismutspirale*, die in das Feld gebracht wird. Der Widerstand wächst mit zunehmender Feldstärke zunächst beschleunigt, dann langsamer. Eine weitere Wirkung der seitlichen Verdrängung der Stromfäden in einem Leiter im magnetischen Felde besteht darin, daß zwischen zwei Punkten einer stromdurchflossenen Platte, die ohne Feld auf gleicher Spannung sind, im Felde eine Spannung auftritt *(Hall[1]-Effekt)*.

Die Wärmeleitung in einem Metall beruht ebenfalls auf Elektronenbewegungen, und auch diese werden durch ein zur Richtung der Bewegung, d.h. zur Richtung des Temperaturgefälles senkrechtes magnetisches Feld in ähnlicher Weise beeinflußt wie ein elektrischer Strom. Das führt unter anderem zum Auftreten einer Temperaturdifferenz im magnetischen Felde zwischen zwei Punkten, die im feldfreien Raum auf gleicher Temperatur sind. Es gibt noch mehrere derartige Wirkungen von magnetischen Feldern auf die Elektronen in den Metallen, die mit dem Namen ihrer Entdecker (RIGHI[2], LEDUC, MAGGI, NERNST, ETTINGSHAUSEN) bezeichnet werden. Sie treten sämtlich am stärksten beim Wismut auf und sind auch nur bei ihm sämtlich beobachtet worden.

212. Strommesser. Geräte, bei denen OERSTEDs Entdeckung (§195) zu Meßzwecken ausgenutzt wurde, sind schon sehr bald entwickelt worden (Multiplikatoren, SCHWEIGGER[3], POGGENDORFF[4]). Der erste einigermaßen brauchbare Strommesser war die *Tangentenbussole* (POUILLET[5] 1837). Sie besteht aus einer mit ihrer Fläche lotrecht gestellten sehr flachen Spule vom Radius R mit einer oder mehreren (n) Windungen. In ihrer Mitte hängt eine kurze Magnetnadel, die infolge der in §194 beschriebenen Maßnahme horizontal steht und nur auf die Horizontalkomponente H_e des erdmagnetischen Feldes reagiert. Die Spule wird so gestellt, daß die Magnetnadel bei Stromlosigkeit der Spule in Richtung ihres Durchmessers weist (Abb. 381). Wenn in der Spule die Stromstärke I herrscht, so erzeugt der Strom in der Spulenmitte nach (201.6) eine zum Erdfelde senkrecht magnetische Feldstärke H_i vom Betrage $H_i = nI/2R$. Die Magnetnadel stellt sich in die

---

[1] EDWIN HERBERT HALL, 1855—1938.   [2] AUGUSTO RIGHI, 1850—1920
[3] SALOMO CHRISTOPH SCHWEIGGER, 1779—1857.
[4] JOHANN CHRISTIAN POGGENDORFF, 1796—1877.
[5] CLAUDE SERVAIS MATTHIAS POUILLET, 1790—1868.

Richtung der Vektorsumme $H = H_i + H_e$ ein (Abb. 382). Dann ist $\tan \alpha = H_i/H_e = nI/2RH_e$. Die Tangentenbussole kann also dazu dienen, Stromstärken zu vergleichen und durch Vergleich mit einer Einheit zu messen. Andererseits kann man mittels einer bekannten Stromstärke die Horizontalintensität des Erdfeldes messen. Mit Hilfe der Tangentenbussole sind alle grundlegenden Gesetze der Elektrodynamik entdeckt worden. Später sind sehr empfindliche *Nadelgalvanometer* entwickelt worden, bei denen die Wirkung des Erdfeldes ganz beseitigt ist. Da solche aber kaum noch verwendet werden, verzichten wir auf eine Beschreibung.

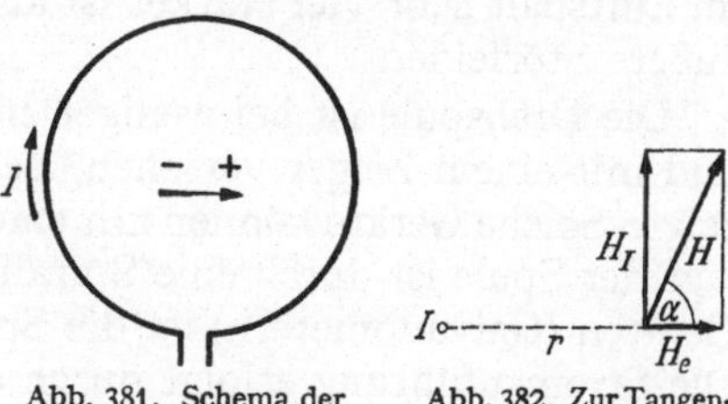

Abb. 381. Schema der Tangentenbussole   Abb. 382. Zur Tangentenbussole

Die heutigen genauen Meßgeräte für Ströme und Spannungen beruhen fast durchweg auf dem *Drehspulprinzip* (DÉPREZ[1] und D'ARSONVAL[2], 1881), einer Umkehrung des den Nadelgalvanometern zugrunde liegenden Prinzips. Das Meßwerk besteht aus einem starken Hufeisenmagneten, zwischen dessen Polschuhen sich eine drehbare, von dem zu messenden Strom durchflossene Spule befindet (Abb. 383). Zwischen den zylindrisch ausgedrehten Polschuhen befindet sich ortsfest (nicht etwa mit der Spule drehbar) ein zylindrischer Weicheisenkern E, der nur einen schmalen Luftspalt für die Drehung der Spule frei läßt. Er bewirkt, daß in dem Luftspalt ein radial gerichtetes, bei jeder Spulenstellung in der Spulenebene liegendes und überall gleich

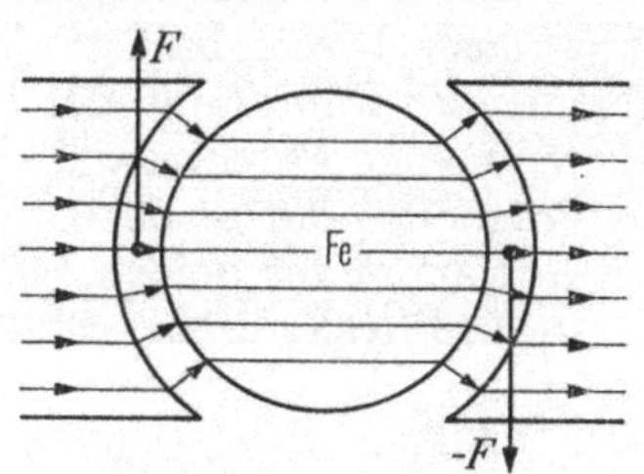

Abb. 383. Zum Drehspulgalvanometer

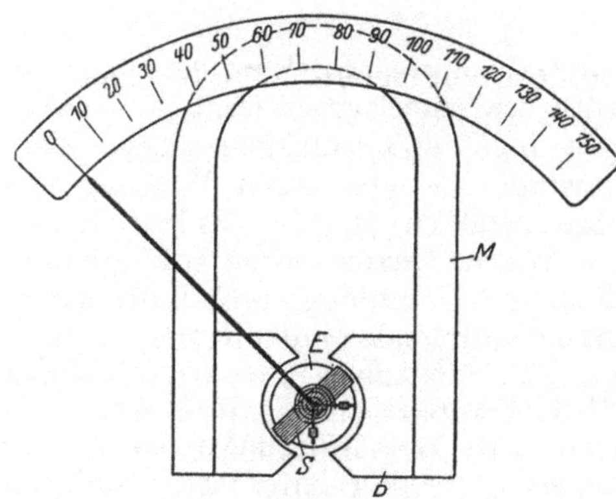

Abb. 384. Drehspulgalvanometer mit Zeigerablesung

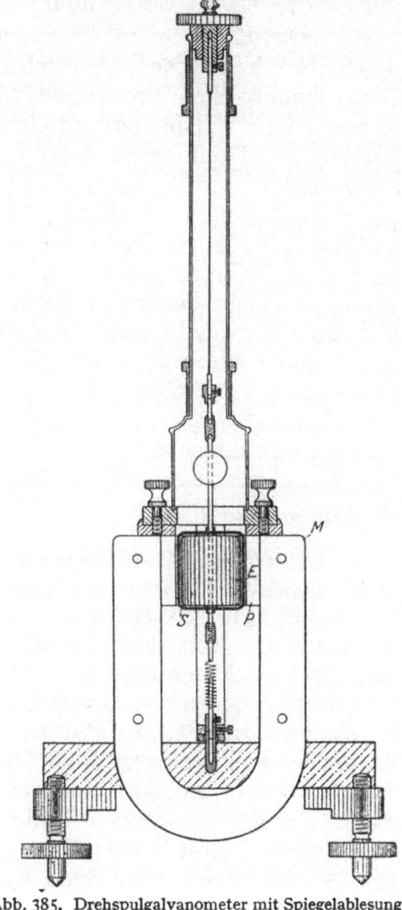

Abb. 385. Drehspulgalvanometer mit Spiegelablesung

---

[1] MARCEL DÉPREZ, 1843—1918.   [2] ARSÈNE D'ARSONVAL, 1851—1940.

starkes magnetisches Feld herrscht (Abb. 383), und bildet zusammen mit dem Magneten einen nur durch den engen Luftspalt unterbrochenen magnetischen Kreis. So werden die magnetischen Störungen praktisch behoben da das magnetische Feld im Luftspalt sehr viel stärker ist als das erdmagnetische Feld und etwaige andere äußere Störfelder.

Die Drehspule ist bei weniger empfindlichen Meßgeräten auf Spitzen gelagert und mit einem Zeiger versehen, der die Drehung der Spule auf einer Skala anzeigt. Solche Geräte können mit einer festen Eichung versehen werden. Die Ruhelage der Spule ist durch eine Spiralfeder bestimmt (Abb. 384). Bei empfindlichen Geräten (Galvanometern) ist die Spule an einem dünnen Metallband aufgehängt. Die Stromzuführung erfolgt durch dünne Metallbänder oder durch Metallfedern, gegebenenfalls auch durch die Aufhängung. Mit der Spule ist ein Spiegel zur Ablesung der Drehungen verbunden (Abb. 385). (Vgl. WESTPHAL: Physikalisches Praktikum, 41. und 42. Aufgabe, sowie Anhang II.)

Bei Stromdurchgang greifen an den beiden zum Felde senkrechten Spulenseiten, die in entgegengesetzten Richtungen vom Strom durchflossen werden, gleich große, entgegengesetzte Kräfte F, $-F$ an (Abb. 383), die auf die Spule ein Drehmoment ausüben. Es ist der Stromstärke proportional und kehrt seine Richtung mit der Stromrichtung um. Daher sind solche Meßgeräte ohne weiteres *nur für Gleichstrom* verwendbar.

Gleichstromgalvanometer können auch zur Messung von *Elektrizitätsmengen*, welche in sehr kurzer Zeit durch sie entladen werden, benutzt werden, wenn die Dauer eines solchen Stromstoßes klein gegen die Schwingungsdauer des Galvanometersystems ist. Die Spule erhält durch den Stromstoß, wie ein kurz angestoßenes Pendel, einen Drehimpuls und schwingt bis zu einem von der Stärke und Dauer des Stromstoßes — dem Integral $\int I\,dt = \int dQ = Q$, also der hindurchgegangenen Elektrizitätsmenge — abhängigen Umkehrpunkt aus. Dieser ballistische Ausschlag ist also (unter der Voraussetzung gleichbleibender Dämpfung) der bei dem Stromstoß durch die Spule geflossenen Elektrizitätsmenge proportional. Voraussetzung ist insbesondere ein nicht allzu kleines Trägheitsmoment der Drehspule. Für diese Verwendungsart besonders gebaute Galvanometer heißen *ballistische Galvanometer* oder *Stoßgalvanometer*. (Vgl. WESTPHAL: Physikalisches Praktikum, 44. Aufgabe und Anhang II.)

Bei den *Saiten-* oder *Schleifengalvanometern* befindet sich ein feiner Draht oder eine Drahtschleife im Felde eines permanenten Magneten und erfährt bei Stromdurchgang eine seitliche Auslenkung bzw. Spreizung, die mit einem Mikroskop gemessen wird.

213. Schwingung und Dämpfung von Galvanometern. Wird die Drehspule durch irgendeinen Anstoß aus ihrer natürlichen Ruhelage entfernt, so bewirkt die Torsion ihrer Aufhängung, daß sie in diese zurückzukehren sucht. Wäre die Spule frei von jeder Dämpfung, so würde sie unter dieser Wirkung eine ungedämpfte Schwingung um ihre Ruhelage ausführen [(42.12)]. Es besteht aber eine Dämpfung, die von zwei Ursachen herrührt. Erstens erfährt die Spule in dem engen Luftspalt, in dem sie sich dreht, eine Dämpfung durch Luftreibung. Außerdem aber induziert die bei der Drehung eintretende Änderung des magnetischen Flusses in der Spule eine Spannung (§234). Sind die Klemmen des Galvanometers durch einen äußeren Widerstand leitend verbunden, so tritt in dem durch die Spule und diesen Widerstand gebildeten Leiterkreis ein Induktionsstrom auf. Infolgedessen erfährt die Spule im magnetischen Felde Kräfte. Diese sind nach dem Lenzschen Gesetz (§232) so gerichtet, daß sie die Bewegung der Spule hemmen, also ein der jeweiligen Winkelgeschwindigkeit der Spule entgegengerichtetes

Drehmoment an ihr erzeugen. Hierdurch entsteht also eine weitere, *elektromagnetische Dämpfung* der Spule, die im gleichen Sinne wirkt wie die Luftreibung. Das Auftreten dieser Dämpfung ist auch sonst leicht verständlich. Wenn in dem Leiterkreis ein Induktionsstrom fließt, so erzeugt er Stromwärme, die nur auf Kosten der Schwingungsenergie der Spule entstehen kann; diese muß also mit der Zeit abnehmen, die Bewegung der Spule muß gedämpft sein, und zwar ist die elektromagnetische Dämpfung um so größer, je kleiner der äußere Widerstand ist, durch den das Galvanometer geschlossen ist, denn um so stärker ist der Induktionsstrom. *Die Dämpfung eines Galvanometers nimmt mit abnehmendem äußeren Widerstand zu.*

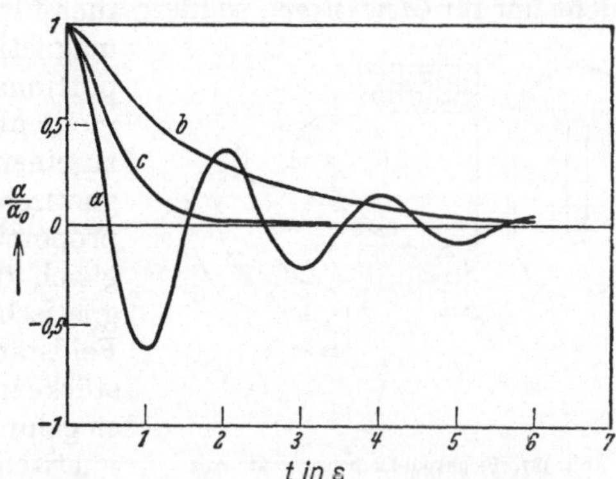

Abb. 386. Schwingungsformen des Galvanometers, *a* gedämpft periodisch, *b* aperiodisch, *c* aperiodischer Grenzfall

Wir haben in §42 die verschiedenen Bewegungsformen eines gedämpften schwingungsfähigen Systems ausführlich besprochen. Dementsprechend führt auch die Spule eines Galvanometers bei kleiner Dämpfung, also bei größerem äußeren Widerstand, eine *periodische, gedämpfte Schwingung* aus (Abb. 386*a*), bei großer Dämpfung, also bei kleinem äußeren Widerstand, eine *aperiodische Kriechbewegung* (Abb. 386*b*). Diese beiden Bewegungen gehen bei einem bestimmten Dämpfungsbetrage, also bei einem bestimmten äußeren Widerstand, dem *Grenzwiderstand* des Galvanometers, ineinander über (*aperiodischer Grenzfall*, Abb. 386*c*). Bei periodischer gedämpfter Schwingung ist die Differenz der natürlichen Logarithmen je zweier auf der gleichen Seite aufeinanderfolgender Schwingungsweiten konstant. $\Lambda = \ln \alpha_n - \ln \alpha_{n+1} = \ln(\alpha_n/\alpha_{n+1})$ ist das *logarithmische Dekrement* (§42).

Die vorstehenden Ausführungen gelten nicht nur bezüglich der Rückbewegung der Spule in ihre natürliche Ruhelage, sondern auch für ihr Einschwingen in eine neue Ruhelage, wenn eine konstante Spannung in ihr einen konstanten Strom erzeugt. Die jeweilige Ruhelage erreicht die Spule am schnellsten im aperiodischen Grenzfall. Aus diesem Grunde sucht man bei der Arbeit mit dem Galvanometer diesen Fall durch passende Wahl des äußeren Widerstandes stets nach Möglichkeit zu verwirklichen. Ist der äußere Widerstand zu groß, so daß noch der periodische Fall vorliegt, so legt man parallel zum Galvanometer einen passenden Nebenschluß. Ist der äußere Widerstand zu klein, so daß die Spule kriecht, so erhält das Galvanometer einen passenden Vorwiderstand. In beiden Fällen geschieht dies mit einem Opfer an Empfindlichkeit der Meßanordnung, das aber durch die erhöhte Sicherheit der Messung oft ausgeglichen wird. (Vgl. WESTPHAL: Physikalisches Praktikum, 41. Aufgabe und Anhang II.)

214. Dreheisenmeßgeräte. An Stelle der ziemlich kostspieligen Drehspulgeräte verwendet man für technische Zwecke, bei denen es nicht auf sehr große Meßgenauigkeit ankommt, Dreheisengeräte (Weicheisengeräte). Die Abb. 387 zeigt eine der mannigfachen Ausführungsformen. Vor dem einen Ende einer Flachspule (*1*) befindet sich ein mit einem Zeiger und einer Luftdämpfung (*8*) versehenes drehbares Weicheisenblech (*3*), dem eine an seiner Drehachse angreifende Spiralfeder eine mechanische Gleichgewichtslage gibt. Fließt in der Spule ein Strom, so wird das Blech durch dessen magnetisches Feld magnetisiert und mehr oder weniger stark in die Spule hineingezogen; und zwar ist die Richtung dieser Bewegung *von der Stromrichtung unabhängig*. Dreheiseninstrumente können daher nicht nur für *Gleichstrom*, sondern auch für *Wechselstrom* verwendet wer-den. Das

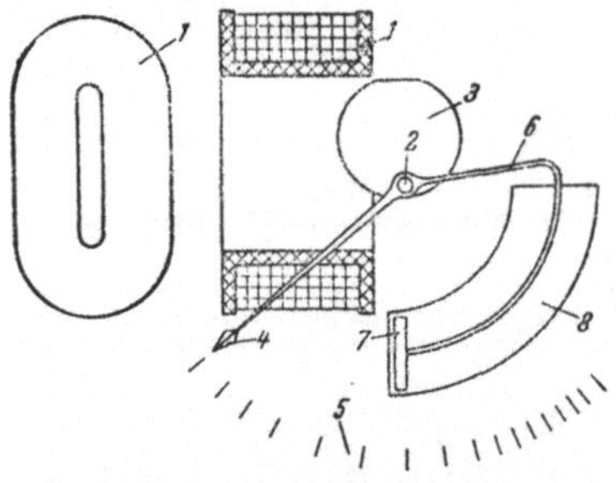

Abb. 387. Flachspul-Dreheisengerät. Aus WESTPHAL: Physikalisches Wörterbuch

magnetische Feld ist dem Spulenstrom proportional. Das auf das Eisen wirkende Drehmoment rührt daher, daß das Eisen im Felde zu einem magnetischen Dipol wird, dessen magnetisches Moment der Feldstärke annähernd proportional ist. Das Drehmoment aber ist gleich dem Produkt aus Feldstärke und magnetischem Moment, also dem Quadrat der Feldstärke und somit dem Quadrat der Stromstärke in der Spule proportional. Neuerdings ist es gelungen, unter Verwendung besonderer magnetischer Werkstoffe auch Geräte dieses Bauprinzips von guter Präzision herzustellen.

215. Allgemeines über Strom- und Spannungsmesser. Jede der vorstehend beschriebenen Arten von Strommessern kann auch als *Spannungsmesser* verwandt werden. Denn da ihr Widerstand R_g einen festen Betrag hat, so ist das Verhältnis U/I für ein gegebenes Gerät konstant. Einem bestimmten Ausschlag entspricht also nicht nur eine bestimmte Stromstärke I, sondern auch eine bestimmte, an den Klemmen des Meßgerätes liegende Spannung $U = I R_g$. Der Ausschlag kann daher sowohl als Maß für die Stromstärke, als auch für die angelegte Spannung gelten. In ihrer praktischen Ausführung unterscheiden sich indessen Strom- und Spannungsmesser in einem wesentlichen Punkt. Sowohl bei Strom- wie bei Spannungsmessung ist es wichtig, daß für die Messung möglichst wenig Energie aufgewandt wird. Ein Strommesser muß mit der Leitung, in der der Strom gemessen werden soll, in Reihe geschaltet sein, er wird also vom gleichen Strom I durchflossen, der in der Leitung fließt. Die Stromleistung im Meßgerät ist $I^2 R_g$ (§ 168). Bei der Verwendung als Spannungsmesser muß man aber der Berechnung die zu messende Spannung U zugrunde legen. Die Stromleistung beträgt also U^2/R_g. Um die Stromleistung im Meßgerät möglichst niedrig zu halten, muß also ein Strommesser einen möglichst kleinen, ein Spannungsmesser einen möglichst großen Widerstand R_g haben.

Bei Meßgeräten mit fester Eichung (Amperemeter, Voltmeter) wird dies auf folgende Weise erreicht: Das eigentliche Meßwerk ist ein ziemlich empfindliches Zeigergalvanometer. Mit seiner Hilfe können nun Strom- und Spannungsmesser von jeder gewünschten Empfindlichkeit, die kleiner als diejenige des Meßwerks ist, hergestellt werden. Der Widerstand des Meßwerks betrage R_1, sein Meß-

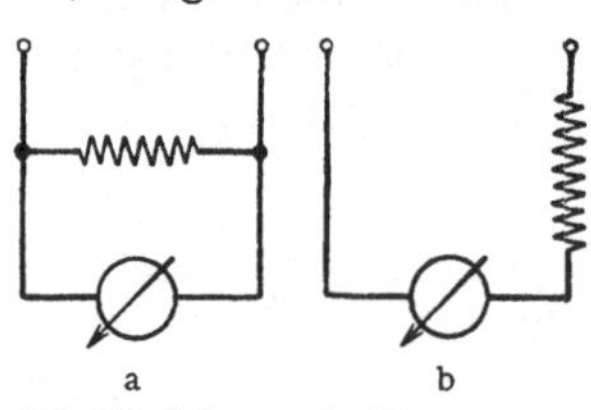

a b
Abb. 388. Schema a des Strommessers, b des Spannungsmessers

bereich, d. h. der Strom der es zum Ausschlag über die ganze Skala bringt, sei I_1, die entsprechende Spannung am Meßwerk also $U_1 = I_1 R_1$. Soll das Meßwerk für einen Strommesser verwendet werden, der Ströme bis zu $I > I_1$ anzeigt, so erhält es einen *Nebenwiderstand* R_2 (Abb. 388 a), der so bemessen ist, daß durch das Meßwerk ein Strom I_1 fließt, wenn durch das ganze System ein Strom I fließt. Es muß also nach (161.5 c) $R_1 : R_2 = I_2 : I_1 = (I - I_1) : I_1$ sein, also $R_2 = R_1 I_1 / (I - I_1)$. Der Widerstand R_g des aus Meßwerk und Nebenschluß bestehenden Strommessers berechnet sich dann nach (161.5 c) zu $R_g = R_1 I_1 / I$. Der Widerstand (und die Empfindlichkeit) des Strommessers ist also im Verhältnis I_1 / I kleiner als der des Meßwerks. Soll das Meßwerk aber als Spannungsmesser verwendet werden, der bei größtem Ausschlag eine Spannung U anzeigt, so erhält es einen *Vorwiderstand* R_2 (Abb. 388b), der so abgeglichen ist, daß $U:U_1=(R_1+R_2):R_1$ ist (Spannungsteilung, §161). Dann ist $R_2=R_1(U-U_1)/U_1$ und der Widerstand des ganzen Spannungsmessers $R_g=R_1+R_2=R_1\,U/U_1$. Der Widerstand des Spannungsmessers ist alsoim Verhältnis U/U_1 größer und seine Empfindlichkeit im gleichen Verhältnis kleiner als der des Meßwerks. Häufig versieht man Meßwerke der obigen Art mit auswechselbaren Neben- und Vorwiderständen, so daß man sie nach Wahl sowohl als Strom-, wie als Spannungsmesser verwenden und ihren Meßbereich beliebig wählen kann *(Vielfachmeßgeräte)*.

216. Wechselstrommesser mit Drehspulen. Leistungsmesser. Will man das Drehspulprinzip auch für Wechselstrommesser benutzen, so schaltet man vor das Gerät einen Gleichrichter, oder es muß dafür gesorgt werden, daß sich mit dem Wechsel der Stromrichtung in der Drehspule jeweils auch die Richtung des magnetischen Feldes umkehrt. Das geschieht auf die Weise, daß man dieses Feld nicht durch einen Dauermagneten, sondern durch einen festen Bruchteil des zu messenden Stromes selbst mittels einer oder zweier Spulen erzeugt, indem man die Drehspule S im Innern einer festen Spule oder zwischen zwei Feldspulen F von kleinem Widerstand aufhängt, an denen die gleiche Spannung liegt wie an der Drehspule. Drehspule und Feldspulen sind also parallelgeschaltet *(Dynamometerprinzip,* Abb. 389. Die Windungsfläche der Feldspulen steht senkrecht zur Zeichnungsebene). Der Ausschlagssinn eines solchen Meßgerätes ist, wie leicht ersichtlich, von der Stromrichtung unabhängig und dem Quadrat der Stromstärke proportional.

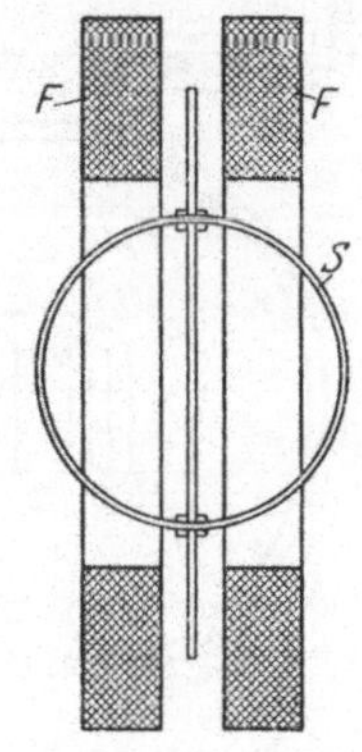

Abb. 389. Schema eines Wechselstrommessers mit Drehspule

Nach dem gleichen Prinzip kann man mit Drehspulgeräten die Leistung $P=UI$ eines Stromes in einem Leiter messen. Man schaltet in diesem Falle die Feldspulen, welche kleinen Widerstand haben müssen, in Reihe mit dem betreffenden Leiter. Die Drehspule S, der man einen großen Widerstand vorschaltet, wird mit den beiden Enden des Leiters verbunden, in dem die Leistung gemessen werden soll. Dann ist der die feste Spule durchfließende Strom gleich dem den Leiter durchfließenden Strom I, das magnetische Feld der Spule also dem Strom I proportional. Der die Drehspule durchfließende Strom ist nach dem Ohmschen Gesetz der an ihr, d. h. der an den Enden des Leiters liegenden Spannung U proportional. Das auftretende Drehmoment ist daher dem Produkt UI, d. h. der Stromleistung im Leiter proportional.

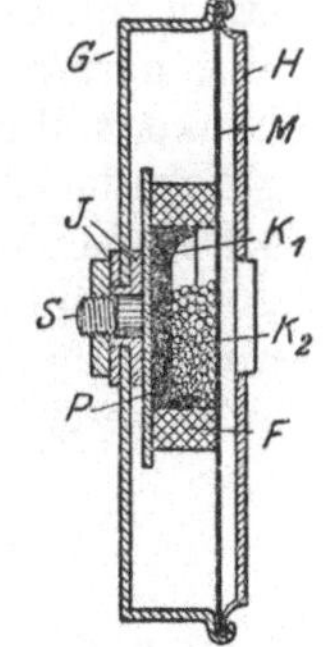

217. Telephonie. Nicht nur die drahtlose Übermittlung von Nachrichten, sondern auch die Übermittlung über Draht im Nahverkehr erfolgt heute durch *Modulation* elektrischer Ultrakurzwellen, beim drahtlosen Fernverkehr auf sehr verwickelte Weise, auf die wir nicht eingehen können. Die Modulation besteht darin, daß der Schwingungsweite der Wellen Schwankungen aufgeprägt werden,

Abb. 390. Körnermikrophon

die den zu übertragenden Schallschwingungen entsprechen. Ein Mikrophon erzeugt zunächst mit dem Schall synchrone Schwankungen eines Gleichstroms, die in Amplitudenschwankungen einer elektrischen Welle übersetzt werden. Diese werden am Empfangsort wieder in Schwankungen eines Gleichstroms übersetzt und diese in einem Telephon in Schallschwingungen. Einiges davon werden wir in §260 besprechen.

Eine Ausführungsform eines Mikrophons zeigt die Abb. 390. In einem Metallgehäuse G befindet sich, durch Scheiben J isoliert, eine Metallplatte P mit der Schraube S. Die Platte P trägt eine aus Kohle bestehende Schale K_1, die von einem Filzring F umgeben ist. Auf diesem liegt eine Kohlemembran M, die durch den Deckel H gegen das Gehäuse gedrückt und mit ihm leitend verbunden ist. Zwischen M und K_1 liegt eine lose Füllung von Kohlekörnern K_2, durch die Gleichstrom fließt. Fällt Schall auf die Membran, so werden die Körner mit der Frequenz der Schallschwingungen geschüttelt. Dabei schwanken die Übergangswiderstände zwischen den Körnern und damit der Widerstand des Mikrophons, und zwar in recht guter Näherung entsprechend der Schwingungsweite der Schallschwingungen. Mit der gleichen Frequenz schwankt also auch der Strom. Er ist in der gewünschten Weise moduliert.

Abb. 391 zeigt ein Telephon. In einer Dose D befindet sich ein Dauermagnet mit den Polen N und S, auf dessen Schenkeln Spulen s_1 und s_2 sitzen, die von dem modulierten Strom durchflossen werden. Dicht vor den Polen liegt eine durch Ringe R_1 und R_2 gehaltene Eisenmembran. Die Dose ist durch die Kappe K mit der Schallöffnung O geschlossen. Die Stromzuleitung erfolgt durch die Klemmen K_1 und K_2. Infolge der Modulation des Stromes schwankt die Stärke der Pole und damit die Durchbiegung der Membran mit der Frequenz der dem Gleichstrom aufgeprägten Modulation. Die Membran gerät in entsprechende Schwingungen und überträgt sie an die Luft. Die Verwendung eines Dauermagneten ist aus folgendem Grunde nötig. Würden die Spulen einen Weicheisenkern haben, so würde dieser während einer vollen Schwingung des Stromes zweimal, je einmal

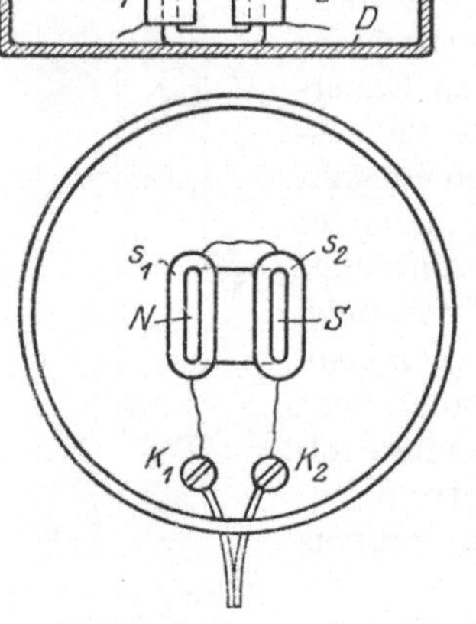

Abb. 391. Telephon

in jeder Richtung, magnetisiert werden. Die Anziehung der Weicheisenmembran hängt aber von der Richtung der Magnetisierung nicht ab. Sie würde also während einer vollen Stromschwingung zwei Vollschwingungen ausführen und einen um eine Oktave zu hohen Ton geben. In dem Dauermagneten tritt nur eine periodische Schwächung und Verstärkung der Magnetisierung, aber keine Umkehr ihrer Richtung ein. Daher ist die Dauer einer Membranschwingung gleich der Dauer einer Stromschwingung. Bei den Lautsprechern besteht der schwingende Teil aus einer leichten, vom modulierten Strom durchflossenen Schwingspule, die sich zwischen den Polen eines Dauermagneten befindet und mit der Modulationsfrequenz des Stromes schwingt. Die Schwingungen werden auf eine Membran übertragen und als Schall abgestrahlt.

III. Die magnetischen Eigenschaften der Stoffe

218. Grundtatsachen des Magnetismus der Stoffe. Wie allgemein bekannt, erfahren nicht nur Magnete, sondern auch andere Eisenkörper im magnetischen Felde Kräfte. Sie werden sowohl vom positiven als auch vom negativen Pol eines Magneten angezogen. Eine solche Anziehung erfolgt aber nur in den inhomogenen Feldern in der Nähe von Polen. In homogenen Feldern tritt lediglich eine Ausrichtung in die Feldrichtung bei länglichen Eisenteilchen ein. Das erinnert an die analogen Erscheinungen an elektrischen Dipolen im elektrischen Felde (§146). Wir ziehen aus dieser Beobachtung den Schluß, daß unmagnetische

Eisenkörper im magnetischen Felde durch einen der elektrischen Influenz (§145) wenigstens äußerlich ähnlichen Vorgang zu magnetischen Dipolen werden. Ähnlich starke Wirkungen wie beim Eisen treten nach heutiger Kenntnis bei Nickel, Kobalt, Gadolinium und einigen wenigen Legierungen und chemischen Verbindungen auf (§221). Man nennt diese Stoffe *ferromagnetisch*.

Im Jahre 1845 entdeckte FARADAY, daß *alle Stoffe magnetische Eigenschaften* haben. Nur sind deren Wirkungen im allgemeinen so schwach, daß es zu ihrem Nachweis besonderer Hilfsmittel bedarf. Man braucht dazu sehr starke und sehr inhomogene Felder, wie sie in der nächsten Nähe eines spitzen Polschuhs eines starken Elektromagneten auftreten. Bei der Untersuchung der verschie-

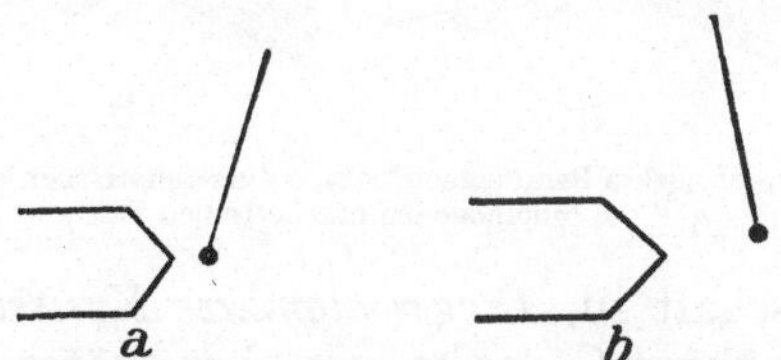

Abb. 392. a Paramagnetischer, b diamagnetischer Körper im inhomogenen magnetischen Felde

denen Stoffe in einem solchen Felde ergab sich folgendes. Sämtliche Stoffe — von den ferromagnetischen abgesehen — zerfallen in zwei Gruppen von gegensätzlichem magnetischen Verhalten. Die *paramagnetischen Stoffe* verhalten sich insofern qualitativ ähnlich wie die ferromagnetischen Stoffe, als sie im inhomogenen magnetischen Felde *in Richtung wachsender Feldstärke* getrieben, also von einem spitzen Polschuh *angezogen* werden[1] (Abb. 392a). Hingegen werden die *diamagnetischen Stoffe* im inhomogenen magnetischen Felde *in Richtung abnehmender Feldstärke* getrieben, also von einem spitzen Polschuh *abgestoßen* (Abb. 392b), wie schon BRUGMANS[2] 1778 am Wismut beobachtete. Diese Unterschiede im magnetischen Verhalten der einzelnen Stoffe sind immerhin noch so groß, daß man auf sie ein sehr wirksames *Erzscheideverfahren* gründen konnte.

Bringt man den einen Schenkel eines U-Rohres, das eine paramagnetische Flüssigkeit enthält, derart zwischen die Pole eines starken Elektromagneten, daß sich der Flüssigkeitsmeniskus dicht unterhalb der Polschuhe befindet, während sich der andere Schenkel im feldfreien Raum befindet, so herrscht am Ort des Meniskus ein sehr inhomogenes Feld. Daher wird die paramagnetische Flüssigkeit in Richtung wachsenderFeldstärke getrieben und steigt in dem zwischen den Polen befindlichen Schenkel in die Höhe. Hingegen wird eine diamagnetische Flüssigkeit herabgedrückt.

219. Die Deutung des Para- und des Diamagnetismus. Wie wir gesehen haben, wird jeder Körper im magnetischen Felde zu einem magnetischen Dipol, erhält also in ihm ein magnetisches Moment. Aus der Richtung der in inhomogenen magnetischen Feldern auftretenden Kräfte können wir ableiten, daß dieses magnetische Moment bei den ferromagnetischen und paramagnetischen Körpern dem Felde gleichgerichtet, bei den diamagnetischen Körpern ihm entgegengerichtet ist. Nimmt z.B. die Feldstärke in der positiven Feldrichtung ab, so muß bei einem ferro- oder paramagnetischen Stoff das — vom negativen zum positiven Pol weisende — magnetische Moment in die Feldrichtung weisen, wenn der negative Pol in einem Bereich höherer Feldstärke liegen soll als der positive, so daß die an ihm angreifende, dem Felde entgegengerichtete Kraft überwiegt (Abb. 393a). Bei einem diamagnetischen Körper muß das magnetische Moment umgekehrt gerichtet sein, damit die dem Felde gleichgerichtete Kraft auf den positiven Pol überwiegt (Abb. 393b). Kehrt man in den Abb. 393 die Feldrichtung um, so kehren sich auch die magnetischen Momente um, die Pole wechseln ihr Vorzeichen, und alle Folgerungen bleiben die gleichen.

---

[1] Tatsächlich erfolgt im ersten Augenblick zunächst eine Abstoßung. Vgl. §240.
[2] ANTON BRUGMANS, 1732—1789.

Die grundsätzliche Deutung dieser Tatsachen hat — zunächst für den Ferromagnetismus — AMPÈRE (1821/22) gegeben. Nach dem Grundsatz, daß hinter

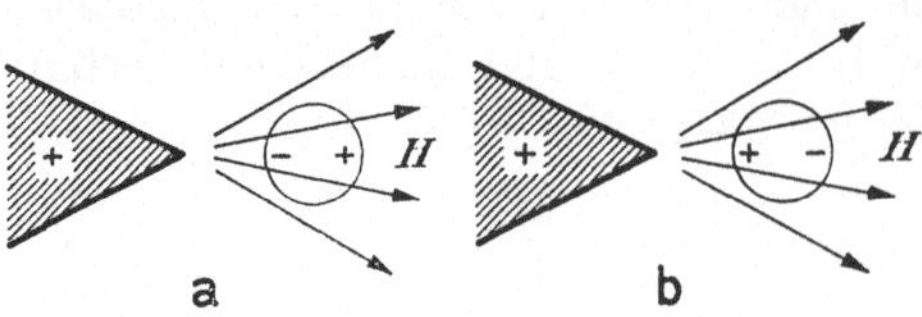

Abb. 393. a Paramagnetischer, b diamagnetischer Körper im inhomogenen magnetischen Felde

gleichen Wirkungen gleiche Ursachen zu vermuten sind, knüpfte er an die Erfahrung an, daß elektrische Stromkreise ein magnetisches Moment haben, und zog daraus den Schluß, daß jegliches magnetische Moment seine Ursache in elektrischen Strömen habe. Er schrieb daher den Atomen der Materie die Eigenschaft zu, *Träger atomarer Kreisströme* zu sein. Das war für jene Zeit ein sehr kühner Gedanke, der aber später durch die Atomtheorie von BOHR eine Rechtfertigung erhalten hat (§343, vgl. aber auch §358). AMPÈRE nahm an, diese Kreisströme und ihre magnetischen Momente seien in einem nicht magnetisierten Stoff vollkommen ungeordnet, ihre magnetischen Momente seien über alle Richtungen statistisch gleichmäßig verteilt. Dann heben ihre magnetischen Wirkungen einander nach außen auf; der Stoff erscheint als Ganzes unmagnetisch. Wenn sich der Stoff aber in einem magnetischen Felde befindet, so haben die atomaren magnetischen Momente die Tendenz, sich wie „Elementarmagnete" in die Feldrichtung einzustellen, und zwar um so vollkommener, je stärker das Feld ist, je wirksamer es also der durch die thermische Bewegung bewirkten Tendenz der Momente zur statistisch gleichmäßigen Verteilung über alle Richtungen entgegenwirkt. Der Körper muß infolgedessen als Ganzes ein magnetisches Moment annehmen, das mit der Feldstärke wächst und dem Felde gleichgerichtet ist. Tatsächlich entspricht das den Verhältnissen bei den ferro- und paramagnetischen Stoffen. Eine Deutung für die umgekehrten Verhältnisse bei den diamagnetischen Stoffen können wir erst später geben (§240). Hier genügt der Hinweis, daß es sich auch bei ihnen um atomare magnetische Momente handelt, die aber im magnetischen Felde umgekehrt ausgerichtet sind wie in den paramagnetischen Stoffen.

Wenn die atomaren magnetischen Momente in einem Körper mehr oder weniger weitgehend in die Feldrichtung orientiert, die Ebenen der Kreisströme also mehr oder weniger der zur Feldrichtung senkrechten Stellung genähert sind, so ändert sich der Verlauf der Feldlinien der Kreisströme. Im ungeordneten Zustande verlaufen sie im wesentlichen nur in atomaren Bereichen, ähnlich wie in der Abb. 351 im Bereich der Stromschleife. Mit wachsender Ausrichtung aber ordnen sich die Kreisströme mehr und mehr zu Gebilden, die man ganz grob mit den Windungen sehr vieler paralleler Spulen innerhalb des Körpers vergleichen kann (Abb. 394), bei denen die Feldlinien nicht mehr die einzelnen Windungen umfassen, sondern durch den ganzen Innenraum hindurchlaufen, um erst an den Enden — den Grenzflächen des magnetisierten Körpers — aus- bzw. einzutreten, analog zu der Abb. 353. Man versteht jetzt, wie ein solcher Körper im magnetischen Felde zu einem magnetischen Dipol wird.

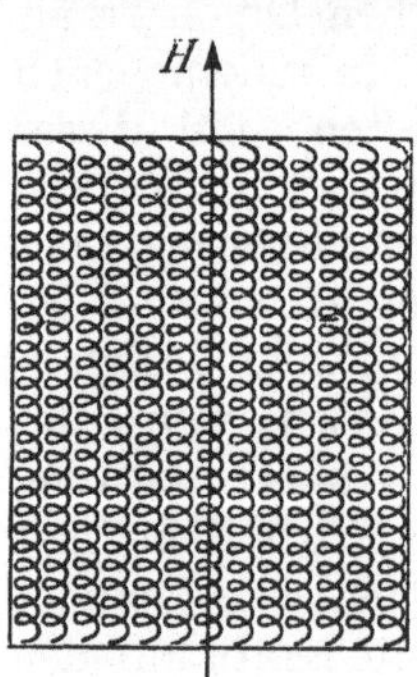

Abb. 394. Schema der Magnetisierung eines Körpers

Wir können nun das auf diese Weise gewonnene Bild noch auf eine bemerkenswerte und für unsere weiteren Überlegungen sehr nützliche Weise vereinfachen. Abb. 395 stellt einen Querschnitt durch einen magnetisierten Körper dar. Die ausgerichteten atomaren Kreisströme idealisieren wir als einander berührende Quadrate, die gleichsinnig von gleich starken Strömen umflossen werden. Dann fließen in jeder Quadratseite gleich starke, entgegengesetzt gerichtete Ströme, deren magnetische Felder zwar gleich stark, aber entgegengesetzt gerichtet sind, einander also aufheben. Nur in den Randseiten der nichtquadratischen Randfelder, also im Mantel des Körpers, fließt ein Strom nur in einer Richtung, und es bleibt nur die magnetische Wirkung dieser Randströme übrig. In ihrer Folge um den ganzen Umfang des Körpers bilden sie einen den ganzen Körper umfließenden Strom, den wir mit dem Strom in einer Einzelwindung einer um den Körper gelegten Spule vergleichen können. In ihrer Gesamtheit auf der ganzen Länge des Körpers können wir sie mit der Gesamtheit der Windungen einer stromdurchflossenen Spule vergleichen, in der zwar nur ein sehr schwacher Strom I_m fließt, deren Windungszahl n aber sehr groß ist. In der Oberfläche des magnetisierten Körpers besteht also eine endliche *Durchflutung* $n I_m$, welcher eine zusätzliche *magnetische Feldstärke* $n I_m/l$ im Inneren des Körpers entspricht (§ 203).

Wir ersetzen also das mikroskopische Bild der unzähligen atomaren Kreisströme durch das makroskopische Bild eines Ringstromes in der Oberfläche, also durch das Bild einer Spule. Das gibt uns die Möglichkeit, die Verhältnisse bei den magnetisierten Körpern aus den Gesetzen abzuleiten, die wir bereits bei den stromdurchflossenen Spulen kennengelernt haben.

Bei den paramagnetischen Stoffen ist die Durchflutung so gerichtet, daß sie im Stoff ein dem magnetisierenden Felde gleichgerichtetes magnetisches Feld erzeugt. Bei den diamagnetischen Stoffen ist sie umgekehrt gerichtet und erzeugt ein dem äußeren Felde entgegengerichtetes magnetisches Feld (§ 240).

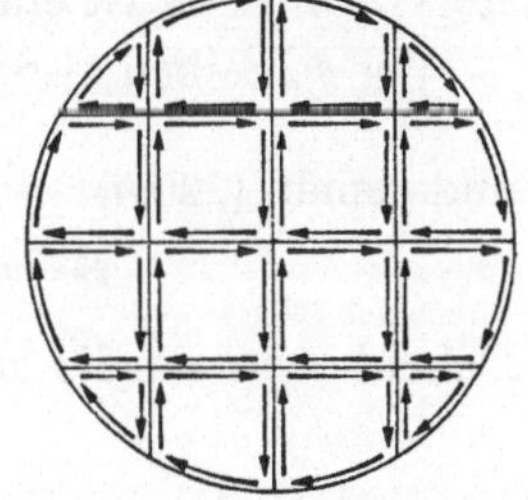

Abb. 395. Zur Deutung der Magnetisierung eines Körpers durch eine Durchflutung seiner Oberfläche

Die atomaren Kreisströme sind eine Grundeigenschaft der Atome und fließen ständig ungeschwächt, ohne Vorhandensein einer Spannung. Man muß sich also diese Kreisströme und ebenso die Durchflutung in der Oberfläche wie in widerstandslosen Strombahnen verlaufend denken, so daß ihre Energie sich nicht als Stromwärme verzehrt, ähnlich wie bei einem Supraleiter.

220. Magnetisierung. Permeabilität. Suszeptibilität. Wir beschränken uns hier zunächst auf die para- und diamagnetischen Stoffe. Die ferromagnetischen Stoffe, bei denen ganz besondere Verhältnisse vorliegen, behandeln wir gesondert.

Eine stromdurchflossene Spule, von der wir voraussetzen, sie sei sehr lang und sehr eng, sei völlig in einen para- oder diamagnetischen Stoff eingebettet. Da der Außenraum praktisch feldfrei ist, so wird der Stoff nur im Innenraum der Spule merklich magnetisiert. Das dort herrschende magnetische Feld setzt sich aus zwei Anteilen zusammen. Der eine ist das von dem durch den Spulenstrom I erzeugte Feld vom Betrage $H = n I/l$. Hierzu kommt ein zusätzliches Feld H', das wir uns durch den Ringstrom in der Oberfläche des magnetisierten Körpers erzeugt denken können (Abb. 395). Das Gesamtfeld beträgt also $H + H'$, und ihm entspricht die Flußdichte

$$B = \mu_0(H + H') \quad \text{oder vektoriell} \quad \boldsymbol{B} = \mu_0(\boldsymbol{H} + \boldsymbol{H}'). \tag{220.1}$$

Dabei ist $\boldsymbol{H}'$ dem erregenden Felde $\boldsymbol{H}$ in isotropen Paramagnetika gleichgerichtet, in isotropen Diamagnetika ihm entgegengerichtet. Wir wollen den vom Felde $\boldsymbol{H}$ allein herrührenden Flußdichteanteil mit $\boldsymbol{B}_0$ bezeichnen, den von $\boldsymbol{H}'$ herrührenden mit $\boldsymbol{J}$. Es ist also

$$\boldsymbol{B}_0 = \mu_0 \boldsymbol{H}, \qquad (220.2) \qquad\qquad \boldsymbol{J} = \mu_0 \boldsymbol{H}'. \qquad (220.3)$$

Dann ist

$$B = \mu_0 H + J = \mu_0 (H + J/\mu_0) = \mu_0 (H + M). \qquad (220.4)$$

Die Größe J heißt *magnetische Polarisation*. Sie ist von der gleichen Größenart wie die Flußdichte B. Die Größe $J/\mu_0 = M$ heißt die *Magnetisierung*. Sie ist von der gleichen Größenart wie die magnetische Feldstärke H und in den Paramagnetika dem Felde H gleichgerichtet, in den Diamagnetika ihm entgegengerichtet. In ersteren ist also die Flußdichte B größer, in letzteren kleiner als B_0. Wir haben in §193 gezeigt, daß die Flußdichte in einer Spule im Vakuum (hier B_0 entsprechend) mit der Raumdichte des magnetischen Moments der Spule identisch ist. Ganz analog ist J die Raumdichte des in dem magnetisierenden Stoff erzeugten magnetischen Moments.

Bei den Para- und Diamagnetika ist die magnetische Polarisation, also auch die Magnetisierung, der erregenden Feldstärke H streng proportional, $M = \varkappa H$. Die Materialkonstante $\varkappa$ heißt die *Suszeptibilität* des Stoffes. Bei den Paramagnetika ist $\varkappa > 0$, bei den Diamagnetika $\varkappa < 0$, aber bei beiden Stoffgruppen stets $|\varkappa| \ll 1$. Es ist eine Zahl.

Wir schreiben also jetzt

$$J = \mu_0 M = \varkappa \mu_0 H \qquad (220.5)$$

und gemäß (220.4)

$$B = \mu_0 H + \varkappa \mu_0 H = \mu_0 (1 + \varkappa) H = \mu_r \mu_0 H = \mu H. \qquad (220.6)$$

Dabei haben wir die neuen Materialkonstanten

$$\mu_r = 1 + \varkappa \quad \text{und} \quad \mu = \mu_r \mu_0 \qquad (220.7)$$

eingeführt. μ_r heißt *Permeabilitätszahl* oder *relative Permeabilität*, das Produkt $\mu_r \mu_0 = \mu$ *(absolute) Permeabilität* des Stoffes. Da bei den Para- und Diamagnetika $\varkappa$ außerordentlich klein, also μ_r von 1 nur äußerst wenig verschieden ist, so hat die Anwesenheit solcher Stoffe, z.B. von Luft, nur einen äußerst geringen Einfluß auf die magnetischen Erscheinungen.

Ein Vergleich mit (153.1) zeigt, daß eine formale Analogie zwischen den Beziehungen $D = \varepsilon_r \varepsilon_0 E$ und $B = \mu_r \mu_0 H$ besteht, also auch zwischen der Dielektrizitätszahl ε_r und der Permeabilitätszahl μ_r.

Nach §203 ist die Feldstärke H in einer Spule gleich der Liniendichte (Stromstärke je Längeneinheit der Spule) j des Spulenstromes. Ganz analog ist $J/\mu_0 = H'$ gleich der Liniendichte j' des Oberflächenstromes (Abb. 395) im magnetisierten Stoff.

Wir haben den Begriff der Magnetisierung zunächst für den Fall eines Spulenfeldes behandelt, weil die Verhältnisse dort besonders einfach sind. Aber natürlich tritt eine Magnetisierung in jedem beliebigen magnetischen Felde im stofferfüllten Raume auf, so schon im einfachsten Fall des Feldes eines geradlinigen Stromes. Da die Feldlinien in diesem Fall den Strom ringförmig umschließen, so handelt es sich hier um eine ringförmige, in sich selbst zurücklaufende Magnetisierung, deren Zustandekommen die Abb. 396 zeigt. Das ringförmige magnetische Feld sucht die atomaren Kreisströme senkrecht zu seiner Richtung zu stellen und erzeugt dadurch in der Grenzfläche des Stoffes gegen den Draht einen Oberflächenstrom, der in paramagnetischer Umgebung dem Strom im Draht gleichgerichtet, in diamagnetischer Umgebung ihm entgegengerichtet ist. Im ersten Fall verstärkt er, im zweiten Fall schwächt er also die felderzeugende Wirkung des Stromes im Draht.

Wenn wir von nun an die Wirkung raumerfüllender Stoffe berücksichtigen müssen, so tritt in allen bisherigen Gleichungen, in denen μ_0 auftritt, an seine

Stelle das Produkt $\mu_r\,\mu_0=\mu$, während sich an den Gleichungen, die μ_0 nicht enthalten, nichts ändert. Das gilt auch für das 2. Coulombsche Gesetz, das wir jetzt in der allgemeinen Form

$$F = \frac{1}{\mu_r\,\mu_0}\,\frac{p\,p'}{4\pi\,r^2}\,r^0 \qquad (220.8)$$

schreiben müssen, wenn der die Pole einhüllende Stoff die Permeabilität $\mu=\mu_r\mu_0$ hat. Für die von einem Punktpol p erzeugte Feldstärke gilt statt (192.2) jetzt

$$H = \frac{1}{\mu_r\,\mu_0}\,\frac{p}{4\pi\,r^2}\,r^0, \qquad (220.9)$$

ganz analog zum allgemeinen 1. Coulombschen Gesetz (153.4).

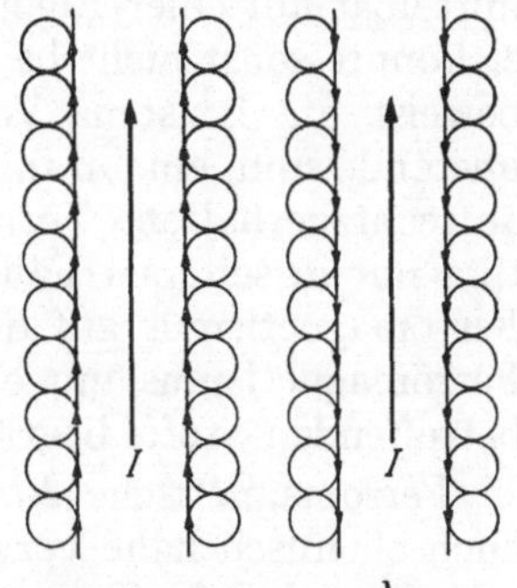

Abb. 396. Zum magnetischen Einfluß der stofflichen Umgebung eines stromdurchflossenen Drahtes, a in paramagnetischer, b in diamagnetischer Umgebung

Die Suszeptibilitäten der festen und flüssigen Diamagnetika liegen durchweg in der Größenordnung von -10^{-4} bis -10^{-5}, die der diamagnetischen Gase (z.B. Stickstoff, Wasserstoff) im Normzustand in der Größenordnung von einigen -10^{-9}. Die Suszeptibilitäten der meisten festen und flüssigen Paramagnetika liegen in der Größenordnung von $+10^{-5}$ bis $+10^{-6}$; nur die Lanthaniden (Seltenen Erden) haben etwa 100mal größere Werte (§§240 und 346). Unter den Gasen ist der Sauerstoff mit $\varkappa=+1,75\cdot10^{-6}$ bei Normbedingungen relativ sehr stark paramagnetisch, daher auch die Luft mit $\varkappa=+0,35\cdot10^{-6}$.

Wird ein stark paramagnetischer Stoff (z.B. gewisse Cer-Verbindungen, Kalium-Chrom-Alaun usw.) adiabatisch, d.h. unter Ausschluß eines Wärmeaustauschs mit der Umgebung, magnetisiert bzw. entmagnetisiert, so erwärmt er sich bzw. er kühlt sich ab. Das ist eine Folge aus dem 2. Hauptsatz der Wärmelehre und hängt damit zusammen, daß bei der Magnetisierung bzw. Entmagnetisierung ein Zustand höherer bzw. geringerer Ordnung geschaffen wird (§128). Mittels *adiabatischer Entmagnetisierung* (DEBYE, GIAUQUE[1]) ist die bisher größte Annäherung an den absoluten Nullpunkt erreicht worden (§121).

221. Ferromagnetismus. Auch für die Ferromagnetika, deren wichtigster Vertreter das Eisen ist, gelten die in §220 gegebenen Definitionen. In ihrem magnetischen Verhalten sind sie aber von allen übrigen Stoffen grundsätzlich verschieden. Erstens: Während die *Permeabilitätszahlen* der festen para- und diamagnetischen Stoffe von 1 nur äußerst wenig verschieden sind, liegen sie bei den ferromagnetischen Stoffen in der Größenordnung 1000. Zweitens: Je nach ihrer *magnetischen Vorgeschichte* hat die bei einer bestimmten Feldstärke H auftretende magnetische Polarisation J bzw. Flußdichte B einen verschiedenen Wert. Daher hat auch ihre nach (220.7) als $\mu_r=B/(\mu_0 H)$ definierte Permeabilitätszahl einen von der magnetischen Vorgeschichte des Stoffes abhängigen Wert und ist deshalb bei einem ferromagnetischen Stoff nicht eindeutig anzugeben. Drittens: Man kann aus ihnen *Dauermagnete* herstellen. Viertens: Ihre Magnetisierung wächst bei wachsender Feldstärke nicht beliebig hoch, sondern erreicht bei genügend hoher Feldstarke praktisch einen Grenzwert, eine *Sättigung*. Fünftens: Bei Überschreitung einer bestimmten Temperatur, des *Curie-Punktes*, verlieren sie sprunghaft ihre ferromagnetischen Eigenschaften. Sechstens: Ferromagnetismus gibt es *nur bei festen Stoffen*.

Aus diesen Erfahrungstatsachen können wir sogleich folgende allgemeine Schlüsse ziehen. Während die Eigenschaften des Para- und Diamagnetismus

---

[1] WILLIAM FRANCIS GIAUQUE, geb. 1895, Nobelpreis 1949.

unmittelbar auf Atomeigenschaften beruhen, so daß man von para- und diamagnetischen Atomen sprechen kann, beruht der Ferromagnetismus nicht unmittelbar auf einer Eigenschaft der Atome der ferromagnetischen Stoffe. Denn er könnte sonst nicht bei einer bestimmten Temperatur verschwinden. Zweitens beweist die Existenz von Dauermagneten, daß die ferromagnetischen Stoffe imstande sind, eine in ihnen einmal erzeugte Magnetisierung wenigstens zum Teil aufrechtzuerhalten. Ferner sind die chemischen Verbindungen der Ferromagnetika nur in seltenen Fällen ferromagnetisch. Dies, sowie die Beschränkung des Ferromagnetismus auf den festen Zustand, weist darauf hin, daß es sich beim Ferromagnetismus um eine wesentlich in der *kristallographischen Struktur* der betreffenden Stoffe begründete Erscheinung handelt.

Ferromagnetische *Elemente* sind unter gewöhnlichen Verhältnissen nur die auch chemisch nahe verwandten Elemente Eisen, Nickel und Kobalt, sowie bei ausreichend tiefer Temperatur Gadolinium. Ferromagnetisch sind ferner gewisse Legierungen ferromagnetischer Elemente unter sich und mit gewissen anderen Stoffen, die an sich nicht ferromagnetisch sind, insbesondere mit Mangan, Aluminium, Chrom und Silizium, ferner gewisse chemische Verbindungen jener drei Metalle. Es gibt aber auch ferromagnetische Legierungen aus lauter an sich nicht ferromagnetischen Stoffen. Dazu gehören die *Heuslerschen Legierungen* aus Kupfer, Mangan und Aluminium, ferner die Legierungsreihe Platin—Chrom bei einem Chromgehalt zwischen 25 und 50 Atomprozenten, sowie Mangan—Stickstofflegierungen u. a. m. Auch dies beweist, daß der Ferromagnetismus keine eigentliche Eigenschaft der Atome selbst ist.

Bei den ferromagnetischen Stoffen ist das im magnetischen Felde auftretende magnetische Moment außerordentlich viel größer als bei den para- und diamagnetischen Stoffen. Eisenfeilspäne werden zu kleinen Magneten. Infolge der Anziehung zwischen ihren positiven und negativen Polen ordnen sie sich in Ketten an, deren allgemeine Richtung derjenigen des örtlichen Feldes entspricht. Daher kann man den allgemeinen Verlauf eines magnetischen Feldes mit Eisenfeilicht erkennbar machen.

Ferromagnetische Stoffe zeigen im magnetischen Felde eine der Elektrostriktion ähnliche Änderung ihrer Abmessungen *(Magnetostriktion)*. So nimmt die Länge eines längsmagnetisierten Eisenstabes bei wachsender Magnetisierung zunächst zu, erreicht schließlich ein Maximum und nimmt bei weiter wachsender Magnetisierung wieder ab, so daß bei sehr starker Magnetisierung schließlich sogar eine Verkürzung eintritt (Joule-Effekt).

Wie bereits erwähnt, verschwinden die ferromagnetischen Eigenschaften spontan beim Überschreiten einer bestimmten Temperatur, des *Curie-Punktes*[1] oder *magnetischen Umwandlungspunktes*. Er liegt beim reinen Eisen bei 769 °C, beim Nickel bei 356 °C, beim Kobalt bei 1075 °C, beim Gadolinium bei 16 °C, bei den Heuslerschen Legierungen zwischen 60 und 380 °C. Eisen unterhalb seines Curie-Punktes heißt α-Eisen, oberhalb desselben β-Eisen. α- und β-Eisen sind kristallographisch identisch, aber das β-Eisen ist paramagnetisch. Bei 906 °C verwandelt es sich sprunghaft in das vom α- und β-Eisen kristallographisch verschiedene γ-Eisen.

In der Existenz des Curie-Punktes spiegelt sich der Kampf zwischen der in einer permanenten Magnetisierung verwirklichten Ordnung (Ausrichtung) und der auf statistische Unordnung hinarbeitenden thermischen Bewegung. Der Curie-Punkt ist ein echter Umwandlungspunkt (§115), der sich auch in einem Sprung der spezifischen Wärme bemerkbar macht.

---

[1] Pierre Curie, 1859—1906, Nobelpreis 1903.

Die meisten magmatischen Gesteine enthalten Spuren von ferromagnetischen Stoffen. Als sie aus der Schmelze erstarrten, behielten sie nach Unterschreitung ihres Curie-Punktes eine remanente Magnetisierung in Richtung des erdmagnetischen Feldes *(Paläomagnetismus, thermomagnetische Remanenz)*. Diese Richtung stimmt heute meist nicht mehr mit der jetzigen Richtung dieses Feldes überein. Daraus ergeben sich wichtige erdgeschichtliche Schlüsse, auf die wir aber hier nicht eingehen können.

222. Das Wesen des Ferromagnetismus. Die Neukurve. Barkhausen-Effekt. Der Ferromagnetismus beruht auf dem Vorhandensein von elementaren magnetischen Dipolen, die aber von ganz anderer Art sind als die in §219 erwähnten atomaren Kreisströme. Wie alle Metalle, so bestehen auch die Ferromagnetika in ihrem gewöhnlichen Zustande aus winzigen, einheitlichen Kristalliten (Einkristallen, §52), die dicht gepackt nebeneinander liegen und deren kristallographische Achsen statistisch über alle Richtungen verteilt sind. Die Kristallite wiederum sind bei den ferromagnetischen Stoffen in die *Weißschen Bezirke* unterteilt, die immer noch aus sehr vielen Atomen bestehen und die *elementaren magnetischen Dipole* der Ferromagnetika bilden. *Die Weißschen Bezirke sind stets magnetisiert, und zwar stets bis zur Sättigung*; sie haben *eine spontane Magnetisierung*. Denn innerhalb jedes Weißschen Bezirkes sind alle atomaren magnetischen Dipole gleichsinnig gerichtet, und zwar parallel zu einer der drei gleichwertigen kristallographischen Achsen des Kristallits (§51), beim Eisen parallel zu seinen Würfelkanten. Im nichtmagnetisierten Ferromagnetikum kommen alle sechs hiernach innerhalb eines Kristallits möglichen Rich-

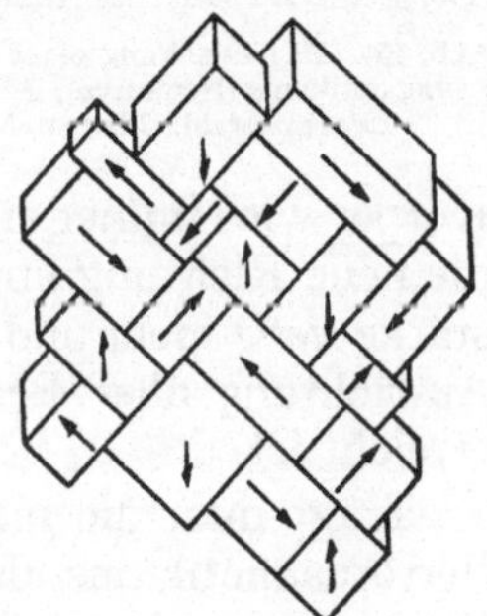

Abb. 397. Schema eines Eisenkristallits mit Weißschen Bezirken, nicht magnetisiert. Die Pfeile weisen in Richtung der drei Kanten

tungen des magnetischen Moments der Weißschen Bezirke durchschnittlich gleich oft vor, so daß ihre Wirkungen einander nach außen hin aufheben (Abb. 397). Die genannten Lagen der magnetischen Dipole sind Lagen kleinster potentieller Energie (§24) und sind bedingt durch die speziellen elastischen Eigenschaften der Ferromagnetika.

Die hohe Permeabilität der Ferromagnetika ist nicht, wie die Permeabilität der Para- und Diamagnetika, durch atomare Kreisströme an den Atomen bedingt, sondern wird dadurch verursacht, daß die Elektronen selbst ein magnetisches Moment haben (*Elektronenspin*, §358), das übrigens auch schon bei den Para- und Diamagnetika im Spiel ist, sich nur bei den Ferromagnetika infolge ihrer besonderen Struktur in ganz anderer Weise magnetisch bemerkbar macht. Die spontane Magnetisierung der Weißschen Bezirke beruht darauf, daß in jedem von ihnen die magnetischen Momente der Elektronen der unabgeschlossenen inneren Schalen der Atome (§346) durch zwischen ihnen wirkende Austauschkräfte gleichgerichtet sind. Beim Überschreiten des Curie-Punktes wird diese Ordnung durch die thermische Bewegung vernichtet. Allerdings sind die atomaren Kreisströme auch in den Ferromagnetika vorhanden und bewirken einen ganz geringen zusätzlichen Paramagnetismus, der nach Überschreiten des Curie-Punktes allein übrigbleibt.

Wird im ferromagnetischen Stoff ein magnetisches Feld erregt, das die magnetischen Momente in die Feldrichtung zu drehen sucht, so tritt als erstes eine *Wandverschiebung* ein, d.h. die Weißschen Bezirke, deren Magnetisierung einen spitzen Winkel mit der Feldrichtung bildet, wachsen auf Kosten derjenigen Nachbarbezirke, bei denen dieser Winkel ein stumpfer ist. Dadurch erfolgt eine erste

Magnetisierung des ganzen Körpers in der Feldrichtung. Einer weiteren Steigerung widersetzen sich zunächst die inneren Spannungen im Stoff. Erreicht aber die Feldstärke einen für jeden Bezirk von seiner Orientierung abhängigen Betrag, so klappt das magnetische Moment *des Bezirks als Ganzes sprunghaft* aus der ursprünglichen Orientierung (Abb. 398, 1) in diejenige Orientierung kleinster potentieller Energie um, in der das magnetische Moment den kleinsten möglichen Winkel mit der Feldrichtung bildet [*Barkhausen*[1]-*Sprünge* (Abb. 398, 2)]. Auf diese Weise überwiegen mit wachsender Feldstärke mehr und mehr die Richtungen der magnetischen Momente, die mit der Feldrichtung einen spitzen Winkel bilden; der

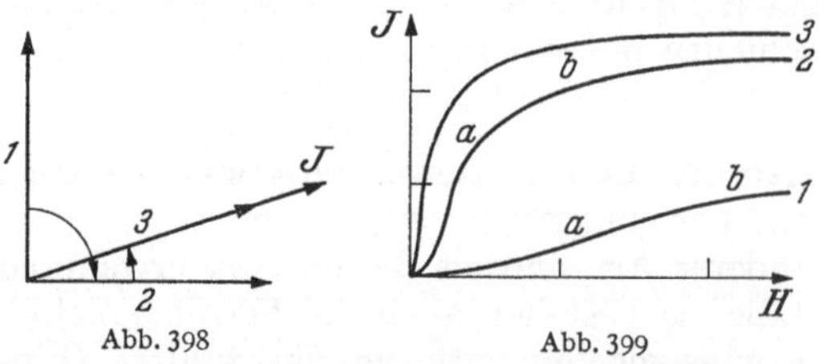

Abb. 398   Abb. 399

Abb. 398. Die Phasen der Magnetisierung eines Weißschen Bezirks

Abb. 399. Magnetisierung eines anfänglich unmagnetischen Ferromagnetikums (Neukurve), *1* bei Gußstahl, *2* bei ungeglühtem Dynamostahl, *3* bei zweimal geglühtem Dynamostahl

Körper wird immer stärker magnetisiert. Nachdem die magnetischen Momente in die neue Richtung umgeklappt sind, drehen sie sich mit weiter wachsender Feldstärke *stetig* mehr und mehr in deren Richtung (Abb. 398, 3), bis nach vollständiger Ausrichtung aller Bezirke der höchste Grad von Polarisation, die *Sättigung* J_s, erreicht ist.

Trägt man die magnetische Polarisation J eines anfänglich unmagnetischen Ferromagnetikums als Funktion der magnetischen Feldstärke auf, so ergibt sich für drei verschiedene Eisensorten das in Abb. 399 dargestellte Bild. Im Bereich *a* beruht die Polarisation im wesentlichen auf der Wandverschiebung. Im Bereich *b* machen sich mehr und mehr die spontanen Umklappvorgänge (1→2 in Abb. 398), und allmählich auch die stetige Drehung (2→3) in die Feldrichtung bemerkbar. Im Bereich der Abb. 399 verhalten sich die drei Eisensorten sehr verschieden, obgleich sie schließlich alle ungefähr die gleiche Sättigungspolarisation erreichen. Bei zweimal geglühtem Dynamostahl erfolgt das spontane Umklappen schon bei sehr viel kleinerer Feldstärke als beim ungeglühten Dynamostahl oder gar beim Gußstahl. Man bezeichnet ein Ferromagnetikum als *magnetisch weich oder hart*, je nachdem seine Polarisation bei kleiner Feldstärke schnell oder langsam anwächst. Die Magnetisierungskurve eines anfänglich unmagnetischen Stoffes bis zur vollen Sättigung nennt man die *Neukurve*.

Das spontane Umklappen der Dipolachsen der Weißschen Bezirke wird sehr eindrucksvoll durch folgende Erscheinung bewiesen *(Barkhausen-Effekt)*. Über einen Eisendraht ist eine Spule geschoben. Wird der Draht, etwa durch Annähern eines Magnetpols, magnetisiert, so vergrößert das Umklappen jedes einzelnen Weißschen Bezirks die Flußdichte B im Draht und erzeugt dadurch einen momentanen Induktionsstrom in der Spule (§234). Dieser kann so verstärkt werden, daß jeder einzelne Induktionsstoß als ein Knacken in einem Lautsprecher gehört wird, wenn die Magnetisierung langsam genug erfolgt. Bei schneller Änderung hört man ein prasselndes Rauschen.

Es gibt Eisenverbindungen (Ferrite), bei denen sich bei drei benachbarten Eisenatomen die Spins zweier Atome parallel, der des dritten zu ihnen antiparallel stellen *(Ferrimagnetismus)*. Die magnetischen Eigenschaften dieser Stoffe sind denen der Ferromagnetika ähnlich, und auch sie haben einen Curie-Punkt. Zu ihnen gehört auch der am längsten bekannte Stoff mit magnetischen Eigenschaften, der schon im Altertum bekannte Magnetit $FeOFe_2O_3$. Die ferrimagneti-

---

[1] HEINRICH BARKHAUSEN, 1881—1956.

schen Stoffe sind Halbleiter, haben also eine sehr geringe elektrische Leitfähigkeit und eignen sich deshalb sehr für die Kerne von Hochfrequenztransformatoren und Magnetspeichern elektronischer Rechenmaschinen, weil in ihnen nur sehr schwache Wirbelströme auftreten; sie finden aber auch sonst wichtige technische Anwendungen.

Es gibt ferner paramagnetische Stoffe, bei denen sich unterhalb einer der Curie-Temperatur analogen Temperatur *(Neel-Temperatur)* die Elektronenspins je zweier benachbarter Atome antiparallel stellen, so bei MnF_3 unterhalb von 67 K. Sie heißen *Antiferromagnetika* und haben keine ferromagnetischen Eigenschaften.

223. Hysterese. Remanenz. Koerzitivfeldstärke. Läßt man nach erfolgter Sättigung eines Ferromagnetikums die magnetische Feldstärke stetig wieder abnehmen, so kehrt sich die letzte Phase der Polarisation der Weißschen Bezirke, die stetige Drehung in die Richtung des Feldes, wieder um ($3 \rightarrow 2$, Abb. 398). Hingegen haben die Bezirke die Neigung, bei weiter sinkender und verschwindender Feldstärke teilweise im Zustand 2 der Abb. 398 zu verbleiben, da dieser einem stabilen Gleichgewicht entspricht. Demnach verschwindet die Polarisation nicht restlos mit dem Felde, sondern es bleibt eine *Restpolarisation* oder *Remanenz* zurück (Abb. 400). Der Körper behält also ein magnetisches Moment, er ist zu einem *Dauermagneten* geworden.

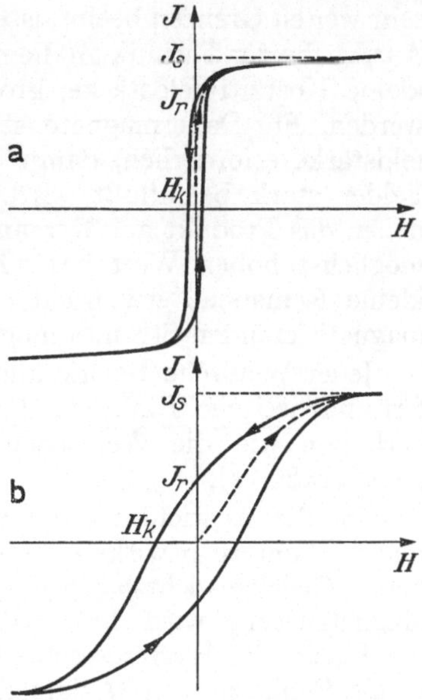

Läßt man nunmehr die Feldstärke, vom Betrage Null beginnend, in entgegengesetzter Richtung wieder anwachsen, so wiederholt sich auch der Magnetisierungsvorgang in umgekehrter Richtung. Ehe aber eine Polarisation in der neuen Richtung erfolgen kann, muß zunächst die Remanenz beseitigt werden, indem ein Teil der Weißschen Bezirke zum spontanen Umklappen gebracht wird und auch die Wandverschiebungen wieder rückgängig gemacht werden, bis der Körper als Ganzes entmagnetisiert ist. Hierzu ist eine bei den einzelnen Eisensorten und Ferromagnetika verschiedene Feldstärke H_k nötig, die *Koerzitivfeldstärke* (nicht gut: Koerzitivkraft) (Abb. 400). Je magnetisch weicher der Stoff ist, je leichter also die Umklappvorgänge bei ihm eintreten, um so geringer ist die Koerzitivfeldstärke. Nachdem der Körper auf diese Weise entmagnetisiert ist, wächst seine Polarisation bei weiterer Steigerung der Feldstärke wieder an und erreicht schließlich Sättigung.

Abb. 400. Hysteresisschleifen; a gezogener Schmiedestahl, b gehärteter Werkzeugstahl

Läßt man nunmehr die Feldstärke wieder auf Null abnehmen, dann in entgegengesetzter Richtung wieder bis zur Sättigung anwachsen, so bleibt bei verschwindender Feldstärke wiederum eine Remanenz übrig, die erst verschwindet, wenn die Feldstärke den Betrag der Koerzitivfeldstärke erreicht hat. Demnach besteht die Polarisationskurve bei einer solchen *zyklischen Magnetisierung* aus zwei Ästen, die beiderseits in die der Sättigung entsprechenden Geraden auslaufen. Der ganze Erscheinungsbereich heißt *Hysterese* (WARBURG[1] 1880), die in Abb. 400 dargestellte Kurve *Hystereseschleife.*

Ein ferromagnetischer Körper hat also, nachdem er der Wirkung eines magnetischen Feldes ausgesetzt gewesen ist, unter allen Umständen eine Remanenz.

---

[1] EMIL WARBURG, 1846—1931.

Um sie zu beseitigen, bringt man den Körper in eine Spule, in der Wechselstrom fließt, so daß er eine zyklische Magnetisierung erfährt. Wenn man die Stärke des Wechselstroms stetig auf Null abnehmen läßt oder den Körper langsam aus der Spule herauszieht, so wird die von der Hystereseschleife umrandete Fläche immer kleiner und schrumpft schließlich auf ihren Schwerpunkt zusammen; der Körper ist entmagnetisiert.

Auch in bezug auf die Hysterese verhalten sich die verschiedenen Ferromagnetika sehr verschieden. Abb. 400a bezieht sich auf gezogenen Schmiedestahl, Abb. 400b auf gehärteten Werkzeugstahl. Das verschiedene magnetische Verhalten beruht außer auf der Vorbehandlung, die die elastischen Spannungen beeinflußt, in erster Linie auf den im Eisen enthaltenen Beimengungen, z.B. auf dem Kohlenstoffgehalt. Aber auch durch Legieren mit anderen Metallen (Kobalt, Nickel usw.) lassen sich die magnetischen Eigenschaften des Eisens in sehr weiten Grenzen beeinflussen. Auf diese Weise können die sehr verschiedenen Ansprüche der Technik an die magnetischen Eigenschaften des Eisens (große oder kleine Koerzitivfeldstärke, große oder kleine Remanenz) weitgehend befriedigt werden. Für Dauermagnete ist neben hoher Remanenz auch eine hohe Koerzitivfeldstärke erforderlich, damit nicht die Magnetisierung durch schwache äußere Felder stark beeinflußt wird. Am günstigsten sind hierfür Eisensorten, bei denen das Produkt aus Remanenz und Koerzitivfeldstärke, die *Güteziffer*, einen möglichst hohen Wert hat. Für Elektromagnete hingegen ist eine möglichst kleine Remanenz erwünscht, damit die Magnetisierung beim Ausschalten des magnetisierenden Stromes möglichst weitgehend verschwindet.

Jeder Weißsche Bezirk bildet einen Einkristall (§ 52) Man kann auch große ferromagnetische Einkristalle züchten, die sich als Ganzes magnetisch ebenso verhalten wie die Weißschen Bezirke. Ihre Hystereseschleife ist rechteckig *(Rechteckkurve)*.

Um die Ausrichtung der magnetischen Momente im magnetischen Ferromagnetikum zu bewirken, ist Arbeit gegen die Kräfte zu leisten, die die natürlichen Gleichgewichtslagen der atomaren Dipole bedingen. Bei einer zyklischen Magnetisierung wird diese Arbeit in Wärme verwandelt. Sie ist proportional der Fläche der Hystereseschleife, welche man erhält, wenn man nicht J, sondern B als Funktion von H darstellt. (Das Produkt, das Integral $\int B\,dH$, ist eine Energiedichte, § 236.) Je schmaler also die Hystereseschleife ist, desto weniger Arbeit wird bei zyklischer Magnetisierung in Wärme verwandelt. Das ist besonders wichtig bei Eisenteilen elektrischer Geräte und Maschinen, die einer ständigen zyklischen Magnetisierung unterworfen sind.

Wie aus den Abb. 399 und 400 ersichtlich, könnte man zwar für jeden „Arbeitspunkt" auf einer Magnetisierungskurve formal einen Wert $\mu_r = 1 + J/(\mu_0 H)$ berechnen, der aber auch für gleiches H je nach der magnetischen Vorgeschichte des Materials verschieden ausfällt und sogar unter Umständen negativ sein kann. Eindeutig und praktisch wichtig ist aber nur die durch die Steigung der Magnetisierungskurve in einem bestimmten Arbeitspunkt — gegeben durch bestimmte Werte von H und J — definierte *differentielle Permeabilität* in diesem Arbeitspunkt, insbesondere die *Anfangspermeabilität* für $H \to 0$, $J \to 0$ auf der Neukurve (Abb. 399).

224. Rotationsmagnetische Effekte. Der Ferromagnetismus beruht, wie bereits gesagt, auf dem magnetischen Moment der Elektronen, das man modellmäßig als eine Folge einer Rotation der Elektronen um ihre eigene Achse deutet (*Elektronenspin* oder *Elektronendrall*, § 358). Die Elektronen sind also winzige negativ geladene Kreisel. Die Berechtigung dieser Vorstellung wird u. a. durch zwei *rotationsmagnetische Effekte* bewiesen. Der erste führt nach seinem Entdecker (1914) den Namen *Barnett-Effekt*. In einem nichtmagnetisierten Ferromagnetikum sind die Richtungen der magnetischen Momente der Weißschen Bezirke statistisch verteilt. Wird nun ein solcher Körper in Rotation versetzt, so erhält auch jedes Elektron einen Drehimpuls zusätzlich zu seinem natürlichen Spin und daher ein zusätzliches magnetisches Moment in Richtung der Rotationsachse des Körpers. Der Körper wird also als Ganzes magnetisiert. Das Vorzeichen des magnetischen Moments, d.h. seine Orientierung in oder gegen die Richtung des Winkelgeschwindigkeitsvektors, hängt davon ab, ob es sich um positive oder negative elementare Ladungsträger handelt. Der Versuch erweist, daß es negative Ladungsträger, also, wie schon gesagt, Elektronen sind. Um gut meßbare Wirkungen zu erzielen, muß die Rotation sehr schnell erfolgen.

Die Umkehrung des Barnett-Effektes ist der *Einstein-de Haas*[1]*-Effekt* (1915). Wird ein anfänglich nicht magnetisierter Eisenzylinder durch einen Strom in einer ihn umgebenden Spule magnetisiert, so richten sich die magnetischen Momente seiner Elektronen mehr oder weniger vollständig in die Richtung des magnetisierenden Feldes, also in die Richtung der Zylinderachse aus, und das gleiche gilt für die Richtung der Drehimpulse der Dipole. Die Vektorsumme der elementaren Drehimpulse ist also nicht mehr, wie anfänglich, Null, sondern hat einen endlichen Betrag. Da dem Zylinder kein mechanischer Drehimpuls erteilt wurde, so muß die Gesamtsumme seiner Drehimpulse nach wie vor Null sein (§ 35). Da die Drehimpulssumme der Elektronen jetzt einen endlichen Betrag hat, so muß der Zylinder als Ganzes einen Drehimpuls von gleichem Betrage, aber entgegengesetzter Richtung erhalten. Wiederum hängt die Richtung der zusätzlichen elementaren Drehimpulse und daher auch die des beobachtbaren, makroskopischen Drehimpulses vom Vorzeichen der elementaren Ladungsträger ab. Die Versuche ergaben sowohl das Vorhandensein des Effektes, als auch das negative Vorzeichen der Ladungsträger.

Als dieser Versuch zuerst angestellt wurde, glaubte man noch, daß die magnetischen Eigenschaften der Ferromagnetika auch auf atomaren Kreisströmen beruhten; der Elektronenspin war noch unbekannt. Daher erwartete man Folgendes. Nach § 209 gilt für das Verhältnis von Drehimpuls zu magnetischem Moment, das *gyromagnetische Verhältnis*, eines *kreisenden* Elektrons die Beziehung $q/M = 2m_e/(\mu_0 e)$. Das gleiche Verhältnis müßte dann auch für die Gesamtheit der Elektronen in dem magnetisierten Körper gelten. Der Körper als Ganzes müßte also einen entsprechenden entgegengesetzt gerichteten Drehimpuls erhalten. Tatsächlich ergab sich aber nur der halbe Wert. Dieser Widerspruch erklärte sich später dadurch, daß es sich nicht um Kreisbahnen, sondern um den Elektronenspin handelt, für den die Quantentheorie einen nur halb so großen Wert von q/M ergibt wie für die Kreisbahnen (§ 358).

225. Feldlinien und Flußdichtelinien. In der Abb. 401 a ist ein schmaler Schlitz in einem homogen magnetisierten Stoff dargestellt, der sich in Richtung des magnetisierenden Feldes H erstreckt. Wir haben in § 220 von dem zusätzlichen Felde H' gesprochen, das sich in einem Stoff infolge seiner Magnetisierung ausbildet, indem sich die atomaren Kreisströme infolge ihrer Ausrichtung senkrecht zum magnetisierenden Felde sozusagen zu fadenförmigen Spulen zusammenschließen, die sich in der Feldrichtung erstrecken (§ 219). Auch die Kreiselelektronen in den Ferromagnetika können wir als solche winzig kleinen Spulen idealisieren. In unserem Längsschlitz fehlen aber diese „Spulen" und mit ihnen das zusätzliche Feld H'; in ihm herrscht lediglich das Feld H und daher die Fluß-

---

[1] Johannes Wander de Haas, geb. 1878.

dichte $B = \mu_0 H$, während im benachbarten Stoff die Flußdichte $B = \mu_r \mu_0 H = \mu H$ herrscht.

Nunmehr denken wir uns in dem magnetisierten Stoff einen zur Feldrichtung senkrechten, sehr dünnen Querschlitz (Abb. 401 b). Die „Spulen" werden dann durch ihn praktisch nicht unterbrochen, und das Zusatzfeld H' setzt sich durch ihn ungestört fort. In ihm herrscht also das Feld $H + H'$ und daher die Flußdichte $B = \mu_0 (H + H') = \mu H$ (§ 219), die gleiche wie im Stoff.

Aus diesen Überlegungen folgt: 1. Wir können — wenigstens im Gedankenexperiment — die magnetische *Feldstärke H* in einem magnetisierten Stoff in einem *Längsschlitz* messen, z. B. aus der dort auf einen Einheitsmagnetpol wirkenden Kraft. 2. Wir können die Flußdichte B in ihm in einem *Querschlitz* messen, z. B. aus der dort auf einen Strom wirkenden Kraft nach (208.2) oder durch einen Induktionsversuch nach § 238. Es folgt ferner: 1. Die Dichte der *Feldlinien (H-Linien)* ist beiderseits einer sich *in der Feldrichtung erstreckenden Grenzfläche* (der seitlichen Begrenzungen des Längsschlitzes) *gleich groß*. 2. Die Dichte der *Flußdichtelinien (B-Linien)* ist beiderseits einer sich *senkrecht zur Feldrichtung erstreckenden Grenzfläche* (der beiden Begrenzungen des Querschlitzes) *gleich groß*.

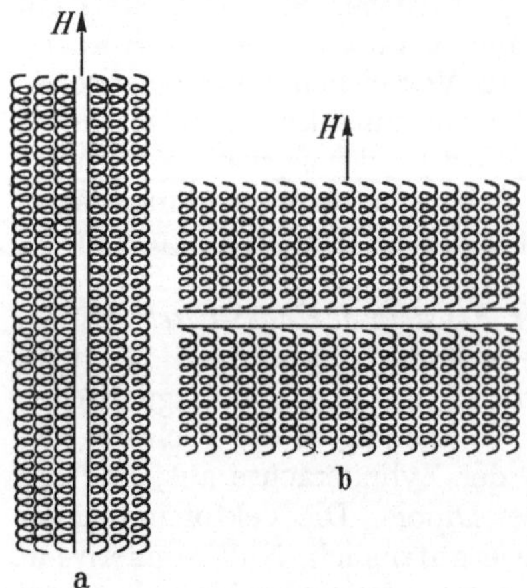

Abb. 401. a Längsschlitz, b Querschlitz in einem magnetisierten Stoff

Aus dem letzteren folgt aber, daß die B-Linien sämtlich durch die Begrenzungen des Querschlitzes hindurchtreten, daß aber die Dichte der H-Linien im Stoff und im Querschlitz verschieden ist. Bezeichnen wir die Feldstärke im Stoff mit H, diejenige im Querschlitz mit H_0, so ist $B = \mu_r \mu_0 H = \mu_0 H_0$, also $H_0 = \mu_r H$. Die Feldstärke wächst bzw. sinkt beim Eintritt in den Querschlitz, je nachdem $\mu_r > 1$ (Para- oder Ferromagnetika) bzw. $\mu_r < 1$ (Diamagnetika) ist. Doch tritt eine irgend merkliche Wirkung natürlich nur bei den Ferromagnetika ein.

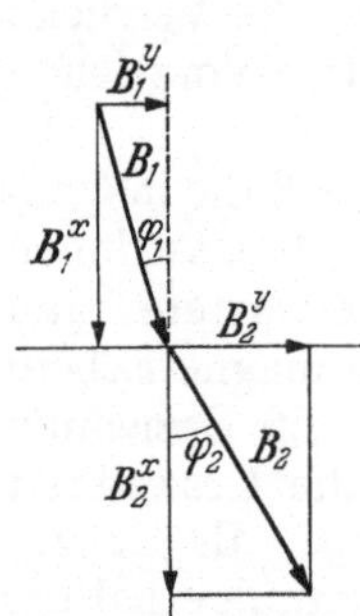

Abb. 402. Zur Brechung der Induktionslinien

226. Die Brechung der B- und H-Linien. In der Abb. 402 sind die B-Linien eines magnetischen Flusses dargestellt, der unter dem Winkel φ_1 gegen das Einfallslot in die Grenzfläche eines Stoffes 1 gegen einen Stoff 2 mit den absoluten Permeabilitäten μ_1 und μ_2 eintritt. In Anknüpfung an § 225 denken wir uns längs der Grenzfläche einen (nicht gezeichneten) unendlich dünnen stofffreien Zwischenraum ($\mu = \mu_0$). Die auf die beiden Stoffe und auf den Zwischenraum bezüglichen Größen unterscheiden wir durch die Indizes 1, 2, 0. Wie wir sehen werden, erfahren die B-Linien, sowie die ihnen gleich gerichteten H-Linien in der Grenzfläche eine Richtungsänderung.

Wir zerlegen die Flußdichte in ihre beiden Komponenten senkrecht und parallel zur Grenzfläche

$$B^x = \mu H^x = B \cos \varphi, \qquad B^y = \mu H^y = B \sin \varphi.$$

Nach § 225 gilt dann für die zur Grenzfläche senkrechten Komponenten

$$B_1^x = B_0^x = B_2^x \qquad\qquad (226.1)$$

und für die zur Grenzfläche parallelen Komponenten

$$H_1^y = H_0^y = H_2^y, \quad \text{also} \quad \frac{B_1^y}{\mu_1} = \frac{B_2^y}{\mu_2}. \tag{226.2}$$

Nun ist $\tan \varphi_1 = B_1^y/B_1^x$, $\tan \varphi_2 = B_2^y/B_2^x$, also

$$\frac{\tan \varphi_1}{\tan \varphi_2} = \frac{B_2^x}{B_1^x} \frac{B_1^y}{B_2^y} = \frac{\mu_1}{\mu_2}. \tag{226.3}$$

In der Grenzfläche erfolgt also eine *Brechung der B-Linien bzw. der H-Linien.* Ist $\mu_2 > \mu_1$ (z.B. Eintritt aus Luft in ein Ferromagnetikum), so werden sie vom Einfallslot weggebrochen ($\varphi_2 > \varphi_1$); bei entgegengesetztem Verlauf werden sie zum Einfallslot hin gebrochen ($\varphi_2 < \varphi_1$). Während diese Wirkung bei den Para- und Diamagnetika sehr klein ist, ist sie bei den Ferromagnetika (z.B. $\mu_1 = \mu_0$, $\mu_2 \gg \mu_0$) außerordentlich groß. Auch ein nahezu senkrecht in ein Ferromagnetikum einfallendes Feld verläuft in dessen Innerem nahezu parallel zur Grenzfläche, und die aus seinem Inneren kommenden Feldlinien treten aus ihm auch bei sehr schrägem

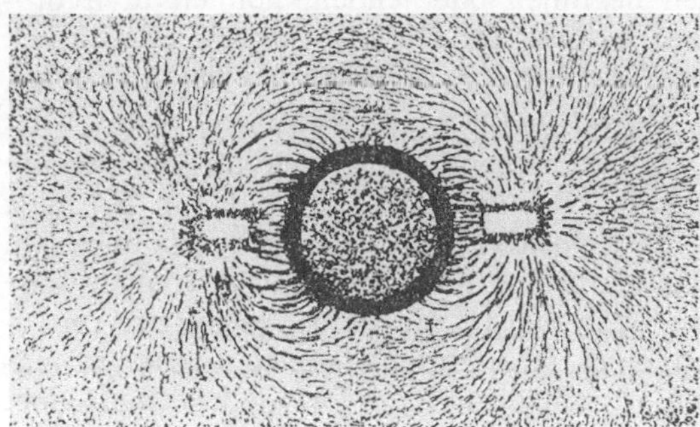

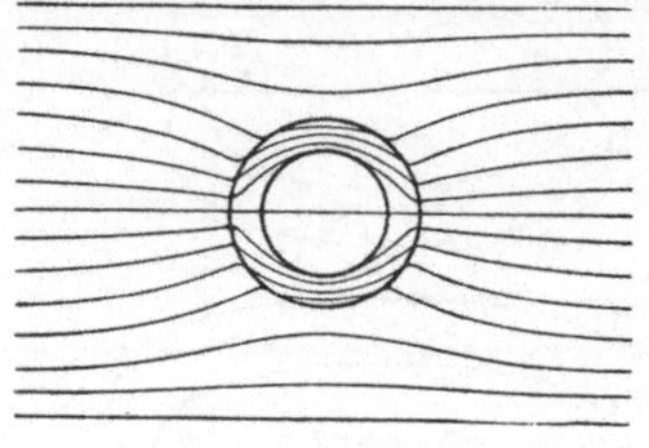

Abb. 403. Feldverlauf an einem Eisenzylinder

Abb. 404. Zur Brechung der B-Linien in einem Eisenzylinder

Einfall nahezu senkrecht aus. Die Abb. 403 und 404 zeigen dieses Verhalten im experimentellen Feldlinienbild und in schematischer Darstellung. B-Linien treten unter starker Brechung in den Eisenzylinder ein und verlaufen weiter in ihm, ohne in den Innenraum einzutreten, um dann unter entgegengesetzter Brechung an der gegenüberliegenden Seite wieder aus ihm auszutreten.

Das hat eine wichtige Nutzanwendung. Der vom Eisenzylinder eingeschlossene Raum ist praktisch feldfrei. Noch viel mehr gilt das für einen rings von Eisen umgebenen Hohlraum *(Schirmwirkung von Eisen)*. Man kann also Geräte, die man vor den Einwirkungen äußerer magnetischer Felder, z.B. des erdmagnetischen Feldes oder der Felder starker elektrischer Ströme, zu schützen wünscht, in einen Eisenpanzer setzen. Die abschirmende Wirkung von Eisen macht sich in Gebäuden, die in Wänden und Decken viel Eisen enthalten, stark bemerkbar. So ist z.B. im Physikalischen Institut der Technischen Universität Berlin die Stärke des erdmagnetischen Feldes rund 20% niedriger als im freien Gelände.

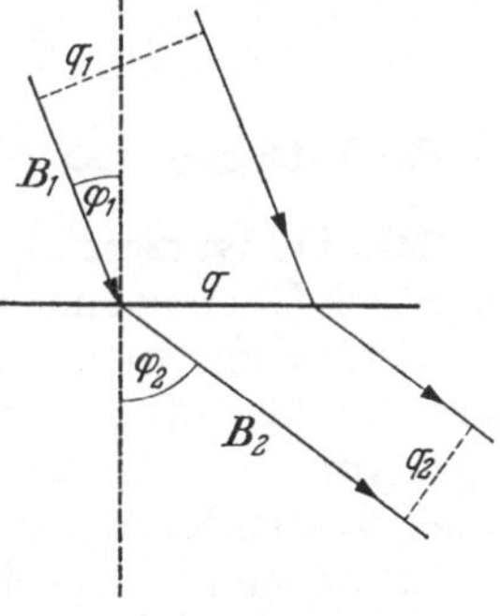

Abb. 405. Magnetischer Fluß an einer Grenzfläche

In der Abb. 405 sind die B-Linien eines unter dem Winkel φ_1 in einen Teil q einer Grenzfläche einfallenden magnetischen Flusses dargestellt. Dieser beträgt dann $\Phi_1 = B_1 q_1 = B_1 q \cos \varphi_1$. Entsprechend beträgt der aus q austretende Fluß

$\Phi_2 = B_2\,q_2 = B_2\,q\cos\varphi_2$. Nun ist (Abb. 402) $B_1\cos\varphi_1 = B_1^z$ und $B_2\cos\varphi_2 = B_2^z$, und nach (226.1) ist $B_1^z = B_2^z$. Daraus folgt $\Phi_1 = \Phi_2$. Der magnetische Fluß Φ erleidet also an der Grenzfläche keine Veränderung, weil nämlich die Dichte der B-Linien sich bei der Brechung im umgekehrten Verhältnis ändert wie der Querschnitt $q\cos\varphi$ des Flusses. Das bedeutet aber, daß die B-Linien die Grenzfläche ungestört, nur unter Änderung ihrer Richtung, durchsetzen. Das bedeutet weiter, daß *die B-Linien nirgends einen Anfang oder ein Ende haben; sie laufen immer in sich selbst zurück; sie sind immer geschlossen*. Anders die H-Linien. Wenn wir einen ihnen entsprechenden Fluß $\Phi_1^H = H_1\,q\cos\varphi_1 = \Phi/\mu_1$ und $\Phi_2^H = H_2\,q\cos\varphi_2 = \Phi/\mu_2$ definieren, so ist $\Phi_1^H/\Phi_2^H = \mu_2/\mu_1$. Ist $\mu_1 \gtrless \mu_2$, so ist $\Phi_1^H \lessgtr \Phi_2^H$. Fällt also das Feld z.B. aus der Luft in ein Ferromagnetikum ein ($\mu_2 > \mu_1$), so nimmt Φ^H im Verhältnis μ_1/μ_2 ab, d.h. es enden H-Linien an der Grenzfläche. *Die H-Linien sind im allgemeinen nicht geschlossen. Mindestens ein Teil von ihnen beginnt oder endet an den Grenzflächen von Stoffen verschiedener Permeabilität.* Sie sind nur dann geschlossen, wenn sie vollständig innerhalb des gleichen Stoffes oder im Vakuum verlaufen.

Grenzflächen, an denen H-Linien beginnen oder enden, können in hydrodynamischer Analogie als *Quellen und Senken des H-Feldes* bezeichnet werden. *Das H-Feld ist im allgemeinen nicht quellenfrei, das B-Feld dagegen stets quellenfrei* (vgl. § 147).

Das Vorstehende gilt auch für permanente Magnete. Bei ihnen treten nicht nur B-Linien aus dem positiven Pol aus und verlaufen zum negativen Pol zurück, sondern der magnetische Fluß setzt sich im Magneten, genau wie im Innern einer stromdurchflossenen Spule im Vakuum, durch das Innere fort und verläuft dort vom negativen zum positiven Pol. Beim Zerbrechen einer magnetisierten Stricknadel (§ 190) werden die im Innern verlaufenden B-Linien sozusagen befreit, vergleichbar mit Gummischnüren innerhalb einer Röhre, die man zerbricht. Ihre Austrittsstellen an den Bruchflächen bilden neue Pole (Abb. 406).

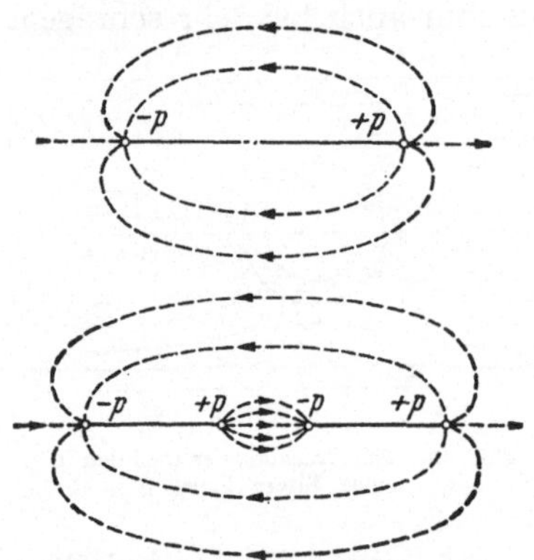

Abb. 406. Freilegung der im Inneren eines Magneten verlaufenden Induktionslinien

Da es — anders als im elektrischen Fall — keine magnetischen Raumladungen gibt, so entspricht der Gleichung (185.2), $\operatorname{div}\boldsymbol{D} = \varrho$, im magnetischen Falle die Gleichung

$$\operatorname{div}\boldsymbol{B} = 0, \tag{226.4}$$

die die Tatsache ausspricht, daß die Flußdichtelinien stets geschlossen sind.

227. Feldverzerrungen durch magnetisierbare Körper. Die Abb. 407 zeigt ein Stück Eisen in einem ohne seine Anwesenheit homogenen magnetischen Felde. Es wird magnetisiert, und die Überlagerung des von ihm erzeugten Feldes mit diesem Felde ruft eine Feldverzerrung hervor. Ein Teil der Feldlinien wird sozusagen vom Eisen in dieses hineingesogen. An den beiden Endflächen sind die Feldlinien verdichtet, an den Seitenflächen verdünnt; dort ist das Feld verstärkt, hier geschwächt. Die Abb. 408 zeigt das Zustandekommen dieses Feldverlaufs, Abb. 408a die beiden Teilfelder, Abb. 408b ihre Überlagerung. Wir haben die Darstellung der B-Linien gewählt, weil das wegen ihrer Geschlossenheit einfacher ist. Ein Unterschied gegenüber den H-Linien besteht nur insofern, als von diesen ein Teil an den Grenzflächen des Körpers beginnt bzw. endet. Der allgemeine Verlauf ist der gleiche.

Die Abb. 407 könnte auch das elektrische Feldlinienbild eines *Leiters im elektrischen Felde* sein. Die Abb. 408 stimmt im Feldverlauf im Außenraum mit der Abb. 282, § 145, vollkommen überein. Im Inneren dagegen herrschen völlig verschiedene Verhältnisse. Im Leiter herrscht die Feldstärke $E = 0$, aber die Verschiebungsdichte $D = \varepsilon E$ (die Flächendichte der an den Enden influenzierten Ladungen) ist end-

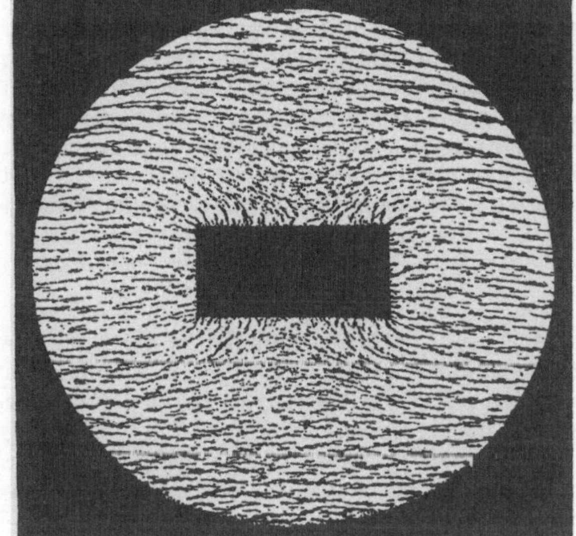

Abb. 407. Eisen im magnetischen Felde. (Aus POHL: Elektrizitätslehre)

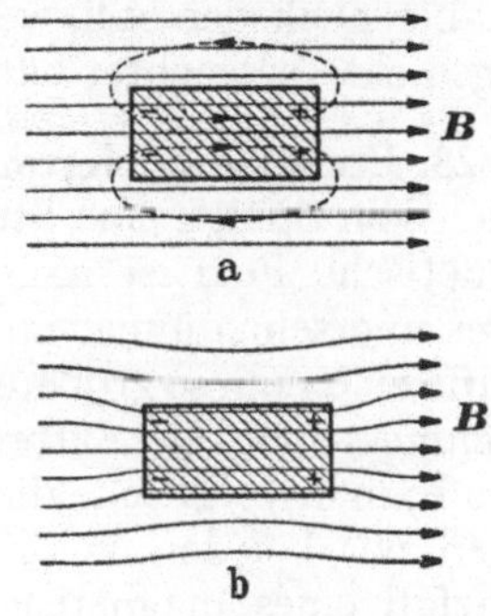

Abb. 408. Zur Deutung der Abb. 407

lich. Dem Leiter muß man also die Dielektrizitätskonstante $\varepsilon = \infty$ zuschreiben, eine Folge der unbegrenzten Verschiebbarkeit seiner Leitungselektronen. Das im Innern dem äußeren Feld entgegengerichtete Feld der Influenzladungen hebt jenes dort genau auf. An den Stirnflächen verstärkt es, an den Seitenflächen schwächt es im Außenraum das influenzierende Feld. Im Falle des Ferromagnetikums ist zwar μ nicht ∞, aber immerhin $\mu \gg \mu_0$. Aber das Innere ist keineswegs feldfrei. Das gegenüber dem fernen Außenraum sehr verstärkte B-Feld verläuft dort vom negativen zum positiven Ende. Das H-Feld ist ebenso gerichtet, aber nach (226.2) im Ferromagnetikum um den sehr kleinen Faktor $\mu_0/\mu = 1/\mu_r$ kleiner als im Außenraum an den Stirnflächen, da dort B innen und außen gleich groß ist.

Wir wollen eine entsprechende Betrachtung auch für ein Dielektrikum einerseits und ein Para- und ein Diamagnetikum andererseits anstellen. Die Abb. 409 zeigt solche Körper im elektrischen E-Felde und im magneti-

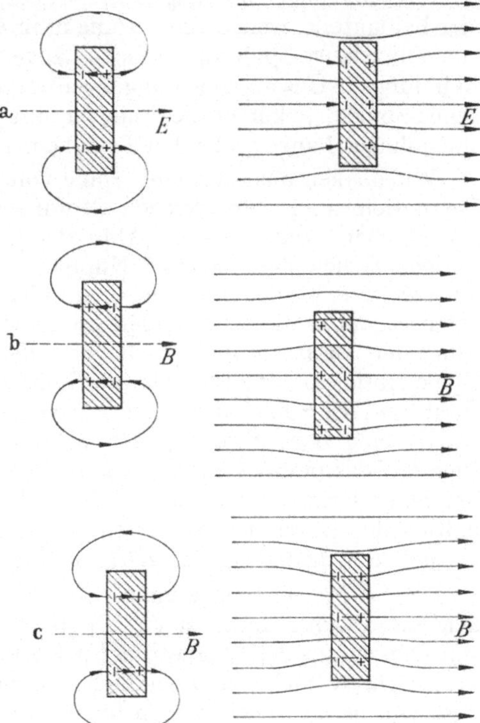

Abb. 409. a Dielektrischer Körper im elektrischen Felde, b diamagnetischer, c paramagnetischer Körper im magnetischen Felde

schen B-Felde. Wegen $\mu \approx \mu_0$ ist in diesem Fall der Unterschied gegenüber dem H-Feld sehr gering, der allgemeine Verlauf überdies auch hier der gleiche. Links ist jeweils das Feld der elektrischen bzw. der magnetischen Polarisation allein, rechts seine Überlagerung mit dem erregenden homogenen Felde gezeichnet. Die Bilder zeigen charakteristische Unterschiede, und keines gleicht dem anderen in jeder Beziehung. Im Vorzeichen der Polarisation und im äußeren Feldverlauf stimmen überein das Dielektrikum und das Paramagnetikum (extremer Grenzfall: Leiter und Ferromagnetikum). In der Richtung des Eigenfeldes der Polarisation im Innern stimmen überein das Dielektrikum und das Diamagnetikum. Para- und Diamagnetikum stimmen wenigstens insofern überein, als alle B-Linien (und wegen $\mu \approx \mu_0$ auch fast alle H-Linien) durch sie hindurchtreten. Beim Dielektrikum wäre das aber auch der Fall, wenn wir statt der E-Linien die D-Linien der Verschiebungsdichte betrachtet hätten.

228. Entmagnetisierung. In der Abb. 353 erkennt man, daß in der Nähe der Enden von Spulen eine Streuung der Feldlinien nach den Seiten stattfindet. Das magnetische Feld ist nahe den Enden schwächer, als wir es für den Fall sehr langer und sehr dünner Spulen und Stäbe berechnet haben. Diese Feldverzerrung betrifft einen um so größeren Teil des Ganzen, je kleiner die Länge gegenüber dem Durchmesser ist. Der extreme Grenzfall einer kurzen Spule ist die einzelne Stromschleife; man vergleiche die Abb. 351 und 353. Etwas ganz entsprechendes beobachten wir bei den Feldlinien magnetisierter Körper (Abb. 343). Der extreme Grenzfall eines magnetisierten Stabes ist eine unendlich dünne magnetisierte Platte. Die Ursache dieser Feldschwächung kann man bei einer Spule auf folgende Weise verstehen. Das magnetische Feld im Inneren einer Spule ist die Summe der Feldanteile, welche die Ströme in ihren Windungen liefern. Verkürzt man eine unendlich lange Spule auf endliche Länge, so fehlt der Beitrag der weggenommenen Windungen. Unsere Gleichungen galten aber streng nur für praktisch unendlich lange Spulen. Je kürzer die Spule ist, um so stärker macht sich der Ausfall der an unendlicher Länge fehlenden Teile bemerkbar.

Wir denken uns jetzt eine Spule von endlicher Länge durch zwei ganz gleich beschaffene und vom gleichen Strom gleichsinnig umflossene Ansatzspulen zu unendlicher Länge ergänzt (Abb. 410a). Dann gelten in der Spule unsere bisherigen Gleichungen streng. Nunmehr denken wir uns über die Ansatzspulen zwei weitere, gleiche und von einem gleich starken, aber entgegengesetzt gerichteten Strom umflossene Spulen geschoben (Abb. 410b). Dadurch wird die Wirkung der Ansatzspulen aufgehoben. Es bleibt nur die Wirkung der endlichen Spule übrig, die wir nun als die Summe der Wirkungen der unendlich langen Spule und der Spulen mit umgekehrter Stromrichtung auffassen können. Letztere liefern eine dem Felde H_0 der unendlich langen Spulen entgegengerichtetes Feld H_e, das man als *entmagnetisierendes Feld* bezeichnet, und das Feld am Ort der Spule beträgt nur noch $H = H_0 - H_e$. Das Verhältnis H/H_0 hängt vom Verhältnis des Durchmessers der endlichen Spule zu ihrer Länge ab. Je kleiner es ist, um so mehr nähert sich H/H_0 dem Werte 1.

Diese Überlegungen können wir auf einen magnetisierten Stab übertragen, den wir als eine durch einen Oberflächenstrom gespeiste „Spule" idealisieren. Wir denken uns den magnetisierten Körper zunächst durch gleich stark magnetisierte Ansatzstücke zu unendlicher Länge ergänzt (Abb. 410c). Dann gelten unsere bisherigen Gleichungen für das in ihm herrschende magnetische Feld und für seine Magnetisierung. Entsprechend der Anbringung der Spulen mit dem gegenläufigen Strom können wir uns nun wenigstens im Gedankenexperiment die Zusatzstücke durch zwei weitere Zusatzstücke überlagert denken, die gleich stark, aber entgegengesetzt magnetisiert sind (Abb. 410d). Sie erzeugen am Ort des magnetisierten Körpers ein rückläufiges, entmagnetisierendes Feld, genau wie im Fall der Spule.

Das entmagnetisierende Feld H_e ist der magnetischen Polarisation J_0 proportional, die der unendlich lange Stab bei der Feldstärke H_0 haben würde. Das Verhältnis der wirklichen Polarisation J zu J_0 ist aber nur von der Gestalt des Stabes abhängig. Wir können daher setzen $H_e = \alpha J$. Daher ist nach (220.5) $J = \varkappa \mu_0 H = \varkappa \mu_0 (H_0 - H_e)$ und $J_0 = \varkappa \mu_0 H_0$, so daß

$$J = J_0 - \varkappa \mu_0 H_e = J_0 - \varkappa \mu_0 \alpha J.$$

Wir setzen $\mu_0 \alpha = \beta$. Dann folgt

$$J = \frac{J_0}{1 + \beta \varkappa} = \frac{\varkappa \mu_0 H_0}{1 + \beta \varkappa}. \qquad (228.1)$$

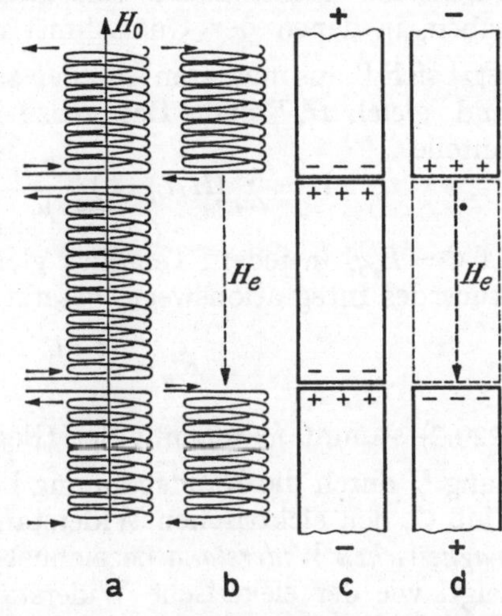

Abb. 410. Zur Erläuterung der Entmagnetisierung

β heißt der *Entmagnetisierungsfaktor*; er hängt nur von der Gestalt des Stabes ab, ist am größten für eine unendlich dünne Platte, die senkrecht zum Felde steht, und läßt sich dafür ganz einfach berechnen. Nach (226.1) beträgt die Feldstärke H in der Platte (mit $\mu_1 = \mu_0, \mu_2 = \mu$) $H = H_0 \mu_0 / \mu = H_0 / \mu_r$. Demnach ist $J = \varkappa \mu_0 H = \varkappa \mu_0 H_0 / \mu_r = J_0 / \mu_r = J_0 / (1 + \varkappa)$. Aus (228.1) folgt $\beta = 1$, also $\alpha = 1 / \mu_0$. Der Entmagnetisierungsfaktor ist um so kleiner, je länger bei gleichem Querschnitt der Stab ist. Ist er 10mal bzw. 100mal länger als seine Dicke, so ist $\beta = 0{,}204$ bzw. $0{,}0042$; bei einer Kugel ist $\beta = 4\pi/3$.

Selbstverständlich ist der Begriff des entmagnetisierenden Feldes nur eine — sehr nützliche — Fiktion. In Wirklichkeit existiert es natürlich nicht, sondern ist nur ein Ausdruck für den Fehlbetrag an derjenigen Feldstärke, die bei unendlicher Stablänge vorhanden sein würde.

Auch bei einem permanenten Magneten tritt eine Entmagnetisierung auf. Sie bewirkt, daß das im Inneren des Magneten herrschende magnetische Feld schwächer ist als es wäre, wenn der Eisenkreis völlig geschlossen wäre. Daher hat auch die ordnungstörende Wirkung der thermischen Bewegung leichteres Spiel mit den in einer Vorzugsrichtung magnetisierten Weißschen Bezirken. Ihre Neigung zum Umklappen in die ursprüngliche Richtung ihrer spontanen Magnetisierung und die Wandverschiebungen werden begünstigt, und es tritt ein allmählicher Verlust an Magnetisierung ein. Aus diesem Grunde soll man die Pole eines Hufeisenmagneten stets durch einen Weicheisenanker kurzschließen, wenn man ihn nicht benutzt.

229. Magnetischer Widerstand. In § 202 haben wir die magnetische Randspannung

$$\overset{\circ}{V} = \oint \boldsymbol{H}\, d\boldsymbol{r} \qquad (229.1)$$

eingeführt, wobei das Integral über einen vollen Umlauf auszuführen ist. Wir haben gezeigt, daß $\overset{\circ}{V}$ gleich der Stromstärke in der vom Integrationsweg umrandeten Fläche ist. Wird diese vom gleichen Strom I in n Windungen durchsetzt, so entspricht das einem Strom von der Stärke nI, und es wird $\overset{\circ}{V} = nI$.

Wir betrachten einen in sich geschlossenen magnetischen Fluß Φ und führen das Integral (229.1) längs desselben in Richtung der H-Linien durch. Der Fluß durchsetze nacheinander verschiedene Medien, welche die Permeabilitäten μ_i haben, in denen der Querschnitt des Flusses q_i und deren Länge l_i sei. Dann setzt sich $\overset{\circ}{V}$ aus mehreren Anteilen zusammen, welche, da H und $d\boldsymbol{r}$ gleichgerichtet sind, gleich $H_i\,l_i$ sind. Das ganze Integral lautet dann als Summe über diese Anteile

$$\overset{\circ}{V}=\sum (H_i\,l_i)=\sum \frac{B_i l_i}{\mu_i}=\sum \left(\Phi\,\frac{l_i}{\mu_i q_i}\right)=\Phi\sum R_m^i=\Phi R_m, \qquad (229.2)$$

da $\Phi=B_i q_i$ in jedem Teilstück gleich groß ist. Dabei haben wir für jedes Teilstück des Integrationsweges gesetzt

$$R_m^i=\frac{1}{\mu_i}\,\frac{l_i}{q_i}, \quad \text{ferner} \quad \sum R_m^i=R_m. \qquad (229.3)$$

(229.2) stimmt *formal* mit der Gleichung $U=IR$ überein, wenn wir die Spannung U durch die Randspannung $\overset{\circ}{V}$, die Stromstärke I durch den magnetischen Fluß Φ, den elektrischen Widerstand R durch R_m ersetzen, das man deshalb als *magnetischen Widerstand* bezeichnet. Er setzt sich, wie der Vergleich mit (159.1) zeigt, wie der elektrische Widerstand, aus einer Stoffkonstanten, dort $1/\sigma=\varrho$, hier $1/\mu$, und dem Formfaktor l/q zusammen. In Analogie zu der Definition der elektrischen Leitfähigkeit σ kann μ als die magnetische Leitfähigkeit, $1/\mu$ als der spezifische magnetische Widerstand eines Materials bezeichnet werden. Ein magnetischer Fluß sucht sich stets einen Weg möglichst kleinen magnetischen Widerstandes, also, wo möglich, durch ferromagnetisches Material (Abb. 404, 407).

Ist die Stromstärke I bzw. die Durchflutung nI bekannt, durch die der magnetische Fluß Φ erzeugt wird, so kennt man auch $\overset{\circ}{V}$, und man kann aus (229.2) bei Kenntnis der magnetischen Widerstände der Teilstücke den magnetischen Fluß Φ berechnen. Das ist insbesondere bei technischen Anwendungen auf Kreise, die aus Material von verschiedenen magnetischen Eigenschaften und von verschiedenen Querschnitten zusammengesetzt sind, sowie auf solche, die durch einen Luftspalt $(\mu=\mu_0)$ unterbrochen sind, oft nützlich. Allerdings haben wir oben stillschweigend vorausgesetzt, daß sich der Querschnitt des Flusses beim Übergang von einem Stoff zu einem anderen mit anderem Querschnitt sprunghaft ändert, während das in Wirklichkeit nicht der Fall ist. Dennoch ergibt die Anwendung von (229.2) eine für viele praktische Zwecke ausreichende Näherung.

230. Eisenkerne in Spulen. Elektromagnete. Wir haben in § 203 gesehen, daß eine stromführende Spule einem Stabmagneten äquivalent ist. Indem aus ihrem einen Ende Feldlinien austreten und in das andere Ende wieder eintreten, entsprechen diese Enden den Polen eines Magneten. Die magnetischen Wirkungen einer solchen Spule sind jedoch im Außenraum verhältnismäßig schwach. Sie können aber außerordentlich verstärkt werden, wenn man das Innere der Spule mit Eisen erfüllt. Die Dichte der aus den Enden der Spule austretenden B-Linien wird etwa auf das μ_r-fache vergrößert, wenn der Eisenkern fast in sich geschlossen ist. Die im Eisenkern auftretende Magnetisierung macht ihn zu einem sehr starken Magneten, einem *Elektromagneten.*

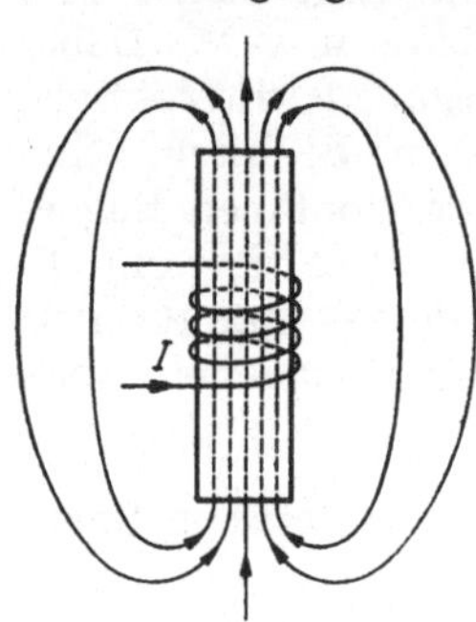

Abb. 411. Eisenkern mit Wicklung

Abb. 411 stellt einen zylindrischen Eisenkern dar, der eine stromdurchflossene Spule (Wicklung) von n Windungen trägt, die nur einen Teil von ihm bedeckt. Es besteht hier ein großer Unterschied gegenüber einer eisenfreien Spule. Bei dieser treten die magnetischen Feldlinien unmittelbar an den Spulenenden nach allen Richtungen in den Raum aus (§195, Abb. 353). Bei jener aber hält der Eisenkern die magnetischen Feldlinien beisammen, und diese treten fast alle erst an den Enden des Eisenkerns ein und aus.

Jede einzelne Windung der Wicklung liefert zum magnetischen Fluß Φ im Eisen den gleichen Anteil Φ_1, und die einzelnen Anteile addieren sich zum Gesamtfluß $\Phi = n\,\Phi_1$, weitgehend unabhängig davon, wie die n Windungen auf dem Kern verteilt sind. Die Länge der Spule ist also auf den Gesamtfluß und daher auch auf die Magnetisierung des Kerns ohne wesentlichen Einfluß. Es kommt nur auf ihre Windungszahl n und den in ihr fließenden Strom, auf das Produkt $n\,I$, ihre Durchflutung, an.

Besonders einfach sind die Verhältnisse bei einem ringförmig in sich geschlossenen Eisenkern (Abb. 412a). Sein Querschnitt sei q, seine Länge, d.h. sein mittlerer Umfang, sei l. Ein in der ihn umgebenden Spule fließender Strom I erzeugt nach §203 eine magnetische Randspannung $\overset{\circ}{V} = n\,I$, und daher gilt für den magnetischen Fluß im Eisenring nach (229.2)

$$\Phi = \frac{\overset{\circ}{V}}{R_m} = \frac{n\,I}{R_m}. \tag{230.1}$$

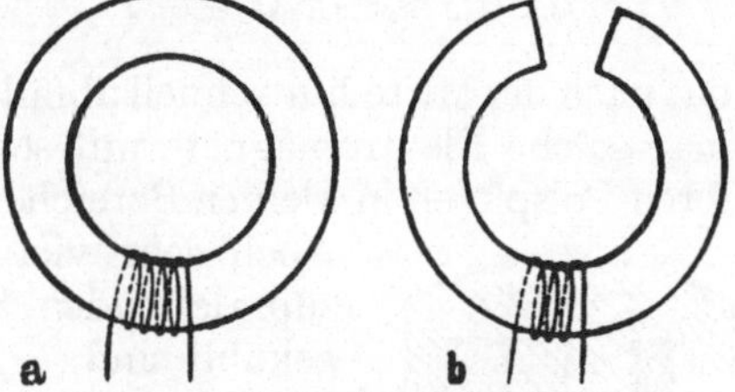

Ist aber der Eisenkern nicht geschlossen, befindet sich also zwischen seinen Enden ein Luftraum *(Luftspalt)*, der von den Feldlinien überbrückt werden muß (Abb. 412b),

Abb. 412. a ringförmig geschlossener, b nicht geschlossener Eisenkern

so setzt sich der magnetische Widerstand R_m aus zwei Anteilen, dem des Eisenweges R_m^e und dem des Luftspaltes R_m^l, zusammen, und es ist

$$\Phi = \frac{n\,I}{R_m^e + R_m^l}. \tag{230.2}$$

Nun ist allgemein $R_m = l/(\mu_r\,\mu_0\,q)$. Bei weichem Eisen (das für Eisenkerne wegen seiner geringen Remanenz allein in Frage kommt) ist μ_r von der Größenordnung 1000 und mehr; für Luft aber ist $\mu_r \approx 1$. Infolgedessen ist der magnetische Widerstand einer Luftstrecke sehr viel größer als der einer Eisenstrecke von gleicher Länge. Daher bewirkt schon die Einschaltung eines verhältnismäßig kleinen Luftspalts in den Weg des magnetischen Flusses eine starke Erhöhung des magnetischen Gesamtwiderstandes und eine erhebliche Verminderung des Flusses Φ und damit der Feldstärke im Luftspalt. Handelt es sich um einen geraden Eisenkern (Abb. 411), so ist die Verminderung sehr beträchtlich. Die Luftwege der Feldlinien vom einen Ende des Kerns zum anderen sind größer als die Eisenwege im Kern. Allerdings ist der Querschnitt des Luftweges groß gegen den des Eisenweges; doch vermag das den schädlichen Einfluß nicht auszugleichen, um so weniger, je kürzer der Eisenkern ist. Das führt zu einem vertieften Verständnis der *Entmagnetisierung* (§228).

Ein ringförmig geschlossener magnetisierter Eisenkern sei durch einen Luftspalt mit parallelen, zum Fluß Φ senkrechten Begrenzungen (Polen des Eisenkerns) vom Querschnitt q unterbrochen. Der Fluß durchsetzt auch den Luftspalt. Wenn der Polabstand klein gegen den Poldurchmesser ist, so daß wir von der sonst eintretenden Streuung der Feldlinien an den Polrändern absehen dürfen, so entspricht dem Fluß Φ im Luftspalt $(\mu = \mu_0)$ die magnetische Feldstärke

$$H = \frac{\Phi}{\mu_0\,q} = \frac{1}{\mu_0\,q}\,\frac{n\,I}{R_m^e + R_m^l}. \tag{230.3}$$

Will man also ein starkes, homogenes magnetisches Feld erzeugen, so muß dafür gesorgt werden. daß der magnetische Widerstand, insbesondere der Luftanteil R_m^l, möglichst klein ist, d.h. man muß einen möglichst geringen Polabstand wählen. Den Querschnitt q darf man nicht zu klein wählen, wenn das Feld homogen sein soll. Kommt es aber nicht auf die Homogenität, sondern nur auf die Stärke oder gerade auf eine große Inhomogenität des Feldes (Abb. 393) an, so muß man den Querschnitt q möglichst klein wählen, indem man konische Polschuhe benutzt, wie bei dem in Abb. 413 dargestellten Elektromagneten. Der Hauptanteil des Flusses tritt dann unmittelbar an den Spitzen der Polschuhe über, und es besteht ein sehr starkes Feld in der Achse, das nach der Mitte hin schnell abfällt. Bei Verwendung einer Wasserkühlung kann man solche Elektromagnete mit sehr starken Strömen beschicken und zwischen ihren Polspitzen in kleinen Bereichen Feldstärken von vielen tausend Gs erzeugen.

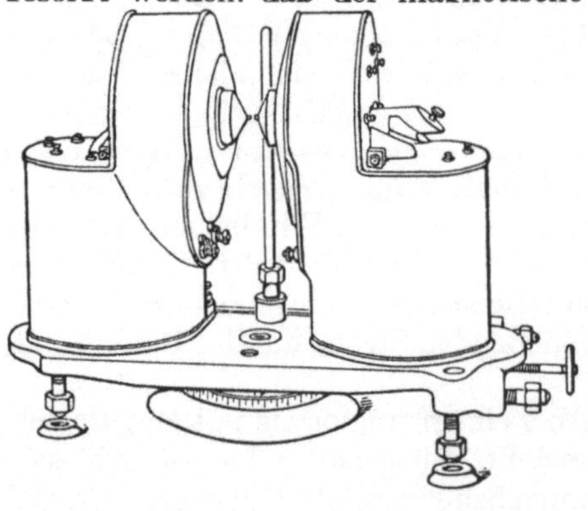
Abb. 413. Großer Elektromagnet

Noch sehr viel stärkere Felder kann man heute aber mit supraleitenden Spulen herstellen, die mit flüssigem Helium gekühlt sind.

Abb. 414 zeigt einen Topfmagneten, bei dem sich die Wicklung in der zylindrischen Ausbohrung eines Weicheisenkerns befindet, nebst einem sehr genau auf seine Endflächen angeschliffenen Anker aus weichem Eisen. Bei anliegendem Anker bildet das Ganze einen geschlossenen Eisenkreis, in dem ein sehr starker Fluß herrscht, wenn die Wicklung mit Strom beschickt wird. Aber auch wenn sich der Anker noch in kleiner Entfernung vom Elektromagneten befindet, ist die Feldstärke zwischen den Magnetpolen und dem Anker und daher ihre Anziehung sehr beträchtlich. Demnach wird der Anker bei genügender Annäherung vom Magneten sehr stark angezogen und haftet schließlich mit großer Kraft an ihm. Ein solcher Magnet kann erhebliche Lasten tragen. Für solche Elektromagnete ist nur weiches Eisen, also solches mit geringer Remanenz, brauchbar, weil andernfalls nach Ausschalten des Stromes eine zu starke Magnetisierung zurückbleiben und der Magnet den Anker nicht wieder loslassen würde.

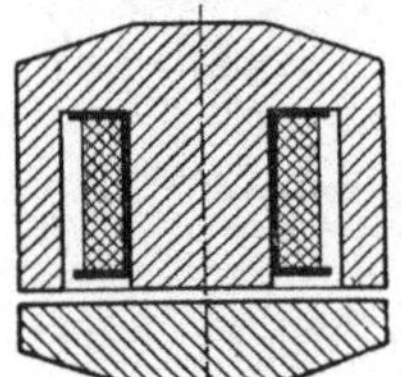
Abb. 414. Topfmagnet

IV. Elektromagnetische Induktion

231. Grundtatsachen der Induktion. Wird einem geschlossenen Leiterkreise, in den ein Galvanometer eingeschaltet ist, der eine Pol eines Magneten genähert (Abb. 415), so erkennt man an einem Ausschlag des Galvanometers, daß *während der Dauer der Bewegung*, und zwar *nur* während dieser Zeit, im Kreise ein elektrischer Strom fließt. Entfernt man den Magnetpol wieder, so fließt ein Strom in umgekehrter Richtung. Genau die gleichen Erscheinungen treten ein, wenn man den Leiterkreis relativ zum Magnetpol bewegt. Auch kann man sich statt eines Magneten einer stromdurchflossenen Spule bedienen (Abb. 416), deren Enden ja den Polen eines Stabmagneten magnetisch äquivalent sind. Ist aber der ganze Leiterkreis supraleitend, so besteht der induzierte Strom auch nach dem Aufhören der Bewegung des Magneten weiter (*Dauerstrom*, §165). Sein sofortiges Erlöschen in einem Normalleiter ist nur eine Folge des Auftretens von Stromwärme, die im Supraleiter nicht erzeugt wird. Diese von FARADAY im Jahre 1831 entdeckte Erscheinung heißt *elektromagnetische Induktion* oder kurz Induktion, ein infolge von Induktion auftretender Strom ein *Induktionsstrom.*

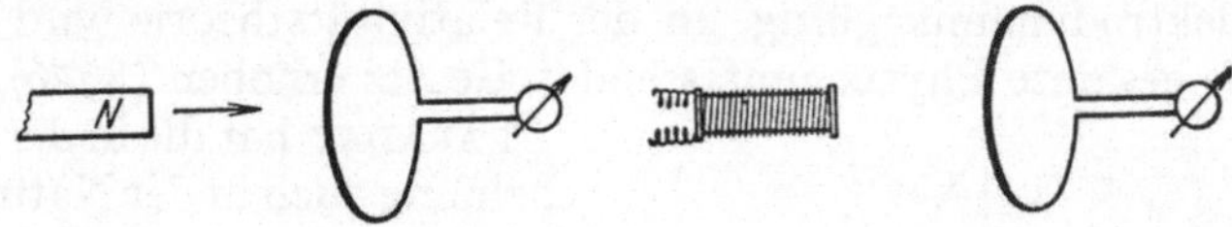

Abb. 415. Induktion im Felde eines Magneten

Abb. 416. Induktion im Felde einer Spule

(Wir haben für den Vektor **B** nicht den älteren und noch viel benutzten Namen Induktion, sondern den Namen Flußdichte verwendet, um eine Doppeldeutigkeit zu vermeiden.)

Bei der Relativbewegung eines Magnetpols und eines Leiterkreises tritt am Ort des letzteren nichts anderes ein als eine *zeitliche Änderung des magnetischen Feldes.* Diese ist also für die Induktion verantwortlich. Dementsprechend ist es bei Benutzung der in Abb. 416 dargestellten Vorrichtung gar nicht nötig, Spule und Leiterkreis relativ zueinander zu bewegen. Eine Induktion tritt im Leiterkreise auch auf, wenn er selbst und die Spule ruhen, aber die Stromstärke und damit das magnetische Feld der Spule in ihrem Betrage verändert oder in ihrer Richtung umgekehrt werden. Verstärken des Stromes wirkt wie Annähern der Spule, Schwächen wie Entfernen. Beim Einschalten des Stromes ist der Ausschlag des Galvanometers ebenso groß, aber entgegengesetzt gerichtet wie beim Ausschalten; beim Umkehren ist er doppelt so groß wie beim einfachen Ein- oder Ausschalten.

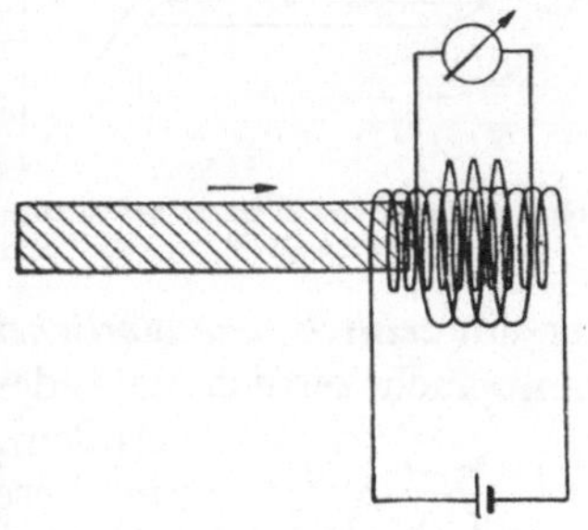

Abb. 417. Induktion durch Änderung des raumerfüllenden Stoffes

In der Anordnung der Abb. 417 erzeuge das Einschalten eines Stromes in der inneren Spule nur einen ganz schwachen Induktionsstrom in der mit einem Galvanometer verbundenen äußeren Spule. Schiebt man jetzt bei weiter fließendem Strom einen unmagnetischen Eisenkern in die Spule, so zeigt das Galvanometer während der Bewegung des Eisenkerns einen starken Ausschlag, beim Wiederherausziehen einen entgegengesetzten Ausschlag. Es handelt sich um die gleiche Erscheinung wie bei der Annäherung eines Magneten, da der Eisenkern beim Hineinschieben in die Spule durch den Strom magnetisiert wird, also wie ein Dauermagnet wirkt. Hier liegt also eine Induktion durch Änderung der Permeabilität im Innern der Spule vor.

Einen besonders einfachen Induktionsversuch zeigt die Abb. 418. Die Apparatur ist die gleiche wie in der Abb. 374; nur ist die Stromquelle durch ein Galvanometer ersetzt. Wird dem im magnetischen Felde befindlichen Draht eine zum Felde senkrechte Geschwindigkeit v erteilt, so zeigt das Galvanometer einen Strom an, dessen Richtung sich mit der von v umkehrt. Dies ist die Umkehrung des in der Abb. 374 dargestellten Versuchs. Dort bewirkte ein in dem Draht fließender Strom eine Bewegung des Drahtes senkrecht zum Felde und zur Stromrichtung; hier erzeugt eine zum Felde und zur Drahtrichtung senkrechte Bewegung einen Strom im Draht. Die gleiche Wirkung tritt aber auch ein, wenn wir statt des Drahtes den Magneten in entgegengesetzter Richtung bewegen. So selbstverständlich diese auch schon oben mehrfach erwähnte Tatsache dem Leser erscheinen mag, so grundlegend wichtig ist doch die daraus entspringende Erkenntnis, daß es demnach nur auf die *relative Bewegung* von Leiter und Magnet ankommt, daß also das hier zugrunde liegende Gesetz *unabhängig von dem Bewegungs-*

zustand des gewählten Bezugsystems ist. Wir wissen bereits, daß das für die Gesetze der Mechanik gilt (*Relativitätsprinzip*, §16). Hier erweist es sich auch als in der Elektrodynamik gültig. In der Relativitätstheorie wird diese Tatsache zu einem die gesamte Physik umfassenden Gesetz erhoben (§326).

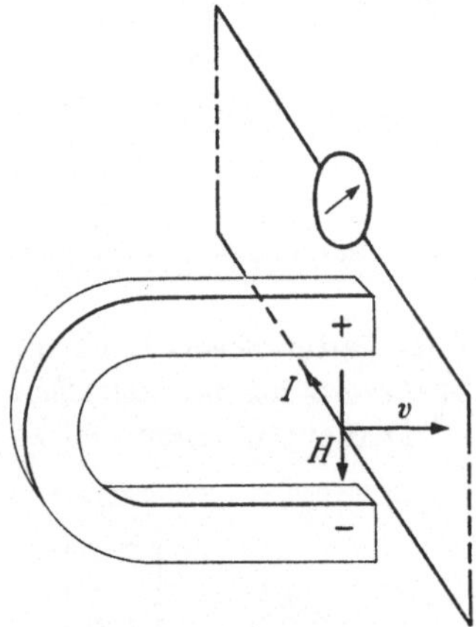

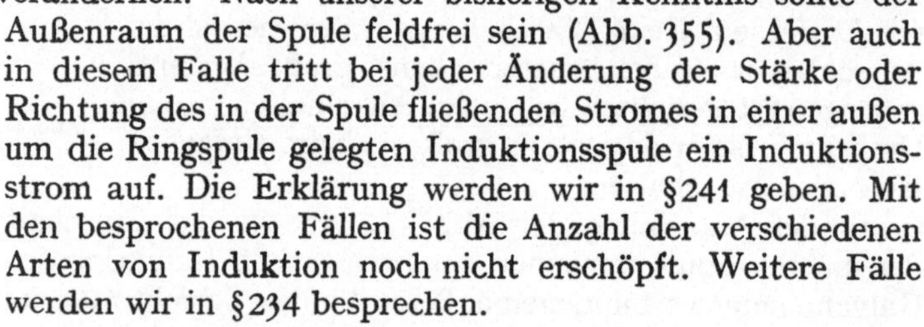

Abb. 418. Induktion in einem bewegten geraden Draht

FARADAY hat die in der Abb. 418 dargestellte Erscheinung auch in der Natur nachgewiesen. Er sagte sich, daß das erdmagnetische Feld im Wasser der Themse eine zur Feld- und zur Strömungsrichtung senkrechte Spannung induzieren müsse, die er auch tatsächlich mittels zweier einander gegenüber an den Ufern in den Fluß gesenkten Elektroden nachweisen konnte. (Vgl. dazu auch den in der Abb. 423 dargestellten Versuch.)

Bei den bisher besprochenen Induktionsversuchen befand sich der Leiterkreis, in dem Induktion stattfindet, stets im Bereiche eines am Ort des Leiters zeitlich veränderlichen magnetischen Feldes. Denn von dem Magnetpol oder der stromdurchflossenen Spule gehen magnetische Feldlinien aus, die den ganzen umgebenden Raum erfüllen. In Abb. 419 ist nun eine Ringspule dargestellt, in der ein *zeitlich veränderlicher Strom* fließt. Das Feld innerhalb dieser Spule ist dann auch zeitlich veränderlich. Nach unserer bisherigen Kenntnis sollte der Außenraum der Spule feldfrei sein (Abb. 355). Aber auch in diesem Falle tritt bei jeder Änderung der Stärke oder Richtung des in der Spule fließenden Stromes in einer außen um die Ringspule gelegten Induktionsspule ein Induktionsstrom auf. Die Erklärung werden wir in §241 geben. Mit den besprochenen Fällen ist die Anzahl der verschiedenen Arten von Induktion noch nicht erschöpft. Weitere Fälle werden wir in §234 besprechen.

232. Das Lenzsche Gesetz. Für die Richtung der induzierten Spannung gilt das *Lenzsche*[1] *Gesetz: Die induzierte Spannung ist so gerichtet, daß das magnetische Feld eines durch sie erzeugten Induktionsstromes der Ursache der Induktion entgegenwirkt.*

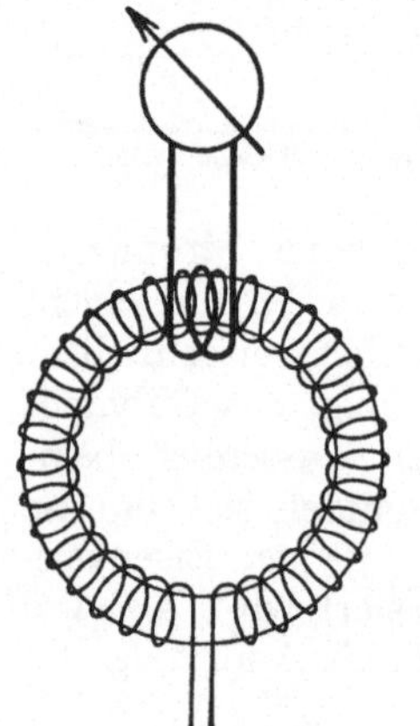

Abb. 419. Induktion durch eine ringförmig geschlossene Spule

Wird die Induktion durch die relative Bewegung von Leitern oder Leiterteilen und Trägern magnetischer Felder (Stromspulen, Magneten) hervorgerufen, so ist das magnetische Feld des Induktionsstromes so gerichtet, daß es diese Bewegung hemmt. Wird ein Pol auf eine Drahtschleife hin bewegt, so ist das magnetische Feld des Induktionsstromes so gerichtet, daß der Pol von der Schleife abgestoßen, seine Bewegung also gehemmt wird. Umgekehrt wird der Pol, wenn er sich von der Drahtschleife entfernt, durch das magnetische Feld des Induktionsstromes in Richtung auf die Schleife gezogen, also auch wieder in seiner Bewegung gehemmt. Dem entspricht es, daß die induzierte Spannung beim Nähern des Poles das umgekehrte Vorzeichen hat wie beim Entfernen.

Ist die Ursache der Induktion die zeitliche Änderung des magnetischen Feldes innerhalb der von dem Leitersystem umrandeten Fläche, so ist das magnetische Feld des Induktionsstromes so gerichtet, daß es diese zeitliche Änderung ver-

---

[1] HEINRICH FRIEDRICH EMIL LENZ, 1804—1865.

langsamt. Wird das induzierende magnetische Feld verstärkt oder z. B. durch Einschalten des Stromes in einer Spule überhaupt erst erzeugt, so ist das Feld des Induktionsstromes dem induzierenden Feld entgegengerichtet; wird das induzierende Feld geschwächt, so ist das Feld des Induktionsstromes ihm gleichgerichtet, so daß wieder die zeitliche Änderung verlangsamt wird.

Das Lenzsche Gesetz ist eine Folge aus dem *Energieprinzip*. Fließt ein Induktionsstrom, so tritt in dem von ihm durchflossenen Leiter Stromwärme auf, bei einem Supraleiter muß die magnetische Feldenergie (§ 236) des Dauerstroms erzeugt werden. Diese Energie kann nur auf Kosten der die Induktion bewirkenden Ursache gehen. Liegt diese in der Bewegung eines Körpers (Magnet, Spule), so muß dieser kinetische Energie verlieren, also in seiner Bewegung gehemmt werden, bzw. es muß an ihm Arbeit geleistet werden, um die Bewegung aufrecht zu erhalten. Liegt die Ursache der Induktion lediglich in der zeitlichen Änderung der magnetischen Feldstärke, so beruht die Erklärung wiederum auf der magnetischen Feldenergie. Um ein magnetisches Feld zu erzeugen, muß man Energie aufwenden, und diese Energie wird beim Verschwinden des Feldes wieder frei. Wird ein magnetisches Feld z. B. durch Einschalten eines Stromes in einer Spule erzeugt und befindet sich im Raum ein Leitersystem, in dem Induktion

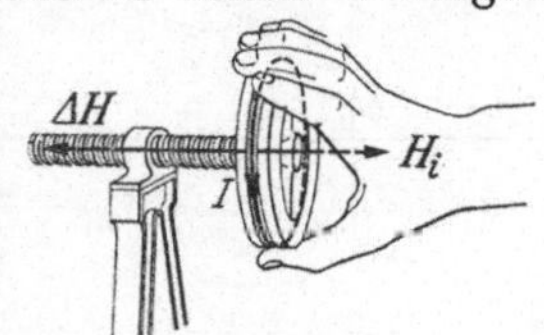

Abb. 420. Ermittlung der Richtung des Induktionsstromes aus der Schraubenregel und dem Lenzschen Gesetz

stattfindet, so kommt die von dem Spulenstrom gelieferte Energie nicht nur dem magnetischen Felde zugute, sondern ein Teil dieser Energie wird durch Vermittlung des Feldes zur Erzeugung des Induktionsstromes verbraucht, geht also dem Felde verloren, das infolgedessen langsamer anwächst, als es ohne das Auftreten des Induktionsstromes anwachsen würde. Wird der Spulenstrom ausgeschaltet, so geht ein Teil der Energie des zusammenbrechenden magnetischen Feldes in das Leitersystem über und liefert die Energie für den Induktionsstrom.

Abb. 420 zeigt die Anwendung der Schraubenregel auf das Lenzsche Gesetz. Ist ΔH die Zunahme der magnetischen Feldstärke in der Zeit Δt, so fließt in einem die Feldlinien umschlingenden Stromkreis ein Induktionsstrom I, der so gerichtet sein muß, daß sein eigenes magnetisches Feld H_i der Feldzunahme ΔH entgegengerichtet ist. Dann folgt aus der Schraubenregel (Abb. 354) die in Abb. 420 dargestellte Richtung des Induktionsstromes.

Aus dem Lenzschen Gesetz folgt, daß beim Einschalten oder Verstärken des Stromes in einem Draht in einem zu ihm parallelen Draht ein Induktionsstrom auftritt, der dem induzierenden Strom entgegengerichtet ist, beim Ausschalten oder Schwächen ein solcher, der ihm gleichgerichtet ist.

233. Ableitung der Induktionsgesetze aus dem elektrodynamischen Elementargesetz. Trotz der Fülle der verschiedenen Induktionserscheinungen lassen sie sich sämtlich auf ein einziges, sehr einfaches Gesetz zurückführen. Tatsächlich gibt es aber nicht nur diese eine, sondern *zwei Arten von Induktionserscheinungen*. Die zweite bildet das Gegenstück zu der ersten, indem bei ihr die elektrischen und die magnetischen Größen vertauscht sind. Sie führt nur nicht zu so augenfälligen Wirkungen, weil es keinen wahren Magnetismus gibt und deshalb das magnetische Analogon zu den Induktionsströmen, durch die wir die Induktionserscheinungen der ersten Art so leicht nachweisen können, fehlt. Das Nebeneinanderbestehen der beiden Arten von Induktion und die weitgehende *formale* Übereinstimmung ihrer Gesetze ist ein Beispiel für den formalen Parallelismus der elektrischen und der magnetischen Erscheinungen. Wir wollen ihre Gesetze deshalb nebeneinander aus dem elektrodynamischen Elementargesetz entwickeln. Da diese Gesetze auch im stofferfüllten Raum gelten sollen, so haben wir zu beachten, daß wir überall da, wo in den für das Vakuum abgeleiteten Gleichungen ε_0 und μ_0 auftreten, $\varepsilon_r \varepsilon_0 = \varepsilon$ und $\mu_r \mu_0 = \mu$ zu setzen haben.

Wir betrachten einen bewegten Pol p bzw. eine bewegte Elementarladung e, deren Geschwindigkeit v sei (Abb. 421 a), und berechnen die auf einem um die Bahn als Achse geschlagenen Kreise vom Radius R gemäß (197.3) erzeugte elektrische Feldstärke E bzw. die gemäß (197.1) erzeugte magnetische Feldstärke H. Der Betrag des Vektorproduktes $[\boldsymbol{v}_p\,\boldsymbol{r}_e]$ bzw. $[\boldsymbol{v}_e\,\boldsymbol{r}_p]$ ist $v\,r\sin\varphi$, wobei r der Abstand des Poles bzw. der Ladung vom Kreise und $\varphi = (v, r)$ der Winkel zwischen $\boldsymbol{v}$ und $\boldsymbol{r}$ ist. Dann folgt aus den genannten Gleichungen

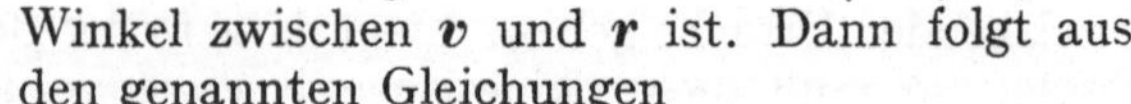

$$E = -\frac{p\,v}{4\pi r^2}\sin\varphi, \qquad (233.1\,\text{a})$$

$$H = \frac{e\,v}{4\pi r^2}\sin\varphi. \qquad (233.1\,\text{b})$$

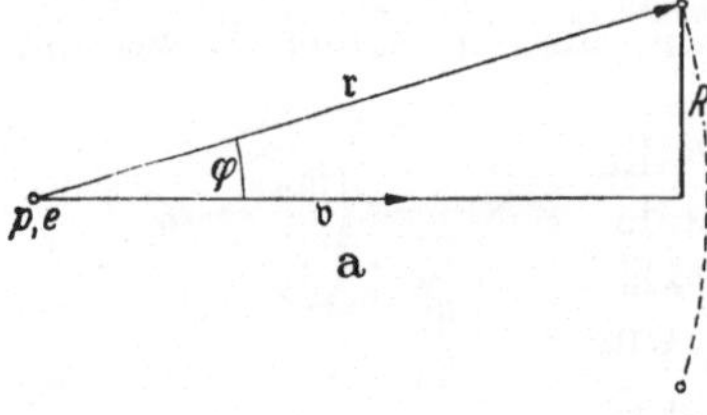

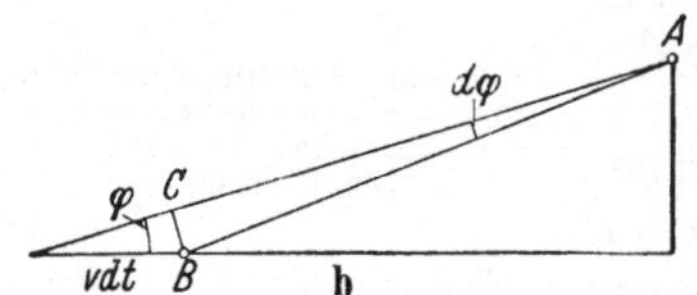

Abb. 421. Zur Ableitung der Induktionsgesetze

Nunmehr berechnen wir den magnetischen Fluß Φ, den der Pol in der betrachteten Fläche erzeugt, bzw. den elektrischen Fluß Ψ, den die Ladung dort erzeugt. Am einfachsten wählen wir dazu die vom Kreise begrenzte Kugelkalotte vom Radius r, weil die Feldstärke in ihr überall gleich groß und zur Fläche senkrecht ist. Ihre Fläche beträgt $4\pi r^2(1-\cos\varphi)/2$. Da nach (193.1) der über die ganze Kugelfläche $4\pi r^2$ gleichmäßig verteilte magnetische Fluß $\Phi = p$ bzw. nach (147.3) der elektrische Fluß $\Psi = Q = e$ ist, so entfallen auf die Kalotte die Flüsse

$$\Phi = p\,\frac{1-\cos\varphi}{2}, \qquad (233.2\,\text{a}) \qquad\qquad \Psi = e\,\frac{1-\cos\varphi}{2}. \qquad (233.2\,\text{b})$$

Durch Differenzieren nach der Zeit erhalten wir

$$\frac{d\Phi}{dt} = p\,\frac{\sin\varphi}{2}\,\frac{d\varphi}{dt}, \qquad (233.3\,\text{a}) \qquad\qquad \frac{d\Psi}{dt} = e\,\frac{\sin\varphi}{2}\,\frac{d\varphi}{dt}. \qquad (233.3\,\text{b})$$

Durch Einsetzen in (233.1 a und b) folgt hieraus

$$E = -\frac{v\,dt}{2\pi r^2\,d\varphi}\,\frac{d\Phi}{dt}, \qquad (233.4\,\text{a}) \qquad\qquad H = \frac{v\,dt}{2\pi r^2\,d\varphi}\,\frac{d\Psi}{dt}. \qquad (233.4\,\text{b})$$

Wenn sich der Pol bzw. die Ladung um die Strecke $v\,dt$ bewegt, so daß sich der Winkel φ um den Betrag $d\varphi$ ändert, so ändert sich der Winkel bei A ebenfalls um $d\varphi$. Daher liest man aus der Abb. 421 b ab, daß $BC = r\,d\varphi = v\,dt\sin\varphi$ ist. Ferner ist $r = R/\sin\varphi$. Also ist $v\,dt/(2\pi r^2\,d\varphi) = 1/(2\pi R)$, und wir erhalten

$$E = -\frac{1}{2\pi R}\,\frac{d\Phi}{dt}, \qquad (233.5\,\text{a}) \qquad\qquad H = +\frac{1}{2\pi R}\,\frac{d\Psi}{dt}. \qquad (233.5\,\text{b})$$

Wenn wir schließlich E bzw. H mit dem Kreisumfang $2\pi R$ multiplizieren, so erhalten wir die elektrische bzw. die magnetische Randspannung längs des Kreises [(142.3), (202.2)]:

$$\overset{\circ}{U} = -\frac{d\Phi}{dt}, \qquad (233.6\,\text{a}) \qquad\qquad \overset{\circ}{V} = +\frac{d\Psi}{dt}. \qquad (233.6\,\text{b})$$

Alle diese Gleichungspaare sind bis auf das Vorzeichen von E und H bzw. $\overset{\circ}{U}$ und $\overset{\circ}{V}$ formal identisch und gehen durch Vertauschen der elektrischen und magnetischen Größen und Änderung des Vorzeichens ineinander über.

Die beiden letzten Gleichungspaare enthalten keinen Bezug mehr auf einen bewegten Pol bzw. eine bewegte Ladung. Wir sind daher zu dem Schluß berechtigt, daß sie allgemeine Gültigkeit überall haben, wo eine zeitliche Änderung eines magnetischen oder elektrischen Flusses bzw. eines magnetischen Feldes oder einer dielektrischen Verschiebung stattfindet, ohne Rücksicht auf die jeweilige Ursache dieser Änderung.

In (233.5a, b) bzw. (233.6a, b) sind die beiden *Induktionsgesetze* enthalten, deren allgemeinen Inhalt wir folgendermaßen aussprechen können:

1. Induktionsgesetz: Die Feldlinien eines zeitlich veränderlichen magnetischen Feldes sind von elektrischen Feldlinien ringförmig umgeben.

2. Induktionsgesetz: Die Feldlinien eines zeitlich veränderlichen elektrischen Feldes sind von magnetischen Feldlinien ringförmig umgeben.

234. Das 1. (Faradaysche) Induktionsgesetz. Dieses Gesetz ist in (233.6a) ausgesprochen:

$$\overset{\circ}{U} = -\frac{d\Phi}{dt}. \tag{234.1}$$

Die Randspannung $\overset{\circ}{U}$ bezeichnet man als *induzierte Spannung*. Sie ist die Ursache des Induktionsstromes, der auftritt, wenn man den Umfang des betrachteten Kreises mit einem Leiter (Draht) belegt. Doch gilt (234.1) nicht nur für einen kreisförmigen Leiter, sondern ganz allgemein für beliebig gestaltete Leiter. Der Leser überzeugt sich nun leicht, daß tatsächlich bei allen in §231 beschriebenen Induktionserscheinungen eine zeitliche Änderung des magnetischen Flusses Φ vorliegt, der die Fläche des Leiterkreises durchsetzt, in dem ein Induktionsstrom auftritt. Die Größe $-d\Phi/dt$ wird in der Elektrotechnik als *magnetischer Schwund* bezeichnet.

In einem Stromkreis mit galvanischer Stromquelle ist das über einen vollen Umlauf genommene Spannungsintegral gleich Null, da der Spannungsabfall im äußeren Stromkreis durch die beiden Potentialsprünge an den Elektroden ($U_1 - U_2$ in Abb. 328) genau kompensiert wird. Hingegen hat die Randspannung $\overset{\circ}{U}$ im Fall der Induktion einen endlichen Wert. Überdies ist kein Ort im Stromkreis analog zur Stromquelle als „Sitz" der Spannung ausgezeichnet. Ferner sind *die Feldlinien des induzierten elektrischen Feldes stets in sich geschlossen*, was bei Feldern, die durch Ladungen erzeugt werden, nie der Fall ist. Es verhält sich also in dieser Hinsicht ebenso wie bei den magnetischen Flußdichtelinien, die *stets* in sich geschlossen sind. Ein induziertes elektrisches Feld ist immer ein *Wirbelfeld*, und man kann in ihm ebensowenig ein eindeutiges elektrisches Potential definieren wie ein magnetisches Potential in einem magnetischen Wirbelfeld (§201).

Auf Grund von (193.4) und (220.2) können wir (234.1) in folgender Weise entwickeln:

$$\overset{\circ}{U} = -\frac{d\Phi}{dt} = -\frac{d}{dt}\int \boldsymbol{B}\, d\boldsymbol{A} = -\frac{d}{dt}\int B\cos\alpha_n\, dA = -\frac{d}{dt}\int \mu H\cos\alpha_n\, dA. \tag{234.2}$$

Dabei bedeutet α_n den Winkel, den die Feldrichtung mit dem Flächenvektor $d\boldsymbol{A}$ bildet (Abb. 285). Die Richtung des Flächenvektors ist so gewählt, daß er mit der Richtung von $\boldsymbol{B}$ einen spitzen Winkel α_n bildet.

Das Faradaysche Induktionsgesetz beherrscht sämtliche Induktionserscheinungen. Aus (234.2) können wir alle einzelnen Möglichkeiten ablesen, die es für das Auftreten einer induzierten Spannung gibt. Sie kann entstehen:

1. durch Änderung der Feldstärke H,

2. durch Änderung des Winkels α_n, den die Flächennormale mit der Feldrichtung bildet,

3. durch Änderung der Größe A der Leiterfläche,

4. durch Änderung des Wertes von $\mu = \mu_r \mu_0$, also durch Änderung der Art des den Raum innerhalb der Fläche erfüllenden Stoffes.

Der 1. Fall ist z.B. in den in Abb. 415 und 416 dargestellten Versuchen verwirklicht, der 2. Fall durch Drehung des Leiters im Felde, der 3. Fall durch Verschiebungen einzelner Teile des Leiters gegeneinander oder durch andere Verformungen des Leiters; der 4. Fall ist bei dem in der Abb. 417 dargestellten Versuch verwirklicht. In den Fällen 1 und 4 bleibt der Leiter in Ruhe, und die Änderung des magnetischen Flusses erfolgt durch äußere Ursachen. In den Fällen 2 und 3 muß sich der Leiter oder ein Teil desselben bewegen.

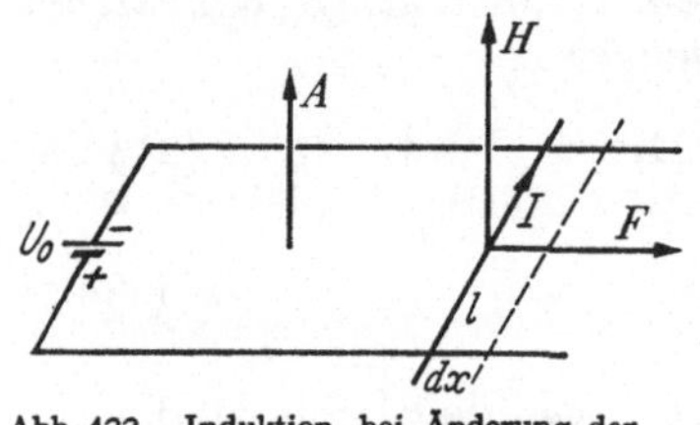

Abb. 422. Induktion bei Änderung der Größe der Leiterfläche

Wir können das Auftreten einer Induktion in den Fällen 2 und 3 auch auf folgende Weise verstehen. Der Leiter enthält frei bewegliche Ladungsträger. Erteilt man einem Draht und damit auch den Ladungsträgern eine Geschwindigkeit v im Felde H, so wirkt auf sie nach (197.4) eine Kraft $F = e[vB] = \mu e[vH]$. Sie ist am größten, wenn die Ladungsträger senkrecht zum Felde bewegt werden, und ist senkrecht zum Felde und zur Geschwindigkeit. Daher entsteht im Draht ein Strom, der am stärksten ist, wenn die Kraft in der Richtung des Drahtes liegt, wenn er also senkrecht zum Felde und zu seiner eigenen Richtung bewegt wird. Er verschwindet, wenn der Draht in seiner eigenen Richtung bewegt wird, da dann die Kraft senkrecht zu ihm ist und in ihm keinen Strom hervorrufen kann. Er verschwindet ferner, wenn der Draht in der Feldrichtung bewegt wird, da dann überhaupt keine Kraft auftritt. Man sagt oft, Induktion erfolge, wenn „Feldlinien durch den Draht geschnitten werden". Diese Vorstellung ist aber mit Vorsicht, besser gar nicht zu benutzen. Beim Schneiden von Feldlinien tritt ein Induktions*strom* in einem geschlossenen Leiterkreis nur dann ein, wenn damit eine Veränderung des magnetischen Flusses in der vom Leiterkreis umrandeten Fläche eintritt. Andernfalls heben die in den einzelnen Teilen des Kreises induzierten Spannungen einander auf.

Wir wollen als Beispiel noch einen speziellen Induktionsvorgang im einzelnen untersuchen. Ein ebener Stromkreis, der eine Stromquelle von der Spannung U_0 enthält und dessen eine Seite durch einen frei beweglichen Drahtbügel (Läufer) von der Länge l gebildet wird, befinde sich in einem zu seiner Fläche senkrechten, zeitlich konstanten, homogenen Felde H (Abb. 422). Bei der gezeichneten Feldrichtung haben wir nach der obigen Vorschrift den Flächenvektor A nach oben, in gleicher Richtung wie das Feld H, zu zeichnen, so daß $\cos \alpha_n = 1$ ist. Die Stromstärke im Kreise sei I. Dann wirkt gemäß (208.2) auf den stromdurchflossenen Läufer eine Kraft vom Betrage $F = I l B = I l \mu H$, welche nach der Schraubenregel (§208, Abb. 373) die in Abb. 422 angegebene Richtung nach rechts hat. Sie verschiebt den Läufer in der Zeit dt um eine Strecke dx nach rechts und verrichtet daher an ihm die Arbeit $dW = F\,dx = I B l\,dx = I B\,dA$, da $l\,dx = dA$ die Änderung der vom Stromkreise umrandeten Fläche A ist. Diese

Arbeit kann nur auf Kosten der Stromquelle gehen, die außerdem noch für die Stromwärme $I^2R\,dt$ im Widerstand R des Stromkreises aufzukommen hat. Ihre Leistung beträgt $U_0\,I$ (§ 168), und daher beträgt die von ihr in der Zeit dt verrichtete Arbeit insgesamt

$$U_0\,I\,dt = I^2R\,dt + dW = I^2R\,dt + I\,B\,dA\,.$$

Demnach beträgt die Stromstärke im Kreise

$$I = \frac{1}{R}\left(U_0 - B\,\frac{dA}{dt}\right),$$

während sie bei ruhendem Läufer $I = U_0/R$ betragen würde. Sie ist also kleiner als bei ruhendem Läufer; der Spannung U_0 wirkt eine induzierte Randspannung

$$\overset{\circ}{U} = -\,B\,\frac{dA}{dt} = -\,\frac{d\Phi}{dt} \tag{234.3}$$

entgegen, die von der Bewegung des Bügels, der Änderung der Fläche A, herrührt. Sie ist von U_0 unabhängig, also auch vorhanden, wenn $U_0 = 0$ ist und der Läufer durch eine andere Kraft entsprechend bewegt wird. Daß die induzierte Spannung $\overset{\circ}{U}$ der primären Ursache der Induktion, der Spannung U_0, entgegengerichtet ist, ist im Einklang mit dem Lenzschen Gesetz (§ 232).

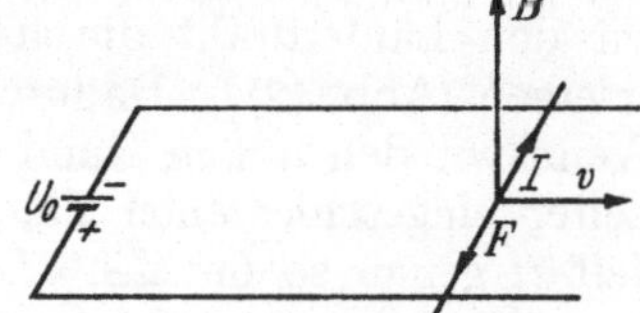

Abb. 423. Zur Induktion bei Änderung der Größe der Leiterfläche

Wir wollen uns das Zustandekommen einer induzierten Spannung im vorstehenden Fall auch noch auf Grund der obigen Vorstellung von den Kräften klarmachen, die auf die mit dem Leiterteil bewegten Ladungsträger im magnetischen Felde wirken. Der Läufer bewegt sich infolge der im Felde auf den Strom I wirkenden Kraft senkrecht zum Felde nach rechts mit einer Geschwindigkeit v (Abb. 423). Mit der gleichen Geschwindigkeit bewegen sich also auch die in ihm befindlichen Ladungsträger (die wir hier immer als positiv annehmen) senkrecht zum Felde nach rechts. Dann ergibt die Anwendung von (197.4) unter Beachtung der Schraubenregel, daß auf die Ladungsträger eine der Richtung des Stromes I entgegengerichtete Kraft F wirkt, welche demnach diesen Strom zu schwächen sucht. Diese Kraft ist die eigentliche Ursache der induzierten Randspannung $\overset{\circ}{U}$, welche ja der den Strom I hervorrufenden Spannung U_0 entgegengerichtet ist,

Von besonderer Bedeutung sind die Induktionsvorgänge in *Spulen*. Für jede einzelne ihrer hintereinandergeschalteten n Windungen gilt (234.1), und die in ihnen induzierten Spannungen addieren sich zur Gesamtspannung

$$U_i = n\,\overset{\circ}{U} = -\,n\,\frac{d\Phi}{dt}\,. \tag{234.4}$$

Wir haben bisher nur die beiden Fälle behandelt, daß es sich entweder um eine Induktion in einem mit nichtleitendem Stoff erfüllten Raum oder in einem in sich geschlossenen Leiter handelt. Wir behandeln nunmehr den Fall, daß der Leiter nicht geschlossen ist, daß er einen *offenen Kreis* bildet. Auch in einem solchen werden die Ladungsträger in Bewegung gesetzt; aber sie können keinen in sich geschlossenen Strom bilden. In einem Draht werden Elektronen an das eine Ende gedrängt, so daß sich dieses negativ, das andere Ende positiv auflädt. Dadurch entsteht zwischen den Drahtenden eine zusätzliche Spannung, die der induzierten Spannung entgegengerichtet ist. Sie wächst durch Verschiebung von Ladungsträgern solange an, bis sie ebenso groß geworden ist wie die induzierte

Spannung und sie aufhebt. Dann hört der Strom der Ladungsträger auf zu fließen, und zwischen den aufgeladenen Enden ist ein elektrisches Feld entstanden. Auf diese Weise kann man einen Kondensator durch Induktion aufladen, indem man in der Fläche seines Schließungskreises ein stetig und gleichsinnig veränderliches magnetisches Feld aufrechterhält (Abb. 424). Da dann aber die magnetische Feldstärke ständig entweder wachsen oder abnehmen muß, so läßt sich ein solcher Vorgang nicht beliebig lange aufrechterhalten. Sobald das magnetische Feld

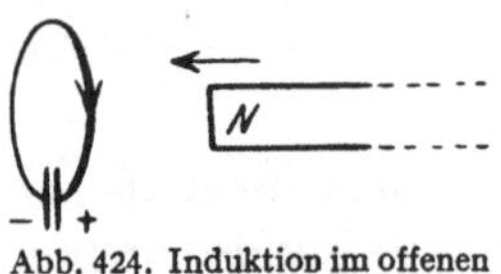

Abb. 424. Induktion im offenen Kreis

konstant geworden ist, verschwindet die auf die Ladungsträger wirkende Kraft, und der Kondensator entlädt sich wieder, wobei sich die in ihm aufgespeicherte Energie in Stromwärme oder andere Energieformen verwandelt. Die Induktion im offenen Kreis bildet die Grundlage für die Erzeugung von elektrischen Schwingungen in Schwingkreisen (§ 252).

Es gibt einen Typus von Induktionserscheinungen, der oft nicht ohne weiteres aus (234.2) abgeleitet, wohl aber stets auf Grund der Kräfte verstanden werden kann, die im magnetischen Felde auf bewegte Ladungsträger wirken. Wir gehen bei ihrer Betrachtung von der Abb. 422 aus und verändern sie nur insofern, als wir den Läuferdraht durch ein zwischen Schleifbürsten verschiebliches Blech ersetzen (Abb. 425). Dadurch ändert sich an unseren Überlegungen gar nichts. Wenn wir den linken Rand des Bleches als einen Teil der Berandung der vom Leiter eingeschlossenen Fläche betrachten, so ändert sich diese Fläche in der Zeit dt genau so um $dA = l\,dx$, wie im Falle des Läufers, wenn wir jetzt unter l

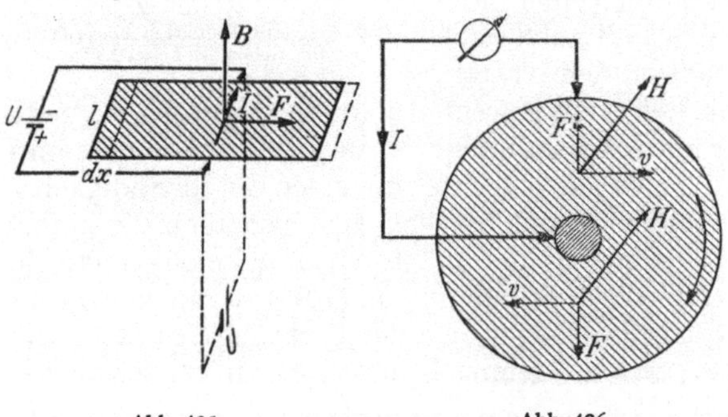

Abb. 425   Abb. 426

Abb. 425. Zur unipolaren Induktion

Abb. 426. Schema einer Unipolarmaschine. Das magnetische Feld steht senkrecht zur Zeichnungsebene nach hinten

die Breite des Bleches verstehen. Das Auftreten einer induzierten Spannung läßt sich auch in diesem Fall ganz analog zur Abb. 423 als Wirkung einer Kraft $F = e\,[v\,B]$ verstehen, die auf die mit dem Blech bewegten Ladungsträger wirkt. Nun ändern wir den Versuch derart ab, daß wir den Schließungskreis um 90° drehen (Abb. 421, gestrichelt). An den Erscheinungen ändert sich dadurch nichts. Wiederum wird das Blech durch die Kraft, welche auf den in ihm fließenden Strom wirkt, nach rechts bewegt, und es tritt dadurch eine dem Strom entgegengerichtete induzierte Spannung im Blech auf. Von einer Änderung des magnetischen Flusses durch die vom Leiter umrandete Fläche kann hier aber in einem unmittelbar anschaulichen Sinne nicht gesprochen werden.

Noch deutlicher ist das, wenn wir die Translation des Bleches im magnetischen Felde durch eine Rotation ersetzen. In der Abb. 426 ist ein kreisförmiges Blech dargestellt, welches in einem senkrecht zu ihm stehenden magnetischen Feld um seine Achse rotiert. An seiner Achse und an seinem Umfang sind Schleifbürsten angebracht. Bei der in Abb. 426 angenommenen Richtung des Feldes und der Rotation erfahren positive Ladungsträger eine nach außen gerichtete Kraft, und es entsteht ein Spannungsgefälle von innen nach außen. Eine solche Vorrichtung erzeugt also eine Spannung und kann als Stromquelle dienen. Da es genügt, das Blech vor den einen Pol eines Magneten zu stellen, während der andere Pol beliebig weit entfernt sein kann, so hat man diese Art von Induktion in früheren Zeiten als *Unipolarinduktion* bezeichnet. Es sind gelegentlich auch *Unipolarmaschinen* verwendet worden, die auf diesem Prinzip beruhten. Ihr Vorteil besteht darin, daß sie als Generatoren einen konstanten Gleichstrom liefern; aber sie haben den Nachteil, daß sie eine zu kleine Spannung liefern und daß man nicht gut mehrere solche Maschinen zur Erhöhung der Spannung hintereinander schalten kann. Eine Änderung des magnetischen Flusses in irgendeiner Fläche findet bei diesem Beispiel überhaupt nicht mehr statt. Ein Anschluß an die Gleichung $\overset{\circ}{U} = - d\,\Phi/dt = - B\,dA/dt$ läßt sich aber doch auf folgende Weise erzielen: Die Geschwindigkeit eines in Abb. 426 im Abstande r vom Kreismittelpunkt befindlichen Ladungsträgers e beträgt $v = ur$, wenn u die Winkelgeschwindigkeit der Scheibe ist. Die auf ihn wirkende Kraft beträgt $F = evB = eurB$, da v und B aufeinander senkrecht stehen. Demnach beträgt die elektrische Feldstärke am betrachteten Ort $E = F/e = urB$. Ist r_1 der Radius der Achse, r_2 der Radius der Scheibe, so erhalten wir nach (142.2) durch Integration die Spannung zwischen Achse und Rand, also die induzierte Spannung,

$$U_i = - \int_{r_2}^{r_1} E\,dr = - - u\,B \int_{r_2}^{r_1} r\,dr = - \tfrac{1}{2}\,u\,B\,(r_1^2 - r_2^2)\,. \qquad (234.5)$$

Andererseits beträgt die von einem Radius in der Zeit dt überstrichene Fläche $dA = \tfrac{1}{2}\,r^2\,d\varphi$, so daß $dA/dt = \tfrac{1}{2}\,r^2\,d\varphi/dt = \tfrac{1}{2}\,u\,r^2$. Bezogen auf die Fläche zwischen den Radien r_1 und r_2 ist also $dA/dt = \tfrac{1}{2}\,u\,(r_1^2 - r_2^2)$. Dann folgt aus (234.5) $\overset{\circ}{U} = - B\,dA/dt$. Wir haben also in diesem Fall unter dA die Fläche zu verstehen, die der Abschnitt $r_2 - r_1$ des Scheibenradius in der Zeit dt überstreicht.

Die Umkehrung der in Abb. 426 dargestellten Vorrichtung ist das *Barlowsche Rad*, bei dem das ebenfalls im magnetischen Felde, etwa zwischen den beiden Polen eines Hufeisenmagneten befindliche Blech mit einem von der Achse zum Rande fließenden Strom beschickt wird. Der Leser überlege sich selbst an Hand der Schraubenregel, daß das Blech dann rotiert. Die Vorrichtung könnte sowohl als Generator als auch als Motor dienen, ebenso wie die technischen Generatoren und Motoren (§ 251).

235. Induktivität. Fließt in einem aus einer oder mehreren Windungen bestehenden Leiterkreise ein Strom I_1, so erzeugt er in seiner Umgebung ein magnetisches Feld, dessen Stärke proportional I_1 ist. Befindet sich in diesem Felde ein zweiter, aus einer oder mehreren Windungen bestehender Leiterkreis, so wird jede seiner Windungen von einem magnetischen Fluß durchsetzt, der ebenfalls I_1 proportional ist, und für die k-te Windung gelte $\Phi_k = c_k I_1$. Die Konstante c_k ist erstens rein geometrisch durch die gegenseitige Lage der k-ten Windung und der einzelnen Windungen des ersten Leiterkreises und durch die Gestalt der einzelnen Windungen, zweitens durch die Permeabilität μ des den Raum füllenden Stoffes bedingt. Ist I_1 zeitlich veränderlich, so wird in der k-ten Windung eine Spannung $- d\,\Phi_k/dt$ induziert. Die Summe der in den Windungen des zweiten Leiterkreises induzierten Spannungen beträgt also $U_{i\,2} = - \sum d\,\Phi_k/dt = - \sum c_k \dfrac{dI_1}{dt}$. Wir setzen $\sum c_k = L_{12}$. Gehen wir umgekehrt vom zweiten Leiterkreise aus und betrachten die Wirkung eines in ihm fließenden, zeitlich veränderlichen Stromes I_2 auf den ersten Leiterkreis, so ergeben sich entsprechende Beziehungen, und die Größe L_{12} hat, wie sich zeigen läßt, den gleichen Betrag wie im ersten Fall. Es ergibt sich demnach für die in den beiden Fällen induzierten Spannungen

$$U_{i\,2} = - L_{12}\frac{dI_1}{dt}, \qquad U_{i\,1} = - L_{12}\frac{dI_2}{dt}\,. \qquad (235.1)$$

Die Größe L_{12} heißt die *Gegeninduktivität* des aus zwei Kreisen bestehenden Leitersystems. Sie ist nur in einfachen Fällen in geschlossener Form berechenbar.

Wir betrachten zwei Spulen mit den Windungszahlen n_1 und n_2, welche mit gleichem Querschnitt A auf gleicher Länge l eng ineinander gewickelt sind. Ein Strom I_1 in der ersten Spule erzeugt in der zweiten Spule einen magnetischen Fluß Φ_1, ein Strom I_2 in der zweiten Spule in der ersten einen Fluß Φ_2, und es ist

$$\Phi_1 = \mu A \frac{n_1 i_1}{l}, \qquad \Phi_2 = \mu A \frac{n_2 i_2}{l} \tag{235.2}$$

($\S 203$). Demnach betragen die durch die Wechselwirkung der beiden Spulen in ihnen induzierten Spannungen

$$U_{i1} = -n_1 \frac{d\Phi_2}{dt} = -\mu A \frac{n_1 n_2}{l} \frac{dI_2}{dt}, \quad U_{i2} = -n_2 \frac{d\Phi_1}{dt} = -\mu A \frac{n_1 n_2}{l} \frac{dI_1}{dt}. \tag{235.3}$$

Nach (235.1) folgt aus beiden Gleichungen (235.2) übereinstimmend

$$L_{12} = \mu \frac{n_1 n_2 A}{l}. \tag{235.4}$$

Die *Einheit der Gegeninduktivität* ist nach (235.1) $1 \text{ V s A}^{-1} = 1$ *Henry* (H). Sie liegt dann vor, wenn eine gleichmäßige Änderung der Stromstärke um 1 A s^{-1} in dem einen Stromkreis in dem zweiten die Spannung 1 V induziert.

Ist der zweite Leiterkreis geschlossen, so erzeugt die induzierte Spannung in ihm einen Induktionsstrom. Man leitet aus dem Lenzschen Gesetz ($\S 232$) leicht ab, daß dieser Strom bei Zunahme des Stromes im ersten Kreis diesem Strom entgegengerichtet, bei Abnahme des Stromes ihm gleichgerichtet ist. (Der Induktionsstrom ist so gerichtet, daß er die Änderung des magnetischen Feldes des primären Stromes verlangsamt.)

Je nach der Größe der Gegeninduktivität zweier Leiterkreise spricht man von enger oder loser *Kopplung* der beiden Kreise, z.B. zweier Spulen. Die Kopplung ist um so enger, je näher die beiden Kreise einander sind, ein je größerer Anteil des von dem einen Kreise ausgehenden Flusses also durch den anderen hindurchtritt.

In der Fläche eines Leiterkreises, auch wenn er nur aus einer einzigen Windung besteht, erzeugt ein in ihm selbst fließender, zeitlich veränderlicher Strom I einen zeitlich veränderlichen Fluß Φ. Dieser hat eine induzierende Wirkung auch auf den Leiterkreis selbst, denn jedes Leiterelement erzeugt am Ort jedes anderen ein induziertes magnetisches Feld, auch wenn jenes zum gleichen Stromkreis gehört. Je größer die Windungszahl n des Kreises, z.B. einer Spule, ist, um so stärker ist diese Wirkung; denn erstens wächst der Fluß Φ proportional zu n, und zweitens ist auch die von einem gegebenen, zeitlich veränderlichen Fluß induzierte Spannung U_i der Windungszahl n proportional, so daß U_i insgesamt proportional zu n^2 ist. Man bezeichnet diese induktive Rückwirkung eines Stromes auf seinen eigenen Träger als *Selbstinduktion* (FARADAY 1835).

Entsprechende Überlegungen wie oben führen bei der Selbstinduktion zu der Beziehung

$$U_i = -L \frac{dI}{dt}. \tag{235.5}$$

Die Größe L, welche — wie oben die Gegeninduktivität L_{12} — nur von den geometrischen Verhältnissen des Leiterkreises und der Permeabilität μ des den Raum erfüllenden Stoffes abhängt, heißt die *Induktivität* des Leiterkreises. Die *Einheit der Induktivität* ist, wie ein Vergleich von (235.1) und (235.5) zeigt, die gleiche wie die der Gegeninduktivität, also 1 H.

Aus (234.5) und (235.5) ergibt sich für eine Spule, daß $L\,dI/dt = n\,d\Phi/dt$, wenn n die Windungszahl der Spule ist. Durch Integration folgt

$$n\,\Phi = L\,I. \tag{235.6}$$

Demnach ist der Zahlenwert der Induktivität L gleich dem n-fachen Zahlenwert des Flusses Φ, den der Strom $I = 1$ A in den Windungen der Spule hervorruft.

Die Induktivität eines Leiterkreises läßt sich in einfachen Fällen berechnen. Der Fluß in einer Spule vom Querschnitt A beträgt $\Phi = BA = \mu A n I/l$. Damit ergibt sich nach (235.6)

$$L = \mu\,\frac{n^2 A}{l}. \tag{235.7}$$

Das gleiche ergibt sich aus (235.4) durch Einsetzen von $n_1 = n_2 = n$.

Infolge der Selbstinduktion bildet sich in einem Stromkreis vom Widerstande R, in dem sich eine Stromquelle von der Spannung U befindet, beim Einschalten nicht sofort die Stromstärke $I_0 = U/R$ aus. Vielmehr gilt nach dem zweiten Kirchhoffschen Satz

$$U + U_i = U - L\,\frac{dI}{dt} = I R. \tag{235.8}$$

Die Lösung dieser Gleichung lautet bei konstantem U, wenn wir für $t = 0$ $I = 0$ setzen,

$$I = \frac{U}{R}\,(1 - e^{-Rt/L}) = I_0\,(1 - e^{-Rt/L}). \tag{235.9}$$

Die Stromstärke ist also im ersten Augenblick, beim Einschalten ($t = 0$), gleich Null und steigt dann mit wachsendem t im allgemeinen außerordentlich schnell zum Endwert $I_0 = U/R$ an (Abb. 427a). Die Größe L/R ist eine Zeit und heißt die *Zeitkonstante* des Stromkreises.

Ebenso verschwindet ein Strom I_0 nicht sofort beim Abschalten der Spannung U, sofern man dafür sorgt, daß der Stromkreis auch dann noch geschlossen bleibt, sondern er klingt nach der Gleichung

$$I = \frac{U}{R}\,e^{-Rt/L} = I_0\,e^{-Rt/L} \tag{235.10}$$

ab (Abb. 427b), wobei jetzt t die Zeit seit dem Abschalten der Spannung bedeutet.

Spulen, welche als *Präzisionswiderstände* dienen, dürfen keine Induktivität haben, da eine solche beim Anlaufen eines Stromes und bei Wechselstrom einen größeren Widerstand vortäuscht, als ihn die Spule tatsächlich hat (Abb. 427, a). Man wickelt daher solche Spulen *bifilar*, d.h. man knickt den Draht in seiner Mitte und wickelt seine beiden zusammengelegten Hälften gemeinsam auf. Dann hebt das magnetische Feld der einen Hälfte das der anderen Hälfte auf, weil die Ströme in ihnen gegensinnig fließen. Wo aber kein magnetisches Feld besteht, gibt es auch keinen magnetischen Fluß und daher auch keine Induktion. Nach

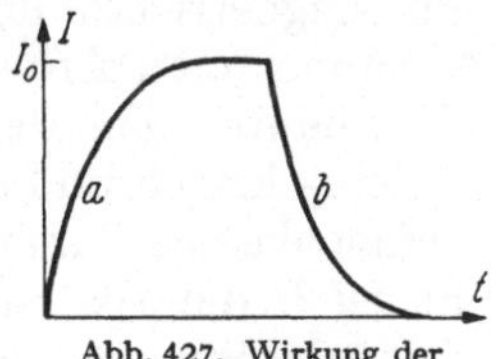

Abb. 427. Wirkung der Selbstinduktion

ähnlichen Gesichtspunkten gewickelte Schiebewiderstände haben auch den Vorzug, daß von ihnen kein magnetisches Feld ausgeht, das bei manchen Messungen stören würde.

In Schaltungsskizzen zeichnen wir eine Induktivität als eine verschlungene Linie zum Unterschied von einem durch eine Zickzacklinie dargestellten Widerstand. Leiter, die sowohl Induktivität als auch Widerstand haben, entsprechen einer widerstandslosen Induktivität und einem induktionsfreien Widerstand in *Reihen*schaltung.

Sehr überraschende Verhältnisse treten bei *supraleitenden Spulen* (§165) auf. Ihr Widerstand ist $R=0$. Wird in einer solchen Spule von n Windungen durch einen sie axial durchsetzenden, zeitlich veränderlichen Fluß Φ nach (234.4) eine Spannung $U=n\overset{\circ}{U}=-n\,d\Phi/dt$ induziert, so fließt in ihr ein Induktionsstrom I, der einen zusätzlichen Fluß in der Spule erzeugt, den wir hier mit Φ_i bezeichnen wollen und für den nach (235.6) $n\Phi_i=LI$ gilt. Die von diesem Fluß in der Spule induzierte zusätzliche Spannung beträgt $U_i=-n\,d\Phi_i/dt=-L\,dI/dt$. Nun ist nach (235.8) allgemein $U+U_i=U-L\,dI/dt=IR$, demnach in unserem Fall mit $R=0$

$$U=-U_i=L\frac{dI}{dt} \tag{235.11}$$

und

$$U+U_i=U-L\frac{dI}{dt}=-n\frac{d\Phi}{dt}-n\frac{d\Phi_i}{dt}=0, \quad \text{also} \quad \Phi+\Phi_i=const. \tag{235.12}$$

Ist z.B. anfänglich $\Phi=0$ und $I=0$, also auch $\Phi_i=0$, so gilt stets $\Phi+\Phi_i=0$ oder $\Phi_i=-\Phi$. Der Induktionsstrom ist also stets so stark, daß der von ihm erregte Fluß Φ_i den von außen her erzeugten Fluß Φ aufhebt. Das wurde bereits 1873, Jahrzehnte vor der Entdeckung der Supraleitung, von MAXWELL vorhergesagt. Es hat sich aber erwiesen, daß eine der Supraleitung fähige Spule auch einen magnetischen Fluß, der in ihr bestand, ehe sie supraleitend war, alsbald aus ihrem Innern verdrängt, sobald sie supraleitend gemacht wird (Meissner-Effekt[1]). Aus der Beziehung $\Phi_i=-\Phi$ folgt aber nur bei einer sehr langen supraleitenden Spule, daß auch das magnetische Feld im Spuleninnern verschwindet. Bei den inhomogenen Feldern in Innern einer einzelnen Stromschleife tritt in der Achse ein schwaches, dem erregenden Felde gleichgerichtetes Feld, am Rande ein schwaches gegenläufiges Feld auf.

Merkwürdige Verhältnisse herrschen in *supraleitenden Stromverzweigungen*. In Normalleitern verhalten sich die Teilströme wie die Leitwerte $1/R_1$ und $1/R_2$ der Zweige, hingegen in Supraleitern wie $I_1/I_2=(L_2-L_{12})/(L_1-L_{12})$, wobei L_1, L_2 die Induktivitäten der beiden Zweige, L_{12} ihre Gegeninduktivität sind (VON LAUE). Ist nun etwa $L_1>L_{12}$, aber $L_2<L_{12}$, so ist I_2 negativ, also rückläufig, und $I_1=I-I_2>I$. ($I=I_1+I_2$ ist die Stromstärke in den Zuleitungen.) Das ist durch JUSTI experimentell bestätigt worden.

236. Die Energie des magnetischen Feldes. Die Stromkraft in Spulen. Ebenso wie ein elektrisches Feld der Sitz elektrischer Energie ist (§151). so ist ein magnetisches Feld der Sitz *magnetischer Energie*. Ein magnetisches Feld kann nur unter Arbeitsleistung aufgebaut werden, bei seinem Verschwinden wird Energie frei. Zur Berechnung der magnetischen Feldenergie wollen wir von einer beliebig langen und engen Spule ausgehen, bei der man das Feld im Außenraum vernachlässigen kann. Wir haben es nur mit dem Felde im Innenraum zu tun. Es sei U die Spannung einer an die Spule gelegten Stromquelle, $U_i=-L\,dI/dt$ die in der Spule infolge ihrer Induktivität beim Anlaufen des Stromes (Abb. 427,a) induzierte Spannung. Insgesamt wirkt also im Stromkreise die Spannung $U+U_i=U-L\,dI/dt$ und erzeugt nach §168 die Stromwärme

$$dW'=(U+U_i)\,I\,dt=\left(U-L\frac{dI}{dt}\right)I\,dt=U\,I\,dt-L\,I\,dI. \tag{236.1}$$

Bei der Stromstärke I verrichtet aber die Stromquelle die Arbeit $dW=U\,I\,dt$. Sie ist also größer als die erzeugte Stromwärme. Ein Teil dieser Arbeit dient zum

---

[1] WALTHER MEISSNER, geb. 1882.

Aufbau des magnetischen Feldes in der Spule. Also ist in das magnetische Feld die Arbeit

$$dW_m = dW - dW' = LI\,dI \qquad (236.2)$$

übergegangen. Diese Aufbauarbeit ist es, die sich in der Abb. 427 durch den allmählichen Anstieg der Stromstärke bemerkbar macht. Erst wenn der Feldaufbau beendet ist, wird die Stromstärke konstant und dient dann restlos zur Erzeugung von Stromwärme. Ebenso rührt der nach dem Abschalten der Stromquelle noch fließende Strom von der Feldenergie her, die dann induktiv wieder in die Spule zurückströmt. Wenn wir über die ganze Zeit bis zum Konstantwerden der Stromstärke I integrieren, erhalten wir aus (236.2) als Energie des magnetischen Spulenfeldes

$$W_m = \int\limits_0^I LI\,dI = \tfrac{1}{2} L I^2. \qquad (236.3)$$

Nun ist nach (235.6) $LI^2 = \Phi n I = BnAl$, da $\Phi = BA$ und $H = nI/l$ ist. Dabei ist A der Querschnitt, l die Länge der Spule, und daher ist $Al = V$ das Volumen des Innenraumes der Spule, also des felderfüllten Raumes. Wir können also schreiben

$$W_m = \tfrac{1}{2} BHV. \qquad (236.4)$$

Der Quotient W_m/V ist die *Energiedichte des magnetischen Feldes*,

$$\varrho_m = \tfrac{1}{2} BH = \tfrac{1}{2} \boldsymbol{BH} \qquad (236.5)$$

(skalares Produkt; die Vektoren $\boldsymbol{B}$ und $\boldsymbol{H}$ sind gleichgerichtet).

Diese Gleichung enthält keinen Bezug auf die Spule mehr, sondern nur noch Feldgrößen. Sie gilt daher allgemein in jedem beliebigen magnetischen Felde, allerdings unter Ausschluß der Felder in ferromagnetischen Stoffen. Denn für solche hätten wir die obige Integration gar nicht durchführen können, weil die Permeabilität μ von der jeweiligen magnetischen Vorgeschichte abhängt, also keine Konstante ist und das gleiche deshalb auch für L gilt. (236.5) ist analog zu (151.5) für die Energiedichte des elektrischen Feldes.

Handelt es sich um ein *elektromagnetisches Feld* (§ 241), so ergibt sich dessen Energiedichte als die Summe des elektrischen und des magnetischen Anteils zu

$$\varrho = \varrho_e + \varrho_m = \tfrac{1}{2}(\boldsymbol{ED} + \boldsymbol{BH}). \qquad (236.6)$$

Wir haben bereits in § 210 auf die Kräfte hingewiesen, die in stromdurchflossenen Spulen wirken und deren Windungen auseinander zu sprengen suchen. Wir wollen dieses lehrreiche und auch technisch — unter anderem beim Transformatorenbau — wichtige Problem hier kurz erörtern. Zunächst berechnen wir die Kraft, welche radial auf die Windungen wirkt. Dabei müssen wir bedenken, daß nicht der ganze Leiter im vollen Felde H liegt, wie es im Inneren der Spule herrscht, sondern daß das Feld in der Windung von innen nach außen stetig vom vollen Betrage H auf 0 absinkt. Wir können so rechnen, als ob sich der ganze Leiter in einem Felde vom Mittelwert $H/2$ befindet. Dem entspricht ein Mittelwert $B/2$ der Flußdichte. Wenn r der Spulenradius ist, so ist $2\pi r$ die Länge einer einzelnen Windung, und daher beträgt die auf eine einzelne Windung wirkende skalare Kraftsumme nach (207.2)

$$F = 2\pi r I \frac{B}{2}. \qquad (236.7)$$

Bei einer Vergrößerung des Radius r um dr durch diese Kraft verrichtet sie an jeder einzelnen Windung die Arbeit $F\,dr$, also an sämtlichen n Windungen der

Spule die Arbeit

$$dW_s = n\,F\,dr = \tfrac{1}{2} \cdot 2\pi\,r\,dr\,n\,I\,B. \tag{236.8}$$

Nun ist $B = \mu n I/l$, und es ist $2\pi\,r\,dr = d(\pi r^2) = dA$ die Änderung des Querschnitts A der Spule. Wir erhalten also als Arbeit der Stromkraft

$$dW_s = \frac{\mu}{2}\,\frac{n^2\,dA}{l}\,I^2 = \frac{1}{2}\,I^2\,dL, \tag{236.9}$$

wie man durch Vergleich mit (235.7) erkennt, da A der einzige veränderliche Anteil der Induktivität L ist.

Wir berechnen zweitens die in der Zeit dt eingetretene Änderung der magnetischen Feldenergie nach (236.3). Dabei dürfen wir wegen der Querschnittsänderung L hier nicht als konstant behandeln, erhalten also

$$dW_m = d(\tfrac{1}{2}L I^2) = L I\,dI + \tfrac{1}{2}I^2\,dL. \tag{236.10}$$

Für beide Arbeitsbeträge muß die Stromquelle aufkommen. Am einfachsten betrachten wir die Spule als widerstandsfrei, so daß keine Stromwärme auftritt. Die Spannung der Stromquelle sei U, die induzierte Spannung U_i. Da in unserem Fall L veränderlich ist, dürfen wir hier nicht setzen $U_i = -L\,dI/dt$, sondern müssen allgemeiner schreiben $U_i = -d(L I)/dt$. Aus $U + U_i = R I$ folgt mit $R = 0$ $U = -U_i = d(L I)/dt = L\,dI/dt + I\,dL/dt$. Daher beträgt die Arbeit der Stromquelle

$$dW = U I\,dt = L I\,dI + I^2\,dL. \tag{236.11}$$

Die Energiebilanz geht auf, denn es ist $dW = dW_s + dW_m$.

237. Wirbelströme. Hautwirkung. Magnetohydrodynamik. Unter Wirbelströmen versteht man Induktionsströme in ausgedehnten Metallkörpern, die von veränderlichen magnetischen Feldern erzeugt werden (ARAGO[1]). Sie können z. B. in den Eisenteilen elektrischer Maschinen beträchtliche Stärke haben. Zum Nachweis der Wirbelströme eignet sich das Waltenhofensche Pendel (Abb. 428). Eine dicke Kupferscheibe kann zwischen den Polen eines zunächst stromlosen starken Elektromagneten frei hin- und herschwingen. Erregt man aber den Elektromagneten, so bleibt die Kupferscheibe infolge der Wirkung des magnetischen Feldes auf die in der Scheibe auftretenden Induktionsströme zwischen den Polen wie in einer sehr zähen Flüssigkeit stecken (Hemmung der Bewegung gemäß dem Lenzschen Gesetz, §232). Die kinetische Energie des Pendels geht in Stromwärme in der Kupferscheibe über.

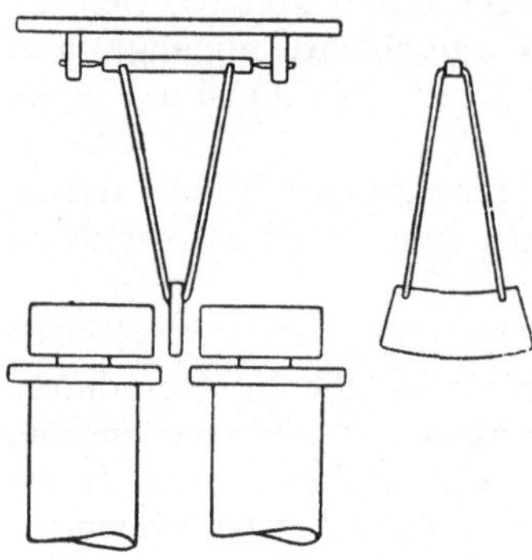

Abb. 428. Waltenhofensches Pendel

Diese läßt sich nur mit beträchtlicher Kraft zwischen den Polen herausziehen und wird bei mehrfachem gewaltsamen Hin- und Herbewegen stark erwärmt.

Die Vermeidung der nutzlos Energie verbrauchenden Wirbelströme in den Eisenteilen elektrischer Maschinen ist eine wichtige technische Aufgabe. Man erreicht dies bis zu einem gewissen Grade, indem man diese Teile aus voneinander isolierten Lamellen aus Weicheisenblech herstellt, die so liegen, daß die induzierten elektrischen Felder möglichst senkrecht zur Ebene dieser Bleche verlaufen.

Sehr schnelle elektrische Schwingungen (hochfrequenter Wechselstrom) erzeugen auch in einem Leiter beträchtliche Wirbelströme. Wir denken uns den

---

[1] DOMINIQUE FRANÇOIS JEAN ARAGO, 1786—1853.

Strom in parallele Stromfäden zerlegt. Jeder dieser Stromfäden ist von ringförmigen magnetischen Feldlinien umschlossen, die auch im Innern des Leiters vorhanden sind. Ein solcher Stromfaden ist in Abb. 429 durch den geraden Pfeil dargestellt; die zwei Durchstoßpunkte einer seiner ringförmigen Feldlinien durch die Zeichnungsebene sind durch zwei Punkte angedeutet. Ändert der Strom seine Stärke und Richtung, so ändert sich auch die Stärke und Richtung seines magnetischen Feldes. Infolgedessen ist jede magnetische Feldlinie von induzierten elektrischen Feldlinien umgeben, die im Leiter elektrische Kreisströme um die Feldlinien erzeugen. Der Umlaufssinn dieser Ströme ergibt sich an Hand der früher erwähnten Gesetzmäßigkeiten so, wie dies in der Abb. 429 dargestellt ist. Sie laufen an der Oberfläche des Leiters gleichsinnig mit der jeweiligen Stromrichtung, im Innern rückläufig. Daher ist die Stromdichte im Leiter nicht wie bei Gleichstrom überall die gleiche; sie wird in der Achse des Leiters geschwächt, an seiner Oberfläche verstärkt. Bei technischem Wechselstrom (50 Hz) ist diese Wirkung nur sehr schwach, weil dI/dt allzu klein ist. Dagegen ist sie sehr stark bei schnellen Schwingungen. Bei diesen wird der Strom in die äußersten Schichten des Drahtes verdrängt *(Hautwirkung* oder *Skin-Effekt)*. Die inneren Teile des Drahtes werden zur Stromleitung kaum ausgenutzt, der Widerstand des Drahtes erscheint sehr vergrößert. Die Hautwirkung ist daher in jeder Hinsicht unerwünscht. Man schränkt sie dadurch ein, daß man Litzen aus dünnen, voneinander durch einen Lacküberzug isolierten Drähten verwendet, die derart verdrillt sind, daß jeder Draht abwechselnd im Innern und an der Außenseite der Litze liegt (Hochfrequenzlitze).

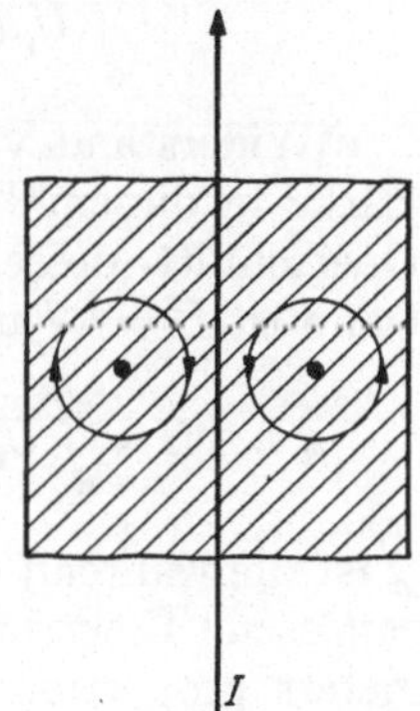

Abb. 429. Zur Theorie der Hautwirkung

Bei dem oben beschriebenen Waltenhofen-Pendel erzeugen die in der Platte erregten Wirbelströme ein magnetisches Feld, das nach dem Lenzschen Gesetz das ursprüngliche Feld schwächt. Doch ist diese Rückwirkung wegen der schnellen Aufzehrung der Wirbelströme durch Stromwärme nur gering. Ist aber das magnetische Feld und das in ihm bewegte Material räumlich sehr ausgedehnt und handelt es sich um ein Material sehr hoher Leitfähigkeit, so werden die Wirbelströme eine sehr große Fläche umfassen und deshalb nur sehr langsam abklingen, einmal weil sie nur wenig Stromwärme erzeugen, vor allem aber wegen der Wirkung der Selbstinduktion (vgl. den Ast *b* in Abb. 427). Infolgedessen bleiben auch die elektrodynamischen Wechselwirkungen zwischen den Wirbelströmen und dem erregenden magnetischen Felde, also auch die auf die im Felde bewegte Materie wirkenden Kräfte sehr lange erhalten.

Verhältnisse dieser Art sind in der Tat an den Oberflächen der Sonne und der übrigen Sterne vorhanden. Erstens bestehen dort örtliche magnetische Felder, zweitens sehr ausgedehnte Strömungen von leitfähigem Plasma (§§184, 397). Diese Strömungen werden einerseits überwiegend durch die magnetischen Felder gelenkt, andrerseits wirken die in der strömenden Materie erzeugten Wirbelströme auf die Felder zurück. Das verleiht den Strömungen und den Feldern eine große Stabilität und Dauer. Infolgedessen genügt die gewöhnliche Hydrodynamik nicht mehr zur Beschreibung dieser Strömungen, sondern zu den mechanischen Kräften kommen elektrodynamische Kräfte sehr wesentlich hinzu. Die gewöhnliche Hydrodynamik muß zur *Magnetohydrodynamik* erweitert werden. Dadurch sind viele astrophysikalische Tatsachen erst verständlich geworden. Auch zur Deutung des Erdmagnetismus als Wirkung von Strömungen zähflüssiger, leitfähiger Materie im Erdinnern wird die Magnetohydrodynamik herangezogen. Neuerdings erweist sie sich auch bei manchen elektrotechnischen Problemen als eine sehr zweckmäßige Betrachtungsweise.

238. Messung magnetischer Feldstärken. Zur Messung der Stärke eines magnetischen Feldes bringt man eine mit einem ballistischen Galvanometer (§ 212) verbundene Induktionsspule mit n Windungen so in das Feld, daß ihre Windungsfläche nA senkrecht zu den Feldlinien steht. Dann wird sie mit einem Ruck aus dem Felde herausgezogen. Das ballistische Galvanometer zeigt einen Ausschlag, der der Flußdichte $B = \mu_0 H$ proportional ist, die am ursprünglichen Ort der Spule herrscht ($\mu \approx \mu_0$ in Luft).

Nach (234.4) ist $U_i = -n\, d\Phi/dt = -n\, A\, dB/dt$. Integrieren wir diese Gleichung, so erhalten wir

$$\int\limits_0^t U_i\, dt = -n \int\limits_\Phi^0 d\Phi = -nA \int\limits_B^0 dB = nAB = \mu_0\, nAH.$$

Der Widerstand von Spule und Galvanometer sei R. Die momentane Stromstärke in diesem Kreise sei $I = dQ/dt$, wobei dQ die in der Zeit dt durch jeden Querschnitt desselben hindurchtretende Elektrizitätsmenge bedeutet (§ 157). Dann ist $U_i = RI$ und

$$\mu_0\, nAH = \int\limits_0^t U_i\, dt = R \int\limits_0^t I\, dt = R \int\limits_0^Q dQ = QR \quad \text{oder} \quad H = \frac{QR}{\mu_0\, nA}. \qquad (238.1)$$

Q ist die während der Dauer t des Induktionsvorganges durch das Galvanometer geflossene Elektrizitätsmenge. Ihr ist der Ausschlag des ballistischen Galvanometers proportional, sie kann also nach Eichung des Galvanometers gemessen werden. (Vgl. WESTPHAL: Physikalisches Praktikum, 45. Aufgabe.)

239. Induktor. Der Induktor dient dazu, mittels einer Gleichstromquelle von niederer Spannung hohe Spannungen zu erzeugen. Er besteht aus einer

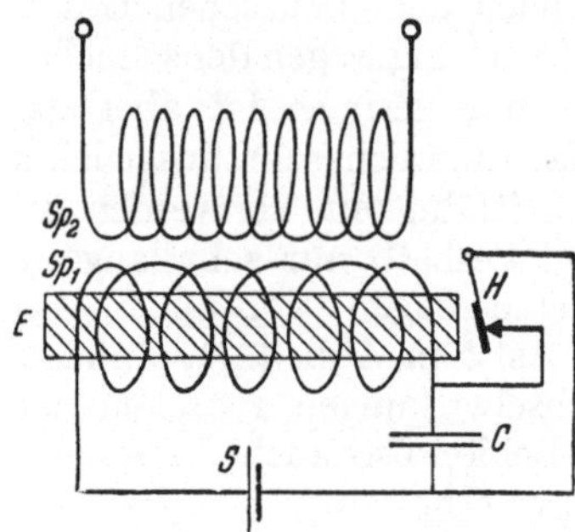

Abb. 430. Schaltungsschema des Induktors

Primärspule Sp_1 mit einigen 100 Windungen aus dickem Draht, die umschlossen wird von einer Sekundärspule Sp_2 aus sehr vielen Windungen aus dünnem Draht (in Abb. 430 der Deutlichkeit halber nebeneinander gezeichnet). Im Innern der Primärspule befindet sich ein Eisenkern E, der zur Unterdrückung der Wirbelströme aus voneinander isolierten (lackierten) Eisendrähten hergestellt ist. Ferner ist eine Vorrichtung erforderlich, welche den Primärstrom selbsttätig sehr oft in der Sekunde schließt und wieder öffnet, ein selbsttätiger Unterbrecher. Die einfachste Unterbrecherform ist der Wagnersche Hammer H, dessen Prinzip dem der elektrischen Klingel entspricht. Als Elektromagnet dient der Eisenkern der Primärspule. C ist ein Kondensator, dessen Belegungen mit den beiden Kontaktstellen des Unterbrechers verbunden sind.

Legt man an die Primärspule eine Gleichspannung, so entsteht in ihr ein Strom I_1, der infolge der Selbstinduktion den in Abb. 427a, § 235, dargestellten Verlauf zeigt. Hierdurch wird in der Sekundärspule eine Spannung U_i induziert, die der Änderungsgeschwindigkeit von I_1, also dI_1/dt, proportional und entgegengesetzt gerichtet ist wie die Spannung in der Primärspule (Abb. 431). Nach sehr kurzer Zeit aber wird der Primärstrom unterbrochen. Geschähe dies momentan, wäre also dI_1/dt unendlich groß, so würde in der Sekundärspule unendlich kurze Zeit eine unendlich große induzierte Spannung bestehen. Die Unterbrechung

ist aber nicht momentan, da an der Kontaktstelle des Unterbrechers stets ein
Funke auftritt, der noch für kurze Zeit nach Aufhebung des metallischen Kon-
taktes eine Stromleitung durch die Luft zuläßt. Um die Dauer dieses Funkens abzu-
kürzen und so die Unterbrechung möglichst plötzlich, also dI_1/dt recht groß zu
machen, besitzt der Induktor den Kondensator. Vor Beginn der Unterbrechung
ist er kurzgeschlossen, also ungeladen. In dem Augenblick aber, wo sich der
Kontakt abzuheben beginnt, liegt an den Belegungen des
Kondensators nahezu die volle Betriebsspannung U des
Induktors. Er nimmt also die Elektrizitätsmenge $Q = CU$
auf und entzieht sie dem Stromkreis. Sobald sich der
Kontakt wieder schließt, wird der Kondensator durch
Kurzschluß wieder entladen. Die bei Stromöffnung in
der Sekundärspule auftretende Spannung hat daher den
in der Abb. 431 (Kurve b unten) dargestellten Verlauf.
Man erkennt, daß die beim Öffnen des Stromes auftretende Spannung zwar kürzere Zeit andauert als die
beim Schließen auftretende, daß sie aber erheblich größer
ist als diese. Die Spannung ist um so größer, je größer
das Verhältnis n_2/n_1 der Windungszahlen der beiden
Spulen ist (Zündspule in Kraftfahrzeugen).

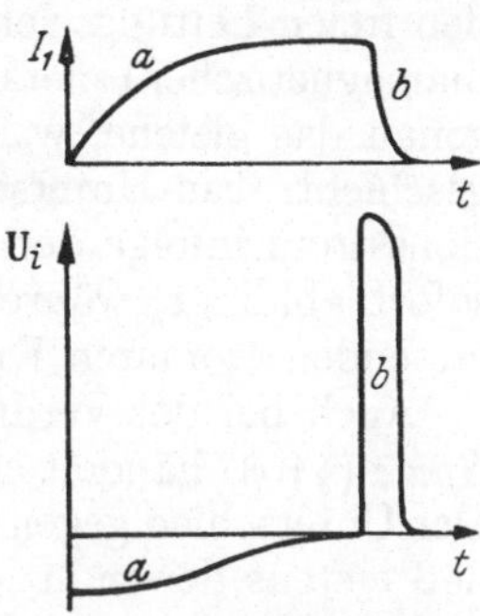

Abb. 431. Primärstrom I_1 (oben)
und induzierte Spannung U_i (unten) beim Induktor. a Stromschluß, b Stromöffnung

240. Theorie des Dia- und Paramagnetismus. Wir haben in §218 die magnetischen Eigenschaften der Para- und Diamagnetika durch das Vorhandensein
atomarer Kreisströme (Elektronen) erklärt. Der Radius eines solchen Kreis-
stromes sei r, die Winkelgeschwindigkeit des kreisenden Ladungsträgers sei u,
also seine Bahngeschwindigkeit $v = ur$. Wird ein zur Ebene der Kreisbahn senkrechtes magnetisches Feld erregt, das innerhalb der Kreisbahn einen magnetischen
Fluß $\Phi = \pi r^2 B$ erzeugt, so entsteht nach (233.5a) im Umfang $2\pi r$ der Kreisbahn ein elektrisches Feld

$$E = -\frac{1}{2\pi r}\frac{d\Phi}{dt} = -\frac{\pi r^2}{2\pi r}\frac{dB}{dt} = -\frac{r}{2}\frac{dB}{dt}. \qquad (240.1)$$

Dieses elektrische Feld wirkt je nach der Orientierung der Kreisbahn ver-
zögernd oder beschleunigend auf das Elektron. Das kreisende Elektron kann als
ein in einer Kreisbahn fließender Strom betrachtet werden. Wird es verzögert, so
entspricht das einem in der Kreisbahn induzierten Strom, der dem ursprünglichen
Strom entgegengerichtet ist. Wird es beschleunigt, so ist der Induktionsstrom
diesem gleichgerichtet. Nach dem Lenzschen Gesetz (§232) ist der Induktionsstrom
so gerichtet, daß sein magnetisches Feld die Ursache seiner Entstehung, in
unserm Fall das äußere Feld H, schwächt. Er ist also stets so gerichtet, daß sein
eigenes magnetisches Feld dem Felde H entgegengerichtet ist. Demnach werden
diejenigen Kreisströme, deren Felder dem Felde H gleichgerichtet sind, geschwächt, und daher nimmt ihr magnetisches Moment (§209) ab. Diejenigen
Kreisströme aber, deren Felder dem Felde H entgegengerichtet sind, werden
verstärkt, und ihr magnetisches Moment nimmt zu. Der Stoff erfährt also eine
Magnetisierung, die der Richtung des Feldes H entgegengerichtet ist. Beim Verschwinden des Feldes tritt der umgekehrte Vorgang ein, und die Kreisströme
gehen wieder in ihren ursprünglichen Zustand über. Nun sind in einem Stoff
die Kreisströme an sich ganz regellos orientiert; aber in jedem Fall wird eine
Schwächung des magnetischen Moments bei der einen Hälfte von ihnen eintreten,
nämlich bei denjenigen Kreisströmen, deren magnetische Momente mit dem
erregten Felde einen spitzen Winkel bilden. Bei der andern Hälfte, deren magnetische Momente einen stumpfen Winkel mit der Feldrichtung bilden, tritt eine

Verstärkung ein. In jedem Falle erfolgt eine Magnetisierung, die der Richtung des erregenden Feldes entgegengerichtet ist. Das ist genau das, was man bei den *Diamagnetika* beobachtet.

In diesem Zusammenhange ist die in der Fußnote zu §218 erwähnte anfängliche Abstoßung eines paramagnetischen Leiters durch einen Polschuh sehr lehrreich. Im Augenblick der Erregung des magnetischen Feldes geschieht an den freien Leitungselektronen des paramagnetischen (ebenso übrigens auch eines diamagnetischen) metallischen Leiters *als Ganzes* durch Induktion makroskopisch genau das gleiche, was mikroskopisch an den Elektronen der einzelnen Atome geschieht. Ein Unterschied besteht nur insofern, als der makroskopische Induktionsstrom infolge der Erzeugung von Stromwärme im Widerstand des Körpers sofort abklingt, während die sozusagen in widerstandslosen Strombahnen verlaufenden atomaren Kreisströme bestehen bleiben.

Auch bei der Verdrängung des magnetischen Flusses aus einer *supraleitenden Spule* (§165) handelt es sich um eine Art von makroskopischen Diamagnetismus. Der Unterschied gegen die soeben behandelte Erscheinung besteht lediglich darin, daß erstens der induzierte makroskopische Strom im Supraleiter nicht abklingt und zweitens immer gerade so stark ist, daß er den dem Supraleiter eingeprägten magnetischen Fluß genau aufhebt. Ein Supraleiter verhält sich also so, als habe er die Permeabilität $\mu = 0$. (Vgl. §235.)

Wir wollen den Diamagnetismus auch quantitativ behandeln. Aus (240.1) berechnen wir die beschleunigende Kraft $F = m_e\, dv/dt$, die auf ein kreisendes Elektron wirkt, dessen Bahn senkrecht zum magnetischen Felde steht. In diesem Fall ist die Kraft stets tangential zur Kreisbahn und bewirkt — je nach der Umlaufsrichtung — eine positive oder negative Beschleunigung des Elektrons längs der Bahn, aber keine Änderung des Bahnradius r (§343). Es ist also nach (240.1)

$$m_e \frac{dv}{dt} = \pm eE = \pm e\, \frac{r}{2}\, \frac{dB}{dt}. \tag{240.2}$$

Ist v_0 die Anfangsgeschwindigkeit des Elektrons, so ergibt sich durch Integration

$$v = v_0 \pm \frac{r}{2}\, \frac{e}{m_e}\, B, \tag{240.3}$$

wenn $B = \mu H \approx \mu_0 H$ die nach dem Konstantwerden des Feldes erreichte Flußdichte ist. Die Winkelgeschwindigkeit $u = v/r$ des Ladungsträgers ergibt sich zu

$$u = u_0 \pm \frac{e}{2m_e}\, B \tag{240.4}$$

und sein magnetisches Moment nach (§ 209) zu

$$M = \frac{\mu_0}{2}\, e\, u\, r^2 = M_0 \pm \mu_0\, \frac{r^2}{4}\, \frac{e^2}{m_e}\, B, \tag{240.5}$$

wenn M_0 sein anfängliches magnetisches Moment ist. Ist dieses dem Felde B gleichgerichtet, so gilt das negative Vorzeichen, ist es ihm aber entgegengerichtet, das positive. In jedem Fall ist also die Änderung des Vektors $\boldsymbol{M}$

$$\varDelta \boldsymbol{M} = -\mu_0\, \frac{r^2}{4}\, \frac{e^2}{m_e}\, \boldsymbol{B} \tag{240.6}$$

dem äußeren Felde entgegengerichtet; der Stoff ist diamagnetisch. Nun sind die Kreisströme tatsächlich ganz regellos orientiert, und im vorliegenden Fall ist nur die Komponente der Winkelgeschwindigkeit im Spiel, die — als Vektor — in der Feldrichtung oder ihr entgegen liegt. Ihr entspricht als Bahn eine Ellipse

— die Projektion der Kreisbahn auf die zum Felde senkrechte Ebene —, deren große Halbachse gleich dem Bahnradius r und deren kleine Halbachse r' gleich $0 \leqq r' \leqq r$, also durchschnittlich kleiner als r ist. Die Rechnung ergibt, daß man als Durchschnittswert statt r^2 zu setzen hat $\frac{2}{3} r^2$, so daß im Mittel

$$\Delta M = - \mu_0 \frac{r^2}{6} \frac{e^2}{m_e} B. \tag{240.7}$$

Befinden sich in der Volumeinheit n Kreisströme, so ist $n \, \Delta M$ das magnetische Moment der Volumeinheit, also die magnetische Polarisation J des Stoffes. Nach (220.5) ist $J = \varkappa \mu_0 H$. Da bei allen Stoffen, außer den Ferromagnetika, stets $\mu \approx \mu_0$ ist, so können wir genügend genau $\mu_0 H = B$, also $J = \varkappa B$ und $\varkappa = J/B$ setzen. Dann ist

$$\varkappa = - \frac{n \mu_0}{6} r^2 \frac{e^2}{m_e}. \tag{240.8}$$

Die Bahnradien r sind der Größenordnung nach bekannt (§ 344), ferner sind die Werte von n bekannt. Tatsächlich ergibt (240.8) die richtige Größenordnung der Suszeptibilitäten $\varkappa$ der diamagnetischen Stoffe.

Die zusätzliche Winkelgeschwindigkeit (Kreisfrequenz) des Ladungsträgers

$$\Delta u = u - u_0 = \pm \frac{e}{2 m_e} B \tag{240.9}$$

heißt die *Larmor-Frequenz*[1] des Ladungsträgers. Sie ist vom Bahnradius r unabhängig, ebenso wie die Umlaufsfrequenz eines freien Ladungsträgers im magnetischen Felde nach (205.3). Sie ist aber nur halb so groß wie diese.

Die Atome sämtlicher Elemente sind Träger einer mehr oder weniger großen Anzahl atomarer Kreisströme, und daher sollte man zunächst vermuten, daß sämtliche Stoffe diamagnetisch sein müßten. Bei vielen Atomarten überlagert sich den geschilderten Wirkungen aber eine zweite Wirkung, die bei genügender Stärke die Eigenschaft des Paramagnetismus erzeugt. Bei einem Teil der Elemente sind die einzelnen Kreisströme derart beschaffen und orientiert, daß ihre magnetischen Momente am einzelnen Atom einander genau kompensieren, so daß das Atom als Ganzes *kein natürliches magnetisches Moment besitzt*. Wird an seinem Ort ein magnetisches Feld erregt, so treten an seinen Kreisströmen die oben geschilderten Wirkungen auf, und das Atom gewinnt ein dem Felde entgegengerichtetes magnetisches Moment. Der Stoff ist *diamagnetisch*. Bei den Atomen der übrigen Elemente aber kompensieren die magnetischen Momente der Kreisströme einander nicht völlig, und diese Atome *haben ein natürliches magnetisches Moment*. Wäre sonst nichts im Spiel, so würde der Stoff immer *in* Richtung des magnetischen Feldes magnetisiert; er wäre *paramagnetisch*. Aber die bei den Atomen ohne natürliches magnetisches Moment vorhandenen Wirkungen sind bei ihnen ebenfalls vorhanden. So überlagern sich bei den Atomen mit natürlichem magnetischen Moment die Eigenschaften des Paramagnetismus und des Diamagnetismus. Für das magnetische Verhalten solcher Stoffe ist entscheidend, welche von beiden überwiegt. Gemäß unserer in § 219 gegebenen Definition verstehen wir unter einem paramagnetischen Stoff einen solchen, bei dem die paramagnetische Eigenschaft die bei keinem Stoff fehlende diamagnetische Eigenschaft überwiegt. Der besonders hohe Paramagnetismus der Lanthaniden (§ 219) erklärt sich dadurch, daß bei ihnen wegen ihrer sehr unvollständigen 4_4-Schale die gegenseitige Kompensation der magnetischen Momente besonders unvollkommen ist (vgl. § 346).

---

[1] Sir JOSEPH LARMOR, 1857—1942.

241. Das 2. Induktionsgesetz. Verschiebungsströme. Nachdem wir die Folgerungen aus (233.5a) und (233.6a) gezogen haben, gehen wir zu (233.5b) (mit r statt R) über

$$H = \frac{1}{2\pi r}\frac{d\Psi}{dt} = \frac{A}{2\pi r}\frac{dD}{dt}. \tag{241.1}$$

Wir betrachten einen Kondensator mit Kreisplatten von der Fläche A, der die Ladung Q trage. Dann ist nach §149 $Q = \Psi = AD$ und daher $d\Psi/dt = dQ/dt$, also gleich der zeitlichen Ladungsänderung des Kondensators. Eine solche kann aber nur durch einen Strom $I = dQ/dt$ in dem an den Kondensator angeschlossenen Stromkreise — einen Lade- oder Entladestrom — erfolgen. Setzen wir dies in (241.1) ein, so ergibt sich

$$H = \frac{1}{2\pi r}\frac{d\Psi}{dt} = \frac{I}{2\pi r}. \tag{241.2}$$

Dabei beziehen sich (241.1) und (241.2), entsprechend der Ableitung der zugrunde liegenden Gl. (233.5b), auf den Kreis, welcher den Querschnitt des Kondensators begrenzt. Vergleicht man dies mit (201.4), so folgt die zunächst überraschende Tatsache, daß die zeitliche Änderung des dielektrischen Flusses im Kondensator im Abstande r von dessen Achse, also im zylindrischen Umfang des Kondensators, ein magnetisches Feld induziert, das genau dem Felde des dem Kondensator zufließenden Leitungsstromes I im Abstande r von seiner Strombahn entspricht. Die magnetische Feldstärke *außerhalb* des Kondensators ist also ebenso groß, wie wenn der Kondensator durch einen in seiner Achse liegenden Draht kurzgeschlossen wäre und der Leitungsstrom durch diesen geführt würde.

Es ergibt sich also, daß die Größe

$$\frac{d\Psi}{dt} = A\frac{dD}{dt} = I \tag{241.3}$$

die gleiche magnetische Wirkung hat wie der Leitungsstrom I. Man bezeichnet deshalb nach MAXWELL $d\Psi/dt$ als den *Verschiebungsstrom* im Kondensator. Dividieren wir ihn durch seinen Querschnitt A, so erhalten wir

$$\frac{dD}{dt} = \dot{\jmath}_v, \tag{241.4}$$

die Verschiebungsstromdichte im Kondensator. *Die zeitliche Änderung $d\Psi/dt$ des elektrischen Flusses ist also einem elektrischen Strom äquivalent.*

Die magnetische Wirkung des Verschiebungsstromes ist also genau so, als werde der dem Kondensator zufließende Leitungsstrom als ein über den ganzen Querschnitt homogen verteilter Leitungsstrom von der einen Platte zur anderen geleitet. Bezüglich des Außenraumes ist die Wirkung die gleiche, als bilde der ganze Strom einen ganz dünnen, axialen Stromfaden. Im Innenraum herrschen andere Verhältnisse, auf die wir in §242 zurückkommen. Denn für einen Abstand von der Achse, der kleiner als der Kondensatorradius ist, kommt auch nur ein entsprechender Bruchteil des Verschiebungsstromes zur Wirkung.

Die Gl. (233.6b),

$$\overset{\circ}{V} = \frac{d\Psi}{dt}, \tag{241.5}$$

bildet bis auf das Vorzeichen das *genaue Analogon zum 1., Faradayschen, Induktionsgesetz* (234.1), $\overset{\circ}{U} = -d\Phi/dt$. Wir bezeichnen sie deshalb als das 2. *Induktionsgesetz.* Wenn außer dem elektrischen Verschiebungsstrom noch ein Leitungsstrom I durch die Kreisfläche tritt, so liefert er eine zusätzliche Randspannung

$\overset{\circ}{V}{}' = I$. Entsprechend verallgemeinert lautet also (241.5)

$$\overset{\circ}{V} = \frac{d\Psi}{dt} + I. \tag{241.6}$$

(241.3) und (241.4) enthalten keinen Bezug auf die besondere Art der Erzeugung des Feldes, dem die Verschiebungsdichte D zukommt. Der Begriff des Verschiebungsstromes ist auf jedes beliebige, zeitlich veränderliche elektrische Feld anwendbar, auch wenn es sich um geschlossene elektrische Feldlinien handelt, wie sie auf Grund des 1. Induktionsgesetzes auftreten.

Wir fassen noch einmal zusammen:

Ein durch einen Nichtleiter oder ein Vakuum unterbrochener, zeitlich veränderlicher Leitungsstrom kann bezüglich seiner magnetischen Wirkungen durch einen gleich starken Verschiebungsstrom fortgesetzt gedacht werden. In diesem erweiterten Sinne gibt es keine ungeschlossenen, z.B. an den Platten eines Kondensators endenden und beginnenden Ströme.

Erst jetzt können wir den in der Abb. 419, §231, dargestellten Induktionsversuch mit der Ringspule verständlich machen. *Der Außenraum der Spule ist gar nicht feldfrei,* sofern die Spule mit einem zeitlich veränderlichen Strom beschickt wird. Da dann auch das magnetische Feld in der Spule zeitlich veränderlich ist, so induziert es — zunächst im Inneren und an der Berandung der Spule — elektrische Feldlinien, die die Spule ringförmig umschlingen. Wenn aber die zeitliche Änderung des magnetischen Feldes nicht konstant ist ($d^2H/dt^2 \neq 0$), so ist auch die induzierte elektrische Feldstärke zeitlich nicht konstant, und es besteht längs der elektrischen Feldlinie ein Verschiebungsstrom, der sich nun aber seinerseits mit zeitlich veränderlichen magnetischen Feldlinien umgibt. Dieses Wechselspiel wiederholt sich wieder und wieder, indem jeweils zeitlich veränderliche magnetische Felder zeitlich veränderliche elektrische Felder induzieren und umgekehrt. Auf diese Weise treten die Felder, einander wechselweise bedingend und so miteinander *verkettet,* aus dem Inneren der Spule in den Außenraum über. Wir wollen allgemein sagen, daß von der Spule eine *elektromagnetische Störung* ausgeht, die sich im Außenraum ausbreitet. Wie wir noch sehen werden (§244), erfolgt diese Ausbreitung mit *Lichtgeschwindigkeit.* Elektrische und magnetische Feldlinien wandern mit Lichtgeschwindigkeit in den Raum hinaus (vgl. §254). Ein Feld, in dem zeitlich veränderliche elektrische und magnetische Felder auf solche Weise miteinander verkettet sind, nennt man ein *elektromagnetisches Feld.* Ein solches ist also niemals ein statisches, sondern stets ein zeitlich veränderliches Feld.

Im Fall der Ringspule sind die magnetischen Feldlinien im Außenraum Kreise, welche mit der Ringspule als Ganzem koaxial sind. Die elektrischen Feldlinien aber umschlingen die Spule selbst. So wird verständlich, daß in einem die Spule umschlingenden Drahtring ein Induktionsstrom auftritt.

Es steht nichts im Wege, analog zum elektrischen Verschiebungsstrom $A\,dD/dt$ den Begriff des *magnetischen Verschiebungsstromes,* $d\Phi/dt = A\,dB/dt$, zu definieren, zu dem es aber keinen äquivalenten magnetischen Leitungsstrom gibt. Abschließend sprechen wir die beiden Induktionsgesetze noch einmal in der folgenden kurzen Form aus:

1. Induktionsgesetz. Ein magnetischer Verschiebungsstrom induziert ein elektrisches Feld, welches genau so beschaffen ist wie das eines — gedachten (!) — äquivalenten magnetischen Leitungsstromes.

2. Induktionsgesetz. Ein elektrischer Verschiebungsstrom induziert ein magnetisches Feld, welches genau so beschaffen ist wie das eines äquivalenten elektrischen Leitungsstromes.

Die für magnetische Felder von elektrischen Strömen aufgestellten *Schrauben-regeln* können wir auch auf elektrische Verschiebungsströme anwenden. Indessen müssen wir sie wegen des negativen Vorzeichens in (233.5a) umkehren (Links-schraube), wenn wir die entsprechenden Regeln unter Vertauschung der elektrischen und magnetischen Größen für die elektrischen Felder von magnetischen Verschiebungsströmen aufstellen wollen.

242. Ein Vergleich zwischen den Feldern von Leitungsströmen und von elektrischen und magnetischen Verschiebungsströmen.

Wir wollen das magnetische Feld eines Stromes unter Einschluß des Feldes im Innern eines geraden zylindrischen Drahtes betrachten, dessen Radius r_0 sei. Dabei sehen wir davon ab, daß das Material des Drahtes und das Außenmedium verschiedene Werte der Permeabilität haben können. Außerhalb des Drahtes hat das magnetische Feld nach (201.4) im Abstande r von der Drahtachse den Betrag

$$H_a = \frac{I}{2\pi r}. \qquad (242.1)$$

Innerhalb des Drahtes ist aber im Abstande r von der Achse nur derjenige Strom-anteil wirksam, der den Zylinder vom Radius r erfüllt, also der Strom $I\,r^2/r_0^2$. Dem-nach beträgt die Feldstärke im Innern

$$H_i = \frac{I}{2\pi r_0^2}\,r. \qquad (242.2)$$

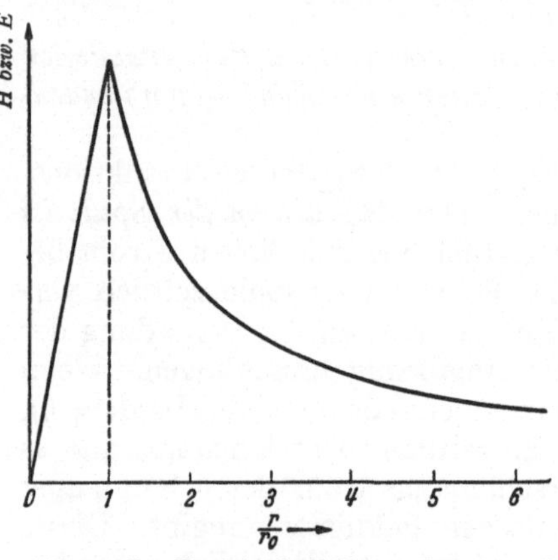

Abb. 432. Zum Vergleich der Felder von Strömen und elektrischen und magnetischen Verschiebungsströmen

Während also das magnetische Feld in der Drahtachse gegen Null geht und im Innern bis zur Drahtoberfläche linear mit dem Abstande von der Achse ansteigt, fällt es im Außenraum wie $1/r$ asymptotisch wieder auf Null ab. An der Oberfläche ist $H_a = H_i$. Die magnetische Feldstärke ist in der Abb. 432 als Funktion des Abstandes r dargestellt.

Die Abb. 432 kann aber auch als Darstellung des magnetischen Feldverlaufes in einem Kondensator mit Kreisplatten und in seinem Außenraum betrachtet werden, wenn am Kondensator eine veränderliche Spannung liegt, in ihm also ein Verschiebungsstrom $\pi r_0^2 \cdot dD/dt$ besteht, wobei r_0 jetzt den Radius der Kondensatorplatten bedeutet. Diese Überlegung macht die Analogie zwischen einem Leitungsstrom und einem Verschiebungsstrom in bezug auf ihre magnetische Wirkung besonders eindringlich deutlich.

Nun betrachten wir eine lange, enge Spule, welche mit einem veränderlichen Strom beschickt ist und in der demnach ein veränderliches magnetisches Feld und daher auch ein magnetischer Verschiebungsstrom besteht, der ein ringförmiges elektrisches Feld mit der Spulenachse als Achse erzeugt. Zur Berechnung des Feldes benutzen wir (233.5a). Dabei ist als magnetischer Fluß Φ derjenige anzusetzen, der durch den mit dem Radius r um die Spulenachse beschriebenen Kreis tritt. Im Innern der Spule, im Abstande r von deren Achse, gilt also $\Phi = \pi r^2 B$; für den Außenraum aber ist $\Phi = \pi r_0^2 B$ konstant, da wir von dem sehr schwachen rückläufigen Felde absehen können. Damit folgt aus (233.5a) (mit $R = r$) für das Feld E_i im Innern und das Feld E_a im Außenraum

$$E_i = -\frac{\pi r^2}{2\pi r}\frac{dB}{dt} = -\frac{r}{2}\frac{dB}{dt}, \qquad E_a = -\frac{\pi r_0^2}{2\pi r}\frac{dB}{dt} = -\frac{r_0^2}{2r}\frac{dB}{dt}. \qquad (242.3)$$

Dabei bedeutet B die Flußdichte im Inneren der Spule. Vom Vorzeichen abgesehen, zeigt also das elektrische Feld des magnetischen Verschiebungsstromes in einer Spule die gleiche Abhängigkeit vom Abstande von der Achse, nämlich einen linearen Anstieg seines Betrages mit r im Innern und einen Abfall mit $1/r$ im Außenraum, wie das magnetische Feld eines elektrischen Stromes oder Verschiebungsstromes (Abb. 432). Die Spule führt einen zeitlich veränderlichen magnetischen Verschiebungsstrom und verhält sich wie ein „Draht", in dem ein wahrer „magnetischer Strom" fließt; natürlich nur in dem gleichen Sinne, wie man einen Kondensator, in dem ein elektrischer Verschiebungsstrom fließt, mit einem von einem Leitungsstrom durchflossenen Leiter vergleichen kann.

Auf Grund dieser Tatsache ist es grundsätzlich möglich, eine „Spule" zu bauen, welche statt eines magnetischen Feldes ein ganz analog gebautes elektrisches Feld erzeugt. Man braucht dazu nur eine sehr lange und enge Spule (1) noch einmal zu einer gröberen Spule (2) aufzuwickeln. Wird die Spule 1 mit einem zeitlich linear veränderlichen Strom beschickt, so ändert sich auch ihr — jetzt wendelförmig aufgewickeltes — magnetisches Feld linear mit der Zeit, dB/dt ist zeitlich konstant und daher auch das elektrische Feld, welches nach (233.5a) entsteht. Die Gestalt seiner Feldlinien ist, bezogen auf die Spule 2, die gleiche wie die des magnetischen Feldes einer gewöhnlichen Spule; nur gilt für seine Richtung wegen des negativen Vorzeichens von (233.5a) die Schraubenregel der Abb. 354 (mit E statt H und mit $A\,dB/dt$ statt I) mit umgekehrtem Vorzeichen (§ 241). Es ist interessant, daß in den doppelt gewendelten Drähten der heutigen Glühlampen derartige Spulen tatsächlich existieren. Allerdings ergibt eine Überschlagsrechnung, daß deren elektrische Feldstärken äußerst schwach und kaum nachweisbar sind. Auch kann man ein konstantes dB/dt nur sehr kurze Zeit aufrecht erhalten, also keinen „magnetischen Gleichstrom" erzeugen. Das nimmt aber der vorstehenden Überlegung nichts von ihrem Wert.

243. Die Maxwellschen Gleichungen. Wenn nach § 241 zeitlich veränderliche elektrische und magnetische Felder einander induzieren, so bedeutet das, daß *in den einzelnen Punkten* eines elektromagnetischen Feldes gesetzmäßige Beziehungen zwischen den beiden Feldarten bestehen. Wir können sie nach Maxwell ableiten, indem wir einerseits die magnetische Randspannung $\overset{\circ}{V} = \oint H\,d\mathbf{r}$, andererseits die elektrische Randspannung $\overset{\circ}{U} = \oint E\,d\mathbf{r}$ längs des Umfanges eines beliebig kleinen Flächenelementes $dx\,dy$ bilden, welches den betrachteten Punkt enthält.

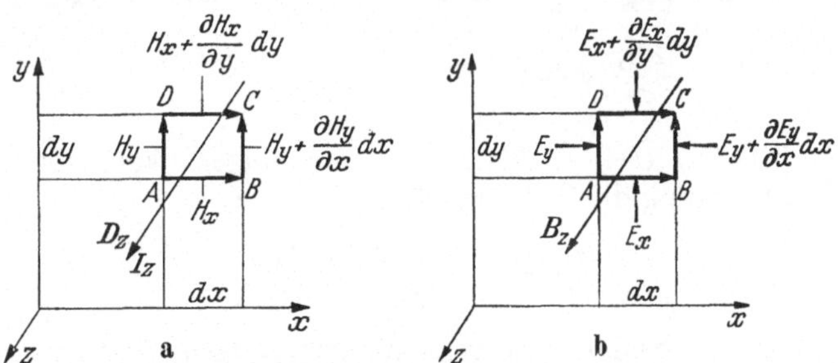

Abb. 433. Zur Ableitung der Maxwellschen Gleichungen

Wir beginnen mit dem 2. Induktionsgesetz (§ 241). In der Abb. 433a ist ein Flächenelement $dx\,dy$ in der $(x\,y)$-Ebene dargestellt. Es werde senkrecht von der z-Komponente eines Stromes durchsetzt, deren Stromdichte j_z sei, sowie von der z-Komponente eines Verschiebungsstromes von der Dichte dD_z/dt. Dann beträgt die Summe von Leitungs- und Verschiebungsstrom in der Fläche in der z-Richtung $(dD_z/dt+j_z)\, dx\, dy$. Die magnetische Feldstärke längs der Seite AB betrage H_x, längs der Seite AD betrage sie H_y. Dann ergeben sich die Feldkomponenten längs der Seiten BC und DC nach dem Taylorschen Satz so, wie sie in der Abb. 433 a angeschrieben sind. Wir bilden die magnetische Randspannung $\overset{\circ}{V} = \oint \boldsymbol{H}\, d\boldsymbol{r}$ im Umfange des Flächenelementes, indem wir, bei A beginnend, einen vollen Umlauf im positiven Drehsinne um die z-Achse — also in Richtung $A-B-C-D-A$ — ausführen und die Summe der Produkte der Feldkomponenten mit den Seitenlängen bilden. Dabei sind Strecken, die in der negativen Koordinatenrichtung durchlaufen werden, also die Strecken CD und DA, negativ zu rechnen. Dann erhalten wir

$$\left.\begin{aligned}\overset{\circ}{V} &= H_x\, dx + \left(H_y + \frac{\partial H_y}{\partial x}\, dx\right) dy - \left(H_x + \frac{\partial H_x}{\partial y}\, dy\right) dx - H_y\, dy \\ &= \left(\frac{\partial H_y}{\partial x} - \frac{\partial H_x}{\partial y}\right) dx\, dy.\end{aligned}\right\} \quad (243.1)$$

Nun ist nach § 202 die magnetische Randspannung $\overset{\circ}{V}$ gleich der Stärke des durch die betrachtete Fläche hindurchtretenden Stromes, der sich in unserem Fall aus dem Verschiebungsstrom $\partial D_z/\partial t \cdot dx\, dy$ und Leitungsstrom $dI_z = j_z \cdot dx\, dy$ zusammensetzt. Mit dem oben abgeleiteten Wert dieser Stromstärke folgt aus (243.1)

$$\frac{\partial D_z}{\partial t} + j_z = \frac{\partial H_y}{\partial x} - \frac{\partial H_x}{\partial y}. \quad (243.2)$$

(Wir müssen hier den partiellen Differentialquotienten $\partial D/\partial t$ setzen, da D_z außer von der Zeit auch noch vom Ort abhängen kann.) (243.2) ist die *1. Maxwellsche Gleichung* für die z-Richtung.

Nunmehr gehen wir zum 1. Induktionsgesetz über und betrachten wieder ein Flächenelement $dx\, dy$, das senkrecht von der z-Komponente B_z einer zeitlich veränderlichen magnetischen Flußdichte durchsetzt wird. Die elektrischen Feldkomponenten längs der Seiten des Flächenelementes sind in der Abb. 433 b angeschrieben. Der magnetische Fluß in dem Flächenelement beträgt $\Phi = B_z\, dx\, dy$. Nunmehr bilden wir, wie soeben die magnetische, so jetzt die elektrische Randspannung $\overset{\circ}{U}$ des Flächenelements durch einen Umlauf im positiven Sinne um die z-Achse. Wir erhalten

$$\left.\begin{aligned}\overset{\circ}{U} &= E_x\, dx + \left(E_y + \frac{\partial E_y}{\partial x}\, dx\right) dy - \left(E_x + \frac{\partial E_x}{\partial y}\, dy\right) dx - E_y\, dy \\ &= \left(\frac{\partial E_y}{\partial x} - \frac{\partial E_x}{\partial y}\right) dx\, dy.\end{aligned}\right\} \quad (243.3)$$

Nun ist nach (233.6a) $\overset{\circ}{U} = -d\Phi/dt$. Mit dem obigen Wert von Φ folgt aus (243.3) für die z-Richtung die *2. Maxwellsche Gleichung*,

$$\frac{\partial B_z}{\partial t} = -\left(\frac{\partial E_y}{\partial x} - \frac{\partial E_x}{\partial y}\right). \quad (243.4)$$

Gleichungen für die beiden anderen Achsenrichtungen erhalten wir aus (243.2) und (243.4) durch zyklische Vertauschung der Indizes in der Reihenfolge $x \to y \to z \to x$. Es ergeben sich dann insgesamt 6 Gleichungen. Nun sind aber die linken Seiten von (243.2) und (243.4) die Beträge der z-Komponenten von Vektoren. Demnach sind die rechten Seiten dieser Gleichungen ebenfalls z-Komponenten eines Vektors. Einen Vektor, dessen z-Komponente und analog die beiden anderen Komponenten nach dem Vorbild der rechten Seite von (243.2) bzw. des Klammerausdruckes auf der rechten Seite von (243.4) aus einem Vektor H bzw. E gebildet sind, bezeichnet man als die *Rotation* dieses Vektors, abgekürzt rot H bzw. rot E. Unter Benutzung dieser Schreibweise kann man die 6 skalaren Maxwellschen Gleichungen in zwei vektorielle Gleichungen zusammenfassen:

$$1.\ Maxwellsche\ Gleichung: \quad \frac{\partial D}{\partial t} + j = \mathrm{rot}\,H, \tag{243.5}$$

$$2.\ Maxwellsche\ Gleichung: \quad \frac{\partial B}{\partial t} = -\,\mathrm{rot}\,E. \tag{243.6}$$

Zu den beiden Maxwellschen Gleichungen kommen noch die sog. Materialgleichungen

$$D = \varepsilon E \quad \text{und} \quad B = \mu H$$

und (185.2) und (226.4)

$$\mathrm{div}\,D = \varrho \quad \text{und} \quad \mathrm{div}\,B = 0$$

sowie

$$j = \sigma E$$

hinzu. (243.5) bestimmt die magnetischen Felder von Leitungs- und Verschiebungsströmen (2. Induktionsgesetz); (243.6) ist das 1. (Faradaysche) Induktionsgesetz. Diese Form der Maxwellschen Gleichungen stammt von HEINRICH HERTZ.

Rückschauend wollen wir uns noch einmal vor Augen halten, daß wir den gesamten Inhalt der Elektrizitätslehre ohne zusätzliche Annahmen oder Erfahrungen — außer denen, welche die Eigenschaften der Stoffe betreffen — einzig aus dem *elektrodynamischen Elementargesetz* und dem *1. und 2. Coulombschen Gesetz* abgeleitet haben. Vor der Tatsache, daß es möglich ist, das ungeheure Gebiet der elektrodynamischen Erscheinungen mit drei so einfachen Gesetzen einzufangen, dürfen wir einen Augenblick mit Bewunderung verweilen, zumal wenn wir noch erfahren werden, daß das ganze Gebiet der klassischen Optik von der Elektrodynamik mit umfaßt wird. Darüber hinaus werden wir in §333 zeigen, daß alle magnetischen Erscheinungen, also auch das 2. Coulombsche Gesetz und das elektromagnetische Elementargesetz auf Grund der speziellen Relativitätstheorie als elektrostatische Wechselwirkungen aus dem 1. Coulombschen Gesetz abgeleitet werden können. Wir stehen hier ohne Zweifel vor einer der großartigsten Leistungen, die der menschliche Geist je hervorbrachte. Wenn wir daran denken, daß die klassische Mechanik und Wärmelehre ebenfalls auf der Grundlage von ganz wenigen, allgemeinen Gesetzen ruhen, so kommt uns mit höchster Eindringlichkeit zum Bewußtsein, bis zu welchem hohen Grade von Vollkommenheit die Ordnung des physikalischen Erkenntnisgutes bereits gediehen ist. Die Eigenschaften der Stoffe dagegen (ihre mechanischen, thermischen, elektrischen und magnetischen Materialkonstanten) mußten wir weitgehend noch als bloße Erfahrungstatsachen hinnehmen. Zu ihrer vollständigen Deutung muß die Quantentheorie herangezogen werden, und hier befindet sich die Forschung noch im vollen Fluß.

244. Die Ausbreitung elektromagnetischer Störungen. Wir betrachten ein elektromagnetisches Feld in einem Raum, der mit einem homogenen und isotropen Stoff erfüllt ist, so daß die Stoffkonstanten ε und μ überall und bezüglich jeder beliebigen Feldrichtung den gleichen Wert haben. Wir wollen ferner annehmen, daß momentan in einem bestimmten Raumpunkt ein elektrisches Feld nur in der x-Richtung, ein magnetisches nur in der y-Richtung herrsche. Wir haben es also nur mit den Feldkomponenten E_x und H_y, der Verschiebungsdichtekomponente D_x und der Flußdichtekomponente B_y zu tun. Alle übrigen Komponenten verschwinden. Durch zyklische Vertauschung stellt man dann fest, daß (243.2) und (243.4) die folgende Form annehmen:

$$\frac{\partial D_x}{\partial t} = \varepsilon \frac{\partial E_x}{\partial t} = - \frac{\partial H_y}{\partial z}, \qquad \frac{\partial B_y}{\partial t} = \mu \frac{\partial H_y}{\partial t} = - \frac{\partial E_x}{\partial z}. \qquad \text{(244.1 a, b)}$$

Wir wollen den Ansatz

$$E_x = \frac{1}{\varepsilon} D_x = E_0\, f\!\left(t - \frac{z}{c}\right), \qquad H_y = \frac{1}{\mu} B_y = H_0\, f\!\left(t - \frac{z}{c}\right) \qquad \text{(244.2a, b)}$$

machen und nachweisen, daß er eine partikuläre Lösung von (244.1 a, b) ist, wenn die Konstanten c, E_0 und H_0 bestimmten Bedingungen genügen. Der Ansatz stellt eine sich mit der Geschwindigkeit c in der z-Richtung ausbreitende *elektromagnetische Störung* oder *Welle* dar. (Vgl. §81.) Es ist

$$\frac{\partial D_x}{\partial t} = \varepsilon E_0 f', \qquad \frac{\partial B_y}{\partial t} = \mu H_0 f', \qquad \frac{\partial E_x}{\partial z} = - \frac{1}{c} E_0 f', \qquad \frac{\partial H_y}{\partial z} = - \frac{1}{c} H_0 f',$$

wobei $f' = \partial f/\partial t$ ist.

Setzen wir dies in (244.1 a, b) ein, so ergibt sich

$$c = \frac{1}{\sqrt{\varepsilon \mu}} = \frac{1}{\sqrt{\varepsilon_r \varepsilon_0 \mu_r \mu_0}} = \frac{c_0}{\sqrt{\varepsilon_r \mu_r}} \quad \text{mit} \quad c_0 = \frac{1}{\sqrt{\varepsilon_0 \mu_0}} \qquad \text{(244.3 a, b)}$$

und

$$\frac{E_0}{H_0} = \sqrt{\frac{\mu}{\varepsilon}} = \sqrt{\frac{\mu_r \mu_0}{\varepsilon_r \varepsilon_0}} = \Gamma = \sqrt{\frac{\mu_r}{\varepsilon_r}}\, \Gamma_0 \quad \text{mit} \quad \Gamma_0 = \sqrt{\frac{\mu_0}{\varepsilon_0}} = \mu_0 c_0. \qquad \text{(244.4a, b)}$$

Demnach beschreiben die Gln. (244.2a, b) eine *ebene* elektromagnetische Welle (weil die Feldstärken außer von t nur von der Koordinate z abhängen). Ferner ist die Welle *transversal*, weil die Feldschwingungen senkrecht zur Fortpflanzungsrichtung z erfolgen. Ihre Geschwindigkeit c ist um so kleiner, je größer das Produkt $\varepsilon\mu$ ist oder — da eine Fortpflanzung in einem Ferromagnetikum nicht in Frage kommt, also stets $\mu \approx \mu_0$ —, je größer die Dielektrizitätszahl ε_r des Mediums ist, in dem sich die Welle ausbreitet. Ihre Fortpflanzungsgeschwindigkeit im *Vakuum* ($\varepsilon_r = \mu_r = 1$) ist $c_0 = 1/\sqrt{\varepsilon_0 \mu_0}$. Daß dies mit der *Vakuumlichtgeschwindigkeit* identisch ist, folgt aus der in §200 mitgeteilten Entdeckung von WEBER und KOHLRAUSCH. Später ist die Geschwindigkeit elektrischer Wellen auch unmittelbar sehr genau gemessen worden, und der so ermittelte Wert stimmt innerhalb der *sehr* kleinen Versuchsfehler mit dem heutigen Bestwert der optisch gemessenen Vakuumlichtgeschwindigkeit überein (§265). Statt (244.3 a) schreibt man auch

$$c = \frac{c_0}{n} \quad \text{mit} \quad n = \sqrt{\varepsilon_r \mu_r}. \qquad \text{(244.5 a, b)}$$

n ist die *Brechzahl* des Stoffes, in dem sich die Welle ausbreitet (§271).

Die durch (244.4a) definierte Größe Γ ist von der Größenart eines Widerstandes, wird also in der Einheit $1\,\Omega$ gemessen und heißt der *Wellenwiderstand* des betreffenden Stoffes. Γ_0 ist der *Wellenwiderstand des Vakuums* und beträgt $\mu_0 c_0 \approx 120\pi\,\Omega$. — Weiteres über elektromagnetische Wellen s. §254.

V. Wechselstrom. Elektrische Maschinen. Elektrische Schwingungen und Wellen

245. Wechselstrom[1]. Ein Wechselstrom ist ein elektrischer Strom, dessen Stärke I eine *periodische Funktion der Zeit t* ist. Ein *einwelliger* Wechselstrom ist ein solcher, bei dem diese Funktion einfach harmonisch (sinusförmig) ist. Seine

---

[1] Wir benutzen in diesem Abschnitt die heute in der Elektrotechnik meist verwendeten Formelzeichen für Scheitelwerte ($\hat{I}$, spr. I Dach usw.) und f statt ν für Frequenzen.

Stromstärke wird also durch die Gleichung

$$I = \hat{I} \sin(\omega t + \beta) \tag{245.1}$$

dargestellt (Abb. 434). $\hat{I}$ ist der Höchstwert, der *Scheitelwert* des Wechselstroms, ω die *Kreisfrequenz* des Wechselstroms, $T = 2\pi/\omega$ seine *Periode*, die Zeit, in der die Stromstärke I alle ihre Phasen einmal durchläuft. $f = \omega/2\pi = 1/T$ ist die *Frequenz* des Wechselstroms (§ 80). Unter der *Wechselzahl* versteht man die Anzahl der Durchgänge der Stromstärke durch den Wert $I = 0$ in 1 s; sie ist also doppelt so groß wie die Frequenz. Technischer Wechselstrom hat meist die Frequenz $f = 50 \text{ s}^{-1} = 50$ Hz, also die Wechselzahl 100 s^{-1}, nur im elektrischen Fernbahnbetrieb meist die Frequenz $f = 16\frac{2}{3}$ Hz (Hz = s^{-1}; vgl. § 42). Die Größe β in (245.1) ist die *Phasenkonstante* des Wechselstroms. Sie hängt von

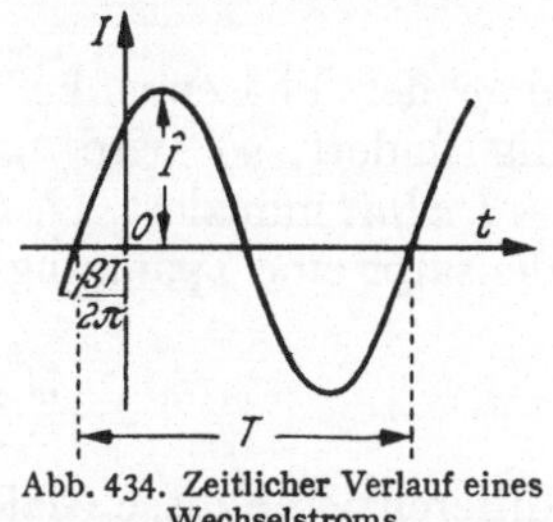

Abb. 434. Zeitlicher Verlauf eines Wechselstroms

der Wahl des Nullpunktes der Zeit t ab und kann durch geeignete Wahl desselben zum Verschwinden gebracht werden.

Zur Erzeugung eines solchen Wechselstroms ist eine Wechselspannung

$$U = \hat{U} \sin(\omega t + \gamma) \tag{245.2}$$

von gleicher Frequenz erforderlich. $\hat{U}$ ist ihr Scheitelwert. Ihre Phasenkonstante γ ist im allgemeinen von der des Stromes verschieden, es besteht zwischen Strom und Spannung eine Phasendifferenz *(Phasenwinkel)* $\beta - \gamma = \varphi$. Ist $\varphi > 0$, so eilt der Strom der Spannung voraus, ist $\varphi < 0$, so eilt der Strom der Spannung nach.

(245.1) entspricht der Gleichung einer Schwingung (§ 42). In der Tat handelt es sich hier auch um eine *elektrische Schwingung*. Ein Strom, der periodisch Stärke und Richtung ändert, ist ja nichts anderes als eine periodische Hin- und Herbewegung der Ladungsträger im Leitersystem, also eine erzwungene Schwingung dieser Ladungsträger unter der Wirkung des periodisch „schwingenden" elektrischen Feldes im Leiter. Auf Grund der am Schluß von § 158 gemachten Angaben kann man berechnen, daß die Elektronen in einem Kupferdraht vom Querschnitt 1 mm^2 bei einem Wechselstrom von $\hat{I} = 1$ A und $f = 50$ Hz eine Schwingung mit einem Scheitelwert von rund $0{,}25 \cdot 10^{-4}$ cm ausführen.

246. Wechselstromwiderstand. Ein in einen Stromkreis eingeschalteter Kondensator bildet für Gleichstrom einen unendlich hohen Widerstand, verhindert also das Fließen eines Gleichstroms. Denn der Kondensator lädt sich sofort auf eine Spannung auf, die der angelegten Gleichspannung dem Betrage nach gleich und ihr entgegengerichtet ist. Liegt jedoch im Kreise eine Wechselspannung, so ändert sich auch die am Kondensator liegende Spannung und damit seine Ladung ständig; es fließen in den Zuleitungen zum Kondensator periodische Ladungs- und Entladungsströme, die durch den Verschiebungsstrom im Kondensator geschlossen werden. Ein Kondensator verhindert also das Fließen eines Wechselstroms nicht.

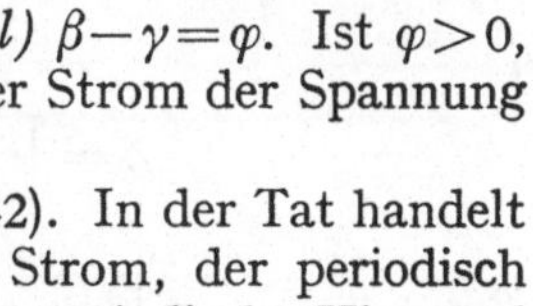

Wir betrachten ein System, welches einen Widerstand R, eine Induktivität (Spule) L und einen Kondensator der Kapazität C, sämtlich in Reihe geschaltet,

Abb. 435. Reihenschaltung von Widerstand, Induktivität und Kapazität

enthält (Abb. 435). Der Widerstand R symbolisiert den Widerstand der Spule und die etwa sonst noch im Kreise vorhandenen Widerstände. An den Enden des

Systems liege eine Wechselspannung

$$U = \hat{U} \sin \omega t. \tag{246.1}$$

Dann fließt im System ein Wechselstrom

$$I = \hat{I} \sin (\omega t + \varphi), \tag{246.2}$$

wobei φ der Phasenwinkel ist. Da der Strom I seine Stärke und Richtung ständig ändert, so wird nach §235 in der Spule eine zusätzliche Spannung $U_i = -L\, dI/dt$ induziert. Ist Q die jeweilige Ladung des Kondensators, so liegt am Kondensator eine Spannung vom Betrage Q/C (§148). Dann folgt

$$\hat{U} \sin \omega t - L \frac{dI}{dt} = IR + \frac{Q}{C}.$$

Wir differenzieren diese Gleichung nach der Zeit. Da Q durch den Strom zeitlich verändert wird, so ist nach §157 $dQ/dt = I$. Wir erhalten also

$$\hat{U} \omega \cos \omega t = L \frac{d^2 I}{dt^2} + R \frac{dI}{dt} + \frac{I}{C}. \tag{246.3}$$

Setzen wir in diese Gleichung den Wert von I aus (246.2) ein, so können wir die Größen $\hat{I}$ und φ bestimmen und erhalten durch Aufspaltung in zwei Gleichungen mit den Faktoren $\sin \omega t$ und $\cos \omega t$

$$\hat{I} = \frac{\hat{U}}{Z}, \tag{246.4}$$

wobei

$$Z = \sqrt{R^2 + \left(\omega L - \frac{1}{\omega C}\right)^2} = \sqrt{R^2 + X^2}, \tag{246.5}$$

$$X = \omega L - \frac{1}{\omega C}, \quad (246.6) \qquad \varphi = -\arctan \frac{\omega L - 1/(\omega C)}{R} = -\arctan \frac{X}{R}, \quad (246.7)$$

so daß

$$I = \hat{I} \sin (\omega t + \varphi) = \frac{\hat{U} \sin (\omega t + \varphi)}{Z}. \tag{246.8}$$

Dann ist nach (246.7)

$$\sin \varphi = -\frac{X}{Z}, \qquad \cos \varphi = \frac{R}{Z}, \qquad \tan \varphi = -\frac{X}{R}. \tag{246.9}$$

Wie man aus (246.4) sieht, ist Z der Quotient aus den Scheitelwerten von Spannung und Strom, spielt also bezüglich *dieser* Größen die gleiche Rolle wie bei Gleichstrom der reine Widerstand R. Darum heißt Z der *Wechselstromwiderstand*, auch der *Scheinwiderstand* oder die *Impedanz* des Systems. Er hängt von der Kreisfrequenz ω des Wechselstroms ab und setzt sich aus zwei Anteilen, dem *Wirkwiderstand* R und dem *Blindwiderstand* X zusammen, jedoch nicht in additiver Weise. Vielmehr bilden in graphischer Darstellung R und X die Katheten, Z die Hypotenuse eines rechtwinkeligen Dreiecks.

Die Phasendifferenz φ ist negativ, wenn $\omega L > 1/(\omega C)$. In diesem Falle eilt der Strom der Spannung nach. Er eilt ihr voran, wenn $\omega L < 1/(\omega C)$.

Enthält das System keinen Kondensator (was nicht etwa $C = 0$, sondern $C = \infty$ entspricht), so fällt in (246.3) das Glied I/C fort. Wir erhalten dann statt (246.5), (246.6) und (246.7)

$$Z = \sqrt{R^2 + \omega^2 L^2}, \quad (246.10a) \qquad X = \omega L, \quad (246.10b) \qquad \varphi = -\arctan \frac{\omega L}{R}. \quad (246.10c)$$

In diesem Fall eilt der Strom der Spannung nach.

Enthält das System keine Induktivität ($L=0$), so fällt das Glied $-L\, d^2I/dt^2$ in (246.3) fort, und es wird

$$Z = \sqrt{R^2 + \frac{1}{\omega^2 C^2}}\,, \ (246.11\,\text{a}) \quad X = -\frac{1}{\omega C}\,, \ (246.11\,\text{b}) \quad \varphi = +\arctan\frac{1}{R\omega C}\,. \ (246.11\,\text{c})$$

In diesem Fall eilt der Strom der Spannung voraus.

Ist schließlich der Widerstand R verschwindend klein ($R^2 \ll X^2$), so wird

$$Z = X = \omega L - \frac{1}{\omega C}\,, \qquad \varphi = \pm\frac{\pi}{2}\,. \tag{246.12}$$

Der Strom eilt der Spannung um eine Viertelperiode nach, wenn $\omega L > 1/(\omega C)$, er eilt der Spannung um den gleichen Betrag voraus, wenn $\omega L < 1/(\omega C)$.

Aus (246.5) folgt, daß der Einfluß der Induktivität auf den Wechselstromwiderstand mit steigender Frequenz zunimmt, der Einfluß der Kapazität mit steigender Frequenz abnimmt. Bei sehr hoher Frequenz wirkt ein Kondensator praktisch wie ein Kurzschluß.

Da der Wechselstromwiderstand einer Induktivität um so größer ist, je höher die Frequenz ist, so kann man durch Einschalten von Spulen mit hoher Induktivität *(Drosselspulen)* den Übertritt hochfrequenter Schwingungen aus einem Teil eines Gleichstrom- oder Niederfrequenznetzes in dessen andere Teile verhindern (z. B. Störschutz für Rundfunkgeräte). Mit Hilfe eines Kondensators *(Blockkondensator)* kann man dagegen hochfrequente Schwingungen von einem Stromkreis auf einen anderen ohne leitende Verbindung übertragen (z. B. beim Anschluß eines Rundfunkgeräts an das Fernsprechnetz beim Drahtfunk).

Man beachte, daß man bei Wechselstrom den Wirkwiderstand R nicht ohne weiteres gleich dem Gleichstromwiderstand (Ohmschen Widerstand) des Leiters setzen darf, da bei hoher Frequenz ein starker Hauteffekt mit den in § 237 beschriebenen Wirkungen eintritt. R ist also bei hohen Frequenzen viel größer als der reine Gleichstromwiderstand.

(246.8) ist nicht die allgemeine Lösung von (246.3), sondern stellt den stationären Zustand dar, der sich in dem System in meist sehr kurzer Zeit nach dem Anschalten der Spannung einstellt, nachdem die *Einschwingvorgänge* abgeklungen sind, bei denen auch gedämpfte Schwingungen mit der Eigenfrequenz des Systems (s. u.) auftreten (vgl. §§ 95, 252).

Der Wechselstromwiderstand Z ist bei gegebenem Wirkwiderstand R nach (246.5) ein Minimum, wenn der Blindwiderstand verschwindet, also für

$$X = \omega L - \frac{1}{\omega C} = 0\,. \tag{246.13}$$

Dieser Fall tritt also bei einer Kreisfrequenz des Wechselstroms

$$\omega = \frac{1}{\sqrt{LC}} = \omega_0 \tag{246.14}$$

ein. Der Scheitelwert der Stromstärke hat dann nach (246.4) bei gegebener Scheitelspannung $\hat{U}$ den größten möglichen Wert, nämlich $\hat{I} = \hat{U}/R$. Dieser Fall entspricht demjenigen eines schwingungsfähigen Körpers, der mit der Frequenz seiner Eigenschwingung erregt wird, also der mechanischen Resonanz (§ 95). Man bezeichnet ihn daher als *elekrische Resonanz* und nennt die Frequenz $f_0 = \omega_0/2\pi$ die *elektrische Eigenfrequenz* des Systems. Enthält das System eine stetig veränderliche Kapazität (Drehkondensator, § 149) oder Induktivität (Variometer), so kann man es auf die Frequenz der erregenden Wechselspannung *abstimmen*, wie das bei den Rundfunkgeräten bekannt ist.

247. Wechselstromleistung. Effektivwerte von Strom und Spannung. Die Momentanleistung eines Wechselstroms ist, wie diejenige eines Gleichstroms (§168), durch das Produkt UI aus den Momentanwerten der Stromstärke und der Spannung gegeben. Bei Wechselstrom ändert die Leistung periodisch ihren Betrag und, sofern es sich nicht um einen reinen Wirkwiderstand handelt, sogar ihr Vorzeichen. Tatsächlich beobachtet wird der Mittelwert der Momentanleistungen über eine längere Zeit. Da sich jeweils nach einer Periode T alle Vorgänge genau wiederholen, so findet man den Mittelwert $\overline{P}$ der Leistung durch Mittelung über die Dauer einer Periode (§22), wobei wir $U = \hat{U} \sin \omega t$ und $I = \hat{I} \sin(\omega t + \varphi)$ setzen:

$$\overline{P} = \frac{1}{T} \int_0^T \hat{U}\,\hat{I} \sin \omega t \sin(\omega t + \varphi)\,dt = \frac{1}{2}\,\hat{U}\,\hat{I} \cos \varphi. \qquad (247.1)$$

Die Leistung ist also um so größer, je größer $\cos \varphi$, je kleiner also der Phasenwinkel φ ist. Ihren größten Wert erreicht sie für $\varphi = 0$, also, wie man aus (246.9) abliest, für $R = Z$, also $X = 0$, d. h. erstens im Fall eines reinen Wirkwiderstandes, zweitens im Fall der Resonanz. Sie nähert sich dem Betrage Null, wenn R gegenüber X verschwindend klein wird. Dieser Fall eines *leistungslosen Stromes* kann bei Verwendung eines Kondensators oder einer Spule von kleinem Wirkwiderstande und nicht zu kleiner Induktivität sehr weitgehend angenähert werden.

Zwischen den Scheitelwerten $\hat{U}$ und $\hat{I}$ von Strom und Spannung besteht nach (246.4) und (246.9) die Beziehung $\hat{U} = \hat{I} R / \cos \varphi$. Demnach können wir statt (247.1) auch schreiben

$$\overline{P} = \tfrac{1}{2} \hat{I}^2 R. \qquad (247.2)$$

Diese Gleichung besagt, daß, über eine Periode gemittelt, ein Energieverbrauch nur im Wirkwiderstand R stattfindet, und zwar als Stromwärme, genau entsprechend dem Jouleschen Gesetz (§168). Denn $\hat{I}^2/2$ ist der zeitliche Mittelwert von I^2 bei einem Wechselstrom vom Scheitelwert $\hat{I}$. Natürlich wird die *momentane* Stromstärke durch Kapazität und Induktivität, also durch den Blindwiderstand X, mitbestimmt. In diesem wird aber im zeitlichen Mittel keine Energie umgesetzt. Denn die in einer Halbperiode zum Aufbau des elektrischen Feldes im Kondensator bzw. des magnetischen Feldes in der Induktivität verbrauchte Energie wird in der nächsten Halbperiode an den Stromkreis zurückgegeben. Daher rühren die negativen Momentanleistungen. Die Momentanleistung eines Wechselstroms setzt sich also aus zwei Teilen zusammen, der *Wirkleistung* im Wirkwiderstand R und der im zeitlichen Mittelwert verschwindenden *Blindleistung* im Blindwiderstand X. Ein Wechselstrom mit dem Scheitelwert $\hat{I}$ liefert also nach (247.2) die gleiche Leistung wie ein Gleichstrom von der Stromstärke $I = \hat{I}/\sqrt{2}$. Man nennt dies die *effektive Stromstärke*

$$I_{\text{eff.}} = \frac{\hat{I}}{\sqrt{2}}. \qquad (247.3\,\text{a})$$

Als *effektive Spannung* definiert man

$$U_{\text{eff.}} = \frac{\hat{U}}{\sqrt{2}}. \qquad (247.3\,\text{b})$$

Aus (247.1) folgt dann

$$\overline{P} = I_{\text{eff.}}^2\,R = U_{\text{eff.}}\,I_{\text{eff.}} \cos \varphi. \qquad (247.3\,\text{c})$$

248. Messung von Induktivitäten und Kapazitäten in der Brückenschaltung.
Wechselstromwiderstände können wie Gleichstromwiderstände in der Brückenschaltung verglichen werden (§162). An die Stelle der Gleichstromquelle tritt eine Wechselstromquelle, an die Stelle des Galvanometers im Brückenzweig ein Telephon oder ein anderes empfindliches, wechselstromanzeigendes Meßgerät. Wird ein Telephon verwendet, so benutzt man einen Wechselstrom, dessen Frequenz derjenigen eines im akustischen Hörbereich liegenden Tones entspricht, und man erkennt die Stromlosigkeit des Brückenzweiges am Verstummen des Telephons.

Die zu vergleichenden Induktivitäten oder Kapazitäten werden in zwei aneinanderstoßende Zweige der Brückenschaltung geschaltet (Abb. 436, 437). Außerdem muß, jedenfalls bei Induktivitäten, in einem dieser Zweige — in welchem, zeigt sich erst im Verlauf der Messung — ein stetig veränderlicher Zusatzwiderstand enthalten sein. Die

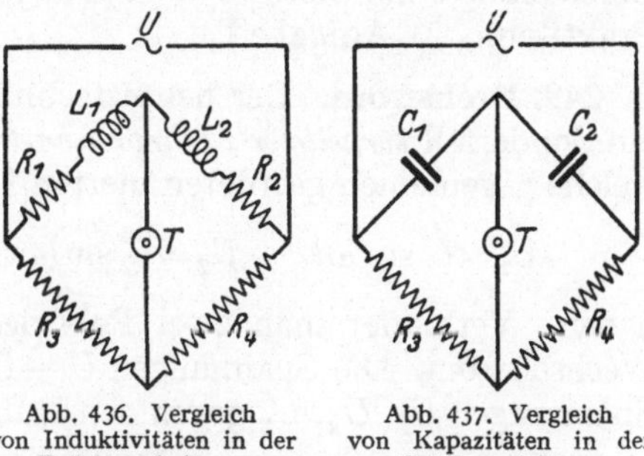

Abb. 436. Vergleich von Induktivitäten in der Brückenschaltung   Abb. 437. Vergleich von Kapazitäten in der Brückenschaltung

beiden anderen Zweige bestehen aus veränderlichen reinen Widerständen R_3 und R_4.
Die Momentanspannung der Wechselstromquelle sei U, die Teilspannungen an den Enden der vier Zweige seien U_1, U_2, U_3, U_4. Wenn die Brücke *in jedem Augenblick* stromlos sein soll, so müssen ihre Enden die an den Enden der beiden Schaltungszweige liegende Gesamtspannung *in jedem Augenblick* im gleichen Verhältnis teilen,

$$\frac{U_1}{U_2} = \frac{U_3}{U_4}. \tag{248.1}$$

Nun sind R_3 und R_4 reine Wirkwiderstände. Daher teilen sie die Gesamtspannung, genau wie bei Gleichstrom, in jedem Augenblick im konstanten Verhältnis $U_3/U_4 = R_3/R_4$. Im andern Zweige der Schaltung ist das aber nur unter besonderen Bedingungen der Fall. Im allgemeinen ist das Spannungsverhältnis U_1/U_2 eine periodische Funktion der Zeit. Man erkennt das am einfachsten, wenn man den Fall betrachtet, daß der eine Widerstand ein reiner Wirkwiderstand, der andere ein reiner Blindwiderstand ist. Dann liegt jeweils die Gesamtspannung einmal am ersten, dann am zweiten. Im allgemeinen läßt sich also die Brücke durch Ändern des Verhältnisses R_3/R_4 *allein* nicht dauernd stromlos machen. Die Bedingung, die noch zu erfüllen ist, ergibt sich leicht aus der Überlegung, daß bei Stromlosigkeit der Brücke die Stromstärken $I_1 = \hat{I}_1 \sin(\omega t + \varphi_1)$ und $I_2 = \hat{I}_2 \sin(\omega t + \varphi_2)$ im oberen Zweig *in jedem Augenblick* gleich groß sein müssen. Das ist nur dann möglich, wenn $\varphi_1 = \varphi_2$ ist, und ist nach (246.9) erfüllt, wenn

$$\frac{Z_1}{Z_2} = \frac{R_1}{R_2} = \frac{X_1}{X_2} \tag{248.2}$$

ist. Nur in diesem Falle ist $U_1/U_2 = Z_1/Z_2 = R_1/R_2 = X_1/X_2$ konstant und bei Stromlosigkeit der Brücke gleich U_3/U_4. Damit Stromlosigkeit der Brücke erreicht werden kann, müssen also die Wirkanteile R_1, R_2 von Z_1, Z_2 im gleichen Verhältnis stehen wie die Blindanteile X_1, X_2. Dann gilt

$$\frac{X_1}{X_2} = \frac{R_3}{R_4}. \tag{248.3}$$

Der oben bereits erwähnte Zusatzwiderstand dient dazu, durch Abgleichung von R_1 oder R_2 die Bedingung (248.2) herzustellen.

Für Induktivitäten, $X_1 = \omega L_1$, $X_2 = \omega L_2$, bzw. Kapazitäten, $X_1 = 1/(\omega C_1)$, $X_2 = 1/(\omega C_2)$, folgt aus (248.3) im besonderen

$$\frac{L_1}{L_2} = \frac{R_3}{R_4} \quad \text{und} \quad \frac{C_1}{C_2} = \frac{R_4}{R_3}. \tag{248.4}$$

Bei der Messung von Kapazitäten, deren Dielektrikum keine merkliche Leitfähigkeit hat, ist der Zusatzwiderstand nicht erforderlich. Dann kann die Berechnung ohne weiteres nach (248.4) erfolgen. (Vgl. WESTPHAL: Physikalisches Praktikum, 39. Aufgabe.)

249. Drehstrom. Der heute technisch vorwiegend verwendete Drehstrom ist ein Sonderfall *verketteter Mehrphasenströme.* Er wird auf drei Leitern übertragen, welche gegen einen geerdeten vierten Leiter (Nulleiter) die Spannungen

$$U_1 = \hat{U}\sin\omega t, \quad U_2 = \hat{U}\sin(\omega t + 120°), \quad U_3 = \hat{U}\sin(\omega t + 240°) \tag{249.1}$$

haben. Verbindet man zwei Pole des Dreileitersystems, so erhält man einen Wechselstrom. Die Spannungen $U_1 - U_2$, $U_2 - U_3$, $U_3 - U_1$ haben, ebenso wie die Spannungen U_1, U_2, U_3 gegen den Nulleiter, unter sich eine Phasendifferenz von je 120°, sie sind aber um den Faktor $\sqrt{3}$ größer als diese. Denn es ist z.B.
$$U_2 - U_1 = \hat{U}[\sin(\omega t + 120°) - \sin\omega t] = 2\hat{U}\cos(\omega t + 60°)\cdot\sin 60° = \hat{U}\sqrt{3}\cos(\omega t + 60°).$$

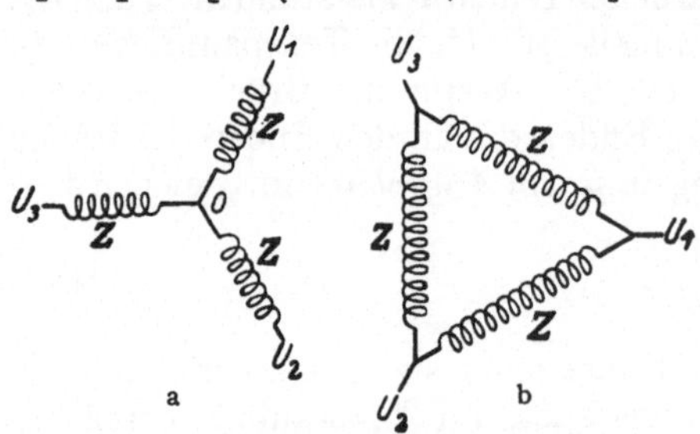

Abb. 438. a Sternschaltung, b Dreieckschaltung

In den technischen Stromnetzen sind die effektiven Spannungen in Deutschland meist $U_1 = U_2 = U_3 = 220\,\text{V}$, $U_1 - U_2$ usw. $= 382\,\text{V}$.

In Maschinen, die alle drei Drehstromphasen ausnutzen, wird die Stern- oder die Dreieckschaltung verwendet (Abb. 438), erstere mit, letztere ohne Verwendung des Nulleiters. Hausanschlüsse benutzen nur eine Phase und den Nulleiter (220 V), Industrieanlagen zwei Phasen (382 V) oder bei Maschinen oft alle drei. Bei gleichmäßiger Belastung aller drei Phasen des Netzes fließt im Nulleiter praktisch kein Strom. Er kann dann einen kleineren Querschnitt haben als die drei anderen Leitungen oder sogar ganz entfallen.

Stellt man drei gleiche Spulen unter einem Winkel von 120° gegeneinander geneigt auf und legt an die eine die Spannung $U_1 - U_2$, an die zweite die Spannung $U_2 - U_3$, an die dritte die Spannung $U_3 - U_1$, so überlagern sich in der Mitte des Raumes zwischen den drei Spulen die magnetischen Felder der drei Stromkreise derart, daß ein magnetisches Feld entsteht, welches konstanten Betrag hat und dessen Richtung sich während einer Periode des Drehstroms mit konstanter Winkelgeschwindigkeit um 360° dreht *(Drehfeld).* Auf der Wirkung dieses Drehfeldes beruhen die *Drehstrommotore.* Ihre Spulen haben Eisenkerne, und zwischen ihnen befindet sich der Anker, der im einfachsten Falle aus einem drehbaren Kupferkäfig mit Eisenkern oder einer oder mehreren in sich geschlossenen, auf einen Eisenkern gewickelten Windungen bestehen kann. Unter der Wirkung des Drehfeldes entstehen im Anker Wirbelströme und am Anker ein Drehmoment, welches ihn im Drehungssinn des Feldes dreht (Asynchronmotor). Vertauschungen zweier Anschlüsse am Drehstromnetz bewirkt Umkehrung des Drehungssinns.

250. Transformatoren. Der große technische Vorzug des Wechselstroms gegenüber dem Gleichstrom liegt in der Möglichkeit, ihn fast verlustlos mit Hilfe von Transformatoren auf jede gewünschte Spannung zu bringen und damit jedem Verwendungszweck anzupassen. Am Verbrauchsort muß in der Regel mit niedrigen, nicht lebensgefährdenden Spannungen gearbeitet werden, insbesondere mit der üblichen effektiven Spannung von 220 V oder 382 V. Die Übertragung der elektrischen Energie vom Erzeugungsort zum Verbraucher erfolgt zweckmäßig bei möglichst hoher Spannung (220000 oder gar 380000 V, s. u.). Die den Strom erzeugenden Maschinen aber arbeiten am wirtschaftlichsten bei einer mittleren Spannung von einigen 1000 V. In jedem Versorgungsnetz tritt also immer wieder die Notwendigkeit der Spannungsumformung, der *Transformation*, auf. Aber auch sonst (z. B. in der Hochfrequenz- und der Meßtechnik) finden Transformatoren die vielfältigsten Anwendungen.

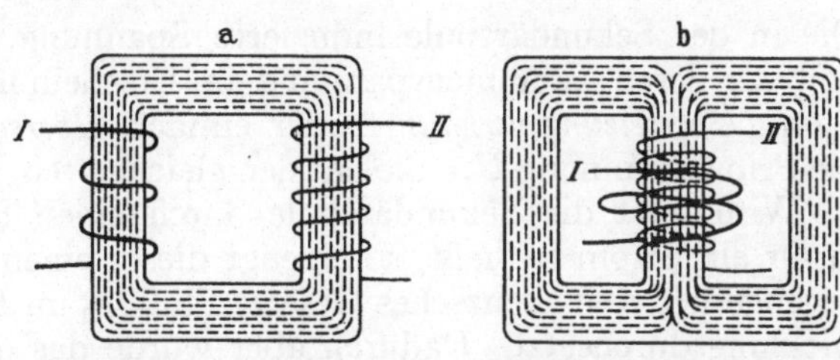

Abb. 439. Transformator. a Schema, b einfache praktische Ausführung

Ein *Transformator (Wandler)* besteht aus einem in sich geschlossenen, aus Weicheisenblechen (zur Herabdrückung der Wirbelstromverluste) aufgebauten Eisenkern, der eine Primärwicklung I und eine Sekundärwicklung II trägt (Abb. 439a). Wir wollen zunächst den Fall betrachten, daß die Sekundärwicklung offen, also nicht mit Strom belastet ist. An der Primärwicklung liege eine Wechselspannung $U_1 = \hat{U} \sin \omega t$, die in ihr die Stromstärke I_m (Magnetisierungsstrom) erzeugt. Dieser Strom erregt nach (230.1) einen magnetischen Fluß $\Phi = n_1 I_m/R_m$, wenn n_1 die Windungszahl der Wicklung und R_m der magnetische Widerstand des Eisenkerns ist. Da I_m zeitlich veränderlich ist, so gilt das auch für Φ, und der zeitlich veränderliche Fluß induziert nach (234.1) in jeder der n_1 Windungen der Primärwicklung eine Spannung $\overset{\circ}{U} = -d\Phi/dt$, insgesamt also die Spannung $U_i = -n_1\, d\Phi/dt$. Ist R_1 der Widerstand der Primärwicklung, so gilt demnach $U_1 + U_i = R_1 I_m$. Nun ist aber R_1 stets so klein, daß wir $R_1 \approx 0$ setzen dürfen, so daß $U_1 + U_i = 0$ oder

$$\hat{U} \sin \omega t = n_1\, d\Phi/dt. \tag{250.1}$$

Durch Integration folgt

$$\Phi = -\frac{\hat{U}}{\omega\, n_1} \cos \omega t = \frac{\hat{U}}{\omega\, n_1} \sin\left(\omega t - \frac{\pi}{2}\right). \tag{250.2}$$

Der magnetische Fluß Φ im Eisenkern zeigt also genau den gleichen rein sinusförmigen Verlauf wie die Primärspannung U_1, eilt ihr aber in Phase um $\pi/2$ nach. Die durch (250.2) gegebene Beziehung zwischen dem Fluß und der Primärspannung stellt sich an der Primärwicklung *unter allen Umständen — auch bei Belastung der Sekundärwicklung* — her, da sie eine *notwendige Folge* der Beziehung $U_1 + U_i = 0$ ist.

Da nach (230.1) $\Phi = n_1 I_m/R_m$, so ist der Magnetisierungsstrom I_m in jedem Augenblick durch Φ bestimmt. Der magnetische Widerstand R_m aber ist von der Permeabilität μ des Eisenkerns abhängig, der einer ständigen zyklischen Magnetisierung unterworfen ist (§ 223). Die Permeabilität wiederum hängt nach § 221 von der jeweiligen magnetischen Vorgeschichte ab. Infolgedessen hängt I_m in recht verwickelter Weise mit Φ zusammen und ist keineswegs sinusförmig, sondern sehr stark verzerrt, während Φ rein sinusförmig ist. Darauf allein kommt es aber an. Man beachte, daß I_m einen endlichen Wert hat, obgleich $U_1 + U_i = 0$ gesetzt wurde. Das liegt an der Voraussetzung $R_1 = 0$.

Der Fluß Φ durchsetzt den ganzen Eisenkern, also auch die Sekundärspule. Sie habe n_2 Windungen, und wir wollen zunächst wieder annehmen, daß sie offen, also nicht mit Strom belastet sei. Der zeitlich veränderliche Fluß Φ induziert in ihr eine Spannung $U_2 = n_2\, d\Phi/dt$ (auf das Vorzeichen kommt es hier nicht an), und demnach ergibt sich nach (250.1)

$$U_2 = \frac{n_2}{n_1}\,\hat{U}\sin\omega t = \frac{n_2}{n_1}\,U_1. \tag{250.3}$$

Die in der Sekundärspule induzierte Spannung, die bei offener Sekundärspule voll als deren Klemmenspannung in Erscheinung tritt, ist also im Verhältnis n_2/n_1 *(Übersetzungsverhältnis oder einfach Übersetzung)* größer oder kleiner als die Primärspannung U_1. Sie hat den gleichen rein sinusförmigen Verlauf wie diese.

Wird jetzt die Sekundärspule durch einen Stromkreis geschlossen, so daß in ihr ein Strom I_2 fließt, so erzeugt dieser einen zusätzlichen, dem Fluß Φ entgegengerichteten (Lenzsches Gesetz) Fluß Φ_2 im Eisenkern, der auch die Primärwicklung durchsetzt. Dadurch aber würde das durch die Gleichung $U_1 + U_i = 0$ bedingte Gleichgewicht an der Primärwicklung gestört werden. Es stellt sich daher augenblicklich wieder her, indem außer dem Magnetisierungsstrom I_m ein zusätzlicher Strom I_1 (Belastungsstrom) aus der die Primärwicklung speisenden Stromquelle gezogen wird, der so stark ist, daß der von ihm im Eisenkern erzeugte zusätzliche Fluß Φ_1 den von I_2 herrührenden Fluß Φ_2 genau aufhebt, $\Phi_2 = -\Phi_1$. Demnach herrscht im Eisenkern stets, *unabhängig von der Belastung*, der gleiche, lediglich durch die Primärspannung bedingte und vom Stromanteil I_m hervorgerufene Fluß Φ gemäß (250.2).

Der Fluß Φ_2 beträgt $\Phi_2 = n_2\, I_2/R_m$, der Fluß Φ_1 beträgt $\Phi_1 = n_1\, I_1/R_m$. Da es auch hier nur auf den Betrag der beiden Stromstärken ankommt, so ist $n_1\, I_1 = n_2\, I_2$, d.h. die Durchflutung der Primärwicklung, soweit sie von I_1 erzeugt wird, und die der Sekundärwicklung haben stets den gleichen Betrag. Demnach ist

$$I_2 = \frac{n_1}{n_2}\,I_1. \tag{250.4}$$

Die Momentanleistung des Sekundärstromes beträgt $P_2 = U_2\, I_2 = (n_2/n_1)\, U_1\, I_2$. Diejenige des Stromanteils I_1 beträgt $P_1 = U_1\, I_1 = (n_2/n_1)\, U_1\, I_2$. Es ist also $P_2 = P_1$. Die vom Stromanteil I_1 in der Primärwicklung aufgewandte Leistung findet sich voll in der Leistung des Sekundärkreises wieder. Wenn wir von dem Magnetisierungsstrom I_m absehen, so formt ein Transformator eine gegebene Wechselspannung praktisch verlustlos in eine andere um.

Zeigte der Eisenkern keine Hysteresis, müßte er nicht während jeder Periode des Wechselstroms eine zyklische Magnetisierung durchlaufen, so wäre I_m ein reiner Blindstrom und verbrauchte im Mittelwert über eine Periode keine Leistung. Eine zyklische Magnetisierung aber erfordert eine Arbeit, die der Fläche der Hysteresisschleife proportional ist (§ 223), und diese Arbeit muß I_m leisten; I_m ist also kein Blindstrom. In allen praktischen Fällen ist aber I_m klein gegen den Belastungsstrom I_1 der Primärwicklung, so daß auch seine Leistung nur ein kleiner Bruchteil der primären Gesamtleistung ist. Weitere Verluste kommen unter anderem noch dadurch hinzu, daß stets an den Ecken des Eisenkerns eine schwache Streuung von Feldlinien in die Luft stattfindet, daß einige wenige Feldlinien der Flüsse Φ_1 und Φ_2 die Primär- und die Sekundärwicklung außen im Luftraum umschlingen und daß der Widerstand der Primärwicklung nicht völlig zu vernachlässigen ist. Doch sind alle diese Verlustanteile recht klein, jedenfalls bei den praktischen Ausführungsformen (Abb. 439b), bei denen der Eisenrahmen symmetrisch gestaltet ist und die beiden Spulen eng gekoppelt sind. Ein guter Transformator hat also einen sehr nahe an 100 % liegenden Wirkungsgrad.

Wie wir gesehen haben, beruht die sekundäre Spannung lediglich auf dem vom Magnetisierungsstrom I_m erzeugten, zeitlich veränderlichen Fluß, der von der Belastung unabhängig ist. Darum ist es nicht möglich, einen wirtschaftlich arbeitenden Transformator ohne Eisen zu bauen. Der Fluß ist der relativen Permeabilität μ_r proportional, und daher muß I_m um so größer sein, je kleiner μ_r ist. Ersetzten wir das Eisen durch Luft, so würde I_m größenordnungsmäßig μ_r-mal, also mindestens einige hundermal größer werden. Es wäre nicht mehr ein kleiner Bruchteil des ganzen Primärstroms, die Wirkleistung $I_m^2 R_1$ wäre beträchtlich, und der Transformator würde ganz unwirtschaftlich arbeiten.

Den Vorteil, den man durch Wahl einer hohen Spannung bei den Fernleitungen erzielt, zeigt folgende Überlegung. Es sei R der Widerstand der Fernleitung, I der in ihr fließende Momentanstrom. Dann wird in der Leitung die Momentanleistung $\Delta P = I^2 R$ verbraucht. Ist U die in der Leitung nebst ihrem Eingangs- und Ausgangstransformator herrschende Spannung, so beträgt die gesamte im angeschlossenen Netz und der Fernleitung umgesetzte Momentanleistung $P = U I$. Auf die Leitung entfällt demnach der Bruchteil $\Delta P/P = I R/U = P R/U^2$ und wird dort nutzlos verbraucht. Der relative Verlust ist also um so geringer, je größer U ist.

251. Elektrische Maschinen. Beim Transformator wird die Sekundärspannung in der ruhenden Sekundärwicklung durch den sie durchsetzenden, zeitlich veränderlichen magnetischen Fluß Φ hervorgerufen. Man kann aber grundsätzlich die gleiche Wirkung erreichen, wenn man die Primärwicklung mit Gleichstrom speist, so daß der Eisenkern von einem zeitlich konstanten Fluß durchsetzt wird, und wenn man die Sekundärwicklung in einer zylindrischen Aussparung des Eisenkerns auf einem in diese Aussparung passenden *Anker* aus weichem Eisen anbringt, so daß die Wicklung *drehbar* ist (Abb. 440, vgl. Abb. 439a). Ruht der Anker und liegt die Fläche der Wicklung senkrecht zum magnetischen Fluß und wird ferner die Primärwicklung mit Wechselstrom erregt, so bildet die Vorrichtung einen richtigen Transformator, der nur wegen der beiden unvermeidlichen

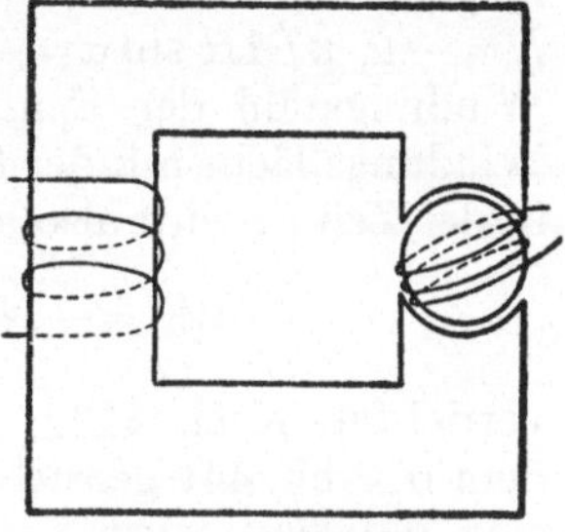

Abb. 440. Verwandlung eines Transformators in einen Generator

Luftspalte unwirtschaftlicher arbeitet als ein wirklicher Transformator mit ganz in sich geschlossenem Eisenkern. Wird aber die Primärwicklung mit Gleichstrom erregt, so kann man den die Ankerwicklung durchsetzenden Fluß dadurch zeitlich periodisch veränderlich machen, daß man die Wicklung *rotieren* läßt. Ist α der Winkel, den die Flächennormale der Spule momentan mit dem sie durchsetzenden Fluß Φ bildet, und Φ_0 der Fluß, wenn sie senkrecht zum Fluß steht, so ist $\Phi = \Phi_0 \cos \alpha$. Rotiert der Anker mit der Winkelgeschwindigkeit $u = \omega = d\alpha/dt$, so ist $\alpha = \omega t$ und $\Phi = \Phi_0 \cos \omega t$. In der Wicklung, welche n Windungen habe, wird daher nach (234.4) eine Spannung

$$U_i = -n \frac{d\Phi}{dt} = n \omega \Phi_0 \sin \omega t \qquad (251.1)$$

induziert, deren Kreisfrequenz ω gleich der Winkelgeschwindigkeit des Ankers ist, genau als werde die Primärwicklung eines Transformators mit Wechselstrom von der Kreisfrequenz ω gespeist. Dieses ist das Grundprinzip der *Generatoren* (*Dynamomaschinen*, SIEMENS[1]).

---

[1] WERNER VON SIEMENS, 1816—1892.

Ein der Wirklichkeit näherkommendes Schema zeigt Abb. 441. Es besteht aus einem äußeren eisernen Magnetgestell, das man sich mit einer mit Gleichstrom beschickten Wicklung versehen oder permanent magnetisiert denken kann, derart, daß in ihm ein zeitlich konstanter, durch die Pfeile angedeuteter magnetischer Fluß herrscht. Bei ruhendem Anker und Erregung des Magnetgestells durch Wechselstrom hätten wir wieder einen Transformator vor uns, dessen Eisenkreis nur — wie oben — durch zwei Luftspalte unterbrochen ist, durch die der magnetische Fluß in den Anker ein und aus ihm austritt. Von der Wicklung des Ankers ist hier nur ein einziger „Stab" gezeichnet.

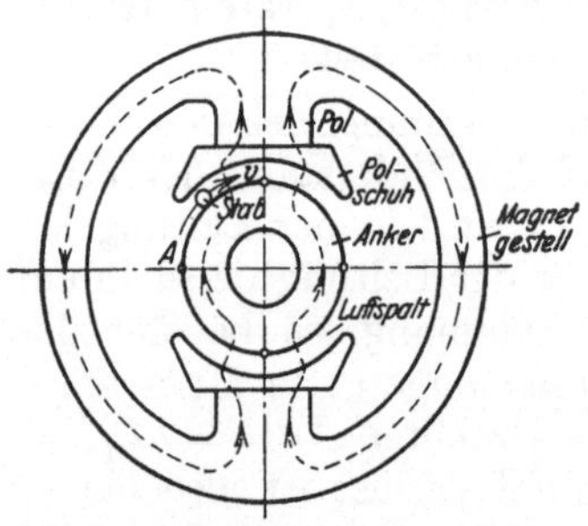

Abb. 441. Schema eines Generators (Elektromotors). Nach VIDMAR: Wirkungsweise elektrischer Maschinen

Wird die rotierende Wicklung über Schleifkontakte (Kupferringe oder Kupfersegmente mit Schleifbürsten auf der Achse des Ankers) an ein Leitungsnetz angeschlossen, so daß sie mit einem Strom I belastet ist, so wird in ihrem Stromkreis in der Zeit dt die Stromarbeit $U I\, dt$ geleistet. Wir wollen sehen, aus welcher Quelle diese Arbeit stammt. Ist die Wicklung offen, so erfordert die gleichförmige Drehung des Ankers — von Reibungsverlusten usw. abgesehen — keine Arbeit.

Fließt aber in ihr ein Strom, so wirkt auf sie — da sie sich im Luftspalt im magnetischen Felde H befindet — nach § 209 ein rücktreibendes Drehmoment $N = -\mu_0\, n I A H \sin\alpha = -n\, I A B \sin\alpha$, wenn nA die Windungsfläche, n die Windungszahl der Spule und α der Winkel ist, den die Flächennormale der Windungsfläche mit der Feldrichtung bildet. Bei einer Drehung um den Winkel $d\alpha$ in der Zeit dt wird also am Anker die Arbeit

$$dW = -N\, d\alpha = n I A B \sin\alpha\, d\alpha = -n I A B \frac{d\cos\alpha}{dt}\, dt \qquad (251.2)$$

verrichtet. Nach § 232, Abb. 420, stellt man leicht fest, daß der Strom, der in dem in Abb. 441 gezeichneten Stab bei einer Drehung des Ankers im Uhrzeigersinn induziert wird, von hinten nach vorn gerichtet ist. Bei dem ihm genau gegenüberliegenden Stab dagegen ist er von vorn nach hinten gerichtet. Dann ergibt die Anwendung der Schraubenregel des § 208, Abb. 373, in jedem Fall, daß auf den stromführenden Stab eine rücktreibende Kraft bzw. auf den ganzen Anker ein rücktreibendes Drehmoment wirkt, welches den Anker entgegen dem Uhrzeigersinn zu drehen, also die Bewegung im Uhrzeigersinne zu hemmen sucht. Das ergibt sich schon aus dem Lenzschen Gesetz (§ 232). Um dieses hemmende Drehmoment zu überwinden, ist also die oben berechnete Arbeit aufzuwenden; es ist *am* Anker mechanische Arbeit zu leisten. Andererseits wird im Leitungsnetz (und der Wicklung) *vom* Anker mit seiner Wicklung in der Zeit dt die Stromarbeit $dW' = U_i I\, dt$ geleistet. Nun ist $U_i = -n\, d\Phi/dt = -n\, A B d\cos\alpha/dt$ [(234.2) und (234.4)], so daß

$$dW' = -n I A B \frac{d\cos\alpha}{dt}\, dt = dW. \qquad (251.3)$$

Es ist also die *am* Anker verrichtete Arbeit ebenso groß wie die *vom* Anker verrichtete; die für seine gleichförmige Drehung aufgewendete Arbeit ist — von Reibungsverlusten usw. abgesehen — restlos in elektrische Stromarbeit umgesetzt worden. Das entspricht der Tatsache, daß auch beim Transformator die Leistung des primären Belastungsstroms I_1 gleich der Leistung des sekundären Nutzstroms I_2 ist.

Wir wollen uns jetzt vorstellen, daß der Anker des Generators der Abb. 441 nicht durch ein äußeres Drehmoment gedreht wird, sondern daß seine Wicklung statt dessen aus einer äußeren Stromquelle mit Strom beschickt wird, der die gleiche Richtung hat wie der induzierte Strom bei Drehung des Ankers im Uhrzeigersinn in Abb. 441. Wir haben gesehen, daß infolge der Anwesenheit des Stromes ein Drehmoment auftritt, das die Drehung im Uhrzeigersinn zu hemmen, also eine Drehung entgegen dem Uhrzeigersinn hervorzurufen sucht. Jetzt ist der Strom auch vorhanden, es fehlt aber das den Generator treibende, im Uhrzeigersinn drehende äußere mechanische Drehmoment. Infolgedessen kann das entgegengesetzt gerichtete Drehmoment nunmehr wirksam werden. Es dreht den Anker entgegen dem Uhrzeigersinn. Damit sind wir beim Grundprinzip des *Elektromotors* angelangt. Generator und Motor stimmen also — unbeschadet ihrer verschiedenen Ausführung in den meisten praktischen Fällen — im Grundsätzlichen überein. Ein Generator kann auch als Motor laufen, wenn man ihn mit Strom beschickt, und ein Motor kann auch als Generator verwendet werden, wenn man seinen Anker durch ein äußeres Drehmoment in Rotation versetzt. Die gleiche Vorrichtung vermag also mechanische Arbeit in elektrische Energie oder auch elektrische Energie in mechanische Arbeit zu verwandeln.

Allerdings darf der Anker *unserer* Vorrichtung bei der Verwendung als Motor nicht mit Gleichstrom gespeist werden, sofern man eine dauernde Rotation aufrechterhalten will. Vielmehr muß dann der Stromverlauf — wenigstens in seinen wesentlichen Zügen — dem des induzierten Stromes bei der Verwendung als Generator entsprechen. Er muß also ein Wechselstrom sein, und seine Kreisfrequenz muß genau mit der Winkelgeschwindigkeit des Ankers übereinstimmen (Synchronmotor). Das ist leicht einzusehen. Wir haben oben gesagt, daß der Strom in dem in Abb. 441 gezeichneten Stab bei Drehung im Uhrzeigersinn von hinten nach vorn, in dem ihm genau gegenüberliegenden Stab aber von vorn nach hinten fließt, wenn die Vorrichtung als Generator verwendet wird. Das muß bei der Verwendung als Motor bei Umlauf entgegen dem Uhrzeigersinn ebenfalls in jedem Augenblick der Fall sein. Nun tritt aber jeder Stab nach einer halben Umdrehung an die Stelle des ihm gegenüberliegenden Stabes, und wenn die Wicklung Gleichstrom führte, so hätte der in ihm fließende Strom nunmehr gerade die verkehrte Richtung; das Drehmoment würde also seine Richtung umkehren. Daher muß der Strom in der Wicklung nach einer halben Umdrehung jeweils seine Richtung umkehren; er muß ein Wechselstrom sein, dessen Kreisfrequenz mit der Winkelgeschwindigkeit des Ankers übereinstimmt. Dann bleibt der Anker des Motors in ständiger gleichsinniger Drehung.

Diese Aufgabe ist gelöst, auch für den Fall, daß der Anker mit Gleichstrom gespeist wird. Ebenfalls läßt es sich erreichen, daß der Anker eines Generators, obgleich in seinen Stäben Wechselspannungen auftreten, dennoch Gleichstrom liefert. Beides geschieht durch geeignete Ausbildung der Schleifkontakte, durch die der Anker beim Generator mit dem Leitungsnetz, beim Motor mit der Stromquelle verbunden ist. Wir müssen aber auf ein Eingehen auf diese technischen Einzelheiten, sowie auf die zahlreichen verschiedenen Ausführungsformen von Gleichstrom- und Wechselstrommaschinen — Generatoren und Motoren — grundsätzlich verzichten, da der Rahmen dieses Buches doch nur eine allzu oberflächliche Darstellung erlauben würde.

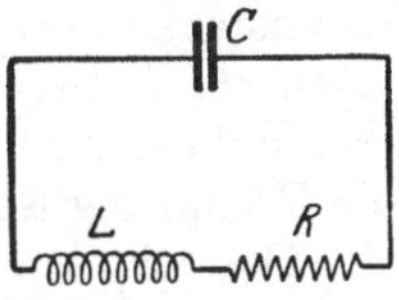

Abb. 442. Schwingkreis

252. Schwingungen von elektrischen Schwingkreisen. Ein Kondensator von der Kapazität C sei geschlossen durch den Widerstand R und die Induktivität L (*Schwingkreis*, Abb. 442). Am Kondensator bestehe in einem bestimmten Augenblick eine Spannung, so daß seine eine Belegung eine positive, seine andere Belegung eine gleich große negative Ladung trägt. Diese Ladungen werden sich nunmehr durch R und L ausgleichen. Es entsteht ein Strom, dessen Stärke zeitlich veränderlich ist, und gleichzeitig sinkt zunächst die Spannung am Kondensator. Zur Zeit t sei die Spannung am Kondensator U, die Stromstärke I, die Ladung des Kondensators $Q = UC$. Wegen der zeitlichen Veränderlichkeit des Stromes I besteht in der Induktivität eine induzierte Spannung $U_i = -L\, dI/dt$. Die gesamte Spannung beträgt also

$$U - L\frac{dI}{dt} = IR. \tag{252.1}$$

Die Stromstärke I rührt von der *Abnahme* $-dQ$ der Kondensatorladung Q her. Deshalb müssen wir in diesem Falle $I = -dQ/dt = -C\, dU/dt$ setzen. Führen wir dies in (252.1) ein, so erhalten wir nach Division durch LC

$$\frac{d^2U}{dt^2} + \frac{R}{L}\frac{dU}{dt} + \frac{U}{LC} = 0. \tag{252.2}$$

Jetzt setzen wir

$$\frac{R}{L} = 2\beta, \qquad \frac{1}{LC} = \omega_0^2 \tag{252.3}$$

und können dann statt (252.2) schreiben

$$\frac{d^2U}{dt^2} + 2\beta\frac{dU}{dt} + \omega_0^2 U = 0. \tag{252.4}$$

Dies ist, wie ein Vergleich mit (42.15) zeigt, die Gleichung einer gedämpften Schwingung der Spannung U. Zur Zeit $t=0$ sei $U = \hat{U}$ und $I=0$. Dann lautet, wie man durch Einsetzen leicht nachprüft, die Lösung von (252.4)

$$U = \hat{U}\, e^{-\beta t} \cos \omega t. \tag{252.5}$$

Die Kreisfrequenz der Schwingung ist, analog zu der einer gedämpften mechanischen Schwingung (§42), $\omega = \sqrt{\omega_0^2 - \beta^2}$. Ferner folgt

$$I = -C\frac{dU}{dt} = C\,\hat{U}\, e^{-\beta t}(\omega \sin \omega t + \beta \cos \omega t).$$

Setzen wir jetzt noch $\omega/\omega_0 = \sin \varphi$, $\beta/\omega_0 = \cos \varphi$, was wegen der Definition von ω zulässig ist, so ergibt eine einfache Umformung

$$I = \hat{U}\sqrt{\frac{C}{L}}\, e^{-\beta t} \cos(\omega t - \varphi). \tag{252.6}$$

Der Strom ist also gegen die Spannung in Phase verschoben, er eilt ihr um den Phasenwinkel φ nach. Da in allen praktisch wichtigen Fällen $R \ll L/C$, also $\beta \ll \omega_0$ ist, so folgt, daß φ fast genau gleich $\pi/2$ ist. Im Schwingkreis fließt ein Wechselstrom, bei dem die Maxima der Spannung nahezu mit den Minima der Stromstärke zusammenfallen und umgekehrt. Ein solcher Vorgang heißt eine *elektrische Schwingung*. Die Scheitelwerte von Strom und Spannung sind mit dem Faktor $e^{-\beta t}$ behaftet. Es liegt also eine *gedämpfte Schwingung* vor (§42). Die Dämpfung ist um so geringer, je kleiner β, also je kleiner das Verhältnis R/L ist. Das ist ohne weiteres verständlich, denn die Dämpfung beruht auf einem Verlust an Schwingungsenergie, also auf der Leistung des Wechselstroms, und die für den Verlust in Frage kommende Wirkleistung ist dem Wirkwiderstand R proportional. Die Kreisfrequenz ω der Schwingung ist bei kleinem β nahezu gleich $\omega_0 = 1/\sqrt{LC}$. Das aber ist die Größe, die wir bereits in §246 als *Eigenkreisfrequenz* eines solchen Systems erkannt hatten.

Die Maxima der Stromstärke entsprechen den Maxima der magnetischen Feldenergie in der Induktivität, die Maxima der Spannung den Maxima der elektrischen Feldenergie im Kondensator. Da diese Maxima gegeneinander nahezu um $\pi/2$ in Phase verschoben sind, so pendelt die Feldenergie periodisch zwischen dem magnetischen und elektrischen Felde hin und her und verwandelt sich im Wirkwiderstand allmählich in Stromwärme. Es liegt eine Analogie zu

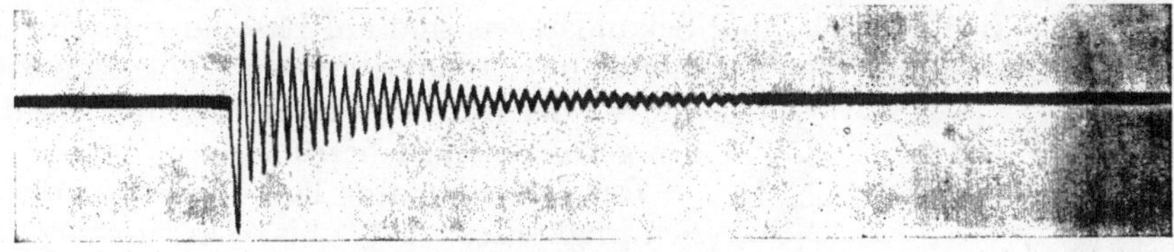

Abb. 443. Gedämpfte elektrische Schwingung

einem in einem reibenden Medium schwingenden Pendel vor, bei dem ein ständiger Wechsel zwischen potentieller und kinetischer Energie stattfindet und die Schwingungsenergie allmählich durch Reibung verzehrt wird. In Abb. 443 ist der Verlauf einer gedämpften elektrischen Schwingung, aufgenommen mit der Braunschen Röhre (§ 205), dargestellt.

Aus (252.3) folgt die Schwingungsdauer T und die Frequenz f einer ungedämpften Schwingung (W. Thomson),

$$T = \frac{2\pi}{\omega_0} = 2\pi\sqrt{LC}, \qquad f = \frac{1}{T} = \frac{1}{2\pi\sqrt{LC}}. \qquad (252.7)$$

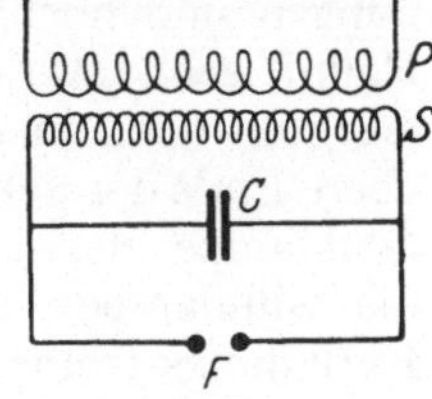

Abb. 444.
Erzeugung elektrischer
Schwingungen

Zur Erzeugung gedämpfter Schwingungen kann z. B. ein Schwingkreis dienen, der aus einem Kondensator C und einer Funkenstrecke F zwischen Metallkugeln besteht, die in der aus Abb. 444 ersichtlichen Weise mit der Sekundärspule S eines Induktors verbunden sind. Der Schwingkreis besteht praktisch nur aus der großen Kapazität C und der sehr kleinen Induktivität des durch C und die Funkenstrecke F gebildeten Systems. Die sehr große Induktivität der Sekundärspule S (Eisenkern!) drosselt die Schwingungen in ihr praktisch ab, so daß sie auf den aus C und F bestehenden Kreis beschränkt bleiben. Bei jedem Stromschluß und jeder Stromöffnung des primären Stromes entsteht eine induzierte Spannung, welche den Kondensator auflädt. Dieser entlädt sich dann in den Pausen zwischen den einzelnen Induktionsvorgängen durch die Funkenstrecke. Diese tritt jedesmal in Tätigkeit, wenn der Kondensator sich auf die zum Durchschlag zwischen den Kugeln nötige Spannung aufgeladen hat. Betrachtet man die Funken in einem rotierenden Spiegel, welcher die zeitlich nacheinander am gleichen Ort stattfindenden Erscheinungen räumlich getrennt nebeneinander zu beobachten ermöglicht, so sieht man, daß jeder scheinbare Einzelfunke aus einer Anzahl von schnell aufeinanderfolgenden Teilfunken besteht, welche von den einzelnen Hin- und Herschwingungen des Kreises herrühren. So entdeckte Feddersen[1] 1858 die elektrischen Schwingungen. Die Schwingung ist in diesem Falle stark gedämpft, weil viel Energie in der Funkenstrecke in Wärme verwandelt wird. Ungedämpfte Schwingungen erzeugt man mit Elektronenröhren, welche die an sich immer gedämpfte Schwingung eines Schwingkreises ständig mit neuer Energie speisen (§ 261).

253. Tesla-Schwingungen. Hochfrequente Schwingungen von hoher Spannung können erzeugt werden, indem man die etwa nach Art der Abb. 444 er-

---

[1] Berend Wilhelm Feddersen, 1832—1918.

zeugten Schwingungen durch einen Tesla[1]-Transformator (Abb. 445) auf eine noch höhere Spannung umformt. Die Induktivität L_1 des Schwingkreises besteht nur aus wenigen Windungen und bildet die Primärspule eines Lufttransformators, dessen Sekundärspule L_2 sehr viel mehr Windungen hat und am einen Ende geerdet ist. Der Primärkreis enthält aus Symmetriegründen zwei Kondensatoren C, zu denen eine Funkenstrecke F parallel geschaltet ist. Der Schwingkreis ist mit einem Hochspannungstransformator T verbunden, der mit Wechselstrom gespeist wird. Primär- und Sekundärkreis sind auf Resonanz miteinander abgestimmt. Die Sekundärspule hat außer ihrer Induktivität auch eine Kapazität, die von der Kapazität ihrer einzelnen Windungen gegen einander herrührt.

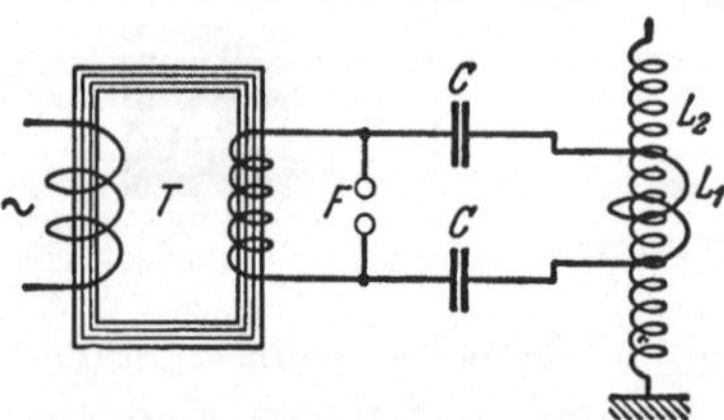

Abb. 445. Erzeugung von Tesla-Schwingungen

Der Transformator lädt die Kapazität des Schwingkreises auf, bis Durchschlag der Funkenstrecke erfolgt. Alsdann entlädt sich der Schwingkreis, wie bei Abb. 444, in Gestalt einer gedämpften Schwingung. Wegen der großen Übersetzung des Tesla-Transformators, der Abstimmung auf Resonanz und der hohen Frequenz der Schwingungen werden dann in der Sekundärspule sehr hohe Spannungen und hochfrequente Ströme induziert. Diese erzeugen im umgebenden Raum sehr starke Induktionswirkungen. Elektrodenlose Entladungsröhren leuchten noch in einer Entfernung von einigen Metern auf. Berührt man das obere Ende der Sekundärspule mit dem einen Zuführungsdraht einer gewöhnlichen Glühlampe, deren zweiten Zuführungsdraht man in der Hand hält, so leuchtet die Glühlampe. Es handelt sich hier in der Hauptsache um Ladungs- und Entladungsströme, die zwischen der Sekundärspule und dem als Kapazität wirkenden Körper des Experimentators fließen.

Es ist bemerkenswert, daß diese starken und hochgespannten Ströme dem menschlichen Körper, der Gleichstrom von mehr als etwa 5 mA nicht verträgt, nicht schaden. Das liegt nach NERNST daran, daß es sich hier um sehr hochfrequente Ströme handelt. Die Schädigungen des menschlichen Körpers durch Gleichstrom rühren davon her, daß die Leitung im Körper eine elektrolytische ist, bei der also Ionen wandern. Wenn dabei Ionen in merklicher Zahl durch die Zellwände hindurchtreten, so erfolgt eine Schädigung der Zellen, deren Flüssigkeitsinhalt Veränderungen in seiner Zusammensetzung erfährt. Bei sehr hochfrequentem Strom aber ändert sich die Stromrichtung fortgesetzt so schnell, daß die Ionen nur ganz kurze Hin- und Herbewegungen ausführen, die sie nicht aus dem Bereich ihrer Zelle hinausführen.

254. Elektrische Wellen. Wir haben in §244 nachgewiesen, daß sich elektromagnetische Wellen in den Stoffen und im leeren Raum ausbreiten können. Solche Wellen sind es auch, welche die in §253 beschriebenen Induktionswirkungen hervorrufen. Um periodische Wellen zu erzeugen, ist — analog zur Erzeugung von Schallwellen mittels schwingender Körper — im einfachsten Fall ein schwingender elektrischer Dipol nötig, d.h. ein solcher, dessen Pole periodisch ihr Ladungsvorzeichen wechseln. Wir betrachten als einfachsten Fall eines elektrischen Schwingkreises einen geraden Draht. Daß in einem solchen Draht Schwingungen möglich sind, werden wir sogleich sehen. Wir gehen davon aus, daß der Draht aus irgendeinem Grunde momentan polarisiert ist, d.h. daß sich in ihm in einem bestimmten Augenblick am einen Ende ein Überschuß positiver, am andern Ende ein gleich großer Überschuß negativer Ladung befindet, so daß der Draht einen

---

[1] NICOLA TESLA, 1856—1943.

elektrischen Dipol bildet. Sobald die polarisierende Ursache, z.B. ein äußeres elektrisches Feld, zu wirken aufhört, gleichen sich die Überschußladungen aus, indem die am negativen Ende im Überschuß vorhandenen Elektronen nach dem andern Ende des Drahtes hin strömen. Es entsteht also im Draht ein elektrischer Strom, der zunächst so lange andauert, bis ein Ausgleich der positiven Überschußladung am positiven Pol eingetreten ist. Der Strom ist aber Träger eines magnetischen Feldes, dessen Feldlinien den Draht ringförmig umschlingen. Dieses Feld wirkt induzierend auf den Draht zurück und bewirkt nach dem Lenzschen Gesetz, solange der Elektronenstrom noch anwächst, eine Schwächung des Stroms. In dem Augenblick aber, wo der Ausgleich der Ladungen vollzogen ist, also die primäre Ursache für den Strom, das elektrische Feld im Draht, verschwunden ist, beginnt das magnetische Feld zu verschwinden, und dabei bewirkt es, ebenfalls nach dem Lenzschen Gesetz, ein weiteres Andauern des Stroms in der ursprünglichen Richtung. Es fließen also weitere Elektronen an das ursprünglich positive Ende des Drahtes, und dieses erhält nunmehr einen negativen Ladungsüberschuß. Sobald das magnetische Feld vollkommen zusammengebrochen ist, wiederholt sich das gleiche Spiel mit umgekehrtem Vorzeichen. Im Draht besteht eine elektrische Schwingung, er ist ein *schwingender elektrischer Dipol*, ein *Oszillator*, ein elektrisches Analogon zu einem longitudinal elastisch schwingenden Stab, und hat in seiner Grundschwingung an seinen Enden Stromknoten (Spannungsbäuche), in seiner Mitte einen Strombauch (Spannungsknoten). Doch kann ein einfacher Dipol auch mit ganzzahligen Vielfachen seiner Grundfrequenz schwingen (Oberschwingungen).

Wir wollen uns ein Bild von den elektrischen und magnetischen Feldern in der Umgebung des Oszillators machen. Zu Beginn des Vorganges und jedesmal bei der Umkehr der Stromrichtung besteht in der unmittelbaren Umgebung des Oszillators lediglich ein elektrisches Feld, dessen Feldlinien vom positiven Pol des Dipols zum negativen hin verlaufen. Das wiederholt sich mit jeweiliger Umkehrung der Feldrichtung in Zeitabständen von einer halben Vollschwingung. In zeitlichem Abstand von einer Viertelschwingung von diesen Zuständen, wenn der Ausgleich der Ladungen gerade vollzogen ist, besteht in der unmittelbaren Umgebung des Oszillators kein elektrisches Feld. In diesen Zeitpunkten ist aber die Stromstärke im Oszillator am größten, sein magnetisches Feld also am stärksten. In den zwischen diesen Zuständen liegenden Zeitspannen besteht in der nächsten Umgebung des Oszillators gleichzeitig ein elektrisches und ein magnetisches Feld, von denen das eine anwächst, wenn das andere abnimmt. Es liegt also eine ähnliche Pendelung der elektrischen und magnetischen Feldenergie vor, wie wir sie beim Schwingkreis kennengelernt haben.

Nun wollen wir die weitere Umgebung des Oszillators betrachten. Der ständige Wechsel des elektrischen und magnetischen Feldes in der Umgebung des Oszillators ist das, was wir in §244 eine *elektromagnetische Störung* genannt haben, und wir haben dort gesehen, daß sich solche Störungen mit Lichtgeschwindigkeit im Raume fortpflanzen, indem die Feldlinien zeitlich veränderlicher magnetischer Felder von elektrischen Feldlinien, die Feldlinien zeitlich veränderlicher elektrischer Felder von magnetischen Feldlinien ringförmig umschlungen sind. Demnach ist der Raum um den Oszillator von einem zeitlich und örtlich periodisch veränderlichen elektromagnetischen Felde erfüllt, dessen Energie vom Oszillator fortwandert. *Der Oszillator strahlt elektromagnetische Feldenergie in den Raum aus.* In Abb. 446 ist ein axialer Querschnitt durch das elektrische Feld des Oszillators S gegeben, und zwar beginnend mit dem elektrisch neutralen Zustand des Oszillators (a). Nach einer Viertelschwingung ist maximale Aufladung der Enden eingetreten, die Dichte der vom Dipol ausgehenden elektrischen Feldlinien ist am größten (b). Nunmehr nimmt die Dichte der Feldlinien wieder ab, gleichzeitig beginnen sie weiter in den Raum hinauszuwandern, und es bilden sich ringförmig geschlossene elektrische Feldlinien um die zeitlich veränderlichen magnetischen Feldlinien (c). Die Feldlinien schnüren sich vom Dipol ab und wandern als selbständige Gebilde von ihm fort. Nach Ablauf einer Halbschwingung sind alle elektrischen Feldlinien vom Dipol losgelöst und bilden fortwandernde ringförmige Gebilde (d), und so wiederholt sich ständig das gleiche Spiel (e). Abb. 447 zeigt

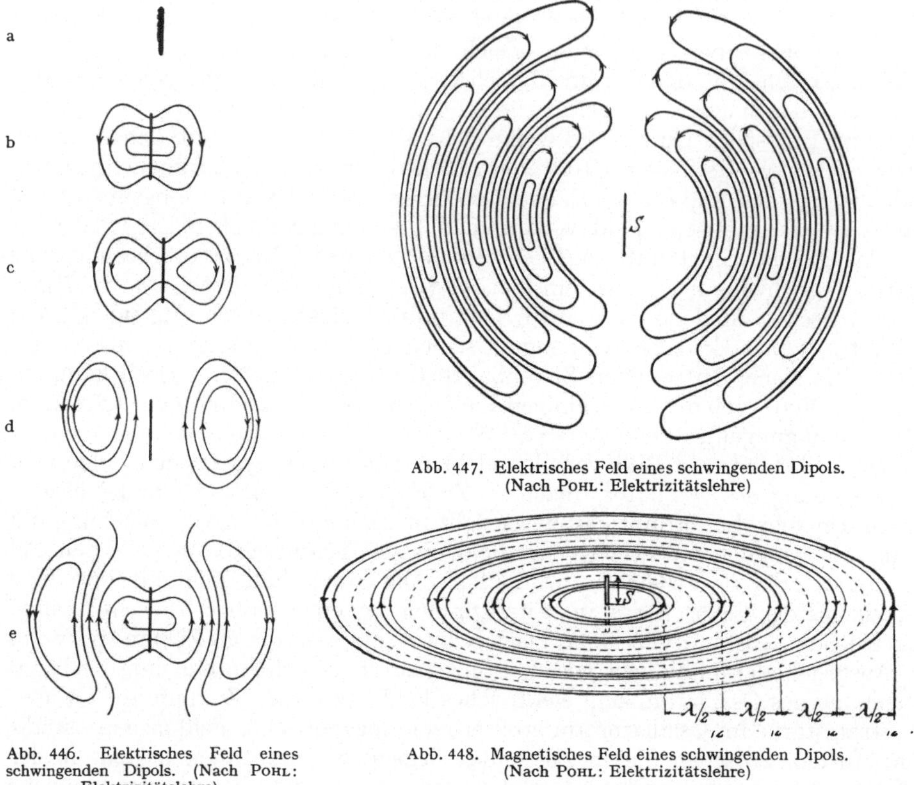

Abb. 447. Elektrisches Feld eines schwingenden Dipols.
(Nach Pohl: Elektrizitätslehre)

Abb. 446. Elektrisches Feld eines
schwingenden Dipols. (Nach Pohl:
Elektrizitätslehre)

Abb. 448. Magnetisches Feld eines schwingenden Dipols.
(Nach Pohl: Elektrizitätslehre)

das elektrische Feldlinienbild in größerer Entfernung vom Oszillator. Das Gegenstück ist der äquatoriale Querschnitt durch die magnetischen Feldlinien in Abb. 448. Denkt man sich diese unter 90° in die Abb. 447 eingefügt, so sieht man, wie die zeitlich veränderlichen elektrischen und magnetischen Feldlinien einander umschlingen.

Die Schwingungen eines solchen Oszillators sind aus zwei Gründen stark gedämpft. Erstens wird in ihm Energie durch Stromwärme verzehrt. Aber auch wenn er widerstandslos wäre, muß er die in den Raum hinauswandernde Feldenergie liefern, und zwar auf Kosten seiner Schwingungsenergie. Diesen Anteil der Dämpfung nennt man *Strahlungsdämpfung*.

Die periodischen Schwingungen der elektromagnetischen Feldenergie in den einzelnen Raumpunkten bilden also *elektromagnetische Wellen* (HEINRICH HERTZ[1] 1886). Man pflegt sie kurz als *elektrische Wellen*, auch als *Radiowellen* zu bezeichnen und so die mit technischen Mitteln erzeugten elektromagnetischen Wellen von den wesensgleichen, aber kürzeren Lichtwellen (im allgemeinsten Sinne) zu

---

[1] HEINRICH RUDOLF HERTZ, 1857—1894.

unterscheiden. Unser Oszillator ist die einfachste Form eines *Senders elektromagnetischer Wellen*. Daß die Maxwellschen Gleichungen Lösungen haben, die elektromagnetische Wellen beschreiben, haben wir in § 244 bewiesen.

Es darf nicht übersehen werden, daß der Oszillator ebenso wie unser früher besprochener Schwingkreis eine allerdings sehr kleine Kapazität und Induktivität hat, die seine Eigenfrequenz f nach (252.7) bestimmen. Denn zu jedem Betrage des Ladungsüberschusses Q an seinen Enden gehört eine bestimmte Spannung U zwischen den Enden, so daß $Q/U = C$. Seine Induktivität L ist dadurch gegeben, daß zu jedem Betrage von dI/dt im Draht eine bestimmte Rückwirkung des magnetischen Feldes gehört, die zum Auftreten einer induzierten Spannung $- L\, dI/dt$ Veranlassung gibt.

Nach (252.7) beträgt die Wellenlänge der von einem ungedämpften Schwingkreis erzeugten elektrischen Welle im Vakuum, also praktisch auch in Luft, $\lambda = c_0/f = 2\pi\, c_0 \sqrt{LC}$ (Abb. 447 und 448). c_0 ist die Vakuumlichtgeschwindigkeit. Die Wellenlänge ist also um so größer, je größer die Kapazität und die Induktivität des Oszillators sind.

Man beachte wohl, daß die Bezeichnung dieser elektromagnetischen Ausbreitungsvorgänge als Wellen in keiner Weise ihre Wesensgleichheit mit den mechanischen Wellen bedeutet. Sie bedeutet lediglich, daß die Begriffe und Gleichungen der mechanischen Wellenlehre auf diese Vorgänge übertragen werden können. Die elektromagnetischen Wellen sind *transversale Wellen* (§ 244). Das bedeutet aber nicht etwa, wie bei den mechanischen Wellen, daß sich irgendwelche Teilchen oder Ladungen im Zuge einer solchen Welle senkrecht zur Fortpflanzungsrichtung der Welle periodisch bewegen. Es bedeutet vielmehr, daß in jedem von der Welle getroffenen Raumpunkt ein elektrisches und magnetisches Feld besteht, das senkrecht zur Fortpflanzungsrichtung gerichtet ist, und daß dieses Feld „schwingt", daß also der elektrische und der magnetische Feldvektor in jedem Raumpunkt periodisch ihren Betrag und ihre Richtung ändern.

255. Offene und geschlossene Schwingkreise. Sendung und Empfang elektrischer Wellen. Ein Oszillator der eben beschriebenen Art ist ein Beispiel eines *offenen* Schwingkreises, der in § 252 besprochene Schwingkreis ist ein *geschlossener* Schwingkreis. Das ist ein solcher, bei dem die magnetische Feldenergie in der Induktivität beim Zusammenbrechen des Feldes zum größten Teil auf induktivem Wege wieder in den Schwingkreis zurückströmt und zum Wiederaufbau des elektrischen Feldes der Kapazität dient, während nur ein geringer Teil der Energie als elektromagnetische Welle ausgestrahlt wird. Ein geschlossener Kreis hat daher nur eine geringe Strahlungsdämpfung. Ein offener Schwingkreis dagegen sendet einen großen Teil seiner Feldenergie in Form elektromagnetischer Wellen in den Raum. Die induktive Rückwirkung des magnetischen Feldes auf den Kreis ist gering und die Strahlungsdämpfung stark.

Zum *Senden* elektromagnetischer Wellen braucht man also offene Schwingkreise. Um eine dauernde Ausstrahlung zu erzielen, koppelt man einen geschlossenen Schwingkreis, in dem man durch dauernde Energiezufuhr eine ungedämpfte Schwingung aufrechterhält, mit einem offenen, in dem durch den ersteren Schwingungen erzwungen werden, mit einer *Antenne*. Diese strahlt dann die ihr von dem ersten gelieferte Energie als ungedämpfte Wellen in den Raum aus. Die Abb. 449 zeigt eine einfache lineare Antenne. Sie endet unten in einen Kondensator, dessen zweite Platte geerdet ist, und der einem geschlossenen Schwingkreis angehört.

Durch Verwendung von besonders gestalteten Antennen oder Antennensystemen kann man bei kurzen Wellen erreichen, daß eine merkliche Strahlung nur innerhalb eines kleinen räumlichen Winkels, also scharf gebündelt, ausgesandt wird *(Richtstrahler)*, indem die Strahlung in allen andern Richtungen durch Interferenz ausgelöscht wird.

In jedem Punkt des Raumes, der von einer elektrischen Welle getroffen wird, sind wegen der wechselnden Stärke des elektrischen Feldes Verschiebungsströme vorhanden. Wird in das Feld ein Leiter gebracht, so entstehen in ihm Leitungsströme, die mit gleicher Frequenz schwingen. Er vollführt *erzwungene elektrische Schwingungen*, die in ihrem zeitlichen Ablauf denjenigen im Sender entsprechen. Er wirkt als *Empfänger* der elektrischen Welle (Empfangsantenne). Statt des geraden Leiters kann man auch eine große, flache Spule (Rahmenantenne) verwenden, die so aufgestellt wird, daß die Windungsebene in Richtung der ankommenden Wellen liegt. In diesem Falle sind auch die magnetischen Felder der Welle wirksam. Indem die Spule von einem magnetischen Fluß durchsetzt wird, der fortwährend seine Stärke und Richtung ändert, wird in ihr eine Spannung induziert, deren Verlauf ein Abbild der ausgesandten Schwingung ist.

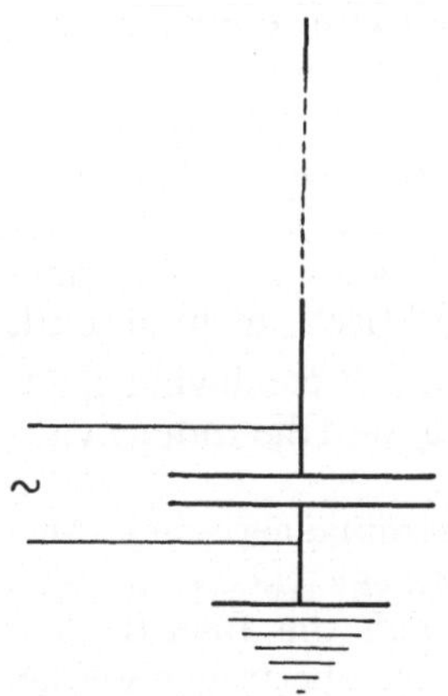

Abb. 449. Lineare Antenne

Koppelt man eine Empfangsantenne mit einem geschlossenen Schwingkreis, der auf die Frequenz der einfallenden Welle abgestimmt ist, so gerät er in Mitschwingung (Resonanz). Hierauf beruht der Wellenempfang bei der drahtlosen Telegraphie und Telephonie (Rundfunk).

256. Die Entdeckung der elektrischen Wellen. Wir bringen die Geschichte der Entdeckung der elektrischen Wellen durch HEINRICH HERTZ (1886) erst jetzt nach deren Behandlung in §§ 244, 255, weil sie sich so leichter verständlich machen läßt. Damals existierten zwar die Maxwellsche Theorie der Elektrodynamik (§ 243) und die an sie anknüpfende elektromagnetische Lichttheorie (§ 307) schon; aber daneben gab es noch mehrere ältere Theorien, besonders von WILHELM WEBER, die alle damals bekannten elektromagnetischen Erscheinungen ebenso gut beschrieben wie die Maxwellsche Theorie. Der grundlegende Unterschied war aber, daß die älteren Theorien auf dem Boden der *Fernwirkungstheorie* standen, nach der die elektrischen und magnetischen Kräfte, den Raum einfach überspringend, unvermittelt von einem Körper auf einen andern übertragen werden, so daß ihre Fortpflanzungsgeschwindigkeit, soweit man überhaupt von einer solchen sprechen kann, unendlich groß sein muß. MAXWELL dagegen stand, an FARADAY anknüpfend, auf dem Boden der *Nahewirkungstheorie*, nach der die Ausbreitung jener Kräfte durch das zwischen den Körpern befindliche Medium (im leeren Raum nach damaliger Auffassung durch den Äther) vermittelt wird und mit endlicher Geschwindigkeit erfolgen sollte (§ 27). Die Entscheidung zwischen der Fern- und der Nahewirkungstheorie, gleichbedeutend mit der Beantwortung der Frage, ob die elektromagnetischen Wirkungen sich mit endlicher Geschwindigkeit ausbreiten, war der eigentliche Zweck der Hertzschen Versuche.

Daß man durch Induktion auch auf größere Entfernungen Wirkungen von einem Leiterkreise auf einen anderen hervorrufen kann, war lange bekannt. Jedoch war bei allen in Betracht kommenden Entfernungen auch bei endlicher Geschwindigkeit die Zeitspanne zwischen Ursache und Wirkung viel zu kurz, um unmittelbar meßbar zu sein. Aber MAXWELL hatte bereits erkannt, daß die Schwingungen eines offenen Schwingkreises (§ 252) von der Frequenz f eine elektromagnetische Welle von der Wellenlänge $\lambda = c/f$ erzeugen sollten, wenn c die Geschwindigkeit der Welle ist. Nach der Fernwirkungstheorie hingegen war $c = \infty$, also auch $\lambda = \infty$. Die Nahewirkungstheorie war also bewiesen, wenn es gelang, Wellen von endlicher Wellenlänge nachzuweisen.

HERTZ benutzte zu seinen Versuchen einen Induktor (§239), der sich über eine Kugelfunkenstrecke entlud. Diese trug an ihren Enden zwei größere Kugeln zur Erhöhung ihrer Kapazität und diente als Sender (Abb. 450a). Als Empfänger diente meist ein einfacher Draht-ring mit einer kleinen Unterbrechung (Abb. 450b), dessen Eigenfrequenz auf die des Senders abgestimmt war und der zum Abtasten des Wellenfeldes diente. Je nach der Stärke des örtlichen elektri-schen oder magnetischen Feldes der Welle wird ein solcher Empfänger durch Resonanz mehr oder weniger stark zum Mitschwingen erregt, dessen Stärke HERTZ nach der Stärke der an der Unter-brechung auftretenden Funken beurteilte.

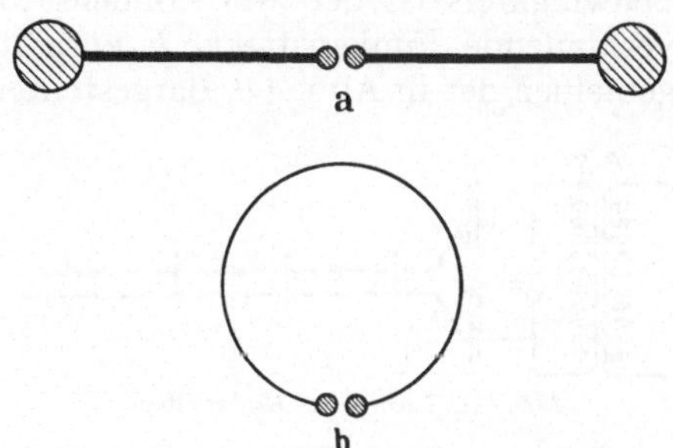

Abb. 450. a Hertzscher Oszillator, b Empfänger

Das bequemste Verfahren zur Messung von Wellenlängen liefern stehende Wellen (§89). HERTZ erzeugte solche, indem er die von seinem Sender ausgehenden Wellen an einem metallischen Schirm reflektieren und in sich zurücklaufen ließ. Ist die Wellenlänge endlich, so müssen sich Knoten und Bäuche der elektrischen und der magnetischen Feldstärke bilden, deren Orte mit dem Empfänger abgetastet werden können. Da der Abstand je zweier aufeinander folgender Knoten oder Bäuche $\lambda/2$ ist, so kann man bei Kenntnis der Frequenz f auch die Geschwindig-keit $c = f\lambda$ berechnen.

Der entscheidende Erfolg, der Beweis der Nahewirkungstheorie, war bereits in dem Augenblick errungen, in dem HERTZ die Existenz von Wellen mit end-licher Wellenlänge nachgewiesen hatte. Diese lag anfangs in der Größenordnung von 1 m, dann bald von 30 cm und weniger. Es handelte sich also um das, was wir heute Mikrowellen nennen. Die Frequenz seines Senders konnte HERTZ zwar nur annähernd berechnen; immerhin erhielt er für die Geschwindigkeit der Wellen einen Wert, der so nahe an dem der Vakuumlichtgeschwindigkeit lag, daß die Abweichung unbedenklich durch die Ungenauigkeit der Frequenz-berechnung erklärt werden konnte. (Der Einfluß der Luft ist äußerst klein.) Damit war auch die elektromagnetische Lichttheorie zumindest sehr wahrschein-lich gemacht. Dieses alles geschah in knappen sechs Wochen. Das ist um so mehr zu bewundern, als HERTZ mangels irgendeiner wirksamen Hilfe seine experimen-tellen Hilfmittel zu einem großen Teil mit eigenen Händen herstellen mußte.

HERTZ hat selbst darauf hingewiesen, daß man zum experimentellen Beweis der elektromagnetischen Lichttheorie zwei Wege beschreiten könne. Einmal könne man den Nachweis versuchen, daß die elektrischen Wellen sich in jeder Hinsicht ebenso verhalten wie das Licht, und diesen Weg wählte er. Er trieb nunmehr Optik mit seinen Wellen und konnte zeigen, daß sie dem Reflexions-und dem Brechungsgesetz gehorchen, daß sie am Rande von Hindernissen gebeugt und mit einem in ihren Weg gestellten Drahtgitter linear polarisiert werden können, also transversale Wellen sind (§301), daß sie also alle damals beim Licht bekannten Eigenschaften haben. Der zweite Weg, den er selbst nicht beschritten hat, war der Versuch, unmittelbare elektrische oder magnetische Wirkungen des Lichtes zu entdecken. Tatsächlich hat das HERTZ aber unwissentlich bereits bei seinen Versuchen getan, indem er einen Einfluß des ultravioletten Lichtes der Funkenstrecke seines Senders auf die Funkenstrecke seines Empfängers bemerkte. Er hat diese Erscheinung auch beschrieben, aber den Zusammenhang nicht erkannt. Er war, ohne es zu bemerken, der Entdecker des lichtelektrischen Effekts (§336), also einer ganz handgreiflichen elektrischen Wirkung des Lichtes.

257. Stehende elektromagnetische Wellen an Drähten. Abb. 451 stellt einen Schwingkreis dar, der zwei Kondensatoren C und eine die beiden Enden der Spule S verbindende Funkenstrecke F enthält. Die Vorrichtung (LECHER[1]) ist im allgemeinen der in Abb. 445 dargestellten sehr ähnlich. Jedoch ist der Kreis durch zwei lange, parallele Drähte verlängert. Beim Betriebe des Induktors lädt jeder Spannungsstoß die Kondensatoren bis zur Durchschlagsspannung der Funkenstrecke auf und regt den Schwingkreis an. Dabei beobachtet man längs der Doppeldrähte bei geeigneter Drahtlänge folgende Erscheinung. Legt man quer

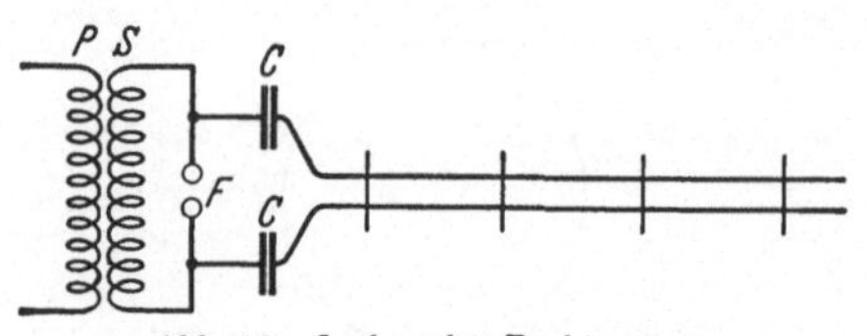

Abb. 451. Lechersches Drahtsystem

über die beiden Drähte ein elektrodenloses, mit einem verdünnten Edelgas, z. B. Neon, gefülltes Entladungsrohr und verschiebt es längs des Drahtsystems, so leuchtet es an gewissen Stellen hell auf, wird bei weiterem Verschieben wieder dunkler, erlischt schließlich, wird dann wieder heller usw. Die Lagen maximaler Helligkeit wiederholen sich in gleichmäßigen Abständen, und die Lagen, in denen das Rohr verlischt, liegen in der Mitte zwischen den Lagen größter Helligkeit. An den Stellen, wo das Rohr verlischt, kann man die beiden Drähte durch aufgelegte Drähte verbinden, ohne daß dadurch die Erscheinung gestört wird.

Zum Verständnis dieser Erscheinungen müssen wir auf unseren einfachen Oszillator (§254, Abb. 446) zurückkommen. Wir haben bereits gesagt, daß ein Oszillator nicht nur seine Grundschwingung, sondern auch Oberschwingungen ausführen kann. Auch dann hat er an seinen Enden stets Spannungsbäuche, zwischen denen aber in gleichen Abständen weitere Spannungsbäuche liegen. In der Mitte zwischen je zwei Spannungsbäuchen liegt ein Spannungsknoten. Den Spannungsbäuchen entsprechen Stromknoten, den Spannungsknoten Strombäuche. Die periodisch veränderlichen Spannungen an den beiden Enden haben in jedem Augenblick entgegengesetztes Vorzeichen, und das gleiche gilt für je zwei aufeinander folgende Spannungsbäuche. Dagegen ist in allen Spannungsknoten in jedem Augenblick die Spannung Null. Wir können das Drahtsystem als einen in seiner Mitte geknickten, mit seinen beiden Hälften parallel gestellten und vom Schwingkreis her zu einer höheren Oberschwingung erregten Oszillator betrachten. Wegen der periodisch wechselnden Spannungen zwischen seinen Drähten herrscht in dem Raum zwischen ihnen ein periodisch veränderliches elektrisches Feld. Die Schwingungsweite des elektrischen Feldvektors ist am größten in den Spannungsbäuchen, von denen die einander gegenüberliegenden auf entgegengesetzter Spannung sind. In den Spannungsknoten verschwindet das elektrische Wechselfeld. Eine zwischen die Drähte gebrachte Entladungsröhre wird daher in den Spannungsbäuchen am stärksten zum Leuchten gebracht und verlischt in den Spannungsknoten. Eine leitende Überbrückung in den Spannungsknoten beeinflußt das Leuchten einer Entladungsröhre in einem Spannungsbauch nicht, da ja eine Verbindung zweier Punkte gleicher Spannung den elektrischen Vorgang in den Drähten nicht stört (vgl. die Brückenschaltung, §162). Man kann auf diese Weise die Spannungsknoten längs der Drähte feststellen.

---

[1] ERNST LECHER, 1856—1926.

Die elektrischen Feldschwingungen und die mit ihnen stets verknüpften magnetischen Feldschwingungen (§ 241) können nun vollkommen beschrieben werden als eine *stehende elektromagnetische Welle* im Raum zwischen den beiden Drähten, die dadurch entsteht, daß eine Welle in Richtung auf die Drahtenden verläuft, dort reflektiert wird und mit sich selbst interferiert. Dann ergeben sich die beschriebenen Knoten und Bäuche der Feldschwingung genau wie bei einer stehenden Schallwelle in einer Kundtschen Röhre (§ 89). Der Abstand je zweier Knoten oder Bäuche ist auch hier gleich der halben Wellenlänge λ. Kennt man die Frequenz f der im Drahtsystem erregten Schwingung, so kann man die Geschwindigkeit der Wellen, $c = f\lambda$, berechnen. Sie ist bei sehr schnellen Schwingungen gleich der Wellengeschwindigkeit in dem Medium, in das die Drähte eingebettet sind. (Das dient nach P. DRUDE zur Messung der Dielektrizitätszahl ε_r von Stoffen, von der die Wellengeschwindigkeit ja abhängt; $\mu_r \approx 1$, also $c = c_0/\sqrt{\varepsilon_r}$, § 244.) Bei langsameren Schwingungen setzen Einflüsse des Drahtwiderstandes die Geschwindigkeit merklich herab.

258. Die Ausbreitung elektrischer Wellen auf der Erde. In der Praxis unterscheidet man:

1. Lang- und Mittelwellen, $\lambda > 100$ m, $f < 3000$ kHz,
2. Kurzwellen, $\lambda \approx 100$ bis 10 m, $f \approx 3$ bis 30 MHz,
3. Ultrakurzwellen, $\lambda \approx 10$ bis 1 m, $f \approx 30$ bis 300 MHz,
4. Mikrowellen, $\lambda < 1$ m, $f > 300$ MHz.

Die Mikrowellen (heute bis etwa $\lambda = 0{,}1$ mm) bilden ein wichtiges Hilfsmittel der Atomforschung. In der Art ihrer Ausbreitung verhalten sich diese Wellenlängenbereiche sehr verschieden. Die Wellen erfahren — je nach ihrer Wellenlänge verschieden stark — zwei Arten von Einwirkungen. Die längeren Wellen erfahren an der Erdoberfläche eine Beugung, die um so merklicher ist, je länger die Wellen sind. Infolgedessen schmiegen sie sich zum Teil der Erdoberfläche an, so daß sie bei genügender Stärke in jeder auf der Erdoberfläche vorkommenden Entfernung empfangen werden und sogar nach Umlauf um die Erde wieder zum Ausgangspunkt zurückkehren können. Bei diesen Wellen besteht also neben der *Raumwelle* eine *Bodenwelle*. Zweitens findet in der Erdatmosphäre eine Reflexion der Wellen statt, welche die Wellen in mehr oder weniger großer Entfernung wieder zur Erdoberfläche zurückführt. Sie erfolgt in der *Ionosphäre* (§ 189), welche vor allem für die großen Reichweiten der mittleren und kurzen Wellen verantwortlich ist. Infolge mehrfacher Reflexionen an der Ionosphäre und an der Erdoberfläche können auch diese Wellen unter günstigen Umständen den ganzen Erdball umlaufen. Hingegen unterliegen die ultrakurzen Wellen keiner dieser Einwirkungen in merklichem Maße; sie verhalten sich in ihrer Ausbreitung schon so wie das Licht. Daher müssen die mit solchen Wellen arbeitenden Telephonie- und Fernsehsender hohe Standorte haben, wenn sie eine möglichst große Reichweite haben sollen. Raumfahrzeuge melden ihre Meßergebnisse und übertragen Bilder mit ultrakurzen Wellen, die auf der Erde mit riesigen, Hohlspiegeln analogen Antennensystemen empfangen werden. Sie erhalten Befehle mittels Wellen, die durch ebensolche Systeme scharf gebündelt auf sie gerichtet werden (Richtstrahler, § 255). Diese *Radartechnik* ist auch für die Sicherung der See- und Luftfahrt unentbehrlich und bildet heute auch ein außerordentlich fruchtbares Hilfsmittel zur Erforschung der Zustände im Weltall (Radioastronomie, § 402).

259. Anfänge der drahtlosen Telegraphie. In der ersten Zeit der drahtlosen Telegraphie benutzte man zum Erzeugen der Wellen Schwingkreise etwa von

der Art, wie sie im §252, Abb. 444, beschrieben sind, in Verbindung mit einer
Antenne. Von einem solchen Schwingkreis geht bei jedem der sehr schnell aufeinanderfolgenden Funken eine Welle aus, welche wegen der große Dämpfung
im Funken schnell abklingt. Sie ist bereits innerhalb eines sehr kleinen Bruchteils
der Zeitspanne zwischen zwei Funken vollkommen erloschen. Durch einen Taster
wurde der Primärkreis des Induktors gemäß den zu übertragenden Morsezeichen
betätigt. Durch — heute ganz veraltete — Einrichtungen am Empfangsorte
konnte dann die im Empfangskreise erregte Schwingung dazu benutzt werden,
um diese Zeichen hörbar zu machen oder anderweitig aufzunehmen.

Diese Art der Telegraphie mit gedämpften Wellen hat unter anderem den
großen Übelstand, daß eine gedämpfte Welle nicht nur einen genau auf sie
abgestimmten Schwingkreis erregt, sondern mehr oder weniger stark auch solche,
welche auf benachbarte Wellenlängen abgestimmt sind (vgl. §95). Die heutigen
Anlagen bedienen sich ausschließlich ungedämpfter Wellen.

260. Drahtlose Telephonie. In §217 ist gesagt worden, daß es für die Zwecke
der Telephonie darauf ankommt, die elektrische Energie, die vom Sende- zum
Empfangsort übertragen wird, entsprechend den zu übertragenden Klängen zu
modulieren. Bei der drahtlosen Telephonie wird eine elektrische Welle durch
einen ihr aufgeprägten Klang moduliert. Die Art, wie dies geschieht, wird unten
erörtert werden. Eine modulierte elektrische Schwingung bzw. die von ihr ausgehende Welle hat z.B. den in Abb. 452
schematisch dargestellten Intensitätsver-
lauf. (Tatsächlich entfallen auf eine Schwebung, denn einer solchen ist dieser Vorgang
ähnlich, sehr viel mehr Einzelschwingungen.) Man beachte, daß der Abstand zweier
Maxima einer Vollschwingung des aufgeprägten Schalles entspricht. Eine solche
Modulierung ist natürlich nur bei ungedämpften Wellen möglich, da gedämpfte
Wellen ja schon an sich in ihrer Stärke
schwanken.

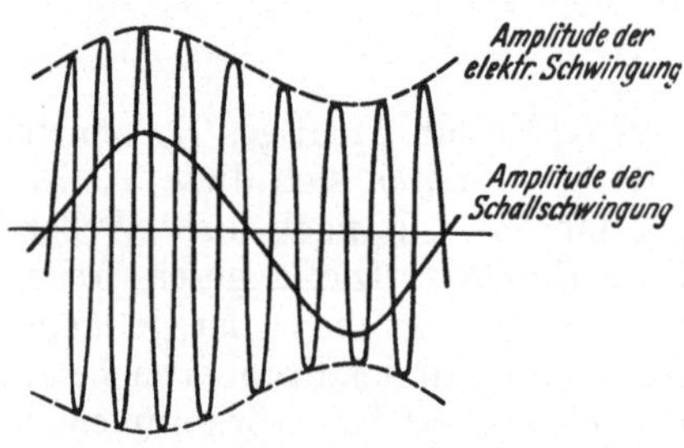

Abb. 452. Modulierte elektrische Schwingung

Wenn eine *Trägerwelle* der Kreisfrequenz ω_0 mit einer akustischen Frequenz ω
moduliert wird, wobei stets $\omega \ll \omega_0$ ist, so entstehen zwei *Seitenfrequenzen* $\omega_0 \pm \omega$,
da $\sin \omega\, t \sin \omega_0\, t = \frac{1}{2} [\cos (\omega_0 - \omega)\, t - \cos (\omega_0 + \omega)\, t]$. Man spricht daher von dem
Frequenzband oder den *Seitenbändern*. In diesen ist tatsächlich die zu übertragene
Nachricht enthalten. Die Seitenbänder sind um so breiter, je höhere Frequenzen ω
übertragen werden. Hierauf beruhen die Schwierigkeiten infolge der sich ständig
mehrenden Zahl der Rundfunksender, da bei der Überschneidung zweier Seitenbänder gegenseitige Störungen auftreten. Der große Vorteil der Ultrakurzwel-
lensender besteht unter anderem darin, daß wegen ihres großen ω_0 die *relative*
Breite der Frequenzbänder viel geringer sein kann als diejenige bei längeren
Wellen.

Für den Empfang kommt es darauf an, die Intensitätsschwankungen der in
der Welle übertragenen elektrischen Energie in gleichartige Schwingungen einer
Telephonmembran zu übersetzen. Das ist aber nicht auf die Weise möglich,
daß man die in einem abgestimmten Schwingkreise auftretenden (und eventuell
weiter verstärkten) Schwingungen einfach durch ein Telephon leitet. Dieses
würde ja nur die einzelnen Schwingungen der *elektrischen Welle* mitmachen,
wenn es nicht überhaupt zu träge wäre, um so schnellen Schwingungen zu folgen.
Es bliebe also tatsächlich in Ruhe und brächte keinen Ton von der der Modu-

lation entsprechenden Frequenz hervor. Um dies zu erreichen, muß man die im empfangenden Schwingkreis entstehende Schwingung erst „gleichrichten", d.h. man muß zwischen dem Telephon und dem Schwingkreis eine Vorrichtung anbringen, welche nur die in der einen Richtung erfolgenden Stromschwankungen hindurchläßt, die anderen aber nicht. Abb. 453 zeigt eine so gleichgerichtete modulierte Schwingung. Sie wirkt auf ein Telephon auf folgende Weise: Wegen der Trägheit der Telephonmembran folgt diese nicht jeder Einzelschwingung, sondern dem jeweiligen Mittelwert

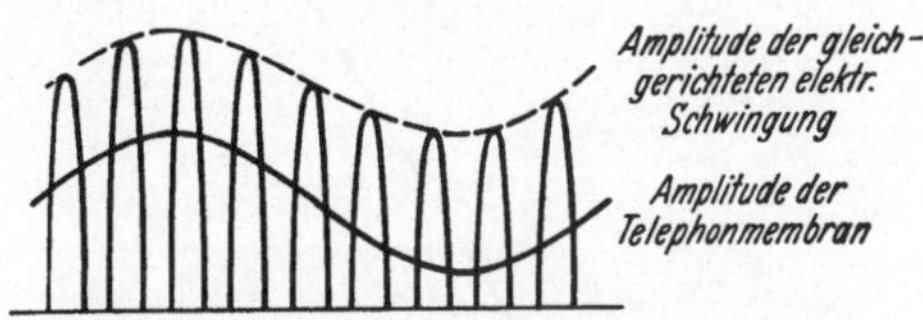

Abb. 453. Gleichgerichtete modulierte Schwingung

einer großen Zahl der nunmehr einseitig erfolgenden Einzelschwingungen. Dieser Mittelwert aber schwankt entsprechend der den Schwingungen aufgeprägten Modulierung. Die Membran erfährt Durchbiegungen von wechselnder Stärke mit der Frequenz der Schallschwingung, und zwar ist jetzt die auf sie wirkende Kraft wegen der erfolgten Gleichrichtung stets nach der gleichen Seite gerichtet. Die Bewegung der Membran wird also etwa durch die Sinuskurve in Abb. 453 dargestellt.

Um eine Schwingung gleichzurichten, bedarf es einer Vorrichtung, die in der einen Richtung den Strom möglichst gut leitet, in der andern aber sperrt, die also wirkt wie ein sich einseitig öffnendes Ventil auf einen pulsierenden Wasserstrom. Man nennt solche Vorrichtungen daher auch *elektrische Ventile.*

Beim Empfang mit der *Elektronenröhre* (§186) dient die von der Antenne aufgenommene Schwingungsenergie lediglich zur *Steuerung* der viel größeren Energie, die von Batterien oder dem Lichtnetz geliefert wird. Elektronenröhren können sowohl zur *Gleichrichtung* als auch zur *Verstärkung* einer modulierten Schwingung dienen. Bei der Verwendung als *Verstärker* wählt man die Anodenspannung U_a und die Gitterspannung U_g so, daß der *Arbeitspunkt* im geradlinigen Teil der Gitterlinie

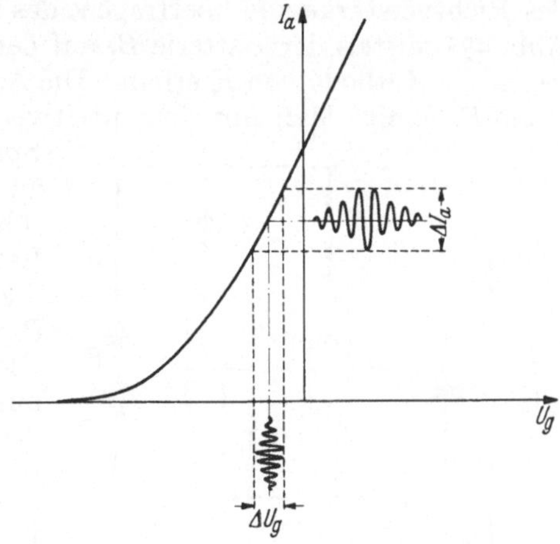

Abb. 454. Elektronenröhre als Verstärker

liegt (Abb. 454; vgl. §186, Abb. 333b), und zwar wählt man die Gitterspannung negativ (*A*-Betrieb). Der Gittergleichspannung werden die Spannungsschwankungen ΔU_g der zu verstärkenden modulierten Schwingung überlagert. Da mit jeder Änderung der Gitterspannung eine Änderung des Anodenstroms verbunden ist, so schwankt der Anodenstrom I_a ebenfalls mit der Frequenz der Schwingung und mit einer Schwingungsweite, die derjenigen von ΔU_g proportional ist. Die Schwankungen ΔI_a des Anodenstroms sind sehr viel stärker als die Schwankungen des schwachen Stromes im Empfangskreis. Man kann die Spannungsschwankungen, die infolge der Schwankungen des Anodenstromes an einem im Anodenkreis liegenden Widerstand auftreten, an diesem abgreifen, sie dem Gitter einer zweiten Verstärkerröhre zuführen und die Schwingung auf diese Weise weiter verstärken.

Bei der *Gleichrichtung* legt man den Arbeitspunkt in das linke Ende der Gitterkennlinie (Abb. 455, *B*-Betrieb). Die gleichzurichtende Schwingung wird wieder der Gitterspannung überlagert, und diese führt Schwankungen ΔU_g mit der Frequenz und der Schwingungsweite der Schwingung aus. Der Anodenstrom I_a schwankt demnach auch hier wieder mit der Frequenz der Schwingung. Aber die Schwingungen des Anodenstroms erfolgen einseitig, und der mittlere Anodenstrom zeigt während einer Schwingung der Modulation eine einseitige Schwingung, deren Dauer genau derjenigen der aufgeprägten Schallschwingung entspricht. Die Schwingung ist also gleichgerichtet und außerdem verstärkt. Daher der Name *Richtverstärker*.

Abb. 456 zeigt das Schema einer einfachen Empfangsschaltung mit einem Richtverstärker F_r und einem Verstärker F_v (Ortsempfänger). Die von der Antenne A aufgenommene Schwingung erregt den aus Kapazität C und Induktivität L bestehenden abstimmbaren Schwingkreis, der an seinem einen Ende

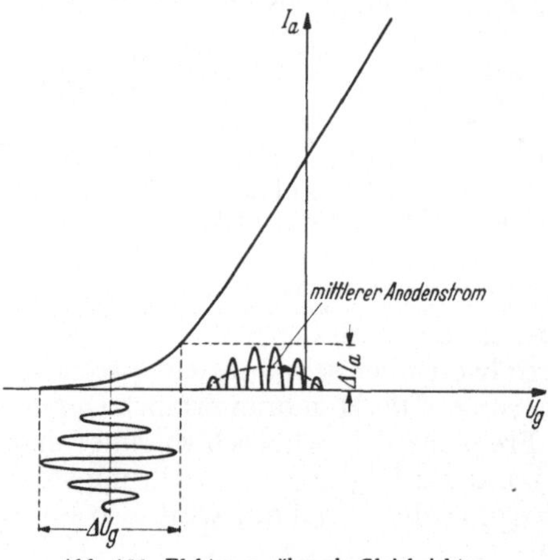

Abb. 455. Elektronenröhre als Gleichrichter

geerdet ist. Die Spannungsschwankungen am Kondensator werden auf das Gitter des Richtverstärkers F_r übertragen, das zur Verwirklichung der Verhältnisse der Abb. 455 mittels der Batterie B_1 auf dem Wege über L eine negative Spannung gegen die Kathode von F_r erhält. Die Anode von F_r ist über einen großen Widerstand R_1 (einige MΩ) mit dem positiven Pol der Batterie B_4 von 100 bis 200 V

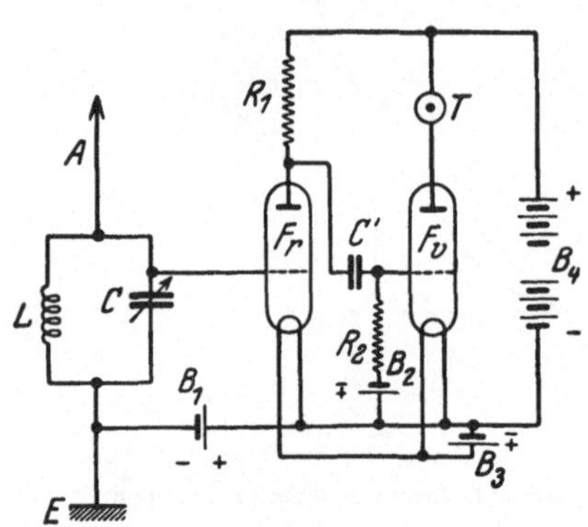

Abb. 456. Einfache Empfangsschaltung mit einem Richtverstärker und einem Verstärker

Spannung verbunden, deren negativer Pol an der Kathode von F_v liegt. Von der Anode führt eine Verbindung zum Kondensator C'. Es sei U die Spannung der Batterie B_4, U_a die Anodenspannung, I_a der Anodenstrom. Dann ist $U = U_a + I_a R_1$, oder $U_a = U - I_a R_1$. Die Anodenspannung und damit die Spannung am Kondensator C' schwankt also mit der gleichen Frequenz wie der gleichgerichtete, verstärkte Anodenstrom I_a, und diese Spannungsschwankungen werden über den Kondensator C' auf das Gitter der Verstärkerröhre F_v übertragen, wo die Schwingungen weiter verstärkt werden. Das Gitter von F_v wird durch eine Batterie B_2 über den Widerstand R_2 auf einer so hohen negativen Spannung gehalten, daß die Verhältnisse der Abb. 454 verwirklicht sind. Die Anode ist über das Telephon T (Lautsprecher) mit dem positiven Pol der Batterie B_4 verbunden. Die Batterie B_3 dient zum (stets indirekten) Heizen der Kathoden. Das Telephon wird von dem verstärkten und gleichgerichteten Anodenstrom durchflossen. Seine Membran folgt nur den Schwankungen des mittleren Anodenstromes (Abb. 455), und diese entsprechen den Schallschwingungen, mittels derer die empfangene Schwingung moduliert wurde. Der modulierende Schall wird also vom Telephon wiedergegeben.

Seit einer Reihe von Jahren tritt an die Stelle der Elektronenröhre immer mehr der *Transistor* (Abb. 457). Er besteht im einfachsten Fall aus einem Halbleiterkristall (§ 164, Germanium oder Silicium mit sehr geringen Verunreinigungen, z.B. Arsen oder Gallium), dem die zu verstärkenden Spannungen durch eine feine aufgesetzte Metallspitze, den Emitter E, zugeführt werden. Ganz dicht neben ihr sitzt eine zweite Metallspitze, der als Anode wirkende Kollektor A, die Kathode K an irgend einer Stelle des Kristalls. Je nach der Richtung des durch E eintretenden Stromes erfolgt eine starke Vermehrung oder Verminderung der Ladungsträgerdichte in der Umgebung des Kollektors und infolgedessen eine starke Beeinflussung des vom Kollektor zur Kathode fließenden Stromes. Der Emitter wirkt also ganz analog zum Gitter einer Elektronenröhre. Gegenüber den Elektronenröhren haben die Transistoren sehr große Vorzüge: sie nehmen weit weniger Raum ein, verbrauchen sich nicht im Laufe der Zeit, brauchen keinen Heizstrom usw.

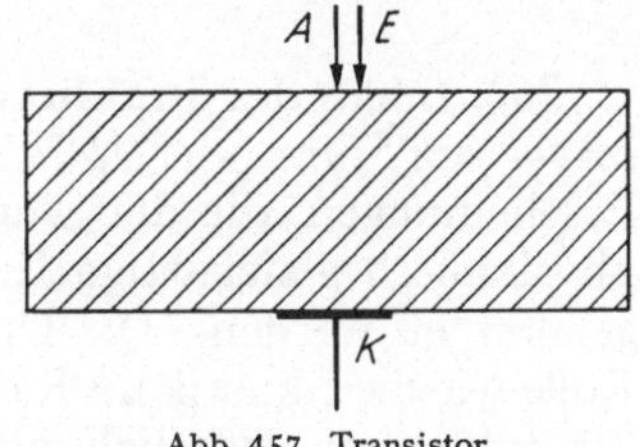

Abb. 457. Transistor

261. Schwingungserzeugung mit der Elektronenröhre. Die Erregung der ungedämpften elektrischen Schwingungen erfolgt nach dem von A. MEISSNER[1] ersonnenen Prinzip der *Rückkopplung* eines im Anodenkreis einer Elektronenröhre liegenden abstimmbaren Schwingkreises (L_2, C_2) auf das Gitter der Röhre. Die Abb. 458 soll nur das allgemeine Prinzip dieses Verfahrens veranschaulichen. Das Gitter ist über den Kondensator C_1 und die Induktivität L_1 mit der Kathode verbunden. L_1 ist mit L_2 induktiv gekoppelt (in der Abbildung durch die gestrichelte Linie symbolisiert). Mit L_2 ist ferner eine in der Antenne liegende Induktivität L_3 induktiv gekoppelt, und die Antenne kann zur Abstimmung noch eine Kapazität C_3 enthalten. Der Anodenstrom ist nie ganz konstant, sondern zeigt stets kleine statistische Schwankungen, schon weil die thermische Elektronenemission der Kathode statistisch schwankt (*Schroteffekt*, W. SCHOTTKY[2]). Infolgedessen schwankt auch die Spannung am Schwingkreis L_2, C_2. Die Spannungsschwankung wirkt aber induktiv über L_1 auf die Gitterspannung und damit verstärkt auf den Anodenstrom zurück, was zu einer weiteren Verstärkung der Spannungsschwankung am Schwingkreis führt. Da dieser ein schwingungsfähiges Gebilde ist, so reagiert er auf jeden solchen Spannungsstoß, indem er mit seiner Eigenfrequenz ausschwingt, wie eine angeschlagene Saite. Da die Spannungsstöße einander sehr schnell folgen, so gerät der Schwingkreis durch *Selbsterregung* in ungedämpfte Schwingungen, wie eine mit einem Bogen angestrichene Saite. Diese Schwingungen werden von L_2 induktiv auf L_3 übertragen und von der Antenne als Welle abgestrahlt.

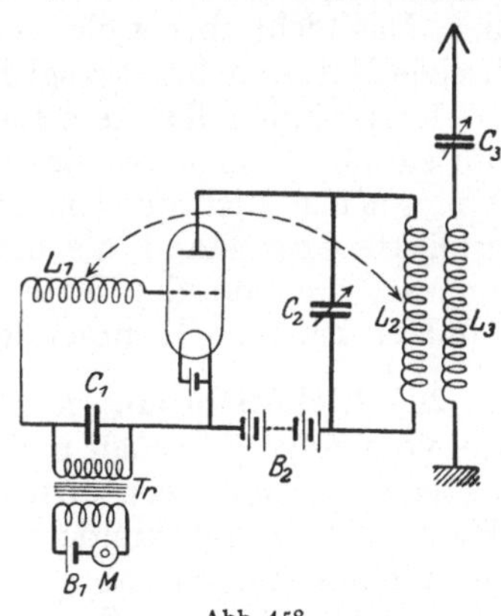

Abb. 458.
Schema einer einfachen Sendeschaltung

Zur Modulierung der Schwingung dient das Mikrophon M. Durch die beim Auftreffen von Schall auf das Mikrophon erzeugten Stromschwankungen in der Primärspule des Transformators Tr werden am Schwingkreis L_1, C_1 und damit am Gitter Spannungsschwankungen gegen die Kathode induziert, die den Arbeitspunkt auf dem gekrümmten Teil der Kennlinie verschieben und dadurch die Amplitude der selbsterregten Schwingung steuern. Auf diese Weise werden der Anodenstrom und damit auch die von der Antenne abgestrahlten Wellen dem Schall entsprechend moduliert.

---

[1] ALEXANDER MEISSNER, 1883—1958.
[2] WALTER SCHOTTKY, geb. 1886.

Neuntes Kapitel

Optik und allgemeine Strahlungslehre

I. Allgemeines

262. Inhalt der Strahlungslehre. Lichtquellen. Den Inhalt der *Strahlungslehre im engeren Sinne* oder *Optik* bildet die Lehre vom Licht, also von den physikalischen Erscheinungen, die die Sinneseindrücke des Auges hervorrufen. Es gibt jedoch physikalisch gleichartige Erscheinungen, welche von unserem Auge nicht wahrgenommen werden. Die Optik spielt also in der Strahlenlehre etwa die gleiche Rolle wie die Akustik im Rahmen der Lehre von den mechanischen Schwingungen. Sie bildet ein lediglich physiologisch abgegrenztes Teilgebiet der *allgemeinen Strahlungslehre.* Da die allgemeinen Gesetze und Begriffe der gesamten Strahlungslehre gemeinsam sind, so werden sie im folgenden zunächst auf dem unserer Wahrnehmung unmittelbar zugänglichen Gebiet Optik eingeführt und erläutert. Wir verstehen daher unter Licht im folgenden zunächst Strahlung, welche auf unser Auge wirkt, also Licht im Sinne des Sprachgebrauchs.

Die ursprüngliche Quelle jeglichen Lichts ist ein lichtaussendender (selbstleuchtender) Körper. Die Ursache der Lichtaussendung kann verschieden sein. In der überwiegenden Mehrzahl der Fälle liegt sie in der Temperatur der Körper. Es gibt aber noch andere Ursachen, z.B. elektrische Entladungen in Gasen, Fluoreszenz, Phosphoreszenz, chemische Umwandlungen usw. Manche Organismen haben die Fähigkeit, Licht auszusenden (die Glühwürmchen, die Organismen, die das Meerleuchten hervorrufen usw.). Diese letzteren Lichterscheinungen rühren nicht von der Temperatur der Lichtquellen, sondern von anderen Ursachen her. Das Licht aber, welches alle diese Lichtquellen aussenden, ist seiner physikalischen Natur nach wesensgleich, gehorcht also den gleichen allgemeinen Gesetzen.

Körper, die selbst kein Licht erzeugen, können trotzdem leuchten, wenn Licht auf sie fällt, das sie wenigstens zum Teil wieder zurückwerfen (Fremdleuchter). Von solchen Lichtquellen sind wir rings umgeben. Jeder von unseren Augen erblickte Gegenstand, der nicht selbst eine ursprüngliche Lichtquelle ist, verhält sich so, die von der Sonne beleuchtete Natur, Wände und Gegenstände im Zimmer usw., am Himmel der Mond und die Planeten.

263. Lichttheorien. Im Altertum glaubte man noch vielfach an „Sehstrahlen", die vom Auge ausgehen und die Dinge der Außenwelt abtasten. Die ersten genaueren Vorstellungen über das Wesen des Lichtes bildeten sich in der zweiten Hälfte des 17. Jahrhunderts. Isaac Newton stellte 1669 die *Emanationstheorie* des Lichtes auf. Er nahm an, daß das Licht aus winzig kleinen Teilchen besteht, die von den Lichtquellen ausgeschleudert werden und denen er Eigenschaften zuschrieb, die geeignet schienen, die damals bekannten optischen Erscheinungen zu erklären. Dieser Theorie stellte Huygens 1677 (Vorläufer Descartes[1] 1637, Hooke 1665) die *Wellen-* oder *Undulationstheorie* entgegen. Hiernach ist das Licht ein Wellenvorgang.

Wir haben im 4. Kapitel die allgemeinen Eigenschaften von Wellen, insbesondere die Interferenzerscheinungen, kennengelernt. Solche waren beim Licht auch zu Newtons Zeiten bereits beobachtet, aber nicht als solche erkannt worden. Die Verfechter der Emanationstheorie haben nichts unversucht gelassen, um diese Erscheinungen auf Grund ihrer Theorie zu erklären. Tatsächlich war während des 18. Jahrhunderts Euler[2] der einzige namhafte Vertreter der Wellentheorie. Erst

---

[1] René Descartes (Cartesius), 1596—1650.   [2] Leonhard Euler, 1707—1783.

1820 gelang Thomas Young[1] der entscheidende Beweis zugunsten der Wellentheorie auf Grund der Interferenzfähigkeit des Lichtes (§ 289). In der Folge wurde erkannt, daß eine erschöpfende Beschreibung der damals bekannten Eigenschaften des Lichtes überhaupt nur auf dem Boden der Wellentheorie möglich ist. Schließlich lieferte die Entdeckung der Polarisierbarkeit des Lichtes den Beweis, daß *das Licht ein transversaler Wellenvorgang* ist (§ 86, 301). Entsprechend dem mechanischen Weltbild des 19. Jahrhunderts betrachtete man (Fresnel) als Träger der Lichtwellen einen das ganze All erfüllenden, unwägbaren Stoff, den Welt- oder Lichtäther (§ 27). So glaubte man, mit der Vorstellung des Lichtes als einer mechanischen Schwingung des Äthers sein wahres Wesen erkannt zu haben.

Aber etwa 50 Jahre später erkannte Faraday intuitiv, daß die Lichterscheinungen wahrscheinlich zutreffender als *elektromagnetische Wellen* zu verstehen seien. An ihn anknüpfend entwickelte Maxwell 1871 seine auf die Maxwellschen Gleichungen (§ 243) gegründete *elektromagnetische Lichttheorie*, deren experimentelle Bestätigung durch Heinrich Hertz (1886) wir in § 256 behandelt haben. Durch sie fand auch das von Kohlrausch und Weber entdeckte Auftreten des Zahlenwertes der Lichtgeschwindigkeit in rein elektromagnetischen Beziehungen (1856, § 200) seine Deutung.

Bis zum Jahre 1900 schien hiermit der Bau der Lichttheorie beendet zu sein. Dann aber erwuchs aus der Planckschen Strahlungstheorie, insbesondere durch Einstein, die Erkenntnis, daß die Wellentheorie allein zum Verständnis der Lichterscheinungen nicht ausreicht, sondern daß *an ihre Seite — nicht an ihre Stelle —* die *Quantentheorie des Lichts* zu treten hat (§ 337). Die Wellentheorie beherrscht alle Erscheinungen, die die Ausbreitung des Lichts betreffen. Über die Wechselwirkungen mit der Materie bei der Entstehung und Vernichtung des Lichtes gibt erst die Quantentheorie Auskunft. Diese werden wir im 11. Kapitel behandeln.

Eine Lichtwelle ist also eine elektromagnetische Welle von der gleichen Art, wie wir sie in § 254 behandelt haben. Sie besteht im einfachsten Fall in einfach periodischen Schwingungen in den einzelnen von der Lichtwelle getroffenen Raumpunkten, und zwar sind es der elektrische und der magnetische Feldvektor, die „schwingen", d.h. periodisch ihren Betrag und ihre Richtung ändern. Demnach kommt einer Lichtwelle außer ihrer Fortpflanzungsgeschwindigkeit c eine bestimmte Frequenz ν und Wellenlänge λ zu, die miteinander in der Beziehung $c = \lambda \nu$ stehen (§ 84). (Wir benutzen hier wieder, wie in der Optik üblich, für die Frequenz das Formelzeichen ν.) Von den mit Geräten erzeugten elektromagnetischen Wellen, wie wir sie in § 254 behandelt haben, unterscheiden sich die Lichtwellen nur durch ihre viel größere Frequenz und demnach viel kleinere Wellenlänge. Ihre Geschwindigkeit ist — wenigstens im Vakuum — die gleiche wie die jener Wellen. — Neue Grundgrößen treten in der Optik nicht auf.

Die *Farbe,* in der wir das Licht wahrnehmen, wird durch seine *Frequenz ν* bestimmt[2]. Seine *Wellenlänge $\lambda = c/\nu$* ist je nach der Größe von c in den einzelnen Stoffen verschieden groß. Im Vakuum beträgt sie für die rote Grenze des sichtbaren Spektrums (§ 309) rund 780 nm $= 0{,}78 \cdot 10^{-4}$ cm, für die violette Grenze rund 360 nm $= 0{,}36 \cdot 10^{-4}$ cm. Da die Lichtgeschwindigkeit im Vakuum $c_0 \approx 3 \cdot 10^{10}$ cm s^{-1}

---

[1] Thomas Young, 1773—1829.

[2] Das Licht selbst „*hat*" keine Farbe, sondern diese ist ein rein psychologischer Begriff; das Licht *erzeugt* nur die subjektiven *Farbempfindungen.* Es ist indessen unmißverständlich, wenn man gelegentlich doch von der Farbe von Licht spricht und damit in Wirklichkeit die Frequenz oder den Frequenzbereich meint, der eine bestimmte Farbempfindung hervorruft.

beträgt (§265), so liegen die *Frequenzen* des sichtbaren Lichtes zwischen rund $3{,}85 \cdot 10^{14}$ und $8{,}35 \cdot 10^{14}\,\mathrm{s^{-1}}$. In der Spektrometrie gibt man statt der Wellenlänge oft ihren Kehrwert, die *Wellenzahl* $\tilde{\nu} = 1/\lambda = \nu/c$ in $\mathrm{cm^{-1}}$ an. Die Wellenzahl ist also bei gegebenem c der Frequenz proportional und liegt beim sichtbaren Licht im Vakuum und fast ebenso auch in Luft zwischen rund $1{,}3 \cdot 10^4$ und $2{,}8 \cdot 10^4\,\mathrm{cm^{-1}}$. Ihr Zahlenwert ist gleich der Anzahl der auf eine Strecke von 1 cm entfallenden Wellenlängen.

264. Die Ausbreitung des Lichtes. Lichtstrahlen. Für die Ausbreitung des Lichts und seine Wechselwirkungen mit den Körpern, die in seinen Weg treten, gelten sinngemäß alle Überlegungen, die wir bei den mechanischen Wellen angestellt haben. Wie in einer mechanischen Welle, so pflanzt sich in einer Lichtwelle, die sich in einem homogenen Stoff oder im Vakuum ausbreitet, Energie geradlinig fort. Die geradlinige Ausbreitung wird gestört, und es tritt *Beugung* ein

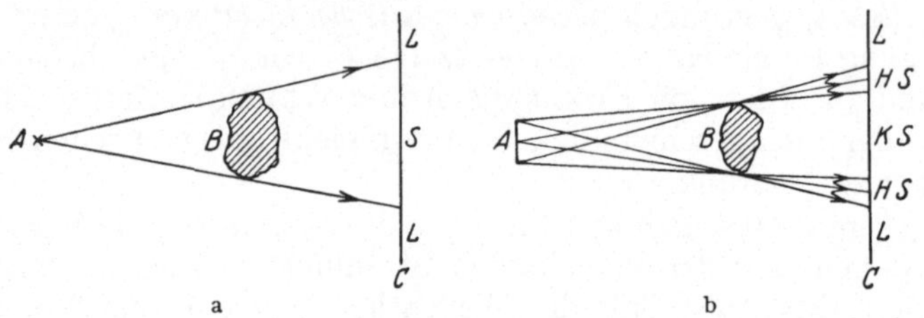

Abb. 459. a Schattenbildung bei punktförmiger Lichtquelle, b Kernschatten und Halbschatten

(§93), wenn in den Weg des Lichts Hindernisse treten, deren Abmessungen von der Größenordnung der Wellenlänge sind. Wegen der kleinen Wellenlänge des Lichts machen sich aber bei ihm Beugungserscheinungen erst bei sehr kleinen Abmessungen solcher Hindernisse deutlicher bemerkbar. Sofern wir also zunächst von allen Erscheinungen, bei denen eine merkliche Beugung eintritt, absehen, können wir auf das Licht den in §82 eingeführten Strahlbegriff anwenden und von *Lichtstrahlen* als den Bahnen des Lichts sprechen. Wir verstehen darunter einen Lichtkegel von so kleinem Öffnungswinkel, daß wir ihn uns praktisch durch eine Gerade dargestellt denken können, längs derer sich das Licht fortpflanzt. Ein *Lichtbüschel* von endlicher Öffnung denken wir uns als aus beliebig vielen, vom gleichen Punkte divergierenden Lichtstrahlen, ein *Lichtbündel* aus parallelen Lichtstrahlen bestehend.

Den Verlauf der Lichtstrahlen kann man unmittelbar erkennen, wenn ein schmaler Lichtkegel durch ein trübes oder mit kleinen schwebenden Teilchen erfülltes Medium tritt. Jeder kennt die „Lichtstrahlen", die durch ein enges Loch in einen dunklen Raum treten oder die die Sonne am Rande von Wolken in einer trüben Atmosphäre erzeugt. Sie entstehen dadurch, daß das Licht auf kleine Teilchen — Staub, Wassertröpfchen u. dgl. — trifft und sie beleuchtet. Man sieht also in Wirklichkeit nicht die Lichtstrahlen selbst, sondern eine Folge von Punkten, in denen die den Lichtkegel bildenden Strahlen enden.

Die geradlinige Ausbreitung des Lichtes erkennt man am deutlichsten an den *Schatten* der undurchsichtigen Körper. Es sei A (Abb. 459a) eine als punktförmig gedachte Lichtquelle, B ein in den Weg ihres Lichtes gebrachter Körper, C eine das Licht auffangende Fläche (Schirm), etwa eine weiße Wand. Infolge der geradlinigen Ausbreitung des Lichts fällt Licht nur an die mit L bezeichneten Stellen des Schirmes, dagegen nicht an die mit S bezeichnete Stelle. Diese bildet den Schatten des Körpers. Lichtquellen sind aber nie streng punktförmig, wenn man auch z.B. mit einer Bogenlampe mit dünnen Kohlen dieser Grenze praktisch nahekommt. Man kann sich aber die strahlende Fläche einer Lichtquelle immer als aus strahlenden Punkten (genauer: sehr kleinen strahlenden Flächenelementen) zusammengesetzt denken und die Lichtwirkung auf einer Fläche als die Summe der Wirkungen dieser einzelnen Punkte berechnen. Es zeigt sich dann folgendes. Ein schattenwerfender Körper (Abb. 459b) schirmt das Licht nur von dem Teil KS der hinter ihm stehenden Fläche vollkommen ab, den man mit *keinem* Punkte der Lichtquelle durch eine Gerade verbinden kann, ohne durch das Innere des Körpers zu gehen. In diesem *Kernschatten* herrscht vollständige Dunkelheit. Die Helligkeit in weiter außen liegenden Teilen L der Fläche wird durch die Anwesenheit des Körpers überhaupt nicht berührt. Es sind dies diejenigen Teile der beleuchteten Fläche, welche man mit *jedem* Punkte der Lichtquelle durch eine Gerade verbinden kann, ohne durch das Innere des Körpers zu gehen. Zwischen diesen beiden Gebieten liegt der *Halbschatten HS*, dessen Punkte man nur mit einzelnen Teilen der Lichtquelle so verbinden kann, mit anderen nicht. Die Beleuchtung einer Stelle der Fläche ist um so schwächer, einen je kleineren Teil der Lichtquelle man von dieser Stelle aus noch sehen kann. Im Halbschatten findet also ein stetiger Übergang von voller Dunkelheit zu voller Helligkeit statt. Der Schatten hat eine unscharfe Begrenzung. Ist der Querschnitt des schattenwerfenden Körpers kleiner als

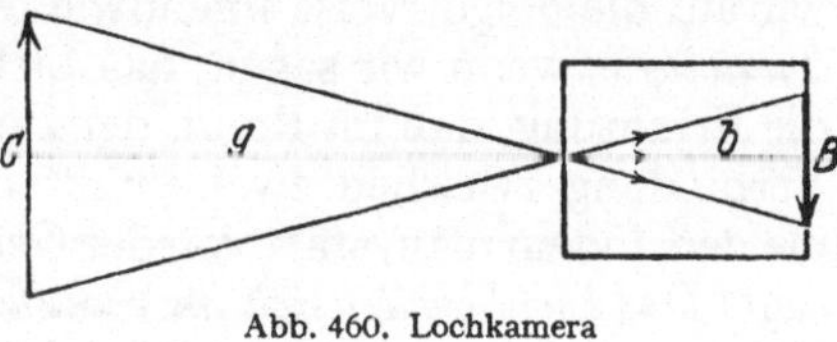

Abb. 460. Lochkamera

die Fläche der Lichtquelle, so entsteht in größerer Entfernung von dem Körper kein Kernschatten mehr, sondern nur ein Halbschatten.

Eine Sonnenfinsternis entsteht, wenn der Mond zwischen Sonne und Erde tritt, so daß der Schatten des Mondes auf die Erde fällt. Der Kernschatten des Mondes ist im Verhältnis zur Erdoberfläche sehr klein. Daher ist eine totale Sonnenfinsternis immer nur auf einen schmalen, meist äquatornahen Bereich der Erde beschränkt, und die Totalität dauert nur einige Minuten. Bei einer Mondfinsternis steht die Erde zwischen Sonne und Mond und wirft auf diesen ihren Schatten, dessen Kern am Ort des Mondes bedeutend größer als dessen Fläche ist, und eine totale Mondfinsternis dauert etwa eine Stunde. Auch die Monde der anderen Planeten erleiden entsprechende Verfinsterungen.

Eine Lochkamera (Abb. 460) ist ein Kasten, der in seiner Vorderwand ein feines Loch und in seiner Rückwand eine Mattscheibe, wie ein Lichtbildgerät, hat. Vor dem Loch befinde sich ein lichtaussendender Körper G. Jedes Flächenelement der Mattscheibe empfängt durch das feine Loch nur Licht von einem bestimmten Flächenelement der Lichtquelle. Die Beleuchtung auf der Scheibe liefert also ein getreues Abbild der Verteilung von Helligkeit und Farbe des von den einzelnen Flächenelementen der Lichtquelle herkommenden Lichtes. Es entsteht auf ihr ein *Bild B* der Lichtquelle G (des Gegenstandes). Dieses ist gegenüber dem Gegenstand um 180° verdreht und seitenvertauscht, wenn man es von der Rückseite her betrachtet. Ist g die Entfernung des leuchtenden Gegenstandes vom Loch, b die Entfernung der Rückwand vom Loch, G die wahre Größe des Gegenstandes, B die Größe des Bildes, so verhält sich

$$B:G=b:g. \tag{264.1}$$

Das Verhältnis B/G, der *Abbildungsmaßstab*, kann größer oder kleiner als 1 sein. Ist das Loch ausreichend fein, so hängt die Schärfe des Bildes nur wenig vom Abstande g ab. Man kann eine solche Lochkamera zum Photographieren benutzen, indem man an die Stelle der Mattscheibe eine photographische Platte bringt. Man benötigt dabei eine wesentlich längere Aufnahmezeit als mit einem gewöhnlichen Lichtbildgerät. Solange das Loch klein ist gegenüber denjenigen Strukturelementen des Gegenstandes, auf deren scharfe Abbildung man Wert legt, spielt die Gestalt des Loches für die Güte der Abbildung keine Rolle.

Was wir hier über die geradlinige Ausbreitung des Lichtes gesagt haben, klingt alles sehr einleuchtend, und die Schlüsse, die wir gezogen haben, sind auch durchaus richtig. Wir wollen uns aber doch einmal die Frage vorlegen, mit welcher Berechtigung wir tatsächlich von einer geradlinigen Ausbreitung des Lichts gesprochen haben. Sie erscheint uns als eine Erfahrungstatsache und muß als solche durch Beobachtungen belegt werden. Wie können wir feststellen, daß z.B. die Kante eines Lineals genau eine Gerade ist? Im täglichen Leben tun wir das, indem wir längs der Kante visieren und feststellen, ob ihre sämtlichen Punkte dann zusammenzufallen scheinen. Tatsächlich haben wir dabei aber stillschweigend die geradlinige Ausbreitung des Lichtes *vorausgesetzt*. Wenn uns die Lichtstrahlen in trüber Luft geradlinig erscheinen, so nur deshalb, weil ihre Gestalt mit derjenigen von körperlichen Strecken übereinstimmt, deren Geradheit wir auf die obige Weise irgendwie festgestellt haben. Es ist also im Grunde eine *Tautologie*, wenn wir sagen, das Licht breite sich geradlinig aus. Nun lehrt aber die Erfahrung, daß im Raum der *Euklidischen* Geometrie die Gerade die kürzeste Verbindung zwischen zwei Punkten ist. Daher kann man die Tautologie vermeiden, indem man, statt von der Geradlinigkeit der Lichtausbreitung zu sprechen, sagt: *Das Licht breitet sich im Vakuum und in homogenen Medien auf dem kürzesten Wege aus, also zwischen zwei Punkten auf dem Wege, auf dem es die geringste Zeit braucht (Fermatsches Prinzip, § 92, Satz von der schnellsten Ankunft des Lichtes).*

265. Die Geschwindigkeit des Lichts. Die Geschwindigkeit des Lichts, genauer gesagt, die Geschwindigkeit, mit der sich die *Lichtenergie* ausbreitet (Gruppengeschwindigkeit, §310), beträgt im leeren Raum (Vakuum, Weltraum) fast genau $c_0 = 3 \cdot 10^{10}$ cm s^{-1} = 300000 km s^{-1}. Das Licht legt demnach eine Strecke gleich dem $7^1/_2$fachen des Erdumfangs in 1 s zurück. Von der Sonne zur Erde braucht das Licht 500 s, vom Mond zur Erde 1,28 s, von dem Stern α-Zentauri, dem der Sonne nächsten Fixstern, 4,3 Jahre. Man kennt heute Spiralnebel, deren Entfernung so groß ist, daß das Licht etwa 10 Milliarden Jahre braucht, um bis zur Erde zu gelangen.

Die erste Bestimmung der Lichtgeschwindigkeit hat OLAF RÖMER[1] (1676) ausgeführt, indem er die Zeitspannen zwischen zwei Verfinsterungen eines Jupitermondes beobachtete. Diese sind tatsächlich gleich groß, werden aber auf der Erde nicht in gleichen Zeitabständen wahrgenommen. Das liegt daran, daß Erde und Jupiter die Sonne in sehr verschiedenen Zeiten umlaufen, so daß ihr Abstand ständig wechselt. Daher wechselt auch die Laufzeit des Lichts vom Jupitermond bis zur Erde. In denjenigen Phasen, in denen Sonne, Erde und Jupiter auf der gleichen Geraden liegen (Abb. 461), in denen also der Abstand Erde—Jupiter für kurze Zeit praktisch konstant bleibt, wird der Zeitabstand zweier Verfinsterungen in richtiger Größe beobachtet. In den Phasen aber, in denen sich die Erde dem Jupiter nähert, die Erde also dem vom Jupitermond kommenden Licht

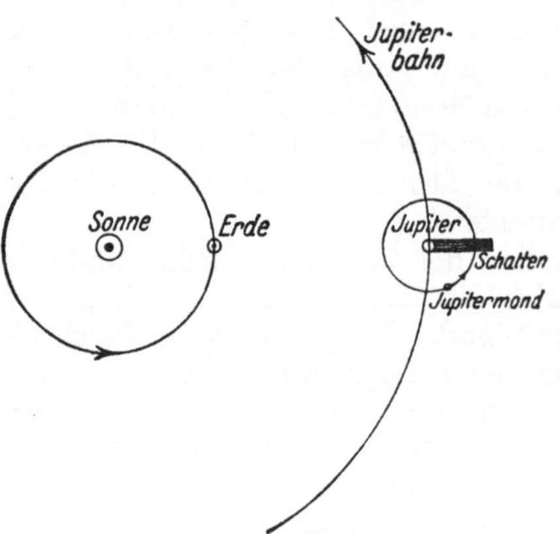

Abb. 461. Zur Methode von OLAF RÖMER

<hr>

[1] OLAF RÖMER, 1644—1710.

entgegenläuft, beobachtet man die Verfinsterung in kürzeren Zeitabständen, als sie wirklich erfolgen, in den Phasen, in denen sich die Erde vom Jupiter entfernt, in größeren Zeitabständen. Aus den Radien der Erd- und Jupiterbahn und diesen Schwankungen des Zeitabstandes konnte RÖMER schon einen recht guten Wert der Lichtgeschwindigkeit berechnen.

Eine zweite astronomische Methode stammt von BRADLEY[1] (1728). Man denke sich, man wolle senkrecht herabfallende Regentropfen durch ein Rohr hindurchfallen lassen, welches nur oben und unten eine kleine Öffnung hat (Abb. 462). Befindet sich das Rohr in Ruhe, so muß man es senkrecht halten, damit der gewünschte Erfolg erreicht wird. Bewegt sich aber das Rohr in horizontaler Richtung mit der Geschwindigkeit v, so darf das Rohr nicht mehr senkrecht gehalten werden. Ist die Länge des Rohres l, die Fallgeschwindigkeit der Tropfen c_0, so brauchen diese zum Durchlaufen des senkrecht gestellten Rohres die Zeit $t = l/c_0$. Während dieser Zeit aber hat sich das Rohr um eine Strecke $x = vt$ verschoben. Die Tropfen fallen also nicht mehr durch das untere Loch. Um dies wieder zu erreichen, muß man das Rohr gegen die Fallrichtung der Tropfen um einen Winkel α neigen, für den sich aus Abb. 462 die Beziehung $\tan \alpha = v/c_0$ ergibt. Aus dem Winkel α und der Geschwindigkeit v könnte man dann die Fallgeschwindigkeit der Tropfen berechnen.

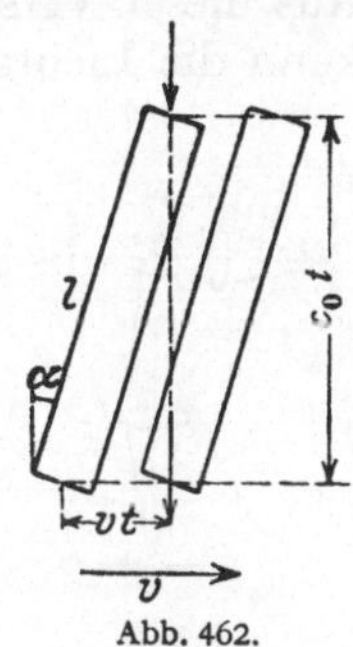

Abb. 462.
Zur Methode von
BRADLEY

Bei der Methode von BRADLEY tritt an die Stelle der Tropfen das Licht, welches von irgendeinem Stern herrührt, an die Stelle des Rohrs mit den Löchern ein Fernrohr. (Man könnte dazu grundsätzlich auch genau die gleiche Einrichtung benutzen wie für den Versuch mit den Tropfen. Bis zur Erfindung des Fernrohres wurden — auch noch von TYCHO DE BRAHE — alle astronomischen Ortsmessungen mit einem solchen *Diopter* gemacht.) v ist jetzt die zur Richtung zum Stern senkrechte Komponente der Bahngeschwindigkeit der Erde. An den angestellten Überlegungen ändert sich nichts. Sie besagen jetzt, daß man, um das Licht eines Fixsterns in der Achse eines Fernrohrs zu beobachten, das Fernrohr um einen gewissen Winkel in Richtung der Erdbewegung vorwärtsneigen muß. Das heißt, das Licht trifft den bewegten Beobachter aus einer etwas anderen Richtung als einen gedachten ruhenden Beobachter, der Ort des Sterns scheint ein wenig verschoben. Sterne, die nahe am Pol der Ekliptik, des größten Kreises, in dem die Erdbahnebene die Himmelskugel schneidet, stehen, beschreiben daher im Laufe eines Jahres scheinbar einen kleinen Kreis, dessen halber Winkeldurchmesser $\alpha = 20{,}6''$ beträgt; in der Ebene der Ekliptik liegende Sterne führen eine kleine scheinbare, geradlinige Hin- und Herbewegung am Himmel aus, dazwischen liegende Sterne beschrieben scheinbar kleine Ellipsen, deren große Halbachsen unter dem gleichen Winkel α erscheinen. Man bezeichnet diese Erscheinung als *Aberration*. Aus α und der Erdgeschwindigkeit $v \approx 2{,}7 \cdot 10^6$ cm s^{-1} berechnet sich die Lichtgeschwindigkeit zu rund $3 \cdot 10^{10}$ cm s^{-1}.

Sehr viel genauer sind die auf der Erde, sogar im Laboratorium, ausführbaren Messungen. Die Abb. 463a zeigt das Schema der Methode von FIZEAU[2] (1849). Von einem beleuchteten Spalt Sp wird über einen halbdurchlässigen Spiegel S_1 am Ort von V mittels einer Linse L_1 ein reelles Bild erzeugt, das mittels einer Linse L_2 über den Spiegel S_2 in sich selbst, also wieder in V, und dann nach Durchgang durch S_1 durch eine Linse L_3 in Sp' abgebildet wird. V ist ein periodisch arbeitender Verschluß, bei FIZEAU ein rotierendes Zahnrad. Das Bild

---

[1] JAMES BRADLEY, 1693—1762.   [2] ARMAND HIPPOLYTE FIZEAU, 1819—1896.

in Sp' kann nur dann entstehen, wenn die Zeit, die das Licht zum Durchlaufen der Strecke $V - S_2 - V = s$ braucht, gleich der Öffnungsperiode T des Verschlusses ist. Dann ist $c_0 = s/T$ (nach Korrektion wegen der Brechzahl der Luft, §271).

Die Abb. 463 b zeigt die Methode von FOUCAULT[1] (1850), die durch MICHELSON[2] (seit 1878) zu höchster Präzision entwickelt wurde. Ein beleuchteter Spalt Sp wird über einen Spiegel S_1, wenn dieser ruht, durch die Linse L und über den Spiegel S_2 in sich selbst abgebildet. Wird der Spiegel S_1 in Drehung versetzt, so findet das Licht ihn bei seiner Rückkehr um einen kleinen Winkel gegen seine Stellung beim Hinweg verdreht, und das Spaltbild ist ein wenig verschoben. Aus dieser Verschiebung, dem Lichtweg und der Winkelgeschwindigkeit von S_1 kann die Lichtgeschwindigkeit berechnet werden. Zur Verlängerung des Licht-

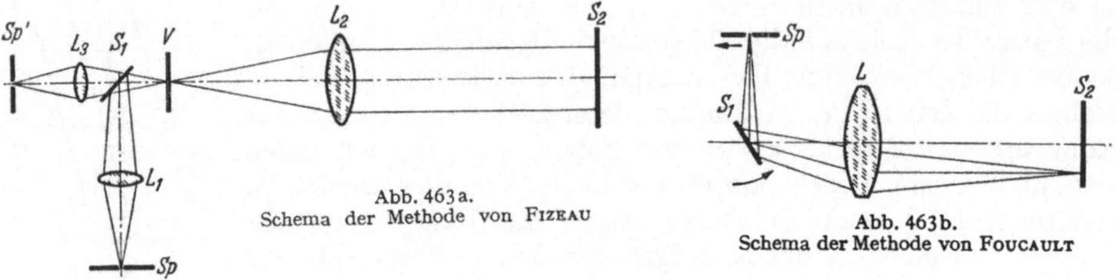

Abb. 463 a.
Schema der Methode von FIZEAU

Abb. 463 b.
Schema der Methode von FOUCAULT

weges schaltete FOUCAULT noch mehrere Reflexionen zwischen S_2 und einem Hilfsspiegel ein. Da diese Methode nur ziemlich kleine Lichtwege benötigt, kann sie auch zur Messung der Lichtgeschwindigkeit in Stoffen dienen. MICHELSON und seine Mitarbeiter haben die Vakuumlichtgeschwindigkeit unter anderem in einem etwa 1500 m langen evakuierten Rohrsystem gemessen und erreichten durch mehrfache Reflexionen einen Lichtweg von 12 bis 15 km. Sie fanden $c_0 = 299\,774$ km s^{-1} mit einer mittleren Abweichung vom Mittelwert von nur ± 4 km s^{-1}.

Neuerdings ist auch die Methode von FIZEAU wieder verwendet worden. Doch benutzt man als periodisch arbeitenden Verschluß jetzt eine Kerr-Zelle (§305) zwischen gekreuzten Nicols, die mit einer hochfrequenten elektrischen Schwingung betrieben wird.

Die Berechnung von c_0 aus elektrischen Daten haben wir bereits in §200 besprochen. Wegen der ganz besonderen Wichtigkeit dieser Konstanten ist ihre Messung in jüngster Zeit nach verschiedenen Methoden (unter anderem auch mit elektrischen Wellen) mehrfach wiederholt worden. Als heutiger Bestwert kann gelten

$$c_0 = (299\,790 \pm 6) \text{ km s}^{-1}.$$

Man kann daher in den allermeisten Fällen, wie wir das bereits mehrfach getan haben, ohne ins Gewicht fallenden Fehler mit dem runden Wert $c_0 = 300\,000$ km s^{-1} $= 3 \cdot 10^8$ m s^{-1} $= 3 \cdot 10^{10}$ cm s^{-1} rechnen.

II. Geometrische oder Strahlenoptik

266. Grundtatsachen der geometrischen Optik. Bei allen Fragen der Ausbreitung des Lichtes, bei denen Beugungs- und Interferenzerscheinungen keine merkliche Rolle spielen, brauchen wir vorläufig keine Anwendung von der Wellentheorie des Lichts zu machen. Zur Beschreibung der Erscheinungen genügt die

---

[1] LÉON FOUCAULT, 1819—1868.
[2] ALBERT ABRAHAM MICHELSON, 1852—1931, Nobelpreis 1907.

Vorstellung von den Lichtstrahlen als den Bahnen der Lichtenergie. Die Wechselwirkungen zwischen dem Licht und den Körpern, die ihm auf seinem Wege begegnen, äußern sich dann lediglich in Richtungsänderungen, die die Lichtstrahlen in bestimmten Punkten durch Reflexion oder Brechung erfahren. Diese Behandlungsweise der Lichterscheinungen heißt *geometrische* oder *Strahlenoptik*. Hingegen sind die Beugungs- und Interferenzerscheinungen nur auf Grund der Wellentheorie des Lichtes beschreibbar *(Wellenoptik)*.

Ein wichtiger Satz der geometrischen Optik ist der Satz von der *Umkehrbarkeit des Strahlenganges*. Er besagt, daß ein Lichtstrahl, der irgendwo längs der gleichen Strecke in entgegengesetzter Richtung verläuft wie ein anderer Lichtstrahl, dies auch in seinem weiteren Verlauf stets tut. Er erfährt also in den gleichen Punkten wie dieser die gleichen Reflexionen und Brechungen, aber in umgekehrter Reihenfolge. Ein zweiter wichtiger Satz ist das auf das Licht angewandte *Fermatsche Prinzip* (§ 92).

267. Allgemeines über optische Bilder.

Wir sagen, daß wir einen Gegenstand, im einfachsten Fall einen leuchtenden Punkt L, *unmittelbar* sehen, wenn die von ihm herkommenden Strahlen ohne Änderung ihrer Richtung in unser Auge gelangen. Dann befindet sich der Punkt an der Spitze eines Kegels von divergenten Strahlen, dessen Basis die Pupille unseres Auges bildet, und er ist der *unmittelbare* Ausgangspunkt dieser Strahlen (Abb. 464a). Der Sinneseindruck eines im Raume befindlichen Gegenstandes beruht also auf dem Einfall divergenter Lichtstrahlen, die geradlinig von den einzelnen Punkten des Gegenstandes herkommen, in unser Auge.

Wir werden aber Fälle kennenlernen, wo auch ein divergierendes Strahlenbüschel von jedem Punkte eines Gegenstandes her in genau der gleichen Weise in das Auge fällt, aber diese Strahlen nicht unmittelbar von dem Gegenstand herkommen. Für den Sinneseindruck des Auges ist aber lediglich der Verlauf der Strahlen beim Eintritt in das Auge maßgebend, und wir sehen den Gegenstand dann dort, von wo die Strahlen divergieren oder zu divergieren *scheinen*. Eine solche Erscheinung heißt ein *Bild* des Gegenstandes. Hier sind zwei Fälle möglich. Entweder ist der Verlauf der von den einzelnen Punkten eines Gegenstandes herkommenden Strahlen durch irgendwelche optische Vorrichtungen derart verändert, daß sie zur Konvergenz in einen Punkt gebracht werden, durch den sie dann geradlinig weiter verlaufen, von wo sie also wie von den Punkten eines wirklichen Gegenstandes divergieren. Man nennt den Punkt B ein *reelles Bild* des zugehörigen Punktes des Gegenstandes (Abb. 464b, Abbildung durch eine Linse, § 275). Ein reelles Bild kann man auf einem Schirm auffangen. Bringt man an den Ort B des Schnittpunktes der Strahlen eine weiße Fläche, so entspricht ihre Beleuchtung punktweise dem von den einzelnen Punkten des Gegenstandes ausgehenden Lichte. Der Gegenstand wird auf der Fläche abgebildet. Es kann aber auch sein, daß der Divergenzpunkt B der Strahlen nur ein scheinbarer ist, d.h. daß die

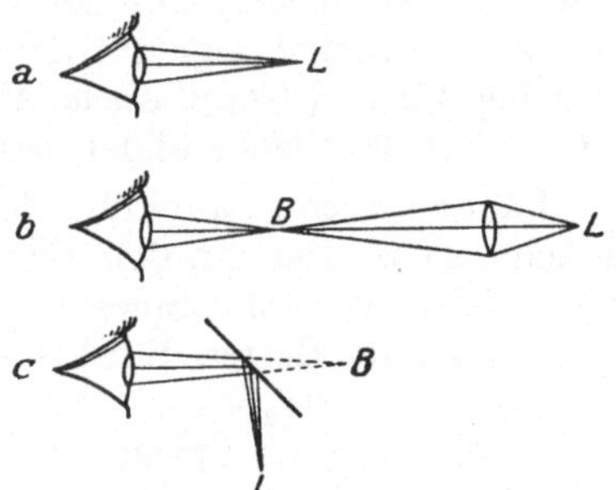

Abb. 464. Zur Wahrnehmung von Gegenständen und Bildern, a unmittelbares Sehen, b reelles, c virtuelles Bild

in das Auge fallenden Lichtstrahlen sich in ihm nicht wirklich schneiden, sondern nur ihre rückwärtigen Verlängerungen. In diesem Falle haben wir ein *virtuelles Bild* (Abb. 464c, Abbildung an einem ebenen Spiegel). Ein solches Bild kann man nicht auf einem Schirm auffangen, weil der geometrische Schnittpunkt B der in das

Auge fallenden Lichtstrahlen tatsächlich gar kein Punkt ist, in dem die Strahlen vereinigt sind.

Reelle oder virtuelle Bilder von Gegenständen entstehen, wenn die Bilder der einzelnen Punkte des Gegenstandes in räumlich richtiger Reihenfolge im Bilde nebeneinander liegen. Sie können größer oder kleiner als der Gegenstand sein. Ferner können sie die gleiche Lage im Raum haben oder gegen die Lage des Gegenstandes verdreht erscheinen. Praktisch interessant ist aber nur der Fall, daß das Bild entweder ebenso oder umgekehrt steht wie der Gegenstand. Man hat also noch zu unterscheiden, ob ein *Bild vergrößert* oder *verkleinert* und ob es *aufrecht (rechtwendig)* oder *umgekehrt (rückwendig)* ist. Es kann auch vorkommen, daß ein Bild dem Gegenstande nicht geometrisch ähnlich, daß es *verzerrt* ist.

Das Verhältnis der Linearabmessungen des Bildes B zu denen des Gegenstandes G heißt *Abbildungsmaßstab* oder *Lateralvergrößerung* $\gamma = B/G$.

268. Reflexion des Lichts. Licht, welches auf die Grenzfläche zweier verschiedener Medien fällt, wird von ihr mehr oder weniger stark zurückgeworfen. Diese Erscheinung heißt *Reflexion* des Lichts (vgl. §88). Sie ist die Ursache dafür, daß wir nichtselbstleuchtende Körper sehen können. Stoffe, die überhaupt kein Licht zurückwerfen, gibt es nicht. Das Licht erfährt also bei der Reflexion eine Richtungsänderung. In der überwiegenden Mehrzahl der Fälle werden die Strahlen eines Lichtbündels nach allen Richtungen auseinandergesplittert *(diffuse Reflexion)*. Eine beleuchtete Fläche ist dann aus allen Richtungen gleich gut sichtbar, wie bei den meisten Gegenständen unserer Umgebung.

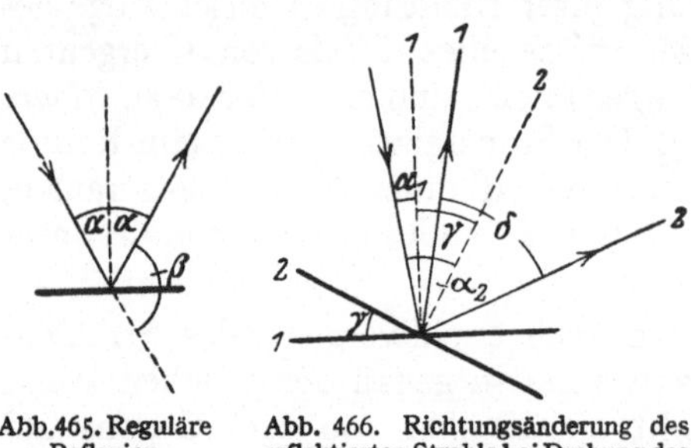

Abb.465. Reguläre Reflexion

Abb. 466. Richtungsänderung des reflektierten Strahls bei Drehung des Spiegels

An sehr glatten Flächen aber, insbesondere an blanken Metallflächen, an Glas- und Kristallflächen, Flüssigkeitsflächen usw., wird ein reflektiertes Lichtbündel nicht zerstreut, sondern ändert nur seine Richtung. Man nennt dies *reguläre Reflexion* oder *Spiegelung*. Für diese gilt das *Reflexionsgesetz* (§88): Einfallender und reflektierter Strahl bilden mit dem im Auftreffpunkte errichteten Lot *(Einfallslot)* auf der reflektierenden Fläche *gleiche Winkel* α, und der reflektierte Strahl liegt mit dem einfallenden Strahl und dem Einfallslot in der gleichen Ebene (*Einfallsebene*, Abb. 465). Der Winkel $90° - \alpha$, den der reflektierte Strahl mit der Fläche bildet, heißt *Glanzwinkel*.

Fällt ein Lichtstrahl unter dem Einfallswinkel α auf eine regulär reflektierende Fläche, so wird er um den Winkel $\beta = 180° - 2\alpha$ aus seiner Richtung abgelenkt (Abb. 465). Wird der Spiegel um den Winkel γ gedreht, so ändert sich die Richtung des reflektierten Strahls um den Winkel $\delta = 2\gamma$ (Abb. 466). Denn es ist $\gamma = \alpha_2 - \alpha_1$, $\delta = 2\alpha_2 - 2\alpha_1$. Die Richtungsänderung der reflektierten Strahlen bei der Drehung eines Spiegels wird bei empfindlichen Meßgeräten (z.B. Spiegelgalvanometern) zur genauen Messung von Drehungen ausgenutzt *(Lichtzeiger)*.

269. Bilder an ebenen Spiegeln. In Abb. 467a sei SS' eine ebene, spiegelnde Fläche, L ein lichtaussendender Punkt, LO das Lot von L auf SS', P ein beliebiger Punkt in SS', in dem ein von L kommender Strahl unter dem Einfallswinkel α einfalle. Die rückwärtige Verlängerung des unter dem gleichen Winkel α reflektierten Strahles schneidet die Verlängerung des Lotes LO in L'. Da die Dreiecke LOP und $L'OP$ in der Seite OP und in allen Winkeln übereinstimmen, so ist auch $L'O = LO$. Das gleiche gilt für jeden beliebigen anderen von L kommenden und an SS' reflektierten Strahl (Abb. 467 b). Die rückwärtigen Verlängerungen aller reflektierten Strahlen schneiden einander in L'. Demnach sieht ein im Wege dieser Strahlen befindliches Auge in L' ein *virtuelles Bild* des Punktes L. Es liegt symmetrisch zu L hinter dem Spiegel.

Indem man dies auf die einzelnen Punkte eines Gegenstandes überträgt, erhält man das virtuelle Bild B des Gegenstandes G (Abb. 468). Das Bild ist aufrecht und dem Gegenstand an Größe gleich. Die dem Spiegel zugewandte Fläche des Gegenstandes wendet sich aber im Bilde nach der entgegengesetzten Seite. Daher kommt es, daß im Bilde die rechte und die linke Seite des Gegenstandes vertauscht sind. Aus einer rechten Hand wird im Bilde eine linke, aus Schrift wird „Spiegelschrift", überhaupt aus jedem Ding sein „Spiegelbild".

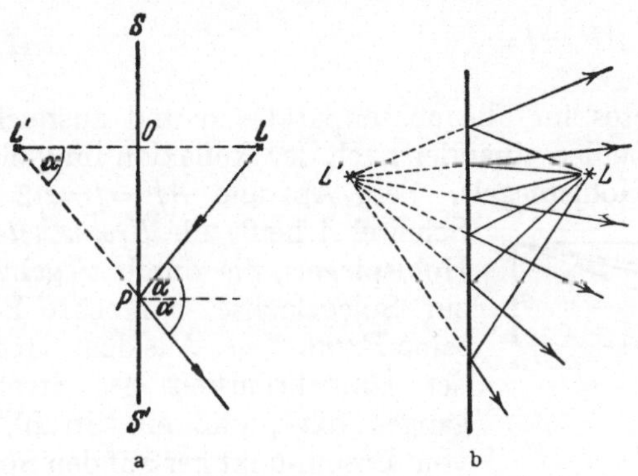

a   b
Abb. 467. Bild eines Punktes am ebenen Spiegel

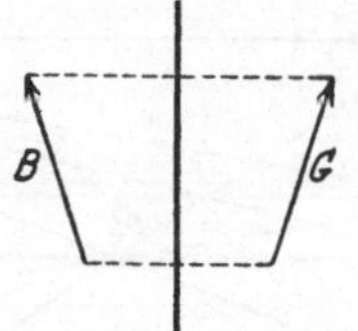

Abb. 468. Bild eines Gegenstandes am ebenen Spiegel

Ersetzt man in der Abb. 460, §264 (Lochkamera), das feine Loch durch einen entsprechend kleinen ebenen Spiegel, so breiten sich die von dem Gegenstand kommenden Strahlen nach links genau so aus wie in der Abbildung nach rechts, so daß man auf einem in geeigneter Weise aufgestellten Schirm ebenso ein Bild von G erhält wie in der Abbildung.

270. Sphärische Spiegel. Spiegel, welche die Gestalt einer Kugelkalotte haben, heißen *sphärische Spiegel*. Spiegel mit konkaver spiegelnder Fläche heißen *Hohlspiegel (Sammelspiegel)*, solche mit konvexer spiegelnder Fläche heißen *Wölbspiegel (Zerstreuungsspiegel)*. Das auf der Mitte, dem Scheitel des Spiegels errichtete Lot heißt die Spiegelachse. Wir setzen im folgenden voraus, daß die den Spiegel bildende Kalotte nur ein kleiner Teil einer vollständigen Kugelfläche ist, daß also die Abmessungen des Spiegels klein gegen seinen Krümmungsradius r sind. Wir setzen ferner — den praktisch vorkommenden Verhältnissen weitgehend entsprechend — voraus, daß die auf den Spiegel fallenden Strahlen nur kleine Neigungswinkel gegen die Spiegelachse haben. (Wie große Öffnungswinkel man noch zulassen will, hängt von den Genauigkeitsansprüchen ab.)

Ein auf einen gekrümmten Spiegel fallender Strahl wird an ihm so reflektiert, als werde er an der im Einfallspunkt an den Spiegel gelegten Tangentialebene reflektiert. Er bildet also vor und nach der Reflexion mit dem Einfallslot, d.h. mit dem auf den Einfallspunkt hinweisenden Kugelradius, gleiche Winkel, und er verbleibt in der Einfallsebene.

Ein parallel zur Achse OA (Abb. 469) auf einen *Hohlspiegel* vom Radius r fallender Strahl treffe den Spiegel in B unter dem Einfallswinkel α und schneide nach der Reflexion die Achse in F. Der Krümmungsmittelpunkt des Spiegels sei O. Wegen der Gleichheit der Winkel bei B und O ist das Dreieck BOF gleichschenklig, so daß $OF = BF = r/(2 \cos \alpha)$. Im Bereich kleiner Winkel, wo $\cos \alpha \approx 1$

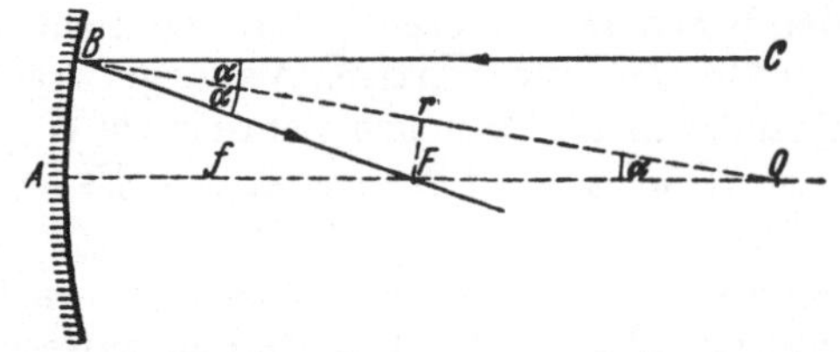

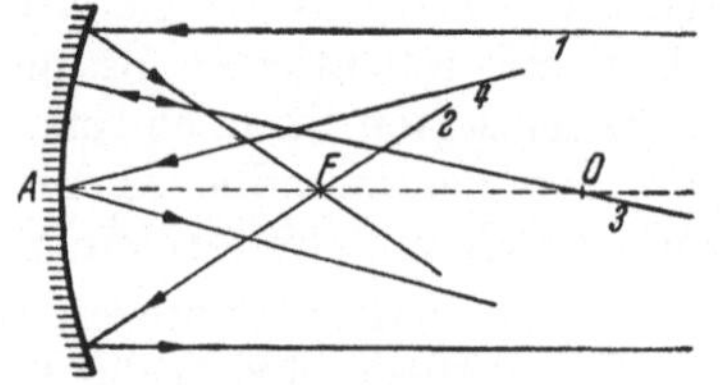

Abb. 469. Zur Definition des Brennpunktes F eines Hohlspiegels   Abb. 470. Die vier einfachsten Fälle von Reflexion am Hohlspiegel

ist *(Gaußsches Gebiet)*, gilt daher mit großer Näherung

$$AF = f = \frac{r}{2},\qquad(270.1)$$

und zwar innerhalb dieses Gebietes für alle achsenparallelen und ausreichend achsennahen Strahlen. Diese schneiden einander nach der Reflexion im gleichen Punkt F, dem *Brennpunkt* des Hohlspiegels. Sein Abstand $AF=f=r/2$ vom

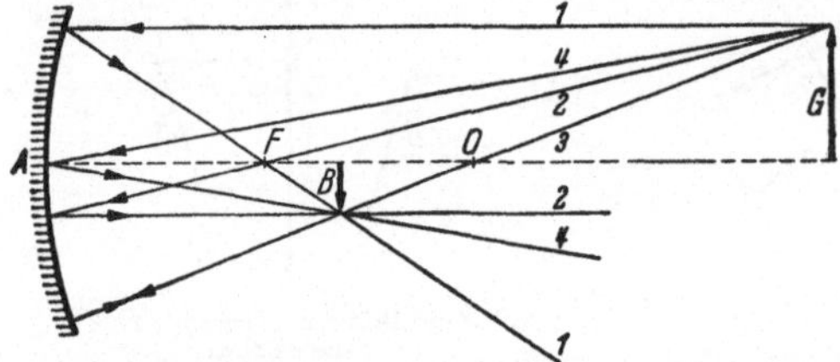

Abb. 471. Bildkonstruktion am Hohlspiegel. Reelles Bild

Scheitel A heißt die *Brennweite* des Hohlspiegels, die durch F gehende, zur Spiegelachse senkrechte Ebene seine *Brennebene*. Aus dem Satz von der Umkehrbarkeit des Strahlenganges folgt, daß ein Strahl, der vom Brennpunkt her auf den Spiegel fällt, den Spiegel nach der Reflexion achsenparallel verläßt.

In Abb. 470 sind die vier einfachsten und daher für die Konstruktion von Bildern geeigneten Fälle von Reflexion am Hohlspiegel dargestellt: 1. Achsenparallel einfallende Strahlen verlaufen nach der Reflexion durch den Brennpunkt F; 2. vom Brennpunkt F her einfallende Strahlen verlaufen nach der Reflexion achsenparallel; 3. vom Krümmungsmittelpunkt O her (radial) einfallende Strahlen verlaufen nach der Reflexion in sich selbst zurück; 4. im Scheitel A einfallende Strahlen bilden vor und nach der Reflexion mit der Achse gleiche Winkel.

Zur Konstruktion des Bildes eines außerhalb der Spiegelachse liegenden Punktes genügen zwei von jenen vier ausgezeichneten Strahlen. Sind die obigen Bedingungen erfüllt, so führt die Wahl jedes beliebigen Strahlenpaares zum gleichen Ergebnis. Sämtliche von einem Punkt her divergierenden und über den Spiegel verlaufenden Strahlen *konvergieren* dann entweder nach der Reflexion in einen *vor* dem Spiegel gelegenen *reellen* Bildpunkt, oder sie *divergieren* von einem *hinter* dem Spiegel gelegenen *virtuellen* Bildpunkt. In Abb. 471 haben wir alle vier ausgezeichneten Strahlen zur Konstruktion des Bildes B eines Gegenstandes G herangezogen. Wenn sich der Gegenstand nur in einer zur Achse senkrechten Ebene erstreckt, so genügt es, wenn man das Bild eines beliebigen Gegenstandspunktes, z.B. der Pfeilspitze, konstruiert. Die übrigen Bildpunkte liegen dann bei Innehaltung der obigen Bedingungen genügend genau in der gleichen, zur Achse senkrechten Ebene. In Abb. 471 liegt G außerhalb der doppelten Brennweite. B ist dann ein zwischen der einfachen und der doppelten Brennweite liegendes reelles, umgekehrtes, verkleinertes Bild von G. Betrachten wir aber B als den Gegenstand, so folgt durch Umkehrung aller Strahlrichtungen, daß nunmehr G ein außerhalb der doppelten Brennweite liegendes reelles, umgekehrtes, aber jetzt vergrößertes Bild von B ist. Man kann einen Gegenstand und sein reelles Bild miteinander vertauschen, da sie einander wechselseitig entsprechen.

In Abb. 472 haben wir die Konstruktion des reellen Bildes B von G nur mit Hilfe der ausgezeichneten Strahlen 3 und 4 ausgeführt. (In der Praxis verwendet man besser nur je zwei der Strahlen 1, 2 und 3.) Die *Gegenstandsweite*, der Abstand des Gegenstandes vom Spiegelscheitel A, sei g, der des Bildes, die *Bildweite*,

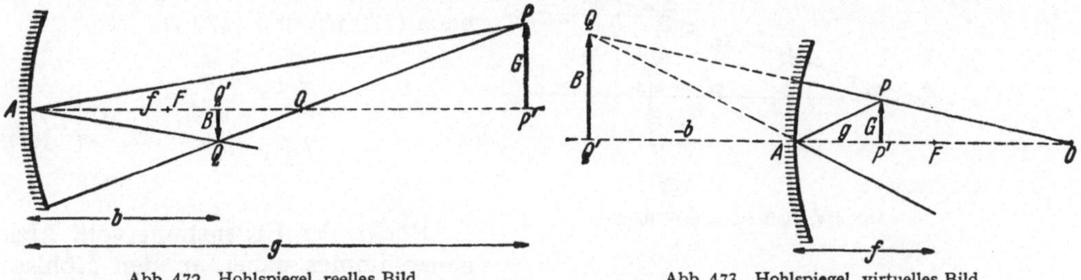

Abb. 472. Hohlspiegel, reelles Bild   Abb. 473. Hohlspiegel, virtuelles Bild

sei b. Als *Abbildungsmaßstab* (oder *Lateralvergrößerung*) bezeichnen wir wieder das Verhältnis $\gamma = B/G$ der Abmessungen des Bildes zu denen des Gegenstandes. Wegen der paarweisen Ähnlichkeit der Dreiecke APP' und AQQ' bzw. OPP' und OQQ' lesen wir aus Abb. 472 die folgenden Gleichungen ab:

$$\gamma = \frac{B}{G} = \frac{AQ'}{AP'} = \frac{b}{g}, \quad (270.2) \qquad \gamma = \frac{B}{G} = \frac{OQ'}{OP'} = \frac{r-b}{g-r}, \quad (270.3)$$

so daß

$$\frac{b}{g} = \frac{r-b}{g-r}. \tag{270.4}$$

Daraus folgen die beiden identischen Gleichungen

$$\frac{1}{g} + \frac{1}{b} = \frac{2}{r} = \frac{1}{f} \quad (270.5) \quad \text{und} \quad (g-f)(b-f) = f^2. \tag{270.6}$$

(270.6) ist bereits von NEWTON abgeleitet worden. Aus (270.5) oder (270.6) läßt sich zu jeder Gegenstandsweite g die Bildweite b (und umgekehrt) oder aus b und g die Brennweite f berechnen. Es ist

$$b = \frac{gf}{g-f} \quad (270.7) \qquad g = \frac{bf}{b-f} \quad (270.8) \qquad f = \frac{gb}{g+b}. \quad (270.9)$$

Für den Abbildungsmaßstab ergeben sich aus (270.2). (270.7) und (270.8) noch die Gleichungen

$$\gamma = \frac{B}{G} = \frac{b}{g} = \frac{f}{g-f} = \frac{b-f}{f}. \tag{270.10}$$

Wir haben bisher den Fall $g > f$ betrachtet und reelle Bilder erhalten. Wir gehen nun zum Fall $g < f$ über. In Abb. 473 haben wir einen solchen Fall wieder mit Hilfe der ausgezeichneten Strahlen 3 und 4 konstruiert. Jetzt scheinen die von P ausgegangenen Strahlen nach der Reflexion von einem Punkt Q her zu divergieren, der hinter dem Spiegel liegt, und wir erhalten ein aufrechtes, virtuelles, vergrößertes Bild B des Gegenstandes G hinter dem Spiegel. Wir wollen jetzt die ganz natürliche Festsetzung treffen, daß die Bildweiten b von virtuellen, also hinter dem Spiegel liegenden Bildern negativ zu rechnen sind, so daß in unserem Fall $-b$ der (positive) Betrag der Bildweite b ist. Wenn wir dies beachten, so lesen wir wegen der paarweisen Ähnlichkeit der Dreiecke APP' und AQQ' bzw. OPP' und OQQ' aus Abb. 473 die folgenden Gleichungen ab:

$$\frac{B}{G} = \frac{-b}{g} = \frac{r+(-b)}{r-g} = \frac{r-b}{r-g}, \quad \text{so daß} \quad \frac{b}{g} = \frac{r-b}{g-r}. \tag{270.11}$$

Diese Gleichung ist aber mit (270.4) identisch, so daß auch aus ihr die Gln. (270.5) bis (270.9) folgen. Diese gelten also — unter Beachtung des Vorzeichens von b — für jede Art der Abbildung am Hohlspiegel. Definieren wir ferner auch bei den virtuellen Bildern den Abbildungsmaßstab durch die Gleichung $\gamma = B/G$, so ist nach (270.10) und (270.1)

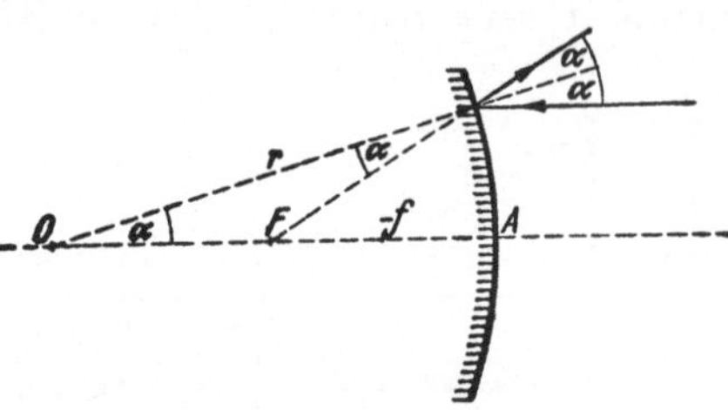

Abb. 474. Reflexion am Wölbspiegel

$$\gamma = \frac{B}{G} = \frac{-b}{g} = \frac{f}{f-g} \atop = \frac{f + (-b)}{f} . \left.\right\} \quad (270.12)$$

Rückt der Gegenstand vom Abstand $g = \infty$ immer näher an den Hohlspiegel heran, so rückt sein Bild, im Abstand $b = f$ beginnend, immer weiter vom Spiegel ab. Der Abbildungsmaßstab γ wächst von 0 bis 1, wenn der Gegenstand sich dem Spiegel von $g = \infty$ bis $g = r = 2f$ nähert; er wächst weiter bis $+\infty$, wenn der Gegenstand bis in die Brennebene rückt ($g = f$), wobei $b = +\infty$ wird. Für $g = 2f$ ist auch $b = 2f$. Sobald der Gegenstand die Brennebene überschreitet, springt das Bild von $+\infty$ nach $-\infty$ und wird virtuell; der Abbildungsmaßstab ist jetzt $\gamma = \infty$. Bei weiterer Annäherung des Gegenstandes an den Spiegel nähert sich auch das virtuelle Bild dem Spiegel. Dabei ändert sich der Abbildungsmaßstab von ∞ bis 1, wenn der Gegenstand bis unmittelbar an den Spiegel herangeführt wird.

Entsprechend können wir auch den *Wölbspiegel* behandeln. Durch die gleichen Überlegungen wie beim Hohlspiegel ergibt sich aus Abb. 474 folgendes: 1. Achsenparallel einfallende Strahlen werden so reflektiert, als kämen sie von einem Punkt F her, der sich im Abstande $AF = r/2$ hinter dem Spiegel befindet; 2. ein in Richtung auf F einfallender Strahl wird achsenparallel reflektiert. Ferner gilt wieder: 3. ein radial, d.h. in Richtung auf den Krümmungsmittelpunkt O einfallender Strahl verläuft in sich selbst zurück; 4. ein im Scheitel A einfallender Strahl bildet vor und nach der Reflexion mit der Achse gleiche Winkel. Es gibt also wieder vier ausgezeichnete Strahlen.

Den Punkt F bezeichnen wir wieder als den *Brennpunkt* des Wölbspiegels, den Abstand AF als seine *Brennweite*. Da sie sich, wie die Bildweite eines virtuellen Bildes, hinter dem Spiegel erstreckt, so rechnen wir auch sie negativ, schreiben also einem Wölbspiegel eine negative Brennweite f und einen virtuellen Brennpunkt F zu. Demnach ist $AF = -f$ und $f = -r/2$.

In Abb. 475 haben wir die Bildkonstruktion am Wölbspiegel mit Hilfe der ausgezeichneten Strahlen 3 und 4 durchgeführt. Beachten wir das Vorzeichen von b, so lesen wir wegen der paarweisen Ähnlichkeit der Dreiecke APP' und AQQ' bzw. OPP' und OQQ' die folgenden Gleichungen ab:

$$\frac{B}{G} = \frac{-b}{g} = \frac{r - (-b)}{r + g} = \frac{r + b}{r + g} . \qquad (270.13)$$

Hieraus folgt mit $r = -2f$ wieder $1/g + 1/b = 1/f$, also (270.5) nebst den folgenden Gleichungen.

Da $g > 0$ und $f < 0$, so ist stets $b < 0$; d.h. ein Wölbspiegel liefert nur virtuelle, und zwar aufrechte Bilder. Ferner folgt aus (270.1) und (270.13), daß $\gamma = B/G = -f/(g-f) = -f/[g + (-f)]$, so daß stets $\gamma < 1$ ist. Ein Wölbspiegel liefert also stets verkleinerte Bilder.

Aus den Abb. 473 und 475 erkennt man, daß man bei einem *beiderseits verspiegelten* sphärischen Spiegel auch den Gegenstand und sein virtuelles Bild vertauschen darf.

Sind bei einem Hohlspiegel die einschränkenden Bedingungen bezüglich der Spiegelabmessungen nicht erfüllt, so schneiden achsenfernere achsenparallele Strahlen einander nicht mehr im Brennpunkt, sondern näher am Scheitel. Die Gesamtheit der achsenparallel einfallenden Strahlen wird nach der Reflexion von einer

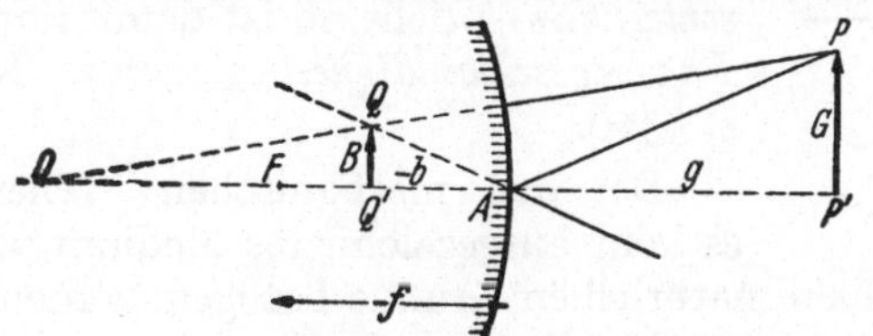

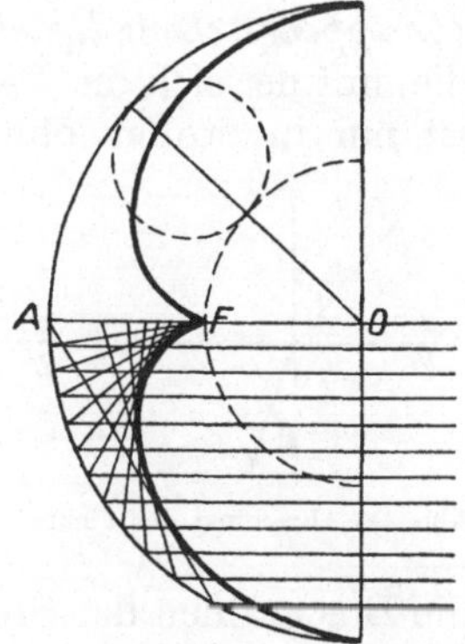

Abb. 475. Bildkonstruktion am Wölbspiegel   Abb. 476. Kaustik am Hohlspiegel

Brennfläche eingehüllt, deren Querschnitt, die *Kaustik*, in Abb. 476 dargestellt ist. Man erkennt jetzt die Bedeutung der oben eingeführten Beschränkung, denn ein solcher Spiegel kann einen Punkt eines Gegenstandes nicht wieder in einen Punkt abbilden. Blendet man die äußeren Teile des Spiegels bis auf ein kleines Stück in der Umgebung des Scheitels A ab, so schrumpft die Kaustik mehr und mehr in einen einzigen Punkt, den Brennpunkt F, zusammen. Der Querschnitt der Kaustik ist eine Epizykloide. Er kann erzeugt werden, indem ein Kreis vom Radius $r/4$ auf einem um den Krümmungsmittelpunkt O beschriebenen Kreis vom Radius $r/2$ abrollt, und sie ist die Bahn desjenigen Punktes, der den größeren Kreis in F berührt.

Aus den geometrischen Eigenschaften der Parabel folgt, daß Strahlen, die achsenparallel in einen *Spiegel von parabolischem Längsschnitt* einfallen, einander nach der Reflexion sämtlich im Brennpunkt der Paraboloids schneiden, so daß auch alle Strahlen, die von diesem Brennpunkt ausgehen, nach der Reflexion achsenparallel verlaufen. Daher finden parabolische Spiegel vor allem bei Scheinwerfern Verwendung. Die Lichtquelle wird in ihrem Brennpunkt angebracht.

271. Brechung des Lichts. Optische Weglänge. Ebenso wie die mechanischen Wellen erfahren auch die Lichtwellen beim Übergang von einem Stoff in einen anderen, in dem sie eine andere Geschwindigkeit haben, im allgemeinen eine Richtungsänderung, eine *Brechung* (§91). Handelt es sich um *isotrope Stoffe*, die wir vorerst allein betrachten wollen, so gilt das *Brechungsgesetz* (91.1) auch für das Licht (SNELLIUS[1] 1615, theoretisch bewiesen von DESCARTES). Sind α und β die Winkel, die ein Strahl im ersten und im zweiten Stoff mit dem Einfallslot bildet (Abb. 477), und c_1 und c_2 die Lichtgeschwindigkeiten im ersten und im zweiten Stoff, so gilt erstens auch hier

$$\frac{\sin\alpha}{\sin\beta} = \frac{c_1}{c_2} = n_{21} = \frac{1}{n_{12}}. \tag{271.1}$$

Zweitens liegt der gebrochene Strahl mit dem einfallenden Strahl und dem Einfallslot in der gleichen Ebene. Die durch (271.1) definierten, von α und β unabhängigen Größen n_{21} bzw. n_{12} sind die relativen *Brechzahlen* der beiden Stoffe. Es ist $\beta<\alpha$, wenn $c_1 > c_2$ (Abb. 477a), und $\beta >\alpha$, wenn $c_1<c_2$ (Abb. 477b). Die

---

[1] WILLIBRORD SNELL VAN ROYEN, gen. SNELLIUS, 1581—1626.

Brechung in *isotropen* Stoffen ist also durch folgende Merkmale gekennzeichnet: 1. *Konstanz des Sinusverhältnisses*, 2. *Erhaltung der Einfallsebene*.

Unter der *Lichtgeschwindigkeit c* ist hier aber nicht die Geschwindigkeit *(Gruppengeschwindigkeit)* zu verstehen, mit der sich die Licht*energie*, sondern die, mit der sich die *Phase* des Lichtes ausbreitet *(Phasengeschwindigkeit)*. Diese ist nur in Stoffen ohne Dispersion (§ 83 und 288) und im Vakuum mit jener identisch (wie bei den elastischen Wellen, aber nicht den Oberflächenwellen, § 83). Wenn man von der *Lichtgeschwindigkeit schlechthin* spricht, so ist damit immer die *Phasengeschwindigkeit* gemeint. Näheres s. § 310.

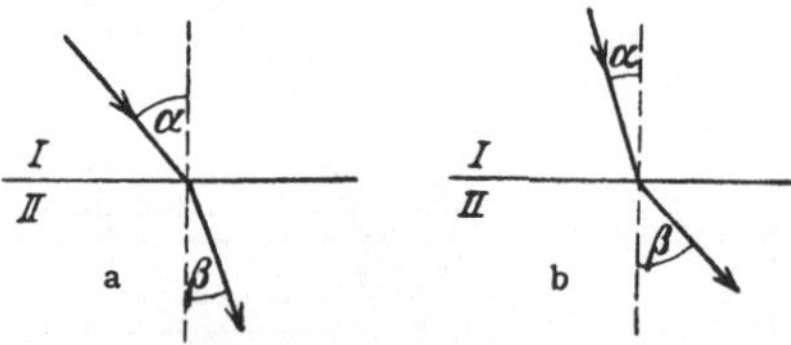

Abb. 477. Brechung des Lichts. a) $c_1 > c_2$, b) $c_1 < c_2$.

Bei den mechanischen Wellen gibt es kein ausgezeichnetes Medium, auf das die Brechzahlen der Stoffe aus einem natürlichen Grunde bezogen werden könnten. Beim Licht aber ist ein solches vorhanden, das Vakuum. Die *Vakuumlichtgeschwindigkeit* bezeichnen wir mit c_0, die Lichtgeschwindigkeiten (Phasengeschwindigkeiten) in den Stoffen mit c, die auf das Vakuum bezogenen Brechzahlen der Stoffe mit n. Dann folgt für die Brechung eines Lichtstrahls, der aus dem Vakuum in einen Stoff einfällt,

$$\frac{\sin \alpha}{\sin \beta} = \frac{c_0}{c} = n. \tag{271.2}$$

n nennt man die *Brechzahl eines Stoffes* schlechthin. Demnach hat das Vakuum die Brechzahl $n = 1$. Von Ausnahmefällen abgesehen (anomale Dispersion, § 310), ist $c < c_0$. Daher wird in der Regel ein aus dem Vakuum in einen Stoff eintretender Strahl zum Einfallslot hin, ein aus einem Stoff in das Vakuum austretender Strahl vom Einfallslot weg gebrochen. Da die Lichtgeschwindigkeit in allen Gasen von der im Vakuum nur äußerst wenig verschieden ist, so gilt (271.2) mit einer fast immer ausreichenden Genauigkeit auch für den Durchgang durch eine Grenzfläche zwischen Luft und einem festen oder flüssigen Stoff. Aus (271.1) und (271.2) folgt, daß die relative Brechzahl n_{12} eines Stoffes mit der Brechzahl n_1 gegen einen solchen mit der Brechzahl n_2 gleich n_1/n_2 ist. Ferner folgt

$$n_1 : n_2 = c_2 : c_1. \tag{271.3}$$

Unter der *Refraktion* eines Stoffes versteht man die Größe $R = (n^2 - 1)/(n^2 + 2)$. Ihr Produkt mit dem molaren Volumen $V_m = M_m V_s = M_m/\varrho$ (§ 64, ϱ Dichte) ergibt die *molare Refraktion* $R_m = (n^2 - 1)/(n^2 + 2) \cdot M_m/\varrho$, eine vom Zustand des Stoffes (Druck, Dichte, Temperatur) weitgehend unabhängige Stoffkonstante.

Man nennt einen Stoff *optisch dichter* bzw. *optisch dünner* als einen anderen, wenn seine Brechzahl größer bzw. kleiner ist als die des anderen. Man verwechsle die optische Dichte nicht mit der stofflichen Dichte. Jedoch ist bei dem *gleichen* Gase die Brechzahl der stofflichen Dichte des Gases proportional.

Die Brechzahlen der festen und flüssigen Stoffe liegen fast durchweg zwischen 1 und 2, nur sehr selten höher (gewöhnliches Glas etwa 1,5, Wasser 1,33). Die Brechzahl der Luft beträgt im Normzustand 1,000293. Die Brechzahlen sind aber von der Wellenlänge abhängig (Dispersion). In Tabellen werden sie auf die gelbe Linie des Natriums (*D*-Linie) bezogen.

Fällt ein Lichtstrahl schräg auf eine planparallele Glasplatte, so wird er beim Eintritt und beim Austritt gebrochen und erfährt eine Parallelverschiebung

(Abb. 478). Die seitliche Verschiebung beträgt $\delta = AB \sin(\alpha - \beta)$. Ist d die Dicke der Platte, so ist $AB = d/\cos\beta$. Demnach ist $\delta = d(\sin\alpha\cos\beta - \cos\alpha\sin\beta)/\cos\beta$ oder, da $\sin\beta = \sin\alpha/n$,

$$\delta = d\sin\alpha\left(1 - \frac{\cos\alpha}{\sqrt{n^2 - \sin^2\alpha}}\right) \tag{271.4}$$

Es sei G ein innerhalb eines brechenden Stoffes in der Tiefe $OP = x$ befindlicher Gegenstand, der von oben her betrachtet wird (Abb. 479). Oberhalb des Stoffes befinde sich Luft (bzw. Vakuum). Wir greifen unter den von der Spitze P von G ausgehenden Strahlen zwei heraus, erstens den senkrecht aus dem brechenden Stoff austretenden Strahl PO, zweitens einen beliebigen, unter dem kleinen Winkel β gegen diesen geneigten Strahl PO'. Infolge der Brechung in der Oberfläche scheint dieser nach dem Austritt aus der Richtung des auf PO liegenden Punktes Q zu kommen, der in der Tiefe $QO = x' < x$ liegt. Aus Abb. 479 liest man ab, daß $OO' = x\tan\beta = x'\tan\alpha$. Da

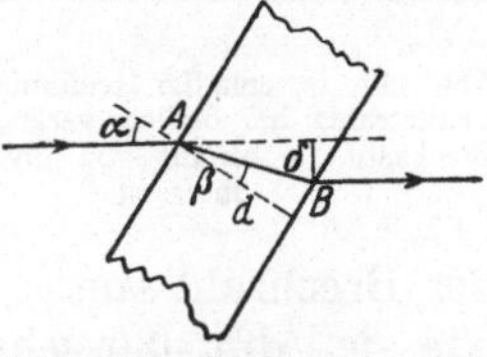

Abb. 478. Brechung in einer planparallelen Glasplatte

nun β, also auch α, ein kleiner Winkel sein soll, so ist $\tan\alpha/\tan\beta \approx \sin\alpha/\sin\beta = n$, und es folgt $x' = x\tan\beta/\tan\alpha = x/n$, also für kleine Winkel β unabhängig von β. Demnach wird der Gegenstand G nicht in der Tiefe $x = PO$, sondern in B in der geringeren Tiefe $x' = QO$ gesehen. In einem brechenden Stoff erfolgt demnach eine *Bildhebung* um den Bruchteil $(x - x')/x = (n-1)/n$ der wahren Tiefe, der z. B. bei Wasser $^1/_4$ beträgt $(n = 1,333)$. Hierauf beruht es, daß Gewässer von oben her betrachtet seichter erscheinen, als sie sind, und daß schräg in Wasser getauchte Gegenstände in der Oberfläche geknickt erscheinen. Da die Gegenstände an einem anderen Ort gesehen werden, als wo sie sich wirklich befinden, so ist es berechtigt, zu sagen, daß man sie nicht unmittelbar, sondern daß man ein virtuelles *Bild* von ihnen sieht. Es handelt sich um einen besonders einfachen Fall einer *Abbildung durch eine brechende Fläche*. Er steht in einer gewissen Parallele zur Abbildung in einem ebenen Spiegel. Man kann die Spiegelung formal wie eine Brechung an einem Stoff

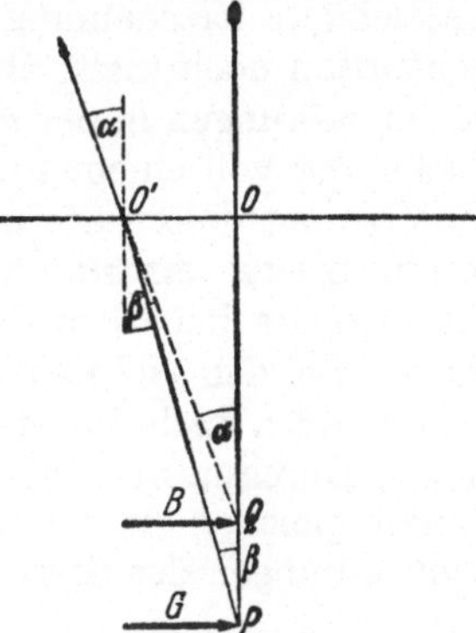

Abb. 479. Zur Bildhebung in einem brechenden Stoff

mit der Brechzahl $n = -1$ betrachten $(\sin\beta = -\sin\alpha)$. Dann ergibt sich als „Bildhebung" in diesem Fall $x'/x = -1$ oder $x' = -x$, d.h. der Gegenstand wird ebenso weit hinter der Grenzfläche gesehen, wie er tatsächlich vor ihr liegt. Das entspricht der Abbildung am ebenen Spiegel. (Vgl. WESTPHAL, Physikalisches Praktikum, 10. Aufl., 23. Aufgabe.)

Die Frequenz ν einer Lichtwelle ändert sich natürlich bei ihrem Übergang von einem Stoff in einen anderen ebensowenig, wie z. B. die Frequenz (Tonhöhe) eines Schalles. Denn das Primäre in einer Welle sind die einander in gleichen Zeitabständen folgenden Maxima und Minima. Ist λ_1 die Wellenlänge des Lichts in einem Stoff von der Brechzahl n_1, λ_2 diejenige in einem Stoff von der Brechzahl n_2, so ist $\lambda_1 = c_1/\nu$, $\lambda_2 = c_2/\nu$ (§ 263) oder nach (271.3)

$$\lambda_1 : \lambda_2 = n_2 : n_1 \quad \text{oder} \quad n_1\lambda_1 = n_2\lambda_2. \tag{271.5}$$

In der Zeit t legt das Licht (genauer: seine Phase) in einem Stoff den Weg $s = ct$, im Vakuum den Weg $s_0 = c_0 t$ zurück. Es ist also $t = s/c = s_0/c_0$ oder nach (271.2)

$$ns = s_0. \tag{271.6}$$

Das Produkt ns aus Brechzahl n und geometrischer Weglänge s zwischen zwei Punkten heißt die *optische Weglänge* zwischen diesen Punkten. Da $t = s/c = n\,s/c_0 = s_0/c_0$, so folgt, daß die Zeit, die das Licht zur Zurücklegung des Weges zwischen zwei Punkten benötigt, der optischen Weglänge zwischen ihnen proportional ist. Gleich große optische Weglängen durchmißt das Licht in gleichen Zeiten.

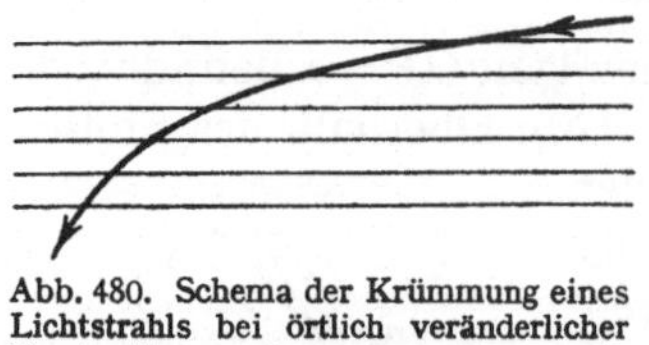

Abb. 480. Schema der Krümmung eines Lichtstrahls bei örtlich veränderlicher Brechzahl. n nimmt von oben nach unten zu

Grenzen zwei Schichten des *gleichen* Stoffes aneinander, in denen dieser eine verschiedene Brechzahl hat, so findet auch an einer solchen Grenze eine Brechung statt. Das kann dann der Fall sein, wenn sich die (stoffliche) Dichte und mit ihr die optische Dichte des Stoffes von Ort zu Ort ändert, z.B. in der Luft infolge einer Änderung der Temperatur und des Druckes mit der Höhe. Ist die Änderung der Brechzahl stetig, so hat dies eine Krümmung eines Lichtstrahls zur Folge, wie sie Abb. 480 schematisch darstellt. Solche Ursachen rufen z.B. die Luftspiegelungen (Fata morgana u. dgl.) hervor. Von heißem Boden aufsteigende Luft ist infolge ihrer thermischen Inhomogenität auch optisch inhomogen. Infolgedessen erfährt das durch sie hindurchgehende Licht ganz unregelmäßige und fortwährend veränderliche Brechungen, welche die durch diese Luft gesehene Gegenstände verzerrt und flimmernd erscheinen lassen. Die gleiche, als *Schlieren* bezeichnete Erscheinung beobachtet man auch in Lösungen, in denen die Konzentration noch nicht überall ausgeglichen ist. Ebenso beruht auf solchen optischen Störungen in der Atmosphäre das Flimmern der Fixsterne. Der Kegel von Licht, der von einem Fixstern in unser Auge gelangt, ist wegen der ungeheuren Entfernung dieser Sterne auch in den höchsten Schichten der Erdatmosphäre kaum breiter als unsere Pupille. Kleine örtliche optische Störungen in der Atmosphäre bewirken daher schon eine Störung der Lichtausbreitung bis zum Auge. Bei den viel näheren Planeten hat der Kegel des von ihnen in unser Auge kommenden Lichts in den oberen Atmosphärenschichten bereits einen beträchtlichen Durchmesser. Kleine örtliche optische Ungleichmäßigkeiten in der Atmosphäre gleichen einander daher aus und bewirken keine wesentlichen Helligkeitsschwankungen des Sterns. Die Planeten flimmern nicht.

272. Totalreflexion. Fällt ein Lichtstrahl unter dem Winkel α von einem optisch dichteren Stoff (n_1) her auf eine Grenzfläche gegen einen optisch dünneren Stoff ($n_2 < n_1$), so ist nach (271.2) der Brechungswinkel β gegeben durch $\sin\beta = n_{12}\sin\alpha$, wobei $n_{12} = n_1/n_2$. Der größte Wert, den $\sin\beta$ annehmen kann, ist 1. Dann ist $\beta = 90°$, der gebrochene Strahl tritt streifend in den zweiten Stoff ein (Abb. 481, Strahl 1). Der zugehörige Einfallswinkel α_g ist dann durch die Gleichung

$$\sin\alpha_g = \frac{1}{n_{12}} = \frac{n_2}{n_1} \tag{272.1}$$

gegeben. Handelt es sich um die Grenzfläche eines Stoffes von der Brechzahl n gegen das Vakuum (oder Luft), so folgt aus (272.1)

$$\sin\alpha_g = \frac{1}{n}. \tag{272.2}$$

Bei größerem Einfallswinkel α kann ein Übertritt des Lichtes in den zweiten Stoff bzw. das Vakuum nicht mehr erfolgen (KEPLER 1611). Es wird an der Grenzfläche regulär reflektiert, es tritt *Totalreflexion* ein (Abb. 481, Strahl 2). Der durch (272.1) bzw. (272.2) definierte Einfallswinkel α_g heißt der *Grenzwinkel der Totalreflexion* des ersten Stoffes gegen den zweiten bzw. gegen das Vakuum.

Totalreflexion kann nur eintreten, wenn das Licht die Grenzfläche vom optisch dichteren Stoff her trifft ($n_2 < n_1$). Ein äußerst kleiner Bruchteil des Lichtes dringt allerdings auch bei der Totalreflexion in das zweite Medium ein, aber nur bis in eine Tiefe von der Größenordnung einer Wellenlänge und läuft dann längs der Grenzfläche weiter.

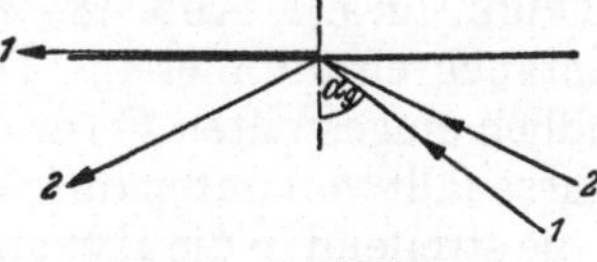

Abb. 481. Totalreflexion

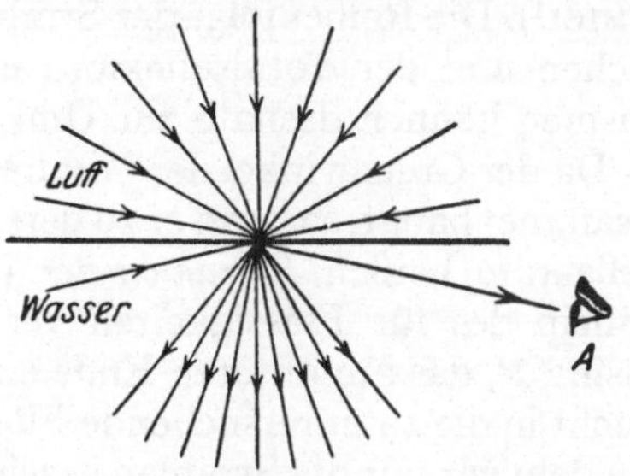

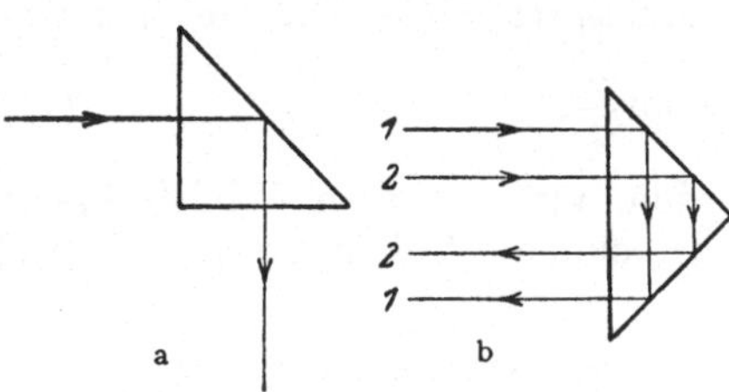

Abb. 482. Zur Brechung und Totalreflexion im Wasser

Nach dem Satz von der Umkehrbarkeit des Strahlenganges (§ 266) wird ein Lichtstrahl, der von einem optisch dünneren Stoff her streifend auf die Oberfläche eines optisch dichteren Stoffes, z. B. von Luft auf Wasser, trifft, unter dem Grenzwinkel der Totalreflexion (beim Wasser etwa $48^1/_2\,°$) in das Wasser hineingebrochen. Fällt auf einen Punkt einer Wasseroberfläche von allen Richtungen her Licht (z. B. das diffuse Tageslicht), so wird das in das Wasser eintretende Licht durch die Brechung in einen Kegel gesammelt, dessen Öffnung doppelt so groß ist wie dieser Grenzwinkel (Abb. 482). Zu dem Auge A eines Beobachters gelangt in der gezeichneten Blickrichtung durch das Wasser hindurch kein Licht aus dem Raum oberhalb der Wasseroberfläche. In das Auge kann bei dieser Blickrichtung von der Oberfläche her nur Licht treten, welches eine Totalreflexion an der Oberfläche erlitten hat, das also von einem Punkt innerhalb des Wassers herkommt. Daher erscheint die Wasseroberfläche spiegelnd, wenn man sie von unten her unter einem Einfallswinkel betrachtet, der größer ist als der Grenzwinkel der Totalreflexion. Aus dem Wasser „hinaussehen" kann man nur innerhalb des durch den Grenzwinkel der Totalreflexion gegebenen räumlichen Winkels. Bei großen Aquarien mit seitlichen Schaufenstern kann man im allgemeinen nicht sehen, was sich oberhalb des Wassers befindet, und ihr Inhalt erscheint an der Wasserfläche gespiegelt. Wenn aber die Fische gefüttert werden und die Oberfläche des Wassers gestört wird, so sieht man hier und da verzerrt auch oberhalb des Wassers befindliche Gegenstände.

Der Silberglanz, den mit Luftblasen bedeckte Gegenstände unter Wasser zeigen, rührt von der an den Luftblasen eintretenden Totalreflexion her. Ein in Wasser getauchtes, zum Teil mit Quecksilber gefülltes Reagenzglas erscheint dort, wo es leer ist, stärker spiegelnd als an dem mit Quecksilber gefüllten Teil, weil die Totalreflexion an der Luft vollkommener ist als die Reflexion am Quecksilber.

Der Grenzwinkel der Totalreflexion von Glas gegen Luft ist kleiner als 45° (zwischen 25° und 42°, je nach der Glassorte). Läßt man daher einen Lichtstrahl in der in Abb. 483 a oder Abb. 483 b dargestellten Weise in ein rechtwinkliges Glasprisma treten, so wird er im Innern total reflektiert und tritt unter 90° (a) bzw. 180° (b) gegen seine ursprüngliche Richtung aus dem Prisma wieder aus.

Abb. 483. Totalreflektierendes Prisma

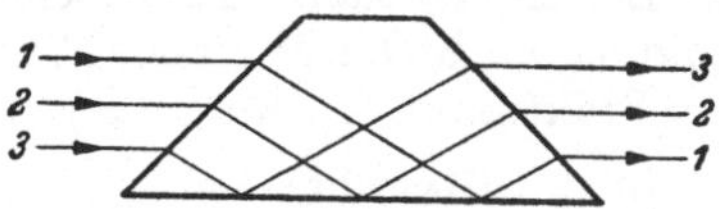

Abb. 484. Umkehrprisma von Amici

Hiervon wird unter anderem bei den Prismenfernrohren und den Entfernungsmessern Gebrauch gemacht (§ 288). Abb. 484 zeigt ein einfaches *Umkehrprisma* (AMICI[1]). Die Reihenfolge der Strahlen wird infolge der Brechung an den Kathetenflächen und der Totalreflexion an der Hypothenusenfläche umgekehrt. Solche Prismen können deshalb zur Umkehrung von optischen Bildern dienen.

Da der Grenzwinkel der Totalreflexion nach (272.1) mit der relativen Brechzahl zusammenhängt, so kann er zu deren Bestimmung benutzt werden. Hierzu dienende Meßgeräte heißen *Refraktometer* (ABBE[2], PULFRICH[3] u.a.). Abb. 485 zeigt das Prinzip des für Flüssigkeiten verwendeten Eintauchrefraktometers. Das Glasprisma P, das am unteren Ende eines auf Unendlich eingestellten Fernrohrs sitzt, taucht in die zu untersuchende Flüssigkeit. In diese fällt von unten diffuses Licht, von dem wir nur die Strahlen gezeichnet haben, die streifend in die Hypothenusenfläche des Prismas einfallen. Sie bilden im Prisma mit dem Austrittslot den Grenzwinkel der Totalreflexion α_g, der außer von der Brechzahl des Prismas von der der Flüssigkeit abhängt [(272.1)]. Nach dem Austritt aus dem Prisma werden sie durch eine Linse L (Objektiv des Fernrohrs) in der Ebene AA vereinigt, in der eine Skala angebracht ist, die mit dem (nicht gezeichneten) Okular betrachtet wird. In den Bereich rechts vom Schnittpunkt B der Strahlen kann von unten her kein Licht gelangen, sondern nur in den Bereich links von ihm, in dem die übrigen, nicht streifend in das Prisma einfallenden Strahlen vereinigt werden. Man erblickt also durch das Okular ein Lichtband, das bei B abbricht. Die Lage von B hängt von α_g ab. Daher kann nach erfolgter Eichung die Brechzahl der Flüssigkeit aus der Lage von B berechnet werden. Die Begrenzung des Lichtbandes ist nur dann scharf, wenn einfarbiges Licht verwendet wird.

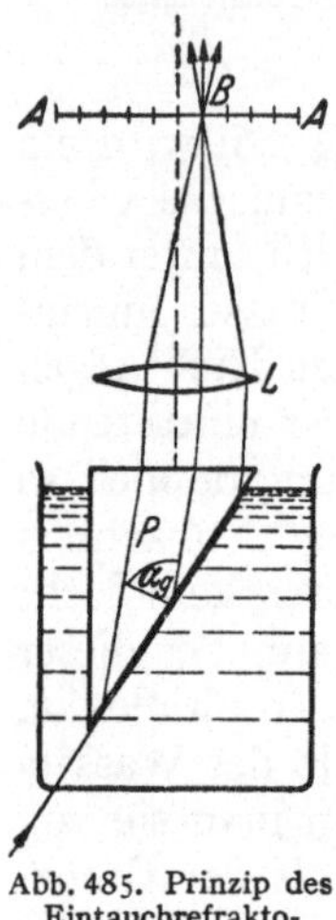

Abb. 485. Prinzip des Eintauchrefraktometers

Auf der Totalreflexion beruhen auch die für viele Zwecke verwendeten *Lichtleiter*. Licht, das in das polierte Ende einer dünnen Glasfaser eintritt, tritt erst aus deren anderem Ende wieder aus, da es durch die Totalreflexion am seitlichen Austreten verhindert wird. In biegsamen Glasfaserbündeln kann man auf diese Weise Licht leiten wie elektrische Ströme in Drähten oder Wasser in Schläuchen.

273. Prismen. Ein Prisma besteht aus einem brechenden Stoff, meist aus Glas, für besondere Zwecke auch aus Quarz (Bergkristall), Flußspat, Steinsalz usw., von dreieckigem Querschnitt. Zwei seiner Mantelflächen müssen sehr gut eben geschliffen sein. Den Winkel γ, den diese miteinander bilden, nennt man den brechenden Winkel. Abb. 486 zeigt die Brechung eines Strahles durch ein Prisma. Für die Ablenkung δ eines unter dem Winkel α_1 auf eine Prismenfläche fallenden Strahles gelten außer dem Brechungsgesetz die aus Abb. 486 ablesbaren Beziehungen $\beta_1 + \beta_2 = \gamma$ und $\delta = (\alpha_1 + \alpha_2) - (\beta_1 + \beta_2)$. Die kleinste Ablenkung erfolgt, wenn der Strahl symmetrisch durch das Prisma hindurchtritt, also $\alpha_1 = \alpha_2$ und $\beta_1 = \beta_2$ ist. In diesem Falle ist $\beta_1 = \beta_2 = \gamma/2$ und $\alpha_1 = \alpha_2 = (\delta + \gamma)/2$ und daher nach dem Brechungsgesetz

$$\sin \frac{\delta + \gamma}{2} = n \sin \frac{\gamma}{2}. \tag{273.1}$$

Diese Beziehung kann dazu benutzt werden, um aus dem Winkel kleinster Ablenkung die Brechzahl n des Prismas zu berechnen. (Vgl. WESTPHAL: Physikalisches Praktikum, 24. Aufgabe.)

---

[1] GIOVANNI BATTISTA AMICI, 1786—1863.   [2] ERNST ABBE, 1840—1905.
[3] CARL PULFRICH, 1858—1927.

Ist γ und auch α_1 klein, so sind α_2, β_1 und β_2 ebenfalls klein. Dann kann man die sin durch die Winkel selbst ersetzen, so daß $\alpha_1 \approx n\beta_1$ und $\alpha_2 \approx n\beta_2$. Mit $\beta_1 + \beta_2 = \gamma$ folgt dann aus (273.1) $\delta = (n-1)(\beta_1 + \beta_2) = (n-1)\gamma$.

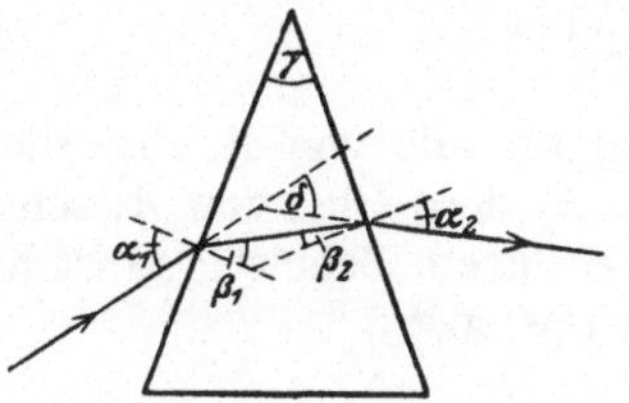

Abb. 486. Brechung im Prisma

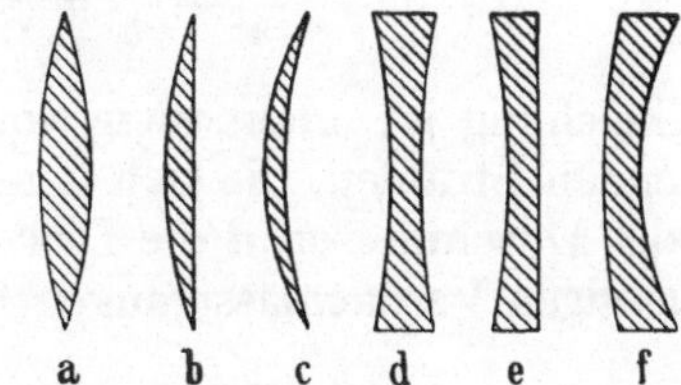

Abb. 487. a—c Sammellinsen, d—f Zerstreuungslinsen

274. Sphärische Linsen. Eine sphärische Linse besteht aus einem brechenden Stoff, meist aus Glas, welcher von zwei Kugelflächen begrenzt ist. Eine dieser Flächen kann eine Ebene sein. Nach den dadurch gegebenen Möglichkeiten unterscheidet man folgende Arten von Linsen (Abb. 487). 1. *Sammellinsen*, a) bikonvex, b) plankonvex, c) konkavkonvex. Diese Linsen sind in der Mitte *dicker* als am Rande. 2. *Zerstreuungslinsen*, d) bikonkav, e) plankonkav, f) konvexkonkav. Diese Linsen sind in der Mitte *dünner* als am Rande. Die Formen *c* und *f* heißen *Meniskuslinsen*.

Bei der Ableitung der folgenden Gesetzmäßigkeiten werden einschränkende Voraussetzungen gemacht wie beim Hohlspiegel, nämlich daß die Linse *sehr dünn* ist, d.h. daß ihre Dicke klein ist gegen die Krümmungsradien ihrer Begrenzungsflächen, und daß es sich nur um Strahlen handelt, die einen kleinen Winkel mit der Achse bilden (Gaußsches Gebiet). Die bei den Linsen anzustellenden Überlegungen entsprechen

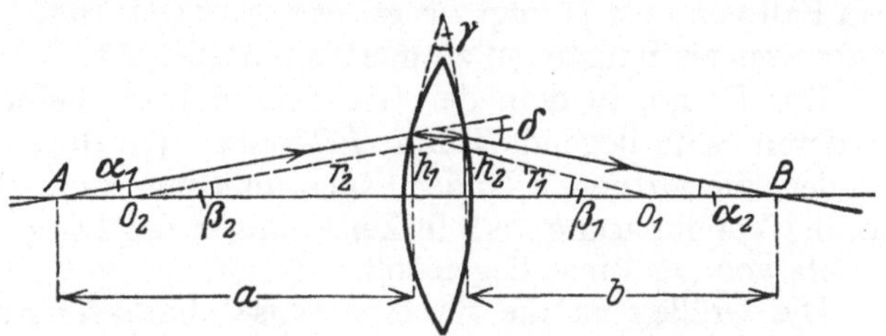

Abb. 488. Zur Ableitung der Linsenformel

denen bei den Hohlspiegeln weitgehend und werden daher hier kürzer gefaßt. Als *Achse* einer Linse bezeichnet man die Gerade, die die Krümmungsmittelpunkte ihrer Flächen verbindet.

Vom Punkte A her (Abb. 488) treffe unter dem Winkel α_1 gegen die Linsenachse ein Strahl auf die Linse und schneide nach zweimaliger Brechung die Achse unter dem Winkel α_2 auf der anderen Seite in B. O_1 und O_2 seien die Krümmungsmittelpunkte der Linsenflächen, r_1 und r_2 ihre Krümmungsradien. Vorausgesetzt wird, daß die Winkel α_1 und α_2 klein sind und daher die Eintrittsstelle und die Austrittsstelle des Strahls nur sehr wenig verschiedene Abstände von der Linsenachse haben.

Es sei δ der Winkel, um den der von A kommende Strahl aus seiner Richtung abgelenkt wird. Man kann ihn auf zwei Weisen ausdrücken. Einmal ist $\delta = \alpha_1 + \alpha_2$, als Außenwinkel des die Winkel α_1 und α_2 enthaltenden Dreiecks. Da ferner die Linse auf den Strahl wie ein spitzwinkliges Prisma wirkt (§273), so ist $\delta = (n-1)\gamma = (n-1)(\beta_1 + \beta_2)$. Wegen der Kleinheit der Winkel kann man weiter setzen

$$\alpha_1 \approx \tan\alpha_1 = \frac{h_1}{a}, \qquad \alpha_2 \approx \tan\alpha_2 = \frac{h_2}{b}, \qquad \beta_1 \approx \sin\beta_1 = \frac{h_1}{r_1}, \qquad \beta_2 \approx \sin\beta_2 = \frac{h_2}{r_2}.$$

Setzt man diese Ausdrücke in die beiden Gleichungen für δ ein, so folgt $h_1/a+h_2/b=(n-1)(h_1/r_1+h_2/r_2)$. Nun sind h_1 und h_2 nach Voraussetzung sehr wenig verschieden, so daß man ohne merklichen Fehler $h_1=h_2$ setzen darf. Dann folgt

$$\frac{1}{a} + \frac{1}{b} = (n-1)\left(\frac{1}{r_1} + \frac{1}{r_2}\right) = \frac{1}{f}. \tag{274.1}$$

Diese Gleichung ist unabhängig von α, gilt also für alle von A über die Linse verlaufenden Strahlen, die sich demnach alle in B, dem Bild von A, schneiden. Ist 2ϱ der Durchmesser, d die Dicke der Linse an ihrem Scheitel, so ist mit den hier zulässigen Vernachlässigungen $1/r_1+1/r_2=2d/\varrho^2$, also

$$f = \frac{1}{n-1}\frac{\varrho^2}{2d}. \tag{274.2}$$

Bei Kenntnis von n (bei Glas rund 1,5) kann man also f aus den Abmessungen einer Sammellinse berechnen, sofern sie nicht am Rande zylindrisch abgeschliffen ist.

Für eine Linse mit einer ebenen Fläche ($r_1=r$, $r_2=\infty$) ergibt sich aus (274.1)

$$f = \frac{r}{n-1}, \tag{274.3}$$

für eine solche mit zwei Flächen von gleicher Krümmung ($r_1=r_2=r$)

$$f = \frac{r}{2(n-1)}. \tag{274.4}$$

Im Fall von (274.3) folgt *für gewöhnliches Glas* ($n\approx 1,5$) $f\approx 2r$, im Fall von (275.4) $f\approx r$, was als Faustregel zu merken nützlich ist.

Der Raum, in dem der Gegenstand liegt, heißt der *Dingraum*, der auf der anderen Seite liegende Raum *Bildraum*. (In diesem liegen aber nur die reellen Bilder; die virtuellen Bilder liegen im Dingraum.) Wir halten uns im folgenden an die Vereinbarung, daß in Zeichnungen der Dingraum links, der Bildraum also rechts von der Linse liegen soll.

Die Größe f ist die für eine Linse charakteristische Konstante. Rückt der Punkt A in unendliche Ferne, so daß $a=\infty$, fallen also alle von A her kommenden Strahlen parallel zur Achse auf die Linse, so folgt aus (274.1) $b=f$, d.h. Strahlen, welche parallel zur Achse auf die Linse fallen, gehen alle durch einen Punkt auf der Achse, der den Abstand f von der Linse hat. Genau wie beim Hohlspiegel bezeichnet man daher diesen Punkt als *Brennpunkt*, f als *Brennweite* der Linse. Aus dem Satz von der Umkehrbarkeit des Strahlengangs folgt, daß jeder vom Brennpunkt her auf die Linse fallende Strahl hinter der Linse parallel zur Achse verläuft. Jede Linse hat zwei Brennpunkte, auf jeder Seite einen. Sie liegen auf der Linsenachse und haben beide den gleichen Abstand f von der als sehr dünn gedachten Linse. Der im Dingraum einer Sammellinse (also links) liegende Brennpunkt wird mit F, der im Bildraum (rechts) liegende Brennpunkt mit F' bezeichnet.

Die Gl. (274.1), die hier für eine Sammellinse abgeleitet wurde, gilt ebenso für Zerstreuungslinsen. Dabei ist aber der Krümmungsradius von konkaven Flächen negativ zu rechnen. Es ergibt sich dann für alle *Sammellinsen* (Abb. 487a—c) eine *positive*, für alle *Zerstreuungslinsen* (Abb. 487d—f) eine *negative* Brennweite. Demnach liegt — umgekehrt wie bei den Sammellinsen — bei diesen der Brennpunkt F im Bildraum, F' im Dingraum. Befindet sich aber die Linse nicht in Luft ($n\approx 1$), sondern in einem Stoff mit von 1 verschiedener Brechzahl n', so tritt an die Stelle von $n-1$ in den obigen Gleichungen $(n-n')/n'$. Ist $n'>n$, so hat die Linse, wenn sie in der Mitte dicker bzw. dünner ist als am Rande, eine negative bzw. positive Brennweite (z.B. eine Luftlinse in Wasser).

Die beiden Brennweiten einer Linse sind nur dann gleich groß, wenn — wie wir hier stets voraussetzen wollen — die Linse auf beiden Seiten an den gleichen Stoff (meist Luft) grenzt. Andernfalls ist die Brennweite auf der Seite, wo sich der Stoff von größerer Brechzahl befindet, größer als auf der anderen Seite.

Statt der Brennweite gibt man bei Linsen oft ihre *Brechkraft* oder *Stärke* $D = 1/f$ an. Die übliche Einheit der Brechkraft ist 1 m^{-1} und heißt 1 *Dioptrie* (dpt). Eine Linse mit $f = 20 \text{ cm} = 0,2 \text{ m}$ hat demnach eine Brechkraft von 5 Dioptrien. Sammellinsen haben positive, Zerstreuungslinsen negative Brechkräfte.

Fällt ein Strahl schräg durch die Linsenmitte, durchsetzt er also die Linsenflächen an zwei Stellen, wo sie einander parallel sind, so erfährt er keine Ablenkung, sondern nur eine seitliche Parallelverschiebung (§271). Diese ist aber bei einer dünnen Linse und fast senkrechtem Einfall so klein, daß man sie vernachlässigen kann. Man zeichnet daher bei einer dünnen Linse einen solchen Strahl so, als ob er ungebrochen durch die Linsenmitte verlaufe.

275. Abbildung durch dünne Linsen. Strahlen, die von einem Punkt eines Gegenstandes her auf eine Sammellinse fallen, schneiden einander nach dem Durchgang durch die Linse entweder in einem im Bildraum gelegenen Punkt, auf den hin sie von der Linse her konvergieren, oder sie divergieren von einem Punkt im Dingraum, von dem sie nur herzukommen scheinen. Im ersten Falle liefert die Linse also ein reelles, im zweiten Fall ein virtuelles Bild des Punktes. Zur Konstruktion des Bildpunktes genügen zwei Strahlen. Nach §274 haben wir deren sogar vier zur Verfügung: 1. den von dem Gegenstandspunkt achsenparallel auf

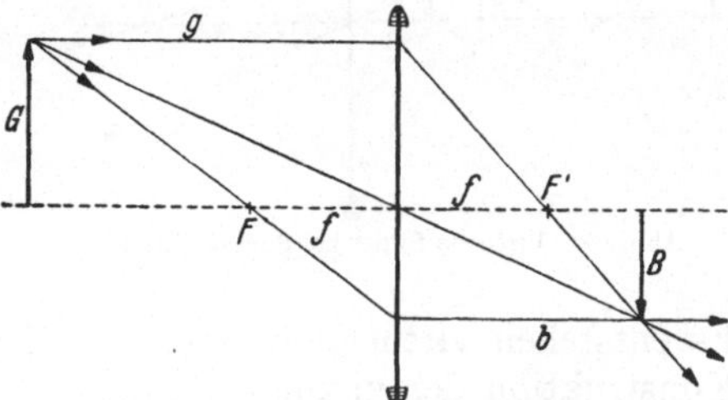

Abb. 489. Reelle Bilder bei Sammellinsen

die Linse fallenden Strahl, welcher auf der anderen Seite durch den Brennpunkt F' geht, 2. den Strahl, der vom Gegenstandspunkt durch den Brennpunkt F geht und auf der anderen Seite achsenparallel austritt, 3. den Strahl, welcher durch die Mitte der Linse tritt und nur ein wenig parallel verschoben wird, 4. den Strahl, der sowohl beim Einfall wie nach dem Austritt die Achse in der Entfernung $2f$ schneidet. Bei der Konstruktion, die eine dünne Linse voraussetzt, sehen wir von der zweimaligen Brechung der Strahlen ab und zeichnen sie nur einmal in der Linse geknickt. Den Querschnitt dünner Linsen zeichnen wir einfach als Gerade und kennzeichnen sie an deren Enden als Sammel- oder Zerstreuungslinse oder durch L^+ oder L^-.

Mit Hilfe der drei ersten Strahlen ergibt sich die in Abb. 489 dargestellte Konstruktion des Bildes B eines außerhalb der Brennweite gelegenen Gegenstandes G. Das Bild ist reell, umgekehrt und im vorliegenden Falle verkleinert. Betrachten wir aber jetzt umgekehrt B als den Gegenstand, G als dessen Bild, so ist die Konstruktion genau die gleiche. In diesem Falle ist das Bild vergrößert.

Aus Abb. 489 liest man ab, daß der Abbildungsmaßstab

$$\gamma = \frac{B}{G} = \frac{b}{g} = \frac{b-f}{f} = \frac{f}{g-f} \tag{275.1}$$

beträgt. Dies liefert zwei Gleichungen zur Berechnung von b bei gegebenem g und f, während wir deren nur eine benötigen. Tatsächlich sind die Gleichungen identisch, weil die drei Strahlen einander im gleichen Punkt schneiden. Aus (275.1) folgt

$$\frac{1}{g} + \frac{1}{b} = \frac{1}{f} \qquad (275.2) \qquad \text{bzw.} \qquad (g-f)(b-f) = f^2, \qquad (275.3)$$

also dieselben Gleichungen wie bei den sphärischen Spiegeln. Aus ihnen folgen wiederum die Gleichungen

$$b = \frac{gf}{g-f}, \quad (275.4a) \qquad g = \frac{bf}{b-f}, \quad (275.4b) \qquad f = \frac{gb}{g+b}. \quad (275.4c)$$

Auch bei den Linsen schreiben wir den reellen Bildern — die im Bildraum liegen — eine positive Bildweite b, den virtuellen Bildern — die im Dingraum liegen — eine negative Bildweite b zu.

Solange der Gegenstand außerhalb der Brennweite f liegt, konvergieren die von seinen einzelnen Punkten ausgehenden Strahlen nach dem Durchgang durch die Linse, und es ergeben sich reelle, umgekehrte, vergrößerte ($f<g<2f$) oder verkleinerte ($g>2f$) Bilder. Befindet sich der Gegenstand in der Brennebene ($g=f$), so verlaufen die von seinen einzelnen Punkten ausgehenden Strahlen hinter der Linse unter sich parallel, und es entsteht ein unendlich großes Bild in der Entfernung $b=\infty$. Rückt aber der Gegenstand noch dichter an die Linse heran ($g<f$), so divergieren die von seinen einzelnen Punkten ausgehenden Strahlen im Bildraum von einem im Dingraum liegenden virtuellen Bildpunkt.

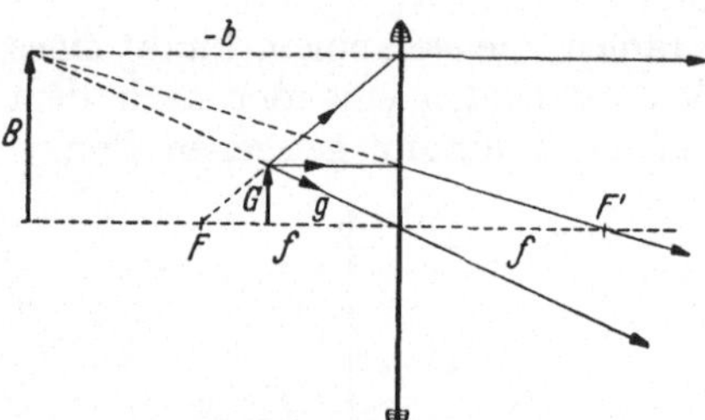

Abb. 490. Virtuelle Bilder bei Sammellinsen

Es entstehen virtuelle Bilder; die Bildweite b wird negativ. Abb. 490 zeigt die Konstruktion der virtuellen Bilder. Aus ihr liest man ab, daß der Abbildungsmaßstab

$$\gamma = \frac{B}{G} = \frac{-b}{g} = \frac{-b+f}{f} = \frac{f}{f-g}, \qquad (275.5)$$

bis auf das Vorzeichen mit (275.1) übereinstimmt. Hieraus folgen auch für die virtuellen Bilder (275.2), (275.3) und (275.4). Den Abbildungsmaßstab definieren wir auch hier durch die Gleichung $\gamma = B/G$. Bei virtuellen Bildern ist $b<0$ bzw. $g<f$. Die virtuellen Bilder bei Sammellinsen sind also stets vergrößert und aufrecht.

Für Zerstreuungslinsen gelten ganz entsprechende Überlegungen. Achsenparallel einfallende Strahlen divergieren im Bildraum von einem im Dingraum auf der Achse liegenden Brennpunkt F' her. In ihm wird also ein unendlich ferner Achsenpunkt virtuell abgebildet. Man schreibt daher — wie den virtuellen Bildern eine negative Bildweite — einer Zerstreuungslinse eine *negative Brennweite* f und zwei virtuelle Brennpunkte F, F' zu. Wie schon gesagt liegt F im Bildraum, F' im Dingraum.

Mit Hilfe der Brennpunkte, auch unter Benutzung des die Linsenmitte unabgelenkt durchlaufenden Strahls, kann man die Bilder auch bei Zerstreuungslinsen konstruieren, wie Abb. 491 zeigt. Unter Berücksichtigung der Vorzeichen von b und f liest man aus ihr ab:

$$\gamma = \frac{B}{G} = \frac{-b}{g} = \frac{-f-(-b)}{-f} = \frac{-f}{-f+g}. \qquad (275.6)$$

Auch aus (275.6) folgen wieder (275.2), (275.3) und (275.4), die also für alle Linsenarten und alle Arten der Abbildung gültig sind. Da g und $-f > 0$, so ist γ stets kleiner als 1. Eine Zerstreuungslinse liefert also stets verkleinerte, aufrechte, virtuelle Bilder.

Eine einfache Überlegung an Hand der Abb. 490 und 491 zeigt, daß man bei einer Linse den Gegenstand und sein virtuelles Bild vertauschen kann, wenn man gleichzeitig das Vorzeichen der Linsenbrennweite umkehrt. (Man betrachte z.B. in Abb. 490 B als den Gegenstand, G als sein Bild und die Linse als eine Zerstreuungslinse von gleich großer, aber negativer

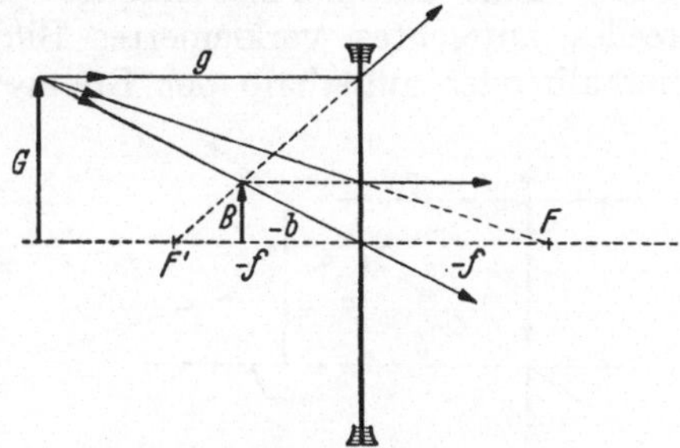

Abb. 491. Bilder bei Zerstreuungslinsen

Brennweite.) Das ist analog zur Vertauschung von Gegenstand und virtuellem Bild bei einem beiderseitig verspiegelten sphärischen Spiegel (§ 270).

Wird der durch eine Linse — reell oder virtuell — abgebildete Gegenstand in der oder gegen die Lichtrichtung bewegt, so bewegt sich das Bild in der gleichen Richtung wie der Gegenstand. Die Abbildung durch eine Linse ist *rechtläufig*.

Ist bei einer Sammellinse der Abstand $a = g + b$ zwischen Gegenstand und Bild gegeben, etwa dadurch, daß ein fest aufgestellter Gegenstand auf eine feste Wand abgebildet werden soll, so folgt aus (275.2)

$$g = \frac{a}{2} \pm \sqrt{\frac{a^2}{4} - af}, \qquad b = \frac{a}{2} \mp \sqrt{\frac{a^2}{4} - af}.$$

Es ergeben sich demnach zwei Wertpaare g_1, b_1 und g_2, b_2, derart, daß $b_2 = g_1$, $g_2 = b_1$. Es gibt also zwischen Schirm und Gegenstand zwei Linsenlagen, bei denen scharfe Abbildung erfolgt. Sie liegen symmetrisch zur Mitte von a, und die eine gibt ein vergrößertes, die andere ein verkleinertes Bild. Ist $a = 4f$, so fallen beiden Lagen zusammen, Bild und Gegenstand sind einander an Größe gleich. Wird $a < 4f$, so ist eine reelle Abbildung nicht mehr möglich. Durch Messung von g und b kann man die Brennweite einer Sammellinse nach (275.2) bestimmen. (Vgl. Westphal: Physikalisches Praktikum, 18. Aufgabe.)

Außer den bisher behandelten Abbildungsarten gibt es aber noch eine weitere interessante und auch praktisch wichtige Abbildungsart. In der Abb. 492a sei G das von einer (nicht gezeichneten) Linse entworfene reelle Bild eines Gegenstandes, wie es entstehen würde, wenn sich im Strahlengang nicht noch eine Sammellinse befände. Infolge der Einschaltung dieser Linse kommt das reelle Bild G gar nicht zustande, vielmehr entsteht ein reelles Bild B an anderer Stelle, das wir mit Hilfe des einfallenden achsenparallelen Strahls und des durch die Linsenmitte gehenden Strahls konstruieren können. Es ist durchaus sinnvoll, wenn wir das reelle Bild B als das von der Linse erzeugte Bild des in Wirklichkeit gar nicht vorhandenen „Gegenstandes" G betrachten, und zwar ist G — analog zu den virtuellen Bildern — als ein *virtueller Gegenstand* zu bezeichnen; denn die auf seine einzelnen Punkte hin laufenden Strahlen des abbildenden Strahlenganges kommen infolge der Einschaltung der Linse dort tatsächlich nicht zum Schnitt, sondern nur ihre Verlängerungen. Die Entfernung g eines virtuellen Gegenstandes ist, weil er im Bildraum der Linse liegt, negativ zu rechnen. Indem wir den Betrag der negativen Gegenstandsentfernung mit $-g$ bezeichnen, lesen wir aus der Abb. 492a die folgenden Gleichungen ab:

$$\gamma = \frac{B}{G} = \frac{b}{-g} = \frac{f-b}{f} \quad \text{oder} \quad \frac{b}{g} = \frac{b-f}{f} = \frac{f}{g-f},$$

was mit (275.1) identisch ist und demnach auch zur allgemeinen Linsengleichung (275.2) führt. Diese bleibt also auch bei der Abbildung virtueller Gegenstände gültig. Eine Sammellinse erzeugt von einem virtuellen Gegenstand immer ein reelles, aufrechtes, verkleinertes Bild, ganz gleich, ob der Gegenstand sich innerhalb oder außerhalb der Brennweite befindet.

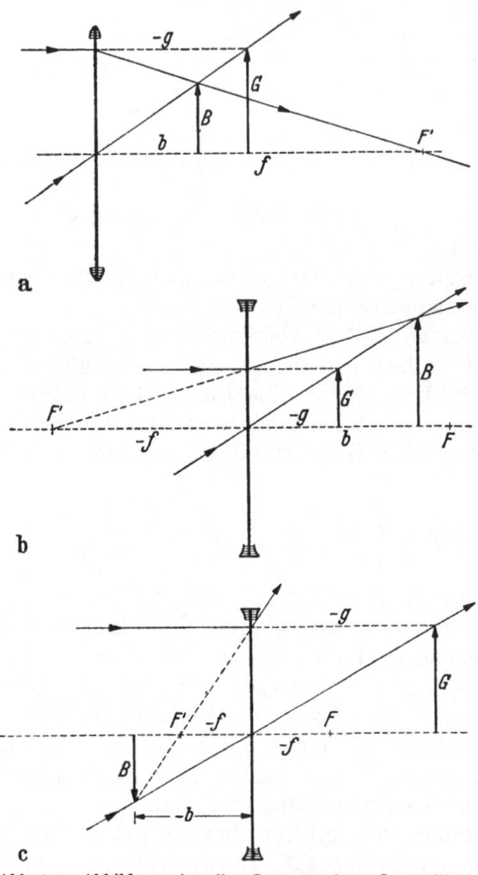

a

b

c

Abb. 492. Abbildung virtueller Gegenstände. a Sammellinse, b, c Zerstreuungslinse

In der Abb. 492b befindet sich ein virtueller Gegenstand G innerhalb der Brennweite einer Zerstreuungslinse. Wir konstruieren sein Bild B mit Hilfe des achsenparallelen und des durch die Linsenmitte einfallenden Strahles. Es ist reell, aufrecht und vergrößert. Man liest ab, daß

$$\gamma = \frac{B}{G} = \frac{b}{-g} = \frac{b + (-f)}{-f}$$

oder

$$\frac{b}{g} = \frac{b - f}{f} = \frac{f}{g - f},$$

was wiederum mit (275.1) identisch ist.

In der Abb. 492c befindet sich ein virtueller Gegenstand außerhalb der Brennweite einer Zerstreuungslinse. Durch die gleiche Konstruktion erhalten wir nunmehr ein umgekehrtes, virtuelles Bild B. Wir lesen die folgenden Gleichungen ab:

$$\gamma = \frac{B}{G} = \frac{-b}{-g} = \frac{(-b) - (-f)}{-f}$$

oder

$$\frac{b}{g} = \frac{b - f}{f} = \frac{f}{g - f},$$

wie oben. Die allgemeine Linsengleichung ist also in jedem Fall gültig.

Praktische Bedeutung haben die Bilder virtueller Gegenstände bei den zusammengesetzten Okularen der Fernrohre und Mikroskope (Fall der Abb. 492a) und beim Okular des holländischen Fernrohrs (Fall der Abb. 492c).

In der Abb. 493a ist die Bildentfernung b als Funktion der Gegenstandsentfernung g für alle bei einer Sammellinse vorkommenden Fälle dargestellt. Es ergeben sich die beiden Äste einer Hyperbel, deren Asymptoten im Abstande $+f$ parallel zur g- und zur b-Achse liegen. Der den reellen Gegenständen entsprechende Teil $(g > 0)$ ist ausgezogen, der den virtuellen Gegenständen entsprechende $(g < 0)$ gestrichelt gezeichnet. Abb. 493b zeigt das gleiche für eine Zerstreuungslinse. Die Asymptoten liegen hier im Abstande $-f$ von der g- und der b-Achse. Man erkennt, daß eine Sammellinse von reellen Gegenständen sowohl reelle $(b > 0)$ als auch virtuelle Bilder $(b < 0)$, von virtuellen Gegenständen nur reelle Bilder erzeugen kann. Hingegen kann eine Zerstreuungslinse von reellen Gegenständen nur virtuelle Bilder, von virtuellen Gegenständen aber sowohl reelle als auch virtuelle Bilder erzeugen.

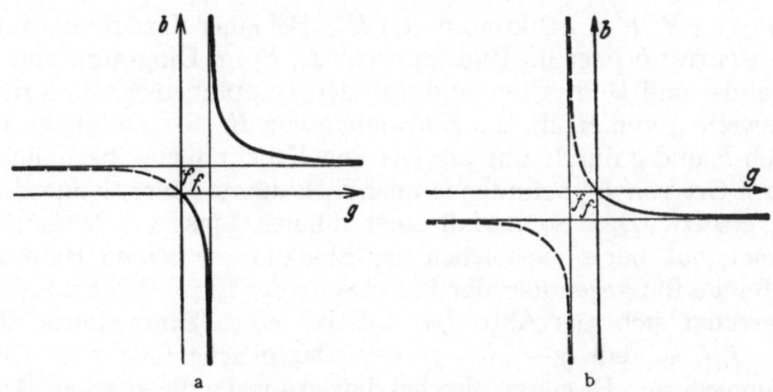

Abb. 493. Abbildungsverhältnisse a bei Sammellinsen (Hohlspiegeln), b bei Zerstreuungslinsen (Wölbspiegeln)

276. Dicke Linsen. Hauptebenen. Bei den bisher behandelten dünnen Linsen konnten wir bei der Bildkonstruktion davon absehen, daß jeder die Linse durchsetzende Strahl in ihr einen *doppelten Knick* erleidet, und wir durften ohne merklichen Fehler die beiden, sehr nahe benachbarten Knickpunkte in *einen einzigen Knickpunkt* zusammenfassen. Bei einer dicken Linse ist das wegen des größeren Abstandes der beiden Knickpunkte nicht möglich. Aber auch bei ihnen

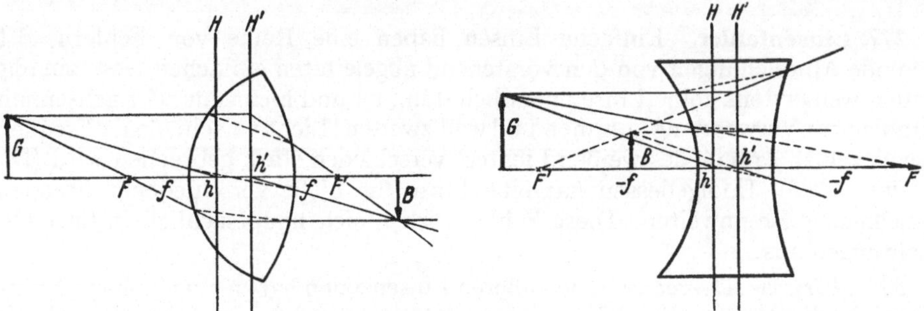

Abb. 494. Abbildung durch eine dicke Sammellinse   Abb. 495. Abbildung durch eine dicke Zerstreuungslinse

kann man nach LISTING[1] mit Hilfe eines idealisierten Strahlenganges ebenfalls mit einem einzigen Knick auskommen, der an einer den beiden *Hauptebenen* der Linse erfolgt. Das sind zwei zur Linsenachse senkrechte Ebenen H, H', deren Lage sich nach den Krümmungsradien, der Dicke und der Brechzahl der Linse richtet und deren Schnittpunkte h, h' mit der Achse die *Hauptpunkte* der Linse heißen (Abb. 494). Der Brennpunkt F ist der Hauptebene H, der Brennpunkt F' der Hauptebene H' zugeordnet. Daher verläuft im idealisierten Strahlengang ein durch den Brennpunkt F (Abb. 494) bzw. in Richtung auf F (Abb. 495) einfallender Strahl von der Hauptebene H ab achsenparallel; ein achsenparallel einfallender Strahl verläuft von der Hauptebene H' ab in Richtung auf den Brennpunkt F' (Abb. 494) bzw. in Richtung von F' fort (Abb. 495). Ferner verläuft im idealisierten Strahlengang ein in Richtung auf den Hauptpunkt h einfallender Strahl hinter der Linse, parallel zu sich selbst verschoben, durch den Hauptpunkt h', was dem bei einer dünnen Linse durch die Linsenmitte tretenden Strahl entspricht. In Abb. 494 und 495 ist die Bildkonstruktion an dicken Linsen dargestellt. Der wahre Strahlengang ist gepunktet angedeutet.

Die Brennweiten von dicken Linsen sind von den Hauptpunkten ab zu rechnen, und es ist $f = hF = h'F'$. Bei einer Sammellinse ist f positiv; F liegt

---

[1] JOHANN BENEDIKT LISTING, 1808—1882.

im Dingraum von H, F' im Bildraum von H'. Bei einer Zerstreuungslinse ist die Brennweite negativ; F liegt im Bildraum von H, F' im Dingraum von H'. Auch die Gegenstands- und Bildweiten sind von den Hauptebenen ab zu rechnen, die Gegenstandsweite g von H ab, die Bildweite b von H' ab. Die dicke Linse wird also bezüglich F und g durch eine am Ort von H befindliche, bezüglich F' und b durch eine am Ort von H' befindliche unendlich dünne Linse, beide von gleicher Brennweite, ersetzt. Der Sonderfall einer dünnen Linse ist demnach dadurch gekennzeichnet, daß bei einer solchen der Abstand der beiden Hauptebenen so klein ist, daß man ihn gegenüber der Brennweite der Linse vernachlässigen kann.

Man überzeugt sich aus Abb. 494, daß bei einer Sammellinse $B/G = b/g = f/(g-f) = (b-f)/f$, so daß $(g-f)(b-f) = f^2$. Das gleiche folgt aus Abb. 495 für eine Zerstreuungslinse. Es gelten also bei dicken Linsen die gleichen Beziehungen zwischen g, b und f wie bei dünnen Linsen.

Die Berechnung ergibt, daß der Abstand der beiden Hauptebenen einer Linse von der Dicke d und der Brechzahl n

$$a = d\,\frac{n-1}{n} \tag{276.1}$$

ist. Bei Linsen aus gewöhnlichem Linsenglas ($n \approx 1{,}5$) ist also $a \approx d/3$. Bei Linsen mit einer ebenen Fläche ist die eine Hauptebene die an die gekrümmte Fläche gelegte Tangentialebene. (Vgl. WESTPHAL: Physikalisches Praktikum, 19. Aufgabe.)

277. Linsenfehler. Einfache Linsen haben eine Reihe von Fehlern, d. h. störende Abweichungen von den vorstehend abgeleiteten einfachen Gesetzmäßigkeiten, weil erstens keine Linse unendlich dünn ist und nicht nur sehr achsennahe Strahlen zur Verwendung kommen und weil zweitens Licht verschiedener Frequenz (die einzelnen Anteile des weißen Lichtes) verschieden stark gebrochen wird (Dispersion, § 288). Infolgedessen hat eine Linse für Licht verschiedener Frequenz verschiedene Brennweiten. Diese Fehler wirken sich hauptsächlich in folgenden Richtungen aus:

a) Sphärische Aberration. Die äußeren Linsenzonen haben eine kleinere Brennweite als die Linsenmitte. Von einem Bündel parallel zur Achse einfallender

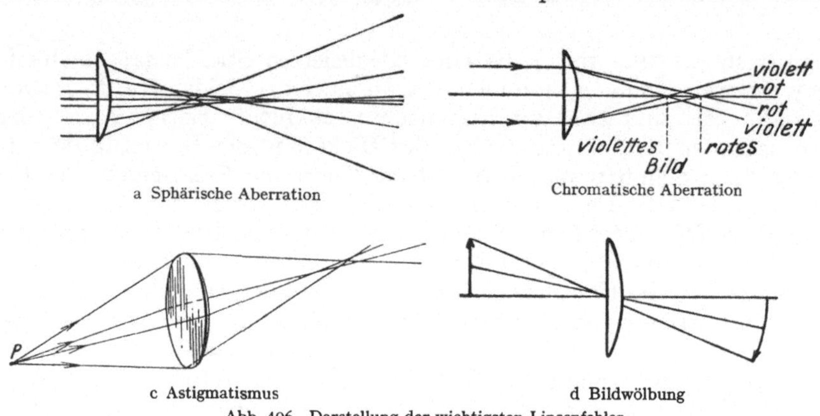

a Sphärische Aberration   Chromatische Aberration

c Astigmatismus   d Bildwölbung

Abb. 496. Darstellung der wichtigsten Linsenfehler

Strahlen schneiden die durch die äußeren Zonen der Linse tretenden die Achse in einem der Linse näheren Punkte als die der Linsenachse nahe einfallenden Strahlen (Abb. 496a, vgl. Abb. 476).

b) Chromatische Aberration. Die Brechzahl des Glases ist für Rot am kleinsten, für Violett am größten. Daher schneiden die roten Anteile des von den Punkten

eines Gegenstandes ausgehenden weißen Lichts einander in Punkten, die der
Linse ferner liegen, als die Schnittpunkte der violetten Anteile (Abb. 496b).

c) Astigmatismus schräger Büschel. Für außerhalb der Achse liegende Punkte
des Gegenstandes ist die Brennweite der Linse in den verschiedenen durch die
Linsenachse gehenden Ebenen verschieden groß (Abb. 496c, die Linse ist perspektivisch gezeichnet). Astigmatismus bewirkt Unschärfe und Verzerrungen in den
Bildecken.

d) Bildwölbung. Das Bild einer zur Linse parallelen, ebenen Fläche ist gewölbt
(Abb. 496d).

e) Verzeichnung ist vorhanden, wenn der Abbildungsmaßstab für verschiedene
Abstände von der Achse verschieden ist. In diesem Fall ist z.B. das Bild eines
zur Achse senkrechten Quadrats ein kissen- oder tonnenförmiges Vierseit.

Diese Linsenfehler kann man sehr weitgehend durch Kombination mehrerer
Linsen von geeigneten Krümmungsradien aus Glas von verschiedener Brechzahl
und Dispersion (Kronglas, Flintglas) beheben (Achromate, Aplanate, Anastigmate
usw.).

278. Das Auge. Der Bau des menschlichen Auges ist in seinen wesentlichen
Zügen in Abb. 497 dargestellt. Es ist nahezu kugelförmig und wird von der mit
einer Bindehaut umgebenen Lederhaut S um-
schlossen. Diese ist an ihrer Vorderseite als
durchsichtige Hornhaut H vorgewölbt. Hinter
dieser liegt die mit dem Kammerwasser Kw
gefüllte vordere Augenkammer. Es folgt die Iris
oder Regenbogenhaut mit der Pupille und die
Kristallinse L. Die Iris dient zur Regelung
der Menge des in das Auge gelangenden Lichtes,
also zur Verhütung von Blendung. Ihre Öffnung,
die Pupille, öffnet sich ohne unser Zutun mehr
oder weniger weit, je nach der herrschenden
Helligkeit, wirkt also als Blende. Das Augeninnere ist von dem gallertartigen Glaskörper G
erfüllt. Die innere Wandung des Auges ist von
der Netzhaut N bedeckt, die die lichtempfindlichen Zellen enthält, welche durch den Sehnerv

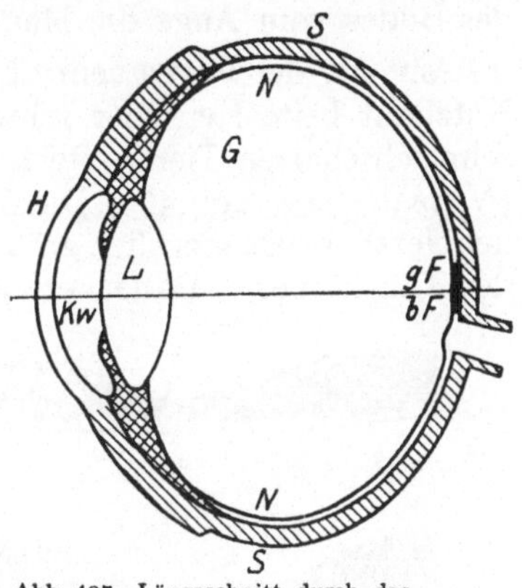

Abb. 497. Längsschnitt durch das
menschliche Auge

mit dem Sehzentrum im Gehirn verbunden sind. Das physikalische Wesen und
Verhalten des Auges ist zuerst von KEPLER (1604) erkannt worden.

Die Netzhaut enthält zwei Arten von lichtempfindlichen Zellen, die *Zäpfchen*
und die *Stäbchen.* Mit ersteren sehen wir im Hellen, mit letzteren im Dunkeln,
genauer: bei sehr schwacher Beleuchtung. Das menschliche Auge enthält etwa
120 Millionen Stäbchen und 7 Millionen Zäpfchen. Die Zäpfchen sind farbemp-
findlich, die Stäbchen nicht. Im Dunklen erkennen wir daher keine Farben.
(„Bei Nacht sind alle Katzen grau.") Im Hellen treten die Zäpfchen aus der
Netzhaut dem Licht entgegen; im Dunkeln ziehen sie sich zurück. Bei den
Stäbchen ist es umgekehrt. Die Stäbchen sind etwa 10 000mal empfindlicher als
die Zäpfchen. In der Umgebung der optischen Achse des Auges, in der Fovea
centralis, dem gelben Fleck der Netzhaut, befinden sich nur Zäpfchen, rund
160 000 auf 1 mm². Dort sind wir also bei Nacht blind. Ein Stern verschwindet,
wenn wir ihn genau so wie bei Tage zu fixieren suchen, was wir bei seiner Betrachtung aus unbewußter Erfahrung nicht tun. Auf der übrigen Netzhaut aber
überwiegen die Stäbchen. Beide Arten fehlen an der Eintrittsstelle des Sehnervs

Abb. 498. Zur Erkennung des blinden Flecks. Nach WAETZOLD, „Du und die Kunst"

in die Netzhaut, dem *blinden Fleck*. Der Ausfall des Sehvermögens an dieser Stelle wird uns für gewöhnlich nicht bewußt, einerseits aus Gewöhnung, dann aber auch deshalb, weil er bei den beiden Augen an verschiedenen Stellen des Gesichtsfeldes liegt. Fixiert man in Abb. 498 bei geschlossenem linken Auge eines der Augen der Katze mit dem rechten Auge, so verschwindet bei einem bestimmten Abstande des Bildes vom Auge die Maus, weil ihr Bild auf den blinden Fleck fällt.

Am Ort der Fovea centralis ist die Netzhaut beim Menschen schwach, bei sehr sehscharfen Tieren stark gewölbt (*Netzhautgrube*, Abb. 499). Die Brechzahl der Netzhaut ist merklich größer als die des Glaskörpers. Daher erfahren die

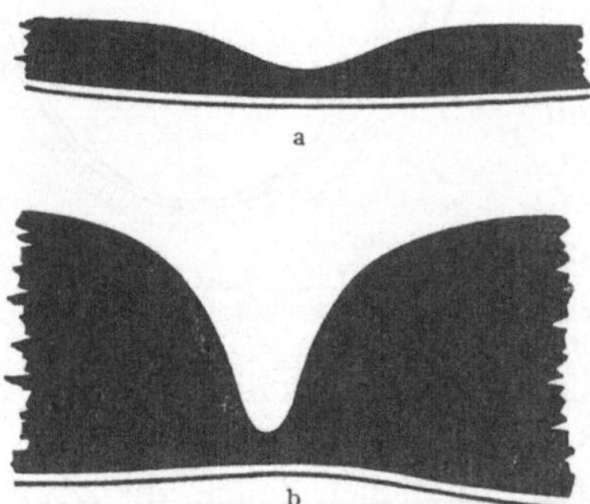

Abb. 499. Netzhautgrube. a beim Menschen, b beim Mäusebussard. Nach H. KAMANN

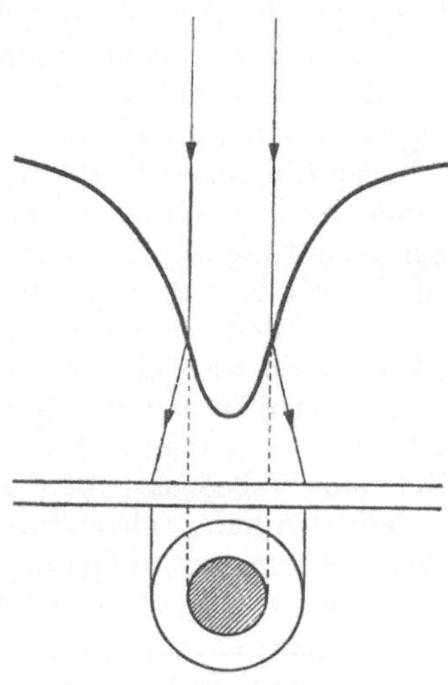

Abb. 500. Bildvergrößerung in der Netzhautgrube. Nach H. KAMANN

Lichtstrahlen an der Oberfläche der Netzhautgrube eine Brechung, welche hier, am Ort des deutlichsten Sehens, eine Vergrößerung des Netzhautbildes erzeugt (Abb. 500). Bei manchen Tieren mit seitlich gestellten Augen liegt die Netzhautgrube zur Ermöglichung beidäugigen Sehens an der Peripherie der Netzhaut (Abb. 501 a). Manche Tiere haben zwei Netzhautgruben, deren eine zum beidäugigen und deren andere zum einäugigen seitlichen Sehen dient (Abb. 501 b).

Die Reizung des Sehnervs beim Einfall des Lichtes in das Auge erfolgt durch photochemische Prozesse (§ 357) an den Stäbchen und den Zäpfchen. Die *Stäbchen* enthalten einen Sehstoff, den Sehpurpur — ein Chromoproteid, eine Verbindung aus einem Eiweiß und einem Farbstoff. Letzterer ist ein Carotinoid vom Typ der Xanthophylle der grünen Blätter. Bei Belichtung erfolgt eine Ausbleichung des Sehpurpurs und seine Verwandlung in Sehgelb und schließlich in Sehweiß. Dabei trennt sich der Farbstoff vom Trägereiweiß, und es findet eine Einwirkung auf die mit dem Sehnerven verbundenen Ganglienzellen statt. Der Farbstoff wird in den gelben „Ölkugeln" des Pigmentepithels gespeichert. Im Dunkeln wird der Sehpurpur wieder regeneriert. Daher dauert es einige Zeit, bis man nach dem Aufenthalt im Hellen wieder im Dunkeln sehen kann *(Adaptation)*. Bei den *Zäpfchen* verhält es sich ähnlich. Nach bisheriger Ansicht gibt es dort drei Arten von Sehstoffen, welche im Blau, im Gelb und im Rot absorbieren. (Vgl. die Dreifarbentheorie des Sehens, § 317.) Indessen lassen neuere Untersuchungen vermuten, daß es nur *einen* Sehstoff gibt, der aber auf Licht verschiedener Farbe verschieden reagiert. Mit

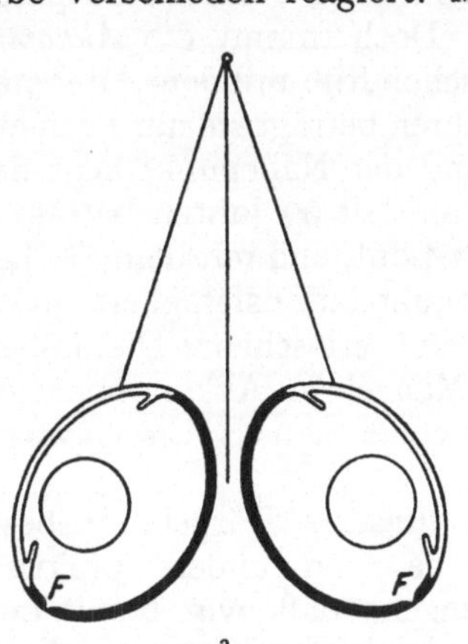
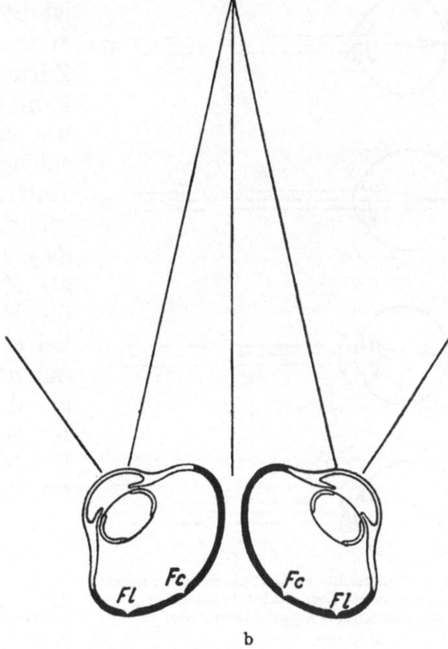

Abb. 501. Augen a der Peitschenschlange, b des Turmfalken. Nach H. Kamann

dem Abbau und der Rückbildung des Sehstoffs der Stäbchen ist eine Zu- und Abnahme des Gehalts der Netzhaut an Vitamin A auf eine bisher noch nicht ganz geklärte Weise verknüpft. Es ist aber bekannt, daß Mangel an diesem Vitamin schwere Nachtblindheit hervorruft. Die Sehzellen sind den Gehirnzellen äußerst ähnlich, und man kann das Auge als einen auf einen Außenposten versetzten Teil des Gehirns ansehen.

Das abbildende System des Auges wird in der Hauptsache durch die Kristalllinse gebildet; doch sind auch die Hornhaut und das Kristallwasser an der Abbildung beteiligt. Dieses System grenzt vorn an Luft, hinten an den Glaskörper, also an Stoffe von verschiedener Brechzahl. Daher ist die hintere Brennweite des Systems größer als die vordere. Bei einem *normalsichtigen (emmetropen)*, entspannten (nicht akkommodierten) Auge beträgt die vordere Brennweite 1,71 cm (Brechkraft 58,5 dpt), die hintere 2,28 cm (43,8 dpt). Ein solches Auge entwirft auf der Netzhaut ein umgekehrtes, reelles, sehr stark verkleinertes Bild ferner Gegenstände; sein hinterer Brennpunkt liegt also genau in der Netzhaut, sein *Fernpunkt* im Unendlichen (Abb. 502a).

Damit das Auge auch noch Gegenstände scharf sehen kann, die nicht sehr fern vom Auge (Abstand nicht sehr groß gegen äußere Brennweite) liegen, muß der hintere Brennpunkt des abbildenden Systems mehr oder weniger weit in das

Augeninnere verlegt werden. Da die Augentiefe unveränderlich ist, so geschieht das durch Verkleinerung der Brennweite. Im Ruhezustand ist die Kristallinse durch ein sie umgebendes Bändchen gespannt, der an diesem angreifende Ciliarmuskel schlaff. Beim Sehen näherer Gegenstände spannt sich dieser; dadurch wird das Bändchen entspannt, und die Linse krümmt sich stärker. Damit sind auch kleine Deformationen der anderen brechenden Medien im Auge verknüpft. Diese *Akkommodation* ist bei einem Abstand unterhalb von 5 bis 10 m nötig und erfolgt ohne unser bewußtes Zutun. Bei einem 10jährigen Menschen kann dadurch eine Zunahme der Brechkraft um etwa 14 dpt bewirkt werden, und ein solcher kann noch Gegenstände bis zu einer Entfernung von etwa 7 cm *(Nahepunkt)* scharf sehen. Doch nimmt die *Akkommodationsbreite* schon früh mit dem Alter stetig ab. Mit 30 Jahren beträgt sie nur noch etwa die Hälfte, und der Nahepunkt liegt dann bei etwa 15 cm. Mit 60 Jahren beträgt sie nur noch etwa 1 dpt, und mit dem 75. Jahre ist die Akkommodationsfähigkeit in der Regel überhaupt erloschen. Die höheren Grade dieses Mangels an Akkommodationsfähigkeit bezeichnet man als *Alterssichtigkeit (Presbyopie)*.

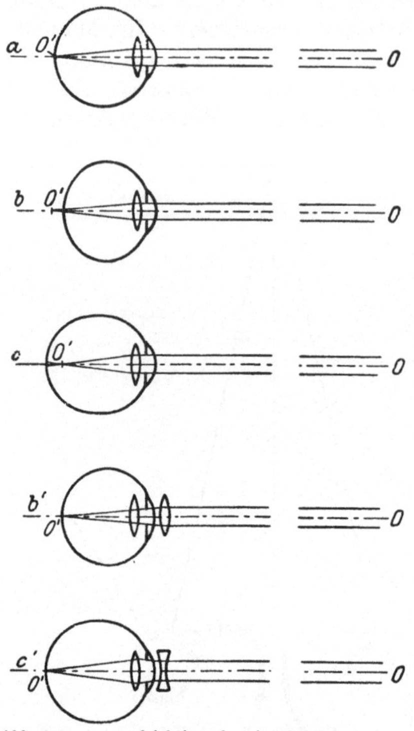

Abb. 502. a normalsichtiges, b weitsichtiges, c kurzsichtiges Auge; b′ korrigiertes weitsichtiges, c′ korrigiertes kurzsichtiges Auge

Die Maße unseres Körpers, insbesondere der Arme, und andere praktische Gründe bedingen, daß wir beim Lesen und vielen anderen Verrichtungen die betrachteten Gegenstände dem Auge so nahe bringen müssen, daß eine Akkommodation nötig ist. Der Normalsichtige wählt dafür ganz von selbst eine Entfernung von etwa 25 cm *(deutliche,* besser *bequeme* oder *konventionelle Sehweite, Normsehweite)*, weil die dann erforderliche Akkommodationsanstrengung noch gering ist und beschwerdelos lange Zeit ertragen wird, während das Auge das Sehen in der Entfernung des Nahepunktes nur kurze Zeit erträgt.

Ein Auge ist also normalsichtig, wenn der Brennpunkt der nicht akkommodierten Augenlinse in die Netzhaut fällt (Abb. 502a). Bei den *fehlsichtigen Augen* ist das nicht der Fall. Bei einem *weitsichtigen (hypermetropen)* Auge liegt der Brennpunkt hinter der Netzhaut, bei einem *kurzsichtigen (myopen)* Auge vor der Netzhaut (Abb. 502b und c). Ersteres hat also eine zu kleine, letzteres eine zu große Brechkraft. Anatomisch liegt der Fehler jedoch meist nicht an einer von der Regel abweichenden Brennweite, sondern an einer zu kleinen bzw. zu großen Tiefe des Augapfels.

Da man durch Akkommodation die Brennweite nur verkleinern, aber nicht vergrößern kann, so vermag ein *kurzsichtiges* Auge Gegenstände jenseits einer bestimmten Entfernung nicht mehr scharf zu sehen. Sein Fernpunkt liegt im Endlichen. Es kann aber durch Akkommodieren noch nähere Gegenstände scharf sehen als ein normalsichtiges Auge von gleicher Akkommodationsbreite. Sein Nahepunkt liegt näher als der eines normalsichtigen Auges. Hierin liegt ein gewisser Vorteil, der sich oft angenehm bemerkbar macht. Aber auch der

Kurzsichtige verfällt schließlich der Alterssichtigkeit, und dann geht ihm dieser Vorteil verloren.

Das *weitsichtige* Auge muß einen mehr oder weniger großen Teil seiner Akkommodationsbreite bereits dazu verwenden, um schon beim Sehen in die Ferne den Brennpunkt der Augenlinse in die Netzhaut zu verschieben. Es muß also beim Sehen *unter allen Umständen akkommodieren.* Zum Sehen auf kleinere Entfernungen bleibt ihm nur ein Teil seiner Akkommodationsbreite übrig. Es hat überhaupt keinen reellen Fernpunkt, und sein Nahepunkt liegt entfernter als der des Normalsichtigen. Weitsichtigkeit ist wohl das größere Übel, da sie mit keinerlei Vorteilen verknüpft ist und das Auge durch die Notwendigkeit ständiger Akkommodation beim Sehen auf jede Entfernung dauernd angestrengt wird.

Zum Ausgleich der verschiedenen Arten von Fehlsichtigkeit dienen die *Brillen.* Da das kurzsichtige Auge einen Überschuß, das weitsichtige einen Mangel an Brechkraft hat, so bedarf der Kurzsichtige einer Brille mit negativer Brechkraft, einer Zerstreuungslinse, der Weitsichtige einer Brille mit positiver Brechkraft,

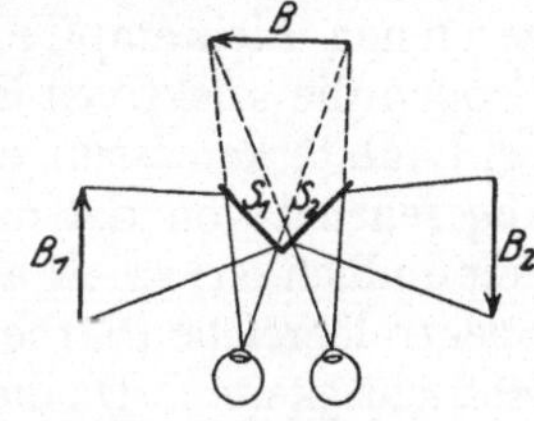
Abb. 503. Stereoskop

einer Sammellinse (Abb. 502b' und c'). Der an sich normalsichtige Alterssichtige bedarf zum Ausgleich seiner geringen Akkommodationsbreite zum Sehen in der Nähe einer Brille (Nahbrille), die die Brechkraft seines Auges erhöht, also einer Sammellinse. Alterssichtige Kurzsichtige bedürfen außer ihrer Fernbrille ebenfalls einer Nahbrille, die die Brechkraft ihrer Augenlinse erhöht. Diese muß also bei Kurzsichtigen eine kleinere negative Brechkraft haben als die Fernbrille.

Die Brillen sind nicht nur dazu da, daß man überhaupt scharf sieht, sondern auch — vor allem bei Weitsichtigen — um das Auge zu schonen, indem sie ständige oder ungewöhnlich große Akkommodationsanstrengungen unnötig machen. Jeder Brillenträger sollte sich daher darüber klar sein, unter welchen Umständen er besser die Nah- oder Fernbrille oder das bloße Auge benutzt.

Ein anderer, ziemlich verbreiteter Augenfehler ist der *Astigmatismus.* Er liegt dann vor, wenn das abbildende System des Auges nicht — wie eine sphärische Linse — achsensymmetrisch ist, sondern in zwei zueinander senkrechten Richtungen eine verschiedene Brechkraft hat. Dann werden z. B. zwei in gleicher Entfernung liegende, zueinander und zur Blickrichtung senkrechte Strichsysteme nicht gleichzeitig scharf gesehen. Auch dieser Fehler kann durch eine Brille korrigiert werden, die bei einem sonst normalsichtigen Auge aus einer schwachen Zylinderlinse besteht, die geeignet orientiert ist. Bei auch sonst fehlsichtigen Augen muß der zylindrische Schliff dem sphärischen Schliff der gewöhnlichen Fern- und Nahbrille überlagert werden.

Die Augen vermitteln uns nicht nur Licht- und Farbeindrücke, sondern auch Raumeindrücke, nicht nur das Nebeneinander, sondern auch das Hintereinander der Dinge. Das verdanken wir dem Besitz zweier Augen. Wegen ihres Abstandes sehen wir mit beiden Augen nicht genau das gleiche Bild. Diese Ungleichheit wird uns aber im allgemeinen — außer bei sehr kleiner Gegenstandsentfernung — nicht bewußt, weil nur das eine der beiden Bilder — meist das des rechten Auges — ins Bewußtsein tritt. Die im Unterbewußtsein bleibende Verschiedenheit der beiden Bilder ist es, die uns die Raumeindrücke vermittelt. Einäugige Menschen vermögen kleine Entfernungen schwer zu beurteilen.

Das Stereoskop (WHEATSTONE), von dem Abb. 503 eine einfache Ausführung zeigt, vermittelt räumliche Eindrücke mit Hilfe von Bildern. Von dem gleichen Gegenstande werden zwei Aufnahmen aus ein wenig verschiedenen Richtungen gemacht, so daß die beiden Bilder ein wenig verschieden sind. Das geschieht mit einem doppelten Lichtbildgerät, dessen beide Objektive einen gewissen Abstand voneinander haben. Diese Bilder B_1 und B_2 werden so vor die beiden Spiegel S_1 und S_2 des Stereoskops gebracht, daß jedes Auge nur eines von ihnen sieht und sie am Orte B scheinbar räumlich zusammenfallen. Das Gehirn deutet den so entstehenden Eindruck in gewohnter Weise als die Folge eines räumlichen Hintereinander der dargestellten Gegenstände.

279. Lichtmessung. Die Verfahren der Lichtmessung (Photometrie) unterscheiden sich von den sonst üblichen physikalischen Meßverfahren dadurch, daß sie das Licht *visuell* bewerten, d.h. nach der Stärke der von ihm im Auge hervorgerufenen Lichtempfindung. Daher gehen in die Messungen photometrischer Größen die selektiven Eigenschaften des Auges ein. (Analoge Verhältnisse liegen bei Lautstärkemessungen vor, in welche Eigenschaften des Ohres eingehen.) Ganz abgesehen davon, daß das Auge nur für rund eine Oktave des gesamten Spektrums empfindlich ist, spielt auch seine verschiedene Empfindlichkeit für die einzelnen Spektralbereiche (Farben) eine entscheidende Rolle, ganz zu schweigen von Farbfehlsichtigkeiten. Da diese spektrale Empfindlichkeit V_λ auch bei normalen Augen ein wenig schwankt, so werden die photometrischen Messungen auf die *spektrale Empfindlichkeitskurve* eines gedachten *Normalbeobachters* bezogen (Abb. 504), die als Mittelwert aus Messungen an zahlreichen normalsichtigen Augen gewonnen ist.

Die *Leuchtdichte B* ist ein Maß für die von einer selbst- oder fremdleuchtenden Fläche je Flächen- und Raumwinkeleinheit ausgehende, visuell bewertete Lichtwirkung. Ihre internationale Einheit 1 *Stilb* (sb) ist definiert als $^1/_{60}$ der Leuchtdichte der Oberfläche eines schwarzen Körpers (§320) bei der Temperatur des erstarrenden Platins (2042 K) in senkrechter Richtung.

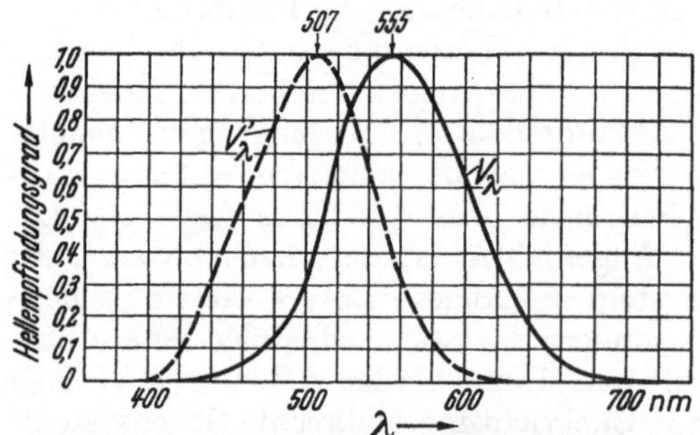

Abb. 504. Hellempfindlichkeitskurve (ausgezogen), Maximum bei 555 nm. Bei sehr geringer Lichteinwirkung liegt die Kurve (gestrichelt) nm etwa 50 nm weiter links. Die absolute Stärke des Lichtreizes ist bei allen Wellenlängen als gleich angenommen. (V_λ in Bruchteilen des Maximalwertes)

Die *Lichtstärke J* einer leuchtenden Fläche (Lichtquelle) ist das Produkt aus ihrer Leuchtdichte und der Größe A der Fläche, $J = BA$. Ihre Einheit ist demnach 1 sb cm² $=$ 1 *Candela* (cd) (zeitweise Neue Kerze genannt) und etwa gleich dem 1,1fachen der alten deutschen Einheit 1 Hefner-Kerze (HK).

Der von einer Lichtquelle von der Lichtstärke J innerhalb des räumlichen Winkels Ω ausgehende *Lichtstrom Φ* ist definiert als die Größe $\Phi = J\Omega$. Bei Beobachtung mit dem Auge ist Ω durch die Größe der Augenpupille und deren Abstand von den einzelnen Punkten der Lichtquelle bestimmt. Die internationale Einheit des Lichtstroms ist 1 cd sr $=$ 1 *Lumen* (lm). (sr $=$ Steradiant, §8.) Im Maximum der Hellempfindlichkeitskurve (Abb. 504) entspricht 680 Lumen der Lichtleistung (Lichtenergie/Zeit) 1 Watt (sog. *Lichtäquivalent*).

Die *Beleuchtungsstärke E* einer Fläche A bei senkrechtem Einfall ist der Quotient $E = \Phi/A$, bei Einfall unter dem Winkel φ aber $E = \Phi/A \cdot \cos\varphi$ *(1. Lambertsches Cosinusgesetz)*. Die internationale Einheit der Beleuchtungsstärke ist 1 lm m⁻² $=$ 1 *Lux* (lx).

Das besondere bei der Lichtmessung ist, daß die auftretenden Größen nicht physikalisch, sondern visuell bewertet werden. So ist z.B. der Lichtstrom eine visuell bewertete Leistung, die Lichtstärke ein Quotient aus Lichtstrom und räumlichem Winkel. Diese Bewertungsart erfordert die Definition besonderer Meßvorschriften bzw. Einheitendefinitionen, die den selektiven Eigenschaften des Auges Rechnung tragen. International gilt als Grundeinheit die Candela.

In vielen Fällen gilt in weitgehender Näherung das *2. Lambertsche Cosinusgesetz*: Der von einer Fläche unter dem Winkel φ gegen die Flächennormale ausgehende Lichtstrom ist $\cos\varphi$ proportional. Dann erscheint die Fläche, weil ihre Projektion auf eine zur Sichtlinie senkrechte Fläche ebenfalls $\sim\cos\varphi$ ist, unabhängig von ihrer Orientierung zur Sichtlinie stets in gleicher Leuchtdichte, eine leuchtende Kugel als überall gleichmäßig stark leuchtende Scheibe. Streng gilt dies nur für einen schwarzen Körper (§ 320), aber z. B. nicht für die Sonne, deren Scheibe am Rande um etwa 10 % schwächer leuchtet als in der Mitte *(Randverdunklung)*.

Befindet sich eine ebene Fläche A in nicht allzu kleiner Entfernung r $(r^2 \gg A)$ von einer Lichtquelle von der Lichtstärke J und steht sie senkrecht auf r, so beträgt der räumliche Öffnungswinkel der auf sie fallenden Strahlung $\Omega = A/r^2$, der auf sie fallende Lichtstrom also $\Phi = J\Omega = JA/r^2$ und ihre Beleuchtungsstärke

$$E = \frac{\Phi}{A} = \frac{J}{r^2}. \tag{279.1}$$

[Vgl. (81.2).] Erzeugen zwei Lichtquellen in den Entfernungen r_1 und r_2 auf einer zur Lichteinfallsrichtung senkrechten Fläche die gleiche Beleuchtungsstärke E, so gilt demnach

$$\frac{J_1}{r_1^2} = \frac{J_2}{r_2^2}. \tag{279.2}$$

Da der von einer leuchtenden Fläche her in die Pupille des Auges gelangende Lichtstrom dem Quadrat des Abstandes umgekehrt proportional ist, das gleiche aber auch für die scheinbare Größe der leuchtenden Fläche gilt, so erscheint uns ein leuchtender Körper, unabhängig von seiner Entfernung, stets in gleicher Leuchtdichte, aber natürlich nur dann, wenn auf dem Wege des Lichtes keine Absorption stattfindet.

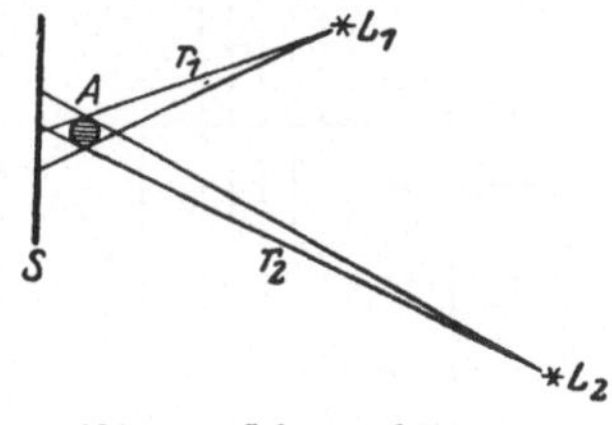

Abb. 505. Schattenphotometer

Auch für Lichtreize gilt das Weber-Fechnersche Gesetz (§ 98), also sehr angenähert die Beziehung $de = \text{const } dR/R$. Eine Änderung dR eines Lichtreizes R erzeugt also eine um so stärkere Änderung de der Lichtempfindung, je schwächer der Reiz ist.

Um Lichtstärken zu messen, muß man mit derjenigen einer Lichtquelle vergleichen, die die Lichtstärkeneinheit verwirklicht bzw. einer solchen, deren Lichtstärke bereits bekannt ist. Zu einem quantitativen Vergleich ist das Auge (ebenso wie das Ohr) nicht fähig; wohl aber vermag es sehr genau festzustellen, ob die Empfindungen, die zwei Lichtquellen erzeugen, *gleich stark* sind. (Vgl. das entsprechende Verfahren beim Schall, § 98). Alle subjektiven Verfahren beruhen darauf, daß man die Beleuchtungsstärken, die zwei Lichtquellen auf zwei aneinander grenzenden Flächen erzeugen, derart abgleicht, daß die beiden Flächen gleich hell erscheinen. Die Abgleichung erfolgt am einfachsten auf Grund von (279.2) durch Abstandsänderungen. Geräte zur Lichtmessung heißen *Photometer*. Wir wollen nur zwei einfache Beispiele geben.

Schattenphotometer (Pierre Bouguer[1] 1729). Die zu messende und die Vergleichslichtquelle stehen vor einem weißen Schirm S. Dicht vor dem Schirm steht ein Stab A (Abb. 505). Beide Lichtquellen werfen einen Schatten dieses

---

[1] Pierre Bouguer, 1698—1758.

Stabes auf den Schirm. Sie werden so aufgestellt, daß die beiden Schatten einander berühren. Sie sind nicht vollkommen dunkel, sondern ihre Orte werden jeweils nur von einer der beiden Lichtquellen beleuchtet. Diese werden verschoben, bis die beiden Schatten gleich hell erscheinen, also in ihnen die gleiche Beleuchtungsstärke herrscht. Dann verhalten sich nach (279.2) die Lichtstärken der beiden Lichtquellen wie die Quadrate ihrer Abstände von der Fläche.

Fettfleckphotometer von BUNSEN. In der Mitte eines in einen Rahmen gespannten Blattes Schreibpapier (Abb. 506) befindet sich ein kleiner Fettfleck F (z.B. ein Flöckchen Stearin durch Erwärmen einziehen lassen). Es falle zunächst nur von einer Seite her Licht auf das Photometer. Dieses wird vom Papier zurückgeworfen, vom Fettfleck aber zum großen Teil hindurchgelassen und tritt dort auf der Rückseite aus. Infolgedessen erscheint, von der beleuchteten Seite aus gesehen, der Fettfleck dunkel auf hellem Grunde, von der anderen Seite her gesehen hell auf dunklem Grunde. Bringt man auf der anderen Seite ebenfalls eine Lichtquelle an, so kann man durch Wahl des richtigen Abstandsverhältnisses die Beleuchtungsstärken auf beiden Seiten gleich groß machen. Dann zeigt der Fettfleck (der dann aber dunkler ist als seine Umgebung) auf beiden Seiten den gleichen *Kontrast* gegen seine Umgebung. Dann gilt wieder (279.2). Daß der Fettfleck nicht — wie man manchmal lesen kann — völlig verschwindet, beruht darauf, daß das durch ihn hindurchtretende Licht durch Absorption merklich geschwächt wird, während das für das an seiner Umgebung reflektierte Licht viel weniger der Fall ist. (Vgl. WESTPHAL: Physikalisches Praktikum, 29. Aufgabe.)

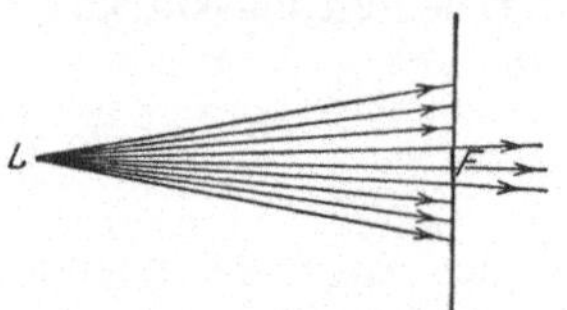

Abb. 506. Zum Fettfleckphotometer

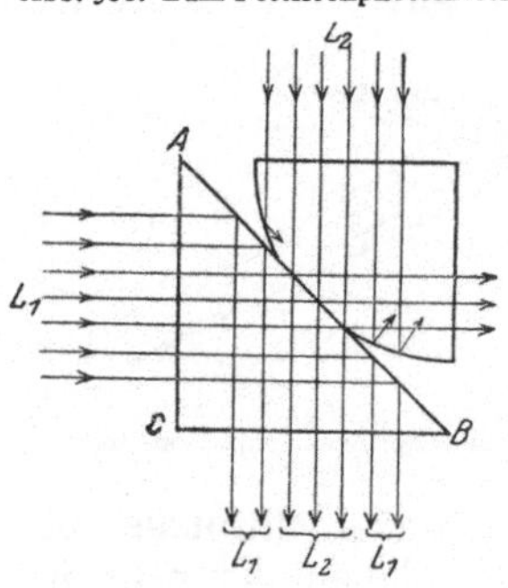

Abb. 507. Photometerwürfel nach LUMMER-BRODHUN

Für genauere Messungen dient das Lummer[1]-Brodhunsche Photometer. Sein wesentlicher Teil ist der *Photometerwürfel* (Abb. 507). Er besteht aus zwei rechtwinkligen Glasprismen, von denen das eine, bis auf ein mittleres ebenes Stück, an seiner Hypotenusenfläche rund geschliffen ist. Die beiden Prismen berühren einander in der aus der Abbildung ersichtlichen Weise. Das Licht der beiden zu vergleichenden Lichtquellen fällt in eine der Kathetenflächen je eines der beiden Prismen senkrecht ein. Wie in § 272 näher ausgeführt ist findet in diesem Falle dort, wo das Licht an die Grenze des Glases gegen Luft tritt, vollständige Zurückwerfung (Totalreflexion) des Lichts statt, während es durch die Berührungsebene der bei den Prismen hindurchtritt. Aus der Prismenfläche BC tritt daher in der Mitte des Gesichtsfeldes nur Licht aus, welches von der Lichtquelle L_2 herrührt, während aus den Randbezirken nur Licht der Lichtquelle L_1 austritt. Die Prismenfläche AB spielt also etwa die gleiche Rolle wie die Papierfläche des Fettfleckphotometers. Das von ihr herkommende Licht rührt teils von der einen, teils von der anderen Lichtquelle her. Die Berührungsebene entspricht dem Fettfleck. Sie ist in diesem Fall ebenso hell wie ihre Umgebung, wenn die Beleuchtungsstärke in der Berührungsfläche durch beide Lichtquellen gleich groß ist.

Andere Photometer beruhen darauf, daß man bei feststehenden Lichtquellen die Beleuchtungsstärke, die die stärkere von ihnen auf einer Fläche erzeugt, um einen meßbaren Betrag schwächt und derjenigen gleich macht, die die andere

---

[1] OTTO LUMMER, 1860—1925.

Lichtquelle dort hervorruft. Die meßbare Schwächung kann erfolgen, indem
man einen grauen Glaskeil oder zwei Nicolsche Prismen (§ 304), die gegeneinander
gedreht werden können, in den Strahlengang bringt, durch Verkleinerung einer
im Strahlengang stehenden Blende usw.

In die Methoden, welche Lichtstärken nach dem vorstehend geschilderten
Prinzip messen, geht das Auge des Beobachters mit seinen individuellen Eigenschaften ein. Hiervon frei sind die Verfahren, welche die Beleuchtungsstärke
auf elektrischem Wege messen, nämlich mit Hilfe des lichtelektrischen Effekts
(§ 336). Doch ist dann eine Reduktion auf die Verhältnisse des menschlichen
Auges (des internationalen Normalbeobachters) erforderlich, da ein solches Gerät
das Licht physikalisch, nicht visuell, bewertet. Es gibt aber Lichtfilter, die ein
spektrales Absorptionsvermögen von solcher Art haben, daß bei ihrer Einschaltung
in den Strahlengang die spektrale Empfindlichkeit spezieller lichtelektrischer
Zellen der des Normalbeobachters recht genau entspricht. Auch die Schwärzung
einer photographischen Platte kann mit gewissen Korrekturen — die Schwärzung
ist der absorbierten Lichtenergie nicht proportional — zu Lichtmessungen benutzt werden.

Genaue visuelle Lichtmessungen sind nur möglich, wenn die zu vergleichenden
Lichtquellen nahezu gleiche Farbe haben. Eine weißglühende Glühlampe kann
mit einer gelblich leuchtenden Kerze nicht unmittelbar verglichen werden.

280. Schärfentiefe. Beim Auffangen eines reellen Bildes auf der Ebene eines
Schirms, einer Mattscheibe oder einer photographischen Schicht werden nur
diejenigen Punkte scharf, also wieder als
Punkte, abgebildet, welche im Dingraum
in einer Ebene liegen, die zu jener Ebene
im Verhältnis von Gegenstand zu Bild
steht. Man nennt jene Ebene die *Mattscheibenebene*, die andere die *Einstellebene*. Strahlen, welche von einem Gegenstandspunkt ausgehen, der vor oder
hinter der Einstellebene liegt, schneiden
einander vor oder hinter der Mattscheibenebene, erzeugen also auf der
Mattscheibenebene kein punktförmiges
Bild, sondern eine unscharfe, kreisförmige Lichterscheinung, einen Zerstreu-
ungskreis. Das gleiche gilt bezüglich der Ebene im Okular eines optischen Gerätes, in

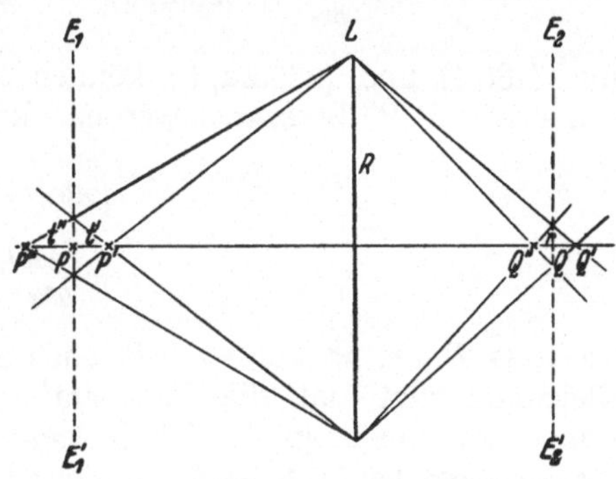

Abb. 508. Zur Ableitung der Schärfentiefe bei einer Sammellinse

der das vom Objektiv erzeugte reelle Bild des betrachteten Gegenstandes entsteht,
und daher auch bezüglich derjenigen Ebene, in der das vom Okular erzeugte
virtuelle Bild entsteht und auf die unser Auge bei der Betrachtung des Bildes
durch das Okular akkommodiert.

Aus der Tatsache aber, daß die lichtempfindlichen Zellen des Auges nicht
punktförmig sind, sondern eine — wenn auch sehr kleine — endliche Größe haben,
folgt, daß das Auge zwischen einem Punkt und einem ausreichend kleinen Zerstreuungskreis nicht zu unterscheiden vermag, sofern der Durchmesser des letzteren
im Auge kleiner als etwa 0,0005 cm ist. Das Bild eines Punktes kann dem Auge
noch scharf erscheinen, wenn es geometrisch nicht mehr streng scharf ist. Es
besteht daher ein bestimmter Spielraum vor und hinter der Einstellebene derart,
daß in ihm liegende Punkte in der Mattscheibenebene auch noch praktisch scharf
abgebildet erscheinen. Die Tiefe dieses Bereichs heißt *Schärfentiefe* (weniger gut
Tiefenschärfe). Sie spielt eine große Rolle bei der Abbildung von Gegenständen,

die eine größere Tiefenausdehnung haben, z.B. bei der photographischen Aufnahme einer Umgebung, deren einzelne Teile relativ große Abstandsunterschiede vom Aufnahmegerät haben.

Abb. 508 zeigt eine Sammellinse L vom Radius R; $E_1 E_1'$ sei eine beliebige Einstellebene, $E_2 E_2'$ die ihr als ihr Bild zugeordnete Mattscheibenebene. Dann wird der Achsenpunkt P in den Achsenpunkt Q geometrisch scharf abgebildet. Es sei r der Radius eines Zerstreuungskreises, der eben noch den Eindruck eines scharfen Bildes in der Mattscheibenebene vermittelt, und es seien P' und P'' die beiden Achsenpunkte hinter und vor der Einstellebene, bei deren Abbildung ein Zerstreuungskreis von gerade dieser Größe in der Mattscheibenebene entsteht; Q' und Q'' seien ihre wirklichen Bilder. Der Zerstreuungskreis ist um so größer, je größer der Öffnungswinkel des abbildenden Strahlenbüschels ist, je größer also bei sonst gleichen Verhältnissen der Radius R der Linse (bzw. einer im Strahlengang befindlichen, die Öffnung des Strahlenbüschels begrenzenden Blende) ist.

Es seien g, $g'=g-t'$, $g''=g+t''$ die Gegenstandsweiten von P, P', P'', b, b', b'' die Bildweiten von Q, Q', Q'' und f die Brennweite der Linse. Dann ist nach (275.4a)

$$b = \frac{gf}{g-f}\,, \qquad b' = \frac{(g-t')f}{g-t'-f}\,, \qquad b'' = \frac{(g+t'')f}{g+t''-f}\,. \tag{280.1}$$

Aus Abb. 508 liest man ab

$$\frac{r}{R} = \frac{b'-b}{b'} \quad\text{(280.2a)} \qquad \text{und} \qquad \frac{r}{R} = \frac{b-b''}{b''}\,. \tag{280.2b}$$

Aus (280.1) und (280.2a, b) können $t'=PP'$, $t''=PP''$ und die Gesamttiefe $t=t'+t''=P'P''$ berechnet werden. Eine einfache Rechnung ergibt

$$t' = \frac{g(g-f)\,r}{Rf+r(g-f)}\,, \quad\text{(280.3a)} \qquad t'' = \frac{g(g-f)\,r}{Rf-r(g-f)}\,, \tag{280.3b}$$

$$t = \frac{2Rfg((g-f)\,r}{R^2 f^2 - r^2(g-f)^2}\,. \tag{280.3c}$$

Da stets $R\gg r$, so können wir auch schreiben $t=2g(g-f)\,r/(Rf)$. Aus dieser Gleichung folgt, daß die Schärfentiefe bei gegebener Brennweite und Gegenstandsweite um so größer ist, je kleiner der Radius R der Linse (bzw. der den Strahlengang begrenzenden Blende) ist. Man kann also die Schärfentiefe durch Abblenden vergrößern, allerdings nur auf Kosten der Helligkeit des Bildes, wie jedem Photographen geläufig ist.

281. Bildwerfer. Zur Erzeugung von reellen Bildern von großen Abmessungen und großer Helligkeit mit Hilfe kleiner Film- oder Glasbilder (Kino usw.) genügt es nicht, wenn man den Film oder die Platte von hinten beleuchtet und mit einer Linse abbildet. Dabei würde der größte Teil des Lichtes gar nicht durch die Linse hindurchtreten, sondern seitlich an ihr vorbeigehen, und das Lichtbild wäre viel zu lichtschwach. Um das gesamte Licht, welches durch den Film hindurchtritt, für die Abbildung auszunutzen, befindet sich vor dem Film G (Abb. 509) der Kondensor K, ein System aus zwei oder mehr großen Linsen, dessen Brennweite so berechnet ist, daß es die Lichtquelle A (lichtstarke Metallfadenlampe mit kleiner leuchtender Fläche) im

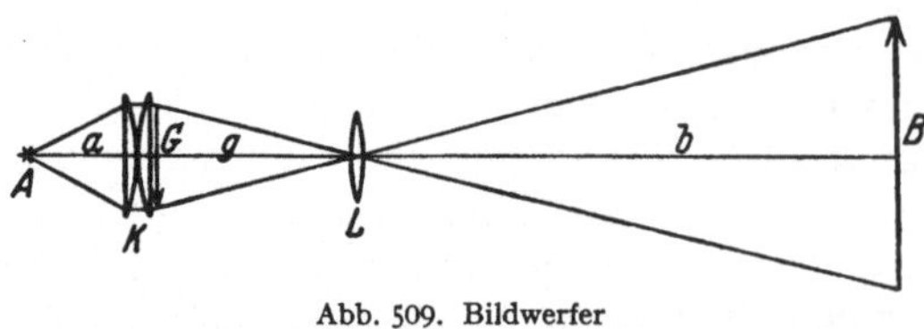

Abb. 509. Bildwerfer

Projektiv L abbildet, während dieses vom Film G das Bild B auf dem Schirm entwirft. Es sind also beim Bildwerfer zwei Abbildungsbedingungen gleichzeitig zu erfüllen *(verflochtener Strahlengang)*. Sind sie nicht erfüllt, so entstehen (durch Dispersion) um das Bild gelbe oder blaue Ränder.

282. Allgemeines über Vergrößerung bei Lupe, Mikroskop und Fernrohr. Bei den im folgenden zu besprechenden optischen Geräten, Lupe, Fernrohr und Mikroskop, betrachtet das Auge ein virtuelles Bild des Gegenstandes. Bei Lupe und Mikroskop ist es größer, beim Fernrohr kleiner als der Gegenstand. Der Zweck dieser Geräte ist an sich gar nicht so sehr die Erzeugung eines Bildes von veränderten Abmessungen, sondern die Verdeutlichung der Struktur oder der Umrisse von Gegenständen, welche ohne diese Geräte der Auflösung durch unser Auge nicht mehr zugänglich sind. Entweder sind wir nicht in der Lage, uns

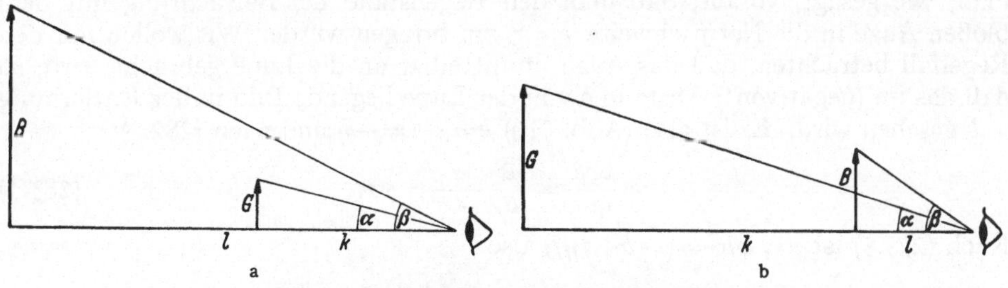

Abb. 510. Zur Vergrößerung durch ein optisches Gerät

ihnen so weit zu nähern, daß wir diese Struktur deutlich sehen; dann bedienen wir uns des Fernrohrs. Oder es genügt auch die größtmögliche Annäherung des Auges (Nahepunkt, §278) nicht, um eine Auflösung zu bewirken; dann benutzen wir eine Lupe oder ein Mikroskop. Um das Problem auf einen möglichst einfachen Fall zurückzuführen, betrachten wir zwei nahe benachbarte Punkte, die sich in einem gewissen Abstand vom Auge befinden. Die Augenlinse entwirft von ihnen ein Bild auf der Netzhaut, auf der die beiden Punktbilder sehr dicht beieinanderliegen. Diese werden vom Auge nur dann als zwei getrennte Erscheinungen wahrgenommen, wenn sie nicht auf die gleiche lichtempfindliche Zelle (Zäpfchen oder Stäbchen, §278) der Netzhaut fallen. Damit das nicht der Fall ist, dürfen die beiden Punkte, vom Auge aus gesehen, keinen kleineren *Winkelabstand* als etwa 1′ haben. Dies entspricht bei einer Entfernung von 100 m etwa einem Punktabstand von 3,3 cm und bei einer Entfernung von 15 cm einem Abstand von $5 \cdot 10^{-3}$ cm $=\frac{1}{20}$ mm (EUKLID[1]). Wir können also eine Struktur nur dadurch deutlicher machen, daß wir *den Winkel vergrößern*, unter dem wir die einzelnen Elemente der Struktur bzw. den ganzen Gegenstand sehen. Das natürliche Maß für die *Vergrößerung* ist daher das Verhältnis β/α, wenn β der Winkel ist, unter dem das mit dem optischen Gerät erzeugte Bild eines Gegenstandes dem Auge erscheint, α der Winkel, unter dem er mit bloßem Auge erblickt wird. Dabei gilt bei nahen Gegenständen die Übereinkunft, daß sich der Gegenstand im zweiten Fall in der Normsehweite (§278) $s=25$ cm vom Auge befinden soll. Aus rechnerischen Gründen ist es bequemer, die durchweg sehr kleinen Winkel α und β durch ihre tg zu ersetzen. Man definiert deshalb die Vergrößerung eines optischen Gerätes als das Verhältnis

$$v = \frac{\operatorname{tg}\beta}{\operatorname{tg}\alpha}.\qquad(282.1)$$

---

[1] EUKLEIDES, um 300 v. Chr.

31*

Der Gegenstand G befinde sich bei Betrachtung mit dem bloßen Auge in der Entfernung k vom Auge, das Bild B im Abstande l von ihm (Abb. 510). Dann ist $\operatorname{tg}\alpha = G/k$, $\operatorname{tg}\beta = B/l$; also ist

$$v = \frac{B}{G}\,\frac{k}{l} = \gamma\, v_t. \tag{282.2}$$

$B/G = \gamma$ ist der *Abbildungsmaßstab* (§ 267), $k/l = v_t$ die *Tiefenvergrößerung*, d.h. derjenige Bruchteil der Vergrößerung, der von der durch das Gerät bewirkten Abstandsänderung herrührt. In der Abb. 510a ist $B > G$, $l > k$, $v > 1$. Es kann aber z.B. auch $B < G$ und $l < k$ und auch dann $v > 1$ sein (Abb. 510b).

283. Die Lupe. Eine Lupe ist eine Sammellinse, mit der man das vergrößerte aufrechte, virtuelle Bild eines innerhalb oder in ihrer Brennebene liegenden Gegenstandes betrachtet (§ 275, Abb. 490). Bei der Berechnung der Vergrößerung setzt man, wie gesagt, voraus, daß man den Gegenstand bei Betrachtung mit dem bloßen Auge in die Normsehweite $s = 25$ cm bringen würde. Wir wollen nur den Regelfall betrachten, daß das Auge unmittelbar an die Lupe gebracht wird, so daß das im (negativen!) Abstand b von der Lupe liegende Bild in der Entfernung $-b$ gesehen wird. Es ist also (Abb. 510) $k = s$, $l = -b$ und nach (282.2)

$$v = \frac{\operatorname{tg}\beta}{\operatorname{tg}\alpha} = \frac{B}{G}\,\frac{s}{-b} = \gamma\, v_t. \tag{283.1}$$

Nach (275.5) ist $\gamma = B/G = (-b+f)/f$, also

$$v = \frac{s}{f}\left(1 + \frac{f}{-b}\right). \tag{283.2}$$

v ist also um so kleiner, je größer $-b$ ist, während der Abbildungsmaßstab γ mit wachsendem $-b$ zunimmt.

Um das Auge möglichst wenig anzustrengen, um also mit auf ∞ akkommodiertem Auge zu arbeiten, bringt man in der Regel den Gegenstand in die Brennebene der Lupe, so daß $-b = \infty$ wird. Dann ist nach (283.2) die *Normalvergrößerung* der Lupe

$$v_n = \frac{s}{f}. \tag{283.3}$$

Erzeugt man aber das Bild in der Normsehweite $-b = s$, so ist nach (283.2) sowie (283.1)

$$v_s = \frac{s}{f} + 1 = v_n + 1, \tag{283.4}$$

also um 1 größer als die Normalvergrößerung und (aber nur in diesem Fall) mit dem Abbildungsmaßstab γ identisch. Im ersten Fall ist $\gamma = \infty$, $v_t = 1/\infty$, im zweiten Fall aber $v_t = 1$. (Vgl. WESTPHAL: Physikalisches Praktikum, 20. Aufgabe.)

Die *Okulare* optischer Geräte sind zusammengesetzte Lupen. Doch dienen sie nicht zur unmittelbaren Betrachtung wirklicher Gegenstände, sondern zur Betrachtung des vom Objektiv des Gerätes entworfenen reellen Bildes eines Gegenstandes. Die obigen Gleichungen gelten auch für die Okulare. Weiteres s. § 285.

284. Linsensysteme. In der praktischen Optik spielen Systeme aus zwei oder mehr koaxialen Linsen eine wichtige Rolle. Erstens werden sehr oft mehrere Linsen von verschiedener Brennweite und Brechzahl vereinigt, um die Linsenfehler (§ 277) zu korrigieren. Zweitens sind aber fast alle optischen Geräte (Fernrohr, Mikroskop usw.) Linsensysteme.

Es seien L_1, L_2 (Abb. 511) zwei beliebig dünne (im Sinne von (§ 274), koaxiale Sammellinsen mit den Brennweiten f_1, f_2; ihr Abstand sei d. Der Abstand der beiden inneren Brennpunkte F_1' und F_2,

$$\Delta = d - f_1 - f_2, \tag{284.1}$$

heißt das *optische Intervall* des Systems. In Abb. 511 ist angenommen, daß $d > f_1 + f_2$, so daß $\Delta > 0$. Von einem in passender Entfernung befindlichen Gegenstand G entwirft L_1 ein umgekehrtes, reelles Zwischenbild B_z zwischen F_1' und F_2. Von diesem Zwischenbild wiederum entwirft L_2 ein reelles und erneut umgekehrtes Bild B, welches das vom Gesamtsystem entworfene — in diesem Fall also aufrechte — reelle Bild des Gegenstandes G ist.

Ebenso wie eine Einzellinse hat auch ein Linsensystem zwei *Brennpunkte F, F'*, in denen achsenparallel eintretende Strahlen nach dem Durchgang durch das System — bzw. die rückwärtigen Verlängerungen der austretenden Strahlen — die Achse des Systems schneiden. Ferner kann man bei jedem Linsensystem — wie bei einer Einzellinse (§ 276) — zwei *Hauptebenen H, H'* bestimmen, von denen die ihnen zugeordneten Brennpunkte F, F' gleiche Abstände f — die *Brennweite* des Systems — haben. Mit Hilfe der Brennpunkte und der Hauptebenen kann man die Bildkonstruktion bei einem Linsensystem wie bei den dicken Linsen mittels eines idealisierten Strahlenganges ausführen, indem man die beiden Knicke jedes Strahls in den beiden Linsen durch einen einzigen Knick in einer Hauptebene ersetzt[1].

Es sei G ein Gegenstand (Abb. 511). Wir betrachten zunächst den Strahl 1, der achsenparallel in das System eintritt, dann zwischen den beiden Linsen durch den Brennpunkt F_1' von L_1 geht und dessen vollständigen Verlauf über L_2 hinaus wir zeichnen können, nachdem wir nach dem üblichen Verfahren zunächst das Zwischenbild B_z als von L_1 entworfenes Bild von G und dann B als von L_2 entworfenes Bild von B_z ermittelt haben. (Der durch F_1 und F_2' — zwischen den Linsen achsenparallel — verlaufende Strahl 2 läßt sich ohne weiteres in seinem ganzen Verlauf zeichnen; mit Hilfe des durch F_2 verlaufenden Strahls 3 — dessen rückwärtige Verlängerung man nach Konstruktion von B_z zeichnen kann — und Strahl 2 findet man das Bild B; dann kann man auch Strahl 1 über L_2 hinaus

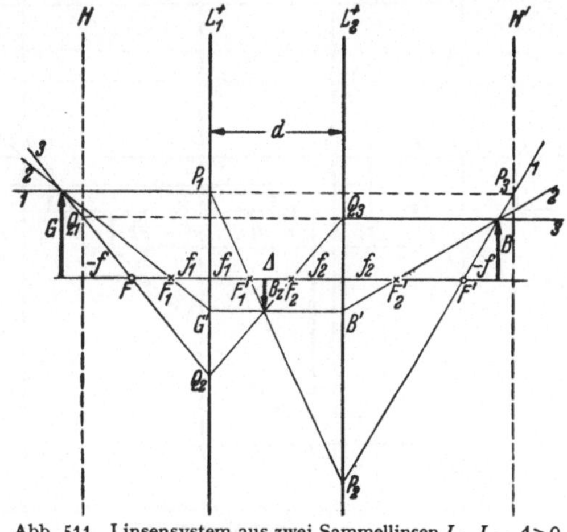

Abb. 511. Linsensystem aus zwei Sammellinsen L_1 L_2. $\Delta > 0$. Reelles Bild

zeichnen.) Nach der Definition der Hauptebenen in § 276 soll Strahl 1 idealisiert so gezeichnet werden, daß er nur einen einzigen Knick an der Hauptebene H' erfährt. Demnach ist der geknickte Linienzug $P_1 P_2 P_3$ durch die (gestrichelte) Gerade $P_1 P_3$ zu ersetzen, so daß nur der Knick in P_3 übrig bleibt. Durch die Lage von P_3 ist also die Hauptebene H' bestimmt. Der ihr zugeordnete Brennpunkt F' ist der Achsenpunkt, in dem Strahl 1 — bzw. im idealisierten Strahlengang die rückwärtige Verlängerung des austretenden Strahls 1 — die Achse schneidet. Ganz entsprechend haben wir beim achsenparallel austretenden Strahl 3

---

[1] Die auf Mikroskope und Fernrohre bezüglichen schematischen Abbildungen müssen, um das Grundsätzliche der Abbildungsverhältnisse verdeutlichen zu können, in völlig verkehrten Maßstäben gezeichnet werden (viel zu große Linsen, viel zu kleine Linsenabstände, zu großes oder zu kleines Verhältnis f_1/f_2).

den geknickten Linienzug $Q_1 Q_2 Q_3$ durch die Gerade $Q_1 Q_3$ zu ersetzen, und wir finden so auch die durch Q_1 hindurchgehende Hauptebene H und den zugehörigen Brennpunkt F als Schnittpunkt des (im idealisierten Strahlengang verlängerten) Strahls 3 mit der Achse.

Nach den Ausführungen des § 276 erkennt man, daß die Strahlen 1 und 3 im idealisierten Strahlengang an den Hauptebenen so gebrochen werden wie die entsprechenden Strahlen an einer einzelnen Zerstreuungslinse. Unser — aus zwei Sammellinsen bestehendes — System hat also eine negative Brennweite. Es kann aber trotzdem, wie in unserem Beispiel, reelle Bilder erzeugen, was bei einer Zerstreuungslinse (außer bei virtuellen Gegenständen, § 275) nicht möglich ist. Man erkennt schon hieran, daß bei Linsensystemen Verhältnisse eintreten können, die von denjenigen bei dünnen Einzellinsen sehr verschieden sind.

Aus Abb. 511 ist ohne weiteres ersichtlich, daß der Brennpunkt F des Systems das von L_1 entworfene Bild des Brennpunktes F_2 von L_2 ist. Denn wenn wir uns in F_2 einen leuchtenden Punkt denken, so schneiden einander in F zwei von F_2 aus über L_1 verlaufende Strahlen, erstens der in der Achse verlaufende Strahl, zweitens der Strahl 3. Ebenso ist F' das von L_2 entworfene Bild des Brennpunktes F_1' von L_1. In unserem Fall handelt es sich um reelle Bilder von F_1' und F_2; in anderen Fällen können es aber — je nach dem Abstand und den Vorzeichen der Brennweiten der Linsen — auch virtuelle Bilder sein.

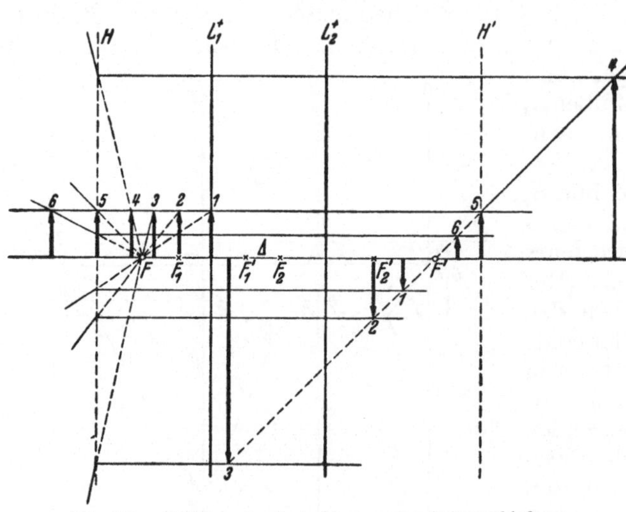

Abb. 512a. Abbildung durch ein Linsensystem bei verschiedenen Gegenstandsweiten

In Abb. 512a ist dargestellt, wie das Bild eines Gegenstandes sich bei dem System der Abb. 511 mit wachsendem Abstand des Gegenstandes von L_1 ändert. Die Bildkonstruktion ist hier nur mit Hilfe der Hauptebenen H, H' und der Brennpunkte F, F' des Systems durchgeführt. Da die Höhe des Gegenstandes stets die gleiche ist, so müssen die Spitzen der Bilder sämtlich auf der rechts vom System schräge verlaufenden Geraden liegen, welche dem achsenparallel von links in das System eintretenden Strahl als austretender Strahl zugeordnet ist. Liegt der Gegenstand unmittelbar auf L_1 (1), so ist nur die Linse L_2 abbildend wirksam. Es entsteht in unserem Fall ein reelles umgekehrtes Bild innerhalb der Brennweite des Systems. Rückt der Gegenstand bis in die Brennebene von L_1 (2), so entsteht ein umgekehrtes, reelles Bild in der Brennebene von L_2. Bei weiterer Vergrößerung des Abstandes (3) rückt das Bild hinter L_2, ist also nunmehr ein umgekehrtes, virtuelles Bild, welches links ins Unendliche rückt, wenn der Gegenstand in der Brennebene des Systems (F) liegt. Wird der Abstand noch größer (4), so rückt das Bild von rechts her aus dem Unendlichen wieder heran und ist nunmehr reell, aufrecht und vergrößert. Liegt der Gegenstand in der Hauptebene H (5), so wird er in gleicher Größe und aufrecht in der Hauptebene H' abgebildet. Dies ist eine allgemeine Eigenschaft der Hauptebenen und dient nach GAUSS überhaupt zu ihrer Definition. Entfernt sich der Gegenstand noch weiter (6), so entstehen aufrechte, reelle, verkleinerte Bilder zwischen H' und F'. Die Abbildungsverhältnisse einer Zerstreuungslinse — die ebenfalls eine negative Brennweite hat — (aufrechte, virtuelle, verkleinerte Bilder) können bei unserem speziellen System überhaupt nicht verwirklicht werden. Der Fall 3 entspricht etwa dem *Mikroskop* (§ 285). Ein virtuelles Bild entsteht nur, wenn sich der Gegenstand zwischen F und F_1 befindet, wenn er aber außerdem soweit außerhalb der Brennweite f_1 von L_1 liegt, daß nicht etwa noch ein reelles Bild entsteht (Fall 2).

Wir haben eben gesehen (Abb. 512a, Fall 5), daß die beiden Hauptebenen dadurch ausgezeichnet sind, daß ein in der einen von ihnen befindlicher Gegenstand in der anderen *aufrecht* und *in gleicher Größe* abgebildet wird. (Ob reell wie im Fall der Abb. 512a oder virtuell, hängt von der Art des Linsensystems ab.) Wir können dies dazu benutzen, um die Brennweite f des Systems, den Abstand a der Hauptebenen voneinander und ihre Abstände z, z' von den Linsen abzuleiten. In der Abb. 512b sind die hierfür erforderlichen Strahlen (achsenparallel einfallend und austretend und durch die Linsenmitten) und das reelle Zwischenbild gezeichnet. An dem von der Spitze P des Zwischenbildes ausgehenden Geradenbüschel liest man folgende Proportionen ab:

$$f_1 : \Delta : f_2 : d = z : d : z' : a. \tag{284.2}$$

Daraus folgt

$$z = \frac{f_1 d}{\Delta}, \qquad z' = \frac{f_2 d}{\Delta}, \qquad a = \frac{d^2}{\Delta}. \tag{284.3 a, b, c}$$

An den von P_1 bzw. P_2 ausgehenden Geradenbüscheln liest man ab:

$$(z+f) : z = (d-f_2) : d, \qquad (z'+f) : z' = (d-f_1) : d. \tag{284.4a, b}$$

Unter Berücksichtigung von (284.3 a, b) ergibt sich aus beiden Gleichungen übereinstimmend:

$$f = - \frac{f_1 f_2}{\Delta}. \tag{284.5}$$

Nach diesen Gleichungen lassen sich alle zur Kenntnis der abbildenden Eigenschaften des Systems nötigen Daten aus d, f_1 und f_2 berechnen. Je nachdem $\Delta \gtrless 0$, also auch $a \gtrless 0$, liegt H' rechts oder links von H.

Auf Grund der Abb. 512b kann man bei einem Linsensystem die Hauptebenen und Brennpunkte konstruieren. Man zeichnet von links und von rechts zwei beliebige in gleichem Abstand von der Achse achsenparallel einfallende Strahlen und mit ihrer Hilfe das (reelle oder virtuelle) Zwischenbild, dann die Strahlen, die von dessen Spitze durch die Linsenmitten gehen. Diese schneiden sich mit den ersten Strahlen in den Spitzen von G und B, die in den Hauptebenen liegen.

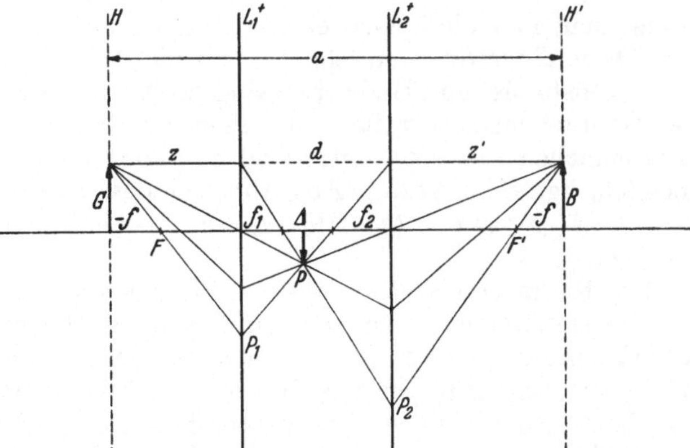

Abb. 512b. Zur Berechnung und zur Konstruktion der Brennweite und der Lage der Hauptebenen eines Linsensystems

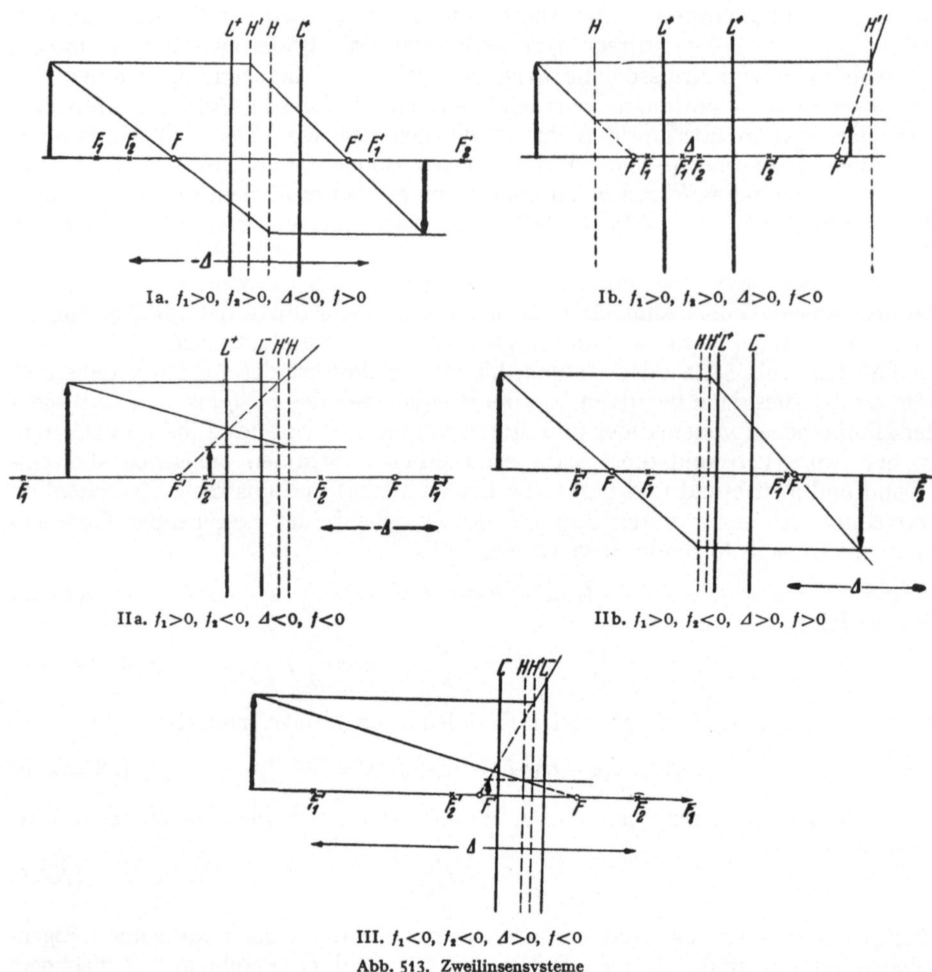

Abb. 513. Zweilinsensysteme

Wenn man nun die beiden ersten Strahlen über die jeweils zweite Linse hinaus
bis G bzw. B fortführt, so schneiden sie die Achse in den Brennpunkten F und F'.

Gegenstands- und Bildweiten sind positiv zu rechnen, wenn sie sich außerhalb
der Hauptebenen, negativ, wenn sie sich zwischen den Hauptebenen erstrecken.
(Bei manchen Linsensystemen sind also auch reelle negative Gegenstandsweiten
möglich, vgl. Abb. 512a.) Aus Abb. 511 liest man ab, daß $G/B = (g-f)/(-f) =
(-f)/(-f+b)$, so daß $(g-f)(b-f) = f^2$. Das ist die auch für Einzellinsen gültige
Gl. (275.3).

Der Raum verbietet ein näheres Eingehen auf sämtliche mögliche Arten von
Zweilinsensystemen. Wir müssen uns damit begnügen, in Abb. 513 die verschiedenen Fälle darzustellen, die sich aus der Kombination von je zwei Sammel-
oder Zerstreuungslinsen oder einer Sammellinse und einer Zerstreuungslinse
(L^+, L^-) ergeben können. Zur Veranschaulichung ist für jedes System eine Bildkonstruktion durchgeführt. Man beachte, daß H links oder rechts von H' liegt,
je nachdem $\Delta \gtrless 0$ ist. Während es in den Fällen I und II beide Möglichkeiten
gibt, ist im Fall III nach (284.1) nur $\Delta > 0$ möglich. So ergeben sich insgesamt
fünf verschiedene Einzelfälle. Fall Ib entspricht unserem oben ausführlich besprochenen System. Die abgeleiteten Gleichungen gelten unter Beachtung der

Vorzeichen von f_1, f_2 und Δ für sämtliche Fälle. Wenn z bzw. z' positiv ist, so liegt H links von L_1 bzw. H' rechts von L_2, andernfalls auf der entgegengesetzten Seite. Man sieht, daß ein System aus zwei Sammellinsen oder einer Sammellinse und einer Zerstreuungslinse sowohl eine positive, als auch eine negative Brennweite f haben kann, je nach dem Vorzeichen des optischen Intervalls Δ [(284.5)]. Ein System aus zwei Zerstreuungslinsen aber hat stets eine negative Brennweite. (Vgl. WESTPHAL: Physikalisches Praktikum, 21. Aufgabe.)

Ist der Linsenabstand klein, d.h. $d \ll f_1 + f_2$, liegen also insbesondere die beiden Linsen unmittelbar aneinander, so vereinfacht sich (284.5) zu

$$\frac{1}{f} = \frac{1}{f_1} + \frac{1}{f_2} \quad \text{oder} \quad D = D_1 + D_2, \tag{284.6}$$

wenn wir statt der Brennweiten die Brechkräfte (§ 275) einführen. In diesem Sonderfall ist also die Brechkraft eines Linsensystems gleich der Summe der Brechkräfte seiner Einzellinsen.

Eine besondere Behandlung erfordert der Fall $\Delta = d - f_1 - f_2 = 0$, also $d - f_1 + f_2$, der Grenzfall zwischen Fall I a und I b bzw. II a und II b. Er liegt dann vor, wenn der Brennpunkt F_1' von L_1 mit dem Brennpunkt F_2 von L_2 zusammenfällt (Abb. 514a und b). Solche Systeme heißen *teleskopische Systeme*. Bei ihnen ist nach (284.5) $f = \mp \infty$. Ein teleskopisches System hat also eine unendlich große Brennweite, und seine beiden Brennpunkte liegen im Unendlichen. (Ob das obere oder das untere Zeichen gilt, hängt davon ab, ob man sich dem Wert $\Delta = 0$ von oben oder von unten her nähert und ist belanglos.) Wir wollen zunächst den Fall zweier Sammellinsen betrachten (Abb. 514a). Wegen des Zusammenfallens der beiden Brennpunkte F_1' und F_2 kann man das Bild eines Gegenstandes ohne die — hier unmögliche — Zuhilfenahme von Hauptebenen (s. u.) leicht zeichnen. In Abb. 514a ist gezeigt, wie sich das Bild eines Gegenstandes verschiebt, wenn sich der Gegenstand mehr und mehr von der Linse L_1 entfernt. Bei kleinerem Abstand entstehen

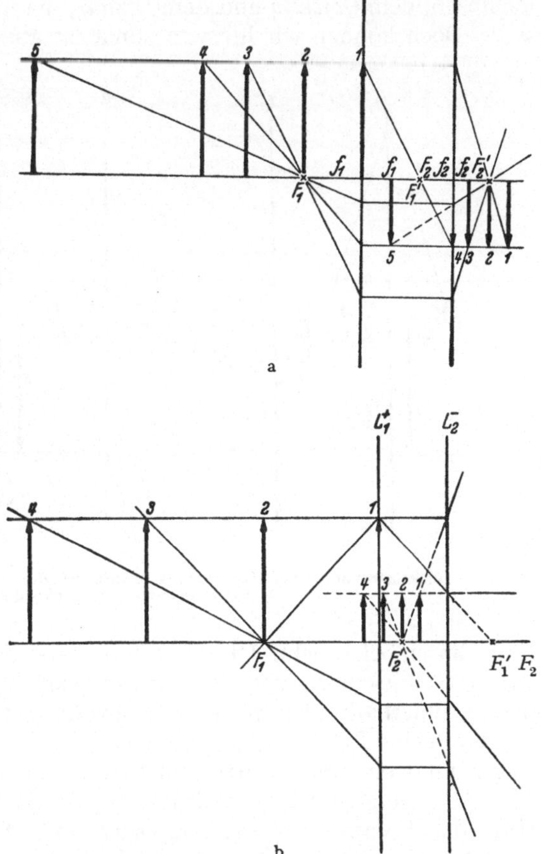

Abb. 514. Abbildung durch ein teleskopisches System, a aus zwei Sammellinsen, b aus einer Sammellinse und einer Zerstreuungslinse

reelle, umgekehrte Bilder rechts von L_2, bei größerem Abstande virtuelle, umgekehrte Bilder links von L_2. Die Gerade, die in Abb. 512a rechts vom System schräg aufwärts verläuft und die Bildgrößen bestimmt, verläuft hier achsenparallel. Daher ist die Bildgröße in diesem Sonderfall von der *Gegenstands-*

entfernung unabhängig. Man liest aus Abb. 514a ab, daß $B/G=f_2/f_1$. Der durch den gemeinsamen Brennpunkt $(F_1{}', F_2)$ verlaufende Strahl ist allen Abbildungen gemeinsam. Dieser Fall entspricht dem auf unendlich eingestellten *astronomischen Fernrohr* (§286). In Abb. 514b ist auf entsprechende Weise der Fall eines teleskopischen Systems aus einer Sammellinse L_1 und einer Zerstreuungslinse L_2 dargestellt. Auch in diesem Fall sind die Bilder stets gleich groß und virtuell, aber aufrecht, und man liest aus Abb. 514b ab, daß $B/G=(-f_2)/f_1$. Dieser Fall entspricht dem auf unendlich eingestellten *holländischen Fernrohr* (§286).

Hauptebenen existieren bei einem teleskopischen System überhaupt nicht, da $\gamma=B/G=f_2/f_1$ bzw. $(-f_2)/f_1$ einen festen Wert $\neq 1$ hat, also die Gaußsche Bedingung $\gamma=1$ für einen in einer Hauptebene liegenden Gegenstand gar nicht erfüllbar ist.

285. Das Mikroskop. Das Mikroskop (LEEUWENHOEK[1], MUSSCHENBROEK[2], Vorläufer JANSSEN) kann idealisiert werden als ein Linsensystem aus zwei Sammellinsen, dem *Objektiv* und dem *Okular*, die in Wirklichkeit auch Linsensysteme sind. Doch können wir hiervon zunächst absehen und sie wie unendlich dünne

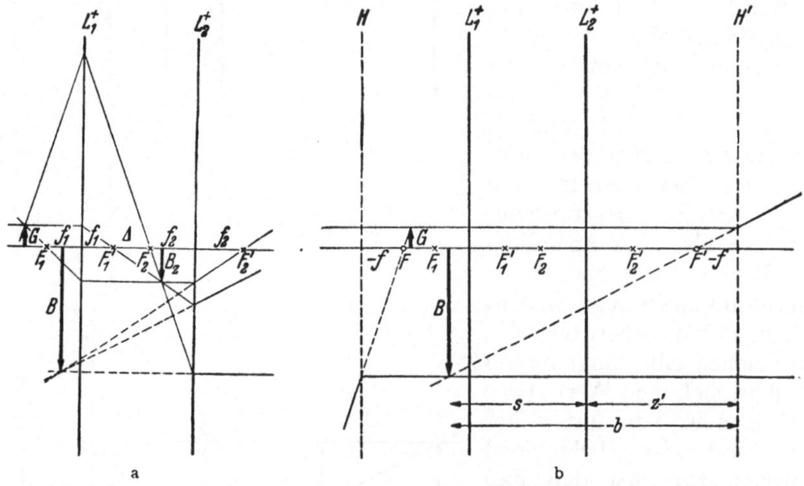

Abb. 515. Bildkonstruktion beim Mikroskop, a mittels der Brennpunkte vom Objektiv und Okular, b mittels der Hauptebenen und Brennpunkte des Gesamtsystems

Einzellinsen behandeln. Die Abbildung eines Gegenstandes G kommt so zustande, daß das Objektiv L_1 von ihm ein umgekehrtes, reelles, vergrößertes Zwischenbild B_z innerhalb oder in der Brennweite des Okulars L_2 entwirft. Das Okular wirkt wie eine Lupe und erzeugt von dem Zwischenbild ein aufrechtes, also vom Gegenstand ein umgekehrtes, virtuelles und noch einmal vergrößertes Bild B. Abb. 515a zeigt die Konstruktion des Zwischenbildes B_z und des Bildes B mit Hilfe der Brennweiten von Objektiv und Okular. In Abb. 515b ist die viel einfachere Konstruktion von B mit Hilfe der Hauptebenen H, H' und der Brennpunkte F, F' des Gesamtsystems dargestellt. Im zweiten Fall tritt natürlich das Zwischenbild nicht in Erscheinung.

Wie man sieht, ist das Mikroskop ein Linsensystem von der Art, wie wir es in §284 besonders ausführlich besprochen haben (Abb. 512a, Fall 3; Abb. 513,

---

[1] ANTOON VAN LEEUWENHOEK, 1632—1723.
[2] PIETER VAN MUSSCHENBROEK, 1692—1761.

Fall I b). Denn das optische Intervall ist $\Delta > 0$. Nach (284.5) ist also *die Brennweite f des Mikroskops negativ.*

Bei der Berechnung der Vergrößerung des Mikroskops müssen wir beachten, daß der mit dem Okular betrachtete „Gegenstand" das bereits im Verhältnis $\gamma_1 = B_z/G$ vergrößerte reelle Bild B_z des Gegenstandes G ist. (Die Indizes 1 bzw. 2 beziehen sich auf das Objektiv bzw. das Okular.) Der Regelfall ist, daß man mit auf ∞ akkommodiertem Auge arbeitet [Normalvergrößerung des als Lupe wirkenden Okulars (283.3)], so daß die durch das Okular bewirkte Vergrößerung

$$v_2 = \frac{s}{f_2} \tag{285.1}$$

ist. Das Zwischenbild liegt dann in der Brennebene des Okulars, d. h. im Abstande $b_1 = d - f_2 = \Delta + f_1$ vom Objektiv. Nach § 284 ist aber der Brennpunkt F des Systems das vom Objektiv entworfene Bild des Brennpunktes F_2 des Okulars und umgekehrt. Demnach muß der Gegenstand in der Brennebene des Systems, also im Abstande $g_1 = z + f$ (Abb. 512b) vom Objektiv liegen. Der Abbildungsmaßstab von B_z ist also

$$\left.\begin{aligned} \gamma_1 &= \frac{B_z}{G} = \frac{b_1}{g_1} \\ &= \frac{\Delta + f_1}{z + f}. \end{aligned}\right\} \tag{285.2}$$

Unter Einsetzen der Werte von z und f nach (284.3 a) und (284.5) und unter Beachtung von $\Delta = d - f_1 - f_2$ ergibt sich

$$\gamma_1 = \frac{\Delta}{f_1}. \tag{285.3}$$

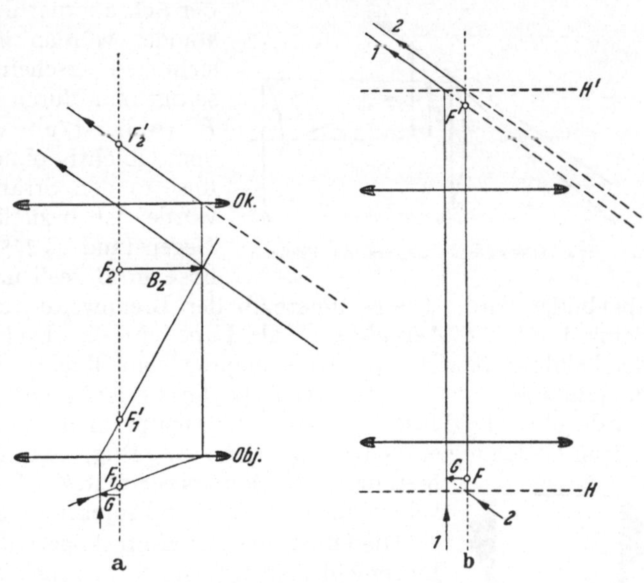

Abb. 516. a Strahlengang im Mikroskop bei Beobachtung mit auf ∞ abkommodiertem Auge, b Konstruktion mit Hilfe der Hauptebenen und Brennpunkte des Systems

Man betrachtet also im Okular einen bereits in diesem Verhältnis größeren Gegenstand, und die Gesamtvergrößerung beträgt

$$v = \gamma_1 v_2 = \frac{s\,\Delta}{f_1 f_2} = \frac{s}{-f}, \tag{285.4}$$

da $-(f_1 f_2)/\Delta$ die Brennweite des Mikroskops als Linsensystem ist. (285.4) entspricht, abgesehen vom Vorzeichen im Nenner, der Normalvergrößerung einer Lupe [(283.3)]. Das negative Vorzeichen hängt damit zusammen, daß das Mikroskop, im Gegensatz zur Lupe, nicht aufrechte, sondern umgekehrte virtuelle Bilder erzeugt. Das optische Intervall Δ wird beim Mikroskop auch als *optische Tubuslänge* bezeichnet. (Vgl. WESTPHAL: Physikalisches Praktikum, 22. Aufgabe.)

Die Abb. 516a zeigt schematisch den Strahlengang bei der Abbildung im Mikroskop bei Beobachtung mit auf ∞ akkommodiertem Auge. Die von den einzelnen Gegenstandspunkten kommenden Strahlen treten aus dem Okular unter sich parallel aus, da das Zwischenbild B_z in dessen Brennebene liegt;

das virtuelle Bild liegt im Unendlichen. Abb. 516b zeigt die viel einfachere Konstruktion mit Hilfe der Hauptebenen und Brennpunkte des Systems.

Um unsere Konstruktion in Abb. 515a, b und 516a, b deutlich zu machen, haben wir das Objektiv und das Okular im Verhältnis zu ihren Brennweiten ganz übertrieben groß darstellen müssen. Tatsächlich ist ihr Durchmesser sehr klein im Verhältnis zu ihrem Abstand und auf keinen Fall groß gegen ihre Brennweiten. Der Öffnung des Objektivs ist schon dadurch eine Grenze gesetzt, daß es eine kleine Brennweite und daher mindestens eine seiner brechenden Flächen eine starke Krümmung haben muß. Die Öffnung des Okulars ist dadurch begrenzt, daß es keinen Sinn hat, sie erheblich größer zu machen als die Pupillenöffnung des betrachtenden Auges. Bei einem System von der Art der Abb. 515 und 516 mit sehr viel kleineren Linsen würden aber nur solche Strahlen durch das Okular hindurchtreten können, die nahezu in der Achse des Systems verlaufen, und die

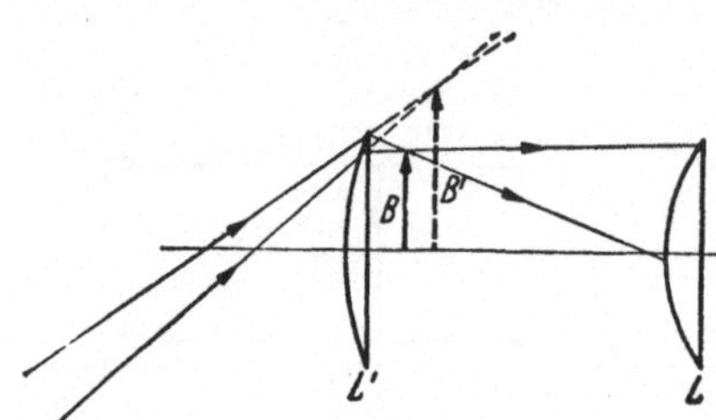

Abb. 517a. Schema eines Okulars mit Feldlinse

der Achse ferner liegenden Teile des Gegenstandes würden überhaupt nicht im Gesichtsfeld erscheinen. Diesen Fehler beseitigt man durch eine *Feldlinse (Kollektiv)* L' (Abb. 517a). Das reelle Bild B', das vom Objektiv ohne Einschaltung der Feldlinse in den Strahlengang erzeugt werden würde, ist bezüglich dieser ein virtueller Gegenstand (§275), der durch die Feldlinse in B reell und ein wenig verkleinert

abgebildet wird. Dieses innerhalb der Brennweite von L liegende Bild wird dann durch die *Augenlinse L* als Lupe virtuell abgebildet. Die Einschaltung der Feldlinse bewirkt eine Knickung der vom Objektiv herkommenden Strahlen, die dadurch in die Öffnung der Augenlinse gelenkt werden. Die Spitze des Pfeils würde ohne Feldlinse vom Auge überhaupt nicht mehr erblickt werden. Die obigen Gleichungen bleiben aber dennoch gültig, wenn man unter f_2 die Systembrennweite des Okulars versteht. Zur Projektion mikroskopischer Bilder dienen besondere Projektionsokulare *(Projektiv)*.

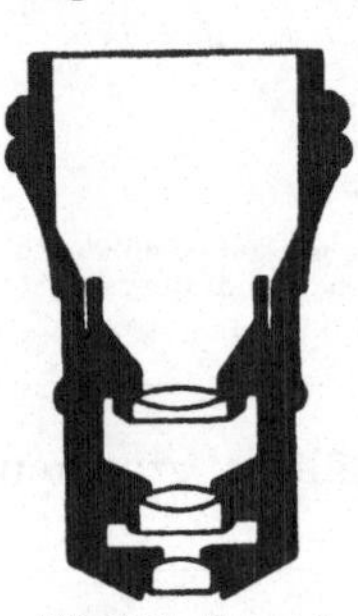

Abb. 517b. Beispiel eines Mikroskop-Objektivs

Die Objektive der Mikroskope sind zwecks Korrektion der Linsenfehler stets Systeme aus mehreren Linsen (Abb. 517b).

Sieht man mittels des Okulars das vom Objektiv bzw. der Feldlinse erzeugte reelle Zwischenbild scharf, so kann man gleichzeitig *wirkliche* Gegenstände scharf sehen, welche sich in der gleichen Ebene befinden. So bringt man am Orte des reellen Bildes (B in Abb. 517a) stets eine meist kreisrunde Blende an, durch welche das Gesichtsfeld scharf begrenzt wird. (Das vom Objektiv am Ort des Gegenstandes entworfene reelle Bild der Blende bildet die Eintrittspupille, das vom Okular am Ort des virtuellen Bildes B entworfene virtuelle Bild der Blende die Austrittspupille des Mikroskops; §287.) Man kann auch in der Bildebene ein Fadenkreuz oder eine auf Glas geritzte Teilung anbringen *(Okularmikrometer)*, welche mit dem Bilde gleichzeitig scharf und mit ihm in gleicher Ebene liegend gesehen wird, so daß man Messungen an dem Bilde vornehmen kann.

Die strenge Theorie des Mikroskops erfordert eine Berücksichtigung der Beugung (§299).

286. Das Fernrohr. Das *astronomische Fernrohr (Teleskop*, KEPLER 1611) besteht aus einem Objektiv — einer Sammellinse von großer Brennweite — und einem Okular, das sich von dem eines Mikroskops nicht wesentlich unterscheidet.

Das astronomische Fernrohr ist ein *teleskopisches System* (§ 284) und erzeugt umgekehrte, virtuelle, verkleinerte Bilder ferner Gegenstände (§ 284, Abb. 514a, Fall 5). Der Brennpunkt F_1' des Objektivs fällt mit dem Brennpunkt F_2 des Okulars zusammen; es ist also $\Delta = 0$. In Abb. 518 ist die Konstruktion des reellen Zwischenbildes B_z und des virtuellen Bildes B eines fernen Gegenstandes G mit Hilfe der Brennpunkte der Einzellinsen durchgeführt. An dem Strahl, der durch den gemeinsamen Brennpunkt F_1', F_2 von Objektiv und Okular hindurchgeht, liest man ab, daß der Abbildungsmaßstab

$$\gamma = \frac{B}{G} = \frac{f_2}{f_1} \tag{286.1}$$

beträgt, also von der Gegenstandsentfernung unabhängig ist (Abb. 514a).

Wir bezeichnen den Abstand des Gegenstandes vom Brennpunkt F_1 mit x, den des Bildes vom Brennpunkt F_2' mit x'. Dann liest man aus Abb. 518 ab, daß $B_z/G = f_1/x$ und $B_z/B = f_2/x'$, so daß

$$\frac{B}{G} \frac{x}{x'} = \frac{f_1}{f_2}. \tag{286.2}$$

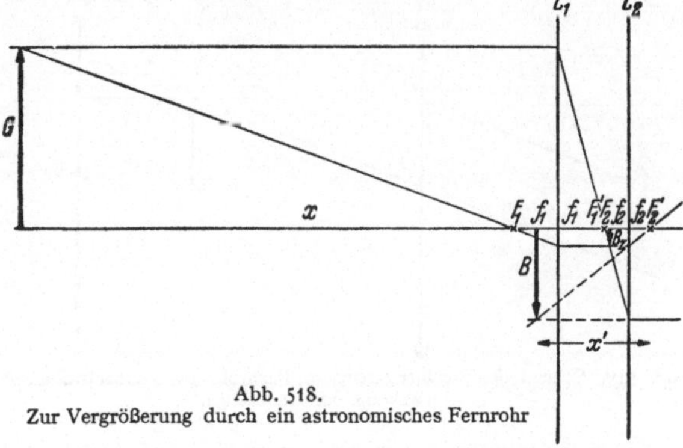

Abb. 518.
Zur Vergrößerung durch ein astronomisches Fernrohr

Es sei k der wirkliche Abstand des Gegenstandes, l der Abstand des Bildes vom Auge. Dann erscheint der Gegenstand bei Betrachtung mit bloßem Auge unter einem Winkel α, für den $\operatorname{tg} \alpha = G/k$, sein Bild im Fernrohr unter einem Winkel β, für den $\operatorname{tg} \beta = B/l$. Nun sind bei der praktischen Verwendung des Fernrohrs k und l stets sehr (praktisch unendlich) groß gegen die Abmessungen des Fernrohrs. Daher darf man ohne merklichen Fehler $k = x$ und $l = x'$ setzen, so daß $\operatorname{tg} \alpha = G/x$ und $\operatorname{tg} \beta = B/x'$. Dann erhalten wir unter Berücksichtigung von (286.1) und (286.2) als Vergrößerung des Fernrohrs

$$v = \frac{\operatorname{tg} \beta}{\operatorname{tg} \alpha} = \frac{B}{G} \frac{x}{x'} = \frac{f_1}{f_2} = \frac{1}{\gamma}. \tag{286.3}$$

Die Vergrößerung eines Fernrohrs ist also gleich dem *Kehrwert* seines Abbildungsmaßstabes; sie ist um so größer, je größer die Objektivbrennweite f_1 und je kleiner die Okularbrennweite f_2 ist, und sie ist unabhängig von der Entfernung des Gegenstandes, sofern er genügend weit entfernt ist.

Analog zur Vergrößerung einer Lupe setzt sich also die Vergrößerung eines Fernrohrs zusammen aus dem Abbildungsmaßstab $\gamma = B/G$ und der Tiefenvergrößerung $v_t = x/x'$. Aus (286.1) und (286.3) folgt $v_t = 1/\gamma^2$. Die vergrößernde Wirkung des Fernrohrs beruht also darauf, daß das stark verkleinerte Bild dem Auge so viel näher ist als der sehr viel größere Gegenstand, daß dennoch eine — sogar sehr starke — Vergrößerung resultiert (Abb. 510b).

In der Abb. 518 ist zur Verdeutlichung des Grundsätzlichen ein in endlicher Entfernung liegender Gegenstand und ein ebensolches Bild angenommen. Tatsächlich befinden sich Gegenstände, die man mit dem Fernrohr beobachtet, praktisch in unendlicher Ferne, und man beobachtet mit auf ∞ akkommodiertem Auge. Das Zwischenbild entsteht also in der Brennebene des Okulars, und das Endbild liegt auch im Unendlichen. Die Abb. 519 zeigt das Schema des entsprechenden Strahlenganges.

Die Fixsterne (nicht die Planeten) sind so weit von uns entfernt, daß der Winkel, unter dem sie auch in den stärksten Fernrohren erscheinen, stets unterhalb von etwa 1′ bleibt, was notwendig wäre, um Einzelheiten zu unterscheiden (§ 278). Daher erscheinen die Fixsterne auch im Fernrohr nur als Lichtpunkte, genauer gesagt, als winzige Beugungsscheibchen (§ 296). Bei ihnen bewirkt also das Fernrohr keine für uns wahrnehmbare Vergrößerung, sondern eine Erhöhung der *Helligkeit*, in der wir den Stern sehen. Der Querschnitt des bei der Beobachtung wirksamen, aus dem Okular austretenden Strahlenbündels ist durch die Augenpupille gegeben, deren Durchmesser d_2 sei. Dann ist der Durchmesser des wirksamen, in das Objektiv eintretenden Strahlenbündels $d_1 = d_2 f_1/f_2$. Die Querschnitte der Strahlenbündel verhalten sich also wie $A_1/A_2 = (d_1/d_2)^2 = (f_1/f_2)^2 = v^2$. Im gleichen Verhältnis wird also durch das Fernrohr die in das Auge tretende Lichtmenge gegenüber der

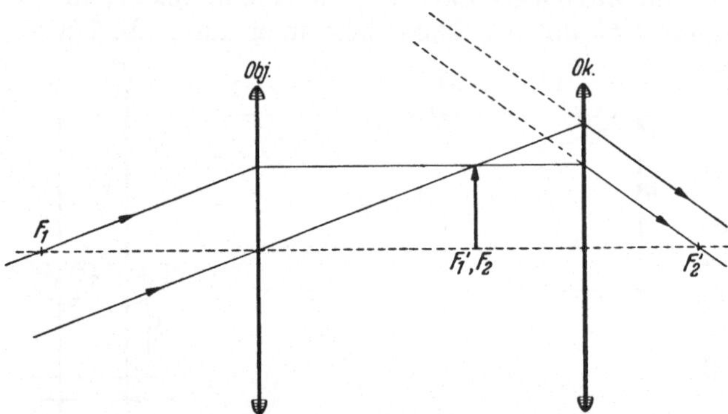

Abb. 519. Schema des Strahlenganges im Fernrohr bei Beobachtung mit auf ∞ akkommodiertem Auge

Beobachtung mit bloßem Auge vergrößert. Da die Helligkeit eines Sterns zwar mit dem Quadrat seines Abstandes abnimmt, aber mit dem Quadrat der Vergrößerung zunimmt, so kann man Sterne von einer bestimmten absoluten Leuchtkraft (§ 395), die man mit bloßem Auge in einer bestimmten Entfernung eben noch erkennen

kann, mit Hilfe des Fernrohrs noch in der v-fachen Entfernung erkennen. Die Verwendung eines Fernrohrs mit v-facher Vergrößerung erweitert also den unserer Beobachtung zugänglichen Raum und die Zahl der in ihm enthaltenen Objekte auf das v^3-fache, z. B. schon bei nur 100facher Vergrößerung auf das Millionenfache.

Die praktisch möglichen Okularbrennweiten f_2 liegen in ziemlich engen Grenzen. Eine Steigerung der Vergrößerung ist daher nach (286.3) ganz überwiegend an eine Erhöhung der Objektivbrennweite gebunden. Je größer diese aber ist, um so größer muß auch der Objektivdurchmesser $d_1 = d_2 f_1/f_2$ sein. Es ist aus technischen Gründen nicht gut möglich, erheblich über einen Linsendurchmesser von

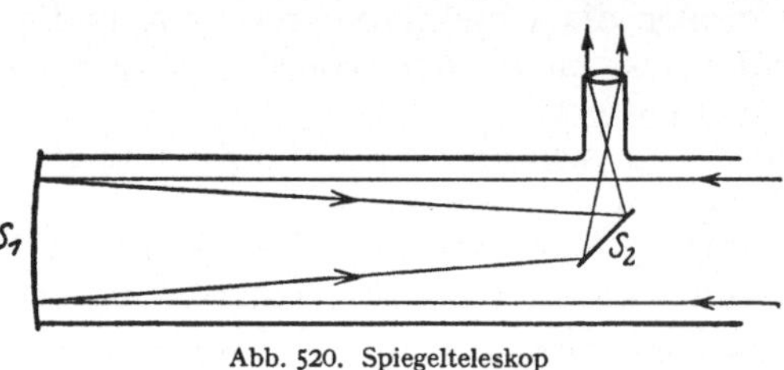

Abb. 520. Spiegelteleskop

100 cm hinauszugehen. Aus diesem Grunde haben die größten heutigen Fernrohre (Teleskope) als Objektiv keine Linse, sondern einen *Hohlspiegel*. Das ist auch für astrophysikalische Zwecke aus verschiedenen Gründen (Sternspektren usw.) vorteilhaft. Abb. 520 zeigt eine der verschiedenen Konstruktionen

eines *Spiegelteleskops* (ZUCCHIUS[1], NEWTON, HERSCHEL[2]). Die von dem Hohlspiegel S_1 reflektierten Strahlen werden über einen kleinen Planspiegel S_2 in der Brennebene von S_1 vereinigt und gelangen dann in das seitlich angebrachte Okular. Das zur Zeit größte Spiegelfernrohr (200 inch-Teleskop) mit einem Spiegeldurchmesser von rund 500 cm befindet sich auf dem Mount Palomar-Observatorium

---

[1] NICCOLO ZUCCHI, 1586—1670.   [2] FRIEDRICH WILHELM HERSCHEL, 1738—1822.

in Kalifornien. Die Spiegel werden aus einem großen Glasblock geschliffen und haben eine metallische Verspiegelung.

Das astronomische Fernrohr in der oben beschriebenen Form liefert umgekehrte Bilder und ist daher für den irdischen Gebrauch — als Feldstecher, Scherenfernrohr, Opernglas usw. — nicht verwendbar, sofern nicht eine Bildumkehrung erfolgt. Das kann z.B. dadurch geschehen, daß man vor dem Okular noch eine Sammellinse anbringt, welche von dem Zwischenbild B_z ein zweites umgekehrtes Zwischenbild erzeugt. Heute wird für irdische Zwecke ganz überwiegend das *Prismenfernrohr* (ABBE) verwendet (Abb. 521), das im Prinzip dem astronomischen Fernrohr entspricht, bei dem aber jeder in das Objektiv eintretende Strahl mittels zweier totalreflektierender Prismen eine zweimalige Umkehrung seiner Richtung erleidet. Das in der Abb. 521 untere Prisma ist so gestellt, daß es eine Bildumkehrung bewirkt (Abb. 483 b). Das in der Abb. 521 obere Prisma versetzt den Strahl seitlich so, daß bei einem beidäugigen Fernglas die in die beiden Einzelrohre eintretenden Strahlen — also auch die Objektive — einen größeren Abstand voneinander haben, als die austretenden Strahlen — also auch als die Okulare, welche den natürlichen Augenabstand haben müssen. Wir betrachten also die Gegenstände mit einem künstlich vergrößerten Augenabstand. Das bedeutet einen wesentlichen Vorteil für eine perspektivisch richtige Darstellung der Tiefenverhältnisse.

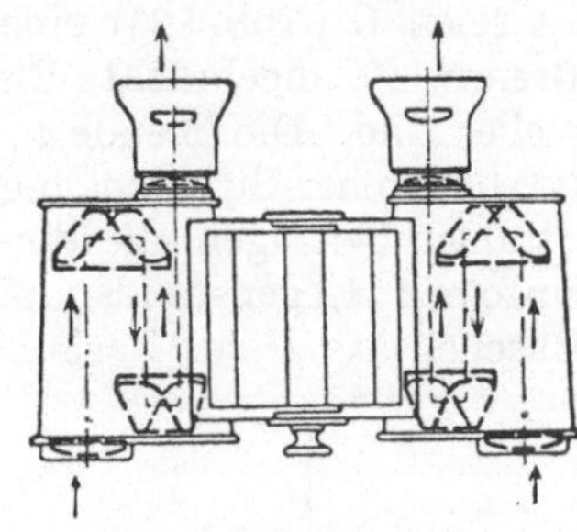

Abb. 521. Prismenfernrohr

Auf eine andere Weise wird ein aufrechtes Bild beim *holländischen* oder *Galileischen Fernrohr* (*Opernglas*, LIPPERHEY[1], 1608) erzielt. Bei ihm bildet eine Sammellinse als Objektiv und eine Zerstreuungslinse als Okular, deren Brennpunkte F_1', F_2 zusammenfallen, ein teleskopisches System (§ 284, Abb. 514b, Fall 4). Abb. 522 zeigt die Konstruktion des virtuellen Bildes B eines fernen Gegenstandes G mit Hilfe der Brennpunkte der Einzellinsen. Ein Zwischenbild kommt nicht zustande, da es erst hinter dem Okular entstehen würde (B_z). Es kann aber als ein virtueller Gegenstand angesehen werden, der durch das Okular in B virtuell und vergrößert abgebildet wird (§ 275, Abb. 492c). Auch bei der Verwendung dieses Fernrohrs ist der Gegenstand fast immer praktisch unendlich entfernt, und man beobachtet mit entspanntem Auge. Der Leser zeichne selbst den der Abb. 519 entsprechenden Strahlengang und beweise ebenso wie oben beim astronomischen Fernrohr, daß die Vergrößerung hier $v = f_1/(-f_2)$ beträgt.

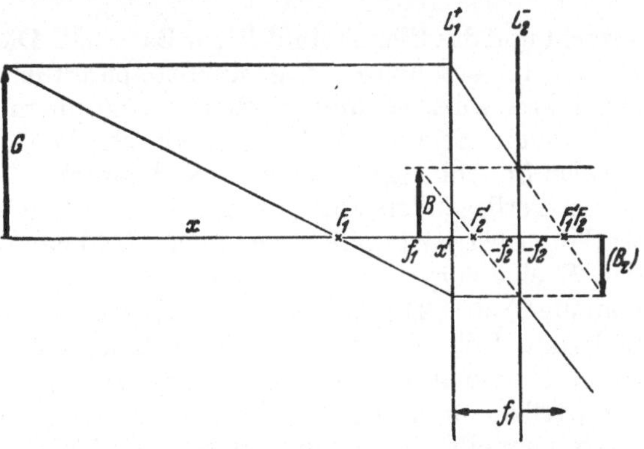

Abb. 522. Zur Vergrößerung durch ein holländisches Fernrohr

287. Strahlenbegrenzung in optischen Geräten. In den optischen Geräten findet auf jeden Fall durch die Fassungen der Linsen eine Begrenzung der Öffnung der für die Abbildung wirksamen Strahlenbüschel statt. Fast immer sind aber in

---

[1] HANS LIPPERHEY, gest. 1619.

die optischen Geräte auch *Blenden* eingebaut, welche die Strahlenbüschel oft noch stärker einengen als die Fassungen der Linsen. Das ist aus verschiedenen Gründen nötig, z. B. um die das Bild verschlechternde Wirkung der Linsenfehler (§ 277) durch Abblendung der Randstrahlen zu mindern oder um die Schärfentiefe zu vergrößern (§ 280). Bei Beobachtung mit dem Auge ist auch die Augenpupille eine Blende. Die Anbringung von Blenden hat zur Folge, daß mindestens eine der Linsen des Gerätes nicht mit ihrer vollen Öffnung für den Strahlengang ausgenutzt wird. Enthält das Gerät mehrere Blenden — die Linsenfassungen eingerechnet —, so ist diejenige die *wirksame Blende*, welche die Öffnungswinkel der von den einzelnen Gegenstandspunkten herkommenden Strahlenbüschel am meisten beschränkt.

Wir wollen die Wirkung von Blenden in einigen einfachen Fällen betrachten. Es seien L (Abb. 523) eine Sammellinse, P eine vor der Linse *außerhalb* ihrer Brennweite angebrachte Blende, G ein Gegenstand und B sein von L entworfenes reelles Bild. Die Blende P wird aber ebenfalls reell, und zwar in P', abgebildet (verflochtener Strahlengang, § 281). Zur Erzeugung des Bildes B können nur die Strahlen beitragen, die durch die Blende P hindurchgegangen sind; die von den einzelnen Gegenstandspunkten ausgehenden wirksamen Strahlen bilden ein Büschel, das P zur Basis hat. Man bezeichnet P als die *Eintrittspupille.* Da nun

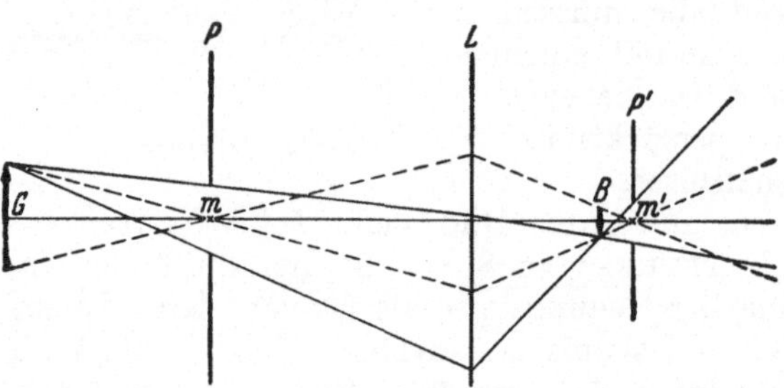

P in P' abgebildet wird, so müssen die durch die einzelnen Punkte von P hindurchgegangenen Strahlen durch die homologen Punkte von P' hindurchgehen. Das von einem Gegenstandspunkt ausgehende, durch P hindurchgegangene Strahlenbüschel bildet also jenseits des Bildes B wiederum ein Strahlenbüschel, das von dem homologen Bildpunkt

Abb. 523. Körperliche Blende vor oder hinter der Linse außerhalb der Brennweite

ausgeht und das Blendenbild P' zur Basis hat. Dieses bildet also die *Austrittspupille.* Da der auf der Achse gelegene Mittelpunkt m von P im Mittelpunkt m' von P' abgebildet wird, so muß auch der von einem Gegenstandspunkt aus durch m verlaufende Strahl durch m' hindurchgehen. Solche Strahlen heißen *Hauptstrahlen* (in Abb. 523 gestrichelt gezeichnet).

Im vorliegenden Fall hat das System eine körperliche Eintrittspupille, während die Austrittspupille deren reelles Bild ist. Wir können uns aber auch denken, daß P' eine körperliche Blende und P ihr von L entworfenes reelles Bild ist. Wie man aus Abb. 523 erkennt, ändert dies an der Wirkung des Systems nichts. Der wirksame Teil der von den Gegenstandspunkten ausgehenden Strahlenbüschel bleibt ebenso groß wie vorher, obgleich ihr Öffnungswinkel jetzt nicht schon unmittelbar durch die Eintrittspupille P, sondern erst später durch die wirkliche Austrittspupille P' bestimmt wird. Wir können aber auch B als den Gegenstand und G als dessen reelles Bild betrachten, also den Strahlengang umkehren. Dann ist P' virtuelle Eintrittspupille und P körperliche Austrittspupille.

Man sieht aus Abb. 523, daß man das Bild eines Punktes konstruieren kann, wenn man die Lage der Linse L und die Eintritts- und Austrittspupille kennt. Man braucht nur von dem Punkt die Strahlen nach zwei Punkten (am einfachsten zwei Randpunkten) der Eintrittspupille zu zeichnen und über die Linse bis zu den homologen Punkten der Austrittspupille weiterzuführen. Auch der Hauptstrahl durch m und m' kann herangezogen werden. Diese Strahlen schneiden einander in dem zu dem Gegenstandspunkt homologen Bildpunkt. Dabei ist zu beachten, daß P' in diesem Fall ein umgekehrtes Bild von P ist.

Wir wollen zweitens den Fall betrachten, daß sich eine wirkliche Blende P vor der Sammellinse L *innerhalb* ihrer Brennweite befindet, so daß L von ihr ein virtuelles Bild P' im Gegenstandsraum entwirft. Man sieht aus Abb. 524, daß auch jetzt P das einfallende Strahlenbüschel unmittelbar begrenzt, also die Eintrittspupille bildet. Die Basis des austretenden Strahlenbüschels hingegen ist das virtuelle Blendenbild P', das demnach die Austrittspupille bildet. Man beachte, daß also die Austrittspupille auch räumlich vor der Eintrittspupille liegen kann.

Drittens betrachten wir den Fall, daß sich eine körperliche Blende P hinter der Linse innerhalb ihrer Brennweite befindet. Dann entwirft L von ihr ein virtuelles Bild P' hinter der Linse. Wie man aus Abb. 525 erkennt, werden nunmehr die austretenden Strahlenbüschel von der körperlichen Blende P begrenzt; diese bildet also jetzt die Austrittspupille, während die eintretenden Strahlenbüschel durch das virtuelle Blendenbild P' als Eintrittspupille begrenzt werden. Dieser Fall liegt z. B. bei der Beobachtung mit

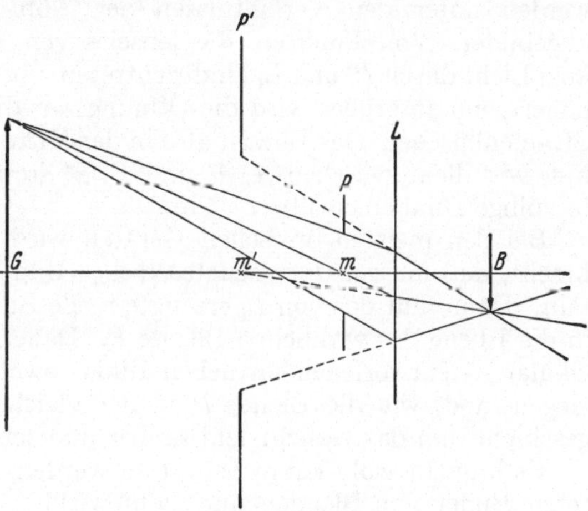

Abb. 524. Körperliche Blende vor der Linse innerhalb der Brennweite

einer Lupe vor. Die Austrittspupille P wird dabei durch die menschliche Augenpupille gebildet, die Eintrittspupille durch deren von der Lupe entworfenes virtuelles und vergrößertes Bild P'. Dieses kann man erblicken, indem man ein Auge durch eine Lupe betrachtet.

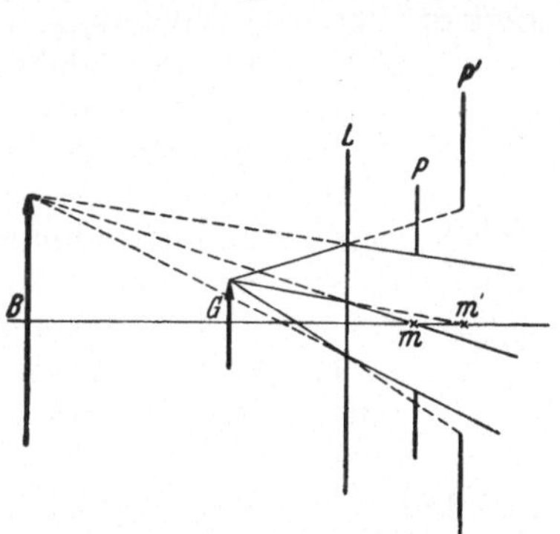

Abb. 525. Körperliche Blende hinter der Linse innerhalb der Brennweite

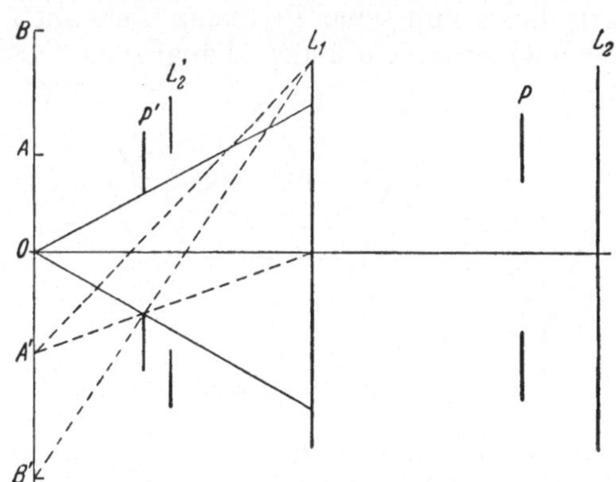

Abb. 526. System aus zwei Sammellinsen mit einer zwischen ihnen befindlichen körperlichen Blende

Die Verhältnisse werden oft recht verwickelt, wenn es sich um Systeme mit mehreren Linsen und Blenden handelt, wie bei den optischen Geräten mit Objektiv und Okular. Wir müssen uns hier auf einige allgemeinere Bemerkungen beschränken. Abb. 526 zeigt ein System aus zwei Sammellinsen L_1, L_2. Zwischen ihnen befinde sich außerhalb der Brennweite von L_1 die körperliche Blende P. Weitere körperliche Blenden sind die Fassungen von L_1 und L_2. Die Linse L_1 entwirft von P das reelle Bild P', von der Fassung von L_2 das reelle Bild L_2'. In der in O zur Achse senkrechten Ebene BB' befinde sich ein Gegenstand. Da wir P durch P' ersetzt denken können, so sehen wir, daß P die wirksame Blende ist, da P', von O her betrachtet, unter einem kleineren Winkel erscheint als L_2' und L_1, das von O herkommende Strahlenbüschel also am meisten einengt und daher als Eintrittspupille wirkt. Die Austrittspupille des Systems ist demnach das von L_2 entworfene (hier nicht gezeichnete) Bild von P. Es ist reell oder virtuell, je nachdem P innerhalb oder außerhalb der Brennweite von L_2 liegt.

Die einzelnen Teile des in der genannten Ebene liegenden Gegenstandes werden unter den Verhältnissen der Abb. 526 mit verschiedener Helligkeit abgebildet. Von Punkten, die jenseits von B und B' liegen, kann überhaupt kein Licht durch P' und L_1 hindurchtreten. Je mehr man sich dem Achsenpunkt O nähert, um so größer wird die Öffnung der durch P' und L_1 hindurchtretenden Strahlenbüschel. Das Bild ist also in der Mitte am hellsten, wird nach dem Rande hin, vor allem zwischen A, A' und B, B' stetig dunkler und geht bei B und B' in völlige Dunkelheit über.

Bei den meisten optischen Geräten wird eine wirkliche Blende P so angebracht, daß ihr von L_1 erzeugtes reelles Bild P' in die Ebene des Gegenstandes fällt. Dann fällt das von L_1 erzeugte reelle Bild des Gegenstandes (Zwischenbild) in die Ebene der wirklichen Blende P. Daher erscheinen in dem von L_2 — dem Okular — entworfenen virtuellen Bilde sowohl das Zwischenbild, also auch der Gegenstand, wie die Blende P in der gleichen Ebene scharf abgebildet. Dies geschieht, um das Gesichtsfeld sauber und scharf zu begrenzen.

Es braucht wohl kaum betont zu werden, daß die im Vorstehenden betrachteten Bilder von Blenden nur dann wirklich zustande kommen, wenn sie von der Blende aus in der Lichtrichtung liegen. Sonst ist das erst dann der Fall, wenn man den Strahlengang im Gerät umkehrt. Das gilt z.B. für die Bilder P' und L_2' in Abb. 526.

288. Dispersion. Während sich das Licht im Vakuum unabhängig von seiner Beschaffenheit (Frequenz, Intensität) stets mit der gleichen Geschwindigkeit fortpflanzt und seine Frequenz sich auch beim Übergang von einem Medium in ein anderes nicht ändert, hängt seine Geschwindigkeit (Phasengeschwindigkeit, §§ 271, 310) und daher auch seine Wellenlänge $\lambda = c/\nu$ in den Stoffen von seiner Frequenz ν ab. Bei sichtbarem Licht nimmt — von Ausnahmen abgesehen (§ 310) —, die Lichtgeschwindigkeit mit wachsender Frequenz, also in der Richtung von Rot über Gelb, Grün, Blau bis Violett, stetig ab.

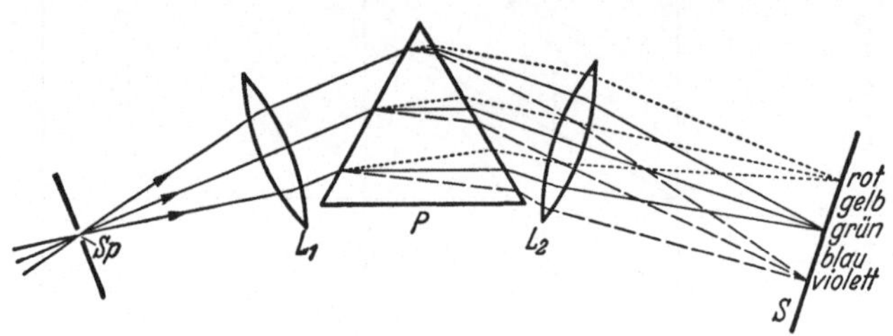

Abb. 527. Dispersion bei weißem Licht

Die Stoffe zeigen also *Dispersion* (§ 83). (Dabei sind mit diesen Farben hier stets die reinen Spektralfarben gemeint, § 317.) Daher nimmt nach (271.2) die Brechzahl n (von Ausnahmen abgesehen, § 310) im gleichen Sinne stetig zu; rotes Licht wird am wenigsten, violettes Licht am stärksten gebrochen.

Weißes Licht kann nach NEWTON als eine Mischung aller Spektralfarben betrachtet werden[1]. (Diese Vorstellung NEWTONs ist bekanntlich von GOETHE

---

[1] Nach heutiger Auffassung sind die Spektralfarben nicht eigentlich bereits individuell im weißen Licht enthalten, sondern man kann dieses nur experimentell in Spektralfarben zerlegen (Fourier-Zerlegung, § 80).

in seiner „Farbenlehre" mit außerordentlicher Schärfe bekämpft worden, § 317.)
Erfährt es eine Brechung, so werden seine Anteile verschieden stark gebrochen.
Es treten, wie wir schon erwähnt haben, Farberscheinungen auf. Es sei Sp
(Abb. 527) ein zur Zeichnungsebene senkrechter schmaler Spalt, der von links
her beleuchtet wird und in der Brennebene einer Linse (Kollimatorlinse) L_1 steht.
Das durch den Spalt tretende Licht wird durch L_1 parallel gemacht und fällt so
in ein Prisma P, daß Licht von mittlerer Wellenlänge Minimalablenkung erfährt
(§ 273). Dort wird es infolge der verschieden großen Brechbarkeit seiner Anteile
nach Farben (genauer: Frequenzen, § 263, Fußnote) zerlegt (punktiert rot, ausgezogen grün, gestrichelt violett). Nach dem mit erneuter Brechung verbundenen
Austritt aus dem Prisma fällt das Licht auf eine zweite Linse L_2. Bis hierher sind
die jeweils zur gleichen Farbe gehörigen Strahlen unter sich parallel geblieben.
Infolgedessen werden sie auf einem in der Brennebene von L_2 befindlichen weißen
Schirm zu einem Bilde des Spaltes Sp wieder vereinigt, und zwar entspricht
jeder Farbe der im weißen Licht enthaltenen stetigen Farbfolge ein Spaltbild.
Die stetige Folge dieser Spaltbilder, von denen in Abb. 527 nur je eines im Rot,
Grün und Violett angedeutet ist, bildet ein von Rot über Gelb, Grün, Blau bis
Violett verlaufendes farbiges Band, ein *kontinuierliches Spektrum*; Beispiel: das
Sonnenspektrum.

Man kann diese Farben auch wieder zu Weiß mischen, z. B. dadurch, daß
man das Prisma sehr schnell um einen kleinen Winkel hin und her dreht. Dann
fallen die verschiedenen Farben fortgesetzt auf andere Stellen des Schirms, und
ihre Mischung durch Auge und Gehirn ergibt wieder den Eindruck des Weiß.
Besser noch verfährt man so, daß man an der Eintrittsstelle des Lichts in das
Prisma, wo das Licht also noch weiß ist, eine Blende und hinter dem Ort des
Spektrums eine Linse anbringt, mittels derer man die Blende auf einen Schirm
abbildet. Hierdurch werden die von den einzelnen Punkten der Blende ausgehenden, verschiedenfarbigen Strahlen jeweils wieder in einen Punkt vereinigt,
also gemischt, und bilden zusammen wieder Weiß. Bringt man bei dieser Anordnung an die Stelle des Spektrums, wo es scharf ist, ein spitzwinkliges Prisma,
das das Licht nur ablenkt, ohne daß eine wesentliche Dispersion eintritt, und
zwar so, daß nur ein Teil des im Spektrum vertretenen Lichts durch dieses Prisma
hindurchgeht, so entstehen auf dem Schirm zwei Bilder der Blende nebeneinander.
Jedes von ihnen entsteht durch eine Mischung der Farben je des einen der beiden
Bereiche, in die das Spektrum durch das schmale Prisma zerlegt wurde. Sie sind
daher farbig; und zwar sind die Farben der beiden Bilder zueinander *komplementär*
(§ 317), d. h. ihre Mischung ergibt Weiß. Durch Abblendung verschiedener und
verschieden großer Teile des Spektrums kann man diese Farbpaare beliebig verändern. Die Farben des Spektrums, die *reinen Spektralfarben (monochromatisches
Licht)*, sind nicht weiter zerlegbar (MARCUS MARCI VON KRONLAND[1]). Blendet
man aus dem Spektrum durch einen zum ersten Spalt parallelen zweiten Spalt
einen schmalen Bereich aus und bildet diesen Spalt unter Einschaltung eines
Prismas durch eine Linse auf einem Schirm ab, so zeigt sich dort lediglich die
durch den Spalt ausgeblendete Farbe.

Handelt es sich nicht um weißes Licht, sondern um solches, das nur einige
wenige Spektralfarben (Frequenzen) enthält, so entsteht nur eine Folge getrennter Spaltbilder in den vorhandenen Farben (*Spektrallinien*, §§ 316 und 344 f.).

Die Dispersion in den brechenden Stoffen ist verschieden (§ 310). Schon die
einzelnen Glassorten (Kronglas, Flintglas usw.) zeigen eine verschieden starke
Dispersion, d. h. die verschiedenen Spektralgebiete werden durch Prismen von
gleichem brechenden Winkel verschieden weit voneinander getrennt.

---

[1] MARCUS MARCI VON KRONLAND, 1595—1667.

Man kann durch Verwendung zweier Prismen aus verschieden dispergierenden Stoffen (Kronglas *Kr* und Flintglas *Fl*) Prismensysteme herstellen, bei denen die Dispersion des ersten Prismas durch die des zweiten gerade aufgehoben wird, während noch eine Ablenkung des Lichts übrigbleibt (*achromatisches Prisma*, Abb. 528). Von größter Bedeutung für die praktische Optik ist die entsprechende Möglichkeit, durch Verwendung mehrerer Linsen aus verschieden dispergierenden Glasorten Linsensysteme herzustellen, die von den durch die Dispersion hervorgerufenen Linsenfehlern (§ 277) praktisch frei sind (*Achromate*, DOLLOND[1], Anregung durch LEONHARD EULER).

Geräte zur Beobachtung von Spektren heißen *Spektrometer* oder *Spektroskope*. Die Bauart eines einfachen Spektrometers ist auf Grund von Abb. 527 ohne weiteres zu verstehen. Der Spalt und die Linse L_1 sitzen — um die Brennweite

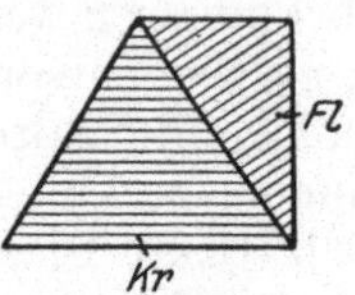

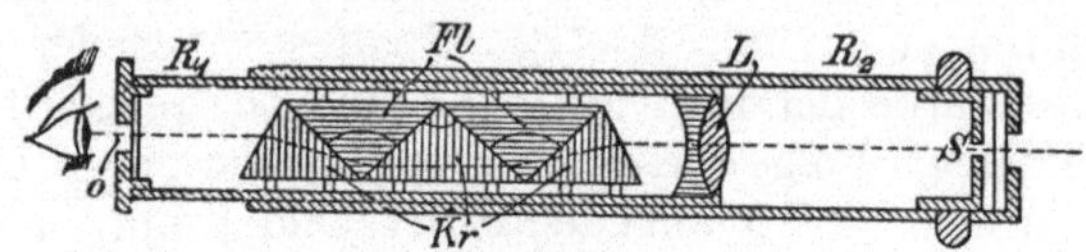

Abb. 528. Achromatisches Prisma aus Kron- und Flintglas

Abb. 529. Taschenspektroskop. R_1, R_2 ausziehbares Rohr, *L* Linse, *S* Spalt, *Kr* Kronglas, *Fl* Flintglas, *O* Okular

von L_1 voneinander entfernt — an den Enden des *Kollimatorrohres*. Die Linse L_2 ist das Objektiv eines auf Unendlich eingestellten Fernrohrs, dessen Okular so angebracht ist, daß seine vordere Brennebene dort liegt, wo in Abb. 527 der Schirm *S* ist. Dann entstehen dort reelle, farbige Spaltbilder, die mit dem Okular betrachtet werden können. Zur photographischen Aufnahme von Spektren wird eine photographische Platte an die Stelle des Schirmes gebracht *(Spektrograph)*.

Durch Hintereinanderschaltung von Prismen aus verschieden brechenden Stoffen (Kron- und Flintglas) kann man Prismensysteme herstellen, welche zwar eine Dispersion zeigen, mit denen also ein Spektrum erzeugt werden kann, bei denen aber der mittlere Teil des Spektrums unabgelenkt ist. Solche *geradsichtige Prismen* haben den großen Vorteil, daß man die bei gewöhnlichen Prismen eintretende Änderung der Strahlenrichtung vermeidet. Sie finden z. B. bei den Taschenspektroskopen Verwendung (Abb. 529).

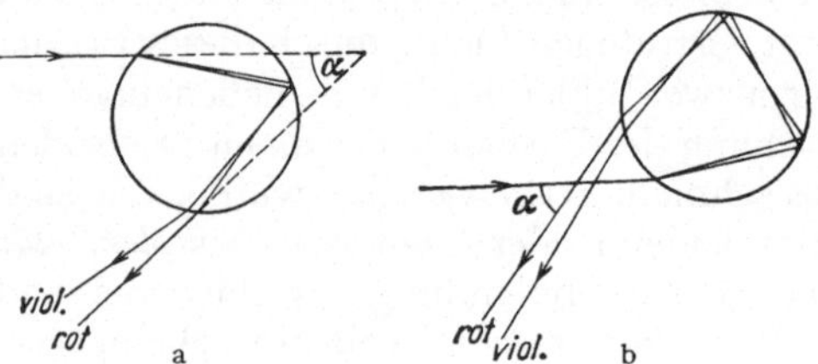

Abb. 530. Zur Entstehung des Regenbogens

Ein Regenbogen entsteht durch die in den Regentropfen eintretende Brechung und Reflexion des Sonnenlichts (Abb. 530, AL-SCHIRAZI[2], DIETRICH VON FREIBERG[3]). Da die verschiedenen Farben verschieden stark gebrochen werden, so erfährt der violette Anteil des Sonnenlichts die größte, der rote Anteil die kleinste Ablenkung $180° - \alpha$. Die Strahlen häufen sich bei einem Winkel α von etwa $41°$, wobei die violetten Strahlen etwas mehr, die roten etwas weniger abgelenkt sind. Wir sehen daher das Licht aus denjenigen Richtungen kommen, die hierdurch und durch den jeweiligen Sonnenstand gegeben sind. Sie bilden einen Kegelmantel. Der Regenbogen ist also ein kreisbogenförmiges Band an der von der Sonne abgekehrten Seite des Himmels (in Wahrheit kommt das Licht aus ziemlich nahen Schichten der Atmosphäre, nämlich aus den fallenden Tropfen), das die Farben des Spektrums zeigt, Rot außen, Violett innen (Abb. 530a). Durch zwei-

---

[1] JOHN DOLLOND, 1706—1761.   [2] MAHMUD IBN MARUD AL-SCHIRAZI, 1236—1311.
[3] DIETRICH VON FREIBERG, 1250 bis nach 1310.

malige Reflexion in den Tropfen kann ein zweiter Regenbogen entstehen, in dem, wie man aus Abb. 530b erkennt, die Farbfolge umgekehrt ist. Eine strenge Theorie des Regenbogens kann aber nur auf Grund der Wellentheorie des Lichts entwickelt werden.

III. Wellenoptik

289. Interferenz des Lichts. Wir wenden uns nunmehr zu denjenigen optischen Erscheinungen, die nur auf dem Boden der Wellentheorie des Lichts beschrieben werden können (§263). Wir wollen dabei noch einmal betonen, daß die Bezeichnung des Lichts als „Welle" lediglich die Bedeutung hat, daß es sich um eine *periodische Störung* handelt, die sich im Raume ausbreitet und auf die wir die Gleichungen und allgemeinen Begriffe der mechanischen Wellenlehre *formal* anwenden dürfen, aber nicht um periodische *Bewegungs*vorgänge im mechanischen Sinne (§254). Auf die besondere Art dieser periodischen Vorgänge brauchen wir aber im folgenden zunächst keine Rücksicht zu nehmen.

Für die Annahme einer Wellennatur des Lichts gibt es nur einen einzigen, aber vollkommen entscheidenden Grund, die *Interferenzerscheinungen*, welche auftreten können, wenn zwei Lichtwellen von gleicher Frequenz sich im gleichen Raumpunkt überlagern. Wie bei den mechanischen Wellen hängt dann die Lichterregung in diesem Punkt von den Phasenbeziehungen zwischen den beiden Wellen ab (§89). Bei Phasengleichheit verstärken sie einander maximal, bei einer Phasendifferenz π (180°) und gleicher Intensität löschen sie einander vollkommen aus. Von den zusätzlichen Bedingungen, die bei linear polarisiertem Licht noch hinzukommen, sehen wir hier ab und setzen stets natürliches Licht voraus (§302).

Die Interferenz des Schalles kann z. B. mit zwei genau gleich gestimmten Stimmgabeln nachgewiesen werden. Man könnte demnach vermuten, daß man Lichtinterferenzen durch ähnliche Versuche mit zwei ganz gleichen Lichtquellen hervorrufen könnte. Das ist aber nicht der Fall. Andernfalls stünde es schlimm um die künstliche Beleuchtung von Räumen. Interferenzen treten nur bei *kohärentem Licht* auf, z. B. wenn man Licht, welches

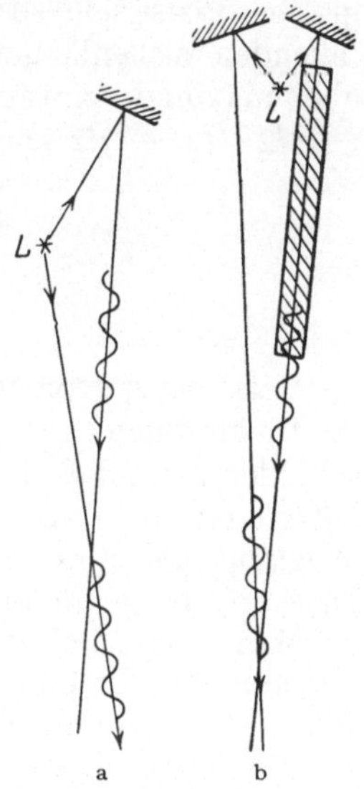

Abb. 531. Zur Interferenz von Wellenzügen

gleichzeitig von dem gleichen Punkt einer Lichtquelle ausgegangen ist, in einem Punkt des Raumes wieder zusammenführt. Die Aussendung von Licht beruht auf einzelnen Elementarakten in den Atomen (§343). Zum Zustandekommen von Interferenzen müssen zwischen den zusammentreffenden Wellenzügen während einer gegen ihre Schwingungsdauer $T = 1/\nu$ langen Zeit konstante Phasenbeziehungen bestehen, und das ist bei nichtkohärentem Licht nie der Fall. Vgl. §354.

Die Ausstrahlungsakte verlaufen bei atomaren Lichtquellen in sehr kurzen Zeiten ($t \approx 10^{-8}$ s), zwischen denen beim einzelnen Atom viel längere Pausen liegen. Die Atome senden also Wellenzüge von begrenzter Länge *(Interferenzlänge)*, $l = ct \approx 100$ cm bei sichtbarem Licht, aus. Deshalb genügt die Herkunft zweier Strahlen von demselben Punkt einer Lichtquelle allein noch nicht. Hat der eine der beiden Wellenzüge bis zu dem betrachteten Punkt einen Weg zurückzulegen, der um mehr als die Länge eines Wellenzuges größer ist als der Weg des anderen, ist also die Differenz ihrer optischen Weglängen, ihr *Gangunterschied* (§271), dort größer als ihre Interferenzlänge, so finden ihre Wirkungen in diesem

Punkte gar nicht gleichzeitig statt, und sie können nicht miteinander interferieren, wie das Abb. 531a schematisch andeutet. Ist der Gangunterschied kleiner als die (von der Wellenlänge abhängige) Länge eines Wellenzuges, so tritt um so stärkere Interferenz ein, je weniger sich die beiden Wege unterscheiden.

An ihrem gemeinsamen Ursprungsort befinden sich zwei kohärente Wellenzüge in gleicher Phase. Auf ihren weiteren Wegen bis zum erneuten Zusammentreffen sollen sie durch zwei verschiedene Stoffe verlaufen, in denen sie die Geschwindigkeiten c_1 und c_2 haben, denen also verschiedene Brechzahlen n_1 und n_2 zukommen. Ist λ die Wellenlänge, die das Licht im Vakuum haben würde, so ist seine Wellenlänge in den beiden Stoffen $\lambda_1 = \lambda/n_1$ bzw. $\lambda_2 = \lambda/n_2$. Der bis zum erneuten Zusammentreffen zurückgelegte Weg sei bei der ersten Welle s_1 und das z_1-fache der Wellenlänge λ_1, $s_1 = z_1\lambda_1$, bei der zweiten Welle $s_2 = z_2\lambda_2$, oder $s_1 = z_1\lambda/n_1$, $s_2 = z_2\lambda/n_2$ oder schließlich $n_1 s_1 = z_1\lambda$, $n_2 s_2 = z_2\lambda$. Das sind aber die optischen Weglängen der beiden Wellen von ihrem Ursprung bis zu ihrem Wiederzusammentreffen. Die Differenz der optischen Weglängen beträgt also $\delta = n_1 s_1 - n_2 s_2 = (z_1 - z_2)\lambda$. Sollen die Wellen einander maximal verstärken, also in gleicher Phase sein, so muß die Differenz der Anzahlen der auf die beiden Wege entfallenden Wellenlängen eine ganze Zahl z sein, also $z_1 - z_2 = z$. Sollen sie einander aber maximal schwächen, also eine Phasendifferenz π haben, so muß $z_1 - z_2 = z + 1/2 = (2z+1)/2$ sein. Wir erhalten also

$$\text{maximale Verstärkung, wenn } \delta = z\lambda,$$

$$\text{maximale Schwächung, wenn } \delta = \frac{2z+1}{2}\lambda.$$

Bei gleicher geometrischer Weglänge kann eine Interferenz nicht erfolgen, wenn die Brechzahlen auf den von den beiden Wellenzügen durchlaufenen Wegen so verschieden sind, daß der eine Wellenzug gegenüber dem anderen um mehr als die Interferenzlänge zurückbleibt (Abb. 531b). Nur im Vakuum ($n = 1$) ist die optische Weglänge gleich der geometrischen Weglänge und der Gangunterschied durch die Differenz der geometrischen Weglängen bestimmt.

Man unterscheidet Fresnelsche und Fraunhofersche[1] *Interferenzen*. Bei den ersteren liegt die Lichtquelle in endlicher Entfernung, und die von ihren einzelnen Punkten herkommenden Strahlen sind divergent. Bei den Fraunhoferschen Interferenzen liegen die Lichtquelle vom Beobachtungspunkt und dieser vom Beobachter optisch im Unendlichen, d.h. die von den einzelnen Punkten der Lichtquelle herkommenden Strahlen sind zunächst parallel gemacht, und man bringt von den vom Beobachtungspunkt kommenden Strahlen jeweils parallele Strahlen in der Brennebene einer Sammellinse zum Schnitt.

290. FRESNELs Interferenzversuche. Als Quellen kohärenten Lichts benutzte FRESNEL (1821) die beiden Spiegelbilder L' und L'' einer monochromatischen Lichtquelle L, die mit Hilfe zweier unter einem sehr kleinen Winkel gegeneinander geneigter Spiegel erzeugt werden (Abb. 532a). Die eigentliche Lichtquelle wird durch einen Schirm *Sch* abgeblendet. Bringt man in einiger Entfernung von dem Winkelspiegel eine Lupe in den Weg des von den beiden Spiegelbildern kommenden Lichts, so sieht man das Gesichtsfeld von hellen und dunklen Streifen durchzogen. Sie entstehen durch Interferenz des von L über L' und L'' herkommenden Lichts.

Wir betrachten die geometrischen Orte der Punkte, in denen maximale Verstärkung eintritt, wo also der Gangunterschied der von den beiden virtuellen

---

[1] JOSEPH VON FRAUNHOFER, 1787—1826.

Lichtquellen kommenden Strahlen ein ganzzahliges Vielfaches $z\lambda$ der Wellenlänge λ ist. Die Kurven gleicher Abstandsdifferenz von zwei Punkten sind Hyperbeln (vgl. das mechanische Analogon §89, Abb. 208). Die gesuchten geometrischen Orte bilden also eine Schar von Hyperbeln mit den Brennpunkten L', L'', die durch die ganzzahligen Werte z unterschieden sind. Der Abstand von L' und L'' sei d, der Abstand des Scheitelpunkts eines Hyperbelastes vom Schnittpunkt seiner Asymptoten (Koordinatenursprung, Abb. 532b) sei a. Die allgemeine Mittelpunktsgleichung der Hyperbel lautet $x^2/a^2 - y^2/b^2 = 1$. Für $x = d/2$ ist $y = p = b^2/a$ ($2p$ Parameter der Hyperbel). Durch Einsetzen folgt $d^2/4a^2 - b^2/a^2 = 1$. Wir wollen nur Interferenzen kleinen Gangunterschiedes (z kleine Zahl) betrachten, d.h. Hyperbeln, deren Scheitel der y-Achse (der „Hyperbel" mit $z=0$) sehr nahe liegen, für die also $a \ll d/2$. Dann ist mit genügender Näherung $b^2 = d^2/4$, so daß nunmehr $x^2/a^2 - 4y^2/d^2 = 1$ ist. Die Punkte auf der x-Achse, in denen der Gangunterschied $z\lambda$ beträgt, genügen der Bedingung $(d/2 + a) - (d/2 - a) = 2a = z\lambda$, so daß $a = z\lambda/2$ ist. Damit erhalten wir als allgemeine Gleichung der gesuchten Hyperbelschar $4x^2/(z\lambda)^2 - 4y^2/d^2 = 1$. Wir

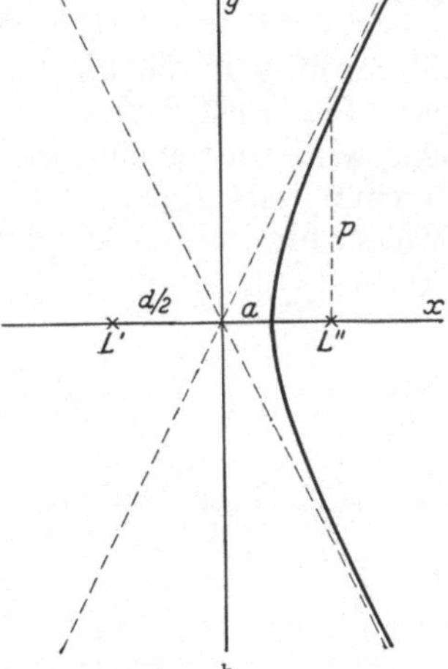

Abb. 532. Zum Fresnelschen Spiegelversuch. a Schema der 0. und 1. Ordnung ($z=0, 1$), b zur Berechnung der Interferenzerscheinung

denken uns nun einen zur x-Achse parallelen Schirm in einem Abstande $y \gg d$ von ihr aufgestellt, derart daß in diesem Abstande die Hyperbeln bereits praktisch mit ihren Asymptoten zusammenfallen, deren Gleichungen (mit $4y^2/d^2 \gg 1$) lauten $x = \pm z\lambda y/d$. Demnach beträgt der Abstand zweier benachbarter Orte maximaler Helligkeit auf dem Schirm $\Delta x = \lambda y/d$. Der Abstand d kann aus den geometrischen Verhältnissen berechnet oder mit einem parallel zur x-Achse der Abb. 532b längs eines Maßstabes verschiebbaren, zur y-Achse parallelen Mikroskop mit Fadenkreuz gemessen werden. Dann kann $\lambda = \Delta x \cdot d/y$ aus dem Abstand Δx der Interferenzstreifen berechnet werden.

Ist das Licht nicht monochromatisch, so liegen die Orte, an denen Auslöschung der einzelnen in dem Licht enthaltenen Spektralfarben eintritt, nicht
an gleichen Stellen. Die Farbwirkung in jedem Punkt rührt her von allen in
der Lichtquelle vertretenen Farben, abzüglich derjenigen, für
die dort Auslöschung eintritt. Es erscheinen daher in diesem
Falle farbige Streifen, bei weißem Licht Folgen von schmalen
kontinuierlichen Spektren. Diese bestehen aber nicht, wie
beim Prisma, aus den reinen Spektralfarben, sondern aus Mischfarben (§ 317) — die aber vom Auge nicht von reinen Spektralfarben unterschieden werden können — und entstehen durch
das Fehlen der jeweils ausgelöschten Farbe im weißen Licht,
d. h. man sieht in jedem Punkt die Komplementärfarbe zu
der dort ausgelöschten Farbe. Statt des Winkelspiegels benutzte
FRESNEL auch ein Doppelprisma (Abb. 533). Es bewirkt, wie
man ohne nähere Erklärung sieht, daß das Licht der Lichtquelle L von L_1 und L_2 herzukommen scheint, liefert also, wie
der Winkelspiegel, zwei kohärente Lichtquellen.

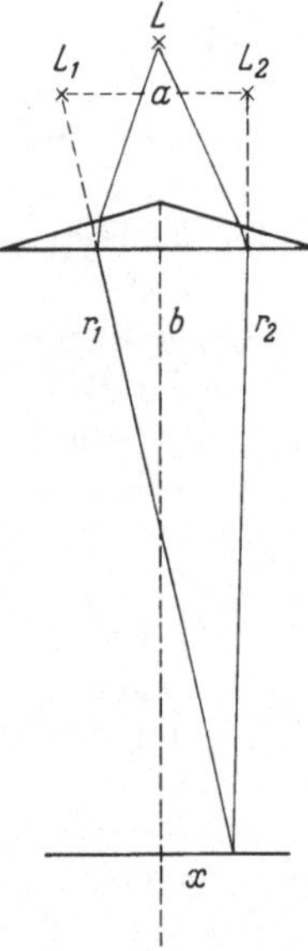

Abb. 533. Fresnelsches
Doppelprisma

291. Fraunhofersche Interferenzen in einer planparallelen Platte.

Als lehrreiches Beispiel soll hier der folgende Fall
genauer erörtert werden. Abb. 534 stelle eine dünne, plan-
parallele Schicht von der Brechzahl n dar, auf die (aus der
Luft bzw. dem Vakuum) ein Bündel parallelen, kohärenten
Lichtes falle. Es handelt sich also um eine Fraunhofersche
Interferenzerscheinung (§ 289). Die Dicke der Schicht sei d.
Fällt ein Strahl auf die Platte, so wird von ihm ein Teil an der Oberfläche
reflektiert. Der Rest tritt unter Brechung in die Platte ein. An der anderen
Oberfläche wird wieder ein Teil ins Innere der Platte reflektiert, der Rest tritt
unter Brechung aus. Der ins Innere reflektierte Anteil wird im Innern der Platte
immer wieder hin- und herreflektiert, erfährt aber bei jeder Reflexion einen Verlust durch Austritt eines Teils seiner Energie
nach außen.

Wir betrachten jetzt den vom Punkte A
ausgehenden Strahl J. Seine Energie setzt
sich aus mehreren Anteilen zusammen.
Erstens aus dem an der Oberfläche regulär
reflektierten Anteil des Strahls 1. Zu diesem
kommen noch die Anteile der Strahlen 2, 3,
4 usw. hinzu, die nach mehrfachen Reflexionen
im Innern der Platte den Punkt A erreichen
und dort austreten. Die in der Richtung des
Strahls J auftretende Lichtintensität hängt
von den Phasenbeziehungen der Anteile der
Strahlen 1, 2, 3 usw., die bei A austreten, ab.

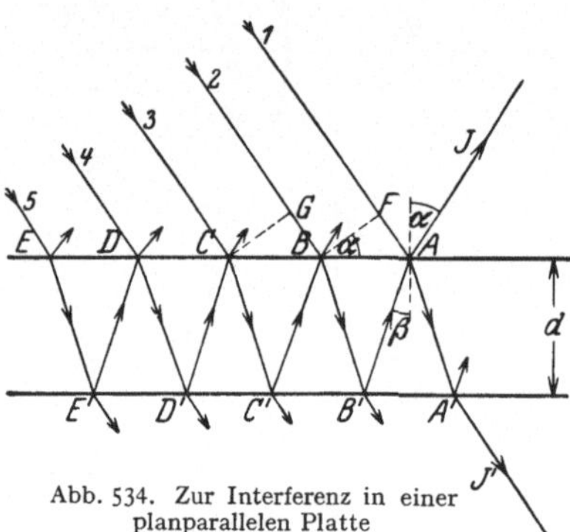

Abb. 534. Zur Interferenz in einer
planparallelen Platte

Wir wollen zunächst nur die Anteile der Strahlen 1 und 2, ohne Rücksicht auf
ihre Intensitäten, ins Auge fassen. Sie sind in der Ebene BF in gleicher Phase, haben
aber bis zum Punkte A verschieden lange optische Wege zu durchlaufen, so daß in A
und daher auch im Strahle J zwischen ihnen ein Gangunterschied besteht, von
dessen Größe es abhängt, ob sie einander im Strahle J verstärken oder schwächen.
Die optische Weglänge des aus dem Strahl 1 stammenden Anteils von der

Ebene BF bis A ist FA, die des Anteils des Strahls 2 ist $BB' + B'A$, multipliziert mit der Brechzahl n der Platte. Ferner ist aber folgendes zu beachten: Ein Strahl erleidet bei der Reflexion an einem optisch dichteren Stoff einen *Phasensprung* um den Betrag π, also die gleiche Änderung seiner Phase, die er beim Durchlaufen eines Weges von der Länge $\lambda/2$ erfahren würde ($\lambda = $ Wellenlänge im brechenden Stoff). Die Phase des Anteils des Strahls 1 ist also gegenüber der Phase im Punkte F nach der Reflexion in A so verändert, als habe der Strahl nicht nur den Weg FA, sondern den Weg $FA + \lambda/2$ durchlaufen. Bei der Reflexion an einem optisch dünneren Mittel tritt ein solcher Phasensprung nicht auf. (Vgl. die Reflexion an einem festen und einem freien Ende, § 89.)

Aus der Abb. 534 liest man ab, daß $AB = 2d \operatorname{tg} \beta$ und $FA = AB \sin \alpha$, so daß die optische Weglänge (zuzüglich des Phasensprungs) des aus dem Strahl 1 stammenden Anteils auf dem Wege FA gleich $s_1 = 2d \sin \alpha \operatorname{tg} \beta + \lambda/2$ ist oder, da nach dem Brechungsgesetz $\sin \alpha = n \sin \beta$,

$$s_1 = \frac{2n\, d \sin^2 \beta}{\cos \beta} + \frac{\lambda}{2}. \tag{291.1}$$

Wir gehen jetzt zu dem in J vorhandenen Anteil des Strahls 2 über. Seine geometrische Weglänge ist gleich $BB' + B'A = 2d/\cos \beta$, seine optische Weglänge auf dem Wege BA daher

$$s_2 = \frac{2n\, d}{\cos \beta}. \tag{291.2}$$

Demnach ist der Gangunterschied dieser beiden Strahlanteile

$$\delta = s_2 - s_1 = 2n\, d \cos \beta - \frac{\lambda}{2}. \tag{291.3}$$

Wir erhalten also nach § 289, wenn wir noch gemäß dem Brechungsgesetz $n \cos \beta = \sqrt{n^2 - \sin^2 \alpha}$ setzen,

$$\sqrt{n^2 - \sin^2 \alpha} = \begin{cases} \left(z + \dfrac{1}{2}\right) \dfrac{\lambda}{2d} & \text{(maximale Verstärkung)} \\[2ex] (z + 1) \dfrac{\lambda}{2d} & \text{(maximale Auslöschung)} \end{cases} \quad (z = 0, 1, 2 \dots). \tag{291.4}$$

Hieraus lassen sich die Einfallswinkel α berechnen, bei denen einer dieser beiden Grenzfälle eintritt. Die zwischen diesen Werten von α liegenden Einfallswinkel ergeben Übergänge zwischen ihnen.

Wir betrachten nunmehr noch den Anteil des Strahls 3. Für den Gangunterschied, den er in A gegenüber dem Anteil des Strahls 2 hat, gelten genau die gleichen Überlegungen, die wir soeben bezüglich der Anteile der Strahlen 1 und 2 angestellt haben. Der Unterschied der geometrischen Wege ist in beiden Fällen der gleiche, und so würde auch der in A auftretende Gangunterschied dieser beiden Strahlanteile der gleiche sein wie für die Strahlen 1 und 2, wenn nicht in diesem Falle der Phasensprung um den Betrag π fortfiele, weil keiner der beiden Strahlanteile je am optisch dichteren Medium reflektiert wird. Hierdurch verschieben sich die Verhältnisse, wie man ohne weiteres sieht, derart, daß die Strahlen 2 und 3 bei denjenigen Einfallswinkeln α, bei denen die Strahlen 1 und 2 einander maximal verstärken, einander maximal schwächen, und umgekehrt. Eine wesentliche Änderung der oben betrachteten Verhältnisse tritt jedoch hierdurch nicht ein, denn in allen praktisch in Betracht kommenden Fällen ist die Energie im Strahlanteil 2 von J sehr viel größer als die im Strahlanteil 3, so daß die Schwächung bzw. Verstärkung des Strahls 2 durch den Strahl 3 nur recht geringfügig ist. Betrachten wir noch die Wirkung der weiteren Strahlen 4, 5 usw., so zeigt eine einfache Überlegung, daß in dem Falle, daß der Anteil des Strahls 2 den Anteil des Strahls 1 maximal verstärkt, dies auch die Anteile der Strahlen 4, 6, 8 usw. tun, während die Anteile der Strahlen 3, 5, 7 usw. den Anteil des Strahls 1 in J schwächen. Bei denjenigen Einfallswinkeln α aber, bei denen der Anteil des Strahls 2 den Anteil des Strahls 1 in J maximal schwächt, wirken auch die Anteile der Strahlen 3, 4, 5 usw. alle schwächend auf den Anteil des Strahls 1, unterstützen also die Interferenzwirkung des Strahls 2. Allerdings beruht die Hauptwirkung stets auf dem Anteil des Strahls 2, da die Intensitäten der verschiedenen Anteile sehr schnell abnehmen.

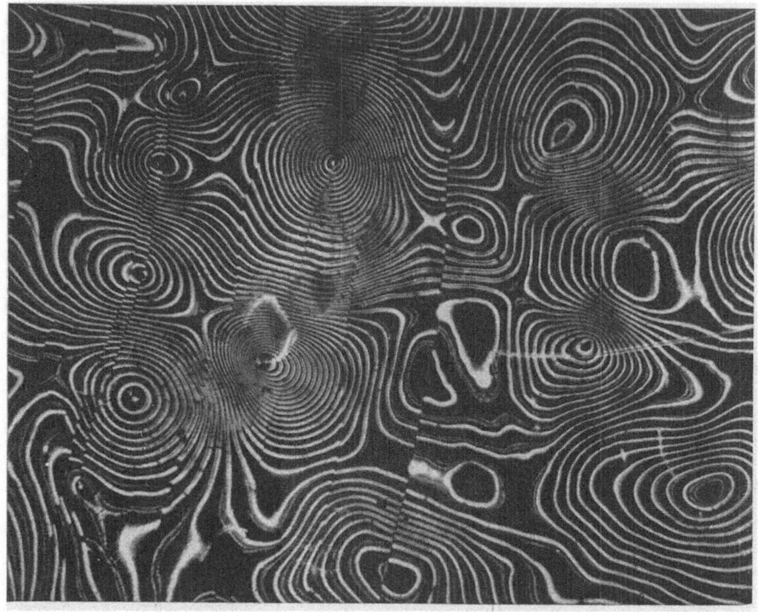

Abb. 535. Interferenzstreifen an einer Glimmerfläche. Nach S. Tolanski, "Multiple Beam Interferometry of Surfaces and Films", Clarendon Press, Oxford, England

Die in der Abb. 534 nicht gezeichneten, zwischen den Strahlen 1, 2, 3 usw. verlaufenden parallelen Strahlen erzeugen in den übrigen Punkten der Oberfläche der planparallelen Platte entsprechende Erscheinungen. Es gehen also von der Platte parallel zu J Strahlen aus, in denen die einzelnen Anteile, aus denen sie entstehen, einander je nach der Größe des Einfallswinkels α mehr oder weniger stark schwächen oder verstärken. Bringt man in den Weg dieser parallelen Strahlen eine Linse, so werden sie in deren Brennpunkt vereinigt, und in diesem tritt Helligkeit oder Dunkelheit auf, je nachdem die Bedingungen für Verstärkung oder Schwächung erfüllt sind. Das gleiche erkennt man durch Beobachtung mit dem Auge. Kommt das Licht von einer ausgedehnten Lichtquelle, deren Strahlen vor dem Einfall durch eine Linse parallel gemacht sind, so fallen die von den einzelnen Punkten dieser Lichtquelle herkommenden parallelen Strahlen unter verschiedenen Einfallswinkeln auf die Platte. Das von der zweiten Linse entworfene Bild der Lichtquelle ist dann von hellen und dunklen Streifen durchzogen. Jedes Maximum oder Minimum der Helligkeit rührt von Strahlen her, die unter dem gleichen Einfallswinkel auf die Platte fielen. Man spricht daher in diesem Falle von *Interferenzen gleicher Neigung*. Die Abb. 535 zeigt eine solche

Interferenzerscheinung an einem dünnen Glimmerblättchen. Die Interferenzstreifen zeigen wegen der wechselnden Dicke des Blättchens eine unregelmäßige Gestalt.

Ist das von der Lichtquelle kommende Licht nicht monochromatisch, sondern enthält es Licht verschiedener Wellenlängen, so ergeben sich auch für die einzelnen Farben verschiedene Einfallswinkel α für maximale Verstärkung und Auslöschung. Benutzen wir z.B. weißes Licht, das eine stetige Folge von Wellenlängen enthält, so sind in einer bestimmten Richtung jeweils nur bestimmte Wellenlängen maximal ausgelöscht bzw. maximal verstärkt. Daß dies in der gleichen Richtung für mehr als eine Wellenlänge eintreten kann, rührt daher, daß die Zahl z jeden beliebigen ganzzahligen Wert annehmen kann bzw. daß durch den Betrag von α noch nicht die maximal verstärkte oder geschwächte Wellenlänge λ, sondern die Größe $(z+\frac{1}{2})\,\lambda/2d$ (maximale Verstärkung) bzw. $(z+1)\,\lambda/2d$ (maximale Schwächung) gegeben ist. Daraus ergibt sich für jeden Wert von z (der *Ordnungszahl der Interferenz*) ein anderer Wert von λ. Nun kann man aus (291.4) herleiten, daß z bei maximaler Auslöschung den Wert $\sqrt{n^2-1}\,2d/\lambda$ nicht unterschreiten kann, so daß z mindestens von der Größenordnung von d/λ ist. Ist also die Dicke der Platte groß gegen die vorkommenden Wellenlängen, so ist z auch groß, und diejenigen Wellenlängen, die bei einem bestimmten Einfallswinkel α maximal geschwächt werden, sind einander sehr nahe benachbart, z.B. im Falle, daß der Mindestwert von z etwa gleich 1000 ist ($d\approx 1$ mm). Dann ergeben sich, wenn wir $z=1000$, 1001, 1002 usw. setzen, bei gegebenen d und α Werte von λ, die sich nur sehr wenig unterscheiden. Ebenso ergibt sich dann auch, daß für die gleiche Wellenlänge benachbarte Winkel maximaler Auslöschung nur äußerst wenig verschieden sind, so daß der kleine Winkelunterschied eine Auflösung durch das Auge nicht mehr zuläßt (§ 282). In dem von uns hier behandelten Fall erscheint dann also eine flächenhafte, überall gleichmäßig leuchtende Lichtquelle dem Auge auch im reflektierten Lichte gleichmäßig leuchtend. Deshalb treten Interferenzstreifen nur auf, wenn die Plattendicke nicht allzu groß gegen die Wellenlänge des Lichts ist.

Wird eine ausreichend dünne Schicht mit weißem Licht beleuchtet, so fallen in jeder Richtung gewisse Wellenlängen (Farben) durch Interferenz aus. Betrachtet man einen Punkt der Oberfläche einer solchen Schicht, so fehlen diese Farben in dem dort reflektierten Licht. Dieses zeigt daher durch Mischung des nicht ausgelöschten Restes, der vom weißen Licht nach Ausfall des ausgelöschten Anteils übrig bleibt, die Komplementärfarbe des ausgelöschten Anteils. Da man die einzelnen Punkte der Oberfläche einer solchen Schicht unter verschiedenen Winkeln sieht, so wechselt die maximal geschwächte Wellenlänge und damit die Farbe des ins Auge gelangenden Lichts von Ort zu Ort. Die Schicht schillert in allen möglichen Farben *(Farben dünner Blättchen)*. Das bekannteste Beispiel dieser Art sind die Seifenblasen. Auch die schillernden Farben von Ölschichten und von dünnen Oxydschichten auf Metallen *(Anlaßfarben)* haben den gleichen Ursprung.

Besondere Erscheinungen treten bei *sehr* geringen Schichtdicken auf. Ist die Dicke d merklich kleiner als die Wellenlänge λ, so wird der Gangunterschied δ der interferierenden Strahlanteile fast ausschließlich durch den Phasensprung π des einen unmittelbar reflektierten Strahls (s. oben) bewirkt und ist vom Einfallswinkel praktisch unabhängig. In diesem Falle besteht also stets ein Gangunterschied $\lambda/2$, und es erfolgt stets und unabhängig von Einfallsrichtung und Wellenlänge Auslöschung. Daher verschwinden die Interferenzerscheinungen, auch die Farben dünner Blättchen, bei Schichtdicken, die die Wellenlänge des Lichts merklich unterschreiten. Läßt man eine in einen runden Metallrahmen gespannte

Seifenlamelle schnell um die zu ihrer Fläche senkrechte Achse rotieren, so wird sie infolge der Zentrifugalkraft und der Verdunstung in der Mitte allmählich dünner, der Abstand der farbigen Ringe, die ständig ihre Farbe wechseln, immer größer. Schließlich verschwinden in der Mitte die Farben, und es bildet sich ein scharf begrenzter farbloser Kreis, der im reflektierten Licht schwarz erscheint *(schwarzer Fleck)*. Bringt man jetzt die Lamelle zum Stillstand, so löst sich der Fleck in zahlreiche kleine schwarze Flecke auf, die eine merkwürdige Beständigkeit zeigen und sogar dazu neigen, von selbst weiterzuwachsen.

Die dem einfallenden Licht durch Reflexion an der Platte entzogene Energie fehlt dem *durchgehenden* Licht. Deshalb muß jedem Maximum in der Reflexion ein Minimum in diesem entsprechen und umgekehrt. Jedoch beträgt der reflektierte Anteil in den Maxima z.B. bei Glas nur etwa 10% der einfallenden Strahlung, so daß die Intensität des durchgehenden Lichtes nur zwischen 90 und 100% schwankt, also der relative Unterschied zwischen den Maxima und Minima nur gering ist. Deshalb erscheinen dünne Schichten, z.B. Seifenblasen, nur im reflektierten weißen Licht stark farbig, im durchgehenden Licht dagegen kaum.

Wenn das äußere Medium nicht Luft, sondern ein Stoff von der Brechzahl n' ist, so tritt n/n' an die Stelle von n, also für eine dünne Luftschicht ($n \approx 1$) statt der Platte $1/n'$. Alle Folgerungen bleiben aber erhalten. Der Leser möge das selbst überlegen und dabei den Unterschied bei Reflexionen am optisch dichteren bzw. optisch dünneren Medium beachten.

292. Fresnelsche Interferenzen an planparallelen Platten und Interferenzen an keilförmigen Schichten. Wir betrachten nunmehr den Fall, daß die Lichtquelle in endlicher Entfernung von einer planparallelen Platte liegt, die von ihren einzelnen Punkten herkommenden Strahlen also divergent auf die Platte fallen (Fresnelsche Interferenzen). L sei eine punktförmige monochromatische Lichtquelle bzw. ein Punkt einer ausgedehnten Lichtquelle (Abb. 536). Wir wollen

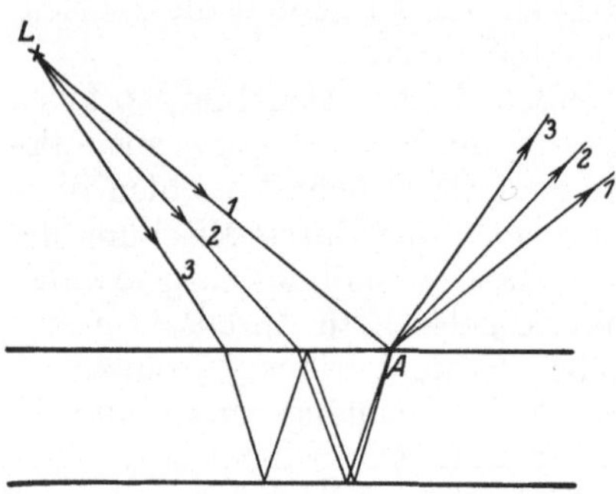

nun das von einem Punkte A der oberen Fläche der Platte ausgehende, von L herrührende Licht betrachten. In dem von A ausgehenden Licht sind Anteile von Strahlen 1, 2, 3 usw. enthalten, die infolge von Reflexion bzw. Brechung im Innern der Platte auf dem Wege von L nach A verschieden lange optische Wege zurückgelegt, also Gangunterschiede haben, ähnlich wie im Fall parallelen Lichts. Aber diese Strahlanteile vereinigen sich jetzt nicht zu einem einzigen Strahl, sondern bilden ein Strahlenbündel von endlicher Öffnung. Akkommodieren wir auf den Punkt A, so vereinigen

Abb. 536. Fresnelsche Interferenzen an einer planparallelen Platte

sich diese Strahlen auf der Netzhaut zu einem Bilde des Punktes A, und dieses Bild erscheint hell oder dunkel je nach den Phasenbeziehungen (Gangunterschieden) in den von A ausgehenden Anteilen der Strahlen 1, 2, 3 usw. In A, wo die betrachteten Strahlen einander schneiden, findet tatsächlich Interferenz statt, wie bei den einander schneidenden Strahlen beim Fresnelschen Spiegelversuch (§290). Aus dem in §291 angegebenen Grund genügt es, wenn wir nur die Wirkung der Strahlen 1 und 2 betrachten. Sofern die Entfernung der Lichtquelle groß gegen die Dicke der Platte ist, ergeben sich für die in A auftretende Interferenzerscheinung die gleichen Bedingungen wie bei parallel einfallendem Licht im reflektierten Strahl [(291.4)].

Handelt es sich um eine ausgedehnte Lichtquelle, so fällt bei gegebener Stellung des betrachtenden Auges das von ihren einzelnen Punkten herrührende Licht unter verschiedenen Einfallswinkeln α auf die Platte. Deshalb wechseln auf ihr Stellen, an denen das auffallende Licht durch Interferenz ausgelöscht wird, mit solchen ab, an denen Verstärkung stattfindet, je nach dem für die betreffende Stelle durch die gegenseitige Stellung der Lichtquelle, des Auges und der Platte gegebenen Winkel α *(Interferenzen gleicher Neigung)*.

Der bei einer solchen Interferenzerscheinung erzeugte Sinneseindruck ist ein doppelter. Richtet man die Aufmerksamkeit auf die Lichtquelle selbst, indem man auf ihr Spiegelbild in der Platte akkommodiert, so sieht man dieses Spiegelbild an der durch das Reflexionsgesetz bestimmten Stelle hinter der Platte, aber im Falle einer monochromatischen Lichtquelle durchzogen mit dunklen Streifen. Diese jedoch liegen nicht am Ort der Lichtquelle, sondern in der Platte, denn der Ort, an dem die Interferenz stattfindet, von dem aus die interferierenden Strahlen in unser Auge divergieren, liegt ja in der Plattenoberfläche. Daß die Interferenzerscheinung in der Platte selbst liegt, erkennt man daran, daß man auf sie bei zu kleiner Augenentfernung nicht mehr akkommodieren kann, während man das Spiegelbild der entfernteren Lichtquelle noch scharf sieht.

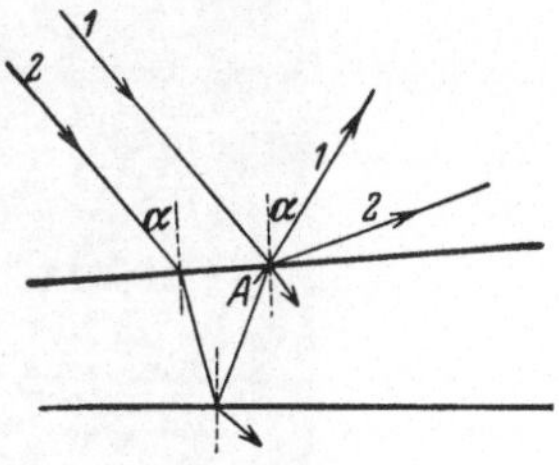

Bei nichtmonochromatischen Lichtquellen, insbesondere bei weißem Licht, ergeben sich wieder Farberscheinungen, die denen, die in §291 besprochen wurden, entsprechen.

Auf eine schwach *keilförmige*, von zwei ebenen Flächen begrenzte dünne Schicht eines brechenden Stoffes falle paralleles kohärentes Licht (Abb. 537). Wir betrachten einen Punkt A an der Oberfläche dieser Schicht. Sehen wir von Strahlen, die mehr als eine Reflexion im

Abb. 537. Zur Interferenz an einer keilförmigen Schicht

Innern der Schicht erlitten haben, ab (vgl. die Bemerkung in §291), so treten bei A nur Anteile von zwei Strahlen 1 und 2 des einfallenden Strahlenbündels aus, nämlich ein unmittelbar reflektierter Anteil von 1 und ein zweimal gebrochener und einmal im Innern reflektierter Anteil des Strahls 2. Wegen der Keilform der Schicht verlaufen diese beiden Strahlanteile nicht wie im Fall der planparallelen Schicht und parallelen einfallenden Lichts in der gleichen Richtung, sondern divergieren von A aus. Im reflektierten, ursprünglich parallelen Licht treten also an einer keilförmigen Schicht die gleichen Interferenzerscheinungen auf wie an einer planparallelen Platte im divergenten Licht. Ihr Ort ist die Oberfläche der Schicht.

Bei geringer Dicke des Keils und kleinem Keilwinkel gelten auch hier für das Auftreten von Helligkeit oder Dunkelheit im Punkt A die gleichen Bedingungen wie bei einer Planplatte [(291.4)]. Da sich die Dicke d der Schicht von Ort zu Ort ändert, so ändert sich auch von Ort zu Ort der Gangunterschied der miteinander interferierenden Strahlen. Man erblickt bei parallelem, monochromatischem Licht ein System von hellen und dunklen Streifen. Sie sind um so weiter voneinander entfernt, je kleiner der Keilwinkel ist. Jeder Streifen entspricht gleicher Dicke des Keils an den Stellen, wo der Streifen zu sehen ist. Man spricht deshalb in diesem Falle von *Interferenzen gleicher Dicke*.

Ein besonderer Fall solcher Interferenzen liegt bei den sog. *Newtonschen Ringen* vor. Sie wurden schon 1500 von LEONARDO DA VINCI beschrieben. 1665 schloß GRIMALDI[1] aus ihnen, daß Licht zu Licht gefügt auch Dunkelheit geben

---

[1] FRANCESCO MARIA GRIMALDI, 1618—1663.

könne. HOOKE (1665) und NEWTON (1676) beschäftigten sich genauer mit ihnen.
1802 erkannte TH. YOUNG in ihnen einen entscheidenden Beweis für die Interferenz des Lichtes, also für die Wellentheorie. Die Newtonschen Ringe entstehen,
wenn man Licht auf eine Luftschicht fallen läßt, die sich zwischen einer ebenen
Glasplatte und einer scharf auf diese gedrückten, schwach gekrümmten Linse
befindet. Die einzelnen Segmente dieser Luftschicht kann man nahezu als keil-
förmig ansehen. Man sieht dann bei Verwendung monochromatischen Lichts
helle und dunkle Kreise, deren Mittelpunkt im Berührungspunkt von Platte
und Linse liegt. Bei ausreichend enger Berührung erscheint im reflektierten

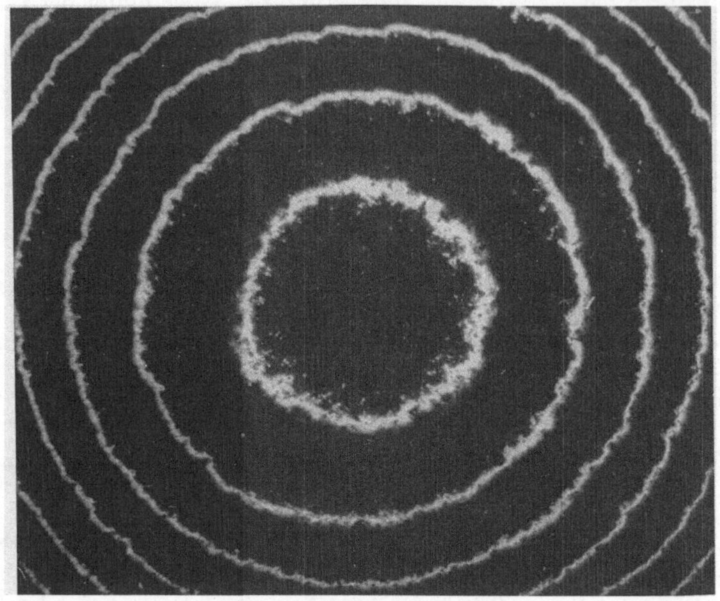

Abb. 538. Newtonsche Ringe im reflektierten Licht
Nach S. TOLANSKI, "Multiple Beam Interferometry of Surfaces and Films", Clarendon Press, Oxford, England

Licht in nächster Umgebung der Berührungsstelle wegen der äußerst geringen
Dicke der Luftschicht der „schwarze Fleck" (§ 291). Die Breite der hellen und
dunklen Kreise nimmt wegen der zunehmenden Dicke der Luftschicht von innen
nach außen immer mehr ab (Abb. 538). (Vgl. WESTPHAL: Physikalisches Praktikum, 26. Aufgabe.)

Bei Verwendung von weißem Licht treten farbige Interferenzkreise auf. Die
Farben rühren davon her, daß an jeder Stelle bestimmte Wellenlängen durch
Interferenz ausgelöscht werden, so daß durch Ausfall der betreffenden Farben
an Stelle von Weiß die zugehörige Komplementärfarbe entsteht.

293. Interferometer. Die Interferometer beruhen auf der Interferenz kohärenter Lichtstrahlen. Als Beispiel betrachten wir das Interferometer von JAMIN[1].
Es kann unter anderem dazu dienen, sehr kleine Unterschiede oder Änderungen
der Brechzahl von Stoffen zu messen. Es besteht in der Hauptsache aus zwei
sehr gut planparallelen Glasplatten P_1 und P_2, welche um einen außerordentlich
kleinen und deshalb in der Abb. 539 nicht angedeuteten Winkel gegeneinander
geneigt sind. Der auf die Oberfläche I von P_1 fallende Strahl spaltet sich in einen

---

[1] JULES CELESTIN JAMIN, 1818—1886.

reflektierten und einen gebrochenen Anteil S_1 und S_2, welche in ihrem weiteren, aus der Abbildung ersichtlichen Verlauf in gleicher Weise an der Oberfläche III der Platte P_2 noch einmal zerlegt werden. So entstehen aus dem einen einfallenden Strahl vier kohärente Strahlen, von denen S_1' und S_2'' abgeblendet werden. Die beiden durch die Blende austretenden Strahlen S_2' und S_1'' würden zusammenfallen und hätten seit der ersten Spaltung gleich lange optische Wege durchlaufen (von den übrigen Teilen der Anordnung zunächst abgesehen), wenn die Platten keine Neigung gegeneinander hätten. Die kleine vorhandene Neigung bewirkt, daß ihre optischen Weglängen ein wenig verschieden groß sind und daß sie selbst ein wenig gegeneinander geneigt verlaufen, wie die von den beiden sekundären Lichtquellen beim Fresnelschen Spiegelversuch herkommenden Strahlen. Infolgedessen entsteht ein System von Interferenz-

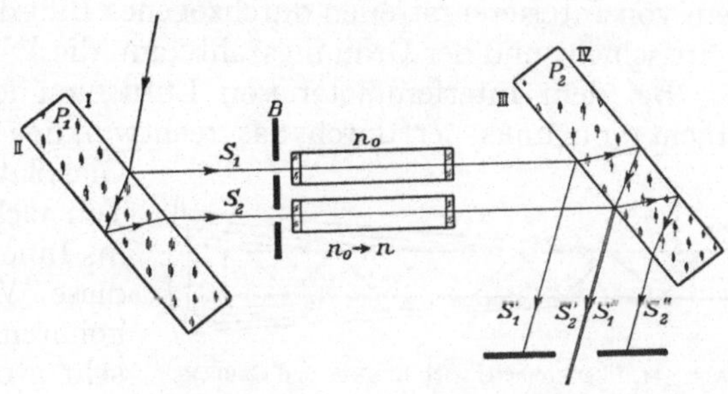

Abb. 539. Interferometer nach Jamin

streifen, genau wie bei jenem Versuch. Die Lage der Interferenzstreifen ist von der Differenz der optischen Weglängen abhängig. Bringt man nun in den Weg der beiden Strahlen S_1 und S_2 je eine Röhre, die gleich lang und zunächst mit dem gleichen Stoff (Brechzahl n_0) gefüllt sind, z.B. mit einem Gase, so ändert sich bei gleicher Röhrenlänge an der Differenz der optischen Weglängen, also auch an der Interferenzerscheinung nichts. Ändert man aber die Brechzahl in einer der beiden Röhren von n_0 auf n, etwa durch Veränderung des Drucks oder durch Füllung mit einem anderen lichtdurchlässigen Stoff, so ändert sich die Differenz der optischen Weglängen, und dies hat zur Folge, daß sich die Interferenzstreifen verschieben. Aus der Verschiebung kann man die Änderung der Brechzahl des Stoffes berechnen.

Ändert man auf andere Weise die Lichtgeschwindigkeit in einer der Röhren, so wirkt dies ebenso wie eine Änderung der Brechzahl bzw. der optischen Weglänge. Das kann z.B. so geschehen, daß man in beide Röhren die gleiche Flüssigkeit bringt, die aber in der einen ruht, in der anderen längs des Rohres strömt. Man muß erwarten, daß das Licht das Rohr schneller durchläuft, wenn die Strömung in der Richtung der Lichtfortpflanzung erfolgt, langsamer, wenn das Umgekehrte der Fall ist. Die Strömung sollte also im ersten Falle die optische Weglänge verkürzen, im zweiten verlängern. Diese von FRESNEL vorhergesagte *Mitführung des Lichts* kann demnach mit dem Interferometer gemessen werden. Der von

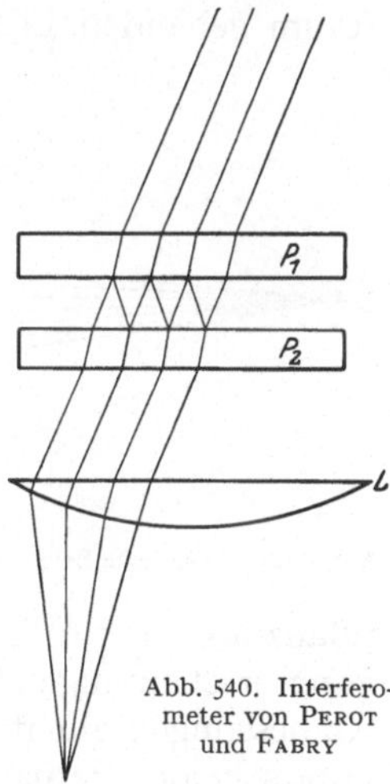

Abb. 540. Interferometer von PEROT und FABRY

FIZEAU 1851 gemessene *Mitführungskoeffizient* hat seine quantitative Deutung durch die Relativitätstheorie gefunden und bildet eine wichtige Stütze dieser Theorie (§ 330). Hier sei vorläufig nur erwähnt, daß die Geschwindigkeit des Lichts nicht, wie man erwarten sollte, gleich der Summe der Strömungs- und der Lichtgeschwindigkeit, sondern kleiner ist.

Ein wichtiges Hilfsmittel der Spektroskopie (Wellenlängenmessung) ist das Interferometer von PEROT und FABRY (Abb. 540). Es besteht aus zwei (aus bestimmten Gründen ganz schwach keilförmigen) Glasplatten P_1, P_2, welche an den einander zugekehrten Flächen teildurchlässig versilbert sind. Fällt paralleles Licht von einer ausgedehnten Lichtquelle auf das Interferometer, so wird es zum Teil in der zwischen den Platten befindlichen planparallelen Luftschicht mehrfach hin und her reflektiert, ehe es aus P_2 austritt. Es wird dann durch eine Sammellinse L vereinigt. Je nach den Gangunterschieden zwischen den interferierenden Strahlen, also je nach ihrer Neigung gegen die Platten, findet im Vereinigungspunkt Verstärkung oder Schwächung statt (§291), und hinter der Linse entsteht ein von Interferenzstreifen durchzogenes Bild der Lichtquelle. Aus der Dicke der Luftschicht und der Ordnungszahl kann die Wellenlänge berechnet werden.

Bei dem Interferometer von LUMMER und GEHRCKE[1] (Abb. 541) fällt das Licht von links her durch das rechtwinklige Glasprisma in eine planparallele

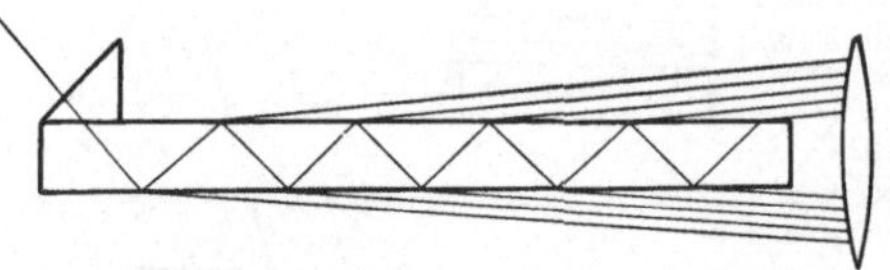

Abb. 541. Interferometer nach LUMMER und GEHRCKE

Glasplatte, an deren Seitenflächen es zum Teil nach außen gebrochen, zum Teil wieder ins Innere reflektiert wird (vgl. §291). Auf diese Weise entstehen Bündel paralleler, kohärenter Strahlen, die unter sich einen sehr großen Gangunterschied haben. Der Austrittswinkel aus der Platte hängt von der Wellenlänge ab. Die Linse vereinigt die austretenden parallelen Strahlen in ihrer Brennebene. Interferometer der beschriebenen Arten dienen vor allem dazu, an spektral vorzerlegtem, also schon fast monochromatischem Licht feinere Einzelheiten der Struktur der Spektrallinien (*Feinstruktur*, §§344, 365) zu erkennen.

294. Beugung des Lichts. Das im §93 erläuterte *Huygenssche Prinzip* findet für die Lichtwellen die gleiche Anwendung wie für mechanische Wellen. Es besagt in diesem Falle also, daß man jeden von Licht getroffenen Punkt im Raum, ob stofferfüllt oder nicht, als Ausgangspunkt einer von ihm rings in den Raum gehenden Lichtstrahlung betrachten kann. Breitet sich Licht aus, ohne auf Körper zu treffen, oder sind die in den Weg des Lichts tretenden Körper oder Öffnungen in solchen groß gegen die Wellenlänge des Lichts, so ergibt sich die geradlinige Fortpflanzung des Lichts, indem das in allen anderen Richtungen von einem Punkt ausgehende Licht durch Interferenz mit Licht, das von anderen Punkten ausgeht, ausgelöscht wird und nur das der geradlinigen Fortpflanzung entsprechende Licht übrigbleibt.

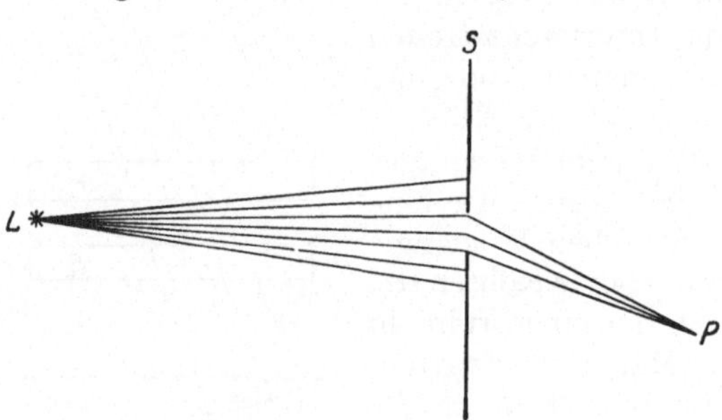

Abb. 542. Fresnelsche Beugungserscheinung an einer engen Blende

Zur Erzeugung von deutlichen Beugungserscheinungen (§93) muß man daher Körper oder Öffnungen verwenden, deren Abmessungen nicht allzu groß gegen die Wellenlänge des Lichts sind. Man unterscheidet, je nachdem es sich um divergentes oder paralleles Licht handelt, *Fresnelsche* und *Fraunhofersche Beugungserscheinungen* (§289).

Eine als punktförmig gedachte monochromatische Lichtquelle L befinde sich in einigem Abstande von einem Schirm S, in dem sich eine enge Blende, z.B. eine kleine kreisförmige Öffnung, befindet (Abb. 542), deren Durchmesser nicht groß gegen die Wellenlänge des von L ausgehenden Lichts ist. Nach dem Huygensschen Prinzip wird diese Öffnung zu einer Lichtquelle, von der aus nach allen Richtungen Licht ausgehen kann. Sie unterscheidet sich aber von einer

---

[1] ERNST GEHRCKE, 1878—1960.

selbstleuchtenden Fläche dadurch, daß die von ihren sämtlichen Punkten ausgehenden Lichtstrahlen wegen ihres Ursprungs von der gleichen punktförmigen
Lichtquelle L unter sich kohärent, also interferenzfähig sind. In einem Punkt P
in dem Raum hinter der Öffnung schneiden Strahlen einander, die von allen
einzelnen Punkten der Öffnung herkommen und auf ihrem Wege von L über die
Öffnung nach P verschieden lange Wege durchlaufen, also Gangunterschiede
gegeneinander gewonnen haben. Die Lichtwirkung in P hängt davon ab, ob
diese Strahlen einander auf Grund ihrer Gangunterschiede im Durchschnitt verstärken oder schwächen, je
nach der Lage des Punktes P.
Im Raume hinter der
Öffnung schwankt also beim
Fortschreiten in einer bestimmten Richtung, z. B. in
einer zu S parallelen Ebene,
die Helligkeit periodisch.
Hier liegt eine Fresnel-
sche Beugungserscheinung
vor.

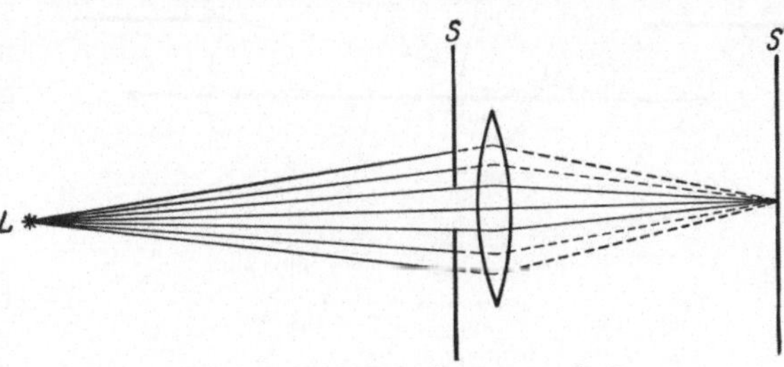

Abb. 543. Fresnelsche Beugung am Spalt

Diese Erscheinung wird am besten sichtbar gemacht, indem man die Lichtquelle zunächst durch eine Linse auf einen Schirm S' scharf abbildet und dann
die beugende Öffnung zwischen Lichtquelle und Linse bringt (Abb. 543). Als
Lichtquelle dient ein beleuchteter Spalt und als beugende Öffnung ein zum
ersten paralleler Spalt. Man sieht dann nach Anbringung des zweiten Spaltes
auf dem Schirm S' kein scharfes Bild des ersten Spaltes mehr, sondern eine ziemlich verwaschene Lichterscheinung von zueinander parallelen Streifen, deren
Helligkeit von der Mitte aus nach beiden Seiten abfällt. Ist die Lichtquelle
monochromatisch, so wechselt im Beugungsbild hell und dun-
kel. Sendet sie weißes Licht aus, so erblickt man Streifen in
wechselnden Farben, die, wie z. B. bei den Farben dünner
Blättchen, dadurch entstehen, daß an jeder Stelle ein bestimmter Farbanteil durch Interferenz maximal geschwächt
wird, so daß die dazugehörige Komplementärfarbe auftritt.

Entsprechende Erscheinungen zeigen sich, wenn man an
Stelle des Spaltes ein dünnes Hindernis in den Weg des Lichts
bringt. Es wirft keinen scharfen Schatten, sondern es zeigt
sich wieder eine verwaschene, aus hellen und dunklen (bzw.
farbigen) Streifen bestehende Lichterscheinung (Abb. 544).
Das *Babinetsche Theorem*, welches behauptet, die Beugungserscheinung hinter einer Öffnung sei die gleiche wie hinter
einem gleich großen und gleich geformten Schirm, ist nur
unter bestimmten Voraussetzungen angenähert erfüllt.

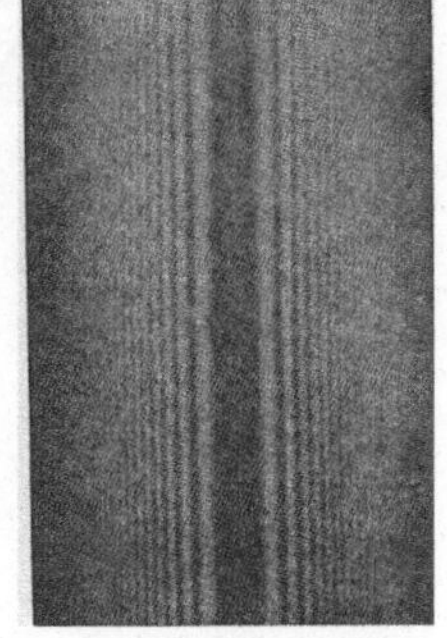

Abb. 544. Beugung an
einem Haar

Die Verhältnisse bei der Beugung gestalten sich viel einfacher und übersichtlicher, wenn die auf das beugende Objekt fallenden kohärenten Strahlen unter
sich parallel sind und diejenigen von dem beugenden Objekt ausgehenden Strahlen,
die unter sich parallel sind, durch eine Linse auf einem Schirm wieder zur Vereinigung gebracht werden (Fraunhofersche Beugungserscheinungen).

Auf einen zur Zeichnungsebene senkrechten Spalt AB von der Breite b falle
senkrecht monochromatisches Licht von der Kreisfrequenz ω, also der Wellenlänge $\lambda = 2\pi\,c/\omega$ (Abb. 545 a). Wir greifen aus dem gebeugten Licht ein ebenes
Bündel heraus, das mit der Einfallsrichtung den Winkel α bildet und auf eine
Sammellinse L fällt, die in P ein zur Zeichnungsebene senkrechtes Bild des hier

nicht gezeichneten Eintrittsspalts entwirft. In der Spaltebene AB sind alle Strahlen in gleicher Phase. In P herrscht Dunkelheit, wenn die Strahlen in der Ebene BC so große Phasendifferenzen haben, daß je zwei von ihnen die Phasendifferenz π haben. (Die optischen Weglängen längs aller von BC über die Linse nach P verlaufenden Strahlen sind gleich groß, §298.) Der Momentanwert der Lichtschwingungen in der Spaltebene sei $Z \sim \sin \omega t$. Dann ist er nach (84.1) in der Ebene BC in dem durch das Flächenelement $dy = dx \cos \alpha$ (Abb. 545b) treten den elementaren Strahlenbündel $Z' \sim \sin \omega (t - z/c) = \sin \omega (t - x \sin \alpha/c)$. Damit das gesamte durch BC tretende Licht in P durch Interferenz ausgelöscht wird, muß das von B bis C erstreckte Integral

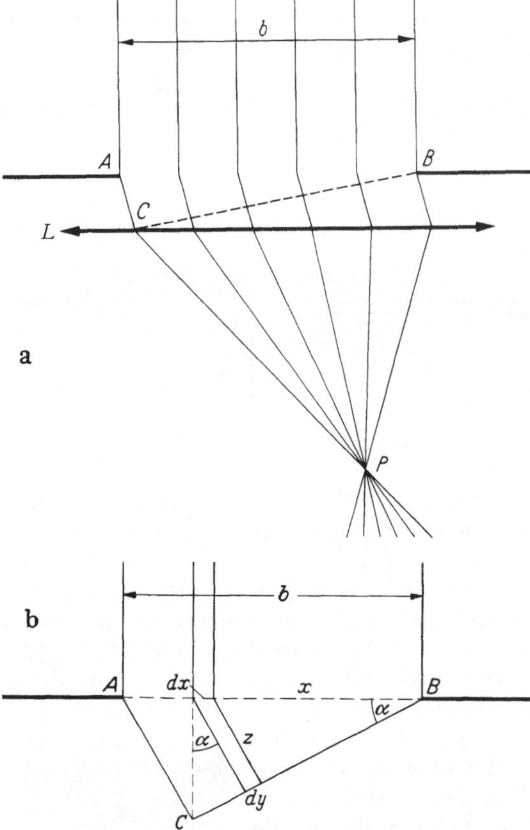

Abb. 545. Zur Fraunhoferschen Beugung am Spalt

$$\int_B^C \sin \omega \left(t - \frac{x \sin \alpha}{c}\right) dy$$

$$= \cos \alpha \int_0^b \sin \omega \left(t - \frac{x \sin \alpha}{c}\right) dx = 0$$

sein. Die Lösung lautet

$$\frac{c}{\omega} \operatorname{ctg} \alpha \left[\cos \omega \left(t - \frac{b \sin \alpha}{c}\right) - \cos \omega t\right]$$

$$= 2 \frac{c}{\omega} \operatorname{ctg} \alpha \cdot \sin \omega \left(t - \frac{b \sin \alpha}{2c}\right) \times$$

$$\times \sin \omega \frac{b \sin \alpha}{2c} = 0.$$

Das ist nur dann für alle Zeiten t erfüllt, wenn (abgesehen von $\operatorname{ctg} \alpha = 0$, $\alpha = \pi/2$) $b \cdot \omega/2c \cdot \sin \alpha = z \pi$ ist, mit $z = 1, 2, 3, \ldots$ ($z = 0$, also auch $\alpha = 0$, entspricht den nicht gebeugten Strahlen, die einander nicht auslöschen, sondern verstärken). Mit $\omega = 2 \pi c/\lambda$ folgt Auslöschung bei

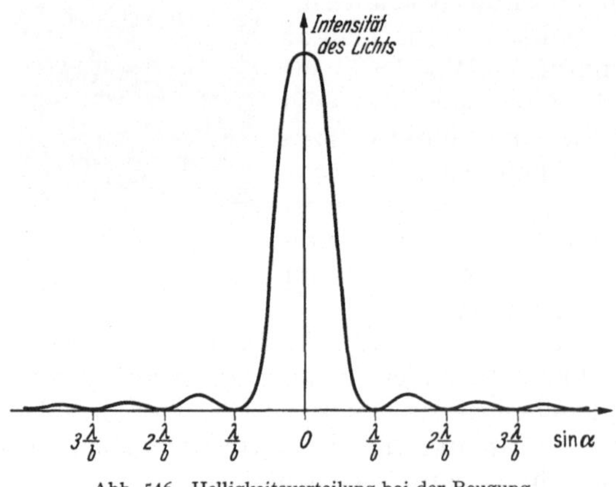

Abb. 546. Helligkeitsverteilung bei der Beugung monochromatischen Lichts am Spalt

$$\sin \alpha = z \frac{\lambda}{b}. \qquad (294.1)$$

Abb. 546 zeigt die Verteilung der Helligkeit im Beugungsbild eines Spaltes bei monochromatischem Licht. Weitaus am hellsten ist das Maximum bei $z = 0$. Nach den Seiten hin nimmt die Höhe der Maxima schnell ab.

Man erkennt aus (294.1), daß die Ablenkung α um so größer ist, je größer die Wellenlänge λ ist. Es wird also im sichtbaren Gebiet Rot am stärksten, Violett am wenigsten abgelenkt. Da z, α und b leicht zu bestimmen sind, kann man mittels der Beugung am Spalt die Wellenlänge λ messen. Bei weißem Licht überlagern sich die Beugungsbilder der einzelnen Spektralfarben, und es entstehen ebenso wie beim Fresnelschen Spiegelversuch mischfarbene Bänder. Je nach dem Wert von z in (294.1) spricht man von Interferenzen erster, zweiter usw. Ordnung. (Vgl. WESTPHAL: Physikalisches Praktikum, 27. Aufgabe.)

295. Beugung am Gitter. Die Lichtstrahlen, welche an einem Spalt zur Interferenz gelangen, bilden ein einziges Bündel kohärenter Strahlen. Bei den Beugungsgittern (FRAUNHOFER 1817) haben wir es dagegen mit der Interferenz einer *großen Anzahl äußerst schmaler Strahlenbündel* zu tun, die alle unter sich kohärent sind. Ein Beugungsgitter besteht in der Regel aus einer planparallelen Glasplatte, auf deren eine Fläche mittels eines Diamanten eine sehr große Anzahl feiner, paralleler und äquidistanter Striche geritzt ist, bis zu 1800 auf 1 mm. Nur durch die zwischen den Strichen stehengebliebenen sehr schmalen Teile der Glasfläche kann das Licht ungestört hindurchtreten, an den anderen Stellen wird es zerstreut. So besteht ein Gitter aus einer sehr großen Anzahl von sehr schmalen und sehr dicht beieinanderliegenden Spalten (Abb. 547). Man kann das Gitter auch auf eine spiegelnde, hohlspiegelförmig geschliffene Metallfläche ritzen (ROWLAND 1883); dann wirken die allein regulär reflektierenden Stellen zwischen den Strichen ebenso wie die unzerstörten Stellen eines Glasgitters, wenn Licht auf sie fällt. Die Hohlspiegelform eines solchen Konkavgitters hat den Vorteil, daß man bei der Aufnahme von Spektren mit dem Gitter die Verwendung einer Linse vermeidet.

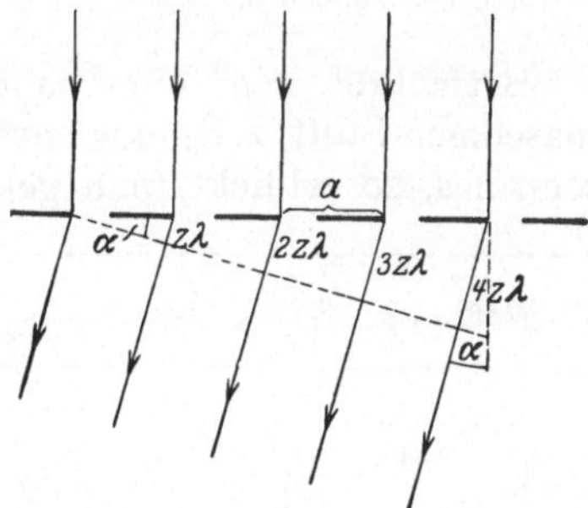

Abb. 547. Zur Beugung am Gitter

Wir betrachten jetzt die Fraunhoferschen Beugungserscheinungen am Gitter. Das von einem mit monochromatischem Licht beleuchteten Spalt kommende Licht wird durch eine Linse parallel gemacht und der Spalt durch eine zweite in das parallele Strahlenbündel gestellte Linse auf einen Schirm abgebildet. Dann bringen wir zwischen die beiden Linsen ein Gitter mit zum Spalt parallelen Strichen, derart, daß das Licht senkrecht in das Gitter einfällt. Aus dem einfallenden Bündel greifen wir jetzt homologe Strahlen heraus, z. B. diejenigen, die in Abb. 547 durch den linken Rand der einzelnen Gitterspalte treten. Hinter diesen breiten sich die Elementarwellen nach dem Huygensschen Prinzip wie beim einfachen Spalt nach allen Richtungen aus. Wir betrachten die von den einzelnen Spalten in einer bestimmten Richtung ausgehenden Strahlen. Die von zwei benachbarten Gitterspalten herkommenden homologen Strahlen verstärken einander nach ihrer Vereinigung durch eine Sammellinse maximal, wenn ihr Gangunterschied ein ganzzahliges Vielfaches (z-faches) ihrer Wellenlänge ist. Ist diese Bedingung für die obengenannten Strahlen erfüllt, so ist sie in der gleichen Richtung auch für alle anderen homologen Strahlen erfüllt. Aus der Abb. 547 liest man ab, daß die Richtungen maximaler Verstärkung durch die Bedingung

$$\sin \alpha = z \frac{\lambda}{a} \tag{295.1}$$

gegeben sind, wobei a der Abstand zweier benachbarter homologer Gitterpunkte, die *Gitterkonstante*, und z irgendeine ganze Zahl ist. Je nach der Größe von z

unterscheidet man Interferenzen 1., 2. usw. Ordnung. Die strenge Theorie des
Beugungsgitters, auf die hier nicht eingegangen werden kann, ergibt, daß, je
größer die Zahl der Gitterstriche ist, die Lichtintensität um so mehr ausschließlich
auf die durch (295.1) gegebenen Richtungen beschränkt ist. Es entstehen also
bei Verwendung monochromatischen Lichts nach Vereinigung durch eine Linse
scharfe Spaltbilder („Spektrallinien"). Weißes Licht ergibt ein Spektrum mit
reinen Spektralfarben. (Vgl. WESTPHAL: Physikalisches Praktikum, 25. Aufgabe.)

Man beachte, daß die Interferenzerscheinungen beim Gitter auf andere Weise
zustande kommen als beim einzelnen Spalt. Das ist schon daran zu erkennen,
daß zwar (294.1) und (295.1) formal identisch sind, aber die auf den Spalt bezüg-
liche Gl. (294.1) die Richtung maximaler Auslöschung, die auf das Gitter bezüg-
liche Gl. (295.1) die Richtung maximaler Verstärkung angibt und daß in (294.1)
b die Spaltbreite, in (295.1) a die Gitterkonstante bedeutet.

Befindet sich hinter dem Gitter ein Stoff von der Brechzahl n, so ist, wenn λ
die Wellenlänge im Vakuum ist, statt λ in (295.1) die Wellenlänge λ/n in diesem
Stoff einzusetzen, so daß dann die Bedingung gilt

$$\sin \alpha = \frac{1}{n}\, \frac{z\lambda}{a}\,. \tag{295.2}$$

Betrachtet man eine nahezu punktförmige Lichtquelle durch einen eng-
maschigen Stoff, z. B. eine entfernte Straßenlaterne durch den Stoff eines Regen-
schirmes, so erblickt man gekreuzte Spektren, welche von einer Beugung des
Lichts an den Öffnungen im Stoffe herrühren.
Der Stoff bildet ein *Kreuzgitter*, wie ein Glas-
gitter mit zwei zueinander senkrechten
Strichsystemen.

Das Gitter hat für die Aufnahme von
Spektren gegenüber dem Prisma den großen
Vorzug, daß die Wellenlängen nach (295.1)
allein aus geometrischen Daten berechnet
werden können, während man ein Prisma —
wegen der verschiedenen Dispersion der einzelnen Glassorten — erst mit Licht bekannter

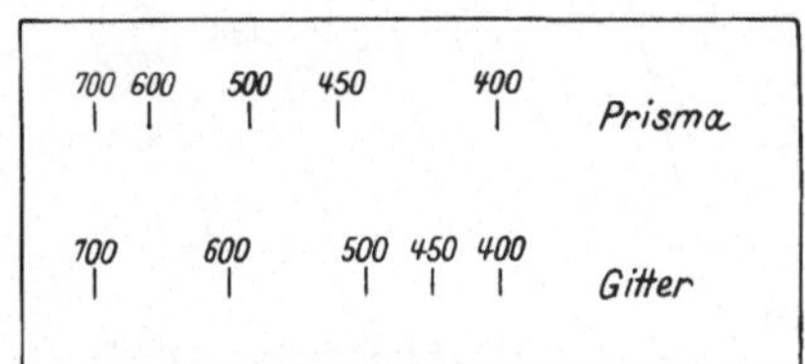

Abb. 548. Vergleich eines Gitter- und eines Pris-
menspektrums. Wellenlängen in nm. Die Spektren
sind so gezeichnet, daß sie bei 400 und 700 nm
zusammenfallen

Wellenlängen eichen muß. Auch liefert ein fein geteiltes Gitter eine größere Dispersion (hier im Sinne einer stärkeren Ablenkung) als ein Prisma. Ferner ist nach (295.1)
$\sin \alpha$, also auch die lineare Ablenkung, wie sie unmittelbar auf einem Schirm
oder einer photographischen Platte gemessen wird, der Wellenlänge proportional,
bei einem Prisma keineswegs (Abb. 548; tatsächlich ist die Folge der Wellenlängen
beim Prisma die umgekehrte wie beim Gitter).

Die Intensität der Gitterspektren nimmt im allgemeinen mit steigender Ordnungszahl schnell ab. Doch kann man durch ein geeignetes Profil der Gitterstriche erreichen *(Echelettegitter)*, daß die Intensität einer bestimmten Ordnung
besonders groß ist. Mit dem gewöhnlichen Strichgitter kommt man wegen der
geringen Lichtstärke der höheren Ordnungen über die dritte Ordnung meist nicht
hinaus; auch überdecken sich die höheren Ordnungen in stets zunehmendem Maße.
Die genaue Theorie der Gitterbeugung erfordert auch eine Berücksichtigung des
Verhältnisses der Gitterkonstante zur Breite der durchlässigen Bereiche.

Die *Dispersion* (im obigen Sinne) eines Gitters ist um so größer, je größer bei
gegebener Wellenlänge $\sin \alpha$ ist, und nach (295.1) dem Kehrwert der *Gitterkonstanten* a proportional. Die Spektrallinien sind um so *schärfer*, je mehr Einzel-
strahlen an ihrem Ort interferieren, je größer also die *Anzahl der* Gitterstriche ist.
Um so besser werden dann sehr nahe benachbarte Linien noch getrennt. Das *Auf-*

lösungsvermögen eines Gitters hängt also sowohl von der Gitterkonstanten als auch von der Anzahl der Gitterstriche ab.

296. Beugung und Streuung an kleinen Teilchen. Nach § 294 bewirken nicht nur kleine Öffnungen, sondern auch Hindernisse, deren Abmessungen nicht groß gegen die Wellenlängen sind, eine gut beobachtbare Beugung des Lichts. Durch sie erklärt sich zum großen Teil die Unschärfe der durch Nebel, Rauch u. dgl. gesehenen Gegenstände, ebenso die gelegentlich sichtbaren „Höfe" (Halo) um Sonne und Mond, die von einer Beugung an feinen, in hohen Atmosphärenschichten schwebenden Eisnadeln herrühren. Jedes einzelne beugende Teilchen liefert ein *Beugungsscheibchen*, es wirft keinen scharf begrenzten Schatten. An dessen Stelle treten unscharfe, aus Systemen von hellen und dunklen Ringen bestehende Lichterscheinungen. Bildet man eine beleuchtete kreisförmige Blende mit einer Linse auf einem Schirm ab und bringt zwischen die Blende und die Linse eine behauchte oder mit Lykopodium bestreute Glasplatte, so zeigt das Bild die gleichen Erscheinungen wie die Höfe um Sonne und Mond.

Von der Beugung an kleinen Teilchen, die von der Größenordnung der Wellenlänge des Lichts sind, ist die *Streuung* des Lichts an noch kleineren Teilchen, insbesondere an einzelnen Molekülen, zu unterscheiden, bei der das Licht abgelenkt wird, ohne daß zwischen den abgelenkten Strahlen Phasendifferenzen bestehen, die zu Interferenzerscheinungen Veranlassung geben. Hierauf beruht die Trübheit mancher Stoffe, in denen ein Lichtkegel, obgleich sie völlig durchsichtig sind, doch auf seiner ganzen Bahn sichtbar ist (Tyndall-Phänomen[1]). Diese *Rayleigh-Streuung* ist proportional $1/\lambda^4$ und bewirkt (anders als die Compton- und die Smekal-Raman-Streuung, §§ 339 und 356) keine Änderung der Wellenlänge.

Auch die *blaue Farbe des Himmelslichts* beruht wesentlich auf der Rayleigh-Streuung an den Molekülen der Atmosphäre. Die sonnenbeschienene Atmosphäre wird also überall zum Ausgangspunkt einer Streustrahlung, in der wegen der Proportionalität mit $1/\lambda^4$ das kurzwellige Licht stark überwiegt. Das Himmelsgewölbe erscheint blau. Dem unmittelbaren Sonnenlicht wird dieser gestreute Anteil entzogen. Es erscheint röter, als es im freien Weltraum ist, und zwar um so mehr, einen je längeren Weg es durch die Atmosphäre zurückgelegt hat. Darum erscheinen Sonne und Mond bei Auf- und Untergang besonders stark rötlich, denn dann ist der Lichtweg durch die Atmosphäre besonders lang. Durch Beugung an Staub, Wassertröpfchen und Eisnadeln kann diese Wirkung noch verstärkt werden.

Da die Beugung und Streuung des Lichts um so geringer ist, je langwelliger es ist, so verwendet man für Kraftfahrzeuge bei Nebel rötlichgelbes Scheinwerferlicht. Noch günstiger liegen die Verhältnisse bei dem noch langwelligeren Ultrarot (§ 312). Mit im Ultrarot empfindlichen photographischen Platten kann man Aufnahmen aus Entfernungen machen, bei denen die natürliche Trübheit der Atmosphäre eine Sicht mit dem Auge in der Regel nicht gestattet.

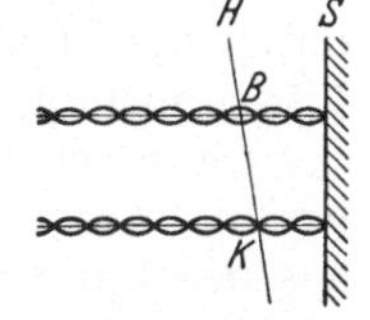

Abb. 549.
Nachweis stehender
Lichtwellen

297. Stehende Lichtwellen. Einen der schönsten Beweise für die Wellennatur des Lichts bildet der Nachweis stehender Lichtwellen (§ 89) durch WIENER[2] (1890). Er ließ paralleles Licht auf einen Spiegel S fallen, so daß das einfallende und das reflektierte Licht stehende Wellen bildet (Abb. 549). Vor den Spiegel brachte er ein unter einem sehr kleinen Winkel gegen ihn geneigtes Kollodiumhäutchen H mit Photoschicht. Diese zeigte sich nach Entwicklung streifig geschwärzt, und zwar lagen

---

[1] JOHN TYNDALL, 1820—1893.   [2] OTTO HEINRICH WIENER, 1867—1927.

die Schwärzungsminima in den Knoten K, die Maxima in den Bäuchen B der elektrischen Feldkomponente der stehenden Welle (§ 257, 307).

Die Existenz stehender Lichtwellen war schon 1868 von ZENKER vermutet worden, der damit die Tatsache richtig erklärte, daß eine photographische Platte gelegentlich im reflektierten Licht die Farbe des Lichts zeigt, mit dem sie belichtet wurde. Die in der Schicht auftretenden stehenden Lichtwellen erzeugen in gleichen Abständen geschwärzte Schichten von reduziertem Silber, an denen einfallendes Licht reflektiert wird. Von weißem Licht wird aber derjenige Anteil am stärksten reflektiert, dessen Wellenlänge gleich dem doppelten Abstand dieser Schichten, also gleich der Wellenlänge des Lichts ist, das die stehenden Wellen bildet. Denn dann ist der Gangunterschied zwischen den von zwei aufeinanderfolgenden Schichten reflektierten Strahlen gleich der Wellenlänge, und es findet maximale Verstärkung statt. Darauf beruhte ein älteres Verfahren der Farbphotographie (LIPPMANN[1]).

298. Wellentheorie der optischen Abbildung. Wir haben im II. Abschnitt dieses Kapitels die Entstehung von reellen und virtuellen Bildern nach der Methode der geometrischen Optik behandelt. Ein volles Verständnis der bei

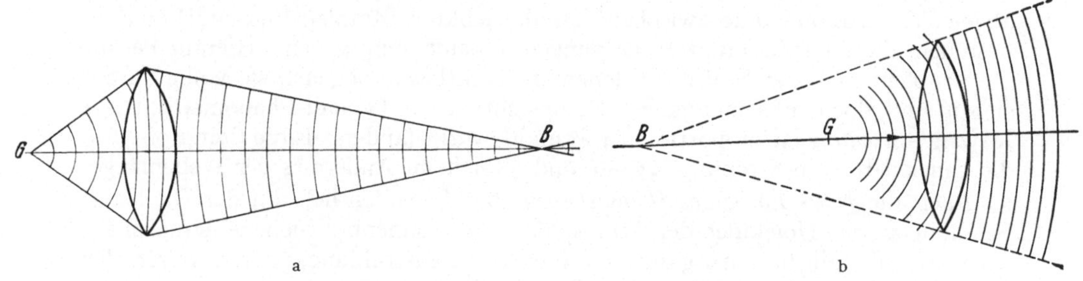

a   b

Abb. 550. a reelles, b virtuelles Bild eines Punktes bei einer Sammellinse

der optischen Abbildung auftretenden Erscheinungen ist aber nur auf wellenoptischer Grundlage möglich. Als einfaches Beispiel betrachten wir das reelle Bild B eines auf der Achse einer Sammellinse außerhalb ihrer Brennweite liegenden Punktes G (Abb. 550a). Statt der Strahlen zeichnen wir eine Schar von zu ihnen senkrechten Wellenflächen. Zwischen je zwei aufeinanderfolgenden Wellenflächen soll der Gangunterschied λ bestehen, so daß sie im gleichen Medium gleichen Abstand haben. Da die Lichtgeschwindigkeit in der Linse kleiner ist als in der umgebenden Luft, so ist ihr Abstand in der Linse kleiner als außen. Die Wellenflächen erfahren eine um so größere Verzögerung, je größer ihr Weg durch die Linse ist. Daher erleiden die Teile einer Wellenfläche, die durch die Linsenmitte gehen, die größte Verzögerung, diejenigen, die durch die Randteile der Linse gehen, die geringste. Liegt G außerhalb einer bestimmten Entfernung von der Linse (ihrer Brennweite), so sind die Wellenflächen nach dem Austritt aus der Linse umgeklappt. Ihr Mittelpunkt liegt nicht mehr im Dingraum der Linse, sondern im Bildraum in B. Sie schrumpfen also bei weiterem Fortgang in B zusammen, um sich dann von B aus, wie vorher von G, wieder auszubreiten. B ist also ein reelles Bild von G. Bei einem bestimmten Abstand von G von der Linse (der Brennweite) sind die aus der Linse austretenden Wellenflächen Ebenen, und B liegt im Unendlichen. Rückt aber G noch dichter an die Linse heran, so bleibt der Mittelpunkt B der Wellenflächen nach dem Austritt im Dingraum der

---

[1] GABRIEL LIPPMANN, 1845—1921, Nobelpreis 1908.

Linse (Abb. 550b). Sie scheinen jetzt von B herzukommen, B ist ein virtuelles Bild von G.

Denkt man sich die zu den Wellenflächen senkrechten Strahlen von G nach B gezeichnet, so erkennt man, daß beim reellen Bild (Abb. 550a) auf jeden Strahl die gleiche Anzahl von Wellenlängen λ entfällt und daher die Zeit, die das Licht längs irgendeines durch die Linse verlaufenden Strahls zur Zurücklegung des Weges von G nach B benötigt, stets die gleiche ist. Bild und Gegenstand sind einander also durch die Bedingung zugeordnet, daß die Zeit, die das Licht für den Weg von G nach B benötigt, für alle über die Linse führenden Wege gleich lang ist. Das bedeutet, daß *die optische Weglänge für jeden von G über die Linse nach B verlaufenden Strahl die gleiche ist* (§ 289). Zwischen einem Gegenstand und seinem Bild gibt es also keinen einzelnen ausgezeichneten Lichtweg, sondern *alle* Lichtwege über die Linse, ebenso über ein Linsensystem, sind optisch gleich lang. Beim virtuellen Bilde (Abb. 550b) greifen wir irgendeine Wellenfläche nach dem Durchgang durch die Linse heraus. Dann gilt die Bedingung, daß die optischen Weglängen von dem Gegenstand G nach allen Punkten einer Wellenfläche gleich groß sind.

Diese Bedingungen sind wellenoptisch ohne weiteres zu verstehen. Damit in B (Abb. 550a) eine maximale Lichtwirkung entsteht, dürfen die kohärenten Strahlen einander in B nicht durch Interferenz schwächen. Das ist aber nur dann nicht der Fall, wenn sie von G nach B gleichlange optische Wege zurückzulegen haben. Ebenso wird man ein virtuelles Bild nur dann erblicken, wenn die aus der Linse

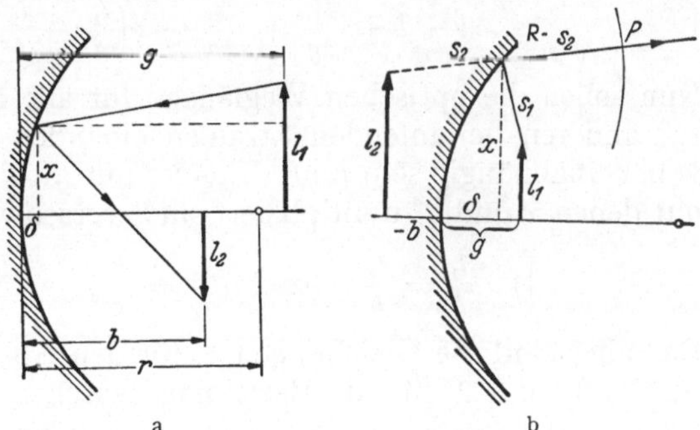

Abb. 551. Zur Wellentheorie der Abbildung bei einem Hohlspiegel.
a reelles, b virtuelles Bild

austretenden Strahlen nach ihrer Wiedervereinigung im Auge einander nicht durch Interferenz auslöschen. Dann müssen sie aber in allen Punkten einer Wellenfläche in gleicher Phase sein, d. h. die optischen Weglängen von G bis zu jeder Wellenfläche müssen gleich groß sein.

Abb. 551a stellt einen Hohlspiegel dar, der von dem Gegenstand l_1 ein reelles Bild l_2 entwirft. Wir betrachten die Abbildung der Pfeilspitze und greifen einen beliebigen von der Spitze des Gegenstandes über den Spiegel zur Spitze des Bildes verlaufenden Weg heraus. Es seien g und b die Entfernungen der Fußpunkte des Gegenstandes und des Bildes vom Spiegelscheitel, r der Krümmungsradius des Spiegels. Der senkrechte Abstand des Reflexionspunktes von der Spiegelachse sei x, sein senkrechter Abstand von der den Scheitel berührenden Tangentialebene sei δ. Wir setzen gemäß den bereits in § 270 gemachten Einschränkungen voraus, daß x und daher erst recht δ sehr klein gegen g, b und r sind. Dann ergibt sich aus den geometrischen Eigenschaften des Kreises, daß $\delta \approx x^2/2r$ ist.

Zunächst kann man aus der Abb. 551a folgendes entnehmen. Die Bedingung, daß alle Lichtwege von der einen Pfeilspitze zur anderen gleich lang sind, kann bei einem sphärischen Spiegel nie streng erfüllt sein. Sie wäre auf Grund einer bekannten Eigenschaft der Ellipse nur bei einem Spiegel erfüllt, dessen Querschnitt eine Ellipse ist, deren Brennpunkte in den beiden Pfeilspitzen liegen. Je nach der Lage dieser Punkte hätte auch die Ellipse bei festgehaltenem Spiegelscheitel eine andere Gestalt und eine andere Achsenrichtung. Die Abbildung durch einen sphärischen Spiegel ist daher notwendig unvollkommen. Sie wird um so vollkommener, ein je kleineres Stück einer Kugelfläche der Spiegel bildet, denn um so besser läßt er sich durch ein Rotationsellipsoid annähern. Für die vollkommene Abbildung eines auf der Spiegelachse unendlich fern gelegenen Punktes müßte der Spiegel parabolischen Querschnitt haben.

Der in Abb. 551a dargestellte Lichtweg ist

$$s = \sqrt{(g-\delta)^2 + (l_1-x)^2} + \sqrt{(b-\delta)^2 + (l_2+x)^2}.$$

Nun sind $l_1 - x$ und $l_2 + x$ nach den oben gemachten Voraussetzungen klein gegen g und b. Eine Reihenentwicklung, bei der wir nur die Glieder bis zur zweiten Ordnung berücksichtigen und ferner Glieder, die mit der sehr kleinen Größe δ^2 multipliziert sind, vernachlässigen, ergibt dann

$$s = g - \delta + \frac{(l_1-x)^2}{2g} + b - \delta + \frac{(l_2+x)^2}{2b}.$$

Setzen wir $\delta = x^2/2r$, so folgt

$$s = g + b + \frac{l_1^2}{2g} + \frac{l_2^2}{2b} - x\left(\frac{l_1}{g} - \frac{l_2}{b}\right) + \frac{x^2}{2}\left(\frac{1}{g} + \frac{1}{b} - \frac{2}{r}\right).$$

Nun sollen die optischen Weglängen für alle über den Spiegel von einer Spitze zur anderen verlaufenden Strahlen einander gleich sein. Das bedeutet, daß s von x unabhängig sein muß. Das ist nur möglich, wenn die Klammerausdrücke, mit denen x und x^2 multipliziert sind, verschwinden. Daraus folgt

$$1)\quad \frac{l_1}{g} = \frac{l_2}{b} \quad \text{bzw.} \quad \frac{l_2}{l_1} = \frac{b}{g}, \qquad 2)\quad \frac{1}{g} + \frac{1}{b} = \frac{2}{r} = \frac{1}{f}.$$

Das aber sind die Gleichungen 1. für den Abbildungsmaßstab beim Hohlspiegel [(270.10)] und 2. für die Beziehung zwischen Gegenstands- und Bildentfernung [(270.5)]. Damit sind die Gesetze der Abbildung durch einen Hohlspiegel wellentheoretisch gedeutet.

Es sei zweitens l_2 (Abb. 551b) das von einem Hohlspiegel erzeugte virtuelle Bild eines Gegenstandes l_1, P ein beliebiger Punkt auf einer mit dem Radius R um die Spitze von l_2 beschriebenen Kugelfläche, also einer Wellenfläche der reflektierten Welle. Der Lichtweg von der Spitze von l_1 bis P beträgt dann $s_1 + R - s_2$, wenn s_2 der längs R gemessene Abstand des Bildes vom Spiegel ist. Da R für alle Punkte der

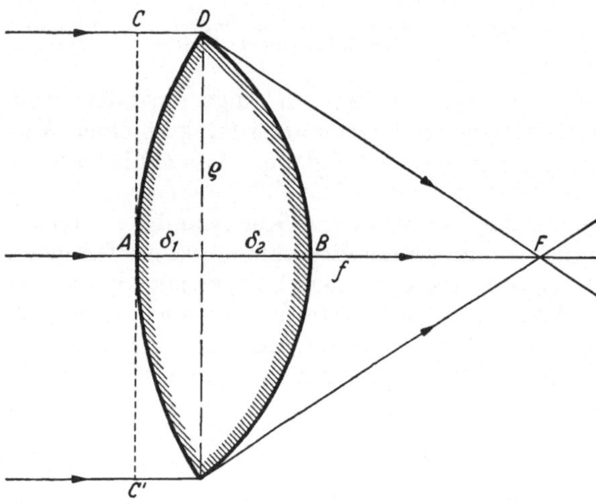

Abb. 552. Zur wellentheoretischen Ableitung der Brennweite einer Sammellinse

Wellenfläche gleich groß ist, so muß $s_1 - s_2$ für alle Lichtwege, die von der Spitze von l_1 über den Spiegel senkrecht auf die Wellenfläche führen, gleich groß, also unabhängig von x sein. Rechnen wir, wie früher festgesetzt, die Bildentfernung negativ, so ergeben sich wieder die richtigen Gleichungen wie oben.

In der gleichen Weise lassen sich die Linsengesetze wellenoptisch ableiten. In diesem Fall ist der vom Licht in der Linse zurückgelegte Weg mit seiner optischen Weglänge zu berücksichtigen. Wir wollen hier, um wenigstens das Grundsätzliche des Verfahrens zu zeigen, die Brennweite einer sehr dünnen Sammellinse berechnen. Zu diesem Zweck betrachten wir eine achsenparallel auf die Linse einfallende Lichtwelle (Abb. 552) und berechnen die optische Weglänge für diese Welle von der links an die Linse gelegten Tangentialebene CC' bis zum rechtsseitigen Brennpunkt F, dessen Abstand von der Mittelebene der Linse die Brennweite f sei (weil die Linse als sehr dünn vorausgesetzt wird), und zwar einmal für den in der Achse verlaufenden Strahl (ABF), dann für einen Randstrahl (CDF), der praktisch nur in Luft verläuft. Es seien r_1 und r_2 die Krümmungsradien der Linse, ϱ der Radius ihres Querschnitts, δ_1 und δ_2 die beiden durch die Mittelebene gebildeten Abschnitte ihrer Dicke, n die Brechzahl des Linsenmaterials. Dann gilt wegen der vorausgesetzten geringen Dicke der Linse mit genügender Näherung

$$\varrho^2 = 2r_1\,\delta_1 = 2r_2\,\delta_2.$$

Das Zustandekommen einer Lichtwirkung in F durch gleichphasiges Zusammentreffen in F erfordert Gleichheit der optischen Weglängen für beide Strahlen (ABF und CDF), also

$$n\,(\delta_1 + \delta_2) + (f - \delta_2) = \delta_1 + \sqrt{\varrho^2 + f^2}.$$

In allen praktischen Fällen ist $\varrho^2 \ll f^2$. Indem man die Wurzel in eine Potenzreihe nach ϱ^2/f^2 entwickelt und nach dem 2. Gliede abbricht, erhält man

$$\frac{1}{f} = (n-1)\left(\frac{1}{r_1} + \frac{1}{r_2}\right),$$

also die von uns schon in § 274 strahlenoptisch abgeleitete Gleichung.

Ganz allgemein ist also ein abbildendes System vor allen sonstigen optischen Vorrichtungen dadurch ausgezeichnet, daß alle von einem Gegenstandspunkt über das System zu seinem Bildpunkt führenden *optischen Weglängen gleich groß* sind, es also keinen ausgezeichneten Lichtweg gibt. Sämtliche von einem Gegenstandspunkt über das abbildende System zum Bildpunkt verlaufende Strahlen entsprechen dem Fermatschen Prinzip (§§ 92, 264).

Eine Lichtwirkung tritt aber nicht nur bei genau gleichen optischen Weglängen auf, sondern — wenn auch schwächer — auch an anderen Orten, sofern die kohärenten Wellenzüge einander überhaupt noch dort treffen, die optischen Weglängen sich also um weniger als die Länge eines Wellenzuges unterscheiden. Im allgemeinen tritt dann aber wegen der auftretenden Phasendifferenzen teilweise oder vollständige Auslöschung durch Interferenz ein. Daher wird in Wirklichkeit ein Punkt des Gegenstandes nicht in einen einzelnen Punkt abgebildet, sondern das Bild ist ein *Beugungsscheibchen*, das aus konzentrischen Ringen besteht, deren Helligkeit nach außen hin schnell abnimmt.

299. Optische Abbildung und Beugung. Das Auflösungsvermögen des Mikroskops. Für die Auflösung von Strukturen durch ein optisches Gerät folgt aus diesen Überlegungen, daß die Größe der noch auflösbaren Strukturfeinheiten eines Gegenstands durch die Beugung nach unten hin begrenzt wird (von Fraunhofer, Helmholtz). Darüber hinaus hat Abbe gezeigt, daß die Beugung zwar auch eine die Abbildung verschlechternde Erscheinung ist, aber andrerseits die Abbildung überhaupt erst durch ein Zusammenwirken von Beugung und Interferenz zustande kommt.

Abb. 553a stellt geometrisch-optisch den Strahlengang dar, durch den ein Gegenstand mittels eines Mikroskopobjektivs abgebildet wird. Der Betrachtungsweise von Abbe folgend, ist der Gegenstand ein enges Strichgitter mit der Gitterkonstanten a (§ 295). Es wird von der punktförmigen Lichtquelle A her durch den das Licht parallel machenden Kondensor K beleuchtet. Das Licht tritt durch den Gegenstand G und fällt in das Objektiv L. Durch dieses wird einerseits G in B abgebildet, andererseits aber auch die Lichtquelle A im Brennpunkt F' des Objektivs (verflochtener Strahlengang, § 281). Dabei ist aber noch nicht berücksichtigt, daß am Gitter Fraunhofersche Beugung auftritt. Außer dem bisher betrachteten Parallelbündel nullter Ordnung, das das Bild in F' erzeugt, entstehen abgebeugte Parallelbündel 1., 2. usw. Ordnung, die ihrerseits in der Brennebene des Objektivs zur Vereinigung kommen und dort neben dem Bild nullter Ordnung weitere Bilder höherer Ordnung entstehen lassen, wie das in Abb. 553b der Einfachheit halber nur für die 1. Ordnung dargestellt ist. Die gezeichneten Linien sind die Begrenzungen der Bündel.

Sämtliche (reellen) Bilder der Lichtquelle sind untereinander kohärent, das von ihnen ausgehende Licht ist also interferenzfähig. Ähnlich wie beim Fresnelschen Spiegelversuch (Abb. 532a) erscheint auf einem Schirm in der Ebene B ein System von hellen und dunklen Streifen. Nach ABBE ist dieses Streifensystem *identisch* mit dem vom Objektiv erzeugten Bilde des Gitters G. (Das ist also das — natürlich ohne Schirm — mittels des Okulars betrachtete reelle Bild von G.) Sofern nicht nur die ersten Ordnungen, sondern *sämtliche* Ordnungen zur Wirkung kommen, entsteht durch deren Interferenz in B eine Helligkeitsverteilung, die *genau* derjenigen des durch das Gitter tretenden Lichtes entspricht. Es entsteht also ein scharfes Bild des Gitters. Je weniger Ordnungen aber mitwirken, um so unschärfer wird das Bild. Damit überhaupt ein Bild zustande kommt, muß

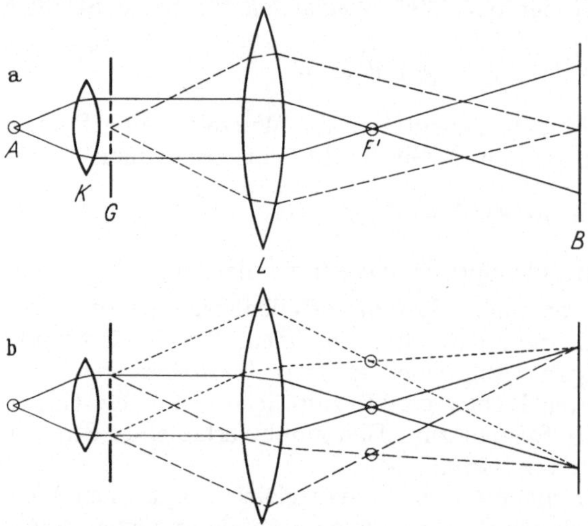

Abb. 553. Zur Abbeschen Theorie der Beugung im Mikroskop

mindestens die 1. Ordnung mitwirken, wie in Abb. 553b. Ist aber der Objektivdurchmesser so klein, daß bereits die beiden Bündel 1. Ordnung abgeblendet werden, so entsteht außer dem direkten Bild der Lichtquelle in F' kein weiteres, das mit ihm interferieren könnte. Die Bildebene wird gleichmäßig erhellt; es entsteht kein Bild mehr.

Den Sinus des Winkels ω, unter dem man vom Ort des Gegenstandes aus den Halbmesser r des Objektivs sieht, nennt man die *numerische Apertur* des Objektivs. Sie ist maßgebend für dessen *Auflösungsvermögen*, seine Fähigkeit, feine Strukturen im Bilde sichtbar zu machen. Beim Mikroskop ist die Gegenstandsweite etwa gleich der Objektivbrennweite f, also $\operatorname{tg}\omega = r/f$ und, da f meist erheblich größer als r ist, $\sin\omega \approx r/f$. Andrerseits ist nach (295.1), mit $z = 1$, $\sin\alpha = \lambda/a$. Damit die beiden Bündel 1. Ordnung noch in das Objektiv gelangen, muß $\sin\alpha \leqq \sin\omega$, also $\lambda/a \leqq r/f$ sein. Bei gegebener Apertur r/f und Wellenlänge λ wird also das Gitter nur dann abgebildet, wenn $a \geqq \lambda f/r$ ist. Da die Apertur aus praktischen Gründen nie viel größer als 1 gemacht werden kann, ist also $a \approx \lambda$ die feinste Gitterstruktur, die mit dem betreffenden Objektiv noch abgebildet werden kann. Das gilt auch für jede beliebige andre Struktur. Die feinste noch auflösbare Struktur ist stets von der Größenordnung der Lichtwellenlänge. (Vgl. WESTPHAL: Physikalisches Praktikum, 22. Aufgabe.)

Man kann die Apertur und damit das Auflösungsvermögen vergrößern, indem man zwischen Gegenstand und Objektiv eine *Immersionsflüssigkeit* von möglichst hoher Brechzahl n bringt. Statt (295.1) gilt dann (295.2), und es ist $a \approx \lambda/n$. Eine Verbesserung des Auflösungsvermögens läßt sich auch durch Anwendung kleinerer, nicht mehr sichtbarer Wellenlängen, nämlich ultravioletten Lichtes erreichen. Doch ist man dann auf photographische Aufnahmen angewiesen und muß eine Optik aus Quarz oder anderen für Ultraviolett durchlässigen Stoffen verwenden.

Sehr kleine Gebilde wie Bakterien, Goldteilchen in kolloidaler Goldlösung u. dgl. kann man unter *Verzicht auf eine Abbildung ihrer Gestalt* wenigstens noch *sichtbar* machen, indem man das Objekt nicht senkrecht, sondern schräg von unten stark beleuchtet (SIEDENTOPF[1] und ZSYGMONDY[2]). Abb. 554 zeigt eine Vorrichtung, welche dies bewirkt. Dann gelangen die an dem sehr kleinen Objekt gebeugten, nur wenig divergenten Strahlen höherer Ordnung in das Objektiv. Die bei gewöhnlichen Mikroskopen unter der Sichtbarkeitsgrenze liegenden Gebilde erscheinen dann — bis zu einer unteren Grenze von etwa 60 Å — als leuchtende *Beugungsscheibchen* von je nach ihrer Größe verschiedener Farbe auf dunklem Grunde *(Dunkelfeld)*. Zu diesem Zwecke eingerichtete Mikroskope heißen *Ultramikroskope*.

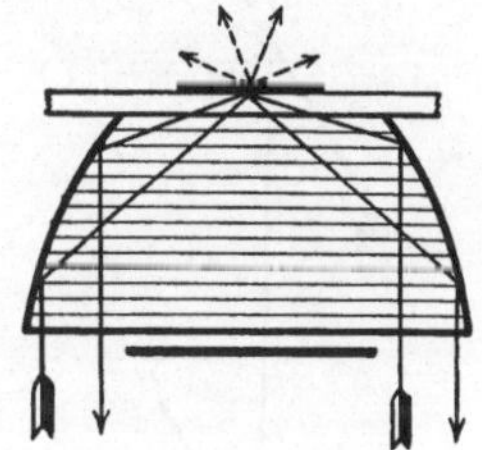

Abb. 554. Kondensor für Dunkelfeldbeleuchtung

300. Der optische Doppler-Effekt.

300. Der optische Doppler-Effekt. Wie bei jedem anderen Wellenvorgang, so tritt auch beim Licht ein Doppler-Effekt, eine Änderung der Schwingungszahl am Ort eines Beobachters auf, wenn sich Lichtquelle und Beobachter relativ zueinander bewegen (§87). Die Größe der Wirkung, die sich in einer Verschiebung der Spektrallinien der Lichtquelle nach Rot bei Entfernung oder Violett bei Annäherung äußert, hängt von dem Verhältnis v/c der Geschwindigkeit v der Lichtquelle und der Lichtgeschwindigkeit c ab, aber nach (328.4) anders als beim Schall. Beobachtbare Wirkungen sind erst bei Geschwindigkeiten zu erwarten, die wir ausgedehnten Lichtquellen auf der Erde nicht erteilen können. Hingegen haben die leuchtenden Atome in den Kanalstrahlen (§188) sehr große Geschwindigkeiten, und bei ihnen sind die zu erwartenden Linienverschiebungen in der richtigen Größe gefunden worden (J. STARK[3]). Über die Bedeutung des Doppler-Effekts in der Astrophysik vgl. §§307, 407.

301. Polarisation durch Reflexion. Es bleibt nunmehr die Frage zu klären, ob das Licht eine longitudinale oder eine transversale Welle ist. In §86 ist auseinandergesetzt, daß die Polarisierbarkeit über diese Frage entscheidet. Die nachstehend beschriebene, zuerst von MALUS[4] (1808) beobachtete Erscheinung entscheidet sie zugunsten der *Transversalität*.

Ein Lichtstrahl falle unter einem Einfallswinkel von 57° auf eine ebene Glasplatte (Kronglas) S_1 und werde von ihr auf eine zweite Glasplatte S_2 reflektiert, welche um eine in der Richtung des auf sie fallenden Strahls liegende Achse A gedreht werden kann und auf welche das reflektierte Licht ebenfalls unter 57° falle (Abb. 555). Zum Auffangen des von der zweiten Glasplatte reflektierten Lichts ist in seiner jeweiligen Richtung ein Schirm angebracht.

[1] HENRY SIEDENTOPF, 1872—1942.
[2] RICHARD ZSYGMONDY, 1865—1929, Nobelpreis 1925.
[3] JOHANNES STARK, 1874—1957, Nobelpreis 1919.
[4] ÉTIENNE LOUIS MALUS, 1775—1812.

Dreht man nun die zweite Glasplatte um die Achse A, wobei der Einfallswinkel von 57° stets erhalten bleibt, der von S_2 reflektierte Lichtstrahl sich also auf einem Kegelmantel bewegt, so zeigt der Lichtfleck auf dem Schirm maximale Helligkeit, wenn die Platten entweder parallel stehen oder die zweite Platte um 180° gegen die Parallelstellung gedreht ist. Ist sie aber nach einer der beiden Seiten um 90° gegen die Parallelstellung gedreht, so verschwindet der Lichtfleck, die zweite Glasplatte reflektiert das auf sie fallende Licht nicht. Dies beweist erstens, daß mit dem Licht bei der Reflexion an der ersten Glasplatte eine Veränderung vor sich gegangen sein muß. Es beweist aber weiter, daß es sich hierbei um eine Veränderung des Lichts handelt, welche nur bei einer *transversalen Welle* auftreten kann, wie dies bei dem mechanischen Beispiel in §86 auseinandergesetzt ist.

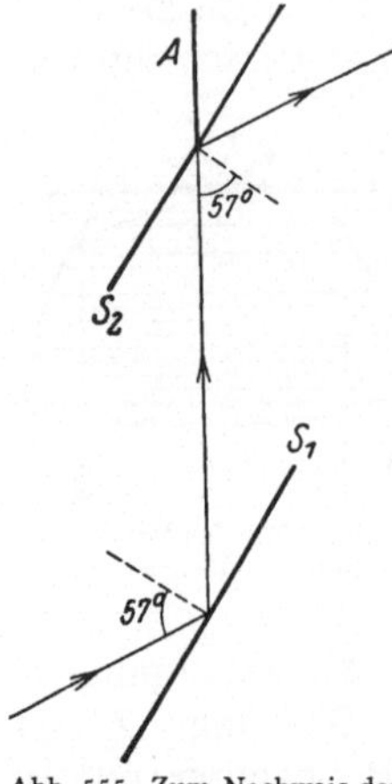

Abb. 555. Zum Nachweis der Polarisation durch Reflexion

Denn die zweite Glasplatte erweist sich als ein Gebilde, welches ohne Änderung seiner Orientierung gegen die *Richtung* des Lichtstrahls seine Fortpflanzung bei einer *Drehung* um diese Richtung als Achse verschieden beeinflußt. Der unter 57° an S_1 reflektierte Anteil des einfallenden Lichts ist *linear polarisiert*, d.h. seine Schwingungen erfolgen nach der Reflexion nur noch in einer Ebene und senkrecht zur Lichtfortpflanzung.

Demnach beruht das Licht auf der periodischen Änderung eines Vektors, der in jedem Raumpunkt senkrecht zur Fortpflanzungsrichtung des Lichts gerichtet ist. Wir brauchen uns hier zunächst noch keine Vorstellung vom Wesen dieses Vektors zu machen. Es genügt vorläufig, den Begriff eines *Lichtvektors* zu definieren, von dem wir — willkürlich — festsetzen wollen, daß er bei Licht, welches durch Reflexion linear polarisiert ist, senkrecht zur Einfallsebene liegt, in Abb. 555 also senkrecht zur Zeichnungsebene.

(Er ist mit dem elektrischen Vektor der Lichtwelle identisch, §307.) Man nennt diese Ebene die *Polarisationsebene* des linear polarisierten Lichts.

Bei Einfall unter 57°, dem *Polarisationswinkel* des Glases, wird an Glas von dem einfallenden Licht nur solches reflektiert, dessen Polarisationsebene in der Einfallsebene, dessen Lichtvektor also senkrecht zu dieser steht. Das an der ersten Platte nicht reflektierte Licht tritt in diese ein. Es enthält außer der in der Einfallsebene schwingenden Komponente auch noch Licht der dazu senkrechten Komponente, wenn auch weniger. Es ist *teilweise (partiell) polarisiert*.

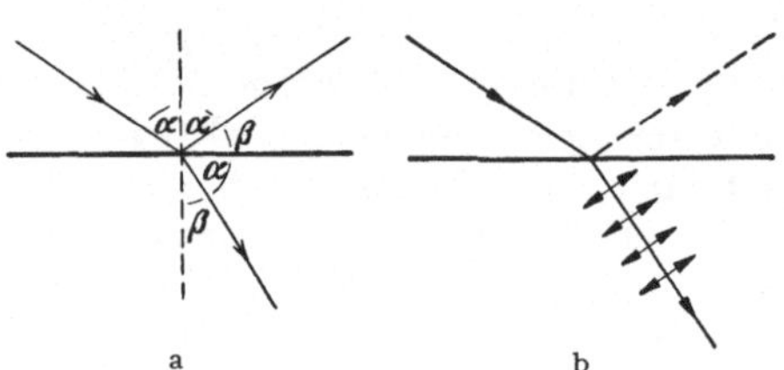

a   b

Abb. 556. Zum Brewsterschen Gesetz

Durch Anwendung mehrerer Glasplatten hintereinander (Glasplattensatz) kann man auch das hindurchgehende (gebrochene) Licht weitgehend linear polarisieren.

Stehen bei dem beschriebenen Versuch die beiden Platten einander parallel oder unter 180° verdreht, so liegt bei der zweiten Platte die Polarisationsebene des einfallenden Lichts in der Einfallsebene, es wird also reflektiert; in den beiden dazu senkrechten Stellungen aber enthält das einfallende Licht keinen Anteil, dessen Polarisationsebene in der Einfallsebene liegt, es kann also nichts reflektiert werden. Die erste Glasplatte nennt man den *Polarisator*, die zweite den *Analysator*.

Dieser Versuch beweist also, daß das Licht ein transversaler Wellenvorgang ist.

Der Polarisationswinkel eines Stoffes ist durch die Bedingung gegeben, daß der an der Oberfläche reflektierte Strahl und der in den Stoff gebrochene Strahl aufeinander senkrecht stehen (*Brewstersches*[1] *Gesetz*, Abb. 556a). Da dann $\sin \beta = \cos \alpha$, so folgt aus dem Brechungsgesetz

$$\operatorname{tg} \alpha = n. \tag{301.1}$$

Dieses Gesetz läßt sich auf folgende Weise begründen. Liegt der Lichtvektor (der elektrische Feldvektor, § 307) der einfallenden Welle in der Einfallsebene, so erregt er die Elektronen im brechenden Stoff zu Schwingungen, die ebenfalls in der Einfallsebene liegen (Abb. 556a). (Der zum elektrischen Feldvektor senkrechte magnetische Feldvektor wirkt im gleichen Sinne.) Diese Elektronenschwingungen erzeugen eine elektromagnetische Strahlung, also Licht (§ 307), mit der Frequenz ihrer Schwingung. Linear schwingende Elektronen strahlen am stärksten senkrecht zu ihrer Bewegungsrichtung, aber gar nicht in ihrer Bewegungsrichtung. Daher kann, wie man aus Abb. 556 erkennt, in der zum gebrochenen Strahl senkrechten Richtung kein Licht reflektiert werden. Ist aber der Lichtvektor senkrecht zur Einfallsebene, so findet in jener Richtung Reflexion statt. Enthält also eine einfallende Welle Licht beider Polarisationsrichtungen, so wird nur die eine reflektiert.

Auch gestreutes Licht ist stets mehr oder weniger stark polarisiert, so auch das gestreute Himmelslicht (§ 296). Nur an zwei vom Sonnenstand abhängigen Punkten des Himmels ist das Licht nicht polarisiert (Aragoscher und Babinetscher Punkt). Die Polarisation des Himmelslichts spielt eine gewisse Rolle in der Wetterkunde, auch bei der Orientierung der Bienen.

302. Natürliches und polarisiertes Licht. Bei *natürlichem Licht*, wie es von den Lichtquellen ausgeht, besteht zwischen den zeitlich aufeinanderfolgenden Phasen des Lichtvektors keinerlei gesetzmäßiger Zusammenhang. Der Lichtvektor in einem Punkt ändert sich ständig in völlig unregelmäßiger Weise nach Betrag und Richtung innerhalb der zur Lichtfortpflanzung senkrechten Ebene, weil jene in den einzelnen Wellenzügen (§ 289) verschieden sind. Bei konstanter Lichtintensität schwankt aber der Betrag um einen festen *Mittelwert*, und die einzelnen, zur Fortpflanzungsrichtung senkrechten Richtungen kommen im *zeitlichen Durchschnitt gleich häufig* vor.

Wir haben die Begriffe der *elliptischen, zirkularen und linearen Polarisation* bereits in § 86 eingeführt und brauchen sie hier nur auf das Licht zu übertragen, indem wir den in Abb. 200 dargestellten Vektor $\mathfrak{r}$ mit dem Lichtvektor identifizieren. Bei *linear polarisiertem Licht* bleibt also der Lichtvektor ständig in derselben Geraden (Abb. 200b) und ändert nur periodisch seinen Betrag und sein Vorzeichen. Bei *elliptisch polarisiertem Licht* läuft die Richtung des Lichtvektors mit konstanter Umlaufgeschwindigkeit in einer zur Fortpflanzungsrichtung des Lichts senkrechten Ebene um (Abb. 200a). Dabei ändert sich sein Betrag mit der doppelten Frequenz derart, daß die Spitze des Vektorpfeils eine Ellipse beschreibt. Elliptisch polarisiertes Licht kann als Überlagerung zweier senkrecht zueinander linear polarisierter Lichtwellen (ξ, η, Abb. 200a) von verschiedener Schwingungsweite (ξ_0, η_0) aufgefaßt werden, die eine Phasendifferenz $\pi/2$ haben. *Zirkular polarisiertes Licht* (Abb. 200c) ist ein Sonderfall der elliptischen Polarisation, bei dem die Schwingungsweiten dieser beiden Komponenten gleich groß sind. Man spricht von *rechts- oder linkszirkular* polarisiertem Licht, je nachdem der Lichtvektor die Fortpflanzungsrichtung bei Blickrichtung *gegen* die Lichtquelle im Sinne des Uhrzeigers oder ihm entgegen umkreist. Die Dauer einer Hin- und Herschwingung bei linear polarisiertem Licht

---

[1] DAVID BREWSTER, 1781—1868.

und eines Umlaufs bei elliptisch oder zirkular polarisiertem Licht ist gleich der Schwingungsdauer $T = 1/v = \lambda/c$ des Lichts.

Transversale Wellen können einander nur dann durch Interferenz auslöschen, wenn sie in der gleichen Ebene schwingen. Daher können zwei senkrecht zueinander linear polarisierte Wellen, auch wenn sie kohärent sind, also gleichzeitig vom gleichen Punkt einer Lichtquelle ausgingen, nicht miteinander interferieren. Auch das ist ein Beweis für die transversale Natur der Lichtwellen.

Man vermeide es, *linear* polarisiertes Licht einfach als polarisiertes Licht zu bezeichnen, da man zwischen den verschiedenen Arten der Polarisation wohl unterscheiden muß.

303. Doppelbrechung. Betrachtet man einen Gegenstand, z. B. Schrift, durch ein Spaltstück eines Kalkspatkristalls, so erscheint der Gegenstand doppelt. Die von den einzelnen Punkten des Gegenstandes kommenden Strahlen werden also beim Durchgang durch den Kristall in je zwei Strahlen zerlegt, welche eine verschiedene Brechung erleiden (Abb. 557). Diese zuerst (1669) von BARTHOLINUS[1] beobachtete, dann (1678) von HUYGENS wellentheoretisch gedeutete Erscheinung heißt *Doppelbrechung*. Das Wesen der Doppelbrechung wird durch folgenden Versuch deutlich.

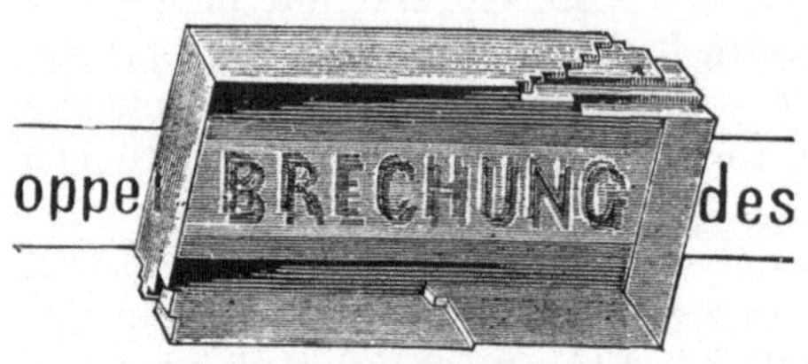

Abb. 557. Doppelbrechung im Kalkspat

Auf einem Schirm sei eine von hinten beleuchtete kreisförmige Blende mittels einer Linse abgebildet. Bringt man zwischen Linse und Schirm in den Weg des Lichts ein Spaltstück eines Kalkspatkristalls, so entsteht an Stelle des einen ein doppeltes Bild, und zwar steht das eine Bild, wenn die Spaltflächen des Kristalls senkrecht zu den Lichtstrahlen sind, an alter Stelle, das andere ist seitlich verschoben. Dreht man den Kristall um die Richtung der Lichtstrahlen als Achse, so bleibt das erste Bild stehen, das zweite dreht sich um das erste. Verwendet man linear polarisiertes Licht, indem man z. B. in den Strahlengang eine unter dem Polarisationswinkel gegen das Licht geneigte Glasplatte (noch besser ein Nicolsches Prisma, §304) als Polarisator einschaltet, so haben die beiden Bilder im allgemeinen verschiedene Helligkeit (Abb. 558). Bei zwei um

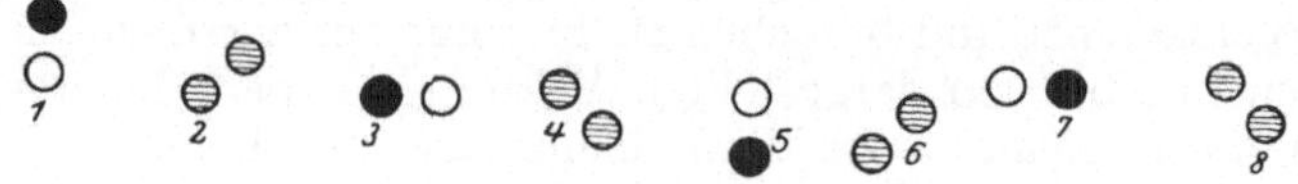

Abb. 558. Zur Doppelbrechung im Kalkspat

180° auseinanderliegenden Stellungen (1 und 5) des Kristalls ist nur das eine, bei den beiden um 90° dagegen verdrehten Stellungen (3 und 7) nur das andere Bild vorhanden, dazwischen liegen stetige Übergänge von hell zu dunkel.

Dieser Versuch beweist, daß die beiden Bilder, die mit Hilfe des Kalkspatkristalls entstehen, linear polarisiertem Licht ihren Ursprung verdanken, derart, daß das Licht, welches das eine Bild erzeugt, senkrecht zu dem das andere Bild erzeugenden Lichte polarisiert ist. Es zeigt ferner, daß das natürliche Licht, welches von der Lichtquelle kommt, im Kalkspat in zwei senkrecht zueinander linear polarisierte Anteile zerspalten wird, welche in verschiedener Weise gebrochen werden.

Isotrope amorphe Stoffe wie spannungsfreies Glas, sowie die Kristalle des kubischen Systems (§52) wie das Steinsalz, zeigen keine Doppelbrechung. Bei

---

[1] ERASMUS BERTHELSEN (BARTHOLINUS), 1625—1698.

allen anderen Kristallen ist sie vorhanden. Aus der verschieden starken Brechung der beiden linear polarisierten Strahlanteile folgt, daß sie im Kristall eine verschiedene Geschwindigkeit haben (§ 271). Diese ist zudem mindestens für den einen Strahlanteil von der Richtung im Kristall abhängig. Die zueinander senkrechten Richtungen, nach denen die Strahlanteile linear polarisiert sind, werden durch die kristallographische Struktur des Kristalls bestimmt. Trägt man von einem Punkt O innerhalb eines Kristalls in allen Richtungen Strecken ab, deren Längen den Lichtgeschwindigkeiten der beiden senkrecht zueinander linear polarisierten Anteile proportional sind, in die jeder Strahl beim Eintritt in einen doppelbrechenden Kristall zerfällt, so zeigt sich folgendes. Bei den *einachsigen* Kristallen liegen die Enden dieser Strecken für den einen Anteil auf einer Kugelfläche, für den anderen Anteil auf einem Rotationsellipsoid, das die Kugelfläche an den Enden des Durchmessers AA' berührt (Abb. 559). Der Anteil eines Strahls, für den die Lichtgeschwindigkeit in allen Richtungen im Kristall die gleiche ist, heißt der *ordentliche Strahl*. Der zweite Anteil aber, der *außerordentliche Strahl*, hat in den verschiedenen Richtungen im Kristall verschiedene Geschwindigkeiten.

Nur in Richtung der Geraden AA', der *optischen Achse* des Kristalls, haben beide Anteile gleiche Geschwindigkeit. (Man beachte, daß die optische Achse, ebenso wie die kristallographische Achse, keine feste Gerade im Kristall ist, sondern nur eine feste *Richtung* in ihm bezeichnet.) Ein Kristall heißt *positiv einachsig*, wenn die optische Achse in die Richtung der großen Achse des Rotationsellipsoids fällt, wenn also die Geschwindigkeit des außerordentlichen Strahls kleiner als die des ordentlichen ist (Abb. 559a), andernfalls *negativ einachsig* (Abb. 559b). Vgl. hierzu § 51.

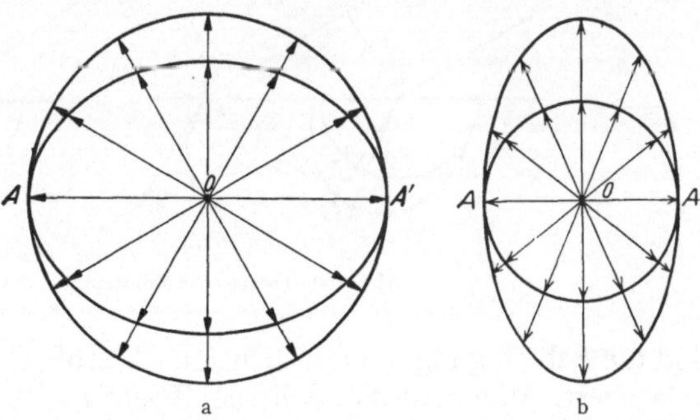

Abb. 559. Zur Doppelbrechung, a positiv, b negativ einachsiger Kristall

Nach (271.2) kann bei der Brechung ein konstantes Sinusverhältnis nur dann gelten, wenn die Brechzahl n eine Konstante ist, wenn also die Lichtgeschwindigkeit in allen Richtungen die gleiche ist. Demnach gibt es bei der Brechung in einem doppelbrechenden Stoff nur für den ordentlichen Strahl ein konstantes, von der Richtung unabhängiges Sinusverhältnis, für den außerordentlichen hingegen nicht. Auch verbleibt nur der ordentliche Strahl nach der Brechung in der Einfallsebene, der außerordentliche aber im allgemeinen nicht. Das läßt sich aus dem Fermatschen Prinzip ableiten (§ 264). Für den ordentlichen Strahl kann man also eine vom Einfallswinkel unabhängige Brechzahl n_o angeben. Die Brechzahl n_a des außerordentlichen Strahls aber hängt von der Richtung des gebrochenen Strahls im Kristall und daher mittelbar vom Einfallswinkel ab.

Schleift man eine Kristallplatte so, daß ihre Begrenzungsflächen *senkrecht* zur optischen Achse liegen, und läßt Licht senkrecht auf den Kristall fallen, so findet keine Brechung statt, und beide Anteile pflanzen sich gleich schnell durch den Kristall fort. Sind dagegen zwei Begrenzungsflächen *parallel* zur optischen Achse geschliffen, so findet bei senkrechtem Einfall des Lichts zwar ebenfalls keine Brechung statt, aber die beiden Anteile pflanzen sich verschieden schnell durch den Kristall fort, es treten also Gangunterschiede zwischen ihnen auf. Denn ihre optischen Weglängen (§ 289) sind im Kristall verschieden groß.

Dies kann dazu dienen, um aus linear polarisiertem Lichte zirkular polarisiertes Licht herzustellen. Man benutzt dazu eine parallel zur optischen Achse geschnittene, doppelbrechende Kristallplatte. Ihre Dicke wird so bemessen, daß der ordentliche und der außerordentliche Strahl bei senkrechtem Durchtritt einen Gangunterschied von $^1/_4$ Wellenlänge erhalten. Man läßt senkrecht auf die Platte linear polarisiertes Licht fallen, dessen Polarisationsebene unter 45° gegen die Polarisationsebenen des ordentlichen und des außerordentlichen Strahls im Kristall geneigt ist. Der einfallende Strahl zerfällt dann in zwei gleich starke Anteile, welche beim Eintritt in gleicher Phase sind. Beim Austritt vereinigen sie sich wieder, haben aber nicht mehr die gleiche Phase, sondern einen Gangunterschied von $^1/_4$ Wellenlänge und die Phasendifferenz $\pi/2$. Sie bilden, da ihre Schwingungsweiten gleich groß sind, nach dem Austritt eine zirkular polarisierte Welle. Bei anderer Orientierung der Polarisationsebene des einfallenden Lichts

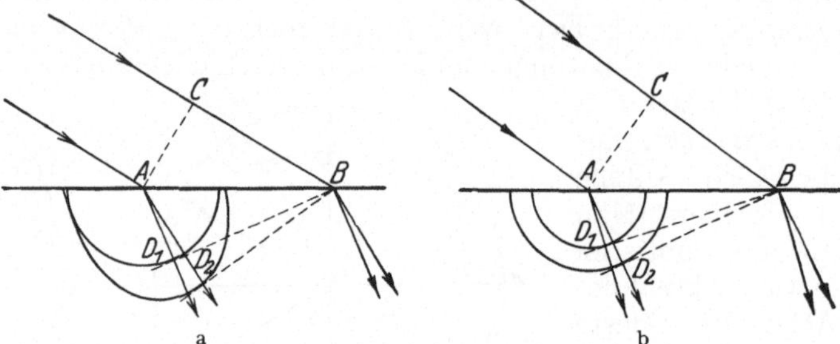

Abb. 560. Fresnelsche Konstruktion der Doppelbrechung

sind die Schwingungsweiten nicht gleich groß, die austretende Welle ist elliptisch polarisiert. Man benutzt zu diesem Zweck meist Glimmerblättchen von geeigneter Dicke *(Viertelwellenlängenblättchen)*.

Bei den Kristallen des rhombischen, monoklinen und triklinen Systems (§ 52) ist die Lichtgeschwindigkeit für *beide* senkrecht zueinander polarisierten Anteile von der Richtung abhängig. Es gibt bei ihnen keinen ordentlichen, sondern zwei außerordentliche Strahlen und zwei Richtungen, in denen sich die beiden Anteile gleich schnell fortpflanzen. Diese Kristalle haben also zwei optische Achsen; man nennt sie *zweiachsige Kristalle* (BIOT).

Die gebrochenen Strahlen können nach FRESNEL im Falle der Doppelbrechung auf folgende Weise konstruiert werden. Wir beschränken uns dabei auf die einachsigen Kristalle und auf zwei besonders einfache Fälle, nämlich auf die, in denen auch der außerordentliche Strahl in der Einfallsebene verbleibt.

1. *Die optische Achse liegt in der Einfallsebene* (Zeichnungsebene, Abb. 560a). Der Querschnitt der einen Elementarwelle im Kristall ist ein Kreis, der der anderen eine den Kreis in der optischen Achse berührende Ellipse. Von B aus werden die Tangenten BD_1 und BD_2 an Kreis und Ellipse gelegt. Sie sind die Wellenflächen des ordentlichen und des außerordentlichen Strahls im Kristall. AD_1 ist der ordentliche, AD_2 der außerordentliche Strahl. Je nachdem die Ellipse außerhalb (Abb. 560a) oder innerhalb des Kreises liegt, ist der außerordentliche Strahl schwächer oder stärker gebrochen als der ordentliche.

2. *Die optische Achse liegt senkrecht zur Einfallsebene* (Zeichnungsebene, Abb. 560b). In diesem Falle sind die Querschnitte der beiden Elementarwellen Kreise.

Nur beim ordentlichen Strahl sind die Wellennormalen mit den Strahlen identisch, wie in den einfach brechenden Stoffen. Beim außerordentlichen Strahl hingegen sind die Wellenflächen im allgemeinen nicht senkrecht zu den Strahlen, also der Fortpflanzungsrichtung des Lichts.

Manche doppelbrechende Kristalle absorbieren einen der beiden linear polarisierten Anteile stärker als den anderen. Dieser *Dichroismus* ist z. B. beim Turmalin sehr stark ausgeprägt. In nicht zu dünnen Schichten läßt er von dem einen Anteil so gut wie nichts hindurch, während der andere weit weniger geschwächt wird. Eine parallel zur optischen Achse geschnittene Turmalinplatte kann daher zur Herstellung linear polarisierten Lichts, sowie als Analysator dienen und wird dazu insbesondere in der Mineralogie und Kristallographie viel benutzt.

304. Das Nicolsche Prisma. Das Nicolsche[1] Prisma dient zur Erzeugung von linear polarisiertem Licht aus natürlichem Licht. Die Endflächen eines Spaltstücks eines Kalkspatkristalls werden unter 68° gegen seine Seitenflächen angeschliffen, und das Spaltstück wird so in zwei Teile zerschnitten, daß die Schnittfläche senkrecht zu den neuen Endflächen ist. Die beiden Hälften werden mit Kanadabalsam zusammengekittet. Fällt natürliches Licht in der aus Abb. 561 ersichtlichen Weise in das Prisma, so wird es in einen ordentlichen, in diesem Fall stärker gebrochenen, und einen schwächer gebrochenen außerordentlichen Strahl zerlegt. Beide treffen auf die Schicht von Kanadabalsam. Für den ordentlichen Strahl ist die Brechzahl des Kalkspats ($n = 1{,}66$) größer als die des Kanadabalsams ($n = 1{,}54$), und da er unter einem Winkel einfällt, der größer als der Grenzwinkel der Totalreflexion ist, so wird er seitlich reflektiert und tritt nicht durch das Prisma hindurch. Für den außerordentlichen Strahl hingegen ist die Brechzahl des Kalkspats in der betreffenden Richtung ($n = 1{,}49$) kleiner als die des Kanadabalsams, es findet keine Totalreflexion statt, und der außerordentliche Strahl tritt auf der anderen Seite des Prismas als linear polarisiertes Licht aus. Das Nicolsche Prisma wirkt also, wie eine unter 57° gestellt Glasplatte, als Polarisator.

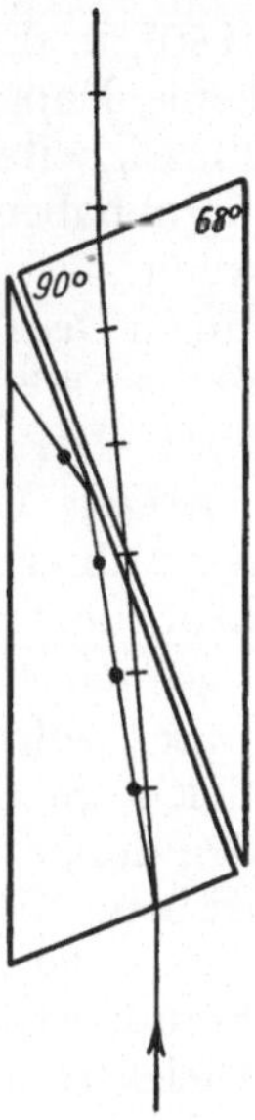

Es kann aber auch als Analysator, d.h. zum Nachweis linearer Polarisation, dienen. Läßt man Licht nacheinander durch zwei Nicolsche Prismen gehen, so wird das vom ersten, dem Polarisator, durchgelassene Licht vom zweiten, dem Analysator, nur dann ungeschwächt durchgelassen, wenn beide Prismen gleiche Orientierung im Raum haben oder um 180° gegen diese Lage gegeneinander gedreht sind (parallele Nicols). Sind sie um 90° gegeneinander verdreht (gekreuzte Nicols), so läßt das zweite Prisma kein Licht hindurch. Bei anderen Orientierungen findet eine mehr oder weniger starke Schwächung des vom ersten Prisma durchgelassenen Lichts durch das zweite Prisma statt. Läßt man einen der Nicols rotieren, so kann man *Lichtschwebungen* erzeugen.

Wie in §303 erwähnt, tritt linear polarisiertes Licht, welches durch einen doppelbrechenden Kristall fällt, in der Regel als elliptisch polarisiertes Licht aus ihm wieder aus. Bringt man einen solchen Kristall zwischen gekreuzte Nicols, so tritt bei monochromatischem Licht an Stelle der vorherigen Dunkelheit Aufhellung ein, weil das in den Analysator fallende Licht nicht mehr linear polarisiert ist. Bei weißem Licht ist der Grad der Aufhellung wegen der Verschiedenheit der Brechzahl des Kristalls für die einzelnen Wellenlängen verschieden. Dies hat das Auftreten von Mischfarben zur Folge (ARAGO). Bildet man eine zwischen gekreuzten Nicols befindliche Kristallplatte mittels einer Linse auf einen Schirm ab, so erscheint sie im parallelen Licht je nach ihrer Dicke in verschiedenen Farben, im konvergenten Licht auch von dunklen Streifen durchzogen. Die Erscheinung

Abb. 561.
Nicolsches
Prisma

---

[1] WILLIAM NICOL, 1768—1851.

ist von der Orientierung der optischen Achse zur Polarisationsebene des Lichts abhängig, ändert sich also bei Drehung des Kristalls um eine in der Lichtrichtung liegende Achse. Auf die genaue Theorie muß hier verzichtet werden.

Diese Erscheinungen können dazu dienen, die Lage der optischen Achsen von Kristallen festzustellen. Auch kann man z.B. die Doppelbrechung in Gläsern und anderen elastischen Stoffen nachweisen, welche infolge schneller Kühlung oder einer elastischen Beanspruchung innere Spannungen haben und daher nicht mehr isotrop sind. Auf dieser *Spannungsdoppelbrechung* beruht ein technisch wichtiges Verfahren zur Untersuchung der in einem Werkstück bei Beanspruchung auftretenden elastischen Spannungen an einem kleinen Modell aus durchsichtigem elastischem Material *(Spannungs-* oder *Elastooptik)*.

305. Flüssige Kristalle. Elektrische Doppelbrechung. Die Doppelbrechung der Kristalle hängt auf das engste mit der regelmäßigen Raumgitterstruktur der Kristalle (§ 52) zusammen. In den Flüssigkeiten sind die Moleküle weitgehend (§ 50), in den Gasen vollkommen regellos gelagert, können daher im allgemeinen keine Doppelbrechung hervorrufen. Eine Ausnahme bilden gewisse organische Flüssigkeiten, deren Moleküle einen sehr verwickelten Bau und langgestreckte Form haben oder sich zu langgestreckten Gebilden aneinander legen. Diese haben, wenn sie sich z.B. in einer dünnen Schicht zwischen einem Objektträger und einem Deckglas befinden, die Neigung, sich senkrecht zur Begrenzung einzustellen und so alle die gleiche Richtung anzunehmen, so daß die Flüssigkeit anisotrop wird. Bei solchen Flüssigkeiten tritt ebenfalls Doppelbrechung auf (sog. *flüssige Kristalle*, O. LEHMANN). Auch wenn eine solche Flüssigkeit strömt, wird sie doppelbrechend, weil ihre Moleküle sich in Richtung der Stromfäden orientieren (*Strömungsdoppelbrechung*).

Auch ein elektrisches Feld kann die Moleküle einer Flüssigkeit oder eines Gases, sofern sie von Natur elektrische Dipole sind (§ 347), gleichsinnig richten. Solche Stoffe zeigen eine *elektrische Doppelbrechung (Kerr[1]-Effekt, 1875)*, sie werden doppelbrechend, wenn in ihnen ein elektrisches Feld herrscht. Die Wirkung ist beim Nitrobenzol besonders ausgeprägt, das daher für die *Kerr-Zellen* bevorzugt verwendet wird. Diese spielen eine wichtige Rolle beim Tonfilm und bei der Fernübertragung von Bildern. Sie bestehen aus einem mit Nitrobenzol als Dielektrikum gefüllten Kondensator, zwischen dessen Platten Licht hindurchfallen kann. Vor und hinter der Zelle befindet sich ein Nicolsches Prisma. Wenn diese beiden Prismen gekreuzt sind, so kann kein Licht durch die Zelle treten. Wird jedoch durch eine am Kondensator liegende Spannung im Nitrobenzol ein elektrisches Feld erzeugt, so bewirkt die nunmehr vorhandene Doppelbrechung, wie in § 304 erläutert, eine Aufhellung. So kann die Intensität des Lichtes durch ein elektrisches Feld gesteuert werden, und die Schwankungen einer elektrischen Spannung können in Lichtschwankungen verwandelt werden. Die Wirkung ist bei kleinen Feldstärken dem Quadrat der Feldstärke proportional.

306. Drehung der Polarisationsebene. Manche feste und flüssige Stoffe, z.B. Zuckerlösung, Quarz, haben die Eigenschaft, daß sie die Polarisationsebene linear polarisierten Lichts, welches durch sie hindurchtritt, *drehen (optisch aktive Stoffe)*. Bringt man einen solchen Stoff zwischen gekreuzte Nicolsche Prismen, so tritt eine Aufhellung des Gesichtsfeldes ein. Damit wieder Dunkelheit eintritt, muß der Analysator um einen bestimmten Winkel gedreht werden.

Die einfallende, linear polarisierte Welle schwinge in der x-Richtung; der Momentanwert des Lichtvektors sei also an der Eintrittsstelle durch die Gleichung $x = a \sin \omega t$ dargestellt. Die gleiche Welle können wir uns aber auch durch Über-

---

[1] JOHN KERR, 1824—1907.

lagerung einer rechts- und einer linkszirkular polarisierten Welle entstanden denken:

$$x_1 = \frac{a}{2} \sin \omega t, \qquad y_1 = \frac{a}{2} \cos \omega t, \qquad x_2 = \frac{a}{2} \sin \omega t, \qquad y_2 = -\frac{a}{2} \cos \omega t.$$

Denn die Summe der beiden x-Komponenten ist wieder $x = a \sin \omega t$, die beiden y-Komponenten heben einander auf. Die Drehung der Polarisationsebene kann so beschrieben werden, daß in den optisch drehenden Stoffen rechts- und linkszirkular polarisierte Wellen sich verschieden schnell fortpflanzen. Ihre Geschwindigkeiten seien c_1 und c_2. Ist die Dicke der von den beiden Wellen durchsetzten Schicht d, so sind die Wellen an der Austrittsstelle zur Zeit t nach §84 dargestellt durch die Gleichungen

$$x_1' = \frac{a}{2} \sin \omega \left(t - \frac{d}{c_1}\right), \qquad y_1' = \frac{a}{2} \cos \omega \left(t - \frac{d}{c_1}\right),$$

$$x_2' = \frac{a}{2} \sin \omega \left(t - \frac{d}{c_2}\right), \qquad y_2' = -\frac{a}{2} \cos \omega \left(t - \frac{d}{c_2}\right).$$

Die Komponenten der Gesamtschwingung ergeben sich durch Addition der Einzelschwingungen zu

$$x' = x_1' + x_2' = a \sin \omega \left[t - \frac{d}{2}\left(\frac{1}{c_1} + \frac{1}{c_2}\right)\right] \cdot \cos \omega \, \frac{d}{2}\left(\frac{1}{c_1} - \frac{1}{c_2}\right),$$

$$y' = y_1' + y_2' = a \sin \omega \left[t - \frac{d}{2}\left(\frac{1}{c_1} + \frac{1}{c_2}\right)\right] \cdot \sin \omega \, \frac{d}{2}\left(\frac{1}{c_1} - \frac{1}{c_2}\right).$$

Dies ist wieder eine linear polarisierte Schwingung, welche nach der Gleichung

$$z = \sqrt{x'^2 + y'^2} = a \sin \omega \left[t - \frac{d}{2}\left(\frac{1}{c_1} + \frac{1}{c_2}\right)\right]$$

verläuft. Der Winkel δ, um den die Polarisationsebene gegen ihre ursprüngliche Richtung gedreht ist, ergibt sich aus der Gleichung

$$\operatorname{tg} \delta = \frac{y'}{x'} = \operatorname{tg} \left[\omega \, \frac{d}{2}\left(\frac{1}{c_1} - \frac{1}{c_2}\right)\right] \qquad \text{oder} \qquad \delta = \omega \, \frac{d}{2}\left(\frac{1}{c_1} - \frac{1}{c_2}\right).$$

Der Drehungssinn hängt davon ab, ob c_1 größer oder kleiner als c_2 ist (Rechts- und Linksdrehung). Alle optisch drehenden Stoffe existieren sowohl in der rechtsdrehenden als auch in der linksdrehenden Modifikation *(optische Antipoden)*, z.B. Rechtsquarz und Linksquarz. Der Betrag der Drehung ist von der Wellenlänge des Lichtes abhängig und zeigt einen Gang, der eng mit dem der Dispersion zusammenhängt (§310).

Die Ursache der optischen Aktivität ist bei den Kristallen und den Flüssigkeiten und Lösungen durchaus verschieden. Bei den Kristallen beruht sie auf einer schraubenförmigen Struktur des Raumgitters (§51), bei den Flüssigkeiten dagegen auf einer Asymmetrie ihrer Moleküle oder derjenigen des gelösten Stoffes (VAN'T HOFF, 1874). Zu jedem solchen Molekül gibt es auch sein Spiegelbild (PASTEUR[1], 1848), und das eine erzeugt Rechtsdrehung, das andere Linksdrehung. Meist handelt es sich um ein sog. *asymmetrisches Kohlenstoffatom*, d.h. ein solches, an dessen vier Valenzen vier verschiedene Gebilde (Liganden) gebunden sind, wie z.B. bei der Milchsäure COOH, OH, CH_3 und H. Diese vier Liganden (a, b, c, d) sind an den vier Ecken eines Tetraeders angeordnet, in dessen Innern das C-Atom sitzt (Abb. 562). Es gibt dann zwei spiegelbildliche Formen des Moleküls, die nicht durch Drehungen ineinander übergeführt werden können.

---

[1] LOUIS PASTEUR, 1822—1895, Bakteriologe.

Wird ein Stoff mit asymmetrischen Molekülen aus seinen nicht drehenden Bestandteilen auf gewöhnlichem chemischem Wege aufgebaut, so entstehen von beiden Modifikationen stets gleiche Mengen. Dann erscheint der Stoff optisch inaktiv, weil die durch die beiden Modifikationen hervorgerufenen Drehungen einander aufheben. Ein solcher Stoff heißt ein *Razemat*. Hingegen wird von den Organismen bei biochemischen Reaktionen immer nur die eine der beiden Modifikationen erzeugt. Es scheint, daß die optische Aktivität ein besonderes Merkmal zahlreicher für den Ablauf der Lebensvorgänge besonders wichtiger organischer Wirkstoffe ist.

Die Drehung der Polarisationsebene findet Anwendung bei der Untersuchung von Lösungen auf Zuckergehalt und bei vielen anderen chemischen Analysen.

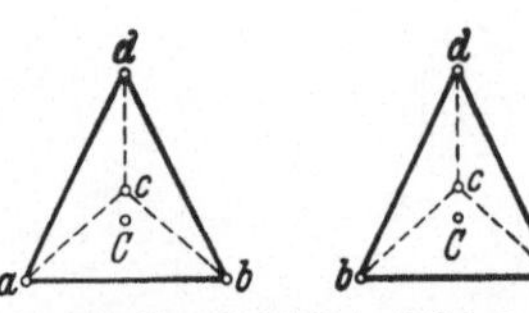

Abb. 562. Das Molekül der Milchsäure. $CH_3 \cdot CHOH \cdot COOH$

Die hierzu dienenden Geräte heißen *Saccharimeter*. (Vgl. WESTPHAL: Physikalisches Praktikum, 10. Aufl., 28. Aufg.)

Stoffe, welche an sich die Polarisationsebene nicht drehen, tun dies, wenn sie in ein starkes magnetisches Feld gebracht werden, dessen Feldlinien in der gleichen Richtung verlaufen wie das Licht (*magnetische Drehung der Polarisationsebene, Magnetorotation, Faraday-Effekt*, 1845). Der Winkel, um den das Licht der gelben Linie des Natriums (D-Linie) auf 1 cm Weg durch ein Feld von der Flußdichte $B = 10^{-4}\,\mathrm{Vs\,m^{-2}} = 1$ Gauß gedreht wird, heißt die Verdet[1]-Konstante des betreffenden Stoffes.

307. Das Licht als elektromagnetische Welle. Nach (244.3 a, b) pflanzt sich eine elektromagnetische Welle in einem Stoff von der Dielektrizitätszahl ε_r und der Permeabilitätszahl μ_r mit der Geschwindigkeit

$$c = \frac{c_0}{\sqrt{\varepsilon_r \mu_r}} = \frac{c_0}{n} \tag{307.1}$$

fort. Ferner folgt aus der Entdeckung von WEBER und KOHLRAUSCH (§200), daß c_0 mit der Vakuumlichtgeschwindigkeit identisch ist. Hierauf gründet sich FARADAYs und MAXWELLs *elektromagnetische Theorie des Lichtes*. Da die Ferromagnetika — wie alle Metalle — für solche Wellen undurchlässig sind, für andere Stoffe aber μ_r praktisch gleich 1 ist, so ist

$$n = \sqrt{\varepsilon_r} \tag{307.2}$$

die *Brechzahl* des Stoffes, in dem sich die Welle ausbreitet (*Maxwellsche Beziehung*). Ihre endgültige Bestätigung erfuhr die elektromagnetische Lichttheorie durch die Versuche von H. HERTZ (§256), dem nicht nur die Erzeugung elektrischer Wellen, sondern auch der Nachweis gelang, daß sie alle grundlegenden Eigenschaften der Lichtwellen teilen. In der Folge gelang es, auch die Maxwellsche Beziehung (307.2) wenigstens für das langwellige Ultrarot zu bestätigen (§310). Das Licht ist also ein elektromagnetischer Wellenvorgang, und es unterscheidet sich nur durch seine viel kleinere Wellenlänge von den mit elektrischen Schwingkreisen erzeugten Wellen.

Die durch (244.2a, b) dargestellte Welle ist linear polarisiert bezüglich des elektrischen und des magnetischen Feldvektors, und zwar schwingen diese beiden Vektoren in zueinander senkrechten Ebenen. Die Theorie ergibt, daß in Licht, welches unter dem Polarisationswinkel reflektiert wurde, der elektrische Vektor zur Einfallsebene senkrecht ist. Demnach ist der von uns in §301 definierte Lichtvektor mit dem elektrischen Feldvektor identisch. Tatsächlich sind diesem

---

[1] MARCEL ÉMILE VERDET, 1824—1866.

die unmittelbaren Wirkungen des Lichts, z. B. seine chemischen Wirkungen, zuzuschreiben, weil er unmittelbar an den Elektronen der Materie angreift. Einen Beweis für die Identität von Lichtvektor und elektrischem Feldvektor liefern die Versuche mit stehenden Lichtwellen (§ 297). Nach der Theorie muß die elektrische Feldstärke am Spiegel einen Knoten haben, wie in Abb. 549 gezeichnet, die magnetische Feldstärke dagegen einen Bauch. Die elektrischen und die magnetischen Maxima in einer stehenden Lichtwelle sind also um $^1/_4$ Wellenlänge gegeneinander verschoben. Die Schwärzung des Häutchens tritt an den Stellen auf, die einem Bauch, also einem Maximum der elektrischen Feldstärke entsprechen.

Der Scheitelwert der elektrischen Feldstärke erreicht in stärkster Sonnenstrahlung auf der Erde Beträge von der Größenordnung 1500 V m $^{-1}$.

308. Zeeman-Effekt. Stark-Effekt. In Analogie zur Aussendung elektrischer Wellen durch einen schwingenden Dipol ergab sich aus der elektromagnetischen Lichttheorie die Vorstellung, daß auch die lichtaussendenden Atome solche, allerdings winzig kleine, schwingende Dipole seien. Tatsächlich handelt es sich dabei um Vorgänge von völlig anderer Art, die nur durch die Quantentheorie zutreffend beschrieben wer-

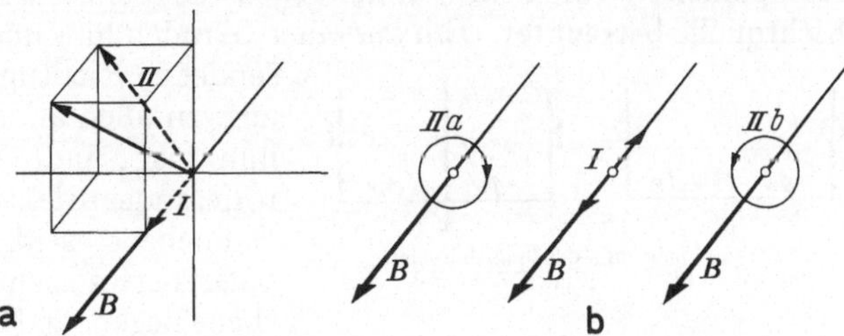

Abb. 563. Zum Zeeman-Effekt

den und die wir im 11. Kapitel ausführlich behandeln werden. Dennoch kommt man in manchen Fällen auch schon mit dem Modell der schwingenden Dipole aus. Es vermittelt auch wenigstens ein qualitatives Verständnis dafür, daß die Frequenz einer Lichtstrahlung beeinflußt wird, wenn sich die lichtaussendenden Atome in einem magnetischen oder elektrischen Felde befinden, also für die Erscheinungen der *Magneto- und Elektrooptik*. Denn beide Arten von Feldern üben Kräfte auf die schwingenden Ladungsträger aus und beeinflussen ihre Frequenz.

Der wichtigste magnetooptische Effekt ist der *Zeeman*[1]-*Effekt* (1896), die *Aufspaltung der Spektrallinien* in einem magnetischen Felde. Wir wollen ihn im Anschluß an eine von H. A. LORENTZ entwickelte Theorie behandeln und gehen von der Annahme aus, daß das lichtaussendende Gebilde ein linearer „Oszillator" (§ 254), ein im ungestörten Zustande mit der Kreisfrequenz ω auf einer Geraden hin- und herschwingendes Elektron ist, das sich in einem magnetischen Felde mit der Flußdichte $\boldsymbol{B}$ (Betrag B) befindet. Wir zerlegen die Schwingung in eine zum Felde parallele Komponente I und eine zu ihm senkrechte Komponente II (Abb. 563 a). Die Komponente I wird nach (197.4) wegen $[\boldsymbol{v}\boldsymbol{B}]=0$ durch das Feld nicht beeinflußt, sendet also Licht von der ursprünglichen Kreisfrequenz ω aus. Die Komponente II zerlegen wir noch einmal, wie in § 306, in zwei entgegengesetzt zirkular polarisierte Komponenten II a und II b (Abb. 563 b), deren Bahnebenen senkrecht zum magnetischen Felde sind. Die Kreisfrequenz dieser Komponenten wäre im feldfreien Raum ebenfalls ω. Wir haben aber bereits bei der Theorie des Diamagnetismus (§ 240) bewiesen, daß die Winkelgeschwindigkeit eines in einer zur Feldrichtung senkrechten Ebene kreisenden Elektrons eine Änderung um den Betrag der *Larmor-Frequenz*

$$\Delta u = \Delta \omega = \pm \frac{e}{2m} B \tag{308.1}$$

---

[1] PIETER ZEEMAN, 1865—1943. Nobelpreis 1902.

erfährt, wobei das Vorzeichen vom Umlaufssinn des Elektrons um die Feldrichtung abhängt. Ist v die Frequenz, λ die Wellenlänge des ausgesandten Lichtes, so ist $v = \omega/2\pi$ und $\lambda = c/v$ (c Lichtgeschwindigkeit), und es ergibt sich als Frequenzänderung

$$\Delta v = \pm \frac{1}{4\pi} \frac{e}{m} B. \tag{308.2}$$

Da ferner $\Delta v = \Delta(c/\lambda) = -c \cdot \Delta\lambda/\lambda^2$, so beträgt die Änderung der Wellenlänge

$$\Delta\lambda = \mp \frac{\lambda^2}{4\pi c} \frac{e}{m} B. \tag{308.3}$$

Die ursprüngliche Spektrallinie spaltet also in drei Komponenten mit den Frequenzen $v - \Delta v$, v und $v + \Delta v$ auf (normales *Lorentz-Triplett*).

Jedoch hängt die Beobachtbarkeit und der Polarisationszustand dieser drei Komponenten von dem Winkel gegen die Feldrichtung ab, unter dem man die Lichtquelle betrachtet. Ein auf einer Geraden hin- und herschwingendes Elektron sendet in Richtung dieser Geraden kein Licht aus. In allen anderen Richtungen ist das von ihm ausgesandte Licht linear polarisiert. Ein rotierendes Elektron sendet in der zu seiner Bahnebene senkrechten Richtung zirkular polarisiertes Licht aus, in den in seiner Bahnebene liegenden Richtungen aber linear polarisiertes Licht.

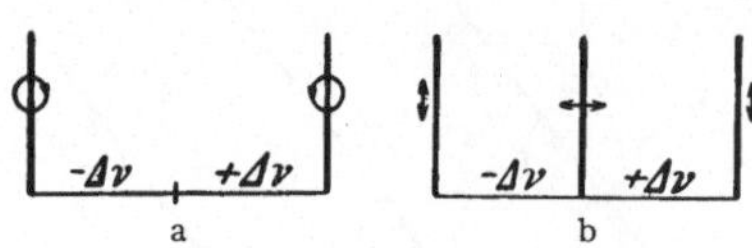

Abb. 564. Schema a des longitudinalen, b des transversalen normalen Zeeman-Effekts

Aus diesen Gründen bietet der *Zeeman-Effekt* ein verschiedenes Bild, je nachdem man eine in ein magnetisches Feld gebrachte Lichtquelle in der Feldrichtung (longitudinal) oder *senkrecht* zu ihr (transversal) beobachtet. Beim *longitudinalen* Zeeman-Effekt ist die unverschobene Komponente *nicht* sichtbar. Rechts und links vom Ort der unverschobenen Linie erscheinen zwei verschobene Linien, deren eine rechts- und deren andere linkszirkular polarisiert ist (Abb. 564a). Beim *transversalen Zeeman-Effekt* erscheinen drei Komponenten. Die eine ist unverschoben und parallel zur Feldrichtung linear polarisiert. Die beiden anderen sind wieder nach rot bzw. violett verschoben und senkrecht zur ersten linear polarisiert (Abb. 564b).

Ein dieser sehr vereinfachten Theorie entsprechender *normaler Zeeman-Effekt*, also das Auftreten eines normalen *Lorentz-Tripletts*, ist zwar in manchen Fällen beobachtet worden. Im allgemeinen aber ist die Aufspaltung verwickelter. Eine mit der gesamten Erfahrung übereinstimmende Theorie des Zeeman-Effekts kann nur auf dem Boden der Quantentheorie gegeben werden.

Aus Δv und B kann man nach (308.2) die spezifische Ladung e/m (§ 206) der Ladungsträger berechnen. Sie ergibt sich in der Tat als die der Elektronen. Das war der erste eindeutige Beweis dafür, daß die Lichtaussendung ihren Ursprung in Zustandsänderungen von Elektronen hat (H. A. Lorentz).

Hale[1] hat gefunden, daß das von den Sonnenflecken kommende Licht einen Zeeman-Effekt zeigt, der das Auftreten starker magnetischer Felder in den Flecken beweist. Auch das viel schwächere und zeitlich veränderliche allgemeine magnetische Feld der Sonne und einiger anderer Fixsterne kann mittels des Zeeman-Effekts nachgewiesen werden.

Die *elektrooptischen Erscheinungen* rühren davon her, daß die Elektronen auch im elektrischen Felde eine Kraft erfahren. Sendet ein in einem elektrischen Felde befindliches Atom Licht aus, so tritt eine dem *Zeeman-Effekt* ähnliche Aufspaltung der Spektrallinien ein. Man kann diesen *Stark-Effekt* (J. Stark 1913,

---

[1] George Ellery Hale, 1868—1938.

Lo Surdo) an Kanalstrahlen (§188) beobachten, welche in einem starken elektrischen Felde verlaufen. Diese Erscheinung kann nur mit Hilfe der Quantentheorie erklärt werden. Hier kann nur so viel gesagt werden, daß die Energieniveaus der Elektronen der Atome durch das Feld verändert werden. Dadurch wird die Frequenz der einzelnen Komponenten, in die man sich die Elektronenbewegung zerlegt denken kann, in verschiedener Weise beeinflußt. Eine weitere elektrooptische Erscheinung haben wir schon im Kerr-Effekt kennengelernt (§305).

IV. Das elektromagnetische Spektrum

309. Übersicht über das gesamte Spektrum. Das Licht, welches unser Auge als solches wahrnimmt, ist nur ein sehr kleiner Ausschnitt aus dem gesamten elektromagnetischen Spektrum, dessen Grenzen durch den engen Empfindlichkeitsbereich des Auges gegeben sind. Es ist aber möglich, auch in die dem Auge verschlossenen Spektralgebiete vorzudringen, und es zeigt sich dann, daß sich das Spektrum sowohl über das rote wie über das violette Ende des sichtbaren Bereichs hinaus noch beliebig weit ausdehnt. Es liegt ja auch — wenigstens nach der Wellentheorie — kein Grund vor, daß nicht alle Lichtschwingungen zwischen den Grenzen $v = 0$ ($\lambda = \infty$) und $v = \infty$ ($\lambda = 0$) in der Natur vorkommen sollten. Das langwelligere Gebiet, welches sich an das rote Ende des sichtbaren Spektrums anschließt, bezeichnet man als das *ultrarote Spektrum*. Es überdeckt sich an seinem langwelligsten Ende mit den kürzesten auf elektrischem Wege erzeugten Wellen, die wir bereits in §254 behandelten. Jenseits des Violett erstreckt sich das *ultraviolette Spektrum*, und an dieses wieder schließen sich die *Röntgenstrahlen* und die *Gammastrahlen* der radioaktiven Stoffe an. Noch viel kürzere Wellen treten in der sekundären *kosmischen Strahlung* auf. Die Tabelle gibt eine Übersicht

Das gesamte Spektrum

Art der Strahlung	Wellenlänge in Å
Sekundäre Ultrastrahlung	10^{-4} und kleiner
Kürzeste Gammastrahlen	$0{,}466 \cdot 10^{-2}$
Röntgenstrahlen	$1{,}58 \cdot 10^{-1} - 6{,}6 \cdot 10^2$
Ultraviolett	$1{,}36 \cdot 10^2 \ - 3{,}6 \cdot 10^3$
Sichtbares Gebiet . . .	$3{,}6 \ \cdot 10^3 \ - 7{,}8 \cdot 10^3$
Ultrarot	$7{,}8 \ \cdot 10^3 \ - 3{,}4 \cdot 10^6$
Elektrische Wellen . . .	$\sim 10^6 \ - \infty$

Zur Umrechnung der Wellenlängen in cm ist mit 10^{-8} zu multiplizieren

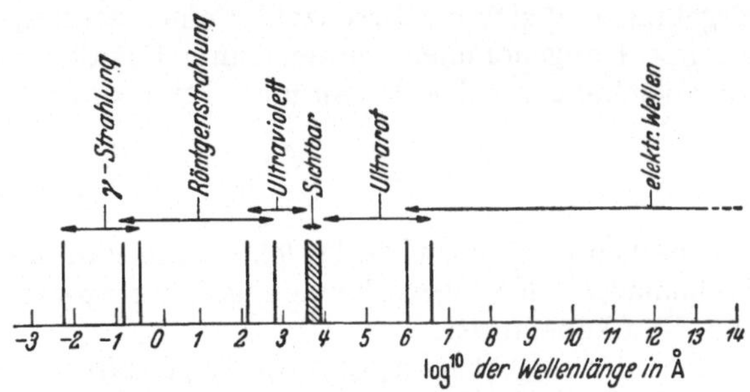

Abb. 565. Das gesamte Spektrum

über die einzelnen Spektralbereiche, Abb. 565 eine graphische Darstellung. Abszisse ist nicht die Wellenlänge selbst, sondern der Zehnerlogarithmus der in Ångström[1]-Einheiten (§3) ausgedrückten Wellenlänge. Wo zwei verschieden benannte Bereiche einander überschneiden, bedeutet dies nur eine verschiedene Erzeugungs- oder Nachweisart gleichartiger Strahlung. Aus Abb. 565 erkennt man, wie eng begrenzt der Empfindlichkeitsbereich des menschlichen Auges ist. Die Wellenlängen seiner Grenzen stehen im Verhältnis 2:1, was beim Schall nur einer Oktave entspricht.

Grundsätzlich gelten die bisher besprochenen optischen Gesetze im ganzen Bereich des elektromagnetischen Spektrums. Die Auswirkung dieser Gesetze ist

---

[1] Anders Jens Ångström, 1814—1874.

jedoch vielfach eine andere als im sichtbaren Gebiet, unter anderem deshalb, weil die schon im Bereiche des Sichtbaren mit der Wellenlänge veränderlichen optischen Eigenschaften der Stoffe (Reflexionsvermögen, Brechzahl, Durchlässigkeit) sich mit größeren Änderungen der Wellenlänge durchweg stark ändern. Daher ist es auch in der Regel notwendig, für die Untersuchung von Strahlung, die außerhalb des sichtbaren Gebietes liegt, Linsen, Prismen usw. aus anderen Stoffen als Glas zu gebrauchen. Je weiter man sich vom sichtbaren Gebiet entfernt, desto andersartiger werden auch die zur Untersuchung des Spektrums anzuwendenden Geräte. Die Art der Wellenlängenmessung ist jedoch durchweg die gleiche. Sie beruht stets unmittelbar oder mittelbar auf der Interferenz.

Da die Grenzen des sichtbaren Spektrums nur physiologisch bedingt sind, jedoch keine physikalische Bedeutung haben, so wird, um die einheitliche Natur des ganzen elektromagnetischen Spektrums zu betonen, häufig jede elektromagnetische Strahlung (mit Ausnahme der technischen elektrischen Wellen), ganz gleich ob sichtbar oder unsichtbar, als Licht bezeichnet, und man spricht von ultrarotem und ultraviolettem Licht, Röntgenlicht usw.

310. Dispersion, Absorption und Reflexion im gesamten Spektrum. Nach §288 wächst im sichtbaren Gebiet im allgemeinen die Brechzahl n eines Stoffes beim Übergang von längeren zu kürzeren Wellen (von Rot nach Violett). Es gibt aber Fälle von *anomaler Dispersion*, die dieser Regel widersprechen. Jeder Stoff hat Gebiete anomaler Dispersion, die aber, wegen der Schmalheit des sichtbaren Spektralgebietes, meist außerhalb desselben im Ultrarot oder Ultraviolett liegen. Auf Grund der älteren Lichttheorie lassen sich diese Tatsachen als eine Resonanzerscheinung an den Atomen oder Molekülen deuten. Resonanz eines (ungedämpften) schwingungsfähigen Systems erfolgt dann, wenn es mit einer seiner Eigenfrequenzen erregt wird (§93, s. dort auch über den Einfluß der Dämpfung). Die Gebiete anomaler Dispersion sind danach die Gebiete, in denen eine Eigenfrequenz der Atome oder Moleküle des Stoffes liegt. Läßt man ihre Dämpfung außer Betracht, so führen Überlegungen auf Grund der Maxwellschen Theorie zu dem Ergebnis, daß sich die Brechzahl n eines Stoffes, dessen Permeabilitätszahl stets als $\mu_r = 1$ angenommen werden kann, für alle Wellenlängen λ angenähert durch die Gleichung von KETTELER und HELMHOLTZ,

$$n^2 = \varepsilon_r + \frac{M_1}{\lambda^2 - \lambda_1^2} + \frac{M_2}{\lambda^2 - \lambda_2^2} + \frac{M_3}{\lambda^2 - \lambda_3^2} + \cdots, \tag{310.1}$$

ausdrücken läßt. ε_r ist die Dielektrizitätszahl des Stoffes, λ_1, λ_2, λ_3 usw. sind die Wellenlängen der Eigenschwingungen der Atome oder Moleküle, und M_1, M_2 usw. sind Stoffkonstanten.

Aus der (310.1) folgt, daß die *Maxwellsche Beziehung* $n^2 = \varepsilon_r$ (§244 und 307) nur gilt, wenn λ sehr groß gegen das größte λ_k ist. Im langwelligen Ultrarot ist dies bestätigt worden (RUBENS[1]). Für sehr kurze Wellen nähert sich die Brechzahl aller Stoffe dem Wert 1. Es folgt daher aus (310.1), indem man $\lambda = 0$ setzt, daß die Dielektrizitätszahl $\varepsilon_r = 1 + M_1/\lambda_1^2 + M_2/\lambda_2^2 + M_3/\lambda_3^2 + \cdots$ ist.

Genauer als (310.1) ist für die Bereiche normaler Dispersion die Gleichung

$$\frac{n^2 - 1}{n^2 + 2} = D N_s \sum_k \frac{f_k}{v_k - v} \tag{310.2}$$

(CLAUSIUS-MOSOTTI). D ist eine universelle Konstante, N_s die spezifische Molekülanzahl (§65), v die Frequenz des Lichtes, f_k und v_k sind Stoffkonstanten.

---

[1] HEINRICH RUBENS, 1865—1922.

Nach (310.1) müßte die Brechzahl n mit wachsender Wellenlänge für $\lambda = \lambda_1, \lambda_2, \lambda_3$ usw. jedesmal von $-\infty$ auf $+\infty$ springen, um dann mit weiter steigender Wellenlänge bis zur nächsten Resonanzstelle wieder zu fallen. Infolge von Dämpfung verläuft jedoch n etwa so, wie es in Abb. 566 schematisch dargestellt ist. In den Wellenlängenbereichen, in denen $dn/d\lambda < 0$ ist, spricht man von *normaler*, in denen, wo $dn/d\lambda > 0$ ist, von *anomaler Dispersion*.

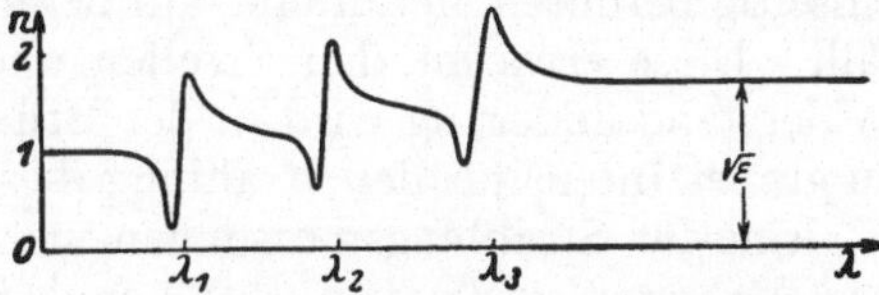
Abb. 566. Schema der Abhängigkeit der Brechzahl von der Wellenlänge für den Fall dreier Resonanzgebiete

In den Resonanzgebieten liegt auch jedesmal ein *Maximum der Absorption* und der *Reflexion* (Abb. 567). Bei geringer Dämpfung kann das Reflexionsvermögen hier bei einem sonst durchlässigen Stoff so groß werden, wie es sonst nur bei den Metallen ist (metallische Reflexion), während es in den unmittelbar benachbarten Gebieten sehr viel kleiner ist (§ 312, Reststrahlen).

In den Gebieten, wo n unter den Wert 1 sinkt, bedeutet das nach § 271, daß c größer wird als die Vakuumlichtgeschwindigkeit c_0. Das ist jedoch nicht so zu verstehen, daß sich die *Lichtenergie* mit einer Geschwindigkeit bewegt, die größer ist als c_0. Wie aus der Relativitätstheorie folgt, kann sich weder ein Körper, noch Energie, also auch kein Signal, mit einer die Vakuumlichtgeschwindigkeit übersteigenden Geschwindigkeit fortpflanzen. Das, was sich im vorliegenden Fall mit größerer Geschwindigkeit fortpflanzt, ist die *Phase* der Lichtschwingungen. Wie die Theorie der brechenden Stoffe zeigt, pflanzt sich in ihnen die *Phase* einer Welle im allgemeinen mit einer anderen Geschwindigkeit fort als die in der Welle übertragene *Energie*. Erstere bezeichnet man als die *Phasengeschwindigkeit c* der Welle. Das ist diejenige Geschwindigkeit, die wir bisher stets als die Lichtgeschwindigkeit c in einem brechenden Stoff bezeichnet haben und die bei gegebener Frequenz ν maßgebend ist für die Wellenlänge $\lambda = c/\nu$ in dem brechenden Stoff, für seine Brechzahl $n = c_0/c$ (§ 271) und für die ja lediglich von den Phasenbeziehungen abhängigen Interferenzerscheinungen. Die Fortpflanzungsgeschwindigkeit der Energie bezeichnet man als die *Gruppengeschwindigkeit v*. Die beiden Geschwindigkeiten sind immer verschieden groß, wenn der Stoff eine Dispersion zeigt, wenn $dc/d\lambda \neq 0$, also auch $dn/d\lambda \neq 0$ ist. Es gilt

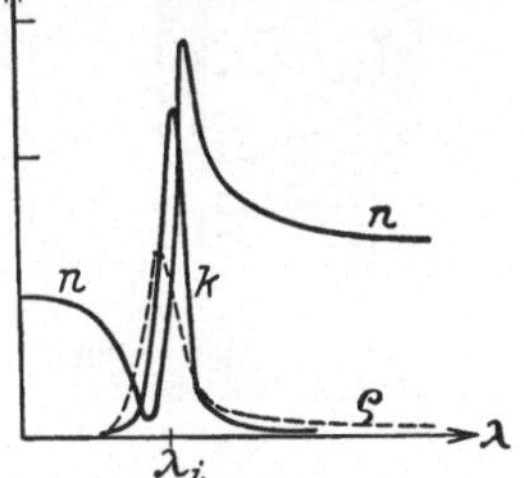
Abb. 567. Verlauf der Brechzahl n, der Absorption k und des Reflexionsvermögens ϱ in einem Resonanzgebiet

$$v = \frac{1}{\dfrac{d}{d\nu}\left(\dfrac{\nu}{c}\right)} = c\left(1 + \frac{\lambda}{n}\,\frac{dn}{d\lambda}\right). \qquad (310.3)$$

(Der zweite Ausdruck für v folgt auf Grund von $\nu = c/\lambda$ und $c = c_0/n$ aus dem ersten.) Demnach ist $c \gtrless v$, je nachdem $dn/d\lambda \lessgtr 0$ ist, und es kann bei $dn/d\lambda < 0$ auch $c > c_0$ werden, während stets $v < c_0$ ist. Darin liegt aber kein Widerspruch gegen die Relativitätstheorie, da sich die Licht*energie* nicht mit der Geschwindigkeit c, sondern mit der Geschwindigkeit v fortpflanzt. Nur bei Wellenlängen, bei denen $dn/d\lambda = 0$ ist, ist $v = c_0/n$; im Vakuum ist aber *stets* $v = c = c_0$.

311. Strahlungsmeßgeräte. Ein wichtiges Gerät zur Messung der Intensität einer Strahlung ist die *Thermosäule* (Abb. 568). Sie beruht auf dem thermoelektrischen Effekt (§ 170) und besteht aus einer größeren Anzahl von hintereinander geschalteten Thermoelementen aus feinem Draht, die so angeordnet sind, daß die 1., 3., 5. usw. Lötstelle von der Strahlung getroffen werden, während die dazwischen liegenden Lötstellen gegen sie geschützt sind. Die bestrahlten Lötstellen sind berußt und werden von der Strahlung erwärmt, so daß eine Thermospannung entsteht, die mit einem Galvanometer gemessen wird und ein Maß für die Strahlungsintensität liefert.

Ein weiteres Strahlungsmeßgerät, das *Bolometer*, besteht aus einer dünnen, einseitig berußten Metallfolie, auf deren berußte Seite die zu messende Strahlung fällt. Diese erwärmt den Streifen und erhöht seinen Widerstand (§163). Die Widerstandsänderung wird in der Brückenschaltung gemessen. Sie ist bei nicht zu großer Intensität der Strahlung dieser proportional.

Eine für Strahlungsmessungen viel verwandte Form des Thermoelements ist das *Mikroradiometer* von Boys und Rubens (Abb. 569), ein Drehspulgalvano-

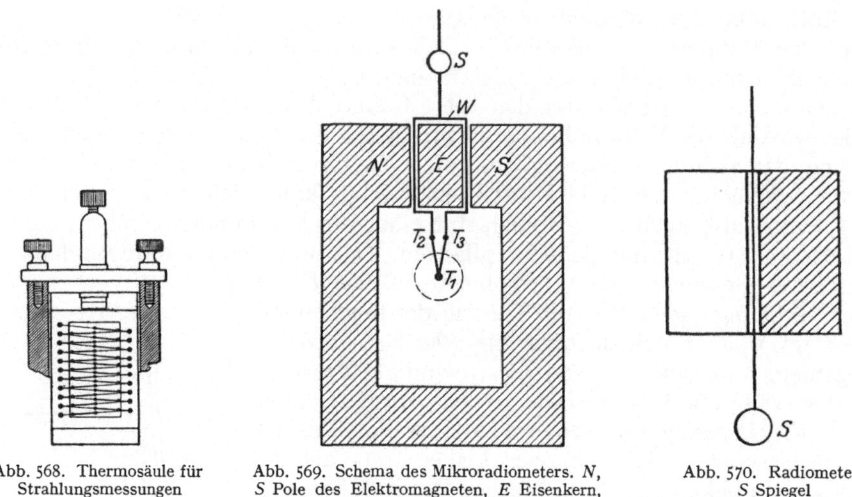

Abb. 568. Thermosäule für Strahlungsmessungen

Abb. 569. Schema des Mikroradiometers. N, S Pole des Elektromagneten, E Eisenkern, W Spule, S Spiegel, T_1, T_2, T_3 Lötstellen

Abb. 570. Radiometer. S Spiegel

meter, dessen Spule aus einer einzigen Drahtwindung W besteht, in die ein Thermoelement aus zwei verschiedenen Wismutlegierungen unmittelbar eingefügt ist. Die eine Lötstelle T_1 ist berußt und wird der zu messenden Strahlung ausgesetzt, die anderen, T_2, T_3, sind vor ihr geschützt. Infolge der Temperaturdifferenz zwischen den Lötstellen entsteht in der Spulenwindung ein Strom, der eine Drehung der Spule hervorruft, die ein Maß für die Strahlung liefert.

Das *Radiometer* (Crookes, Abb. 570) besteht aus zwei an einem dünnen Quarz- oder Kokonfaden aufgehängten dünnen Metallflügeln, deren einer einseitig berußt ist und der zu messenden Strahlung ausgesetzt wird. Das System befindet sich in einem Glasgefäß, in dem ein Luftdruck von $^1/_{10}$ bis $^1/_{100}$ Torr herrscht. Fällt Strahlung auf den berußten Flügel, so erwärmt er sich, und die dadurch hervorgerufene Störung des Temperaturgleichgewichts zwischen dem Flügel und dem Gase bewirkt eine Drehung des Flügels, die mit Hilfe eines Spiegelchens abgelesen wird. Auf der gleichen Radiometerwirkung beruhen die sich im Sonnenlicht ständig drehenden Lichtmühlen, die man gelegentlich in den Schaufenstern optischer Geschäfte sieht. Die Theorie dieser Erscheinung ist sehr verwickelt. Mit dem Strahlungsdruck (§338) hat sie nichts zu tun.

312. Das ultrarote Spektralgebiet. Man entwerfe auf einem Schirm ein Spektrum einer Bogenlampe und bringe in dieses Spektrum eine mit einem Galvanometer verbundene Thermosäule. Führt man die Thermosäule vom violetten Ende her durch das Spektrum bis zum roten Ende hin, so bemerkt

man, daß der im Violetten sehr kleine Galvanometerausschlag bei Annäherung
an das rote Ende immer größer wird und sogar über dieses hinaus stetig wächst,
um nach dem Durchgang durch ein Maximum erst in einiger Entfernung von ihm
zu verschwinden. Das Spektrum reicht also, für das Auge unsichtbar, über das
rote Ende hinaus in den Bereich noch längerer Wellen, in das *Ultrarot* oder
Infrarot. Der Abfall hinter dem Maximum wird überwiegend dadurch verursacht,
daß hier das Glas für die Strahlung undurchlässig wird. Tatsächlich erstreckt das
Spektrum sich noch erheblich weiter. Das ultrarote Spektralgebiet ist 1800 von
WOLLASTON[1] und HERSCHEL entdeckt worden. Den ersten Nachweis, daß diese
Strahlung sich wie Licht verhält, lieferte MELLONI[2].

Wegen der Absorption des langwelligeren Ultrarot im Glase benutzt man in
diesem Bereich Linsen und Prismen aus Quarz (bis 4 μm), Flußspat (bis 8,5 μm),
Steinsalz (bis 14 μm) und Sylvin (bis höchstens 23 μm). (1 μm $= 10^{-6}$ m) Bis zu
dieser Grenze können also zur spektralen Zerlegung Prismenspektrometer benutzt

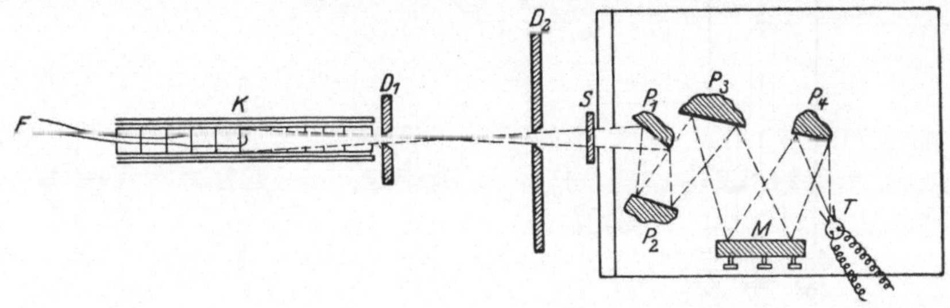

Abb. 571. Reststrahlenmethode nach RUBENS. *T* Thermosäule, *M* Metallhohlspiegel, P_1-P_4 Platten, an denen die
Reststrahlen isoliert werden, *S* Schirm, D_1, D_2 Blenden, *K* schwarzer Körper als Strahlungsquelle, *E* Thermoelement
zur Messung der Temperatur des schwarzen Körpers

werden. Zur Wellenlängenmessung dienen Drahtgitter oder Interferometer, zum
Nachweis die Thermosäule und das Mikroradiometer, im kurzwelligen Ultrarot
auch Ultrarotphotozellen und Halbleiterphotoelemente.

Für die Aussonderung und Untersuchung eng begrenzter Wellenlängenbereiche
jenseits von 23 μm benutzte man zuerst die *Reststrahlenmethode* von RUBENS. Sie
beruht darauf, daß viele Stoffe im Ultrarot Gebiete metallischer Reflexion haben,
d.h. daß sie ziemlich schmale Gebiete des Spektrums sehr stark reflektieren, die
benachbarten Gebiete aber viel weniger (§310). Die Strahlung einer Lichtquelle,
etwa eines schwarzen Körpers *K* (§320), wird in der aus Abb. 571 ersichtlichen
Weise mehrfach an Flächen des betreffenden Stoffes reflektiert. Von einem
Strahlungsanteil, welcher an jeder Fläche z. B. zu 95 % reflektiert wird, ist nach
viermaliger Reflexion noch der Bruchteil $0,95^4$ oder 82 % vorhanden. Ein Strahlungsanteil aber, der nur zu 50 % reflektiert wird, ist dann auf 6,25 % geschwächt.
Wenn sich die beiden Anteile ursprünglich 1 : 1 verhielten, verhalten sie sich nach
vier Reflexionen wie 13 : 1. Der Wellenlängenbereich wird bei jeder Reflexion
schmaler. Mit dieser Methode können noch Wellenlängen bis zur Größenordnung
von 150 μm $= 0,15$ mm ziemlich scharf ausgesiebt werden.

Je weiter man zu noch längeren Wellen vorrückt, desto schwieriger wird die
Aussonderung und Untersuchung eng begrenzter Wellenlängenbereiche, schon
wegen der geringen Energie der langwelligen Strahlung in den verfügbaren
Strahlungsquellen. Zur Trennung langwelliger und kurzwelliger ultraroter Strahlung bediente man sich zuerst einer Eigenschaft des Quarzes. Quarz ist im
kurzwelligsten Ultrarot durchlässig, dann folgt bei längeren Wellen ein breites
Gebiet anomaler Dispersion (§310), in dem er stark absorbiert, um schließlich

---

[1] WILLIAM HYDE WOLLASTON, 1766—1828.   [2] MACEDONIO MELLONI, 1798—1854.

für ganz langwellige Strahlung wieder durchlässig zu werden. In diesem langwelligen Gebiet hat er eine viel höhere Brechzahl als im kurzwelligen Ultrarot (vgl. Abb. 566). Hierauf beruht die *Quarzlinsenmethode* (RUBENS und WOOD[1], Abb. 572). Die von einer Strahlungsquelle, z. B. einem Auerglühstumpf A, kommende Strahlung fällt durch eine enge Kreisblende B auf eine Quarzlinse L_1, welche den stark brechbaren langwelligen Strahlungsanteil auf eine zweite Kreisblende F vereinigt, durch welche sie hindurchtritt, während der schwach brechbare kurzwellige Strahlungsanteil, soweit er nicht schon von der Quarzlinse absorbiert ist, zum größten Teil auf die Wand der Blende fällt. Um auch die auf die Öffnung fallende kurzwellige Strahlung auszusondern, wird sie durch ein auf der Linse angebrachtes Stück schwarzen Papiers α_1, welches für die langwellige Strahlung fast völlig durchlässig ist, absorbiert. Mittels einer zweiten Linse L_2 wird die Reinigung der Strahlung wiederholt, so daß nur noch langwellige Strah-

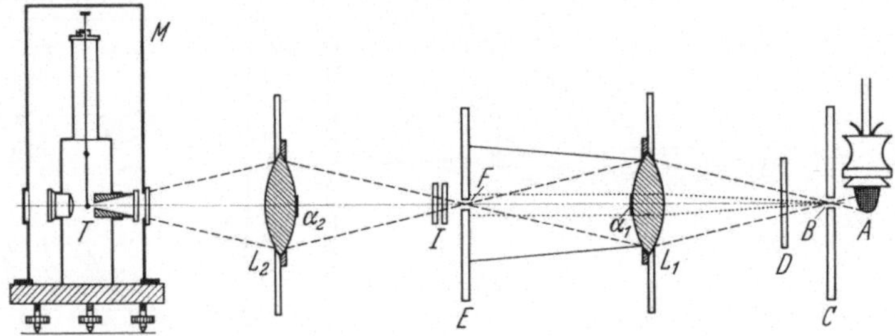

Abb. 572. Quarzlinsenmethode nach RUBENS und WOOD. A Auerbrenner, B, F Blendenöffnungen in den Diaphragmen C und E, L_1, L_2 Quarzlinsen, D, I Schirme zum Abblenden der Strahlung, α_1, α_2 Papierblättchen, M Mikroradiometer als Meßgerät

lung übrigbleibt. Wir haben diese Methoden ihres historischen Interesses wegen und weil sie recht lehrreich sind, so ausführlich besprochen. Seitdem ist es möglich geworden, sie durch Verwendung von Beugungsgittern und interferometrischen Verfahren zu ersetzen.

Eine besonders langwellige ultrarote Strahlung ist von RUBENS und VON BAEYER in der Strahlung der Quarzquecksilberlampe entdeckt worden. Sie umfaßt ein breites Spektralgebiet und hat zwei Energiemaxima, eines bei 0,218 mm, das andere bei 0,343 mm. Sie liegt also schon im Bereich der elektrischen Mikrowellen. Tatsächlich zeigt dieses langwellige Licht auch alle Eigenschaften dieser Wellen. So kann man sie z. B. durch feine Drahtgitter in gleicher Weise linear polarisieren, wie das HERTZ für elektrische Wellen nachgewiesen hat.

Das ultrarote Sonnenspektrum ist an der Erdoberfläche bis etwa zur Wellenlänge 14 µm beobachtbar. Die längeren Wellen werden vom Wasserdampf und dem Kohlendioxyd der Atmosphäre absorbiert.

313. Das ultraviolette Spektralgebiet. Hält man in das Spektrum einer Bogenlampe einen mit einem Leuchtstoff (§ 355) bedeckten Schirm derart, daß er über das violette Ende hinausragt, so leuchtet der Schirm noch ein beträchtliches Stück jenseits dieses Endes. Dies ist eine Wirkung des für das Auge nicht sichtbaren Lichts. Daß das auf diese Weise beobachtbare ultraviolette Gebiet nicht noch weiter ausgedehnt ist und in der Regel sogar nur aus einer oder wenigen verwaschenen Linien zu bestehen scheint, liegt lediglich an der Verwendung von Glas im Strahlengange, welches unmittelbar hinter dem violetten Ende des sichtbaren Spektrums undurchlässig zu werden beginnt. Zur Untersuchung ultravioletter Spektren muß man daher andere Stoffe für Prismen und

---

[1] ROBERT WILLIAM WOOD, geb. 1868.

Linsen verwenden, vor allem Steinsalz, Quarz oder Flußspat. Das Ultraviolett reicht bis etwa zur Wellenlänge $100 \text{ Å} = 10^{-2} \, \mu\text{m}$. Die meisten Stoffe sind im kurzwelligen Ultraviolett undurchlässig, auch die Gase, die hier ihre Bereiche anomaler Dispersion haben. Zur Untersuchung kurzwelligster ultravioletter Strahlung (SCHUMANN[1], MILLIKAN[2]) muß daher die ganze Versuchsanordnung evakuiert werden (Vakuumspektrograph).

Das *Sonnenlicht* ist sehr reich an ultraviolettem Licht, sehr viel reicher, als es auf Grund der Temperatur der Sonnenoberfläche nach dem Planckschen Strahlungsgesetz (§321) sein sollte. Dieser Strahlungsanteil rührt ganz überwiegend von der sehr viel heißeren Sonnenkorona her (§393). Doch dringt er nur zu einem kleinen Teil durch die Erdatmosphäre, da er in einer Höhe von 20 bis 50 km von etwa 2900 Å ab vom Ozon, von etwa 2000 Å ab vom Sauerstoff der Atmosphäre stark absorbiert wird. Dabei ist die Bildung von Ozon (O_3) selbst wiederum eine Folge der Lichtabsorption im Sauerstoff (O_2), also ein photochemischer Prozeß (§357). Für den irdischen Beobachter bricht also das Sonnenspektrum bei etwa 2900 Å ziemlich plötzlich ab. Mit Raketen und künstlichen Satelliten hat man aber auch noch viel kurzwelligere Bereiche aufgenommen. Die Intensität des ultravioletten Lichtanteils nimmt mit der Höhe zu. Die biologischen Wirkungen des *Hochgebirgsklimas* beruhen zum großen Teil auf diesem Umstand. Einzelne Wellenlängen des ultravioletten Spektrums werden von der menschlichen Haut stark absorbiert und bewirken den *Sonnenbrand*.

Starke ultraviolette Strahlung liefern alle Lichtquellen von hoher Temperatur, ferner die Quecksilberdampflampe (§187) aus Quarz oder für ultraviolettes Licht weitgehend durchlässigen Glassorten, eine Funkenstrecke zwischen Metallelektroden, der Kohlelichtbogen, der Unterwasserfunke und die Glimmentladung in Wasserstoff. Zum Nachweis dienen u.a. die erregte Fluoreszenz, die Photozelle und die Photoschicht. Die Sehorgane mancher Tiere, z.B. der Bienen, sind auch noch im langwelligen Ultraviolett empfindlich.

Die Elementarvorgänge an den Atomen, die die Erzeugung ultravioletten Lichtes veranlassen, sind von der gleichen Art wie die, durch welche sichtbares und kurzwelliges ultrarotes Licht entsteht. Man faßt daher diese drei Spektralbereiche unter dem Namen *optisches Spektrum* zusammen.

314. Röntgenstrahlen. Gammastrahlen. Die nach RÖNTGEN[3] benannten Strahlen sind von ihm 1895 entdeckt und von ihm selbst X-Strahlen genannt worden. Er hat die neuen Strahlen nach ihrer Entdeckung in wenigen Monaten so gründlich erforscht, daß in den nächsten 17 Jahren nur wenige wesentliche Fortschritte darüber hinaus erzielt werden konnten. Diese Entdeckung bildet einen Markstein auf dem Wege von der klassischen Physik des 19. Jahrhunderts zur Physik der Jetztzeit. Röntgenstrahlen vermögen bekanntlich alle Stoffe mehr oder weniger stark zu durchdringen, und zwar um so leichter, je geringer deren Dichte ist. Im großen und ganzen steigt ihr Durchdringungsvermögen mit fallender Wellenlänge. Die Röntgenstrahlen haben starke chemische Wirkung. Gase werden durch Röntgenstrahlen ionisiert. Die Wellenlängen der Röntgenstrahlen liegen bei allen Stoffen schon weit unterhalb der kürzesten optischen Resonanzwellenlänge, also in Abb. 566 links von λ_1, dort wo die Brechzahl schon fast gleich 1 ist. Für Röntgenstrahlen ist sie ein wenig *kleiner* als 1. Die Brechung der Röntgenstrahlen ist daher überaus gering.

Auf dem starken, aber für verschiedene Stoffe (Knochen, Muskelgewebe usw.) verschieden großen Durchdringungsvermögen beruht die Möglichkeit der „Durch-

[1] VIKTOR SCHUMANN, 1841—1913.
[2] ROBERT ANDREWS MILLIKAN, 1868—1953, Nobelpreis 1923.
[3] WILHELM CONRAD RÖNTGEN, 1845—1923, Nobelpreis 1901.

leuchtung" des menschlichen Körpers, bei der dessen einzelne Bestandteile sich schattenartig voneinander abheben und bei der insbesondere die Knochen, aber auch einzelne innere Organe, deutlich hervortreten (Röntgendiagnostik). Zur Sichtbarmachung der Schattenbilder läßt man die Strahlen auf einen mit Bariumplatinzyanür oder dgl. bedeckten Schirm (Leuchtschirm) fallen. Dieser fluoresziert unter der Wirkung der Röntgenstrahlen. Die photographische Aufnahme von Röntgenbildern erfolgt meist so, daß man vor und hinter den Film einen Leuchtschirm (Verstärkerfolie) legt. Die photographische Wirkung wird dadurch sehr verstärkt.

Die biologischen Wirkungen der Röntgenstrahlen und anderer durchdringender ionisierender Strahlen und ihre Anwendung zur Erzielung von Heilwirkungen der verschiedensten Art, z.B. zur Bekämpfung von bösartigen Geschwülsten (Röntgentherapie) sind bekannt. Andererseits aber können allzu große Dosen Krebs erzeugen. Ferner können sie in den Hoden und Ovarien Schädigungen (Mutationen) der Erbanlagen mit schweren Folgen für die Nachkommenschaft

Abb. 573.
Schema einer
Röntgenröhre.
K Kathode,
A Anode,
B Heizbatterie
für die Kathode,
W Wehnelt-
Zylinder

bewirken (Kernwaffenversuche!). Für die Röntgenmedizin und für die in der Kernphysik und der Kerntechnik tätigen Personen sind die folgenden *Dosiseinheiten* besonders wichtig, die nicht nur für Röntgenstrahlen, sondern auch für alle anderen ionisierenden Strahlen gelten. Die *Energiedosis* (absorbierte Dosis) ist der Quotient aus der in einem Volumelement absorbierten Strahlungsenergie und dessen Masse; Einheit $1\,rad = 10^{-2}\,\mathrm{J}\,\mathrm{kg}^{-1}$. Die *Ionendosis* (exposure) ist der Quotient aus der Summe der Ladungen aller in einem Volumelement erzeugten Ionen eines Vorzeichens und dessen Masse; Einheit $1\,Röntgen\,(R) = 2{,}58 \cdot 10^{-4}\,\mathrm{As}\,\mathrm{kg}^{-1}$. Die *Äquivalenzdosis* ist die mit bestimmten, den speziellen Eigenschaften der Organgewebe Rechnung tragenden Zahlenfaktoren multiplizierte Energiedosis; ihre Einheit heißt *rem*.

Röntgenstrahlen entstehen, wenn Kathodenstrahlen, also schnell bewegte Elektronen, auf ein Hindernis fallen. Da jede bewegte elektrische Ladung einen elektrischen Strom darstellt, so entspricht der Bremsung ihrer Bewegung eine sehr plötzliche, mit dem Verschwinden des vom Strom erzeugten magnetischen Feldes verbundene Änderung der Stromstärke. Das hat das Auftreten einer nichtperiodischen elektromagnetischen Welle (etwa einem Knall vergleichbar) zur Folge, eben der Röntgenstrahlung *(Bremsstrahlung)*. Daneben entsteht aber, wie BARKLA[1] (1905) entdeckte, in geringer Stärke noch eine weitere Röntgenstrahlung, deren Wellenlängen *für den Stoff charakteristisch* sind, auf den die Elektronen treffen (§350).

Die Röntgenröhren sind hochevakuiert. Die zur Erzeugung der Röntgenstrahlen dienenden Elektronen stammen aus einer Glühkathode K (Abb. 573) (COOLIDGE[2]) und werden durch eine Spannung von einigen kV beschleunigt. Sie werden durch die elektronenoptische Wirkung eines mit der Kathode verbundenen Metallzylinders (Wehnelt-Zylinder W) auf die Anode A vereinigt und erzeugen dort die Röntgenstrahlen.

Man bezeichnet eine Röntgenstrahlung als „hart" oder „weich", je nachdem sie mehr oder weniger durchdringend ist, je nachdem also in ihr vorwiegend kurzwellige oder langwellige Strahlung enthalten ist.

Daß die Röntgenstrahlen noch kurzwelligeres Licht sind als das Ultraviolett, ist — wenn auch zunächst nicht unbestritten — sofort vermutet worden. Im

[1] CHARLES GLOVER BARKLA, 1877—1944, Nobelpreis 1917.
[2] WILLIAM COOLIDGE, geb. 1873.

Jahre 1912 wurde es durch VON LAUE[1] (Ausführung der Versuche durch FRIEDRICH[2] und KNIPPING[3]) bewiesen, dem es gelang, Röntgenstrahlen zur Interferenz zu bringen. Dadurch wurde nicht nur ihre Wellennatur bewiesen, sondern es gelang auch, die Wellenlängen zu messen. Wegen der kleinen Wellenlänge der Röntgenstrahlen konnte man damals zur Erzeugung von Gitterspektren (§ 295) bei ihnen keine mechanisch hergestellten Gitter benutzen. VON LAUE kam daher auf den Gedanken, als Beugungsgitter Kristalle zu benutzen. Die Kristalle bilden, wie man schon damals vermutete, *Raumgitter*, ihre atomaren Bausteine sind regelmäßig räumlich angeordnet (§ 52). Ihre Abstände liegen in der damals schon vermuteten Größenordnung der Wellenlängen der Röntgenstrahlen. Fällt Röntgenlicht durch einen solchen Kristall, so findet an jedem atomaren Baustein (Atom, Ion) eine Beugung statt. Die gebeugten Strahlen interferieren miteinander. Das führt ähnlich wie beim Strichgitter dazu, daß von „weißem", d.h. alle Wellenlängen enthaltenden Röntgenlicht außer dem ungebeugt hindurchgehenden Anteil Strahlen

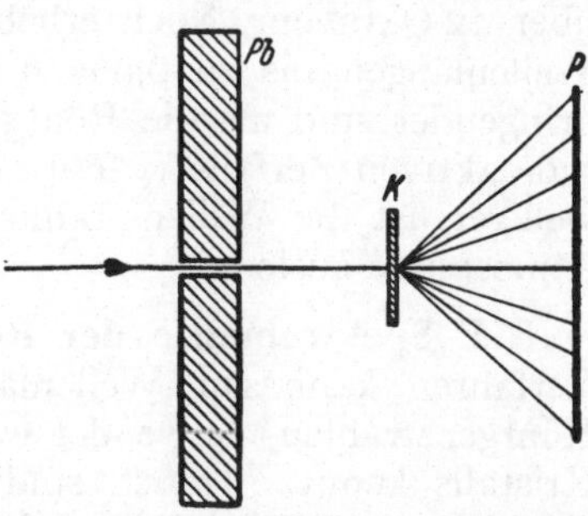

Abb. 574. VON LAUEs Versuchsanordnung zum Nachweis der Beugung von Röntgenstrahlen in einem Kristall. *Pb* Bleiblende, *K* Kristall, *P* photographische Platte

von gegebener Wellenlänge nur in bestimmten Richtungen aus dem Kristall austreten. Ein zweidimensionales Analogon sind die farbigen Beugungsbilder, die man z.B. beobachtet, wenn man eine nahezu punktförmige Lichtquelle durch einen Webstoff (Kreuzgitter) hindurch betrachtet (§ 295).

Abb. 574 zeigt das Schema der von VON LAUE zum Nachweis der Beugung der Röntgenstrahlen benutzten Versuchsanordnung. Ein feines Bündel von Röntgenstrahlen tritt durch einen Kristall *K* und fällt hinter diesem auf eine photographische Platte *P*, die nur dort geschwärzt wird, wo Strahlen auftreffen. Abb. 575 zeigt ein solches *Laue-Diagramm*. Der mittlere Fleck rührt von ungebeugtem Röntgenlicht her, die übrigen Flecke von gebeugtem Röntgenlicht. Die Struktur des Laue-Diagramms hängt von der Raumgitterstruktur des Kristalls und von seiner Orientierung zum einfallenden Strahl ab.

Durch diese außerordentlich wichtige Entdeckung wurde nicht nur die Wellennatur der Röntgenstrahlen bewiesen, sondern auch die Richtigkeit der Vorstellung von der Raumgitterstruktur der Kristalle. In der Folge führte die Lauesche Entdeckung einerseits zur Entwicklung einer Spektrometrie der Röntgenstrahlen durch W. L. und W. H. BRAGG[4], anderer-

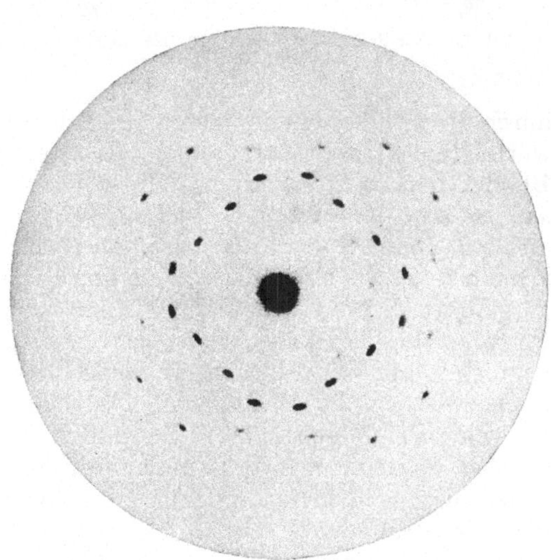

Abb. 575. Laue-Diagramm der Zinkblende

---

[1] MAX VON LAUE, 1879—1960, Nobelpreis 1914.
[2] WALTHER FRIEDRICH, geb. 1883.   [3] PAUL KNIPPING, 1883—1935.
[4] WILLIAM HENRY BRAGG, 1862—1942, und JOHN WILLIAM LAWRENCE BRAGG, geb. 1890, gemeinsamer Nobelpreis 1915.

seits zu einem außerordentlichen Aufschwung der Kristallographie und unserer Kenntnis vom Bau der Materie überhaupt. Auch in der Technik, vor allem bei der Werkstoffprüfung, bilden die Röntgenstrahlen heute ein unentbehrliches Hilfsmittel.

Die Wellenlängen der für die verschiedenen Anodenmaterialien charakteristischen Röntgenstrahlen liegen zwischen 0,158 und 660 Å, erstrecken sich also über 12 Oktaven. Noch erheblich kurzwelliger sind die *Gammastrahlen*, deren Wellenlängen bis zu 0,00466 Å hinabreichen und die daher noch viel durchdringender sind als die Röntgenstrahlen. Sie sind eine Begleiterscheinung des radioaktiven Zerfalls (§ 369). Noch viel durchdringender, also noch viel kurzwelliger, ist die Wellenstrahlung, welche die *kosmische Strahlung* (§ 401) in der Atmosphäre auslöst.

315. Spektrometrie der Röntgenstrahlen. Strukturanalyse.

Das Lauesche Verfahren kann zur Wellenlängenmessung, also zu einer Spektrometrie der Röntgenstrahlen, verwendet werden, sofern man das Raumgitter des benutzten Kristalls kennt. Jedoch sind die dabei auftretenden Beugungserscheinungen ziemlich verwickelt. Das von W. L. und W. H. BRAGG erdachte Verfahren bedient sich der bei der Reflexion an einem Kristallgitter auftretenden Interferenzerscheinungen, welche viel einfacher sind.

Wir wählen als Beispiel das besonders einfache kubische Raumgitter des Steinsalzes, NaCl, bei dem positive Na-Ionen und negative Cl-Ionen regelmäßig abwechselnd in den Ecken von Würfeln angeordnet sind. Abb. 576 zeigt einen schematischen Querschnitt

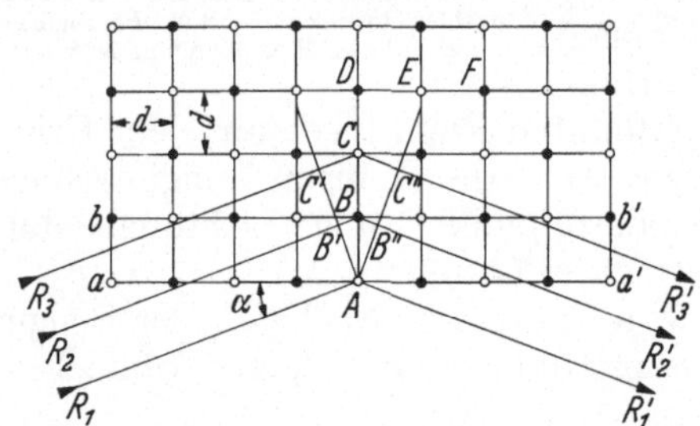

Abb. 576. Zur Reflexion der Röntgenstrahlen an einem Idealkristall

durch einen ideal ausgebildeten Kristall (§ 52). Die Kantenlänge der Elementarwürfel (die Gitterkonstante des Raumgitters) sei d. In den Kristall falle ein Bündel paralleler kohärenter Röntgenstrahlen, die mit der Netzebenenschar aa', bb' usw. den Winkel α bilden. Wir greifen die Strahlen R_1, R_2 heraus, die an den Ionen A und B nach allen Richtungen gebeugt werden. Im allgemeinen führt aber diese Beugung, ähnlich wie wir es in § 93 (Abb. 222) ausgeführt haben, durch Interferenz von Elementarwellen zur geradlinigen Fortpflanzung, aber mit einer Ausnahme, nämlich in der Richtung R_1', R_2' unter dem gleichen Winkel α gegen die Netzebenen, sofern eine bestimmte Beziehung zwischen der Wellenlänge λ und der Gitterkonstanten d besteht. Die in Richtung R_1', R_2' gebeugte Welle muß in A und B'', also auch in B'' und B' in gleicher Phase sein. Das ist nur dann der Fall, wenn der Weg $B'-B-B''$ ein ganzzahliges Vielfaches (z-faches) der Wellenlänge ist. Aus der Abb. 576 liest man die Bedingung

$$2d \sin \alpha = z\lambda \qquad (315.1)$$

ab. α heißt *Glanzwinkel*. Das Gleiche gilt für alle zu R_1, R_2 parallelen Strahlen. Daß die gebeugten Wellen einander *nur* in den durch (315.1) gegebenen Richtungen verstärken, beruht — ebenso wie beim optischen Strichgitter (§ 295) — auf der außerordentlich großen Anzahl der beugenden Objekte. Die Beugung 1. Ordnung ($z = 1$) ist immer die weitaus stärkste. Von einer Reflexion an einer Oberfläche ist diese Erscheinung natürlich ihrer Ursache nach durchaus verschieden, da die Beugung im ganzen Volumen des Kristalls stattfindet.

In einen Punkt eines Kristalls K falle ein konvergentes Bündel von Röntgenstrahlen, das Strahlen verschiedener Wellenlängen enthält (Abb. 577). Wir wollen annehmen, es seien drei verschiedene Wellenlängen vorhanden (in Abb. 577 durch die Anzahl der Pfeilspitzen angedeutet). Reflexion findet jeweils nur unter den (315.1) entsprechenden Winkeln statt, und daher wird das den verschiedenen Wellenlängen angehörende Röntgenlicht in verschiedenen Richtungen reflektiert. Auf einem kreisförmig gebogenen Film PP erhält man ein nach Wellenlängen geordnetes Spektrum des Röntgenlichts.

Es gibt zahlreiche dem gleichen Zweck dienende Verfahren. Als Beispiel sei die Drehkristallmethode angeführt (Abb. 578). Durch einen feinen, zur Zeichnungsebene senkrechten Bleispalt B fällt ein feines Bündel Röntgenlicht auf einen Kristall K, der um den Auftreffpunkt der Strahlen gedreht werden kann. Reflexion findet nur bei denjenigen Stellungen des Kristalls statt, bei denen für

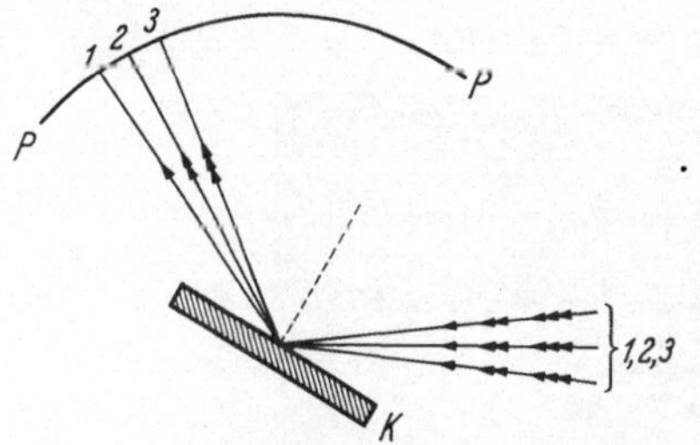

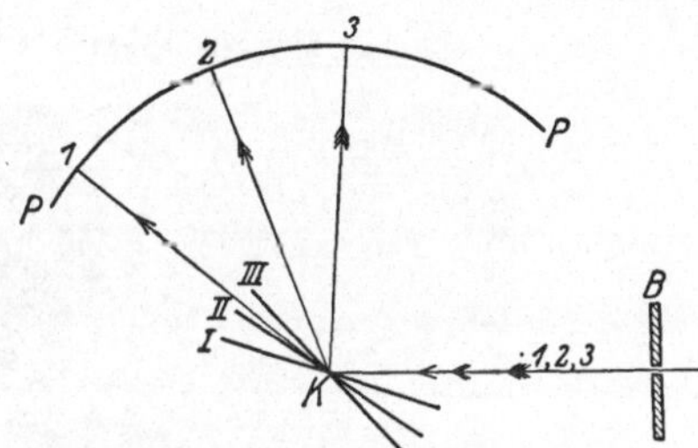

Abb. 577. Zur Reflexion der Röntgenstrahlen an einem Kristall

Abb. 578. Zur Drehkristallmethode

einen der in der einfallenden Strahlung enthaltenen Anteile (315.1) erfüllt ist. So wird etwa der eine Anteil bei der Stellung I des Kristalls in die Richtung 1 reflektiert, ein zweiter bei der Stellung II in die Richtung 2 usw. Auf einem kreisförmig gebogenen Film PP entsteht daher bei Drehung des Kristalls ein Spektrum aus feinen Linien (Abb. 611, § 350). Um die Entwicklung von Präzisionsmethoden auf dem Gebiet der Röntgenstrahlen hat sich vor allem SIEGBAHN[1] verdient gemacht.

Bei Verwendung von Röntgenstrahlen bekannter Wellenlänge können die an Kristallen auftretenden Interferenzen auch zur Untersuchung der Gitterstruktur der Kristalle dienen. Beim Steinsalz (Abb. 576) ergibt sich der Abstand der Ionen, d.h. die Kantenlänge eines „Elementarwürfels", zu $2{,}83 \cdot 10^{-8}$ cm. Das ist die Größenordnung der Atomdurchmesser (§ 342). Diesen Wert kann man auch auf andere Weise bestätigen. Jede der acht Ecken eines Elementarwürfels ist mit einem Ion besetzt. Jedes dieser Ionen aber gehört gleichzeitig acht Elementarwürfeln an. Daher ist die Anzahl der Ionen im Kristall gleich der Anzahl der Elementarwürfel und demnach die auf einen Elementarwürfel entfallende Masse gleich der mittleren Masse der Ionen. Die mittlere molare Masse (§ 64) des Na (23,0) und des Cl (35,45) beträgt 29,23. Wir erhalten also als mittlere Masse $29{,}23/(6{,}025 \cdot 10^{23}) = 4{,}85 \cdot 10^{-23}$ g. Andererseits ist das Volumen eines Elementarwürfels $d^3 = (2{,}83 \cdot 10^{-8})^3 = 2{,}265 \cdot 10^{-23}$ cm³; die Dichte des Steinsalzes beträgt $2{,}16$ g cm⁻³. Demnach ist die Masse eines Elementarwürfels $2{,}16 \cdot 2{,}265 \cdot 10^{-23} = 4{,}89 \cdot 10^{-23}$ g, was mit dem obigen Wert recht gut übereinstimmt.

Ein weiteres wichtiges Verfahren ist das von DEBYE und SCHERRER[2], bei dem keine großen, gut ausgebildeten Kristalle benötigt werden, sondern das zu untersuchende Material in Pulverform verwendet wird. Dieses Verfahren ist grund-

---

[1] MANNE SIEGBAHN, geb. 1886, Nobelpreis 1924.
[2] PAUL HERMANN SCHERRER, geb. 1890.

sätzlich das gleiche wie das Drehkristallverfahren. Während bei diesem aber die Netzebenen eines größeren Kristalls in verschiedene Orientierungen zu einem Bündel von Röntgenstrahlen gebracht werden, besteht das Pulver aus Kristalliten, deren Netzebenen alle möglichen Orientierungen haben, so daß an ihm alle Arten von Reflexionen *gleichzeitig* stattfinden, die am Drehkristall *zeitlich nacheinander* eintreten. Das Pulver wird in ein Röhrchen gebracht, und es ergeben sich bei der Bestrahlung mit monochromatischen Röntgenstrahlen Interferenzerscheinungen, wie sie Abb. 579 zeigt, aus denen die Struktur der Kristallite berechnet werden kann. Mittels dieses Verfahrens kann man auch Schlüsse auf die Struktur von amorphen Stoffen und Molekülen ziehen.

Abb. 579. Debye-Scherrer-Diagramm am festen N_2O_4

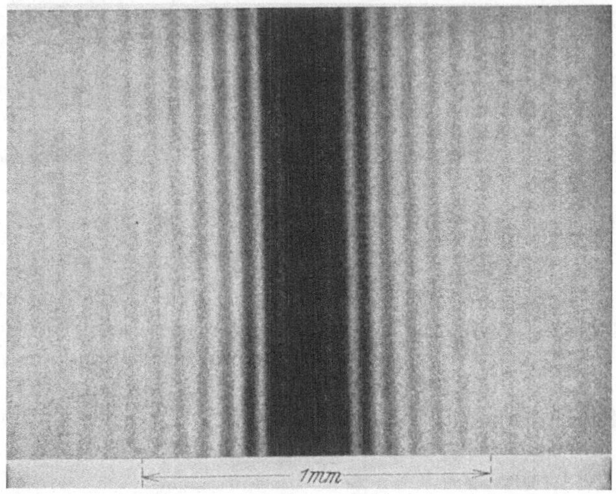

Abb. 580. Beugung von Röntgenstrahlen an einem Spalt. (Nach BÄCKLIN)

Es ist dann auch gelungen, die Wellenlänge von Röntgenstrahlen mit den gleichen Gittern zu messen, die für optische Zwecke gebraucht werden (§ 295). Dabei wird der Kunstgriff benutzt, daß die Röntgenstrahlen nahezu streifend auf ein auf Metall geritztes Gitter fallen. Die beugende Wirkung ist dann etwa ebenso groß wie bei senkrechtem Einfall auf ein Gitter, dessen Gitterkonstante gleich der Projektion der wirklichen Gitterkonstante auf die Wellenebenen der Röntgenstrahlen ist. Infolge des streifenden Einfalls ist diese Projektion sehr klein und fällt in die Größenordnung der Wellenlänge der Röntgenstrahlen. Beobachtet wird die vom Gitter reflektierte Röntgenstrahlung. Auch an sehr engen Spalten hat man sehr saubere Beugungserscheinungen mit Röntgenstrahlen erzeugen können (Abb. 580). DU MOND hat auch die noch viel kleineren Wellenlängen von γ-Strahlen nach dem Braggschen Verfahren an Kristallen gemessen.

316. Emissions- und Absorptionsspektren. Spektralanalyse. Das Spektrum selbstleuchtender Stoffe nennt man ihr *Emissionsspektrum*. Es hat je nach der Art des lichtaussendenden Stoffes ein sehr verschiedenartiges Aussehen. *Glühende* feste und flüssige Stoffe haben ein *kontinuierliches Spektrum*, eine ununterbrochene Folge aller Wellenlängen, also im sichtbaren Gebiet von Rot bis Violett, aber darüber hinaus auch im Ultrarot und Ultraviolett. Das gleiche gilt für *sehr* stark verdichtete Gase, so auch für die Sonnenmaterie, die trotz ihrer hohen mittleren Dichte von 1,4 g cm^{-3} nach ihren physikalischen Eigenschaften durchaus als ein Gas zu bezeichnen ist (§393). Die Sonnenoberfläche — die *Photosphäre* — hat ein kontinuierliches Spektrum. Dagegen haben *lumineszierende* feste und flüssige Stoffe (§355) Spektren, welche in der Regel aus einzelnen unscharfen Linien oder Liniengruppen oder mehr oder weniger ausgedehnten, verwaschenen Wellenlängenbereichen bestehen.

Die Emissionsspektren *leuchtender Gase* (Atom- nnd Molekülspektren) bestehen ganz überwiegend aus einzelnen feinen Linien. Wir werden sie erst im 11. Kapitel behandeln. Dort finden sich auch einige Abbildungen charakteristischer Spektren (§344, 348, 350, 352).

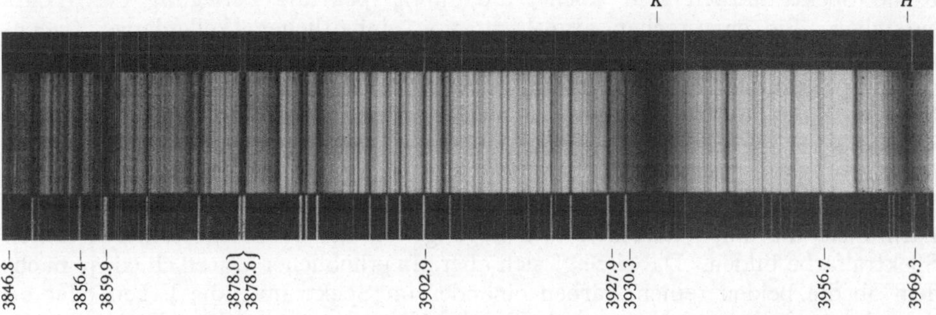

Abb. 581. Ausschnitt aus dem Sonnenspektrum mit Fraunhoferschen Linien. Unten ein Eisen-Emissionsspektrum zum Wellenlängenvergleich. Freundlichst überlassen von Herrn Prof. Dr. J. WEMPE, Potsdam

Die kontinuierlichen Spektren der festen und flüssigen Stoffe und der sehr dichten Gase entstehen dadurch, daß die Atome und Moleküle infolge ihrer engen Nachbarschaft einander auf mannigfache Weise so stark beeinflussen, daß ihre sonst diskreten Spektren vollkommen verwaschen werden und eine kontinuierliche Frequenzfolge entsteht.

Das Licht einer Lichtquelle, die ein kontinuierliches Spektrum aussendet — z.B. einer Bogenlampe — kann beim Durchgang durch einen Stoff in einer für diesen charakteristischen Weise verändert werden. In dem kontinuierlichen Spektrum erscheinen dunkle Linien oder Streifen bei denjenigen Wellenlängen, die absorbiert, d.h. nicht durchgelassen werden. Ein solches Spektrum heißt das *Absorptionsspektrum* des Stoffes. Die Absorptionsgebiete sind bei den festen Stoffen meist ziemlich breit und verwaschen, bei den Gasen feine Linien. Stoffe, die im sichtbaren Bereich keine oder nur sehr schmale Absorptionsgebiete haben, sind durchsichtig, wie Glas oder Wasser.

Das Spektrum des Sonnenlichts ist an sich kontinuierlich, wird aber von sehr vielen feinen dunklen Linien, den (zuerst 1802 von WOLLASTON beobachteten) *Fraunhoferschen Linien*, durchzogen (Abb. 581). Die stärksten von ihnen werden mit den Buchstaben *A*, *B* usw. bezeichnet. Die Fraunhoferschen Linien rühren von der Absorption bestimmter Wellenlängen in der Chromosphäre der Sonne her (§393). Sie sind also das Absorptionsspektrum der in der Chromosphäre enthaltenen Gase.

Das Emissions- und das Absorptionsspektrum eines Elements sind für dieses absolut charakteristisch, wie zuerst PLÜCKER[1] bei den Gasentladungsspektren erkannte. Es kann also zum Nachweis des Vorhandenseins eines Elements dienen. Hierauf gründeten BUNSEN und KIRCHHOFF (1859) die *Spektralanalyse*,

---

[1] JULIUS PLÜCKER, 1801—1868.

35*

welche ein wichtiges Hilfsmittel der chemischen und metallographischen Forschung bildet. Auch die Röntgenspektren können zur Spektralanalyse dienen. Auf diesem Wege ist es gelungen, die Elemente mit den Ordnungszahlen 72 (Hafnium) und 75 (Rhenium) nachzuweisen, die sich wegen ihrer sehr geringen Konzentration in den Mineralien vorher dem chemischen Nachweis entzogen. Von größter Bedeutung ist die Anwendung der Spektralanalyse auf die Fixsterne. Die Untersuchung ihrer Spektren hat ergeben, daß sich auf ihnen — und überall im ganzen Weltall — ausnahmslos die gleichen Elemente befinden wie auf der Erde. Darüber hinaus geben die Fixsternspektren wichtige Aufschlüsse über den Zustand und die Entwicklungsgeschichte der Fixsterne überhaupt (13. Kapitel).

317. Reine Spektralfarben und Mischfarben. Dreifarbentheorie des Sehens.

Reine Spektralfarben sind solche, die durch spektrale Zerlegung des Lichts entstehen. Sie entsprechen also Licht von einheitlicher Wellenlänge *(monochromatischem Licht)*. Indessen kann man den subjektiven *Farbton* jeder Spektralfarbe auch durch *Mischung mehrerer reiner Spektralfarben* hervorrufen. Zur Untersuchung dieser Verhältnisse schuf HELMHOLTZ ein Lichtmischgerät, mittels dessen der Farbeindruck zweier Lichtgemische bzw. die Farbe eines Gemisches mit einer reinen Spektralfarbe verglichen werden kann. Mischt man zwei reine Spektralfarben, so ergibt sich, je nach dem Mischungsverhältnis, eine Folge von Farbtönen, die einen lückenlosen Übergang von der einen zur anderen reinen Spektralfarbe bilden. Dabei zeigt sich aber ein erheblicher Unterschied, je nachdem ob die beiden reinen Farben einander im Spektrum nahe liegen oder ob sie weit voneinander entfernt sind. Bei der Mischung eines reinen Rot und Gelb z.B. erscheinen die Mischfarben den Farben des dazwischen liegenden spektral reinen Gelbrot vollkommen gleich. Sie zeigen die gleiche charakteristische *Sättigung*, die bei der Betrachtung reiner Spektralfarben ästhetisch so sehr befriedigt. Mischt man jedoch zwei im Spektrum weiter auseinanderliegende reine Farben, so ist die lückenlose Folge der Zwischenfarben zwar auch vorhanden, aber im mittleren Teil der Folge erscheint die Mischfarbe weißlicher, weniger gesättigt, als die im Farbton gleiche reine Spektralfarbe. Es gibt ferner zu jeder reinen Spektralfarbe — den Bereich zwischen etwa 4920 Å bis 5700 Å (Gelbgrün bis Grünblau) ausgenommen — eine zweite reine Spektralfarbe, mit der zusammen sie, in einem bestimmten Intensitätsverhältnis gemischt, ein reines Weiß ergibt. Ein solches Farbpaar bezeichnet man als *Komplementärfarben (Gegenfarben)*. Zwei Komplementärfarben zeichnen sich auch dadurch aus, daß sie nebeneinander den Eindruck einer besonders befriedigenden Farbenharmonie erzeugen. Diese Tatsache ist von großer Wichtigkeit in der Malerei. (Man vergleiche z.B. die Wirkung des Blau und Gelb am Mantel der Madonna unter den Felsen von LEONARDO DA VINCI.) Zu den Farben des oben ausgenommenen Bereichs gibt es keine spektral reinen Komplementärfarben, wohl aber solche, die Mischfarben reiner Spektralfarben sind, nämlich die im Spektrum nicht enthaltenen *Purpurfarben*, welche durch Mischung von spektral reinem Rot und Violett entstehen.

Die verschiedenen Purpurfarben bilden, je nach dem Mischungsverhältnis aus Rot und Violett, eine stetige Farbfolge vom reinem Rot bis zum reinen Violett. Der Übergang von dem einen Ende des Spektrums zum anderen kann daher auf zwei Wegen stetig erfolgen, entweder über die Folge der reinen Spektralfarben Rot, Gelb, Grün, Blau, Violett oder über die Purpurfarben: Rot, Purpur, Violett. Das sichtbare Spektrum, das physikalisch bei Rot und Violett endet, wird also durch die Purpurfarben zu einem *Farbkreise* geschlossen.

Außer dem Purpur scheinen in der Folge der reinen Spektralfarben noch gewisse Farben zu fehlen, unter denen besonders Braun und Olivgrün zu nennen sind. Tatsächlich aber handelt es sich hier nicht wie beim Purpur um wirklich neue Farben. Vielmehr zeigt z.B. die Untersuchung des Spektrums eines braunen Stoffes mit dem Farbenmischgerät, daß seine Farbe in Wahrheit Gelbrot ist. Braune Stoffe verdanken ihre besondere Farbwirkung der Tatsache, daß sie nur einen verhältnismäßig geringen Teil des auffallenden Lichts reflektieren. Sie haben neben ihrer Farbe noch die Eigenschaft der *Schwärzlichkeit*, und diese wird unbewußt in den Farbeindruck mit einbezogen. Man kann ein braunes und ein gelbrotes Täfelchen farbgleich erscheinen lassen, wenn man das braune stärker mit weißem Licht beleuchtet als das gelbrote. Wenn wir das Farburteil Braun fällen, so ist dabei stets ein Vergleich mit der Schwärzlichkeit der umgebenden, gleich hell beleuchteten Objekte mit im Spiel, und der Farbeindruck hängt entscheidend von der Helligkeit der Umgebung ab. Projiziert man mittels eines gelbroten Glases ein gelbrotes Feld auf eine weiße Wand, so erscheint das Feld gelbrot, wenn die Umrandung schwarz ist, aber braun, wenn sie weiß ist. Weitere typische schwärzliche Farben sind das Olivgrün und das Grau, dieses ein schwärzliches Weiß. Hiernach ist jeder Farbeindruck durch drei Bestimmungsstücke eindeutig festgelegt: durch *Farbton, Sättigung und Helligkeit*.

Unter den um die Farbenlehre verdienten Forschern ist insbesondere OsT-WALD[1] zu nennen. Bekanntlich hat sich auch GOETHE mit der Farbenlehre sehr eingehend beschäftigt und die Newtonsche Theorie der bei der Brechung entstehenden Farben leidenschaftlich bekämpft. Ihm schloß sich später, wenn auch bedingt, SCHOPENHAUER an. Während GOETHEs Beobachtungen durchaus zutreffend waren, ist seine physikalische Deutung mit der Erfahrung nicht vereinbar. Seine Farbenlehre ist daher vom physikalischen Standpunkt aus nicht haltbar. Hingegen enthält sie mehrere wichtige physiologische Erkenntnisse.

Eine physiologische Deutung der vorstehend beschriebenen Erscheinungen gibt die *Dreifarbentheorie des Sehens*, deren Hauptvertreter YOUNG und HELM-HOLTZ waren. Danach beruhen die Farbempfindungen auf der Existenz von drei verschiedenen Arten von Zäpfchen auf der Netzhaut, die drei verschiedene, im Blau, Gelb und Rot absorbierende Sehstoffe enthalten. Doch wird das neuerdings in Zweifel gezogen (§ 278).

Farbfehlsichtige (Farbenblinde) sehen das Spektrum nicht als lückenlose Farbfolge, sondern etwa wie ein normales Auge diejenige Farbfolge sieht, die bei der Mischung von Gelb mit dem dazu komplementären Blau entsteht. Die beiden Enden des Spektrums erscheinen gelb bzw. blau, und in der Gegend von etwa 5000 Å erscheint reines Weiß. Unter sonst gesunden Menschen gibt es zwei Arten von Farbfehlsichtigen, die Rotblinden und die Grünblinden. Den letzteren erscheint auch ein gewisses Purpur als weiß. Beide stimmen darin überein, daß sie Rot und Grün nicht unterscheiden können. Außerdem gibt es noch, aber nur als Folge gewisser Erkrankungen, eine Violett- oder Blaublindheit mit anderen Ausfallserscheinungen.

318. Körperfarben. Die Farben, die die Körper im reflektierten Licht zeigen, beruhen darauf, daß sie nicht alle Wellenlängen gleich stark reflektieren. Ein Stoff, der nur rotes Licht reflektiert, erscheint bei Beleuchtung mit weißem Licht rot. Enthält aber das auffallende Licht die von ihm reflektierte Farbe nicht, z.B. bei einem rein roten Körper in blauem Licht, so erscheint er schwarz. Enthält das auffallende Licht nur einen Teil der von dem Körper reflektierten Wellenlängen, so entsteht der Farbeindruck, der der Mischung der übrigbleibenden Farben, je nach ihren Intensitätsverhältnissen, entspricht. Da wir als Farbe eines Körpers schlechthin seine Farbe im Tageslicht verstehen, so erscheint er —

---

[1] WILHELM OSTWALD, 1853—1932, Nobelpreis 1909.

uns in der Regel unbewußt — bei dem im kurzwelligen Spektrum verhältnismäßig viel schwächeren künstlichen Licht dem Auge oft in veränderter Farbe. Die Schwierigkeit der Auswahl eines farbigen Stoffes bei künstlichem Licht ist bekannt.

Die Mischung von reinen Spektralfarben, die man besser als eine Addition von *Lichtern* bezeichnet, folgt ganz anderen Gesetzen, als die Mischung von *Farbstoffen (Pigmenten)*, wie sie der Maler zur Erzielung eines bestimmten Farbtons vornimmt. Die Mischung eines blauen und eines gelben Farbstoffes ergibt bekanntlich keineswegs Weiß, sondern Grün. Das hängt damit zusammen, daß das Gemisch Eigenschaften der beiden Bestandteile sowohl bezüglich der Reflexion als auch der Absorption hat.

Die Farben, welche undurchsichtige Körper im reflektierten Lichte zeigen, beruhen darauf, daß die Reflexion in einer sehr dünnen Oberflächenschicht erfolgt, welche gewisse Spektralbereiche absorbiert. Die Farbe, in der ein durchsichtiger Stoff im durchgehenden Licht erscheint, beruht ebenfalls auf der Absorption gewisser Spektralbereiche. In manchen Fällen ist die spektrale Verteilung im reflektierten Licht von der im durchgehenden Licht verschieden. So erscheint Rubinglas im durchgehenden Lichte rot, im reflektierten Licht grünlich.

V. Strahlungsgesetze

319. Temperaturstrahlung. Unter Temperaturstrahlung oder Wärmestrahlung versteht man jede elektromagnetische Strahlung, die ihre Entstehung der Temperatur eines Körpers verdankt und in ihrer Intensität und spektralen Energieverteilung nur von dieser Temperatur und der Beschaffenheit des Körpers abhängt.

Stehen zwei Körper von verschiedener Temperatur einander gegenüber, ohne daß Wärmeleitung zwischen ihnen stattfindet, so gleichen sich doch ihre Temperaturen im Laufe der Zeit durch Strahlung aus, und zwar strahlt nicht nur der wärme Körper dem kälteren Wärme zu, sondern auch der kältere dem wärmeren. Die erste Wirkung überwiegt jedoch die zweite um so mehr, je größer der Temperaturunterschied der Körper ist (*Satz von* PRÉVOST[1]).

Die Erwärmung eines Körpers durch Strahlung beruht darauf, daß die auf ihn fallende Strahlungsenergie in ihm absorbiert und in kinetische Molekularenergie, also in Wärme, umgesetzt wird. Umgekehrt kühlt sich ein Körper durch Ausstrahlung ab, indem dabei ein Teil seiner Molekularenergie in Strahlungsenergie verwandelt wird.

Jeder Körper strahlt bei jeder auch noch so geringen Temperatur. Die Intensität des ausgestrahlten sichtbaren Lichts überschreitet aber erst bei höherer Temperatur die Grenze der Beobachtbarkeit mit dem Auge. Das erste schwache Leuchten wird bei festen Körpern und Flüssigkeiten im Dunkeln bei 525 °C wahrgenommen (*Drapersches[2] Gesetz)*, und auch nur mit den Stäbchen des ausgeruhten Auges (§ 278). Dieses Licht erscheint daher farblos, grauweißlich (Grauglut). Bei weiter steigender Temperatur geht der Körper dann in Rotglut, Gelbglut und schließlich in Weißglut über.

320. Kirchhoffsches Gesetz. Schwarzer Körper. Das *spektrale Emissionsvermögen* e_λ eines Körpers ist das Verhältnis seiner Strahlungsleistung im Wellenlängenbereich zwischen λ und $\lambda + d\lambda$ zu der eines schwarzen Körpers (s. unten) im gleichen Bereich und bei gleicher Temperatur T. Das *spektrale Absorptionsvermögen* α_λ eines Körpers ist das Verhältnis der in ihm absorbierten Strahlungsleistung zu der in ihn einfallenden Strahlungsleistung in einem solchen Bereich.

---

[1] PIERRE PRÉVOST, 1751—1839.   [2] JOHN WILLIAM DRAPER, 1811—1882.

Das *Kirchhoffsche Gesetz* (1859) besagt, daß das Verhältnis e_λ/α_λ bei gegebener Temperatur eine von Art und Beschaffenheit des betreffenden Körpers unabhängige Funktion der Wellenlänge und der Temperatur ist:

$$\frac{e_\lambda}{\alpha_\lambda} = f(\lambda, T). \tag{320.1}$$

Das Kirchhoffsche Gesetz folgt aus dem zweiten Hauptsatz (§ 128).

Absorbiert ein Körper jegliche Strahlung vollkommen, so ist für alle Wellenlängen $\alpha_\lambda = 1$. Einen solchen Körper bezeichnet man, sofern es sich um das sichtbare Spektralgebiet handelt, im täglichen Leben als schwarz. In der Physik aber versteht man unter einem „*schwarzen Körper*" einen solchen, der *Licht jeder Wellenlänge vollkommen absorbiert*. Kein Stoff erfüllt diese Bedingung vollständig. Trotzdem ist ein schwarzer Körper physikalisch mit beliebiger Annäherung zu verwirklichen, und zwar durch eine nicht zu große Öffnung in der Wand eines im übrigen geschlossenen Hohlraumes, insbesondere wenn dessen Innenwände geschwärzt sind. Ein in eine solche Öffnung fallender Strahl wird im Innern des Hohlraums praktisch vollkommen absorbiert, ehe er nach mehrfachen Reflexionen zufällig wieder aus der Öffnung austritt. Werden z. B., was durch Berußung leicht erreicht wird, jeweils nur 5 % der Strahlung an der Wandung reflektiert, so sind nach der zweiten Reflexion nur noch 0,25 %, nach der dritten 0,0125 % usw. übrig. Ein solches Loch ist also ein praktisch vollkommener schwarzer Körper. Macht man in die Wand eines geschlossenen Kastens mit

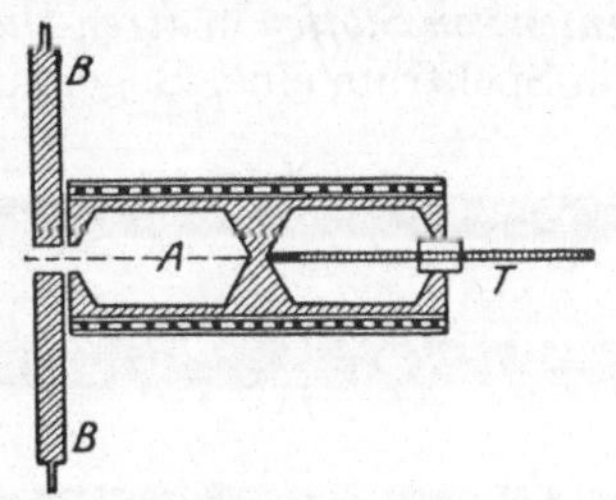

Abb. 582. Beispiel eines schwarzen Körpers für Strahlungsmessungen nach RUBENS

berußten Innenwänden ein kleines Loch und berußt auch dessen Umgebung, so ist das Loch noch merklich dunkler als der Ruß, welcher bereits etwa 95 % der auffallenden Strahlung absorbiert.

Hat ein Körper aber das größte mögliche Absorptionsvermögen, so ist nach (320.1) auch sein Emissionsvermögen ein Maximum. Daher ist die Strahlung eines schwarzen Körpers, die „*schwarze Strahlung*", in jedem Spektralbereich stärker als die irgendeines anderen Körpers von gleicher Temperatur. Die Strahlung anderer Körper bleibt stets — und zwar in den verschiedenen Spektralgebieten meist in verschiedenem Grade — hinter der des schwarzen Körpers zurück.

Ein Loch in der Wand eines erwärmten Hohlraums ist demnach auch der stärkste bei der Temperatur der Hohlraumwandung mögliche Strahler (schwarzer Strahler). Da die Strahlung des schwarzen Körpers den idealen Grenzfall aller sonstigen Strahler darstellt, so ist ihre Untersuchung von großer Bedeutung. Abb. 582 zeigt als Beispiel einen schwarzen Körper, der für Strahlungsmessungen bis etwa 600 °C dienen kann. Er besteht aus einem mit zwei ausgebohrten Hohlräumen versehenen Kupferblock, der von einer zur elektrischen Heizung dienenden Drahtspule umgeben ist. Als strahlender Hohlraum dient der Teil A, der vorn mit einer Blende versehen ist, vor der sich eine mit Wasser gekühlte Blende B befindet, damit nur Strahlung, die aus dem Innern des Hohlraums kommt, zur Beobachtung gelangen kann. Der zweite Hohlraum dient in der Hauptsache zur Einführung eines Thermometers T zur Messung der Temperatur der Wand des Hohlraums. Man nennt die schwarze Strahlung wegen der Art ihrer Erzeugung und weil sie sich in einem geschlossenen Hohlraum, der anfänglich mit einer Strahlung von beliebiger Energieverteilung erfüllt war, durch Wechselwirkung mit den Wänden stets von selbst herstellt, auch *Hohlraumstrahlung*.

Für den schwarzen Körper gilt streng das *2. Lambertsche Gesetz:* Seine Strahlungsleistung unter einem Winkel α gegen die Flächennormale seiner Oberfläche ist proportional cos α. Da das gleiche bei beliebiger Orientierung seiner Oberfläche zur Sichtlinie für deren scheinbare Größe gilt, so ist das Verhältnis der Strahlungsleistung zur scheinbaren Fläche, also die Leuchtdichte, unabhängig von der Orientierung (§279).

Ein Körper, dessen Strahlung zwar der des schwarzen Körpers nicht gleich, aber in allen Spektralbereichen um den *gleichen* Bruchteil schwächer ist als beim schwarzen Körper, erscheint im reflektierten Lichte *grau.* Denn nach dem Kirchhoffschen Gesetz absorbiert er von Strahlung jeder Wellenlänge ebenfalls den gleichen Bruchteil. Fällt auf ihn weißes Licht, so wird es in allen Spektralbereichen im gleichen Verhältnis geschwächt, und im reflektierten Lichte erscheint keine Farbe bevorzugt.

Eine Folge aus dem Kirchhoffschen Gesetz ist die *Absorption der Spektrallinien von Stoffen* in *deren Dampf* (FOUCAULT 1849). Man entwerfe auf einem Schirm ein Spektrum einer Bogenlampe und setze vor den Spalt eine Bunsenflamme, über

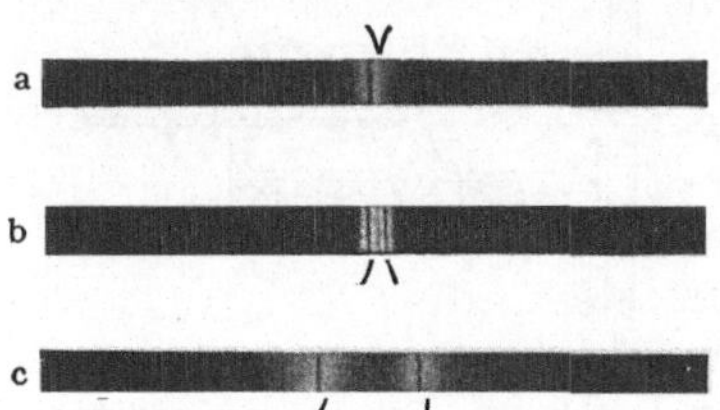

Abb. 583. Absorption der Spektrallinien von Lithium (a), Natrium (b) und Kalium (c) in deren Dampf. (Erstes Linienpaar der Hauptserien in gleicher Wellenlängenskala)

der sich ein Eisenlöffel mit metallischem Natrium befindet, so daß das Natrium mit gelber Flamme verdampft, so daß das durch den Spalt tretende Licht auch durch die Natriumflamme hindurchtritt. Dann erscheint im Spektrum im Gelben eine dunkle Linie (Abb. 583b), die sich bei genügender Auflösung als eine Doppellinie erweist. Löscht man die Bogenlampe aus, während das Natrium noch brennt, so sieht man an der gleichen Stelle eine schwache, von der Natriumflamme herrührende gelbe Doppellinie. Nach dem Kirchhoffschen Gesetz absorbieren die Atome des Natriumdampfes die gleichen Wellenlängen die sie emittieren, da Emission und Absorption einander proportional sind. (Das gilt aber nur für diejenigen Spektrallinien, die die *Atome in ihrem jeweiligen Zustande* aussenden können. Der Dampf absorbiert daher keineswegs alle Spektrallinien, die die Atome *überhaupt* aussenden können, sondern nur die, welche der Hauptserie des Atomes angehören, vgl. §348. Das ist in vollkommenem Einklang mit dem Kirchhoffschen Gesetz.) Die eigene Lichtemission der Flamme ist aber nicht entfernt stark genug, um das Licht, welches der Dampf dem Licht der Bogenlampe entzieht, im Spektrum zu ersetzen. Die betreffende Stelle im Spektrum, obgleich ganz schwach erhellt, erscheint daher gegenüber der viel helleren Umgebung dunkel. Zum Gelingen des Absorptionsversuchs ist es indessen nicht nötig, daß der Natriumdampf leuchtet; man kann ihn auch mit einem mit Natriumdampf gefüllten Glasgefäß anstellen. Abb. 583 a und c zeigen die gleiche Erscheinung bei Lithium- und Kaliumdampf.

321. Das Plancksche Strahlungsgesetz des schwarzen Körpers. Die Energieverteilung im Spektrum des schwarzen Körpers war bereits kurz vor dem Jahr 1900, insbesondere durch Messungen von PASCHEN[1], von LUMMER und PRINGSHEIM[2], KURLBAUM[3] und RUBENS experimentell sehr genau bekannt. Ihre theoretische Begründung stieß aber zunächst auf unüberwindliche Schwierigkeiten. Sie kann nur so erfolgen, daß man die Wechselwirkungen zwischen der Strahlung und den die Strahlung aussendenden und absorbierenden Bausteinen des schwarzen Körpers untersucht. Diese Bausteine kann man sich als elektrische Oszillatoren

---

[1] FRIEDRICH PASCHEN, 1865—1947.   [2] ERNST PRINGSHEIM, 1859—1917.
[3] FERDINAND KURLBAUM, 1857—1927.

(schwingungsfähige Ladungen) denken, die auf die einzelnen Frequenzen abgestimmt sind und deren Schwingungsweiten um so größer sind, je höher die Temperatur des Körpers ist. Von der Temperatur und von der Schwingungsweite, also der Schwingungsenergie der Oszillatoren muß dann auch die Energie einer mit ihnen in Gleichgewicht stehenden Strahlung abhängen. Unter *Strahlungsgleichgewicht* ist ein Zustand zu verstehen, bei dem die Oszillatoren im Durchschnitt in jedem Zeitelement gleichviel Strahlung jeder Wellenlänge absorbieren und emittieren, so daß die Energiedichte der Strahlung jeder Wellenlänge innerhalb eines von schwarzen Wänden begrenzten Hohlraums zeitlich konstant bleibt.

Nach der klassischen Theorie müßte für die Oszillatoren der Gleichverteilungssatz gelten (§ 104). Ein linear schwingender Oszillator hat nur einen Freiheitsgrad und müßte noch eine mittlere kinetische Energie $kT/2$ und eine ebenso große mittlere potentielle Energie, insgesamt also die mittlere Energie $\varepsilon = kT$ haben (§ 42). Nimmt man dies an, so gelangt man zwangsläufig zu einem Strahlungsgesetz (104.1), das der Erfahrung widerspricht. PLANCK erkannte, daß man zu einem ihr entsprechenden Gesetz nur gelangt, wenn man für die mittlere Energie der Oszillatoren den Ansatz

$$\varepsilon = \frac{h\nu}{e^{\frac{h\nu}{kT}} - 1} = \frac{1}{\lambda}\,\frac{c_0 h}{e^{\frac{c_0 h}{k\lambda T}} - 1} \tag{321.1}$$

macht, wobei ν die Frequenz des Oszillators und der mit ihm in Wechselwirkung stehenden Strahlung, $\lambda = c_0/\nu$ deren Wellenlänge ist. h ist eine Konstante, das *Plancksche Wirkungsquantum*. Sie ist von der Größenart Energie × Zeit und beträgt $h = 6{,}625 \cdot 10^{-27}$ erg s. Wir werden ihr im 11. Kapitel als der fundamentalen Größe der Quantentheorie wieder begegnen. $k = 1{,}380 \cdot 10^{-16}$ erg °K^{-1} ist die Planck-Boltzmann-Konstante (§ 104).

Es sei $\mathfrak{R}_\nu\,d\nu$ bzw. $E_\lambda\,d\lambda$ die Energie, welche bei linear polarisierter Hohlraumstrahlung in 1 s von 1 cm^2 der Oberfläche eines schwarzen Strahlers in einen Strahlungskegel von der Öffnung $\Omega = 1$ abgestrahlt wird und deren Frequenz bzw. Wellenlänge zwischen ν und $\nu + d\nu$ bzw. λ und $\lambda + d\lambda$ liegt. Dann lautet das *Plancksche Strahlungsgesetz*

$$\mathfrak{R}_\nu\,d\nu = \frac{d\nu}{c_0^2}\,\frac{h\nu^3}{e^{\frac{h\nu}{kT}} - 1} \quad (321.2a) \quad \text{bzw.} \quad E_\lambda\,d\lambda = \frac{c_0^2 h}{\lambda^5}\,\frac{d\lambda}{e^{\frac{c_0 h}{k\lambda T}} - 1}. \quad (321.2b)$$

Im Laufe der weiteren Entwicklung der Quantentheorie haben DEBYE, EINSTEIN und DIRAC[1] das Plancksche Gesetz auch noch auf andere Weisen abgeleitet.

(321.1) geht in $\varepsilon = kT$ über, wenn man h gegen 0 gehen läßt. Das entscheidende Merkmal, durch das die Plancksche Ableitung von der klassischen Theorie abweicht, ist demnach die endliche Größe des Wirkungsquantums h. Setzt man in (321.2b) $h \to 0$, so folgt

$$E_\lambda\,d\lambda = \frac{c_0\,kT}{\lambda^4}\,d\lambda. \tag{321.3}$$

Das ist in der Tat das aus der klassischen Theorie folgende Gesetz, das bereits früher von RAYLEIGH und JEANS[2] abgeleitet worden war. Das Plancksche Gesetz nähert sich ihm immer mehr, wenn $c_0 h/(k\lambda T)$ sich dem Werte 0 nähert, also für $\lambda T \gg c_0 h/k$. Tatsächlich bildet (321.3) den für *große Wellenlängen* λ und *hohe Temperaturen* T zutreffenden Grenzfall des Planckschen Gesetzes.

---

[1] PAUL ADRIEN MAURICE DIRAC, geb. 1902, Nobelpreis 1933.
[2] JAMES HOPWOOD JEANS, 1877—1946.

Ist dagegen $\lambda T \ll c_0\,h/k$, so daß $e^{\frac{c_0\,h}{k\,\lambda T}} \gg 1$, so vereinfacht sich (321.2b) zu

$$E_\lambda\,d\lambda = \frac{c_0^2\,h}{\lambda^5}\,e^{-\frac{c_0\,h}{k\,\lambda T}}\,d\lambda = \frac{c_1}{\lambda^5}\,e^{-\frac{c_2}{\lambda T}}\,d\lambda \qquad (321.4)$$

mit $c_1 = c_0^2\,h$ und $c_2 = c_0\,h/k$. Dieses Gesetz ist schon 1896 von W. Wien auf Grund gewisser ad hoc gemachter Annahmen abgeleitet worden, ohne daß er aber die Konstanten bereits in der obigen Form deuten konnte. Das Wiensche Gesetz bildet also den Grenzfall des Planckschen Gesetzes für *kleine Wellenlängen* λ und *tiefe Temperaturen* T.

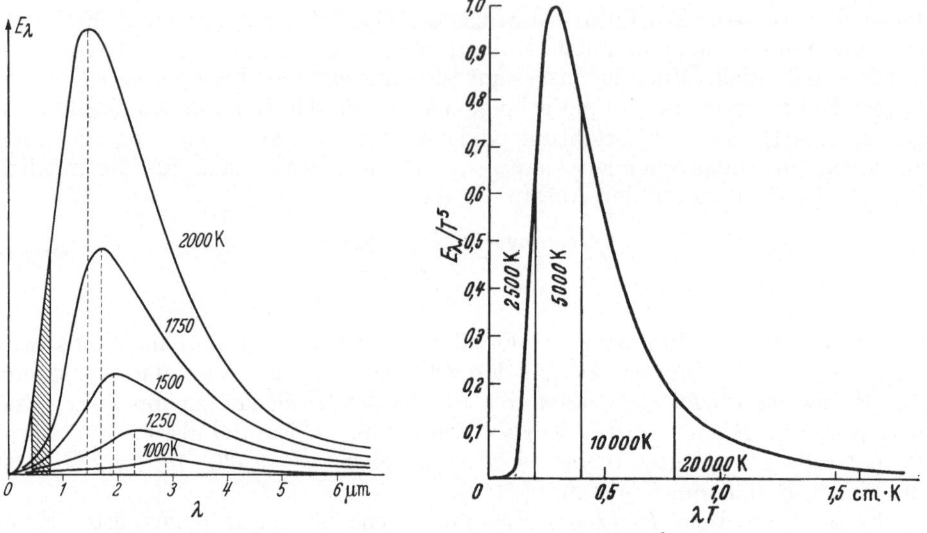

Abb. 584. a Energieverteilung im Spektrum des schwarzen Körpers als Funktion von λ (das sichtbare Gebiet ist schraffiert), b E_λ/T^5 als Funktion von λT; die senkrechten Geraden bezeichnen hier die ungefähren Grenzen des sichtbaren Gebiets bei den angegebenen Temperaturen

In Abb. 584a ist die Energieverteilung im Spektrum des schwarzen Körpers (E_λ als Funktion von λ) für einige Temperaturen nach (321.2b) dargestellt. Zu jeder Temperatur gehört also eine ganz bestimmte, insbesondere auch durch die Lage des Energiemaximums gekennzeichnete Energieverteilung. Sie bleibt relativ auch bei beliebiger räumlicher Ausbreitung (Verdünnung) der Strahlung erhalten. Man schreibt daher einer schwarzen Strahlung die Temperatur zu, welche ihrer Energieverteilungskurve, insbesondere der Lage des Maximums, entspricht. Sie ist identisch mit der Temperatur der Strahlungsquelle und ganz unabhängig von der räumlichen Strahlungsdichte, die ja mit wachsender Entfernung von der Quelle stetig kleiner wird.

322. Das Wiensche Verschiebungsgesetz. Das Stefan-Boltzmannsche Gesetz.
Wie man aus Abb. 584a erkennt, verschiebt sich das Maximum der Energieverteilungskurve mit steigender Temperatur derart, daß bei einer Verdoppelung der Temperatur T die dem Energiemaximum entsprechende Wellenlänge λ_m auf die Hälfte sinkt. Demnach ist $\lambda_m T = const$ (*Wiensches Verschiebungsgesetz*, 1893). Dieses Gesetz läßt sich aus (321.2b) ohne weiteres ableiten. Die Lage des Maximums findet man, indem man $dE_\lambda/d\lambda = 0$ setzt. Setzt man $c_0\,h/(k\,\lambda_m T) = x$, so erhält man für x die transzendente Gleichung $x + 5\,e^{-x} = 5$ mit der Lösung $x = 4{,}9651$. Es ist daher

$$\lambda_m T = \frac{c_0\,h}{k\,x} = b. \qquad (322.1)$$

In Übereinstimmung mit dem hieraus berechenbaren Wert ergibt sich aus den Messungen $b = 0,2898$ cm K. Die Gültigkeit von (322.1) läßt sich aus der Abb. 584a unmittelbar ablesen. Durch Einsetzen von (322.1) in (321.2b) ergibt sich für das Energiemaximum bei der Temperatur T die Beziehung $(E_\lambda)_m \sim T^5$. So ist z.B. das Maximum bei 2000 K 32mal so hoch wie bei 1000 K (Abb. 584a).

Der Quotient aus der gesamten Strahlungsleistung der Oberfläche eines schwarzen Strahlers und der Größe der Oberfläche beträgt

$$E = \sigma T^4 \quad \text{mit} \quad \sigma = \frac{2\pi^5 k^4}{15 c_0^2 h^3} \tag{322.2}$$

(*Stefan*[1]-*Boltzmannsches Gesetz*, 1879, 1884). Die Gesamtstrahlungsleistung eines schwarzen Körpers ist also der 4. Potenz der absoluten Temperatur proportional. Die Konstante σ ergibt sich aus Messungen zu $\sigma = 5{,}662 \cdot 10^{-5}$ erg cm$^{-2} \cdot$ K^{-4} s^{-1}, in guter Übereinstimmung mit dem aus (322.2) berechenbaren Wert.

(322.1) und (322.2) liefern wichtige Möglichkeiten zur Berechnung der Temperatur von schwarzen Körpern. Man kann entweder aus der gemessenen Energieverteilung λ_m und daraus $T = b/\lambda_m$ ermitteln, oder man berechnet nach (322.2), sofern die Größe der strahlenden Fläche bekannt ist, unter Anwendung des 2. Lambertschen Gesetzes (§ 279) $T = \sqrt[4]{E/\sigma}$. Bei nichtschwarzen Körpern ist das nicht ohne weiteres möglich. Bestimmt man ihre Temperatur nach dem Stefan-Boltzmannschen Gesetz, als ob sie schwarze Körper seien, so erhält man eine zu tiefe Temperatur, weil ihre Strahlung schwächer ist als die eines schwarzen Körpers von gleicher Temperatur. Ebenso wird die Anwendung des Wienschen Verschiebungsgesetzes im allgemeinen Fehler mit sich bringen. Viele Körper, auch viele Fixsterne, sind aber von einem schwarzen Körper nicht allzu sehr verschieden, so daß man ihre Temperatur mit Hilfe dieser Gesetze immerhin annähernd richtig erhält. Die Anwendung des Stefan-Boltzmannschen Gesetzes gibt aus dem angeführten Grunde einen unteren Grenzwert für die Temperatur. Man bezeichnet sie, im Gegensatz zur wahren, der mittleren kinetischen Energie der Molekularbewegung (§ 104) entsprechenden Temperatur, als *effektive* oder *Strahlungstemperatur*.

Ein anderes, besonders in seiner Anwendung auf Fixsterne wichtiges Verfahren gründet sich darauf, daß das Intensitätsverhältnis der Strahlung innerhalb zweier verschiedener, gleich breiter Wellenlängenbereiche bei einem schwarzen Körper in ganz bestimmter Weise von der Temperatur abhängt. Wir schreiben statt (321.2b)

$$\frac{E_\lambda}{T^5} = \frac{c_0^2 h}{(\lambda T)^5} \, \frac{1}{e^{\frac{c_0 h}{k \lambda T}} - 1} \tag{322.3}$$

und stellen nunmehr nicht, wie in der Abb. 584a, E_λ als Funktion von λ, sondern E_λ/T^5 als Funktion von λT dar (Abb. 584b). Dann erhalten wir für sämtliche Temperaturen identische Kurven, deren Maximum nach (322.1) bei $\lambda T = b = 0{,}2898$ cm K liegt. Der Ordinatenmaßstab ist willkürlich so gewählt, daß dem Maximum die Ordinate 1 entspricht. Der ungefähre Bereich des sichtbaren Spektrums, $\lambda = 0{,}4 \cdot 10^{-4}$ cm bis $0{,}8 \cdot 10^{-4}$ cm, ist für die Temperaturen 2500, 5000, 10000 und 20000 K durch senkrechte Striche abgegrenzt, deren linker jeweils das violette und deren rechter das rote Ende dieses Bereichs anzeigt. Man liest aus der Abb. 584b ab, daß das Intensitätsverhältnis dieser Grenzwellenlängen, $E_\text{Rot}/E_\text{Violett}$, der *Farbindex* des Strahlers, mit wachsender Temperatur stetig abnimmt. Bei 2500 K beträgt es rund 40, bei 5000 K rund 1,1,

---

[1] JOSEF STEFAN, 1835—1893.

bei 10 000 K rund 0,22 und bei 20 000 K rund 0,07. Man kann also die Temperatur eines schwarzen Körpers aus dem Intensitätsverhältnis zweier schmaler, gleich breiter Spektralbereiche am roten und am violetten Ende seines Spektrums berechnen. Die ebenso berechnete Temperatur eines *beliebigen* Körpers heißt seine *Farbtemperatur*. Ferner kann die Temperatur auch aus der Steilheit — dem Gradienten — der Energieverteilungskurve in einem bestimmten Spektralbereich ermittelt werden *(Gradienttemperatur)*. Bei einem nicht schwarzen, insbesondere einem stark selektiv strahlenden Körper weichen diese Temperaturen natürlich mehr oder weniger stark von seiner wahren Temperatur ab.

Die Temperaturmessung an glühenden Körpern mit Hilfe der Strahlung heißt *optische Pyrometrie*. Ein verhältnismäßig einfaches Verfahren ist das folgende. Man bildet die Fläche, deren Temperatur gemessen werden soll, in der Okularblende eines kleinen Fernrohrs ab, innerhalb derer der Glühfaden einer kleinen Glühlampe angebracht ist. Man regelt die Temperatur des Glühfadens so, daß er die gleiche Leuchtdichte (§279) hat wie die zu untersuchende Fläche. Dann hebt er sich auf ihr nicht mehr ab und hat die gleiche Strahlungstemperatur wie sie. Aus dem hierzu notwendigen Heizstrom kann man, wenn die Lampe vorher mit Hilfe eines schwarzen Körpers bei bekannten Temperaturen geeicht wurde, die Temperatur der Fläche ermitteln. Voraussetzung für eine angenähert richtige Temperaturmessung ist, daß die strahlende Fläche sich wenigstens angenähert wie ein schwarzer Körper verhält.

323. Die Lichtausbeute von Lichtquellen. Aus der Abb. 584 (§321) liest man ab, daß die Lichtausbeute einer Lichtquelle um so größer ist, je höher ihre Temperatur ist, d.h. daß der Bruchteil ihrer Strahlung, der in das sichtbare Gebiet fällt, mit steigender Temperatur wächst. Wenn auch die gewöhnlichen Lichtquellen, z.B. die Drähte der elektrischen Glühlampen, keine vollkommen schwarzen Körper sind, so weichen sie doch bei Glühtemperatur von einem solchen nicht allzusehr ab. Mit steigender Temperatur wächst die Strahlungsleistung der Lichtquelle nach dem Stefan-Boltzmannschen Gesetz. Es kommt aber noch die Verschiebung des Maximums nach dem Wienschen Verschiebungsgesetz hinzu. In der Abb. 584a ist der sichtbare Spektralbereich durch Schraffierung, in der Abb. 584b durch die senkrechten Geraden angedeutet. Bei tieferen Temperaturen ist dieses Gebiet weit vom Maximum entfernt, welches dann im Ultrarot liegt. Es entfällt also nur ein kleiner Bruchteil der Gesamtstrahlung auf das sichtbare Gebiet. Die Verhältnisse bessern sich um so mehr, je mehr sich bei steigender Temperatur das Maximum dem sichtbaren Spektralbereich nähert. Dies gilt allerdings nur bis zu einer bestimmten Temperatur. Denn man erkennt aus Abb. 584a, daß die Lichtausbeute bei steigender Temperatur wieder sinkt, wenn das Maximum der Energieverteilungskurve sich über das sichtbare Gebiet hinaus verschoben hat. Die höchste Ausbeute liegt bei etwa 5500 °K (Abb. 584b). Das ist etwa die Oberflächentemperatur der Sonne. Das menschliche Auge ist also gerade in dem Spektralbereich empfindlich, in dem die Sonne ihr Intensitätsmaximum hat. (Das Wasser, aus dem alle Organismen und auch die Augenmedien zu einem sehr großen Teil bestehen, ist auch nur etwa im sichtbaren Bereich völlig lichtdurchlässig. Vielleicht hat sich nur infolge dieses günstigen Zusammentreffens das Auge und ein Lichtsinn überhaupt entwickeln können.) Für den praktischen Gebrauch verwendbare künstliche Lichtquellen von so hoher Temperatur können wir bisher nicht herstellen. Die ganze Entwicklung der elektrischen Beleuchtungstechnik ist aber dahin gerichtet gewesen, die Lichtausbeute der Lichtquellen zu vergrößern, indem man zu immer höheren Temperaturen überging. Trotzdem bleibt die Ausbeute aller auf der Temperaturstrahlung beruhenden künstlichen Lichtquellen immer noch äußerst gering. Er ist mit 4% am günstigsten bei der gasgefüllten Wolframlampe. Erheblich wirtschaftlicher sind die selektiv strahlenden Gasentladungslichtquellen, vor allem wenn ihr ultravioletter Lichtanteil durch Leuchtstoffe (§355) in sichtbares Licht verwandelt wird (Leuchtstofflampen). (Vgl.WESTPHAL: Physikalisches Praktikum, 29. Aufgabe.)

Zehntes Kapitel

Relativitätstheorie[1]

324. Die Galilei-Transformation. Nach §16 sind alle unbeschleunigten Bezugsysteme *(Inertialsysteme)* bezüglich ihrer Verwendung zur Beschreibung mechanischer Vorgänge gleichberechtigt, und man kann jedes von ihnen nach Wahl so behandeln, als sei es ein absolut ruhendes System. Natürlich ist die Beschreibung eines individuellen mechanischen Vorganges in jedem dieser Systeme verschieden; aber die Wahl des Bezugsystems hat keinen Einfluß auf die aus der Beobachtung solcher Vorgänge abgeleiteten Gesetze. Diese sind gegenüber einem Übergang von einem Inertialsystem zu einem anderen *invariant*.

Wir betrachten im folgenden immer zwei relativ zueinander gleichförmig bewegte Inertialsysteme S und S' mit den rechtwinkligen Koordinaten x, y, z bzw. x', y', z', deren x- und x'-Achsen zusammenfallen und deren y- und y'-, z- und z'-Achsen einander parallel sind. Die Zeit denken wir uns in beiden Systemen zunächst mit mitbewegten und einander völlig gleichen Uhren gemessen und setzen $t=t'$. Zur Zeit $t=t'=0$ sollen die Nullpunkte der beiden Koordinatensysteme zusammenfallen. Das System S' bewege sich relativ zu S mit der Geschwindigkeit v in Richtung von dessen x-Achse, also das System S relativ zu S' entgegen der Richtung von dessen x'-Achse mit der Geschwindigkeit $-v$. Dann gelten in der klassischen (Newtonschen) Mechanik für die Ortskoordinaten eines Massenpunktes, sowie für die Zeit in den beiden Systemen die Umrechnungsbeziehungen

$$x = x' + vt', \qquad y = y', \qquad z = z', \qquad t = t', \qquad (324.1\,\text{a})$$

$$x' = x - vt, \qquad y' = y, \qquad z' = z, \qquad t' = t. \qquad (324.1\,\text{b})$$

Diese Gleichungen heißen die *Galilei-Transformation*. Die beiden Gleichungssysteme sind identisch und gehen ineinander über, wenn man die gestrichenen und die ungestrichenen Koordinaten vertauscht und das Vorzeichen von v umkehrt. In (324.1 a) wird S' als relativ zu S, in (324.1 b) S als relativ zu S' bewegt betrachtet. Keines der beiden Systeme ist vor dem andern irgendwie ausgezeichnet.

325. Der Michelson-Versuch. Die Physik des 19. Jahrhunderts war überzeugt, daß alle Naturvorgänge mechanisch-anschaulich müßten verstanden werden können. Das führte zwingend zur Vorstellung des Äthers als des substantiellen Trägers der elektrischen und optischen Erscheinungen (§27). Es lag nahe, diese allgegenwärtige Substanz als absolut ruhend und deshalb als ein bevorzugtes, naturgegebenes Bezugsystem zu betrachten. Wenn es zwar gemäß dem Relativitätsprinzip der Mechanik keinen im engeren Sinne mechanischen Vorgang gibt, der eine Bewegung eines beliebigen Inertialsystems relativ zu jenem Bezugsystem erkennen läßt, so war es doch denkbar, daß die Messung eines elektrischen oder optischen Vorganges eine solche Bewegung, etwa die der Erde, relativ zum Äther anzeigen werde.

---

[1] Vgl. zu diesem Kapitel W. H. WESTPHAL, „Die Relativitätstheorie", Kosmos-Bändchen 1955.

Wenn sich vor einem mit der konstanten Geschwindigkeit v über ein Gewässer fahrenden Schiff von einem Punkt der Wasseroberfläche eine kreisförmige Welle ausbreitet, so ist deren Geschwindigkeit relativ zum Schiff in verschiedenen Richtungen verschieden groß. Ist sie relativ zum Wasser c, so ist sie relativ zum Schiff in der Fahrtrichtung $c_1 = c - v$, entgegen der Fahrtrichtung $c_2 = c + v$. In den anderen Richtungen hat sie dazwischenliegende Werte. Aus jenen beiden Relativgeschwindigkeiten kann man nicht nur $c = (c_1 + c_2)/2$, sondern auch die Geschwindigkeit des Schiffes $v = (c_1 - c_2)/2$ relativ zum Wasser berechnen. Durch einen ganz analogen Versuch mit Lichtwellen sollte man auch die Geschwindigkeit der Erde relativ zum Äther ermitteln können. Daß etwa die Erde als Ganzes oder gar der zufällige Beobachtungsort relativ zum Äther ruhe, war natürlich von vornherein auszuschließen. (Daß die Erde den Äther nicht bei ihrer Bewegung an ihrer Oberfläche mit sich führt, ist durch besondere Versuche nachgewiesen worden.) Auf diesem Gedanken beruht der berühmte *Versuch von* MICHELSON zur Messung der Geschwindigkeit der Erde relativ zum Äther[1].

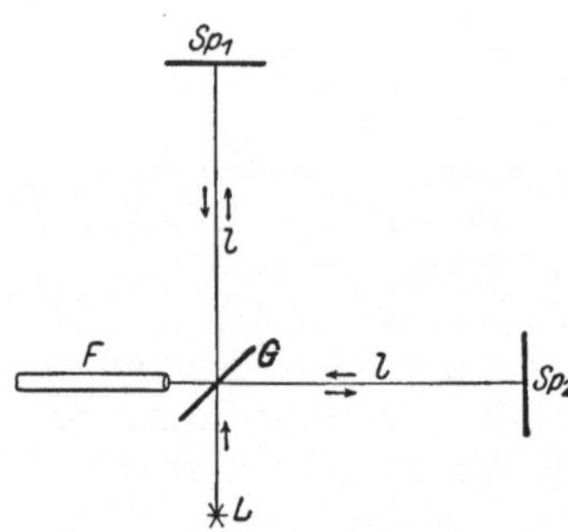

Abb. 585. Schema des Versuchs von MICHELSON

MICHELSON benutzte ein Interferometer (§ 293), das in der Abb. 585 schematisch dargestellt ist. Das von einer Lichtquelle L ausgehende monochromatische Licht wird an der schwach versilberten Glasplatte G in zwei kohärente, zueinander senkrechte Strahlenbündel zerlegt, welche an den im Abstande l (einige Meter) von G befindlichen Spiegeln Sp_1 und Sp_2 nach G zurück reflektiert werden. Durch G hindurch, bzw. an G reflektiert, gelangt ein Teil von jedem Strahlenbündel in das Fernrohr F, und ihr Zusammenwirken erzeugt in der Brennebene des Okulars, ähnlich wie beim Fresnelschen Spiegelversuch (§ 290), ein System von Interferenzstreifen. Würde jetzt z. B. der Abstand $G - Sp_2$ verkürzt werden, so würde sich der Gangunterschied der über die beiden Wege verlaufenden Strahlen ändern, und die Interferenzstreifen würden sich verschieben. Das gleiche würde aber auch eintreten, wenn die Lichtgeschwindigkeit relativ zum Meßgerät längs eines der beiden Wege geändert wird — etwa durch Einschalten eines brechenden Stoffes oder auf irgendeine andere Weise (§ 239, Abb. 539). Angenommen, daß der Spiegel Sp_2 in Richtung der Geschwindigkeit v der Erde relativ zum Äther, Sp_1 also in Richtung senkrecht zu dieser liegt. Wenn das Licht für den Weg $s_1 = 2a$ von G über Sp_1 zurück nach G (Abb. 586a) die Zeit t_1 braucht, so ist $s_1 = c_0 t_1$. (Die Lichtgeschwindigkeit in der Luft ist fast genau gleich der Vakuumlichtgeschwindigkeit c_0.) In der gleichen Zeit legt G den Weg $2b = v t_1$ zurück. Also ist $s_1 = 2b \cdot c_0/v$ oder, da $a^2 = (s_1/2)^2 = l^2 + b^2$,

$$s_1 = \frac{2l}{\sqrt{1 - \beta^2}}, \quad \text{mit} \quad \frac{v}{c_0} = \beta. \tag{325.1}$$

Es bedeute weiter Sp_2 (Abb. 586b) die Lage des anderen Spiegels im Augenblick des Abganges des Lichtes von G, Sp_2' diejenige im Augenblick der Reflexion, G' die Lage der Glasplatte bei der Rückkehr des Lichtes, und es sei $G - Sp_2'$ gleich a, $G - G'$ gleich $2b$. Dann beträgt der gesamte Lichtweg $s_2 = 2a - 2b$. Die Verschiebung $Sp_2 - Sp_2'$ sei gleich d. Beträgt die Zeit für den Hinweg des Lichtes t_2', so ist $a = c_0 t_2'$ und $d = v t_2'$, so daß $d = a \cdot v/c_0$. Da $a = l + d$, so folgt

---

[1] Erste Versuche seit 1881 im Physikalischen Institut der Universität Berlin, dann im Astrophysikalischen Observatorium in Potsdam, später in den USA.

$a = l/(1 - v/c_0)$. Wenn das Licht für den ganzen Hin- und Rückweg die Zeit t_2 benötigt, so ist $s_2 = 2(a - b) = c_0 t_2$ und $2b = v t_2$, so daß $b = (a \cdot v/c_0)/(1 + v/c_0)$. Daraus folgt, wieder mit $v/c_0 = \beta$,

$$s_2 = \frac{2l}{1 - \beta^2} \, . \tag{325.2}$$

Es ergibt sich also schließlich

$$s_2 = \frac{s_1}{\sqrt{1 - \beta^2}} \, . \tag{325.3}$$

Der Einfluß der Bewegung der Erde im Äther sollte sich also wie eine scheinbare *Verlängerung* des Abstandes $G - Sp_2$ relativ zum Abstande $G - Sp_1$ im Verhältnis $1 : \sqrt{1 - \beta^2}$ bzw. wie eine *Verkürzung* jenes Abstandes zu diesem im Verhältnis $\sqrt{1 - \beta^2} : 1$ äußern. Bei einer Vertauschung von Sp_1 und Sp_2 durch Drehung des Meßgerätes um 90° sollten sich die Verhältnisse umkehren, und das müßte an einer Verschiebung der Interferenzstreifen erkennbar sein. Schon die Bewegung der Erde um die Sonne ($\beta \approx 10^{-4}$) sollte eine meßbare Wirkung hervorrufen, falls etwa die Sonne im Äther ruht.

Tatsächlich hatten die sehr sorgfältigen Messungen, die seitdem noch mehrfach und auch in anderer Form wiederholt worden sind (MICHELSON und MORLEY, MORLEY und MILLER, JOOS[1] u.a.), das überraschende Ergebnis, daß nicht der geringste Einfluß einer Bewegung der Erde zu beobachten ist. Der Versuch

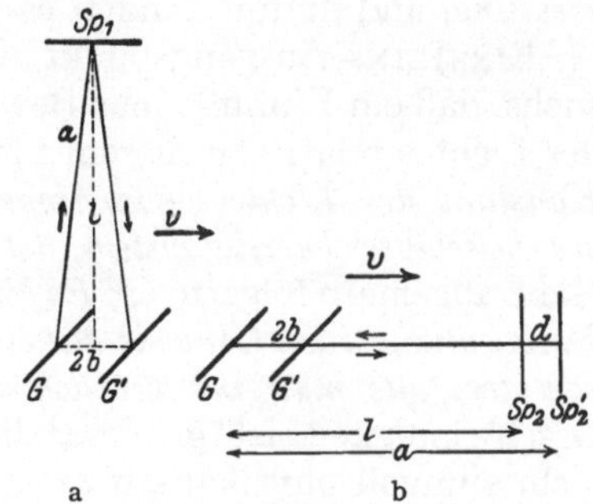

Abb. 586. Zur Erklärung des Michelson-Versuchs

verläuft genau so, als sei $v = 0$, also als ruhe die Erde ständig im Äther. Das bedeutet einwandfrei, daß irgend etwas an den Grundvoraussetzungen, auf die sich die Erwartungen stützten, nicht stimmt.

326. Die spezielle Relativitätstheorie. Man kann das Ergebnis des Michelson-Versuchs dahin aussprechen, daß sich *das Licht*, von der Erde aus beurteilt, wider alles Erwarten *nach allen Richtungen gleich schnell ausbreitet*. Da man einem irdischen Beobachter unmöglich eine Sonderstellung im Weltall zuschreiben kann, so kann man nicht bezweifeln, daß jeder Beobachter auf irgendeinem relativ zur Erde bewegten Himmelskörper genau die gleiche Beobachtung bezüglich seines eigenen Bezugsystems machen würde. Es besteht also die zunächst paradox anmutende Tatsache, daß ein jeder von zwei relativ zu einander bewegten Beobachtern der gleichen Lichterscheinung mit gleichem Recht behauptet, das Licht breite sich relativ zu ihm nach allen Richtungen gleich schnell aus, was für den scheinbar analogen Fall einer Wasserwelle selbstverständlich nicht zutrifft. (Die Hypothese, daß die Geschwindigkeit der Lichtquelle sich zur Geschwindigkeit des von ihr ausgesandten Lichtes addiere, wird durch Beobachtungen an Doppelsternen widerlegt.) Mit unseren gewöhnlichen Anschauungen von Raum und Zeit, wie sie der Galilei-Transformation und auch unseren Überlegungen zum Michelson-Versuch zugrunde liegen, ist das völlig unvereinbar.

Ein erster, ad hoc gemachter Deutungsversuch stammt von H. A. LORENTZ (1892) und unabhängig von ihm von FITZGERALD[2]. Wenn der in der Bewegungsrichtung liegende Arm des Michelsonschen Interferometers nicht, wie erwartet, *scheinbar* im Verhältnis $1 : \sqrt{1 - \beta^2}$ *verlängert* ist, so kann man das dadurch erklären,

---

[1] GEORG JOOS, 1894—1959.　　[2] GEORGE FRANCIS FITZGERALD, 1851—1901.

daß er *wirklich* im Verhältnis $\sqrt{1-\beta^2}:1$ *verkürzt* ist, wodurch die Wirkung der scheinbaren Verlängerung aufgehoben wäre. LORENTZ und FITZGERALD stellten deshalb die Hypothese auf, daß sich die in der Bewegungsrichtung liegenden Abmessungen bewegter Körper im Verhältnis $\sqrt{1-\beta^2}:1$ verkürzen *(Lorentz-Kontraktion)*. LORENTZ (Vorgänger VOIGT[1], 1887) ersetzte die Galilei-Transformation durch eine andere Transformation *(Lorentz-Transformation)*, die dieser Annahme Rechnung trägt. Um ihre Begründung bemühte sich außer LORENTZ selbst vor allem POINCARÉ[2]. Aber erst EINSTEIN (1904) erkannte ganz klar, daß eine wirkliche Lösung der Schwierigkeiten nur auf dem Wege einer *grundlegenden Kritik der Messung von Raum und Zeit* und einer entsprechenden *Erweiterung der klassischen Physik* zu erzielen sei. Als uns angeborene „*Kategorien unsres Denkens*" (KANT) sind Raum und Zeit selbstverständlich unabhängig von jeder physikalischen Erfahrung. Etwas anderes ist es aber mit der *Raum- und Zeitmessung*, und darum handelt es sich in EINSTEINs *Relativitätstheorie*.

EINSTEINs Ausgangspunkt war das eindeutige Ergebnis des Michelson-Versuchs, daß ein Einfluß einer Bewegung des Bezugsystems auf die Geschwindigkeit des Lichtes relativ zu diesem nicht existiert. Er formulierte das *Prinzip von der Konstanz der Lichtgeschwindigkeit: Die Vakuumlichtgeschwindigkeit, bezogen auf ein beliebiges Inertialsystem, ist unabhängig von der Bewegung dieses Systems.* Ganz allgemein folgerte er: *Es gibt überhaupt keinen physikalischen Vorgang, dessen Beobachtung einen Hinweis auf eine gleichförmige Bewegung des Inertialsystems gibt, von dem aus man ihn beobachtet und in dem man es beschreibt.* Eine absolute Geschwindigkeit ist grundsätzlich unbeobachtbar und daher auch überhaupt nicht sinnvoll physikalisch zu definieren. *Beobachtbar sind nur relative Geschwindigkeiten von Bezugsystemen.* Alle, nicht nur die mechanischen Naturgesetze sind gegenüber dem Übergang von einem Inertialsystem zu einem beliebigen anderen *invariant.* Damit ist das ursprünglich auf die Mechanik beschränkte *Relativitätsprinzip* auf die *Gesamtheit der Naturerscheinungen* ausgedehnt. Auf einen experimentellen Beweis aus dem Gebiet der Elektrodynamik haben wir schon im §231 (Abb. 418) hingewiesen. Die auf diesen Grundlagen aufgebaute Theorie heißt die *spezielle-Relativitätstheorie.* Sie ist auf Inertialsysteme beschränkt. Mit dem Prinzip von der Konstanz der Lichtgeschwindigkeit verliert die Äthertheorie (§27) ihre Grundlage, da die Annahme eines stofflichen Äthers mit ihm unvereinbar ist.

Die von Gegnern der Relativitätstheorie früher oft abfällig benutzte Bezeichnung des Michelson-Versuchs als *negativ ausgefallener*, also *mißlungener Versuch* ist völlig abwegig. Es gibt überhaupt keine „negativen Versuche". Jede einwandfrei angestellte Messung hat ein positives Ergebnis, ein besonders interessantes, wenn es der Erwartung widerspricht.

327. Die Lorentz-Transformation. Aus dem Prinzip der Konstanz der Lichtgeschwindigkeit und dem Relativitätsprinzip folgt die an die Stelle der Galilei-Transformation (324.1) tretende Lorentz-Transformation. Wir betrachten wieder zwei wie in §324 definierte, relativ zueinander in der x-Richtung mit der Geschwindigkeit v bewegte Inertialsysteme S und S', deren Nullpunkte zur Zeit $t=t'=0$ zusammenfallen. Die zur Relativbewegung senkrechte y- und y'-Koordinate und z- und z'-Koordinate eines Massenpunktes seien auch jetzt in beiden Systemen gleich. Hingegen müssen wir jetzt nicht nur x bzw. x' als eine lineare Funktion von x' *und* t' bzw. x *und* t, sondern auch t bzw. t' als eine solche Funktion beider Variabeln ansetzen. Da sich der Nullpunkt $x'=0$ relativ zum Nullpunkt $x=0$ mit der Geschwindigkeit v bewegt, so ist die Aussage $x'=0$ gleichbedeutend mit der Aussage $x=vt$ oder $x-vt=0$. Andererseits ist die Aussage

---

[1] WOLDEMAR VOIGT, 1850—1919.   [2] HENRI POINCARÉ, 1854—1912.

$x=0$ gleichbedeutend mit der Aussage $x'+vt'=0$. Wegen der gleichzeitigen Gültigkeit der nebeneinandergestellten Aussagen muß daher allgemein gelten

$$a x = x' + v t' \quad \text{und} \quad a x' = x - v t. \tag{327.1a, b}$$

Dabei ist a eine noch zu bestimmende, in beiden Gleichungen gleiche Konstante (Laplacescher Faktor), letzteres weil die eine Gleichung durch Vertauschen der gestrichenen und der ungestrichenen Koordinaten und Umkehrung des Vorzeichens von v gemäß dem Relativitätsprinzip in die andere übergehen muß. Wir eliminieren x aus (327.1a, b) und erhalten

$$a t = (1 - a^2) \frac{x'}{v} + t'. \tag{327.2}$$

Nun dividieren wir (327.1a) durch (327.2) und setzen $x/t=u$ und $x'/t'=u'$. Das sind die Geschwindigkeiten eines Massenpunktes in Richtung der x-Achse bezogen auf S bzw. S'. Dann ergibt eine einfache Rechnung

$$u = \frac{u' + v}{1 + (1 - a^2)\, u'/v}. \tag{327.3}$$

Dieselbe Gleichung muß aber auch für die Vakuumlichtgeschwindigkeit in beiden Systemen gelten, und in diesem Fall ist nach dem Prinzip von der Konstanz der Lichtgeschwindigkeit $u=u'=c_0$. Durch Einsetzen in (327.3) ergibt sich mit $v/c_0=\beta$

$$a = \sqrt{1 - \frac{v^2}{c_0^2}} = \sqrt{1 - \beta^2}. \tag{327.4}$$

Damit folgt aus (327.1a, b) die *Lorentz-Transformation:*

$$x = \frac{x' + v t'}{\sqrt{1 - \beta^2}}, \quad y = y', \quad z = z', \quad t = \frac{t' + v x'/c_0^2}{\sqrt{1 - \beta^2}}. \tag{327.5a}$$

$$x' = \frac{x - v t}{\sqrt{1 - \beta^2}}, \quad y' = y, \quad z' = z, \quad t' = \frac{t - v x/c_0^2}{\sqrt{1 - \beta^2}}. \tag{327.5b}$$

Der Leser überzeuge sich selbst, daß die beiden Gleichungssysteme identisch sind. Auch unterscheiden sie sich wiederum nur durch das Vorzeichen von v. Für gegenüber der Lichtgeschwindigkeit kleine Geschwindigkeiten, $\beta=v/c_0\ll 1$, also im Bereich unserer gewöhnlichen Erfahrung, geht die Lorentz-Transformation in die Galilei-Transformation über; selbstverständlich, da die klassische Mechanik in ihrem ursprünglichen Erfahrungsbereich gültig bleibt. Es handelt sich also *nicht um einen Bruch mit der klassischen Mechanik*, sondern um ihre *Erweiterung* in den Bereich von Geschwindigkeiten, die mit der Lichtgeschwindigkeit vergleichbar sind.

328. Die Relativität der Zeitmessung. Wir betrachten zwei Ereignisse, die sich in dem relativ zum System S bewegten System S' zu den Zeiten t_1' und t_2' an zwei Orten mit den x'-Koordinaten x_1' und x_2' abspielen und deren y'- und z'-Koordinate beliebig seien. Ihr zeitlicher Abstand, beurteilt in S', ist also $t_2'-t_1'$. Hingegen beträgt dieser, beurteilt von S aus, nach (327.5a)

$$t_2 - t_1 = \frac{t_2' - t_1'}{\sqrt{1 - \beta^2}} + \frac{v}{c_0^2} \frac{x_2' - x_1'}{\sqrt{1 - \beta^2}}. \tag{328.1}$$

Der zeitliche Abstand der beiden Ereignisse ist also nicht nur in den beiden Systemen überhaupt verschieden groß, sondern er hängt zudem auch von ihrem örtlichen Abstand in der x-Richtung ab.

Wir betrachten den Sonderfall, daß die beiden Ereignisse, von S' aus beurteilt, *gleichzeitig* stattfinden, so daß $t_1' = t_2'$. Dann ist

$$t_2 - t_1 = \frac{v}{c_0^2} \frac{x_2' - x_1'}{\sqrt{1 - \beta^2}}.$$

(328.2)

Die beiden Ereignisse, die im System S' gleichzeitig stattfinden, tun dies also im System S nicht, sondern haben einen vom örtlichen Abstand ihres Stattfindens abhängigen zeitlichen Abstand. Damit wird die *Gleichzeitigkeit* zweier, an *verschiedenen Orten* stattfindender Ereignisse zu einem *relativen, vom Bewegungszustand des Bezugsystems abhängigen Begriff*. Nur wenn die Ereignisse am gleichen Ort stattfinden (Punktereignis, §332), $x_1' = x_2'$, sind sie selbstverständlich, wenn in einem, dann auch in jedem anderen Bezugsystem gleichzeitig, da ihr Zusammentreffen dann nur ein einziges Ereignis darstellt.

Wir betrachten ferner zwei Ereignisse, die im System S' zu den Zeiten t_1' und t_2' am *gleichen Ort* $x_1' = x_2'$ stattfinden. Dann beträgt ihr zeitlicher Abstand, beurteilt von S aus, nach (328.1)

$$t_2 - t_1 = \frac{t_2' - t_1'}{\sqrt{1 - \beta^2}}.$$

(328.3)

Er ist also, von S aus beurteilt, größer als von S' aus beurteilt *(Zeitdilatation)*. Es kann sich dabei um einen Zeitabschnitt im Ablaufe einer Veränderung an einem relativ zu S mit der Geschwindigkeit v bewegten Körper handeln, etwa um den Gang einer Uhr, die Beschleunigungen, die zwei in Wechselwirkung stehende Körper einander erteilen, den Zerfall eines radioaktiven Stoffes usw. Relativ zu S verlaufen sie im Verhältnis $\sqrt{1 - \beta^2} : 1$ langsamer als relativ zum mitbewegten System S'. Für $\beta = v/c_0 = 1$ wird $t_2 - t_1 = \infty$. Das bedeutet, daß an einem Körpersystem, das sich relativ zu S mit Lichtgeschwindigkeit bewegen würde, von S aus überhaupt keine Veränderungen beobachtet werden würden, da auch die kleinste Veränderung unendlich lange zu dauern scheinen. Natürlich gilt alles, was hier über die Beurteilung des Ablaufs von Vorgängen gesagt ist, die sich in S' am gleichen Ort abspielen, auch für die Beurteilung von entsprechenden Vorgängen in S, wenn man sie von S' aus beurteilt. Der Leser prüfe selbst nach, daß sich dann, analog zur (328.3), die Beziehung $t_2' - t_1' = (t_2 - t_1)/\sqrt{1 - \beta^2}$ ergibt.

Nun sei S ein z. B. in der Erde verankertes Bezugssystem, das in weitgehender Näherung als ein Inertialsystem betrachtet werden kann. Ein Bezugssystem S' sei in einem Körper verankert, der zunächst auf der Erde ruht. Dann erfahre er in einem kurzen Akt eine starke Beschleunigung und bewege sich lange Zeit gleichförmig von der Erde weg. Schließlich werde er in einem kurzen Akt gebremst und zur Erde zurück beschleunigt und dort wieder zur Ruhe gebracht. Sowohl für den ersten Teil der Reise als auch für die Rückkehr gilt (328.3). Das bedeutet, daß alle Vorgänge im System S', von der Erde aus beurteilt, langsamer abgelaufen sind als analoge Vorgänge auf der Erde. Mitgeführte Uhren sind langsamer gegangen als irdische Uhren, ein Mitreisender ist weniger gealtert als sein auf der Erde zurückgebliebener Zwillingsbruder. Könnte das System sich mit Lichtgeschwindigkeit bewegen ($\beta^2 = 1$), so würde die Zeit in ihm, von der Erde aus beurteilt, überhaupt stillgestanden sein. Es ist früher oft versucht worden, dieses sogenannte *Uhrenparadoxon* und damit die Relativitätstheorie überhaupt durch folgende Überlegung zu widerlegen. Man könnte die Betrachtung umkehren und sagen, S habe sich relativ zu S' bewegt, und dann müsse das, was wir eben über S' gesagt haben, nunmehr für S gelten. Das wäre natürlich ein Widerspruch.

Dabei ist aber übersehen, daß S unverändert das gleiche Inertialsystem geblieben ist, S' aber nicht. Die beiden Systeme haben also verschiedene Schicksale erlitten, und deshalb ist eine Umkehrung der Betrachtung nicht zulässig. Die Gültigkeit des Uhrenparadoxons hat bereits an den Myonen der kosmischen Strahlung nachgewiesen werden können (§ 401).

Eine Lichtquelle bewege sich mit der Geschwindigkeit v radial von einem im System S ruhenden Beobachter weg. Die Frequenz ihres Lichtes im mitbewegten System sei v'. Nach § 87 sollte dann der Beobachter in S die Frequenz $v = v'/(1+\beta)$ beobachten (mit $v_s = v$, $v_0 = v'$, $c = c_0$, $v/c_0 = \beta$), der die Schwingungsdauer $T = 1/v = (1+\beta)/v' = T'(1+\beta)$ entspricht. Das wäre der „klassische" Doppler-Effekt. Dabei ist aber die Zeitdilatation, (328.3), nicht berücksichtigt, nach der die in S gemessene und schon bezüglich des klassischen Doppler-Effekts korrigierte Schwingungsdauer $T = T'/\sqrt{1-\beta^2}$ beträgt. Das kommt zum klassischen Doppler-Effekt hinzu, so daß tatsächlich $T = T'(1+\beta)/\sqrt{1-\beta^2}$ ist. Führt man die Wellenlängen $\lambda = T/c_0$ und $\lambda' = T'/c_0$ ein, so folgt $\lambda = \lambda'(1+\beta)/\sqrt{1-\beta^2}$. Bewegt sich die Lichtquelle nicht, wie bisher angenommen, in der Sichtlinie, sondern unter einem Winkel ϑ zu ihr, so geht nur ihre Geschwindigkeitskomponente $v \cos \vartheta$ in dieser Richtung in den klassischen Doppler-Effekt ein; an ihrer Relativgeschwindigkeit gegenüber S aber ändert das nichts, also auch nicht an der Zeitdilatation. Allgemein gilt also

$$\lambda = \lambda' \frac{1 + \beta \cos \vartheta}{\sqrt{1-\beta^2}} \quad \text{oder in 1. Näherung} \quad \lambda = \lambda'\left(1 + \beta \cos \vartheta + \frac{1}{2}\beta^2\right). \quad (328.4)$$

Das Glied $\lambda' \beta \cos \vartheta$ stellt den klassischen Doppler-Effekt dar, das relativistische Glied $\lambda' \beta^2/2$ nennt man den *quadratischen Doppler-Effekt*. Er bleibt auch für $\vartheta = \pi/2$ erhalten, also wenn die Lichtquelle sich senkrecht zur Sichtlinie bewegt. Sein Nachweis bei sehr schnellen Kanalstrahlen war einer der wichtigsten Beweise für die spezielle Relativitätstheorie.

329. Die Relativität der Längenmessung. Lorentz-Kontraktion. Die Länge eines im System S' ruhenden, also relativ zu S bewegten, längs der x'-Achse erstreckten Körpers werde in S' gemessen. Ein in S' ruhender Beobachter kann dessen Länge $x'_2 - x'_1$ auf die gewöhnliche Weise messen. Die Messung relativ zu S ist komplizierter. Wir können sie uns derart ausgeführt denken, daß sich längs der x-Achse eine in S ruhende Teilung erstreckt, längs derer beliebig viele, mit genau gleich gehenden Uhren versehene Beobachter aufgestellt sind, von denen die beiden, bei denen sich die Enden des Körpers zu einer verabredeten Zeit, etwa $t = 0$, befinden, deren Orte x_1 und x_2 ablesen. Die Beobachter in S messen also eine Länge $x_2 - x_1$. Die beiden Ablesungen werden aber, von S' aus beurteilt, da nicht am gleichen Ort stattfindend, nicht gleichzeitig, sondern zu verschiedenen Zeiten stattfinden, und zwar, da $t_1 = t_2 = 0$, nach (327.5b) zu den Zeiten $t'_1 = -(v x_1/c_0^2)/\sqrt{1-\beta^2}$ und $t'_2 = -(v x_2/c_0^2)/\sqrt{1-\beta^2}$. Damit ergibt sich nach (327.5a)

$$x_2 - x_1 = (x'_2 - x'_1)\sqrt{1-\beta^2}. \quad (329.1)$$

Der bewegte Körper erscheint also, vom System S aus gemessen, in der Bewegungsrichtung *verkürzt*, und zwar ist der Betrag der Verkürzung genau derjenige, auf den LORENTZ bereits aus dem Ausfall des Michelson-Versuchs geschlossen hatte *(Lorentz-Kontraktion)*. Die Ursache dieser Verkürzung ist leicht ersichtlich; sie beruht auf der Relativität der Gleichzeitigkeit. Von S' aus beurteilt, wurden die Orte der Enden des Körpers in S zu verschiedenen Zeiten gemessen, und zwar — wie man aus den obigen Gleichungen für t_1' und t_2' erkennt — das vordere Ende (x_2) früher als das hintere Ende (x_1). Da sich dieses also zwischen den beiden Messungen relativ zu S in Richtung auf x_2 verschoben hat, so tritt eine Verkürzung der an der in S ruhenden Teilung abgelesenen Strecke $x_2 - x_1$ ein. Hierbei handelt es sich, wohlgemerkt, um die *Messung* der Länge eines bewegten Körpers. Hingegen erscheint er, wie erst 1959 J. TERRELL erkannt hat, bei *visueller Beobachtung* genau so lang, wie wenn er relativ zum Beobachter ruht.

330. Das Additionstheorem der Geschwindigkeiten. Aus (327.3) und (327.4) ergibt sich für die Geschwindigkeit u relativ zu S eines mit der Geschwindigkeit u' relativ zu S' längs der x- bzw. x'-Achse bewegten Körpers

$$u = \frac{u' + v}{1 + u'\, v/c_0^2} \quad \text{bzw.} \quad u' = \frac{u - v}{1 - u\, v/c_0^2} \tag{330.1}$$

(Additionstheorem der Geschwindigkeiten). Für u/c_0 bzw. u'/c_0 oder $v/c_0 \ll 1$ geht dies in die Gleichungen $u = u' + v$ bzw. $u' = u - v$ der klassischen Mechanik über. Solange $v < c_0$ und auch $u < c_0$, ist auch $u' < c_0$, bzw. wenn $u' < c_0$, ist auch $u < c_0$. Für $u' = c_0$ bzw. $u = c_0$ aber ergibt sich, in Übereinstimmung mit dem Prinzip der Konstanz der Vakuumlichtgeschwindigkeit auch $u = c_0$ bzw. $u' = c_0$. Das Licht pflanzt sich relativ zu S und S' gleich schnell fort, wie EINSTEIN es gefordert hat.

Wir betrachten jetzt die Lichtgeschwindigkeit in einem mit der Geschwindigkeit v relativ zu einem Beobachter (System S) in der x-Richtung bewegten Stoff (System S'). Die Geschwindigkeit relativ zum bewegten Stoff ist $c' = c_0/n$ (n Brechzahl, §273), relativ zu S sei sie c. Dann ist nach (330.1) mit $u = c$ und $u' = c'$

$$c = \frac{c' + v}{1 + c'\, v/c_0^2} \,. \tag{330.2}$$

Wenn wir dies in eine Reihe entwickeln und alle höheren Potenzen der in allen praktischen Fällen sehr kleinen Größe v/c_0 vernachlässigen, so ergibt sich $c = c' + v(1 - 1/n^2)$. Das zweite Glied ist positiv oder negativ, je nachdem der Stoff sich vom Beobachter weg oder auf ihn hin bewegt. Demnach trägt die Flüssigkeitsgeschwindigkeit v nur zu dem Bruchteil $1 - 1/n^2$ zur Lichtgeschwindigkeit c' bei. Dieser Faktor ist der *Fresnelsche Mitführungskoeffizient* (§293). Messungen an strömenden Flüssigkeiten und schnell bewegten festen Stoffen haben beste Übereinstimmung von (330.2) mit der Erfahrung ergeben.

331. Masse und Energie. Die Masse bewegter Körper. Das wichtigste und folgenschwerste Ergebnis der speziellen Relativitätstheorie, das wir hier aber nur ohne Ableitung mitteilen können, ist die berühmte *Einsteinsche Gleichung*

$$m = \frac{E}{c_0^2} \quad \text{bzw.} \quad E = m\, c_0^2. \tag{331.1 a, b}$$

(331.1 a) besagt: *Der Energie E eines materiellen oder immateriellen Systems, also auch eines einzelnen Körpers, entspricht eine Masse m, die gleich dem Quotienten aus der Energie und dem Quadrat der Vakuumlichtgeschwindigkeit ist. Ein System also auch ein einzelner Körper, ist um so träger, aber auch um so schwerer, je größer seine Energie ist.*

Unter einem immateriellen System sind insbesondere Kraftfelder, also auch Strahlungen zu verstehen. Ist z.B. in einem Hohlraum eine Strahlung eingeschlossen, so ist die Masse des ganzen Systems gleich der Summe aus der Masse der materiellen Hohlraumwände und der Masse der eingeschlossenen Strahlung, und sie ist um so größer, je größer die Energie der Strahlung ist.

Wegen des Faktors $1/c_0^2$ in (331.1 a) entsprechen auch beträchtlichen Energien nur sehr kleine Massen, so, wie der Leser selbst feststelle, einer Energie von 1 kWh nur eine Masse von etwa $4 \cdot 10^{-8}$ g. Auch die Massenänderungen, welche ein Körper durch Energieänderungen gewöhnlicher Art erfährt, sind unmeßbar klein gegen seine Gesamtmasse. Führt man einem Körper Energie ΔE zu, so ändert sich seine Masse um

$$\Delta m = \frac{\Delta E}{c_0^2}. \tag{331.2}$$

Wird z. B. 1 kg Wasser von 0 auf 100 °C erwärmt, so wächst sein Energieinhalt um $10^5 \, \mathrm{cal} \approx 4 \cdot 10^{12}$ erg, was einem Massenzuwachs um $4 \cdot 10^{12}/(9 \cdot 10^{20}) \approx 0{,}4 \cdot 10^{-8}$ g entspricht. Der Leser berechne selbst, daß der Massenzuwachs eines 100 kg schweren Körpers bei einer Hebung um 1000 m (potentieller Energiezuwachs) nur rund 10^{-9} g beträgt. Der Ausstrahlung der Sonne entspricht ein Massenverlust von etwa $4 \cdot 10^{12}$ kg je Sekunde; aber auch das ist selbst in kosmischen Zeiten verschwindend wenig, verglichen mit der Masse der Sonne. Hingegen beobachtet man meßbare Massenänderungen infolge Energieverlust bei den Bausteinen der Atomkerne (Massendefekt, § 367).

(331.1 b) besagt: *Der Masse m eines Körpers entspricht eine Energie E, die gleich dem Produkt aus der Masse und dem Quadrat der Vakuumlichtgeschwindigkeit ist.* Das bedeutet: *Die Masse eines materiellen Körpers ist ein Maß für eine ihm innewohnende besondere Form der Energie.*

Wegen des Faktors c_0^2 in (331.1 b) entsprechen schon sehr kleinen Massen sehr große Energien, so z. B. der Masse 1 g etwa die Energie $9 \cdot 10^{20}$ erg $\approx 25 \cdot 10^6$ kWh. Natürlich gilt auch für solche Energien das Energieprinzip und die wenigstens grundsätzliche Möglichkeit ihrer Verwandlung in andere Energieformen. In der Tat gibt es Fälle, in denen Elementarteilchen als Materie verschwinden und sich restlos in Strahlung verwandeln (§§ 363, 388).

Nach (331.1 a) ist die Masse eines Körpers auch um so größer, je größer seine kinetische Energie ist. Wie wir hier nur mitteilen können, beträgt sie, mit $\beta = v/c_0$,

$$m = \frac{m_0}{\sqrt{1 - \beta^2}}. \tag{331.3}$$

m_0 ist die *Ruhmasse* des Körpers bei $v = 0$. Die Theorie ergibt ferner, daß die *Gesamtenergie* eines bewegten Körpers

$$E = m c_0^2 = \frac{m_0 c_0^2}{\sqrt{1 - \beta^2}}, \tag{331.4}$$

beträgt. Da die Energie eines ruhenden Körpers, seine *Ruhenergie*, nach (331.1 b)

$$E_0 = m_0 c_0^2 \tag{331.5}$$

ist, so entfällt auf seine kinetische Energie der Anteil

$$E_k = m c_0^2 - m_0 c_0^2 = m_0 c_0^2 \left(\frac{1}{\sqrt{1 - \beta^2}} - 1 \right). \tag{331.6}$$

Wenn man dies in eine Reihe entwickelt und höhere Potenzen von β^2 vernachlässigt, so ergibt sich entsprechend der klassischen Mechanik für $v \ll c_0$, also bei gewöhnlichen Geschwindigkeiten, $E_k = m_0 v^2/2$. Die erwähnte Massenzunahme eines Körpers infolge Erwärmung ist also der Massenzuwachs, den seine einzelnen Moleküle infolge der Zunahme ihrer kinetischen Energie erfahren.

Die *Bewegungsgröße* eines Körpers ist auch in der Relativitätstheorie das Produkt aus seiner Masse und seiner Geschwindigkeit, also

$$\boldsymbol{p} = \boldsymbol{m}\boldsymbol{v} = \frac{m_0\,v}{\sqrt{1-\beta^2}}\,. \tag{331.7}$$

(331.3) ist bei Elektronen und anderen geladenen Elementarteilchen, welche Geschwindigkeiten haben können, die nur um Bruchteile eines Prozent kleiner als die Vakuumlichtgeschwindigkeit sind, mit großer Genauigkeit bestätigt worden. Bei $v = c_0/2$ beträgt der Massenzuwachs rund 15% ; bei $v = 0{,}99\,c_0$ ist die Masse etwa versiebenfacht, und für $v = c_0$ wird $m = \infty$. Demnach würde es eines unendlich großen Energieaufwandes bedürfen, um einen Körper auf Vakuumlichtgeschwindigkeit zu beschleunigen. In die größten heutigen Teilchenbeschleuniger (§ 375) werden Elektronen oder leichte Atomkerne bereits mit nahezu Lichtgeschwindigkeit eingeschossen. Ein elektrisches Feld kann sie kaum noch weiter beschleunigen, sondern fast nur noch eine Vergrößerung ihrer Masse bewirken. Die *Vakuumlichtgeschwindigkeit ist also die obere Grenze der Geschwindigkeit, mit der sich irgendeine Wirkung ausbreiten kann*, sei es als reine Energiestrahlung oder — wenn auch nur asymptotisch — als kinetische Energie bewegter Körper. Sie ist die *größte mögliche Signalgeschwindigkeit*. Zwar kann sich z.B. der von einem sich drehenden Lichtzeiger auf einer Fläche erzeugte Lichtfleck mit Überlichtgeschwindigkeit über diese hin bewegen, wenn die Fläche genügend weit entfernt ist. Aber eine Energieübertragung, die Übertragung einer Wirkung, findet *längs seiner Bahn* nicht statt. Auch die Phase in einer Lichtwelle kann sich mit Überlichtgeschwindigkeit ausbreiten, wenn $c_0/c = n < 1$ ist (§ 310), während sich die Lichtenergie immer nur mit Geschwindigkeiten $v \leqq c_0$ fortpflanzt.

332. Die Raum-Zeit-Welt. Im Gegensatz zu unserem Bewußtsein, das einen ganz scharfen Unterschied zwischen Raum und Zeit macht, findet in der Relativitätstheorie bis zu einem gewissen Grade eine Gleichstellung oder Verschmelzung der drei räumlichen und der einen zeitlichen Koordinate statt, worauf zuerst MINKOWSKI[1] klar hingewiesen hat. Das wird besonders deutlich, wenn wir in der Lorentz-Transformation die Zeitkoordinate t bzw. t' durch die Koordinate $c_0 t$ bzw. $c_0 t'$, die Länge des vom Licht in der Zeit t bzw. t' zurückgelegten Weges, also durch eine Koordinate von der Größenart einer Länge ersetzen. (327.5 a, b) lauten dann (unter Fortlassung der Gleichungen für y und z und mit $v/c_0 = \beta$):

$$x = \frac{x' + \beta(c_0 t')}{\sqrt{1-\beta^2}}\,, \qquad c_0 t = \frac{c_0 t' + \beta x'}{\sqrt{1-\beta^2}}\,, \tag{332.1a}$$

$$x' = \frac{x - \beta(c_0 t)}{\sqrt{1-\beta^2}}\,, \qquad c_0 t' = \frac{c_0 t - \beta x}{\sqrt{1-\beta^2}}\,. \tag{332.1b}$$

In diesen Gleichungen treten nunmehr x bzw. x' und $c_0 t$ bzw. $c_0 t'$ vollkommen gleichberechtigt auf, und die nebeneinander stehenden Gleichungen gehen durch Vertauschung der betreffenden Koordinaten ineinander über. Die Transformation hat eine gewisse Verwandtschaft mit derjenigen, die man mit den Koordinaten x, y eines räumlichen Koordinatensystems vornehmen muß, wenn man zu neuen Koordinaten x', y' mit gleichem Nullpunkt, aber anderen Achsenrichtungen und Maßverhältnissen übergeht, und welche die allgemeine Gestalt $x' = A x + B y$ und $y' = C x + D y$ haben. Tatsächlich entspricht der Übergang vom ruhend gedachten System S zum bewegten System S' einer Drehung der $c_0 t$-Achse im Uhrzeigersinn um einen Winkel φ, für den tg $\varphi = v/c_0$ ist, und einer gleich großen Drehung der

---

[1] HERMANN MINKOWSKI, 1864—1909.

x-Achse gegen den Uhrzeigersinn (Abb. 587a), der Übergang vom ruhend gedachten System S' zum bewegten System S einer Drehung beider Achsen im entgegengesetzten Sinne (Abb. 587b), unter gleichzeitiger Änderung der Längeneinheit im Verhältnis $1 : \sqrt{1 - \beta^2}$.

Hiernach ist jedes sich zu einer bestimmten Zeit an einem bestimmten Ort abspielende Ereignis nach Ort und Zeit symbolisch durch einen bestimmten Punkt in einem vierdimensionalen Koordinatensystem $x, y, z, c_0 t$ bzw. $x', y', z', c_0 t'$ dargestellt. Man nennt es in diesem Sinne einen *Weltpunkt* oder ein *Punktereignis*. Die Gesamtheit jeglichen vergangenen, jetzigen und künftigen Ge-

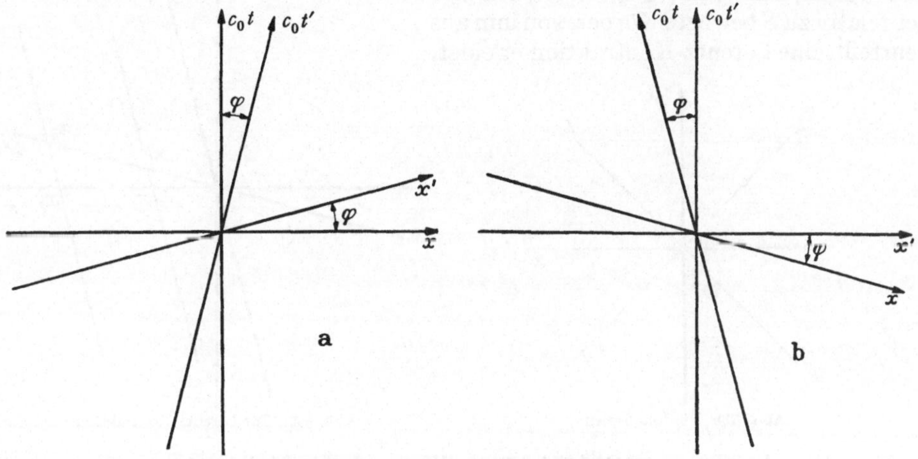

Abb. 587. Transformation a von S nach S', b von S' nach S, $v = c_0/4$

schehens in der Welt ist also nach Ort und Zeit dargestellt durch die Gesamtheit aller Punkte in dieser *vierdimensionalen Raum-Zeit-Welt*. Die Abb. 587 ist ein zweidimensionaler Querschnitt durch diese.

Die Bewegung eines Massenpunktes wird in der Raum-Zeit-Welt durch eine zugleich seinen Ort und die Zeit seiner Anwesenheit an ihm bezeichnende Kurve, die *Weltlinie* des Massenpunktes, dargestellt. Abb. 588a zeigt die gerade Weltlinie eines längs der x-Achse des dreidimensionalen Raumes gleichförmig bewegten

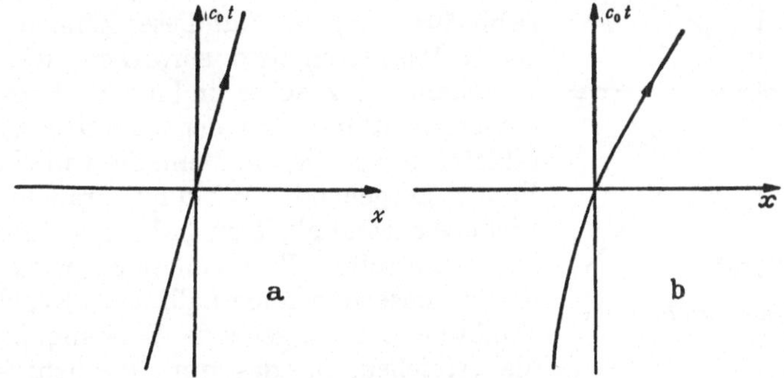

Abb. 588. Weltlinie a eines gleichförmig bewegten, b eines beschleunigten Massenpunktes

Massenpunktes, Abb. 588b die gekrümmte eines beschleunigten Massenpunktes. Die Weltlinie des Nullpunktes des Systems S' relativ zu S ist, wie leicht ersichtlich, die $c_0 t'$-Achse der Abb. 587a. Die Weltlinie eines zur Zeit $t = t' = 0$ durch die alsdann zusammen fallenden Nullpunkte von S und S' gehenden Lichtstrahls ist — je nachdem der Strahl in oder entgegen der positiven x-Richtung verläuft — eine der beiden *Lichtlinien* L_1 oder L_2 (Abb. 589), welche beide unter 45° gegen die Achsen von S und unter $(45° - \varphi)$ gegen die Achsen von S' geneigt sind. Denn für sie gilt $x/(c_0 t) = \pm 1$ und auch $x'/(c_0 t') = \pm 1$, also $dx/dt = dx'/dt' = \pm c_0$, im Einklang mit dem Prinzip der Konstanz der Lichtgeschwindigkeit.

Die Abb. 590 zeigt die beiden Weltlinien der Enden eines in S' ruhenden, in der x'-Richtung, also auch in der x-Richtung erstreckten Körpers. Seine zur Zeit $t' = 0$ in S' gemessene Länge ist $x_2' - x_1'$, hingegen seine zur Zeit $t = 0$ in S gemessene Länge $x_2 - x_1$. Man liest aus der Abb. 590 ab, daß $x_2 - x_1 < x_2' - x_1'$ ist, daß also der relativ zu S bewegte Körper, von ihm aus beurteilt, eine Lorentz-Kontraktion erleidet.

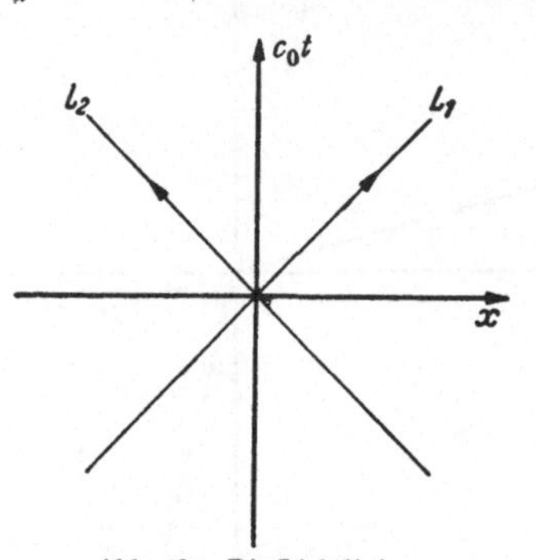

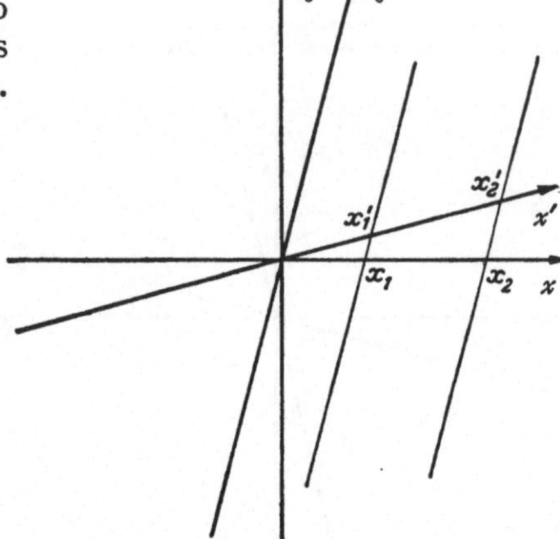

Abb. 589. Die Lichtlinien   Abb. 590. Zur Lorentz-Kontraktion

Eine Gerade OP_1 oder OP_1' (Abb. 591), die durch den Nullpunkt des Systems S geht und mit der $c_0 t$-Achse einen kleineren Winkel als 45° bildet, ist die Weltlinie eines Massenpunktes oder einer Energie (eines *Signals*), welche sich mit einer Geschwindigkeit $v < c_0$ bewegen. Wäre der Winkel größer als 45° (OP_2, OP_2'), so entspräche dem eine Überlichtgeschwindigkeit. Derartige Weltlinien gibt es also nicht. Weltlinien eines Massenpunktes oder einer Energie können in keinem ihrer Punkte um mehr als 45° gegen die $c_0 t$-Achse geneigt sein.

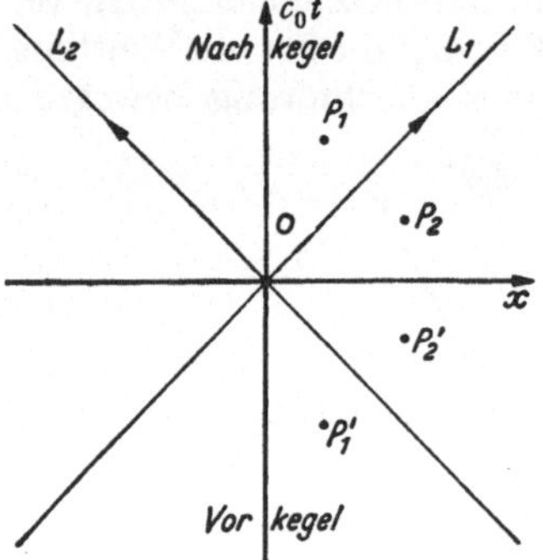

Abb. 591. Vergangenheit und Zukunft in der Raum-Zeit-Welt

Wir fassen ein Punktereignis ins Auge, das sich zur Zeit $t = 0$ am Ort $x = 0$, also im Punkt O (Abb. 591) abspielt. Auf dieses können alle vergangenen Punktereignisse einwirken, welche wie P_1' unterhalb der x-Achse und innerhalb des durch die beiden Lichtlinien mit der $c_0 t$-Achse als Achse gebildeten Kegels liegen. Denn die von einem solchen Punkt ausgehende Wirkung braucht höchstens Lichtgeschwindigkeit zu haben, um zur Zeit $t = 0$ in O einzutreffen. Eine von einem wie P_2' unterhalb der x-Achse und außerhalb jenes Kegels liegenden Punktereignis ausgehende Wirkung kann aber O nie erreichen, da das mit Überlichtgeschwindigkeit geschehen müßte. Ebenso kann das Punktereignis in O alle künftigen Punktereignisse beeinflussen, welche wie P_1 oberhalb der x-Achse und innerhalb jenes Kegels liegen, aber nicht die wie P_2 außerhalb desselben liegenden Punktereignisse. Man nennt die untere Kegelhälfte den *Vorkegel*. Ihm gehören alle Punktereignisse von der Art von P_1' an, die auf das Punktereignis in O einwirken oder einwirken können, die also zur *Vergangenheit* desselben gehören. Die obere

Hälfte ist der *Nachkegel*. In ihm liegen alle Punktereignisse von der Art von P_1, auf die das Punktereignis in O einwirkt oder einwirken kann, die also zur *Zukunft* desselben gehören. Was außerhalb des Doppelkegels liegt, wie P_2 und P_2', kann weder aktiv noch passiv in irgendeiner Beziehung zu dem Punktereignis in O stehen.

In der klassischen Mechanik ist der räumliche Abstand r der Orte (x_1, y_1, z_1) und (x_2, y_2, z_2) zweier Ereignisse vom gewählten Bezugsystem unabhängig. Es gilt also

$$r^2 = (x_2 - x_1)^2 + (y_2 - y_1)^2 + (z_2 - z_1)^2 \\ = (x_2' - x_1')^2 + (y_2' - y_1')^2 + (z_2' - z_1')^2 = r'^2. \tag{332.2}$$

Gemäß der Lorentz-Transformation gilt das in der Relativitätstheorie nicht mehr. Vielmehr gilt jetzt, wie man aus (327.5 a, b) ableitet,

$$s^2 = (x_2 - x_1)^2 + (y_2 - y_1)^2 + (z_2 - z_1)^2 - c_0^2(t_2 - t_1)^2 \\ = (x_2' - x_1')^2 + (y_2' - y_1')^2 + (z_2' - z_1')^2 - c_0^2(t_2' - t_1')^2 = s'^2. \tag{332.3}$$

Setzen wir der Einfachheit halber $x_1 = y_1 = z_1 = c_0 t_1 = 0$ und $x_2 = x$, $y_2 = y$, $z_2 = z$, $t_2 = t$ und ebenso für die gestrichelten Koordinaten, so erhalten wir

$$s^2 = x^2 + y^2 + z^2 - (c_0 t)^2 = x'^2 + y'^2 + z'^2 - (c_0 t')^2 = s'^2. \tag{332.4}$$

Die vom Bezugsystem unabhängige, also invariante Größe $s = s'$ heißt das *Intervall* der beiden Punktereignisse und spielt in der Relativitätstheorie eine ähnliche Rolle wie der räumliche Abstand r derselben in der klassischen Mechanik. Sie würde einem räumlichen Abstand in einem vierdimensionalen Raum mit den Koordinaten $x, y, z, c_0 t$ genau entsprechen, wenn nicht das vierte, zeitliche Glied von (332.4) negatives Vorzeichen hätte. Mit positivem Vorzeichen desselben wären die Gleichungen nichts anderes als der in vier Dimensionen übertragene Lehrsatz des PYTHAGORAS der euklidischen Geometrie. Das negative Vorzeichen zeigt an, daß die Geometrie der vierdimensionalen Raum-Zeit-Welt *nichteuklidisch*, eine sog. *pseudo-euklidische Geometrie* ist. Doch kann sie wenigstens in die äußere Form der euklidischen Geometrie gekleidet werden, wenn man statt der Koordinaten $c_0 t$ bzw. $c_0 t'$ die Koordinaten $i c_0 t$ bzw. $i c_0 t'$ wählt. Dann folgt aus (332.4)

$$s^2 = x^2 + y^2 + z^2 + (i c_0 t)^2 = x'^2 + y'^2 + z'^2 + (i c_0 t')^2 = s'^2. \tag{332.5}$$

Die Lorentz-Transformationen lauten dann mit $v/c_0 = \beta$

$$x = \frac{x' - i\beta\, i c_0 t'}{\sqrt{1 - \beta^2}}, \qquad i c_0 t = \frac{i c_0 t' + i\beta x'}{\sqrt{1 - \beta^2}}, \tag{332.6}$$

entsprechend für x' und $i c_0 t'$ unter Umkehrung des Vorzeichens von β. Im Sinne dieser Gleichungen entspricht die Transformation von S auf S' einer Drehung der x-Achse um einen imaginären Winkel $i\varphi$, für den $\operatorname{tg} i\varphi = i\, \boldsymbol{Tg}\, \varphi = i v/c_0 = i\beta$ ist.

333. Relativistische Elektrodynamik. Die Relativitätstheorie führt, wie MINKOWSKI gezeigt hat, zu einer neuen, einfachen *Grundlegung der Elektrodynamik*, indem sie die magnetischen Felder auf die elektrischen Felder zurückführt. Wir haben in §198 zwei gleichnamige Elementarladungen e betrachtet, die sich parallel zueinander mit der Geschwindigkeit v bewegen und deren Abstand gleich r ist (Abb. 359) und (mit $v/c_0 = \beta$ und $e = Q$) die Gl. (198.4)

$$F = F_1 - F_2 = \frac{1}{\varepsilon_0}\, \frac{Q^2}{4\pi r^2}\, (1 - \beta^2) \tag{333.1}$$

abgeleitet. Das gleiche folgt aber *rein elektrostatisch* auch aus der Lorentz-Transformation. Wir betrachten die beiden Ladungen einmal in ihrem Ruhsystem S' $(v=0)$, dann in einem mit der Geschwindigkeit $-v$ relativ zu S' in der negativen x-Richtung bewegten System S, relativ zu dem die Ladungen also die Geschwindigkeit $+v$ haben. Ein Beobachter in S kann auf eine Kraft zwischen den Ladungen nur aus der von ihm beobachteten Beschleunigung d^2y/dt^2 in der zu v senkrechten (mit der Richtung von r in Abb. 339, §198, identischen) y-Richtung schließen. Aus der Gl. (327.5a) für t (mit $x'=const$) folgt $dt=dt'/\sqrt{1-\beta^2}$, also

$$\frac{d^2y}{dt^2} = \frac{d^2y'}{dt'^2}\,(1-\beta^2),\tag{333.2}$$

da nach (327.5a) $y=y'$. Die Beschleunigung relativ zu S ist also um den Faktor $(1-\beta^2)$ kleiner als im Ruhsystem S'. Auf das gleiche schließt dann der Beobachter in S für die beschleunigende Kraft. (Er muß mit m_0, nicht etwa mit $m=m_0/\sqrt{1-\beta^2}$, multiplizieren, wie man leicht zeigen kann.) Damit ist (333.1) auch relativistisch bewiesen.

Der Begriff „magnetisch" tritt hier überhaupt nicht auf. Vielmehr ist (333.1) nunmehr lediglich eine *Verallgemeinerung des 1. Coulombschen Gesetzes* für *ruhende* Ladungen auf den Fall *bewegter* Ladungen, und zwar eine Folge der *Zeitdilatation* (§328). Wie man sieht, kann man die magnetische Wirkung einer bewegten Ladung durch Transformation in ihr Ruhsystem (von S nach S') zum Verschwinden bringen und sie durch die umgekehrte Transformation (von S' nach S) berechnen.

Allerdings haben wir bisher nur einen besonders einfachen Sonderfall behandelt. Im allgemeinen werden zwei Ladungen Q_1, Q_2 verschieden große und verschieden gerichtete Geschwindigkeiten v_1, v_2 haben, und der sie verbindende Ortsvektor r kann eine beliebige Richtung haben. An die Stelle von (333.1) tritt dann die vektorielle Gleichung

$$\boldsymbol{F} = \boldsymbol{F}_1 + \boldsymbol{F}_2 = \frac{1}{\varepsilon_0}\,\frac{Q_1 Q_2}{4\pi r^2}\left(r^0 - \frac{v_1 v_2}{c_0^2}\,[v_1^0\,[v_2^0 r^0]]\right).\tag{333.3}$$

Der Leser möge selbst nachprüfen, daß das (magnetische) Glied $\boldsymbol{F}_2$ in das Ampèresche Gesetz (210.1) übergeht, wenn man beachtet, daß $I=dQ/dt$, also $I\,dl=dQ\,dl/dt$ ist und wenn man $Q=dQ$ setzt, wenn man ferner beachtet, daß l und r in jedem der Leiterelemente gleich gerichtet sind, also $l^0=r^0$ ist.

Neben ε_0 tritt in (333.3) als der Elektrostatik fremde Konstante nur c_0 als spezifisch elektrodynamische Konstante auf, wofür man — wie im Vierersystem üblich — auch $\mu_0=1/(\varepsilon_0 c_0^2)$ setzen kann. Für die Einführung einer weiteren Konstanten (γ), die keine reine Zahl ist, besteht weder eine Notwendigkeit, noch bei willkürfreiem Vorgehen überhaupt eine Veranlassung. Damit entfällt aber auch jede Notwendigkeit, in der Elektrodynamik eine fünfte, magnetische Grundgröße einzuführen. Unsere relativistische Ableitung beweist, daß für eine willkürfreie Darstellung der Elektrodynamik vier Grundgrößen genügen (§199).

Nunmehr haben wir bewiesen, was wir bereits im letzten Absatz von §243 gesagt haben: *Aus dem 1. Coulombschen Gesetz läßt sich unter Hinzunahme der Relativitätstheorie die gesamte Elektrodynamik ableiten*, natürlich unter Voraussetzung der Gesetze der Dynamik, insbesondere der Erhaltungsgesetze von Impuls und Energie.

334. Die allgemeine Relativitätstheorie. Die bisher behandelte spezielle Relativitätstheorie wahrt die Sonderstellung der Inertialsysteme bei der Beschreibung von Naturvorgängen (§17). Etwa seit 1915 beseitigte EINSTEIN diese Sonderstellung in der allgemeinen Relativitätstheorie und machte die beschleunigten Bezugssysteme den Inertialsystemen gleichberechtigt. Die allgemeine Relativitätstheorie ist eine geometrische Theorie. Ausgangspunkt der Theorie ist die in der Erfahrung bestätigte *Proportionalität von träger und schwerer Masse* (§ 12).

Man denke sich einen frei beweglichen Kasten mit einem in ihm verankerten Bezugssystem und in dem Kasten einen in ihm frei beweglichen Körper. Wenn *außen* an dem Kasten eine beschleunigende Kraft angreift, die aber *nicht die Gravitation ist*, so tritt in dem Bezugssystem des Kastens an dem (von der Kraft nicht beeinflußten) Körper die in § 17 behandelte, der Masse proportionale Trägheitskraft $-ma$ auf. Wird jedoch der Kasten durch die *Gravitation* beschleunigt, so greift diese auch an dem Körper an und erteilt ihm die gleiche Beschleunigung wie dem Kasten, so daß er relativ zu diesem unbeschleunigt ist. Man kann das auch so sagen: Die Trägheitskraft $-ma$ wird relativ zum Kasten durch die Schwerkraft $mg = +ma$ genau aufgehoben. Relativ zu dem Bezugssystem des Kastens verhält sich also der Körper wie ein kräftefreier Körper relativ zu einem Inertialsystem ohne Gravitationsfeld. Demnach erscheinen alle Körper relativ zum Bezugssystem des Kastens als *schwerelos*, und auch ein mit dem Kasten beschleunigter Beobachter empfindet sich selbst als schwerelos. (Man erhält davon einen kleinen Begriff beim plötzlichen Abfahren eines Aufzugs nach unten; § 17.) Ein in dem Kasten losgelassener Körper schwebt frei im Raum. Hier liegt auch das Problem der Beschleunigungen und der Schwerelosigkeit in einem Raumfahrzeug. Solange ihr Antrieb andauert, treten bei ihrer Beschleunigung, die ein erhebliches Mehrfaches der Fallbeschleunigung beträgt, Trägheitskräfte auf, die ein Vielfaches der Schwerkraft sind, die aber bei Brennschluß verschwinden. Von nun an bewegt sich das Fahrzeug frei im Schwerefeld der Erde, und die durch ihre Bahnkrümmung hervorgerufene Trägheitskraft (Zentrifugalkraft) hebt von nun an die Schwerkraft genau auf.

Ein mit dem Kasten fallender Beobachter kann allein auf Grund des Bewegungsverhaltens der Körper seiner Umgebung auf keine Weise entscheiden, ob sein Bezugssystem in einem Gravitationsfelde frei beschleunigt ist oder ob es ein gravitationsfreies Inertialsystem ist, in dem der Trägheitssatz gilt. Man nennt das die *Äquivalenz von Trägheit und Schwere*.

Das bisher Gesagte ist grundsätzlich noch gar nichts Neues und beruht lediglich auf der Proportionalität (bzw. Identität) von träger und schwerer Masse. Bestünde sie nicht, so wären die Beschleunigungen freier Körper im Gravitationsfelde verschieden groß, und es gäbe keine Äquivalenz von Trägheit und Schwere. Nun erst kommt EINSTEINS entscheidender Gedanke, der der Aufstellung des allgemeinen Relativitätsprinzips (§§ 17 und 326) ganz analog ist, sein *allgemeines Äquivalenzprinzip*. Es lautet: *Nicht nur bei Bewegungsvorgängen, sondern bei allen physikalischen Vorgängen hat ein Gravitationsfeld relativ zu einem Inertialsystem die gleichen Wirkungen wie die Beschleunigung eines gravitationsfreien Bezugssystems.*

Durch eine vierdimensionale Koordinatentransformation ist es stets möglich, die Trägheitskräfte zum Verschwinden zu bringen, die ja das Merkmal der beschleunigten Bezugssysteme sind (§ 17), und damit die Gleichberechtigung dieser Bezugssysteme mit den Inertialsystemen herbeizuführen. Hingegen ist es nicht möglich, umgekehrt in allen Fällen die Gravitationskräfte zum Verschwinden zu bringen, wie EINSTEIN anfänglich gehofft hatte.

Ein näheres Eingehen auf die Theorie überschreitet den Rahmen dieses Buches. Darum sei nur das Wichtigste gesagt. Die Newtonsche Mechanik setzt die Beschreibung von Bewegungsvorgängen in einem Raum mit Euklidischer Metrik (Geometrie) voraus. An dessen Stelle tritt in der allgemeinen Relativitätstheorie ein *Raum mit nichteuklidischer Metrik*, die in den einzelnen Raumelementen durch die in ihrer Umgebung verteilte Materie bestimmt wird. Anschaulich ist das nicht vorstellbar. Indessen kann eine zweidimensionale Analogie mit gekrümmten Flächen ein wenig helfen, in denen auch eine nichteuklidische Metrik gilt, so in einer Kugelfläche die sogenannte sphärische Trigonometrie. Analog zu einer gekrümmten Fläche nennt man einen Raum mit nichteuklidischer Metrik einen *gekrümmten Raum*. Je nach der Massenverteilung in der Umgebung eines Raumpunktes sind die örtlichen Abweichungen von der euklidischen Metrik, das örtliche Krümmungsmaß, verschieden groß. Man kann das etwa mit einer mit Buckeln versehenen Kugelfläche vergleichen. Weiteres vgl. §335.

Eine gekrümmte Fläche können wir als eine zweidimensionale Welt ansehen, welche die in ihr befindlichen Massenpunkte nicht verlassen können. In einer solchen Welt gibt es im allgemeinen keine Geraden, sondern die kürzesten Verbindungen zwischen zwei Punkten sind gekrümmte Kurven, in einer Kugelfläche Teile von Großkreisen. Man nennt das *geradeste Bahnen* oder *geodätische Linien*. Das gleiche gilt im dreidimensionalen Raum mit nichteuklidischer Metrik. So wie im euklidischen Raum die Lichtstrahlen Gerade sind, so sind sie im nichteuklidischen Raum geodätische Linien.

In der allgemeinen Relativitätstheorie verliert die Gravitation den Charakter einer Kraft. Vielmehr deutet die Theorie die Bewegungen der Körper unter dem Einfluß von Massen als *Trägheitsbewegungen in einem nicht als Kraftfeld, sondern als metrisches Feld gedeuteten Felde*. Damit findet die *Identifizierung von träger und schwerer Masse* (§12) ihre Rechtfertigung; genauer gesagt: der Begriff der schweren Masse verschwindet[1].

Während der letzten 40 Jahre seines Lebens ist EINSTEIN, allerdings vergeblich, bemüht gewesen, seine Theorie zu einer *allgemeinen Feldtheorie* zu erweitern, die sämtliche Kraftfelder auf eine analoge Weise geometrisch deuten soll, wie die Gravitation. Einen neuen Versuch hat seit 1958 HEISENBERG, teilweise zusammen mit W. PAULI, mit seiner sogenannten *Weltformel* zu unternehmen begonnen, die die Gesamtheit aller Naturgesetze in einer einzigen Gleichung erfassen soll.

335. Die Bestätigungen der allgemeinen Relativitätstheorie. EINSTEIN hat aus seiner Theorie sofort drei Schlüsse gezogen, die nachprüfbar sein sollten und deren einer ganz elementar verständlich ist. Man denke sich einen ruhenden Kasten, in den horizontal von der Seite her ein Lichtstrahl einfällt (Abb. 592a). Wenn sich aber der Kasten mit gleichförmiger Geschwindigkeit *nach oben* bewegt, so ist der gleiche Strahl relativ zum Kasten schräg *nach unten* gerichtet (Abb. 592b),

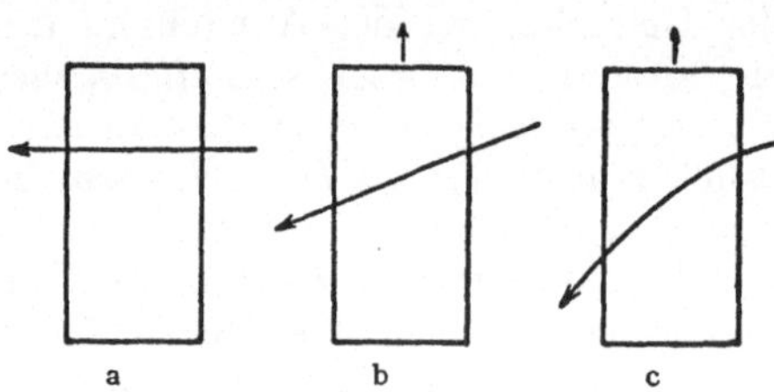

a   b   c

Abb. 592. Zur Lichtablenkung im Gravitationsfelde

und der Winkel, den er mit der Horizontalen bildet, ist um so größer, je größer die Geschwindigkeit des Kastens ist. Wenn sich der Kasten aber *beschleunigt* nach oben bewegt, so ist der Lichtstrahl nach unten gekrümmt (Abb. 592c). Relativ zu dem nach oben beschleunigten Kasten wirken die Trägheitskräfte nach unten. Demnach müssen nach dem Äquivalenzprinzip an dem Lichtstrahl die gleichen Wirkungen eintreten, wenn der Kasten ruht und er sich in einem nach unten gerichteten Gravitationsfelde befindet, das dem Kasten, wenn er frei beweglich wäre, die gleiche Beschleunigung nach unten erteilen würde, wie er sie tatsächlich nach

---

[1] Man sollte dann aber nicht, wie weitgehend üblich, von der Gleichheit von träger und schwerer Masse sprechen, sondern von ihrer *Identität*. Denn sie sind ein und dasselbe.

oben erfährt. *Ein Lichtstrahl erfährt also in einem Gravitationsfelde eine Ablenkung in Richtung auf den Körper, der das Feld hervorruft;* er wird von ihm „angezogen", ebenso wie ein materieller Körper. Die Lichtstrahlen pflanzen sich im Gravitationsfelde nicht geradlinig fort.

Die Theorie ergibt, daß ein unmittelbar an der Sonnenoberfläche — wo die Gravitation 28mal stärker ist als an der Erdoberfläche — vorbei streichender Lichtstrahl eine Ablenkung um 1,75″ erfahren sollte. Ein solcher Effekt ist bei totalen Sonnenfinsternissen an dem Licht von unmittelbar neben der Sonne stehenden Sternen nachgewiesen worden. Er äußert sich in einer ganz kleinen, scheinbaren Vergrößerung des Abstandes des Sternes von der Sonne (Abb. 593). Das Ergebnis der äußerst schwierigen Messungen stimmt genügend genau mit der Theorie überein, um die Voraussage als bewiesen anzusehen. Das Licht ist also nicht nur träge, sondern auch schwer, und das gilt überhaupt für jede Energieform. Die in der Abb. 593 äußerst übertrieben stark gekrümmt dargestellte Bahn des Lichtes ist gemäß § 334 eine geodätische Linie im metrischen Felde der Sonne.

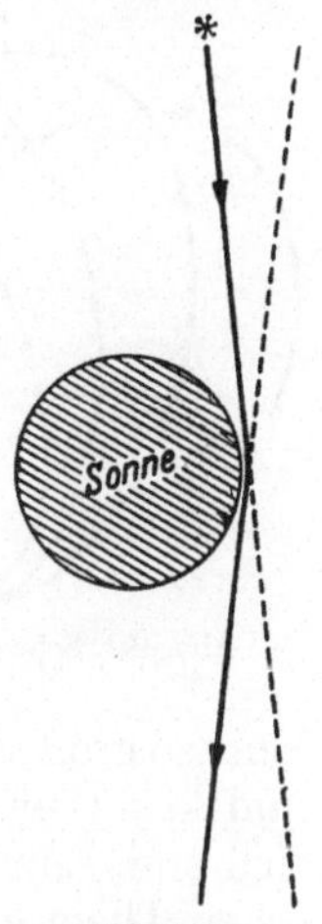

Abb. 593.
Schema der Lichtablenkung durch die Sonne

Die allgemeine Relativitätstheorie führt ferner zu einem *Gravitationsgesetz*, das zwar von dem Newtonschen Gravitationsgesetz verschieden ist, aber in fast allen praktischen Anwendungsfällen in erster Näherung in dieses übergeht. In zweiter Näherung ergibt sich eine langsame Drehung der Ellipsenbahnen der Planeten in ihrer eigenen Ebene (*Periheldrehung*, Abb.594), die um so schneller erfolgt, je größer die Exzentrizität und die Gravitationsfeldstärke sind. Für die stark exzentrische und sonnennahe Bahn des Merkur ist dies mit einer Drehung von 43″ in 100 Jahren (nach Abzug von analog wirkenden Störungen durch die anderen Planeten), mit der Theorie ausgezeichnet übereinstimmend, nachgewiesen. Bei einigen anderen Planeten, bei denen die Drehung aber weit geringer ist als beim Merkur, ist die Theorie ebenfalls befriedigend bestätigt worden.

Drittens sagt die Theorie voraus, daß die Frequenz einer in einem Gravitationsfelde emittierten Spektrallinie von der örtlichen Feldstärke abhängen und um so kleiner sein sollte, je größer diese ist *(Rotverschiebung im Gravitationsfelde)*. Ein einwandfreier Beweis hat sich indessen in den Spektren der Sonne und andrer Sterne mit sehr hoher Gravitationsfeldstärke wegen mannigfacher störender Effekte nicht erbringen lassen. Nunmehr ist R. V. Pound und G. A. Rebka das Erstaunliche gelungen: der quantitative Beweis in dem außerordentlich viel schwächeren irdischen Gravitationsfeld, und zwar unter Ausnutzung des *Mößbauer-Effekts*. Mössbauer[1] ist es durch einen Kunstgriff gelungen, γ-Strahlen von so extrem scharfer Frequenz zu erzeugen, daß eine relative Frequenzdifferenz $\Delta \nu/\nu = 10^{-15}$ noch nachweisbar ist. Näheres darüber in § 381.

Als Strahlungsquelle dienten Eisennuklide, die durch den Prozeß $^{57}_{27}\text{Co} \xrightarrow{\beta^+} {}^{57}_{26}\text{Fe}^*$ entstehen (§ 372) und sich in angeregtem Zustande (Fe*, § 380) befinden. Durch den Prozeß $^{57}_{26}\text{Fe}^* \xrightarrow{\gamma} {}^{57}_{26}\text{Fe}$ gehen sie dann unter Aussendung eines γ-Quants in ihren Grundzustand über. 22 m höher befand sich als Absorber ein Präparat aus dem gleichen, nicht angeregten Eisennuklid. Quelle und Absorber waren aus dem im § 381 angegebenen Grunde tiefgekühlt. Da die Gravitationsfeldstärke am Ort des Absorbers — wenn auch nur minimal — kleiner ist als am Ort der Quelle, so sollte nach der Theorie die Eigenfrequenz der Nuklide des Absorbers ein wenig größer sein als die der Nuklide der Quelle. Das muß wegen der außerordentlichen

---

[1] Rudolf Mössbauer, geb. 1929. Nobelpreis 1961.

Schärfe der Eigenfrequenzen der Quelle und des Absorbers eine Absorption der γ-Quanten der Quelle (nebst nachfolgender Reemission, *Kernresonanzabsorption*, §381) verhindern. Das ist in der Tat der Fall. Es genügt aber, daß die Quelle mit

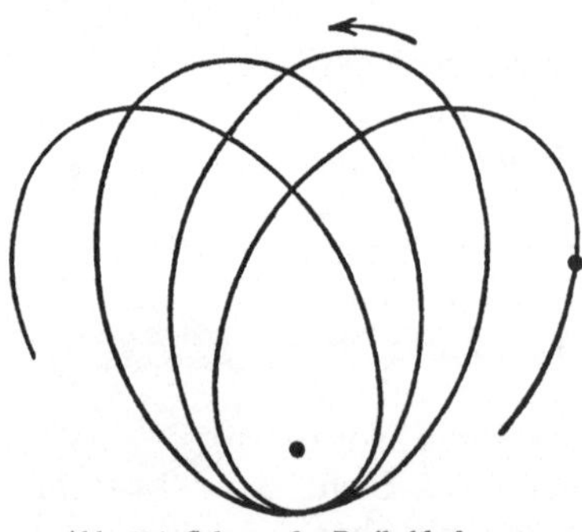

Abb. 594. Schema der Periheldrehung

ganz geringer Geschwindigkeit in Richtung auf den Absorber bewegt wird, um die Frequenz der den Absorber treffenden γ-Strahlung durch Doppler-Effekt so zu vergrößern, daß sie dort absorbiert werden kann. Zur Messung diente eine der Abb. 648, §381, analoge Anordnung, nur mit dem Unterschied, daß Quelle und Absorber nicht unmittelbar nebeneinander standen, sondern in einem vertikalen Abstand von 22 m. Die Geschwindigkeit $v \approx 0{,}3$ cm s^{-1} genügte, um den Effekt zu bewirken. Für die relative Frequenzänderung gilt $\Delta v/v = v/c_0$, und sie beträgt im vorliegenden Fall etwa 10^{-13}.

Ebenso groß sollte die relative Differenz der Gravitationsfeldstärke zwischen Quelle und Absorber sein, die man aus dem Gravitationsgesetz berechnen kann. Es ergab sich eine sehr gute Übereinstimmung und damit eine Bestätigung der Einsteinschen Theorie.

Elftes Kapitel

Quantentheorie. Atome und Moleküle

I. Quantentheorie des Lichtes

336. Der lichtelektrische Effekt. Im Jahre 1887 beobachtete H. HERTZ bei seinen berühmten Versuchen (§254), daß der ultraviolette Anteil des Lichtes der Funkenentladung zwischen den Elektroden seines Senders die Funkenent-

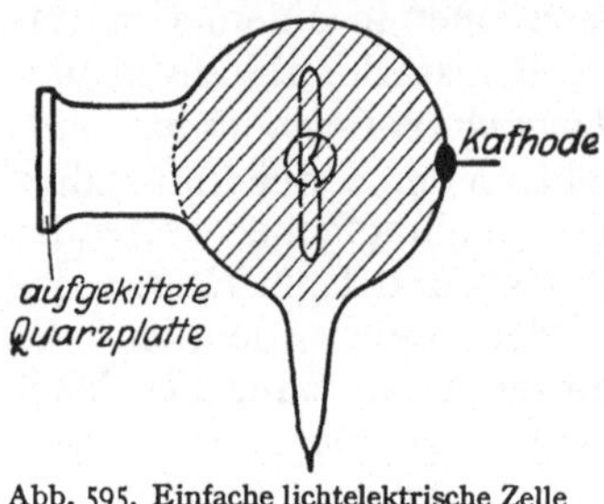

Abb. 595. Einfache lichtelektrische Zelle nach ELSTER nnd GEITEL

ladung an seinem Empfänger beeinflußt. Hieran anknüpfend stellte HALLWACHS[1] fest, daß sich eine negativ geladene Metallplatte bei ultravioletter Bestrahlung entlädt, eine positiv geladene aber nicht. Im Jahre 1899 klärte LENARD diese Tatsachen auf, indem er entdeckte, daß *ultraviolettes Licht an Metallflächen Elektronen freimacht.* Ein Metall zeigt diesen *lichtelektrischen Effekt* bei allen Wellenlängen, die kleiner als eine für jedes Metall charakteristische Grenzwellenlänge ist (§337), also auch bei Röntgen- und γ-Strahlen.

Abb. 595 zeigt eine einfache *lichtelektrische Zelle* (*Photozelle*, ELSTER[2] und GEITEL[3]). Sie besteht aus einem gut evakuierten Glas- oder Quarzkolben mit einem Quarzfenster, das auch im Ultraviolett durchlässig ist. Die Innenwand des Kolbens hat einen Belag aus einem Alkalimetall mit einer Zuleitung nach außen (Kathode); außerdem ist eine in der Mitte angedeutete ringförmige Anode vorhanden. Der Metallbelag erhält eine negative Spannung gegen die Anode. Fällt Licht durch das Quarzfenster auf den Belag, so fließt durch die Zelle ein Elektronenstrom zur Anode.

---

[1] WILHELM HALLWACHS, 1859—1922.   [2] JULIUS ELSTER, 1854—1920.
[3] HANS GEITEL, 1855—1923.

Neben diesem *äußeren lichtelektrischen Effekt* gibt es bei lichtdurchlässigen halbleitenden Kristallen einen *inneren lichtelektrischen Effekt*. Er beruht darauf, daß das Licht Elektronen an den Atomen im Kristall freimacht, die sich dann in ihm frei bewegen können, so daß der Kristall leitend wird. Schon lange bekannt ist dieser Effekt beim Selen (HITTORFF 1852). Solche Kristalle (*Selenzellen, Halbleiterzellen* usw.) können den gleichen Zwecken dienen wie die oben erwähnten Zellen.

Die lichtelektrischen Zellen spielen heute nicht nur im Laboratorium, sondern auch in der Technik, so beim Tonfilm, beim Fernsehen, bei der Bildtelegraphie, in der Regeltechnik eine wichtige Rolle. Bei gegebener spektraler Zusammensetzung des Lichtes ist der lichtelektrische Strom der Lichtintensität streng proportional.

Auch an den Atomen oder Molekülen eines Gases kann ein lichtelektrischer Effekt eintreten. Indem von ihnen durch Licht Elektronen abgetrennt werden, wird das Gas ionisiert (§349).

Eine lichtelektrische Erscheinung ist auch der *Sperrschichtphotoeffekt*. Abb. 596 zeigt eine Ausführungsform eines Sperrschichtphotoelements *(Halbleiterphotoelement)*. Auf einer Kupferplatte befindet sich eine Schicht von halbleitendem Kupferoxydul (Cu_2O), auf die bei hoher Temperatur eine hauchdünne, noch durchsichtige Kupferhaut aufgedampft ist. Auf dieser befindet

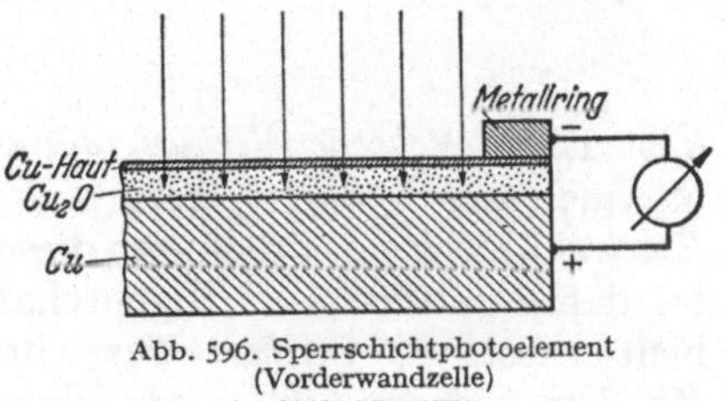

Abb. 596. Sperrschichtphotoelement
(Vorderwandzelle)

sich als Zuleitung ein Metallring. Eine solche Vorrichtung wirkt als *Gleichrichter* (Trockengleichrichter). Ihr Widerstand ist viel kleiner, wenn die Kupferplatte negative, als wenn sie positive Spannung hat. Bei positiver Spannung der Platte sperrt sie. Bei der Verwendung als lichtelektrisches Element wird die Kupferplatte mit dem Metallring, ohne Einschaltung einer Stromquelle, über ein Galvanometer verbunden. Fällt Licht durch die Kupferhaut auf das Kupferoxydul, so macht es dort Elektronen frei, die aber nur an die Kupferhaut, nicht durch das Kupferoxydul an die Kupferplatte gelangen können. Die Kupferhaut lädt sich also gegen die Kupferplatte negativ auf, das Galvanometer zeigt einen Strom an.

337. Lichtquanten. Im Jahre 1902 machte LENARD eine grundlegende Entdeckung:

Die *kinetische Energie* der an einer Metalloberfläche ausgelösten Elektronen ist *von der Lichtintensität unabhängig* und hängt *nur von der Frequenz* des Lichts ab.

Spätere genauere Messungen ergaben: Die kinetische Energie der Elektronen *wächst streng linear* mit der Frequenz v des Lichts. Die lichtelektrische Wirkung beginnt erst oberhalb einer von der Art des Metalls abhängigen *Grenzfrequenz* v_g (der eine Grenzwellenlänge λ_g entspricht), und bei der Frequenz v beträgt die kinetische Energie der ausgelösten Elektronen

$$E_k = const\,(v - v_g). \tag{337.1}$$

Bei den meisten Metallen liegt die Grenzfrequenz im Ultraviolett, bei den Alkalimetallen schon im sichtbaren Gebiet. Ferner zeigte sich, daß der lichtelektrische Effekt auch bei außerordentlich schwacher Lichtintensität *innerhalb einer unmeßbar kurzen Zeit* nach Beginn der Bestrahlung einsetzt und sofort der Gl. (337.1) gehorcht.

Diese Entdeckungen wurden die Grundlagen zu einer völlig neuartigen Auffassung vom Wesen des Lichts. Allerdings hatte sich diese Entwicklung bereits im Planckschen Strahlungsgesetz (1900, §321) angekündigt. Seine Ableitung enthält noch einen von uns bisher nicht erwähnten, der klassischen Theorie völlig fremden Zug. Es ist ein grundlegendes Merkmal der klassischen Mechanik und galt früher sogar als naturnotwendig, daß sich die Energie eines Gebildes nur stetig ändern kann. Die Planckschen Oszillatoren, also die elementaren Gebilde, welche Strahlung aussenden oder absorbieren, verhalten sich aber durchaus anders. Sie können sich nach PLANCKs Theorie nicht in allen nach der klassischen Theorie möglichen, stetig ineinander überführbaren Schwingungszuständen befinden, sondern nur in einer Reihe von ausgezeichneten diskreten Zuständen, in denen sie ganz bestimmte Energiebeträge haben. Bei der Ausstrahlung von Licht gehen sie unstetig, sprunghaft von einem dieser Zustände in einen anderen über und geben dabei die der Differenz dieser *Energiestufen* entsprechende Energie in einzelnen Elementarakten als Licht ab (§343). Ebenso absorbieren sie Licht auch nur in *Energiequanten*, die gleich der Differenz zweier Energiestufen sind. Zwischen der ausgestrahlten oder absorbierten Lichtenergie E und der Frequenz v des Lichts besteht bei einem solchen Elementarakt immer die Beziehung

$$E = hv. \tag{337.2}$$

h ist das *Plancksche Wirkungsquantum*, $h = 6{,}625 \cdot 10^{-27}$ erg s. (Statt dessen wird oft auch mit $\hbar = h/2\pi$, gespr. „h quer", gerechnet. Wegen $v = \omega/2\pi$ ist dann $E = \hbar \omega$.) Doch sah PLANCK in diesen Erscheinungen zunächst nur eine Folge einer bis dahin unbekannten Eigenschaft der *Atome*; an der *Wellentheorie des Lichtes* hielt er fest. (Als *Wirkung* bezeichnet man eine *Größe* von der Art Energie × Zeit. Mit dem, was man unter der Wirkung einer Ursache versteht, läßt sie sich nicht verknüpfen.)

Der entscheidende Schritt gelang EINSTEIN (1905), und diese Leistung ist mindestens ebenso epochemachend gewesen wie die Relativitätstheorie. Er sah klar, daß die elektromagnetische Wellentheorie des Lichtes mit den vorstehenden Ergebnissen unvereinbar ist. Zunächst müßte sonst die kinetische Energie der ausgelösten Elektronen mit der Feldenergie der Lichtwellen, also mit deren Intensität, wachsen, was nicht zutrifft. Zweitens kann man berechnen, daß auch bei sehr intensiver Lichtstrahlung nur eine so geringe Energie je Zeiteinheit auf ein Elektron fällt, daß eine durchaus meßbare Zeit verstreichen müßte, bis ein lichtelektrischer Strom anläuft. Tatsächlich fließt er sofort in voller Stärke. Auch die Existenz einer Grenzwellenlänge bleibt unverständlich. EINSTEIN erkannte, daß alle Ergebnisse sofort verständlich werden, wenn man annimmt, daß das Licht sich nicht als Kugelwelle ausbreitet, sondern sozusagen in Gestalt winziger „Energiepakete", von *Lichtquanten (Photonen)* mit der Energie $E = hv$, also wie winzige körperliche *Teilchen (Korpuskeln)*, die sich mit Lichtgeschwindigkeit bewegen.

Auf diese Weise können in der Tat sofort nach Beginn einer sehr schwachen Bestrahlung *einzelne* Lichtquanten mit der Energie hv mit *einzelnen* Elektronen in Wechselwirkung treten und ihre Loslösung aus dem Metall bewirken. Dazu ist aber, wie wir schon bei den Glühelektronen gesehen haben (§183), eine *Austrittsarbeit* gegen eine Kraft erforderlich, die die Elektronen im Metall zurückzuhalten sucht und für gewöhnlich ihren Austritt verhindert. Die Elektronen können also nicht mit der vollen Energie hv aus dem Metall austreten, sondern nur mit der Energie

$$E_k = E - A = hv - A, \tag{337.3}$$

wobei A die Austrittsarbeit bedeutet. (337.3) wird mit (337.1) identisch, wenn man $const = h$ und $hv_g = A$ setzt. Die Grenzwellenlänge ist also von der Austrittsarbeit abhängig, die demnach bei den Alkalimetallen besonders klein ist. Daß die Konstante in (337.1) mit dem aus dem Planckschen Strahlungsgesetz bekannten Wirkungsquantum h identisch ist, hat zuerst MILLIKAN am Natrium bestätigt.

Genauer sind später ausgeführte Messungen mit Röntgenstrahlen. Diese haben eine sehr große Frequenz, und daher ist dann $h\nu \gg A$, so daß A vernachlässigt werden kann.

Aus (337.2) folgt, daß zur Erzeugung einer Röntgenstrahlung von der Frequenz ν die Energie der die Röntgenstrahlung erzeugenden Elektronen (Kathodenstrahlen) mindestens gleich $h\nu$ sein muß (*Duane*[1]-*Huntsches Gesetz*, 1919). Da die kinetische Energie eines Elektrons (Ladung e), das eine Spannung U durchlaufen hat, eU ist, so muß für die Erzeugung einer Röntgenstrahlung von der Frequenz ν die Bedingung $U \geqq h\nu/e$ erfüllt sein. Je größer die Betriebsspannung des Röntgenrohres, um so kurzwelliger ist die kurzwellige Grenze der Röntgenstrahlung. Messungen dieser Art liefern den zuverlässigsten Wert von h/e und damit bei Kenntnis der Elementarladung e des Wirkungsquantums h.

Aus der an PLANCKs, LENARDs und EINSTEINs grundlegende Untersuchungen anknüpfende Lichtquantenhypothese ist die *Quantentheorie* erwachsen, die der Physik des 20. Jahrhunderts ihren Stempel aufgedrückt und ein neues Zeitalter der Naturerkenntnis überhaupt herbeigeführt hat.

338. Masse und Bewegungsgröße der Lichtquanten. Nach §331 hat jede Energie E eine Masse E/c_0^2 ($c_0 = $ Vakuumlichtgeschwindigkeit). Demnach hat ein Lichtquant die Masse

$$m = \frac{h\nu}{c_0^2}. \tag{338.1}$$

Wenn aber Lichtenergie eine Masse hat, so hat sie auch eine Bewegungsgröße (Betrag p, §18). Aus (331.4) und (331.7) leitet man die allgemeine Beziehung $p = E\,v/c_0^2$ ab. Da die Lichtquanten die Geschwindigkeit $v = c_0$ haben, so folgt für sie $p = E/c_0$ oder

$$p = \frac{h\nu}{c_0} = \frac{h}{\lambda}, \tag{338.2}$$

wenn $\lambda = c_0/\nu$ die Wellenlänge des Lichtes im Vakuum ist. (Es hat einen Sinn, von der Wellenlänge eines Lichtquants zu sprechen. Denn es kommt nur auf die Art der an ihm angestellten Beobachtung an, ob wir die betreffende Lichtenergie als Quant oder als Welle beobachten. Vgl. §340.) Die Tatsache, daß eine Lichtenergie E die Bewegungsgröße E/c_0 hat, gilt übrigens auch in der Wellentheorie und folgt bereits aus der Maxwellschen elektromagnetischen Lichttheorie.

Es wird manchmal gesagt, daß die Lichtquanten die Ruhmasse Null haben, da sie sich andernfalls nicht mit Lichtgeschwindigkeit bewegen könnten (§331). Das ist ein Mißverständnis; denn ruhende Lichtquanten gibt es gar nicht, überdies ja auch keine ruhenden Lichtwellen, die nur ein andrer Aspekt des gleichen Phänomens sind. Sie entstehen erst im Augenblick ihrer Emission und haben, ohne eine Beschleunigungsphase durchzumachen, sofort Lichtgeschwindigkeit. Wenn man der Behauptung überhaupt einen Sinn beilegen will, so höchstens den, daß es sich um den Anteil der Masse E/c_0^2 der Energie des emittierenden Atoms handelt, die an das Lichtquant übergeht.

Mit einem Lichtquant wird also nicht nur Energie, sondern auch Bewegungsgröße übertragen, ebenso wie mit einem bewegten Körper. Nach dem Impulssatz (§18) geht die Bewegungsgröße auf einen vom Licht getroffenen Körper über, wenn es in ihm absorbiert wird, so wie eine Platte, in die ein Geschoß eindringt, ein Impuls erhält. Ein Körper, der Licht absorbiert, erfährt also eine Druckkraft (*Strahlungsdruck*, BOLTZMANN 1884). Umgekehrt erfährt ein Körper, der Licht ausstrahlt, einen Rückstoß wie ein Geschütz beim Abschuß. Werden Lichtquanten an einem Körper reflektiert, so ist der Kraftstoß so groß, wie

---

[1] WILLIAM DUANE, 1872—1935.

wenn sie zunächst absorbiert und sofort wieder ausgestrahlt würden, also doppelt so groß wie bei einfacher Absorption oder Ausstrahlung. Jede Richtungsänderung eines Lichtquants bedeutet eine Änderung des Impulsvektors und ist ohne Wirkung einer Kraft nicht möglich. So tritt auch bei der Brechung von Licht eine, wenn auch sehr schwache, aber nachweisbare Kraft zwischen dem Licht und dem brechenden Körper auf. Tritt Licht unter zweimaliger Brechung schräge durch eine planparallele Platte (Abb. 597), so erfährt sie ein Drehmoment. Der Strahlungsdruck ist durch viele Versuche nachgewiesen worden (NICHOLS[1], HULL, POYNTING[2] u.a.). Auch der Strahlungsdruck auf die einzelnen Moleküle eines lichtabsorbierenden Gases ist von LEBEDEW[3] bestätigt worden.

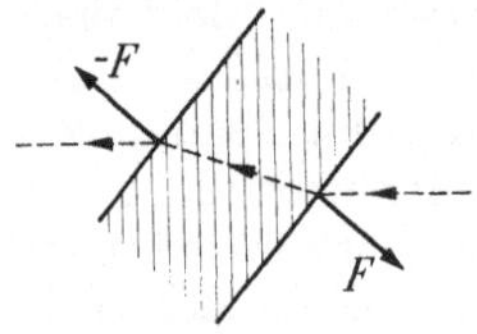

Abb. 597. Durch Strahlungsdruck bei der Brechung erzeugtes Drehmoment

339. Der Compton-Effekt. Beim lichtelektrischen Effekt verwandelt sich die Energie eines Lichtquants restlos in kinetische Energie eines Elektrons und Austrittsarbeit. Es gibt aber Wechselwirkungen zwischen Lichtquanten und Elektronen, bei denen das Lichtquant nur einen Teil seiner Energie an ein Elektron abgibt, während der Rest als Lichtquant weiterfliegt. Beträgt die Energie anfänglich $h\nu_0$, der Energieverlust ΔE, so hat das Lichtquant nach dem Vorgang nur noch die Energie $h\nu_0 - \Delta E$ und eine entsprechend kleinere Frequenz ν gemäß der Gleichung

$$h\nu = h\nu_0 - \Delta E. \tag{339.1}$$

Außerdem muß nach dem Impulssatz die Summe der Bewegungsgrößen von Lichtquant und Elektron vor und nach der Wechselwirkung die gleiche sein.

Ein solcher Vorgang ist die *Streuung des Lichts an freien Elektronen.* Man kann ihn wie einen elastischen Stoß zwischen zwei Körpern (§ 25), dem Lichtquant und dem Elektron, behandeln. Eine deutliche Wirkung auf *beide* wird man nur dann erhalten, wenn beide Massen von gleicher Größenordnung sind. Da die Elektronenruhmasse $m_e = 0{,}9107 \cdot 10^{-27}$ g ist, so folgt aus (338.1), daß ein Lichtquant mit der gleichen Masse die Frequenz $m_e c_0^2/h = \nu_C = 1{,}2354 \cdot 10^{20}$ s^{-1} und die Wellenlänge $\lambda_C = c_0/\nu_C = h/(m_e c_0) = 2{,}4265 \cdot 10^{-10}$ cm hat (*Compton-Wellenlänge* des Elektrons). Zum Nachweis muß man also kurzwellige Röntgenstrahlen oder γ-Strahlen verwenden. Es ist dann zu erwarten, daß sich das Lichtquant und das Elektron nach dem „Stoß" nach verschiedenen Richtungen auseinanderbewegen und daß das Lichtquant außerdem eine Änderung seiner Wellenlänge erfährt.

Diesen Nachweis hat A. H. COMPTON[4] (1922) mit Röntgenstrahlen geführt. Später ist die Theorie auch bei der Streuung von γ-Strahlen bestätigt worden. Man läßt die Strahlen durch Paraffin, Graphit u. dgl. fallen, wo sie mit sehr lose gebundenen, also nahezu freien Elektronen in Wechselwirkung treten, und mißt die Energie der in den verschiedenen Richtungen aus dem Stoff austretenden Röntgenquanten und Elektronen. Jene streuen über einen Winkel von 180° gegen die Richtung der einfallenden Lichtquanten, die Elektronen über einen Winkel von 90°. Abb. 598 zeigt die Energieverteilung der Lichtquanten ($h\nu$, obere Hälfte) und der Elektronen (kinetische Energie E, untere Hälfte) in Abhängigkeit vom Streuwinkel. Die Wellenlänge der primären Strahlung ist gleich der Compton-Wellenlänge angenommen. Gleichbezifferte Pfeile gehören zusammen.

Da die Elektronen hohe Geschwindigkeiten erlangen, muß man für Energie und Impuls die relativistischen Gleichungen ansetzen (§ 331). Die Energie des

[1] ERNEST FOX NICHOLS, 1869—1924.   [2] JOHN HENRY POYNTING, 1852—1914.
[3] PETR NIKOLAJEWITSCH LEBEDEW, 1866—1912.
[4] ARTHUR HOLLY COMPTON, 1892—1962, Nobelpreis 1927.

ruhenden Elektrons vor dem Stoß beträgt $m_e c_0^2$ (m_e = Ruhmasse des Elektrons); nach dem Stoß beträgt sie $E_e = m_e c_0^2 / \sqrt{1 - v^2/c_0^2}$. Die Bewegungsgröße des Elektrons beträgt dann nach §338 $p = m v_e / \sqrt{1 - v^2/c_0^2}$. v (Betrag v) ist die Geschwindigkeit, die das Elektron erlangt. Da das Lichtquant die Energie $h(v_0 - v)$ verliert, so fordert das Energieprinzip

$$E_e = h(v_0 - v) + m_e c_0^2. \qquad (339.2)$$

Ist ferner p_1 die Bewegungsgröße des Lichtquants vor dem Stoß, p_2 diejenige nach dem Stoß (Beträge $p_1 = h v_0/c_0$, $p_2 = h v/c_0$), so fordert der Impulssatz

$$\left.\begin{array}{l} p = p_1 - p_2, \\[4pt] p^2 = p_1^2 - 2 p_1 p_2 + p_2^2. \end{array}\right\} \qquad (339.3)$$

so daß

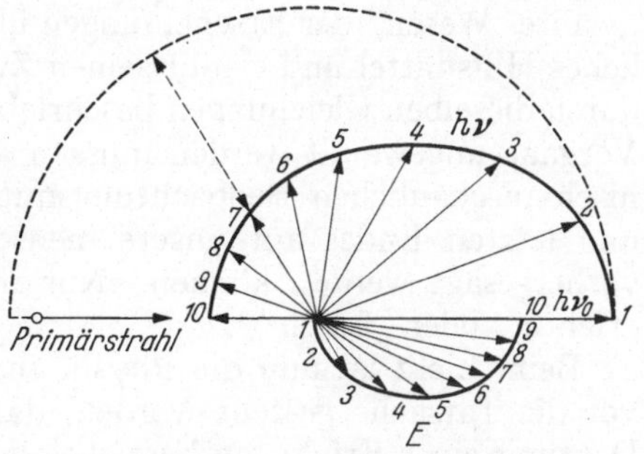

Abb. 598. Zum Compton Effekt

Nach (6.1) und (6.2) ist $p^2 = p^2$, $p_1^2 = p_1^2$, $p_2^2 = p_2^2$ und $p_1 p_2 = p_1 p_2 \cos\vartheta$, wenn ϑ der Winkel ist, den sie miteinander bilden, also der Winkel, um den das Lichtquant gestreut wird. Es ist also

$$p^2 = \frac{h^2}{c_0^2} (v_0^2 - 2 v_0 v \cos\vartheta + v^2). \qquad (339.4)$$

Aus (331.4) und (331.7) folgt $E_e^2/c_0^2 - p^2 = m_e^2 c_0^2$. Führt man dies mit Hilfe (339.2) und (339.4) aus, so ergibt sich

$$\frac{v_0 - v}{v_0 v} = \frac{1}{v} - \frac{1}{v_0} = \frac{h}{m_e c_0^2} (1 - \cos\vartheta). \qquad (339.5)$$

Nun ist $1/v - 1/v_0 = \lambda/c_0 - \lambda_0/c_0 = \Delta\lambda/c_0$, wenn $\Delta\lambda$ die Wellenlängenänderung des Lichtquants bedeutet. Ferner ist $h/(m_e c_0^2) = \lambda_C/c_0$, wenn λ_C wieder die Compton-Wellenlänge bedeutet. Es folgt

$$\Delta\lambda = \lambda_C (1 - \cos\vartheta) = 2\lambda_C \sin^2\frac{\vartheta}{2}. \qquad (339.6)$$

Die Wellenlängenänderung ist also von der primären Wellenlänge λ unabhängig und hängt nur vom Streuwinkel ϑ des Lichtquants ab.

340. Wellenoptik und Quantenoptik. Modellvorstellungen. Es ist wohl deutlich, daß sich die Physik vor eine drastische Schwierigkeit gestellt sah, nachdem sich zwingend gezeigt hatte, daß gewisse Erscheinungen nur durch eine Korpuskulartheorie des Lichts beschrieben werden können. Denn auch die Wellentheorie des Lichts ist durch die auf keine andere Weise anschaulich beschreibbaren Interferenzerscheinungen auf das festeste verankert. Ihre anschauliche Beschreibung durch die Lichtquantentheorie ist vollkommen ausgeschlossen. *Das Licht verhält sich einmal wie ein Wellenvorgang, ein anderes Mal wie ein Quantenvorgang.*

Um zu verstehen, daß diese scheinbar unüberwindliche Schwierigkeit doch nicht zu einer dauernden Verwirrung der Physik führen mußte und daß heute beide Vorstellungen *nebeneinander*, jede an ihrem klar erkannten Platze, ihr Recht behaupten, müssen wir hier ein Wort über das Wesen physikalischer Erkenntnis überhaupt sagen. Wir wissen heute, daß die Natur nicht, wie man früher glaubte, rein mechanisch-anschaulich vollkommen verstanden werden kann. Die elektrischen und optischen Erscheinungen sind nicht mechanischer Art. Es liegt aber in der Natur des menschlichen Geistes, daß er, um sich forschend und erkennend zu betätigen, nicht ohne eine innere Anschauung der

Dinge auskommt. Er braucht ein vorstellbares, mechanisches *Modell* der nicht-mechanischen Vorgänge. Dieses Modell hat mit den in Frage stehenden Erscheinungen im Grunde sehr wenig zu tun. Es hat — im Gegensatz zur älteren Einschätzung solcher Vorstellungen — *keinerlei Erklärungswert*, es sagt über ein „wahres Wesen" der Erscheinungen überhaupt nichts aus. Es ist nur ein gedankliches Hilfsmittel und erfüllt seinen Zweck nur in dem Sinne, daß sein Verhalten durch dieselben Gleichungen beschrieben wird, wie sie auf den nichtmechanischen Vorgang angewandt werden müssen, damit seine Wirkungen auf unsere mechanisch-anschaulichen Beobachtungsmittel — unsere makroskopischen Meßgeräte und letzten Endes auf unsere menschlichen Sinne — richtig beschrieben und vorhergesagt werden können. Nur in diesem Sinne ist eine Modellvorstellung „richtig" oder „falsch"[1].

Beim Licht ist nun die Physik zum ersten — und nicht zum letzten — Mal vor die Tatsache gestellt worden, daß ein einziges Modell auf keine Weise zur Deutung eines Erfahrungsbereiches genügt, sondern daß man dazu zweier ganz verschiedener Modelle bedarf. Es bedeutet einen außerordentlichen erkenntnistheoretischen Fortschritt, daß man schließlich die völlige Unbedenklichkeit dieses *Dualismus von Wellen und Korpuskeln* einsah. Er ist deshalb ganz unbedenklich, weil ja die Modellvorstellungen nichts „erklären", weil das Licht *weder* eine Welle *noch* ein Teilchen „ist", sondern etwas, das einer anschaulichen Beschreibung unzugänglich ist. Es gibt daher nur insofern zwei Lichttheorien, als die Gesetze der Wellentheorie und der Quantentheorie und ihre Methoden durchaus verschieden sind. Die heutige Lichttheorie besteht aus der Wellentheorie *und* der Quantentheorie.

Die *Wellenoptik* ist immer dann zuständig, wenn es sich um die *Ausbreitung des Lichts im Raum* handelt. Die *Quantenoptik* hingegen gibt uns Auskunft über die *Entstehung und Vernichtung des Lichts* an der Materie, *seine Wechselwirkungen mit den Atomen und Molekülen*, überhaupt über *optische Elementarvorgänge*, und die dabei auftretenden *Umsetzungen von Energie und Impuls*. Es hängt nur von der Willkür des Beobachters, von der Art des von ihm angestellten Versuchs ab, ob das Licht sich ihm als Welle oder als korpuskulares Lichtquant offenbart. Die *geometrische Optik* ist ein unter besonderen Bedingungen gültiger *Grenzfall beider Theorien*, da die Lichtstrahlen sowohl als Wellennormalen als auch als Teilchenbahnen verstanden werden können.

II. Quantentheorie der Atome und Moleküle. Quantenmechanik

341. Die Elementarladung. Das Elektron und das Proton. Die Elementarladung e, das *Atom der Elektrizität*, ist uns bereits als negative Ladung des Elektrons und in der positiven und negativen Ein- und Mehrzahl als Ladung der Ionen häufig begegnet. Sie kann aus der sehr genau meßbaren Faraday-Konstanten $F = N_A e$ (§174) berechnet werden, da die Avogadro-Konstante N_A z.B. aus der Brownschen Bewegung (§108) unabhängig von e bestimmt werden kann. Ältere Messungen beruhten darauf, daß man die Gesamtladung mißt, die eine gezählte Menge von α-Teilchen — deren jedes zwei Elementarladungen trägt (§369) — mit sich führt (RUTHERFORD[2] und GEIGER[3], REGENER[4], E. MEYER[5]).

---

[1] Aus HEINRICH HERTZ, „Mechanik" (1896): Wir machen uns innere Scheinbilder oder Symbole der äußeren Gegenstände, und zwar machen wir sie von solcher Art, daß die denknotwendigen Folgen der Bilder stets wieder Bilder seien von den naturnotwendigen Folgen der abgebildeten Gegenstände.

[2] ERNEST RUTHERFORD, später Lord RUTHERFORD OF NELSON, 1871—1937, Nobelpreis 1908.   [3] HANS GEIGER, 1882—1945.

[4] ERICH REGENER, 1881—1955.   [5] EDGAR MEYER, 1879—1960.

Nach einem von EHRENHAFT[1] angegebenen Verfahren hat MILLIKAN die erste zuverlässige Messung der Elementarladung ausgeführt. In einen mit Luft gefüllten Kondensator mit horizontalen Platten werden kleine, schwebende Tröpfchen gebracht (zerstäubtes Öl, Quecksilber u. dgl.), die mit einem Mikroskop beobachtet werden, dessen Achse parallel zu den Kondensatorplatten steht. Wenn man die Luft im Kondensator z. B. mit Röntgenstrahlen ionisiert, so lagern sich immer einige wenige (z) Ionen an die Tröpfchen an, so daß sie eine Ladung ze tragen und in einem im Kondensator herrschenden elektrischen Felde die Kraft zeE erfahren. Es sei ϱ die Dichte eines Tröpfchens, ϱ' die Dichte der Luft. Dann beträgt die Masse des Tröpfchens $m = \varrho \cdot 4\pi\,r^3/3$ und die an ihm angreifende Schwerkraft $mg = \varrho g \cdot 4\pi\,r^3/3$, der Auftrieb $\varrho'g \cdot 4\pi\,r^3/3$. Der Reibungswiderstand beträgt nach (78.4) $6\pi\,\eta\,r\,v$. Er ist der Geschwindigkeit v entgegengerichtet. Im elektrischen Felde kommt noch die Kraft zeE hinzu. Man macht nun folgende Messungen: 1. Man mißt die Fallgeschwindigkeit v_1 des Tröpfchens ohne Feld. Wegen des Gleichgewichts der Kräfte ist dann $4\pi r^3/3 \cdot (\varrho - \varrho')\,g - 6\pi\eta r v_1 = 0$. 2. Man erzeugt ein Feld, daß das Tröpfchen langsam nach oben treibt. Dann ist $4\pi\,r^3/3 \cdot (\varrho - \varrho') + 6\pi\,\eta\,r\,v_2 - zeE = 0$. Aus den beiden Gleichungen folgt $6\pi\,\eta\,r\,(v_1 + v_2) = zeE$. Da η für Luft bekannt ist und r mit dem Mikroskop gemessen werden kann, so kann man daraus ze berechnen. Da es sich stets nur um eine oder wenige Elementarladungen handelt, so daß sich die gemessenen Ladungen innerhalb der Meßfehler deutlich um einige äquidistante Ladungswerte ze häufen, so kann man aus deren Differenzen e berechnen. Als zuverlässigster Wert gilt heute

$$e = 1{,}60206 \cdot 10^{-19}\ \text{C}.$$

Mit dem heutigen Bestwert der spezifischen Elektronenladung (§ 206), $e/m_e = 1{,}7591 \cdot 10^8\ \text{C g}^{-1}$, ergibt sich die *Ruhmasse des Elektrons* zu $m_e = 9{,}1083 \cdot 10^{-28}\ \text{g}$.

Das einzige *beständige* Elementarteilchen mit einer positiven Elementarladung ist das *Proton (Wasserstoffkern)*. Seine Masse beträgt $m_p = 1{,}67239 \cdot 10^{-24}\ \text{g}$; also ist das Verhältnis $m_e/m_p = 1/1836{,}12$. Diese reine Zahl hat sicher eine tiefe, heute noch nicht geklärte Bedeutung. Denn als reine Zahl ist sie von der Einheitenwahl unabhängig, also eine von jedem Menschenwerk freie Naturkonstante.

342. Das Atommodell von RUTHERFORD. Daß die Atome nicht unteilbar sind, folgt schon daraus, daß man sie ionisieren, also Elektronen von ihnen abspalten kann. Das läßt vermuten, daß Elektronen Bestandteile der Atome sind. Es läßt sich aber beweisen, daß ein statisches Modell des Atoms, d. h. ein solches, bei dem die Elektronen stabile Gleichgewichtslagen im Atom haben, nicht möglich ist. Es kommt nur ein dynamisches Modell in Frage.

Auf Grund von Beobachtungen beim Durchgang von Elektronenstrahlen durch Materie kam als erster LENARD zu der Vorstellung der Atome als *Kraftzentren* (Dynamiden). 1913 untersuchten GEIGER und MARSDEN[2] die Streuung von α-Strahlen (§ 378), ihre Ablenkungen beim Durchgang durch dünne Metallfolien. Die Verteilung der gestreuten α-Teilchen über die verschiedenen Streuwinkel ergab, daß diese (positiv geladenen) Teilchen bis in große Nähe eines sie abstoßenden Zentrums K gelangen können und infolgedessen eine hyperbolische Bahn beschreiben. In Abb. 599 bezeichnen die den einzelnen Bahnen beigefügten Zahlen den Abstand, auf den sich das unabgelenkte Teilchen dem Zentrum genähert haben würde, in der Einheit 10^{-12} cm. Die tatsächliche Annäherung an das Zentrum läßt sich aus dem Streuwinkel berechnen, und sie geht bis zu Abständen von der Größenordnung 10^{-12} cm. Dieser Abstand ist aber viel kleiner als

---

[1] FELIX EHRENHAFT, 1879—1951.　　[2] ERNEST MARSDEN, geb. 1889.

der z.B. aus der Konstanten b in (107.1) wenigstens angenähert berechenbare Radius der Atome, der von der Größenordnung 10^{-8} cm, also rund 10000mal größer ist. Die Versuche bewiesen ferner, daß die vom Zentrum ausgehende abstoßende Kraft bis auf einen Abstand von mindestens 10^{-12} cm dem 1. Coulombschen Gesetz gehorcht. Hieraus muß man schließen, daß das Innere des Atoms weitgehend leer ist.

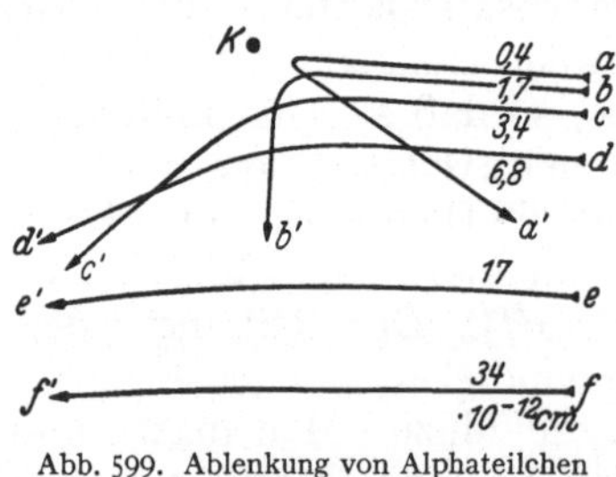

Abb. 599. Ablenkung von Alphateilchen durch einen Atomkern

Diese Erkenntnisse führten RUTHERFORD zu einer modellmäßigen Vorstellung vom Bau der Atome *(Atommodell)*. Die Atome haben einen positiv geladenen *Atomkern*, in dem der ganz überwiegende Anteil der Masse des Atoms vereinigt ist. Seine Abmessungen können auf keinen Fall wesentlich größer als 10^{-12} cm sein. Dieser Kern wird in Abständen von der Größenordnung bis zu 10^{-8} cm von Elektronen umkreist, wie die Sonne von ihren Planeten. Die elektrische Anziehung wirkt hier wie bei der Sonne die Gravitation und ist dem Kehrwert des Quadrats des Abstandes vom Kern proportional. Die Elektronenbewegung muß daher (von gegenseitigen Störungen abgesehen) nach dem 1. und 2. Keplerschen Gesetz (§45) verlaufen. Die Elektronen bewegen sich auf Kreisen oder Ellipsen, in deren einem Brennpunkt der Kern steht. Bei einem elektrisch neutralen Atom ist die Anzahl der kreisenden Elektronen so groß, daß die Summe ihrer negativen Ladungen gleich der positiven Kernladung ist. Diese besteht also aus einer ganzen Zahl von positiven Elementarladungen *(Kernladungszahl)*. Wie VAN DEN BROEK[1] zuerst vermutete, ist diese Kernladungszahl mit der *Ordnungszahl* des betreffenden Elements im periodischen System identisch (§345).

Dieses Modell widerspricht aber in einem wesentlichen Punkt der klassischen Elektrodynamik. Ein Elektron, das einen Kern umkreist, ist nach den Gesetzen der Elektrodynamik ein elektrischer Oszillator und sollte elektromagnetische Energie — in diesem Falle Licht — ausstrahlen. Dadurch aber muß es Energie verlieren und schließlich in den Kern fallen. Auch müßte die Umlaufsfrequenz mit der Annäherung an den Kern stetig zunehmen (3. Keplersches Gesetz), und das dabei erzeugte Spektrum müßte kontinuierlich sein. Tatsächlich aber haben die Atome Spektren, die aus einzelnen, scharfen Frequenzen bestehen. Es war noch ein ganz grundlegender Schritt nötig, um den Grundgedanken RUTHERFORDs mit der Erfahrung in Übereinstimmung zu bringen.

343. Das Atommodell von BOHR. Dieser Schritt gelang NIELS BOHR[2] (1913), indem er — unter radikaler Abkehr von den Vorstellungen der klassischen Physik — das Gedankengut der seit 1900 entwickelten Quantentheorie auf das Rutherfordsche Atommodell anwandte. So wie schon PLANCK annehmen mußte, daß seine Oszillatoren sich nur auf ganz bestimmten, durch ganze Zahlen definierten *Energiestufen* befinden und nur sprunghaft von einer Energiestufe auf eine andere übergehen können, so nahm BOHR an, daß es auch bei den kreisenden Elektronen nur bestimmte, diskrete Energiestufen gibt. Ein solches Elektron kann sich nur auf ganz bestimmten *stationären Bahnen* aufhalten — statt auf jeder der unendlich vielen Bahnen, die die klassische Mechanik zuläßt —, und während es in einer solchen Bahn verweilt, soll es — im Gegensatz zur klassischen Elektrodynamik — keine Energie, *kein Licht ausstrahlen*. Eine Ausstrahlung erfolgt nur in den Augenblicken, in denen das Elektron *sprunghaft* von einer Bahn

---

[1] ANTOONIUS JOHANNES VAN DEN BROEK, 1870–1926.
[2] NIELS BOHR, 1885-1962, Nobelpreis 1922.

(Energiestufe) auf eine andere Bahn übergeht, in der es eine kleinere Energie hat, wenn es also einen *Quantensprung* ausführt. Hat es in der ersten Bahn die Energie E_n, in der zweiten die Energie $E_m < E_n$, so wird die Energiedifferenz als Lichtquant $h\nu$ (§337) frei. Es ist also

$$h\nu = E_n - E_m. \tag{343.1}$$

Die Frequenz des Lichts ist also durch die Differenz der Energien in zwei stationären Bahnen bestimmt. Damit aber das Elektron umgekehrt von einer Bahn kleinerer Energie auf eine Bahn größerer Energie gehoben werden kann, muß ihm *genau* die Energie $E_n - E_m$ zugeführt werden.

Zur Berechnung der stationären oder *Quantenbahnen* führt, wie BOHR und in erweiterter Form SOMMERFELD[1] bewiesen, der folgende Ansatz, in den wiederum das Wirkungsquantum, aber in ganz anderer Weise, eingeht. Es sei φ das Azimun des Elektrons, q der Drehimpuls des Atoms (§35) bezüglich des Atomschwert punktes. Dann sind die Quantenbahnen dadurch gekennzeichnet, daß bei ihne das über einen vollen Umlauf des Elektrons genommene Integral

$$\int_0^{2\pi} q \, d\varphi = n_\varphi h, \tag{343.2}$$

also ein ganzzahliges Vielfaches des Wirkungsquantums h ist. Die Zahl n_φ kann jeden ganzzahligen Wert ≥ 1 annehmen. Ist ferner r der momentane Abstand des Elektrons vom Atomschwerpunkt, p_r der Betrag der Komponente des Impulses des Elektrons in der Richtung von r, so gilt

$$\oint p_r \, dr = n_r h, \tag{343.3}$$

wobei das Integral über einen vollen Umlauf zu erstrecken ist. n_r ist wieder eine ganze Zahl, die auch gleich Null sein kann. Man bezeichnet n_φ als die *azimutale Quantenzahl*, n_r als die *radiale Quantenzahl*. $n = n_\varphi + n_r$ heißt die *Hauptquantenzahl*. Ist $n_r = 0$, also $n = n_\varphi$, hat das Elektron also keine radiale Impulskomponente, so beschreibt das Elektron eine Kreisbahn, andernfalls eine elliptische Bahn.

Da das Elektron nur bestimmte, durch die einzelnen Quantenzahlen definierte Bahnen beschreiben und die diesen entsprechenden Energiestufen einnehmen kann, so kann es bei seinen Quantensprüngen auch nur die den Differenzen dieser Energiestufen entsprechenden Energiebeträge als Lichtquanten $h\nu$ emittieren oder absorbieren. Die bei den Atomen in Emission und Absorption auftretenden scharfen Spektrallinien sind damit gedeutet.

Wir wollen hier sogleich bemerken, daß dieses mechanisch-anschauliche Bild der Atome, namentlich die Vorstellung von Elektronenbahnen, nicht als ein eigentliches Abbild einer Wirklichkeit zu werten ist, sondern als ein *Modell* (§340). Das bedeutet lediglich, daß ein Gebilde, das diesem Modell wirklich entsprechen und den genannten quantentheoretischen Gesetzen gehorchen würde, sich sehr weitgehend — aber innerhalb angebbarer Grenzen — nach außen so verhalten und ebenso auf unsere Meßgeräte einwirken würde, wie es die Atome tatsächlich tun. Wir wissen heute, daß eine „das Wesen der Atome erklärende" mechanisch-anschauliche Vorstellung von den Atomen überhaupt nicht möglich ist. Aber, wie beim Licht, so bildet auch bei den Atomen ein solches Modell — sofern wir die Grenzen kennen, innerhalb derer es zu richtigen Voraussagen über beobachtbare Erscheinungen führt — ein unentbehrliches gedankliches Hilfsmittel. Um

---

[1] ARNOLD SOMMERFELD, 1868—1951.

dem Atommodell nicht mehr als nötig den Anschein der Wirklichkeit zu verleihen, werden wir künftig in der Regel nicht von Elektronenbahnen reden, sondern von den *Zuständen (Quantenzuständen)* oder den *Energiestufen* oder *Energieniveaus* der Atome. Denn diese gibt es, unabhängig von jeder Modellvorstellung, wirklich.

Die Tatsache, daß die Elektronen der Atomhüllen nur bestimmte Quantenzustände einnehmen können, bei denen sie sich in relativ großen Abständen vom Kern befinden, daß sie also nicht — wie es die klassische Elektrodynamik fordern würde — unter Energieverlust in den Kern fallen, hat eine fundamentale Bedeutung. *Die Quantengesetze gewährleisten die Stabilität der Materie,* wie wir sie in der Natur verwirklicht finden.

(343.2) gilt auch für die bei einem Dauerstrom in einem supraleitenden Ring kreisenden Elektronen (§165). Auch sie können nur diskrete, quantenhafte Drehimpulse haben. Demnach kann auch die Stromstärke und daher auch der von dem Strom erzeugte magnetische Fluß nur diskrete Werte haben. Das ist in der Tat nachgewiesen worden.

344. Das Wasserstoffatom. Das einfachste aller Atome ist das des Wasserstoffes, dessen Kern ein einziges Proton ist. Es hat also die Kernladungszahl 1 und hat nur ein Elektron. Wir beschränken uns zunächst auf Kreisbahnen und haben es daher nur mit einer einzigen veränderlichen Koordinate, dem Azimut φ, und dem mit seiner zeitlichen Änderung verknüpften Drehimpuls zu tun. Es ist also nur die azimutale Quantenzahl n_φ im Spiel, so daß $n_\varphi = n$ (Hauptquantenzahl) ist. Wie SOMMERFELD 1916 gezeigt hat, muß man berücksichtigen, daß auch der Kern nicht ruht, sondern daß Elektron *und* Kern sich um ihren ruhenden gemeinsamen Schwerpunkt bewegen. [Deshalb gilt (343.2) tatsächlich für das *ganze* Atom.] Es sei r der Abstand Kern—Elektron, m_e die Masse des Elektrons, m_p die des Protons. Dann ist der Schwerpunktsabstand des Elektrons $r_e = r\, m_p/(m_e + m_p)$, der des Kerns $r_k = r\, m_e/(m_e + m_p)$ (§19). Die nach dem 1. Coulombschen Gesetz zwischen Kern und Elektron wirkende Kraft $e^2/(4\pi\,\varepsilon_0\, r^2)$ liefert die für die Kreisbewegungen von Elektron und Kern nötige Zentripetalkraft $m_e\, r_e\, u^2 = m_p\, r_k\, u^2$ ($u =$ Winkelgeschwindigkeit)[1]. Es folgt

$$\left.\begin{aligned} m_e\, r_e\, u^2 &= m_p\, r_k\, u^2 \\ &= \frac{m_e\, m_p}{m_e + m_p}\, r\, u^2 = \frac{e^2}{4\pi\,\varepsilon_0\, r^2}\,. \end{aligned}\right\} \quad (344.1)$$

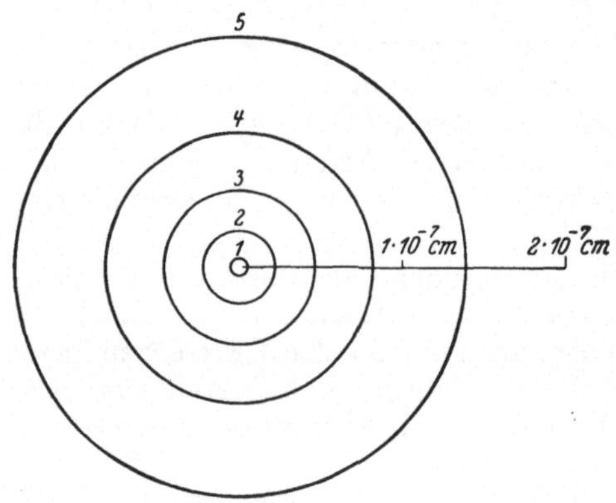

Abb. 600. Die innersten kreisförmigen Quantenbahnen des Wasserstoffatoms

Das Trägheitsmoment des Atoms (Elektron + Kern) beträgt $I = m_e\, r_e^2 + m_p\, r_k^2 = r^2\, m_e\, m_p/(m_e + m_p)$ (§36), sein Drehimpuls um die zur Bahnebene senkrechte Schwerpunktsachse ist konstant und beträgt $q = I\, u$ (§37). Nach (343.2) haben wir nunmehr $\int_0^{2\pi} q\, d\varphi = 2\pi q = n h$ zu setzen und erhalten

$$2\pi\, \frac{m_e\, m_p}{m_e + m_p}\, r^2 u = 2\pi\, \frac{m_e}{1 + m_e/m_p}\, r^2 u = n h\,. \quad (344.2)$$

---

[1] Im atomphysikalischen Schrifttum wird heute noch meist das Gaußsche System verwendet (§200), so daß die elektrische Feldkonstante ε_0 *nicht,* an ihrer Stelle aber die reine Zahl $1/4\pi$ auftritt. Will man unsere Gleichungen entsprechend übersetzen, so hat man also nur statt ε_0 zu setzen $1/4\pi$.

Aus (344.1) und (344.2) folgt

$$r = \frac{\varepsilon_0\, n^2\, h^2}{\pi\, e^2\, m_e}\left(1 + \frac{m_e}{m_p}\right), \quad (344.3\,\mathrm{a}) \qquad u = \frac{\pi\, e^4\, m_e}{2\,\varepsilon_0^2\, n^3\, h^3}\ \frac{1}{1 + m_e/m_p}, \quad (344.3\,\mathrm{b})$$

$$v = u\,r = \frac{e^2}{2\,\varepsilon_0\, n\, h}. \tag{344.3 c}$$

Da $m_p/m_e = 1836{,}12$ (§341), so ist $r_k \ll r_e$ und r_e von r nur sehr wenig (aber doch nachweisbar) verschieden. Der Radius der innersten Bahn (*Grundzustand*, $n = 1$), welche als Zustand kleinster Energie dem normalen Zustand des Atoms entspricht, ergibt sich unter Einsetzung der Werte von ε_0, m_e, e, h und m_e/m_p zu $r_1 = 0{,}5292 \cdot 10^{-8}$ cm. Das ist, wie früher erwähnt, die Größenordnung der Atomdurchmesser. Abb. 600 zeigt die innersten kreisförmigen Quantenbahnen des Wasserstoffatoms.

Die Rotationsenergie des Atoms (Elektron + Kern) beträgt $I\, u^2/2 = m_e\, r_e^2\, u^2/2 + m_p\, r_k^2\, u^2/2$, seine durch die Coulomb-Kraft bedingte potentielle Energie $-e^2/(4\pi\,\varepsilon_0\, r)$ (§142). Die Gesamtenergie E_n des Atoms im n-ten Quantenzustand ergibt sich unter Einsetzung der Werte von r_e, r_k, r und u als die Summe dieser Energieanteile,

$$E_n = \frac{1}{2}\, I\, u^2 - \frac{e^2}{4\pi\,\varepsilon_0\, r} = -\ \frac{e^4\, m_e}{8\,\varepsilon_0^2\, n^2\, h^2}\ \frac{1}{1 + m_e/m_p}. \tag{344.4}$$

Wir wollen die Größe

$$R = \frac{e^4\, m_e}{8\,\varepsilon_0^2\, c_0\, h^3}, \tag{344.5}$$

die *Rydberg[1]-Konstante*, einführen (c_0 Vakuumlichtgeschwindigkeit). Sie beträgt in ausgezeichneter Übereinstimmung des spektrometrisch ermittelten Wertes mit dem aus (344.5) berechneten Wert $109\,737{,}31$ cm^{-1}. (Dieser Wert ist tatsächlich so genau gemessen!) Dann können wir für (344.4) schreiben

$$E_n = -\ \frac{R\, c_0\, h}{1 + m_e/m_p}\ \frac{1}{n^2}. \tag{344.6}$$

Springt nun das Atom aus dem n-ten in den m-ten Quantenzustand mit der Energie E_m ($m < n$), so wird die Energie $E_n - E_m$ frei und als Lichtquant $h\nu$ ausgestrahlt,

$$h\nu = E_n - E_m = \frac{R\, c_0\, h}{1 + m_e/m_p}\left(\frac{1}{m^2} - \frac{1}{n^2}\right). \tag{344.7}$$

Die Frequenz des Lichtquants beträgt also

$$\nu = \frac{E_n}{h} - \frac{E_m}{h} = \frac{R\, c_0}{1 + m_e/m_p}\left(\frac{1}{m^2} - \frac{1}{n^2}\right). \tag{344.8}$$

In der Spektrometrie gibt man statt der Frequenz meist die Wellenzahl $\tilde{\nu} = 1/\lambda = \nu/c_0$ an (§263, $\lambda =$ Vakuumwellenlänge des Lichtes). Dann folgt aus (344.8)

$$\tilde{\nu} = \frac{E_n}{c_0\, h} - \frac{E_m}{c_0\, h} = \frac{R}{1 + m_e/m_p}\left(\frac{1}{m^2} - \frac{1}{n^2}\right) = T_m - T_n. \tag{344.9}$$

Man erhält also die einzelnen Wellenzahlen im Spektrum des Wasserstoffatoms, indem man in (344.9) für m und n ganze Zahlen ($n > m$) einsetzt. Diese Wellenzahlen ordnet man nach *Serien*, derart daß sämtliche Quantensprünge, die zu dem gleichen Endzustand führen, für die also m den gleichen Wert hat, eine Serie bilden. Die Quantenzahl n läuft dann von $m+1$ bis ∞.

---

[1] Johann Robert Rydberg, 1854—1919.

Wir haben in (344.9) gesetzt

$$T_n = \frac{R}{1 + m_e/m_p}\,\frac{1}{n^2} = -\frac{E_n}{c_0\,h}\,, \qquad (344.10)$$

und ebenso für die Quantenzahl m. Diese Größen heißen *Terme*. Die Wellenzahlen innerhalb jeder Serie sind also die *Differenzen eines in der Serie konstanten Grundterms T_m und eines mit der laufenden Quantenzahl n gebildeten Laufterms T_n*.

(344.8) bzw. (344.9) stellen in der Tat alle Serien des Wasserstoffatoms dar. Schon 1885 hat BALMER[1] empirisch die im Sichtbaren liegende Wasserstoffserie *(Balmer-Serie)* durch die Gleichung $\tilde{v} = const\ (1/4 - 1/n^2)$ dargestellt. Das ist nach (344.9) die Serie mit $m = 2$ und $n = 3, 4, \ldots$, bei der alle Quantensprünge im 2. Quantenzustand enden. Später wurden auch die im Ultraviolett liegende Lyman-Serie mit $m = 1$ und im Ultrarot weitere Serien mit $m = 3$ (Paschen-Serie),

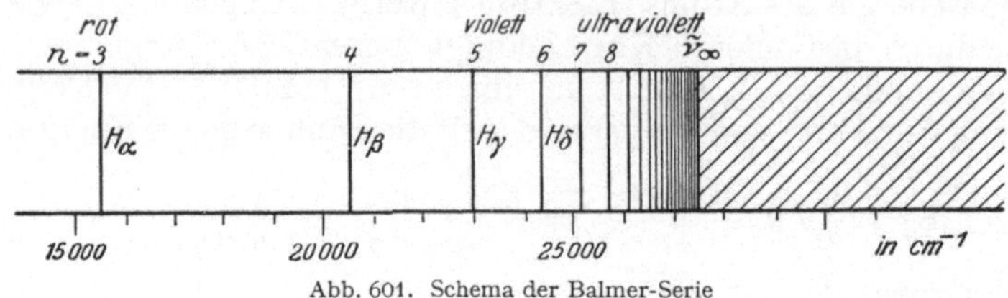

Abb. 601. Schema der Balmer-Serie

$m = 4$ (Brackett-Serie) usw. entdeckt. Abb. 601 zeigt das Wellenzahlschema der Balmer-Serie, Abb. 602 eine Aufnahme derselben. Man bezeichnet ihre Linien mit H_α, H_β, H_γ usw.

Da n von $m+1$ bis ∞ läuft, so besteht jede Serie aus unendlich vielen Linien. Diese häufen sich mit wachsendem n unter Abnahme ihrer Intensität mehr und mehr, und für $n = \infty$ ergibt sich nach (344.8) und (344.9) an der *Seriengrenze* (Abb. 601),

$$v_\infty = \frac{R\,c_0}{1 + m_e/m_p}\,\frac{1}{m^2}\,, \qquad \tilde{v}_\infty = \frac{R}{1 + m_e/m_p}\,\frac{1}{m^2} = -\frac{E_m}{c_0\,h} = T_m. \qquad (344.11\,\mathrm{a,\,b})$$

Die Anordnung der Spektrallinien in Serien war — nicht nur beim Wasserstoff — bereits vor der Bohrschen Theorie empirisch bekannt (RYDBERG, RITZ[2], KAYSER[3] und RUNGE[4]).

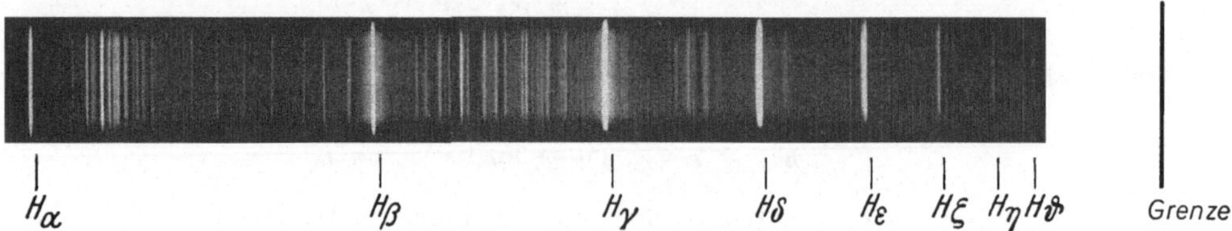

Abb. 602. Aufnahme der Balmer-Serie. Die nicht bezeichneten Linien rühren von anderen Elementen her

Abb. 603 zeigt ein (nicht maßstabgetreues) Schema der Energiestufen des Wasserstoffatoms für $n = 1$ bis 5 und $n = \infty$. Die Pfeile deuten Quantensprünge an, die das Elektron zwischen den einzelnen Energiestufen ausführen kann, bei Lichtaussendung in der Richtung nach unten, bei Lichtabsorption oder sonstiger Energiezufuhr in der Richtung nach oben. *S.E.* bedeutet das kurzwellige Serienende. (Sämtliche Quantenzahlen sind hier mit n bezeichnet.)

---

[1] JOHANN JACOB BALMER, 1825—1898.   [2] WALTER RITZ, 1878—1909.
[3] HEINRICH KAYSER, 1853—1940.   [4] CARL RUNGE, 1856—1927.

Dem oberen Zustand entspricht am Serienende $n=\infty$, also nach (344.3 a, b) der Abstand $r=\infty$ des Elektrons vom Kern — praktisch gesprochen ein gegen den Radius der Grundbahn sehr großer Abstand — und die Winkelgeschwindigkeit $u=0$. Das Elektron befindet sich also in diesem oberen Zustand in sehr großer Entfernung vom Kern in Ruhe und gehört dem Atomverband gar nicht mehr an. Seine Energie ist nach (344.4) in diesem Zustand $E_\infty=0$ und um den Betrag

$$A_\infty = E_\infty - E_1 = -E_1 = \frac{R\,c_0\,h}{1+m_e/m_p} = T_1\,c_0\,h \qquad (344.12)$$

größer als im Grundzustand [(344.6), $n=1$]. Daher muß dem Atom, wenn es sich im Grundzustand befindet, mindestens diese Energie zugeführt werden, um das Elektron vom Atom abzureißen, das Atom zu *ionisieren* (§ 349).

Der Zustand mit der Quantenzahl $n=\infty$ entspricht also einem in sehr großer Entfernung vom Kern befindlichen, also *freien* Elektron. Fällt es von dort auf die m-te Quantenbahn, so wird, analog zu (344.12), die Energie $-E_m$ frei. Im allgemeinen wird ein freies Elektron irgendeine kinetische Energie $m_e v^2/2$ haben. Wird es vom Kern eingefangen, so wird auch diese Energie frei und trägt zur Energie des Lichtquants bei. Dieses hat also die Energie $h\nu=-E_m+m_e v^2/2=h\nu_\infty+m_e v^2/2$. Die Frequenz ist also größer als die der Seriengrenze. Da die kinetische Energie eines freien Elektrons die stetige Folge aller Werte von Null an aufwärts haben kann, so liefern diese Sprünge ein *kontinuierliches Spektrum (Grenzkontinuum)*, das sich an die Seriengrenzen anschließt (in Abb. 601 durch Schraffierung angedeutet).

Nach der klassischen Elektrodynamik sollte die Umlaufsfrequenz $\nu_u=u/2\pi$ des Elektrons mit der Frequenz ν des ausgesandten Lichtes übereinstimmen. Nach der Quantentheorie ist das im allgemeinen keineswegs der Fall. Wir betrachten einen Quantensprung, der von der Quantenzahl n zur Quantenzahl $m=n-1$ führt. Der Faktor $1/m^2-1/n^2$ in (344.8) wird dann gleich $(2n-1)/[n^2(n-1)^2]$. Ist nun $n\gg1$, so nähert sich dies dem Wert $2/n^3$, und es wird $\nu=e^4 m_e/[4\varepsilon_0^2 n^3 h^3(1+m_e/m_p)]$ [(344.5), (344.8)]. Das aber ist nach (344.3 b) gleich der Umlaufsfrequenz $\nu_u=u/2\pi$ auf der n-ten Quantenbahn. Für sehr große Quantenzahlen nähert sich also die Frequenz des ausgesandten Lichts mehr und mehr

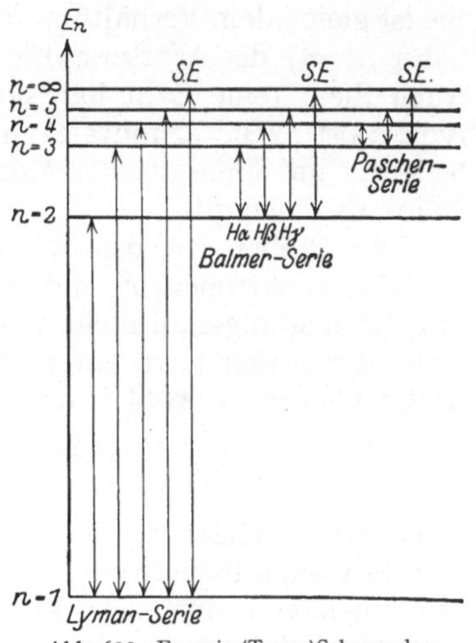

Abb. 603. Energie-(Term-)Schema des Wasserstoffatoms

dem der klassischen Elektrodynamik entsprechenden Wert. Dies ist ein Beispiel für ein grundlegendes Prinzip der Quantentheorie, das *Bohrsche Korrespondenzprinzip*. Es sagt aus, daß die Gesetze der Quantentheorie sich mit wachsenden Quantenzahlen mehr und mehr den Gesetzen der klassischen Physik nähern und schließlich in sie übergehen. Man kann das so verstehen. Je größer n ist, eine um so kleinere *relative* Änderung bewirkt ein Übergang von n auf $n-1$, und mit um so kleinerem Fehler kann man diesen *sprunghaften* Übergang durch einen *stetigen* Übergang ersetzt denken. Die unstetigen Übergänge aber sind das Merkmal, das die Quantentheorie so grundsätzlich von der klassischen Theorie mit ihren stetigen Zustandsänderungen unterscheidet. Im Korrespondenzprinzip ist die grundlegend wichtige Erkenntnis verankert, *daß die Gesetze der klassischen Physik Grenzgesetze sind, in die die Quantengesetze für den Fall sehr großer Quantenzahlen übergehen.*

Wir wollen auch die stationären Ellipsenbahnen kurz besprechen. Da bei diesen auch der Abstand r des Elektrons vom Kern periodisch veränderlich ist, so kommt eine radiale Quantenzahl n_r zur azimutalen Quantenzahl n_φ und als zweite Quantenbedingung nach (343.3) noch $\oint p_r\,dr = n_r h$ hinzu. Die Durchführung der Rechnung ergibt Ellipsen, deren Energien gleich denen der oben berechneten Kreisbahnen mit der (Haupt-)Quantenzahl $n = n_r + n_\varphi$ sind. Alle Beziehungen bleiben also auch bei den Ellipsenbahnen bestehen. Das ist allerdings nur dann *genau* der Fall, wenn man, wie oben, nach der klassischen Mechanik rechnet. Berücksichtigt man aber, wie das tatsächlich nötig ist, wenn man den feineren Einzelheiten der Spektren Rechnung tragen will, die Abhängigkeit der Masse von der Geschwindigkeit (§331), so ergeben sich kleine Unterschiede in den Energien der Bahnen verschiedener Exzentrizität (SOMMERFELD). Bei der gleichen Hauptquantenzahl $n = n_r + n_\varphi$ sind also die den verschiedenen Bahnen entsprechenden Spektralterme einander nicht völlig gleich. Sie spalten in zwei oder mehr nahe benachbarte Terme auf, je nach dem Anteil der azimutalen Quantenzahl an der Hauptquantenzahl n. Daher entstehen auch bei Quantensprüngen, die der gleichen Änderung der Hauptquantenzahl entsprechen, zwei oder mehr nahe benachbarte Linien. Die Spektrallinien zeigen eine *Feinstruktur*. An die Stelle einfacher Linien treten Dubletts, Tripletts usw. (allgemein Multipletts) aus zwei, drei usw. sehr nahe benachbarten Linien. Hierbei spielt die *Feinstrukturkonstante* $\alpha = e^2/(2\,\varepsilon_0\,h\,c_0) = 1/137{,}0373$, eine *reine Zahl*, eine wichtige Rolle. Sie ist gleich dem Verhältnis v/c_0 der Geschwindigkeit des Elektrons in der Grundbahn ($n = 1$) des Wasserstoffatoms zur Vakuumlichtgeschwindigkeit [(344.3 c)]. Auch diese reine Zahl hat sicher eine tiefe, bisher nicht geklärte Bedeutung (vgl. §341). Die azimutale Quantenzahl kann nie den Wert Null haben. Das bedeutet im Sinne unseres Modells, daß es keine zu einer Geraden ausgearteten Ellipsenbahnen gibt.

Sehr ähnlich wie das Wasserstoffatom verhalten sich ionisierte Atome, die alle ihre Elektronen bis auf eines verloren haben, also He^+, Li^{++} usw. Da aber ihre Kernladungszahl nicht 1, sondern $Z = 2, 3, \ldots$, also die Anziehung des Elektrons durch den Kern entsprechend größer ist, so lauten, wie der Leser selbst nachprüfen möge, (344.6) und (344.9) jetzt

$$E_n = -\frac{R\,c_0\,h\,Z^2}{1 + m_e/m_k}\,\frac{1}{n^2} \quad \text{und} \quad \tilde{v} = \frac{R Z^2}{1 + m_e/m_k}\left(\frac{1}{m^2} - \frac{1}{n^2}\right), \qquad (344.13)$$

wobei m_k die Masse des Kerns ist. Die Wellenlängen $\lambda = 1/\tilde{v}$ sind also gegenüber dem Wasserstoffspektrum im Verhältnis $1/Z^2$ nach kürzeren Wellen verschoben, abgesehen von einer sehr kleinen weiteren Verschiebung, die von dem Unterschied zwischen m_k und m_p herrührt. Solche Spektren werden vor allem in der interstellaren Materie beobachtet.

345. Das Periodische System der Elemente. Im Jahre 1869 haben unabhängig voneinander MENDELEJEFF[1] und LOTHAR MEYER[2] das Periodische System der Elemente ersonnen. Es ordnet zunächst die Elemente nach ihren chemischen Eigenschaften und (von vier Ausnahmen abgesehen, §365) nach steigender relativer Atommasse A_s (Atomgewicht, §64). Die laufende Nummer eines Elements heißt seine *Ordnungszahl*. Diese Folge wird in horizontale *Perioden* geteilt, deren erste mit Wasserstoff und deren weitere mit einem Alkalimetall beginnen und die (außer der unvollständigen letzten) mit einem Edelgas enden.

Dieses ursprünglich aus der chemischen Erfahrung erwachsene System hat etwa 45 Jahre später seine physikalische Deutung auf Grund der Bohrschen

---

[1] DMITRIJ IWANOWITSCH MENDELEJEFF, 1834—1907.
[2] LOTHAR MEYER, 1830—1895.

Atomtheorie erfahren. Sie wird besonders deutlich durch eine auch tabellarisch klare Unterscheidung zwischen den Elementen der *Hauptgruppen* und denen der *Nebengruppen* (s. die folgende Tabelle). (In den meist üblichen Darstellungen werden jene mit I a bis VIII a, diese mit I b bis VIII b bezeichnet.)

Die Elemente der Hauptgruppen

Gruppe	I	II	(N)	III	IV	V	VI	VII	VIII
Periode 1	1 H	—	—	—	—	—	—	—	2 He
2	3 Li	4 Be	—	5 B	6 C	7 N	8 O	9 F	10 Ne
3	11 Na	12 Mg	—	13 Al	14 Si	15 P	16 S	17 Cl	18 Ar
4	19 K	20 Ca	21—30	31 Ga	32 Ge	33 As	34 Se	35 Br	36 Kr
5	37 Rb	38 Sr	39—48	49 In	50 Sn	51 Sb	52 Te	53 J	54 Xe
6	55 Cs	56 Ba	57—80	81 Tl	82 Pb	83 Bi	84 Po	85 At	86 Em
7	87 Fr	88 Ra	89—104						

Die Elemente der Nebengruppen

Periode 4									
Periode 4	21 Sc	22 Ti	23 V	24 Cr	25 Mn	26 Fe	27 Co	28 Ni	29 Cu	30 Zn
5	39 Y	40 Zr	41 Nb	42 Mo	43 Tc	44 Ru	45 Rh	46 Pd	47 Ag	48 Cd
6	57 La	72 Hf	73 Ta	74 W	75 Re	76 Os	77 Ir	78 Pt	79 Au	80 Hg
7	89 Ac	104 —								

6	58 Ce	59 Pr	60 Nd	61 Pm	62 Sm	63 Eu	64 Gd	65 Tb	66 Dy	67 Ho	68 Er	69 Tm	70 Yb	71 Lu
7	90 Th	91 Pa	92 U	93 Np	94 Pu	95 Am	96 Cm	97 Bk	98 Cf	99 Es	100 Fm	101 Md	102 No	103 Lw

Relative Atommassen

Element			Element			Element		
Actinium .	89 Ac	227	Hafnium. .	72 Hf	178,49	Radium . .	88 Ra	226,95
Aluminium.	13 Al	26,9815	Helium . .	2 He	4,0026	Rhenium .	75 Re	186,2
Americium .	95 Am		Holmium .	67 Ho	164,930	Rhodium .	45 Rh	102,905
Antimon .	51 Sb	121,75	Indium . .	49 In	114,82	Rubidium .	37 Rb	85,47
Argon. . .	18 Ar	39,948	Iridium . .	77 Ir	192,2	Ruthenium .	44 Ru	101,07
Arsen . . .	33 As	74,9216	Jod	53 J	126,9044	Samarium .	62 Sm	150,35
Astatin . .	85 At		Kalium . .	19 K	39,102	Sauerstoff .	8 O	15,9994
Barium . .	56 Ba	137,34	Kohlenstoff	6 C	12,0111	Scandium .	21 Sc	44,956
Berkelium .	97 Bk		Krypton. .	36 Kr	83,80	Schwefel .	16 S	32,064
Beryllium .	4 Be	9,0122	Kupfer . .	29 Cu	63,54	Selen . . .	34 Se	
Blei. . . .	82 Pb	207,19	Lanthan. .	57 La	138,91	Silber . . .	47 Ag	107,870
Bor	5 B	10,811	Lawrencium	103 Lw		Silicium . .	14 Si	28,086
Brom . . .	35 Br	79,909	Lithium . .	3 Li	6,939	Stickstoff .	7 N	14,0067
Cadmium .	48 Cd	112,40	Lutetium .	71 Lu	174,97	Strontium .	38 Sr	87,62
Caesium . .	55 Cs	132 905	Magnesium .	12 Mg	24,312	Tantal. . .	73 Ta	180,948
Calcium . .	20 Ca	40,08	Mangan . .	25 Mn	54,9381	Technetium	43 Tc	
Californium	98 Cf		Mendelevium	101 Md		Tellur . . .	52 Te	127,60
Cer	58 Ce	140,12	Molybdän .	42 Mo	95,94	Terbium . .	65 Tb	158,924
Chlor . . .	17 Cl	35,453	Natrium . .	11 Na	22,9898	Thallium .	81 Tl	204,37
Chrom. . .	24 Cr	51,996	Neodym . .	60 Nd	144,24	Thorium . .	90 Th	232,038
Cobalt . .	27 Co	58,9332	Neon . . .	10 Ne	20,183	Thulium . .	69 Tm	168,934
Curium . .	96 Cm		Neptunium	93 Np		Titan . . .	22 Ti	47,90
Dysprosium	66 Dy	162,50	Nickel. . .	28 Ni	58,71	Uran . . .	92 U	238,03
Einsteinium	99 Es		Niob . . .	41 Nb	92,906	Vanadium .	23 V	50,942
Eisen . . .	26 Fe	55,847	Nobelium .	102 No		Wasserstoff	1 H	1,00797
Emanation	86 Em	222	Osmium . .	76 Os	190,2	Wismut . .	83 Bi	208,980
Erbium . .	68 Er	167,26	Palladium .	46 Pd	106,4	Wolfram .	74 W	183,85
Europium .	63 Eu	151,96	Phosphor .	15 P	30,98	Xenon. . .	54 Xe	131,30
Fermium .	100 Fm		Platin . . .	78 Pt	195,09	Ytterbium .	70 Yb	173,04
Fluor . . .	9 F	18,9984	Plutonium .	94 Pu		Yttrium . .	39 Y	88,905
Francium .	87 Fr		Polonium .	84 Po	210	Zink . . .	30 Zn	65,37
Gadolinium	64 Gd	156,9	Praseodym	59 Pr	140,907	Zinn . . .	50 Sn	118,69
Gallium . .	31 Ga	69,72	Promethium	61 Pm		Zirkon . .	40 Zr	91,22
Germanium	32 Ge	72,59	Protactinium	91 Pa	231			
Gold . . .	79 Au	196,967	Quecksilber	80 Hg	200,59			

Die 44 *Elemente der Hauptgruppen* sind in der ersten Tabelle aufgeführt, die Elemente der Nebengruppen (N) nur summarisch an den ihren relativen Atommassen entsprechenden Orten. Eine ausgesprochene Periodizität zeigen nur die Elemente der Hauptgruppen, indem die Elemente jeder Gruppe unter sich in bezug auf ihre Wertigkeit ganz oder zumindest weitgehend übereinstimmen. Die Wertigkeiten der Elemente der Gruppen I, II und III entsprechen immer der Gruppennummer. Bei den Elementen der Gruppen IV bis VII kann das auch so sein; aber sie treten in mehreren Wertigkeitsstufen auf. Die Elemente der Gruppe V sind überwiegend dreiwertig ($3 = 8 - 5$), die der Gruppe VI überwiegend

zweiwertig ($2=8-6$), die der Gruppe VII überwiegend einwertig ($1=8-7$). Die Elemente der Gruppe VIII sind Edelgase und gehen keine chemischen Verbindungen ein, sind also nullwertig[1].

Die *Elemente der Nebengruppen* sind in der zweiten Tabelle zusammengestellt und nach einem Prinzip unterteilt, das in §346 (Abb. 604) deutlich werden wird. Die Nebengruppenelemente sind einander in ihren chemischen Eigenschaften mehr oder weniger ähnlich. Sie treten alle mit mehreren Wertigkeitsstufen auf, besonders häufig dreiwertig. Eine gewisse Periodizität besteht auch hier, indem untereinander stehende Elemente der vier ersten Perioden einander oft, aber nicht immer, chemisch besonders nahe verwandt sind, und Entsprechendes gilt für die beiden letzten Perioden. Die Elemente der fünften Folge heißen Lanthaniden, die der sechsten Periode Aktiniden.

Die Elemente 43 Tc, 61 Pm, 85 At, 87 Fr und von 93 Np aufwärts kommen in der Natur nicht vor, können aber künstlich erzeugt werden (§§374, 383).

Die relativen Atommassen der Elemente sind in einer weiteren Tabelle zusammengestellt. Die physikalische Deutung des Periodischen Systems fußt auf zwei grundlegenden Erkenntnissen. Erstens: Die *Ordnungszahl* eines Elementes ist identisch mit der *Anzahl der Elektronen seiner Atome*, also auch mit deren *Kernladungszahl*. Zweitens: Die *Periodizitäten* beruhen nach Kossel[2] und Lewis[3] darauf, daß die Elektronen in mehreren „Schalen" angeordnet sind, die verschiedene Abstände vom Atomkern haben. Diese *Elektronenschalen* werden, von innen nach außen gezählt, K-, L-, M-Schale usw. genannt.

Die relativen Atommassen in der Tabelle entsprechen den Mittelwerten in den natürlichen Isotopengemischen der Elemente (§365). Bei den künstlichen radioaktiven Stoffen, bei denen es kein natürliches Isotopengemisch gibt, ist keine Angabe gemacht.

346. Das Aufbauprinzip. Nach Bohr kann man den Schalenbau der Elektronenhülle in allen wesentlichen Zügen verstehen, wenn man sich vorstellt, daß sie Elektron nach Elektron derart aufgebaut wird, daß jedes neue Elektron in den stabilsten (also energetisch günstigsten) noch freien, nach den Quantengesetzen erlaubten Zustand kommt *(Aufbauprinzip)*. Doch müssen wir zunächst noch einiges vorausschicken.

In §343 haben wir die beiden Quantenzahlen n_φ und n_r und ihre Summe, die *Hauptquantenzahl* $n = 1, 2, 3, \ldots$ eingeführt. Die verfeinerte Theorie zeigt, daß man n_φ noch in eine äquatoriale und eine axiale Quantenzahl aufspalten muß, $n_\varphi = n_\vartheta + n_\psi$. Man ersetzt aber diese beiden Quantenzahlen durch zwei andere, die *Nebenquantenzahl* $l = n_\varphi - 1$ und die *magnetische Quantenzahl m*, für welche die folgenden Bedingungen gelten:

$$l = 0, 1, 2, \ldots (n-1) \quad \text{und} \quad -l \leqq m \leqq +l. \tag{346.1 a, b}$$

Es kommt aber noch eine vierte, die *Spinquantenzahl* m_s, hinzu, welche die räumliche Orientierung des Elektronenspins (§358) bestimmt und nur die beiden Werte $m_s = +\frac{1}{2}$ und $-\frac{1}{2}$ annehmen kann (entgegengesetzte Spinrichtungen). Der Zustand eines Elektrons ist also durch *vier Quantenzahlen* gekennzeichnet. Als eine *Konfiguration* bezeichnet man ein bestimmtes Wertepaar n, l. Infolge des Hinzukommens der magnetischen und der Spinquantenzahl mit ihren verschiedenen Möglichkeiten kann jede Konfiguration noch auf verschiedene Weisen verwirklicht werden.

---

[1] Über Elemente mit relativen Atommassen über 103 s. § 383.
[2] Walther Kossel, 1888—1957. [3] Gilbert Newton Lewis, 1875—1946.

Ferner gilt als ein ganz neues, *selbständiges Naturgesetz* das *Paulische*[1] *Ausschließungsprinzip (Pauli-Prinzip, -Verbot): Innerhalb eines Atoms können nie zwei Elektronen in allen vier Quantenzahlen übereinstimmen.* (Tatsächlich hat das Prinzip eine noch viel weitergehende Bedeutung und gilt nicht nur für die Elektronen eines Atoms, sondern u.a. auch für die Protonen und Neutronen in den Atomkernen.) Da es für die Spinquantenzahl nur zwei Möglichkeiten gibt, so können jeweils nur zwei Elektronen in den Quantenzahlen n, l, m übereinstimmen.

Eine Konfiguration mit den Nebenquantenzahlen $l = 0, 1, 2, 3, \ldots$ wird als s-, p-, d-, f-, ... Zustand bezeichnet. Ist n die Hauptquantenzahl, so wird eine

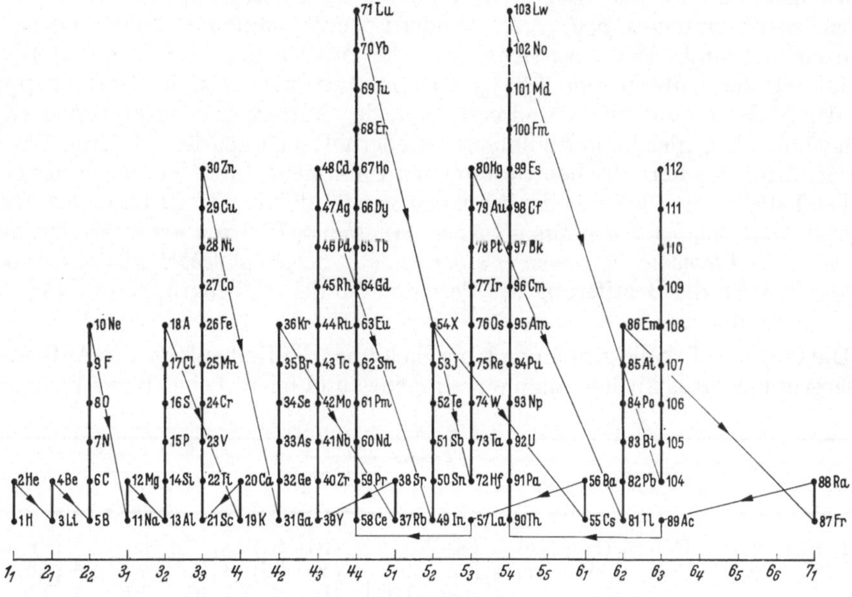

Abb. 604.   Der schrittweise Aufbau der Untergruppen und Schalen

spezielle Konfiguration mit ns, np, nd, nf, ... (Symbole, keine Produkte!) bezeichnet. So ist z.B. $1s$ die Konfiguration $n = 1$, $l = 0$, oder $3d$ die Konfiguration $n = 3$, $l = 2$.

Die *K-Schale* wird von Elektronen mit $n = 1$ gebildet. Nach (346.1 a, b) ist dann nur $l = 0$ und $m = 0$ möglich, also die Konfiguration $1s$. Wegen der zwei Möglichkeiten für die Spinquantenzahl ist demnach die *K*-Schale mit zwei Elektronen bereits voll besetzt; $n = 1$ läßt keine weiteren Möglichkeiten zu. Das einfachste Atom, das Wasserstoffatom, hat nur 1 Elektron, das Heliumatom 2 Elektronen.

Die *L-Schale* besteht aus Elektronen mit $n = 2$. Dann liefert (346.1 a) die beiden Konfigurationen mit $l = 0$ ($2s$) und $l = 1$ ($2p$). Erstere kann wieder auf zwei Weisen verwirklicht werden. Im zweiten Fall aber kann nach (346.1 b) m die drei Werte $-1, 0, +1$ annehmen, was $2 \cdot 3 = 6$ Möglichkeiten liefert. Die *L*-Schale besteht also aus zwei *Untergruppen*, deren eine mit 2 und deren andere mit 6 Elektronen besetzt ist. Eine voll besetzte *L*-Schale enthält also 8 Elektronen. Der Aufbau der *L*-Schale beginnt mit dem Alkalimetall *Lithium* (*K*-Schale 2, *L*-Schale 1 Elektron) und endet mit dem Edelgas Neon (*K*-Schale 2, *L*-Schale 8 Elektronen).

---

[1] WOLFGANG PAULI, 1900–1958, Nobelpreis 1945.

In der M-Schale ist $n=3$, in der N-Schale $n=4$ usw. Es bleibe dem Leser überlassen, hiernach diese und die weiteren Schalen aus ihren Untergruppen aufzubauen. Er kann leicht feststellen, daß wegen (346.1a) jede vollständige Schale n Untergruppen hat und daß eine durch die Nebenquantenzahl l gekennzeichnete Untergruppe $2(2l+1)$ Elektronen aufnehmen kann, mit wachsendem l also 2, 6 10, 14, ... Elektronen. Eine vollbesetzte Schale enthält $2n^2$ Elektronen, mit wachsendem n also 2, 8, 18, 32, ... Elektronen.

Der Aufbau der K- und der L-Schale erfolgt in der vorstehenden Reihenfolge bis zu ihrem Abschluß. In der Folge verhält es sich nicht mehr so einfach, sondern so, wie es in der Abb. 604 dargestellt ist, in der die Untergruppen der Deutlichkeit halber nicht durch $s, p, d, f, ...$, sondern durch laufende Zahlenindizes gekennzeichnet sind. Wie man sieht, wird der Aufbau der M-Schale ($n=3$) nach Auffüllung der Untergruppe $3p$ (3_2) abgebrochen, zunächst die Untergruppe $4s$ (4_1) der N-Schale aufgebaut und erst dann der Aufbau der Untergruppe $3d$ (3_3) nachgeholt. Das gleiche und ähnliches wiederholt sich bei den weiteren Schalen. Die Struktur des Periodischen Systems wird nunmehr durch Vergleich der ersten beiden Tabellen in §345 mit der Abb. 604 verständlich. *Die Elemente der Hauptgruppen sind die, bei denen das als letztes eingebaute Elektron der äußersten Schale angehört; die Elemente, bei denen es einer inneren Schale angehört, bilden die Nebengruppen.* Auch die Bezifferung der Perioden bei den Nebengruppen in §345 wird jetzt verständlich.

Die folgende Tabelle gibt einen Überblick über die Reihenfolge des Aufbaus der Untergruppen. Aus ihr liest man ein einfaches und leicht behaltbares Prinzip ab:

Periode						
1	2	3	4	5	6	7
1_1(H, He)	2_1(Li, Be) 2_2(B—Ne)	3_1(Na, Mg) 3_2(Al—Ar)	4_1(K, Ca) 3_3(Sc—Zn) 4_2(Ga—Kr)	5_1(Rb, Sr) 4_3(Y—Cd) 5_2(In—Xe)	6_1(Cs, Ba) 5_3(La) 4_4(Ce—Lu) 5_3(Hf—Hg) 6_2(Tl—Em)	7_1(Fr, Ra) 6_3(Ac) 5_4(Th—Lw)

Man beachte die *Summe* von Hauptquantenzahl n und Index der Untergruppen. Dann liest man aus der Abb. 604 und ebenso aus der Tabelle Folgendes ab: Der Aufbau einer Schale wird abgebrochen, wenn die genannte Summe bei der nächstfolgenden Untergruppe größer ist als bei einer Untergruppe der folgenden Schale, und er wird erst fortgesetzt, wenn alle Untergruppen mit einer um 1 kleineren Summe aufgebaut sind. So folgt auf 3_2 erst 4_1, dann erst 3_3 und 4_2, auf dieses erst 5_1, dann erst 4_3 und 5_2 usw. Etwas verwickelter verhält es sich — unter Wahrung des Summenprinzips — bei der Summe 8, wo der Aufbau der Untergruppe 5_3 bereits nach dem Einbau des ersten Elektrons zugunsten des Aufbaus der Untergruppe 4_4 abgebrochen und erst nach deren Vollendung zu Ende geführt wird. Das gleiche wiederholt sich bei der Summe 9 (6_3, 5_4). Die letzte vollständig bekannte Untergruppe ist 5_4 (Actiniden). Von der Untergruppe 6_3, die bis zum Element 112 reichen sollte, ist (1968) nur das Ac mit Sicherheit bekannt.

Damit ist nunmehr der Aufbau des Periodischen Systems in seinen Einzelheiten leicht übersehbar:

1. Das vorzeitige Abbrechen des Aufbaus der Schalen mit der Untergruppe np (n_2) von der M-Schale ab erklärt die *Besetzungszahlen der einzelnen Perioden.*

2. Jede Periode beginnt mit dem vollständigen Aufbau der 1. Untergruppe $ns(n_1)$ der gleichbezifferten Schale (zwei Elektronen) und endet — außer bei der unvollständigen 7. Periode — mit dem vollständigen Aufbau der 2. Untergruppe $np(n_2)$ der gleichen Schale (sechs Elektronen), *beginnt also mit einem* Alkalimetall (bzw. Wasserstoff) und *endet mit einem Edelgas.*

3. Da bei den *Nebengruppenelementen* der Aufbau einer inneren Schale nachgeholt wird, könnte man erwarten, daß ihre äußere Schale derjenigen des der betreffenden Folge vorausgehenden Elements der Hauptgruppe II entsprechen, also zwei Elektronen enthalten sollte. Das ist auch meist der Fall und erklärt die weitgehende chemische Ähnlichkeit dieser Elemente. In einzelnen Fällen aber, so bei 24 Cr, 29 Cu und 47 Ag werden gleichzeitig zwei Elektronen in die innere Schale eingebaut, deren eines von der äußeren Schale geliefert wird, die dann nur ein Elektron enthält. Bei vielen Nebengruppenelementen bewirkt der besonders unvollständige Schalenaufbau einen besonders unvollständigen Ausgleich der magnetischen Momente der einzelnen Elektronenbahnen und ist die Ursache ihres ungewöhnlich großen atomaren magnetischen Moments und damit ihres hohen Paramagnetismus (§ 219).

Das Abbrechen der 3. bis 6. Periode mit Vollendung der Untergruppen $np(n_2)$, also einer unvollständigen äußeren Schale mit $2+6=8$ Elektronen, und damit die Sonderstellung der Edelgase ist so zu verstehen, daß der Einbau der nächsten Elektronen in eine neue Untergruppe einer inneren Schale zunächst zu einem stabileren Zustand führt als die Fortsetzung des Aufbaus der äußeren Schale.

347. Molekülbildung. Kristallbildung. Diese Deutung des Periodischen Systems führt zu einem Verständnis für die Kräfte, die die Atome in den *heteropolaren* oder *Ionenmolekülen* aneinander binden. Der edelgasartige Zustand der Elektronenhülle mit 8 Elektronen in der äußeren Schale ist (wie auch die chemische Trägheit der Edelgase zeigt) besonders stabil. Es ist daher verständlich, wenn ein Atom unter geeigneten Bedingungen die Neigung zeigt, in diesen Zustand überzugehen. Das kann auf zwei Weisen geschehen. Entweder gibt das Atom unter Verwandlung in ein positives Ion sämtliche Elektronen seiner äußeren Schale ab, so daß der Zustand des vorhergehenden Edelgases erreicht wird, oder das Atom nimmt unter Verwandlung in ein negatives Ion so viele Elektronen in seine äußere Schale auf, daß der Zustand des nächstfolgenden Edelgases erreicht wird. Verliert z. B. das Magnesiumatom (12) seine zwei äußeren Elektronen, wird es also zum Mg^{++}, so entspricht sein Zustand dem des Neons (10). Nimmt aber z. B. das Chloratom (17) ein zusätzliches Elektron in seine aus sieben Elektronen bestehende äußere Elektronenschale auf, so entspricht dieses Cl^- dem Edelgas Argon (18). Eine solche Änderung der Elektronenanzahl kann sich vollziehen, wenn zwei oder mehrere Atome zusammentreffen, die einander derart „aushelfen" können, daß die beteiligten Atome lediglich durch Austausch von Elektronen untereinander sämtlich in den edelgasartigen Zustand gelangen, und wenn die Anzahl der Elektronen, die ein Atom zur Erreichung des edelgasartigen Zustandes abgeben oder aufnehmen muß, nicht zu groß ist. Da sich dabei aber die Atome teils in positive, teils in negative Ionen verwandeln, so besteht zwischen den entgegengesetzt geladenen Ionen eine elektrostatische Anziehung, die ihre Bindung zu einem Molekül bewirkt. Ein einfaches Beispiel ist das Kochsalz NaCl. Das Na-Atom gibt sein einziges äußeres Elektron an das Cl-Atom ab, wobei das Na^+ dem Ne, das Cl^- dem Ar ähnlich wird[1].

---

[1] Bei einigen in jüngerer Zeit entdeckten Edelgasverbindungen handelt es sich nicht um Molekülbildungen, sondern um die Bildung von Kristallgittern.

Es gibt demnach bei diesen Verbindungen *zwei Arten von Wertigkeit*, die man als *positiv und negativ* bezeichnet. Ein Atom ist in einer Verbindung positiv bzw. negativ z-wertig, wenn es z Elektronen abgegeben bzw. aufgenommen hat. So ist im NaCl-Molekül das Na positiv, das Cl negativ einwertig, im H_2O-Molekül sind die beiden H-Atome positiv einwertig, das O-Atom negativ zweiwertig. Im allgemeinen entscheidet sich die Frage, ob ein Atom mit positiver oder negativer Wertigkeit in Verbindungen eingeht, danach, ob es leichter durch Abgabe oder durch Aufnahme von Elektronen in den edelgasartigen Zustand übergehen kann. So haben die ersten Elemente jeder Periode stets positive, die letzten, außer den nullwertigen Edelgasen, meist negative Wertigkeit; bei den Elementen der mittleren Perioden kommen beide Arten von Wertigkeit vor. Aber es kommt auch vor, daß z.B. das Chlor positiv siebenwertig auftritt, indem es seine sämtlichen sieben äußeren Elektronen abgibt usw. Atome, die vorzugsweise Elektronen *abgeben* und so positive Ionen bilden, nennt man *elektropositiv*, solche, die bevorzugt Elektronen *aufnehmen* und negative Ionen bilden, *elektronegativ*.

Das chemische Verhalten der Nebengruppenelemente ist verwickelter; sie können auch eines oder mehrere der ziemlich lose gebundenen Elektronen der auf die äußerste Schale folgenden Untergruppe abgeben und daher mit verschiedenen Wertigkeiten auftreten, z.B. Eisen, das zwei äußere Elektronen hat, 2- und 3-wertig (FeO, Fe_2O_3).

Da die Ionenmoleküle aus positiven und negativen Ionen bestehen, die einen gewissen Abstand voneinander haben, so bilden sie elektrische Dipole und haben von Natur ein *elektrisches Moment*. Ausnahmen bilden Moleküle von besonderer Atomanordnung, wie z.B. das gestreckte Molekül CO_2 ($O=C=O$ auf einer Geraden).

Ein durch Elektronenverlust oder Elektronengewinn in den edelgasartigen Zustand versetztes Atom (Ion) verhält sich gegenüber elektrisch neutralen Molekülen chemisch ähnlich träge wie ein Edelgas selbst. Es wird erst durch Aufnahme oder Abgabe von Elektronen wieder reaktionsfähig. Daher reagieren auch die Ionen in einem Elektrolyten, z.B. die Na-Ionen in einer NaCl-Lösung, nicht mit dem Wasser, während das Natrium im metallischen Zustand heftig mit Wasser reagiert. Die Anlagerung von Wassermolekülen an Ionen (Hydratation, § 172) ist keine chemische Verbindung.

Diese Deutung der Molekülbildung trifft aber nur für eine ziemlich beschränkte Gruppe von Verbindungen zu. Die übrigen Verbindungen, insbesondere die in ihnen wirksamen Kräfte, lassen sich nur auf Grund der Quantenmechanik verstehen, so daß wir hier nicht näher darauf eingehen können und uns auf wenige Andeutungen beschränken müssen. Bei den *Atommolekülen* bilden die Atome aus ihren äußeren Elektronenschalen eine gemeinsame edelgasähnliche Elektronenschale aus meist 8, nur beim H_2 2 Elektronen, so daß ihnen ein, bei Doppelbindungen zwei, bei Dreifachbindungen drei *Elektronenpaare* gemeinsam sind. Man stellt eine solche *kovalente* oder *homöopolare Bindung* symbolisch so dar, wie die folgenden Beispiele zeigen *(Elektronenformel)*, wobei die Punkte die Elektronen der äußeren Schalen bedeuten:

$$H\!:\!H \qquad :\!\ddot{C}l\!:\!\ddot{C}l\!: \qquad H\!:\!\ddot{C}l\!: \qquad H\!:\!\overset{\displaystyle H}{\underset{\displaystyle H}{\ddot{C}}}\!:\!H \qquad \overset{\displaystyle H\cdot\ \ \cdot H}{\underset{\displaystyle H\cdot\ \ \cdot H}{\overset{\cdot}{C}\!:\!\overset{\cdot}{C}}} \qquad H\!:\!C\;\vdots\;C\!:\!H$$

$$H_2 \qquad\qquad Cl_2 \qquad\qquad HCl \qquad\qquad CH_4 \qquad\qquad C_2H_4 \qquad\qquad C_2H_2$$

Man beachte die Doppelbindung bei C_2H_4, die Dreifachbindung bei C_2H_2. Diese Art der Bindung liegt unter anderem bei den aus zwei gleichen Atomen bestehenden Molekülen (H_2, N_2, O_2 usw.) und insbesondere bei den meisten Kohlenstoffverbindungen vor. Es ist jedoch zu bemerken, daß es ganz reine heteropolare oder kovalente Bindungen kaum gibt, sondern daß meist beide Bindungsarten zugleich vorliegen, aber die eine die andere in der Regel stark überwiegt.

Symmetrisch gebaute homöopolare Moleküle, wie z.B. H_2, Cl_2, CH_4 usw., haben kein elektrisches Moment, wohl aber die asymmetrisch gebauten heteropolaren, wie z.B. HCl, da dann die Atomrümpfe verschieden hohe positive Ladungen haben.

Die Kräfte, welche die Bausteine der nichtmetallischen *Kristalle* aneinander binden, sind die gleichen, die auch die Molekülbindungen bewirken, also entweder heteropolarer oder kovalenter Art. Eine andere Bindungsart liegt bei der *metallischen Bindung* in den Metallkristallen vor. Ihr Raumgitter wird von positiven Atomrümpfen gebildet, die ihr Valenzelektron abgegeben haben. Diese Elektronen sind keinem Atomrumpf individuell zugeordnet, sondern gehören als frei bewegliche Leitungselektronen dem ganzen Kristall an; aber auch ihre Energieniveaus sind quantenmechanisch bestimmt (sog. *Leitfähigkeitsband*). Auf eine der kovalenten Bindung verwandte Art sichern sie den festen Zusammenhalt der Metallgitter und sie verleihen ihnen ihre hohe elektrische und Wärmeleitfähigkeit. Sie machen die Metalle undurchsichtig und glänzend, indem sie einfallendes Licht absorbieren und wieder abstrahlen.

Wenn bei einer Kristallart eine chemische Formel angegeben wird, so beschreibt sie bei Molekülkristallen die einzelnen Moleküle. Bei den — heteropolar gebundenen — Ionenkristallen ist das anders. So gibt es z.B. im Kochsalzkristall nicht etwa NaCl-Moleküle, sondern jedes Na^+-Ion ist an 6 Cl^--Ionen und jedes Cl^--Ion an 6 Na^+-Ionen gebunden. Tatsächlich kann ein einheitlicher Kochsalzkristall als ein einziges, riesiges Molekül verstanden werden, und die Formel NaCl sagt nur aus, daß Na^+ und Cl^--Ionen im Verhältnis $1:1$ vorhanden sind.

348. Allgemeines über Linienspektren. Die im kurzwelligen Ultrarot, im Sichtbaren und im Ultraviolett liegenden Linienspektren entstehen ausschließlich durch Quantensprünge in der äußersten Elektronenschale eines Atoms. Man nennt sie *optische Spektren*. Bei ihrer Entstehung spielt ein bestimmtes Elektron mit (im Sinne des Bohrschen Modells) besonders exzentrischer Bahn *(Leuchtelektron)* die maßgebende Rolle.

Die Spektren der Elemente der Gruppen I bis III mit 1 bis 3 Elektronen in der äußersten Schale haben noch eine gewisse Verwandtschaft mit dem Wasserstoffspektrum, insbesondere lassen auch sie sich in *Serien* einteilen. Doch werden sie mit wachsender Anzahl der äußeren Elektronen immer verwickelter und linienreicher. Dem Wasserstoffspektrum am ähnlichsten sind noch die Alkalispektren (Gruppe I, Abb. 605, 606) mit nur einem äußeren Elektron; denn dieses ist vom Kern viel weiter entfernt als die übrigen Elektronen, deren negative Ladungen die Kernladung näherungsweise bis auf 1 Elementarladung kompensieren, so daß das Kraftfeld, in dem sich das eine Leuchtelektron befindet, dem des Wasserstoffatoms einigermaßen ähnlich ist. In den weiteren Gruppen werden die Spektren immer linienreicher (Abb. 607) und können nicht immer in Serien eingeteilt werden.

Eine theoretische Berechnung des Spektrums ist nur noch beim Helium möglich gewesen. Bei anderen Atomen beruht die Einteilung in Serien auf der spektroskopischen Erfahrung. Diese hat gezeigt, daß man die Wellenzahlen in einer Serie, ebenso wie beim Wasserstoff, als Differenzen eines in der ganzen Serie *konstanten Terms* und eines durch eine laufende, ganzzahlige Hauptquantenzahl n gekennzeichneten *Laufterms* darstellen kann. Während diese Terme (unter Vernachlässigung des sehr

Abb. 605. Emissionsspektrum des Kaliums zwischen 300 und 500 nm. Aufnahme von FOOTE und MOHLER

Abb. 606. Absorptionsspektrum des Natriums. Hauptserie zwischen 240 und 286 nm. Aufnahme von FOOTE und MOHLER

Abb. 607. Ausschnitt aus dem Emissionsspektrum des Eisens zwischen 400 und 600 nm. Aufnahme von P. HEY

kleinen Bruchs m_e/m_p) beim Wasserstoff die einfache Gestalt $T_n = R/n^2$ hatten, haben sie jetzt in erster Näherung die Gestalt $R/(n+q)^2$, wobei $q < 1$ eine für das betreffende Element charakteristische und auch von der Nebenquantenzahl l (§346) abhängige Zahl ist *(Rydberg-Korrektion)*. Die Korrektionen q sind in den Termen der einzelnen Serien verschieden und werden mit $q = s, p, d, f, \ldots$ bezeichnet, was nicht mit den gleichen Symbolen in §346 verwechselt werden darf. Nach RYDBERG und nach KAYSER und RUNGE unterscheidet man folgende Serien:

$$
\begin{aligned}
\text{Hauptserie:} \quad & \tilde{v} = 1S - nP, \quad && n = 2, 3, 4, \ldots \\
\text{I. Nebenserie:} \quad & \tilde{v} = 2P - nD, \quad && n = 3, 4, 5, \ldots \\
\text{II. Nebenserie:} \quad & \tilde{v} = 2P - nS, \quad && n = 2, 3, 4, \ldots \\
\text{Bergmann-Serie:} \quad & \tilde{v} = 3D - nF, \quad && n = 4, 5, 6, \ldots
\end{aligned}
$$

und weitere entsprechende Serien. Die Hauptserie entspricht Übergängen aus angeregten Zuständen des Atoms in den Grundzustand; die weiteren Serien entsprechen Übergängen zwischen angeregten Zuständen.

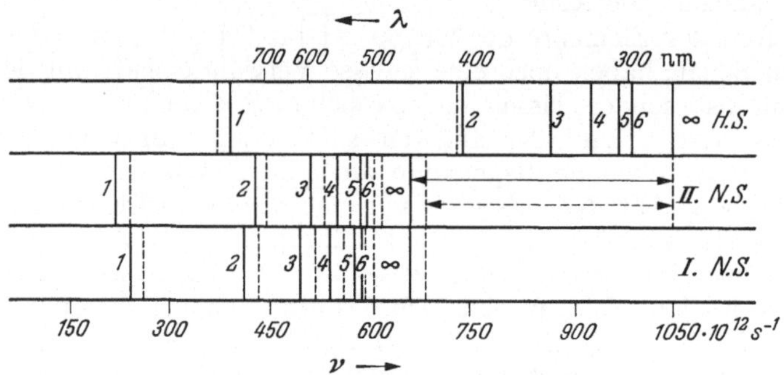

Abb. 608. Schema der Hauptserie und der beiden Nebenserien des Kaliums

Die ersten konstanten Terme der Serien sind die Wellenzahlen der kurzwelligen Seriengrenzen ($n = \infty$, Laufterm $= 0$; Abb. 608), die also bei den beiden Nebenserien identisch sind. Man sieht ferner, daß die Differenz der Wellenzahl der Seriengrenzen der Hauptserie und der beiden Nebenserien ($n = \infty$) mit der der ersten Linie der Hauptserie ($n = 2$) identisch ist. Dies ist nur eines von vielen

Beispielen für das *Ritzsche Kombinationsprinzip*: Die Differenzen zweier Wellenzahlen liefern in sehr vielen Fällen die Wellenzahl einer anderen Linie des Spektrums. Das ist verständlich, da den Termen Energieniveaus entsprechen, den Wellenzahlen Übergänge zwischen ihnen. Doch kommen für gewöhnlich nicht sämtliche hiernach denkbaren Kombinationen vor; gewisse von ihnen sind durch quantentheoretische Gesetze im allgemeinen ausgeschlossen *(verbotene Linien)*, werden aber unter besonderen Bedingungen (äußere Felder usw.) doch beobachtet, insbesondere bei extrem geringer Dichte, z. B. in der interstellaren Materie. Bei den Elementen mit mehr als einem äußeren Elektron treten mehrere Termsysteme auf, die für gewöhnlich nicht miteinander kombinieren (bei 2 Elektronen, z. B. He, Ortho- und Paraterme genannt).

Da sich die Atome für gewöhnlich in ihrem Grundzustand befinden, so kann das Leuchtelektron bei unangeregten Atomen nur Quantensprünge ausführen, die im Grundzustand beginnen. Daher absorbieren die Atome in ihrem gewöhnlichen Zustand auch nicht etwa alle Spektrallinien, die sie *überhaupt* aussenden können, sondern nur diejenigen ihrer Hauptserie, bei deren Emission die Quantensprünge im Grundzustand enden. Das ist kein Widerspruch gegen das Kirchhoffsche Gesetz (§ 320). Denn angeregte Atome können auch Linien höherer Serien absorbieren, die sie ebenfalls emittieren können.

Die bisher behandelten Spektren der neutralen Atome heißen *Bogenspektren,* weil sie im Lichtbogen (aber auch in der Glimmentladung) auftreten. GOLDSTEIN beobachtete im elektrischen Funken zuerst die Spektren von ein- und mehrfach ionisierten Atomen (1., 2., … *Funkenspektrum*). Wenn z. B. ein Calciumatom Ca (II. Gruppe) eines seiner beiden äußeren Elektronen verloren hat, also ein einfach positives Ca^+-Ion geworden ist, so entspricht seine Elektronenkonfiguration dem neutralen Atom des ihm vorangehenden Kaliums (I. Gruppe), und sein Funkenspektrum ist dem Bogenspektrum des K ähnlich. Wegen seiner um 1 größeren Kernladungszahl ist aber das elektrische Feld, in dem sein Leuchtelektron sich befindet, näherungsweise doppelt so stark und daher das Ca^+-Spektrum gegen das K-Spektrum zu kürzeren Wellen verschoben. Entsprechend ist z. B. das 1. Funkenspektrum des Aluminiums (Al^+) dem Spektrum des neutralen Mg, sein 2. Funkenspektrum (Al^{++}) dem des neutralen Na ähnlich, das Spektrum des einfach ionisierten Heliumatoms (He^+) dem des neutralen Wasserstoffatoms *(spektroskopischer Verschiebungssatz).* Das ionisierte Wasserstoffatom hat, da seines einzigen Elektrons beraubt, überhaupt kein Linienspektrum. Daher emittieren heiße Sterne keine Wasserstofflinien, obgleich sie im wesentlichen aus Wasserstoff bestehen. Funkenspektren werden, oft bis zu sehr hoher Ordnung, in den Sternspektren, in der Sonnenkorona und in der interstellaren Materie beobachtet. Viele Sterne zeigen das Spektrum des einfach ionisierten Heliums (Pickering-Serie).

Die *kontinuierlichen Spektren,* welche die glühenden festen und flüssigen Stoffe aussenden, aber auch Gase von so hoher Dichte, wie sie z. B. in der Sonnenmaterie vorliegt (Durchschnittswert $\varrho = 1,4\ \mathrm{g\ cm^{-3}}$), entstehen dadurch, daß die Kraftfelder der sehr eng gepackten Atome sich überlagern. Dadurch werden die Energieniveaus der Elektronen statistisch derart verändert, daß eine kontinuierliche Folge von Wellenlängen emittiert wird.

349. Anregung und Ionisierung von Atomen. Der normale, stabilste Zustand eines Atoms ist sein Grundzustand als Zustand kleinster potentieller Energie. Um ein Atom *anzuregen,* muß sein Leuchtelektron in einen quantentheoretisch erlaubten Zustand höherer Energie gebracht, auf eine höhere Energiestufe gehoben werden. Das kann erstens auf mechanischem Wege durch *Stoß* eines freien

Elektrons *(Elektronenstoß)* oder eines anderen Atoms geschehen *(Stoßanregung)* oder durch *Absorption eines Lichtquants*, dessen Energie $h\nu$ *genau* ausreicht, um das Leuchtelektron auf irgendein höheres Energieniveau zu heben. Aus diesem Niveau kann es dann unter Lichtemission wieder in den Grundzustand zurückkehren. Auch das *thermische Leuchten* fester und flüssiger Stoffe beruht auf solchen Vorgängen.

Bei der Stoßanregung handelt es sich um einen unelastischen Stoß, da sich kinetische Energie der Stoßpartner in Lichtenergie $h\nu$ verwandelt. Dabei muß außer dem Energieprinzip auch der Impulssatz erfüllt sein. Da der Energieverlust $h\nu$ festliegt, so sind die hierfür nötigen Bedingungen bei einem Stoß *zweier* Partner im allgemeinen nicht erfüllt. Das gleiche gilt bei der Anregung durch ein Lichtquant, sofern dieses nicht genau die zur Anregung nötige Energie hat. In diesen Fällen muß noch ein dritter Partner beteiligt sein, der durch Aufnahme oder Abgabe von Energie und Impuls die Bilanz ausgleicht *(Dreierstoß, Stöße 2. Art)*.

Damit ein Atom eine seiner Frequenzen ν aussenden kann, muß ihm also die Energie $h\nu$ zugeführt werden. Demnach muß ein Elektron, das durch Stoß eine solche Anregung bewirken soll, mindestens die gleiche kinetische Energie haben. Wird sie ihm durch eine Spannung U erteilt, so daß es die Energie eU gewinnt, so muß mindestens sein $eU = h\nu$, und zwar mindestens gleich der Differenz zwischen der Energie in der ersten Energiestufe oberhalb des Grundzustandes und in diesem. Die hierfür nötige Spannung heißt die *Anregungsspannung* des Atoms. Sie liegt in der Größenordnung zwischen etwa 1 V und höchstens 20 V. Bei der Rückkehr des Atoms in seinen Grundzustand emittiert es die erste Linie ($1S - 2P$) seiner Hauptserie (Resonanzlinie, §353).

Bei der Angabe dieser und entsprechender Energien ist es üblich und bequem, als Energieeinheit das *Elektronenvolt* (Einheitenzeichen eV) zu benutzen. Es ist gleich der Energie eU, die ein Elektron (oder irgendein anderes einfach geladenes Teilchen) beim Durchlaufen der Spannung 1 V erlangt. Da $e = 1{,}602 \cdot 10^{-19}$ C ist, so ist 1 eV $= 1{,}602 \cdot 10^{-19}$ CV (J) $= 1{,}602 \cdot 10^{-12}$ erg. In der Kernphysik rechnet man mit den Einheiten 1 MeV $= 10^6$ eV und 1 GeV $= 10^9$ eV.

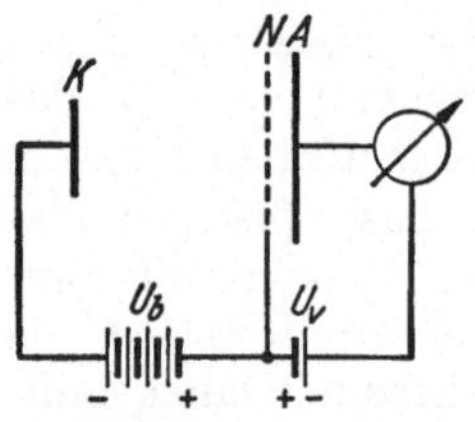

Abb. 609. Schema der Elektronenstoßversuche von FRANCK und HERTZ

Die Anregungsspannung von Atomen durch Elektronenstoß ist zuerst von J. FRANCK[1] und G. HERTZ[2] (1913) beim Quecksilberdampf gemessen worden. Ein Elektron hat nach Durchlaufen einer Spannung U die Energie eU. Es kommt also darauf an, festzustellen, bei welcher Spannung eine Anregung eintritt. Abb. 609 zeigt schematisch die Versuchsanordnung von FRANCK und HERTZ, wie sie ähnlich schon LENARD beim lichtelektrischen Effekt verwendete. Von einer Glühkathode K gehen Elektronen aus, die durch eine veränderliche Spannung U_b in Richtung auf ein Drahtnetz N beschleunigt werden. Hinter diesem liegt eine Auffangelektrode A, die mit einem Galvanometer verbunden ist. Zwischen N und A liegt eine Spannung U_v von etwa 0,5 V, die die durch das Netz hindurchgegangenen Elektronen verzögert. U_b ist stets größer als U_v. Daher können die durch das Netz hindurchtretenden Elektronen gegen die Spannung U_v an die Elektrode A gelangen, sofern sie auf ihrem Wege bis zum Netz in dem den Raum zwschen K und N erfüllenden Quecksilberdampf keine Energieverluste erleiden. Das Galvanometer zeigt dann einen Strom an, der mit

---

[1] JAMES FRANCK, geb. 1882, Nobelpreis 1925.
[2] GUSTAV HERTZ, geb. 1887, Nobelpreis 1925.

der Spannung U_b wächst, weil um so mehr Elektronen durch das Netz (wie durch das Gitter einer Elektronenröhre, §186) hindurchtreten, je schneller sie sind.

Es erwies sich nun, daß die Zusammenstöße der Elektronen mit den Quecksilberatomen bei kleiner Spannung U_b, also kleiner Elektronengeschwindigkeit, zunächst *vollkommen elastisch*, ohne jeden Energieverlust, verlaufen. Der Galvanometerstrom steigt mit wachsendem U_v zunächst an. Bei einer Spannung $U_b \approx 5$ V aber wird er plötzlich sehr viel schwächer (Abb. 610). Die Elektronen haben nunmehr einen Energieverlust erlitten und können zum größten Teil die verzögernde Spannung U_v nicht mehr überwinden. Ihre Zusammenstöße mit den Quecksilberatomen sind *unelastisch* geworden. Mit weiter wachsender Spannung U_b wächst auch die Stromstärke wieder, um bei der doppelten Spannung, also bei nahezu 10 V, wieder plötzlich abzufallen, und das gleiche wiederholt sich bei weiteren gleichen Spannungsschritten von nahezu 5 V. Dies ist die *Anregungsspannung* des Quecksilberatoms. Damit das Elektron bei einem weiteren Stoß erneut anregen kann, muß ihm wiederum die gleiche Energie zugeführt werden.

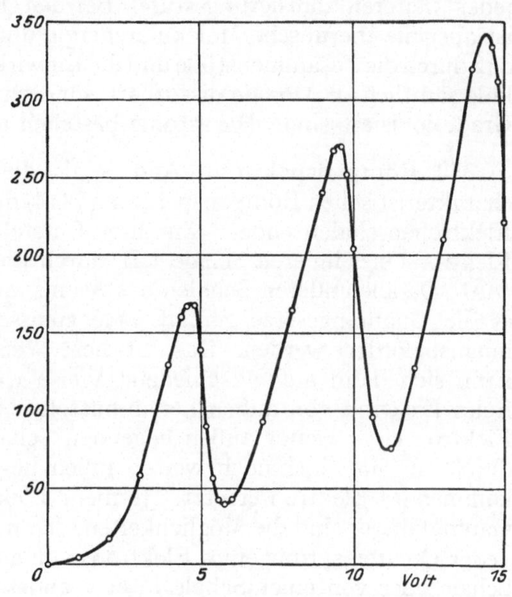

Abb. 610. Messung der Anregungsspannung von Quecksilber (Nach FRANCK und HERTZ)

Das wird also in dem Augenblick möglich, wo die Spannung U_b gleich der doppelten Anregungsspannung geworden ist, so daß die Elektronen die Anregungsspannung auf ihrem Wege zum Netz zweimal durchlaufen. Daher rührt das plötzliche erneute Absinken der Stromstärke bei der doppelten Anregungsspannung. Das gleiche wiederholt sich jedesmal, wenn die Spannung U_b ein ganzzahliges Vielfaches der Anregungsspannung geworden ist.

Bei ausreichender Steigerung der Spannung U_b gelangt man zu der Elektronenenergie, die zur Ionisation der Atome ausreicht. Diese Spannung heißt die *Ionisierungsspannung*. Sie beträgt beim Quecksilber 10,39 V. Zu einer Ionisierung kommt es aber nur dann, wenn die freie Weglänge im Gase so groß ist, daß die Elektronen die zur Ionisation nötige Energie längs einer freien Weglänge erlangen können. Andernfalls verlieren sie ihre Energie vorzeitig durch Anregungsvorgänge. Die Ionisierungsspannungen der verschiedenen Atomarten liegen zwischen etwa 4 und 25 V.

Um ein Atom zum Leuchten anzuregen, muß sein Leuchtelektron, wie schon gesagt, aus seinem Grundzustand mindestens in seinen nächst höheren Quantenzustand gehoben werden, von dem aus es unter Aussendung eines Lichtquants in den Grundzustand zurückkehrt. Die zu seiner Anregung nötige Energie $U e = h \nu$ ergibt sich mit $\nu = c_0/\lambda = c_0 \tilde{\nu}$ (§344) aus der Wellenzahl der ersten Linie der Hauptserie mit $n = 2$ (§348). Um ein Atom zu ionisieren, muß es auch seinem Grundzustand bis in den Zustand mit $n = \infty$ befördert werden. Die dazu nötige Energie entspricht also der kurzwelligen Grenze der Hauptserie. Demnach können die Anregungs- und die Ionisierungsspannung aus dem Spektrum des Atoms berechnet werden. Die Versuche von FRANCK und HERTZ ergaben beim Quecksilber die erste gute Übereinstimmung bei der Anregungsspannung. Sie wurden noch vor Bekanntwerden der Bohrschen Theorie angestellt und lieferten eine ausgezeichnete Bestätigung der Theorie.

Die für die Abtrennung eines zweiten Elektrons nötige Arbeit ist natürlich erheblich größer als die zur ersten Ionisation erforderliche, und sie steigt mit jeder weiteren Ionisierungsstufe. Bei den Temperaturen im Innern der Sterne ist aber die thermische Molekularenergie und auch die Strahlungsdichte so groß, daß durch die Zusammenstöße und die Einwirkung der Strahlung nicht nur die Moleküle sämtlich zu Atomen dissoziiert, sondern auch die Atome zu einem sehr hohen Grade ionisiert sind. Die Atome bestehen meist nur noch aus nackten Kernen.

350. Röntgenspektren. Anders als die optischen Spektren entstehen die charakteristischen Röntgenspektren (§ 314) durch Quantensprünge, die auf inneren Elektronenschalen enden. Zu ihrer Entstehung ist es nötig, daß zunächst ein Elektron einer inneren Schale z. B. durch Elektronenstoß aus der Schale entfernt wird. Da alle anderen Schalen des Atoms mit soviel Elektronen besetzt sind, wie es die Quantengesetze gemäß § 346 zulassen, so muß es ganz aus dem Atom hinausbefördert werden. Das auf diese Weise gestörte Gleichgewicht des Atoms kann sich dann auf verschiedene Weise wieder herstellen. Entweder fällt ein freies Elektron von außen her unmittelbar auf den unbesetzten Platz, oder ein Elektron einer weiter außen liegenden Schale fällt dorthin und wird seinerseits durch ein aus einer noch weiter außen liegenden Schale oder ganz von außen kommendes Elektron ersetzt. Je mehr Elektronenschalen das Atom hat, um so mannigfaltiger sind die Möglichkeiten, den normalen Zustand wieder herzustellen. Jeder Quantensprung eines Elektrons von außen in eine unvollständig gewordene Schale oder von einer Schale in eine andere führt zur Aussendung eines Lichtquants $h\nu$, das die bei dem Quantensprung freiwerdende Energie mit sich führt. Da die inneren Elektronen durch den Kern weit stärker gebunden sind als die äußeren, so sind die Energieunterschiede der Elektronen im Anfangs- und Endzustand viel größer als bei den Quantensprüngen innerhalb der äußeren Schale. Daher ist auch die Energie $h\nu$ der Lichtquanten viel größer als bei den optischen Spektren; die Röntgenstrahlen haben eine sehr hohe Frequenz, eine sehr kleine Wellenlänge (vgl. § 309, Tabelle).

Man ordnet die Röntgenspektren nach dem gleichen Gesichtspunkt wie die optischen Spektren in Serien. Die Quantensprünge, die auf der gleichen Schale enden, bilden eine Serie. So liefern die auf der K-Schale endenden Sprünge die K-*Serie*, die auf der L-Schale endenden die L-*Serie* usw. Die Elektronen der K-Schale sind am stärksten gebunden. Die Linien der K-Serie entsprechen daher den größten Energiedifferenzen, haben also die kleinsten Wellenlängen. Die K-Strahlung ist die kurzwelligste Röntgenstrahlung eines Atoms. Die Bindungsenergie der Elektronen nimmt von innen nach außen ab, also die Wellenlänge der betreffenden Serien zu. Natürlich kann eine bestimmte Röntgenserie nur dann auftreten, wenn bei dem betreffenden Atom die entsprechende Schale bereits als eine innere Schale zum mindesten begonnen ist. Die Anzahl der Röntgenserien ist daher um so größer, je mehr innere Schalen ein Atom hat. So haben die Elemente der 1. Periode überhaupt kein Röntgenspektrum, die der 2. Periode haben nur eine K-Serie. Die L-Serie beginnt mit der 3. Periode usw. Abb. 611a zeigt einen Ausschnitt aus der L-Serie des Urans. Man erkennt aus ihr, auf welch hoher Stufe die Spektrometrie der Röntgenstrahlen steht.

Wie MOSELEY[1] (1913) entdeckt hat, zeigen die Röntgenspektren durchaus nicht die ausgesprochene Periodizität, die sich in den optischen Spektren so deutlich

---

[1] HENRY GWYN JEFFREYS MOSELEY, 1887—1915.

bemerkbar macht. Vielmehr verschieben sich die Linien entsprechender Serien mit steigender Kernladungszahl weitgehend regelmäßig nach kleineren Wellenlängen, also nach größeren Wellenzahlen (Frequenzen, Abb. 611b). MOSELEY fand, daß die Wurzeln aus den Wellenzahlen $\tilde{\nu} = 1/\lambda$ homologer Serienlinien der Ordnungszahl Z der Atome annähernd proportional sind. Besonders genau gilt dies in der K-Serie. Abb. 612 zeigt das Ergebnis von Messungen an vier mit $\alpha_1, \alpha_2, \beta_1, \beta_2$ bezeichneten Linien der K-Serie. Dort ist das *Moseleysche Gesetz* in der Tat vortrefflich erfüllt. Abb. 613 zeigt Aufnahmen der K-Serie einiger aufeinanderfolgender Elemente, die die allgemeine regelmäßige Verschiebung der Wellenlängen erkennen lassen.

Das — kurz vor der Bohrschen Theorie entdeckte — Moseleysche Gesetz läßt sich aus dieser Theorie sehr einfach begründen. Die beiden Elektronen der K-Schale unterliegen ganz überwiegend der Wirkung der Kernladung $Z\,e$. Doch

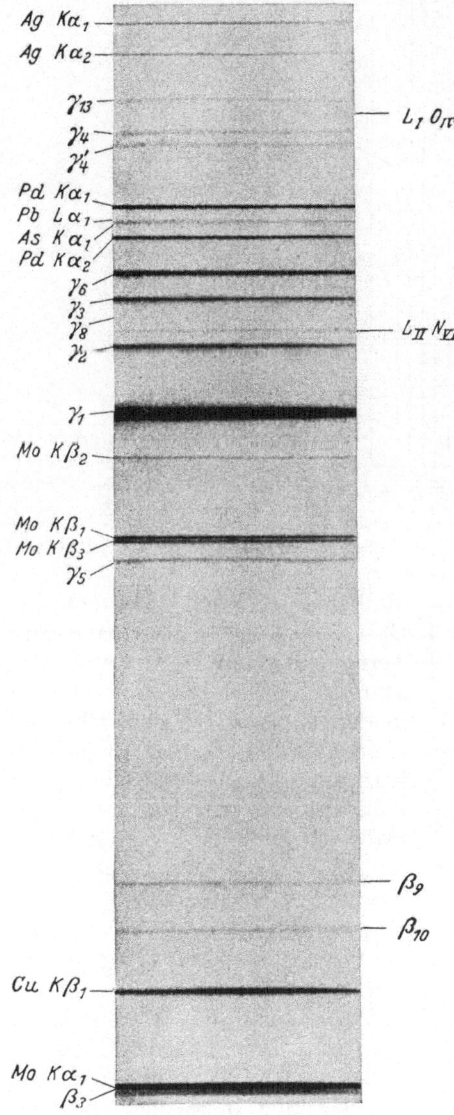

Abb. 611a. Ausschnitt aus dem L-Spektrum des Urans. Nach CLAESSON. (Die mit Elementsymbolen bezeichneten Linien gehören anderen Elementen an)

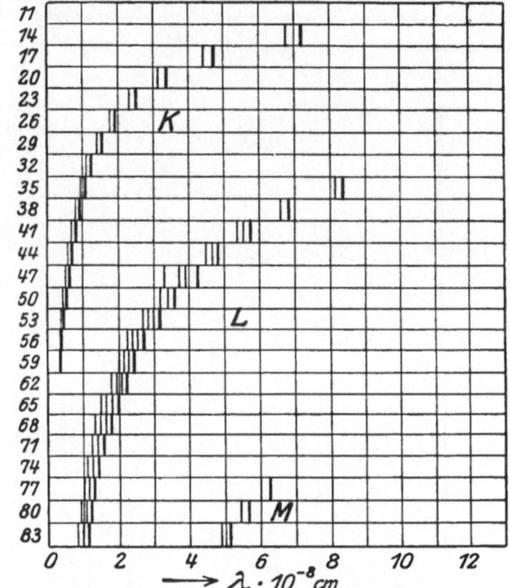

Abb. 611b. Schema der K-, L- und M-Serie in Abhängigkeit von der Ordnungszahl

ist auch ein kleiner Einfluß des zweiten Elektrons der K-Schale vorhanden, der dem Einfluß des Kerns entgegenwirkt. Es verhält sich etwa so, als betrage die Kernladung nicht $Z\,e$, sondern $(Z-s)\,e$, wobei die Zahl s, die *Abschirmungszahl*, nahe an 1 liegt, so daß bei den höheren Elementen der relative Unterschied zwischen $Z\,e$ und $(Z-s)\,e$ recht klein ist. Die Energie der Elektronen und die Röntgenterme der K-Schale sind daher, da es sich um einen Fall von Wasserstoff-

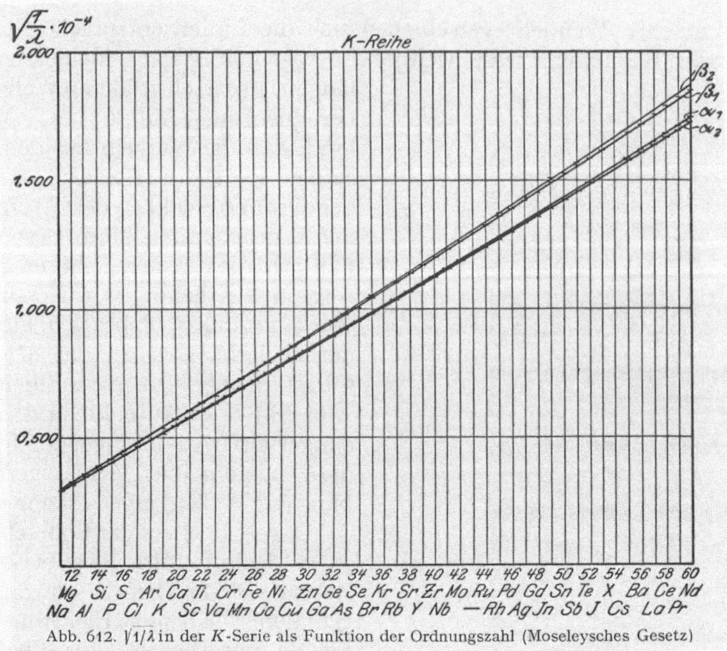

Abb. 612. $\sqrt{1/\lambda}$ in der K-Serie als Funktion der Ordnungszahl (Moseleysches Gesetz)

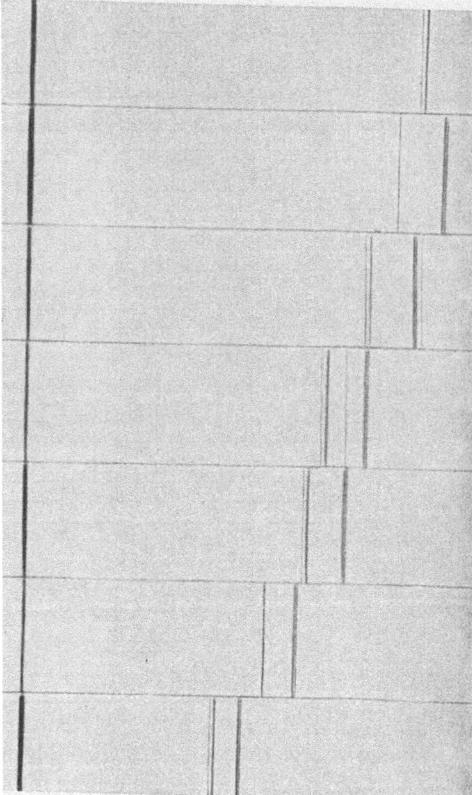
Abb. 613. K-Serien zwischen As (33) und Rh (45)

ähnlichkeit handelt, nach (344.13) $(Z-s)^2$ proportional. Der zweite Term jeder Linie ist, wegen der sehr viel kleineren Bindungsenergie in den äußeren Schalen, sehr viel kleiner als der erste, so daß die Wellenzahl ganz überwiegend durch den konstanten K-Term bestimmt wird. Daher ist auch in sehr guter Näherung $\sqrt{\bar{\nu}} = \sqrt{1/\lambda} \sim Z - s$, steigt also, wenn $s \ll Z$, recht genau linear mit Z an. Bei den übrigen Serien liegen die Verhältnisse zwar nicht ganz so einfach, aber doch ähnlich.

Auf Grund des Moseleyschen Gesetzes lassen sich die Röntgenspektren der Elemente berechnen, was bei den optischen Spektren bisher im allgemeinen nicht möglich ist. Auf diese Weise konnten durch planmäßige Untersuchung der in Frage kommenden Mineralien die bis dahin unbekannten Elemente Hafnium (72) und Rhenium (75) entdeckt und dargestellt werden. Überhaupt ist eine *Spektralanalyse mit Röntgenstrahlen* ebenso möglich, wie mit Hilfe der optischen Spektren.

Auch die Röntgenspektren können durch Terme dargestellt werden, und diese liefern, ebenso wie die Terme der optischen Spektren den Energiestufen in der äußersten Schale entsprechen, eine Kenntnis von den Energiestufen der inneren Elektronen. Feinere Einzelheiten ergeben sich aus der Multiplettstruktur der Röntgenlinien, die auf einer Aufspaltung der einzelnen Terme beruht.

351. Rotationsschwingungsspektren. Auch die *Rotationen der Moleküle* gehorchen, wie hier nicht näher ausgeführt werden soll, Quantengesetzen. Ein Molekül hat nur bestimmte, diskrete Energiestufen der Rotationsenergie, und es kann nur durch einen quantenhaften Sprung von einer Stufe auf eine andere übergehen. Bei den Ionenmolekülen, also denen, die ein elektrisches Moment haben (§ 347), erfolgt der Sprung von höherer zu niedrigerer Energie unter Aussendung von Strahlung (s. a. § 352). Der Sprung von niedrigerer zu höherer Energie kann bei ihnen durch Absorption von Strahlung bewirkt werden. Die Differenzen der einzelnen Energiestufen sind sehr klein, und da auch hier $h\nu = E_n - E_m$, so liegen die Frequenzen im äußersten Ultrarot oder sogar im Bereich der kürzesten elektrischen Wellen (*Mikrowellenspektrum*, RABI[1]), wo sie in Absorption durch einen Resonanzeffekt gemessen werden können. Wegen ihrer geringen Intensität kann eine Emission im Mikrowellenbereich nicht nachgewiesen werden. Hingegen kann Absorption in manchen Fällen, z. B. beim Wasserdampf, beobachtet werden.

Auch die *Atomschwingungen*, die Schwingungen der Atome eines Moleküls um ihre Gleichgewichtslagen im Molekül, gehorchen Quantengesetzen. Ein Molekül hat also nur diskrete Energiestufen der Schwingungsenergie. Bei den Ionenmolekülen führt ein Sprung von einer höheren auf eine niedrigere Energiestufe zur Emission von Strahlung. Die Hebung auf eine höhere Energiestufe kann durch Absorption von Strahlung bewirkt werden. Die Energiedifferenzen sind größer als bei der Rotation. Die Frequenzen liegen zwar auch noch im langwelligen Ultrarot, aber in vielen Fällen in einem der Beobachtung der Absorption bereits recht gut zugänglichen Bereich.

Ein Quantensprung der Atomschwingung ist stets mit einem Quantensprung der Rotation verbunden. Die bei einem solchen doppelten Quantensprung freiwerdende Energie oder die Energie, die dem Molekül zur Erzwingung des umgekehrten Sprunges zugeführt werden muß (z. B. durch Absorption eines Lichtquants), ist gleich der Summe der diesen beiden Sprüngen entsprechenden Energien. Daher kommt die Quantenhaftigkeit eines solchen Vorganges bei den *Rotationsschwingungsspektren* in doppelter Weise ins Spiel. Die möglichen Quantensprünge bilden eine doppelte Mannigfaltigkeit, so daß die Spektren äußerst linienreich sind. Der gleiche Quantensprung der Atomschwingung kann mit vielen verschiedenen Sprüngen der Rotation gekoppelt sein und umgekehrt.

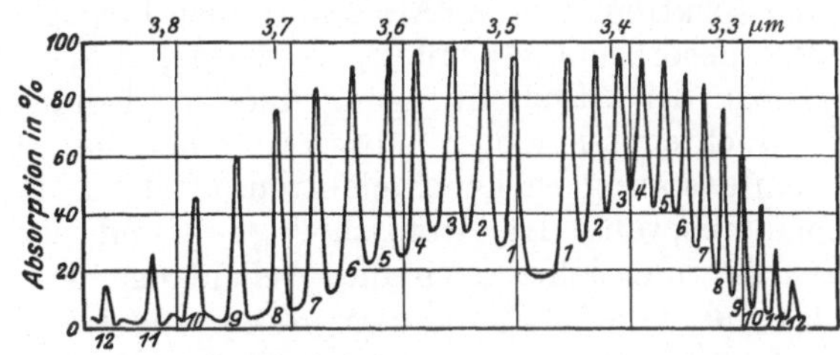

Abb. 614. Rotationsschwingungsspektrum des HCl zwischen 3,2 und 3,9 µm. (Nach IMES)

Abb. 614 zeigt ein mit Reflexionsgitter und Thermosäule aufgenommenes Rotationsschwingungsspektrum des Chlorwasserstoffes in Absorption. Jedes Maximum entspricht einer Absorptionslinie des HCl. Bei allen Linien handelt es sich um den gleichen Sprung der Atomschwingung, der aber jedesmal mit einem anderen Sprung der Rotation gekoppelt ist. Die Lücke zwischen den

---

[1] ISAAC ISIDOR RABI, geb. 1898, Nobelpreis 1944.

beiden mit 1 bezeichneten Linien rührt daher, daß ein Quantensprung, bei dem das Molekül seine Rotation nicht ändert, quantentheoretisch „verboten" ist. Abb. 615 zeigt einen anderen Teil des HCl-Spektrums in viel stärkerer Auflösung (§ 365).

Die Analyse der Rotationsschwingungsspektren liefert die Energiestufen des Moleküls in seinen verschiedenen Rotations- und Schwingungszuständen und erlaubt, was besonders wichtig ist, das Hauptträgheitsmoment des Moleküls und daraus — wenigstens bei den zweiatomigen Molekülen — den Abstand der Atome zu berechnen. Ultrarote Absorptionsspektren liefern auch ein wichtiges Mittel, um die Struktur insbesondere organischer Moleküle zu erforschen. Indessen haben diese Spektren nichts mit den Elektronen der Moleküle zu tun.

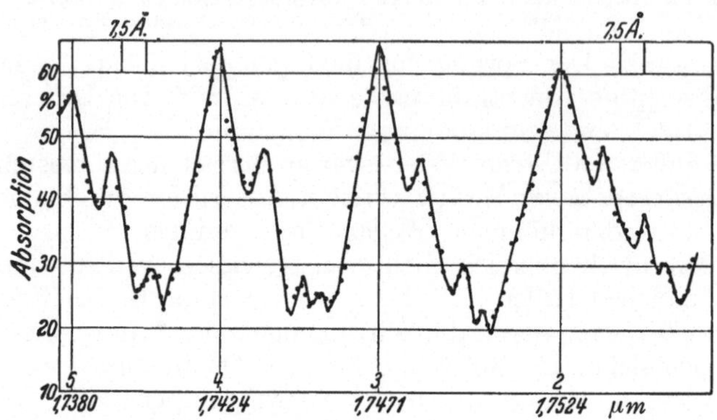

Abb. 615. Rotationsschwingungsspektrum des HCl zwischen 1,738 und 1,755 μm. (Nach HETTNER und BÖHME)

Bei manchen Molekülen und Atomen ist die Resonanz im Mikrowellengebiet so scharf, z. B. beim Ammoniakmolekül und beim Caesiumatom, daß sie als zur Zeit genauestes Zeitnormal und eine Frequenz des letzteren heute zur Definition der Sekunde (§ 8) dienen kann (*Atomuhr*).

352. Bandenspektren. An die Stelle der Linienspektren der einzelnen Atome und der einatomigen Moleküle treten bei den mehratomigen Molekülen die *Bandenspektren*. Auch sie entstehen durch Quantensprünge des Leuchtelektrons (§ 348) in der äußeren Elektronenschale des Moleküls. Bei den Ionenmolekülen kann eine mit Lichtemission oder -absorption verbundene gleichzeitige Änderung des Schwingungs- und Rotationszustandes *allein* erfolgen; das liefert die Rotationsschwingungsspektren. Bei den Atommolekülen hingegen gibt es keine mit Lichtemission oder -absorption verknüpfte Änderung dieser Zustände allein. Die Quantensprünge der Atomschwingung und der Rotation sind bei ihnen nur dann an der Lichtemission oder -absorption beteiligt, wenn sie gleichzeitig mit einem Quantensprung des Leuchtelektrons erfolgen. Ein solcher ist aber stets mit einem Quantensprung der Atomschwingung und der Rotation verbunden. Für die Energie und daher auch die Wellenlänge des ausgesandten oder absorbierten Lichtquants ist stets die *Energieänderung des ganzen Moleküls* bei einem solchen dreifachen Quantensprung maßgebend. Die in Frage kommenden Energiestufen und die zugehörigen Terme bilden also eine dreifache Mannigfaltigkeit, während die Energiestufen einzelner Atome nur eine einfache Mannigfaltigkeit bilden. Daher ist der Linienreichtum der Bandenspektren außerordentlich viel größer als der der Linienspektren. Den weitaus größten Anteil der Energie liefert der Quantensprung des Leuchtelektrons, den weitaus geringsten der Quantensprung der Rotation. Daher liegen die Bandenspektren im gleichen Wellenlängenbereich wie die optischen Linienspektren, also im kurzwelligen Ultrarot, im Sichtbaren und im Ultraviolett.

Es seien E_e und $E'_e < E_e$ zwei Energiestufen des Leuchtelektrons, E_s und E'_s zwei Energiestufen der Atomschwingung, E_r und E'_r zwei Energiestufen der Rotation, wobei E'_s bzw. E'_r größer oder kleiner als E_s bzw. E_r sein kann. Auf alle Fälle aber ist $E_e \gg E_s \gg E_r$. Dann ist die Frequenz der bei einem Quantensprung ausgesandten Strahlung durch die Gleichung

$$h\nu = (E_e - E'_e) + (E_s - E'_s) + (E_r - E'_r) \tag{352.1}$$

gegeben. Der Quantensprung des Elektrons allein würde eine einzige Spektrallinie ergeben, deren Frequenz durch das erste Glied von (352.1) gegeben ist. Gleichzeitig mit diesem Quantensprung kommen aber noch viele verschiedene, durch die verschiedenen möglichen Beträge des zweiten Gliedes bedingte

Abb. 616. Ausschnitt aus einer Bande des Stickstoffmoleküls

Quantensprünge der Atomschwingung vor. Die eine Linie spaltet also in viele Einzellinien auf. Da nun aber noch die vielen durch das dritte Glied bedingten Quantensprünge der Rotation hinzukommen, so spaltet jede dieser Einzellinien noch einmal in sehr viele Linien auf. Auf diese Weise entspricht dem *gleichen* Elektronensprung — je nach den gleichzeitigen Sprüngen der Schwingung und der Rotation — eine äußerst linienreiche *Bande*, die auf Grund der Atomschwingungssprünge aus vielen *Teilbanden* besteht, die ihrerseits wieder auf Grund der Rotationssprünge aus sehr vielen, sehr nahe benachbarten Linien bestehen. Abb. 616 zeigt einen kleinen Ausschnitt aus dem Bandenspektrum des Stickstoffmoleküls N_2, nämlich sechs Teilbanden einer viel längeren Bande. Die Linien häufen sich an dem einen Ende der Teilbanden. (Das hat einen ganz anderen Grund als die sehr ähnlich aussehende Häufung an den Seriengrenzen der Linienspektren.)

Eine zur Kenntnis der Energiestufen (Terme) eines Moleküls führende Analyse der Bandenspektren ist für die Erforschung des Molekülbaues ebenso wichtig, wie die Analyse der Linienspektren für die Atome. Man kann aus ihnen weit leichter als aus den nur in seltenen Fällen experimentell zugänglichen Rotationsschwingungsspektren die Energiestufen E der Rotation ermitteln, die wiederum das Trägheitsmoment des Moleküls zu berechnen gestatten. Bei den zweiatomigen Molekülen kann man daraus weiterhin — da die Atommassen m_1 und m_2 bekannt sind — den Atomabstand a berechnen. Nach §§ 20 und 36 ist das Trägheitsmoment des Moleküls bezüglich der zur Verbindungslinie der beiden Atome senkrechten Schwerpunktsachse $I = m_1 m_2 a^2 / (m_1 + m_2)$.

Abb. 617 gibt, analog zu Abb. 603, ein Termschema eines Moleküls, bei dem von der feineren Aufspaltung durch die Rotation abgesehen ist. E_1 ist der Grundzustand des Moleküls, $E_2, E_3, \ldots$ sind angeregte Zustände mit der Schwingungsquantenzahl $p = 0$. Ihnen überlagern sich weitere, durch die steigenden Werte von p bedingte Energiestufen, die von den verschiedenen Schwingungszuständen herrühren. Die Atomschwingungen können aber nicht beliebig heftig werden, ohne daß der Zusammenhang des Moleküls zerstört, das Molekül in seine Atome gespalten, *dissoziiert* wird. (Das entspricht der Ionisation eines Atoms durch Abtrennung eines Elektrons.) Für eine solche Dissoziation ist (analog zur Ionisationsarbeit eines Atoms) eine bestimmte *Dissoziationsarbeit* notwendig. Wie sich aus der Konvergenzstelle der Linien der Hauptserie eines Atoms (der Seriengrenze) die Ionisationsarbeit eines Atoms berechnen läßt, so kann man nach J. FRANCK die Dissoziationsarbeit eines Moleküls aus der Energie E_k berechnen, auf die hin die sich an den Grundzustand E_1 anschließende Energiestufenfolge mit wachsender Schwingungsquantenzahl p konvergiert. Ebenso konvergieren die sich an die angeregten Zustände E_2, E_3, ... anschließenden Energiestufenfolgen auf Konvergenzstellen E_k^2, E_k^3, ... (Abb. 617). Jeder Quantensprung eines Moleküls, der auf ein solches E_k führt (in Abb. 617 durch D gekennzeichnet), hat eine Dissoziation des Moleküls zur Folge. $E_k^1 - E_1 = E_d^1$ ist die Dissoziations-

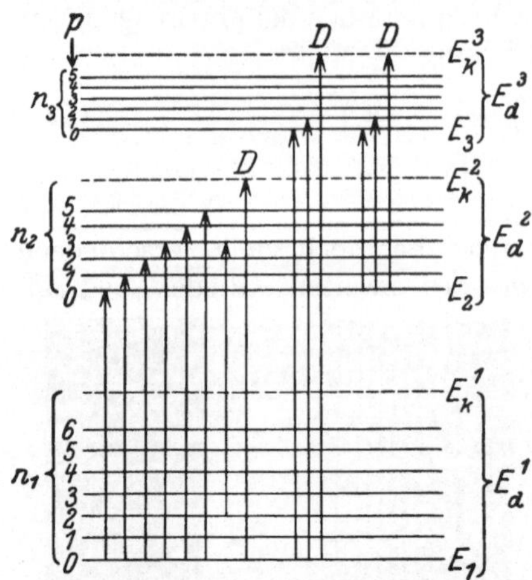

Abb. 617. Termschema eines Moleküls unter Vernachlässigung der Rotation, n_1, n_2, ... Quantenzahlen des Leuchtelektrons, $p = 1, 2, ...$ Quantenzahlen der Atomschwingung

arbeit des im Grundzustand befindlichen Moleküls. Sie läßt sich berechnen, wenn die Aufstellung eines Energiestufenschemas (Termschemas) entsprechend Abb. 617 gelungen ist.

Die Dissoziationsarbeit ist gleich der Energie, die bei dem umgekehrten Vorgang, der *Molekülbildung*, frei wird. Durch Multiplikation der Dissoziationsarbeit eines Moleküls mit der Avogadro-Konstanten N_A (§ 64) erhält man also aus dem Bandenspektrum die Wärmetönung bei der Bildung von 1 Mol der betreffenden Moleküle *(Bildungswärme)*. Sie läßt sich spektrometrisch oft viel genauer bebestimmen als kalorimetrisch.

353. Fluoreszenz. Wir haben bereits erwähnt (§ 349), daß ein Atom dadurch angeregt, auf einen höheren Quantenzustand gehoben werden kann, daß es ein Lichtquant $h\nu$ absorbiert, dessen Energie hierfür ausreicht. Das gleiche gilt für Moleküle. Bei der Rückkehr in den Grundzustand, gegebenenfalls auf dem Wege über einen oder mehrere dazwischenliegende Quantenzustände des Atoms oder Moleküls, strahlt dieses die aufgenommene Energie als Lichtquanten wieder aus. Diese zuerst am Flußspat beobachtete Erscheinung heißt *Fluoreszenz*. Man faßt sie mit allen anderen nicht durch die Temperatur verursachten Leuchterscheinungen in den Sammelbegriff *Lumineszenzerscheinungen* zusammen. Entspricht das eingestrahlte Licht bei einem Atom genau der ersten Linie seiner Hauptserie, so wird das Atom aus dem Grundzustand in den ersten angeregten Zustand gehoben. In diesem Fall gibt es nur die *eine* Möglichkeit der unmittelbaren Rückkehr in den Grundzustand, und dabei wird die gleiche Spektrallinie wieder ausgestrahlt. Da dieser Vorgang eine *äußerliche* Ähnlichkeit mit einem Resonanzvorgang hat, so bezeichnet man diesen zuerst von R. W. WOOD beobachteten Vorgang als *Resonanzabsorption* bzw. *Resonanzstrahlung*.

Wird aber ein Quantensprung zu höherer Energie durch ein Lichtquant hervorgerufen, dessen Energie $h\nu$ größer ist als die für den Sprung nötige Energie, so ist das Fluoreszenzlicht langwelliger als das erregende Licht, wenn die Rückkehr in den Grundzustand in mehreren Quantensprüngen erfolgt. Daher gilt im allgemeinen das *Stokessche Fluoreszenzgesetz:* Die Energie hv' des ausgesandten Lichtquants kann, sofern sie nur aus der Energie hv des erregenden Lichtquants stammt, nicht größer als diese sein, so daß $v' \leqq v$ und $\lambda' \geqq \lambda$.

Aber auch die Ausnahmen *(antistokessche Linien)* sind verständlich. Ist $hv' > hv$, so muß die Energiedifferenz $hv' - hv$ aus einem anderen Energievorrat stammen, und ein solcher findet sich bei den zwei- und mehratomigen Molekülen in Gestalt ihrer Atomschwingungsenergie, sofern diese thermisch angeregt ist. Erfolgt gleichzeitig mit einer unmittelbaren Rückkehr des Leuchtelektrons in den Grundzustand ein Quantensprung der Atomschwingung von höherer zu geringerer Energie, so liefert er zusätzliche Energie. Abb. 618 zeigt das gleiche Termschema wie Abb. 617. Das Molekül befinde sich z. B. ursprünglich in dem Zustande, der durch die Quantenzahl n_1 des Leuchtelektrons (Grundzustand) und die Quantenzahl $p = 2$ der Atomschwingung gekennzeichnet ist. Durch Absorption eines Lichtquants von genau ausreichender Energie gelange es in den durch die Quantenzahlen n_2 und $p = 4$ gekennzeichneten Zustand. Von dort aus kann es in jeden zum

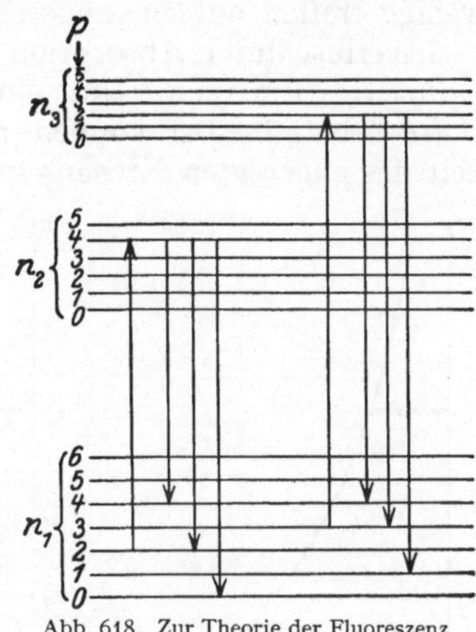

Abb. 618. Zur Theorie der Fluoreszenz

Grundzustand des Leuchtelektrons gehörenden Zustand zurückfallen. Ist dort $p > 2$, so ist die Energie des Fluoreszenzlichtquants kleiner als die des erregenden Lichtquants. Ist aber $p < 2$, so ist sie größer.

Die Lichtaussendung dauert bei der Fluoreszenz praktisch nur so lange wie die Lichteinwirkung, da die Verweilzeit eines Atoms in einem angeregten Zustand in der Regel nur von der Größenordnung 10^{-8} s ist. Atome, die wesentlich länger im angeregten Zustand verharren, nennt man *metastabil.* Im sichtbaren Spektralbereich fluoreszieren außer dem Flußspat usw. Lösungen von Fluoreszein, Äskulin und zahlreichen anderen organischen Stoffen. Joddampf in einem sonst gasleeren Gefäß zeigt eine grünliche, Natriumdampf eine gelbe Fluoreszenz. Das Fluoreszenzlicht geht diffus von allen belichteten Stellen des Stoffes aus, ähnlich wie bei der Lichtstreuung in trüben Medien. Doch ist die Ursache eine völlig andere. Auch Röntgenstrahlen und schnelle geladene Teilchen können Fluoreszenz erregen.

354. Laser. Maser. Ein durchsichtiger fester, flüssiger oder gasförmiger Stoff, der mit Licht einer Frequenz v_n beleuchtet wird, die einer seiner Anregungsenergien $E_n - E_0 = hv_n$ entspricht, absorbiert das Licht, wobei Atome aus dem Grundniveau E_0 in das Niveau E_n gehoben werden. Von dort gehen sie unter Emission einer entsprechenden Frequenz in tiefere Niveaus über *(spontane Emission)*, entweder unmittelbar nach E_0 zurück oder über ein oder mehrere der zwischen E_n und E_0 liegenden Niveaus. Wenn während der Verweilzeit im Zustand E_n, die bei metastabilen Zuständen (§353) besonders groß ist, Licht der Frequenz $v_n = (E_n - E_0)/h$ auf den Körper trifft, wie sie die Atome beim spontanen Übergang in den Grundzustand aussenden, so werden die Atome schon vor Ablauf der natürlichen Verweilzeit zu diesem Übergang stimuliert *(induzierte Emission)*. Durch einen Lichtblitz der betreffenden Frequenz kann man also die in den angeregten Atomen gespeicherte Strahlungsenergie sozusagen abrufen.

Man könnte vermuten, daß auf diese Weise der Lichtblitz verstärkt würde, da zu dem eingestrahlten Licht das induzierte hinzukommt. Die Besetzungszahl der Energieniveaus gehorcht jedoch im thermischen Gleichgewicht einem Exponentialgesetz (Boltzmann-Verteilung), das der Höhenverteilung von in einem Gase schwebenden Teilchen entspricht (71.2d). Die meisten Atome sind im Grundzustand, die höheren Niveaus sind um so spärlicher besetzt, je größer ihre Anregungsenergie ist (Abb. 619a). Es werden demnach die meisten Lichtquanten auf Atome treffen, die im Grundzustand sind und das Quant absorbieren. Nur wenige treffen auf ein angeregtes Atom und stimulieren einen Übergang. Der Lichtverlust durch Absorption überwiegt also im allgemeinen den Gewinn durch induzierte Emission. Um einen Lichtverstärker durch induzierte Emission (*Laser*[1]) betreiben zu können, muß man dafür sorgen, daß die Besetzungshäufigkeit des angeregten Niveaus größer ist als die des Grundzustandes. Eine solche

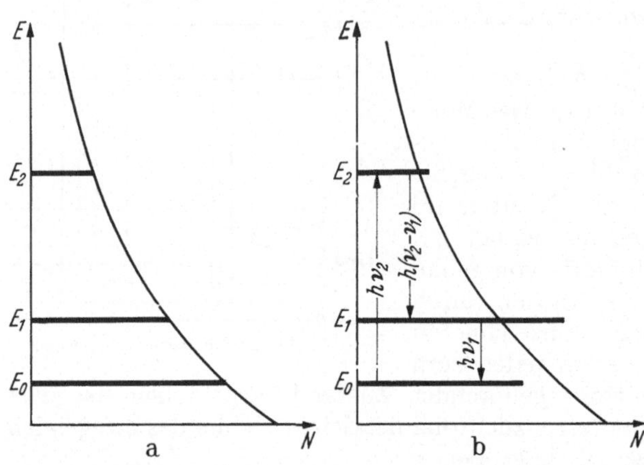

Abb. 619. Besetzungshäufigkeit von Energieniveaus angeregter Atome, a bei thermischem Gleichgewicht, b nach optischem Pumpen, dargestellt durch die Längen der horizontalen Striche

Besetzungsinversion gelingt, wenn der angeregte Zustand metastabil ist. Man strahlt in den Körper Licht ein, durch das Atome aus dem Grundzustand E_0 in ein höheres angeregtes Niveau E_2 gehoben werden. Von dort gehen die Atome teils in einen metastabilen Zustand E_1, teils nach E_0 über. Von E_1 erfolgen nur wenige Übergänge nach E_0, so daß ein genügend intensiver Lichtblitz der Frequenz $\nu_2 = (E_2 - E_0)/h$ auf dem Umweg über E_2 soviele

Atome in den Zustand E_1 befördern kann (,,*optisches Pumpen*''), daß dieser stärker besetzt ist als der Grundzustand (Abb. 619b). Fällt nun Licht der Frequenz $\nu_1 = (E_1 - E_0)/h$ auf den Körper, so wird es mehr Lichtquanten durch induzierte Emission freisetzen als es durch Absorption verliert, das Licht wird verstärkt.

Das induziert emittierte Licht hat die gleiche Phase und Polarisation wie die induzierende Lichtwelle. Das ermöglicht, mit einem Laser kohärente Lichtbündel großen Querschnitts und hoher Leuchtdichte zu erzeugen. Dazu wird die Lasersubstanz zwischen zwei parallele Spiegel gebracht. Wenn die Pumplichtquelle für Besetzungsinversion gesorgt hat und dann an irgendeiner Stelle eine Übergang von E_1 nach E_0 erfolgt, so wird die so entstehende Lichtwelle, sich ständig durch induzierte Emission phasenrichtig verstärkend, zwischen den Spiegeln so oft reflektiert, daß die gesamte gespeicherte Energie als einheitliche stehende Welle zwischen den Spiegeln hin und her läuft. Da nur Licht, das senkrecht zum Spiegel auffällt, die Substanz mehrfach durchsetzt, wird nur dieses verstärkt, und man erhält Licht, das aus einer scharf monochromatischen Welle besteht, das über den ganzen Querschnitt des Lasers die gleiche Phase hat. Man verspiegelt die eine Begrenzungsfläche nur unvollständig, aus dieser tritt dann die Lichtwelle aus dem Laser aus.

Das Laserprinzip, das ursprünglich für tiefere Frequenzen entwickelt wurde (*Mikrowellenverstärker, Maser*), (BASSOW[2], PROCHOROW[3], TOWNES[4]) läßt sich

---

[1] *Light amplification by stimulated emission of radiation*, Lichtverstärkung durch induzierte Strahlungsemission.

[2] NIKOLAI BASSOW, geb. 1922.   [3] ALEXANDER PROCHOROW, geb. 1916.

[4] CHARLES HARD TOWNES, geb. 1915. Gemeinsamer Nobelpreis 1964.

auf viele verschiedene Weisen verwirklichen (Festkörperlaser, Halbleiterlaser, Gaslaser), denen gemeinsam ist, daß durch geeignete Energiezufuhr für eine Besetzungsinversion von Niveaus gesorgt und die Energie impulsartig oder kontinuierlich durch induzierte Emission abgerufen wird. Die Energiestromdichte in einem fokussierten Impulslaserstrahl ist so groß, daß Metalle schlagartig verdampfen, daraus ergeben sich neue Möglichkeiten der Materialbearbeitung. Kontinuierlich arbeitende Laser senden Licht von außerordentlich scharfer Frequenz aus, das über einen großen Querschnitt kohärent ist. Man kann es deswegen wie die Trägerfrequenz eines Rundfunksenders modulieren und als scharf gebündelten Strahl über weite Entfernungen senden.

Infolge der sehr scharfen Bündelung von Laser-Strahlen ist es schon gelungen, die Laufzeit von Licht zu messen, das vom Mond zurück zur Erde gelangt und auf diese Weise die momentane Entfernung des Mondes von der Erde weit genauer zu ermitteln als es bis dahin möglich war. Die durch den Laser eröffneten Möglichkeiten sind heute noch keineswegs voll ausgeschöpft.

355. Phosphoreszenz und andere Lumineszenzerscheinungen. Die *Phosphoreszenz* ist der Fluoreszenz insofern ähnlich, als auch bei ihr ein Stoff durch Licht zum Leuchten erregt wird. Der am meisten in die Augen fallende Unterschied besteht darin, daß die Phosphoreszenz nach Aufhören der äußeren Lichtwirkung noch eine mehr oder weniger lange Zeit andauert. Oft ist dieses Nachleuchten allerdings von so kurzer Dauer, daß zum Nachweis besondere Hilfsmittel (Phosphoroskop) nötig sind. Beispiele von phosphoreszierenden Stoffen (*Leuchtstoffe, Phosphore* = Lichtträger, was mit dem Element Phosphor nichts zu tun hat) sind die Zinkblende (ZnS) und die Balmainsche Leuchtfarbe (CaS mit Bi).

Wie LENARD gezeigt hat, besteht ein Leuchtstoff aus einem Halbleiter als Grundstoff mit geringen Mengen eines Metalls (Aktivator), die unter Zusatz eines Flußmittels versintert werden. So besteht einer der von LENARD untersuchten Leuchtstoffe aus 1 g ZnS (Halbleiter), 0,0001 g Cu (Aktivator) und 0,01 g NaCl (Flußmittel). Die Phosphoreszenz hängt eng mit dem lichtelektrischen Effekt zusammen (§336). Sie beruht darauf, daß das einfallende Licht am Aktivator Elektronen freimacht, deren Wiedervereinigung mit den Atomen des Aktivators das Phosphoreszenzlicht hervorruft. Bis zur Wiedervereinigung kann längere Zeit verstreichen. Das erklärt das meist lange Nachleuchten.

Wird ein erregter Leuchtstoff erwärmt, so wird die Wiedervereinigung beschleunigt, und er sendet die gesamte in ihm aufgespeicherte Strahlungsenergie *(Lichtsumme)* sehr viel schneller aus als im kalten Zustande. Er leuchtet also hell auf, klingt aber auch schnell ab *(Ausleuchtung,* Gesetz von der *Konstanz der Lichtsumme)*. Dies wurde früher fälschlich als Erregung von Phosphoreszenz durch die Wärme gedeutet (Thermolumineszenz).

Beim Reiben zweier Zuckerstücke aneinander oder beim Stoßen des Zuckers zeigt sich im Dunkeln eine schwache Lichterscheinung, die *Tribolumineszenz.* Die gleiche Erscheinung zeigt eine ganze Reihe anderer Kristalle.

Zahlreiche chemische Umwandlungen sind mit einem „kalten" Leuchten der miteinander reagierenden Stoffe verbunden *(Chemolumineszenz)*. In dieses Gebiet gehört auch das tierische Leuchten *(Biolumineszenz)*, das man außer bei den Leuchtkäfern und Glühwürmchen bei sehr zahlreichen Meerestieren beobachtet (Meerleuchten).

Eine Lumineszenzerscheinung ist schließlich auch das Leuchten elektrischer Gasentladungen *(Elektrolumineszenz)*. Es beruht auf der Rückkehr angeregter oder ionisierter Atome oder Moleküle in ihren Grundzustand.

1934 entdeckte TSCHERENKOW[1], daß schnelle Elektronen in Flüssigkeiten und festen Körpern sichtbares Licht erregen, wenn ihre Geschwindigkeit größer ist als die Phasengeschwindigkeit $c = c_0/n$ des Lichtes in dem Stoff *(Tscherenkow-Strahlung)*. Die Lichtaussendung erfolgt nur unter einem bestimmten von der Geschwindigkeit der Elektronen abhängigen Winkel. Die Erscheinung hat eine formale Verwandtschaft mit der Kopfknallwelle eines Geschosses bei $v/c > 1$ (Abb. 198).

356. Der Smekal-Raman-Effekt. Fällt Licht durch einen durchsichtigen Stoff, so wird stets ein Teil des Lichts an den Molekülen des Stoffs gestreut (§ 296). SMEKAL[2] hat zuerst die Vermutung ausgesprochen, daß hierbei kleine Wellenlängenänderungen des Lichts eintreten könnten. Das ist von RAMAN[3] (1928) nachgewiesen worden. Bestrahlt man einen durchsichtigen Stoff mit mono-

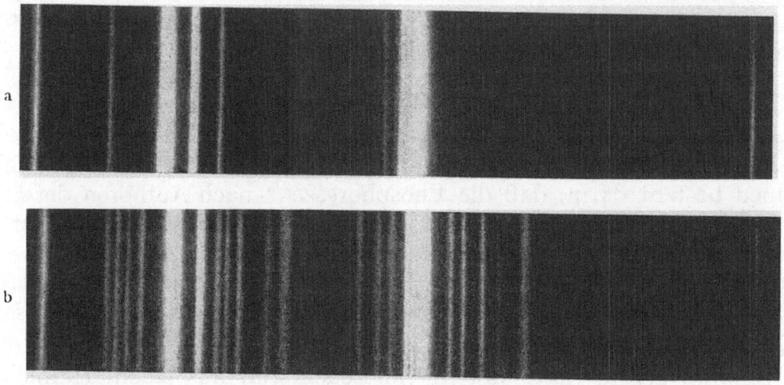

Abb. 620. SMEKAL-RAMAN-Effekt an Tetrachlorkohlenstoff. a Spektrum des einfallenden Lichts (Quecksilberdampflampe), b Spektrum des Streulichts. Nach RAMAN und KRISHNAN

chromatischem Licht, so treten im Streulicht neben der eingestrahlten Spektrallinie weitere, ihr nahe benachbarte Linien auf (Abb. 620). Das erklärt sich auf folgende Weise. Bei der Streuung eines Lichtquants an einem zwei- oder mehratomigen Molekül kann ein Teil seiner Energie hv an das Molekül übergehen und an ihm einen Quantensprung der Atomschwingung und der Rotation erzwingen. Die dazu nötige Energie ΔE geht dem Lichtquant verloren, das dann nur noch die Energie $hv' = hv - \Delta E$ besitzt, so daß $v' < v$. Es kommt aber, wenn auch seltener, vor, daß bei der Wechselwirkung zwischen einem Lichtquant und einem schon angeregten Molekül ein Quantensprung der Atomschwingung und der Rotation von höherer zu kleinerer Energie erfolgt, bei dem ein Energiebetrag ΔE frei wird, der dem gestreuten Lichtquant zugute kommt. Dann ist $hv' = hv + \Delta E$ und $v' > v$.

Während bei der Fluoreszenz Quantensprünge der Atomschwingung und der Rotation nur als Begleiterscheinung eines Quantensprunges des Leuchtelektrons eintreten, erfolgen diese Quantensprünge beim *Smekal-Raman-Effekt* ohne Beteiligung des Leuchtelektrons.

Da aus der Gleichung $hv - hv' = \pm \Delta E$ die den Quantensprüngen der Atomschwingung und der Rotation entsprechenden Energiedifferenzen ΔE unmittelbar berechnet werden können, so liefert der Smekal-Raman-Effekt ein ausgezeichnetes Mittel, um diese Quantensprünge zu messen. Es sind die gleichen, die für das Rotationsschwingungsspektrum (§ 351) verantwortlich sind und auch aus

[1] PAWEL ALEXEJEWITSCH TSCHERENKOW, geb. 1904, Nobelpreis 1958.
[2] ADOLF SMEKAL, 1895—1959.
[3] CHANDRASHARA VENKATA RAMAN, geb. 1888, Nobelpreis 1930.

diesem ermittelt werden könnten. Mit Hilfe des Smekal-Raman-Effektes aber können diese Untersuchungen aus dem experimentell schwer zugänglichen Ultrarot in das einer sehr genauen und bequemen Untersuchung zugängliche sichtbare und ultraviolette Gebiet verlegt werden.

357. Chemische Wirkungen des Lichts (Photochemie). Die Einwirkung von Licht hat häufig einen wesentlichen Einfluß auf das Zustandekommen von chemischen Wirkungen, indem absorbierte Lichtquanten die zur Auslösung eines chemischen Vorganges nötige Energie liefern. So reagiert z. B. ein Gemisch von gleichen Teilen Chlorgas und Wasserstoffgas (Chlorknallgas) im Dunkeln nicht. Bei Zutritt von Tageslicht bildet sich unter heftiger Explosion Chlorwasserstoff (HCl). Kurzwelliges Licht bewirkt in Sauerstoff (O_2) die Bildung von Ozon (O_3). Die Ozonbildung in der Atmosphäre durch das Sonnenlicht — die mit einer Absorption kurzwelligen Sonnenlichts verbunden ist — spielt in der Erdatmosphäre eine wichtige Rolle (§ 189). Unter den führenden Forschern auf dem Gebiet der Photochemie sind unter anderen DRAPER, BUNSEN und ROSCOE, in neuerer Zeit EINSTEIN, E. WARBURG und HABER[1] zu nennen.

Die Anwendung der chemischen Wirkung des Lichts in der *Photographie* (DAGUERRE[2], NIÈPCE[3], TALBOT[4]) ist allgemein bekannt. Die lichtempfindlichen Schichten der Platten, Filme und Bromsilberpapiere enthalten in Gelatine eingebettete Bromsilberkörner (AgBr). Von diesen dissoziiert ein um so größerer Bruchteil in Ag und Br, je mehr Licht in der Schicht absorbiert wird. Doch ist die dissoziierte Menge zunächst noch so gering, daß eine Veränderung nicht sichtbar ist *(latentes Bild)*. Im Entwickler erst setzt sich der Vorgang an den belichteten Stellen fort und führt zur Ausfällung größerer Silbermengen, die wegen ihrer feinen Verteilung in Gestalt kleiner Körner schwarz erscheinen. Das nicht dissoziierte AgBr wird im Fixierbad entfernt. So entsteht das Negativ, das Bild mit umgekehrten Helligkeitswerten, das in bekannter Weise durch Kopieren in ein Positiv verwandelt wird.

Bei den photochemischen Vorgängen werden also Lichtquanten hv absorbiert und liefern die Wärmetönung für chemische Umwandlungen. Das *photochemische Grundgesetz (Äquivalenzgesetz,* EINSTEIN 1912) besagt, daß die Absorption stets *in einzelnen Lichtquanten durch einzelne Moleküle* erfolgt. So erfolgt die Dissoziation eines AgBr-Moleküls bei der Photographie jeweils durch ein und nur durch ein Lichtquant. Nach dem Energieprinzip kann deshalb eine photochemische Wirkung nur dann eintreten, wenn die Energie hv des Lichtquants mindestens so groß ist wie die Wärmetönung, die bei dem betreffenden Vorgang auf je ein Molekül entfällt, also beim photographischen Prozeß die Dissoziationsarbeit des AgBr-Moleküls. So wird es verständlich, daß die photochemischen Wirkungen des Lichts mit fallender Wellenlänge stärker werden, so daß ultraviolettes Licht und Röntgenstrahlen weit stärker wirken als sichtbares Licht. Gewöhnliche photographische Platten können bei rotem Licht entwickelt werden, weil dessen Lichtquanten zu energiearm sind, um die AgBr-Moleküle zu dissoziieren.

Die oben erwähnte Chlorknallgasreaktion ist übrigens nicht auf diese einfache Weise zu verstehen. Vielmehr schließt sich an die Absorption eines Lichtquants durch ein Cl_2-Molekül und dessen dadurch bewirkte Dissoziation eine Kette von Folgereaktionen — wahrscheinlich unter notwendiger Beteiligung von Spuren von Wasserdampf —, und die Ausbeute wird sehr viel größer, als sie nach dem Grundgesetz wäre *(Kettenreaktion).*

---

[1] FRITZ HABER, 1868—1934, Nobelpreis 1918.
[2] LOUIS MANDEVILLE DAGUERRE, 1789—1851.
[3] JOSEPH NICÉFORE NIÈPCE, 1765—1833.
[4] WILLIAM HENRY FOX TALBOT, 1800—1877

Der wichtigste photochemische Vorgang in der Natur ist die *Kohlendioxydassimilation* in den Pflanzen, die — von wenigen niederen Organismen abgesehen — alle Lebewesen mit der zur Aufrechterhaltung ihrer Lebensvorgänge nötigen Energie versorgt. (Auch die Fleischfresser auf dem Wege über ihre pflanzenfressenden Beutetiere.) Das Blattgrün (Chlorophyll) absorbiert Sonnenlicht, und dieses bewirkt auf eine verwickelte Weise, die sich aber jetzt zu klären scheint, die Verwandlung von Kohlendioxyd und Wasser in Zucker und Sauerstoff. In den Organismen findet eine Rückverwandlung in Kohlendioxyd und Wasser statt. Die hierbei wieder freiwerdende Energie wird für die Lebensvorgänge verfügbar.

358. Elementare magnetische Momente. Den richtigen Gedanken, es könne eine Art von magnetischem Analogon zur elektrischen Elementarladung geben, hat zuerst WEISS[1] (1911) ausgesprochen. Natürlich kann es sich dabei nicht um einen „Atomismus" der Polstärke, sondern nur um einen solchen des magnetischen Moments, um ein *elementares magnetisches Dipolmoment* handeln. WEISS bezeichnete dieses als *Magneton* und berechnete es aus empirischen Daten, erhielt dafür aber einen Wert, der sich später als zu groß erwies. Die richtige Berechnung des Magnetons gelang erst NIELS BOHR auf dem Boden der Quantentheorie, und seine Existenz ergibt sich aus der Existenz der Elementarladung, verknüpft mit dem quantenhaften Charakter der Zustände der Elektronen in den Atomhüllen.

Wir haben in §209 berechnet, daß ein kreisendes Elektron ein magnetisches Moment $M = \mu_0 \, e \, u \, r^2/2$ hat. Nach (344.3a, b) ist für das Elektron des Wasserstoffatoms unter Vernachlässigung des sehr kleinen Verhältnisses m_e/m_p die Größe $u\,r^2 = n\,h/(2\pi\,m_e)$, also $M = n \cdot \mu_0 \, e \, h/(4\pi\,m_e) = n \cdot M_B$, mit

$$M_B = \frac{\mu_0 \, e \, h}{4\pi\,m_e}\,. \tag{358.1}$$

Die magnetischen Momente *(Bahnmomente)* des Elektrons in seinen einzelnen Quantenbahnen sind also ganzzahlige Vielfache (*n*-fache) dieses *Bohrschen Magnetons*. Es beträgt $M_B = 1{,}165 \cdot 10^{-29}$ Vs m $= 1{,}1653 \cdot 10^{-20}$ G cm³ (§200). (Dies ist das Coulombsche magnetische Moment, §209. Das Ampèresche magnetische Moment beträgt $M_B' = M_B/\mu_0 = 0{,}927\,31 \cdot 10^{-23}$ A m².)

Wir haben in §224 gesagt, daß das gyromagnetische Verhältnis (Drehimpuls/magnetisches Moment) der Elektronen, die für den Einstein-de Haas-Effekt verantwortlich sind, sich als halb so groß ergibt, als es sein sollte, wenn man — wie dort geschehen — das magnetische Moment als Bahnmoment kreisender Elektronen berechnet. Die Aufklärung dieser Unstimmigkeit ergab sich, nachdem 1925 UHLENBECK[2] und GOUDSMIT[3] auf Grund spektroskopischer Beobachtungen erkannt hatten, daß *das Elektron schon an sich stets ein magnetisches Moment hat*, das man modellmäßig als Folge einer Rotation des Elektrons um seine Achse deuten kann. Auch dieser *Elektronenspin* oder *-drall* ist gequantelt, und zwar *halbzahlig* ($m_s = \pm\frac{1}{2}$, §346), und es kommen *nur* die Drehimpulse *(Spinmomente)* $\pm h/4\pi$ vor (entgegengesetzte Richtungen des Drehimpulsvektors, relativ zum magnetischen Moment), während die Bahndrehimpulse nach (344.2) Vielfache von $h/2\pi$ sind. Das magnetische Moment (Spinmoment) des Elektrons ist aber auch 1 Magneton. Daraus ergibt sich, daß das gyromagnetische Verhältnis des (um seine Achse rotierenden) Elektrons halb so groß ist wie dasjenige, welches es infolge seiner Bewegung in der Grundbahn des Wasserstoffatoms hat. Die ferromagnetischen Erscheinungen (die spontane Magnetisierung der Weißschen Bezirke, §222) beruhen aber, wie man heute weiß, nicht auf den Bahnmomenten,

---

[1] PIERRE WEISS, 1865—1940.   [2] GEORGE EUGENE UHLENBECK, geb. 1900.
[3] SAMUEL ABRAHAM GOUDSMIT, geb. 1902.

sondern auf den Spinmomenten der Elektronen. Damit ist das Ergebnis des Einstein-de Haas-Versuchs erklärt.

Die *magnetischen Momente der Atome* ergeben sich als die Vektorsumme der Bahn- und Spinmomente ihrer Elektronen. Ein Atom ist diamagnetisch, wenn diese gleich Null ist, andernfalls paramagnetisch. Den höchsten Paramagnetismus zeigen die Elemente mit großen Rückständen in einer inneren Schale (§346), bei denen die gegenseitige Kompensation der Dipolmomente besonders unvollkommen ist, vor allem die Lanthaniden.

Auch die Bausteine der Atomkerne, die Protonen und Neutronen (§364), haben den Spin $\pm h/4\pi$. Ersetzt man in (358.1) die Elektronenmasse m_e durch die Protonenmasse $m_p = 1836{,}3\,m_e$, so ergibt sich das *Kernmagneton* $M_K = M_B/1836{,}3$, also fast 2000mal kleiner als das Bohrsche Magneton. Danach wäre zu erwarten, daß das Proton ein Dipolmoment dieses Betrages haben sollte. Es beträgt aber tatsächlich $+2{,}78\,M_K$. (Das Vorzeichen bedeutet, daß magnetisches Moment und Drehimpulsvektor gleichgerichtet sind.) Immerhin ist das Auftreten eines magnetischen Moments wegen der Ladung des Protons verständlich. Aber auch das elektrisch neutrale Neutron (§363) hat ein magnetisches Moment, und zwar $-1{,}913\,M_K$. Eine Erklärung geben wir in §389. Wegen der Kleinheit von M_K tragen die Kernmomente zum magnetischen Moment der Atome nur sehr wenig bei; aber sie äußern sich in gewissen Feinheiten der Spektren und sind theoretisch höchst wichtig (*Hyperfeinstruktur*, KOPFERMANN[1] u. a.).

Die Quantentheorie ergibt, daß sich das magnetische Moment eines Atoms nur in ganz bestimmte, durch Quantenzahlen definierte Richtungen zu einem magnetischen Felde einstellen kann *(Richtungsquantelung)*, indem die magnetische Achse des Atoms auf einem Kegelmantel um die Feldrichtung rotiert. Im einfachsten Fall kann sich das magnetische Moment nur in oder gegen die Feldrichtung einstellen. Dies ist durch einen grundlegenden Versuch von STERN und GERLACH[2] nachgewiesen worden. Sie ließen Silber im Vakuum verdampfen und erzeugten, indem sie den Dampf durch enge Schlitze treten ließen, einen

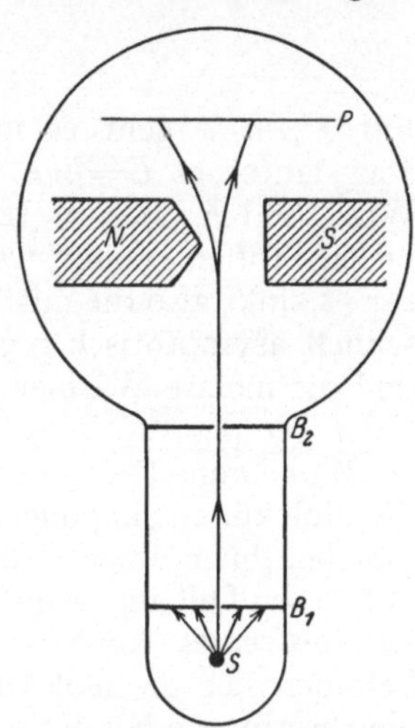

Abb. 621. Zum Versuch von STERN und GERLACH. *S* erhitzte Silberkugel, B_1, B_2 Schlitzblenden, *N S* Magnetpole, *P* Platte zum Auffangen des Silberniederschlages

schmalen Strahl von Silberatomen (*Atomstrahl*, Abb. 621). Diesen ließen sie durch ein starkes, sehr inhomogenes magnetisches Feld laufen. In diesem werden die dem Felde gleichgerichteten Atome in Richtung wachsender Feldstärke getrieben, die entgegengesetzt gerichteten in Richtung abnehmender Feldstärke. (Vgl. das analoge Verhalten von para- und diamagnetischen Körpern, §218.) Der Atomstrahl wird also in zwei Strahlen aufgespalten, die in entgegengesetzte Richtungen abgelenkt sind. Man kann dies an dem Silberniederschlag erkennen, der auf einer in den Weg der Strahlen aufgestellten Platte auftritt. Das magnetische Moment der Silberatome ergab sich, wie in diesem Fall zu erwarten war, gleich einem Bohrschen Magneton.

359. Die Quantentheorie der spezifischen Wärmekapazität. Nach §111 sollte die molare Wärmekapazität (Molwärme, Atomwärme) der festen Stoffe allgemein $3R$ betragen. Bei den meisten Metallen trifft dies bei nicht sehr tiefer Temperatur recht gut zu (Regel von DULONG-PETIT). Die anderen festen Stoffe jedoch zeigen

---

[1] HANS KOPFERMANN, 1895—1963.   [2] WALTER GERLACH, geb. 1889.

ein hiervon stark abweichendes Verhalten. Ihre Wärmekapazität ist schon bei gewöhnlicher Temperatur kleiner, als es nach dem Gleichverteilungssatz zu erwarten ist (H. F. WEBER[1] 1875), und je tiefer die Temperatur ist, um so allgemeiner ist das — auch bei den Metallen — der Fall. Mit sinkender Temperatur beginnt die molare Wärmekapazität aller Stoffe zu fallen, bei den einen früher, bei den anderen später.

Zur Erklärung hat — an einen Gedanken von MADELUNG[2] anknüpfend — EINSTEIN (1907) die Quantentheorie herangezogen. Wir haben bereits gesehen (§ 321), daß der Gleichverteilungssatz $E_k = kT$ nur der klassische Grenzfall eines strengeren quantentheoretischen Gesetzes für den Fall $h\nu/(kT) \ll 1$ ist. Da es sich bei der spezifischen Wärmekapazität der festen Stoffe um die Schwingungsenergie ihrer Moleküle bzw. Atome um ihre Gleichgewichtslagen handelt, so ist ν in unserem Fall deren Schwingungsfrequenz. Das genaue Gesetz, das wir schon als (321.1) mitgeteilt haben, für die auf jeden Freiheitsgrad entfallende Energie lautet mit $\varepsilon = E$

$$E = \frac{h\nu}{e^{h\nu/(kT)} - 1}. \qquad (359.1)$$

Für $T \gg h\nu/k$ geht es in den Gleichverteilungssatz $E = kT$ über, für $T \ll h\nu/k$ aber lautet es $E = h\nu e^{-h\nu/(kT)}$. (Vgl. hierzu die Strahlungsgesetze von PLANCK, WIEN und RAYLEIGH-JEANS, § 321.) Bei ausreichend tiefer Temperatur — bei vielen Stoffen genügt, weil bei ihnen ν groß ist, schon die gewöhnliche Temperatur — sinkt also die mittlere Schwingungsenergie mit fallender Temperatur recht schnell asymptotisch gegen Null. Das gleiche gilt dann auch für die spezifische und die molare Wärmekapazität. DEBYE (1911) bewies, daß diese bei genügend tiefer Temperatur der 3. Potenz der Temperatur T proportional sind *(T^3-Gesetz)*.

Man kann dieses Verhalten auf folgende Weise qualitativ verstehen. Auch die Molekülschwingungen in den festen Stoffen gehorchen Quantengesetzen. Es gibt bei ihnen einen Grundzustand und angeregte Zustände. Nun verbietet das auf diesen Fall angewandte Pauli-Prinzip (§ 346), daß zwei oder gar mehr Moleküle (Atome) eines Körpers in sämtlichen Quantenzahlen übereinstimmen. Daher befinden sich die Moleküle fast durchweg in angeregten Zuständen, und es gibt eine bestimmte Mindestenergie (*Nullpunktsenergie*, NERNST), die dem Körper auch noch bei Abkühlung auf den absoluten Nullpunkt über die Energie der Grundzustände hinaus verbleibt. Die Moleküle befinden sich dann in den energetisch tiefsten Zuständen, die das Pauli-Prinzip zuläßt. Wird dem Körper nunmehr Wärme zugeführt, so gelangen zunächst nur einige wenige Moleküle in höhei angeregte Zustände; die übrigen verharren in ihren Zuständen, nehmen keine Wärme auf und tragen deshalb zur spezifischen Wärmekapazität nichts bei. Mit steigender Temperatur wird aber die Anzahl der über ihre Nullpunktsenergie hinaus angeregten und zur Wärmekapazität beitragenden Moleküle ständig größer, bis schließlich sämtliche Moleküle beteiligt sind und das Dulong-Petitsche Gesetz in Kraft tritt. Bei den Metallen ist dies schon weit unterhalb der Zimmertemperatur der Fall, dagegen z. B. beim Diamant erst weit oberhalb derselben.

Wir können nun auch verstehen, weshalb bei der Berechnung der molaren Wärmekapazitäten der Gase gewisse Freiheitsgrade der Rotation ausfallen, nämlich diejenigen, die einem extrem kleinen Trägheitsmoment entsprechen (§ 103). Nach § 344 berechnet man leicht, daß beim Wasserstoff zwischen der Rotationsenergie $E_r = I u^2/2$ des Atoms und seinem Trägheitsmoment $I = m_e m_p r^2/(m_e + m_p)$ die Beziehung $E_r = n^2 h^2/(8\pi^2 I)$ besteht, die Energiequanten also dem Kehrwert

---

[1] HEINRICH FRIEDRICH WEBER, 1843—1912.
[2] ERWIN MADELUNG, geb. 1881.

des Trägheitsmoments proportional sind, $E_r \sim n^2/I$. Dies gilt auch für ein rotierendes Molekül, und daher ergeben sich für sehr kleine Trägheitsmomente sehr große Energiequanten. Das Trägheitsmoment eines einatomigen Moleküls ist bezüglich *jeder* Schwerpunktsachse extrem klein, und das gleiche ist bei den zweiatomigen Molekülen bezüglich derjenigen Achse der Fall, die durch die beiden Atomkerne des Moleküls hindurchgeht. Rotationen um diese Achsen haben daher einen außerordentlich großen Energiebedarf, der bei keiner überhaupt vorkommenden Temperatur gedeckt werden kann. Er beträgt für ein einatomiges Molekül von mittlerer Masse mindestens etwa 10^{-6} erg, während selbst bei einer Temperatur von 10^8 K der Gleichverteilungssatz jedem Freiheitsgrad nur eine Energie von der Größenordnung 10^{-8} erg bewilligt. Diese Freiheitsgrade der Rotation sind daher auch bei so hohen Temperaturen vollkommen eingefroren.

Das Trägheitsmoment der zweiatomigen Moleküle bezüglich ihrer anderen Schwerpunktsachsen und das der drei- und mehratomigen Moleküle überhaupt ist um viele Zehnerpotenzen größer, und daher kann der Energiebedarf der Rotationen um diese Achsen bei nicht allzu tiefer Temperatur durchaus gedeckt werden. Bei ausreichend tiefer Temperatur frieren aber auch diese Freiheitsgrade ein und tragen zur Wärmekapazität immer weniger bei, so daß sich mit sinkender Temperatur dann auch die zweiatomigen Stoffe bezüglich ihrer Wärmekapazität mehr und mehr wie einatomige Stoffe verhalten. Ihre molare Wärmekapazität sinkt vom klassischen Wert $C_v = 5\,R/2$ auf den Wert $3\,R/2$ der einatomigen Gase. Beim Wasserstoffmolekül ist das wegen seines kleinen Trägheitsmoments am leichtesten möglich, und bei ihm ist dieser Wert auch schon erreicht worden.

Die klassische Theorie der Wärmekapazitäten der Gase gilt also nur bei ausreichend hoher Temperatur, also wenn die Rotationen weit über die Nullpunktsenergie hinaus angeregt sind, was hohen Quantenzahlen der Rotation entspricht. Die Lage ist dann ähnlich, wie wir sie im gleichen Fall beim Wasserstoffatom besprochen haben (§344). Die Unstetigkeit der Quantenvorgänge verwischt sich um so mehr, je höher die Quantenzahlen sind, und die unstetige Folge der Energiestufen kann dann mit einem um so kleineren relativen Fehler durch eine stetige Energieskala ersetzt werden. Damit gehen die Gesetze der Quantentheorie, wie es das *Korrespondenzprinzip* (§344) verlangt, für große Quantenzahlen asymptotisch in die der klassischen Theorie über. Aus der stufenweisen Verteilung der Energie auf die einzelnen Moleküle wird schließlich die stetige Maxwellsche Verteilung (§66).

Auch der Energiebedarf der Atomschwingungen in den Molekülen (§351) ist so groß, daß sie bei gewöhnlicher Temperatur noch vollkommen eingefroren sind und zur Wärmekapazität nichts beitragen. Das gleiche gilt in noch höherem Grade für die Anregungsenergie der Elektronen an den Molekülen. Daher senden die Körper bei gewöhnlicher Temperatur kein sichtbares Licht aus. Erst bei höherer Temperatur wird die thermische Energie der Moleküle groß genug, um bei Zusammenstößen eine Anregung der Atomschwingungen und der Elektronensprünge zu bewirken, die zur Aussendung sichtbaren Lichts führt.

360. Die Wellentheorie der Materie. Wir haben in §340 auseinandergesetzt, daß man beim Licht nicht mit einer einzigen Modellvorstellung auskommt sondern außer dem Wellenmodell auch das Quantenmodell braucht, in dem das Licht wie aus bewegten Teilchen bestehend erscheint. Im Jahre 1924 kam Louis de Broglie[1] auf den Gedanken, daß es nötig sein könne, auch für die Materie, also für die Elektronen und die anderen Elementarteilchen, zwei verschiedene Modellvorstellungen zu benutzen und neben das altvertraute Teilchen-

---

[1] Louis Victor Duc de Broglie, geb. 1892, Nobelpreis 1929.

bild *ein Wellenbild der Elementarteilchen* zu setzen. Diese Voraussage hat sich bestätigt und hat zu ganz neuen Entdeckungen geführt. *Die Elektronen und die anderen Elementarteilchen verhalten sich wirklich unter bestimmten Versuchsbedingungen nicht wie Teilchen, sondern wie Wellen.*

Nach §331 hat jeder mit der Geschwindigkeit v bewegte Körper die Energie $E = m_0 c_0^2 / \sqrt{1 - v^2/c_0^2}$ und die Bewegungsgröße $p = m_0 v / \sqrt{1 - v^2/c_0^2}$. ($m_0 =$ Ruhmasse.) DE BROGLIE verknüpfte, genau wie beim Licht (§338), mit der Energie eine Frequenz v durch die Gleichung $E = hv$ und mit der Bewegungsgröße eine Wellenlänge λ durch die Gleichung $p = h/\lambda$. Demnach ist

$$E = hv = \frac{m_0 c_0^2}{\sqrt{1 - v^2/c_0^2}} \quad \text{und} \quad p = \frac{h}{\lambda} = \frac{m_0 v}{\sqrt{1 - v^2/c_0^2}}. \tag{360.1}$$

Wie bei jedem Wellenvorgang, besteht zwischen Frequenz, Wellenlänge und Phasengeschwindigkeit (§310), die wir hier mit u statt mit c bezeichnen wollen, die Beziehung $u = \lambda v$. Aus (360.1) folgt dann

$$u = \frac{E}{p} = \frac{c_0^2}{v}. \tag{360.2}$$

Die Phasengeschwindigkeit dieser *Materiewellen* oder *de Broglie-Wellen* ist also dem Kehrwert der Teilchengeschwindigkeit v proportional, und sie ist, da stets $v < c_0$, *stets größer als die Vakuumlichtgeschwindigkeit.*

Man kann die Bewegung eines Teilchens als die Bewegung eines sog. *Wellenpakets* von Materiewellen beschreiben, d.h. als eine Überlagerung sehr vieler Wellen von nur wenig verschiedener Wellenlänge, deren Schwingungen sich infolge von Interferenz an einer bestimmten Stelle im Raum, dem Ort des bewegten Teilchens, maximal verstärken. Wir wollen zeigen, daß die Teilchengeschwindigkeit v identisch ist mit der *Gruppengeschwindigkeit* der zugehörigen Materiewellen, deren *Phasengeschwindigkeiten* gleich u sind. Nach (310.3) muß dann die Beziehung

$$\frac{1}{v} = \frac{d}{dv}\left(\frac{v}{u}\right) \tag{360.3}$$

erfüllt sein. Wenn wir die Materiewellenfrequenz des ruhenden Teilchens mit v_0 bezeichnen, so folgt aus (360.1), daß $v = v_0/\sqrt{1 - v^2/c_0^2}$. Da $v = c_0^2/u$, also $v^2/c_0^2 = c_0^2/u^2$ ist, so ist damit u als Funktion von v, also das Dispersionsgesetz der Materiewellen, gegeben. Es ist $u = c_0^2/v$, und nach vorstehender Gleichung für v ist $v = c_0 \sqrt{1 - v_0^2/v^2}$. Wir erhalten also

$$\frac{d}{dv}\left(\frac{v}{u}\right) = \frac{d}{dv}\left(\frac{vv}{c_0^2}\right) = \frac{1}{c_0}\frac{d}{dv}\sqrt{v^2 - v_0^2} = \frac{1}{c_0}\frac{v}{\sqrt{v^2 - v_0^2}} = \frac{1}{c_0\sqrt{1 - v_0^2/v^2}} = \frac{1}{v}. \tag{360.4}$$

Damit ist (360.3) und unsere Behauptung bewiesen. Ferner folgt, daß die Überlichtgeschwindigkeit der Materiewellen ebensowenig einen Widerspruch gegen die Relativitätstheorie bedeutet, wie die der Phasengeschwindigkeit des Lichtes bei $n < 1$ (§310). Denn die Energie der Materiewellen ist auf das Teilchen — das Zentrum des Wellenpakets — konzentriert und pflanzt sich stets nur mit der Gruppengeschwindigkeit $v < c_0$ fort.

Bei den Wechselwirkungen zwischen dem Licht und irgendwelchen Körpern macht sich die Wellennatur des Lichts um so deutlicher bemerkbar, je größer seine Wellenlänge im Vergleich zu den Abmessungen dieser Körper ist. Entsprechend macht sich auch die Wellennatur der Materie um so stärker bemerkbar, je größer die Wellenlänge der Materiewellen ist. Nach (360.1) ist diese für $v \ll c_0$

$$\lambda \approx \frac{h}{m_0 v}. \tag{360.5}$$

Diese Wellenlänge ist bei den gewöhnlichen groben Körpern ganz außerordentlich klein, z.B. bei einem Körper von der Masse 1 g bei einer Geschwindigkeit von 1 cm s^{-1} von der Größenordnung 10^{-26} cm. Daher ist bei solchen Körpern von einer Wellennatur nichts zu bemerken. Anders aber bei den winzigen Elementarteilchen, vor allem den Elektronen. Es war daher zu vermuten, daß man bei bewegten Elektronen ganz entsprechende Interferenz- und Beugungserscheinungen beobachten müsse, wie beim Licht (W. ELSASSER, 1925). Für langsame Elektronen ist (mit $m_0 = m_e$) $h/m_e = 7{,}28$ cm^2 s^{-1}. Werden Elektronen durch eine Spannung von 1 V beschleunigt, so beträgt ihre Geschwindigkeit $5{,}92 \cdot 10^7$ cm s^{-1}. In diesem Geschwindigkeitsbereich sind sie also mit Materiewellen verknüpft, die von der Größenordnung $\lambda \approx 10^{-7}$ cm sind. Das ist die gleiche Größenordnung wie die der Röntgenwellenlängen. Es war daher zu erwarten, daß Elektronenstrahlen in diesem Geschwindigkeitsbereich an Kristallen ähnliche Beugungserscheinungen zeigen würden wie die Röntgenstrahlen (§ 314). Das hat sich, zuerst durch Versuche von DAVISSON[1] und GERMER[2] sowie von G. P. THOMSON[3] (1927) vollkommen bestätigt. Die bei der Interferenz und Beugung von Röntgenstrahlen bewährten Verfahren lassen sich im Grundsatz auf die Materiewellen übertragen. Bei der Durchstrahlung von Kristallen mit Elektronenstrahlen erhält man „Laue-Diagramme" (vgl. Abb. 575), und auch die Analogie zum Debye-Scherrer-Verfahren ist vorhanden. Bei der Durchstrahlung dünner Metallfolien mit Elektronen einheitlicher Geschwindigkeit erhält man Beugungsringe, wie sie mit Röntgenstrahlen an Kristallpulvern erhalten werden (Abb. 622, vgl. Abb. 579). Denn wie diese bestehen auch Metallfolien aus sehr kleinen, ganz regellos orientierten Kriställchen. Die auf diese Weise gewonnenen Beugungsbilder liefern, ähnlich wie die entsprechenden Bilder mit Röntgenstrahlen, Aufschluß über den Kristallbau.

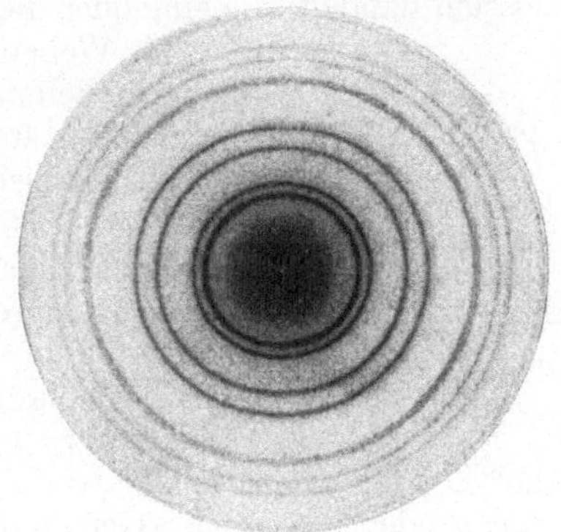

Abb. 622. Elektronenbeugung in einer Silberfolie. (Aufnahme von H. MARK)

STERN ist es gelungen, Interferenz- und Beugungserscheinungen auch bei Strahlen aus H_2- und He-Molekülen nachzuweisen, die an Kristallflächen reflektiert werden. Auch Neutronenstrahlen zeigen entsprechende Erscheinungen. Die Beugung von Elektronenstrahlen an einer Kante hat H. BOERSCH[4] nachgewiesen.

Bereits vor der Wellentheorie der Materie hat RAMSAUER[5] (1920) die auffällige Tatsache entdeckt, daß in einem bestimmten Geschwindigkeitsbereich der Elektronen, die durch ein Edelgas hindurchtreten, der Wirkungsquerschnitt der Atome — der aus der Absorption und der Streuung der Elektronen ermittelt werden kann — ein tiefes Minimum zeigt *(Ramsauer-Effekt)*. Nach der klassischen Theorie wäre zu erwarten, daß er mit abnehmender Geschwindigkeit stets zunehmen sollte, weil dann die Elektronen der Beeinflussung durch die Atome stärker unterworfen sind. Nach der Wellentheorie handelt es sich um eine Beugung der Elektronenwellen an den Atomen. Sie tritt bei einer Wellenlänge von der Größenordnung 10^{-8} cm ein, und das ist auch die Größenordnung der Atomabmessungen. Bei gleicher Größenordnung von Wellenlänge und Hindernis treten aber bei allen Arten von Wellen besonders augenfällige Beugungserscheinungen auf.

---

[1] CLINTON JOSEPH DAVISSON, geb. 1881, Nobelpreis 1937.
[2] LESTER HALBERT GERMER, geb. 1896.
[3] GEORGE PAGET THOMSON, geb. 1892, Nobelpreis 1937.
[4] HANS BOERSCH, geb. 1909.   [5] CARL RAMSAUER, 1879—1955.

Durch die hier erwähnten und zahlreiche weitere Versuche ist das Wellenmodell der Materie auf genau der gleichen Grundlage und ebenso zwingend begründet wie das Wellenmodell des Lichts. In beiden Fällen sind es Interferenz- und Beugungserscheinungen, die sich einer anderen Beschreibung als durch ein Wellenmodell entziehen. Andererseits gilt für andere Erfahrungsbereiche bei der Materie die altgewohnte, anschauliche, der Lichtquantentheorie analoge, Korpuskulartheorie weiter. Ein Widerspruch besteht ebensowenig wie beim Licht, sondern wieder nur ein *Dualismus* (§ 340). Es handelt sich auch hier wieder nur um die für uns unentbehrlichen *Modellvorstellungen*, nicht um Aussagen über einen Sachverhalt, den man als das „wahre Wesen" der Materie bezeichnen könnte. Wie beim Licht kommen wir auch bei der Materie nicht mit einer einzigen Modellvorstellung aus, sondern müssen je nach dem Erfahrungsbereich, um den es sich handelt, die eine oder die andere wählen.

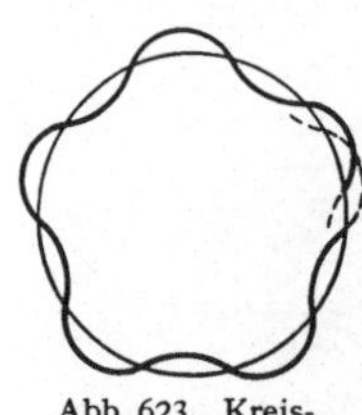

Abb. 623. Kreisbewegung einer Welle. (Nichtstationärer Zustand)

Die Wellentheorie der Materie liefert nach BORN[1] eine einfache modellmäßige Begründung für die stationären Elektronenbahnen und für die Quantenbedingung (343.2), wie wir am Beispiel der Kreisbahnen am Wasserstoffatom zeigen wollen. Einem Elektron, das einen Atomkern umkreist, entspricht im Bilde der Wellentheorie eine den Kern umlaufende Welle (Abb. 623). Ein stationärer Zustand kann sich aber nur dann einstellen, wenn der Kreisumfang $2\pi r$ ein ganzzahliges Vielfaches (n-faches) der Wellenlänge λ ist. Es muß also $2\pi r = n\lambda$ sein. Nun ist $\lambda = h/(m_e v) = hr/(m_e r^2 u) = hr/(I u) = hr/q$ (u Winkelgeschwindigkeit, I Trägheitsmoment, $q = I u$ Drehimpuls des Elektrons). Es folgt $2\pi r = n\lambda = nhr/q$ oder $2\pi q = nh$. Genau das gleiche folgt aber für Kreisbahnen auch aus (343.2). Denn es ist, da $q = const$, $\int_0^{2\pi} q\,d\varphi = nh = 2\pi q$.

361. Grundlagen der Quantenmechanik. Der Gedanke DE BROGLIEs ist in der Folge namentlich von SCHRÖDINGER[2], HEISENBERG[3], BORN, JORDAN[4], FERMI[5] und DIRAC zu einer mathematischen Theorie, der *Quantenmechanik* oder *Wellenmechanik*, ausgebaut worden, die in ihrer inneren Geschlossenheit der klassischen Mechanik in nichts nachsteht, sie aber in der Fülle der von ihr gedeuteten Tatsachen außerordentlich übertrifft. SCHRÖDINGER (1926) stellte in Anknüpfung an DE BROGLIE eine *Wellengleichung* als Grundlage der Theorie auf, während HEISENBERG, BORN und JORDAN die Theorie schon 1925 mit gleichem Ergebnis auf der formal völlig anderen Grundlage der *Matrizenrechnung* aufbauten. DIRAC verknüpfte die Quantentheorie mit der Relativitätstheorie. Das Ziel der Quantenmechanik ist nach HEISENBERG, die Gesamtheit aller *mit unseren makroskopischen Meßgeräten beobachtbaren* Erscheinungen — als der einzig zuverlässigen Wissensgrundlage der Physik —, aber auch *nur diese*, richtig und vollständig durch Gleichungen zu beschreiben, so wie dies schon viel früher KIRCHHOFF als das einzig mögliche Ziel der Physik hingestellt hat. Die dabei benutzten *Modellvorstellungen*, in denen eine frühere Zeit das Wesentliche, nämlich eine echte „Erklärung" der Naturerscheinungen sah, bilden nur ein zwar unentbehrliches, aber durch keinerlei anschaulichen Erklärungswert ausgezeichnetes Hilfsmittel zur Erreichung dieses Ziels.

Die Quantenmechanik führte zu einer außerordentlich großen Fülle von Fragestellungen, die der experimentellen Prüfung zugänglich sind. Die durch die ältere

<hr>

[1] MAX BORN, geb. 1882, Nobelpreis 1955.
[2] ERWIN SCHRÖDINGER, 1887—1960, Nobelpreis 1933.
[3] WERNER HEISENBERG, geb. 1901, Nobelpreis 1932.
[4] PASCUAL JORDAN, geb. 1902.   [5] ENRICO FERMI, 1901—1955, Nobelpreis 1938.

Quantentheorie gewonnenen Erkenntnisse stellte sie auf eine neue, feste Grundlage und befreite sie von den ihr noch anhaftenden Schlacken der klassischen Theorie. Erst durch die Quantenmechanik gelang ein Angriff auf das Molekülproblem. Bei dem einfachsten Molekül, dem Wasserstoffmolekül, gelang eine mit der Erfahrung übereinstimmende Berechnung seines Baues (W. HEITLER[1] und F. LONDON[2]). Auch das von der älteren Quantentheorie nicht gelöste Problem des neutralen Heliumatoms konnte HEISENBERG lösen.

Die Quantenmechanik führt auch zu einem — bisher aber im allgemeinen nur qualitativen — Verständnis derjenigen im atomaren Bereich wirksamen Kräfte, welche durch die klassische Physik nicht gedeutet werden können. Dahin gehören vor allem diejenigen *chemischen Bindungskräfte*, welche nicht, wie bei den Ionenmolekülen, elektrostatischer Natur sind (§347). So beruhen z.B. die Einfach- und Mehrfachbindungen zwischen Kohlenstoffatomen (C—C, C=C, C≡C), wie sie durch Elektronenformeln (§347) beschrieben werden und die dem ganzen, großen Bereich der organischen Chemie ihr wesentliches Gepräge geben, auf solchen quantenmechanischen Kräften. Auch die *van der Waalsschen Kräfte* (§62), welche in der Theorie der Materie eine so wichtige Rolle spielen, gehören hierher, ebenso die Kräfte, welche die Bausteine der Atomkerne aneinander binden (§368). In vielen Fällen handelt es sich um Kräfte zwischen gleichartigen Teilchen, die darauf beruhen, daß diese wegen ihrer Nichtunterscheidbarkeit ihre Rollen tauschen können, und die deshalb als *Austauschkräfte* bezeichnet werden. Sie liefern unter anderem auch eine Deutung des Ferromagnetismus (HEISENBERG 1928).

Einer der wichtigsten und auch für die Erkenntnistheorie bedeutsamsten Gedanken der Quantenmechanik ist die von BOHR zuerst erkannte *Komplementarität* gewisser physikalischer Größen. Sie besteht darin, daß es *grundsätzlich* unmöglich ist, mehr als die Hälfte der Zustandsgrößen eines Teilchens *gleichzeitig* scharf zu bestimmen. Je zwei Zustandsgrößen sind so miteinander gekoppelt, daß, je genauer man die eine mißt, die zweite um so weniger genau meßbar wird. Komplementäre Größen sind stets solche, deren Produkt von der gleichen Größenart ist wie das Wirkungsquantum h. Beispiele sind die Ortskoordinate und der Impuls, die Zeit und die Energie, der Drehwinkel und der Drehimpuls.

Diesen Zusammenhang hat HEISENBERG in seiner *Unschärferelation* formuliert. Es sei z.B. x die Ortskoordinate, p der Impuls eines Körpers, etwa eines Elektrons. Dann sind diese Größen *gleichzeitig* nur mit einer gewissen Unschärfe meßbar, die wir mit Δx und Δp bezeichnen. Für diese Unschärfen besteht nach HEISENBERG die Beziehung

$$\Delta x \cdot \Delta p \approx \frac{h}{2\pi}; \qquad (361.1)$$

das Produkt der Unschärfen ist von der Größenordnung des Wirkungsquantums. Man *kann* zwar grundsätzlich *entweder x oder p* mit beliebiger Genauigkeit messen, so daß $\Delta x = 0$ oder $\Delta p = 0$. Dann aber wird nach (361.1) entweder $\Delta p = \infty$ oder $\Delta x = \infty$. Bei einer vollkommen scharfen Ortsbestimmung wird der Impuls vollkommen unbestimmt und umgekehrt. Eine ganz entsprechende Beziehung

$$\Delta E \cdot \Delta t \approx \frac{h}{2\pi} \qquad (361.2)$$

gilt auch für eine Energie E und eine mit ihr verknüpfte Zeit t.

Dies kann anschaulich verstanden werden. Eine Messung an einem Elementarteilchen, z.B. einem Elektron, ist *grundsätzlich* nicht möglich ohne einen Eingriff,

---

[1] WALTER HEITLER, geb. 1904. [2] FRITZ LONDON, 1900—1954.

der den jeweiligen Zustand des Elektrons in unkontrollierbarer Weise stört. Man denke sich, es sei möglich, ein Elektron mit einem Mikroskop zu betrachten. Zu diesem Zweck muß es beleuchtet werden. Um seinen *Ort* scharf zu erkennen, muß man äußerst kurzwelliges Licht, nämlich sehr harte γ-Strahlen, verwenden. Denn bei Verwendung langwelligeren Lichts erscheint das Elektron als ein ausgedehntes, verwaschenes Beugungsscheibchen (§296), so daß der Ort des Elektrons unscharf ist. Sehr kurzwellige Lichtquanten erzeugen aber an dem Elektron einen sehr starken Compton-Effekt (§339), durch den die Geschwindigkeit und damit der Impuls des Elektrons in einer ganz unkontrollierbaren Weise verändert wird. Will man also den *Impuls* nicht beeinflussen, muß man sehr langwelliges Licht verwenden, wodurch nun der Ort völlig unbestimmt wird. Eine genaue Messung des Impulses setzt aber voraus, daß man die Geschwindigkeit durch Messung einer Strecke, also zweier Elektronenorte, und der zu ihrer Zurücklegung nötigen Zeit bestimmt. Selbst wenn dieses gelänge, wüßte man doch weder über den Impuls des Elektrons vor der ersten noch nach der zweiten Ortsmessung etwas, da diese Messungen den Impuls in unkontrollierbarer Weise geändert haben. Bei den groben Körpern ist die Beeinflussung durch Meßvorgänge so gering, daß die klassische Physik mit vollem Recht von derartigen Beeinflussungen absieht und eine scharfe Trennung zwischen beobachtetem Objekt und Beobachtungsmittel macht. Natürlich gelten (361.1) und (361.2) auch für die groben Körper. Aber bei ihnen ist das Produkt der *relativen* Unschärfen $\Delta x/x \cdot \Delta p/p \approx h/(2\pi x p)$ bzw. $\Delta E/E \cdot \Delta t/t \approx h/(2\pi E t)$ wegen der Größe des Impulses p bzw. der Energie E so außerordentlich klein, daß sie gegenüber den durch unvermeidliche Meßfehler bedingten Unschärfen überhaupt nicht ins Gewicht fällt.

Die obige anschauliche Deutung darf aber nicht dahin mißverstanden werden, als handele es sich bei der Unschärferelation nur um eine — allerdings prinzipielle — Grenze der praktischen Meßmöglichkeiten. Nach der heutigen Auffassung verhält es sich vielmehr so, daß einem *unbeobachteten* Teilchen überhaupt kein Zustand im klassischen Sinne zugeschrieben werden kann, sondern daß es erst durch den *Beobachtungsakt* veranlaßt wird, einen Zustand überhaupt anzunehmen. Der Begriff „Zustand" hat aber gegenüber der klassischen Mechanik eine eingeschränkte Bedeutung, da seine genaue Angabe sich jeweils nur auf *eine* von zwei komplementären Größen (z.B. Ort *oder* Impuls) beziehen kann statt auf beide. Der durch einen Beobachtungsakt festgestellte quantenmechanische Zustand eines Teilchens hängt also von der Art dieses Aktes ab. Zustand und Beobachtung sind stets ursächlich miteinander gekoppelt. *Ein Zustand wird erst durch eine Beobachtung geschaffen.*

In der klassischen Mechanik schließt man auf Grund ihrer Gesetze aus dem Ort und der Geschwindigkeit eines Körpers in einen bestimmten Zeitpunkt und den auf ihn wirkenden Kräften auf seinen Ort und seine Geschwindigkeit in irgendeinem späteren Zeitpunkt. Jeder Zustand eines Körpers oder Systems ist durch dessen vorhergehenden Zustand eindeutig und vollständig vorbestimmt, *determiniert*. Eine solche Determiniertheit kann aber im Geltungsbereich der Quantenmechanik schon deshalb nicht bestehen, weil Zustände überhaupt erst durch Beobachtungsakte entstehen und überdies von der Art dieser Akte abhängen. Hat man einen bestimmten Zustand beobachtet, so ist es dennoch unmöglich, vorherzusagen, was für einen Zustand man bei einer erneuten, gleichartigen Beobachtung des gleichen Teilchens feststellen wird, schon deshalb nicht, weil jeder Beobachtungsakt ein unkontrollierbarer Eingriff in das weitere Geschehen ist. Bei der Beobachtung etwa eines Planeten ist das ganz anders. Hier genügt die einmalige Beobachtung eines Zustandes, um alle künftigen Zustände des Planeten genau vorherzusagen.

An die Stelle der Determiniertheit der klassisch beschriebenen Zustände tritt in der Quantenmechanik die *Wahrscheinlichkeit* quantenmechanischer Zustände. Für ein Teilchen, etwa ein Elektron, gibt es eine auf Grund einer vorher erfolgten Beobachtung *genau* angebbare *Wahrscheinlichkeit*, daß man es bei einer in bestimmter Weise mit dem Ziel scharfer Ortsbestimmung angestellten Beobachtung innerhalb eines bestimmten Raumelements antrifft, und ebenso gibt es eine *genau* angebbare *Wahrscheinlichkeit*, daß man es bei einem auf scharfe Messung des Impulses abgestellten Versuch mit einem bestimmten Impuls behaftet findet (MAX BORN). Jedem quantenmechanischen Zustand entspricht also eine ganz bestimmte *Wahrscheinlichkeitsverteilung*. Die Wahrscheinlichkeit, ein an einem bestimmten Ort beobachtetes Teilchen zu einem späteren Zeitpunkt an einem bestimmten anderen Ort wieder anzutreffen, wechselt von Ort zu Ort und mit der Zeit stetig. Man kann sich diesen Sachverhalt veranschaulichen, wenn man jedem Teilchen eine Art von symbolischem Nebel zugeordnet denkt, dessen Dichte proportional zu dieser Wahrscheinlichkeit ist und sich von Ort zu Ort und auch mit der Zeit ändert. Die örtliche Dichte dieses gedachten Nebels gibt an, wie groß die Wahrscheinlichkeit ist, daß wir das Teilchen in dem betreffenden Raumelement tatsächlich antreffen. In diesem Sinne sind die Materiewellen sozusagen als Wellen in diesem Nebel anzusehen, durch deren Ausbreitung die Wahrscheinlichkeitsverteilung des betreffenden Teilchens sich zeitlich ändert. (Ein Beispiel s. §362.) Es sei jedoch ausdrücklich betont, daß der „Nebel" *nicht etwa das Teilchen selbst* ist, sondern eine symbolisch-anschauliche Darstellung der *Wahrscheinlichkeit*, es an einer bestimmten Stelle des Raums anzutreffen.

Quantenmechanische Vorgänge sind also nicht im Sinne der klassischen Physik determiniert (§4), und es wird daher oft gesagt, daß für sie das Kausalitätsprinzip nicht gelte. Das ist nur bedingt richtig; denn die Wahrscheinlichkeitsverteilungen, die an die Stelle der klassisch-mechanischen Zustandsgrößen treten, sind in der Quantenmechanik ebenso streng determiniert wie diese in der klassischen Physik. Es ist daher berechtigt, von einer *quantenmechanischen Kausalität* zu sprechen.

Sofern wir also überhaupt von dem Zustand eines Teilchens nach einem Beobachtungsakt, z.B. einer Ortsmessung, sprechen können, so kann sich das nur auf unsere Kenntnis von der Wahrscheinlichkeit beziehen, mit der wir es bei einer erneuten Beobachtung in den einzelnen Raumelementen anzutreffen erwarten können. Diese Wahrscheinlichkeit ist bei einem vorher noch nie beobachteten Teilchen, von dem uns also jede Kenntnis fehlt, überall gleich groß; der „Nebel" ist über den ganzen Raum gleichmäßig unendlich dünn verteilt. Sobald wir aber das Teilchen an einem bestimmten Ort beobachtet, also eine genaue Kenntnis seines Ortes gewonnen haben, ist der „Nebel" momentan auf diesen einen Ort konzentriert, eben auf Grund unserer Kenntnis. Für einen Beobachter, der das gleiche Teilchen vorher beobachtet hat, aber unsere spätere Kenntnis nicht besitzt, hat sich inzwischen der „Nebel" schon wieder im Raum ausgebreitet. Der durch die räumliche Wahrscheinlichkeitsverteilung gekennzeichnete Zustand eines Teilchens ist also nichts dem Teilchen „an sich" Zukommendes, sondern abhängig von Art und Zeitpunkt der vorher an ihm vorgenommenen Messung, also von der *Kenntnis*, die der Beobachter vorher von ihm gewonnen hat. Nach jeder Beobachtung breitet sich seine Wahrscheinlichkeitsverteilung, vergleichbar mit einer *Wahrscheinlichkeitswelle*, im Raum aus.

Die Quantenmechanik kennt keine Elektronenbahnen. Denn zu ihrer Erkennung ist die Möglichkeit gleichzeitiger genauer Orts- und Geschwindigkeits-(Impuls-) Messungen Voraussetzung. Der Quantenzustand der einzelnen Elektronen an einem Atom ist vielmehr durch ihre Wahrscheinlichkeitsverteilungen bestimmt, und die Elektronenschalen der ursprünglichen Bohrschen Theorie sind nichts anderes als Bereiche, in denen der „Nebel" besonders dicht ist.

Obgleich also die Quantenmechanik nur Wahrscheinlichkeitsaussagen kennt, liefert sie trotzdem vollkommen genaue Aussagen über das Ergebnis von Messungen, die in einer genau bestimmten Weise angestellt werden. Sie erfüllt daher ihren Zweck, die *tatsächlich beobachtbaren* Erscheinungen exakt zu beschreiben, vollkommen.

Erwähnt sei noch, daß die Anwendung quantenmechanischer Gesetze auf biologische Probleme zu wesentlichen Erkenntnissen und zur Deutung zahlreicher Erscheinungen geführt hat. Es darf heute als sicher gelten, daß die spezifischen Lebensvorgänge durch quantenmechanische Zustandsänderungen an Gebilden von molekularer Feinheit *gesteuert* werden, die durch eine Art von Verstärkerwirkung makroskopische Reaktionen des Organismus auslösen (P. JORDAN). Damit überträgt sich die Undeterminiertheit jener Vorgänge auf diese Lebensäußerungen. Hierauf beruht der grundsätzliche Unterschied zwischen einem lebenden Organismus und einer Maschine. Diese Untersuchungen sind noch in vollem Fluß, und wir können hier nicht näher darauf eingehen. Der Verfasser möchte aber als seine persönliche Meinung sagen, daß alle Versuche, auf Grund dieser Erkenntnisse etwa das Problem der Willensfreiheit und andere verwandte Probleme lösen zu wollen, fehlgehen.

362. Tunneleffekt. Feldemission. Eine Folge aus dem Begriff der Wahrscheinlichkeitswellen ist der *Tunneleffekt.* Er besteht darin, daß ein Teilchen eine Potentialschwelle, die es auf Grund seiner zu geringen Energie nicht zu überschreiten vermöchte, unter gewissen Bedingungen, bildlich gesprochen, zu durchstoßen vermag. Ein Beispiel ist die *Feldemission,* der Austritt von Elektronen aus einer kalten Metalloberfläche unter der alleinigen Wirkung eines genügend starken äußeren elektrischen Feldes. Wie wir bereits wissen (§§ 183, 337), werden die Elektronen in einem Metall durch eine in der Metalloberfläche wirkende Kraft am Austritt gehindert. Man kann das bildlich durch eine *Potentialwand* beschreiben (Abb. 624 a), zu deren „Erklimmung" den Elektronen die nötige kinetische Energie fehlt, es sei denn, sie werde ihnen durch hohe Temperatur (Glühemission) oder durch ein Lichtquant (lichtelektrischer Effekt) zugeführt. Nur dann können sie auf das höhere Potential des Außenraums gelangen. Die gestrichelte Linie stellt das Potential dar, auf dem sich die Elektronen im Metall befinden. Man kann nun beweisen, daß an der Potentialwand eine Art von Totalreflexion

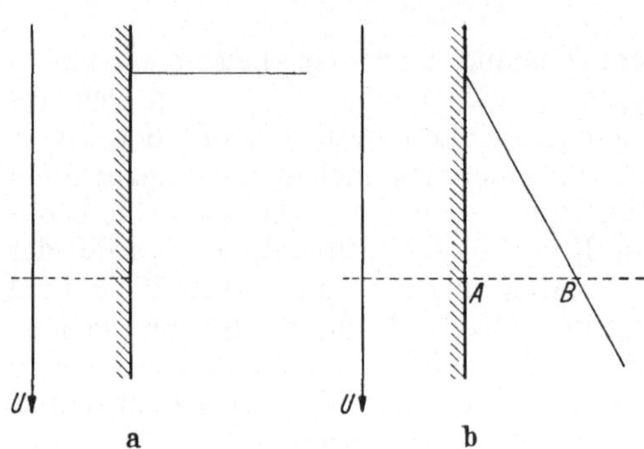

Abb. 624. Zur Feldemission. (Wegen der negativen Ladung der Elektronen ist die Spannung U zur anschaulichen Darstellung der Schwelle als nach unten wachsend angenommen)

der Wahrscheinlichkeitswellen stattfindet, die im Fall der Abb. 624 a nicht in den Außenraum dringen können, was bedeutet, daß dort nie Elektronen aus dem Metall angetroffen werden. Aber bei der Totalreflexion des Lichtes dringt stets ein wenig Licht bis in eine Tiefe von der Größenordnung der Wellenlänge des Lichtes, aber nicht weiter, in das zweite Medium ein (§ 272), und das Entsprechende gilt für die Wahrscheinlichkeitswellen. Wird aber an das Metall eine hohe negative Spannung gelegt, so daß im Außenraum ein sehr starkes elektrisches Feld herrscht, so erhält die Potentialverteilung den in der Abb. 624 b dargestellten

Verlauf. Ist die Breite AB des *Potentialwalles* in der Höhe des Potentials der Elektronen im Metall geringer als die Eindringtiefe dieser Wellen — also bei genügend starkem äußeren Feld —, so „sickern" sie dort allmählich hindurch und gelangen in den Außenraum, wo also die Wahrscheinlichkeitsdichte stetig zunimmt, während sie im Inneren abnimmt. Es besteht demnach für jedes Elektron im Metall eine mit der Zeit stetig wachsende Wahrscheinlichkeit, es bei einer Beobachtung außerhalb des Metalls anzutreffen. In einem groben Bilde verhält es sich so, als ob das Elektron den Potentialwall wie durch einen Tunnel durchschreite. Zutreffender ist die folgende Deutung. Energie und Zeit sind komplementäre Größen, für die die Unschärferelation (361.2) gilt. Hier handelt es sich um die zur „Erklimmung" des Potentialwalls erforderliche Energie E und die zum „Durchsickern" durch den Potentialwall nötige Zeit t. Ist der Wall sehr schmal, so ist die Zeit sehr klein, und er kann bereits das Produkt $\Delta E\, t \leqq h/2\pi$ sein und damit die Unschärfe ΔE der Energie beliebig groß, die Energie also völlig unbestimmt werden. Demnach wird auch das Energieprinzip nicht verletzt, wenn man bildlich sagt, daß das Elektron den Potentialwall „überschreitet". Ein weiteres Beispiel s. §378.

Zwölftes Kapitel

Physik der Atomkerne

363. Das Neutron und das Positron. Als *Elementarteilchen* kennen wir bisher das *Proton* und das *Elektron*. Bevor wir in die Physik der Atomkerne eintreten, müssen wir uns mit zwei weiteren Elementarteilchen bekannt machen.

Nachdem das Ehepaar JOLIOT-CURIE entdeckt hatte, daß einige leichte Elemente, unter anderen Bor und Beryllium, bei Beschießung mit α-Strahlen eine bis dahin unbekannte, sehr durchdringende Strahlung aussenden, bewies CHADWICK[1] 1932, daß es sich dabei um eine Strahlung aus elektrisch neutralen Teilchen handelt, deren Masse nur sehr wenig größer ist als die des Protons und die er *Neutronen* nannte. Die Masse des Neutrons beträgt $m_n = 1{,}674\,70 \cdot 10^{-24}$ g, die des Protons $m_p = 1{,}672\,39 \cdot 10^{-24}$ g. Über die Struktur des Protons und des Neutrons s. §389.

Proton und Neutron können sich *ineinander umwandeln*, so daß sie als verschiedene Zustände des gleichen Teilchens angesehen werden können. Man bezeichnet sie deshalb mit dem gemeinsamen Namen *Nukleon*, was darauf hinweist, daß sie die Bausteine der Atomkerne sind (nucleus = Kern). Bei der Verwandlung eines Protons in ein Neutron wird entweder ein Positron (s. unten) gebildet, oder es verschwindet ein Elektron, da die Ladung des Protons nicht ohne Kompensation verschwinden kann. Bei der Verwandlung eines Neutrons in ein Proton verhält es sich umgekehrt. Während das freie Proton stabil ist, ist das Neutron instabil, und ein *freies* Neutron verwandelt sich mit einer Halbwertzeit von 13 min in ein Proton und ein Elektron. Doch wird ein freies Neutron fast immer lange vorher von einem Atomkern eingefangen.

Im Jahre 1932 entdeckte ANDERSON[2] in der von der kosmischen Strahlung (§401) in der Erdatmosphäre ausgelösten Sekundärstrahlung ein positives Teilchen mit gleicher Masse wie das Elektron, ein *positives Elektron*, das den Namen *Positron* (oder *Antielektron*, §388) erhielt. Die Abb. 625a zeigt die Nebelkammeraufnahme, auf der ANDERSON das erste Positron entdeckte. Die magnetische

---

[1] JAMES CHADWICK, geb. 1891. Nobelpreis 1935.
[2] CHARLES DAVID ANDERSON, geb. 1905, Nobelpreis 1936.

Ablenkung erfolgt im Sinne eines positiven Teilchens. Nach dem Durchgang durch die in der Mitte sichtbare Bleiplatte ist seine Geschwindigkeit kleiner, also die Bahnkrümmung stärker geworden.

Die Existenz von Positronen war schon von DIRAC vorhergesagt worden. Nach DIRAC kann ein Positron immer nur zugleich mit einem Elektron auf Kosten der Energie eines schnellen Teilchens oder energiereichen Lichtquants entstehen *(Paarbildung)*. Denn dafür muß das Energieäquivalent ihrer Massen m_e aufgebracht werden (§ 331), das für das Elektron und das Positron je $m_e c_0^2 = 0{,}8185 \times 10^{-6}$ erg $= 0{,}511$ MeV beträgt, also insgesamt 1,022 MeV. Tatsächlich ist es möglich, mit Teilchen oder Quanten von mindestens dieser Energie Paarbildung zu bewirken. Die Abb. 625 b zeigt einen ganzen Schwarm solcher Paare in einer Nebelkammer, der durch einen Hoffmannschen Stoß in der kosmischen Strahlung ausgelöst ist (§ 401), im magnetischen Felde, das die Elektronen und die Positronen nach entgegengesetzten Richtungen ablenkt. Wenn aber ein Elektron

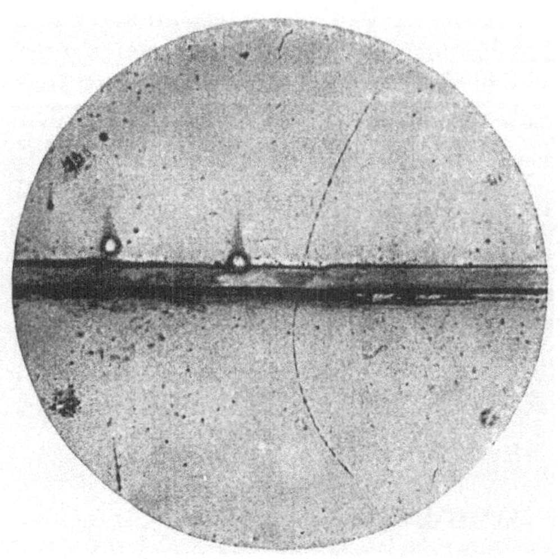

Abb. 625 a. Bahn eines Positrons. Nach ANDERSON

und ein Positron einander begegnen, so vereinigen sie sich wieder und verschwinden. Die Energieäquivalente ihrer Massen verwandeln sich in Gammaquanten *(Zerstrahlung, Vernichtungsstrahlung)*, meist deren zwei mit einer Energie von je

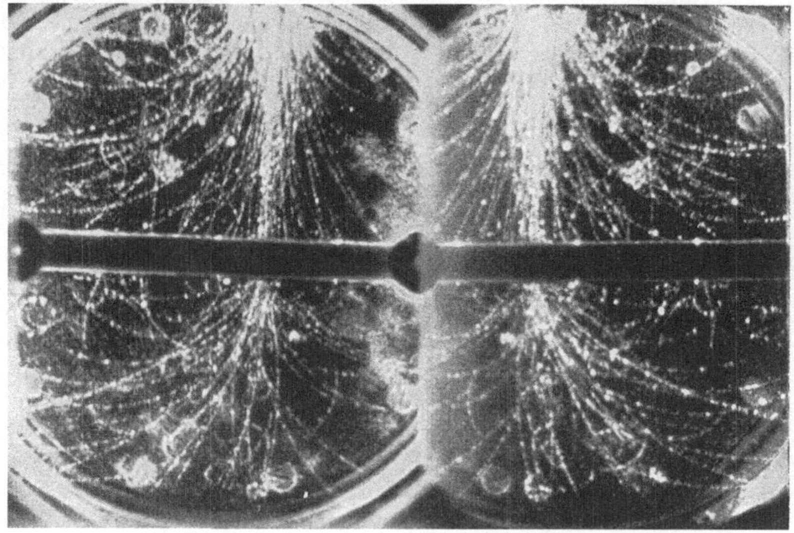

Abb. 625 b. Paarweise Erzeugung von Positronen und Elektronen durch die kosmische Strahlung

0,511 MeV, der eine Wellenlänge von der Größe der Compton-Wellenlänge des Elektrons entspricht (§ 339). Das ist von DU MOND interferrometrisch quantitativ bestätigt worden.

Wir wollen hier gleich erwähnen, das man — sehr viel später — mit Hilfe sehr energiereicher Teilchen, wie sie nur die mächtigsten heutigen Teilchenbeschleuniger liefern (§375), auch das *negative Proton (Antiproton, §363)* erzeugt hat, das ebenfalls nur gleichzeitig mit einem positiven Proton entsteht. Da deren Massen rund 2000mal größer sind als die des Elektrons, so erfordert das etwa die 2000fache Energie, also $2000\,\text{MeV} = 2\,\text{GeV}$. Auch positive und negative Protonen zerstrahlen miteinander. Da die nötigen Partner für das Positron und das negative Proton stets in beliebiger Menge sofort zur Verfügung stehen, so führen sie im allgemeinen nur ein äußerst kurzes Dasein. 1965 ist es auch gelungen, Protonen-Antiprotonen-Paare aus entsprechend energiereichen Lichtquanten zu erzeugen.

Damit und mit der Entdeckung einer großen Anzahl von neuen Elementarteilchen und ihrer *Antiteilchen* (§388) ist die *reale Existenz* solcher Teilchen bewiesen.

Für ganz kurze Zeit, etwa 10^{-7} s, können ein Elektron und ein Positron sich zu einem dem Wasserstoffatom ähnlichen Gebilde, *Positronium* genannt, vereinigen, ehe sie miteinander zerstrahlen. Es sendet ein dem Wasserstoffspektrum vollkommen analoges Spektrum aus, dessen Frequenzen aber nur halb so groß sind. Denn auch hier gilt (344.8), aber mit m_e statt der fast 2000mal so großen Protonenmasse m_p, so daß $1 + m_e/m_e = 2$ ist, hingegen beim Wasserstoff nur ganz wenig größer als 1.

364. Der Bau der Atomkerne. Kernsymbole. Im Jahre 1815 hat PROUT[1] auf Grund der Tatsache, daß die — recht wenigen — damals bekannten relativen Atommassen (Atomgewichte) nahezu ganzzahlige Vielfache der relativen Atommasse des Wasserstoffs waren, vermutet, daß alle Atome aus Wasserstoffatomen aufgebaut seien. Später erwies sich, daß die Voraussetzung bei der Mehrzahl der Elemente keineswegs zutrifft, und die *Proutsche Hypothese* galt als widerlegt. Indessen enthielt sie doch einen halbwahren Kern. Wir müssen hier etwas vorwegnehmen, was wir ausführlich erst in §365 behandeln werden. Wir wissen heute, daß die meisten Elemente nicht aus lauter ganz gleichen Atomen bestehen, sondern aus Atomen mit verschiedenen Massen, und diese Massen sind nun in der Tat fast genau ganzzahlige Vielfache einer Masse, die nur sehr wenig kleiner ist als die Masse des Wasserstoffatoms. (Daß sie kleiner ist, erklärt sich durch den Massendefekt, §367).

Es steht heute fest (HEISENBERG, TAMM[2], IWANENKO), daß *die Atomkerne aus Nukleonen, also aus Protonen und Neutronen aufgebaut* sind, deren Massen fast gleich groß sind (§363). Demnach ist ein Kern durch die Angabe seiner *Nukleonenzahl A* (früher Massenzahl genannt) und seiner *Protonenzahl Z* vollständig gekennzeichnet. Seine *Neutronenzahl* ist dann $N = A - Z$. Die Protonenzahl ist identisch mit der Anzahl der positiven Elementarladungen des Kerns, seiner Kernladungszahl oder Ordnungszahl[3] (§345). Die Zugehörigkeit eines Atoms zu einem bestimmten Element wird also einzig durch die Protonenzahl seines Kerns bestimmt. Die Neutronenzahl spielt dabei keine Rolle. Demnach können die Atome des gleichen Elements verschiedene diskrete Massen haben, je nach ihrem *Neutronenüberschuß $I = N - Z$.*

Eine durch *bestimmte* Werte von A und Z gekennzeichnete Atomart nennt man ein *Nuklid.* Es sei X das Symbol eines Elements. Dann ist ein ihm angehörendes Nuklid bezüglich der Zusammensetzung seiner Kerne aus Protonen und Neutronen

---

[1] WILLIAM PROUT, 1785—1850.
[2] IGOR EVGIENJEWITSCH TAMM, geb. 1899, Nobelpreis 1958.
[3] In der Kernphysik ist es zweckmäßig, statt dieser Namen die unmittelbar anschauliche Bezeichnung Protonenzahl zu verwenden.

vollständig durch das Symbol $^A_Z X$ gekennzeichnet. Man liest an ihm ab, daß sie aus A Nukleonen bestehen, von denen Z Protonen und demnach $A - Z = N$ Neutronen sind. Da die Protonenzahl identisch mit der Kernladungszahl (Ordnungszahl) des Nuklids ist, so ist die Art des Elements schon durch Z allein bestimmt.

Das einfachste Nuklid ist das Wasserstoffatom $^1_1 H$. Sehr häufig wird uns das Heliumnuklid $^4_2 He$ begegnen, dessen Kern aus 2 Protonen und 2 Neutronen besteht. An dem Symbol des Wismutnuklids $^{209}_{83} Bi$ liest man ab, daß sein Kern aus 209 Nukleonen besteht, von denen 83 Protonen und $209 - 83 = 126$ Neutronen sind. Manchmal bedient man sich auch der einfacheren Schreibweise $Bi(209)$ usw.

In Kernreaktionsformeln (§372) wird das Proton oft mit dem Symbol p bezeichnet, der Kern des $^4_2 He$ mit α. Das Elektron enthält keine Nukleonen und trägt eine negative Elementarladung und erhält das Symbol $_{-1}^{0} e$, das Positron entsprechend das Symbol $^0_1 e$, wofür aber oft auch β^- bzw. β^+ geschrieben wird. Das Neutron hat die Nukleonenzahl $A = 1$ und die Protonenzahl $Z = 0$ und erhält deshalb das Symbol $^1_0 n$.

Wegen der außerordentlichen Kleinheit der Massen der Atome benutzt man seit 1960 in der Kernphysik als *atomare Masseneinheit* $^1/_{12}$ der Masse des Kohlenstoffnuklids $^{12}_6 C$ (bis dahin $^1/_{16}$ der durchschnittlichen Masse der Atome des natürlichen Sauerstoffs, vgl. die analoge Definition der Einheit Mol, §64), Einheitenzeichen u. Es ist $1\,u = 1{,}66032 \cdot 10^{-24}$ g und gleich der Masse der Nuklide eines gedachten, aus lauter gleichen Atomen bestehenden Elements von der genauen molaren Masse 1 g mol^{-1} (§64)[1].

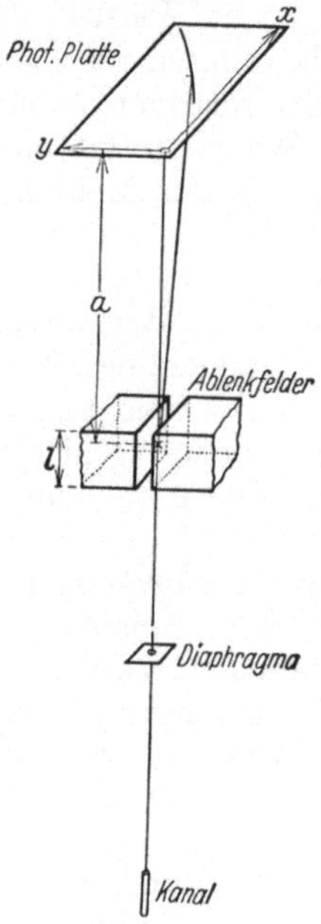

In der Kernphysik werden die Massen von Nukliden im allgemeinen mit M bezeichnet, die Masse des Protons mit m_p, die des Neutrons mit m_n, die des Elektrons und des Positrons mit m_e. Es ist

$$m_p = 1{,}007593\ u, \qquad m_n = 1{,}008982\ u, \qquad m_e = 5{,}48763 \cdot 10^{-4}\ u.$$

Bei den leichteren Kernen — etwa bis zur Protonenzahl 20 — ist die Neutronenzahl gleich der Protonenzahl oder nur ganz wenig größer, nur beim $^1_1 H$ und beim $^3_2 He$ um 1 kleiner. Bei den schwereren Kernen wächst die Neutronenzahl schneller als die Protonenzahl.

365. Isotopie. Die Tatsache der Existenz von Nukliden verschiedener Masse beim gleichen Element bezeichnet man als *Isotopie*, die verschiedenen Nuklide als *Isotope* des Elements. Die Isotopie wurde zuerst 1910 von SODDY[2] bei den natürlichen radioaktiven Elementen entdeckt (§371). Der Nachweis, daß es sie auch bei anderen Elementen gibt, ist zuerst J. J. THOMSON[3] (1910) beim Neon gelungen. Er benutzte dabei ein zuerst von W. WIEN entwickeltes Verfahren *(Parabelmethode)* in verfeinerter Form (Abb. 626). Ein feines Bündel von Kanalstrahlen (§188) aus positiven Ionen des zu untersuchenden Elementes tritt durch den Raum zwischen den Polschuhen eines starken Elektromagneten, welche zugleich isoliert die Platten eines geladenen Kondensators tragen. Sie unterliegen also der vereinten ab-

Abb. 626. Schema der Parabelmethode

---

[1] Zwischen der in der Physik zeitweilig verwendeten, über das Nuklid $^{16}_8 O$ definierten atomaren Masseneinheit ME und der Einheit u besteht nur ein äußerst kleiner Unterschied.

[2] FREDERIC SODDY, 1877—1956, Nobelpreis 1921.

[3] Lord JOSEPH JOHN THOMSON, 1857—1939, Nobelpreis 1906.

lenkenden Wirkung eines magnetischen und eines zu diesem parallelen elektrischen Feldes (§ 206). Ersteres lenkt sie in der Abb. 626 nach hinten, letzteres nach links ab, und zwar um so stärker, je kleiner ihre Masse und ihre Geschwindigkeit sind. Ionen gleicher Masse, Ladung und Geschwindigkeit werden nach dem Durchgang durch die Felder in einer bestimmten Entfernung wieder in einen Punkt vereinigt (fokussiert). In einem Kanalstrahl sind immer Ionen von recht verschiedener Geschwindigkeit enthalten. Auf einem in geeigneter Weise aufgestellten photographischen Platte erzeugen die abgelenkten Ionen gleicher Masse und Ladung, aber verschiedener Geschwindigkeit, eine Parabel, Ionen verschiedener Masse (oder gleicher Masse, aber verschiedener La-

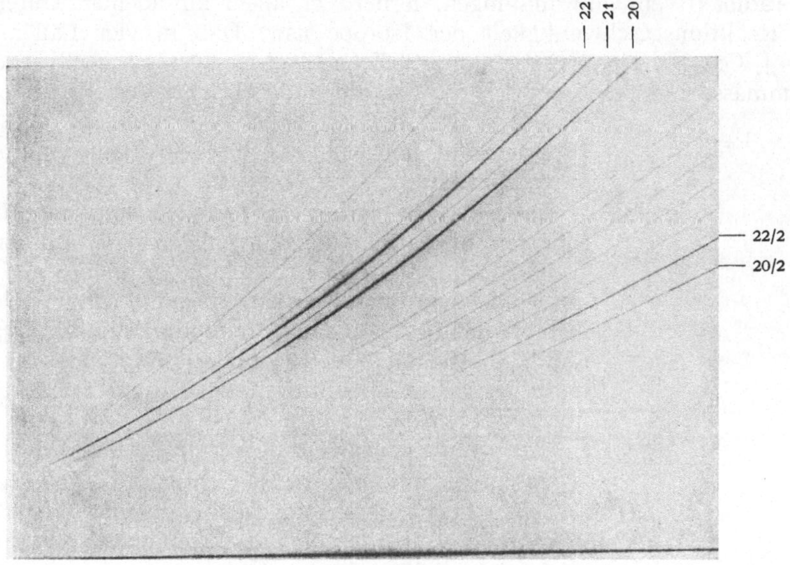

Abb. 627. Massenspektrum des Neons. Nach LUKANOW und SCHÜTZE

dung) getrennte Parabeln. Eine solche Aufnahme heißt ein *Massenspektrum*, alle dem gleichen Zweck dienenden ähnlichen Verfahren *Massenspektroskopie*. Sie sind zuerst von ASTON[1], dann unter anderem von DEMPSTER, MATTAUCH[2] und BAINBRIDGE auf das höchste verfeinert worden *(Massenspektrographen)* und erlauben heute außerordentlich genaue atomare Massenmessungen (vgl. die Abb. 630). Das Verdienst, die Isotopie als eine im ganzen Periodischen System verbreitete Erscheinung nachgewiesen zu haben, gebührt ASTON.

THOMSON gelang es, die Existenz der Neonisotope $^{20}_{10}$Ne und $^{22}_{10}$Ne nachzuweisen. Die mittlere relative Atommasse des natürlichen Neons beträgt 20,183. Daraus folgt, daß es jene beiden Isotopen im ungefähren Verhältnis $^{20}_{10}$Ne : $^{22}_{10}$Ne ≈ 9 : 1 enthält. Später wurde noch das sehr viel seltenere Isotop $^{21}_{10}$Ne entdeckt. Die Abb. 627 zeigt eine Aufnahme des Neon-Massenspektrums. Die mit 20, 21 und 22 bezeichneten Parabeln rühren von einfach geladenen Neonionen, die mit 20/2 und 22/2 bezeichneten von doppelt geladenen Ionen der beiden häufigen Isotopen her. Denn die Verdoppelung der Ladung erhöht die Ablenkung um genau so viel wie eine Halbierung der Masse, da es für die Ablenkbarkeit, außer auf die Geschwindigkeit, nur auf das Verhältnis von Ladung zu Masse ankommt (§ 206).

---

[1] FRANCIS WILLIAM ASTON, 1877—1944, Nobelpreis 1922.
[2] JOSEF MATTAUCH, geb. 1895.

40*

Die weiteren, schwachen Parabeln rühren von verschiedenen Kohlenwasserstoffen her.

Etwa die Hälfte der Elemente sind *keine Reinelemente, sondern Mischelemente*, die aus mehreren isotopen Nukliden bestehen. Das Mischungsverhältnis der Isotope eines Elements ist im allgemeinen sehr weitgehend unabhängig von dessen Herkunft. (Andernfalls wäre auch die Angabe einer relativen Atommasse bei Mischelementen sinnlos.) Doch zeigen die Elemente der Erdkruste, je nach ihrer Vorgeschichte und auch aus anderen Gründen, sehr kleine, nur in seltenen Einzelfällen größere Schwankungen ihrer isotopischen Zusammensetzung. Die bei den irdischen Elementen beobachteten Schwankungen beruhen unter anderem auf radioaktiven Umwandlungen, ferner vor allem auf kleinen Unterschieden der Reaktionsgeschwindigkeit der Isotope usw. Daß in vier Fällen (Ar—K, Fe—J, Co—Ni, Th—Pa) die am natürlichen Isotopengemisch gemessene relative Atommasse mit wachsender Protonenzahl sinkt, erklärt sich durch ein Überwiegen schwerer Isotope bei dem Element mit kleinerer Protonenzahl, der leichteren bei dem Element mit größerer Protonenzahl.

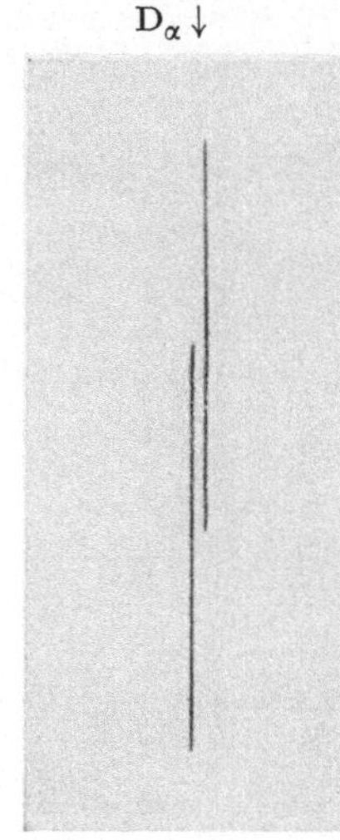

Abb. 628. H_α-Linie des gewöhnlichen und D_α-Linie des schweren Wasserstoffs. Nach HARMSEN, HERTZ und SCHÜTZE

Die Zahl der Isotope ist bei den einzelnen Elementen sehr verschieden und steigt im allgemeinen mit wachsender Protonenzahl. So hat z. B. das Zinn (50 Sn) 10 stabile Isotope mit Nukleonenzahlen zwischen 112 und 124 und noch mehrere instabile Isotope. Am häufigsten sind die Nuklide $^{116}_{50}$Sn, $^{118}_{50}$Sn und $^{120}_{50}$Sn, die daher auch die relative Atommasse 118,70 des natürlichen Zinns hauptsächlich bestimmen. Sämtliche 276 überhaupt möglichen stabilen Nuklide sind heute bekannt. Ferner kennt man etwa 2000 instabile (radioaktive) Nuklide.

Besonders interessant und wichtig ist die *Isotopie des Wasserstoffs* (UREY[1] 1932). Natürlicher Wasserstoff enthält außer dem weitaus überwiegenden gewöhnlichen Wasserstoff $^1_1$H noch etwa 0,02% Atome $^2_1$H, also von doppelter Masse, den *schweren Wasserstoff*, auch *Deuterium* genannt. Sein Kern besteht also aus 1 Proton und 1 Neutron. Zum Unterschied vom Proton, dem Kern des gewöhnlichen Wasserstoffs, wird er *Deuteron* genannt. In chemischen Formeln benutzt man für das Deuterium das Symbol D. Ein weiteres Isotop $^3_1$H (oder T) mit der dreifachen Masse, das *Tritium* (Kern *Triton*), dessen Kern aus 1 Proton und 2 Neutronen besteht, ist instabil und verwandelt sich in das seltene Heliumnuklid $^3_2$He. Ferner gibt es das äußerst instabile Nuklid $^4_1$H. Ein so extremer relativer Massenunterschied wie zwischen dem gewöhnlichen und dem schweren Wasserstoff besteht bei keinem anderen Element. Er bewirkt, daß die beiden Isotope — bei sonst gleichen allgemeinen chemischen Eigenschaften — doch meßbare Unterschiede in ihren Reaktionsgeschwindigkeiten usw. zeigen. Es gibt drei Arten von Wasserstoffmolekülen aus stabilen Atomen, nämlich H_2, D_2 und das Mischmolekül HD.

Auch sonst kann der schwere Wasserstoff den gewöhnlichen in allen chemischen Verbindungen ersetzen. So gibt es — abgesehen von der Isotopie beim Sauerstoff — drei Arten von Wassermolekülen, außer dem weitaus häufigsten, H_2O, auch noch D_2O und HDO. Das D_2O wird als *schweres Wasser* bezeichnet und in technischen Mengen hergestellt. Es unterscheidet sich wegen seiner höheren

---

[1] HAROLD CLAYTON UREY, geb. 1893, Nobelpreis 1934.

relativen Molekülmasse (20 statt 18) in seinen physikalischen Eigenschaften merklich vom gewöhnlichen Wasser. So liegt sein Schmelzpunkt bei $+3{,}82\,°C$, sein normaler Siedepunkt bei $101{,}42\,°C$, und es hat seine größte Dichte nicht bei $4\,°C$, sondern bei $11{,}6\,°C$.

Bei den leichtesten Elementen, soweit sie nicht überhaupt Reinelemente sind, also nur aus einem einzigen stabilen Nuklid bestehen, ist meist ein Isotop in überwiegender Häufigkeit vorhanden. Natürliches Helium enthält außer dem $^4_2\mathrm{He}$ noch $10^{-5}\%$ $^3_2\mathrm{He}$. Außerdem gibt es die instabilen Nuklide $^5_2\mathrm{He}$ und $^6_2\mathrm{He}$. Fluor, Natrium und Phosphor und viele andere sind Reinelemente. Sauerstoff enthält außer dem $^{16}_8\mathrm{O}$ noch $0{,}04\%$ $^{17}_8\mathrm{O}$ und $0{,}2\%$ $^{18}_8\mathrm{O}$.

Die Masse des Atomkerns hat nach (344.8) einen kleinen Einfluß auf die Frequenzen der von dem Atom ausgesandten Spektrallinien, der aber nur bei den kleinsten Kernmassen merklich ist. Daher treten *Isotopieeffekte* dieser Art nur bei den leichtesten Elementen auf. Die Abb. 628 zeigt dies an der ersten Linie der Balmer-Serie des Wasserstoffs. (Die Verschiebung in der Vertikalen hat nur experimentelle Gründe.) Entsprechende Effekte treten im Molekülspektrum des Wasserstoffs (meist sein Viellinienspektrum genannt) auf. Die Spektren des $\mathrm{H_2}$, des $\mathrm{D_2}$ und des Mischmoleküls HD zeigen deutliche Verschiedenheiten (Abb. 629).

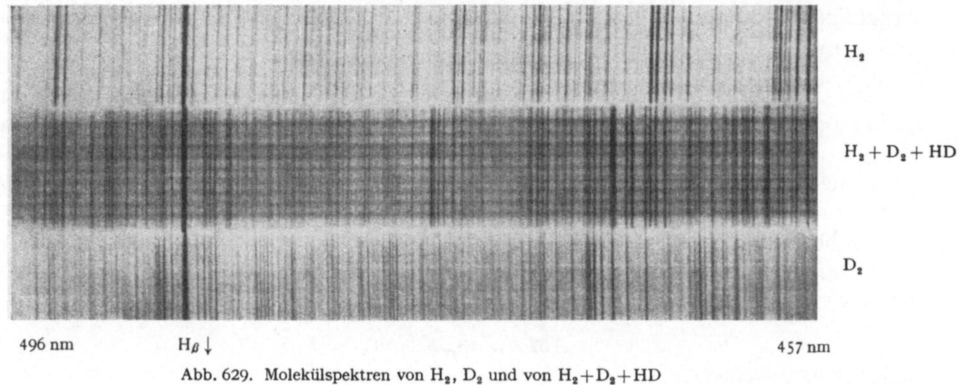

Abb. 629. Molekülspektren von $\mathrm{H_2}$, $\mathrm{D_2}$ und von $\mathrm{H_2+D_2+HD}$

Eine andere Art von Isotopieeffekten zeigen wiederum nur die schwereren Elemente. Sie beruhen darauf, daß die Kernvolumina und die elektrischen Felder in der Nähe der Kerne ihrer Isotopen ein wenig verschieden sind und sich daher auch ihre Energieniveaus ein klein wenig unterscheiden. Daher zeigen ihre Spektren eine *Hyperfeinstruktur*, d.h. es treten an Stelle einer einzigen Spektrallinie mehrere sehr nahe benachbarte Linien auf. Einen Isotopieeffekt zeigt auch die Abb. 615. Ihre Nebenmaxima rühren davon her, daß das Chlor ein Isotopengemisch aus $^{35}_{17}\mathrm{Cl}$ und $^{37}_{17}\mathrm{Cl}$ ist.

366. Isotopentrennung. Da die Trennung von Isotopen mit den *gewöhnlichen* Verfahren der Chemie nicht möglich ist, so verwendet man überwiegend physikalische Verfahren, welche ihre Massenverschiedenheit zu ihrer Trennung ausnutzen. Da die *Diffusionsgeschwindigkeit* von Molekülen von ihrer Masse abhängt, indem leichtere Moleküle wegen ihrer größeren Geschwindigkeit schneller diffundieren als schwerere, so hat man verschiedene Verfahren angewendet, die sich auf diesen Effekt gründen. G. HERTZ benutzte dazu die Diffusion durch poröse Wände. Dieses Verfahren dient unter anderem zur großtechnischen Trennung der Uranisotope U 235 und U 238 (als gasförmiges Uranhexafluorid). Ein anderes Verfahren beruht auf der *Thermodiffusion* (CLUSIUS[1] und DICKEL), nämlich darauf, daß in einem in seinen verschiedenen Bereichen verschieden temperierten, aus zwei isotopen Nukliden bestehenden Gase die leichteren Moleküle sich in den wärmeren, die schwereren Moleküle in den kälteren Bereichen anreichern. Das Isotopengemisch befindet sich in einem viele Meter langen, vertikalen Rohr, in dessen Achse ein elektrisch geheizter Draht ausgespannt ist. Dann reichert sich zunächst der achsennahe Bereich mit dem leichteren, der Wandbereich mit dem schwereren Nuklid an. Dazu tritt nun eine Wirkung der *Konvektion*, indem der leichtere, warme Anteil am Draht emporsteigt, der schwerere und kältere an der Wandung absinkt. So findet allmählich eine ziemlich weitgehende Trennung der Isotope statt, indem sich das leichtere oben, das schwerere unten mehr und mehr anreichert. Das Verfahren ist auch auf Flüssigkeiten angewendet worden. Eine *quantitative* Isotopentrennung kann mit dem Massenspektrographen ausgeführt werden (WALCHER[2]), indem man die wegen ihrer verschiedenen Massen verschieden stark abgelenkten Nuklide in getrennten Auffängern sammelt.

Ein anderes Verfahren (UREY) beruht darauf, daß die Lage des *chemischen Reaktionsgleichgewichts* bei Isotopen ein wenig verschieden ist. Schweres Wasser — aus dem dann auch schwerer Wasserstoff gewonnen werden kann — wird industriell *elektrolytisch* gewonnen (WASHBURN und UREY). Das Verfahren beruht darauf, daß bei der Elektrolyse einer wäßrigen Lösung der schwere Wasserstoff erheblich langsamer abgeschieden wird als der leichte, so daß sich das Wasser mehr und mehr mit jenem anreichert.

367. Massendefekte. Die Bindungsenergie der Kerne. Wenn ein Kern aus Z Protonen und N Neutronen besteht, so könnte man erwarten, daß die Masse des betreffenden Nuklids $M = Z m_p + N m_n$ betragen sollte. (Die Massen der Hüllenelektronen sind dem gegenüber zu vernachlässigen.) Indessen trifft das nicht zu, denn andernfalls müßten — da m_p und m_n fast 1,01 u betragen (§ 364) — schon bei ziemlich kleinen Nukleonenzahlen deutliche Abweichungen der in u gemessenen Nuklidmassen von der Ganzzahligkeit auftreten. In Wirklichkeit ist stets $M < Z m_p + N m_n$ und sehr annähernd ganzzahlig. Die Differenz

$$\Delta M = Z m_p + N m_n - M \qquad (367.1)$$

heißt *Massendefekt.*

Er zeigt sich bereits beim Heliumnuklid ^4_2He, dessen Kern aus 2 Protonen und 2 Neutronen besteht. Ihre Massensumme *im freien Zustand* beträgt in runder Zahl 4,03 u (§ 364), während die Masse des Nuklids $M = 4{,}003$ u beträgt. Sein Massendefekt beträgt also rund 0,03 u, also 0,0075 u je Nukleon, d. h. 0,75 %.

Die Deutung des Massendefektes liefert uns nun zugleich einen Schlüssel zum Verständnis der Bindungsenergien der Kerne und der Art der Kräfte, von denen diese Energien herrühren. Der Massendefekt beruht auf folgender Tatsache: Solange die Nukleonen noch frei, in großen Abständen voneinander, existieren, haben sie gegeneinander eine verhältnismäßig große potentielle Energie, die auf den zwischen ihnen wirkenden Kräften beruht. Die gleichen Kräfte sind es, die sie dann im Kern aneinander binden. In diesem gebundenen Zustand ist ihre gegenseitige potentielle Energie sehr viel kleiner. Sie haben also durch ihre Bindung im Kern an potentieller Energie verloren. Den gleichen Energiebetrag müßte man aufwenden, wenn man die Bindung im Kern — entgegen den bindenden Kräften — wieder lösen und die Nukleonen wieder auseinanderführen wollte. Man bezeichnet ihn deshalb als *Bindungsenergie.* Nun kennen wir bereits die Äquivalenz von Energie und Masse (§ 331); jeder Energiebetrag E ist einer Masse $m = E/c_0^2$

[1] KLAUS CLUSIUS, geb. 1903.   [2] WILHELM WALCHER, geb. 1910.

äquivalent. Dem Verlust an potentieller Energie der Kernbausteine entspricht also ein Verlust an Masse, und der Massendefekt ist ein mittelbares Maß für diesen Energieverlust, also für die Bindungsenergie. Sie beträgt $\Delta E = \Delta M\, c_0^2$.

Da in der Kernphysik Massen stets in der Einheit 1 u und Energien in MeV gemessen werden, wollen wir diese Beziehung in diese Einheiten umrechnen. Es ist in runden Zahlen 1 u $= 1{,}660 \cdot 10^{-24}$ g (§363), 1 MeV $= 1{,}602 \cdot 10^{-6}$ erg (§349), $c_0 = 3 \cdot 10^{10}$ cm s^{-1}. Damit ergibt sich die *Zahlenwertgleichung*

$$\Delta E = \Delta M \cdot 0{,}931 \cdot 10^3, \qquad \Delta E \text{ in MeV, } \Delta M \text{ in u.} \tag{367.2}$$

Ein Massendefekt von 10^{-3} u ist also nahezu einer Bindungsenergie von 1 MeV äquivalent.

Aus dem Massendefekt des Heliumnuklids $^4_2\mathrm{He}$ von 0,03 u ergibt sich eine Bindungsenergie $\Delta E \approx 28$ MeV, also rund 7 MeV je Nukleon. In Kalorien umgerechnet beträgt die Bindungsenergie des Nuklids $1{,}069 \cdot 10^{-12}$ cal. Sie wird bei der Bildung des Nuklids aus seinen freien Nukleonen frei. Die molare Bildungswärme des Heliums beträgt also $N_A\, \Delta E = 6{,}025 \cdot 10^{23} \cdot 1{,}069 \cdot 10^{-12}$ cal mol$^{-1} \approx 0{,}64 \cdot 10^{12}$ cal mol^{-1} (§64). Hingegen liegen die molaren chemischen Bildungswärmen von Molekülen nur in der Größenordnung 10^4 bis 10^5 cal mol^{-1}.

Die Massen insbesondere leichterer Nuklide bzw. Moleküle können heute mit sehr großer Genauigkeit, unmittelbar oder mittelbar im Anschluß an die des Nuklids $^{12}_6\mathrm{C}$ (definierte Masse 12 u, genau, §363) gemessen werden. Die Abb. 630 zeigt das Massenspektrum von 9 einfach geladenen Molekülionen von der gleichen Nukleonenzahl 20, deren Massen jedoch sämtlich etwas verschieden sind. Die doppelte Nukleonenzahl des $^{40}\mathrm{Ar}$ wird durch seine doppelte Ladung kompensiert.

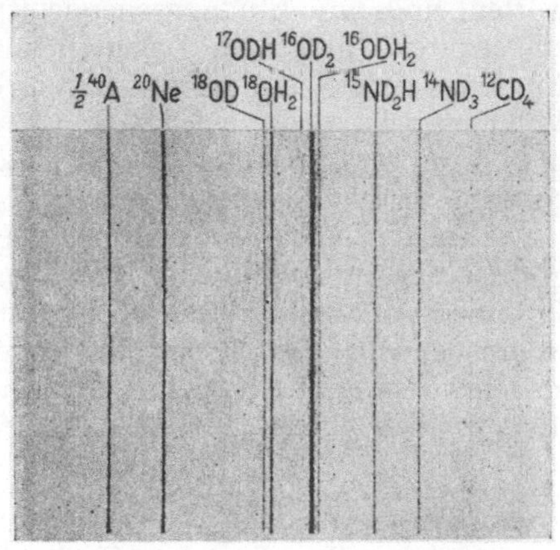

Abb. 630. Massenspektrum zur Nukleonenzahl 20. (Statt A lies Ar.) Nach BIERI, EVERLING und MATTAUCH

368. Kernkräfte. Kernmodelle. Die Bindungsenergie von 7 MeV je Nukleon beim Heliumnuklid ist besonders groß. Bei den folgenden Elementen ist sie etwas kleiner, nimmt aber bis etwa zur Mitte des Periodischen Systems allmählich wieder zu, um dann wieder etwas abzufallen. Indessen bleibt sie in der Größenordnung von etwa 5 MeV. Daraus folgt die wichtige Tatsache, daß *die einzelnen Nukleonen alle mit etwa der gleichen Energie in den Kernen gebunden sind*, weitgehend unabhängig von der Gesamtanzahl der Nukleonen.

Diese Erkenntnis liefert uns nun einen sehr wesentlichen Aufschluß bezüglich der Natur der *in den Kernen obwaltenden Kräfte*. Sie können nur von *sehr kurzer Reichweite* sein und im wesentlichen nur zwischen unmittelbar benachbarten Nukleonen wirken. Würden sie weiter reichen, würde jedes Nukleon etwa gar an sämtliche anderen Nukleonen gebunden sein, so müßte die Bindungsenergie mit der Nukleonenzahl wachsen, also für die schweren Kerne verhältnismäßig größer sein als für die leichten, was nicht zutrifft. Der experimentelle Befund läßt sich also nur durch Kräfte von äußerst geringer Reichweite (etwa 10^{-13} cm) deuten. Das bedeutet, daß sie mit einer sehr hohen Potenz des reziproken Abstandes abnehmen. Sie sind *Austauschkräfte* und hängen eng mit der Tatsache zusammen, daß Protonen und Neutronen nur verschiedene Erscheinungsformen des gleichen Dinges sind und sich ineinander verwandeln können, was man als den Austausch einer Elementarladung zwischen ihnen beschreiben kann. Einen solchen periodischen Austausch oder Zustandswechsel zwischen je zwei benachbarten Protonen und Neutronen in den Kernen muß man annehmen. Analoge Kräfte in den Atomhüllen liefern auch die Erklärung für die chemischen Bindungskräfte, soweit sie nicht elektrischer Natur sind. Wie bei diesen, gibt es auch bei den Nukleonen in den Kernen eine *Absättigung*, die dann verwirklicht ist, wenn ein Proton zwei Neutronen oder ein Neutron zwei Protonen bindet.

Bei dieser Art der Kräfte liegt nun aber eine enge Analogie eines Kerns mit einem Flüssigkeitströpfchen vor, in dem die Moleküle ebenfalls durch Kräfte geringer Reichweite (van der Waalssche Kräfte) wesentlich nur an ihre unmittelbaren Nachbarn gebunden sind. Das hierauf gegründete *Tröpfchenmodell* der Kerne (GAMOW[1]) hat sich als ein sehr gutes heuristisches Hilfsmittel erwiesen. Auch hat sich eine Analogie mit der bei den Tröpfchen wirksamen *Oberflächenspannung* ergeben. Ebenso wie die Oberflächenmoleküle eines Tröpfchens, so sind auch die Oberflächennukleonen eines Kerns nur einseitigen Kräften unterworfen, und ihre Bindungsenergie ist deshalb geringer als die der im Innern eingebauten Nukleonen. Das muß zu einer Verkleinerung der durchschnittlichen Bindungsenergie je Nukleon führen, die um so mehr ausmacht, je kleiner das Volumen relativ zur Oberfläche ist, aus je weniger Nukleonen also der Kern besteht. Dieser den Massendefekt verkleinernde Effekt muß also mit wachsender Nukleonenzahl abnehmen.

Es ist aber noch eine weitere Kraft im Spiel, nämlich die *Coulomb-Kraft*, die gegenseitige Abstoßung der Protonen im Kern. Diese muß mit der Zahl der Protonen wachsen, da es sich hier um eine Kraft $\sim 1/r^2$, also von großer Reichweite, handelt. Dieser den Massendefekt ebenfalls verkleinernde Effekt muß also mit wachsender Kernmasse zunehmen. Eine theoretische Überlegung ergibt, daß der Massendefekt $\Delta M/A$ je Nukleon durch die Gleichung

$$\frac{\Delta M}{A} = 6 U_0 - C_1 A^{-\frac{1}{3}} - C_2 A^{\frac{2}{3}} \tag{368.1}$$

gegeben sein sollte. Dabei ist U_0 eine Konstante, die der Energie proportional ist, mit der je zwei Nukleonen aneinander gebunden sind, C_1 und C_2 sind weitere Konstante, die den Einflüssen der Oberflächenspannung bzw. der Coulomb-Kraft Rechnung tragen. Man hat diese drei Konstanten auf Grund der Massendefekte dreier besonders genau untersuchter Nuklide bestimmt und gefunden, daß (368.1) mit diesen Konstanten auch sämtliche übrigen Massendefekte mit Ausnahme derjenigen einiger leichter Nuklide ganz ausgezeichnet darstellt. Durch Differenzieren der rechten Seite von (368.1) nach A und Nullsetzen erkennt man, daß $\Delta M/A$ bei $A = C_1/2 C_2$ ein Maximum haben sollte. Tatsächlich nimmt $\Delta M/A$ bis etwa zur Mitte des Periodischen Systems zu, um dann wieder abzunehmen. Die Kerne werden mit wachsender Nukleonenzahl zunächst — wenn auch mit Schwankungen — etwas stabiler, dann wieder weniger stabil.

Die Volumina der Kerne sind ungefähr proportional ihren Massen. Das hängt mit dem Sättigungscharakter der Kernkräfte zusammen und bedeutet, daß die Massendichte der Kerne ungefähr unabhängig von ihrer Nukleonenzahl und für alle Kerne ungefähr gleich groß ist. Der Radius der schwersten Kerne beträgt rund $6 \cdot 10^{-13}$ cm, ihr Volumen also rund 10^{-36} cm³. Die Masse eines Kerns von der Nukleonenzahl 200 beträgt rund $3{,}3 \cdot 10^{-22}$ g. Daraus ergibt sich die Dichte des Kerns zu rund $\varrho = 3{,}3 \cdot 10^{14}$ g cm⁻³. Könnte man die nötige Zahl von Kernen zu einem homogenen Stoff zusammenpacken, so würde 1 cm³ dieses Stoffes

---

[1] GEORG GAMOW, geb. 1904.

$330 \cdot 10^{12}$ g oder 330 Millionen Tonnen wiegen. Das entspricht ganz rund einem Eisenwürfel mit einer Kantenlänge von 300 m, der auf den Raum von 1 cm³ zusammengedrückt wäre.

Während das Tröpfchenmodell eine erste Näherung für die Verhältnisse in einem Kern ergibt, liefert das *Schalenmodell* (*Oszillatormodell*, GÖPPERT-MAYER[1], JENSEN[1], HAXEL[2], SUESS) schon genauere Auskünfte. Es behandelt die Nukleonen in den Kernen analog zu den Elektronen in der Atomhülle, indem auch die Kerne aus einzelnen Schalen aufgebaut gedacht werden. Dieses Modell liefert insbesondere auch eine Erklärung für die Tatsache, daß Kerne mit den Protonen- *oder* Neutronenzahlen 20, 28, 50, 82, 126 besonders stabil sind, weil sie, analog zu den Elektronenhüllen der Edelgase, abgeschlossene Nukleonenschalen haben und daher in der Natur besonders häufig vorkommen *(magische Zahlen)*.

Für die Beschreibung der Verhältnisse in den Kernen reicht die Quantenmechanik allein nicht aus. Es steht heute schon fest, daß hier eine neue, im sonstigen Naturgeschehen nicht beobachtbare universelle Konstante eine ähnlich beherrschende Rolle spielt wie die Konstante h in der Quantenmechanik. Sie ist eine Länge von der Größenordnung $l \approx 2 \cdot 10^{-13}$ cm und wird als *Elementarlänge* bezeichnet (MARCH[3], HEISENBERG). Ihr entspricht eine *Elementarzeit*; das ist die Zeit $\tau = l/c_0$, die das Licht zum Durchlaufen der Elementarlänge benötigt. Sie ist also von der Größenordnung von 10^{-23} s.

369. Die natürliche Radioaktivität. Im Jahre 1896 entdeckte H. BECQUEREL[4], daß Uranmineralien eine äußerst durchdringende Strahlung aussenden, welche die photographische Platte noch durch ziemlich dicke Schichten hindurch schwärzt. Anschließend gelang es dem Ehepaar CURIE[5] (1898), aus einer sehr großen Menge Uranerz (Joachimsthaler Pechblende) ganz geringe Mengen zweier neuer Elemente, des *Radiums* (Ra) und des *Poloniums* (Po), abzutrennen, in welchen diese Wirkung auf das Äußerste konzentriert war. Eine bewundernswerte Leistung! Denn in der Pechblende entfällt nur ein Radiumatom auf $3 \cdot 10^6$ Uran-

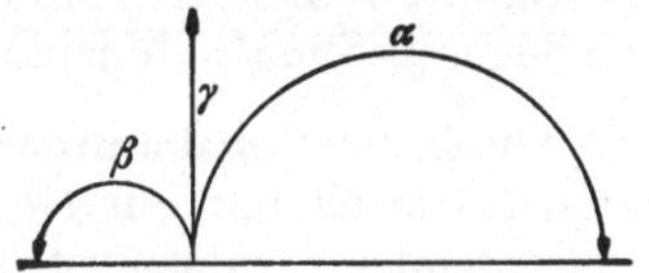

Abb. 631. α-, β- und γ-Strahlen im magnetischen Felde (schematisch). Das magnetische Feld weist nach vorn

atome. Heute kennt man mehr als 40 in der Natur vorkommende Atomarten, die diese Eigenschaft der *natürlichen Radioaktivität* besitzen.

Die Untersuchung der Ablenkbarkeit der von diesen Stoffen ausgehenden Strahlen im magnetischen Felde zeigt, daß sie von dreierlei Art sein können (Abb. 631).

1. α-*Strahlen.* Diese sind eine *Teilchenstrahlung* und bestehen aus sehr schnellen *Heliumkernen* ${}_2^4$He (α-*Teilchen*, RUTHERFORD und ROYDS[6], 1909), tragen also zwei positive Elementarladungen. Ihre Masse beträgt $6{,}643 \cdot 10^{-24}$ g. Ihre Geschwindigkeit liegt — je nach der Art des radioaktiven Nuklids — zwischen etwa $1{,}5 \cdot 10^9$ und $2{,}25 \cdot 10^9$ cm s⁻¹, also 5 bis 7,5 % der Lichtgeschwindigkeit. Dem entspricht eine kinetische Energie von etwa $0{,}75 \cdot 10^{-5}$ bis $1{,}7 \cdot 10^{-5}$ erg $= 4{,}6$ bis 10,4 MeV. Die allmähliche Bildung von Helium aus einem α-strahlenden Stoff kann spektroskopisch nachgewiesen werden (RAMSAY[7] und SODDY), ebenso auch

[1] HANS JENSEN, geb. 1907, MARIA GÖPPERT-MAYER, geb. 1906; gemeinsamer Nobelpreis 1963.
[2] OTTO HAXEL, geb. 1909. [3] ARTHUR MARCH, 1891—1957.
[4] HENRI BECQUEREL, 1852—1908, Nobelpreis 1903.
[5] PIERRE CURIE, 1859—1906, Nobelpreis 1903; MARIE SKLADOWSKAJA-CURIE, 1867—1934, Nobelpreise 1903 und 1911. [6] T. D. ROYDS, geb. 1884.
[7] Sir WILLIAM RAMSAY, 1852—1916, Nobelpreis 1904.

aus dem stets vorhandenen Heliumgehalt aller solche Stoffe enthaltenden Mineralien. Die Ladung der einzelnen α-Teilchen wurde zuerst aus der Ladungssumme einer sehr großen, gezählten Anzahl derselben elektrometrisch ermittelt. Zur Zählung dienten die von jedem einzelnen α-Teilchen auf einem Zinksulfidschirm oder Diamanten erzeugten Lichtblitze *(Szintillation)*, später besser das Zählrohr (§ 370).

2. *β-Strahlen.* Diese sind ebenfalls eine *Teilchenstrahlung* und bestehen aus sehr schnellen negativen *Elektronen*. Ihre Geschwindigkeiten streuen über einen Bereich von sehr kleinen Geschwindigkeiten bis zu mehr als 99% der Lichtgeschwindigkeit. Ihre kinetische Energie erreicht Werte bis zu 12 MeV $\approx 2 \cdot 10^{-5}$ erg.

3. *γ-Strahlen* (entdeckt von PAUL VILLARD 1900). Diese sind eine *sehr kurzwellige elektromagnetische Wellenstrahlung* bzw. *sehr energiereiche Lichtquanten (γ-Quanten)*. Die kleinste beobachtete Wellenlänge beträgt $4{,}66 \cdot 10^{-11}$ cm (Frequenz $0{,}643 \cdot 10^{21}$ Hz). Dem entspricht eine Energie $h\nu = 2{,}66$ MeV $= 4{,}26 \cdot 10^{-6}$ erg. Im allgemeinen sind aber die Wellenlängen — bis zum Hundertfachen — größer, die Energien entsprechend kleiner. Die Energie kann aus der Energie der von der γ-Strahlung lichtelektrisch ausgelösten Elektronen (§ 336) oder aus ihrer Absorption in Metallschichten ermittelt werden. DU MOND ist auch die unmittelbare Wellenlängenmessung durch Reflexion an einem Kristall gelungen. Bei derartig kleinen Wellenlängen treten aber diejenigen Erscheinungen, für deren Beschreibung das Wellenmodell zuständig ist, vollkommen in den Hintergrund. Für die γ-Strahlen ist fast durchweg das korpuskelartige Lichtquant (Photon) das angemessene Modell.

Von einzelnen Ausnahmen (Verzweigungen, § 371) abgesehen, sendet eine bestimmte radioaktive Atomart *entweder nur α-Strahlen oder nur β-Strahlen* aus, zu denen γ-*Strahlen* hinzukommen können (§ 380).

370. Ionisationskammer. Zählrohr. Nebelkammer. Das einfachste Gerät zum Nachweis und zur Messung der Stärke von α- und β-Strahlen und anderer ionisierender Strahlen ist *die Ionisationskammer* (Abb. 632a). Sie besteht z. B.

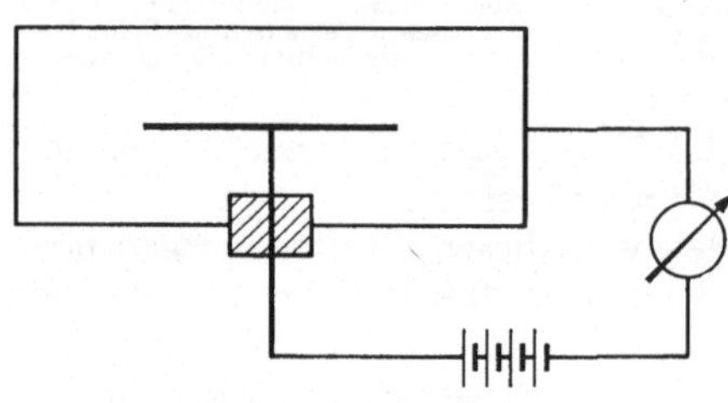

Abb. 632a. Ionisationskammer

aus einem Metallzylinder, in dem sich isoliert eine stabförmige Elektrode befindet. Die zu untersuchende Strahlung fällt z. B. durch eine dünne Metallfolie in das eine Zylinderende ein und ionisiert das im Zylinder befindliche Gas. Zwischen Zylinder und Innenelektrode liegt eine Spannung, die so hoch sein muß, daß alle gebildeten Ionen die Elektroden erreichen (Sättigung, § 182). Bei hinreichender Stärke kann der Strom mit einem Galvanometer gemessen werden. Andernfalls verwendet man ein Elektrometer und mißt die Geschwindigkeit, mit der es aufgeladen wird. (Vgl. WESTPHAL: Physikalisches Praktikum, 12. Aufl., 48. Aufgabe.)

Das *Zählrohr* von GEIGER und MÜLLER (*Geigerzähler*, Abb. 632b) dient zu *Zählung einzelner ionisierender Teilchen.* Es besteht aus einem Metallgehäuse oder innen metallisierten Glaszylinder, in dem, von ihm isoliert, ein dünner Draht ausgespannt ist. Dieser ist einerseits über einen Kondensator mit einem Verstärker und einem registrierenden Zählwerk verbunden, andererseits (zur Entladung des Kondensators nach jedem Spannungsstoß) über einen sehr großen Widerstand R geerdet. Am Gehäuse liegt eine Spannung von einigen 1000 V. Als Füllung dient unter anderem oft Argon von etwa 100 Torr mit Zusatz von Alkoholdampf oder einem anderen organischen Dampf. Jedes in das Rohr einfallende geladene Teilchen erzeugt im Gase eine Ionisation, die sich — je nach der anliegenden Spannung — durch Stoßionisation auf das 10^4- bis 10^8-fache vermehrt und zu einer stoßartigen Gasentladung zwischen Gehäuse und Draht führt. Dadurch wird der (alsbald über den Widerstand wieder entladene) Kondensator kurzfristig aufgeladen; der Verstärker nimmt einen Spannungsstoß auf, der das Zählwerk betätigt. Das Zählrohr registriert auch γ-Quanten infolge des von ihnen am Gehäuse ausgelösten lichtelektrischen Effektes. (Vgl. WESTPHAL: Physikalisches Praktikum, 12. Aufl., 49. Aufgabe.)

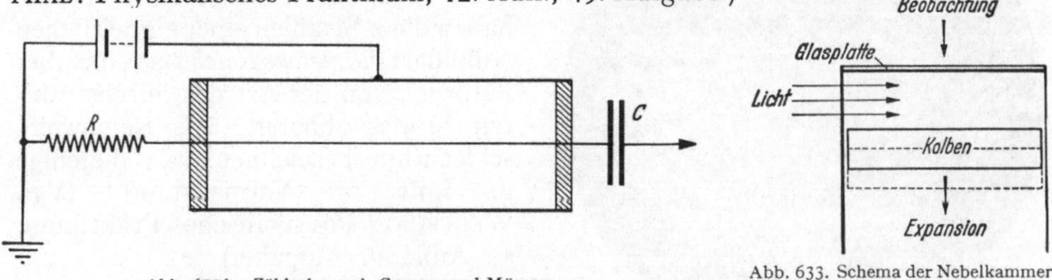

Abb. 632 b. Zählrohr nach GEIGER und MÜLLER   Abb. 633. Schema der Nebelkammer

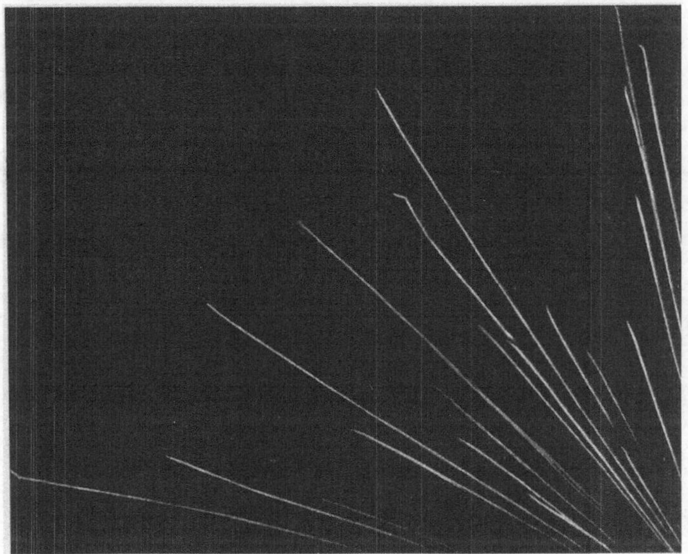

Abb. 634. α-Strahlen in der Nebelkammer

Während man mit dem Zählrohr einzelne Teilchen oder Quanten *zählen* kann, kann man mit der *Nebelkammer (Wilson-Kammer)* von C. T. R. WILSON[1] *die Bahnen einzelner geladener Teilchen unmittelbar sichtbar machen und photographieren.* Ihre Wirkung beruht auf der von schnellen geladenen Teilchen längs ihrer Bahn in einem mit Wasserdampf nahezu gesättigten Gase erzeugten Ionisation. Diese wirkt kondensationsfördernd auf den Wasserdampf, so daß die Bahn als feine Nebelspur sichtbar wird. Die Nebelkammer in ihrer ursprünglichen Form (Abb. 633) enthält feuchte Luft, die durch eine ruckartige Bewegung eines Kolbens adiabatisch expandiert wird, so daß sie sich abkühlt, aber nicht soweit, daß schon

---

[1] CHARLES THOMSON REES WILSON, geb. 1869, Nobelpreis 1927.

eine allgemeine Nebelbildung eintritt, sondern nur an den Ionen längs der Teilchenbahnen. Die kontinuierliche Nebelkammer, auf die wir hier nicht näher eingehen
können, arbeitet ohne eine solche Expansion und erlaubt eine ununterbrochene
Beobachtung. Die Abb. 634 und 635 zeigen Aufnahmen von α-Strahlen. Ihre

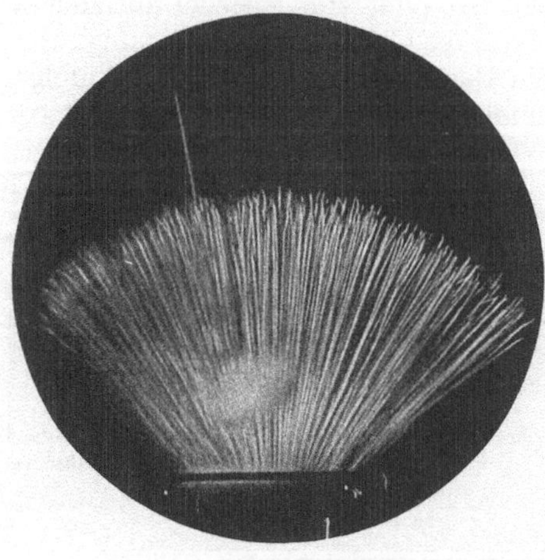

Bahnen sind bis dicht vor ihrem Ende
geradlinig und zeigen dort meist einen
kurzen Knick, der von einem Zusammenstoß mit einem Atomkern herrührt.
Von Ausnahmen abgesehen (§ 380)
haben die α-Strahlen einer einheitlichen
Nuklidart die *gleiche Reichweite*, die aber
natürlich von der Art des durchstrahlten Stoffes abhängt. Als Reichweite
schlechthin bezeichnet man diejenige
in Luft im Normzustand. (Vgl.
WESTPHAL: Physikalisches Praktikum,
12. Aufl., 49. Aufgabe.)

Die β-Strahlen unterliegen wegen
ihrer sehr viel kleineren Masse erheblich
stärkeren Einwirkungen seitens der
Atome des durchstrahlten Stoffes, vor
allem wenn sie langsam sind. Die

Abb. 635. α-Strahlen von $^{212}_{83}$ Bi (ThC)

Abb. 636 zeigt die Aufnahme eines sehr schnellen und zahlreicher sehr viel
langsamerer β-Strahlen. Die ionisierende Wirkung der α-Strahlen ist sehr viel

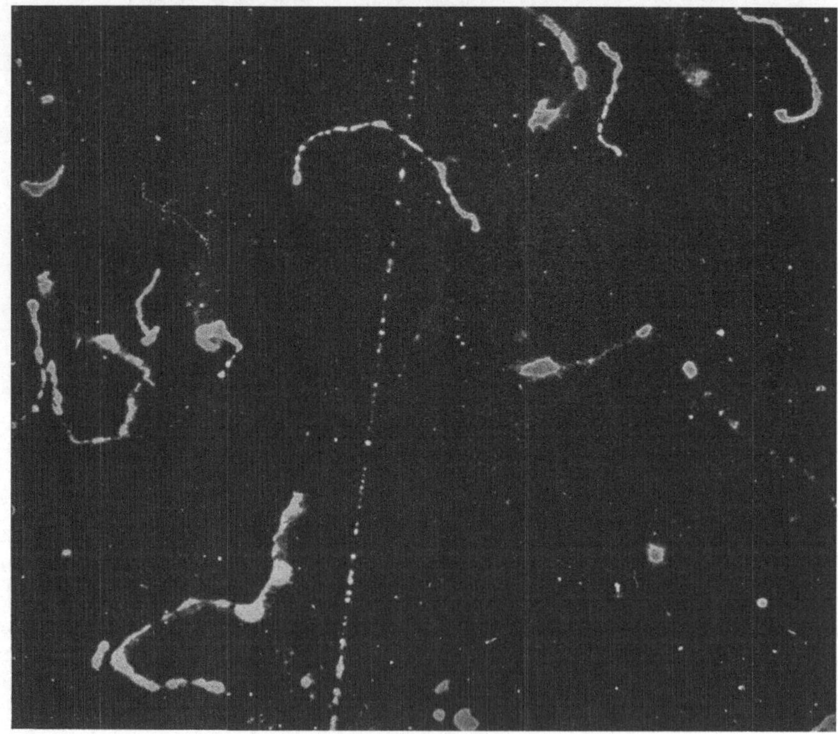

Abb. 636. Langsame und schnelle β-Strahlen in der Nebelkammer

größer als diejenige der β-Strahlen. γ-Strahlen und ungeladene Teilchen erzeugen keine Nebelspuren und können mit der Nebelkammer nur mittelbar nachgewiesen werden.

Die neueste Abwandlung der Nebelkammer ist die *Blasenkammer*, in der die Bahnen von Teilchen als Bläschenspuren in flüssigem Wasserstoff oder Helium sichtbar gemacht werden. Über Bahnspuren von Teilchen in Photoschichten s. §388.

371. Die Zerfallsreihen. Im Jahre 1903 erkannten RUTHERFORD und SODDY, daß die Radioaktivität auf einem *spontanen Zerfall* bzw. einer *spontanen Umbildung der Kerne* der radioaktiven Nuklide beruht (vermutungsweise schon von ELSTER und GEITEL ausgesprochen). Ihre Kerne sind mehr oder weniger *instabil* und neigen dazu, sich ohne jede äußere Einwirkung *spontan umzuwandeln.* Dabei wird entweder ein nackter Heliumkern (α-Teilchen) ausgeschleudert oder ein Elektron am Kern gebildet, das als β-Teilchen wegfliegt. Der Ablauf dieser Vorgänge kann durch keine äußere Einwirkung (mit Ausnahme künstlicher Kernumwandlungen, §376) beeinflußt werden.

Mit wenigen Ausnahmen zeigen nur Isotope der schwersten Elemente — bis hinab zur Protonenzahl 81 — die Eigenschaft der natürlichen Radioaktivität. Außer ihnen sind von den in der Natur vorkommenden Nukliden nur gewisse Isotope des Kaliums, Rubidiums, Rheniums und Lutetiums schwache β-Strahler; ein Samarium-Isotop ist ein α-Strahler. Von den letzteren abgesehen, gehören die natürlichen radioaktiven Nuklide drei verschiedenen *Zerfallsreihen* an, deren Glieder miteinander in genetischem Zusammenhang stehen, indem immer eines aus dem anderen durch schrittweise Umwandlung entsteht (Abb. 637a bis c, die ausgezogenen Folgen). An den Ordinaten sind die Nukleonenzahlen, an den

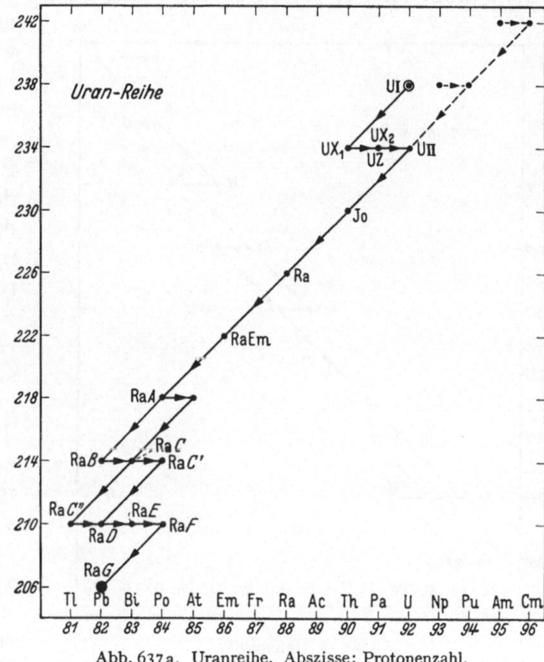

Abb. 637a. Uranreihe. Abszisse: Protonenzahl, Ordinate: Nukleonenzahl

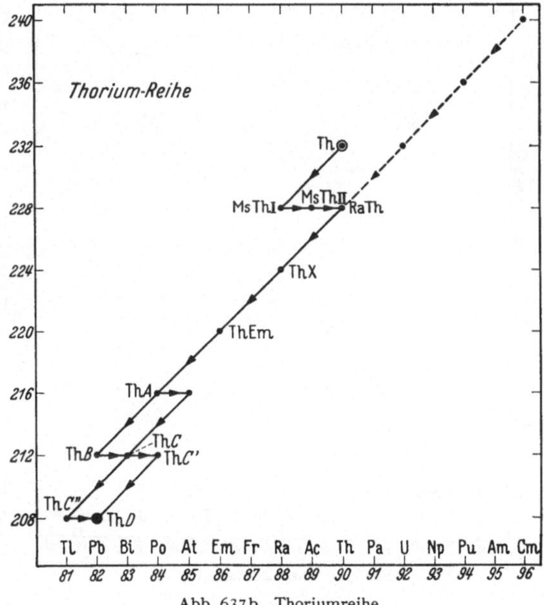

Abb. 637b. Thoriumreihe

Abszissen die Protonenzahlen und die entsprechenden Elementsymbole angegeben. Ferner sind bei den einzelnen Nukliden die Bezeichnungen angegeben, die man ihnen ursprünglich vor ihrer Zuordung zu bestimmten Elementen gegeben hatte

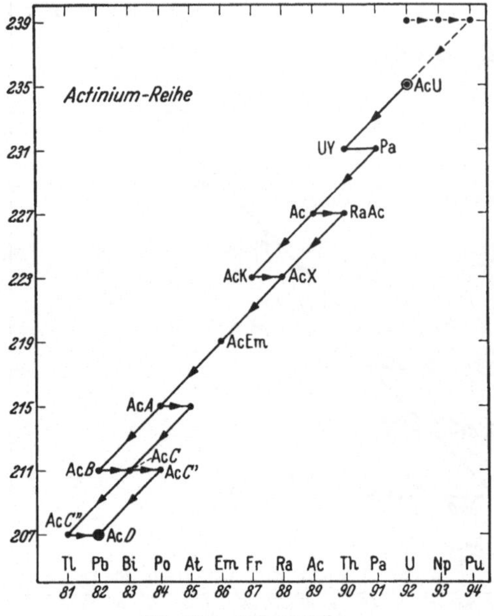

Abb. 637c. Actiniumreihe

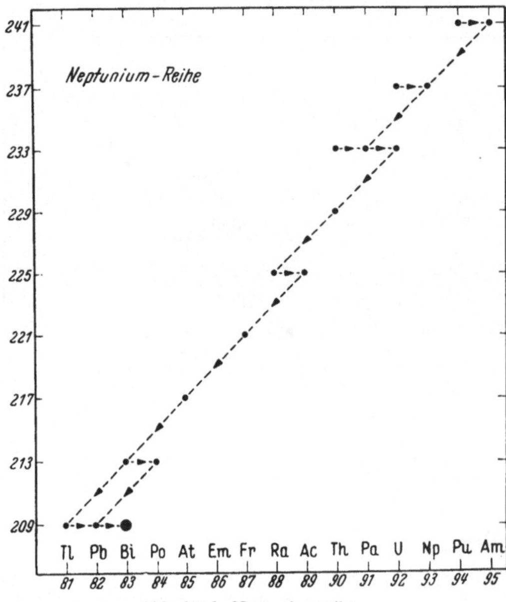

Abb. 637d. Neptuniumreihe

und die auch noch oft verwendet werden. Am Anfang jeder natürlichen Zerfallsreihe steht ihre sehr langlebige, d.h. sehr langsam zerfallende *Muttersubstanz*, an ihrem Ende ein *stabiles Endprodukt*, das dem Element Blei angehört, aber drei verschiedene Isotope desselben in den drei natürlichen Zerfallsreihen.

Die Muttersubstanz der *Uranreihe* (Abb. 637a) ist das $^{238}_{92}U$, das sich äußerst langsam (Halbwertzeit 4,51 · 10⁹ Jahre, §373) in das Thorium $^{234}_{90}Th$ verwandelt. Es folgen zwei β-Umwandlungen, die zum $^{234}_{92}U$ führen. (Wegen UX_2 und UZ vgl. §380). Weiter folgen vier α-Umwandlungen, dann zwei Verzweigungen *(dualer Zerfall)* und weitere Umwandlungsschritte, die schließlich zum stabilen Bleinuklid $^{206}_{82}Pb$ führen. Insgesamt entstehen dabei 8 α-Teilchen. Besonders wichtige Glieder der Reihe sind das *Radium* $^{226}_{88}Ra$, die *Emanation (Radon)* $^{222}_{86}Em$, ein Edelgas, und das *Polonium* $^{210}_{84}Po$. Auf die gestrichelt gezeichneten Umwandlungen kommen wir in §383 zurück.

Die Muttersubstanz der *Thoriumreihe* (Abb. 637b) ist das $^{232}_{90}Th$, die der *Actiniumreihe* (Abb. 637c) das Urannuklid $^{235}_{92}U$. Beide Reihen haben gewisse allgemeine Züge mit der Uranreihe gemeinsam. Auch enthält jede von ihnen eine *Emanation* (Edelgas), das *Thoron* $^{220}_{86}Em$ und das *Actinon* $^{219}_{86}Em$, und sie enden in stabilen Bleinukliden, $^{208}_{82}Pb$ bzw. $^{207}_{82}Pb$. Die in der Natur nicht vorkommende *Neptuniumreihe* (Abb. 637d) behandeln wir in §383.

An den Verzweigungsstellen ist der relative Anteil der α- und der β-Strahlung von Fall zu Fall sehr verschieden. Es sind deren noch einige weitere bekannt, bei denen aber einer der beiden Anteile äußerst schwach ist.

Die in den drei natürlichen Zerfallsreihen auftretenden Nukleonenzahlen A entsprechen den folgenden Zahlenfolgen:

Thoriumreihe: $\qquad A = 4z, \qquad 52 \leqq z \leqq 58,$

Uranreihe: $\qquad A = 4z + 2, \quad 51 \leqq z \leqq 59,$

Actiniumreihe: $\qquad A = 4z + 3, \quad 51 \leqq z \leqq 58.$

Die Nukleonenzahlen $A = 4z + 1$ treten in der künstlichen Neptuniumreihe auf.

Aus den Abb. 637a bis c erkennt man, daß es unter den radioaktiven Nukliden zahlreiche *Isotope* gibt (§ 365), also solche, die bei verschiedener Nukleonenzahl (Ordinate) dem gleichen Element (Abszisse) angehören. So kommen z. B. in den drei Zerfallsreihen nicht weniger als 7 Bleiisotope mit Nukleonenzahlen zwischen 206 und 214 vor. Andrerseits gibt es in jeder Zerfallsreihe 2 oder 3 *Isobare* (horizontale Pfeile), also Nuklide mit gleicher Nukleonenzahl, aber verschiedener Protonenzahl, die also verschiedenen Elementen angehören.

Die chemische Trennung und Untersuchung radioaktiver Stoffe, die fast sämtlich nur in durchaus unwägbaren Mengen vorliegen, ist eine überaus kunstvolle und schwierige Technik *(Radiochemie)*, um die sich vor allem O. HAHN[1] verdient gemacht hat. Natürlich reichert sich jeder anfänglich einheitliche radioaktive Stoff durch Nachbildung seiner Folgeprodukte stets mehr und mehr an diesen an. Ist die Muttersubstanz sehr langlebig, so wird schließlich eine Gleichgewichtskonzentration erreicht.

Die in der Erdrinde verteilten radioaktiven Stoffe liefern durch die bei ihrem Zerfall frei werdende Energie einen durchaus merkbaren Beitrag zum Wärmehaushalt der Erde. Etwa 20% davon liefert das radioaktive Kaliumnuklid. Unmittelbar nach der Erstarrung der Erdkruste war sein Beitrag noch rund 100mal größer als heute. Das ist wichtig für manche geologische Probleme.

372. Kernreaktionsformeln. Die Verschiebungssätze. Mit Hilfe der Nuklidsymbole können wir nicht nur die radioaktiven, sondern auch alle übrigen Kernumwandlungen (§ 374) durch Formeln — ähnlich den chemischen Reaktionsformeln — beschreiben. Das Radiumnuklid $^{226}_{88}\mathrm{Ra}$ verwandelt sich unter Aussendung eines Heliumkerns $^{4}_{2}\mathrm{He}$ (α-Teilchen) in das Emanationsnuklid $^{222}_{86}\mathrm{Em}$, also

$$^{226}_{88}\mathrm{Ra} \rightarrow {}^{222}_{86}\mathrm{Em} + {}^{4}_{2}\mathrm{He}.$$

Diese Formel beschreibt die Umwandlung nicht nur qualitativ, indem sie die Partner und die Richtung der „Reaktion" angibt, sondern auch quantitativ. Erstens bleibt die Nukleonenzahl (obere Indizes) und — aus Gründen der Erhaltung der Ladung — die Protonenzahl (untere Indizes) erhalten. Demnach ist $226 = 222 + 4$ und $88 = 86 + 2$. Man kann also die Art des bei einer solchen Umwandlung entstehenden Nuklids berechnen, wenn man die Nukleonen- und Protonenzahlen des Ausgangskerns und des ausgesandten Teilchens kennt.

Wir wollen auch eine β-Umwandlung betrachten, die Umwandlung von $^{214}_{82}\mathrm{Pb}$ (RaB) in $^{214}_{83}\mathrm{Bi}$ (RaC):

$$^{214}_{82}\mathrm{Pb} \rightarrow {}^{214}_{83}\mathrm{Bi} + {}^{0}_{-1}e.$$

Es ist $214 = 214 + 0$ und $82 = 83 - 1$. Eine einfachere Schreibweise der vorstehenden Formeln ist

$$^{226}_{88}\mathrm{Ra} \xrightarrow{\alpha} {}^{222}_{86}\mathrm{Em}, \qquad {}^{214}_{82}\mathrm{Pb} \xrightarrow{\beta^-} {}^{214}_{83}\mathrm{Bi}.$$

Dies sind Beispiele für die allgemeingültigen *radioaktiven Verschiebungssätze* (A. S. RUSSELL[2], K. FAJANS[3], FR. SODDY, 1911 bis 1913). Sie lauten:

---

[1] OTTO HAHN, 1879—1969, Nobelpreis 1944.
[2] ALEXANDER SMITH RUSSELL, geb. 1888.   [3] KASIMIR FAJANS, geb. 1887.

1. Bei einer α-Umwandlung verliert ein Nuklid mit dem entweichenden Heliumkern $^4_2$He 2 Protonen und 2 Neutronen. Seine Nukleonenzahl vermindert sich also von A auf $A-4$, seine Protonenzahl von Z auf $Z-2$, symbolisch: $^A_Z X \to ^{A-4}_{Z-2} Y + ^4_2$He. (Schräge Pfeile in den Abb. 637.) *Das Nuklid rückt im Periodischen System um 2 Stellen nach links.*

2. Bei einer β-Umwandlung bleibt die Nukleonenzahl erhalten, aber das Elektron führt eine negative Elementarladung weg, was mit der Verwandlung eines Neutrons im Kern in ein Proton verknüpft ist. Die Protonenzahl wächst also von Z auf $Z+1$, symbolisch: $^A_Z X \to _{Z+1}^A Y + _{-1}^0 e$. (Horizontale Pfeile in den Abb. 637.) *Das Nuklid rückt im Periodischen System um eine Stelle nach rechts.* Es entsteht ein isobares Nuklid, da die Nukleonenzahl sich nicht ändert.

3. Wir wollen noch hinzufügen, daß bei Aussendung eines Positrons (β^+-Umwandlung, §376) das Nuklid entsprechend unter Erhaltung der Nukleonenzahl um eine Stelle nach links wandert.

373. Die Zerfallsgeschwindigkeit radioaktiver Stoffe. Das Geiger-Nuttalsche Gesetz. Der radioaktive Zerfall erfolgt, wie schon gesagt, spontan, d.h. ohne jede äußere Ursache. Er ist *nicht determiniert* (§361), sondern gehorcht einem *statistischen Gesetz.* Dieses lautet: *Von einer einheitlichen radioaktiven Substanz verwandelt sich in gleichen Zeiten stets der gleiche Bruchteil der jeweils noch vorhandenen Atome in Atome des Folgeprodukts.* Sind zur Zeit t noch n unzerfallene Nuklide vorhanden, so ist die im nächsten Zeitelement dt zerfallende Anzahl dn der Anzahl n und der Zeitspanne dt proportional. Es gilt also die Gleichung (ELSTER und GEITEL, 1899)

$$dn = -n\,\lambda\,dt. \tag{373.1}$$

dn ist bei gegebenem n um so größer, je größer die *Zerfallskonstante* λ ist. Diese ist also ein unmittelbares Maß für die *Wahrscheinlichkeit* des Zerfalls eines einzelnen Nuklids in der Zeiteinheit (VON SCHWEIDLER[1], 1903). Je größer λ, um so größer ist für jedes noch unzerfallene Nuklid die Wahrscheinlichkeit, innerhalb einer bestimmten Zeit zu zerfallen, um so schneller wandelt sich die Substanz in ihr Folgeprodukt um. Die Lösung von (373.1) lautet:

$$n = n_0\,e^{-\lambda t} = n_0\,e^{-t/\tau}. \tag{373.2}$$

Dabei ist n_0 die Anzahl der zur Zeit $t=0$ vorhandenen unzerfallenen Nuklide. Die Zeit $\tau = 1/\lambda$ ist, wie man leicht nachweisen kann, die *mittlere Lebensdauer* der Nuklide der Substanz, d.h. der Mittelwert der Zeit, welche von einem gegebenem Zeitpunkt an verstreicht, bis ein Nuklid zerfällt. Sie ist gleich der Zeit, in der die Anzahl der noch unzerfallenen Nuklide auf den Bruchteil $1/e$ ihres Anfangswertes gesunken ist. Meist gibt man aber bei den einzelnen radioaktiven Nukliden ihre *Halbwertzeit* T an; das ist die Zeit, in der die Hälfte einer anfangs vorhandenen Menge der Substanz zerfällt. Wie leicht ersichtlich, besteht die Beziehung $T = \tau \ln 2 = 0{,}6931\,\tau$. Die Halbwertzeiten der radioaktiven Stoffe sind äußerst verschieden. Es ist bequem, sich zu merken, daß nach 10 Halbwertzeiten noch $(^1/_2)^{10} \approx ^1/_{1000}$ der Menge eines radioaktiven Stoffes unzerfallen vorhanden ist. Diejenigen der drei Muttersubstanzen sind am größten und liegen in der Größenordnung von 10^{10} Jahren. Dem ist es zu verdanken, daß sie überhaupt noch auf der Erde existieren. Die Halbwertzeit des Radiumisotops $^{226}_{88}$Ra beträgt 1590 Jahre. Die kleinste Halbwertzeit hat unter den natürlichen radioaktiven Nukliden das $^{212}_{84}$Po mit nur etwa $2 \cdot 10^{-7}$ s. (Vgl. WESTPHAL: Physikalisches Praktikum, 10. Aufl., 48. Aufgabe.)

---

[1] EGON RITTER VON SCHWEIDLER, 1873—1948.

Die Radioaktivität einheitlicher Stoffe wird in der Einheit *Curie* (Ci) gemessen, und diese wird durch diejenige Menge jedes solchen Stoffes verwirklicht, in der $3{,}700 \cdot 10^{10}$ Zerfallsakte je s stattfinden. Sie entspricht ziemlich genau der Radioaktivität von 1 g $^{226}_{88}$Ra.

Nach H. Geiger und J. H. Nuttal (1912) bestehen zwischen der *Zerfallskonstante* λ eines α-strahlenden Nuklids, der *Geschwindigkeit* v und der *Reichweite* R seiner α-Strahlen zwei wichtige Beziehungen. Die erste lautet:

$$\ln \lambda = A + B \ln v. \tag{373.3}$$

B ist innerhalb der gleichen Zerfallsreihe ungefähr konstant, und A hängt nur vom durchstrahlten Stoff ab. Die zweite Beziehung lautet:

$$R = const \cdot v^3. \tag{373.4}$$

Die Konstante hängt nur von der Art des durchstrahlten Stoffes ab. Aus (373.3) und (373.4) folgt weiter:

$$\ln \lambda = a + b \ln R. \tag{373.5}$$

Dabei ist b wiederum in der gleichen Zerfallsreihe angenähert konstant, und a hängt nur vom durchstrahlten Stoff ab. Die Deutung dieser Gesetze geben wir in §378. (373.3) und (373.5) besagen, daß die Geschwindigkeit — also auch die Energie — und die Reichweite der α-Strahlen eines Nuklids um so größer sind, je kurzlebiger es ist. (373.5) ermöglicht die Berechnung der Zerfallskonstante bzw. der Halbwertzeit aus der Reichweite auch bei solchen Nukliden, die so schnell zerfallen, daß eine unmittelbare Messung auf Grund von (373.2) unmöglich ist.

Gelegentlich sendet ein einheitlicher radioaktiver Stoff einen α-Strahl von übernormal großer Reichweite aus. (Ein Beispiel in der Abb. 635.) Die Erklärung geben wir in §380.

374. Künstliche Kernumwandlungen. Bei der natürlichen Radioaktivität handelt es sich um *spontane Kernumwandlungen* oder *Kernreaktionen*, die ohne äußeren Eingriff eintreten. Im Jahre 1919 gelang Rutherford der erste Nachweis einer *künstlichen Kernumwandlung*, bei der sich Stickstoffatome durch *Beschuß mit* α-*Strahlen* in Sauerstoffatome umwandeln. Dabei bleibt das α-Teilchen (Heliumkern $^4_2$He) im Stickstoffkern stecken, und es wird ein sehr schnelles Proton ($^1_1$H) frei. Die Abb. 638 zeigt eine Nebelkammeraufnahme eines solchen Vorganges. Die Bahn des einen α-Teilchens erscheint gegabelt in die Bahn des getroffenen und in schnelle Bewegung versetzten Atoms und die Bahn des ausgeschleuderten Protons. Die Summe der kinetischen Energien des Atoms und des Protons ist erheblich größer als die Energie des α-Teilchens. Es wird also aus dem Kern des getroffenen Atoms *Energie — Kernenergie*, weniger gut *Atomenergie* — frei. Natürlich ist ein solcher Treffer bei der winzigen Ausdehnung der Kerne nur ein höchst seltenes Ereignis und die Ausbeute nur unwägbar klein.

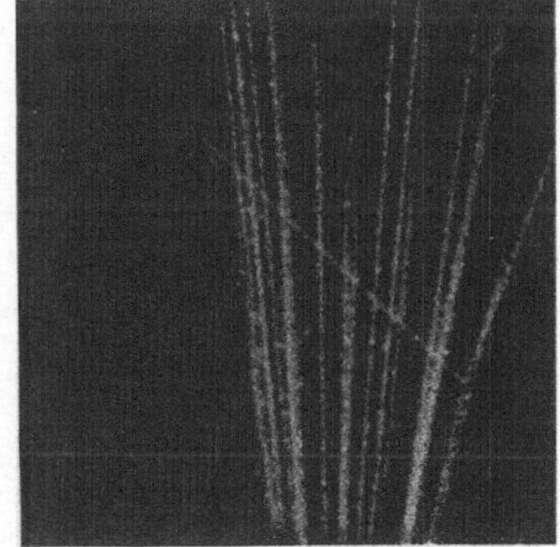

Abb. 638. Umwandlung von $^{14}_{7}$N in $^{17}_{8}$O

Daher kann man auch die Art des entstehenden Nuklids nur mit besonderen Methoden oder überhaupt nicht chemisch nachweisen. Aber man kann sie aus der Art der anderen Reaktionspartner mit Hilfe einer Reaktionsformel (§371) ermitteln. Wir wollen das zunächst unbekannte Produkt der obigen Kernreaktion mit $^A_Z X$ bezeichnen. Dann muß die Reaktionsformel

$$^{14}_7N + ^4_2He \rightarrow ^A_Z X + ^1_1H$$

gelten. Aus den Forderungen der Gleichheit der Nukleonenzahlsummen und der Protonenzahlsummen auf beiden Seiten ergibt sich

$$14 + 4 = A + 1, \quad \text{also} \quad A = 17, \quad \text{und} \quad 7 + 2 = Z + 1, \quad \text{also} \quad Z = 8.$$

Letzteres beweist, daß es sich um ein Sauerstoffnuklid handelt, und zwar, wie die Nukleonenzahl 17 zeigt, um das seltene Nuklid $^{17}_8O$. Die Reaktionsformel lautet also:

$$^{14}_7N + ^4_2He \rightarrow ^{17}_8O + ^1_1H.$$

Statt dessen schreibt man meist einfacher

$$^{14}_7N\,(\alpha, p)\,^{17}_8O.$$

Der Klammerausdruck besagt, daß ein α-Teilchen aufgenommen und dafür ein Proton (p) ausgeschleudert wird.

In der Folge ist es gelungen, künstliche Kernreaktionen auch mit anderen Teilchen, nämlich mit schnellen Protonen (p) (COCKCROFT[1] und WALTON[2]), mit Deuteronen (d), mit schnellen und langsamen Neutronen (n) (FERMI), mit γ-Quanten (γ), sowie mit $^{12}_6C$-Teilchen und anderen noch schwereren Teilchen, sowie mit sehr schnellen Elektronen hervorzurufen. Besonders wichtige Kernreaktionen sind die folgenden:

$$(\alpha, p), \ (\alpha, n), \ (\alpha, 2n), \ (\alpha, 3n); \quad (p, \alpha), \ (p, n), \ (p, \gamma); \quad (d, \alpha), \ (d, p), \ (d, n), \ (d, 2n);$$
$$(n, \alpha), \ (n, p), \ (n, \gamma), \ (n, 2n); \quad (\gamma, p), \ (\gamma, n).$$

Die Reaktionen (γ, n) und (γ, p), bei denen ein γ-Quant ein Neutron oder Proton aus dem Kern freimacht, heißen in Analogie zum lichtelektrischen Effekt *Kernphotoeffekt* (BOTHE[3] und BECKER 1930). Außer den genannten kommen zahlreiche weitere Reaktionen vor, bei denen zwei oder mehr Teilchen ausgeschleudert werden. Bei den Reaktionen (n, γ), (γ, n), $(n, 2n)$ und (d, p) bleibt die Protonenzahl unverändert; es entsteht ein Isotop des Ausgangsnuklids mit einer um 1 größeren bzw. kleineren Nukleonenzahl. Bei den Reaktionen (n, p), $(d, 2n)$ und (p, n) entstehen Isobare mit einer um 1 größeren oder kleineren Nukleonenzahl. Die Abb. 639 zeigt als Beispiel schematisch die oben genannten Kernreaktionen am Beispiel des Aluminiums, bei dem sie allerdings nicht sämtlich beobachtet sind. Häufig befindet sich der neue Kern zunächst in einem angeregten Zustand (§380) und gibt seinen Energieüberschuß als γ-Quant ab.

Aus der großen Fülle der beobachteten Reaktionen geben wir nur einige Beispiele.

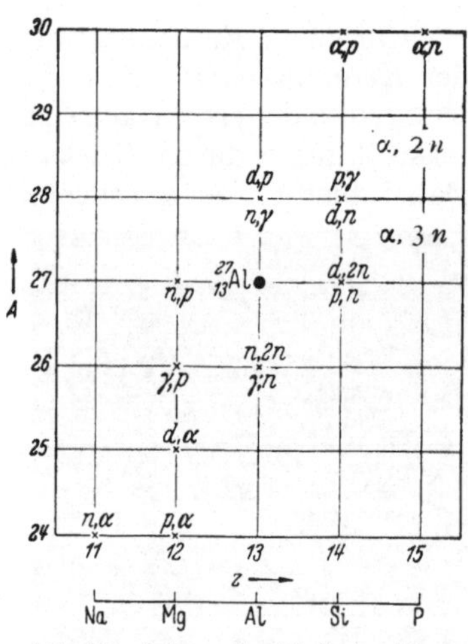

Abb. 639. Schema der häufigsten künstlichen Kernreaktionen am Beispiel des Aluminiums

$$^9_4Be\,(\alpha, n)\,^{12}_6C, \qquad ^{10}_5B\,(\alpha, n)\,^{13}_7C.$$

Diese Reaktionen führten zur Entdeckung des Neutrons.

$$^{37}_{17}Cl\,(p, \gamma)\,^{38}_{18}A.$$

---

[1] Sir JOHN DOUGLAS COCKCROFT, geb. 1897, Nobelpreis 1951.
[2] ERNEST THOMAS FINTON WALTON, geb. 1903, Nobelpreis 1951.
[3] WALTER BOTHE, 1891—1957, Nobelpreis 1954.

Das γ-Quant trägt zur Bilanz der Nukleonen- und Protonenzahlen nichts bei. Weitere Beispiele sind

$$^{27}_{13}\text{Al}(d, n)^{28}_{14}\text{Si}; \quad ^{32}_{16}\text{S}(n, \alpha)^{29}_{14}\text{Si}; \quad ^{31}_{15}\text{P}(\gamma, n)^{30}_{15}\text{P}; \quad ^{9}_{4}\text{Be}(n, 2n)^{8}_{4}\text{Be}.$$

In den beiden letzten Fällen entstehen Isotope des Ausgangsnuklids.

$$^{7}_{3}\text{Li}(p, \alpha)^{4}_{2}\text{He}.$$

Der Lithiumkern zerfällt nach Aufnahme des Protons in zwei Heliumkerne, die mit sehr großer Geschwindigkeit auseinanderfliegen.

$$^{2}_{1}\text{H}(d, n)^{3}_{2}\text{He}.$$

Bei Beschuß von schwerem Wasserstoff mit Deuteronen entsteht das seltene Heliumnuklid $^{3}_{2}\text{He}$ und ein Neutron mit einer kinetischen Energie von 2,4 MeV.

Bei Beschuß von Borkernen mit Stickstoffkernen wurden die folgenden vier Reaktionen beobachtet:

$$^{10}_{5}\text{B} + ^{14}_{7}\text{N} \rightarrow ^{18}_{9}\text{F} + ^{6}_{3}\text{Li} \quad \text{oder} \quad ^{15}_{8}\text{O} + ^{9}_{4}\text{Be} \quad \text{oder} \quad ^{13}_{7}\text{N} + ^{11}_{5}\text{B} \quad \text{oder} \quad ^{13}_{6}\text{C} + ^{11}_{6}\text{C}.$$

Sogar der Traum der Alchimisten, das Goldmachen, kann heute erfüllt werden, z. B. durch die Reaktion $^{198}_{80}\text{Hg}(n, p)^{198}_{79}\text{Au}$, durch die aus einem Quecksilbernuklid ein allerdings instabiles Goldnuklid entsteht, das sich in jenes zurückverwandelt.

Mit Hilfe von (n, γ)-Reaktionen werden in Kernreaktoren (§ 387) heute radioaktive Isotope zahlreicher Elemente künstlich hergestellt und der Forschung und Technik zur Verfügung gestellt. Zur Zeit (Mitte 1969) sind mehr als 2000 künstliche (dazu 66 natürliche) radioaktive Nuklide bekannt.

Sehr energiereiche Teilchen und γ-Quanten können auch erheblich weitergehende Umwandlungen hervorrufen *(Zertrümmerungssterne)*. Einige Beispiele zeigt die Abb. 640. Es kann sogar ein sehr weitgehender Abbau eines Kerns unter Ausschleuderung einer sehr großen Zahl von Nukleonen stattfinden *(Spallation)*. Einer der ergiebigsten beobachteten Prozesse ist $^{238}_{92}\text{U}(\alpha, 20p\,35n)^{187}_{74}\text{W}$. Durch extrem energiereiche Teilchen, wie sie in der kosmischen Strahlung auftreten und heute auch mit Teilchenbeschleunigern erzeugt werden können, kann ein Kern sogar zur *vollständigen Verdampfung* in Protonen, Neutronen, Deuteronen und Helium- und andere leichte Kerne gebracht werden (§ 401, Abb. 652). Ein Beispiel für eine Umwandlung durch äußerst energiereiche *Elektronen* ist die Reaktion $^{9}_{4}\text{Be}(e^{-}, e^{-}n)^{8}_{4}\text{Be}$. Einen weiteren, wichtigen Umwandlungsprozeß, die *Kernspaltung*, werden wir in § 384 behandeln.

Für den Zweig der Kernphysik, der sich speziell mit den künstlichen Kernumwandlungen befaßt, bürgert sich wegen gewisser Analogien zu den chemischen Umwandlungen der Moleküle der Name *Kernchemie* ein.

Kernraktionen werden mit besonders hoher Ausbeute durch Neutronen hervorgerufen, da sie — im Gegensatz zu den Protonen, Deuteronen und α-Teilchen — von den positiven Kernen nicht abgestoßen werden. In vielen Fällen sind langsame Neutronen wirksamer als schnelle oder sogar allein wirksam. Um die bei ihrer Entstehung aus Kernreaktionen durchweg ziemlich schnellen Neutronen zu verlangsamen, läßt man sie durch eine Schicht eines lose gebundene Wasserstoffatome enthaltenden Stoffes, z. B. Wasser oder Paraffin, treten. Sie nehmen dann sehr schnell eine der thermischen Energie der Moleküle des Stoffes gleiche, geringe Energie an *(thermische Neutronen)*. Wasserstoffatome sind für einen schnellen Energieaustausch besonders geeignet, weil sie fast die gleiche Masse haben wie die Neutronen. An wesentlich schwereren Atomen würden diese ohne wesentliche

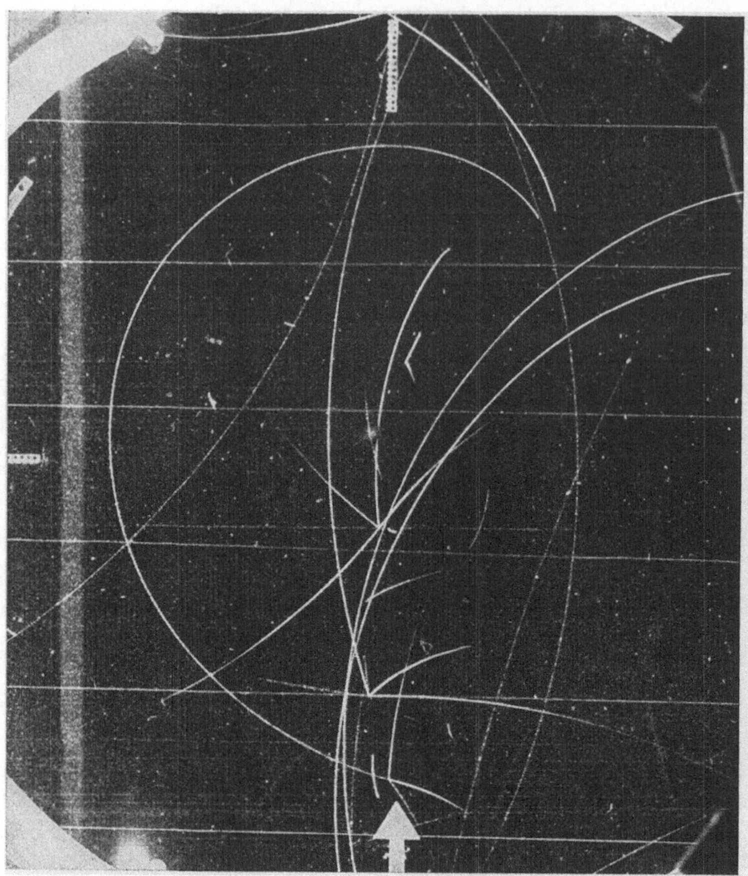

Abb. 640. Umwandlungen durch 90 MeV-Neutronen. Der untere Stern ist der Prozeß $^{12}_{6}C + ^{1}_{0}n \rightarrow 2\,^{4}_{2}He + 2\,^{1}_{1}H + 3\,^{1}_{0}n$, der mittlere $^{16}_{8}O + ^{1}_{0}n \rightarrow 4\,^{4}_{2}He + ^{1}_{0}n$, der obere $^{14}_{7}N + ^{1}_{0}n \rightarrow 3\,^{4}_{2}He + ^{1}_{1}H + 2\,^{1}_{0}n$

Geschwindigkeitseinbuße reflektiert werden, während sie bei einem Zusammenstoß mit einem Wasserstoffatom bei jedem Zusammenstoß durchschnittlich etwa die Hälfte ihrer Energie verlieren.

375. Teilchenbeschleuniger. Positive Teilchen bedürfen aber einer beträchtlichen Energie, bis zur Größenordnung einiger MeV, um gegen die Abstoßung durch die Kernladung in einen Kern einzudringen. Die α-Teilchen der radioaktiven Stoffe besitzen eine solche Energie, liefern aber bei der geringen Menge, in der solche Stoffe zur Verfügung stehen, nur sehr geringe Ausbeuten. Die übrigen geladenen Teilchen müssen durch eine hohe Spannung beschleunigt werden, um die nötige Energie zu erlangen. Auf diese Weise kann man durch Beschleunigung von Heliumionen (Helium-Kanalstrahlen) auch künstliche α-Strahlen erzeugen. Besonders wichtig ist die Beschleunigung von Protonen, Deuteronen und Elektronen. Spannungen bis zu etwa 1 Million Volt können noch mit besonderen Transformatoranlagen (Stoßgenerator, Greinacher-Schaltung) und mit dem Hochspannungsgenerator von VAN DE GRAAF (§ 144) erzeugt werden. Bei noch höheren Spannungen werden die Isolationsschwierigkeiten unüberwindlich (Funkenüberschlag).

Diese Schwierigkeiten werden durch das *Cyklotron* von LAWRENCE[1], vermieden. Seine Wirkungsweise wird aus Abb. 641 verständlich. Der Grundgedanke ist, daß man die zu beschleunigenden geladenen Teilchen, statt daß sie *einmal* eine sehr hohe Spannung durchlaufen, *sehr oft nacheinander durch eine sehr viel kleinere Spannung* gleichsinnig beschleunigt. Das Gefäß, in dem die Beschleunigung erfolgt, besteht aus zwei halbkreisförmigen Metallschachteln (Duanten) im Hochvakuum, die durch einen Schlitz getrennt und voneinander isoliert sind. Im Punkte Q treten die zu beschleunigenden Ionen ein. An den Duanten liegt eine hochfrequente Wechselspannung mit einem Scheitelwert von rund 10000 V, so daß im Schlitz ein elektrisches Wechselfeld herrscht. Senkrecht zur Zeichnungsebene herrscht ein magnetisches Feld.

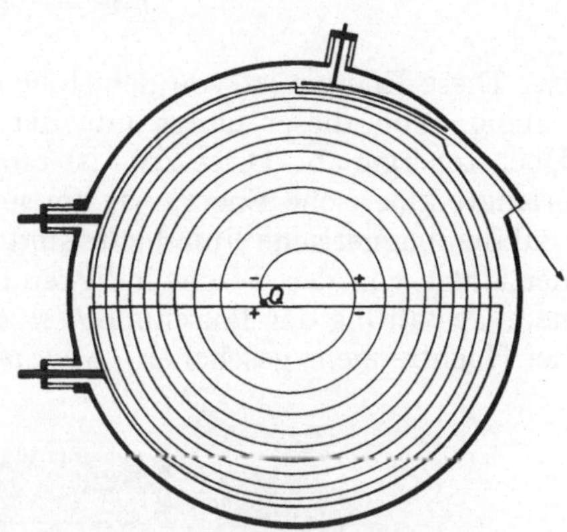

Abb. 641. Schema des Cyklotrons

Ein in Q eintretendes Ion erlangt durch das elektrische Feld eine gewisse Geschwindigkeit, die es in den feldfreien Raum innerhalb des einen Duanten treibt, und seine Bahn ist dort durch das magnetische Feld zu einer Kreisbahn gekrümmt, die es schließlich wieder in den Schlitz zurückführt. Der springende Punkt ist nun, daß die Winkelgeschwindigkeit (Kreisfrequenz) u eines geladenen Teilchens im magnetischen Felde nach (205.3) lediglich von seiner spezifischen Ladung e/m und der Flußdichte B abhängt,

$$u = \frac{e}{m}\,B. \tag{375.1}$$

Solange also die Geschwindigkeit nicht so groß ist, daß der relativistische Massenzuwachs merklich wird, ist u unabhängig von der Bahngeschwindigkeit und dem Bahnradius. Bemißt man nun bei gegebener Flußdichte die Frequenz der Wechselspannung so, daß das elektrische Feld im Schlitz bei der ersten Wiederkehr des Ions genau eine halbe Schwingung vollführt, also seine Richtung umgekehrt hat, wenn also die Winkelgeschwindigkeit u des Ions genau gleich der Kreisfrequenz $2\pi\nu$ der elektrischen Wechselspannung ist, so wird das Ion jetzt erneut beschleunigt, und das gleiche wiederholt sich dann bei jedem neuen Durchgang durch den Schlitz. Die einzuhaltende Beziehung zwischen der elektrischen Frequenz ν und der magnetischen Flußdichte B lautet also

$$\nu = \frac{1}{2\pi}\,\frac{e}{m}\,B. \tag{375.2}$$

Unter dieser Voraussetzung erreicht das Ion den Schlitz stets wieder genau in der richtigen Phase des elektrischen Wechselfeldes und erlangt jedesmal wieder den gleichen Zuwachs an Energie. Sein Bahnradius wird dabei jedesmal größer. Nach sehr zahlreichen Umläufen nähert es sich so mit ständig wachsender Geschwindigkeit mehr und mehr dem Rande der Duanten, wobei es eine aus Halbkreisen zusammengesetzte, einer Spirale ähnliche Bahn beschreibt. In der Nähe des Randes gelangt es schließlich in einen Ablenkkondensator, der es aus seiner Kreisbahn herauswirft und durch ein Fenster seiner weiteren Verwendung zuführt.

---

[1] ERNEST ORLANDO LAWRENCE, 1901—1958, Nobelpreis 1939.

Nach (375.1) berechnet man leicht, daß die kinetische Energie, die das Ion besitzt, wenn es auf einem Kreise vom Radius r umläuft, gleich

$$\frac{1}{2}\,m\,v^2 = \frac{1}{2}\,m\,r^2\,u^2 = \frac{1}{2}\,\frac{e^2}{m}\,r^2\,B^2 \tag{375.3}$$

ist. Diese Energie ist von der Höhe der beschleunigenden Spannung ganz unabhängig. Von dieser hängt nur die Zahl der Umläufe bis zur Erreichung der Höchstenergie ab. Diese Zahl ist um so größer, je kleiner die Spannung ist. Die erlangte kinetische Energie ist um so größer, je größer der Radius r der Duanten und die magnetische Flußdichte sind. Dabei muß die relativistische Abhängigkeit der Masse von der Geschwindigkeit berücksichtigt werden. Das kann durch geeignete Gestaltung der Polschuhe *(Isochron-Cyclotron)* und (oder) durch Modulation der Hochfrequenz geschehen *(Synchrocyclotron)*.

Abb. 642. Magnet des Karlsruher Isochron-Cyclotrons bei einer Magnetfeld-Stabilitätsprobe. AEG-Werkphoto

Die Abb. 642 zeigt das Isochron-Cyclotron im Kernforschungszentrum Karlsruhe-Leopoldshafen mit dem 300 t schweren Magneten und den Polschuhen und deren aus isolierten Kupferröhren bestehenden, wassergekühlten Wicklungen. Es beschleunigt Deuteronen bis zu einer Energie von 30 MeV (1 MeV = 10^6 eV).

Bei den *Linearbeschleunigern* durchlaufen die die Teilchen auf gerader Bahn abwechselnd elektrische Felder und feldfreie Strecken, derart, daß sie sich während der einen Halbperiode eines hochfrequenten Wechselfeldes in jenen, während der anderen in diesen bewegen, also in jenen stets gleichsinnig beschleunigt werden.

Nach einem ganz anderen Prinzip arbeitet das zur Beschleunigung von Elektronen dienende *Betatron (Elektronenschleuder,* STEENBECK[1], WIDERÖE, KERST). Das Betatron kann als ein Transformator beschrieben werden, dessen Sekundärwicklung durch ein ringförmiges, hochevakuiertes Rohr ersetzt ist, in welchem Elektronen während einer Viertelperiode des induzierten ringförmigen elektrischen Feldes in sehr vielen Umläufen außerordentlich hoch beschleunigt werden. Mit so schnellen Elektronen kann man *äußerst kurzwellige Röntgenstrahlen,* also *künstliche γ-Strahlen,* erzeugen und Kernumwandlungen bewirken. Das Betatron kann auch die bisherigen, sehr viel komplizierteren Röntgenapparate ersetzen. Das *Synchroton* ist eine Kombination von Betatron und Cyclotron.

---

[1] MAX STEENBEK, geb. 1904.

Die bisher besprochenen Teilchenbeschleuniger dienen vor allem zur Erzeugung und zum Studium von Kernumwandlungen. Für die Erzeugung und Erforschung der Elementarteilchen (§ 388), die Untersuchung der Struktur der Nukleonen (§ 389) und anderes mehr sind aber weit höhere Energien nötig. In die heutigen Hochenergie-Beschleuniger werden die Teilchen mittels eines Beschleunigers der obigen Art bereits mit nahezu Lichtgeschwindigkeit c_0 eingeschossen. Dann kann ihre Geschwindigkeit durch elektrische Felder kaum noch vergrößert werden (§ 331). Dennoch erfahren sie einen Energiezuwachs ΔE in Gestalt eines Zuwachses Δm ihrer Masse gemäß (331.2), $\Delta E = \Delta m c_0^2$. Die eingeschossenen Teilchen durchlaufen unter der Wirkung auf einem Kreis angeordneter ablenkender magnetischer Felder mit fast konstanter Geschwindigkeit eine Kreisbahn und erfahren Energiezuwächse in elektrischen Feldern, die mit den magnetischen Feldern abwechseln. Auf die verwickelten Einzelheiten können wir hier nicht eingehen.

Als ein Beispiel erwähnen wir das Synchrotron des Europäischen Kernforschungszentrums (CERN) in Genf, das Protonen auf einer Kreisbahn von etwa 100 m Radius auf eine Energie von 30 GeV ($1 \text{ GeV} = 10^9 \text{ eV}$) bringt. Sie durchlaufen mit einer Geschwindigkeit von $0{,}995\ c_0$ in 1,2 s eine Strecke von 327000 km (also fast die Entfernung Erde—Mond) und treffen trotzdem ihr Ziel auf etwa 0,1 mm genau.

Ein Hochenergie-Beschleuniger für Elektronen ist das Deutsche Elektronensynchrotron (DESY) in Hamburg mit einem Radius von etwa 50 m, das Elektronenenergien von 6 GeV liefert.

Noch weit stärkere Beschleuniger — bis zu Energien von 1000 GeV und darüber — sind vor allem in den USA und der UdSSR teils in Betrieb, teils geplant.

376. Künstliche Radioaktivität. Im Jahre 1934 entdeckte das Ehepaar Joliot[1], daß bei künstlichen Kernumwandlungen sehr oft instabile, also radioaktive Nuklide entstehen, die entweder Elektronenstrahler (β^-) oder Positronenstrahler (β^+) sind. Auch für sie gilt das Zerfallsgesetz (§ 373), und jedes solche Nuklid hat eine charakteristische Halbwertzeit, die zwischen Bruchteilen einer Sekunde und vielen Jahren liegen kann. Nach § 372 verwandelt es sich in ein isobares Nuklid, dessen Protonenzahl bei β^--Strahlung um 1 größer, bei β^+-Strahlung um 1 kleiner ist als die des Ausgangsnuklids.

So liefert die auch in Abb. 639 auftretende Reaktion $^{27}_{13}\text{Al}(\alpha, n)^{30}_{15}\text{P}$ ein radioaktives Phosphornuklid, das sich alsdann mit einer Halbwertzeit von etwa 3 min nach dem Schema $^{30}_{15}\text{P} \rightarrow {}^{30}_{14}\text{Si} + {}^{0}_{1}e$ ($^{30}_{15}\text{P} \xrightarrow{\beta^+} {}^{30}_{14}\text{Si}$) unter Aussendung eines Positrons in ein isobares, stabiles Siliziumnuklid verwandelt. Ein anderes Beispiel ist die ebenfalls in Abb. 639 auftretende Reaktion $^{27}_{13}\text{Al}(n, \alpha)^{24}_{11}\text{Na}$. Das hierbei gebildete radioaktive Natriumnuklid verwandelt sich unter Aussendung eines Elektrons mit einer Halbwertzeit von etwa 15 Stunden nach dem Schema $^{24}_{11}\text{Na} \rightarrow {}^{24}_{12}\text{Mg} + {}_{-1}^{0}e$ ($^{24}_{11}\text{Na} \xrightarrow{\beta^-} {}^{24}_{12}\text{Mg}$) in ein isobares, stabiles Magnesiumnuklid. Neben der vorstehenden Reaktion kann durch ein Neutron aber auch die Reaktion $^{27}_{13}\text{Al}(n, p)^{27}_{12}\text{Mg}$ ausgelöst werden. Das entstehende, instabile Magnesiumnuklid verwandelt sich unter Aussendung eines Elektrons mit einer Halbwertzeit von etwa 10 min nach dem Schema $^{27}_{12}\text{Mg} \xrightarrow{\beta^-} {}^{27}_{13}\text{Al}$ wieder in das Ausgangsnuklid $^{27}_{13}\text{Al}$ zurück. Dies sind nur wenige Beispiele für sehr viele andere, die an sämtlichen Nukliden beobachtet worden sind und deren Zahl noch ständig wächst.

---

[1] Frédéric Joliot, 1900—1958, und Irène Joliot-Curie, 1897—1956, Nobelpreis 1935.

Bei denjenigen Nukliden, welche Positronenstrahler sind, werden stets auch zwei γ-Quanten mit einer Energie von je 0,511 MeV beobachtet. Diese ist das Energieäquivalent der Positronen- bzw. Elektronenmasse und eine Folge der als-bald erfolgenden Zerstrahlung des Positrons mit einem Elektron (§363).

Es gilt die Regel, daß ein künstliches radioaktives Nuklid, das schwerer ist als der Durchschnitt der stabilen Isotope des betreffenden Elements, sich unter Aussendung eines Elektrons umwandelt, eines, das leichter ist als dieser Durchschnitt, unter Aussendung eines Positrons (Abb. 643). Beispiele sind die Umwandlungen zweier radioaktiver Stickstoffisotope, $^{16}_{7}\mathrm{N} \xrightarrow{\beta^-} {}^{16}_{8}\mathrm{O}$ und $^{17}_{3}\mathrm{N} \xrightarrow{\beta^+} {}^{13}_{6}\mathrm{C}$. Man erkennt aus Abb. 643, daß auf Grund der vorstehenden Regel der Zerfall stets derart erfolgt, daß ein stabiles Isotop des rechten oder linken Nachbarelementes entsteht, es sei denn, daß (bei den Spalt-

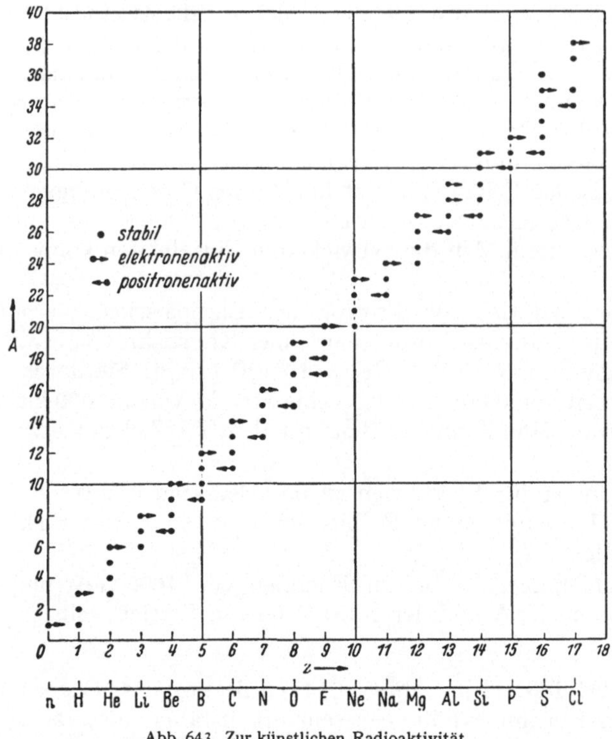

Abb. 643. Zur künstlichen Radioaktivität

produkten einer Kernspaltung, §384) die Verwandlung in ein stabiles Nuklid erst in mehreren Schritten erfolgt.

Außer der Umwandlung eines instabilen Nuklids in ein stabiles durch Aussendung eines Elektrons oder eines Positrons gibt es noch eine dritte Möglichkeit einer solchen Umwandlung. Es kann nämlich vorkommen, daß ein Atomkern ein Elektron seiner eigenen *K*-Schale verschluckt *(Einfangprozeß, K-Einfang)*, wobei sich ein Proton im Kern in ein Neutron verwandelt. Daher sinkt die Protonenzahl um eine Einheit, und das Ergebnis einer solchen Umwandlung ist das gleiche wie bei Aussendung eines Positrons. Die Zahl der Hüllenelektronen vermindert sich durch den Prozeß von selbst um ein Elektron, wie das der um eine Einheit kleiner gewordenen Kernladung entspricht. Nur ist eine Neuordnung der Elektronen erforderlich, da ja zunächst die *K*-Schale ein Elektron zu wenig, eine der äußeren Schalen aber eines zu viel hat. Dieses fällt daher in die *K*-Schale. Dabei wird aber die *K*-Serie des neuen Nuklids angeregt (§350). Dies ist die einzige äußere Wirkung eines Einfangprozesses, und mit ihrer Hilfe hat man diese Umwandlungsart auch entdeckt. Man bezeichnet diese Nuklide als *K-Strahler*. Schließlich treten als Sonderfälle noch die Prozesse $^{5}_{2}\mathrm{He} \to {}^{4}_{2}\mathrm{He} + {}^{1}_{0}\mathrm{n}$ und $^{8}_{4}\mathrm{Be} \to 2\,{}^{4}_{2}\mathrm{He}$ auf.

Künstlich radioaktive Stoffe fallen als Spaltprodukte in den Kernreaktoren (§ 387) teilweise in erheblichen Mengen an, werden aber vor allem mit Hilfe der in jenen auftretenden Neutronenstrahlen erzeugt und für mannigfache Zwecke verwendet. In der Heilkunde dient vor allem das Kobaltnuklid $^{60}_{27}\mathrm{Co}$ zu therapeutischen Zwecken (sog. Kobaltbombe). In der Physik, Chemie und Biologie spielen sie als *Indikatoren (Leitisotope)* eine wichtige Rolle[1]. Es ist oft wichtig, individuelle Atome wiedererkennen zu können, z. B. wenn man etwa über das weitere Schicksal eines einem Organismus einverleibten Stoffes, etwa von Phosphor, erfahren möchte. Wie schnell und wohin wandert er im Organismus? Wo wird er abgelagert, oder nach wie langer Zeit wird er etwa wieder ausgeschieden? Um das zu erfahren, muß man den eingegebenen Phosphor von demjenigen unterscheiden können, den der Organismus bereits vorher enthielt. Das Problem ähnelt dem Problem des Vogelzuges, bei dessen Erforschung man einzelne Vögel beringt, um sie und damit ihre Schar später an anderem Ort wieder identifizieren zu können. In unserem Fall löst man das Problem dadurch, daß man dem eingegebenen Stoff eine ganz geringe — und für den Organismus ganz unschädliche — Menge eines seiner radioaktiven Isotope beimengt. Der Verbleib läßt sich dann auf Grund der Radioaktivität — am einfachsten mit dem Zählrohr — leicht nachweisen. Ein anderes unter vielen Beispielen ist die Untersuchung von Austauschreaktionen. Es wird etwa gefragt, ob in einer Lösung zwischen den Ionen der Schwefelsäure und denen der schwefligen Säure Schwefelatome ausgetauscht werden. Um das zu erfahren, braucht man nur dem Schwefel, aus dem etwa die Schwefelsäure hergestellt wird, ein wenig eines radioaktiven Schwefelisotops hinzuzufügen und nach einiger Zeit die schweflige Säure auf etwaige Radioaktivität zu prüfen. Die weitaus größte Bedeutung hat aber dieses Verfahren für die Physiologie gewonnen, der es eine große Zahl grundlegend wichtiger Erkenntnisse, vor allem auf dem Gebiet des Stoffwechsels, beschert hat.

Besonders interessant ist der *radioaktive Kohlenstoff* $^{14}_{6}C$ mit der Halbwertzeit 5565 Jahre. Er wird auch in den hohen Atmosphärenschichten von den durch die kosmische Strahlung gebildeten Neutronen durch den Prozeß $^{14}_{7}N\,(n,\,p)\,^{14}_{6}C$ erzeugt und ist im atmosphärischen Kohlendioxyd mit einer sehr geringen, durch die Geschwindigkeit seiner Bildung und seiner Umwandlung bestimmten, konstanten Konzentration enthalten. Infolgedessen wird er auch auf dem Wege über die Kohlendioxydassimiliation der Pflanzen in die lebenden Organismen eingebaut, wo er sich dann durch den Prozeß $^{14}_{6}C\xrightarrow{\beta^{-}}{}^{14}_{7}N$ umwandelt. Daraus ergibt sich die Möglichkeit, das Alter von prähistorischen hölzernen Bauteilen, Skeletten, Mumien, Getreidekörnern usw. aus dem Verhältnis $^{14}_{6}C/^{12}_{6}C$ bis zu etwa 70000 Jahren zurück zu ermitteln. Bei anderweitig zuverlässig datierten Gegenständen hat dieses Verfahren richtige Werte ergeben, so daß es bereits ein sehr wichtiges Hilfsmittel der prähistorischen Forschung ist. Indessen können auf lange Sicht zivilisatorische Einflüsse störend wirken. In den schon vor vielen Millionen Jahren aus Organismen entstandenen fossilen Brennstoffen Kohle und Erdöl, und deshalb auch in ihren Derivaten, insbesondere dem Benzin, ist das $^{14}_{6}C$ längst verschwunden. Die Abgase der Industrie, der Kraftwagen, der Heizungen reichern also die Atmosphäre an $^{12}_{6}C$ an. Wenn man z. B. das Holz eines Baumes, der unter diesen Bedingungen gewachsen ist, analysiert, so wird man es ohne Kenntnis dieser Umstände für erheblich älter halten als es wirklich ist.

377. Systematik der stabilen Atomkerne. Die Zusammenfassung bestimmter Nuklide als Isotope eines Elements, also auf Grund gleicher Protonenzahl Z, ist nur solange zweckmäßig, wie es sich um diejenigen Atomeigenschaften handelt, die durch diese allein, ohne Rücksicht auf die Neutronenzahl N, bestimmt werden. Das sind also wesentlich diejenigen Eigenschaften, die von der Beschaffenheit der Elektronenhülle abhängen. Für die Chemie, für die Optik und darüber hinaus für alle makrophysikalischen Erscheinungen an den Stoffen bilden

---

[1] GEORG VON HEVESY, 1883—1966, Nobelpreis 1943.

diese Eigenschaften in der Tat das allein wesentliche Unterscheidungsmerkmal der Atome. Für eine Systematik der Atomkerne erweist sich aber ein anderes Ordnungsprinzip als viel natürlicher und einfacher: die Ordnung nach der Gesamtzahl der Kernbausteine, also nach der Nukleonenzahl A. Dieses Ordnungsprinzip faßt also alle *Kerne gleicher Nukleonenzahl*, alle *isobaren Atome*, ebenso zusammen, wie das nach der Isotopie ausgerichtete Ordnungsprinzip alle Kerne mit gleicher Protonenzahl zusammenfaßt. Das neue Ordnungsprinzip empfiehlt sich schon deshalb, weil — vom reinen Kernstandpunkt aus betrachtet — zwischen Kernen mit gleicher Nukleonenzahl eine nähere Verwandtschaft besteht als zwischen solchen mit gleicher Protonenzahl, aber verschieden großer Neutronenzahl, um so mehr, als wir wissen, daß Protonen und Neutronen ohnehin nur verschiedene Erscheinungsformen des gleichen Dinges sind und spontan ineinander übergehen können, wie das bei jeder Kernumwandlung geschieht, bei der ein Elektron oder ein Positron ausgesandt wird. Wir stellen nunmehr die Frage nach der *Möglichkeit der Existenz stabiler isobarer Nuklide*.

Isobare Nuklide stimmen zwar in ihrer Nukleonenzahl A überein, hingegen sind ihre Massen M, also auch ihre Massendefekte ΔM, nicht genau gleich. Sie unterscheiden sich also durch die Größe ihrer Bindungsenergie, wenn auch die Unterschiede gering sind. Das beweist, daß es für die Bindungsenergie nicht ganz gleichgültig ist, ob die gleiche Nukleonenzahl A durch den Zusammentritt von Z Protonen und N Neutronen oder von $Z \pm k$ Protonen und $N \mp k$ Neutronen zustande kommt. Je größer die Bindungsenergie und damit der Massendefekt ist, je kleiner also M ist, um so mehr Energie ist nötig, um die Nukleonen aus dem Kernverband wieder zu entfernen, und um so stabiler ist der betreffende Kern. Unter allen möglichen Kernen mit der gleichen Nukleonenzahl A ist also derjenige der stabilste, der die kleinste Masse, den größten Massendefekt hat. Diesen stabilsten Zustand strebt jeder instabile Kern einzunehmen, indem sich in ihm Protonen in Neutronen oder Neutronen in Protonen solange verwandeln, bis dieser stabilste Zustand — wenn möglich — erreicht ist. Daher ist jeder Kern, der nicht den höchsten für ihn zugänglichen Grad von Stabilität — den größten erreichbaren Massendefekt — erlangt hat, instabil. Er wandelt sich stets mit einer von dem Grade der Instabilität abhängigen Halbwertzeit um. Ist dazu die Umwandlung eines Protons in ein Neutron nötig, so geschieht das unter Aussendung eines Positrons oder durch einen Einfangprozeß (§376). Ist die Umwandlung eines Neutrons in ein Proton nötig, so geschieht es unter Aussendung eines Elektrons. Im ersten Fall sinkt, im zweiten steigt die Protonenzahl um eine Einheit (§369). Wie eine nähere Betrachtung zeigt, ist ein solcher Übergang in einen *unmittelbar benachbarten* Zustand höherer Stabilität auch energetisch immer möglich.

Nach HEISENBERG ist es zweckmäßig, eine Einteilung der Kerne nach folgendem Schema vorzunehmen:

I. *Gerade Kerne* sind Kerne mit gerader Nukleonenzahl A. Man teilt sie weiter ein in 1. *doppelt gerade Kerne* (Z und N beide gerade), 2. *doppelt ungerade Kerne* (Z und N beide ungerade).

II. *Ungerade Kerne* sind Kerne mit ungerader Nukleonenzahl A (Z gerade und N ungerade oder Z ungerade und N gerade).

Wir beginnen mit den *ungeraden Kernen*. Wenn wir die Massendefekte von (stabilen und instabilen) isobaren Nukliden einer bestimmten Nukleonenzahl A in ein Diagramm eintragen, dessen Ordinate ihr Massendefekt ΔM und dessen Abszisse ihr Neutronenüberschuß $N-Z$ ist, so erhalten wir bei den ungeraden Kernen eine einzige, parabelähnliche Kurve. Die Abb. 644a zeigt dies für die Nukleonenzahl $A = 91$. Der auf dieser Kurve dem Minimum nächstliegende Kern $^{91}_{40}\text{Zr}$ ist der-

jenige mit der kleinsten Masse, also der einzig stabile. Für keinen der Nachbar-
kerne besteht ein Hindernis, sich auf dem Wege über die etwa noch zwischen
ihm und dem stabilen Kern liegenden Kerne schrittweise in den stabilen Kern
zu verwandeln, da jeder solche Schritt unter Verminderung der Masse, also unter
Energieabgabe erfolgt. Diese Kerne sind also nicht dauernd existenzfähig. In der
Abb. 644 nimmt die Protonenzahl Z von links nach rechts ab. Die links vom
Minimum liegenden Kerne
müssen zur Erreichung der
Stabilität ihre Kernladung
vermindern, sich also unter
Aussendung eines Positrons
oder durch einen Einfang-
prozeß umwandeln, die
rechts vom Minimum lie-
genden aber müssen ihre
Kernladung vergrößern,
sich also unter Aussendung
eines Elektrons umwandeln.

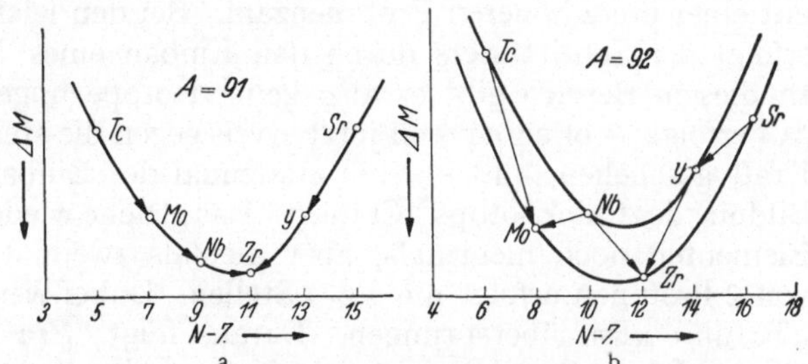

Abb. 644. Massendefekt als Funktion des Neutronenüberschusses.
a ungerade Kerne, b gerade Kerne

Da dies stets geschehen kann und geschieht, *so gibt es bei ungerader Nukleonenzahl A stets nur eine einzige stabile Kernart*, im obigen Fall $^{91}_{40}$Zr *(Mattauchsche
Isobarenregel)*.

Nunmehr wenden wir uns zu den *geraden Kernen*. Zeichnet man für sie ein
entsprechendes Diagramm wie für die ungeraden Kerne, so zeigt sich, daß ihre Massendefekte nicht auf einer einzigen Kurve liegen, sondern auf zwei deutlich verschiedenen Kurven (Abb. 644 b, Nukleonenzahl $A = 92$). Die untere entspricht den doppelt geraden, die obere den doppelt ungeraden Kernen. Erstere sind also im Durchschnitt fester gebunden als letztere und daher stabiler. Die einzelnen Kerne auf
jeder der beiden Kurven unterscheiden sich in ihrer Protonenzahl Z jeweils um
zwei Einheiten. Daher kann sich ein der einen Kurve angehörender Kern niemals
in einem einzigen Schritt in einen stabileren Kern der gleichen Kurve verwandeln.
Denn dazu wäre die *gleichzeitige* Verwandlung von zwei Protonen in Neutronen
oder umgekehrt erforderlich, und das kommt nicht vor. Eine Umwandlung kann
daher nur durch Sprünge von einer Kurve zur anderen, also auf einem Zickzackweg
erfolgen, aber auch nur dann, wenn ein solcher Sprung unter Energieabgabe,
d.h. unter Verminderung der Masse, erfolgt, also in Richtung von oben nach
unten, niemals umgekehrt. Man erkennt nun, daß außer dem Kern $^{92}_{40}$Zr auch der
Kern $^{92}_{42}$Mo stabil ist und daß sich der Kern $^{92}_{41}$Nb sowohl in jenen, als auch in
diesen umwandeln kann (dualer Zerfall), ersteres unter Aussendung eines Positrons oder durch Einfangprozeß, letzteres unter Aussendung eines Elektrons.
Stabile Kerne können nur auf der unteren Kurve liegen, und zwar auch mehr
als zwei wie in unserem besonders einfachen Beispiel. Es folgt: *Bei gerader
Nukleonenzahl kann es mehrere stabile Isobare geben. Sie sind stets doppelt gerade
Kerne, haben also gerade Protonenzahl (Harkinssche[1] Regel)*.

Die einzigen Ausnahmen bilden die vier Kerne $^2_1$H, $^6_3$Li, $^{10}_5$B und $^{14}_7$N, welche
stabil sind, obgleich sie zwar gerade Nukleonenzahlen haben, aber doppelt ungerade Kerne sind. In diesen Fällen gibt es trotz gerader Nukleonenzahl keine
weiteren stabilen Isobaren. Die genannten Ausnahmen lassen sich durch energetische Überlegungen erklären, auf die wir aber hier nicht eingehen können.

Nunmehr wenden wir uns zu der Frage nach der Existenz *stabiler Isotope*
bei den verschiedenen Elementen und beginnen mit den Nukliden *ungerader*

---

[1] WILLIAM HARKINS, geb. 1873.

Nukleonenzahl. Es gibt drei Möglichkeiten des Überganges von einer Kernart ungerader Nukleonenzahl zur nächsthöheren Kernart ungerader Nukleonenzahl: 1. Durch Einbau zweier Neutronen; dabei entsteht ein Isotop des Ausgangs-Elements. 2. Durch Einbau eines Protons und eines Neutrons; dabei entsteht ein Isotop des nächsthöheren Elements. 3. Durch Einbau zweier Protonen; dabei entsteht unter Überspringung des nächsten Elements ein Isotop des Elements mit einer um 2 höheren Protonenzahl. Bei den leichteren Elementen bis zum Cl erfolgt der Schritt stets durch den Einbau eines Protons und eines Neutrons. In diesem Bereich gibt es also keine Isotope ungerader Nukleonenzahl. Beim $^{35}_{17}$Cl erfolgt — offenbar weil jetzt etwas gegen die steigende Wirkung der Coulomb-Kraft geschehen muß — zum erstenmal der Einbau zweier Neutronen, der zur Bildung des Chlorisotops $^{37}_{17}$Cl führt. Das gleiche wiederholt sich bei den schwereren Elementen noch mehrmals, aber niemals zweimal nacheinander. Der Einbau von 2 Protonen erfolgt nur an 4 Stellen. Dabei werden die Elemente $_{18}$Ar, $_{58}$Ce, $_{43}$Tc und $_{61}$Pm übersprungen. Daraus folgt: *Ein Element hat meist nur 1, in einigen Fällen 2 stabile Isotope mit ungerader Nukleonenzahl*; 4 Elemente haben überhaupt kein stabiles Isotop mit ungerader Nukleonenzahl. Nun können aber Elemente mit ungerader Protonenzahl — mit den obigen 4 Ausnahmen bei den leichtesten ungeraden Elementen — nur ungerade Nukleonenzahlen haben. Daraus folgt ferner: *Elemente mit ungerader Protonenzahl haben in der Regel nur 1, in einigen Fällen 2, aber nie mehr als 2 stabile Isotope.* Besitzt ein Element 2 Isotope ungerader Nukleonenzahl, so sind deren relative Häufigkeiten durchweg von gleicher Größenordnung.

Bei den Elementen mit *gerader* Protonenzahl stehen außer 1 oder 2 stabilen Isotopen mit ungerader Nukleonenzahl die viel zahlreicheren stabilen Nuklide mit gerader Nukleonenzahl zur Verfügung. *Sie besitzen daher meist erheblich mehr Isotope als die Elemente mit ungerader Protonenzahl,* und zwar wächst die Zahl der Isotope mit wachsender Nukleonenzahl.

Diese Tatsachen machen es verständlich, daß *in der Natur die Elemente mit gerader Protonenzahl durchweg außerordentlich viel häufiger sind als diejenigen mit ungerader Protonenzahl und bei ihnen wiederum die Isotope mit gerader Nukleonenzahl häufiger als diejenigen mit ungerader Nukleonenzahl.* Denn für gerade Protonen- und Nukleonenzahlen gibt es viel mehr stabile Möglichkeiten als für ungerade. Man weiß heute, daß die relative Häufigkeit der einzelnen Elemente im ganzen Kosmos — von Ausnahmen abgesehen — überall recht genau die gleiche ist. Das weitaus häufigste Element ist der Wasserstoff. Setzen wir seine relative Häufigkeit in Atomanzahlen gleich 100000, so folgt He mit 18000, Ne mit 115, O mit 98, N mit 54, C mit 25. Relativ häufig sind noch Fe mit 9,3 und Mg mit 6,2.

Von der Regel, daß es bei ungerader Nukleonenzahl immer nur ein einziges stabiles Nuklid gibt, existieren noch zwei — aber wohl nur scheinbare — Ausnahmen, die Paare $^{113}_{49}$In—$^{113}_{48}$Cd, $^{123}_{52}$Te—$^{123}_{51}$Sb. Von ihnen sollte je einer der Partner instabil sein. Doch hat man bei ihnen vergeblich nach einer Elektronen- oder Positronenstrahlung gesucht, die allerdings auch nur sehr schwach sein könnte, da der instabile Partner in jedem Fall sehr langlebig sein müßte. Man vermutet heute, daß tatsächlich jeweils der erste Partner instabil, aber äußerst langlebig ist und sich durch einen Einfangprozeß in den andern umwandelt. Hierfür spricht, daß diese beiden Nuklide — entgegen der obigen Häufigkeits-regel — sehr viel seltener sind als ihr ungerades Isotop, was ihre allmähliche Um-wandlung, wenn auch mit sehr großer Halbwertzeit, wahrscheinlich macht.

Unter den stabilen Nukliden sind alle Protonenzahlen Z von 1 (H) bis 83 (Bi) außer 43 und 61 vertreten, ferner alle Neutronenzahlen von 0 ($^{1}_{1}$H) bis 126 ($^{209}_{83}$Bi) außer 19, 21, 35, 39, 45, 61, 71, 89, 111, 115, 123.

Unsre obige Kernsystematik findet eine interessante Nutzanwendung bei der Frage nach der Existenz stabiler Isotope mit den Protonenzahlen 43 (Technetium) und 61 (Promethium), die trotz größter Bemühungen auf der Erde niemals gefunden wurden. Als Elemente ungerader Protonzahl können sie nur ein oder zwei stabile Isotope — und diese mit ungerader Nukleonenzahl — haben. Eine Durchsicht der ungeraden stabilen Isotope der jeweiligen Nachbarelemente zeigt nun, daß sämtliche Nukleonenzahlen, die für die beiden Elemente irgend in Frage kommen, bereits durch stabile Isotope der Nachbarelemente mit Beschlag belegt sind. Da nun Nuklide mit ungerader Nukleonenzahl keine stabilen Isobaren haben, so sind für jene beiden Elemente stabile Isotope überhaupt nicht mehr verfügbar (MATTAUCH). Man kann also gar nicht erwarten, sie in der Natur überhaupt vorzufinden. Man hat aber durch künstliche Kernumwandlungen instabile Isotope von ihnen erzeugen und mit ihrer Hilfe die chemischen Eigenschaften dieser Elemente ermitteln können. Das langlebige $^{99}_{43}$Tc (Halbwertzeit etwa 10^6 Jahre) entsteht in den Reaktoren als Spaltprodukt in wägbaren Mengen und ist auch schon in metallischem Zustand hergestellt worden. Bemerkenswerterweise beobachtet man sein Spektrum bei einigen Sternen, die auf Grund bestimmter Merkmale erst einige Millionen Jahre alt sein können.

378. Theorie der α-Strahlung. Die Theorie der α-Strahlung haben CONDON[1] und GAMOW entwickelt. Sie liefert auch eine energetische Begründung dafür, daß bei der natürlichen Radioaktivität niemals Protonen oder Neutronen ausgeschleudert werden. Aus den Versuchen über die Streuung von α-Teilchen an den Kernen (§342) hat sich ergeben, daß das Coulombsche Gesetz zwar bis in einen sehr geringen Abstand vom Kern gilt, daß sich aber schließlich doch bereits Abweichungen bemerkbar zu machen beginnen, die von denjenigen Kräften herrühren, welche die Kernbausteine aneinander binden. Diese Kräfte haben aber eine viel kleinere Reichweite als die von den Ladungen der Kernprotonen ausgehende Coulomb-Kraft (§368). Das Feld in der Umgebung eines Kerns ergibt sich daher aus der Überlagerung

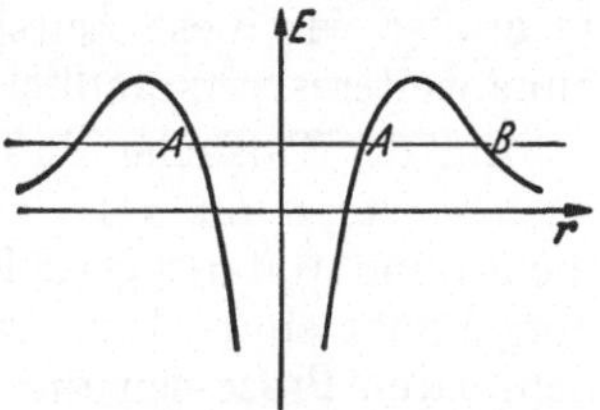

Abb. 645. Potentialverlauf im Felde eines Atomkerns (Potentialtopf)

eines von den Kernkräften und eines von der Coulomb-Kraft herrührenden Anteils, und zwar derart, daß unmittelbar am Kern die anziehenden Kernkräfte, in größerer Entfernung die Coulomb-Kraft praktisch allein wirksam sind. Demnach nimmt bei Annäherung an den Kern das Potential (bezogen auf ein positives Teilchen) im Kernfelde zunächst proportional zu $1/r$ zu [(142.9); r Abstand vom Kernmittelpunkt], überschreitet an der Stelle, wo die Coulomb-Kraft und die Kernkräfte einander genau das Gleichgewicht halten, ein Maximum, um dann sehr steil in das Kerninnere abzufallen (Abb. 645). Das Kerninnere bildet einen sog. *Potentialtopf*, der durch eine *Potentialschwelle* vom Außenraum getrennt ist (GAMOW 1928). In diesem Potentialtopf sitzen die Kernbausteine nach den Gesetzen der klassischen Physik gefangen, da sie die Potentialschwelle nicht zu überschreiten vermögen. Sie befinden sich auf Energieniveaus AA, welche niedriger liegen als die Potentialschwelle. So sollte es unmöglich sein, daß sie aus dem Kern entweichen.

Nun zeigen aber die Erscheinungen der Radioaktivität, daß es in gewissen Fällen doch vorkommen kann, daß Kernbausteine in Gestalt von α-Teilchen den Kern verlassen und sogar eine sehr große kinetische Energie mit sich führen. Das erklärt sich durch einen *Tunneleffekt* von der uns bereits aus §362 bekannten

---

[1] EDWARD UHLER DAVID CONDON, geb. 1902.

Art. Man könnte nun hiernach vermuten, daß *alle* Atomarten instabil sein müßten, weil für sie alle grundsätzlich das gleiche gilt. Das ist theoretisch auch wahrscheinlich richtig. Nur sind bei den im üblichen Sinne stabilen Kernen die Potentialschwellen so hoch und die „Tunnel" so lang, daß spontane Umwandlungen dieser Kerne unbeobachtbar selten vorkommen. Vielleicht kann aber der vereinzelte Fall der α-Aktivität des $^{152}_{62}$Sm so verstanden werden.

Das Geiger-Nuttallsche Gesetz (§373) kann nunmehr wenigstens qualitativ verstanden werden. Je höher die Energie des Teilchens im Kern, das Niveau AA, ist, um so niedriger ist die zu überwindende Potentialschwelle und um so kürzer ist der „Tunnel" AB, um so größer also die Wahrscheinlichkeit für einen Austritt des Teilchens, für einen α-Zerfall. Da die Zerfallskonstante λ ein Maß für die Wahrscheinlichkeit des Zerfalls ist, so muß λ um so größer, die mittlere Lebensdauer $\tau = 1/\lambda$ bzw. die Halbwertzeit T um so kleiner sein, je größer die Energie des α-Teilchens ist. Setzen wir diese gleich $E = mv^2/2$, so können wir das Geiger-Nuttallsche Gesetz auch in der Form $\ln \lambda = A + B \ln v = A + (B/2) \ln (2E/m) = A' + B' \ln E$ schreiben, welche aussagt, daß die Zerfallskonstante λ mit der Energie der α-Teilchen wächst. Die Theorie ist auch quantitativ in guter Übereinstimmung mit der Erfahrung und bestätigt die ungefähre Konstanz der Größen A und B innerhalb der einzelnen Zerfallsreihen.

Die Wahrscheinlichkeit, das α-Teilchen an einem bestimmten Ort anzutreffen, sickert also, bildlich gesprochen, aus dem Kerninnern nach außen, und die Wahrscheinlichkeit dafür, daß es innerhalb einer bestimmten Zeitspanne nach einer Beobachtung des noch unzerfallenen Kerns außen erscheint, ist um so größer, je größer wir diese Zeitspanne wählen. Damit wird das Zerfallsgesetz (372.1) ohne weiteres verständlich.

Aus der Tatsache, daß beim natürlichen radioaktiven Zerfall — außer β-Teilchen — stets nur α-Teilchen, nie einzelne Nukleonen, ausgesandt werden, darf nicht ohne weiteres geschlossen werden, daß die α-Teilchen bereits in den Kernen vorgebildet sind. Eine energetische Betrachtung zeigt nämlich, daß von allen denkbaren Prozessen die spontane Bildung eines α-Teilchens aus zwei Protonen und zwei Neutronen (bei der eine sehr große Energie frei wird, §367) mit alsbald erfolgender Ausschleuderung desselben derjenige ist, welcher unter der größten Energieabgabe erfolgt, also den Kern in den Zustand kleinster potentieller Energie überführt, der mit einem Schritt erreichbar ist. Daher kommt er allein vor.

379. Theorie der β-Strahlung. Das Neutrino.

Unter β-Strahlen schlechthin haben wir immer diejenigen Elektronen oder Positronen verstanden, die *unmittelbares* Produkt einer Kernumwandlung sind (negative und positive *Umwandlungselektronen, primäre* oder *Kern-β-Strahlen*), nicht die sekundären β-Strahlen, die wir in §380 behandeln werden. Jene entstehen, wenn ein Kern dadurch in einen Zustand höherer Stabilität übergeht, daß sich in ihm ein Neutron in ein Proton (Elektronenstrahler) oder ein Proton in ein Neutron (Positronenstrahler) verwandelt (§376). Der neu entstehende Kern kann dann selbst noch wieder instabil sein und sich erst in weiteren Schritten in ein stabiles Endprodukt verwandeln. Das Umwandlungselektron bewirkt die Änderung der Protonenzahl um ± 1 [Verschiebungssatz (§372)] und führt Energie mit sich fort.

Es kann nun nicht bezweifelt werden, daß bei einem solchen Vorgang stets eine ganz bestimmte, von der Art des Atomkerns abhängige Energie frei wird. Man sollte daher erwarten, daß die Kern-β-Strahlen, ebenso wie die α-Strahlen, bei einer einheitlichen Nuklidart auch eine einheitliche Energie oder zum mindesten nur bestimmte, quantenhafte Energiestufen (§380) besitzen. Das ist aber nicht der Fall; vielmehr zeigen die Kern-β-Strahlen ein durchaus *kontinuierliches*

Geschwindigkeitsspektrum, das sich von einer scharfen oberen Geschwindigkeitsgrenze bis zu ganz kleinen Geschwindigkeiten erstreckt. Da in allen Fällen sowohl die Ausgangskerne als auch die Endprodukte unter sich in jeder Hinsicht, auch bezüglich ihrer Massendefekte, identisch sind, so muß geschlossen werden, daß auch stets die gleiche Energie frei wird und daß diese der oberen Geschwindigkeitsgrenze der bei der betreffenden Kernumwandlung entstehenden Elektronen entspricht. Es erhebt sich daher die Frage nach dem Verbleib der Energie, die denjenigen β-Teilchen fehlt, welche nicht jene maximale Geschwindigkeit besitzen. Eine γ-Strahlung, die sie mit sich führen könnte, tritt nicht auf.

Da keinerlei Veranlassung besteht, an der strengen Gültigkeit des Energieprinzips zu zweifeln, so bleibt nach PAULI nur die Deutung möglich, daß gleichzeitig mit jedem β-Teilchen ein weiteres Teilchen oder Quant entsteht, das die fehlende Energie mit sich führt, das aber nicht unmittelbar, etwa im Zählrohr oder der Nebelkammer, nachgewiesen werden kann. Man bezeichnet dieses Teilchen oder Quant als *Neutrino*. Es muß *ungeladen* sein, da es andernfalls in eine sehr deutlich beobachtbare Wechselwirkung mit den Atomen der Materie treten würde. Weiteres s. §388.

Die Annahme, daß Elektron und Neutrino *unmittelbar* aus der Energie des Kernfeldes gebildet werden, stößt aber bei ihrer quantitativen Durchführung auf Schwierigkeiten. Es ergeben sich mit ihr Halbwertzeiten der β-Strahler, die sehr viel kleiner sind, als es der Erfahrung entspricht. Diese Schwierigkeit beseitigt eine Theorie von H. YUKAWA[1] (1935). Er nimmt als Ursache der Kräfte zwischen Protonen und Neutronen nicht den Austausch eines Elektrons oder Positrons an, sondern eines instabilen geladenen Teilchens mit einer Halbwertzeit von etwa 10^{-8} s und dem 200- bis 300fachen der Elektronenmasse, das man zunächst *Meson* nannte. Diese Teilchen existieren aber in den Kernen nie als wirkliche, freie Teilchen, sondern nur virtuell. Man muß das so verstehen, daß ein solches Teilchen zwar spontan an einem Proton oder Neutron entstehen kann, aber im gleichen Augenblick, in dem es entsteht, ausgetauscht wird und am anderen Partner wieder verschwindet. Zu seiner wirklichen, freien Existenz in den Kernen kann es nicht kommen, weil die zur Erzeugung seiner Masse m notwendige Energie $m c_0^2$ nicht zur Verfügung steht. Wohl aber kann es vorkommen, daß es in dem Augenblick seiner Bildung und vor seinem Übergang auf ein anderes Nukleon spontan in ein Elektron und ein Neutrino zerfällt, denn für diese ist ja wegen der viel kleineren Massen auch nur eine viel kleinere Energie erforderlich. Dann tritt eine β-Umwandlung ein. Der scheinbare momentane Verstoß gegen das Energieprinzip erklärt sich, ebenso wie derjenige beim Tunneleffekt (§362), aus der Unschärferelation, der außerordentlichen Kürze der Halbwertzeit des Teilchens und der dadurch bewirkten großen Unschärfe seiner Energie.

380. Angeregte Kerne. Man weiß heute, daß es in den Kernen, ebenso wie in den Elektronenhüllen, nur *quantenhafte energetische Zustände* der Nukleonen gibt, daß also jeder Kern einen *Grundzustand* kleinster Energie besitzt, sich aber für kurze Zeiten auch in höheren, *angeregten Zuständen* befinden kann. So deutet man das Auftreten von α-Strahlen von anomal großer Reichweite (ein Beispiel in der Abb. 635) dahin, daß sie von Kernen stammen, die soeben erst eine Umwandlung erfahren haben, bei der eine Anregung erfolgt ist, und die sich unmittelbar danach aus dem angeregten Zustande heraus erneut umwandeln. Dabei nimmt das ausgeschleuderte α-Teilchen die Anregungsenergie als zusätzliche kinetische Energie mit, während sie als γ-Quant ausgesandt wird, wenn nicht alsbald eine neue Umwandlung erfolgt. Aber auch die normalen α-Strahlen besitzen in vielen

---

[1] HIDEKI YUKAWA, geb. 1902, Nobelpreis 1949.

Fällen nicht genau die gleiche Reichweite, sondern zeigen eine Feinstruktur ihrer Reichweite (Energie), und zwar immer dann, wenn gleichzeitig mit ihnen γ-Strahlen auftreten. Das erklärt sich so, daß die α-Teilchen bei ihrer Ausschleuderung den Kern auf Kosten ihrer eigenen Energie in einem angeregten Zustande zurücklassen können. Bei der Rückkehr des Kerns in den Grundzustand wird diese Anregungsenergie dann als γ-Quant frei (ELLIS, MEITNER[1]).

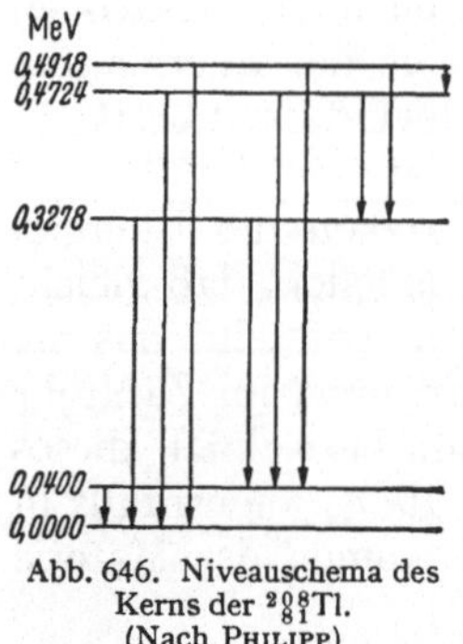

Abb. 646. Niveauschema des Kerns der $^{208}_{81}$Tl. (Nach PHILIPP)

Die Energien solcher Quanten sind gleich der Energiedifferenz zweier Energieniveaus des Kerns, und mit ihrer Hilfe können demnach die Energiestufen ermittelt werden. Die Abb. 646 zeigt das Niveauschema des $^{208}_{81}$Tl.

Auch der Kern eines β-Strahlers kann in angeregtem Zustande zurückbleiben. Die β-Strahlung bildet dann — je nach der dem Kern verbliebenen Energie — mehrere in sich kontinuierliche Geschwindigkeitsspektren mit verschiedenen maximalen Geschwindigkeiten (§379). Ein Kern kann ferner dadurch angeregt werden, daß ein in ihn eingedrungenes Neutron ihn mit verminderter Energie wieder verläßt. Bei künstlichen Kernumwandlungen zeigen die ausgeschleuderten Teilchen oft diskrete Energiewerte, deren Differenzen den Anregungsenergiedifferenzen des umgewandelten Kerns entsprechen. Der bei solchen Prozessen momentan entstehende Zwischenkern (§382) ist sehr hoch angeregt und gibt dann seine Anregungsenergie dem alsbald ausgeschleuderten Teilchen mit.

Bei den in Abb. 637a beim $^{234}_{91}$Pa eingetragenen beiden alten Symbolen handelt es sich beim UZ tatsächlich um den Grundzustand, beim UX$_2$ um einen angeregten Zustand des Nuklids, aus dem es sich auch unmittelbar, unter Umgehung des Grundzustandes, durch β-Strahlung in das $^{234}_{92}$U (U II) umwandeln kann (VON WEIZSÄCKER[2]). Je nachdem tritt dann eine β-Strahlung von verschiedener Energie auf, und man schloß daraus bei dem damaligen Zustand des Wissens auf zwei irgendwie verschiedene Nuklide, denen man zwei verschiedene Symbole gab. Man nannte die Erscheinung *Isomerie*. Sie tritt auch bei künstlichen Kernumwandlungen häufig auf, und die Bezeichnung hat sich erhalten.

Die bereits in §379 erwähnten sekundären β-Strahlen, die als Begleiterscheinung mancher radioaktiver Umwandlungen auftreten, entstehen nicht im Kern, sondern stammen aus der Elektronenhülle angeregter Kerne. Ein Atom nebst seiner Elektronenhülle bildet, quantenmechanisch betrachtet, eine Ganzheit, und eine Anregungsenergie E_a kommt ihm als einem Ganzen zu und kann in ihm nicht lokalisiert werden. Daher kann sie sich auch an einem Hüllenelektron manifestieren. Die Energie E_a teilt sich dann auf in die zur Ablösung des Elektrons aus dem Atomverband nötige Ablösungsarbeit A und die ihm dann noch verbleibende kinetische Energie E_k, so daß $E_a = A + E_k$. Die Ablösungsarbeiten sind für die Elektronen der einzelnen Schalen aus dem Röntgenspektrum des neu gebildeten Atoms (K-, L-Serie usw.) bekannt; die kinetischen Energien können gemessen werden. Auf diese Weise können also die Anregungsstufen E_a ermittelt werden. Da hier nur quantenhafte Vorgänge (im Kern und in der Hülle) im Spiel sind, so treten — anders als bei den Umwandlungselektronen mit ihrem kontinuierlichen Spektrum — nur diskrete Geschwindigkeiten auf.

Auf Kerne, die mindestens etwa 100 Nukleonen enthalten, können bereits statistische Überlegungen angewandt werden, und es ist sinnvoll, von einer

---

[1] LISE MEITNER, 1878—1969.
[2] CARL FRIEDRICH VON WEIZSÄCKER, geb. 1912.

Thermodynamik im Atomkern und einer *Kerntemperatur* zu sprechen. Bei hoch angeregten Kernen beträgt diese größenordnungsmäßig 10^{10} K. Die Spallation (§ 374) kann in diesem Sinne als eine teilweise *Kernverdampfung* aufgefaßt werden.

381. Kernresonanzabsorption. Mößbauer-Effekt. In den Kernen herrschen in sofern analoge Verhältnisse wie in den Atomhüllen, als, wie hier die Elektronen, so dort die Nukleonen nur diskreter Quantenzustände fähig sind (§ 380, Abb. 646) und ein Übergang eines Nukleons von höherer zu tieferer Energie mit der Aussendung eines Lichtquants — in diesem Fall eines γ-Quants — verknüpft ist. In § 353 haben wir die *Resonanzabsorption* besprochen, die eintritt, wenn ein Elektron der Atomhülle durch Absorption eines Lichtquants angeregt wird und das Atom bei der Rückkehr in den Grundzustand ein gleiches Lichtquant wieder ausstrahlt. Nach einer analogen *Kernresonanzabsorption* hat man lange vergeblich gesucht, bis man die Erklärung für den Mißerfolg fand.

Wenn ein Elektron eines freien Atoms einen Quantensprung macht und ein Lichtquant emittiert, so erfährt das Atom einen *Rückstoß* (§ 338), der auf Kosten der Energie E_0 des Quantensprunges eine Energie ΔE beansprucht, so daß dem emittierten Quant nur die Energie $E_0 - \Delta E$ verbleibt. Um ein gleiches Atom anzuregen, bedarf es nicht nur der für den Quantensprung nötigen Energie E_0. Bei der Absorption eines Quants erfährt das Atom einen Stoß, der wiederum die Energie ΔE beansprucht, so daß zur Anregung die Energie $E_0 + \Delta E$ nötig ist, während das von einem gleichen Atom ausgesandte Quant nur die Energie $E_0 - \Delta E$ zur Verfügung stellt. Es ist also um den Betrag $2\,\Delta E$ zu energiearm, und eine Resonanzabsorption wäre nicht möglich, wenn nicht noch etwas anderes im Spiel wäre.

Sowohl die emittierenden als auch die absorbierenden Atome führen eine thermische Bewegung aus, die die Frequenzen und damit die Energien der Quanten in Emission und in Absorption durch Doppler-Effekte teils mehr oder weniger verkleinert, teils vergrößert. Daher steht in den beiden Fällen je ein gewisser Frequenz- bzw. Energiebereich zur Verfügung, dessen Maximum bei $E_0 - \Delta E$ bzw. $E_0 + \Delta E$ liegt (Abb. 647). Wenn diese Bereiche einander wenigstens noch teilweise überlappen, wenn also ΔE hinreichend klein ist, so ist in dem gemeinsamen Bereich noch eine partielle Resonanzabsorption möglich (in Abb. 647 schraffiert). Nun sind aber die von den Atomhüllen emittierten Lichtquanten so energiearm, und ΔE ist so klein, daß die beiden Kurven der Abb. 647 praktisch zusammenfallen und totale Resonanzabsorption erfolgen kann.

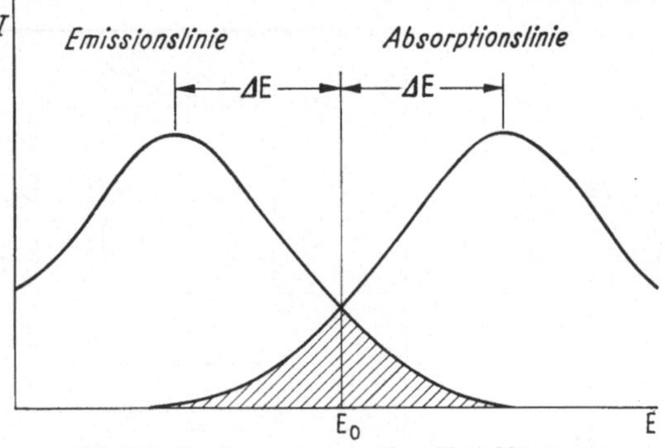

Abb. 647. Zur Resonanzabsorption. Nach Mössbauer

Anders bei den von den Kernen emittierten und absorbierten γ-Quanten. Ihre Energie ist um mehrere Zehnerpotenzen größer als bei der Atomhülle und demnach der Energieverlust ΔE durch Rückstoß und Stoß sehr viel größer. Daher liegen die beiden Kurven der Abb. 647 fast immer so weit auseinander, daß sie sich nicht mehr überlappen, so daß auch keine partielle Resonanzabsorption mehr möglich ist. Das erklärt den ursprünglichen Mißerfolg.

Der erste Nachweis einer Kernresonanzabsorption gelang 1951 P.B. Moon durch einen genialen Einfall. Er erteilte (durch eine der Abb. 648 analoge Anordnung) der Strahlenquelle eine so große Geschwindigkeit in Richtung auf den Absorber, daß die linke Kurve der Abb. 647 durch Doppler-Effekt (also Energiezuwachs) um 2 ΔE so weit nach rechts verschoben wurde, daß sie sich mit der rechten Kurve deckte, so daß totale Resonanzabsorption erfolgte. Dann hat K. G. MALMSTRÖM eine partielle Resonanzabsorption durch Temperaturerhöhung von Quelle und Absorber bewirkt. Dadurch werden die beiden Kurven breiter und zur teilweisen Deckung gebracht. Hingegen sollte eine hinreichende Temperaturerniedrigung das Gegenteil bewirken und eine bei Zimmertemperatur etwa noch vorhandene Überdeckung und partielle Resonanzabsorption zum Verschwinden bringen.

Dies zu untersuchen, hatte R. L. MÖSSBAUER sich zur Aufgabe gestellt, wobei er die in der Abb. 648 dargestellte Anordnung benutzte. Innerhalb eines Bleipanzers befindet sich die Strahlenquelle Q auf dem Mantel eines drehbaren Zylinders, mittels dessen der Quelle eine Geschwindigkeit relativ zum Absorber A erteilt werden kann. Dieser besteht aus dem gleichen Nuklid wie die Quelle. Der Detektor D ist ein Gerät zur Messung der durch A hindurchtretenden γ-Strahlung. Solange keine Resonanzabsorption besteht, geht die Strahlung ungeschwächt hindurch; sie ist um so schwächer, je stärker die Resonanzabsorption ist. Für die Quelle und den Absorber wählte MÖSSBAUER das Iridiumnuklid $^{191}_{114}\mathrm{Ir}$, weil dessen γ-Quanten relativ energiearm sind und ΔE so klein ist, daß bei Zimmertemperatur noch eine schwache partielle Resonanzabsorption stattfindet. (Die Abb. 647 stellt eben diesen Fall dar.) Das $^{191}_{114}\mathrm{Ir}$ entstand in der Quelle laufend aus einem künstlichen radioaktiven Osmiumnuklid nach $^{191}_{115}\mathrm{Os} \xrightarrow{\beta^+} {}^{191}_{114}\mathrm{Ir}$, und zwar teilweise in angeregtem Zustande (Ir*, § 380), aus dem es nach $^{191}_{114}\mathrm{Ir}^* \xrightarrow{\gamma} {}^{191}_{114}\mathrm{Ir}$ unter

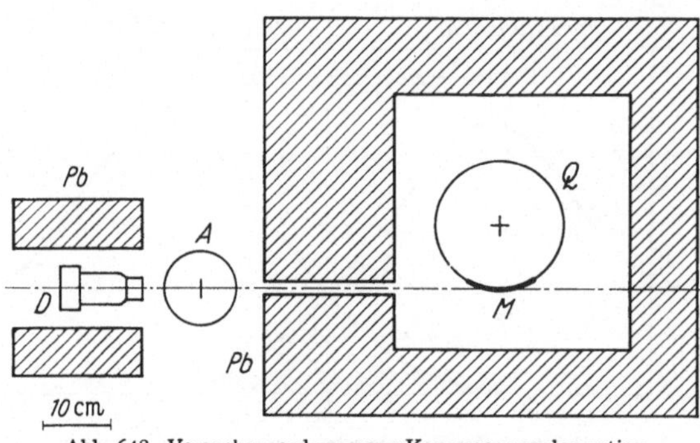

Aussendung eines γ-Quants in seinen Grundzustand übergeht. Der Absorber bestand aus nicht angeregtem $^{191}_{114}\mathrm{Ir}$. Zu erwarten war, daß bei hinreichender Abkühlung die beiden Kurven der Abb. 647 so schmal werden, daß die partielle Resonanzabsorption ganz verschwindet.

Das Ergebnis aber war völlig überraschend: Eine Abkühlung von Quelle und Absorber auf -190 °C bewirkte

Abb. 648. Versuchsanordnung zur Kernresonanzabsorption. Nach MÖSSBAUER

kein Verschwinden, sondern im Gegenteil eine *außerordentliche Verstärkung* der Resonanzabsorption *(Mößbauer-Effekt)*, und zwar maximal bei ruhender Quelle. Aber bereits bei den Geschwindigkeiten $\pm 10\,\mathrm{cm\,s^{-1}}$ war sie nahezu verschwunden. Es ergab sich eine extrem scharfe Resonanzkurve mit einer Halbwertbreite, die den Geschwindigkeiten $\pm 1,4\,\mathrm{cm\,s^{-1}}$ entsprach (vgl. § 95). Der Leser möge auf Grund von (328.4) [mit $\cos\vartheta = 1$, $\beta^2 \ll \beta$ ($= v/c_0$) und $\nu = c_0/\lambda$] selbst berechnen, daß $\Delta\nu/\nu = v/c_0$ und mit diesem Wert etwa gleich $4,5 \cdot 10^{-11}$, die Resonanz also ganz außerordentlich scharf ist. Die beiden Kurven der Abb. 647 sind also extrem schmal und fallen exakt zusammen. Das aber bedeutet $\Delta E = 0$; weder in der Quelle noch im Absorber findet ein Energieverlust durch Rückstoß oder Stoß statt *(rückstoßfreie Resonanzabsorption)*.

Die Erklärung ist folgende: Man war bis dahin davon ausgegangen, daß die beteiligten Atome praktisch frei seien. Tatsächlich liegen aber die Quelle und der Absorber in kristalliner Form vor, und die Atome sind im Raumgitter gebunden. Überlegungen, auf die wir hier verzichten müssen, sowie Erfahrungen bei der Streuung von Röntgenquanten an Kristallgittern beweisen, daß bei der hier vorliegenden tiefen Temperatur Rückstoß und Stoß von den Kristallgittern als Ganzen, nicht nur von wenigen benachbarten Atomen aufgenommen werden. Die Masse der Gitter ist aber so außerordentlich viel größer als die Masse $h\nu/c_0^2$ der Quanten, daß gemäß den Stoßgesetzen kein merklicher Energiebetrag von ihnen aufgenommen wird.

Die, wenn auch sehr geringe, aber immerhin meßbare Resonanzbreite entspricht der naturgesetzlich nicht unterschreitbaren *natürlichen Linienbreite*, die — wie wir hier nur mitteilen wollen — aus der Unschärferelation (361.1) folgt.

Da es auf die geschilderte Weise möglich ist, eine γ-Strahlung von extremer Schärfe zu erzeugen, konnte nunmehr eine große Anzahl sehr wichtiger Probleme experimentell angegriffen werden. Ein sehr interessantes Beispiel haben wir in § 335 mit der Bestätigung der Rotverschiebung im irdischen Gravitationsfelde gegeben.

382. Theorie der künstlichen Kernreaktionen. Nach BOHR bildet sich durch die Aufnahme eines Geschosses (Teilchen, γ-Quant) in einen Kern zunächst immer ein „*Zwischenkern*", der sich infolge der mit dem Geschoß aufgenommenen Energie in einem hoch angeregten Zustand befindet, um alsdann in einem zweiten Akt in einen neuen Grundzustand überzugehen. Man kann das anschaulich so beschreiben, daß der Kern durch das Eindringen des Geschosses sehr hoch erhitzt wird (§ 380) und sich dann durch Abdampfen des am schwächsten gebundenen Teilchens und Abgabe eines etwaigen Energieüberschusses als γ-Quant oder nur durch letzteres wieder abkühlt. Im einfachsten Fall wird dabei das eingedrungene Teilchen oder ein ihm gleiches mitsamt der von ihm eingebrachten Energie wieder ausgeschleudert, und der Kern geht wieder vollkommen in seinen alten Grundzustand zurück. Dieser Vorgang gleicht weitgehend einem einfachen elastischen Stoß zwischen Teilchen und Kern und wird daher als *elastische Streuung* bezeichnet. Er läßt sich aber von einem elastischen Stoß, bei dem das stoßende Teilchen bereits außerhalb des Kernes zurückgeworfen wird, durch die räumliche Verteilung der Streuwinkel unterscheiden. Es kann aber auch zwar das gleiche oder ein identisches Teilchen wieder ausgeschleudert werden, aber unter Zurückhaltung eines Teils seiner Energie im Kern, der dadurch in einem angeregten Zustand zurückbleibt, aus dem er dann unter Aussendung eines γ-Quants wieder in seinen Grundzustand übergeht. Ein solcher Prozeß ist ziemlich selten. Er wird als *unelastische Streuung* bezeichnet. In den beiden genannten Fällen findet zwar eine Kernreaktion, aber keine Kernumwandlung statt.

Es kann drittens vorkommen, daß das Geschoß im Kern stecken bleibt, ohne daß ein anderes Teilchen ausgeschleudert wird [z. B. die Reaktion (n, γ)]. Die vom Kern aufgenommene Energie wird restlos als γ-Quant wieder abgegeben.

Das weitaus größte Interesse beansprucht die vierte Reaktionsart, bei der das Geschoß im Kern stecken bleibt und einen angeregten Zwischenkern bildet, der ein *andersartiges* Teilchen ausschleudert. In diesem Fall findet also eine *Elementumwandlung* statt. Diese Reaktionen haben wir in § 374 schon ausführlich besprochen. Als Beispiel wollen wir einen solchen Prozeß, die Umwandlung des Stickstoffnuklids $^{14}_{7}\mathrm{N}$ in das Sauerstoffnuklid $^{17}_{8}\mathrm{O}$ durch α-Strahlen, noch einmal unter Berücksichtigung des Zwischenkerns betrachten. Die Anregung des Zwischenkerns bezeichnen wir durch einen neben das Kernsymbol gesetzten Stern. Die genannte Reaktion haben wir nunmehr in zwei Schritte zu zerlegen: die Bildung des angeregten Zwischenkerns und seinen nachfolgenden Zerfall. Durch die Aufnahme des α-Teilchens entsteht zunächst aus dem Kern $^{14}_{7}\mathrm{N}$ ein

Kern mit der Nukleonenzahl 18 und der Protonenzahl 9, also der Fluorkern $^{18}_{9}$F*.
Dieser verwandelt sich unter Abgabe eines Protons in einen Kern der Nukleonenzahl 17 und der Protonenzahl 8, also in das seltene Sauerstoffisotop $^{17}_{8}$O. Es
handelt sich also um die beiden folgenden Schritte:

$$^{14}_{7}\text{N} + {}^{4}_{2}\text{He} \rightarrow {}^{18}_{9}\text{F*}, \qquad ^{18}_{9}\text{F*} \rightarrow {}^{17}_{8}\text{O} + {}^{1}_{1}\text{H}.$$

Daneben kommt aber auch die Umwandlung

$$^{18}_{9}\text{F*} \rightarrow {}^{17}_{9}\text{F} + {}^{1}_{0}n$$

vor, bei der ein Fluorkern gebildet und ein Neutron ausgeschleudert wird. Der
Zwischenkern kann also in manchen Fällen auf verschiedene Weise zerfallen.

383. Transurane. *Transurane*, Elemente mit Protonenzahlen über 92, kommen
in der Natur nicht vor, weil sie viel zu kurzlebig sind und nicht, wie die Glieder
der drei natürlichen Zerfallsreihen (§ 371), ständig aus einer sehr langlebigen
Muttersubstanz nachgebildet werden. Indessen haben HAHN, MEITNER und
STRASSMANN[1] bereits 1936 entdeckt, daß durch Beschuß von Uran — wie sich
später herausstellte des Isotops $^{238}_{92}$U — mit Neutronen ein β-strahlendes Uranisotop entsteht, das sich demnach weiter in ein Isotop des Elements 93, später
Neptunium (Np) genannt, verwandelt. Es handelt sich also um die Reaktionsfolge

$$^{238}_{92}\text{U} \,(n, \gamma)\, {}^{239}_{92}\text{U}, \qquad ^{239}_{92}\text{U} \xrightarrow{\beta^-} {}^{239}_{93}\text{Np}.$$

Auch dieses Neptuniumisotop ist ein β-Strahler und verwandelt sich in das später
Plutonium (Pu) genannte Element 94 nach der Reaktion

$$^{239}_{93}\text{Np} \xrightarrow{\beta^-} {}^{239}_{94}\text{Pu}.$$

Das Pu ist mit einer Halbwertzeit von etwa 24000 Jahren recht langlebig und
wird in Kernreaktoren in großtechnischen Mengen gewonnen.

In der Folge ist es SEABORG[2] und seinen Mitarbeitern gelungen, sämtliche
weitere in der Natur nicht vorkommenden Actiniden (§ 345) bis zur Protonenzahl 103 künstlich herzustellen, nämlich Americium $_{95}$Am, Curium $_{96}$Cm, Berkelium $_{97}$Bk, Californium $_{98}$Cf, Einsteinium $_{99}$Es, Fermium $_{100}$Fm, Mendelevium
$_{101}$Mv, Nobelium $_{102}$No und Lawrencium $_{103}$Lw, damit ist die Untergruppe 5_4
(Abb. 604) vollständig bekannt. 1964 haben FLEROW und seine Mitarbeiter auch
das Element 104[3] hergestellt, das den Aufbau der Untergruppe 6_3 über das Actinium
hinaus fortsetzt[2]. Bisher sind mehr als 100 Isotope dieser Transurane bekannt. Mit
wachsender Protonenzahl werden sie im allgemeinen immer kurzlebiger, ihr Nachweis entsprechend schwieriger. Die höheren Transurane entstehen entweder durch
schrittweisen Einfang von Neutronen und Aussendung eines Elektrons oder durch
Einfang von He-, C-, N-, O- und anderen Kernen, z. B. $^{239}_{94}$Pu $+ {}^{12}_{6}$C $\rightarrow {}^{248}_{100}$Fm $+ 3\,{}^{1}_{0}n$.
Sofern es gelingen sollte, noch höhere Transurane nachzuweisen, so kann man auf
Grund einer analogen Fortsetzung des Schemas der Abb. 604 erwarten, daß zunächst
die Untergruppe 6_3 aufgefüllt wird. Indessen nehmen die Halbwertzeiten mit wachsender Protonenzahl so schnell ab, daß ein Nachweis solcher extrem kurzlebiger
Nuklide vielleicht überhaupt unmöglich ist. Indessen gibt es theoretische Gründe
für die Vermutung, daß im Bereich der Protonenzahlen 110 bis 114 noch einmal
ein ganz hohes Maximum der Stabilität eintritt.

---

[1] FRITZ STRASSMANN, geb. 1902.

[2] GLEN THEODORE SEABORG, geb. 1912, Nobelpreis 1951.

[3] Der Name Kurtschatovium (K) für dieses Element ist international noch nicht
anerkannt. — Die Herstellung eines Isotops des Elements 105 durch die gleiche
Gruppe ist noch nicht (1969) gesichert.

Die Transurane mit den Nukleonenzahlen $4n$, $4n+2$ und $4n+3$ führen bei ihrem Zerfall sämtlich auf Glieder der drei natürlichen Zerfallsreihen. Einige von ihnen sind in den Abb. 637a—c als künstliche Verlängerungen nach oben hin angefügt. Die Transurane mit den Nukleonenzahlen $4n+1$ bilden dagegen nebst ihren heute sämtlich bekannten Folgeprodukten die in der Natur wegen ihrer zu geringen Lebensdauer fehlende *vierte Zerfallsreihe* (nach ihrem längstlebigen Glied $^{237}_{93}\mathrm{Np}$ *Neptunium-Reihe* genannt). Sie ist in der Abb. 637d dargestellt und in ihrem allgemeinen Verlauf den natürlichen Zerfallsreihen ähnlich. Sie unterscheidet sich von diesen unter anderem dadurch, daß sie keine Emanation enthält und nicht in einem stabilen Bleiisotop, sondern in einem Wismutisotop endet.

384. Kernspaltung. Beim Beschuß von Uran mit Neutronen entdeckte FERMI schon vor 1935 die Entstehung mehrerer neuer β-strahlender Substanzen, die er und andere damals fälschlich für Transurane hielten. Im Jahre 1938 kamen aber HAHN und STRASSMANN im Anschluß an Versuche von JOLIOT-CURIE und SAVITCH zu dem überraschenden Ergebnis, daß bei dieser Reaktion unter anderem stets einwandfrei Barium entsteht, also ein Element von mittlerer Nukleonenzahl. Als erste erkannten MEITNER und FRISCH[1], daß es sich hier um etwas vollkommen Neuartiges handelt, um eine *Kernspaltung. Der von einem Neutron getroffene Urankern zerbricht in zwei mittelschwere Kerne.* Dabei werden, wie zuerst das Ehepaar JOLIOT nachwies, 2 bis 3 *neue Neutronen frei.* Die beiden *Spaltstücke* fliegen mit der ungeheuren Energie von zusammen etwa 175 MeV auseinander. Diese hohe Energie rührt davon her, daß die Stabilität der schwersten Kerne geringer ist als diejenige der mittelschweren. Bei der Umwandlung in zwei solche wird also Energie frei.

Es hat sich dann erwiesen, daß unter den Spaltstücken Isotope aller Elemente mit den Protonenzahlen 30 (Zn) bis 63 (Eu) auftreten. Sie sind besonders häufig im Bereich der Nukleonenzahlen um 90 und um 135. Da die Ladung des gespaltenen Urankerns sich auf die beiden Spaltstücke verteilen muß, so müssen diese stets in Paaren mit der Protonenzahlsumme 92 auftreten, z.B. $_{35}\mathrm{Br}-_{57}\mathrm{La}$ oder $_{41}\mathrm{Nb}-_{51}\mathrm{Sb}$ usw. Die Summe der Nukleonenzahlen muß wegen des Freiwerdens von Neutronen um 2 bis 3 Einheiten kleiner als diejenige des Urankerns ($^{235}_{92}\mathrm{U}$, s. unten) sein. Nun ist aber der relative Neutronenüberschuß des Urans erheblich größer als derjenige der stabilen Isotope der Elemente, zu denen die Spaltstücke gehören, und daran ändern die 2 bis 3 freigemachten Neutronen nur wenig. Die Spaltstücke treten also mit einem beträchtlichen Neutronenüberschuß ins Leben und sind daher instabil. Damit sie stabil werden, müssen einige ihrer Neutronen in Protonen verwandelt werden. Sie wandeln sich also in mehreren Schritten unter Aussendung von Elektronen β^- in stabile Endprodukte um. Da sie meist recht kurzlebig sind und überdies jeder Kern sich mehrfach umwandelt, so ist die Kernspaltung von dem Auftreten einer außerordentlich intensiven Radioaktivität begleitet. Einige der primären Spaltprodukte mit besonders hohem Neutronenüberschuß sind auch Neutronenstrahler. Insgesamt hat man bis heute — ganz abgesehen von den instabilen Zwischengliedern — weit über 100 stabile Endprodukte mit Nukleonenzahlen zwischen 70 und 160 festgestellt, welche 34 verschiedenen Elementen angehören, also das ganze mittlere Drittel des periodischen Systems umfassen.

Mit langsamen (thermischen, §374) Neutronen, wie sie HAHN und STRASSMANN verwendeten, wird nur das Urannuklid $^{235}_{92}\mathrm{U}$ gespalten, das im natürlichen Uran nur im Verhältnis $1:140$ zum Nuklid $^{238}_{92}\mathrm{U}$ vorhanden ist. (Es ist die Mutter-

---

[1] OTTO RUDOLF FRISCH, geb. 1904.

substanz der Actiniumreihe.) Mit langsamen Neutronen spaltbar sind ferner mehrere andere Kerne mit ungerader Neutronenzahl, z.B. $^{233}_{92}$U und $^{239}_{94}$Pu. Dagegen erfordern z.B. $^{238}_{92}$U und $^{232}_{90}$Th Neutronen von etwa 1,1 MeV. Mit Deuteronen von 190 MeV, α-Teilchen von 380 MeV und mit sehr energiereichen γ-Quanten können Kerne bis zur Protonenzahl 26 (Fe) gespalten werden.

Die Spaltbarkeit der schweren Kerne beruht darauf, daß mit wachsender Protonenzahl die gegenseitige Abstoßung ihrer Protonen mehr und mehr zunimmt und nur bis zu einem stets geringer werdenden Grade durch die Kernkräfte aufgehoben wird. Wahrscheinlich erhalten diese Kerne durch das Eindringen des Geschosses eine etwas längliche Gestalt und schnüren sich dann irgendwo — bald hier, bald da, aber nicht allzu weit von ihrer Mitte — zunächst ein, um dann explosiv auseinanderzubrechen.

385. Kettenreaktionen. Die Tatsache, daß die bei der Kernspaltung auftretenden Spaltstücke eine ungeheuer große Energie besitzen und ferner bei jedem Spaltungsvorgang einige Neutronen frei werden, hat eine Möglichkeit von weltgeschichtlicher Bedeutung eröffnet: *die technische Gewinnung von Kernenergie.* Nehmen wir einmal an, daß bei einem reinen mit Neutronen spaltbaren Stoff, z.B. Uran, je Spaltungsvorgang nur immer 2 Neutronen freiwerden. Dann können diese Neutronen zwei weitere Kerne spalten, wobei 4 Neutronen frei werden, die ihrerseits 4 Kerne spalten können. In den folgenden Schritten

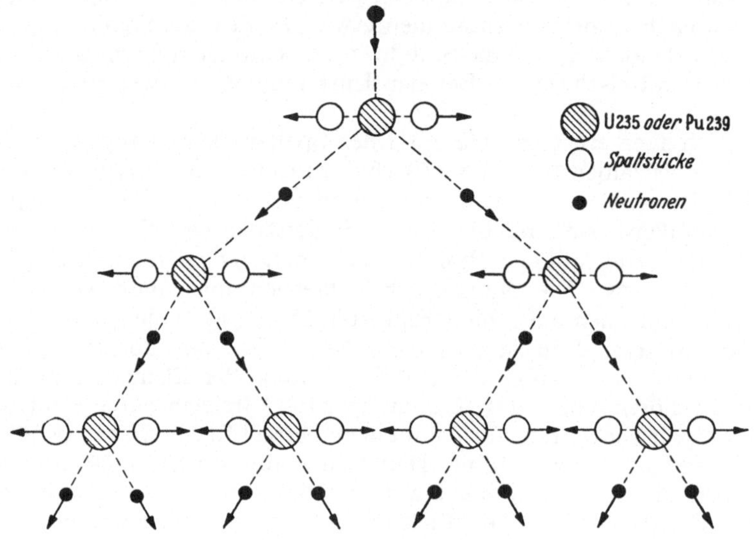

Abb. 649. Schema einer atomaren Kettenreaktion

werden 8, 16, 32 usw. Kerne gespalten, und das muß mit ungeheurer Schnelligkeit aufeinander folgen (Abb. 649). So sollte der Spaltungsprozeß in kürzester Frist schlagartig den ganzen vorhandenen Stoff ergreifen, ihn in hochradioaktive Spaltprodukte zerlegen und einen ungeheuren Betrag an Kernenergie freimachen. Es sollte eine *atomare Kettenreaktion* eintreten, und der spaltbare Stoff müßte ein *Sprengstoff* von einer bis dahin völlig unvorstellbaren Gewalt sein. Da es in der Natur immer und überall vagabundierende Neutronen in genügender Zahl gibt, so müßte jeder solche Stoff schon längst detoniert sein, und man hat sich anfänglich auch etwas verwundert gefragt, wie es überhaupt möglich ist, daß es auf der Erde noch Uran gibt.

Die Erklärung dafür ist folgende. Das natürliche Uran besteht aus den Isotopen $^{235}_{92}$U und $^{238}_{92}$U (kurz U 235 und U 238) im Mengenverhältnis 1:140. Sie sind beide durch Neutronen spaltbar, das weitaus häufigere Isotop U 238 aber nur durch sehr schnelle Neutronen, das seltene Isotop U 235 aber bevorzugt durch langsame Neutronen. Die bei den Spaltprozessen entstehenden Neutronen sind für die Spaltung von U 238 meist zu langsam, aber für die Spaltung von U 235 zu schnell. Sie reagieren aber mit dem U 238 unter Bildung von Neptunium $\rightarrow$ Plutonium. Daher werden die Neutronen fast ausnahmslos vom U 238 abgefangen, ehe sie mit einem Kern des U 235 reagieren können. Es gibt auch noch einen weiteren Grund, weshalb wenigstens ein Stück auch eines ganz reinen spaltbaren Stoffes unterhalb einer bestimmten *kritischen Größe* nicht detoniert. Da die schnellen freigemachten Neutronen sehr durchdringend sind, so entweicht aus einem kleineren Körper ein so großer Bruchteil von ihnen, daß von den zwei bis drei je Spaltprozeß freiwerdenden Neutronen im Durchschnitt weniger als eines dazu kommt, eine weitere Spaltung auszulösen. Mindestens *eines* aber ist erforderlich, um ein Andauern oder gar ein lawinenartiges Umsichgreifen einer Kettenreaktion zu ermöglichen. Es liegt also die zunächst sehr sonderbar anmutende Tatsache vor, daß ein Körper aus spaltbarem Stoff völlig harmlos ist, solange er seine kritische Größe nicht überschreitet. Ist diese aber nahezu erreicht, so genügt eine ganz geringe Vergrößerung, um ihn alsbald zur Detonation zu bringen.

Die Zahl der je Spaltungsvorgang durchschnittlich wieder zur Hervorrufung einer weiteren Spaltung gelangenden Neutronen nennt man den *Multiplikationsfaktor*. Ist er wegen der Reaktionen mit dem U 238 und anderen Stoffen oder wegen Unterschreitung der kritischen Größe kleiner als 1, so kann keine Kettenreaktion anlaufen. Ist er auch nur wenig größer als 1, so erfolgt eine *explosive Kettenreaktion*. Um eine langsam und stetig verlaufende, *kontrollierte Kettenreaktion* zu unterhalten, muß dafür gesorgt werden, daß der Multiplikationsfaktor stets genau auf dem Wert 1 gehalten wird.

386. Kernwaffen. Auf explosiven Kettenreaktionen in reinem spaltbaren Stoff — heute stets Plutonium — beruht die im zweiten Weltkrieg entwickelte Atombombe (A-Bombe). Hingegen beruht die seither entwickelte, viel wirksamere, Wasserstoffbombe (H-Bombe) auf der *Kernfusion*, der Bildung von Heliumkernen, die eine ungeheure Energie freisetzt (§§367 und 387, sowie §403), und zwar wahrscheinlich auf der Reaktion $^{7}_{3}\text{Li} + ^{1}_{1}\text{H} \rightarrow 2\,^{4}_{2}\text{He}$, wobei die beiden Reaktionspartner als Lithiumhydrid LiH vorliegen. Zunächst zerfällt das Li nach $^{7}_{3}\text{Li} \rightarrow 3\,^{1}_{1}\text{H} + 4\,^{1}_{0}\text{n}$, so daß die Fusion selbst nach $4\,^{1}_{1}\text{H} + 4\,^{1}_{0}\text{n} \rightarrow 2\,^{4}_{2}\text{He}$ verläuft. Zur Zündung der Kernfusion bedarf es einer Temperatur von rund 10^8 K, die durch eine eingebaute A-Bombe erzeugt wird.

Bei der Schaffung der ersten Atombomben hatte man es ausschließlich auf ihre ungeheure Sprengwirkung abgesehen. Bald aber erwies sich, daß sie auch darüber hinaus eine Quelle ungeheurer Gefahren bilden. Bei ihrer Detonation entwickeln sich nicht nur aus ihrem eigenen Material, sondern vor allem auch durch Kernprozesse, welche die freiwerdenden Neutronen in der Umgebung des Detonationsortes hervorrufen, sehr große Mengen an hoch radioaktiven Nukliden, die bis in die Stratosphäre emporgeschleudert und durch die Luftströmungen weltweit verfrachtet werden (sog. fall-out). In größeren Mengen eingeatmet oder mit der Nahrung eingenommen, können sie zu schweren akuten Schädigungen oder gar zum Tode führen. Besonders gefährlich ist das sehr langlebige Strontiumnuklid $^{90}_{38}\text{Sr}$, das u.a. über den Regen und die Grasnahrung der Kühe in die Milch übergeht, zusammen mit dem chemisch nahe verwandten Ca in die Knochen eingebaut wird und schwere Schädigungen des die roten Blutkörperchen bildenden Knochenmarks hervorruft. Noch ernster ist aber die Möglichkeit, daß diese Stoffe Mutationen des menschlichen Erbgutes — und überhaupt des Erbgutes aller Organismen — herbeiführen können, welche bei längerer Fortsetzung der Bombenversuche die natürliche Mutationsrate erheblich überschreiten können. Solche Mutationen sind fast ausnahmslos schädlich und können — wenn auch vielleicht erst im Laufe von einigen Generationen — einen unheilvollen Einfluß auf den körperlichen und geistigen Zustand der Menschheit gewinnen. Da ein dritter Weltkrieg ohne Zweifel auch mit Kernwaffen geführt werden würde, ist mit ihrer Existenz die Menschheit vor die Entscheidung gestellt, ob sie in Zukunft die Interessengegensätze zwischen den Staaten nur noch auf friedlichem Wege schlichten oder in einem Kriege sich selbst vernichten will.

387. Kernenergie für friedliche Zwecke. Die Menschheit vermehrt sich jährlich um mehr als 1%, ihr Energiebedarf aber um etwa 10%, und er wird mit der Industrialisierung der Entwicklungsländer noch schneller wachsen. Aber die Zeitspanne, innerhalb derer die wirtschaftlich gewinnbaren Vorräte an fossilen Brennstoffen (Kohle, Erdöl, Erdgas) erschöpft und alle ergiebigen Wasserkräfte erschlossen sein werden, beträgt wahrscheinlich nur einige Jahrhunderte. Deshalb muß schon jetzt daran gegangen werden, die ungeheure Energiequelle nutzbar zu machen, die die Kernspaltung zur Verfügung stellt. Diesem Zweck dienen die *Kernreaktoren.* Sie wurden zuerst nur zur Gewinnung von Plutonium für A-Bomben entwickelt. Für die Zukunft aber liegt ihr wirtschaftlicher Schwerpunkt auf der Gewinnung elektrischer Energie aus der bei der Kernspaltung freiwerdenden Energie.

Durch verschiedene Kunstgriffe ist es gelungen, eine Kettenraktion auch in natürlichem Uran hervorzurufen, obgleich es nur 0,7% an dem durch langsame Neutronen spaltbaren U 235 enthält. (Das Uran 238 ist zwar durch schnelle Neutronen spaltbar; aber in den allermeisten Fällen tritt statt dessen die Bildung von Plutonium ein.) Dabei waren vor allem folgende Probleme zu lösen:

1. Es muß verhindert werden, daß allzu viele Neutronen durch das U 238 abgefangen werden und mit ihm reagieren, ehe sie zur Spaltung eines Kerns des U 235 gelangen. Deshalb müssen möglichst viele der anfänglich für eine solche Spaltung zu schnellen Neutronen schnell so weit verlangsamt werden, daß sie mit dem U 238 nicht mehr reagieren.

2. Die kritische Größe muß erreicht sein.

3. Der Multiplikationsfaktor muß auf dem Wert 1 gehalten werden, damit die Reaktion weder explosiv ausartet noch abstirbt.

Auf Einzelheiten können wir hier nicht eingehen, sondern nur einiges Grundsätzliche mitteilen. Im Innern eines Reaktors befindet sich natürliches oder an U 235 angereichertes Uran, meist in Form von Stäben *(Brennstoffelementen),* die in einen *Bremsstoff (Moderator)* eingebettet sind, gewöhnliches oder besser schweres Wasser (D_2O, §365) oder reinster Graphit. Mit diesen reagieren die Neutronen nur äußerst wenig, aber sie werden in ihnen durch Zusammenstöße sehr wirksam verlangsamt, so daß sie nach ihrer Rückkehr in ein Brennstoffelement nur noch mit dem U 235 reagieren. Die kritische Größe ist natürlich sehr viel größer als bei einem reinen spaltbaren Stoff. Die Regelung des Multiplikationsfaktors erfolgt durch mehr oder minder tiefes Einschieben von Cadmium- oder Borstahlstäben in den Reaktor, welche begierige Neutronenfänger sind. Doch wäre diese Art der Regelung viel zu träge, wenn alle Neutronen bereits im Augenblick der Spaltung entstünden. Hier kommen die in §384 erwähnten neutronenstrahlenden Spaltprodukte zur Hilfe, deren Neutronen erst etwa im

Laufe einer Minute nach dem Spaltprozeß emittiert werden *(verzögerte Neutronen)*. Eine momentane Verstärkung der Kettenreaktion wirkt sich daher erst im Laufe dieser Frist voll aus, und das genügt, um mit der Regelung durch die Stäbe nachzukommen und die Gefahr einer Detonation rechtzeitig zu beheben.

Im Laufe der Zeit reichern sich die Brennstoffelemente mehr und mehr an dem durch die noch verbleibenden schnellen Neutronen gebildeten Pu 239 und an hochradioaktiven Spaltprodukten an. Sie werden dann ausgewechselt, und das verbliebene Uran, das Plutonium und die Spaltprodukte werden chemisch getrennt. Während erstere beide weiter verwendet werden können, gibt es für die überwiegende Menge der Spaltprodukte heute noch keine Verwendung. Das Problem der Beseitigung dieses gefährlichen „Atommülls" ist bisher noch nicht befriedigend gelöst. Die im Reaktor anfallende Wärme wird mittels einer Kühlflüssigkeit und eines Wärmeaustauschers einem Kraftwerk herkömmlicher Art zugeführt. Indessen ist man heute bemüht, den wegen des schlechten Wirkungsgrades von Dampfkraftwerken unwirtschaftlichen Umweg über solche zu vermeiden und die Spaltenergie unmittelbar in elektrische Energie umzuwandeln *(Energie-Direktumwandlung)*. Notwendig ist natürlich ein sehr wirksamer Strahlungsschutz des Bedienungspersonals durch dicke Wände aus Spezialbeton und eine sorgfältige Kontrolle der Radioaktivität in der Umgebung.

Die Kernreaktoren sind noch in voller Entwicklung, und mehr oder weniger einheitliche Typen beginnen erst zu entstehen. Für reine Forschungszwecke verwendet man vielfach sog. homogene Reaktoren mit einer Leistung von der Größenordnung 100 W. Sie enthalten den Spaltstoff als Uransalz, gelöst in Wasser, das gleichzeitg als Bremsstoff dient. Manche Reaktoren dienen überwiegend zur Gewinnung radioaktiver Nuklide mit Hilfe der Neutronenstrahlung für zahlreiche wissenschaftliche und technische Zwecke (§ 376).

Die Zukunft liegt ohne Zweifel bei den sog. *schnellen Brütern*. In diesen werden die bei einer Kernspaltung auftretenden schnellen Neutronen nur zum Teil in einem Moderator verlangsamt und bewirken zum anderen Teil eine Umwandlung des Uran 238 in spaltbares Plutonium, das seinerseits als Kernbrennstoff dienen kann. Auf diese Weise kann mittelbar auch das U 238, das ja mehr als 100mal häufiger ist als das Uran 235, zur Energieerzeugung herangezogen werden. Das ist entscheidend wichtig, da bei alleiniger Ausnutzung des Urans 235 die wirtschaftlich gewinnbaren Uranmengen wahrscheinlich in einigen Jahrzehnten erschöpft sein werden.

In aller Welt wird aber schon daran gearbeitet, auch die sehr viel ergiebigere, in der H-Bombe ablaufende *Kernfusion*, die Bildung von Heliumkernen, für die Zwecke der friedlichen Technik nutzbar zu machen. Dann darf die Reaktion natürlich nicht, wie in der Bombe, explosiv ablaufen und durch eine A-Bombe gezündet werden, die die nötige extrem hohe Temperatur von $300 \cdot 10^3$ bis $400 \cdot 10^6$ K erzeugt. Doch ist man davon heute noch so weit entfernt, daß es verfrüht wäre, hier über diese Versuche zu berichten.

388. Elementarteilchen. Nachdem man wußte, daß die *Nukleonen* (Protonen und Neutronen) und die *Elektronen* die einzigen Bausteine der Atome sind, hielt man sie zunächst für die einzigen Erscheinungsformen der Materie und nannte sie *Elementarteilchen*. Dann aber entdeckte LAWRENCE das Positron. Dazu kam das von YUKAWA postulierte, später auch nachgewiesene Teilchen, und ANDERSON entdeckte in der kosmischen Strahlung (§ 401) ein Teilchen, das zunächst irrtümlich für das Yukawasche Teilchen gehalten wurde. Dann begann vor etwa 20 Jahren eine sehr intensive und überraschend erfolgreiche Suche nach weiteren Teilchen, deren man heute mehr als 100 kennt. Sie unterscheiden sich durch ihre

Massen, ihre Ladungen (positiv, negativ und ungeladen) und weitere Eigenschaften und sind sämtlich instabil mit Halbwertzeiten zwischen etwa 10^{-8} und 10^{-23} s.

Zu jedem Teilchen gibt es ein *gleich schweres Antiteilchen*, das sich von jenem nur in einer einzigen Eigenschaft unterscheidet. Bei geladenen Teilchen ist das das Ladungsvorzeichen (Elektron und Antielektron = Positron, Proton und Antiproton); bei ungeladenen Teilchen sind es andere Eigenschaften, auf die wir hier nicht eingehen können. Teilchen und Antiteilchen zerstrahlen miteinander (§363), Elektron und Positron in Gammaquanten, Proton und Antiproton meist in ein Pion und ein Antipion (s. u.), manchmal aber auch in Gammaquanten.

Die Elementarteilchen zerfallen in drei Klassen mit sehr verschiedenen Eigenschaften, die leichten *Leptonen*, die mittelschweren *Mesonen* und die schweren *Baryonen*. In der folgenden Übersicht sind stets die Antiteilchen einbegriffen. Die Massen der Teilchen (bei den Mesonen und den Baryonen in ihrem Grundzustand, s. u.) sind in Vielfachen der Elektronenmasse m_e angegeben.

Leptonen sind das *Elektron* und das *Myon* ($207\ m_e$), die nur als geladene Teilchen existieren. Das Myon ist das von ANDERSON entdeckte Teilchen. Es unterscheidet sich vom Elektron nur durch seine mehr als 200mal größere Masse. Ein negatives Myon kann kurzfristig in eine einem Atomkern sehr nahe oder sogar in ihm verlaufende Quantenbahn eingehen, wird aber sehr schnell durch einen Einfangprozeß (§376) verschluckt und bewirkt eine Kernumwandlung.

Mesonen sind das *Pion* (ungeladen $264\ m_e$, geladen $273\ m_e$), das $\varkappa$-*Meson* (ungeladen $974\ m_e$, geladen $967\ m_e$) und das nur ungeladene η-*Meson* ($1067\ m_e$). Das von LATTES, OCCIALONI und POWELL[1] entdeckte Pion ist das Yukawasche Teilchen.

Das leichteste *Baryon* ist das *Nukleon* (das geladene Proton, $1836\ m_e$, das ungeladene Neutron, $1839\ m_e$). Von den schwereren Baryonen sind bisher Massen bis zu $4620\ m_e$ bekannt. Außer dem nur ungeladenen Λ-Teilchen existieren sie ungeladen und geladen, eines sogar doppelt geladen.

Für die Mesonen und die Baryonen hat GELL-MANN eine *Systematik* entwickelt, die auf der Anwendung von 7 Folgen von Quantenzahlen beruht, die 7 verschiedene Eigenschaften der Teilchen beschreiben: die Energie, den Drehimpuls, die Ladung und vier weitere Eigenschaften. So ist es gelungen, die Mesonen und Baryonen in einige wenige Gruppen aufzuteilen. Am Anfang jeder Gruppe steht je ein Teilchen im unangeregten Grundzustand, und die weiteren Teilchen sind angeregte Zustände dieses Teilchens. Mit ihrer Anregungsenergie wachsen ihre Massen (§331) und können, von der Masse des Teilchens im Grundzustand ausgehend, in Übereinstimmung mit der Erfahrung berechnet werden. Auch konnten weitere Teilchen vorausgesagt werden, deren einige dann auch aufgefunden wurden. Ganz unerklärt sind aber noch die verschiedenen Massen der Teilchen im Grundzustand.

Alle diese Teilchen entstehen durch Kernprozesse verschiedenster Art. Sie werden in der sekundären kosmischen Strahlung beobachtet, vor allem aber systematisch durch im Teilchenbeschleuniger auf hohe Energien beschleunigte Teilchen unmittelbar oder mittelbar erzeugt. Zu ihrer Beobachtung dienen unter anderem die Blasenkammer (§370) und die Funkenkammer. Diese besteht aus einem Paket von einander isolierter, geladener Metallplatten, zwischen denen ein Funke überspringt, wo ein Teilchen hindurchgegangen ist und Spuren hinterläßt. Ferner verwendet man Pakete von besonders präparierten Photoschichten, in denen nach Entwicklung die Bahnen geladener Teilchen sichtbar sind. Aber

---

[1] CECIL FRANK POWELL, 1902—1969, Nobelpreis 1950.

auch auf ungeladene Teilchen kann man auf Grund bestimmter Merkmale schließen. Die Abb. 650 zeigt ein sehr lehrreiches Beispiel. Links oben bei B und C sieht man zwei gleichzeitig erfolgte Paarerzeugungen (§363), die vom Einfall zweier energiereicher Lichtquanten (Photonen) herrühren müssen. Ihre rückwärts verlängerten, unsichtbaren Bahnen schneiden sich im Punkt A, wo die sichtbare Bahn eines von rechts her einfallenden geladenen Teilchens endet, das auf ein Proton p gestoßen ist und als ein negatives Pion π^- erkannt werden kann. Dabei

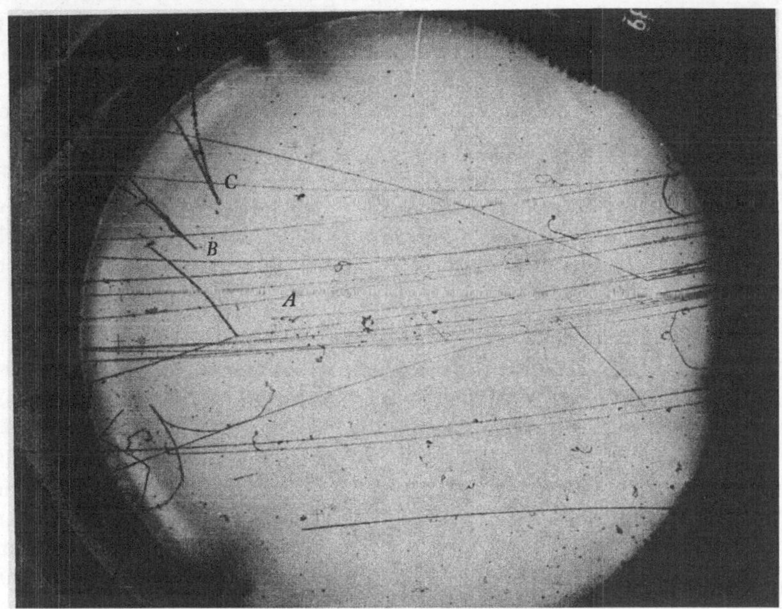

Abb. 650. Umwandlungen von Elementarteilchen. (Aus FORD, „Die Welt der Elementarteilchen", Heidelberger Taschenbücher.)

wandeln sich das Proton und das Pion in ein ungeladenes Pion π_0 und ein Neutron n um, $\pi^- + p \rightarrow \pi^0 + n$. Das sehr instabile π^0 zerstrahlt unmittelbar danach in die beiden Lichtquanten, die die Prozesse in B und C hervorrufen.

Zu den Elementarteilchen rechnet man auch die *Photonen* (Lichtquanten) und die *Neutrinos* (§379). Sie haben gemeinsam, daß sie ungeladen sind, als ruhende Teilchen überhaupt nicht existieren und sich nur mit Lichtgeschwindigkeit bewegen. Aber ebenso wie die Photonen ($h\nu$) können die Neutrinos beliebig verschiedene Energien und Massen haben. Es gibt zwei Arten von Neutrinos. Die eine Art ist mit der Entstehung von Elektronen gekoppelt (Betastrahlung, §379), die andere mit der Entstehung von Myonen. Ihre Wechselwirkungen mit der Materie sind so überaus gering, daß in die Erde einfallende Neutrinos sie fast ausnahmslos unbeeinflußt durchdringen können. Deshalb hat es nach ihrer Postulierung durch PAULI (§379) sehr lange gedauert, bis ihre Existenz endgültig gesichert war. Nur ganz selten beobachtet man eine Kernreaktion, die auf Grund bestimmter Merkmale nur als Wirkung eines Neutrinos gedeutet werden kann, z.B. $p^+ + \nu \rightarrow n + \beta^+$ (ν ist das Neutrino). Während es zu jedem Neutrino ein Antineutrino gibt, gibt es nur eine einzige Sorte von Photonen; man sagt in der Systematik, daß jedes Photon sein eigenes Antiphoton ist.

Die Bezeichnung als Elementarteilchen hat sich für alle diese Teilchen erhalten, obgleich man heute weiß, daß keines von ihnen als wirklich elementar, d.h.

als Baustein aller übrigen Teilchen betrachtet werden kann. Ein Versuch, sie alle aus wirklich elementaren Teilchen, den sog. *Quarks* zusammengesetzt zu verstehen, die bisher nie nachgewiesen werden konnten, ist rein hypothetisch, vielleicht sogar nur formal.

Es ist vorstellbar, daß fern im Weltall Galaxien (§ 406) existieren, deren Materie nur aus *Antimaterie* — Antiprotonen, Antineutronen, Positronen — besteht. An dem von ihnen kommenden Licht könnte man aber eine solche „Antigalaxie" von einer anderen Galaxie gar nicht unterscheiden, da überall im Weltall die gleichen Naturgesetze herrschen, also Atome und „Antiatome" identische Spektren erzeugen und Antiphotonen von Photonen nicht unterscheidbar sind (s. o.). Sollte einmal eine Antigalaxie mit einer gewöhnlichen Galaxie in Berührung kommen, so müßten sie in einer Katastrophe von unvorstellbarem Ausmaß miteinander zerstrahlen.

Die Erforschung der Elementarteilchen, ihrer Eigenschaften, Wechselwirkungen und Umwandlungen wird heute in aller Welt mit immer größerem Aufwand an Mitteln und Aufbietung eines ungewöhnlichen Scharfsinns vorangetrieben und ist heute unstreitig das interessanteste Gebiet der Physik. Im Rahmen dieses Buches mußten wir uns aber auf die wenigen Angaben beschränken, die wir gemacht haben[1].

389. Die Struktur des Protons und des Neutrons. Im Jahre 1960 haben HOFSTADTER[2] und seine Mitarbeiter nachgewiesen, daß das Proton und das Neutron eine *komplizierte elektrische Struktur* haben. Die Messungen haben eine gewisse Verwandtschaft mit denen von GEIGER und MARSDEN (§ 342), mit denen sie die Struktur der Atome mit Hilfe von α-Strahlen ermittelten. HOFSTADTER beschoß Protonen und Neutronen mit äußerst energiereichen Elektronen und konnte aus deren Winkelverteilung nach der Wechselwirkung mit den Teilchen (vgl. Abb. 599) die in diesen herrschende Ladungsverteilung berechnen. Dabei

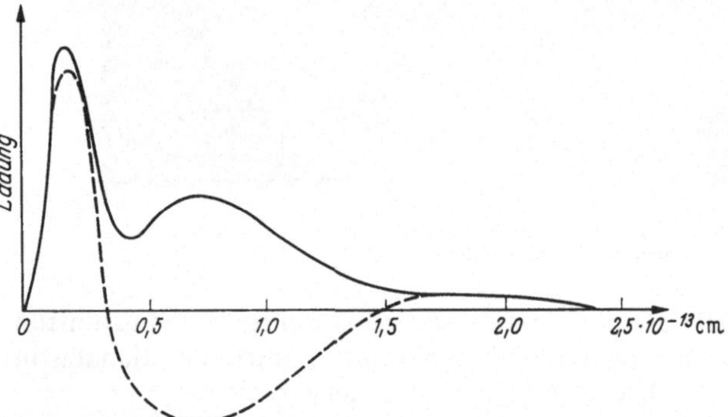

Abb. 651. Ladungsverteilung von Proton (———) und Neutron (— — —)

ergab sich, daß das Proton aus einem sehr kleinen positiven Kern besteht, der etwa 35 % der Gesamtladung des Protons trägt. Der Kern ist in verschiedenen Abständen von einer negativen und einer positiven Wolke von Pionen (§ 388) umgeben, und die Summe aller dieser Ladungen beträgt ein positives Elementarquantum. Der verschiedene Abstand der Ladungsanteile von der Achse des rotierenden Protons (Spin) erklärt den Wert $+2{,}793\ M_K$ seines magnetischen Moments (§ 358). Eine ähnliche Struktur mit dem gleichen positiven Kern hat das Neutron, nur ist seine Ladungssumme Null (Abb. 648). So wird auch sein magnetisches Moment $-1{,}913\ M_K$ aus der Art seiner Ladungsverteilung verständlich.

---

[1] Dem näher interessierten Leser sei das Buch von KENNETH W. FORD, „Die Welt der Elementarteilchen" (Heidelberger Taschenbücher, Band 9, 1966) empfohlen. Es will zwar genau studiert sein, setzt aber kaum mehr an Kenntnissen voraus als unser Buch vermittelt.

[2] ROBERT HOFSTADTER, geb. 1915, Nobelpreis 1961.

Dreizehntes Kapitel

Astrophysik und Physik des Weltalls

390. Die Erde. Die Erde umläuft die Sonne in einem mittleren Abstande von $149,5 \cdot 10^6$ km. Sie ist näherungsweise ein Rotationsellipsoid. Ihre Gestalt (Erdfigur) wird durch eine bestimmte Niveaufläche der Schwerkraft, die etwa der Meeresoberfläche entspricht, das *Geoid*, idealisiert. Ihr Äquatorialradius beträgt $a = 6378,109$ km, ihr Polarradius $b = 6356,912$ km, ihre Abplattung $(a-b)/a = 1/298$, ihr mittlerer Radius 6370 km. Ihre Masse beträgt $5,977 \cdot 10^{27}$ g, ihre mittlere Dichte $5,517$ g cm^{-3}, die Dichte der Erdkruste aber nur rund $2,60$ g cm^{-3}. Die häufigsten in der Materie der Erde vertretenen Elemente sind Fe, Ni, S, Si, Mg, O, ferner Na, Ca und Al. Die leichtesten Elemente sind relativ selten, vermutlich weil sie in der ersten, heißen Entwicklungsphase der Erde zum großen Teil entwichen sind. Die Verteilung der Elemente und ihrer Verbindungen innerhalb der Erde ist von der Geochemie schon sehr weitgehend erklärt (GOLDSCHMIDT[1]).

Nahe der Erdoberfläche nimmt die Temperatur nach innen um 1 grd auf je 25 bis 70 m (durchschnittlich 33 m, *geothermische Tiefenstufe*) zu. Der Temperaturverlauf in der Tiefe und die Mittelpunktstemperatur sind sehr unsicher. Dagegen kann man den Verlauf von Druck und Dichte in der Tiefe recht genau abschätzen. Bei der Aufrechterhaltung des Temperaturgleichgewichts der Erde spielt neben der Sonnenstrahlung die durch radioaktiven Zerfall, vor allem des radioaktiven Kaliums, erzeugte Wärme eine maßgebende Rolle.

Die einzige Kunde über die *physikalische Beschaffenheit des Erdinnern* liefern uns die Erdbebenwellen. Die Art und Geschwindigkeit ihrer Ausbreitung beweisen, daß die Erde aus mehreren *Schalen* von merklich verschiedener Beschaffenheit besteht, die sehr scharf gegeneinander abgegrenzt sind. Die *Erdkruste* besteht auf festem Gestein und ist in den Kontinenten bis zu 70 km, unter den Ozeanen aber höchstens 5 bis 10 km dick. In der oberen Schicht der Kontinente sind Silizium und Aluminium besonders stark vertreten; deshalb nennt man diese Schicht das *Sial*. In der tieferen Schicht tritt Magnesium an die Stelle des Aluminiums; man nennt sie deshalb das *Sima*. Auf das Sima folgt der glutflüssige *Erdmantel*, auf dem die Erdkruste in hydrostatischem Gleichgewicht schwimmt *(Isostasie)*. Die scharfe Grenze zwischen Erdkruste und Erdmantel heißt nach ihrem Entdecker *Mohorowicic-Grenze*. Man beabsichtigt, an einer tiefen Stelle des Ozeans eine Bohrung — *Mohole* genannt — durch das Sima zu treiben, um etwas über das Material des Erdmantels zu erfahren. Auf den Erdmantel folgt in einer Tiefe von etwa 2900 km der *äußere Erdkern*, in einer Tiefe von etwa 5100 km der *innere Erdkern*, dessen Material wegen des Drucks von etwa 10^6 atm wahrscheinlich teilweise fest ist. Ob er, wie bisher oft angenommen, überwiegend aus Eisen und Nickel besteht, ist neuerdings zweifelhaft geworden. (Natürlich kann man nicht, wie es gelegentlich geschehen ist, mit dieser Annahme den Erdmagnetismus erklären. Denn bei der hohen Temperatur des Erdkerns ist der Curiepunkt des Eisens und des Nickels sehr weit überschritten und kein Ferromagnetismus mehr möglich.)

Der *Erdmond* hat einen Bahnradius von 384420 km $= 60,27$ Erdradien. Seine Masse ist gleich $1/81$ der Erdmasse, seine mittlere Dichte $3,342$ g cm^{-3}, also etwa gleich derjenigen der irdischen Silikathülle. Die Mondkrater sind ohne Zweifel durch den Einfall von Meteoren verschiedenster Größe entstanden. Gelegentliche Beobachtungen können vielleicht als Anzeichen eines ganz schwachen Vulkanismus gedeutet werden. Wenn überhaupt, so hat der Mond eine Atmosphäre

---

[1] VICTOR MORITZ GOLDSCHMIDT, 1888—1947.

von nur äußerst geringer Dichte. Ein magnetisches Feld haben Messungen mit Raumsonden nicht nachweisen können. (Deshalb ist die Existenz von organischem Leben auf dem Mond höchst unwahrscheinlich, §401.) Die Oberflächentemperatur des Mondes beträgt an seiner Tagseite etwa 150 °C, an seiner Nachtseite −130 °C. — Von verschiedenen Hypothesen über die Entstehung des Mondes ist die wahrscheinlichste, daß er vor 4 bis 5 Milliarden Jahren als Zwillingsplanet gleichzeitig mit der Erde entstanden ist.

391. Das Alter von Gesteinen und der Erde. Sehr viele Gesteine enthalten, wenigstens in Spuren, Uran, dessen Isotop $^{238}_{92}U$ eine Halbwertzeit (§373) von $4{,}51 \cdot 10^9$ Jahren hat. Es ist die Muttersubstanz der Uran-Reihe (§371), die in dem stabilen Bleiisotop $^{206}_{82}Pb$ endet. Aus dem Verhältnis $^{206}_{82}Pb : {}^{238}_{92}U$ und der Halbwertzeit des letzteren kann man das *Alter des Gesteins* berechnen, d. h. die Zeit, die verstrichen ist, seitdem das Uran in dem erstarrenden Gestein abgeschieden wurde. (Ein etwa gleichzeitig abgeschiedener Gehalt an natürlichem Isotopengemisch des Bleis kann erkannt und in Rechnung gesetzt werden.) Da ferner jedes Uranatom auf dem Wege seiner schrittweisen Umwandlung in Blei 8 Alphateilchen, also Heliumkerne liefert, so kann das Alter auch aus dem Verhältnis Helium : Uran berechnet werden. Wegen der Möglichkeit eines allmählichen Entweichens von Helium ist diese Methode vor allem für jüngere Mineralien verwendbar, während die Bleimethode bei zunehmendem Alter immer genauer wird. Noch genauer ist bei sehr alten Gesteinen die Rubidium-Strontium-Methode (O. HAHN). Sie beruht auf der Ermittlung des Strontiumgehalts rubidiumhaltiger Mineralien, der durch den Prozeß $^{87}_{37}Rb \xrightarrow{\beta^-} {}^{87}_{38}Sr$ (Halbwertzeit $48{,}5 \cdot 10^9$ Jahre) entstanden ist. Eine weitere Methode ist die Kalium-Argon-Methode, die auf dem Prozeß $^{40}_{19}K \xrightarrow{\beta^-} {}^{40}_{20}Ar$ (Halbwertzeit $1{,}11 \cdot 10^9$ Jahre) beruht.

Diese Verfahren liefern die einzige *absolute Zeitskala der Geologie.* Das Alter der ältesten Gesteine, die aber vor ihrer Bildung schon mehrfache Metamorphosen (Aufschmelzen und Wiedererstarren) durchgemacht haben, beträgt etwa $4{,}5 \cdot 10^9$ Jahre; hingegen ist z. B. der Trachyt des Drachenfels am Rhein nur etwa $25 \cdot 10^6$ Jahre alt. Die ersten fossilen Spuren organischer Substanz findet man im Archaikum vor etwa $1{,}5 \cdot 10^9$ Jahren. Das Alter der festen Erdkruste muß mindestens 5 bis $6 \cdot 10^9$ Jahre betragen. Demnach ist das *Alter der Erde* selbst noch höher und jedenfalls nahezu von der Größenordnung des Alters des Weltalls (§408).

392. Die Expansion der Erde. Bis vor einiger Zeit hat man angenommen, daß die ursprünglich glutflüssig gewesene Erde infolge von Abkühlung durch Strahlung allmählich dichter geworden und mehr oder weniger geschrumpft sein müsse. Man hat auch die Vorgänge der Gebirgsfaltung als Schrumpfungsvorgänge zu deuten versucht. Heute sprechen indessen triftige Gründe dafür, daß sich die Erde im Gegenteil seit ihrer Bildung beträchtlich aufgebläht hat *(Expansion der Erde).* Einen ersten Hinweis darauf gab die auffallende Tatsache, daß die Kontinente nur etwa zwei Fünftel der Erdoberfläche bedecken und daß nur sie eine mächtige obere Sialschicht haben, während es unter den Ozeanen nur eine dünne Sialschicht gibt, auf die sofort das Sima folgt. Da das Sial leichter ist als das Sima, kann es nicht dort in das Sima versunken sein. Indessen kann man nicht bezweifeln, daß die Erde, als die Erdkruste als erstes erstarrte, ganz und gar homogen mit erstarrtem Material bedeckt gewesen ist. Wenn das Sial heute fast ganz auf die Kontinente beschränkt ist, so liegt die Annahme äußerst nahe, daß die Oberfläche der Erde ursprünglich nicht größer gewesen ist als die heute von den Kontinenten eingenommene Fläche, daß also *die Erde sich ausgedehnt hat,* die obere Erdkruste in Kontinente zerrissen ist.

Einen sehr auffallenden Hinweis darauf liefert die bekannte Tatsache, daß die Westküste Afrikas und die Ostküste Südamerikas so genau ineinander passen, daß ein Zufall ausgeschlossen ist. Überdies stimmen sie bis in das Karbon geologisch und paläontologisch sehr genau überein. Wesentlich hierauf hat einst A. WEGENER[1] seine Theorie gegründet, in der er annahm, daß die Kontinente ursprünglich alle zusammengehangen haben, dann aber auf Grund der Erdrotation und durch sie verursachter Trägheitskräfte allmählich auseinandergedriftet seien, natürlich noch ohne Annahme einer Expansion der Erde. Weitere Hinweise auf eine auch noch heute andauernde Expansion sind außer zum Teil noch relativ jungen Zerreißungen, vor allem die großen Grabenbrüche in den Kontinenten und unter den Ozeanen. Ein bekanntes Beispiel ist der Graben zwischen Basel und der Gegend südlich von Hannover, der aber tatsächlich von der Rhônemündung bis nach Skandinavien reicht, und als gewaltigstes Beispiel der ostafrikanische Graben — bekannt durch die neuen dortigen Frühmenschenfunde — mit seiner großen Seenkette.

Natürlich muß man für eine Expansion der Erde eine Erklärung haben, und eine solche findet sich tatsächlich in einer Hypothese von DIRAC, die sehr große allgemeinphysikalische und insbesondere kosmogonische Bedeutung hat. Aus rein theoretischen Gründen hat DIRAC bereits vor längerer Zeit die Vermutung ausgesprochen, daß die Gravitationskonstante seit der Geburt des Weltalls (§408) mehr oder weniger stetig um sehr viele Zehnerpotenzen kleiner geworden sei. Aber einzig die Gravitation ist es, die das Material der Erde (ebenso das aller übrigen Himmelskörper) infolge des Drucks der äußeren Schichten auf die inneren entgegen elastischen und sonstigen Kräften beisammen hält. Nimmt die Gravitationskonstante und damit der Druck ab, so muß die Erde sich ausdehnen. Eine bis ins einzelne gehende und mit einer sehr großen Anzahl von Erfahrungstatsachen belegte Theorie der Erdexpansion — bei der auch unsere heutige Kenntnis von den Oberflächen von Mond und Mars herangezogen wird — hat JORDAN mit seinen Mitarbeitern (vor allem BINGE) entwickelt. Wesentlich ist dabei, daß das große Ausmaß der Expansion als Wirkung rein elastischer Kräfte allein nicht erklärbar ist. Vielmehr müssen sprunghafte, mit erheblicher Dichteabnahme verbundene Phasenänderungen des Materials, die bei Druckminderung an den Grenzen der einzelnen Erdschalen auftreten, einen wesentlichen Anteil haben. Die Expansionshypothese deutet zahlreiche bisher zusammenhanglos dastehende Tatsachen von einem einheitlichen Standpunkt aus, stößt aber vorläufig auf starken Widerspruch von geologischer Seite. Sie scheint aber physikalisch interessant genug, um hier mitgeteilt zu werden.

393. Die Sonne. Die Sonne ist ein Beispiel eines ganz durchschnittlichen Sterns. (Unter einem Stern verstehen wir im folgenden stets einen sog. Fixstern, keinen Planeten.) Ihre Masse ergibt sich aus der Gleichgewichtsbedingung des Erdumlaufs: Massenanziehung = Zentrifugalkraft. Sind $r = 1{,}495 \cdot 10^{13}$ cm der mittlere Radius der Erdbahn, $u = 2\pi$ Jahr$^{-1} = 0{,}504 \cdot 10^{-8}$ s^{-1} die Winkelgeschwindigkeit des Erdumlaufs um die Sonne, m und M die Massen von Erde und Sonne, G die Gravitationskonstante, so gilt

$$G \frac{Mm}{r^2} = m\,r\,u^2, \quad \text{also} \quad M = \frac{r^3 u^2}{G}. \tag{393.1}$$

Es ergibt sich $M = 1{,}983 \cdot 10^{33}$ g; das ist das 331 950fache der Erdmasse. Der mittlere Sonnenradius beträgt $0{,}696 \cdot 10^{11}$ cm, das Volumen $1{,}41 \cdot 10^{33}$ cm^3, also die mittlere Dichte der Sonne $1{,}41$ g cm^{-3}. Natürlich ist die Dichte in den

---

[1] ALFRED WEGENER, 1890—1934.

äußeren Bereichen sehr viel kleiner, im tiefen Innern sehr viel größer, im Kern etwa $70 \, \text{g cm}^{-3}$. Die Schwerkraft ist an der Sonnenoberfläche 27,9mal größer als auf der Erde.

Ungeachtet dieser — einer irdischen Flüssigkeit entsprechenden — mittleren Dichte verhält sich die *Sonnenmaterie* und die der anderen Sterne dennoch durchweg sehr angenähert wie ein *ideales Gas* (§ 65). Einerseits wird die hohe Dichte durch den Einfluß der hohen Temperatur weit überkompensiert, die im Sonnenkern etwa 15 Millionen K beträgt (§ 403). Es kommt aber **noch** hinzu, daß die Atome der Sonnenmaterie infolge der hohen Temperatur und der dadurch bedingten großen Heftigkeit ihrer Zusammenstöße hoch ionisiert sind. Von den leichteren Atomen sind überhaupt nur noch die Kerne übrig, und die schwereren sind ihrer Elektronenhüllen mehr oder weniger beraubt. Daher sind ihre Volumina viel kleiner, und sie nähern sich viel mehr Massenpunkten als unter irdischen Bedingungen. Es kommen auf 1000 freie Elektronen etwa 740 Protonen (Wasserstoffkerne), 118 Heliumkerne (α-Teilchen) und nur knapp 3 schwerere Teilchen. Die Sonnenmaterie ist also ein ganz überwiegend aus Elektronen, Protonen und He-Kernen bestehendes *Plasma* (§ 184), das außerdem von ungeheuer zahlreichen, sehr energiereichen Lichtquanten durchsetzt ist. Der Druck im Mittelpunkt der Sonne beträgt etwa $1,35 \cdot 10^9$ atm.

Trotz ihres Gaszustandes sendet die Sonne infolge ihrer relativ hohen Dichte ebenso wie die flüssigen und festen Stoffe das bekannte *kontinuierliche Sonnenspektrum* aus. Es wird überwiegend von negativen Wasserstoffionen H^- ausgesandt. Aus der *Solarkonstante* (§ 133) berechnet sich die Gesamtstrahlungsleistung der Sonne zu $0,91 \cdot 10^{20} \, \text{cal s}^{-1} = 3,84 \cdot 10^{33} \, \text{erg s}^{-1} = 3,84 \cdot 10^{23} \, \text{kW}$. Dem entspricht ein relativistischer Massenschwund von etwa $4 \cdot 10^{12} \, \text{g s}^{-1}$ (§ 331), der aber gegenüber der Sonnenmasse — auch über kosmische Zeiten — überaus klein ist. Aus der Strahlungsleistung ergibt sich nach dem Stefan-Boltzmannschen Gesetz eine *effektive Oberflächentemperatur* von 5780 K. Doch strahlt die Sonne keineswegs wie ein schwarzer Körper. Daher liegt auch ihre aus ihrem *Farbindex* berechnete *Farbtemperatur* erheblich höher und beträgt 7000 bis 7500 K (§ 322).

Im Lichte einer einzigen Spektrallinie photographiert *(Spektroheliograph)*, zeigt die Sonnenoberfläche eine schnell wechselnde, körnig oder flockig aussehende Struktur *(Granulation)*, deren einzelne Elemente einen Durchmesser bis zu mehreren 100 km haben und wenige Minuten nach ihrem Entstehen wieder verschwinden.

Von der Sonne gehen mit einer Geschwindigkeit von etwa $300 \, \text{km s}^{-1}$ *Ströme geladener Teilchen* aus *(Sonnenwind)*, die die Erde in 1 bis 2 Tagen erreichen. Vom erdmagnetischen Feld werden sie auf die Polkappen hin abgelenkt und erzeugen bei hinreichender Intensität beim Einfall in die Erdatmosphäre die *Polarlichter* und durch Induktionswirkungen schwere Störungen des elektrischen Nachrichtenverkehrs *(magnetische Gewitter)*. Die *Sonnenflecken* sind ungeheure Wirbel ionisierter Sonnenmaterie und treten zuerst in etwa 30° Breite und zwar meist paarweise beiderseits des Sonnenäquators auf, nähern sich diesem dann bis auf etwa 8°. Ihre Häufigkeit zeigt eine sehr ausgeprägte etwa 2×11jährige Periodizität. Sie sind der Ursprung starker magnetischer Felder, die auf Grund des am Sonnenlicht hervorgerufenen Zeeman-Effekts gemessen werden können (HALE[1]). Parallel mit der Fleckenhäufigkeit gehen Einwirkungen auf das irdische Wetter. Bei Sonnenfinsternissen oder mit dem *Koronographen* (LYOT[2]), der nach einem der Schlierenmethode verwandten Verfahren arbeitet, erblickt man am Sonnenrande die fackel- oder fontänenartig mit ungeheurer Geschwindigkeit in

---

[1] GEORGE ELLERY HALE, 1868—1938.   [2] B. F. LYOT, 1897—1952.

große Höhe aufsteigenden, oft abenteuerlich gestalteten *Protuberanzen*. Zeitrafferaufnahmen von Protuberanzen vermitteln einen der wunderbarsten und erstaunlichsten Eindrücke, die ein Naturgeschehen zu geben vermag.

Die Sonnenstrahlungsenergie wird im innersten Kern der Sonne erzeugt und wandert von dort unter ständigen Wechselwirkungen mit der Sonnenmaterie nach außen (Näheres s. §403). Die äußerste Schicht des Sonnenkörpers, aus der der Hauptteil der Strahlung nach außen hervorbricht, heißt die *Photosphäre*. Sie geht schnell, aber stetig in die *Chromosphäre* über. Diese sendet, wie man bei totalen Sonnenfinsternissen beobachten kann, die gleichen Linien in Emission aus, die in ihr als Fraunhofersche Linien absorbiert werden. Die Linien können sämtlich bekannten Elementen zugeordnet werden.

Nach außen hin geht die Chromosphäre in die äußerst dünne *Sonnenkorona* über, die sich in sehr unregelmäßiger und schnell wechselnder Gestalt weit in den Raum hinaus erstreckt. Mit dem Koronographen kann man die sonst nur bei Sonnenfinsternissen sichtbaren Protuberanzen und die Korona jederzeit sehen und sogar filmen. Das Spektrum der Korona zeigt charakteristische Emissionslinien hoch ionisierter Atome des Ca, Fe, Ni, Ar und einiger anderer Elemente. Aus ihrem Ionisationsgrad berechnet man eine Temperatur in der Größenordnung von etwa 10^6 K, die von Stoßwellen erzeugt wird, die von der Sonne ausgehen. In der Dämmerung erblickt man, vor allem in äquatorialen Breiten, in der weiteren Umgebung der Sonne das schwach leuchtende *Zodiakallicht (Tierkreislicht)*, das von interstellarer Materie (Staubnebel) herrührt, welche von der Sonne beleuchtet wird (§400).

Photosphäre, Chromosphäre und Korona bilden die *Sonnenatmosphäre*. Ihre „Meteorologie" wird außer von Druck, Temperatur und Dichte ganz entscheidend von magnetischen Feldern bestimmt, die von den Sonnenflecken ausgehen und eine außerordentliche Stabilität haben (§237).

Die Sonne *rotiert*, wie man am scheinbaren Wandern der Sonnenflecke und an einem optischen Doppler-Effekt an ihrem rechten und linken Rande erkennt, um ihre eigene Achse, aber nicht wie ein starrer Körper, sondern am Äquator mit einer Umlaufzeit von etwa 25 Tagen, in höheren Breiten langsamer.

Für den *inneren Aufbau der Sonne* gilt das gleiche wie für die meisten Sterne (§397).

394. Das Sonnensystem. Die Ablösung des alten *geozentrischen* Systems des PTOLEMAIOS[1] (genauer: des HIPPARCHOS[2]) durch das *heliozentrische* System, das die Sonne in den Mittelpunkt des Planetensystems stellte, war die große Geistestat von KOPERNIKUS[3]. Die *Keplerschen Gesetze*, nach denen die Planeten sich um die Sonne bewegen, haben wir schon in §45 behandelt. Ihre Begründung aus dem Gravitationsgesetz durch NEWTON bedeutete den endgültigen Sieg des Kopernikanischen Systems. In heutiger Sicht handelte es sich zwar nur um eine zweckmäßigere Wahl des zur Beschreibung der Planetenbewegungen benutzten Bezugssystems. Einst aber war die Entthronung der Erde als Mittelpunkt des Weltalls eine umwälzende Geistestat und hatte eine ungeheure geistesgeschichtliche Wirkung, die uns heute nur verständlich ist, wenn wir an die absolute Bibelgläubigkeit jener Zeit denken. Wir können die Dinge jetzt weit nüchterner betrachten. Das Ptolemäische System ist gar nicht im eigentlichen Sinne falsch; denn es beschreibt die Planetenbewegungen, wie sie von der Erde aus beobachtet werden, mit außerordentlicher Genauigkeit. Aber diese Bewegungen sind sehr

---

[1] KLAUDIOS PTOLEMAIOS, 2. Jahrh. n. Chr.
[2] HIPPARCHOS VON NIKAIA, etwa 190 bis 120 v. Chr.
[3] NIKOLAUS KOPERNIKUS, 1473—1543.

verwickelt, weil auch die Bewegung der Erde um die Sonne eingeht. Die große Erkenntnis des KOPERNIKUS war, daß die Bewegungen auf viel einfachere Weise zu beschreiben sind, wenn man sie auf die Sonne bezieht.

Die Planeten (Trabanten der Sonne) zerfallen in zwei Hauptgruppen. Die vier *inneren* oder *kleinen Planeten* haben bis auf den erheblich kleineren Merkur Massen, die von der der Erde nicht allzu verschieden sind, und etwa die gleiche mittlere Dichte. *Merkur*, der der Sonne nächste Planet, ist wahrscheinlich dem Erdmond sehr ähnlich. Seine Masse beträgt nur 0,055 Erdmassen. Er hat vielleicht eine sehr dünne Atmosphäre aus Wasserstoff, die aus eingefangenem Sonnenwind stammt. Die Masse der *Venus* beträgt 0,815 Erdmassen. Ihre Oberfläche ist, wie Messungen mit reflektierten Radiowellen beweisen, sehr eben und felsig. Messungen mit bis zur Venusoberfläche gelangten Sonden haben ergeben, daß die Venusatmosphäre sehr dicht ist, daß ihr Druck an der Oberfläche mindestens 20 atm beträgt und daß sie überwiegend aus CO_2 und Tröpfchen besteht. Die Temperatur der Oberfläche beträgt 400 bis 500 °C. Freies Wasser ist also nicht vorhanden, und Venus ist vollkommen lebensfeindlich. Auf die *Erde* folgt der *Mars* mit 0,107 Erdmassen. Aufnahmen von Raumsonden haben überraschenderweise gezeigt, daß seine Oberfläche der des Erdmondes sehr ähnlich ist. Er hat eine Atmosphäre, deren Dichte an der Oberfläche nur etwa $1/_{10}$ der Dichte der Erdatmosphäre beträgt. Sie besteht überwiegend aus CO_2 und Wasserdampf, der auch schon daran zu erkennen ist, daß die Polkappen, jahreszeitlich wechselnd, durch Bedeckung mit Rauhreif weiß sind. Die Existenz ganz niederen pflanzlichen Lebens (Rotalgen) kann nicht ausgeschlossen werden. Mars hat zwei winzige Satelliten (Monde). Es folgen die vier *großen Planeten*, mit sehr viel größeren Massen und mit mittleren Dichten etwa gleich der der Sonne. Die Masse des *Jupiter* beträgt 317 Erdmassen. Er hat 12 Satelliten und eine von Streifen durchzogene, wolkige Atmosphäre von im wesentlichen H_2, CH_4 und NH_3, ähnlich die drei anderen großen Planeten. Die Masse des *Saturn* beträgt 95 Erdmassen. Er hat 9 Satelliten, ferner den durch die Cassinische Teilung unterbrochenen Ring, der aus zahllosen ihn umkreisenden, wahrscheinlich mit Reif bedeckten Körpern von 10 bis 100 cm Durchmesser besteht. Die Masse des *Uranus* (4 Satelliten) beträgt 14,7, die des *Neptun* (2 Satelliten) 17,2 Erdmassen. Schließlich folgt *Pluto*, der vielleicht ein entwichener Mond des Neptun ist. Seine Masse ist etwa gleich der der Erde. Zwischen Mars und Jupiter kreist der Schwarm der *Planetoiden (Asteroiden)*, deren bisher an die 2000 beobachtet sind. Doch sind sie wahrscheinlich viel zahlreicher. Die Durchmesser der bisher bekannten Kleinen Planeten liegen zwischen etwa 300 km *(Ceres)* und etwa 1 km; doch ist letzteres sicher nur eine Grenze der bisherigen Beobachtungsmöglichkeit. Man vermutet in ihnen die Bruchstücke eines geborstenen Planeten, zumal schnelle Schwankungen ihrer Helligkeit darauf hinweisen, daß sie unregelmäßig gestaltet sind.

Die Entstehung des Planetensystems ist bisher noch nicht voll befriedigend erklärt. Die häufig zitierte *Kant-Laplacesche Theorie* gibt es gar nicht, sondern es handelt sich um zwei sehr verschiedene Theorien. Nach KANT[1] haben sich die Planeten aus einer chaotischen, die Sonne einhüllenden Staubmasse gebildet, während sich nach LAPLACE[2] von der rotierenden und sich allmählich zusammenziehenden Sonne Ringe ablösten, aus denen sich die Planeten bildeten. Eine neue Theorie von v. WEIZSÄCKER[3] nähert sich der Vorstellung von KANT und beruht auf hydrodynamischen Überlegungen. Nach TITIUS und BODE gilt für

[1] IMMANUEL KANT, 1724—1804.
[2] PIERRE SIMON MARQUIS DE LAPLACE, 1749—1827.
[3] CARL FRIEDRICH VON WEIZSÄCKERN, geb. 1912.

die Bahnradien der Planeten (einschließlich des Durchschnitts der Planetoiden, aber ausschließlich Pluto) in grober Näherung die Beziehung $r = (0{,}4 + 0{,}3 \cdot 2^n)\, r_{\text{Erde}}$ wobei n die Reihe der ganzen Zahlen von -1 (Merkur) an aufwärts durchläuft. Es ist zweifelhaft, ob ihr eine echte Bedeutung im Zusammenhang mit der Entstehung des Planetensystems zukommt oder ob sie zufällig ist.

Zum Sonnensystem gehören ferner die meisten *Kometen*. Ihre Bahnen sind durchweg stark exzentrisch, reichen weit in den Raum hinaus, kommen aber in ihrem Perihel vielfach der Sonne sehr nahe. Sie bestehen aus einem Kopf, aus dem sich in Sonnennähe unter der Wirkung der Sonnenstrahlung der bekannte lange, sehr dünne Schweif entwickelt, der durch magnetohydrodynamische Kopplung (§ 237) mit dem Sonnenwind (§ 393) und durch den Strahlungsdruck (§ 338) von der Sonne weg gekrümmt ist. Ihre Masse ist sehr klein. Zum Sonnensystem gehören ferner wohl die meisten *Meteore* und *Sternschnuppen*. Die Meteore sind meist faust- bis kindskopfgroß, aber auch gelegentlich sehr viel größer, wie einige Meteorkrater in verschiedenen Erdteilen, z. B. im Nördlinger Ries an der Donau (Durchmesser 32 km), in Arizona und Alaska beweisen. (Die sich über hunderte von Quadratkilometern erstreckende Verwüstung in der sibirischen Taiga aus dem Jahre 1908 rührt vielleicht von einem Kometen her.) Die Sternschnuppen haben nur Massen von einigen Milligramm. Sie erhitzen sich in großer Höhe der Atmosphäre durch Reibung und verdampfen dort. Manche Sternschnuppen haben parabolische oder gar hyperbolische Bahnen, sind also einmalige Besucher des Sonnensystems. Im übrigen beobachtet man in der Hauptsache 6 Schwärme, deren Bahnen recht genau mit denen von 6 sehr exzentrischen Planetoiden zusammenfallen, so daß ein genetischer Zusammenhang wahrscheinlich ist. Sternschnuppen können auch durch die an ihren hoch erhitzten und daher hoch ionisierten Bahnen reflektierten elektrischen Kurzwellen nachgewiesen werden.

Die Frage nach der Häufigkeit weiterer ähnlicher Systeme im Weltall ist noch offen, erst recht also die Frage nach der Häufigkeit von Trabanten anderer Sterne mit Temperatur- und atmosphärischen Bedingungen, die für das Entstehen organischen Lebens so ungewöhnlich günstig sind wie die irdischen (Existenzmöglichkeit von Wasser und organischen Verbindungen, sauerstoffreiche Atmosphäre, magnetisches Feld usw.).

395. Helligkeit und Leuchtkraft der Sterne. Die *Helligkeitsempfindung*, die wir bei der Betrachtung eines Sterns haben, entsteht durch die als *Reiz* wirkende *Beleuchtungsstärke E* (§ 279), die das Licht des Sterns am Ort unseres Auges erzeugt. Auch für das Auge gilt das *Weber-Fechnersche Gesetz* (§§ 98). Deshalb mißt man, analog zur Lautstärke in (98.3), auch die Helligkeitsempfindung in einer logarithmischen Skala. Das physikalische Empfindungsmaß für die visuelle Helligkeit der Sterne heißt *Sterngröße m* und ist definiert als

$$m = -2{,}5 \lg \frac{E}{E_0}. \qquad (395.1)$$

(lg ist der Zehnerlogarithmus.) E_0 ist, analog zum Normschalldruck p_0 in (98.3), eine Normbeleuchtungsstärke, die etwa dem Durchschnitt der Beleuchtungsstärken entspricht, die einige helle polnahe Sterne erzeugen. Sie wird praktisch durch eine fast punktförmige, in ihrer Helligkeit meßbar veränderliche Lichtquelle verwirklicht, die neben dem Stern im Fernrohr abgebildet und in ihrer Helligkeit mit ihm abgeglichen wird. Ein Stern mit $E = E_0$ hat nach (396.1) die Größe $m = 0$. Nur für ganz wenige Sterne ist $E > E_0$, also $\lg (E/E_0)$ positiv, für fast alle Sterne aber negativ. Das ist der, rein praktische, Grund für das negative Vorzeichen in (395.1). Daran, daß die Größe m eines Sterns einen um so größeren Zahlenwert hat, je lichtschwächer er uns erscheint, gewöhnt man sich

43*

leicht. Nur einige sehr helle Sterne haben negative Größe, z.B. Sirius $m = -1,5$. Entsprechend den Sterngrößen spricht man von *Größenklassen*, die natürlich eine stetige Folge bilden. Für zwei um eine Größenklasse verschiedene Sterne gilt nach (394.5)

$$E_m : E_{m+1} = 2,512 : 1 \qquad (2,512 = 10^{0,4}). \tag{395.2}$$

Mit dem bloßen Auge kann man eben noch Sterne 6. Größe, mit den stärksten heutigen Teleskopen noch Sterne bis zur 21. Größe beobachten.

Die Helligkeit, in der ein Stern dem Auge erscheint, heißt seine *visuelle Helligkeit*. Sie bezieht sich nur auf den engen Wellenlängenbereich des *sichtbaren Lichtes*. Mißt man aber mit einem Bolometer oder Thermoelement (§311) die *Gesamtstrahlung* eines Sterns (soweit sie nicht in der interstellaren Materie oder in der Erdatmosphäre absorbiert wird), so erhält man seine *bolometrische Helligkeit*. Wieder andere Helligkeitswerte liefern — je nach ihrer spektralen Empfindlichkeitsverteilung — die photographische Platte und die lichtelektrische Zelle.

Wenn man ein Urteil über die wahren Gesamtstrahlungsleistungen der Sterne gewinnen will, muß man den Einfluß ihrer sehr verschiedenen Entfernungen auf ihre bolometrische Helligkeit beseitigen. Das geschieht dadurch, daß man sich alle Sterne in die gleiche Normalentfernung von 10 pc (Tabelle III, S. XIV) versetzt denkt. Die bolometrische Helligkeit in der ein Stern uns in diesem Abstande erscheinen würde, heißt seine *absolute Helligkeit M* und wird auch in Sterngrößen gemessen. Man kann sie nach dem photometrischen Entfernungsgesetz (§279) berechnen, wenn man die Entfernung des Sterns kennt. Ist E_m die Beleuchtungsstärke, die ein im Abstande r befindlicher Stern am Beobachtungsort tatsächlich erzeugt, E_M diejenige, die er erzeugen würde, wenn er sich in der Normalentfernung r_0 befände, so ist $E_M/E_m = (r/r_0)^2$. Demnach ergibt sich aus (395.1)

$$M = m - 2,5 \lg \frac{E_M}{E_m} = m - 5 \lg \frac{r}{r_0}. \tag{395.3}$$

Unter der *Leuchtkraft L* eines Sterns versteht man seine — z.B. in erg s^{-1} angegebene — gesamte, über seine ganze Oberfläche integrierte *Gesamtstrahlungsleistung*.

396. Entfernungen und Zustandsgrößen der Sterne. *1. Entfernung.* Statt der Entfernung gibt man meist die *Parallaxe* (pc) der Sterne an, den Winkel, unter dem der Erdbahnhalbmesser bei senkrechter Sicht auf die Ebene der Erdbahn aus der Entfernung eines Sterns erscheinen würde. Die Entfernung ist also um so größer, je kleiner die Parallaxe ist. Eine unmittelbare Messung der Entfernung von Sternen durch Triangulation (mit dem Durchmesser der Erdbahn als Basis und zwei Positionsmessungen im Abstande eines halben Jahres) ist nur bei sehr nahen Sternen (bis höchstens 50 pc) möglich. Bei Sternen, deren Leuchtkraft L man vorweg kennt — z.B. den Cepheiden (§398) — kann man die Entfernung nach (395.3) berechnen.

2. Geschwindigkeit. Die *Azimutalkomponente* der Geschwindigkeit eines Sterns relativ zur Erde — die Geschwindigkeitskomponente senkrecht zur Sichtlinie — kann nur bei Sternen gemessen werden, die uns so nahe sind, daß sie meßbare Ortsänderungen relativ zu den übrigen, fernen Sternen zeigen. Dagegen kann die *Radialkomponente* ihrer Geschwindigkeit relativ zur Erde — die Komponente in der Sichtlinie — sehr genau aus dem in ihren Spektren auftretenden Doppler-Effekt (§§300, 328), der Verschiebung der Spektrallinien nach Rot oder Violett bei Entfernung oder Näherung, ermittelt werden.

3. Durchmesser und Volumen. Den Durchmesser einiger sehr naher Sterne kann man mit einem besonderen Interferometer messen (MICHELSON). Andernfalls ist das zuverlässigste Verfahren zur Berechnung von Sterndurchmessern das Folgende. Dabei wird allerdings vorausgesetzt, daß die Sterne wie schwarze Körper strahlen. Ist r der Radius eines Sterns, so ist nach (322.2) die Strahlungsleistung seiner gesamten Oberfläche $P = 4\pi r^2 \sigma T^4$. Die Temperatur T von Hauptreihensternen (§ 404) kann man auf Grund ihres Spektrums einigermaßen genau abschätzen. Für die Sonne sind die entsprechenden Daten P_S, r_S, T_S bekannt. Mit $P_S = 4\pi r_S^2 \sigma T_S^4$ folgt $r^2/r_S^2 = PT_S^4/(P_S T^4)$ und damit der Radius r des Sterns.

4. Masse. Eine Berechnung der Masse ist bei einigen visuellen Doppelsternen (s. unten) möglich, bei denen man den Abstand, die Umlaufszeit und die Geschwindigkeiten beider Komponenten kennt. Das wichtigste Mittel zur Berechnung der Massen von Hauptreihensternen liefert aber die *Masse-Leuchtkraft*-Beziehung (EDDINGTON): $L \sim m^{3,5}$ (L Leuchtkraft, § 395, m Masse). Die Strahlungsleistung kann aus der Leuchtkraft (§ 395) berechnet werden. Die Sternmassen liegen meist etwa zwischen 0,15 und 400 Sonnenmassen, die überwiegend meisten aber zwischen 0,4 und 4 Sonnenmassen.

5. Dichte. Die Materie der Sterne ist wie die der Sonne ein aus hochionisierten Atomen und Elektronen bestehendes Plasma. Sind Masse und Volumen eines Sterns bekannt, so kann seine mittlere Dichte berechnet werden. Man kann schon aus den vorstehenden Angaben leicht abschätzen, daß sie sich zwischen außerordentlich weiten Grenzen bewegen muß. Bei den meisten Sternen liegt sie zwischen etwa $0,5 \cdot 10^{-7}$ und $4\,\mathrm{g\,cm^{-3}}$, bei den Weißen Zwergen aber bei etwa $10^5\,\mathrm{g\,cm^{-3}}$ oder noch viel mehr (§ 404).

6. Oberflächentemperatur. Die Oberflächentemperatur eines Sterns kann aus seiner Spektralklasse ungefähr abgeschätzt werden. Eine Berechnung der effektiven Oberflächentemperatur aus der Strahlungsleistung nach (322.2) ist nur möglich, wenn man — wie bei der Sonne — die Entfernung und die Oberflächengröße kennt. Da die meisten Sterne auch nicht angenähert schwarz strahlen, kann man die Oberflächentemperatur weder nach dem Wienschen Verschiebungsgesetz aus dem Strahlungsmaximum berechnen, noch lassen sich eine Farb- oder Gradienttemperatur sinnvoll definieren. Die Oberflächentemperaturen der meisten beobachteten Sterne liegt zwischen etwa 2000 und 30000 K. Wahrscheinlich gibt es auch noch kältere Sterne, die aber wegen ihrer geringen Leuchtkraft bisher nicht beobachtet werden konnten. Die höchsten Oberflächentemperaturen liegen bei etwa 100000 K.

Aus der Analyse der Sternspektren, die wegen der umfangreichen Auswertung der Stärken und Profile von Spektrallinien sehr mühsam ist, erhält man außer der effektiven Oberflächentemperatur und der Schwerebeschleunigung an der Sternoberfläche auch die für die Theorie der Elemententstehung wichtige Häufigkeitsverteilung der Elemente.

7. Doppelsterne. Etwa ein Drittel bis zwei Fünftel aller Sterne bilden *Doppelsterne* — Systeme aus zwei nahe benachbarten, unter starker Wirkung ihrer gegenseitigen Gravitation stehenden Sternen von meist nicht allzu verschiedener Masse, die einander umkreisen, indem sie sich nach den Keplerschen Gesetzen um den Schwerpunkt des Systems bewegen. Nur sehr selten kann man die beiden Komponenten und ihre Bahnen getrennt beobachten *(visuelle Doppelsterne)*. Die *Bedeckungsveränderlichen*, wie der Algol, werden daran erkannt, daß eine der Komponenten bei jedem Umlauf einmal für kurze Zeit das Licht der anderen abschirmt, was einen ganz charakteristischen *Lichtwechsel* verursacht. Die *spektroskopischen Doppelsterne* werden an einem periodischen Doppler-Effekt in ihren Spektren erkannt, indem die Spektrallinien in regelmäßigem Wechsel bald ein wenig nach Rot, bald nach Violett verschoben sind, je nachdem die betreffende Komponente sich von uns entfernt oder sich uns nähert. Es gibt auch Systeme aus drei und mehr Sternen. Die Anzahl der Doppel- und Mehrfachsterne ist überraschend groß und kann aus statistischen Gründen nicht durch zufälliges Einfangen erklärt werden. Vielleicht handelt es sich um eine Spaltung eines Sterns in einer frühen Phase seiner Entwicklung.

397. Das Innere der Sterne. Es ist einer der schönsten Triumphe der theoretischen Physik, daß sie mit größtem Erfolg in das Innere der Sterne hat vordringen können, obgleich an Erfahrungstatsachen fast nur solche zur Verfügung stehen, die sich auf die Sternoberflächen beziehen, so daß man nur auf dem Wege einer sehr weitgehenden Extrapolation in das Innere hat vordringen können. Dabei konnte die Forschung von nichts anderem geleitet werden als von physikalischen Gesetzen, die aus der irdischen Erfahrung gewonnen waren. Daß diese sich auch unter so grundlegend verschiedenen Bedingungen noch bewähren, ist ein besonders schöner Erfolg der Physik. Als Bahnbrecher auf diesem Wege sind vor allem RITTER, LANE, EMDEN[1], SCHWARZSCHILD[2] und EDDINGTON zu nennen. Der entscheidende Schritt ist die Bestätigung der zuerst von LANE geäußerten Vermutung gewesen, daß sich die Sternmaterie — wie wir schon bei der Sonne besprochen und begründet haben — auch bei relativ hoher Dichte immer nahezu wie ein ideales Gas verhält. Der zweite besonders wichtige Beitrag war EDDINGTONs Erkenntnis, daß das innere Gleichgewicht der Sterne nicht nur, wie z. B. in der Erdatmosphäre, allein durch das Zusammenspiel von expandierendem Gasdruck und zusammendrückender Gravitation bedingt ist, sondern daß bei den ungeheuer hohen Temperaturen im Innern der Sterne der nach außen gerichtete *Strahlungsdruck* (§338), den die aus dem Sterninnern nach außen strebende Strahlung auf die Sternmaterie ausübt, mit berücksichtigt werden muß.

Die Zusammensetzung der Sternmaterie entspricht bei den meisten Sternen der der Sonnenmaterie (§393). Nach H. N. RUSSELL[3] und H. VOGT[4] sind die Hauptreihensterne im wesentlichen *homolog aufgebaut.* Das heißt, Druck, Temperatur und Dichte sind nur Funktionen des relativen, auf den Sternradius als Einheit bezogenen Abstandes vom Mittelpunkt. Wenn das, wie anzunehmen, zutrifft, so ist der gesamte Zustand eines Sterns während des überwiegenden Teils seines Daseins ausschließlich durch seine Masse und die durchschnittliche relative Atommasse der Sternmaterie bestimmt, die aber bei den Hauptreihensternen (§404) wegen des Überwiegens von Elektronen und Protonen nur etwa 0,7 beträgt.

Der *Druck im Mittelpunkt eines Hauptreihensterns* (§ 404) beträgt $1{,}35 \cdot 10^9 \{m\}^2/\{R\}^4$ atm, wenn als Einheiten der Masse m und des Radius R des Sterns Masse und Radius der Sonne gewählt werden. (Der Zahlenfaktor entspricht also dem Mittelpunktsdruck der Sonne.) Bei den Weißen Zwergen — mit etwa Sonnenmasse, aber Erdradius — erreicht der Mittelpunktsdruck ganz außerordentliche Werte, weil ihre Materie auf engstem Raum einer ungeheuren Gravitation ausgesetzt ist. Bei dem Sirius-Begleiter beträgt er etwa 10^{15} atm, bei einem anderen Weißen Zwerg sogar 10^{18} bis 10^{19} atm.

Die *Mittelpunktstemperatur* beträgt bei den meisten Sternen 10 bis $20 \cdot 10^6$ K, bei manchen Sternen sogar erheblich mehr, was in einem engen Zusammenhang mit ihrem Energiehaushalt steht (§403). Dieser Temperatur entsprechend, besteht die aus dem Innern kommende Strahlung zunächst aus außerordentlich energiereichen Lichtquanten. Für eine solche Strahlung ist die Sternmaterie ein sehr trübes Medium und wenig durchlässig. Das heißt, daß die Strahlungsenergie auf ihrem Wege von innen nach außen ungeheuer oft absorbiert und wieder emittiert wird. Dabei setzt sich ihre spektrale Verteilung überall in Einklang

---

[1] ROBERT EMDEN, 1862—1940. [2] KARL SCHWARZSCHILD, 1873—1916.
[3] HENRY NORRIS RUSSEL, 1877—1957. [4] HANS-HEINRICH VOGT, geb. 1911.

mit der örtlichen Temperatur. Sie wird also auf ihrem Wege nach außen immer langwelliger und tritt schließlich mit einer der Temperatur der äußersten Schicht des Sternes entsprechenden Energieverteilung aus dem eigentlichen Sternkörper aus. Einflüsse der Sternatmosphäre geben ihr dann — analog zu den Fraunhoferschen Linien im Sonnenspektrum — ihre charakteristischen spektralen Einzelzüge.

Moleküle sind natürlich im Innern der Sterne nicht existenzfähig. An den Oberflächen der kühlsten Sterne erkennt man einzelne Molekülarten an ihren Bandenspektren.

398. Veränderliche Sterne. Eine beträchtliche Anzahl von Sternen zeigt einen *Lichtwechsel*, eine periodische Schwankung ihrer Helligkeit. Ein Beispiel, die Bedeckungsveränderlichen, die ja aber nur scheinbar veränderlich sind, haben wir bereits erwähnt. Es gibt verschiedene andere Arten von veränderlichen Sternen, die sich vor allem durch bestimmte Eigentümlichkeiten ihres Lichtwechsels unterscheiden. Wir wollen hier nur eine von ihnen behandeln, die nach einem typischen Vertreter — dem Stern δ Cephei — den Namen *Cepheiden* trägt und ein besonderes Interesse beansprucht. Die Perioden der Cepheiden schwanken zwischen 1 und 45 Tagen. Sie sind recht selten. Im Milchstraßensystem sind ihrer nur wenige beobachtbar, die alle weit von der Sonne entfernt sind. Die relative Seltenheit der Cepheiden erklärt sich dadurch, daß ihr instabiler Zustand nur eine kurze Phase in ihrer Entwicklung bildet (§ 404).

Hingegen beobachtet man in den uns nächsten Galaxien (§ 406) Cepheiden ziemlich oft. An denen in der nächsten derselben, der Kleinen Magellanschen Wolke, hat Henrietta Leavitt eine wichtige Beobachtung gemacht. Ihre Perioden wachsen in ganz gesetzmäßiger Weise mit ihrer mittleren Leuchtkraft. Da diese Cepheiden sämtlich relativ fast genau gleich weit von uns entfernt sind, so gilt das gleiche auch für ihre Periode und ihre Leuchtkraft *(Periode-Leuchtkraft-Beziehung)*. Als jene Messungen angestellt wurden, kannte man allerdings die Entfernung der Kleinen Magellanschen Wolke noch nicht, und man konnte die Helligkeit noch nicht in Leuchtkräfte umrechnen. Es genügte aber, daß man die Leuchtkraft und Periode einer einzigen Cepheide innerhalb der Milchstraße kannte, um umgekehrt aus der Helligkeit, in der uns eine Cepheide von gleicher Periode, also auch gleicher Leuchtkraft, in der Kleinen Magellanschen Wolke erscheint, deren Entfernung zu berechnen. Sie beträgt etwa 150000 Lichtjahre. Auf diese Weise bilden die Cepheiden ein Entfernungsmerkmal für alle außergalaktischen Nebel, die uns noch genügend nahe sind, um in ihnen Cepheiden zu erkennen. Allerdings hat sich später ergeben, daß es mehrere Arten von Cepheiden mit unterschiedlichen Periode-Leuchtkraft-Beziehungen gibt, was mehrfache Neuberechnungen von kosmischen Entfernungen zur Folge gehabt hat, die immer zu Vergrößerungen geführt haben.

Im Spektrum der Cepheiden beobachtet man einen mit der Periode ihres Lichtwechsels schwankenden Doppler-Effekt, so, als schwanke ihre Radialgeschwindigkeit periodisch. Tatsächlich beruht dies auf einer *Pulsation*, einer Eigenschwingung des Sterns. Die Amplituden der Helligkeitsschwankung liegen zwischen 0,6 und 2 Größenklassen, was einer Amplitude der Leuchtkraft zwischen dem 2- und 6,5fachen entspricht. Im Verein mit der Masse-Leuchtkraft-Beziehung folgt aus der Periode-Leuchtkraft-Beziehung der einleuchtende Schluß, daß die Periode der Eigenschwingung um so größer ist, je größer die Masse des Sternes ist.

399. Novae und Supernovae. In dem unserer Sicht zugänglichen Teil des Milchstraßensystems beobachtet man durchschnittlich etwa alle 3 Jahre, daß ein bis dahin ganz unauffälliger oder überhaupt noch nicht beobachteter Stern plötzlich sehr schnell zu außerordentlicher Helligkeit — durchschnittlich um

12 Größenklassen, einer Zunahme seiner Strahlungsleistung auf das 60000fache
entsprechend — aufleuchtet. Man nennt das eine *Nova*, und man schätzt, daß
in der ganzen Milchstraße jährlich etwa 25 Novae auftreten. Der Helligkeits-
anstieg erfolgt sehr schnell, und der Stern kehrt dann unter kurzfristigen Helligkeitsschwankungen allmählich ungefähr in seinen alten Zustand zurück. Dabei bläht
sich der Stern auf und stößt seine äußere Hülle ab, die sich dann, wie der Doppler-
Effekt beweist, mit einer Anfangsgeschwindigkeit von oft mehr als 1000 km · s⁻¹
von ihm entfernt. Die Katastrophe, die sich an einer Nova abspielt, ist nicht so
gewaltig, wie sie zunächst scheinen mag. Man kann berechnen, daß die abge-
stoßene Materie nur einen sehr kleinen Bruchteil der Sternmasse ausmacht und
daß die während des Ausbruchs ausgestrahlte Energie nur der normalen Ausstrahlung im Laufe von 100 bis 1000 Jahren entspricht.

In drei Fällen wurde in der Milchstraße bisher das Aufleuchten eines Neuen
Sterns beobachtet, dessen maximale Leuchtkraft außerordentlich viel größer war
als die der gewöhnlichen Novae. Man nennt sie deshalb *Supernovae*. Die erste,
deren Rest man mit einem Nebel im Stier (Crab-Nebel) identifiziert, ist aus dem
Jahre 1054 in der chinesischen Literatur überliefert. Zwei weitere haben Tycho
de Brahe (1572) und Kepler (1604) beobachtet und beschrieben. Wie Baade[1]
festgestellt hat, ist der Crab-Nebel eine sehr starke Radioquelle (§402), und
solche hat man auch dort aufgefunden, wo sich die von Tycho und von
Kepler beobachteten Supernovae befunden haben. Heute werden Supernovae nicht allzu selten in den uns nächsten außergalaktischen Nebeln (§406)
beobachtet, in den Jahren 1936 bis 1940 deren 18. Im Durchschnitt entfällt auf
etwa 10^9 Sterne jährlich eine Supernova. Die Leuchtkraft einer Supernova kann
der Summe derjenigen aller Sterne der Milchstraße, also weit mehr als dem Mil-
liardenfachen der durchschnittlichen Leuchkraft der Sterne, nahekommen. Ihre
Lichtkurve zeigt auch einen schnellen Anstieg und einen langsamen Abstieg.
Jordan nimmt an, daß die *planetarischen Nebel* ehemalige Supernovae sind. Sie
bestehen aus einem Zentralstern, der von einer etwa kugelförmigen Gashülle
umgeben ist, die sich — wenn auch nicht mehr mit ihrer hohen Anfangsgeschwindigkeit — von ihm entfernt. Es scheint, daß es zwei Arten von Supernovae gibt, deren eine sich von den Novae nur durch ungewöhnliche Mächtigkeit
unterscheidet, während die andere ein heute noch nicht vollkommen erklärtes
Phänomen ganz anderer Art ist.

400. Interstellare Materie. Der Raum zwischen den Sternen ist mit *atomarer
interstellarer Materie* von äußerst geringer Dichte erfüllt. Ihre weitaus größte,
aber örtlich wechselnde Dichte (maximal etwa 10^{-24} g cm⁻³) hat sie in den Spiralarmen der Galaxien (§405). An einzelnen Stellen bildet sie *leuchtende Nebelmassen*, die ihr Leuchten der Anregung ihrer Atome durch das Licht naher, sehr
heller Sterne verdanken. Die interstellare Materie besteht ganz überwiegend aus
Wasserstoffatomen, Protonen und freien Elektronen, zeigt aber auch Emissionslinien von He, Ne, O, N, S und Absorptionslinien von Na, K, Ca, Ti und der
Moleküle CH, CN und NaH.

Ferner gibt es in der interstellaren Materie einen *staubförmigen Anteil*, der
aus Teilchen mit Durchmessern von 10^{-4} bis 10^{-5} cm besteht und dessen durchschnittliche Dichte etwa 10^{-26} g cm⁻³ beträgt. An manchen Stellen ist er zu
Dunkelwolken von oft ganz phantastischer Gestalt verdichtet. Durch solche,
aber auch durch leuchtende Nebelmassen, ist der weitaus größte Teil der Milchstraße, auch deren Kern, der optischen Sicht entzogen.

---

[1] Walter Baade, 1893—1961.

In außerordentlich geringer Dichte erfüllt solche Materie den ganzen Weltraum *(intergalaktische Materie)*.

Die Temperatur der interstellaren Materie wird für ihren atomaren Anteil durch ganz andere Bedingungen bestimmt als für ihren groben, staubartigen Anteil. Die Temperatur der Staubteilchen wird durch die örtliche *Strahlungsdichte* bestimmt und beträgt, da diese im Durchschnitt sehr gering ist — nämlich etwa gleich derjenigen, die der gestirnte Himmel ohne die absorbierende Wirkung der Atmosphäre auf der Erde hervorrufen würde — im Durchschnitt nur etwa 3 K. Die Temperatur der atomaren Materie aber wird durch die *spektrale Energieverteilung* der örtlichen Strahlung bestimmt, vor allem durch die Lage ihres Maximums. Diese Energieverteilung entspricht dem Durchschnitt der Energieverteilungen, also auch der Oberflächentemperaturen der benachbarten Sterne. In der Strahlung, die mit den Atomen der interstellaren Materie in Wechselwirkung tritt, sind also Lichtquanten mit einer dem Maximum der örtlichen Energieverteilung entsprechenden Wellenlänge und Energie überwiegend vertreten. Die Atome und Elektronen der interstellaren Materie nehmen infolge ihrer Wechselwirkungen (Anregung, Ionisierung, Compton-Effekt usw.) mit den Lichtquanten die gleiche durchschnittliche Energie an, welche diese besitzen (Gleichverteilungssatz, in den hier auch die Quanten mit einzubeziehen sind, § 104). Für die Regionen, in denen der Wasserstoff merklich ionisiert ist (H II-Regionen), ist die durchschnittliche Temperatur der gasförmigen Materie 10000 bis 20000 K. Der Ionisationsgrad ist höher als in Plasmen gleicher Temperatur unter Laborbedingungen, weil wegen der äußerst geringen Dichte der interstellaren Materie die freien Elektronen nur selten auf Ionen treffen, mit denen sie dann rekombinieren. In den interstellaren H I-Regionen, in denen der Wasserstoff nicht merklich ionisiert ist, beträgt die Gastemperatur etwa 100 K. Man beobachtet sie radioastronomisch mit Hilfe der 21 cm-Linie (§ 402).

401. Kosmische Teilchenstrahlung. Die Luft in der Nähe des Erdbodens ist stets merklich ionisiert. Diese Ionisation rührt in der Hauptsache von den radioaktiven Stoffen im Erdboden und der aus ihm entweichenden Emanation her. Schirmt man eine Ionisationskammer mit einem Bleipanzer ab, so kann man diese Ionisation bis auf einen sehr kleinen Bruchteil beseitigen, aber nie vollständig. Es bleibt immer noch eine ionisierende Strahlung übrig, die auch noch durch sehr dicke Bleipanzer hindurchgeht und demnach viel durchdringender ist als irgendeine Strahlung radioaktiver Stoffe.

Während nun natürlich die vom Erdboden herrührende Ionisation mit der Höhe über dem Erdboden ziemlich schnell abnimmt, beobachtete zuerst Gockel bei Ballonaufstiegen, daß der nicht vollkommen abschirmbare Anteil *mit der Höhe stetig und beträchtlich zunimmt*. 1912 erkannte Hess[1], daß es sich um die Wirkung einer Strahlung handeln müsse, welche von außen her, aus dem Weltraum, in die Atmosphäre einfällt. Man bezeichnete sie früher als *Höhenstrahlung*, heute meist als *kosmische* oder *Ultrastrahlung*. Um ihre erste Erforschung haben sich unter anderen vor allem Regener, Millikan, Blackett[2], Geiger, Bothe und Kolhörster[3] verdient gemacht. Regener ließ als erster Pilotballone mit schreibenden Meßgeräten bis in Höhen über 30 km aufsteigen und fand eine stetige Zunahme der Strahlung mit der Höhe. Andererseits haben Regener und andere die Strahlung noch in vielen 100 m Wassertiefe und in sehr tiefen Bergwerken nachweisen können. Es handelt sich also um eine außerordentlich

---

[1] Victor Franz Hess, geb. 1883, Nobelpreis 1936.
[2] Patrick Maynard Stuart Blackett, geb. 1897, Nobelpreis 1948.
[3] Werner Kolhörster, 1887—1946.

durchdringende Strahlung. Heute kann die kosmische Strahlung bis in beliebige Höhe mit Raumsonden erforscht werden. Die wichtigsten Hilfsmittel zu ihrer Erforschung sind das Geigersche Zählrohr, die Wilson-Kammer und die photographische Schicht.

Die kosmische Strahlung ist ein höchst komplexes Phänomen. Die aus dem Weltraum kommende *primäre Strahlung* gelangt wegen der Wechselwirkungen mit der Erdatmosphäre und dem erdmagnetischen Feld nicht bis zur Erdoberfläche. Sie besteht aus einer aus unserem Milchstraßensystem (Galaxie) kommenden *galaktischen* und einer *extragalaktischen* sowie einer *solaren Komponente*, dem Sonnenwind (§393). Erstere besteht im wesentlichen aus Wasserstoff- und Heliumkernen mit Energien zwischen einigen MeV und etwa 10^{16} MeV (Maximum bei 10^3 MeV). Sie ist zeitlich konstant und fällt aus allen Richtungen in gleicher Stärke ein. Vermutlich stammen sie von Supernovae (§399) oder explodierenden Galaxien. Der Mechanismus ihrer Beschleunigung hängt sehr wahrscheinlich mit den mit solchen Vorgängen verknüpften zeitlich veränderlichen magnetischen Feldern zusammen. Die solare Komponente ist ebenso zusammengesetzt wie die Sonnenatmosphäre; ihre durchschnittliche Energie ist wesentlich kleiner als die der anderen Anteile. Sie ist zeitlich nicht konstant, und man kann sie optisch beobachtbaren Sonneneruptionen zuordnen.

Der energieärmere Anteil der primären Strahlung wird vom magnetischen Erdfeld so stark abgelenkt, daß er in großer Höhe zwischen den Polgebieten hin und her pendelt und die tieferen Atmosphärenschichten nicht erreicht. Die Teilchen werden durch Zusammenstöße mit den Teilchen der Atmosphäre gebremst, oder sie entweichen, durch Stöße abgelenkt, wieder in den Weltraum. So entsteht der nach seinem Entdecker (1958) benannte *Van-Allen-Strahlungsgürtel*, der bis in eine Höhe von etwa 50000 km reicht und zwei verschieden hohe Bereiche von besonders starker Strahlung aufweist.

Da der Sonnenwind im wesentlichen aus Protonen und Elektronen besteht, bildet er ein leitfähiges Plasma. Bei seiner Bewegung durch das erdmagnetische Feld entstehen in ihm induzierte elektrische Ströme. Das Magnetfeld dieser Ströme überlagert sich dem aus dem Inneren der Erde stammenden Magnetfeld dergestalt, daß letzteres auf der der Sonne zugewandten Seite verstärkt, auf der ihr abgewandten Seite geschwächt wird. Messungen mit Raumsonden ergaben, daß der Sonnenwind bei seinem Aufprall auf das Magnetfeld durch eine Stoßwelle abgelenkt und gebremst wird. Die Stoßwelle grenzt den äußeren feldfreien Raum scharf gegen das Erdmagnetfeld ab. Auf der der Sonne abgewandten Seite erstreckt sich hingegen das Feld weiter in den Weltraum hinaus als es ohne den Sonnenwind der Fall wäre. Mit Fluktuationen des Sonnenwindes schwankt auch die Stärke der induzierten Ströme und mit ihnen die Intensität des Magnetfeldes an der Erdoberfläche (magnetische Stürme). Man nennt diesen Bereich die *Magnetosphäre*. Das magnetische Feld bildet eine Art von Schutzhülle, die die Erdoberfläche vor der zwar nicht sehr energiereichen, aber bei Sonneneruptionen sehr teilchenreichen solaren Strahlungskomponente schützt. Anderenfalls wäre ein organisches Leben auf der Erde kaum möglich.

Die *weiche Komponente* entsteht durch sehr energiereiche Photonen (10^2 bis 10^{10} MeV), die von der primären Strahlung bei Wechselwirkungen mit den Atomen der Atmosphäre erzeugt werden und deren jedes zahlreiche Elektron-Positron-Paare erzeugt. Bei deren Zerstrahlung entstehen weniger energiereiche Photonen, deren Energie sich durch weitere Paarbildungen, durch Compton-Effekte und durch Erzeugung von Pionen und Myonen auf immer zahlreichere Teilchen und Photonen verteilt. Gelegentlich erzeugt ein einzelnes Teilchen oder Photon eine Kaskade von Elektron-Positron-Paaren *(Luftschauer, Hoffmannsche*

Stöße), die auf der Erdoberfläche einen Bereich von mehreren 100 m² bedecken können.

Doch gelangen von allen diesen Teilchen und Photonen nur sehr wenige bis zur Erdoberfläche, mit Ausnahme der Myonen, die die *harte Komponente* bilden. Sie können Energie nur durch Anregung oder Ionisierung von Atomen abgeben und verlieren bei jedem Prozeß nur einen sehr kleinen Bruchteil ihrer Energie.

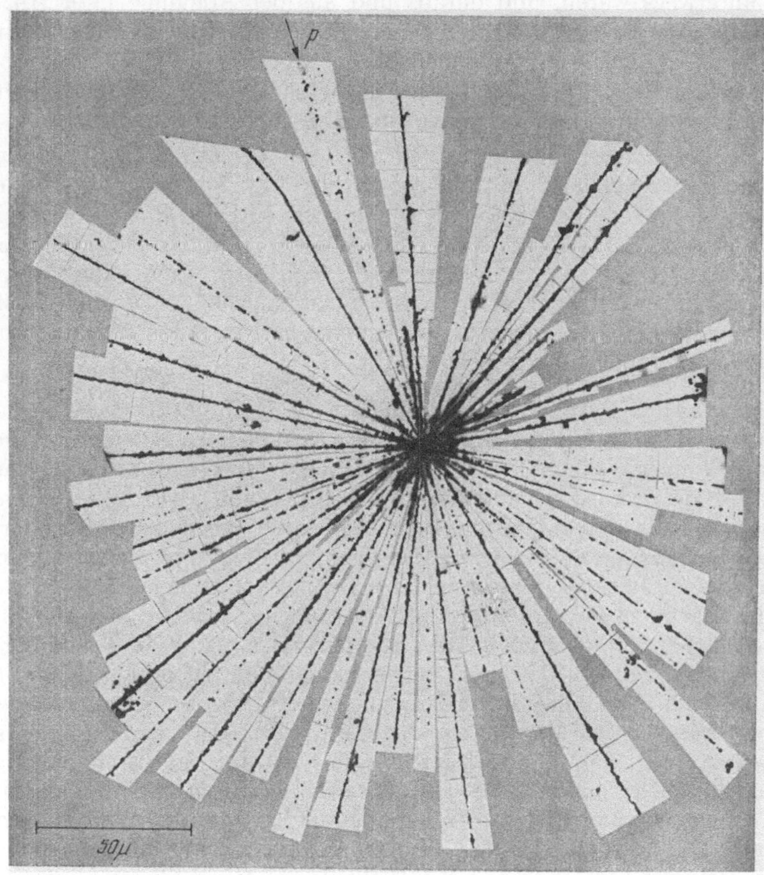

Abb. 652. Kernverdampfung. Nach HEISENBERG, „Kosmische Strahlung"

Sie zerfallen zwar mit einer Halbwertzeit von $2{,}26 \cdot 10^{-6}$ s nach $\mu^+ \rightarrow \beta^+ + 2\nu$ in ein Positron und zwei Neutrinos (ν) bzw. nach $\mu^- \rightarrow \beta^- + 2\nu$ in ein Elektron oder Positron und zwei Neutrinos; doch bezieht sich diese Halbwertzeit auf ein relativ zu ihnen ruhendes Bezugssystem. Für einen an der Erdoberfläche ruhenden Beobachter tritt wegen der sehr großen Geschwindigkeit der Teilchen eine sehr große Zeitdilatation ein (§ 328), und die Halbwertzeit ist in dessen Ruhsystem sehr viel größer, so daß ein beträchtlicher Teil der Myonen ihn noch unzerfallen erreicht. Das ist die ursprünglich von HESS entdeckte Strahlung.

An solchen Myonen hat ROSSI den ersten unmittelbaren Nachweis für die relativistische Zeitdehnung erbracht (§ 328). Er maß die Anzahl der einfallenden Myonen gleichzeitig am Fuß eines hohen Berges und in großer Höhe darüber, hier aber erst nach Durchlaufen eines Eisenstabes, der den gleichen Bruchteil der einfallenden Myonen absorbierte wie die Luft zwischen den beiden Meßorten.

Wären die Myonen stabil, so müßte oben und unten die gleiche Anzahl gemessen werden. Weil sie es aber nicht sind und von ihnen auf ihrem langen Wege durch die Luft mehr zerfallen als auf dem kurzen Weg durch den Eisenstab, so kommen unten weniger unzerfallene Myonen an als oben. Da die Geschwindigkeit der Myonen fast genau gleich der Lichtgeschwindigkeit ist, konnte man die Zeit, während derer die unten gemessenen Myonen von dem oberen zum unteren Meßort unterwegs waren, und daraus und aus der Abnahme ihrer Anzahl auf ihrem Wege ihre Halbwertzeit berechnen. Sie ergab sich um einen Faktor von rund 10^3 größer als die an ruhenden Myonen gemessene Halbwertzeit. Sie ist also bei den relativ zu den Meßgeräten bewegten Myonen gegenüber ihrer Halbwertzeit in ihrem Ruhsystem etwa auf das Tausendfache gedehnt.

Die *Nukleonenkomponente* schließlich wird von der primären Strahlung durch Kernprozesse erzeugt und besteht wesentlich aus Protonen, Neutronen und Heliumkernen und aus positiven, negativen und neutralen Pionen, welch letztere nach $\pi^+(\pi^-) \rightarrow \mu^+(\mu^-) + 2\gamma$ bzw. $\pi_0 \rightarrow 2\gamma$ zerfallen. (γ ist ein Photon.) Neutrinos und Photonen erzeugen keine Bahnspuren (vgl. auch §388, Abb. 650). Durch sehr energiereiche Teilchen der primären Strahlung entstehen auch K-Mesonen und Hyperonen (§387). Teilchen von kleinerer Energie können Kerne aufheizen und eine Kernverdampfung bewirken (Abb. 652).

402. Kosmische Radiostrahlung. Im Jahre 1931 entdeckte JANSKI[1], daß rings aus dem Weltraum, insbesondere aus der Milchstraße, eine *elektrische Kurzwellenstrahlung* mit einer Wellenlänge zwischen etwa 0,01 und 10 m zur Erde gelangt, die also nicht — wie die kürzeren und längeren Wellen — von der Erdatmosphäre absorbiert wird und die sich in Empfangsgeräten durch Rauschen bemerkbar macht *(galaktisches Rauschen)*. Sie wird auch bei der Sonne beobachtet, zumal bei erhöhter Sonnentätigkeit. Indessen hat man dieser Erscheinung erst Beachtung geschenkt, nachdem die im zweiten Weltkrieg entwickelte *Radartechnik* ihre genauere Untersuchung ermöglichte. Seitdem ist die *Radioastronomie* ein ganz neues, mächtiges Hilfsmittel der Erforschung des Weltalls geworden und hat uns bereits eine Fülle ganz neuer Erkenntnisse beschert. Es enstanden *Radioteleskope*, riesige hohlspiegelartige Antennensysteme, mit deren Hilfe man besonders starke *Radioquellen* anpeilen und lokalisieren kann. BAADE hat deren mehr als 500 lokalisiert und viele von ihnen mit auch optisch bekannten Objekten identifizieren können. Eines von ihnen ist der Crab-Nebel, und zwei andere befinden sich dort, wo TYCHO DE BRAHE und KEPLER Supernovae beobachtet haben (§399). Besonders stark ist eine Strahlung mit der Wellenlänge 21 cm, die von interstellarem atomaren Wasserstoff ausgesandt wird, wenn ein Übergang vom parallelen Spin von Proton und Elektron zum energieärmeren antiparallelen Spin erfolgt. Da die Radiostrahlung weit weniger als das Licht durch die interstellare Materie absorbiert wird, können mit ihr noch Objekte beobachtet werden, die der optischen Beobachtung nicht mehr zugänglich sind, z.B. der Kern des Milchstraßensystems und noch außerordentlich viel weiter entfernte kosmische Objekte.

403. Der Energiehaushalt der Sterne. Die Bildung der Elemente. Es gibt zwar Sterne, denen man aus verschiedenen Gründen ein sehr geringes Alter — bis herab zu etwa 10 Millionen Jahren — zuschreiben muß. Die ganz überwiegende Anzahl der Sterne ist aber sehr viel älter, bis zu mehreren 10^9 Jahren. Das gilt auch für die Sonne, die ja mindestens ebenso alt sein muß wie die Erde (§391). Alle geologischen und paläontologischen Erfahrungen beweisen, daß die Stärke der Sonnenstrahlung sich seit mindestens 10^9 Jahren nicht irgend wesentlich

---

[1] KARL GUTHE JANSKI, 1905—1950.

geändert hat, so daß man das auch noch für einen erheblich längeren Zeitraum annehmen darf. Da die Mehrzahl der Sterne sich von der Sonne nicht grundsätzlich unterscheidet, gilt das sicher auch für sie (§ 404). Damit erhebt sich die Frage, aus welcher Quelle die ungeheure Energie der Strahlung stammt, die die Sterne bereits während einer so langen Zeit praktisch unvermindert aussenden.

Wie wir in § 404 genauer auseinandersetzen werden, entsteht ein Stern durch Zusammenballung interstellarer Materie, die sich infolge ihrer eigenen Gravitation mehr und mehr zusammenzieht, sich dadurch adiabatisch erhitzt und immer stärker zu strahlen beginnt. Man kann recht genau die Energie berechnen (HELMHOLTZ, Lord KELVIN), die z.B. bei der Sonne allein infolge ihrer Schrumpfung zu ihrer heutigen Größe insgesamt frei geworden ist. Es erweist sich, daß sie den Energiebedarf der Sonnenstrahlung höchstens über einige 10^7 Jahre gedeckt haben kann. Es muß also in der Sonne und den übrigen Sternen eine sehr viel mächtigere Energiequelle fließen.

Heute steht mit Sicherheit fest, daß die Sonne und die Sterne mit *Kernenergie* geheizt werden, mit der Energie, die dem bei der Bildung von Atomkernen aus ihren Nukleonen auftretenden Massendefekt entspricht. Das ist zuerst grundsätzlich von HOUTERMANS[1] und ATKINSON erkannt worden. Wenn die Temperatur im Kern eines Sterns etwa auf 10^7 K gestiegen ist, haben die Protonen (Wasserstoffkerne), aus denen (neben Elektronen) die interstellare Materie ganz überwiegend besteht, eine so hohe kinetische Energie erlangt, daß sie sich entgegen ihrer elektrostatischen Abstoßung zu Deuteronen vereinigen können *(Critchfield- oder p-p-Prozeß)*. Daran schließen sich zwei weitere Prozesse, die zur Bildung von Heliumionen $^4_2$He führen:

$$^1_1\text{H} + {}^1_1\text{H} \rightarrow {}^2_1\text{H} + {}^0_1 e, \quad ^2_1\text{H} + {}^1_1\text{H} \rightarrow {}^3_2\text{He}, \quad ^3_2\text{He} + {}^3_2\text{He} \rightarrow {}^4_2\text{He} + {}^1_1\text{H} + {}^1_1\text{H}.$$

Da der dritte Prozeß je zwei der beiden vorhergehenden Prozesse voraussetzt, so gehen in ihn 6 $^1_1$H-Kerne ein, und es werden ein $^4_2$He-Kern und zwei $^1_1$H-Kerne sowie zwei Positronen $^0_1 e$ frei. Hierbei wird die Bildungswärme von Helium frei und heizt den Stern weiter auf.

Bei einer Temperatur oberhalb von 10^7 K läuft ein weiterer Heliumbildungsprozeß an *(Bethe[2]-Weizsäcker-* oder C—N-*Zyklus)*. Er setzt voraus, daß bereits eine geringe Menge von Kohlenstoffkernen $^{12}_6$C vorhanden ist (s. u.), und verläuft in vier Schritten:

$$^{12}_6\text{C} + {}^1_1\text{H} \rightarrow {}^{13}_7\text{N} \rightarrow {}^{13}_6\text{C} + {}^0_1 e, \quad ^{13}_6\text{C} + {}^1_1\text{H} \rightarrow {}^{14}_7\text{N},$$

$$^{14}_7\text{N} + {}^1_1\text{H} \rightarrow {}^{15}_8\text{O} \rightarrow {}^{15}_7\text{N} + {}^0_1 e, \quad ^{15}_7\text{N} + {}^1_1\text{H} \rightarrow {}^{12}_6\text{C} + {}^4_2\text{He}.$$

Der ursprüngliche Kohlenstoffkern $^{12}_6$C geht also aus dem Prozeß unverändert wieder hervor und steht für einen weiteren Prozeß zur Verfügung. Er spielt lediglich die Rolle eines Katalysators. Von den vier Protonen, die er unter Verwandlung in andere Kerne aufgenommen hat, haben sich zwei unter Aussendung eines Positrons in Neutronen verwandelt. Der aus zwei Protonen und zwei Neutronen gebildete Heliumkern wird am Ende des Prozesses frei.

Die Bilanz beider Prozesse kann man übereinstimmend in folgender Form ziehen:

$$4^1_1\text{H} \rightarrow {}^4_2\text{He} + 2^0_1 e.$$

In beiden Fällen wird je Prozeß eine Energie von 26,7 MeV ($\approx 1{,}6 \cdot 10^{-12}$ cal $\approx$ $4 \cdot 10^{-5}$ erg) frei. Die Verwandlung von Wasserstoff in Helium nennt man *Wasserstoffbrennen*.

Wenn der Wasserstoff im Kern weitgehend verbraucht ist, können — jedenfalls bei massereichen Sternen (§ 404) — bei stark weiter wachsenden Tempera-

---

[1] FRITZ HOUTERMANS, 1903—1965.   [2] HANS ALBRECHT BETHE, geb. 1906.

turen, weitere Kernprozesse eintreten, zunächst das *Heliumbrennen*, bei denen das $_2^4$He in Kernprozesse eingeht, insbesondere Prozesse wie

$$2\,_2^4\mathrm{He} \to\,_4^8\mathrm{Be}, \qquad 3\,_2^4\mathrm{He} \to\,_6^{12}\mathrm{C} \quad \text{usw.}$$

bis etwa zur Mitte des Periodischen Systems. Die schweren Elemente entstehen vermutlich auf folgende Weise. Wenn ein Stern, in dem bereits mittelschwere Elemente gebildet sind, vergeht (§404), so gehen diese in die interstellare Materie über und können auf diese Weise auch in einen jungen Stern eingehen und dort zu schwereren Elementen aufgebaut werden. Tatsächlich beobachtet man in manchen sehr jungen Sternen Spektren mittelschwerer Elemente, die in ihnen noch gar nicht gebildet worden sein können.

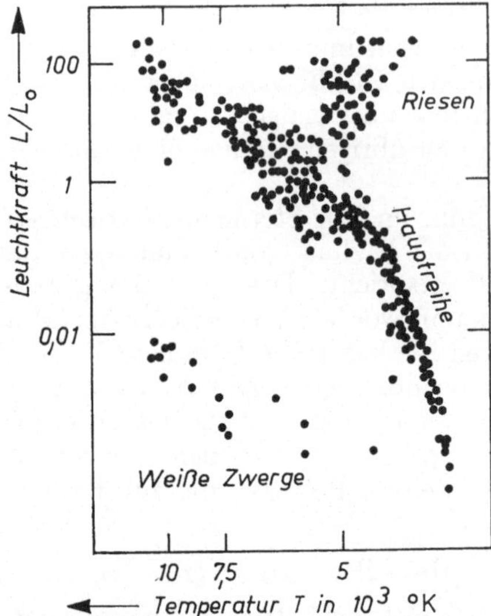

Abb. 653. Hertzsprung-Russell-Diagramm. Auswahl von Sternen mit besonders zuverlässig bekannten Leuchtkräften und klassifizierten Spektren. (Nach PARENAGO aus Physikalische Blätter 21, 494 (1965))

404. Die Lebensgeschichte der Sterne. Das Hertzsprung-Russell-Diagramm.

Sterne haben kein ewiges Leben. Sie entstehen aus interstellarer Materie (§400) und vergehen wieder. Wo interstellare Materie, ganz überwiegend Wasserstoff, sich einmal zufällig in besonders hoher Dichte ansammelt, ballt sie sich infolge ihrer Gravitation mehr und mehr zusammen und zieht weitere Materie an sich, und der junge Stern wächst, bis seine Umgebung allzu sehr an Materie verarmt ist. Infolge adiabatischer Kompression nimmt dabei seine Temperatur, die natürlich in seinem Kern am größten ist, mehr und mehr zu, und der Stern beginnt mehr und mehr zu strahlen. Zunächst ist die Strahlung noch schwach und liegt im ultraroten Bereich, bis mit zunehmender Erhitzung auch sichtbares Licht auftritt und der Stern der Beobachtung zugänglich wird.

Zunächst bestreitet der Stern also seine Strahlungsleistung nur aus seiner Gravitationsenergie. Wenn aber sein Kern sich so weit erhitzt hat, daß dort das Wasserstoffbrennen beginnen kann (§403), erschließt sich ihm eine neue, mächtige Energiequelle, aus der er seine Strahlungsleistung während seines weiteren beobachtbaren Daseins bestreitet.

Den Schlüssel zur Aufklärung der Lebensgeschichte der Sterne liefert das *Hertzsprung*[1]-*Russell*[2]-*Diagramm* (HRD, Abb. 653). Trägt man die Leuchtkräfte der Sterne gegen die aus ihrem Spektraltypus ermittelten Temperaturen ihrer Oberflächen auf, so erhält man eine sehr auffällige Verteilung. Die überwiegende Anzahl der Sterne liegt auf der von rechts unten nach links oben verlaufenden *Hauptreihe*, nur verhältnismäßig wenige, die *Riesen*, liegen oberhalb derselben und nur sehr wenige, die *Weißen Zwerge*, unterhalb derselben. Aus der Masse-Leuchtkraft-Beziehung (§396) folgt, daß ein Stern um so höher auf der Hauptreihe liegt, je größer seine Masse ist.

Wir geben zunächst die allgemeine Deutung des Diagramms. Wenn in einem Stern das Wasserstoffbrennen voll angelaufen und damit seine Leuchtkraft kon-

[1] EYNAR HERTZSPRUNG, 1873—1967.   [2] HENRY NORRIS RUSSELL, 1877—1957.

stant geworden ist, ist sein Ort im Diagramm eindeutig durch seine Masse bestimmt. Dort verbleibt er, bis der Wasserstoffvorrat seines Kerns sich zu erschöpfen beginnt. Massearme Sterne erkalten dann ziemlich schnell, und ihr beobachtbares Dasein ist beendet. Die Existenz der Riesen (Abb. 653) deutet aber darauf hin, daß es sich bei den massereichen Sternen anders verhält. Bei ihnen setzt nach Erschöpfung ihres Wasserstoffs im Kern das Heliumbrennen ein (§ 403), an das sich noch weitere Prozesse anschließen können. Der Stern bläht sich gewaltig auf, wandert nach oben rechts aus der Hauptreihe aus und wird zu einem Riesen. Hierauf kommen wir noch zurück.

Zum Verständnis der Lebensgeschichte der Sterne haben Untersuchungen an *Sternhaufen* sehr wesentlich beigetragen. Sie bestehen aus hunderten oder tausenden von sehr nahe benachbarten Sternen. Ein Sternhaufen entsteht aller Wahrscheinlichkeit nach durch Kontraktion eines einzigen riesigen Gasballs, innerhalb dessen sich dann durch Teilung die Einzelsterne bilden. Diese sind also praktisch *gleich alt*. Es gibt sehr zuverlässige Kriterien, aus denen man auf das Alter eines Sternhaufens schließen kann, und es erweist sich, daß es Sternhaufen von sehr verschiedenem Alter gibt. In jedem Sternhaufen verteilen sich die Einzelsterne über alle Bereiche des Hertzsprung-Russel-Diagramms; sie haben also sehr verschiedene Massen. Es hat sich nun die sehr auffallende Tatsache ergeben, daß solche gleich alten Sterne in ihrer Entwicklung um so weiter fortgeschritten sind, je massereicher sie sind. In einem Sternhaufen mittleren Alters haben viele der masseärmeren Sterne noch nicht einmal ihren Ort auf der Hauptreihe ganz erreicht, während viele der massereichen Sterne die Hauptreihe bereits verlassen haben und Riesen geworden sind. *Ein Stern altert um so schneller, je massereicher er ist.* Ein massereicher Stern hat zwar einen weit größeren Wasserstoffvorrat als ein massearmer, verbraucht ihn aber sehr viel schneller. Das ist verständlich, wenn man bedenkt, daß die Leuchtkraft eines Sterns, also auch sein Wasserstoffverbrauch auf Grund der Masse-Leuchtkraft-Beziehung (§ 396) einer recht hohen Potenz seiner Masse proportional ist. Demnach ist die Verweilzeit eines Sterns auf der Hauptreihe um so kürzer, je größer seine Masse ist. Die Sonne ist ein recht massearmer Stern; sie strahlt schon mindestens 4 Milliarden Jahre in praktisch unverminderter Stärke, und ihr Wasserstoffvorrat gewährleistet das noch für eine mindestens ebenso lange Zeit. Die Verweilzeit eines sehr massereichen Sterns auf der Hauptreihe ist größenordnungsmäßig geringer.

Zur Prüfung dieser Theorie der Sternentwicklung haben KIPPENHAHN und WEIGERT ein elektronisches Rechengerät mit den Daten eines fingierten Sternhaufens programmiert. Er besteht aus 190 Einzelsternen, deren Massenverteilung auf Grund der Beobachtungen an wirklichen Sternhaufen gewählt wurde. Auf diese Weise wurde die Entwicklung der Einzelsterne in mehreren Altersstufen des Sternhaufens berechnet. Nach 10^5 Jahren hat erst bei den 7 massereichsten Sternen das Wasserstoffbrennen begonnen; die übrigen befinden sich noch oberhalb der Hauptreihe. Nach $3 \cdot 10^6$ Jahren ist die Hauptreihe schon stärker besetzt, und bei den massereichsten Sternen zeigen sich bereits Anzeichen einer Erschöpfung des Wasserstoffvorrats. Nach $30 \cdot 10^6$ Jahren befinden sich schon fast alle masseärmeren Sterne auf der Hauptreihe, aber die massereichsten sind bereits Riesen geworden, darunter drei Cepheiden (§ 398). Aber auch nach $4{,}24 \cdot 10^9$ Jahren ist die Hauptreihe in ihrem unteren Teil noch immer recht dicht besetzt. Ein Vergleich mit Sternhaufen etwa gleichen Alters zeigt eine überraschend gute Übereinstimmung mit der Erfahrung.

In der Abb. 654 geben wir zwei Beispiele von so berechneten Sternentwicklungen nach KIPPENHAHN und WEIGERT. Der Stern von Sonnenmasse wandert von einem Anfangszustand A aus von oben her auf seinen Ort in der Hauptreihe hin, wird aber erst beobachtbar, wenn er ihm recht nahe gekommen ist. Auf der Hauptreihe verweilt er mehrere Milliarden Jahre in praktisch unverändertem Zustand. Nach Erschöpfung des Wasserstoffvorrats in seinem Kern bläht er sich bei Verschiebung des Wasserstoffbrennens nach außen gewaltig auf, erkaltet und entschwindet der Beobachtung. Ganz anders der Stern von 7 Sonnenmassen. An seinem Ort auf der Hauptreihe verweilt er nur sehr viel kürzere Zeit, und sein weiterer Weg in den Bereich der Riesen verläuft auch schnell. Zunächst tritt das Heliumbrennen auf, an das sich noch weitere Kernprozesse anschließen können, und der Stern stößt mehrfach seine äußere Gashülle ab. Dabei durchläuft er auch instabile Zustände, in denen er ein veränderlicher Stern ist. Weiter reichen die Berechnungen vorerst nicht. Es ist aber ziemlich sicher, daß schließlich nur sein zunächst sehr heißer, ausgebrannter Kern übrig bleibt, der schnell erkaltet und der Beobachtung entschwindet. Aller Wahrscheinlichkeit nach sind die Weißen Zwerge solche Kerne vergangener massereicher Sterne.

Einige ungewöhnliche Objekte. In jüngster Zeit hat man eine Anzahl von kosmischen Objekten mit ganz ungewöhnlichen Eigenschaften entdeckt. Eine Art sind die sog. quasistellaren Objekte, kurz *Quasars* genannt, weil sie nur die Größe von Einzelsternen zu haben scheinen. Indessen rührt das daher, daß sie, wie die außerordentlich große Rotverschiebung ihrer Spektren beweist (§ 408), durchweg rund $10 \cdot 10^9$ lj von uns entfernt sind. Ferner beweist die Stärke der dennoch bis zu uns gelangenden Strahlung, daß ihre Masse wahrscheinlich weit größer ist als die der gewöhnlichen Galaxien.

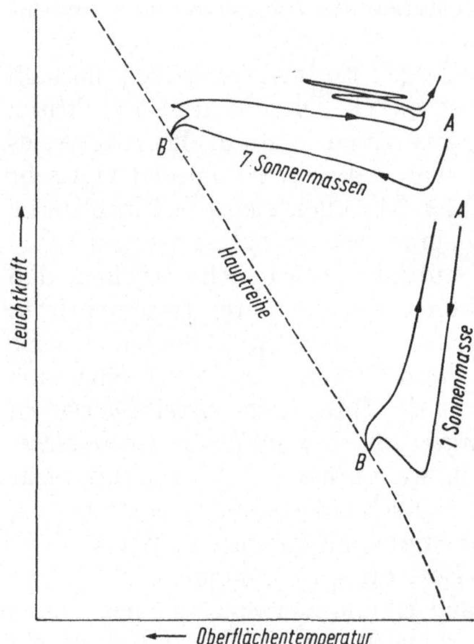

Abb. 654. Entwicklung eines massearmen und eines massereichen Sterns. Nach KIPPENHAHN und WEIGERT

Die Zeit von rund $10 \cdot 10^9$ Jahren, die das Licht von ihnen bis zu uns gelangt, ist nahezu von der Größenordnung des Alters des Weltalls (§ 408). Das zwingt zu dem Schluß, daß es sich bei diesen Objekten um Zustände handelt, die es nur in einer sehr frühen Phase der Entwicklung des Weltalls gegeben hat, die aber seitdem überall abgeklungen sind und über die man bisher nur Vermutungen anstellen kann. Bis Ende 1969 hat man etwa 120 Quasars entdeckt.

Seit dem Jahre 1968 hat man bis Oktober 1969 radioteleskopisch zahlreiche auffallende Objekte entdeckt, die laufend Radioimpulse mit bis zu 10^{-8} konstanten Schwingungsdauern zwischen 0,033 s und 30 s aussenden und die man *Pulsars* nennt. Ihre Entfernung von uns beträgt einige 1000 lj. Sie gehören also unserer Milchstraße an (§ 405), und sie liegen in deren Spiralarmen[1]. Am wahrscheinlichsten ist die Hypothese, daß es sich um Endstadien Weißer Zwerge handelt, deren Materie sich mehr und mehr in Neutronen verwandelt hat *(Neutronensterne)*, womit eine Vergrößerung ihrer Dichte auf 10^{12} bis 10^{16} g cm^{-3} und eine Verkleinerung ihres Durchmessers auf die Größenordnung von 100 km verbunden ist. Wegen der Erhaltung des Drehimpulses muß dabei die Frequenz einer anfänglich wohl immer vorhandenen Rotation außerordentlich stark bis zu den oben genannten Frequenzen wachsen. Wenn, wie anzunehmen, die Radiostrahlung von einzelnen kleinen Bereichen der Oberfläche ausgeht, muß sie mit den gleichen Frequenzen auf der Erde ankommen.

---

[1] Eines davon ist der Zentralstern im Crab-Nebel.

405. Das Milchstraßensystem. Die mit bloßem Auge sichtbare *Milchstraße* ist nur ein Teil eines ausgedehnten Sternensystems, einer *Galaxie*. Es enthält etwa $2 \cdot 10^{11}$ Sterne, deren unter sich sehr verschiedene Massen im Durchschnitt etwa der Masse der Sonne entsprechen. Etwa 98% der Masse des Systems ist zu Sternen verdichtet, etwa 2% entfallen auf interstellare Materie. Das System gliedert sich in drei deutlich verschiedene Teile: die als Milchstraße sichtbare *Scheibe*, den die Scheibe etwa kugelförmig umgebenden *Halo* und den *Kern* des Systems.

Die *Scheibe* hat einen Durchmesser von 80000 bis 90000 lj (Lichtjahren), ihre Dicke nimmt vom Rand (etwa 2000 lj) bis zur Mitte auf 10000 lj zu. Die Sterne der Scheibe (nach BAADE *Population I*) ordnen sich überwiegend in *Spiralen* an (vgl. Abb. 655). Unter ihnen sind helle und heiße und mehr oder weniger junge Sterne. Die Spiralen enthalten hinreichend interstellaren Wasserstoff, so daß sich auch noch heute neue Sterne bilden können. Mit Hilfe der 21 cm-Linie des Wasserstoffs hat man die Spiralstruktur der Milchstraße radioastronomisch bereits ungefähr analysieren können. Die Scheibensterne rotieren, wie schon KANT vermutet hat, gleichsinnig in ungefähr parallelen, etwa kreisförmigen Bahnen nach den Keplerschen Gesetzen um den in seiner Gravitationswirkung sehr stark dominierenden Kern (OORT, LINDBLAD). Dies gilt auch für die etwa am Rande einer Spirale, etwa 30000 lj vom Kern entfernte Sonne. Ihre Umlaufszeit beträgt etwa $2 \cdot 10^{8}$ Jahre, ihre Bahngeschwindigkeit 225 km s^{-1}. Je weiter ein Stern vom Kern entfernt ist, um so größer ist seine Umlaufzeit. Deshalb sollten die Spiralen im Laufe der Zeit durch Vermischung verschwinden. Warum dies nicht geschieht, ist nicht bekannt. Die Sterne in der näheren Sonnenumgebung nennt man das *lokale Sternsystem*. Die Abstände der Sterne dieses Systems verhalten sich zu ihren Radien etwa wie 10 bis 100 km zum Radius eines Stecknadelkopfes.

Im *Halo* trifft man überwiegend alte Sterne an, der mittlere Abstand zwischen den Sternen dieser *Population II* wächst mit der Entfernung vom Kern der Galaxie. In diesen Bereichen ist die Dichte des interstellaren Wasserstoffs zu gering, um noch die Bildung neuer Sterne zu ermöglichen. Charakteristisch sind hier unter anderem bestimmte Arten von veränderlichen Sternen und kugelförmige Sternhaufen. Diese bestehen aus etwa 10^{5} sehr nahe benachbarten Sternen. In den Kernen der Haufen ist der mittlere Sternabstand so klein, daß die Einzelsterne im Teleskop nicht erkennbar sind.

Im *Kern* der Galaxie sind die Sterne wesentlich näher benachbart als in der Scheibe, die Abstände zwischen ihnen sind aber immer noch sehr groß im Vergleich zu ihren Durchmessern. Der Kern ist der optischen Beobachtung durch Dunkelwolken entzogen, er ist aber eine Quelle starker Radiostrahlung, die die Wolken durchdringen kann und uns Information über den Zustand des Kerns liefert.

406. Außergalaktische Nebel. Mit starken Teleskopen beobachtet man am Firmament eine ungeheuer große Anzahl winziger, nebelartiger Gebilde, die, wie zuerst IMMANUEL KANT vermutete, nicht unserem Milchstraßensystem angehören, sondern ebenfalls *Galaxien, ferne Geschwister des Milchstraßensystems*, sind. Ihre Anzahl in dem der heutigen Beobachtung zugänglichen Bereich, d. h. bis in eine Entfernung von einigen 10^{9} Lichtjahren, beträgt mindestens einige Milliarden.

Den ersten Beweis, daß ein Nebel unserer Milchstraße nicht angehört, lieferte Miss LEAVITT durch die Berechnung der Entfernung der Kleinen Magellanschen Wolke nach der Cepheidenmethode (§398). Sie beträgt etwa 150000 Lichtjahre, die der Großen Magellanschen Wolke etwas mehr. Sie sind ungewöhnlich klein, der Milchstraße sehr nahe und können als eine Art von Trabanten derselben

angesehen werden, wie man sie auch bei anderen Galaxien beobachtet (Abb. 655).
Ihre Massen betragen $1{,}3 \cdot 10^9$ bzw. $3 \cdot 10^9$ Sonnenmassen. Zusammen mit dem
Milchstraßensystem und etwa 20 weiteren Galaxien bilden sie die *lokale Nebel-
gruppe*. Ihr auffälligstes Mitglied ist der auch mit bloßem Auge eben sichtbare
Andromeda-Nebel, der etwa $2 \cdot 10^6$ Lichtjahre von uns entfernt und dem Milch-
straßensystem äußerst ähnlich ist.

Abb. 655. Spiralnebel Messier 51 in den Jagdhunden mit einem kleinen Begleiter.

Bei weiter entfernten Galaxien versagt die Cepheidenmethode, weil in ihnen
Cepheiden — obgleich sie sehr große Leuchtkräfte haben — nicht mehr zu erkennen sind. An ihre Stelle treten schrittweise andere Entfernungsmerkmale, deren
jedes an seinem Vorgänger geeicht wird. Für die größten Nebelentfernungen steht
das Merkmal der Rotverschiebung in den Spektren der Nebel zur Verfügung (§ 407).

HUBBLE[1], dem die Pionierarbeit auf dem Gebiet der Nebelforschung zu verdanken ist, hat die Nebel nach ihrer Gestalt in eine *Folge von Nebeltypen* geordnet
(Abb. 656), von der er ursprünglich annahm, daß sie von links nach rechts einer
fortschreitenden Entwicklung von den elliptischen Nebeln zu den Spiralen ent-
spreche. (Der Typ S_0 war lediglich hypothetisch.) Heute kann die — immerhin
historisch noch interessante — Abb. 656 nur als eine Darstellung der verschiedenen
beobachteten Nebeltypen gelten. Indessen ist es denkbar, daß die beiden Folgen

---

[1] EDWIN HUBBLE, 1889—1953.

der Spiralen doch einer fortschreitenden Entwicklung von links nach rechts entsprechen. Am häufigsten sind die *normalen Spiralen*, erheblich seltener die *Barren-* oder *Balkenspiralen*. Diese unterscheiden sich von jenen durch die Art des Ansatzes der Spiralen an den Kern, den diese Nebel ebenso wie das Milchstraßensystem haben. Ebenso wie dieses enthalten sie interstellare Materie. Das Milchstraßensystem entspricht etwa dem Typ *S b*. Mit etwa 20% aller Nebel sind die *elliptischen Nebel*, zu denen auch die beiden Magellanschen Wolken gehören, verhältnismäßig selten. Sie sind strukturlos, enthalten keine interstellare Materie und stellen offenbar ein spätes Entwicklungsstadium dar. Dopplereffekte beweisen, daß die Spiralnebel analog zu den Spiralen der Milchstraße im Sinne eines Feuerrades (also in der Abb. 655 gegen den Uhrzeigersinn) rotieren. Man kann die Massen der Galaxien ungefähr abschätzen und findet, daß sie im

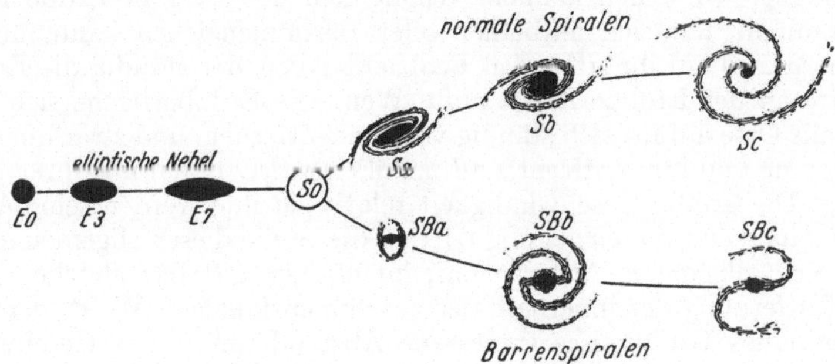

Abb. 656. Schema der Nebeltypen. Nach HUBBLE

Durchschnitt 10^9 bis 10^{11} Sonnenmassen betragen. In ihrem Sterngehalt sind die Spiralnebel dem Milchstraßensystem durchaus ähnlich, und man beobachtet in den näheren von ihnen alle aus diesem bekannten Sterntypen einschließlich der Novae und Supernovae, sowie kugelförmige Sternhaufen, und auch die gleiche Verteilung der Populationen I und II.

Der durchschnittliche gegenseitige Abstand der Galaxien beträgt etwa das 10- bis 100fache ihrer Abmessungen. Doch zeigen sie eine deutliche Neigung zur Vergesellschaftung in *Nebelgruppen* — ähnlich der lokalen Nebelgruppe — und sogar *Nebelhaufen* aus vielen hundert nahe benachbarten Nebeln. Der Virgo-Nebelhaufen enthält etwa 3000 Nebel auf sehr engem Raum.

407. Die Expansion des Weltalls. Die Erforschung der Nebel hat ihren ersten und entscheidenden Anstoß von der Relativitätstheorie erhalten. Infolge der Massen der im Weltraum verteilten Körper ist die Metrik des Weltraums nichteuklidisch, *der Weltraum also ein gekrümmter Raum* (§ 339). Die Grundgleichungen der allgemeinen Relativitätstheorie lassen aber verschiedene Lösungen zu, zwischen denen nur die Erfahrung entscheiden kann. Bisher haben sich keine Widersprüche ergeben, wenn man annimmt, der Weltraum sei ein dreidimensionales Analogon zu einer Kugelfläche, also ein Raum mit überall gleicher positiver Krümmung, was — sofern es ganz streng zutreffen würde — voraussetzt, daß die Materie in ihm überall mit gleicher Dichte vorhanden ist. (Dem entspricht es, wenn man die Erdoberfläche als ideale Kugelfläche ansieht und die örtlichen Niveauunterschiede vernachlässigt.) In einer Kugelfläche gilt ebenfalls eine nichteuklidische Geometrie, die sog. sphärische Trigonometrie. Analog zu ihr gilt für den dreidimensionalen Weltraum, daß er zwar *unbegrenzt* ist, aber ein *endliches Volumen* hat.

44*

Als erster hat DE SITTER[1] erkannt, daß ein solches Weltall nicht statisch sein könne. Ein statisches Weltall wäre mit einem Gase unter konstanten Bedingungen zu vergleichen, dessen makroskopischer Zustand als Ganzes sich trotz der ständigen Bewegungen und Geschwindigkeitsänderungen seiner einzelnen Moleküle nicht ändert. DE SITTER wies nach, daß ein solches Weltall, also der Weltraum selbst, sich ständig entweder ausdehnen oder zusammenziehen muß. Die Erfahrung an den Nebeln hat erwiesen, daß er sich *ständig ausdehnt.*

Da ein gekrümmter dreidimensionaler Raum unserem Anschauungsvermögen nicht zugänglich ist, können wir uns das nur an Hand der Analogie mit einer Kugelfläche verständlich machen, die ein gekrümmter zweidimensionaler Raum und deren Geometrie (sphärische Trigonometrie) daher ebenfalls nichteuklidisch ist, die wir uns aber als in den dreidimensionalen euklidischen Raum eingebettet auch anschaulich vorstellen können. Wir denken uns etwa die Erdoberfläche als einen Gummiball, der sich aufblähen oder zusammenziehen kann, und stellen uns einen *irgendwo* auf ihr sitzenden Beobachter vor, der ständig die Entfernung anderer Orte an der Erdoberfläche mißt. Wenn die Erdoberfläche sich aufbläht, so werden alle Orte auf ihr sich ständig von ihm entfernen, und zwar um so schneller, je weiter sie von ihm entfernt sind, nämlich proportional mit ihrer jeweiligen Entfernung. Die größte Geschwindigkeit relativ zu ihm werden seine Antipoden haben. Bei einer Zusammenziehung tritt an die Stelle dieser allgemeinen Fluchtbewegung eine allgemeine Annäherung; im übrigen gilt das gleiche. Dabei ist unter der Entfernung der innerhalb der zweidimensionalen „Welt" der Erdoberfläche längs eines Großkreises gemessene Abstand, unter der Geschwindigkeit die zeitliche Änderung dieses Abstandes zu verstehen. Natürlich macht jeder an einem beliebigen anderen Ort befindliche Beobachter genau die gleichen Beobachtungen, und ein jeder mag den Eindruck haben, daß gerade er im Mittelpunkt dieses Geschehens sitze.

Das gleiche — nur in drei Dimensionen übertragen — ist nach DE SITTER auch im Weltall zu erwarten. Jeder beliebige Beobachter im Weltall sollte die Feststellung machen, daß der gesamte Inhalt des Weltalls sich von ihm mit einer dem Abstande proportionalen Geschwindigkeit entfernt oder sich ihm nähert. Innerhalb unseres Milchstraßensystems ist allerdings eine Bestätigung noch nicht zu erwarten. Erstens sind seine Abmessungen dafür allzu klein, und zweitens wirkt in ihm die zusammenballende Gravitation einer etwaigen Aufblähung noch allzu stark entgegen. Bestätigungen sind erst bei nicht allzu nahen Spiralnebeln zu erwarten. Das war die Veranlassung für den außerordentlichen Aufschwung der Nebelforschung in den letzten Jahrzehnten.

Die Geschwindigkeit eines Nebels in der Sichtlinie eines irdischen Beobachters kann nach (328.4) (mit $\beta = v/c_0$ und $\cos \vartheta = 0$) aus dem auftretenden Doppler-Effekt berechnet werden, also auf Grund der Verschiebung $\lambda' - \lambda$ der Linien seines Spektrums gegenüber ihrer im Laboratorium gemessenen Wellenlänge λ. Je nachdem ein Nebel sich von uns entfernt oder sich uns nähert ($v \gtrless 0$), ist entweder $\lambda' > \lambda$, sind also die Linien nach Rot verschoben, oder $\lambda' < \lambda$, die Linien nach Violett verschoben. Tatsächlich erwiesen Messungen von HUMASON[2] und HUBBLE erstens, daß *die Nebelspektren eine allgemeine Rotverschiebung zeigen,* also alle Nebel sich *von uns entfernen.* Zweitens ergab sich bei Nebeln, deren Entfernung man auf Grund bestimmter Indizien einigermaßen genau kannte (z. B. auf Grund der Periode-Leuchtkraft bei Cepheiden, §398), daß *ihre Fluchtgeschwindigkeiten ihren Entfernungen proportional* sind (vgl. das Analogon der sich aufblähenden Kugelfläche). *Das Weltall bläht sich also wirklich auf (Expansion des Weltalls).*

---

[1] WILLEM DE SITTER, 1878—1934.   [2] MILTON HUMASON, geb. 1891.

In manchen Fällen kann der Nachweis auch radioastronomisch geführt werden. So ergab sich für einen bestimmten Nebel optisch eine Geschwindigkeit von $16\,800$ km s^{-1}, radioastronomisch eine solche von $16\,830$ km s^{-1}. Für eine andere Deutung der Rotverschiebungen als durch eine allgemeine Fluchtbewegung der Nebel findet sich in der Erfahrung keinerlei Anhaltspunkt.

Demnach besteht zwischen der Fluchtgeschwindigkeit v und der Entfernung eines Nebels die Beziehung $v \sim r$ oder

$$v = Hr. \tag{407.1}$$

H ist die *Expansionskonstante* oder *Hubble-Konstante*, und $H = v/r$ ist der *Kehrwert einer Zeit*. Die bisherigen Berechnungen von H sind noch mit manchen Unsicherheiten behaftet; aber der Wert $H = 0{,}25 \cdot 10^{-17}$ s^{-1} ist jedenfalls einigermaßen richtig.

Nach (407.1) ist $r = v/H$. Das liefert ein *Entfernungsmaß für Nebel*, die so weit von uns entfernt sind, daß man die bei näheren Nebeln anwendbaren Entfernungskriterien nicht mehr anwenden kann, insbesondere auch für solche, die man wegen ihrer großen Entfernung nicht mehr optisch, sondern nur radioastronomisch untersuchen kann.

Die Geschwindigkeit v kann nicht größer sein als die Lichtgeschwindigkeit c_0. Demnach ist nach (407.1) $R = c_0/H \approx 3 \cdot 10^8$ m s^{-1}/$0{,}25 \cdot 10^{-17}$ s$^{-1} = 12 \cdot 10^{25}$ m $\approx$ $13 \cdot 10^9$ lj der größte zur Zeit im Weltall vorkommende Abstand zweier Punkte. In der Analogie der Kugelfläche entspricht dem der Abstand eines Beobachters von seinen Antipoden. Die größten bisher berechneten Entfernungen sind gar nicht sehr viel kleiner.

408. Das Alter des Weltalls. Wir haben bereits gesagt, daß die Hubble-Konstante H der Kehrwert einer Zeit, also $1/H = T$ eine Zeit, nämlich $T \approx 4 \cdot 10^{17}$ s $\approx 13 \cdot 10^9$ Jahre ist. Setzt man voraus, daß die Geschwindigkeit v der einzelnen Nebel seit jeher ebenso groß gewesen sind wie heute, so muß nach (407.1) $T = r/v = R/c_0$ zeitlich zunehmen und kann keine wirkliche Konstante sein. Es muß sich also um die seit einem bestimmten Ereignis verstrichene Zeitspanne handeln. Um was für eine Zeitspanne es sich handelt, wird deutlich, wenn man bedenkt, daß für $T = 0$ die Entfernungen aller Nebel und insbesondere auch R_0 gleich Null werden. Demnach ist T die Zeitspanne, die heute verstrichen ist, seitdem das Weltall ein winziges Volumen hatte ($R \approx 0$), in dem seine gesamte, wohl nur aus Nukleonen und Elektronen bestehende Materie zusammengeballt war und das Weltall zu der Entwicklung startete, die wir heute beobachten. In diesem Sinne nennt man T das (heutige) *Alter der Welt* und spricht von der *Geburt des Weltalls*, scherzhaft auch vom „*Urknall*". Allerdings ist der von uns verwendete Wert von H noch einigermaßen unsicher. Es ist deshalb vorsichtiger, wenn man sagt, daß das Weltalter jedenfalls zwischen etwa $12 \cdot 10^9$ und $13 \cdot 10^9$ Jahren liegen dürfte.

Das stimmt mit anderen Berechnungen überein, die für sehr verschiedene besonders alte Objekte Werte ergeben, die sämtlich von der gleichen Größenordnung, aber nie größer als T sind. Das Alter der festen Erdkruste beträgt etwa $4{,}5 \cdot 10^9$ Jahre. Größere Werte (bis zu $12 \cdot 10^9$ Jahren) ergeben sich für das Alter der ältesten Kugelsternhaufen und sehr alter Sterne. Eine ganz andere Berechnung stammt von HOUTERMANS. Aus theoretischen Gründen nimmt er an, daß bei der Bildung der beiden Urannuklide ^{235}U und ^{238}U ihr Mengenverhältnis etwa $5/3$ gewesen ist, während es heute wegen der kleineren Halbwertzeit des ^{235}U nur noch $1/140$ beträgt. Damit kann man auf Grund der Halbwertzeiten der beiden Isotope die seit ihrer Bildung verflossene Zeit berechnen. Sie ergibt sich zu etwa $6{,}6 \cdot 10^9$ Jahren.

Obgleich seit der Entdeckung der Expansion ganz außerordentliche Mittel für die Erforschung des Weltalls, des Kosmos, eingesetzt worden sind, befindet sich unser Wissen von ihm erst in den Anfängen, und viele schwerwiegende Fragen sind noch offen. Ist die Expansionsgeschwindigkeit im Laufe der Entwicklung immer ebenso groß gewesen wie heute? Ist die Menge der Materie seit dem „Urknall" konstant geblieben? Oder hat sich im Laufe der Zeit nach Einsteins Gleichung $m = E/c_0^2$ ständig neue Materie auf Kosten von Gravitationsenergie gebildet, wie DIRAC und JORDAN vermuten? Im Zusammenhang mit der von ihnen angenommenen zeitlichen Abnahme der Gravitationskonstanten wäre das denkbar. (Die vermutete Expansion der Erde (§ 392) hat natürlich nur mit letzterem zu tun, aber nichts mit der Expansion des Weltalls.) Durch das schnelle Vordringen der Forschung in immer größere Fernen und die Entdeckung ganz neuartiger kosmischer Objekte (§ 405) wird die Anzahl der offenen Fragen noch ständig vermehrt.

Indessen ist es wahrscheinlich, daß der „Urknall" noch *eine* Spur in unserem heutigen Weltall hinterlassen hat. Gleichzeitig mit ihm muß eine schwarze Strahlung (§ 320) von außerordentlich hoher Temperatur entstanden sein, die das ganze, zunächst sehr kleine Weltall homogen erfüllte. Infolge der Expansion muß diese Strahlung mehr und mehr verdünnt worden sein, womit eine stetige Abnahme ihrer Temperatur verbunden gewesen sein muß. Tatsächlich beobachtet man eine vollkommen gleichmäßig aus allen Richtungen einfallende Radiostrahlung, die sog. *Untergrundstrahlung*, mit einem kontinuierlichen Spektrum, und ihre aus der Energieverteilung im Spektrum berechnete heutige Temperatur beträgt einige wenige K.

Natürlich drängt sich die Frage auf, was die Ursache für den Beginn dieser Entwicklung gewesen sei und was sich in der Zeit vor dem „Urknall" ereignet haben mag, ob man über die Zeit $T = 0$ noch rückwärts extrapolieren kann. Da diese „Vorzeit" aber sicher keine Spuren im heutigen Weltall hinterlassen hat, so wird es auf diese Fragen wohl nie eine Antwort geben können.

Da die Menschen in der Kindheit waren,
ihr geistiges Auge von der Wissenschaft noch
nicht berührt war, wurden sie von dem Nahe-
stehenden und Auffälligen ergriffen und zu
Furcht und Bewunderung hingerissen. Aber
als ihr Sinn geöffnet wurde, da der Blick sich
auf den Zusammenhang zu richten begann,
so sanken die einzelnen Erscheinungen immer
tiefer, und es erhob sich das Gesetz immer
höher; die Wunderbarkeiten hörten auf, das
Wunder nahm zu.

Adalbert Stifter: Vorrede zu den Studien, 1852

Schlußwort

Wenn der Leser abschließend das Bild der Physik überblickt, soweit wir es im Rahmen dieses Buches und nach dem heutigen Stande unseres Wissens zeichnen konnten, so wird er sich dem Eindruck der großartigen Leistung des menschlichen Geistes nicht entziehen können, die in der durch die Physik geschaffenen *Ordnung des physikalischen Erkenntnisgutes* liegt. Wenn es dem Leser gelungen ist, wirklich auf den Grund der Dinge zu kommen, so wird er erkannt haben, daß es sich immer um das Walten *einiger weniger ganz grundlegender, sehr allgemeiner Gesetze* handelt, durch die *eine nicht sehr große Zahl von zweckmäßig definierten Größen* (Länge, Masse, Zeit, elektrische Ladung, Kraft, Energie, Bewegungsgröße usw.) in einen gesetzmäßigen Zusammenhang gebracht wird. Die Einzelerscheinungen in ihrer verwirrenden Fülle sind durchweg nur Sonderfälle, die sich aus solchen grundlegenden Gesetzen ableiten lassen oder die — sofern das heute noch nicht gelungen ist — sicher eines Tages aus solchen ableitbar sein werden.

Erst durch die so geschaffene Ordnung ist die Möglichkeit gegeben, dieses Gut einerseits überhaupt geistig zu bewältigen und es andererseits durch *vernünftige Fragestellungen* und dadurch angeregte *zweckdienliche Versuche zu ihrer Beantwortung* zu mehren.

Der Lernende möge daher von vornherein den Versuch aufgeben, ein physikalisches Scheinwissen durch Auswendiglernen zahlreicher Einzeltatsachen zu erwerben. Ein solches Wissen wäre toter Besitz. Erst als ein Bestandteil des großen und einfachen physikalischen Ordnungsschemas haben die Einzeltatsachen einen wirklichen Erkenntniswert, und erst durch ihre Einordnung in den ganzen, großen Zusammenhang werden sie überhaupt erlernbar und behaltbar. Wer aber einmal die ganz allgemeinen Gesetze und natürlich auch die Denkweisen der Physik erfaßt, der hat damit das Handwerkszeug erworben, das ihn befähigt, die Einzeltatsachen als ihre Folgen zu verstehen, sie auf eine vernünftige Weise im Gedächtnis zu behalten und sich in ihrer Buntheit und Fülle zurechtzufinden. Möge dieses Buch ihm den Weg dazu gewiesen haben.

Anhang

Wer soll Physik studieren?

Die Physik als Beruf kann dem alten Gott Janus verglichen werden, dessen zwei Gesichter sich nach verschiedenen Seiten wenden. Zunächst ist sie eine nach nichts als *Naturerkenntnis* strebende *reine Wissenschaft*. Auf der anderen Seite bildet sie aber durch ihre *Anwendungen* die *Grundlage der modernen Technik*.

Sie gliedert sich also in die in keiner Weise zweckbestimmte *Grundlagenforschung* und die auf die Anwendung der Ergebnisse der Grundlagenforschung gerichtete *Zweckforschung.* Die Anzahl der in der Zweckforschung tätigen technischen Physiker übersteigt die der reinen Grundlagenforscher um ein Vielfaches. Dennoch besteht in den Anforderungen, die an die Anlagen und das Können dieser beiden Gruppen gestellt werden müssen, kein irgend wesentlicher Unterschied. Physiker soll, ohne Rücksicht auf seine speziellen Berufsabsichten, nur der werden, der in sich einen lebendigen Drang nach Erkenntnis und Verständnis der Natur fühlt, denn nur dann wird er auch in der Zweckforschung der Technik etwas Tüchtiges leisten und dort seiner vornehmsten Aufgabe, nämlich aus der Physik von heute die Technik von morgen zu entwickeln, voll genügen. Darum besteht auch in den maßgebenden Kreisen der Technik die einmütige Überzeugung, daß *jeder* Physiker zunächst einmal durch die Schule der Grundlagenforschung hindurchgehen muß und daß seine Ausbildung an den Universitäten und den Technischen Hochschulen wesentlich hiernach ausgerichtet sein sollte. Die weitere Ausbildung in einem speziellen Zweig der Zweckforschung vollzieht sich dann im Berufsleben ganz von selbst. Nur so gewinnt der junge Physiker auch die nötige Breite des Wissens und die geistige Beweglichkeit, die ihn befähigt, sich bei Bedarf auf ein neues Arbeitsgebiet umzustellen und nicht im Spezialistentum zu erstarren. Deshalb ist für ihn auch eine ständige Unterrichtung über die Erkenntnisfortschritte auf den Nachbargebieten der Physik von großem Nutzen. Natürlich müssen während des Studiums aber auch alle Gelegenheiten, sich mit Fragen der Technik zu beschäftigen, wie sie vor allem die Technischen Hochschulen bieten, im Rahmen des Möglichen ausgenutzt werden. Daneben versäume ein Physiker aber während seines Studiums wie in seinem späteren Leben keine Gelegenheit, seine Bildung auch auf geisteswissenschaftlichem Gebiet zu vervollkommnen. Er wird, je älter er wird, um so mehr empfinden, wie ihm auch aus diesen Quellen Kräfte zuwachsen, die sein Berufsleben auf eine höhere Ebene heben.

Die Anzahl der Physiker, die sich ganz der reinen, nicht zweckbedingten Forschung widmen können, ist sehr klein gegenüber der Anzahl derer, die die Forschung und die Entwicklung in der Technik braucht. Es gibt keinen Zweig der Technik, der ganz ohne Physiker auskommt, da die Entwicklung nie stillsteht. Jeder Zweig der Technik ist, seitdem es eine solche im heutigen Sinne überhaupt gibt, zunächst im physikalischen (oder chemischen) Laboratorium entwickelt worden. Je älter aber ein solcher Zweig geworden, und wenn er ein technisches Hochschulfach geworden ist, um so geringer wird die Anzahl der für ihn erforderlichen Physiker. Mit dem Übergang eines physikalischen Anwendungsgebietes in die Hand des Ingenieurs beginnt immer die allmähliche Ablösung des Physikers durch diesen, und der Physiker kann sich dann neuen technischen Aufgaben zuwenden, an denen es niemals fehlt und fehlen wird.

Ein Drittes ist natürlich der Beruf als Lehrer. Von ihm erwartet man keine schöpferischen wissenschaftlichen Leistungen, sondern neben einem guten und stets auf dem Laufenden gehaltenen Wissen pädagogische Begabung und ein lebendiges Interesse an der Förderung junger Menschen. Neben dem Lehren muß mit gleichem Gewicht das Erziehen zu einer geistigen Haltung gegenüber der Naturwissenschaft und der Technik stehen. Als zweites Fach neben der Physik sollte die Mathematik gewählt werden. Ohne ein gewisses Maß an mathematischem Wissen ist ein tieferes Verständnis der Physik nicht möglich.

Ein jeder, der die Wahl der Physik als Beruf erwägt, sollte sich von erfahrenen Menschen beraten lassen und sich ernstlich prüfen, ob er nach seinen Anlagen und Interessen Aussicht auf Erfolg hat. Die Anzahl derer, die diesen Anforderungen entsprechen, ist ohne allen Zweifel sehr viel größer als die Anzahl der heutigen Physikstudenten. Wer aber wirklich zum Physiker berufen ist, der soll sich auch durch keinerlei äußere Rücksichten davon abhalten lassen, diesen Beruf zu ergreifen, der dem Tüchtigen einen ungewöhnlich hohen Grad von Befriedigung und echtem Lebensglück zu geben vermag. Denn der Physiker sitzt in einem ganz besonderen Sinne — in der reinen Forschung wie in der Technik — am Webstuhl der Zeit und bestimmt das künftige Geschick der Menschheit zu einem erheblichen Grade mit. Es gibt in aller Welt noch immer viel zu wenig Physiker, und wer etwas leistet, dem braucht auch um seine materielle Zukunft wahrlich nicht bange zu sein. Aufgaben in überreicher Fülle wird es für ihn in der reinen Forschung im Bildungswesen und in der Technik immer geben.

Es möge sich aber niemand vom Studium der Physik durch unsachliche Angriffe auf die Naturwissenschaften abhalten lassen, die glauben machen wollen, diese seien schuld an allem Unheil, das heute über die Menschheit hereingebrochen ist, und an allen Gefahren, die über ihr schweben. Die Schuld daran trifft nicht die Forscher, sondern diejenigen, die für die Anwendung ihrer Forschungsergebnisse verantwortlich sind. Es ist jedoch die Pflicht der Naturwissenschaftler, in besonderem Maße aufklärend zu wirken, um der Menschheit zu helfen, die Ergebnisse der naturwissenschaftlichen Forschung zum Nutzen und nicht zum Schaden der menschlichen Gesellschaft einzusetzen.

Namenverzeichnis

Die Lebensdaten der meisten hier genannten Personen finden sich in Fußnoten auf der ersten hier angeführten Seite. Ein Verzeichnis von 875 Physikern mit Lebensdaten sowie eine Geschichte der Physik s. Wilhelm H. Westphal, „Physikalisches Wörterbuch", Berlin-Göttingen-Heidelberg 1952. — Nobelpreisträger sind durch * gekennzeichnet.

Abbe, Ernst 464, 495, 521
Aepinus, Franz Ulrich Theodor 272, 284
d'Alembert, Jean le Rond 26
Amici, Giovanni Battista 464
Amontons, Guillaume 209
Ampère, André Marie 340, 342, 366, 367, 376
Anaxagoras 106
*Anderson, Charles David 623, 665
Andrews, Thomas 233
Ångström, Anders Jens 535
Arago, Dominique François 408, 525, 529
Archimedes 125
*Arrhenius, Svante 244, 307
d'Arsonval, Arsène 369
Aston, Francis William 627
Atkinson, Robert d'E. 685
Avogadro, Amadeo, Conte di Quaregua 133, 139

Baade, Walther 680, 684, 689
Babinet, Jacques 196, 513, 525
Bacon von Verulam, Francis 206
von Baeyer, Otto 540
Balmer, Johann Jacob 586
Barkhausen, Heinrich 324, 382
*Barkla, Charles Glover 542
Bartholinus, s. Berthelsen
*Bassow, Nikolai 608
*Becquerel, Henry 633
Bernoulli, Daniel 136, 261
— Johann 144, 157
von Bertalanffy, Ludwig 259
Berthelsen (Bartholinus) Erasmus 526
Bethe, Hans Albrecht 685

Biot, Jean Baptiste 353, 528
*Blackett, Patrick Maynard Stuart 681
Black, Joseph 207
Bode, J. E. 674
Boersch, Hans 361, 617
*Bohr, Niels 582, 587, 590, 612, 619, 659
Boltzmann, Ludwig 138, 207, 209, 249, 250, 555, 577
*Born, Max 618
von Borries, Bodo 361
*Bothe, Walter 642, 655, 681
Bouguer, Pierre 479
Boyle, Robert 145
Bradley, James 451
*Bragg, John William Lawrence 543, 544
*Bragg, William Henry 543, 544
de Brahe, Tycho 101
*Braun, Ferdinand 357
Bravais, Auguste 109
Brewster, David 525
van den Broek, Antoonius Johannes 582
*de Broglie, Louis Victor, Duc 615
Brown, Robert 150, 213
Brüche, Ernst 361
Brugmans, Anton 375
Bunsen, Robert Wilhelm 154, 159, 226, 480, 547, 611
Busch, Hans 360
Buys-Ballot, Christoph Heinrich 90

Carnot, Sadi 255
Cartesius s. Descartes
Cavendish, Henry 99, 261, 270
Celsius, Anders 211
*Chadwick, James 623
Charles, Alexandre César 151
le Chatelier, Henri Louis 227

Chladni, Ernst Friedrich 193
Clapeyron, Bénoît Paul Émile 226, 257
Clausius, Rudolf Julius Emanuel 207, 226, 248, 249, 536
Clusius, Karl 630
*Cockcroft, Sir John Douglas 642
*Compton, Arthur, Holly 578
Condon, Edward Uhler David 653
Coolidge, William 542
Coriolis, Gaspard Gustave 88
de Coulomb, Charles Augustin 49, 261, 334
Cranz, Karl 175
Crookes, Sir William 329, 538
Curie, Irène s. Joliot-Curie
*Curie, Marie 633
*Curie, Pierre 284, 380

Daguerre, Louis Mandeville 611
Dalton, John 144, 245
Daniell, John Frederic 311
*Davisson, Clinton Joseph 617
Davy, Humphrey 207, 306
*Debye, Peter 198, 237, 379, 545, 553, 614
Demokrites 106
Dèprez, Marcel 369
Descartes (Cartesius), René 446, 459
*Dirac, Paul Adrien Maurice 553, 618, 624, 671, 694
Dollond, John 500
Doppler, Christian 177
Draper, John William 550, 611
Drude, Paul 286, 288, 441
Duane, William 577
Dulong, Pierre Louis 219

Eddington, Sir Arthur
   Stanley   252, 677, 678
Edison, Thomas Alva   302
Ehrenhaft, Felix   581
Eichenwald, A.   344
*Einstein, Albert   25, 51,
   214, 447, 553, 564, 570,
   576, 577, 611, 614
Elsasser, W.   617
Elster, Julius   574, 637,
   640
Emden, Robert   678
Empedokles   106
v. Eötvös, Baron Roland
   90, 106
Eukleides   483
Euler, Leonhard   38, 446,
   500

Fahrenheit, Gabriel Daniel
   212
Fajans, Kasimir   639
Faraday, Michael   50, 265,
   281, 309, 341, 351, 364,
   375, 399, 404, 438, 447,
   532
du Fay, François de
   Cisternay   260
Fechner, Gustav Theodor
   200
Feddersen, Berend Wilhelm
   433
Fedorow, Jevgraph Stepano-
   witsch   109, 114
Fermat, Pierre   188, 450
*Fermi, Enrico   618, 642,
   661
Fitzgerald, George Francis
   559
Fizeau, Armand Hippolite
   451, 511
Foucault, Léon   89, 452,
   552
Fourier, Joseph   166
*Franck, James   598, 606
Franklin, Benjamin   326
Franz, Rudolf   291
von Fraunhofer, Joseph
   502, 504, 515, 521
von Freiberg, Dietrich   500
Fresnel, Augustin Jean
   189, 502, 504, 511, 528
Friedrich, Walter   543
Frisch, Otto Rudolf   661

Gaede, Wolfgang   154
Galilei, Galileo   1, 15, 18,
   38, 55, 97, 199, 495, 557
Galvani, Luigi   312, 314
Gamow, Georg   632, 653
Gassendi, Pierre   106
Gauß, Carl Friedrich   349
Gay-Lussac, Joseph Louis
   210, 222
Gehrcke, Ernst   512

Geiger, Hans   580, 581,
   634, 641, 681
Geitel, Hans   574, 637, 640
*Gell-Mann, Murray   666
Gerlach, Walter   613
Germer, Lester Halbert
   617
*Giauque, William   237,
   379
Gilbert, William   260, 303,
   338
Göbel, Heinrich   302
*Göppert-Mayer, Maria
   633
Goethe, Johann Wolfgang
   498, 549
Goldschmidt, Victor Moritz
   669
Goldstein, Eugen   331, 359,
   597
Goudsmit, Samuel Abraham
   612
Gray, Stephen   263
Grimaldi, Francesco Maria
   509
v. Guericke, Otto   150,
   151, 152, 154, 260, 303,
   325

de Haas, Johann Wander
   385
*Haber, Fritz   611
Hagen, Gotthilf   164
*Hahn, Otto   639, 660,
   661, 670
Hale, George Ellery   534,
   672
Hall, Edwin Herbert   368
Hallwachs, Wilhelm   574
Harkins, William   651
Haxel, Otto   633
*Heisenberg, Werner   299,
   572, 618, 619, 625, 633,
   650
Heitler, Walter   619
von Helmholtz, Hermann
   38, 171, 197, 201, 205,
   206, 309, 521, 536, 548,
   549, 685
Henry, Joseph   245
Heron von Alexandrien
   159
Herschel, Friedrich Wilhelm
   494, 539
*Hertz, Gustav   598, 629
— Heinrich   51, 331, 419,
   436, 438, 447, 532, 540,
   574, 580
Hertzsprung, Ejnar   686
*Hess, Victor Franz   681
Hessel, Friedrich Christian
   112
*von Hevesy, Georg   649
Hipparchos von Nikaia
   673

Hittorf, Johann Wilhelm
   329, 331, 357, 575
*van't Hoff, Jacobus
   Hendrikus   244, 531
*Hofstadter, Robert   608
Hooke, Robert   117, 446,
   510
Houtermans, Fritz   685,
   693
Hubble, Edwin   690, 692
Hull, G. F.   578
Humason, Milton   692
von Humboldt, Alexander
   306
Huygens, Christian   15, 38,
   73, 98, 188, 446, 526

*Iwanenko, D.   625

Jamin, Jules Celestin   510
Janski, Karl Guthe   684
Janssen, Zacharias   490
Jeans, James Hopwood
   553
*Jensen, Hans   633
*Joliot-Curie, Frédéric und
   Irène   623, 647, 661
von Jolly, Philipp   126
Joos, Georg   559
Jordan, Pascual   618, 622,
   671, 694
Joule, James Prescott   37,
   38, 222, 247, 300, 380
Jungius, Joachim   106
Justi, Eduard   298, 406

*Kamerlingh Onnes, Heike
   236, 237, 297
Kant, Immanuel   674, 689
Kapitza, Piotr   237
Kayser, Heinrich   586, 596
Kelvin s. Thomson, William
Kepler, Johannes   15, 101,
   473, 492, 680
Kerr, John   530
Kippenhahn, Rudolf   687
Kirchhoff, Gustav Robert
   291, 547, 550
Klein, Felix   87
von Kleist, Ewald Jürgen
   281
Knipping, Paul   543
Knoll, Max   361
Kohlrausch, Rudolf   351,
   447
Kolhörster, Werner   681
Kopernikus, Nikolaus   673
Kopfermann, Hans   613
Kossel, Walter   590
Krigar-Menzel, Otto   99
Krönig, August Karl   207
von Kronland, Marcus Marci
   499
Kundt, August   184
Kurlbaum, Ferdinand   552

Lambert, Johann Heinrich 334, 478, 479, 552
Lange, Ludwig 23
Langevin, Paul 197
*Langmuir, Irving 154, 324
de Laplace, Pierre Simon Marquis 174, 352, 674
Larmor, Sir Joseph 413, 533
*von Laue, Max 108, 299, 406, 543
Lavoisier, Antoine Laurent 226
*Lawrence, Ernest Orlando 645, 665
Leavitt, Henrietta 679, 689
Lebedew, Petr Nikolaje-witsch 578
Lecher, Ernst 440
van Leeuwenhoek, Antoon 490
Lehmann, Otto 530
von Leibniz, Gottfried Wilhelm 38
*Lenard, Philipp 304, 331, 368, 574, 575, 577, 581, 598, 609
Lenz, Heinrich Friedrich Emil 295, 396
Leonardo da Vinci 131, 509
Leukippos 106
Lewis, Gilbert Newton 590
Lichtenberg, Georg Chri-stoph 260, 326
Lipperhey, Hans 495
*Lippmann, Gabriel 518
Lissajous, Jules Antoine 94
Listing, Johann Benedikt 471
London, Fritz 619
*Lorentz, Hendrik Antoon 345, 533, 534, 559, 560, 563
Lorenz, Ludwig 291
Loschmidt, Josef 139
Lummer, Otto 480, 512, 552
Lyot, B. 672

Mach, Ernst 28, 175
MacLaurin, Colin 7
Madelung, Erwin 614
Magnus, Heinrich Gustav 160
Mahl, Hans 361
Malus, Étienne Louis 523
March, Arthur 633
de Maricourt, Pierre (Petrus Peregrinus) 333
Mariotte, Edmé 145, 159
Marsden, Ernest 581

Mattauch, Josef 627, 651, 653
Maxwell, James Clerc 51, 138, 141, 207, 295, 351, 406, 414, 417, 438, 447, 532, 536
Mayer, Julius Robert 38, 207, 246, 247
— Tobias d. Ä. 334
Meissner, Alexander 445
— Walter 298, 406
Meitner, Lise 642, 660, 661
Melloni, Macedonio 539
Mendelejeff, Dimitrij Iwanowitsch 588
Mersenne, Marin 192, 199
Meyer, Edgar 580
— Lothar 588
— Victor 230
*Michelson, Albert Abraham 452, 557, 676
Mie, Gustav 348
*Millikan, Robert Andrews 541, 576, 581, 681
Minkowski, Hermann 566, 569
Mitchell, John 99, 334
*Mössbauer, Rudolf 573, 658
Montgolfier, Jacques Etienne und Joseph Michel 151
Moon, P. B. 657
Moseley, Henry Gwyn Jeffreys 600
Müller, Erwin 362
van Muschenbroek, Pieter 490

*Nernst, Walter 219, 255, 312, 314, 368, 434, 614
Neumann, Franz Ernst 109
Newton, Sir Isaac 15, 19, 23, 98, 100, 101, 174, 446, 494, 498, 510
Nichols, Ernest Fox 578
Nicol, William 529
Nièpce, Joseph Nicéphore 611
Nuttall, J. H. 641

Occhialini, G. P. S. 666
Oersted, Hans Christian 118, 339
Ohm, Georg Simon 199, 290
*Ostwald, Wilhelm 134, 136, 549

Papin, Denis 231
Pascal, Blaise 122, 152
Paschen, Friedrich 552
Pasteur, Louis 531
*Pauli, Wolfgang 572, 591, 655

Peltier, Jean Charles Alexander 305
Peregrinus 333
*Perrin, Jean 132
Petit, Alexis Thérèse 219
*Planck, Max 249, 552, 576, 577
Platon 106
Plücker, Julius 331, 547
Poggendorf, Johann Christian 293, 368
Pohl, Robert Wichard 84
Poincaré, Henri 560
Poiseuille, Léon 164
Poisson, Siméon Denis 119, 221, 323
Poucelet, Victor 38
Pouillet, Claude Servais Matthias 368
Pound, R. V. 573
*Powell, Cecil Frank 666
Poynting, John Henry 578
Prandtl, Ludwig 158
Prévost, Pierre 550
Priestley, Joseph 261
Pringsheim, Ernst 552
*Prochorow, Alexander 608
Prout, William 625
Ptolemaios, Klaudios 673
Pulfrich, Carl 464
Pythagoras 202

Quincke, Georg Hermann 183

*Rabi, Isaac Isidor 603
*Raman, Chandrashara Venkata 610
Ramsauer, Carl 617
*Ramsay, Sir William 633
Rankine, William John Macquorne 212
Raoult, François Marie 242
*Rayleigh, Lord s. Strutt 132, 517, 553
Rebka, G. A. 573
Regener, Erich 225, 580, 681
Reynolds, Osborne 165
Richardson, Owen Williams 321
Richarz, Franz 99
Riecke, Eduard 288
Righi, Augusto 368
Ritter, Johann Wilhelm 306, 678
Ritz, Walter 586, 597
Römer, Olaf 450
*Röntgen, Wilhelm Conrad 344, 541
Romé de l'Isle, Jean Baptiste 109
Rowland, Henry 344, 575

Royds, T. D. 633
Rubens, Heinrich 536,
538ff., 552
Rumford s. Thompson,
Benjamin
Runge, Carl 586, 596
Ruska, Ernst 361
Russel, Alexander Smith
639
— Henry Norris 678, 686
*Rutherford (Lord Ruther-
ford of Nelson) Ernest
580, 581, 633, 637, 641
Rydberg, Johann Robert
585, 586, 596

Sanuto, Livio 338
Savart, Felix 353
Scheibe, Adolf 285
Scherrer, Paul 545
al-Schirazi, Mahmud
ibn Marud 500
Schoenfließ, Arthur 109,
114
Schopenhauer, Arthur 549
Schottky, Walter 445
*Schrödinger, Erwin 618
Schumann, Victor 541
Schuster, Arthur 332
Schwarzschild, Carl 678
von Schweidler, Egon 640
Schweigger, Salomo
Christoph 368
*Seaborg, Glen Theodore
660
Seebeck, Thomas Johann
304
Siedentopf, Henry 523
*Siegbahn, Manne 545
von Siemens, Werner 429
Simon, Franz 237
de Sitter, Willem 692
Smeaton, John 277
Smekal, Adolf 610
von Smoluchowski, Maryan
215
Snell (Snellius) van Royen,
Willibrord 459
*Soddy, Frederic 626,
633, 637, 639
Sohncke, Leonhard 109

Sommerfeld, Arnold 87,
583, 584, 588
Sorge, Georg Andreas 186
*Stark, Johannes 523, 534
Steenbek, Max 646
Stefan, Josef 555
Stensen, Niels (Nicolaus
Sténo) 109
*Stern, Otto 215, 613,
617
Stevin, Simon 123
Stokes, Georg Gabriel 164,
607
Stoney, Johnstone 262
Strassmann, Fritz 660,
661
*Strutt, John William
(Lord Raleigh) 132, 553
*Svedberg, The 71

Talbot, William Fox
611
Tamm, J. 625
Tesla, Nicola 434
Thales von Milet 106, 303,
333
Thomson, Benjamin (Graf
Rumford) 207
— George Paget 617
— Lord Joseph John 631,
626
— William (Lord Kelvin
of Largs) 211, 222, 249,
280, 368, 433, 685
Titius, J. D. 674
Töpler, August 175
Torricelli, Evangelista 151,
159, 229
*Townes, Charles Hard
608
Townley, Richard 145
Townsend, John Sealy
Edward 318
*Tscherenkow, Pawel
Alexejewitsch 610
Tycho de Brahe 101, 108,
680
Tyndall, John 517

Uhlenbeck, George Eugene
612

*Urey, Harald Clayton
628, 630

Varley, Cromwell Fleetwood
331
Verdet, Marcel Emile 532
Villard, Paul 634
Viviani, Vincenzo 89, 151
Vogt, Hans-Heinrich 678
Voigt, Waldemar 560
Volta, Alessandro, Conte di
303, 312, 314

van der Waals, Johannes
Diderik 129, 212
Walcher, Wilhelm 630
*Walton, Ernest Thomas
Finton 642
Warburg, Emil 383, 611
Watt, James 38, 69
Weber, Ernst Heinrich 200
— Heinrich Friedrich 614
— Wilhelm 351, 438, 447,
479
Wegener, Alfred 90, 671
Wehnelt, Arthur 320
Weiss, Pierre 381, 612
von Weizsäcker, Carl
Friedrich 656, 674
Wheatstone, Charles 206,
293, 477
Wiedemann, Gustav 291
*Wien, Willy 331, 554,
626
Wiener, Otto Heinrich
517
Wilcke, Johann Carl 272
*Wilson, Charles Thomson
Rees 635
Wollaston, William Hyde
539, 547
Wood, Robert Williams
540, 606

Young, Thomas 38, 447,
510, 549
*Yukawa, Hideki 655, 665

*Zeeman, Pieter 533
*Zsygmondy, Richard 523
Zucchi, Niccolo 494

Sachverzeichnis

Abbildung an ebenen Spiegeln 464
— durch Linsen 467, 471, 518
— an sphärischen Spiegeln 455, 518
Abbildungsmaßstab 449, 454, 457, 465
Aberration, chromatische, sphärische 472
— der Fixsterne 451
Abklingkonstante 96
Ablenkung von Ladungsträgern 363
Abplattung der Erde 87, 669
Abscheidungen, elektrolytische 311
Absorption von Gasen 245
— im gesamten Spektrum 536
— von Wellen 168
Absorptionsspektren 547
Achromate 500
Achse, optische, von Kristallen 527
Adaptation 475
Addition von Kräften 19
Additionstheorem der Geschwindigkeiten 564
Adhäsion 132
Adiabatische Zustandsänderungen 221
Adsorption 132, 246
Ähnlichkeitsgesetze 165
Äquipartitionsprinzip 209
Äquipotentialflächen 53, 267
Äquivalent, elektrochemisches 309
Äquivalentenmasse, relative 136
Äquivalentenmenge 136
Äquivalentgewicht 136
Äquivalenz von Trägheit und Schwere 571
Äquivalentgesetz, Einsteinsches 611
Äquivalenzprinzip 571
Aerodynamik 156
Äther 51, 560
Affinität 312
Aggregatzustände 107
—, Änderungen 223
Akkommodation 476

Akkord 199
Akkumulatoren 315
Aktivität, optische 530
Alphastrahlen 633
—, Theorie 653
Alter der Erde und von Gesteinen 670
— der Sterne 686
— des Weltalls 693
Amici-Prisma 463
Amorphe Stoffe 108
Amperesches Gesetz 367, 570
Amplitude 93
Analysator 524
Anergie 257
Anfahrwirbel 162
Anisotrope Stoffe 108
Anlaßfarben 507
Anomalie des Wassers 217
Anregung von Atomen 597
— von Atomkernen 655
Anregungsspannung 598
Antennen 437
Antiferromagnetismus 383
Antimaterie 668
Antipoden, optische 531
Antistokessche Linien 607
Antiteilchen 625, 666
Apertur, numerische 522
Aräometer 129
Aragoscher Punkt 525
Arbeit 33
Arbeitseinheiten 37
Arbeitsmaschinen 60
Archimedisches Prinzip 152
Arm eines Kräftepaares 57
Asteroiden 674
Astigmatismus 473
— des Auges 477
Astrophysik 669ff.
Atombau 581, 582
Atombombe 663
Atomenergie 641
Atomgewicht 135
Atomkerne 582, 625
—, Systematik 649
Atommasse, relative 135
Atommodell von Bohr 582
— von Rutherford 581
Atommüll 665
Atomstrahlen 613
Atomuhr 12, 23, 604

Atomwärme 219
Aufbauprinzip 590
Auflösungsvermögen des Gitters 516
— des Mikroskops 521
Aufspaltung der Spektrallinien 533, 534
Auftrieb 125, 150
Auge 473
Augenempfindlichkeit, spektrale 478
Ausdehnung durch die Wärme 216
Ausdehnungskoeffizient 216
— der idealen Gase 212
Ausgleichsfaktor 4
Ausleuchtung 609
Außergalaktische Nebel 689
Ausströmungsgesetz 159
Austrittsarbeit 312, 321
Austrittspupille 496
Avogadro-Konstante 133, 135
Avogadrosches Gesetz 139, 145
Axiom, Newtonsches, erstes 15, 23
—, —, zweites 16, 24
—, —, drittes 16, 24
Azidität 308

Babinetscher Punkt 525
Babinetsches Theorem 190, 193, 513
von Baersches Gesetz 89
Balloelektrizität 304
Balmer-Serie 586
Bandenspektren 604
Bandgenerator 271
Barkhausen-Effekt 382
— -Gleichung 324
— -Sprünge 382
Barlowsches Rad 403
Barnett-Effekt 385
Barometer 153
Baryonen 666
Basiseinheiten 4
Basisgrößen 3
Behnsche Röhre 152
Beleuchtungsstärke 478
Benetzung 131
Beobachtung in der Quantenmechanik 620

Bernoullische Gleichung 157
Berührungsspannung 309
Beschleunigung 11
Beschleunigungsarbeit 36
Betastrahlen 634
—, primäre 654
—, sekundäre 658
—, Theorie 654
Betatron 646
Bethe-Weizsäcker-Zyklus 685
Betrag eines Vektors 2
Beugung des Lichtes 512
— — — am Gitter 515
— — — im Mikroskop 522
— — — am Spalt 513
— — — an kleinen Teilchen 517
— von Materiewellen 617
— — mechanischen Wellen 188
— Röntgenstrahlen 544
Beugungsscheibchen 517
Beweglichkeit von Ladungsträgern 288, 309
Bewegungsenergie 38
Bewegungsgröße 28, 571
— der Lichtquanten 577
Bewegungslehre 11
Bezugssysteme 9
—, beschleunigte 25
—, gleichförmig bewegte 24
—, rotierende 67
Biegung 118
Bilder, elektrische 275
—, optische 453
Bildhebung 461
Bildkraft, elektrische 275
Bildungswärme von Molekülen 606
Bildwerfer 482
Bildwölbung 473
Bindung, heteropolare 593
—, homöopolare 594
—, metallische 595
Bindungsenergie, chemische 259
— der Kerne 630
— der Moleküle 259
Biolumineszenz 609
Biot-Savartsches Gesetz 353
Blasenkammer 637
Blenden 496
Blindleistung 424
Blindwiderstand 422
Blitz 332
Blitzableiter 326
Bodendruck 123
Bodenwelle 441

Bogenspektren 597
Bolometer 538
Boltzmannsche Gleichung 209
Boyle-Mariottesches Gesetz 145
— — -Gay-Lussacsches Gesetz 210
Braunsche Röhre 357
Brechkraft einer Linse 467
Brechung von Elektronenstrahlen 360
— des Lichtes 459
— magnetischer Feldlinien 386
— mechanischer Wellen 186
Brechungsgesetz 186, 459
Brechzahl 187, 420, 426, 459, 536
Bremsstoffe 664
Bremsstrahlung 542
Brennebene 456
Brennpunkt, -weite 179, 456, 466
Brewstersches Gesetz 525
Brillen 477
de Broglie-Wellen 616
Brownsche Bewegung 150, 213
Bruchgrenze 121
Brückenschaltung 293
Brüter, schnelle 665
Bunsenbrenner 166
Buys-Ballotsches Gesetz 90

Candela 478
Carnotscher Kreisprozeß 255
Celsiusskala 211
Centmaß 204
Cepheiden 679
CGS-System 17
CGS-Systeme, elektrische 349
Chaos, molekulares 251
Charakteristik 299
Le Chatelier-Braunsches Prinzip 227
Chemische Reaktionen bei der Elektrolyse 311
Chemische Wirkungen des Lichtes 611
Chemolumineszenz 609
Chromosphäre 673
Clapeyronscher Kreisprozeß 257
Clausius-Clapeyronsche Gleichung 226
Clausius-Mosottische Gleichung 536
Compton-Effekt, -Wellenlänge 578
C-N-Zyklus 685
Coriolis-Kräfte 88

Cosinusgesetze 478, 479
Coulombsches Gesetz, erstes 261, 283, 570
— —, zweites 334, 356, 379
Crab-Nebel 718
Critchfield-Prozeß 685
Curie-Punkt 379, 380
Cyclotron 645

Dämpfung elektrischer Schwingungen 432
— von Galvanometern 370
— mechanischer Schwingungen 95
Daltonsches Gesetz 144
Dampf 229
Dampfdichte 230
Dampfdruck 229
— von Lösungen 242
Dauermagnete 379, 383
Dauerstromversuch 298
Debye-Scherrer-Verfahren 545
Debye-Sears-Effekt 198
Deckoperationen 110
Definitionen 4
Dehnung 117, 118
Deklination, erdmagnetische 338
Dekrement, logarithmisches 96
Destillation 232
Determinismus 5
Deuterium, Deuteron 628
Diamagnetismus 375, 411
Dichroismus 529
Dichte 116
—, optische 460
Dielektrika 263, 280
Dielektrizitätskonstante, -zahl 282, 536
Differenztöne 186
Diffraktion 190
Diffusion 141
Dimensionen 2
Dioptrie 467
Dipol, elektrischer 263, 273, 435
—, magnetischer 333
Diracsche Hypothese 671
Dispersion 171, 187, 498
— anomale 536
— im gesamten Spektrum 536
— des Gitters 516
Dissipative Systeme 39
Dissonanz 201
Dissoziation 307
Dissoziationsarbeit der Atome 606
Doppelbrechung 526
—, elektrische 530
Doppelschicht, magnetische 341

Doppelsterne 677
Doppler-Effekt, akustischer 177
— —, optischer 523, 563
Drahtwellen, elektrische 440
Drall 71
Drapersches Gesetz 550
Drehachse, feste 59, 75, 78
—, freie 81
—, kristallographische 110
Drehfeld 426
Drehimpuls 71
Drehimpulssatz 72
Drehkristallmethode 545
Drehmoment 56
Drehschwingungen 95
Drehspulgeräte 369
Drehstrom 426
Drehung der Polarisations-
ebene 530
— — —, magnetische 532
Drehwaage 106, 261
Dreierstoß 598
Dreifarbentheorie des Sehens 549
Driftgeschwindigkeit von Ladungsträgern 288
Drillung 120
Drosselspule 423
Druck, Druckkraft 17
— der Gase 142
—, hydrodynamischer 158
—, hydrostatischer 121
— osmotischer 244
Druckkoeffizient 212
Dualismus Welle-Teilchen 580, 618
Duane-Huntsches Gesetz 577
Dulong-Petitsche Regel 219, 613
Dunkelfeldbeleuchtung 523
Durchflutung 355
Dynamik 15
Dynamomaschine 429
Dynamometer 373
Dynamotheorie der Gewitter 332

Ebene, schiefe 22
Ebullioskopie 243
Echo, Echolot 180
Effektivwerte von Strom und Spannung 424
Eigenfrequenz 193
Einfangprozeß 648
Einfressen 49
Einheiten 2
—, kohärente 4
Einheitengleichungen 5
Einheitensysteme 3
—, elektrische 347 ff.
—, mechanische 17, 19
Einheitenzeichen 2

Einkristalle 116
Einschwingvorgänge 195, 199
Einstein-de Haas-Effekt 385, 612
Einsteinsche Gleichung 564
Einsvektoren 7
Eintrittspupille 496
Eisenkerne 392
Eiskalorimeter 226
Elastizität 117
Elastizitätsgrenze 121
Elastizitätsmodul, -zahl 119
Elastooptik 530
Elektret 284
Elektrisierung 282
Elektrizität 260
— atmosphärische 332
Elektrizitätsleitung in Elektrolyten 308
— in Gasen 318
— in Metallen 288
Elektrizitätsmenge 261
Elektroanalyse 317
Elektroden 306
Elektrodynamik 339
—, relativistische 569
Elektrodynamisches Elementargesetz 343
Elektroendosmose 310
Elektrokinetik 309
Elektrolumineszenz 609
Elektrolyse 306
—, technische 317
Elektromagnete 392
Elektrometer 264, 278
Elektromotor 430, 431
Elektromotorische Kraft 314
Elektron 262, 580
—, positives 623
Elektronenbeugung 617
Elektronendrall s. Spin
Elektronenformeln 594
Elektronengas 321
Elektroneninterferenzen 617
Elektronenleiter 287, 297
Elektronenmikroskop 361
Elektronenoptik 359
Elektronenpaare 594
Elektronenröhren 323, 443
Elektronenschalen 590
Elektronenschleuder 646
Elektronenspin 384, 612
Elektronenstoß 598
Elektronenvolt 598
Elektrooptik 533
Elektrophorese 310
Elektroskop 264
Elektrostatik 259
Elektrostriktion 283
Elementargesetz elektro-
dynamisches 343, 344

Elementarladung 262, 580
Elementarlänge 633
Elementarteilchen 665
Elementarzeit 633
Elementbildung 685, 686
Elemente, chemische 588
—, galvanische 315
Elmsfeuer 325
Emanation 638
Emanationstheorie des Lichtes 446
Emission, induzierte, spontane 607
Emissionsspektren 546
Emissionsvermögen 550
Empfindungsmaße 200
Endotherme Vorgänge 258
Energie, elektrische 38, 279
—, kinetische 38
—, potentielle 38
Energiedichte, elektrische 280, 283
— der Gase 144
—, magnetische 407
Energie-Direktumwandlung 665
Energiehaushalt der Sterne 684
Energieprinzip 40
Energiesatz 38
Energiestufen 576, 582
Entfernungen der Sterne 676
Entfernungsgesetz, qua-
dratisches 168
Enthalpie 249
Entmagnetisierung 390, 393
—, adiabatische 237, 379
Entropie 248
Eötvössche Versuche 90
Erdalter 670
Erdatmosphäre 238
Erdbebenwellen 177
Erde 669
Erdfeld, elektrisches 332
—, magnetisches 338
Erdfigur 669
Erdkern 669
Erdkruste 669
Erdmagnetismus 338
Erdmantel 669
Erdmond 669
Erhaltung der Bewegungs-
größe 29
— des Drehimpulses 81
— der Elektrizität 263
— der Energie 39
Erscheinungsformen der Materie 107
Eutektikum 244
eV 598
Exergie 257
Exoelektronen 321
Exosphäre 240

Exotherme Vorgänge   258
Expansion der Erde   671
—, des Weltalls   691
Expansionskonstante   693

Fadenstrahlen   357
Fahrenheitskala   212
Fall, freier   18, 54
Fallbeschleunigung   18
fall-out   663
Fallrinne, -maschine   55
Faraday-Effekt   532
— -Käfig   270
— -Konstante   136
— -Ladung   309
Faradaysche Gesetze   309
Farbblindheit   549
Farben dünner Blättchen   507
Farbenringe   509
Farbensehen   549
Farbfehlsichtigkeit   549
Farbindex   555
Farbkreis   548
Farbstoffe   550
Farbtemperatur   556
Farbton   549
Fata morgana   462
Federwaage, Jollysche   126
Fehlsichtigkeiten   476
Feinstrukturkonstante   588
Feld, elektrisches   265
—, elektromagnetisches   407
—, homogenes   53
—, magnetisches   335
—, — von Spulen   346, 354
—, — von Strömen   339, 350
—, skalares   53
—, wirbelfreies   52
Feldelektronenmikroskop   362
Feldemission   622
Feldenergie, elektrische   279, 283
—, magnetische   406
Feldionenmikroskop   362
Feldkonstante, elektrische   262, 345
—, elektrodynamische   343, 345
—, magnetische   335, 345
Feldlinien, allgemein   53
—, elektrische   265
—, magnetische   335, 385
Feldstärke, allgemein   52
—, elektrische   265
— der Gravitation   104
—, magnetische   335
— des irdischen Schwere-
   feldes   18
— und Potential in Leitern   269
Feldtheorie   50

Feldtheorie, allgemeine   572
Feldverzerrung, magneti-
   sche   388
Fermatsches Prinzip   188, 450, 453
Fernrohr   492
Fernsehröhre   358
Fernwirkung   50
Ferrimagnetismus   382
Ferroelektrizität   284
Ferromagnetismus   375, 379, 381
Feste Lösungen   241
— Stoffe   107
Flächensatz   72, 101
Flächenvektor   275
Flaschenzug   63
Flettner-Rotor   161
Fliehkraft   67
Fließen   163
Fließgleichgewicht   259
Fließgrenze   121
Fließkunde   156
Flimmern der Sterne   462
Flucht der Galaxien   692
Fluchtgeschwindigkeit   106
Flüssige Kristalle   536
Flüssigkeiten   107
—, strömende   156
Flüssigkeitsheber   124
Flüssigkeitsoberflächen,
   freie   124
Flüssigkeitsstrahlen   165
Fluidität   163
Fluoreszenz   606
Fluß, elektrischer   275
—, magnetischer   336
Flußdichte, elektrische   275
—, magnetische   337
Formanten   206
Formelzeichen   2
Fortpflanzung elastischer
   Wellen   167, 196
—, geradlinige   169
—, —, des Lichtes   448
Foucault-Pendel   89
Fourier - Zerlegung von
   Schwingungen   166
Franck-Hertz-Versuch   598
Fraunhofersche Inter-
   ferenzen   502, 504
— Linien   547, 673
Freiheitsgrade   208
Frequenz   14, 93
— des Lichtes   447
Frequenznormale   284
Frequenzspektren   199
Fresnelsche Interferenzen   502, 508
Froschschenkelversuch   314
Funkenentladung   325
Funkenspektren   597

Galaxien   689
Galilei (Einheit)   12

Galilei-Transformation   557
Galvanomagnetische Er-
   scheinungen   368
Galvanometer   369ff.
Gammastrahlen   634, 656
Gangunterschied   182
Gasdruck   142
Gase   107
—, ideale   138
—, strömende   156
—, verflüssigte   232
— unter der Wirkung der
   Schwerkraft   148
Gasentladungen   318
—, selbständige   318, 325
—, unselbständige   318, 319
Gaskonstante   210
Gasstrahlen   165
Gastheorie   136
Gasthermometer   217
Gasverflüssigung   232
Gaußsches Gebiet   456
Gefrierpunkt   224
Gefrierpunktserniedrigung   243
Gegenfarben   548
Gegeninduktivität   404
Gegenstand, reeller,
   virtueller   453
Gehör   205
Geiger-Nuttallsches Gesetz   641, 654
Generator   429
Geochemie   669
Geodätische Linien   572
Geoid   88, 669
Geometrie   9
—, nichteuklidische   569, 571
—, —, des Weltalls   692
Geometrische Optik   452
Geozentrisches System   673
Geradeste Bahnen   572
Geräusche   198
Geschoßabweichung   89
Geschoßdrall   86, 161
Geschwindigkeit   11
— der Gasmoleküle   144
—, kritische, von Ober-
   flächenwellen   171
Gesetze, physikalische   4
Gewicht   18
Gewichtslosigkeit   27
Gewitter   332
—, magnetische   339, 672
Gezeiten   101
Gitter, optisches   515
Gitterkennlinie von Elek-
   tronenröhren   324
Gläser   108
Glanzwinkel   454, 544
Gleichgewicht, mechanisches   21, 41
—, thermisches   207, 248
Gleichrichter   328

Gleichrichtung von Schwin-
gungen 443
Gleichungen, physikalische
4
Gleichverteilungssatz 209,
614
Gleichzeitigkeit 562
Gleitfunke 326
Glimmentladung 328
Glühelektronen 320
Glühkathode 320
Glühlampen 302
Glühwürmchen 609
Goldene Regel der Mechanik
61
van de Graaf-Generator
271
Gradienttemperatur 556
Gradmaß 10
Granulation der Sonnen-
oberfläche 672
Gravitation 98 ff.
Gravitationsfeld 104
— der Erde 105
Gravitationsgesetz, New-
tonsches 98
—, Einsteinsches 573
Gravitationskonstante 99,
671
Grenzfall, aperiodischer 96
Grenzkontinuum 587
Grenzwellenlänge, Frequenz
575, 576
Grenzwinkel der Total-
reflexion 462
Größen, abgeleitete 3
—, allgemeine, spezielle
2
—, molare 135
—, valare 136
Größenarten 2
Größengleichungen 5
Größenklassen der Sterne
676
Größensystem der Dynamik
17
— der Elektrodynamik
346
— der Molekularmechanik
134
— der Wärmelehre 346
Grundeinheiten 4
Grundgrößen 3
Grundschwingungen 166
Grundumsatz 259
Gruppengeschwindigkeit
460, 537, 616
Güteziffer, magnetische
384
Gyromagnetisches Ver-
hältnis 366, 385

Härte 117, 163
Häufigkeit der Elemente
652

Haftreibung 49
Haftung 163
Hagen-Poiseuillesches
Gesetz 164
Halbleiter 263, 296
Halbleiterphotoelement,
-zellen 575
Halbwertbreite 196
Halbwertzeit 640
Hall-Effekt 368
Halo 517
Harkinssche Regel 651
Hauptachsen, kristallo-
graphische 527
Hauptreihe der Sterne 686
Hauptebenen, -punkte
471, 485
Haupt- und Nebengruppen
der Elemente 589
Hauptsatz der Wärmelehre,
erster 246
— — —, zweiter 248
— — —, dritter 255
Hauptträgheitsachsen,
-momente 74
Hautwirkung 409
Hebel 59, 62
Heber 124
Heliozentrisches System
673
Helium I und II 236
Heliumbildung in den
Sternen 685
Helligkeit der Sterne 675
Henry-Daltonsches Gesetz
245
Hertz (Einheit) 93
Hertzsche Versuche 438
Hertzsprung-Russel-Dia-
gramm 686
Heteropolare Bindung 593
Heuslersche Legierungen
380
Himmelsfarbe 517
Hitzdrahtstrommesser 302
Hochspannungsgenerator
271
Höhenformel, barometrische
146
Höhenstrahlung 681
Hörgrenze 206
Hörsamkeit 180
Hoffmannsche Stöße 682
Hohlraumstrahlung 551
Hohlspiegel 455
Homöopolare Bindung 593
Homogene Stoffe 108
Hookesches Gesetz 117,
119
Horizontalkomponente,
erdmagnetische 339
Hubble-Konstante 693
Huygenssches Prinzip 188,
512
Hydratation 308

Hydraulische Presse 122
Hydrodynamik 156
Hydrolyse 308
Hyperfeinstruktur 613, 629
Hyperschall 197
Hysterese, magnetische
383

Ideale Gase 138
Idealkristalle 115
Impedanz 422
Impuls, Impulssatz 28
Impulsmoment 71
Indikatoren, radioaktive
649
Induktion, elektromagne-
tische 394 ff.
— s. Flußdichte, magne-
tische 337
Induktionsgesetz, erstes,
Faradaysches 399, 415
—, zweites 399, 414, 415
Induktionskonstante 335
Induktivität 403
—, Messung 425
Induktor 410
Inertialsysteme 23, 24
Inertialzeitskala 23
Influenz 272
Influenzkonstante 262
Infrarot 539
Inklination, erdmagnetische
339
Interferenz 181
— des Lichtes 501 ff.
— der Materiewellen 617
— der Röntgenstrahlen
544
Interferenzlänge 501
Interferometer 510
Intergalaktische Materie
681
Interstellare Materie 680
Invarianz der Größen 3
Inversionstemperatur 223
Ionen 307
Ionenleiter 287, 296
Ionenmoleküle 593
Ionenprodukt 308
Ionisationskammer 634
Ionisierung von Atomen
599
— von Gasen 318
Ionisierungsspannung 599
Ionosphäre 240, 332
Irreversible Vorgänge 248
Isobare Kerne 639, 651
Isobarenregel 651
Isochron-Cyclotron 646
Isomere Kerne 656
Isothermen der idealen
Gase 210
— der wirklichen Gase
234
Isotope, stabile 651

Isotopentrennung 629
Isotopie 626
— des Wasserstoffs 628
Isotopieeffekte 629
Isotrope Stoffe 108

Joule-Effekt 380
Joule-Thomson-Effekt 222
Joulesche Wärme 301

Kältemaschinen 257
Kältemischungen 243
Kalorie 218
Kalorimetrie 219
Kammerton 203
Kanalstrahlen 331
Kantsche Theorie des
    Planetensystems 674
Kapazität, elektrische 275
—, Messung 425
Kapazitätsmessung 285,
    425
Kapillarität 130
Kapillarwellen 171
Kasten, frei fallender 27,
    571
Katalyse 246
Kathodenfall 330
Kathodenstrahlen 331
Kathodenstrahloszillograph
    358
Kathodenzerstäubung 331
Kausalität 5
—, quantenmechanische
    621
Keil 64
K-Einfang 648
Kelvin-Skala 211
Kennlinie 299
— von Elektronröhren
    324
— von Gasentladungen
    321
Keplersche Gesetze 101,
    673
Kernbau 625
Kernbetastrahlen 654
Kernchemie 643
Kerndichte 632
Kerne, angeregte 655
Kernergie 641, 662, 664
Kernfusion 663
Kernkräfte 631
Kernladungszahl 582
Kernmagneton 613
Kernmodelle 632, 633
Kernphotoeffekt 642
Kernphysik 623 ff.
Kernreaktionen 641
—, künstliche 659
Kernreaktionsformeln 639
Kernreaktoren 664
Kernresonanzabsorption
    574, 657
Kernspaltung 661

Kernsymbole 625
Kernsystematik 649
Kerntechnik 663, 664
Kerntemperatur 657
Kernumwandlungen,
    künstliche 641
Kernverdampfung 642, 657
Kernwaffen 663
Kerr-Effekt, -Zelle 530
Ketteler-Helmholtzsche
    Gleichung 536
Kettenreaktion, atomare
    662
—, chemische 611
Kilogramm 17
Kilopond 19
Kinematik 11
Kirchhoffsche Sätze 291
Kirchhoffsches Gesetz 550
Klänge 198
Klanganalyse 197
Klangfarbe 199
Klangfiguren 193
Klebrigkeit 163
Klemmenspannung 300
Knallwelle 175, 181
Körperfarben 549
Koerzitivfeldstärke 383
Kohärente Einheiten-
    systeme 4
Kohärentes Licht 501
Kohlendioxydassimilation
    612
Kohlenstoff, radioaktiver
    649
Kohlenstoffatom, asym-
    metrisches 531
Kohlenstoff-Stickstoff-
    zyklus 685
Kolloide 242
Kombinationsprinzip,
    Ritzsches 597
Kombinationstöne 186
Kometen 675
Komma, Pythagoräisches
    201
Kommunizierende Röhren
    123
Kompensationsverfahren
    293
Komplementärfarben 548
Komplementarität,
    quantenmechanische
    619
Komplexionen 249
Komponenten eines Vektors
    7
Kompressibilität 118
— von Gasen 153, 223
Kondensation 224
Kondensationskerne 230
Kondensator, elektrischer
    276, 277
Konfigurationen 590
Konservative Systeme 39

Konsonanz 201
Konstanz der Licht-
    geschwindigkeit 560
Kontinitätsbedingung 156
Kontinuumsphysik 132,
    207
Konvektion 254
Konzentrationsmaße 241
Kopplung, elektromagne-
    tische 404
Korona bei Gasentladungen
    271, 325
— der Sonne 673
Koronograph 672
Korrespondenzprinzip,
    Bohrsches 587, 615
Kosmische Strahlungen
    681, 684
— Teilchenstrahlung 681
— Wolken 680
Kovalente Bindung 594
Kovolumen 213
Kräfte auf bewegte Ladungs-
    träger 356
— auf Ströme 363
Kräfteaddition 19
Kräftepaare 21, 56
Kräuselwellen 171
Kraft 15
Krafteinheiten 17, 19
Kraftfelder 50
Kraftlinien, allgemein 53
—, elektrische 265
—, magnetische 335
Kraftmaschinen 60
Kraftstoß 28
Kreisbewegung eines
    Massenpunktes 13, 75
Kreisel, kräftefreier 81, 84
Kreiselkompaß 92
Kreiselkräfte 85
Kreisfrequenz 93
Kreisprozesse 255
Kristallachsen 110
Kristallbau 108
Kristalle 108 ff., 532
—, flüssige 530
Kristallklassen, -systeme
    112
Kristalltracht 109
Kritische Größe spaltbarer
    Stoffe 663
Kritischer Punkt 233
Kryohydrat 243
Kryophor 228
Kryoskopie 243
K-Strahler 648
Kugelkreisel 75
Kugelwelle 168
Kundtsche Röhre 185
Kurzschluß 300

Ladung, elektrische 261
—, —, spezifische 358
Ladungsmenge 136

Ladungszahl 307
Längeneinheit, internationale 10
Lageenergie 38
Lagerreaktion 79
Lambertsche Gesetze 552
Laminare Strömung 165
Laplacesche Theorie des Planetensystems 674
Laplacesches Gesetz 352
Larmor-Frequenz 357, 413, 533
Laser 607
Lateralvergrößerung 454
Laue-Diagramm 543
Lautstärke 200
Lebensdauer, mittlere 640
Lebensgeschichte der Sterne 686
Lecher-System 440
Leerlaufspannung 300
Legierungen 243
Leidener Flasche 281
Leidenfrost-Phänomen 254
Leistung 37
—, elektrische 305
Leistungsmessung 373
Leiter und Nichtleiter 263
Leitfähigkeit, elektrische 290, 306
Leitfähigkeitsband 595
Leitisotope 649
Leitwert 290
Lenard-Effekt 304
Lenard-Strahlen 331
Lenzsches Gesetz 396
Leptonen 666
Leuchtdichte 478
Leuchtelektron 595
Leuchtkraft der Sterne 676
Leuchtstoffe 609
Leuchtstoffröhren 331
Lex quarta, Newtonsche 19
Licht, kohärentes 501
—, monochromatisches 499
—, natürliches und polarisiertes 525
Lichtablenkung im Gravitationsfelde 573
Lichtäquivalent 478
Lichtausbeute 302, 556
Lichtbogen 327
Lichtbündel, -büschel 448
Lichtelektrische Zelle 574
Lichtelektrischer Effekt 574
Lichtenbergsche Figuren 326
Lichtgeschwindigkeit 345, 351, 450, 460
Lichtleiter 464
Lichtlinien 568
Lichtmessung 478

Lichtquanten 575
—, Masse und Bewegungsgröße 577
Lichtquellen 446, 556
Lichtschwebungen 529
Lichtstärke 478
Lichtstrahlen 448
Lichtstrom 478
Lichtsumme 609
Lichttheorie 446, 552, 576
—, elektromagnetische 447, 532
Lichtvektor 524, 532
Lichtwechsel von Sternen 679
Lichtwellen, stehende 517
Linearbeschleuniger 646
Linienspektren 595
Linsen 465
—, dicke 471
—, elektrische, magnetische 361
—, sphärische 465
Linsenfehler 472
Linsengleichung 467
Linsensysteme 484
Lippenpfeifen 194
Lissajous-Figuren 94
Liter 10
Lochkamera 449
Lösungen 241
—, feste 243
—, kolloidale 242
Lösungsdruck 313
Lokalströme 317
Lorentz-Kontraktion 560, 563, 568
Lorentz-Kraft 345
Lorentz-Transformation 560
Lorentz-Triplett 534
Loschmidt-Konstante 133
Lotabweichung 90
Lubrizität 163
Luft, atmosphärische 240
—, flüssige 237
Luftballon 151
Luftdruck 151
Luftelektrizität 332
Luftfeuchte 239
Luftkreislauf, allgemeiner 238
Luftpumpen 154
Luftsäulen, schwingende 193
Luftschauer 682
Luftspiegelungen 462
Luftwogen 172
Lumineszenz 606, 609
Lupe 484
Lyophile, lyophobe Kolloide 242

Machsches Prinzip 28
Machscher Winkel, Mach-Zahl 175, 181

Magdeburger Halbkugeln 152
Magische Zahlen 633
Magnete 333
Magnetisches Feld 336
— — der Erde 338
— — von Spulen 342, 354
— — von Strömen 339, 351
Magnetisches Moment 334
— — der Atome 612
— — des Elektrons 612
— — des Neutrons und des Protons 613
Magnetisierung 377
—, spontane 381
—, zyklische 383
Magnetismus 333
— der Stoffe 374
Magnetohydrodynamik 409
Magnetomotorische Kraft 353
Magneton, Bohrsches 612
Magnetooptik 533
Magnetorotation 532
Magnetosphäre 682
Magnetostriktion 380
Magnetpole 333
Magnus-Effekt 160
Makromoleküle 242
Manometer 154
Mariottesche Flasche 159
Maschinen 60
—, einfache 62
—, elektrische 429
—, thermische 258
Maser 608
Masse 15
— bewegter Körper 564
— und Energie 564
— der Erde 100
— der Lichtquanten 577
—, molare 135
—, reduzierte 47
— der Sonne 669
—, träge und schwere, 18 98
Masse-Leuchtkraftbeziehung 677
Massenanziehung, allgemeine 98
Massenausgleich 62
Massendefekte 630
Masseneinheiten 17
—, atomare (kernphysikalische) 626
Massenmittelpunkt 29
Massenpunkt 9
Massenspektroskopie 627
Maßsysteme s. Einheitensysteme
Materie 106
Materiewellen 616
Mattauchsche Regel 651

Maxwellsche Beziehung 532, 536
— Gleichungen 417
Maxwellsches Verteilungs-gesetz 140
Mechanik 9
—, statistische 133, 138
Meerleuchten 609
Mehrphasenstrom 426
Meissner-Effekt 406
Mesonen 655, 658, 666
Mesosphäre 240
Metallische Bindung 595
Metazentrum 127
Meteore 675
Meter 10
Meter-Kilogramm-Sekunde-System 17
Metrik, nichteuklidische 571
— des Weltalls 692
Michelson-Versuch 557
Miesches Einheitensystem 349
Mikrokristallines Gefüge 115
Mikrophon 373
Mikroradiometer 538
Mikroskop 490, 521
Mikrowellenspektrum 603
Milchstraße 689
Mischelemente 628
Mischfarben 548
Mißweisung 338
Mitführung des Lichtes 511, 564
Mitschwingen 195
Mittelpunkt von Kräften 21
Mittelwert, räumlicher und zeitlicher 138
Mizellkolloide 242
MKS-System 17
MKSA-System 348
Modellversuche 158, 165
Modellvorstellungen 580, 583, 618
Moderator 664
Modulation 202, 373
Mössbauer-Effekt 573, 658
Mohorovicic-Grenze 669
Mohrsche Waage 126
Mol 134
Molalität 308
Molare Größen 135
— Refraktion 460
Molekülanzahl, spezifische 139
Molekülbildung 593, 606, 611
Moleküldichte 139
Molekülmasse, relative 135
Molekülspektren 604
Molekulargewicht 135

Molekularmechanik 132, 207
Molenbruch 242
Molzahl 134
Moment, elektrisches 263
—, —, der Moleküle 594
—, magnetisches 334, 365
—, —, der Atome 612
—, statisches 55
Momentensatz 72
Mondbewegung 100
Mondumlauf 100
Monochord 192 (Fußnote)
Monochromatisches Licht 499
Moseleysches Gesetz 601
Multiplikationsfaktor 663
Musikinstrumente 204
Muttersubstanzen, radio-aktive 638
Myon 666

Nachhall 180
Nachkegel 569
Nachwirkung, elastische 121
Natterersche Röhre 236
Naturgesetze 4
Nebel, außergalaktische 689
Nebelflucht 692
Nebelgruppen 691
Nebelhaufen 691
Nebelkammer 635
Nebelmodell der Atome 621
Nebeltypen 690
Neel-Temperatur 383
Neue Sterne 682
Neutrino 655
Neutronen 623
—, Struktur 668
—, thermische 643
—, verzögerte 665
Neutronensterne 686
Neutronenzahl 625
Newton (Einheit) 17
Newtonsche Axiome 15, 16
—, Flüssigkeit 162
—, Gleichung 174
—, Ringe 509
Nichteuklidische Geometrie 571, 691
Nichtleiter 263
Nicolsches Prisma 529
Niederschläge 239
Niveauflächen 53, 267
Normalelemente 315
Normfallbeschleunigung 19
Normsehweite 483
Normvolumen 139
Normzustand 139
Novae 679
Nukleonen 623
Nukleonenzahl 625

Nuklide 625
Nullpunkt, absoluter, natürlicher 209
Nullpunktsenergie 614

Oberflächenionisation 319
Oberflächenspannung 129
Oberflächenwellen 169
Oberschwingungen 166, 191
Objektiv 490
Oerstedscher Versuch 339
Ölschichten, dünne 132
Offene Systeme 259
Ohmsches Gesetz, akusti-sches 199
— —, elektrisches 290
— — der Wärmeleitung 253
Ohr 205
Oktavmaß 203
Okulare 484, 490
Onnes-Effekt 237
Oort-Lindblad-Effekt 689
Opernglas 495
Optik 446ff.
Optische Aktivität 538
Optisches Pumpen 608
Ordnung und Unordnung 251
Ordnungszahl der Elemente 582, 588
Orgel 204
Orgelpfeifen 195
Ortsvektor 9
Osmose 244
Oszillator, elektrischer 435
Oszillatormodell der Kerne 633
Oszillograph 358
Ozonschicht 240

Paarbildung 624
Paläomagnetismus 381
Papinscher Topf 232
Parabelmethode 626
Parabolspiegel 459
Paradoxon, aerodynami-sches 160
—, hydrostatisches 123
Parallaxe der Sterne 676
Parallelogramm der Kräfte 19
Paramagnetismus 375, 413
Partialdruck 144
Partialschwingungen 166, 191
Passatwinde 238
Pauli-Prinzip, -Verbot 591
Peltier-Effekt 305
Pendel 96
Pendelversuch, Foucault-scher 89
Periheldrehung 573

Periode-Leuchtkraft-
beziehung 679
Periodisches System der
Elemente 588
Permeabilität, Per-
meabilitätszahl 378
Permittivität 282, 284
Perpetuum mobile 1. Art
40
— — 2. Art 249
Pfeifen 194
pH-Wert 308
Phase einer Schwingung 93
Phasengeschwindigkeit
460, 537, 616
Phasensprung 184
Phon 201
Phosphore, Phosphoreszenz
609
Photochemie 611
Photoeffekt 574
Photographie 611
Photometrie 478
Photonen 576
Photosphäre 673
Photozelle 574
Physik des Weltalls 669ff.
Physikstudium 695
Piezoelektrizität 284
Piezometer 118
Pigmente 550
Pincheffekt 367
Pion 666
Pipette 153
Pitot-Rohr 158
Planck-Boltzmann-
Konstante 209, 256
Plancksches Strahlungs-
gesetz 552
Planetarische Nebel 680
Planeten 674
Planetenbewegung 101
Planetoiden 674
Plasma 321
Plastizität 108
Plattenkondensator 277
Plattenschwingungen 193
Platzwechsel 108
Poiseuillesches Gesetz 164
Poissonsche Gleichung 323
— Zahl 119
Poissonsches Gesetz 211
Polarisation 175
— dielektrische 281
—, elektrische 272
—, elektrolytische 312, 314
— des Himmelslichts 525
— des Lichtes 523
—, magnetische 378
— mechanischer Wellen
175
Polarisationsspannung 312
Polarisationswinkel, -ebene
524
Polarisator 524

Polarlichter 672
Pole, magnetische, der Erde
333
Polflucht der Kontinente
90
Positron 623
Positronium 625
Potential, allgemein 52
—, elektrisches 266
— einer Kraft 53
Potentialströmung 161
Potentialtopf 653
Potentiometerschaltung
293
p-p-Prozeß 685
Präzession der Erdachse 91
— des Kreisels 83, 85
Presse, hydraulische 122
Prévostscher Satz 550
Prisma 464
—, achromatisches 500
—, geradsichtiges 500
—, totalreflektierendes 463
Prismenfernrohr 495
Produkt, skalares 7
—, vektorielles 8
Projektionsapparat 482
Pronyscher Zaum 61
Proportionalitätsgrenze,
elastische 120
Proton 262, 580
—, Struktur 668
Protonenzahl 625
Prototropie 307
Protuberanzen 673
Proutsche Hypothese 625
Pseudoeuklidische Geo-
metrie 569
Psychophysisches Grund-
gesetz 200
Pulsars 688
Pulsierende Sterne 679
Punktereignis 567
Punktladung 261
Pupillen optischer Geräte
496
Purpurfarben 548
Pyknometer 116
Pyroelektrizität 284
Pyrometrie, optische 556

Quantenbahnen 583
Quantenbiologie 622
Quantenmechanik 618
Quantenoptik 579
Quantensprung 583
Quantentheorie 447,
574ff.
Quantenzahlen 583, 590
Quantenzustände 583
Quarks 668
Quarzlinsenmethode 540
Quarzuhr 285
Quasars 688
Quecksilberlampe 327

Quellen und Senken,
elektrische 275, 337
Quellenspannung 300
Querkontraktion 119
Quincke-Rohr 183

Radar 441
Radfahren 69
Radialbeschleunigung 14
Radiant 10
Radioaktivität, künstliche
647
—, natürliche 633
Radioastronomie 684
Radiochemie 639
Radiometer 538
Radiomikrometer 538
Radiostrahlung, kosmische
684
Radiowellen 441
Radium 637
Räumliches Sehen 477
Raketen 33, 106
Raman-Effekt 610
Ramsauer-Effekt 617
Randspannung, elektrische
267
—, magnetische 353
Randverdunklung 479
Rankine-Skala 112
Raoultsches Gesetz 242
Rationale Gleichungs-
schreibung 262
Raum, gekrümmter 572,
691
— und Zeit 23
Raumakustik 198
Raumgitterstruktur 108
Raumgruppen 112
Raumladungen 322
Raum-Zeit-Welt 566
Rauschen, galaktisches 684
Rayleigh-Streuung 517
— -Wiensches Gesetz 553
Razemat 532
Reaktionsformeln, kern-
physikalische 639
Reaktoren 665
Realkristalle 115
Reduzierte Masse 47
Reflexion 178, 454, 536,
545
Reflexionsgesetz 179, 454
Refraktion 187, 460
Refraktometer 464
Regelation 227
Regenbogen 500
Reibung 48
—, innere 156, 164
Reibungselektrizität 303
Reibungsgesetz, Coulomb-
sches 49
—, Newtonsches 162
—, Stokessches 164
Reibungswinkel 49

Reichweite von Alpha-
strahlen 636, 641
— der Kernkräfte 631
Reihen- und Parallel-
schaltung 292, 300
Reinelemente 628
Reinviskose Flüssigkeit 162
Reiz, Reizschwelle 200
Rekombination 319
Relativität der Gleich-
zeitigkeit 562
— der Längenmessung 563
— der Zeitmessung 561
Relativitätsprinzip 25,
396, 560
Relativitätstheorie 557ff.
—, allgemeine 570
—, spezielle 559
Relaxationszeit 163
Remanenz, dielektrische
284
—, magnetische 383
—, thermomagnetische 381
Resonanz 196
—, elektrische 423
Resonanzabsorption,
-strahlung 606
Resonanztheorie des Hörens
205
Reststrahlen 539
Resultante, Resultierende 5
Reversible Vorgänge 248
Reversionspendel 97
Reynolds-Zahl 165
Rheologie 156, 163
Richardsonsches Gesetz
321
Richtkraft 92
Richtmoment 95
Richtstrahler 438
Richtung des elektrischen
Stromes 286
Richtunghören 206
Richtungsquantelung 613
Riffeln 171
Ringspule 342
Röntgen-Dosiseinheiten
542
Röntgenspektren 600
Röntgenstrahlen 541
—, biologische Wirkungen
542
—, charakteristische 542
Röntgenstrom 344
Roguetsche Spirale 366
Rollen 62
Rotation 14
— um feste Achsen 78
— um freie Achsen 81
— der Milchstraße 689
Rotationsenergie 72
Rotationsmagnetische
Effekte 384
Rotationsschwingungs-
spektren 603

Rotierende Bezugssysteme
68
Rotverschiebung im Gra-
vitationsfelde 573
— in den Nebelspektren
692
Rowland-Strom 344
Rückkopplung 445
Rückstellkraft 92
Rückstoß 41
Ruhenergie, -masse 565
Ruhsysteme 25
Rydberg-Konstante 585
— -Korrektion 596

Saccharimeter 532
Sättigung von Dämpfen
229
—, dielektrische 284
— von Farben 549
— von Gasentladungen
320
— von Lösungen 241
—, magnetische 379
Sättigungsdruck 229
Sättigungsstrom 320
Saitenschwingungen 191
Schärfentiefe 481
Schalenmodell der Kerne
633
Schallgeschwindigkeit 174,
184, 193
Schallstärke 200
Schallstrahlen 198
Schatten 448
Scheinwiderstand 422
Scheitelwert 93
Scherung 119
Schiefe Ebene 22
Schirmwirkung von Eisen
387
Schlieren 462
Schlierenmethode 175,
181
Schlüpfrigkeit 163
Schmelzen 224, 226
Schmierfähigkeit 163
Schraube 64
Schraubenregel 8, 13, 56,
342, 343, 344, 345, 363,
397
Schroteffekt 445
Schub 119
Schwärzlichkeit 549
Schwankungen, statistische
138, 215
Schwarze Strahlung 551
Schwarzer Fleck 508, 516
— Körper 551
Schweben kleiner Teilchen
164
Schwebungen 185
Schwerelosigkeit 27, 571
Schwerestörungen 105
Schwerewellen 171

Schwerkraft 17, 53
Schwerkraftfeld 53
Schwerpunkt 29
— elektrischer Ladungen
263
Schwerpunktsachsen 73
Schwerpunktsatz 32
Schwimmen 127
Schwingkreise 431
—, offene und geschlossene
437
Schwingquarz 197, 284
Schwingungen, elastische
191
—, elektrische 421, 431
—, erzwungene 195
—, gedämpfte 95, 370
—, harmonische 93
— von Luftsäulen 193
— von Massenpunkten
166
—, mechanische 100, 173
Schwingungsanalyse 166,
358
Schwingungsdauer, -zeit
93
Schwingungserzeugung mit
Elektronenröhre 445
Schwingungsgleichung 92
Schwingungsmittelpunkt
97
Schwingungsweite 93
Schwund, magnetischer
399
Sedimentation 71
Seebeck-Effekt 304
Seifenblasen 130, 507, 508
Seignettesalz 284
Seilschwingungen 184, 191
Seitenbänder 442
Sekunde 12
Sekundenpendel 97
Selbsterregung 445
Selbstinduktion 404
Selbstleuchter 446
Semipermeable Wand 244
Seriengrenze 586
Siedebarometer 232
Sieden 224, 231
Siedepunktserhöhung 242
Siedeverzug 225
Signalgeschwindigkeit 568
Sirene 199
SI-System 348
Skalare 2
Skalares Feld 53
Skin-Effekt 409
Smekal-Raman-Effekt 610
Solarkonstante 258, 672
Sonne 671
Sonnen- und Mond-
finsternisse 449
Sonnenflecken 534, 672
Sonnenkorona 671
Sonnenspektrum 541, 547

Sonnenstrahlung 258
Sonnensystem 673
Sonnenwind 672
Spallation 643
Spaltprodukte 661
Spannung, allgemein 52
—, elastische 117
—, elektrische 266
—, magnetische 353
Spannungsdoppelbrechung 530
Spannungsmesser 278, 372
Spannungsoptik 530
Spannungsreihe 303
Spannungsteilung 293
Spektralanalyse 547, 602
Spektralfarben, reine 499, 548
Spektrallinien 499, 516
Spektralserien 585, 595
Spektralterme 586
Spektroheliograph 672
Spektrometer, Spektroskop 500
Spektrometrie der Röntgen- strahlen 544
Spektrum, elektromagne- tisches 535
—, kontinuierliches 499, 547, 597
Sperrschichtphotoeffekt 575
Spezifische Ladung 358
Spezifisches Volumen 116
Spiegel, ebene 454
—, sphärische 455
Spiegelteleskop 494
Spiegelversuch, Fresnelscher 503
Spin 381, 612
Spiralnebel 691
Spitzenentladung 325
Spitzenwirkung 271
Sprache 206
Sprödigkeit 163
Sprungtemperatur 298
Spulen 342
—, supraleitende 406
Stäbchen 473
Stärke einer Linse 467
Standfestigkeit 44
Stark-Dopplereffekt 523
— -Effekt 534
Starrer Körper 9
Statisches Moment 55
Statistik 137
Staubfiguren 185
Staudruck, -punkt 158
Stefan-Boltzmannsches Gesetz 555
Stehende Wellen, elektrische 440
— —, mechanische 183
Steinerscher Satz 73
Steradiant 10

Stereoskop 477
Sternbildung und -ent- wicklung 686
Stern-Gerlach-Versuch 613
Sterngröße 675
Sternhaufen 687
Sterninneres 678
Sternpopulationen 689
Sternschaltung 426
Sternscher Versuch 215
Sternschnuppen 675
Sternsystem, lokales 689
Sterntemperaturen 686
Stimmgabel 193
Stimmung, musikalische 202
Stoffmenge 133
Stokessches Fluoreszenz- gesetz 607
— Reibungsgesetz 165
Stoß 44
— 2. Art 598
Stoßanregung 598
Stoßgalvanometer 370
Stoßionisation 318, 598
Stoßquerschnitt, Stoßzahl 147
Stoßwellen 175
Strahl, ordentlicher und außerordentlicher 527
Strahlen 169
Strahlenbegrenzung 495
Strahlenbündel, -büschel 169
Strahlengang, verflochtener 483
Strahlenoptik 452
Strahlungsdämpfung 436
Strahlungsdruck 577
Strahlungsgesetze 550ff.
Strahlungsgürtel, Van Allenscher 682
Strahlungslehre 446ff.
Strahlungsmeßgeräte 537
Strahlungstemperatur 555
Stratosphäre 240
Streuung, elastische, un- elastische 659
— des Lichtes 517, 578
Strömen 156
Strömung, laminare, turbulente 165
—, stationäre 156
Strömungsdoppelbrechung 530
Strömungslehre 156ff.
Strömungsströme 310
Strom, elektrischer 285
Stromarbeit 301
Strombelag 355
Stromdichte 288
Stromfaden, -linie, -röhre 156
Stromkraft 407
Stromleistung 301

Strommesser 368
Stromquellen 285, 314
Stromstärke, elektrische 287
Stromwärme 301
Strukturanalyse mit Röntgenstrahlen 108, 544
Sublimation 224, 232
Supernovae 680
Supraflüssigkeit 237
Supraleitung 237, 297, 406
Suspensionen 242
Suszeptibilität, elektrische 282
—, magnetische 378
Synchrotron 646
Synchrozyklotron 646
Szintillation 634

Tageslänge 104
Tangentenbussole 368
Taupunkt 230
Teilchenanzahl, molare 135
Teilchenbeschleuniger 644
Teilchenmenge 133 (Fußnote)
Teilschwingungen 166
Telegraphie, drahtlose 441
Telephonie 373
—, drahtlose 442
Teleskop 492
Teleskopische Systeme 489, 493
Temperatur 207, 208
—, absolute 209
—, effektive 555
—, eutektische 244
—, kritische 233
Temperaturausgleich 253
Temperaturen, höchste und tiefste 237
— im Weltall 681
Temperaturkoeffizient des Widerstandes 295
Temperaturmessung 218
Temperaturskalen 211
Temperaturstrahlung 550
Tesla-Schwingungen 433
Thermionen 321
Thermochemie 258
Thermodiffusion 630
Thermodynamik im Atom- kern 657
Thermodynamisches Gleich- gewicht 207, 248
Thermoelektrische Erschei- nungen 304
Thermoelemente 304
Thermolumineszenz 609
Thermomagnetische Er- scheinungen 368
Thermometer 217
Thermosäule 537

Thermospannung 304
Thomson-Effekt 368
Thomsonsche Gleichung 433
Tiden 104
Tiefenschärfe 481
Tiefenstufe, geothermische 669
Tierkreislicht 673
Titius-Bodesche Regel 674
Töne, Tonhöhe 198, 199
Tonarten 202
Tonleiter 201
Tonverwandtschaft 201
Torricelli-Theorem 159
— — Versuch 152
Torsion, Torsionsmodul 120
Totalreflexion 462
Townsend-Strom 318
Trägheit der Energie 565
—, Trägheitssatz 15
Trägheitsellipsoid 74
Trägheitskräfte 26, 67
Trägheitsmittelpunkt 31, 73, 97
Trägheitsmoment 73
— der Moleküle 605
Trägheitsradius 73
Trägheitssatz 15
Tragflächen 161
Transformator 426
Transistor 444
Translation 14
Transurane 660
Transversalität der Licht-wellen 523
Trennungsflächen 161
Tribolumineszenz 609
Triode 323
Tripelpunkt 224
Tritium, Triton 628
Trockeneis 236
Tröpfchenmodell der Kerne 632
Tropopause, Troposphäre 240
Trübe Medien 517
Tscherenkow-Strahlung 610
Tunneleffekt 622, 653
Turbulenz 165
Turmalinplatte 529
Tyndall-Phänomen 517

Überführungszahlen 309
Überschallgeschwindigkeit 175
Übersetzung 428
Uhren 98, 285, 604
Uhrenparadoxon 562
Ultrakurzwellen 441
Ultramikroskop 523
Ultrarot 538

Ultraschall 197
Ultrastrahlung 681
Ultraviolett 540
Ultrazentrifuge 71
Umfangspannung, elek-trische 267
—, magnetische 353
Umkehrbare Vorgänge 248
Umkehrbarkeit des Strahlen-ganges 453
Umkehrprisma 463
Umlaufzeit 14
Umwandlungselektronen 654
Umwandlungspunkte, magnetische 380
—, thermische 224, 225
Unabhängigkeitsprinzip 19
Undulationstheorie des Lichtes 446
Unipolarinduktion 403
Unordnung, ideale 138, 251
Unruhe 98
Unschärferelation 619
Untergrundstrahlung 694
Unterkühlung 225
Urknall 693
Ursache und Wirkung 4

VACS-System 265, 349
Vakuumlichtgeschwindig-keit 346, 420, 460
Vakuumtechnik 154
VAMS-System 265, 348
Vektoraddition 5
Vektoren 2, 5
Vektorfelder 53
Vektorparallelogramm 6
Vektorprodukte 7
Vektorsumme 5
Vektorzerlegung 7
Ventile, elektrische 320, 328
Veränderliche Sterne 679
Verbotene Linien 597
Verbrennungswärme 258
Verdampfen 224, 228
Verdet-Konstante 532
Verfestigung 121
Verflüssigung der Gase 232
Vergrößerung bei optischen Geräten 454, 483
Verhältnisgrößen 10
Vernichtungsstrahlung 624
Verschiebung eines Massen-punktes 12
Verschiebungsarbeit 35
Verschiebungsdichte, elektrische 275
Verschiebungsgesetz, Wiensches 554
Verschiebungssätze, radio-aktive 639
Verschiebungssatz, spektro-skopischer 597

Verschiebungsströme 414
Verstärker 325, 443
Verteilungsgesetz, Max-wellsches 140
Viertelwellenlängen-blättchen 528
Viskosität 156
Vokale 206
Volta-Effekt, -Spannung 303, 304
Voltameter 306
Volumen, molares 135
—, spezifisches 116
Volumionisation 319
Vorkegel 568
Vorstrom, dunkler 318

Waage 64
van der Waalssche Glei-chung 212, 233
— — —, Kräfte 129
Wärme 207
— und Arbeit 247
—, latente 224
Wärmeäquivalent 248
Wärmekapazität 218, 613
— der Gase 219
Wärmekraftmaschinen 258
Wärmelehre, -theorie 206
Wärmeleitung 253
Wärmemenge 207, 218
Wärmeohm 253
Wärmepumpe 305
Wärmequellen 258
Wärmetheorem, Nernst-sches 255
Wärmetheorie, mechanische 207
Wärmetod des Weltalls 252
Wärmetönung 259
Wärmewiderstand 253
Wahrscheinlichkeit 137, 148
—, quantenmechanische 621
—, thermodynamische 250
Wahrscheinlichkeitswellen 621
Waltenhofensches Pendel 408
Wandler 427
Wandverschiebung 381
Wasser, schweres 628
Wasserfallelektrizität 304
Wasserpumpe, hydro-elektrische 310
Wasserstoff, schwerer 628
Wasserstoffähnlichkeit 595
Wasserstoffatom 584
Wasserstoffbombe 663
Wasserstoffelektrode 314
Wasserstoffexponent 308
Wasserstoffisotope 628
Wasserstoffkern 581
Wasserstoffspektrum 585

Wasserstrahlpumpe 154
Wasserwellen 169
Wasserzersetzung 311
Weber-Fechnersches Gesetz 200
Wechselfeld 53
Wechselstrom 420 ff.
Wechselstromleistung 424
Wechselstrommesser 373
Wechselstromwiderstand 421
Wechselwirkungsgesetz 16
Weglänge, freie 146
—, optische 462
Wehnelt-Kathode 320
— -Zylinder 542
Weinholdsche Gefäße 260
Weiße Zwerge 677, 686, 688
Weißsche Bezirke 381
Wellen 167
—, ebene 168
—, elektrische 420, 434
—, longitudinale 173
—, periodische 169
—, stehende 182, 400
—, transversale 175
Wellenfelder 167
Wellenfläche 168
Wellengeschwindigkeit 170
Wellengleichung von Schrödinger 618
Wellenlänge 170
— des Lichtes 447
Wellenmechanik 618
Wellennormale 168
Wellenoptik 501 ff.
— und Quantenoptik 579
Wellentheorie des Lichtes 446
— der Materie 615
— der optischen Abbildung 518
Wellenwiderstand 420
Wellenzahl 448, 585
Weltäther 51
Weltformel 572
Weltlinien 567
Weltpunkt 567
Wertigkeit 307, 594

Wetter 238
Wettervorhersage 240
Wichte 116
Widerstand, differentieller 299, 329
—, elektrischer 289
— von Elektrolyten 314
— von Gasen 321
—, magnetischer 391
—, spezifischer 290
— von Stromquellen 300
Widerstandsmessung 293
Widerstandsthermometer 296
Wiedemann-Franz-Lorenzsches Gesetz 291
Wiedervereinigung 319
Wiensches Strahlungsgesetz 554
— Verschiebungsgesetz 554
Wilson-Kammer 635
Wind 238
Windungsfläche 341
Winkel, ebener 9
—, räumlicher 10
Winkelbeschleunigung 14
Winkelgeschwindigkeit 13
Wirbel 157, 161
Wirbelstraße 162
Wirbelströme 408
Wirkleistung 424
Wirkungsgrad 61
— von Kreisprozessen 257
— von Maschinen 61
Wirkungslinie einer Kraft 16
Wirkungsquantum 553, 576
Wirkwiderstand 422
Wismutspirale 368
Wölbspiegel 455
Wolken, kosmische 680
Wurf, schräger 54
—, senkrechter 39

Zähigkeit 156, 162
Zählrohr 634
Zäpfchen 473
Zahlenwerte 2

Zahlenwertgleichungen 5
Zahnrad 63
Zeeman-Effekt 533
— — auf der Sonne 674
Zeit 11, 23
Zeitdilatation 562, 683
Zeitkonstante 405
Zeitskala, geologische, absolute 670
Zellenspannung 314
Zenkersche Schichten 518
Zentimeter-Gramm-Sekunde-System 17
Zentralfeld, -kraft 72
Zentrifugalkraft 67
Zentrifugalmomente 79
Zentrifuge 71
Zentripetalbeschleunigung 14, 66
Zentripetalkraft 66
Zerfallsgesetz, radioaktives 640
Zerfallskonstante 640, 641
Zerfallsreihen 637
Zerstrahlung 624
Zertrümmerungssterne 643
Zirkulation 161
Zodiakallicht 673
Zone des Schweigens 187
Zufall 148, 251
Zug 17
Zungenpfeifen 195
Zustand, kritischer 233
—, quantenmechanischer 621
Zustandsänderungen, adiabatische 221
Zustandsdiagramme 224, 233
Zustandsgleichung der idealen Gase 209
— von van der Waals 212, 233
Zustandsgrößen 137
—, kritische 233
— der Sterne 676
Zwangskräfte 22
Zwischenkern 659
Zyklone 89
Zyklotron 645